英文版总主编　WILLIAM DAMON　RICHARD M. LERNER

中文版总主持　林崇德　李其维　董　奇

第二卷（上）认知、知觉和语言

Cognition, Perception, and Language

英文版本卷主编

DEANNA KUHN　ROBERT S. SIEGLER

儿童心理学手册
（第六版）

HANDBOOK OF
CHILD PSYCHOLOGY

（SIXTH EDITION）

华东师范大学出版社

·上海·

谨以此书纪念 Paul Mussen，他的宽宏与慷慨对我们的生活产生了
至深影响，并且帮助我们构建了一个活动的舞台。

英文版本卷编委

Karen E. Adolph
Department of Psychology
New York University
New York, New York

Glenda Andrews
Department of Psychology
Griffith University
Queensland, Australia

Martha E. Arterberry
Department of Psychology
Gettysburg College
Gettysburg, Pennsylvania

Patricia J. Bauer
Department of Psychological and Brain Sciences
Duke University
Durham, North Carolina

Sarah E. Berger
Department of Psychology
City University of New York
College of Staten Island
Staten Island, New York

Cara H. Cashon
Department of Psychological and Brain Sciences
University of Louisville
Louisville, Kentucky

Leslie B. Cohen
Department of Psychology
University of Texas
Austin, Texas

Michael Cole
Department of Communication
University of California, San Diego
La Jolla, California

Michelle de Haan
Cognitive Neuroscience Unit
Institute of Child Health
London, England

Sam Franklin
Department of Human Development
Columbia University Teachers College
New York, New York

Howard Gardner
Graduate School of Education
Harvard University
Cambridge, Massachusetts

David C. Geary
Department of Psychological Sciences
University of Missouri
Columbia, Missouri

Susan A. Gelman
Department of Psychology
University of Michigan
Ann Arbor, Michigan

Susan Goldin-Meadow
Department of Psychology
University of Chicago
Chicago, Illinois

Graeme S. Halford
School of Psychology
University of Queensland
Brisbane, Australia

Paul L. Harris
Graduate School of Education
Harvard University
Cambridge, Massachusetts

Katherine Hiiden
Department of Counseling,
    Educational Psychology,
    and Special Education
Michigan State University
East Lansing, Michigan

Janellen Huttenlocher
Center for Early Childhood Research
University of Chicago
Chicago, Illinois

Charles W. Kalish
Department of Educational Psychology
University of Michigan
Ann Arbor, Michigan

Frank Keil
Department of Psychology
Yale University
New Haven, Connecticut

Philip J. Kellman
Department of Psychology
University of California
Los Angeles, California

Deanna Kuhn
Department of Human Development
Columbia University Teachers College
New York, New York

Jeffrey L. Lidz
University of Maryland
College Park, Maryland

Seana Moran
Graduate School of Education
Harvard University
Cambridge, Massachusetts

Yuko Munakata
Department of Psychology
University of Colorado
Boulder, Colorado

Charles A. Nelson III
Richard David Scott Chair in Pediatrics
Boston Children's Hospital

Developmental Medicine Center Laboratory
    of Cognitive Neuroscience
Harvard Medical School
Boston, Massachusetts

Nora S. Neweombe
Department of Psychology
Temple University
Philadelphia, Pennsylvania

Michael Pressley
College of Education
Michigan State University
East Lansing, Michigan

Jenny R. Saffran
Department of Psychology
University of Wisconsin
Madison, Wisconsin

Robert S. Siegler
Department of Psychology
Carnegie-Mellon University
Pittsburgh, Pennsylvania

Kathleen M. Thomas
Institute of Child Development
University of Minnesota
Minneapolis, Minnesota

Michael Tomasello
Max Planck Institute for Evolutionary Anthropology
Leipzig, Germany

Sandra R. Waxman
Department of Psychology
Northwestern University
Evanston, Illinois

Janet F. Werker
Department of Psychology
University of British Colombia
Vancouver, British Colombia, Canada

Lynne A. Werner
Department of Speech and Hearing Sciences
University of Washington
Seattle, Washington

Ellen Winner
Department of Psychology
Boston College
Chestnut Hill, Massachusetts

《儿童心理学手册》(第六版)中文翻译版编委会

翻译总主持:

林崇德
北京师范大学发展心理研究所

李其维
华东师范大学心理与认知科学学院

董 奇
北京师范大学认知神经科学与学习研究所

编委(以姓氏笔画为序):

王振宇
华东师范大学学前与特殊教育学院

王穗苹
华南师范大学教育科学学院

方晓义
北京师范大学发展心理研究所

邓赐平
华东师范大学心理与认知科学学院

卢家楣
上海师范大学心理学系

申继亮
北京师范大学发展心理研究所

白学军
天津师范大学心理与行为研究院

朱莉琪
中国科学院心理研究所

阴国恩
天津师范大学心理与行为研究院

苏彦捷
北京大学心理学系

李 红
西南大学心理学院

李庆安
北京师范大学发展心理研究所

李晓文
华东师范大学心理与认知科学学院

李晓东
深圳大学心理学系

杨丽珠
辽宁师范大学心理学系

连　榕
福建师范大学教育科学与技术学院

吴国宏
复旦大学心理学系

岑国桢
上海师范大学心理学系

邹　泓
北京师范大学发展心理研究所

张　卫
华南师范大学教育科学学院

张文新
山东师范大学心理学院

张向葵
东北师范大学心理学系

张庆林
西南大学心理学院

陈会昌
北京师范大学发展心理研究所

陈英和
北京师范大学发展心理研究所

陈国鹏
华东师范大学心理与认知科学学院

周宗奎
华中师范大学心理学院

庞丽娟
北京师范大学教育学院

胡卫平
山西师大教师教育学院

俞国良
中国人民大学心理研究所

施建农
中国科学院心理研究所

莫　雷
华南师范大学教育科学学院

陶　沙
北京师范大学认知神经科学与学习研究所

桑　标
华东师范大学心理与认知科学学院

程利国
福建师范大学教育科学与技术学院

雷　雳
中国人民大学心理研究所

谭顶良
南京师范大学教育科学学院

熊哲宏
华东师范大学心理与认知科学学院

秘书（以姓氏笔画为序）：

邓赐平（兼）
华东师范大学心理与认知科学学院

李庆安（兼）
北京师范大学发展心理研究所

吴国宏（兼）
复旦大学心理学系

彭呈军
华东师范大学出版社

第二卷　目录

第一部分　基础

第二部分　认知与交流

第三部分　认知过程

第四部分　概念理解和成就

第五部分　展望儿童期后的发展

《儿童心理学手册》(第六版)中文版序

写序难,为这约 800 万字的皇皇巨著写序似乎更难。

先说说这套中文版手册的成书由来。

把最新版本(2006 年第六版)的《儿童心理学手册》介绍给中国的学界同仁,其最初想法在该年的年底就已萌发。当时中国心理学会发展心理学专业委员会和教育心理学专业委员会在广州联合举行学术年会,我们三人均有幸受邀,忝为大会开幕式和闭幕式的报告人。尽管我们没有在各自的报告中过多谈及这一问世不久的新版《儿童心理学手册》,但在会下和会后的交谈和联系中,我们已考虑组织队伍迅速将之译成中文的可能性。巧合的是,其后不久,华东师范大学出版社教育与心理编辑室主任彭呈军同志主动就翻译出版手册之中文版一事征询我们的意见。彭呈军同志本人亦是发展心理学的专家,接受过该领域的专业训练。他深知其书的学术价值和影响力。我们并且被告知:华东师范大学出版社社长兼总编辑朱杰人教授秉承其一贯对出版高品位心理学著作的热心态度,明确表示只要经过认真而严肃的论证,一定会全力支持并尽快落实这一出版规划,并且提议由我们三人共同主持这项工作。华东师范大学出版社的积极态度,使我们深受鼓舞,同时也使我们感到责任重大。于是,在 2007 年初这一颇受中国发展心理学界同仁注目的工作正式启动。

从 2007 年初至 2009 年初,历时两个寒暑,计约 800 万字的《儿童心理学手册》中文版终于与读者见面。作为中文版的主持人,我们顿有如释重负之感,同时也颇觉兴奋和欣慰。或许,我们在不经意间竟创造了历史。因为翻译和出版手册类图书,这在中国心理学界未有前例,且其间动员、组织了国内几乎整个儿童(发展)心理学界的力量共襄此举,这更是值得铭记之事。

对任一学科而言,手册的价值是不言而喻的。众所周知,任何学术手册的语种嬗替,其困难之处也许不在于专业内容的理解、把握和准确表达,更在于其时效性的潜在要求。在尽可能短的时间内完成出版的全套作业,这多少有些冒险。须知,倘费时耗日,当我们勉力成书之际,人家又有新版问世,这岂非让我等劳作成了"明日黄花"!因此,手册价值的第一要义在于其时效性,这也是我们始终未敢懈怠的首要考虑。基于此,我们在受命之初,就确定了动员全国儿童(发展)心理学同仁协力同心,共同参与,在确保译文质量的前提下,尽可能快地推进翻译和出版进程之原则。我们之所以敢于接受这一任务,坦率言之,首先,乃是基于对目前中国儿童(发展)心理学界基本队伍的了解和信任。历经改革开放数十年,随着国内外学术交流的频繁展开,中国儿童(发展)心理学家的学术视野更加开阔,学术水平迅速提高。国内许多同行的研究也与时俱进,已具备在许多相关领域与国外同行进行交流的话语权。当然,差距犹存,但已获之成果足令我们不必妄自菲薄。《儿童心理学手册》原版的主编自认为其各章的撰稿人都是发展(儿童)心理学各领域最优秀的专家。同样我们也可以自信地说,我们中文版的译校队伍亦为国内相关领域的一时之选。任何学术著作的翻译,某种意义上其实都是一种学术对话,对话的质量就直接反映在译文的水平上。总体而言,我们对译文的质量是满意的。其次,如下条件也为我们预期可完成这项工程平添了信心:中国发展(儿童)心理学界不仅学科队伍齐整,而且具有团结协作的良好传统。改革开放早期,朱智贤、刘范、朱曼殊、李伯黍诸先生就曾经领衔组织过全国范围的合作研究项目。我们理应追随前辈,使这一传统后承有绪。去年开始至今仍在进行之中的由我们主持的《中国儿童青少年心理发育特征调查》就是另一全国协作的大项目。而此次《儿童心理学手册》中文版的问世当为中国发展(儿童)心理学界的成功合作更添新的标志!作为这一工程的主持人,我们深感于国内同仁的积极参与和热情投入!这使我们能在最短的时间内联系并确定各章的译校者,所邀同仁,无一例外地慨然应允,而且几乎全都在规定时间内完成任务。没有他们的努力,要将这四卷(中文版分 8 册)中文版《儿童心理学手册》在如此之短的时间内奉献于读者面前,那是极难想象的!在此,我们谨向参与这一工程的所有同仁表达我们真诚的谢意!

下面我们对这一新版《儿童心理学手册》本身之某些可议之处再稍作赘语。这或许对开卷阅读此书的读者有所裨益。

原手册主编之一 W. Damon 教授为手册撰写了长篇前言(1998 年第五版的前言也为其所撰),对手册长达 75 年的演变历史作了详尽的阐述,对从 C. Murchison 以后,历经 L. Carmichael、P. Mussen,再到他们自己(W. Damon 和 R. M. Lerner)的各版手册之内容特色和主题变迁,所论周详,为我们描绘了发展(儿童)心理学自身发展的历史长卷。某种意义上,Damon 的前言本身不啻为关于发展(儿童)心理学之发展的一项元研究。如他所说,手册扮演着这一学科之"指向标、组织者和百科全书的角色"。我们建议读者,无论是专业的,还是非专业或旁专业的,抑或是发展(儿童)心理学中某一分支领域更为专门的研究者,在从手册采撷你所感兴趣的材料之前,这一前言是应该首先阅读的。

由于 Damon 出色的前言在前,这给我们撰写中文版序言增加了压力。若提出更高要求:企望在深入各章内容之后,再行跳出,站在高处对它们作一评述的话(严格来说,还必须对前几版相关内容的演变作纵向的回顾和比较),这更为我们力所不逮,且多少有点令我们产生某种"崔灏题诗在上头"之感。

作为一名发展(儿童)心理学家应该感到庆幸,因为我们始终有薪火相传、不断更新的《儿童心理学手册》相伴随。其他领域的心理学家就未必有此好运。诚如 Damon 所言,"《儿童心理学手册》对本学科的发展起到了独特而重要的作用,其影响之大甚至连那些世界著名的学术手册也难以比拟"(见本手册"前言")。我们很难想象,没有当年 Murchison 的首创以及随后 Carmichael 和 Mussen 的开拓进取以及当代 Damon 和 Lerner 的继承发扬,一句话,若没有这一系列的《手册》问世,当今发展(儿童)心理学的园地也许不会有今日如此繁荣的景象! Eisenberg 曾将 1970 年版《手册》(Mussen 主编)奉为"圣经",这或许是她作为 Mussen 弟子的溢美之词,但要说历代发展(儿童)心理学家未曾受惠于这些《手册》,这就难免有罔顾事实之嫌了! 试问,当代发展(儿童)心理学的各类研究课题、数以百千计的学术著作和学位论文,哪一项或哪一篇敢于声称没有受到其直接或间接的启示和指导? 学术的滋养也许润泽于无声,但它的影响是难以否认的。它实际起到了指引新研究方向之"明灯"、形成新思想之"发生器"、提供新知识之"宝库"和孕育新理论之"摇篮"的作用(Damon 语)。

历代各版《手册》的宗旨始终为历任主编所恪守,即旨在为我们"提供一幅对知识的目前状态进行全面、准确描绘的图画——主要的系统性思考和研究——在人类发展的心理学领域内最重要的研究"(Mussen,1983 年版"前言"),以"真实地向读者奉献一部完整的儿童心理学"。传统上,《手册》的读者定位于所谓"特定的学者",因此具有"高级教程"的特点。但自第五版之后,其"特定学者"的范围显然有明显扩大的倾向,因为"如今的学者更多倾向于在多学科的领域,如心理学、认知科学、神经生物学、历史学、语言学、社会学、人类学、教育学和精神病学等学科进行跨学科的遨游"(Damon,本版"前言"),而且这种遨游必定还伴有不同研究导向的实践工作者与之同行。

《儿童心理学手册》从"四分卷"之体例到各卷内容的主题确定,乃是从 1998 年的第五版开始成型的。第五版与 1983 年的第四版相比,有了显著的变化。正是从第五版始,几种如今几乎成为儿童(发展)心理学家们工作语言的理论模型和研究取向渐居主流地位。它们是动力系统论、毕生发展和生活过程论、认知科学和神经模型、行为遗传学方法、个体—情境交互论、动作论、文化心理学以及泛新皮亚杰学派和泛新维果茨基模式。就这些主题而言,第六版与第五版相比,似乎更多地只是表现为新材料的增加、思考层次的深入而并无方向上的重大转变。如果说从第四版到第五版是"革命"的话,那么从第五版到第六版,确切地说,应该只是某种"改良"——尽管某些方面的进步是显而易见的。在可以预见的未来,或许也未必会再产生更多新的范式。因此,我们应对 Damon 和 Lerner 对手册的历史贡献给予高度评价。

至于本版(第六版)与第五版的不同之处,Damon 和 Lerner 在其所撰第六版的"前言"中未作详列,当然读者完全可以自行判断。我们仅略述如次。

在第一卷"人类发展的理论模型"中,本版保留了 1998 年第五版 19 章中的 15 章,其撰稿人也没有变化。除删去第五版中的第 6、7、8 和 13 章外,较大的变化是增加了 3 章新的内容,即"现象学生态系统理论:多元群体的发展"、"积极的青年发展:理论、研究与应用"和"宗教信仰与精神信仰的毕生发展"。这一变化显然与后面我们还将提及的当代儿童(发展)心理学中"系统发展理论"逐渐取得支配地位的现状相一致。

相对而言,第二卷"认知、知觉和语言"在体例和结构上均有所变化:第五版的 19 章先被重新组织为以阐述认知发展的神经基础以及婴儿期的知觉和动作发展为主要内容的"基础"部分以及"认知与交流"、"认知过程"、"概念理解和成就"和"展望儿童期后的发展"这四个部分,然后将相关各章分属于它们,所涉主题也略有扩大而增至22章。至于撰稿人,22章中有15章由新人担纲。

第三卷"社会、情绪和人格发展"的体例和撰稿人变动最小。两版均为16章,其中题目和撰稿人均未变化的就有12章;第2章、第3章和第15章只是题目分别从"早期社会人格的发展"改为"个人发展:社会理解、关系、道德感、自我";从"生物学与儿童"改为"生物学、文化与气质偏好";从"成功动机"改为"成就动机的发展",但3章的撰稿者仍是原班人马。唯一一章题目和撰稿人均有变化的是第16章"人际环境中的青少年发展"(第五版的题目为"家庭背景下的青春期发展")。

第三卷尽管体例和章目改变不大,但内容的重点却有新的侧重。如该卷主编Eisenberg所指出的,这种改变主要体现在对"变化过程"的重视上,即研究者普遍进行着各种"中介作用"的考察。此外,大量的调节变量也成为研究者的关注中心,对调节过程的研究和讨论更加深入,给予儿童情绪及情绪驱动的行为调节机制以及调节过程的个体差异与个体社会能力和适应的关系予以更多注意。可以说,有关自我调节的内容几乎在这一卷的各章中都有不同形式的讨论。值得指出的是,作为分卷的主编,N. Eisenberg也许是最为恪尽职责的,因为只有她为这一卷撰写了较为系统全面的"导言"。这无疑为读者对全卷各章内容的全方位的思考提供了便利。

第四卷"应用儿童心理学"在体例、撰稿人及各章安排上均有较大变化。这反映了实践的需求以及儿童(发展)心理学自身对应用基础的日益重视。该卷的主编(两版同为Renninger和Sigel)一如第五版的旧例,亦为本卷撰写了简短的前言(只是调换了两人署名的顺序)。但他们把第五版的"家庭养育"、"学校教育"、"心身健康"和"社区与文化"这四部分所涉内容重新组织成为"教育实践中的研究进展与应用"、"临床应用的研究进展与含义"和"社会政策和社会行动的研究进展及其意义"这三个方向,同时在撰稿人和各章主题上均有较大改变。内容涵盖面有所扩大,从17章扩至24章,作者多数更换为新人。除该卷主编Renninger和Sigel外,只有"发展心理病理学及预防性干预"、"人类发展的文化路径"、"儿童期贫困、反贫困政策及其实行"、"父母之外的儿童保育:情境、观念、相关方及其结果"这四章的撰稿人身份予以保留。

在罗列了上述关于第五版与第六版的异同之后,我们还想略费篇幅对这两版手册的最可关注之处表达我们的浅见。我们认为,近些年来,儿童(发展)心理学的进展突出体现在"理论"和"应用"这两个方面。

Lerner为本手册第一卷撰写的第1章"发展科学、发展系统和当代的人类发展理论"具有全手册导论的性质。它理应成为阅读全书的理论向导。

根据Lerner,当代人类发展研究最值得称道的变化是系统论思想的产生、发展并渐成主导思潮,它是我们构筑真正跨学科的儿童(发展)心理发展的研究领域的必然产物。发展系统思想正成为过去十年儿童(发展)心理学中理论变化的核心。它的跨学科的内在属性甚至使越来越多的儿童(发展)心理学家不满原有的称谓,主张以"发展科学"来取代"发展心理学"。发展系统论的界定性特征可概括为关系实在论、历史(时间)根植性、相对可塑性和发展多样性这四个主要方面(Lerner 虽列举了更多特征,但都可在上述四个方面中得到释述)。Lerner 认为,发展系统理论的框架在发展科学研究中已处于"支配地位",它甚至被提到了库恩意义上的"范式转换"的高度。

以下我们就发展系统理论的这四个方面稍作说明。

从哲学层面而言,发展系统理论的基础是一种关系实在论。关系实在论摒弃一切传统的两分概念[在儿童(发展)心理学中,它们是人们耳熟能详的"成熟与学习"、"天然与教养"、"连续与间断"、"稳定与不稳定"、"完全不变与变化"等成对范畴]。关系实在论认为:事物不是简单二元对立的,而是构成一种整合的相互依赖和彼此决定的关系。它主张应融合整个人类发展生态系统的不同组织水平(从生物学到文化学),强调这些不同水平之间的关系才是构成发展分析的基本分析单元。这一思想几乎指导着本手册各章的内容,由此产生了许多更为具体的不同的理论模型,其涵盖领域既有传统领域(如知觉和动作发展、个性、情感和社会性发展、文化与发展、认知发展等),也包括新出现的研究领域(如精神和信仰发展、多样化儿童的发展、人类的积极发展等)。

关系实在论对流行已久的"普遍性规律"的概念造成巨大冲击。传统研究者拘泥于实质源自实证主义和还原论的万物一统观,即人类行为的研究旨在确认通常与人有关的所谓普遍性规律。关系实在论则强调个别化的特异性规律。每个个体都是其自身发展的积极推动者。对个体—情境关系的强调,使"发展科学从一个似乎将时间和地点视为与科学发展规律的存在和作用无关的研究领域,转化为一个试图探求情境根植性和历时性在塑造多样化个体和群体发展轨迹中的作用的研究领域。"(本手册第一卷第1章)

发展的可塑性是发展系统理论的另一要点。"可塑性"又与"发展的多样性"的概念相通。因为在个体与情境构成的动态系统中,个体与情境本质上是相互塑造的。于是在人与情境之间建立起"健康的支持性的联合"就可促进所有多样性个体的积极变化。而且,与发展科学对可塑性与动态性的理论关注相适应,纵向研究方法中用以评估发展系统中个人与情境间关系变化的统计方法的新进展以及关于质性分析技术的融合使用,也为之提供了方法的支持。

可塑性不能脱离发展的历史(时间)根植性。系统随时间进程而变化,即所谓历史(时间)根植性。发展系统论主张的历史(时间)根植性认为存在贯穿毕生持续系统的变化。多组织水平的联合作用既促进系统的变化,也制约着变化本身。

具体到个体,没有一个人的个体↔情境的关系是相同的;即便同卵双生子,他们也有着不同的关系史。"这种生物与情境随时间而出现的整合,意味着每个人均有各自发展的轨迹,它是个人所特有的。"多样性既指个体内的变化,也指个体间的差异。发展的多样性是人类生命历程所特有的特征,且也是人类发展的重要财富,因为它界定了人类生命最优化之潜在物质基础的变异范围。它使人们利用它以实现自身积极、健康的毕生发展成为可能。

发展系统的相对可塑性意味着所有人都有发展的潜势,当这种潜势与环境发展资源整合之际,积极的发展变化就可期待。"为一个人一生的相对可塑性提供可能性的个体←→情境的关系融合系统,构成了每个人的某种基本发展势力。"这种势力是发展的真正动力之源。

系统的发展方向不一定是正面的,关键在于社会的资源提供是否及时。发展科学的最大应用价值是努力使发展最优化,即促进在主体的实际生态环境中,最好地联合内外资源去塑造他的生活历程。这就要求我们发展科学的研究者能为之设计和提供一种"能描述、解释和优化实践(使发展最优化)为一体的科学议程"。对多样化群体中个体和群体的认识,对多样化情境资源的认识以及整合的科学议程都是发展科学所必须的成分。

从发展的可塑性、时间根植性和个体—情境的动态系统观出发,就应对"个别差异(缺陷)"这一儿童(发展)心理学家最为熟知的概念加以重新审视。传统上,个别差异是从误差变异的角度来理解的,或是被理解为是由实验控制缺乏或测量不当所致,或是(更糟糕)干脆把它们理解为是某种缺陷或异常的指标。

遗憾的是,这种"缺陷"取向的思考方式的残余至今仍游弋于发展科学的外围,特别在行为遗传学、社会生物学或某些进化心理学之中。众多学者已警告我们:这些关于基因和人类发展的错误观念,普通人或许易受其迷惑,但决不能成为公共政策的核心。缺陷取向的理论基础,归根结底是遗传还原论和环境还原论。它们对公共决策影响极大,尤其是在其与缺陷模型相结合的时候。因为尽管个别差异是绝对的,但这并不意味着"一定有人属于缺陷人群,有人属于优势人群"。

假如要为遗传与环境以及其他众多二元对立的概念之纠缠不清的争论解套,要肃清堂而皇之存在的两分法思维的残余影响,那就必须重新审视传统的"交互作用"概念。交互作用只是"用自身通常被概念化的两个分离的单纯实体……以合作或竞争的或独立地(在)起作用"来描述事物(Collins et al. ,2000)[①]。只要是立足于这样的交互作用,争论两者(如天然与教养、机体与环境)的相对贡献大小,便是毫无意义的。一言以蔽之,所有两分法的观点,特别是遗传还原论的观点,不能作为阐述人类发展的理论框架。这在神经科学大举进入心理学家视野之际,尤应警惕。

从轻易地对差异贴上"缺陷"的标签,到将之理解为"发展的多样性",Lerner 认为这堪称是一次"真正意义上的范式转变":对人类本质特征的认识,以及对时间、地点(情境)和个体多样性的认识的范式转变。这一转换在第五版 Damon 和 Lerner 两主编当年曾亲自担任分主编的"人类发展的理论模型" 卷中即已成形,并开启了它们在发展科学中渐趋活跃的时代。至于在第六版中,则它与处处可见的发展系统模型有关。结合两版各章(包括第六版的新章),可得出如下结论:发展是动态的、多样的;时间和地点(情境)的差异是本质而非误差。因此,"要认识人类发展,必须认识与个体、地点(情境)和时间有关的种种变量是如何协

---

① Collins,W. A. ,Maccoby,E. E. ,Sternberg,L. ,Hetherington,E. M. ,Bornstein,M. H. (2000). Contemporary research on parenting:The case of nature and nurture. *American Psychologist*,55,218 - 232.

同塑造行为的结构和功能及其系统的和系列的变化"(参阅第一卷第 4、8、11、13、14、15、16 等各章以及 Elder、Modell 和 Magnusson 等人的研究)。

当然,发展的多样性并不否认存在人类发展的一般规律。只不过它同时坚持也存在"个别化的规律",而且认为前者的概括需要经过经验的确证,而非先验的约定产物。个别化的、特异的和普遍性的规律共存;每个人和每一人群均有其独特的和共同的特征,它们都应成为发展分析的核心目标。发展系统理论也并不否定基因等的作用,而是强调"基因细胞、组织、器官、整个机体以及其他所有构成人类发展生态环境的机体外组织水平,融合为一个完全是联合起作用的、相互影响、因而是动态的系统"(Lerner,本手册,第一卷,第 1 章)。动态系统的核心特征是不把系统内的变量理解为独立的因素,它所指的"相互作用"是相互决定并彼此塑造的双向关系。说"动态(力)系统"是手册中出现频率最高的词汇之一似不为过。关于发展系统取向的经典的研究,有兴趣并希望用于实证研究的读者可进一步参阅本手册有关各章及更多的相关著作。我们认为,尽管这些方法目前并未普及,但预示着未来的方向。

再说说本版《手册》在重视儿童(发展)心理学应用方面的特色。

尽管 Kurt Lewin 的名言"没有什么比一个好理论更实用"常被人引用,但理论毕竟不能代替实践。把儿童发展研究与实践的主张紧密联系起来,这一发展科学的应用取向已受当代发展学者的普遍重视。它既是发展系统理论所强调的可塑性、时间根植性和发展多样性的自然归属,同时也向我们呈现了发展科学的跨学科性质的时代风貌。这在本版《手册》中有充分展现。

值得指出的是,当代儿童(发展)心理学对应用的重视,并未使发展科学沦为纯实用的技术,而是将之提升到了"应用的基础研究"的层面。

自 1996 年由 Stokes 提出"应用的基础研究"概念之后,基础研究与应用不再被视为界限分明的两个方面,而成为"沟通基础研究与活生生的人和活动之间的管道"。儿童(发展)心理学家不再只关心认知与情意功能的某些割裂的方面,而是去拓展"教育或临床干预以及课本、软件、课程及媒介如何设计"等实践的专业性功能,这完全符合"任何研究须以满足社会需要"之根本要旨。"应用的基础研究"不仅要整合儿童(发展)心理学各领域的研究成果,因为它"并非只借鉴单一的理论或研究传统";而且由于"实践的发展研究(是)建基在具体解析环境问题、关注环境一般性质及有明确实践原理的研究之上",因而它实际还要借助于与心理学的其他领域的合作,如临床、认知、教育、神经及社会心理学。因此,应用的基础研究要求跨学科领域的合作。这提示我们,儿童(发展)心理学家应该具备更宽广的学术视野和素养。我们也许可从这最新一版的《儿童心理学手册》的第四卷中感受到这一变化,并从国外同行在这一方面的努力中获得某种启示。当然应该指出,有关应用和实践的基础研究,这是最与社会、文化等因素紧密相关连的。中国的儿童(发展)心理学家理应开创自己更符合中国国情、社情和民情的应用课题。它们是任何国外的现有研究所不可取代的,也是我们可以贡献于整个人类发展科学的大可用武之处。

最后我们想说,我们稍感遗憾的是,基于《手册》使用的时效性,我们原计划此书能在

2008 年内即与读者见面的,但现在的出版时间稍稍晚于我们的预期。一项大工程,其间涉及一些难控的因素似在所难免。不过如以第五版与第六版之时隔 8 年为参照,它将至少还有 5 年的有效期。应该指出,一定意义上,凡手册所载之知识,乃是前人已知且相对凝固的知识;而学术之树常青。因此,更为重要的是我们如何从中汲取营养,孕育和构建新知。"读书仅向大脑提供知识原料,只有思考才能把所学的书本知识变成自己的东西"(洛克:《人类理解论》)。中国的儿童(发展)心理学家未来一定会以更多创造性的成果反哺于下一版的手册!我们期待着。

2009 年 1 月

《儿童心理学手册》(第六版)前言

WILLIAM DAMON

所有学术性的手册在其学科领域中均发挥诸多重要的作用,首要的是,它们反映了该领域最近发生的变化以及使这些变化得以产生的经典研究。在这个意义上,所有手册都反映了其编撰者在手册出版之际,他们对自己领域内最重要内容的最佳判断。但许多手册也会影响到这些领域本身的发展。学者们——尤其是年轻学者们——会把手册作为信息来源,从中得到启示,进而指导自己的研究。举凡一种手册,它在对自身领域之构成加以考察之际,同时也汇集了日后将会决定该领域之未来发展的各种思想。因此,手册不仅是一盏指明灯和一种发生器,以及大家共同接受之知识的宝库,同时也是孕育新洞见的摇篮。

本手册继承的传统

在有关人类发展的研究领域,《儿童心理学手册》起到了独特而重要的作用,其影响之大甚至连那些世界著名的学术手册也难以比拟。《儿童心理学手册》一直在为该领域几乎长达75年的发展研究继承着扮演指向标、组织者、百科全书角色的传统,这段时间可以说涵盖了发展领域绝大部分的科学工作。

Carl Murchison 于 1931 年协调整合了各方面的稿件,推出了第一本《儿童心理学手册》。我们很难想象如果没有他的工作,这一领域如今会是什么模样。无论 Murchison 本人是否认识到了这本手册的潜在价值(本身是一种有趣的思考,假定他的梦想和雄心出于自然),他开始了出版这一工程的首创工作。它不仅费时旷日,而且发展成为一种跨越许多相关领域的繁荣传统。

通观《手册》的成书历史,它收集了世界范围内有关发展的研究,并在这些研究中起到了形成的作用。我们作为发展学家,目前状况如何,我们已知道了什么以及我们将向何方向发展,对这些问题,本手册的历史会告诉我们什么呢?至于在我们所探索的问题中,在我们所使用的方法中以及在我们为求得对人类发展的理解所引用的理论观点中,什么发生了改变,什么保持原样,手册的历史又告诉了我们什么呢?借助提出这些问题,我们遵循着科学本身的精神,因为发展的问题可以在任何努力的水平上提出来——包括建立研究人类发展的宏大事业。为了达于对该领域所描绘的人类发展的最好理解,我们必须了解该领域本身是怎样发展的。对一个要考察其连续性和变化的领域来说,我们必须探问:对该领域本身而言,什么是其连续性,什么又是其变化?

对《手册》历史的回顾绝不是去讲述该领域为什么表现为今日现状的完整故事,而只是展现这个故事的一个基本部分。它指明那些决定了领域发展方向的选择并且它影响了这些选择的作出。基于此,本手册的历史揭示了关于这一门学科形成的大量判断和其他的人类因素。

本手册的特点

Carl Murchison 是一位主编过《心理学文档》(*The Psychological Register*),创办并主编过多种核心心理学期刊,撰写过社会心理学、政治、犯罪心理等书籍,编辑过各种手册、心理学教科书、著名心理学家传记,甚至一本论述精神信仰的书籍(Arthur Conan Doyle 爵士与 Harry Houdini 也在此书投稿人之列)的学者/指挥者。Murchison 主编的最初版《儿童心理学手册》由一家小型的大学出版社(Clark 大学)于 1931 年出版,当时该领域本身尚处于其婴儿期。Murchison 写道:

> 实验心理学一直具有(比儿童心理学)更悠久的科学和学术地位,但目前的经费投入,纯粹实验心理学研究的投入也许要比儿童心理学领域少得多。尽管这已是明显的事实,但很多实验心理学家仍然轻视儿童心理学领域,他们认为它的研究特别适合于女性以及那些不怎么阳刚(masculinity)的男性。这种所谓保护的态度乃是基于完全忽视儿童行为领域的研究需要巨大的阳刚气概。(Murchison,1931,p. ix)

Murchison 阳刚的隐喻当然是产生于他那一时代;它对某种性别刻板印象的社会历史是一种很好的修饰。Murchison 对其所要肩负的任务及采纳的方法有先见之明。在 Murchison 为其手册撰写前言之际,发展心理学只被欧洲和少数具有前瞻眼光的美国实验室、大学所了解。然而,Murchison 预见到该领域即将会得到提升:"如果目前尚不能达到,但当几乎所有有智慧的心理学家都意识到:大半心理学领域涉及一个问题,即婴儿在心理上如何变为成人时,这个时刻就不会太过遥远。"(Murchison,1931,p. x)

为撰写 1931 年初版《手册》,Murchison 走访了欧洲及美国许多儿童研究中心(或"工作站")(Iowa、Minnesota、UC. Berkeley、Columbia、Stanford、Yale、Clark)。Murchison 的欧洲伙伴包括年轻的"发生认识论"学家 Jean Piaget,Piaget 在其撰写的"儿童哲学"(Children's Philosophies)一章中,大量引用了他对 60 名 4 至 12 岁的日内瓦儿童所作的访谈。Piaget 向美国读者介绍了他对儿童最初的世界概念进行研究的具有创造性的研究程序。另一位欧洲学者 Charlotte Bühler 撰写了关于儿童的社会行为一章。有关这一主题至今仍是新鲜的,Bühler 描述了蹒跚学步儿童复杂的玩耍行为及交流模式,这一内容直到 20 世纪 70 年代末才被发展心理学家重新探究。Bühler 同时也预期对 Piaget 的批判将出现在 20 世纪 70 年代的社会语言学的鼎盛时期:

Piaget 在其关于儿童谈话与推理的研究中,着重强调儿童的谈话更多的是以自我为中心的,而不具有社会性……3 到 7 岁的儿童伴随操作的谈话,实际上并没有太多的相互交流,而像是一种独白……[但是]儿童与家庭每个不同成员之间的特殊关系还是会在分别进行的交谈中有所区别地反映出来。(Bühler,1931,p. 138)

其他的欧洲学者包括: Anna Freud 撰写了"儿童的心理分析"一章,以及 Kurt Lewin 撰写的"儿童行为和发展的环境作用"一章。

Murchison 选择的美国学者均非常有名。Arnold Gesell 开展对双生子研究,他提出的先天论解释,至今我们仍耳熟能详。斯坦福的 Louis Terman 对"天才儿童"概念作出全面的诠释。Harold Jones 论述了出生顺序的发展效应。Mary Cover Jones 介绍了关于儿童的情绪研究。Florence Goodenough 所写一章是关于儿童绘画的内容。Dorothea McCarthy 撰写了有关"语言发展"的一章。Vernon Jones 在"儿童道德"的一章中强调其个性发展的方面,但这种说法在认知发展变革期间曾淡出人们的视野,不过在 20 世纪 90 年代末又被视为道德发展的核心内容而又重新获得人们的关注。

Murchison 的儿童心理学的思想也包含对文化差异的考查。他的《手册》向学术界推出了一位年轻的人类学家 Margaret Mead。她刚刚结束在 Samoa 和 New Guinea 的周游。在 Mead 的早期著作中,她曾写到:她的南海(South Seas)之行是想对早期"结构主义"的错误观点提出质疑,如 Piaget、Levy-Bruhl 等人所提出年幼儿童思维的"泛灵论"观点。(有趣的是,同一卷中 Piaget 所写一章大约三分之一的内容就是讲述日内瓦的儿童是如何随年龄增长而摆脱泛灵论的。)Mead 报告了一些她认为"令人惊异"的数据:"在 32 000 幅(年幼"思维幼稚的"儿童所作)的图画中,不存在将动物、物质现象或无生命物体拟人化的案例"(Mead,1931,p. 400)。Mead 同时也用这些数据批评西方心理学家的自我中心主义观点,她指出泛灵主义和其他观念更可能是文化因素导致的,而非早期认知发展的本质。这些内容对于当代心理学并非是陌生的主题。Mead 还向发展领域的研究者提供了一份在不熟悉文化中进行研究的研究指南,并附以研究方法及实行这些方法的建议,如把问题翻译为当地语言形式;不要做控制实验;不要对处于懵懂年龄(knowing age)的被试进行研究(他们往往对研究处于无知的状态);与你所研究的儿童有更多的接触等。

尽管在 1931 年《儿童心理学手册》中,Murchison 邀请了阵容庞大的作者队伍,但他的成就感并没有使自己满足很久。仅仅 2 年后,Murchison 就推出了第二版,在这一版中他写道:"在短短的 2 年多时间之后,这第一次修订就几乎不包含与原版《儿童心理学手册》有什么共同之处。这主要是因为在过去 3 年里,该领域的研究迅速扩展,部分原因也在于编者的观点发生了变化。"(Murchison,1933,p. ii)由 Murchison 所带来的传统也处于发展变化之中。

Murchison 认为有必要在第二版提出如下的警示:"我们一直都未试图简化、浓缩或提出不成熟的思想。本卷是为特定的学者服务的,它要求具有强大的说服力。"(Murchison,1933,p. vii) Murchison 之所以这样说,可能是因为第一版的销量未能像教科书那样畅销;也可能他受到了有关第一版在可接受性方面的消极评价。

Murchison 认为第二版与第一版极少有雷同,这有些夸大其辞。其实,大约有一半章节的内容基本是相同的,只有很少的增加和更新。(尽管 Murchison 仍继续使用"阳刚"的措辞,但第二版的 24 位作者中仍有 10 位是女性。)有些第一版的作者被要求撤除原来的章节而改写新的主题。例如,Goodenough 撰写"心理测验"一章而非"儿童图画"的内容,Gesell 在其撰写的一章中简要阐述了他的成熟论——这超越了他以前的双生子研究。

但 Murchison 在第二版也做了一些较大的改变。他完全摈弃 Anna Frued 的观点,认为心理分析在心理学的学术界已遭到疏离。Leonard Carmichael 首次作为作者撰写了重要一章(它是迄今为止手册中最长的一章),内容是有关产前和围产期儿童的发展。Leonard Carmichael 日后在手册的传承中起到关键作用。第二版增添了三章生物学导向的内容:一章是关于新生儿动作行为,一章是关于生命最初 2 年内视觉—操作功能,另一章是关于生理"欲望",例如饥饿、休息、性的内容。加之 Goodenough 与 Gesell 在其研究视角上的较大的转变,所有这些都使 1933 年的《手册》向生物学方向有了更多的扩展,这也与 Murchison 长久以来的愿望相一致:他希望这些新兴的领域使儿童心理学展现出作为硬科学(hard science)的骨架。

Leonard Carmichael 在主持 Wiley 出版的首版《手册》时任职 Tufts 大学校长。从大学出版社转到历史悠久的 John Wiley & Sons 商业公司,这与 Carmichael 众所周知的雄心是一致的;的确,Carmichael 的努力是想让这本书变得更有影响,使之超越 Murchison 当初的所有预期。此时书名(当时只有一卷)被改称为《儿童心理学指南》(*Manual of Child Psychology*),这与 Carmichael 的如下意图相吻合:他希望出版一本"优秀的科学指南,以期在这一领域内的各种良好的基础教科书与学术的期刊文献之间,建起一座跨越两者的桥梁"(Carmichael,1946,p. viii)。

这本《指南》在 1946 年出版,Carmichael 抱怨"这本书的诞生艰难,代价昂贵,尤其是在战争的条件下"(Carmichael,1946,p. viii)。然而,为这项工程付出的努力是值得的。《指南》很快成为研究生训练和本领域内学术研究的"圣经"。只要研究人类发展,到处可以看到这本指南。8 年后,Carmichael 时任 Smithsonian Institution 的主任,他在 1954 年出版的该指南第二版的前言中写道,"第一版不仅在美国,而且在世界各地都大受欢迎,这预示着对儿童成长和发展现象的研究越来越重要"(Carmichael,1954,p. vii)。

Carmichael 主编的《指南》第二版的使用周期很长:直到 1970 年 Wiley 才推出其第三版。Carmichael 当时已经退休,但他仍对此书有着浓厚的兴趣。在他的坚持下,他自己的名字仍成为第三版书名的一部分;几乎令人难以想象,它被称为《Carmichael 儿童心理学指南》,即使此时新任主编已经上任,作者和顾问也已更换新人。Paul Mussen 接任了主编一职,再次使这项工程展现辉煌。第三版变成了二卷本,它的内容覆盖了整个社会科学并被发展心理学及其相关学科的研究广泛引用。很少有一本学术性的纲要文献会既在自己领域处于如此主导地位,又在相关学科也有如此高的知晓度。这套《指南》对研究生以及高级的学者同样是重要的资源。出版界更是将《Carmichael 指南》作为标准,以致其他出版的科学手册均与之比较。

1983 年出版的第四版由 John Wiley & Sons 出版并被重新命名为《儿童心理学手册》。此时，Carmichael 已经去世。整套书扩展为四卷本，学界多称之为"Mussen 手册"。

Carmichael 为新兴的领域所选的内容

Leonard Carmichael 当年应 Wiley 出版社之约成为主持这项出版工程的主编。工程获得了商业的资助，并且版本予以扩展（1946 年与 1954 年指南）。关于从何处搜寻、选取他认为重要的内容，Carmichael 曾作如下说明：

> 作为既是《指南》的编辑又是特定章节的作者，撰写者都受惠于……广泛接受并使用先前出版的《儿童心理学手册》（修订版）的材料。（1946，p. vii）
>
> 《儿童心理学手册》和《儿童心理学手册》（修订版）的编撰都是 Carl Murchison 博士。我希望在此表达我对 Murchison 博士在推出这些手册以及在其他心理学高级著作方面所做的先驱工作的深深感激之情。《指南》在其精神和内容的很多方面都归功于他的先见和编辑才华。（1954，p. viii）

上述第一段引自 Carmichael 1946 年版的前言，第二段引自 1954 年版的前言。我们无从知晓缘何 Carmichael 直到 1954 年才表达了对 Carl Murchison 个人的赞辞。也许是粗心的打字员在 1946 年版的前言手稿中遗漏了称赞的段落，而这一遗漏当时又未引起 Carmichael 的注意。或者也许经历了 8 年的成熟发展之后，Carmichael 平添了慷慨之情。（也可能 Murchison 或其家人对此有了抱怨。）不管怎样，Carmichael 终于对他的《指南》之基础予以承认了，如果说这不是对它们的初始编辑所作承认的话。他的选择是从这些基础开始的，这为我们披露了手册的部分历史。它为我们今天作为那些为 Murchison 及 Carmichael 所主编的手册作出贡献的先驱者们的后辈，留下了巨大的智慧遗产。

尽管 Leonard Carmichael 在 1946 年版的《指南》中所采取的思路与 Murchison 1931 年版和 1933 年版的《手册》的思路大致相同，但 Carmichael 又沿此思路向前有所发展，他增加了某些部分，也增添了他自己的色彩，删除了部分 Murchison 所重视的内容。Carmichael 首先沿用 Murchison 的五章关于生物的或实验的主题，例如生理成长、科学方法、心理测量等。他加入了生物学导向的新三章，涉及婴儿期的发展、身体成长、动作和行为的成熟（Myrtal McGraw 的介绍立刻使同一卷中 Gesell 的那一章显得过时了）。随后他委托 Wayne Dennis 撰写了有关青少年发展的一章，其主要关注点是青春期的生理变化。

关于社会及文化对发展影响的主题，Carmichael 保留了 Murchison 中的五章：两章是由 Kurt Lewin 和 Harold Jones 撰写的有关环境对儿童的影响，Dorothea McCarthy 撰写有关儿童语言的一章，Vernon Jones 撰写有关儿童道德的一章（现在题名"性格发展——一种客观的研究途径"），以及 Margaret Mead 撰写的有关 "早期幼稚"儿童的一章（由于采用了一些取自世界各地具有异国文化色彩的母子照片而提高了人们的兴趣）。Carmichael 同时保留了 Murchison 另外三章的主题（情绪发展、天才儿童、性别差异），但他选择新作者来撰写它们。但是,Carmichael 删除了 Piaget 和 Bühler 所撰写的二章。

Carmichael 的 1954 年的修订版是他的第二次也是最后一次修订版,其结构和内容与 1946 年的《指南》非常接近。Carmichael 再次保留 Murchison 原版的核心,以及多名作者和章节的主题,有些同样的材料甚至可追溯到 1931 年版的《手册》。不足为奇,与 Carmichael 的个人兴趣最接近的章节得到了明显的保留。只要有可能,Carmichael 就会倾向于生物及生理学。他显然支持对心理过程的实验处理。然而,他还是保留由 Lewin、Mead、McCarthy、Terman、Harold Jone 和 Vernon Jones 等所撰写的有关社会、文化和心理分析的内容,他甚至还增添了由 Harold 与 Gladys Anderson 所撰写的有关社会发展和由 Arthur Jersild 所撰写的有关情绪发展的两章新内容。

Murchison 和 Carmichael 所主编的《指南》和《手册》至今仍是令人感兴趣的读物。这一领域内经久不衰的许多话题正源于那时:诸如先天-后天之争;普遍主义的一般性与情境主义的特殊性的对立;个体发生期间的改变是延续性的还是间断性的;成熟、学习、动作活动、知觉、认知、语言、情绪、行为、道德以及文化的标准范畴——都通过分析而得以区分,然而,正如每一卷的所有作者都承认的,所有这些不可避免地结合在人类发展的动态整体之中。

以上这些如今并未改变,但早期版本中的很多内容难免显得有些陈旧了。那些描述儿童饮食偏好、睡眠模式、习惯消除、玩具和身体体型的大量篇幅,如今看来是有点奇怪而没有什么可圈点之处。有关儿童思维和语言的章节,其撰写年代是在现代神经科学以及大脑/行为研究带来的突破之前。有关社会和情绪发展的章节也忽视了社会的影响以及自我调节的内容,而这些方面很快就为后来的归因研究和社会心理学中的其他一些研究所揭示。某些术语,如认知神经科学、神经网络、行为遗传学、社会认知、动力系统、积极的青年期发展等,在当时定然是不为人们所知的。甚至 Mead“幼稚”儿童的论述与当代文化心理学中丰富的跨文化知识相比,也显得十分薄弱。

通观 Carmichael《手册》的各章,它们列举各种独特事实并有规范的倾向,很少用到什么理论将之联系起来。情况似乎是:人们沉浸在一个新领域的前沿有所发现的喜悦之中,所有这些新发现的事实在其被发现的过程中及其本身都是有趣的。当然,这就使得很多材料似乎给人以奇特和任意之感。我们很难知道是什么造成了这一事实系列,应把这些事实置于何处,哪些是值得追根溯源,哪些是可以放弃的。毫不奇怪,在 Carmichael 的《指南》中呈现的一堆材料以如今的标准衡量,它们不仅是过时的,而且是糟糕而没有什么关联的。

时至 1970 年,对理解人类发展而言,理论的重要性变得不言而喻。在回顾 Carmichael 的最后一版《指南》时,Paul Mussen 写道,“1954 年版的《指南》只有一章是关于理论的,它介绍了 Lewin 的理论,目前我们看到,这一理论对发展心理学并没有产生什么持久而重要的影响”(Mussen, 1970, p. x)。在随后间隔的多年中,我们似乎可以看到一种偏离标准的心理学研究的转向,这一度被认为是“荒漠之地(dust-bowl)经验主义”。

Mussen 的 1970 年版本——当时称为《Carmichael 指南》——已面目一新,几乎整体更新了它的内容。两卷中只有一章采自之前,即 Carmichael 自己新写的长文“行为的开始与早期发展"——换了一个与 Murchison 1933 年版本中不同的名字。另外,正如 Mussen 在其前言中写道,"一开始就应该清楚……目前的两卷本无论就何种意义而言,都不是先前版本的修订版;这是一本全新的《手册》"(Mussen,1970,p. x)。

事实正是如此。与 16 年前 Carmichael 的最后一版相比,Mussen 两卷本的范围、内容的多样性及理论的深度都是惊人的。该领域已有巨大发展,新的《指南》展现了很多新的、不断出现的研究成果。生物学的研究视角仍很强势,有关身体成长(physical growth)(作者 J. M. Tanner)、生理发展(physiological development)(作者 Dorothy Eichorn)的两章以及 Carmichael 修订的一章(现在写得更为精致,引用了希腊哲学和现代诗词)为之奠定了基础。另有两章可以说是生物学的姐妹篇,它们是 Eckhard Hess 所撰写的有关习性学(ethology)的一章和 Gerald McCLearn 所撰写的有关行为遗传学的一章。这些章节至少在未来 30 年内将决定儿童心理学领域内生物学研究导向的主要方向。

就理论而言,Mussen 的《手册》是将理论完全渗透在全书之中。1970 年版中多数理论阐述都是围绕着著名的"三大体系"理论而组织的:(1) Piaget 认知发展理论,(2) 心理分析理论,(3) 学习理论。Piaget 受到广泛的重视。Piaget 再次出现在《指南》中,此次他对他的整个理论进行了更全面的(某种意义而言,更准确的)阐述,这与他在 1931/1933 年对有趣的儿童言语表达的分类极少有相似之处。此外,John Flavell、David Berlyne、Martin Hoffman,以及 William Kessen、Marshall Haith & Philip Salapatek 所撰写的有关各章都对 Piaget 研究工作的不同侧面给予了相当的重视。此外,其他的理论视角也有所表现。Herbert 与 Ann Pick 在有关感觉的和知觉的一章中详细阐述了 Gibson 的理论,Jonas Langer 所撰写的一章是关于 Werner 的机体理论(organismic theory),David McNeill 所撰写的一章对语言发展作出了基于乔姆斯基理论的解释,以及 Robert LeVine 撰写了日后很快成为"文化理论"的早期文本。

随着对理论的日益重视,1970 年的《指南》深入探求在前面版本中几乎都被忽略的问题:寻找可以对变化的机制加以说明——用 Murchison 过去的话说就是——回答"婴儿在心理上如何变成成年人的问题"。在这过程中诸如先天与后天的相对立性这样的老话题又被再次提出,但如今涉及更为复杂的概念的和方法论的工具。

在理论建构之外,1970 年的《指南》还推出了许多新的理论以及有特色的新撰稿人:同伴相互作用(Willard Hartup)、依恋(Eleanor Maccoby & John Masters)、攻击行为(Seymour Feshback)、个体差异(Jerome Kagan & Nathan Kogan),及创造性(Michael Wallach)等。我们对所有这些领域在新世纪仍然保持着浓厚的兴趣。

如果说 1970 年的《指南》反映了当时儿童心理学领域中经历播种之后的茂盛景象的话,那么 1983 年的手册则反映了这一领域的基础所覆盖的范围已超越了先前预期的边界。新的作物已从过去被视为许多分离的区域内苗壮而出。原来像是一座法国式的花园,它有着拱形的设计和整洁的区隔,如今已转变成英式园林,它似乎不受拘束但又硕果累累。Mussen 的二卷本的《Carmichael 指南》如今成为四卷本《Mussen 手册》,其页数几乎是 1970 年版的三倍。

曾经辉煌的理论现在风光不再。Piaget 的文章虽然还在 1970 版中出现,但现在他的影响逐渐在其他各章中减弱。学习理论与心理分析理论很少再被提及。然而,早期的理论仍留下它们的印记,在新的理论中时有隐现,作者们在处理材料的概念化工作中明显地把先前理论纳入其中。在全书中,随处可见并未回到"荒漠之地经验主义"的景象。而是代之以各种经典的和创新的思想共存的局面:习性学、神经生物学、信息加工、归因理论、文化的研究视角、沟通(communications)理论、行为遗传学、感—知觉模型、心理语言学、社会语言学、非连续性阶段理论以及连续的记忆理论,它们都占有一席之地,但没有一个居于核心地位。研究的论题范围从儿童的游戏到大脑单侧化,从儿童的家庭生活到学校、日托所的影响,以及对儿童发展的不利的危险因素等。另外《手册》还报告了试图运用发展的理论为基础来开展临床的和教育的干预。有关"干预"的内容通常在各章的最后部分,在作者们探讨与特定干预成就相关的研究时予以提及,而不是以整章篇幅专门阐释实践的问题。

经过现在的编辑团队的努力,终于使我们有了《手册》的第五、第六版(如果算上最初 Wiley 之前 Murchison 主编的两版,它们实际是第七、第八版)。对我们所做工作提出批判性的总结,我必须将之留给未来的评论家。《手册》的主编们都为自己所主编的各卷手册撰写了介绍性以及/或者概括性的报告。在此,我只想在他们所付出努力之外,增加一些有关设计意图的说明,以及对我们的儿童心理学领域从 1931 年到 2006 年发生的某些走向稍加评论。

我们编辑现在这套手册与之前 Murchison、Carmichael 与 Mussen 持有同样的目标,正如 Mussen 所写的,那就是"提供一幅对知识的目前状态进行全面的、准确的描绘图画——主要的系统性思考和研究——在人类发展的心理学领域内最重要的研究"(Mussen, 1983, p. vii)。我们认为《手册》的读者应该像 Murchison 宣称的那样,定位于"特定的学者",也应该具有像 Carmichael 所界定的"高级教程"的特点。尽管如此,我们仍期待它与前几版相比,能适应更多跨学科的读者,因为如今的学者更倾向于在多学科领域,如心理学、认知科学、神经生物学、历史学、语言学、社会学、人类学、教育学和精神病学等学科进行跨学科的遨游。我们也相信具有不同研究导向的实践者应该是在"学者"这一大范畴之内,本《手册》也是为他们服务的。为了达到这一目的,我们首次在 1998 年版中以及再次在目前的版本中,真实地向读者奉献了一部完整的儿童心理学。

除了这些非常一般性的意图,我们还使《手册》第五版和第六版的各章展现出它们各自的风貌。我们所邀请的作者均为儿童心理学领域的某个方面公认的领衔专家,尽管我们也知道,如果选择的过程完全没有时限,并且经费预算无虞的话,我们还应该邀请大批其他的学术带头人和研究者,但我们没有余地——因而也没权利——使他们加入进来了。我们邀请的每位作者都接受了这份挑战,很少有例外。唯一让我们深感遗憾的是:1998 年版的作者中有几位已经去世。我们尽可能地安排了他们的合作者来修订或更新这些章节。

我们对作者的要求非常简单:向读者传达在你所研究的儿童心理学领域内你所了解的一切。从写作伊始,作者就居于舞台中心——当然,他们也可从评论家和手册编辑那里得到很多建设性的反馈意见。没有人试图对任何一章强加某种观点或某种偏爱的研究方法,或为领域设界。作者可对所涉研究者在其研究领域中试图达到的目标以及为什么设定这样的目标，如何着手实现这一目标，依靠哪些智慧的资源，取得了哪些进展以及得到了何种结论，表达作者自己的观点。

在我看来，实现了这一目标后，其结果就是我们可以看到更为茂盛的英式花园的景象，但或许过去 10 年内出现的某些花园庭式也稍许包括在内。强大的理论模型与研究取向——并不是完全统一的理论，例如三大主要理论体系——开始再次起到对领域内很多研究与实践加以组织的作用。在这些模型与研究取向中也存在很大的差异，但每一种的旗下都会聚着许多有意义的研究成果。有些成果只是最近才系统成形的，有些则是组合了或修改了那些至今仍保持活力的经典理论。

在本《手册》中，读者可以发现几种主要的模型和研究取向：动力系统论、毕生发展和生活过程论、认知科学和神经模型、行为遗传学方法、个体—情境交互论、动作论、文化心理学以及泛新 Piaget 学派和泛新维果茨基的模式。尽管有些模型和研究取向已孕育有时，但现在才具有自己独立的身份。研究者可以直接地运用它们，只要谨慎地接受它们所蕴含的假设，然后在特定的条件下有控制地使用它们，在实践中探索它们的内涵即可。

现在还出现另一种研究模式，即重新发现并探索那些刚刚被先前一代的研究者研究过的人类发展的核心过程。科学兴趣常表现为一种交互循环的运动(或螺旋式运动，对那些希望抓住科学发展前进的本质的研究者来说就是如此)。在我们身处之时代，发展研究的指向已不再是诸如动机与学习这类经典论述——这不是就这些论题已被完全遗忘，或在这些领域已没有好的研究在进行的意义上而言的，而是指它们已经不再是进行理论反思和争论的突出主题。有些论题受到相对忽略则是学者们有意为之，如当学者们面对心理动机是否是值得研究的"真实"现象，或"学习"是否能够或者应该首先与发展加以区分之类的问题时。而所有这些现已改变。正如本版的内容所证实的：发展的科学革命迟早会回归到为解释其所关注的核心问题——个体及社会群体历时发生的逐渐变化——所必要的概念，以及回到像学习和动机这些在这一任务中不可缺少的概念上来。本手册令人兴奋的特色之一就是它为这些经典的概念向我们展现了理论上和实证研究上的进展。

另一个近几年遇到非议的概念就是发展概念本身。有些社会批评家认为：蕴含在"发展"概念之中的"进步"观念似乎与诸如平等、文化多样性的原则不相同调。我们从这些批评中获得的真正好处是：例如，儿童心理学领域的研究可以从更适当的不同的发展路径来开展。但是，像许多批评的立场一样，它也会导致极端化。对某些人来说，探究人类发展的核心领域中的问题是值得怀疑的。成长、进步、积极的改变、成就，以及改善绩效和行为的标准，所有这些作为研究主题的合法性都受到了质疑。

就像在学习和动机中的情形一样，毫无疑问，儿童心理学领域的重心所在迟早不可避免地会回归到对发展的广泛关注上。从婴儿到成人的成长经历是一部多侧面的发展故事，它包括学习，技能和知识的获得，注意和记忆能力的提高，神经元和其他生物能力的增长，性格及个性的形成和改变，对自己与他人理解的增进和重组，情绪和行为调节的发展，与他人沟通与合作的进步，以及在本版《手册》中提及的其他成就。家长、老师以及各领域的成人会辨识并正面评价儿童的这些发展成就,尽管他们通常并不知晓如何去理解它们,更不用说如何促进它们自然地发展。

手册的作者们在各自的章节中阐释的各种科学发现需要提供这样的理解。当新闻媒体一则接着一则播报那些根据过于简单或具有普遍偏见的思考所得到的关于人类发展的所谓原因时,正确的科学理解的重要性在近年来变得益发清楚了。关于家长、基因或学校在儿童的成长和行为方面的作用,本书相关各章严谨并负责任的阐释与那些典型的新闻故事形成了强烈的对照。至于公众选择何种来源获取自己的信息,这方面似乎难以形成什么竞争。不过令人宽慰的好消息是:科学真理通常在最后会融入公众的意识。这融入之路在日后某一天也许也会成为发展研究的一个好的研究课题,特别是当这种研究能够为我们找到加速这一过程的方法的时候。同时,这一版《儿童心理学手册》的读者也可从中找到如今该领域内最可靠、最有洞见且是最前沿的科学的理论与发现。

2006 年 2 月

Palo Alto,California

（蔡丹译,李其维审校）

参考文献

Bühler, C. (1931). The social participation of infants and toddlers. In C. Murchison (Ed.), *A handbook of child psychology*. Worcester, MA: Clark University Press.

Carmichael, L. (Ed.). (1946). *Manual of child psychology*. New York: Wiley.

Carmichael, L. (Ed.). (1954). *Manual of child psychology* (2nd ed.). New York: Wiley.

Mead, M. (1931). The primitive child. In C. Murchison (Ed.), *A handbook of child psychology*. Worcester, MA: Clark University Press.

Murchison, C. (Ed.). (1931). *A handbook of child psychology*. Worcester, MA: Clark University Press.

Murchison, C. (Ed.). (1933). *A handbook of child psychology* (2nd ed.). Worcester, MA: Clark University Press.

Mussen, P. (Ed.). (1970). *Carmichael's manual of child psychology*. New York: Wiley.

Mussen, P. (Ed.). (1983). *Handbook of child psychology*. New York: Wiley.

致谢

像《儿童心理学手册》这样如此重要的著作之诞生，总是凝结了无数人的心血。他们的名字并不一定出现在封面或书脊上。但重要的是，我们必须向150多位合作者表示感谢，是他们的学识赋予第六版《手册》以生命。他们渊博的知识、资深的专业素养、辛勤的工作，使得这一版《手册》成为发展科学中最重要的参考著作。

除了本版四卷本的作者之外，我们还有幸与 Jennifer Davison 和 Katherine Connery 两位编辑合作，他们来自 Tufts 大学的"青年发展应用研究中心"。两位"敢作敢为"的精神与令人印象深刻的能力渗透在每一卷的细节之中，这种精神和能力是无价的源泉，它使此项工程得以及时并且高质量地完成。

显然，我们同样也要强调，如果没有 John Wiley & Sons 编辑们的才干，对质量的追求与专业的素养，这版《手册》的出版不可能成为现实，它也不会成为我们所相信的：它将是一种里程碑式的著作。Wiley 的团队对《手册》付出了巨大的贡献。在对这些作出杰出贡献的所有合作同事表达感谢之际，我们要特别提到其中四位：心理学资深编辑 Patricia Rossi，高级著作出版编辑 Linda Witzling，副编辑 Isabel Pratt 及副社长兼出版人 Peggy Alexander。他们的创造性、专业素养、协调及远见卓识，对《手册》高质量传统的不懈坚持，所有这些都对现在我们手中这本《手册》的每一成功之处起到至关重要的作用。我们也要深深感谢 Publications Development Company 的 Pam Blackmon 和她的同事们所承担的巨大工作量，他们把第六版数千页的内容进行复制编排和制版。他(她)们的专业水平及精益求精的精神是极其宝贵的，这为编辑们提供了继续进行富有成效之工作的基础。

儿童发展通常发生在家庭。同样，《手册》编辑们的工作得以实现也是由于其配偶、朋友和孩子们的支持及容忍。在此我们向所有我们所爱的人表示感谢，感谢他们伴随我们走过了数年的《手册》第六版的出版历程。

许多同行对各章的手稿提出过宝贵的意见和建议，这大大提高了最终手册的质量。我们对所有这些学者的巨大贡献表示感谢。

William Damon 和 Richard M. Lerner 感谢 John Templeton 基金会对他们各自的学术努力所提供的支持。此外，Richard M. Learner 还要感谢"国家4-H委员会"(National 4-H

Council)的支持。Nancy Eisenberg 感谢来自以下机构的支持：国家心理健康学会(National Institute of Mental Health)，Fetzer 学会(Fetzer Institute)和博爱——利他主义、同情、服务 (The Institute for Research on Unlimited Love — Altruism, Compassion, Service)研究协会(位于 Case Western Reserve 大学医学院)。K. Ann Renninger 和 Irving E. Sigel 感谢 Vanessa Ann Gorman 对《手册》第 4 卷的编辑工作的支持。K. Ann Renninger 得到 Swarthmore 学院院长办公室对此项工程的支持，在此同样也要表示深深的感谢。

最后，在 Barbara Rogoff 的鼓励下，早期部分前言的内容发表在了《人类发展》(*Human Development*，1997 年 4 月)。我们感谢 Barbara 对统筹出版工作的编辑协助。

(蔡丹译，李其维审校)

"第二卷 认知、知觉和语言"前言

D. Kuhn 和 R. Siegler

在被告知《儿童心理学手册》第六版的编撰工作又要开始时,我们两人都吓了一跳:"什么?"似乎就在不久前,我们才把全心投入第五版编撰的注意撤回,我们难以相信又是再次开始的时候。现在,又 3 年时间过去了,我们再次到了完成手稿的最后阶段,不过这次完成的是第六版。在前一版本出版 8 年后,对于这个时候又一新版本的适时出现及其价值,我们有着更高的评价和欣赏。

该领域正快速发展。随着该领域快速成长,越来越专门化,分支越来越多,其专业杂志数量急剧增加。与传统杂志《儿童发展》和《发展心理学》相比,这些新杂志指向的作者和读者范围要狭窄得多。很少有研究者宣称自己的专长和对相关文献的需求,会超过极少数的几个小领域。

在这一形势下,《手册》中由各专业领域的前沿领衔者撰写的高质量的各章节,具有某种十分重要的作用。它们提供了某种行之有效且卓有成效的方式,以便研究者可以在专业认识上规避一孔之见,以避免学术专业人员因专业视野过于狭小而已然形成的危险走向。这种危险,就是研究者越来越专注于自己狭小的专业领域,以致最后除了自己的专业对其他领域一无所知。接触内容广泛、综合性的《手册》各章节,可以降低专业领域内的这种可能性,即专业领域中勤勉的学者对范围越来越狭小的内容了解越来越深入,他们自己的工作最后却因为缺乏来自其他领域类似论题、洞察和问题的滋养而消亡。

本卷提供了一组内容涉及极其广泛的稿件。尽管第五版与第六版出版的时间间隔只有第四版与第五版之间隔的一半,但是本版所欲考察的材料似乎并不比上一版少,这或许再次反映了领域研究发展的迅捷,也说明有更多的新观点被介绍到该领域当中。作为该卷主编,在做第六版的编写计划时,我们一开始就面临一个关键性的抉择,是要求第五版的作者更新他们的章节,还是要他们撰写新的章节。我们最后决定要求作者撰写新章节,因为有着这么多的重要论题在上一个版本中不曾涵盖,并且有这么多有着独特而重要观点的领军人物此前不曾为该手册撰稿。要求撰写全新的章节,也才能确保所有章节均从 21 世纪的世纪之初这一有利角度,对研究进展进行鲜活的概述。

《儿童心理学手册》第六版的认知、语言和知觉卷共包含 22 章,而第五版则只有 19 章。

在许多内容的处理上，第六版的章节是在第五版相应章节也包含的文献内容基础上增加了新的观点，这些章节有如 Nelson、Thomas 和 de Haan 关于认知之神经基础，Kellman 和 Arterberry 的婴儿的视知觉，Adolph 和 Berger 的运动发展，Waxman 和 Lidz 的早期单词学习，Halford 和 Andrews 的问题解决和推理，Cole 的文化情境中的认知。相较 1998 年版本的对应章节，新版更强调为读者提供相同研究领域中的不同观点的重要性。比较两个版本，也明显可以看出第五版有关章节毫无疑问已经过时；不过它们仍然能继续提供独到的洞见和整合的认识。

要求撰写新章节也容许我们增加新论题，这些论题在以前的手册中并非有关章节的关注核心，但代表的却是重要性与日俱增的研究领域。这些论题包括 Goldin-Meadow 的非言语交流，Geary 的数学发展，Winner 的艺术发展，Newcombe 和 Huttenlocher 的空间认知，以及 Siegler 的学习之微观发生研究。这些领域的快速发展，以及这些领域内许多令人感兴趣的理论争议，彰显儿童发展领域的活力。

该卷与以往版本之其他方面的差异，反映了该领域和该手册中许多其他方面内容的变化趋势。我们选择放弃前一版本中的两个论题：表征和个别差异。这两个论题已经如此深入人心，定然在几乎所有各章中均会得到重视，而不再是局限于单独一章。我们将另一个论题——记忆——分为两章加以阐述，因为在婴儿期和儿童早期居主导地位的事件记忆，与在儿童后期变得具有关键性影响的有意策略记忆之间，已然出现某种明确的划分。最后，其他两位作者所撰写的两章，一章是 Frank Keil 的认知科学与认知发展，另一章是 Seana Moran 和 Howard Gardner 的超常认知发展，是本卷新增加的内容，尽管 Keil 和 Gardner 在手册第五版中为其他卷撰写章节。

我们要求第六版的作者强调五个主题。这些主题有助于将本卷中多样的论题统整为一体。这些主题是：

1. 领域的发展史。你所阐述论题的研究是如何演进而来的？
2. 论题现今状态。这里你可以自由表述你自己所支持的观点，同时也要承认其他观点的存在。
3. 强调变化机制。只描述发展的时代已经过去，现在我们应致力于认识这些发展是如何发生的。
4. 强调个别差异。儿童彼此之间如何变得如此不同？
5. 就你所关心论题的将来，有何预测和建议。

我们所有的作者均尽心尽职，对稿件完成期限和修改意见的反应态度十分认真，其结果是我们手里这最终确定的一组稿件，所有稿件新鲜而适时。正是这些天时地利，使我们有机会对全部内容一览为快。在这个问题上，我们很乐意与大家分享我们的一些看法。一个主要看法与前面我们关于第五版的一个评论有关，也就是，我们觉察到部分章节的作者对"任务—制约"范式——也就是其解释效力仅来自单一实验任务的研究路线，越来越不满意。这种范式对于其解释效力是否可超越于特定研究情境的问题无能为力。

关于任务制约范式的认识,在本卷我们看到了更多更显著的进展证据。证据之一,许多章节的作者为其论题及更为具体论点带来了多个水平上的解释——神经学的、传记式的、文化人类学的、进化论的、物种比较的、历史比较的,以及可以接受更传统的实验室检验的行为的解释。没有哪一位作者指望某种单一狭小的证据,作为解决手头问题的全部依据。例如,Tomasello 强调语言发展的研究不可能离开认知和社会技能发展的情境,Cohen 和 Cashon 强调婴儿认知研究应该结合神经科学的研究。毫无疑问,实验方法与自然主义方法之间的结合,已经变得十分常见。在整卷水平上,第六版新增加的章节即是视角拓展的一个表现:认知发展的非言语维度和美感维度,均因其为认知发展提供了颇有价值的新洞察,从而成为新增加的章节。

第二类证据是许多作者采纳了某种明确的历史视角。他们拒绝了仅仅依照现时最流行的研究范式来看待他们的论题,而是探询这些范式与过去使用的范式有何联系。譬如,Harris 探询如今的心理理论研究(特别构成心理理论研究之起因的错误信念任务)与几十年前的关于角色采择和观点采择的研究有何联系。Cohen 和 Cashon 认为,新近的婴儿认知研究是皮亚杰关于客体永久性和因果性的早期发展研究的延伸。Pressley 和 Hilden 探查了他们当前所考察的研究与早期记忆策略研究之间的联系,而 Kuhn 和 Franklin、Siegler 和 Geary 则考察了当前的经典学习研究与以往研究之间的关系,Kuhn 和 Franklin 也同样考察目前的与以前的青少年认知研究之间的联系。其他作者,诸如 Tomasello、Newcombe 和 Huttenlocher,以及 Munakata 明确注意到了强制任务形式之解释效力的局限性。

第三种有关的证据是许多作者采纳了某种关注更长的个体发展期和发展历史的视角。换句话说,即使他们自己的探究领域在很大程度上局限于生命早期,但他们同样也探询对以后有何影响或所探究的能力以后会有怎样进一步的发展历程。Kuhn 和 Franklin 明确采纳了这种关注以后发展的视角,Moran 和 Gardner 也一样,而许多其他章节的作者在其相关论述中均反映出他们已意识到,在 3 岁、5 岁或 10 岁时发展并没有停止或并没有丧失其吸引力。那些以关注早期发展为其研究特色的作者,诸如 Gelman 和 Kalish、Harris,以及 Bauer,现在则开始探询儿童早期之后的岁月可望出现什么变化的问题。Newcombe 和 Huttenlocher 的章节提醒我们这种关注更长的个体发展期的研究视角所具有的重要价值——这一价值在当前所热衷的试图在生命早期寻找能力之认知起源的研究中,经常为人所忽视。毕竟,只有认识到它朝向何处发展,也就是认识其成熟状态如何,我们才能对某种能力有充分认识。正如 Saffran、Merker,以及 Werner 所明晰表述的那样,这经常需要旨在探究成人能力之性质的研究。

第四,也是最后一点,我们在这些章节看到某种认识,即各种新颖丰富的观点和用以支持某一论题的新的举证形式,有可能为被视为已陷于停滞状态的问题提供新的见识。Keil 在其章节中明确提出这一点,赞成某种广泛的跨学科合作的研究方法。这种认识同样也反映于其他章节,有如 Tomasello,把我们的注意引向个别差异问题;Newcombe 和

Huttenlocher 注意到,个别差异长久以来一直被许多人简单视为需加以避免的恼人变量,事实恰恰相反,它能为我们所感兴趣的关于普通能力之本质和发展路径的洞察提供见识。

　　我们很荣幸能与这些杰出的作者一同工作,感谢他们为撰写任务及最终的作品所做的贡献。我们所述已经够多了,至此我们最好结束评论,而是让著者自己表达自己的观点吧。

（邓赐平译）

第一部分　基础
SECTION ONE　FOUNDATIONS

第 1 章

认知发展的神经基础

CHARLES A. NELSON III、KATHLEEN M. THOMAS 和 MICHELLE DE HAAN*

* 本章的写作之所以能够完成，部分来自对第一作者的 NIH 资助（NS34458，NS329976），部分来自 John D. 和 Catherine T. MacArthur Foundation（通过他们对关于早期经验和脑发育的一个研究网络的资助），部分来自对第二作者的 NIMH 资助（MH02024）。第一作者希望感谢 Lisa Benz 在文献回顾方面的帮助，Eric Knudsen 与他分享神经可塑性方面的领悟，以及发展认知神经科学实验室的成员。

本章的目标是回顾有关认知发展神经基础方面的知识。我们从讨论为什么发展心理学家对行为(特别是认知发展)的神经机制感兴趣开始。在确立用发展神经科学的视角审视儿童发展的价值之后,我们对脑发育的文献进行总结。接着,我们会讨论经验如何影响发育中的脑,以及在适当的时候,经验如何影响已发育的脑。在讨论脑发育中依赖于经验的(experience-dependent)变化的过程中,我们简短地涉及两个问题,我们认为这两个问题对所有发展心理学家都很重要:发展的可塑性背后的机制是否不同于成年的可塑性背后的机制,以及更基础的,可塑性与发展的区别在哪里。

在建立了基本的神经科学背景之后,我们转向特定的内容领域,主要关注已有大量关于认知发展神经基础的知识领域。我们讨论学习和记忆,面孔/客体识别,注意/执行功能,以及空间认知,包括来自典型和非典型发展的实例说明。最后,我们讨论发展认知神经科学的未来。

为什么发展心理学家应该对神经科学感兴趣

在皮亚杰理论取得支配地位之前,认知发展领域由行为主义支配(讨论见 Goldman-Rakic, 1987; Nelson & Bloom, 1997)。心理学史方向的学生清楚地知道,行为主义会避开无法观察的主题;因此,他们不从事行为的神经基础研究,仅仅因为神经过程不能被观察。20 世纪 50 年代和 60 年代,皮亚杰理论逐渐开始取代行为主义,成为最有影响的认知发展理论。尽管皮亚杰接受的是生物学训练,但他和他的追随者主要关注的是,如何发展一种关于心理的非常详细的认知建构理论,然而却是一种无脑的心理。我们这样说并没有影射的意思,而是希望指出,当时的时代精神是发展认知结构的完美模型,而很少留意:(a) 这样的结构在生物上是否可信,或者(b) 这些结构的神经生物基础。(在那时,没有办法直接观察活着的儿童的脑。)贯穿 20 世纪 70 年代晚期一直到 20 世纪最后十年,新皮亚杰和非皮亚杰的途径开始提供帮助。令人惊奇的是,这个时期很多研究者写作的突出主题是先天论观点;我们感到惊奇是因为,先天论中固有的观念是生物决定论,然而那些吹捧先天论观点的人很少在生物实体的基础上建立他们的模型和数据。直到 20 世纪 90 年代中期,神经生物学才开始加入到认知发展的讨论中,在本*手册*第五版中,Mark Johnson 有说服力的贡献反映了这一点(Johnson, 1998)。尽管发展认知神经科学领域仍然处在它的婴儿时期,这种观点已经变得非常普遍。(参见 de Haan & Johnson, 2003a; Nelson & Luciana, 2001 的文章,这些文章提供了最近的对这一领域的全面总结。)并且,我们发现,许多发展心理学家仍然不清楚为什么他们应该对脑感兴趣。这就是我们接着要关注的主题。

在这方面,我们的主要论点是,随着发展机制的阐明,我们对认知发展的理解将会更好。这又允许我们超越描述性的、黑箱的水平进入更高水平,那个时候,真实的细胞、生理,以及最终的基因机制将会被理解,这些机制都是发展的基础。下面是一个例子。

一些著名认知发展学家和认知理论家已经指出,或者至少间接暗示,数字概念(Wynn, 1992; Wynn, Bloom, & Chiang, 2002)、客体永存(Baillargeon, 1987; Baillargeon, Spelke, & Wasserman, 1985; Spelke, 2000),也许还包括面孔识别(Farah, Rabinowitz,

Quinn, & Liu, 2000)的元素都反映了我们称之为独立于经验(experience-independent)的功能,也就是说,它们反映了先天的特征(也许编码在基因组中),不需要经验就可以出现。我们在这种观点中发现了几个问题。首先,这些论据在生物上似乎是不可信的,因为它们代表了复杂的认知能力;如果它们在基因组中被编码,它们肯定是为多个基因所决定的特征,而不可能反映单一基因的作用。我们目前知道,人类基因组由大约 30 000 至 40 000 个基因构成,将这些基因分别用于编码数字概念、客体永存和面孔识别是不太可能的。毕竟,这40 000 个基因必须用于无数的其他事件(例如身体作为一个整体的全面运作),这些事件远比促进认知发展的那些方面更加重要。

对这种先天论观点的第二个担忧是它不是发展的。说某些事情是先天的,就从根本上关闭了对机制的任何讨论。更有问题的是,基因不会引起行为;确切地说,基因表达蛋白质,后者通过脑发挥它们的魔力。如果一些行为对生存(物种而不是个体的生存)不是绝对必需的,那么考虑到目前已知其存在的有限的基因数量,这些行为似乎不可能被直接编码在基因组中。更有可能的是,这些行为由脑中分离的或分散的神经环路所支配。并且,这些环路随后的精细化对经验或活动的依赖程度很可能是不同的。

我们提出三个要点:(1) 在神经生物学的背景下思考行为的"附加价值"是,这样做为我们的行为模型提供了生物上的可信性(后面将进一步讨论)。(2) 透过神经科学的视角观察行为发展可以清楚显示行为和行为发展背后的机制,从而使我们超越描述水平,到达过程水平。(3) 当我们将脑发育的分子生物学加入方程式时,会使更加整体的关于儿童的观点成为可能,包括基因、脑和行为。整体观点又允许我们超越简单的基因—环境交互作用观念,进一步讨论特定经验对特定神经环路的影响,这些神经环路又作用于特定基因的表达,基因表达又影响脑如何工作以及儿童如何行为。

脑的发育和神经可塑性:脑发育的概要

物种水平的脑发育已经被推动进化的选择压力塑造了几千代,在讨论神经发展的细节之前,理解这一点是很重要的。根据 Knudsen(2003b)的看法,生物遗传的这一部分负责几乎所有的基因影响,这些影响塑造神经系统的发育和功能,其中多数已被证明对任何物种的成功都具有适应意义。这些影响既决定了单个神经元的属性,也决定了神经联系的模式。结果是,这些选择压力给个体的认知、情绪、感觉和运动能力划定边界。

但是,生物遗传的一小部分对每个个体是独特的,由儿童从父母接受的基因的新颖结合产生。由于这种基因模式没有出现过,任何新产生的表现型都从来没有经受过自然选择的力量,因此不太可能给哪个个体赋予任何选择优势。但是,这一小部分的生物遗传对驱动进化变化特别重要,因为那些确实带来选择优势的基因的新颖结合或变异将引起基因库的增加,而那些导致适应不良的表现型的基因结合将灭绝(Knudsen, 2003a, 2003b)。

脑依照一系列复杂的遗传上程序化的影响来发育。这些影响包括在成长的神经网络中自发出现的分子信号和电信号。*自发* 的意思是在环路中与生俱来的信号,并且完全独立于任何外部的影响。这些分子信号和电信号建立神经通路和非常精确的联系模式,并使动物在出生之后立即可以执行离散的行为。它们还是可能在稍后出现的本能行为的基础,这些本能行为通常与情绪反应、觅食、性和社会交往有关。尽管超出了本章的范围,但仍然值得考虑的是哪些人类行为属于"本能"的类别。我们的偏好是,本能行为最有可能是那些对生存和繁殖适应性具有重大意义的行为,例如体验恐惧的能力,躲避食肉动物的能力,体验快乐以及相反地、体验不快乐的减少的能力,依恋照料者的能力。

返回我们对于先天论的讨论,毫无疑问,遗传对我们是谁有巨大的影响。在很大程度上,人类的特征反映了进化学习,这种学习在神经联系和相互作用中体现,它们已经被几千代的进化所塑造。但是,除了适应性能力之外,基因(通过变异)也可能造成脑功能的缺陷,例如感觉、认知、情绪和运动的损伤。我们在本章的后面部分将提供这两方面的例子。

在不同的通路和不同的计算水平上,基因指定神经元和神经联系属性的程度有所不同。一方面,基因决定的范围反映了信息在特定神经联系上加工从一代到下一代可以预测的程度。另一方面,由于个体世界的许多方面是不可预测的,脑的环路必须依赖于经验来定制联系,以满足个体的需要。经验塑造这些神经联系和相互作用,但总是在遗传施加的限制之内。

脑的发育

在受精之后不久,人脑开始构建和发育,持续一段非常拖延的时期,这依赖于我们如何看待发育的结束,它至少一直持续到青春期末(见图 1.1 和表 1.1 的概括)。

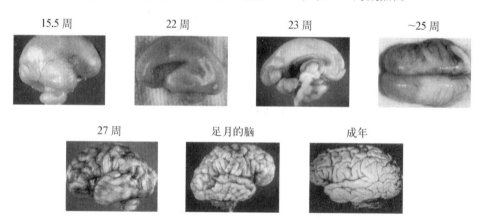

图 1.1 人类脑发育的概览,从出生前第 15 周开始,持续到产期,然后到成年。

在受精之后不久,两细胞合成的受精卵(确切地说是胚泡,即通过细胞繁殖产生的球状细胞)形成胚胎组织。胚胎的外层形成很多东西,包括中枢(脑和脊髓)和外周神经系统。这一章中我们关心的是胚胎的最外面这一层。

神经诱导和神经胚形成——典型的发育

沿外胚层背侧排列的未分化组织转化为神经系统组织的过程被称作神经诱导 (neural induction)。与之对照,被叫做初级和二级神经胚形成 (primary and secondary neurulation) 的双重过程,指的是这些神经组织的进一步分化,分别分化为脑和脊髓(关于神经诱导和神经胚形成的一篇最近的综述,参见 Lumsden & Kintner, 2003)。

沿外胚层排列的未分化组织薄层逐渐转化为越来越厚的组织层,它们将变成*神经板*(neural plate)。一类化学物质被称作转化生长因子(transforming growth factors),它们负责随后的未分化组织向神经系统组织的转化(Murloz-Sanjuan & Brivanfou, 2002)。从形态学上看,这是从神经板向神经管(neural tube)的转换。确切地说,神经板变得弯曲,沿着它的纵轴形成一条皱褶。然后,这个组织向内折叠,边缘上升,形成一条管道。这个过程开始于怀孕的大约第 22 天(Keith, 1948),首先在中间部分熔合,然后朝两个方向向外进行,直到大约第 26 天(Sidman & Rakic, 1982)。神经管的喙部最终形成脑,尾部发展成脊髓。

表 1.1　从受精直到青春期神经发育的时间表

发 育 事 件	时 间 表	发 育 事 件 概 览
神经胚形成	出生前第 18—24 天	细胞分化为三层之一:内胚层、中胚层和外胚层,这些层随后形成身体的不同组织。 神经管(中枢神经系统来自它)从外胚层细胞发展而来;神经嵴(自主神经系统来自它)位于外胚层壁和神经管之间。
神经元迁移	出生前第 6—24 周	在室带,神经元沿着放射状神经胶质细胞迁移到大脑皮层。 神经元以从内向外的方式迁移,后面产生的细胞穿过先前发育的细胞进行迁移。 皮层发育为六层。
突触发生 (synaptogenesis)	第 3 个三个月—青春期	神经元迁移进皮层板,伸展为顶端的和基部的树突。化学信号引导发育中的树突向最终位置前进,在那里,树突与来自皮层下结构的投射形成突触。 这些连接通过神经元活动被加强,很少活动的连接被剪除。
出生后的神经发生 (neurogenesis)	出生—成年	几个脑区的新细胞发育,包括 —海马的齿状回 —嗅球 —或许扣带回;顶叶皮层区
髓鞘化	第 3 个三个月—中年	神经元包裹在髓鞘中,导致动作电位的速度加快。
沟回化	第 3 个三个月—成年	平滑的脑组织折叠为脑回和脑沟。
前额皮层的结构发展	出生—成年晚期	前额皮层是子宫生命期间最后一个经历沟回化的结构。 突触密度在 12 个月达到顶峰;但是,这一结构的髓鞘化持续到成年。
前额皮层的神经化学发展	子宫的生命—青春期	在子宫生命期间,所有主要的神经递质系统经历最初的发展,到出生时出现。 尽管在人类当中没有得到充分研究,通常认为多数神经递质系统直到成年才达到完全成熟。

陷在管内的细胞通常继续构成中枢神经系统(CNS);但是,有一簇细胞陷在神经管外部和外胚层壁的背部之间,它们被称作*神经嵴*(neural crest)。神经嵴细胞通常发展为自主神经系统。

目前已了解了很多对脑发育包括神经胚形成进行调节的基因。这些知识中的很多是根据无脊椎动物和脊椎动物的研究得来的,当选择性地删除["基因敲除(knock-out)"]某些基因或添加["基因敲入(knock-in)"]某些基因之后,可以观察到形态发生的改变,添加基因的方法是最近发展出来的。乍一看人们可能会怀疑这些工作向人类的可推广性,但是,人类与果蝇共享61%以上的基因,与家鼠则有81%的基因是一样的,这保证了结果可以向人类推广。当然,并非我们所有的知识都来自动物模型:我们对有关脑发育的分子生物学方面的知识越来越多,就是根据对那些没能正确发展的神经系统组织仔细地遗传分析得来的。

到出生前大约第5周,神经轴(neuroaxis)(从头到尾)的模式大部分就已经完成。根据对鼠类的研究,负责这一过程的许多转录因子(transcription factors)[1]已被人们所知。如同Levitt(2003)的综述所示,背侧模式中涉及的许多基因包括基因的 emx、Pax 和 ihx 家族,而nkx 和 dlx 基因家族则在腹侧模式中起作用。

非典型发展

不幸的是,在神经诱导和神经胚形成中,确实会发生错误。*神经管缺陷*(neural tube defects)是主要的神经胚形成错乱,包括神经诱导完全失败(craniorachischisis totalis),*无脑畸形*(anencephaly)(神经管的前部没能完全闭合),前脑无叶无裂畸形(holoprosencephaly)(有一个未分化的前脑,而不是分为两部分的前脑),以及最常见的*脊髓脊膜突出*(myelomeningocele)(神经管的后部没能正常闭合)。前脑无叶无裂畸形似乎是由于声速猬(sonic hedgehog)转录因子(ZIC2 基因;例如 S. A. Brown et al.,1998)的变异所造成,而脊髓脊膜突出(也叫*脊柱裂*(spina bifida))可能是由于 Pax1 基因的变异(Hof et al.,1996)。重要的是,神经管缺陷通常与叶酸缺乏有关,在怀孕的女性的饮食中补充这种营养似乎可以减少一般人群中这一缺陷的出现。

增殖

一旦神经管闭合,细胞分裂导致新神经元的大量增殖(proliferation)(神经发生),通常开始于出生前第5周,在出生前的第3和第4个月达到顶峰(Volpe,2000;参见 Bronner-Fraser & Hatten,2003 的综述)。大量一词几乎不能形容这一过程。例如,据估计,在顶峰时,*每分钟产生几十万新的神经细胞*(M. Brown,Keynes,& Lumsden,2001)。增殖从神经管的最内部开始,这个区域被称作室带(ventricular zone)(Chenn & McConnell,1995),来自沿神经管排列的室管膜下的(subependeymal)位置。新的神经细胞在腔室地带的内部和外部之间来回行进,这个过程叫做*交互运动神经迁移*(interkinetic nuclear migration)。新的细胞首先朝向室带的外部运动——即所谓的有丝分裂S阶段——在这里 DNA 被合成,形

---

① 转录因子指的是其他基因的转录中涉及的蛋白质调节。

成细胞的一份拷贝。一旦 S 阶段完成,细胞朝向腔室地带的最内部移动,在那里它分裂成两个细胞(对于这些阶段更容易理解的描述,见 Takahashi, Nowakowski, & Caviness, 2001)。每一个新细胞再一次开始这个过程。随着细胞分裂,产生一个新的地带,即缘带(marginal zone),它包含来自室带的细胞突起(轴突和树突)。在增殖的第二个阶段,神经元实际上开始形成。但是,对每个分裂的细胞,只有一个女儿细胞会继续分裂;不分裂的细胞继续移往最终的目的地(Rakic, 1988)。

在转向增殖异常之前,需要注意三点。第一,除了组成嗅球、海马的齿状区域以及也许还有新皮层区域,我们拥有的估计 1 000 亿个神经元(Naegele & Lombroso, 2001)中的每一个,几乎都有出生前的起源(见出生后神经发生部分);神经胶质细胞遵循同样的一般模式,尽管胶质细胞的发育(除了放射状神经胶质细胞;见后面的迁移部分)与神经元发育相比有所滞后。之所以强调这一点是因为它对可塑性非常重要:不像所有其他的细胞,脑*通常*在出生后不制造新的神经元,这意味着脑在应对伤害或疾病时,并非通过制造新的神经元来修复自己。

第二,随着细胞继续增殖,神经管的总体形状经历巨大的转变——确切地说,形成三个不同的囊泡(vesicles):前脑(proencephalon)、中脑(mesencephalon)和菱脑(rhombencephalon)。进一步增殖造成前脑分裂为两个部分:*端脑*(telencephalon),它形成大脑皮层;和*间脑*(diencephalon),它形成丘脑和下丘脑。菱脑则产生后脑(形成脑桥和小脑)和末脑(形成延脑)。中脑形成中脑。

最后,我们关于细胞增殖的分子生物学知识正在逐渐进步。Foxg1 基因牵涉在这一过程中(Hanashima, Li, Shen, Lai, & Fishell, 2004),但无疑还涉及许多其他的基因。

神经发生异常

细胞增殖存在多种发生错误的例子,多数可以归为两类:脑小畸形(microencephaly)和巨脑(macroencephaly)(见 Volpe, 2000)。脑小畸形通常被认为产生于细胞分裂的非对称阶段,通常在怀孕的第 6 周到第 18 周。脑小畸形的成因可能是遗传或环境;环境因素的例子包括麻疹、辐射、母亲酗酒、过量的维生素 A 以及人体免疫缺陷病毒(例如 Kozlowski et al., 1997;Warkany, Lemire, & Cohen, 1981)。巨脑通常被认为是由于遗传障碍;例如,如果调节正常细胞增殖的基因没有关闭,会造成新细胞的产生过剩。如果幸存下来,脑小畸形和巨脑通常都会造成不同程度的心理和身体迟滞/损伤。

出生后的神经发生

直到最近,研究者仍然假定,除了嗅球的细胞,神经系统在出生时已经几乎拥有了所有的神经元,不会再增加新的神经元。与神经科学的许多方面类似,现在我们必须修正这一观点,部分是由于新方法的出现——特别是使用新的染色方法观察 DNA 更新(例如 5-溴-2-脱氧尿苷(5-bromo-2-deoxyuridine, BrdU))。根据对人类(例如 Gage, 2000)、非人灵长类(例如 Bernier, Bédard, Vinet, Lévesque, & Parent, 2002;Gould, Beylin, Tanapat, Reeves, & Shors, 1999;Kornack & Rakic, 1999)和啮齿类(Gould et al., 1999)的研究结果,现在研究者普遍认为,在脑的某些区域,出生许多年后仍会增加新的细胞。尽管当精确确定哪些区域产生这种出生后的新神经元时，这一共识被打破。海马的齿状回经历这一过程，这一点争议很少；但是，关于新皮层的区域，例如扣带回和顶叶皮层的部分，争论还在继续（见 Gould & Gross, 2002 的综述和讨论）。也有一项近期的报告，认为在非人灵长类的杏仁核、梨状皮层和下颞叶皮层存在出生后的神经发生（Bernier et al., 2002），尽管迄今为止这些结果尚未得到重复（一份可读性很高的关于出生后神经发生的综述，见 Barinaga, 2003）。

与这一章关系密切的是，经验可以影响这些细胞的增加（例如 Gould et al., 1999; Mirescu, Peters, Gould, 2004）。例如，当大鼠被放在有学习和记忆要求的环境中时，它们的齿状回中产生的细胞数量增加。类似地，怀孕的大鼠体内催乳激素的存在，似乎会增加前脑的脑室下带（subventricular zone）新细胞的数量。由于这一区域产生嗅觉神经元，研究者假定，这一适应性反应可以促进对后代的嗅觉识别（见 Shingo et al., 2003）。相反，成年期的压力（例如新异气味的出现，比如狐狸的气味）似乎下行调节大鼠齿状回的神经发生。并且，当啮齿类居住在一起时，统治等级发展出来，支配动物比非支配动物产生更多新的神经元（Gould, 2003）。有趣的是，如果同样这些动物随后居住在复杂的环境中（见后面可塑性的部分），那么齿状回会出现上行调节的神经发生，尽管支配动物仍然超出非支配动物。最后，炎症（通常在脑受伤之后发生）会造成海马齿状区域细胞的下行调节（Ekdahl, Claasen, Bonde, Kokaia, & Lindvall, 2003）。综合这些结果，经验似乎对出生后的神经发生具有复杂的影响。

出生后获得的细胞与出生前产生的细胞在几个方面可能有所不同。例如，尽管出生后获得的细胞具有相对较短的半衰期，但它们会分化，并且在所有方面都好像是正常的（Gould, Vail, Wagers, & Gross, 2001）。而这些细胞如何加入现有的突触环路仍不清楚（尽管 Song, Stevens, & Gage, 2002 证实，出生后获得的细胞既产生神经递质又形成突触联系，这是细胞起作用所必需的）。最后，神经发生的这种修正观点并非没有批评者（例如 Rakic, 2002a, 2002b）。（我们鼓励读者阅读 *Journal of Neuroscience*，2002 年第 22 卷第 3 期的一个专题，可以找到关于这一主题的启发性讨论。）这一问题的解决对我们理解可塑性以及发展干预和治疗学至关重要；对于后者，有充分证据表明，（在啮齿类中）练习造成海马齿状回神经发生的上行调节（对出生后神经发生与治疗学之间可能的联系的讨论，见 Lie, Song, Colamarino, Ming, & Gage, 2004）。

细胞迁移

新形成的细胞迁移出它们的出生地，最终形成一个六层的皮层，通过这一过程产生皮层本体（cortex proper）（被证明是认知的所在地）。如同 M. Brown 等（2001）的讨论，室带（沿着外侧腔室空腔排列的上皮细胞）产生经历细胞分裂的细胞，有丝分裂期后的细胞穿过中间带迁移到最终的目的地。最早诞生的细胞定居在前皮质板（preplate）（皮层神经元的第一层），然后分裂为小板块（subplate）和缘带，它们都来自皮质板（cortical plate）。

有丝分裂期后的细胞从内向外移动（腔室向软膜），使得最早迁移的细胞占据皮层的最深层（并且在皮层联系建立中起关键作用），随后的迁移穿过先前形成的层（注意这一规则仅应用于皮层;齿状回和小脑按从外向内的方式形成)。在大约怀孕第 20 周,皮质板由三层构成,到出生前第 7 个月,可以看到最终的 6 层(Marin-Padilla, 1978)。

存在两种类型的迁移模式:辐射状(radial)和非辐射状(通常是正切的)。辐射状迁移通常指的是细胞从室带向外的蔓延,或者从皮层最深度向最浅处的迁移。迁移的神经元中有大约 70% 至 80% 使用这种辐射状通路。相反,采用正切迁移模式的细胞(通常是皮层和脑干核团之间的中间神经元)沿着正切的("横过")路径移动。锥体神经元(pyramidal neurons)是脑中的主要投射神经元,它们连同少突胶质细胞和星形胶质细胞一起,在放射状胶质细胞的支持下穿过皮层的多层进行迁移(Kriegstein & Götz, 2003),而皮层的中间神经元(用于局部联系)在一层内部通过正切迁移来移动(Nadarajah & Parnavelas, 2002)。辐射状迁移因为几个原因特别值得注意。第一,存在多种类型的辐射状迁移。*移动*的主要特征是沿着放射状胶质纤维迁移。在*体细胞迁移*(somal translocation)中,细胞的细胞体(胞体)通过指引过程的方式,朝向软膜表面前进。最后,从中间地带(IZ)向腔室下地带(SVZ)移动的细胞似乎使用*多极的*(multipolar)迁移来移动(Tabata & Nakajima, 2003)。在迁移运动调节中涉及多种基因(见 Hatten, 2002 和 Ridley et al., 2003 的综述)。

细胞迁移异常

细胞迁移存在多种异常的例子(见 Naegele & Lombroso, 2001; Tanaka & Gleeson, 2000; Volpe, 2000 的综述)。在*皮层下带状异位*(subcortical band heterotopia)(也称作*X—连锁无脑回畸形*(X-linked lissencephaly))中,神经组织被错误放置(例如胞体放在只有轴突应该存在的地方),它与心理迟滞和癫痫以及 DCX 基因相关联。*脑裂畸形*(schizencephaly)是一种额叶皮层上存在裂缝的疾病,而*前脑无叶无裂畸形*(holoprosencephaly)则是端脑没能裂开,造成一个未分化的半球。也许最广为人知的迁移异常是胼胝体发育不全(agenesis of the corpus callosum),这种障碍中胼胝体(连接两个半球的主要纤维束)部分或完全缺失。细胞迁移异常通常导致不同程度的行为或心理紊乱;恰当的例子可能是精神病障碍中的精神分裂症,它被假设属于一种迁移异常(见 Elvevåg & Weinberger, 2001)。

突起的生长和发育——轴突和树突

一旦神经元完成其迁移旅行,它通常沿着两条路中的一条继续下去:细胞可以分化并发育轴突和树突(这一部分的主题),或者它可以通过标准的*凋亡*(apoptosis)(程序化的细胞死亡)过程被回收,这一现象非常普遍(例如,所有神经元中的 40% 至 60% 可能死亡;见 Oppenheim & Johnson, 2003 的综述)。

轴突的发育

生长锥(growth cones)是位于轴突顶部的小的结构,它似乎在轴突发育和将轴突导向目的地的过程中起关键作用(例如 Raper & Tessier-Lavigne, 1999; 见 Raper & Tessier-Lavigne, 2003 的综述)。使用来自围绕神经元的细胞外基质的线索(Jessell, 1988),也许还包括局部的基因表达(Condron, 2002),生长锥指导轴突朝向某些目标和远离某些目标。

如同 Raper 和 Tessier-Lavigne(1999)的讨论,*板状伪足*(lamellipodia)和*丝状伪足*(filopodia)在轴突导向中起关键作用。板状伪足是薄的扇形结构,而丝状伪足是长的、薄的钉状物,向前放射。这些结构给轴突提供以用微米计算的精度穿过薄壁(parenchymal)(脑)组织的能力,直到轴突进入邻近神经元的突触范围。它们通过取样局部环境以得到分子线索,从而做到这一点(例如 Aminin,Tenascin,Collagen;见 Bixby & Harris,1991;de Castro,2003;Eriskine et al.,2000;Hynes & Lander,1992;Schachner,Taylor,Bartsch,& Pesheva,1994 的讨论)。

除了这些细胞线索之外,还存在一些分子,位于已建立的轴突表面并充当向导(Tessier-Lavigne & Goodman,1996)。一个例子是*细胞黏附分子*(cell adhesion molecules)(CAMs;Rutishauser,1993;Takeichi,1995)。不管分子位于细胞外的母体,还是轴突自身,轴突被导向(吸引性线索)或远离(排斥性线索)邻近的神经元(Tessier-Lavigne & Goodman,1996)。

树突的发育

近来的工作指出,基因钙调蛋白结合转录激活因子(gene calcium-regulated transcriptional activator,CREST)在树突发育中起关键作用(Aizawa et al.,2004)。最早的树突表现为厚的突起,上有从胞体延伸出来的少量棘突(小的隆起)。随着树突成熟,棘突数量和密度增加,从而增加与邻近轴突接触的机会。并不令人吃惊,树突与轴突协力生长和发育。树突萌芽在大约 15 周开始产生,大致与轴突到达皮层板的时间相同。在怀孕的第 25 和 27 周,树突棘突开始出现在锥形和非锥形的神经元上。在某些皮层区域,这种萌芽继续扩展到出生后的第 24 个月(Mrzljak,Uylings,Kostovic,& VanEden,1990)。并且,在发育期间轴突和树突似乎都过度生成,它们通过竞争性消除达到最终数量。

轴突和树突发育异常

很多环境因素可能会造成与轴突和树突发育错误相关联的异常,包括缺氧、毒素、营养不良或基因变异(Webb,Monk,& Nelson,2001)。并且,例如 Angelman 综合征、脆性 X 综合征(fragile X syndrome)、自闭症和 Duchenne 肌肉萎缩症都在树突发育方面可能存在错误(Volpe,1995)。

突触发生

背景。突触通常是指两个神经元之间的接触点。依赖于接收的神经元,造成的结果可以是兴奋性的(促进一个动作电位)或抑制性的(降低动作电位的可能性)。

发育。尽管突触发生的高峰期直到生命第一年中的某个时间才出现,通常大约在怀孕的第 23 周,观察到第一个突触(Molliver,Kostovic,Van der Loos,1973)(见,Webb et al.,2001 的综述)。现在研究者知道,存在突触的大量过度产生,它们分布在脑中的广泛区域,随后是突触的逐渐减少;据估计,产生的突触比最终(成年)的突触数量多出 40%(见 Levitt,2003)。不同脑区过度产生的峰值有所不同。例如,在视皮层,在大约出生后第 4 和第 8 个月之间,达到突触峰值(Huttenlocher & de Courten,1987),而在额中回(在前额皮层中),突触密度峰值直到出生后第 15 个月才达到(Huttenlocher & Dabholkar,1997)。

有证据表明,突触的过度产生主要由基因控制,尽管对调节突触发生的基因所知甚少。例如，Bourgeois 及其同事(Bourgeois, Reboff, & Rakic, 1989)报告，早产或在出生前移除猴子的眼睛对猴子视皮层中突触的过度生成几乎没有影响。因此，两种情况下突触的绝对数量都与典型的、足月出生的猴子相同。这意味着一种高度规则化的过程，经验影响很小。但是，我们将会看到，突触修剪和突触环路的培养并非如此，它们受环境的影响很大。

突触修剪。回收突触直到最终数量(并且假定是最优)的过程部分依赖于神经元之间的交流。修剪似乎遵循 Hebbian 的使用/不使用原则(principle of use/disuse)：因此，更活跃的突触倾向于被加强，不太活跃的突触倾向于被削弱或消除(Chechik, Meilijson, & Ruppin, 1999)。神经元通过突触前细胞(试图与对方联系的细胞)上的神经递质受体(兴奋性和抑制性)和突触后细胞(联系通往的细胞)表达的神经营养因子，组织和支持突触联系。通过兴奋性和抑制性输入的分配，对突触进行调节和稳定(Kostovic, 1990)。在突触修剪中做出的调节可以是定量的(降低突触的总体数量)或定性的(精炼神经联系，使得不正确或异常的联系被消除)(见 Wong & Lichtman, 2003 的综述)。

在通俗和科学出版物中都已彻底报道过，不同区域的突触修剪有所不同。如图 1.2 所示，人类枕叶皮层的突触数量在 4 到 8 个月之间达到顶峰，4 至 6 岁时减少到成人数量。与此不同，人脑前额皮层的额中回的突触在接近 1 至 1.5 岁时达到峰值，但直到青春期中期至晚期才减少到成人数量。不幸的是，这些数据是基于相对较少的脑(因此悬而未决的问题是个体差异的范围)，以及相对较老的方法[例如每个单位区域的突触密度，增加了将非突触的甚至是非神经元的元素(例如胶质细胞)进入计数的危险]。我们期待，随着新方法的进步，在未来几年中数据有所改进，这一观点适用于目前为止总结的许多文献。

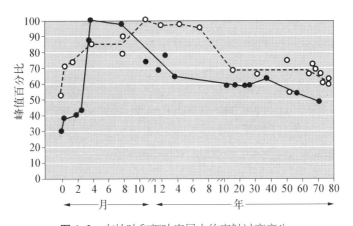

图 1.2 在枕叶和额叶皮层中的突触过度产生。

突触的可塑性。最初发育的突触通常是非常纤细的。因此，只有一个突触被反复激活之后，它才变得稳定；没有接受确认的突触被消除或重吸收(Changeux & Danchin, 1976)。并且，突触稳定化还依赖于化学交流，例如突触后细胞神经营养因子的局部释放(Huang & Reichardt, 2001)，或者通过例如谷氨酸盐等受体的激活，调节皮层细胞的突触后激活。最后，即使在成熟的脑中，突触可塑性也由突触活动驱动。例如，在突触形成之前，降低给定神经元的活动,会造成向这个神经元的功能性输入(来自邻近神经元)的降低;相反,在突触已经建立之后,降低给定神经元的活动,会造成突触输入的增加(Burrone, O'Byrne, & Murthy, 2002)。

突触发生的异常

存在几种突触发生障碍,脆性 X 综合征也许是最著名的。在脆性 X 综合征中,FMR1 基因的转录破坏可能是突触异常的原因(也许部分是由于树突棘突的茂盛)(例如 Churchill, Beckel-Mitchener, Weiler, & Greenough, 2002)。

髓鞘化

髓鞘(myelin)是一种脂质/蛋白质物质,它包裹在轴突外面,起绝缘作用,从而增加传导速度。少突神经胶质细胞(oligodendroglia)形成 CNS 中的髓鞘,而许旺氏(schwann)细胞形成 ANS 中的髓鞘。髓鞘化的波动开始于出生前,结束于成年早期(在某些区域,到成年中期才结束;见 Benes, Turtle, Khan, & Farol, 1994)。历史上,使用染色方法检查死后组织的髓鞘。从这些工作中发现,髓鞘化在出生前从外周神经系统、运动根、感觉根、躯体感觉皮层以及初级视皮层和听皮层开始(按照这一顺序)。在出生后第一年,脑干的区域髓鞘化,小脑和胼胝体压部(splenium of corpus callosum)也是如此;到 1 岁时,胼胝体所有区域的髓鞘化都已起步。

尽管髓鞘染色无疑是检查髓鞘化过程最敏感的衡量方法,但这一程序的一个显著缺点是,它只能在相对较少的死后的脑中进行;并且,在人类的突触发生中,这些脑是否能代表一般人群也需要考虑。幸运的是,磁共振成像(MRI)的进步,使得研究者有可能获得活着的儿童的髓鞘化过程的详细信息;重要的是,几个纵向研究考察了从儿童早期到成年早期的髓鞘化过程(Giedd, Snell, et al., 1996; Giedd, Vatuzis, et al., 1996; Jernigan, Trauner, Hesselink, & Tallal, 1991; Paus et al., 1999; Sowell et al., 1999; Sowell, Thompson, Holmes, Jernigan, & Toga, 2000)。这些工作的结果展示了以下画面:青春期前到青春期后先是灰质体积增加,随后是下降,而白质首先下降,然后上升。[①] 在这一年龄段(青春期前到青春期后),特别令人注意的变化发生在额叶的背侧、内侧和外侧区域,而相对较少的变化发生在顶叶、颞叶和枕叶。并不令人吃惊,这表明在青春期期间,髓鞘化的多数巨大变化发生在额叶(见 Durston et al., 2001 的总结)。

小结

13　　总体而言,脑的发育开始于怀孕的几周之内,持续到青春期。这个一般化的陈述对于存在生命最初 20 年中年龄特异的变化并不公平。因此,脑的基本结构的组装发生在胎儿生命的最初 6 个月,胎儿的最后 3 个月和出生后的第一年主要是联系和功能上的变化。拖延最

---

① 灰质主要由胞体和神经纤维网(neuropil)构成,而白质主要由轴突构成。因此,灰质的增加意味着新神经元的增加,而灰质的减少可能是由于凋亡(apoptosis)的增加(相应的神经元损失)。白质的增加表明髓鞘化的轴突数量的增加,或者只是出现在这些轴突上的髓鞘数量的增加。

久的变化发生于脑的配线(wiring)(突触发生),以及使得脑更有效地工作(髓鞘化),它们从学前期到青春期末都表现出巨大的、非线性的变化。

神经可塑性

在介绍脑的解剖和生理属性在生命最初的两年如何展开之后,我们可能不经意地形成一种印象,即这些事件仅仅是按照规定的模式显露自己,也就是说,它们本质上主要是成熟的过程。尽管在出生以前这在很大程度上是事实,它远远没能充分代表经验在塑造脑的精细结构中所起的强大作用。在提供关于经验引发的脑发育和脑功能变化的特定实例之前,我们必须首先提供一些背景。

经验并非只是发生在脑身上,一开始就理解这一点是很重要的;经验是环境与脑之间进行中的、彼此之间相互作用的产物。第二,经验通常用个体生活的环境属性来定义。这里必须强调,经验并不仅是环境本身的功能,而是环境与发展的脑之间复杂的、双向的交互作用的结果。第三,经验与遗传之间存在重要的相互作用。两个例子就足够解释这一点,一个例子来自啮齿类文献,另一个来自人类文献。对于前者,Francis、Szegda、Campbell、Martin和Insel(2003)交叉抚育(cross-foster)了两个品系的老鼠,分别在出生之前(来自一个品系的几小时大的胚胎被植入另一个品系的母亲体内)或出生之后(来自一个品系的新生小鼠与另一品系的母亲放在一起)进行。两个原始(非交叉抚育)品系的后代作为控制组。对所有动物在三个月大时进行测试。与预期一致,控制组动物彼此之间在4个维度上存在可靠的差异:(1)对开阔场地的探索;(2)在十字迷宫的开放臂中的相对时间;(3)在Morris水迷宫中找到一个隐藏的平台的延迟时间;以及(4)听觉惊跳前脉冲抑制(acoustic startle prepulse inhibition)。在出生前或出生后交叉抚育的动物在预期的表现型上没有产生任何效果。但是,出生前*和*出生后交叉抚育的老鼠与被收养的品系动物表现出同样的行为表现型,尽管与被收养品系的基因存在差异。出生前交叉抚育的老鼠没有出现这一效应的事实,支持作者的观点,即联合交叉抚育的效应可能是由于非遗传因素,以及经验在基因表达上的强大作用。

转向人类,Turkheimer、Haley、Waldron、D'Onofrio和Gottesman(2003)检查了7岁大双胞胎的IQ,其中大量儿童来自生活在贫困线上下的家庭。作者报告,IQ的遗传可能性作为社会经济地位(SES)的函数非线性地变动。因此,生活在贫困环境的双胞胎中,方差的很大一部分可由环境因素解释,而遗传只解释相对较少的方差;相反,对于生活在富裕家庭中的双胞胎,这一效应几乎是完全相反的。

总体而言,这两个研究证实,环境在调节和中介基因对行为的效果上起着强大作用。采用基因敲除和基因敲入的分子工具的动物研究,以及谨慎的养育研究,无疑将会帮助清楚展示基因表达的模式和非基因的遗传模式。

在这种情境中,同样的环境条件下,任何给定的经验可以变化很大,这依赖于历史、成熟和个体脑的状态。例如,即使来自简单的身体操纵的经验,也可能随着背景和涉及的个体的状态变动很大。

脑的相对成熟对经验也有很大影响。中枢神经系统的不同区域以不同的速率成熟。如果年幼儿童暴露于他们的脑还不能加工的信息面前,信息不会产生与年长儿童同样的经验,后者已经具备更高级的能力。一个不够成熟的脑主要受更基本的环境特征影响,例如组成图案的灯光或言语训练。随着脑逐渐成熟且随经验发生变化,环境对脑的影响更加精细。因此,随着个体脑的变化,特别是在早期发展阶段,同样的物理环境可能导致非常不同的经验。

脑的某些属性在个体之间差别很大,在个体内随时间也差别很大。因此,由于经验被定义为脑与环境之间的交互作用,对经验的科学描述必须包括对背景、发展阶段和脑的状态的描述,以及个体暴露于其中的特定经验的描述。同样,对经验效果的分析也必须考虑这些因素的变异。

经验对脑的影响在整个生命期间并不是恒定的。随着脑经历不同的发展阶段,它对经验的敏感性相应地发生变化,因此有*敏感期*(sensitive periods)的概念(见 Knudsen, 2003a)。早期经验在塑造未成熟的脑的功能属性方面具有特别强烈的影响。许多神经联系经历发展中的一个阶段,在这个阶段中经验驱动的修正能力高于成年时期。因此,个体能力反映了进化学习与个人经验的共同影响。

在接下来的部分,我们将会解构两种类型的可塑性:发展上的和成年的。通过这种方式,我们只是表达,可塑过程在脑发育期间(大约是生命的前 20 年)和发育后的阶段(脑在这个阶段当然能够变化,但是与儿童脑变化的模式有所不同)都在运作。在这一部分的最后,我们讨论可塑过程在发展期间的运作方式与成年期相同还是不同,重新考虑这种简化的观点。

我们和其他研究者最近都回顾了关于经验影响发育中和发育好的脑的大量方式(Black, Jones, Nelson, & Greenough, 1998; Cline, 2003; de Haan & Johnson, 2003a; Grossman, Churchill, Bates, Kleim, & Greenough, 2002; Huttenlocher, 2002; Knudsen, 2003b, 发表中; Nelson, 1999, 2000a, 2002; Nelson & Bloom, 1997)。我们的目标只是提供对这一主题的简短概括,首先从讨论发展上的可塑性开始,接下去讨论成年的可塑性。在每个部分,我们讨论许多不同的物种,尽管主要焦点集中于啮齿类、猴子和人类。最后,我们将讨论限于知觉和认知功能,不讨论来自社会和情绪发展方面的可塑性。

发展上的可塑性
听觉功能

Sur 和 Leamey(2001)发表了一个相当惊人的听觉系统可塑性的例子。正常的视网膜输入在前往视皮层的途中,经过丘脑的外侧膝状体(LGN),而正常的听觉输入在前往听皮层的途中,经过内侧膝状体(MGN)。在这个研究中,年轻白鼬的视网膜投射途经内侧膝状体。当进行听皮层的电生理记录时,观察到正常的*视觉*反应;例如,这些听觉细胞对视觉刺激表现出朝向选择性(orientation selectivity)。

最近,Cheng 和 Merzenich(2003)报告,在持续的中等噪音水平环境中养育的婴鼠,其听皮层的组织有所延迟;确切地说,听觉感受野不同于正常养育条件。当这些大鼠到达成年早期时,听觉皮层似乎很像婴鼠,也就是说,听觉感受野还没有具体化为成人的模式,而是保留其青少年期的外表。作者假设,从出生开始在连续的噪音中养育大鼠,延迟了组织听皮层的关键期的结束,为了检验这一假设,作者将同样这些大鼠暴露于 7 千 Hz 的音调系列,持续 2 周。结果造成听皮层的重组,支持生命早期退化的听觉输入延迟听皮层组织的成熟假设。因此,作者开始思索,早期暴露于异常的听觉输入(例如大的噪音),可能会造成人类儿童的某些听觉和/或语言延迟。

研究者已经知道人类成人难以辨别不同的非母语语言的言语对比(speech contrast),而成人分辨来自母语(英语)的言语对比的能力非常杰出,二者相差很大。重要的是,在生命的 6 至 12 个月,婴儿辨别他们从未接触过的语言中的音素的能力大大下降(综述见 Saffran、Werker、& Werner,本手册,本卷,第 2 章; Werker & Vouloumanos, 2001)。但是,获得辨别非母语对比的能力的大门似乎并未完全关闭;例如,Kunl 及其同事(Kuhl, Tsao, & Liu, 2003)报告,如果在婴儿 12 个月大之前,给予他们非母语语言的言语语音的额外经验,这一能力将被保留下来。总体而言,这些言语数据被解释为,言语系统在一段时期内是对经验开放的,但是如果特定领域的经验(例如听到不同语言的言语对比)并未出现,在生命的第 1 年内,大门开始关闭。

语言功能

关于获得第二(或第三或第四)语言的敏感期,长期以来一直存在争议。Dehaene 等(1997)报告,在真正双语的个体中,第二语言的神经表征与第一语言相同。然而,如果第二语言的语言能力不如第一语言,那么功能性神经解剖(基于 PET 数据)是不同的。由于这项工作中研究的双语者在生命早期就获得第二语言,初步的结论是,第二语言需要早期获得,才能使得它与第一语言在同样的脑区位置表征。但是,这一结论最近遭到了挑战。Perani 等(1998)质疑第二语言获得的*年龄*究竟是不是关键变量,还是说这一语言的*熟练*才是关键的。在这个研究中,第二语言的掌握年龄与说这一语言的流利程度存在共变。作者报告,后一个维度才是最关键的。因此,不管第二语言何时获得,如果说这一语言的熟练程度与第一语言相同,就会造成两种语言共享同样的神经表征。重要的是,在手势语熟练的先天耳聋的个体身上获得类似发现;手势语涉及的脑区与使用口语的听力正常者相同(Petitto et al., 2000)。

是否存在获得美国手势语(ASL)的关键期? Mayberry、Lock 和 Kazmi(2002)报告,如果生命早期接触手势语(在那些先天耳聋的个体中),或者在生命早期接触口语,但后来失去听力,这样的耳聋个体手势语的流利性,远远超过在生命早期没有暴露于手势语或口语的个体。并且,Newman、Bavelier、Corina、Jezzard 和 Neville(2002)报告,只有在青春期以前获得美国手势语的个体,其美国手势语才与口语在脑中相同的位置表征。因此,尽管总体上似乎并不存在获得美国手势语的敏感期,看来确实存在与口语相同的脑区表征美国手势语的关键期,以及高熟练水平手语能力的敏感期。

视觉功能

由于眼优势柱的发育,使得立体深度知觉的发展成为可能,前者代表了每只眼睛与视皮层第 4 层之间的联系。如果两只眼睛没有适当排列,或者不能一起移动(聚焦移动),那么支持正常立体深度知觉的眼优势柱将无法正常发育。如果这一情况到 4 至 5 岁时仍未纠正,儿童将不能发展正常的立体视觉,因为这个时候突触数量开始达到成人水平。因此,在敏感期内向完好的视觉系统的正常视觉输入对于双眼视觉的发展是必要的。

视觉发育敏感期的另一个例子来自 Maurer 及其同事(Maurer, Lewis, Brent, & Levin, 1999)的一系列精巧研究。这些作者报告了一个对患有白内障的儿童的纵向研究。这一工作特别吸引人的一个特征是,一些婴儿天生就有白内障,另一些婴儿在出生几年后才患上;并且,一些婴儿的白内障在生命第一个月就被去掉,另一些在几年之后才被治疗。作者报告,在那些天生白内障的婴儿中,如果在出生的几个月内就将白内障去掉并植入新的水晶体,仅仅几分钟的视觉经验也会造成他们视敏度的巨大变化。白内障未被治疗的时间越长,视觉经验的数量越少,结果就越糟糕。但是需要注意,尽管在早期白内障移除之后,多数视觉功能经历了巨大的进步,*面孔* 加工的一些方面损伤仍然持续许多年(Le Grand, Mondloch, Maurer, & Brent, 2001)。根据这一结果,出现了一种差异化的敏感期观点:确切地说,视敏度的敏感期可能不同于面孔加工的敏感期。

学习和记忆功能

由于激素对脑的组织作用,它们一直与中介男性和女性之间的认知差异相关联。这种联系甚至在出生前就可以观察到。例如,Shors 和 Miesegaes(2002)利用先前的发现,即暴露于压力和创伤性事件会促进成年雄鼠新的学习,但会削弱成年雌鼠新的学习。在他们的研究中,作者实施两个实验。第一个实验中,雄鼠在出生时就被阉割,而雌鼠被注射睾丸激素;然后测试它们在依赖于海马的学习任务上的表现(痕迹眨眼条件作用)。被阉割的雄鼠仍然表现出增强的学习,*注射睾丸激素的雌鼠也是如此*(与反应的正常模式相反,通常观察到雌鼠降低的学习)。在第二个实验中,给怀孕的雌鼠注射睾丸激素拮抗剂,从而剥夺后代的睾丸激素。然后,在暴露于压力事件后(大的噪音爆发),使用同样的学习任务测验雄性和雌性后代。结果,雄性和雌性都表现为降低的学习,说明了睾丸激素的早期经验所起的强大作用。

成年的可塑性

多年以来,人们通常相信,一旦脑完全发育(被认为在青春期末),它被经验塑造和从创伤中恢复的能力就会受到很大的限制。这 观点近年来遭到质疑;实际上,神经科学领域中所谓的成年可塑性研究现在得到了大量关注。在这一部分,我们概括介绍认为成年的脑可塑的几个领域。

运动学习

关于运动功能的可塑性可以找到无数例子,许多例子已被综述过(例如 Nelson, 1999, 2000a; Nelson & Bloom, 1997)。三个例子就已足够。第一,Elbert 及其同事(Elbert, Pantev, Wienbruch, Rockstroh, & Taub, 1995)报告了脑磁描记法(MEG)的结果,表征左手手指的躯体感觉皮层(用于精细的指板移动)在高度熟练的弦乐演奏者中大于(a)表征右手的相反半球的类似区域(用于琴弓)和(b)非音乐家的类似区域。第二,Stewart等(2003)报告了一个研究,在教授被试阅读音乐和使用键盘乐器之前和之后,使用功能性磁共振成像(fMRI)扫描缺乏音乐经验的被试。当被试在训练之后根据乐谱演奏旋律时,在右上顶叶皮层观察到一块区域的激活,这与音乐阅读涉及空间感知运动映射的观点一致。第三,Draganski等(2004)报告,花3个月学习魔术的个体,在双侧颞叶中部区域和左后侧顶内沟表现出神经活动增加(由fMRI显示);重要的是,在这组被试停止变魔术3个月之后,这些脑区的活动又下降了。在魔术表现与灰质变化之间存在剂量/反应效应。最后,未学习魔术者在6个月期间没有出现脑活动的变化。

视觉和听觉功能

与运动功能类似,只提供几个关于成人视觉可塑性的例子。首先,已经确定的是,先天盲人在阅读盲文或从事其他触觉辨别功能时,视皮层表现出激活(Lanzenberger et al.,2001; Sadato et al.,1998; Uhl, Franzen, Lindinger, Lang, & Deecke, 1991)。有趣的是,如果阅读盲文的天生盲人女性在成年期遭受视皮层双侧中风,她们将会失去阅读盲文的能力,尽管其他的躯体感觉功能保持完好(Hamilton, Keenan, Catala, & ascual-Leone, 2000)。并且,Sadato、Okada、Honda和Yonekura(2002)报告,在16岁之后失去视力的阅读盲文的个体,V1皮层的激活缺乏,而在16岁之前失去视力的个体中则存在这种激活。这些发现与视觉功能的敏感期一致。最后,Finneym、Fine和Dobkins(2001)报告,耳聋个体对视觉刺激表现出听皮层的激活。

总体而言,躯体感觉、视觉和听觉皮层在成年期似乎也能够重组,尽管有线索提示,这些重组仍然存在关键期。

学习和记忆功能

在神经科学文献中,最受关注的可塑性领域是学习和记忆。例如,30多年以前人们已经知道,在复杂的实验室环境中(包含大量玩具和社会接触)抚养的大鼠完成一些认知任务的成绩好于隔离养育的大鼠(例如Greenough, Madden, & Fleischmann, 1972)。对脑的仔细研究发现,(a)背侧新皮层的几个区域更重和更厚,并且每个神经元拥有更多的突触;(b)树突棘棘突和分支模式在数量和长度上有所增加;以及(c)毛细管分支增加,从而增加血流和供氧量(对于最初的发现和概括,见Black, Jones, Nelson, & Greenough, 1998; Greenough & Black, 1992; Greenough et al., 1972; Greenough, Juraska, & Volkmar, 1979; Kolb & Whishaw, 1998)。

在更高的神经系统水平上,Erickson、Jagadeesh和Desimone(2000)报告了一个研究,他们给猴子呈现多彩的复杂刺激(一些是熟悉的,一些是新颖的)。记录来自围嗅皮质(perirhinal cortex)的神经元活动,这个区域已知与情景记忆(见后面的记忆部分)密切关联。在仅仅一天的观看刺激经验之后,邻近神经元的表现变得高度相关,而观看新颖的刺激则很少出现相关的神经元活动。这些发现说明,视觉经验造成与记忆有关的脑区的功能变化。

关于经验引发负责记忆神经结构的变化最引人注目的例子,也许来自现在广为人知的

"伦敦出租车司机研究"。所有伦敦出租车司机对在伦敦街道中穿行非常熟练,对他们进行结构性 MRI 扫描。作者(Maguire et al., 2000)报告,这些司机的海马后部(被认为是空间表征的存储位置)大于比较组。海马体积与这些司机的经验数量之间存在正相关,这一点并不令人吃惊。

　　总体来说,现在有充分的证据表明,学习和记忆与多个水平的脑变化相关联,从谷氨酸受体调节的突触前和突触后功能变化,到解剖水平的质量变化。学习和记忆存在敏感期是没有意义的(关于学习和记忆发展的教程,见 Nelson, 1995, 2000b)。事实上,参与学习和记忆系统的活动可能给予毕生学习和记忆功能一定的保护,这是有一定意义的(见 Nelson, 2000b,以及后面的讨论)。

丰富的环境对脑发育和功能的影响是什么

　　尽管关于刺激剥夺对脑发育和功能的影响人们已经所知甚多,但是关于丰富环境的效果却知道很少。实际上,在前面讨论的考察复杂环境的工作中,这些环境尽管与典型的实验室条件相比是丰富的,但相对于真实世界的环境仍是贫乏的。定义何为丰富存在一些挑战(例如一种情境中被认为丰富的条件在另一种情境下可能是贫乏的),并且还存在测量手段使用上的挑战,难以找到能够敏感地检测这些影响的测量方法。在 Colcombe 等(2004)最近的一个研究中,可以找到丰富环境对人脑功能影响的例子。这些作者报告,有氧运动较多的强健的老年人,或者对先前不够强健的老年人进行有氧运动训练,与执行功能测验成绩的提高,额上回、额中回和上顶叶与任务相关的活动的增加,以及前扣带皮层活动的降低相关联,这些区域都与注意控制有关。这不仅证明这些皮层区域毕生的可塑性,还证实丰富的环境给脑功能带来的益处超过典型的生活条件(在这种条件下,很多老年美国人心血管健康状况不佳)。

发展与可塑性之间的区别是什么

　　在深层的神经生物水平,有人可能主张,可塑性背后的分子过程(例如突触的神经化学轮廓的变化;解剖的变化,例如轴突的生长或新的树突棘突的突然冒出)在发育的脑中与成熟的脑中是相同的。一旦细胞结构就位,不管其承载者的年龄如何,它通常以同样的方式运作。类似地,复杂环境引发的新的树突棘突的突然冒出可能是相同的,不管脑的年龄如何,树突功能变化背后的分子事件也很可能是相同或高度相似的。但是,发育的脑与成熟的脑中可塑性过程工作的方式仍然有很多基本的差异。

　　首先,在生命早期与生命晚期,可塑性过程运作的局部的细胞、解剖和代谢环境差别很大。因此,新生儿的脑拥有比成年的脑多得多的神经元和突触,许多神经元和突触还没有负责专门的功能。因此,向着目标生长的轴突在新生儿的脑与成年的脑中有非常不同的协商余地。类似地,修改已经承担责任的突触(重新组织脑)与让突触首次负责特定的环路(组织脑)是很不一样的。

　　在 Carleton、Petreanu、Lansford、Alvarez-Buylla 和 Lledo(2003)的一篇论文中,可以

找到支持这一观点的例子。这些作者报告,成年期产生的神经元电生理特性的发展不同于出生前或围产期产生的神经元。例如,与早期出现的细胞相比,晚期出现的细胞的峰值活动(细胞的兴奋性)有所延迟;也就是说,直到细胞接近完全成熟时才能观察到这一活动。作者主张,这可能是由于需要确保晚期出现的细胞不会干扰现存的环路,直到它已经准备好成为现存环路的一部分。这充分说明,发展中的脑与成熟的脑的神经发生存在根本差异。

这一观点的第二个例子来自对出生后神经发生的研究工作。例如 Gould(2003)报告,出生前获得的细胞数量在发展期间相当稳定,随着年老只有轻微的减少。相反,在成年期获得的细胞(见前面关于出生后神经发生的部分)倾向于大量产生,但相对短命(例如成年啮齿类的齿状回包含总共 1.5 亿个细胞,每个月重新产生它们中的 25 万个)。

阐释发展的可塑性与成年的可塑性之间差异的另一种方式是,在更系统的或行为的水平上讨论。婴儿期的目标是发展为某些行为服务的神经环路。但是,在成年期,这些系统已经就位,必须只是重新配置来用于不同的、尽管是相关的目的,例如获得第二或第三语言。因此,实际上第二语言学习可能在本质上不同于第一语言学习,因为在前一种情况下,已经存在一个舞台,而后者则没有。这个例子基于我们的第一个观点,即第二语言学习可能涉及*重新*组织,或者将现存神经环路扩展为一个新的、尽管是相关的领地,而学习第一语言显然只涉及初次全新组织。

第三点阐释发展与成年可塑性之间可能的差别:确切地说,发展与可塑性之间是否存在差异。发展心理学家对于年龄带来的行为变化的原理非常熟悉。然而,神经科学家也认识到,作为行为变化基础的分子、解剖、生理和神经化学变化通常很有可能在背后运作。因此,如果在细胞/原子水平调节一般行为变化的过程,与调节随年龄的变化的过程相同,那么发展和可塑性之间的区别在哪里呢?我们主张,这些术语本质上是相同的;但是,不同在于我们将可塑性看作是毕生的,而将发展看作在生命最初 20 年(左右)发生的变化。如果这是事实,那么提出的一种可能性是,整个生命期间存在的可塑性过程,可能不同于在生命最初 20 年期间指导发展的过程(无疑在这一时间框架内发展上的可塑性过程也存在差异)。

不可否认,我们对发展与成年可塑性是否不同这一问题的回答并非完全令人满意;我们在某种程度上仍然对答案不太确定,尽管倾向于赞同它们之间存在差异。我们希望,随着神经可塑性研究的增加,在未来几年中对这一问题更令人满意的回答将会出现。但是,随着发展理论逐渐变得更加神经生物取向,思考这一问题是很重要的。

认知发展的神经基础

在为阐述人脑如何发展奠定基础之后,现在我们将注意转向特定认知功能的神经基础。与本章涉及的许多作为综述对象的主题一样,我们鼓励读者查阅更全面的专题论文(例如 de Haan & Johnson, 2003b; Johnson, 2001; Nelson & Luciana, 2001)。还需要注意,由于我们讨论的焦点是认知发展的*神经基础*,我们将讨论限制于直接将特定认知能力与脑发育关联起来的文献;基本认知发展的行为文献在这一卷和前面卷的其他章节中全面回顾。

记忆

为什么记忆是重要的

我们对脑和认知功能的讨论从有关记忆的论述开始,把为什么记忆是重要的作为头条问题。

记忆是一种基础能力,许多一般认知功能需要以记忆为基础。我们对于世界的知识以信息的储存为基础,这些信息储存是通过记忆获得的。因此,描绘这一能力的发展轨迹非常重要,特别是在我们对作为智力基础的认知和神经过程的理解还没有很好地建立起来的时候。

编码和随后回忆信息的能力很可能在很多物种中被保存下来,证明这一能力在繁殖上有适应性。三个例子就足够了。第一,在定期迁移的鸟中,鸟返回繁殖地去繁殖下一代并照顾它们是非常必要的。鸟如何在许多个月之后依然记得繁殖地? Mettke-Hofmann 和 Gwinner(2003)证实,迁移的鸟可以记住给食地的位置 12 个月,而不迁移的鸟只能记住 2 周。更重要的是,在迁移的鸟中,从生命第一年到第二年,随着鸟到达性成熟,海马的大小随之增加,而不迁移的鸟中没有发现这样的增加。因此,海马适应鸟生活环境的能力可以作为记忆的进化重要性的一个例子。

一个类似的、同样令人印象深刻的记忆例子来自 Tomizawa 等人(2003)的报告。这些作者发现,一种通常与引起分娩和促进照料行为有关的激素即催产素,也与两种认知功能有关:社会识别(Ferguson, Aldag, Insel, & Young, 2001; Ferguson et al., 2000)和改善的空间记忆(Kinsley et al., 1999)。Tomizawa 等人(2003)证实,在灌注催产素的海马薄片中,长时程增强效应(LTP)①得到促进;在从先前生产过的(没有给予外源性催产素)小鼠中获得的海马切片中,CREB(被认为对记忆形成的基因表达阵列有贡献)的磷酸化增加。并且,从未生产过但被注射催产素的小鼠的空间记忆有所提高。相反,给*已经*生产过的小鼠使用催产素拮抗剂会损伤空间记忆。

记忆的适应意义的最后一个例子是,许多物种的幼崽似乎有不成比例地注意新异刺激的倾向;实际上,Nelson(2000b)曾经推测:(a) 这种倾向可能是固有的,保证婴儿持续增加他们的知识库,(b) 生命早期对新异性的偏好可能为记忆形成的毕生资质创造了条件。

根据记忆的个体发生和进化的重要性,让我们转向有关记忆神经基础的已知内容。在解决这个问题之前,关于记忆含义的一个简短指南会有所帮助。

记忆系统

Tulving(1972)首先开始质疑流行的教条,即认为记忆是单一的,Tulving 提出有两种记忆系统,他把它们称作*语义的*(semantic)和*情景的*(episodic)。Tulving 的论点基于行为的分离,在接下来的 30 年中,对非人动物的实验研究和来自人类成人的神经成像数据扩充了他的观点。但是,也许转折点来自病人 H. M. 的数据。如同艾宾浩斯及其同事所讨论的,H. M. (为了减轻难以治愈的癫痫,他接受了双侧颞叶切除;见 Scoville & Milner, 1957 的原始报告;或者 Corkin, 2002 年的近期报告)为有利于多重记忆系统的辩论提供了至关重要的数

---

① 根据 Hebbian 原则,LTP 被认为是反映了作为记忆形成基础的分子机制之一。

据(Eichenbaum, 2002; Eichenbaum et al. , 1999)。例如,尽管 H. M. 在编码新的事实时出现严重缺陷,但他能够学习新的运动技能,虽然他对这些学习没有意识记忆。

从 Tulving 在 1972 年的开创性论文之后,无数对啮齿动物、猴子和人类的研究共同指向两类主要的记忆系统的分离:一种是外显或陈述性记忆,另一种是内隐或非陈述性记忆(有时也被称作程序性记忆)。前者的标准定义通常是对事实或事件的记忆,这种记忆可以进入意识觉知,并且可以外显地表达。相反,内隐的或非陈述性记忆通常是指技能或程序的获得,它们通过运动活动或加工速度的变化无意识地表达。并不令人惊讶,每种系统之内存在不同类型的记忆;因此,传统的再认和回忆被归入外显记忆的类别,而启动和程序性学习被归入内隐记忆的类别。

这两种记忆系统彼此分离的额外证据来自神经科学文献。例如,至少在成人中,外显记忆系统似乎包含精选的新皮层区域(例如负责视觉外显记忆的视皮层),围绕海马的皮层区域(例如内嗅皮质,海马旁回),以及海马本身。相反,非陈述性记忆包括专门负责特定类型记忆的环路(尽管内侧颞叶似乎不包括在内)。习惯和技能的获得似乎依赖于新纹状系统,而感觉到运动的适应和反射的调节似乎不成比例地依赖于小脑(见 Eichenbaum, 2003 近来的综述)。

与许多其他两分法类似,两种记忆系统的区分并非完全令人满意,有许多灰色区域落在系统之内或系统之间。Cycowicz(2000)讨论,再认记忆(一种外显记忆)与重复启动(一种内隐记忆)的区别主要与给被试的指导语有关,而不是记忆本身固有的不同。因此,在再认记忆测验中,被试被外显地要求识别先前经历的刺激或事件(例如通过言语反应,揿按钮),而在重复启动测验中,通常被试被要求完成一个伴随的任务(例如如果刺激是正立的,揿按钮 A,如果刺激是颠倒的,揿按钮 B),通过对先前经历的(尽管经常是无意识的)刺激反应时加快来推断启动。并且,负责每个记忆系统的神经环路存在重叠(例如视觉再认记忆和视觉刺激的重复启动都需要视皮层)。尽管存在种种缺陷,记忆领域基本上接受这种区分。

记忆系统的发展——一些背景

利用来自非人灵长类中青少年个体和成熟个体的数据,来自成人的神经心理和神经成像数据,以及来自发展中的人类被试有限的神经成像文献,Nelson(1995)提出,从延迟模仿、跨通道再认记忆、延迟不匹配(delayed nonmatch-to-sample, DNMS)等任务,记录事件相关电位(ERPs)的改进的"怪球"设计,以及注视偏好(preferential looking)及在熟悉化(或习惯化)和测验之间插入延迟的习惯化程序等的结果推断,外显记忆在生命最初半年之后的某个时间开始发展。在成人中,这一系统依赖于散布的环路,包括新皮层区域(例如颞叶下的皮层区域 TE)、环绕海马的组织(特别是内嗅皮质),以及海马本身。但是,Nelson 还指出,在外显记忆发展之前,先发展的是一种记忆的早期形式,被称作*前外显*(preexplicit)记忆。前外显与外显记忆之间最主要的区别是,前者(a)出现在出生时或出生后不久,(b)在简单的新异偏好(novelty preferences)中最明显(经常在视觉配对比较程序中反映出来),以及(c)主要依赖于海马本身。

这些假定(后来对其进行更新和精细化,Nelson & Webb, 2003)更多建立在来自许多资源的数据的整合,而不是对脑与行为之间关系的直接观察。尽管人们将从更多的数据和更少的推断中获益,但这一模型还是成为一种有用的启发式模型。挑战在于,对于据称与不同记忆系统和不同类型记忆有关的环路的发展所知甚少;类似地,使用任何种类的神经成像工具考察脑与记忆关系的研究者相对较少。但是,过去的10年间,对发展中的非人灵长类和人类的研究已经提供了许多所需的额外信息。

表1.2总结了我们当前关于记忆发展的神经基础的思想。我们首先集中于外显记忆的发展,然后将注意转向内隐记忆。

表 1.2　记忆发展的神经基础

一 般 系 统	子 系 统	任 务	与任务有关的神经系统
内隐记忆 (非陈述性记忆)	程序学习	序列反应时任务	纹状体、辅助运动联合区、运动皮层、额叶皮层
内隐记忆 (非陈述性记忆)	程序学习	视觉预期范式	额叶皮层、运动区
内隐记忆 (非陈述性记忆)	条件作用	条件作用	小脑、基底神经节
内隐记忆 (非陈述性记忆)	知觉表征系统	知觉启动范式	依赖于通道:顶叶皮层、枕叶皮层、下颞叶皮层、听觉皮层
外显记忆系统	前外显记忆	在习惯化和配对比较任务中的新异检测	海马,可能涉及内嗅皮层
外显记忆系统	语义的(一般知识)	语义提取、单词启动,以及联想启动	左侧前额皮层、前扣带皮层
外显记忆系统	语义的(一般知识)	语义提取、单词启动,以及联想启动	海马皮层
外显记忆系统	情景的(自传体)	情景编码	左侧前额皮层、左侧眶额皮层
外显记忆系统	情景的(自传体)	回忆和再认	右侧前额叶、前扣带皮层、海马旁回、内嗅皮质

当前的发现——成熟的脑中的外显记忆

尽管就有关成人外显记忆中涉及的神经环路的文献未能达成一致意见,Eichenbaum 的模型(2003)仍然较好地代表了这一领域,以及我们自己关于发展的思考①。根据 Eichenbaum 的看法,环海马的区域(包括内嗅、围嗅和旁海马皮质)不成比例地卷入到中介

---

① 将记忆功能的成人模型扩展到婴儿或儿童是有问题的,原因很多,其中之一是,我们并不确定成人身上存在的结构—功能关系是否在发展中的儿童身上仍然成立。但是,从成人的结构开始,然后相应地进行修改和扩展比从头开始要更有用。尽管完全从头开始具有吸引力,但是,目前关于脑与记忆之间关系的研究太少,难以进行充分的模型构建。

孤立项目的表征中,并且能够短时间内(例如几分钟)在记忆中保持这些项目。对照来看,海马本身似乎在中介刺激的关系和表征属性方面起着更显著的作用:例如,旁海马区域在记忆中保持个别项目期间,海马将这些项目与记忆中已有的其他项目进行比较;类似地,海马还负责从多个样板或多个情境中抽取类似的信息。来自人类成人,以及选择性海马损伤的发展中的和成年猴子的研究数据表明,海马还中介新异性偏好(例如 Manns, Stark, & Squire, 2000; McKee & Squire, 1999)。最后,新皮层很可能是长时信息的存储地,额叶皮层则通过记忆术策略(例如组块等;见 Yancey & Phelps, 2001 关于陈述性记忆的神经成像文献的综述)促进存储。

当前的发现——发展的脑中的外显记忆

与成熟有机体的研究类似,在理解记忆涉及的脑结构或环路时,考虑用来评估记忆的任务非常关键。正如 Nelson(1995)、Nelson 和 Webb(2003),以及 Hayne(2004)的讨论,同样的任务如果用不同的方式使用,可能会对被试施加不同的任务要求,并且调用不同的环路(见本章后面对 DNMS 任务的讨论)。

现在,来自猴子文献的充分证据表明,海马的损毁造成视觉再认记忆的破坏,至少在某些情况下是这样,并且至少从新异偏好中推断是如此。Pascalis 和 Bachevalier(1999)报告,对新生猴子海马的损毁(但不是杏仁核,见 Alvarado, Wright, & Bachevalier, 2002)会损伤用视觉配对比较(Visual Paired Comparison, VPC)程序测量的视觉再认记忆,至少在熟悉化与测验之间的延迟超过 10 秒时会出现这种损伤。Nemanic、Alvarado 和 Bachevalier(2004)报告说成年猴子有类似的效应。海马、围嗅皮质和旁海马皮质的损毁都会削弱 VPC 的成绩,尽管影响存在区别。因此,当熟悉化与测验之间的延迟分别超过 20 秒、30 秒和 60 秒时,围嗅皮质、旁海马皮质和海马的损毁造成成绩下降。这些发现与来自人类成人的结果是一致的,例如,已知海马受损的个体在短延迟条件下也表现出新异偏好的缺陷(McKee & Squire, 1993)。重要的是,在人类成人的工作中,在几小时之后不能表现新异偏好的个体确实表现出完好的再认记忆(Manns et al., 2000)。并且,病人 Y. R. 的海马受到选择性损伤,他表现为 VPC 任务的损伤,但再认记忆相对完好(Pascalis, Hunkin, Holdstock, Isaac, & Mayes, 2004)。综合起来,这些结果提示,再认本身可能由海马外的组织负责(我们将会回来讨论这一点),而新异偏好可能由海马本身负责。猴子的数据与这一观点只有部分一致,因为猴子数据提示海马以及周围的皮层在新异偏好中都起作用,尽管它们的作用存在差异,至少在成年猴子中是这样。

海马在编码刺激之间关系(与编码个别刺激相对,个别刺激的编码可能是旁海马区域的领域)中所起作用的进一步证据,来自 A. J. Robinson 和 Pascalis(2004)近来的一篇论文。这些作者使用 VPC 测验了 6、12、18 和 24 个月大的婴儿。作者并非评估对个别刺激的记忆,而是需要婴儿在情境中编码刺激的属性。在熟悉化过程中,刺激在一个背景下呈现,在测验同一刺激期间,有一个新异刺激与它配对,在同样的或不同的背景下呈现。作者报告,尽管在背景相同时,所有年龄组都表现出强烈的新异偏向,但是当背景改变时,只有 18 和 24 个月大的婴儿才表现出新异偏向。这一结果提示,海马的这一特定功能——考虑刺激之间的关系或者在情境中编码刺激——比同样情境下的刺激再认发展稍慢。[①] 在发展神经解剖文献中可以找到支持这一主张的证据。确切地说,尽管已知海马本身、内嗅皮质以及它们之间的联系成熟较早(例如 Serres, 2001),同样已知的是海马的齿状回成熟较慢(见 Serres, 2001),与围嗅皮质类似(见 Alvarado & Bachevalier, 2000)。因此,如果 Pascalis 及其同事认为他们的情境依赖任务依赖于海马的看法正确,那么理论上,这一任务上行为层次上发现的延迟成熟反映了海马的一些特定区域(例如齿状回)的延迟成熟。

23

后一发现强调了一个要点,即尽管外显记忆在生命第 6 至 12 个月之间的某个时间*出现*,它在这个时候远不够成熟。即使非常年幼的婴儿(例如只有几个月大)在注视偏好任务上表现也非常好,这一事实提示,或者已经有足够的海马功能促进任务成绩(从 Bachevalier 及其同事进行的猴子工作中推断),或者也许旁海马区域(发展上几乎一无所知)负责任务操作。因此,与神经科学文献一致,外显记忆完全的、类似成人的表现需要等到后来海马子区域的发展,以及它们与相连的新皮层区域彼此之间联系的发展。

新异偏好

由于新异偏好在评估婴儿和年幼儿童记忆中所起的突出作用,值得用一定篇幅讨论一下这种偏好可能的神经基础。如前所述,我们已经从猴子数据得出结论,海马在新异偏好中起关键作用,当海马被损毁时,这种偏好发生混乱。但是,我们不必局限于来自猴子的数据。对人类成人的神经成像研究也报告说,新异偏好与海马有关(见 Dolan & Fletcher, 1997; Strange, Fletcher, Hennson, Friston, & Dolan, 1999; Tulving, Markowitsch, Craik, Habib, & Houle, 1996)。相反,Zola 等(2000)报告,成年猴子海马的损伤没有影响 1 秒延迟时的新异偏好,因此,较长延迟时间条件中的削弱(成绩下降)是由于记忆的问题,而不是新异检测。类似地,Manns 等(2000)已经证明,在正常的人类成人中,熟悉化之后不久的新异偏好和再认记忆都是完好的,尽管随着延迟的增加,新异偏好消失,而再认记忆保持完好。这项工作与 Zola 等(2000)的工作一起,证明了新异偏好与再认记忆之间的分离,并且提出了两个问题。第一,新异偏好是否真的由海马负责,还是由海马之外的组织负责? 第二,这种分离如何解释在婴儿文献中,通常根据新异偏好推测再认记忆?

首先,假定所有测量新异偏好的任务对记忆的要求相同是不明智的。例如,我们的观点是,在需要被试从同一范畴刺激的多个样板中概括出区别(例如从很多女性面孔中区分男性面孔)的任务中,新异偏好可能依赖于检查刺激之间关系的能力,因此,不成比例地依赖于海马。相反,如果任务只是需要被试辨别两个单个的样板(例如区分一个女性面孔与另一个女性面孔),也许涉及旁海马区域。第二,新异偏好和再认记忆可能并非代表了同样或不同的过程,而是代表了相互关联的过程。因此,在 VPC 程序中,同时呈现熟悉的和新异的刺激提供了知觉支持。这个时候,非常短的延迟可能会易化再认,也许是由于某些图像存储,而不需要比较新异刺激与储存在记忆中的刺激。这可能发生在短时记忆中,由旁海马区域负责。

[①] 理论上,这些数据的另一种解释是,与稍小的婴儿相比,背景对稍大的婴儿是更显著的刺激,因此新异偏好主要与刺激显著性有关,而不是与关系记忆有关。

尽管在儿童或成人(可以给予他们指导语)中很容易分离新异偏好与再认记忆,但是在婴儿中难以做到,特别是当使用行为测量时。但是,Nelson 和 Collins(1991, 1992)使用 ERPs 似乎在某种程度上能够分离这些过程。4 到 8 个月大的婴儿首先对两个刺激产生熟悉化;在测验试次中,这两个刺激中的一个在 60%的试次中随机呈现(常见—熟悉的),另一个刺激在 20%的试次中随机呈现(不常见—熟悉的),在剩下的 20%的试次中,每次呈现一个不同的新异刺激(不常见—新异的)。理论上,如果再认记忆独立于看见一个刺激的频率(即它出现的概率),那么所有婴儿应该将两个熟悉刺激看作等价的,不管它们在测验试次中呈现的频率如何。作者报告,直到 8 个月大时,婴儿才对两种熟悉刺激等价地反应,对新异事件不同地反应。相反,6 个月的婴儿对两种熟悉事件区别反应,对新异事件又做另外一种反应。这些发现被解释为从 6 个月到 8 个月之间记忆的提高,特别是在判断刺激是否熟悉(再认记忆所固有的)时忽略刺激出现频率(新异反应所固有的)的能力。

在这个时候很难肯定,人类儿童中到底是海马还是旁海马区域负责新异偏好,以及新异偏好到底反映了再认记忆中涉及的子程序,还是反映了对再认记忆本身的代理。这些问题等待进一步的研究。

延缓不匹配任务

对于被认为反映了外显记忆的任务,例如 DNMS 任务,情况如何呢?给被试呈现一个样本刺激,然后是一段延迟(在此期间不能观看刺激),之后样本和一个新异刺激并排呈现。在猴子的情况下,动物因取回新异刺激而得到奖赏;在人类中,一些研究者实施类似的奖励系统,基本采用动物测验模型(例如见 Overman, Bachevalier, Sewell, & Drew, 1993),尽管一些研究者修改任务,不提供奖励,采用对新异刺激的观看而不是抓取作为因变量(见 A. Diamond, 1995)。[①] 在经典的 DNMS 任务中,通常报告的结果是,猴子直到 1 岁时才到达成年的成绩水平,而儿童的表现直到大约 4 岁时才类似成人(假定猴子与人类年龄的比率是 1∶4,这些数据非常一致)。有趣的是,Pascalis 和 Bachevalier(1999)报告,新生儿海马的损伤没有削弱 DNMS 任务的成绩,意味着 DNMS 很可能依赖于海马外的结构,而不是仅依赖于新异偏好(例如,与 VPC 任务不同,DNMS 任务需要被试协调行动图式与记忆中表征的图式,并抑制对熟悉刺激的反应)。在 Málková、Bachevalier、Mishkin 和 Saunders(2001)报告的研究中,可以找到支持,成年猴子围嗅皮质的损伤造成从 DNMS 推断的视觉再认记忆的削弱;重要的是,来自 Nemanic 等人(2004)研究的数据表明,海马和旁海马区域的损伤对 DNMS 成绩几乎没有影响。这些数据与其他研究小组(例如 Zola et al., 2000)报告的结果相矛盾,后者发现成年猴子海马的损失*确实*导致 DNMS 成绩的削弱。我们的研究小组曾经报告,用 DNMS 任务测试人类成人时发现海马的激活(Monk et al., 2002)。如何解释这些差异? 首先,有可能年幼与成熟个体的结构功能关系存在本质的不同(见脚注4);因此,同样的功能在发展中的个体和成熟个体中由不同结构负责。第二,它可能意味着,DNMS 任务的

---

① 必须承认,在这样修改任务之后,任务要求变化很大,因此,很难坚持说这两个任务是相同的。这使得物种之间难以进行比较。

要求随发展年龄的不同有所区别(或者被不同地解释)(例如,强化刺激的奖励价值可能不同;儿童/青少年猴对任务要求的解释可能不同于成年/成熟猴子对任务要求的解释)。第三,成年猴子海马损伤的早期研究可能包括周围皮层的损毁,因此造成难以区分海马和围嗅皮质的损伤。[①] 最后,在 Monk 等人(2002)的神经成像工作中,难以辨别海马与邻近的皮层,因此,有可能周围皮层更多地涉及在 DNMS 任务的表现中。

引发性模仿

当前的记忆研究者对延迟或引发性模仿任务给予了相当多的注意。在人类的例子中,展示一系列事件,在一段延迟之后,不经过练习,给被试呈现最初序列中使用的小道具。对于正确"回忆"出的序列中的每一个步骤,累加一个正确分数。Bauer 及其同事(见本手册,本卷,第 9 章,Bauer),Hayne 及其同事(例如 Collie & Hayne, 1999; Hayne, Boniface, & Barr, 2000),以及 Meltzoff 及其同事(例如 Meltzoff, 1985, 1988, 1995)等研究者大量使用这一范式,普遍的证据是这一能力的显著进步出现于 6 个月,继续持续到至少 24 个月。在这种情况下,进步被定义为在渐增的延迟之后,可以再现较长的客体序列的能力。实际上,在婴儿 1 岁时,某些情境下对时间顺序的记忆可以保持几个月。

与这一章特别有关的内容是三方面相关的发现。第一,McDonough、Mandler、McKee 和 Squire(1995)报告,如果人类成人的内侧颞叶(包括海马)遭到双侧损伤,他们在这一任务上表现很差。类似地,在儿童期遭受双侧海马损伤的个体在这一任务上受损,尽管任务的削弱程度不如 McDonough 等人观察到的成人那么严重(1995; Adlam, Vargha-Khadem, Mishkin, & de Haan, 2004)。第二,Eichenbaum 及其同事(例如 Agster, Fortin, & Eichenbaum, 2002; Fortin, Agster, & Eichenbaum, 2002)报告,当海马本身遭到损毁之后,被训练记住一系列气味的啮齿动物在辨别一个序列与另一个序列时成绩有所下降。最后,我们的研究小组(例如 DeBoer, Georgieff, & Nelson, 待发表; de Haan, Bauer, Georgieff, & Nelson, 2000)的工作表明,海马在产前期或围产期(例如早产或经历产前缺氧—局部缺血的婴儿)可能受到损伤的婴儿中,引发性模仿受到损害。与 Bauer 及其同事(例如 Bauer, Wenner, Dropik, & Wewerka, 2000; Bauer, Wiebe, Carver, Waters, & Nelson, 2003; Carver, Bauer, & Nelson, 2000)、Nelson(1995)和 Hayne(2004)的结论一致,这些数据似乎支持引发性或延迟模仿任务成绩依赖于完整的海马的观点。但是,如同 Nelson 和 Webb(2003)最近的讨论所述,与 DNMS 任务类似,引发性模仿任务是一项包含多个子任务的复杂任务。婴儿不仅必须编码客体的属性,还必须编码这些客体呈现的顺序。在历史上,很早以前人们就已得知,额叶皮层的损伤将干扰按正确顺序再现一系列事件的能力(见 Lepage & Richer, 1996 的综述)。除了回忆客体呈现的顺序外,被试还必须编码对这些客体实施的身体行动。额叶皮层再一次牵涉在内;Nishitani 和 Hari(2000)发现,观察和

---

① 直到大约 20 世纪 90 年代晚期,多数损毁海马的外科手术方法需要通过周围皮层,因此损坏了这一区域(例如内嗅皮质)和经过的纤维。结果是,通常很难确定,到底是海马本身的损毁、周围皮层的损毁,还是海马与周围皮层之间联系的切断,造成了成绩的波动。近来的方法学进步可以直接对目标结构施加神经毒素,破坏细胞体,而保持经过的纤维完好。

模仿身体行动激活左下前额皮层,以及前运动皮层和枕叶皮层。在运动顺序再现中可能还涉及辅助运动区,它们可能编码成分的数字顺序(Clower & Alexander, 1998)。总体而言,尽管海马可能是引发性模仿任务的基本元素(也许负责特定成分的再认或回忆记忆,例如再认熟悉的客体或回忆熟悉的序列;见 Carver et al., 2000),这一任务的其他成分可能在前额皮层的控制之下(可能由基底神经节负责抓取和记忆成分的协调)。与许多记忆发展的文献类似,对引发性模仿的神经机制的进一步洞察,需要等待我们对活动中的脑进行成像的技术。

额叶皮层在外显记忆中起什么作用?

关于前额皮层在发展上对外显记忆的作用几乎一无所知。但是,成人研究已经证实,额叶皮层损伤会削弱需要策略或组织操作的任务的成绩(见 Yancey & Phelps, 2001 的讨论)。转换、操作或评估记忆的能力似乎显然是额叶的功能(见 Milner, 1995)。在这一情况下,额叶损伤对再认记忆几乎没有影响,而对回忆记忆则影响很大,这一点并不奇怪,很可能是因为回忆需要操作和评估信息。受到额叶损伤影响的记忆任务包括*来源记忆*(source memory)(例如知道谁呈现信息或者信息在哪里呈现;见 Janowsky, Shimamura, & Squire, 1989),*频率记忆*(frequency memory)(例如哪个项目最常出现或最少出现;见 M. L. Smith & Milner, 1988),以及与我们关于引发性模仿的讨论一致,*对时间顺序的记忆*(memory for temporal order)(例如哪个项目是最近呈现的;见 Butters, Kaszniak, Glisky, Eslinger, & Schacter, 1994)也受影响。这些有关记忆发展的研究发现意味着什么? 简而言之,使用策略来编码和提取信息的能力,以及对记忆内容进行心理操作的能力,在学前期开始发展,持续到紧接着的青春前期(见 Luciana, 2003 关于前额皮层功能发展的综述)。并不令人惊讶,这是前额皮层快速发展的时期,包括突触修剪和髓鞘化。因此,在学前和小学期间观察到的记忆变化(见 Flavell, Miller, & Miller, 1993; Siegler, 1991 的综述),可能不是由于内侧颞叶结构的进一步成熟,而是由于额叶结构的成熟,更重要的是由于内侧颞叶与前额皮层之间联系的增加。随着对这一年龄范围的个体使用 fMRI 的能力的提高,我们希望这种工具有一天可以用来检验联系假说。

小结

拼凑不同种类的信息来源可以发现,外显记忆的早期形式出现于出生后不久(假定是足月出生)。这种*前外显记忆*主要依赖于海马。随着婴儿进入他们生命第一年的后半部分,海马的成熟以及周围皮层的发展,使得*外显*记忆的出现成为可能。多种任务被用来评估外显记忆,一些只能用于人类婴儿,另一些从猴子研究改编而来。根据这些任务的发现,记忆在生命的最初几年逐渐提高,主要是由于海马本身(例如齿状回)和周围皮层(例如旁海马皮质)的变化,以及这些区域之间联系的增加。从学前到小学期间观察到的记忆变化,可能是由于前额皮层以及前额皮层与内侧颞叶之间联系的变化。这些变化使得对记忆内容实施心理操作成为可能,例如使用策略编码和提取信息的能力。最后,长时记忆的变化可能是由于新皮层区域的发展,以及新皮层与内侧颞叶(MTL)之间联系的增加,新皮层被认为用来储存这些记忆。很可能是由于这些变化造成了婴儿期遗忘症的结束(见 Nelson, 1998;

26

Nelson & Carver, 1998 的详细讨论)。

记忆障碍

　　近来的证据表明,在童年期的双侧海马损伤将会造成特殊的记忆损伤,被称作发展性遗忘症(developmental amnesia)(Gadian et al. , 2000; Temple & Richardson, 2004; Vargha-Khadem et al. , 1997)。[①] 有趣的是,这些案例的神经心理轮廓似乎与成年内侧颞叶损伤之后出现的遗忘症有所不同。一个差异是,成年遗忘症患者再认和回忆都有所下降,而至少在一个被集中研究的发展性遗忘症案例中,延迟再认记忆相对完好,而延迟回忆严重受损(Baddeley, Vargha-Khadem, Mishkin, 2001)。第二个不同是,通常成年遗忘症患者的情景记忆和语义记忆都受损,而发展性遗忘症患者的情景记忆严重受损,而语义记忆相对完好(Vargha-Khadem et al. , 1997)。

　　发展的与成年发作的案例之间轮廓不同的原因仍然存在争论。一种可能是,发展性遗忘症的患者通常比成年遗忘症患者的记忆损伤更轻微,因为他们的损伤更具选择性。文献中报告的许多成人案例具有广泛的损伤,包括颞叶的其他区域,以及颞叶外的脑区。相反,根据体积分析的测量结果,至少在内侧颞叶内,发展性遗忘症患者的围嗅皮质、内嗅皮质和旁海马皮质似乎是完好的(Schoppik et al. , 2001)。有可能这些区域在正常情况下是负责再认记忆和语义回忆的,发展性遗忘症患者这些区域的保留允许这些技能的相对保留(Vargha-Khadem, Gadian, & Mishkin, 2001)。与这一观点一致,一些研究报告指出,选择性海马损伤的成年患者也表现出某些保留的语义学习(例如 Verfaellie, Koseff, & Alexander, 2000)。但是,另一些研究报告指出,据称损伤局限于海马的成年患者表现出更普遍的记忆缺陷(例如 Manns & Squire, 1999),而一名 6 岁时遭受广泛损伤的患者仍表现出相对保留的语义学习(Brizzolara, Casalini, Montanaro, & Posteraro, 2003)。这些发现表明,损伤的年龄而不是程度可能更关键。未来研究需要解决的重要问题是,理解内侧颞叶内的选择性损伤、海马外区域的损伤程度(例如,在发展性遗忘症中报告了壳核、丘脑后部和右侧压后皮质的异常;Vargha-Khadem et al. , 2003)和损伤年龄分别的贡献和结合的贡献。

　　有趣的是,对于早期发作的损伤,海马损伤的程度似乎影响记忆受损的模式(Isaacs et al. , 2003)。与控制组相比,发展性遗忘症的患者(平均双侧海马体积减少 40%,范围从 27%到 56%)在延迟回忆测验上受损,而早产儿童(平均减少 8%到 9%,最高可达 23%)在延迟回忆上没有缺陷(但是在前瞻记忆和路径跟踪上表现出缺陷)。这些差异不能被能力水平的一般差异所解释,因为各组间的 IQ 是匹配的。但是,并不清楚是否存在海马外损伤的差异,海马外损伤可能随着海马损伤的程度有所不同。

　　对于儿童和成年发作案例之间的轮廓差异,另一种可能的解释是,早期发作的案例损伤较轻微,因为发展中脑的可塑性允许功能补偿。在遭受新生儿损伤的儿童中,记忆损伤通常直到学龄期才被发现(Gadian et al. , 2000)。考虑到海马被认为在从出生以来的记忆中起

------

① 必须强调一点,在这些例子中,脑损伤通常并非局限于海马,而是更弥散,包括许多内侧颞叶结构(例如嗅皮质)。

着关键作用,如前面的讨论所示,这一现象令人惊讶。一种可能的解释是,存在一定程度的补偿,允许相对较好的初步记忆技能,但是最终造成轻微形式的记忆损伤。一项神经成像案例研究表明,发展性遗忘症残余的海马组织在记忆任务期间似乎在起作用(Maguire,Vargha-Khadem, & Mishkin, 2001)。然而,未受损伤的个体主要表现为左侧海马的激活,患者表现为双侧激活,并且与控制组相比,海马与其他脑区的联系模式有所不同(Maguire et al., 2001)。因此,有可能剩余的起作用的海马部分与其他脑区组织起来,共同负责保留的记忆能力。如果这是实情,那么可以预期,损伤的年龄将会影响最终的结果,由于可塑性更高,早期损伤的结果好于晚期损伤。但一项近来的报告不支持这一预测,该报告表明,1 岁以前遭受损伤的儿童与 6 岁之后遭受损伤的儿童的延迟记忆并无差别(Vargha-Khadem et al., 2003)。而与晚期损伤相比,那些早期损伤的儿童在一些即时记忆测验上表现更好,意味着可能有一些可塑性的作用。

非陈述性记忆

非陈述性或内隐形式的学习和记忆功能代表人类认知的一个基本方面,信息和技能通过纯粹的暴露或练习得到学习,不需要有意识的意图或注意,并且最终变为自动的。尽管关于非陈述性记忆或学习的定义存在争论,多数非陈述性任务的成绩似乎并不依赖于内侧颞叶结构。类似前面提到的 H. M. 这样的患者,在外显记忆上表现出严重的缺陷,这与已知的内侧颞叶记忆系统的损伤或破坏相一致(见图 1.3)。但是,这些患者在经典的内隐记忆和学习测验上没有损伤,例如知觉启动或序列反应时(SRT)学习(Milner, Corkin, & Teuber, 1968; Shimamura, 1986; Squire, 1986; Squire & Frambach, 1990; Squire, Knowlton, & Musen, 1993; Squire & McKee, 1993)。

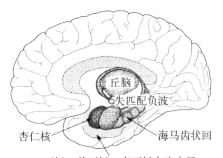

图 1.3 内侧颞叶记忆系统示意图。

在认知文献中,已经出现大量任务用于评估非陈述性认知功能(见 Seger, 1994; Reber, 1993)。Reber(1993)建议区分两种主要的非陈述性功能:内隐记忆(个体可用的最终状态的知识表征,个体对此并未意识到)和内隐学习(无心的和无意识的知识获得)。内隐学习包括学习潜在规则和结构,同时对这些规则没有任何意识觉察。这种学习比较缓慢,并且需要对将要获得的信息的重复暴露。相反,内隐记忆在对刺激的单次暴露之后就可能产生,并且造成对随后呈现的该刺激或与其联系紧密的刺激的加工效率提高。这两个类别不仅在基本的认知属性(知识表征对知识获得)上存在差异,而且似乎它们的神经机制也有所不同。在众所周知的记忆系统分类中,Squire(1994)识别了三种基本的内隐学习和记忆形式:启动、程序学习(技能和习惯)、经典条件作用(联结学习),每种形式依赖于分离的神经系统。

28

视觉启动

这一范畴的证据来自动物和人类损毁研究以及神经成像方法。例如,启动,或者说基于近期暴露于某刺激导致对该刺激探测或加工上的进步,似乎依赖于与感兴趣的刺激相关联的新皮层脑区。也就是说,当给健康的成人重复呈现视觉刺激时,外纹状视皮层区域表现为活动降低,可能反映了当重复激活感觉环路时加工要求的减少(Schacter & Buckner, 1998; Squire et al. , 1992)。类似地,在客体分类任务情境中的启动与下颞叶皮层和腹侧前额皮层活动的降低相关联,这些区域先前与外显客体识别有关。

尽管很多研究考虑了婴儿和儿童早期的视觉启动成绩(Drummey & Newcombe, 1995; Haynes & Hennessy, 1996; Parkin & Streete, 1988; Russo, Nichelli, Gibertoni, & Cornia, 1995; Webb & Nelson, 2001),但很少有研究应用脑成像方法考察这一功能的脑机制。一般而言,行为证据一致表明,年幼儿童和婴儿都表现出与成人非常相似的启动效应,支持这样一种观点,即内隐学习和记忆功能在发展上的变化很小,而外显学习和记忆则需要长期发展。Webb 和 Nelson(2001)使用 ERP 测量手段评估 6 个月大婴儿的视知觉启动,并与成人进行比较。尽管在 ERP 成分上发现了成人与婴儿发展上的差异,这些差异类似于外显记忆功能上发现的差异。然而,只有在通常与注意有关的早期 ERP 成分上观察到记忆的 ERP 证据(新刺激和重复刺激之间的活动差别),在通常与外显记忆有关的晚期 ERP 成分上未发现证据(Nelson, 1994; Nelson & Monk, 2001; 见 DeBoer, Scott, & Nelson, 2004 关于婴儿 ERP 成分的综述)。

内隐序列学习

与启动相反,内隐学习——也称作习惯学习、技能学习或程序学习——包括知识基础或行为技能集合的缓慢获得。在日常生活中,学习骑自行车涉及技能的逐渐获得,这一技能难以或几乎不可能用言语描述。尽管是有意地试图学习该技能,学习者通常不知道到底学到了什么。内隐学习经常使用序列学习(例如 Nissen & Bullemer, 1987)或人造语法学习范式(Reber, 1993)来测量。在 SRT 任务中,要求个体建立一套空间刺激或客体刺激与等量的反应按钮之间的对应映射。记录匹配刺激与按钮的反应时间。被试不知情的是,尽管刺激经常显得按随机顺序出现,有些时候刺激呈现的顺序遵循可预测和重复的序列。当与随机试次相比,被试在序列试次上表现出反应时的进步时,内隐学习就发生了,尽管被试对潜在的规律并未产生意识觉察。

颞叶遗忘症的患者在序列学习任务上表现正常。但是,基底神经节受损的患者,例如帕金森氏症(Pakinson's disease)或亨廷顿病(Huntington's disease)患者,在序列反应时任务上表现出损伤(Ferraro, Balota, & Connor, 1993; Heindel, Salmon, Shults, Walicke, & Butters, 1989; Knopman & Nissen, 1991; Pascual-Leone et al. , 1993)。重要的是,这些患者在外显记忆和知觉及概念启动测量上表现正常(Schwartz & Hastroudi, 1991),这支持内隐学习和内隐记忆在神经系统水平上的可分离性。神经成像数据对皮层下结构在序列反应时学习中的作用提供了支持证据。许多实验室的共同发现(Bischoff-Grethe, Martin, Mao, & Berns, 2001; Grafton, Hazeltine, & Ivry, 1995; Hazeltine, Grafton, & Ivry,

1997；Schendan，Searl，Melrose，& Ce，2003）证实，与随机试次相比，序列试次引发在额叶—基底神经节—丘脑环路中的差异化活动。进一步证据提示，这些额叶—纹状体环路和额叶—小脑环路之间的联系可能是内隐学习的重要方面。Pascual-Leone 等（1993）发现，尽管基底神经节受损的成人内隐序列学习表现出显著的减少，小脑退化的成人在 SRT 任务上没有表现出学习。

关于内隐学习的发展轨迹存在重大分歧。在一项对 6 至 10 岁儿童和成人的 SRT 学习研究中，Meuleman、van der Linden 和 Perruchet（1998）发现，年龄组之间对 10 个步骤的空间序列的学习是相等的，尽管总体的反应时间存在年龄差异。这些数据支持内隐认知在婴儿早期成熟，并且随着年龄增长变化或进步很少的观点（Reber，1992）。但是，其他的内隐模式学习或偶联性学习（contigency learning）测量，以及来自另一研究小组的 SRT 数据不那么清楚。Maybery、Taylor 和 O'Brien-Malone（1995）报告，在共变学习（covariation learning）中存在年龄相关的进步，年长的儿童比年幼儿童表现出更大的学习效应。但是，Lewicki（1986）在同一任务的初始版本中，没有发现年龄相关的学习效应。Thomas 和 Nelson（2001）发现，在 SRT 任务上的序列学习证据表明，尽管在 4 岁、7 岁和 10 岁儿童之间内隐学习的效果大小类似，年长儿童更有可能表现出学习。事实上，有效学习的可能性与年龄呈负相关，至少 1/3 的最低年龄组儿童没有表现出学习（而所有 10 岁儿童都有学习效应）。内隐序列学习随年龄进步的证据来自 SRT 任务适用于婴儿的一种变式：视觉预期形成（visual expectancy formation）。在这一任务中，给婴儿呈现重复的视觉刺激模式，记录婴儿的眼动，以确定婴儿是否学会预期时间上即将到来的刺激的位置。尽管我们不能排除这一行为属于外显学习的可能性，这一任务确实与成人 SRT 范式有很多类似之处。有趣的是，尽管 2 和 3 个月这么小的婴儿就可以表现出可靠的视觉预期形成（Canfield，Smith，Brezsnyak，& Snow，1997；Haith，Hazan，& Goodman，1988），年长的婴儿能够学习比年幼婴儿更复杂的序列关系（Clohessy，Posner，& Rothbart，2002；P. Smith，Loboschefski，Davidson，& Dixon，1997）。

近期的一个成像研究中，Thomas 等（待发表）比较了 7 至 11 岁的儿童和成人完成 SRT 任务时负责内隐序列学习的神经系统。总的说来，来自成人的结果与先前的神经成像研究一致，涉及视运动序列学习中的额叶—纹状体环路。特别是，基底神经节的活动与内隐学习效应的大小呈正相关（更大的学习与尾状核的活动增加相关联）。尽管儿童和成人表现出许多相同区域的活动，仍然发现了相对的组间差异，儿童表现出更高的皮层下活动，而成人则是更高的皮层活动。与近来的成人 SRT 研究发现一致（Schendan et al.，2003），成人和儿童都表现出海马的活动，尽管不存在对序列的外显觉察。考虑到成人文献表明海马损毁之后成绩未受影响，这种活动不太可能对内隐序列学习是必需或充分的。相反，这种活动可能反映了对刺激新异性的敏感，这是本章前面讨论过的海马的功能之一。与成人相比，儿童表现出相反模式的海马活动（对于儿童被试，随机试次引发比序列试次更大的海马活动）。有趣的是，这里使用的 SRT 任务在学习效应量上产生了显著的发展差异，儿童的学习显著少于成人。与先前的行为研究不同，这种效应不是由于两个年龄组之间非学习者比例的差异

30

所造成。相反,尽管两个年龄组都有明显的个体学习,在同样的暴露程度下,成人学习的程度高于儿童。

最后,存在一些证据表明发展早期基底神经节损伤的影响。尽管早期损伤可能导致受影响系统负责的功能上的持久损害,发展中脑的可塑性也可以将功能重新分配给其他未受影响的区域。结构成像研究已经证明,儿童期的注意缺陷多动障碍(ADHD),以及围产期并发症例如脑室内出血,是可能破坏基底神经节环路的危险因素。Castellanos 等(2001,2002)报告,与未受影响的控制组相比,患 ADHD 的儿童的尾状核体积下降。与之类似,注意控制(例如执行功能,本章后面讨论)的功能性成像研究表明,患 ADHD 的儿童缺乏典型的基底神经节活动(Vaidya et al. , 1999)。近来的一份关于阅读障碍的论文指出,减少的运动序列学习与 ADHD 症状之间可能存在联系(Waber et al. , 2003)。Thomas 及其同事提供证据表明,诊断为 ADHD 的 6 至 9 岁儿童在序列学习上有显著的减少(Thomas, Vizueta, Teylan, Eccard, & Casey, 2003)。这些作者还考察了有围产期脑室内出血(intraventricular hemorrhage, IVH)历史或出生时侧脑室出血的儿童的内隐序列学习。IVH 中等(双侧 II 级或更严重)的儿童显示出内隐学习效果强度的显著减少。相反,与足月的匹配年龄和性别的控制组相比,围产期 IVH 相对轻微(单侧 II 级或更轻微)的儿童没有表现出明显的学习下降。综合这些研究可以证实,如果早期基底神经节环路受损,可能造成长期的内隐学习缺陷。

条件或联想学习

与启动和内隐序列学习相反,关于条件作用的脑机制的现存知识主要来自动物研究。在条件作用范式中,通过与线索或信号(经典条件作用)或结果或奖赏(工具性条件作用)之间的联结,被试学会两个先前无关的刺激之间的依存关系(contingency)。在兔子中进行的经典眨眼条件作用研究提示,小脑以及它与脑干核团之间的联系(特别是间位核)是产生经典条件作用的关键区域(Woodruff-Pak, Logan, & Thompson, 1990)。这些结构中任意一个的损毁都可能完全阻止条件反应的获得,而大脑的损毁则对反应的获得和保持都没有影响(Mauk & Thompson, 1987)。经典的延迟眨眼条件作用也不需要海马。颞叶遗忘症患者在延迟条件作用范式上表现正常(Woodruff-Pak, 1993),而一侧小脑受损的患者眨眼条件反应的获得则严重受损(Woodruff-Pak, Papka, & Ivry, 1996)。相反,恐惧情绪条件作用(将中性刺激与电击配对)似乎在很大程度上依赖于杏仁核(LaBar, Gatenby, Gore, LeDoux, & Phelps, 1998; Pine et al. , 2001)。

在发展上,新生婴儿(10 天大)能够获得条件化的眨眼反应。因此,与内隐序列学习类似,支持条件反应的基本机制必须在出生时已经存在并且起作用,尽管这绝不意味着它的功能已经完全成熟。在条件作用范式中可以观察到发展进步。例如,随着年龄增长,儿童可以应付中性信号和无条件刺激之间越来越长的延迟(Orlich & Ross, 1968)。考虑到小脑非常拖延的成熟轨迹,可以预测这些发展效果(Keller et al. , 2003)。关于在恐惧条件作用中杏仁核反应的发展所知甚少。类似地,尽管在婴儿当中已经实施了大量工具性条件作用的行为研究(Rovee-Collier, 1997a),关于这种学习形式的脑机制仍然了解不多。Rovee-Collier

31

(1997b)及其同事发现,随着年龄增长,条件作用的保持时间增加。也就是说,与年幼儿童相比,年长的儿童可以更长时间记住依存关系(Hartshorn et al., 1998)。很少有研究考察在儿童期的这种学习形式的脑机制。

空间认知

空间认知是指包括在多个尺度(scales)上知觉、记忆和心理上操纵空间关系与方位的一系列能力,这些尺度包括单一客体的特征、客体及其情境,以及在空间中的自己。

心理旋转

心理旋转是视觉想象的一种形式,包括"……在二维或三维空间中,围绕一个想象的极点,给定客体在想象中的圆形运动"(Ark, 2002,第1页)。在成人中,顶叶上部似乎牵涉在想象的旋转中,因为它不仅在心理旋转任务期间活动,而且激活的程度与反应时间有关(Richter et al., 2000; Richter, Ugurbil, Georgopoulos, & Kim, 1997)。在一些研究中还发现了视觉区域MT(M. S. Cohen et al., 1996)和额叶皮层中运动和前运动区域(Johnston, Leek, Atherton, Thacker, & Jackson, 2004; Richter et al., 2000; Windischberger, Lamm, Bauer, & Moser, 2003)的激活,但并非所有研究都是如此。这些激活提示,心理旋转中涉及的一些过程与对刺激的实际物理旋转有一定重叠:当被试观察客体移动时,MT激活;当被试物理上移动客体时,前运动和运动区域被激活。作为对这一观点的支持,一项研究证实,在对双手进行心理旋转时,双侧前运动区域激活,而在对工具进行心理旋转时,只有左侧前运动区域的激活(Vingerhoets, de Lange, Vandemaele, Delbaere, & Achten, 2002)。这一模式表明,被试正在使用运动影像,在手条件下想象移动双手,在工具条件下想象用优势手(右手)使用和/或移动工具(Vingerhoets et al., 2002)。

在8到12岁之间,儿童的心理旋转能力在几个方面变得与成人类似(例如错误的属性,反应时与旋转度数的关系;见Dean, Duhe, & Green, 1983; Waber, Carlson, & Mann, 1982)。顶叶在大约10到12岁之间达到类似成人的状况,这两方面的证据是一致的(Giedd et al., 1999)。神经成像研究比较了儿童和成人的脑区激活,证实与成人类似,8到12岁的儿童顶叶被激活(Booth et al., 1999, 2000; Chang, Adleman, Dienes, Menon, & Reiss, 2002; Shelton, Christoff, Burrows, Pelisari, & Gabrieli, 2001)。不管能力水平的个体差异如何,顶叶区域在心理旋转任务期间都被激活(Shelton et al., 2001)。但是,已经发现儿童与成人在激活的总体模式上的差异。例如,在一个研究中,要求成人和9至12岁的儿童,心理上旋转一个字母或数字,从4种不同旋转角度之一转到直立位置,然后确定它是向前还是向后(Booth et al., 2000)。两个年龄组都表现出类似的总体成绩,并且当旋转角度增加时,都表现出典型的反应时增加和错误模式。尽管行为表现类似,但成人的顶叶上部和额叶中间区域表现为更多激活,而儿童在缘上回表现为更多激活。作者提出,这可能反映了策略差异,成人更多从事心理旋转,儿童更多加工字母和数字的非规范方位。即使成绩相等,心理旋转的神经基础也不相同,这一观点在脑电图(EEG)研究结果中得到重复,在二维的心理旋转期间,尽管行为表现水平类似,8岁男孩比女孩有更大的顶叶激活(Roberts & Bell, 2002)。

在儿童和成人之间观察到的一些差异,可能并非与心理旋转能力本身的发展差异有关,而是由于没能匹配性别。在成人中,已经发现了心理旋转期间激活的脑区在男性与女性之间存在差异(Roberts & Bell, 2002)。即使成绩相等,女性的顶叶区域更多是双侧激活,而男性的顶叶区域更多是右侧激活(Jordan, Wustenberg, Heinze, Peters, Jäncke, 2003);女性的额叶区域也表现出更多的激活(Thomsen et al., 2000; Weiss et al., 2003)。

32　　　儿童的神经成像结果报告了双侧顶叶激活,与此一致,右半球和左半球损伤的儿童都表现为心理旋转任务的成绩下降(Booth et al., 2000)。在这些神经成像研究中测量的成人也表现出双侧激活,尽管也有其他一些研究报告左侧或右侧激活的证据(Harris & Miniussi, 2003; Roberts & Bell, 2002, 2003; Zacks, Gilliam, & Ojemann, 2003)。单侧损伤的儿童表现出与健康儿童和成人类似区域的激活,但只是在完好的那个半球(Booth et al., 2000)。

空间模式加工

空间分析包括将模式分割为一套组成部分,以及将这些部分整合为一致的整体的能力(Stiles, Moses, Passarotti, Dick, & Buxton, 2003)。在成年人中,在模式分割期间(局部加工),左颞下回和左梭状回的一部分比相应的右半球更活跃,而在模式整合期间,这些区域的右半球部分比左半球更活跃(整体加工)(Martinez et al., 1997)。并且,在顶内沟中的枕顶区域,特别是右侧的,在两类任务期间都很活跃,在模式整合期间比模式分割时激活的区域更大(Martinez et al., 1997; Sasaki et al., 2001)。后一种发现与选择性注意的可变焦距镜头类比相一致:对局部特征的注意激活皮层的中央窝表征,而对整体方面的注意激活外围区域(Sasaki et al., 2001)。对脑损伤的成年患者的研究发现了类似的结果,模式整合与右半球损伤相关联,模式分割则与左半球损伤相关联(Delis, Roberston, & Efron, 1986)。

行为研究表明,整体信息的加工比局部信息发展更快,两类加工在14岁时达到成年水平。Roe、Moses和Stiles(1999)使用等级刺激,测试7到14岁的儿童,他们发现,尽管对整体水平的左侧视野优势比对局部水平的右侧视野优势出现早,二者在14岁时都达到类似成人的程度(但是,见Mondloch, Geldart, Maurer, & de Schonen, 2003)。对形状的局部水平的左半球偏侧优势似乎在7至14岁之间逐渐出现。

在儿童中,神经成像研究表明,当正常发展的12至14岁儿童从事空间加工任务时,激活的区域与成人类似(Moses et al., 2002)。特别是,儿童与成人类似,对于左视野/右半球的整体刺激比局部刺激反应时快,而对右视野/左半球的刺激,反应时模式刚好相反;对于这两种任务,儿童还表现出类似成人的偏侧化枕颞激活模式。但是,并非所有儿童都表现出这一成熟的模式。在分视野任务中,一个儿童亚群体没能表现预期的偏侧差异,他们在fMRI研究中也没有表现出任务相关的偏侧差异,他们在两类任务期间仅表现为一般性的更大的右半球激活(Moses et al., 2002)。作者提出,这一模式表明,更高水平的脑偏侧化与高的技能水平或更成熟的能力相关联。

对于脑损伤,几项右半球或左半球损伤的儿科患者的研究证实,这些区域分别对整体加工和局部加工很重要。当给儿童呈现等级形状,并要求再现它们时,左半球受损的儿童很难再现局部成分,而右半球受损的儿童难以再现整体结构(成人:Delis et al.,1986;儿童:Stiles, Bates, Thal, Trauner, & Reilly, 1998),这些损伤持续到学龄期。相反,早在4岁时,儿童就可以准确再现整体和局部水平(Dukette & Stiles, 1996)。在其他任务中,例如积木构建和复制以及复杂图形记忆,两种损伤的儿童都表现出延迟。并且,即使儿童最终能够产生相对准确的建筑物,他们用来产生它们的策略经常比较简单,并且类似于年龄更小的正常发展儿童使用的策略。

尽管发育中的脑的损伤可以造成类似于成人的缺陷模式,这些影响不如成人明显,并且随着时间过去比成人有更大的改善。尽管在积木构建和复杂模式记忆任务上的成绩明显有延迟,这些儿童最终可以产生准确的反应。为了考察这种可塑性的脑基础,Stiles、Moses、Roe等(2003)检查了两名明显顶叶损伤以及后部白质损失的儿童,一名主要在右半球,一名主要在左半球。在需要模式分割和整合的任务进行期间,患者在损伤相反的半球表现出偏侧化活动,表明完好的半球可以接管某些通常由被损伤半球所承担的任务。

起初,儿童似乎在整体和局部加工任务期间都表现为双侧激活,单侧损伤的儿科患者似乎能够使用单一半球加工两类模式;这些事实与另一些研究发现不一致,后者提示在空间加工中的半球侧化在非常小的年龄已经很明显。例如,8个月大的婴儿倾向于加工面孔的配置方面超过特征方面(例如 Schwarzer & Zauner, 2003),在类似的年龄,他们在加工面孔时表现出右半球优势(de Hann & Nelson, 1997; 1999; de Schonen & Mathivet, 1990),但在加工客体时并非如此。更直接的证据来自用分视野呈现评估婴儿的结果,这些研究证实右半球和左半球对特征/局部变化和结构配置变化的敏感性有所不同。这些研究还提示,左视野/右半球对整体变化更敏感,而右视野/左半球对局部变化更敏感(Deruelle & de Schonen, 1991, 1995)。

在局部和整体加工期间,在某些年幼儿童中发现了双侧激活,这可能并非意味着半球优势的缺乏,而是反映了一种未充分发展的模式,当任务难度要求召集所有可用的资源用于手头的任务时,出现双侧激活。与之类似,当给单侧损伤的患者呈现这些任务时,他们贡献所有有限的资源去完成它们。根据这种观点,随着发展的进行,偏侧化程度越来越高,提高的成绩会与招募较小的一块脑区相关联,这块脑区能够更有效地从事特定任务(Johnson, 2001; Stiles, Moses, Roe, et al., 2003)。换句话说,出现选择性资源征用,而不是征用所有可用的资源。加工不同类型刺激的经验被认为部分地推动这一过程。作为对这一观点的支持,成人的神经成像研究表明,知觉学习与随着专门知识的获得、激活的脑区的效率增加相关联(Gauthier, Tarr, Anderson, Skudlarski, & Gore, 1999)。

视空工作记忆

工作记忆是"实时的信息监控、加工和维护系统"(Baddeley & Logie, 1999,第28页)。它"允许人类……保持少量信息处于活跃状态很短一段时间,并能操作这些信息"(E. E.

Smith & Jonides, 1998, 第 12061 页)。对于成人,估计的条目数量是 1 到 10 个,保持时间为 0 到 60 秒(E. E. Smith & Jonides, 1998)。

工作记忆通常分为三个成分:中央执行成分,它负责控制和调节工作记忆系统,另两个成分是领域特异的从属系统,负责用语音(语音环路)或视觉空间(视空画板)的形式加工信息(Baddeley, 1986; Baddeley & Hitch, 1974)。

随着年龄的增长,视空工作记忆一直到青春期都在不断进步(例如 Luciana & Nelson, 1998)。什么因素驱动这些变化? 一个已知的、与视空工作记忆进步有关的因素是语音编码。从 8 岁开始,儿童在视觉记忆任务(例如客体记忆)中越来越多地使用言语策略;语音编码的进步促进这一策略的使用(Pickering, 2001a)。但是,这不能完全解释视空工作记忆的发展变化,因为任务上的发展变化有些更多是纯粹视觉空间的(例如 Isaacs & Vargha-Khadem, 1989)。这些变化可能是由于:(a) 知识基础的变化,(b) 策略的变化,(c) 加工速度的变化,以及(d) 注意焦点的变化(见 Pickering, 2001a 的综述)。

关于神经基础,成人研究表明,额顶网络(特别是右侧的)在视空工作记忆中起重要作用。视觉加工与空间加工在额叶区域可能还存在背侧—腹侧的区别(Ruchkin, Johnson, Grafman, Canounce, & Ritter, 1997; Sala, Rama, & Courtney, 2003)。这方面的研究主要来自视觉空间记忆,但也有一些证据来自听觉空间工作记忆任务,这些任务中发现了类似通路的激活(Martinkauppi, Rama, Aronen, Korvenoja, & Calson, 2000;尽管单细胞研究表明它们涉及不同但平行的神经元群体,Kikuchi-Yorioka & Sawaguchi, 2000)。视觉的上后侧顶叶和前运动区域可能主要在复述中涉及(能够重新激活迅速衰退的存储成分的内容),而下后侧顶叶和前枕叶区域可能负责存储(其内容迅速衰退)。儿童中似乎也涉及额顶网络,从这种大致的解剖意义上看,儿童与成人类似(Casey et al., 1995; Kwon, Reiss, & Menon, 2002; Nelson, Lin, et al., 2000; Thomas et al., 1999; Zago & Tzourio-Mazoyer, 2002)。但是,随着发展也会发生一些变化。与年幼儿童相比,年长的儿童在上额叶和内侧顶叶皮层表现出更大的激活。工作记忆容量与这些区域的脑活动显著相关(Klingberg, Forssberg, & Westerberg, 2002; Kwon et al., 2002),表明工作记忆随着年龄的增加与这些区域的活动增加有关。在空间任务期间,激活被认为是语音环路基础的区域(Kwon et al., 2002)。

这些研究共同提示,工作记忆的进步与额顶网络活动的增加相关联。一个出现的问题是,这是否主要代表了额顶网络的成熟。作为对这一观点的支持,对儿童的弥散张量成像(diffusion tensor imaging)研究表明,额叶和顶叶皮层中灰质激活在发展上的增加可能是由于白质联系的成熟(Olesen, Nagy, Westerberg, & Klingberg, 2003)。但是,成人研究表明,随着训练带来工作记忆的进步,成人在这些区域也表现出活动增加(Olesen, Westerberg, & Klingberg, 2004)。这些结果说明,这些区域的活动增加也可能是经验和练习的结果。在训练成人之后发现的工作记忆网络活动增加,与正常发展期间的活动增加,到底反映了类似的还是不同的机制,还需要进一步考察。总之,证据表明,随着年龄增长和工作记忆能力的进步,工作记忆网络的激活增加。

工作记忆成绩随着发展的上升与几个神经发展过程的时间表相符,包括突触密度的降低(Bourgeois & Rakic, 1993),轴突修剪(LaMantia & Rakic, 1990),整体大脑代谢的变化(Chugani & Phelps, 1986),髓鞘化(Paus et al., 1999),以及儿茶酚胺受体结构和密度的变化。下顶叶皮层是最晚进行髓鞘化的区域之一,这一变化增加顶叶皮层内部的局部传输,以及它与额叶皮层的交流。这可能造成工作记忆的延迟和线索阶段更稳定的额顶活动,在此期间的抗干扰能力较低(Klinberg et al., 2002)。突触修剪和轴突修剪还可能导致与来自其他区域的输入的竞争下降,使得额顶网络更加稳定。

几种发展障碍也暗示额顶网络在视觉空间工作记忆中的作用。对于损伤,在7岁时右侧额叶皮层的损伤与视空工作记忆的削弱有关(Eslinger & Biddle, 2000)。特纳综合征(Turner's syndrome,一种影响女孩的性染色体障碍,两条X染色体中的一条缺失)与视空工作记忆的缺陷相关联(Cornoldi, Marconi, & Vecchi, 2001; Haberecht et al., 2001)。对特纳综合征的成像研究发现,缘上回、背侧前额皮层和尾状核的活动下降,暗示在额顶和额—纹状环路中的这些异常与糟糕的工作记忆成绩相关联(Haberecht et al., 2001)。具有脆性X综合征的个体也被发现视空工作记忆的削弱,以及在对增加的工作记忆负担做出反应时,似乎不能调节前额和顶叶皮层的活动。这些缺陷可能与具有脆性X综合征的个体与正常被试相比较低水平的FMRP表达有关(Kwon et al., 2001)。

视空再认和回忆记忆

除了额顶网络牵涉在空间加工和工作记忆中外,内侧颞叶结构也牵涉在成人的视觉空间记忆中,特别是右半球的区域。研究者对单侧颞叶癫痫的儿童进行神经心理研究,考察了儿童是否存在类似的半球优势这一问题。在一个研究中,使用视觉和言语任务测试早期(0到5岁)或晚期(5到10岁)癫痫发作的儿童;癫痫早期发作的儿童表现普遍较差,而晚期发作的儿童则表现出材料特异的缺陷模式(Lespinet, Bresson, N'Kaoua, Rougier, & Claverie, 2002)。另两个研究考察了颞叶切除后的儿童,发现视觉空间缺陷既明显又持久(Hepworth & Smith, 2002; Mabbott & Smith, 2003)。这些结果提示,半球优势(左半球言语、右半球视觉空间)在5岁之后的某个时间点发展。

空间巡航

记忆视觉环境中的位置和路线的能力,既依赖于身体为中心的(例如自我中心的)空间信息,又依赖于环境为中心的(非自我中心的)空间信息。在成人中,海马似乎牵涉在空间记忆中(Astur, Taylor, Mamelak, Philpott, & Sutherland, 2002; Nunn, Polkey, & Morris, 1998),特别是非自我中心的空间记忆(Abrahams, Pickering, Polkey, & Morris, 1997; Holdstock et al., 2000; Incisa della Rocchetta et al., 2004)。有研究者提出,海马涉及将非自我中心的信息巩固到长时记忆中,而不是非自我中心的空间信息的最初编码(Holdstock et al., 2000)。

对围产期选择性海马损伤患者的个案研究表明,其非自我中心的空间信息的加工存在缺陷。在虚拟现实城镇中测试患者,当从最初的视角进行测验时,他们的缺陷比较轻微且依赖于列表长度,但是当进行转换视角的测验时,他们表现出严重的额外缺陷(King, Burgess, Hartley, Vargha-Khadem, & O'Keefe, 2002)。在第二个虚拟现实研究中,同样的患者在所有地形学任务上都有缺陷,对情境依赖问题的回忆也受损。相反,他对来自虚拟城镇的客体以及地形学场景表现出正常的识别(Spiers, Burgess, Hartley, Vargha-Khadem, & O'Keefe, 2001)。这些结果提示,在海马损伤之后,发展的可塑性相对缺乏,至少对于非自我中心的空间编码是如此。

客体识别

面孔/客体识别

在我们每分钟收到的大量视觉输入中,人类面孔也许是最突出的输入之一。它传递的很多信号(例如情绪、身份、眼睛凝视方向)的重要性,以及成人通常加工这一信息的速度和轻易性,都使人们有理由假定,可能存在专门加工面孔的脑环路。神经心理研究提供了支持这一观点的最初证据,报告显示了面孔和客体加工的双重分离。确切地说,有些患者表现出受损的面部加工,但一般知觉和客体加工相对完好(偶尔的例外是颜色视觉,见 Barton, 2003 的综述),另一些患者显示相反的缺陷模式(例如 Moscovitch, Winocur, & Behrmann, 1997)。这些研究还提示,右半球受损可能是观察到面孔加工损伤的必要条件。最近,ERP、MEG 和 fMRI 方法已经用来识别正常脑中进行面孔加工的通路。这些研究证实且扩展了来自脑损伤患者的发现,表明脑中负责面孔加工的区域是一个分布式的网络:枕颞区域对面孔加工的早期知觉阶段非常重要,更靠前的区域,包括颞叶和额叶皮层以及杏仁核,主要涉及加工例如身份和情绪表情这些方面(Adolphs, 2002;Haxby, Hoffman, & Gobbini, 2002)。在这一部分,我们主要集中于枕颞皮层和杏仁核,这些区域可用的发展数据最多。

枕颞皮层

对于成人面孔加工的早期阶段,一个包括枕下回、梭状回和颞上沟的网络非常重要(Haxby et al., 2002)。根据这一观点,枕上回主要负责面部特征的早期知觉,而梭状回和颞上沟涉及的是更专门化的加工(Haxby et al., 2002)。特别的,梭状回被认为涉及面孔的不变方面(例如唯一身份的知觉)的加工,而颞上沟涉及可变方面的加工(例如眼睛凝视、表情和嘴唇运动的知觉;Haxby et al., 2002;Hoffman & Haxby, 2000)。

也许这些区域中研究最多的是梭状回的一个区域,称作梭状*面孔区*(Kanwisher, McDermott, & Chun, 1997;Puce, Allison, Asgari, Gore, & McCarthy, 1996)。与其他客体或身体部分相比,面孔使得这一区域激活更大(Kanwisher et al., 1997;Puce et al., 1996)。一些研究者反对面孔特异的皮层区域的观点,他们强调客体特征信息的表征分散在腹侧后部皮层(Haxby et al., 2002),尽管如此,这些作者也承认对面孔的反应在某些方面是独特的(例如激活程度、注意的调节;Ishai, Ungerleider, Martin, & Haxby, 2000)。

尽管这些研究似乎提示,皮层的特定区域专门负责面孔加工,但这种解释遭到了质疑。特别地,有争论认为假定的面孔特异的皮层区域并非面孔本身特有,而是负责复杂的视觉模式的专家水平的辨别,不管这些模式是面孔还是其他类型的客体(R. Diamond & Carey,1986;Gauthier et al.,1999)。根据这一观点,在面孔加工发展期间活跃的机制,可能与成人学习同等挑战的视知觉任务的机制是相同的。作为对这一观点的支持,研究表明,如果被试是某一类别客体(例如汽车)的专家,那么梭状面孔区域也被非面孔的这些客体所激活(Gauthier, Skudlarski, Gore, & Anderson, 2000),并且在对某一类型的视觉形状进行专门知识训练之后,梭状面孔区域的激活增加(Gauthier et al.,1999)。

发展研究可以提供重要的信息,澄清这一争论的各方观点的主张。例如,通过研究面孔特异的脑反应何时和如何出现,发展研究可以提供线索,说明这些反应要出现是否需要经验以及需要多少经验。行为研究提示,面孔加工通路可能从非常小的时候就起作用:新生婴儿更长时间地移动眼睛,有时候移动头部,以保持一个运动的类似面孔的模式留在视野中,超过几种其他的作为比较的模式(Johnson, Dzuirawiec, Ellis, & Morton, 1991)。这到底反映了对类似面孔的构造的特殊反应,还是低水平的视觉偏好(例如对视野上部元素密度高的模式的偏好),仍然存在争议(见 Turati, Simion, Milani, & Umilta, 2002;还可见 Banks & Ginsburg, 1985;Banks & Salapatek, 1981),但是不同的观点之间有一些共识,即最终的结果是,从生命的最初几个小时到几天,婴儿偏好类似面孔的模式超过其他排列。

尽管这可能看似支持从出生开始面孔特异的皮层区域就开始活动的观点,占优势的观点是,这种对面孔的早期偏好可能由皮层下的机制负责(例如上丘;见 Johnson & Morton,1999 对相关证据的总结),皮层机制直到 2 至 3 个月时才开始出现。在这么小的年龄,皮层区域被认为是相对未专门化的(Johnson & Morton, 1991;Nelson, 2001)。早期发展的皮层下系统的一种可能作用是,给发展较慢的枕颞皮层系统提供"面孔偏好"的输入,并提供一种机制,通过这一机制,最初广泛接收的加工系统在发展期间变得越来越专门负责对面孔做出反应(Johnson & Morton, 1991;Nelson, 2001)。

考察人类婴儿的面孔加工的唯一一个功能成像研究证实,枕颞皮层通路到 2 至 3 个月时开始起作用。在这个工作中,对 2 个月大婴儿的正电子发射层描术(positron emission tomography, PET)的研究结果表明,与一套三个发光二极管相比,人类面孔引起的枕下回和梭状回激活更大,但颞上沟并非如此(Tzourio-Mazoyer et al.,2002)。这些结果表明,成人面孔识别涉及的区域在 2 岁婴儿中也被激活,尽管它们没有解决这些区域是否仅由面孔而不是其他视觉刺激激活这一问题。有趣的是,被认为与社会交流信息加工有关的颞上沟,在这一研究中没有被激活。一种可能的解释是,使用的刺激(静态和中性的)并非激活颞上沟加工的最佳刺激。但是,有证据表明,在成人中,即使对静态的、中性的面孔也有颞上沟激活(例如 Kesler-West et al.,2001),这些证据反对这一解释。有可能颞上沟在婴儿的面孔加工网络中起着与成人不同的作用,因为在灵长类中,在婴猴中它与其他视觉区域的联系与成年猴子有所不同(Kennedy, Bullier, & Dahay, 1989)。

事件相关电位研究支持皮层机制从至少 3 个月大时开始卷入面孔加工这一观点。但是,这些研究也提示,当婴儿的面孔加工涉及皮层机制时,这些机制对面孔的"注意"不如成熟的系统。两个研究表明,对面孔反应的 ERP 成分在成人中的独特性超过婴儿(de Haan, Pascalis, & Johnson, 2002; Halit, de Haan & Johnson, 2003)。N170 是一种枕颞电极上的负波,在刺激呈现大约 170 毫秒之后达到峰值,它在成人中被认为反映了面孔结构编码的早期阶段。尽管对生成 N170 的脑区位置仍存在争议,通常认为梭状回(Shibata et al., 2002)、后侧颞下回(Bentin et al., 1996; Shibata et al., 2002)、外侧枕颞皮层(Schweinberger, Pickering, Jentzsch, Burton, & Kaufman, 2002)和颞上沟(Henson et al., 2003)被牵涉在内。倒转的面孔通常引发比直立面孔更大振幅和/或更长潜伏期的 N170(Bentin et al., 1996; de Haan et al., 2002; Eimer, 2000; Itier & Taylor, 2002; Rossion et al., 2000),这一模式与行为研究类似,后者表明成人识别倒转面孔比直立面孔慢(Carey & Diamond, 1994)。在成人中,倒转对 N170 的效果只存在于人类面孔,对于非面孔的客体范畴中的倒转样板与直立样板,甚至是动物(猴子)面孔(de Haan et al., 2002),都不存在这一效应(Bentin et al., 1996; Rebai, Poiroux, Bernard, & Lalonde, 2001; Rossion et al., 2000)。

发展研究已经识别了两个成分,分别是 N290 和 P400,相信它们是 N170 的先兆。这两个成分在皮层后部最大,N290 在刺激开始后大约 290 毫秒达到峰值,P400 在 N290 的峰值出现约 100 毫秒后达到峰值。到 12 个月大时,N290 表现出类似成人的由刺激倒转引发的振幅调节:人类面孔而不是猴子面孔的倒转增加 N290 的振幅(Halit et al., 2003)。到 6 个月大时,与客体相比,面孔引发的 P400 的潜伏期更快(de Haan & Nelson, 1999),到 12 个月,表现出类似成人的刺激倒转对峰值潜伏期的影响:倒转比直立面孔的潜伏期更长,但是倒转和直立的猴子面孔没有差异(Halit et al., 2003)。在 3 个月和 6 个月大时,N290 不受倒转影响;而 P400 尽管受倒转调节,却没有表现出特定于人类面孔的效应(de Haan et al., 2002; Halit et al., 2003)。总体而言,这些发现提示,在生命第一年(和之后),逐渐出现对面孔的选择性反应。这与行为研究的结果一致,行为研究表明对非人面孔的辨别能力随着年龄增加而下降;6 个月大的婴儿能够辨别个别人类面孔和猴子面孔,而采用*同样的*程序测试 9 个月大的婴儿和成人时,他们只能辨别个别人类面孔(Pascalis, de Haan, & Nelson, 2002)。这些结果还提示,对面孔的结构编码可能在婴儿中分散在较长的时间中,长于成人。有可能随着这一过程越来越自动化,它们被更迅速地执行,并且/或者用并行而不是串行的模式。

有趣的是,N170 和 P400 的空间分布从 3 个月到 12 个月都发生变化,两种成分的极大值转向侧面(de Haan et al., 2002; Halit et al., 2003)。并且,这些成分的极大值出现的位置比成人偏上,这一结果与儿童研究发现的 N170 随着年龄增长从上向下转移的结果相一致(Taylor, Edmonds, McCarthy, & Allison, 2001)。这可能反映了作为这些成分基础的发生器的配置随着年龄发生的变化。

对年长儿童的考察也支持面孔加工逐渐专门化的观点。ERP 研究表明,从 4 到 15 岁,面孔加工存在逐渐的、量上的进步,而不是类似阶段的转变(Taylor, McCarthy, Saliba, &

Degiovanni，1999）。ERP 研究还提供证据说明,对面孔结构配置的加工比特征加工成熟得慢：对单独呈现的眼睛的反应比对在面孔中呈现的眼睛的反应成熟得慢(Taylor et al.，2001)。对于儿童期的面孔加工还没有很多功能成像研究,但是一个考察面孔身份识别的研究提示,与成人相比,在 10 到 12 岁的儿童身上被激活的网络有所不同(Passarotti et al.，2003)。与成人相比,儿童表现为更分散的激活模式。在梭状回内部,与成人相比,儿童倾向于在右半球侧面的区域表现出更多激活：在左半球,儿童表现出更多的侧面而不是中间激活,而成人这两个区域没有差别。并且,在颞中回,儿童表现为成人两倍的激活。作者将这些结果解释为,技能的提高与更集中的激活模式相关联。

对患有自闭症障碍儿童的研究支持一种观点,即枕颞皮层的异常激活与面孔加工的损伤相关联。自闭症障碍的主要特征是社会信息加工的削弱,包括面孔加工。功能成像研究指出,当自闭症或 Asperger 综合征个体观看面孔时,与控制组相比,他们的梭状回的反应减少(Hubl et al.，2003；Pierce，Muller，Ambrose，Allen，& Courchesne，2001；Schultz et al.，2000),并且,他们位于颞下皮层的客体加工区域的活动增加(Hubl et al.，2003；Schultz et al.，2000)。有可能这反映了一种不同的加工策略,即自闭症个体主要集中于面孔的特征信息而不是结构配置信息。换句话说,当观看面孔时,自闭症个体可能更多依赖于一般目的的客体加工通路,而不是专门的面孔加工通路。

杏仁核

杏仁核是位于前颞叶的异质核团的聚集。几项成人研究表明,杏仁核损伤会削弱情绪识别,即使其他方面的面孔加工完好(例如,身份识别；Adolphs，Tranel，Damasio，& Damasio，1994)。损伤研究还表明,恐惧表情的识别特别容易受到这种损伤的破坏(Adolphs et al.，1994，1999；Broks et al.，1998；Calder et al.，1996)。健康成人和学龄儿童的功能成像研究补充了这些发现,一些研究表明,杏仁核对多种积极、消极或中性的表情反应(Thomas et al.，2001；Yang et al.，2002),其他研究提示,杏仁核对于恐惧表情特别容易反应(Morris et al.，1996；Whalen et al.，2001)。

有间接证据表明,杏仁核在婴儿加工面部表情时起作用。Balaban(1995)使用眨眼惊跳反应(一种由突然爆发的大的噪音引起的反射性眨眼),研究婴儿对面部表情反应的心理生理学。在成人中,通过观看不愉快的图片和场景的幻灯片,这些反射性眨眼被增强,而观看愉快或唤醒的图片和场景则会抑制它们(Lang，Bradley，& Cuthbert，1990，1992)。与成人发现一致,Balaban 发现,与观看中性表情相比,当 5 个月大的婴儿观看愤怒表情时,眨眼增加,当观看快乐表情时,眨眼降低。动物研究显示,惊跳反应的恐惧增强效应由杏仁核调节(Davis，1989；Holstege，van Haan，& Tan，1986)。这些结果表明,到 5 个月时,负责对面部表情做出反应的杏仁核环路的一部分可能已经在起作用了。

有趣的是,证据显示,与晚期遭受损伤相比,杏仁核的早期损伤对面部表情识别的影响更明显。例如,一项研究考察了因治疗难以处理的癫痫而接受颞叶切除的患者的情绪识别,以及早期右侧中央颞叶硬化症的患者的情绪识别,发现他们在情绪面部表情识别测验上有损伤,但在对照的面部加工任务上表现正常,而左侧损伤或颞叶外损伤的患者则没有这种表现(Meletti et al. , 2003)。这种缺陷对恐惧表情更明显,缺陷程度与首次发作和癫痫开始的年龄有关。

经验的作用

前述研究表明,涉及面孔加工的皮层系统在发展的过程中,变得越来越专门于面孔。几个发展理论主张,经验对于这一专门化过程的发生是必要的(例如 Nelson, 2001)。只有几个研究直接考察了经验在面孔加工发展中的作用。在一系列研究中,一些先天白内障的患者从生命第一个月就被剥夺模式化的视觉输入,在几年之后测验他们的面孔加工能力。这些患者表现出正常的特征信息加工(例如眼睛和嘴巴形状的细微差异),但是加工结构信息有困难(例如面孔内的特征的间隔;Le Grand et al. , 2001; Geldart, Mondloch, Maurer, de Schonen, & Brent, 2002)。这种模式是面孔特定的,几何图案的特征和结构方面都被正常加工(Le Grand et al. , 2001)。并且,当检查婴儿期间的视觉输入主要局限于一个半球的患者时,结果发现,向右半球的视觉输入对于发展专家水平的面孔加工是关键的,而向左半球的视觉输入则并非如此(Le Grand, Mondloch, Maurer, & Brent, 2003)。这些研究说明,婴儿早期的视觉输入对于至少某些方面的面孔加工的正常发展是必要的。

另一种考察经验作用的方式是,研究经历异常的早期情感环境的儿童。例如,Pollak 及其同事发现,在被父母虐待的儿童中,对愤怒的面部表情的知觉发生改变,而不是其他表情。特别地,他们报告,与未被虐待的儿童相比,受虐待儿童表现出对愤怒的反应偏向(Pollak, Cicchetti, Hornung, & Reed, 2000),根据较少的知觉输入识别愤怒(Pollak & Sinha, 2002),并且有关愤怒的范畴界限也发生改变(Pollak & Kistler, 2002)。这些结果说明,受虐待儿童与照料者的情感交往中异常的频率和内容,导致他们对情绪表情的基本知觉发生变化。

是否存在视空模块

关于视空加工是否由脑中专门的模块负责,存在不同的观点。根据先天模块化的观点,成人中发现的认知模块在遗传上已经指定完成,从发展的开始就已经存在。这一观点预测,即使在发展的早期,也可以在不影响其他模块的情况下损伤一个或多个模块。Williams 综合征,以及另一种称作特定言语损伤(Specific Language Impairment, SLI)的发展障碍,共同提供对这一观点的支持。Williams 综合征的患者,语言能力较强,但智力较低;在 SLI 中,语言受损,而智力正常。这两种发展障碍中语言和一般智力的双重分离,被一些研究者作为支持存在语言模块的观点,这一模块可以选择性地保留或损伤。另一个与这一观点一致的发现是,Williams 综合征的 LIMK1 半合子与受损的视空建构性认知相关(Frangiskakis et al. , 1996)。

一种反对的观点是,脑并非最初就组织为不同的模块,而是在发展期间,随着生物成熟和环境经验,显现出来的一种属性。支持这一观点的一部分证据是,Williams 综合征的认知模式在发展期间并非恒定。尽管患 Williams 综合征的成人和年长儿童的言语技能较强,数字技能较弱,但是婴儿的模式刚好相反(Paterson, Brown, Gsodl, Johnson, & Karmiloff-Smith, 1999)。这一发现与先天模块论(认为某些模块从一开始就受损或完好)相矛盾,因为它显示早期能力并不必然预测晚期能力。

先天模块化观点的支持者可能争辩,仍然存在先天模块,因为在 Williams 综合征中面孔加工甚至从生命早期就很强大。并且,Williams 综合征的成人在标准化的面孔识别测验中可以获得接近正常的成绩。这是否是一种完好的先天模块?交互专门化(interactive specialization)观点的提倡者提出,如果是这样,那么这些个体的面孔识别应该由与典型发展的个体相同的认知机制完成。但是,几项研究表明并非如此。与典型发展的儿童相比,Williams 综合征的个体似乎较少依赖来自面部特征结构的线索来识别身份(Deruelle, Mancini, Livet, Casse-Perrot, & de Schonen, 1999)。并且,在加工的最初几百毫秒内,他们的 ERPs 显示异常的模式(Grice et al., 2001)。综合这些结果可见,它们反对 Williams 综合征的认知强项反映了完好的、专化模块发挥作用的观点。

执行功能

多数高水平的认知功能包含执行过程,或者执行控制功能,例如注意、计划、问题解决和决策。这些过程主要是有意的(与自动相反),并且需要非常努力。这些功能,包括选择性和执行性注意、抑制和工作记忆,被认为随着年龄增加和练习而进步,并且随着动机或智力的个体差异而有所不同。这些认知控制过程被描述为提供"监督注意系统"(Shallice, 1988)——一个抑制或拒绝常规或反射性行为、支持受控的或情境适宜的或适应性行为的系统。Desimone 和 Duncan(1995)将这一系统描述为一种注意偏向,即提供注意相关信息、同时抑制无关信息的机制(Casey, Durston, & Fossella, 2001)。拒绝优势反应或者忽略无关信息的能力在日常生活中非常关键,证据包括与慢性缺乏注意(chronic inattention)、行为冲动或糟糕的计划和决策相关联的功能受损。

经典的损伤案例,例如著名 Phineas Gage 的案例,表明前额皮层的损伤可能导致行为调节的困难,例如冲动和社会不适当的行为(Fuster, 1997),以及计划、工作记忆和集中注意的破坏。认知发展理论家认为这些功能在行为上的成熟相对滞后,通常直到青春期晚期才到达成年的表现水平(Anderson, Anderson, Northam, Jacobs, & Catroppa, 2001)。因此,前额皮层在所有脑区中是发展周期最长的,这一点并不令人惊讶(见 A. Diamond, 2002; Luciana, 2003 的综述)。实际上,前额皮层发展与执行功能发展之间的关系也许是发展认知神经科学文献中最清楚的关系之一。但是,这并不意味着我们已经完全理解了脑中与注意、工作记忆或抑制有关的机制。我们有大量来自损毁和神经成像方法的证据,将前额皮层的分区与成年期认知控制的特定方面联系起来,以及越来越多的文献阐述这些区域的常规功能和异常功能,以及与它们相连的结构网络,在认知控制发展中的作用。由于篇幅原因,这里只提供来自常态行为发展、动物模型、成年和儿科神经成像研究以及非典型发展人群的

40

说明性实例(Casey, Durston, et al. , 2001；A. Diamond, 2002；Luciana, 2003)。

执行功能的范围

许多研究者认为工作记忆和行为抑制是前额皮层的基本功能,以及是扩展的执行功能的基本成分(例如 A. Diamond, 2001)。工作记忆通常与背外侧前额皮层(DLPFC)相关联(J. Cohen et al. , 1994；Fuster, 1997；Levy & Goldman-Rakic, 2000),而更腹侧的区域则牵涉在优势行为反应的抑制中(Carey, Trainor, Orendi, et al. , 1997；Kawashima et al. , 1996；Konishi et al. , 1999)。其他研究者对执行功能定义的分析有所不同,试图包括随意和努力的注意控制方面以及反应抑制。不管使用哪种定义,很明显经典的执行功能任务都会涉及随意控制或调节等前述方面的不止一个成分。在接下来的部分,我们将举例说明认为测量了不同方面执行功能发展的行为任务,并提供前额皮层的特定区域支持认知控制的证据。当然,前额皮层并非孤立工作。其他脑区被假定是执行系统不可或缺的部分,它们提供输入和反馈,以及接受来自前额皮层的输入。执行功能的发展进步可能既来自这些功能整合的发展,也来自前额皮层的结构和生理上的发育(Anderson et al. , 2001；Anderson, Levin, & Jacobs, 2002)。

重访工作记忆

也许与儿童发展和前额皮层关联最清楚的任务是经典的 A 非 B 任务(A-not-B task)。在这一范式(或它的近亲,延迟反应任务)中,婴儿或动物看到一个客体被藏到两个位置之一,在一段延迟之后,他们因找回这个客体而得到奖励。这个任务不仅需要在头脑中保持信息一段时间,在随后的试次中,当隐藏位置改变时,还需要抑制返回先前正确的反应位置的优势倾向(A. Diamond, 1985)。动物损伤研究表明 DLPFC 对 A 非 B 和延迟反应任务上的成功表现很重要(A. Diamond & Goldman-Rakic, 1989；Fuster & Alexander, 1970；Goldman & Rosvold, 1970)。并且,电生理研究指出,这一区域的细胞在延迟期间反应活跃,提示 DLPFC 与信息在工作记忆中的保持有关(Funahashi, Bruce, & Goldman-Rakic, 1989；Fuster & Alexander, 1971)。进一步考察证实,这一区域的损伤只削弱在延迟条件下的成绩,不损伤立即客体回收条件下的成绩(A. Diamond & Goldman-Rakic, 1989)。功能成像研究表明,在工作记忆功能上的发展差异,至少在儿童中期,可能反映在 DLPFC 不那么有效或不够集中的激活上。也就是说,儿童的 fMRI 研究证实,在言语和空间工作记忆任务期间,与成人相比,儿童激活类似的 DLPFC 区域,但是,这些任务还激活儿童额外的前额叶皮层区域,包括腹外侧区域(VLPFC；Casey et al. , 1995；Nelson, Lin, et al. , 2000；Thomas et al. , 1999)。

抑制控制

尽管工作记忆与前额叶皮层的背外侧区域有关,抑制不适当反应的能力通常与腹内侧额叶和眶额皮层有关(Casey, Trainor, Orendi, et al. , 1997；Konishi et al. , 1999)。在成人中,腹侧前额皮层的损伤造成冲动的和社会不适当的行为(Barrash, Tranel, & Anderson, 1994; Damasio, Grabowski, Frank, Galaburda, & Damasio, 1995)。对反应抑制一种常用的发展性测量是go/no-go范式。在这一任务中,要求儿童对除了一个刺激之外的每一个刺激都做出反应(例如除X之外的所有字母)。设计任务时使得大部分试次是"go"试次,建立一种有力的行为反应倾向。当"no-go"刺激出现时,儿童限制自己做出反应的能力被作为抑制控制的指标。这些任务上的成绩在学前和学龄期间有所进步(Casey, Durston, et al. , 2001; Ridderinkhof, van der Molen, Band, & Bashore, 1997)。使用go/no-go范式的神经成像研究证实,在抑制要求较高的时候,腹侧PFC的信号增加(Casey, Forman, et al. , 2001; Casey, Trainor, Orendi, et al. , 1997),而在低抑制要求阶段,该区域的活动水平较低。Konishi等(1999)使用事件相关的fMRI范式,在no-go试次期间观察到腹侧PFC活动的增加。近来的儿科神经成像研究也证实,腹侧前额皮层的激活随着发展有所变化(Bunge, Dudukovic, Thomason, Vaidya, & Gabrieli, 2002),儿童与成人相比信号较低,并且,随着抑制负担的加重,腹外侧PFC的激活增加(Durston, Thomas, & Yang, 2002)。Durston及其同事发现,在go/no-go任务上的行为表现与额下皮层和其他前额区域的活动显著相关,包括前扣带回(ACC)。

重要的是,这些研究还突出了前额皮层之外的区域的重要性。特别是,基底神经节结构也被发现与反应抑制有关(例如Luna et al. , 2001),也许对儿童更是如此(Bunge et al. , 2002; Casey, Trainor, Orendi, et al. , 1997; Durston et al. , 2002)。在go/no-go任务期间,与典型发展的儿童相比,ADHD的儿童表现出明显较低的基底神经节区域的活动(Durston et al. , 2003; Vaidya et al. , 1998),并且在这一任务上表现出较高比例的虚报。在一个近期的研究中,ADHD的儿童表现出背外侧PFC的额外活动,而较高准确率的控制组则没有这一现象(Durston et al. , 2003)。有趣的是,当服用药物治疗他们的注意不足和冲动时,ADHD的儿童表现与典型发展的儿童相等的基底神经节活动,同时行为表现也有提高(Vaidya et al. , 1998)。其他发展障碍,例如Tourette综合征、强迫症以及儿童期发作的精神分裂症,都与额—纹状环路(基底神经节与额叶皮层之间的联系)的破坏有关,并且在涉及注意控制的任务上成绩受损。

注意控制

除了工作记忆或抑制的一般过程,很多现实世界任务和实验任务需要选择性地集中注意于相关的任务信息,同时压制来自突出但无关或误导信息的干扰(Casey, Durston, et al. , 2001)。在成人中,也许研究最多的这一类型的任务是颜色词Stroop范式,要求被试识别写一个词的墨水的颜色,但是在颜色单词的试次中,需要抑制读出这个词的自然倾向(例如单词"蓝色"用红墨水印刷)。来自Stroop范式的神经成像数据发现,内侧前额皮层,特别是前扣带皮层对检测这一类型的注意冲突特别重要(例如Botvinick, Braver, Barch, Carter, & Cohen, 2001; Bush et al. , 1999; Bush, Luu, & Posner, 2000; Duncan & Owen, 2000; Fan, Flombaum, McCandliss, Thomas, & Posner, 2003; MacDonald,

Cohen, Stenger, & Carter, 2000；Posner & Petersen, 1990），也许还涉及解决这种注意冲突。

DLPFC 和前额皮层的其他区域还可能在认知冲突期间被激活，这依赖于特定任务的要求。在 Simon 任务中，在刺激位置（屏幕的左边或右边）与要求的反应（左边或右边的按钮）之间创造空间上的冲突（Gerardi-Caulton, 2000）。在一个由 Fan 等（2003）进行的研究中，这种冲突与额上回和前扣带皮层的激活相关联，而 Stroop 任务中的冲突与腹外侧前额皮层的活动相关联。Eriksen 侧抑制任务（Eriksen flanker task）需要集中注意于中心刺激，同时主动忽略竞争的侧面刺激，当同样的这些成年被试从事这一任务时，研究者发现，在前运动皮层出现任务相关的活动。尽管在 MR 信号上存在任务相关的差异，进一步分析证明，所有三种任务都有前扣带回和左侧前额皮层的重叠活动区域，表明与认知控制或认知冲突管理相关的一些共同活动（Fan et al., 2003）。Eriksen 侧抑制任务的其他神经成像研究指出，根据同一任务内认知冲突程度的不同，前额皮层的激活存在差异（Casey et al., 2000；Durston et al., 2003）。最近，Durston 及其同事（2003）发现，对侧抑制任务的冲突参数操纵与 DLPFC 和 ACC 的单调增加相关联。当然，除了前额皮层，还有其他的脑区激活，例如上顶叶皮层，这也许与任务的空间属性有关。侧抑制任务应用"注意的聚光灯"概念（Posner & Raichle, 1997），要求局限注意焦点的空间分布，降低来自无关的侧面刺激的干扰或冲突。上顶叶皮层的激活可能与任务的这一空间属性有关（还可见本章后面的定向部分）。

从行为上看，在儿童早期和儿童中期，前面讨论的认知控制任务表现出显著的发展变化，甚至持续到青春期。Casey、Durston 和 Fossella（2001）提供发展数据证实，对于 Eriksen 侧抑制和 Stroop 这类的任务，直到青春期早期才达到类似成人的成绩。对 Stroop 任务包括 Simon 任务，A. Diamond（2002）证明了类似的发展轨迹，说明了拖延的发展。Rueda 及其同事（2004）发现，与 8 到 10 岁的儿童和成人相比，6、7 岁儿童的认知冲突更高。尽管很多文献证实了儿童早期和中期认知控制的发展进步，很少有研究说明这种发展的脑基础。A. Diamond（2001）提出，前额皮层存在功能损坏的儿童（因苯丙酮尿症或 PKU 接受治疗的儿童），在类似 Stroop 的任务和类似 go/no-go 的抑制控制任务上，成绩受损，说明典型的发展功能依赖于这一脑区在儿童期间的持续发育。在这一人群中，其他执行功能任务上也发现了类似的效应（Luciana, Sullivan, & Nelsn, 2001）。与此类似，Casey、Tottenham 和 Fossella（2002）证实，患有与额—纹状环路有关的精神病障碍的儿童，在认知冲突测验上表现出特定的损伤。当患有强迫—冲动症候群的儿童需要抑制已经习得的反应定势时，表现出缺陷，但是类似 Stroop 的任务并未受损。相反，诊断为儿童期发作的精神分裂症的儿童，在类似 Stroop 的任务上有缺陷，但在反应选择任务或 go/no-go 任务上没有缺陷，表明前额皮层内部存在潜在的差异。

当要求个体不仅忽略无关的信息，还需要在反应的多重规则之间转换时，提出了认知控制的又一个相关方面。用于成人的经典任务是威斯康星卡片分类任务（WCST），被试必须根据在卡片分类作业期间接收到的反馈，发现分类的规则。健康的成人迅速获得最初的分类规则,并且当规则发生变化时,迅速地改变他们的行为。损伤左侧 DLPFC 而不是其他前额皮层区域会削弱在转换任务上的表现,造成固着性错误(Keele & Rafal, 2002; Owen et al., 1993; Shallice & Burgess, 1991)。神经成像研究提供了一致的证据,证实 DLPFC 和基底神经节环路在任务转换和颠倒学习中的作用(Cools, Clark, & Robbins, 2004; Cools, Clark, Owen, & Robbins, 2004)。

也许并不令人惊奇,典型发展的 3 岁儿童与额叶损伤的成人表现非常类似。Zelazo 等(1996)使用维度卡片分类任务,发现定势转换成绩在学前期有巨大的发展变化。这一任务需要儿童首先根据一个标准分类卡片(例如形状),然后转换并根据另一个标准分类卡片(例如颜色)。3 岁儿童在根据第一个标准分类时没有困难,不管它是形状还是颜色,但是,当标准发生改变时,他们经常不能转变其分类行为,尽管能够用言语表达规则,让人想起某些前额皮层损伤的患者(REF)。5 岁儿童完成这一任务通常没有困难。Kirkham 及其同事提出,这种发展上的转变主要是抑制控制提高的结果(A. Diamond, Kirkham, & Amso, 2002)。

这一领域中发展上的神经成像数据仍然比较稀少,尽管一些研究群体正在朝这一方面努力。需要额外的工作来评估前额皮层在这些认知冲突或认知控制任务中的责任和效率上的发展变化。需要解决的问题包括,功能性脑活动的正常发展模式涉及的环路,是否与执行机能障碍的成年损伤人群已知的受损环路相同。

注意的非执行方面

前面讨论的注意控制和认知冲突概念,尽管成年人的研究很多,但是较难应用于发展的最早阶段。尽管例如 A 非 B 或延迟反应这类的任务被归入执行功能的广泛框架,但婴儿注意的多数研究涉及更基本的过程,例如保持警觉状态,以及定向环境中的刺激。尽管这些功能可能包括自主的或受控的过程(Posner & Raichle, 1997),它们经常反映了自动的或强制的反应。与前面讨论的记忆文献类似,不同形式的注意与有一些区别的脑系统相联系(Posner & Raichle, 1997)。

警觉、警醒或唤醒

注意系统的一个主要功能是保持警觉或警醒(也叫做唤醒)。警醒过程允许脑为即将到来的刺激做好准备,这些刺激可能需要决策和/或行为反应。警觉或唤醒以非专门化或非集中的方式,与行为成绩的提高相关联(Posner & Raichle, 1997)。尽管研究者提出了各种负责唤醒的神经机制,一种公认的唤醒观点是 Posner 的警觉模型,这一模型认为右额叶和顶叶皮层以及去甲肾上腺素系统是警醒的关键作用者(Lewin et al., 1996)。在这个模型中,通过来自蓝斑(locus coeruleus)的去甲肾上腺素(NE)的释放,警觉造成脑中其他活动的镇静。研究者假定,NE 的出现造成它起作用的区域的信号—噪音比率增加,从而引起警觉状态。随着右额叶皮层中警觉相关的活动的增加,前扣带皮层的活动下降,前扣带皮层与目标检测有关。Posner 提出,这种活动的降低对于脑在目标刺激出现之前的等待期间降低潜在的干扰来源非常重要(Posner & Raichle, 1997)。唤醒或持续注意与心率的降低相关联,在成人和婴儿中都是如此,反映了脑中的心脏抑制中心的活动,特别是眶额皮层(Richards, 2001)。Richards 及其同事使用心率测量作为脑的唤醒系统的指标,已经表明持续注意在生命最初 6 个月中的发展进步(Casey & Richards, 1988;Richards, 1994)。同样,婴儿期的 ERP 的某些成分被认为反映了自动的警觉反应,特别是对新异刺激的反应(Courchesne, 1978)。在 6 个月大婴儿对熟悉和新异事件反应时进行 ERP 研究,发现与注意终止期间相比,通常由新异刺激引发的早期负成分(Nc)在持续注意期间(由心率减慢指示)增加(Richards, 1998)。但是,Richards 发现,在持续注意期间,Nc 成分在熟悉和新异刺激之间并无区分。而一个晚期成分,即正慢波(positive slow wave, PSW),则是对熟悉但不常出现的刺激反应增加(Richards, 1998),表明这种基本的警觉功能可能调节脑对刺激新异性的反应,如同行为数据的预期一样。

定向

　　Posner 的注意网络模型的第三部分是定向网络。Posner 描述了成人的外显和内隐形式的定向或者注意转换(Posner & Raichle, 1997;Posner, Walker, Friedrich, & Rafal, 1984)。当一个线索刺激在周边闪烁时,成人倾向于自动地将目光凝视转向周边(外显的注意转移)。相反,一个中央呈现的刺激可以提示个体外显定向(通过转移目光凝视点)或者内隐定向(通过转移注意但不转移目光凝视)。因此,在成人中,中央呈现的刺激允许个体选择以受控的方式定向,而周边线索倾向于引发自动的定向反应。一篇影响深远的神经心理文献认为顶叶皮层与注意定向能力有关(例如 Posner et al., 1984)。顶叶损伤的成人在从一个刺激脱离注意以转移注意去别处的能力上表现出缺陷。动物的单细胞记录提示,丘脑和顶叶皮层的细胞在内隐注意转移期间表现出活动增加(D. Robinson, Bowman, & Kertzman, 1995)。其他脑区的损伤可以模拟顶叶损伤表现出的单侧行为忽视,但似乎不破坏内隐定向(Posner et al., 1984)。成人内隐定向的功能性成像研究显示上顶叶皮层的活动,特别是注意方向对侧的皮层(Corbetta, Kincade, Ollinger, McAvoy, & Shulman, 2000)。但是,与顶叶损伤者无法脱离注意的发现相反,与扫视眼动(saccadic eye movements)有关的中脑视觉系统(上丘)的损坏造成个体难以在刺激之间移动,这是视觉定向中分离的一步(Rafal, Posner, Friedman, Inhoff, & Bernstein, 1988)。最后,丘脑枕(丘脑的一部分)的损伤造成难以重新集中注意,或者一旦做出移动之后难以加强目标位置(Danziger, Ward, Owen, & Rafal, 2001)。

　　在视觉定向行为上,存在几个主要的发展,假定是反映了支持成人中定向能力的脑系统的发展。大约 1 个月时,一旦婴儿能够自主地凝视一个客体,婴儿会经历强制性观看的时期,这一期间他们固定地凝视客体,可能难以脱离。当婴儿凝视强烈的视觉刺激时,例如高对比度的棋盘模式,这种强制性观看可能令他们烦恼,但是当婴儿注视照料者的面孔时,这对建立社会联系很有适应性。当婴儿发展到更自主地控制其定向时,强制性观看在大约 4 个月时消失(Posner & Raichle, 1997),也许反映了脑区的定向网络的发育。最常用来考察定向行为发展轨迹的范式是返回抑制范式。返回抑制指的是避免注意返回到先前注意过的位置的倾向。Rafal、Calabresi、Brennan 和 Scioloto(1989)的成人研究指出,返回抑制只有在眼动准备好的情况下才存在,即使并未做出实际的移动。对 3、4、6、12 和 18 个月大的婴儿的研究表明,尽管 6 至 18 个月的婴儿表现出与成人相同的返回抑制,3 和 4 个月的婴儿没有出现返回抑制(Clohessy, Posner, Rothbart, & Vecera, 1991; Johnson, Posner, & Rothbart, 1994)。这一年龄与扫视眼动发展的行为证据相符,也与 PET 证据中顶叶代谢达到成年水平的年龄一致(Chugani, Phelps, & Mazziotta, 1987)。但是,Hood 等(1998)证实,4 个月大的婴儿表现出内隐定向的证据。当线索持续时间太短以至于无法引发眼动时,4 个月大的婴儿对于呈现在线索化位置的靶子表现为成绩的改进(Hood, Atkinson, & Braddick, 1998)。对于发展心理学家来说,脱离、转移和重新集中注意的能力在发展上的重要性是很显然的。这些能力对于学习来自环境的新信息非常关键,不管是知觉的、认知的、社会的还是情感的,这一系统的损伤会造成日常生活的严重问题。

发展认知神经科学的未来

根据我们对文献的广泛总结,自从本手册的第 5 版出版以来,发展认知神经科学领域取得了明显进步。我们了解了大量关于多种认知能力的神经基础的知识,尽管我们的知识在发展阶段之间和之内都是不均衡的。我们对婴儿期记忆的神经基础的了解超过儿童期,我们对某些执行功能的了解超过另一些(例如工作记忆超过计划)。

对于那些对这一领域感兴趣的人,未来意味着什么? 对于开始者,随着我们关于脑发育的知识的增多,我们理解行为的脑基础的能力同样会有所提高。这又反过来应该促进建立一个从生物角度更合理的行为发展模型(特别是联结主义的模型可以从这一进步中获益)。第二,随着我们在神经可塑性和分子生物学方面知识的增加,我们将能更好地设计研究,清楚显示哪些行为来自依赖于经验的或是独立于经验的过程。这又反过来引导我们远离严格的先天主义观点,至少在高水平的认知功能方面。第三,我们预期随着在临床人群方面的研究更加明智,这些研究就有可能提供关于典型发展的一致信息。第四,考虑到使用神经成像工具研究情感发展的兴趣的增加,我们预期研究者会越来越感兴趣在脑发育领域将认知与情绪发展关联起来。第五,将更加关注成像形式的共同记录,特别是 ERPs 与 fMRI 和光学成像。第六,随着研究者在实施儿童 fMRI 方面获得更多经验,以及随着物理学家和工程师改进 MR 扫描参数,使得对更小年龄的个体可以进行这种研究。扫描婴儿总是会比较困难,但是扫描学龄前儿童可能将不再那么困难。

这些只是我们预期在未来十年将会成长的几个方面,其他方面将会随着这一领域的发展不断浮现。但是,我们乐观地相信,在发展背景中将脑与行为关联起来的兴趣现在已经在发展心理学中牢固地确立下来了。

(王彦译,苏彦捷审校)

参考文献

Abrahams, S., Pickering, A., Polkey, C. E., & Morris, R. G. (1997). Spatial memory deficits in patients with unilateral damage to the right hippocampal formation. *Neuropsychologia*, *35*, 11 - 24.

Adlam, A., Vargha-Khadem, F., Mishkin, M., & de Haan, M. (2004). *Deferred imitation in developmental amnesia*. Manuscript submitted for publication.

Adolphs, R. (2002). Recognizing emotion from facial expressions: Psychological and neurological mechanisms. *Behavioural and Cognitive Neuroscience Reviews*, *1*, 21 - 61.

Adolphs, R., Tranel, D., Damasio, H., & Damasio, A. (1994). Impaired recognition of emotion in facial expressions following bilateral damage to the human amygdala. *Nature*, *372*, 669 - 672.

Adolphs, R., Tranel, D., Hamann, S., Young, A. W., Calder, A. J., Phelps, E. A., et al. (1999). Recognition of facial emotion in nine individuals with bilateral amygdala damage. *Neuropsychologia*, *37*, 1111 - 1117.

Agster, K. L., Fortin, N. J., & Eichenbaum, H. (2002). The hippocampus and disambiguation of overlapping sequences. *Journal of Neuroscience*, *22*, 5760 - 5768.

Aizawa, H., Hu, S.-C., Bobb, K., Balakrishnan, K., Ince, G., Gurevich, I., et al. (2004). Dendrite development regulated by CREST, a calcium-regulated transcriptional activator. *Science*, *303*, 197 - 202.

Alvarado, M. C., & Bachevalier, J. (2000). Revisiting the maturation of medial temporal lobe memory functions in primates. *Learning and Memory*, *7*(5), 244 - 256.

Alvarado, M. C., Wright, A. A., & Bachevalier, J. (2002). Object and spatial relational memory in adult rhesus monkeys is impaired by neonatal lesions of the hippocampal formation but not the amygdaloid complex. *Hippocampus*, *12*, 421 - 433.

Anderson, V., Anderson, P., Northam, E., Jacobs, R., & Catroppa, C. (2001). Development of executive functions through late childhood and adolescence in an Australian sample. *Developmental Neuropsychology*, *20*(1), 385 - 406.

Anderson, V., Levin, H., & Jacobs, R. (2002). Executive functions after frontal lobe injury: A developmental perspective. In D. Stuss & R. Knight (Eds.), *Principles of frontal lobe function* (pp. 504 - 527). New York: Oxford University Press.

Ark, W. S. (2002, January). Neuroimaging studies give new insight to mental rotation. *Proceedings of the 35th Hawaii International Conference on System Sciences*, *5*, 136, Hawaii.

Astur, R. S., Taylor, L. B., Mamelak, A. N., Philpott, L., & Sutherland, R. J. (2002). Humans with hippocampus damage display severe spatial memory impairments in a virtual Morris water task. *Behavioural Brain Research*, *132*, 77 - 84.

Baddeley, A. (1986). *Working memory*. Oxford, England: Clarendon Press.

Baddeley, A., & Hitch, G. J. (1974). Working memory. In G. A. Bower (Ed.), *Recent advances in learning and motivation* (Vol. 7, pp. 47 - 90). New York: Academic Press.

Baddeley, A., & Logie, R. H. (1999). Working memory: The multiplecomponent model. In A. Miyake & P. Shah (Eds.), *Models of working memory* (pp. 28 - 61). New York: Cambridge University Press.

Baddeley, A., Vargha-Khadem, F., Mishkin, M. (2001). Preserved recognition in a case of developmental amnesia: Implications for the acquisition of semantic memory? *Journal of Cognitive Neuroscience*, *13*(3), 357 - 369.

Baillargeon, R. (1987). Object permanence in $3\frac{1}{2}$-and $4\frac{1}{2}$-month-old infants. *Developmental Psychology*, *23*, 655 - 664.

Baillargeon, R., Spelke, E., & Wasserman, S. (1985). Object permanence in 5-month-old infants. *Cognition*, *20*, 191 - 200.

Balaban, M. T. (1995). Affective influences on startle in 5-month-old infants: Reactions to facial expressions of emotion. *Child Development*, *66*, 28 - 36.

Banks, M. S., & Ginsburg, A. P. (1985). Infant visual preferences: A review and new theoretical treatment. *Advances in Child Development and Behavior*, *19*, 207 - 246.

Banks, M. S., & Salapatek, P. (1981). Infant pattern vision: A new approach based on the contrast sensitivity function. *Journal of Experimental Psychology*, *31*, 1 - 45.

Barinaga, M. (2003). Newborn neurons search for meaning. *Science*, *299*, 32 - 34.

Barrash, J., Tranel, D., & Anderson, S. (1994). Assessment of dramatic personality changes after ventromedial frontal lesions. *Journal of Clinical and Experimental Neuropsychology*, *18*, 355 - 381.

Barton, J. J. (2003). Disorders of face perception and recognition. *Neurologic Clinics*, *21*(2), 521 - 548.

Bauer, P. J., Wenner, J. A., Dropik, P. L., & Wewerka, S. S. (2000). Parameters of remembering and forgetting in the transition from infancy to early childhood. *Monographs of the Society for Research in Child Development*, *65*, 1 - 204.

Bauer, P. J., Wiebe, S. A., Carver, L. J., Waters, J. M., & Nelson, C. A. (2003). Electrophysiological indices of long-term recognition predict infants' long-term recall. *Psychological Science*, *14*, 629 - 635.

Benes, F., Turtle, M., Khan, Y., & Farol, P. (1994). Myelination of a key relay zone in the hippocampal formation occurs in the human brain during childhood, adolescence, and adulthood. *Archives of General Psychiatry*, *51*, 477 - 484.

Bernier, P. J., Bédard, A., Vinet, J., Lévesque, M., & Parent, A. (2002). Newly generated neurons in the amygdala and adjoining cortex of adult primates. *Proceedings of the National Academy of Sciences*, *99*, 11464 - 11469.

Bischoff-Grethe, A., Martin, M., Mao, H., & Berns, G. (2001). The context of uncertainty modulates the subcortical response to predictability. *Journal of Cognitive Neuroscience*, *13*(7), 986 - 993.

Bixby, J. L., & Harris, W. A. (1991). Molecular mechanisms of axon growth and guidance. *Annual Review of Cell Biology*, *7*, 117 - 159.

Black, J. E., Jones, T. A., Nelson, C. A., & Greenough, W. T. (1998). Neuronal plasticity and the developing brain. In N. E. Alessi, J. T. Coyle, S. I. Harrison, & S. Eth (Eds.), *Handbook of child and adolescent psychiatry: Vol. 6. Basic psychiatric science and treatment* (pp. 31 - 53). New York: Wiley.

Booth, J. R., MacWhinney, B., Thulborn, K. R., Sacco, K., Voyvodic, J., & Feldman, H. M. (1999). Functional organization of activation patterns in children: Whole brain fMRI imaging during thee different cognitive tasks. *Progress in Neuro-Psychopharmacology and Biological Psychiatry*, *23*, 669 - 682.

Booth, J. R., MacWhinney, B., Thulborn, K. R., Sacco, K., Voyvodic, J., & Feldman, H. M. (2000). Developmental and lesion effects in brain activation during sentence comprehension and mental rotation. *Developmental Neuropsychology*, *18*, 139 - 169.

Botvinick, M., Braver, T., Barch, D., Carter, C., & Cohen, J. (2001). Conflict monitoring and cognitive control. *Psychological Review*, *108*(3), 624 - 652.

Bourgeois, J. P., & Rakic P. (1993). Changes of synaptic density in the primary visual cortex of the macaque monkey from fetal to adult stage. *Journal of Neuroscience*, *13*, 2801 - 2820.

Bourgeois, J.-P., Reboff, P. J., & Rakic, P. (1989). Synaptogenesis in visual cortex of normal and preterm monkeys: Evidence from intrinsic regulation of synaptic overproduction. *Proceedings of the National Academy of Sciences*, *86*, 4297 - 4301.

Brizzolara, D., Casalini, C., Montanaro, D., & Posteraro F. (2003). A case of amnesia at an early age. *Cortex*, *39*(4/5), 605 - 625.

Broks, P., Young, A. W., Maratos, E. J., Coffey, P. J., Calder, A. J., Isaac, C. L., et al. (1998). Face processing impairments after encephalitis: Amygdala damage and recognition of fear. *Neuropsychologia*, *36*(1), 59 - 70.

Bronner-Fraser, M., & Hatten, M. B. (2003). Neurogenesis and migration. In L. R. Squire, F. E. Bloom, S. K. McConnell, J. L. Roberts, N. C. Spitzer, & M. J. Zigmond (Eds.), *Fundamental neuroscience* (2nd ed., pp. 391 - 416). New York: Academic Press.

Brown, M., Keynes, R., & Lumsden, A. (2001). *The developing brain*. Oxford, England: Oxford University Press.

Brown, S. A., Warburton, D., Brown, L. Y., Yu, C. Y., Roeder, E. R., Shengel-Rutkowski, S., et al. (1998). Holoprosencephaly due to mutations in ZIC2, a homologue of Drosophila odd-paired. *Nature Genetics*, *20*, 180 - 193.

Buckner, R., Goodman, J., Burock, M., Rotte, M., Koutstaal, W., Schacter, D., et al. (1998). Functional-anatomic correlates of object priming in humans revealed by rapid event-related fMRI. *Neuron*, *20*, 285 - 296.

Bunge, S., Dudukovic, N., Thomason, M., Vaidya, C., & Gabrieli, J. (2002). Immature frontal lobe contributions to cognitive control in children: Evidence from fMRI. *Neuron*, *33*(2), 301 - 311.

Burrone, J., O'Byrne, M., & Murthy, V. N. (2002). Multiple forms of synaptic plasticity triggered by selective suppression of activity in individual neurons. *Nature*, *420*, 414 - 418.

Bush, G., Frazier, J., Rauch, S., Seidman, L., Whalen, P., Jenike,

M., et al. (1999). Anterior cingulate cortex dysfunction in attentiondeficit/hyperactivity disorder revealed by fMRI and the counting stroop. *Biological Psychiatry*, 45(12), 1542－1552.

Bush, G., Luu, P., & Posner, M. (2000). Cognitive and emotional influences in anterior cingulate cortex. *Trends in Cognitive Sciences*, 4, 215－222.

Butters, M. A., Kaszniak, A. W., Glisky, E. L., Eslinger, P. J., & Schacter, D. L. (1994). Recency discrimination deficits in frontal lobe patients. *Neuropsychologia*, 8, 343－353.

Calder, A. J., Young, A. W., Rowland, D., Perett, D. I., Hodges, J. R., & Etcoff, N. L. (1996). Facial emotion recognition after bilateral amygdala damage: Differentially severe impairment of fear. *Cognitive Neuropsychology*, 13, 699－745.

Canfield, R., Smith, E., Brezsnyak, M., & Snow, K. (1997). Information processing through the first year of life: A longitudinal study using the visual expectancy paradigm. *Monographs of the Society for Research in Child Development*, 62(2).

Carey, S., & Diamond, R. (1994). Are faces perceived as configurations more by adults than children? *Visual Cognition*, 1, 253－274.

Carleton, A., Petreanu, L. T., Lansford, R., Alvarez-Buylla, A., & Lledo, P.-M. (2003). Become a new neuron in the adult olfactory bulb. *Nature Neuroscience*, 6, 507－518.

Carver, L. J., Bauer, P. J., & Nelson, C. A. (2000). Associations between infant brain activity and recall memory. *Developmental Science*, 3, 234－246.

Casey, B., Cohen, J., Jezzard, P., Turner, R., Noll, D., Trainor, R., et al. (1995). Activation of prefrontal cortex in children during a nonspatial working memory task with functional MRI. *Neurotmage*, 2, 221－229.

Casey, B., Durston, S., & Fossella, J. (2001). Evidence for a mechanistic model of cognitive control. *Clinical Neuroscience Research*, 1, 267－282.

Casey, B., Forman, S., Franzen, P., Berkowitz, A., Braver, T., Nystrom, L., et al. (2001). Sensitivity of prefrontal cortex to changes in target probability: A functional fMRI study. *Human Brain Mapping*, 13, 26－33.

Casey, B., & Richards, J. (1988). Sustained visual attention in young infants measured by with an adapted version of the visual preference paradigm. *Child Development*, 59, 1515－1521.

Casey, B., Thomas, K., Welsh, T., Badgaiyan, R., Eccard, C., Jennings, J., et al. (2000). Dissociation of response conflict, attentional control, and expectancy with functional magnetic resonance imaging (fMRI). *Proceedings of the National Academy of Sciences, USA*, 97(15), 8728－8733.

Casey, B. J., Tottenham, N., & Fossella, J. (2002). Clinical, imaging, lesion, and genetic approaches toward a model of cognitive control. *Developmental Psychobiology*, 40(3), 237－254.

Casey, B., Trainor, R., Orendi, J., Schubert, A., Nystrom, L., Cohen, J., et al. (1997). A pediatric functional MRI study of prefrontal activation during performance of a go-no-go task. *Journal of Cognitive Neuroscience*, 9, 835－847.

Castellanos, F., Giedd, J., Berquin, P., Walter, J., Sharp, W., Tran, T., et al. (2001). Quantitative brain magnetic resonance imaging in girls with attention-deficit/hyperactivity disorder. *Archives of General Psychiatry*, 58, 289－295.

Castellanos, F., Lee, P., Sharp, W., Jeffries, N., Greenstein, D., Clasen, L., et al. (2002). Developmental trajectories of brain volume abnormalities in children and adolescents with attentiondeficit/hyperactivity disorder. *Journal of the American Medical Association*, 288, 1740－1748.

Chang, K. D., Adleman, N., Dienes, K., Menon, V., & Reiss, A. (2002, October). *FMRI of visuospatial working memory in boys with bipolar disorder*. Poster session presented at the 49th annual meeting of the American Academy of Child and Adolescent Psychiatry, San Francisco, CA.

Changeux, J.-P., & Danchin, A. (1976). Selective stabilization of developing synapses as a mechanism for the specification of neuronal networks. *Nature*, 64(5588), 705－712.

Chechik, G., Meilijson, I., & Ruppin, E. (1999). Neuronal regulation: A mechanism for synaptic pruning during brain maturation. *Neural Computation*, 11(8), 2061－2080.

Chenn, A., & McConnell, S. K. (1995). Cleavage orientation and the asymmetric inheritance of Notch1 immunoreactivity in mammalian neurogenesis. *Cell*, 82, 631－641.

Cheng, E. F., & Merzenich, M. M. (2003). Environmental noise retards auditory cortical development. *Science*, 300, 498－502.

Chugani, H. T., & Phelps, M. E. (1986). Maturational changes in cerebral function in infants determined by 18FDG positron emission tomography. *Science*, 231, 840－843.

Chugani, H. T., Phelps, M., & Mazziotta, J. (1987). Positron emission tomography study of human brain functional development. *Annals of Neurology*, 22(4), 487－497.

Churchill, J. D., Beckel-Mitchener, A., Weiler, I. J., & Greenough, W. T. (2002). Effects of fragile X syndrome and an FMR1 knockout mouse model on forebrain neuronal cell biology. *Microscopy Research and Techniques*, 57, 156－158.

Churchill, J. D., Grossman, A. W., Irwin, S. A., Galvez, R., Klintsova, A. Y., Weiler, I. J., et al. (2002). A converging-methods approach to fragile X syndrome. *Developmental Psychobiology*, 40, 323－328.

Cline, H. (2003). Sperry and Hebb: Oil and vinegar? *Trends in Neuroscience*, 26, 655－661.

Clohessy, A., Posner, M., & Rothbart, M. (2002). Development of the functional visual field. *Acta Psychologia*, 106(1/2), 51－68.

Clohessy, A., Posner, M., Rothbart, M., & Vecera, S. (1991). The development of inhibition of return in early infancy. *Journal of Cognitive Neuroscience*, 3(4), 345－350.

Clower, W. T., & Alexander, G. E. (1998). Movement sequence-related activity reflecting numerical order of components in supplementary and presupplementary motor areas. *Journal of Neurophysiology*, 80, 1562－1566.

Cohen, J., Forman, S., Braver, T., Casey, B., Servan-Schreiber, D., & Noll, D. (1994). Activation of prefrontal cortex in a non-spatial working memory task with functional MRI. *Human Brain Mapping*, 1, 293－304.

Cohen, M. S., Kosslyn, S. M., Breiter, H. C., DiGirolamo, G. J., Thompson, W. L., Anderson, A. K., et al. (1996). Changes in cortical activity during mental rotation. A mapping study using functional MRI. *Brain*, 119, 89－100.

Colcombe, S. J., Kramer, A. F., Erikson, K. I., Scalf, P., McAuley, E., Cohen, N. J., et al. (2004). Cardiovascular fitness, cortical plasticity, and aging. *Proceedings of the National Academy of Science*, 101, 3316－3321.

Collie, R., Ettayne, H. (1999). Deferred imitation by 6-and 9-month-old infants: More evidence for declarative memory. *Developmental Psychobiology*, 35, 83－90.

Condron, B. (2002). Gene expression is required for correct axon guidance. *Current Biology*, 12(19), 1665－1669.

Cools, R., Clark, L., Owen, A., & Robbins, T. (2002). Defining the neural mechanisms of probabilistic reversal learning using eventrelated functional magnetic resonance imaging. *Journal of Neuroscience*, 22(11), 4563－4567.

Cools, R., Clark, L., & Robbins, T. (2004). Differential responses in human striatum and prefrontal cortex to changes in object and rule relevance. *Journal of Neuroscience*, 24(5), 1129－1135.

Corbetta, M., Kincade, J., Ollinger, J., McAvoy, M., & Shulman, G. (2000). Voluntary orienting is dissociated from target detection in human posterior parietal cortex. *Nature Neuroscience*, 3(3), 292－297.

Corkin, S. (2002). What's new with amnesic patient H. M.? *Nature Reviews Neuroscience*, 3, 153－160.

Cornoldi, C., Marconi, F., & Vecchi. (2001). Visuospatial working memory in Turner's syndrome. *Brain and Cognition*, 46, 90－94.

Courchesne, E. (1978). Neurophysiological correlates of cognitive development: Changes in long-latency event-related potentials from childhood to adulthood. *Electroencephalography and Clinical Neurophysiology*, 45, 468－482.

Cycowicz, Y. M. (2000). Memory development and event-related brain potentials in children. *Biological Psychology*, 54, 145－174.

Damasio, H., Grabowski, T., Frank, R., Galaburda, A., & Damasio, A. (1994). The return of Phineas Gage: Clues about the brain from the skull of a famous patient. *Science*, 264, 1102－1105.

Danziger, S., Ward, R., Owen, V., & Rafal, R. (2001). The effects of unilateral pulvinar damage in humans on reflexive orienting and filtering of irrelevant information. *Behavioral Neurology*, 13(3/4), 95－104.

Davis, M. (1989). The role of the amygdala and its efferent projections in fear and anxiety. In P. Tyrer (Ed.), *Psychopharmacology of anxiety* (pp. 52－79). Oxford, England: Oxford University Press.

Dean, A. L., Duhe, D. A., & Green, D. A. (1983). The development of children's mental tracking strategies on a rotation task. *Journal of Experimental Child Psychology*, 36, 226－240.

DeBoer, T., Georgieff, M. K., & Nelson, C. A. (in press). Elicited imitation: A tool to investigate the impact of abnormal prenatal environments on memory development. In P. Bauer (Ed.), *Varieties of early experience: Influences on declarative memory development*. Hillsdale, NJ: Erlbaum.

DeBoer, T., Scott, L., & Nelson, C. (2004). Event-related potentials in developmental populations. In T. Handy (Ed.), *Event-related potentials: A methods handbook* (pp. 263 - 297). Cambridge, MA: MIT Press.

de Castro F. (2003). Chemotropic molecules: Guides for axonal pathfinding and cell migration during CNS development. *News Physiological Sciences*, *18*, 130 - 136.

de Haan, M., Bauer, P. J., Georgieff, M. K., & Nelson, C. A. (2000). Explicit memory in low-risk infants aged 19 months born between 27 and 42 weeks of gestation. *Developmental Medicine and Child Neurology*, *42*, 304 - 312.

de Haan, M., & Johnson, M. H. (2003a). *The cognitive neuroscience of development*. London: Psychology Press.

de Haan, M., & Johnson, M. H. (2003b). Mechanisms and theories of brain development. In M. de Haan & M. H. Johnson (Eds.), *The cognitive neuroscience of development* (pp. 1 - 18). London: Psychology Press.

de Haan, M., & Nelson, C. A. (1997). Recognition of the mother's face by 6-month-old infants: A neurobehavioral study. *Child Development*, *68*, 187 - 210.

de Haan, M., & Nelson, C. A. (1999). Brain activity differentiates face and object processing in 6-month-old infants. *Developmental Psychology*, *35*, 1113 - 1121.

de Haan, M., Pascalis, O., & Johnson, M. H. (2002). Specialization of neural mechanisms underlying face recognition in human infants. *Journal of Cognitive Neuroscience*, *14*(2), 199 - 209.

DeHaene, S., Dupoux, E., Mehler, J., Cohen, L., Paulesu, E., Perani, D., et al. (1997). Anatomical variability in the cortical representation of first and second language. *NeuroReport*, *8*, 3809 - 3815.

Delis, D. C., Roberston, L. C., & Efron, R. (1986). Hemispheric specialization of memory for visual hierarchical stimuli. *Neuropsychologia*, *24*, 205 - 214.

DeRegnier, R.-A., Nelson, C. A., Thomas, K., Wewerka, S., & Georgieff, M. K. (2000). Neurophysiologic evaluation of auditory recognition memory in healthy newborn infants and infants of diabetic mothers. *Journal of Pediatrics*, *137*, 777 - 784.

Deruelle, C., & de Schonen, S. (1991). Hemispheric asymmetries in visual pattern processing in infancy. *Brain and Cognition*, *16*, 151 - 179.

Deruelle, C., & de Schonen, S. (1995). Pattern processing in infancy: Hemispheric differences in the processing of shape and location visual components. *Infant Behavior and Development*, *18*, 123 - 132.

Deruelle, C., Mancini, J., Livet, M. O., Casse-Perrot, C., & de Schonen, S. (1999). Configural and local processing of faces in children with Williams syndrome. *Brain and Cognition*, *41*, 276 - 298.

de Schonen, S., & Mathivet, E. (1990). Hemispheric asymmetry in a face discrimination task in infants. *Child Development*, *61*, 1192 - 1205.

Desimone, R., & Duncan, J. (1995). Neural mechanisms of selective visual attention. *Annual Review of Neuroscience*, *18*, 193 - 222.

Diamond, A. (1985). Development of the ability to use recall to guide action, as indicated by infants' performance on A-not-B. *Child Development*, *56*, 868 - 883.

Diamond, A. (1995). Evidence of robust recognition memory early in life even when assessed by reaching behavior. *Journal of Experimental Child Psychology*, *59*, 419 - 456.

Diamond, A. (2001). A model system for studying the role of dopamine in the prefrontal cortex during early development in humans: Early and continuously treated phenylketonuria. In C. Nelson & M. Luciana (Eds.), *Handbook of developmental cognitive neuroscience* (pp. 433 - 472). Cambridge, MA: MIT Press.

Diamond, A. (2002). Normal development of prefrontal cortex from birth to young adulthood: Cognitive functions, anatomy, and biochemistry. In D. Stuss & R. Knight (Eds.), *Principles of frontal lobe function* (pp. 466 - 503). New York: Oxford University Press.

Diamond, A., & Goldman-Rakic, P. (1989). Comparison of human infants and rhesus monkeys on Piaget's A-not-B task: Evidence for dependence on dorsolateral prefrontal cortex. *Experimental Brain Research*, *74*, 24 - 40.

Diamond, A., Kirkham, N., & Amso, D. (2002). Conditions under which young children can hold two rules in mind and inhibit a prepotent response. *Developmental Psychology*, *38*, 352 - 363.

Diamond, R., & Carey, S. (1986). Why faces are and are not special: An effect of expertise. *Journal of Experimental Psychology: General*, *115*, 107 - 117.

Dolan, R. J., & Fletcher, P. C. (1997). Dissociating prefrontal and hippocampal function in episodic memory encoding. *Nature*, *388* (6642), 582 - 585.

Draganski, B., Gaser, C., Busch, V., Schuierer, G., Bogdahn, U., & May, A. (2004). Changes in grey matter induced by training. *Nature*,

427, 311 - 312.

Drummey, A., & Newcombe, N. (1995). Remembering versus knowing the past: Children's explicit and implicit memories for pictures. *Journal of Experimental Child Psychology*, *59*, 549 - 565.

Duncan, J., & Owen, A. (2000). Common regions of the human frontal lobe recruited by diverse cognitive demands. *Trends in Neurosciences*, *23*, 475 - 483.

Durston, S., Hulshoff Pol, H. E., Casey, B. J., Giedd, J. N., Buitelaar, J. K., & van Engeland, H. (2001). Anatomical MRI of the developing human brain: What have we learned? *Journal of the American Academy of Child and Adolescent Psychiatry*, *40*, 1012 - 1020.

Durston, S., Thomas, K., & Yang, Y. (2002). The development of neural systems involved in overriding behavioral responses: An eventrelated fMRI study. *Developmental Science*, *5*, 9 - 16.

Durston, S., Tottenham, N., Thomas, K., Davidson, M., Eigsti, I., Yang, Y., et al. (2003). Differential patterns of striatal activation in young children with and without ADHD. *Biological Psychiatry*, *53*(10), 871 - 878.

Eichenbaum, H. (2002). *The cognitive neuroscience of memory*. London: Oxford University Press.

Eichenbaum, H. (2003). Learning and memory: Brain systems. In L. R. Squire, F. E. Bloom, S. K. McConnell, J. L. Roberts, N. C. Spitzer, & M. J. Zigmond (Eds.), *Fundamental neuroscience* (2nd ed., pp. 1299 - 1327). New York: Academic Press.

Eichenbaum, H. B., Cahill, L. F., Gluck, M. A., Hasselmo, M. E., Keil, F. C., Martin, A. J., et al. (1999). Learning and memory: Systems analysis. In M. J. Zigmond, F. E. Bloom, S. C. Landis, J. L. Roberts, & L. R. Squire (Eds.), *Fundamental neuroscience* (pp. 1455 - 1486). New York: Academic Press.

Eimer, M. (2000). The face-specific N 170 component reflects late stages in the structural encoding of faces. *NeuroReport*, *11*, 2319 - 2324.

Ekdahl, C. T., Claasen, J.-H., Bonde, S., Kokaia, Z., & Lindvall, O. (2003). Inflamation is detrimental for neurogenesis in adult brain. *Proceedings of the National Academy of Sciences*, *100*, 13622 - 13637.

Elbert, T., Pantev, C., Wienbruch, C., Rockstroh, B., & Taub, E. (1995). Increased cortical representation of the fingers of the left hand in string players. *Science*, *270*, 305 - 307.

Elvevåg, B., & Weinberger, D. R. (2001). The neuropsychology of schizophrenia and its relationship to the neurodevelopmental model. In C. A. Nelson & M. Luciana (Eds.), *Handbook of developmental cognitive neuroscience* (pp. 577 - 594). Cambridge, MA: MIT Press.

Erickson, C. A., Jagadeesh, B., & Desimone, R. (2000). Clustering of perirhinal neurons with similar properties following visual experience in adult monkeys. *Nature Neuroscience*, *3*(11), 1143 - 1148.

Erskine, L., Williams, S. E., Brose, K., Kidd, T., Rachel, R. A., Goodman, C. S., et al. (2000). Retinal ganglion cell axon guidance in the mouse optic chiasm: Expression and function of robos and slits. *Journal of Neuroscience*, *20*(13), 4975 - 4978.

Eslinger, P. J., & Biddle, K. R. (2000). Adolescent neuropsychological development after early right prefrontal cortex damage. *Developmental Neuropsychology*, *18*, 297 - 329.

Fan, J., Flombaum, J., McCandliss, B., Thomas, K., & Posner, M. (2003). Cognitive and brain consequences of conflict. *NeuroImage*, *18*(1), 42 - 57.

Farah, M. J., Rabinowitz, C., Quinn, G. E., & Liu, G. T. (2000). Early commitment of neural substrates for face recognition. *Cognitive Neuropsychology*, *17*, 117 - 124.

Ferguson, J. N., Aldag, J. M., Insel, T. R., & Young, L. J. (2001). Oxytocin in the medial amygdala is essential for social recognition in the mouse. *Journal of Neuroscience*, *21*, 8278 - 8285.

Ferguson, J. N., Young, L. J., Hearn, E. F., Matzuk, M. M., Insel, T. R., Ervinslow, J. T. (2000). Social amnesia in mice lacking the oxytocin gene. *Nature Genetics*, *25*, 284 - 288.

Ferraro, F., Balota, D., & Connor, L. (1993). Implicit memory and the formation of new associations in nondemented Parkinson's disease individuals and individuals with senile dementia of the Alzheimer type: A serial reaction time (SRT) investigation. *Brain and Cognition*, *21*, 163 - 180.

Finney, E. M., Fine, I., & Dobkins, K. R. (2001). Visual stimuli activate auditory cortex in the deaf. *Nature Neuroscience*, *4*, 1171 - 1173.

Flavell, J. H., Miller, P. H., & Miller, S. A. (1993). *Cognitive development* (3rd ed.). Englewood Cliffs, NJ: Prentice-Hall.

Fortin, N. J., Agster, K. L., & Eichenbaum, H. B. (2002). Critical role of the hippocampus in memory for sequences of events. *Nature Neuroscience*, *5*, 458 - 462.

Francis, D. D., Szegda, K., Campbell, G., Martin, W. D., & Insel, T. R. (2003). Epigenetic sources of behavioral differences in mice. *Nature*

Neuroscience, 6, 445–448.

Frangiskakis, J. M., Ewart, A. K., Morris, C. A., Mervis, C. B., Bertrand, J., Robinson, B. F., et al. (1996). LIM-kinase1 hemizygosity implicated in impaired visuospatial constructive cognition. Cell, 86, 59–69.

Funahashi, S., Bruce, C., & Goldman-Rakic, P. (1989). Mnemonic coding of visual space in the monkey's dorsolateral prefrontal cortex. Journal of Neurophysiology, 61, 1–19.

Fuster, J. (1997). The prefrontal cortex: Anatomy, physiology, and neuropsychology of the frontal lobe (3rd ed.). Philadelphia: Lippencott-Raven Press.

Fuster, J., & Alexander, G. (1970). Delayed response deficit by cryogenic depression of frontal cortex. Brain Research, 61, 79–91.

Fuster, J., & Alexander, G. (1971). Neuron activity related to shortterm memory. Science, 173, 652–654.

Gadian, D. G., Aicardi, J., Watkins, K. E., Porter, D. A., Mishkin, M., & Vargha-Khadem, F. (2000). Developmental amnesia associated with early hypoxic-ischaemic injury. Brain, 123, 499–507.

Gage, F. H. (2000). Mammalian neural stem cells. Science, 287 (5457), 1433–1438.

Gauthier, I., Skudlarski, P., Gore, J. C., & Anderson, A. W. (2000). Expertise for cars and birds recruits brain areas involved in face recognition. Nature Neuroscience, 3, 191–197.

Gauthier, I., Tarr, M. J., Anderson, A. W., Skudlarski, P., & Gore, J. C. (1999). Activation of the middle fusiform "face area" increases with expertise in recognizing novel objects. Nature Neuroscience, 2, 568–573.

Geldart, S., Mondloch, C. J., Maurer, D., de Schonen, S., & Brent, H. P. (2002). The effect of early visual deprivation on the development of face processing. Developmental Science, 5(4), 490–501.

Geraldi-Caulton, G. (2000). Sensitivity to spatial conflict and the development of self-regulation in children 24 to 30 months of age. Developmental Science, 3, 397–404.

Giedd, J. N., Blumenthal, J., Jeffries, N. O., Castellanos, F. X., Liu, H., Zijdenbos, A., et al. (1999). Brain development during childhood and adolescence: A longitudinal MRI study. Nature Neuroscience, 2, 861–863.

Giedd, J. N., Snell, J., Lange, N., Rajapakse, J., Casey, B., Kozuch, P., et al. (1996). Quantitative magnetic resonance imaging of human brain development: Ages 4 to 18. Cerebral Cortex, 6, 551–560.

Giedd, J. N., Vatuzis, A. C., Hamburger, S. D., Lange, N., Rajapakse, J. C., Matsen, D., et al. (1996). Quantitative MRI of the temporal lobe, amygdala, and hippocampus in normal human development: Ages 4 to 18 years. Journal of Comparative Neurology, 366, 223–230.

Goldman, P., & Rosvold, H. (1970). Localization of function within the dorsolateral prefrontal cortex of the rhesus monkey. Experimental Neurology, 29, 291–304.

Goldman-Rakic, P. S. (1987). Development of cortical circuitry and cognitive function. Child Development, 58(3), 601–622.

Gould, E. (2003, July). Neurogenesis in the adult brain. Paper presented at the Merck Summer Institute on Developmental Disabilities, Princeton University, Princeton, NJ.

Gould, E., Beylin, A., Tanapat, P., Reeves, A., & Shors, T. J. (1999). Learning enhances adult neurogenesis in the hippocampal formation. Nature Neuroscience, 2, 260–265.

Gould, E., & Gross, C. G. (2002). Neurogenesis in adult mammals: Some progress and problems. Journal of Neuroscience, 22, 619–623.

Gould, E., Vail, N., Wagers, M., & Gross, C. G. (2001). Adult-generated hippocampal and neocortical neurons in macaques have a transient existence. Proceedings of the National Academy of Sciences, USA, 98, 10910–10917.

Grafton, S., Hazeltine, E., & Ivry, R. (1995). Functional mapping of sequence learning in normal humans. Journal of Cognitive Neuroscience, 7 (4), 497–510.

Greenough, W. T., & Black, J. E. (1992). Induction of brain structure by experience: Substrates for cognitive development. In M. R. Guunar & C. A. Nelson (Eds.), Minnesota Symposia on Child Psychology: Vol. 24. Developmental behavioral neuroscience (pp. 155 – 200). Hillsdale, NJ: Erlbaum.

Greenough, W. T., Juraska, J. M., & Volkmar, F. R. (1979). Maze training effects on dendritic branching in occipital cortex of adult rats. Behavioral and Neural Biology, 26, 287–297.

Greenough, W. T., Madden, T. C., & Fleishchmann, T. B. (1972). Effects of isolation, handling, and enriched rearing on maze learning. Psychonomic Science, 27, 279–280.

Grice, S. J., Spratling, M. W., Karmiloff-Smith, A., Halit, H., Csibra, G., de Haan, M., et al. (2001). Disordered visual processing and oscillatory brain activity in autism and Williams syndrome. NeuroReport, 12, 2697–2700.

Grossman, A. W., Churchill, J. D., Bates, K. E., Kleim, J., & Greenough, W. T. (2002). A brain adaptation view of plasticity: Is synaptic plasticity an overly limited concept. In M. A. Hofman, G. J. Boer, A. J. G. D. Holtmaat, E. J. W. Van Someren, J. Verhaagen, & D. F. Swaab (Eds.), Progress in brain research (Vol. 138, pp. 91 – 108). New York: Elsevier Science.

Haberecht, M. F., Menon, V., Warsofsky, I. S., White, C. D., DyerFriedman, J., Glover, G. H., et al. (2001). Functional neuroanatomy of visuo-spatial working memory in Turner syndrome. Human Brain Mapping, 14, 96–107.

Haith, M., Hazan, C., & Goodman, G. (1988). Expectation and anticipation of dynamic visual events by 3½-month-old babies. Child Development, 59, 467–479.

Halit, H., de Haan, M., & Johnson, M. H. (2003). Cortical specialisation for face processing: Face sensitive-event related potential components in 3-and 12-month-old infants. Neuroimage, 19, 1180–1193.

Hamilton, R., Keenan, J. P., Catala, M., & Pascual-Leone, A. (2000). Alexia for Braille following a bilateral occipital stroke in an early blind woman. NeuroReport, 11, 237–240.

Hanashima, C., Li, S. C., Shen, L., Lai, E., & Fishell, G. (2004). Foxg1 suppresses early cortical cell fate. Science, 303, 56–59.

Harris, I. M., & Miniussi, C. (2003). Parietal lobe contribution to mental rotation demonstrated with rTMS. Journal of Cognitive Neuroscience, 15, 315–323.

Hartshorn, K., Rovee-Collier, C., Gerhardstein, P., Bhatt, R., Klein, P., & Aaron, F. (1998). Developmental changes in the specificity of memory over the first year of life. Developmental Psychobiology, 33, 61–78.

Hatten, M. E. (2002). New directions in neuronal migration. Science, 297, 1660–1663.

Haxby, J. V., Gobbini, M. I., Furey, M. L., Ishai, A., Schouten, J. L., & Pietrini, P. (2001). Distributed and overlapping representations of faces and objects in ventral temporal cortex. Science, 293, 2425–2430.

Haxby, J. V., Hoffman, E. A., & Gobbini, M. I. (2002). Human neural systems for face recognition and social communication. Biological Psychiatry, 51, 59–67.

Hayes, J. & Hennessy, R. (1996). The nature and development of nonverbal implicit memory. Journal of Experimental Child Psychology, 63, 22–43.

Hayne, H. (2004). Infant memory development: Implications for childhood amnesia. Developmental Review, 24, 33–73.

Hayne, H., Boniface, J., & Barr, R. (2000). The development of declarative memory in human infants: Age-related changes in deferred imitation. Behavioral Neuroscience, 114(1), 77–83.

Hazeltine, E., Grafton, S., & Ivry, R. (1997). Attention and stimulus characteristics determined the locus of motor sequence encoding: A PET study. Brain, 120, 123–140.

Heindel, W., Salmon, D., Shults, C., Walicke, P., & Butters, N. (1989). Neuropsychological evidence for multiple implicit memory systems: A comparison of Alzheimer's, Huntington's, and Parkinson's disease patients. Journal of Neuroscience, 9(2), 582–587.

Henson, R. N., Goshen-Gottstein, Y., Ganel, T., Otten, L. J., Quayle, A., & Rugg, M. D. (2003). Electrophysiological and haemody-namic correlates of face perception, recognition and priming. Cerebral Cortex, 13, 795–805.

Hepworth, S., & Smith, M. (2002). Learning and recall of story content and spatial location after unilateral temporal-lobe excision in children and adolescents. Neuropsychology, Development, and Cognition. Section C. Child Neuropsychology, 8, 16–26.

Hof, F. A., Geurds, M. P., Chatkupt, S., Shugart, Y. Y., Balling, R., Schrander-Stumpel, C. T., et al. (1996). PAX genes and human neural tube defects: An amino acide substitution in PAS1 in a patient with spina bifida. Journal of Medical Genetics, 33, 655–660.

Hoffman, E., & Haxby, J. V. (2000). Distinct representations of eye gaze and identity in the distributed human neural system for face perception. Nature Neuroscience, 3, 80–84.

Holdstock, J. S., Mayes, A. R., Cezayirli, E., Isaac, C. L., Aggleton, J. P., & Roberts, N. (2000). A comparison of egocentric and allocentric spatial memory in a patient with selective hippocampal damage. Neuropsychologia, 38, 410–425.

Holstege, G., van Ham, J. J., & Tan, J. (1986). Afferent projections to the orbicularis oculi motoneural cell group: An autoradiographical tracing study in the cat. Brain Research, 374, 306–320.

Hood, B. , Atkinson, J. , & Braddick, O. (1998). Selection-for-action and the development of orienting and visual attention. In J. Richards (Ed.), *Cognitive neuroscience of attention: A developmental perspective* (pp. 219 - 250). Mahwah, NJ: Erlbaum.

Huang, E. J. , & Reichardt, L. F. (2001). Neurotrophins: Roles in neuronal development and function. *Annual Review of Neuroscience*, 24, 677 - 736.

Hubl, D. , Bolte, S. , Feineis-Matthews, S. , Lanfermann, H. , Federspiel, A. , Strik, W. , et al. (2003). Functional imbalance of visual pathways indicates alternative face processing strategies in autism. *Neurology*, 61, 1232 - 1237.

Huttenlocher, P. R. (2002). *Neural plasticity: The effects of environment on the development of the cerebral cortex*. Cambridge, MA: Harvard University Press.

Huttenlocher, P. R. , & Dabholkar, A. S. (1997). Regional differences in synaptogenesis in human cerebral cortex. *Journal of Comparative Neurology*, 387(2), 167 - 178.

Huttenlocher, P. R. , & de Courten, C. (1987). The development of synapses in striat cortex of man. *Human Neurobiology*, 6, 1 - 9.

Hynes, R. O. , & Lander, A. D. (1992). Contact and adhesive specificities in the associations, migrations, and targeting of cells and axons. *Cell*, 68(2), 303 - 322.

Incisa della Rocchetta, A. , Samson, S. , Ehrle, N. , Denos, M. , Hasboun, D. , & Baulac M. (2004). Memory for visuospatial location following selective hippocampal sclerosis: The use of different coordinate systems. *Neuropsychology*, 18, 15 - 28.

Isaacs, E. B. , & Vargha-Khadem, F. (1989). Differential course of development of spatial and verbal memory span: A normative study. *British Journal of Developmental Psychology*, 7, 377 - 380.

Isaacs, E. B. , Vargha-Khadem, F. , Watkins, K. E. , Lucas, A. , Mishkin, M. , & Gadian, D. G. (2003). Developmental amnesia and its relationship to degree of hippocampal atrophy. *Proceedings of the National Academy of Sciences*, USA, 100(22), 13060 - 13063.

Ishai, A. , Ungerleider, L. G. , Martin, A. , & Haxby, J. V. (2000). The representation of objects in the human occipital and temporal cortex. *Journal of Cognitive Neuroscience*, 12(Suppl. 2), 35 - 51.

Itier, R. J. , & Taylor, M. J. (2002). Inversion and contrast polarity reversal affect both encoding and recognition processes of unfamiliar faces: A repetition study using ERPs. *NeuroImage*, 15(2), 353 - 372.

Janowsky, J. S. , Shimamura, A. P. , & Squire, L. R. (1989). Source memory impairment in patients with frontal lobe lesions. *Neuropsychologia*, 8, 1043 - 1056.

Jernigan, T. L. , Trauner, D. A. , Hesselink, J. R. , & Tallal, P. A. (1991). Maturation of human cerebrum observed in vivo during adolescence. *Brain*, 114, 2037 - 2049.

Jessell, T. M. (1988). Adhesion molecules and the hierarchy of neural development. *Neuron*, 1(1), 3 - 13.

Johnson, M. H. (1998). The neural basis of cognitive development. In W. Damon, D. Kuhn, & R. S. Siegler (Editor-in-Chief) & D. Kuhn & R. S. Siegler (Vol. Eds.), *Handbook of child psychology: Vol. 2. Cognition, perception and language* (5th ed. , pp. 1 - 49). New York: WileyPress.

Johnson, M. H. (2001). Functional brain development in humans. *Nature Reviews Neuroscience*, 2, 475 - 483.

Johnson, M. H. , Dziurawiec, S. , Ellis, H. , & Morton, J. (1991). Newborns' preferential tracking of face-like stimuli and its subsequent decline. *Cognition*, 40, 1 - 19.

Johnson, M. H. , & Morton, J. (1991). *Biology and cognitive development: The case of face recognition*. Oxford, England: Blackwell.

Johnson, M. H. , Posner, M. , & Rothbart, M. (1994). Facilitation of saccades toward a covertly attended location in early infancy. *Psychological Science*, 5(2), 90 - 93.

Johnston, S. , Leek, E. C. , Atherton, C. , Thacker, N. , & Jackson, A. (2004). Functional contribution of medial premotor cortex to visuo-spatial transformation in humans. *Neuroscience Letters*, 355, 209 - 212.

Jordan, K. , Wustenberg, T. , Heinze, H. J. , Peteres, M. , & Jäncke, L. (2003). Women and men exhibit different cortical activation patterns during mental rotation tasks. *Neuropsychologia*, 40, 2397 - 2408.

Kanwisher, N. , McDermott, J. , & Chun, M. M. (1997). The fusiform face area: A module in human extrastriate cortex specialized for face perception. *Journal of Neuroscience*, 17, 4302 - 4311.

Kawashima, R. , Satoh, K. , Itoh, H. , Ono, S. , Furumoto, S. , Grotoh, R. , et al. (1996). Functional anatomy of go/no-go discrimination and response selection: A PET study in man. *Brain Research*, 728, 79 - 89.

Keele, S. , & Rafal, R. (2000). Deficits of task set in patients with left prefrontal cortex lesions. In S. Monsell & J. Driver (Eds.), *Control of cognitive processes*, attention and performance (Vol. 18). Cambridge, MA: MIT Press.

Keith, A. (1948). *Human embryology and morphology*. London: Edward Arnold & Company.

Keller, A. , Castellanos, F. X. , Vaituzis, A. C. , Jeffries, N. O. , Giedd, J. N. , & Rapoport, J. L. (2003). Progressive loss of cerebellar volume in childhood-onset schizophrenia. *American Journal of Psychiatry*, 160(1), 128 - 133.

Kennedy, H. , Bullier, J. , & Dehay, C. (1989). Transient projection from the superior temporal sulcus to area 17 in the newborn macaque monkey. *Proceedings of the National Academy of Sciences*, USA, 86, 8093 - 8097.

Kesler-West, M. L. , Andersen, A. H. , Smith, C. D. , Avison, M. J. , Davis, C. E. , Kryscio, R. J. , et al. (2001). Neural substrates of facial emotion processing using fMRI. *Brain Research: Cognitive Brain Research*, 11, 213 - 226.

Kikuchi-Yorioka, Y. , & Sawaguchi, T. (2000). Parallel visuospatial and audiospatial working memory processes in the monkey dorsolateral prefrontal cortex. *Nature Neuroscience*, 3, 1075 - 1076.

Kinsley, C. H. , Madonia, L. , Gifford, G. W. , Tureski, K. , Griffin, G. R. , Lowry, C. , et al. (1999). Motherhood improves learning and memory. *Nature*, 402, 137 - 138.

Klingberg, T. , Forssberg, H. , & Westerberg, H. (2002). Increased brain activity in frontal and parietal cortex underlies the development of visuospatial working memory capacity during childhood. *Journal of Cognitive Neuroscience*, 14(1), 1 - 10.

Knopman, D. , & Nissen, M. (1991). Procedural learning is impaired in Huntington's disease: Evidence from the serial reaction time task. *Neuropsychologia*, 29(3), 245 - 254.

Knudsen, E. I. (2003a). Early experience and critical periods. In L. R. Squire, F. E. Bloom, S. K. McConnell, J. L. Roberts, N. C. Spitzer, & M. J. Zigmond (Eds.), *Fundamental neuroscience* (2nd ed. , pp. 555 - 573). New York: Academic Press.

Knudsen, E. (2003b). MacArthur Foundation research network on. *Early Experience and Brain Development*. Annual report.

Knudsen, E. (in press). Sensitive periods in the development of the brain and behavior. *Journal of Cognitive Neuroscience*.

Kolb, B. , & Whishaw, I. Q. (1998). Brain plasticity and behavior. *Annual Review of Psychology*, 49, 43 - 64.

Konishi, S. , Nakajima, K. , Uchida, I. , Kikyo, H. , Kameyama, M. , & Miyashita, Y. (1999). Common inhibitory mechanism in human inferior prefrontal cortex revealed by event-related functional MRI. *Brain*, 122, 981 - 999.

Kornack, D. R. , & Rakic, P. (1999). Continuation of neurogenesis in the hippocampus of the adult macaque monkey. *Proceedings of the National Academy of Sciences*, USA, 98, 5768 - 5773.

Kostovic, I. (1990). Structural and histochemical reorganization of the human prefrontal cortex during perinatal and postnatal life. *Progress in Brain Research*, 85, 223 - 239.

Kozlowski, P. B. , Brudkowska, J. , Kraszpulski, M. , Sersen, E. A. , Wrzolek, M. A. , Anzil, A. P. , et al. (1997). Microencephaly in children congenitally infected with human immunodeficiency virus: A gross-anatomical morphometric study. *Acta Neuropathologica*, 93(2), 136 - 145.

Kriegstein, A. R. , & Götz, M. (2003). Radial glia diversity: A matter of cell fate. *Glia*, 43, 37 - 43.

Kuhl, P. K. , Tsao, F. M. , & Liu, H. M. (2003). Foreign-language experience in infancy: Effects of short-term exposure and social interaction on phonetic learning. *Proceedings of the National Academy of Sciences*, 100, 9096 - 9101.

Kwon, H. , Mellon, V. , Eliez, S. , Warsofsky, I. S. , White, C. D. , DyerFriedman, J. , et al. (2001). Functional neuroanatomy of visuospatial working memory in fragile X syndrome: Relation to behavioral and molecular measures. *American Journal of Psychiatry*, 158, 1040 - 1051.

Kwon, H. , Reiss, A. L. , & Menon, V. (2002). Neural basis of protracted developmental changes in visuo-spatial working memory. *Proceedings of the National Academy of Science*, USA, 99, 13336 - 13341.

LaBar, K. , Gatenby, J. , Gore, J. , LeDoux, J. , & Phelps, E. (1998). Human amygdala activation during conditioned fear acquisition and extinction: A Mixed-Trial fMRI Study. *Neuron*, 20, 937 - 945.

LaMantia, A. S. , & Rakic, P. (1990). Axon overproduction and elimination in the corpus callosum of the developing rhesus monkey. *Journal of Neuroscience*, 10, 2156 - 2175.

Lang, P. J. , Bradley, M. M. , & Cuthbert, B. N. (1990). Emotion, attention, and the startle reflex. *Psychological Review*, 97, 377 - 395.

Lang, P. J. , Bradley, M. M. , & Cuthbert, B. N. (1992). A motivational analysis of emotion: Reflex-cortex connections. *Psychological*

Science, 3, 44 – 49.

Lanzenberger, R., Uhl, F., Windischberger, C., Gartus, A., Streibl, B., Edward, V., et al. (2001). Cross-modal plasticity in congenitally blind subjects. International Society for Magnetic Resonance Medicine, 9.

Le Grand, R., Mondloch, C. J., Maurer, D., & Brent, H. P. (2001). Early visual experience and face processing. Nature, 410, 890.

Le Grand, R., Mondloch, C. J., Maurer, D., & Brent, H. P. (2003). Expert face processing requires input to the right hemisphere during infancy. Nature Neuroscience, 6, 1108 – 1112.

Lepage, M., & Richer, F. (1996). Inter-response interference contributes to the sequencing deficit in frontal lobe lesions. Brain, 119, 1289 – 1295.

Lespinet, V., Bresson, C., N'Kaoua, B., Rougier, A., & Claverie, B. (2002). Effect of age of onset of temporal lobe epilepsy on the severity and the nature of preoperative memory deficits. Neuropsychologia, 40, 1591 – 1600.

Levitt, P. (2003). Structural and functional maturation of the developing primate brain. Journal of Pediatrics, 143(Suppl. 4), S35-S45.

Levy, R., & Goldman-Rakic, P. (2000). Segregation of working memory functions within the dorsolateral prefrontal cortex. Experimental Brain Research, 133(1), 23 – 32.

Lewicki, P. (1986). Processing information about covariations that cannot be articulated. Journal of Experimental Psychology: Learning, Memory, and Cognition, 12, 135 – 146.

Lewin, J., Friedman, L., Wu, D., Miller, D., Thompson, L., Klein, S., et al. (1996). Cortical localization of human sustained attention: Detection with functional MR using a vigilance paradigm. Journal of Computer Assisted Tomography, 20(5), 695 – 701.

Lie, D. C., Song, H., Colamarino, S. A., Ming, G.-I., & Gage, F. H. (2004). Neurogenesis in the adult brain: New strategies for central nervous system diseases. Annual Review of Pharmacology and Toxicology, 44, 399 – 421.

Luciana, M. (2003). The neural and functional development of human prefrontal cortex. In M. de Haan & M. H. Johnson (Eds.), The cognitive neuroscience of development (pp. 157 – 179). London: Psychology Press.

Luciana, M., & Nelson, C. A. (1998). The functional emergence of prefrontally-guided working memory systems in 4-to 8-year-old children. Neuropsychologia, 36, 272 – 293.

Luciana, M., Sullivan, J., & Nelson, C. A. (2001). Individual differences in phenylalanine levels moderate performance on tests of executive function in adolescents treated early and continuously for PKU. Child Development, 72, 1637 – 1652.

Lumsden, A., & Kintner, C. (2003). Neural induction and pattern formation. In L. R. Squire, F. E. Bloom, S. K. McConnell, J. L. Roberts, N. C. Spitzer, & M. J. Zigmond (Eds.), Fundamental neuroscience (2nd ed., pp. 363 – 390). New York: Academic Press.

Luna, B., Thulborn, K., Munoz, D., Merriam, E., Garver, K., Minshew, N., et al. (2001). Maturation of widely distributed brain function subserves cognitive development. NeuroImage, 13, 786 – 793.

Mabbott, D. J., & Smith, M. L. (2003). Memory in children with temporal or extra-temporal excisions. Neuropsychologia, 41, 995 – 1007.

MacDonald, A., Cohen, J., Stenger, V., & Carter, C. (2000). Dissociating the role of the dorsolateral prefrontal and anterior cingulate cortex in cognitive control. Science, 288(5472), 1835 – 1838.

Maguire, E. A., Gadian, D. G., Johnsrude, I. S., Good, C. D., Ashburner, J., Frackowiak, R. S. J., et al. (2000). Navigation-related structural change in the hippocampi of taxi drivers. Proceedings of the National Academy of Sciences, 97, 4398 – 4403.

Maguire, E. A., Vargha-Khadem, F., & Mishkin, M. (2001). The effects of bilateral hippocampal damage on fMRI regional activations and interactions during memory retrieval. Brain, 124, 1156 – 1170.

Málková, L., Bachevalier, J., Mishkin, M., & Saunders, C. (2001). Neurotoxic lesions of perirhinal cortex impair visual recognition memory in rhesus monkeys. NeuroReport, 12, 1913 – 1917.

Manns, J. R., & Squire, L. R. (1999). Impaired recognition memory on the Doors and People Test after damage limited to the hippocampal region. Hippocampus, 9(5), 495 – 499.

Manns, J. R., Stark, C. E., & Squire, L. R. (2000). The visual pairedcomparison task as a measure of declarative memory. Proceedings of the National Academy of Sciences, 97(22), 12375 – 12379.

Marin-Padilla, M. (1978). Dual origin of the mammalian neocortex and evolution of the cortical plate. Anatomical Embryology, 152, 109 – 126.

Martinez, A., Moses, P., Frank, L., Buxton, R., Wong, E., & Stiles, J. (1997). Hemispheric asymmetries in global and local processing: Evidence from fMRI. NeuroReport, 8, 1685 – 1689.

Martinkauppi, S., Rama, P., Aronen, H. J., Korvenoja, A., & Carlson, S. (2000). Working memory of auditory localization. Cerebral Cortex, 10, 889 – 898.

Mauk, M., & Thompson, R. (1987). Retention of classically conditioned eyelid responses following acute decerebration. Brain Research, 403, 89 – 95.

Maurer, D., Lewis, T. L., Brent, H. P., & Levin, A. V. (1999). Rapid improvement in the acuity of infants after visual input. Science, 286, 108 – 110.

Mayberry, R. I., Lock, E., & Kazmi, H. (2002). Linguistic ability and early language exposure. Nature, 417, 38.

Maybery, M., Taylor, M., & O'Brien-Malone, A. (1995). Implicit learning: Sensitive to age but not to IQ. Australian Journal of Psychology, 47, 8 – 17.

McDonough, L., Mandler, J. M., McKee, R. D., & Squire, L. R. (1995). The deferred imitation task as a nonverbal measure of declarative memory. Proceedings of the National Academy of Sciences, 92, 7580 – 7584.

McKee, R. D., & Squire, L. R. (1993). On the development of declarative memory. Journal of Experimental Psychology: Learning, Memory, and Cognition, 19, 397 – 404.

Meletti, S., Benuzzi, F., Rubboli, G., Cantalupo, G., Stanzani Maserati, M., Nichelli, P., et al. (2003). Impaired facial emotion recognition in early-onset right mesial temporal epilepsy. Neurology, 60, 426 – 431.

Meltzoff, A. N. (1985). Immediate and deferred imitation in 14-and 24-month-old infants. Child Development, 56, 62 – 72.

Meltzoff, A. N. (1988). Infant imitation and memory: Nine-month-olds in immediate and deferred tests. Child Development, 59, 217 – 225.

Meltzoff, A. N. (1995). What infant memory tells us about infantile amnesia: Long-term recall and deferred imitation. Journal of Experimental Child Psychology, 59, 497 – 515.

Mettke-Hofmann, C., & Gwinner, E. (2003). Long-term memory for a life on the move. Proceedings of the National Academy of Sciences, USA, 100, 5863 – 5866.

Meulemans, T., van der Linden, M., & Perruchet, P. (1998). Implicit sequence learning in children. Journal of Experimental Child Psychology, 69, 199 – 221.

Milner, B. (1995). Aspects of human frontal lobe function. In H. H. Jasper, S. Riggio, & P. S. Goldman-Rakic (Eds.), Epilepsy and the functional anatomy of the frontal lobe. New York: Raven Press.

Milner, B., Corkin, S., & Teuber, H. (1968). Further analysis of the hippocampal amnesic syndrome: 14-year follow-up study of HM. Neuropsychologia, 6, 215 – 234.

Mirescu, C., Peters, J. D., & Gould, E. (2004). Early life experience alters response of adult Neurogenesis to stress. Nature Neuroscience, 7, 841 – 846.

Molliver, Mi, Kostovic, I., & Van der Loos, H. (1973). The development of synapses in the human fetus. Brain Research, 50, 403 – 407.

Mondloch, C., Geldart, S., Maurer, D., & de Schonen, S. (2003). Developmental changes in the processing of hierarchical shapes continue into adolescence. Journal of Experimental Child Psychology, 84, 20 – 40.

Monk, C. S., Zhuang, J., Curtis, W. J., Ofenloch, I. T., Tottenham, N., Nelson, C. A., et al. (2002). Human hippocampal activation in the delayed matching-and nonmatching-to-sample memory tasks: An event-related functional MRI approach. Behavioral Neuroscience, 116, 716 – 721.

Morris, J. S., Frith, C. D., Perrett, K. I., Rowland, D., Young, A. W., Calder, A. J., et al. (1996). A differential neural response in the human amygdala to fearful and happy facial expressions. Nature, 383, 812 – 815.

Moscovitch, M., Winocur, G., & Behrmann, M. (1997). What is special about face recognition? Nineteen experiments on a person with visual object agnosia but normal face recognition. Journal of Cognitive Neuroscience, 9, 555 – 604.

Moses, P., Roe, K., Buxton, R. B., Wong, E. C., Frank, L. R., & Stiles, J. (2002). Functional MRI of global and local processing in children. Neuroimage, 16, 415 – 424.

Mrzljak, L., Uylings, H. B. M., Kostovic, I., & VanEden, C. (1990). Prenatal development of neurons in the human prefrontal cortex: Vol. I. A qualitative golgi study. Journal of Comparative Neurology, 271, 355 – 386.

Murloz-Sanjuan, I., & Brivanfou, A. H. (2002). Neural induction: The default model and embryonic stem cells. Nature Reviews Neuroscience, 3(4), 271 – 280.

Nadarajah, B., & Parvavelas, J. G. (2002). Models of neuronal migration in the developing cerebral cortex. *Nature Reviews Neuroscience*, *3*, 423 – 432.

Naegele, J. R., & Lombroso, P. J. (2001). Genetics of central nervous system developmental disorders. *Child and Adolescent Psychiatric Clinics of North America*, *10*, 225 – 239.

Nelson, C. (1994). Neural correlates of recognition memory in the first postnatal year of life. In G. Dawson & K. Fischer (Eds.), *Human behavior and the developing brain* (pp. 269 – 313). New York: Guilford Press.

Nelson, C. A. (1995). The ontogeny of human memory: A cognitive neuroscience perspective. *Developmental Psychology*, *31*, 723 – 738.

Nelson, C. A. (1998). The nature of early memory. *Preventive Medicine*, *27*, 172 – 179.

Nelson, C. A. (1999). Neural plasticity and human development. *Current Directions in Psychological Science*, *8*, 42 – 45.

Nelson, C. A. (2000a). Change and continuity in neurobehavioral development. *Infant Behavior and Development*, *22*, 415 – 429.

Nelson, C. A. (2000b). Neural plasticity and human development: The role of early experience in sculpting memory systems. *Developmental Science*, *3*, 115 – 130.

Nelson, C. A. (2001). The development and neural bases of face recognition. *Infant and Child Development*, *10*, 3 – 18.

Nelson, C. A. (2002). Neural development and life-long plasticity. In R. M. Lerner, F. Jacobs, & D. Wetlieb (Eds.), *Promoting positive child, adolescent, and family development: Handbook of program and policy interventions* (pp. 31 – 60). Thousand Oaks, CA: Sage.

Nelson, C. A., & Bloom, F. E. (1997). Child development and neuroscience. *Child Development*, *68*, 970 – 987.

Nelson, C. A., & Carver, L. J. (1998). The effects of stress on brain and memory: A view from developmental cognitive neuroscience. *Development and Psychopathology*, *10*, 793 – 809.

Nelson, C. A., & Collins, P. F. (1991). Event-related potential and looking time analysis of infants' responses to familiar and novel events: Implications for visual recognition memory. *Developmental Psychology*, *27*, 50 – 58.

Nelson, C. A., & Collins, P. F. (1992). Neural and behavioral correlates of recognition memory in 4-and 8-month-old infants. *Brain and Cognition*, *19*, 105 – 121.

Nelson, C. A., Lin, J., Carver, L. J., Monk, C. S., Thomas, K. M., & Truwit, C. L. (2000). Functional neuroanatomy of spatial working memory in children. *Developmental Psychology*, *36*(1), 109 – 116.

Nelson, C. A., & Luciana, M. (Eds.). (2001). *Handbook of developmental cognitive neuroscience*. Cambridge, MA: MIT Press.

Nelson, C. A., & Monk, C. S. (2001). The use of event-related potentials in the study of cognitive development. In C. Nelson & M. Luciana (Eds.), *Handbook of developmental cognitive neuroscience* (pp. 125 – 136). Cambridge, MA: MIT Press.

Nelson, C. A., & Webb, S. J. (2003). A cognitive neuroscience perspective on early memory development. In M. de Haan & M. H. Johnson (Eds.), *The cognitive neuroscience of development* (pp. 99 – 125). London: Psychology Press.

Nemanic, S., Alvarado, M. C., & Bachevalier, J. (2004). The hippocampal/parahippocampal regions and recognition memory: Insights from visual paired comparison versus object-delayed nonmatching in monkeys. *Journal of Neuroscience*, *24*, 2013 – 2026.

Newman, A. J., Bavelier, D., Corina, D., Jezzard, P., & Neville, H. J. (2002). A critical period for right hemisphere recruitment in American sign language processing. *Nature Neuroscience*, *5*, 76 – 80.

Nishitani, N., & Hari, R. (2000). Temporal dynamics of cortical representation for action. *Proceedings of the National Academy of Sciences, USA*, *97*, 913 – 918.

Nissen, M., & Bullemer, P. (1987). Attentional requirements of learning: Evidence from performance measures. *Cognitive Psychology*, *19*, 1 32.

Nunn, J. A., Polkey, C. E., & Morris, R. G. (1998). Selective spatial memory impairment after right unilateral temporal lobectomy. *Neuropsychologia*, *36*, 837 – 848.

Olesen, P. J., Nagy, Z., Westerberg, H., & Klingberg, T. (2003). Combined analysis of DTI and fMRI data reveals a joint maturation of white and grey matter in a fronto-parietal network. *Brain Research: Cognitive Brain Research*, *18*, 48 – 57.

Olesen, P. J., Westerberg, H., & Klingberg, T. (2004). Increased prefrontal and parietal activity after training of working memory. *Nature Neuroscience*, *7*, 75 – 79.

Oppenheim, R. W., & Johnson, J. E. (2003). Programmed cell death and neurotrophic factors. In L. R. Squire, F. E. Bloom, S. K. McConnell, J. L. Roberts, N. C. Spitzer, & M. J. Zigmond (Eds.), *Fundamental neuroscience* (2nd ed., pp. 499 – 532). New York: Academic Press.

Orlich, E., & Ross, L. (1968). Acquisition and differential conditioning of the eyelid response in normal and retarded children. *Journal of Experimental Child Psychology*, *6*, 181 – 193.

Overman, W. H., Bachevalier, J., Sewell, F., & Drew, J. (1993). A comparison of children's performance on two recognition memory tasks: Delayed nonmatch-to-sample-versus-visual-paired-comparison. *Developmental Psychobiology*, *26*, 345 – 357.

Owen, A., Roberts, A., Hodges, J., Summers, B., Polkey, C., & Robbins, T. (1993). Contrasting mechanisms of impaired attentional set shifting in patients with frontal lobe damage or Parkinson's disease. *Brain*, *119*, 1597 – 1615.

Parkin, A., & Streete, S. (1988). Implicit and explicit memory in young children and adults. *British Journal of Psychology*, *79*, 361 – 369.

Pascalis, O., & Bachevalier, J. (1999). Neonatal aspiration lesions of the hippocampal formation impair visual recognition memory when assessed by paired-comparison task but not by delayed non-matching-to-sample task. *Hippocampus*, *9*, 609 – 616.

Pascalis, O., de Haan, M., & Nelson, C. A. (2002). Is face processing species specific during the first year of life? *Science*, *296*, 1321 – 1323.

Pascalis, O., Hunkin, N. M., Holdstock, J. S., Isaac, C. L., & Mayes, A. R. (2004). Visual paired comparison performance is impaired in a patient with selective hippocampal lesions and relatively intact item recognition. *Neuropsychologia*, *42*, 1230 – 1293.

Pascual-Leone, A., Grafman, J., Clark, K., Stewart, M., Massaquoi, S., Lou, J.-S., et al. (1993). Procedural learning in Parkinson's disease and cerebellar degeneration. *Annals of Neurology*, *34*, 594 – 602.

Passarotti, A. M., Paul, B. M., Bussiere, J. R., Buxton, R. B., Wong, E. C., & Stiles, J. (2003). The development of face and location processing: An fMRI study. *Developmental Science*, *6*, 100 – 117.

Paterson, S. J., Brown, J. H., Gsodl, M. K., Johnson, M. H., & Karmiloff-Smith, A. (1999). Cognitive modularity and genetic disorders. *Science*, *28*, 2355 – 2358.

Paus, T., Zijdenbos, A., Worsley, K., Collins, D. L., Blumenthal, J., Giedd, J. N., et al. (1999). Structural maturation of neural pathways in children and adolescents: In vivo study. *Science*, *283*, 1908 – 1911.

Perani, D., Paulesu, E., Galles, N. S., Dupoux, E., Dehaene, S., Bettinardi, V., et al. (1998). The bilingual brain: Proficiency and age of acquisition of the second language. *Brain*, *121*, 1841 – 1852.

Petitto, L. A., Zatorre, R. J., Gauna, K., Nikeiski, E. J., Dostie, D., & Evans, A. C. (2000). Speech-like cerebral activity in profoundly deaf people processing signed languages: Implications for the neural basis of human language. *Proceedings of the National Academy of Sciences*, *97*, 13961 – 13966.

Pickering, S. J. (2001a). Cognitive approaches to the fractionation of visuo-spatial working memory. *Cortex*, *37*, 457 – 473.

Pickering, S. J. (2001b). The development of visuo-spatial working memory. *Memory*, *9*, 423 – 432.

Pierce, K., Muller, R. A., Ambrose, J., Allen, G., & Courchesne, E. (2001). Face processing occurs outside the fusiform "face area" in autism: Evidence from functional MRI. *Brain*, *124*, 2059 – 2073.

Pine, D., Fyer, A., Grun, J., Phelps, E., Szesko, P., Koda, V., et al. (2001). Methods for developmental studies of fear conditioning circuitry. *Biological Psychiatry*, *50*, 225 – 228.

Pollak, S. D., Cicchetti, D., Hornung, K., & Reed, A. (2000). Recognizing emotion in faces: Developmental effects of child abuse and neglect. *Developmental psychology*, *36*(5), 679 – 688.

Pollak, S. D., & Kistler, D. J. (2002). Early experience is associated with the development of categorical representations for facial expressions of emotion. *Proceedings of the National Academy of Sciences, USA*, *99*(13), 9072 – 9076.

Pollak, S. D., & Sinha, P. (2002). Effects of early experience on children's recognition and facial displays of emotion. *Developmental Psychology*, *38*(5), 784 – 791.

Posner, M., & Petersen, S. (1990). The attention system of the human brain. *Annual Review of Neuroscience*, *13*, 25 – 42.

Posner, M., & Raichle, M. (1997). *Images of mind*. New York: Scientific American Library.

Posner, M., Walker, J., Friedrich, F., & Rafal, R. (1984). Effects of parietal injury on covert orienting of attention. *Journal of Neuroscience*, *4*(7), 1863 – 1874.

Puce, A., Allison, T., Asgari, M., Gore, J. C., & McCarthy, G. (1996). Differential sensitivity of human visual cortex to faces, letterstrings, and textures: A functional magnetic resonance imaging study. *Journal of*

Neuroscience, *16*, 5205 – 5215.

Rafal, D., Calabresi, P., Brennan, C., & Scioloto, T. (1989). Saccade preparation inhibits reorienting to recently attended locations. *Journal of Experimental Psychology: Human Perception and Performance*, *15*, 673 – 685.

Rafal, R., Posner, M., Friedman, J., Inhoff, A., & Bernstein, E. (1988). Orienting of visual attention in progressive supranuclear palsy. *Brain*, *111*(2), 267 – 280.

Rakic, P. (1988). Specification of cerebral cortical areas. *Science*, *241*, 170 – 176.

Rakic, P. (2002a). Adult neurogenesis in mammals: An identity crisis. *Journal of Neuroscience*, *22*, 614 – 618.

Rakic, P. (2002b). Neurogenesis in adult primate neocortex: An evaluation of the evidence. *Nature Reviews Neuroscience*, *3*, 65 – 71.

Raper, J. A., & Tessier-Lavigne, M. (1999). Growth cones and axon pathfinding. In M. J. Zigmond, F. E. Bloom, S. C. Landis, J. L. Roberts, & L. R. Squire (Eds.), *Fundamental neuroscience* (pp. 579 – 596). New York: Academic Press.

Raper, J., & Tessier-Lavigne, M. (2003). Growth cones and axon pathfinding. In L. R. Squire, F. E. Bloom, S. K. McConnell, J. L. Roberts, N. C. Spitzer, & M. J. Zigmond (Eds.), *Fundamental neuroscience* (2nd ed., pp. 449 – 467). New York: Academic Press.

Rebai, M., Poiroux, S., Bernard, C., & Lalonde, R. (2001). Event-related potentials for category-specific information during passive viewing of faces and objects. *Internal Journal of Neuroscience*, *106*(3/4), 209 – 226.

Reber, A. (1992). The cognitive unconscious: An evolutionary perspective. *Consciousness and Cognition*, *1*, 93 – 133.

Reber, A. (1993). *Implicit learning and tacit knowledge: An essay on the cognitive unconscious* (Vol. 19). New York: Oxford University Press.

Richards, J. (1994). Baseline respiratory sinus arrhythmia and heart rate responses during sustained visual attention in preterm infants from 3 to 6 months of age. *Psychophysiology*, *31*, 235 – 243.

Richards, J. (1998). Development of selective attention in young infants. *Developmental Science*, *1*, 45 – 51.

Richards, J. (2001). Attention in young infants: A developmental psychophysiological perspective. In C. Nelson & M. Luciana (Eds.), *Handbook of cognitive neuroscience* (pp. 321 – 338). Cambridge, MA: MIT Press.

Richter, W., Somorjai, R., Summers, R., Jaramasz, M., Menon, R. S., Gati, J. S., et al. (2000). Motor area activity during mental rotation studied by time-resolved single-trial fMRI. *Journal of Cognitive Neuroscience*, *12*, 310 – 320.

Richter, W., Ugurbil, K., Georgopoulos, A., & Kim, S.-G. (1997). Time-resolved fMRI of mental rotation. *NeuroReport*, *8*, 3697 – 3702.

Ridderinkhof, K., van der Molen, M., Band, G., & Bashore, T. (1997). Sources of interference from irrelevant information: A developmental study. *Journal of Experimental Child Psychology*, *65*, 315 – 341.

Ridley, A. J., Schwartz, M. A., Burridge, K., Firtel, R. A., Ginsberg, M. H., Borisy, G., et al. (2003). Cellmigration: Integrating signals from front to back. *Science*, *302*, 1704 – 1709.

Roberts, J. E., & Bell, M. A. (2000). The effects of age and sex on mental rotation performance, verbal performance, and brain electrical activity. *Developmental Psychobiology*, *40*, 391 – 407.

Roberts, J. E., & Bell, M. A. (2003). Two-and three-dimensional mental rotation tasks lead to different parietal laterality for men and women. *International Journal of Psychophysiology*, *50*, 235 – 246.

Robinson, A. J., & Pascalis, O. (2004). Development of flexible visual recognition memory in human infants. *Developmental Science*, *7*, 527 – 533.

Robinson, D., Bowman, E., & Kertzman, C. (1995). Covert orienting of attention in macques: Vol. 2. Contributions of parietal cortex. *Journal of Neurophysiology*, *74*(2), 698 – 712.

Roe, K., Moses, P., & Stiles, J. (1999). Lateralization of spatial processes in school aged children [Abstracts]. *Cognitive Neuroscience Society*, *41*.

Rossion, B., Gauthier, I., Tarr, M. J., Despland, P., Bruyer, R., Linotte, S, et al. (2000). The N170 occipito-temporal component is delayed and enhanced to inverted faces but not inverted objects: An electrophysiological account of face-specific processes in the human brain. *NeuroReport*, *11*, 69 – 74.

Rovee-Collier, C. (1997a). Deyelopment of memory in infancy. In N. Cowan (Ed.), *The development of memory in childhood* (pp. 5 – 39). London: University College London Press.

Rovee-Collier, C. (1997b). Dissociations in infant memory: Rethinking the development of implicit and explicit memory. *Psychological Review*, *104*, 467 – 498.

Ruchkin, D. S., Johnson, R., Jr., Grafman, J., Canoune, H., & Ritter, W. (1997). Multiple visuospatial working memory buffers: Evidence from spatiotemporal patterns of brain activity. *Neuropsychologia*, *35*(2), 195 – 209.

Rueda, M. R., Fan, J., McCandliss, B. D., Halparin, J. D., Gruber, D. B., Lercari, L. P., et al. (2004). Development of attentional networks in childhood. *Neuropsychologia*, *42*(8), 1029 – 1040.

Russo, R., Nichelli, P., Gibertoni, M., & Cornia, C. (1995). Developmental trends in implicit and explicit memory: A picture completion study. *Journal of Experimental Child Psychology*, *59*, 566 – 578.

Rutishauser, U. (1993). Adhesion molecules of the nervous system. *Current Opinion in Neurobiology*, *3*, 709 – 715.

Sadato, N., Okada, T., Honda, M., & Yonekura, Y. (2002). Critical period for cross-modal plasticity in blind humans: A functional MRI study. *Neuroimage*, *16*, 389 – 400.

Sadato, N., Pascual-Leone, A., Grafman, J., Deiber, M. P., Ibanez, V., & Hallett, M. (1998). Neural networks for Braille reading by the blind. *Brain*, *121*, 1213 – 1229.

Sala, J. B., Rama, P., & Courtney, S. M. (2003). Functional topography of a distributed neural system for spatial and nonspatial information maintenance in working memory. *Neuropsychologia*, *41*(3), 341 – 356.

Sasaki, Y., Hadijkhani, M., Fischl, B., Liu, A. K, Marrett, S., Dale, A. M., et al. (2001). Local and global attention are mapped retinotopically in human occipital cortex. *Proceedings of the National Academy of Sciences, USA*, *98*, 2077 – 2082.

Schachner, M., Taylor, J., Bartsch, U., & Pesheva P. (1994). The perplexing multifunctionality of janusin, a tenascin-related molecule. *Perspectives in Developmental Neurobiology*, *2*(1), 33 – 41.

Schacter, D., & Buckner, R. (1998). On the relations among priming, conscious recollection, and intentional retrieval: Evidence from neuroimaging research. *Neurobiology of Learning and Memory*, *70*, 284 – 303.

Schendan, H., Searl, M., Melrose, R., & Ce, S. (2003). An FMRI study of the role of the medial temporal lobe in implicit and explicit sequence learning. *Neuron*, *37*(6), 1013 – 1025.

Schoppik, D., Gadian, D. G., Connelly, A., Mishkin, M., VarghaKhadem, F., & Saunders, R. C. (2001). Volumetric measurement of the subhippocampal cortices in patients with developmental amnesia. *Society for Neuroscience*, *27*, 1400.

Schultz, R. T., Gauthier, I., Klin, A., Fulbright, K. A., Anderson, A. W., Volkmar, F., et al. (2000). Abnormal ventral temporal cortical activity during face discrimination among individuals with autism and Asperger syndrome. *Archives of General Psychiatry*, *57*, 331 – 340.

Schwartz, B., & Hashtroudi, S. (1991). Priming is independent of skill learning. *Journal of Experimental Psychology: Learning, Memory and Cognition*, *17*(6), 1177 – 1187.

Schwarzer, G., & Zauner, N. (2003). Face processing in 8-month-old infants: Evidence for configural and analytical processing. *Vision Research*, *43*, 2783 – 2793.

Schweinberger, S. R., Pickering, E. C., Jentzsch, I, Burton, A. M., & Kaufmann, J. M. (2002). Event-related brain potential evidence for a response of inferior temporal cortex to familiar face repetitions. *Brain Research: Cognitive Brain Research*, *14*, 398 – 409.

Scoville, W. B., & Milner, B. (1957). Loss of recent memory after bilateral hippocampal lesions. *Journal of Neurology, Neurosurgery, and Psychiatry*, *20*, 11 – 21.

Seger, C. (1994). Implicit learning. *Psychological Bulletin*, *115*(2), 163 – 196.

Serres, L. (2001). Morphological changes of the human hippocampal formation from midgestation to early childhood. In C. A. Nelson & M. Luciana (Eds.), *Handbook of developmental cognitive neuroscience* (pp. 45 – 58). Cambridge, MA: MIT Press.

Shallice, T. (1988). *From neuropsychology to mental structure*. New York: Cambridge University Press.

Shallice, T., & Burgess, P. (1991). Higher-order cognitive impairments and frontal lobe lesions in man. In H. Levin, H. Eisenberg, & A. Benton (Eds.), *Frontal lobe function and dysfunction* (pp. 125 – 138). Oxford, England: Oxford University Press.

Shelton, A. L., Christoff, K., Burrows, J. J., Pelisari, K. B., & Gabrieli, J. D. E. (2001). Brain activation during mental rotation: Individual differences. *Society for Neuroscience Abstracts*, *27*, 456.

Shibata, T., Nishijo, H., Tamura, R., Miyamoto, K., Eifuku, S., Endo, S., et al. (2002). Generators of visual evoked potentials for faces and eyes in the human brain as determined by dipole localization. *Brain Topography*, *15*, 51 – 63.

Shimamura, A. (1986). Priming effects in amnesia: Evidence for a dissociable memory function. *Quarterly Journal of Experimental Psychology*, *38A*, 619 - 644.

Shingo, T., Gregg, C., Enwere, E., Fujikawa, H., Hassam, R., Geary, C., et al. (2003). Pregnancy-stimulated neurogenesis in the adult female forebrain mediated by prolactin. *Science*, *299*, 117 - 120.

Shors, T. J., & Miesegaes, G. (2002). Testosterone in utero and at birth dictates how stressful experience will affect learning in adulthood. *Proceedings of the National Academy of Sciences*, *99*, 13955 - 13960.

Sidman, R., & Rakic, P. (1982). Development of the human central nervous system. In W. Haymaker & R. D. Adams (Eds.), *Histology and histopathology of the nervous system*. Springfield, IL: Charles C Thomas.

Siegler, R. S. (1991). *Children's Thinking* (2nd ed.). Englewood Cliffs, NJ: Prentice-Hall.

Smith, E. E., & Jonides J. (1998). Neuroimaging analyses of human working memory. *Proceedings of the National Academy of Sciences*, *USA*, *95*, 12061 - 12068.

Smith, M. L., & Milner, B. (1988). Estimation of frequency of occurrence of abstract designs after frontal or temporal lobectomy. *Neuropsychologia*, *26*, 297 - 306.

Smith, P., Loboschefski, T., Davidson, B., & Dixon, W. (1997). Scripts and checkerboards: The influence of ordered visual information on remembering locations in infancy. *Infant Behavior and Development*, *13*, 129 - 146.

Song, H., Stevens, C. E., & Gage, F. H. (2002). Neural stem cells from adult hippocampus develop essential properties of functional CNS neurons. *Nature Neuroscience*, *5*, 438 - 445.

Sowell, E. R., Thompson, P. M., Holmes, C. J., Batth, R., Jernigan, T. L., & Toga, A. W. (1999). Localizing age-related changes in brain structure between childhood and adolescence using statistical parametric mapping. *Neuroimage*, *9*, 587 - 597.

Sowell, E. R., Thompson, P. M., Holmes, C. J., Jernigan, T. L., & Toga, A. W. (2000). In vivo evidence for post-adolescent brain maturation in frontal and striatal regions. *Nature Neuroscience*, *2*, 859 - 961.

Spelke, E. S. (2000). Core knowledge. *American Psychologist*, *55*, 1233 - 1243.

Spiers, H. J., Burgess, N., Hartley, T., Vargha-Khadem, F., & O'Keefe, J. (2001). Bilateral hippocampal pathology impairs topographical and episodic memory but not visual pattern matching. *Hippocampas*, *11*, 715 - 725.

Squire, L. (1986). Mechanisms of memory. *Science*, *232*, 1612 - 1619.

Squire, L. (1994). Declarative and nondeclarative memory: Multiple brain systems supporting learning and memory. In D. L. Schacter & E. Tulving (Eds.), *Memory systems* (pp. 203 - 231). Cambridge, MA: MIT Press.

Squire, L., & Frambach, M. (1990). Cognitive skill learning in amnesia. *Psychobiology*, *18*, 109 - 117.

Squire, L., Knowlton, B., & Musen, G. (1993). The structure and organization of memory. *Annual Review of Psychology*, *44*, 453 - 495.

Squire, L., & McKee, R. (1993). Declarative and nondeclarative memory in opposition: When prior events influence amnesic patients more than normal subjects. *Memory and Cognition*, *21*(4), 424 - 430.

Squire, L., Ojemann, J., Miezin, F., Petersen, S., Videen, T., & Raichle, M. (1992). Activation of the hippocampus in normal humans: A functional anatomical study of memory. *Proceedings of the National Academy of Sciences*, *USA*, *89*, 1837 - 1841.

Stewart, L., Henson, R., Kampe, K., Walsh, V., Turner, R., & Frith, U. (2003). Becoming a pianist: An fMRI study of musical literacy acquisition. *Annals of the New York Academy of Sciences*, *999*, 204 - 208.

Stiles, J., Moses, P., Passarotti, A., Dick, F. K., & Buxton, R. B. (2003). Exploring developmental change in the neural bases of higher cognitive functions: The promise of magnetic resonance imaging. *Developmental Neuropsychology*, *24*, 641 - 668.

Stiles, J., Moses, P., Roe, K., Akshoomoff, N. A., Trauner, D. J., Wong, E. L. R., et al. (2003). Alternative brain organization after prenatal cerebral injury: Convergent fMRI and cognitive data. *Journal of the International Neuropsychological Society*, *9*, 604 - 622.

Strange, B. A., Fletcher, P. C., Hennson, R. N. A., Friston, K. J., & Dolan, R. J. (1999). Segregating the functions of the human hippocampus. *Proceedings of the National Academy of Sciences*, *96*, 4034 - 4039.

Sur, M., & Leamey, C. A. (2001). Development and plasticity of cortical areas and networks. *Nature Reviews Neuroscience*, *2*(4), 251 - 262.

Tabata, H., & Nakajima, K. (2003). Multipolar migration: The third mode of radial neuronal migration in the developing cerebral cortex. *Journal of Neuroscience*, *23*(31), 9996 - 10001.

Takahashi, T., Nowakowski, R. S., & Caviness, V. S. (2001). Neocortical neurogeneisis: Regulation, control points, and a strategy of structural variation. In C. A. Nelson & M. Luciana (Eds.), *Handbook of developmental cognitive neuroscience* (pp. 3 - 22). Cambridge, MA: MIT Press.

Takeichi, M. (1995). Morphogenetic roles of classic caherins. *Current Opinion in Cell Biology*, *7*, 619 - 627.

Tanaka, T., & Gleeson, J. G. (2000). Genetics of brain development and malformation syndromes [Related articles]. *Current Opinions in Pediatrics*, *12*(6), 523 - 528.

Taylor, M. J., Edmonds, G. E., McCarthy, G., & Allison, T. (2001). Eyes first! Eye processing develops before face processing in children. *NeuroReport*, *12*, 1671 - 1676.

Taylor, M. J., McCarthy, G., Saliba, E., & Degiovanni, E. (1999). ERP evidence of developmental changes in processing of faces. *Clinical Neurophysiololgy*, *110*, 910 - 915.

Temple, C. M., & Richardson, P. (2004). Developmental amnesia: A new pattern of dissociation with intact episodic memory. *Neuropsychologia*, *42*, 764 - 781.

Tessier-Lavigne, M., & Goodman, C. S. (1996). The molecular biology of axon guidance. *Science*, *274*, 1123 - 1133.

Thomas, K. M., Drevets, W. C., Whalen, P. J., Eccard, C. H., Dahl, R. E., Ryan, N. D., et al. (2001). Amygdala response to facial expressions in children and adults. *Biological Psychiatry*, *49*, 309 - 316.

Thomas, K. M., Hunt, R., Vizueta, N., Sommer, T., Durston, S., Yang, Y., et al. (in press). Evidence of developmental differences in implicit sequence learning: An fMRI study of children and adults. *Journal of Cognitive Neuroscience*.

Thomas, K. M., King, S. W., Franzen, P. L., Welsh, T. F., Berkowitz, A. L., Noll, D. C., et al. (1999). A developmental functional MRI study of spatial working memory. *Neuroimage*, *10*, 327 - 338.

Thomas, K. M., & Nelson, C. (2001). Serial reaction time learning in preschool-and school-age children. *Journal of Experimental Child Psychology*, *79*, 364 - 387.

Thomas, K. M., Vizueta, N., Teylan, M., Eccard, C., & Casey, B. (2003, April). *Impaired learning in children with presumed basal ganglia insults: Evidence from a serial reaction time task*. Paper presented at the annual meeting of the Cognitive Neuroscience Society, New York, NY.

Thomsen, T., Hugdahl, K., Ersland, L., Barndon, R., Lundervold, A., Smievoll, A. I., et al. (2000). Functional magnetic resonance imaging (fMRI) study of sex differences in a mental rotation task. *Medical Science Monitor*, *6*, 1186 - 1196.

Tomizawa, K., Iga, N., Lu, Y., Moriwaki, A., Matushita, M., Li, S., et al. (2003). Oxytocin improves long-lasting spatial memory during motherhood through MAP kinase cascade. *Nature neuroscience*, *6*, 384 - 390.

Tulving, E. (1972). Episodic and semantic memory. In E. Tulving & W. Donaldson (Eds.), *Organization of memory* (pp. 381 - 403). New York: Academic Press.

Tulving, E., Markowitsch, H. J., Craik, F. E., Habib, R, & Houle, S. (1996). Novelty and familiarity activations in PET studies of memory encoding and retrieval. *Cerebral Cortex*, *6*, 71 - 79.

Turati, C., Simion, F., Milani, I., & Umilta, C. (2002). Newborns' preferences for faces: What is crucial. *Developmental Psychology*, *38*, 875 - 882.

Turkheimer, E., Haley, A., Waldron, M., D'Onofrio, B., & Gottesman, I. I. (2003). Socioeconomic status modifies heritability of IQ in young children. *Current Directions in Psychological Science*, *14*, 623 - 628.

Tzourio-Mazoyer, N., de Schonen, S., Crivello, F., Reutter, B., Aujard, Y., & Mazoyer, B. (2002). Neural correlates of woman face processing by 2-month-old infants. *NeuroImage*, *15*, 454 - 461.

Uhl, F., Franzen, P., Lindinger, G., Lang, W., & Deecke, L. (1991). On the functionality of the visually deprived occipital cortex in early blind person. *Neuroscience Letters*, *124*, 256 - 259.

Vaidya, C., Austin, G., Kirkorian, G., Ridlehuber, H., Desmond, J., Glover, G., et al. (1998). Selective effects of methylphenidate in attention deficit hyperactivity disorder: A functional magnetic resonance study. *Proceedings of the National Academy of Sciences*, *USA*, *95*(24), 14494 - 14499.

Vargha-Khadem, F., Gadian, D. G., & Mishkin, M. (2001). Dissociations in cognitive memory: The syndrome of developmental amnesia. *Philosophical Transactions of the Royal Society of London*, *Biological Sciences*, *356*(1413), 1435 - 1440.

Vargha-Khadem, F., Gadian, D. G., Watkins, K. E., Connelly, A., Van Paesschen, W., & Mishkin, M. (1997). Differential effects of early hippocampal pathology on episodic and semantic memory. *Science*, *277* (5324), 376 – 380.

Vargha-Khadem, F., Salmond, C. H., Watkins, K. E., Friston, K. J., Gadian, D. G., & Mishkin, M. (2003). Developmental amnesia: Effect of age at injury. *Proceedings of the National Academy of Sciences*, *USA*, *100* (17), 10055 – 10060.

Verfaellie, M., Koseff, P., & Alexander, M. P. (2000). Acquisition of novel semantic information in amnesia: Effects of lesion location. *Neuropsychologia*, *38*(4), 484 – 492.

Vingerhoets, G., de Lange, F. P., Vandemaele, P., Deblaere, K., & Achten, E. (2002). Motor imagery in mental rotation: An fMRI study. *Neuroimage*, *17*, 1623 – 1633.

Volpe, J. J. (1995). *Neurology of the newborn* (3rd ed.). Philadelphia: Saunders.

Volpe, J. J. (2000). Overview: Normal and abnormal human brain development. *Mental Retardation and Developmental Disabilities Research Reviews*, *6*, 1 – 5.

Waber, D. P., Carlson, D., & Mann, M. (1982). Developmental and differential aspects of mental rotation in early adolescence. *Child Development*, *53*, 1614 – 1621.

Waber, D., Marcus, D., Forbes, P., Bellinger, D., Weiler, M., Sorensen, L., et al. (2003). Motor sequence learning and reading ability: Is poor reading associated with sequencing deficits? *Journal of Experimental Child Psychology*, *84*(4), 338 – 354.

Warkany, J., Lemire, R. J., & Cohen, M. M. (1981). *Mental retardation and congenital malformations of the central nervous system*. Chicago: Year Book Medical.

Webb, S. J., Monk, C. S., & Nelson, C. A. (2001). Mechanisms of postnatal neurobiological development in the prefrontal cortex and the hippocampal region: Implications for human development. *Developmental Neuropsychology*, *19*, 147 – 171.

Webb, S. J., & Nelson, C. A. (2001). Perceptual priming for upright and inverted faces in infants and adults. *Journal of Experimental Child Psychology*, *79*, 1 – 22.

Weiss, E., Siedentopf, C. M., Hofer, A., Deisenhammer, E. A., Hoptman, M. J., Kremser, C., et al. (2003). Sex differences in brain activation pattern during a visuospatial cognitive task: A functional magnetic resonance imaging study in healthy volunteers. *Neuroscience Letters*, *344*, 169 – 172.

Werker, J. F., & Vouloumanos, A. (2001). Speech and language processing in infancy: A neurocognitive approach. In C. A. Nelson & M. Luciana (Eds.), *Handbook of developmental cognitive neuroscience*.

Cambridge, MA: MIT Press.

Whalen, P. J., Shin, L. M., McInerney, S. C., Fisher, H., Wright, C. I., & Rauch, S. L. (2001). A functional MRI study of human amygdala responses to facial expressions of fear versus anger. *Emotion*, *1*, 70 – 83.

Windischberger, C., Lamm, C., Bauer, H., & Moser, E. (2003). Human motor cortex activity during mental rotation. *Neuroimage*, *20*, 225 – 232.

Wong, R. O., & Lichtman, J. W. (2003). Synapse elimination. In L. R. Squire, F. E. Bloom, S. K. McConnell, J. L. Roberts, N. C. Spitzer, & M. J. Zigmond (Eds.), *Fundamental neuroscience* (2nd ed., pp. 533 – 554). New York: Academic Press.

Woodruff-Pak, D. (1993). Eyeblink classical conditioning in HM: Delay and trace paradigms. *Behavioral Neuroscience*, *107*, 911 – 925.

Woodruff-Pak, D., Logan, C., & Thompson, R. (1990). Neurobiological substrates of classical conditioning across the lifespan. In A. Diamond (Ed.), *The development and neural bases of higher cognitive functions* (Vol. 608, pp. 150 – 173). New York: New York Academy of Sciences.

Woodruff-Pak, D., Papka, M., & Ivry, R. (1996). Cerebellar involvement in eyeblink classical conditioning in humans. *Neuropsychology*, *10*, 443 – 458.

Wynn, K. (1992). Addition and subtraction by human infants. *Nature*, *358*, 749 – 750.

Wynn, K., Bloom, P., & Chiang, W.-C. (2002). Enumeration of collective entities by 5-month-old infants. *Cognition*, *83*(3), B55 – B62.

Yancey, S. W., & Phelps, E. A. (2001). Functional neuroimaging and episodic memory: A perspective. *Journal of Clinical and Experimental Neuropsychology*, *23*, 32 – 48.

Yang, T. T., Menon, V., Eliez, S., Blasey, C., White, C. D., Reid, A. J., et al. (2002). Amygdalar activation associated with positive and negative facial expressions. *NeuroReport*, *13*(14), 1737 – 1741.

Zacks, J. M., Gilliam, F., & Ojemann, J. G. (2003). Selective disturbance of mental rotation by cortical stimulation. *Neuropsychologia*, *41*, 1659 – 1667.

Zago, L., & Tzourio-Mazoyer, N. (2002). Distinguishing visuospatial working memory and complex mental calculation areas within the parietal lobes. *Neuroscience Letters*, *331*, 45 – 49.

Zelazo, P. D., Frye, D., & Rapus, T. (1996). An age-related dissociation between knowing rules and using them. *Cognitive Development*, *11*, 37 – 63.

Zola, S. M., Squire, L. R., Teng, E., Stefanacci, L., Buffalo, E. A., & Clark, R. E. (2000). Impaired recognition memory in monkeys after damage limited to the hippocampal region. *Journal of Neuroscience*, *20*, 451 – 463.

第 2 章

婴儿的听觉世界：听力、言语和语言的开始

JENNY R. SAFFRAN、JANET F. WERKER 和 LYYNE A. WERNER*

在婴儿快速发展的过程中，声音世界为其提供了丰富的信息。出生时，甚至在出生之前，婴儿便具有发育完善的听觉系统，从而可以获得众多知识，诸如音乐和说话声等许多周

* 感谢 Dick Aslin, Suzanne Curtin, LouAnn Gerken, Lincoin Gray, Jim Morgan 和 Erik Thiessen 对本章初稿给出的有益建议。本章内容的撰写得到了 NIH (R01 HD37466) 和 NSF (BCS-9983630) 给予第一作者的资助，加拿大自然科学与工程研究理事会、加拿大人文社科理事会等对第二作者的资助，NIHCR01 DC00396, P30 DC04661 对第三作者的资助。本章献给 Peter Jusczyk。

围环境中的声音都通过听觉这个重要的信息通道输入到婴儿的头脑中。单凭这点,针对听觉系统发展特征的研究便具有重大意义。

但是,仅仅揭示儿童听觉发展过程是远远不够的,研究婴儿如何利用周围环境中的声音资源有时更为重要。过去十年间,虽然认知发展科学和认知神经学之间依然存在一些争议,但是有关婴儿听觉、言语和语言获得的研究已经不再受这些争议的影响。研究超越了以往经典的课题,如言语是否具有特异性(即言语是否由专门的神经系统控制,而该系统与其他的感知觉没有关联)等,转而开始关注儿童获得母语语音的学习机制等方面的课题。同样,有关婴儿语言学知识的研究也不再是仅停留在描述从何时起婴儿开始知道母语的各种特征,而是研究这种学习是如何发生的。越来越多的行为研究同时采用了生理心理研究方法来研究其神经基础,利用非人类的动物为研究对象来探查行为的物种特异性,还使用不同领域的实验材料来研究行为的领域特殊性。

在本章中,我们将利用日益丰富的跨学科研究资料来综述婴儿听觉、言语知觉和早期语言获得等方面的研究成果,并在此过程中着重探讨几个问题。其中一个问题便是导致儿童发展变化的原因:发展变化是否源于中枢和/或周围神经结构的成熟? 是否是一直不断发现复杂环境结构的学习机制所导致? 另外的问题则是关于这些感知觉和学习过程的本质,以及在多大程度上这些过程的本质仅针对某一特定的任务(例如,言语学习),或者可以适用于更为广泛的、跨越不同领域的任务。同时我们将考虑感知和学习过程的局限性问题——这是由我们的感知觉系统、神经结构、物种特异性限制和学习的领域特殊性限制而造成的——这将有助于我们将理论与婴儿发展的其他方面相联系。最后,我们将探讨一些开放问题,正是这些悬而未决的问题推动了该领域的研究。当然,在下一版的手册里,我们希望看到这些问题已经有了答案。

婴儿听觉

许多婴儿听觉研究都关注于婴儿的言语知觉,在这一部分中,我们将首先回顾这方面的研究。这些研究显示,新生儿已具备了区分不同语音和不同言语的能力。显然婴儿的听觉能力已足以表征言语的关键语音特征,但是很少有研究显示婴儿使用了哪些听觉信息来进行这种精细区分的。不成熟的听觉加工过程会导致对言语和其他声音的不精确表征,而这将限制婴儿所获得的信息。本节我们还将讨论婴儿听觉加工的局限是否会对早期言语知觉产生限制。

听觉系统的功能是定位和辨认环境中的声音源,当声音进入耳朵,外耳结构对声音进行优化侦测,从而确定声音的空间定位。然后内耳按照不同的音频带对这些声音进行分析,每个音频带中分别对声音的周期、强度和时间波动性进行表征。这种编码是所有听知觉的基础,但是听觉系统还必须从这种基本编码中推测出声音的其他特征,例如,听觉脑干分析出声音频谱的形状,计算出双耳间的音差等。相对于那些基本加工而言,一旦这些编码和计算加工都完成后,神经系统还必须根据声音的频率、周期性、强度、时间波动、方位和声谱形状等,进一步决定这些频率带是否源自普通的声源。接下来的加工阶段就是所谓的声音源隔离或者称为听觉情景分析(Bregman,1990),如果听者能够很好地将声音从背景音中分离出来,那么听者对声音更敏感;反之如果声音源隔离失败,那么听者对声音就不那么敏感。这些加工过程的发展变化可能就发生在婴儿期。另外必须认识到的一点是,注意、记忆和其他认知过程都会影响到声音情景分析,确切地说是影响到听力。这种发展被称为"加工有效性",而加工有效性同时还应该归因于听觉的发展。

听觉器官的发展:发展阶段的决定因素

人类在孕期的第四至六个月期间,内耳开始能够执行其功能了。如果人类此方面的发展和其他哺乳动物一样,那么一旦内耳开始能够传输声音,神经系统也马上能对声音作出反应。对此,现在研究者比较一致地认为,通过对胎儿和早产儿的观察,早在 28 孕周时便能记录到由声音唤起的皮层电位。婴儿可能在出生前就能听到声音的事实对于我们了解早期经验对神经系统发展的影响方面具有重要启示。由于声音必须透过母亲的器官,胎儿内耳还要对声音进行传输,同时胎儿内耳和听觉神经系统并不成熟等原因,胎儿所听到的声音必定受到很大影响(Smith,Gerhardt,Griffiths, & Huang,2003)。但是有若干项研究显示,胎儿能够区分出声音的不同频率和强度(例如,Lecanuet,Gramer-Deferre, & Busnel,1988;Shahidullan & Hepper,1994)。另外,还有研究表明,胎内的声音经验能对胎儿以后的听觉反应产生影响,至少是在刚出生后的阶段里有作用。其中最具代表性的反应是,新生儿出生时对母亲声音的偏好(DeCasper & Fifer,1980),以及对在胎儿期听过的故事和音乐出现的偏好(DeCasper & Spence,1986)。但是,胎儿期的声音经验对于听觉和其他方面的发展究竟有什么重要意义,却鲜有研究说明。

虽然,现在人们确信新生儿的内耳已经成熟了(见 Abdala,2001;例如 Bargones & Burns,1988;Bredberg,1968),但是声音通过外耳和中耳传导到内耳的过程中,与成年人相比,新生儿的效率更低(Keefe,Bulen,Arehart, & Burns,1993;Keefe,Burns,Bulen, & Campbell,1994;Keefe et al.,2000),同时听觉神经通道对信息的传输也更慢,效率更低(例如 Gorga,Kaminski,Beauchaine,Jesteadt, & Neely,1989;Gorga,Reiland,Beauchaine,Worthington, & Jesteadt,1987;Ponton,Moore, & Eggermont,1996)。在随后的章节中,我们将讨论新生儿听觉的不成熟模式对于发展的含义。

每 1 000 个新生儿中约 2 至 3 名儿童有听力损伤,其中约有 1 名儿童的听力损伤程度达中重度,但是听力障碍儿童中 20%—30% 的损伤都是后天造成的。如果采用适合的听力筛选工具(Norton et al.,2000),这些听力障碍儿童,即使是新生儿也能被有效鉴别出来,虽然直到最近听障儿童平均鉴别年龄仍达 2½ 岁。听觉障碍儿童各方面发展都受到影响,尤其是语言发展方面受的影响更大。近来的研究显示,如果能及早鉴别出听力障碍并在儿童 6 个月前实施干预,那么听力障碍儿童的语言技能(手势或口语)将会有所提高,并在儿童期达到普通儿童的水平(Yoshinaga-Itano,Sedey,Coulter, & Mehl,1998)。

听觉发展的测量

声音在三个维度上发生变化——频率、强度以及随时间而变的频率和强度。我们的听觉系统对频率和强度进行编码，提取时间变量的信息，并且对声音到达两耳的时间和差异，即双耳听差进行加工。以心理听觉学（psychoacoustics）的观点，听觉能力的评判可以从如下两个方面进行：一个是对所编码声音维度描述的精确性和清晰度；另一个是将声音维度与感知觉相关联的能力。两种方法都可用来评判婴儿的听力，虽然第一种方法更多地用于尚不能以言语表达的被试。

除了个别研究以外，本章节所涉及的研究都使用声音三个维度中的一个变量来作为探察婴儿辨别声音的绝对或差别阈限指标。每个研究几乎都采取这样的方式：先呈现一个声音或者变化了的声音，利用一个有趣的视听影像作为强化物来教婴儿对呈现的刺激作出反应，强化物一般为机械玩具或播放录像。婴儿将头转向发声源的程序一般有如下两种：一个程序是教婴儿将头转向强化物（例如 Berg & Smith，1983；Nozza & Wilson，1984）；另一个程序是两个扬声器中的任意一个随机播放声音，婴儿则学习将头转向发出声音的扬声器（例如 Trebub，Schneider，& Edman，1980）。大于 6 个月的婴儿能在实验中学会任何一个程序，但是更年幼的婴儿往往不能非常利落地转头，为了解决这个问题，只要是条件作用下的任何对声音的反应都被承认（例如 Tharpe & Ashmead，2001；Werner，1995）。这个方法最早用于研究婴儿视敏度的实验中（Teller，1979）。实验程序是这样的：一个密切关注婴儿的观察者事先知道有一个声音可能呈现，但也有可能没有出现；他必须根据婴儿的反应来判断声音是否真正呈现了。如果观察者的判断正确了，那么婴儿的反应就得到强化。该技术能够成功地测量出只有 1 个月大的婴儿的听觉能力。

而对于 3 或 4 岁的幼儿而言，则可以用心理物理学方法中成人程序的变式来加以测量（例如 Wightman，Allen，Dolan，Kistler，& Jamieson，1989）。通常给儿童呈现三种不同的声音间隔，但是只有其中一种信号需要加工，而且这种信号是随机地出现在一种间隔中，儿童被要求选择出包含着不同声音的间隔。同时这些声音间隔伴随着卡通图片出现，这使得整个实验程序看起来更像一种视听游戏。

频率编码

听觉系统的频率编码机制有两种。内耳的基底膜用震动的方式来对到达内耳的声音作出反应，由于基底膜不同区域的硬度不同，因此每个区域只对特定频率发生反应，而毛细胞也相应定位在不同硬度的基底膜上。外侧的毛细胞发出机械性反馈，将声音的振幅等放大，从而使基底膜对某个特定的频率作出反应。内侧的毛细胞则将基底膜的震动转换为听觉神经纤维的神经反应，且每个内侧毛细胞都有特定的神经纤维与之发生联系。一个听觉神经纤维的活动大约涵盖了八度音阶三分之一范围的频率。这样，声音的频率特征就通过基底膜上不同位置的听觉神经纤维的活动得到了表征。因为基底膜随着声音频率而震动，听觉神经纤维的动作电位与声音刺激的频率相对应，所以这种声音的神经表征被称为是位置编码。但是，对于那些频率低于 5 000 赫兹的声音而言，神经动作电位间的间隔提供了另一种频率编码的方式,①该方式被称为阶段锁定(phase locking),是频率时间性编码的基础。大量以成人为被试的研究表明,两种频率编码方式都在音高感知中起作用,所谓音高是对应于声音频率的知觉维度的心理量。另外,成人研究还发现,内耳对声音的加工会使对复杂合成声音的表征受到一定的限制。

频率分辨

频率分辨是指在有干扰音的情况下,听音者能够探测到某个特定频率声音的能力,这种方法通常用来评估频率位置编码方式下的分辨能力。用一个音来干扰另一个音探测,从而增加分辨难度的现象叫掩蔽(masking),干扰音称为掩蔽音,需要探测的音称为信号或者探察音。当掩蔽现象发生时,掩蔽音的探测率的阈限要高于对信号探测的阈限。我们已经知道,只有当两个音的频率相差小于三分之一个八度音阶时掩蔽现象才会发生(这个规则我们下面还会讨论),这就意味着当掩蔽发生时,掩蔽音引发的听觉神经纤维的活动与探察音所引发的是一样的,因此,我们很容易理解,为什么掩蔽为我们评估频率位置编码的质量提供了一个有效途径。

对于新生儿而言,无论是采用以行为为指标还是以电生理为指标的研究方法,如果用掩蔽来测量频率分辨都是不适合的,但是当婴儿6个月大的时候,其成熟程度就适合采用该方法了。例如,Spetner和Olsho(1990)的研究显示,与6个月的婴儿相比,3个月大的婴儿在4 000至8 000赫兹的范围内更容易发生掩蔽现象,掩蔽音为更广频率的音。3个月大的婴儿只能很好地分辨1 000赫兹频率的音,而6个月大的婴儿则能分辨所有频率的音。Schneider、Morrongiello和Trehub(1990)的研究,以及Olsho(1985)的研究都再次证明,在6个月时婴儿的频率分辨能力已经成熟了。虽然有少量研究显示,4岁的儿童尚不能很好地进行频率分辨(Allen, Wightman, Kistler, & Dolan, 1989; Irwin, Stillman, & Schade, 1986),但是Hall和Grose(1991)的系列研究表明,只要探测阈限适当,4岁儿童的频率分辨能力已然成熟。简言之,新生儿的低频音分辨能力非常好;对于高频音而言,3到6个月大的婴儿才能达到成人那样的分辨能力。

早期频率分辨的不成熟可以归因于听觉神经系统的不完善。与该结论相一致的证据是,虽然在出生时内耳有关频率分辨的机制已经成熟(见Abdala, 2001;例如Bargones & Bnuns, 1988; Bredberg, 1968),但是这种成熟并不能决定听觉神经系统的成熟。和一些基于行为指标的研究相对应,若干基于脑干诱发电位的研究表明,3个月婴儿已经能够很好地分辨低频音,而高频音则不能分辨(Abdala & Folsom, 1995a, 1995b; Folsom & Wynne, 1987)。同时这些研究还显示6个月的婴儿能够分辨所有频率范围内的音。总之,行为研究和神经诱发电位研究的结果都表明,婴儿早期频率分辨的神经基础并不成熟,两种不同途径研究的结论可谓殊途同归。

---

① 对于连续的周期的声音而言,一个听觉神经纤维并不是对声音的每个周期都发出动作电位,对于1 000赫兹以上的声音,神经纤维来不及对每次频率都发出动作电位。但是这根神经纤维总是在固定的声音阶段作出反应,而且不同的纤维随机地对不同的呻吟周期作出反应。将许多的听觉神经纤维的反应集合起来就能对5 000赫兹频率的声音进行编码。

频率辨别

如果说频率分辨是对频率位置编码精确性的测量,那么辨别两个声音频率则意味着同时对位置编码和时间编码进行考量。虽然婴儿 6 个月时频率分辨已经成熟,但是频率辨别却并不尽如人意,至少在低频音上如此。Olsho(1984)率先发现在 2 000 赫兹以下,6 个月的婴儿要发现频率发生变化往往比成年人困难,在变化程度是成人两倍的状态下,婴儿才能发现频率的改变。有研究表明,在 1 000 赫兹时,当频率改变了 1.5% 到 3% 时,婴儿才能探测到;而成年人能探测到 1% 甚至更小的改变(Aslin, 1989;Olsho, 1984;Olsho, Koch, & Halpin,1987;Olsho,Schoon,Sakai,Trupin, & Sperduto,1982;Sinnott & Aslin,1985)。在高频范围内,Olsho(1984)认为 6 个月婴儿的频率辨别能力与成年人相同。Sinnott 和 Aslin(1985)以及 Olsho 等人(1987)的研究结果基本与上述结论相一致。Olsho 等人还对 3 个月的婴儿进行了测试,发现在低频音上他们的表现与 6 个月的婴儿并无差异,但是在更高频率的辨别中,他们需要更高的差别阈限。

若干项针对学前和学龄儿童的研究显示,在纯音条件下,至少在 10 岁前儿童不具备成人水平的频率辨别能力(Jensen & Neff, 1993;Maxon & Hochberg, 1982;Thompson, Cranford, & Hoyer,1999)。其中 Maxon 和 Hochberg 研究发现,4 岁儿童对于低频音的辨别差于对于高频音的辨别,这个结论与婴儿研究的结果相一致。但是,同样是这些研究也发现了 4 至 12 岁儿童的高频音的辨别能力随年龄而发展。对于高频音的辨别,儿童发展最快的阶段发生在 6 个月大小时;而对于低频音而言,发展最快的阶段是发生在 4 到 6 岁之间。

婴儿 3 到 6 个月时的高频音频率辨别能力的发展与其频率分辨能力的改变是一致的,但是为什么低频音辨别的发展会比高频音辨别晚,其中的原因尚不明了。有研究表明成年人用时间编码方式来表征低频音,而用位置编码的方式来表征高频音(B. C. J. Moore, 1973)。这就意味着可能有一种理由可以解释为什么婴幼儿低频音辨别能力差,那就是在纯音条件下,婴幼儿不使用时间编码,或者说时间编码效率低下。但是 Allen、Jones 和 Slaney(1998)的一项研究报告,与成年人相比,4 岁儿童探察一个音时更依赖声音的时间特征,即一个音调的音高,声音的基本特征就是其时间编码特征(B. C. J. Moore, 1996)。7 岁儿童对于纯音频率的辨别受音调的周期下降的影响比成年人更大,这表明儿童更依赖于声音的时间编码(Thompson et al., 1999)。但是也有研究显示 7 岁后儿童在低频音辨别上发展良好(Maxon & Hochberg,1982)。因此另一种对儿童低频音辨别发展滞后可能的解释是,儿童需要花更多的时间来学习低频音之间的辨别,而高频音需要的时间短(Demany, 1985;Olsho,Koch, & Carter,1988)。一般而言,如果婴幼儿在这项任务上花费比成年人更多的学习时间,那么他们可能在某个特定的时间段内在学习辨别两个低频音之间的差异方面处于不利的地位。Olsho、Koch 和 Cater(1988)对成年人和婴儿在低频音辨别方面的差异的分析则是,成年人表现好的一些原因可能,但不完全是练习效应。

音高的感知

从现有文献中我们可以看到,对于在复杂音高的感知过程中时间和位置编码哪个相对重要的争论一直广泛存在。一个复杂的音调包括了多个频率成分、一个基础频率和和声谐调,而所谓复杂音高的感知意指对多种成分的整体性知觉。虽然复杂音调一般与其基础频率相匹配,但是人在知觉复杂音调时则是对其基础频率和较高频率的和声谐调进行感知(B. C. J. Moore,1996)。Clarkson 及其同事对婴儿的复杂合成音高知觉进行了一系列令人印象深刻的研究,其结果表明 7 至 8 个月的婴儿在复杂音高知觉中的诸多方面与成人无异,婴儿能够依据基础频率的基线来对合成的音调进行分类,甚至能够分辨出合成音调中基础频率的缺失(Clarkson & Clifton,1985;Montgomery & Clarkson,1997)。当和声谐调与基础频率不相符合时,婴儿辨别复杂音调时就会发生困难,这与成年人的表现也相同(Clarkson & Clifton,1985)。只有在一种实验条件下出现差异,那就是在基础频率缺失的条件下,成年人能够分辨出较高频率的和声谐调,但是婴儿不能(Clarkson & Rogers,1995),这是因为高频率的和声谐调声波的周期性为成年人的编码提供了基础。由此,Clarkson 和 Rogers 的研究再次证明在音高感知中婴儿的时间编码存在困难。

强度的编码

听觉系统对于声音强度的主要编码方式是听觉神经纤维冲动的发射率。一些以动物为被试的发展性研究发现,不成熟的神经细胞不能维持对声音的反应,而随着神经细胞的发展,听觉神经纤维所能达到的最大发射率也逐步增加(Sanes & Walsh,1998)。与成年人相比,人类婴儿诱发动作电位的振幅随声音强度而增加的速度比较慢(Durieux-Smith, Edwards,Picton, & McMurray,1985;Jiang,Wu, & Zhang,1990)。由于在婴儿期和儿童期,外耳和中耳还在不断发育中,因此声音传导到内耳的质量会随年龄而提高。总之,有理由相信对声音强度的加工是随着人类出生后的发展而提高的。

强度分辨

一些感觉加工可以通过比较在掩蔽条件下的阈限差异来进行测量。上节讨论的婴儿频率分辨的研究(Olsho,1985;Schneider et al. ,1990;Spetner & Olsho,1990)中就显示,6 个月大的婴儿探测一个音调所需的阈限比成年人要高,但是婴儿阈限随掩蔽音的频率和宽度而改变的形态则和成年人一样,正是这种阈限改变的形态显示出婴儿频率分辨的能力。相对于频率分辨而言,强度分辨的测量更为困难,因为这是一种对表现水平的直接测量,不能通过比较不同条件下被试的表现来说明。直接测量的方法使得我们很难从加工的功效效应来辨别强度编码效应。很少有实验能够有效分辨出强度编码的效果,这个领域中最大问题是不能确定,究竟是听觉能力还是加工的有效性是随着年龄增长而改变的阈限的主因。

强度分辨典型的测量方法是用心理生理学的方法来发现听音者能够探测到的最小声音强度的变化。当听音者探测到从"没有声音"到"有声音"的变化时,我们便认定探测到了绝对感受性;当听音者探测到能够听到的声音的变化,我们就说探测到了强度可辨别的变化,或者说声音强度的增长量或掩蔽。在经典的声音强度辨别的研究范式中,听者往往听到两个或两个以上的音,要求对多个声音强度作出反应。当需探测的声音强度不断增加时,背景音是持续不断的并且其强度不断上升,要求被试将需探测的音分辨出来。强度辨别或者说增加量探测中有一种特别的方法就是在刺激呈现时同时呈现掩蔽音,即在出现掩蔽音的同时所需探测的刺激音的强度也在不断加大。所有这些测量方法所测得的都是一个基础的强度加工方式,而且都可以得出如下假设:阻碍绝对感受性的"干扰音"其实是神经和生理的不成熟。作为传导通道的外耳和中耳的不成熟直接影响了耳朵对信号接受的水平,但是测量绝对感受性时,背景音的水平并没有受到影响。在掩蔽条件下进行的强度辨别测量,传导通道的不成熟同时影响到信号和背景音的水平,从而使得信号—噪音比并没有发生改变。因此,传导通道的不成熟对绝对感受性产生了影响,但是对于其他形式的强度分辨则没有影响。

绝对阈限是最常见的测量强度加工的指标,即在一个安静的环境中探测到刚刚能听到的声音的强度。有些研究者对 3 个月的婴儿和大一些的幼儿进行了绝对阈限的测量,Weir(1976,1979)利用了新生儿对所听到音调的同步反应来研究了新生儿的绝对阈限,她测量到的阈限从 250 赫兹 68 分贝 SPL 到 2 000 赫兹 82 分贝 SPL,比成年人在相应频率上分别高出了 30 分贝和 70 分贝。Ruth、Horner、McCoy 和 Chandler(1983)以及 Kaga 和 Tanaka(1980)对 1 个月大婴儿研究的结果与 Weir 的结论相类似,他们也采用了行为观察方法。而一项采用基于观察者的研究却发现:1 至 2 个月婴儿的阈限大约分别比成人的高 40—55 分贝 SPL 和 35—45 分贝,比 Weir 研究的阈限略低(Thapter & Ashmead,2001;Trehub,Schneider,Thorpe & Judge,1991;Werner & Gillenwater,1990;Werner & Mancl,1993)。1 个月婴儿与成年人在 500 赫兹上的阈限相差量大约比在 4 000 赫兹上的多 10 分贝(Werner & Gillenwater,1990)。但是从上述研究中并不能明确得出这样的结论:从新生儿到 1 个月间婴儿的强度敏感性提高了 25 分贝;因为实验所得的敏感性提高可能是由不同的实验程序所致。

在婴儿 3 个月时,500 赫兹的强度阈限约下降了 10 分贝,而 4 000 赫兹的则下降了近 20 分贝(Olsho,Koch,Carter,Halpin, & Spetner,1988),但是与成年人相比,3 个月婴儿的强度阈限在高频音上仍高出了约 5 分贝。另一项基于观察者反应的纵向研究证实在出生后 1—3 个月间婴儿的探察阈限改善了约 15 分贝(Tharpe & Ashmead,2001)。在 3 到 6 个月时,500 赫兹频率上的强度阈限的改善微乎其微,但是在 4 000 赫兹上仍有 15 分贝的改善(Olsho,Koch,Carter et al. ,1988)。Tharpe 和 Ashmead 也观察到 3—6 个月大的婴儿的阈限有了大约 15 分贝左右的进步,Olsho 等人的研究发现,在 4 000 赫兹上 6 个月的婴儿和成人阈限的差异大约在 15 分贝,在 500 赫兹上有 20 分别左右。另外一些研究均发现,在 1 000 赫兹附近 6 个月大的婴儿的敏感性比成人约低 15 分贝左右(Berg & Smith,1983;Nozza & Wilson,1984;Olsho,Koch,Carter et al. ,1988;Ruth et al. ,1983;Sinnott,Pisoni & Aslin,1983;Tharpe & Ashmead,2001;Trehub et al. ,1980)。

有许多研究研究了从 6 个月到成年人阶段的强度绝对敏感性。Trehub、Schneider、Morrengiello 和 Thorpe(1988)研究了从 6 个月到学龄直至成年的被试,测量他们在宽带噪音背景下不同频率的强度阈限,研究发现在 400 赫兹上阈限改善了 25 分贝,1 000 赫兹 20 分贝,10 000 赫兹只有 10 分贝;研究还表明,频率越高,儿童达到成人阈限水平的时间就越早:1 000 赫兹上大约 10 岁以后达到成人水平,而 4 000 赫兹和 10 000 赫兹则 5 岁前便能达到。

对于强度辨别能力的判定则通常通过测量能够听得见的声音强度变化的阈限,即要求听音者对声音的强度变化作出反应。几项针对婴儿的研究表明,婴儿的声音强度辨别能力比成年人要低。虽然有关 6 个月以下的婴儿的强度辨别能力的研究数据严重匮乏,但是有一项研究表明新生儿能够辨别出语音强度的变化,而且这种强度变化只有 6 分贝(Tarquinio,Zelazo,& Weiss,1990)。Sinnott 和 Aslin(1985)发现,7 到 9 个月的婴儿能够探测到 1 000 赫兹水平上两个音调间 6 分贝的强度变化;而成年人能够探测到 2 分贝的变化。Kopyar(1997)的研究结果则显示,对于两个宽带噪音而言 7—9 个月的婴儿能够探测到 9 分贝的差异。而成年人的强度辨别水平是,在辨别 2 个音调时能够探测到的强度差异是 4 分贝,噪音则是 3 分贝。

目前尚无针对 9 个月到 4 岁之间儿童强度辨别能力的研究。Maxon 和 Hochberg(1982)测量了 4 岁以上儿童的强度辨别能力,发现 4 岁时儿童强度的差别阈限是 2 分贝,然后持续改善直至 12 岁时的 1 分贝,实验中呈现的 2 个音调强度达 60 分贝左右,即正好高于儿童的绝对阈限。由此可见,至少当所呈现声音强度高于儿童绝对阈限的条件下,儿童 4 岁时的强度差别阈限已经发展得相当好,此后的改善极其微小。

相对于两个随机呈现的不同强度的音的辨别,儿童对于连续增加强度的音的辨别更好。有研究表明,当所要辨别的目标音是连续增加的宽带噪音时,7—9 个月的儿童在能分辨出 3—5 分贝的强度变化(Berg & Boswell,1998;Kopyar,1997;Werner & Boike,2001);而同等条件下成人能探测出的变化是 1 到 2 分贝。Schneider、Bull 和 Trehub(1988)发现,在与上述实验同样的条件下,12 个月的婴儿能够探测出 3 分贝的差异,而成年人能发现低于 1 分贝的变化。Berg 和 Boswell(2000)测量了 1 至 3 岁儿童的对于连续增加强度的噪音的差别阈限,在噪音频率是以 4 000 赫兹为中点的 2 个八度音的条件下,1 岁儿童的差别阈限与 Schneider 等人研究结果相一致,3 岁儿童的结果与成年人相近。

对于音调强度增加量阈限的测量仅见于 Kopyar 的研究(1997)。该研究发现,婴儿对于音调强度增加量的探测水平要相对低于对噪音的探测,当两个音调间强度差异达到 8 分贝时,婴儿才能发现;而成年人只要 2 分贝。另外有几项研究测量了儿童强度辨别的发展,其实验条件是在用一个噪音掩蔽的情况下,让儿童探测一个音调或者是另一个窄带噪音强度的变化,基本上都是探测一个连续声音的强度是否增加了。Schneider、Trehub、Morrongiello 和 Thorpe(1989)测量了 6 个月到 10 岁直至成年人的在掩蔽条件下的强度差别阈限,他们以一个宽带噪音为掩蔽音,以 1 个八度音范围变化内的噪音为目标音,该目标音的中点在 400 到 10 000 赫兹内。该研究中 6 个月大的婴儿的探测阈限是 7 分贝,成年人能探测到 1 分贝的增加量。[1] 这种由年龄导致的差异在所有实验频率范围内的声音上均如此。探测水平提高得相对比较快的年龄阶段是 6—18 个月和 4—8 岁。10 岁儿童探测阈限

---

① 如果阈限是以信号叠加在掩蔽音上的声音压力水平来表示,那么 6 个月婴儿的探测噪音强度差异的阈限,或者是在噪音中的音调强度差异的阈限比成年人要高 8—10 分贝。

基本与成人无异。还有一些研究测量了宽带噪音背景下音调的强度变化探测的阈限(Allen & Wightman,1994;Bargones,Werner, & Marean,1995;Berg & Boswell,1999;Nozza & Wilson,1984),研究结果与上述研究相同,但是研究还显示出该项任务中,儿童明显地表现出个体间的差异(例如 Allen & Wightman,1994)。

音色的感知

音色(timbre),或称音质,是由合成声音中的相同调号的振幅决定的,因此音色包含了相同频率上的强度间的比较。与音色相对应的物理量是声波的形状,母音知觉和声音定位都有赖于对声波形状的加工。一些研究考察了儿童音色感知的发展,发现 7 个月的婴儿能够分辨出不同音色的声音,还能分辨出包含了不同旋律的、相同音高的合成音调(Clarkson, Clifton, & Perris,1988)。Trehub、Endman 和 Thorpe(1990)的研究也发现婴儿能够依据"声波形状"对不同的合成音调进行分类。但是尚未有研究对婴儿的声波形状表征的锐度进行评估。Allen 和 Wightman 使用了正弦波形的合成音来测量婴儿对波形改变的探察阈限,4 岁儿童尚不能对此类合成音进行精确的分辨;5 和 7 岁儿童能够完成该任务,但是直到 9 岁,儿童才能达到和成年人一样的分辨水平。这些研究结论都表明,儿童声波的形状,或称音色的分辨能力的发展持续了相当长的历程。另外这些研究结论是否能推及母音感知尚无定论。

响度的感知

强度加工的最后一个测量指标是响度。如果被试是成年人,那么通常采用的方法是让听音者匹配相同强度的声音,或者就是用某些方法让被试估计声音的响度。5 岁儿童就是使用数字或者不同长度的线段来表示音调的响度,而且儿童与成人的响度感知水平与强度感知水平的增长呈一致的状态(Bond & Stevens,1969;Collins & Gescheider,1989)。有证据显示,婴儿响度感知发展非常缓慢,Leibold 和 Werner(2002)测量了 7 个月到 9 个月婴儿和成人的声音强度与反应时之间的相关,发现反应时随着声音强度的增加而下降,同时婴儿下降的比率要高于成年人。这个研究表明,在婴儿阶段,强度的增加意味着更快的响度增加,但是这个发现对于婴儿早期听觉而言究竟意味什么尚不明确。

总之,绝对阈限,强度分辨、探测噪音掩蔽下的音调以及波形分辨等能力虽然在婴幼儿时期都获得了很大发展;但是要达到成年人的水平则一般要到 8 至 10 岁。令人感兴趣的是,对于声音增加量的探测水平看来在 3 岁左右就达到成熟水平了。Nozza(1995;Nozza & Hensen,1999)认为,在一个噪音刚好掩蔽一个音调的条件下,婴儿要分辨出音调强度的变化比成年人高 8 分贝,这个研究表明对于 8—11 个月大的婴儿而言,这种不成熟很大程度上归因于敏感性的改变,而非实验操作因素。在强度加工中有几个因素被认为是随年龄而改善的,例如婴儿听觉器官通道对频率的反应。一般而言,成年人的听觉通道传输 2 000 到 5 000 赫兹的音最好,而婴儿则是较高频率的更好(Keefe et al. ,1994)。另外,中耳向内耳传输声音的功效随着年龄一直在增长,这种情况一直要持续到儿童 10 岁左右(Keefe et al. ,1993,2000;Keefe & Levi,1996;Okabe,Tanaka,Hamada,Miura, & Funai,1988),其中在生命的第一年这种发展最为迅速,尤其是对 1 000 赫兹以上的音而言。据估计,从出生至成年,听觉器官对 3 000 赫兹音的传输大约提高了 20 分贝;其中大约有一半的提高幅度发生在婴儿期。听觉器官对于低频音的传输效率的提高幅度较低,从出生到成年大约只有 5 分贝(Keefe 等人,1993)。因此,绝对敏感性发展的一个因素就是听觉传输器官的发育,生命最初 6 个月中高频音绝对阈限的发展虽然不完全是,但是大部分是由于听觉传输效率增加的缘故。诱发神经反应阈限的研究也表明这种声音传输功效的提高(例如 Lary, Briassoulis, deVries, Dubowitz, & Dubowitz, 1995;Sininger & Abdala, 1996;Sininger, Abdala, & Cone-Wesson,1997)。

内耳的发展可能并不是出生后儿童听觉发展的原因,大部分研究都显示新生儿出生时内耳的构造就与成年人相似(Bredberg, 1968;Fujimoto, Yamamoto, Hayabuchi, & Yoshizuka, 1981;Hoshino, 1990;Ifarashi & Ishii, 1979, 1980;Igarashi, Yamazaki, & Mitsui,1978;Lavigne-Rebillard & Baggar-Sjoback, 1992;Lavigne-Rebillard & Pajol, 1987, 1988,1990;Nakai,1970;Pujol & Lavigne-Rebillard,1992),虽然婴儿耳声发射(otoacoustic emission)[①]的振幅更高,这可能要求更高的刺激水平来激发发射,但是它们的质量和成年人相似(Bonfils, Avan, Francois, Trotoux, & Nancy, 1992;Bonfils, Francois 等人 1992;Brown,Sheppard & Russell,1994;Burns,Campbell, & Arehart,1994)。Abdala 及其同事(Abdala,1998,2001;Abdala & Chatterjee,2003)报告的有关耳声发射的数据显示,婴儿的耳声发射与成年人有所不同。但是这些数据并不就意味着这些差异形成的原因是由中耳发育不成熟而导致的耳蜗输入衰减。

Werner 和她的同事(Werner,Folson, & Mancl,1993,1994)发现,从声音的神经反应到传送到脑干的时间可以预测 3 个月大的婴儿 4 000 赫兹和 8 000 赫兹上的绝对阈限。因此,影响强度加工早期发展的另一个因素就是初级听觉神经系统的成熟度。解剖学和电生理研究表明,脑干的听觉部分在整个婴儿期都在发展(Gorga et al. ,1989;J. K. Moore,Guan, & Shi, 1997;J. K. Moore, Ponton, Eggermont, Wu, & Huang, 1996;Ponton, Eggermont, Coupland, & Winkelaar,1992;Ponton et al. ,1996)。Ponton 等人(1996)的研究则证实与年龄相关的诱发电位变化很大程度上与突触功效的增加有关,初级听皮层的成熟则更晚,一直到青少年期都发生着解剖结构和生理上的变化(J. K. Moore,2002;J. K. Moore & Guan, 2001;Ponton et al. ,2000)。但是我们并不确切地知道这种听觉神经系统的变化会如何影响婴儿的强度加工。

最后,较高水平的强度加工也随年龄而发生变化,这些加工指诸如分类效率等,而非强度辨别一类的加工,但是也会影响到强度敏感性。一些研究者通过检视强度加工中的年龄差异,发现在儿童强度阈限差异中,只有很小一部分是由于注意缺失造成的(Viemeister & Schlauch,1992;Werner,1992;Wightman & Allen,1992)。婴幼儿在探察宽带噪音的增加量时,他们往往表现得很好。Werner 和 Boike(2001)的研究显示,与发现被宽带噪音掩蔽的音调的强度变化相比,7 至 9 个月的婴儿探察宽带噪音增加量的水平与成年人更接近。因此他

---

① 耳声发射指在耳朵内部产生的声音再传输回耳朵通道,耳声发射现象是耳蜗功能是否正常的指标。

们认为,由于婴儿在探察音调和噪音中的表现最终越来越接近,因此上述差异不能归因于对窄带和宽带声音注意上的区别。Bargones 和 Werner(1994)的研究表明成年人更倾向于选择听在一个在预期的频率上的音调,其结果就是他们往往忽略了非预期频率上出现的音调。与此相反,婴儿无论是探察预期的还是非预期的音调,表现都一样。这表明即使婴儿要探察的是一个窄带声音,但是他仍然会注意听所有频率带上的音,于是更多的背景音会影响到婴儿的探察过程,从而使其阈限上升(Bargones et al.,1995;Dai,Scharf & Buus,1991)。当婴儿和成年人都被要求探察宽带声音时,他们都会倾听所有频率的声音,此时与成人相比,婴儿探察宽带音的表现就会比其探察窄带音更好。有证据显示 6 岁儿童探察预期频率要好于非预期的频率(Greenberg,Bray, & Beasley,1970)。

简言之,在强度加工的发展过程中,听觉器官和初级传导通道的成熟,以及倾听策略的发展都是其重要的影响因素。而婴儿不能像成年人那样将自己的注意分配到对合成音的相关特征上,这个结果也许意味深刻。相对而言,婴儿对于复杂的合成音缺乏经验,不知道哪些特征是最重要的,应该寄予关注,因此他们往往采用了监听宽带音的策略,这对他们而言是合理的。但是令人感兴趣的问题是,婴儿的这种宽带音策略对于他们在自然环境中的听觉有什么意义。

时间编码

Viemeister 和 Plack(1993)认为所谓"波形改变的时间模式是言语和其他交流符号的信息基础"(p.116);而时间分辨(temporal resolution)则是指听者精确辨别出随时间快速改变的声音强度或频率的能力。成人通过运行时间窗口(running temporal window)来加工声音,该窗口使得平均每隔 8 毫秒刷新一次声音输入(B. J. Moore, Glasberg, Plack, & Biswas,1988);同时成年人还进行时间整合加工:他们能够过 200—300 毫秒就将一系列的每隔 8 毫秒一次的对声音的"扫描"整合或者说联结起来,从而保持声音的时间细节(Viemeister,1996;Viemeister & Wakefield,1991)。正如前文所提,至少在非人类物种上,早期听觉神经的发展并没有伴随着对不间断声音反应的提高(Sanes & Walsh,1998)。但是在人类婴儿身上这种发展让婴幼儿比成年人更容易调节听觉诱发反应,或者是对原本刺激的反应(Fujikawa & Weber,1977;Fujita, Hyde, & Alberti,1991;Jiang et al.,1990,1991;Klein,Alvarez, & Cowburn,1992;Lasky,1984,1991,1993,1997;Lasky & Rupert,1982;Mora,Exposito,Solis, & Bbarajas,1990;Plessinger & Woods,1987)。这种调节效果随儿童年龄增长而下降,但是在 3 岁以前都可以通过观察脑干听觉反应看到这种调节的存在(Jiang et al.,1991)。如果观察婴儿和幼儿神经中枢产生的诱发电位,那么能够十分明显地看到这种调节现象的存在(如 Mora et al.,1990)。这种效应反映出儿童追踪快速变化刺激能力的降低,但是这种能力的下降如何对声音时间特征的整合产生影响却并无答案。

有关儿童声音特性辨别能力的发展结论很大程度上与研究所选择的测量指标有关,而且对于这些能力如何随着年龄而变化的解释有时并不明确,例如对于声音持续时间(duration)的辨别便是一例。至少有两项研究显示,2 个月的婴儿能够辨别出 200 毫秒或者

300 毫秒长声音的 10% 左右的改变,即当声音的持续时间与目标音出现 20 毫秒的变化时婴儿就能发现(Jusczyk, Pisoni, Reed, Fernald, & Myers, 1983; Morrongiello & Trehub, 1987)。Morrongiello 和 Trehub 还发现,5 到 6 岁的儿童可以发现 15 毫秒的差异,而在相同条件下成年人能够发现 10 毫秒的变化。同时,有另外两项研究使用了奇数任务(下列三个声音中哪一个与其他二个不一样),对 4 至 10 岁儿童进行了研究,结果发现对于持续 300 毫秒或 400 毫秒的声音,4 岁儿童要探察出持续时间的不同,至少需要 50% 的差异(Elfenbein, Small, & Davis, 1993; Jensen & Neff, 1993)。Elfenbein 等人发现,至少在 10 岁以前儿童对于声音持续时间的辨别能力低于成年人的水平。此类实验的结果差异很大,尤其是在估计阈限时所采用的方法各不相同,这使得我们很难确定儿童在特定年龄阶段上辨别声音持续时间的能力水平究竟如何。

最早的时间分辨研究采用了"间隔侦测"(gap detection)的方法,即将一个持续的声音突然中断,形成"间隔",然后让被试发现他们能侦测出的最短间隔。Werner 等人(1992)发现,对于连续噪音中间隔的侦测,3 个月,6 个月和 12 个月婴儿的阈限都要远远大于成人,大约是 50 毫秒,而后者只有 5 毫秒。Trehub、Schneider 和 Henderson(1995)的研究是让 6 个月和 12 个月的婴儿侦测两个短脉冲音之间的间隔,在这种实验条件下,婴儿表现得比上述实验中要好,但是其阈限也达 30 毫秒,而且当间隔时间持续 28 和 40 毫秒时,6 个月的婴儿几乎很难达到 70% 的侦测正确率。Wightman 及其同事(1989)研究发现,当所需侦测的间隔发生在以 2 000 赫兹为中点的噪音带上时,3.5 岁儿童的侦测阈限大约在 10 毫秒,仍未达到成熟水平。Trehub 等人和 Wightman 等人都报告间隔侦测阈限大约要到 5 岁左右才成熟。成年人高频音的间隔侦测阈限比低频音更好(Eddins & Green, 1995),婴儿和幼儿也如此(Werner et al. , 1992; Wightman et al. , 1989)。

Trehub 等人(1995)认为,婴儿之所以侦测两个短脉冲音之间的间隔,要比侦测连续音的间隔更有效率,可能是因为连续音可能让婴儿尚未成熟的听觉系统产生了过度的调节。如果因为调节,使得婴儿的神经反应低于间隔的发生,那么要侦测到间隔开始发生就很困难;而如果不成熟的神经系统需要较长的时间从调节中恢复,那么对间隔结束的反应性就会下降。心理物理学用以测量调节的一个方法就是前置掩蔽呈现:呈现一个相对强度的掩蔽音,随后马上呈现侦测音,如果掩蔽音与侦测音呈现之间的时间间隔小于 100 毫秒,那么与非掩蔽条件下相比,侦测音的可听度就下降了。Werner 等人使用了上述掩蔽音的方法对婴幼儿的阈限发展进行了研究,她使用了 1 000 赫兹的音调,掩蔽音和侦测音之间的间隔分别从 5 毫秒到 100 毫秒,然后测量了掩蔽状态下 3 至 6 个月婴儿的阈限。结果显示,随着间隔时间的增加,婴儿的掩蔽阈限呈下降趋势;其他年龄组的被试情况也如此。对于 3 个月的婴儿而言,侦测音的可听度受到前置掩蔽音的影响程度比其他大年龄组的更大;6 个月的婴儿在所有时间间隔上的表现大致与成年人的表现差异不大。因此根据这个研究,3 个月的婴儿的时间特性分辨尚不成熟,但是 6 个月大的婴儿就不一样了。这个结论与下列现象是相悖的:即 6 个月的婴儿间隔侦测阈限中的调节效应。此外,Buss、Hall、Grose 和 Dev(1999)的研究也显示,5 至 11 岁儿童的掩蔽阈限与成年人无差异。

近年来,许多发展心理学家开始使用后置掩蔽音的方法来测量儿童的时间分辨能力,在该方法中,某个强度的需侦测音先呈现,短暂间隔(0 到 50 毫秒)后再呈现掩蔽音。Tallal 及其同事(Tallal, Miller, Jenkins, & Merzenich, 1997; Tallal & Piercy, 1973, 1974)长期以来一直认为,听觉时间分辨能力的缺失是某类特定言语障碍的基本原因。Wright 等人(1997)收集了言语障碍儿童和正常儿童的相关心理物理学数据,发现如果掩蔽音与侦测音同时出现,言语障碍儿童的掩蔽阈限与发展正常的儿童没有差异;在前置掩蔽音条件下,言语障碍儿童的阈限要稍稍高出正常儿童;但是在后置掩蔽音条件下,言语障碍儿童的阈限要显著高于正常儿童。这个发现支持了 Tallal 等人的观点,同时驱动了这个领域中相关研究的不断深入。对于儿童后置掩蔽阈限的研究也受到极大的重视,例如 Hartley、Wright、Hogan 和 Moore(2000)就研究了 1 000 赫兹频率的音调上的后置掩蔽阈限,结果发现 6 岁儿童的阈限比成年人的高 34 分贝,10 岁儿童则高近 20 分贝。虽然 6 岁儿童的绝对阈限只有 5 分贝,且也就比成年人高出小于 5 分贝;但是在后置掩蔽条件下,他们的阈限仍比成人高出 30 多分贝。其他的研究也都证实了在这个年龄阶段,儿童比成年人更容易受到后置掩蔽的影响(Buss et al. , 1999; Rosen, van derLely, Adlard, & Manganari, 2000)。Werner(2003)曾报告,7 个月到 11 个月婴儿的后置掩蔽阈限比成年人要高,但是他并未说明具体数据。但是最近的研究表明,虽然儿童更容易受到后置掩蔽的影响,但是并不能说明儿童声音时间特性分辨能力没有成熟。Hartley 和 Moore(2002)的研究表明,一个具有正常时间分辨能力的被试如果加工效率低下,那么与前置掩蔽和同时掩蔽相比,他更容易受到后置掩蔽的影响。值得关注的是,一些针对与言语障碍相关的认知缺陷研究也得出了相同结论。

测量时间分辨能力的最佳指标是时间调制转换功能(temporal modulation transfer function,简称 TMTF; Viemeister, 1979)。测量时,被试被要求侦测声音中的振幅调制(amplitude modulation,简称 AM),而主试则通过操纵调制的深度或数量来确定被试的 AM 侦测阈限;同时 AM 侦测阈限还要通过估计一系列的频率调制来测量。成年人的结果反映了他们的时间调制转换功能,即 TMTF,成年人的 TMTF 具有“低通过特征”:从 4 赫兹到 50 赫兹的调制幅度上,AM 侦测阈限都相当稳定。当调制幅度在 50 赫兹以上时,AM 侦测阈限会上升。Hall 和 Grose(1994)对 4 到 10 岁儿童的 TMTF 进行了研究,在所有调制幅度上,4 到 7 岁儿童的 AM 侦测阈限都比成年人的差,但是 9—10 岁儿童的表现与成年人没有差异。但是所有年龄表现出的 TMTF 形态都是相同的,即所有年龄组的被试在 50—60 赫兹的调制幅度上的 TMTF 都开始下降;同时 TMTF 何时发展成熟目前尚无定论。Levi 和 Werner(1996)在 4 赫兹和 64 赫兹两个调制幅度上,对 3 个月、6 个月婴儿和成年人的 AM 侦测阈限进行了测量。结果发现,无论是 3 个月婴儿还是 6 个月婴儿,在上述两个调制幅度上的 AM 侦测阈限均相差 3 分贝;这个结果表明婴儿的 TMTF 已经具有成年人水平,且他们的时间分辨已经相当成熟了。

儿童关于声音时间特性整合能力发展的研究近来也得到了相当的关注。当声音的持续时间以 10 的倍数增加时,成年人对该声音的绝对阈限只下降了不到 10 分贝,这表明成年人对声音持续时间的整合能力几近完美,只有当声音间隔长于 200 毫秒至 300 毫秒时,不能很好地进行整合。若干项研究都表明婴儿这方面的能力与成年人相似(例如,Berg & Boswell,1995;Thorpe & Schneider,1987)。但是有研究发现,如果声音持续时间被延长了,那么对婴儿绝对阈限的影响比预期的要大。Thorpe 和 Schneider 发现,当一个噪音以 6.3 倍的倍率增加其持续时间时,6—7 个月婴儿的绝对阈限就会下降 20 分贝。Berg 和 Boswell 认为,婴儿时间整合能力已经成熟,但是婴儿在侦测持续时间短的声音时有困难(同时见 Bargones et al.,1995)。Maxon 和 Hochberg(1982)则报告了 4 到 10 岁儿童的时间整合数据。对于持续 50 毫秒以及更长的声音而言,当声音持续时间增加时,儿童阈限的下降幅度和成年人相似;当持续时间在 200 毫秒到 400 毫秒之间时,阈限则达到稳定水平。儿童和成人之间唯一的差异发生在当声音持续时间相当短暂时:当持续时间从 20 毫秒上升到 50 毫秒时,4 岁儿童的阈限出现了 7 分贝的下降;12 岁儿童则只降低了 5 分贝,但是仍然比成年人下降得多。因此,随着年龄的增长,儿童能够整合持续时间更短的声音。但是,究竟是什么原因导致了儿童时间整合能力的不成熟,目前没有明确答案。对此,Berg 和 Boswell 认为,可能是由于对声音强度的神经反应的不成熟(Fay & Coombs,1983);也可能是听觉系统的不成熟导致了对开始反应以及随后瞬变的刺激加工的乏能。

空间分辨

声音空间定位包括了几个加工过程: 对声波形状的估计,对强度的评价,还有双耳声差比较。在一般情况下,声波形状是估计声音源高度的基本线索;而双耳时差和强度的差异则是估计声音地平经度(azimuth,平行于地面的到达你耳朵声音所经过的水平面)的基本线索。

通过测量最小可听角度(minimum audible angle,简称 MAA),我们可以有效地研究婴儿利用这些线索能力的发展状况,所谓 MAA 即探察到声源位置发生变化的阈限。在地平经度上,1 个月婴儿的 MAA 大约是 27°,而 18 个月婴儿则已经下降到只有不到 5°(Ashmead,Clifton,& Perris,1987;Clifton,Kulig,& Dowd,1981;Morrongiello,1988; Morrongiello,Fenwick,& Chance,1990;Morrongiello,Fenwick,Hiller,& Chance,1994; Morrongiello & Rocca,1987a,1990)。5 岁儿童的 MAA 已经和成年人水平相同了,约 1°到 2°。在纵向高度上,6 到 8 个月婴儿的 MAA 是 16°,18 个月的婴儿就已经下降到只有 4°,和成年人的水平差不多(Morrongiello & Rocca,1987b,1987c)。一般而言,成年人的水平 MAA 比纵向的要小,这是因为水平方向上还能够利用双耳声差来进行水平声音定位。令人感兴趣的是,在婴儿期,水平方向的 MAA 和纵向的 MAA 差异不大(Morrongiello & Rocca,1987b,1987c)。婴儿在两个维度上 MAA 阈限的相似意味着在空间定位时,婴儿更多地倚重波形编码,而不是双耳声差。另外,有几项研究表明,当声源与婴儿之间的距离发生变化时,婴儿对声音信号的强度改变十分敏感(Clifton,Perris,& Bullinger,1991; Morrongiello,Hewitt,& Gotowiec,1991)。但是尚没有研究表明婴儿判定声源距离的精确性究竟如何。

人类和其他哺乳动物都是依据首先到达耳朵的声音信息来判定声音的空间定位,并且能够将该声音的回声去掉,这个现象称为优先效应(precedence effect)。婴儿也具备该效应(Clifton,Morrongiello, & Dowd,1984)。值得一提的是,Litovsky(1997)研究发现,在用回声来影响被试的声音定位的条件下,成人的声音定位会受到一定的影响,但是5岁儿童受到的影响更大,这表明虽然传统观点认为5岁儿童的MAA已经成熟,但是在真实环境中的声音定位能力可能5岁后仍然在继续发展。

声音定位发展的机制目前尚不能完全解析,其中一个显而易见的影响声音定位能力的因素是头部和外耳的生长。当头部不断张大时,两耳间的距离会增大,声差也会加大(Clifton,Gwiazda,Bauer,Clarkson, & Held,1988),于是在婴儿期,对于双耳声差的分辨能力会提高(Ashmead,Davis,Whalen, & Odom,1991)。但是Ashmead等人的研究并不能表明,双耳声差分辨能力的不成熟并不能完全解释儿童早期声音定位能力的不完善。儿童早期声音定位能力的不成熟的一个可能的解释是,婴儿更多地依赖波形而不是双耳声差来进行声音定位的,而婴儿利用波形线索的能力也会随着外耳构造的成熟而提高;另一个原因可能是,虽然婴儿加工声音线索来进行声音定位的能力已经达到成熟水平,但是他们将所有的声音线索转化为精确的空间声音定位的能力可能不完善(Gray,1992)。动物研究表明,要将空间感觉转化为空间定位需要多种经验的联动(例如Binns,Withington, & Keating,1995;King,Huchings,Moore, & Blakemore,1988)。另外,有人研究了那些早年一只耳朵听力有障碍,但另一只听力正常的被试,发现如果那只听力障碍的耳朵仍有残余听力的话,那么这些被试仍然能够分辨双耳声差,但是不能进行声音的空间定位(Wilmington,Gray, & Jahrsdorfer,1994)。

双耳声差除了让我们能够精确定位声音之外,双耳声差辨别能力的提高还能改善对声音的敏感性,实验室实验中,声音敏感性是以掩蔽水平差异(masking level difference,简称MLF)为指标来测量的。所谓MLF的提高是指:在掩蔽条件下,对某个音调的双耳声差阈限下降的现象。研究表明,5岁前儿童从双耳声差中的获益低于成年人,直至5岁,儿童利用双耳声差的能力才和成年人相似(Hall & Grose,1990;Nozza,1987)。但是,如果所处环境中的声音比较复杂时,5岁儿童利用双耳声差的能力仍然和成年人有差距(Hall & Grose,1990)。

听觉情景分析的发展

一旦听觉系统对输入声音进行了分析,提取了有关波形、时间波动和空间定位等方面的信息后,还要对听觉情景进行综合分析。听觉系统依据对声音源的最初分析,对不同频率带的信息进行整合;如果声音情景被重建了,那么听者就会作出决定只选择一个声音,而忽略其他的声音。上述有关听觉情景分析加工发展的研究目前尚没有引起广泛重视,现有为数不多的研究结果则表明,这种被称为声音源离析的对于声音源组成成分的加工,在婴儿期已经出现了,但是婴儿的这种加工的有效性和精确性如何尚不明了。

Demany(1982)使用了重复出现的音调来研究了声音源离析。在一个实验序列中,呈现四个音调,其中的三个频率固定,剩下的一个音调频率较高一点。当四个音调从两个不同的声音源发出时,一个声音源发出三个不同频率的低频音,另一个声音源发出一个较高频率的音调,成年人能够探察出这些音调。当这些音调的呈现顺序发生变化时,成人被试能够毫无困难地发现这种改变。在另一个实验序列中,重复出现的声音刺激是两组频率接近的音调,每组音调从一个声音源发出,且是交替出现;当音调呈现顺序发生变化时,成人被试在识别时产生了困难。Demany 对 2 到 4 个月的婴儿也进行了上述两个实验序列的测试,来测量他们发现音调呈现顺序的变化能力,他使用了习惯化/去习惯化的方法,以注视时间为因变量。在他的实验中,婴儿与成年被试的表现一样,即能够发现第一个实验序列中声音呈现顺序的变化,但是不能发现第二种的变化。这表明,婴儿能够依据频率来对声音进行分类。

但是,Demany(1982)的研究被指在实验方法上存在问题。因为即便音调不是从两个平行的声音源发出,被试仅依据音调的频率因素也能够分辨出它们的呈现顺序有变。Fassbender(1993)纠正了该问题,并以 2 至 5 个月的婴儿为被试进行了实验,实验序列分别基于声音频率、振幅或音质来组织。结果发现,婴儿能够像成年人一样发现实验序列中音调呈现发生的变化,从而再次证实了婴儿能够像成人那样对声音进行组织分类的结论。另外,McAdams 和 Bertoncini(1997)则对 3—5 天的新生儿进行了测试,使用的刺激是同时基于空间定位和音色进行分类组织的音调,研究再一次显示,新生儿能够像成人一样区分出刺激音调顺序的变化,虽然实验并不能说明新生儿是依据空间定位,还是依据音色,抑或是同时依据两者对音调进行分类组织的。值得注意的是,这种实验范式中,被试并没有像在自然环境中那样同时听几种不同的声音;因此由这种实验获得的关于婴儿声音源离析能力的结论有其不可避免的局限性。

有关儿童声音源离析能力的研究至今可能只有区区的一项。成年人倾向于将不同频率带上的、随时间起伏的声音归结到一起。事实上,与掩蔽音只有一个频率带,或者掩蔽音波形起伏不规则的条件相比,如果掩蔽音包含着不同的频率带且振幅调制呈普通变化状态时,成年人可能在更低水平上探测到信号;这种效应称为辅调制掩蔽免除(comodulation masking release,简称 CMR)。Grose、Hall 和 Gibbs(1993)首先研究了 4 岁儿童的 CMR,发现他们的 CMR 能力与成年人相似。Hall、Grose 和 Dev(1997)其后的研究在年龄稍长儿童身上再次证实了该结论。但是 Hall 等人也发现,如果掩蔽音的频率带以信号音频率为中点,且固定频率的辅调制带有稍稍的不同步;那么此时成年人的 CMR 会下降,但是儿童的CMR 会消失或者变成负面作用。由此可见,在声波时间起伏为一般状态的条件下,在生命的最初时期,对频率带进行组织分类的基本加工就基本成熟了,但是与成年人相比,这种加工更容易被干扰。这些研究发现对于儿童在现代的、充满着复杂声音的环境中是如何进行声音听觉加工的有着相当的现实意义。

最后,如果要对从几个声音源发出的若干个声音中的一个进行加工,那么听音者就必须忽略不相关的声音。在自然环境中,那些不相关的声音通常以一种不可预期的方式一个接一个出现。在心理声学研究中一个最令人感兴趣的发现是,如果需要忽略的声音以一种不可预期的方式出现,那么对于已知声音的探测会更困难(例如 Kidd,Mason, & Arbogast,2002;Neff & Callaghan,1988;Neff & Green,1987;Oh & Lutfi,1999),即使需要忽略的声音频率与需探测的音相差很远。第二个音的出现导致了第一个音可听度的下降,且第二个音并没有对第一个信号音的加工进行干扰,这种现象称为信息掩蔽(informational masking,Pollack,1975)。

婴儿在某些方面表现出对不相关音的不确定,即使这些不相关音过了很长时间都没有发生变化。Werner 和 Bargones(1991)研究显示,当噪音的频率带与信号音相差很远但是与信号音同时呈现时,7 至 9 个月大的婴儿的音调探察阈限会上升。成年人在相同条件下就没有这种阈限上升的表现。如果噪音的频率带与信号相差很远,但是频率不停变化,当噪音和信号音同时出现时,婴儿阈限的上升情况与成年人在固定噪音频率条件下阈限变化相似(Leibold & Werner,2003)。可见,虽然噪音不变的条件下,婴儿受到不确定音干扰的影响更大;但是当不确定音发生变化时,婴儿受到的影响和成人相同。

附加的不确定音对年龄稍长儿童的影响远大于成年人。Allen 和 Wightman(1995)就发现,当出现两个频率不同的干扰音时,4 岁到 8 岁儿童被试中有半数不能探测出信号音调,另外一般能够完成任务的儿童的平均阈限远高于成人被试。Oh、Wightman 和 Lutfi(2001)则报告,当两个和信号频率相差很大的掩蔽音同时与信号音调出现时,学前儿童受到的掩蔽影响比成年人多 50 分贝。Wightman、Callahan、Lutfi、Kistler 和 Oh(2003)的研究显示,当将信号音发射到被试一只耳朵,而将不同的掩蔽音调呈现至对侧耳朵时,成年人的信息掩蔽现象会消失,但是同样条件下,学前儿童的信息掩蔽现象却没有受到影响。由于声学因素会提升成年人在知觉维度分离信号和掩蔽音的能力,因此他们的信息掩蔽现象会下降;这个研究结果表明,儿童离析声音源的能力不如成年人。Stellmack、Willihnganz、Wightman 和 Lutfi(1997)的研究鉴别出在多大程度上那些不相关信息会进入到儿童关于声音强度的知觉加工中,发现学前儿童倾向于在频率维度对不同声音信息进行同样权重的加工,即使他们被要求关注信号的频率时。

言语知觉发展的启示

上述关于婴儿听觉研究的综述对于婴儿感知复杂声音和人类语言有着重要启示。在出生后的 6 个月内,婴儿对声音的神经表征不如成年人那般精确和细节化,这种表征上的局限也许会影响婴儿从声音中提取信息的能力。6 个月以后,婴儿对于言语和其他复杂声音的表征也许和成年人相似,但是这并不意味着婴儿对于复杂声音的感知就和成人无异了。现有研究清楚地表明,婴儿从复杂声音中获取信息的途径与成年人不同,他们通常不关注包含最多信息的声音波形或时间特征细节。婴儿的声音空间定位相当粗糙,也许他们不太能很好地将言语从周围嘈杂的声音中离析出来。鉴于此,成人照料者可以通过如下方法来针对婴儿这些未成熟的加工能力进行补偿:以夸张的方式凸显重要细节;以一种将言语从背景中凸显出的方式对婴儿说话;后者我们将在下面的内容中反复提到。在本章结束部分,我们还将再次讨论早期听觉加工及其在言语和语言学习上效应之间的可能关联。

72

婴儿言语知觉和单词学习：语言的开始

语言领域的开端：语音知觉

从 1971 年有关婴儿言语知觉的第一批研究公开发表后，相关研究已经层出不穷，这些研究都显示成年人具有言语的范畴知觉(categorical perception)，但是对非言语音则没有。例如给成人呈现一个包含了两个音的刺激连续体(例如声音上有区别的/b/和/p/，或者是发音位置有差异的/b/和/d/)，从声学维度上说，这两个音的差异是一种等量的连续变化。但是，成年人会将连续体开始的区域标识为一个音(例如：/b/)，后面的区域标识为另一个音(例如：/p/)，两个音之间有着明显的分界。此外，他们在标识过程中能够预期到有差异音的出现。当呈现的成对刺激的声学物理量的差异相同，成年人只能依据语言范畴标识来分辨刺激的差异。这种知觉技能对语言加工很重要，因为对于某一个语音而言，其发音是千变万化的：它随前后音而改变(例如 bat 中的/b/和 boot 中的/b/就不完全一样，原因是跟随其后的元音不同)；随讲话的快慢而改变；随每个说话者的嗓音条件而改变。范畴知觉使得听话者可以忽略这些差异，从而迅速地听懂单词(并理解其意义)。1970 年前已有的研究显示，范畴知觉、语速知觉正常化、元音语境等现象是人类言语特有的，在其他声音信号中不存在(参见 Liberman, Cooper, & Shankweiler, 1967; Repp, 1984)。

为了探讨语音知觉能力的个体发展状况，Eimas 及其同事(Eimas, Siqueland, Jusczyk, & Vigorito, 1971)利用吸吮反射方法进行了一项堪称经典的实验，他们通过婴儿吸吮安慰奶嘴的频率来测量婴儿的习惯化和去习惯化(见 Moffit, 1971)。研究结果显示，在/ba/-/pa/的刺激连续体分辨中，1 个月和 4 个月大的婴儿与说英语的成年人一样，更倾向于将连续体分辨为两个独立的语音范畴，而不是连续变化的量。鉴于要获得婴儿标识数据的困难，上述研究结果可以视为婴儿具备范畴知觉的证据。一年后，Morse(1972)研究发现，2 个月婴儿能够将/ba/和/ga/作为不同的语音范畴进行分辨，但是不能分辨类似这两个音的非语音变式。Eimas(1974)的研究同样表明，在辅音与元音结合的刺激中，婴儿和成年人一样，只能够分别成年人认定为不同范畴的语音。有许多其他的研究将研究内容扩展到其他的辅音模式(例如，Eimas, 1975a; Hilenbrand, 1984)，例如 3 个字母中间的辅音，还有位于开头的辅音(Jusczyk, Copan, & Thompson, 1978)，同时研究的被试也提前到新生儿(Bertoncini, Bijieljac-Babic, Blumstein, & Mehler, 1987)。其后的研究则显示，婴儿的语音范畴与我们所观察到的成人的语音范畴相比，有着许多特有的特征。语音范畴间没有界限分明的绝对值，同时语音范畴还受到一些变量的影响，例如语速(Miller, 1987)。婴儿(Eimas & Miller, 1992)和成人(Whalen & Liberman, 1987)一样都表现出双向知觉(duplex perception)的现象，即一个完全一样的刺激既可以被知觉为言语，也可以被知觉为非言语；而前者是范畴性知觉，后者则是连续量(没有明显的分界)的知觉。

元音知觉也呈现出同样的特点。和成人一样，在短元音(Swoboda, Morse, & Leavitt, 1978)或者是单个元音的条件下(Swoboda, Kass, Morris, & Leavitt, 1978)，婴儿也表现出范畴性知觉,而且不论说话者和性别如何,婴儿的元音知觉范畴与成年人的一样。在最近更多的研究中,Kuhl和他的同事的研究显示,婴儿的元音知觉范畴是围绕着典型元音原型组织的(参见 Greiser & Kuhl,1989)。Eimas、Miller和Jsuczyk(1987)进行了大量有关辅音和元音知觉的研究,这些研究表明:婴儿的言语知觉与成年人的知觉一样具有特殊性,这表明婴儿在特殊领域具有加工能力。

有学者对跨语言的言语知觉进行了研究,作为对上述母语言语知觉研究的补充。不同语言在诸如音素等特征方面各不相同,例如英语中就包含了/r/和/l/这一对形成对照的音,但是这组音在日语中就没有;同样英语里没有印地语和南亚语中卷舌的/D/,而这个音与英语 dental 中的/d/音形成对照音。20世纪70年代的一系列跨文化言语知觉研究表明,成年人对那些非母语音的知觉有困难,即使这些音与其母语中的某个音相似,可以形成一对对照音;但是对母语中的对照音,他们能很准确地进行分辨(例如 Lisker & Abramson,1971;Strange 而后 Jenkins,1978);与成年人形成对比的是,小婴儿能够很好地分辨所有对照音,无论这些音是否存在于他们正在学习的语言中(Aslin,Pisoni,Hennessy, & Percy,1981;Lasky,Syrdal-Lasky, & Klein,1975;Streeter,1976;Trehub,1976)。在这些研究结论的基础上,Eimas(1975b)认为,婴儿出生时具有一种对语音的广泛而普遍的敏感性,然而出生后受所听到的语言所限,这种先天敏感性会渐渐丧失。Aslin 和 Pisoni(1980)在他们的言语知觉的"普遍性理论"中将这种观点进一步提炼,认为这是只对所接触的语言语音具有"保持性"的认知机制,适用于不同的语言情境(Gottlieb,1976;Tees,1976)。

但是,关于成年人和婴儿的这些比较研究一般都没有采用统一的测验程序,大多数研究都是在不同的实验室中使用不同的对照音刺激进行的。Werker、Gilbert、Humphrey和Tees(1981)意识到这个问题,他们采用了相同的方法——条件作用下形成的转头动作程序,对三组被试:6到8个月大的英语婴儿、英语成人和印地语成人的语音分辨能力进行了测试,测试材料是由英语辅音对照音和(非英语)印地语辅音对照音。他们的研究结果再次验证了这种发展上的变化,所有三组被试都能分辨英语的对照音/ba/-/da/;但是只有印地语成年人和婴儿组能够分辨由两个印地语辅音组成的对照音。

随后,Werker 及其同事设计了一系列研究来探究究竟在什么年龄上,婴儿的这种对语音的"普遍"敏感性会转变为只对特定语言语音敏感的语音知觉(Werker & Tees,1983),研究发现这种重要转变发生在婴儿生命的第一年中。6—8个月大的英语母语婴儿能够成功地分辨印地语中卷舌的/d/音和 dental 中的/d/音组成的对照音,以及由其他的非英语语音组成的对照音(撒利希语中的一支 Nthlakampx 语,单词 velar 的/v/和 unular 中的/v/),但是到了10到12个月的时候,英语婴儿就不能分辨这些非英语语音了(Werker & Tees,1984)。Werker 和 Tees(1984)的实验表明,那些由印地人或 Nthlakampx 人抚养的10到12个月的婴儿仍然能够分辨其母语中所包含的语音,这再次证实了婴儿是通过接触特定语言来保持对该语言中语音的分辨能力的。

从上述开创性研究开始,许多研究都重复证实并拓展了该发现。有若干项研究表明,如果婴儿有接触不同语言语音的经验,那么在1岁时他仍然能够分辨不同语言的语音。这个时期的许多研究都证实对非母语中语音分辨能力的下降是一个普遍现象(Best,McRoberts,Lafleur,& Silver-Isenstadt,1995;Pegg & Werker,1997;Tsushima et al.,1994;Werker & Lalonde,1988;Werker & Tees,1984)。另外,这些由行为研究得出的基本结论,在记录事件相关电位的研究中也获得了证实(Cheour et al.,1998;Rivera-Gaxiola,Silva-Pereyra,& Kuhl,2005)。Werker 在她早期研究中发现,这种语音分辨下降似乎是由于婴儿对其注意的重组,而不是基本分辨能力的缺失(Werker & Logan,1985)。

过去几年中,关于这个问题的研究出现一些令人感兴趣的发现。婴儿元音知觉可能比辅音知觉更早(Kuhl,Williams,Lacerda,Stevens,& Lindblom,1992;Polka & Werker,1994);对于那些不是母语语音范畴内的对照音(如由滴答声组成的对照音),婴儿即使没有接触过也保持着良好的分辨能力(Best,McRoberts,& Sithole,1988)。即便同是非母语的语音,婴儿的表现也是有差异的,对于其中的一些婴儿出现了分辨困难,就像前文研究中那样。但是,仍有一些语音是婴儿能够分辨的(例如 Best & McRoberts,2003;Polka & Bohn,1996)。有一个研究影响语音分辨因素的模型认为,语音与母语语音的相似程度决定了婴儿是否能保持分辨能力的最有效指标(Best,1994)。此外,接触母语语音的经验不仅使婴儿保持了对母语语音的分辨,还进一步提升了对母语语音范畴的感知(Kuhl,Tsao,Liu,Zhang,& deBoer,2001;Polka,Colantonio,& Sundara,2001)。这个研究结果使得我们不得不重新对 Eimas(1974)最初的结论进行探讨,即新生儿具有普遍语音敏感性,而对于特定语言的接触经验则在婴儿保持对该语言的语音敏感性中起到重要作用(Kuhl,2000;Werker & Curtin,2005)。下文中我们还进一步讨论该研究领域中令人兴奋的新进展——确定学习在其中所起到的作用有多大。

除了上述这些实证研究结果所得到的语音知觉的内在基础,相当多的研究都支持如下观点:言语也许具有特殊性。早期研究显示,当我们以语音范畴的形式来知觉言语时,而对于非言语的知觉则倾向于更连续的方式(例如 Mattingly,Liberman,Syrdal,& Halwes,1971)。另外在执行语音分辨任务时,被试使用的是左脑的特定区域或结构(Phillips,Pellathy,& Maranta,1999;Studdert-Kennedy & Shankweiler,1970)。在针对婴儿的研究中,我们也得到了相同的结论(例如,Eiman et al.,1971)。在双耳分听实验中,3 个月的婴儿明显表现出右耳语音分辨优势(Glanville,Levenson,& Best,1977),也许这种优势更早就存在(Bertoncini et al.,1989)。但是即便得到这样的研究结果,也有相当多的研究并不支持这种婴儿语音分辨的右耳/左脑(LH)优势观点(见 Best,Hoffman,& Glanville,1982;Vargha-Khadem & Corballis,1979 的研究,他们都不支持 LH 优势说)。

采用电生理研究中的事件相关电位(event related potential,简称 ERP)为因变量,有助于我们探明婴儿早期神经心理的发展。例如 Dehaene-Lambertz 和 Baillet(1998)使用 ERP 为指标,发现了对于语音范畴的改变,脑部区域会出现激活反应,但是对于 3 个月大的婴儿而言,语音范畴内的等量变化则不能引起这种激活反应。近来有研究发现,婴儿大脑能够从不同说话人的声音中提取语音范畴,这表明当采用多种嗓音作为变量时,婴儿仍呈现出相同的语音知觉模式(Dehaene-Lambertz & Pena,2001)。ERP 研究都支持语音分辨任务中的不

对称性,但是不对称的形态则随着婴儿年龄和刺激类型不同而改变(Dehaene-Lambertz &
Baillet,1998;Dehaene-Lambertz & Dehaene,1994;Molfese & Molfese,1979,1980,1985);
有些研究则显示新生儿出生时对于语音的反应是双侧对称的,在 3 个月时出现了右脑(RH)
优势(例如 Novak,Kertzberg,Kreuzer, & Vaughan,1989)。Molfese 发现在分辨对照音时
存在着左脑优势,但是当发音人改变时右脑的 ERP 活动更为明显(Molfese,Burger-Judish,
& Hans,1991;Molfese & Molfese,1979)。对于元音的知觉也呈现出不对称性,但是支持右
脑优势(Cheour-Luhtanen et al. ,1995)。婴儿对于语音分辨的敏感,以及可能存在的神经系
统专门化特征对语音分辨的促进作用都支持了如下观点:即言语具有特异性,是由专门化
的神经系统来处理的。

　　但是,并不是所有研究数据都支持上述研究结论。该领域的第一批研究发表以来,在很
短的时间内便出现了许多类似的研究,但是它们的结果与言语语音知觉具有范畴性的结论
并不完全一致。这些研究显示无论是成人(Pisoni,1977)还是婴儿(Jusczyk,Pisoni,Walley,
& Murray,1980),在知觉某些非语音时也呈现出范畴知觉。另外,非人类的动物也表现出
和人类婴儿类似的范畴边界。Chinchillas(Kuhl & Miller,1978;Kuhl & Paden,1983)的研
究显示,一些种类的动物能够也具有语音知觉范畴,可以分辨诸如/pa/-/ba/的声音连续体,
以及诸如/ba/-/da/等位置连续体,还能分辨不同的辅音(Morse & Snowdon,1975;Waters
& Wilson,1979)。日本鹌鹑能够分辨出不同元音条件下的辅音范畴(Kluender,Diehl, &
Kileen,1987),虎皮鹦鹉也能够分辨辅音(Dooling,Best & Brown,1995)。在元音研究中也
发现了同样的情况,猴子甚至是猫能够分辨/i/和/u/(Dewson,1964)。对猴子的研究也显
示,猴子具有和人类一样的元音知觉模式,它们能够非常精确地分辨那些发音很接近的元
音,例如 bet 中的/e/和 bat 中的/æ/(Sinnott,1989)。虽然早期研究认为只有人类(成人和婴
儿)表现出语音原型效应,但是现在研究表明,从老鼠到鸟类都能够在接触到元音范畴后表
现出语音原型组织(Kluender,Lotto,Holt, & Bloedel,1998)。动物研究结果使得如下结论
的可能性大大增加,即言语知觉可能并不是人类特有的能力,除了反射性的知觉基础外,这
种范畴知觉可能在灵长类动物中就具备,甚至是更为低级的动物中也存在。

　　综上所述,对于婴儿言语知觉的最初研究工作引发了人们对成年人语音知觉的研究,随
后的研究开始关注婴儿是否像成人那样具备对不同语音的反应模式,如果具备,那么婴儿和
成年人的神经机制是否相同。以此为目的的研究采用了更为成熟的研究方法和技术,并且
研究对象也从人类扩展到了其他动物。研究结果也极大地丰富了我们对于言语知觉发展的
认知,而对于研究结果的解释无疑为后继的研究提供了素材。但是对于过去研究的检视给
我们一个重要启示,即言语并不只包含了语音范畴,婴儿可能具备对言语其他特征的敏
感性。

言语偏好

　　在言语偏好研究中,人们要问的第一个问题往往是婴儿的知觉系统是否有助于他们将
言语和其周围环境中的其他声音信号区分开来,婴儿早期就出现对言语的偏好将有助于他

们对那些作为语言获得基础的信号产生定向作用。虽然人们普遍认为,与其他声音相比,婴儿从出生的那一刻起就开始对言语具有偏好,但是几乎没有什么研究数据能够证实该观点。事实上,直到最近才有研究专门针对该观点进行了实验。例如有项被广泛引用的研究显示,4到5个月的婴儿对于言语具有一种天生的偏好,与伴随白噪音的目标刺激相比,婴儿对于伴随着连续女声的目标刺激的注视时间更长(Colombo & Bundy,1981)。现在已经没有人认为将不常见的白噪音作为人类言语研究的控制是恰当的,但是其实 Colombo 和 Bundy 的实验设计并不是为了验证婴儿的言语偏好,他们实验的目的是为了找到一种能够评估婴儿对于不同声音类型进行反应的方法。另外人们忽略了 Colombo 和 Bundy 的另一项针对2个月大的婴儿的研究(1981),在该研究中婴儿对于言语和白噪音并没有表现出不同的反应。Glenn、Cunningham 和 Joyce(1981)的研究是除此之外仅有的直接针对言语听觉偏好的早期研究,在该研究中,与三个乐器独奏相比,9个月的婴儿在听到女声唱歌时更频繁地拉动杠杆,而乐器演奏和唱歌的曲调是一样的。

直到最近才有研究对婴儿的声音刺激偏好进行了系列研究,研究中采用两种声音刺激:一种为人类言语中具有结构特征的单个音节,另一种对照音是按照音节严格匹配的非言语音。Vouloumanos、Kiehl、Werker 和 Liddle(2001)采用了在正弦言语音(Remez, Rubin, Pisoni, & Carrell,1981)的基础上设计的复杂的非言语调协音。该研究的言语刺激包括了音节"lif",呈现时以一种高频率音的方式重复若干遍,因为父母在对婴儿说话时往往将声音调协至较高的频率。而相对应的非言语刺激则是用正弦曲线来代替语音刺激,其中的基础频率和三个最高频率构成都和语音刺激相一致,也就是说,与早期探究言语和非言语实验相比,该研究中的刺激在持续时间、周期、基础频率和振幅区间都是严格匹配的,虽然人类声音器官是无法发出波形为正弦曲线的非言语刺激的。

Vouloumanos 和 Werker(2004)在其最早的实验中采用了后继偏好注视程序(例如 Cooper & Aslin,1990)来测量2到6个月婴儿的听觉偏好。研究显示,相对于复杂的非言语类比,婴儿更偏好言语刺激。在随后的实验中,研究者采用了相同的刺激来对新生儿进行实验,而因变量采用的是高振幅吸吮(high amplitude sucking,简称 HAS)。和其他早期研究相同,对于言语刺激,婴儿更多地表现出高振幅吸吮动作(Vouloumanos & Werker)。为了探明经验对于激发偏好的作用,Vouloumanos 设计了一个刺激,他使用过滤器使得声音听起来就像经过子宫壁过滤一样。新生儿对于过滤过的语音和非语音刺激的表现是一致的,即使他们能够区分两者,但是并没有表现出偏好。这个发现似乎证实了新生儿的听觉偏好不是子宫内对于人类言语听觉经验的直接结果,而是听觉偏好可能是先天的、对于人类言语器官发出的声音结构特征的知觉。另外,现在的研究还发现除了口语之外,我们对于所有的交流信号都有偏好。在近期的研究中,Krentz 和 Corrina(2005)发现,呈现给婴儿可观察的交流信号和精心匹配的非言语身体姿势,婴儿表现出对前者的偏好。总之,这些研究都证实了婴儿对交流信号存在着广泛的偏好。

上述结论还得到了那些使用神经影像技术研究的进一步证实。Vouloumanons 等人(2001)采用了事件相关的 fMRI 对成人进行了研究,研究发现成年人左半球颞叶特定言语

76

区域更容易被变化着的言语刺激所激活,而不容易被同样变化着的复杂非言语刺激所激活。该研究结果得到了许多其他研究的证实,即与其他类型的声音相比,成人左脑中特定区域对言语的反应更为活跃(例如 Benson et al.,2001;Binder et al.,1997;Fiez et al.,1995;Price et al.,1996;Zatorre,Evans,Meyer,& Gjedde,1992;Binder et al.,2000;Zatorre,Meyer,Gjedde,& Evans,1996)。

时至今日,只有两项研究采用了造影技术来探究婴儿的大脑对言语和非言语的不同反应。研究比较了婴儿对言语语音和非言语的知觉(类似的以成年人为对象的研究见 Dhaene et al.,1997;Wong,Mihamoti,Pisoni,Seghal,& Hutchins,1999)。无论是用眼动(Pena et al.,2003),还是 fMRI(Dehaene-Lambertz,Dehaene,& Hertz-Panier,2002)技术,研究都表明言语刺激对婴儿的左脑更具有激活作用。Pena 等人(2003)对新生儿进行了研究,发现传统的语言区比颞叶更容易激活。而 Dehaene、Dehaene 和 Hertz-Pannier(2002)发现 3 个月的婴儿左半球激活作用更大。这种人类言语知觉的早期感知和神经特征是人类所特有的,还是在物种中进化的结果,这个问题有待于在灵长目动物实验中进一步研究。

对言语中可视信息的知觉

言语知觉不仅包括对声音信号的知觉,还包括对可视音节信息的知觉,其中最有名的例子是 McGurk 效应(McGurk & MacDonald,1976),即当观察一个说话者说出音节/ga/的同时听到/ba/音,成年人对此的反应是通常报告觉察到/da/或者/tha/,一个融合了听到的和看到的刺激的音节。这个效应在不同实验条件下,和不同语言中都获得了证实(参见 Green,1998 的综述),并被视为我们语音知觉的一种天赋能力。但是,也有研究证明学习对该效应的影响。McGurk 效应在成人中的表现比儿童更明显(Hockley & Polka,1994;MacDonald & McGurk,1978;Massaro,Thompson,Barron,& Laren,1986),那些具有发音障碍的儿童的 McGurk 效应更弱(Desjardins,Rogers,& Werker,1997);并且还表现出某种语言特殊性影响,就如同前文中所看到的对于非母语语音不能准确知觉那样(Massaro,Cohen,& Smeele,1995;Werker,Frost,& McGurk,1992)。

有两类研究探讨了婴儿对言语中可视信息的知觉是否先于学习而存在。在一个研究里,在婴儿的两个侧面出现两张脸,一张脸发出清晰的有声音节,另一张则是匹配的不同音节。研究者记录下婴儿分别看两张脸的时间和次数。采用这种方法,Kuhl 和 Meltzoff (1982)发现,4.5 个月大的婴儿更偏爱观看发出清晰音的元音的脸(与/i/相比更喜欢看发出/a/的脸)。这个发现在其后许多研究中得到了拓展研究,被应用于不同元音(Kuhl & Meltzoff,1998)、不同性别的脸和声音(Patterson & Werker,1999)、双音节(例如 mama,lulu;MacKain,Studdert-Kennedy,Speiker,& Stern,1983)的研究,还采用了以吸吮为指标的研究(Walton & Bower,1993)。此外,实验中常观察到小婴儿会随着声音的呈现而开闭嘴巴(Kuhl & Meltzoff,1988;Patterson & Werker,1999,2002),这意味着婴儿不仅进行视觉和听觉言语知觉,而且对发音过程也进行了加工。这种匹配效应在 2 个月婴儿身上也能观察到(Patterson & Werker,2003)。这种在婴儿早期就成熟的匹配能力尤其引人注意,特别是当它与其他类型的重要生理信息相比较时。例如婴儿直到 7 至 9 个月才能将脸部的性别特征与声音相联结(Walker-Andrews,Bahrick,Raglioni, & Diaz,1991),即便这些婴儿在测试其元音匹配效应时使用了与上述实验完全一样的刺激。

McGurk 效应在婴儿期就存在的证据并不多。虽然有研究报告说,当实验中所呈现的听觉刺激和视觉刺激不匹配时,婴儿也表现出与成年人一样的"困惑"或"眼神迷离"的表情(Burnham & Dodd, 2004; Desjardins & Werker, 2004; Rosenblum, Schmuckler, & Johnson,1997),但是婴儿身上表现出的 McGurk 效应并不像成年人所表现的那样明显和稳定。综上所述,这些研究都表明,婴儿在很早开始就具有一种天赋的知觉系统,该系统不但对语音的听觉部分,而且对语音的视觉特征都很敏感,但是该系统会随着对言语的听觉经验和发音经验的增加而完善。最近的研究还显示,我们人类不是唯一的在知觉交流刺激时会同时利用听觉和视觉信息的灵长目动物(Ghazanfar & Logothetis,2003),这意味着言语发展通道可能深深地根植在我们的进化进程中。

对言语信号韵律的知觉

人类语言的基本特征之一就是语言的韵律——言语的音律特征,包括了声调和节律。传统上,语言依据其所具有的主要韵律特征,主要可以分为三类:重音间隔、音节间隔和短音节间隔(Abercrombie,1967;Pike,1945)。英语和荷兰语就是重音间隔语言,它们重读和非重读音节交替出现,而且各个重读音节的持续时间都相差无几。西班牙语和意大利语则属于音节间隔语言,它们使用音节作为基本的时间间隔单位,每个音节都同样重读,并且所持续的时间也大致相等。最后诸如日语就是短音节间隔语言,所谓短音节是一种韵律单位,大致对应于(英语中)辅音加上短元音("the"就包含了一个短音节,"thee"就包含了两个短音节)。这种分类方式后来经过进一步的完善与修订,即分类时要考量 2 个关键语言特性:每个音节中元音所占比例,以及辅音的变式(Ramus,Nespor, & Mehler,1999)。语言的这些韵律特征影响到成年人的言语加工;同时让说不同语言的人具有不同的分隔单位。以音节为间隔的语言(如法语、西班牙语、卡托兰语和葡萄牙语)使其使用者在加工音节方面呈现出优势(例如 Mehler, Dommergues, Frauenfelder, & Segui, 1981; Morais, Content, Cary, Mehler, & Segui,1989;Sebastian-Galles,Dupoux,Segui, & Mehler,1992);说以重音为间隔的语言的人,如英语和荷兰语的使用者则对音素的感知比较好(Cutler,Mehler,Morris, & Segui,1986;Vroomen,van Zon, & de Gelder,1996);说日语的成年人则使用短音节作为分隔单位(Otake,Hatano,Cutler, & Mehler,1993)。这些差异不仅是对语言表面特征的刻画,而且也许是深层句法结构的线索(Nespor,Guasti, & Christophe,1996)。

人类婴儿从出生起就表现出对不同韵律差异的敏感。Demany、McKenzie 和 Vurpilot (1977)的研究堪称经典,其研究显示 2 个月和 3 个月大的婴儿能够依据音调的韵律顺序分辨出不同的音调,同时还有其他证据表明婴儿能够利用韵律来探查言语的时间特征(Fowler,Smith, & Tassinary,1986)。事实上,已有许多研究结果都证明婴儿从出生开始就能够利用言语的时间间隔特征来分辨不同的语言,Mehler 等人(1988)的研究表明,新生儿能够分辨法语和俄语,而这两种语言都由同一个双语使用者读出;而令人感兴趣的是,新生儿的这种辨别至少有一部分是根据言语的韵律特征。在使用了低通过过滤器的言语发音实验中,研究者也获得了相同的结果。低通过过滤器言语发音能够过滤掉语音上的特征,但是保留了言语的韵律特征。鉴于婴儿在子宫内就接触到同样的言语特征,对于上述实验数据的解释首先可以归结为:新生儿的言语能力受到出生前经验的影响。但是随着对于实验数据的进一步分析,我们不难发现新生儿除了能够将母语与其他语言区分开来,还能够区分两种不熟悉的语言,如法语为母语的婴儿能够区分英语和意大利语(Mehler & Christophe,1995)。该研究结果不支持婴儿语言分辨能力是由于出生前经验所致的观点。

事实上,现在有大量的研究证据显示婴儿能够使用韵律线索来分辨大量不同的语言,这意味着可能在婴儿早期言语表征中韵律占有优先的地位。与该假设相一致的观点是,婴儿是依据语言的韵律类别来对语言进行分辨的。例如新生儿和2个月大的婴儿能够将分属不同韵律类别的两种语言区分开来,但是不能区分属于相同韵律类别的两种语言(Mehler et al.,1988;Moon,Cooper, & Fifer,1993;Nazzi,Bertocini, & Mehler,1998)。当言语刺激为后置言语时,即言语的韵律线索受到破坏时,婴儿便不能表现出语言区分能力;而前置言语刺激时就能很好地分辨不同语言。非人类的灵长目动物对此也有相同的表现,这说明对言语韵律特征的加工不是人类所特有的能力(Ramus, Hauser, Miller, Morris, & Mehler,2000)。直到5个月大时,婴儿对于母语的经验才促使他们能够将母语与属于同一韵律类别的其他语言区分开来(Nazzi,Jusczyk, & Johnson,2000)。因此,对于语言韵律辨别的先天能力与后天经验的相互作用促使婴儿能够将自己的母语同其他语言区分开来。但是直到5个月,婴儿还是不能区分属于同一个韵律类别的两种不熟悉语言。

属于不同韵律类别的语言不但在时间特征上有区别,而且它们的声调曲线形状也不同。在一些研究中,在400赫兹频率上使用低通过过滤器(即过滤到语音内容而保留声调线索),婴儿仍然能够区分诸如英语和日语这样的两种语言(Ramus & Mehler,1999)。如前文所述,婴儿对于音高差异很敏感,而且他们能够利用声调来区分元音(Bull,Eilers, & Oller,1984;Karzon & Nicholas,1989),还能够分辨不同音高曲线形状的单词(Nazzi,Floccia, & Bertoncini,1998)。婴儿的这种对言语韵律的偏好(Cooper & Aslin,1990;Fernald,1984;Werker & McLeod,1989)至少部分可以解释为他们对基础频率的敏感(参见 Colombo & Horowitz,1986)。

接下来令人感兴趣的问题是,婴儿的这种区分不同语言的能力是随着韵律知觉能力,还是声调知觉能力,抑或两者的结合的提高而提高的呢? Ramus 和 Mehler(1999)对自然言语进行了重新合成,通过保持辅音来保留其韵律特征。在使用这种合成刺激的条件下,法语新生儿仍然能够分辨属于不同韵律类别的语言(Ramus,2002;Ramus et al.,2000),虽然分辨水平可能下降了一些。这些结论证实,婴儿可能利用声调来促进其对不同语言的分辨,但是韵律已经足够保证婴儿区分属于不同类别的语言。

在双语环境中,这种对语言的区分能力显得尤其重要。接触到不同语言的婴儿可能就是利用韵律分辨将他们所听到的不同语言区分开来。如果不断地提醒婴儿他们所输入的不是一个,而是两个语言系统,那么这种做法似乎能够促进婴儿成功地获得两种语言。如果不给婴儿这种信息提示,婴儿可能不能确定他听到的是否是多种语言,这也许会导致学习过程中潜在的混乱。

Bosch 和 Sebastian-Galles(2001)评估了 4 个月大的同时学习西班牙语和卡托兰语婴儿的语言再认能力。这两种语言属于同韵律类别,这使得它们很难区分。但是这些双语婴儿却能够很好地分辨这两种同时存在于其生活环境中的语言。这个结果表明,这些接触特定双语环境的婴儿的早期语言分辨能力,可能是基于元音复位现象的存在(因为韵律线索不能使他们分辨这两种语言)。最近有研究表明接触双语的婴儿从出生开始就能对不同语言进行不同的加工(见 Werker,Weikum, & Yoshida,待发表)。该研究采用了英语和 Tagalog 语作为刺激,两种语言韵律类别不一样,结果发现相对于过滤过的 Tagalog 语,只接触英语的新生儿对过滤过的英语更为偏好;但是同时接触这两种语言的新生儿则没有表现出这种偏好,他们对两种过滤的语言的选择率是相等的。这表明词汇知识在分辨语言过程中是必需的(例如 Genesee,1989),基本的语言区分能力早于婴儿开口说话。但是这些结论仍然不能回答如下问题:婴儿是否真的把两种语言表征为不同的系统,或者还是只是分辨为一个系统中的不同成分。

言语信号其他方面的知觉

婴儿除了表现出对言语本身、语音分隔、言语可视信息和言语的韵律与声调的敏感之外,即便是最幼小的婴儿对言语信号所携带的其他方面信息也表现出令人印象深刻的敏感。婴儿对音节范畴变量的某些方面具有很强的辨别能力。3—4 个月大的婴儿就表现出对VOT 层级的知觉(Miller & Eimas,1996),6 个月时他们已经能够沿着 VOT 连续体分辨其中的类别差异了(McMurray & Aslin,2005)。另外,6 至 8 个月大的婴儿(10—12 个月婴儿就非如此)就能够将不送气的浊音/d/,与不送气的清音/t/(把/sta/中的“s”音去掉形成的)区分为两个不同的范畴,即使许多以英语为母语的成年人将这两个音认为是与/d/一样的音节(Pegg & Werker,1997)。

在一些语言加工任务中,要求被试区分同一音节范畴中的不同音节(参见 Werker & Curtin,2005)。此类研究中有一种任务就是辨别所有的音位变体(allophone)。所谓音位变体是指同一个语音随着在单词中位置的不同而发音有所变化的所有音。2 个月大的婴儿能够探查到“night rate”中的非送气/t/与“nitrate”中送气的、半卷舌音/t/之间的差异(Hohne & Jusczyk,1994),而这种敏感性对单词停顿分隔的感知是非常重要的,这个问题下文中会讨论到。

同样,婴儿对音节形式也很敏感。法语新生儿就能够通过“数”音节,将两个音节的单词与三个音节的单词区分开来,而这些单词通过调整,整个发音持续时间是一样的(Bijiljac-Babic,Bertoncini, & Mehler,1993)。相比/tsp/和/pst/这种音节形式,婴儿对于和“good”这种音节形式相同的刺激——即以元音为核心的音节形式(/tap/和/pat/)的知觉更好(Bertoncini & Mehler,1981)。对于 7—9 个月大的婴儿而言,有研究表明他们对言语的韵律(Hayes,Slater, & Brown, 2000)、头韵(alliteration)(Jusczyk,Goodman, & Baumann, 1999)、全音节重复(Jusczyk,Goodman et al. ,1999)等都具敏感性。

婴儿的这种敏感性在其获得与语法相关的知识过程中非常有用。婴儿对于可以用来区分语法类别的听觉和语音线索有着令人惊异的敏感性。正如婴儿对不同的语言的语音和韵律特征敏感一样,婴儿对于单词可能所属的语法类别也能辨别,例如英语里有前置词,中文里有后置词。世界上的所有语言的词汇基本上都可以划分为两个系统,一种是词性系统(如名词、动词和形容词等),另一种是语法词性系统(如限制词、前置词等)。这些词可以通过语音线索来区分,例如音节的复杂性、音节数、发音持续时间、响度和元音退化现象(见 Kelly, 1992)。对于婴儿而言,言语中的这些差异似乎非常明显,无论这些差异发生在母语还是其他类型的语言中(Morgan,Shi, & Allopenna,1996;Shi,Morgan, & Allopenna,1998)。

Shi 及其同事在其最近的研究中发现,随着年龄的增加,婴儿会逐渐使用这些线索。新生儿能够将实词和虚词相区分,即便这些词的音节数量和响度是一样的(Shi,Werker, & Mrogan,1999)。出生前的听觉经验不是这种能力的来源,因为当实验刺激采用新生儿不熟悉的语言时,婴儿的表现是相同的。当婴儿 6 个月大时,婴儿表现出对实词的偏好(Shi & Werker,2001),这种偏好现象也不能用后天对某种特定语言的经验来说明,因为再一次,婴儿对于不熟悉语言刺激也表现出同样的实词偏好(Shi & Werker,2003)。但是婴儿之所以对实词偏好,是因为婴儿对实词的语音形式熟悉所致。但是这些发现并不一定就意味着新生儿出生时就具备重要的语法类别知识,虽然这些发现的确在某种程度上表明婴儿的知觉偏向于将词汇划分为两种基本的类型。另外,婴儿越接近学习单词意义的年龄,他们会越有选择性地关注那些发音更响的,而且通常占据显著位置的实词。

当婴儿刚开始说话时,他们通常会省略功能性词素(如,the, -ed,-s),这使得人们必须思考如下问题:婴儿仅因为不能觉察到这些功能性词素而忽略它们,还是因为其他的原因而省略,例如说话时的限制等(例如 Gerken & McIntosh,1993)。几项研究表明婴儿事实上能够觉察到这些句子里比较弱的词素。例如通过对 11 个月大的英语婴儿的头皮 ERP 记录表明,当婴儿听包含了正确功能性词素的故事,和改变过的功能性词素的故事时,其 ERP 不一样,但是 10 个月大的婴儿就没有这种现象(Shafer,Shucard,Shucard, & Gerken,1998)。在采用以转头偏好为指标的对德语婴儿的研究中也得到了同样的结果,即 7 到 9 个月的婴儿能够精确地再认熟悉的功能性词素,但是 6 个月大的婴儿就不能(Hohle & Weissenborn, 2003)。与跟随在发音错误的功能性词后面的人造词相比,11 个月的婴儿对于跟随在正确的、使用频率高的、熟悉的功能性词后面的相同人造词表现出偏好(例如英语婴儿听"the brink"的时间要长于"ke brink"),即便功能性词的使用频率不高,例如"its"或者"her",13 个月的婴儿仍表现出同样的偏好(Shi,Werker, & Cutler,2003)。事实上,在婴儿 11 个月以后,那些使用频度高的、熟悉的功能性单词,例如"the"还能够促进新词的学习和对语句的划分。如果将人造词先置于包含有诸如"the"的熟悉高频功能词的短语里出现,那么婴儿能够更好地再认(Shi,Werker,Cutler, & Cruickshank,2003)。

当儿童达到单词学习高峰时,熟悉的功能性单词的重要性就日见凸显,随后开始下降。

80

在一项视觉偏好研究中(图片放置在两侧),当一个正确发音的功能词先于物体标签出现时,18 个月的婴儿的表现最为准确;而当功能词发音错误时,表现就最糟糕,他们的反应常常为错误的功能词所扰乱。24 个月大的幼儿对此的表现与 18 个月的相似,但是没有那么明显;而 36 个月的幼儿就能够忽略功能词信息(Zangl & Fernald,2003)。这样看来,功能词的作用远远大于语句分隔和确认,2 岁的幼儿能够利用功能词作为线索在句子上下文内容中发现新信息(Shady & Gerken,1999)。

言语中还包含着超语言信息(有时也成为索引式信息)——传递着情感、说话者身份和所强调的重点等的线索,对此婴儿也颇为敏感。他们更喜欢指向婴儿的言语,而不是指向成年人的语言(Cooper & Aslin,1994;Fernald,1984);他们能够分辨个体的嗓音(DeCasper & Prescott,1984;Floccia, Nazzi, & Bertoncini,2000);从出生开始就对母亲声音极度偏好(DeCasper & Fifer,1980),这表明出生前学习的影响。索引式信息还能帮助对特定言语信息的知觉。例如妈妈语(motherese)中相对高频的音节能够促进婴儿的语音分辨,Karzon(1985)的实验中让婴儿分辨/marana/和/malana/时就获得了上述结论。这也许是因为妈妈语中所包含的语词分隔信息更容易识别,这种信息通过指向婴儿的妈妈语中夸张的声音(Ratner & Luberoff,1984)和元音持续的时间(Kuhl et al. ,1997;Ratner,1984)来传递。研究还发现,对于元音类别知觉的成熟与 6 到 12 个月婴儿的言语分辨能力相关(Liu,Kuhl, & Tsao,2003)。有意思的是,虽然指向宠物的言语与指向婴儿的言语有许多相似的特征,但是只有指向人类婴儿的语言中才出现通过声音夸张来凸显元音(Burnham, Kitamura, & Vollmer-Coma,2003)。这意味着超语言信息和语言因素的交互作用可能是人类交流中独有的。

输入线索的内隐发现：使环境有意义的驱力

在 6 到 12 个月期间,婴儿关于其母语的语音结构方面的知识有了极大的增加,在前文中我们已经讨论了语音知觉随年龄而发展的观点。本节中,我们将讨论儿童对语言其他特性知觉的发展情况,并探究导致这种发展轨迹的机制。

重读和音位结构线索

不同的语言内在韵律规则差异很大,成年人会利用这些规则对单词可能的结构进行预测。例如,讲英语的人会预期单词会强弱交替——单词以重读音节开始——这反映出英语重读音节的分布(例如,Culter & Carter,1987;Culter & Norris,1998)。这个"扬抑格偏好"在婴儿语言获得过程中很早就出现了,远早于婴儿说出单词。例如,9 个月大的婴儿就开始喜欢听与他们母语重读格式相一致的例词(Jusczyk,Culter, & Redanz,1993),而且相对于轻音节而言,更喜欢听重音节(那些具有长元音且以辅音结尾的音节称为重音节;只具有短元音且结尾没有辅音的音节为轻音节;Turk,Jusczyk, & Gerken,1995)。这个结果不应视为对于特定重读音节形式天生的偏好,因为 6 个月大的婴儿在实验中就没有显示出这种对母语重读形式的偏好。这是儿童后天学习过程的有力证据，虽然这种学习应该建立在婴儿必须能够发现所输入言语中的韵律规则的基础上。

婴儿对言语的敏感性不只表现在音节水平的形式上。研究表明，9个月的婴儿已经具备了许多关于母语音位结构形式的知识：在音节和单词中可能出现的音素序列的排序及其位置概率。例如，序列/ds/在英语音节中可能在结尾处，但是不可能在开头。音位结构并不只对发音起作用，因为在某些语言中，序列的发音是规则的，有些语言则不是。音位结构效应在针对成人的研究中可以发现(例如 Vitevitch & Luce,1999;Vitevitch,Luce,Charles-Luce, & Kemmerer,1997)。同样当儿童学习有关物体的新名词时，其学习过程也会受到音位结构概率的影响(例如 Storkel,2001)；音位结构的影响还表现在让被试重复人造词的实验中(Coady & Aslin,待发表)。9个月大的婴儿喜欢倾听与规则音位结构相符合的序列，但是6个月的婴儿就没有这种现象(Friederici & Wessels,1993;Jusczyk,Friederici,Wessels,Svenkerud, & Jusczyk, 1993)，9个月的婴儿还对使用频率高的音位结构表现出偏好(Jusczyk,Luce, & Charles-Luce,1994)。令人感兴趣的是，双语环境中的婴儿音位结构的知识也和上述研究结论相一致(Sebastian-Galles & Bosch,2002)，婴儿关于主导语言和非主导语言音位结构的知识有差异：婴儿对主导语言的音位结构形式更为敏感，这表明婴儿同时能获得的音位结构系统的数量可能是有限的。

婴儿对于某些音节规则更加敏感。例如 Jusczyk、Goodman 等人(1999)的研究表明 9个月大的婴儿对单词开头的音节形式比对结尾处的要敏感(同样的结果参见 Vihman,Nakai,dePaolis, & Halle,2004)。这些结果表明单词的某些部分在婴儿早期语音表征中优于其他部分，而从音位结构上说单词开头往往比结尾包含更多的细节。令人感兴趣的是，这个结论反映出婴儿的日常生活智慧，因为婴儿对韵律具有高度的协调性。另一个发现也证明了这点，即在婴儿词汇意义表征中，往往对词尾的加工更优先(Echols & Newport,1992;Slobin,1973)。

高水平单元

婴儿对其母语声音结构的表征还包括了更大的音位结构形式，即多音节单词。从20世纪80年代开始，研究者开始对音位结构形式在多大程度上为婴儿获得母语句法提供了线索感兴趣。Gleriman 和 Wanner 是首先开始研究音位结构的引导作用的学者，他们认为弱音节的功能词是语法的线索，这些功能词在不同句法结构中呈现出不同的韵律，而婴儿能够觉察出这种韵律的变化(相关综述见 Morgan & Demuth,1996)，例如在婴儿导向的言语中，从句结尾处的词的音高和持续时间会发生变化(Fisher & Tokura,1996;Jusczyk et al.,1992)。Hirsh-Pasek 等人的经典研究中(1987)，7个月的婴儿对于在从句之间插入停顿的言语刺激倾听的时间更长，而对于那些在从句中间不应该停顿的地方插入停顿的言语刺激的倾听时间要短，这表明婴儿探察到了后者中停顿造成的干扰。在以音乐为刺激的同类型研究中也得到了相同的结果，这意味着对作为某种单元分界的韵律标记的探察不局限于语言学习过程(Jusczyk & Krumhansl,1993;Krumhansl & Jusczyk,1990)。近来的研究显示，至少在某些情境中,在短语单元水平上的加工也有相同的特征(Soderstrom,Seidl,Kemler Nelson, & Jusczyk,2003),尽管短语中的韵律标记并不明显(Fisher & Tokura,1996)。事实上,新生儿就显现出对于起边界标识作用的韵律的敏感(Christophe,Mehler, & Sebastian-Galles, 2001)。

当然这些证据并不表示婴儿"知道"这些韵律线索指向从句的结尾,而且婴儿敏感的那些在短语里的相关韵律标记与句法边界之间的关联并不紧密(Gerken,Juscyk, & Mandel, 1994),更何况婴儿的这种敏感性是在其利用韵律线索来发现句法结构之前就获得的。在使用人工语言刺激的成人研究中发现,这种分解作用的线索有助于学习者破解句法结构(例如 Morgan,Meier, & Newport,1987;Morgan Newport,1981)。其他的证据则表明韵律结构能帮助 2 个月的婴儿对记忆中的单词序列进行组织分类(例如 Mandel,Jusczyk & Kemler Nelson,1994)。但是韵律结构究竟在多大程度上帮助了婴儿发现句法结构,这个问题仍有待进一步探究。

学习机制

婴儿究竟是如何将其环境中海量的言语信息转变为对于母语的知识的一部分? 对该问题的探讨可以说是这个领域中的首要课题。除非有新的实验技术出现,否则对于这个问题的研究只能通过分析年长儿童的资料,或者通过对儿童解决问题时可能使用的方法的分析来进行,因为后者很可能是儿童天赋的语言能力的表现(例如 Pinker,1984,1989)。还有些采用了计算机模型的研究结果则显示有几种方法构成了儿童的学习系统,而这些结果能够解释儿童语言获得过程中的某些现象(Elman,1990;Rumelhart & McClelland,1986)。

在过去十年间,研究者开发了一些实验方法来帮助鉴别儿童的潜在学习过程。Saffran、Aslin 和 Newport(1996)采用如下方法来对婴儿是否能利用音节可能出现的概率来获得信息进行研究:让 8 个月的婴儿先连续 2 分钟听一个包含了多音节的音节序列:例如 golabupabikututibubababupugolabu...;接着研究者让婴儿听另一个音节序列,该序列包含有重复出现的单词,婴儿被要求辨别出序列中所包含的单词。婴儿成功地完成了上述任务,他们倾听两种类型的音节序列所用的时间不一样,这表明婴儿能够探察并利用语音流的统计概率特征。

同样的方法还能用来研究婴儿语言学习机制的不同类型。例如,婴儿能够成功地完成两项刺激出现概率不同的任务:一项是音节一起出现的概率的任务(例如"la"和"go"一起出现的概率);另一项是简单的计算单词出现频率的任务(例如要侦测的词比其他词更多地出现在音节序列中)。Aslin、Saffran 和 Newport(1998)把这两类任务分开测试,发现即使两类任务中的目标词在出现频率上进行了仔细的匹配,婴儿仍然能够完成任务。一项近期的研究显示音节一起出现的概率比音节出现频率能更好地让婴儿辨别出单词(Swingley,2005)。

在婴儿的某些言语领域中,音节出现频率的作用十分明显。例如婴儿能够对其母语中音位结构的不同形式出现的频率进行表征(Jusczyk et al.,1994;Mattys,Jusczyk,Luce,&Morgan,1999);对于所输入中出现频率高的信息,婴儿更早地进行学习。Anderson、Morgan 和 White(2003)的研究发现以英语为母语的婴儿在幼小的时候对非英语的卷舌齿音/da/-/Da/的分辨要比软腭小舌音/k/-/q/的分辨要差,其中的原因可能是"d's"这个音比"k's"输入频率要高,因此出现频率的高低为婴儿提供了一个很好的学习母语类别结构的机会。同样,Shi 等人的研究(2004)也发现相对于出现频率低的功能词,婴儿更早开始学习那些出现频率高的功能词。

婴儿的言语学习机制还确保他们对输入信息元素的分类保持敏感。Maye、Werker 和Gerken(2002)选取了两类不同种类的语言,将其制作成人工语言作为刺激,被试为 6—8 个月大的婴儿。当刺激材料呈单峰分布时,婴儿将不同语音构成的连续体知觉为一个语音范畴,就像说英语的人将印地语中两个不同的/d/音知觉为一个音,而所谓单峰分布指的是刺激中出现语音连续体中间量的频率最高。当刺激材料呈双峰分布时,婴儿就将不同语音构成的连续体知觉为两个语音,就像印地人能够将齿音/d/和卷舌音/d/区分开来一样;而所谓双峰分布指的是刺激呈现中出现连续体两端音的概率较高。这个结果表明,婴儿对刺激样本的分布敏感,刺激的单峰分布和双峰分布对婴儿的语音辨别产生了影响。信息呈现频率分布的不同影响到婴儿的范畴建构,这意味着在婴儿 1 岁时,婴儿对于母语中信息分布的敏感将有助于他们建构母语语音范畴。

对于所输入言语信息中那些不符合统计概率的规则,婴儿也表现出天生的敏感。Marcun、Vijayan、Rao 和 Vishton(1999)给婴儿呈现了由 3 个音节构成的句子,且句子以一定的规律出现(例如,ga ti ga,li fa li)。当呈现新句子时,记录婴儿对此的反应,而新句子要么遵循例句,要么与例句不符合(例如例句为 wo fe wo,新句子为 wo fe fe)。如果婴儿能够成功地辨别新句子,那么就意味着婴儿能够对信息进行提取,抽象出所输入信息中特定音节形式所蕴涵的知识。Marcus 等人(1999)对这个实验结论进行了解释,认为婴儿探察到了信息中的规律,显示出基于规则的学习机制。但是这种解释也招致了不少非议,有人认为研究结果只能表明婴儿能够完成这项任务,并不意味着对规则的表征(例如 Altmann & Dienes,1999;Christiansen & Curtin,1999;Seidenberg & Elman,1999)。对成人的研究也引起了同样的争议,研究结果究竟是证明了基于规则的知识的获得,还是基于统计概率的知识获得(Pena 等人,2003)。但是,其实到目前为止尚不能以实证的方式清楚地区分两种学习系统(参见 Seidenberg,MacDonld,& Saffran,2003)。

计数单元

为了鉴别出任何学习机制操作中都具有的特定加工过程,就必须不仅关注学习机制的结构(例如要进行什么样的计数),而且必须确定这些计数的发生的前提基础。可能最简单的机制就是频度计数,即记录下某个时间发生的次数。依据要解决的事件不同,学习机制输出的结果可能存在巨大差异,例如如果需要计算一大群鸟的数量,那么结果可以是所有鸟的数目,还可以是鸟爪数,抑或是燕子的或者是鸽子的数目。这些都是计数的前提基础,它决定了学习过程,使得最后的答案各不相同。

在言语表征的研究中,前提条件是至关重要的。模拟早期语言发展的人工言语再认系统很大程度上关注于作为示范作用的相关音素(例如 Brent & Cartwright,1996;Christiansen,Allen, & Seidenberg,1998;Jusczyk,1997)。虽然部分研究支持音素这个单元在婴儿语音知觉中作用非常大,但是还有部分研究认为这种观点不符合婴儿能力发展水平。

在婴儿语音知觉领域的研究兴起后不久,许多研究者就开始关注这样的问题:婴儿表征的单元是什么? 其中一个长期争执不下的问题就是,婴儿能够表征的究竟是音节还是音素,还是两者都能表征。那些采用了分辨任务的研究表明,无论是音节水平的变化,还是语音特征变化,2—4 个月的婴儿都能够探察到(Eiman & Miller,1981;Miller & Eiman,1979)。但是,采用相同任务范式的其他一些研究(Bertoncini,Bijeljac-Babic,Jusczyk,Kennedy, & Mehler,1988;Jusczyk & Derrah,1987)却得到了不一样的结果:婴儿对单词中所包含的音节数量变化敏感,但是对音素的数量不敏感(Bijeljac-Babic et al. ,1993)。尽管在小婴儿的研究中得到了相矛盾的结论,但是年龄稍大婴儿的研究则发现在他们的表征中包含了音节结构(Jusczyk,Goodman et al. ,1999)。随着年龄的增长,成人的表征中同时包含了音节和音素(Nygaard & Pisoni,1995),最近的研究则表明对于至少某些类型的语言学习任务而言,成年人是在音素水平上进行表征的(Newport & Aslin,2004)。而且有意思的是,使用不同语言的成人的表征单元是不同的,使用法语的成人倾向于使用发音音节,而使用英语的成人则对音素和音节同样敏感(Cutler,Mehler,Norris, & Segui,1983,1986)。

有一种观点是这样解释上述这一系列研究结果的:音节是优先表征单位(Bertoncini & Mehler,1981),可能不同的语言都将音节作为其计数的单元。另一种观点则是:音节和音素都是优先表征单位,但是不同的任务会采用不同的表征:音节是计数的基础,但是音素信息在语句分隔中起着重要的作用,至少在以重读为间隔的语言中如此(见 Werker & Curtin,2005)。这两种观点都有待更多的研究来支持。

1 岁前对输入信息的建构

前文已经对婴儿 1 岁前所获得的言语信息的类型,以及婴儿潜在的支持该获得过程的学习机制进行了综述。现在我们将转向讨论那些将上述两个方面内容联结起来的研究:关于言语结构的获得的研究,该方面研究近年来为数众多。一些研究在实验过程中教授婴儿相关的新信息,一些研究则通过输入新信息来发现婴儿是如何利用已经习得的关于其母语的知识的。

这类研究大多采用人工语言,这也是同类成人研究所采用的方法,这样可以将特定的线索独立出来,而在自然言语环境中是无法达到的(例如 Gomez & Gerken,2000;Morgan et al. ,1987)。这种人工语言在婴儿研究中尤其有效,因为人工材料可以保证婴儿所接触到的刺激材料足够简略,从而适合婴儿有限的注意广度。但是另一方面,人工材料却牺牲了研究的生态效度;这就要求研究者必须面对这样的问题:即他们必须证明这些在使用人工材料中发现的学习能力,在婴儿获得其母语的过程中也同样有效。但是,生态效度在实验室研究中一直是个问题,尤其当研究是给予被试强化训练,而非自然语言的输入的实验条件进行时,该问题尤为突出。

音位和音位结构的学习

在婴儿语言学习研究中,音位结构知识的获得是研究的首选课题,因为音位结构与语言结构关联密切。另外,音位结构特征与婴儿获得的语言其他方面的特征有差异,音位结构的形式既具普遍性(即在全语言范围内使用,而非只针对某些单词),也具特殊性(即包含有分隔形式,不像音节和韵律形式往往只与婴儿的注意有关)。针对成人的音位结构研究表明如果教给被试音位结构规则,那么会影响被试对可能的单词形式规则的预期(Dell, Reed, Adams, & Meyer, 2000; Onishi, Chambers, & Fisher, 2002)。

Chambers、Onishi 和 Fisher(2003)将他们针对成年人的研究拓展到 16.5 个月大的婴儿身上。实验材料包括人工单词序列,单词中辅音位置被严格固定,例如/b/只出现在单词开头,不在结尾处出现。经过学习后,婴儿表现出喜欢听符合音位结构的音节,不喜欢听与学习的单词形式不一致的词。令人印象深刻的是,婴儿能够学习 2 级音位结构规则,即一个元素的出现是以另一个元素的出现为条件的(例如如果,而且只有在跟随在后面的元音是/æ/时,/k/才会在音节的开头出现)。

为了了解是否某些音位结构规则比另一些要难学,Saffran 和 Thiessen(2003)让婴儿学习了两种不同类型的音位结构形式。一种是许多语言中都有的形式,另一种是自然语言中没有的结构。对于第一种音位结构形式,婴儿很快学会了其中的规则(例如/p/、/t/和/k/这一类发音与/b/、/d/和/g/是两类音)。而对于第二种规则,婴儿的学习结果是失败(例如将/p/、/d/和/k/与/b/、/t/和/g/视为两类音)。这个结果为语言之所以会具备它们现有的结构形式提供了解释。婴儿学习声音结构相对比较困难,而且不同语言的声音结构各不相同。那些婴儿学习失败的研究,通过展现婴儿学习机制的局限,反过来证明了婴儿学习语言的重点。

婴儿音位结构知识是在其母语环境中迅速获得的。这个学习过程要求婴儿整合不同类型的信息,这种整合能力大约在 6 至 9 个月时出现(例如 Morgan & Saffran, 1995)。例如,单词韵律的先扬后抑格式使得婴儿(至少是以英语为母语的婴儿)预期单词以重读音节开始。为了学习这种扬抑格式,你必须知道有关重读音节间的关系,以及它们在单词中的位置等知识。因此,为了获得扬抑格式的知识,婴儿必须学习重读和单词位置间的对应关系。只有当婴儿学习了一些符合扬抑格式的单词以后,他们才能具备上述知识,这就是为什么 6 个月的婴儿尚不能表现出对扬抑格式单词的偏好的原因。事实上,6.5 个月的婴儿就能学习凸显扬抑格式特征的单词列表,对 9 个月的婴儿也能够采用相同的方法来激发他们的偏好(Thiessen & Saffran, 2004)。

还有一些研究调查了婴儿是如何获得其母语中与重读分配形式相关的、更为抽象的音位结构知识。Gerken(2004)设计了一种具有特定韵律的音位结构形式——一种在多音节单词中重读分配的结构化形式,他用这种人工语言单词列表让婴儿进行学习,然后测试婴儿,看婴儿能否推论出新输入刺激中单词的音位结构,而新输入单词的音位结构与他们先前所学的不同。研究结果表明,9 个月的婴儿能够利用相关知识归纳出新单词的重读分配形式,这个结论对以后的研究课题颇具指引:即婴儿能够在多大程度上学习人类语言中典型的、抽象的音位结构规则。

单词分隔

关于婴儿是如何发现处于语音流中的、缺乏物理意义上的分界线索的单词(Cole 和 Jakimik,1980)的问题,在早期语言学习研究中一直都居于至关重要的地位。虽然在语言获得领域,对于这个问题的关注是近期才发生的事,但是已经出现了一些值得关注的假设。Roger Brown 1973 年在其关于语言获得的著作中首先描述了他自己的问题,即他在学习日语课程中发现自己对于如何分隔单词存在困难;随后他描述了 Olivier(1968)提出的一个关于单词分隔的分配学习早期模型。Gleitman 和 Wanner(1982)也认为这个问题很重要,并假设对于年幼的学习者而言,重读音节可以用来标识单词。上述两个关于单词分隔的早期探讨是颇具前瞻性的,他们认为的两个重要分隔线索:分配和韵律正是现在关于婴儿单词分隔理论的中心。

Jusczyk 和 Aslin(1995)在其最初的研究中采用了婴儿转头程序来确定婴儿是否能够进行单词分隔。他们首先呈现给 7½ 个月的婴儿一个单词分隔问题:以流利语音方式呈现的句子中是否包含有目标词(例如"Mommy's cup is on the table. Do you see the cup over there?")。在经过一段时间对句子的熟悉后,呈现给婴儿目标词(如"cup")和一个新的单词(如"bike"),看婴儿能否分辨出目标词。当婴儿把头转向说单词的人方向,每个单词项在婴儿转头的时间内一直呈现。Jusczyk 和 Aslin(1995)研究发现,婴儿听熟悉单词和新单词的时间存在显著差异,这表明 7½ 个月的婴儿在语音流中发现了目标词。但是 6 个月的婴儿不能完成这项任务。这个结果意味着两种可能:在语音流中分隔单词的能力可能是在 6 个月到 7½ 个月间发展起来的;或者是年幼的婴儿需要辅助线索,或者/和更多地接触目标词才能成功地完成单词分隔。Thiessen 和 Saffran(2003)的研究结果支持了后者,在他们的研究中 6½—7 个月的婴儿在更多地学习了含有目标词的句子后,完成了单词分隔的任务;而 Bortfele、Morgan、Golinkoff 和 Rathbun(2005)则通过让 6 个月大的婴儿学习辅助线索,也顺利地完成了单词分隔。

婴儿是如何解决这个复杂问题的呢?越来越多的证据表明婴儿能够协调与单词边界相关的众多线索。在 20 世纪中期(例如 Harris,1955),有篇关于言语研究的文献对此进行了探讨,认为单词中包含了能够预期的声音序列。这是一种统计概率上的结构,例如因为音节 *pre* 在英语里往往出现在其他音节之前,所以 pre 后面跟 ty 的概率很高;但是,音节 ty 往往出现在单词结尾处,所以它后面可以跟随任何出现在单词开始处的音节;因此 ty 后面跟随 ba 的概率就很小,例如 pretty baby。事实上,婴儿对于上述概率线索十分敏感,并利用这种线索来进行单词分隔(例如 Aslin,Saffran, & Newport,1998;Goodsitt,Morgan, & Kuhl,

1993;Saffran et al. ,1996)。

有些研究结果则表明某些语言中包含了能够促进单词分隔的韵律线索。例如7½个月的以英语为母语的婴儿能够利用扬抑格式的知识,对双音节词中先重读后弱读的单词(第一个音节是重读音节)进行有效分隔,例如能够将"KINGdom"从语音流中分离出来,但是对于那些先弱读再重读的双音节单词(重读音节在第二个音节),婴儿就不能分隔,例如"guiTAR"(Jusczyk,Houston, & Newsome,1999),婴儿将重读的"TAR"视为一个单词。令人感兴趣的是,婴儿还将"TAR"与跟随其后的弱读音节组合在一起,认知为一个单词。这表现出婴儿在此将重读策略和概率策略进行了整合,并利用自己对单词结构的预期进行了单词分隔(相关研究见 Curtin,Mintz, & Christinansen,2005;Houston,Jusczyk,Kuijipers,Coolen, & Cultler,2000;Houston,Santelmann, & Jusczyk,2004;Nazzi,Dilley,Jusczyk,Shattuck-Hufnagel, & Jusczyk,待发表)。

小婴儿不能利用基于重读的分隔线索,这显示这种知识必须通过学习才能获得(例如Echols,Crowhurst 和 Childers,1997;Jusczyk, Houston 等人, 1999;Thiessen 和 Saffran,2003)。另外一些以重读形式不同的语言,例如法语,为刺激材料的研究也表明了语言获得中学习的作用(Polka,Sundara, & Blue,2002)。人工语言研究也表明重读分隔策略是习得的(Thiessen & Saffran,2004)。同时,婴儿还必须学习不能过度使用重读策略,就像任何一条单词分界线索一样,单独使用线索都容易犯错。研究表明直至 10½个月,婴儿才能学会成功地分隔弱读—重读形式的单词(Jusczyk,Houston et al. ,1999)。

婴儿利用重读分配线索来确定单词分界的事实提出了一个类似"鸡和蛋"的问题。如果重读对于单词分隔是一个重要线索的话,那么婴儿是如何在认识单词之前就发现这个线索的? 一个人必须先知道有关母语中单词的一些知识,才能发现重读位置和单词边界之间的关联。其中的一个可能性是,通过听到单独说出的单词,婴儿获得了关于母语单词的主导性重读形式的知识(例如Jusczyk,Houston et al. ,1999)。这种观点看上去符合逻辑,尤其当我们对指向婴儿的言语进行分析时,可以发现言语中包含了大量的独词句(例如 Brent & Siskind,2001)。以此观点,婴儿可能是通过听到诸如"kitty"和"mommy"等单独呈现的单词来学习单词的,并且利用了这些最初的语料发现了母语的重读形式特征。但是,一项最近的研究分析表明,这个假设可能不正确(Swingley,2005)。英语中只有 14%的双音节词是符合扬抑格式的,大多数双音节词是以重读—重读的形式呈现给婴儿的。因此婴儿肯定应该有其他的途径来发现母语的主要词汇重读形式。

对此,另一种可能的解释是,婴儿早期获得的基于音节序列出现概率的分隔线索,让婴儿能够对其语料库进行分析,从而发现了母语的韵律规则。Swingley(2005)通过统计分析发现,通过概率线索能够发现正确的韵律模板,而不是通过单独学习单词。Thiesen 和 Safran(2003)的研究中所显示出的随着婴儿发展,使用线索进行单词分隔的轨迹与上述观点相符合。研究中,当呈现给婴儿的连续言语刺激在重读线索和概率线索上出现冲突时,婴儿采用的是重读线索,与 Johnson 和 Jusczyk(2001)的研究结论一致;但是 6 个月和 7 个月的婴儿却使用了相反的策略,更依赖于概率线索,而不是重读线索,这似乎表明婴儿当时还不知

87

道母语的重读形式。婴儿很可能是通过使用概率线索来分析自己的语料库,从而引发了重读策略(Thiesen & Safran,2004)。

　　婴儿大约在 9 或者 10 月时获得了另一个用于单词分隔的重要线索:婴儿能够利用音位变体——在不同语境中音素发生的变化——来作为单词分界的线索,因为某些特定的语音只出现在单词的特定位置,例如/t/音在单词开头、中间和结尾处的发音是不同的(Church,1987)。小婴儿就对这种可以作为单词分界的音位变体线索敏感,例如小婴儿能够分辨从不同单词位置提取出的双音节/mati/,他们能够分辨分别从单词结尾和开始处提取出来的/ma/和/ti/(Christophe,Dupoux,Bertoncini & Mehler,1994)。9 个月大的婴儿能够探察出诸如 nitrates-night rates 成对出现刺激中的单词分界,这些成对刺激所包含的音素序列是相同的,但是音位发生了不同的变体。这个研究表明婴儿能够利用音位变体线索来进行单词分隔(Jusczyk,Hohne, & Baumann,1999;Mattys & Jusczyk,2001)。另外这个年龄的婴儿所具有的语音范畴反映出他们对位置—特定音位变体的敏感(Pegg 和 Werker,1997)。正如重读知识的获得一样,这些研究发现同样提出了"鸡与蛋"的问题——一个人必须先知道关于单词的信息,才能够发现内在的单词结构的相关线索。婴儿获得该线索的年龄与其他类型线索的年龄大致相同,这绝不是一种巧合。这似乎是当婴儿 9 个月大时,他们已经利用概率线索进行了足够量的单词分隔,并且已经具备足够大的语料库来发现这些单词内在线索。

　　音位变体线索与单词分界也有相关(例如 Brent & Cartwright,1996;Cairns,Shillcock,Chater, & Levy,1997;Vitevitch & Luce,1998)。例如 Mattys 等人(1999)的研究发现,婴儿利用母语中特定辅音群在单词里和单词间的不同来作为分隔线索,该研究采用了诸如 nongkuth 和 nomkuth 成对出现的单词作为刺激。一般而言,同样出现在单词中间的/ngk/和/mk/,在英语里前者更容易出现在单词中间,而后者更容易作为单词的分界。9 个月的婴儿利用了这个微弱的线索作为单词分隔的线索,认为 nomkuth 中间应该是单词的分隔界限,但是 nongkuth 中没有单词的分界。这种给予音位变体的分隔策略需要婴儿已经知道相当数量的单词,从而使得这些音位变体规则已经变得相当明显了。还有一些相关的分隔线索并不需要专门的词汇经验,例如 12 个月大的婴儿采用"单词可能性限制"策略进行单词分隔:他们归纳出单词分隔的结果是,分隔出的单词必须可能是一个单词,他们会避免分隔出现的字母序列看上去不像单词,如只包含有一个辅音的序列(Johnson,Jusczyk,Cutler, & Norris,2003)。这种限制策略可以帮助婴儿对单词进行适当的分隔,避免错误,但是推导出这种限制并不需要许多专门词汇。

　　这里必须指出的一点是,单词分隔不可能只利用单个的线索。两个方面的证据可以为这个结论提供支持:一个方面是实证研究文献,这些研究显示婴儿对许多线索敏感;另一个方面是如下的事实,即如果单独使用一个线索,那么只能解决婴儿遇到的部分问题。那些采用了多种线索的研究,大部分都要求婴儿权衡那些相冲突的线索。例如 6 个月和 7 个月的婴儿相对于重读线索,更偏重于概率线索;9 个月的婴儿正好相反,偏重于重读线索而非概率线索(Johnson & Jusczyk,2001;Thiessen & Saffran,2003)。令人感兴趣的是,Mattys 等人的研究(1999)发现,9个月的婴儿相对于音位变体线索,更喜欢采用重读线索,这支持了如下观点:当发生冲突时,重读线索相对容易探察单词,使用起来也容易(Thiessen & Saffran, 2003);Mattys等人认为,"韵律是最基本的线索,它粗略地进行单词分界,然后婴儿再使用其他诸如音位结构、音位变体限制等线索作为补充"(p.482)。但是婴儿究竟是如何将这些分隔策略联合起来,对于这个问题我们尚不知晓其答案(参见Morgan & Saffran,1995,可以作为探询策略联合效应研究的样板)。

有关利用不同线索的组合来发现单词分界的研究可以在相关文献中找到(更多资料参见Bathceler,1997)。例如,Christiansen等人(1998)在Aslin、Woodward、LaMendola和Bever(1996)研究的基础上对此进行了探讨,他们利用指向儿童的言语语料库来分析婴儿是如何利用音位变体线索来预测单词结尾,从而进行单词分隔的。研究表明如果只是单独使用该线索,那么效果一般,如果和词汇重读线索一起运用,那么单词分隔效果就大大提升。Curtin等人(2005)使用了一种不同的研究方法,他们呈现给被试相同的音节,但是一个是重读的,一个不重读,结果是重读音节的单词分隔效果更好。这些研究都表明多线索联合使用比只使用少量线索的效果好,但是也存在负面影响,多线索会使输入的信息变得复杂。关于婴儿究竟会使用哪些线索,以及这些线索在使用中如何权衡的问题还需要更为精确的研究。

我们讨论了婴儿的单词分隔,已有研究表明婴儿在输入的信息中能够发现单词,然后按照其语音序列进行表征,这使得词义获得成为可能;但是也有可能婴儿以一种更为简单的程序来获得词义。让我们再回顾一下Jusczyk和Aslin(1995)最初的研究,该研究结果可以解释为婴儿能够将"cup"从语音流中分离出来,但是也可以有另一种可能,即婴儿能够将"cup"和"bike"相区分的表现仅仅是因为相对于后者,婴儿更熟悉前者的缘故。如果这种解释成立的话,那么婴儿就不需要进行单词分隔,他依靠对声音的熟悉程度来进行表征,不用将"cup"表征为一个词汇。事实上,一项早期研究认为,在单词分隔任务中,婴儿提取出的往往是韵脚(一种韵律单位),而不是单词(Myers et al.,1996)。鉴于此,婴儿单词分隔任务中输出的究竟是什么便成为一个有意思的问题。Saffran(2001)则依据婴儿学习结果提出了自己的观点。在他的实验中,在学习了音节序列golabupabikututipugolabu...后,婴儿在随后的测试中对golabu做出反应,这意味着婴儿是将它认定为一个单词,还是仅仅因为婴儿熟悉该序列的发音?Saffran(2001)随后让婴儿在学习包含有golabu的句子,然后进行测试,发现婴儿将诸如golabu这些人工词视为基本的英语词汇(对一个8个月大的婴儿而言,单词并不包含对意义的映射)。

Curtin等人(2005)最近对7个月的婴儿进行了进一步的研究,发现重读线索在婴儿原始词汇表征中是存在的。他们对指向儿童的言语进行了分析,认为婴儿作为一个学习者如果能在单词分隔过程中对重读和非重读音节进行不同的表征,那么他的学习更能获得成功;同时也对基于概率的单词分隔有促进作用,就如同起始音节是重读音节序列所具有的优势一样。Curtin等人的分析得到了相关行为研究结果的支持,在行为研究中,测试阶段的项目被放置在句子中,测试项目或者与目标词完全匹配(如BEdoka),或者字母序列相同但是重读形式不同(如beDOka);或者控制序列完全是另一种不匹配的类型;婴儿对完全匹配的测试项目表现出压倒优势的偏好。这些结果表明,周围环境中的重读信息不仅为婴儿提供了计算重读概率的言语输入,而且让婴儿对所输入的语音序列的语法分析进行了编码表征。

一旦婴儿将语音流中的某些序列分隔出来,成为一个新词汇,这些单词是不是能够帮助婴儿对随后的语音流进行分隔,从而发现其他的邻近的单词呢(例如 Brent & Cartwright,1996;Dahan & Brent,1999)? Bortfeld 等人(2005)的研究显示 6 个月的婴儿能够利用已知单词来帮助从语音流中分离出新单词,在他们的研究中,婴儿听到的语音流中包含有自己的名字,这是婴儿在生命第 1 年中很早就知道的单词(Mandel,Jusczyk, & Pisoni,1995),婴儿能够分隔出其名字附近的单词。婴儿熟悉的名字成为一个很强的单词分隔线索,这是我们获得的第一份婴儿 6 个月大的时候就能够进行单词分隔的积极证据。Bortfeld 等人(2005)的研究结果显示出的婴儿可以利用原有知识来对新输入进行加工,这无疑显示出有关单词分隔和婴儿学习的研究的光明前途。

单词再认的开始

一旦婴儿可以将单词分隔为独立的单元,他们就已经做好了再认熟悉单词的准备,即将对单词的内在表征与现时输入的序列相匹配。这不是一件简单的事,因为单词输入形式不是静态的,例如单词的发音会随说话者特征而不同(说话者的嗓音、性别、说话速度和包含的情感等),会随语境而不同(例如协同发音效应)。

成人预期的婴儿能够再认的第一个单词是什么? Mandel 等人(1995)假设婴儿自己的姓名应该是第一个能够再认的单词,因为名字出现频率很高,而且是以单独呈现的方式出现的,并且说的时候往往饱含情感成分以吸引婴儿的注意力。采用听觉偏好的研究程序,实验表明 4½ 个月大的婴儿能够分辨自己的不熟悉的名字,婴儿对自己的名字表现出偏好,即他们能够将内在的对那些熟悉声音的表征与实验中正在输入的声音相匹配,虽然这不表示婴儿能够理解这些声音的意义。但是,6 个月的婴儿已经能够依据单词的意义再认那些最为熟悉的词。当实验中分别在婴儿的左右侧分别播放父母说话的录像,婴儿对于母亲说的"mommy"表现出听觉偏好,对父亲说的"daddy"听的时间较短(Tincoff & Jusczyk,1999)。

这些结果表明婴儿词汇表征的发展速度不是飞速的,而且随着时间持续地增长,尽管输入的信息不断在变化。为了了解婴儿对新词汇表征的记忆维持时间,Jusczyk 和 Hohne(1997)让 8 个月大的婴儿听包含有特定词汇的故事,听故事持续了 10 天,2 周后进行测试,这个期间婴儿不能听到该故事。测试项目是对于故事有的词汇和没有的词汇的再认,尽管 2 周间隔期间婴儿听到了大量的言语,足以起到潜在的干扰作用,但是测试中婴儿对于熟悉故事中的词汇表现出听觉偏好,这显示几个星期前对单词的听觉表征足以引发对单词的再认。

婴儿的这些早期表征究竟包含了多少细节? 至少在某种情境下,婴儿不会将发音相似的单词相混淆。Jusczyk 和 Aslin(1998)实验中的婴儿没有将"zeet"和熟悉的"feet"搞混,表明早期的单词表征具有相当的特异性。同样,在反复学习单词与物体名称后,8 个月的婴儿能够辨别出只在一个音节特征上与目标词不相同的词(Stager & Werker,1997)。

婴儿早期单词表征还包含了如下听觉细节:与句子结构分界相对应的音节位置,如语音意义上的短语。新生儿就能探察到与音位短语分界相关联的语音线索(例如 Christophe et al.,1994,2001)。13 个月时,婴儿能够利用这种线索进行单词再认(Christophe,Gout, Peperkamp,& Morgan,2003)。例如训练婴儿学习单词"paper",测试时则让婴儿再认如下两种条件下的"paper":一种是在句子里的单词("The college with the highest *paper* forms is best");另一种是将 paper 分隔成音位的边界("The butler with the highest *pay per* forms the best")。尽管音位序列的顺序是同样的,即概率和重音线索是一样的,婴儿仍然能够分辨出"paper"和"pay per"在听觉上的差异。

协同发音(coarticulation)是有助于婴儿语音加工的一个信息源。以成人那样的速度说话,不管我们发出的是一段话、音节还是单词,为能够发出前面和后面的元音和辅音,我们的嘴唇、舌头和下颚都必须调整到相应的不同位置。例如音素/b/在"beet"和"boot"中的发音是不同的,这就是协同发音。成年人对协同发音信息的敏感仅限于某些听觉条件下,例如当单词被插入的停顿所打断,成年人表现出对那些熟悉音节的更好的再认,因为在成人熟悉这些音节的过程中,这些音节保持着相同的协同发音信息。但是当停顿没有了,成人只能依靠转换信息,此时他们协同发音的知识就不起作用了(Curtin,Werker,& Ladhar,2002)。7 个月的婴儿已然开始对协同发音信息敏感了,但是其发生作用的条件却与成年人相反。当音节被停顿所分隔时,婴儿对熟悉单词的再认水平并没有因匹配协同发音策略而提高;但是当要求婴儿从一个连续的语音流中对音节进行分隔时,协同发音策略的匹配会显著地改善婴儿的表现(Curtin et al.,2002)。

婴儿所具备的索引式信息也会对单词再认产生影响。例如 7½ 月的婴儿对以前听到过的、同性别人发出的某个单词已经能够进行再认,但是当另一个性别的人读出这个单词时,却没有证据显示婴儿还能进行再认(Houston & Jusczyk,2000)。婴儿似乎在表征单词的同时,对说话者的特征也进行了表征,例如音高成分,它使得婴儿不能再认不同性别的人读出的单词。同样的,7½ 月的婴儿对说话者的情绪状态也进行了表征,当说话者的情绪状态与以前听到目标词时所包含的情绪状态相一致时,婴儿才能再认(Singh,Morgan,& White,2004)。但是婴儿音乐知觉领域的相关研究则对此提出了不同意见,该领域的研究者正热衷于调查婴儿音乐表征经验中的"点点滴滴"对后期再认的作用(例如 Ilari & Polka,2002;Palmer,Jungers,& Jusczyk,2001;Saffran,Loman,& Robertson,2001;Trainor,Wu,& Tsang,2004)。

词义的倾听

与处于前言语阶段的婴儿在单词再认和分隔任务中所表现出的包含细节且多水平的知识不同,那些开始收集更多词汇的婴儿在其单词再认中所使用的知识则显得具有选择性,在细节上也有所限制。例如虽然 14 个月的婴儿能够学习将 2 个人工单词与 2 个不同的物体相联结(Schafer & Plunkett,1998;Werker,Cohen,Lloyd,Casasola,& Stager,1998;Woodward,Markman,& Fitzsimmons,1994),但是如果 2 个人工单词在语音上比较接近,如"bih"和"dih"(Stager & Werker,1997),或者是"pin"和"din"(Pater,Stager,& Werker,

2004),那么同样年龄的婴儿就不能完成该任务。重要的是,当任务变成将单词与视觉影像相匹配时,14个月的婴儿成功完成了这个不需要命名的任务,但是这个任务实际上与前面的任务是同样的(Stager & Werker,1997)。另外,当任务变量更容易时,只用一个单词与一个物体匹配时,如果测试时将单词改变为与目标词发音相似的刺激,那么14个月的婴儿仍然不能完成该任务,但是8个月的婴儿却能完成。婴儿不能学习差异非常小的两个单词所持续的时间非常短,17个月和20个月的婴儿在进行完全同样的任务时,已经能够学习发音相似的单词了(Werker,Fennell,Corcoran, & Stager,2002),而且那些词汇量已经达到某种程度的14个月婴儿也能完成任务(Werker et al.,2002;见Beckman & Edwards,2000,关于词汇量潜在作用的讨论)。在采用ERP技术的研究中,也获得了相同的结果,与未知单词相比,婴儿听到已知单词时的振幅更大(Mills et al.,2004)。

为什么14个月的婴儿在单词学习任务中不能从发音的角度分辨那些发音相似的单词,但是却能够分辨这些单词;而且比14个月小,或者稍大的婴儿(甚至是发展超前的同龄婴儿)却都能完成该项任务? Stager和Werker(1997)认为,对于单词学习者而言,将一个单词与物体相联结的次数要求非常重要,以至于注意资源不能分配到其他能够觉察到的单词水平的细节上(见Kahneman,1973;关于注意资源有限的观点)。但是,另外的一些解释则认为婴儿的语音表征和音位(或词汇)表征的发展是不连续的。事实上,关于幼儿音位表征不连续的观点由来已久(见Brown & Matthews,1997;Rice & Avery,1995;Shvachkin,1948)。Halle和de Boysson-Bardies(1994)的实验则为上述假设提供了潜在的证据,他们采用了再认任务,要求婴儿听非常熟悉的单词与未知单词。结果发现当已知单词和未知单词发音上相差很大时,7个月和11个月的婴儿都表现出对已知单词的偏好(Halle和de Boysson-Bardies,1994),但是如果采用了音位相似的刺激,那么只有7个月大的婴儿能够完成任务。

现在有许多研究结果并不支持不连续假设。有实验让婴儿看两张图片,同时呈现一个单词,这个单词或者是与图片中的一张匹配的;或者是错误发音的单词(例如将"baby"发成"vaby"),从20(Swingley & Aslin,2000)至14个月的婴儿(Swingley & Aslin,2002)都能够探察到错误发音的单词。有时婴儿通过更长时间地注视正确发音单词所匹配的物体来表示他探察到错误发音(Swingley & Aslin,2002);有时则用很快将目光从错误发音所指代物体上移开(Swingley & Aslin,2000)。研究结果表明了婴儿音位表征的发展是连续的。Stager和Werker(1997)的研究也证明了连续论,他们采用了熟悉词与视觉影像的配对任务,首先让婴儿对单词"ball"与一个正在移动的球,单词"doll"与洋娃娃的影像之间产生联结,出现习惯化,然后在测试阶段则呈现"ball"与洋娃娃的联结,结果显示婴儿能够发现这种转换(Fennell & Werker,2003)。正如Stager和Werker(1997),Swingley和Aslin(2000)认为的那样,14个月婴儿之所以在某些情境中不能完成任务,其中的原因更可能是注意资源的局限,而不是发展的不连续。

但是注意资源局限理论并不能完全解释上述研究结果:为什么是语音细节被忽略了? 14个月的婴儿忽略的仅仅是语音方面的细节,是不是还包括其他方面的细节? 那些单词分隔和再认的研究表明7—9个月的婴儿经常单独使用不同类型的信息,例如他们会因为说话者性别不同(Houston & Jusczyk,2000)或情绪状态不同(Singh,Bortfeld, & Morgan,2002)而不能进行单词再认。但是到了10½月,婴儿的单词再认就不受到说话者性别(Houston & Jusczyk,2000)的影响,而且能够忽略说话者情绪状态变化(Singh et al. ,2002)。近来一个日渐为大家接受的、与传统不同的观点是:众多关于单词的信息——语音、索引式和协同发音——就是词汇表征中的一部分(例如 Goldinger,1992),虽然并不是每个任务情境中都要用到所有这些信息(Werker & Curtin,2005)。而传统观点则认为索引式信息不是词汇表征的一部分。

Fisher、Church 和 Chambers(2004)对 2.5 岁和 3 岁儿童的研究为上述观点提供了证据。他们给儿童呈现带有特殊发音的熟悉单词,这些单词包含着抽象的和细节信息,例如以温和语气读出的包含有/t/的单词,以激动口吻读出的同一个音素,听上去更像/d/,但是发音都是符合发音规则的。令人感兴趣的是,即便以此方式呈现给被试人工单词,儿童也能很好地辨认单词。这表明即使是刚学几遍新单词,婴儿对词汇的表征也兼具普遍性和特殊性,呈现出灵活性特征(Fisher,Hunt,Chambers, & Church,2001)。这表明我们终身都在使用的灵活的知觉学习机制,在单词学习之初便已然存在并运行,从而使得儿童能够适应不同的言语输入(Fisher et al. ,2004)。

但是也许在单词学习最早的阶段,婴儿还不能灵活地筛选所获得的信息。由于要把注意资源都放在获得词义上,刚刚开始单词学习的婴儿可能只注意到最明显信息。为了验证上述假设,Curtin 和 Werker(引自 Werker & Curtin,2005)对 12 个月的婴儿学习单词的能力进行了测试,以证明为了获得词义,婴儿忽略了重读形式。研究发现,虽然这些婴儿比不能学习相似发音单词的儿童足足小了 2 个月,但是他们能够学会音位相同重读不同的单词,如 DObita 和 doBIta(大写表示重读),能将这两个词与不同的物体联结。

我们已经很详细地对婴儿的言语知觉、单词分隔、单词再认和单词学习之间的关系进行了讨论,但是婴儿刚开始语言学习时,面对的就是成年人所具备的庞大词汇量,这对于他们而言可谓过于丰富了。现在婴儿言语研究者已经不再局限于探讨"表征的单位是什么?"的问题,而且转而研究更微观的问题,如"什么信息是有用的? 什么时候用? 为什么?"。

随着新技术在研究中的使用,研究者可以更为深入地对某些问题进行探讨,如可以对婴儿单词再认过程进行更为细致的评估。在评价成人词汇表征中,眼动追踪技术成为一个至关重要的工具(例如 Allopenna, Mugnuson, & Tanenhaus, 1998;Tanenhaus, Spivey-Knowlton,Eberhard, & Sedivy,1995),Fernald、Pinto、Swingley、Weinberg 和 McRoberts(1998)将该技术用来研究 2 岁婴儿单词再认的速度和准确性。实验用计算机将婴儿熟悉的物品图片以投影的方式呈现给婴儿,同时让婴儿听这些物品的名称;所记录的这个过程中婴儿眼动的轨迹显示随着年龄的增长,婴儿的词汇表征不断完善,而且单词再认也更为流畅。24 个月的婴儿和成人一样,不需要听完整个单词才能再认(Swingley,Pinto, & Fernald,1999)。例如婴儿可以迅速地辨别"doggie"和"tree",把单词和正确的图片相匹配;但是在分辨"doggie"和"doll"时,由于有同样的语音,婴儿就要多花 300 毫秒的时间。婴儿对不完整单词的再认与完整单词的速度是一样的,这意味着婴儿和成人一样是从头开始一部分一部分地来加工单词的(Fernald，Swingley，& Pinto，2001)。这种单词再认能力的增加是与婴儿能够说出的词汇数成正比的，表明词汇量和再认单词的功效之间存在相关。语料分析也显示婴儿早期词汇中对于音节表征十分充足，这与上述研究结果也是一致的(例如 Coady & Aslin，2003)。

婴儿对特定词汇的学习对其初期的词汇表征具有促进作用。Church 和 Fisher(1998)观察了 2 岁和 3 岁儿童的长期听觉识别(long-term auditory priming)，发现与成年人的情况十分类似，即特定单词的学习会对其后的单词确认而后重复产生影响。在对 18 个月婴儿的研究中也发现了同样的效应，该研究采用的是视觉偏好任务，研究结果显示一个新单词仅仅学习两遍就对以后目标词确认产生了影响(Fisher et al.，2004)。神经影像技术为该领域研究的拓展提供了条件，例如在以行为为指标的任务中，婴儿不能分辨非母语的相近发音，但是使用新技术后发现婴儿神经生理指标发生了变化，表明大脑中某个水平上还是接收到了信息(Rivera-Gaxiola et al.，2005)。

语法的开始

由于不到 18—24 个月，婴儿不会从语法角度将单词相关联，那么获得语法结构的年龄是否可以提前呢？事实上，研究显示对婴儿就对其母语的语法知识有了一定的了解，并且在采用人工语言材料的实验中表现出已经成熟的、学习简单的新语法结构的能力(见 Tomasello，本手册，本卷，第 6 章，对语法学习的文献综述)。在 2 岁末的时候，婴儿对句法结构已经掌握得相当成熟。例如 Naigles(1990)让 2 岁幼儿听到不同的句子，一种是含有及物动词的，如"The duck is kradding the bunny"；另一种是不及物动词，如"The duck and bunny are kradding"；然后让婴儿观看录像，完成该配对任务需要幼儿了解动词的词义。婴儿对那些与听到的句子相吻合的录像表现出视觉偏好。这个结果显示出婴儿能够利用句法知识(这个研究中是及物和不及物动词)决定 kradding 的意义，这就是所谓的句法引发作用。

婴儿词法知识的发展也循着相同的轨迹。Santelmann 和 Jusczyk(1998)让婴儿学习短文，短文中或者包含了英语的语法内容，即在助动词 is 后面跟随以 ing 结尾的主动词；或者包含了一个不符合语法的内容，即情态动词 can 后面加以 ing 结尾的主动词。18 个月的婴儿能够将两篇短文区分开来，但是 15 个月的婴儿就不能。这个结果表明，在第二年中期，婴儿开始习得母语中的某些语法内容。

近来有些研究采用了人工语法的方法来揭示婴儿获得语法过程的机制。实验先让婴儿学习遵循简单规则排列的单词序列(例如 Marcus et al.，1999)，或者是按照限定语法排列的单词序列(Gomez & Gerken，1999)；当婴儿在测试项目中遇到与学习材料中不相符合的单词时，婴儿便认定该词是新单词，即使这些单词在前面已经出现过。例如 Gomez 和 Gerken (1999)利用转头程序来测量 12 个月的婴儿是否能习得一个人造语法，经过不到 2 分钟的训练，婴儿就能把符合该人工语法的字符串和不符合的字符串区分开来，并且显示他们既学会了该人工语法的特殊信息(例如句子的开头和结尾特征，以及中间成对出现的词)；还获得了抽象信息(例如语法结构是用一套新单词来表现的)。后继的研究将会探讨在何种情境下，婴儿会归纳特定的输入信息(例如 Gomez,2002;Gomez & Maye,2005)。

Saffran 和 Wilson(2003)将这个方向的研究拓展到如下问题:婴儿是如何处理包含有多个水平信息的学习任务的? 他们让 12 个月的婴儿听一个连续的语音流,该语音流中的单词以符合限定状态语法的特征排列;因此,婴儿是同时执行两个任务:单词分隔和语法学习任务。研究结果显示,婴儿可以首先对单词进行分隔,然后发现与新单词相关联语法规则,两项任务材料是同一个输入信息。此种类型的研究表明从人工学习情境可以模拟学习者在自然语言输入环境中所面临的问题。例如 Gerken、Wilson 和 Lewis(2005)设计了一种人工语言材料和真实语言材料混合的实验材料,材料中包含了少量的使用正确阴性—阳性变格的俄语词汇,结果显示自然语言材料中的某些语法形式(这里指一态多形的阴性—阳性变格)在学习过程中的作用极大,至少婴儿在实验室学习任务中表现得如此。

结论和展望

正如我们一直在本章中所表达的,婴儿在听觉领域的成就是令人惊叹的。在缺乏外界指导或强化的前提下,我们的知觉系统在听觉环境的各个维度上磨砺着,而且与我们的交流能力发展相关联;我们还获取了有关听觉环境是如何建构的复杂而充满细节的信息,而所有这一切都发生在生命最初一年中。虽然对于这些过程究竟是如何演进的,我们还有许多疑问,但是有证据显示所有这些都是由多重因素决定的,包括了从听觉神经系统到学习机制的本质等因素。在本章结尾处,我们将分析这些过程的局限性,这将启迪今后的研究工作,从而深入探讨婴儿发展成就的本质。

听觉加工和言语知觉的关系

由于新生儿就能分辨出不同的言语声音,再认听到过的嗓音;因此很多人相信在生命的第一年中婴儿的听觉对于言语知觉或学习不会起到阻碍作用。但是很显然,婴儿听觉的某些方面在婴儿早期并没有成熟,而且这的确在某种程度上限制了言语知觉,例如文献表明 2 个月的婴儿表征语音时就没有稍大些的婴儿具体(Bertoncini et al. , 1988;Bejelja-Babic et al. ,1993);直到 6 个月大时,当对于声音特征的表征达到成人水平时,婴儿言语知觉和语言学习的某些方面才发展。无论如何,幼小婴儿的语音分辨能力是建立在对于他们所听到内容的觉知之上的,因此有必要探讨听觉发展的不成熟对早期言语知觉的影响。

另一个与此相关的问题是:婴儿是否像成年人那样使用言语信息来分辨语音。由于语音分辨中要用到多条线索,因此也许婴儿可能采用他们听得更为清晰的线索,或者他们使用更为明显的线索而忽略那些不明显的线索,或者他们认为所有线索同样重要。在一个简单的心理物理学任务中,婴儿并没有像成人那样获取复杂声音的成分(Bargones et al. ,1995;Bargones & Werner,1994;Leibold & Werner,2003;Werner & Boike,2001),这表明婴儿使用信息的方式可能与成年人并不一样。Nittrouer 的儿童语音分辨研究则显示学前儿童对于语音分辨中可用线索的权衡方式与成年人不同(例如 Nittrouer,Crowther, & Miller,

1998；Nittuouer ＆ Miller，1997；Nittuouer ＆ Studdert-Kennedy，1987）。但是令人惊讶的是，婴儿权衡线索的时候却采用了与成人一致的方法。新的相关技术分析可以评估在分辨任务中，被试对复杂声音不同成分的权重，而这项技术已经在幼儿身上得到了成功运用（例如 Stellmack et al. ，1997）。未来研究中一个令人感兴趣的问题是，如何将这些技术运用到婴儿身上，尤其是在言语知觉的领域中。

学习的限制

前文中我们的讨论大部分集中在婴儿令人注目的从复杂输入信息中探明其结构的能力，但是只关注婴儿学习机制的强大并不能为幼小的语言学习者所面临的问题提供有效的解决之道。学习者如何从庞大的输入信息中发现正确的模式和结构？所谓"刺激过于丰富的问题"就是一个没有偏向的学习者要探究的模式数量可能是不确定的。显然人类婴儿并不是一个全能的学习者，并不是所有的内容都能够学习的；研究者有责任揭示哪些内容对于人类婴儿而言是困难的，揭示学习的局限性。同样我们可能还要问这样的问题：任务本身的结构如何影响到不同类型学习的发生，因为不同类型的输入所激发的学习机制可能是不同的（例如 Pena et al. ，2003；Saffran，Reeck，Niehbur， ＆ Wilson，2005）。

此类研究在成年学习者身上已经在进行了，对于婴儿而言也颇具启发作用。例如 Newport 和 Aslin（2004）研究发现成年人会注意到相邻音节之间的从属关系（例如 pa 后面跟随 bu 的概率），但是面对一个插入的音节时他们就不会那么做。学习者并不是自动获得这种非相邻从属关系的知识的，但是当插入的材料类型不同时，成年人的确会开始探察非相邻音节的从属关系。例如成人能够探察到两个辅音间插入的几个元音间的关系，或两个元音间插入的若干辅音间的从属关系（Newport ＆ Aslin，2004）。由于辅音间插入几个元音的现象在人类语言中并不存在，而元音间插入若干辅音现象是存在的（Semitic 语中就有，还有诸如 Turkish 语中也存在），因此 Newport 和 Aslin（2004）认为语言可能因为人类学习的局限而受到限制，即只有人类能够学习的那些结构可以存在在语言中。Saffran（2002）在分析了成人语法学习的基础上也提出了相同的观点。这个领域的研究目标应该是在年幼的学习者身上是否也能发现同样的结论。

领域特殊性和物种特殊性

我们的讨论大多是关注于婴儿如何从输入信息中学习，以及婴儿学习机制所获得的信息类型有哪些。对此一个重要的开放式问题是：在多大程度上这种学习机制只存在于言语和语言领域。一个可能的答案是鉴于人类交流系统的高度发展，我们可能专门针对语言演化出了成熟的学习机制；还有一个可能是早期的学习加工选择了那些适合于更具普遍性的任务的机制。

越来越多的研究表明，在我们讨论过的学习机制中，至少有一种——序列概率学习——具有相当的普遍性。例如婴儿能够计算音乐的序列，通过概率线索发现"音调词"的分界（例如 Saffran，2003a；Saffran ＆ Griepentrog，2001；Saffran，Johnson，Aslin， ＆ Newport，

1999）；能够学习由出现概率决定的视觉模式（例如 Fisher & Aslin, 2002；Kirkham, Slemmer, & Johnson, 2002）。这些和其他一些发现都表明至少这些基本学习过程并不是只局限于语言获得领域（例如 Saffran, 2002, 2003b）。

这个问题的另一个证据来源于对非人类的灵长目动物的研究。Hauser 及其同事（Hause, Newport, & Aslin, 2001；Hauser, Weiss, & Marcus, 2002）对白头狨（猴子的一种）进行了测试，采用的是 Saffran 等人（1996）和 Marcus 等人（1999）使用过的言语任务，结果这些猴子居然表现出和人类婴儿一样反应类型，尽管我们认为他们缺乏获得人类语言的进化能力（Hauser et al. , 2001, 2002）。令人愕然的是，老鼠也能探察到与语言相关的模式（Toro & Trobalan, 2004）！这些发现强化了如下观点：至少某些在语言学习初期起作用的学习机制并不是只适合于言语领域。

这样的结果马上会引起疑问：如果猴子和我们具有同样的学习机制，那么为什么语言是人类独有的？或者换言之，如果猴子像我们一样进行学习，他们是否能像我们那样熟练掌握语言呢？对此现在有几种不同的途径来探究该问题的答案。一个是传统的观点，人类具有其他物种没有的内在言语知识（如 Pinker, 1984）。另外一些研究者则关注人类学习机制在多大程度上与其他物种所具备的学习机制存在差异（Newport, Hauser, Spaepen, & Aslin, 2004）。同样，Hauser、Chomsky 和 Fitch（2002）也认为人类和非人类也许拥有许多相似的学习机制，但是人类能够进行循环递推——一种从确定元素中归纳出不确定表达方式的能力，这项能力使得人类有别于非人类（见 Fitch & Hauser, 2004）。依据该观点，人类和非人类在学习诸如语音分辨和单词分隔等任务时，表现应该没有太大差异；但是随着人类获得的语法越来越复杂，人类和非人类的差异就越大（例如 Saffran, Hauser, Seibel, Kapfhamer, Tsao, & Cushman, 2005）。只要这些核心问题没有解决，所有已有的答案都会对诸如如下问题产生影响：思维的模块性问题；个体发生的知识领域特殊性问题。

对于早期语言学习而言，还有另外一种成分与种系差异有关——说话者和学习者之间的社会性交往。这个问题越来越受到关注，并且反映在幼儿是如何从声音中获得意义的研究中（例如 Harris, 本手册, 本卷, 第 19 章；Tomasello, 本手册, 本卷, 第 6 章），在婴儿是如何获得声音结构的研究中，社会性交往的作用并没有得到足够的重视。诚然，有大量的证据表明照料者通过对婴儿输入信息的掌控，很大程度上影响到婴儿知觉的偏好（例如 Kuhl et al. , 1997；见 Trehub, 关于音乐知觉的相关研究）。指向婴儿的语言所具有的高频率，以及加强的等高线，都使得婴儿能集中注意听，并和说话者进行情感交流（例如 Cooper & Aslin, 1990；Fernald, 1992）。但是一些新近的研究则表明社会性交往的作用远不止于对输入的声音模式的影响。Kuhl、Tsao 和 Liu（2003）研究了婴儿对非母语对照音的知觉能力，他们让以英语为母语的婴儿接触中文的成对语音，而这些婴儿的年龄已经过了对非母语对照音的分辨能力已经大大下降了的阶段。中文的呈现是伴随着人类的社会性交往一起出现的。当婴儿通过高清晰的 DVD 录音接受同样的输入时，研究者没有观察到任何对言语知觉的影响。这表明，如同某些鸟类一样，人类的学习系统需要某种类型的互动式输入，这种互动将对知觉产生影响。如果这是真的话，那么社会性交往将有助于发现不同物种习得的内容是什么。

婴儿的听觉世界

我们回顾了婴儿听觉领域的研究及其进展,这些研究帮助我们理解婴儿是如何开始发现周围听觉世界的含义的。应该说,在揭示为婴儿提供听觉输入的基本感觉和知觉机制方面,在解释利用婴儿已有知识对输入进行整合的学习机制方面,我们已经取得了很大的进展。

在未来的研究中,我们期待能够更明确揭示婴儿的听觉能力和语言获得之间的关系(见Tomasello,本手册,本卷,第6章;Waxman & Lidz,本手册,本卷,第7章)。听觉是口语的通道,婴儿早期获得母语声音结构的成就为其后继学习奠定了坚实的基础。新近研究将声音结构的获得与单词学习成就相关联,其研究结果表明婴儿早期能力对后继的语言学习将产生重要影响(例如Hollich,Jusczyk, & Luce,2002;Saffran & Graf Estes,2004;Swingley & Aslin,2002;Thiessen,2004;Werker et al. ,2002)。例如早期语音知觉能力能够预测若干个月后开始的单词学习的某些方面(Tsao,Liu, & Kuhl,2004)。同样,研究者开始调查通过人工耳蜗的植入来弥补早期感觉剥夺的情况,并研究对以后的听知觉和语言学习能力的影响(Houston,Pisino,Kirk,Ying, & Miyamoto,待发表)。这些整合性研究工作将使得研究人员能设计出更多言语(非言语)任务,而这些任务将更符合婴儿作为声音世界中的一个倾听者所具备的能力。同时作为能力支承的神经基础也有待我们更深入地了解,这些知识将帮助我们更好地理解这些内在神经基础所支承的外在行为。至此,许多令人着迷的问题虽然仍无答案,但是希望在这本手册的下一版中,我们能够找到答案,包括许多我们还没有提出的问题的答案。

(钱文译,吴国宏审校)

参考文献

Abdala, C. (1998). A developmental study of distortion product otoacoustic emission (2f1 - f2) suppression in humans. *Hearing Research*, *121*, 125 - 138.

Abdala, C. (2001). Maturation of the human cochlear amplifier: Distortion product otoacoustic emission suppression tuning curves recorded at low and high primary tone levels. *Journal of the Acoustical Society of America*, *110*, 1465 - 1476.

Abdala, C., & Chatterjee, M. (2003). Maturation of cochlear nonlinearity as measured by distortion product otoacoustic emission suppression growth in humans. *Journal of the Acoustical Society of America*, *114*, 932 - 943.

Abdala, C., & Folsom, R. C. (1995a). The development of frequency resolution in humans as revealed by the auditory brain-stem response recorded with notched-noise masking. *Journal of the Acoustical Society of America*, *98*, 921 - 934.

Abdala, C., & Folsom, R. C. (1995b). Frequency contribution to the click-evoked auditory brain stem response in human adults and infants. *Journal of the Acoustical Society of America*, *97*, 2394 - 2404.

Abercrombie, D. (1967). *Elements of general phonetics*. Edinburgh, Scotland: Edinburgh University Press.

Allen, P., Jones, R., & Slaney, P. (1998). The role of level, spectral, and temporal cues in children's detection of masked signals. *Journal of the Acoustical Society of America*, *104*, 2997 - 3005.

Allen, P., & Wightman, F. (1992). Spectral pattern discrimination by children. *Journal of Speech and Hearing Research*, *35*, 222 - 233.

Allen, P., & Wightman, F. (1994). Psychometric functions for children's detection of tones in noise. *Journal of Speech and Hearing Research*, *37*, 205 - 215.

Allen, P., & Wightman, F. (1995). Effects of signal and masker uncertainty on children's detection. *Journal of Speech and Hearing Research*, *38*, 503 - 511.

Allen, P., Wightman, F., Kistler, D., & Dolan, T. (1989). Frequency resolution in children. *Journal of Speech and Hearing Research*, *32*, 317 - 322.

Allopenna, P. D., Magnuson, J. S., & Tanenhaus, M. K. (1998). Tracking the time course of spoken word recognition: Evidence for continuous mapping models. *Journal of Memory and Language*, *38*, 419 - 439.

Altmann, G. T. M., & Dienes, Z. (1999). Rule learning by 7-month-old infants and neural networks. *Science*, *284*, 875.

Anderson, J. L., Morgan, J. L., & White, K. S. (2003). A statistical basis for speech sound discrimination. *Language and Speech*, *46* (2/3), 155 - 182.

Ashmead, D. H., Clifton, R. K., & Perris, E. E. (1987). Precision of auditory localization in human infants. *Developmental Psychology*, *23*, 641 - 647.

Ashmead, D. H., Davis, D., Whalen, T., & Odom, R. (1991). Sound localization and sensitivity to interaural time differences in human infants. *Child Development*, *62*, 1211 - 1226.

Aslin, R. N. (1989). Discrimination of frequency transitions by human infants. *Journal of the Acoustical Society of America*, *86*, 582–590.

Aslin, R. N., & Pisoni, D. B. (1980). Some developmental processes in speech perception. In G. H. Yeni-Komshian, J. F. Kavanagh, & C. A. Ferguson (Eds.), *Child phonology: Vol. 2. Perception* (pp. 67–96). New York: Academic Press.

Aslin, R. N., Pisoni, D. B., Hennessy, B. L., & Percy, A. J. (1981). Discrimination of voice onset time by human infants: New findings and implications for the effects of early experience. *Child Development*, *52* (4), 1135–1145.

Aslin, R. N., Saffran, J. R., & Newport, E. L. (1998). Computation of conditional probability statistics by 8-month-old infants. *Psychological Science*, *9*(4), 321–324.

Aslin, R. N., Woodward, J. Z., LaMendola, N. P., & Bever, T. G. (1996). Models of word segmentation in fluent maternal speech to infants. In J. L. Morgan & K. Demuth (Eds.), *Signal to syntax: Bootstrapping from speech to grammar in early acquisition* (pp. 117–134). Hillsdale, NJ: Erlbaum.

Bargones, J. Y., & Burns, E. M. (1988). Suppression tuning curves for spontaneous otoacoustic emissions in infants and adults. *Journal of the Acoustical Society of America*, *83*, 1809–1816.

Bargones, J. Y., & Werner, L. A. (1994). Adults listen selectively: Infants do not. *Psychological Science*, *5*, 170–174.

Bargones, J. Y., Werner, L. A., & Marean, G. C. (1995). Infant psychometric functions for detection: Mechanisms of immature sensitivity. *Journal of the Acoustical Society of America*, *98*, 99–111.

Batchelder, E. O. (1997) *Computational evidence for the use of frequency information in discovery of the infant's first lexicon*. Unpublished doctoral dissertation, New York, City University.

Beckman, M. E., & Edwards, J. (2000). The ontogeny of phonological categories and the primacy of lexical learning in linguistic development. *Child Development*, *71*(1), 240–249.

Benson, R. R., Whalen, D. H., Richardson, M., Swainson, B., Clark, V. P., Lai, S., et al. (2001). Parametrically dissociating speech and nonspeech perception in the brain using fMRI. *Brain and Language*, *78*, 364–396.

Berg, K. M., & Boswell, A. E. (1995). Temporal summation of 500Hz tones and octave-band noise bursts in infants and adults. *Perception and Psychophysics*, *57*, 183–190.

Berg, K. M., & Boswell, A. E. (1998). Infants' detection of increments in low- and high-frequency noise. *Perception and Psychophysics*, *60*, 1044–1051.

Berg, K. M., & Boswell, A. E. (1999). Effect of masker level on infants' detection of tones in noise. *Perception and Psychophysics*, *61*, 80–86.

Berg, K. M., & Boswell, A. E. (2000). Noise increment detection in children 1 to 3 years of age. *Perception and Psychophysics*, *62*, 868–873.

Berg, K. M., & Smith, M. C. (1983). Behavioral thresholds for tones during infancy. *Journal of Experimental Child Psychology*, *35*, 409–425.

Bertoncini, J., Bijeljac-Babic, R., Blumstein, S., & Mehler, J. (1987). Discrimination of very short CV syllables by neonates. *Journal of the Acoustical Society of America*, *82*, 31–37.

Bertoncini, J., Bijeljac-Babic, R., Jusczyk, P. W., Kennedy, L. J., & Mehler, J. (1988). An investigation of young infants' perceptual representations of speech sounds. *Journal of Experimental Psychology: General*, *117*(1), 21–33.

Bertoncini, J., & Mehler, J. (1981). Syllables as units in infant speech perception. *Infant Behavior and Development*, *4*(3), 247–260.

Bertoncini, J., Morais, J., Bijeljac-Babic, R., McAdams, S., Peretz, I., & Mehler, J. (1989). Dichotic perception and laterality in neonates. *Brain and Language*, *37*(4), 591–605.

Best, C. T. (1994). The emergence of native-language phonological influences in infants: A perceptual assimilation model. In J. C. Goodman & H. C. Nusbaum (Eds.), *The development of speech perception: The transition from speech sounds to spoken words* (pp. 167–224). Cambridge, MA: MIT Press.

Best, C. T., Hoffman, H., & Glanville, B. B. (1982). Development of infant ear asymmetries for speech and music. *Perception and Psychophysics*, *31*(1), 75–85.

Best, C. T., & McRoberts, G. W. (2003). Infant perception of nonnative contrasts that adults assimilate in different ways. *Language and Speech*, *46*(2/3), 183–216.

Best, C. T., McRoberts, G. W., LaFleur, R., & Silver Isenstadt, J. (1995). Divergent developmental patterns for infants' perception of two nonnative consonant contrasts. *Infant Behavior and Development*, *18*(3),

339–350.

Best, C. T., McRoberts, G. W., & Sithole, N. M. (1988). Examination of perceptual reorganization for nonnative speech contrasts: Zulu click discrimination by English-speaking adults and infants. *Journal of Experimental Psychology: Human Perception and Performance*, *14*(3), 345–360.

Bijeljac-Babic, R., Bertoncini, J., & Mehler, J. (1993). How do 4-day-old infants categorize multisyllabic utterances? *Developmental Psychology*, *29*(4), 711–721.

Binder, J. R., Frost, J. A., Hammeke, T. A., Bellgowan, P. S. F., Springer, J. A., Kaufman, J. N., et al. (2000). Human temporal lobe activation by speech and nonspeech sounds. *Cerebral Cortex*, *10*(5), 512–528.

Binder, J. R., Frost, J. A., Hammeke, T. A., Cox, R. W., Rao, S. M., & Prieto, T. (1997). Human brain language areas identified by functional magnetic resonance imaging. *Journal of Neuroscience*, *17*(1), 353–362.

Binns, K. E., Withington, D. J., & Keating, M. J. (1995). The developmental emergence of the representation of auditory azimuth in the external nucleus of the inferior colliculus of the guinea-pig: The effects of visual and auditory deprivation. *Developmental Brain Research*, *85*, 14–24.

Bond, B., & Stevens, S. S. (1969). Cross-modality matching of brightness to loudness by 5-year-olds. *Perception and Psychophysics*, *6*, 337–339.

Bonfils, P., Avan, P., Francois, M., Trotoux, J., & Narcy, P. (1992). Distortion-product otoacoustic emissions in neonates: Normative data. *Acta Otolaryngologica*, *112*, 739–744.

Bonfils, P., Francois, M., Avan, P., Londero, A., Trotoux, J., & Narcy, P. (1992). Spontaneous and evoked otoacoustic emissions in preterm neonates. *Laryngoscope*, *102*, 182–186.

Bortfeld, H., Morgan, J., Golinkoff, R., & Rathbun, K. (2005). *Mommy and me: Familiar names help launch babies into speech stream segmentation*. Manuscript in preparation.

Bosch, L., & Sebastián-Gallés, N. (2001). Early language differentiation in bilingual infants. In J. Cenoz & F. Genesee (Eds.), *Trends in bilingual acquisition* (pp. 71–93). Amsterdam: Benjamins.

Bredberg, G. (1968). Cellular pattern and nerve supply of the human organ of Corti. *Acta Otolaryngologica* (Suppl.), 236.

Bregman, A. S. (1990). *Auditory scene analysis: The perceptual organization of sound*. Cambridge, MA: MIT Press.

Brent, M. R., & Cartwright, T. A. (1996). Distributional regularity and phonotactic constraints are useful for segmentation. *Cognition*, *61*(1/2), 93–125.

Brent, M. R., & Siskind, J. M. (2001). The role of exposure to isolated words in early vocabulary development. *Cognition*, *81*(2), B33–B44.

Brown, A. M., Sheppard, S. L., & Russell, P. (1994). Acoustic Distortion Products (ADP) from the ears of term infants and young adults using low stimulus levels. *British Journal of Audiology*, *28*, 273–280.

Brown, C., & Matthews, J. (1997). The role of feature geometry in the development of phonemic contrasts. In S. J. Hannahs & M. Young-Scholten (Eds.), *Focus on phonological acquisition: Vol. 16. Language acquisition and language disorders* (pp. 67–112). Amsterdam: Benjamins.

Brown, R. (1973). *A first language: The early stages*. Cambridge, MA: Harvard University Press.

Bull, D., Eilers, R. J., & Oller, D. K. (1984). Infants' discrimination of intensity variation in multisyllabic stimuli. *Journal of the Acoustic Society of America*, *76*(1), 13–17.

Burnham, D., & Dodd, B. (2004). Audiovisual speech perception by prelinguistic infants: Perception of an emergent consonant in the McGurk effect. *Developmental Psychobiology*, *45*(4), 202–220.

Burnham, D., Kitamura, C., & Vollmer-Conna, U. (2002). What's new, pussycat? On talking to babies and animals. *Science*, *296*(5572), 1435.

Burns, E. M., Campbell, S. L., & Arehart, K. H. (1994). Longitudinal measurements of spontaneous otoacoustic emissions in infants. *Journal of the Acoustical Society of America*, *95*, 384–394.

Buss, E., Hall, J. W., Grose, J. H., & Dev, M. B. (1999). Development of adult-like performance in backward, simultaneous, and forward masking. *Journal of Speech Language and Hearing Research*, *42*, 844–849.

Cairns, P., Shillcock, R., Chater, N., & Levy, J. (1997). Bootstrapping word boundaries: A bottom-up corpus-based approach to speech segmentation. *Cognitive Psychology*, *33*(2), 111–153.

Chambers, K. E., Onishi, K. H., & Fisher, C. (2003). Infants learn phonotactic regularities from brief auditory experiences. *Cognition*, *87*(2),

B69 - B77.

Cheour, M. , Ceponiene, R. , Lehtokoski, A. , Luuk, A. , Allik, J. , Alho, K. , et al. (1998). Development of language-specific phoneme representations in the infant brain. *Nature Neuroscience*, *1*(5), 351 - 353.

Cheour-Luhtanen, M. , Alho, K. I. , Kuijala, V. , Sainio, K. , Reinikainen, K. , et al. (1995). Mismatch negativity indicates vowel discrimination in newborns. *Hearing Research*, *82*(1), 53 - 58.

Christiansen, M. H. , Allen, J. , & Seidenberg, M. S. (1998). Learning to segment speech using multiple cues; A connectionist model. *Language and Cognitive Processes*, *13*, 2 - 3.

Christiansen, M. H. , & Curtin, S. L. (1999). Transfer or learning; Rule acquisition or statistical learning? *Trends in Cognitive Sciences*, *3*, 289 - 290.

Christophe, A. , Dupoux, E. , Bertoncini, J. , & Mehler, J. (1994). Do infants perceive word boundaries? An empirical study of the bootstrapping of lexical acquisition. *Journal of the Acoustical Society of America*, *95*(3), 1570 - 1580.

Christophe, A. , Gout, A. , Peperkamp, S. , & Morgan, J. (2003). *Discovering words in the continuous speech stream: The role of prosody.* Manuscript in preparation.

Christophe, A. , Mehler, J. , & Sebastián-Gallés, N. (2001). Perception of prosodic boundary correlates by newborn infants. *Infancy*, *2*, 358 - 394.

Church, B. A. , & Fisher, C. (1998). Long-term auditory word priming in preschoolers; Implicit memory support for language acquisition. *Journal of Memory and Language*, *39*, 523 - 542.

Church, K. W. (1987). Phonological parsing and lexical retrieval. *Cognition*, *25*, 53 - 69.

Clarkson, M. G. , & Clifton, R. K. (1985). Infant pitch perception; Evidence for responding to pitch categories and the missing fundamental. *Journal of the Acoustical Society of America*, *77*, 1521 - 1528.

Clarkson, M. G. , & Clifton, R. K. (1995). Infants' pitch perception; Inharmonic tonal complexes. *Journal of the Acoustical Society of America*, *98* (3), 1372 - 1379.

Clarkson, M. G. , Clifton, R. K. , & Perris, E. E. (1988). Infant timbre perception; Discrimination of spectral envelopes. *Perception and Psychophysics*, *43*, 15 - 20.

Clarkson, M. G. , & Rogers, E. C. (1995). Infants require low-frequency energy to hear the pitch of the missing fundamental. *Journal of the Acoustical Society of America*, *98*, 148 - 154.

Clifton, R. K. , Gwiazda, J. , Bauer, J. , Clarkson, M. , & Held, R. (1988). Growth in head size during infancy; Implications for sound localization. *Developmental Psychology*, *24*, 477 - 483.

Clifton, R. K. , Morrongiello, B. A. , & Dowd, J. M. (1984). A developmental look at an auditory illusion; The precedence effect. *Developmental Psychobiology*, *17*, 519 - 536.

Clifton, R. K. , Morrongiello, B. A. , Kulig, J. W. , & Dowd, J. M. (1981). Developmental changes in auditory localization in infancy. In R. Aslin, J. Alberts, & M. R. Petersen (Eds.), *Development of perception* (Vol. 2, pp. 141 - 160). New York; Academic Press.

Clifton, R. K. , Perris, E. E. , & Bullinger, A. (1991). Infants' perception of auditory space. *Developmental Psychology*, *27*, 187 - 197.

Coady, J. A. , & Aslin, R. N. (2003). Phonlogical neighbourhoods in the developing lexicon. *Journal of Child Language*, *30*, 441 - 469.

Coady, J. A. , & Aslin, R. N. (in press). Young children's sensitivity to probabilistic phonotactics in the developing lexicon. *Journal of Experimental Child Psychology*.

Cole, R. , & Jakimik, J. (1980). *A model of speech perception.* Hillsdale, NJ; Erlbaum.

Collins, A. A. , & Gescheider, G. A. (1989). The measurement of loudness in individual children and adults by absolute magnitude estimation and cross-modality matching. *Journal of the Acoustical Society of America*, *85*, 2012 - 2021.

Colombo, J. A. , & Dandy, R. S. (1981). A method for the measurement of infant auditory selectivity. *Infant Behavior and Development*, *4*(2), 219 - 223.

Colombo, J. , & Horowitz, F. D. (1986). Infants' attentional responses to frequency modulated sweeps. *Child Development*, *57*(2), 287 - 291.

Cooper, R. P. , & Aslin, R. N. (1990). Preference for infant-directed speech in the first month after birth. *Child Development*, *61* (5), 1584 - 1595.

Cooper, R. P. , & Aslin, R. N. (1994). Developmental differences in infant attention to the spectral properties of infant-directed speech. *Child Development*, *65*(6), 1663 - 1677.

Curtin, S. , Mintz, T. H. , & Christiansen, M. H. (2005). Stress changes the representational landscape; Evidence from word segmentation.

Cognition, *96*, 233 - 262.

Curtin, S. , Werker, J. F. , & Ladher, N. (2002). Accessing coarticulatory information. *Journal of the Acoustical Society of America*, *112*, 2359.

Cutler, A. , & Carter, D. M. (1987). The predominance of strong initial syllables in the English vocabulary. *Computer Speech and Language*, *2*, 3 - 4.

Cutler, A. , Mehler, J. , Norris, D. , & Segui, J. (1983). A language-specific comprehension strategy. *Nature*, *304*(5922), 159 - 160.

Cutler, A. , Mehler, J. , Norris, D. , & Segui, J. (1986). The syllable's differing role in the segmentation of French and English. *Journal of Memory and Language*, *25*(4), 385 - 400.

Cutler, A. , & Norris, D. (1988). The role of strong syllables in segmentation for lexical access. *Journal of Experimental Psychology: Human Perception and Performance*, *14*(1), 113 - 121.

Dahan, D. , & Brent, M. R. (1999). On the discovery of novel wordlike units from utterances; An artificial-language study with implications for native-language acquisition. *Journal of Experimental Psychology: General*, *128* (2), 165 - 185.

Dai, H. , Scharf, B. , & Buus, S. (1991). Effective attenuation of signals in noise under focused attention. *Journal of the Acoustical Society of America*, *89*, 2837 - 2842.

DeCasper, A. J. , & Fifer, W. P. (1980). Of human bonding; Newborns prefer their mothers' voices. *Science*, *208*(4448), 1174 - 1176.

DeCasper, A. J. , & Prescott, P. (1984). Human newborns' perception of male voices; Preference, discrimination and reinforcing value. *Developmental Psychobiology*, *17*, 481 - 491.

DeCasper, A. J. , & Spence, M. J. (1986). Prenatal maternal speech influences newborns' perception of speech sounds. *Infant Behavior and Development*, *9*, 133 - 150.

Dehaene, S. , Dupoux, E. , Mehler, J. , Cohen, L. , Paulesu, D. , Perani, D. , et al. (1997). Anatomical variability in the cortical representation of first and second languages. *Neuroreport: For Rapid Communication of NeuroScience Research*, *8*, 3809 - 3815.

Dehaene-Lambertz, G. , & Baillet, S. (1998). A phonological representation in the infant brain. *NeuroReport*, *9*(8), 1885 - 1888.

Dehaene-Lambertz, G. , & Dehaene, S. (1994). Speed and cerebral correlates of syllable discrimination in infants. *Nature*, *370* (6487), 292 - 295.

Dehaene-Lambertz, G. , Dehaene, S. , & Hertz-Pannier, L. (2002). Functional neuroimaging of speech perception in infants. *Science*, *298* (5600), 2013 - 2015.

Dehaene-Lambertz, G. , & Peña, M. (2001). Electrophysiological evidence for automatic phonetic processing in neonates. *NeuroReport*, *12* (14), 3155 - 3158.

Dell, G. S. , Reed, K. D. , Adams, D. R. , & Meyer, A. S. (2000). Speech errors, phonotactic constraints, and implicit learning: A study of the role of experience in language production. *Journal of Experimental Psychology: Learning, Memory, and Cognition*, *26*(6), 1355 - 1367.

Demany, L. (1982). Auditory stream segregation in infancy. *Infant Behavior and Development*, *5*, 261 - 276.

Demany, L. (1985). Perceptual learning in frequency discrimination. *Journal of the Acoustical Society of America*, *78*, 1118 - 1120.

Demany, L. , McKenzie, B. , & Vurpillot, E. (1977). Rhythm perception in early infancy. *Science*, *266*, 718 - 719.

Desjardins, R. N. , Rogers, J. , & Werker, J. F. (1997). An exploration of why preschoolers perform differently than do adults in audiovisual speech perception tasks. *Journal of Experimental Child Psychology*, *66*(1), 85 - 110.

Desjardins, R. , & Werker, J. F. (2004). Is the integration of heard and seen speech mandatory for infants? *Developmental Psychobiology*, *45* (4), 187 - 203.

Dewson, J. H. (1964). Speech sound discrimination by cats. *Science*, *141*, 555 - 556.

Dooling, R. J. , Best, C. T. , & Brown, S. D. (1995). Discrimination of synthetic full-formant and sinewave/rala/continua by budgerigars (Melopsittacus undulatus) and zebra finches (Taeniopygia guttata). *Journal of the Acoustical Society of America*, *97*(3), 1839 - 1846.

Durieux-Smith, A. , Edwards, C. G. , Picton, T. W. , & McMurray, B. (1985). Auditory brainstem responses to clicks in neonates. *Journal of Otolaryngology*, *14*, 12 - 18.

Echols, C. H. , Crowhurst, M. J. , & Childers, J. B. (1997). The perception of rhythmic units in speech by infants and adults. *Journal of Memory and Language*, *36*, 202 - 225.

Echols, C. H. , & Newport, E. L. (1992). The role of stress and position in determining first words. *Language Acquisition*, *2*(3), 189 - 220.

Eddins, D. A., & Green, D. M. (1995). Temporal integration and temporal resolution. In B. C. J. Moore (Ed.), *Hearing* (pp. 207 - 242). San Diego, CA: Academic Press.

Eimas, P. D. (1974). Auditory and linguistic processing of cues for place of articulation by infants. *Perceptual Psychophysiology*, *16*, 513 - 521.

Eimas, P. D. (1975a). Auditory and phonetic coding of the cues for speech: Discrimination of the |r-l| distinction by young infants. *Perception and Psychophysics*, *18*(5), 341 - 347.

Eimas, P. D. (1975b). Speech perception in early infancy. In L. B. Cohen & P. Salapatek (Eds.), *Infant perception: From sensation to cognition* (pp. 193 - 231). New York: Academic Press.

Eimas, P. D., & Miller, J. L. (1981). Organization in the perception of segmental and suprasegmental information by infants. *Infant Behavior and Development*, *4*, 395 - 399.

Eimas, P. D., & Miller, J. L. (1992). Organization in the perception of speech by young infants. *Psychological Science*, *3*, 340 - 345.

Eimas, P. D., Miller, J. L., & Jusczyk, P. W. (1987). On infant speech perception and the acquisition of language. In S. Harnad (Ed.), *Categorical perception: The groundwork of cognition* (pp. 161 - 195). New York: Cambridge University Press.

Eimas, P. D., Siqueland, E. R., Jusczyk, P., & Vigorito, J. (1971). Speech perception in infants. *Science*, *171*(968), 303 - 306.

Elfenbein, J. L., Small, A. M., & Davis, M. (1993). Developmental patterns of duration discrimination. *Journal of Speech and Hearing Research*, *36*, 842 - 849.

Elman, J. L. (1990). Finding structure in time. *Cognitive Science*, *14*, 179 - 211.

Fassbender, C. (1993). *Auditory grouping and segregation processes in infancy*. Norderstedt, Germany: Kaste Verlag.

Fay, R. R., & Coombs, S. (1983). Neural mechanisms in sound detection and temporal summation. *Hearing Research*, *10*, 69 - 92.

Fennell, C. T., & Werker, J. F. (2003). Early word learners' ability to access phonetic detail in well-known words. *Language and Speech*, *46*(2/3), 245 - 264.

Fernald, A. (Ed.). (1984). *The perceptual and affective salience of mothers' speech to infants*. Norwood, NJ: Ablex.

Fernald, A. (1992). Prosody in speech to children: Prelinguistic and linguistic functions. *Annals of Child Development*, *8*.

Fernald, A., Pinto, J. P., Swingley, D., Weinberg, A., & McRoberts, G. W. (1998). Rapid gains in speed of verbal processing by infants in the 2nd year. *Psychological Science*, *9*(3), 228 - 231.

Fernald, A., Swingley, D., & Pinto, J. P. (2001). When half a word is enough: Infants can recognize spoken words using partial phonetic information. *Child Development*, *72*(4), 1003 - 1015.

Fiez, J. A., Tallal, P. A., Raichle, M. E., Miezin, F. M., Katz, W., Dobmeyer, S., et al. (1995). PET studies of auditory and phonological processing: Effects of stimulus type and task condition. *Journal of Cognitive Neuroscience*, *7*, 357 - 375.

Fiser, J., & Aslin, R. N. (2002). Statistical learning of new visual feature combinations by infants. *Proceedings of the National Academy of Sciences*, *99*, 15822 - 15826.

Fisher, C., Church, B., & Chambers, K. E. (2004). Learning to identify spoken words. In D. G. Hall & S. R. Waxman (Eds.), *Weaving a lexicon* (pp. 3 - 40). Cambridge, MA: MIT Press.

Fisher, C., & Tokura, H. (1996). Acoustic cues to grammatical structure in infant-directed speech: Cross-linguistic evidence. *Child Development*, *67*(6), 3192 - 3218.

Fisher, C. H., Hunt, C. M., Chambers, C. K., & Church, B. (2001). Abstraction and specificity in preschoolers' representations of novel spoken words. *Journal of Memory and Language*, *45*(4), 665 - 687.

Fitch, W. T., & Hauser, M. D. (2004). Computational constraints on syntactic processing in a nonhuman primate. *Science*, *303*, 377 - 380.

Floccia, C., Nazzi, T., & Bertoncini, J. (2000). Unfamiliar voice discrimination for short stimuli in newborns. *Developmental Science*, *3*(3), 333 - 343.

Folsom, R. C., & Wynne, M. K. (1987). Auditory brain stem responses from human adults and infants: Wave 5 — Tuning curves. *Journal of the Acoustical Society of America*, *81*, 412 - 417.

Fowler, C. A., Smith, M. R., & Tassinary, L. G. (1986). Perception of syllable timing by prebabbling infants. *Journal of the Acoustical Society of America*, *79*, 814 - 825.

Friederici, A. D., & Wessels, J. M. I. (1993). Phonotactic knowledge of word boundaries and its use in infant speech perception. *Perception and Psychophysics*, *54*(3), 287 - 295.

Fujikawa, S. M., & Weber, B. A. (1977). Effects of increased stimulus rate on brainstem electric response (BER) audiometry as a function of age. *Journal of the American Audiology Society*, *3*, 147 - 150.

Fujimoto, S., Yamamoto, K., Hayabuchi, I., & Yoshizuka, M. (1981). Scanning and transmission electron microscope studies on the organ of corti and stria vascularis in human fetal cochlear ducts. *Archives of Histology Japan*, *44*, 223 - 235.

Fujita, A., Hyde, M. L., & Alberti, P. W. (1991). ABR latency in infants: Properties and applications of various measures. *Acta Otolaryngologica*, *111*, 53 - 60.

Genesee, F. (1989). Early bilingual development: One language or two? *Journal of Child Language*, *16*, 161 - 179.

Gerken, L. A. (2004). Nine-month-olds extract structural principles required for natural language. *Cognition*, *93*, B89 - B96.

Gerken, L., Jusczyk, P. W., & Mandel, D. R. (1994). When prosody fails to cue syntactic structure: 9-month-olds' sensitivity to phonological versus syntactic phrases. *Cognition*, *51*(3), 237 - 265.

Gerken, L. A., & McIntosh, B. J. (1993). The interplay of function morphemes and prosody in early language. *Developmental Psychology*, *29*, 448 - 457.

Gerken, L. A., Wilson, R., & Lewis, W. (2005). 17-month-olds can use distributional cues to form syntactic categories. *Journal of Child Language*, *32*, 249 - 268.

Ghazanfar, A. A., & Logothetis, N. K. (2003). Facial expressions linked to monkey calls. *Nature*, *423*, 937 - 938.

Glanville, B. B., Levenson, R., & Best, C. T. (1977). A cardiac measure of cerebral asymmetries in infant auditory perception. *Developmental Psychology*, *13*(1), 54 - 49.

Gleitman, L. R., & Wanner, E. (1982). Language acquisition: The state of the state of the art. In E. Wanner & L. R. Wanner (Eds.), *Language acquisition: The state of the art* (pp. 3 - 48). Cambridge, England: Cambridge University Press.

Glenn, S. M., Cunningham, C. C., & Joyce, P. F. (1981). A study of auditory preferences on nonhandicapped infants with Down's syndrome. *Child Development*, *52*, 1303 - 1307.

Goldinger, S. D. (1992). Words and voices: Implicit and explicit memory for spoken words. *Dissertation Abstracts International*, *53* (6), 3189.

Gómez, R. L. (2002). Variability and detection of invariant structure. *Psychological Science*, *13*(5), 431 - 436.

Gómez, R. L., & Gerken, L. (1999). Artificial grammar learning by 1-year-olds leads to specific and abstract knowledge. *Cognition*, *70* (2), 109 - 135.

Gómez, R. L., & Gerken, L. A. (2000). Infant artificial language learning and language acquisition. *Trends in Cognitive Sciences*, *4*, 178 - 186.

Gómez, R. L., & Maye, J. (2005). The developmental trajectory of non-adjacent dependency learning. *Infancy*, *7*, 183 - 206.

Goodsitt, J. V., Morgan, J. L., & Kuhl, P. K. (1993). Perceptual strategies in prelingual speech segmentation. *Journal of Child Language*, *20*, 229 - 252.

Gorga, M. P., Kaminski, J. R., Beauchaine, K. L., Jesteadt, W., & Neely, S. T. (1989). Auditory brainstem responses from children 3 months to 3 years of age: Vol. 2. Normal patterns of response. *Journal of Speech and Hearing Research*, *32*, 281 - 288.

Gorga, M. P., Reiland, J. K., Beauchaine, K. A., Worthington, D. W., & Jesteadt, W. (1987). Auditory brainstem responses from graduates of an intensive care nursery: Normal patterns of response. *Journal of Speech and Hearing Research*, *30*, 311 - 318.

Gottlieb, G. (1976). The roles of experience in the development of behavior and the nervous system. In G. Gottlieb (Ed.), *Neural and behavioral specificity* (pp. 25 - 53). New York: Academic Press.

Gray, L. (1992). Interactions between sensory and nonsensory factors in the responses of newborn birds to sound. In L. A. Werner & E. W. Rubel (Eds.), *Developmental psychoacoustics* (pp. 89 - 112). Washington, DC: American Psychological Association.

Green, K. P. (1998). The use of auditory and visual information during phonetic processing: Implications for theories of speech perception. In R. Campbell, B. Dodd, & D. Burnham (Eds.), *Hearing by eye: Vol. 2. Advances in the psychology of speechreading and auditory-visual speech* (pp. 3 - 25). Hove, England: Psychology Press.

Greenberg, G. Z., Bray, N. W., & Beasley, D. S. (1970). Children's frequency-selective detection of signals in noise. *Perception and Psychophysics*, *8*, 173 - 175.

Grieser, D., & Kuhl, P. K. (1989). Categorization of speech by infants: Support for speech-sound prototypes. *Developmental Psychology*, *25*

(4), 577 – 588.

Grose, J. H. , Hall, J. W. I. , & Gibbs, C. (1993). Temporal analysis in children. *Journal of Speech and Hearing Research*, 36, 351 – 356.

Hall, J. W. , & Grose, J. H. (1990). The masking level difference in children. *Journal of the American Academy of Audiology*, 1, 81 – 88.

Hall, J. W. , & Grose, J. H. (1991). Notched-noise measures of frequency selectivity in adults and children using fixed-masker-level and fixed-signal-level presentation. *Journal of Speech and Hearing Research*, 34, 651 – 660.

Hall, J. W. , & Grose, J. H. (1994). Development of temporal resolution in children as measured by the temporal modulation transfer function. *Journal of the Acoustical Society of America*, 96, 150 – 154.

Hall, J. W. , Grose, J. H. , & Dev, M. B. (1997). Auditory development in complex tasks of comodulation masking release. *Journal of Speech Language and Hearing Research*, 40, 946 – 954.

Hallé, P. A. , & de Boysson-Bardies, B. (1994). Emergence of an early receptive lexicon: Infants' recognition of words. *Infant Behavior and Development*, 17, 119 – 129.

Harris, Z. (1955). From phoneme to morpheme. *Language*, 31, 190 – 222.

Hartley, D. E. H. , & Moore, D. R. (2002). Auditory processing efficiency deficits in children with developmental language impairments. *Journal of the Acoustical Society of America*, 112, 2962 – 2966.

Hartley, D. E. H. , Wright, B. A. , Hogan, S. C. , & Moore, D. R. (2000). Age-related improvements in auditory backward and simultaneous masking in 6-to 10-year-old children. *Journal of Speech Language and Hearing Research*, 43, 1402 – 1415.

Hauser, M. D. , Chomsky, N. , & Fitch, W. T. (2002). The faculty of language: What is it, who has it, and how did it evolve? *Science*, 298(5598), 1569 – 1579.

Hauser, M. D. , Newport, E. L. , & Aslin, R. N. (2001). Segmentation of the speech stream in a nonhuman primate: Statistical learning in cotton-top tamarins. *Cognition*, 78, B53 – B64.

Hauser, M. D. , Weiss, D. , & Marcus, G. (2002). Rule learning by cotton-top tamarins. *Cognition*, 86, B15 – B22.

Hayes, R. A. , Slater, A. , & Brown, E. (2000). Infants' ability to categorise on the basis of rhyme. *Cognitive Development*, 15(4), 405 – 419.

Hillenbrand, J. A. (1984). Speech perception by infants: Categorization based on nasal consonant place of articulation. *Journal of the Acoustical Society of America*, 75(950), 1613 – 1622.

Hirsh-Pasek, K. , Kemler Nelson, D. G. , Jusczyk, P. W. , Wright Cassidy, K. , Druss, B. , & Kennedy, L. (1987). Clauses are perceptual units for young infants. *Cognition*, 26, 269 – 286.

Hockley, N. S. , & Polka, L. (1994). *A developmental study of Audiovisual Speech Perception Using the McGurk Paradigm*. Unpublished masters thesis, McGill University, Montreal, Canada.

Höhle B. , & Weissenborn J. (2003). German-learning infants' ability to detect unstressed closed-class elements in continuous speech. *Developmental Science*, 6(2), 122 – 127.

Hohne, E. A. , & Jusczyk, P. W. (1994). Two-month-old infants' sensitivity to allophonic differences. *Perception and Psychophysics*, 56, 613 – 623.

Hollich, G. , Jusczyk, P. , & Luce, P. (2002). Lexical neighborhood effects in 17-month-old word learning. *Proceedings of the 26th Annual Boston University Conference on Language Development* (pp. 314 – 323). Boston: Cascadilla Press.

Hoshino, T. (1990). Scanning electron microscopy of nerve fibers in human fetal cochlea. *Journal of Electron Microscopy Technique*, 15, 104 – 114.

Houston, D. , M. , & Jusczyk, P. W. (2000). The role of talker-specific information in word segmentation by infants. *Journal of Experimental Psychology: Human Perception and Performance*, 26(5), 1570 – 1582.

Houston, D. M. , Jusczyk, P. W. , Kuijpers, C. , Coolen, R. , & Cutler, A. (2000). Cross-language word segmentation by 9-month-olds. *Psychonomic Bulletin and Review*, 7(3), 504 – 509.

Houston, D. M. , Pisoni, D. B. , Kirk, K. I. , Ying, E. A. , & Miyamoto, R. T. (in press). Speech perception skills of deaf infants following cochlear implantation: A first report. *International Journal of Pediatric Otorhinolaryngology*.

Houston, D. M. , Santelmann, L. , & Jusczyk, P. W. (2004). English-learning infants' segmentation of trisyllabic words from fluent speech. *Language and Cognitive Processes*, 19, 97 – 136.

Igarashi, Y. , & Ishii, T. (1979). Development of the cochlear and the blood-vessel-network in the fetus: A transmission electrographic observation. *Audiology*, *Japan*, 22, 459 – 460.

Igarashi, Y. , & Ishii, T. (1980). Embryonic development of the human organ of Corti: Electron microscopic study. *International Journal of Pediatric Otorhinolaryngology*, 2, 51 – 62.

Igarashi, Y. , Yamazaki, H. , & Mitsui, T. (1978). An electronographic study of inner/outer haircells of human fetuses. *Audiology*, *Japan*, 21, 375 – 377.

Ilari, B. , & Polka, L. (2002). *Memory for music in infancy: The role of style and complexity*. Paper presented at the International Conference on Infant Studies, Toronto, Ontario, Canada.

Irwin, R. J. , Stillman, J. A. , & Schade, A. (1986). The width of the auditory filter in children. *Journal of Experimental Child Psychology*, 41, 429 – 442.

Jensen, J. K. , & Neff, D. L. (1993). Development of basic auditory discrimination in preschool children. *PsychologicalScience*, 4, 104 – 107.

Jiang, Z. D. , Wu, Y. Y. , & Zhang, L. (1990). Amplitude change with click rate in human brainstem auditory-evoked responses. *Audiology*, 30, 173 – 182.

Jiang, Z. D. , Wu, Y. Y. , Zheng, W. S. , Sun, D. K. , Feng, L. Y. , & Liu, X. Y. (1991). The effect of click rate on latency and interpeak interval of the brain-stem auditory evoked potentials in children from birth to 6 years. *Electroencephalography and Clinical Neurophysiology*, 80, 60 – 64.

Johnson, E. K. , & Jusczyk, P. W. (2001). Word segmentation by 8-month-olds: When speech cues count more than statistics. *Journal of Memory and Language*, 44(4), 548 – 567.

Johnson, E. K. , Jusczyk, P. W. , Cutler, A. , & Norris, D. (2003). Lexical viability constraints on speech segmentation by infants. *Cognitive Psychology*, 46(1), 65 – 97.

Jusczyk, P. W. (1997). Finding and remembering words: Some beginnings by English-learning infants. *Current Directions in Psychological Science*, 6(6), 170 – 174.

Jusczyk, P. W. , & Aslin, R. N. (1995). Infants' detection of the sound patterns of words in fluent speech. *Cognitive Psychology*, 29, 1 – 23.

Jusczyk, P. W. , Copan, H. , & Thompson, E. (1978). Perception by 2-month-old infants of glide contrasts in multisyllabic utterances. *Perception and Psychophysics*, 24(6), 515 – 520.

Jusczyk, P. W. , Cutler, A. , & Redanz, N. J. (1993). Infants' preference for the predominant stress patterns of English words. *Child Development*, 64, 675 – 687.

Jusczyk, P. W. , & Derrah, C. (1987). Representation of speech sounds by young infants. *Developmental Psychology*, 23, 648 – 654.

Jusczyk, P. W. , Friederici, A. D. , Wessels, J. M. , Svenkerud, V. Y. , & Jusczyk, A. M. (1993). Infants' sensitivity to the sound patterns of native language words. *Journal of Memory and Language*, 32, 402 – 420.

Jusczyk, P. W. , Goodman, M. B. , & Baumann, A. (1999). Nine-month-olds' attention to sound similarities in syllables. *Journal of Memory and Language*, 40(1), 62 – 82.

Jusczyk, P. W. , Hirsh-Pasek, K. , Nelson, D. G. K. , Kennedy, L. J. , Woodward, A. , & Piwoz, J. (1992). Perception of acoustic correlates of major phrasal units by young infants. *Cognitive Psychology*, 24, 252 – 293.

Jusczyk, P. W. , & Hohne, E. A. (1997). Infants' memory for spoken words. *Science*, 277, 1984 – 1986.

Jusczyk, P. W. , Hohne, E. A. , & Baumann, A. (1999). Infants' sensitivity to allophonic cues to word segmentation. *Perception and Psychophysics*, 61, 1465 – 1476.

Jusczyk, P. W. , Houston, D. M. , & Newsome, M. (1999). The beginnings of word segmentation in English-learning infants. *Cognitive Psychology*, 39(3/4), 159 – 207.

Jusczyk, P. W. , & Krumhansl, C. L. (1993). Pitch and rhythmic patterns affecting infants' sensitivity to musical phrase structure. *Journal of Experimental Psychology: Human Perception and Performance*, 19 (3), 627 – 640.

Jusczyk, P. W. , Luce, P. A. , & Charles-Luce, J. (1994). Infants' sensitivity to phonotactic patterns in the native language. *Journal of Memory and Language*, 33(5), 630 – 645.

Jusczyk, P. W. , Pisoni, D. B. , Reed, M. A. , Fernald, A. , & Myers, M. (1983). Infants' discrimination of the duration of a rapid spectrum change in nonspeech signals. *Science*, 222, 175 – 177.

Jusczyk, P. W. , Pisoni, D. B. , Walley, A. , & Murray, J. (1980). Discrimination of relative onset time of two-component tones by infants. *Journal of the Acoustical Society Of America*, 67(1), 262 – 270.

Kaga, K. , & Tanaka, Y. (1980). Auditory brainstem response and behavioral audiometry: Developmental correlates. *Archives of Otolaryngology*, 106, 564 – 566.

Kahneman, D. (1973). *Attention and effort*. Englewood Cliffs, NJ: Prentice-Hall.

Karzon, R. G. (1985). Discrimination of polysyllabic sequences by 1- to 4-month-old infants. *Journal of Experimental Child Psychology*, *39*, 326 – 342.

Karzon, R. G., & Nicholas, J. G. (1989). Syllabic pitch perception in 2- to 3-month-old infants. *Perception and Psychophysics*, *45*(1), 10 – 14.

Keefe, D. H., Bulen, J. C., Arehart, K. H., & Burns, E. M. (1993). Earcanal impedance and reflection coefficient in human infants and adults. *Journal of the Acoustical Society of America*, *94*, 2617 – 2638.

Keefe, D. H., Burns, E. M., Bulen, J. C., & Campbell, S. L. (1994). Pressure transfer function from the diffuse field to the human infant ear canal. *Journal of the Acoustical Society of America*, *95*, 355 – 371.

Keefe, D. H., Folsom, R. C., Gorga, M. P., Vohr, B. R., Bulen, J. C., & Norton, S. J. (2000). Identification of neonatal hearing impairment: Ear-canal measurements of acoustic admittance and reflectance in neonates. *Ear and Hearing*, *21*, 443 – 461.

Keefe, D. H., & Levi, E. C. (1996). Maturation of the middle and external ears: Acoustic power-based responses and reflectance typmanometry. *Ear and Hearing*, *17*, 1 – 13.

Kelly, M. H. (1992). Using sound to solve syntactic problems: The role of phonology in grammatical category assignments. *Psychological Review*, *99*(2), 349 – 364.

Kidd, G., Jr., Mason, C. R., & Arbogast, T. L. (2002). Similarity, uncertainty, and masking in the identification of nonspeech auditory patterns. *Journal of the Acoustical Society of America*, *111*, 1367 – 1376.

King, A. J., Hutchings, M. E., Moore, D. R., & Blakemore, C. (1988). Developmental plasticity in the visual and auditory representations in the mammalian superior colliculus. *Nature*, *332*, 73 – 76.

Kirkham, N. Z., Slemmer, J. A., & Johnson, S. P. (2002). Visual statistical learning in infancy: Evidence for a domain general learning mechanism. *Cognition*, *83*(2), B35 – B42.

Klein, A. J., Alvarez, E. D., & Cowburn, C. A. (1992). The effects of stimulus rate on detectability of the auditory brain stem response in infants. *Ear and Hearing*, *13*, 401 – 405.

Kluender, K. R., Diehl, R. L., & Killeen, P. R. (1987, September 4). Japanese quail can learn phonetic categories. *Science*, *237*, 1195 – 1197.

Kluender, K. R., Lotto, A. J., Holt, L. L., & Bloedel, S. L. (1998). Role of experience for language-specific functional mappings of vowel sounds. *Journal of the Acoustical Society of America*, *104*, 3568 – 3582.

Kopyar, B. A. (1997). *Intensity discrimination abilities of infants and adults: Implications for underlying processes*. Unpublished doctoral dissertation, University of Washington, Seattle.

Krentz, U. C., & Corina, D. C. (2005). *Preference for language in early infancy: The human language bias is not speech specific*. Manuscript submitted for publication.

Krumhansl, C. L., & Jusczyk, P. W. (1990). Infants' perception of phrase structure in music. *Psychological Science*, *1*(1), 70 – 73.

Kuhl, P. K. (1979). Speech perception in early infancy: Perceptual constancy for spectrally dissimilar vowel categories. *Journal of the Acoustical Society of America*, *66*(6), 1668 – 1679.

Kuhl, P. K. (1991). Human adults and human infants show a "perceptual magnet effect" for the prototypes of speech categories, monkeys do not. *Perception and Psychophysics*, *50*(2), 93 – 107.

Kuhl, P. K. (2000). Language, mind, and brain: Experience alters perception. In M. S. Gazzaniga (Ed.), *The new cognitive neurosciences* (2nd ed., pp. 99 – 115). Cambridge, MA: MIT Press.

Kuhl, P. K., Andruski, J. E., Chistovich, I. A., Chistovich, L. A., Kozhevnikova, E. V., Ryskina, V. L., et al. (1997). Cross-language analysis of phonetic units in language addressed to infants. *Science*, *277*, 684 – 686.

Kuhl, P. K., & Meltzoff, A. N. (1982). The bimodal perception of speech in infancy. *Science*, *218*(4577), 1138 – 1141.

Kuhl, P. K., & Meltzoff, A. N. (1988). Speech as an intermodal object of perception. In A. Yonas (Ed.), *Minnesota Symposia on Child Psychology: Perceptual development in infancy* (pp. 235 – 266). Hillsdale, NJ: Erlbaum.

Kuhl, P. K., & Miller, J. D. (1978). Speech perception by the chinchilla: Identification function for synthetic VOT stimuli. *Journal of the Acoustical Society of America*, *63*, 905 – 917.

Kuhl, P. K., & Padden, D. M. (1983). Enhanced discriminability at the phonetic boundaries for the place feature in macaques. *Journal of the Acoustical Society of America*, *73*, 1003 – 1010.

Kuhl, P. K., Tsao, F.-M., & Liu, H.-M. (2003). Foreign-language experience in infancy: Effects of short-term exposure and social interaction on phonetic learning. *Proceedings of the National Academy of Sciences*, *USA*, *100*, 9096 – 9101.

Kuhl, P. K., Tsao, F.-M., Liu, H.-M., Zhang, Y., & de Boer, B. (2001). Language/Culture/Mind/Brain: Progress at the margins between disciplines. In A. Domasio et al. (Eds.), *Unity of knowledge: The convergence of natural and human science* (pp. 136 – 174). New York: New York Academy of Sciences.

Kuhl, P. K., Williams, K. A., Lacerda, F., Stevens, K. N., & Lindblom, B. (1992). Linguistic experience alters phonetic perception in infants by 6 months of age. *Science*, *255*, 606 – 608.

Lary, S., Briassoulis, G., de Vries, L., Dubowitz, L. M. S., & Dubowitz, V. (1985). Hearing threshold in preterm and term infants by auditory brainstem response. *Journal of Pediatrics*, *107*, 593 – 599.

Lasky, R. E. (1984). A developmental study on the effect of stimulus rate on the auditory evoked brain-stem response. *Electroencephalography and Clinical Neurophysiology*, *59*, 411 – 419.

Lasky, R. E. (1991). The effects of rate and forward masking on human adult and newborn auditory evoked response thresholds. *Developmental Psychobiology*, *24*, 21 – 64.

Lasky, R. E. (1993). The effect of forward masker duration, rise/fall time, and integrated pressure on auditory brain stem evoked responses in human newborns and adults. *Ear and Hearing*, *14*, 95 – 103.

Lasky, R. E. (1997). Rate and adaptation effects on the auditory evoked brainstem response in human newborns and adults. *Hearing Research*, *111*, 165 – 176.

Lasky, R. E., & Rupert, A. (1982). Temporal masking of auditory evoked brainstem responses in human newborns and adults. *Hearing Research*, *6*, 315 – 334.

Lasky, R. E., Syrdal-Lasky, A., & Klein, R. E. (1975). Vot discrimination by 4- to 6-month-old infants from Spanish environments. *Journal of Experimental Child Psychology*, *20*, 215 – 225.

Lavigne-Rebillard, M., & Bagger-Sjoback, D. (1992). Development of the human stria vascularis. *Hearing Research*, *64*, 39 – 51.

Lavigne-Rebillard, M., & Pujol, R. (1987). Surface aspects of the developing human organ of corti. *Acta Otolaryngologica*, *436*, 43 – 50.

Lavigne-Rebillard, M., & Pujol, R. (1988). Hair cell innervation in the fetal human cochlea. *Acta Otolaryngologica, Stockholm*, *105*, 398 – 402.

Lavigne-Rebillard, M., & Pujol, R. (1990). Auditory hair cells in human fetuses: Synaptogenesis and ciliogenesis. *Journal of Electron Microscopy Technique*, *15*, 115 – 122.

Lecanuet, J.-P., Granier-Deferre, C., & Busnel, M.-C. (1988). Fetal cardiac and motor responses to octave-band noises as a function of central frequency, intensity and heart rate variability. *Early Human Development*, *18*, 81 – 93.

Leibold, L., & Werner, L. A. (2002). Relationship between intensity and reaction time in normal hearing infants and adults. *Ear and Hearing*, *23*, 92 – 97.

Leibold, L., & Werner, L. A. (2003). Infants' detection in the presence of masker uncertainty. *Journal of the Acoustical Society of America*, *113*, 2208.

Levi, E. C., & Werner, L. A. (1996). Amplitude modulation detection in infancy: Update on 3-month-olds. *Abstracts of the Association for Research in Otolaryngology*, *19*, 142.

Liberman, A. M., Cooper, F. S., Shankweiler, D. P., & Studdert-Kennedy, M. (1967). Perception of the speech code. *Psychological Review*, *74*, 431 – 461.

Lisker, L., & Abramson, A. S. (1971). Distinctive features and laryngeal control. *Language*, *47*, 767 – 785.

Litovsky, R. Y. (1997). Developmental changes in the precedence effect: Estimates of minimum audible angle. *Journal of the Acoustical Society of America*, *102*(3), 1739 – 1745.

Liu, H.-M., Kuhl, P. K., & Tsao, F.-M. (2003). An association between mothers' speech clarity and infants' speech discrimination skills. *Developmental Science*, *6*(3), F1 – F10.

Lotto, A. J., Kluender, K. R., & Holt, L. L. (1998). Depolarizing the perceptual magnet effect. *Journal of the Acoustical Society of America*, *103*, 3648 – 3655.

MacDonald, J., & McGurk, H. (1978). Visual influences on speech perception process. *Perception and Psychophysics*, *24*, 253 – 257.

MacKain, K., Studdert-Kennedy, M., Spieker, S., & Stern, D. (1983, March 18). Infant intermodal speech perception is a left-hemisphere function. *Science*, *219*, 1347 – 1349.

Mandel, D. R., Jusczyk, P. W., & Kemler Nelson, D. G. (1994). Does sentential prosody help infants organize and remember speech information? *Cognition*, *53*, 155 – 180.

Mandel, D. R., Jusczyk, P. W., & Pisoni, D. B. (1995). Infants' recognition of the sound patterns of their own names. *Psychological Science*, *6*

(5), 315 - 318.

Marcus, G. F., Vijayan, S., Rao, S. B., & Vishton, P. M. (1999). Rule learning by 7-month-old infants. *Science*, *283* (5398), 77 - 80.

Massaro, D. W., Cohen, M. M., & Smeele, P. M. T. (1995). Cross-linguistic comparisons in the integration of visual and auditory speech. *Memory and Cognition*, *23* (1), 113 - 131.

Massaro, D. W., Thompson, L. A., Barron, B., & Laren, E. (1986). Developmental changes in visual and auditory contributions to speech perception. *Journal of Experimental Child Psychology*, *41*, 93 - 113.

Mattingly, I. G., Liberman, A. M., Syrdal, A. K., & Halwes, T. (1971). Discrimination in speech and non-speech modes. *Cognitive Psychology*, *2*, 131 - 157.

Mattys, S. L., & Jusczyk, P. W. (2001). Phonotactic cues for segmentation of fluent speech by infants. *Cognition*, *78* (2), 91 - 121.

Mattys, S. L., Jusczyk, P. W., Luce, P. A., & Morgan, J. L. (1999). Phonotactic and prosodic effects on word segmentation in infants. *Cognitive Psychology*, *38* (4), 465 - 494.

Maxon, A. B., & Hochberg, I. (1982). Development of psychoacoustic behavior: Sensitivity and discrimination. *Ear and Hearing*, *3*, 301 - 308.

Maye, J., Werker, J. F., & Gerken, L. (2002). Infant sensitivity to distributional information can affect phonetic discrimination. *Cognition*, *82* (3), B101 - B111.

McAdams, S., & Bertoncini, J. (1997). Organization and discrimination of repeating sound sequences by newborn infants. *Journal of the Acoustical Society of America*, *102* (5, Pt. 1), 2945 - 2953.

McGurk, H., & MacDonald, J. (1976). Hearing lips and seeing voices. *Nature*, *264* (5588), 746 - 748.

McMurray, B., & Aslin, R. N. (2005). Infants are sensitive to within-category variation in speech perception. *Cognition*, *95* (2), B15 - B26.

Mehler, J., & Christophe, A. (1995). Maturation and learning of language in the first year of life. In M. S. Gazzaniga (Ed.), *The cognitive neurosciences* (pp. 943 - 954). Cambridge, MA: MIT Press.

Mehler, J., Dommergues, J., Frauenfelder, U., & Segui, J. (1981). The syllable's role in speech segmentation. *Cognitive Psychology*, *18*, 1 - 86.

Mehler, J., Jusczyk, P. W., Lambertz, G., Halsted, N., Bertoncini, J., & Amiel-Tison, C. (1988). A precursor of language acquisition in young infants. *Cognition*, *29*, 143 - 178.

Miller, J. L. (1987). Rate-dependent processing in speech perception. In A. Ellis (Ed.), *Progress in the psychology of language* (Vol. 3, pp. 119 - 157). Hillsdale, NJ: Erlbaum.

Miller, J. L., & Eimas, P. D. (1979). Organization in infant speech perception. *Canadian Journal of Psychology*, *33*, 353 - 367.

Miller, J. L., & Eimas, P. D. (1996). Internal structure of voicing categories in early infancy. *Perception and Psychophysics*, *58* (8), 1157 - 1167.

Mills, D. L., Prat, C., Zangl, R., Stager, C. L., Neville, H. J., & Werker, J. F. (2004). Language experience and the organization of brain activity to phonetically similar words: ERP evidence from 14- and 20-month-olds. *Journal of Cognitive Neuroscience*, *16* (8), 1 - 13.

Moffit, A. R. (1971). Consonant cue perception by 20- to 24-week-old infants. *Child Development*, *42*, 505 - 511.

Molfese, D. L., Burger-Judisch, L. M., & Hans, L. L. (1991). Consonant discrimination by newborn infants: Electrophysiological differences. *Developmental Neuropsychology*, *7* (2), 177 - 195.

Molfese, D. L., & Molfese, V. (1979). Hemisphere and stimulus differences as reflected in the cortical responses of newborn infants. *Developmental Psychology*, *15*, 505 - 511.

Molfese, D. L., & Molfese, V. (1980). Cortical responses of preterm infants to phonetic and nonphonetic speech stimuli. *Developmental Psychology*, *16*, 574 - 581.

Molfese, D. L., & Molfese, V. (1985). Electrophysiological indices of auditory discrimination in newborn infants: The bases for predicting later language development? *Infant Behavior and Development*, *8*, 197 - 211.

Montgomery, C. R., & Clarkson, M. G. (1997). Infants' pitch perception: Masking by low-and high-frequency noises. *Journal of the Acoustical Society of America*, *102*, 3665 - 3672.

Moon, C., Cooper, R. P., & Fifer, W. P. (1993). Two-day-olds prefer their native language. *Infant Behavior and Development*, *16* (4), 495 - 500.

Moore, B. C. J. (1973). Frequency difference limens for short-duration tones. *Journal of the Acoustical Society of America*, *54*, 610 - 619.

Moore, B. C. J. (1996). *Introduction to the psychology of hearing* (5th ed.). New York: Academic Press.

Moore, B. C. J., Glasberg, B. R., Plack, C. J., & Biswas, A. K. (1988). The shape of the ear's temporal window. *Journal of the Acoustical Society of America*, *83*, 1102 - 1116.

Moore, J. K. (2002). Maturation of human auditory cortex: Implications for speech perception. *Annals of Otology Rhinology and Laryngology*, *111*, 7 - 10.

Moore, J. K., & Guan, Y. L. (2001). Cytoarchitectural and axonal maturation in human auditory cortex. *Journal of the Association for Research in Otolaryngology*, *2*, 297 - 311.

Moore, J. K., Guan, Y. L., & Shi, S. R. (1997). Axogenesis in the human fetal auditory system, demonstrated by neurofilament immunohistochemistry. *Anatomy and Embryology*, Berlin, *195*, 15 - 30.

Moore, J. K., Perazzo, L. M., & Braun, A. (1995). Time course of axonal myelination in human brainstem auditory pathway. *Hearing Research*, *87*, 21 - 31.

Moore, J. K., Ponton, C. W., Eggermont, J. J., Wu, B. J., & Huang, J. Q. (1996). Perinatal maturation of the auditory brain stem response: Changes in path length and conduction velocity. *Ear and Hearing*, *17*, 411 - 418.

Mora, J. A., Exposito, M., Solis, C., & Barajas, J. J. (1990). Filter effects and low stimulation rate on the middle-latency response in newborns. *Audiology*, *29*, 329 - 335.

Morais, J., Content, A., Cary, L., Mehler, J., & Segui, J. (1989). Syllabic segmentation and literacy. *Language and Cognitive Processes*, *4* (1), 57 - 67.

Morgan, J. L., & Demuth, K. (1996). *Signal to syntax: Bootstrapping from speech to grammar in early acquisition*. Hillsdale, NJ: Erlbaum.

Morgan, J. L., Meier, R. P., & Newport, E. L. (1987). Structural packaging in the input to language learning: Contributions of intonational and morphological marking of phrases to the acquisition of language. *Cognitive Psychology*, *19*, 498 - 550.

Morgan, J. L., & Newport, E. L. (1981). The role of constituent structure in the induction of an artificial language. *Journal of Verbal Learning and Verbal Behavior*, *20*, 67 - 85.

Morgan, J. L., & Saffran, J. R. (1995). Emerging integration of sequential and suprasegmental information in preverbal speech segmentation. *Child Development*, *66*, 911 - 936.

Morgan, J. L., Shi, R., & Allopenna, P. (1996). Perceptual bases of rudimentary grammatical categories: Toward a broader conceptualization of bootstrapping. In J. L. M. K. Demuth (Ed.), *Signal to syntax* (pp. 263 - 283). Hillsdale, NJ: Erlbaum.

Morrongiello, B. A. (1988). Infants' localization of sounds in the horizontal plane: Estimates of minimum audible angle. *Developmental Psychology*, *24*, 8 - 13.

Morrongiello, B. A., Fenwick, K., & Chance, G. (1990). Sound localization acuity in very young infants: An observer-based testing procedure. *Developmental Psychology*, *26*, 75 - 84.

Morrongiello, B. A., Fenwick, K. D., Hillier, L., & Chance, G. (1994). Sound localization in newborn human infants. *Developmental Psychobiology*, *27*, 519 - 538.

Morrongiello, B. A., Hewitt, K. L., & Gotowiec, A. (1991). Infants' discrimination of relative distance in the auditory modality: Approaching versus receding sound sources. *Infant Behavior and Development*, *14*, 187 - 208.

Morrongiello, B. A., & Rocca, P. T. (1987a). Infants' localization of sounds in the horizontal plane: Effects of auditory and visual cues. *Child Development*, *58*, 918 - 927.

Morrongiello, B. A., & Rocca, P. T. (1987b). Infants' localization of sounds in the median sagittal plane: Effects of signal frequency. *Journal of the Acoustical Society of America*, *82*, 900 - 905.

Morrongiello, B. A., & Rocca, P. T. (1987c). Infants' localization of sounds in the median vertical plane: Estimates of minimal audible angle. *Journal of Experimental Child Psychology*, *43*, 181 - 193.

Morrongiello, B. A., & Rocca, P. T. (1990). Infants' localization of sounds within hemifields: Estimates of minimum audible angle. *Child Development*, *61*, 1258 - 1270.

Morrongiello, B. A., & Trehub, S. E. (1987). Age-related changes in auditory temporal perception. *Journal of Experimental Child Psychology*, *44*, 413 - 426.

Morse, P. A. (1972). The discrimination of speech and non-speech stimuli in early infancy. *Journal of Experimental Child Psychology*, *14* (3), 477 - 492.

Morse, P. A., & Snowdon, C. T. (1975). An investigation of categorical speech discrimination by rhesus monkeys. *Perception and Psychophysics*, *17* (1), 9 - 16.

Myers, J., Jusczyk, P. W., Kemler Nelson, D. G., Charles-Luce, J., Woodward, A. L., & Hirsh-Pasek, K. (1996). Infants' sensitivity to word boundaries in fluent speech. *Journal of Child Language*, *23*(1), 1 – 30.

Naigles, L. (1990). Children use syntax to learn verb meaning. *Journal of Child Language*, *17*, 357 – 374.

Nakai, Y. (1970). An electron microscopic study of the human fetus cochlea. *Practica of Otology, Rhinology and Laryngology*, *32*, 257 – 267.

Nazzi, T., Bertoncini, J., & Mehler, J. (1998). Language discrimination by newborns: Toward an understanding of the role of rhythm. *Journal of Experimental Psychology: Human Perception and Performance*, *24* (3), 756 – 766.

Nazzi, T., Dilley, L., Jusczyk, A. M., Shattuck-Hufnagel, S., & Jusczyk, P. (in press). English-learning infants' segmentation of verbs from fluent speech. *Language and Speech*.

Nazzi, T., Floccia, C., & Bertoncini, J. (1998). Discrimination of pitch contours by neonates. *Infant Behavior and Development*, *21*, 779 – 784.

Nazzi, T., Jusczyk, P. W., & Johnson, E. K. (2000). Language discrimination by English-learning 5-month-olds: Effects of rhythm and familiarity. *Journal of Memory and Language*, *43*(1), 1 – 19.

Neff, D. L., & Callaghan, B. P. (1988). Effective properties of multicomponent simultaneous maskers under conditions of uncertainty. *Journal of the Acoustical Society of America*, *83*, 1833 – 1838.

Neff, D. L., & Green, D. M. (1987). Masking produced by spectral uncertainty with multicomponent maskers. *Perception and Psychophysics*, *41*, 409 – 415.

Nespor, M., Guasti, M. T., & Christophe, A. (1996). Selecting word order: The rhythmic activation principle. In U. Kleinhenz (Ed.), *Interfaces in phonology* (pp. 1 – 26). Berlin, Germany: Akademie Verlag.

Newport, E. L., & Aslin, R. N. (2004). Learning at a distance: I. Statistical learning of non-adjacent dependencies. *Cognitive Psychology*, *48* (2), 127 – 162.

Newport, E. L., Hauser, M. D., Spaepen, G., & Aslin, R. N. (2004). Learning at a distance: II. Statistical learning of non-adjacent dependencies in a non-human primate. *Cognitive Psychology*, *49*, 85 – 117.

Nittrouer, S., Crowther, C. S., & Miller, M. E. (1998). The relative weighting of acoustic properties in the perception of s + stop clusters by children and adults. *Perception and Psychophysics*, *60*, 51 – 64.

Nittrouer, S., & Miller, M. E. (1997). Predicting developmental shifts in perceptual weighting schemes. *Journal of the Acoustical Society of America*, *101*, 3353 – 3366.

Nittrouer, S., & Studdert-Kennedy, M. (1987). The role of coarticulatory effects in the perception of fricatives by children and adults. *Journal of Speech and Hearing Research*, *30*, 319 – 329.

Norton, S. J., Gorga, M. P., Widen, J. E., Folsom, R. C., Sininger, Y., Cone-Wesson, B., et al. (2000). Identification of neonatal hearing impairment: Summary and recommendations. *Ear and Hearing*, *21*, 529 – 535.

Novak, G. P., Kurtzberg, D., Kreuzer, J. A., & Vaughan, H. G. (1989). Cortical responses to speech sounds and their formants in normal infants: Maturational sequence and spatiotemporal analysis. *Electroencephalography and Clinical Neurophysiology*, *73*(4), 295 – 305.

Nozza, R. J. (1987). The binaural masking level difference in infants and adults: Developmental change in binaural hearing. *Infant Behavior and Development*, *10*, 105 – 110.

Nozza, R. J. (1995). Estimating the contribution of non-sensory factors to infant-adult differences in behavioral thresholds. *Hearing Research*, *91*, 72 – 78.

Nozza, R. J., & Henson, A. M. (1999). Unmasked thresholds and minimum masking in infants and adults: Separating sensory from nonsensory contributions to infant-adult differences in behavioral thresholds. *Ear and Hearing*, *20*, 483 – 496.

Nozza, R. J., & Wilson, W. R. (1984). Masked and unmasked puretone thresholds of infants and adults: Development of auditory frequency selectivity and sensitivity. *Journal of Speech and Hearing Research*, *27*, 613 – 622.

Nygaard, L. C., & Pisoni, D. B. (1995). Speech perception: New directions in research and theory. In J. L. Miller & P. D. Eimas (Eds.), *Handbook of perception and cognition: Vol. 11. Speech, language, and communication* (2nd ed., pp. 63 – 96). San Diego, CA: Academic Press.

Oh, E. L., & Lutfi, R. A. (1999). Informational masking by everyday sounds. *Journal of the Acoustical Society of America*, *106*, 3521 – 3528.

Oh, E. L., Wightman, F., & Lutfi, R. A. (2001). Children's detection of pure-tone signals with random multitone maskers. *Journal of the Acoustical Society of America*, *109*, 2888 – 2895.

Okabe, K. S., Tanaka, S., Hamada, H., Miura, T., & Funai, H. (1988). Acoustic impedance measured on normal ears of children. *Journal of the Acoustical Society of Japan*, *9*, 287 – 294.

Olivier, D. C. (1968). *Stochastic grammars and language acquisition mechanisms*. Unpublished doctoral dissertation, Harvard University, Cambridge, MA.

Olsho, L. W. (1984). Infant frequency discrimination. *Infant Behavior and Development*, *7*, 27 – 35.

Olsho, L. W. (1985). Infant auditory perception: Tonal masking. *Infant Behavior and Development*, *7*, 27 – 35.

Olsho, L. W., Koch, E. G., & Carter, E. A. (1988). Nonsensory factors in infant frequency discrimination. *Infant Behavior and Development*, *11*, 205 – 222.

Olsho, L. W., Koch, E. G., Carter, E. A., Halpin, C. F., & Spetner, N. B. (1988). Pure-tone sensitivity of human infants. *Journal of the Acoustical Society of America*, *84*, 1316 – 1324.

Olsho, L. W., Koch, E. G., & Halpin, C. F. (1987). Level and age effects in infant frequency discrimination. *Journal of the Acoustical Society of America*, *82*, 454 – 464.

Olsho, L. W., Schoon, C., Sakai, R., Turpin, R., & Sperduto, V. (1982). Auditory frequency discrimination in infancy. *Developmental Psychology*, *18*, 721 – 726.

Onishi, K. H., Chambers, K. E., & Fisher, C. (2002). Learning phonotactic constraints from brief auditory experience. *Cognition*, *83*(1), B13 – B23.

Otake, T., Hatano, G., Cutler, A., & Mehler, J. (1993). Mora or syllable? Speech segmentation in Japanese. *Journal of Memory and Language*, *32*(2), 258 – 278.

Palmer, C., Jungers, M. K., & Jusczyk, P. W. (2001). Episodic memory for musical prosody. *Journal of Memory and Language*, *45*(4), 526 – 545.

Pater, J., Stager, C. L., & Werker, J. F. (2004). The lexical acquisition of phonological contrasts. *Language*, *80*(3), 361 – 379.

Patterson, M. L., & Werker, J. F. (1999). Matching phonetic information in lips and voice is robust in 4½-month-old infants. *Infant Behavior and Development*, *22*(2), 237 – 247.

Patterson, M. L., & Werker, J. F. (2002). Infants' ability to match dynamic phonetic and gender information in the face and voice. *Journal of Experimental Child Psychology*, *81*(1), 93 – 115.

Patterson, M. L., & Werker, J. F. (2003). Two-month-olds match vowel information in the face and voice. *Developmental Science*, *6*(2), 191 – 196.

Pegg, J. E., & Werker, J. F. (1997). Adult and infant perception of two English phones. *Journal of the Acoustical Society of America*, *102*(6), 3742 – 3753.

Peña, M., Maki, A., Kovacic, D., Dehaene-Lambertz, G., Koizumi, H., Bouquet, F., et al. (2003). Sounds and silence: An optical topography study of language recognition at birth. *Proceedings of the National Academy of Sciences*, *100*(20), 11702 – 11705.

Phillips, C., Pellathy, T., & Marantz, A. (1999, October). *Magnetic mismatch field elicited by phonological feature contrast*. Paper presented at the Cognitive Neuroscience Society Meeting, Washington, DC.

Pike, K. L. (1945). Step-by-step procedure for marking limited intonation with its related features of pause, stress and rhythm. In C. C. Fries (Ed.), *Teaching and learning English as a foreign language* (pp. 62 – 74). Ann Arbor, MI: Publication of the English Language Institute.

Pinker, S. (1984). *Language learnability and language development*. Cambridge, MA: Harvard University Press.

Pinker, S. (1989). *Learnability and cognition: The acquisition of argument structure*. Cambridge, MA: MIT Press.

Pinker, S. (1994). *The language instinct*. New York: HarperCollins.

Pisoni, D. B. (1977). Identification and discrimination of the relative onset of two component tones: Implications for voicing perception in stops. *Journal of the Acoustical Society of America*, *61*, 1352 – 1361.

Plessinger, M. A., & Woods, J. R. (1987). Fetal auditory brain stem response: Effect of increasing stimulus rate during functional auditory development. *American Journal of Obstetrics and Gynecology*, *157*, 1382.

Polka, L., & Bohn, O. S. (1996). A cross-language comparison of vowel perception in English-learning and German-learning infants. *Journal of the Acoustical Society of America*, *100*(1), 577 – 592.

Polka, L., Colantonio, C., & Sundara, M. (2001). A cross-language comparison of /d/-/th/ perception: Evidence for a new developmental pattern. *Journal of the Acoustical Society of America*, *109*(Suppl. 5, Pt. 1), 2190 – 2201.

Polka, L., Sundara, M., & Blue, S. (2002, June 3 – 7). *The role of language experience in word segmentation: A comparison of English, French, and bilingual infants*. Paper presented at the the 143rd Meeting of the Acoustical Society of America: Special Session in Memory of Peter Jusczyk,

Pittsburgh, PA.

Polka, L., & Werker, J. F. (1994). Developmental changes in perception of nonnative vowel contrasts. *Journal of Experimental Psychology: Human Perception and Performance*, 20(2), 421‐435.

Pollack, I. (1975). Auditory informational masking. *Journal of the Acoustical Society of America*, 57(Suppl. 1), 5.

Pons, F. (in press). The effects of distributional learning on rats' sensitivity to phonetic information. *Journal of Experimental Psychology: Animal Behavior Processes*.

Ponton, C. W., Eggermont, J. J., Coupland, S. G., & Winkelaar, R. (1992). Frequency-specific maturation of the eighth-nerve and brain-stem auditory pathway: Evidence from derived Auditory Brain-Stem Responses (ABRs). *Journal of the Acoustical Society of America*, 91, 1576‐1587.

Ponton, C. W., Eggermont, J. J., Don, M., Waring, M. D., Kwong, B., Cunningham, J., et al. (2000). Maturation of the mismatch negativity: Effects of profound deafness and cochlear implant use. *Audiology and Neuro Otology*, 5, 167‐185.

Ponton, C. W., Moore, J. K., & Eggermont, J. J. (1996). Auditory brain stem response generation by parallel pathways: Differential maturation of axonal conduction time and synaptic transmission. *Ear and Hearing*, 17, 402‐410.

Price, C., Wise, R., Warburton, E., Moore, C., Howard, D., Patterson, K., et al. (1996). Hearing and saying: The functional neuroanatomy of auditory word processing. *Brain*, 119(3), 919‐931.

Pujol, R., & Lavigne-Rebillard, M. (1992). Development of neurosensory structures in the human cochlea. *Acta Otolaryngologica*, 112, 259‐264.

Ramus, F. (2002). Language discrimination by newborns: Teasing apart phonotactic, rhythmic, and intonational cues. *Annual Review of Language Acquisition*, 2, 85‐115.

Ramus, F., Hauser, M. D., Miller, C., Morris, D., & Mehler, J. (2000). Language discrimination by human newborns and by cotton-top tamarin monkeys. *Science*, 288(5464), 349‐351.

Ramus, F., & Mehler, J. (1999). Language identification with suprasegmental cues: A study based on speech resynthesis. *Journal of the Acoustical Society of America*, 105(1), 512‐521.

Ramus, F., Nespor, M., & Mehler, J. (1999). Correlates of linguistic rhythm in the speech signal. *Cognition*, 73(3), 265‐292.

Ratner, N. B. (1984). Patterns of vowel modification in mother-child speech. *Journal of Child Language*, 11, 557‐578.

Ratner, N. B., & Luberoff, A. (1984). Cues to post-vocalic voicing in mother-child speech. *Journal of Phonetics*, 12, 285‐289.

Remez, R. E., Rubin, P. E., Pisoni, D. B., & Carrell, T. D. (1981). Speech perception without traditional speech cues. *Science*, 212(4497), 947‐949.

Repp, B. H. (1984). Against a role of "chirp" identification in duplex perception. *Perception and Psychophysics*, 35(1), 89‐93.

Rice, K., & Avery, P. (1995). Variability in a deterministic model of language acquisition: A theory of segmental acquisition. In J. Archibald (Ed.), *Phonological acquisition and phonological theory* (pp. 23‐42). Hillsdale, NJ: Erlbaum.

Rivera-Gaxiola, M., Silva-Pereyra, J., & Kuhl, P. K. (2005). Brain potentials to native and non-native speech contrasts in 7-and 11-month-old American infants. *Developmental Science*, 8, 162‐172.

Rosen, S., van der Lely, H., Adlard, A., & Manganari, E. (2000). Backward masking in children with and without language disorders [Abstract]. *British Journal of Audiology*, 34, 124.

Rosenblum, L. D., Schmuckler, M. A., & Johnson, J. A. (1997). The McGurk effect in infants. *Perception and Psychophysics*, 59(3), 347‐357.

Rumelhart, D. E., & McClelland, J. L. (1986). *Parallel distributed processing*. Cambridge, MA: MIT Press.

Ruth, R. A., Horner, J. S., McCoy, G. S., & Chandler, C. R. (1983). Comparison of auditory brainstem response and behavioral audiometry in infants. *Audiology, Scandinavian*, 17, 94‐98.

Saffran, J. R. (2001). The use of predictive dependencies in language learning. *Journal of Memory and Language*, 44(4), 493‐515.

Saffran, J. R. (2002). Constraints on statistical language learning. *Journal of Memory and Language*, 47(1), 172‐196.

Saffran, J. R. (2003a). Absolute pitch in infancy and adulthood: The role of tonal structure. *Developmental Science*, 6(1), 35‐43.

Saffran, J. R. (2003b). Statistical language learning: Mechanisms and constraints. *Current Directions in Psychological Science*, 12(4), 110‐114.

Saffran, J. R., Aslin, R. N., & Newport, E. L. (1996). Statistical learning by 8-month-old infants. *Science*, 274(5294), 1926‐1928.

Saffran, J. R., & Graf Estes, K. M. (2004, May). *What are statistics for? Linking statistical learning to language acquisition in the wild*. Paper presented at the International Conference on Infant Studies, Chicago, IL.

Saffran, J. R., & Griepentrog, G. (2001). Absolute pitch in infant auditory learning: Evidence for developmental reorganization. *Developmental Psychology*, 37(1), 74‐85.

Saffran, J. R., Hauser, M., Seibel, R., Kapfhamer, J., Tsao, F., & Cushman, F. (2005). *Cross-species differences in the capacity to acquire language: Grammatical pattern learning by human infants and monkeys*. Manuscript submitted for publication.

Saffran, J. R., Johnson, E. K., Aslin, R. N., & Newport, E. L. (1999). Statistical learning of tone sequences by human infants and adults. *Cognition*, 70(1), 27‐52.

Saffran, J. R., Loman, M. M., & Robertson, R. R. W. (2000). Infant memory for musical experiences. *Cognition*, 77, 15‐23.

Saffran, J. R., Reeck, K., Niebhur, A., & Wilson, D. P. (in press). Changing the tune: Absolute and relative pitch processing by adults and infants. *Developmental Science*, 7(7), 53‐71.

Saffran, J. R., & Thiessen, E. D. (2003). Pattern induction by infant language learners. *Developmental Psychology*, 39(3), 484‐494.

Saffran, J. R., & Wilson, D. P. (2003). From syllables to syntax: Multilevel statistical learning by 12-month-old infants. *Infancy*, 4(2), 273‐284.

Sanes, D. H., & Walsh, E. J. (1998). The development of central auditory function. In E. W. Rubel, R. R. Fay, & A. N. Popper (Eds.), *Development of the auditory system* (pp. 271‐314). New York: Springer Verlag.

Santelmann, L. M., & Jusczyk, P. W. (1998). Sensitivity to discontinuous dependencies in language learners: Evidence for limitations in processing space. *Cognition*, 69(2), 105‐134.

Schafer, G., & Plunkett, K. (1998). Rapid word learning by 15-month-olds under tightly controlled conditions. *Child Development*, 69(2), 309‐320.

Schneider, B. A., Bull, D., & Trehub, S. E. (1988). Binaural unmasking in infants. *Journal of the Acoustical Society of America*, 83, 1124‐1132.

Schneider, B. A., Morrongiello, B. A., & Trehub, S. E. (1990). The size of the critical band in infants, children, and adults. *Journal of Experimental Psychology: Human Perception and Performance*, 16, 642‐652.

Schneider, B. A., Trehub, S. E., Morrongiello, B. A., & Thorpe, L. A. (1989). Developmental changes in masked thresholds. *Journal of the Acoustical Society of America*, 86, 1733‐1742.

Sebastián-Gallés, N., & Bosch, L. (2002). Building phonotactic knowledge in bilinguals: Role of early exposure. *Journal of Experimental Psychology: Human Perception and Performance*, 28(4), 974‐989.

Sebastián-Gallés, N., Dupoux, E., Segui, J., & Mehler, J. (1992). Con-trasting syllabic effects in Catalan and Spanish. *Journal of Memory and Language*, 31, 18‐32.

Seidenberg, M., & Elman, J. L. (1999). Do infants learn grammar with algebra or statistics? *Science*, 284, 433.

Seidenberg, M. S., MacDonald, M. C., & Saffran, J. R. (2003). Are there limits to statistical learning? *Science*, 300, 53‐54.

Shady, M. E., & Gerken, L. A. (1999). Grammatical and caregiver cues in early sentence comprehension. *Journal of Child Language*, 26, 1‐13.

Shafer, V. L., Shucard, D. W., Shucard, J. L., & Gerken, L. (1998). An electrophysiological study of infants' sensitivity to the sound patterns of English speech. *Journal of Speech, Language, and Hearing Research*, 41(4), 874‐886.

Shahidullah, S., & Hepper, P. G. (1994). Frequency discrimination by the fetus. *Early Human Development*, 36(1), 13‐26.

Shi, R., Morgan, J. L., & Allopenna, P. (1998). Phonological and acoustic bases for earliest grammatical category assignment: A cross-linguistic perspective. *Journal of Child Language*, 25(1), 169‐201.

Shi, R., & Werker, J. F. (2001). Six-month-old infants' preference for lexical words. *Psychological Science*, 12(1), 71‐76.

Shi, R., & Werker, J. F. (2003). The basis of preference for lexical words in 6-month-old infants. *Developmental Science*, 6(5), 484‐488.

Shi, R., Werker, J. F., & Cutler, A. (2003). Function words in early speech perception. In *Proceedings of the 15th International Conference of Phonetic Sciences* (pp. 3009‐3012). Adelaide, Australia: Causal Productions.

Shi, R., Werker, J. F., Cutler, A., & Cruickshank, M. (2004, April). *Facilitation effects of function words for word segmentation in infants*. Poster presented at the International Conference of Infant Studies, Chicago.

Shi, R., Werker, J. F., & Morgan, J. L. (1999). Newborn infants' sensitivity to perceptual cues to lexical and grammatical words. *Cognition*, *72*(2), B11 - B21.

Shvachkin, N. K. (1948). The development of phonemic speech perception in early childhood. In C. A. Ferguson & D. I. Slobin (Eds.), *Studies of child language development* (pp. 91 - 127). New York: Holt, Rinehart and Winston.

Singh, L., Bortfeld, H., & Morgan, J. (2002). Effects of variability on infant word recognition. In A. H. J. Do, L. Domínguez, & A. Johansen (Eds.), *Proceedings of the 26th Annual Boston University Conference on Language Development* (pp. 608 - 619). Somerville, MA: Cascadilla Press.

Singh, L., Morgan, J., & White, K. (2004). Preference and processing: The role of speech affect in early spoken word recognition. *Journal of Memory and Language*, *51*, 173 - 189.

Sininger, Y., & Abdala, C. (1996). Auditory brainstem response thresholds of newborns based on ear canal levels. *Ear and Hearing*, *17*, 395 - 401.

Sininger, Y. S., Abdala, C., & Cone-Wesson, B. (1997). Auditory threshold sensitivity of the human neonate as measured by the auditory brainstem response. *Hearing Research*, *104*, 1 - 22.

Sinnott, J. M. (1989). Detection and discrimination of synthetic English vowels by Old World monkeys (Cercopithecus, Macaca) and humans. *Journal of the Acoustical Society of America*, *86*, 557 - 565.

Sinnott, J. M., & Aslin, R. N. (1985). Frequency and intensity discrimination in human infants and adults. *Journal of the Acoustical Society of America*, *78*, 1986 - 1992.

Sinnott, J. M., Pisoni, D. B., & Aslin, R. M. (1983). A comparison of pure tone auditory thresholds in human infants and adults. *Infant Behavior and Development*, *6*, 3 - 17.

Slobin, D. I. (1973). Cognitive prerequisites for the development of grammar. In C. A. Ferguson & D. I. Slobin (Eds.), *Studies of child language development* (pp. 175 - 208). New York: Holt, Rinehart and Winston.

Smith, S. L., Gerhardt, K. J., Griffiths, S. K., & Huang, X. (2003). Intelligibility of sentences recorded from the uterus of a pregnant ewe and from the fetal inner ear. *Audiology and Neuro Otology*, *8*, 347 - 353.

Soderstrom, M., Seidl, A., Kemler Nelson, D. G., & Jusczyk, P. W. (2003). The prosodic bootstrapping of phrases: Evidence from prelinguistic infants. *Journal of Memory and Language*, *49*(2), 249 - 267.

Spetner, N. B., & Olsho, L. W. (1990). Auditory frequency resolution in human infancy. *Child Development*, *61*, 632 - 652.

Stager, C. L., & Werker, J. F. (1997). Infants listen for more phonetic detail in speech perception than in word-learning tasks. *Nature*, *388*(6640), 381 - 382.

Stellmack, M. A., Willihnganz, M. S., Wightman, F. L., & Lutfi, R. A. (1997). Spectral weights in level discrimination by preschool children: Analytic listening conditions. *Journal of the Acoustical Society of America*, *101*, 2811 - 2821.

Storkel, H. L. (2001). Learning new words: Phonotactic probability in language development. *Journal of Speech, Language, and Hearing Research*, *44*(6), 1321 - 1337.

Strange, W., & Jenkins, J. J. (1978). Role of linguistic experience in the perception of speech. In R. D. Walk & H. L. Pick (Eds.), *Perception and experience* (pp. 125 - 169). New York: Plenum Press.

Streeter, L. A. (1976). Language perception of 2-month-old infants shows effects of both innate mechanisms and experience. *Nature*, *259*, 39 - 41.

Studdert-Kennedy, M., & Shankweiler, D. P. (1970). Hemispheric specialization for speech perception. *Journal of the Acoustical Society of America*, *48*(2, Pt. 2), 579 - 594.

Swingley, D. (2005). Statistical clustering and the contents of the infant vocabulary. *Cognitive Psychology*, *50*, 86 - 132.

Swingley, D., & Aslin, R. N. (2000). Spoken word recognition and lexical representation in very young children. *Cognition*, *76*(2), 147 - 166.

Swingley, D., & Aslin, R. N. (2002). Lexical neighborhoods and the word-form representations of 14-month-olds. *Psychological Science*, *13*(5), 480 - 484.

Swingley, D., Pinto, J. P., & Fernald, A. (1999). Continuous processing in word recognition at 24 months. *Cognition*, *71*(2), 73 - 108.

Swoboda, P., Kass, J., Morse, P. A., & Leavitt, L. A. (1978). Memory factors in infant vowel discrimination of normal and at-risk infants. *Child Development*, *49*, 332 - 339.

Swoboda, P. J., Morse, P. A., & Leavitt, L. A. (1976). Continuous vowel discrimination in normal and at risk infants. *Child Development*, *47*(2), 459 - 465.

Tallal, P., Miller, S. L., Jenkins, W. M., & Merzenich, M. M. (1997). The role of temporal processing in the developmental language-based learning disorders: Research and clinical implications. In B. Blachman (Ed.), *Foundations of reading acquisition and dyslexia* (pp. 49 - 66). Mahwah, NJ: Erlbaum.

Tallal, P., & Piercy, M. (1973). Defects of non-verbal auditory perception in children with developmental aphasia. *Nature*, *241*, 468 - 469.

Tallal, P., & Piercy, M. (1974). Developmental aphasia: Rate of auditory processing and selective impairment of consonant perception. *Neuropsychologia*, *12*, 83 - 93.

Tanenhaus, M. K., Spivey-Knowlton, M. J., Eberhard, K. M., & Sedivy, J. E. (1995). Integration of visual and linguistic information in spoken language comprehension. *Science*, *268*, 1632 - 1634.

Tarquinio, N., Zelazo, P. R., & Weiss, M. J. (1990). Recovery of neonatal head turning to decreased sound pressure level. *Developmental Psychology*, *26*, 752 - 758.

Tees, R. C. (1976). Perceptual development in mammals. In G. Gottlieb (Ed.), *Studies on development of behavior and the nervous system* (pp. 281 - 326). New York: Academic Press.

Teller, D. Y. (1979). The forced-choice preferential looking procedure: A psychophysical technique for use with human infants. *Infant Behavior and Development*, *2*, 135 - 153.

Tharpe, A. M., & Ashmead, D. H. (2001). A longitudinal investigation of infant auditory sensitivity. *American Journal of Audiology*, *10*, 104 - 112.

Thiessen, E. D. (2004). *The role of distributional information in infants' use of phonemic contrast*. Unpublished doctoral dissertation, University of Wisconsin, Madison.

Thiessen, E. D., & Saffran, J. R. (2003). When cues collide: Use of stress and statistical cues to word boundaries by 7- to 9-month-old infants. *Developmental Psychology*, *39*(4), 706 - 716.

Thiessen, E. D., & Saffran, J. R. (2004). Infants' acquisition of stress-based word segmentation strategies. In A. Brugos, L. Micciulla, C. Smith (Eds.), *Proceedings of the 28th annual Boston University Conference on Language Development*, *2*, 608 - 619.

Thompson, N. C., Cranford, J. L., & Hoyer, E. (1999). Brief-tone frequency discrimination by children. *Journal of Speech Language and Hearing Research*, *42*, 1061 - 1068.

Thorpe, L. A., & Schneider, B. A. (1987, April). *Temporal integration in infant audition*. Paper presented at the Society for Research in Child Development, Baltimore, MD.

Tincoff, R., & Jusczyk, P. W. (1999). Some beginnings of word comprehension in 6-month-olds. *Psychological Science*, *10*, 172 - 175.

Toro, J. M., & Trobalón, J. B. (2004). *Statistical computations over a speech stream in a rodent*. Manuscript submitted for publication.

Trainor, L. J., Wu, L., & Tsang, C. D. (2004). Long-term memory for music: Infants remember tempo and timbre. *Developmental Science*, *7*, 289 - 296.

Trehub, S. E. (1973). Infants' sensitivity to vowel and tonal contrasts. *Developmental Psychology*, *9*(1), 91 - 96.

Trehub, S. E. (1976). The discrimination of foreign speech contrasts by infants and adults. *Child Development*, *47*, 466 - 472.

Trehub, S. E. (2003). Musical predispositions in infancy: An update. In I. Peretz & R. J. Zatorre (Eds.), *The cognitive neuroscience of music* (pp. 3 - 20). Oxford, England: Oxford University Press.

Trehub, S. E., Endman, M. W., & Thorpe, L. A. (1990). Infants' perception of timbre: Classification of complex tones by spectral structure. *Journal of Experimental Child Psychology*, *49*, 300 - 313.

Trehub, S. E., Schneider, B. A., & Edman, M. (1980). Developmental changes in infants' sensitivity to octave-band noises. *Journal of Experimental Child Psychology*, *29*, 282 - 293.

Trehub, S. E., Schneider, B. A., & Henderson, J. (1995). Gap detection in infants, children, and adults. *Journal of the Acoustical Society of America*, *98*, 2532 - 2541.

Trehub, S. E., Schneider, B. A., Morrengiello, B. A., & Thorpe, L. A. (1988). Auditory sensitivity in school-age children. *Journal of Experimental Child Psychology*, *46*, 273 - 285.

Trehub, S. E., Schneider, B. A., Thorpe, L. A., & Judge, P. (1991). Observational measures of auditory sensitivity in early infancy. *Developmental Psychology*, *27*, 40 - 49.

Tsao, F.-M., Liu, H.-M., & Kuhl, P. K. (2004). Speech Perception in Infancy Predicts Language Development in the Second Year of Life: A longitudinal study. *Child Development*, *75*, 1067 - 1084.

Tsushima, T. T. O., Sasaki, M., Shiraki, S., Nishi, K., Kohno, M., Menyuk, P., et al. (1994). Discrimination of English/r-l/and/w-y/ by

Japanese infants at 6 - 12 months: Language-specific developmental changes in speech perception abilities. *Proceedings of International Conference of Spoken Language Processing*, Yokohama, *94*, 1695 - 1698.

Turk, A. E., Jusczyk, P. W., & Gerken, L. (1995). Do English-learning infants use syllable weight to determine stress? *Language and Speech*, *38*(2), 143 - 158.

Vargha-Khadem, F., & Corballis, M. C. (1979). Cerebral asymmetry in infants. *Brain and Language*, *8*(1), 1 - 9.

Viemeister, N. F. (1979). Temporal modulation transfer functions based upon modulation thresholds. *Journal of the Acoustical Society of America*, *66*, 1380 - 1564.

Viemeister, N. F. (1996). Auditory temporal integration: What is being accumulated? *Current Directions in Psychological Science*, *5*, 28 - 32.

Viemeister, N. F., & Plack, C. J. (1993). Time analysis. In W. A. Yost, A. N. Popper, & R. R. Fay (Eds.), *Human psychophysics* (Vol. 3, pp. 116 - 154). New York: Springer-Verlag.

Viemeister, N. F., & Schlanch, R. S. (1992). Issues in infant psychoacoustics. In L. A. Werner & E. W. Rubel (Eds.), *Developmental psychoacoustics* (pp. 191 - 210). Washington, DC: American Psychological Association.

Viemeister, N. F., & Wakefield, G. H. (1991). Temporal integration and multiple looks. *Journal of the Acoustical Society of America*, *90*, 858 - 865.

Vihman, M., Nakai, S., dePaolis, R., & Hallé, P. (2004). The role of accentual pattern in early lexical representation. *Journal of Memory and Language*, *50*(3), 336 - 353.

Vitevitch, M. S., & Luce, P. A. (1998). Probabilistic phonotactics and neighborhood activation in spoken word recognition. *Journal of Memory and Language*, *40*, 374 - 408.

Vitevitch, M. S., Luce, P. A., Charles-Luce, J., & Kemmerer, D. (1997). Phonotactics and syllable stress: Implications for the processing of spoken nonsense words. *Language and Speech*, *40*, 47 - 62.

Vouloumanos, A., Kiehl, K. A., Werker, J. F., & Liddle, P. F. (2001). Detection of sounds in the auditory stream: Event-related fMRI evidence for differential activation to speech and nonspeech. *Journal of Cognitive Neuroscience*, *13*(7), 994 - 1005.

Vouloumanos, A., & Werker, J. F. (2002, April). *Infants' preference for speech: When does it emerge?* Poster presented at the 13th biennial International Conference of Infant Studies, Toronto, Ontario, Canada.

Vouloumanos, A., & Werker, J. F. (2004). Tuned to the signal: The privileged status of speech for young infants. *Developmental Science*, *7*(3), 270 - 276.

Vroomen, J., van Zon, M., & de Gelder, B. (1996). Cues to speech segmentation: Evidence from juncture misperceptions and word spotting. *Memory and Cognition*, *24*(6), 744 - 755.

Walker-Andrews, A. S., Bahrick, L. E., Raglioni, S. S., & Diaz, I. (1991). Infants' bimodal perception of gender. *Ecological Psychology*, *3*(2), 55 - 75.

Walton, G. E., & Bower, T. G. R. (1993). Amodal representation of speech in infants. *Infant Behavior and Development*, *16*, 233 - 243.

Waters, R. A., & Wilson, W. A., Jr. (1976). Speech perception by rhesus monkeys: The voicing distinction in synthesized labial and velar stop consonants. *Perception and Psychophysics*, *19*, 285 - 289.

Weir, C. (1976). Auditory frequency sensitivity in the neonate: A signal detection analysis. *Journal of Experimental Child Psychology*, *21*, 219 - 225.

Weir, C. (1979). Auditory frequency sensitivity of human newborns: Some data with improved acoustic and behavioral controls. *Perception and Psychophysics*, *26*, 287 - 294.

Werker, J. F., Burns, T., & Moon, E. (in press). *Bilingual exposed newborns prefer to listen to both of their languages*. Manuscript in preparation.

Werker, J. F., Cohen, L. B., Lloyd, V. L., Casasola, M., & Stager, C. L. (1998). Acquisition of word-object associations by 14 month old infants. *Developmental Psychology*, *34*(6), 1289 - 1309.

Werker, J. F., & Curtin, S. (2005). PRIMIR: A developmental framework of infant speech processing. *Language Learning and Development*, *1*(2), 197 - 234.

Werker, J. F., Fennell, C. T., Corcoran, K. M., & Stager, C. L. (2002). Infants' ability to learn phonetically similar words: Effects of age and vocabulary size. *Infancy*, *3*(1), 1 - 30.

Werker, J. F., Frost, P. E., & McGurk, H. (1992). La langue et les levres: Cross-language influences on bimodal speech perception. *Canadian Journal of Psychology*, *46*(4), 551 - 568.

Werker, J. F., Gilbert, J. H., Humphrey, K., & Tees, R. C. (1981). Developmental aspects of cross-language speech perception. *Child Development*, *52*(1), 349 - 355.

Werker, J. F., & Lalonde, C. E. (1988). Cross-language speech perception: Initial capabilities and developmental change. *Developmental Psychology*, *24*(5), 672 - 683.

Werker, J. F., & Logan, J. S. (1985). Cross-language evidence for three factors in speech perception. *Perception and Psychophysics*, *37*(1), 35 - 44.

Werker, J. F., & McLeod, P. J. (1989). Infant preference for both male and female infant-directed talk: A developmental study of attentional and affective responsiveness. *Canadian Journal of Psychology*, *43*(2), 230 - 246.

Werker, J. F., & Tees, R. C. (1983). Developmental changes across childhood in the perception of non-native speech sounds. *Canadian Journal of Psychology*, *37*(2), 278 - 286.

Werker, J. F., & Tees, R. C. (1984). Cross-language speech perception: Evidence for perceptual reorganization during the first year of life. *Infant Behavior and Development*, *7*(1), 49 - 63.

Werker, J. F., Weikum, W. M., & Yoshida, K. A. (in press). Bilingual speech processing. In W. Li (Series Ed.) & E. Hoff & P. McCardle (Vol. Eds.), *Multilingual Matters*.

Werner, L. A. (1992). Interpreting developmental psychoacoustics. In L. A. Werner & E. W. Rubel (Eds.), *Developmental psychoacoustics* (pp. 47 - 88). Washington, DC: American Psychological Association.

Werner, L. A. (1995). Observer-based approaches to human infant psychoacoustics. In G. M. Klump, R. J. Dooling, R. R. Fay, & W. C. Stebbins (Eds.), *Methods in comparative psychoacoustics* (pp. 135 - 146). Boston: Birkhauser Verlag.

Werner, L. A. (1999). Forward masking among infant and adult listeners. *Journal of the Acoustical Society of America*, *105*, 2445 - 2453.

Werner, L. A. (2003, March). *Development of backward masking in infants*. Paper presented at the American Auditory Society, Scottsdale, AZ.

Werner, L. A., & Bargones, J. Y. (1991). Sources of auditory masking in infants: Distraction effects. *Perception and Psychophysics*, *50*, 405 - 412.

Werner, L. A., & Boike, K. (2001). Infants' sensitivity to broadband noise. *Journal of the Acoustical Society of America*, *109*, 2101 - 2111.

Werner, L. A., Folsom, R. C., & Mancl, L. R. (1993). The relationship between auditory brainstem response and behavioral thresholds in normal hearing infants and adults. *Hearing Research*, *68*, 131 - 141.

Werner, L. A., Folsom, R. C., & Mancl, L. R. (1994). The relationship between auditory brainstem response latencies and behavioral thresholds in normal hearing infants and adults. *Hearing Research*, *77*, 88 - 98.

Werner, L. A., & Gillenwater, J. M. (1990). Pure-tone sensitivity of 2- to 5-week-old infants. *Infant Behavior and Development*, *13*, 355 - 375.

Werner, L. A., & Mancl, L. R. (1993). Pure-tone thresholds of 1-month-old human infants. *Journal of the Acoustical Society of America*, *93*, 2367.

Werner, L. A., Marean, G. C., Halpin, C. F., Spetner, N. B., & Gillenwater, J. M. (1992). Infant auditory temporal acuity: Gap detection. *Child Development*, *63*, 260 - 272.

Whalen, D. H., & Liberman, A. M. (1987). Speech perception takes precedence over nonspeech perception. *Science*, *237*, 169 - 171.

Wightman, F., & Allen, P. (1992). Individual differences in auditory capability among preschool children. In L. A. Werner & E. W. Rubel (Eds.), *Developmental psychoacoustics* (pp. 113 - 133). Washington, DC: American Psychological Association.

Wightman, F., Allen, P., Dolan, T., Kistler, D., & Jamieson, D. (1989). Temporal resolution in children. *Child Development*, *60*, 611 - 624.

Wightman, F., Callahan, M. R., Lutfi, R. A., Kistler, D. J., & Oh, E. (2003). Children's detection of pure-tone signals: Informational masking with contralateral maskers. *Journal of the Acoustical Society of America*, *113*, 3297 - 3305.

Wilmington, D., Gray, L., & Jahrsdorfer, R. (1994). Binaural processing after corrected congenital unilateral conductive hearing loss. *Hearing Research*, *74*, 99 - 114.

Wong, D., Miyamoto, R. T., Pisoni, D. B., Sehgal, M., & Hutchins, G. (1999). PET imaging of cochlear-implant and normal-hearing subjects listening to speech and nonspeech stimuli. *Hearing Research*, *132*, 34 - 42.

Woodward, A. L., Markman, E. M., & Fitzsimmons, C. M. (1994). Rapid word learning in 13- and 18-month-olds. *Developmental Psychology*, *30*, 553 - 566.

Wright, B. A., Lombardino, L. J., King, W. M., Puranik, C. S., Leonard, C. M., & Merzenich, M. M. (1997). Deficits in auditory temporal and spectral resolution in language-impaired children. *Nature*, *387*, 129 - 130.

Yoshinaga-Itano, C., Sedey, A. L., Coulter, D. K., & Mehl, A. L.

(1998). Language of early-and later-identified children with hearing loss. *Pediatrics*, *102*, 1161 - 1171.

Zangl, R., & Fernald, A. (2003, October). *Sensitivity to function morphemes in on-line sentence processing: Developmental changes from 18 to 36 months*. Paper presented at the biennial meeting of the Boston University Conference on Child Language Development, Boston, MA.

Zatorre, R. J., Evans, A. C., Meyer, E., & Gjedde, A. (1992). Lateralization of phonetic and pitch discrimination in speech processing. *Science*, *256*(5058), 846 - 849.

Zatorre, R. J., Meyer, E., Gjedde, A., & Evans, A. (1996). PET studies of phonetic processing of speech: Review, replication, and reanalysis. *Cerebral Cortex*, *6*(1), 21 - 30.

第 3 章

婴儿的视知觉

PHILIP J. KELLMAN 和 MARTHA E. ARTERBERRY*

　　长期以来,关于视知觉是如何发展的问题俨然已成为理解心理发展规律的核心问题之一。19 世纪晚期,知觉发展成为了一门单独的学科。当时的心理学继承了哲学的历史传统,主要关心人类知识的起源问题(例如,Titchener,1910;Wundt,1862)。许多讨论的焦点集中在感觉与知觉的关系上,特别在视觉领域中。由经验主义哲学家们(例如,Berkeley,1709/

＊　本章的撰写得到了国家眼科研究所 ROI EY13518－01 和国家自然科学基金会对第一作者的资助。我们感谢 Heidi Vanyo 的协助。

1963;Hobbes,1651/1974;Hume,1758/1999;Locke,1690/1971)世代秉承而来的主流观点认为,当一个人出生的时候,他经验到的仅仅是无意义的感觉,只有通过一种持续的学习过程,他才能经验到连贯的、有意义的视觉现实(visual reality)。在这个过程中,视觉与各种感知觉之间,以及视觉同触觉和行为动作之间开始产生了联结(Berkeley,1709/1963)。

经过大半个20世纪,即使心理学已经开始逐渐强调经验主义的研究发现,这种最初的哲学观点依旧投下了一道长长的阴影。它的影响如此巨大,以至于其本质上已经成为了关于知觉发展的主流观点。William James(1890)在他的一次让人难忘的公开声明中正式表明了与之一致的看法,认为新生儿的世界是一片"模糊不清的、嗡嗡作响的混沌"。主要由Piaget创立的现代发展心理学也吸纳了同样的观念,在其理论中,Piaget将成熟与学习两者结合了起来,但是他关于知觉起点的观点却是标准的经验主义论(例如,Piaget,1952,1954)。尽管如此,Piaget的确更加强调动作的作用,而不是纯粹的感觉联结,即通过最初无意义的感觉产生有意义的知觉现实的方式。

上述关于早期知觉和知识起源间关系观点之所以存在,其部分原因是由于心理学的研究者们缺乏科学研究这类主题的方法,那些针对Berkeley和其他经验主义学者的批评主要是从逻辑上入手的。而那些关于在感觉联结中所产生的知识根源的主张,则最初来源于理论和思维实验。后来,研究者们利用一些以成人为被试的实验,做出了新的推论,认为知觉的各个方面可能均以学习为基础(例如,Wallach,1976),或者并不十分依赖于学习(例如,Gottschaldt,1926)。想要找到一扇更直接的、通往婴幼儿的知觉和知识的窗户,似乎是不大可能的。正如Riesen(1947,p.107)所说:"我们不能通过对小婴儿的直接观察来开始研究人类与生俱来的视觉组织,因为一个刚出生的婴儿没有办法对视觉刺激做出不同的反应。"

自从Riesen(1947)对婴儿实施观察以来,视觉领域内的科学前景已经发生了翻天覆地的变化。在这一领域中,婴儿视知觉发展的研究属于受到最为长期关注的课题,同时该研究也取得了显而易见的快速发展。从20世纪50年代晚期开始,随着关于人类婴儿感觉、知觉和知识研究方法的发展,该领域的研究大门已然开启,那些科学成果已经改变了我们关于知觉如何开始,并如何进一步发展的观念。这些变化,又反过来对认知、语言和社会发展的早期基础产生了巨大的影响。

在这一章内,我们将考察当前关于早期视知觉和视知觉发展的知识。除了描述这些知觉能力的起源和发展以外,我们还将阐述一些基本主题:理解知觉所需要的几个解释水平;先天能力(hardwired abilities)、成熟和学习在知觉中的功能;以及一些可以用于评估早期知觉的方法。这些主题都与认知发展和社会性发展有着广泛联系。

知觉发展的理论

作为考察早期视觉研究的背景,首先介绍两个知觉发展的一般理论。这两个理论为我们提供了极具价值的参考;有助于理解新近的研究是如何改变了我们关于知觉起源的观念的。

建构主义的观点

建构主义(constructivism)这个术语用在这里所要表达的观点是：知觉现实必须通过长期的学习来建构。选择一个名词来标志这种观点的方法十分有效，但同时不幸的是，在这一批观念中有许多不同的名词。在哲学中，这种观点大多数情况下通常被称之为经验主义(empiricism)，强调经验的输出在形成知觉过程中的重要作用。假如通常情况下我们认为，是感觉之间的联结支配了知觉的发展，那么在这种情况下，贴上联结主义(associationism)的标签也不为过。在最初心理学刚成为一门独立学科的时候，将当前感受同记忆中的感觉融合起来以完成现实中的目标的观点，被称为构造主义(structuralism)(Titchener, 1910)。Helmholtz(1885/1925)经常被归功于应用了建构主义(constructivism)来标记这样一种观点，该观点认为，感觉同预先习得的知识结合起来，运用无意识的推断，从而获得知觉现实。这种学术传统，随着 Piaget 后来对学习者在建构现实过程中所投入的行为的强调，使得用建构主义这个名词来描述这种观点的现代版本或许最为合适。不幸的是，这个术语由于另外具有细微差别的意义而被运用在了别处。在考虑学习、发展和教育的问题时，心理学家们常常将建构主义同联结主义对立起来，建构主义学派更加强调学习者自身行为所作出的贡献。虽然在使用建构主义的过程中，这个术语的含义特征扩大了，但是我们在这里将会将这个概念限制为，知觉是由感觉和习得的行为建构而来。我们在研究知觉时首先需要关注的，不是特殊学习模型，而应该搞清楚是否那些基本的知觉能力都是习得的。由于或这或那的原因，在这一领域中对建构主义的评价可能和在其他发展研究中的建构主义的命运不太一样。

建构主义者对知觉发展状况的描述和许多学者的描述十分接近。其关键假定是：当一个人出生的时候，他的感觉系统活动所产生的仅仅是它们特有的感觉。例如视觉系统接收到刺激之后产生亮度和颜色的感觉，伴随着某些和在视网膜中的位置有关的特征(一种"本地信号")。听觉系统接收到刺激之后产生响度和音调的感觉，等等。当然，知觉现实不是由空洞的颜色和声音组成的，而是由具有空间排列的物体、物体之间的关系，以及由空间中的运动和变化所刻画的事件共同组成。在知觉发展的建构主义观点中，成人的知觉现实里所有这些填充物——任何存在于外部世界的有形的物质对象和外部空间框架本身——的的确确，都是通过学习才能获得的来之不易的建构。为建构外部现实提供可能的是联结的过程。按照 Berkeley(1709/1963)的观点：视觉和触觉经验结合起来，可以创造出所见物体是有形的观念；伸展的肌肉感和视觉结合起来，就可以创造出深度和空间的感觉。在特定时间内，观察一个物体所获得的感觉，是通过空间和时间上的邻近和相似性来发生联系的。在一次观察之后一段时间内获得的感觉，可能受前一次观察的感觉所影响。这时客体(object)成了一种结构，这种结构以相互联结的感觉的方式储存在记忆中。John Stuart Mill 在其可记忆方程(memorable formulation)中认为，对于人的大脑来说，客体包括所有的感觉，它可能在不同的环境中呈现给我们：客体是"感觉的一种永久可能性"(Mill, 1865)。对于 Piaget(Piaget, 1952, 1954)来说，除了是自发动作之间发生联结，而不仅仅是触觉和肌肉感觉的联结，使得客体包含了最初的"感觉运动的"规律性之外，其余的观点是类似的。

这种知觉发展的基本观点如何能在哲学和心理学中获得如此卓越的地位呢？这个问题

实在令人费解,因为这种观点没有建立在任何有意义的科学研究之上。仅仅为了预期得到一种不同的可能性,我们可以设想一只山羊的生活。不像人类的婴儿,山羊一出生就能行走。更奇怪的是,山羊似乎生来就能感知,什么是可以行走的结实的表面,什么是应该避开的悬崖。当使用一款经典的用于研究深度知觉的测试仪器——"视觉悬崖"——来测试刚出生的山羊时,它们自始至终都能成功避开视觉中的陡坡(Walk & Gibson, 1961)。

这个例子给问题增加了一点有趣的地方。尽管山羊似乎生来就能感知固体和深度,世世代代的哲学家和心理学家们却始终认为,从逻辑上来说,人类必定在无助中出生,而且必定通过一段长期的联结过程才能构建起空间、客体和对象。而卑微的山羊,和许多其他物种一样,却和知觉必须通过学习来获得的这样一个合乎逻辑的观点,产生了尖锐的矛盾。从进化论的观点来看,同样会令人感到奇怪的是,为了获得山羊生就拥有的技能,人类是如此不利,还在被虚幻而复杂的图式困扰着。

上述这些问题的提出不是有意要批判那些持有建构主义立场的严肃的思想家们;而是为了有助于我们突出问题到底出在哪里,以及现在的情况如何发生了变化。关键事实在于,建构主义者的立场之所以几乎受到全世界的普遍欢迎,是因为对它的争论都是逻辑上的。即使这些争论是有效的,也只提供了很少的选择余地。如果我们简单回顾一下这些逻辑上的争论,有时候也被描述为不确定论(ambiguity argument)和能力论(capability argument)(Kellman & Arterberry, 1998),我们就可以更好地理解当前这些不同的观点。

不确定论的提出要追溯到 Berkeley 和他出版的一本书《试述一种新的视觉理论》(*Essay toward a New Theory of Vision*)。在分析投射到单眼视网膜上的光线时,Berkeley 指出,虽然投射在视网膜不同位置的光线可能携带了关于现实中的物体的左—右和上—下关系的信息进入到视网膜的映像中来,但是仍然没有直接的信息可以指明观察者与这个对象之间的距离是多少。特定的视网膜映像,可能是世界上一个无限大的不确定物体的组合[或者,更一般的说法是,情景(scenes)]的产物。由于这种不确定性,视觉不能提供关于世界上的客观物体的知识,或者它们的三维(3D)位置和关系。既然视觉是不确定的,那么成人感知者表面上所拥有的那种可以看到物体和空间的能力,必定起源于视觉感觉和除视觉之外的感觉之间的联结。

能力论则更多地涉及心理学而不是哲学。探索神经系统的历程反映了一种由外至内的过程,远在我们知晓大脑具有视觉皮层之前,我们差不多已经了解了眼睛的各部分构造。甚至到了 19 世纪,我们已经清楚地知道,视网膜包含大量微小的感受器,信息通过一束纤维(视觉神经)从眼睛传导至大脑。那么由此推论出视觉系统的能力集中在这些已知成分上,就一点也不奇怪了。这种观点认为世界上只有单一的一个视觉感受器,位于视网膜的某个部位。当它吸收光线时,感受器能够发出信息,表示该部位已经被激活。如果接收到的光线太少,感受器就完全感受不到物体和空间布局,正如 Berkeley 声称的那样,当然也就完全感受不到物体第三维的特征(深度)。为了从整体上理解视觉系统,我们需要只考虑有多个感受器存在于多个部位的情况,每一个感受器都能发出局部激活信息,这种信息由视觉系统编码为亮度(brightness)和颜色(color)。仅仅亮度和颜色的聚集不能构成物体或情景;因此,感知物体和情景还需要一些由这些感受器活动衍生出来的超越了感觉的东西。

更糟的是有人甚至将它理解为一个逻辑学上的问题，认为感觉不存在于现实世界中，而存在于人的头脑中。如同 Johannes Muller(1838/1965)在他著名的神经特殊能学说(special nerve energies)中所强调的那样，不管是眼球受到压迫，还是视网膜感受器吸收到光线，我们的头脑都能体验到亮度和颜色。类似地，对听觉系统的压迫或震动也都能产生听到声音的感觉。如此看来，似乎不同的感觉神经都有其特殊的本领，而不管是什么能量唤醒了它。如果视觉系统仅仅能产生它自己特有的感觉，那么我们怎么能认为我们获得了关于这个世界的知识呢？这就是能力论：视觉系统，作为一个通常在光线的刺激下产生其特有感觉的系统，并不能直接揭示物体、布局和外部世界的各种事件。

这些合乎逻辑的强有力的争论有两种结果。一种是，我们通过视觉，来获得和这个结构化的、有意义的外部世界之间的明显的直接接触，这必定是通过学习推测我们的感觉所代表的意义才能实现的一种发展的过程。另一种结果是，知觉的一般知识必定是一种推论。这种理论基础的不同形式已经将知觉描述成了一种推论、假设、过去经验的结果和想象。用Helmholtz 的经典陈述就是："那些物体被想象为存在于一种观察场景中，而这个场景在过去已经频繁引起过类似的感觉。"(Helmholtz, 1885/1925)恐怕有人会认为，这一小节仅仅具有某种历史意义，因为在今天已经很难有人正好能遇到这样的争论了。

生态学的观点

发展领域的学生们对另一种建构主义的知觉发展观点至今还不十分熟悉。这个观点非常重要，它不仅仅切实可行，而且，正如我们下面即将看到的，同许多关于知觉发展方式的科学证据保持一致。

我们称这种观点为生态学的观点，因为它将知觉能力同感知者周围的可用信息联系了起来。在这种可用信息当中，至关重要的信息就是与物质世界的基本结构和运转密不可分的那些规律和限制。这些规律的存在已经超越了人类进化的时间，并且已经形成了一种知觉机制。

关于知觉和知觉发展的生态学观点的出现，主要应该归功于 James J. Gibson 和 Eleanor J. Gibson 的工作(E. Gibson, 1969; J. Gibson, 1966, 1979)。早期有影响力的学者还包括生理学家 Hering(1861—1864)和一些格式塔心理学家(例如，Koffka, 1935; Wertheimer, 1923/1958)。Hering 描述了双眼合并深度知觉是一个完整的，且很可能是先天的系统的工作机制。格式塔心理学家们则强调，在知觉中，抽象的形式和图形非常重要，而不是具体的感觉要素。J. Gibson 的知觉理论中的一些重要观点已经在对知觉的计算方法上取得了进步，特别值得一提的是 Marr(1982)在其中所作的贡献。

大量的事实自然会导致人们开始考虑知觉发展领域的生态学观点。或许其中最简单的事实莫过于人们所观察到的，某些物种生来就表现出有效的知觉功能的事实了，正如前面在山羊的例子当中所描述的那样。然而，历史上对于信息在知觉中的特性的讨论揭开了当代知觉发展理论的序幕(J. Gibson,1966,1979)。

从某种意义上来说,这是逻辑上的起点。假如由于被感觉捕捉到的信息在逻辑上的局限性,使得建构主义的观点被断定是正确的话,那么任何两者择一的理论都需要直接面对不确定论和能力论的问题。这是一种概述几十年以来所有研究成果的方式,首先由 J. Gibson 提出倡导,并在他 1950 年出版的书《视觉世界的知觉》(*The Perception of the Visual World*)中有所预兆,后来在另外两本书《作为知觉系统的感官》(*The Senses Considered as Perceptual Systems*, 1966)和《视知觉的生态观》(*The Ecological Approach to Visual Perception*, 1979)中完整地表述出来。按照 Gibson 的观点,对于不确定性和能力进行争论的双方均对知觉中可利用信息产生了误解。

生态学与不确定性

不确定性的观点主张,视觉的功能主要集中在对单眼获取的静态视网膜图像进行的分析上。假如我们承认存在这种视觉的功能限制,那么由 Berkeley 和其他学者所做的分析就是正确的:世界上有无限多种可能的构造都能形成特定的视网膜图像。然而,这类分析的问题在于,人类视觉的刺激物不仅仅局限于单一的、静态的视网膜图像,例如 Hering(1861—1864)曾经指出,人眼对世界的取样,来自不同的两个点,这使得直接获得关于第三维的信息成为可能(此观点直接针对 Berkeley 对不确定性思考的核心问题)。J. Gibson 则提出另一个被忽视了的基本事实:复杂的视觉系统是运动的生物体(mobile organisms)拥有的特殊属性,动作和变化为知觉提供了重要信息。虽然单一的视网膜图像是不确定的,但是随着如感知者的运动造成的光阵(optic array)的时间变化,物体、空间和事件的排列也出现了非常显著的变化。如果我们可以假定,世界不会因感知者的运动而偶然发生变形,那么这类信息就可以确定现实中的布局(layout)。随着人类的进化,知觉系统开始能够传递非习得的有意义的信息,从而使得人类可以很好地利用这类信息来源。同时山羊的例子也提供了证据,证明功能性的知觉是先天的,不需要通过学习来获得。J. Gibson 的分析为此种可能性提供了解释。

生态学与能力

不确定性问题的焦点集中在关于世界的信息上。与对于信息的争论相对应的,则是知觉系统能力的修正观念(J. Gibson, 1966)。该观点认为,仅根据个体定位水平上的亮度和色彩反应来对视觉输入进行描述是远远不够的;而应该在视觉系统中进一步延伸下去,研究对刺激中的高阶关系敏感的机制。曾经有过这种观点的先例,如 Hering 就认为,大脑将进入双眼的信息作为一个系统来处理,通过检测双眼知觉图像之间的差异来获得深度知觉。Hering 的这种考虑和他的三角测量论(从两点取样)的观点一致。同样地,格式塔心理学家强调大脑机制在处理刺激间关系时所起的作用。J. Gibson 强调高阶信息的重要性,并指出,知觉系统自然会做出调整,以获取这类信息。他没有过多地涉及神经生理学或计算的繁琐细节,而且他被知觉系统与信息"共振"的说法给搞糊涂了。Gibson 的观点仍然引起诸多争议,然而自那以后,知觉和知觉发展领域的研究者们已经开始致力于探索提取高阶信息的计算方法和作用机制了。

现有的知觉理论

哲学家、大多数认知领域的科学家和心理学家都十分认同这样一个观念：从形式上来说，知觉具有推理的特征(特别是一种扩展性的推理，即结论不受预设前提或数据的控制，Swoyer, 2003)。正如虚拟现实系统(virtual reality systems)展现在我们面前的那样(也如同让笛卡儿和其他人印象深刻的梦境与幻觉一样)，我们知觉到了三维空间和确定的物体及事件，但是却无法肯定这些都是客观存在的。

已经有众多学者详细阐述了这种观点(Fodor & Pylyshyn, 1981; Ullman, 1980; 还可参考 Turvey, Shaw, & Reed, 1981)，从而批判了 J. Gibson 关于知觉是"直接的"(即不需要推理)的断言。如果知觉果真在形式上是推理的，或许 Berkeley 和他聪明的后裔们在关于知觉是如何不可避免地发展的所有问题上都是正确的。然而，在持有生态学观点的同时，又承认知觉的形式具有推理的特征，是否自相矛盾？

通过将这两个问题分离开来考虑，解决这个明显的矛盾，对于我们理解知觉的发展非常重要。知觉具有推理的形式特征，但并不意味着人类的知觉都必须是习得的，也不意味着视觉必须由触觉或动作来补充。知觉推理完全有可能已经通过进化固定在知觉系统里了。一位知觉理论家 Rock(如, 1984)强调知觉的推理特性；Mar(1982)则在有把握的基础上，将计算方法引入到了知觉领域。在早期的知觉研究者当中，只有他们清晰地说明了，知觉可能既是推理的，又是天生的。

Gibson 家族及后来的研究者对此做了大量的分析，这些分析已经改变了知觉可用信息的概念，从而影响了关于知觉发展的争论。对一个运动着的、具有感觉—刺激机制的双眼观察者来说，Berkeley 所预想的不确定性——多种不同的普通场景导致同样的视网膜图像——不会存在。对于 Berkeley 来说，视觉的不确定性是如此广泛，以至于视觉需要许多外在的帮助。而对于 J. Gibson(1979)来说，特定场景和事件布局下的视觉信息是可以获得的，而且人类生来拥有获取这类信息的知觉机制。在 Mar(1982)看来，可能发现两种极端情况的综合形式：视觉的不确定性是先天的，但是能通过相关的几个一般约束来克服这种不确定性。对呈三维空间布局的光流图案做出解释，需要预先假设该场景(或任何为双眼提供映像的事物)不会因观察者的运动而发生暂时的改变。这种假设在常规的知觉中很少有不成立的情况，即使当观察者在虚拟现实系统中戴上观察镜或头盔时确实违反了此假设。许多研究者们都提出，某些假设(例如，没有观察者引起的偶然场景变化或者物体在连续时空轨道上的运动)经过进化，已经开始在知觉体系中反映出来了(J. Gibson, 1966; Johansson, 1970; Kellman, 1993; Kellman & Arterberrty, 1998; Shepard, 1984)。

这种可能性，对于推翻一个长期占主导地位的基于学习的知觉理论来说，具有广泛而深远的潜在意义。然而我们应该认识到，仅仅是存在具有先天知觉机制(结合对世界的假定)，并不能决定现实，承认这一点非常重要。和山羊不同，人类的婴儿生来就不会行走，直到现在，他们的知觉能力大多数仍是未知的。我们关于知觉发展的建构主义和生态学观点的讨论，至今能够得到的确切结论竟是：这是一个经验科学的问题。此外，不同的知觉能力可能贡献不一样，也不同于与生俱来的能力、成熟和学习，研究者们必须在实验证明的基础上详细记录每一种知觉能力的发展历程。

这一结论为本章剩余的部分埋下了伏笔。我们先来考察作为视知觉重要组成部分的知觉发展的新兴科学画面,这个画面无疑预示了,虽然学习可能参与了视知觉的校准和调整,但视知觉还是主要依靠先天的和早期已经成熟的机制。这个画面已经开始强有力地影响其他发展领域的一些观点,也影响了关于知觉特征的概念。然而,使人感到不安的是,在当今认知科学和神经科学的一些趋势下,这个画面并没有参与到对婴儿知觉的证明中。

可见,选择某些知觉理论并加以回顾是十分必要的,当前这一章节总的目标是:在更普遍的历史和哲学背景下,将我们已经获得的关于婴儿视觉的知识呈现出来,这样可能更容易引起广泛重视,并将之运用于相关领域。另外我们还将讨论一些特定的研究主题,它们反映出专业领域以及那些发展迅速领域中获得一些重要的知识。

本章的某些部分是从前一版的《儿童心理学手册》(Kellman & Banks,1998)中适当更新而来,其他部分则是新的内容。接下来,我们将首先考察婴儿时期的基本视觉敏感度,包括视敏度和对比敏感度,颜色、图形和运动敏感度。最后将讨论有关空间知觉、物体知觉和人脸知觉的研究。

婴儿的基本视觉敏感度

视知觉的功能是用于获取关于物体、事件以及他/她必须在其中思考和行动的空间布局的信息。基于这种考虑,对基本视觉敏感度的研究,和常用于研究婴儿视知觉的心理物理学方法,可能对非专业人士来说看上去有点不可思议。尽管如此,用于观察形状、大小、结构和物体所在的位置,以及用于理解静止和运动中的物体之间的空间关系的所有高级知觉能力,都要依靠基本的视觉能力来获得关于空间位置的信息。因此,空间视觉的发展已经成了那些对婴儿知觉感兴趣研究者尤为关注的一个主题。

我们将从与光阵中位置的变化有关的多种敏感度出发,来考察空间视觉。在描述空间视觉时,敏感度的两个最基本的维度就是,视敏度和对比敏感度。要讨论这些基本能力,自然地,我们就必须评估婴儿对基本图形的辨别能力。然后我们会接着讨论色觉和运动知觉。

视敏度

灵敏度(acuity)是一个含糊的术语,其意思类似于"精度"(precision)。视敏度作为一种特殊的灵敏度,常常用于描述视觉的性能,以至于后来成了这种性能公认的标签。这一类型的灵敏度,更多的从技术上理解为最小分辨度(minimum separable acuity),或条栅视敏度(grating acuity)。对物体的识别和辨认,依靠的是对不同位置的视网膜图像的亮度或光谱成分的差异进行编码的能力。因此视敏度和视觉系统的分辨能力有关——即很好地辨别近端刺激的细节或差异的能力。通过多种方法测量视敏度,是目前为止最常用的、评估视觉是否健康和是否适合完成特殊视觉任务(如驾驶汽车或飞机)的方法。

为了评估视敏度,我们常常为被评估者呈现出大小不同、高对比度的黑白等宽相间的图案。能被有效察觉或辨别的最小图案或最小的临界图案的单元成分称为阈值,常用视角来表示。许多不同的视敏度测量都以成人作为被试,但是只有两种视敏度被广泛运用在发展研究当中。这两种视敏度分别是条栅视敏度和游标视敏度。

条栅视敏度的测试任务需要分辨条状重复图案中的栅条。最细的可辨条栅被用作视敏度的测量标准,通常用空间频率的形式表示,即每单位视角所包含的条栅的数量。成年人在最佳观察条件下的条栅视敏度是45—60周/度,相当于1/2—1/3弧分(minutes of arc)的栅条宽度(Olzak & Thomas,1986)。所谓最佳观察条件,是指刺激物要在照明充足、高对比的条件下,至少被呈现1/2秒,并聚焦在注视眼的中央凹处。其中任何一个观察参数发生改变,就会引起条栅视敏度的下降。

游标视敏度的测试任务需要分辨两个小型目标之间的相对位移。最常用的方法是,分辨一条竖直的线段和位于它下方的另一条竖直线段之间是否存在水平方向上的位移。在最佳观察条件下,成人的最小可觉察偏移量为2—5弧度秒(Westheimer,1979)。因为这个距离比人眼感光细胞的直径稍短,所以我们称之为高敏度(hyperacuity)(Westheimer,1979)。和条栅视敏度一样,游标视敏度的最低阈限也是当刺激物在照明充足、高对比,至少被呈现1/2秒,并聚焦在良好注视眼睛的中央凹处时才能获得。

已经有了许多项针对婴儿条栅视敏度(在高对比度下的最高可觉空间频率)的测量实验。图3.1画出了在一些代表性的研究中,条栅视敏度作为一个时间函数的函数图。图中显示的是使用三种响应测量技术:迫选偏好注意(forced-choice preferential looking,简称FPL),视动震颤(optokinetic nystagmus,简称OKN),以及视觉诱发电位(visual evoked potential,简称VEP)测量出来的结果。

这幅图阐明了两点:首先,视敏度在婴儿刚出生的时候很低,出生后一年的时间内逐步增高。其中,条栅视敏度在新生儿时期非常低,以至于那些婴儿可以被归入法定盲人的行列。其次,采用行为技术,如FPL和OKN测得的视敏度,一般比采用电生理学技术,如VEP所测得的视敏度的值更低。超过1周岁之后,婴儿的条栅视敏度持续增高,于6岁左右达到成人水平(如,Skoczenski & Norcia,2002)。我们发现,当对比敏感度一定时,光学系统、感光器和神经系统因素决定了条栅视敏度是一个时间的

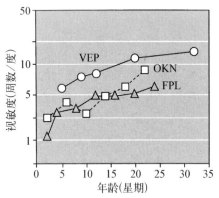

图 3.1 不同年龄段对视敏度的评估。对一个高对比度条栅刺激的最高可觉察空间频率在图中显示为一个时间的函数。圆圈表示:视觉诱发电位估计值。正方形表示:视动震颤估计值。三角形表示:迫选偏好注意的估计值。来源:"Measurement of Visual Acuity from Pattern Reversal Evoked Potentials," by S. Sokol, 1978, Vision Research, 18, pp. 33 - 40. Reprinted with permission; "Maturation of Pateern Vision in Infants during the First 6 Months," by R. L. Fantz, J. M. Ordy, and M. S. Udelf, 1962, *Journal of Comparative and Physiological Psychology*, 55, pp. 907 - 917. Reprinted with permission; "Visual Acuity Development in Human Infants up to 6 Months of Age," by J. Allen, 1978, umpublished master's thesis, University of Washington, Seattle, WA. Reprinted with permission.

函数。

相对来说,对游标视敏度的测量则少得多;尽管如此,仍然有报告公布了一些有趣的观测结果。Shimojo 和他的同事(Shimojo, Birth, Gwiazda, & Held, 1984; Shimojo & Held, 1987),以及 Manny 和 Klein(1984,1985)都使用 FPL 测量了不同年龄的婴儿可能感受到的最小偏移量。他们发现,8 到 20 星期大的婴儿的游标视敏度比成年人的低。成人的游标视敏度除以 8 个星期大的婴儿的游标视敏度得到的比率,明显高于条栅视敏度的相应比率。从对游标视敏度和条栅视敏度的 VEP 测量中也发现了类似的情况;在 10 岁到 14 岁之前的儿童不可能达到成人的高敏度水平(Skoczenski & Norcia,2002)。这暗示了,相比限制条栅视敏度的视觉机制来说,限制游标视敏度的视觉机制随着时间经历的变化更加显著。关于这一不同的增长速率,心理学工作者们已经提出了各种各样的假设(Banks & Bennett, 1988; Shimojo & Held,1987; Skoczenski & Norcia,2002);尽管如此,我们需要进行直接的实证检验。

对比敏感度

对比敏感度和检测亮度变化的能力有关。大多数视敏度测试都是在高对比度的条件下施行的(例如,白色背景下的黑色字符,或黑白相间的条纹)。测试对比敏感度,包括寻找不同亮度之间的最小差异,以可以检测到结构为准。对比敏感度函数(contrast sensitivity function,简称 CSF)代表了视觉系统对不同空间频率下的正弦条纹的敏感度。CSF 作为视觉敏感度的一个指标具有普遍性,因为任何二维的图形都能用它的空间频谱(frequency content)来表示,当然,也就可以采用 CSF 和线性系统分析一起,来预测大量空间图形的视觉敏感度(Banks & Salapatek,1983;Cornsweet,1970)。因此,作为一个随年龄而增长的指标,对比敏感度的测量应该可用于预测婴儿对许多视觉刺激的敏感度,甚至偏好程度(Banks & Ginsburg, 1985; Gayl, Roberts, & Werner, 1983)。

成人的 CSF 在条栅视敏度为 3—5 周/度时有一个峰值,那么最低可觉察对比度可以在中等空间频率的条栅下测得。在这样的空间频率下,最小可觉察条栅中的明条纹仅仅比暗条纹的亮度高 0.5%。随着空间频率的不断增高,对比敏感度单调下降至所谓的高频截止频率,约为 50 周/度。这是当对比度为 100%时,一个成人所能觉察到的最细的条纹,相当于条栅视敏度的值。在低空间频率下,对比敏感度也会下降,而下降的斜率则在很大程度上依赖于测量条件。

成人的对比敏感度和条栅敏感度都受到光学系统、感光器和神经系统因素的局限。在良好的光照条件、视网膜中央凹注视、足够长的刺激呈现时间,以及眼睛注意力集中的情况下,视觉敏感度最高。减少光照,则会降低对比敏感度和高频截止频率(van Nes & Bouman,1967)。当刺激落在视网膜周边区域时(Banks,Sekuler,& Anderson,1991),或者眼睛没有集中注意力时(Green & Campbell,1965),对比敏感度也会发生类似的变化。婴儿的早期视力发展的阶段被看作一连串过滤的阶段。我们已经通过对这种早期视力阶段的模拟,从而帮助我们了解了成人视觉的局限性。不断穿过眼睛的视觉刺激负责形成视网膜图像;感光器负责取样和将视网膜图像转换为神经信号;2 到 4 个神经元负责转化和传递这些信号到视觉神经,最终到达中心视路。相当一部分信息会在这些视觉处理的早期阶段中丧失掉。在成人的 CSF 测试中检测到的高频降低的现象,大体上来说,由眼睛的感光器和光学过滤特性决定(Banks, Geisler, & Bennet, 1987; Pelli, 1990; Sekiguchi, Williams, & Brainard, 1993)。我们可以通过检查光学系统、感受器和边缘视网膜的视网膜通路,成功地模拟边缘观察时高频敏感度降低的情况(Banks et al., 1991)。随着光照的减少,视觉敏感度降低的情况也可以成功实现适当的模拟,至少在高空间频率上可以做到(Banks et al., 1987; Pelli, 1990),因为伴随眼睛的聚焦误差的增大,也会造成视觉敏感度的降低(Green & Campbell, 1965)。自从我们最近知道,由光学系统、感光器以及神经机制决定了成人的对比敏感度之后,研究者们已经做了许多的尝试,使用类似的技术来了解对比敏感度在人类婴儿时期的发展状况。

图 3.2 显示了采用心理物理方法测量的一个成人的 CSF,以及采用迫选偏好注意法(Atkinson, Braddick, & Moar, 1977)和视觉诱发电位法(Norcia, Tyler, & Allen, 1986; Pirchio, Spinelli, Fiorentini, & Maffei, 1978)测量的婴儿的两组 CSF。这些数据用图式说明了两个共同的观察结论: 第一,新生婴儿的对比敏感度(和条栅视敏度)远远低于成年人的对比敏感度,而在婴儿一岁期间这种差距迅速减小。第二,正如我们在前一幅图 3.1 中所看到的那样,用视觉诱发电位法测量,相对于行为技术来说,更容易得出典型的高对比敏感度(和视敏度)的估计值(见 Mayer & Adrendt, 2001 对此所作的回顾)。由于采用的行为的还是电生理学的测量技术的不同,得出的时间进程也有所不同。采用诱发电位测量,对比敏感度在婴儿 6 个月时的峰值就能达到成人水平,然而行为方法的测量则呈现出更为缓慢的发展过程。CSF 在不同婴儿之间的差异没有在图中得到说明(Peterzell, Werner, & Kaplan, 1995)。图中,组函数的形状很平滑,但个体函数则不然。

是什么导致了视敏度和对比敏感度的发展呢?由于单眼或双眼内障,在生命的早期经历了视觉剥夺阶段的婴儿,一旦内障消失,即使到了 1—9 个月的年龄,仍然只能表现出

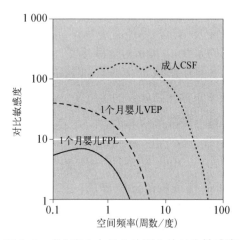

图 3.2 成人和 1 个月大的婴儿的对比敏感度函数(CSFs)。对比敏感度在图中显示为一个空间频率的函数(每 1 度视角中条栅周的数量)。位于最上方的点状虚线是用心理物理学方法测量的一个成人的 CSF。位于下方的实心曲线是 1 个月大的婴儿的多个 CSF 的平均值,采用迫选偏好注视的方法测得。中间的长划虚线是用视觉诱发电位法测得的 1 个月大的婴儿的多个 CSF 的平均值。来源:"Acuity and Contrast Sensitivity in 1-, 2-, and 3-Month-Old Human Infants," by M. S. Banks and P. Salapatek, 1978, *Investigative Ophthalmology and Visual Science*, *17*, pp. 361 - 365. Reprinted with permission and "Development of Contrast Sensitivity in the Human Infant," by A. M. Norcia, C. W. Tyler, and R. D. Hammer, 1990, *Vision Research*, *30*, pp. 1475 - 1486.

117

新生儿的视敏度水平(Maurer & Lewis,1999)。另一方面,纵向追踪调查结果显示,视敏度的迅速增高表明了视觉刺激在视觉机能形成过程中的必要性。除了知道视觉刺激的必要性之外,还有在生命最初几个月内被观察到的,一些解剖学上和生理学上的显著的功能缺陷这些特殊因素,仍然富有争议。有些研究者已经提出,他可以解释,新生儿的对比敏感度和条栅敏感度都很低,是由于光学系统和视网膜的发育不成熟所导致的信息遗失造成的(Jacobs & Blakemore, 1988；Wilson, 1988, 1993)；还有人认为,并不完全是未发育成熟的原因(Banks & Bennett, 1988；Banks & Crowell, 1993；Brown, Dobson, & Maier, 1987)。

眼器官和视网膜的发育是十分重要的因素。随着发育的逐渐完善,眼器官和视网膜发生了巨大的变化,这些变化对察看空间图形的能力起着意义深远的作用。从出生到青春期,眼器官获得了引人注目的成长,大多数成长发生在出生后的第一年内。从眼睛前端角膜到后端视网膜之间的距离在出生的时候是 16—17 毫米,1 岁的时候达到 20—21 毫米,到青少年和成人时期则是 23—25 毫米(Hirano, Yamamoto, Takayama, Sugata, & Matsuo, 1979；Larsen, 1971)。这个距离越短,视网膜图像也相对较小。比方说,视角为 1 度的观察对象,落在新生儿视网膜上大约是 200 微米,而落在成人的视网膜上则是 300 微米(Banks & Bennett, 1988；Brown et al., 1987；Wilson, 1988)。因此,假如新生儿拥有成人的视网膜和视觉能力,他们的视敏度也只及成人 2/3,仅仅因为他们可用于观察的视网膜图像比成人的小。

另一个和视觉敏感度有关的眼器官因素是眼介质的相对透明度。我们已经得知,和眼介质透明度有关的两个方面——晶状体色素和黄斑色素的光学密度——随着年龄的增大而不断发生变化。从这两方面来分析,年轻人的眼介质透明度都略高,特别是在受到短波刺激时(Bone, Landrum, Fernandez, & Martinez, 1988；Werner, 1982)。因此,在一定的入射光强度下, 新生儿的眼睛实际上比成人的眼睛能将多一点的光线传送到感光器。这种发展性的差异相对成人来说,对新生儿更有利,但只是略微地有利。

除此以外,眼睛可以形成清晰的视网膜图像的能力是另一个相关的眼器官因素。这种能力被代表性地量化为光学传递函数。至今还没有哪一种方法能够用于测量人类新生儿的光学传递函数,但是新生儿的视网膜图像的质量几乎毫无疑问超过了早期视觉系统分辨的能力范围(Banks & Bennett, 1988)。因此,一般我们可以假设,婴儿眼睛的光学传递函数和成人类似(Banks & Crowell, 1993；Wilson, 1988, 1993)。折射误差和调节误差减少了视网膜图像的清晰程度,从而减少了对高空间频率的敏感度(Green & Campbell, 1965)。远视和散光反射误差在婴儿中很常见(Banks, 1980a；Howland, 1982)；他们不到 12 个星期,不会趋向精确调节(Banks, 1980b；Braddick, Atkinson, French, & Howland, 1979；Haynes, White, & Held, 1965)。

如果眼器官的不完善对婴儿早期视觉缺陷的影响并不十分显著,那么感受器和感受器之后的过程必然对其有显著影响。视网膜和中央凹视觉系统在新生儿中都不成熟,但是形态上的不成熟明显地表现在中央凹,特别是感光器之间的中央凹上。

在生命的头一年,中央凹的发育是引人瞩目的,但是直到至少 4 岁之前,中央凹在形态上还会持续发生细微的变化(Yuodelis & Hendrickson, 1986)。中央凹,被定义为不含视杆细胞的视网膜的一部分,在刚出生时的直径远远大于成年时期:大致从出生时的5.4度降低到成熟时的2.3度。此外,个体的细胞和细胞排列在出生时和之后的情况大不一样。新生儿的中央凹包括三层可分辨的神经元层——感光器层、外细胞核神经元层,以及视网膜神经节细胞层——而成熟的中央凹只包括一层,由许多感光器构成。然而,两者之间存在的最大的组织学上的差异,在于中央凹视锥细胞的大小和形状上。新生儿的视锥细胞内节(inner segment)更加宽而短。外节则明显还不成熟,而且比成人的相应部分更加短小。这些形状和大小的差异致使新生儿的中央凹视锥细胞没有成人的敏感(Banks & Bennett, 1988; Brown et al., 1987)。

为了评估新生儿中央凹视锥细胞点阵的效能,Banks和他的同事们估算了新生儿的视锥细胞捕获内节段光线、将之集中到外节段,然后产生视觉信号的能力(Banks & Bennett, 1988; Banks & Crowell, 1993)。他们得出结论认为,成人的中央凹视锥细胞点阵在吸收光子能量和将之转换为视觉信号这一方面明显更加出色。通过他们的估算,假如将同样面积的光照呈现在新生儿和成年人的眼睛前面,那么大约350光度[①]的光会被成人的中央凹视锥细胞有效吸收,而仅有1光度的光被新生儿的视锥细胞吸收。Wilson(1988, 1993)也得到过类似的估计,认为新生儿的中央凹利用进入眼睛的光线的能力不及发育成熟的中央凹。

在未发育成熟的中央凹中,视锥细胞之间的间隔比成年人的更宽(Banks & Bennett, 1988; Banks & Crowell, 1993; Wilson, 1988, 1993)。中央凹处,视锥细胞之间的间隔在新生儿、15个月大的婴儿和成人中分别大约是2.3、1.7和0.58弧分。这些间隔给能够不被变形地或失真地分辨出来的最高空间频率强加了一种物理上的局限(即所谓的奈奎斯特极限)(Williams, 1985)。从当前对视锥细胞空间的估算情况来看,新生儿、15个月婴儿和成人的中央凹,理论上应该不能分辨的空间频率分别为15、27和60周/度。

假设新生儿和成人的空间视觉之间的唯一差异,是眼睛的光学系统和中央凹视锥细胞的特性之间的差异,调查员们已经计算了应该观察到的对比敏感度和视敏度降低的情况(Banks & Bennett, 1988; Banks & Crowell, 1993; Wilson, 1988, 1993)。我们所预期的对比敏感度和视敏度的降低是真实存在的:预计在新生儿中对中高空间频率的对比敏感度,比在成人中差不多低20倍。然而经观察得到,人类新生儿在对比敏感度和条栅视敏度方面的不足甚至比预想的更为严重(如,Skoczenski & Aslin, 1995),所以对光学系统和感光器上的信息缺失的分析暗示,除了前面提到的差异以外,新生儿还存在另外一些发育不成熟之处,这些不成熟的地方人致位于视网膜神经元和中央视路之间,从而引起了我们观察到的对比敏感度和条栅视敏度的降低。

另一个假设涉及我们已经测得的早期婴儿的对比敏感度和视敏度。由于中央凹明显不够成熟,所以婴儿或许使用了视网膜另外的部分来处理视觉场景中的兴趣点。于是我们假

---

① 光度:视网膜亮度单位,相当于每平方米有一烛光亮度的表面,通过一平方毫米的瞳孔区域,到达视网膜的光线数量。——译者注

设,婴儿刚出生时,其旁中心凹区和边缘视网膜的视锥细胞比他们的中央凹视锥细胞相对更为成熟,即使不是这样,它们也在出生后就开始很快成熟起来了(Hendrickson, 1993)。然而数据似乎并不支持这个假设:婴儿早期的最佳视敏度和对比敏感度是中央凹受刺激获得的。Lewis、Maurer 和 Kay(1978)发现,当呈现在中央视觉区域时,新生儿可以极好地将一条狭窄的光条从黑色背景中成功分辨出来。D. Allen、Tyler 和 Norcia(1996)也已经证实,在 8 到 39 个星期的婴儿中,视觉诱发电位(VEP)的视敏度和对比敏感度在中央视觉区域的平均负载为 2.3,比在周边视觉区域的负载更高。

在上述这些分析中,有哪些因素是我们还没有考虑到的,可以解释对比敏感度和条栅视敏度的降低呢?这个重要的问题在今后的研究中会继续受到热情的追捧。对于这个问题,我们有大量的候选答案,包括内部神经噪声(例如在中央区域动作电位的随机增加;Skoczenski & Norcia, 1998),无效的神经取样和缺乏反应动机等。

方向敏感性

方向敏感性是许多高级视觉的重要基础,例如对边缘、图形和物体的感知。猴子很容易建立方向敏感性,因此它们生来就表现出对方向的敏感性(Wiesel & Hubel, 1974)。猫从一出生也很快显露出对方向的敏感性,无论它有没有视觉经验(Hubel & Wiesel, 1963)。但是与上述结论相矛盾的是,方向敏感性的发展最近几年成了大量学习模拟(learning simulation)研究的主题(Linsker, 1989; Olshausen & Field, 1996; von der Malsburg, 1973)。这些研究结果表明,负责方向敏感性的大脑皮质单元,和自然场景中的图像的结构之间有着非常有趣的联系。这样的研究经常被解释为,它们揭示了视觉大脑皮层是如何在人出生后就"被装上经验的"(例如,Elman, Bates, Johnson, Karmiloff-Smith, Parisi, & Plunkett, 1996)。

然而证据显示,人类的基本方向敏感性,与猴子和猫一样,也是生来就存在的。Braddick、Atkinson 和 Wattam-Bell(1986)通过多项视觉诱发电位的研究提出,人类生来就具有某些方向处理上的成熟。他们的研究结论显示,婴儿在 2 到 3 个星期时出现的反应是可以适应缓慢调节的方向变化(3 转/秒),5 到 6 个星期时能对更快的方向变化作出反应。这些研究者们在一次经典的分析中表示,这些变化发展的过程就是成熟,而那些具有同样胎龄的早产婴儿显示了和足月婴儿类似的发展模式。换句话说,胎龄对婴儿的方向敏感性发展是至关重要的,而不是视觉经验的时间。

对方向敏感性进行的直接的行为测试揭示了证据,证明人类的方向敏感性是天生的。Slater、Morison 和 Somers(1988)采用了包含高对比度条纹图案的习惯化测试。他们发现了在不同情境下的方向变化的去习惯化,在这些情境中,它们能够根据测试需要排除掉其他的刺激变量(例如屏幕上某个特殊的位置是否是黑色或者白色)。他们的结论同样得到了Atkinson、Hood 和 Wattam-Bell 的证实(1988)。看来方向敏感性的确在人类中是先天存在的,尽管在人类出生后的头几个星期便得到了提高。

图形辨别

评估视敏度和对比敏感度的评估,主要就是比较对"有"和"无"的不同反应。然而,敏锐的空间分辨视觉包含的不仅仅是起码的识别功能,对图形、表情和物体的编码和区分是视觉处理的关键任务。因此,描述婴儿视觉对图形的处理能力是非常重要的。但是图形—感知能力如何能用一种综合的方法来进行评估呢? 与对成人视觉的研究一样,来自数学和信号处理中的线性系统理论是很有用的。在特定方向上,使用二维傅立叶变换,任何图像的亮度(明和暗)分布都能被描述为一组具有特定频率和振幅的正弦时变亮度分量。因为任何图像都能用这种方法分析,于是频率分量构成了图形的一个重要特征。假如每个分量的空间相位也能被编码,那么图形就能被完整描述出来。研究者们已经在使用线性系统的概念刻画婴儿的图形辨别上取得了进步。工作使用了对婴儿辨别简单的阈上图形的能力的测验,这些阈上图形在对比度或相位上是时变的。

测量对比差异敏感性的典型方法是,呈现两个空间频率相等、方向一致但对比度不同的正弦波条纹让被试进行分辨。在以成人作为被试的实验中,参与者被要求指出具有高对比度的条纹。可以分辨出差异所需的对比度增量依赖于两个刺激所具备的共同对比度;因为当共同对比度增加时,分辨出对比度差异相应所需的量就更大(Legge & Foley,1980)。当共同对比度接近觉察阈限时,6 到 12 周大的婴儿比成人需要更大的对比度增量。然而在共同对比度很高时,婴儿的辨别阈限就和成人的很接近了(Brown,1993;Stephens & Banks,1987)。这些研究发现表明,在对比度存在差异的基础上,婴儿辨别空间图形的能力在低对比度时表现拙劣,理所当然地,在高对比度的时候则表现良好。对婴儿在所给任务中的不同表现,有多种不同的解释,但是还没有一种解释已经得到了经验观察的证实(Brown,1993;Stephens & Banks,1987)。

许多研究也已经提出了基于空间相位差异来完成图形辨别的观点。空间相位和构成图案的空间频率分量(即正弦条纹)的相关位置有关(Piotrowski & Campbell,1982)。相位信息对于包含在物体知觉,如边缘、连接和形状知觉中的特征和关系来说,至关重要。改变空间图形中的相位信息,会对图形的外观和成人的知觉一致性产生巨大影响(Oppenheim & Lim,1981)。在相位辨别的任务中,研究者要求被试对两个图像——通常是条纹——在空间频率分量当中的相位关系上的差异作出分辨。当刺激呈现在中央凹处时,成人能够分辨在空间频率分量的相位上只存在细微差别的图形(Badcock,1984)。然而当刺激呈现在周边视觉领域时,成人辨别相位的能力则可能会急剧下降(Bennett & Banks,1987;Rentschler & Treutwein,1985)。

很少有相关工作能够直接证明,婴儿具有利用相位差异来辨别空间图形的能力。Braddick 等人(1986)向公众呈现了许多由不同空间频率分量构成的周期图形。当那些分量是以一种相位关系被加上去的时候,合成的就是一种方波条纹(一种由边缘锐利的明暗条纹构成的重复图形);而当加上另一种相位的分量时,合成的波形在成人看来就成了很不一样的,且更加复杂的图形。八个星期大小的婴儿能够辨别这些图形。但是值得注意的是,四个星期大小的婴儿似乎不能对此作出分辨。

在一个类似的系列研究中,Kleiner(1987)和Banks(1987)仔细分析了,在改变图像构成分量中的相位时,婴儿对图形的视觉偏好。Kleiner和他的同事们发现,新生儿和8周大的婴儿都对一张位于长方形边框内的脸型图形显示出可靠的固定偏好(Fantz & Nevis,1967)。为了研究空间相位对固定偏好的影响,Kleiner使用了一种图像处理技术,即一种将来自一个图形的空间频率分量的对比,同另一个图形的空间频率分量的相位合并起来的技术。这些混合图形的知觉表象,和提供相位成分的图形的关系最为紧密,而不是提供对比成分的图形(Oppenheim & Lim, 1981; Piotrowski & Campbell, 1982);从另一个方面来说也就是,混合图形和包含相位成分的原始图形表面上看起来更加相似。毫无疑问,8周大的婴儿偏好于将注意力集中在由脸相位和格子对比度组成的混合图形。然而,新生儿的偏好则是由格子相位和脸对比度组成的混合图形。对于该发现的一种解释是,相对而言,新生儿对空间相位不够敏感,但是也有人提出过其他的解释办法(例如, Badcock, 1990)。

得出新生的婴儿似乎相对而言对空间相位的变化不够敏感的结论是极其重要的。假如结论正确,那就证明了新生婴儿分辨空间图形的能力明显不足,至少性质上类似在一般成人身上观察到的周边视野的缺陷(Bennett & Banks, 1987; Rentschler & Treutwein, 1985)和在患有弱视的成人身上观察到的中央凹视野的缺陷(Levi, Klein, & Aitsebaomo, 1985)。用功能主义的术语来说,婴儿对如一致性、大小、形状、质地等这些物体的基本知觉特性的加工,毫无疑问依赖于其对相位信息的加工。在出生后的前几个星期内,婴儿由于缺乏这种加工能力,因此辨认那些基本知觉特征的能力也就受到了限制。与此相反,对其中某些知觉能力的测试,后面将会讨论到,则显示了新生儿惊人的知觉能力(例如,辨别物体的大小和人脸的能力)。在婴儿视觉研究中面临的一项挑战就在于,如何协调某些基本感觉属性(如相位)的低敏感度,同较高水平的知觉能力(如脸知觉)的证据之间的关系。对于这个明显的矛盾,目前来说最合理的解释是:婴儿对基本特征属性(如相位和方向)的感知能力(capacity)比成人的差,但不是完全缺乏,即使是在婴儿刚出生的时候(想要了解进一步的讨论,请参考Kellman & Arterberry, 1998)。

色觉

颜色这个词和被描述为亮度、色调和饱和度的物理属性的视觉经验成分有关。其中,色调和饱和度两者是色彩的属性,而亮度则实际上是非色彩的属性。色调主要和刺激占优势光波的波长有关;而亮度则主要和刺激的强度有关,但不同构。饱和度与刺激中的波长的分布范围有关;波长分布越广,则饱和度越低。我们将在色调或饱和度差异的基础上的视觉辨别力称为色彩辨别力,同时,将在亮度差异基础上的辨别力称为非色彩辨别力[①]。

关于颜色知觉在功能上的重要性,学术界一直有所争论。人类从非色彩的展示中,例如黑白电影或电视中的表演,已经很容易就能知觉到其中的物体和事件。那么,为什么我们还要发展精细的色觉机制呢? 通常情况下,色彩信息可以帮助我们进行物体的分割和识别。

121

[①] 即某些文献中提到的明暗辨别力。——译者注

当物体和它的背景在相等或近似相等的光照中时,物体的形状就能根据色彩的差异来进行辨认。色彩信息同样也能帮助我们将物体的一种形式(红苹果)同另一种形式(青苹果)区别开来。虽然我们不甚了解,但是很重要的一点是,颜色显然影响着我们的审美经验。

人类的视觉系统有四种类型的感受器,一种视杆细胞和三种视锥细胞。视锥细胞在日光照明条件下起作用,而且有利于颜色视觉;视杆细胞则在极其昏暗的照明条件下起作用。因此我们在讨论色觉的时候只需要考虑视锥细胞。

三种类型的视锥细胞分别对三个不同的波长段敏感,但有重叠部分。这三种类型通常被称作短波长敏感(S)视锥细胞、中波长敏感(M)视锥细胞和长波长敏感(L)视锥细胞。(我们选择用上述术语来表述,而不是蓝、绿和红视锥细胞,是因为后者暗示每种视锥细胞只负责感受一种特殊的色调,但这是与事实不符的。)每一种类型的感光器都是以不做标记的方式来作出反应的;也就是说,仅仅反应数量的多少,随着相应光照的变化而变化,而不包括任何其他信息。不做标记反应的结果是意义深远的。任何单一类型感光器的输出结果,事实上都能简单地通过调节光照强度,被任意波长的光驱动至一定水平。因此,我们不能从一个单一类型感光器的输出结果中抽取出刺激的波长信息。作为一种功能上的弥补,视觉系统就必须利用三种不同类型感光器(photoreceptor)的相关活动来区分不同的颜色。

视觉加工的后续阶段,必须利用不同类型感光器的综合输出,从而产生对颜色的知觉经验。在以成人为被试的研究中得到的心理物理学上的证据,和在对成年猴子研究中得到的生理学上的证据,都说明了,来自三种不同类型的视锥细胞的信号在视网膜中都经历了一个较大的转变。来自两种或三种视锥细胞的信号被相加合并为多个非色彩通道(主要编码亮度信息),相减合并为两种色彩通道(主要编码色调信息)。减色后的色彩通道(红/绿和蓝/黄)被称为拮抗过程(opponent processes),因为不同波长的光波段唤醒的神经反应的方向不同。

感光器的许多特征和后续的神经传导阶段,最初都是从对成人的行为研究中推测出来的。我们对视觉的讨论主要以下面两个问题为焦点:

1. 婴儿在何时对何种色调敏感?
2. 是什么机制导致了色觉的发展?

色调分辨力的起源

什么时候开始,婴儿仅仅根据色调就能分辨不同的刺激呢? 1975年以前,许许多多的行为研究都尝试回答这个问题,但是他们都错误地排除了婴儿对物体的分辨是基于亮度线索而非色调(或饱和度)线索的可能性(Kessen, Haith, & Salapatek, 1070)。为了更加有说服力地证明,婴儿能够单独根据色调来做出分辨,研究者使用了两种策略来消除亮度干扰因素。(在另外的章节,我们会详细描述,将色调引起的反应同亮度引起的反应分离开来的重要性和在操作上存在的困难之处;Kellman & Arterberry, 1998; Kellman & Banks, 1997。)

可采用的研究方法包括,呈现两个色调不同的刺激(如红色和绿色刺激),然后寻找一种系统的反应(如定向眼动、VEP或FPL)作为色调分辨力的依据。消除亮度干扰因素的一种策略是:使用光谱敏感函数,将两个刺激的亮度匹配至一个初始的近似值,然后通过不断的试验,在足够宽的范围内不规则地变换刺激源的亮度(luminance,刺激强度的度量单位),以确保一个刺激的亮度不会总是比另一个刺激的亮度高。婴儿对其中一个彩色的刺激产生的系统反应,超越了亮度可能引起的反应,因此这种系统反应就不能归结于依据亮度做出的分辨。使用这样一种策略,Oster(1975)和 Schaller(1975)分别证明,在 8 和 12 周大的婴儿中都存在色调分辨的能力。

消除亮度线索的第二种策略由 Peeples 和 Teller(1975)设计;后来,许多学者也纷纷使用了这种策略,我们来解释一下其中的某些细节。他们也使用光谱敏感函数来近似地匹配刺激的亮度。然后他们围绕亮度(brightness)匹配的估计值系统地变换亮度 (luminance),呈现给婴儿一些不同的亮度,亮度间以微小的 0.8 log 变化着,因此,至少有一个亮度配对组的亮度必然对每个婴儿来说都是相等的。Peeples 和 Teller 证明,在所有亮度配对组中,8 周大的婴儿都能够区分红色和白色。他们断定,8 周大的婴儿具有真实的色调分辨能力。

这样一来,1975 年发表的三份报告就使用不同的技术提供了第一个有说服力的证据,证明 8 周和 16 周大的婴儿能够分辨色彩。今天,研究结果更加精确了:M 和 L 视锥细胞从婴儿出生后 8 周的时候开始发挥色调分辨的功能,也许早在婴儿出生后 4 周的时候就开始了(例如,Bieber, Knoblauch, & Werner, 1998; Kelly, Borchert, & Teller, 1997);而 S 视锥细胞则不到 3—4 个月不会显示出它的色调分辨功能(例如,Crognale, Kelly, Weiss, & Teller, 1998; Suttle, Banks, & Graf, 2002)。刚出生的时候,婴儿可能只有非常有限的色觉经验,在接下来的 4 个月中,他们的世界不断地被色彩所充斥。通过这四个月的时间,婴儿形成了类似成人的色彩偏好:喜欢饱和的颜色(如品蓝),胜于较为不饱和的颜色(如淡蓝; Bornstein,1975)。

对色觉的评估

色调分辨力的三种评估方法——Rayleigh 法、Tritan 法和中点法(neutral-point)——从理论上来说都十分有意义,而且对婴儿完成这些分辨所需能力的研究,最终构成了一幅反映出婴儿早期能力发展与局限的画面。

中点法测试,是建立在拥有正常色觉的成年人能够将所有光谱(单一波长)的光线同白色分辨开来的观测基础之上的;也就是说,当他们在进行比较的时候不会表现出中立。Peeples 和 Teller(1975)以及 Teller、Peeples 和 Sekel(1978)使用了这种测试方法来检查 8 周大的婴儿的色觉。他们既检查了白色与白色之间的亮度区分,也检查了彩色目标与白色之间的颜色区分。测试目标的颜色和背景如图 3.3 所示,呈一副色度图。8 周大的婴儿能够将许多种颜色同白色区分开来:红色、橙色、某些绿色、蓝色和某些紫色;这些颜色在图中用实心记号标示。8 周大的婴儿不能区分黄色、黄绿、一种绿色和某些紫色;在图中用空心记号

标示。因此,8 周大的婴儿由于缺乏 S 视锥细胞,似乎呈现了一个从短波一直到黄色和绿色波长的中性地带(用俗话来说就是,他们患有蓝色盲,或者蓝色弱; Teller 等人,1978)。后来,Adams、Courage 和 Mercer(1994)报告说,大多数新生儿都能够从白色中区分出红色,但是不能区分蓝色、绿色和黄色。这些结果和 Teller 等人(1978)关于 8 周大婴儿的测试报告非常相似。

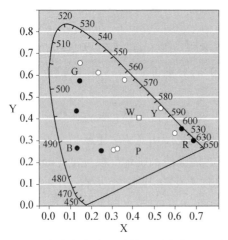

图3.3 在中立点实验中使用的刺激。两个实验中的参与者都是8周大的婴儿。图形采用的格式是CIE色度图,使得我们可以在图中标示出在色调和饱和度上不同的彩色刺激。饱和颜色在图中用外边线表示,不饱和颜色接近中间部位。色度图的右边角落(大约在650处)表示红色调,顶端表示蓝绿色调(标为520),左下角表示紫色调(大约400处)。圆形记号表示在两个实验中都呈现过的颜色。空心记号表示所有婴儿不能从白色(W)中区分出来的颜色。半实心记号表示有部分婴儿,而不是全部,可以将之与白色区分开来。实心记号表示,所有的婴儿都能成功将之与白色区分。来源:"Color Vision and Brightness Discrimination in Human Infants," by D. R. Peeples and D. Y. Teller, 1975, *Science*, *189*, pp. 1102–1103. Reprinted with permission and "Discrimination of Chromatic from White Light by 2-Month-Old Human Infants," by D. Y. Teller, D. R. Peeples, and M. Sekel, 1978, *Vision Research*, *18*, pp. 41–48. Reprinted with permission.

Tritan测试,被设计用来评估S视锥细胞的功能。通过呈现能同时激活M视锥细胞和L视锥细胞的两种光波,分离出S视锥细胞。Varner、Cook、Schneck、McDonald和Teller(1985)想知道4—8周大的婴儿能否区分这两种光波。他们特意在绿色背景下呈现蓝紫色的目标。8周大的婴儿在所有亮度条件下都能区别这两种光波,所以他们看起来没有S视锥细胞的缺陷。另一方面,4周大的婴儿则不能有效地区别这两种光波,这说明他们具有S视锥细胞的缺陷。D. Allen、Banks和Schefrin(1988),以及Clavadetscher、Brown、Ankrun和Teller(1988)已经证实了这一发现:在他们的实验中,3到4周大的婴儿不能分辨绿色背景下的蓝紫色目标,并暗示7到8周大的婴儿可以作出分辨。最近,Teller、Brooks和Palmer(1997)发现,tritan刺激物不能直接引起适当的眼动,即使到了婴儿16周大的时候也不行。

Rayleigh分辨测试,包括区分亮度匹配后的长波光,例如红色和绿色。这些在诊断上是非常重要的,因为具有一般色觉缺陷的成人——绿色盲(缺少M视锥细胞)和红色盲(缺少L视锥细胞)都不能成功做出分辨。Hamer、Alexander、Teller(1982)和Packer、Hartmann、Teller(1984)检查了4周、8周和12周大的婴儿进行Rayleigh分辨的能力。测试时,呈现的背景为黄色,可选择不同的亮度条件,然后放上一个绿色或者红色的分辨目标。大多数8周大的婴儿和基本上所有的12周大的婴儿都能做出有效的颜色区分,从而清楚地说明了,大多数出生后8周以上的婴儿都不会表现出绿色盲和红色盲的缺陷。相反,人多数4周大的婴儿没有表现出可以做出两者之中任一分辨的能力。Pacher等人(1984)同时还发现,分辨目标的大小对能否做出分辨有显著影响。12周大的婴儿能够对4到8度的目标做出Rayleigh分辨,但是对1到2度的目标就不行。D. Allen等(1988)和Clavadetscher等(1988)证实了Rayleigh分辨测试的发现。他们报告说,3到4周大的婴儿不能分辨绿色背景下的红色目标;7到8岁的婴儿则能够做出有效分辨。

总的来说,几乎没有证据可以证明,大多数4周大或者更年幼的婴儿能够进行色调分辨,除了可以区分红色和白色以外。缺乏确定证据的事实,与人类生来一般都有色觉缺陷这个假设是一致的。虽然在出生后的第一年,婴儿的色彩剖析能力和成人的相比,会始终保持一定的差距,但是到了4个月大的时候,婴儿的色觉能力就已经接近成人的色觉能力了(Crognale et al.,1998)。我们现在将注意力转向何种机制成为色觉发展的基础的问题。

早期色觉是如何发展的

有人提出了两种解释方案,来理解小婴儿在色调分辨力上存在的缺陷。一种可能是,不同视锥细胞类型的缺乏或不成熟,或者是色彩感受器后的彩色通道之中的不成熟。Banks和Bennett(1988)将这种可能性称之为色彩缺陷假说(chromatic deficiency hypothesis)。然而还存在另外一种可能性,一开始由Banks和Bennett(1988)提出,后来由Brown(1990)、Banks和Shannon(1993)、Teller和Lindsey(1993),以及D. Allen、Banks和Norcia(1993)逐步精细化而来。这种观点认为,或许婴儿有一种完整的针对视锥细胞功能的补偿系统,以及所需的神经机制,可以保存它们获得的信号并进行比较,但是视觉敏感度从头到尾都是如此贫瘠,以至于不允许它们充分展现其处理色彩的能力。出于这种考虑,年龄稍大的婴儿可能表现出有效的色彩分辨能力,因为他们的视觉敏感度增加了。在这种背景下,视觉敏感度可能包含,由光学系统和感光器的属性局限下的视觉系统,加上一种普遍存在的色彩感受器后的损失,由此产生的分辨特性。这种假设目前被称之为视觉效能假说(the visual efficiency hypothesis)(D. Allen et al.,1993)或一致损耗假说(the uniform loss hypothesis)(Teller & Lindsey, 1993)。

我们可以用一种有趣的实验方法来比较对色彩效能的解释和对视觉效能的解释,即同时考虑测量色调辨别阈限(例如,分辨两种亮度相等而波长成分不等的光所需的色彩对比度——即"色阈")和亮度分辨阈限(例如,分辨两种波长成分相等而亮度不等的光所需的亮度对比度——即"亮度阈")。色彩缺陷假说预测,亮度阈除以色阈的比值会随着年龄的增加而降低。也就是说,亮度阈和色阈可能两者均随着年龄增长,但是色阈的增幅更大。视觉效能或一致损耗假说都预测,亮度阈除以色阈的比值是年龄的常量。也就是说,亮度阈和色阈随着年龄的增长以相同的比例下降,因为它们都受到一个共同因素的限制,例如受到整个视觉敏感度的限制。Banks等(Banks & Bennett,1988;Banks & Shannon,1993)认为,这个假说事实上可以归咎于新生儿Rayleigh方法和中立点分辨方法中的不足。

其他研究者也用经验的方法检验了色彩缺陷和视觉效能假说,但是仍没能清晰地得出一致意见。此类研究面临的挑战是,如何能发展出一些范式,以使得在这些范式中婴儿的视觉敏感度足够高,直到能够将两种假说的预测区别开来。目前的工作大都特别集中在,判定何种假说提供了一种更好的描述,用于解释小婴儿使用M和L视锥细胞进行Rayleigh分辨的能力(如,Adams & Courage, 2002;D. Allen et al., 1993,1988;Clavadetscher et al.,1988;Morrone, Burr, & Fiorentini, 1993;Teller & Lindsey, 1993;Teller & Palmer, 1996;Varner et al., 1985)。总而言之,我们观察到的最年幼的儿童的分辨缺陷,和稍年长的儿童不能分辨细小物体的现象,都不足以说明色彩机制本身存在缺陷。而色彩敏感度除以亮度敏感度得到的比值则可能随着年龄的增长依然保持不变,这说明表面上看来似乎婴儿不能做出 Rayleigh 和中立点分辨,实际上是由于视觉效能的全面损失导致的。尽管如此,视觉效能假说的预测同 tritan 分辨的结果产生了矛盾。因此,小婴儿可能事实上拥有某种颜色变异的形式,包括 S 视锥细胞存在缺陷。

未来的研究任务将会落在如何阐明婴儿在视觉效能上的损失以及/或 S 视锥细胞的缺陷上。研究者们对处理运动的与静态的彩色刺激之间的差异也很感兴趣,这一差异为研究大细胞和小细胞通道①的发展和相关情况(分别负责色彩变化与空间和时间位置以及颜色同一性)提供了线索(如,Dobkins & Anderson, 2002; Dobkins, Anderso, & Kelly, 2001; Dobkins, Lia, & Teller, 1997; Teller, 1998; Tommasson & Teller, 2000)。

运动知觉

运动和知觉是紧紧联系在一起的。环境中许多能被知觉到的最为明显的特征,都是运动的物体和有运动物体参与的事件。这两种情况下,观察者的动作也是至关重要的。为了在空间中安全地运动,我们的视觉系统需要被构造成能够连续不断地处理环境中变化的景象。此外,世界上不断变化的景象所提供的信息就变成一个强大的指示器,不仅能告诉我们现实中发生的事件,还能提供给我们关于世界的持续不变的属性,例如空间分布(J. Gibson, 1966, 1979; Johansson, 1970)。随后,在讨论空间知觉的过程中,我们将会考虑观察者和物体的运动提供高度逼真的关于空间布局和物体形状的信息的多种方式。

早先对婴儿的运动视知觉的研究显示,运动能够强烈地吸引婴儿的注意力(Fantz & Nevis 1967; Haith 1983; Kremenitzer; Vaughan, Kurtzberg, & Dowling, 1979; White, Castle, & Held, 1964)。在分析运动敏感性的局限和可能机制方面,包括方向敏感度、速率敏感度和对运动与静止的知觉方面,已经取得了一些进展。

方向的选择

检测运动方向的能力是一种最为基本和重要的知觉能力,但是它的发展很少被人们所了解,直到大约最近十年。Wattam-Bell(1991,1992)使用行为法和视觉诱发电位(VEP)两种测量方法,在纵向研究中对方向敏感性进行了测试。在 VEP 研究中,他预计,假如婴儿在一个振荡的棋盘状图形中检测到了方向的逆转,那么就会发现一个与刺激反转频率一致的可测电位。当采用 5 度/秒的图形时,在平均年龄为 74 天的婴儿身上开始发现有效的 VEP;当图形为 20 度/秒时,开始发现有效电位的婴儿年龄平均为 90 天。行为研究(Wattam-Bell, 1992)使用了不同的显示图形。一种是,呈现一列随机变化的圆点,看起来这些圆点似乎沿着一条纵向带连贯(垂直地)运动。另一种是,在具有反方向运动的背景下,呈现这种纵向运动。测量中运用了一种视觉偏好范式,其中目标图形总是邻近具有随机或一致运动的控制图形。如果觉察到垂直目标带产生了独特的连贯运动,婴儿就会注视得更久一些。每个画

---

① Livingstone 等的大细胞(magnoclluar)和小细胞(parvocelluar)通道学说认为,视觉信息处理包括两条通道:M 系统主要处理运动和空间的信息,P-I 系统察觉形觉。——译者注

面的位移点都要操控,直到寻找到可以检测到运动的最大的位移(d_{max})为止。他们发现,从婴儿 8 周到 15 周,测得的最大位移明显增加。年幼的婴儿(8 到 11 周大)仅仅能够忍受大约 0.25 度视角的位移(画面持续约 20 毫秒),而 14 到 15 周大的婴儿所显示的 d_{max} 约为 0.65 度(在同样的任务中成人的值是 2 度)。

最初几个星期内婴儿表现拙劣,可能是由于缺乏对高速度(即短时间内的大量的位移)敏感的运动检测器。另外还有数据支持这种解释;数据显示,当运动画面之间的时间间隔延长的时候,d_{max} 是增加的(Wattam-Bell,1992)。

速度敏感度

成人能知觉的运动,其速度的跨度非常之大。在理想条件下,慢至每秒 1 到 2 分视角的速度都可以被知觉为运动,同样,快至 15 到 30 度/秒的速度,即使物体经过时模糊不清或带有拖尾,也能被知觉为运动(Kaufman,1974)。对婴儿能作出反应的最慢的速度的估计,则发生了变化。Volkmann 和 Dobson(1976)使用棋盘状图形(一格大小为 5.5 度)发现,当速度慢至 2 度/秒时,2 到 3 个月大的婴儿都很明显偏好于将以这个速度运动的图片当作是固定不动的。一个月大的婴儿显示了更弱的偏好。使用旋转的运动图片,Kaufmann、Stcki 和 Kaofmann-Hayoz(1985)估计,一个月大的婴儿的知觉阈限是 1.4 度/秒,三个月的是 0.93 度/秒,使用的也是视觉偏好技术。

后来的一些研究,是为了区别出不同的可能机制而设计的,借助于这些机制,可能被检测到的运动图形产生了更高的阈限估计值。Dannemiller 和 Freedland(1989)采用单向线性运动的单一条纹,发现婴儿在出生后 8 周的时候没有明确的运动偏好。他们估计,16 周大的婴儿阈限大约在 5 度/秒,20 周大的婴儿阈限约为 2.3 度/秒。采用垂直运动的光栅,Aslin 和 Shea(1990)发现,婴儿的速度检测阈限从 6 周时的 9 度/秒下降为 12 周时的 12 度/秒。Dannemiller 和 Freedland(1991)使用带水平条栅的成对图片,以不同的速度振荡,研究了检测两个速度之间的差异的阈限;他们发现 20 个月大的婴儿能将 3.3 度/秒的运动条栅同 2.0 度/秒的区别开,但是不能同 2.5 度/秒的区别开。

von Hofsten、Kellman 和 Putaansuu(1992)观察到的运动检测的阈限更低。在对 14 周大的婴儿进行的观察者—偶然性运动的适应性研究中,von Hofsten 等人发现,婴儿对 0.32 度/秒的速度差别表现出敏感,而对 0.16 度/秒的速度差别则不然。他们同样还发现,婴儿对那些和他们自己的运动有联系的运动方向表现出敏感。针对在这个范例中出现的较高的敏感度,我们可能有两种解释。一种可能的解释是,视觉偏好范式对婴儿能力的估计太过保守。事实上通常在偏好测量当中,婴儿可能检测到了差异(例如,运动和静止的图形之间的差异),但是他们对两者之间没有任何兴趣差别或者注意力的差别。在 von Hofsten 等人的研究中提出的另一种可能的解释是,关键差异和观察者运动的偶然性有关。似是而非的是,微小的观察者—偶然性运动,经过运动观察系统的加工,成了物体深度的表现,而不是作为一个运动的目标来加工的。因此,婴儿的运动深度系统(a depth-from-motion system)比起运动检测系统来说,也许更加敏感,而且前者可能仅仅只有观察者的运动参与其中(von Hofsten et al.,1992)。

运动图形的处理机制：速度、闪烁和位置

一个运动的刺激物可以从不同的角度来加以描述。类似地，对运动刺激物的反应也可以建立在不止一种机制的基础上。考虑一个垂直的正弦条栅正在水平漂移。每个边缘都以一个确定的速度运动。在一个给定点，交互的明暗区域会以一个确定的速率经过，呈现一种时间调频或闪烁频率。这种闪烁频率不仅依赖于图形的速度，而且依赖于它的空间频率（周/度）。然后，考虑在一个静止条栅或空白区域中对刺激的偏好性注意。这种偏好可能以一种方向—敏感机制、一种速度—敏感机制，或一种闪烁—敏感机制为基础。可以使用一个单一的物体而不是重复图形来产生运动，以避免产生持续不断的闪烁。然而接下来就产生了另一种可能性，即可能通过注意到某些独特的物体特征在位置上的变化来检测到运动，也就是说，可能有一种位置—敏感机制产生了作用。某些对运动敏感性的研究，其研究目的都在于，用实验方法区分这些可能性。

或许最早清理出速度—敏感、位置—敏感和闪烁—敏感这三种敏感机制的实验，是由Freedland和Dannemiller(1987)来努力完成的。他们用随机黑白棋盘图形呈现出几种时间频率和空间位移的组合。实验得出，婴儿的偏好同时受到以上两个因素的影响，而不仅仅只是一个简单的速度的函数。闪烁的功能不能在这些实验中直接估定。对与速度相对的闪烁敏感性的检测是由Aslin和Shea(1990)用垂直运动的方波条栅来完成的。实验设计了许多种空间频率和速度的组合，用于改变与速度之间相对独立的闪烁频率。比方说，如果空间频率加倍，同时速度减半，那么在图片中任意一点的闪烁频率（时间频率）仍然保持恒量。Aslin和Shea(1990)发现，是速度，而不是闪烁，决定了6到12周大的婴儿的偏好。Dannemiller和Freedland(1991)报告了速度—敏感机制的会聚性证据，通过使用两侧是固定参考条纹的单条纹运动的图片，他们排除了在任何空间位置中的闪烁；此外，他们对位移的程度操控自如，从而确保他们能够测到婴儿的反应在多大的程度上是由位移的程度决定的。实验结果与速度—敏感机制保持一致。

知觉运动和静止

要想知觉运动的物体，无论如何都离不开它的对立面：将不运动的物体和表面知觉为静止的。运动检测的神经系统模型认为，这些能力应该可以用于识别那些在视网膜上的位置随时间发生变化的图像特征，如边缘。然而，在完全静止的环境中，只要观察者的眼睛、头或是身体发生运动，就会立刻产生视网膜上的位移。在观察者运动的过程中，将物体仍然知觉为静止的这种特性，称为位置恒常性（position constancy），需要用到除了特有的感知运动单元可获得的信息之外的更多的信息。这种信息可能涉及，将实际的视网膜变化同那些出于观察者的自发运动（self-produced movement）而产生的期望中的视网膜变化之间进行比较的结果（von Holst, 1954；Wallach, 1987），或者涉及在给定时间内光的变化中间包含的更多的整体联系（global relationships）（Duncker, 1929；J. Gibson, 1966）。

在被动（即非自发的，non-self-produced）观察者运动的例子中，光流中的联系或者前庭系统的某种贡献很可能被用于获得关于静止世界的知觉。有一些迹象表明，小婴儿在这种条件下表现出了位置恒常性。稍后我们会论及在物体知觉(Kellman, Gleitman, & Spelke,

1987)方面的研究,该研究提出,运动的婴儿可以根据静止的物体来判别运动,而只有依靠真实的物体运动才能知觉物体整体。一些研究者也已经开展了对位置恒常性和运动观察者的运动知觉更直接的研究(Kellman & von Hofsten, 1992)。在这些研究中,婴儿在观察一列物体时,被迫产生横向移动。在每一次试验中,阵列中的一个物体或左或右运动,而其他物体保持静止。物体的运动与观察者自身的移动是平行的。在这种情况下,给观察者带来视觉变化的是运动的物体,还是静止的物体,依赖于物体之间的间距。因而,位于不同间距的阵列对面的一个静止的物体,与运动的那个物体造成的视觉位移相匹配。按照预期,婴儿如果检测到了物体的运动,就会注视运动的物体更久一些。当物体和观察者的运动是相对运动时,8 周和 16 周大的婴儿都会表现出这样的模式;但是当物体和观察者同相运动时,则只有 16 周大的婴儿似乎检测到了物体的运动(Kellman & von Hofsten, 1992)。我们还不清楚为什么年幼的婴儿只有在相对运动的条件下才能够检测到运动的物体。学者们在进一步的研究中指出,当使用单眼观察时,运动检测的能力便消失了。看来,辨别运动和静止物体的某种能力似乎早在婴儿 8 周大的时候就已经形成了,而且双眼辐辏可能提供了辨别任务中所需的距离线索(Kellman & von Hofsten, 1992)。

空间知觉

在考虑我们是如何通过知觉获得知识的时候,哲学家 Kant(1781/1902)总结道,头脑中一定包含固有的(先天的)对空间和时间的分类,经验就在这些不同的空间和时间之中被组织起来。从心理学的角度来说,理解空间知觉的起源和发展具有更多的微妙之处。不管我们是从哲学家、认知科学家、心理学家还是工程师的观点来看待知觉,我们都会重新发现 Kant 对空间基础的敏锐洞察力。在早期对基本空间视觉的研究基础上,我们开始进入那些抑制信息采集的感觉局限性的领域——在视敏度、对比敏感度和对图形变化的敏感性方面的感觉局限性。和我们探索空间知觉一样,我们主要关注的是,如何获取物体和外观在三维空间环境中的位置和排列的知识。

目前为止,关于视觉空间知觉的发展的理论争论主要集中在深度知觉领域。当我们考察人类的视觉器官时,很容易就能了解我们是如何获得三个空间维度中的两维的。眼睛的光学系统在很高程度上,能够确保处在观察者不同方向上的点所发出的光线都能准确无误地映射到视网膜上。结果就形成了一个保存了关于在两个空间维度上的(上—下和左—右)邻近信息的图像。很明显问题出在第三维度(深度)上。在这幅图像中没有任何信息可以直接说明一束光线从物体到眼睛之间传播了多远的距离。

按照传统观点,通常人们主张,对三维(3D)空间的知觉是学习的产物(Berkeley, 1709/1963;Helmholtz, 1885/1925)。在研究婴儿知觉的方法被发明出来之前,这种观点的基础是建立在从世界在一个二维表面(视网膜)的投影重新获得三维知觉的逻辑问题之上的。学习可能通过联结和存储视觉与触觉的感觉,以及允许关于触觉的相关信息和视觉感觉相互联系,从而克服感觉的局限性;这些感觉联结,在熟悉的视觉刺激重现时,就会依次重新获得

（Berkeley, 1709/1963; Helmholtz, 1885/1925; Titchener, 1910）。Piaget 进一步提出,自发的行动和其行动的结果为空间知觉提供了必不可少的知识。

现代学者们通过对视觉可用信息的分析,已经提出了一种完全不同的解释空间知觉起源的可能性。对一个运动的有机体所获得的视觉刺激的转换过程,传递了关于特定 3D 布局的详细而精确的信息(J. Gibson, 1966, 1979; Johansson, 1970),而且人和动物完全可能拥有进化好的机制,用于提取这类信息。从这种发展的生态学观点(E. Gibson, 1979; Shepard, 1984)来看,3D 知觉的初级形式甚至可能在新生儿阶段就呈现出来了,而它们的精细化可能更依赖于感官的成熟和注意的技巧,而不是联结学习。

为了回答这个与第三维的生态学起源对立的建构主义的问题,关于空间知觉方面的研究已经走了相当远的一段距离了。此外,早期知觉能力的新兴画面,为我们理解在机能上有所区别的信息的种类,以及它们的神经生物学基础,提供了重要的深刻见解。预先考虑到一些差别的存在,我们将空间知觉能力划分成了四种类型:运动知觉、眼球运动知觉、立体知觉和图片知觉。这种分类不仅反映了信息特征的差异,而且反映了在提取信息的过程中起作用的知觉机制的差异(Kellman, 1995; Kellman & Arterberry, 1998; Yonas & Owsley, 1987)。

运动信息

为了指导行动和提供关于 3D 空间环境的信息,运动和运动携带的信息可能是成人所需的视觉信息中最为重要的一种。该信息之所以处于中心地位,其中一个原因是因为它克服了在和一些其他种类的信息,如图片的深度线索,一起呈现时的不确定性问题。正如 Berkeley 记录的那样,一只眼睛获取的静止图像,可能是一只可爱的小猫,或是远处一只巨大的老虎,或者甚至仅仅是一张扁平的猫或老虎的 2D 截图。对运动的观察者来说,光阵的转换揭示了这个物体是平面的还是 3D 的,而且提供了关于相对距离和大小的信息。在光学转换和 3D 场景之间的映射符合射影几何的原理,而且在合理的约束条件下,这种映射可以还原布局中的多种属性(Koenderink, 1986; Lee, 1974; Ullman, 1979)。在剩余的不确定性问题中,有一个问题和 Berkeley 曾经提出的,关于单个图像的问题类似。假设场景中的物体和外观都可能随着观察者的运动而变形,那么我们将无法重新获得那个独一无二的 3D 场景。现在问题从三维(信息的两个空间维度和时间)重新回到了四维(空间布局和随时间发生的变化)。在常规知觉中,和一个特殊的,而不是当前的布局保持一致变化的精确的投影变化的模拟,几乎从来不会偶然出现。然而,它的确使在电视、运动的图像和虚拟现实装置中对 3D 空间进行真实地描述成为可能。因为关于空间的运动信息依赖于几何学,而不是依赖于存在于世界上的特殊的空间布局的知识,所以可以想象的是,知觉机制已经进化到可以利用这种信息了。怀疑对这种信息的敏感性可能很早出现的另外一个原因,是因为早期对环境的学习可能通过依靠最精确的信息来源而被优化了(Kellman, 1993; Kellman & Arterberry, 1998)。从另一个方面来说,成人从他们自身相对周围环境的运动中获得了大量运动信息。婴儿在出生半年以后才会自己移动,尽管运动信息仍然可以从运动的物体,从

128

被携带穿过环境的婴儿，或者从他们自己的头部运动中获得。

动作携带的信息或运动信息通常被划分为若干个子类，我们考虑其中的三类。不同表面的相对深度能通过结构的增长/减少（accretion/deletion of texture）来加以区分。物体和观察者之间的相对运动可以由视像扩大/缩小（optical expansion/contraction）来给出线索。相对深度信息，和在某些条件下可能出现的对距离的度量信息，能够由运动视差或运动透视（motion parallax or motion perspective）来提供。另一个重要的基于运动学的空间能力，即从变换的视觉投影中恢复物体形状[1]（structure-from-motion）的能力，将会连同物体知觉一起讨论。

结构的增长/减少

在 20 世纪 60 年代晚期，Kaplan、Gibson 和他们的同事发现了一种新的深度信息，在深度知觉已经被系统研究了超过 200 年的时候，获得了一项惊人的成就（J. Gibson, Kaplan, Reynolds, & Wheeler, 1969；Kaplan, 1969）：大多数物体表面都有明显的纹理结构——明度和颜色在其表面上的变化。新的深度信息包含了，当观察者或物体运动时，发生在结构的可见点上（结构元素）的变化。当一个表面相对另一个较远的表面运动的时候，后者的结构元素就会在较近物体的前端边缘处消失，然后在其尾端边缘处出现。这类信息已经被证明可以被成人的视知觉所利用，甚至当没有其他可用信息来源的时候，可以用于建立深度次序和形状（Andersen & Cortese, 1989；Kaplan, 1969；Shipley & Kellman, 1994）。

Kaufmann-Hayoz、Kaufman 和 Stucki（1986）研究了婴儿从结构的增长/减少获得的形状知觉。他们让 3 个月大的婴儿熟悉一种用结构增长/减少来描述的形状，然后测试他们从对同样形状，和新颖形状的习惯中恢复的情况。婴儿更多的时候会不习惯新颖的形状。虽然测试的结果说明，结构的增长/减少可以确定 3 个月大的婴儿所知觉的边缘和形状，但是我们不能通过这次研究知道更多关于知觉深度次序的机制。另一个不同的研究证明，结构的增长/减少可以确定 5 到 7 个月大的婴儿的深度次序（Granrud, Yonas et al, 1985）。这些研究者们设想，婴儿能完美地将手臂伸向一个他们知觉当中比其他物体更近的物体表面。他们向婴儿展示了由计算机产生的随机圆点运动图像，这些图像仅仅用结构增长/减少的信息来规定其垂直边界。5 个月和 7 个月大的婴儿参与了该项测试，而且两组婴儿都适当的显示出愿意将手伸向由结构增长/减少的信息规定为更近的区域，而不是规定为更远的区域。最近，Johnson 和 Mason（2002）也提供了证据，证明 2 个月大的婴儿能够使用结构增长/减少信息来知觉深度关系。

Craton 和 Yonas（1990）认为，常规的结构增长/减少图像实际上包含两种信息。除了结构元素消失和呈现的信息以外，还有个体元素和物体表面之间的边界位置的关系。处于边界一边的可见元素保持在一个固定的相关位置，而处于另一边的元素（表面更远处）则随时间变化它与边界之间的间隔。这种间隔信息，被称为边界流（boundary flow），似乎可以被成

---

[1] structure-from-motion 简称 SFM，从运动恢复结构。指的是从二维信息恢复到三维信息的一种能力。——译者注

人在缺乏增长/减少元素的情况下使用(Craton & Yonas, 1990),而且可能也可以被 5 个月大的婴儿使用(Craton & Yonas,1988)。

视像扩大/缩小

当一个物体以碰撞的势态接近一名观察者的时候,它的视像就会对称性地扩大。这种情况可以用数学方法表示为,物体所在点的视网膜离心率和它的视网膜速度的比率决定了它的接触时间,也就是物体撞击观察者所需的时间。其他物种的初生个体对这种信息就表现出防御性的反应(Schiff, 1965)。

当呈现视像扩大图形时,1 到 2 个月大的人类婴儿被报告缩回了他们的头,举起了他们的胳膊,而且眨起了眼睛(Ball & Tronick, 1971; Bower, Broughton, & Moore, 1970)。尽管如此,并不是所有的反应都能表明,他们知觉到了正在接近的物体(Yonas et al. , 1977)。头的运动可能是由于婴儿在视觉上追踪到了图形的顶部轮廓,而且相关的无差别的动作行为可能导致手臂一齐扬起。从 1 个月到 4 个月大的婴儿对这种新的图像显示表现出了和呈现视像扩大图形时类似的头和手臂的动作,结果支持追踪顶部轮廓的假设,而不是防御性反应的假设,用于解释呈现视像扩大图形时的婴儿的行为。

于是结果变成了,不管是追踪假设还是防御性反应的假设都似乎是正确的。当将眨眼作为应变量进行测量时,观察得出,对接近图像作出的反应确实多于对运动的顶部轮廓图像作出的反应。看来眨眼可能最适合作为婴儿对靠近物体的知觉反应了,对 1 个月大的婴儿也是如此(Nanez, 1988; Nanez & Yonas, 1994; Yonas, 1981; Yonas, Pettersen, & Lockman, 1979)。

运动透视

运动透视是一种重要的空间布局信息的来源。当观察者在与物体的运动方向垂直的方向上移动和观察时,较近物体的在视觉上的方向比较远的物体变化的速度更快。对较远和较近两个物体或点的比较,定义了古典的运动视差的深度线索。J. Gibson(1950,1966)认为,知觉系统可能运用了多个点之间的相对速度,也就是说,多个相对运动的斜率提供的信息比两个点提供的更多。为了表达这个概念,他创造了一个术语:运动透视。某些实验证据表明,斜率事实上的确为人类知觉者所运用(例如,E. Gibson, Gibson, Smith, & Flock, 1959)。

运动透视实质上总是被运动的观察者在明亮的环境中使用,而且它通常可以提供关于深度次序的非常明确的标志。给定了这些条件之后,有人可能期望神经系统的机制已经进化成熟,可以充分利用这类信息,这样的话,运动透视可能在发展初期就开始出现了。有几个研究者已经提出了他们的观点,认为运动透视很早就开始起作用了,但是这些观点是建立在非直接证据的基础上的(Walk & Gibson, 1961; Yonas & Owsley, 1987)。Walk 和 Gibson(1961)运用视崖的方法研究了不同种族的新生个体,然后发现,一些物种在选择悬崖的高于"深"边的"浅"边之前,做出了横向的头部运动。尽管如此,我们仍然很难作出一个类似的关于人类婴儿的推论,因为人类婴儿在大约 6 个月大之前还不会自我移动。

von Hofsten 等人(1992)报告了和 4 个月大的婴儿的运动透视的发展相关的一些结论。

他们让婴儿来回移动,同时观察排成一排的三个竖直条杆。中间条杆的移动方向和婴儿坐的椅子移动方向相同,给婴儿一种视觉上的位移,并同一个放在稍远处的静止的条杆保持相对静止。假如运动透视起作用的话,伴随着运动,观察者应该会指出,中间条杆在主观感觉上距离最远(见图3.4)。在适应了这样的排列之后,移动中的婴儿看得更多的是一个由三个并列的静止条杆组成的排列,而不是中间条杆和其他条杆距离15cm远的另一个静止的排列。(后面的图像和适应了的图像一样,产生了同样的运动透视。)另外两个实验显示,如果实验中伴随的运动速度从原来的0.32度/秒减少至0.16度/秒,那么这种效果将会消失,而且婴儿对视觉上的变化和自己的移动之间伴随的意外事件非常敏感。这些结果支持了婴儿早期对运动透视的运用。然而,也可能被解释为,这些都是婴儿对特殊视觉变化和这些视觉变化在观察者运动时的伴随情况做出的反应。结果中不包含任何对视觉变化是否可以用来表示深度的验证工作。另外还有一种非常有趣的可能性,那就是,利用运动透视来确定深度的知觉过程,比用于看到运动物体的知觉过程,对视觉位移的敏感程度要高得多。

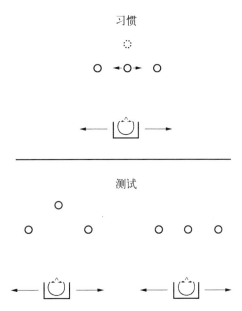

图3.4 在运动视差实验中呈现的刺激的顶视图。上方:运动的观察者被训练习惯于一个条杆的线性阵列,其中中间条杆和观察者同相运动。虚线标记象征着由运动视差刻画的虚拟物体。下方:图中的两个测试排列都在习惯化之后呈现。来源:"Young infants' Sensitivity to Motion Parallax," by C. von Hofsten, P. Kellman, and J. Putaansuu, 1992, *Infant Behavior and Development*, 15(2), pp. 245-264. Reprinted with permission.

立体深度知觉

立体深度知觉涉及,利用在两个视网膜上的光学投影的差异来确定深度,这种能力是成人视知觉中最为精确的能力之一。在理想条件下,当一个观测点的位置在两只眼睛中的角度差异(双眼视差)只有5到15弧度/秒时,一个成人观察者就可能检测到深度(Westheimer & McKee, 1980),5秒的视差可以转化为检测到了两个相距1 m的物体之间存在1.4 mm的深度差别。我们可以区分两种类型的双眼视差,交叉视差和非交叉视差。精确计算两眼之间视差的前提是,两只眼睛的视线需要固定在同一个点上,通过和0视差固定点比较,我们可以测量其他图像中的点的视差。大致和观察者距离相等的其他点,作为固定点,会投影在相应的视网膜位置上,也就是,与每只眼睛的中央凹有相等的角度间隔和方向。比固定点稍远的那些点会有非交叉视差。这类点的视觉方向在左眼的视觉领域中比在右眼更加偏左。交叉视差则描述了比固定点更近的一些点的特性,这些点的视觉方向在右眼比在左眼更加偏左。

对其他物种的观察显示,先天的大脑机制的存在促进了立体深度知觉的发展,特别是,皮层细胞在婴儿刚出生或是出生后不久就能协调特殊视差(Hubel & Wiesel,1970;Pettigrew,1974;Ramachandran,Clarke, & Whitteridge,1977)。这种单细胞记录研究是不可能在人类婴儿中施行的;此外,它们不会直接对立体深度知觉起到功能上的作用。和人类婴儿有关的证据大多数来自行为学的研究,这些证据说明,立体深度知觉从婴儿约4个月大的时候就出现了,是婴儿成熟化过程的结果。

许许多多类似的研究都使用静态图像和偏好性表情作为应变量,例如,呈现两个邻近的图像中,有一个图像包含了可以说明该图像中存在深度差异的双眼视差。按照预期,相对于图案类似但没有深度变化的图像来说,婴儿应该对包含可觉察出深度差异的图像注视的时间更久(Atkinson & Braddick,1976;Held,Birch, & Gwiazda,1980)。另一种不同的方法可以消除任何利用单眼线索的可能性。Fox、Aslin、Shea和Dumais(1980)使用动态随机点立体图[①](random dot kinematogram)来呈现视差信息,一旦观察者检测到视差信息,就会看到一个运动的方块。使用迫选偏好表情的方法,成人观察者只需要观察婴儿的反应就能判断每次试验中的运动方向。

用这些方法可以对视差敏感度出现的年龄进行合理可信的估算。在由Held和他的同事们(Birch,Gwiazda, & Held,1982;Held et al.,1980)展开的一项纵向调查研究中发现,婴儿对拥有视差变化的竖直条栅图案,在12周的时候表现出对交叉视差的可靠偏好,在17周的时候表现出对非交叉视差的可靠偏好。Fox等(1980)发现,3到5个月大的婴儿会朝向具有视差的运动方块,而小于3个月的婴儿则不会。Petrig、Julesz、Kropfl和Baumgartner(1981)通过记录视觉诱发电位,也发现了类似的视差敏感度出现的时间。

在对研究做出解释的时候面临着一个棘手的问题:是否观察到的行为上的反应所指示的就是双眼视差导致的深度知觉,而不仅仅只是对视差本身产生敏感呢?要确切地解决这个问题是很困难的;然而,一些观测资料指出,深度是被知觉到的。例如,Held等人(1980)就曾经发现,对包含水平视差的竖直线条图像表现出清晰偏好的婴儿,当图像被旋转90度,来提供34分的竖直视差的时候(这种条件在成人来看造成了对立),婴儿丝毫没有表现出这种偏好。Fox等人(1980)观察到,婴儿没有追踪一个具有巨大视差的运动的物体,这样巨大的视差对成人来说也不能象征深度。他们发现,相反地,婴儿始终会把脸转过去不看这种图像。这个结果具有双重意义:虽然它显示了,只要预期到某些视差可能产生知觉上的深度,婴儿就会对这些大小不同的视差做出不同的反应;然而同时它还显示,视差本质上可以影响婴儿的注意力。在这些研究中,看起来似乎婴儿在研究中的反应针对的就是功能上的立体深度知觉,但是又不能肯定。其他研究已经表明,视差敏感的婴儿比视差不敏感的婴儿更胜任于完成与深度和三维形状知觉有关的任务(Granrud,1986;Yonas,Arterberry, &

---

① Julesz于1964年设计出一种动态随机点立体图(random-dot cinematogram,RDC),也称为随机点立体电影。这种动态RDC由许多帧成对的随机点图组成,每一帧的左右立体对是相关的,但各帧之间却不相同,顺序向下延续,由于随机点位置不断变化,观察者初看时只能感知为"雪花",当两眼融合后则可清晰感知不断运动着的深度图形。这种动态RDC的图形运动没有单眼线索。——译者注

Granrud, 1987a)。

什么机制使得在婴儿出生几个月后产生立体视觉敏感性呢？持成熟化原因的一种观点认为，这种敏感性在很短的时间内就达到了近似成人的精确度。Held等人(1980)在报告中提出，在3周多到4周的时间内，婴儿的视觉阈限发生了急遽变化，视差从大于60分减少到了不到1分，后者的测量值受所用仪器的限制而不够精确；即便如此，这个值仍然可以拿来和成人在同样条件下的立体视觉敏感性作比较。

这个时候，什么机制可能开始趋向成熟化呢？一种可能性是，对视差敏感的皮层细胞开始挺身而出。另一种可能性是，辐辏或视敏度的机制的发展改良，作为立体视觉精细化的先决条件，可能可以解释视差敏感性的产生。有证据表明，立体视觉的出现不依赖于视敏度(条栅视敏度)的发展。当在同一批婴儿中同时对视敏度和视差敏感性进行纵向测量时，在立体视觉产生期间，视敏度变化非常小甚至没有变化(Held, 1993)。不同的方法指向同样的结论。在一项由Westheimer和McKee(1980)所做的研究中，他们将成人的视敏度和对比敏感度人为降低到了接近2个月的婴儿所具有的程度。在这些条件下，立体视敏度也大幅度降低，但是仍不足以解释为什么婴儿在3到4个月之前不能对视差大的图像作出反应。辐辏的发展性变化似乎也不可能用于解释立体视敏度的产生。关于辐辏发展的证据(Hainline, Riddell, Grose-Fifer, & Abramov, 1992)表明，立体视敏度可能在婴儿1到2个月大的时候就差不多接近成人水平了。而且，辐辏的变化也不能解释交叉视差和非交叉视差出现的时间差异问题。

考虑到这些，大多数研究者都相信，之所以出现立体视觉，是由于某些大脑皮层细胞的视差敏感性单元发生成熟性变化的缘故。这个机制解释了小动物的立体视觉分辨行为的进步(Pettigrew, 1974；Timney, 1981)。对人类来说，已经有人提出，视差敏感细胞发生的特殊变化可能是视觉皮质第四层的眼优势柱[①](ocular dominance columns)开始分离开来(Held, 1985, 1988)。刚出生的时候，在视觉皮质第四层的细胞一般同时从两只眼睛接收光学投影。从出生到6个月之间的时间内，来自双眼的信息分别进入交互的功能柱，接收来自左右两只眼睛的信息(Hickey & Peduzzi, 1987)。我们需要原眼信息(eye-of-origin)来抽取出视差信息，所以这种神经学上的发展似乎成了立体视觉功能产生的合理的候选解释。

图片深度知觉

之所以命名为图片线索(pictorial cues)，是因为它们使得深度可以在一个平面的二维图片上被描绘出来，有时候这些线索也被称之为经典深度线索，因为它们已经被艺术家和知觉领域的研究者们谈论和使用了几个世纪了。从理论上来说，对它们的关注主要集中在空间知觉是否需要学习的经典争论上，同样的信息可以在一个平面图片上或者一个真正的3D背

---

① 眼优势柱：大多数双眼细胞接受双眼输入时，总是有一侧眼占优势的，眼优势决定于交叉和未交叉视通道激活4C层细胞的比例，可以根据分别刺激同侧或对侧眼的感受野所产生反应的大小来决定。眼优势柱与方位柱是相对独立的功能结构系统，他们既不平行又不成直角，而是随即交叉的。——译者注

景下表现出来,这个事实直接指向它们作为现实符号的不确定性。因此我们只用跨出一小步,就能得出关于获取此类线索的经典观点:如果这些线索毫不含糊地完全依赖于特殊的空间布局,那么我们就必须通过学习在我们特殊的环境中什么可能造成这样的情况,才能从这些线索中获得深度知觉。(直到现在,环境中可以提供信息的 3D 场景还是比 2D 图像要多很多。)

　　从生态学观点来说,深度的图片线索多种多样,但是其中许多线索均停留在相似的基础之上。即投射的规律,这种规律确保,一个给定的物理量在距离观察者越远的地方,投射在视网膜上的图像就越小。反过来,如果我们知道,或者假定两个物理量具有相同的物理(真实)大小,那么应用这种几何学,就可以利用它们投影大小的不同来建立它们的深度次序,这种信息包含了相对大小的深度线索。与之十分类似的是线性透视(linear perspective),假如世界上有两条线,我们知道,或者假定它们是平行的,然后它们在视觉投射上的辐辏可能用于说明它们在深度上离开观察者所延伸的距离。将这种观点概括至整个视觉要素的领域,就组成了自然场景中的信息的丰富来源,即我们所知道的结构级差(texture gradient)(J. Gibson, 1950)。如果假定一个表面是由形状一致或随机均匀的图案成分(小鹅卵石、植物、地板瓷砖等等)构成,那么结构元素投影大小的减小就意味着深度的增加。另一种假定的等价情况,可以通过明暗深度线索来阐释。如果光线来自上方,墙壁的凹陷处在顶部就会有较低亮度,因为其表面处于背光方向,而底部则是正对光线的,就会有较高的亮度。要从这些亮度变化中获得深度知觉,毫无疑问需要首先假定表面具有均匀的反射系数;这样亮度的变化才能用于指向表面方向的变化。

　　图片线索并不像运动线索或立体视信息一样在生态学上是有效的,因为在它们背后的假设,例如物理等式的假设,可能是错误的。在一幅图片中,很容易找到大小不同的两个相似的物体,或者一个连续表面的两个反射系数不同的部分。在常规环境中,也不难找到误解图片深度信息的情况。有时候收敛线很明显就是真正的收敛线,有时候结构元素的平均大小会随着距离发生变化,海滩上沙粒的大小也是一样(越小的沙粒被海水冲上海滩的距离越远)。

　　对图片深度知觉发展的研究揭示了一个稳定的模式。在 7 个月大之前,婴儿似乎对这些线索都没有敏感性。到大约 7 个月大的时候,婴儿看起来实际上对测试中所有的图片深度线索都感到敏感。关于图片深度知觉的起源的许多这种新兴的描述,都来自由 Yonas 和他的同事们做的系统研究(相关内容请参看 Yonas, Arterberry, & Granrud, 1987;Yonas & Owsley, 1987)。为了简洁起见,我们仅仅给出两个例子:插入和熟悉大小。研究获得的其他图片线索的发展,例如线性透视和明暗线索,都和这两个例子类似。

插入

　　插入的深度线索,有时候被称之为交叠,在轮廓交界处的信息的基础上描述了不同表面的相对深度。当表面边缘在视觉投影中形成一个"T"字连接时,一直延伸到属于后面一个表面的接合点才结束的边缘,受到另一个位于前面的边缘(字母 T 的竖直边缘;见图 3.5A)的限制。插入在人类的视觉中是一种强大的深度线索(Kellman & Shipley, 1991)。Granrud

和 Yonas(1984)测试了婴儿使用插入信息的情况。他们采用了三个相似的显示图像,每个图像由三个部分组成,呈现的插入信息各不相同。在插入图像中,左边部分与中间部分形成交叠,中间部分再与右边部分交叠。在第二个显示图像中,所有的轮廓在相交的地方变换方向,产生不确定的深度次序。在第三个图像中,三个表面区域稍微分离开来,以便没有轮廓交界处使它们之间发生联系。5 个月和 7 个月的婴儿用单眼观察这些显示图像(消除双眼深度信息的干扰),然后记录下他们的反应。这些图像的所有部分都在同一平面上,而且位于距离观察者一样远的地方。记录下婴儿将手伸向图像的不同部分的情况。在第一个实验中,将插入图像与不确定深度次序的控制图像相比较;在第二个实验中,将插入图像与具有隔离区域的控制图像相比较。在两个实验中,7 个月大的婴儿通常能更加有效地将手伸向插入图像中"最近的"部分,而很少把手伸向控制图像中同样的部分。5 个月大的婴儿显示了同样的倾向,相比较控制图像其中一个部分而言,更易于将手伸向插入图像中"最近的"部分,但对控制图像中的其他部分则不然。这些结果都给出了 7 个月大的婴儿可以使用插入的证据,但是不能确定或者否定 5 个月大的婴儿使用插入的可能性。

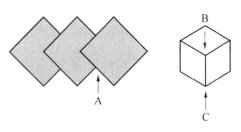

图 3.5 线条连接提供三维结构信息的例子。A 显示了一个确定了深度次序的 T 形连接。B 和 C 显示了 Y 形和箭头形连接,分别对三维结构知觉作出了一定贡献。

熟悉尺寸

最明显的空间知觉学习的例子或许就是对物体大小尺寸的熟悉。假如一个物体的物理大小已知(而且这个大小是在记忆中表征的),而且这个物体在给定观察条件下产生了一个特殊的投影大小,那么到这个物体的距离在原则上可以被计算出来(Ittleson, 1951)。使用偏好性伸手的方法,Yonas、Pettersen 和 Granrud(1982)测试了婴儿对熟悉大小的深度知觉。和插入测试的结果一样,7 个月大的婴儿表现出了运用熟悉大小的能力,而 5 个月大的婴儿则没有。Granrud、Haake 和 Yonas(1985)则设计了一个实验,采用实验前被试并不熟悉的两对物体对熟悉大小进行了测试,每一个配对刺激包含一个物体的大小两个版本,具有相同的形状和颜色。研究者鼓励婴儿在 6 至 10 分钟的时间内,与一个配对刺激中较小的物体和另一个配对中较大的物体一起玩耍。经历了这样一个熟悉的过程之后,将两个大的物体同时呈现在婴儿面前。期望中如果熟悉大小线索影响了感知距离,婴儿可能会更多的将手伸向其中一个物体,而这个物体相应的小版本物体已经在之前熟悉的过程中被触摸过了。(在前面的物体曝光中对物理大小的记忆,与测试中相等的投影大小结合起来,会导致婴儿理解为,先前的那个较小的物体现在离他更近了。)7 个月大的婴儿,如果用双眼观察测试图像,就会将手均等地伸向两个物体,但是同样年龄的婴儿如果用单眼来观测,则会更多地将手伸向先前看到过的较小的那个物体。5 个月大的婴儿在将手伸向和熟悉期间看到的物体大小有关的物体时,没有什么变化。这些结果说明了,婴儿从 7 个月大的时候开始,而不是 5 个月,就可以获得熟悉大小的信息,但是当有另外的立体视信息可用的时候,熟悉大小的信息就会遭到无视。

关于图片深度的结论

二十年以前,我们对图片深度知觉的发展一无所知。今天,很大程度上由于 Yonas、Granrud 及其同事有计划的研究,我们才对图片线索出现的时机有了一个相当清晰的画面。这个画面在不同种类的成员之间保持了惊人的一致:图片深度线索在婴儿出生后第 5 个月和第 7 个月之间的某个时间开始启动,对个体婴儿的跨时间测试则揭示了在这 2 个月时间内启动年龄的可变性(Yonas, Elieff, & Arterberry, 2002)。可能较小的婴儿对图片深度线索的某些信息特征敏感,如不同的线条连接处或结构排列,这些信息特征可能提供了知觉第三维信息的基础(Bhatt & Bertin, 2001; Bhatt & Waters, 1998; Kavsek, 1999)。

已经存在这样一种解释:不同的图片线索都围绕同一时间出现,说明神经系统中的某些高级视觉处理区域的成熟是深度知觉发展的机制(Granrud & Yonas, 1984)。对短尾猿猴的研究为这种成熟化解释提供了另外的支持。图片线索大约在生命的 7 到 8 个星期的时候成群结队出现(Gunderson, Yonas, Sargent, & Grant-Webster, 1993)。正如 Ganderson 等人所说的那样,这个结果可能和"图片深度知觉可能有古老的种族演化史的根源"(p. 96)的观点是一致的。这一种解释的关键在于,非人类的灵长类动物和人类出生后启动图片线索的时间的比例大约是 1∶4 的关系,这个关系也符合许多其他的能力成熟的时间关系(一种函数关系,在非人类的灵长类动物中如果需要 4 周成熟,则在人类婴儿中需要 16 周)。

除了上述解释以外,这些信息来源启动的相似之处,或许可以解释为学习的缘故。由此可知,熟悉大小的深度线索,由于不可避免地伴随着学习,因此和其他图片深度线索一样在同一时期开始起作用。它们之所以同时出现,也许反映了它们由于学习而得到增强的可能性,而学习又是由一些其他发展能力引起的,如大约 6 个月时出现的爬行能力。然而,在将个体敏感性和线性透视与结构级差用爬行能力相联系起来的研究(Arterberry, Yonas, & Bensen, 1989)中并没有发现前兆性的关系。7 个月大的婴儿似乎已经能够利用深度知觉来进行辨认了,无论他们是否已经学会了爬行。

134 为了发现图片深度知觉启动的潜在机制,我们还需要开展进一步的研究。对多重图片深度线索进行纵向研究将会很有帮助,因为这种研究可以有系统地说明问题,并测试出更多涉及成熟化的特殊的神经生理学因素和作为替代的潜在的学习过程。

物体知觉

视知觉的其中一个最重要的功能就是,用离散物理实体或物体的方式传递对环境的表征。有许多种方法可以用来描述和编码投射在眼睛视网膜上的光线,在常规知觉过程中,我们接收到的,不是对光线的描述,而是最终由光线所反映的对有形的物体的描述。这些对物体的位置、边界、形状、大小和实质的描述,对人类的行动和思想都是不可或缺的。通常,在我们的知觉世界中,分散的物体,对应的是物理世界中的个体。这种知识保证我们可以预测行动的结果:世界是如何划分的,什么东西会从邻近变为分离,以及,什么东西会在被移动、抛掷或者静止以后仍然粘在一起。所有这些,我们从远处就都能真实地认识到,而不用亲自去触碰物体。

除了这些最基本的知识以外,对形状和大小、物体坚硬程度等特征的知觉,给了我们丰富的,关于物体对行动的可承受性的信息。对一个有经验的观察者来说,储存在记忆中的许多知觉物体的形状和外表的性质,使迅速且无意识地识别熟悉的物体成为可能,即使仅从部分信息中进行识别。物体知觉和认知系统对适应能力的价值,说得再高也不过分。和这种重要性相匹配的是理解物体知觉的处理过程和机制的复杂程度。当我们看到有多少人类的物体知觉目前能被人工视觉系统模仿的时候,这种挑战也就变得显而易见了。然而对于在一个熟悉环境的常规观察者来说,知觉物体的任务看起来却并不复杂,反而很简单。

缺乏对成人的物体知觉能力的一个完整、科学的理解,可能会妨碍我们进一步追踪物体知觉能力的发展路径。检测婴儿的物体知觉至少有一个优势,那就是,婴儿的经验相当之少,这使我们很容易从本质上检测到物体知觉。相对地,成人则需要根据部分信息、基于先验知识的合理推论和其他一些宝贵的知觉能力才能对物体进行识别,而这些知觉能力都以不同的方式破坏了知觉实验有效性。对早期物体知觉的研究揭示了这些能力的发展过程,并且大致上将物体知觉的复杂性清楚地呈现在人们面前了。

物体知觉中的多重任务

随着物体知觉研究的不断进步,逐渐变得清楚的是,物体知觉在计算上非常复杂,包含多重任务(最近一些关于物体知觉中的信息处理多重任务的讨论,请参见 Kellman, 2003)。多重任务中的一个组成部分是边缘检测(edge detection)——对重要轮廓的定位可以指明一个物体在哪里结束,另一个物体从哪里开始。单独的边缘检测是暧昧不清的,因为视觉轮廓可能从物体边界中产生,也可能从其他来源,如阴影或表面的斑纹中产生。然后第二个必要组成部分是边缘分类(edge classification)——将可视轮廓归类为物体边界,而不是其他原因。接下来才是边界分布(boundary assignment)。当对应于一个物体边界的边缘位置确定下来时,它就对这个物体进行了最普通的限制,尽管在边界的另一边看到有表面或物体从第一个物体后面经过。确定每个边界的限制方式对于了解我们的观察对象至关重要,比方说,了解我们正在观察的是物体还是洞穴。伴随着边缘加工,对边缘交界处的检测和分类在导致物体知觉的分割和聚集的加工过程中具有重要意义。

早期包含边缘和连接的加工过程本身不产生物体知觉。另外还需要解决几个问题,才能完成物体知觉的形成。首先,由于存在遮蔽,所以现实中的一个完整物体可能会间断地投射在视网膜的多重位置上。同样,在每个遮蔽边界的后面都有一些表面在背后延伸。因此,恢复真实世界的物体结构需要解决如何将可见部分连接起来的问题。这些都是关于分割(segmentation)和形成整体(units formation)的问题。这些问题的提出针对的是单个静态图像;而当观察者移动时,就会出现更复杂的形式,导致物体的视觉片段不断发生变化。为了形成物体的整体知觉,视觉系统会对外形做出描述,因此,对形状(form)——物体的三维排列——的知觉是物体知觉的另一个重要组成部分。最后,还有和物体的本质(object substance)有关的一些可以感知的特性:如物体的坚硬度或弹性、表面结构,等等。我们接

135

下来将会逐个讨论早期物体知觉发展的这些方面。

边缘检测和边缘分类

是什么信息使我们可能检测到物体边缘呢？一般来说,答案是,一些可感知的特性在空间上的不连续性。这些差别可能是来自邻近区域的光线在亮度或光谱成分上的差别。因为物体倾向于在它们的物质组成上相对均匀,所以这些差别就可能意味着存在物体边界。一个均匀的物体,它的各部分吸收和反射光线的方式是相似的,反之,由不同材料制成的邻近物体,吸收和反射光线的方式可能都不一样。因此,亮度和光谱成分在视觉排列上的不连续性可能标志着物体边界。当对于邻近的物体来说,它们的平均亮度和光谱特征相似的时候,就会有更高模式的视觉变量——结构——可以用来区分它们。另一个边缘检测的可用信息,来源于深度结构。对于一个连续的物体,其可见部分的深度值应该是平滑变化的,但是对于一个边界不连续的物体,其深度变化就会很突兀。光流也用类似的方式提供关于边界的信息。当观察者移动时,可见点在物体内部的视觉位移,比在物体之间,倾向于更加平滑。

这些用于检测物体边缘的信息来源,都具有不确定性。亮度上和/或光谱值上的不连续性可能是由于,沿着连续物体表面所投射的阴影的反射系数存在差异。也可能缘于复杂物体内部的表面方向不同,归咎于光源、表面斑纹和观察者之间的几何关系不同。同样的情况可能也适用于深度或者运动不连续性:这些差异常常,但不总是标志着物体边界。那么,知觉物体的另一个先决条件就是边界分类。哪种亮度变化可能意味着物体边缘,而哪些是由照明的变化引起的呢?例如我们需要判断物体边缘是由阴影还是由连续表面上的图案引起的。

我们已经有了基本的关于婴儿边缘检测和边缘分类能力的间接证据。视敏度和图形识别的相关文献都为此提供了有用的线索。比方说,新生儿比成人的视敏度低,就暗示了新生儿处理物体边缘的能力必定十分薄弱,特别是对远处的物体。

假如一个人已经检测到了一个 2D 图像的外形,他可能会认为,图像的轮廓应该包括必须确信检测到的边缘和可能被归为物体边界的边缘。自从 Fantz 和他的同事们的开创性的研究之后(例如,Fantz, Fagan, & Miranda, 1975),许多研究都显示,婴儿在刚出生的最早的几个星期就能识别图形。然而,这种识别可能基于图像之间任何已登记的差别;轮廓知觉可能不一定要是内隐的。一副视觉图形可以被分析为正弦亮度组成成分。物体的边缘可能触发全域的皮层神经的反应,但是却不能形成一个单独的图形。简而言之,不同的图形可能激发不同的神经活动,但是不能从本质上形成对边缘或形状的知觉。这种可能性是和早期我们注意到的现象相一致的;早期我们注意到,婴儿在 8 周之前对空间相位信息不大敏感。

尽管如此,其他的一些研究结果显示,新生儿至少可以在一定的环境下知觉到边缘和形状。Slater 和他的同事们(Slater, Matock, & Brown, 1990)报告了新生婴儿的一些在大小和形状恒常性方面的水平。大小恒常性是对处在不同的位置的观察者来说,即使物体投影大小发生变化,观察者仍然能正确知觉物体大小的能力。在这种背景下,形状恒常性指的是,即使一个二维平面的三维倾斜面发生了变化,观察者仍然能检测到一个恒定的平面形状的能力(例如,虽然一个长方形在它的深度斜面上产生了一个梯形的视网膜投影,但是仍然被人知觉为长方形)。大小和平面形状恒常性将在这一章的后半部分讨论到。这里我们需要注意的是,两种恒常性似乎都需要涉及知觉边界的能力。无论如何,我们都很难想象,假如新生儿只激活了自主频率通道中的一部分而不是全部来构成视觉表征的话,他们如何能获得恒常性的知觉。或许还有一种可能是,高阶视觉处理功能从某种程度上来说能够完成对物体边缘的定位。

不同的观察结果显示,早期婴儿的边缘分类和边界分布的能力可能选择性地依赖于一部分成人的可用信息。对成人来说,表面质地的差异,例如亮度和光谱差异可能代表了物体的边界。正如 Rubin(1915)在他对图形—背景组织(figure-ground organization)的经典研究中发现,如果一块区域的周边在亮度或光谱特征上都存在差异的话,通常这样的情形看起来就是,有一块有边界的图形位于一个背景面之上。我们有理由相信,9 个月之前的婴儿不会使用这种信息来分辨物体。Piaget(1954)发现,他的儿子 Laurent 在 7 个月的时候伸手去拿放在地板上的一个火柴盒,而当火柴盒是放在一本书上的时候,他就不会伸手去拿了;这个时候他反而会将手伸向书的边缘。假如火柴盒从书上滑落下来,Laurent 就会将手伸向火柴盒。这类观察导致了下面三种假设性的结论:

1. 放在一个巨大延伸的表面(地板或桌子)上的静止物体可以从背景中区分出来。
2. 邻近另一个静止物体的静止物体,不能通过表面质地的差异来进行区分。
3. 两个物体可以通过相对运动来进行区分。

后来的实验工作同样支持了 Piaget 的推论。Spelke、Breinlinger、Jacobson 和 Phillips (1993)测试了婴儿对邻近物体图像的反应。均匀的(homogeneous)图像各部分具有相同的亮度和颜色,同时在图像交叉的地方也有间断(T 字形连接)。在对一个图像熟悉之后,婴儿需要观看两个测试事件。在一个事件中,图像的两部分一起移动,然而在另一个事件中,只有图像的顶部移动,和另一部分逐渐分离。假如原始图像被知觉为两个独立的物体,那么就会预期,婴儿观看第一个事件的时间更长,在这个事件中,图像作为一个整体在移动。假如图像的两个部分被知觉为连在一起的,那么就会预期,婴儿观看图像分离事件的时间更长。3 个月大的婴儿符合后者的情况,说明他们将均匀的和不均匀的图像都知觉为连贯的。在 5个月和 9 个月大的婴儿身上发现的情况则模棱两可;他们对均匀图像的分离事件观察时间更长,但是当不均匀图像作为一个整体移动时,他们不会对此产生新奇感。类似地,Needham(1999)发现,4 个月的婴儿对分离的静止物体在表面特征上的差异毫无反应。

这些结论和较早的研究是一致的。von Hofsten 和 Spelke(1985)使用婴儿的伸手行为(reaching behavior)代表婴儿知觉到了整体的反应。他们设计了一些图像,非常近似于Piaget 考虑到的情况。使得一个近处的小物体、一个远处的大物体和一个开阔的背景之间的空间与移动关系发生变化。假定,伸手行为表示婴儿知觉到了可抓取物体的边沿。当所有的物体静止,而且互相毗邻的时候,他们观察到,婴儿用力地将手伸向较大、较远物体的边缘。两个物体在深度上的分离,则导致婴儿更多的将手伸向较近、较小的物体。当较大的物体移动,而较小的物体保持静止时,伸手行为更多地指向较小的物体。这一结论说明,运动分离了物体,而不是对婴儿产生了吸引力,因为婴儿的伸手行为更多的指向静止物体。从这些结论中可以看出,似乎运动或深度上的不连续性导致了物体的分离,然而亮度和整体形状的不连续性则不会。从而说明,运动和深度对物体边界的指示比亮度或单独的光谱变化具有更大的生态学上的有效性(Kellman, 1995; von Hofsten & Spelke, 1985)。也就是说,当物体具有运动或深度的不连续性时,对物体边界的辨别出现模糊不清或失误的可能性更小。

对轮廓交界处的检测和分类

检测和分类轮廓的交界处,对物体知觉的许多方面都十分重要。很多物体知觉和认知的模型,和知觉组织的其他方面一样,将轮廓交界处作为重要的信息来源(例如, Heitger, Rosenthaler, von der Heydt, Peterhans, & Kubler, 1992; Hummel & Biederman, 1992; Kellman & Shipley, 1991)。连接对形成物体的整体尤为重要,包括将物体从环境中分离出来和触发轮廓插入处理(例如,Heiter et al. , 1992; Kellman & Shipley, 1991),以及解码物体的认知表征(Barrow & Tenenbaum, 1986; Hummel & Biederman, 1992; Waltz, 1975)。除了单纯的检测以外,对连接类型的分类也尤为重要(参见图 3.5)。正如前面提到的,在插入图像中的一个 T 字连接可以表明一个轮廓和另一个轮廓在这里交叉,因此就可以将两个表面在深度上加以分离(Waltz, 1975; Winston, 1992)。线条连接也能在描绘一个物体的三维形状上起作用。例如,"Y"和"箭头"形状的连接说明了物体的三维结构和方向。

直到最近,我们还不是很清楚轮廓连接敏感性是如何发展的。在插入方面的研究提出,婴儿到 7 个月的时候,就对 T 字形连接有感觉了。此外,Yonas 和 Arterberry(1994)也证明,7 个半月的婴儿能区分二维图形中代表边缘轮廓的线条(箭形和 Y 形连接)和代表表面斑纹的线条,这是使用线条连接信息来知觉空间结构的重要的第一步。最近 Bhatt 和 Bertin(2001)发现,3 个月大的婴儿对线条连接线索具有敏感性,而线条连接线索对成人来说标志着三维结构和方向的信息。不管婴儿是不是知觉到了三维结构,都不能直接检测到,但是这是我们将来需要研究的一个很好的问题。

边界分布

边界分布的问题适用于遮蔽边缘——这类边缘或许是所有边缘中最重要的一种。遮蔽边缘是标志着一个物体的末端或表面的终结的这样一种轮廓。正如人们长期以来已经了解的那样(Koffka, 1935),大多数这类边缘都是"一边倒",这是因为,标志着物体边缘的轮廓只在物体的一边出现,而在另一边,则有一些表面继续向后延伸。边界分布的问题包括这些边缘用什么方式形成边界的问题。类似的问题还包括将边缘分类应用于边界分布的问题。婴儿区分形状或从背景中区分出图形的证据可能会指出,边界分布是偶然发生的。然而,我们尚且难以证明,婴儿知觉到的是形状,而不是一个空洞。这两种可能性的差别在于,在边界分布的方向上有所不同。

我们注意到,早期的形状恒常性似乎以边界分布为先决条件。假如这个推论是正确的,那么与之相关的信息可能来自深度在物体边缘上的不连续性。深度不连续性导致的边界分布遵循就近原则,即较近的表面拥有边界。边界分布信息的另一个来源是纹理结构的增加或减少。当一个表面相对另一个表面运动时,后者的结构元素就会在较近物体的前端边缘处消失,然后在其尾端边缘处出现。这一信息构成了成人知觉中的边界信息、深度次序和形状的重要来源(Andersen & Cortese, 1988; J. Gibson et al., 1969; Shipley & Kellman, 1994)。3个月和5个月大的婴儿能够对结构的增加和减少作出回应,这暗示他们感知到了深度次序和边界归哪个物体所有,从而判断物体的形状和深度(Granrud, Yonas et al., 1985; Kaufmann Hayoz, Kaufmann, & Stucki, 1986)。

在较小的婴儿中观察到的其他行为暗示他们适当地检测到了物体边界。当一个物体接近一个婴儿的时候,婴儿通常会产生一定的防御反应,包括缩回他们的头和眨眼,和我们前面讨论的一样。Carroll 和 Gibson(1981)检验了边界分布对这种能力的重要性。他们向3个月的婴儿呈现了多个图片系列,所有的图片表面都被随机点结构覆盖。利用结构的增减,在一种条件下会显示正在接近的是一个物体,通过另一种条件下的信息则会显示,正在接近的是小孔(开在表面上)。婴儿似乎利用了这种信息:他们更多的时候会对正在接近的物体做出防御性的反应,而不是正在接近的小孔。

物体整体知觉

边缘检测、分类和边界分布的处理过程可以将光阵解析为多个有效的部分,并揭示物体的某些边界,但是它们却不能产生和现实中的物体相一致的表象。它们可能随着轮廓划分这些区域边界的方式的不同,一起进入到了不同可视区域的表象中(Kellman, 2003; Palmer & Rock, 1994)。如早先提到的那样,这类表象和知觉到的物体之间的差异在于,物体可能是许多可视区域的统一体。当物体的某些部位被部分遮盖时,视觉系统如何能从物体的可见片段得出完整的物体呢?这就是知觉物体的整体,或整体构造的问题。它包括将3D世界中的空间遮蔽投射到2D感受器表面的问题,也包括随着观察者或物体的移动,光学投影随时间发生变化的问题。

整体知觉中的多重过程

研究提出,有几种信息可能导致知觉到整体。一个是共同运动过程,由 Wertheimer(1923/1958)率先描述为:一起运动的物体被看作是互相联系的。当然我们需要更为严格地定义"一起运动"。在投射几何学中规定的刚体运动[①]的类型,和一些非刚体的运动相似,都能唤起成人的整体知觉(Jobansson, 1970, 1975)。共同运动过程不依赖于定向边缘之间的关系,正是由于这个原因,共同运动过程也被称为边缘—不敏感过程(edge-insensitive process)(Kellman & Shipley, 1991)。

另一个过程依赖于边缘关系上的连续性。由于涉及良好连续的格式塔原则

138

[①] 三维空间中,把一个几何物体作旋转、平移及镜像对称的运动,称之为刚体变换,或刚体运动。刚体运动也可以理解为保持长度、角度、面积等不变的仿射变换,即保持内积和度量不变。此外,刚体变换下,具有物理意义的量,如梯度、散度和旋度都保持不变。——译者注

(Wertheimer, 1923/1958),这一过程被称为边缘—敏感过程(edge-sensitive process)。鉴于良好连续适用于完整可视光阵解体为部分的情况,越过显示图形中的缺口而产生的整体知觉依赖于定向边缘的特殊关系。特别的是,它们似乎受一种叫做相关性的数学规则的支配(Kellman, Garrigan, & Shipley, 2005;Kellman & Shipley, 1991)。非正式的情况下,相关性刻画了边界完整性是平滑的(至少一次可微)还是单调的(单调变化)。图3.6给了一些相

关和非相关边缘的例子。图中同时举例说明了遮蔽的情形和错觉图像的情形(该情形中完整的表面出现在其他表面的前端,而不是后端)。研究提出,在遮蔽和错觉背景下,轮廓的插入依赖于共同运动机制(Kellman et al., 2005;Kellman, Yin, & Shipley, 1998;Ringach & Shipley, 1996)。对轮廓插入的补偿过程,是一个表面插入过程。表面质地(例如,亮度和颜色)如果能保持一致,也能将可视区域统一起来(Grossberg & Mingolla, 1985;Kellman & Shipley, 1991;Yin, Kellman, & Shipley, 1997, 2000)。

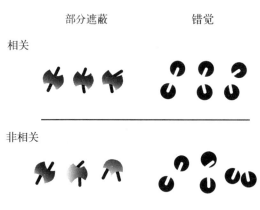

图3.6 相关和非相关边缘。可以在相关图像中看到某种连续性(被遮蔽表面或位于两个可视条之间的错觉表面),但是在非相关图像中则看不到。

整体知觉是如何发展起来的呢? 我们考虑了下面几个信息来源,尝试回答这个问题。

边缘—不敏感过程: 共同运动

已有证据证明,边缘—不敏感(共同运动)过程在发展过程中出现得最早。婴儿对部分遮蔽物体的知觉,能通过概括他们的习惯来加以评估(Kellman & Spelke, 1983)。假如有两个可视部分,可能在它们连接的地方被遮蔽了,却仍然能够被知觉为是连在一起的,然后在习惯于观察这个图像之后,婴儿会更少地注意一个没有被遮蔽的整体图像(因为它是与遮蔽图像相似的),而是更多地注意到一个毫无遮蔽的断裂的图像(因为它是新奇的)。

在对16周大的婴儿进行的一系列研究中,Kellman 和 Spleke(1983)发现,在一个遮蔽物的上面和下面都可以看到两个部分的共同运动存在,那么这种共同运动就导致婴儿知觉到了整体。在对这样的图像习惯以后,婴儿会更多地注意一个运动的"破碎的"图像——两个部分被一个明显的缝隙隔开——而不会过多注意一个运动的完整图形。两个可见部分不管是在方向、颜色还是纹理结构上相似,都会发生这样的结果。最初的研究采用共同侧移的方式(水平运动、运动方向与视线垂直),但是后来的研究指出,竖直移动和在深度上的移动对16 周的婴儿而言也能描述物体整体(Kellman, Spelke, & Short, 1986)。在深度上的移动为基本知觉过程提供了异常丰富的信息,因为它的刺激关联物和其他移动是截然不同的。在平面上(和视线垂直的平面)的移动是以图像在视网膜上的位移或者为了消除这种位移而产生的追踪眼运动的方式提供的,而在深度上的移动是由物体在视网膜投影中的视觉的扩张或收缩来确定的,或者由随着物体运动产生的辐辏眼运动的变化来确定的。对可以反映

物体在空间上移动的刺激物的使用,说明婴儿的整体知觉依赖于已登记过的物体运动,而不是依赖于特殊的刺激变量。

在生命早期起作用的运动关系的种类,似乎不包括所有数学意义上的刚体运动。刚体运动包括所有在三维空间上的物体运动。有一种旋转图形,其两个可见部分围绕视线不停旋转,在习惯了这种旋转图形之后,16周大的婴儿会将这种习惯同样泛化到旋转的完整和破碎图形中(Eizenman & Bertenthal, 1998; Kellman & Short, 1987b)。Eizenman和Bertenthal(1998)发现,只要旋转棒完成一个完整的旋转(360度),6个月的婴儿就能知觉到完整的棒体,与之相对地,如果仅仅只有摆动(不断反转方向的90度旋转)则不然。看来婴儿的整体知觉只受部分刚体运动的支配。

进一步的研究揭示,物体整体知觉依赖于知觉到的物体运动,不仅仅是视网膜上的运动(Kellman, Gleitman, & Spelke, 1987)。大多数关于整体知觉中的运动关系的研究,都使用了静止的观察者和运动的物体。许多理论家们都观察到,当一个运动的观察者看着一个静止物体时,也会产生同样的视觉效果(Helmholtz, 1885/1925; James, 1890)。比方说,水平运动的物体在视网膜上的位移,可能和观察者的头或身体运动时,视野中的静止物体在知觉中的位移是相同的。这种相似性,对于运动在物体整体知觉中所扮演的角色提出了一个至关重要的问题:整体知觉到底依赖于真实的物体运动,还是某种光学事件,例如可能由观察者运动或者由物体的运动造成的视网膜图像的位移呢?

另外还有一个问题镶嵌在这个问题之中,至少在基础上是包含在内的。这个问题是,婴儿能区分出,由他们自己的运动引起的视觉变化和由物体运动引起的视觉变化之间的差别么?这种能够做出区分的能力被称为位置恒常性:虽然他自己运动了,仍然能知觉出环境中物体的位置是不变的。Kellman等人(1987)开始在16周大的婴儿身上研究这些问题。研究设定了两种情况,并让婴儿坐的椅子围绕处于观察者和前方遮蔽图像之间的一个点进行大幅度的旋转运动。在一种情况下(共同运动),椅子和一个部分被遮蔽的物体在展示台下被紧密连接在一起,以便他们围绕中间的一点一起旋转。在这种情况下,物体的运动是真实的;然而不存在与观察者有关的位移。因此,不需要通过眼睛或头的运动来保持对物体的注视。假如对这个部分被遮蔽图像的整体知觉,依赖于真实的物体运动的话,婴儿在这种情况下就应该可以知觉到整体。在另一种情况下(观察者运动),观察者的椅子以同样的方式运动,但是部分被遮蔽物仍然保持静止。假如由观察者运动导致的视觉位移能够描述整体的话,在这种情况下,婴儿也应该能知觉到完整的物体。在较早的研究中,在习惯化之后对未遮蔽的完全和破碎图案的去习惯化的模式,通常用来评估整体知觉,而且在各种条件下的测试图像都和习惯化时使用的图像具有相同的运动特征。

结果指出,只有在共同运动条件下的婴儿才能知觉到部分被遮蔽物体的整体。在对观察时间差异进行分析的基础上,我们认为,在共同运动条件下的婴儿,当他们自己运动的时候知觉到了物体的运动,而观察者运动条件下,婴儿表现出好像他们知觉到了静止的遮蔽图形似的。这些结论说明,共同运动或边缘—不敏感过程依赖于对物体运动的知觉。这个结论具有生态学上的意义,即在真实运动物体的可见部分之间,除非各部分是真实连接的,否则绝不可能发生刚性关系。对于由观察者运动导致的视觉位移来说，和观察者处于相似距离的空间，也会共享相似的位移，但是在所有相邻的物体都互相连接时就几乎不成立了。

边缘—不敏感过程的起源是什么？研究发现，在婴儿可以积极地操控物体或者可以在环境中爬行之前，对婴儿来说，物体的整体知觉是由运动关系来描述的。根据这些研究，Kellman和Spelke(1983)假设，从运动知觉整体的过程是由先天具有的机制完成的。这个假设同样反映了共同运动信息在生态学上的重要性。连贯运动和一个物体的概念正好是紧密连接的(Spelke, 1985)，而物体可见区域的共同运动作为物体整体性的象征，则具有相当高的生态学上的有效性(Kellman, 1993)。

最近的一些研究，与整体知觉的基础是先天机制或早期成熟机制的观点保持一致。最近的研究显示，2个月大的婴儿，在使用的显示棒体的遮蔽部分少于传统显示棒体的遮蔽部分的实验中，可以知觉到整体(Johnson & Aslin, 1995, 1996; Johnson & Nanez, 1995)。同样，也有人发现，根据共同运动来知觉部分遮蔽物体的整体的能力在小鸡中是天生的(Lea, Slater, & Ryan, 1996)。

尽管如此，对人类新生儿的研究并没有发现根据共同运动来知觉整体的证据。Slater和他的同事们一直偏好于研究对运动中的棒—遮蔽图形习惯化之后知觉到完整棒体的现象(Slater, Johnson, Brown, & Badenoch, 1996; Slater, Johnson, Kellman, & Spelke, 1994; Slater, Morison, Sommers, Mattock, Brown, & Taylor, 1990)。这一发现说明，新生婴儿在习惯化的阶段中将棒体知觉为不完整的，即使棒体的大小和棒体与遮蔽之间的深度间隔相比较在对4个月大的婴儿的研究中使用的规格来说增加了(Slater, Johnson, Kellman, & Spelke, 1994)。而且当遮蔽物的高度减小，结构增加为背景，以增加可用于描述深度的信息时，新生儿也会在习惯化的过程中将棒体知觉为不完整(Slater, Johnson, Brwon, & Badenoch, 1996)。从这些发现可以做出的推论是，新生儿的知觉判断建立在显示图形可见部分的基础上，而且他们不能对被遮蔽图形的各部分做出判断。

Kawabata、Gyoba、Inoue和Ohtsubo(1999)使用了一种稍微不一样的刺激物，然后发现，至少在一种条件下，3周大的婴儿就能将部分遮蔽区域知觉为一个整体。他们没有使用传统的棒体—遮蔽图形，而是给婴儿呈现了一种流动的正弦波光栅，使用的遮蔽物是或窄或宽的中心遮光板。当光栅的空间频率很低(视角为0.04周/度[cpd]，即黑白条纹很粗大)且遮光板较狭窄(1.33度，即图3.7中的LN)时，婴儿注视不完整的测试图像(SG)的时间显著较

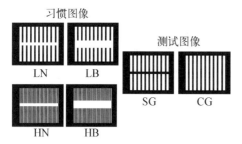

图3.7 用于测试3周大的婴儿的整体知觉的习惯图像和测试图像。LN是在一条狭窄遮光板后面的低空间频率图像。LB是在一条宽遮光板后面的低空间频率图像。HN是在一条狭窄遮光板后面的高空间频率图像。SG是"断裂的光栅"(类似于一个不完整杆体)。CG是"完整光栅"(类似于一个完整杆体)。来源："Visual Completion of Partly Occluded Grating in Young Infants under 1 Month of Age," by H. Kawabata, J. Gyoba, H. Inoue, and H. Ohtsubo, 1999, *Vision Research*, 39, pp. 3586 - 3591. Reprinted with permission.

140

长。这一发现说明,在他们的知觉中,低频率的光栅在狭窄遮光板的后面是连续的。相反,当空间频率较高(1.2 cpd,即黑白条纹很细小)而遮光板又很宽大(4.17度,即图3.7中的HB)时,3周大的婴儿注视完整光栅图案(CG)的时间显著长于不完整光栅(SG)。这一发现说明,他们将高空间频率的光栅知觉为两个分离的部分。进一步的处理操作则揭示了在空间频率和遮光板宽度之间存在的一种交互作用。当婴儿观察一个位于狭窄遮光板后的高空间频率的光栅图案(图中的HN)和观察一个具有宽大遮光板的低空间频率光栅图案(图3.7中的LB)时,他们注视两幅测试图案的时间是相等的。在这两种情况下,关于婴儿知觉到的光栅是完整还是破裂的,对此我们也没有得到一个明确的结论。

这几个发现提供了至少两种解释的可能性。其中一种可能性是,由于婴儿出生后3到8周之间的学习,导致婴儿学会了使用共同运动来描述物体整体性。这种观点符合经典的经验论者关于知觉发展起点的观点:婴儿可能看到了明显的斑纹,但是又不得不建构成完整的物体。这种观点存在的一个问题就是学习机制。传统观点认为,婴儿可能通过学习了解了这个物体,也就是将视觉印象同触摸(例如,Berkeley,1709/1963),或者同自发的行动(例如,Piaget,1954)之间建立了联结。Kawabata等人(1999)对3周大的婴儿做的研究和几个研究者对8周大的婴儿做的研究,得到了与任何传统的观点不一致的两个发现。这些年幼的婴儿不会走、爬行,甚至不会做出有方向性的伸手动作。尽管如此,有人会想象,存在一种纯粹的视觉形式上的学习。物体的两个部分可能会同时从一个遮光板后面冒出来,这使婴儿学习到了共同运动的规则。这种观点虽然是想象的,但是由于其必须达到初始效应最小化,因此可能归因于先天的或迅速成熟的能力。自相矛盾的是,正如Kellman和Arterberry(1998)注意到的,这种观点给物理学上的先天的概念背上了沉重的负担。为了通过后来的图像忘掉一个不正确的知觉规则(两个运动的可见部分之间不是互相连接的),儿童必须受到一个假定的限制,这个假定是,两个已经分开的部分不可能后来又合并起来。

对这些发现的另外一个更加似是而非的解释是,婴儿从共同运动获得的整体知觉依赖于在最初8周内逐渐成熟起来的感觉能力。共同运动可能正好是一种不熟悉的物体知觉原则,而使用它则需要对视野中的分离区域的运动方向和速率进行精确的构图。可能由于他们具有观察运动的能力(允许视觉区域的分隔),但是缺乏对方向和/或速率的敏感性,因此新生儿在习惯化之后会对完整棒体有特殊偏好。请回忆我们前面考虑到的,方向敏感性在婴儿的运动知觉中出现的知识。Wattam-Bell(1991,1992,1996a,1996b)进行的程序性的工作,描述了婴儿的方向敏感性和速度知觉的出现。同时,Wattam-Bell使用了行为的和电生理学的技术,发现在婴儿长到74天之前,运动方向的反转不会引起可靠的视觉诱发电位(VEP)。不管是使用视觉偏好还是使用习惯化的方法,都没有在1个月大的婴儿身上发现这种从行为上对随机点图像中的随机运动进行清晰区分的迹象(Wattam-Bell,1996a,1996b)。这种区分在15周大的婴儿身上表现十分明显,而在8周的婴儿身上则很少发现。

将这两条研究的主线连接起来,就会发现,人类开始从共同运动获得整体知觉的年龄,和最初观测到的可以对运动方向进行可靠分辨的年龄是相同的。这个结果符合使用刺激变量发现的知觉变化规律(如,Kawabata et al.,1999),如方向敏感性在研究的整个阶段中都是持续增加的。最早是在使用各种各样的、运动的、具有导向性的边缘所做的研究中发现，婴儿利用了共同运动的信息，这可能并不是一种偶然。检测运动方向的不断发展的能力可能在这类显示图像中得到了更好的体现。

鉴于缺乏对运动方向的精确编码，在人类新生儿中没有发现基于共同运动的整体知觉也就一点也不奇怪了。关于运动敏感性是如何发展的证据，则很难符合共同运动作为整体知觉的决定机制这样一种学习的观点。基于可用证据，我们知道，方向敏感性和整体知觉几乎在同一时间出现。尽管就标准刺激的种类而言，从共同运动得到整体的时间大约出现在婴儿 8 周大的时候，而报告中第一次对运动方向产生的可辨别的 VEP 是在婴儿 74 天的时候(Wattam-Bell, 1992)。简而言之，除了何种学习过程可能在这个年龄产生整体知觉的问题之外，还存在可能出现学习的时间上没有清晰的区间的问题。有观点认为，共同运动产生的整体知觉是不需要学习的，只需要等待婴儿视觉系统中的方向敏感机制逐渐成熟即可。目前已有证据和这个观点是一致的。

边缘—敏感过程：边缘方向和关系上统一

尽管边缘—不敏感过程仅仅依赖于运动关系，但是边缘—敏感过程却包括，在空间方位和边缘关系上的完整统一。这些关系可能随着时间的流逝，以静态或者动态的方式显现，就像当一个观察者通过灌木丛观察某个场景一样(Palmer, Kellman, & Shipley, 2004)。因此，边缘—敏感过程不但包括物体在固定布局上的完整性，也包括动态的，而其中边缘关系至关重要，例如运动遮蔽和运动错觉轮廓(Kellman & Cohen, 1984)。

许多涉及婴儿边缘—敏感过程的研究工作都使用静态显示图像，与共同运动导致的整体知觉相反，在静态显示图形中由边缘关系导致的整体知觉不会在婴儿出生后的头半年出现(Kellman & Spelke, 1983; Slater, Morison et al., 1990)。典型的结果是，在对一个部分遮蔽的静止图形习惯化之后，婴儿显示出相同的注视完整和破碎图形的时间。研究证据表明，婴儿的确对视觉区域进行了编码，而且对遮蔽十分敏感(Kellman & Spelke, 1983)，这种模式已经被解释为，说明知觉者对遮蔽物后面发生的情况保持一种中立的态度。

到婴儿 6.5 个月大的时候，由于缺乏运动信息，因此他们依赖于静态信息，将部分被遮蔽的物体知觉为完整的物体。Craton(1996)发现，当一个静止长方形的中心被遮蔽时，6.5 个月大的婴儿会将它知觉为一个整体。然而，没有任何证据可以说明，这个年龄阶段的婴儿是否知觉到了遮蔽区域的形状。当移除遮蔽物的时候，显示出的是一个十字形物体，而不是一个长方形(十字的水平部分被完全隐藏在遮蔽物后面了)。对此，小于 8 个月的婴儿并没有表现出吃惊的表情。8 个月大的婴儿注视"十字事件"的时间比注视"完整物体事件"的时间更长，这说明小于 8 个月的婴儿期望部分被遮蔽的长方形是一个整体，但是对于其具体形状则不得而知。即使呈现出运动，比方说有一个长方形从中心遮蔽物的任意一边显露出来，婴儿的整体知觉似乎仍然先于他们对形状的知觉(van de Wale & Spelke,1996)。在这种情况下，5 个月大的婴儿可以将长方形知觉为整体，但是没有证据表明他们知道被遮蔽部分的形状。似乎依靠同样的基础过程(Kellman et al.,1998)，关于错觉轮廓的研究得出了一些收敛证据。研究表明，7 个月大的婴儿似乎很容易就能识别静态和动态的错觉轮廓图形，而 5

个月大的婴儿则不会(Bertenthal, Campos, & Haith, 1980; Kaufmann-Hayoz, Kaufmann, & Walther, 1988)。

从边缘—敏感过程如何知觉物体整体？成熟,学习或者某种成熟和学习的组合,都可能用于解释这个问题。Granrud 和 Yonas(1984)认为,在婴儿出生后 7 个月左右出现的图片深度线索,可能取决于一个知觉模块的成熟,这个发现从对短尾猿猴的研究证据中得到了支撑(Gunderson et al.,1993)。边缘—敏感的整体知觉很有可能与此有关。人们已经注意到,插入深度线索和遮蔽条件下的边界完整性紧密相关(Kellman & Shipley, 1991)。另一个关于成熟化起源的观点,来自对边缘—敏感过程的神经生理学方面的研究(von der Heydt, Peterhans, & Baumgartner, 1984)。似乎在非常初级的视觉处理阶段,人类就已经实现了对某些边缘—敏感插入的加工,可以确定的是在 V2,也可能是在最初级的视觉皮层区 V1(von der Heydt 等人, 1984)。在这些水平上的,初级视觉过滤模型代表性地假定,对某些边缘—敏感插入的加工工作是由专门的神经系统在很大的视野范围内并行实现的。虽然我们可以设想存在一种对这类系统的学习性的解释,但是早期存在这种并行操作的事实却适宜于我们对此作出成熟化的考虑。另外有人认为,学习可能在其中扮演了一定的角色(例如,Needham, 2001; 参见 Cohen & Cashon, 2001b; Kellman, 2001; 相关讨论见 Quinn & Bhatt, 2001; Yonas, 2001)。而 Geisler 等人目前的工作对潜在学习很感兴趣(Geisler, Perry, Super, & Gallogly, 2001)。他们在分析自然场景方面的工作表明,由轮廓相关性所描述的边缘关系,对属于完整物体的可见边缘具有高度的诊断价值。当然,这种生态学上的事实,可能同时与进化和边缘—敏感过程的学习有关,但是由于整体知觉能力出现的时间相对较晚,至少使得对被遮蔽物体的观察经验有可能对这种能力起到了促进作用。

三维形状知觉

形状是一个物体最重要的属性,因为它与可能的机能极为相关。形状的表象在触发物体的识别过程中也极为关键。即使我们可能更为关心物体的一些其他属性,但是我们常常通过物体的形状来定位和识别它。形状有很多层次——如本地表面剖析图、从固定优势点看到的物体的二维投影和三维(3D)形状等。可以认为,物体的 3D 形状在人类感知和行为中是最重要的。同时随着观察者位置的不同,一个物体 2D 的投影也各异,但是在 3D 空间里物体的排列位置是不变的。已知不同的视觉信息来感知不变的物体,构成了形状恒常性的重要能力。此外 3D 形状除了在形状概念中具有最重要的意义以外,它在知觉理论中同样具有最为基础的作用。成人具有多种多样的 3D 形状知觉能力,而且每一种知觉模式都自然地发展出一种不同的关于 3D 形状知觉发展的观点(Kellman, 1984)。成人常常能从一个单一固定的角度感知物体的全貌。如果是一个熟悉的物体,这种能力也符合另一种观点,该观点认为一个物体的 3D 形状是从不同的优势点获得的 2D 的观测图像的集合,而且任何一个 2D 观测图像都能在头脑中唤起对整个集合的回忆(如,Mill, 1865)。由于这个原因,从不同观察的联想经验发展而来的 3D 形状,可能受到了人类操纵物体的能动性的影响(Piaget, 1954)。

另一个从单一视角获得整体形状的方法是,应用基本规则来推断 3D 形状,使用规则也许可以解释我们如何从一个单一视角感知不熟悉物体的形状。格式塔心理学家认为,在大脑中一个先天的、有组织的过程可以达到这个目标。Helmholtz(1885—1925)提出了两个组织规则,Brunswik(1956)加以详细阐明。知觉规则可以从对物体的经验中提炼而来。这两个试图将 2D 画面转换成 3D 物体的知觉规则直接违反了发展性的预测。Helmholtz 和 Brunswik 认为,这些规则一定是通过从不同视角观察和处理物体的经验中辛苦得来的。在 Gestalt 观点中,有组织的过程在基本大脑机能刚刚成熟时就开始运作了。

数十年之前,一种新的不同的对 3D 形状知觉的分析出现了。基于最初的发现如运动深度效应(kinetic depth effect)(Wallach & O'Connell, 1953),和后来对于从运动恢复结构(structure-from-motion)的有组织的研究(例如, Ullman, 1979),研究者提出了这样一种观点,认为 3D 形状知觉是由于生理机制对于视觉转换特别敏感的结果,随着物体或观察者的移动,物体视觉投射的变形由投射几何学决定,这些变形提供了能够说明一个物体 3D 结构的信息。一些理论家提出,人类感官通过特别为此进化的神经机制来提取这种信息(J. Gibson, 1966;Johansson, 1970;Shepard, 1984)。这种机制对于能够自由移动的有机体而言具有其特定意义:成人从运动中感知结构的复杂性和速度使得这些能力看起来并非来源于一般目标机制,因为对于运动属性的编码和一般目标的推论机制只能导致相关规则的发现。

婴儿形状知觉的视觉转换

有关人类婴儿的研究表明,绝大多数感知 3D 形状的基本能力都包括视觉转换。这种动态信息早在测试时就已经显示 3D 形状了,尽管其他关于形状的信息来源在婴儿一岁半前还未被使用。

Kellman(1984)发展了一种方法,能够区分对于 3D 形状的和对于特别的 2D 视图的反应。当一个物体旋转时,他的投影包含时序视觉转换,但是它同样可能记录为几个离散的 2D 快照。一种分离 3D 形状和 2D 视图的方法是,使婴儿习惯于物体绕轴旋转,然后测试对绕新轴旋转的物体的识别情况(通过对习惯的泛化)。对于一个不对称的物体来说,任何绕一个新轴的旋转都提供了一系列不同的 2D 视图,但是倘若有一些旋转是围绕深度进行的,则每一个旋转都传递着相同 3D 结构的信息。一个遗留的问题是,婴儿可能或者因为新奇的形状或者新奇的旋转而抛弃了习惯。为了解决这个问题,在习惯试验中婴儿被训练习惯于物体围绕两个交互轴旋转,之后再测试对于围绕第三个新轴旋转的相似和新奇物体的感知。这种处理减少了在试验中对变换轴旋转的新奇反应。用录像带测试 16 周大的婴儿,人们发现如果 3D 形状可以通过视觉转换来析取,就说明存在预期的效应。当他们习惯于两个 3D 物体中的一个,就会同样习惯于绕一个新轴旋转的相同物体,而不习惯于绕一个新轴旋转的另一个物体。两个控制小组测试了是否动态信息是反应的基础,还测试了基于简单或者多重 2D 模式的泛化模式是否来自 3D 形状知觉。在两个控制小组中,婴儿看到从旋转序列中得到的物体的静态序列视图。视图中的两个数字(6 和 24)以两种不同的持续时间(2 秒和 1 秒 1 幅视图)呈现;然而,在动态情况下可用的时序转换并没有出现在任一静态视图的例子中。结果显示,对 3D 形状的识别并不依赖于静态视图,而在动态情况下的 3D 形状知觉则是基于视觉转换的。

近期的研究显示,这个结果出现在 16 周,研究使用的是没有表面阴影信息的移动接线框物体,该发现暗示了边缘投影变换的重要性。而且,当婴儿围绕固定物体移动时才产生了 3D 形状知觉(Kellman & Short,1987a),这表明是投影变换而不是物体运动本身提供了相关信息。到第 8 周,婴儿在动态随机点显示画面中知觉到了 3D 形状,因为随机点在相对移动的过程中创造出了轮廓和边缘(Arter Berry & Yonas,2000)。Yonas 等人(1987a)表示如果得到的形状信息是立体且连续的,那么通过视觉转换得到的 3D 形状就可以被识别出来。矛盾的是,转换似乎并不发生在其他方向;也就是说,婴儿得到的最初的 3D 形状表象似乎并不是从固定观察的立体深度信息中获得的。

静态形状知觉

从视觉转换得到的形状知觉似乎是人类知觉的基础,它出现得较早并且依赖于非常复杂的信息,这说明存在某些发展到了能把变换的 2D 投影转变成 3D 物体表象的神经机制。另一个把动态信息作为基础的原因是,其他形状信息的来源似乎并不能在生命的最初几个月得到使用。早期形状知觉的画面完全改变了经典的经验主义观点,那就是物体的 3D 形状构建于存储的静态视图的集合。

更早些时候,我们描述了两种情况,其中在婴儿 16 周大时,静态视图序列都不能激活 3D 形状的表象。这个发现——不能从一个或者多个静态视图知觉 3D 形状——在各种研究中似乎是一致的,无论使用实体还是图片幻灯片,一直到婴儿 9 个月大(Kellman,1984;Kellman & Short,1987a;Ruff,1978)。考虑到成人常常可以从物体的单个或者多个静态视图发展出 3D 形状的表现,婴儿在这种能力上的缺乏就很令人费解了。有种情况下婴儿能够从静态视图知觉 3D 形状。这种情况包含对过去曾经出现过的运动 3D 形状的识别(Owsley,1983;Yonas et al.,1987a)。也许这种检测和过去获得的表象之间的相似性的任务,比纯粹从静态双眼视图来发展整个 3D 物体的表象要简单得多。换言之,基于静态信息来发展表象具有更大的局限性。在分类学的研究中,婴儿关于物体种类的转换信息是从运动情形到静态情形的,反之则不然(Arterberry & Bornstein,2002)。

非刚性整体和形状

对于刚性物体,也就是形状不改变的物体,3D 形状的知觉理论和知觉过程都是最容易理解的。从运动来知觉刚性结构在计算上是很容易理解的。在计算中采用了投射几何学的原理,涉及 3D 结构、物体和观察者的相对运动,以及眼中 2D 视觉投影的转换。然而,许多我们寻常遇到的物体都没有固定的形状。一个移动的人,手腕上的一点和腰上的一点在 3D 空间内不能保持一个恒常的分割。非刚性可能由关节确定,例如动物和人类,也可能由弹性物质确定,例如一个形状容易变形的枕头。对于一个形状会发生改变的物体来说,如果想要获得知觉或者描述其形状的任何有用的信息,就需要寻找约束其形状变化的因素。人体可以呈现很多的形状变化,但这种变化并不是无限的;可能变化的形状种类受各种因素的约束,例如关节和肌肉。水母可能少些约束,但是即便如此它的形状仍然受到可能因素的约束,水母特有的变形也依赖于它的结构和组成。对非刚体运动和对它的知觉过程的分析已经取得了一些进展,但是很多问题仍然难以解决(Bertenthal,1993;Cutting,1981;Hoffman & Flinchbaugh,1982;Johansson,1975;Webb & Aggarwal,1982)。

尽管科学家并没有成功地发现决定非刚性整体和形状的规则,但是这些规则似乎在小婴儿的视觉过程就已经存在了。在对成人感官的研究中,Johansson(1950,1975)发明了一些测试方法,仅仅从运动关系就能测试出对形状和事件的知觉。他在缺乏可见表面的情况下,在黑暗的环境中使用移动的光点,这成了他从运动研究中获得结构的方法。当这种光点附着在一个行人的主要关节处时,成人观察者很快就能观察到运动的顺序,而且不费吹灰之力就能将这些光点知觉为一个不断行走的人的形状。将这个图像上下颠倒,则会消除对一个人形的认知(Sumi,1984)。

Bertenthal、Proffitt和他们的同事们已经完成了关于非刚性整体和形状的发展的研究(Bertenthal, 1993; Bertenthal, Proffitt, & Cutting, 1984; Bertenthal, Proffitt, & Kramer, 1987; Bertenthal, Proffitt, Kramer, & Spetner, 1987)。其中一个基本的发现是,当3到5个月大的婴儿习惯于一个由光点刻画出来的直立行走的人时,后来就会不习惯于一个颠倒的图像。这个结果反映了知觉组织的某个层面,而不是将图像理解为由许多无意义的、独立的点组成。尽管如此,较年幼的婴儿(3个月大)可能不会知觉到一个步行者的人形。一些后来的实验使用光的相位变换来干扰婴儿对一个行走的人形的印象。3个月大的婴儿可以将相位变换图像同一般的行人图像区别开来,无论图像是以直立还是倒转方向呈现的(Bertenthal & Davis, 1988),而且他们似乎可以加工处理在一个单独的上肢或下肢上发生的绝对和相对运动(Booth, Pinto, & Bertenthal, 2002)。相反地,5个月和7个月大的婴儿分辨倒转图像的能力弱于分辨直立图像的能力。而且,5个月大的婴儿能意识到步行者和奔跑者的上下肢之间的关系。对这些发现的一种解释是,较为年长的婴儿,和成人一样,只能将直立的、规范的相位图像知觉为一个步行者,这样相位关系的破坏对这些图像造成的破坏就非常明显。因为颠倒的图像是不能被知觉为一个人的,因此对颠倒图形的相位破坏就不那么明显了。按照这种推断的逻辑,3个月大的婴儿显示了对图像的知觉组织能力,但是不能将直立图像归类为一个步行者(生物力学上的运动,biomechanical motion)。因此越小的婴儿越是对直立或颠倒图像中的差异具有敏感性。

虽然很难设计出一种对步行者知觉进行直接测量的方法,但是这些发现间接地暗示了婴儿的视觉系统对某些非刚体运动关系的协调性。保证可以检测和编码运动关系的基本敏感性出现的时间,可能远远早于可以对认知行为进行测量的时间。婴儿偏好于由一个步行者或是一只不停张开握紧的手所产生的运动模式。这一点已经在2个月的婴儿中得到了验证(Fox & Mcdaniel, 1982)。

关于形状知觉的结论

最早的知觉3D形状的能力依赖于一种从视觉转换恢复物体结构的机制。这些能力出现的时间,早于从对物体的单次观察推断3D结构的能力出现的时间,同样也早于自主位移和定向伸手的熟练过程。不管是刚体还是非刚体运动关系,都给年幼的知觉者提供了结构性的信息。我们所知道的关于早期3D形状知觉的知识,符合生态学观点的猜想,即由运动产生的结构知觉依赖于不断进化的专门的知觉系统（J. Gibson，1966，1979；Johansson，1997；Shepard，1984）。

大小知觉

一个具有恒定的实际大小的物体，当它靠近观察者时投射在视网膜上的图像比当它远离时投射的视网膜图像更大。反过来，恒定物理大小的知觉可以从几何学得到：根据眼中的投影大小和距离信息，就可以得到物体的物理大小（Holway & Boring，1941）。在有些情况下，我们可以更直接地从相关变量中获得大小知觉，例如在表明具有规则的或者随机规则结构情况下，物体覆盖地表的面积（J. Gibson，1950）。

在婴儿知觉研究中最令人兴奋的进展是得到了这样的结论，就是无论观察的距离如何改变（和相应的投影大小的改变），人类先天具有观察一个物体的实际物理大小的能力。早期的研究认为，4 个月大的婴儿可以从不同的距离知觉一个物体的恒定物理大小，并对不同大小的物体表现出新奇的反应，即使新奇的物体和原先观察的物体有大小相似的视网膜投影（Day & McKenzie，1981）。新生儿的研究证明，大小恒常性也许生来就存在。Slater、Mattock 等人（1990）测试了对位于不同距离（23 到 69 cm）下具有相同形状的两种实际大小（5.1 cm 或者 10.2 cm）的立方体配对组的视觉偏好。尽管在两种显示中有所不同，婴儿总是偏好于有较大视网膜（投射）图像的物体。在第二个实验的熟悉阶段中，婴儿首先要熟悉在不同距离（和不同投影大小）下出现的或大或小的恒定物理大小的物体。在熟悉之后，测试婴儿在两个试验中对于大立方体和小立方体的偏好。在试验中，大立方体和小立方体被分别摆放在不同的距离，以使得他们具有相同的投影大小。投影大小是新鲜的，也就是说，在熟悉期出现的立方体摆放的距离与先前它们出现时的距离不同（10.2 cm 的立方体放在 61 cm 远处，5.1 cm 的立方体放在 30.5 cm 远处）。图 3.8 画出了在熟悉和测试条件下的物体摆放情况。在试验阶段中所有的婴儿（n－12）都会更长地注视新鲜物理大小的物体，而且注视新鲜物体的时间比例高达 84％。另有证据倾向于支持这样的结论，大小恒常性在小婴儿中已经可以观察到了（Granrud，1987；Slater & Morison，1985）。

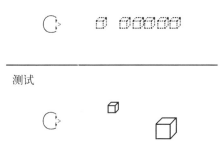

图 3.8 在大小恒常性实验中使用的习惯化和测试显示情况。每个婴儿都要从几个不同的观察距离，对一个物体习惯化——或者是大立方体（10.2 cm/side）或者是小立方体（5.1 cm/side）。测试配对由摆放在不同距离（61 cm 和 30.5 cm）的大的和小的立方体组成，以便产生相同的投影大小。

新生儿大小知觉的研究并没有直接提出可能机制来解释大小恒常性产生的基础。这个主题似乎有可能成为将来研究的重点，但是并没有太多的可能性。在 Slater 等人（1985）和 Granrud（1987）实验中的物体都悬挂在均匀背景前，排除了对物体放在有纹路的背景面上所产生的相关信息的使用。在用过的一个场景下，可能会出现一些自我中心的距离信息，就是说，相对于观察者的距离必须和投影大小结合起来，才能计算出实际的大小。实验情形和新

146

生儿的能力上某些特征,说明双眼辐辏有可能是自我中心距离信息的来源(Kellman,1995)。虽然存在各种不同的对辐辏的准确性的估计(Aslin,1977;Hainline et al. ,1992;Slater & Findlay,1975),但是在 Slater 等人和 Granrud 试验中得到的某些数据,和对识别大小所需的距离估计值的准确度的分析,都是支持这种可能性的(Hainline et al. ,1992;Kellman,1995)。

人脸知觉

也许在婴儿的世界中,最重要一种物体就是人类。人类不但在感知上令婴儿非常兴奋,因为他们是运动的,他们的运动是非刚体的,他们提供了多峰经验;而且他们对于保证婴儿的苗壮成长也是十分重要的。无需惊讶,人脸知觉是婴儿知觉中最古老的话题之一,从Darwin(1872/1965)的著作中写到的面部表情开始,直到今天,成为了研究最多的主题之一。人脸知觉的关键问题是关于,人类婴儿最早在何时感知到了人脸,从人脸获得的信息有哪些(例如对熟人、性别和表情的认识),和形成人脸知觉的基础过程是什么。

对人脸相似刺激的偏好

婴儿知觉的早期研究工作者都与这样一个问题相关,就是婴儿何时能知觉人脸,特别是,他们何时知道人脸有一组按照特定方式组合的特殊的表情。Fantz(1961)最早开始进行实证研究,证明了婴儿更偏好人脸相似的显示,而不是其他模式的刺激。更进一步的研究用相似的方法,得出了与之一致的结论:2 个月前的婴儿对于失真的人脸示意图没有显示出偏好(更早的评论见 Maurer,1985)。然而,结果并不是完全清楚的。问题的复杂性在于,不同的研究者使用的方法和刺激不同。另外,至少有一个研究并不适合这种模式:Goren、Sarty 和Wu(1975)使用了一种跟踪范式,结果显示新生儿对人脸示意图的跟踪注视,比对失真的人脸或者空白的脸部轮廓的跟踪注视要多得多。这些结果被 Johnson、Dziurawiec、Ellis 和Morton(1991;另外见 Easterbrook,Kisilevsky,Muir,& Laplante,1999)复制了,而且修订并发展了一些新生儿的人脸知觉能力。

知觉人脸,特别是知觉其内在的细节,从而识别一张人脸或者将失真的人脸从人脸示意图中分辨出来,需要观察者具有一定程度的视觉辨析能力。一些研究认为,新生儿缺乏足够视敏度或人脸处理的一些其他组成部分,从而无法完成这种任务。如上提到的,Kleiner(1987)认为不到 2 个月大的婴儿的人脸偏好是由振幅谱(来自傅立叶分析)驱动的。因而,婴儿早期对人脸的偏好并不是由刺激物的外观驱动的,而是由频率探测器总体的一些规则驱动的。通过一个聪明的处理,她把一些图片呈现给婴儿,有包含人脸或者栅格的相位和振幅谱的图片(见图 3.9b),包含栅格相位和人脸振幅的图片,和包含人脸相位和栅格振幅的图片。她发现了对感觉假设的部分支持。新生儿偏好有人脸振幅谱的图片,尽管他们对同时包含人脸相位和振幅的刺激显示出了最强烈的偏好。两个月大的婴儿则偏好有人脸相位谱的图片。

Morton 和 Johnson(1991)提出了对人脸处理的早期数据的不同解释,并由 M. H.

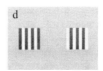

图 3.9 Mondloch 等人(1999)在研究新生儿、6 周大和 12 周大的婴儿的人脸知觉时使用的刺激。a、b 和 c 描述了先前使用过的图像(见正文),d 和 e 是控制刺激。来源:"Face Perception during Early Infancy" by C. J. Mondloch et al., 1999, *Psychological Science*, *10*, pp. 419 - 422. Reprinted with permission.

Johnson(1997)加以修改,他们认为人脸处理有两种机制。第一种机制叫做 CONSPEC,是早期人脸知觉的基础。这个过程是先天的,它使得新生儿可以识别同种生物的结构信息而不受具体刺激的影响。婴儿会对人脸相似刺激产生反应,因为他们看起来像人脸;然而,结构信息是非常普遍的,因此未经修饰的人脸图像(如图 3.9 中竖立的布局刺激)也能触发这种过程。当婴儿长到 2 个月左右时,第二种机制就出现了,叫做 CONLERN。这个过程依赖于对人脸的视觉经验,并且可以导致对特殊人脸的识别。

为了解决一些矛盾的发现,Mondloch 等人(1999)实施了一个偏好试验,对象是 6 周大和 12 周大的新生儿,使用了三种不同的实验室刺激配对:M. H. Johnson、Dziurawiec、Ellis 和 Morton(1991,见图 3.9a)使用垂直和翻转配置的刺激,Kleiner(1987,见图 3.9b)使用混合相位和振幅谱的刺激,Dannemiller 和 Stephens(1988,见图 3.9c)使用正负对比的人脸。此外,他们加入了一个控制刺激用来测试无偏好(图 3.9c)和明显的偏好(图 3.9e)。他们发现,新生儿偏好配置刺激胜过其反转刺激,偏好人脸的振幅谱胜过人脸的相位谱(图 3.9b),但是新生儿对于正负对比的人脸无偏好。6 周大的婴儿对于配置图像或者其反转图像无偏好,偏好人脸的相位胜过人脸的振幅,对于正负对比的人脸无偏好。最后,12 周大的婴儿对于配置和其反转无偏好,但是他们偏好人脸的相位胜过人脸的振幅,偏好正对比人脸胜过负对比的人脸。从这些结果中,Mondloch 等人总结道,新生儿的偏好由刺激的可见度和与人脸的相似度两者共同支配,而且很可能新生儿倾向于注视人脸。这种解释和 Simion、Cassia、Turati 和 Valenza(2001)提出的很相似。他们认为新生儿的偏好由刺激的感官属性和结构属性这两者,和视觉系统约束之间的匹配程度所决定。另一个值得一提的发现是,6 周大和 12 周大的婴儿偏好人脸的相位谱——他们注视与人脸相似的刺激更久。这些结论认为,由于成熟或者与人脸接触的经验,人脸加工能力在婴儿出生后发展迅速,这与之后 Morton 和 Johnson(1991)提出的观点相一致(但是更早一些)。

这些对于人脸加工的早期发展的解释对于一些经验的细微差别十分敏感,但是研究者们可能对新生儿的能力轻描淡写了。已经出现了大量令人吃惊的发现,表明新生儿的能力发展迅速,已经远远超越了仅仅能区别人脸示意图和失真的人脸的能力了。据称几个小时大的婴儿已经可以识别他们的母亲和陌生人(Bushnell, 2001; Bushnell, Sai, & Mullin, 1989; Pascalis, de Schonen, Morton, Deruelle, & Fabre-Grenet,1995),他们和更年长的婴儿一样偏好有魅力的人脸胜过没有魅力的(Rubenstein, Kalakains, & Langlois, 1990; Slater,

Quinn, Hayes, & Brown, 2000; Slater et al., 1998)。新生儿对他们母亲的认知可能基于外部特征例如发际线(Pascalis et al., 1995),但是对吸引力的感知可能依赖于内部特征和可能的构造(Bartrip, Morton, & de Schonen, 2001; Slater et al., 2000)。吸引力的数据认为,婴儿必定能把人脸的内部特征处理成精良的细节水平。在这个时候,我们不知道他们怎么做到的,是根据特殊的人脸知觉机制呢还是新生视觉系统的一般能力。

通过人脸感知人类信息

过了新生儿的阶段之后,婴儿开始对人脸信息很敏感,而人脸信息对于识别特定的人,感知人的性格特点和进行无需语言的交流是非常有用的。这种通过不同的视角或者人的恒定性来认知一个人是一项重要的技巧,因为人脸(和人,一般而言)都是动态的物体。人脸呈现不同的表情,婴儿有机会可以从不同的视角来观察它们。为了在他们的环境中识别关键的人,婴儿必须要能够感知一个人的恒定性,尽管最接近的刺激是不同的。一个最早的关于婴儿从不同视角感知人类的研究是由 Cohen 和 Strauss(1979)完成的。在这个研究中,首先让婴儿习惯于观察同一个女性,然后用一副平面视图(enface)来进行测试。婴儿始终不能识别同一个女性的平面视图,直到他 7 个月大为止。许多近期研究都表明,婴儿早在一个月大时可能就能从不同的视角、平面图中识别熟悉的人脸(他们的母亲),但不能从轮廓识别(Sai & Bushnell, 1988);而且婴儿最少要到 5 个月才能从不同强度的情绪表情,即笑容中识别人脸(Bornstein & Arterberry, 2003)。

婴儿可以通过许多角度来观察人脸,而且毫无疑问显然与成人所经历观察角度的不同。仰卧的婴儿经常可以朝上 90 度或者几乎完全倒转地观察人脸。对于成人和较大的孩子,颠倒的人脸显著干扰了认知。这归因于处理的策略不同,这种策略是基于人脸特征("配置"过程)以及相应的对相互独立的人脸特征的加工("特征"处理;例如,Carey & Diamond, 1977, 1994; Sergent, 1984)。婴儿是否,还有何时易受翻转效应的影响呢(对于翻转的人脸的认知降低)? 这些问题引发了科学家的兴趣,因为这就意味着婴儿是否能够完成对人脸的加工处理。把翻转的刺激作为对人脸特征反应的控制变量呈现给婴儿,是一些研究者常用的策略(例如,Bahrick, Netto, & Hernandez-Reif, 1998; Kestenbaum & Nelson, 1990; Slater et al., 2000);然而,很少有实验会直接测试翻转效应。Cashon 和 Cohen(Cashon & Cohen, 2004; Cohen & Cashon, 2001a)使婴儿习惯于两个女性的人脸。他们用一个熟悉的人脸(两个在习惯阶段观察到的人脸之一),一个陌生的人脸和一个组合的人脸来对婴儿进行测试,其中组合的人脸由其中一个习惯的人脸的内在特征和另一个习惯的人脸的外在特征组合而成。对于半数的婴儿,人脸是竖立呈现的,而对于另半数的婴儿,人脸是翻转呈现的。从 3 个月到 7 个月大,婴儿呈现出对于竖立人脸配置的加工不断发展,这种加工到 7 个月时已经非常明显了(关于数据的表达见 Cohen & Cashon,本手册,本卷,第 5 章)。对于翻转的人脸,大多数在这个年纪的测试都显示,婴儿没有明显的配置加工。一个出乎意料的结果是,在 3 个月和 7 个月之间,婴儿在配置加工上缺乏单调的变化,Cashon 和 Cohen(2004)把这一发现归因于一般信息加工的策略,这种策略不足以完成特殊的人脸知觉(见 Cohen & Cashon,本手册,本卷,第 5 章)。

除了认知特殊的人脸以外,婴儿还可以利用人脸包含的信息来对人进行分类,例如男人和女人。成人对性别的判断可能是基于表面线索,例如头发长度、脸毛和化妆,或者结构线索,例如眼眉间的距离(例如,Bruce et al. ,1993;Campbell,Benson,Wallace,Doesbergh, & Coleman,1999)。在分类的情况下对婴儿的性别判断进行评估;向婴儿呈现男性或女性的人脸,然后用同性别的陌生人脸和不同性别的陌生人脸进行测试。Leinbash 和 Fagot(1993)使用了这种测试程序,结果显示婴儿到 9 个月大的时候能够利用表面特征(固定形象的头发长度和衣着)来协助完成性别分类。然而,他们的发现是不对称的。适应了男性人脸的婴儿在试验阶段注视女性人脸的时间显著较长,但适应了女性人脸的婴儿却并不是这样。Quinn、Yahr、Kuhn、Slater 和 Pascalis(2002)又进一步考察了这种不对称性,然后发现,经验可能是导致婴儿偏好男性或女性人脸的一个影响因素。在他们的研究中,3 个和 4 个月大的婴儿已经熟悉了男性或者女性的人脸,然后测试他们对于同性别的陌生人脸或者不同性别陌生人脸的偏好。熟悉了男性人脸的婴儿更偏好女性人脸,但是熟悉了女性人脸的婴儿并没有显示对男性人脸的偏好。当 Quinn 等人在不经过习惯化的阶段,直接将男性女性测试配对呈现给婴儿时,婴儿对于女性的人脸表现出强烈的偏好。当头发被遮盖起来时,这种偏好仅轻微地下降一点点。当 Quinn 等人征集那些由男性主要看护的婴儿时,对于男性人脸的偏好就呈现了。最后,Quinn 等人使得那些由女性主要看护的婴儿熟悉男性或者女性的人脸,然后用同一性别的陌生和熟悉的人脸来测试他们,其中那些熟悉的人脸在熟悉阶段已经呈现过了。熟悉女性人脸的婴儿对于陌生的女性人脸表现出了偏好,说明他们记住了熟悉的女性人脸。熟悉男性人脸的婴儿在试验阶段对于陌生和熟悉的男性人脸倾注了同样的注意力。Quinn 等人得到结论,婴儿的看护经验给他们提供了学习的机会,了解了相对于男性定义的独特的女性人脸的细节。这可能是指出了经验在婴儿人脸知觉中的作用的最早研究。

人脸还可以通过面部表情传递情绪状态的信息。面部表情对于语言表达能力低下的婴儿来说,在交流中起到了重要的作用(例如,Rochat, 1999; Russell & Fernandez-Dols, 1997)。而且婴儿有机会经历各种各样的面部表情。此外,有证据表明,在跨文化的儿童与成人之间的交流中出现的表情是相似的(Chong, Werker, Russell, & Carroll, 2003)。因此,对情绪化表情的感知和分辨对婴儿获得社会伙伴极其重要。

在 5 个月和 7 个月之间的婴儿显示了可以分辨快乐、愤怒、害怕和惊奇的面部表情的迹象(Bornstein & Arterberry, 2003; Kestenbaum & Nelson, 1990; Ludemann & Nelson, 1988; Serrano, Iglesias, & Loeches, 1992)。此外,他们还能区分不同人之间的这些表情。例如,Bornstein 和 Arterberry(2003)使 5 个月大的婴儿熟悉了不同程度的微笑,从嘴唇微微上翘的笑到露出满口牙齿的笑,这些笑容由四名女性模拟。在习惯化之后,婴儿开始观察第五名女性模拟一个从未见过的中等程度的笑容,和第六名女性来模仿一个害怕的表情。婴儿注视害怕的表情时间明显较长,这说明他们已经将微笑的面部表情做出了归类,并认为新的微笑样本是符合这一归类的。其他的研究发现,3 个月的婴儿可以区分不同程度的笑容(Kuchuk, Vibbert, & Bornstein, 1986),而且至少到 6 个月,婴儿才能分辨不同程度的皱眉

(Striano, Brennan, & Vanman, 2002)。截至目前，人们很少注意到经验和婴儿对面部表情的知觉所起的角色。然而，Striano 等人发现，6 个月大的婴儿对微笑和皱眉的程度的偏好之间存在某种关系，这种关系以他们的母亲的忧郁症状的大小为基础。而且 Montague 和 Walker-Andrews(2002)还发现，3 个半月大的婴儿能将他们的母亲的声音和面部表情(悲伤、高兴和愤怒)匹配起来，但是对于他们的父亲或其他不认识的男人或女人则不能做到。

人脸知觉的机制

研究者们已经在证明早期婴儿的人脸知觉能力上取得了重要的进展。在已有的大量研究的基础上，我们可以重新考虑，什么机制可能成为这些能力的基础。有强大的证据表明，婴儿有专注于人脸的倾向。有人宣称，这种倾向性是由于具有对人脸的先天表象的与缘故(如，Slater et al.，1998，2000)。而其他人则宣称，这是一种快速学习过程的结果(如，Bednar & Miikkulainen, 2003; Bushnell, 2001)。神经影像学和电生理学技术的进步给研究者提供了确定涉及人脸知觉的神经系统区域的机会(如，Gauthier & Nelson, 2001)。已经确定的知觉竖立人脸的关键区域是右半脑中的梭状回中部(Kanwisher, Mcdermott, & Chun, 1997)，知觉面部表情的关键区域是杏仁体(Whalen et al.,1998)。对灵长类动物的研究已经确定了在下颞皮层中的人脸—反应细胞(如，Rolls & Baylis, 1986)。对婴儿人脸知觉能力发展的解释，在或多或少的程度上，是和这些神经生理学的发现分不开的。

150　　　　已经有人提出了几种解释观点。其中一个观点认为，婴儿的人脸加工在牵涉到梭状回时显示了右半脑的优势(如，Deruelle & de Shonen, 1991)。这些区域在右半脑比在左半脑发展得更加迅速，而且婴儿关于人脸的经验对这个区域在人脸知觉上的特殊化作出了贡献。由 Johnson 和他的同事提出的第二种解释是，CONSPEC 和 CONLERN 两个过程是由不同的机制促进的。他们宣称 CONSPEC 涉及上丘的皮层下过程，而 CONLERN 涉及的是初级视觉皮层的皮层过程。CONLERN 后出现，反映了这些区域在成熟上的制约。

Nelson(2001)提供了第三种可能性。以言语知觉作为原型，他提出，人脸知觉能力最初是对各种各样的人脸相似刺激，包括其他物种的人脸做出的反应。而且这些能力由于特殊经验，会随着年龄不断调整。言语知觉的发展始于一些特殊技能——婴儿认识他们母亲的声音，以及他们分辨大量的言语声音。令人印象更为深刻的是，小婴儿能够区分出成人在他们的环境中不能发出的言语声音("非本地言语差异"；Werker, 1994)。这种分辨非本地言语差异的能力随着接触语言的增多而减少，而且婴儿的言语知觉能力到 10 至 12 个月的时候一般都适应了他们的语言环境。换句话说，在婴儿出生后一年的时间内，随着经验的增加，其知觉的窗户却变得狭窄了。Nelson 认为，人脸知觉能力也存在一种类似的微调(fine-tuning)。比方说，小婴儿与成人相比，能更好地识别猴子的面孔，这种优势在出生后的一年中逐渐减弱(de Haan, Pascalis, & Johnson, 2002; Pascalis, de Haan, & Nelson, 2002)。Nelson 还引用了其他人脸处理领域的概念，例如"异族"效应和反转效应，作为人脸知觉微调的例子。在更深一层依赖言语知觉模型的基础上，Nelson(2001)提出，神经组织具有为了知觉人脸而变得特殊化的一种潜在能力，而且这种特殊化的本质依赖于特殊经验。为了支持这个观点,出现了对先天患有白内障的儿童和成人的研究:由于先天的白内障造成了在头 7 个星期内的视觉剥夺,从而导致后来在人脸处理上存在重要且明显的永久缺陷(Geldart, Mondloch, Maurer, de Schonen, & Brent, 2002)。

要完全理解人脸知觉的基本机制,还有更多的工作需要做。已有解释之间存在的共性是,在人脸知觉能力的调整过程中,经验扮演着重要的角色。

结论

在结论部分,我们将对前文研究中所涉及的一些问题进行讨论,对在知觉发展领域中的研究分析水平作出总结,确定将来工作的优先点,并且探讨已经得出的观点对于理解知觉发展的重要性。

分析的水平

对婴儿视觉的研究工作包含不同的分析水平。一般来说,这种概念应该在导言中给出,但是或许在回顾我们已经考察的研究(至于更广泛的对分析水平的讨论,参见 Kellman & Arterberry, 1998, chap. 1; Marr, 1982)时更容易理解这个概念。首先,我们讨论了早期知觉中关于运动信息的问题,在该领域中描述了视觉转换的关系,例如成为 3D 形状知觉的基础的运动透视,以及结构的增加和减少;对如视觉形状和深度,和为知觉的产生提供可能性的信息。这种类型的知觉任务研究水平应该是在分析的和计算水平上(computational)(Marr, 1982)或生态学水平上进行的(Kellman & Arterberry, 1998)。比使用特殊名称更重要的是,我们意识到理解视觉(和其他信息处理任务)首先是计算完成的任务和获取信息的数量,以及报告可能形成视觉的限制条件。在婴儿视觉中,我们想知道反射光中的信息是否能够,以及如何让婴儿可以看见物体、运动和空间布局。

第二个水平上的信息——表征和处理的水平——包含了信息被表征和转换的方式。虽然生态学水平的分析描述了信息究竟是如何呈现的,但是表征和处理水平上的分析则描述了在感知者内部的信息处理过程。对婴儿的物体整体知觉中的共同运动过程的研究,就是一个陈述了在早期知觉中的信息处理过程的研究范例;说明了距离信息和视网膜大小或运动是互相结合的研究是另一个范例。正如我们下面要注意到的,婴儿知觉研究在揭示婴儿的感觉和知觉能力方面,比探索具体的过程和表征方面要成功得多。

最后,在我们已经回顾的研究中,许多研究发现都包括实现的知觉信息处理过程的生物机制。为了既涵盖人体系统也适合于人工模拟系统,Marr(1982)称这种水平为硬件执行水平(level of hardware implementation),因为对于人类来说,问题出在生物机制上(相对于在一个计算机视觉系统中可能处理立体视觉图形的硅芯片和锗芯片而言)。对视网膜感受器的成熟化的研究,对颜色视觉机制的研究,对涉及人脸知觉的神经区域,以及立体视觉深度知觉的成熟化的研究,这些都是主要在生物机制水平上的研究。

近年来一种有关理解认为,所有这三种水平的研究都必须有助于我们理解视知觉。这种适合于一般的信息处理现象的理解,很大程度上应归功于 J. Gibson(1966,1979)的工作,他强调要研究对知觉有用的信息。虽然 Gibson 很少进行探索性的研究,但是他的工作的重要性可以与 Chomsky(如,1965,1980)的工作相提并论。Chomsky 强调,语言结构以其自身的特点成为了一个重要的研究对象,而且这种研究标志着语言学分析的一个重要起点。对于 Gibson 来说,结构被掩盖在物理世界中;对 Chomsky 来说,是在语言中。然而最直接的是,我们这里呈现的三个分析水平的框架来源于 Marr(1982)。

进行多水平分析的必要性在其他地方已经展开讨论过了,所以这里我们只要注意其中的一些重要推论。一个推论是,各水平之间是相对独立的,即推翻了一个特殊的神经模型的研究数据并不能证明一个附带的算法或生态学理论是无效的。另一个推论是,我们不能仅仅将视觉通道的解剖学和神经生理学以及大脑构造进行简单分类,就希望能理解视觉(Marr,1982)。我们可以将神经结构的许多属性进行明确分类,但是仅仅当它们与一个特殊的任务、过程和表征联系在一起时,我们才能了解它们的功能。Marr(1982)最喜欢的一个例子就是,一只鸟的羽毛和空气动力学规律之间的关系。如果相信空气动力学的规律是来源于对羽毛的透彻研究的话,那就太愚蠢了。事实上,理解过程是沿着一个相反的方向进行的。了解了关于空气动力学的一些知识可以帮助我们理解羽毛在鸟儿身上如何工作。没有对飞行需求的了解,我们可能就会因为好奇心而漫无目的地记录许多羽毛的细节和记录它们在鸟儿身上的样子。

最后,在认知和神经科学领域存在着一个鼓舞人心的趋势,那就是,我们理解事实在三个水平之间的关系的能力得到了很大的提高。虽然,对于任何婴儿视知觉领域来说,我们都不能做到完全理解它的任务、信息、过程和机制,但是在每个水平上和各水平之间的关系上,我们已经取得了相当可观的进展。

视觉发展中的先天与建构

前文中我们已经提及,之所以对婴儿视知觉一直保有兴趣,其中一个理由是为了帮助我们理解在心智发展中,先天和后天各起的作用。尽管还存在许多重要的问题尚未解决,但是我们已经能够对视觉能力的起源做出一些概括性的陈述。视觉发展具有先天基础,许多视觉能力的基础在出生时就能显露出来,而其他一些基础似乎依照一个成熟化的程序展开。来自环境中的信息可能在许多视觉功能的精细化或校正的过程中扮演了一定的角色,而且还可能成为一些视觉功能不断发展的驱动力量。

这些概括性的陈述推翻了哲学、心理学以及认知科学中的很长一段历史。在这些学科中,知觉起源的主要观点认为,知觉是通过一种主要由外界信息形成的建构过程逐渐产生的。在过去的几十年中,研究早期知觉的方法的发展和独创性应用已经在理解视觉的观点上产生了这种根本性的变化。当我们看待基本的视觉敏感性的时候,例如对方向和图案的敏感性,我们看到,婴儿的能力和成人的那些能力不相匹配,但是婴儿的能力在出生的时候就以某种程度清晰地出现。其他视觉敏感性的基本成分,例如对运动方向的敏感性,在出生6周到8周之后出现。而6周到8周这段时间是大脑快速成熟的时期,而且大多数视觉敏感性显著增强。

一般在关于知觉如何工作的报告中,最有趣的应该是早期知觉能力的研究。对婴儿视觉的研究表明,婴儿生来就偏好于关注人脸,而且在生命最初的一段时间内的确显示出了一些识别人脸的能力(Bushnell, 2001; Bushnell et al., 1989)。至少在某些情况下,不论物体的深度和倾斜度如何变化,他们都可以知觉物体的形状和大小(Slater et al., 1990)。这些发现推翻了一些宣称第三维空间的知觉和物体知觉很难依赖于联结学习来获得的理论观点,对这个充满了物体、表面和事件的 3D 世界的知觉,似乎是人类早期同世界之间的感知联系的起点,而不是终点(Kellman & Arterberry, 1998)。

部分由于神经网络连接观点的推动,近年来关于发展的激进经验主义观开始复苏(如,Elman et al., 1996)。我们经常会遇到这种观点的其他版本,例如有观点认为,人类的视觉系统"完全由经验引起",正如一个大脑连接网络中神经元的重量会随着连接网络和信息模式之间的相互作用而发生变化(例如,Purves & Lotto, 2003,虽然这些作者知道,提供基本敏感性,如方向,的最初结构是先天的)。早期出现诸如人脸知觉的一些能力的征兆,倾向于被解释为"非表征性的",或者解释为可能导致迅速学习的注意偏向(attentional biases)(Elman et al., 1996)。

虽然知觉学习贯穿在人的一生中,而且始终都十分重要的(见 Kellman, 2002 中的文献回顾),但是关于知觉系统是否从人类出生开始就揭示了一个有意义的现实,这样一个根本问题似乎已经有了肯定的答案。这些能力似乎通过了需要用到真实的知觉知识的测试,而且显示出了表征物体、空间和事件的能力(Kellman & Arterberry, 1998)。关于早期知觉的研究发现排除了一种历史悠久的认为知觉现实最初从经验中建构而来的观念,同样抛出了对早期经验包含"图像图式"或其他一些不符合对世界的各方面表征的产物的怀疑。人类生来就开始了有意义的知觉。

这种概括性的结论可能彻底改变了我们对人类早期发展的观念,除此以外,它还让我们清晰地认识到了婴儿视觉的复杂性。在一个又一个领域中——如图形知觉、空间知觉、物体知觉和人脸知觉,等等——我们看到了一个相似的画面:某些种类的信息比其他信息更早地被婴儿使用。婴儿生来就和 3D 世界有知觉上的联系,但是直到 6 至 7 个月的时候才开始使用图片深度线索。早在婴儿具有基本的运动方向敏感性的实验中就能发现,从运动中可以得到的物体的整体知觉,但是在产生知觉整体的过程中,边缘关系的价值则到了后来才能展示出来。此外,婴儿视觉系统中的大多数敏感性在出生后,或者在第一次出现后,都要花好几个月的时间来进一步加强。这些变化中,许多还没有得到清楚的了解。不管是成熟还是在调节神经通路系统时,外部信号都能以很多种方式参与到影响这些变化的过程中。有些产物甚至可能符合线索学习的经典范例,例如熟悉大小的深度线索。

展望

在这部手册的第五版中,婴儿视知觉这一章的最后一段首先写道,"进一步理解视觉能力的特有的节奏和顺序,需要更加深入地理解其处理过程和机制"。这句话仍然是正确的,而且提出了在这个领域中存在的一些最困难的挑战。一旦我们认为，在科学上获得一个对早期知觉能力的描述是可能的，那么获得这种描述就会变得比厘清发展的过程和机制更加容易。了解特定的视觉能力背后的计算方法和神经基础，发现成熟和学习对建立婴儿早期天赋所作的贡献，都是在未来的研究中最需要优先考虑的方面。

（钱文译，吴国宏审校）

参考文献

Adams, R. J., & Courage, M. L. (2002). A psychophysical test of the early maturation of infants' mid-and long-wavelength retinal cones. *Infant Behavior and Development*, 25, 247-254.

Adams, R. J., Courage, M. L., & Mercer, M. E. (1994). Systematic measurement of human neonatal color vision. *Vision Research*, 34, 1691-1701.

Allen, D., Banks, M. S., & Norcia, A. M. (1993). Does chromatic sensitivity develop more slowly than luminance sensitivity? *Vision Research*, 33, 2553-2562.

Allen, D., Banks, M. S., & Schefrin, B. (1988). Chromatic discrimination in human infants. *Investigate Ophthalmology and Visual Science*, 29(Suppl.), 25.

Allen, D., Tyler, C. W., & Norcia, A. M. (1996). Development of grating acuity and contrast sensitivity in the central and peripheral visual field of the human infant. *Vision Research*, 36, 1945-1953.

Allen, J. (1978). *Visual acuity development in human infants up to 6 months of age*. Unpublished master's thesis, University of Washington, Seattle, WA.

Andersen, G. J., & Cortese, J. M. (1989). 2-D contour perception resulting from kinetic occlusion. *Perception and Psychophysics*, 46(1), 49-55.

Arterberry, M. E., & Bornstein, M. H. (2002). Infant perceptual and conceptual categorization: The roles of static and dynamic attributes. *Cognition*, 86, 1-24.

Arterberry, M. E., & Yonas, A. (2000). Perception of structure from motion by 8-week-old infants. *Perception and Psychophysics*, 62, 550-556.

Arterberry, M. E., Yonas, A., & Bensen, A. S. (1989). Selfproduced locomotion and the development of responsiveness to linear perspective and texture gradients. *Developmental Psychology*, 25(6), 976-982.

Aslin, R. N. (1977). Development of binocular fixation in human infants. *Journal of Experimental Child Psychology*, 23(1), 133-150.

Aslin, R. N., & Shea, S. L. (1990). Velocity thresholds in human infants: Implications for the perception of motion. *Developmental Psychology*, 26(4), 589-598.

Atkinson, J., & Braddick, O. (1976). Stereoscopic discrimination in infants. *Perception*, 5(1), 29-38.

Atkinson, J., Braddick, O., & Moar, K. (1977). Development of contrast sensitivity over the first 3 months of life in the human infant. *Vision Research*, 17, 1037-1044.

Atkinson, J., Hood, B., & Wattam-Bell, J. (1988). Development of orientation discrimination in infancy. *Perception*, 17, 587-595.

Badcock, D. R. (1984). Spatial phase or luminance profile discrimination? *Visual Research*, 24, 613-623.

Badcock, D. R. (1990). Phase- or energy-based face discrimination: Some problems. *Journal of Experimental Psychology: Human Perception and Performance*, 16(1), 217-220.

Bahrick, L. E., Netto, D., & Hernandez-Reif, M. (1998). Intermodal perception of adult and child faces and voices by infants. *Child Development*, 69, 1263-1275.

Ball, W., & Tronick, E. (1971). Infant responses to impending collision: Optical and real. *Science*, 171(3973), 818-820.

Banks, M. S. (1980a). The development of visual accommodation during early infancy. *Child Development*, 51, 646-666.

Banks, M. S. (1980b). Infant refraction and accommodation: Their use in ophthalmic diagnosis. *International Ophthalmology Clinics, Electrophysiology and Psychophysics*, 20, 205-232.

Banks, M. S., & Bennett, P. J. (1988). Optical and photoreceptor immaturities limit the spatial and chromatic vision of human neonates. *Journal of the Optical Society of America*, A5, 2059-2079.

Banks, M. S., & Crowell, J. A. (Eds.). (1993). A re-examination of two analyses of front-end limitations to infant vision. In K. Simons (Ed.), *Early visual development: Normal and abnormal* (pp. 91-116). New York: Oxford University Press.

Banks, M. S., Geisler, W. S., & Bennett, P. J. (1987). The physical limits of grating visibility. *Visual Research*, 27, 1915-1924.

Banks, M. S., & Ginsburg, A. P. (1985). Early visual preferences: A review and a new theoretical treatment. In H. W. Reese (Ed.), *Advances in child development and behavior* (pp. 207-246). New York: Academic Press.

Banks, M. S., & Salapatek, P. (1978). Acuity and contrast sensitivity in 1-, 2-, and 3-month-old human infants. *Investigative Ophthalmology and Visual Science*, 17, 361-365.

Banks, M. S., & Salapatek, P. (1983). Infant visual perception. In M. M. Haith. & J. Campos (Eds.), *Handbook of child psychology: Biology and infancy* (pp. 435-572). New York: Wiley.

Banks, M. S., Sekuler, A. B., & Anderson, S. J. (1991). Peripheral spatial vision: Limits imposed by optics, photoreceptor properties, and receptor pooling. *Journal of the Optical Society of America*, A8, 1775-1787.

Banks, M. S., & Shannon, E. S. (1993). Spatial and chromatic vision efficiency in human neonates. In C. Granrud (Ed.), *Carnegie Mellon Symposium on Cognition* (Vol. 21, pp. 1-46). Hillsdale, NJ: Erlbaum.

Barrow, H. G., & Tenenbaum, J. M. (1986). Computational approaches to vision. In K. R. Boff & L. Kaufman (Eds.), *Handbook of perception and human performance: Vol. 2. Cognitive processes and performance* (pp. 1-70). Oxford, England: Wiley.

Bartrip, J., Morton, J., & de Schonen, S. (2001). Responses to mother's face in 3-week to 5-month-old infants. *British Journal of Developmental Psychology*, 19, 219-232.

Bednar, J. A., & Miikkulainen, R. (2003). Learning innate face preferences. *Neural Computation*, 15, 1525-1557.

Bennett, P. J., & Banks, M. S. (1987). Sensitivity loss among oddsymmetric mechanisms underlies phase anomalies in peripheral vision. *Nature*, 326, 873-876.

Berkeley, G. (1963). An essay towards a new theory of vision. In C. M. Turbayne (Ed.), *Works on vision*. Indianapolis, IN: BobsMerrill. (Original work published 1709)

Bertenthal, B. I. (1993). Infants' perception of biomechanical motions: Intrinsic image and knowledge-based constraints. In G. Carl (Ed.), *Carnegie Mellon Symposium on Cognition: Visual perception and cognition in infancy* (Vol. 21, pp. 175-214): Hillsdale, NJ: Erlbaum.

Bertenthal, B. I., Campos, J. J., & Haith, M. M. (1980). Development of visual organization: The perception of subjective contours. *Child Development*, 51(4), 1072-1080.

Bertenthal, B. I., & Davis, P. (1988, November). *Dynamic pattern analysis predicts recognition and discrimination of biomechanical motions*. Paper presented at the annual meeting of the Psychonomic Society, Chicago, IL.

Bertenthal, B. I., Proffitt, D. R., & Cutting, J. E. (1984). Infant sensitivity to figural coherence in biomechanical motions. *Journal of Experimental Child Psychology*, 37(2), 213-230.

Bertenthal, B. I., Proffitt, D. R., & Kramer, S. J. (1987). Perception of biomechanical motions by infants: Implementation of various processing constraints. The ontogenesis of perception [Special issue]. *Journal of Experimental Psychology: Human Perception and Performance*, 13(4), 577-585.

Bertenthal, B. I., Proffitt, D. R., Kramer, S. J., & Spetner, N. B. (1987). Infants' encoding of kinetic displays varying in relative coherence. *Developmental Psychology*, 23(2), 171-178.

Bhatt, R. S., & Bertin, E. (2001). Pictorial cues and three-dimensional information processing in early infancy. *Journal of Experimental Child Psychology*, 80, 315-332.

Bhatt, R. S. , & Waters, S. E. (1998). Perception of three-dimensional cues in early infancy. *Journal of Experimental Child Psychology*, *70*, 207 - 224.

Bieber, M. L. , Knoblauch, K. , & Werner, J. S. (1998). M- and l-cones in early infancy: Vol. 2. Action spectra at 8 weeks of age. *Vision Research*, *38*, 1765 - 1773.

Birch, E. E. , Gwiazda, J. , & Held, R. (1982). Stereoacuity development for crossed and uncrossed disparities in human infants. *Vision Research*, *22*(5), 507 - 513.

Bone, R. A. , Landrum, J. T. , Fernandez, L. , & Martinez, S. L. (1988). Analysis of macular pigment by HPLC: Retinal distribution and age study. *Investigative Ophthalmology and Visual Science*, *29*, 843 - 849.

Booth, A. E. , Pinto, J. , & Bertenthal, B. I. (2002). Perception of the symmetrical patterning of human gait by infants. *Developmental Psychology*, *38*, 554 - 563.

Bornstein, M. H. (1975). Qualities of color vision in infancy. *Journal of Experimental Child Psychology*, *19*, 401 - 409.

Bornstein, M. H. , & Arterberry, M. E. (2003). Recognition, categorization, and apperception of the facial expression of smiling by 5-month-old infants. *Developmental Science*, *6*, 585 - 599.

Bower, T. G. , Broughton, J. M. , & Moore, M. K. (1970). The coordination of visual and tactual input in infants. *Perception and Psychophysics*, *8*(1), 51 - 53.

Braddick, O. , Atkinson, J. , French, J. , & Howland, H. C. (1979). A photorefractive study of infant accommodation. *Vision Research*, *19*, 1319 - 1330.

Braddick, O. , Atkinson, J. , & Wattam-Bell, J. R. (1986). Development of the discrimination of spatial phase in infancy. *Vision Research*, *26*(8), 1223 - 1239.

Brown, A. M. (1990). Development of visual sensitivity to light and color vision in human infants: A critical review. *Vision Research*, *30*, 1159 - 1188.

Brown, A. M. (1993). Intrinsic noise and infant visual performance. In K. Simons (Ed.), *Early visual development: Normal and abnormal* (pp. 178 - 196). New York: Oxford University Press.

Brown, A. M. , Dobson, V. , & Maier, J. (1987). Visual acuity of human infants at scotopic, mesopic, and photopic luminances. *Visual Research*, *27*, 1845 - 1858.

Bruce, V. , Burton, A. M. , Hanna, E. , Healey, P. , Mason, O. , Coombes, A. , et al. (1993). Sex discrimination: How do we tell the difference between male and female faces? *Perception*, *22*, 131 - 152.

Brunswik, E. (1956). *Perception and the representative design of psychological experiments*. Berkeley: University of California Press.

Bushnell, I. W. R. (2001). Mother's face recognition in newborn infants: Learning and memory. *Infant and Child Development*, *10*, 67 - 74.

Bushnell, I. W. R. , Sai, F. , & Mullin, J. T. (1989). Neonatal recognition of the mother's face. *British Journal of Developmental Psychology*, *7*, 3 - 15.

Campbell, R. , Benson, P. J. , Wallace, S. B. , Doesbergh, S. , & Coleman, M. (1999). More about brows: How poses that change brow position affect perceptions of gender. *Perception*, *28*, 489 - 504.

Carey, S. , & Diamond, R. (1977). From piecemeal to configurational representation of faces. *Science*, *195*, 312 - 314.

Carey, S. , & Diamond, R. (1994). Are faces perceived as configurations more by adults than by children? *Visual Cognition*, *1*, 253 - 274.

Carroll, J. J. , & Gibson, E. J. (1981, April). *Infants' differentiation of an aperature and an obstacle*. Paper presented at the meeting of the Society for Research in Child Development, Boston, MA.

Cashon, C. H. , & Cohen, L. B. (2004). Beyond U-shaped development in infants' processing of faces: An information-processing account. *Journal of Cognition and Development*, *5*, 59 - 80.

Chomsky, N. (1965). *Aspects of the theory of syntax*. Cambridge, MA: MIT Press.

Chomsky, N. (1980). *Rules and representations*. New York: Columbia University Press.

Chong, S. C. F. , Werker, J. F. , Russell, J. A. , & Carroll, J. M. (2003). Three facial expressions mothers direct to their infants. *Infant and Child Development*, *12*, 211 - 232.

Clavadetscher, J. E. , Brown, A. M. , Ankrum, C. , & Teller, D. Y. (1998). Spectral sensitivity and chromatic discrimination in 3-and 7-week-old infants. *Journal of the Optical Society of America*, *5*, 2093 - 2105.

Cohen, L. B. , & Cashon, C. H. (2001a). Do 7-month-old infants process independent features or facial configurations? *Infant and Child Development*, *10*, 83 - 92.

Cohen, L. B. , & Cashon, C. H. (2001b). Infant object segregation implies information integration. *Journal of Experimental Child Psychology*, *78*, 75 - 83.

Cohen, L. B. , & Strauss, M. S. (1979). Concept acquisition in the human infant. *Child Development*, *50*, 419 - 424.

Cornsweet, T. (1970). *Visual perception*. New York: Academic Press.

Craton, L. G. (1996). The development of perceptual completion abilities: Infants' perception of stationary, partially occluded objects. *Child Development*, *67*, 890 - 904.

Craton, L. G. , & Yonas, A. (1988). Infants' sensitivity to boundary flow information for depth at an edge. *Child Development*, *59*(6), 1522 - 1529.

Craton, L. G. , & Yonas, A. (1990). The role of motion in infants' perception of occlusion. In T. E. James (Ed.), *The development of attention: Research and theory* (pp. 21 - 46). Amsterdam: North Holland.

Crognale, M. A. , Kelly, J. P. , Weiss, A. H. , & Teller, D. Y. (1998). Development of spatio-chromatic Visual Evoked Potential (VEP): A longitudinal study. *Vision Research*, *38*, 3283 - 3292.

Cutting, J. E. (1981). Coding theory adapted to gait perception. *Journal of Experimental Psychology: Human Perception and Performance*, *7*(1), 71 - 87.

Dannemiller, J. L. , & Freedland, R. L. (1989). The detection of slow stimulus movement in 2- to 5-month-olds. *Journal of Experimental Child Psychology*, *47*(3), 337 - 355.

Dannemiller, J. L. , & Freedland, R. L. (1991). Speed discrimination in 20-week-old infants. *Infant Behavior and Development*, *14*, 163 - 173.

Danemiller, J. L. , & Stephens, B. R. (1988). A critical test of infant pattern preference models. *Child Development*, *59*, 210 - 216.

Darwin, C. (1965). *The expression of emotions in man and animals*. Chicago: University of Chicago Press. (Original work published 1872)

Day, R. H. , & McKenzie, B. E. (1981). Infant perception of the invariant size of approaching and receding objects. *Developmental Psychology*, *17*(5), 670 - 677.

de Haan, M. , Pascalis, O. , & Johnson, M. H. (2002). Specialization of neural mechanisms underlying face recognition in human infants. *Journal of Cognitive Neuroscience*, *14*, 199 - 209.

Deruelle, C. , & de Schonen, S. (1991). Hemispheric asymmetries in visual pattern processing in infancy. *Brain and Cognition*, *16*, 151 - 179.

Dobkins, K. R. , & Anderson, C. M. (2002). Color-based motion processing is stronger in infants than in adults. *Psychological Science*, *13*, 76 - 80.

Dobkins, K. R. , Anderson, C. M. , & Kelly, J. (2001). Development of psychophysically-derived detection contours in L- and M-cone contrast space. *Vision Research*, *41*, 1791 - 1807.

Dobkins, K. R. , Lia, B. , & Teller, D. Y. (1997). Infant color vision: Temporal contrast sensitivity functions for chromatic (red/green) stimuli in 3-month-olds. *Vision Research*, *37*, 2699 - 2716.

Dobson, V. (1976). Spectral sensitivity of the 2-month-old infant as measured by the visual evoked cortical potential. *Vision Research*, *16*, 367 - 374.

Duncker, K. (1929). Ueber induzierte bewegung. *Psychologische Forschung*, *22*, 180 - 259.

Easterbrook, M. A. , Kisilevsky, B. S. , Muir, D. W. , & Laplante, D. P. (1999). Newborns discriminate schematic faces from scrambled faces. *Canadian Journal of Experimental Psychology*, *53*, 231 - 241.

Eizenman, D. R. , & Bertenthal, B. I. (1998). Infants' perception of object unity in translating and rotating displays. *Developmental Psychology*, *34*, 426 - 434.

Elman, J. L. , Bates, E. A. , Johnson, M. H. , Karmiloff-Smith, A. , Parisi, D. , & Plunkett, K. (1996). *Rethinking innateness*. Cambridge, MA: MIT Press.

Fantz, R. L. (1961). The origin of form perception. *Scientific American*, *204*, 66 - 72.

Fantz, R. L. , Fagan, J. F. , & Miranda, S. B. (1975). Early visual selectivity. In L. B. Cohen & P. Salapatek (Eds.), *Infant perception: From sensation to cognition* (pp. 249 - 345). New York: Academic Press.

Fantz, R. L. , & Nevis, S. (1967). Pattern preferences and perceptual-cognitive development in early infancy. *Merrill-Palmer Quarterly*, *13*(1), 77 - 108.

Fantz, R. L. , Ordy, J. M. , & Udelf, M. S. (1962). Maturation of pattern vision in infants during the first 6 months. *Journal of Comparative and Physiological Psychology*, *55*, 907 - 917.

Fodor, J. A. , & Pylyshyn, Z. W. (1981). How direct is visual perception? Some reflections on Gibson's "ecological approach." *Cognition*, *9*, 139 - 196.

Fox, R. , Aslin, R. N. , Shea, S. L. , & Dumais, S. T. (1980). Stereopsis in human infants. *Science*, *207*(4428), 323 – 324.

Fox, R. , & McDaniel, C. (1982). The perception of biological motion by human infants. *Science*, *218*(4571), 486 – 487.

Freedland, R. L. , & Dannemiller, J. L. (1987). Detection of stimulus motion in 5-month-old infants. The ontogenesis of perception [Special issue]. *Journal of Experimental Psychology: Human Perception and Performance*, *13*(4), 566 – 576.

Gayl, I. E. , Roberts, J. O. , & Werner, J. S. (1983). Linear systems analysis of infant visual pattern preferences. *Journal of Experimental Child Psychology*, *35*, 30 – 45.

Gauthier, I. , & Nelson, C. A. (2001). The development of face expertise. *Current Opinion in Neurobiology*, *11*, 219 – 224.

Geisler, W. S. , Perry, J. S. , Super, B. J. , & Gallogly, D. P. (2001). Edge co-occurrence in natural images predicts contour grouping performance. *Vision Research*, *41*, 711 – 724.

Geldart, S. , Mondloch, C. J. , Maurer, D. , de Schonen, S. , & Brent, H. (2002). The effect of early visual deprivation on the development of face processing. *Developmental Science*, *5*, 490 – 501.

Gibson, E. J. (1969). *Principles of perceptual learning and development*. New York: Appleton-Century-Crofts.

Gibson, E. J. (1979). Perceptual development from the ecological approach. In M. Lamb, A. Brown, & B. Rogoff (Eds.), *Advances in developmental psychology* (Vol. 3, pp. 243 – 285). Hillsdale, NJ: Erlbaum.

Gibson, E. J. , Gibson, J. J. , Smith, O. W. , & Flock, H. R. (1959). Motion parallax as a determinant of perceived depth. *Journal of Experimental Psychology*, *58*, 40 – 51.

Gibson, J. (1950). *The perception of the visual world*. New York: Appleton-Century-Crofts.

Gibson, J. J. (1966). *The senses considered as perceptual systems*. Boston: Houghton Mifflin.

Gibson, J. J. (1979). *The ecological approach to visual perception*. Boston: Houghton Mifflin.

Gibson, J. J. , Kaplan, G. A. , Reynolds. H. N. , Jr. , & Wheeler, K. (1969). The change from visible to invisible: A study of optical transitions. *Perception and Psychophysics*, *5*(2), 113 – 116.

Goren, C. , Sarty, M. , & Wu, P. (1975). Visual following and pattern discrimination of face-like stimuli by newborn infants. *Pediatrics*, *56*, 544 – 549.

Gottschaldt, K. (1938). Gestalt factors and repetition. In W. D. Ellis (Ed.), *A sourcebook of Gestalt psychology*. London: Kegan Paul, Trech, Tubner. (Original work published 1926)

Granrud, C. E. (1986). Binocular vision and spatial perception in 4- and 5-month-old infants. *Journal of Experimental Psychology: Human Perception and Performance*, *12*, 36 – 49.

Granrud, C. E. (1987). Size constancy in newborn human infants. *Investigative Ophthalmology and Visual Science*, *28*(Suppl.), 5.

Granrud, C. E. , Haake, R. J. , & Yonas, A. (1985). Infants' sensitivity to familiar size: The effect of memory on spatial perception. *Perception and Psychophysics*, *37*(5), 459 – 466.

Granrud, C. E. , & Yonas. A, (1984). Infants' perception of pictorially specified interposition. *Journal of Experimental Child Psychology*, *37* (3), 500 – 511.

Granrud, C. E. , Yonas, A. , Smith, I. M. , Arterberry, M. E. , Glicksman, M. L. , & Sorknes, A. (1985). Infants' sensitivity to accretion and deletion of texture as information for depth at an edge. *Child Development*, *55*, 1630 – 1636.

Green, D. G. , & Campbell, F. W. (1965). Effect of focus on the visual response to a sinusoidally modulated spatial stimulus. *Journal of the Optical Society of America*, *55*, 1154 – 1157.

Grossberg, S. , & Mingolla, E. (1985). Neural dynamics of form perception: Boundary completion, illusory figures, and neon color spreading. *Psychological Review*, *92*, 173 – 211.

Gunderson, V. M. , Yonas, A. , Sargent, P. L. , & Grant-Webster, K. S. (1993). Infant macaque monkeys respond to pictorial depth. *Psychological Science*, *4*(2), 93 – 98.

Hainline, L. , Riddell, P. , Grose-Fifer, J. , & Abramov, I. (1992). Development of accommodation and convergence in infancy. Normal and abnormal visual development in infants and children [Special issue]. *Behavioural Brain Research*, *49*(1), 33 – 50.

Haith, M. (1983). Spatially determined visual activity in early infancy. In A. Hein & M. Jeannerod (Eds.), *Spatially oriented behavior* (pp. 175 – 214). New York: Springer.

Hamer, D. R. , Alexander, K. R. , & Teller, D. Y. (1982). Rayleigh discriminations in young infants. *Vision Research*, *22*, 575 – 587.

Haynes, H. , White, B. L. , & Held, R. (1965). Visual accommodation in human infants. *Science*, *148*, 528 – 530.

Heitger, F. , Rosenthaler, L. , von der Heydt, R. , Peterhans, E. , & Kübler, O. (1992). Simulation of neural contour mechanisms: From simple to end-stopped cells. *Vision Research*, *32*, 963 – 981.

Held, R. (1985). Binocular vision: Behavioral and neural development. In J. Mehler & R. Fox (Eds.), *Neonate cognition: Beyond the blooming buzzing confusion* (pp. 37 – 44). Hillsdale, NJ: Erlbaum.

Held, R. (1988). Normal visual development and its deviations. In G. Lennerstrand, G. K. von Noorden & E. C. Campos (Eds.), *Strabismus and ambyopia* (pp. 247 – 257). New York: Plenum Press.

Held, R. (1993). What can rates of development tell us about underlying mechanisms. In C. Granrud (Ed.), *Carnegie Mellon Symposium on Cognition: Visual perception and cognition in infancy* (Vol. 21, pp. 75 – 89). Hillsdale, NJ: Erlbaum.

Held, R. , Birch, E. E. , & Gwiazda, J. (1980). Stereoacuity of human infants. *Proceedings of the National Academy of Sciences, USA*, *77*, 5572 – 5574.

Helmholtz, H. von (1925). *Treatise on physiological optics* (Vol. 3). New York: Optical Society of America. (Original work published 1885 in German)

Hendrickson, A. E. (1993). Morphological development of the primate retina. In K. Simons (Ed.), *Early visual development: Normal and abnormal* (pp. 287 – 295). New York: Oxford University Press.

Hering, E. (1861 – 1864). *Beitrage zur physiologie*. Leipzig, Germany: Engelmann.

Hickey, T. L. , & Peduzzi, J. D. (1987). Structure and development of the visual system. In P. Salapatek & L. B. Cohen (Eds.), *Handbook of infant perception: From sensation to perception* (pp. 1 – 42). New York: Academic Press.

Hirano, S. , Yamamoto, Y. , Takayama, H. , Sugata, Y. , & Matsuo, K. (1979). Ultrasonic observations of eyes in premature babies: Pt. 6. Growth curves of ocular axial length and its components. *Acta Societais Ophthalmologicae Japonicae*, *83*, 1679 – 1693.

Hobbes, T. (1974). *Leviathan*. Baltimore: Penguin. (Original work published 1651)

Hoffman, D. D. , & Flinchbaugh, B. E. (1982). The interpretation of biological motion. *Biological Cybernetics*, *42*(3).

Holway, A. H. , & Boring, E. G. (1941). Determinants of apparent visual size with distance variant. *American Journal of Psychology*, *54*, 21 – 37.

Howland, H. C. (1982). Infant eye: Optics and accommodation. *Current Eye Research*, *2*, 217 – 224.

Hubel, D. H. , & Wiesel, T. N. (1962). Receptive fields, binocular interaction, and functional architecture in the cat's visual cortex. *Journal of Physiology, London*, *160*, 106 – 154.

Hubel, D. H. , & Wiesel, T. N. (1970). Stereoscopic vision in macaque monkey: Cells sensitive to binocular depth in area 18 of the macaque monkey cortex. *Nature*, *225*, 41 – 42.

Hume, D. (1999). *An enquiry concerning human understanding* (T. L. Beauchamp, Ed.). Oxford, England: Oxford University Press. (Original work published 1758)

Hummel, J. E. , & Biederman, I. (1992). Dynamic binding in a neural network for shape recognition. *Psychological Review*, *99*, 480 – 517.

Ittleson, W. H. (1951). Size as a cue to distance: Static localization. *American Journal of Psychology*, *64*, 54 – 67.

Jacobs, D. S. , & Blakemore, C. (1988). Factors limiting the postnatal development of visual acuity in the monkey. *Vision Research*, *28*, 947 – 958.

James, W. (1890). *The principles of psychology*. New York: Henry Holt.

Johansson, G. (1950). *Configurations in event perception*. Uppsala, Sweden: Almqvist & Wiksell.

Johansson, G. (1970). On theories for visual space perception: A letter to Gibson. *Scandinavian Journal of Psychology*, *11*(2), 67 – 74.

Johansson, G. (1975). Visual motion perception. *Scientific American*, *232*(6), 76 – 88.

Johnson, M. H. (1997). *Developmental cognitive neuroscience*. Cambridge, MA: Blackwell Press.

Johnson, M. H. , Dziurawiec, S. , Ellis, H. , & Morton, J. (1991). Newborn's preferential tracking of face-like stimuli and its subsequent decline. *Cognition*, *40*, 1 – 19.

Johnson, S. P. , & Aslin, R. N. (1995). Perception of object unity in 2-month-old infants. *Developmental Psychology*, *31*(5), 739 – 745.

Johnson, S. P. , & Aslin, R. N. (1996). Perception of object unity in young infants: The roles of motion, depth, and orientation. *Cognitive*

Development, *11*, 161 - 180.

Johnson, S. P. , & Mason, U. (2002). Perception of kinetic illusory contours by 2-month-old infants. *Child Development*, *73*, 22 - 34.

Johnson, S. P. , & Nanez, J. E. (1995). Young infants' perception of object unity in two-dimensional displays. *Infant Behavior and Development*, *18*, 133 - 143.

Kanwisher, N. , McDermott, J. , & Chun, M. M. (1997). The fusiform area: A module in human extrastriate cortex specialized for face perception. *Journal of Neuroscience*, *17*, 4302 - 4311.

Kant, I. (1902). *Critique of pure reason* (2nd ed. , F. M. Muller, Trans.). New York: Macmillan. (Original work published 1781)

Kaplan, G. A. (1969). Kinetic disruption of optical texture: The perception of depth at an edge. *Perception and Psychophysics*, *6*(4), 193 - 198.

Kaufman, L. (1974). *Sight and mind*. New York: Oxford University Press.

Kaufmann, F. , Stucki, M. , & Kaufmann-Hayoz, R. (1985). Development of infants' sensitivity for slow and rapid motions. *Infant Behavior and Development*, *8*(1), 89 - 98.

Kaufmann-Hayoz, R. , Kaufmann, F. , & Stucki, M. (1986). Kinetic contours in infants' visual perception. *Child Development*, *57*(2), 292 - 299.

Kaufmann-Hayoz, R. , Kaufmann, F. , & Walther, D. (1988, April). *Perception of kinetic subjective contours at 5 and 8 months*. Paper presented at the Sixth International Conference on Infant Studies, Washington, DC.

Kavsek, M. J. (1999). Infants' responsiveness to line junctions in curved objects. *Journal of Experimental Child Psychology*, *72*, 177 - 192.

Kawabata, H. , Gyoba, J. , Inoue, H. , & Ohtsubo, H. (1999). Visual completion of partly occluded grating in young infants under 1 month of age. *Vision Research*, *39*, 3586 - 3591.

Kellman, P. J. (1984). Perception of three-dimensional form by human infants. *Perception and Psychophysics*, *36*(4), 353 - 358.

Kellman, P. J. (1993). Kinematic foundations of infant visual perception. In G. Carl (Ed.), *Carnegie Mellon Symposium on Cognition: Visual perception and cognition in infancy* (Vol. 21, pp. 121 - 173). Hillsdale, NJ: Erlbaum.

Kellman, P. J. (1995). Ontogenesis of space and motion perception. In R. Gelman & T. K. Au (Eds.), *Perceptual and cognitive development* (2nd ed. , pp. 3 - 48). New York: Academic Press.

Kellman, P. J. (2001). Separating processes in object perception. *Journal of Experimental Child Psychology*, *78*, 84 - 97.

Kellman, P. J. (2002). Perceptual learning. In R. Gallistel (Ed.), *Stevens' handbook of experimental psychology: Learning, motivation, and emotion* (3rd ed. , Vol. 3). Wiley.

Kellman, P. J. (2003). Segmentation and grouping in object perception: A 4-dimensional approach. In R. Kimchi, M. Behrmann, & C. R. Olson (Eds.), *Carnegie Mellon Symposium on Cognition: Vol. 31. Perceptual organization in vision — Behavioral and neural perspectives* (pp. 155 - 201). Hillsdale, NJ: Erlbaum.

Kellman, P. J. , & Arterberry, M. E. (1998). *The cradle of knowledge: Development of perception in infancy*. Cambridge, MA: MIT Press.

Kellman, P. J. , & Banks, M. S. (1997). Infant visual perception. In R. Siegler & D. Kuhn (Eds.), *Handbook of child psychology: Vol. 2. Cognition, perception, and language* (5th ed. , pp. 103 - 146). New York: Wiley.

Kellman, P. J. , & Cohen, M. H. (1984). Kinetic subjective contours. *Perception and Psychophysics*, *35*(3), 237 - 244

Kellman, P. J. , Garrigan, P. , & Shipley, T. F. (2005). Object interpolation in three dimensions. *Psychological Review*, *112*(3), 586 - 609.

Kellman, P. J. , Gleitman, H. , & Spelke, E. S. (1987). Object and observer motion in the perception of objects by infants. The ontogenesis of perception [Special issue]. *Journal of Experimental Psychology: Human Perception and Performance*, *13*(4), 586 - 593.

Kellman, P. J. , & Shipley, T. F. (1991). A theory of visual interpolation in object perception. *Cognitive Psychology*, *23*(2), 141 - 221.

Kellman, P. J. , & Short, K. R. (1987a). Development of three-dimensional form perception. *Journal of Experimental Psychology: Human Perception and Performance*, *13*(4), 545 - 557.

Kellman, P. J. , & Short, K. R. (1987b). *Infant perception of partly occluded objects: The problem of rotation*. Paper presented at the Third International Conference on Event Perception and Action, Uppsala, Sweden.

Kellman, P. J. , & Spelke, E. S. (1983). Perception of partly occluded objects in infancy. *Cognitive Psychology*, *15*(4), 483 - 524.

Kellman, P. J. , Spelke, E. S. , & Short, K. R. (1986). Infant perception of object unity from translatory motion in depth and vertical translation. *Child Development*, *57*(1), 72 - 86.

Kellman, P. J. , & von Hofsten, C. (1992). The world of the moving infant: Perception of motion, stability, and space. *Advances in Infancy Research*, *7*, 147 - 184.

Kellman, P. J. , Yin, C. , & Shipley, T. F. (1998). A common mechanism for illusory and occluded object completion. *Journal of Experimental Psychology: Human Perception and Performance*, *24*, 859 - 869.

Kelly, J. P. , Borchert, J. , & Teller, D. Y. (1997). The development of chromatic and achromatic contrast sensitivity in infancy as tested with the sweep VEP. *Vision Research*, *37*, 2057 - 2072.

Kessen, W. , Haith, M. M. , & Salapatek, P. H. (1970). Human infancy: A bibliography and guide. In P. H. Mussen (Ed.), *Carmichael's manual of child psychology* (pp. 287 - 445). New York: Wiley.

Kestenbaum, R. , & Nelson, C. A. (1990). The recognition and categorization of upright and inverted emotional expressions by 7-month-old infants. *Infant Behavior and Development*, *13*, 497 - 511.

Kleiner, K. A. (1987). Amplitude and phase spectra as indices of infants' pattern preferences. *Infant Behavior and Development*, *10*, 45 - 55.

Kliener, K. A. , & Banks, M. S. (1987). Stimulus energy does not account for 2-month-olds' face preferences. *Journal of Experimental Psychology: Human Perception and Performance*, *13*, 594 - 600.

Koenderink, J. J. (1986). Optic flow. *Vision Research*, *26*, 161 - 180.

Koffka, K. (1935). *Principles of Gestalt psychology*. New York: Harcourt, Brace & World.

Kremenitzer, J. P. , Vaughan, H. G. , Kurtzberg, D. , & Dowling, K. (1979). Smooth-pursuit eye movements in the newborn infant. *Child Development*, *50*(2), 442 - 448.

Kuchuk, A. , Vibbert, M. , & Bornstein, M. H. (1986). The perception of smiling and its experiential correlates in 3-month-old infants. *Child Development*, *57*, 1054 - 1061.

Larsen, J. S. (1971). The sagittal growth of the eye: Vol. 4. Ultrasonic measurement of the axial length of the eye from birth to puberty. *Acta Ophthalmologica*, *49*, 873 - 886.

Lea, S. E. G. , Slater, A. M. , & Ryan, C. M. E. (1996). Perception of object unity in chicks: A comparison with the human infant. *Infant Behavior and Development*, *19*, 501 - 504.

Lee, D. (1974). Visual information during locomotion. In R. B. MacLeod & H. L. Pick (Eds.), *Perception: Essays in honor of J. J. Gibson* (pp. 250 - 267). Ithaca, NY: Cornell University Press.

Legge, G. E. , & Foley, J. M. (1980). Contrast masking in human vision. *Journal of the Optical Society of America*, *70*, 1458 - 1471.

Leinbach, M. D. , & Fagot, B. I. (1993). Categorical habituation to male and female faces: Gender schematic processing in infancy. *Infant Behavior and Development*, *16*, 317 - 332.

Levi, D. M. , Klein, S. A. , & Aitsebaomo, A. P. (1985). Vernier acuity, crowding, and cortical magnification. *Vision Research*, *25*, 963 - 977.

Lewis, T. L. , Maurer, D. , & Kay, D. (1978). Newborns' central vision: Whole or hole? *Journal of Experimental Child Psychology*, *26*, 193 - 203.

Linsker, R. (1989). How to generate ordered maps By maximizing the mutual information between input and output signals. *Neural Computation*, *1*, 402 - 411.

Locke, J. (1971). *Essay concerning the human understanding*. New York: World Publishing. (Original work published 1690)

Ludemann, P. M. , & Nelson, C. A. (1988). Categorical representation of facial expressions by 7-month-old infants. *Developmental Psychology*, *24*, 492 - 501.

Manny, R. E. , & Klein, S. A. (1984). The development of vernier acuity in infants. *Current Eye Research*, *3*, 453 - 462.

Manny, R. E. , & Klein, S. A. (1985). A three alternative tracking paradigm to measure vernier acuity of older infants. *Vision Research*, *25*, 1245 - 1252.

Marr, D. (1982). *Vision*. San Francisco: Freeman.

Maurer, D. (1985). Infants' perception of facedness. In T. M. Field & N. A. Fox (Eds.), *Social perception in infants* (pp. 73 - 100). Norwood, NJ: Ablex.

Mayer, D. , & Arendt, R. E. (2001). Visual acuity assessment in infancy. In L. T. Singer & P. S. Zeskind (Eds.), *Biobehavioral assessment of the infant* (pp. 81 - 94). New York: Guilford Press.

Maurer, D. , & Lewis, T. (1999). Rapid improvement in the acuity of infants after visual input. *Science*, *286*, 108 - 110.

Mill, J. S. (1865). Examination of Sir William Hamilton's philosophy. In R. Herrnstein & E. G. Boring (Eds.), *A source book in the history of psychology* (pp. 182 - 188). Cambridge, MA: Harvard University Press.

Mondloch, C. J. , Lewis, T. L. , Budreau, D. R. , Maurer, D. ,

Dannemiller, J. D. , Stephens, B. R. , et al. (1999). Face perception during early infancy. *Psychological Science* , 10 , 419 - 422.

Montague, D. P. F. , & Walker-Andrews, A. S. (2002). Mothers, fathers, and infants; The role of person familiarity and parental involvement in infants' perception of emotional expressions. *Child Development* , 73 , 1339 - 1353.

Morrone, M. C. , Burr, D. C. , & Fiorentini, A. (1993). Development of infant contrast sensitivity to chromatic stimuli. *Vision Research* , 33 , 2535 - 2552.

Morton, J. , & Johnson, M. H. (1991). Conspec and conlern; A twoprocess theory of infant face recognition. *Psychological Review* , 2 , 164 - 181.

Muller, J. (1965). Handbuch der physiologie des menschen; bk. V. Coblenz (W. Baly, Trans.) [Elements of physiology; Vol. 2 (1842, London)]. In R. Herrnstein & E. G. Boring (Eds.), *A sourcebook in the history of psychology* (pp. 26 - 33). Cambridge, MA; Harvard University Press. (Original work published 1838)

Nanez, J. E. (1988). Perception of impending collision in 3- to 6-week-old infants. *Infant Behavior and Development* , 11 , 447 - 463.

Nanez, J. E. , & Yonas, A. (1994). Effects of luminance and texture motion on infant defensive reactions to optical collision. *Infant Behavior and Development* , 17 , 165 - 174.

Needham, A. (1999). The role of shape in 4-month-old infants' object segregation. *Infant Behavior and Development* , 22 , 161 - 178.

Needham, A. (2001). Object recognition and object segregation in $4\frac{1}{2}$-month-old infants. *Journal of Experimental Child Psychology* , 78 , 3 - 24.

Nelson, C. A. (2001). The development and neural bases of face recognition. *Infant and Child Development* , 10 , 3 - 18.

Norcia, A. M. , Tyler, C. W. , & Allen, D. (1986). Electrophysiological assessment of contrast sensitivity in human infants. *American Journal of Optometry and Physiological Optics* , 63 , 12 - 15.

Norcia, A. M. , Tyler, C. W. , & Hammer, R. D. (1990). Development of contrast sensitivity in the human infant. *Vision Research* , 30 , 1475 - 1486.

Olshausen, B. A. , & Field, D. J. (1996). Emergence of simple-cell receptive field properties by learning a sparse code for natural images. *Nature* , 381 , 607 - 609.

Olzak, L. A. , & Thomas, J. P. (1986). Seeing spatial patterns. In K. R. Boff, L. Kaufman, & J. P. Thomas (Eds.), *Handbook of perception and human performance; Sensory processes and perception* (pp. 7.1 - 7.56). New York; Wiley.

Oppenheim, A. V. , & Lim, J. S. (1981). The importance of phase in signals. *Proceedings of the IEEE* , 69 , 529 - 541.

Oster, H. E. (1975). *Color perception in human infants*. Unpublished masters thesis, University of California, Berkeley.

O'Toole, A. J. , Deffenbacher, K. A. , Valentin, D. , & Abdi, H. (1994). Structural aspects of face recognition and the other-race effect. *Memory and Cognition* , 22 , 208 - 224.

Owsley, C. (1983). The role of motion in infants' perception of solid shape. *Perception* , 12(6), 707 - 717.

Packer, O. , Hartmann, E. E. , & Teller, D. Y. (1984). Infant colour vision, the effect of test field size on Rayleigh discrimination. *Vision Research* , 24 , 1247 - 1260.

Palmer, E. M. , Kellman, P. J. , & Shipley, T. F. (2004). *A theory of contour interpolation in the perception of dynamically occluded objects*. Manuscript in preparation.

Palmer, S. , & Rock, I. (1994). Rethinking perceptual organization; The role of uniform connectedness. *Psychonomic Bulletin and Review* , 1(1), 29 - 55.

Pascalis, O. , de Haan, M. , & Nelson, C. A. (2002). Is face processing species-specific during the first year of life? *Science* , 296 , 1321 - 1323.

Pascalis, O. , de Schonen, S. , Morton, J. , Deruelle, C. , & Fabre-Grenet, M. (1995). Mother's face recognition in neonates; A replication and extension. *Infant Behavior and Development* , 18 , 79 - 85.

Peeples, D. R. , & Teller, D. Y. (1975). Color vision and brightness discrimination in human infants. *Science* , 189 , 1102 - 1103.

Pelli, D. (Ed.). (1990). *Quantum efficiency of vision*. Cambridge, England; Cambridge University Press.

Peterzell, D. H. , Werner, J. S. , & Kaplan, P. S. (1995). Individual differences in contrast sensitivity functions; Longitudinal study of 4 - , 6 - , and 8-month - old human infants. *Vision Research* , 35 , 961 - 979.

Petrig, B. , Julesz, B. , Kropfl, W. , & Baumgartner, G. (1981). Development of stereopsis and cortical binocularity in human infants; Electrophysiological evidence. *Science* , 213(4514), 1402 - 1405.

Pettigrew, J. D. (1974). The effect of visual experience on the development of stimulus specificity by kitten cortical neurones. *Journal of Physiology* , 237 , 49 - 74.

Piaget, J. (1952). *The origins of intelligence in children*. New York; International Universities Press.

Piaget, J. (1954). *The construction of reality in the child*. New York; Basic Books.

Piotrowski, L. N. , & Campbell, F. W. (1982). A demonstration of visual importance and flexibility of spatial-frequency amplitude and phase. *Perception* , 11 , 337 - 346.

Pirchio, M. , Spinelli. D. , Fiorentini, A. , & Maffei, L. (1978). Infant contrast sensitivity evaluated by evoked potentials. *Brain Research* . 141 , 179 - 184.

Purves, D. , & Lotto, R. B. (2003). *Why we see what we do: An empirical theory of vision*. Sunderland, MA; Sinauer Associates.

Quinn, P. C. , & Bhatt, R. S. (2001). Object recognition and object segregation in infancy; Historical perspective, theoretical significance, "kinds" of knowledge and relation to object categorization. *Journal of Experimental Child Psychology* , 78 , 25 - 34.

Quinn, P. C. , Yahr, J. , Kuhn, A. , Slater, A. M. , & Pascalis, O. (2002). Representation of the gender of human faces by infants; A preference for female. *Perception* , 31 , 1109 - 1121.

Ramachandran, V. S. , Clarke, P. G. , & Whitteridge, D. (1977). Cells selective to binocular disparity in the cortex of newborn lambs. *Nature* , 268(5618), 333 - 335.

Rentschler, I. , & Treutwein, B. (1985). Loss of spatial phase relationships in extrafoveal vision. *Nature* , 313 , 308 - 310.

Riesen, A. H. (1947). The development of visual perception in man and chimpanzee. *Science* , 106 , 107 - 108.

Ringach, D. L. , & Shapley, R. (1996). Spatial and temporal properties of illusory contours and amodal boundary completion. *Visual Research* , 36 , 3037 - 3050.

Rochat, P. (1999). *Early social cognition: Understanding others in the first months of life*. Mahwah. NJ; Erlbaum.

Rock, I. (1984). *Perception*. New York; Scientific American Books.

Rolls, E. T. , & Baylis, G. C. (1986). Size and contrast have only small effects on the responses to faces of neurons in the cortex of the superior temporal sulcus of the monkey. *Experimental Brain Research* , 65 , 38 - 48.

Rubenstein, A. J. , Kalakanis, L. , & Langois, J. H. (1999). Infant preferences for attractive faces; A cognitive explanation. *Developmental Psychology* , 35 , 848 - 855.

Rubin, E. (1915). *Synoplevede figurer*. Copenhagen, Denmark; Gyldendalske.

Ruff, H. A. (1978). Infant recognition of the invariant form of objects. *Child Development* , 49(2), 293 - 306.

Russell, J. A. , & Fernandez-Dols, J. M. (1997). *The psychology of facial expression*. New York; Cambridge University Press.

Sai, F. , & Bushnell, I. W. R. (1988). The perception of faces in different poses by 1-month-olds. *British Journal of Developmental Psychology* , 6 , 35 - 41.

Schaller, M. J. (1975). Chromatic vision in human infants; Conditioned operant fixation to "hues" of varying intensity. *Bulletin of the Psychonomic Society* , 6 , 39 - 42.

Schiff, W. (1965). Perception of impending collision; A study of visually directed avoidant behavior. *Psychological Monographs* , 79 (Whole No. 604).

Sekiguchi, N. , Williams, D. R. , & Brainard, D. H. (1993). Aberration-free measurements of the visibility of isoluminant gratings. *Journal of the Optical Society of America* , 10 , 2105 - 2117.

Sergent, J. (1984). An investigation into component and configural processes underlying face perception. *British Journal of Psychology* , 75 , 221 - 242.

Serrano, J. M. , Iglesias, J. , & Loeches, A. (1992). Visual discrimination and recognition of facial expressions of anger, fear, and surprise in 4- to 6-month-old infants. *Developmental Psychobiology* , 25 , 411 - 425.

Shepard, R. N. (1984). Ecological constraints on internal representation; Resonant kinematics of perceiving, imagining, thinking, and dreaming. *Psychological Review* , 91(4), 417 - 447.

Shimojo, S. , Birch, E. E. , Gwiazda, J. , & Held, R. (1984). Development of vernier acuity in human infants. *Vision Research* , 24 , 721 - 728.

Shimojo, S. , & Held, R. (1987). Vernier acuity is less than grating acuity in 2- and 3-month-olds. *Vision Research* , 27 , 77 - 86.

Shipley, T. F. , & Kellman, P. J. (1994). Spatiotemporal boundary formation; Boundary, form, and motion perception from transformations of surface elements. *Journal of Experimental Psychology: General* , 123(1), 3 -

20.

Simion, F., Cassia, V. M., Turati, C., & Valenza, E. (2001). The origins of face perception: Specific versus non-specific mechanisms. *Infant and Child Development*, 10, 59‐65.

Skoczenski, A. M., & Aslin, R. N. (1995). Assessment of vernier acuity development using the "equivalent instrinsic blur" paradigm. *Vision Research*, 35, 1879‐1887.

Skoczenski, A. M., & Norcia, A. M. (1998). Neural noise limitations on infant visual sensitivity. *Nature*, 391, 697‐700.

Skoczenski, A. M., & Norcia, A. M. (2002). Late maturation of visual hyperacuity. *Psychological Science*, 13, 537‐541.

Slater, A., & Findlay, J. M. (1975). Binocular fixation in the newborn baby. *Journal of Experimental Child Psychology*, 20(2), 248‐273.

Slater, A., Johnson, S. P., Brown, E., & Badenoch, M. (1996). Newborn infant's perception of partly occluded objects. *Infant Behavior and Development*, 19, 145‐148.

Slater, A., Johnson, S., Kellman, P. J., & Spelke, E. (1994). The role of three-dimensional depth cues in infants' perception of partly occluded objects. *Journal of Early Development and Parenting*, 3(3), 187‐191.

Slater, A., Mattock, A., & Brown, E. (1990). Size constancy at birth: Newborn infants' responses to retinal and real size. *Journal of Experimental Child Psychology*, 49(2), 314‐322.

Slater, A., & Morison, V. (1985). Shape constancy and slant perception at birth. *Perception*, 14(3), 337‐344.

Slater, A., Morrison, V., & Somers, M. (1988). Orientation discrimination and cortical function in the human newborn. *Perception*, 17, 597‐602.

Slater, A., Morison, V., Somers, M., Mattock, A., Brown, E., & Taylor, D. (1990). Newborn and older infants' perception of partly occluded objects. *Infant Behavior and Development*, 13, 33‐49.

Slater, A., Quinn, P. C., Hayes, R., & Brown, E. (2000). The role of facial orientation in newborn infants' preference for attractive faces. *Developmental Science*, 3, 181‐185.

Slater, A., Von der Schulenburg, C., Brown, E., Badenoch, M., Butterworth, G., Parsons, S., et al. (1998). Newborn infants prefer attractive faces. *Infant Behavior and Development*, 21, 345‐354.

Sokol, S. (1978). Measurement of visual acuity from pattern reversal evoked potentials. *Vision Research*, 18, 33‐40.

Spelke, E. S. (1985). Perception of unity, persistence and identity: Thoughts on infants' conceptions of objects. In J. Mehler & R. Fox (Eds.), *Neonate cognition* (pp. 89‐113). Hillsdale, NJ: Erlbaum.

Spelke, E. S., Breinlinger, K., Jacobson, K., & Phillips, A. (1993). Gestalt relations and object perception: A developmental study. *Perception*, 22(12), 1483‐1501.

Stephens, B. R., & Banks, M. S. (1987). Contrast discrimination in human infants. *Journal of Experimental Psychology: Human Perception and Performance*, 13, 558‐565.

Striano, T., Brennan, P. A., & Vanmann, E. J. (2002). Maternal depressive symptoms and 6-month-old infants' sensitivity to facial expressions. *Infancy*, 3, 115‐126.

Sumi, S. (1984). Upside-down presentation of the Johansson moving light-spot pattern. *Perception*, 13(3), 283‐286.

Suttle, C. M., Banks, M. S., & Graf, E. W. (2002). FPL and sweep VEP to tritan stimuli in young human infants. *Vision Research*, 42, 2879‐2891.

Swoyer, C. (2003, Spring). Relativism. In E. N. Zalta (Ed.), *The Stanford Encyclopedia of Philosophy*. Retrieved May 2005 from http://plato. stanford.edu/archives/spr2003/entries/relativism.

Teller, D. Y. (1998). Spatial and temporal aspects of infant color vision. *Vision Research*, 38, 3275‐3282.

Teller, D. Y., Brooks, T. E. W., & Palmer, J. (1997). Infant color vision: Moving tritan stimuli do not elicit directionally appropriate eye movements in 2-and 4-month-olds. *Vision Research*, 37, 899‐911.

Teller, D. Y., & Lindsey, D. T. (1993). Infant color vision: OKN techniques and null plane analysis. In K. Simons (Ed.), *Early visual development: Normal and abnormal* (pp. 143‐162). New York: Oxford University Press.

Teller, D. Y., & Palmer, J. (1996). Infant color vision-motion nulls for red-green versus luminance-modulated stimuli in infants and adults. *Vision Research*, 36, 955‐974.

Teller, D. Y., Peeples, D. R., & Sekel, M. (1978). Discrimination of chromatic from white light by 2-month-old human infants. *Vision Research*, 18, 41‐48.

Thomasson, M. A., & Teller, D. Y. (2000). Infant color vision: Sharp chromatic edges are not required for chromatic discrimination in 4-month-olds. *Vision Research*, 40, 1051‐1057.

Timney, B. (1981). Development of binocular depth perception in kittens. *Investigative Ophthalmology and Visual Science*, 21, 493‐496.

Titchener, E. B. (1910). *A textbook of psychology*. New York: Macmillan.

Turvey, M. T., Shaw, R. E., & Reed, E. S. (1981). Ecological laws of perceiving and acting: In reply to Fodor and Pylyshyn. *Cognition*, 9, 237‐304.

Ullman, S. (1979). *The interpretation of visual motion*. Cambridge, MA: MIT Press.

Ullman, S. (1980). Against direct perception. *Behavioral and Brain Sciences*, 3, 373‐415.

Van de Walle, G. A., & Spelke, E. S. (1996). Spatiotemporal integration and object perception in infancy: Perceiving unity versus form. *Child Development*, 67, 2621‐2640.

van Nes, F. L., & Bouman, M. A. (1967). Spatial modulation transfer in the human eye. *Journal of the Optical Society of America*, 57, 401.

Varner, D., Cook, J. E., Schneck, M. E., McDonald, M. A., & Teller, D. Y. (1985). Tritan discrimination by 1- and 2-month-old human infants. *Vision Research*, 25, 821‐831.

Volkmann, F. C., & Dobson, M. V. (1976). Infant responses of ocular fixation to moving visual stimuli. *Journal of Experimental Child Psychology*, 22(1), 86‐99.

von der Heydt, R., Peterhans, E., & Baumgartner, G. (1984). Illusory contours and cortical neuron responses. *Science*, 224(4654), 1260‐1262.

von der Malsburg, C. (1973). Self-organisation of orientation sensitive cells in the striate cortex. *Kybernetik*, 14, 85‐100.

von Hofsten, C., Kellman, P., & Putaansuu, J. (1992). Young infants' sensitivity to motion parallax. *Infant Behavior and Development*, 15(2), 245‐264.

von Hofsten, C., & Spelke, E. S. (1985). Object perception and object-directed reaching in infancy. *Journal of Experimental Psychology: General*, 114(2), 198‐212.

von Holst, E. (1954). Relations between the central nervous system and the peripheral organs. *British Journal of Animal Behavior*, 2, 89‐94.

Walk, R. D., & Gibson, E. J. (1961). A comparative and analytical study of visual depth perception. *Psychological Monographs*, 75.

Wallach, H. (1976). *On perception*. Oxford, England: Quadrangle.

Wallach, H. (1987). Perceiving a stable environment when one moves. *Annual Review of Psychology*, 38, 1‐27.

Wallach, H., & O'Connell, D. N. (1953). The kinetic depth effect. *Journal of Experimental Psychology*, 45, 205‐217.

Waltz, D. (1975). Understanding line drawings in scenes with shadows. In P. H. Winston (Ed.), *The psychology of computer vision* (pp. 19‐91). New York: McGraw-Hill.

Wattam-Bell, J. (1991). Development of motion-specific cortical responses in infancy. *Vision Research*, 31(2), 287‐297.

Wattam-Bell, J. (1992). The development of maximum displacement limits for discrimination of motion direction in infancy. *Vision Research*, 32(4), 621‐630.

Wattam-Bell, J. (1996a). Visual motion processing in 1-month-old infants: Habituation experiments. *Vision Research*, 36, 1679‐1685.

Wattam-Bell, J. (1996b). Visual motion processing in 1-month-old infants: Preferential looking experiments. *Vision Research*, 36, 1671‐1677.

Webb, J. A., & Aggarwal, J. K. (1982). Structure from motion of rigid and jointed objects. *Artificial Intelligence*, 19, 107‐130.

Werker, J. F. (1994). Cross-language speech perception: Developmental change does not involve loss. In H. Nusbaum & J. Goodman (Eds.), *The transition from speech sounds to spoken words: The development of speech perception* (pp. 95‐120). Cambridge, MA: MIT Press.

Werner, J. S. (1982). Development of scotopic sensitivity and the absorption spectrum of the human ocular media. *Journal of the Optical Society of America*, 72, 247‐258.

Wertheimer, M. (1958). Principles of perceptual organization. In D. C. Beardslee & M. Wertheimer (Eds.), *Readings in perception* (pp. 115‐135). Princeton, NJ: Van Nostrand. (Original work published 1923)

Westheimer, G. (1979). The spatial sense of the eye. *Investigative Ophthalmology and Visual Science*, 18, 893‐912.

Westheimer, G., & McKee, S. P. (1980). Stereoscopic acuity with defocused and spatially filtered retinal images. *Journal of the Optical Society of America*, 70(7), 772‐778.

Whalen, P. J., Rauch, S. L., Etcoff, N. L., McInerney, S. C., Lee, M. B., & Jenike, M. A. (1998). Masked presentations of emotional facial expressions modulate amygdale activity without explicit knowledge. *Journal of Neuroscience*, 18, 411‐418.

White, B., Castle, R., & Held, R. (1964). Observations on the development of visually directed reaching. *Child Development*, 35, 349 - 364.

Wiesel, T. N., & Hubel, D. H. (1974). Ordered arrangement of orientation columns in monkeys lacking visual experience. *Journal of Compdrative Neurology*, 158, 307 - 318.

Williams, D. R. (1985). Visibility of interference fringes near the resolution limit. *Journal of the Optical Society of America*, A2, 1087 - 1093.

Wilson, H. R. (1988). Development of spatiotemporal mechanisms in infant vision. *Vision Research*, 28, 611 - 628.

Wilson, H. R. (1993). Theories of infant visual development. In K. Simons (Ed.), *Early visual development: Normal and abnormal* (pp. 560 - 572). New York: Oxford University Press.

Winston, P. H. (1992). *Artificial intelligence*. Reading, MA: AddisonWesley.

Wundt, W. (1862). *Beitrage zur theorie der sinneswahrnehmung*. Leipzig, Germany: C. F. Winter.

Yin, C., Kellman, P. J., & Shipley, T. F. (1997). Surface completion complements boundary interpolation in the visual integration of partly occluded objects. *Perception*, 26, 1459 - 1479.

Yin, C., Kellman, P. J., & Shipley, T. F. (2000). Surface integration influences depth discrimination. *Vision Research*, 40(15), 1969 - 1978.

Yonas, A. (1981). Infants' responses to optical information for collision. In R. N. Aslin, J. Alberts, & M. Petersen (Eds.), *Development of perception: Psychobiological perspectives — The visual system* (Vol. 2, pp. 313 - 334). New York: Academic Press.

Yonas, A. (2001). Reflections on the study of infant perception and cognition: What does Morgan's canon really tell us to do? *Journal of Experimental Child Psychology*, 78, 50 - 54.

Yonas, A., & Arterberry, M. E. (1994). Infants' perceive spatial structure specified by line junctions. *Perception*, 23, 1427 - 1435.

Yonas, A., Arterberry, M. E., & Granrud, C. E. (1987a). Four-month-old infants' sensitivity to binocular and kinetic information for three-dimensional object shape. *Child Development*, 58, 910 - 917.

Yonas, A., Arterberry, M. E., & Granrud, C. E. (1987b). Space perception in infancy. *Annals of Child Development*, 4, 1 - 34.

Yonas, A., Bechtold, A., Frankel, D., Gordon, F., McRoberts, G., Norcia, A., et al. (1977). Development of sensitivity to information for impending collision. *Perception and Psychophysics*, 21(2), 97 - 104.

Yonas, A., Elieff, C. A., & Arterberry, M. E. (2002). Emergence of sensitivity to pictorial depth cues: Charting development in individual infants. *Infant Behavior and Development*, 25, 495 - 514.

Yonas, A., & Owsley, C. (1987). Development of visual space perception. In P. Salapetek & L. B. Cohen (Eds.), *Handbook of infant perception: From perception to cognition* (pp. 80 - 122). New York: Academic Press.

Yonas, A., Pettersen, L., & Granrud, C. E. (1982). Infants' sensitivity to familiar size as information for distance. *Child Development*, 53(5), 1285 - 1290.

Yonas, A., Pettersen, L., & Lockman, J. J. (1979). Young infants' sensitivity to optical information for collision. *Canadian Journal of Psychology*, 33(4), 268 - 276.

Yuodelis, C., & Hendrickson, A. (1986). A qualitative and quantitative analysis of the human fovea during development. *Vision Research*, 26, 847 - 855.

第 4 章

动作发展

KAREN E. ADOLPH 和 SARAH E. BERGER

重申动作发展

多年来,动作发展是发展心理学中不敢直呼其名的研究领域。研究者偏爱诸如*知觉—动作发展、知觉与行动*,以及*动作技能习得*等术语来代替*动作发展*。也许,"动作发展"一词听起来不够心理学化,而诸如知觉—动作发展这些名称则提示读者,动作行动的适应性控制涉及了知觉、计划、决策、记忆、动机、意图和目标等专门心理过程。

确实,每一本心理学入门的教科书都会包括"动作发展"一章,通常这一章还同时讲述生理发育。但是,教科书中介绍婴儿的反射、动作发展里程碑和成长曲线的内容不能反映出本领域当前研究工作的特色。实际上,我们大多数人的确是为了理解影响动作行动适应性控制的知觉、认知、社会和情感加工过程的发展变化来研究知觉—行动的耦合。不过,许多发展心理学家还为了理解更普遍的发展过程和规律,以动作发展为样板系统来研究运动的形式结构。由于认识到动作发展涉及两类研究——关注动作行动知觉控制的发展变化,以及利用婴儿运动的形式结构来阐明发展的普遍规律,我们理所当然地将本章命名为"动作发展"。

运动的形式结构

动作技能的不平常之处在于运动是可直接观测的。心理发展的大多数领域是精神活动的隐蔽移植。儿童思维、知觉、情绪、动机、概念、记忆和言语表征的内容必须通过外显的动作行为,如言语、手势、面部表情和眼动来推测,或者,在技术更为尖端的实验室中从脑活动图像加以推测。同样地,儿童精神活动的实时进程必须通过儿童的发声、注视行为模式、手的动作和面部表情,或脑电仪记录的脑活动踪迹加以推测。对心理活动发展变化的描述可能更不同于直接观察。这是由于研究者经常必须依赖不同的任务和程序研究不同年龄的儿童,典型的是年幼时采用注视行为,年长些时采用手部运动及发声行为(Hofstadter & Reznnick, 1996; Keen, 2003)。

与精神事件的隐蔽性质相对,动作行为是完全外显的。正如 Gesell(1946)在本手册先前版本相关章节写到:动作行为"有形"(p. 297)。每一摆动、每一步都跨越可测量的时间和空间。视频监视器或三维动作记录仪所记录的动作活动踪迹是对运动本身的直接解析。动作技能与对其形式的描述之间没有推测这一步相隔离。所见即所得。

此外,研究者也能够在多重嵌套的时间尺度上来观测儿童运动的变化形式。婴儿第一次笨拙伸臂的时—空轨迹可以与单个系列的多次伸臂尝试中速度和轨迹的变化进行比较,也可以与进行了数日、数周甚至数月练习的多系列尝试进行比较。微秒和微米被嵌套在更大的时空单元中。在学习和发展的过程中,实时的变化可以被直接追踪。

观测的一个明显的好处就在于,我们可以通过动作发展来构建一个独特的样本系统用以研究普遍的发展过程——新行为模式的起源;发展模式化、秩序化及方向性;变异性对发展的促进和阻碍作用;发展轨迹是连续的还是阶段性的;发展中的这些变化是否普遍具有个体差异和文化差异等。这些有关形式和时间历程普遍性问题都可以放在一个形式和时间历程透明的样板系统中有效地进行探讨。

受 Coghill(1929)将火蜥蜴胚胎期游泳动作范式与火蜥蜴发展的普遍规律相联系的例子启发,动作发展研究领域的伟大先驱 McGraw、Gesell 和 Shirley——用婴儿运动的形式和时间结构的变化作为发展的普遍过程的例证。早期的先驱们借助线条图漂亮地展示出了形式结构(见图 4.1)。研究者清楚而生动地描画了婴儿(像火蜥蜴一样)在环境中运动的体型变化。Gesell (1946)描述了婴儿爬行动作在时间结构和空

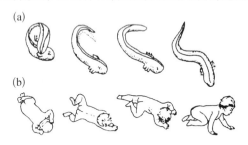

图 4.1 早期的先驱们用来说明动作发展变化的线条图示例。(a) Coghill 所绘火蜥蜴在胚胎期游泳动作实时顺序的四个位置。来源: G. E. Goghill, 1929, "*Anatomy and the Problem of Behavior*". New York: Hafner. 经许可使用。(b) Gesell 所绘婴儿爬行的第 6、7、9 和 19 阶段。来源: A. Gesell and L. B. Ames. 1940, "The Ontogenetic Organization of Prone Behavior in Human Infancy". *Journal of Genetic Psychology*, 56, pp. 247 – 263. 经许可使用。

间布局上的变化,证明人类发展过程中存在质的变化。同样,在 Thelen 和她的研究团队(如,Thelen & Ulrich,1991)引领下,当代研究者通过研究婴儿的伸够、抓握、踢腿、踏脚、爬行、行走和跳跃动作的变化来说明发展轨迹,提出发展变化的普遍规律,并进而推测符合生物学规律的发展机制。

然而,大多数样板系统都是目标现象的缩影。通过婴儿运动形态的变化来了解发展的优点在于我们能看到婴儿的动作,而不是对这些动作的简化。Coghill(1992)之所以特别地选用火蜥蜴作为胚胎发展期的样本系统,是因为火蜥蜴最初的 C 形和 S 形的游泳动作和简单的神经系统是更高级脊椎动物相关运动及其中枢神经系统(CNS)的缩影。然而,婴儿的动作并非成人动作的缩影。婴儿的动作也不易被引发或被记录。事实上,与成人相比,婴儿笨拙的走、够、头动和眼动都是出了名的多变和复杂。即使是新生儿的反射和婴儿自发的翻滚和摆动动作都有一个多变而复杂的时空结构。

实际上,为了描述婴儿运动中时—空轨迹的发展变化,动作发展领域的研究者引入了发展心理学的思想,研发一些技术引发行为,并基于时间对数据分类、记录和分析。在 20 世纪30 年代,Gesell 和 Thompson(1934,1938)设计了一个"行为访谈"的方法来系统地引发婴儿头两年不同运动技能的发展变化。Gesell 的任务和基于年龄的具体变化分类为著名的Bayley 婴儿发展量表(1993)和一些现代的发展筛选测验奠定了基础(如,Frankenburg & Dodds,1967)。

当前,在每个发展实验室里,研究者都采用视频技术对行为进行编码。但是,几十年前,McGraw(1935,1945),Gesell 和 Thompson(1934,1938)则是采用复杂的技术,用高速胶片把婴儿的动作捕捉下来。在发展研究的其他领域,研究者把儿童的行为汇编成数据库,如CHILDES 语言数据库,然而更早的时候,McGraw(1935),Gesell 和 Thompson(1938),Shirley(1931)和当代一些其他研究者已经建立了婴儿运动的档案系统。一个世纪前,动作发展领域的研究者一直为如何呈现和分析基于时间的数据绞尽脑汁,而如今研究者可以使用基于时间的婴儿眼动追踪和脑成像技术。

对运动动作的知觉控制

一切事物总有一些肉眼无法观察到的内在机制。运动行动的功能结果无法避免地受到身体的生物力学因素和外在环境因素的影响。A. Clark (1997) 在其文章中提出,运动行动是"具体化的"和"嵌入的",总是通过具有某些技能和不足的生物体来执行,并且也总是在一个具有某些支持和阻碍的环境中来执行。James 和 Eleanor Gibson 提出的"可知度"的概念也抓住了具体化和嵌入性的功能意义:行动者的身体和外在环境的和谐决定了行动者行动的可能性(E. J. Gibson, 1982;E. J. Gibson & Pick, 2000;J. J. Gibson, 1979)。移除真实世界中生理机体的限制和倾向,人的思想活动可以通过数学公式或计算机软件进行简单模拟,但是,运动行动的形式样板最好用一个具有生理机体形式、可操纵的机器人进行模拟(Brooks, 1991;Kuniyoshi et al. , 2005)。不同于数学公式或计算机软件,机器人和我们一样受到各种物理作用的限制。

行动的可能性取决于所有具体的不计其数的事实。在生物力学方面,行动受到大小、形状、质量、强度、弹性和身体各部分协调性的限制。身体状况不同,相同的功能性结果所需要的运动行动也不同。比如,受精 7 周的胎儿需要抬起肩臂,才能将手伸向嘴(Moore & Persaud, 1993),因为那时他们的臂芽还很短。在几周后,胎儿手臂变长,长出肘部,胎儿必须将手臂深弯,才能完成相同的手到口动作 (Robinson & Kleven, 出版中)。

相应地,行动的可知度也受到婴儿身体所处环境的限制——支持身体的平面和中介、运动所指向的物体和作用于身体各部分的地球引力。胚胎发育过程再次提供了一个简单而很有说服力的例子:受精 7 周后,胎儿腿的有力蹬踢可以让其在羊水中翻筋斗(DeVries, Visser, & Prechtl, 1982)。在 38 周时,成长中的胚胎抵在了子宫壁上,相同的肌肉动作甚至无法使胎儿伸腿。出生后,婴儿获得了一个更大的、可以自由移动的空间,但是却失去了液体环境的浮力,相同的肌肉运动受制于地球引力的牵引,这时,婴儿有力的蹬踢只能带来腿部弯曲或伸展。

通过胚胎发育过程的例子,我们阐述了运动行为的核心和必要特征,即身体和环境的限制都是持续变化的。实际可见的变化取决于身体的发展变化(比如胚胎手臂的生长和分化)和日常行为的变化(Adolph, 2002;Reed, 1989)。将玩具夹在一只手臂下,抬起一条腿,甚至深呼一口气都会对身体的功能和重心产生实时的影响。与此类似,环境也在不断变化。婴儿身体和技能的不断发展让他们认识新的物体、新的外在形式,为其和环境之间的交互作用提供了更多可能。比如,观察一个在运动场上玩耍的儿童,可以发现儿童显示出了对新的可知度的注意(E. J. Gibson, 1992)。滑梯可以当作帐篷、下滑轨道或上升轨道;关猴子的笼子可以当作帐篷或地面;秋千的支架可以当作栅栏、柱或火堆支柱,物体是什么取决于儿童不断变化的倾向。因此,对婴儿运动发展的最佳模拟机器人需要一种身体和环境都在发展的机器。

在环境中新鲜事物始终存在,而非特例。行为灵活性也是必需的,而非可以选择的。运动发展领域的当代研究者对知觉—行为之间的关系非常关注,因为只有通过知觉信息,婴儿才能对运动加以规划和相应的调整(如,Von Hofsten, 2003, 2004)。行为在生物力学上的变化改变了要取得预期功能后果所需要的力量。知觉决定了身体及其所处环境的状态,使婴儿了解目前对行为的限制(J. J. Gibson, 1979)。知觉使行为可以进行预先规划,并使行为适应环境。运动行为完善了知觉—行为环,为知觉系统提供信息,使相应的感觉器官获得可利用的信息。Gibson (1979)曾经说过:"要运动,我们必须感知;但要感知,我们也必须运动。"(223 页)知觉和运动之间的互相依存对运动行为的调整性控制是如此重要,以至于在本手册(Bertenthal & Clifton, 1998)第五版中,有关运动发展那一章的名字就是"知觉和动作"。

本章概览

除本手册以前版本中的类似章节外(Bertenthal & Clifton, 1998),文献中已经汇集了一些有关动作发展研究的详细而全面的回顾,包括动作技能获得按年龄顺序排列的标准和对

特定行为系统,如看、够取、操作物体、姿势和运动的深入分析(如,Adolph, 1997; Adolph &
Berger, 2005; Bushnell & Boudreau, 1993; Campos et al., 2000; E. J. Gibson &
Schmuckler, 1989; Vereijken, 2005; von Hofsten, 1989; Woollacott & Jensen, 1996)。此
外,大量文章和书籍都提出有关动作发展研究的两个主要理论观点:动力学系统论
(dynamic system)和生态论(ecological approach)(如,Adolph, Eppler, & Gibson, 1993b;
E. J. Gibson, 1988; E. J. Gibson & Pick, 2000; Goldfield, 1995; Smith & Thelen,
1993; Spencer & Schöner, 2003; Thelen, 1995; Thelen, Schöner, Scheier, & Smith,
2001; Thelen & Smith, 1994, 1998; von Hofsten, 2003, 2004; Zanone, Kelso, & Jeka,
1993)。动力学系统论的支持者倾向于强调运动的形式结构,试图为个体发展建立统一的标
准化理论。生态论的支持者强调知觉与动作行为之间的功能联系,试图理解动作发展的内
在心理基础。但是,大多数研究者认为,两种理论的观点和方法是相互兼容、互为补充的
(如,Bertenthal & Clifton, 1998)。

我们的目标与前人努力有所不同。我们不是要呈现一个详细的动作行为年表、更新以
前有关不同身体部分和动作系统的评论,或评价动力学系统论和生态论的优缺点,而主要关
注使运动发展领域的研究者兴奋的概念、问题、论点和规律,这些也很可能是发展心理学其
他领域的读者感兴趣的方面。因此,我们的回顾将围绕不同的观点展开。

本章分成两大部分,代表了动作发展目前研究进展的两种研究方向。第一部分将动作
发展看作一个样板系统。我们关注运动的形式结构,描述研究者怎样将婴儿运动的形体变
化作为一个样板系统,探讨发展过程的普遍特点,提出变化的普遍规律。第二部分将动作发
展视为一个知觉—行为系统。我们关注知觉信息与运动行为的功能联系,并且描述知觉与
动作之间交互作用的发展变化如何使婴儿的动作行为更灵活、更加适应环境的特点。大体
上,有关发展的普遍理论可以根据知觉—行为理论的研究发现来提出。但实际上,研究者们
关注的是他们所研究的某种特定的知觉—行为系统。在这两部分中,我们都提供了特别有
助于理解概念、研究争论和有关运动发展新思路的研究案例。这些研究案例都强调生命头
两年中的动作发展,这反映出该阶段是大多数研究最关注的时间段。

作为样本系统的动作发展

婴儿的动作发展确实值得注意。婴儿运动在形式和结构上的发展变化有非常大的变化
范围。出生时,新生儿基本上抬不起头。18个月后,婴儿就可以满屋子跑了,并且以钳形的
抓握方式从盘子里夹起一小块食物送到嘴里。许多婴儿即使没有经过注视训练,也能够令
人惊讶地完成头/眼、臂/手、躯干/腿的笨拙协调运动,这些运动对应于成人的看、够、坐和
走。与此相对,还有一些最具戏剧性的行为形式发展变化——如,"新生儿反射(new-born
reflexes)"的消失与婴儿"三点坐姿(tripod sitting)"(将手臂支撑在张开的两腿之间),用肚
子、手和膝盖爬行,还有抓着家具斜着"漫游"这些过渡形式的抛弃。

这方面的研究强调了在动作发展中许多惊人的技能完成和交替,指明了发展过程的普

遍问题。另外,我们也关注婴儿运动的另一个同样重要的方面,即运动在时间上和发展上无处不在。一般的扫视、惊跳、移动和从脚趾到舌头的身体每个部位的动作组成了一个贯穿始终的运动背景;与其相对的是,更具戏剧化的动作发展里程碑以一种凸显的方式出现。通常,背景运动是如此地无所不在,并且完全连续,以至于他们经常不会受到注意。然而,当由于成熟不足或受到损伤而使婴儿发展出现偏差时,肌肉的配合、协调和动作控制的异常就会使得背景运动也受到注意。简单的呼吸也会变成挣扎。因此,我们通过描述那些特别容易被研究者和父母忽略的运动背景群来总结相关研究成果。

质变

动作发展总是作为一个基础来说明发展变化的本质。发展是连续的,仅仅是行为量的变化吗? 或者,变化是离散的,发展也需要质的、类似于阶段性的转变?

发展阶段

运动发展领域先驱们所留下的受到最广泛公认的遗产就是他们对够取、抓握、爬行和行走动作类似于阶段性变化的描述,以及对成熟的关注,他们认为成熟是发展的驱动力(Ames, 1937; Burnside, 1927; Gesell & Ames, 1940; Gesell & Thompson, 1934; Halverson, 1931; McGraw, 1945; Shirly, 1931)。McGraw(1945)描述了视觉指导的够取,并且视其为六阶段的发展,即开始于不能明确注视目标物体,结束于第六阶段儿童能够轻松而成功地取回物体,他们会考虑到目标物的位置和尺寸,而不会出现"不当注意"的迹象(p. 99)。Halverson(1931)描述了抓握发展的十个里程碑,开始于"原初紧握(primitive aqueeze)",结束于"极好的食指抓握(superior-forefinger grasp)"。Shirley(1931)描述了行走发展的四个阶段:新生儿的踏步运动、依靠扶持物的行走、被牵着走,最后,在一岁时可以独自行走。Gesell,完美列表的制造者,详细地描述了40个不同动作行为的序列阶段——抓小球的58个阶段,历经新生儿的视觉关注到最后初学走路的孩子"以精确的钳形抓握抓住小球";爬行的23个阶段,从第一个阶段"被动地跪下"到第19个阶段用手和膝盖爬行,等等(Ames, 1937; Gesell, 1933, 1946; Gesell & Tompson, 1938)。

对于现代动作发展的研究者来说,将行为具体化到类似于阶段的列表似乎过时了,将婴儿不同阶段发展的驱动力归因于成熟似乎也过于简单(Bertenthal & Clifton, 1988; Thelen & Adolph, 1992)。令人难以理解的是,Gesell(1946),McGraw(1935)和 Shirley(1931)明确地指出大多数儿童会跨越邻近的阶段,或跳回到更早期的阶段,显现出一些并不符合阶段论的结构描述,指出儿童中存在大量的个体差异。从可变的动作中抽取实时结构以及从发展的变异性中抽取出不变序列的艰巨工作,是受到对流行的条件反射和习惯形成理论的直接和有意反对所驱动的(Adolph & Berger, 2005; Thelen & Adolph, 1992)。相似地,对成熟作为发展原因的过度关注是对当时极为流行的极端行为主义的反应(Senn, 1975)。

新进展

那么我们能从早期的先驱那里得到什么呢? 婴儿动作技能所谓的阶段突出了发展心理学的一个重要问题:真的有何新进展吗? 一方面,动作技能先后出现阶段的形式为结构的

166

质变提供了*初步的*证据,即发展中会出现新的行为形式。视觉关注、拙劣的倾斜动作和精确的钳形抓握并不只是反映抓握的速度、准确性和变异性的变化。这些行为是性质不同的形式。被动地跪下,腹式爬行,手—膝爬行和 Gesell 的 20 个其他爬行阶段共享身体前倾的相同姿势,但是这些行为在用于相关身体部分的平衡、推进和用于肢体时—空协调时有着质的不同。动作技能这些可直接观察到的质变提供了一个样板系统来检视发展可以引起质的变化这一争论。在认知发展的研究中,最具影响的观点是儿童的心理结构能够适应性质不同、多样的运算方式(Carey, 1985; Piaget, 1954)。

另一方面,每一个行为序列的合理性都显示出动作技能获得阶段之间具有的核心共性。借助现代高分辨率记录技术,婴儿的运动、肌肉动作和力量特征能够得到精细描述。目前的研究发现已经趋向于模糊阶段之间的区别,强调够取和行走动作的微小细节以及不断提高的精确性的更连续变化(Berthier, Rosenstein, & Barto, 2005; Bril & Breniere, 1992)。此外,早期出现的行为可能是后期出现行为的预先形成这种观点在发展心理学中广为接受(Thelen & Adolph, 1992),这在 Hofsten 的前够取(prereaching),Meltzoff 和 Moore 的新生儿模仿和 Trevarthen 的初始交流行为上都得到了证明。在认知发展中,Spelke 和其他研究者(Spelke, Breinlinger, Macomber, & Jacobson, 1992; Spelke & Newport, 1998)认为,核心概念预示着在物理、生物和心理推理领域中的成熟思维。根据这些观点,类似于成人的终点是最初概念的展开,而不是变形或者实质转换。

发展涌现

对专业人士和外行来讲,有关发展的最普遍观点是,发展变化是由环境、脑和基因的一些因素或者一系列因素驱动的。这些因素,或者单独作用或者联合作用,成为发展变化的驱动力。Thelen 与其合作者通过对婴儿腿和手臂运动的研究大力倡导发展的另一种系统观点(如,Thelen & Smith, 1994)。由此,像任何领域的发展变化一样,动作发展产生于系统中各种成分的自发自组织。这种结合的涌现与成分的总和不同,并且大于其成分的总和。

基于脑的解释

虽然大多数现代研究者都不认同 Gesell 的观点,即神经系统的成熟会通过衔接紧密的一系列的阶段来驱动动作技能的获得,但是很多现代的研究者也认为,在动作发展中神经系统的成熟起到了关键的作用。研究者们认为出生前后神经系统成熟的差异对于像小鸡一样的早熟动物和像老鼠一样的晚熟动物运动能力的贡献存在差异(Muir, 2000)。中枢神经系统(CNS)中体位机制的成熟是不同年龄儿童对平衡破坏时反应变化的基础(Forssberg & Nashner, 1982; Riach & Hayes, 1987; Shumway-Cooke & Woollacott, 1985)。

在婴儿生命的第一年,信息加工成熟的变化推动了行走发展从开始到结束(P. R. Zelazo, 1998; P. R. Zelazo, Weiss, & Leonard, 1989)。替代成熟的另一种观点趋向于强调在中枢神经系统中经验驱动作用的变化。例如,小鸡和老鼠动作早熟的一些差异来自在孵化或出生之前。与老鼠幼胎相比,小鸡胚胎要花费更长的时间来移动它们的腿(Muri & Chu, 2002)。在各种直立的姿势和任务中,保持平衡的经验可以在平衡遭到破坏时重组中

167

枢神经系统对身体各部分的控制(Ledebt & Bril, 1999；Jensen, 2001)。

在现代,动作发展基于脑的解释被广为认同。有关认知和知觉发展来源的理论争论也以是成熟还是经验驱动中枢神经系统的变化为中心(如,M. H. Johnson, Munakata, & Gilmore, 2002；Spelke & Newport, 1988)。与其他身体部分相比,研究者们对脑的共同偏好是因为：脑是心理学感兴趣的部分,而肘和膝盖却不是。在此,我们用婴儿腿部运动的发展轨迹作为一个延伸的研究案例,来描述另一种可能性,即没有任何因素,包括大脑在内,是必然造成发展的原因。在这种观点中,一般地,心理学家感兴趣的范围之外可能存在更原初因素的变化作为发展的关键驱动。无疑,在整个发展过程中,脑和中枢神经系统的变化都在发生。当前的问题是,是否这些变化在解释发展进程时一定具有一种优先地位。

交替的腿部运动

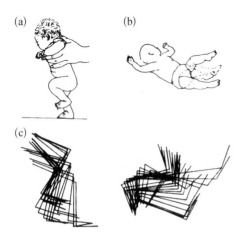

图 4.2 新生儿的交替腿部运动。(a) 竖直踏步。Courtesy of Karen E. Adolph, New York University.(b) 仰卧蹬踢。来源："Rhythmical Stereotypies in Normal Human Infants", by, E. Thelen, 1979, *Animal Behavior*, 27, pp. 699 – 715. 经许可使用。(c) 竖直踏步时腿部运动的线条图和典型的两周大婴儿的仰卧蹬踢。图绘每 33 毫秒婴儿一条腿的脚趾、脚踝、膝盖和臀部运动。来源："Newborn Stepping：An Explanation for a 'Disappearing Reflex,'" by E. Thelen and D. M. Fisher, 1982, *Developmental Psychology*, 18, 760 – 775.

我们以最初使研究者们感兴趣的观察和遇到的难题来开头。观察包括：如果实验者竖直抱新生儿,使其双脚接触坚固表面,新生儿就会完成交替的腿部运动(见图 4.2a)。步法是平稳、缓慢且夸张的(Forssberg & Wallberg, 1980；Shirley, 1931),但是,像成熟的行走一样,首先是一条腿动,然后动另一条腿。大概 8 星期时,直立的踏步运动就消失了。婴儿或者固定地站在地面上,或者同时弯曲双腿完成跳跃动作,然后再伸展开双腿(J. E. Clark, Whitall, & Phillips, 1988；McGraw, 1932)。

在一岁末期,当婴儿借助支持物开始行走时,竖直的踏步又重新出现了,最后,婴儿可以进行独立的行走。这种 U 形的发展过程提出了三个有趣的难题：

1. 是什么使新生儿踏步?
2. 为什么婴儿呈现出交替的腿部运动,而不是一些其他模式的腿部运动?
3. 是什么造成竖直踏步消失,然后在几个月后又重新出现,从而造成了 U 形的发展轨迹?

反射

难题一——新生儿为什么能够踏步——这是一个有关近身体中心原因的问题。最通常得到的答案是,运动是由处于直立姿势的婴儿对脚下地面的感觉所引发的一种脊髓反射(McGraw,1945；P. R. Zelazo, 1976, 1983)。事实上,踏步在大多数发展教科书中被描述为最具特色的新生儿反射的例子(如,Berk, 2003；Siegler, Deloache, & Eisenberg, 2003)。

168

然而,新生儿的踏步并没有完好地匹配传统概念上的反射。与眨眼相比,眨眼是对喷气的反应或者是对小刺激的回缩反应,而踏步在婴儿和情境之间则是不一致的(Saint-Anne,Dagrassies,1986),而且特定的引发刺激不是必要的。婴儿会在墙上和倒置的天花板上呈现出踏步现象(Andre-Thomas & Autgaerden,1966;Peiper,1963)。在子宫时,没有任何刺激作用于婴儿的脚底时他们也会自发地踏步(Prechtl,1986),踏步时双腿在空气中移动(Thelen & Fisher,1982;Touwen,1976;B. D. Ulrich,1989)。如图4.2b所示,当婴儿仰卧时,他们也会以同样的交替模式频繁踢腿(Thelen,1979;Thelen,Bradshaw,& Ward,1981;Thelen & Fisher,1982,1983b)。踏步和蹬踢在表现形式上是如此地相似,如果你将图向侧面转一下就会发现踏步的图看起来很像蹬踢的图(见图4.2c)。当婴儿处于觉醒或者紧张状态、没有哭泣和极度兴奋时,踏步和蹬踢运动是最经常发生的(如,Thelen,1981a;Thelen,Fisher,Ridley-Johnson,& Griffin,1982)。相似地,当处于妊娠末期的老鼠幼胎和新生的老鼠崽被感觉刺激或者药物注射唤醒时,他们也会提高各种姿势的前后肢交替运动的频率(Robinson & Smotherman,1992)。因此,一些研究者将新生儿腿部的蹬踢运动看作是唤醒的一种自发的副产品,而不是一种反射(Thelen et al.,1982)。直立的姿势、实验者手部在婴儿胸部周围的压力、婴儿对脚下地面的感觉等等都可以提高婴儿的觉醒。当婴儿觉醒时,能量就会流过婴儿的肌肉,为其腿部提供能量(Thelen & Smith,1994)。

模式发生器

难题二——为什么是交替模式而不是其他模式——这涉及对运动的实时控制。原则上,婴儿一次只可以移动一条腿或者两条腿同时移动(婴儿很少这样做),那么,为什么交替模式会占据优势?无论是脊髓反射还是觉醒都不能确切地说明两腿的交替。新生儿的踏步和后来行走模式的相似性已经使很多研究者将新生儿的踏步作为其后期为适应成熟行走的一种核心能力的样例(Spelke & Newport,1998)。交替动腿的这种核心倾向在动物的神经解剖中可能属于所谓的中枢模式发生器(如,Forssberg,1985;Muir,2000;Yang,Stephens,& Vishram,1998)。中枢模式发生器是一个存在于脊髓中的神经元网络,它可以通过屈肌和伸肌肌肉有节奏地交替而产生腿部移动(Grillner,1975,Grillner & Wallen,1985;Kiehn & Burt,2003)。实际上,无脑畸形婴儿的踏步(Monnier,1973)说明,完成运动并不需要更高级的脑区。相似地,昆虫和老鼠、猫、鳗鱼和小鸡的脊椎在负责运动的屈肌和伸肌肌肉中也产生了神经中枢活动的交替脉冲(如,Orlovsly,Deliagina,& Grillner,1999)。

然而,正常动物并不需要神经系统中枢模式发生器的帮助(或者不管其有效性)就可以表现出交替的模式。虽然研究者们并不能孤立地研究人类婴儿脊柱的神经系统活动,但是由肌电技术所揭示的肌肉活动并不与中枢模式发生器概念严格一致。在一些研究中,婴儿腿部的交替运动似乎并不来自屈肌和伸肌肌肉有节奏的脉冲。相反,婴儿通过联合收缩臀部和脚踝的屈肌和伸肌的肌肉来弯腿进行蹬踢或者踏步(Forssberg,1985;Thelen & Cooke,1987;Thelen & Fisher,1982,1983b)。由于屈肌肌肉更强壮,所以腿会弯曲。婴儿伸直腿并不需要肌肉的活动。或者说,腿的弹性会使腿的动作方向从弯曲转换到伸展,重力会将腿拉直(Thelen, 1996)。

实际上,驱动运动的肌肉和阻碍运动的肌肉联合收缩可能是婴儿运动的标准范式,而不是例外(如,Forssberg, 1985; Forssberg & Wallberg, 1980)。联合收缩使得运动更慢,更艰难,甚至会使运动停下来(当哭泣的婴儿变得极度紧张或者当我们通过联合收缩二头肌和三头肌来"产生肌肉"时)。虽然未分化的肌肉活动是技能获得和产生笨拙注视、有力运动的早期阶段特征(Damiano, 1993),但是联合收缩可以起到将单块肌肉联合成更大肌肉群的作用,从而简化了控制问题(Spencer, Vereijken, Diedrich, & Thelen, 2000; Thelen & Spencer, 1998)。

联合收缩和有弹性的肌肉强调了当前实时动作控制观点的一个重要准则:像中枢神经系统中的其他神经系统机制一样,中枢模式发生器只能控制肌肉的力量(Pearson, 1987; Winter & Eng, 1995)。然而,运动是由多种力量组成的(Bernstein, 1967; Woollacott & Jensen, 1996; Zernicke & Schneider, 1993)。负责运动的有效力量可被分解成由肌肉产生的能动力量,由肌肉和关节的弹性和粘性、重力和惯性产生的阻碍力量和运动其他身体部分产生的扭矩(髋骨和股骨相连,等等)。如果你在你身体一侧固定的位置举起手臂,那么肌肉的力量就会对运动所需要力量起到显著作用。但是,如果你从头上放下手臂,那么运动基本上受重力和惯性控制。如果你挥动你的上臂,并且同时使你的手腕弯曲,那么你手部的运动就来自动作依赖的扭矩。因此,具有同样外部表现的运动可能会由非常不同的肌肉活动模式所产生(彼此削弱、联合收缩,等等)。在决定实时运动的结果方面,中枢神经系统的作用更像是团队的演奏,而不是明星独奏。

行为灵活性

难题二的最后一部分涉及交替模式的灵活性。能够灵活地调整、改变和抛弃其模式以适应任务的中枢模式发生器只是中枢神经系统的一个华丽的名字(Thelen & Spencer, 1998)。虽然腿的交替通常是占据优势的,但是并不是必须的,并且,虽然无脑畸形婴儿也展现了腿的交替,但是其运动模式并不会受到知觉反馈和脊椎感应的影响。交替的一个原因可能是运动的经济性。与交替抬起双腿相比,当实验者竖直地扶着婴儿的腋下时,婴儿同时将双腿抬离地面以及当婴儿仰卧时,婴儿同时弯曲和伸展开双腿,可能需要婴儿的腹部和躯干耗费更大的力气(Thelen & Smith, 1994)。在变化的平衡任务制约下,婴儿会从交替的腿部运动转换为同时的双腿运动。四个月大时,腿部弹性的配合使得婴儿能够从占优势的交替运动和单腿运动转换到双腿同时运动,这时并不需要双腿抵抗这种配合(Thelen, 1994)。相似地,在一些研究中,老鼠幼胎和新生老鼠崽的后肢间柔制的配合引起了从交替和单腿踢到双腿同时运动的转换(Robinson & Kleven, 出版中)。一侧的前肢和后肢的配合引起了成对肢体同步性的不断提高。换句话说,这是人类婴儿和幼鼠可以完成的最简单运动模式。

像同时的腿部运动一样,当研究者安排恰当的情景时,单腿运动也可以占据优势。由于一只脚踝周围重力所引发的生物力学的制约,六周大婴儿的蹬踢速度大体上只能保持在基线水平上,但是婴儿可以通过更快地蹬踢不受力的腿破坏这种交替模式(Thelen, Skala, &

Kelso, 1987)。把少量的重量放到一条腿上，1 天和 2 天大的老鼠崽会更快地蹬踢不受重的腿，并且它们会根据重量的大小来调节蹬踢的速度(Brunmy & Robinson, 2002, 出版中)。

根据对动机因素的介绍可以看出，婴儿蹬踢单腿具有相当的目的性。在最通常的例子中，研究者通过将柔软丝带的一端系在婴儿的脚上，另一端系在婴儿头顶上的一个活动装置上，将婴儿的腿部运动与一个期望目标联系在一起。Rovee-Collier 与其合作者做了许多实验，结果显示，当婴儿的蹬踢能使活动装置摇动时，婴儿就会提高蹬踢的频率和幅度(如，Rovee & Rovee, 1969；Rovee-Collier & Gekoski, 1979；Rovee-Collier, Sullivan, Enright, Lucas, & Fagen, 1980)。根据肢体内部运动学和肌动电流图模式，自发的基线水平蹬踢是获得过程中探索性的蹬踢和消失过程中有目的性的蹬踢的延续，这说明婴儿会利用有效的运动来产生功能性的动作(Thelen & Fisher, 1983a)。在学习了单腿蹬踢之后，当丝带换到原来的非事件腿上时，3 个月大的婴儿能够快速地学会蹬踢这条原来的非事件腿(Rovee-Collier, Morrongiello, Aron, & Kupersmidt, 1978)。灵活性给人印象最深刻的可能是，在严格安排的实验条件下，3 个月的婴儿学会了弯曲和伸展他们的事件腿以达到特殊要求(Angulo-Kinzler, 2001；Angulo-Kinzler & Horn, 2001；Angulo-Kinzler, Ulrich & Thelen, 2002)。

退行

难题三——为什么竖直地踏步不会消失，并且后来会再现——这涉及退行和发展的连续性。长期以来，人们一直将神经系统的成熟作为驱动 U 形发展轨迹的主要因素(如，Forssberg, 1985, 1989；Forssberg & Wallberg, 1980；McGraw, 1940, 1945)。根据这种解释，在婴儿 8 周时，皮质的成熟抑制了婴儿由脊柱所产生的踏步运动。随着皮质脊髓束的髓鞘的不断形成，婴儿 8 个月时，在意志和皮质控制下，踏步运动又再次出现。最后，神经中枢的结构和回路的成熟提高了信息加工的速度和效率，从而使得婴儿在差不多 12 个月时就能够独立行走(P. R. Zelazo, 1998；P. R. Zelazo et al., 1989)。

多方证据显示，连续性可能是明显退行的基础。也就是说，交替的腿部运动可能只是被掩盖了；他们并没有消失。一方面的证据是，在 2 到 8 个月期间，婴儿没有表现出踏步，但是表现出了双腿同时蹬踢的运动(Thelen, 1979；Thelen & Fisher, 1982)。考虑到在实时轨迹上，蹬踢和踏步轨迹的相似性，因此发展轨迹的差异可能是由于姿势，而不是倾向。

有关连续性的第二个证据是，将婴儿放到自动踏步机上之后，通常在 2 到 7 个月间不踏步的婴儿也会呈现出交替的踏步(Thelen & Ulrich, 1991)。就像新生儿的踏步一样，能够在踏步机上行走的更大婴儿的踏步也是不受意识控制的；婴儿很少向下看，或者显示出运动下肢的意图(Thelen, 1986)。然而，在蹬踢过程中，婴儿需要对生物力学环境作出响应。在一些研究中，婴儿根据踏步机的速度来改变其踏步的速度(Thelen, 1986；Vereijken & Thelen, 1997；Yang et al., 1998)。通过将一条腿放在踏步机移动速度更快的运动带上，而将另一条腿放在移动速度较慢的运动带上，婴儿保持了交替的运行。但是，为了这样做，婴儿放弃了腿和踏步机之间正常的 50% 的定相关系，使得其行走看起来像跛行(Thelen, Ulrich, & Niles, 1987)。当用手抓住婴儿的一条腿固定在一个位置，或者以比踏步机运动带速度更快的速度推回婴儿的腿以破坏一条腿的运动时，婴儿通常会一次只保持一条腿在空中以适应这种状况(Pang & Yang, 2001)。如果婴儿瞬间丧失了交替模式,他们会迅速地跟从这种干扰来重获交替的踏步。

第三个证据涉及练习效应。如果父母能够每天给婴儿直立姿势的腿部运动练习,不论这种练习是正式的训练或者是特定文化下的一种婴儿活动,那么婴儿都能够更长时间地保持交替的运动(N. A. Zelazo, Zelazo, Cohen, & Zelazo, 1993; P. R. Zelazo, Zelazo, & Kolb, 1972),或者在一岁以内呈现出连续的交替运动(Konner, 1973)。在自动踏步机上进行有规律的练习能够带来更高频率的交替踏步和更加成人化的肌肉活动(Vereijken & Thelen, 1997; Yang et al., 1998)。有关连续性的一个相关的证据是,与不进行日常练习的控制组婴儿和不强调进行直立姿势练习的文化中的婴儿相比,那些接受有规律的踏步运动练习的婴儿通常会更早地开始走路(Hopkins & Westra, 1990; Keller, 2003; Super, 1976; P. R. Zelazo et al., 1972, 1989)。每天在踏步机上进行行走练习的唐氏综合征婴儿也会比匹配的控制组婴儿更早地独立行走(D. A. Ulrich, Ulrich, Angulo-Barroso, & Yun, 2001)。

情景因素

难题三剩下的部分涉及为什么竖直踏步通常可能会被掩盖。就像非神经中枢的、生物力学的因素可能会实时地抑制和促进运动一样,婴儿腿部运动发展过程中的障碍可能来自腿部脂肪的非神经中枢因素。在生命的前几个月中,腿部脂肪的获得会超过肌肉力量的获得(Thelen, 1984a)。由于仰卧蹬踢比竖直踏步需要更少的肌肉力量(试想以仰卧的方式完成骑自行车的动作与竖直站立时行进动作的比较),因此,当竖直踏步消失时,仰卧的蹬踢可能仍会持续。当婴儿仰卧时,重力会将大腿拉向胸部而帮助臀部弯曲,但是,当婴儿站立时,重力会将腿部向下拉而阻碍抬腿(Thelen, Fisher, & Ridley-Johnson, 1984)。因此,生来就瘦的婴儿会比胖的婴儿产生更多的竖直踏步(Thelen et al., 1982)。当给婴儿的腿上加上少量的重物以模仿腿部脂肪的增加时,之前能够踏步的婴儿会停止踏步(Thelen et al., 1984)。相反,当将婴儿的腿浸没在水池中以减少重力的效应时,之前不能踏步的婴儿会再次踏步。

与腿部脂肪的解释一致,不能踏步的婴儿在自动踏步机上会呈现出踏步,这是因为踏步机的运动带会为婴儿提供能够抵抗重力抬起腿的能量。踏步机能够使婴儿的腿部向后伸展,也能够使婴儿的腿部像跳跃一样突然向前伸展(Thelen, 1986)。由于同时举起双腿需要腹部肌肉更多的工作,交替的腿部运动可能比同时双腿运动更占优势。有规律地以直立的姿势练习移动双腿可以延长踏步运动的时间,超越 8 个星期的通常临界时间点,并且通过集结必需的力量以使婴儿能够在空气中抬起一条腿,同时使得另一条腿能够承载整个身体的重力,这样就可以使行走的开始时间加速到一岁前。训练效应的特异性提供了进一步的证据,即训练可以发展力量。使新生儿踏步的训练并不能促进婴儿的坐,相反亦然(N. A. Zelazo et al., 1993)。

擦脸

我们选择新生儿的踏步作为一个例子来研究并不是偶然的。近一个世纪以来,新生儿交替的腿部运动已经被作为一个优选的样板系统来说明发展的成熟(如,McGraw, 1940)、学习(如,P. R. Zelazo, 1988)、核心能力(如,Forssberg, 1985;Spelke & Newport, 1988)和动态系统(如,Thelen & Smith, 1994)的一般规律。婴儿腿部运动的优选地位既来自行走在人类活动中的中心地位,也来自发展退行这个引人瞩目的难题。在此,我们旨在说明这种观点值得进一步探讨,至少在原则上,中枢神经系统以外的因素有时也可以是发展的关键驱动力。在后一部分,我们会描述一个少有人知、但却同样引人瞩目的例子。

就像交替的腿部运动是人类婴儿行为的一种非常典型的反应一样,擦脸也是老鼠的一种非常典型的反应。动物会将一只或者两只前爪放到他们的耳朵处,然后每次用一只或同时用两只爪向下擦至鼻子(Berridge, 1990)。在正常的情况下,成年鼠会在清洁时表现出擦脸动作。在实验中,一个侵入性的刺激,例如将奎宁或者柠檬灌入老鼠的嘴里,就会引起擦脸(Grill & Norgren, 1978)。就像婴儿腿部运动的 U 形轨迹一样,擦脸也具有发展退行。当处于妊娠期第 20 到 21 天时,通过手术从腹中取出的胎鼠被灌注柠檬时就会出现擦脸(老鼠的妊娠期为 21 天)。出生后,因柠檬灌注出现的擦脸行为就会消失。但是,11 天后,当老鼠能够用后肢站立时,这种对侵入性柠檬灌注的擦脸动作会再度出现,这时老鼠会用它们的前肢来擦脸(Smotherman & Robinson, 1989)。

像人类婴儿的踏步一样,老鼠擦脸的倾向不过是曾被掩盖,并不曾真正消失。在妊娠期第 19 天时,通过手术取出的胎鼠不会对柠檬注射做出擦脸反应,而其中部分胎鼠能够在羊膜中表现出擦脸的动作(Robinson & Smotherman, 1991)。在环境差异如此小的情况下,是什么因素造成了行为上这种显著的差异呢? 在妊娠期的第 19 天和第 20 天之间,胎鼠获得了稳定头部的能力。在第 19 天时,羊膜起到了重要的稳定作用。羊膜的薄膜能够保持头的稳定,帮助胎鼠前爪接触脸部。

那么,为什么这种动作在出生后消失了? 对新生的幼崽,擦脸行为是与把肚子和四肢贴到地面的这种强烈趋势在竞争的(Pellis, Pellis, & Teitebaum, 1991)。将鼠崽放到水深及颈的水中,使其前肢脱离与地面的接触,这样,1—3 天的鼠崽就会表现出对柠檬灌注的擦脸反应(Smotherman & Robinson, 1989)。虽然压着身体以接触地面的迫切需求几天后就消失了,但是直到出生后第 11 天,老鼠有足够的姿势控制可以靠后腿站立时,才能进行擦脸行为。平均而言,7 到 9 天的老鼠崽就能通过即时准备需要的支持来补偿平衡的不足(Robinson & Smotherman, 1992)。例如,它们会用肘部支撑整个身体,然后低头以使两只前爪同时擦脸。

速率限制因素

对老鼠幼崽擦脸因素的揭示让我们想起了踏步机、水池和仰卧姿势在揭示人类婴儿交替腿部运动中的作用。羊膜、水池等起到外部支架的作用,可以替代暂时缺失的支持,从而促进目标行为的达成(Smotherman & Robinson, 1996)。在某种意义上,将前肢举到脸部的能力或者以交替的模式移动腿基本上都需要支架。

两个样例研究——交替的腿部运动和擦脸——都突出了发展的外成性(Oyama, 1985)。也就是说,当前的行为形成于生物体的各部分与所处环境的各部分之间不断变化的相互影响(Smotherman & Robinson, 1996)。新的发展可能大于部分的总和,新的行为形式可能是自发组织的成果。

考虑到环境特定性,每一个机体成分必须超过发展准备的阈限才能产生目标行为。很多研究者会提到一系列的成分能力、加工、倾向和身体特征,并将其作为"一种因素的汇合"(Bertenthal & Cliton, 1998, p. 187;Freedland & Bertenthal, 1994, p. 26;Spencer & Schöner, 2003, p. 397;Thelen, 1995, p. 83)来强调整个行为系统的流畅性和变异性。就像一个化学实验,随着时间的流逝,因素可以进入混合物,也可以从混合物中消失,成分的各种联合和交互作用都可能会导致新的行为。在发展过程中任何给定的点上,能够引发系统重组一个新组合的关键速率限制因素可能是由中枢神经系统控制的心理功能(如,动机、平衡控制),也可能是像重力和腿部脂肪这种外部的因素。

发展轨迹

发展退行强调了描述发展轨迹的重要性,尤其是发展轨迹的个体性。动作发展和身体发展是唯一适用这种任务的,因为因变量——动作和身体的成长——能够被直接观察和描绘。从历史观点说,动作发展的研究总是需要对个体发展轨迹进行认真而详细的描述。McGraw(1935)对同卵双胞胎 Jimmy 和 Johnny 的日常观察是最著名的例子。不过,除此之外还有其他大量的例子。研究者们已经追踪了胎儿的运动性(deVries et al. , 1982;Robertson, 1990)、婴儿的眼动(von Hofsten, 2004)、有节奏的刻板运动(Thelen, 1979, 1981a)、踏步机驱动的踏步(Thelen & Ulrich, 1991;Vereijken & Thelen, 1977)、够取(Clifton, Muir, Ashmead, & Clarkson, 1993;Corbetta & Bojczyk, 2002;Halverson, 1931;Spencer et al. , 2000;Thelen et al. , 1993;von Hofsten, 1991)、爬行(Adolph, Vereijken, & Denny, 1998;Freedland & Bertenthal, 1994)、行走(Bril & Breniere, 1989, 1992, 1993;Shirly, 1931)、在坡上的爬行和行走(Adolph, 1997)、日常的爬行和行走经验(Adolph, 2002;Garciaguirre & Adolph, 2005b)和爬楼梯(Gesell & Thompson, 1929)的过程。

从如此复杂的个别化描述中我们能够得到什么呢? 哪些新认识可能保证微观发生分析的其他工作和花费是合理的? 虽然横断研究能够鉴别令人感兴趣的发展里程碑,但是对个体儿童的微小变化进行描述能够产生对发展过程更加精确的刻画(见 Siegler, 本手册,本卷,第 11 章)。不同儿童变化的速度和幅度各异,有时不同儿童的轨迹形态的关键特征也会不同(Corbetta & Thelen, 1996)。这样,就出现了 一个有关微变化分析的争议,即对十个同儿童的观察进行平均可能会导致对潜在轨迹的错误假设(Lampl, Johnson, & Frongillo, 2001)。进而,这种错误会误导有关发展变化机制的理论,歪曲随后用于测查假定机制的研究设计。

有关微变化分析的第二个争议是,根据个体轨迹,研究者是否能够识别出变化的可能原因(Ledebt, 2000;Thelen & Corbetta, 2002)。例如,在整个 1 岁期间,够取小物体呈现出 Z 字形的轨迹。首先,婴儿用两只手够取物体,然后一只手,然后又回复到用低效率的双手够取,最后回复到用单手(Fagard, 2000)。然而,Z 字形的时间进程则因婴儿个体各异。对个体儿童微变化的观察指出,双手够取的转换可能来自行走时不断提高的双手配合。在转换到双手够取的几个星期中,婴儿开始用典型的手臂"高防护"姿势进行行走,以保持平衡(Corbetta & Bojczyk, 2002)。在接下来的几个星期,随着手臂慢慢地放低并且分化成一种相应的摆动模式,够取也就分化成单手够取了。

退一步,进两步

发展道路通常是曲折的、不平稳的。有时当技能的实现达到了渐近线时,再向前发展的唯一途径就是绕道而行。婴儿有可能需要放弃在早期技能发展中辛苦获得的精确性、有效性和稳定性,以获得后期技能发展的进步,这些后期技能的发展将会使婴儿最终达到机能的更高水平。在形式和机能方面,发展可能是退一步进两步的过程(P. H. Miller, 1990; P. H. Miller & Seier, 1994)。

从爬行到行走的转换为我们提供了一个有关发展进程不平稳性的完美例证。在几个星期的稳定进步之后,婴儿达到用手和膝盖进行爬行的较高水平(Adolph et al., 1998; Freedland & Bertenthal, 1994)。婴儿四肢着地的步法是快速的,调整完美并且是高功能性的。可笑的是,从早期爬行技能发展到后期更加成熟的行走技能的转变要求熟练的爬行者应付最初的表现退步。首先,直立行走很慢、易变,并且会出现大量的错误,以至于婴儿每走几步就可能会摔倒(Shirley, 1931)。在某些状况下,婴儿可能会担心这种新的直立技能会使他们丧命。刚刚学会行走的儿童为了快速到达他们想去的地方,有时会从行走回复到爬行(McGraw, 1935; Zanone et al., 1993)。然而,许多研究者已经注意到,婴儿可能是出于对新技能纯粹的好奇或者进步的动机,放弃旧的技能来学习新的技能(如,Rosander & von Hofsten, 2000; Shrager & Siegler, 1998; von Hofsten, 2004)。新科行走者更愿意以不熟练的直立姿势来面对运动障碍,而不是以更具功能性、更熟悉的爬行姿势来面对运动障碍(Adolph, 1997)。当以之前熟悉的爬行姿势将婴儿放在不可想象的陡坡上时,新科行走者有时会自己站起来,在边缘艰难地行走,然后摔倒。

就像从爬行到行走的发展变化一样,运动的获得包括机能发展初期的退行。婴儿为了获得一种新的、易摔和更加不稳定的动态姿势,必须放弃辛苦得来的固定姿势的稳定性。当婴儿最后获得了足够的臂力来提高和保持四肢的平衡时,他们就可能花费几个星期的时间来练习新的平衡活动,有时会有节奏地前后摇动(Adolph et al., 1998; Gesell & Ames, 1940; Gildfield, 1989; Thelen, 1979),尽管急切地想行走,但是双手却粘在地上。从熟练但受四肢着地约束的爬行到新的直立行走的发展转换需要婴儿放弃发展的稳定性,以获得变异性和不充分的技能。相似地,在婴儿最后能够获得足够的力量并且以竖直站立的姿势保持平衡之后,当他们在几个星期后走出第一步时,他们还会经历技能初期的退行。

行走步法开始的实时加工——行走序列中迈出的第一步——差不多都会引起摔倒,但是在这种情况下,摔倒是有准备的并且是可控的。行走者必须慎重地引导不均衡性,来将身体的重量转换到一只脚上,并且产生必须的推进力来使身体向前移动(Breniere & Do, 1991; Breniere, Do, & Bouisset, 1987; Ledebt, Bril, & Breniere, 1998)。对于成人而言,

173

步法变化在摆动的双脚离开地面之前就开始了。首先,在破坏站立姿势平衡性的准备阶段,脚部压力的中心会后移至脚后跟和脚侧,开始有一点离开,然后就快速地移向站立的脚(Breniere & Do, 1986; Breniere et al. , 1987; Jian, Winter, Ishac, & Gilchrist, 1993)。脚部压力的变化造成了身体重心向相反方向的加速度:向前至摆动的脚。接下来,在开始阶段,摆动的脚离开地面,整个身体的重量负载在站立的腿上。马上,身体就向前倾,身体重心的速度以幂指数增加。

当摆动的脚再次接触地面的时候,重心就会达到峰值级数的速度(Breniere & Do, 1986; Breniere et al. , 1987; Jian et al. , 1993)。在第一步的最后,速度基本上达到整个行走序列速度的稳定状态。行走者是怎样控制的呢? 为了加快速度,成人会通过尽力向后转换脚部压力中心来使身体尽力向前倾斜(Breniere et al. , 1987)。就像短距离速跑一样,在行走者的脚离开地面之前的准备阶段,这些活动建构了更大的推动力。为了减慢速度,成人会作出稍微前倾,脚部压力也呈现出较小的后移。这些发现是值得注意的,因为它们显示出了对未来行走速度所需力量的敏锐预期。这样,成人步法开始的实时过程与最初向后移动以推动最终前行的发展过程不太相似。在这种情况下,最初的退步与进步的幅度有着完美的配合。

对于婴儿来讲,步法开始的问题有一些不同:婴儿必须协调两种竞争需要,即最小化新的直立姿势中的不平衡和为了移动而创造一种不平衡(Ledebt et al. , 1998)。与成人相反,婴儿步法并未开始于离地之前,脚部压力的中心也不总是向后和向侧面偏移,他们也不会在结束第一步之前建构起恰当的推进力以对未来的行走速度作出预期(Breniere, Bril, & Fontaine, 1989)。相反,在行走开始的最早几天,为了诱发不平衡和保持身体稳定,婴儿的策略是易变的,并且很特殊(Adolph, Vereijken, & Shrout, 2003; McCollum, Holroyd, & Castelfranco, 1995; McGraw, 1945)。应用"下坠"策略,婴儿抬起脚尖使自己向前倾。应用"扭曲"策略,他们会扭转躯干,像一个弹簧,然后用躯干的扭矩和倾斜的动力来带动腿摆动。应用"踏步"策略,他们会弯曲膝盖来抬起要摆动的腿,并且以非常小的向前的踏步来最小化下坠。

获得对开始步法进行像成人那样的预期控制需要几年的时间(Ledebt et al. , 1998)。在行走第一阶段的几个月之后,也就是步法开始的准备阶段,婴儿能够将摆动腿的垂直力量引到站立的腿上,从而为摆动腿卸载。他们通过倾斜站立腿和侧倾骨盆而使摆动腿向前移动(Assaiante, Woollacott, & Amblard, 2000)。在离地阶段,当婴儿的身体开始加速向前时,摆动脚就会伸出以保持身体稳定,婴儿要做的就是尽可能控制好他们的脚。即使当脚抬起时,如果婴儿的身体要坠倒,那么盆骨就会向摆动腿那边下倾以保持身体平衡(Bril & Breniere, 1993)。与学龄前和成人相比,婴儿在抬腿之前和之后的腿、骨盆、躯干和头向侧面和前后方向摆动更多(Assaiante et al. , 2000)。到四岁时,婴儿终于呈现出脚部压力中心向后转移,并且在第一步最后获得稳定的速度,但是后移的幅度与步速还不相关(Ledebt et al. , 1998)。到 6 岁时,脚部压力有准备后移的幅度与行走速度相关,但是还达不到成人的水平。

间歇性

与已经有了长期对个体儿童进行追踪轨迹研究的动作发展相比,对身体成长的描述是较少的。研究身体成长的典型方法是从大量横断样本中收集测量结果,或者以季度或者以年为间隔时间来纵向地测量儿童的身体。考虑到相同年龄的不同儿童间较高的差异性和不同年龄同批儿童相对少的数据,典型的分析策略是对不同儿童的数据进行平均,在观察之间进行插值,用数学方法消除成长曲线上的偏差。这样,如图 4.3a 所示的成长曲线,身体成长是作为一个连续的函数被描绘出来。从出生到成年,标准成长曲线有三个弯曲,这三个弯曲是由于幼年期间成长加速度的快速降低、儿童中期相对慢但是正常的成长速度和达到最后的成人水平之前,青春期的成长逆发造成的(如,Tanner, 1990)。

对个体儿童身体成长的微变化描述提供了一个非常不同的发展图景。如图 4.3b 所示,真实的成长逆发并不像标准的成长曲线那样有着数学上的平滑拐点,标准的成长曲线其实表征了研究者有关青少年成长逆发的传统观点。即儿童的成长是阶段性的,而不是连续的(M. L. Johnson, Veldhuis, & Lampl, 1996; Lampl, 1993; Lampl et al., 2001; Lampl & Johnson, 1993; Lampl, Veldhuis, & Johnson, 1992)。在短暂的急速成长阶段(24 小时)之间散置着长时间的发展停滞,在发展停滞期间通常会几天或者几个星期都不会发生成长。间歇性地发展是身高、体重、头围和腿骨成长的特征,并且也是胎儿(Lampl & Jeanty, 2003)、幼年(Lampl, 1993; Lampl & Emde, 1983)、儿童中期(Lampl, Ashizawa, Kawabata, & Johnson, 1998; Togo & Togo, 1982)和青春期(Lampl & Johnson, 1993; Togo & Togo, 1982)每一个发展阶段的特征。当每天测量时,婴儿的身高会以 0.5 到 1.65

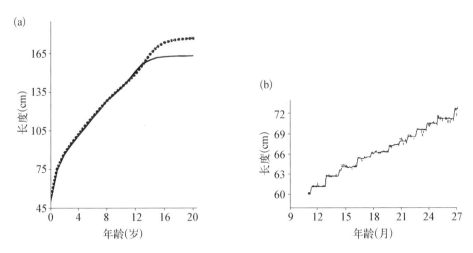

图 4.3 身高的成长曲线。(a) 从出生到 18 岁的标准成长曲线。数据经过了数学上的平滑,并且对不同儿童的数据进行平均。虚线表征了男孩的成长,实线表征了女孩的成长。来源: growth charts developed by the National Center for Health Statistics in collaboration with the National Center for Chronic Disease Prevention and Health Promotion (2000). (b) 一个婴儿的微细阶段成长曲线。每一条竖线表征了每天重复的观察。来源: "Saltation and Stasis: A Model of Human Growth," by M. Lampl, J. D. Veldhuis, and M. L. Johnson, 1992, *Science*, *258*, pp. 801–803. 经许可使用。

厘米的速度增加,间歇性地会有 2 到 28 天时间段的成长停滞(Lampl et al.,1992)。以周为间隔进行取样保持了儿童成长的阶段性,并具有消减成长迸发数量、提高迸发幅度和增加停滞周期的效应(如,对于以周为间隔进行观察来讲,婴儿 0.5 到 2.5 厘米的身高增加会不时地插入 7 到 63 天的成长停滞时期)。虽然阶段成长曲线能够精确地刻画每一个儿童,但是在迸发时期的成长增加幅度以及稳定状态期间都呈现出很大的被试内和被试间变异。

即使是在 24 小时间,成长也不是连续的。儿童在晚上躺着的时候比在白天站着和行走的时候,尤其是在极限负重的时候成长更快(Lampl,1992;Noonan et al.,2004)。多年来,儿科医师假设夜间成长和夜间小腿疼痛之间具有联系,但是还没有数据来证实这种对儿童的"成长疼痛"的推测。在最近的微变化测量过程中,通过将微晶管植入在农场自由放养的羔羊的胫骨,研究者们在三个星期间,以每次三分钟为间隔收集了对小腿骨成长的直接测量数据(Noonan et al.,2004)。同步于微晶管活动的录像记录详细列出了羔羊在成长和停滞期间的活动。基本上,90% 的成长都发生在羔羊躺下的时候。站立时和行走时的负重会导致成长盘状软骨的生物力学压缩。

发展阶段的证据

身体成长的具体样例说明了不足的取样间距可能使研究者怎样错误刻画潜在发展轨迹。如果取样间距太大,那么结果就会对数据中重要的波动不敏感。不管潜在轨迹是阶段的还是 U 形的,由等距数据所指征的技能(例如,身高和体重)都会呈现出连续性。不管真实的轨迹是什么样,由二分数据所指征的技能(例如,物体的存在性和质量守恒)看起来都是阶段性的。危险的是,对发展的错误描述将会危及有关潜在机制的理论。考虑到收集愈益微细的观察数据代价愈高,研究者需要知道多小的数据收集范围就足够获得基本的变化形态信息。

为了回答这个问题,借助于父母每天用日记对婴儿的动作进行记录和报告,Adolph 与其合作者(Adolph, Robinson, Yong, & Gill-Alvarez, 2005;Yong, Webster, Robinson, Adolph, & Kanani, 2003)取样了 11 个婴儿的 32 个动作技能(滚、坐、爬行、扶走和行走等等)。每个儿童的观察时间平均是 13 个月。由于某些数据和技能缺失,最后有 261 个时间序列有效。在这些时间序列中,只有 42 个(16%)呈现出了单纯的类似阶段的发展转换。在这些情况下,在动作开始前从来没有出现过,在动作开始之后就总是出现某种技能。在另外的 84% 的时间序列中,轨迹是可变的。技能会突然出现也会突然消失,在技能的消失与出现之间会有 3 到 72 次转换。在这些情况下,起始时间具有任意性,婴儿可能周一时可以走路了,但是也有婴儿直到周四也没有获得行走的技能,并且在以后的几个星期也未能掌握行走,等等。这些数据质疑了在标准化调查测验中,用特定时间点来估计动作起始时间(如,Frankenburg & Dodds, 1967)和动作经验(如,Adolph et al.,2003;Bril & Ledebt, 1998;Campos et al.,2000)这样广为应用的方法。

最重要的是,取样间距大于一天可能就会造成对变化敏感性的显著降低(Adolph, Robinson, et al.,2005;Young et al.,2003)。研究者通过系统地消除观察值来模拟从以 2 天到以 30 天为间隔的取样,然后根据较少的观察数量重建发展轨迹。作为结果的数据集包括最初的数据(一天间隔)和以 2 天到以 30 天的模拟间距与最初的 261 个有效时间序列的乘积之和,即总共 129 456 个时间序列。当然,在这些序列中只有 109 120 个有效。

与敏感性损失随之而来的是负幂函数(呈现一条最初陡直下降,接下来就慢慢地趋于 0 的曲线)。在扩大样本的每天,敏感性的损失速度是不断增加的。模拟取样频率为每周一次时(考虑到动作技能获得的微变化研究中的巨大间距),可变的时间序列有 51% 会错误地呈现出阶段性。模拟取样频率为每月一次时,可变的时间序列有 91% 会错误地呈现出阶段性。换句话说,阶段性的发展轨迹可能是由于不足的取样而人为造成的,而不是对根本发展过程的真实描述。

变异性

传统上来讲,认知和知觉发展领域的研究者会将变异性看作是误差最小化,或者作为随机干扰而忽略。但是,现在变异性正在受到这些领域的重新关注,研究者已经开始将变异性的变化看作学习和发展的一个重要标志(如,Siegler, 1994, 1996;Siegler & Munakata, 1993)。例如,当学习新的策略来解决数学、矩阵完成和质量守恒问题时,儿童在错误和正确思考方式之间会呈现出变异的高峰(Alibai, 1999;Goldin-Meadow, Alibai, & Church, 1993)。

与认知和知觉发展领域对变异性的忽视相反,动作发展和动作学习领域的研究者则有着将实时变异性(如,标准差、变异系数,或者类别数)作为因变量来解释动作技能学习和获得的传统(如,Adolph et al., 2003;J. E. Clark et al., 1988;Vereijken, van Emmerick, Whiting, & Newell, 1993)。婴儿和初学者的运动是出了名的易变和不稳定,然而,成人和专家的运动则非常平稳和协调。

爬行

在用手和膝进行爬行之前,至少在每个周期的部分时间内,许多婴儿会将肚子放在地板上进行腹式爬行。即使不把婴儿蹒跚地坐、向后侧行和翻滚考虑在内,腹式爬行也可能是婴儿所有动作技能中最易变、最特殊和最有创造性的动作技能(McGraw, 1945)。婴儿会以各种组合方式来应用他们的手臂、腿、胸和头,有时会用一只肢体来推,拽着后面不动的另一肢体;有时会忽略两只手臂,使得脸颊与地板刮擦或者像一个两栖动物一样拖着双腿;有时会先用一条腿的膝盖再用一条腿的脚来推,有时会将膝盖或者脚移动到肚子上来使自己移动,等等(Adolph et al., 1998;Gesell, 1946;Gesell & Ames, 1940)。即使当所有的四肢都移动了,肢体间的适时模式也不一样(Adolph et al., 1998;Freedland & Bertenthal, 1994)。婴儿会像走正步一样,同时移动身体同侧的肢体;也会像小跑一样,交替移动身体两侧的手臂和腿;像小兔子跳跃一样,先提起前肢,然后是后肢;像游泳一样,同时将四肢提起到空中。腹式爬行是如此多变,以至于婴儿要改变肢体的配合来支撑爬行,并且要不断改变肢体间的推进力和时间模式(Adolph et al., 1998)。腹式爬行的变异性更加引人注意,因为在婴儿用手和膝进行爬行的一到两周内,肢体间的适时变异性就显著减小(Adolph et al., 1998;Freedland & Bertenthal, 1994)。

177

变异性的原因

那么我们怎么来解释这些变异性呢？随着变异性在发展心理学领域新一轮的复兴,动作发展领域的研究者已经开始宣告将变异性看作是变化的原因,而不只是一个标志或者相关因素(如,Bertanthal, 1999; Goldfield, 1995; Goldfield, Kay, & Warren, 1993)。实际上,Freedland 和 Bertenthal(1994, p. 31)在论述有关腹式和手—膝爬行时提到:"机能的变异性是新行为出现的驱动力。"有关实时转换的变异性变化说明了研究者们从对变异性进行描述向将变异性作为一种原因机制来看待的转变。在 Kelso(1995)的经典任务中,成人首先将两个食指指向右,然后指向左。在速度较慢的情况下,两指协调的变异性也比较低。随着被试以越来越快的速度前后屈伸手指,变异性会不断升高,直到手指达到了一种输入—输出模式,这时变异性会急剧下降。总之,稳定性的丧失是造成行为模式变化的主要机制(Bertenthal, 1999; Spencer & Schöner, 2003; Zanone et al., 1993)。也就是说,变异性是稳定状态间任何变化的先决条件,无论是实时的变化还是学习过程或者发展过程中的变化。

当前行为变异性的第二个概念涉及其探索性的功能。与变异性和选择性加工以及产生过剩和修剪神经系统的过程相似,一些研究者将变异性看作根据正在进行中的运动反馈来为后来的行为选择和塑造提供素材(如,Bertenthal & Clifton, 1998; Berthier et al., 2005; E. J. Gibson & Pick, 2000; Thelen & Smith, 1994)。根据这种观点,易变的腹式爬行(Bertenthal, 1999; Freedland & Bertenthal, 1994)、手臂的挥动(Thelen et al., 1993)、踢腿(Thelen & Fisher, 1983a)等等可以通过产生信息丰富的可能性序列来为更加有效的运动提供原始资料。

当然,更加重要的探索性功能可能会作为一种变异性发展的副产品而出现(Adolph, 1997),就像许多生理和行为形式一样可能是进化的功能变异,其特征是这种进化可能是为了其他目的而发生,或者根本就没有作用,这种进化是到后来才起到该起的作用(Gould & Vrba, 1982)。但是,许多研究者将婴儿运动的变异性描述成为搜索有用信息而进行的一种有意探索(如,Bertenthal & Clifton, 1998; Goldfield, 1995; von Hofsten, 1997)。此外,在一些情况下,变异性既被看作是对替代行为的积极搜索,也被看作是对探索的一种推动力:机能的不足会推动婴儿去探索替代的行为,直到找到更有效的解决办法(Freedland & Bertenthal, 1994; Goldfield, 1995)。

虽然有关变异性的新观点已激发了思考和研究,但是有一些论点存在问题,像爬行和够取这两种技能的变异具有目的性。这种观点的问题在于,有关有目的探索和积极搜索的证据只是简单的变异性本身的体现。将变异性看作是一个自变量、调节变量或者中介变量的问题在于(学习和发展的一种有目的的准备),变异性也可以在同样的问题情景下作为因变量。在行为发展的每一种情况下,自然选择可能并不是一种有用的说法(就像进化包括多种机制,例如功能变异和自发突变),来自简单的实验室任务,例如手指摆动的一般化也不总是正确的。

腹式爬行的婴儿并没有表现出目的性的行为选择和删减的证据,也没有表现出转换到用手和膝爬行的过渡期变异性的突然高峰(Adolph et al., 1998)。尽管腹式爬行几个星期的变异性并没有衰减,但是婴儿已经表现出了速度和熟练性上的进步,不管他们之前是否用腹部爬行,但是几乎每一个婴儿都会表现出手膝交替的爬行模式。不需要机能上的重大代价,变异也能够保持不衰退(Vereijken & Adolph, 1999)。可能最安全的结论是,发展是一个多点的事件,变异性在发展过程中可能起着很多作用(见 Siegler,本手册,本卷,第 11 章)。通常,变异性的变化指向加工,但有时变异性也可能只反映了干扰。

时间、年龄和经验

发展就是随着时间产生的变化。因此,对于发展心理学家来讲,一个核心问题就是如何把时间流逝和这个过程中的一些因素按一定框架归类(如,Wohlwill, 1970)。我们如何把重复的观察按顺序排列、如何对参与者进行分组? 最常见的解决方法是,把儿童接受测试时的日历年龄放在 X 轴上。实际上,许多研究者都不会把一个没有年龄对照的研究看作是发展研究。另外一种最常见的方法就是保持天数、周数、月数等的规律性,但是要标准化观察值,并且根据儿童的经验对其进行分组,这里的经验是根据婴儿技能开始的一个估计时间计算的(如,Adolph et al. , 1998;Bertenthal, Campos, & Kermoian, 1994;Bril & Breniere, 1992;Corbetta & Bojczyk, 2002)。因此,研究者可能会比较在够取动作刚出现几个月或行走动作刚出现几年的儿童,而不会比较 3 和 6 个月大的个体或比较 3 和 6 个月大的群体。相似的研究策略包括,在不保留时间间隔的条件下(如,Sundermier, Woollacott, Roncesvalles, & Jensen, 2001;Witherington et al. , 2002),保留里程碑事件的系列顺序(如,新科站立者、行走者和有经验的行走者、跑步者)并恒定年龄,使经验随着某个动作技能发生改变(如,Adolph, 2000;Campos et al. , 2000)。这里,我们以行走的发展为例来详细阐述表征、描述和解释随时间发生的变化。

行走技能的提高

在对行走发展经过 75 年左右的研究之后,研究者汇集了一套连贯的随年龄和经验变化的相关参数群。在 10 至 16 个月之间,大部分婴儿迈出了独立行走的第一步(Adolph et al, 2003;Frankenburg & Dodds, 1967)。开始时,婴儿会遇到如何克服平衡和前进的双重问题,他们的步态就像卓别林那样,双腿分开,迈着成八字形的小步前进(如,Adolph et al. , 2003;Bril & Breniere, 1992;Burnett & Johnson, 1971;McGraw, 1945;Shirley, 1931)。他们的臀部向外转,脚趾侧张来进一步增加支撑面(如,Adolph, 1995;Ledet, Van Wieringen, & savelsbergh, 2004)。他们同时收缩腿部的伸肌和屈肌(Okamoto & Goto, 1985),过度弯曲的膝盖不能缓冲他们双脚触地的向下落体运动,也不能在脚趾离地时充分伸展双腿(Sutherlan, Olshe, Cooper, & Woo, 1980)。他们双脚落地的时间相对较长,一只脚在空中晃动的时间较短(如,Bril & Breniere, 1989, 1991, 1993);因此,他们行进的整体速度较慢,步子频率高,并且由于来不及弯曲踝关节,所以使用脚底板或脚趾着地(McGraw, 1940;Thelen, Bril, & Breniere, 1992)。婴儿每一步的时间和距离都是不同和不对称的,表明他们一直在步与步之间获得平衡(Adolph et al. , 2003;J. E. Clark et al. , 1998;J. E. Clark & Phillips, 1987;Ledebt et al. , 2004;McGraw & Breeze, 1941)。新科行走者保持手臂静止,使之处于一个高度防卫的姿势,此时他们弯肘,手掌朝上,手抬到腰部以上(Ledebt, 2000; McGraw, 1940)。他们的头和躯干上下左右摇晃(Bril & Ledebt, 1998; Ledebt, Bril & Wiener-Vacher, 1995)。最有说服力的是,婴儿重心的垂直加速度在脚落地时是负的,这意味着靠单腿支撑时,婴儿是在向下落,而不是向前进。

图 4.4 显示了婴儿和儿童早期行走技能提高的代表性时间进程和方向。随着婴儿每步距离变长,双腿靠拢,脚趾指向正前方,他们的支撑面变窄(如, Adolph et al., 2003; Bril & Breniere, 1992)。他们肌肉行动变得更加交互相应(Okamoto & Goto, 1985),步子不再显得那么摇晃和多变(如, J. E. Clark et al., 1988; Ledebt et al., 2004)。随着婴儿的双重支撑相对持续时间减少,单独支撑时间增加,他们的行走速度增加,并开始用脚后跟着地(Bril & Breniere, 1989, 1991, 1993;Thelen et al., 1992)。婴儿把手臂放低到身体的两侧并开始随着腿部运动而交替摆动(Ledebt, 2000)。通过将身体上半部分整个儿僵直地固定在一

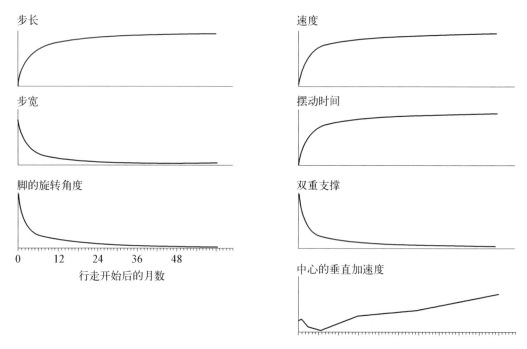

图 4.4 在独立行走的前 60 周,关于儿童行走步法进步的时间特点。步长=相继两步之间的距离;步宽=步子的侧边距;脚的旋转角度=在行进到路上,脚尖向内/脚尖向外的绝对值;速度=总距离/时间;摆动时间=一只脚在空中移动的时间;双重支撑=双脚在地面的时间;中心的垂直重力加速度=与地面垂直的轴上中心重力速度的变化率;来源:图节选自"Head Coordination as a Means to Assist Sensory Integration in Learning to Walking,"by B. Bril and A. Ledebt,1998, *Neuroscience and Biobehavioral Reviews*, *22*, pp. 555 - 563. 步长、步宽的曲线和脚的旋转角度的数据来自"What Changes in Infant Walking and Why", by K. E. Adolph, B, Vereijken, and P. E. Shrout, 2003,*Child development*, *74*, pp. 474 - 497; 速度、摆动时间和双重支撑的曲线来自 *Baby Carriage*:*Infant Walking with loads*, by J. S. Garciaguirre and K. E. Adolph,2005a, 即将出版; *Step by Step*:*Tracking infants' Walking and Falling Experience*, By J. S. Garciaguirre and K. E. Adolph, 2005b, 即将出版;垂直加速度的曲线的数据来自"Posture and Independent Locomotion in Early Childhood:Learning to Walk or Learning Dynamic Postural Control," by B. Bril and Y. Breniere, 1993, *The Development of Coordination in Infancy*, pp. 337 - 358. 经许可使用。

起(Assaiante, 1998)，婴儿稳定了头和躯干的斜度和摇晃范围(Ledebt et al., 1995)。最终，儿童解开了头和躯干间僵硬连接，开始将头的斜度和摇晃与每步引起身体相应上下左右的运动协调起来(Assaiante, Thomachot, Aurenty, & Amblard, 1998; Bril & Ledebt, 1998)。婴儿脚落地时的重心加速度的负值绝对值慢慢变小，直到最终像成人行走者一样变成正值(Bril & Breniere, 1993)。此时，当儿童能在单腿支撑情况下"离开"时，他们就最终掌握了如何控制平衡和失衡。

从20世纪30年代开始，研究者在行走技能的进步的直接原因上达成了广泛一致：婴儿必须获得足够的肌肉力量来推动身体前进，并以单腿支撑身体重量，还必须有足够的姿势控制来保持平衡，这一点在单肢支撑的时候尤其如此(如，Bril & Breniere, 1993; Bril & Ledebt, 1998; McGraw, 1945; Thelen, 1984a)。大部分当今和早期研究者的最大分歧是在行走发展进步的更远的起源上——促使肌肉力量和平衡控制提高的因素。早期的先驱者将婴儿年龄作为x轴，绘制随年龄变化的行走技能发展变化的曲线图，来强调神经成熟度和身体生长对行走进步的促进作用。相反，大多数当代研究者将婴儿行走经验作为x轴，绘制相似的图来强调学习和练习的作用。

假设婴儿行走起始年龄有6个月的全距，根据婴儿行走起始年龄而不是出生日期对数据进行正态化处理，这就有利于在儿童之间进行图表和数据统计上的比较(如，Bril & Breniere, 1993; Bril & Ledebt, 1998; J. E. Clark et al., 1988; Corbetta & Bojczyk, 2002)。注意，在表征和描述婴儿个体变化时，年龄和经验是等效的测量标准。此外，形式统计模型分别对婴儿的行走经验、日历年龄和身体维度的各自作用进行过比较，结果表明，只有行走经验可以解释生命头2年中技能提高的独特变异(Adolph et al., 2003; Cf., Kingsnorth & Schmuckler, 2000)。在接下来数年中，与年龄相比，发展的里程碑是一个更敏感的提高指标(Sundermier et al., 2001)。

此外，如图4.4所示，在很多测量标准上，行走技能的发展类似在大部分动作学习任务中的负加速曲线(Schmidt & Lee, 1999)：最初的进步是迅速和剧烈的，但随后的进步则较为缓慢和微小。大多数研究者测查了在行走起始后3到6个月内肘关节变化的速率(如，Adolph et al., 2003; Bril & Breniere, 1992, 1993; Bril & Ledebt, 1998; McGraw, 1945)。与动作学习任务相似，起始阶段的曲线最陡，这可能反映出婴儿试图发现促进身体前进和平衡的相关参数。随后更缓慢的变化可能反映出对步态参数的数值进行训练和微调，使行走的生物力学效率最大化的过程。

空洞的时间

不论儿童的日历年龄和行走经验的相对预测力孰大孰小，单独的某个因素或两因素在一起都不能解释儿童行走技能的提高。在方差和回归分析中，普遍地将年龄和经验作为预测变量，这种做法使这些因素似乎成为因果关系中的自变量(Wohlwill, 1970)。然而，事实并非如此。儿童并非随机分配到年龄或经验组中，每个儿童都是(或将成为)每个组的一个成员(如，相对于种族和性别组)。在行走发展中，群效应和文化差异得到了很好证明(如，Hopkins & Westra, 1990; Super, 1976)。另外，时间也可以很容易地作为因变量，例如在最通常使用的标准实验中,任务完成时间就作为因变量(Schmidt & Lee, 1999)。最严重的问题是,从婴儿出生日期或行走起始日期计算的时间仅仅是对年龄或经验有关因素的一个方便的近似值,目前为止并没有经过具体化或很难进行测量。在 Wohlwill's(1970)的粗略估计中,时间本身就缺乏概念定义,就像是"无知的斗篷"一样(p.50)。

与用年龄作为婴儿脑和身体发展变化的粗略替代相比,更加理想的研究策略是对公认的有因果关系的因素进行测量,并将其更直接地联系起来。比如,在爬行的前几周,前额叶表现出暂时的脑电激增(EEG)活动(Bell & Fox, 1996),这与神经联系最初的过度生长和随后的修剪一致。在行走初始阶段,视觉前庭反射的耳石通道对线性加速的敏感性急剧增加(Wiener-Vacher, Ledebt, & Bril, 1996)。当头部随着一种使其加速向前运动的活动而开始运动时,稳定注视的能力则同那种增加的敏感性联系在一起。婴儿身体比例的自然降低与行走技能的进步相关(如,Adolph, 1997;Shirley, 1931),那种婴儿般上半身较重的身体比例(实验中使用铅重的肩袋或穿厚鞋跟的鞋引发)会导致行走技能的降低(Adolph & Avolio, 2000;Garciaguirre & Adolph, 2005a;Schmuckler, 1993;Vereijken, Pedersen, & Storken, 2005;Yanez, Domakonda, Gill-Alvarez, Adolph, & Vereijken, 2004),这表明生物力学限制会影响力量和平衡。

婴儿所经验的

正如年龄只能作为非特定的发展变化的粗略替代一样,自行走开始以来的天数也只是练习和经验量的近似值。研究者把运动经验作为一系列心理领域发展的因果因素(如,Bertenthal et al., 1994;Campos et al., 2000)。然而,运动经验的建构很大程度上并没有得到检验。具有讽刺意味的是,过去 100 年搜集的大量实验室数据都是关于婴儿在平地上,以稳定的速度按短而直的路线行走,这并不能说明婴儿平衡和运动的日常经验的数量和内容。在日常生活中,婴儿在不同地面的长距离行走路线都是蜿蜒曲折的。

特别值得注意的是,在日常环境中行走的婴儿进行每天的观察记录,婴儿鞋中的"步数计量装置"和视频记录都表明,婴儿习得行走需要的练习量有显著的个体差异,并且随条件和日期变化有很大波动(Adolph, 2002, 2005;Adolph, Robinson, et al., 2005;Chan, Biancaniello, Adolph, & Marin, 2000;Chan, Lu, Marin, & Adolph, 1999;Garciaguirre & Adolph, 2005b)。许多婴儿在行走起始后的前几周行走都是间断的,存在几天走、几天不走的波动(Adolph, Robinson, et al., 2005)。在有的日子里,行走经验会被分布到一些活动中,在这些活动中,婴儿会保持着静止的站姿,他们停住脚步玩耍,摆弄一些物体,或者和抚养者互动(Garciaguirre & Adolph, 2005b)。相对于自由玩耍、目的地较近而且看护者不太可能鼓励婴儿行走的情况(每次行走的时间平均值=5 s,步子平均值=11),目的地较远(与抚养者一起在城市的人行道上行走)时,婴儿每次行走的时间会持续更久(平均值=18 s)并包含更多连续的步子(平均值=45 步)。

婴儿在一个正常清醒日内积累的行走经验的数量和变异是相当大的(如, Adolph, 2002, 2005;Adolph et al., 2003)。每天,婴儿走 9 000 多步,行走比 29 个足球场还要长的距离。他们几乎会在 12 种左右的室内外的表面上行走,这些表面在摩擦、硬度和质地上都有所不同。他们造访家中几乎每个房间,在不同的活动背景下中参与平衡和运动,大约每小时 15 次的轻微的无关紧要的摔倒是很平常的,那些会使婴儿持续哭闹或导致轻微受伤的严重摔倒,每月发生次数则低于一次。

总体来讲,婴儿的日常行走经验类似于一种训练强化,非常有益于动作学习:大量不同的分布练习可以避免失误造成的不悦后果(Gentile, 2000; Schmidt & Lee, 1999)。然而,每个婴儿的练习和每天的练习的量并不是相等的,研究者目前也没有将婴儿练习强化的多种特点和行走技能的提高联系起来。因此,为了在运动经验建构中注入有概念意义的内容,研究者也许应该将练习和经验进行量化,将走步的数量、每次行走的次数、行走的距离、平衡和运动的持续时间、穿越表面的数量、摔倒的次数之类放到 x 轴上,而不是简单地对行走起始后经过的天数进行计数。

运动无处不在

运动也许是所有心理活动中最无处不在、最普遍、最基本的活动。它是生命的象征,是力量的本质。在发展过程中,眼睛、头部、四肢和身体的自发运动为婴儿的知觉经验提供了最大的资源。

运动的重要时期

正如以行走为例所说明的那样,婴儿运动经验的绝对量是惊人的。3.5 个月左右的婴儿就可以在实验室任务中表现出视觉预期,这之前他们可能已经在实验室外完成了 3 百万到 6 百万次的眼睛运动,并且看过无数闭塞物和其他的一些视觉事件(Haith, Hazan, & Goodman, 1988; S. P. Johnson, Slemmer, & Amso, 2004)。在婴儿 10 个月时就可以成功地完成空间搜索任务,而此时他们可能已经积累了足够多爬行里程,比半个曼哈顿还要长(Adooph,2005)。在婴儿 12 月大时,他们可能已经经历了超过 110 000 回合的 47 种不同类型的自发有规律重复运动,包括腿部、手臂、头部和躯干的摆动、摇动、踢、拍打动作(Thelen, 1979,1981b)。联结主义关于经验"重要时期"的概念(Munakata, McClelland, Johnson, & Siegler, 1997)是对婴儿运动经验的恰当阐释。

然而,大量的经验并不意味着不间歇的行进。婴儿运动的连续发生和变幻次数随着每天睡觉/清醒循环和新动作技能的习得而变化。尽管新生儿每天大部分时间都在睡觉,但是他们一直在运动(如,Erkinjuntti, 1988; Fukura & Ishihara, 1997)。睡眠运动包括肢体和躯干在一起的总体运动、单个肢体的局部运动和快速的抽搐(Fukumoto, Mochizuki, Takeshi, Nomura, & Segawa, 1981)。清醒时候的运动更加频繁,幅度更大,在生命的头几周,由于过度共同收缩,运动显得慢而扭曲,到了 8 至 12 周的时候,运动变得更小,更加优雅,如潺潺水流(Cioni, Ferrari, & Prechtl, 1989; Hadders-Algra & Prechtl, 1992; Hadders-Algra, Van Eykern, Klip-van den Nieuwendijk, & Prechetl, 1992; Prechtl & Hopkins, 1986)。从生命的第 1 个月起,有规律的重复就很明显,在婴儿清醒,不哭闹时最为常见(Thelen, 1979, 1981b)。某种刻板运动的最高频率与新动作技能习得同时发生(如,踢脚和摇摆先于爬行出现,晃动手臂先于够取出现,前后摇动先于独立站立出现;Gesell &

Thompson, 1934；McGraw, 1945；Spencer et al., 2000；Thelen, 1996）。

运动贯穿儿童发展

从生命的最开始,运动就是发展的普遍特征。在受精后 5 至 6 周后,胎儿发育出可动身体器官后的数天内,胎儿出现了第一次自发的自我产生运动（spontaneous self-produced movements）（Moore & Persaud, 1993）。最早的运动是微小的、几乎无法辨别的头部弯曲和背部拱起（如, deVries et al., 1982；Nilsson & Hamberger, 1990；Prechtl, 1985）。在受精后的 6 至 7 周,胎儿慢慢摆动肢体（deVries et al., 1982；Sparling & Wilhelm, 1993）,表现出快速、整体的如受到惊吓般的运动,这种运动从肢体开始,延伸到颈部和躯干（deVries et al., 1982）。在受精后 7 至 10 周间,肢体摆动和身体弯曲变得更大、更快和更有力（deVries et al., 1982）。此外,胎儿开始将手臂和腿部从身体其余部分分离出来运动,头部上下弯曲、左右转动,张嘴,打嗝,把手向脸部移动（deVries et al., 1982；Sparling, van Tol, & Chescheir, 1999）。他们通过横膈膜和腹腔的内外运动使肺部吸进或排出少量羊水,开始进行第一个"呼吸"运动,（James, Pillai, & Smoleniec, 1995；Pillai & James, 1990）。

从受精后 12 周起,胎儿手臂三分之二的运动都指向子宫内物体——他们自己的脸和身体,子宫壁和脐带（Sparling et al., 1999）。许多手到身体和手到物体的运动都在短暂活动中发生（Sparling et al., 1999）,像皮亚杰（1952）初级和次级循环反应中的胎儿版本。在受精后 13 周之前,胎儿的运动技能已经多达 16 种不同的类型,包括整个身体的伸展、交替的腿部运动、翻筋斗、打哈欠、吮吸和通过鼻子和嘴吞咽羊水（Cosmi, Anceschi, Cosmi, Piazze, & La Torre, 2003；deVries et al., 1982；Dogtrop, Ubels, & Nijhuis, 1990；James et al., 1995；Kuno et al., 2001；Nilsson & Hamberger, 1990；Pillai & James, 1990）。在 16 周之前,胎儿的手可以找到他们的嘴,这样他们可以吮吸他们的拇指（Hepper, Shahidullah, & White, 1991）。即使在 26 周眼睑还未分化时,胎儿已开始转动眼睛（Dogtrop et al., 1990；Moore & Persaud, 1993；Prechtl & Nijhuis, 1983）。

胎儿活动有一个日常规律,即在晚间增加,在早晨减少（Arduini, Rizzo, & Romanini, 1995）。在孕期,在受精后 14 周至 16 周之间,胎儿整个身体的运动及手臂和腿部的大幅运动达到顶峰,平均占每次观测 60％左右,随后,由于胎儿不断生长的身体在子宫内占据的空间逐渐增大,运动开始减少（D'Elia, Pighetti, Moccia, & Santangelo, 2001；Kuno et al., 2001）。到 37 周左右时,胎儿被狭窄的空间所限,以至于他们的手经常都蜷缩成头部的形状,手背紧压着子宫壁（Sparling et al., 1999）。

运动是根本的

运动不仅在发展中无处不在,实际上,它们对生命就像呼吸对生命一样根本。将空气吸进肺部需要膈膜和肋肌运动扩张胸腔（Goss, 1973；Marieb, 1995）。在婴儿出生后第一次剧烈呼吸之后,大多数研究者几乎把呼吸运动淡化成背景而不加注意了。然而,当其与其他运动一起发生时,比如当成人在思考、游泳、分娩最后阶段等需要控制呼吸运动时,就必须积极控制呼吸。

像呼吸一样,看似简单的吞咽和吮吸行动经常被当成是理所当然的。尽管胎儿有充足的练习锻炼用于呼吸和吞咽的肌肉与身体部分,但是他们并不呼吸空气,而且这两种运动不需要协调(J. L. Miller, Sonies, & Macedonia, 2003)。相比较而言,婴儿出生后,身体的解剖结构需要呼吸和吞咽运动及时、交错地进行,这样婴儿不会在吸进空气时感到气压带来的疼痛,或在吮奶时被呛着。开始时,奶和空气通过咽部进入身体时共享相同通道,但奶必须导向食道而空气则必须导向气管。

同样,吮吸在出生前就开始了(Humphery, 1970)。出生后,婴儿通过吮吸来获得营养,而且,他们在睡觉或吮吸手指或橡皮奶头时表现出非营养的吮吸运动(Wolff, 1987)。尽管吮吸可以与呼吸同时进行,但是在正常足月的婴儿非营养的吮吸和呼吸交错运动中,吮吸和呼吸之比是 3∶2(Goldfield, Wolff, & Schmidt, 1999a, 1999b)。

当婴儿进食出现问题时,在呼吸、吞咽和吮吸运动之间复杂的时间协调就变得非常重要(Craig & Lee, 1999)。当这种协调失效时,呼吸就成为典型的瓶颈(van der Meer, Holden, & van der Weel, 出版中)。对呼吸的需要和对吞咽的需要互相竞争(Goldfield, 2005)。未成熟的婴儿非常容易出现进食问题,一部分原因就是他们很难调节呼吸。因此,他们不能协调进食所需要的吮吸、呼吸和吞咽运动(Goldfield, 2005)。例如,在受精后 32 周,早产的婴儿在每次吞咽前后都有一段时间停止呼吸(Mizuno & Ueda, 2003)。这种暂停让婴儿可以在进食时不会被奶呛着,但也导致进食时供氧量不足。像足月的婴儿一样,在受精后 35 周之前,早产婴儿可以在一次呼吸中的某一过程插入吞咽动作,也可以在吸气和呼气之间插入吞咽动作(Mizuno & Ueda, 2003; van der Meer et al., 出版中)。

在喂养时,随着奶量的增加,吮吸和吞咽也增加。在数次吮吸后,奶在嘴里堆积、然后被吞下。嘴里剩余的奶由更多的吞咽动作解决掉(Newman, Keckley, et al., 2001)。除了在婴儿时期协调这些运动,在进食过程中,婴儿也改变吮吸、吞咽与呼吸的比率,当他们已经吃饱时,吮吸的强度降低(Goldfield, Richardson, Saltzman, Lee, & Margetts, 2005)。当喂奶方式与未成熟婴儿不规则的呼吸形式相适应时(使用一个精巧设计的瓶子系统),未成熟婴儿可以更好地对呼吸、吮吸和吞咽运动进行协调以更有效地进食(Goldfield, 2005)。

小结：变化模式

婴儿的吮吸、摆动、爬行、行走、踢腿等运动的细节是如何与动作发展领域之外的心理学研究联系在一起的呢? 曾有一段时间,大量发表于有关发展的学术期刊上的研究都是关于发展的非理论性描述,或者是关于高度特异化现象的狭窄发展理论,尝试抽取一般发展规律的努力就显得重要而令人鼓舞(E. J. Gibson, 1994; Siegler & Munakata, 1993; Thelen & Smith, 1994)。确实,Gesell 的最重要、最持久的遗产可能就是他第一次采用婴儿运动的形式结构作为样板系统来理解发展变化中的一般原理。借助这节所研究的案例,我们想提供给读者研究动作发展的一个模式系统的思路,通过婴儿运动的时空变化来阐述所有发展心理学家所必须面对的问题:发展能创造出质的新模式吗? 什么导致发展产生的? 变异性在行为表现中的作用是什么? 发展轨迹的形态如何确定? 我们怎么理解时间流逝? 发展的素材怎样无处不在?

Thelen 和 Bates(2003)最近在关于动态系统和联结主义的专刊上,确认了他们的观点"发展的普遍原理:所有领域都适用的机制和过程"。在动作发展领域中,Thelen 富有影响的工作见证了试图发现一般规律,并构建统一的动态系统思路的努力(Thelen, 1985; Thelen et al., 2001; Thelen & Smith, 1994, 1998; Thelen & Ulrich, 1991)。动态系统也许会被证明是一个有关发展的伟大的统一理论,也许不会。我们的猜测是任何单独的方法可能被证明过于局限或存在争议,不能公正地揭示穿着多层外衣的发展过程或回答发展研究中遇到的许多问题。然而,如果没有去超越某一特定现象或特定内容领域的努力,研究者将永远无法建立一门统一的发展科学。我们本部分的目的就是详细说明一个小而清晰的专门样板系统是如何被用来研究发展中大而复杂的普遍问题。此外,嵌套在多重时间刻度中婴儿运动的透明性也为发展科学提供了一个易操作的独特样板系统来继续发展科学的研究。

作为知觉—行动系统的动作发展

与运动相对,行动,从定义看暗示意图和目标(Pick, 1989; Reed, 1982)。虽然婴儿有节奏的踢腿和手臂挥动可能是唤起的或伴随的神经活动的副产品,但婴儿在物体和平面上的行动却是有意图、有目标的。尽管自发运动偶尔可能带来功能性结果,但行动从一开始就是目标导向的,具有清楚的功能表现。例如,10 个月大的婴儿够取拿球的速度由他们的目标决定:取决于是将球放到容器中还是将其抛向浴池(Claxton, Keen, & McCarty, 2003)。行动的每一部分都预示下一部分,并且共同指向最终目标。

通过行动完成目标需要探测可知度,并且作出选择,有时还需要为行动创造新的可能性。行为必须灵活地适应当地的条件。Povinelli 和 Cant's(1995)对灵长类动物穿越丛林树冠的描述提供了一个很好的例子。长尾猕猴的重量如此轻,以至于它们可以忽略树木支撑表面的强度和柔韧性对其运动安全性的影响。像松鼠一样,它们用四肢沿着树枝的顶端和藤移动,跨越其间的小缝隙,跳过大缝隙。合趾猴相对较重,他们通过将自己吊在树冠下,用手臂交替摇摆来避免跌落。它们通过臂、有弹性的树枝提供的支撑和摇摆的惯性来判断树枝和藤之间的距离。猩猩是如此之重——一个大人的尺寸——以至于每根树枝的强度和柔韧性对它们的运动都至关重要。它们通过在多重支撑上分散身体重量,在转移重量前检查每根树枝和每条藤,通过吊拉细的树干,去够住远端的树干来解决在树冠中移动的问题。

像灵长类动物的运动一样,本部分中的个案研究举例说明了如何实现行动中的可知度的问题。初始假设是,适应性行动总是目标导向的、有具体物体,并与情景嵌套。如前所述,婴儿以稳定速度在笔直、平坦路线上的行走可以提供一个十分丰富的范式以便我们分析步态模式的形式结构。然而,此路似乎不通,研究者很快认识到,尽管他们试图通过反复的实验来诱发蹒跚学步的婴儿一个可以保持稳定速度的状态,婴儿却往往有自己的目标:婴儿伸开双臂和拿玩具都会改变他们自己功能性身体特征;他们会停下来研究实验中所采用的走道的细节;他们会加速跑向父母的怀抱。因此,将动作发展作为一个知觉—行动系统进行考察的研究者主要集中于探讨婴儿通过探测和适应他们的生理倾向和周围环境变化来达到自己目标的能力。研究者通过实验操作婴儿的功能性身体特征和平衡控制水平,改变目标物体属性和表面,为婴儿行动提供多类社会支持来改变可被利用的知觉信息。

在本节的开始部分,我们阐述目标定向的注视和够取所具有的前瞻与未来导向的性质,并描述那些即使很简单的眼、头、躯干、手、足运动如何让婴儿预计到对稳定姿势的扰乱。我们用婴儿对充满挑战的地表面的反应来详细说明他们学习探测行动可知度的灵活性和特异性,并且我们还会描述解释性运动是如何为引导行动而提供知觉基础的。在本节的末尾部分,我们会通过一些例子来说明工具怎样为行动创造新的可能性。

前瞻控制

行动的发展实际上是一直增加的前瞻控制:准备并引导行动指向未来(von Hofsten,1993,1997,2003,2004)。时间只在一个方向上运行。因此,行动中唯一能够控制的部分就是还未发生的部分(von Hofsten,2003)。被动地响应只是不得已而为之。在最坏的情况下,行动不可逆,被动地响应可能导致可怕的后果(跌倒、滑倒、碰撞、从丛林树冠上跌落)。在最好的情况下,由于信息通过身体传递导致神经系统反应滞后,身体各部分再行运动起来更存在滞后,因此,对反应进行事后更正也会使行动变得不稳和无效率。知觉到的信息将过去的时间和将来的时间联系起来,通过利用刚发生的运动反馈来预期未来行动的结果,以及利用最近知觉事件的更新来预测即将发生的事情。知觉提供了一个时间泡,持续地将行动延伸到未来,就像放在身体和周围环境之间一个起保护作用的缓冲垫一样。

早期行动系统

婴儿的注视行为经常被发展心理学家用来推测感觉和认知加工,以至于有时发展心理学家会忘记视觉系统也是一个用来扫描世界和追踪物体与事件的行动系统。如果没有能力控制眼动,将视网膜的中央凹保持在目标上,这样视觉系统就功能上而言就无用了(von Hofsten,2003)。像注视一样,抓握的一个功能是将高度敏感的信息收集装置——双手——带向外部物体。抓握同样也具有把物体带到眼前进行近距离视觉检测的功能。相应地,将双手放在视野内可以让视觉帮助婴儿来进行够取和抓握。

实际上,眼和手臂的运动可能在新生儿期就可以充分协调来促进视觉—手动探索和目标导向的够取。例如,新生儿积极地将手放在视野内。当新生儿仰卧,如果他们的手臂在头后侧,可以给他们的手腕上加上点重量,但是如果手臂朝向脸时,他们就不会让重量加上来(van der Meer, van der Weel, & Lee, 1996)。这时,他们手到脸的行动会出现不对称的、紧张的颈部反射防御姿势。如果双手的视野都被遮蔽,婴儿两只负重手臂都会下坠。而当在视频监视器上而不是直接提供朝向头后侧的手的视野时,婴儿拒绝在防卫姿势的反方向上负重(van der Meer, van der Weel, & Lee, 1995)。同样地,在一个昏暗的房间中,新生儿会将手保持在狭长的光束中(van der Meer, 1997a)。婴儿对手的注视似乎是有意和前瞻性的,因为婴儿会随着光束的移动而移动手,并且是在手追到光束之前而不是在他们已经可以看到手之后才减缓手臂运动。

此外,在可以够取或抓握的数月前,新生儿会用眼和手臂定位物体,仿佛是利用可用"触角"指向物体一样(von Hofsten, 1982)。如果胸部被安全地绑在微倾的座位上,或被固定住头部防止在重力下低头,此时看到一个可进行视觉聚焦的目标,他们就会用力挥动手臂更加直接地指向该目标(Amiel-Tison & Grenier, 1986; von Hofsten, 1982)。

前瞻性的共同路径

婴儿最早的行动也表现出了前瞻性的迹象。例如,1个月大之前,婴儿就可以用眼流畅地追踪一个运动的目标(Aslin, 1981; Rosander & von Hofsten, 2000; von Hofsten & Rosander, 1996),这显示了婴儿跟随目标的意图和匹配眼睛与目标速度的能力。正是通过刚看到的运动预测接下来发生什么,婴儿才能流畅地追踪预期目标的运动(von Hofsten, 1997, 2003)。然而,不足1个月的新生儿的流畅追踪只在短时间内发生。当他们的眼睛开始落后于目标时,他们被迫使用急促的、被动的快速扫视来跟上目标(Phillips, Finoccio, Ong, & Fuchs, 1997)。最初,快速扫视过于剧烈,以至于会脱离目标,这就需要一系列的微小步骤将眼睛移向目标(Aslin & Salapatek, 1975)。此外,前瞻控制在不足一个月的新生儿中是脆弱的,会被困难的任务和没有支持的情境轻易打断(von Hofsten & Rosander, 1997)。只有相当大的目标,并且以一种慢速、可预测的正弦曲线运动方式从一边移到另一边时,婴儿才能将该目标保持在视野内(von Hofsten & Rosander, 1997)。把大物体保持在视网膜中央凹上所需精确度相对较低,所以婴儿较少用扫视去跟踪较大的物体。

如图4.5a所示,在随后的几个星期,流畅追踪在婴儿视觉追踪中的比例持续增加,不断校正的快速扫视所占比例持续减少,在6到14周间,视觉跟踪的提高最快(Richards & Holley, 1999; Rosander & von Hofsten, 2002; von Hofsten & Rosander, 1997)。婴儿可以顺利地追踪移动较快的较小物体(Phillips et al., 1997; Richards & Holley, 1999; Rosander & von Hofsten, 2002),到4至5个月大时,婴儿的注视已经足以预测追踪挡光板后移动的目标(如, Rosander & von Hofsten, 2004)。

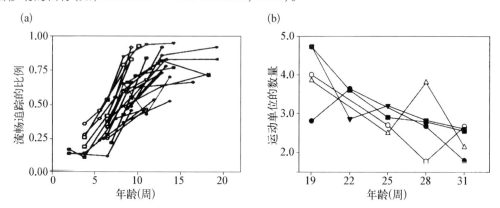

图4.5 通过对眼和手臂运动的纵向观察得出的发展轨迹。(a)流畅的眼部运动。来源:"An Action Perspective on Motor Development," by C. von Hofsten, 2004, *Trends in Cognitive Sciences*, 8, pp. 266 - 272. 经许可使用。(b)够取的运动单位。来源:"Structuring of Early Reaching Movements: A longitudinal Study," By C. von Hofsten, 1991, *Journal of Motor Behavior*. 23, pp. 280 - 292. 对于注视和够取,每条曲线代表不同的婴儿。值得注意的是在发展变化的速率和量上存在巨大的个体差异。

短暂显示无遮挡轨迹就可使婴儿对有遮挡轨迹的注视更具预测性,这样他们的眼睛会等在挡光板的远端以捕捉重新出现的目标(S. P. Johnson, Amso, & Slemmer, 2003)。到3个月时,婴儿可以使用规律地预测而非随机猜测目标位置的变换(Adler & Haith, 2003; Wentworth, Haith & Hood, 2002)。到5个月时,他们可以成功地追踪突然向相反方向运动的物体(von Hofsten & Rosander, 1997)。到6个月时,他们可以使用任意的形状线索来预期目标位置的变换(Gilmore & Johnson, 1995)。

婴儿的抓握行动表现出与注视行动相似的发展轨迹。向静止物体够取出现在12到18周之间(如, Berthier & Keen, 出版中;Clifton et al. , 1993),捕捉运动物体出现在大约18周左右(von Hofsten, 1979, 1980)。正如婴儿最初的眼动存在急促和滞后一样,他们第一次实施目标指向的够取和抓握也是十分急促和曲折的。够取的起始阶段包含着一些"运动单元",在这些运动单元中,婴儿在触及到玩具前,手臂会加速、减速、改变方向(如, Berthier, Clifton, McCall, & Robin, 1999; Beithier & Keen, 出版中; Thelen et al. , 1993; von Hofsten, 1980, 1983, 1991; von Hofsten & Lindhagen, 1979; Wentworth, Benson, & Haith, 2000)。在快速够取中出现的更正更加明显(Thelen, Corbetta, & Spencer, 1996)。

运动单元和方向的改变在几个月后减少,直到婴儿的够取和抓握只由两个运动单元组成,第一单元将手靠近目标,第二单元是抓住目标(图4.5b)。对目标运动的预期性推测的能力会在视觉信息丢失时增强。到9个月时,当婴儿手伸向在一条无障碍道路上向移动的物体时,如果道路被栅栏阻挡,婴儿会抑制其够取行动(Keen, Carrico, Sylvia, & Berthier, 2003)。到11个月大时,婴儿可以捕捉从挡光板后面出现的运动物体(van der Meer, van der Weel, & Lee, 1994)。

是什么使婴儿最初的够取如此不稳定和曲折呢?一开始人们认为运动单元反映着婴儿对偏离方向的手臂轨迹进行的视觉更正(如, Bushnell, 1985)。然而,婴儿在学会于明亮处向物体够取的一两周内就可以成功地在暗处够取物体(Clifton et al. , 1993),表明他们可以使用本体感受信息引导够取行动。实际上,到5至7个月大时,婴儿可以在不看到手的情况下,通过观测黑暗中闪亮物体的速度来捕捉移动物体(Robin, Berthier, & Clifton, 1996),到9个月大时,他们可以在黑暗中预先定位手的位置来完成抓握动作(McCarty, Clifton, Ashmead, Lee, & Goubet, 2001)。因此,还有一些其他的解释。也许,定位手来抓握所需精确度的提高可能促使新手将行动分为一系列小的步骤来计划(Berthier, 1996, 1997; Berthier et al. , 2005)。同样地,运动单元可能只是简单地反映了非预期的反应(Berthier et al. , 2005; Thelen et al. , 1996; von Hofsten, 1997)。或者,婴儿可能对有效够取没有多少动机(Witherington, 2005)——这是因为额外的运动单元带来的功能损耗很低——而且,他们也许甚至会使用可变的手臂路径来探索新行动系统的本事(Berthier, 1996, 1997; Berthier et al. , 2005)。

前瞻性注视和抓握的分离发展

注视和抓握所涉及的不只是眼和手。视觉追踪需要眼动和头动的精密协调,这样才能在头和身体移动的同时注视目标,特别是在婴儿运动或被抱着移动的时候(Daniel & Lee,

1990；von Hofsten，2003）。抓握涉及决策：使用一只还是两只手臂、哪只手臂移动，协调抓握和够取——这一切都与目标物的特征有关联。

注视和抓握成分的前瞻控制不是同步发展的。预期的眼动不会自动转移为预期的头动，预期的单臂够取不会自动转移为抓握的前瞻控制，或使用一只还是两只手臂的决策。例如，在婴儿能用眼顺畅追踪移动物体的数周后，他们才开始借助头动进行大范围的追踪运动（von Hofsten，2004；von Hofsten ＆ Rosander，1997）。不过，婴儿在抑制视觉前庭反应方面有困难，一开始他们的头部远远落后于目标，以至于必须将眼睛放在目标之前以将目标保持在视野内。眼和头部的不协调的功能性后果就是追踪精确性的降低。

相似地，抓握的组成成分的发展也具有不同步性。在可以顺畅地将手移动到一个物体后的数周内，婴儿都不能准确地将手摆放到物体所指的方向上（Wentworth et al. , 2000；Witherington，2005），也不能根据物体大小调整手的张开程度（Fagard，2000；von Hofsten ＆ Ronnqvist，1988）。婴儿伸脚的动作比够取物体的动作要足足早一个月出现（Galloway ＆ Thelen，2004）。对那些同年龄的表现出熟练够取动作的婴儿而言，他们对于出现在中线的物体的反应也是具有随意性，只会根据这些物体的大小程度进行单臂或双臂的够取反应（Corbetta，Thelen, ＆ Johnson 2000；Fagard，2000）。尽管婴儿可能会经过身体的中线部位，伸出双臂去抓大的物体（van Hof，van der Kamp，＆ Savelsbergh，2002），但当两个物体同时呈现时，他们却不能将手伸过中线（McCarty ＆ Keen，2005）。

正如注视和抓握成分之间的发展性分离一样，前瞻追踪和够取去抓挡光板后面移动的物体也是在不同年龄出现的。一般来说，婴儿在够取的前瞻控制出现前就表现出对注视的前瞻控制，当目标物从挡光板后面重新出现时，他们的头部和眼睛在目标物上，但他们的手却显得不知所措或滞后（Jonsson ＆ von Hofsten，2003；Spelke，Feng，＆ Rosander，1998）。在 11 个月之前，婴儿还会用手拦截已经被挡住的物体。

姿势的中心倾向

保持平衡并非可有可无的选项。行动需要稳定的姿势基础。此外，看似简单的维持平衡往往并不仅限于维持平衡的目的（Riley，Stoffregen，Grocki，＆ Turvey，1999）。实际上，婴儿和成人需要维持各种不同的姿势去创建必要的条件来注视四周、操作物体、继续交谈或到达一些地方（Stoffregen，Smart，Bardy，＆ Pagulayan，1999）。

嵌套的行动

注意与抓握不同组成成分之间存在发展差异的一个原因是行动嵌套在其他行动之中。眼睛的视觉追踪是嵌套在头部的视觉追踪之中的。使用手和手指进行抓握是嵌套在伸臂之中的。注视和抓握——像其他行动一样——都是嵌套在最基本的行动中的，那就是：姿势（Bernstein，1967；E. J. Gibson ＆ Pick，2000；Reed，1982，1989）。

188　相应地，新生儿可以表现出前瞻性注视和够取的一个原因是研究者为婴儿行动提供了所需的稳定姿势基础：实验用皮带将婴儿的胸部绑在倾斜的座位或摇篮板上，用倾斜的垫子支撑他们的头部或用手扶住婴儿头部。如果没有实验者提供的这些支撑，年幼的婴儿不可能转动他们的头部去追踪或伸臂去抓握(Spencer et al.，2000；von Hofsten，2003)。到 4 至 6 个月时,婴儿会研究一把普通的高椅的特征,这种行为实际上是为他们的够取动作创造一个稳定基础,因为他们可以在够取过程中借用椅背和椅座边来帮助支撑身体躯干(van der Fits, Otten, Klip, van Eykern, & Hadders-Algra, 1999)。即使有支撑,姿势还是通过重力对够取的动作发挥作用。在 3 至 4 个月时,比起整个身体都由小床支撑的仰卧姿势,绑坐在一个特殊座位上的婴儿可以作出更加频繁的够取行动,这是因为他们需要更少的臂肌力矩来对抗引力(Savelsbergh & van der Kamp, 1994)。

等到婴儿有能力为自己提供稳定的姿势基础后,他们才能进行没有额外支持的够取行为(Bertenthal & von Hofsten, 1998；Spencer et al.，2000)。在俯卧的姿势下进行自由够取大约出现于婴儿 5 个月的时候,此时婴儿可以用一只手臂支撑胸部,用另一只手臂进行够取而不会翻倒(Bly, 1994；McGraw, 1945)。坐姿下的自由够取大约出现在 6 到 8 个月之间,这时婴儿可以在双肩之间保持头部平衡,也可以坐在地板上,双腿以"V"字形伸展开以保持躯干的平衡(van der Fits et al.，1999)。当婴儿第一次完成以三角姿势支撑的坐立时(在伸开的腿之间用双臂支撑),姿势的要求与行动的目标之间存在竞争。例如,才学会坐的婴儿只能伸出一只手并且努力避免前倾,因为如果他们抬起那只支撑的手或者打破这个脆弱的平衡姿势的话,他们就可能倒地(Rochat, 1992；Rochat & Goubet, 1995)。

可预期的姿势调整

为行动建立一个稳定的姿势基础需要婴儿能够有预期地控制平衡(von Hofsten, 1993, 1997, 2003, 2004)。通过移动身体的一部分来进行看、够取或走动等动作会使整个身体的重心转移从而造成不平衡。此外,头或肢体的运动会产生远端肢体的反力,因为身体的所有部分都是有机联系在一起的(Gahery & Massion, 1981)。抬起手臂需要向上和向前的牵引力。因此,躯干的相反方向上会有同等大小的去稳定化力量发挥作用。为了防止运动引发的不平衡导致身体的摇晃,婴儿必须能预期姿势对平衡的破坏,并且能通过这种预期找出对策。在手臂上举的预期中,成人会激活颈部和躯干的肌肉来稳定躯干,然后再激活手臂和肩部肌肉来抬起手臂。或者,成人在重心被前移之前先将重心后移。如果没有这样对姿势的前瞻性更正,那么整个行动的都会受干扰,导致身体失去平衡和跌倒。

到 15 至 18 个月时,坐着的婴儿在够取运动中很少表现出躯干和颈部肌肉激活的准备(van der Fits & Hadders-Algra, 1998；van der Fits et al.，1999；von Hofsten, 1993)。相反地,婴儿倾向于同时激活手臂、颈部和躯干肌肉。然而,婴儿在够取中也有表现出对平衡进行前瞻控制的迹象。如果婴儿的腰被宽松地绑在婴儿座位上,一些 5 个月大的婴儿会通过前倾扩大够取范围(Yonas & Hartman, 1993)。当物体距离增加时,婴儿的够取尝试就会减少,但是身体前倾的婴儿比身体没有前倾的婴儿尝试伸出更远的距离。相比没有重量时,当使用少量的手腕重量改变平衡限制时,6 个月大的婴儿将手前伸来抓握的可能性更小(Rochat, Goubet, & Senders, 1999)。在 8 至 10 个月之间,婴儿在预期抬起双臂抓握远处物体时,身体前倾,表明他们知觉到了由躯干提供的额外伸展可能,并且采用倾斜的姿势为行动打下基础(Mckenzie, Skouteris, Day, Hartman, & Yonas, 1993)。

如坐姿一样,站姿中持续的前瞻性肌肉激活在婴儿 15 至 17 个月之间出现(Witherington et al. , 2002)。举起一个物体或拉一个重物会导致身体重心前移。成人的小腿肌肉往往先于手臂肌肉的激活来预期这种平衡的破坏。在一个巧妙的图示中,婴儿被鼓励拉开有轻微重量的抽屉(Witherington et al. , 2002)。在此情景下,10 到 17 个月之间婴儿前瞻性的姿势调整变得更加频繁、一致和精确及时。在具有 3 个月的行走经验后,80%的情况下婴儿都会出现腿部肌肉的前瞻性激活。

189   一些研究者支持保持行动稳定的姿势习得具有年龄发展阶段(Assaiante & Amblard,1995),从坐、站立、到行走阶段,水平不断提高。然而,其他研究者予以反驳,认为变化更多与技巧有关,而与时间无关(B. Bril, personal communician, Decemeber, 15, 2004)。在坐独轮车或者穿着冰刀站立时,成人中的新手和刚刚尝试坐、够取、直立与行走婴儿的摇摇欲坠其实并无二致。

感知可知度

可知度是行动的可能性。如下所述,婴儿必须学习辨别哪些行动是可能的,哪些行动是不可能的。在某些情况下,婴儿的学习非常灵活,并且可以迁移到新异情境中。但是,在其他的情况下,婴儿的学习则具有令人吃惊的特异性,不在特定的训练背景下就无法迁移。总体来说,学习的灵活性和特异性为研究婴儿在适应性的动作行动发展中所学内容提供了重要启示。

行动者—环境拟合

可知度反映与婴儿身体能力及环境中与行为有关特征相关的客观状态(J. J. Gibson,1979;Warren, 1984)。不管婴儿是否有知觉、错觉,或利用行动的可能性,行动都有可能发生或不发生。可知度具有合理性,具体事件必须参照环境的属性,反之亦然。例如,只有婴儿具备了足够的力量、姿势的控制、相对于路线长度足够的忍耐力,并能考虑路障和地面的倾斜度、硬度和纹理之后,行走才是可能的。

事实上,身体属性和环境属性是如此密切地结合来支持动作行动,以至于可知度关联的任何一方面中,单个因素的变化都会改变成功表现的概率。研究者通过实验来操纵运动的可能性,让婴儿负重,穿厚底鞋来延长腿部长度,穿轮滑鞋或者橡胶鞋底和特氟纶鞋底的鞋来改变婴儿的身体维度和姿势控制的水平(还有一种方法是将婴儿身体和技能中自然发生的变化作为预测值)。为了通过操纵环境属性来改变运动的可能性,研究者改变地面的倾斜度、摩擦和硬度,在路线中制造缝隙,将路终止于视崖,用顶板或障碍物来堵塞路,改变楼梯或基座的高度,改变两个视崖之间桥的宽度,改变扶手的材料和宽度(参见,Adoph, 1997, 2002, 2005; Adoph & Berger, 2005; Adoph et al. , 1993b)。

根据 Warren、Mark 及其同事(Mark & Vogele, 1987; Warren & Whang, 1987) 用来描述成人可知度的精巧的心理物理学实验设计,研究者采用心理物理学的梯度程序来探讨婴儿做出成功动作表现的可能性(如,Adolph, 1995, 1997, 2000; Adolph & Avolio, 2000; Corbetta, Thelen, & Johnson, 2000; Mondschein, Adolph, & Tamis-LeMonda, 2000;

Schmuckler，1996；Tamis-LeMonda & Adolph，2005）。梯度程序是心理物理学中的经典方法，用最少量的试测来估计知觉阈限（Cornsweet，1962）。在估计知觉阈限时，研究者设计函数来测量知觉的增量，从观察者的正确度为 1.0 直到观察者在 0.50 的几率水平上猜测。为了描述可知度，研究者用函数描述知觉增量，来估计"动作阈限"，函数的跨度从成功概率为 1.0 到成功概率为 0（成功概率是成功做出目标行动的尝试次数除以所有尝试的次数，包括正确尝试和错误尝试。婴儿拒绝对动作进行尝试的试测不计在内）。粗略的估计需要对每个婴儿进行大概 15 到 20 次设置很好的试测，精确估计则需要最多 40 次的试测。

像很多心理物理函数一样，行动表现从可能行动到不可能行动转变的曲线通常是具有长长尾部的陡峭 S 形函数。因此，大多数的行动在很大范围内或者是可能的，或者是不可能的，但是在增量范围较小时，行动就具有转换为成功的不定可能性。举例来说，对一个在橡胶覆盖的倾斜人行道上，典型的 14 个月婴儿在斜坡的倾斜度为 0°到 18°之间时，成功行走的概率可能接近于 1.0，在倾斜度为 28°到 90°之间时，成功行走的概率接近于 0，在包含动作阈限的 18°到 28°之间，成功概率是一个急剧下降的函数（Adolph，1995；Adolph & Avolio，2000）；如图 4.6a 中曲线中的虚线所示。对同一个婴儿在铺有光滑乙烯基的人行道上时，整个函数沿 x 轴向左移动，如图 4.6a 中曲线的实线所示。在倾斜度为 0°到 6°的斜坡上，成功行走的概率可能接近于 1.0，在倾斜度为 16°到 90°的斜坡上，成功行走的概率接近于 0，在 6°

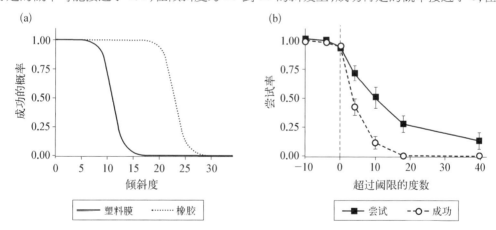

图 4.6　（a）拟合后的曲线显示出，一个典型的 14 个月大婴儿成功走下铺设具有强摩擦的橡胶（虚线）和光滑的塑料膜（实线）斜坡的概率。来源：*Walking Down Slippery Slopes: How Infants Use Slant and Friction Information*，by K. E. Adolph，M. A. Eppler，A. S. Joh，P. E. Shrout and T. Lo，2005，即将出版。（b）实际的（虚线）和感知的（实线）走下铺设地毯的斜坡的可能性，样本是 14 个月大的婴儿。成功率＝成功次数/（成功次数＋失败次数）。尝试率＝（成功次数＋失败次数）/（成功次数＋失败次数＋拒绝反应次数）。误差区间表示标准误差。每个婴儿动作阈限（由 x 轴上的 0 代表）的数据都经过标准化处理。沿 x 轴的正数表示斜度超过婴儿的动作阈限；负数代表斜度低于婴儿的动作阈限。重叠的两条曲线显示了完美的知觉判断。平行的两条曲线显示婴儿根据自己的技能水平做出反应。来源："*Walking Infants Adapt Locomotion to Changing Body Dimensions*"，by K. E. Adolph & A. M. Avolio，2000，Journal of Experimental Psychology：Human Perception and Performance，26，pp. 1148-1166。经许可使用。

到 16°之间,成功概率是一个急剧下降的函数(Adolph, Eppler, Joh; Shrout, & Lo, 2005; Lo, Avolio, Massop, & Adolph, 1999)。

典型地,即使被测时年龄相同,婴儿在动作阈限上也会表现出宽广的全距。例如,14个月大的婴儿从铺着地毯的斜坡向下走,其能应付的倾斜度全距是 4°到 28°(Adolph, 1995; Adolph & Avolio, 2000)。婴儿动作阈限的范围反映着其运动技能、运动的持续时间、年龄、身体特征和特定任务的水平(如,Adolph, 2002; Kingsnorth & Schmuckler, 2000; van der Meer, 1997b)。与年龄更大的儿童和成人相比,身体维度经常是运动可知度的关键决定因素(Konczak, Meeuwson, & Cress, 1992; van der Meer, 1997b; Warren, 1984; Warren & Whang, 1987),对婴儿而言,技能和经验通常是最有力的预测变量,因为此时被试间差异更多来自婴儿力量和平衡之间的差异,而不是他们身体几何形状的差异。

学习感知可知度

理解对行动的适应性控制的关键问题是可知度是否被感知,即婴儿是否可以通过预测存在可知度(或缺少可知度)来选择合适的行动,最终达到目标(参见 Adolph et al., 1993b 的综述; E. J. Gibson, 1982; E. J. Gibson & Pick, 2000; E. J. Gibson & Schmuckler, 1989)。本质上,知觉的难题是确定一个可能的预期行动是位于可知度函数的尾部,还是曲线部分。由于沿 x 轴的可知度函数位置会随当地环境变化而改变(比如,斜坡是否铺有地毯或光滑的乙烯基,婴儿是否负重),为了解决知觉难题,婴儿需要不停地更新与环境条件有关的当前自身行动系统的状态信息。

对于人类婴儿和其他动物幼崽而言,确定当前事件的状态并不是件容易的事。婴儿的身体,技能和环境的急剧、大规模的发展变化使得知觉可知度的难题更为复杂。如本章前述,婴儿的身体成长具有突然性,仿佛一夜之间迸发出来;伸手、坐、爬和走的技能在出现后最初数月中的提高最为引人注目;婴儿接触的环境也不断扩展。除此之外,与许多其他动物幼崽相比,人类婴儿在达到发展中每个姿势的里程碑之后,会保持一段时间来应付不同物体和在不同表面上试验。典型地,婴儿大概在 6 个月时可以独立地坐,8 个月时可以爬,10 个月时可以挪步(以直立的姿势向侧面移动),12 个月时可以行走(Frankenburg & Dodds, 1967)。考虑到行动者—环境拟合本质的可变性,很多研究者提出,婴儿必须学会觉察可能性以实施行动(如,Adolph, 2005; Campos et al., 2000; E. J. Gibson & Pick, 2000)。

用来研究婴儿对可知度感知的经典范式是"视崖"(E. J. Gibson & Walk, 1960; Walk, 1966; Walk & Gibson, 1961)。如图 4.7 所示,会爬的婴儿或其他动物被放在一个仅有 30 厘米的狭窄中央板上,这个中央板将一张玻璃表面的大桌子分为两半。玻璃板从下面被照亮,这样,从婴儿的角度无法看清。在桌子的一侧玻璃板下 0.6 厘米的表面上放置格子面料。在桌子的另一侧,格子面料放在玻璃板下 102 厘米的表面上。虽然在坚固并且安全的玻璃板上向任何一个方向运动都没有问题,但是,从视觉上来看,"浅滩"一侧是安全通道,而"视崖"一侧则可存在难以接受的陡然下落。当被试为婴儿时,看护人先从一侧招唤婴儿,然后从另一侧招唤婴儿，每边 1—2 次测试。当被试为其他动物时，实验者将它们放在中央板上，由它们自己决定是去往浅滩一侧还是视崖一侧。

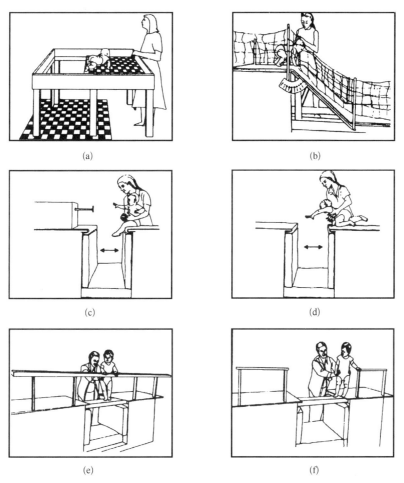

(a)

(b)

(c)

(d)

(e)

(f)

图 4.7 图示是几种测量婴儿对运动可知度的知觉的范式：(a)在视崖上，会爬行的婴儿靠近一个可见的陡坡。来源："A Comparative and Analytical Study of Visual Depth Perception," by R. D. Walk & E. J. Gibson, 1961, *Psychological Monographs*, *75*(15, Whole No. 519)。经许可使用。(b) 在可以调节的斜坡顶端爬行的婴儿。来源："Learning in the Development of Infant Locomotion," by K. E. Adolph, 1997, *Monographs of the Society for Research in Child Development*, *62*(3, Serial No. 251)。经许可使用。(c) 在有支撑表面上，坐着的婴儿向可调节的缝隙倾斜。(d) 在有支撑表面上，爬行的婴儿接近可调节的缝隙。来源："Specificity of Learning: Why Infants Fall over a Veritable Cliff," by K. E. Adolph, 2000, *Psychological Science*, *11*, pp. 290-295。经许可使用。(e) 行走的婴儿探索架在视崖上的桥。(f) 在狭窄的桥上，行走的婴儿借用扶手来加强平衡。来源："Infants Use Handrails as Tools in a Locomotor Task," by S. E. Berger & K. E. Adolph, 2003, *Developmental Psychology*, *39*, pp. 594-605。经许可使用。看护者(如 a 中所示，b—f 中没有显示)站在每个设施的远端并且鼓励婴儿跨越。树脂玻璃板保证了婴儿在视崖上的安全。实验者(如 b—f 中所示)确保婴儿在其他障碍上的安全。

192

有关运动经验和恐惧在婴儿躲避明显下落中作用的许多实验发现了有趣但不一致的结果。最早的研究表明，早熟性动物，例如小鸡、小山羊、小绵羊和小猪，从出生后最初几天就开始躲避视崖的视崖一侧(E. J. Gibson & Walk, 1960；Walk & Gibson, 1961)。如果它们被强制放到本身很安全的视崖一侧的玻璃板上，这些动物会支起腿、哀叫、发抖，然后后退，就像害怕在半空中没有支撑似的。另一些巢居动物，例如小猫、小兔、小狗和小猴，如果刚学会运动或者被放置在暗室或"小猫旋转木马"中进而被剥夺自主运动活动的视觉反馈时，它们就会冒险从中央板爬向视崖一侧(Held & Hein, 1963；Walk & Gibson, 1961)。但是，同样是窠居动物的老鼠，它们并不能通过运动获得视觉经验，从而躲避下落(Walk, Gibson, & Tighe, 1957)。

以人类婴儿为被试，一个经常被引用的横断研究发现，爬行经验可以预测躲避反应(Bertenthal & Campos, 1984；Bertenthal, Campos, & Barrett, 1984)。婴儿参加实验时的年龄几乎相同——从 7.5 个月到 8.5 个月——不熟练的爬行者(爬行经验平均 11 天)中只有 35％躲避明显下落，与之相对，较熟练的爬行者(爬行经验平均 41 天)有 65％能够躲避明显的下落。但是，其他控制了爬行经验或者年龄的横断研究却得到了相反的结果，即爬行经验可以预测爬向视崖而不是躲避视崖的行为(Richards & Rader, 1981, 1983)。纵向数据不包含在内，因为婴儿可以从反复测查中学习到安全的玻璃板可以为运动提供支撑(Titzer, 1995)。在一些熟练的爬行者中，躲避倾向减弱，其中一些婴儿会使用在桌子边上围着木质墙壁迂回前进的补偿策略(Campos, Hiatt, Ramsay, Henderson, & Svejda, 1978；Eppler, Satterwhite, Wendt, & Bruce, 1997)。

在某些情况下，运动经验呈现出姿势特异性：同样的会爬婴儿当用手和膝爬行时，会躲避下落，而不久之后，以直立姿势借助带轮学步车活动时，婴儿就会越过视崖(Rader, Bausano, & Richards, 1980)。在其他情况下，运动经验则表现出姿势的一般化：12 个月大的可行走婴儿，在数周的爬行经验再加上仅 2 周的行走经验后，会躲避明显的下落(Witherington, Campos, Anderson, Lejeune, & Seah, 2005)。

有关恐惧的作用，研究发现差异同样很大。在婴儿只有 1 周的爬行经验或 40 小时借助机械学步车的直立行走经验后，当婴儿向视崖深侧下落时——这是一种与警惕或恐惧有关的测验任务，7 个月大的婴儿会心跳加速(Bertenthal er al.，1984；Campos, Bertenthal, & Kermoian, 1992)。但是，在婴儿 9 个月和 12 个月大时，爬行经验却与心跳速率无关，而且 9 个月大的婴儿被放在视崖深侧时还会表现出心跳减速——这是与兴趣有关的一种指标(Richards & Rader, 1983)。当向玻璃桌的浅滩一侧和深侧下落时，婴儿都表现出轻微的慌乱，但是当在视崖深侧时，婴儿还会不断发声(Richards & Rader, 1983)。在 12 个月的会爬婴儿面临 30 厘米的下落距离时，母亲恐惧的面部表情会比高兴的面部表情引发更高的躲避率，但在测查中，当婴儿躲避下降时，他们自己的面部表情则是积极的或中性的——而不是消极的或害怕的(Emde, Campos, & Klinnert, 1985)。

虽然视崖是最著名的测验范式，但并不是最理想的。不一致的研究发现可能源于方法学上的问题，例如玻璃板的使用不同，将婴儿放到中央板上的程序不同，视崖的设置特征不

193

同以及每个婴儿进行 1 次或者 2 次的测查。由于采用玻璃板，所以视觉信息和触觉信息互相矛盾。下落看上去危险，但是摸上去安全，实际上，婴儿通过反复试验，可以发现玻璃板是完全安全的。用可变形水床代替下落距离，对视崖进行修改后(从下面搅动来制造起伏)，当 14 到 15 个月大的可行走婴儿可以摸到有起伏的表面时，他们拒绝行走，但是当水床表面被玻璃板覆盖时，他们却会走过水床(E. J. Gibson et al. ，1987)。

除此之外，放置婴儿的狭窄中央板使婴儿可操纵的空间很小；有时，躲避视崖的婴儿可能会偶然地移动到深侧或在玻璃板上爬，然后再后退(Campos et al. ，1978；E. J. Gibson & Walk, 1960)。视崖的固定设置使研究者不能评价知觉是否与行动相适应，也不能测量婴儿知觉判断的准确性。在标准设置中，视崖浅滩和深侧的高度都在可知度函数尾部远端，而不是曲线部分。最后，在每种条件下每个婴儿单次测试时所得到的数据没有单个迫选测试得到的数据稳定(E. J. Gibson et al. ，1987)，并且，这两种方式都比在每次高度增加时，对每个婴儿进行多次测试的方式更容易出现错误反应。

学习的特异性

对可知度的知觉，像任何知觉判断一样，包括观察者对信号的敏感性和观察者的反应标准。两类因素都受到单次测试中信号变化的显著影响，特别当被试是婴儿或小动物时。为了避免视崖的方法学难题，研究者对测查设置进行不同设计，包括加入斜坡、缝隙和栅栏，使得视觉信息和实际的可知度具有一致性，如果判断错误就会产生实在的后果，并且测查设置的特征可调。最重要的是，对每一个婴儿在每次刺激增加时都可以实施多次测查(如，Adolph, 1995, 1997, 2000; Adolph & Avolio, 2000; Schmuckler, 1996; 年龄较大的儿童的例子有：Plumert, 1995, 1997; Plumert, Kearney, & Cremer, 2004; Pufall & Dunbar, 1992; van der Meer, 1997b)。

在 Warren、Mark 和其他研究者对成人的研究之后(如，Mark, 1987; Warren, 1984; Warren & Whang, 1987)，研究者对婴儿知觉判断和实际的行动可能性之间的对应性进行了探讨。因为婴儿尚未学会说话，所以确定婴儿的知觉判断基于尝试率：为了完成目标行动进行的成功尝试次数和失败尝试次数之和除以成功尝试、失败尝试和拒绝对行动进行尝试的总数(也就是躲避率的倒数)。如图 4.6b 所示，动作阈值渐减的尝试率为知觉适应行动提供了支持性证据。在尝试率和实际的成功可能性之间存在密切对应，这说明知觉判断是准确的。

一些实验使用心理物理学方法测量婴儿对爬行和在斜坡上行走的可知度知觉(综述参见：Adolph, 2002, 2005; Adolph & Eppler, 2002)。研究者比较了每个婴儿的知觉判断和实际成功率之间的对应关系。如图 4.7b 所示，出发和着地的平台水平，中间连以可以调整斜度(0°和 90°)的斜坡。实验者取代安全玻璃板，跟在婴儿的旁边确保安全。在每次行为失败或拒绝爬行或行走后，婴儿会接受简单的基线测试；父母站在过渡平台的终点，鼓励婴儿下来，并且在每次测试完成后，鼓掌表示鼓励。为了避免误差，使用宽松的反应标准(意味着更高的虚报率)，因此这是对婴儿发现可知度，然后做出相应反应的能力的保守测量。

横断数据(图 4.8a)和纵向数据(图 4.8b)都显示，婴儿从日常的爬行和行走经验中学习对运动可知度的感知。除此之外,学习还呈现出爬行和行走姿势的特异性。在婴儿开始爬行和行走的最初几周中,他们会对远远超过自身能力的斜坡进行尝试,因此需要实验者的救护。在爬行和行走几周后,虚报率稳定地下降。知觉判断逐渐同婴儿的实际能力相符,直到尝试率与成功概率接近匹配。因为婴儿的动作阈限每周都在变化,所以误差的下降反映了明显的行为灵活性。

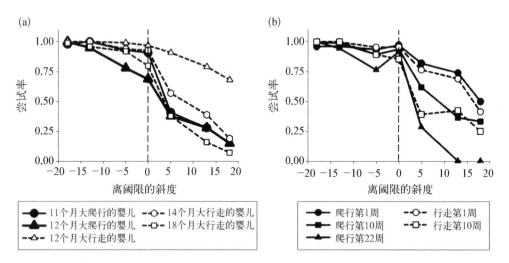

194　　**图 4.8**　由婴儿尝试爬(实线)和走(虚线)下斜坡所引发的知觉判断。(a) 横断数据。来源:"A Psychophysical Assessment of Toddlers' ability to Cope with Slopes," by K. E. Adolph, 1995, *Journal of Experimental Psychology*:*Human Perception and Performance*, 21, pp. 734 – 750;"Walking Infants Adapt Locomotion to Changing Body Dimensions," by K. E. Adolph & A. M. Avolio, 2000, *Journal of Experimental Psychology*:*Human Perception and Performance*, 26, pp. 1148 – 1166;*Specificity of Infants' Knowledge for Action*, by K. E. Adolph, A. S. Joh, S. Ishak, S. A. Lobo, S. E. Berger, 2005. 10,论文已提交认知发展研究会,San Diego, CA;"Gender Bias in Mothers' Expectations about Infant Crawling," by E. R. Mondschein, K. E. Adolph, C. S. Tamis-LeMonda, 2000, *Journal of Experimental Child Psychology*, 77, pp. 304 – 316. (b) 纵向数据。来源:"Learning in the Development of Infant Locomotion," by K. E. Adolph, 1997, *Monographs of the Society for Research in Child Development*, 62 (3,Serial No. 251)。尝试率＝(成功＋失败)/(成功＋失败＋拒绝)。每个婴儿的动作阈限数据都经过标准化(由 x 轴上 0 代表)。x 轴上的负值表示低于婴儿动作阈限的安全斜坡。x 轴上的正值表示超过婴儿动作阈限陡的危险斜坡。注意知觉错误(在危险斜坡上的尝试)由婴儿特定姿势的动作经验决定,而不由其年龄或运动姿势决定。

　　没有证据表明爬行姿势和行走姿势之间存在迁移。经过数周重复测查,爬行和行走的婴儿在从四肢着地到直立姿势的转换中,并没有表现出信息储存的迹象,而且年龄和经验匹配的控制组婴儿与经过反复测查的婴儿行为相似。学习的确具有姿势特定性,新学会行走的婴儿会躲避他们以爬行姿势经过的陡峭的 36°下坡。不过不久之后,在行走姿势下,由于没有相应经验,他们会敢于尝试同样陡峭的斜坡(Adolph, 1997)。12 个月大的会爬婴儿会躲避 50°的斜坡;而 12 个月大的婴儿行走时却高高兴兴地踏上这样的斜坡(Adolph, Joh, Ishak, Lobo, & Berger, 2005)。像 Campos 及其同事(2000)所写的那样,"当婴儿习得新的动作技巧时,比如站立和行走,来自爬行经验的视觉和姿势的对应需要重新实现对应……事实上,在持续演进的知觉—行动环中,在习得每个新动作技能时,重新实现对应都很可能发生"(p. 174)。

姿势特定性的学习并不局限于爬行或行走姿势,或者沿斜坡进行的运动。对经典的视崖进行现代的改造后,Adolph(2000)用这个心理物理学方法来测查 9.5 个月大婴儿对可知度的感知。婴儿以坐姿和爬行姿势处于一个真实的 76 厘米的下落边缘(图 4.7c 到 4.7d)。设备可以调整;视崖出现在距支撑表面 0 到 90 厘米的缝隙下面。最大的 90 厘米的缝隙正是视崖的宽度。看护者鼓励婴儿向缝隙倾斜去重新取回玩具。当婴儿处于已经有一定经验的坐姿时(平均 104 天),婴儿能够准确地感知他们最多可以倾斜多远而不至于落入视崖;他们的尝试概率与成功概率相互匹配。但是,当婴儿处于无经验的爬姿时(平均 45 天)面对缝隙时,相同的婴儿却跌入了非常大的缝隙中。在两个实验中,几乎一半的样本在多次测查中,都沿着 90 厘米宽缝隙的边缘爬过。

相似地,当对路障碍进行测试时,婴儿在坐姿和爬姿之间也表现出了学习的特定性。在纵向观察中,坐着的婴儿可以绕过障碍重新取回目标物体,数周后,表现出绕着障碍爬的能力(Lockman, 1984)。在横断比较中,10 个月大的婴儿和 12 个月大的婴儿尝试从障碍后重新取回物体的时候,采用坐姿比迂回爬行更加成功(Lockman & Adams, 2001)。当任务是通过重复往返于母亲隐藏的地点来学习定位时,有经验的爬行者比年龄较小的初学爬行者和年龄较大的初学行走者的进步都快(Clearfield, 2004)。年龄较小的爬行者尝试在有波动的水床上用手和膝盖运动,但年龄较大的行走者拒绝踏上水床,或者从他们直立姿势向四肢着地的姿势转换(E. J. Gibson et al., 1987)。

婴儿甚至在两种直立姿势:横向挪步和行走之间也表现出姿势特异性的学习(Adolph, 2005; Adolph & Berger, 2005; Leo, Chiu, & Adolph, 2000)。像行走一样,横向挪步涉及直立姿势。但是,与行走相比,横向挪步的婴儿向侧面运动,紧握扶手或家具来获得支持。应用心理物理学方法,在两种条件下对 11 个月大的横向挪步婴儿进行测试。扶手条件与婴儿在横向挪步时使用手臂保持平衡的特点有关:坚固的地板上有一个可调的缝隙(0 到 90 厘米)。地板条件与婴儿在行走中使用腿部来保持平衡有关:坚固的扶手有一个可调的缝隙(0 到 90 厘米)。虽然在扶手条件中,婴儿可以正确地估计出他们可以伸出手臂多远来通过缝隙,但是,当同样的婴儿判断他们可以伸出腿部多远才能够跨过脚下地板的缝隙时,却会出现错误。早期学步儿在两种条件下都会出错,他们无法判断在扶手条件下使用手部支持来跨过地板大缝时实际可以行进的距离。

婴儿所学

婴儿学习什么可以引起对可知度的姿势特定知觉呢?很多可能性可以排除在外。在斜坡和缝隙测验中,知觉错误会导致婴儿跌落,婴儿并没有认识到实验者会抓住他们。虽然当婴儿跌落时,实验者会加以援救,但是,纵向研究发现,经过一段时间的实验,婴儿变得更加小心,而不是更加大胆;在横断研究中,在尝试不熟练姿势时跌落又被抓住数次后,相同的婴儿在测试有经验姿势时还会躲避那些障碍。

学会高度恐惧是经常被引用的解释(如,Campos et al., 2000)。可是,对一个适应性的躲避反应进行调节,并不需要恐惧的外部表现,而且恐惧并不随着身体姿势的变化而有所增减。就像在视崖上一样,在纵向研究和横断研究中,当躲避不可能通过的陡峭斜坡时,爬行和行走的婴儿都主要表现出积极的和中性的面部表情和叫声,而不是恐惧的表情或哭喊(Adolph & Avolio, 1999; Fraisse, Couet, Bellanca, & Adolph, 2001; Stergiou, Adolph, Alibali, Avolio, & Cenedella, 1997)。当婴儿的母亲为婴儿提供鼓励性的或消极的社会信息时,18个月大的婴儿只在成功概率不确定(心理物理学方法中定为0.5)时,才会遵从母亲主动提供的建议。除此之外,不论婴儿是行走还是躲避,在每次刺激增加时婴儿都主要表现出积极的面部表情和叫声(Karasik et al., 2004; Tamis-LeMonda, Adolph, Lobo, Karasik, & Dimitropoulou, 2005)。

也许最常识性的解释是婴儿学习到下落、陡坡之类是危险的。但是,姿势特定性学习的发现与这种观念相矛盾,即婴儿可能学习运用环境中特定的事实来指导他们的行动。婴儿总是需要一个坚固的地板来支持他们的身体。一个50°的斜坡和90厘米的缝隙对于任何姿势的任何婴儿都是危险的。一个隐藏物体的位置也是如此,不论婴儿是坐、爬或是行走。

相似地,有关姿势内灵活性的研究发现和婴儿学习与身体特性有关的静态观念相矛盾。在纵向的斜坡研究中,有经验的婴儿会更新他们的知觉判断,表现出爬行技能或行走技能自发的提高(Adolph, 1997)。在一个横断研究中,当婴儿肩部被放上装铅的背包,使身体的上部更重,平衡更不稳定时,婴儿会在测试之间,重新校准他们对可知度的知觉(Adolph & Avolio, 2000)。当他们肩部被放上装铅的背包时,婴儿正确地判断相同程度的倾斜是危险的;而当他们肩部被放上装羽毛的背包时,婴儿会正确地判断相同程度的倾斜是安全的。

同样,婴儿并不针对特定的环境条件来学习简单的刺激—反应(S-R)联系或固定反应模式。更确切地说,婴儿运动中遇到障碍时,反应多样性是一个常见的特征(如,Berger, 2004; Berger & Adolph, 2003)。有经验的行走者会运用其他的运动策略来应付危险的斜坡:用手和膝盖向下爬,以超人的姿势头向前倾俯卧滑下,脚向前伸仰卧滑下,以坐姿滑下,抓住实验者获得支撑并且呆在出发平台上以躲避跨越(如,Adolph, 1995, 1997)。在相同的测试阶段中,当斜坡增加时,个别婴儿会使用多种策略。

那么,婴儿学习什么可以促进身体和技能变化之间灵活的迁移,而不促进姿势里程碑之间转换呢?自从Thorndike(1906; Thorndike & Woodworth, 1901)提出同质要素的经典理论以来,动作技能习得领域的研究者假设,迁移取决于训练条件和测试条件中要素的相似程度(Adams, 1987; J. R. Anderson & Singley, 1993)。我们认为,考虑到动作行为的新异性和多变性,简单联系学习中同质要素的概念过于静态和狭窄,不能解释感知可知度的学习(Adolph & Eppler, 2002)。

Harlow(1949, 1959; Harlow & Kuenne, 1949)的"学习系列"概念代表了应用比简单联系学习更广阔概念的尝试。他认为,学习者可能习得一系列的探测步骤和策略,来解决在特定问题空间范围内的新异问题(Stevenson, 1972)。这一系列的信息收集行为和启发性的策略使学习者可以解决某一类新异问题。迁移的范围应该仅限于问题空间的范围之内。学习者,用Harlow的话来说,就是"学会学习",而不是学习特定的解决方案、事实或线索—结果的联系。

在 Harlow 的系列经典学习范式中，猴子习得了"胜利—留下/失败—转换"的规则，这使其可以解决辨别难题中的新问题。但是，解决辨别难题中特定问题空间内新异问题距离解决日常生活中动作行为中的新异问题还有很长的距离。一个固定的规则无法提供必需的灵活性来应付变化的身体、变化的环境和生理物理限制的时时变化。

在对日常动作行动进行控制的背景下，学会学习需要一些大于、一些类似于 Harlow 学习序列中的信息收集步骤和策略，但是比特定规则更灵活。正如下一部分将涉及的，婴儿集合了全部的探测性行为来产生必要的知觉信息，以具体阐释可知度(Adolph & Eppler, 2002)。一旦婴儿能够同时产生并发现与其身体能力和环境特性有关的信息，他们就已经准备好了去感知行动的可能性。每个姿势控制系统都可以像一个独立的知觉—行动系统(即一个独特的问题空间)一样发挥作用。就此而言，在发展过程中，知觉信息无法在姿势里程碑之间互相转换(Adolph, 2002, 2005)。

知觉—行动环

知觉和行动由一个持续演化的环路联系在一起(J. J. Gibson, 1979; von Hofsten, 2003)。教科书上描述的静止的眼球等待接受知觉信息过于简化了。在实际生活中，眼、头、四肢和身体运动使知觉系统知觉到有用信息；"我们并不是简单地看到东西，我们是在注视"(E. J. Gibson, 1988, p.5)。知觉和动作控制之间的传统区分大部分是人为的。每个运动都伴随着知觉反馈，很多种类的视觉的、触觉的、前庭的和本体感受的信息不能脱离运动而单独存在(J. J. Gibson, 1979)。相应地，对行动的预控也依赖于知觉信息。正在进行中的运动的知觉反馈为前瞻性控制创造可能。因此，知觉—行动环可以引导未来行动而不仅仅引发它们。

随着时间的流逝，这个知觉—行动环开始反映出婴儿知觉—行动系统的发展变化，而且经验提炼了婴儿的行动，使其功能最优化(E. J. Gibson, 1988; von Hofsten, 2003)。眼/头、手和姿势控制的提高帮助婴儿收集有关外界事件的视觉信息，并且使婴儿注意到物体和表面特性(Eppler, 1995; Needham, Barrett, & Peterman, 2002)。相应地，有趣的视觉呈现可以激发婴儿通过注视寻找信息。从与物体互动以及从姿势和运动的经验所得到的反馈都有利于抓握和运动的提高。

例如，即使轻触放在坚固表面上的婴儿的一只手也可为其姿势的稳定性提供信息(和支持)。在直立平衡的早期阶段，婴儿反应性地用手部支撑来控制姿势摇摆；在身体开始摇摆后，婴儿会将支撑在扶手上的力改为向下(Barela, Jeka, & Clark, 1999; Metcalfe & Clark, 2000)。更有经验的行走者在身体摇摆之前就预先改变向下的力量来稳定姿势。从婴儿开始直立到习得1.5个月行走经验的4个月期间，用在扶手上的竖直方向的力减少了50%。

对知觉信息的敏感性

发现可知度需要什么？感知行动的可能性时，知觉信息是必要条件，但不是充分条件。如果没有适当的信息，婴儿没有选择或调整行动的基础，预期的控制注定要失败：如果行走者没有看见路中的障碍，那么他们就会被这个障碍绊倒。即使有可用的信息，婴儿也必须知道在哪里集中注意，并且能够分辨相关的信息结构。用一个知觉学习中经典的(也是有趣的)例子来说明，没有经验的成人和专家看相同的一对小鸡的生殖器，只有专家才可以可靠地分辨出小鸡的性别(Biederman & Shiffrar, 1987; E. J. Gibson, 1969)。简单地说，如果既没有适当的试探性行为来获得关键信息，也没有与知觉有关的专家性意见来辨明差异，那么前瞻性控制就会失败。

在实验室中，实验者可以很方便地让婴儿获得信息并且测量他们的反应。差别化的反应可以为知觉敏感性提供证据。在运动中，对深度、硬度、斜度和自发运动视觉信息的不敏感并非造成在视崖、水床和陡坡边缘出错的原因。早在婴儿可以独立运动前，甚至在他们可以坐直、伸手或完全控制头部之前，婴儿对有关表面的属性和自己身体平衡的视觉信息就表现出敏感性。新生儿对视崖和坚固的地面，可变形的表面和坚硬的表面，斜度不同表面视觉信息的反应都有差异(如，Campos, Langer, & Krowitz, 1970; E. J. Gibson & Walker, 1984; Slater & Morison, 1985)。

前运动阶段的婴儿也对自发运动需要的视觉信息敏感。新生儿把头部向后仰以回应在其头部侧边放置显示器上显示的光流(Jouen, 1988; Jouen, Lepecq, Gapenne, & Bertenthal, 2000)。明显地，婴儿头部运动的速度和幅度跟光流的速率有关。3—4 个月大的婴儿可以从邻近小孔中分辨出幽暗的障碍，这反映了他们对有关冲撞和安全通道视觉信息的敏感性(Gibson, 1982; Schmuckler & Li, 1998)。仅在光流模式的基础之上，3—6 个月大的婴儿甚至就显示了对转头的方向(＞22°)视觉信息初步的敏感性(Gilmore, Baker, & Grobman, 2004; Gilmore & Rettke, 2003)。

对自发行为所需要视觉信息的敏感性进行测试的标准设备是"运动房间"(如，Lee & Lishman, 1975; Lishman & Lee, 1973)。婴儿坐或站在静止的地板上面，这时婴儿所处的迷你房间的墙和天花板向前或向后摇摆。向一个方向运动的房间模拟光流，这导致身体向相反的方向摇摆。即使移动的房间使视觉信息和与肌肉关联的信息出现冲突(婴儿看到他们在运动，但是感觉自己是静止的)，引发的摇摆感觉也是非常强烈的。为了补偿感知到的不平衡感，坐着的婴儿会摇动他们的头部和身体躯干，站着和行走的婴儿会向房间运动的方向摇摆、踏步、蹒跚和跌倒(如，Bertenthal & Bai, 1989; Butterworth & Hicks, 1977; Lee & Aronson, 1974)。成人可以区别两种光流结构，主要通过侧面墙壁运动的多层流动(光学结构成分与两边平行)来控制身体姿势，通过前方墙壁放射性的流动(光学结构成分从扩张的中心点向四周放射)来引导头部运动的方向(如，Stoffregen, 1985, 1986; Warren, Kay, & Yilmaz, 1996)。除此之外，成人可以功能性地区分流动的速率，主要用低于 0.5 Hz 的摇摆频率来控制平衡(Stoffregen, 1986; van Asten, Gielen, & van der Gon, 1988)。

随着年龄和经验的增加，婴儿对诱发的自发动作表现出更多的调整性行为反应，对光流结构进行更清楚的区分，并且摇摆的反应与房间运动的时间和幅度之间有了更加紧密的配合。处于直立位置时，移动房间中较小的儿童(＜24 个月)实际上在滚动，而年龄较大的儿童(2 到 6 岁)和成人的反应则是多次、小幅调整摇晃姿势(如，Schmuckler, 1997; Stoffregen,

198

Schmuckler, & Gibson, 1987；Wann, Mon-Williams, & Rushton, 1998）。坐着的 9 个月大的婴儿通过对整个房间和侧面墙壁的运动产生方向性的适度摇摆,显示出对光流结构的功能性区分;7 个月大的婴儿能够对整个房间运动进行适度的反应;但是 5 个月大的婴儿则不能进行区分性的反应(Bertenthal & Bai, 1989)。运动经验可能促进了较大婴儿更加重视光流结构的功能意义;与同年龄的前爬行婴儿相比,8 个月大的有运动经验的婴儿对侧墙的运动表现出了更多的姿势反应(Compos et al. , 2000；Higgins, Campos, & Kermoian, 1996)。相似地,相对于前方墙动,站着的婴儿和行走的婴儿(12 到 24 个月大)对整个房间运动和侧墙运动表现出了更多的蹒跚和跌倒(Stoffregen et al. , 1987)。与在宽敞的道路中行走相比(1—5 岁儿童),当在"移动走廊"中保持平衡时,双重控制任务会导致更多的姿势失调,年龄更小、更没有经验的行走者会受到更大的影响。

整个房间的持续振荡运动影响了坐着和站立婴儿的姿势反应,以至于他们像木偶一样,与房间运动一致地前后摇摆(Barela, Godoi, Freitas, & Polastri, 2000；Delorme, Frigon, & Lagace, 1989)。与年龄更小的,更没有经验的坐着的婴儿相比(5 到 7 个月大；Bertenthal, Rose, & Bai, 1997),更有经验的坐着的婴儿(9 到 13 个月大)摇摆反应的时间选择和幅度与持续振荡的视觉流的频率和幅度联系更加紧密。与成人不同,坐着的 9 个月大的婴儿和站着的 3—6 岁的儿童对持续的房间振荡的摇摆反应从 0.2 到 0.8 赫兹(Bertenthal, Boker, & Xu, 2000；Schmuckler, 1997)。可是,像成人一样,坐着婴儿的头部摇摆运动和房间移动频率之间的相关呈现出线性降低。

由信息产生的行为

在实验室之外,姿势的中断大部分是由婴儿之前的运动自动诱发的,而不是靠外力来移动婴儿周围的房间。没有实验者会将知觉进行信息过滤,然后呈现给婴儿来获得他们的反应。相反,婴儿必须自己搜集大部分的信息。即使这样,可获得的知觉信息并不能保证其会被婴儿发现。

为了检查信息搜集,研究者观察了自由移动的婴儿在接近道路中不同的障碍时表现出的探测性行为。与坚固表面的边缘相比,可行走婴儿接近有波动的水床(从下面搅动)时犹豫更长时间,进行更多的视觉扫描和碰触(E. J. Gibson et al. , 1987)。与安全的斜坡相比,在所有年龄和经验水平上,可爬行婴儿和可行走婴儿接近危险斜坡时都表现出更长的反应时间和更多的注视与碰触(Adolph, 1995, 1997；Adolph & Avolio, 2000；Adolph, Eppler, & Gibson, 1993a)。可行走婴儿通过跨坐在边上,用脚踝前后摇摆来收集视觉和机械信息。可爬行婴儿用双手支撑在斜坡上,使身体前倾,同时手腕不停地前后移动(如图 4.7b 所画)。

坐着的、爬行的和无固定方向行走的婴儿通过向视崖伸展手臂(行走者伸展腿部)然后缩回,来产生有关地板上缝隙大小的信息(Adolph, 2000；Leo et al. , 2000)。图 4.7c 到 4.7d 详细说明了这些情形。漫游的婴儿通过在缝隙上伸展并缩回手臂来判断扶手下缝隙的大小。相似地,行走者在对通过窄桥跨越深崖的可能性进行探索时,会凝视视崖,把脚放到视崖中,用脚接触桥,抓住支撑柱的同时伸出一只脚来判断如果放开支撑,他们可以在桥上走多远(如 4.7e 图所示；Berger & Adolph, 2003；Berger, Adolph, & Lobo, 2005)。在不 199

同研究中,与安全的刺激增量相比,危险的刺激增量会导致更长的反应时和注视时间,以及更多的触摸次数。

在水床、斜坡、缝隙、桥和视崖上,所有年龄的婴儿还表现出另外一种信息产生行为:社会性表情(如,Fraisse et al. , 2001; Karasik et al. , 2004; Richards & Rader, 1983; Sorce et al. , 1985; Stergiou et al. , 1997; Tamis-LeMonda & Adolph, 2005)。大部分婴儿出声(主要是含糊不清的说话,开元音,叫和咕哝声,而不是呜咽声和哭喊;词语很少),较大的婴儿也使用手势(如,向他们的父母伸出双臂,指物体)。像知觉探索一样,婴儿的社会性表情也在危险的斜度增加时更为频繁。研究者指导看护者如何对婴儿的社会信息进行反应来对其进行操作或控制。但是在更自然的条件下,看护者会使用鼓励或禁止的方式来对婴儿进行明确和个别化的社会信息反馈。

实时环路

在对婴儿和成人进行的有关知觉引导运动的研究文献中,很少对实时的知觉—行动环进行机制方面的探讨。是什么促使儿童在正在进行的运动中将注意转向障碍,注视,碰触,发声,并且向看护者张望等等?假设婴儿的探索性行为不是随机的或不加选择的,那么一件事必然导致另外一件事的发生。这个环路必然随时间螺旋上升,直到婴儿选择一个不同的行动,然后环路再次开始。

我们对此提供两种看法。第一,并非所有的信息收集都是有计划的(Adolph, 1997)。某些类的信息可能是由于正在进行的运动而偶然发现的。例如,光流是运动的副产品。当眼睛停留在行走者的前方时,用于定向的放射性光流和用于平衡的片状光流都立即可用(Patla, 1998)。但是,新学会行走的个体有一个难题。他们会将头部向下倾斜去看脚部附近的地面,而使他们的身体失去平衡(因此,初学走路儿童有"Frankenstein"步态)。对近处地面的视觉扫描很可能是经过权衡的行为。

与此相比,新学会爬行的婴儿倾向于脸部冲下,这可能是因为抬头需要更多的平衡和颈部力量。对他们来说,靠近手部地面的视觉信息容易获得。除此之外,新学会爬行的婴儿经常突然移动,却被摇摆打断。这样的运动在婴儿的手腕和肩部周围制造了扭矩,并且在他们的手和地面之间制造了剪应力——机械信息中所有的有用类型——这些(尤其当其发生在斜坡的边缘、水床、泡沫坑或光滑的表面上)都是拙劣爬行技能带来的有用副产品。

就像注视和接触一样,社会性信息的搜集也不必是特意的。个体(或整个物种)能够以适应性的方式解决偶然事件。年幼婴儿在没有交流愿望时也会发声,然后偶然发现发声会引起看护者给予的有用的社会信息。在有关动物研究的文献中,相似的交流方式已有详细记录。例如,当离窝后,幼鼠会发出超声波。具有交流功能的吱吱声会促使母鼠将幼鼠送回窝,但是幼鼠并非故意叫母鼠以求获得帮助。发声只不过是对离窝后身体快速变冷的一种心理反应(Blumberg & Sokoloff, 2001,2003)。在运动的过程中,由于前肢接触地面带来的胸腔压力,使得啮齿动物发出超声波的吱吱声,马喘息,狗叫(Blumberg, 1992)。爬行时,从站姿向蹲姿转换时,尝试打开瓶子上的盖子时,由于身体用力,9 到 13 个月大的人类婴儿发出咕哝的声音(McCune, Vhiman, Roug-Hellichius, Delery, & Gogate, 1996)。在由知觉引导的运动中,婴儿的发声可能是婴儿突然看到大幅度下降或陡坡时的反应副产品;或者,婴儿发出的噪音可能来自爬行时突然用力。无论怎样,基本的生理操纵带来的声音副产品并不排除听者听到有意义的交流信号。不论婴儿最初的意图如何,看护者要对其作出回应,并且可以认为这是婴儿尝试的某种突然"交谈"。

对在实时的知觉—行动环路中突然事件的第二个看法与在一定距离外,视觉信息的作用有关。地势上几何分布的不同——视崖、斜坡、缝隙、栅栏、走廊、高地等——都可以用一系列的视觉深度线索加以详细说明。除了光学的膨胀和收缩,婴儿对动作视差,纹理的增加或删除,立体感的信息,会聚和一些图示的深度线索都敏感(参考 Kellman & Arterberry, 2000)。因此,信息搜集的实时顺序很可能开始于表面轮廓的视觉信息(Adolph, Eppler, Marin, Weise, & Clearfield, 2000)。当地面看上去相对平坦并且连续的时候(例如,在基线测试中和大部分实验的控制条件下),婴儿会毫不犹豫地爬行或行走,步幅稳定。当婴儿发现轮廓的深度信息有变化时,就会像成人一样迅速地调整步态(Mohagheghi, Moraes, & Patla, 2004;Patla, 1991;Patla, Prentice, Robinson, & Neufeld, 1991),并且运用更加协调的注视和接触。

在大部分情况下,依赖于视觉深度线索是非常有效的。但是,当地面是变形的或光滑时,从一定距离外获得的视觉信息可能无法引出合适的探测性行为(Adolph, Eppler, et al., 2005;Joh & Adolph, 出版中;Lo et al., 1999;Marigold & Patla, 2002)。成人可以依赖与变形的表面和周围轮廓线之间以及光滑的表面和反光预测形成错觉(Joh, Adolph, Campbell, & Eppler, 出版中)。例如,300 多个参加者(15 到 39 个月大的儿童和成人)径自走入一个大型泡沫坑并掉进去。显然,利用泡沫障碍周围的边缘和不规则表面来确定变形性是不够的(注意,在 Gibson et al., 1987 的水床实验中,变形性的事件信息是通过一个研究者从下面搅动水面创造的。)

为行动创造新的可知度

行动的可能性并不总是受到婴儿不成熟的身体和有限技能的限制。我们可以欣喜地发现,在婴儿生活的世界中,有很多看护者希望能够帮助婴儿,有很多物体和表面可以用作行动方案中的工具。典型地,虽然研究者并不将社会互动和认知作为核心的知觉—行动方法,但是社会支持和工具可以扩大行动的可知度,甚至可以为行动创造新的可能性。

父母在动作促进中的作用

行动的发展并不是单独存在的。典型的是婴儿能够在具有支持性的社会环境中习得新的动作技能(Tamis-LeMonda & Adolph, 2005)。在婴儿可以独立探索行动可知度之前,看护者为他们创造可知度。看护者只需要给婴儿一个手指让其牵着以获得支撑,就可以使前行走者成为行走者。相似地,在最近的巧妙实验中,研究者可以在婴儿自己发现新行动之前就促进其新行动的发展。例如,3 个月大的婴儿通常缺少操作物体的手部动作技能。当他们玩边缘是维可牢的玩具时,给他们戴上手掌上覆盖维可牢的"粘的连指手套"(Needham et al., 2002)。经过训练,婴儿可以像自然习得用手操作物体技能的 5 个月大的婴儿那样捡起并探索玩具。7个月大的前运动婴儿利用一个电动设备——一个有操纵杆控制,由电池供电的童车,就可以学习在房间内运动(D. J. Anderson et al. , 2001; Campos et al. , 2000)。

儿童养育方式的不同使父母为行动提供机会的作用显得更加重要。通过进行组织或限制婴儿发展行动技能的周围环境,父母能够促进婴儿的行动发展(Reed & Bril, 1996)。看护者能够决定婴儿是否在地板上(Adolph, 2002; Campos et al. , 2000)、是否接近楼梯(Berger, Theuring, & Adolph, 2005)、是侧着睡还是仰着睡(Davis, Moon, Sachs, & Ottolini, 1998; Deway, Fleming, Golding, & Team, 1998)。在某些文化中,看护者背着新生儿,好像他们是易碎的鸡蛋,保护他们不受到剧烈的刺激。在另外的文化中,看护者将婴儿抛向空中再接住,伸展并按摩婴儿的四肢(Bril & Sabatier, 1986; Hopkins & Westra, 1988, 1989, 1990; Super, 1976)。还有一些文化会口头鼓励新技能。有些文化"训练"婴儿,例如,把3到4个月大的婴儿架在地上特殊的洞里来促进其坐的技能的发展(Hopkins & Westra, 1988, 1989, 1990; Super, 1976),使婴儿跳上跳下来促进其行走的发展(Keller, 2003)。儿童养育方式的差异性使得婴儿会以不同的速度习得坐、爬行、行走和爬楼梯——机会较少、练习较少的婴儿习得较晚。

扩展行动可能性的工具

通过使用工具,儿童可以自己创造新的行动可知度。当婴儿目前的身体能力不够达到目标时,工具可以提高行动者—环境拟合(Bongers, Smitsman, & Michaels, 2003)。工具的使用需要婴儿:(1) 知觉到自己的动作能力和期望目标之间的差距,(2) 认识到物体或环境支撑可以作为替代方法来弥合差距,(3) 成功使用工具(Berger & Adolph, 2003)。虽然大部分研究者都集中研究第二步需要的认知技能(Chen & Siegler, 2000; Piaget, 1954),但知觉—动作技能对所有三个步骤都很关键(Lockman, 2000)。成功使用工具的第一步包括感知(缺少的)行动可知度——明白想要的物体够不到,或者预期的动作被阻挡(Berger et al. , 2005)。接下来,在寻找替代方法之前,知觉到行动障碍。两者都可能出现在整合了外部物体或环境支持的搜索之前(McCarty, Clifton, & Collard, 2001; Piaget, 1952; Willatts, 1984)。

解决问题的最终方法对于工具使用的第二步非常关键,而方法可能根源于通过行动将物体与支撑表面相联系的知觉—动作活动(Lockman, 2000)。例如,8个月大的婴儿根据材料各自的特点将物体和支撑表面联系起来(Lockman, 2005)。他们用坚固的物体在坚固的桌面上进行敲击,当物体或表面是软的时,婴儿便停止敲击。生理上的限制最终不再阻止婴儿达成目标。到10个月时,婴儿显示出成功使用工具第二步的行为。他们使用棍子、钩子、耙子来延伸够取,使用圆环来拖拉远距离的物体,并且通过选择恰当的工具显示出进行方法/结果分析的行为(Bates, Carlson-Luden, & Bretherton, 1980; Brown, 1990; Chen & Siegler, 2000; Leeuwen, Smitsman, & Leeuwen, 1994)。相似地,Köhler(1925)在关于黑猩猩工具使用的著作中指出,动物会将棍子接在一起来取得够不到的物体。

第三步包括工具使用的生物力学(Berger & Adolph, 2003; Berger et al. , 2005)。在认识到为了完成任务,某个工具是必要的和某些部件可以组成合适的工具之后,对工具的成功使用要求知道怎么使用工具。婴儿早期的行动模式为以后的工具使用奠定了初步的基础(Lockman, 2000)。使物体在表面上滑来滑去可能是书写和涂写的早期预兆,用坚硬的物体碰撞坚固的表面可能预示锤击行为(Greer & Lockman, 1998)。

在12个月之前,婴儿很难计划执行策略。作为替代,婴儿必须在已经开始使用工具后,对行动做出修正。例如,9到12个月大的婴儿抓住勺子的底部——而不是手柄——或者抓住勺子底部指向其他的方向,而不指向嘴(McCarty, Clifton, & Collard, 1999, 2001)。为了修正,婴儿必须别扭地旋转手臂或者换手才能将勺子底部放到嘴里。当实验者通过反复呈现指向同一方向的勺子来强调勺子手柄的方向后,12个月大的婴儿就会使用最有效的向径握法(McCarty & Keen, 2005)。到18个月时,婴儿知道应该握勺子的哪头、怎样握以及怎样计划执行,这样,他们就可以恰当控制手臂活动方向来使用工具,而不需在此之后再进行修正(McCarty et al., 1999, 2001)。18个月大的婴儿甚至可以调整他们典型的工具使用策略来应付新异情境。当婴儿需要通过一个盒子上狭窄的开口获得食物,或者必须使用勺柄弯曲的勺子来从碗中铲食物时,婴儿会修正他们握勺的方向、握勺柄的位置和握勺的角度(Achard & von Hofsten, 2002; Steenbergen, van de Kamp, Smitsman, & Carson, 1997)。

工具并不仅限于手握的物体。使用工具可能涉及行动中的整个身体(Berger & Adolph, 2003)。在Köhler(1925)的研究中,黑猩猩通过撑杆跳来够取悬挂在天花板上的香蕉。McGraw(1935)的研究中,双胞胎Jimmy和Johnny将盒子依次摞起来,然后爬上去够取当初够不到的玩具。相似地,在有关整个身体使用工具的一系列实验中(图4.7c到4.7f),16个月大可行走的婴儿认识到,扶手可以在他们通过窄桥时增加平衡(Berger & Adolph, 2003; Berger et al., 2005)。当没有扶手时,全部婴儿都拒绝通过窄桥。在宽桥上,无论是否有扶手,婴儿都直接跑过桥。除此之外,婴儿使用木制的而非不稳定扶手来通过窄桥,这表明,婴儿会考虑到扶手的材料构成,然后确定其作为工具的有效性(Berger et al., 2005)。

小结:行动起来

从历史观点看,发展心理学家已经分为很多类别:我们是运动科学家、知觉心理学家、认知心理学家、社会心理学家和语言习得研究者吗?或者,我们是发展心理学家吗?如果是,是什么的发展?心理学分化为不同领域,包括发展心理学家所在的领域。发展心理学家们不研究普遍的现象,甚至不说同一种语言。动作发展的研究可有助于形成共同的发展科学。

动作发展的知觉—行动方法最具广泛意义的结果也许是,动作技能已经与那些通常不关心知觉控制的发展心理学家有关了。现在,研究者认为动作行为是心理功能的驱动者和受益者,而不再使用简单的反应方法来推断心理活动。在知觉—行动环的一方面,研究者——像皮亚杰他们——研究发展的动作行动对知觉、认知、语言和社会交互作用的影响(如, Biringen, Emde, Campos, & Applebaum, 1995; Campos et al., 2000; Needham et al., 2002; Sommerville & Woodward, 2005; Sommerville, Woodward, & Needham, 出版中)。在另外一方面,研究者对心理表征进行研究,认为心理表征和动作行动是一个整体

202

（如，Gilmore & Johnson，1995；S. P. Johnson et al. , 2003，2004；Spelke & von Hofsten，2001；Spencer & Schöner，2003）。简单地说，各种背景的研究者都"行动起来"。

E. J. Gibson（1994）在向美国心理学会做的主题发言中回顾了其持续 70 年的研究生涯，指出没有比为了获得规律而进行的研究更让人激动。她指出如前瞻性和灵活性这样的思想可以作为发现心理学中重要、统一理论的开始，并且激励年轻的研究者继续研究。据此，我们以最后的建议结尾：知觉—行动方法可以作为发展心理学研究中的样板系统。以知觉—行动方法进行的研究说明了研究婴儿的价值和可行性。婴儿处于由丰富的、多变的物质环境中，他们很多身体部分和心理功能都在持续改变。在传统上分离的不同领域之间建立联系当然是可能的，而且，这可能是理解运动、学习、发展——任何一种心理变化——是怎样在动物运动和知觉的实时过程中发生的最好方法。

（刘云英、李黎黎、彭鹏译，陶沙审校）

参考文献

Achard, B., & von Hofsten, C. (2002). Development of the infants' ability to retrieve food through a slit. *Infant and Child Development*, 11, 43 - 56.

Adams, J. A. (1987). Historical review and appraisal of research on the learning, retention, and transfer of human motor skills. *Psychological Bulletin*, 101, 41 - 74.

Adler, S. A., & Haith, M. M. (2003). The nature of infants' visual expectations for event content. *Infancy*, 4, 389 - 421.

Adolph, K. E. (1995). A psychophysical assessment of toddlers' ability to cope with slopes. *Journal of Experimental Psychology: Human Perception and Performance*, 21, 734 - 750.

Adolph, K. E. (1997). Learning in the development of infant locomotion. *Monographs of the Society for Research in Child Development*, 62 (3, Serial No.251).

Adolph, K. E. (2000). Specificity of learning. Why infants fall over a veritable cliff. *Psychological Science*, 11, 290 - 295.

Adolph, K. E. (2002). Learning to keep balance. In R. Kail (Ed.), *Advances in child development and behavior* (Vol. 30, pp. 1 - 30). Amsterdam: Elsevier Science.

Adolph, K. E. (2005). Learning to learn in the development of action. In J. Lockman & J. Reiser (Eds.), *Minnesota Symposia on Child Development: Vol. 32. Action as an organizer of learning and development* (pp. 91 - 122). Hillsdale, NJ: Erlbaum.

Adolph, K. E., & Avolio, A. M. (1999, April). *Infants' social and affective responses to risk*. Poster presented at the meeting of the Society for Research in Child Development, Albuquerque, NM.

Adolph, K. E., & Avolio, A. M. (2000). Walking infants adapt locomotion to changing body dimensions. *Journal of Experimental Psychology: Human Perception and Performance*, 26, 1148 - 1166.

Adolph, K. E., & Berger, S. E. (2005). Physical and motor development. In M. H. Bornstein & M. E. Lamb (Eds.), *Developmental science: An advanced textbook* (5th ed., pp. 223 - 281). Mahwah, NJ: Erlbaum.

Adolph, K. E., & Eppler, M. A. (2002). Flexibility and specificity in infant motor skill acquisition. In J. W. Fagen & H. Hayne (Eds.), *Progress in infancy research* (Vol. 2, pp. 121 - 167). Mahwah, NJ: Erlbaum.

Adolph, K. E., Eppler, M. A., & Gibson, E. J. (1993a). Crawling versus walking infants' perception of affordances for locomotion over sloping surfaces. *Child Development*, 64, 1158 - 1174.

Adolph, K. E., Eppler, M. A., & Gibson, E. J. (1993b). Development of perception of affordances. In C. K. Rovee-Collier & L. P. Lipsitt (Eds.), *Advances in infancy research* (Vol. 8, pp. 51 - 98). Norwood, NJ: Ablex.

Adolph, K. E., Eppler, M. A., Joh, A. S., Shrout, P. E., & Lo, T. (2005). *Walking down slippery slopes: How infants use slant and friction information*. Manuscript submitted for publication.

Adolph, K. E., Eppler, M. A., Matin, L., Weise, I. B., & Clearfield, M. W. (2000). Exploration in the service of prospective control.

Infant Behavior and Development, 23, 441 - 460.

Adolph, K. E., Joh, A. S., Ishak, S., Lobo, S. A., & Berger, S. E. (2005, October). *Specificity of infants' knowledge for action*. Paper presented to the Cognitive Development Society, San Diego, CA.

Adolph, K. E., Robinson, S. R., Young, J. W., & Gill-Alvarez, F. (2005). *Is there evidence for developmental stages?* Manuscript submitted for publication.

Adolph, K. E., Vereijken, B., & Denny, M. A. (1998). Learning to crawl. *Child Development*, 69, 1299 - 1312.

Adolph, K. E., Vereijken, B., & Shrout, P. E. (2003). What changes in infant walking and why. *Child Development*, 74, 474 - 497.

Alibali, M. W. (1999). How children change their minds: Strategy change can be gradual or abrupt. *Developmental Psychology*, 35, 127 - 145.

Ames, L. B. (1937). The sequential patterning of prone progression in the human infant. *Genetic Psychology Monographs*, 19, 409 - 460.

Amiel-Tison, C., & Grenier, A. (1986). *Neurological assessment during the first year of life*. New York: Oxford University Press.

Anderson, D. I., Campos, J. J., Anderson, D. E., Thomas, T. D., Witherington, D. C., Uchiyama, I., et al. (2001). The flip side of perception-action coupling: Locomotor experience and the ontogeny of visual-postural coupling. *Human Movement Science*, 20, 461 - 487.

Anderson, J. R., & Singley, M. K. (1993). The identical elements theory of transfer. In J. R. Anderson (Ed.), *Rules of the mind* (pp. 183 - 204). Hillsdale, NJ: Erlbaum.

Andre-Thomas, & Autgaerden, S. (1966). *Locomotion from pre- to post-natal life*. Lavenham, Suffolk, England: Spastics Society Medical Education and Information Unit and William Heinemann Medical Books.

Angulo-Kinzler, R. M. (2001). Exploration and selection of intralimb coordination patterns in 3-month-old infants. *Journal of Motor Behavior*, 33 (4), 363 - 376.

Angulo-Kinzler, R. M., & Horn, C. L. (2001). Selection and memory of a lower limb motor-perceptual task in 3-month-old infants, *Infant Behavior and Development*, 24, 239 - 257.

Angulo-Kinzler, R. M., Ulrich, B., & Thelen, E. (2002). Three-month old infants can select specific motor solutions. *Motor Control*, 6, 52 - 68.

Arduini, D., Rizzo, G., & Romanini, C. (1995). Fetal behavioral states and behavioral transitions in normal and compromised fetuses. In J.-P. Lecanuet, & W. P. Fifer (Eds.), *Fetal development: A psychobiological perspective* (pp. 83 - 99). Hillsdale, NJ: Erlbaum.

Aslin, R. N. (1981). Development of smooth pursuit in human infants. In D. F. Fischer, R. A. Monty, & E. J. Senders (Eds.), *Eye movements: Cognition and visual development* (pp. 31 - 51). Hillsdale, NJ: Erlbaum.

Aslin, R. N., & Salapatek, P. (1975). Saccadic localization of peripheral targets by the very young human infant. *Perception and Psychophysics*, 17, 293 - 302.

Assaiante, C. (1998). Development of locomotor balance control in healthy children. *Neuroscience and Biobehavioral Reviews*, 22, 527 - 532.

Assaiante, C., & Amblard, B. (1995). An ontogenetic model for the sensorimotor organization of balance control in humans. *Human Movement Science*, *14*, 13 – 43.

Assaiante, C., Thomachot, B., Aurenty, R., & Amblard, B. (1998). Organization of lateral balance control in toddlers during the first year of independent walking. *Journal of Motor Behavior*, *30* (2), 114 – 129.

Assaiante, C., Woollacott, M. H., & Amblard, B. (2000). Development of postural adjustment during gait initiation: Kinematic and EMG analysis. *Journal of Motor Behavior*, *32*, 211 – 226.

Barela, J. A., Godoi, D., Freitas, P. B., & Polastri, P. F. (2000). Visual information and body sway coupling in infants during sitting acquisition, *Infant Behavior and Development*, *23*, 285 – 297.

Barela, J. A., Jeka, J. J., & Clark, J. E. (1999). The use of somatosensory information during the acquisition of independent upright stance, *Infant Behavior and Development*, *22* (1), 87 – 102.

Bates, E., Carlson-Luden, V., & Bretherton, I. (1980). Perceptual aspects of tool using in infancy. *Infant Behavior and Development*, *3*, 127 – 140.

Bayley, N. (1993). *Bayley scales of infant development* (2nd ed.). New York: Psychological Corporation.

Bell, M. A., & Fox, N. A. (1996). Crawling experience is related to changes in cortical organization during infancy: Evidence from EEG coherence. *Developmental Psychobiology*, *29*, 551 – 561.

Berger, S. E. (2004). Demands on finite cognitive capacity cause infants' perseverative errors. *Infancy*, *5* (2), 217 – 238.

Berger, S. E., & Adolph, K. E. (2003). Infants use handrails as tools in a locomotor task. *Developmental Psychology*, *39*, 594 – 605.

Berger, S. E., Adolph, K. E., & Lobo, S. A. (2005). Out of the toolbox: Toddlers differentiate wobbly and wooden handrails. *Child Development*.

Berger, S. E., Theuring, C. F., & Adolph, K. E. (2005). *Social, cognitive, and environmental factors influence how infants learn to climb stairs*. Manuscript submitted for publication.

Berk, L. E. (2003). *Child development*. Boston: Allyn & Bacon.

Bernstein, N. (1967). *The coordination and regulation of movements*. Oxford, England: Pergamon Press.

Berridge, K. C. (1990). Comparative fine structure of action rules of form and sequence in the grooming patterns of six rodent species. *Behaviour*, *113*, 21 – 56.

Bertenthal, B. I. (1999). Variation and selection in the development of perception and action. In G. J. P. Savelsbergh (Ed.), *Nonlinear analyses of developmental processes* (pp. 105 – 120). Amsterdam: Elsevier Science.

Bertenthal, B. I., & Bai, D. L. (1989). Infants' sensitivity to optical flow for controlling posture. *Developmental Psychology*, *25*, 936 – 945.

Bertenthal, B. I., Boker, S. M., & Xu, M. (2000). Analysis of the perception-action cycle for visually induced postural sway in 9-month-old sitting infants. *Infant Behavior and Development*, *23*, 299 – 315.

Bertenthal, B. I., & Campos, J. J. (1984). A reexamination of fear and its determinants on the visual cliff. *Psychophysiology*, *21*, 413 – 417.

Bertenthal, B. I., Campos, J. J., & Barrett, K. C. (1984). Self-produced locomotion: An organizer of emotional, cognitive, and social development in infancy. In R. N. Emde & R. J. Harmon (Eds.), *Continuities and discontinuities in development* (pp. 175 – 210). New York: Plenum Press.

Bertenthal, B. I., Campos, J. J., & Kermoian, R. (1994). An epigenetic perspective on the development of self-produced locomotion and its consequences. *Current Directions in Psychological Science*, *3*, 140 – 145.

Bertenthal, B. I., & Clifton, R. K. (1998). Perception and action. In W. Damon (Editor-in-Chief) & D. Kuhn & R. S. Siegler (Vol. Eds.), *Handbook of child psychology: Vol. 2. Cognition, perception, and language* (5th ed., pp. 51 – 102). New York: Wiley.

Bertenthal, B. I., Rose, J. L., & Bai, D. L. (1997). Perception-action coupling in the development of visual control of posture. *Journal of Experimental Psychology: Human Perception and Performance*, *23* (6), 1631 – 1643.

Bertenthal, B. I., & von Hofsten, C. (1998). Eye, head and trunk control: The foundation for manual development. *Neuroscience and Biobehavioral Review*, *22* (4), 515 – 520.

Berthier, N. E. (1996). Learning to reach: A mathematical model. *Developmental Psychology*, *32*, 811 – 823.

Berthier, N. E. (1997). Analysis of reaching for stationary and moving objects in the human infant. In J. W. Donahoe & V. P. Dorsel (Eds.), *Neural-network models of cognition: Biobehavioral foundations* (pp. 283 – 301). Amsterdam: North-Holland/Elsevier Science.

Berthier, N. E., Clifton, R. K., McCall, D. D., & Robin, D. J.

(1999). Proximodistal structure of early reaching in human infants. *Experimental Brain Research*, *127*, 259 – 269.

Berthier, N. E., & Keen, R. E. (in press). Development of reaching in infancy. *Experimental Brain Research*.

Berthier, N. E., Rosenstein, M. T., & Barto, A. G. (2005). Approximate optimal control as model for motor learning. *Psychological Review*, *122*, 329 – 346.

Biederman, I., & Shiffrar, M. M. (1987). Sexing day-old chicks: A case study and expert systems analysis of a difficult perceptual learning task. *Journal of Experimental Psychology: Learning, Memory, and Cognition*, *13*, 640 – 645.

Biringen, Z., Emde, R. N., Campos, J. J., & Applebaum, M. I. (1995). Affective reorganization in the infant, the mother, and the dyad: The role of upright locomotion and its timing. *Child Development*, *66*, 499 – 514.

Blumberg, M. S. (1992). Rodent ultrasonic short calls: Locomotion, biomechanics, and communication. *Journal of Comparative Psychology*, *106*, 360 – 365.

Blumberg, M. S., & Sokoloff, G. (2001). Do infant rats cry? *Psychological Review*, *108*, 83 – 95.

Blumberg, M. S., & Sokoloff, G. (2003). Hard heads and open minds: A reply to Panksepp. *Psychological Review*, *110*, 389 – 394.

Bly, L. (1994). *Motor skills acquisition in the first year*. San Antonio, TX: Therapy Skill Builders.

Bongers, R. M., Smitsman, A. W., & Michaels, C. F. (2003). Geometrics and dynamics of a rod determine how it is used for reaching. *Journal of Motor Behavior*, *35*, 4 – 22.

Breniere, Y., Bril, B., & Fontaine, R. (1989). Analysis of the transition from upright stance to steady state locomotion in children with under 200 days of autonomous walking. *Journal of Motor Behavior*, *21*, 20 – 37.

Breniere, Y., & Do, M. C. (1986). When and how does steady state gait movement induced from upright posture begin? *Journal of Biomechanics*, *19*, 1035 – 1040.

Breniere, Y., & Do, M. C. (1991). Control of gait initiation. *Journal of Motor Behavior*, *23*, 235 – 240.

Breniere, Y., Do, M. C., & Bouisset, S. (1987). Are dynamic phenomena prior to stepping essential to walking? *Journal of Motor Behavior*, *19*, 62 – 76.

Bril, B., & Breniere, Y. (1989). Steady-state velocity and temporal structure of gait during the first 6 months of autonomous walking. *Human Movement Science*, *8*, 99 – 122.

Bril, B., & Breniere, Y. (1991). Timing invariances in toddlers' gait. In J. Fagard & P. H. Wolff (Eds.), *The development of timing control and temporal organization in coordinated action: Invariant relative timing, rhythms and coordination* (Advances in Psychology Series, Vol. 81, pp. 231 – 244). Amsterdam: North-Holland.

Bril, B., & Breniere, Y. (1992). Postural requirements and progression velocity in young walkers. *Journal of Motor Behavior*, *24*, 105 – 116.

Bril, B., & Breniere, Y. (1993). Posture and independent locomotion in early childhood: Learning to walk or learning dynamic postural control. In G. J. P. Savelsbergh (Ed.), *The development of coordination in infancy* (pp. 337 – 358). Amsterdam: North-Holland/Elsevier Science.

Bril, B., & Ledebt, A. (1998). Head coordination as a means to assist sensory integration in learning to walk. *Neuroscience and Biobehavioral Reviews*. *22*, 555 – 563.

Bril, B., & Sabatier, C. (1986). The cultural context of motor development: Postural manipulations in the daily life of Bambara babies (Mali). *International Journal of Behavioral Development*, *9*, 439 – 453.

Brooks, R. A. (1991). New approaches to robotics. *Science*, *253*, 1227 – 1232.

Brown, A. (1990). Domain specific principles affect learning and transfer in children. *Cognitive Science*, *14*, 107 – 133.

Brumley, M. R., & Robinson, S. R. (2002, November). *Unilateral forelimb weighting alters spontaneous motor activity in newborn rats* (Program No. 633.21. 2002 Abstract Viewer/Intinerary Planner). Paper presented at the Society for Neuroscience, Orlando, FL.

Brumley, M. R., & Robinson, S. R. (2005). Effects of unilateral limb weighting on spontaneous limb movements and tight interlimb coupling in the neonatal rat. *Behavioral Brain Research*.

Burnett, C. N., & Johnson, E. W. (1971). Development of gait in childhood: Pt 2. *Developmental Medicine and Child Neurology*, *13*, 207 – 215.

Burnside, L. H. (1927). Coordination in the locomotion of infants. *Genetic Psychology Monographs*, *2*, 279 – 372.

Bushnell, E. W. (1985). The decline of visually guided reaching during infancy. *Infant Behavior and Development*, 8, 139 - 155.

Bushnell, E. W., & Boudreau, J. P. (1993). Motor development and the mind: The potential role of motor abilities as a determinant of aspects of perceptual development. *Child Development*, 64, 1005 - 1021.

Butterworth, G., & Hicks, L. (1977). Visual proprioception and postural stability in infancy: A developmental study. *Perception*, 6, 255 - 262.

Campos, J. J., Anderson, D. I., Barbu-Roth, M. A., Hubbard, E. M., Hertenstein, M. J., & Witherington, D. C. (2000). Travel broadens the mind. *Infancy*, 1 (2), 149 - 219.

Campos, J. J., Bertenthal, B. I., & Kermoian, R. (1992). Early experience and emotional development: The emergence of wariness of heights. *Psychological Science*, 3, 61 - 64.

Campos, J. J., Hiatt, S., Ramsay, D., Henderson, C., & Svejda, M. (1978). The emergence of fear on the visual cliff. In M. Lewis & L. Rosenblum (Eds.), *The development of affect* (pp. 149 - 182). New York: Plenum Press.

Campos, J. J., Langer, A., & Krowitz, A. (1970). Cardiac responses on the visual cliff. *Science*, 170, 196 - 197.

Carey, S. (1985). *Conceptual change in childhood*. Cambridge, MA: MIT Press.

Chan, M. Y., Biancaniello, R., Adolph, K. E., & Marin, L. (2000, July). *Tracking infants' locomotor experience: The telephone diary*. Poster presented at the meeting of the International Conference on Infant Studies, Brighton, England.

Chan, M. Y., Lu, Y., Marin, L., & Adolph, K. E. (1999). A baby's day: Capturing crawling experience. In M. A. Grealy & J. A. Thompson (Eds.), *Studies in perception and action V* (pp. 245 - 249). Mahwah, NJ: Erlbaum.

Chen, Z., & Siegler, R. S. (2000). Across the great divide: Bridging the gap between understanding of toddlers' and older children's thinking. *Monographs of the Society for Research in Child Development*, 65 (2, Serial No. 261).

Cioni, G., Ferrari, F., & Prechtl, H. F. R. (1989). Posture and spontaneous motility in fullterm infants. *Early Human Development*, 18, 247 - 262.

Clark, A. (1997). *Being there: Putting brain, body, and world together again*. Cambridge, MA: MIT Press.

Clark, J. E., & Phillips, S. J. (1987). The step cycle organization of infant walkers. *Journal of Motor Behavior*, 19, 412 - 433.

Clark, J. E., Whitall, J., & Phillips, S. J. (1988). Human interlimb coordination: The first 6 months of independent walking. *Developmental Psychobiology*, 21, 445 - 456.

Claxton, L. J., Keen, R., & McCarty, M. E. (2003). Evidence of motor planning in infant reaching behavior. *Psychological Science*, 14 (4), 354 - 356.

Clearfield, M. W. (2004). The role of crawling and walking experience in infant spatial memory. *Journal of Experimental Child Psychology*, 89, 214 - 241.

Clifton, R. K., Muir, D. W., Ashmead, D. H., & Clarkson, M. G. (1993). Is visually guided reaching in early infancy a myth? *Child Development*, 64 (4), 1099 - 1110.

Coghill, G. E. (1929). *Anatomy and the problem of behavior*. New York: Hafner.

Corbetta, D., & Bojczyk, K. E. (2002). Infants return to two-handed reaching when they are learning to walk. *Journal of Motor Behavior*, 34 (1), 83 - 95.

Corbetta, D., & Thelen, E. (1996). The developmental origins of bimanual coordination: A dynamic perspective. *Journal of Experimental Psychology: Human Perception and Performance*, 22, 502 - 522.

Corbetta, D., Thelen, E., & Johnson, K. (2000). Motor constraints on the development of perception-action matching in infant reaching. *Infant Behavior and Development*, 23, 351 - 374.

Cornsweet, T. N. (1962). The staircase-method in psychophysics. *American Journal of Psychology*, 75, 485 - 491.

Cosmi, E. V., Anceschi, M. M., Cosmi, E., Piazze, J. J., & La Torre, R. (2003). Ultrasonographic patterns of fetal breathing movements in normal pregnancy. *International Journal of Gynecology and Obstetrics*, 80, 285 - 290.

Craig, C. M., & Lee, D. N. (1999). Neonatal control of sucking pressure: Evidence for an intrinsic tau-guide. *Experimental Brain Research*, 124, 371 - 382.

Damiano, D. L. (1993). Reviewing muscle contraction: Is it a developmental, pathological, or motor control issue? *Physical and Occupational Therapy in Pediatrics*, 12, 3 - 21.

Daniel, B. M., & Lee, D. N. (1990). Development of looking with head and eyes. *Journal of Experimental Child Psychology*, 50, 200 - 216.

Davis, B. E., Moon, R. Y., Sachs, H. C., & Ottolini, M. C. (1998). Effects of sleep position on infant motor development. *Pediatrics*, 102 (5), 1135 - 1140.

D'Elia, A., Pighetti, M., Moccia, G., & Santangelo, N. (2001). Spontaneous motor activity in normal fetuses. *Early Human Development*, 65, 139 - 147.

Delorme, A., Frigon, J. Y., & Lagace, C. (1989). Infants' reactions to visual movement of the environment. *Perception*, 18, 667 - 673.

deVries, J. I. P., Visser, G. H. A., Prechtl, H. F. R. (1982). The emergence of fetal behavior: Vol. 1. Qualitative aspects. *Early Human Development*, 7, 301 - 322.

Dewey, C., Fleming, P., Golding, J., & Team, A. S. (1998). Does the supine sleeping position have any adverse effects on the child? II. Development in the first 18 months. *Pediatrics*, 101 (1), e5.

Dogtrop, A. P., Ubels, R., & Nijhuis, J. G. (1990). The association between fetal body movements, eye movement and heart rate patterns in pregnancies between 25 and 30 weeks of gestation. *Early Human Development*, 23, 67 - 73.

Eppler, M. A. (1995). Development of manipulatory skills and the deployment of attention. *Infant Behavior and Development*, 18, 391 - 405.

Eppler, M. A., Satterwhite, T., Wendt, J., & Bruce, K. (1997). Infants' responses to a visual cliff and other ground surfaces. In M. A. Schmuckler & J. M. Kennedy (Eds.), *Studies in perception and action IV* (pp. 219 - 222). Mahwah, NJ: Erlbaum.

Erkinjuntti, M. (1988). Body movements during sleep in healthy and neurologically damaged infants. *Early Human Development*, 16, 283 - 292.

Fagard, J. (2000). Linked proximal and distal changes in the reaching behavior of 5- to 12-month-old human infants grasping objects of different sizes. *Infant Behavior and Development*, 23, 317 - 329.

Forssberg, H. (1985). Ontogeny of human locomotor control: Vol. 1. Infant stepping, supported locomotion, and transition to independent locomotion. *Experimental Brain Research*, 57, 480 - 493.

Forssberg, H. (1989). Infant stepping and development of plantigrade gait. In C. V. Euler, H. Forssberg, & H. Lagercrantz (Eds.), *Neurobiology of early infant behavior* (pp. 119 - 128). Stockholm: Stockton Press.

Forssberg, H., & Nashner, L. M. (1982). Ontogenetic development of postural control in man: Adaptation to altered support and visual conditions during stance. *Journal of Neuroscience*, 2, 545 - 552.

Forssberg, H., & Wallberg, H. (1980). Infant locomotion: A preliminary movement and electromyographic study. In K. Berg & B. Eriksson (Eds.), *Children and exercise IX* (pp. 32 - 40). Baltimore: University Park Press.

Fraisse, F. E., Couet, A. M., Bellanca, K. J., & Adolph, K. E. (2001). Infants' response to potential risk: Social interaction and perceptual exploration, in G. A. Burton & R. C. Schmidt (Eds.), *Studies in perception and action VI* (pp. 97 - 100). Mahwah, NJ: Erlbaum.

Frankenburg, W. K., & Dodds, J. B. (1967). The Denver developmental screening test. *Journal of Pediatrics*, 71, 181 - 191.

Freedland, R. L., & Bertenthal, B. I. (1994). Developmental changes in interlimb coordination: Transition to hands-and-knees crawling. *Psychological Science*, 5 (1), 26 - 32.

Fukumoto, K., Mochizuki, N., Takeshi, M., Nomura, Y., & Segawa, M. (1981). Studies of body movements during night sleep in infancy. *Brain Development*, 3, 37 - 43.

Fukura, K., & Ishihara, K. (1997). Development of human sleep and wakefulness rhythm during the first 6 months of life: Discontinuous changes at the 7th and 12th week after birth. *Biological Rhythm Research*, 28, 94 - 103.

Gahery, Y., & Massion, J. (1981). Co-ordination between posture and movement. *Trends in Neurosciences*, 4, 199 - 202.

Galloway, J. C., & Thelen, E. (2004). Feet first: Object exploration in young infants, *Infant Behavior and Development*, 27, 107 - 112.

Garciaguirre, J. S., & Adolph, K. E. (2005a). *Baby carriage: Infants walking with loads*. Manuscript submitted for publication.

Garciaguirre, J. S., & Adolph, K. E. (2005b). *Step-by-step: Tracking infants' walking and falling experience*. Manuscript in preparation.

Gentile, A. M. (2000). Skill acquisition: Action, movement, and neuromotor processes, in J. Carr & R. Shepard (Eds.), *Movement science: Foundations for physical therapy in rehabilitation* (2nd ed., pp. 111 - 187). New York: Aspen Press.

Gesell, A. (1933). Maturation and the patterning of behavior. In C. Murchison (Ed.), *A handbook of child psychology* (2nd ed., pp. 209 - 235). Worcester, MA: Clark University Press.

Gesell, A. (1946). The ontogenesis of infant behavior. In L.

Carmichael (Ed.), *Manual of child psychology* (pp. 295 – 331). New York: Wiley.

Gesell, A., & Ames, L. B. (1940). The ontogenetic organization of prone behavior in human infancy. *Journal of Genetic Psychology*, *56*. 247 – 263.

Gesell, A., & Thompson, H. (1929). Learning and growth in identical infant twins: An experimental study by the method of co-twin control. *Genetic Psychology Monographs*, *6*, 11 – 124.

Gesell, A., & Thompson, H. (1934). *Infant behavior: Its genesis and growth*. New York: Greenwood Press.

Gesell, A., & Thompson, H. (1938). *The psychology of early growth including norms of infant behavior and a method of genetic analysis*. New York: Macmillan.

Gibson, E. J. (1969). *Principles of perceptual learning and development*. New York: Appleton-Century Crofts.

Gibson, E. J. (1982). The concept of affordances in development: The renascence of functionalism. In W. A. Collins (Ed.), *Minnesota Symposia on Child Psychology: Vol. 15. The concept of development* (pp. 55 – 81). Hillsdale, NJ: Erlbaum.

Gibson, E. J. (1988). Exploratory behavior in the development of perceiving, acting, and the acquisition of knowledge. *Annual Review of Psychology*, *39*, 1 – 41.

Gibson, E. J. (1992, April). *Perceptual learning and development*. Colloquium presented to the Indiana University Psychology Department, Bloomington, IN.

Gibson, E. J. (1994). Has psychology a future? *Psychological Science*, *5*, 69 – 76.

Gibson, E. J., & Pick, A. D. (2000). *An ecological approach to perceptual learning and development*. New York: Oxford University Press.

Gibson, E. J., Riccio, G., Schmuckler, M. A., Stoffregen, T. A., Rosenberg, D., & Taormina, J. (1987). Detection of the traversability of surfaces by crawling and walking infants. *Journal of Experimental Psychology: Human Perception and Performance*, *13*, 533 – 544.

Gibson, E. J., & Schmuckler, M. A. (1989). Going somewhere: An ecological and experimental approach to development of mobility. *Ecological Psychology*, *1*, 3 – 25.

Gibson, E. J., & Walk, R. D. (1960). The "visual cliff." *Scientific American*, *202*, 64 – 71.

Gibson, E. J., & Walker, A. S. (1984). Development of knowledge of visual-tactual affordances of substances. *Child Development*, *55* (2), 453 – 460.

Gibson, J. J. (1979). *The ecological approach to visual perception*. Boston: Houghton Mifflin Company.

Gilmore, R. O., Baker, T. J., & Grobman, K. H. (2004). Stability in young infants' discrimination of optic flow. *Developmental Psychology*, *40*, 259 – 270.

Gilmore, R. O., & Johnson, M. H. (1995). Working memory in infancy: Six-month-olds' performance on two versions of the oculomotor delayed response task. *Journal of Experimental Child Psychology*, *59*, 397 – 418.

Gilmore, R. O., & Rettke, H. J. (2003). Four-month-olds' discrimination of optic flow patterns depicting different directions of observer motion. *Infancy*, *4*, 177 – 200.

Goldfield, E. C. (1989). Transition from rocking to crawling: Postural constraints on infant movement. *Developmental Psychology*, *25* (6), 913 – 919.

Goldfield, E. C. (1995). *Emergent forms*. Oxford, England: Oxford University Press.

Goldfield, E. C. (2005). *A dynamical systems approach to infant oral feeding and dysphagia: From model system to therapeutic medical device*. Manuscript submitted for publication.

Goldfield, E. C., Kay, B. A., & Warren, W. H., Jr. (1993). Infant bouncing: The assembly and tuning of action systems. *Child Development*, *64* (4), 1128 – 1142.

Goldfield, E. C., Richardson, J. J., Saltzman, E., Lee, K. G., & Margetts, S. (2005). *Coordination of sucking, swallowing, and breathing and oxygen saturation during early infant breastfeeding*. Manuscript submitted for publication.

Goldfield, E. C., Wolff, P. H., & Schmidt, R. C. (1999a). Dynamics of oral-respiratory coordination in full-term and preterm infants: I. Comparisons at 38 – 40 weeks postconceptional age. *Developmental Science*, *2*(3), 363 – 373.

Goldfield, E. C., Wolff, P. H., & Schmidt, R. C. (1999b). Dynamics of oral-respiratory coordination in full-term and preterm infants: II. Continuing effects at 3 months post term. *Developmental Science*, *2* (3),

374 – 384.

Goldin-Meadow, S., Alibali, M. W., & Church, R. B. (1993). Transitions in concept acquisition: Using the hand to read the mind. *Psychological Review*, *100*, 279 – 297.

Goss, C. M. (Ed.). (1973). *Anatomy of the human body, by Henry Gray* (29th American ed.). Philadelphia: Lea & Febiger.

Gould, S. J., & Vrba, E. S. (1982). Exaptation — A missing term in the science of form. *Paleobiology*, *8*, 4 – 15.

Greer, T., & Lockman, J. J. (1998). Using writing instruments: Invariances in young children and adults. *Child Development*, *69* (4), 888 – 902.

Grill, H. J., & Norgren, R. (1978). The taste reactivity test: Vol. 1. Mimetic responses to gustatory stimuli in neurologically normal rats. *Brain Research*, *143*, 263 – 279.

Grillner, S. (1975). Locomotion in vertebrates: Central mechanisms and reflex interaction. *Physiological Review*, *55*, 247 – 304.

Grillner, S., & Wallen, P. (1985). Central pattern generators for locomotion, with special reference to vertebrates. *Annual Review of Neuroscience*, *8*, 233 – 261.

Hadders-Algra, M., & Prechtl, H. F. R. (1992). Developmental course of general movements in early infancy: Vol. 1. Descriptive analysis of change in form. *Early Human Development*, *28*, 201 – 213.

Hadders-Algra, M., van Eykern, L. A., Klip-Van den Nieuwendijk, A. W. J., & Prechtl, H. F. R. (1992). Developmental course of general movements in early infancy: Vol. 2. EMG correlates. *Early Human Development*, *28*, 231 – 251.

Haith, M. M., Hazan, C., & Goodman, G. S. (1988). Expectations and anticipation of dynamic visual events by 3 ½-month-old babies. *Child Development*, *59*, 467 – 479.

Halverson, H. M. (1931). An experimental study of prehension in infants by means of systematic cinema records. *Genetic Psychology Monographs*, *10*, 107 – 283.

Harlow, H. F. (1949). The formation of learning sets. *Psychological Review*, *56*, 51 – 65.

Harlow, H. F. (1959). Learning set and error factor theory. In S. Koch (Ed.), *Psychology: A study of a science* (pp. 492 – 533). New York: McGraw-Hill.

Held, R., & Hein, A. (1963). Movement-produced stimulation in the development of visually guided behavior. *Journal of Comparative and Physiological Psychology*, *56*, 872 – 876.

Hepper, P. G., Shahidullah, S., & White, R. (1991). Handedness in the human fetus. *Neuropsychologia*, *29*, 1107 – 1111.

Higgins, C. I., Campos, J. J., & Kermoian, R. (1996). Effect of selfproduced locomotion on infant postural compensation to optic flow. *Developmental Psychology*, *32* (5), 836 – 841.

Hofstadter, M. C., & Reznick, J. S. (1996). Response modality affects human infant delayed-response performance. *Child Development*, *67*. 646 – 658.

Hopkins, B., & Westra, T. (1988). Maternal handling and motor development: An intracultural study. *Genetic, Social and General Psychology Monographs*, *114*, 379 – 408.

Hopkins, B., & Westra, T. (1989). Maternal expectations of their infants' development: Some cultural differences. *Developmental Medicine and Child Neurology*, *31*, 384 – 390.

Hopkins, B., & Westra, T. (1990). Motor development, maternal expectations, and the role of handling. *Infant Behavior and Development*, *13*, 117 – 122.

Humphrey, T. (1970). Reflex activity in the oral and facial area of the human fetus. In J. F. Bosma (Ed.), *Second symposium on oral sensation and perception* (pp. 195 – 233). Springfield, IL: Thomas.

James, D., Pillai, M., & Smoleniec, J. (1995). Neurobehavioral development in the human fetus. In J.-P. Lecanuet & W. P. Fifer (Eds.), *Fetal development: A psychobiological perspective* (pp. 101 – 128). Hillsdale, NJ: Erlbaum.

Jian, W., Winter, D. A., Ishac, M. G., & Gilchrist, L. (1993). Trajectory of the body COG and COP during initiation and termination of gait. *Gait and Posture*, *1*, 9 – 22.

Joh, A. S., & Adolph, K. E. (in press). Learning from falling. *Child Development*.

Joh, A. S., Adolph, K. E., Campbell, M. R., & Eppler, M. A. (in press). Why walkers slip: Shine is not a reliable cue for slippery ground. *Perception and Psychophysics*.

Johnson, M. H., Munakata, Y., & Gilmore, R. O. (2002). *Brain development and cognition: A reader* (2nd ed.). Oxford, England: Blackwell.

Johnson, M. L., Veldhuis, J. D., & Lampl, M. (1996). Is growth saltatory? The usefulness and limitations of frequency distributions in analyzing pulsatile data. *Endocrinology*, *137*, 5197 - 5204.

Johnson, S. P. , Amso, D. , & Slemmer, J. A. (2003). Development of object concepts in infancy: Evidence for early learning in an eye tracking paradigm. *Proceedings of the National Academy of Sciences*, *100*, 10568 - 10573.

Johnson, S. P. , Slemmer, J. A. , & Amso, D. (2004). Where infants look determines how they see: Eye movements and object performance in 3-month-olds. *Infancy*, *6*, 185 - 201.

Jonsson, B. , & von Hofsten, C. (2003). Infants' ability to track and reach for temporarily occluded objects. *Developmental Science*, *6*, 86 - 99.

Jouen, F. (1988). Visual-proprioceptive control of posture in newborn infants. In B. Amblard, A. Berthoz, & F. Clarac (Eds.), *Posture and gait: Development, adaptation and modulation* (pp. 13 - 22). Amsterdam: Elsevier.

Jouen, F. , Lepecq, J. C. , Gapenne, O. , & Bertenthal, B. I. (2000). Optic flow sensitivity in neonates. *Infant Behavior and Development*, *23*, 271 - 284.

Karasik, L. B. , Lobo, S. A. , Zack, E. A. , Dimitropoulou, K. A. , Tamis-LeMonda, C. S. , & Adolph, K. E. (2004, May). *Does mother know best? Infants' use of mothers' unsolicited advice in a potentially risky motor task*. Poster presented at the International Conference on Infant Studies, Chicago, IL.

Keen, R. (2003). Representation of objects and events: Why do infants look so smart and toddlers look so dumb? *Current Directions in Psychological Science*, *12*, 79 - 83.

Keen, R. , Carrico, R. L. , Sylvia, M. R. , & Berthier, N. E. (2003). How infants use perceptual information to guide action. *Developmental Science*, *6*, 221 - 231.

Keller, H. (2003). Socialization for competence: Cultural models for infancy. *Human Development*, *46*, 288 - 311.

Kellman, P. J. , & Arterberry, M. E. (2000). *The cradle of knowledge: Development of perception in infancy*. Cambridge, MA: MIT Press.

Kelso, J. A. S. (1995). *Dynamic patterns: The self-organization of brain and behavior*. Cambridge, MA: MIT Press.

Kiehn, O. , & Butt, S. J. B. (2003). Physiological, anatomical and genetic identification of CPG neurons in the developing mammalian spinal cord. *Progress in Neurobiology*, *70*, 347 - 361.

Kingsnorth, S. , & Schmuckler, M. A. (2000). Walking skill versus walking experience as a predictor of barrier crossing in toddlers. *Infant Behavior and Development*, *23*, 331 - 350.

Köhler, W. (1925). *The mentality of apes* (E. Winter, Trans.). New York: Harcourt, Brace & World.

Konczak, K. , Meeuwson, H. J. , & Cress, E. M. (1992). Changing affordances in stair climbing: The perception of maximum climbability in young and older adults. *Journal of Experimental Psychology: Human Perception and Performance*, *3*, 691 - 697.

Konner, M. (1973). Newborn walking: Additional data. *Science*, *179*, 307.

Kuniyoshi, Y. , Yorozu, Y. , Ohmura, Y. , Terada, K. , Otani, T. , Nabakubo, A. , et al. (2004). From humanoid embodiment to theory of mind. In F. Iida, R. Pfeifer, L. Steels, & Y. Kuniyoshi (Eds.), *Embodied artificial intelligence* (International Seminar, Dagstuhl Castle, Germany, July 7 - 11, 2003, revised selected papers, lecture notes in Computer Science Series, Artificial Intelligence Subseries, Vol. 3139, pp. 202 - 218). New York: Springer.

Kuno, A. , Akiyama, M. , Yamashiro, C. , Tanaka, H. , Yanagihara, T. , & Hata, T. (2001). Three-dimensional sonographic assessment of fetal behavior in the early second trimester of pregnancy. *Journal of Ultrasound Medicine*, *20*, 1271 - 1275.

Lampl, M. (1992). Further observations on diurnal variation in standing height. *Annals of Human Biology*, *19*, 87 - 90.

Lampl, M. (1993). Evidence of saltatory growth in infancy. *American Journal of Human Biology*, *5*, 641 - 652.

Lampl, M. , Ashizawa, K. , Kawabata, M. , & Johnson, M. L. (1998). An example of variation and pattern in saltation and stasis growth dynamics. *Annals of Human Biology*, *25*, 203 - 219.

Lampl, M. , & Emde, R. N. (1983). Episodic growth in infancy: A preliminary report on length, head circumference, and behavior. In K. W. Fischer (Ed.), *Levels and transitions in children's development: Vol. 21. New directions for child development* (pp. 21 - 36). San Francisco: Jossey-Bass.

Lampl, M. , & Jeanty, P. (2003). Timing is everything: A reconsideration of fetal growth velocity patterns identifies the importance of individual and sex differences. *American Journal of Human Biology*, *15*, 667 - 680.

Lampl, M. , & Johnson, M. L. (1993). A case study in daily growth during adolescence: A single spurt or changes in the dynamics of saltatory growth? *Annals of Human Biology*, *20*, 595 - 603.

Lampl, M. , Johnson, M. L. , & Frongillo, E. A. (2001). Mixed distribution analysis identifies saltation and stasis growth. *Annals of Human Biology*, *28*, 403 - 411.

Lampl, M. , Veldhuis, J. D. , & Johnson, M. L. (1992). Saltation and stasis: A model of human growth. *Science*, *258*, 801 - 803.

Ledebt, A. (2000). Changes in arm posture during the early acquisition of walking. *Infant Behavior and Development*, *23*, 79 - 89.

Ledebt, A. , & Bril, B. (1999). Acquisition of upper body stability during walking in toddlers. *Developmental Psychobiology*, *36*, 311 - 324.

Ledebt, A. , Bril, B. , & Breniere, Y. (1998). The build-up of anticipatory behavior: An analysis of the development of gait initiation in children. *Experimental Brain Research*, *120*, 9 - 17.

Ledebt, A. , Bril, B. , & Wiener-Vacher, S. (1995). Trunk and head stabilization during the first months of independent walking. *Neuro Report*, *6*, 1737 - 1740.

Ledebt, A. , van Wieringen, P. C. , & Savelsbergh, G. J. P. (2004). Functional significance of foot rotation asymmetry in early walking. *Infant Behavior and Development*, *27*, 163 - 172.

Lee, D. N. , & Aronson, E. (1974). Visual proprioceptive control of standing in human infants. *Perception and Psychophysics*, *15*, 529 - 532.

Lee, D. N. , & Lishman, J. R. (1975). Visual proprioceptive control of stance. *Journal of Human Movement Studies*, *1*, 87 - 95.

Leeuwen, L. V. , Smitsman, A. , & Leeuwen, C. V. (1994). Affordances, perceptual complexity, and the development of tool use. *Journal of Experimental Psychology: Human Perception and Performance*, *20*, 174 - 191.

Leo, A. J. , Chiu, J. , & Adolph, K. E. (2000, July). *Temporal aud functional relationships of crawling, cruising, and walking*. Poster presented at the International Conference on Infant Studies, Brighton, England.

Lishman, J. R. , & Lee, D. N. (1973). The autonomy of visual kinaesthesis. *Perception*, *2*, 287 - 294.

Lo, T. , Avolio, A. M. , Massop, S. A. , & Adolph, K. E. (1999). Why toddlers don't perceive risky ground based on surface friction. In M. A. Grealy & J. A. Thompson (Eds.), *Studies in perception and action V* (pp. 231 - 235). Mahwah, NJ: Erlbaum.

Lockman, J. J. (1984). The development of detour ability during infancy. *Child Development*, *55*, 482 - 491.

Lockman, J. J. (2000). A perception-action perspective on tool use development. *Child Development*, *71*, 137 - 144.

Lockman, J. J. (2005). *Infant manual exploration of objects, surfaces and their interrelations*. Manuscript in preparation.

Lockman, J. J. , & Adams, C. D. (2001). Going around transparent and grid-like barriers: Detour ability as a perception-action skill. *Developmental Science*, *4* (4), 463 - 471.

Marieb, E. N. (1995). *Human anatomy and physiology* (3rd ed.). Menlo Park, CA: Benjamin/Cummings.

Marigold, D. S. , & Patla, A. E. (2002). Strategies for dynamic stability during locomotion on a slippery surface: Effects of prior experience and knowledge. *Journal of Neurophysiology*, *88*, 339 - 353.

Mark, L. S. (1987). Eyeheight-scaled information about affordances: A study of sitting and stair climbing. *Journal of Experimental Psychology: Human Perception and Performance*, *13* (3), 361 - 370.

Mark, L. S. , & Vogele, D. (1987). A biodynamic basis for perceived categories of action: A study of sitting and stair climbing. *Journal of Motor Behavior*, *19*, 367 - 384.

McCarty, M. E. , Clifton, R. K. , Ashmead, D. H. , Lee, P. , & Goubet, N. (2001). How infants use vision for grasping objects. *Child Development*, *72* (4), 973 - 987.

McCarty, M. E. , Clifton, R. K. , & Collard, R. (1999). Problem solving in infancy: The emergence of an action plan. *Developmental Psychology*, *35* (4), 1091 - 1101.

McCarty, M. E. , Clifton, R. K. , & Collard, R. R. (2001). The beginnings of tool use by infants and toddlers. *Infancy*, *2* (2), 233 - 256.

McCarty, M. E. , & Keen, R. (2005). Facilitating problem-solving performance among 9-and 12 - month-old infants. *Journal of Cognition and Development*, *2*, 209 - 228.

McCollum, G. , Holroyd, C. , & Castelfranco, A. M. (1995). Forms of early walking. *Journal of Theoretical Biology*, *176*, 373 - 390.

McCune, L. , Vhiman, M. M. , Roug-Hellichius, L. , Delery, D. B. , & Gogate, L. J. (1996). Grunt communication in human infants (Homo sapiens). *Journal of Comparative Psychology*, *110*, 27 - 37.

McGraw, M. B. (1932). From reflex to muscular control in the assumption of an erect posture and ambulation in the human infant. *Child*

Development, *3*, 291 - 297.

McGraw, M. B. (1935). *Growth: A study of Johnny and Jimmy*. New York: Appleton-Century.

McGraw, M. B. (1940). Neuromuscular development of the human infant as exemplified in the achievement of erect locomotion. *Journal of Pediatrics*, *17*, 747 - 771.

McGraw, M. B. (1945). *The neuromuscular maturation of the human infant*. New York: Columbia University Press.

McGraw, M. B., & Breeze, K. W. (1941). Quantitative studies in the development of erect locomotion. *Child Development*, *12*, 267 - 303.

McKenzie, B. E., Skouteris, H., Day, R. H., Hartman, B., & Yonas, A. (1993). Effective action by infants to contact objects by reaching and leaning. *Child Development*, *64*, 415 - 429.

Meltzoff, A. N., & Moore, M. K. (1983). Newborn infants imitate adult facial gestures. *Child Development*, *54*, 702 - 709.

Metcalfe, J. S., & Clark, J. E. (2000). Sensory information affords exploration of posture in newly walking infants and toddlers. *Infant Behavior and Development*, *23*, 391 - 405.

Miller, J. L., Sonties, B. C., & Macedonia, C. (2003). Emergence of oropharyngeal, laryngeal and swallowing activity in the developing fetal upper aerodigestive tract: An ultrasound evaluation. *Early Human Development*, *71*, 61 - 87.

Miller, P. H. (1990). The development of strategies of selective attention. In D. F. Bjorklund (Ed.), *Children's strategies: Contemporary views of cognitive development* (pp.157 - 184). Hillsdale, NJ: Erlbaum.

Miller, P. H., & Seier, W. (1994). Strategy utilization deficiencies in children: When, where, and why. In H. Reese (Ed.), *Advances in child development and behavior* (Vol. 25, pp. 107 - 156). New York: Academic Press.

Mizuno, K., & Ueda, A. (2003). The maturation and coordination of sucking, swallowing, and respiration in preterm infants. *Journal of Pediatrics*, *142*, 36 - 40.

Mohagheghi, A. A., Moraes, R., & Patla, A. E. (2004). The effects of distant and on-line visual information on the control of approach phase and step over an obstacle during locomotion. *Experimental Brain Research*, *155*, 459 - 468.

Mondschein, E. R., Adolph, K. E., & Tamis-LeMonda, C. S. (2000). Gender bias in mothers' expectations about infant crawling. *Journal of Experimental Child Psychology*, *77*, 304 - 316.

Monnier, M. (1973). Response repertoire of the anencephalic infant. In S. J. Hutt & C. Hutt (Eds.), *Early human development*. London: Oxford University Press.

Moore, K. L., & Persaud, K. L. (1993). *The developing human: Clinically oriented embryology*. Philadelphia: Saunders.

Muir, G. D. (2000). Early ontogeny of locomotor behavior: A comparison between altricial and precocial animals. *Brain Research Bulletin*, *53*, 719 - 726.

Muir, G. D., & Chu, T. K. (2002). Posthatching locomotor experience alters locomotor development in chicks. *Journal of Neurophysiology*, *88*, 117 - 123.

Munakata, Y., McClelland, J. L., Johnson, M. H., & Siegler, R. S. (1997). Rethinking infant knowledge: Toward an adaptive process account of successes and failures in object permanence tasks. *Psychological Review*, *104*, 686 - 713.

Needham, A., Barrett, T., & Peterman, K. (2002). A pick me up for infants' exploratory skills: Early simulated experiences reaching for objects using "sticky mittens" enhances young infants' object exploration skills, *Infant Behavior and Development*, *25* (3), 279 - 295.

Newman, L., Keckley, C., Peterson, M. C., & Hamner, A. (2001). Swallowing function and medical diagnoses in infants suspected of dysphagia. *Pediatrics*, *108*, 1 - 4.

Nilsson, L., & Hamberger, L. (1990). *A child is born*. New York: Delacorte Press.

Noonan, K. J., Farnum, C. E., Leiferman, E. M., Lampl, M., Markel, M. D., & Wilsman, N. J. (2004). Growing pains: Are they due to increased growth during recumbency as documented in a lamb model? *Journal of Pediatric Orthopedics*, *24*, 726 - 731.

Okamoto, T., & Goto, Y. (1985). Human infant pre-independent and independent walking. In S. Kondo (Ed.), *Primate morpho-physiology, locomotor analyses and human bipedalism* (pp.25 - 45). Tokyo: University of Tokyo Press.

Orlovsky, G. N., Deliagina, T. G., & Grillner, S. (1999). *Neuronal control of locomotion: From mollusc to man*. New York: Oxford University Press.

Oyama, S. (1985). *The ontogeny of information*. Cambridge, England:

Cambridge University Press.

Pang, M. Y. C., & Yang, J. F. (2001). Interlimb coordination in human infant stepping. *Journal of Physiology*, *533*, 617 - 625.

Patla, A. E. (1991). Visual control of human locomotion. In A. E. Patla (Ed.), *Adaptability of human gait* (pp.55 - 97). Amsterdam: North-Holland/Elsevier Science.

patla, A. E. (1998). How is human gait controlled by vision. *Ecological Psychology*, *10*, 287 - 302.

patla, A. E., Prentice, S. D., Robinson, C., & Neufeld, J. (1991). Visual control of locomotion: Strategies for changing direction and for going over obstacles. *Journal of Experimental Psychology*, *17*, 603 - 634.

Pearson, K. (1987). Central pattern generation: A concept under scrutiny. In H. McLennin (Ed.), *Advances in physiological research* (pp. 167 - 186). New York: Plenum Press.

peiper, A. (1963). *Cerebral function in infancy and childhood*. New York: Consultants Bureau.

pellis, V. C., Pellis, S. M., & Teitelbaum, P. (1991). A descriptive analysis of the postnatal development of contact-righting in rats (Rattus norvegicus). *Developmental Psychobiology*, *24*, 237 - 263.

Phillips, J. O., Finoccio, D. V., Ong, L., & Fuchs, A. F. (1997). Smooth pursuit in 1 to 4-month-old human infants. *Vision Research*, *37*, 3009 - 3020.

Piaget, J. (1952). *The origins of intelligence in children*. New York: International Universities Press.

Piaget, J. (1954). *The construction of reality in the child*. New York: Basic Books.

Pick, H. L. (1989). Motor development: The control of action. *Developmental Psychology*, *25*, 867 - 870.

Pillai, M., & James, D. (1990). Hiccups and breathing in human fetuses. *Archives of Disease in Childhood*, *65* (10), 1072 - 1074.

Plumert, J. M. (1995). Relations between children's overestimation of their physical abilities and accident proneness. *Developmental Psychology*, *31*, 866 - 876.

Plumert, J. M. (1997). Social and temperamental influences on children's overestimation of their physical abilities: Links to accidental injuries. *Journal of Experimental Child Psychology*, *67*, 317 - 337.

Plumert, J. M., Kearney, J. K., & Cremer, J. F. (2004). Children's perception of gap affordances: Bicycling across traffic-filled intersections in an immersive virtual environment. *Child Development*, *75*, 1243 - 1253.

Povinelli, D. J., & Cant, J. G. H. (1995). Arboreal clambering and the evolution of self-conception. *Quarterly Review of Biology*, *70*, 393 - 421.

Prechtl, H. F. R. (1985). Ultrasound studies of human fetal behavior. *Early Human Development*, *12*, 91 - 98.

Prechtl, H. F. R. (1986). Prenatal motor development. In M. G. Wade & H. T. A. Whiting (Eds.), *Motor development in children: Aspects of coordination and control*. Dordrecht, The Netherlands: Martinus Nijhoff.

Prechtl, H. F. R., & Hopkins, B. (1986). Developmental transformations of spontaneous movements in early infancy. *Early Human Development*, *14*, 233 - 238.

Prechtl, H. F. R., & Nijhuis, J. G. (1983). Eye movements in the human fetus and newborn. *Behavioral Brain Research*, *10*, 119 - 124.

Pufall, P. B., & Dunbar, C. (1992). Perceiving whether or not the world affords stepping onto and over: A developmental study. *Ecological Psychology*, *4* (1), 17 - 38.

Rader, N., Bausano, M., & Richards, J. E. (1980). On the nature of the visual-cliff-avoidance response in human infants. *Child Development*, *51*, 61 - 68.

Reed, E. S. (1982). An outline of a theory of action systems. *Journal of Motor Behavior*, *14*, 98 - 134.

Reed, E. S. (1989). Changing theories of postural development. In M. H. Woollacott & A. Shumway-Cook (Eds.), *Development of posture and gait across the lifespan* (pp. 3 - 24). Columbia: University of South Carolina Press.

Reed, E. S., & Bril, B. (1996). The primacy of action in development. In M. L. Latash & M. T. Turvey (Eds.), *Dexterity and its development* (pp. 431 - 451). Mahwah, NJ: Erlbaum.

Riach, C. L., & Hayes, K. C. (1987). Maturation of postural sway in young children. *Developmental Medicine and Child Neurology*, *29*, 650 - 658.

Richards, J. E., & Holley, F. B. (1999). Infant attention and the development of smooth pursuit tracking. *Developmental Psychology*, *35* (3), 856 - 867.

Richards, J. E., & Rader, N. (1981). Crawling-onset age predicts visual cliff avoidance in infants. *Journal of Experimental Psychology: Human Perception and Performance*, *7*, 382 - 387.

Richards, J. E., & Rader, N. (1983). Affective, behavioral, and avoidance responses on the visual cliff: Effects of crawling onset age, crawling experience, and testing age. *Psychophysiology*, *20* (6), 633 - 642.

Riley, M. A., Stoffregen, T. A., Grocki, J. J., & Turvey, M. T. (1999). Postural stabilization for the control of touching. *Human Movement Science*, *18*, 795 - 817.

Robertson, S. S. (1990). Temporal organization in fetal and newborn movement. In H. Bloch & B. I. Bertenthal (Eds.), *Sensory-motor organizations and development in infancy and early childhood* (pp. 105 - 122). Dordrecht, The Netherlands: Kluwer Press.

Robin, D. J., Berthier, N. E., & Clifton, R. K. (1996). Infants' predictive reaching for moving objects in the dark. *Developmental Psychology*, *32*, 824 - 835.

Robinson, S. R., & Kleven, G. A. (in press). Learning to move before birth. In B. Hopkins & S. Johnson (Eds.), *Advances in infancy research* (Vol. 2).

Robinson, S. R., & Smotherman, W. P. (1991). The amniotic sac as scaffolding: Prenatal ontogeny of an action pattern. *Developmental Psychology*, *24*, 463 - 485.

Robinson, S. R., & Smotherman, W. P. (1992). Fundamental motor patterns of the mammalian fetus. *Journal of Neurobiology*, *23*, 1574 - 1600.

Rochat, P. (1992). Self-sitting and reaching in 5- to 8-month-old infants: The impact of posture and its development on early eyehand coordination. *Journal of Motor Behavior*, *24* (2), 210 - 220.

Rochat, R, & Goubet, N. (1995). Development of sitting and reaching in 5- to 6-month-old infants. *Infant Behavior and Development*, *18*, 53 - 68.

Rochat, P., Goubet, N., & Senders, S. J. (1999). To reach or not to reach? Perception of body effectivities by young infants, *Infant and Child Development*, *8*, 129 - 148.

Roncesvalles, M. N. C., Woollacott, M. H., & Jensen, J. L. (2001). Development of lower extremity kinetics for balance control in infants and young children. *Journal of Motor Behavior*, *33*, 180 - 192.

Rosander, K., & von Hofsten, C. (2000). Visual-vestibular interaction in early infancy. *Experimental Brain Research*, *133*, 321 - 333.

Rosander, K., & von Hofsten, C. (2002). Development of gaze tracking of small and large objects. *Experimental Brain Research*, *146*, 257 - 264.

Rosander, K., & yon Hofsten, C. (2004). Infants' emerging ability to represent occluded object motion. *Cognition*, *91*, 1 - 22.

Rovce, C. K., & Rovce, D. T. (1969). Conjugate reinforcement of infant exploratory behavior. *Journal of Experimental Child Psychology*, *8*, 33 - 39.

Rovee-Collier, C. K., & Gekoski, M. (1979). The economics of infancy: A review of conjugate reinforcement. In H. W. Reese & L. P. Lipsitt (Eds.), *Advances in child development and behavior* (Vol. 13, pp. 195 - 255). New York: Academic Press.

Rovce-Collier, C. K., Morrongiello, B. A., Aron, M., & Kupersmidt, J. (1978). Topographical response differentiation and reversal in 3-month-old infants. *Infant Behavior and Development*, *1*, 323 - 333.

Rovce-Collier, C. K., Sullivan, M., Enright, M. K., Lucas, D., & Fagen, J. W. (1980). Reactivation of infant memory. *Science*, *208*, 1159 - 1161.

Saint-Anne Dargassies, S. (1986). *The neuro-motor and psycho-affective development of the infant*. New York: Elsevier.

Savelsbergh, G. J. P., & van der Kamp, J. (1994). The effect of body orientation to gravity on early infant reaching. *Journal of Experimental Child Psychology*, *58*, 510 - 528.

Schmidt, R. A., & Lee, T. D. (1999). *Motor control and learning: A behavioral emphasis* (3rd ed.). Champaign, IL: Human Kinetics.

Schmuckler, M. A. (1993). Perception-action coupling in infancy. In G. J. P. Savelsbergh (Ed.), *The development of coordination in infancy* (pp. 137 - 173). Amsterdam: Elsevier Science.

Schmuckler, M. A. (1996). Development of visually guided locomotion: Barrier crossing by toddlers. *Ecological Psychology*, *8* (3), 209 - 236.

Schmuckler, M. A. (1997). Children's postural sway in response to low- and high-frequency visual information for oscillation. *Journal of Experimental Psychology: Human Perception and Performance*, *23*, 528 - 545.

Schmuckler, M. A., & Gibson, E. J. (1989). The effect of imposed optical flow on guided locomotion in young walkers. *British Journal of Developmental Psychology*, *7*, 193 - 206.

Schmuckler, M. A., & Li, N. S. (1998). Looming responses to obstacles and apertures: The role of accretion and deletion of background texture. *Psychological Science*, *9*, 49 - 52.

Senn, M. J. E. (1975). Insights on the child development movement in the United States. *Monographs of the Society for Research in Child Development*, *40* (3/4, Serial No. 161).

Shinskey, J. L., & Munakata, Y. (2003). Are infants in the dark about hidden objects? *Developmental Science*, *6*, 273 - 282.

Shirley, M. M. (1931). *The first 2 years: A study of twenty-five babies*. Minneapolis: University of Minnesota Press.

Shrager, J., & Siegler, R. S. (1998). SCADS: A model of children's strategy choices and strategy discoveries. *Psychological Science*, *9*, 405 - 410.

Shumway-Cooke, A., & Woollacott, M. H. (1985). The growth of stability: Postural control from a developmental perspective. *Journal of Motor Behavior*, *17*, 131 - 147.

Siegler, R. S. (1994). Cognitive variability: A key to understanding cognitive development. *Current Directions in Psychology*, *3*, 1 - 5.

Siegler, R. S. (1996). *Emerging minds: The process of change in children's thinking*. New York: Oxford University Press.

Siegler, R. S., DeLoache, J., & Eisenberg, N. (2003). *How children develop*. New York: Worth.

Siegler, R. S., & Munakata, Y. (1993, Winter). Beyond the immaculate transition. Advances in the understanding of change. *SRCD Newsletter 3*, 10 - 11, 13.

Slater, A., & Morison, V. (1985). Shape constancy and slant perception at birth. *Perception*, *14*, 337 - 344.

Smith, L. B., & Thelen, E. (Eds.). (1993). *A dynamic systems approach to development: Applications*. Cambridge, MA: MIT Press.

Smotherman, W. P., & Robinson, S. R. (1989). Cryptopsychobiology: The appearance, disappearance, and reappearance of a speciestypical action pattern during early development. *Behavioral Neuroscience*, *103*, 246 - 253.

Smotherman, W. P., & Robinson, S. R. (1996). The development of behavior before birth. *Developmental Psychology*, *32* (3), 425 - 434.

Sommerville, J. A., & Woodward, A. L. (2005). Pulling out the intentional structure of action: The relation between action processing and action production in infancy. *Cognition*, *95*, 1 - 30.

Sommerville, J. A., Woodward, A. L., & Needham, A. (in press). Action experience alters 3-month-old infants' perception of others' actions. *Cognition*.

Sorce, J. F., Emde, R. N., Campos, J. J., & Klinnert, M. D. (1985). Maternal emotional signaling: Its effects on the visual cliff behavior of 1-year-olds. *Developmental Psychology*, *21*, 195 - 200.

Sparling, J. W., van Tol, J., & Chescheir, N. C. (1999). Fetal and neonatal hand movement. *Physical Therapy*, *79* (1), 24 - 39.

Sparling, J. W., & Wilhehn, I. J. (1993). Quantitative measurement of fetal movement: Fetal-Posture and Movement Assessment (F-PAM). *Physical and Occupational Therapy in Pediatrics*, *12*, 97 - 114.

Spelke, E. S., Breinlinger, K., Macomber, J., & Jacobson, K. (1992). Origins of knowledge. *Psychological Review*.

Spelke, E. S., & Newport, E. L. (1998). Nativism, empiricism, and the development of knowledge. In W. Damon (Editor-in-Chief) & Richard M. Lerner (Vol. Ed.), *Handbook of child psychology: Vol. 1. Theoretical models of human development* (5th ed., pp. 275 - 340). New York: Wiley.

Spelke, E. S., & von Hofsten, C. (2001). Predictive reaching for occluded objects by 6-month-old infants. *Journal of Cognition and Development*, *2*, 261 - 281.

Spencer, J. P., & Schöner, G. (2003). Bridging the representational gap in the dynamic systems approach to development. *Developmental Science*, *6* (4), 392 - 412.

Spencer, J. P., Vereijken, B., Diedrich, F. J., & Thelen, E. (2000). Posture and the emergence of manual skills. *Developmental Science*, *3* (2), 216 - 233.

Steenbergen, B., van der Kamp, J., Smitsman, A. W., & Carson, R. G. (1997). Spoon handling in 2- to 4-year-old children. *Ecological Psychology*, *9* (2), 113 - 129.

Stergiou, C. S., Adolph, K. E., Alibali, M. W., Avolio, A. M., & Cenedella, C. (1997). Social expressions in infant locomotion: Vocalizations and gestures on slopes. In M. A. Schmuckler & J. M. Kennedy (Eds.), *Studies in perception and action IV* (pp. 215 - 219). Mahwah, NJ: Erlbaum.

Stoffregen, T. A. (1985). Flow structure versus retinal location in the optical control of stance. *Journal of Experimental Psychology: Human Perception and performance*, *11*, 554 - 565.

Stoffregen, T. A. (1986). The role of optical velocity in the control of stance. *Perception and Psychophysics*, *39*, 355 - 360.

Stoffregen, T. A., Schmuckler, M. A., & Gibson, E. J. (1987). Use of central and peripheral optical flow in stance and locomotion in young walkers. *Perception*, *16*, 113 - 119.

Stoffregen, T. A., Smart, L. J., Bardy, B. G., & Pagulayan, R. J. (1999). Postural stabilization of looking. *Journal of Experimental Psychology: Human Perception and Performance*, *25*, 1641 - 1658.

Sundermier, L., Woollacott, M. H., Roncesvalles, M. N. C., &

Jensen, J. L. (2001). The development of balance control in children: Comparisons of EMG and kinetic variables and chronological and developmental groupings. *Experimental Brain Research*, *136*, 340–350.

Super, C. M. (1976). Environmental effects on motor development: The case of African infant precocity. *Developmental Medicine and Child Neurology*, *8* (5), 561–567.

Sutherland, D. H., Olshen, R., Cooper, L., & Woo, S. (1980). The development of mature gait. *Journal of Bone and Joint Surgery*, *62*, 336–353.

Tamis-LeMonda, C. S., & Adolph, K. E. (2005). Social cognition in infant motor action. In B. Homer & C. S. Tamis-LeMonda (Eds.), *The development of social cognition and communication* (pp. 145–164). Mahwah, NJ: Erlbaum.

Tamis-LeMonda, C. S., Adolph, K. E., Lobo, S. A., Karasik, L. B., & Dimitropoulou, K. A. (2005). *When infants take mothers' advice*. Manuscript submitted for publication.

Tanner, J. M. (1990). *Fetus into man*. Cambridge, MA: Harvard University Press.

Thelen, E. (1979). Rhythmical stereotypies in normal human infants. *Animal Behavior*, *27*, 699–715.

Thelen, E. (1981a). Kicking, rocking, and waving: Contextual analysis of rhythmical stereotypies in normal human infants. *Animal Behavior*, *29*, 3–11.

Thelen, E. (1981b). Rhythmical behavior in infancy: An ethological perspective. *Developmental Psychology*, *17*, 237–257.

Thelen, E. (1984a). Learning to walk: Ecological demands and phylogenetic constraints. *Advances in Infancy Research*, *3*, 213–260.

Thelen, E. (1984b). Walking, thinking, and evolving: Further comments toward an economical explanation. *Advances in Infancy Research*, *3*, 257–260.

Thelen, E. (1986). Treadmill-elicited stepping in 7-month-old infants. *Child Development*, *57*, 1498–1506.

Thelen, E. (1994). Three-month-old infants can learn task-specific patterns of interlimb coordination. *Psychological Science*, *5*, 2811–285.

Thelen, E. (1995). Motor development: A new synthesis. *American Psychologist*, *50*, 79–95.

Thelen, E. (1996). Normal infant stereotypies: A dynamic systems approach. In R. L. Sprague & K. M. Newell (Eds.), *Stereotyped movements: Brain and behavior relationships* (pp. 139–165). Washington, DC: American Psychological Association.

Thelen, E., & Adolph, K. E. (1992). Arnold L. Gesell: The paradox of nature and nurture. *Developmental Psychology*, *28*, 368–380.

Thelen, E., & Bates, E. (2003). Connectionism and dynamic systems: Are they really different? *Developmental Science*, *6*, 378–391.

Thelen, E., Bradshaw, G., & Ward, J. A. (1981). Spontaneous kicking in month old infants: Manifestations of a human central locomotor program. *Behavioral and Neural Biology*, *32*, 45–53.

Thelen, E., Bril, B., & Breniere, Y. (1992). The emergence of heel strike in newly walking infants: A dynamic interpretation. In M. H. Woollacott & F. Horak (Eds.), *Posture and gait: Control mechanisms* (Vol. 2, pp. 334–337). Eugene: University of Oregon Books.

Thelen, E., & Cooke, D. W. (1987). Relationship between newborn stepping and later walking: A new interpretation. *Developmental Medicine and Child Neurology*, *29*, 380–393.

Thelen, E., & Corbetta, D. (2002). Microdevelopment and dynamic systems: Applications to infant motor development. In N. Granott & J. Parziale (Eds.), *Microdevelopment: Transition processes in development and learning — Cambridge studies in cognitive perceptual development* (pp. 59–79). New York: Cambridge University Press.

Thelen, E., Corbetta, D., Kamm, K., Spencer, J. P., Schneider, K., & Zernicke, R. F. (1993). The transition to reaching: Mapping intention and intrinsic dynamics. *Child Development*, *64*, 1058–1098.

Thelen, E., Corbetta, D., & Spencer, J. P. (1996). Development of reaching during the first year: Role of movement speed. *Journal of Experimental Psychology: Human Perception and Performance*, *22*, 1059–1076.

Thelen, E., & Fisher, D. M. (1982). Newborn stepping: An explanation for a "disappearing reflex." *Developmental Psychology*, *18*, 760–775.

Thelen, E., & Fisher, D. M. (1983a). From spontaneous to instrumental behavior: Kinematic analysis of movement changes during very early learning. *Child Development*, *54*, 129–140.

Thelen, E., & Fisher, D. M. (1983b). The organization of spontaneous leg movements in newborn infants. *Journal of Motor Behavior*, *15*, 353–377.

Thelen, E., Fisher, D. M., & Ridley-Johnson, R. (1984). The relationship between physical growth and a newborn reflex. *Infant Behavior and Development*, *7*, 479–493.

Thelen, E., Fisher, D. M., Ridley-Johnson, R., & Griffin, N. J. (1982). The effects of body build and arousal on newborn infant stepping. *Developmental Psychobiology*, *15*, 447–453.

Thelen, E., Schöner, G., Scheier, C., & Smith, L. B. (2001). The dynamics of embodiment: A field theory of infant perseverative reaching. *Behavioral and Brain Sciences*, *24* (1), 1–34.

Thelen, E., Skala, K., & Kelso, J. A. S. (1987). The dynamic nature of early coordination: Evidence from bilateral leg movements in young infants. *Developmental Psychology*, *23*, 179–186.

Thelen, E., & Smith, L. B. (1994). *A dynamic systems approach to the development of cognition and action*. Cambridge, MA: MIT Press.

Thelen, E., & Smith, L. B. (1998). Dynamic systems theories. In W. Damon (Editor-in-Chief) & Richard M. Lerner (Vol. Ed.), *Handbook of child psychology: Vol. 1. Theoretical models of human development* (5th ed., pp. 563–634). New York: Wiley.

Thelen, E., & Spencer, J. P. (1998). Postural control during reaching in young infants: A dynamic systems approach. *Neuroscience and Biobehavioral Review*, *22*, 507–514.

Thelen, E., & Ulrich, B. D. (1991). Hidden skills: A dynamic systems analysis of treadmill stepping during the first year. *Monographs of the Society for Research in Child Development*, *56* (1, Serial No. 223).

Thelen, E., Ulrich, B. D., & Niles, D. (1987). Bilateral coordination in human infants: Stepping on a split-belt treadmill. *Journal of Experimental Psychology: Human Perception and Performance*, *13*, 405–410.

Thorndike, E. L. (1906). Principles of teaching. New York: A. G. Seiler. Thorndike, E. L., & Woodworth, R. S. (1901). The influence of improvement in one mental function upon the efficiency of other functions. *Psychological Review*, *8*, 247–261.

Titzer, R. (1995, March). *The developmental dynamics of understanding transparency*. Paper presented at the meeting of the Society for Research in Child Development, Indianapolis, IN.

Togo, M., & Togo, T. (1982). Time-series analysis of stature and body weight in five siblings. *Annals of Human Biology*, *9* (5), 425–440.

Touwen, B. C. (1976). *Neurological development in infancy*. London: Heinemann.

Trevarthen, C. (1993). The self born in intersubjectivity: The psychology of an infant communicating. In U. Neisser (Ed.), *The perceived self: Ecological and interpersonal sources of self-knowledge* (pp. 121–173). New York: Cambridge University Press.

Ulrich, B. D. (1989). Development of stepping patterns in human infants: A dynamical systems perspective. *Journal of Motor Behavior*, *21*, 392–408.

Ulrich, D. A., Ulrich, B. D., Angulo-Barroso, R., & Yun, J. K. (2001). Treadmill training of infants with Down syndrome: Evidencebased developmental outcomes. *Pediatrics*, *108*(5), 1–7.

van Asten, W. N. J. C., Gielen, C. C. A. M., & van der Gon, J. J. D. (1988). Postural movements induced by rotations of visual scenes. *Journal of the Optical Society of America*, *5*, 1781–1789.

van der Fits, I. B. M., & Hadders-Algra, M. (1998). The development of postural response patterns during reaching in healthy infants. *Neuroscience and Biobehavioral Review*, *22*, 521–526.

van der Fits, I. B. M., Otten, E., Klip, A. W. J., van Eykern, L. A., & Hadders-Algra, M. (1999). The development of postural adjustments during reaching in 6- to 18-month-old infants. *Experimental Brain Research*, *126*, 517–528.

van der Meer, A. L. H. (1997a). Keeping the arm in the limelight: Advanced visual control of arm movements in neonates. *European Journal of Paediatric Neurology*, *4*, 103–108.

van der Meet, A. L. H. (1997b). Visual guidance of passing under a barrier. *Early Development and Parenting*, *6*, 149–157.

van der Meer, A. L. H., Holden, G., & van der Weet, F. R. (in press). Coordination of sucking, swallowing, and breathing in healthy newborns. *Journal of Pediatric Neonatology*.

van der Meer, A. L. H., van der Weel, F. R., & Lee, D. (1994). Prospective control in catching by infants. *Perception*, *23*, 287–302.

van der Meer, A. L. H., van der Weel, F. R., & Lee, D. (1995). The functional significance of arm movements in neonates. *Science*, *267*, 693–695.

van der Meer, A. L. H., van der Weel, F. R., & Lee, D. N. (1996). Lifting weights in neonates: Developing visual control of reaching. *Scandinavian Journal of Psychology*, *37*, 424–436.

van Hof, P., van der Kamp, J., & Savelsbergh, G. J. P. (2002). The relation of unimanual and bimanual reaching to crossing the midline. *Child*

Development, 73, 1353 - 1362.

Vereijken, B. (2005). Motor development. In B. Hopkins (Ed.), *Cambridge encyclopedia in child development*. Cambridge, MA: Cambridge University Press.

Vereijken, B., & Adolph, K. E. (1999). Transitions in the development of locomotion. In G. J. P. Savelsbergh, H. L. J. van der Maas & P. C. L. van Geert (Eds.), *Non-linear analyses of developmental processes* (pp. 137 - 149). Amsterdam: Elsevier.

Vereijken, B., Pedersen, A. V., & Storksen, J. H. (2005). *The effect of manipulating postural control and muscular strength requirements on early independent walking*. Manuscript in preparation.

Vereijken, B., & Thelen, E. (1997). Training infant treadmill stepping: The role of individual pattern stability. *Developmental Psychobiology*, 30, 89 - 102.

Vereijken, B., van Emmerick, R. E. A., Whiting, H. T. A., & Newell, K. M. (1993). Free(z)ing degrees of freedom in skill acquisition. *Journal of Motor Behavior*, 24, 133 - 142.

von Hofsten, C. (1979). Development of visually directed reaching: The approach phase. *Journal of Human Movement Studies*, 30, 369 - 382.

von Hofsten, C. (1980). Predictive reaching for moving objects by human infants. *Journal of Experimental Child Psychology*, 30, 369 - 382.

von Hofsten, C. (1982). Foundations for perceptual development. *Advances in Infancy Research*, 2, 239 - 262.

von Hofsten, C. (1983). Catching skills in infancy. *Journal of Experimental Psychology: Human Perception and Performance*, 9 (1), 75 - 85.

von Hofsten, C. (1984). Developmental changes in the organization of prereaching movements. *Developmental Psychology*, 20, 378 - 388.

von Hofsten, C. (1989). Mastering reaching and grasping: The development of manual skills in infancy. In S. A. Wallace (Ed.), *Perspectives on the coordination of movement* (pp. 223 - 258). Amsterdam: North Holland.

von Hofsten, C. (1991). Structuring of early reaching movements: A longitudinal study. *Journal of Motor Behavior*, 23 (4), 280 - 292.

von Hofsten, C. (1993). Prospective control: A basic aspect of action development. *Human Development*, 36, 253 - 270.

von Hofsten, C. (1997). On the early development of predictive abilities. In C. Dent-Read & P. Zukow-Goldring (Eds.), *Evolving explanations of development: Ecological approaches to organism-environment systems* (pp. 163 - 194). Washington, DC: American Psychological Association.

von Hofsten, C. (2003). On the development of perception and action. In K. J. Connolly & J. Valsiner (Eds.), *Handbook of developmental psychology* (pp. 114 - 140). London: Sage.

von Hofsten, C. (2004). An action perspective on motor development. *Trends in Cognitive Sciences*, 8 (6), 266 - 272.

von Hofsten, C., & Lindhagen, K. (1979). Observations on the development of reaching for moving objects. *Journal of Experimental Child Psychology*. 28, 158 - 173.

von Hofsten, C., & Ronnqvist, L. (1988). Preparation for grasping an object: A developmental study. *Journal of Experimental Psychology: Human Perception and Performance*, 14, 610 - 621.

von Hofsten, C., & Rosander, K. (1996). The development of gaze control and predictive tracking in young infants. *Vision Research*, 36 (1), 81 - 96.

von Hofsten, C., & Rosander, K. (1997). Development of smooth pursuit tracking in young infants. *Vision Research*, 37, 1799 - 1810.

von Hofsten, C., Vishton, P. M., Spelke, E. S., Eeng, Q., & Rosander, K. (1998). Predictive action in infancy: Tracking and reaching for moving objects. *Cognition*. 67, 255 - 285.

Walk, R. D. (1966). The development of depth perception in animals and human infants. *Monographs of the Society for Research in Child Development*. 31 (5, Serial No. 107). 82 - 108.

Walk, R. D., & Gibson, E. J. (1961). A comparative and analytical study of visual depth perception. *Psychological Monographs*, 75 (15, Whole No. 519).

Walk, R. D., Gibson, E. J., & Tighe, T. J. (1957). Behavior of light-and dark-reared rats on a visual cliff. *Science*, 126, 80 - 81.

Wann, J. P., Mon-Williams, M., & Rushton, K. (1998). Postural control and co-ordination disorder: The swinging room revisited. *Human Movement Science*, 17, 491 - 513.

Warren, W. H. (1984). Perceiving affordances. Visual guidance of stair climbing. *Journal of Experimental Psychology: Human Perception and Performance*, 10 (5), 683 - 703.

Warren, W. H., Kay, B. A., & Yilmaz, E. H. (1996). Visual control of posture during walking: Functional specificity. *Journal of Experimental Psychology: Human Perception and Performance*, 22, 818 - 838.

Warren, W. H., & Whang, S. (1987). Visual guidance of walking through apertures: Body-scaled information for affordances. *Journal of Experimental Psychology: Human Perception and Performance*, 13, 371 - 383.

Wentworth, N., Benson, J. B., & Haith, M. M. (2000). The development of infants' reaches for stationary and moving objects. *Child Development*, 71, 576 - 601.

Wentworth, N., Haith, M. M., & Hood, R. (2002). Spatiotemporal regularity and inter-event contingencies as information for infants' visual expectations. *Infancy*, 3, 303 - 321.

Wiener-Vacher, S., Ledebt, A., & Bril, B. (1996). Changes in otolith VOR to off vertical axis rotation in infants learning to walk. *Annals of the New York Academy of Sciences*, 781, 709 - 712.

Willatts, P. (1984). The stage IV infants' solution of problems requiring the use of supports. *Infant Behavior and Development*, 7, 125 - 134.

Winter, D. A., & Eng, P. (1995). Kinetics: Our window into the goals and strategies of the central nervous system. *Behavioral Brain Research*, 67, 111 - 120.

Witherington, D. C. (2005). The development of prospective grasping control between 5 and 7 months: A longitudinal study. *Infancy*, 7 (2), 143 - 161.

Witherington, D. C., Campos, J. J., Anderson, D. I., Lejeune, L., & Seah, E. (2005). Avoidance of heights on the visual cliff in newly walking infants. *Infancy*, 7 (3), 285 - 298.

Witherington, D. C., von Hofsten, C., Rosander, K., Robinette, A., Woollacott, M. H., & Bertenthal, B. I. (2002). The development of anticipatory postural adjustments in infancy, *Infancy*, 3 (4), 495 - 517.

Wohlwill, J. P. (1970). The age variable in psychological research. *Psychological Review*, 77, 49 - 64.

Wolff, P. H. (1987). *The development of behavioral states and the expression of emotions in early infancy*. Chicago: University of Chicago Press.

Woollacott, M. H., & Jensen, J. L. (1996). Posture and locomotion. In H. Heuer & S. W. Keele (Eds.), *Handbook of perception and action: Vol. 2. Motor skills* (pp. 333 - 403). San Diego, CA: Academic Press.

Yanez, B. R., Domakonda, K. V., Gill-Alvarez, S. V., Adolph, K. E., & Vereijken, B. (2004, May). *Automaticity and plasticity in infant and adult walking*. Poster presented at the meeting of the International Conference on Infant Studies, Chicago, IL.

Yang, J. F., Stephens, M. J., & Vishram, R. (1998). Infant stepping: A method to study the sensory control of human walking. *Journal of Physiology*, 507, 927 - 937.

Yonas, A., & Hartman, B. (1993). Perceiving the affordance of contact in 4- and 5-month-old infants. *Child Development*, 64, 298 - 308.

Young, J. W., Webster, T. W., Robinson, S. R., Adolph, K. E., & Kanani, P. H. (2003, November). *Effects of sampling interval on developmental trajectories*. Poster presented at the meeting of the International Society for Developmental Psychobiology, New Orleans, LA.

Zanone, P. G., Kelso, J. A. S., & Jeka, J. J. (1993). Concepts and methods for a dynamical approach to behavioral coordination and change. In G. J. P. Savelsbergh (Ed.), *The development of coordination in infancy* (pp. 89 - 134). Amsterdam: North-Holland/Elsevier.

Zelazo, N. A., Zelazo, P. R., Cohen, K. M., & Zelazo, P. D. (1993). Specificity of practice effects on elementary neuromotor patterns. *Developmental Psychology*, 29, 686 - 691.

Zelazo, P. R. (1976). From reflexive to instrumental behavior. In L. P. Lipsitt (Ed.), *Developmental psychobiology: The significance of infancy* (pp. 87 - 108). Hillsdale, NJ: Erlbaum.

Zelazo, P. R. (1983). The development of walking: New findings on old assumptions, *Journal of Motor Behavior*, 2, 00 - 137.

Zelazo, P. R. (1998). McGraw and the development of unaided walking. *Developmental Review*, 18, 449 - 471.

Zelazo, P. R., Weiss, M. J., & Leonard, E. (1989). The development of unaided walking: The acquisition of higher order control. In P. R. Zelazo & R. G. Barr (Eds.), *Challenges to developmental paradigms* (pp. 139 - 165). Hillsdale, NJ: Erlbaum.

Zelazo, P. R., Zelazo, N. A., & Kolb, S. (1972). "Walking" in the newborn. *Science*, 176, 314 - 315.

Zernicke, R. F., & Schneider, K. (1993). Biomechanics and developmental neuromotor control. *Child Development*, 64, 982 - 1004.

第 5 章

婴儿认知

LESLIE B. COHEN 和 CARA H. CASHON*

    自从本手册第五版中婴儿认知一章出版以来(Haith & Benson, 1998), 婴儿认知研究就不断地成长、发展, 并成为一个较为复杂的研究领域。在本章中, 我们将讨论其中的一些发展变化, 并且我们自始至终都将在 Haith 和 Benson 的基础上延伸和发展。我们以婴儿认知的概念开始, 并阐明我们对婴儿期认知发展的观点——建构主义、领域普遍性、信息加工方法。接下来, 我们将讨论该领域中所使用的一些更新、更受欢迎的研究方法, 并分析它们

＊ 本手稿受到 L. B. Cohen 所获得的 NIH 基金(HD‑23397)以及 Cara H. Casnon 所获得的来自国家研究资源中心的 COBRE 项目的 NIH 基金(P20RR017702)的资助。

   我们要感谢 Miye N. Cohen 和 Jennifer Balkan 对该书稿的仔细审校以及他们的其他有益的编辑建议。

的优点和缺点。最后,我们将分主题来呈现各个领域中的新近发现。为了呈现一个现有领域的研究状态的全面景观,我们尽可能不对新近的研究和理论展开讨论。

什么是婴儿认知

以对婴儿认知下定义这一艰难的任务来开始本章,是比较合适的。决定哪些研究领域应该包括进来、哪些研究领域应该排除在外,对于得出一个明确的定义来讲是一个障碍。考虑一下图 5.1 中的连续统一体。它粗略地表示了从隐性过程到显性过程,或者从较低水平的脑结构到较高水平的脑结构这样一个连续统一体。十之八九,根据每个人的研究观点,有很多种方式来划分这一连续统一体。大多数从事婴儿感觉过程研究的研究者会认为他们的工作与婴儿的知觉有紧密的联系,而与婴儿的认知和语言关系较为松散(见版本 A)。另一方面,大多数从事婴儿语言习得研究的研究者会认为他们的工作与婴儿认知的各个方面(如,分类)关系比较紧密,但是与婴儿的感觉和知觉的联系则比较松散(同样见版本 A)。相反,许多研究婴儿知觉或者认知的研究者发现很难把知觉从认知中区分出来,但是与婴儿感觉或者语言的关系较为疏远(见版本 B)。

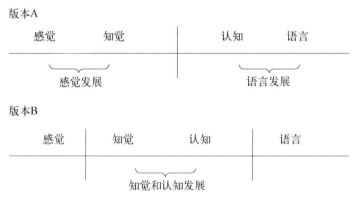

图 5.1 划分婴儿发展传统领域的可能方式。改编自:"An Information-Processing Approach to Infant Perception and Cognition"(pp. 277 - 300),by L. B. Cohen,in *The Development of Sensory*, *Motor*, *and Cognitive Capacities in Early Infancy*,F. Simion and G. Butterworth (Eds.),1988,East Sussex,England:Psychology Press. 经许可使用。

我们的建构主义信息加工观点(Cohen, Chaput, & Cashon, 2002)使我们较为接近版本 B。我们认为,当试图理解发展变化的潜在过程的时候,在婴儿知觉和婴儿认知之间插入一条人为的分界线可能是有害的。考虑一下识别物体个性化特征的能力,即明白一个物体与另外一个物体是相互独立的,即使它们的表面都是可以触摸的(Needham & Baillargeon, 1997)。这种能力既有赖于婴儿对物体表面特征的识别,如颜色、形状和模式,也有赖于儿童把物体知觉为一个统一体,从而理解一个部分被遮挡的移动物体的可见部分确实是同一个物体的局部(Cohen & Cashon, 2001b)。一般认为,区别物体的表面特征并且承认物体的统一性,这涉及知觉加工过程;但是对物体的个性化特征的理解则通常被认为是认知。因此,我们的立场是,在认知和知觉之间强加一条分界线可能会掩盖婴儿发展的本质。

在婴儿知觉和婴儿认知之间是否存在着一个显著的区别,这是一个有争议的话题。不是所有的研究者都同意应当把这些问题看作是落在一个从知觉到认知的连续统一体上。一些更多持先天主义"核心知识"方法的研究者(Baillargeon,1994;Carey,2000;Spelke,1998)对婴儿的深思认知决策的强调胜过对更为被动的知觉过程的强调。其他研究者(如,Gibson,2000)认为婴儿的知觉和认知可能被包含在"直接知觉"下面,而没有采取心理表征(认知)。考虑一下婴儿如何觉察一个简单的发射事件的多重解释。物体 A 横着穿越屏幕,直到与物体 B 接触。然后物体 B 接着穿过屏幕的剩余部分。在某一个年龄段,婴儿把这一情景反应为一个因果事件,物体 A 是施动者,物体 B 是受动者。在一定程度上,这一反应表明了婴儿的核心知识(Carey,2000;Leslie,1982)或者基本的知觉单位(Mandler,1992)。然而,在一个较早的年龄段,婴儿把物体 A 和 B 反应为两个独立的运动物体。他们对每个物体的运动和位置中的知觉变化产生反应。此外,婴儿第一次把该事件反应为因果关系的年龄,部分依赖于物体的表面特征。因此,在婴儿的知觉和认知之间,我们在哪里划线呢?并且在什么年龄划线呢?

当考虑到研究婴儿认知的各种研究方法时,对这个问题的回答就变得更加困难。在本手册前一版本的婴儿认知一章中,有关知觉和认知之间的模糊的定义分界线,Haith 和 Benson(1998)也提出了同样的话题。他们认为,某些事件代表着知觉加工。例如,婴儿对一个物体的静态特征做出的反应,如它的颜色、形状或者形态。然而,他们也认为有认知加工的事例。例如,婴儿在一个动态事件中对一个物体或者两个交互作用的物体的功能性特征做出的反应。他们认为,这一问题可能会由于使用知觉范式,如视觉习惯化,来表达认知问题而恶化。Mandler(1992,2000b)在婴儿分类研究上也做出了类似的结论。她认为,习惯化或者其他的视觉注意范式涉及知觉类别,而手工探索或者模仿范式则涉及概念类别。

对于把范式界定为知觉的或者概念的这一问题,我们持一个较为中立的姿态。我们认为,所使用的范式并不会必然引出一种加工类型优于另外一种类型。有几项研究结果为该观点提供了支持。Oakes、Coppage 和 Dingel(1997),Oakes、Madole 和 Cohen(1991),Younger 和 Fearing(1998)的研究表明,用三维物体进行的手工探索任务的结果与采用二维图片进行的视觉习惯化任务的结果相似。此外,有一些证据表明,在视觉范式和物体操作范式中,婴儿会注意表面知觉特征之外的更多的概念信息。Madole、Oakes 和 Cohen(1993)能够使用视觉习惯化来测试婴儿对物体的功能特性和视觉特性的理解。因此,范式的类型不会限制婴儿所使用的加工模式,并且有证据表明,各种各样的任务都既能引起知觉加工也能引起认知加工。

我们宁愿使用这个更为中立的术语——婴儿信息加工,而不愿在婴儿知觉和认知之间作一个明显的区分。因此,我们把婴儿认知宽松地定义为婴儿组织和理解由他们的环境所提供的信息的一系列加工过程。这些加工过程有可能是内隐和自动的,也可能是外显和有意的。这些信息可能是单一形式的或者多重形式的,也可能是静态的(如,一个二维的视觉图案)或者动态的(如,一个因果事件,其因素之间交互作用,并且随着空间和时间而改变)。

这样一个如此广泛的定义显然覆盖了研究的其他领域,如早期知觉发展和早期语言习得。我们把这种覆盖看作是一种强化而不是一种弱化,因为它允许使用各种范式和方法来调查表面上完全不同的领域加工中的共性。

为了既保证全面性,又保证最新性,本章将呈现关于婴儿认知及其发展的不同观点。然而,对于这些观点我们并不是完全中立的。既强调婴儿的能力,也强调他们的不充分性,这是很重要的。我们也强调发展变化,并且努力展现这些变化是如何与这里所概述的信息加工原理保持一致的。

我们的观点:建构主义信息加工取向

知觉和认知使婴儿能够对他们环境中的不同类型的信息进行加工和反应。此外,这些信息可能是单一形式的或者多重形式的;它们可能会也可能不会涉及明显的动力活动;但是它们总是有关联的。婴儿不是简单地对输入的原始感觉信息进行加工;他们对这些输入信息的一个或者多个关系、以及那些决定我们倾向于把加工过程标记为知觉或者认知的关系进行加工处理。信息加工方法试图识别这些关系,并且展现它们是如何随着婴儿的发展而变化的,以及如何变得更为复杂和抽象。

我们对各个领域中的发展变化的测验,从简单地对某个角落的知觉到对因果事件的理解,使我们提出具有领域普遍性的信息加工六原则。

1. 婴儿具有一个天生的信息加工系统,使他们能够加工低水平的特征信息,如颜色、形态、声音、运动、质地等,具有对环境中的这些特征的关系进行加工的倾向性。
2. 婴儿从低水平单元之间的关系(如,相关与因果)中形成高位的信息单元。
3. 高水平的单元是更高位的单元的组成成分。换句话说,学习系统既是结构化的,也是等级性的。
4. 婴儿倾向于使用最高形式的单元,通常是最适应的策略,来加工信息。然而,低水平的单元仍然是潜在可用的,并且,如果情境需要它的话,它可能会进入加工。
5. 如果该系统变得超负荷了,婴儿将退回到一个低水平的加工,并且尝试结合额外的信息。
6. 该学习系统是领域普遍性的,并且可能是我们获得某些领域的专门技术或精通某些领域的机制。碰巧的是,对发展中的婴儿来讲,最相关的领域正是直接与他们碰撞的物理和社会领域。

本章与前一版本中婴儿认知一章的关系

Harris(1983)所写的该书的这一章与 Haith 和 Benson(1998)所写的该书的这一章大约相差 15 年。Harris 所写的那一章反映了一些主要理论的重要性和影响力,例如 Piaget 和 Gibson 的理论;而 Haith 和 Benson 全面报道了该领域后来发生的较重要的实验和理论变化。他们的焦点在于"微型理论"(mini theories, 用于解释单一的、相对抑制的能力,而不是所有认知发展)的发展、先天论解释的出现(或者假设的婴儿早熟)、测评认知能力的知觉范式的使用,以及对发展变化的忽视。

自从 1998 年本书这一章诞生以来,婴儿认知领域就有了一些变化,而有些则仍然保持着原样。微型理论的趋势仍在继续。被 Harris 描述得非常好的一些主要理论仍然被现有的研究文献所提及,但是它们更多是作为历史评述或者烘托而被引用,而不是作为婴儿行为的特殊类型的具体指标。

对婴儿的早熟进行报道的趋势仍在继续,但是这种观点开始受到挑战。对于一些研究者来讲,仍然强调能力是什么时候形成的,而不是强调能力是如何获得的或者它是如何随着发展而变得更加精制的。正如 Haith 和 Benson(1998)所述(也可以参考 Horowitz,1995),在许多婴儿认知研究中,年龄甚至不会成为设计中的一个因素。如果它被报道了,其目的仅仅是证明在某一年龄段婴儿能够做其在早些年龄段中不能做的事情。当对研究同一主题的来自不同实验室的研究结果进行比较时,这种方法就会导致一些奇怪的矛盾。我们可以看本节中的物体个性化这一例子,这里面婴儿获得该认知的年龄似乎在 4 个月和 12 个月之间变化。

这些研究的一个问题是,认为婴儿的能力是两分性的:婴儿要么具备某一能力,要么就不具备该能力。当更进一步研究大多数认知能力的发展变化时,我们经常发现:(a) 发展变化随着时间的变化而出现;(b) 变化常常是情境特殊性的或者任务特殊性的;(c) 变化并不总是产生提高——在某些情况下婴儿的发展,至少在表面上,可能会回归到一个更为简单的加工方式;(d) 变化可能会显得具有阶段性,但是潜在的过程却是渐进的和连续的。对发展变化和进程的强调,会导致有关诸如天生模块发育能力或核心能力这些话题的有价值的信息。至少,这些信息提出了有关什么会随着年龄而变化以及这些变化对于理解婴儿的认知能力是何等重要等问题。Fischer 和 Bidell(1991)也提出了类似的观点。

一旦发展变化的重要性得到了承认,最关键的问题就变成了这些发展变化的机制问题。从通过年龄来划分这些变化的操作中,我们知道答案并不总是很简单或很明显。有研究表明,在某些情况下,年长一些的婴儿实际上会表现得比年小一些的婴儿更差(如,Madole & Cohen, 1995)。我们也知道,这些变化并不是紧紧地与特定年龄相联系,而是倾向于领域特殊性或者任务特殊性。今天的研究者不但对描述年龄差异感兴趣,而且对揭示这些变化如何发生以及人们如何设计模拟这些变化的模型感兴趣。该领域中的一个最新进展是研究这些变化的实际的机制。研究者使用包括联结主义模型、神经生理学技术以及更为复杂的和创造性的行为测量与实验设计等聚合方法来研究这些潜在的机制。

方法学问题

218

对于任何一个有关婴儿认知的研究者来讲,一个明显的挑战是使用一种方法来预示婴儿对其周围环境中的物体和事件的知觉或理解。当然,最明显和直接的方法就是询问婴儿,但是在大多数情况下,研究者在很大程度上不可能得到有意义的反应。因此,研究者转向寻求较为间接的方法。这些方法在最近的 40 年里得到了相当大的发展,而最流行的方法通常都涉及对婴儿的视觉注意的评定。

习惯化和相关范式

在最近的 30 年里,两个相关的范式,即视觉习惯化和新奇偏好,是评定婴儿认知能力的最流行的方法。它们的流行源于它们便于施测,可以利用必要的设备和软件,而且其潜在的假设也非常简单。这两个范式都以该假设为基础,即婴儿对陌生的东西比对熟悉的东西更加偏好(注视时间更长)。在经典的习惯化实验中,给婴儿反复呈示同样的刺激,直到他们的注视时间下降到某个预定标准为止(通常是最初注视时间的 50%)。在接下来的测试阶段,陌生的和熟悉的刺激被连续地呈现,而能够觉察出差异的婴儿会对陌生的刺激注视更长的时间。在相关的新奇偏好范式中,事先让婴儿对某个刺激熟悉一段时间,然后同时呈现一个陌生的和一个熟悉的刺激,对其进行测试。如果婴儿能够区别这两个刺激,他们就应该大部分时间注视陌生的刺激。

这两个范式最初都是在 20 世纪 60 年代和 70 年代被用来测验婴儿的注意和直觉识别的(如,Fantz, 1964)。自从那以后,这两个范式就被修订了好几次,用于研究认知加工。第一次修订发生在 20 世纪 70 年代,用以测验婴儿的视觉记忆。在习惯化(或熟悉化)的末端与测试阶段之间,插入延迟时间。这些研究表明: (a) 这两个范式产生了相似的结果;(b) 5 个月的婴儿能够把暂时呈现的视觉信息保持至少 2 周;(c) 这种记忆(可能大部分类似于一种再认记忆)对于干扰效应相对免疫(Cohen & Gelber, 1975)。

第二次普遍的修订开始于 20 世纪 70 年代末和 80 年代初,用于研究婴儿的分类。与让婴儿习惯或者熟悉某个单一的刺激不同的是,婴儿被呈示一系列的刺激,而所有这些刺激都是同一类别(如,玩具动物、狗、面孔)的成员。在测试阶段,这些熟悉的刺激中的某一个刺激与一个来自已有类别的新标本或者来自陌生的非类别项目一起呈现。当婴儿对新的类别标本和熟悉的测试刺激表现出同样的反应时,可以推论出其产生了分类行为。

同样最初出现在 20 世纪 80 年代的第三次修订被称为“转换”(switch)设计(Cohen, 1988)。它允许研究者调查婴儿是如何以及什么时候把不同单元的信息联结或装订在一起。在习惯化阶段,婴儿被呈示两个刺激,这两个刺激都有两个特征或容貌(如,物体 A 行使功能 1,而物体 B 行使功能 2)。在测试阶段,婴儿被呈示三个测试刺激。其中之一是熟悉的,以便研究者获得一个有关对熟悉刺激的注视时间的基准线,而另外一个是陌生的刺激。这些陌生的和熟悉的标记非常重要——正如 Hunter 和 Ames(1988)所描述的那样,以及正如其他研究者接下来所确证的那样(Roder, Bushnell, & Sasseville, 2000, Shilling, 2000)。不完全的熟悉化(尤其是当相对年幼的婴儿觉察复杂的刺激时)实际上会导致注视熟悉刺激的时间比注视陌生测试刺激的时间要长。因此,在提供证据表明婴儿实际上是习惯化而不是具有熟悉性偏好时,进行一次熟悉性测试检验是尤其重要的。除了一个熟悉的刺激和一个陌生的刺激以外,婴儿还被呈示一个转换刺激。该转换刺激是由两个熟悉的成分组建而成的,只是采用一种陌生的结合形式(例如,物体 A 行使功能 2)。问题是,婴儿会把该转换刺激反应为陌生的还是熟悉的。因为该刺激的单个成分是熟悉的,如果婴儿把该新组合反应为陌生的,就可以推论出他们对成分之间的联合或结合很敏感。自从 20 世纪 80 年代以来,在促进我们理解婴儿的特征与关系加工方面,这种转换设计就开始成为一个非常宝贵的工具,使研究者超越辨别能力和偏好测试,进而关注婴儿实际上是如何对这些输入信息进行加工的。

另外一个对传统习惯化实验的修订被称为"预期违背"(violation-of-expectation)范式。在这些研究中,某一事件在知觉上的陌生性与该事件的不可能性相竞争。与实验者知道先前哪个测试刺激对婴儿来讲更为陌生或者更为意外不同,婴儿必须向实验者指出哪一个刺激更陌生或者更意外。在该范式的早期使用过程中,在一个空的平台前,婴儿首先习惯一个旋转上升然后旋转下降 180 度的屏幕。在测试过程中,一个物体被放在该平台上的屏幕后面,以便它能够阻碍屏幕的旋转。然后,这个屏幕转动 112 度(一个物理上的可能事件)或 180 度,一个物理上的不可能事件(Baillargeon, Spelke, & Wasserman, 1985)。根据研究者的观点,112 度的旋转应该更陌生,而 180 度的旋转应该更意外。婴儿倾向于更长时间注视 180 度的旋转,由此可以推论出,婴儿具有把该事件看作为意外的或令人惊讶的事件所必需的知识或者理解能力。在这种设计上经常被忽略的一个潜在问题是,这种令人惊讶的或者意外的测试事件也是一个比较熟悉的事件。如果婴儿在测试阶段具有熟悉性偏好,对意外测试事件的较长注意将变得不可解释,因为熟悉性偏好会产生与较长时间注视意外的不可能的事件同样的结果。因此,如果没有采取仔细的措施来保证婴儿在测试阶段具有新奇性偏好而不是熟悉性偏好的话(习惯化研究中的一个基本假设),研究结果将很难解释。

此外,正如在许多预期违背实验中的情况那样,相对年幼的婴儿被呈示以长时的复杂的事件,这些事件经常包含一个或者多个真实的运动物体以及噪音,并且在很广的视觉领域中呈现。根据 Hunter 和 Ames(1988)的观点,这些是产生熟悉性偏好而不是新奇性偏好的最佳条件。如果婴儿没有完全习惯化,熟悉性偏好就会发生。例如,在这样一个情境中,婴儿从来没有达到一个习惯化标准,或者刺激的呈现是为了一个固定的实验次数而不是依据一定的标准。因此,当对那些很有可能表现出熟悉性偏好的非习惯化婴儿与习惯化婴儿同时进行分析时,就会出现数据解释方面的问题。有些研究者并不准备使婴儿习惯化,而是仅仅在正式测试之前给婴儿一两个简单的热身测试。这种练习进一步增加了熟悉性偏好的机会。我们并不是说所有的预期违背实验的结果都可以由熟悉性偏好来解释,但是应该谨慎并采取适当的控制,以保证其结果不是由熟悉性偏好所导致的。

虽然对婴儿的视觉注意的测量继续为婴儿的认知能力的评定提供可行的和受欢迎的方法,但是它们也有缺点。Haith 和 Benson(1998)所表达的一个有效的批评是,即使注意时间是一个连续的变量,婴儿对陌生物的反应(或者在该物体上对违背他们的预期的反应)也会导致一个两分性的结论。婴儿要么做出要么不做出对一个陌生刺激的不同反应,或者他们要么注意到要么不会注意到一个事件的不可能性。实际上,通常并没有什么好的证据来表明每个婴儿事实上会以等级方式对不同程度的陌生事物做出反应。另外,并不是所有的婴儿视觉注意测量都是相等的。大量的研究者已经报道,只有一部分婴儿的注视涉及聚焦而不是对刺激的偶然注意(Ruff, 1986; Ruff & Rothbart, 1996)。聚焦式的注意似乎是与信息加工联系最紧密的测量。许多研究者报道,当忙于连续不断的注意时,婴儿会对一个分心物刺激更为抵制。连续注意和对分心事物的抵制似乎也与心率的下降有联系(Hunter & Richards, 2003; Oakes, Tellinghuisen, & Tjebkes, 2000)。

不管研究者采用的是完全的注视时间还是聚焦的注视时间,婴儿的注视仍然都是被动的,并且通常都被采用是或非的方式来解释。在注视中的差异表明,婴儿偏好陌生事物或者能够对两个刺激进行区分。Haith 和 Benson(1998)注意到,同这些注意测量和较为认知性的加工过程,如信念、推理和推论之间的联系相比,这些测量与陌生性、熟悉性和显著性之间的联系更为直接。一些研究者可能会认为,许多有关注视时间的研究都涉及推论,尤其是那些有关物体消失后又从一个遮挡物后面再次出现的研究。但是 Mandler(1992, 1993, 2000a)认为,婴儿的知觉和婴儿的认知之间有显著的区别,视觉注意和习惯化测量主要评定的是知觉加工而不是认知加工。她相信,对早期的认知加工的精确评定要求涉及诸如物体探索、序列触摸等婴儿主动操作和交互作用的任务。

物体探索与序列触摸

Ruff(1986)是那些率先通过研究婴儿对物体的主动探索来测查婴儿的注意及其发展的研究者之一。在这些研究中,给每一个婴儿一个物体,然后让他们对这些物体进行操作和检查。"检查"被定义为在操作过程之中和之外的集中注视。Ruff 发现,在婴儿 6 个月或 7 个月时,检查可能会被用作积极的信息加工的一个指示器。接下来的研究表明,积极的检查是正在被检查的物体和分散刺激的物体的复杂性的一个函数(Oakes, et al., 2000)。它似乎也是研究婴儿分类的一个有效途径(Mandler & McDonough, 1993; Oakes, et al., 1991)。

另外一个更为积极的研究婴儿分类的技术是序列触摸范式(如,Pakison & Butterworth, 1998b)。在这个范式中,来自两个类别的物体(如,动物和交通工具)随机摆放在婴儿面前的一张桌子上。婴儿检查这些物体的连续顺序被记录下来。任何偏离随机的检查(通常比偶然触摸同一类别的物体要多)都被视作为婴儿基于类别进行反应的证据。虽然物体探索和序列触摸都是需要婴儿更积极参与的测量范式,但是它们的使用是否能使我们更接近对诸如信念、推理或推论等认知加工的测验,这还不清楚。然而,近年来对婴儿模仿的研究的确是在向那个方向迈进。

延迟模仿

年幼婴儿的模仿的发展是皮亚杰的感觉运动发展理论的基础(Harris, 1983)。自从Meltzoff 和 Moore(1977)报道不满 1 月的婴儿能够模仿成人把舌头伸出来以及其他的面部姿态以来,婴儿早期的模仿便成为一个非常有意义的研究和讨论领域(Anisfeld et al., 2001)。模仿是一个比简单的注视更为积极的反应,并且在诸如 Meltzoff 和 Moore 所报道的那些情景中,婴儿似乎不仅仅是尝试复制他们从模仿对象那里所获得的刺激。从他们接收到的视觉刺激到某个特殊的动力输出之间肯定有一个转换,这一现象被 Meltzoff 和 Moore标记为"积极的交互式匹配"(active intermodal matching)。此外,只要 6 个月的年幼婴儿在经过 24 小时以后还能表现出模仿行为,并且还能使用模仿反应来识别被模仿对象并与之进行交流的话,这就肯定不仅仅是一个再认记忆问题(Meltzoff & Moore, 1994)。虽然隐含在新生的模仿下面的机制引起了一些争议,但是在本章中,我们强调的是现有模仿是如何被用作研究其他认知现象的一个工具。Mandler 和 McDonough(1996)使用了他们称之为"推广性模仿"(generalized imitation)的范式来研究婴儿的概念知识。一个模范产生了一个行为,例如假装用一个杯子来喂养玩具,一只狗,然后他们调查婴儿的模仿是否会推广到狗以外的其他动物,但是又不会推广到如交通工具等非动物的身上。到 11 个月至 14 个月这个年龄段,婴儿的模仿确实推广到了其他的动物,而其中的一个解释是婴儿基于共同的概念或者类别成员关系在进行推论。

延迟模仿(延迟一段时间之后的模仿)是研究婴儿的长时回忆的一个极好的范式。为了在延迟一段时间后能够模仿,婴儿必须不仅仅认识到一个特定的事件是陌生的或者熟悉的;婴儿必须回忆出一个经历过的事件,并且努力复制它。许多研究者(如, Bauer, Wiebe, Carver, Waters, & Nelson, 2003)都使用了延迟模仿范式(或者修订过的版本,被称为诱发模仿, elicited imitation)来研究婴儿回忆经历过的事件的顺序的能力以及这种能力的发展变化。他们发现,在某些情况下 9 个月大的婴儿能够记住并复制 2 个或 3 个复杂事件的顺序,并且持续 1 个月的时间(Bauer, et al. , 2003; Carver, Bauer, & Nelson, 2000; 也可以参见 Barr 和 Hayne, 2000; 或者 Bauer, 本手册,本卷,第 9 章)。

婴儿对物体的理解

大量的关于婴儿认知的研究已经测查了、并且继续测查婴儿对自然物体的存在状态和本质的理解。在这一节中,我们将评述该领域中的三个研究最多的主题。我们从婴儿认知恒常性的特点开始,至少是从皮亚杰的观点出发,即婴儿对物体性能的理解。然后我们转向物体的整体性问题。婴儿如何以及什么时候把一个部分被遮挡物体的两个看得见的部分知觉为一个统一的物体? 最后,我们考虑一下与物体个性化相关的问题。婴儿如何以及什么时候能够理解到一个特定的物体是一个独特的实体,与其他的物体相互独立并且不同?

客休永久性

半个多世纪以来,发展心理学研究者一直在研究客体永久性。1954 年,皮亚杰描述了一个建设性的发展过程,在生命的头 2 年,即感觉运动时期,婴儿经历了 6 个截然不同的阶段。这个过程以阶段 1 开始,在该阶段新生儿只是反射性地注视放在其视觉范围内的物体;并以阶段 6 结束,在该阶段 18 个月到 24 个月的婴儿解决不可见的位移问题,即一个物体作为隐藏在视野之后的第二个物体的象征(Harris, 1983, 1987)。对于婴儿对物体及其性能的理解的发展的某一方面的研究,比对婴儿认知题目内的任何其他主题的研究要花更多的时间和精力,这一点几乎没有争议。由 Harris(1983)和 Haith 与 Benson(1998)所写的本手册的先前的章节,提供了整个 20 世纪 90 年代中期有关客体永久性的文献的全面评述。因此,在本节中,我们主要集中于近 10 年的研究和理论。由于这些年研究问题的类型以及研究本身发生了改变,因此我们首先从整体上提供一个有关客体永久性的文献的简要总结,并把它分成几个独立的阶段。

阶段 1:示范与修正

当我们从 40 年到 50 年这样一个广阔的视角去考察浩瀚的研究文献时,在考察的主题方面以及在用于考察它们的方法方面,出现了某一个发展的变革。在第一个阶段,从 20 世纪 60 年代到 20 世纪 80 年代中期,不管是大规模的研究还是小规模的研究都尝试把皮亚杰所描述的原始的任务标准化,但是仍保持其本质。由皮亚杰物体守恒任务类型所发展而来的一项含有 14 个项目的测试,用于研究整个 6 个阶段中的婴儿的表现的个体差异(Uzgiris & Hunt,1975)。更为典型的、有限的研究集中在某一个阶段内婴儿的表现。通常,一个小的玩具或者其他的有吸引力的物体被藏在婴儿面前的一个不透明的盒子里或者衣服里,婴儿被给予机会伸手去拿并重新找回该物体。这个任务中的很多变量被用于评定婴儿在不同阶段的表现。如果这个物体只是部分隐藏的,它就是一个阶段 3 的行为表现测试。如果物体是完全隐藏的,那么它就是阶段 4 的行为表现测试。如果在第二个隐藏地点之前在同一个位置被反复隐藏了几次,那么它就是一个代表阶段 5 的行为表现的 A 非 B 错误与成功测试。

其他变量也被使用,例如,把不透明的盒子变成透明的盒子(Diamond,1981),在玩具被藏之后改变它的空间位置(Sophian,1984;Wishart & Bower,1982),延迟藏和找回之间的间隔时间,或者使用三个隐藏位置而不是两个(Sophian & Wellman,1983)。这些变量被用来研究隐藏在正确反应和不正确反应之下的可能的机制。总之,虽然研究者在一个阶段过渡到另外一个阶段的发生年龄方面,以及在引起这些变化的机制方面在一定程度上不能达成一致,但是这些研究倾向于支持由皮亚杰所提出的基本的发展次序。Harris(1983)讨论了阶段 1 的许多研究发现,以及由这些发现所引发的理论问题。为了得到一个更全面的评述,鼓励研究者去看本手册第四版中他写的章节。

阶段 2:驳斥与拒绝

有关客体永久性研究的第二个阶段至少可以追溯到 Bower(1974,1977,1979),但是它在 20 世纪 80 年代和 90 年代变得最为流行。该领域的研究者认为,婴儿比皮亚杰所坚信的要更为早熟。他们认为,如果不是在出生的时候就具有的话,那么在生命的早期阶段,婴儿具有某些核心的或者天生的有关物体的知识。他们介绍了新的简化的任务,这些任务更多地依赖于婴儿对某个物体的注视,而不是必须伸手去拿这个物体。被称为"预期违背"范式的习惯化程序的一个新的变量被设计出来,并且被用来揭示这一早熟的能力。在该程序中,经常使一个物体完全消失在一个遮挡物后面,然后它又以一种可预测的或者不可预测(经常是不可能的)的方式出现。对不可预测事件的长久注视被看作是以下两个结论的标志。首先,婴儿已经推论出该物体在遮挡物后面继续存在着。其次,在一个不可预测的事件中,无论遮挡物后面发生了什么,其都是不可能的和意外的。这些巧妙设计的研究也常常使对新奇性的反应与对不可能性的反应之间形成竞争。

我们已经注意到了这种研究类型的一个案例(Baillargeon,1987;Baillargeon, et al.,

1985)。研究者首先使婴儿对一个沿水平表面上下旋转180度的屏幕产生习惯化。在接下来的测试中，一个物体被放在该屏幕后面，并且随着屏幕的旋转其视角将被遮断。然后向婴儿呈现两个事件。一个可能性事件，即屏幕在停止之前（当它大概要撞到物体时）旋转112度。一个不可能性事件，即屏幕继续旋转整整180度（如习惯化中的那样），不管物体的明显存在。3.5个月的婴儿对180度的不可能性测试事件注视的时间比对112度的可能性测试事件的注视事件要长。Baillargeon得出结论认为，这些结果表明，比皮亚杰预测的还要年幼得多的婴儿已经掌握了相当于阶段4的客体永久性，因为他们必须推测障碍的存在，即使它完全被运动的屏幕所遮蔽。

许多使用该预期违背范式的某个版本的研究者都得到了类似的结论。在某个版本中，一辆小车沿着一个斜坡滚到一个遮挡物后面，然后又在另外一头出现，即使它本应该因为在遮挡物后面的路途中有一个障碍物而停下来（Baillargeon, 1986）；或者一个球大概落在了一个遮挡物后面的一张固体桌子上，而当这个遮挡物被移开以后它却意外地在桌子底下出现（Spelke, Breinlinger, Macomber, & Jacobson, 1992）；或者一只兔子在一个遮挡物后面从左向右移动，然后在这个遮挡物中间的一个窗口处出现（确实应该在此出现）或者不会出现（Baillargeon & Graber, 1986）。在每一种情景中，比8个月小很多的婴儿注视令人惊讶的或者不可能的事件的时间要长些。根据这些研究者的解释，这一结果支持了他们的先天主义观点，即婴儿在出生时或之后不久就已经具备了有关自然物体的某些核心原理，例如运动的连续性以及稳固性。这些原理产生了比先前所坚信的更为复杂的对客体永久性的理解。Haith和Benson(1998)以及Fischer和Bidell(1991)都把该研究与一些有争议的话题一起进行了评述，例如，根据某些研究者的观点，对于婴儿来讲，通过一些身体动作来证明他们对客体永久性的理解是非常重要的。正如在有关客体永久性的研究阶段1中的情景一样，我们也鼓励读者去回顾一下有关阶段2的研究提纲中的这些章节，他们都声称驳斥皮亚杰(1954)的发展观。

阶段3：辩驳与新近证据

阶段3所包含的材料分为两个大的类别。一类是对阶段2所呈现的一些先天主义研究的实验性反击。另外一类是一套新的理论建议，其目的是在阶段1和阶段2的证据之间搭建一座桥梁。

新近的实验证据。一些证明婴儿早熟的研究在方法学基础上受到了质疑。例如在旋转的屏幕这个例子中，Rivera、Wakeley和Langer(1999)表示，婴儿应该会对180度的事件有偏好，因为这些事件包含了更多的动作。他们也认为，如果婴儿因为事件的不可能性而确实注视更长时间的话，那么先前的习惯化都不是必需的了。他们以Baillargeon的任务对5.5个月的婴儿进行了测试，但不包括习惯化阶段，结果发现婴儿注视180度旋转的时间要长于注视112度旋转的时间，不管该事件是否包含有一个障碍物。正如Bigartz(Bogartz & Shinskey, 1998; Bogartz, Shinskey & Speaker, 1997)和我们先前都发现的那样，预期违背这个研究范式有时可能是属于某种人为产物。无论什么时候把基于新奇性的反应与基于不可能性的反应相对比，婴儿对熟悉性的偏好都会与婴儿对不可能性的偏好相混淆。

最近,《婴儿》(*Infancy*)杂志出版了一本研究文集。这些研究都提供证据表明,在与 Baillargeon 等人(1985)以及 Baillargeon(1987)最初的旋转研究相类似的研究中,婴儿的反应可以由熟悉性偏好来解释,而不是不可能性偏好。在最初的研究中存在的一个潜在的问题是,虽然 Baillargeon 使用了一个习惯化范式的版本,但是她把习惯化的婴儿和未习惯化的婴儿都包含在其测试中。如果习惯化的婴儿没有表现出任何效应,而未习惯化的婴儿表现出了熟悉性效应,那么她就应该获得她所报道的结果,然而事实并非如此。

这本研究文集随后又被三篇论文的原作者进行了一系列的邀请评论以及辩驳。(我们鼓励对该主题有兴趣的读者去阅读整本论文集及其评论。)在她的评论中,Baillargeon(2000)提出了一个辩驳,这三个研究并没有准确地重复她的程序的所有方面。但是,或许她的最有意义的证据是 30 篇其他的论文目录,这些论文都支持她的结论,即 2.5 个月到 7.5 个月的婴儿能够完全表征隐藏的物体(换言之,相当于阶段 4 的客体永久性)。此外,并不是所有这些使用她的预期违背范式设计版本的研究,大多数,但不是全部,都是在她的实验室进行的。这些研究之一(Baillargeon 和 Graber 的"窗口中的兔子"实验,1987)已经受到了 Bogartz 和 Shinskey(1998)的批评,依据类似于前面所讨论的旋转屏幕实验。

但是,让我们仔细考虑一下 Baillargeon 在她的 30 篇论文目录中所提到的另外一个例子。由 Wynn(1992)进行的这个研究展现了在 Baillargeon 的实验室以外开展的一系列实验。Wynn 并没有使婴儿习惯化。她仅仅给他们进行了一系列尝试性测验。她甚至并没有报告这是有关客体永久性的一个直接测试,而只是声称 5 个月的婴儿能够做加法运算和减法运算。她也肯定地认为这个年龄段的婴儿能够表征隐藏的物体,因为婴儿所要点数的物体是被放在一个遮挡屏幕后的平台上的。她也使用了一个预期违背范式的版本,因为在一些尝试性测验中,这个屏幕被放低以呈现错误的物体数量,并且婴儿在这些测验中的注视时间要比在具有正确物体数量的测验中要长。

近来,Cohen 和 Marks(2002)检验了 Wynn 的程序并且发现,虽然没有使用习惯化测试,但是在加法情景和减法情景中,预期违背有可能与熟悉性相混淆了。但假设婴儿期待着看到一个物体而实际上看到的是两个物体时,两个物体的出现也比一个物体的出现要熟悉。与此类似,当假设期待着看到两个物体而实际上看到的是一个物体时,那么现在一个物体的出现要比两个物体的出现要熟悉。Cohen 和 Marks 开展了一系列的实验并验证了该熟悉性效应。在这些实验中的一个实验里,即使没有任何物体增加或者减少时,婴儿都表现出了与 Wynn 研究中同样的反应方式。让我们从客体永久性的观点来检查一下这个实验。在某种意义上,这个研究可以被视作为一个使用预期违背范式的客体永久性研究的直截了当的例子。向 5 个月的婴儿呈现一系列的测试。在平台上要么放一个物体,要么放两个物体。然而屏幕升起来挡住物体。间隔 2 秒钟以后,把屏幕放下,呈现同样数量的物体或者不同数量的物体。在某些情况下,屏幕放下时,在平台上没有任何物体。在另外一些情况下,当屏幕放下时,平台上会展现一个、两个或者三个物体。如果 5 个月的婴儿已经获得了客体永久性的话,当屏幕呈现出不正确的数量时,他们会毫无疑问地注视更长的时间。实际上,当他们看到正确的数量时,婴儿注视的时间更长,因为假设所使用的范式是那样的话,这个数量更加熟悉。正如 Hunter 和 Ames 记录的那样,熟悉性效应最有可能在刺激比较复杂、婴儿较年幼以及对刺激的接触有限的时候发生。这些情况都适合 Cohen 和 Marks(2002)以及 Wynn(1992)的实验。

预期违背研究所引发的另外一个话题是,与标准的皮亚杰任务类型相比,研究者为什么会在年幼的婴儿身上发现如此高水平的客体永久性。这两类范式之间的重要区别是,预期违背任务只要求注视,而标准的客体永久性研究既要求手动搜索,也常常要求移动一个障碍物从而获得想要的物体。Haith 和 Benson(1998)认为,手动搜索对于婴儿获得有关他们自己对物体的影响以及物体相对于他们的空间位置的信息来讲,是一个必要的条件。根据皮亚杰的观点(1954),这两种情况都是客体永久性的特征。然而,另外一些研究者(Baillargeon, Graber, DeVos, & Black, 1990; Diamond, 1991)则认为,当一个物体看不见时,年幼的婴儿实际上知道该物体继续存在着,但是他们有一个动力或者手段—目标(means-end)缺陷,从而妨碍他们实际上伸手去拿这个物体或者移开遮挡物。对这个手段—目标立场的支持来自 Clifton、Rochat、Litovsky 和 Perris 的研究(1991)以及 Hood 和 Willatts 的研究(1986)。他们发现,即使婴儿不会伸手去拿在灯光下被一些障碍物遮挡的物体,他们也会在黑暗中伸手去拿物体。Bertier 等人(2001)也开展了一系列研究,尝试分离视觉追踪与伸手够物。他们使用了一个与先前报告的由 Spelke 等人(1992)设计的预期违背研究相类似的任务。在该研究中她声称,当一个球滚到一个遮挡物后面,然后明显地穿过一个障碍物(或一面墙)并在第二个障碍物前停止时,仅仅 2.5 个月的婴儿都表现出惊讶(但是,参见 Cohen, 1995,有相反的证据)。Bertier 等人记录了 6.5 个月到 9.5 个月的婴儿对滚到遮挡物后面的一个球的追踪以及伸手去拿。在一些测试中,研究者在遮挡物后面放了一个障碍物,并且发现障碍物的出现有可能中断婴儿对球的追踪而不是中断婴儿伸手去拿球。然而,这种中断只发生在当婴儿能够看到超过遮挡物之上的障碍物的顶端的时候。Bertier 等人得出结论,他们的追踪结果支持了 Spelke 等人,但是伸手够物对于这些婴儿来讲却是相当困难的,并且可能妨碍他们对视觉信息和时空推理的整合。

有几项研究对比了透明的障碍物和不透明的障碍物之间的结果,并且发现婴儿回忆出可见的玩具的频率要比那些不可见的玩具的频率高(Munakata, 1997; Shinskey, 2002; Shinskey, Bogartz, & Poirier, 2000; Shinskey & Munakata, 2001, 2003)。在一项研究中(Shinskey, 2002),6 个月的婴儿更有可能回忆出一个在水中可见的物体而不是在牛奶中的物体。由于对这两个液体中的物体进行回忆要求相同的动力行为,因此水任务与牛奶任务之间的唯一区别就是,在后者中物体不能够被看见。如果婴儿真的已经达到阶段 4 的客体永久性的话,无法看见物体就不应该成为一个问题。

关于年幼婴儿对客体永久性的理解,我们应该下一个什么样的结论呢? 这些证据显然是混合的,既证明了 2 个月或者 3 个月的婴儿能够完全表征隐藏的物体这一先天主义立场,也证明了婴儿必须到 8 个月或者 9 个月时才能完成对隐藏物体的完全表征这一较为传统的观点。这两种观点之间的争论由于以下三个方面的原因而被误导。首先,十有八九,当获得对完全隐藏的物体的表征这个过程是一个随着年龄发展的渐进过程的时候,通常抛出只能二选一的两分法。这一点已经被 Fischer 和 Bidell(1991)所指出过。其次,所有论证都是建立在选择性使用那些仅仅能够支持某一立场的部分证据的基础之上,而不是努力把所有的相关证据都整合为一个更为全面的解释。Spelke(1998)一直在为先天主义立场而雄辩。她的论文以及 Haith(1998)的辩论都应该需要一些发展心理学中的文献。虽然我们更为赞同 Haith 而不是 Spelke,但是我们还是认可 Spelke 的方针,即"有关早期认知发展的所有理论都必须包含所有的相关数据"(p. 192)。第三,两分法误导我们对物体表征及其发展的潜在机制的理解。连同皮亚杰或者 Fischer 和 Bidel(1991)一起,我们可能会或者可能不会认为伸手去够物的动力运动是这种表征的一个基本方面。但是我们的理论目标应当是揭示这种表征的本质,它是如何获得的,以及在生命的头 2 年它是如何变化的。

新近的理论观点。最近,有两篇理论性文章值得特别关注,因为它们试图解释注视任务活动和伸手够物任务活动之间的差异,并且都把这种差异归结于潜在表征中的变化。Melzoff 和 Moore(1998)认为,从出生开始,婴儿就具有表征物体和事件的能力,这些表征会随着时间而持续,并且即使在物体缺席时也能够获得。这些表征(或者记忆)既包括时空信息(位置与轨迹),也包括特定的项目信息(知觉特征与功能),它们组合在一起决定物体的识别(identity)。然而,物体的识别与物体的性能是相当不同的。它使婴儿预测在什么地方以及什么时候可以看到物体,并且当物体再次出现时能够识别它,但是当物体看不见时就不会设想其继续存在。Melzoff 和 Moore 认为,物体识别的这种表征足以解释大多数预期违背的结果,但是另外一种类型的表征,物体在遮挡物后面的存在以及运动中的变化,对于真正的客体永久性来讲是必需的。他们认为后一种类型的表征要比物体识别发展较晚。

Munakata 和 Stedron(2002)提出了一个类似的解决办法。他们认为,记忆的不同类型或者记忆的不同强度可以解释预期违背行为与手动探索任务之间的差异。他们承认 Melzoff 和 Moore 对识别和性能的区分,但是也认为积极的记忆和潜在的记忆也是其中的一个因素。对隐藏物体的积极的记忆是搜索任务所要求的,而潜在的记忆则可以满足预期违背任务的需要。他们还认为,婴儿逐渐习得记住隐藏物体的能力,并且不同的记忆强度可能是不同任务类型所必需的。Munakata 和 Stedron 表示,包括这些记忆系统的联结主义模型能够成功地模拟各种各样的任务活动,从预期违背,到简单的伸手去够遮挡物后面的物体,到阶段 4 的错误问题,也就是,即使这个物体已经被清楚地放在了一个新的位置,婴儿还是会返回到先前藏物的地方。

我们的建构主义信息加工观点与 Melzoff 和 Moore(1998)或 Munakata 和 Stedron(2002)的理论立场是一致的。他们都提倡在婴儿表征或者记忆中的发展变化。尤其是 Melzoff 和 Moore,他们把应当仅仅要求物体识别的任务和要求客体永久性的任务分得很清楚。这些任务被示意性地复制了,见图 5.2。

他们报告了 Moore、Borton 和 Darby(1978)所做的一系列实验。基于这些任务,Moore、Borton 和 Darby 发现,5 个月的婴儿既能够对物体的特征做出反应,也能够对物体的轨迹(即,物体的识别)做出反应,而 9 个月的婴儿能够成功完成客体永久性任务。

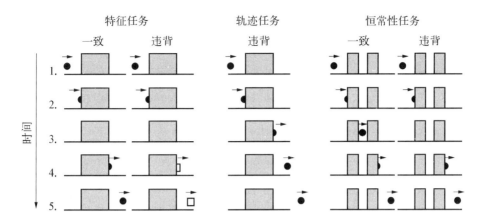

图 5.2　特征、轨迹和客体永久性任务的示意图。来源："Object Representation Identity, and the Paradox of Early Performance: Steps toward a New Framework", by A. N. Meltzoff and M. K. Moore, 1998, *Infant Behavior and Development*, *21*, p. 208. 经许可使用。

我们的方法会做一个类似的区别,但是会走得更深一层。我们认为,对物体识别的理解要求把物体的特征信息与运动和轨迹信息整合起来。到 5 个月时,正如 Moore 等人(1978)发现的那样,婴儿可能对这种整合会有一些困难。但是,较之更小的婴儿能够很好地对特征和轨迹信息分别做出反应。我们可以预测,婴儿对物体的理解应该是一个经历许多等级性整合的建构主义过程。根据这一观点,婴儿对物体属性的理解应该在 5 个月以后才开始发展,因为它代表一个更高形式的加工过程,涉及对两个物体(感兴趣的物体以及遮挡物)的识别信息的整合,以及对这两个物体之间的空间关系信息的整合。

与客体永久性相关的其他领域

有关婴儿研究的另外两个领域,对物体统一性的知觉和对物体个性化的理解,从客体永久性的研究中获得了它们的原动力。同时,虽然它们可以被归类为客体永久性领域内的子话题,但是它们中的每一个都引起了近期的充分研究(以及争论),并且从其自身来讲也成了一个有意义的研究话题。

物休统一性

到目前为止,我们所讨论的客体永久性事件仅仅包括一个物体被遮盖物或者某个其他的物体所完全遮挡一段时间的情况。在完全被遮挡时,对这个物体的表征的能力是皮亚杰 6 阶段序列中的阶段 4 的特征。相对而言,处于阶段 3 的婴儿可能会表征部分被遮挡的物体。有关物体统一性的研究,代表了揭示这种表征的本质的最系统的努力。

在这个领域中的经典研究是由 Kellman 和 Spelke(1983)所报道的实验,而实际上它也是使用一个期望违背版本的先驱之一。

在他们的初始研究中,使 4 个月的婴儿对一根在盒子后面前后移动的杆子产生习惯化,这根杆的中间部分被这个盒子所遮挡。在测试时,遮挡物被移开,婴儿首次看到的是包括不可见的中间部分的整个杆子,或者是在习惯化阶段仅仅能够被看到的上面和下面部分。如

226

果婴儿在习惯化阶段仅仅是对杆子的可见部分进行加工的话,他们就应该对整个杆子注视的时间要长,因为它可能是陌生的,但是如果他们已经觉察到或者推测到整个杆子的存在的话,那么他们就应该对两个分开的杆子部分注视的时间要长。Kellman 和 Spelke(1983)发现,实验中的婴儿实际上注视分开的部分的时间要长些。有几项报道的控制性实验表明,杆子的上部和下部共同运动在确定物体的整体性方面扮演着一个较重要的角色(参见 Kellman, 1993, 1996)。尤其感兴趣的一个方面是,上半部分和下半部分在形状、颜色、质地等方面的知觉相似性在婴儿 7 个月之前似乎都不显著。然而,4 个月的婴儿确实能够区别形状、颜色和质地。因此,这个发现与我们的观念一致,即在婴儿能够整合物体的外貌特征和运动特征之前,他们对这些特征的加工是单独进行的。

Kellman 和 Spelke(1983)最初设计的事件的很多方面被检验,包括该事件是三维的还是二维的(Johnson & Nanez, 1995),底部和顶部是否有关联(P. J. Kellman & Shipley, 1991),随着杆子的移动在背景材料方面是否有增减(Johnson & Aslin, 1996),或者甚至物体沿着纵轴旋转而不是平移(物体从左移到右)引起的效应(Johnson, Cohen, Marks, & Johnson, 2003)。目前本章无法包含所有的这些证据,但是对于有兴趣的读者,在 Johnson(2000)和 Kellman Arterberry(本书,本卷,第 3 章)的研究中可以发现更广泛的评论。

我们准备详细阐述的话题是年龄差异的出现与否。Kellman 和 Spelke(1983)认为,对整体性的知觉是天生的。他们宣称,婴儿天生就具有一种倾向性,把物体体验为粘在一起的和统一的。因此,根据他们的观点,研究者可以预测,小于 4 个月的婴儿在这些任务中应当表现出与 4 个月的婴儿相似的反应。

事实似乎并非如此。2 个月的婴儿会反应出物体统一性,但是只有在严格的条件下才会如此,例如当杆的大部分都能够被看见时(Johnson & Aslin, 1998)。在不满 1 个月的婴儿身上报道的结果甚至更有意义。在一系列研究中,Slater 和他的同事(Slater, Johnson, Brown, & Badenoch, 1996; Slater, Johnson, Kellman, & Spelke, 1994; Slater, et al., 1990)发现,新生儿对完整的杆而不是折断的杆子的注视时间要长。如果研究者把同样的原理应用到 Kellman 和 Spelke(1983)关于 4 个月的婴儿的研究上面,新生儿肯定是把杆子的可见部分加工为单独的几段,而不是一个整体。因此,正如我们的建构主义信息加工观点所预测的那样,从对单独部分的加工到把这些单独的部分整合为一个统一的整体,看来可能有一个发展趋势。

最后,Eizenman 和 Bertenthal(1998)报道了 4 个月和 6 个月之间的年龄发展变化。他们使用了另外一种变形的杆并且发现,正如先前的研究一样,4 个月的婴儿注视部分的时间要比注视整个杆的时间要长。然而,当这个杆转动的时候(沿 Z 轴旋状,就像一个螺旋推进器),4 个月的婴儿注视整体的时间要长(就像比之更年幼的婴儿的行为表现),但是 6 个月的婴儿注视部分的时间要长。此外,当通过使杆振动而不仅仅是旋转来把这个事件变得更复杂时,6 个月的婴儿注视整个杆的时间要长些。如果研究者认为一根旋转的杆(由于遮挡物而改变方向和角度)比一根倒立的杆包含着更复杂的信息,并且一根振动的杆要比一根旋转的杆包含着更复杂的信息的话,那么这些数据也非常适合建构主义信息加工观点。回忆一下信息加工原理的第 5 条,即如果该系统变得超负荷了,婴儿将退回到一个低水平的加工。4 个月的婴儿在旋转杆

227

任务中的表现以及 6 个月的婴儿在振动杆任务中的表现,就完全是这种情况。

物体个性化

即使当一个物体是完全可见的时候,也不能保证婴儿把它视为一个作为整体运动的独特的三维实体。在一个事件中,对出现的独特物体的数量和本质的知觉被称为"物体个性化"(object individualization)。例如,婴儿如何知道从一个位置移动到另外一个位置的物体是同一个物体? 这与在第二个位置中的物体同在第一个位置中的物体的颜色、形状和大小都一样有关吗? 大多数研究者都认同,对物体个性化的理解至少需要一定的时空标准,包括一个物体不能在同一个时间在两个不同的位置,两个物体不能在同一时间占据同一空间,并且物体沿着时空连接的线路移动(Xu,2003)。一些研究者(如,Leslie & Kaldy,2001;Leslie,Xu,Tremoulet,& Scholl,1998)也对物体个性化和物体识别作了区分。物体个性化使婴儿决定独特物体的数量,而物体识别使他们根据物体的特征差异来区分物体。

最重要的问题是,研究者如何评定婴儿的物体个性化。许多研究这个话题的研究者倾向于作一些其他的假设。他们可能假设,到 5 个月时,如果不早于该年龄的话,婴儿已具有阶段 4 的客体永久性,并且最适合评定婴儿的物体个性化的方式是使用预期违背范式的一些版本。注意,这两个假设都是可以争辩的。为了使问题更为复杂,大多数预期违背研究不再以一个完整的习惯化阶段来做为开始,因此熟悉性偏好更有可能发生。

把前面这些问题暂时放在一边。最有争议的问题似乎是婴儿表现出对物体个性化的理解的最早时间。反过来,这个问题又有赖于使用特征信息是不是被考虑为一个必要的条件。正如物体统一性那样,这个领域具有其自身的生命,并且许多研究现在已经报道,把它们都总结完是根本不可能的。对于那些有兴趣获得更多信息的读者来说,我们推荐最近的两项包含适度的不同观点的研究(Wilcox,Schweinle,& Chapa,2003;Xu,2003)。

用来示范物体个性化的事件类型就是图 5.2 所展示的那些变量。Spelke 等人(1995)使婴儿对图右边所呈现的恒常性任务的一个事件刺激产生习惯化。呈现两个屏幕,并且在一种条件下(像图 5.2 中的违背条件)婴儿看见一个物体在第一个屏幕后面反复地出现和消失。一个具有独特外貌的物体出现并消失在第二个屏幕后面,但是在这两个物体之间没有可见的物体。在测试阶段,屏幕被移开,呈现一个或者两个物体。研究者假设,如果婴儿能够赋予物体个性化的话,这个事件将详细指明两个不同的物体,因为他们不会看到一个物体在两个屏幕之间移动。因此,婴儿注视一个物体的时间要比注视两个物体的时间要长。在第二种条件下,如图 5.2 中所示的非违背条件,婴儿看见一个物体在两个屏幕之间移动。因此,如果他们能够赋予物体个性化的话,在测试中他们注视两个物体的时间应该要比注视一个物体的时间要长。物体个性化的有些证据在 4 个月的婴儿中也可以获得。在违背条件下,婴儿注视一个物体的时间确实比注视两个物体的时间要长,但是在非预期条件下,注视两个物体的时间却并不比注视一个物体的时间要长。Xu 和 Carey(1996)发现,10 个月的婴儿在非预期条件下注视两个物体的时间要长。因此,物体个性化的证据是在 4 个月还是在10 个月,这还有一点不清楚。无论研究者得出什么样的结论,婴儿都无需使用特征信息,因为呈现的这两个物体都是独特的。

另外也报道了一些与图 5.2 左边所显示的特征任务相类似的研究。在 Xu 和 Carey (1996)开展的一个实验类型中,婴儿被呈示一个屏幕。一个物体(球)在屏幕的左边出现和消失。另外一个不同的物体(一只玩具鸭)在屏幕的右边出现和消失。在测试中,屏幕被移开以呈现两个不同的物体,一个期待的结果;或者呈现一个物体,一个意外的结果。12 个月的婴儿,而不是更年幼的婴儿,注视意外结果的时间要长。Wilcox 和 Baillaegeon(1998)获得了类似的结果。他们向婴儿呈现特征任务的非违背版本或者违背版本,然后移开屏幕呈现一个物体。11.5 个月的婴儿,而不是更年幼的婴儿,在违背版本中注视一个物体的时间要长,可能是他们期待着看到两个物体。

根据这些结果和其他的结果,Xu(2003)做出总结,12 个月以下的婴儿几乎完全把物体的个性化建立在时空信息上。在 12 个月以及更大一点时,婴儿整合知觉特性(特征)信息,并且在"种类"上对物体进行反应,即类别水平。对于这一结论,Wilcox 等人(2003)有自己不同的观点,并且认为个性化的证据在哪个年龄段被发现有赖于任务的类型和复杂性。他们使用了一个更为简单的任务(事件监控而不是事件匹配)来提供证据表明,4.5 个月的婴儿至少对有些特征信息很敏感。Xu(2003)对此表示反对,认为这些任务表明婴儿对特征信息敏感,但是对于物体个性化却并不必要。

表面上,这两个群体之间的争论似乎是超越了婴儿表现出物体个性化的最早年龄。但实际上,它似乎更集中于把婴儿的行为标记为物体个性化的象征的最小必要条件是什么。不管站在哪个立场,在他们能够整合这两类信息之前,婴儿能够分别加工物体运动的时空信息以及诸如物体的大小、形状、颜色和质地等特征信息,这方面的证据似乎非常清楚(关于这一点的更完整的阐释,参见 Cohen & Cashon, 2001b)。Wilcox 等人(2003)所提供的证据,即较复杂的事件会延迟物体个性化的出现,这一点是与超负荷的信息会导致婴儿退回到一个较早的加工模式这一观点一致的。

婴儿对事件的理解

一个事件可以被定义为一个或者多个物体跨越空间和时间的动态变化。从技术上来讲,在前一节关于物体知识中所描述的研究中呈现给婴儿的大多数物体,都是在一个事件背景下呈现的。在这些研究中,所强调的是单个物体的位置、统一性或者连续存在。在本节中,我们考虑包含多个物体以及这些物体之间关系的事件。在最近 20 年受到最广泛研究的事件类型是两个物体相撞的简单因果事件。经常被研究的问题是,婴儿是否觉察到或者理解到第二个物体的运动是由第一个物体所造成的(Cohen, Amsel, Redford, & Casasola, 1998)。我们首先分析一下有关婴儿对这些简单因果事件的理解的研究,然后考虑他们对较为复杂的事件的理解。

简单的因果事件

关于我们对因果关系的理解之起源的哲学争辩至少可以追溯到 Hume(1777/1993)和

Kant(1794/1982)。Hume 认为因果关系的概念通过经验获得,而 Kant 则认为它是天生的。对于皮亚杰(1954)来讲,对因果关系的理解也是一个经验的函数,并且要经过几个阶段的发展,而且与婴儿的活动密切相关。根据皮亚杰的观点,婴儿最初是没有因果关系的概念的。它通过婴儿的学习而逐渐形成。学习使婴儿能够对他们周围的人和物产生影响,加强对环境的感受能力。之后,随着婴儿获得客体永久性并且开始把他们自己与外部的自然物体区别开来,他们开始区分出心理因果关系和物理因果关系。在心理因果关系中,他们是施动者;而物理因果关系是建立在独立于婴儿自身活动之外的外部物体之间彼此相互作用的基础之上的。

有关婴儿对因果关系的知觉的研究在综述性论文中有描述(Cohen et al., 1998;Oakes & Cohen, 1994),包括本手册第五版中 Haith 和 Benson 的那一章。由于我们要探讨其他话题,因此我们将不会详细叙述那些已经被以前的评论所总结过的研究。相反,我们将注意这些早期研究的最重要的观点,并且更多地强调最近的研究。

从 Ball(1973)开始,一些研究者就使用一个遮挡的屏幕来测查婴儿的因果关系知觉。在 Ball 的研究中,以及在之后的研究中(Lucksinger, Cohen, & Madole, 1992;Oakes, 1994;Van de Walle, Woodward, & Phillips, 1994),两个简单物体之间实际接触(或者没有接触)并被隐藏了,婴儿不得不根据这两个运动物体的时间来推测是否发生了一个因果关系的碰撞。正如 Cohen 等人(1998)在他们的评论中所描述的那样,当遮挡物后面发生碰撞时,不到 10 个月的婴儿推测因果关系的证据是模棱两可的。

对于看得见的碰撞来讲,证据就要明确一些。根据 Michotte 关于成人对简单因果关系事件的知觉这一开创性研究,Leslie(1982, 1984, 1986, 1988;Leslie & Kaldy, 2001;Leslie & Keeble, 1987)报道了有关 6 个月婴儿对简单的发射事件(如图 5.3 所示)的知觉的几项研究结果。这些研究以及来自其他实验室的后续研究(Cohen & Amsel, 1998;Cohen & Oakes, 1993;Desrochers, 1999;Lecuyer & Bourcier, 1994;Oakes & Cohen, 1990)表明,到 6 个月左右时,婴儿至少对一个简单的发射事件有基本的理解。

大多数这些研究的背后的逻辑非常简单。婴儿首先习惯化一个类型的事件,然后接受该事件的一个或几个修订版本的测试。如果婴儿以事件的知觉特征来加工一个事件的话,即组成这个事件的空间和时间信息,延迟发射与一个非碰撞事件之间的差别,要比一个直接发射事件与一个延迟发射或者非碰撞事件之间的差别要大。这是因为延迟发射事件和非碰撞事件在空间和时间维度方面都彼此不同。与此相对,直接发射事件与延迟和非碰撞事件仅仅在一个维度上有差异,分别是时间或者空间。另一方面,如果婴儿在某个因果关系维度上加工这些事件的话,那么延迟和非碰撞事件都是非因果关系的,应该被相似对待,但是都应该与直接发射不同,因为它是一个因果事件。

在一套研究中,Leslie(1984)让 6.5 个月的婴儿对图 5.3 中所呈现的事件之一产生习惯化,然后对其他的事件之一产生习惯化。婴儿习惯化从一个因果事件到一个非因果事件的变化比从一个非因果事件到另一个非因果事件的变化要多。正如其所表示的那样,这个模式代表着对因果关系的反应。在另外一项研究中(Leslie & Keeble, 1987),婴儿对一个直接的发射事件或者延迟的发射事件产生习惯化,然后以相反的方向测试同一个事件。婴儿对反转的直接发射的去习惯化要比对反转的延迟发射的去习惯化要多,可能是因为前者也是一个施动者和受动者的反转。根据这些数据,Leslie(1986)认为婴儿是基于一个天生的因果模块来进行反应的,这个模块可以作为未来发展的基础,但是它不是先期发展的产物。

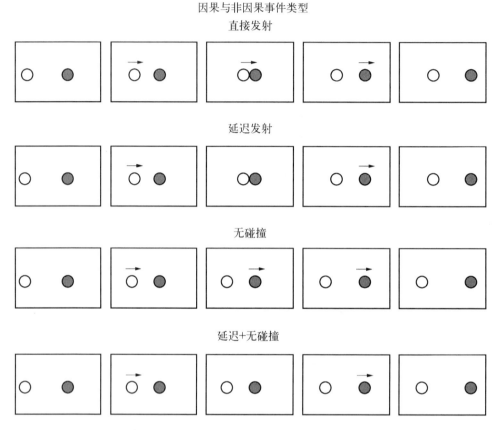

图5.3 用于研究婴儿的因果知觉的四种发射事件。改编自:"A Constructivist Model of Infant Cognition", by L. B. Cohen, and C. H. Cashon, 2002, *Cognitive Development*, *17*, p. 1332. 经许可使用。

Leslie 把之称为"时空连续性梯度"(spatiotemporal continuity gradient),因为这个天生的因果模块的产物对发射事件中的空间和时间信息很敏感,并且产生了一个因果关系的梯度,直接发射事件在一端,非碰撞和延迟事件在中间,非碰撞与延迟之间的组合在另外一端。一些研究者,如 Carey(2000),接受 Leslie 的先天因果模块的假设,并且相信它代表了出现在生命早期的一类核心知识。其他一些研究者,如 Mandler(2000a),则接受一个抽象的因果模块的思想。她把它看作为是一个"象征图式",但是认为它是在婴儿早期作为婴儿对环境事件的"知觉分析"的一个函数而发展起来的。在这两种情况中,这个模块由事件的时空特征自动激活,并且可能对其他的因素不敏感,如在该事件中的物体类型。

相反,我们的建构主义信息加工取向认为,婴儿对因果事件的理解是一个缓慢的建构性过程,其特征是不同水平的信息的整合以及当系统超负荷时的暂时回归时期。我们相信,这种方式比 Leslie 或 Mandler 提出的任何一种模块都展现了一幅更为精确的发展图景。

首先考虑一下天赋问题。Leslie(1984)证明了 6.5 个月婴儿有一定程度的因果知觉或理解。Cohen 和 Amsel(1998)在 6.25 个月的婴儿身上重复验证了 Lesie 的结果,但同时也测试了 4 个月和 5.5 个月的婴儿。4 个月的婴儿只对一个事件中的连续运动做出反应。5.5 个月的婴儿对这些运动物体之间的空间和时间差异做出反应,但是对因果关系无反应。最近,在其他的一些研究者中也有报道,年幼的婴儿不能觉察这些事件中的因果关系。Belanger 和 Desroches(1999)验证了 Leslie 所报道的 6 个月婴儿的因果知觉的积极结果。但是,Desroches(1999)在 3.5 个月的婴儿身上并没有发现其对因果关系的反应。Belanger 和 Desroches 也报道,在因果事件的一个附加版本中(在发生碰撞之后,第一个物体继续推动第二个物体),其至 6 个月的婴儿也不会对因果关系做出反应。

与先天模块的解释相比,这个发展证据似乎与建构主义信息加工解释更一致。然而,持先天模块解释的研究者可能会说,天赋并不意味着在出生时就出现。或许,这种模块可能会由于某种原因在 6 个月的时候被激活。有部分研究者对此批评做出了回应。Cohen、Chaput 和 Cashon(2002)设计了一个联结主义模型,称为"CLA"(Constructive Learning Architecture)。该模型遵循我们早先所提到的六个信息加工原则。CLA 是一个无人监管的自我组织的结构化中心网络模型。它使用 Hebbian 学习方式,根据低水平所提供的关联信息来组织模型中的最高水平。当加工简单的发射事件时,它仅仅靠两套输入来工作。一是在某一时间中任何一点的两个物体之间的距离,二是在一个非常短的时期所整合的每一个物体的运动或静止。这两个输入形成了两个单独的层 1 地图。一个地图是表示在整个事件期间所发生的空间变化,另外一个表示在事件期间两个物体的运动中发生的变化。

通过训练(学习),这两个层 1 地图之间的关联信息投射到一个层 2 地图上。层 2 地图的总体激活与每个事件的因果关系的程度有关。事实上,一旦这个网络学到以后,它就把一个在因果关系的连续统一体方面的简单事件评价为 Leslie 的时空连续性梯度。因此,CLA 联结主义网络实际上是从简单的知觉特征、空间距离和运动方面来了解因果关系。而这两个方面对于年幼的婴儿来讲,应该是容易利用的。学习是自下而上发生的,因此在层 2 地图形成以前需要有层 1 地图的组织,这与先前所讨论的等级性信息加工观点一致。一旦这个模型被"学习"到了,我们就模拟一个信息超负荷情境。在被该模型成功分类为因果或非因果关系的事件中引入一些随机的变量。结果是,这个模型回归到在一个较低的层 1 水平去加工事件,以便努力尝试重新进行自我组织,正如信息加工原理所预测的那样。换句话说,CLA 仅仅是通过呈现出因果或者非因果关系的事件来了解因果关系。因此,CLA 的成功至少提供了一个例子,即因果关系的概念无需是天生的,相反,它可能是通过对简单的因果或者非因果事件的体验,以及通过觉察这些事件中的简单特征间的相关而学习到的。

另外一个由先天模块方法所产生的假设,与这些因果和非因果关系的事件中所涉及的物体类型有关。根据先天模块观点或者象征图式观点,物体的类型是没有关系的;而是时空关系决定一个事件是因果关系的还是非因果关系的。接下来的一些研究表明,物体的类型

231

确实有影响。Oakes 和 Cohen(1990)重复了 Leslie(1984)的研究。他们使用复杂的、真实的移动玩具而不是移动的正方形或者圆形来表示相同的发射事件类型。他们发现,6 个月的婴儿的注意力集中在单个的物体上面,而不是以因果关系来反应。相反,10 个月的婴儿确实是以因果关系来进行反应。显然,真实玩具的复杂性使 6 个月的婴儿超负荷了,从而使他们退回到一个较为简单的加工方式,但是 10 个月的婴儿身上却没有这种效应。

Cohen 和 Oakes(1993)在向 10 个月的婴儿呈示发射事件时也使用了现实的玩具,但是在这个研究中,实际的玩具在每一次测试时都会变换。因为物体改变了,而事件的类型并没有改变,因此这个任务本质上还是一个事件类别任务。同样,根据先天模块或者象征图式观点,在每次测试中都变换所使用的具体物体应该是无关的,因而不会影响因果关系的知觉。然而,根据我们的建构主义信息加工观点,该类别任务中的任务要求肯定会使因果关系的知觉复杂化。Cohen 和 Oakes 发现,10 个月的婴儿不再把该事件加工为因果关系,这一结果支持了我们的观点。相反,他们却回归到用这些事件之间的独立的空间和时间方面的差异来加工这些事件。

复杂的因果链

建构主义信息加工取向作了另外一个假设。根据它的原理,不但高级的信息单元是由低级的信息单元中的关系产生的,而且这些高级的单元也还能够成为更为高级的单元的组成部分。理解在一个发射事件中的两个移动物体之间的因果关系,当然代表着由两个低级单元所产生的一个高级单元的形成。下面将要表述的问题是,简单的因果事件是否能够成为一个更为高级的单元的一个组成成分。

Cohen、Rundell、Spellman 和 Cashon(1999)向 10 个月和 15 个月的婴儿呈现复杂的事件序列,称为"因果链"。在这些事件中(见图 5.4),一个运动的玩具撞到另外一个玩具,然后向一座房屋移去。当第二个玩具接触到房屋的时候,一条狗的脑袋突然从屋底下冒了出来(类似于"盒子里的杰克"任务),并发出一个"啵嘤"的声音。每一次碰撞都会伴随一个合适的声音。虽然这个因果链事件显然要比先前所提到的简单的发射事件要复杂得多,但是这个事件的第一部分却是完全相同的简单因果事件,并且同样是先前 Oakes 和 Cohen(1990)以及 Cohen 和 Oakes(1993)所使用的现实玩具。

在该因果链研究中,每个年龄段中有一半的婴儿对一个事件习惯化。在该事件中,头两个玩具在一个直接发射事件中使用。这个事件在图 5.4 中有举例说明。而对于另一半婴儿来讲,头两个玩具在一个延迟发射事件中使用。在第一个玩具接触到第二个玩具移动之间有 2 秒的延迟。所有的婴儿在测试阶段所看到的事件类型与在习惯化阶段所看到的事件类型完全一样(以一个直接发射或者延迟发射开始)。但是,在一次测试中,把第一个玩具换成一个陌生的玩具;而在另外一次测试中,把第二个玩具换成一个陌生的玩具。作者推论,如果事件序列中因果关系的施动者是对于婴儿来讲最重要的物体的话,那么把那个物体替换掉会产生比替换掉另外一个物体更多的去习惯化。在直接发射事件中,第一个物体应当是最重要的物体,因为它是施动者,它使第二个物体撞到房屋并且导致狗的脑袋突然出现。相反,在延迟发射事件中,第二个物体是最重要的。它的自发运动使它成为撞击房屋并导致狗

232

因果链−习惯化　　　　　　　因果链−测试1　　　　　　　因果链−测试2

画面20　　　　　　　　　　画面20　　　　　　　　　　画面20

"咣"　　　　　　　　　　　"咣"　　　　　　　　　　　"咣"

画面40　　　　　　　　　　画面40　　　　　　　　　　画面40

"咣"　　　　　　　　　　　"咣"　　　　　　　　　　　"咣"

画面66　　　　　　　　　　画面66　　　　　　　　　　画面66

"啵嘤"　　　　　　　　　　"啵嘤"　　　　　　　　　　"啵嘤"

画面86　　　　　　　　　　画面86　　　　　　　　　　画面86

图 5.4 从婴儿因果链实验事件中选择的画面。源自："Infant's Perception of Causal Chain", by L. B. Cohen, and L. J. Rundell, B. A. Spellman, and C. H. Cashon, 1999, *Psychological Science*, *10*, p. 414.

的脑袋突然出现的施动者。

如果婴儿把这个事件序列加工为一个统一的因果事件的话,那么当在直接发射中所使用的第一个物体被取代之后,他们就应该更多地去习惯化;当在延迟发射中所使用的第二个物体被取代之后,他们就应该也会更多地去习惯化。

在 15 个月的婴儿身上所获得的结果正是这个模式。然而,10 个月的婴儿对第一个物体的改变的反应最多,不管它与第二个物体之间的关系(直接发射或者是间接发射)怎么样。对于 10 个月的婴儿来讲,这个涉及大量物体和活动的复杂事件显然是超负荷了。然而,有趣的是,他们并不是随机地对第一个物体和第二个物体中的变化做出反应。他们对第一个物体中的变化做出系统的反应,不管该物体是在直接发射事件中还是在间接发射事件中。这种反应类型表明,10 个月的婴儿的确回归到了一个较为简单的加工方式(例如,只注意移动的第一个物体),这正如前面的超负荷解释所预测的一样。

在最后一套因果链研究中,Cohen、Cashon 和 Rundell(2004)向 15 个月和 18 个月的婴儿呈现了同样的因果链事件,但是在一个类别任务情境中呈现的。在习惯化阶段,每个婴儿看到两个序列,一个以直接发射开始,另外一个以延迟发射开始。在这两个序列中,使用同一个玩具作为导致最终结果的因果关系的施动者。在习惯化阶段,婴儿被呈示一个直接发射事件。在这个事件中,玩具 A 使玩具 B 移动,玩具 B 立即移动到一个狗舍前并使狗出现。同样的婴儿被呈示一个延迟发射事件。在该事件中,玩具 B 碰到玩具 A,经过 2 秒钟的暂停,玩具 A 移动到狗舍前并使狗出现。因此,在这两个事件中,玩具 A 被认为是导致狗出现的因果关系的施动者。在测试的时候,这两个玩具的角色互换,因此玩具 B 而不是玩具 A 变成了首次序列的施动者。18 个月的婴儿而不是 15 个月的婴儿觉察到了这种施动者的变换。指标是对变换了施动者的测试事件的注视时间要长。为了做到这一点,他们不得不把有关玩具移动的顺序的信息与这些玩具参与的事件类型(直接发射与延迟发射)的信息协调起来。15 个月的婴儿明显不能用中介来反应这些复杂的事件。接下来的控制研究表明,他们对玩具移动的顺序以及玩具出现的事件类型敏感,但是不能把这两类信息关联起来进行中介反应。

复杂的事件序列

到目前为止,所描述的事件经由简单的两个正方形或者圆形相互碰撞的发射情景,到使用较为现实的玩具的同类事件,再到涉及两个单独的碰撞的因果链。更复杂的因果事件也是可能的,正如在其他类型的事件序列或者情景中那样,多重事件接连发生。我们的建构主义信息加工构架,和其他的许多方法一样,假设婴儿在能够加工三个或者四个序列事件之前应该能够加工两个序列的事件。同样假设,与两个任意分类的、单独的事件相比,彼此之间有某种逻辑或者必要的联系的两个事件应该有更大的可能被组合在一起形成一个更高层次的单元。

当向婴儿呈示多重事件序列时,一些预期违背研究具备这样的条件。先前,我们注意到由 Wynn(1992)所开展的一个较为引人入胜的研究,她宣称 5 个月的婴儿能够进行加法和加法运算。在她的加法情景中,婴儿首先看到平台上的一个玩具物体;然后一个屏幕出现从而遮挡住这个物体,而一只拿着另外一个独特物体的手在屏幕后面移动,并且再次出现时手中没有了物体;最后屏幕被放下来,呈现平台上的两个物体(一个可能性事件)或者仅仅是平台上的一个物体(一个不可能事件)。婴儿注视一个物体的不可能性事件的时间要长。同样的程序也使用在减法情景中,但不同的是,首先婴儿最初在平台上看到的是两个物体;然后,一只手在屏幕后移动并拿走了一个物体;最后,屏幕被放下来,呈现一个物体或者两个物体。在这个情景中,再次,婴儿注视两个物体的不可能事件的时间要长。

对于 5 个月的婴儿来讲,为了在这些情景中进行真正的加法或者减法运算,他们不得不知道 1+1=2 或者 2−1=1 以外的更多东西。他们还必须对来自三个分离的事件的信息进行加工和整合。这三个分离的事件是:屏幕最初拉开时所呈现在平台上的是一个还是两个物体;遮挡物的升起,并伴随着一只拿着或者没有拿着一个物体的手在其后面移动,然后这只手拿着或者没有拿着一个物体再度出现;最后,再次放下遮挡物,呈现一个或者两个物体。婴儿不但需要把这三个分离的事件整合起来,而且还必须推测在遮挡物后面发生了什么活动。

从我们的信息加工观点来看,对于 5 个月的婴儿来讲,这应该是一个不可能完成的复杂的任务。正如在我们有关物体概念的讨论中所描述的那样,有证据显示了对这些婴儿的行为表现得更简单的解释(Cohen, 2002; Cohen & Marks, 2002)。对呈现给婴儿的实际事件序列的分析表明,在加法任务中,每个婴儿实际上看到一个物体在平台上有九次,而两个物体在平台上只有三次。类似地,在减法任务中,每个婴儿实际上看到两个物体在平台上有九次,而一个物体在平台上只有三次。如果婴儿有熟悉性偏好的话,他们应该会对那些似乎是不可能的事件注视更长的时间,即加法任务中的一个物体以及减法任务中的两个物体。熟悉性偏好通常在相对年幼的婴儿身上发生,并且可能由事件的复杂性而引起。

正如我们已经提到过的那样,在一个设计用来测试这种熟悉性假设的实验中,Cohen 和 Marks(2000)重复了 Wynn 的程序,但是没有一只手进来增加或者减少任何物体。当较为熟悉的物体数量出现在平台上时,婴儿注视的时间要长些。也就是说,他们注视不可能事件的时间要长,但是由于手没有增加或者减少任何物体,因此没有物体的加法或者减法运算发生。因此,研究者可以把 Wynn(1992)任务中的 5 个月婴儿的行为解释为一个单独的事件伴随熟悉性偏好的结果,而不是把三个事件与有关加法和减法运算的知识整合的结果。

使用习惯化或者预期违背程序以及注视时间测量来理解婴儿对复杂的事件序列的加工,在融入我们在方法学部分所讨论的那些话题方面具有几个固有的局限。一是,一个事件的序列经常持续一分钟以上,并且婴儿必须持续注意整个时间从而获得必要的信息,对于他们中的大多数来讲,如果不是不可能的话,也是很难做到的。第二,注视时间范式只涉及再认记忆,但是如果婴儿必须重新建构那些目前还没有经历过的事件的话,对回忆记忆的测量可能更合适。第三,视觉注意范式只涉及全或无的区别,而要求婴儿更积极的动力行为的范式涉及他们对更加等级性的认知和功能信息的理解。Mandler(2003)在她对婴儿的知觉类别和认知概念的获得的区别中,得出了类似的观点。

对这些以及其他的与显性和隐性记忆相关的解释(Bauer, Burch, & Kleinknecht, 2002;Meltzoff, 1990, 1995),研究者转向一个不同的范式,诱发模仿(Bauer & Mandler, 1992),来研究婴儿如何加工和记住复杂的事件序列。

在一个典型的实验中,婴儿看见一个模范在进行一项具有两个或者三个事件的序列活动,对婴儿对这些事件的模仿的评价要么立即进行,要么在延迟一周到几个月之间进行(Bauer, 本手册,本卷,第 9 章;Bauer, Hertsgaard, & Wewerka, 1995)。在一些序列中,这些事件被认为是诱发性的(视彼此而定)。这些事件必须按必要的一定顺序来发生,例如在以下一个敲锣活动中的程序:(a) 在一个框架上水平放一根棒,(b) 挂一个金属盘在这根棒上,(c) 用一个铁锤敲击这个盘子。在其他的序列中,事件的顺序是任意的,例如在以下这个做帽子活动中的程序:(a) 放一个气球在一个圆锥体的顶部,(b) 放一个镶边在这个圆锥体的周围,(c) 放一根棍子在这个圆锥体的面部。研究者倾向于对婴儿的模仿性反应的数量和顺序都加以测量。总之,婴儿越年长,他们就越能模仿复合的事件。在年龄早期,他们也倾向于模拟诱发性序列而不是任意的序列。有关诱发模仿的最近研究,为婴儿长时陈述性记忆的发展以及涉及该记忆的大脑区域的发展提供了有价值的深刻见解(Bauer, 本手册,本卷,第 9 章)。

其中比较有趣的发现之一是,所记住的和模拟的事件的数量随着年龄而增长(Barr, Dowden, & Hayne, 1996)。6 个月的婴儿似乎只限制在一个事件内。大约 50% 的 9 个月婴儿模仿不止一个事件(Carver & Bauer, 1999)。到 14 个月或者 15 个月为止,婴儿回忆出暂时的有序事件序列几乎没有困难。这种年龄差异与早先所报道的记住单个的因果事件与因果链类似。

在这些模仿任务中,从加工一个序列到加工复合的序列,其行为表现的发展过程应该可以由先前所提出的建构主义信息加工原则来预测。然而,对于不同年龄的婴儿如何组织他们所经历的复合事件来讲,一个更为有力的预测可能会更合适。有关婴儿对事件序列的组织的研究几乎没有报道。在有关该话题的一项创造性探索中,Baldwin、Baird、Saylor 和 Clark(2001)让 10 到 11 个月的婴儿对一个录像带进行熟悉化,其中有一个不止进行一项活动的妇女。婴儿会看到一个妇女注意到厨房地板上的一条毛巾,妇女伸手去拿起它,然后把它放到毛巾架上。呈现两种类型的测试,在活动中间插入一个 1.5 秒钟的停顿。在"中断"测试中,这个暂停时间在一个活动的中间插入;而在"完整"测试中,这个暂停时间在两个活动之间插入。婴儿注视"中断"测试的时间要长,这表明婴儿已经把这个录像电影解析为分离的活动。然而,作者也表示,从这个研究来看,婴儿组织该录像的描述处在一个什么水平还不清楚。例如,他们可以对分开的独立事件进行反应,如捡起手巾并把它放到手巾架上。或者,他们能够对较为综合的事件进行反应,如把手巾放到一边然后打扫厨房。通过操纵具体事件的顺序以及暂停的位置,应该可以得到有关不同年龄的婴儿如何加工这些事件序列的更好的理解。我们可以预测,在早期阶段,婴儿应该会对具体事件的中断很敏感,但是对于事件的顺序则是不必要的。在稍后的年龄段,婴儿应该对事件的顺序的中断很敏感,尤其是当这些事件是诱发性的,或者当这些顺序暗示一个统一的目标或意图时。

婴儿的分类

在最近的 25 年期间,婴儿认知研究中最丰富多产的领域之一便是婴儿的分类。该领域的流行,部分是因为理解到分类对于学习和发展的根本重要性,还有部分是因为测查婴儿的分类的研究范式的发展。分类能力的重要性是显而易见的。设想一下,对于这个问题,如果婴儿、儿童甚至成人不能把物体或者事件归为类别,并根据这些类别中的假设成员关系对新的物体或者事件推理的话,会是什么情况。如果两个经验是不可区分的,我们就不能从过去的经验中学习,或者不能把我们所学习到的东西推广到新的经验上。对婴儿的分类,Oakes 和 Madole(2003)做出了一个比较保守的评论:"当每一天都遇到大量的新的信息时,分类能力在婴儿时期尤其重要。通过把相似的物体归类,婴儿能够有效地产生他们必须要加工、学习和记忆的信息量。"(p. 132)

分类的范式

意识到早期分类的必要性并不等同于理解了它在婴儿时期的起源。有几个范式被用来研究婴儿的分类。这些范式包括:(a) 习惯化的一个版本以及转换设计(Younger, 2003; Younger & Cohen, 1986);(b) 类似于习惯化任务的一个物体检查任务,不同的是婴儿会检查真实的三维玩具(Oakes, et al., 1991);(c) 一个序列触摸任务,来自两个类别的玩具被放在桌子上,通过婴儿触摸这些玩具来测查触摸的序列是否按照一个系统的顺序来发生(Rakison & Butterworth, 1998a, 1998b);(d)延迟模仿,婴儿看见一个榜样在使用一个玩具类别成员来做一些事情(例如帮助它喝杯子中的水),然后使用一个同样类别的新成员或者一个不同类别的成员来评定婴儿对榜样的模仿活动(Mandler & McDonough, 1996, 1998)。这些范式在其适用的年龄方面有所变化,并且在婴儿必须证明其分类能力的积极性方面也有所变化。根据一些理论家的观点,这些范式也在婴儿是否使用知觉类别,是否使用较为抽象的概念信息,或者知觉类别和概念信息是否都使用这些方面有所区别(Mandler, 2000a, 2003)。但是,所有的这些范式都是以这个最基本的假设为基础的,即婴儿分类的证明要求婴儿以同等的方式区别对待不同的刺激(Cohen & Younger, 1983; Quinn, 2003)。

同本章前面部分一样,我们把当前有关婴儿分类的这一节看作是对 Haith 和 Benson (1998)所提供的材料的一个扩展和更新。我们不会重复他们对婴儿分类的文献的精彩评述,但会把它推荐给有兴趣的读者。虽然我们会提到一些最相关的旧文献,但是我们主要集中在有关婴儿分类的最新实验研究及其理论应用方面。

特征关系与分类

一个重要的区别是,在"示范"(demonstration)研究和"加工"(process)研究之间存在着差异(Oakes & Madole, 2003; Younger & Cohen, 1985)。示范研究是简单地描述婴儿所注意的类别,而加工研究是尝试解释婴儿获得类别的机制。婴儿分类的大多数模型,假设每一个类别样例可以用一套特征来描述。这些特征可能是知觉方面的(如,形态、颜色、质地),功能方面的(如,它们可以做什么,或者可以用来做什么),或者语言方面的(例如,给它们的标签是什么)(Oakes & Madole, 2003)。一个具体样例的特征值帮助决定它是不是一个类别的成员,以及由类别成员关系所做出的任何推论。类别项目的一个重要方面是它们的特征值的相关性结构,即,特征值的群组是否趋向于共同出现。由 Younger 所做的大量研究(Younger & Cohen, 1983, 1985, 1986; Younger & Fearing, 1999)还表明,婴儿是把所有的项目归为一个类别还是把这些项目分离为两个单独的类别,取决于婴儿的年龄、特征值的独特性,以及最重要的是这些特征中的相关模式。

相关性结构对婴儿分类的重要性最早是由 Younger 和 Cohen(1983, 1986)所报道的。在一项研究中,他们使 4 个月、7 个月和 10 个月的婴儿对虚构的动物的一系列素描进行习惯化。这些动物在特征值方面彼此不同(例如,身体类型、尾巴类型以及腿的类型),但是对于任何一个动物来讲,特征值的子集是彼此相关的。例如,足的类型可能是自由变化的,但是一只熊的颈项总是与一匹马的尾巴共同出现,而一只长颈鹿的身体总是与一只兔子的尾巴共同出现。在测试的时候,婴儿被给予一个类似的习惯化动物、一个干扰相关性的新动物,但是由相似的部分所构成(如,熊的身体与兔子的尾巴),以及一个完全不同的陌生动物。

至少在与婴儿有关的文献中,这是第一次使用转换设计(对于这种设计在儿童身上的更早的使用,参见 Gentner, 1978)。如果婴儿对特征值之中的相关性敏感的话,那么不相关的测试动物会被看成是陌生的。如果婴儿对相关性不敏感的话,那么所有的特征值都是独立的,并且由于它们是相当地类似,因此,这个不相关的测试动物会被当作在习惯化阶段所看到的相似的动物之一来对待。

Younger 和 Cohen(1986)报道了一个发展过程。在 4 个月时,婴儿仅仅以单独的特征来反应。在 10 个月时,他们对相关性的一个干扰产生反应。7 个月的婴儿的行为表现尤其有趣。当所有的特征都是相关的时候,7 个月的婴儿觉察这种相关性没有问题。然而,当三个特征中只有两个特征相关时,他们完成这个任务有很大的困难,并且甚至不能习惯化。当他们被给予更多的习惯化尝试,尤其是被迫习惯化时,7 个月的婴儿下降到 4 个月婴儿的水平,并且只对单独的特征进行反应。

虽然这些研究是在许多年以前开展的,但是它们至少与三个不同的当代话题有关。首先,他们为我们在本章自始至终所提到的建构主义信息加工原则提供了早期的证据。4 个月的婴儿只能对动物的低水平的单独部分进行加工,但是到 10 个月时,他们处在了一个较为高级的水平,并且对这些部分的关系(特征中的相关性)进行加工。当所有的特征都具有相关性时,7 个月的婴儿能够加工这种关系。然而,该任务的类别本质明显使他们超负荷了,并且回归到了 4 个月婴儿的水平。

其次,相关性信息的重要性远远超越了对动物素描中的身体部分的整合。从最初加工单独的较低级别的单元到随后把这些单元与一些较高级别的单元连接为一个整体。通过经常使用转换设计的某个版本,这一个过程在婴儿中反复被观察到。我们在 3 个月到 7 个月的婴儿的面部知觉中发现它(Cashon & Cohen, 2003)以及在 6 个月到 18 个月的婴儿对因果事件的理解中发现它(Cohen, 2004a)。此外,在婴儿学习把物体的形态和功能联系在一起(Madole & Cohen, 1995;Madole et al., 1993),以及把语言标签和物体联系在一起(Werker, Cohen, Lloyd, Casasola, & Stager, 1998)这些活动中也发现了它。这种转换设计甚至被用来证明是有关早期面部(Levy, 2003)和性别(Levy & Haaf, 1994)刻板性的先期研究。

第三,对相关性信息的加工在对婴儿分类中的发展变化的几个当代解释中扮演着一个显著的角色。例如,Younger(2003)认为,婴儿能够加工特征相关性的年龄取决于特征的本质。简单的特征,如颜色和形态的一个子集之间的相关性在 3 个月时就能够被发现(Bhatt & Rovee-Collier, 1994;Bhatt & Rovee-Collier, 1996),但是在一个较复杂的动物分类任务中的两个特征之间的相关性,婴儿必须要到 7 至 10 个月时才能发现(Younger & Cohen, 1986)。Younger(2003)还认为,对相关性信息的敏感使 10 个月的婴儿能够同时加工一个以上的类别,并且从一个内隐类别的形式前进到一个外显类别的形式。

Oakes 和 Madole(2003)把早期的类别发展总结为与婴儿在信息方面的增长有关的三个原理。

1. 可以利用的特征库随着动力、信息加工和语言能力的发展而增长。
2. 在不同的情境中利用信息的能力在扩展。
3. 背景知识方面的增长会抑制相应的特征库。

因此,并不是所有的相关性都是相等的。我们所了解到的那些合适的相关性,例如物体和它的功能之间的相关性,被继续保留。而那些随意的不合适的相关性,如一个物体和某个其他物体的功能之间的相关性,则被忽略了(Madole & Cohen,1995)。这些原理中的每一个都把在相关性信息的使用中的变化与发展相结合。

在 Pakison(2003)对婴儿的类别习得的解释中,相关性也扮演着一个重要的角色。他认为,为了理解早期的类别和概念发展,研究者应当关注与信息整合有关的加工过程。物体的表征和它们的特性通过联合学习而发展,并且以相关性特征的群组为基础。内在的机制最初使婴儿偏向于注意物体的部分、运动以及大小。这些特征之间的相关性使婴儿把具有共同运动或者功能的物体归在一起。

Younger(2003)、Oakes 和 Madole(2003)以及 Rakison(2003)所做的有关婴儿类别习得的这些新近解释彼此一致,并且与建构主义信息加工原理一致。他们都认为婴儿开始时注意较低水平的特征或部分信息,然后通过注意这些特征之中的相关性而形成较高水平的单元。虽然在有关婴儿如何加工物体和类别的信息方面这些解释都预测了一个发展变化,但是他们都没有给出有关变化的机制的详细解释。这个问题不是研究婴儿的类别学习所特有的。在发展心理学中普遍存在这个问题。开展有关随着年龄发展的行为中的变化的研究相对容易。测定这些变化所发生的加工过程,要困难得多。测查变化的机制的一个有前景的方法是使用联结主义模型。

婴儿分类的联结主义模型

联结主义模型逐渐成为通过模拟来研究对早期认知能力的习得的理解的流行工具。至少通过类比来看,它们是建立在神经信息加工原理基础上的外在的计算模型。目前有大量关于联结主义模型(有时候也被称为神经网络)在发展现象中的应用的例子(如,Elman et al.,1996;Mareschal,2000,2003;Shultz,2003)。许多类型的模型被开发出来。其中一些要求外在的反馈来学习,而其中一些则是自我组织的。这些模型已经在婴儿认知的各种各样的现象中得到了广泛应用,包括物体统一性(Mareschal & Johnson,2002)、客体永久性(Munakata,McClelland,Johnson,& Siegler,1997)、因果事件的知觉(Cohen,et al.,2002)、婴儿规则学习(Shultz & Bale,2001)以及分类(Mareschal,French,& Quinn,2000;Quinn & Johnson,2000)。

模拟婴儿的习惯化和分类的最流行的模型类型之一是自动编码器网络(autoencoder network),如图 5.5 中的右边所示。该网络源自 Mareschal 和 French(2000)并由 Mareschal(2003)进一步阐述。

该图的左边图示了一个基于 Sokolov(1963)或 Cohen(1973)的简单的习惯化概念模型。它假设个体(在本研究中,指婴儿)将会直接注意陌生的刺激而不是熟悉的刺激。当一个刺激首次呈现的时候,婴儿开始对它进行编码,然后把它与储存在记忆中的表征进行比较。如果存在差异的话(刺激是陌生的),表征就会被调整,婴儿就继续观看。这个系统保持循环,直到目前所加工的刺激与所储存的表征(刺激是熟悉的)之间达到匹配。此时,婴儿就不再观看了。婴儿不再观看有许多复杂的原因,或者在某一个时期,他们注视一个熟悉刺激的时

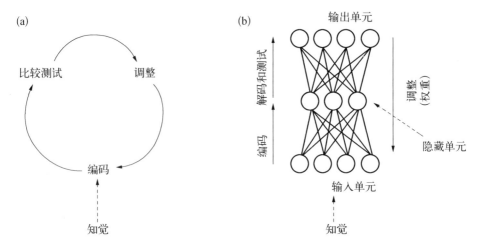

图 5.5 婴儿习惯化和分类的概念与联结主义模型。源自："The Acquisition and Use of Implicit Categories"（p. 363），by D. Mareschal，in *Early Category and Concept Development*，D. H. Rakison and L. M. Oakes（Eds.），2003，New York：Oxford University Press. 经许可使用。

间要比注视一个陌生刺激的时间要长，这都不能具体保证。但是它确实包括了三个过程——编码、记忆和比较——这对于婴儿的事件新奇性偏好来讲似乎是本质的东西。

在图右边所呈现的自动编码器网络把这三个过程组合在一起。它也比左边松散的概念模型要清楚得多。这个网络包括三个层级，一套输入单元、一套隐藏单元和一套输出单元，这些单元之间彼此有联结。当一个刺激出现时，输入单元就被激活，单元中的每一个要素对刺激的一个独特的特征或性质很敏感。通过一系列加权的联结，每一个输入单元然后激活一套隐藏的单元；反过来，这套隐藏的单元又通过一系列加权的联结激活一套输出单元。输入单元的激活模式代表该模型的编码部分，这个输入在隐藏单元水平上的分布式表征代表这个模型的内部表征或者记忆，输出单元的激活模式代表这个模型的反应。自动编码器网络的一个重要的方面是，隐藏单元比输入或输出单元要少。这样，输入信息必须首先在隐藏单元水平上被概括和压缩，然后在输出水平上被释放回原来的大小。然后，在输出阶段的激活模式与在输入阶段的模式相比较。任何一个差异都会被认为是一个误差，而在网络中的联结权重被加以调整，从而使误差最小化。误差的总量同时也被认为是所呈现的刺激的新奇性的指标。

自动编码器网络已经被用来模拟婴儿的分类任务。首先，从一个类别中选出一些样例（如，猫的图片）来对这个网络进行训练，并且在隐藏单元水平上形成达到一个原型的总量。当该类别的一个新的成员被引入时，输出就很接近地表示出与输入相似。这里几乎没有误差，并且反应也类似于对一个熟悉的刺激的反应。但是，当引入一个非样例的成员时，例如一只狗，输出与输入不同，误差返回，而反应则类似于对陌生刺激的反应。

自动编码器网络使几个在婴儿分类研究文献中所报道的效应重新出现了。其中一个就是不对称概括。Quinn、Eimas 和 Rosenkrantz(1993)报道，使用猫的图片对 3 个月到 4 个月的婴儿进行训练,他们学会了不包括狗的一个猫的类别,但是当使用狗的图片来训练他们时,他们在狗的类别中包含了猫。他们认为,这种不对称性的发生是因为狗的许多特征值都更为不确定,并且似乎与猫的特征值相重叠。Mareschal 等人(2000)模拟了猫和狗的特征值的概率分布,把它们应用到自动编码器网络中,并获得了与 Quinn 等人(1993)在婴儿身上所发现的一样的不对称概括。根据他们的自动编码器模型,Mareschal 和 French(1997)在婴儿的分类中也预测到了不对称冲突效应。这些也在一项 3 个月到 4 个月的婴儿的实验中得到验证(Mareschal, Quinn, & French, 2002)。

自动编码器网络也对特征值之中的相关性很敏感。正如我们已经提到过的那样,Younger(1985)报道了一系列研究,这些研究表明 10 个月的婴儿能够使用相关性信息把所有的样例组合为一个类别,或者把这些项目分离为两个类别。在一项分类任务中,她用一套包含八张人工画的动物图片对婴儿进行训练。四个方面的特征在变化——腿的长度、尾巴的宽度、颈项的长度,以及耳朵的间隔。对于一组婴儿来讲,特征值是相关的(例如,长的腿、窄的尾巴、短的颈项,小的耳朵间隔)。对于另外一组婴儿来讲,特征值是不相关的。Younger 发现,当这些特征是相关的时候,婴儿倾向于根据这些相关性形成两个单独的动物类别。但这些特征不是相关的时候,婴儿形成了一个包含所有动物的广泛类别。使用自动编码器网络,Mareschal 和 French(2000)能够模拟 Younger(1985)的结果。通过在 Younger 的动物所落入的三维空间(使用每一个隐藏单元作为一个维度)地点进行图示,当动物是相关的时候,他们发现了两个单独的群集,而当它们不是相关的时,则只有一个群集。

到目前为止我们所提到的婴儿认知的联结主义模型可以被认为是"存在性证据"。也就是说,如果我们接受该模型的输入和结构所隐含的假设的话,他们就证实这个模型能够模拟婴儿在认知任务中的行为。当然,这些模拟并不能证明这个模型描述了婴儿实际的行为方式。在一些情况下,该模型的假设的适宜性遭到质疑(Cohen & Chaput, 2002; Marcus, 2002; Mareschal & Johnson, 2002; Munakata & Stedron, 2002; Smith, 2002)。但是,通过证明一个系统可以靠经验来习得,有些模型也可以作为对那些宣称婴儿肯定有一些核心知识的先天主义立场的反驳(例如,Cohen、Chaput 和 Cashon 的婴儿因果知觉模型,2002;或者 Shultz 和 Bale 的婴儿规则学习模型,2001)。

婴儿分类的联结主义模型已经开始超越这个"存在性证据"水平(Cohen, 2004b)。首先,它们已经开始考虑分类中的发展变化;其次,在试图模拟相同数据的不同模型之间开始进行直接的比较。有三个模型(Gureckis & Love, 2004; Shultz & Cohen, 2004; Westermann & Mareschal, 2004)都尝试重复验证 Younger 和 Cohen(1983, 1986)所报道的婴儿分类中的发展变化。如前面提到的那样,这些研究报道了婴儿对分类任务中的相关性特征的敏感性的发展进程。4 个月的婴儿以独立的特征来反应。当任务比较简单时,7 个月的婴儿以项目的相关性来反应;但是当任务比较困难时,又回归到独立特征。10 个月的婴儿在简单的任务和困难的任务中,都以项目的相关性来反应。

所有的三个模型都能够模拟从独立的特征到相关的特征之间的过渡,但是每一个都以不同的方式来进行。Westermann 和 Mareschal(2004)的模型认为在婴儿的皮层接受领域的

239

大小方面有一个发展性减少的过程,Shultz 和 Cohen(2004)的模型认为在学习的深度方面有一个发展性增长过程,而 Gureckis 和 Love(2004)的模型认为在知觉或能力方面有一个随着年龄增长而增长的过程。然而,毫无疑问,每一个模型都提出了一些其他的机制来解释发展变化。每一个模型也都做了具体的可测验的预测。最后,虽然所有的三个模型都能够模拟从 4 个月婴儿对独立特征的加工到 10 个婴儿对特征中的相关性的加工这个转变过程,但是没有一个模型能够重复验证当任务变得相当困难时,7 个月的婴儿的加工回归到一个更为简单的方式。因此,对于这种后退的机制,需要有其他的模型来加以探讨。

知觉类别与概念类别

许多有关婴儿分类的研究可以归类为对知觉分类的研究。在这些研究中,主要涉及婴儿对知觉特征的识别(一般是,某种物体看起来像什么以及它处于什么位置)以及对这些特征中的交互相关的模式的识别。Mandler(1992, 2000a, 2003)对知觉分类和概念分类做了一个明显的区分。她列举了它们之间的五个区别。首先,直觉类别根据它们的外貌来估计物体群组;概念类别根据物体在事件中的作用或功能来估计种类成员关系。第二,知觉类别包含详细的信息;而概念则相对粗糙、抽象以及缺乏具体的内容。第三,知觉类别是外显的,并且不能进入意识知晓;概念在意识思维中使用并且回忆,如延迟模仿任务中所例证的那样。第四,知觉类别趋向于在基本水平开始,然后提升到一个较为综合的水平;而最早的概念类别都是综合的,而不是基本水平的。最后,知觉类别是为了用于再认和识别;概念提供了意义,并且是归纳推理的基础。

Mandler(2000a)也认为,虽然习惯化和新奇性偏好范式可以提供有关知觉概念的信息,但是它们不要求评定婴儿的概念理解或意义所需的积极的功能性卷入(有关类似的观点,参见 Haith 和 Benson, 1998)。相反,Mandler 则认为,对早期概念发展的测查要求诸如序列触摸、主动操作以及模仿。

Mandler 的平行知觉和概念类别系统这一观点并不是没有受到挑战。有几个研究者认为,概念表征是早期知觉表征的信息浓缩(Madole & Oakes, 1999; Oakes & Madole, 2003; Quinn & Eimas, 1997, 2000; Rakison, 2003)。虽然,像这些其他的理论解释,彼此之间差别甚微,但是他们都倾向于赞同较为动态的信息,如声音、移动、功能以及作用于它们之上的可能性活动,逐渐成为物体的重要特征。与任何静态的知觉特性一起,这些较为动态的特征,加上逐渐增加的相关性信息、背景条件以及因果联系,能够使物体类别更加有意义、更加抽象化和概念性。

虽然 Mandler(2004)提供了大量的实验来支持她的立场,但并不是所有的证据都与之一致。首先,习惯化和新奇性偏好范式并不局限于对静态的知觉特性的测量。正如前面已经提到的那样,许多有关婴儿对动态的因果事件的理解的证据都来自习惯化范式。这些范式在测验婴儿对功能信息以及知觉信息的敏感性方面(Madole & Cohen, 1995; Madole et al., 1993)以及在婴儿理解抽象的空间关系,如上下、左右(Quinn, 2003; Quinn, Adams, Kennedy, Shettler, & Wasnik, 2003),或者容纳与支撑(Casasola & Cohen, 2002;

240

Casasola, Cohen, & Chiarello, 2003)方面也很有价值。此外,关于因果关系、功能特性以及空间关系,其发展性转变与我们的建构主义信息加工观点是一致的。最初,婴儿加工独立的物体,然后他们加工物体与运动或者物体与物体之间的关系,但只是有关他们所看到的具体事例。最后,他们推广到陌生的事例(他们形成一个类别表征)。

Mandler 和他的同事(Mandler & Bauer, 1998; Mandler, Bauer, & McDonough, 1991)也曾报道,当使用主动性任务时,婴儿形成综合的类别(如,动物与交通工具),优先于形成基本的类别(如狗与猫)。但是至少在一些事例中,已经报道了更为明确的类别信息。Oakes 等人(1997)报道,在一个物体操作任务中的婴儿形成了单独的陆生动物与海底动物的类别,但是在一个概括性模仿任务中,他们在基本水平上的模仿要多于在综合水平上的模仿(Younger, Johnson, & Furrer, 2004)。其至当婴儿在一个综合水平上做出反应时,例如在序列触摸任务中的动物与交通工具,一些研究者也认为他们这样做是以注意特定的部分为基础的,如腿与轮胎,而不是以一个综合的类别为基础(Rakison, 2003; Rakison & Butterworth, 1998a, 1998b)。

在对有关知觉与概念类别的新近的研究进行回顾之后,我们得出了在本质上与 Haith 和 Benson(1998)几年前所得出的一样的结论,"婴儿是在知觉基础上还是在概念基础上形成类别,是有争议的并且难以决定;样例所参与的活动可能会提供混淆知觉与概念之间的差别的知觉信息"(p. 229)。

虽然这个问题仍然没有解决,但是这些争论带来了积极的结果。它带来了一个更全面的有关婴儿分类的观点,超越了知觉和静态的知觉特性中的相关性。目前的理论观点,如 Oakes 和 Madole(2003)所提出的观点,开始考虑在分类形成过程中随着婴儿发展的可用的信息类型的扩展、信息产生的背景,以及使用这些信息的已习得的或提前编程的抑制成分。其他研究者较为紧密地关注物体分类和标签之间的联系(Mervis, Pani, & Pani, 2003; Waxman, 2003; Waxman & Lidz, 本手册, 本卷, 第 7 章),以及物体和标签之间的因果与相关联系(Gopnik & Nazzi, 2003)。我们认为,这些方法对于了解婴儿如何从较为知觉的方式到较为概念的方式来组织他们周围的世界来说,都是很重要的。

婴儿的面部认知

有关婴儿面部认知的研究,虽然 Harris(1983)在第四版中有所提到,但是在本手册(第五版,1998)Haith 和 Benson 所写的那章中并没有包括。本章对这一研究进行回顾,有多方面的原因。首先,许多在该领域开展研究的研究者认为它是认知发展的一部分;并且在婴儿认知发展的其他领域中的很重要的其他许多话题,如先天模块的存在,或者领域特殊与领域一般性发展变化,是有关婴儿面部认知研究的基本方面。此外,在婴儿面部认知中的许多发展变化与我们先前所经常提到的领域普遍性信息加工原理非常吻合。

对面部认知的早期发展的更好理解,在解决有关成人研究和婴儿研究的文献中争论了好几十年的问题方面扮演着一个重要的角色。例如,通过研究婴儿面部认知的发展,尤其是

241

新生儿,研究者就会很清楚地了解我们来到这个世界时在皮层中是否具有一个专门的先天模块来进行面部认知,或者皮层中的领域是否通过经验来专门加工面部(Kanwisher, 2000; Tarr & Gauthier, 2000)。此外,对新生儿的研究也能帮助研究者解决以下这些问题,即婴儿来到这个世界是否具有一个对面部和类似于面部的刺激的注意偏好,如果有,那么为什么是这样的(de Hann, Humphreys, & Johnson, 2002; Turati, 2004)。

这里,我们讨论一些有可能为这些问题提供答案的新近研究。首先,我们分析婴儿的明显的面部偏好(或者类似于面部的刺激),以及这个偏好如何启发我们对先天模块假设的理解的一些新近研究。其次,我们讨论婴儿的面部认知是如何随着年龄发展而变化的,尤其是变得专门加工直立的人类面部。第三,我们讨论这些发展变化与对直立的和倒立的面部的局部或整体加工之间的关系,以及与婴儿区分同类别和不同类别的面部之间的关系。我们承认,我们只讨论一部分与早期面部知觉有关的话题和研究(有关该话题的其他信息,参见Kellman 和 Arterberry,本手册,本卷,第 3 章)。

新生儿对面部的偏好

有几项研究显示,新生儿用他们的眼睛,有时候用他们的头,来进一步追踪面部素描的移动,而不是非面部图案(Goren, Sarty, & Wu, 1975; Johnson, Dziurawiec, Ellis, & Morton, 1991; Maurer & Young, 1983)。然而,Johnson 等人(1991)也报道,这种偏好在 1个月左右消失,然后在 2 个月左右又意外出现。根据这些发现,通过假设两个机制来解释婴儿在出生时和大约 2 个月时的面部偏好,Johnson 和 Morton(Johnson & Morton, 1991; Morton & Johnson, 1991)提出了一个被广泛引用的有关新生儿的明显的面部偏好的解释,以及伴随年龄的 U 型发展模式。第一个机制,被认为在出生时就出现,是皮层下的装置,称为 CONSPEC。它提供有关面部结构的原始信息,并使新生儿注意面部。第二个机制,被认为在一个月或两个月之后产生影响,是一个单独的皮层机制,称为 CONLERN。它使婴儿了解面部的个别特征。根据这一理论,在一个月左右对类似面部的刺激的偏好消失的原因是:在这个年龄段,CONSPEC 被抑制了,而第二个机制,CONLERN 也没有变得完全参与。对于在有关成人的研究文献中所提出的观点,即我们天生就具有预先确定的皮层线路来加工面部,Johnson 和 de Hann(2001)努力想证明,CONLERN 机制不是一个预先确定的用来加工面部的先天模块,而是一个在面部经验以外发展而成的皮层系统。这一观点与 Elman 等人(1996)所假设的非常一致。

这个领域最近的研究开始聚焦于 CONSPEC 的本质。由 Bednar 和 Miikkulainen(2000)所设计的一个联结主义模型被用来揭示 CONSPEC 所使用的面部的结构信息的起源。视网膜波被认为是在 REM 睡眠阶段所产生。通过从视网膜波的自然发光中抽取这个模式,Bednar 和 Miikkulainen 的模型表明,在出生以前,最初的视觉皮层能够自我组织来注视一个本质上看起来像一张脸的三点图案。因此,他们的模型提供了一个可能的机制。在这个机制中,会产生有关面部的先天结构信息以及对面部的视觉偏好,这并不要求任何基因方面的特殊信息,只需要一个简单的建立在三点模式基础之上的学习机制。

尽管 Bednar 和 Miikkulainan(2000)的模型为新生儿的系统如何发展出一个对类似于面部的结构的偏好提供了一个可能的解释,但是从许多行为研究来看,当他们表现出这个偏好时,新生儿实际上是否真的被这个三点图案所吸引,这还不清楚。新近的研究表明,新生儿实际上不会注意包括两只眼睛和嘴巴的面部的整个区域。相反,新生儿可能被面部结构所吸引,因为刺激的上半部分比底面部分有更多的信息。通过比较婴儿对非面部图案的注视时间,该图案在刺激的顶部和底部的要素的数量和排列上有变化,Simion、Valenza、Cassia、Turati 和 Umilta(2002)发现,新生儿偏好那些在矩形轮廓顶部的较为复杂的项目。Turati、Simion、Milani 和 Umilta(2004)发现,当元素出现在一个类似于面部的轮廓里面时,情况确实如此。研究者们把这称为上下对称。这些结果表明,新生儿未完全发展的感觉能力使他们偏好具有上下对称的刺激,因此可能在他们对类似于面部的刺激的偏好中起着一定作用(有关这个问题的讨论,也可参见 Simion, Cassia, Turati, & Valenza, 2001; Turati, 2004)。

为了公平起见,应该提一下,Johnson 和他的同事没有把这些发现看作是对他们的双机制理论的反驳。他们坚持认为,新生儿来到这个世界时便带有关于面部结构的皮层下的信息;但是关于那个结构性的信息实际上可能是怎么样的,这方面他们却比较灵活。此外,他们的观点中较为重要的要点如下:

> 不管有关新生儿的朝向的倾向性的基础的实际描述怎么样,都与我们的提议不相矛盾,即,这些反映了较为原始的基础,这些基础能够为发展皮层领域而不是为一个天生的皮层"面部模块"的存在提供输入。

面部认知的发展

根据这一思想,即婴儿的面部认知在发展并且需要花时间来变得与成人一样,新近的研究表明,随着我们逐渐长大,我们在直立的人类面部方面变得专门化。在《科学》(Science)中最新发表了一项研究,该研究追踪了一些有关婴儿对同类别与其他类别的面部的加工中的发展变化。使用一个视觉区分任务,Pascalis、de Hann 和 Nelson(2002)发现,虽然 6 个月的婴儿表现出能够区分两张人类面孔或者两张短尾猿猴的面孔,但是 9 个月的婴儿和成人却只能区分这两张人类面孔。这一随年龄发展的行为表现中的明显退化,表明在生命中的头 1 年,婴儿能够加工他们自己种类的面孔,并且能够忽视其他物种中的差异。对于这个退化以及所涉及的年龄,这个辨别能力方面的明显遗失让人回忆起在早期言语知觉方面的遗失,如区分非本土语音对比的能力(Werker & Tees, 1984)。

婴儿面部认知的建构主义信息加工解释

普遍认为,当面部是直立朝向的时候,成人以一种整体的或者结构的方式来加工面部;但是当面部是在一个倒立的位置时,则是以特征的方式来加工(如,Farah, Tanaka, & Drain, 1995)。新近的研究表明,到 7 个月时,婴儿表现出一个类似的模式(Cohen & Cashon, 2001a);其他报告也显示,在这个年龄之前,在直立和倒立的面部的加工模式之间没有差异(Cashon & Cohen, 2003, 2004)。

为了评定在婴儿的局部与整体的面部认知中的发展变化问题,Cashon 和 Cohen 使用了先前所描述的转换习惯化设计的一个版本。婴儿对两张女性面孔产生习惯化,然后在达到习惯化标准之后,使用三张面孔对他们进行测验。一张熟悉的测试面孔(两个习惯化面孔中的一个),一张陌生的面孔(在前侧阶段仅仅见过一次的面孔),以及一张转换测试面孔(由一张习惯化面孔的内部特征——眼睛、鼻子和嘴巴,以及另外一张习惯化面孔的外部特征——其余的特征,如眉毛、前额、下巴、耳朵、头发,所合成)。因为转换的测试面孔的所有面部特征都是在习惯化阶段看到过的,所以可以假设这些元素对于婴儿来讲是熟悉的。因此,可以推论,如果婴儿注视这个转换的面孔的时间要比注视那个熟悉的测试面孔的时间要长的话,那么有可能是因为它代表着在面部的外部和内部特征之间的一个新的关系。(许多研究者使用有关整体和结构加工的不同的操作性定义,而 Cashon 和 Cohen 也不例外。正如可以从他们的任务描述中可以看到的那样,他们对整体加工的定义是建立在婴儿对面部的外部和内部特征之间的关系的敏感性这一基础之上的。)

在测试 3 个月到 10 个月之间的婴儿的时候,Cashon 和 Cohen 发现了在这些年龄段发生的加工中的许多变化(Cashon & Cohen, 2003, 2004)。正如图 5.6 所表示的那样,最年长的两组,7 个月和 10 个月,表现的方式与成人的行为表现一致;即是说,他们以整体的方式来加工直立的面部而以局部特征的方式来加工倒立的面部。在年龄较小的婴儿身上的结果表

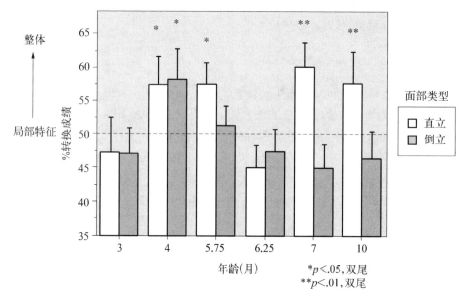

图 5.6 3 到 10 个月婴儿对直立(白色条形)与倒立(灰色条形)面部的局部特征与整体加工的发展变化。"%转换成绩"等于婴儿对转换测试面部的注意时间除以对转换与熟悉测试面部的注意时间之和。作者认为,如果%转换成绩显著高于 50%的话,那么婴儿进行的就是整体加工。源自:"The Construction, Deconstruction, and Reconstruction of Infant Face Perception"(p. 61), by C. H. Cashon and L. B. Cohen, in *The Development of Face Processing in Infancy and Early Childhood*. A. Slater and O. Pascalis (Eds.), 2003, New York: NOVA Science. 经许可使用。

明,这种有关直立和倒立面孔的差异加工,在 7 个月的年龄之前都没有发展。3 个月婴儿被发现对直立和倒立的面部都只能进行局部特征加工。6 个月的婴儿在直立和倒立面部之间也没有差异,但是令人惊讶的是,他们返回到了对面部进行局部特征加工。婴儿表现出这种特殊的曲线式发展模式的可能原因得以简要地讨论。然而,目前的情况是,虽然有证据表明在某些点上我们专门对直立的人类面部进行加工,但是这些发现也进一步支持了这一观念,即这种专门化在发展并且很可能产生于广泛的有意义的面部经验(也可参见 Le Grand, Modloch, Maurer, Henry, 2001; Nelson, 2001; Nelson & Monk, 2001)。

刚才所提到的行为研究结果与 ERP 研究结果非常吻合(de Haan, Pascalis, & Johnson, 2002),这证明婴儿对面部的定向的敏感性的神经相关性在 6 个月和成人期之间变化。de Haan 和 Pascalis 等人的结果也表明,在 6 个月左右,在他们的专门化加工面部方面,婴儿与成人是不一样的。这些 ERP 研究结果和我们的行为研究结果一起表明,与第一年的后半部分时期相比,在第一年的前半部分时期内所不同的是,不是婴儿在 7 个月以前不注意面部的朝向,而是直到那个时候他们才能完全调适到直立的面部这种特殊情形。

回到为什么在 3 和 7 个月到 10 个月之间婴儿会表现出那个曲线发展模式,答案可能会在建构主义信息加工取向中找到。在 3 个月和 4 个月之间所发现的从局部特征的面部认知到整体的面部认知这一变化,与先前所提出的信息加工原理中的建构性发展相一致。随后在 6 个月左右回归到以局部特征的方式来加工面部,如果它是由信息超负荷所导致的话,这也是与这些原理相吻合的。如前面所讨论到的那样,de Haan 和 Pascalis 等人(2002)的结果表明,婴儿在这个年龄对面部的朝向很敏感,而直立的面部对成人来讲有一些特殊的情形。一种可能性是,6 个月大约是婴儿对直立面部的意义性变得敏感的年龄。如果是这样的话,面部的社会性意义就会在婴儿认识他们对面部的理解时暂时使系统超负荷。接下来的发现——到 7 个月时,婴儿首次表现出对直立和倒立的面部的加工的不同模式——支持了这一观点,即发生了一类重新组织。

生物一非生物的区别

我们认为,至少在几个方面,婴儿认为面部是特殊的。与其他刺激相比,婴儿对类似于面部的刺激有一个注意偏向。在生命的第一年里,他们发展了一个对直立的人类面部的专门反应。在这个专门化反应之前所发生的发展变化在面部方面为人所知的时间要远远早于在其他复杂刺激方面的时间。从这些发现中所产生的一个问题是,婴儿把这种特殊的情形只是扩展到面部还是扩展到有生命的实体。这个问题的另外一种询问方式就是,婴儿会做一种生物一非生物的区别吗?

大部分有关生物一非生物的区别的研究都集中于学前儿童(Gelman, Spelke, & Meck, 1983),而有一部分是初学走路的孩子(Poulin-Dubois, & Forbes, 2002)。虽然相对较少的研究涉及婴儿(如,Woodward, 1998),但是有几个方面的原因使研究者对该领域产生了兴趣。首先,婴儿分类的研究已开始强调较为复杂的、较深的类别结构,这已超越了基于知觉的类别研究。其次,对生物和非生物之间的区别的理解会影响婴儿的语言习得。根据Slobin(1981)的研究,首要的代表性的施动者是生物,而受动者是非生物。因此可以认为,生物—非生物的区别可能会有助于学习语义类别(Childers & Echols, 2004)。第三,生命物体和非生命物体之间的区别之一是,有生命的实体会根据目标、愿望和目的来活动(Premack, 1990)。因此,婴儿对生物与非生物的区别可以为随后的对目的性的理解以及心理理论的先驱研究提供启示(Poulin-Dubois, Lepage, & Ferland, 1996; Woodward, 1998)。

Rakison 和 Poulin-Dubois(2001)提供了一个有关婴儿的生物—非生物的区别的研究总结。这里,我们强调在这个领域中最新近的研究,并讨论这些发现如何与我们的建构主义信息加工取向相联系。一个主要的话题是有关生命实体和非生命实体之间的区别的本质。虽然在什么导致生命物体与非生命物体之间的区别这方面已经有了几个解释(Pakison & Poulin-Dubois, 2001),但是大部分都至少包含了一个方面,也就是集中于运动的不同类型。Mandler(1992, 2000a)认为,在生命的第一年期间,对于各种各样的物体运动,婴儿都有"象征图式",包括自主运动与诱导运动、不规则的轨迹与直线轨迹、远距离导致的运动与直接的物理接触导致的运动。根据 Mandler 的观点,其中的一些图式组合在一起产生了一个有关生命体的概念。

有证据显示,婴儿对这些不同类型的运动很敏感。Bertenthal(1993)所开展的开创性工作表明,在生命的最初 6 个月的婴儿对面部如何移动敏感;他们区别出人类步行的直立与倒立点—光显示(point-light display),以及描述人类步行的点与随机变化的点。此外,Bertenthal 在这方面还报道了 3 个月和 5 个月之间的发展差异。在点—光显示中的差异的觉察成为 5 个月婴儿的特殊朝向。Bertenthal 对这个差异进行了解释,认为年长的婴儿是在一个基于意义而不是知觉结构基础之上的较高水平上反应。我们赞同这一观点,并且认为意义来自于婴儿对移动点的总体结构与他们对世界上的生命物体的体验之间的联系的逐渐发展的敏感性。Rakison 和 Poulin-Dubois(2001)表示,虽然这些发现表明婴儿能够觉察普通的人类运动与随机的运动之间的差异,但是仍然有待发现这种区别是扩展到整个生物类别与非生物实体,还是仅仅扩展到人类与非人类运动。

采用点—光显示的更为新近的研究证据表明,年幼的婴儿能够区别生物体与作为目标问题的人类以外的非生命实体。使用一项分类—习惯化任务,Arterberry 和 Bornstein(2001)报道,3 个月的婴儿能够把动物的移动的点—光显示从交通工具的移动的点—光显示中单独归类出来,反之亦然。这一发现表明,年幼婴儿对物体所做的运动的类型的敏感性可能会扩展到人类与非人类运动以外。他们还报道,使用静止的刺激图片,婴儿把动物和交通工具进行单独的归类。因此,假设用静止的图片发现相同的结果的话,那么在 Arterberry 和 Bornstein 的研究中的婴儿仅根据运动来对动物和交通工具进行分类,这一点还不完全清楚。这组研究的结果,或者 Bertenthal 在这个问题上的研究结果,是否能够扩展到更广的生物与非生物的概念,这仍然也不知道。

Bertenthal(1993)与 Arterberry 和 Bornstein(2001)的研究表明,到 5 个月到 6 个月的时候,婴儿能够把一类运动与一个特定的物体联系起来。我们可以预测,婴儿的下一个步骤应该是学习在一个事件中的两个运动物体之间的关系。正如有关因果知觉的讨论一样,直到生命中的第一年的第二部分的时候,婴儿才变得对一个因果事件中的两个物体之间的关系变得敏感。除这些已经讨论过的在事件中涉及非生物体的研究以外,Schlottmann 和 Surian (1999)报道,当涉及生命物体的时候,9 个月左右的婴儿对因果关系变得敏感。他们的研究建立在 Leslie 和 Keeble(1987)的因果反转范式基础之上的,但是涉及的是正方形,这些正方形像毛毛虫之类的生物体一样在移动。他们尤其对有一定距离的因果关系这一想法感兴趣。也就是,在两个物体实际接触以前,一个物体移动,对另外一个正向它接近的物体表示出反应。Schlottmann 和 Surian 报道,在这个事件情景中,9 个月的婴儿把第二个物体的运动觉察为一种由接近它的第一个物体所导致的有目的的反应,虽然这两个物体没有接触。对作者来讲,这一发现表明,到 9 个月时,婴儿把生命物体与一定的非物理因果关系联系在一起。他们的这个报告仍然不清楚的是,婴儿在什么基础上把这些物体知觉为有生命的。有可能婴儿主要注意这个不规则的、像毛毛虫一样的运动,或者注意到这一事实,即物体运动的开始是自我推进的,或者两种情况都注意到了。通过在其他的情景中对婴儿进行测试,这些情景涉及对物体类型(生物与非生物)、物体的位置,以及它的起始运动的操作,可以确定婴儿产生注意的线索。在任何情况下,我们都预言,虽然把生物性与一定的物体相联系在 6 个月时是可能的,但是确定两个生命物体之间的关系可能要到第一年的后期才能发生,正如 Schlottmann 和 Surian 所报道的那样。

Rakison 和 Poulin-Dubois(2002)的研究更详细地探讨了婴儿如何把某些类型的运动与特定物体相联系。通过使用转换设计来测试婴儿对一个物体的运动与该物体的部分以及整个物体之间的联系的认知,Rakison 和 Poulin-Dubois 发现了三个年龄组之间的发展变化,10 个月的婴儿、14 个月的婴儿以及 18 个月的婴儿。10 个月的婴儿注意到物体的局部特征,也就是说注意到每一个物体的部分以及整体的每一个物体,但是没有注意到物体的运动。14 个月的婴儿注意到物体的部分与物体的运动之间的联系,而 18 个月的婴儿注意到了整个物体与该物体的运动之间的联系。这些发展差异与我们的信息加工观点的描述一致,因为它们涉及一个部分到整体的过程以及一个越来越复杂的信息的整合。

总结与结论

对婴儿认知的研究正在以一个活跃的、甚至加速的步伐在前进。在某些方面,这一积极性代表了一些重要话题的研究的一个继续,如自从皮亚杰(1954)的早期工作以来就已经一直在研究的、以及在先前版本的本手册的章节中所总结过的客体永久性和因果关系。在另外一些方面,这一积极性代表了对某些重要的皮亚杰问题的一个回归,显著的就是发展变化以及发展的建构主义加工,这些问题在 20 世纪 80 年代和 20 世纪 90 年代受到了研究者的轻视,那时他们的研究是为了核心知识以及先天模块。此外,在其他方面,新近的积极性显示了在令人兴奋的新方法方面的一个突破,例如联结主义模型,该模型有潜力具体探讨早期学习和发展的实际机制。

在最近的几十年期间,我们也看到了在一些话题的重要性方面的变化,例如对物体统一性和个性化的知觉、对人类面部的加工,以及对因果关系、生命体和目的性的理解。这些话题,有些话题曾被认为是传统领域的一些方面,如客体永久性,现在已经变成了值得研究的相对独立的领域,并且有他们自己的理论。

我们也看见,理论化在一个更为广阔的、更具领域普遍性的水平上,而不是在一个局部的、领域特殊性的水平上再度出现。这种倾向在尝试解释婴儿的分类及其发展中尤其明显,研究者是提倡一个从主要加工知觉信息到也对功能和言语信息进行加工的单一进化系统(Oakes & Madole, 2003; Rakison, 2003),还是一个包括单独的知觉成分和概念成分的双系统(Mandler, 2003)。

在本章中,我们认为婴儿知觉和认知之间的划线是很任意的,而且当寻求解释早期的认知发展时,尝试划一条明显的界线总体上是非生产性的。相反,我们提出了一套信息加工原理,它们是领域普遍性的,并且与婴儿知觉和认知的许多领域都有关(Cohen, 1988)。我们已经证明了我们的方法如何对建构主义发展进程,以及当系统超负荷时会返回到一个较为简单的加工方式做出独特的预测。在某些方面,它表示对皮亚杰原理的一个回归,虽然它并没有像皮亚杰那样提倡动力行为的结合。这个方法也足够具体来形成一个正式的建构主义模型,到目前为止该模型在婴儿的简单的因果事件的发展性理解方面已经做出了精确的预测,并且具有预测认知发展的许多其他方面的潜力(Cohen et al. , 2002)。

不管研究者认可的是我们的方法还是某个其他的方法,婴儿认知这个领域在实验和理论的基础上都在发展。传统的独立领域正在相互融合,以产生解决困难问题的新的答案。在新的联结主义模型的发展中,我们已经强调了认知和计算方法的整合。另外一个我们仅仅触及的重要归并是认知与神经科学方法之间的结合。Bauer 有关婴儿记忆的那章(本手册,本卷,第 9 章)提供了一个例子,表明这个归并会是多么的富有成效。

最后,我们不能把所有的目前在婴儿的知觉和认知领域中所研究的重要话题包括进来。不是我们认为这些领域不重要。我们仅仅是没有空间来把它们所有都包括进来。这些话题中的一些,例如婴儿的知觉和行为之间的关系或者婴儿的延迟记忆和模仿,在其他章节中有阐述。

不过,目前这章反映了有关婴儿认知发展的当前研究的广度和深度。这个领域正在变化。它不能够再被孤立地研究,而是必须成为包括认知科学和神经科学的交叉学科方法的一部分。发展心理学整体在发展,目前有关婴儿认知的研究代表了这个发展的一个重要部分。

(魏勇刚、夏婧译,庞丽娟审校)

参考文献

Anisfeld, M. , Turkewitz, G. , Rose, S. A. , Rosenberg, F. R. , Sheiber, F. J. , Couturier-Fagan, D. A. , et al. (2001). No compelling evidence that newborns imitate oral gestures. *Infancy*, *2*, 111 - 123.

Arterberry, M. E. , & Bornstein, M. H. (2001). Three-month-old infants' categorization of animals and vehicles based on static and dynamic attributes. *Journal of Experimental Child Psychology*, *80*, 333 - 346.

Baillargeon, R. (1986). Representing the existence and the location of hidden objects: Object permanence in 6-and 8-month-old infants. *Cognition*, *23*, 21 - 41.

Baillargeon, R. (1987). Object permanence in 3½-to 4½-month-old infants. *Developmental Psychology*, *23*, 655‒664.

Baillargeon, R. (1994). How do infants learn about the physical world. *Current Directions in Psychological Science*, *3*, 133‒140.

Baillargeon, R. (2000). Reply to Bogartz, Shinskey, and Schilling; Schilling; and Cashon and Cohen. *Infancy*, *1*, 447‒463.

Baillargeon, R., & Graber, M. (1987). Where's the rabbit? 5½ month-old infants' representation of the height of a hidden object. *Cognitive Development*, *2*, 375‒392.

Baillargeon, R., Graber, M., DeVos, J., & Black, J. (1990). Why do young infants fail to search for hidden objects? *Cognition*, *36*, 255‒284.

Baillargeon, R., Spelke, E. S., & Wasserman, S. (1985). Object permanence in 5-month-old infants. *Cognition*, *20*, 191‒208.

Baldwin, D. A., Baird, J. A., Saylor, M. M., & Clark, M. (2001). Infants parse dynamic action. *Child Development*, *72*, 708‒717.

Ball, W. A. (1973). *The perception of causality in the infant* (Rep. No. 37). Ann Arbor, MI: University of Michigan, Department of Psychology, Developmental Program.

Barr, R., Dowden, A., & Hayne, H. (1996). Developmental changes in deferred imitation by 6-to 24-month-old infants. *Infant Behavior and Development*, *19*, 159‒170.

Barr, R., & Hayne, H. (2000). Age-related changes in imitation: Implications for memory development. In C. Rovee-Collier, L. P. Lipsitt, & H. Hayne (Eds.), *Progress in infancy research* (Vol. 1, pp. 21‒68). Mahwah, NJ: Erlbaum.

Bauer, P. J., Burch, M. M., & Kleinknecht, E. E. (2002). Developments in early recall memory: Normative trends and individual differences. In R. V. Kail (Ed.), *Advances in Child Development and Behavior*, *30*, 103‒152.

Bauer, P. J., Hertsgaard, L. A., & Wewerka, S. S. (1995). Effects of experience and reminding on long-term recall in infancy: Remembering not to forget. *Journal of Experimental Child Psychology*, *59* (2), 260‒298.

Bauer, P. J., & Mandler, J. M. (1992). Putting the horse before the cart: The use of temporal order in recall of events by 1-year-old children. *Developmental Psychobiology*, *28*, 441‒452.

Bauer, P. J., Wiebe, S. A., Carver, L. J., Waters, J. M., & Nelson, C. A. (2003). Developments in long-term explicit memory late in the first year of life: Behavioral and electrophysiological indices. *Psychological Science*, *14* (6), 629‒635.

Bednar, J. A., & Miikkulainen, R. (2000). Self-organization of innate face preferences: Could genetics be expressed through learning. In *Proceedings of the Seventeenth National Conference on Artificial Intelligence* (pp. 117‒122). Cambridge, MA: MIT Press.

Belanger, N. D., & Desrochers, S. (2001). Can 6-month-old infants process causality in different types of causal events? *British Journal of Developmental Psychology*, *19*, 11‒21.

Bertenthal, B. I. (1993). Infants' perception of biomechanical motions: Intrinsic image and knowledge based constraints. In C. Granrud (Ed.), *Visual perception and cognition in infancy* (pp. 175‒214). Hillsdale, NJ: Erlbaum.

Berthier, N. E., Bertenthal, B. I., Seaks, J. D., Sylvia, M. R., Johnson, R. L., & Clifton, R. K. (2001). Using object knowledge in visual tracking and reaching. *Infancy*, *2*, 257‒284.

Bhatt, R. S., & Rovee-Collier, C. (1994). Perception and 24-hour retention of feature relations in infancy. *Developmental Psychology*, *30*, 142‒150.

Bhatt, R. S., & Rovee-Collier, C. (1996). Infants' forgetting of correlated attributes and object recognition. *Child Development*, *67* (1), 172‒187.

Bogartz, R. S., & Shinskey, J. L. (1998). On perception of a partially occluded object in 6-month-olds. *Cognitive Development*, *13* (2), 141‒163.

Bogartz, R. S., Shinskey, J. L., & Speaker, C. J. (1997). Interpreting infant looking: The event set x event set design. *Developmental Psychology*, *33*, 408‒422.

Bower, T. G. R. (1974). *Development in infancy*. San Francisco: Freeman.

Bower, T. G. R. (1977). *A primer of infant development*. San Francisco: Freeman.

Bower, T. G. R. (1979). *Human development*. San Francisco: Freeman.

Carey, S. (2000). The origins of concepts. *Journal of Cognition and Development*, *1* (1), 37‒41.

Carver, L. J., & Bauer, P. J. (1999). When the event is more than the sum of its parts: Nine-month-olds' long-term ordered recall. *Memory*, *7*, 147‒174.

Casasola, M., & Cohen, L. B. (2002). Infant categorization of containment, support and tight-fit spatial relationships. *Developmental Science*, *5*, 247‒264.

Casasola, M., Cohen, L. B., & Chiarello, E. (2003). Six-month-old infants' categorization of containment spatial relations. *Child Development*, *74*, 679‒693.

Cashon, C. H., & Cohen, L. B. (2003). The construction, deconstruction, and reconstruction of infant face perception. In A. Slater & O. Pascalis (Eds.), *The development of face processing in infancy and early childhood* (pp. 55‒68). New York: NOVA Science.

Cashon, C. H., & Cohen, L. B. (2004). Beyond u-shaped development in infants' processing of faces [Special issue]. *Journal of Cognition and Development*, *5*, 59‒80.

Childers, J. B., & Echols, C. H. (2004). Two½-year-old children use animacy and syntax to learn a new noun. *Infancy*, *5*, 109‒125.

Clifton, R. K., Rochat, P., Litovsky, R. Y., & Perris, E. E. (1991). Object representation guides infants' reaching in the dark. *Journal of Experimental Psychology: Human Perception and Performance*, *17*, 319‒323.

Cohen, L. B. (1973). A two-process model of infant visual attention. *Merrill-Palmer Quarterly*, *19*, 157‒180.

Cohen, L. B. (1988). An information processing approach to infant cognitive development. In L. Weiskrantz (Ed.), *Thought without language* (pp. 211‒228). Oxford, England: Oxford University Press.

Cohen, L. B. (1995, March). *How solid is infants' understanding of solidity*. Paper presented at the Society for Research in Child Development, Indianapolis, IN.

Cohen, L. B. (1998). An information-processing approach to infant perception and cognition. In F. Simion & G. Butterworth (Eds.), *The development of sensory, motor, and cognitive capacities in early infancy* (pp. 277‒300). East Sussex, England: Psychology Press.

Cohen, L. B. (2002, April). *Can infants really add and subtract?* Paper presented at the International Conference on Infant Studies, Toronto, Ontario, Canada.

Cohen, L. B. (2004a, May). *The development of infants' perception of causal events*. Paper presented at the International conference on infant studies, Chicago, IL.

Cohen, L. B. (2004b). Modeling the development of infant categorization. *Infancy*, *5*, 127‒130.

Cohen, L. B., & Amsel, G. (1998). Precursors to infants' perception of the causality of a simple event. *Infant Behavior and Development*, *21* (4), 713‒731.

Cohen, L. B., Amsel, G., Redford, M. A., & Casasola, M. (1998). The development of infant causal perception. In A. Slater (Ed.), *Perceptual development: Visual, auditory and speech perception in infancy* (pp. 167‒209). East Sussex, England: Psychology Press.

Cohen, L. B., & Cashon, C. H. (2001a). Do 7-month-old infants process independent features or facial configurations? *Infant and Child Development*, *10*, 83‒92.

Cohen, L. B., & Cashon, C. H. (2001b). Infant object segregation implies information integration. *Journal of Experimental Child Psychology*, *78* (1), 75‒83.

Cohen, L. B., Cashon, C. H., & Rundell, L. J. (2004, May). *Infants' developing knowledge of a causal agent*. Paper presented at the International conference on infant studies, Chicago, IL.

Cohen, L. B., & Chaput, H. H. (2002). Connectionist models of infant perceptual and cognitive development. *Developmental Science*, *5*, 173.

Cohen, L. B., Chaput, H. H., & Cashon, C. H. (2002). A constructivist model of infant cognition. *Cognitive Development*, *17* (3/4), 1323‒1343.

Cohen, L. B., & Gelber, E. R. (1975). Infant visual memory. In L. B. Cohen & P. Salapatek (Eds.), *Infant perception: From sensation to cognition* (Vol 1, pp. 347‒403). New York: Academic Press.

Cohen, L. B., & Marks, K. S. (2002). How infants process addition and subtraction events. *Developmental Science*, *5*, 186‒201.

Cohen, L. B., & Oakes, L. M. (1993). How infants perceive simple causality. *Developmental Psychology*, *29*, 421‒433.

Cohen, L. B., Rundell, L. J., Spellman, B. A., & Cashon, C. H. (1999). Infants' perception of causal chains. *Psychological Science*, *10*, 412‒418.

Cohen, L. B., & Younger, B. A. (1983). Perceptual categorization in the infant. In E. Scholnick (Ed.), *New trends in conceptual representation* (pp. 197‒220). Hillsdale, NJ: Erlbaum.

de Haan, M., Humphreys, K., & Johnson, M. H. (2002). Developing a brain specialized for face perception: A converging methods approach. *Developmental Psychobiology*, *40*, 200‒212.

de Haan, M., Pascalis, O., & Johnson, M. H. (2002). Specialization of neural mechanisms underlying face recognition in human infants. *Journal of Cognitive Neuroscience*, *14*, 199 - 209.

Desrochers, S. (1999). The infant processing of causal and noncausal events at 3 ½ months of age. *Journal of Genetic Psychology*, *160* (3), 294 - 302.

Diamond, A. (1981, April). *Retrieval of an object from an open box: The development of visual-tactile control of reaching in the first year of life*. Paper presented at the Society for Research in Child Development, Boston, MA.

Diamond, A. (1991). Neuropsychological insights into the meaning of object concept development. In S. Carey & R. Gelman (Eds.), *The epigenesis of mind* (pp. 67 - 110). Hillsdale, NJ: Erlbaum.

Eizenman, D. R., & Bertenthal, B. I. (1998). Infants' perception of object unity in translating and rotating displays. *Developmental Psychology*, *34* (3), 426 - 434.

Elman, J., Bates, E., Johnson, M. H., Karmiloff-Smith, A., Parisi, D., & Plunkett, K. (1996). *Rethinking innateness: A connectionist perspective on development*. Cambridge, MA: MIT Press.

Fantz, R. L. (1964). Visual experience in infants: Decreased attention familar patterns relative to novel ones. *Science*, *146*, 668 - 670.

Farah, M. J., Tanaka, J. W., & Drain, H. M. (1995). What causes the face inversion effect? *Journal of Experimental Psychology: Human Perception and Performance*, *21*, 628 - 634.

Fischer, K. W., & Bidell, T. T. (1991). Constraining nativist inferences about cognitive capacities. In S. Carey & R. Gelman (Eds.), *The epigenesis of mind* (pp. 199 - 236). Hillsdale, NJ: Erlbaum.

Gelman, R., Spelke, E. S., & Meck, E. (1983). What preschoolers know about animate and inanimate objects. In D. Rogers & J. A. Sloboda (Eds.), *The acquisition of symbolic skills* (pp. 297 - 326). New York: Plenum Press.

Gentner, D. (1978). What looks like a jiggy but acts like a zimbo: A study of early word meaning using artificial objects. *Papers and Reports on Language Development*, *15*, 1 - 6.

Gibson, E. J. (2000). Commentary on perceptual and conceptual processes in infancy. *Journal of Cognition and Development*, *1* (1), 43 - 48.

Gopnik, A., & Nazzi, T. (2003). Words, kinds, and causal powers: A theory perspective on early naming and categorization. In D. H. Rakison & L. M. Oakes (Eds.), *Early category and concept development* (pp. 303 - 329). New York: Oxford University Press.

Goren, C. C., Sarty, M., & Wu, P. Y. K. (1975). Visual following and pattern discrimination of face-like stimuli by newborn infants. *Pediatrics*, *56*, 544 - 549.

Gureckis, T. M., & Love, B. C. (2004). Common mechanisms in infant and adult category learning. *Infancy*, *5*, 173 - 198.

Haith, M. M. (1998). Who put the cog in infant cognition? Is rich interpretation too costly? *Infant Behavior and Development*, *21* (2), 167 - 179.

Haith, M. M., & Benson, J. B. (1998). Infant cognition. In W. Damon (Editor-in-Chief) & D. Kuhn & R. S. Siegler (Vol. Eds.), *Handbook of child psychology: Vol. 2. Cognition, perception, and language* (5th ed., pp. 199 - 254). New York: Wiley.

Harris, P. L. (1983). Infant cognition. In M. M. Haith & J. J. Campos (Eds.), *Handbook of child psychology: Vol. 2. Infancy and developmental psychobiology* (4th ed., pp. 689 - 782). New York: Wiley.

Harris, P. L. (1987). The development of search. In P. Salapatek & L. B. Cohen (Eds.), *Handbook of infant perception: Vol. 2. From perception to cognition* (pp. 155 - 207). Orlando, FL: Academic Press.

Hood, B., & Willatts, P. (1986). Reaching in the dark to see an object's remembered position: Evidence for object permanence in 5-month-old infants. *British Journal of Developmental Psychology*, *4*, 57 - 65.

Horowitz, F. D. (1995). The challenge facing infant research in the next decade. In G. J. Suci & S. S. Robertson (Eds.), *Future directions in infant development research*. New York: Springer-Verlag.

Hume, D. (1993). *An enquiry concerning human understanding*. Indianapolis, IN: Hackett. (Original work published 1777)

Hunter, M. A., & Ames, E. W. (1988). A multifactor model of infant preferences for novel and familiar stimuli. In C. Rovee-Collier & L. P. Lipsitt (Eds.), *Advances in infancy research* (Vol. 5, pp. 69 - 95). Norwood, NJ: Ablex.

Hunter, S. K., & Richards, J. E. (2003). Peripheral stimulus localization by 5- to 14-week-old infants during phases of attention. *Infancy*, *4*, 1 - 25.

Johnson, M. H., & de Haan, M. (2001). Developing cortical specialization for visual-cognitive function: The case of face recognition. In J. L. McClelland & R. S. Siegler (Eds.), *Mechanisms of cognitive development:*

Behavioral and neural perspectives (pp. 253 - 270). Mahwah, NJ: Erlbaum.

Johnson, M. H., Dziurawiec, S., Ellis, H. D., & Morton, J. (1991). Newborns preferential tracking of facelike stimuli and its subsequent decline. *Cognition*, *40*, 1 - 21.

Johnson, M. H., & Morton, J. (1991). *Biology and cognitive development: The case of face recognition*. Oxford, England: Blackwell.

Johnson, S. P. (2000). The development of visual surface perception: Insights into the ontogeny of knowledge. In C. Rovee-Collier, L. P. Lipsitt, & H. Hayne (Eds.), *Progress in infancy research* (Vol. 1, pp. 113 - 154). Mahwah, NJ: Erlbaum.

Johnson, S. P., & Aslin, R. N. (1996). Perception of object unity in young infants: The roles of motion, depth, and orientation. *Cognitive Development*, *11*, 161 - 180.

Johnson, S. P., & Aslin, R. N. (1998). Young infants' perception of illusory contours in dynamic displays. *Perception*, *27*, 341 - 353.

Johnson, S. P., Cohen, L. B., Marks, K. S., & Johnson, K. L. (2003). Young infants' perception of object unit in rotation displays. *Infancy*, *4*, 285 - 296.

Johnson, S. P., & Nanez, J. E. (1995). Young infants' perception of object unity in two-dimensional displays. *Infant Behavior and Development*, *18* (2), 133 - 143.

Kant, I. (1982). *Critique of pure reason* (W. Schwarz, Trans.). Aalen, Germany: Scientia. (Original work published 1794)

Kanwisher, N. (2000). Domain specificity in face perception. *Nature Neuroscience*, *3*, 759 - 763.

Kellman, P. (1993). Kinematic foundations of infant visual perception. In C. E. Granrud (Ed.), *Visual perception and cognition in infancy* (pp. 121 - 173). Hillsdale, NJ: Erlbaum.

Kellman, P. (1996). The origins of object perception. In R. Gelman & T. Au (Eds.), *Handbook of perception and cognition: Perceptual and cognitive development* (pp. 3 - 48). San Diego, CA: Academic Press.

Kellman, P. J., & Shipley, T. F. (1991). A theory of visual interpolation in object perception. *Cognitive Psychology*, *23*, 141 - 221.

Kellman, P., & Spelke, E. S. (1983). Perception of partly occluded objects in infancy. *Cognitive Psychology*, *15*, 483 - 524.

Lecuyer, R., & Bourcier, A. (1994). Causal and noncausal relations between collision events and their detection by 3-month-olds. *Infant Behavior and Development*, *17*, 218.

Le Grand, R., Modloch, C. J., Maurer, D., & Henry, B. (2001). Early visual experience and face processing. *Nature*, *410*, 890.

Leslie, A. M. (1982). The perception of causality in infants. *Perception*, *11*, 15 - 30.

Leslie, A. M. (1984). Spatiotemporal continuity and the perception of causality in infants. *Perception*, *13*, 287 - 305.

Leslie, A. M. (1986). Getting development off the ground: Modularity and the infant's perception of causality. In P. van Geert (Ed.), *Theory building in developmental psychology* (pp. 406 - 437). Amsterdam: North Holland.

Leslie, A. M. (1988). The necessity of illusion: Perception and thought in infancy. In L. Weiskrantz (Ed.), *Thought without language* (pp. 406 - 437). Oxford, England: Oxford Science Publications.

Leslie, A. M., & Kaldy, Z. (2001). Indexing individual objects in infant working memory. *Journal of Experimental Child Psychology*, *78* (1), 61 - 74.

Leslie, A. M., & Keeble, S. (1987). Do 6-month-olds perceive causality? *Cognition*, *25*, 265 - 288.

Leslie, A. M., Xu, F., Tremoulet, P. D., & Scholl, B. (1998). Indexing and the object concept: Developing "what" and "where" systems. *Trends in Cognitive Sciences*, *2*, 10 - 18.

Levy, G. D. (2003). Perception of correlated attributes involving African-American and White females' faces by 10-month-old infants. *Infant and Child Development*, *12*, 197 - 203.

Levy, G. D., & Haaf, R. A. (1994). Detection of gender-related categories by 10-month-old infants. *Infant Behavior and Development*, *17*, 457 - 459.

Lucksinger, K. L., Cohen, L. B., & Madole, K. L. (1992, May). *What infants infer about hidden objects and events*. Paper presented at the International Conference on Infant Studies, Miami, FL.

Madole, K. L., & Cohen, L. B. (1995). The role of object parts in infants' attention to form-function correlations. *Developmental Psychology*, *31* (4), 637 - 648.

Madole, K. L., & Oakes, L. M. (1999). Making sense of infant categorization: Stable processes and changing representations. *Developmental Review*, *19*, 263 - 296.

Madole, K. L., Oakes, L. M., & Cohen, L. B. (1993).

Developmental changes in infants' attention to function and form-function correlations. *Cognitive Development*, *8*, 189 – 209.

Mandler, J. M. (1992). How to build a baby: Vol. 2. Conceptual primitives. *Psychological Review*, *99*, 587 – 604.

Mandler, J. M. (1993). On concepts. *Cognitive Development*, *8*, 141 – 148.

Mandler, J. M. (2000a). Perceptual and conceptual processes in infancy. *Journal of Cognition and Development*, *1* (1), 3 – 36.

Mandler, J. M. (2000b). Reply to the commentaries on perceptual and conceptual processes in infancy. *Journal of Cognition and Development*, *1* (1), 67 – 79.

Mandler, J. M. (2003). Conceptual categorization. In D. H. Rakison & L. M. Oakes (Eds.), *Early category and concept development* (pp. 103 – 131). New York: Oxford University Press.

Mandler, J. M. (2004). *The foundations of mind: Origins of conceptual thought*. New York: Oxford University Press.

Mandler, J. M., & Bauer, P. J. (1988). The cradle of categorization: Is the basic level basic? *Cognitive Development*, *3*, 247 – 264.

Mandler, J. M., Bauer, P. J., & McDonough, L. (1991). Separating the sheep from the goats: Differentiating global categories. *Cognitive Psychology*, *23*, 263 – 298.

Mandler, J. M., & McDonough, L. (1993). Concept formation in infancy. *Cognitive Development*, *8*, 291 – 318.

Mandler, J. M., & McDonough, L. (1996). Drinking and driving don't mix: Inductive generalization in infancy. *Cognition*, *59* (3), 307 – 335.

Mandler, J. M., & McDonough, L. (1998). Studies in inductive inference in infancy. *Cognitive Psychology*, *37*, 60 – 96.

Marcus, G. F. (2002). The modules behind the learning. *Developmental Science*, *5*, 175.

Mareschal, D. (2000). Connectionist modelling and infant development. In D. Muir & A. Slater (Eds.), *Essential readings in psychology: Infant development* (pp. 55 – 65). Oxford, England: Blackwell.

Mareschal, D. (2003). The acquisition and use of implicit categories. In D. H. Rakison & L. M. Oakes (Eds.), *Early category and concept development* (pp. 360 – 383). New York: Oxford University Press.

Mareschal, D., & French, R. (1997). A connectionist account of interference effects in early infant memory and categorization. In M. G. Shafto & P. Langley (Eds.), *Proceedings of the 19th annual conference of the cognitive science society* (pp. 484 – 489). Mahwah, NJ: Erlbaum.

Mareschal, D., & French, R. (2000). Mechanisms of categorization in infancy. *Infancy*, *1* (1), 59 – 76.

Mareschal, D., French, R., & Quinn, P. C. (2000). A connectionist account of asymmetric category learning in infancy. *Developmental Psychobiology*, *36*, 635 – 645.

Mareschal, D., & Johnson, S. P. (2002). Learning to perceive object unity: A connectionist account. *Developmental Science*, *5*, 151 – 172.

Mareschal, D., Quinn, P. C., & French, R. M. (2002). Asymmetric interference in 3-to 4-month-olds' sequential category learning. *Cognitive Science*, *26* (3), 377 – 389.

Maurer, D., & Young, R. (1983). Newborns' following of natural and distorted arrangements of facial features. *Infant Behavior and Development*, *6*, 127 – 131.

Meltzoff, A. N. (1990). The implications of cross-modal matching and imitation for the development of representation and memory in infants. In A. Diamond (Ed.), *The development and neural bases of higher cognitive functions* (pp. 1 – 37). New York: New York Academy of Science.

Meltzoff, A. N. (1995). What infant memory tells us about infantile amnesia: Long-term recall and deferred imitation. *Journal of Experimental Child Psychology*, *59*, 497 – 515.

Meltzoff, A. N., & Moore, M. K. (1977). Imitation of facial and manual gestures by human neonates. *Science*, *198*, 75 – 78.

Meltzoff, A. N., & Moore, M. K. (1994). Imitation, memory, and the representation of persons. *Infant Behavior and Development*, *17* (1), 83 – 99.

Meltzoff, A. N., & Moore, M. (1998). Object representation, identity, and the paradox of early permanence: Steps toward a new framework. *Infant Behavior and Development*, *21* (2), 201 – 235.

Mervis, C. B., Pani, J. R., & Pani, A. M. (2003). Transation of child cognitive-linguistic abilities. In D. H. Rakison & L. M. Oakes (Eds.), *Early category and concept development* (pp. 242 – 274). New York: Oxford University Press.

Michotte, A. (1963). *The perception of causality*. New York: Basic Books.

Moore, M. K., Borton, R., & Darby, B. L. (1978). Visual tracking in young infants: Evidence for object identity or object permanence? *Journal of Experimental Child Psychology*, *25*, 183 – 198.

Morton, J., & Johnson, M. H. (1991). CONSPEC and CONLERN: A two-process theory of infant face recognition. *Psychological Review*, *98*, 164 – 181.

Munakata, Y. (1997). Perseverative reaching in infancy: The roles of hidden toys and motor history in the AB task. *Infant Behavior and Development*, *20* (3), 405 – 416.

Munakata, Y., McClelland, J. L., Johnson, M. H., & Siegler, R. S. (1997). Rethinking infant knowledge: Toward an adaptive process account of successes and failures in object permanence tasks. *Psychological Review*, *104*, 686 – 713.

Munakata, Y., & Stedron, J. M. (2002). Modeling infants' perception of object unity: What have we learned? *Developmental Science*, *5*, 176.

Needham, A., & Baillargeon, R. (1997). Object segregation in 8month-old infants. *Cognition*, *62* (2), 121 – 149.

Nelson, C. A. (2001). The development and neural bases of face recognition. *Infant and Child Development*, *10*, 3 – 18.

Nelson, C. A., & Monk, C. S. (2001). The use of event-related potentials in the study of cognitive development. In C. A. Nelson & M. Luciana (Eds.), *Handbook of developmental cognitive neuroscience* (pp. 125 – 136). Cambridge, MA: MIT Press.

Oakes, L. M. (1994). Development of infants' use of continuity cues in their perception of causality. *Developmental Psychology*, *30*, 869 – 879.

Oakes, L. M., & Cohen, L. B. (1990). Infant perception of a causal event. *Cognitive Development*, *5*, 193 – 207.

Oakes, L. M., & Cohen, L. B. (1994). Infant causal perception. In C. Rovee-Collier & L. P. Lipsitt (Eds.), *Advances in infancy research* (Vol. 9, pp. 1 – 54). Norwood, NJ: Ablex.

Oakes, L. M., Coppage, D., & Dingel, A. (1997). By land or by sea: The role of perceptual similarity in infants' categorization of animals. *Developmental psychology*, *33*, 396 – 407.

Oakes, L. M., & Madole, K. L. (2003). Principles of developmental change in infants' category formation. In D. H. Rakison & L. M. Oakes (Eds.), *Early category and concept learning* (pp. 132 – 158). New York: Oxford University Press.

Oakes, L. M., Madole, K. L., & Cohen, L. B. (1991). Object examining: Habituation and categorization. *Cognitive Development*, *6*, 377 – 392.

Oakes, L. M., Tellinghuisen, D. J., & Tjebkes, T. L. (2000). Competition for infants' attention: The interactive influence of attentional state and stimulus characteristics. *Infancy*, *1* (3), 347 – 361.

Pascalis, O., de Haan, M., & Nelson, C. A. (2002). Is face processing species-specific during the first year of life? *Science*, *296*, 1321 – 1323.

Piaget, J. (1954). *The child's construction of reality*. New York: Basic Books.

Poulin-Dubois, D., & Forbes, J. N. (2002). Toddlers' attention to intentions-in-action in learning novel action words. *Developmental Psychology*, *38* (1), 104 – 114.

Poulin-Dubois, D., Lepage, A., & Ferland, D. (1996). Infants' concept of animacy. *Cognitive Development*, *11* (1), 19 – 36.

Premack, D. (1990). The infants' theory of self-propelled objects. *Cognition*, *35*, 1 – 16.

Quinn, P. C. (2003). Concepts are not just for objects: Categorization of spatial relation information by infants. In D. H. Rakison & L. M. Oakes (Eds.), *Early category and concept development: Making sense of the blooming, buzzing confusion* (pp. 50 – 76). Oxford, England: Oxford University Press.

Quinn, P. C., Adams, A., Kennedy, E., Shettler, L., & Wasnik, A. (2003). Development of an abstract category representation for the spatial relation between 6-to 10-month-old infants. *Developmental Psychology*, *39* (1), 151 – 163.

Quinn, P. C., & Eimas, P. D. (1997). A reexamination of the perceptual-to-conceptual shift in mental representations. *Review of General Psychology*, *1*, 271 – 287.

Quinn, P. C., & Eimas, P. D. (2000). The emergence of category representations during infancy: Are separate perceptual and conceptual processes required? *Journal of Cognition and Development*, *1*, 55 – 61.

Quinn, P. c., Eimas, P. D., & Rosenkrantz, S. L. (1993). Evidence for representations of perceptually similar natural categories by 3month-old and 4-month-old infants. *Perception*, *22*, 463 – 475.

Quinn, p. C., & Johnson, M. H. (2000). Global-before-basic object categorization in connectionist networks and 2-month-old infants. *Infancy*, *1* (1), 31 – 46.

Rakison, D. H. (2003). Parts, motion and the development of the animate-inanimate distinction in infancy. In D. H. Rakison & L. M. Oakes (Eds.), *Early categorization and concept development* (pp. 159 – 192). New

York: Oxford University Press.

Rakison, D. H., & Butterworth, G. E. (1998a). Infants' attention to object structure in early categorization. *Developmental Psychology*, *34* (6), 1310 - 1325.

Rakison, D. H., & Butterworth, G. E. (1998b). Infants' use of object parts in early categorization. *Developmental Psychology*, *34* (1), 49 - 62.

Rakison, D. H., & Poulin-Dubois, D. (2001). Developmental origin of the animate-inanimate distinction. *Psychological Bulletin*, *127*, 209 - 228.

Rakison, D. H., & Poulin-Dubois, D. (2002). You go this way and I'll go that way: Developmental changes in infants attention to correlations among dynamic features in motion events. *Child Development*, *73*, 682 - 699.

Rivera, S., Wakeley, A., & Langer, J. (1999). The drawbridge phenomenon: Representational reasoning or perceptual preference? *Developmental Psychology*, *35*, 427 - 435.

Roder, B. J., Bushnell, E. W., & Sasseville, A. M. (2000). Infants' preferences for familiarity and novelty during the course of visual processing. *Infancy*, *1* (4), 491 - 507.

Ruff, H. A. (1986). Components of attention during infants' manipulative exploration. *Child Development*, *5*, 105 - 114.

Ruff, H. A., & Rothbart, M. K. (1996). *Attention in early development: Themes and variations*. New York: Oxford University Press.

Schlottmann, A., & Surian, L. (1999). Do 9-month-olds perceive causation-at-a-distance? *Perception*, *28*, 1105 - 1113.

Shilling, T. H. (2000). Infants' looking at possible and impossible screen rotations: The role of familiarization. *Infancy*, *1*, 389 - 402.

Shinskey, J. L. (2002). Infants' object search: Effects of variable object visibility under constant means-end demands. *Journal of Cognition and Development*, *3* (2), 119 - 142.

Shinskey, J. L., Bogartz, R. S., & Poirier, C. R. (2000). The effects of graded occlusion on manual search and visual attention in 5- to 8 month-old infants. *Infancy*, *1* (3), 323 - 346.

Shinskey, J. L., & Munakata, Y. (2001). Detecting transparent barriers: Clear evidence against the means-end deficit account of search failures. *Infancy*, *2* (3), 395 - 404.

Shinskey, J. L., & Munakata, Y. (2003). Are infants in the dark about hidden objects? *Developmental Science*, *6*, 273 - 282.

Shultz, T. R. (2003). *Computational developmental psychology*. Cambridge, MA: MIT Press.

Shultz, T. R., & Bale, A. C. (2001). Neural network simulation of infant familiarization to artificial sentences: Rule-like behavior without explicit rules and variables. *Infancy*, *2* (4), 501 - 536.

Shultz, T. R., & Cohen, L. B. (2004). Modeling age differences in infant category learning. *Infancy*, *5*, 153 - 171.

Simion, F., Cassia, V. M., Turati, C., & Valenza, E. (2001). The origins of face perception: Specific versus non-specific mechanisms. *Infant and Child Development*, *10*, 59 - 65.

Simion, F., Valenza, E., Cassia, V. M., Turati, C., & Umilta, C. (2002). Newborns' preference for up-down asymmetrical configurations. *Developmental Science*, *5*, 427 - 434.

Slater, A., Johnson, S. P., Brown, E., & Badenoch, M. (1996). Newborn infants' perception of partly occluded objects. *Infant Behavior and Development*, *19*, 145 - 148.

Slater, A., Johnson, S. P., Kellman, P. J., & Spelke, E. S. (1994). The role of three-dimensional depth cues in infants' perception of partly occluded objects. *Early Development and Parenting*, *3*, 187 - 191.

Slater, A., Morison, V., Somers, M., Mattock, A., Brown, E., & Taylor, D. (1990). Newborn and older infants' perception of partly occluded objects. *Infant Behavior and Development*, *13*, 33 - 49.

Slobin, D. I. (1981). The origins of grammatical encoding of events. In W. Deutsch (Ed.), *The child's construction of language* (pp. 185 - 199). New York: Academic Press.

Smith, L. B. (2002). Teleology in connectionism. *Developmental Science*, *5*, 170.

Sokolov, E. N. (1963). *Perception and the conditioned reflex*. Hillsdale, NJ: Erlbaum.

Sophian, C. (1984). Spatial transpositions and the early development of search. *Developmental Psychology*, *35*, 369 - 390.

Sophian, C., & Wellman, H. M. (1983). Selective information use and perseveration in the search behavior of infants and young children. *Journal of Experimental Child Psychology*, *35*, 369 - 390.

Spelke, E. S. (1998). Nativism, empiricism, and the origins of knowledge. *Infant Behavior and Development*, *21*, 181 - 200.

Spelke, E. S., Breinlinger, K., Macomber, J., & Jacobson, K. (1992). Origins of knowledge. *Psychological Review*, *99*, 605 - 632.

Spelke, E. S., Kestenbaum, R., Simons, D. J., & Wein, D. (1995). Spatiotemporal continuity, smoothness of motion and object identity in infancy. *British Journal of Developmental Psychology*, *13* (2), 113 - 142.

Tarr, M. J., & Gauthier, I. (2000). FFA: A flexible fusiform area for subordinate-level visual processing automatized by expertise. *Nature Neuroscience*, *3*, 764 - 769.

Turati, C. (2004). Why faces are not special to newborns: An alternative account of the face preference. *Current Directions in Psychological Science*, *13*, 5 - 8.

Uzgiris, I., & Hunt, J. M. (1975). *Assessment in infancy: Ordinal scales of psychological development*. Urbana: University of Illinois Press.

Van de Walle, G. A., Woodward, A. L., & Phillips, A. (1994, June). *Infants' inferences about contact relations in a causal event*. Paper presented at the International Conference on Infant Studies, Paris, France.

Waxman, S. R. (2003). Links between object categorization and naming: Origins and emergence in human infants. In D. H. Rakison & L. M. Oakes (Eds.), *Early category and concept development* (pp. 213 - 241). New York: Oxford University Press.

Werker, J. F., Cohen, L. B., Lloyd, V. L., Casasola, M., & Stager, C. L. (1998). Acquisition of word-object associations by 14month-old infants. *Developmental Psychohgy*, *34* (6), 1289 - 1309.

Werker, J. F., & Tees, R. C. (1984). Cross-language speech perception: Evidence for perceptual reorganization during the first year of life. *Infant Behavior and Development*, *7*, 49 - 63.

Westermann, G., & Mareschal, D. (2004). From parts to wholes: Mechanisms of development in infant visual object processing. *Infancy*, *5*, 131 - 151.

Wilcox, T., & Baillargeon, R. (1998). Object individuation in infancy: The use of featural information in reasoning about occlusion events. *Cognitive Psychology*, *37* (2), 97 - 155.

Wilcox, T., Schweinle, A., & Chapa, C. (2003). Object individuation in infancy. In H. Hayne & J. W. Fagen (Eds.), *Progress in infancy research* (Vol. 3, pp. 193 - 243). Mahwah, NJ: Erlbaum.

Wishart, J. G., & Bower, T. G. R. (1982). The development of spatial understanding in infancy. *Journal of Experimental Child Psychology*, *33*, 363 - 385.

Woodward, A. L. (1998). Infants selectively encode the goal object of an actor's reach. *Cognition*, *69* (1), 1 - 34.

Wynn, K. (1992). Addition and subtraction by human infants. *Nature*, *358*, 749 - 750.

Xu, F. (2003). The development of object individuation in infancy. In H. Hayne & J. W. Fagen (Eds.), *Progress in infancy research* (Vol. 3, pp. 159 - 192). Mahwah, NJ: Erlbaum.

Xu, F., & Carey, S. (1996). Infants' metaphysics: The case of numerical identity. *Cognitive Psychology*, *30*, 111 - 153.

Younger, B. A. (1985). The segregation of items into categories by 10-month-old infants. *Child Development*, *56*, 1574 - 1583.

Younger, B. A. (2003). Parsing objects into categories: Infants' perception and use of correlated attributes. In D. H. Rakison & L. M. Oakes (Eds.), *Early category and concept development* (pp. 77 - 102). New York: Oxford University Press.

Younger, B. A., & Cohen, L. B. (1983). Infant perception of correlations among attributes. *Child Development*, *54*, 858 - 867.

Younger, B. A., & Cohen, L. B. (1985). How infants form categories. In G. Bower (Ed.), *The psychology of learning and motivation: Vol. 19. Advances in research and theory* (pp. 211 - 247). New York: Academic Press.

Younger, B. A., & Cohen, L. B. (1986). Developmental change in infants' perception of correlations among attributes. *Child Development*, *57*, 803 - 815.

Younger, B. A., & Fearing, D. D. (1998). Detecting correlations among form attributes: An object-examining test with infants. *Infant Behavior and Development*, *21* (2), 289 - 297.

Younger, B. A., & Fearing, D. D. (1999). Parsing items into separate categories: Developmental change in infant categorization. *Child Development*, *70*, 291 - 303.

Younger, B. A., Johnson, K. E., & Furrer, S. D. (2004, May). *Generalized imitation following multi-exemplar modeling: Already down to basic?* Paper presented at the International Conference on Infant Studies, Chicago, IL.

第二部分　认知与交流

SECTION TWO　COGNITION AND COMMUNICATION

第 6 章

语言结构的习得
MICHAEL TOMASELLO

人类语言交流与其他动物物种的交流主要在三个方面存在差异。首先,也是最重要的一点,人类语言交流具有符号象征性,语言符号(linguistic symbols)是一种社会规范,个体依赖于语言符号,试图通过引导其他个体的注意或心理状态于外界某一对象,从而达到分享自己注意的目的。其他物种彼此却不会运用语言符号进行交流,主要原因可能在于它们不知道同类具有它们能引导和分享的注意或心理状态(Tomasello,1998,1999)。语言符号的心理特征给人类提供了巨大的交流能量,使他们能够谈及并预测大家对客观事物、重大事件和情境的各种不同看法。

第二个主要差异是人类语言交流具有语法性。人类按一定的模式使用他们的语言符号,这些模式就是所谓的语言结构(linguistic constructions)。语言结构自身承载着一定的含义,它部分源自个体语言符号,另一部分则随着时间的推移来源于模式本身,这个过程被称为语法化,语法化过程贯穿着整个人类历史。语法结构能使各种独特的言语符合组合在一起,从而给人类语言交流提供更为强大的交流力量。当然,语法结构为人类所特有,因为其他物种不使用语言符号,也就无所谓语法了。

人类与其他物种的第三点差异体现在人类没有一种单一的、可供所有人共同使用的交流系统。事实上,人类的不同族群在不同的历史时期创建了各种各样、互不相同且互相难以理解的交流体系(世界上的自然语言超过 6 000 多种)。这就意味着,与其他动物物种不同,人类在年幼时期就必须学会周围的人所使用的各种语言规范,需要花费好几年时间去学习所在群体所使用的成百上千甚至是成千上万的语言符号和语言结构。在这个方面,人类要比其他动物物种学习得更多——学习大量的语言规则。

本章首先阐述儿童如何掌握一门语言、如何学会周围人所使用的语言符号和语法结构并运用这些语言体系与他人交流;在接下来的两节内容中,我们将从该领域的背景和理论入手,概述语言习得的个体发育过程;最后总结成功驾驭自然语言所涉及的认知和社会化过程。

256

背景与理论

为了研究儿童如何习得一种语言,我们必须先弄清楚语言是什么。这看起来似乎很简单,但事实上却并非如此,因为语言学家们在这一点上的观点并不统一。

语言学的作用

大量有关儿童语言习得的理论和方法在很大程度上都具有语言学理论的特征,这些语言学理论也因此被视为儿童语言习得理论的基础。20 世纪 60 年代,首批现代儿童语言习得的研究者就运用了 20 世纪 50 年代的语言学(即美国结构语言学),试图只运用分布分析的方式来确定儿童的语言项目和语言结构,而基本上没有任何涉及儿童与成人语言能力一致性的假设。这些研究的主要发现是,儿童最早期的单词组合中含有一个固定单词,它能与其他可变化单词进行自由搭配。这些以词汇为基础的组合模式大多能够互相协调。对于次序规则,Braine(1963)把这些组合模式公式化为"三规则枢纽语法"(Three-rule Pivot Grammar),认为儿童运用这种枢纽语法方式生成语言:

1. P^1+O(More juice, More milk, There Daddy, There Joe 等)
2. O+P^2(Juice gone, Mommy gone, Flowers Pretty, Janie pretty 等)
3. O+O(Ball table, Mommy Sock 等等——这一类别是没有中心点的说话方式)

枢纽语法的主要问题在于:虽然它反映了儿童早期语言的精髓所在,但是这种公式化形式的证据是不充分的,这是因为:① 儿童在一致的连续的情形中并非总是使用相同的枢纽;② 儿童有时会将两个枢纽彼此组合;③ O+O 规则实质上是非标准说话方式的一个回收站(wastebasket)(Bloom,1971)。此外,三规则枢纽语法中有关儿童语言如何从完全儿语化的句法分类向成人化的句法分类转化方面也不清晰。

因此,下一步的尝试自然是将 20 世纪 60、70 年代的成人语言新模型用于解释儿童语言习得的各种数据,这类尝试包括转换生成语法、格语法、生成语义学及其他一些版本。

Brown(1973)对此进行了回顾和评价,其基本结论是:虽然儿童语言的产生可以被纳入到各种模型中去,但是却没有任何一个模型可以完全解释所有的数据;更根本的问题是:没有任何证据真正表明儿童使用了或者需要成人式的语言类别和规则,这些语言类别和规则却是这些模型的重要特征。例如,Schlesinger(1971)和Bowerman(1976)曾对几个同时学习几种语言儿童的说话方式进行考察,他们的调查结果表明,没有任何理由可以假设儿童以"主语"、"直接宾语"、"动词短语"等抽象语法类别作为说话的基础。许多跨文化研究语言的学者对此也提出质疑,他们认为,世界上的语种成千上万,却没有一种常规语法足以解释儿童的语言习得过程(Slobin,1973)。

Brown(1973)、Slobin(1973)、Schlesinger(1971)、Bowerman(1976)和其他理论学家提出了一个儿童早期语言的语义认知基础,即所谓的语义关系法(Semantic Relation Approach)。他们认为儿童早期语言所表现出来的句法—语义关系与Piaget(1952)所提到的感觉运动认知范畴颇为一致,例如,婴儿能从非语言角度明白一些事情中施事者、行为和宾语间的因果关系,这可能是形成诸如"施事—行为—宾语"之类的语言图式的基础。类似的还有"持有者—持有"、"客体—方位"、"客体—属性"等语言图式。虽然语义关系法似乎也能够反映出儿童早期语言的某些实质——儿童经常谈及一系列界定完好的"事件"、"关系"和"实体",这些界定在某种程度上与Piaget的感觉运动范畴相一致。但是,语义关系法的经验证据同样不充分,因为许多儿童的说话方式不属于其中的任何一个类别,而其他儿童的说话方式却可以归入到感觉运动范畴的多个类别(Howe,1976)。再者,从理论上讲,这些方法和枢纽语法一样,不能够从根本上说明儿童如何获得这种基于语义的句法范畴,并从而获得更为抽象的成人句法范畴。

我们再回过头来看看有关成人语法方面的研究。20世纪80年代,一批学者开始提倡重新研究成人语法。这方面的研究运用了诸如支配和捆绑理论(Government and Binding Theory)、词汇功能语法(Lexical Functional Grammar)等诸如此类的新型模型(如Baker & Mccarthy,1981;Hornstein & Ligherfoot,1983;Pinker,1984)。一种较为一致的观点认为,从儿童语言到成人语言的发展过程并非是连续的,它正如在枢纽语法和语义关系理论中所提到的那样表现出间断性。这从而就产生了一个难以逾越的逻辑问题,即学习能力问题,持学习能力观点的学者认为这些逻辑问题足够人们假设发展是连续的,也就是说,儿童与成人运用同一套基本语言范畴和规则(Pinker,1984)。这一观点和语言先天论有密切的联系。语言先天论认为人类具有一种以普遍语法为形式存在的基本语言能力,它贯穿着人的一生(Chomsky,1968,1980)。不久,这种理论也表现出不足之处,最基本的一点是,它无法处理不同语言间的变异问题和语言的发展变化问题。也就是说,儿童是如何将一个抽象且不变的普遍语法与某种特定语言结构"链接"起来的;如果儿童与成人运用的是同一套基本的语言范畴和语言规则的话,那么为什么儿童的语言和成人的语言有那么大的差别? 同样,没有任何证据证明儿童实际上与成人用的是同一套语言范式。因此,语言连续性不过只是一个假设。

257

两种理论

从以上历史框架中我们可以很容易地看到两种截然不同的理论趋向：一种是以Chomsky 的生成语法理论为出发点的成人中心方法，它从语言形式的角度研究语言及语言习得；另一种是注重发展变化空间的儿童中心方法，采用这种方法的研究者更倾向于从功能的角度和应用的角度来研究语言和语言习得。这两种不同的基本理论倾向在当今儿童语言习得研究中仍存在着争议。

Chomsky 学派的生成语法是一种形式理论，也就是说，它建立在自然语言犹如形式语言(比如代数、逻辑推理等)的假设的基础上提出的。因此，自然语言具有以下几方面的特征：(1) 自然语言是一整套抽象的代数规则，这些规则自身没有具体意义，且对组成算法规则系统的元素的意义也不敏感。(2) 自然语言是一本词典，其中包含各种有意义的语言元素，这些语言元素在上述规则中变化。这些规则控制着代数的运作方式，共同形成普遍语法，也就是核心语言能力。语言的外围成分则包括诸如词典、概念系统、不规则句式、方言以及语用学等。

在语言习得方面，Chomsky 学派的生成语法理论首先假设：儿童天生就具有一套普遍语法，这套通用语法十分抽象，它可以使儿童建构世界上任何一种语言。语言习得分为两个步骤：

1. 习得所学语言的所有单词、习惯用语和特殊结构(运用"正规"程序学习)。

2. 把所学到的特定语言，即其核心结构与抽象的普遍语法联系起来。

这就是所谓的双加工理论(dual process approach)，有时也称单词—规则理论(words and rules approach)(Pinker,1999)，这是因为语言能力的外围部分是后天学习的，而普遍语法的核心成分是与生俱来的。普遍语法的先天性，使得它不会随着个体的发育而发展，而是保持一生不变，这就是所谓的连续性假设(Pinker,1999)。支持生成语法的理论学者在该假设的前提下，利用成人语法模式描述儿童的语言，从而假定当儿童第一次说出诸如"I wanna play"之类语句的时候，她已经能够像成人那样理解一个动词不定式作补语的句子，并因此生成无限多相类似的不定式补语句。

与 Chomsky 学派的生成语法理论截然不同的理论就是所谓的认知功能语言学(Cognitive-Functional Linguistics)，有时也称实用基础语言学(Usage-Based Linguistics)，该理论进一步突出中心加工原则，即语言结构源自语言的使用(例如，Bybee, 1985, 1995；Croft,1991,2001；Givon,1995；Goldberg,1995；Langgacker,1987a,1991；及 Tomasello,1998a,2003,可以发现举似的方法)。实用基础理论认为，语言的本质是语言的符号维度，它同时派生出语法规则。运用具有象征意义的图式化语言符号进行便捷的、主体间的交流是生物物种间相互适应的需要，而语法维度则从语法化的历史进程中派生而来，形成各种各样的语法结构(如英语里的被动式、名词短语、过去式等)。实用基础理论反对将单词和词素(不构成意义)的组合看作一个代数程序，他们认为语言结构是有意义的语言符号。语言结构是模式，儿童在交流中通过这些模式使用有意义的语言符号(如用被动结构描述某实体发生了什么事情)。在实用基础理论中，成熟的语言能力是有意义的语言结构总量，包括特定语言中的规范用语结构和习惯用语结构,其他的结构则介于这两者之间。

在实用基础理论中没有所谓的基本语法,也没有所谓的儿童是如何将基本语法与特定的语言联系起来的问题。他们主张语言习得的单一加工过程,认为儿童习得常规、基于规则的语言结构和任意、特殊的抽象语言结构的方式都一样:通过学习而获得。和学习所有复杂的认知活动一样,儿童在学习语言的时候会从所学到的具体事物构建抽象的类别和图式。从这点出发,儿童早期习得的语言应该是语言的具体成分——词汇(如,cat)、复杂表述(如,I wanna do it.)或者混合结构(如,Where's the _____?)这个结构既可以很具体,也可以很抽象,因为在儿童语言发展的早期阶段还不能加工成人语法里的完全抽象概念和图式。儿童只能以渐进而零碎的方式逐步建构这些抽象结构,有些语言类型或结构会比其他一些类似于成人的语言类型结构出现得早一些,这通常是由于儿童所听到的语言(输入)不同。儿童使用一般认知过程建构自己的语言,该认知加工可以分为两类:(1)目的—解读(需要注意参与,理解交流意图,进行文化学习),儿童通过这类加工试图理解话语的交流意义。(2)模式—发现(归类、构建图式、统计学习、类比),儿童通过模式—发现创造语言能力的更抽象维度。

结构

在这一节我们从实用基础理论的角度来介绍语言习得过程。我们假设,儿童最初所学到的是语言的具体成分,它们具有不同的形式与大小。围绕着这些具体成分,儿童建构出越来越多的抽象语言结构,它们又成为儿童赖以创新的抽象语言的基础。因此,形成该理论的核心就是结构。

语言结构从原型上来讲应该是一个语言单元,它由多个语言元素组成,这些语言元素共同发挥作用形成相对连贯的交流功能,同时也执行着一些次要的功能。因此,语言结构的复杂程度随该结构的语言元素数及它们之间关系的变化而变化,例如,英语中常规的复数结构(名词+s)相对比较简单,而被动结构(X was 动词+ed by Y)就比较复杂。但是,无论语言结构复杂与否,语言结构的抽象程度也可能不同,例如,英语中相对简单的复数结构和比较复杂的被动结构都是高度(尽管不是全部)抽象的。需要再次强调的是,即使是最抽象的结构,也仍然是符号性的,因为如果是抽象的,它们具有连贯的意义,而相对较少依赖有关的词汇项目(Goldberg,1995)。在"Mary sneezed John the football"这个句子里,对句子的理解主要是受双宾语结构转换的影响,而不是受"sneezed"这个单词的影响(因为通常情况下不会将 sneezing 解释为转换的意思)。同样道理,当我们看到特定场合下才使用的名词"gazzers",通常把它看作是一个名词复数,而不管是否知道"gazzers"到底是什么。

但是,有些复杂的语言结构并不是以抽象类别,而是以特定语言项目为基础的,这点很重要(Fillmore,1988,1989;Fillmore,Kaye, & O'Conner,1988)。这类例子数量有限且只出现在诸如惯用语"How do you do?"之类的固定表述中,这个英语结构的任何一个单词发生变化,整个句子的意思便会完全改变(想表达"你好"这层意思的人,绝对不会说成"How does she do")。此外还有一些明确的例子,如众所周知的习惯用语:"kick the bucket"(死

259

掉),"spill the beans"(说漏嘴),这些例子具有更多弹性,也更加抽象,因为不同的人可以 kick the bucket,而且可以采用不同的时态:过去、现在、将来时态。但是我们不能以相同的方式用于 kick the pail 和 spill the peas。这便是人类语言能力的一个主要部分——检查,它涉及掌握各种各样的常规规则、固定—半固定表达方式、土话方言、固定搭配等,这一点远远超出了前人的设想。事实上,说本土语言的人能够非常顺畅地运用这些半固定搭配表达出一些意想不到的意思,例如:I wouldn't put it past him;He's getting to me these days;Hand in here;That won't go dawn well with the boss;She put me up to it,等等(Pamley & Syder,1983),这也正是本土语言者与非本土语言者的重要差别所在。

生成语法之类的代数理论的缺陷就表现在对这些复杂的固定—半固定结构的处理,这类结构复杂且略显规范,所以看起来似乎可以把它们归入核心语法,并从语法规则中推导出来。但是作为一种混合的表达方式,这些固定—半固定结构好像又可归入到外围语法结构,并像单词一样得以记忆。比如"-er"结构(比较级结构,即"越……越……"):

The bigger they are, the nicer they are.(越大越好。)
The more you try, the worse it gets.(你越努力尝试,事情就变得越糟。)
The faster I run, the behinder I get.(我跑得越快,我后面的人就越多。)

这个结构显然不是规范结构,因为其两个分句都很难用经典的语法技术加以分类。但是,这类结构也有一些规范的成分在里头。我们再来看下面的例子:

This hair dryer needs fixing.
My house needs painting.

注意在这两个句子里,虽然"hair dryer"和"house"在句中充当主语,但从逻辑上来讲却是"fixing"和"painting"的宾语(起的是宾语的作用),只不过用分词来表述。事实上,除了"need"之外,英语里面没有其他单词能够用于这种结构(虽然有人认为"require"和"want"与"need"语义相似,也可用于该表达方式)。因此这个结构虽然有一些规范语法作基础,但最好是把它当作特殊的词汇项目加以描述。

我们几乎不可能很明确地区分核心语言结构和外围语言结构,这就意味着,语言结构是在使用过程中形成的,也意味着说话者的团体可以从各种各样语言结构的运用中进一步使语言结构惯例化、习俗化。从具体到抽象,从一般到特殊,各种各样的混合语言结构也可以形成习惯用语。如果我们认真分析这个观点的话,就会发现一个非常重要的语言习得问题:如果许多(也可能是大部分)语言结构(半固定表达方式、非常规句式、习惯用法中各式各样的结构)像理论上所说的那样是通过学习和概括的常规过习得的,那么为什么那些规范化的语言不能通过这种直接的方式习得呢?事实上,根据目前的理论,我们假定所有的语言结构都通过同一种基本方式习得。

早期的个体发生

人们普遍认为儿童语言历程始于单字词的学习,然后按意义规则将这些单词组合起来。但事实上这种观点是不准确的。儿童听到并试图学习完整的成人表达方式,并根据不同的谈话目的用具体的例子来使用各种语言结构类型。有时,儿童只学会成人复杂表达方式中的一部分,从而他们的第一次话语产生与成人的单词相符。但这些通常仅局限于诸如要求、评论、提问等常规语调模式中,这些常规语调模式与一般的交流功能相一致,这些交流功能也是成人使用更加复杂的语言结构的目的所在。学习伊始,儿童就不只是学习孤立的单词,而是想学习配合在语言沟通中有效的语言形式,与成人的完整结构相符合。单词学习并不是这一章讨论的主题(详见本手册本卷第 7 章,Waxman & Lidz),单词学习实质上是从这些更大整体中提取出语言元素(包括它们的功用)的过程。

在这一节中,我们首先从儿童所听到的语言来解释语言的早期个体发展,接着关注他们早期的全短语(holophrases)——具有较宽泛、较全面意义的单词或短语,再接下来考察儿童早期的词语组合、枢纽图式及基于项目的语言结构,最后探讨儿童语言早期发展中用于标示基本语言规则的语言装置,如施事者和受事者。

儿童所听到的语言

为了弄清楚儿童如何习得一门语言,我们首先要了解一下儿童所听到的语言,既包括他听到的具体语句,也包括这些句子的结构。奇怪的是,儿童在日常生活中所听到的语句和语言结构几乎还没有受到研究者们的关注,大部分有关儿童直接引语(child-directed-speech,CSD)的研究重点都放在细节方面的考察(相关经典研究,请看 Galloway & Richards,1994;Snow & Ferguson,1977)

Cameron-Faulkner、Lieven 和 Tomasello(2003)检验了 12 位母语为英语的母亲及她们 2—3 岁的孩子在语言互动过程中的全部儿童直接引语。实验者首先根据普通语言结构将每位母亲的说话方式进行归类,结果如表 6.1 所示(该表同时还与 1983 年 Wells 的数据作比较分析,Wells 研究中的儿童是从更大范围活动中取样而来的)。

表 6.1　母亲与 2—3 岁儿童交流时所用的大部分普通语言结构

	Cameron-Faulkner(2003)		Wells(1983)	
片断(Fragments)		.20		.27
一个词(One word)	.07		.08	
多个词(Multiword)	.14		.19	
问题(Questions)		.32		.22
Wh-开头的问题(Wh-)	.16		.08	
是/否问题(Yes/no)	.15		.13	

	Cameron-Faulkner(2003)	Wells(1983)
祈使句(Imperatives)	**.09**	**.14**
系词句(Copulas)	**.15**	**.15**
主谓句(Subject-predicate)	**.18**	**.18**
及物句(Transitives)	.10	.09
不及物句(Intransitives)	.03	.02
其他(Other)	.05	.07
复合句(Complex)	**.06**	**.05**

来源：摘自 T. Cameron-Faulkner, E Lieven, M. Tomasello,"A Construction Based Analysis of Child Directed Speech", 2003, *Cognitive Science*, *27*, pp. 843 - 873. 经许可使用。*Learning through Interaction: The Study of Language Development*, by G. Wells, 1983, Cambridge, England: Cambridge University Press,经许可使用。

该研究的主要发现如下：

- 儿童每天听到近 5 000—7 000 个语句。
- 其中 1/4 到 1/3 的语句是疑问句。
- 超过 20％的句子不是完整的成人语言,而只是一些语言碎片(通常是名词短语或前置短语)
- 大约 1/4 是由系动词引导的祈使句或其他句式。
- 只有 15％的句子是正规的英文 SVO 句式(即各式各样的及物动词表达方式),SVO 句式是英语的重要特征,其中 80％的 SVO 句式由代词充当主语。

接下来,研究者还对这些母亲的直接引语中每一个普通语言结构中的特定词语或短语进行了分析,包括"Are you …","I'll …","It's …","Can you …","Here's …","Let's …","Look at …","What did …"等基于项目的句型(Item-based Frames)。结果发现,在母亲所说的语句中,有一半以上是开始于 52 个高频句型之一(即 50％以上儿童每天使用次数超过 40 次的句型),这些基于项目的句型通常由 2 个单词或语素构成。用同样的方法做进一步的分析,结果也表明,在母亲的语句中,65％以上是以 156 个基于项目的句型中的一个开头的。最令人吃惊的是,近 45％的母亲语句都是始于 17 个单词中的其中一个,这 17 个单词包括：What (8.6％),That (5.3％),It (4.2％),You (3.1％),Are/Aren't (3.0％),Do/Dose/Did/don't (2.9％),I (2.9％),Is (2.3％),Shall (2.1％),A (1.7％),Can/Can't (1.7％),Where (1.6％),There (1.5％),Who (1.1％),Come (1.0％),Look (1.0％)和 Let's(1.0％)。并且有趣的是,这些单词在儿童语言中也经常使用,在一定程度上,其使用频率与母亲对这些单词的使用频率密切相关。

这样,学习语言的儿童从而也就面对一项非常巨大的任务：儿童需要在同一时间里从他们所听到的话语中习得数十个或数百个固定或随意搭配起来的不同语言结构类型。另一方面,儿童所听到的绝大多数语句都是以他们所经历的高度重复、基于项目的结构为基础,在有些情况下,他们每天能听到几十次甚至上百次。这种高度重复的事实大大减轻了这个

261

任务的难度。事实上,儿童所听到的更为复杂的许多语句作为一个主要组成成分都具有一些易操作、基于项目的句型,这也就意味着,儿童每天所听到的、在语言上更有创新的语句只占儿童语言经验的一小部分,并且这些语句通常是以许多高频和相对简单、基于项目的话语结构为基础的。

最早期的语言

大多数西方中产阶级儿童在过完第一次生日之后几个月里就开始说一些惯用语言符号,从这个时候开始,他们会在接下来的几个月里用手势和声音来与别人沟通交流。儿童就是从这些非语言交流中牙牙学语,从而习得了他们最早期的语言表达。在这种非语言沟通形式的环境下,也为了同样的基本动机,儿童首次学习并使用语言表述——陈述句和祈使句,并很快地学会了带质疑性的疑问句。三种表达类型的声调模式有所不同。在儿童最初说出的陈述句中,有时包含一些可共享的、主题性的内容,有时目的在于让听者注意新的事物(通常是以自我为中心发表某种观点,Greenfield & Smith,1976)。

在幼儿阶段,儿童单字词发声的交流功能是他们现实生活的一部分,起初这些沟通机能如祈使和质疑,和较有指示意义的语言表达方式可能并没有太大差别。也就是说,儿童早期的单字词说话方式可以看作是一个"全短语"(holophrases),它能够独立表达一个完整的意思,传达一个完整未分化的交流意图,并且多数情况下这种交流意图与所学习的成人的交流意图是一样(Barrett,1982;Ninio,1992)。儿童早期的"全短语"方式是一种相对独特的语言现象,它们通常会随着时间而变化,并以一种不怎么稳定的方式逐渐发展,然而有一些"全短语"相对来说会比较常规化,比较稳定。世界各国的儿童能够运用"全短语"做着相同的事情,如:

- 指出客观存在的东西(例如:以请求或自然的语调命名那些东西)。
- 要求或描述物体的重现或事件的再次发生(比如:多一点,再来一次,另一个等)。
- 要求或描述涉及事物的动态事件(例如:用上、下、上面、下来、里面、外面、打开、关上等来描述)。
- 要求或描述人们的行为(如:吃、踢、骑、画等)。
- 评论某东西或某人的位置(如:这里、外面)。
- 问一些基本问题(如:那是什么? 去哪里?)。
- 描绘某东西的特征(如:漂亮、湿的)。
- 用一些表述行为的语句标示特定的社会行为或情景(如:你好、再见、谢谢、不要)。

在接下来的语言发展中,儿童会选择成人语言表达方式的哪一部分作为他们最初的全短语,这是一个很重要的问题。其答案就在于他们所学习的是哪种语言,也在于他们和成人共同参与的是哪种说话方式,其中包括成人说话时会突出哪些特定的单词和短语(Slobin,1985)。事实上,最初学习英文的人之所以能学会诸如"more, gone, up, down, on"和"off"等所谓的关系词,大概是因为成人通常在谈论事情时会特别突出这些词语(Bloom, Tinker & Margolis,1993;McCune,1992)。在成人英语中,这类单词大多是动词,所以,儿童在某种程度上也使用这些短语动词(phrasal verbs)来描述同样的事情,这些动词包括"pick up、get down、put on、take off"等。另一方面,在韩语和汉语中,儿童一开始所学的就是完整的成人动词,因为对他们来说这些动词是成人语言中最突出的部分(Gopnik & Choi,1995;Tardif,1996)。当儿童把成人动词用作"全短语"时,从某种程度上说,至少是为了对话,儿童也必须学会在句子中加入当时情景需要的名词部分(例如:脱下衣服)。说不同语言的儿童也会用物体名称传达一些事情,例如,说"自行车"表示想要自行车,或想骑自行车,又如,用"小鸟"评论刚飞过的飞机。这就意味着,他们还需要学习用语言表达有关的活动(例如:骑自行车,看见小鸟)。

262 　　此外,也有许多儿童通过学习成人不合语法结构的表述并把它看作是最初的"全短语"来开始他们的语言获得,例如"I-wanna-do-it,""Lemme-see,""Where-the-bottle"等。Pine和Lieven(1993)等人首次研究了这类普遍的语言现象,这类现象存在于说英语儿童的早期组合言语中。他们发现几乎每个儿童的早期语言表达中都或多或少地带有这种所谓的刻板短语(frozen phrases),这在某些儿童身上更加明显(尤其是那些出生较晚的孩子,他们通过观察他们的兄弟姐妹习得刻板短语,Barton & Tmosasello,1994;Bates,Bretherton & Snyder,1988)。在这种情况下,儿童如在随后的时期创造出一些更适用于其他说话方式或其他语言环境的语言元素,它们在句法上将有所不同。为此,儿童必须进行一个分割过程,这一过程不仅是针对说话方式,而且还针对当时的交流意图,从而确定谈话内容的哪些成分与当时的交流意图相一致。如此看来,儿童早期所使用的单个单元的表达方式从功能上来说是一个完整而实用的语义包——"全短语",它们尽管未分化,但能够传达某一相对连贯、未分化的交流意图。迄今为止,为什么儿童只从单个单词或者"全短语"表达这类语言单元开始学习语言还无从知晓,但我们可以从大体上猜想,在儿童最初的语言习得过程中,他们只注意到成人语言的有限部分,或者说他们一次只能加工一个语言单元。

基于项目的结构

　　儿童开始生成一些最早的多词表述来谈论早期用"全短语"谈论的事情,事实上许多(虽然不是全部)多词表述都可以追溯到早期的"全短语"。并且从语言形式来看,这些以多个词表述为基础的语句水平的语言结构主要来自以下三种类型:单字组合(word combinations)、中心图式(pivot schemas)和基于项目的结构(item-based constructions)。

单词的组合

　　大约从18个月开始,许多儿童就能够将相关语境中两个单词或两个"全短语"组合在一起,通常这两个单词或"全短语"的情况相当。例如,一个孩子学会了说"球"和"桌子",他把球滚到桌子上去的时候会说"球,桌子",这种类型的表达既包含了一些"连续的单字词发音"(两词间会有所停顿;Bloom,1973),也包含了一些"单词组合"或"在单一语调水平内的陈述"。单词组合或陈述的定义特点是:它们将经历过中的场景分割成多个能用符号标示的单元。从定义上来说,这显然是"全短语"无法做到的,并且这些组合词在某一场景中完全是具体的,它们只包含一些具体的语言项目,而不考虑其类别。

中心图式

然而,大约在同一年龄,许多儿童发出的多字词语句开始显现出一些系统性模式。通常总是会有一个单词或短语似乎在构建某个语句,它们在语调变化的配合下作为一个整体决定整个语句的话语功能,而另一些单词或短语则仅仅用于填补多变的语言缝隙,这就是最初的抽象语言。因此,在许多这类型早期话语中,单个事件词往往会和许多不同的实体名称搭配(如:更多牛奶,更多葡萄,更多橙子汁),或者比较少见的有:一些代词或者其他一些常用表达也会作为句子中不变的成分(如:我____,或____她,或者甚至是:它是____,____在哪里?),根据 Braine(1963)的说法,我们称之为中心图式。

Braine(1963)提出,对于儿童习得多种语言来说,中心图式是一种富有成效、应用广泛的策略。Tomasello、Akhtar、Dodson 和 Rekau(1997)也发现,一个 22 个月的儿童如果学会了某个事物名称,那么他马上就知道如何在他已有的词汇中将这个新单词和其他中心词汇组合在一起。也就是说,当教会儿童使用某个名称单词作为一个单字词语句,如:Look! A wug! 时,他能够利用该物体名称与诸如"Wug gone""More Wug"之类的语句中存在的中心类型词组合在一块。这种语言生成表明儿童在这一时期已经能够创造新语言类型了,尤其是那些可以在特定中心图式中起特定作用的语言类型(如:"things that are gone,""things I want more of")。但是,这一年龄段的孩子还没有将变化多端的中心图式普遍化、一般化。Tomasello(1997)等人也发现,当为新的场景教儿童一个新动词作为单个字语句时如,"Look! Meeking"或"Look what she's doing to it. That's called meeking",同样是 22 个月大的孩子却不能创造出诸如"Ernie meeking"之类的新表述,因为他们从来就没有听过如何将"meeking"与某一行为参与者构建一个中心图式。从这点上来说,每一个中心图式都是一个结构孤立体,因此这个发展阶段的儿童还没有一个中心语法。

263

基于项目的结构

中心图式的组织不具有方位性,甚至它们自身也没有句法可言,也就是说"Gone juice"和"Juice gone"在意思上并没有任何差别,也没有其他迹象可以表明中心图式中的元素具有句法功能。在众多中心图式中,连贯的、有秩序的句型通常是出现在成人语言中,且这些句型并没有交流意义。这意味着,虽然年幼的儿童能够运用他们早期的中心图式通过不同的词语将不同场景做概念性分离,但是他们并没有运用句法符号(如,词序或格标记<case marking>等)指明不同情况下符号所起的不同作用。

另一方面,基于项目的结构作为完整语言结构的一部分具有语法标识功能,这一点远远超越了中心图式。也有证据表明,儿童从一个非常早的发展时期开始,就出现了这种在句法上基于项目的结构。最重要的是,在一系列的理解实验中,出生不足 2 岁的儿童能够对"Make the bunny push the hours"这类及物动词可互逆的句子做出恰当的反应,而这个过程完全取决于正规的英语单词顺序知识(Bates et al., 1984; Devilliers & Devilliers, 1973; Roberts, 1983)。如果运用偏好观察技术(preferential looking techniques),甚至可以在更小的儿童身上发现他们对常用动词的顺序进行成功的理解（Hirsh-Pasek & Golinkoff,1991,1996），并且许多儿童在 2 岁的时候就能够考虑到标准的词序标记运用熟悉动词生成动词的及物表达方式（Tomasello,2000）。

然而,来自语言理解与生成研究的大量证据也表明,这些基于项目结构的句法标示也只是一些特定的动词,它取决于儿童所听到的单词的具体运用情况,例如,Tomasello(1992)就发现,他 2 岁的女儿在早期发出的多字词语句几乎都使用了那几个特定的动词或者表语词。组合话语的这一具体词汇类型在个体所使用的动词的参与角色模式中也有发现。这样,事实上是在同一个发展阶段,某些单词只运用于一种类型结构,并且这种结构相当简单(如:Cut ____),而有些动词则运用于多个不同类型的复杂结构中(如:Draw ____,Draw on ____, Draw ____ for ____, ____ Draw on ____)。有趣的是,任意某个动词,它在发展的过程中产生的新用法都或多或少地重复了其先前的用法,在先前用法的基础上做一些添加或改动,如时态标签或增加某种观点(argument)。总的来说,最能预测儿童在某天中某个特定动词的使用情况的不是她那一天所用到的其他动词,而是她在最近几天里使用这个单词的情况(见 Lieven, Pink, & Baldwin,1997;Pine & Lieven,1993;Lieven, Pink, & Rowlang,1998,他们以 12 个 1—3 岁母语为英语的儿童作为被试,也得出类似的结果。另外,在其他语言的相关研究,如 Allen 1996 年对因纽特语的研究、Behrens 1998 年对荷兰语的研究、Berman 1982 年对希伯来语的研究、Gathercole 1992 年对意大利语的研究、Rubino & Pine 1998 对葡萄牙语的研究、Serrat 1997 年对加泰罗尼亚语的研究、Stoll 1998 年对俄罗斯语的研究,结果也都支持了这一点)。

实证研究也发现了相似的结果。实验中让已经能够自发生成一些及物结构句子的儿童学习一个新动词,且该动词只适用于不同于及物结构的其他任意某种结构,结果发现这些儿童在 3 岁之前通常都不能够将词序知识从原有的基于项目结构迁移到新的结构。理解实验也支持了这一观点(Tomasello, 2000)。这些发现似乎表明,至少在英语词序中,儿童早期的语法标识仅仅是局部的学习,是不同动词的逐个学习(请看下一章节对这些研究的回顾)。我们从格标识的特定动词(nonce verbs)研究所得到的仅有的实验证据(如:Berman,1993;Wittek & Tamasello,2005)大体上也与这一语言发展模式相一致。

重要的一点在于:与中心图式不同,基于项目的结构的主要观点认为,儿童运用诸如词法、附置词(adpositions)和词语次序等句法符号来确定事件中参与者所充当的角色,这些角色包括有如参与者等实体在内的各概括性句法结构位点(generalized slots)。然而,这一整个的过程是在具体项目基础上完成的,也就是说,儿童如果没有听过具体某个动词在成人言语中的使用及其标示情况,他们就不能用类似的方法跨场景对参与者角色的句法标示进行概括。这种有限的概括可能是由于归类难度或将整个语句做系统性组合的难度造成的,其中包括将语句所涉及的事件和参与者角色归入更加抽象的语言结构,尤其是儿童需要在所听到的众多不同形式的说话方式中选择提取。因此,可以将儿童早期的句法能力看作是一个半结构化的详细目录,在这个目录里动词结构相对独立,所经历场景与基于项目的结构相匹配,且结构与结构之间几乎没有什么联系。

264

图式化过程

从实用的观点来看,词语组合、中心图式和基于项目的结构都是儿童运用一般认知能力和社会认知技巧从他们所听到的语言中抽取出来的结构。因此,从发展的某个必然点(necessary point)上看,儿童具有理解、学习及生成以上三种早期语言结构所需的技巧,指出这点很重要。

首先,要在单语调条件下组合词语,儿童必须能够针对某个目标制定多步骤程序并提前将各个概念集合在一起,这就是 Piaget(1952)所说的"心智组合"。在非语言行为中儿童更易于完成这种"心智组合",事实上,从 14—18 个月开始他们就能够自行解决问题,不仅如此,在这个年龄期,他们还能够从周围人的行为中模仿组合程序。Bauer(1996)发现,14 个月大的幼儿已经能够很熟练地模仿学习成人 2—3 个行为步骤,这类模仿大部分是关于复杂玩具的组合(例如一个玩具钟)。另外,儿童对程序步骤的顺序也很敏感,这似乎也就表明在这个年龄段儿童已经具备了单词组合的技能。

其次,和个体词语组合的抽象化一样,中心图式形成的过程与 1 岁儿童所形成的其他感觉运动图式(sensory-motor schemas)的程序非常相似,它包括通过对他人行为的观察而习得的图式,这一过程可被称为图式化。因此,Piaget (1952)提出,当儿童针对不同事物重复做出同一行为时,他们形成了一个感觉运动图式,该图式包括:(a) 各种不同行为中的一般成分,(b) 可变成分的语言缝隙(slot)。Brown 和 Kane(1998)的一项研究以两岁儿童为被试,先学习对特定的物体做出某类特定的行为(如,拉一根棍子),然后给他们一些迁移问题,要求他们创造性地针对不同的物体做出同样的行为(如,让他们学会拉的技能,拉绳子、拉毛巾)。儿童完成该任务时所使用的技能清楚地表明,他们从不同的语句中创造出中心图式所需的那种认知能力,从而形成如"拉 X"之类的认知模式。最后,如果儿童对一些项目类别形成了具有可变语言缝隙的某种概括性的行为或事件图式(如,Throw X),该可变语言缝隙和项目类别由它们在图式中的作用所界定,这就是为什么 Nelson(1985)把它们称作缝隙填充类别(slot-filler categories)的原因。这意味着在诸如"Throw X,X gone 和 Want X"之类的中心图式中,这些缝隙可以是"可以扔的东西""消失了的东西"和"我更想要的东西"等。在界定语言缝隙的过程中图式的最重要特性会导致一些强制解释,这已在儿童创造性使用语言中得到了证明,该语言中的某个图式包含了某个项目,该图式要求我们用不同寻常的方式去理解它。例如,在面对一定的交际压力下,小孩可能会一边往某些东西上倒果汁一边说"I'm juicing it",或者一边看书上游泳活动的图片一边说"Where's the swimming?"。这种"功能强制"(functional coercion)的过程或许正是 1—2 岁儿童在言语中按句法规则进行创造的主要源泉。

第三也是最后一点,对于儿童是如何学会根据句法规则标识他们的话语水平(utterance-level)结构,并进而形成基于项目的结构的,这一点到目前为止还尚不清楚。实质上,儿童需要学习的是,一些语言符号用于对世界事物进行推断或预测,但另一些语言符号(包括词序)则用来表示更多的语法功能。这些功能数量众多,种类多样,但是它们有共同的属性,即它们寄附在承载推理和预测的语言符号上。这样,根据话语水平结构,如果一些推理性句子表明了行为的宾语实体,那么,宾格标识或动词后邻近词(an immediate postverbal position)只具有符号功能,这些句法标识也因此被称为二级符号(second-order symbols)(Tomasello,1992)。虽然儿童确实参与了一些角色是清晰的或概化的非语言活动,但是这些非语言活动中却没有什么和二级符号相对应(最可能对应的或许是在某些伪装游戏中参与者的角色的指派——但那典型地是更晚发展的成就)。在英语中,儿童听到诸如"X is pushing Y"之类的句子,之后在另一个场合听到"Y is pushing X",当他们能在现实的世界中找到这两个句子的蓝本时,我们认为儿童学会了如何处理二级符号。从这他们开始明白,不用考虑参与者的具体特性,在动词前是 pusher,而 pushee 则应在动词之后,动词的独立体结构得以构建。

句法角色标识

从心理语言学的观点来看,语言结构有且只有四部分组成:单词、单词的形态标识、词序及语调/重音(Bates & MacWhinney,1982)。对于话语水平结构而言,标示参与者角色(通常是名词短语之类的表述,简写为 NP_S)的句法装置就显得尤为重要,它标示了语句的基本表达式"who-did-what-to-whom",该表达式有时也被称作"施事—受事关系"。为此目的,语言中运用了两种主要手段:(1)词序(主要是 NP_S),(2)形态标记(NP_S 位置上的格标记以及介于 NP_S 与动词间一致性标记)。

词序

母语是英语的儿童产生自发言语时,他们从一个非常早的发展期就能够对大部分动词(包括及物动词)使用标准的词序(Bloom,1992;Braine,1971;Brown,1973)。有研究报告指出,在理解任务中,2 岁大的儿童就能够对"Make the doggie bite the cat"(可逆性及物动词)这个要求做出正确反应,该任务需要儿童完全运用标准英语单词顺序才能够完成(DeVilliers & DeVillers,1973)。但是要真正弄清楚儿童潜在的语言表征的本质,我们需要对儿童的创造性语言生成作进一步考察,这就意味着有必要就实验中儿童的过度概化错误(overgeneralization errors)(这类错误不可能是从成人那里听来的)和新的单词使用情况进行研究。

首先,儿童的过度概化错误表明,儿童对单词的顺序和结构模式有更抽象的理解,过度概化错误包括诸如"She falled me down"或者"Don't giggle me"之类的句子,在这些错误句子中儿童创造性地在 SVO 及物动词结构中使用了非及物动词。Pinker(1989)从多方面收集过度概化错误例子,结果发现儿童的言语中生成了许多概化错误的句子,但是这类错误在 3 岁之前极少发生。

其次,言语生成实验通过词序特别关注英语中的施事—受事关系标记,实验者主要向儿童介绍诸如不及物动词或被动式之类的句法结构中的新单词,在符合语法规则结构下运用,随后观察儿童能否在标准的 SVO 及物动词结构中运用这些新单词。实验严格控制提供句法角色的线索(例如,格标记代词的使用,S 和 O 的动物性,参与者),而不是词序的线索。这类实验清楚地表明:在 3 岁半或 4 岁这个年龄段,多数母语是英语的儿童可以很快将新的单词同化到抽象的 SVO 图式中。例如，Maratsos、Gudeman、Gtrard-Ngo 和 Dehart(1987)等人的实验研究发现，先教 4 岁半到 5 岁半的儿童一个新的动词"fud"表达一个新的及物动词行为(人类正在操作可以转换游戏规则的机器)，然后向他们介绍"The dough finally fudded""It won't fud""The dough's fudding in the machine"之类的不及物句型中新动词，最后要求孩子们对问题"What are you doing?"做出迅速反应(这鼓励儿童用 I'm fudding the dough 之类的及物动词语句回答)。结果发现，4 岁半到 5 岁半的绝大部分儿童尽管先前没有听过这些新动词在正规 SVO 及物表达方式中使用过，他们也能用这些动词生成符合规范的及物 SOV 结构的句子。

　　但是，对于更年幼的儿童，情况却并非如此。Maratsos 等(1987)以 2 岁到 3 岁的儿童为被试进行的实验发现，大部分被试都不能生成符合规范的及物 SOV 结构的句子(Tomasello,2000)，与此结果类似的实验还有十几个。我们还收集了各个年龄段儿童的资料并将它们进行数据比较，我们发现一个连续的发展进程，这个进程中儿童在 3 岁到 4 岁期间会越来越多地在及物 SVO 结构中运用新单词，这为儿童获得标准英语单词顺序的理解能力的发展提供了有效证据(见图 6.1)。

　　Akhtar(1999)运用不同新动词的方法探讨了儿童的英语词序规范知识。首先由一位成人分别给 2 岁 8 个月、3 岁 6 个月和 4 岁 4 个月的年幼儿童示范了在新及物事件中使用的新动词，他以标准 SVO 顺序示范一个动词，例如在"Ernie meeking the car"句中示范，而另外两个以非规范的顺序示范，或者是 SOV 顺序(如"Ernie the cow tamming")，或者是 VSO 顺序(如"Gopping Ernie the cow")。然后用诸如"What's happening?"之

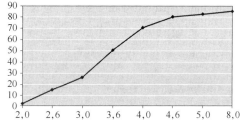

图 6.1　不同研究中儿童运用新动词生成及物性话语的百分比，摘自"Do Young Children Have Adult Syntactic Comprehence?" by M. Tomasello, 2000, *Cognition*, 74, pp. 209 - 253. 经授权允许复制。

类的中性疑问句鼓励儿童使用新动词。结果发现，几乎三个年龄阶段的所有儿童在听过新动词之后都能够使用这些新动词生成 SVO 表达方式。

　　但是，如果儿童所听到的是非规范的 SOV 或 VSO 形式的句子，不同年龄的儿童则做出不同的行为反应。总的来说就是，年长的儿童会运用动词的一般及物性知识将新动词的非规范 SOV 用法修正成标准 SVO 形式；相比之下，年幼的儿童则更多地是将新动词和他们听到的顺序模式相匹配，而不去管这种模式在成人听来是多么的稀奇古怪。近来，Abbot-Smith、Lieven 和 Tomasello (2001)等人将以上研究方法做了进一步的拓展，被试的年龄更小(2 岁 4 个月)，且实验材料采用不及物动词，他们发现，能改正成人言语中奇怪的单词顺序的被试更少(还不及 Akhtar 研究中最年幼儿童数的一半)。两个研究的结果如图 6.2 所示。

　　在一项理解研究中，实验要求儿童对由 SVO 句标明的场景做出行为反应(用玩具)，结果发现，年幼的儿童对一般动词的标准英语单词顺序也不能理解，这一点似乎出人意料。因

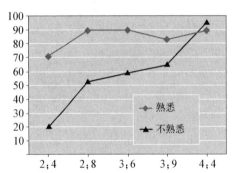

图 6.2 两个研究中儿童根据标准的含有熟悉和不熟悉的动词的 SVO 纠正奇怪的词序的话语百分比。来源："Acquiring Basic Word Order: Evidence for Data-Driven Learning of Syntactic Structure," by N. Akhtar, 1999, *Journal of Child Language*, 26, pp. 339–356. 经授权允许复制；"What Children Do and Do not Do with Ungrammatical Word Orders," by K. Abbot-Smith, E. Lieven, and M. Tomasello, 2001, *Cognitive Development*, 16, pp. 1–14. 经授权允许复制。

此，Akhtar 和 Tomasello(1997)给儿童出示许多诸如"This is called dacking"之类的句型，用来描述标准的及物动词行为；然后，运用一些新词要求儿童对"Make Cookie Monster dack Big Bird"的合理性进行评定，结果所有 10 个被试中 3 岁 8 个月的儿童在此项任务上表现优异，2 岁 9 个月的 3 个儿童在这个任务中表现高于随机水平，尽管大部分儿童在使用熟悉动词的控制实验条件下表现良好。在另一类理解实验中，首先教 3 岁以下的儿童在一台带有 2 个玩具字符的设备做出反应，然后(也就在这个时候才第一次向儿童介绍新动词)，成人递给被试 2 个新字符，并问"Can you make X meek Y?"(要求被试通过操作面前的设备做 X 与 Y 的匹配)。在这种情况下，只有呈现新动词条件下，儿童才能用非常自然的及物句型去描述一个他们熟知的行为动作。由于每个儿童都知道这些字符的名称，并且都努力尝试用恰当的方式让其中一个字符操作另一个字符，唯一的问题是：这两个字符分别起着什么作用。在这项实验中，12 个 3 岁以下儿童作为一组，他们的反应整体上表现出随机性，只有 3 个被试的表现高于随机水平。Bridges(1984)采用不同的理解方法(代币放置任务)得到了类似的结果，在这个理解方法中，研究者要求被试指出一句话的施事者，单词词序就是主要的线索。Fisher(1996)以平均年龄为 3 岁 6 个月和 2 岁 6 个月(Fisher，2002)的儿童为被试，都发现了积极的结果，只不过 2 岁 6 个月儿童的证据稍弱一些。

研究者使用另一项技术——偏好注视(preferential looking)——评价儿童对不同语言项目及结构的理解，在这项技术中，研究者向被试呈现两幅图画(通过两台电视显示器)并让儿童听到一个句子(通过中央扩音器)，该句子只贴切地描述了其中一幅图片的情景。观察儿童在哪一张图片的注视时间较长。还有一些相关研究则采用新颖动词或低频动词为实验材料从而确保儿童在此之前没有接触使用过这些动词。这些研究中，研究者都比较了儿童对及物和不及物动词的理解情况。例如，Naigles(1990)的研究发现，2 岁 1 个月的儿童在听到一个规范的 SVO 句子时，他们更倾向于注视一个参与者对另一个参与者做某事(使役意义)，而不怎么关注两位参与者同步独立完成某事的图片。这项研究表明，在偏好注视范式中，2 岁的儿童已经对简单及物动词结构有充分的了解，知道这些结构伴随的是一个人对另一个人施事的不对称行为，而不是两个人同时做某事对称活动。但仍不能明确的是对单词顺序的理解，也就是说，还没有证据表明在及物动词句式中儿童能够将动词前的位置与施事(或主语)相联系，而将动词后的位置与受事(或宾语)相联系，而这恰恰是完整及物动词结构陈述所必需的,这也是儿童完成理解任务和新动词产生任务中所需的①。

从以上生成和理解研究中我们可以得出这样的一般结论:大部分母语是英语的儿童在3岁之前还不能完全把单词词序理解为标识施事和受事(主语和宾语)的一般动词的、具有创造性的句法装置(虽然有少数儿童能在3岁之前能做到)。在许多情况下,甚至连有生命的实验刺激(施事是有生命的,而受事是无生命实体)也对儿童的句子理解与生成任务于事无补。当然,大部分的儿童都听到的 SVO 表达方式都带有一个或多个格标记代词(case-marked pronouns)(如,I-me、he-him、they-them、we-us 等)。所以,我们接着将注意力转向儿童格标记理解的研究,格标记在其他语言中比在英语中更为重要。

格与一致性

20世纪60、70年代,许多研究者在思索这样一个问题:对儿童来说,单词顺序作为一种语法装置应该比格和一致性更容易学习,因为规范的顺序是许多感觉运动行为和认知活动的基础(Braine,1976;Bruner,1975;McNeill,1966;Pinker,1981)。然而,跨语言研究后来打破了单词顺序的神话,也就是说,跨语言研究已经证实,不管儿童习得的语言基础主要是单词顺序还是格标记,或是两者的组合,儿童在自然言语过程中学会各种不同的语言,这些语言合符成人语言的使用原则,并且似乎在一个较早的阶段就能够恰当地标识施事—受事关系。事实上,在回顾过去研究的基础上,Slobin(1982)总结说,诸如土耳其语之类的语言显然只用形态格标记来标识施事—受事关系,学习这类语言的儿童在理解施事—受事句法结构能力的发展上要比学习有如英语等单词词序语言的儿童更早。为了进一步支持这一点,Slobin 引用了一些儿童语言学习的事例:有些学习格标识语言的儿童刚满2岁表现出过度概括格标记的现象(Slobin,1982,1985)。

在理解实验中,让儿童学习形态丰富的语言,这类语言的特点是单词词序在标明施事—受事关系方面只起着细微的作用。实验结果显示,被试理解施事—受事关系的句法标示的时期甚至比理解英语之类的单词词序语言还要早。这方面的代表性研究主要是:Slobin & Bever(1982)对土耳其语的研究,Hakuta(1982)对日本语的研究及 Weist(1983)对波兰语的研究(详见 Slobin,1982;Bates & MacWhinney,1989)。但是,需要提出的是,没有对临时造的词语(nonce words)进行语言的生成或理解方面的研究,而这方面的探索或许能够为儿童生成格标识知识的研究提供最可靠的证据。已有的少量有关临时动词的研究(如,Berman,1993;Wittek & Tomasello,2005)表明,正如英语或其他类似语言中的单词词序标识能力的发展,儿童临时动词的创造能力的发展也显现出缓慢的渐进的特点。

在英语中,对格标识的争论集中体现在代词格错误,如"me do it"和"him going"。大约有一半左右的儿童,特别是在2—4岁年龄阶段,会犯此类错误,且表现出相当大的个体差

---

① 运用注视偏好研究方法来探讨这一知识的唯一研究者就是 Fisher(2000)。然而,她给1岁9个月和2岁2个月儿童呈现的句子包含介词短语,它们可能提供了额外的信息(如,The duck is gorping the bunny up and down)。因此,儿童只需要解释"bunny up and down"来选择图片,实际上,该图片中"bunny"就在上下移动。

异，其中最常见的现象是用宾格形式代替主格(Me going)，但极少反过来用主格代替宾格(Billy hit I)。Rispoli(1994,1998)指出，儿童所犯的过度概化错误的代词绝大部分是宾格形式"me"和"her"，而不是主格形式"I"和"she"，并将这种错误归因于英语人称代词词形变化的形态音位学结构所造成的：

I	she	he	they
me	her	him	them
my	her	his	their

很显然，"he-him-his"和"they-them-their"都有一个相同的音素核(分别是 h-和 th-)而"I-me-my"和"she-her-her"则没有。事实上，儿童犯错最多的是以上形式中的后者，即"I-me-my"和"she-her-her"。在这两组代词中，儿童经常用具有一个相同的首音素的后两个代词"me-my"和"her-her"替代"I"和"she"，其中以"her"替换"she"的错误率最高。根据 Rispoli 的说法，正是因为单词"her"既是宾格又是所有格形式，这就是所谓的双位效应(double-cell effect)。总的观点就是，儿童在语义和语音基础的基础上犯着一些可纠正的语法错误。

到目前为止，对于儿童英语中有关代词格错误的解释还没有得到人们广泛的接受，这可能是几个不同因素共同作用的结果。要从理论上解决这一问题，最重要也是最令人关注的是跨语言研究，这些研究可以用不同的形态音位学和句法特征检验代名词词形变化。

线索的联合与竞争

在所有的语言中，都存在着标明施事—受事关系的多个可能性线索，例如，在许多语言里，至少潜在地存在着单词顺序与格标记线索，虽然某些线索有可能通常是用于其他功能(如，在许多形态丰富的语言中，单词顺序就主要用于诸如主题化之类的实用功能)。另外，为了理解成人言语，儿童可能也会专注于那些没有被直接编码的语言信息，例如，他们会利用动物性(animacy)信息推测一个语句中包含了"男人"、"球"和"踢"词汇项目，无论这些词汇项目在句法上如何组合，其最可能要表达的意思是"男人踢球"。

Slobin(1982)在一篇关于不同语言获得的拓展研究中提出了一些不同的理解策略，儿童利用这些策略建立施事—受事关系，这些理解策略的产生取决于儿童所面对的语言问题的不同类型。正如以上所提到的，该研究主要的发现是，儿童更容易掌握诸如黏附形态(bound morphology)之类的"局部线索"表达出来的语法形式，其他零散线索(如单词次序和某些形式的语法一致性)的作用要小一些。这为母语为土耳其语的儿童要比母语为英语的儿童更早学会实施—受事关系提供了合理的解释。另外，就算在某些特别依赖局部形态线索的语言里，土耳其语也算是"儿童易于掌握"或"对儿童非常友好"(child friendly)的语言。就土耳其语中的施事—受事关系为什么相对易于习得这一问题，Slobin(1982)列举出了 12 条原因，人们对其进行了改编。以下就土耳其语常规语法形态加以解释，包括：

- 后置词(postosed)、成音节(syllabic)、重读音节(stressed)，这使得土耳其语在感官上更加活跃突出。
- 采用近乎完美的一对一的形式与功能匹配专用功能形式(没有可融合的语素或同音异义词)，这使得土耳其语具有更好的可预测性。

- 采用名词的黏附形式,而非自由、孤立形式(freestanding),从而加强了土耳其语的局部性特征。
- 不同的名词和代词间的规则相对固定,这使得土耳其语更易于归纳。

所有这些因素结合在一起,使得土耳其语的施事—受事关系易懂易学,并且要发现儿童语言获得的基本过程,施事—受事关系的确定就是其中极为关键的一步。

然而,从研究方法上看,这些研究存在着一个关键的问题,那就是在自然语言中许多语言线索都是自然结合的,所以难以评价这些线索独自的作用。为此,Bates 和 MacWhinney (1989)在总结前人研究的基础上进行了一系列实验研究,全面探讨在众多不同的语言中儿童用于理解施事—受事关系的语言线索。其基本研究范式如下:首先给被试呈现一些语句,这些句子以不同的方式表明某种施事—受事关系,有时还可用带冲突线索的半语法语句表明这种关系,然后让儿童使用动物玩具做出反应。例如先给母语为英语的儿童呈现一个句子:"The spoon kicked the horse"(勺子踢马);在这个句子中,单词顺序线索的放置很可能与现实世界中的情景产生竞争,如上述"勺子踢马"这个句子,在现实情形通常是有生命体踢向无生命体而不是无生命体踢向有生命体。然而,年幼的儿童却会用勺子去踢马,这从而显示出单词顺序在英语中不容忽视的作用。有趣的是,相同意义的话语呈现给意大利儿童,他们却能忽略单词顺序而用马去踢勺子。这是因为在意大利语中单词顺序经常变化,且在意大利语中没有格标记(再则,在"勺子踢马"这个句子中"勺子"和"马"都是第三人称单数,这样语法一致性也不起作用),因此,语义的合理性就是最可靠的语言线索。在德语中,情形又有所不同,儿童逐渐学会忽略单词顺序和语义合理性(生命性),只是简单地在"马"和"勺子"上寻找主格标识和宾格标识(Lindner,2003)。

建构词汇类别

诸如施事、受事,或者主语、宾语之类的句法角色代表了其在语句中的词汇类别,该类别由句子整体结构中各成分的角色所定义。因此,随着话语水平的结构(utterance-level constructions)逐渐变得越来越抽象,这些范畴也变得越来越抽象。语法发展过程的另一个重要部分是建构像名词和动词这类词的具有范例性词汇的类别(paradigmatic category)。与句法标识不同的是,范例性词汇类别在语言中并没有明显标记。也就是说,施事/受事等成分在句子结构中是用单词的词序和语法形态得以表示,相反,动词和名词则没有任何明显标记(尽管有些词语通常具有多种形态并充当各种不同功能,如名词的复数标记)。这就导致词汇类别不能围绕任何具体语言符号来组织,而只能基于这些语言类别中各成员的共同性(即功能的分配)进行组织。例如,带有"pencil"和"pen"的句子经常出现在相同语境,也就是说,在结合冠词对事物做出某种推断或在标明主语和宾语的句法角色等情况下,这两个单词发挥了相同的作用,语言使用者也因此将这类单词和类似的行为词(behaving words)组合起来形成一个类别。

名词和动词是范例性词汇类别的原形,它们也是能够用于句子结构的不同位置的唯一候选类别。它们传统的定义是:名词是表示人物、地点或事物名称的词类;动词是表示动作的词类,显然,这种定义也并不是一成不变,因为许多名词也表示行为和事件(如: party,discussion),而且许多动词也可用以表示事件的非动作状态,这些事件状态有时很难与形容词所表示的状态区分开来(如,"be noisy","feel good",它们在不同语言中既可通过动词来表达,也可通过形容词表示)。另一方面,Maratsos(1982)指出,名词和动词都有小规模合成(small-scale combinatorial properties)的特性,如名词常常与限定词和名词复数标识一起出现,动词则常常与时态和体态标识(aspect markers)一起出现。虽然我们可以借助这些形式的出现来识别它们的词语类型,但是,很显然动词与名词下的核心概念在认知与交流过程中具有更深层次的含义。以下简单的事例也证明了这一点,即某些极富有代表性的名词性词语并不具备像其他词语那样的小规模合成特性,如代词和人名前不要加限定词,同时人名也不具有复数形式。

Langacker(1987)则基于词的功能对名词和动词做出解释,这比简单地从概念定义或纯粹的表面特征进行解释都要更加深入。Langacker强调,动词和名词通常并不用来表示某种特定事物,而是在某个特定的交流语境中以特定方式引起听众对谈话内容进行建构。例如,我们通常会有这样的经历:是使用"exploding",还是"an explosion",这种情况下主要取决于表达的需要。一般来说,名词主要当作有界定的实体用于建构经验(如 an explosion),而动词则主要作为过程用于建构经验(如 exploding)。Hopper 和 Thompson(1984)进一步提出,谓项关系的语段功能为人类语言的交流提供了依据,它要么是作为一个有界定的名词,要么则是暗示某一行为过程的动词。重要的是,正是这些交流功能可以说明为什么名词通常伴有限定词,因为这些限定词(this、that)有助于听话人理解说话人话语中的语词在现实或概念空间中所指的对象,而动词时态标识的作用就在于帮助听者理解说话人在现实或概念时间上的某一行为过程 (Langacker,1991)。个体在理解名词和动词的功能基础之后,就能使用形式特性(如: 限定词和时态标识)去识别接下来的对象。

从名词或动词的功能出发,Bates 和 MacWhinney(1979,1982)提出,话语中先出现的名词是以某个具体实物的概念呈现的,而最初的动词是以某个具体行为的概念呈现的,随后就概化到这些名词或动词的其他对象。问题是,年幼的儿童在语言发展的初期就使用成人运用的名词谈及各种非实物实体,如"breakfast"," kitchen"," kiss"," lunch","light","park","doctor","night" 和"party"等,并且,他们还使用成人使用的动词来预测事件的非行为状态(如,"like, feel, want, stay, be"等,Nelson, Hampson, & Shaw,1993)。此外,这种解释存在着问题:在儿童语言发展的早期,他们还学会了许多既可做名词也可做动词的单词如,"bite","kiss"," drink"," brush","walk","hug","help"和"call"等(Nelson,1995)。目前还不清楚任何一个不考虑交际功能的目的而只关心词汇在话语中发挥的交流作用的理论是如何解释这些双重类别词的习得的。

相反,从特定单词的特定类型能否在表达某种特定的事物方面说来,儿童最初所理解的词性变化类别是局部的、拼凑的。这一观点得到了一些发展研究的支持,例如,Tomasello 等(1997)以名词为对象发现,22 个月大的儿童从一个句法中性语境(如,Look! A wuggie)中习得一个表示新事物的新颖名词之后(look! A wuggie),会立刻把这个新名词与一些谓项关系相结合,生成"Hug wuggie,""Wuggie gone."之类的句子,这就表明,儿童或许借助冠词"a"发现了"wuggie"与那些可以"hug"的或者会"gone"的事物间的共同点。这个年龄的儿童,虽然他们之前从未听过"wuggie"的复数形式"wuggies",在看到两个"wuggies"时,也能够用复数来表示。然而,有趣的是,儿童在句法和形态两方面的创造能力却表现出低相关,这一发现有助于我们确定其中所涉及的具体过程。那些能创造性地将"wuggie"与其他单词按句法规则进行组合的儿童不同于那些只能创造性地说出"wuggie"的复数形式的儿童。这意味着,儿童只是针对局部的交流目的形成拼凑、零碎模式的词汇类型,其交流目的是非常具有针对性的,他们运用的仅仅是拼凑的功能,而不能为了更加抽象、关系更密切的语言功能形成成人语言中的词性变化类型。至于以上这些过程如何应用于抽象名词、专有名词、集体名词之类的单词,目前尚不清楚。

至于动词,Akhtar 和 Tomasello(1997)以 2 岁和 3 岁儿童为被试,做了类似的研究。他们发现,与名词的研究结果相似,儿童以不相关的模式创造出合符句法和词法的新动词,这也就再一次证明儿童范例性词汇类别的获得是局部的、拼凑的并且以具体功能为目的。来自其他语言的研究证明,儿童范例性词汇类别的发展是渐进而零碎的,他们试图同化局部类别向成人更具抽象功能的词汇类别发展(Rispoli,1991)。

总之,研究者用解释儿童其他认知类别的理论术语很好地解释了儿童早期的范例性词汇类别的获得。正如我们在前文所提到的,对于儿童早期的中心图式的缝隙填充类型(slot-fillers categories)的争论,Nelson(1985,1993)和 Mandler(2000)都认为,概念的本质在于其功能,人们将事件和活动中行为上类似的对象归为一组。然而,对于某些语言范畴,如名词和动词,我们必须清楚地认识到它们并不是现实世界中的实物范畴(即,语词所指的对象),而只是一些语言碎片(如,单词和短语)。当单词和短语依据交际中的相似功能以谓语关系和对象的指代等方式聚合成组时,就导致词汇类别在认知和语言上的一致性。

形成这类范畴所必需的主要认知技能是统计或分散学习。重要的是,最近有研究发现,就连尚未学会说话的婴儿也能在呈现出的连续听觉刺激中找到语言模式。例如,Saffran、Aslin 和 Newport(1996)等人先让 8 个月大的婴儿听 2 分钟由三音节无意义单词合成的语句,如"bidaknpadotigolabubidakutupiropadoti . . .",然后再同时语音呈现两组这类的音节合成词串(一组在左边,另一组在右边),其中一组词串包含之前出现过的"单词"(即目标"单词",如"tupiro"和"golabu"),而另一组则由与前面"单词"音节相同但次序不一样的"单词"组成。通过观察幼儿的头偏向的方位看被试更喜欢听哪边的声音,结果发现,婴儿更倾向于听含有目标"单词"的那组合成词串。

后来的研究表明,婴儿甚至还能在任务词串的音节与原目标词串的音节不同的情况下找到语言模式。例如,Marcus、Vijayan、BandiRao 和 Vishon(1999)发现,给 7 个月大的婴儿重复听 3 分钟三音节无意义的 ABB 模式的音节串(如"wididi"、"delili"),这些婴儿在后来的任务中表现出对 ABB 模式音节串的偏好,甚至这个词的音节完全是新出现的,如,"bapopo"。Gomez 和 Gerken(1999)在 12 个月大的婴儿身上也发现了类似的结果。有趣的是,婴儿甚至还能从非语言音调序列或视觉呈现序列中找出它们间的相同模式(Kirkham,

Slemmer, & Newpart, 1999)。可见,这种发现模式的能力不单单是存在于语言学习中。另外,这种发现模式的能力也并非是人类所特有的,已有研究表明,如教小涓猴类似的程序,它们也表现出同样的模式寻找能力(Hauser, Weiss, & Marcus, 2002; Newport, Aslin, & Hauser, 2001; Ramus, Hauser, Millker, Morris, & Mehler, 2000)。

晚期的个体发生

在学龄前的几年时间里,母语为英语的儿童开始生成一系列抽象的、话语水平结构的语句,这类结构包括及物动词、不及物动词、双宾语、定语、过去式、祈使句、反身代词、方位词、因果词及各种不同的疑问句结构。这些结构大部分都是所谓的论题结构(argument-structure),它们通常用于表达某种抽象的、经历过的场景,例如:人对物体做出某种行为,物体状态或位置的变化,人给人某件东西,人对某种心理状态的体验,人或物处于某种状态等(Goldberg, 1995)。这些抽象结构很可能代表了儿童对十几种——甚至更多基于项目结构尤其是动词独立结构(verb island constructions)的归纳聚类。

儿童也构建了一些更小的结构,这些结构是话语水平结构的内在的重要组成部分。这里特别要提出的是名词结构(NPs)和动词结构(VPs)。儿童建构不同形式的名词结构,如"Bill","ma father","the man who fell down"指代某件事物,同时建构动词(VPs)来暗示这些事物的某种属性如,"is nice","sleeps","hit the ball"。稍晚一些时期,儿童还会创造出包括多谓语的较大规模的复杂结构,诸如不定式充当补语的结构(I want him to go)、句子充当补语的结构(I think it will fall over)和关系从句(That's the doggy I bought)。这些小结构和大结构对儿童后面的语言能力的发展起着重要的作用。

在这章节中,我们再次从理论上关注归纳儿童的语言经验从而建立高度抽象的语言结构的认知过程的本质。此外,在这一章节我们还提出一个难题:为什么儿童只以自己的方式概括这些结构,而不是用成人认为合理的其他形式进行概括。

抽象结构

在英语中,关于儿童语言发展过程中早期所用的抽象结构大部分都是从成人的角度来研究的——采用来自成人的模型所定义的结构。我们尚且接受这种说法,但是事实上,一旦对这些结构进行更加精细的分析研究,我们在此所列举的许多结构情况可能都有所不同,如从属结构家族(families of subconstructions)。

定述、定语及所有格

英语为母语的儿童早期的话语水平结构通常都是用来确定某个物体或给该物体分配一些特征,其中包括该物体所有者或物体大致的方位(Lieven, Pine, & Dresner-Barnes, 1992)。然而,在成人语言中,这些结构几乎不变地需要某些系词结构形式:"to be",尽管儿童并不经常使用这个结构。这些结构通常是围绕某个或某些具体词汇展开。定述功能最常见的是"It's a / the X";"That's a / the X",或者"This 's a / the X"。定语功能最常用的则是："Here's a / the X"；"There's a / the X"。而所有功能最常见的结构是："（It's）X's _____"；"That's X's / my _____"；"This is X's / your _____"。在 Clancy（2000）有关韩国语的研究中也发现了一些类似的结构，并且，Slobin 的一系列跨语言研究也揭示：在其他语言中，儿童也经常使用这些结构关注某一外在物体或者描述该实体的某个特征。

简单及物动词、简单不及物动词与祈使语气动词

英语中，简单及物动词用于描述与其他场景完全不一样的变化场景，其中典型的场景是：在某一场景中有两个参与者，其中一方以某种方式对另一方施加某个行为。儿童在其语言发展早期就能自然地说出这一类型的语句来表达各种不同的生理或心理活动，它可以表示人们对某个实体施加从"推"、"拥有"到"放下"、"知道"等一系列行为活动。儿童在及物动词结构中常用的动词有"get, have, want, take, find, put, bring, drop, make, open, break, cut, do, eat, play, read, draw, throw, push, help, see, say, hurt"等。

在英语中，简单不及物动词结构的运用非常广泛。从某种程度上说，该结构唯一的共同点在于：具有单一的参与者和行为活动。非主动格和非宾格结构是不及物动词结构的两种主要形式，所谓的非主动格表示某人做某事，例："John smiled"，而非宾格则表示某物发生了某事，例："The vase broke"。儿童在语言发展早期能够生成代表这些结构的句子，如，带有"sleep"和"swim"等的非主动格句子和带有具体动词"break"和"hurt"的非宾格句子。在非及物动词结构中，儿童常用的不及物动词有"go, come, stop, break, fall, open, play, jump, sit, sing, sleep, cry, swim, run, laugh, hurt, see"等，其中也包括一些表示使役语气的动词。

双宾语、与格和施益体

世界上所有的语言都具有谈论物—物间转换或人—物间转换的话语水平结构（Newman，1996）。在英语里，有以下三种相关结构可以实现这一功能：to 与格，for 与格（或叫施益体）及双宾语与格（或叫双宾语）。许多动词既出现在 to 与格结构中，又出现在 for 与格结构中，如，"give"，"bring"，"offer"，具体采用哪种结构则由动词的语义及参与者在语段中的位置共同来决定（Erteschik-Shir，1979）。比较句子"Jody sent it to Julie"和"Jody sent Julie it"，可以很明显地看到，在接受者是新信息且被转移的事物是已知的情况下，采用前置形式最为恰当。然而，结构的选择只部分取决于语段，因为大量英语单词只出现在前置形式（例如 donate），只有少部分单词用于双宾语结构中（如 cost, deny, fine）。儿童常用的双宾语结构中的动词有"get, give, show, make, read, being, buy, take, tell, find, send"等（Campbell & Tomasello, 2001）。

方位词、表果词和使役词

从最初的单词和中心图式开始，母语为英语的儿童运用种种方位词表示话语水平结构中的空间关系。方位词包括方位介词和动词＋小品词结构，其中介词有："X up, X down, X in, X out, on X, off X, over X, under X"等；动词＋小品词的结构如"pick X up, wipe X off"和"get X down"。儿童一旦开始说出一些表明两个或两个以上的事件的复杂结构，他们就会经常使用涉及两个主题的方位结构（two-argument locative constructions）。Tomasello

(1992)的女儿20个月时就能说"Draw star on me"和"People on there boat"之类的语句,这些语句都是两个主题的方位结构。大部分儿童在三岁的时候则足以灵活使用基于项目结构清晰讲述含有三个参与者的事件,其中施事通常会引起话题向方位实体词的转移,例如"He put the pen on the desk"。

其中最典型的就是表果结构,如"He wiped the table clean"主要用于表示一个行为及该行为产生的结果。虽然缺乏使用新动词生成表果结构的相关实证研究,但儿童在3岁之后其自然表述中确实使用了这些结构。在Bowermen(1982)对两个女儿的研究中观察到以下发展过程:大约2岁左右,两个孩子学会多样的"起因动词(causing verb)＋结果效应(resulting effect)"的组合,如"pull ＋ up"和"eat ＋ all"等;过了一年左右,每个孩子都积累了许多貌似成人用法的此类型语言形式;3岁之后两人似乎能够重新构建到独自习得的模式知识并从中抽象出图式。这种语句的重建体现在孩子们的一些新表果语句中,如"And the monster would eat you in pieces"和"I'll capture his whole head off"。

使役概念在英语话语水平结构中既可通过词义表达,也可用短语来表示。词汇使役结构是在及物结构中使用具有使役意思的简单动词,如"He killed the deer"。然而,一些表示使役语气的动词为不及物动词,它们不能用于及物结构中,但采用短语使役句却能够取代不及物结构表达使役的意思。因此,假如Bowerman的女儿已经能够熟练运用短语使役结构,那么她就不会说"Don't giggle me",而说"Don't make me giggle",她也不会说"Stay this open",而用句子"Make this stay open"表达这种使役的意思。在英语中,"make"是直接引导结果的母词,"let"则是重要的相关动词,如"Let her do it"或"Let me help you"。另一个常用的母词是"help","help"也服从同样的句子模式如"Help her get in there"和"Help him put on his shoes"。至于年幼儿童是否能够看出这些使用不同母词的句子的共同模式,这一点还不清楚。

被动语态、中间态和反身词

英语中的被动语态由一组相关结构组成,这些结构从不同的视角描述了施事、受事和发生的行为动作随着及物行为的施事与受事的变化而有所不同。例如,句子"Bill was shot by John"是从Bill的角度描写发生的事,而不是关注John的射击的动作,并且该句子的缩略式"Bill was shot"更进一步地突出了这一点。除被动结构的这一般功能之外,Budwig(1990)提出,"get"和"be"形式的被动态自身与明确的语段观点有关。因此,get-被动态代表性句子"Spot got hit by a car"或者"Jim got sick from the water"倾向用于表示某种负面的结果,表明某一有生命的受动者受到无生命实体或非施动源的不利影响。相比之下,be-被动结构,如"The soup was heated on the stove"则用于表示无生命实体的状态发生变化的某种中性结果,且引起这一变化的施事者不可知或不必说出来。通常情况下,只有表示动作的及物动词才能够构成被动态,而表示状态的及物动词更不适用于被动语(如,"She was loved by him"),因为状态动词都不表示动作因而谈不上被动。Sudhatter和Braine(1985)的实验也证实了这一点,他们发现学龄前儿童能够较好地理解含有表示动作的及物动词的被动语句(如kick, cut, dress),而如果被动语句中含有表示经验的动词(如love, see, forget),儿童对该被动语句的理解较差。

值得一提的是：母语为英语的儿童虽然能够在一个较早的时期形成被动结构的缩略形式被动态（通常为"get＋ed分词"）和"get＋形容词"被动态（如，"He got dunked"或"He got hurt"），但要到4或5岁才能在自发言语中形成完整的被动态语句。Israel、Johnson及Brooks(2000)对儿童的被动分词的使用发展情况进行了分析,结果发现,儿童的被动分词的使用始于表示某种状态分词(如"Pumpkin stuck");然后使用一些处于静态与动态间的模糊分词(如句子"Do you want yours cut?"中的"cut",它既可表示切的动作也可表示切的状态);最后才学会运用具有完全被动特征并表示动作的分词(如,"The spinach was cooked by Mommy")。虽然被动语句在母语为英语的儿童的自发言语中并不常用,然而许多研究者却发现,年龄稍大些的学龄前儿童偶尔能够创造出在成人英语中并非表示被动的被动态缩略形式,如,"It was bandaided","He will be died"及"I won't have a brother anymore",这就表明儿童使用这种结构的一些创造性(Bowerman,1982,1988;Clark,1982)。

值得注意的是：习得某种非印欧语言的儿童通常能够在一个相当早的发展阶段就形成被动句子,这一结果在使用Inuktitut语(Allen & Grago,1996)、Kiche' Mayan语(Pye & Quixtan Poz,1988)、Sesotho语(Demuth, 1989, 1990)和Zulu语(Suzman,1985)的儿童身上得以体现。Allen和Grago(1996)的一项研究报告指出,一个年龄在2岁到2.9岁的儿童(另外还有两个年龄稍大些)就能够生成非常符合规范的被动态缩略式或完整被动语句。尽管其中的大部分句子都含有熟悉的行为动词,但是也发现在一些被动句中充当谓语的是表示经验的动词,还有几个句子的谓项则明显采用了动词的创新形式,这些动词的创新形式在成人Inuktitut中并不用于被动态。对于儿童的这一早慧现象,人们做出这样的假设,认为其中包含着以下事实：① 在儿童的直接引语中,Inuktitut的被动结构非常普遍。② 在Inuktitut中被动语句实际上要比主动语句更为简单,因为在被动态中,动词只需适合主语即可,而在主动态中,及物动词不仅要适合主语,也要适合宾语。

那么,儿童对于所谓的中间语态结构(即中间态),如,"This bread cuts easily"或"The piano plays like a dream"(Kemmer,1993)的使用情况又如何呢? 有关这方面的研究还非常少。中间态的原型包含一个无生命的实体作为主语,它要对应有关谓语(即为什么这些句子需要特定的副词;"This bread cuts"或"This piano plays"在语法上是非常少见的现象)。Pudwig、Stein和O'Brien(2001)曾对儿童生成的大量语句进行观察,这些句子都由无生命的"物"做主语,结果发现,在儿童的言谈中使用最频繁的结构包括"This doesn't pour good"之类的句子。虽然母语为英语的儿童会使用一些类似"I hurt myself"的句子,但反身词在儿童的早期语言或成人英语中并不常见,然而,反身词在儿童其他语言的学习言谈中却非常普遍。在语言学习过程中,反身结构在儿童的直接引语中被频繁使用,例如,大多数母语为西班牙语的青年在很早的时期就听过或用过"Se cayó (It fell down), Me siento(I sit down), Levántate(Stand up)及Me lavo las manos(I wash my hands)"之类的句子。

疑问句

疑问句用来从谈话对方摄取信息。在许多语言中,疑问句主要通过其语调特征(如,He

274

bought a house?)或通过一个表疑问的词替换表内容的词(如,He bought a what?)。在英语中,以上两种情况均可能发生,但是更常用的问句形式是"Wh-问句"和"Yes/No-问句"。传统的语言结构分析认为,英语中的问句通过主语—副词位置的倒置(有时也采用助动词 do)和 wh-疑问词的移动构成。这些假说认为,说话者首先建构一个简单陈述句的语言表征,然后这一语言表征通过移动、重新组织或插入语法项目等方式转换成一个问句,从而使陈述句"John kicked the ball"变成问句"Did John kick the ball?"或"What did John kick?"。

但是,这种以语法规则为基础的分析在儿童语言发展的最初阶段实际上不可能发生的,原因主要表现在以下两个方面:首先,一些母语为英语的儿童在习得任何词语的结合之前就已经学会了某些"Wh-问句"结构,例如,Tomasello(1992) 的女儿最初学会的多单词结构是"Where-问句"如,"Where's the bottle?"和 What-问句(如,What's that?)。其次,每个研究过儿童早期问句的学者都有发现,儿童最初习得的语言结构与少数惯用语非常紧密地联系在一起。在这类研究中,Klima 和 Bellugi(1966)曾提出, Adam、Eve 和 Sarash 所说出的几乎所有问句都源自"What NP(doing)?"和"Where NP(going)?"这两种句子结构。Fletcher 的被试所生成的早期问句也基本上都来自以下三种句型中的一种:"How do . . . ?""Where are . . . ?"和"Where is . . . ?"近来,Dabrowska(2001)对儿童早期使用的"Wh-问句"做了更为详细的探索,结果发现人的一生最初的 3 年所使用的问句有 83% 是来自有如"Where is THING? Where THING go? Can I ACT? Is it PROPERTY?"之类的 20种句型中的一种。

倒置错误是这些研究表现出来的一种现象。母语为英语的儿童有时会在"Wh-问句"中颠倒主语和助动词,有时又不会,从而也就导致了像"Why they're not going"这类的错误。人们对此提出了大量相当复杂、相当抽象的以规则为基础的解释来说明这些错误。与以往一样,一些研究者们如 Ingram & Tyack(1979)声称,儿童实际上知道这些语法规则,只是在使用这些规则的时候表现出随意性和不一致。Rowland 和 Pine(2000)对此做了更为详尽的分析,结果却发现了一个令人感到惊讶的现象——儿童在 2—4 岁年龄段始终如一地颠倒或不能转换特定的基于具体项目的 Wh-词-助动词组合,被试儿童会一直坚持使用"Why I can . . . ? What she will . . . ? What you can . . . ?"这类的错误句子,同时也坚持使用"How did . . . ? How do . . . ? What do . . . ?"之类的正确说法。总之,在该儿童生成的共 46 个 Wh-疑问词和助动词搭配而成的句子中,有 43 个句子要么 100% 正确,要么 100% 错误[这一现象也出现在 Erreich(1984)的研究中,他发现被试在"Wh-问句"和"YES/NO"问句中出现的倒置错误数相等]。这从而就再一次说明儿童首先把问句的学习看作是以项目为基础的结构的选择,然后才是逐渐地向更加抽象的表征发生转变。

类比

儿童开始形成抽象的话语水平的结构是通过语句间的类比来实现的,这些语句来自不同的以项目为基础的结构。类比的过程极像对项目基础语句的图式化或概括化过程,也正是这样,通过类比的语句才变得更加抽象、更为概括。因此,尽管一个特定的基于项目的图式其所有例子中至少有一个共同的语言项目,如动词独立体图式(Verb island schema)中的动词,但是总的来说,抽象结构(如英语中的双宾语及物动词结构)却并没有共同的语言项。因此,问题就在于,对于复杂结构的类比,学习者对必要的成分进行匹配的基础是什么。

答案就在于学习者必须明白所要匹配的两个结构间的功能关系。Gentner & Markman (1995,1998)及其同事曾对此进行过系统的研究,他们指出,类比的实质就是对关系的关注。在类比的过程中,所涉及的客体被抹掉,而它们在语言结构上的关系却保持不变。Gentner 和他的同事进一步证明,幼儿具有关注两者间关系的天生潜能,从而使得类比顺利进行。从以下例子可以表明这一点:给儿童呈现两幅图片,一幅画的是一辆小车拖住一叶小舟(钩住的是小舟的尾部);另一幅画的是一辆卡车拖住一部小车(钩住的是小车的尾部),两幅图片中的小车在外观上一样。经过一些类比的训练之后,主试指着第一幅图片中的小车,要求小孩从第二幅图片中找出与小车起相同作用的物体。儿童很容易忽略两幅图片中小车在字面意义上的匹配而选择卡车。儿童能够依据图片所描述的整个过程发现卡车和小车实际所起的作用,确定两者都具有拖拉者的特征,或者施事者的特征。

Gentner 和他的同事强调他们所谓的系统性原则:在类比的过程中,结构是作为整体得以匹配的,有如关系的相互作用系统。这意味着,学习者是对整个语句或结构或者结构的重要成分进行匹配,并且试图通过一次的比较匹配所有的成分及关系。为了达到这一目的,学习者从相关的成分及关系的并列联结中寻求一一对应。这就说明,学习者是通过对主题一对一的匹配来实现语句间或结构间的类比,并且在匹配的过程中,学习者还会受到在较大结构中成分所充当的功能角色的引导。例如,学习者对"The car is towing the boat"和"The truck is towing the car"的匹配并不是起始于两辆小车在字面上的相似性为基础的成分匹配,而是从机能的相互作用角度来看它们是否起着相同的作用,最后实现对"小车"和"卡车"的匹配。这一分析表明,对语言结构进行类比其中重要的一点就是弄清句中相关词语(尤其是动词)的意义,特别是从人们所编码的诸如时间、空间、因果之类的关系方面理解相关词语的含义。但是,对于儿童在对语言结构进行类比的过程中何以能够对动词的意义加以匹配这一问题却还有待于进行系统的探讨。

Gentner 和他的同事还提出了有关学习的一些具体建议,例如,他们指出,儿童在句子结构中所经历的实体成分虽然在某些意义上来说是中性的,但是它们却能够对类比加工起促进作用。他们特别提出,对于一个句子,除其成分类型的可变性之外,结构中个别项目间的一致性也很重要(即,一个给定的项目只出现在句子的某一位置而不会出现在其他位置上)。在两个具有潜在类比关系的结构中,各种项目杂乱地出现在句子结构中的所有位置时,结构的匹配就会变得更加困难(Gentner & Medina,1998)。例如,假如两幅图片所画的分别是一辆小车拖住一叶小舟和一辆小车拖住一部拖车,那么两幅图片中的"拖拉者"均为小车,这样儿童在图片呈现的早期就能够毫无困难地对这两幅图片做出类比。这个原则能解释儿童的类比是为什么始于基于项目的结构。Gentner 他们发现,当有更多的成分或关系,它们不仅在功能上相似而且在感知上相似甚至相等时——图式化过程如同动词独立结构中的一样,结构的匹配就变得更加简单。然后,儿童逐渐用他们的方式进行完全抽象类比。另外一些语言形态学领域的研究也曾发现,儿童在进行完全抽象的类比之前,需要先呈现相当一部分范例即关键的大部分实例。如果这一假设成立,那么这些关键实例(如动词类型对动词标记)的本质究竟是什么至今还不为人所知,也还没有相关的研究。

这样,语言结构的抽象概括是通过对不同的基于项目的结构的匹配来实现或者通过来自这些结构的语句的匹配来实现都有可能,例如,儿童所生成的一些动词独立体结构中带有"give"、"tell"、"show"、"send"等动词,这些动词均含有转移(transfer)的意思,并且出现在 $NP_1+V+NP_2+NP_3$ 句型中,其中 NP_1 表示给予者,NP_2 表示接受者,NP_3 表示所给予的东西,这种情况下匹配就必须在形式和功能两者的基础上进行。这样两个句子在语言形式水平和交流功能水平上都能够形成一个完好的结构匹配,那么就可以对这两个语句或结构进行类比。事实上这种说法在非语言学领域并不适用。从某种程度上,句子的结构能够反映出语法形态的某个特定模式,如"X was Verbed",这些模式通常都明确表明两类事物间的抽象关系,当要求儿童用具体例子说明某个抽象结构时,可能正是这种模式简化或促进了语句的再认。

Childers 和 Tomasello(2001)曾就儿童的句子结构中的抽象语言结构进行了唯一的实证研究。实验中,儿童的语言结构的抽象能力通过测试被试把一个临时动词应用到句子中的成绩而获得。在训练阶段,让母语为英语的 2 岁半的儿童听几百个及物动词结构句子,如,"He's kicking it",在 3 个单独的系列中共采用了 16 个不同的及物动词。被试也由此平均分为两组:一组儿童学习生词(从而针对某个关键组块提高儿童的及物动词量);另一组儿童听到的则是曾经学过的动词。在这两组被试中,有些儿童所听到的句子其施事和受事均为实名词(full nouns),而其他儿童既有听到其施事和受事都为实名词的句子,也有听到施事和受事均为代词的句子(如:He's Verbing it)。在测试阶段,考察儿童是否能创造带有临时动词的及物结构句子。该研究的主要发现是:既听到施事和受事均为实名词的句子又听到了施事和受事均为代词的句子的儿童,不管其训练的动词的熟悉性如何,他们生成及物性句子的成绩最好(而在控制条件下,儿童则完全不能用新颖动词生成句子)。这也就是说,代词的稳定结构"He's Verb-ing it"似乎能更大程度促进儿童形成动词的一般及物结构,但如果儿童只听到施事和受事均为实名词句子,没有稳定的代词结构时,这种促进作用的程度将有所降低。

该研究的结果与 Gentner 的分析相一致,Gentner 用几种方式更全面地分析了类比过程。首先,他们都提出了儿童有对不同的基于项目的结构进行概括的能力,这种能力可能是建立在类比的基础之上;其次,更为具体地说,他们都指出句子结构中各位置上的成分(在这主要是指 NP 位置上的成分)起着重要的作用(也可见 Dodson & Tomasello,1998)。在英语中,代词"He"只会出现在动词的前面,并且虽然代词"It"既可以出现在动词之前也可出现在动词之后,但是在儿童的直接引语中,"It"在大多数情况下都放在动词之后——在上述研究的训练阶段儿童所听到的"It"的唯一的位置。从这两点可以看出,非语言类比与语言结构的抽象化间的加工一致性较为充分地证明它们的加工过程基本上是相同的。

概化的限制

儿童语言的抽象化一定是受到了某些限制,这一点很重要,这也是儿童语言获得理论的一个问题所在。传统的观点认为,生成理论的主要问题在于:通过理论的分析,所形成的规则和原理将更加完善、更加有力,也更加抽象,从而致使儿童生成的符合语法的话语过于庞大。这样,就必然需要一些限制(如邻近性限制)以保持句子的经验的准确性。以实用为基础的理论则认为,儿童在学习的同时会对句子进行抽象概括,但是他们并不能同等地对学过的所有句子加以概括,而只能是对语言中常用句进行概括。很显然,有关句法形成的任何一种正统理论,不管其基本假设如何,都必须要面对为什么儿童只对所学过的句子进行概括这一问题。

下面我们就所谓的与格交替结构(dative alternation constructions)的基本问题加以阐述。这一基本问题是:有些动词放在双宾语及介词与格结构中都适合,而有些动词却不行,例如,

He gave /sent /bequeathed /donated his books to the library.
He gave /sent /bequeathed /*donated the library his books.

上述句子中的四个动词的意义非常相似,因此它们的用法看上去似乎也可能完全相同,可是为什么"donate"只可用于介词与格结构中,而其他三个动词却用于两种结构都恰当呢?

另一个例子,

She said /told something to her mother.
She *said /told her mother something.

同样,"said"和"told"的意思也非常接近,因此如果说它们的用法不同,这似乎不合乎常规,也不合乎人们的预期(Bowerman,1988,1996)。相似地,一些使役格的词和方位格的词也可交替使用,如,"I rolled the ball"和"The ball rolled";"I sprayed paint on the wall"和"I sprayed the wall with paint"。当然,这种用法只局限于少数的一些动词。

要解答这一问题其实很简单。其中一种方法认为,或许儿童只学习了所听句子中的动词。根据已有的研究证据,这可能只发生在儿童语言发展的最初阶段,而在后期阶段则并非如此,尤其是在3—5岁时期,该年龄段的儿童会利用某些规律对句子进行过度的概化。这正如Bowerman所报告的那样(1982,1988;Pinker,1989),他的两个孩子在3岁时说出"Don't giggle me",在3.1岁时说出"I said her no",这也就说明了在儿童语言发展的整个过程中语言的生成并非总是保守的,所以这不可能就是所有问题的答案。

另一种方法也很简单,当儿童犯过度概化的错误时,成人可以给予修正,这样儿童过度概化的趋势就会受到语言环境的限制。但是,如果成人就儿童所说句子的语法不进行纠正的话,情况就不是这样(Brown & Hanlon,1970)。成人,至少西方的中层人士会对儿童说出的形式完好和形式欠佳的句子分别做出不同的反应,例如,听到形式完好的句子就继续交谈,但如果听到形式欠佳的句子则会适时予以修正或对其进行改正(Bohannon &

277

Stanowicz，1988；Farrar，1992）。但是，通常大部分理论学家并不认为这种间接反馈足以抑制儿童过度概化现象的发生，再则，是否世界上使用不同语言的所有儿童都能够获得这种反馈也是不清楚的。因此，我们只能说，来自成人的语言反馈在限制儿童过度概化趋势上有可能起着一些作用，虽然不是起必要或充分作用。

考虑到以上解答方法的不足，人们集中对以下三方面进行了深入的探讨。首先，Pinker认为存在着某种非常具体且主要是语义方面的限制，这些限制既适用于一些特定的英语结构，又适用于一些惯常或非惯常使用的动词。例如，如果一个动词表示"移动的方式"，那它就能够恰如其分地运用于及物结构中（如"I walked the dog at midnight"或"I drove my car to New York"中的"walk"和"drive"），但是如果某个动词在词典上明确表示"移动的方向"，情况则有所不同（如"He came her to school"或"She falled him down"中的"come"和"fall"的用法就不恰当）。儿童究竟如何习得这些不同类别的动词至今还不清楚，并且这些动词在不同语言中有所不同，所有儿童必须掌握这些不同种类的动词。其次，儿童听到一个动词出现在某个特定的语言结构中的频率越高（即动词的用法越固定），那他把该动词运用于其他未听到过结构的可能性就越低（Bates ＆ MacWhinney，1989；Braine ＆ Brooks 1995；Clark，1987；Goldberg，1995）。第三，如果儿童听到某个动词出现在一个语言结构中，而且该动词与其他可能的概化形式有着相同的交流功能，那么，儿童就会推断这种概化形式是非习惯性的——听过的语言结构促进概化。例如，当儿童听到"He made the rabbit disappear"这样的句子后，再出现"He disappeared the rabbit"这样的句子时，他会认为"disappear"不会出现在简单及物结构——因为成人似乎较少使用"disappear"的及物结构（迂回的使役词是更具有标识性的结构）。

两项实证研究结果表明，事实上存在三种限制过程，它们是：防御（entrenchment）、优先占有（preemption）、动词子类的词义知识（knowledge of semantic subclasses of verbs）。首先，在 Brooks、Tomasello、Lewis 和 Dodson（1999）等人的实验中，实验者先给 3 岁个月至 8 岁的儿童被试示范大量及物性固定的动词，如"disappear"为完全不及物动词，"hit"为完全及物动词。实验刺激为四对动词，这四对动词是：come-arrive，take-remove，hit-strike，disappear-vanish。一个词对包含一个儿童早期习得的动词，也是成人常用的动词（高防御动词）；另一个词是儿童后期习得的动词和成人较少使用的动词（低防御动词）。每个词对的第一个单词作用更具有防御性。实验要求被试根据成人主试的提问做出回答，这些提问将诱使儿童产生过度概括。结果发现，面对成人的提问，各个年龄段的儿童都表现出相同的模式：与低防御动词相比，高防御动词的过度概括可能性较小，即儿童更可能生成"I arrived it"而不是"I comed it"。

其次，Brooks 和 Tomasello（1999b）以 2.5 岁、4.5 岁、7.0 岁的儿童为被试，先教他们学习一些新动词——有些动词符合 Pinker（1989）的语义标准，有些不符合——然后诱使儿童把这些新动词概括化到新的语言结构中。另外，从某种程度上主试通过给儿童提供使用新动词的备选结构从而诱使他们优先占有某些概括形式，如给儿童提供 "What's the boy doing？" 可能的答案" He's making the ball tam"，它允许动词在不及物结构中使用。实验结果表明,防御和优先占有都起到了限制的作用,但是只有 4.5 岁或超过 4.5 岁的儿童表现出把一个动词按相应的关系概化或没有概化到某个主要的语义子类别的差异;并且如果主试事先给被试提供一个备选的优先占有结构,那么他们把一个动词概化到一个新结构的可能性将更小。

总体说来,防御作用的发生似乎较早:从 3 岁开始或 3 岁以后,这时某动词独立结构的防御性的高低取决于用法;优先占有和语义子类别则出现得较晚:大概在 4 岁或 4 岁之后,这是因为在这个时候儿童已经习得了更多有关动词的习惯用法,并且也习得了在不同的交流语境中出现的所有备选语言结构。

名词和动词结构:形态学习

世界上的语言,从话语水平结构来看,它有两种主要的次结构组成:名词结构和动词结构。实际上,在真实的语言交流中,名词或动词结构经常单独使用充当完整句子的语言功能,这就很好地证明了名词或动词结构在语言交流功能上具有连贯性和独立性。例如,当某人问"Who is that over there?"时,名词性的"Bill"或"My father"都是合理的回答,同样,当进一步问"What is he doing?"用动词或动词短语"Sleeping"或"Playing tennis"的回答也都是合情合理的。当然这也不排斥用名词和动词组成的句子如,"My father is playing tennis"进行回答。

名词结构

人们运用名词来指代"事务"。在许多理论中,名词的原形是具体的事物,如:人(person)、地方(place)、事(thing)。然而,名词也经常用于表示存在的所有实体,既有真实存在的,也有虚构的;既指有形事物,也指无形事物。因此,为了表达的需要,人们根据具体事物类推出表示行为、特征及关系的抽象事物,例如,我们会说"Skiing promotes good health","That blue looks awful in my painting"及"Bigger is better"。事实上,在许多语言中,我们很难明确地划分出专门表示指称功能的具体名词,如"dog"和"tree",但是语言中却具有这样一类词,它既可以用作名词,也可用作动词,这就类似英语中的单词"cut",在句子"I cut the bread"中"cut"是动词,而在"There's a cut on my finger"中"cut"则是个名词;再如句子"I'm hammering in this hail with my hammer"中含有两个"hammer",其中前者是动词,而后者是名词。Langacker(1987b)指出,语篇中对事件参与者及事件状态的识别需要语言使用者对谈话者的话语内容做出语法分析,从而忽略一个名词在严格意义上的本体论含义,明确该名词在谈话中到底指称什么。

在事物的指称过程中,说话者必须根据当时的交流情境的需要,从诸如专有名词、冠词+名词、代名词之类的各种名词结构中做出选择,其中最为关键的一点就是要求说话者能够时刻根据当前共享的感知情境(尤其是临近的话语情境)及先前所共有的经历对听话者的知识和期望做出评估。Langacker(1991)对专有名词进行了研究,他提出,当前的谈话情境中涉及特定的事件中的特定任务时,说话者必定会把谈话的内容限定在他们的惯常指称范围中,用语用学理论的术语来说就是,说话者必须对听话人的指称的认知可获得性——通达性、典型性、假设性进行评估(Ariel, 1988; Givon, 1993; Gundel, Hedberg, & Zacharski, 1993)。

　　一个实体,它要么是说话者和听话者当前所关注的,要么就是能够从记忆中简单提取的事物,如,说话者和听话者都知道谁是"Jennie",这时说话者通常会选择代词"he"或专有名词"Jennie"来指称该实体。有关幼儿指称策略的大部分研究都是在可回忆度较高的情况下进行,尤其是采用了某些由普通名词和限定词合成的全名词短语(full noun phrase)。这类全名词短语并不——至少不像代名词或专有名词那般共享说话者与听话者间的知识。另外,全名词短语通常采用多单词或多语素表达所要指称的对象,因此,与专有名词或代名词相比,对全名词短语还可做更加深入的分析。这样,全名词短语也就具有了两种独立的描述功能:普通名词如"boy, yard, party",用于表示某种事物;限定词如"a, the, my",在名词短语中对中心词起限定作用,限定名词的指称性质,从而有助于听话人捕捉到指称事物的具体成员。

　　儿童能够在一个非常早的多单词话语中生成全名词短语,这类名词短语有时也可看作是一个完整的语句,如,对问句"What's that?"的回答"A clown",以及对"What do you want?"的"My blanket"都是一个完整的表述。在这类早期的语句中,限定词的用法主要分为三类:第一是指示词,如"this ball or that cookie"中的"this"和"that",它可以表示所指对象跟说话人距离的远近(离说话者的物理距离或心理距离),但是儿童要在数年之后才明白"this"指近的向心方向的事物,而"that"指远的离心方向的事物。第二类是所有格,如,"my shoes"或"Maria's bike"。这些表示所属关系的词在儿童语言发展中运用得非常早,并且它们似乎看起来从一开始就运用得非常精确,因此显得特别重要(参看 Tomasello, 1998b)。这种对所有格名词短语的早期掌握表明,儿童在其他诸如包括"定冠词+名词"和"不定冠词+名词"的短语结构学习中所遇到的问题,并不是由限定词+普通名词构成名词短语的一般困难所造成的,它一定来自其他方面。如果要掌握如何正确使用名词短语中的限定词,可能还需从其他角度或/和实用的维度来考察儿童在名词短语学习中所遇到的问题。

　　在儿童语言习得的研究中,有关英语限定词的研究最广泛的是定冠词"the"和不定冠词"a"。合理地运用英语中的冠词对第二语言学习者来说显得异常困难,尤其是在有些母语(例如日语或者俄语)中根本没有冠词。虽然在他们的英语课本中经常采用对比选择的方式来学习冠词,但是实际上,它们中的每一个都有广泛的应用,且其中的有些用法彼此间根本毫无相关。事实上,从一些语言的发展历史角度来看,定冠词派生于指示——主要是指向功能,而不定冠词则派生于意义为"one"的数字词,两者的作用相差甚远。英语中,定冠词的使用合乎语法的时间早于不定冠词(Trask, 1996)。

　　儿童要学会恰当运用英语冠词需要克服以下两个主要困难:其一,冠词和不定冠词表征的是所指情境(referential situation)中的两个不同但高相关维度:特定性(specificity)和给予性(giveness)。一方面来说,定冠词修饰一个特定的事物,如"I want the cookie(that's in your hand)",而不定冠词修饰非特定的事物,如"I want a cookie(any cookie)"。另一方面,谈话者认为听话者可以在一定程度上理解他所说的事物时,用定冠词the,如"I have the kite"中的"风筝"是谈话双方所谈论的对象,而不定冠词 a 用于修饰一个或一种新的事物,即使这个物体在当前情境中还尚不清楚,如"I have a kite. You will find it upstairs"。冠词在交谈情境中的特定性和给予性经常很令人感到困惑。其二,冠词应用需要从听话人的角度(即给予性)加以考虑,这对于 2 到 3 岁的儿童在认知上显得非常困难,发展心理学的许多研究也已经表明,儿童必要的观点采择技能要在 4 岁时才得到较好的发展(参看 Flavell,1997)。

Brown(1973)采用自然观察法发现,母语为英语的儿童在 3 岁时就能够有意识地注意到语词所指对象的具体性,从而可以非常流畅、恰当地使用定冠词和不定冠。然而 Brown 也指出,这种自发的应用,尤其是在谈话者知道所指对象,而听话者对所指对象尚不清楚的情况下,冠词的使用并不能给儿童自然交谈中的观点采择的发展提供任何支持证据。这一点也成为许多实验调查研究的对象。并且,正如人们所预想的那样,发现年幼儿童在向别人介绍的事物,而这个事物在别人看来又是第一次提及时,他们倾向于以自我为中心错误使用定冠词,例如,在没有对"the toy"作任何介绍的情况下,他们会告诉朋友"Tomorrow we'll buy the toy"(Maratsos,1976)。

Emslie 和 Stevenson(1981)让儿童根据一组图片给坐在隔板另一边的孩子讲故事。他们发现,如果图片的内容是连续不中断的,儿童都可以根据上下文或交谈双方的共有知识来识别某个特定的人或事,合理地运用冠词。当考察儿童观点采择的技能,实验任务是要儿童根据一组图片给另外一个儿童讲述一个故事,图片中间插入一个包含完全不相关物体或人物——这时肯定需要运用一个不定冠词(如"And then a snake appeared in the grass . . ."),结果却发现,只有 4 岁大的儿童一致使用不定冠词向听话人介绍这个新事物,而 3 岁儿童却在本该使用不定冠词的情况下错误使用了定冠词。Garton(1983)则让被试描述一个带蒙眼布或没带蒙眼布的成人,结果也发现孩子们只有在 4 岁之后才能正确区别定冠词和不定冠词的不同用法。

动词结构

正如名词是从空间上帮助听话人定位事物的所指对象,从句则从时间上帮助听话人确定说话人谈论的某个事件(Langacker,1991)。这一过程通常以以下两种方式实现:一是动词的体(aspect),它从时间上表示动作的内部进展情况,动词的体在语法上有相应的体标识,如,进行体表示动作正在进行(X is/was smiling);另一个是动词的时态(tense),如果脱离具体语言,抽象地说,可以把时间设想为一条无限长的直线,现在这一刻则是这条线上一个不断移动的点,并可以此为基点把过去与将来分开。动词的时态在语法上也有相应的标识,如,过去时态表示动作在现在之前的某个时间点已经完成(We went to the theatre last night.)(lomrie,1976)。动词的体和时态在叙述性的谈话中共同起作用,用于动作发生时间的判定,如 while I was X-ing, she Y-ed。另外,情态动词也非常重要。情态是修饰句子意义的一种方式,用以反映说话人对该句的表述是否真实的可能性所作的判断,它既包括说话人对事件的主观态度,也包括说话人对事件能否发生所作的判断。在英语中,人们经常通过情态助动词如 may, can, can't, won't, should, might, must, could, would 等来表明他们的态度。在其他语言中，人们也会采用不同的方式标记讲话者是如何明白他所讲的东西，这就是所谓的"时—体—态标记"（tense-aspect-modality，TAM）。"时—体—态标记"可以通过独立词汇（freestanding words）或者语法形态标识来实现，实现程度取决于特定语言中哪些东西已达到语法化，以及这种语法化到了哪种程度。

为了描述当前所谈论的事件，谈话者必须先给事件进行时间上的定位。Weist（1986）在Smith（1980）的研究基础上提出，儿童表明事件发生的时间顺序的语言能力的发展经历了四个阶段，这有点像成人的方式：

1. 1岁6个月：只谈论此时此地的事件。

2. 1岁6个月至3岁：谈论过去和未来。

3. 3岁至4岁6个月：开始谈论除了现在之外的某个特定时间的过去和未来。

4. 4岁6个月以上：开始使用成人时态系统（主要是动词形态）谈论除了现在之外的某个特定时间的过去和未来。

以上观点简洁明了，但问题在于：动词的时态和体常以复杂的方式互相影响，而且在不同语言中有不同的方式。对于儿童早期语言中动作发生时间的表述能力的发展，人们提出了众多假说，其中最著名的是Antinucci和Miller（1976）等人的"体先于时态假说"。该假说认为，对于表示目的的动词儿童更倾向于采用过去时，而表示活动的动词则更倾向于使用现在时或现在进行时。Miller在他的"体先于时态假说"强化版本中提到，儿童在2岁6个月之后才能在状态发生改变时使用过去时态，这种状态的改变表现出最终状态仍然知觉为现在时的特点。事实上，儿童在这个年龄通常认为，过去时态的标记表示该事件是受限制的（bounded）和已完成的（perfective）状态，而不是仅仅发生在过去的一个事件（即需要考虑事件的目的性和完成情况）。因此，儿童最初是在一些具有原型意义的事件中使用过去式的，常用的动词如"dropped"、"spilled"以及"broke"，而且这些事件是容易发生混淆的。

Antinucci和Miller（1976）等人把动词时态的这种运用模式归因于儿童对时间的不成熟理解。然而，这种严格的认知解释已不再被人们接受。这是因为，首先，许多儿童甚至在两岁之前就已能在没有任何当前知觉迹象的某些场合下使用表示活动的动词的过去时谈论已经发生的事（Gerhardt，1988）；第二，在许多理解实验中，要求儿童忽视动词的体（aspect）选择最恰当描述现在时、过去时或者将来时说话方式的图片，结果发现从一个相对较早的年龄开始，儿童就已经表现出较好的成绩（Weist, Wysocka, Witkowska-Stadnik, Buczowska, & Konieczna, 1984；Weist, Lyytinen, Wysocka, & Atanassova, 1997, for Polish-speaking children; and McShane & Whittaker, 1988, and Wagner, 2001, for English-speaking children）；第三，许多对第二语言学习的研究也表明，学习第二语言的幼儿、儿童和成人均表现出相同的时—体标识（tense-aspect marking）趋势，从而说明幼儿对动词的时和体的认知也是相当成熟的（Li & Shirai，2000）。

尽管如此，但以下事实也不容忽视，即，几乎在所有被研究的语言中，儿童更倾向用过去时描述那些被看作是表示目的和已完成的事件，如"broke"和"made"。而对于那些非目的事件或未完成事件，儿童通常会采用现在时或现在进行时，如playing和riding。例如，我们很少会听到一个一岁或两岁的儿童说诸如"breaking"、"making",或"played"、"rode"。关于这一点,已有文献记载的语言有：英语、意大利语、法语、波兰语、葡萄牙语、德语、日语、汉语普通话、希伯来语和土耳其语(Li & Shirai,2000)。在 Clark(1996)的一项追踪研究中,他对自己儿子的动词的时和体的使用发展情况作了量化比较,发现在 1 岁 7 个月与 3 岁之间,有 90%的时间采用表示活动的动词的现在进行时形式,60%的时间使用过去时态表示事件状态错综复杂变化。Tomasello(1992)甚至发现了表示事件状态发生变化的动词使用过去时态的频率更高。

这从而就推导出儿童表现出这种认知模式的原因,其中一个直接的主要原因是：儿童从周围的语言中听到的正是这种模式。Shirai 和 Anderson(1955)把这种现象称作分配偏好假说。也就是说,儿童在谈话中对种类特定动词的时态和体标记的使用与他们听到的语言中使用的情况相一致。因此,在儿童言语中我们再次看到成人对语法词和词素的运用模式,并且这种模式通常会混淆那些需要儿童进行分离的不同用法。分离的成功与否决定着儿童获得的是否是对这些语法词和词素的成人式的运用。动词的时态和体总是交互使用,如表示活动动词的未完成体、表示事件状态变化动词的进行时以及其他所有可能的时和体的组合,人们通常认为,如要对当前的情境做出适当的区分,儿童需要详细地倾听并做充分的理解。只有广泛地经历许多这些不同的模式,才能给儿童提供必需的材料,使他们能够分辨出从句结构中哪个成分才是谈话者时间轴上想要表达的点。正如,在一个带有限定词名词结构,儿童必须区分出所指对象的特性和听话人的视角,而两者通常交织在一起,这就给儿童名词短语的使用带来困难。因此,不足为奇,儿童需要花费好多年才能够正确区分这些成分。当然,在那些语法规则模式历来引起较少混乱的语言中,达到这种水平会更容易一些(Slobin,1985,1997)。

形态学习

要进行持续的交流,基于名词和动词的结构的呈现也需要保持连续不中断。虽然,不同的语种间存在着很大的差异,但是持续交际的压力在某些程度上导致语言形式的规范化,正是这种语法化使得不同的语言形式发挥其作用,并且它们的功能并不是一成不变的,而是表现出周期性的特征。另外,保持交际的压力也引起语法形态的创新,如,名词的复数形式和表示名词或代词同句中其他词的关系的格(case)。从语言习得和生成的角度来看,儿童在语法形态方面表现出许多有趣的特征。其中之一就是,儿童有时将语法词或词素过度规则化,这也是有关一般认知表征的主要理论争论的焦点。另外,因为语法形态的过度规则化在谈话中并不显著——在许多情况下这可能是由其他诸如词形变化的多功能所造成,第二语言学习者和有特殊语言障碍的儿童经常在语法词/词素方面表现出困难。

儿童语言学习中,最令人关注的是 U 型发展曲线(U-shaped developmental growth),即,在发展的早期阶段,儿童看起来似乎已经习得成人的常规表达方式;年龄稍大一些之后,情况却变糟了,比如说出些诸如"mans"、"feets"、"comed"、"sticked"、"putted"等不合符词形变化规则的词;再过一些时候他们的话语又回归到成人的常规方式。对这种发展模式的经典解释是：早期儿童的学习方式是通过死记硬背的机械学习，如"come"的过去时形式"came"，儿童把它当作单个的词汇项目加以记忆；之后他们学会了用规则的过去时态词素-ed，并且当他们想表达某个过去的动作或状态时，就一律采用这种形式。当然，儿童的这种策略有时是不恰当的，如"comed"；最后，在学龄前，儿童知道了在常规之外有特例，并开始显示出成人式的能力(Bowerman，1982；Kuczaj，1977)。U型发展曲线之所以如此吸引研究者们的兴趣，其原因似乎在于它是语言表征及加工过程中的标志性变化。

　　然而，有点令人费解的是，如果说英语是一种词形变化方面相当匮乏的语言，那么在这个方面研究得最多的应该是过去时-ed形式。有关儿童英语过去时态习得，进行了最多也最系统研究的是Marcus等人(1992)，他们检查了83个讲英语的学前儿童的手抄本，发现，过度概化错误相对较少，在儿童所生成的不规则标记中只有2.5%是-ed形式错误，并且，-ed形式的过度概化错误出现的概率在整个学前时期都非常低。通常，儿童在出现过度概化错误之前就已经能够生成恰当的动词过去时形式，并且对于那些在父母谈话中听得最多的不规则动词，产生过度概化错误的可能性最小。对于一个具体动词的使用，儿童表现出个体的差异，并且有时在一个相对长的时期——从几星期到几个月，动词的正确形式和过度概化形式共存。

　　Marcus等人(1992)采用双加工模型(dual process model)来解释这些结果。该模型认为，儿童通过死记硬背的机械方式学习不规则形式，而对于规则形式的学习则是在理解的基础上建立这些形式的内部规律。死记硬背的学习易受到规范学习的变量(如，词频和词与词之间的相似性)的影响，而规则学习则不受这些影响。两种学习方式在不同加工过程表现出的差异被认为具有重大的理论意义，因为它们证实了基于规则的认知表征的存在，且这种表征并非是规范学习的普遍规律(Pinker，1991，1999)。但是英语过去时态学习的特点显然是一个例外，儿童有时会错误地应用规则，也就是犯过度概化错误，甚至在同一个发展时期，在一些情况下同时使用正确的与不正确的形式。Marcus等人另外还引入优先占有原则(principle of preemption)，也就是他们所说的独特性原则(the uniqueness principle)，及使用这些原则的一些影响因素来解释这些不合常规的情况。其最基本的观点是：只要没有受到阻碍，规则的标准将得到应用(即缺失原则＜default rule＞)。这表明，当儿童知道某个单词的不规则的形式(如，sang)，它阻挡了规则-ed的应用。但是如果他不知道这一个形式，他就可能想当然地产生"singed"的错误形式。当然，问题就在于，儿童经常同时运用正确的和过分规范化的形式。对于这个问题，Marcus等人提出假设，认为有时阻滞不像期望的那样起作用，这从根本上归结于"操作错误"(performance errors)。词汇检索依赖于可能性和频率，儿童有时检索低频的不规则形式时出现困难，是因为规则没有被正确阻滞而得以应用造成的。

　　然而，这个观点的几个方面都遭到了质疑。Maratsos(2000)指出，Marcus等人(1992)报告的错误率是将所有动词放在一起计算的，因此高频动词在统计上就压倒了低频动词，使它们的作用不明显。事实上，那些对儿童来说不经常出现的动词(少于10次)就从一些分析中被剔除。比如，一个儿童对动词"say"产生了285次过去时态，伴随着非常低的错误率 1%。然而该儿童也对其他 40 个不同的动词生成了总共 155 个语法标记,每个动词的生成次数都少于 10。这些个别动词的过度规范化错误频率为 58%,但是因为它们语法标记较少,所有这些动词对计算总错误率的贡献比一个动词 say 的都小。另外,Maratsos 还指出,个别儿童对个别动词的使用在几个月的时间里会出现正确形式和过度规范化形式共存的现象。假如儿童具有永久性和长期性的检索障碍的话,那么依据规则+阻碍的说法(rule + blocking account)就应该只发生这种形式的共存现象。Marcus 对此没有加以讨论。

对此,Maratsos 提出了另一种基于竞争的观点的解释,这是一种较弱的、基于频率的优先获得观点。依据这种解释,儿童既可以通过死记硬背也可通过规则来产生过去时态形式,而且可能还存在一个同时生成一个单词的两种形式的时期,从而导致两种形式的竞争。这场竞争的胜者可能就是儿童在他周围的谈话中听得最多的那种形式(也许由其他因素决定),也就是说,单词的高频形式会逐渐阻滞其低频形式,而不去管它是规则动词还是不规则动词。相反,Marcus 等人(1992)的观点则认为,在规则词和不规则词之间表现出不对称;规则词甚至在一次都没有听过的条件下仍可以获胜,规则动词的形式是默认的。频率的唯一作用是作为一个执行因素(performance factor)对正常机制(normal mechanism)产生干扰。

大体上说,在自然语境中,语法形态的生成体系的获得是极其困难的。根据 Klein 和 Perdue(1997)的观点,大部分的成年第二语言学习者(尤其是那些走出教室,处于更自然语言环境中的人们),都能形成语言的基础多样性(basic variety)。在这种多样性中包含与句法结构相结合的词汇项目,但是通常一个单词只对应一个词形变化形式。类似地,McWhorter(1998)提出,混杂语和克里奥耳语(在不寻常的语言接触情况下创造出来的、相对较新的语种)的一个显著不同的特征是后者语法形态体系相当匮乏,这一观点也得到了相关证据的支持。另外,大家都知道对具有语言障碍的儿童进行诊断,其中一个重要指标就是他们对语法词素的掌握相对贫乏(Bishop,1997;Leonard,1998)。再如,给语言能力很强的成人听觉呈现一个故事,并将他们置于各种各样的语言加工压力下,如,讲述故事的语言被白噪音掩蔽或要求被试听故事的同时完成一个分心任务,结果会发现在后续的记忆保持测试中最容易下降的就是语法形态(Dick et al.,2001)。

至于动词在语法上的词形变化为什么是语言学习中尤其薄弱的一项,其基本原因有三:第一,它通常是以语音弱化(phonologically)、非重音的(unstressed)、单音节(monosyllabic bits)的形式体现在话语和句子结构的缝隙中;第二,在许多情况下,虽然不是所有情况,动词在语法上的词形变化只具有极少具体的语音学含义,例如,英语中的第三人称“s”,多数情况下它在语音学上是多余的。对存在特定的语言障碍的儿童研究显示,增加单词语义上的权重将有助于儿童语法词素的获得(Bishop,1997;Leonard,1998);第三,许多语法词素是以多种方式复合在一起的,例如,英语中的冠词就具有特指和泛指两种功能,这就使全面掌握词素并合理使用这些词素造成了极大的困难。Farrar(1990,1992)发现,母亲通过重说的方式对孩子语句中缺少的词素进行即时的改正时,更有利于儿童学习英语中一些特殊语法词

283

素如,过去时态-ed,复数-s,进行时-ing。同时,重说可以帮助儿童识别语句中不突出的成分,因为重说能使儿童对其不成熟的叙述方式和成人完整句子结构进行快速的比较。

复杂结构

所有语言都能通过不同的复杂方式谈论多个事件和事件状态,这就是语言中的复杂结构。其中最简单的方式就是,说话者使用相应的连词,简单地把跨时间的多个分句连接在一起。而在其他情况下,不同的分句则作为某个单一复杂结构组成部分在单一的语调轮廓背景下紧密相连。多数情况下,该语调轮廓背景都是描写过去事件的语法化的历史进程,它使某个特定类型的分句在言语交际中能够共同循环重复出现。无论从句间的联系是松散还是紧密,它们都在语篇中起着不同的作用,例如,动词不定式充当补语和句子充当补语表述说话者对事件的态度;使用关系从句详细描述更多的细节;使用副词从句表明事件间的空间、时间以及因果关联。

不定式充当补语的结构

讲英语的儿童在 2—3 岁期间,开始习得复杂的结构来表明他们对诸如目的、意志或者强制之类的有关看法,其中最常见的表述是:"wanna V"、"hafta V"、"gotta V"、"needta V",有时还可能出现"gonna V"的形式,它们构成了儿童最初习得和使用的复杂句式的典型——通常都在 2 岁时出现。Gerhardt(1991)的分析表明,儿童使用"wanna"表达自己的内部意愿;用"hafta"是表明外部的强制——常指社会规范,如规章制度;而"needta"则表示内部的强制——通常是出自内心的无奈。

续 Limber(1973),Bloom、Tackeff 和 Lahey(1984)等人的研究之后,Diessel(2004)探讨了非限定性补语从句。他研究的句子结构范围广泛,包括分词结构和 wh-不定式结构,并且他还以 4—5 岁儿童为被试做了定量研究。发现,儿童所说的句子中 95% 以上是含有 to-不定式的非限定性补语从句,并且这些句子都是首次出现,另外的 5% 则是包含诸如分词、或"Start V-ing"、"Stop V-ing"结构的句子及少量带有 wh – 不定式成分的句子,如"I know what to do"。和 Bloom(1989)一样,Diessel 也发现,最先出现的母动词(matrix verbs)是"wanna"、"hafta"和"gotta",大概在儿童 2 岁 3 个月出现,这些母动词能够解释在整个研究过程中所生成的 to-不定式句子的 90% 以上。起初,儿童对这些母动词的运用非常公式化,他们最初生成的 to-不定式语句差不多都以第一人称"I"作主语,都采用现在时(假定 gotta 为现在时),且没有否定形式,其典型的形式为:"I wanna play ball","I hafta do that ","I gotta go"。

从 2 岁到 5 岁,儿童对这些语言结构的运用得到进一步发展,其主要表现在以下三个方面:第一,对半情态动词的使用更加多样化,更少公式化,所生成的句子中出现了第三人称作主语形式如,"Dolly wanna drink that"和否定形式如,"I don't like to do all this work";第二,习得了更多母动词,包括"forget"(I forgot to buy some soup)和"say"(The doctor said to stay in bed all day);第三,儿童学到了更多两个动词间包含一个名词短语 NP 的复杂结构。这些结构最早出现在 2 岁 6 个月到 3 岁,它们受四个母动词支配且能解释这种类型的 88%

的语句,这与 Bloom 等人的研究相一致:

See X VERB-ing   Want X to VERB

Watch X VERB-ing   Make X VERB

3 岁以后,表征更加多样化的母动词出现。Diessel 发现,其发展进程如下:从母动词和主要动词更紧密地整合的一体化结构——如带有半情态动词"wanna"、"hafta"、"gotta"的表述——到两种动词更分明地表达两个完整意思的结构的发展。

句子充当补语的结构

在最常见的带有非限定成分的母动词结构中,当这些结构表示人物的目的、意图或强制性时,一般与义务情态动词结构(deontic modals,如"should", "must")相似。然而,在最常见的句子充当补语的母动词结构中,当它们表示确信、直觉或认识时,又与推测性情态动词结构(epistemic modals,如"may","might") 相似。但是,句子充当补语的语句中的母动词,如"think"、"know"、"believe"、"see"、"say"并不是情态助动词,而是时态动词。另外,与不定式作补语的句子不同,句子作补语的结构中的从句也是一个带有主语的、完全独立的句子,例如句子"I know she hit him"和"I think I can do it"。Limber(1973)和 Bloom 及其同事(Bloom,Rispoli,Gartner, & Hafitz,1989)的 一项经典研究再次发现,句子补语结构的出现要比不定式补语结构晚,通常是在 2 岁 6 个月到 3 岁之间。他们还发现能够用于这些结构的动词非常有限,主要有"think"、"know"、"look"和"see"。

Diessel 和 Tomasello(2001)观察了 2—5 岁儿童对句子补语结构的最初使用情况。他们发现,几乎所有的表达都包含一个简单句子图式和一个能够用于句子补语结构的母动词,其中句子图式是儿童之前已经掌握的,而母动词则是以上所提到的非常有限的单词中的一个(可参看 Bloom,1992)。这些母动词可分为两种类型。第一是"think"和"know"之类的推测性动词,例如,几乎所有情况下儿童都用"I think"来表达他们对某物或某事的不确定,而且他们除在第一人称及现在时形式之外,几乎从不在任何别的形式中使用动词"think"。实际上也就是说,儿童没有生成"he think ...","she thinks ..."之类的句子,也没有生成"I don't think ...","I can't think ..."之类的句子,另外,也几乎没有生成诸如"I think that ..."之类的句子补语结构。因此,对许多幼儿来说,"I think"似乎是一个相对固定的、和"Maybc"意思相似的短语。然后,儿童把这个固定的短语(或其他类似的短语,如 I hope ..., I bet ... 等)同一个完整的命题整合到一起,使它具有了有如证据般的标识功能,而且这种功能并不像传统分析中所说的母句(matrix clause)那样嵌入另一个从句。第二类母动词是引起注意的动词,如"look"和"see",与完全限定从句相联合使用。在这种情况下,儿童几乎只在祈使结构中使用这些母动词,并且与第一类母动词一样,它们也是几乎没有否定式,没有非现在时态,不用于句子补语结构,从而再一次表明一种不涉及句法嵌入的、基于语言项目方式的存在。因此,当仔细检查时,我们会发现在儿童早期生成的复杂句子并不像成人的句子补语结构(经常用于书面形式的叙述),而更多是类似于已形成的基于项目的结构。

关系从句结构

关系从句不像补语从句,它根本不涉及与主句的并列关系。从细节来看,关系分句所起

第 6 章   325

的作用也与具体的名词短语不尽相同。在课本中,对关系从句的描述更多是关注所谓的限制性的相关分句,如"the dog that barked all night dies this morning",在这个句子中,关系从句通过使用预先假定的信息来识别一个名词,如,说话者和听话者都知道整晚有狗叫,这也是它可以作为确定性的信息使用的原因,使从句的作用等同于一个名词。关系从句是一个名词短语陈述的一部分,它们典型地被标识为嵌入分句。因此,它们也就引起了语言学和发展心理语言学研究的关注。

Diessel 和 Tomasello(2000)对儿童关系分句习得做了大规模的研究,他们采用定量的方法研究了 4 个年龄在 1 岁 9 个月到 5 岁 2 个月之间的讲英语的儿童,结果惊奇地发现,这些儿童在早期生成的关系分句几乎都具有相同的模式,且与课本上所教的模式不同,例如:

Here's the toy that spins around.

That's the sugar that goes in there.

285　　　值得一提的是:(a) 关系从句中的主句是表意结构(谓项是名词或与名词密切相关),基本上是采用形式代用语(pro-form)(如,"here"、"that")和系词(-'s)介绍一个新主题;(b) 关系从句中的信息并不是预先知道的(有如教科书上所说的限定性关系从句),而是刚刚提到的说话者所指的新信息。重要的是,即使这些非常复杂的结构牢固地建立在一系列较简单的结构(系词)的基础之上,儿童还是把这些较简单的结构看作是基于项目的结构,并且在习得或生成关系从句之前就已经掌握了这些结构。

语言习得的过程

从认知科学的角度来看,语言发展研究的核心问题在于儿童内在的言语表征的本质及这些表征在个体发育期间如何变化。综合本章前面所述,我们现在直接讨论以下两个问题。

结构抽象性的发展

已有证据表明,儿童早期的言语表征是高度具体化的,它以具体的、特定的语言片段而非抽象类别为基础,尽管其中也存在着一些未定的位置填充类别。我们已经提到:(a) 对儿童语言自动生成的分析表明,很多早期言语项目和结构的应用范围非常有限;基于项目的句子的发展是不同步的,从成人的角度来看这些句子应该有相似的结构,在　些具体的基于项目的结构范围之内其发展又是渐进的、不中断的。(b) 在生成实验中,让幼儿以成人的方式使用临时性动词生成句子,结果发现他们未能将其新动词推广到其他已知的结构,从而表明这些已有的结构是基于项目而不是基于一般动词的。(c) 在理解实验中,幼儿明白该对临时动词做出何种反应,但却未能依据标准的单词词序线索给事件的参与者指派恰当的施事—受事角色,这一点再次说明儿童生成的结构是基于项目的而不是完全泛化的。

最近的另一个发现进一步支持了以上结论。Lieven、Theakston,和 Tomasello(2003)采用启动范式,启动刺激为主动句或被动句。其中一种实验条件是,启动句与被试可能生成的目标句之间具有较高的词汇重叠——也就是说,儿童在后续的目标任务中生成的语句可能使用启动句中的一些代名词和语法词素,尽管两句的宾语和行为活动不同;然而另一种条件是,启动句与被试可能生成的目标句在词汇上的重叠度很低——即,因为两句涉及的宾语不同,被试并不会在目标句中使用启动句的名词。某种意义上来说,这种实验范式可以被看作是测试儿童早期句法表征的最直接的一种方式,因为在高词汇重叠条件下的成功启动可以表明儿童语言学上的知识更多是体现在具体的词汇项目上,然而在低词汇重叠条件下的启动则表明儿童语言学上的知识获得了更为抽象的表征。答案是,6岁左右的年长儿童启动了句子的结构,从而能够生成诸如被动态的特定结构。而年幼的儿童,如刚满3岁的儿童,则不能启动结构,但是启动了更为具体的词汇项目。4岁儿童则处于两者之间。该研究使用不同的范式——这种方法在成年人心理语言学领域已被广泛认可——结果发现,儿童早期的言语表征很可能是以基于具体项目的结构为基础(其中也包含一些抽象的结构点),只有在学龄前后期他们的话语水平结构才表现出类似成人的抽象性。

姑且不谈儿童话语水平上的结构是具体的抑或是抽象的,我们应该把这些结构的发展看作是渐进的,随着越来越多的相关实例的呈现并同化到相关的结构中,儿童生成的话语水平上的结构也愈来愈抽象。对儿童基础语言表征的所有研究,其中一个合理的解释是直接指向儿童内在的言语表征——正如前面所提到的——具体如下:2岁至2岁半的儿童在话语水平上的结构只表现出微弱的动词概化表征(verb-general representations),所以,这些表征只出现在需要弱表征的偏好注视任务中(preferential looking tasks)。但随着时间的积累,儿童的语言表征能力在句子结构的长度和抽象化方面得以发展,这些发展以类型及标记在所听到的特定句型中出现的频率为基础,并且开始在需要更积极的行为决策或要求更强表征的语言生成的任务中得到体现。这一假设是大量理论观点的精髓所在,它认为如果认知表征保留着各种各样的单个事例的信息,那么这些表征不管其被描述的程度是强还是弱,主要还是以其类型和标记频率(token frequency)为基础(Munakata et al. 1997)。另一个观点是,言语知识和言语加工只是同一事物的两个方面,这与Munakata等人的观点相一致。因此,言语输入中诸如词汇项目频率和概率分布之类的这些语言要素不仅对儿童如何构建他们的言语表征起着关键作用,并且还是最终形成表征的一个不可或缺的部分。

286

发展的心理语言学过程

为解释儿童如何学习语言结构并概化到不同情景中去,我们讨论并证实了某些一般认知加工的作用。Tomasello(2003)认为,我们可以将这些加工过程分为两大类:一类是有意识阅读,它包括负责符号习得和语言功能维度的人类所特有的社会认知技能;另一类是模式发现,它包括涉及抽象性加工的灵长类动物所具有的一般认知技能。更具体地说,这两种一般认知能力在具体的习得性任务中相互作用,产生了我们在之前多次强调的那些加工过程。例如,之前我们所提到的四组具体加工:

1. 有意识阅读和文化学习。它解释了儿童最初如何习得语言符号(这里讨论得很少)。

2. 图式化和类比。它解释了儿童如何从他们所听到的具体语言片段中创造出抽象的句法结构及诸如主语和直接宾语之类的句法作用。

3. 防御和竞争。它解释了儿童如何限制语句的抽象化从而使生成的句法结构合符常规的语言规范。

4. 基于功能的分布式分析。它解释了儿童如何形成各种语言成分的词形变化类别,如名词和动词。

这就是儿童的语言建构过程,它是一种结构化的语言结构目录。为作全面的解释,我们还需要简单了解儿童的话语生成过程。我们从大体上依次来看看这些过程。

有意阅读和文化学习

自然语言是约定俗成的,因此,语言习得过程中最基础的加工就是用其他人的方式生成自己的语言,也就是广义的社会学习。大多数文化技能的习得,包括言语交流技能,取决于一种特定的社会学习。这种特殊的社会学习包括有意阅读——通常也被称为文化学习,这是模仿学习的一种(Tomasello,Kruger, & Ratner,1993)。这在实验中表现尤为突出,如让幼儿在没有实际操作的条件下再现成人的某个有意行为(Meltzoff,1995),或要求儿童选择性地重复成人的有意行为,而忽略偶然动作(Carpenter, Akhtar, & Tomasello, 1998a)。让问题变得更复杂的是,语言获得牵涉到对成人行为的模仿学习,不仅表现出简单意图还表现出沟通的意愿(大致说来,就是以自我为中心的意图)。儿童解读这种沟通意愿的能力在单词学习研究中得到最后的体现。在研究中,年幼的儿童必须在单词和所指对象不同步呈现的各种实验条件下识别成人言语中某个单词所要指代的对象 (Tomasello,2001)。

在人类言语交流中,表达是有意行为中最重要的部分,且相对完整、连贯地表达人类的沟通意图。因此,话语例子的储存成为语言学习中最重要的部分,这也是儿童在全短语及其他具体的、相对固定的言语表达(例如,"谢谢"、"别提了")的学习过程中所要做的。但是,儿童在试图理解一句话隐含的沟通意图的同时,也需要试着理解各句子成分在表达中所起的作用,这是一种责任的分配(blame assignment)过程,目的在于决定句子的各个成分整体表达沟通意图中的功能——我们把它称作沟通意图的分割 (segmenting communicative intentions)。确定话语各组成部分的功能只有在儿童对成人整体的沟通意图有一些(可能不完善)了解之后才有可能实现。因为,要理解 X 的功能就意味着要明白 X 是如何分派到一些更大的沟通结构中的。这是儿童学习特定单词、短语和其他话语的项目成分及其类别的交流作用的基本过程。

图式化和类比

幼儿通常在不知晓的情况下听取并使用某些相同的话语,这些话语再三重复并进行系统化的变异,比如,基于项目图式的缩略形式"Where's the X?","I wanna X","Let's X","Can you X","Gimme X","I'm Xing it"。这类图式的形成就意味着为了具体的功能对重复出现的语言的具体片断进行模仿学习,也意味着为某个相对抽象功能而设置的相对抽象的句子结构缝隙的形成。这一过程称为图式化,其根源可以从各灵长类动物的食物加工技能的系统化(Whiten,1998)追溯到实验室中的任意序列的图式化(Conway & Christiansen,

287

2001)。

语言图式中的可变成分或结构缝隙与运用图式对相关事件进行指代的经历中的各变量相一致。例如,在"Where's the X"中,说话者在寻找图式中的常量,但具体搜寻的东西随情境的变化而不同;在"I'm Xing it"中,对宾语施加动作是恒定的,但具体的行为在变化。因此,结构缝隙中各成分的交流功能受到图式的整体沟通机能的限制,但在一定程度上它也表现出一定的开放性。这就是 Nelson(1985)所提到的缝隙填充类别(slot-filler category)。在一项实验研究中,给被试呈现一个包含某词语的图式,要求被试用超常规的方式理解该词语的意思,结果发现图式的这种至上地位导致在语言的创造性使用过程中表现出各种功能强制现象,例如,在沟通压力下,当儿童看到母亲手上的糖果不见了时可能会说"All gone sticky"之类的话。

图式化的一个独特形式就是类比,换言之,类比是一种特殊形式的图式化。两者都大体上体现了儿童对完整的语句或其他有意义语言结构(比如,名词)的归类加工过程。一般说来,人们只有对两个类比对象的组成成分在功能上的相互关系有所了解,才能进行类比。拿句法结构来说,类比并不是以句子的表层形式为基础,而是建立在以两个结构各成分间在功能上的相互关系基础之上。例如,"X is Y-ing the Z"和"A is B-ing the C"之间可以类比,是因为两个句子基本的关系情境相同,X 和 A 是行为施动者,即施事;Y 和 B 表示行为活动,Z 和 C 则是行为受动者,即受事。这样,不同的结构形成了自己的句法作用,从最初局部的基于项目结构,比如"thrower"和"thing thrown",然后发展到整体的抽象结构,如及物主语(transitive-subject)、不及物受事者(intransitive-recipient)。在有些语言,可能还会出现一种超抽象的主谓语结构,该结构包含一个类似"主语"的更一般的抽象语法角色。在类比过程中,知觉上的相似或相同在某些程度上(虽然严格来说不是必然)对类比加工的实现起推动促进作用,Childers 和 Tomasello (2001)的研究也支持了这一假设。如果该假设成立,那就可以解释为什么孩子们的抽象化过程始于常见的语言材料。这样,儿童首先创造出基于项目的结构,然后才试图在不包含或很少包含常见语句图式的基础上建构完全抽象的结构类型。

基于项目结构和抽象结构的一个重要部分是各种句法标识,这些标识表明参与者在整个场景或事件中所起的句法作用。一些诸如格标记和单词词序之类的具体象征性符号是使用最广的言语装置,它们常都用于表达话语的基本内容——谁对谁做什么"who's doing what to whom"。这种标识作用可以被看作是语言的二级标记(second-order symbols),因为它们表明了所标记的语言项目在整个句子中应该如何按表达意思的需要加以建构。

防御和优先占有

在图式化和类比过程中必然存在着某些限制,这些限制是防御和优先占有所带来的。防御仅仅是指当一个有机体以同样的方式多次连续地从事某个行为,这种行为方式逐渐变成习惯并固定下来,用其他方式来完成相同的任务就变得非常困难。优先占有,或对照,则是一种沟通原则,表现为以下粗略的形式:如果某人用形式 X 而非形式 Y 与我交流,这样选择的原因与说话者特定的沟通意图有关。因此它激发听者去寻找其原因所在,从而区分这

288

两种形式及它们各自适合的交流语境。总的来说,防御和优先占有可看成是一种单一的竞争过程:基于包括频率或防御在内的一些原则、为实现不同种类沟通功能的各种可能形式的相互竞争。

毋庸置疑,我们对这一过程的具体运作还知之甚少。所以,我们对儿童在不同发展阶段所表现出来句法结构的过度概化错误的性质和频率的了解也非常不够。而且,Brooks 等人(1999)的一个实证研究曾谈到防御在防止句法的过度概化中的作用,但没有直接测量所含动词的确切频率。类似地,Brooks & Tomasello(1999a)的另一个研究控制了优先占有和词语类型等因素,但却只牵涉很小范围的结构和动词。因此,我们有必要做一些实证研究,考察这些普遍规则是如何应用于特定语言中的特定项目和结构的,否则我们将仍然不明白儿童究竟为何做出这样而不是那样的概化。

基于功能的分布式分析

规范性的类别如名词和动词给语言学习者提供了众多创造的可能性,因为它能使学习者在毫无直接经验的情况下以类似的方式使用新学的词汇。这些类别通过一个基于功能的分布式分析加工而形成。在分析过程中,具体的语言项目(如,单词和短语)在话语中起着同样的语言沟通功能,并且随着时间的推移不同的结构得到归类。例如,名词就是一个规范性类别,它以这种类别的不同单词在名词结构中的作用为基础——而相关类别如代名词和普通名词则以相关为基础,它们发挥着不同的功能。因此,规范性类别在功能方面以属性的分布—联合来定义:名词就是在较大言语结构中名词承担的作用(Nouns are what nouns do in larger linguistic structure),并为分析哪些规范性语言类别是聚合的提供了功能基础。

需要强调的是,基于功能分布的相同分析加工也作用于比单词更大的语言单元。例如,通常所说的名词短语,它可以由从专有名词、代名词到普通名词的任何一种和限定词或关系从句组成,但是它们却可看作是同种语言单元实现不同的句法功能。这些名词短语在表层形式上如此不同,又怎能作为同种语言单元呢? 唯一的合理解释是: 它们在话语中发挥相同的作用,即, 识别关系项在所描述的场景中所起的作用。

归类是包括发展心理学在内的认知科学领域的研究热点之一。在自然语言中,类别的形成不是实际经验中的概念或知觉项目的整合,而是语言交流中所用的项目整体作用的加工过程。但是,至于儿童如何形成类别却很少被研究。相关观点表明,未来对儿童言语分类技能的研究应该集中在沟通功能上,类似于非语言领域中 Nelson 和 Mandler 的研究,关注事件类别和缝隙填充类别。只有通过考察儿童如何识别与衡量言语要素在其所属的不同结构中的功能,才能发现儿童是怎样建构抽象类别,并对如此之多的言语创造现象做出解释。

生成

如果儿童不把创造性话语和有意义的单词及无意义规则放在一起,那他们究竟又怎能生成这些句子? 目前的观点是,儿童以适合当前所谈事件状况的方式,并利用已掌握的形状、大小、内部结构化和抽象化程度不一的各种语言片段中建构不同的语言结构。在这一符号整合的过程中,儿童把诸如基于项目的结构和新项目之类东西整合到适当的位置,从而形成一个连贯的整体,为参与这一过程,儿童必须同时关注形式和功能。Adams 和 Gathercole

等人提出工作记忆的发展也是这一过程必不可少的部分。

Lieven、Behrens、Speares 和 Tomasello(2003)记录了一个 2 岁孩子用磁带学习英语的过程:每周 5 小时,连续 6 周。为了考察该儿童句子结构的创新能力,实验者把被试在实验最后一小时所生成的所有语句作为目标句,然后搜寻在整个实验期间儿童生成的所有话语中与每个目标句相似的句子。实验的主要目的在于检验哪些必要的句法操作影响了儿童语句的生成。也就是说,儿童是以何种方式来修正她之前所说的语句(即,她所存储的言语经验)从而生成最终的句子。我们可以把这些操作称作"实用基础的句法操作"(usage-based syntactic operation),因为它清楚表明,儿童不是随意地把一个个词素拼凑到一起形成话语,而是把各种已有的心理语言单元类别进行组合,最终形成语句。

通过以上实验,我们发现:(a) 被试所说的话语中,大约三分之二的语句完全重复,只有三分之一是新句子。(b) 在新语句中,大约四分之三与之前所说的句子部分重叠,而只稍作变化,如将一些新单词填入句子的某个结构缝隙或加到句头或句尾。例如,"Where's the ____?"在实验期间出现过上百次,在目标句中发现儿童生成了新语句"Where's the butter?"儿童在实验最后一天所产生的大多数基于项目的或话语水平的结构在前面的 6 周里已被多次使用过。(c) 在目标句中,只有大约四分之一的句子是新语句,仅占在所有目标语句的 5%,这些新语句与他之前所说的句子在不同的方面存在差异,其中大部分都是在某个确定的话语水平结构中填充和增加词项,只有少数几句在复杂方面体现出新颖性。

值得注意的是,儿童对话语水平结构的不同用法间也存在着高度的功能一致性,即儿童会在整个 6 周的实验期间用种类基本相同的言语项目或短语来填充一个给定的结构缝隙。基于这些发现,我们可以认为,在某个特定的使用场合生成一个句子,儿童有三个基本选择:(1) 回忆一个功能上恰当的具体表述,并以所听过的方式说出;(2) 回忆一个话语水平的结构并自动将它运用于当前的交流情境。这一过程通过将一个新成分填充到一个结构缝隙,或把一个新成分加到句头或句尾,或在一个话语水平的结构中插入一个新成分等方式实现;(3) 联结未使用话语水平结构的成分图式,并在各种实用原则基础之上控制新旧信息的次序。

以上过程就是前面所说的"实用基础的句法操作"。因为儿童言语的生成并非始于利用无实质规则的单词和语素的黏合,而是先从已有的各种形状、大小、抽象程度不一的语言片段入手——不同程度上控制这些语言片段的内部复杂性,然后再用一种适合当前交流情境的方式将它们"剪切并粘贴"。值得注意的是,为了有效地剪切与粘贴,说话者需要确定各种语言片段在功能上保持一致,即个人在单词处理过程中是用恰当的方式有区别地进行剪切与粘贴。这些过程可能在话语成分的水平上进行,也可能在话语的内部结构中进行。

个体差异

有关儿童语言发展个体差异的研究大多数集中在词汇,而语法上、结构学习上的个体差异则很少涉及。对儿童早期语法发展的速率和风格的个体差异则有几项有趣的研究(参看 Bates et al. , 1988; Lieven,1997)。

速率

对于儿童语法发展速率,有几种被广泛使用的标准测量工具(通常用于临床实验),其缺点是:费力而劳神,且要求研究者精通语言学知识。被广泛用于大规模的研究的是 MacArthur 交际发展问卷(MacArthur Communicative Development Inventory,简称 MCDI, Fenson et al. , 1994)。该问卷主要是标准化的父母访谈,其语法处理部分是让父母判断"下面哪种形式听起来更像你小孩现在的谈话方式",并在一张计算型表单上用标记做出选择。例如,让父母在"Baby is crying"和"Baby crying",或在"I like read stories"和"I like to read stories",或在"I want that"和"I want the one you got"或在"I no do it"和"I can't do it"之间做出选择。

Fenson 等人(1994)用 MCDI 对 1 000 多名 16—30 个月大的说英语的儿童进行了一项大规模的研究。研究采用计分的方式,选择复杂选项记 1 分,选择容易选项记 0 分。结果发现:24 个月的儿童中,有 25% 的儿童得分低于 2 分,另有 25% 的儿童得分高于 25 分;30 个月儿童中,得分最低的 25% 儿童得分低于 15 分,而得分最高的 25% 儿童得分在 36 分以上,差不多达到满分。被试的得分与他们的语法精通程度相一致。这在某种程度上说明这种快而粗略的评估的精确性(儿童在该测验中的得分与在实验室中通过其他复杂的方法获得的语法精通程度分数呈高相关)。从以上结果我们看到,儿童的语法技能在最初的 2 年半时间内变化得非常大。

对于这一变化的解释主要表现在以下两方面:一方面,可能一些孩子比另一些更善于学习,比如,女孩在 MCDI 上的整体得分略高于男孩,还有一些有趣的数据显示:高工作记忆广度的儿童能更有效地对语言进行学习和加工。但总体上说,我们所掌握的儿童在语法方面发展变化的信息比较欠缺,不足以解释发展中儿童在语法方面的个体差异。另一方面,我们有大量数据证明,孩子成长过程中的语言学习环境能部分解释儿童语言发展速度的个体差异。Nelson(1977)发现,给幼儿呈现复杂句法结构的例句将促进对那些结构的掌握。类似地,在前面所提到的 Childer 和 Tomasello(2001)的训练研究中,也发现在一个较短的时间内给被试呈现有关某个句法结构的大量实例能显著地促进他们掌握那个结构;另外, Huttenlocher、Vasilyeva、Cymerman 和 Levine(2003)也发现,儿童对复杂结构(多从句结构)的掌握不仅与他们父母使用这些结构的频率呈高相关,而且还与他们老师使用这些结构的频率相关,因而对用父母与孩子的共同基因解释亲子在语言发展上的一致性提出了质疑。

不仅儿童所听到语句的数量,在有些条件下语句的质量也影响儿童的语言发展。例如, Farrar(1990,1992)发现,当孩子的话语漏掉某些语素时母亲立即补全这些语素进行修正,这将易化儿童对英语中某些特殊语法语素的习得,如过去时-ed,名词复数-s,进行时-ing。例如,孩子可能说"I kick it",母亲回复说"Yes, you kicked it"。成人符合习惯的回答不仅保留了孩子的话题、某种程度上保留了原意,同时还赋予其更成人化的形式。这样,成人的回答能够使儿童立即将自己的话语和完全成人化的形式在形态和语法上进行比较,因而对推动儿童识别较为模糊的语法元素能力的发展起着重要作用(Nelson,1986)。

风格

Nelson(1973)提出,一些儿童主要通过对单词的关注来获得言语能力,而另一些则是通过更多地关注较大范围的短语及固定表达诸如"Gimmedat"来获得的。她把前者称为"参照型"(referential),把后者称为"表现型"(expressive);Bates 等人(1988)则分别把这两类儿童称作"分解型"(analytic)和"整体型"(holistic)。作为一种二分法,这种分类标准并未得到实证研究的有力支持,因为大部分儿童几乎都同时获得单词、短语或句子。然而,儿童言语的发展却似乎是一个连续的过程,如,一些儿童在生成长句之前已经习得大量词汇,而另一些儿童则在一个非常早的年龄时期生成了较长的语句,尽管对于这些句子的内部结构,他们可能理解也可能不理解(Lieven,1997)。

导致这些语言学习风格个体差异的因素尚不知晓。考虑到在人类视觉信息加工中也存在以分解—整体为特征的个体差异,Bates 等假设可能有一些儿童天生更倾向于使用分解或整体型的加工策略。另一种有趣的可能就是,一些儿童天生就比较敢于冒险,所以他们会尝试用不完善的技能生成较长的话语。Dale 和 Crain-Thoreson(1993)的报告提到,儿童容易犯你—我颠倒的错误,也许是因为他们更敢于冒险。另一方面,有证据显示,在家中排行较小的儿童倾向采用更为整体的策略,这是可能的,因为面对第三方,即父母对兄弟姐妹们进行有指导的说话发挥作用(Baton & Tomasello,1994)。在祈使话语中接触语言也可能使儿童采用整体型的学习策略(Baton & Tomasello,1994)。

非典型的发展

语言是一种如此复杂的现象,以致它可能在许多不同方面发生错误。非典型的语言发展的科学研究主要是集中四个发展方面的失调:唐氏综合征、威廉姆斯综合征、自闭症和特殊语言损伤。这四种语言发展的失调对儿童语言习得造成严重后果。虽然有很多临床文献关注所有这四种语言失调的诊断和评估,而实际上对其中任何一种的语法发展过程的基础研究都可谓凤毛麟角。

唐氏综合征

患有唐氏综合征儿童的语法发展明显延迟,这种延迟不只是表现在总体上,而且与正常发展的儿童或词汇量相同的威廉姆斯综合征儿童相比,患有唐氏综合征的儿童所生成的句子明显较简短。

大多数唐氏综合征的孩子都不曾真正掌握复杂的句法结构,包括句子嵌套或其他,尽管他们中的许多人在进入青春期之后,语言能力仍然有持续性的发展(Chapman, Schwartz & Kay-Raining Bird,1991)。

虽然没有足够的研究证实,但唐氏综合征儿童的主要问题似乎是认知问题。这类患者存在着许多认知上的缺陷,其中很多但不是所有的患者在标准的 IQ 测验上得到体现。将这些认知缺陷与滞后的语言发展相联系,也许是有道理的。特别是一些提示性的相关证据表明,这些问题或者至少某一个特定问题与听觉范畴的工作记忆有关(Jarrold,Baddeley, & Phillips, 2002;Laws & Gunn,2004)。

威廉姆斯综合征

患威廉姆斯综合征的儿童也有大量认知缺陷——这些(但不是所有)能在 IQ 测验上体现出来——特别是在空间知觉和认知领域(Mervis,Morris,Bertrand, & Sabo,1988)。虽然最初研究报告提出,这些儿童可能具有相对正常的语言发展(Bullugi, Marks, Bihrle, & Sabo,1988)。新近的研究却显示,他们的句法发展总体上确实表现出显著的滞后,并且大部分威廉姆斯综合征儿童不能正确理解复杂的句子结构,比如句子的嵌套形式(Karmiloff-Smith, et al. , 1998;Mervis et al. , 1999)。

威廉姆斯综合征儿童最初被认为拥有令人惊奇的句法技能,一个原因是研究者把威廉姆斯综合征儿童和唐氏综合征儿童进行比较。唐氏综合征儿童的句法发展事实上要比按词汇量预计的情况差,相反威廉姆斯综合征儿童句法发展情况用词汇量、心理年龄及 IQ 测验都得到准确的预计。因此如前所述,与词汇量相同患有唐氏综合征的儿童相比,威廉姆斯综合征儿童所生成的句子明显更加长、更复杂。另外,一个导致威廉姆斯综合征儿童语言滞后的特定认知问题是听觉工作记忆,这与在唐氏综合征的患者儿童身上发现的证据相一致(Mervis et al. , 1999)。

自闭症儿童

自闭症与其说是一般认知的失调,不如说是社会认知和社会关系的一种失调。大约半数以上的自闭症儿童不具备学习任意一种语言所需的社会认知和沟通技能,而且他们都带有不正常的实用技能,这一点不足为奇。Howlin、Goode、Hutton 和 Rutter(2004)对患有自闭症的青年的标准语言分数进行考察,发现有 44% 的语言年龄低于 6 岁,35% 在 6 至 15 岁之间,只有 16% 的被试其语言年龄达到 15 岁的水平。

对患有自闭症儿童的语法发展的研究的确很少,但他们在语法发展方面的滞后特征是非常明显的(Tager-Flusberg,1990)。对自闭症儿童和正常发展儿童所生成的等长句子进行比较,我们会发现自闭症儿童的句子在句法上明显简单(Scarborough et al. , 1991)。对此,最可靠的解释是:自闭症儿童具有很强的模仿性或重复性。他们有一些公式化的言语,这使他们在交谈中表现得比实际更具有句法能力(Tager-Flusberg & Calkins, 1990,虽然这些研究没有发现即时重复成人的话语的句子比自发生成的句子在句法要更加复杂)。一般来讲,对自闭症儿童语法发展的研究很少,也没有生成复杂语义的大龄自闭症儿童的相关研究。

特定的语言损伤

对特定语言损伤(special language impairment, SLI)的诊断,其目的在于对有语言问题而非其他认知或社会认知缺陷儿童(包括没有听力障碍)的诊断。这类儿童实际上形成了一个相当特殊的群体,他们唯一的共性是语言发展的启动相当缓慢,且一直处于劣势。目前还没有对 SLI 个体进行更细致的分类,但一些研究者指出,这些儿童中的少数具有实用性语言损伤(简称,DLI),它与自闭症在某些方面相似(Bishop,1997)。研究者通常把 SLI 分为"表现型 SLI"和"表现—接受型 SLI",后一种的问题更严重,它们严重影响语言的理解。

虽然很难典型地用 IQ 测验检测到,但 SLI 儿童,至少少数 SLI 儿童,经常表现出相对微弱的这样或那样的知觉或认知缺陷(Leonard,1998,chaps. 5and6)。因此,一些 SLI 儿童可能存在话语加工的困难,即不能有效处理构成复杂句的快速口头—听觉顺序(Tallal,2000)。这种知觉或认知上的缺陷经常导致与语法形态有关的具体问题,但这种影响在言谈交流中不明显(Leonard et al.,2003)。此外,最近一项研究也有力地证明,与许多非典型性的语言发展儿童一样,SLI 儿童的语言障碍也可以溯源到听觉工作记忆(Bishop,North & Donlan,1996;Conti-Ramsden,2003;Gathercole & Baddeley,1990)。

结论

语言获得是儿童在发展阶段所面临的最复杂任务之一。为了成功驾驭一门语言,儿童必须至少:① 能够理解话语所表达的沟通意图、话语片段中体现的沟通意图、话语的延续、从话语中提取的个别单词;② 创造出有结构缝隙的语言图式;③ 标记基于项目结构中的句法作用;④ 通过类比形成图式间的抽象结构;⑤ 运用分布式的分析形成范例性类别;⑥ 学会在恰当地形成与选择常规名词性从句结构的同时考虑听话人当前的角度;⑦ 学会理解和表达不同情态结构和否定结构;⑧ 掌握包括两个或以上谓语的复杂结构;⑨ 学会控制谈话与叙述;在保持原意的基础上扩充一段话;⑩ 剪切和粘贴已有的言语单元,生成适合当前交流情境的话语等等。

目前还没有完全充足的理论可以解释幼儿如何实现以上所有功能。一个问题是,儿童语言习得的发现通常来自儿童其他认知或社会技能的研究,并且对这些发现的解释也只使用语言学理论而几乎不涉及其他技能。但以目前的观点来看,破解语言获得之谜的关键目的在于形成一种综合众多因素的理论方法,即不仅包括明确的语言学模型,且综合生物学、文学、心理语言学等多角度、全方位的理论方法。具体来说,儿童应该具备以下能力:(1) 能够理解他人的意图,获得使用有意义的语言符号和结构生成句子的能力;(2) 发现人们运用语言符号的模式,从而构建符合语法规则的语言的能力。这个领域突出的理论问题是:儿童语言中是否天生存在通用语法,如果存在,那么,它起着怎样的作用?

293

同时,在语言习得领域还有待于更多的实证研究。儿童如何分割语句中的交流意图形成较小的亚组成成分,对此我们还知之甚少。同样,我们对儿童如何在复杂的语言结构间形成类比也知之甚少。在所有的语言获得理论中,最薄弱的环节也许是:儿童如何将语句概括限制在所在的语言框架之中,使其符合习惯的语言交流情境。对于儿童如何运用思想解读技巧(mind-reading skill)理解听者的意愿以及话语的生成过程都还有待于做更深入的研究。

总之,在语言习得研究前进的进程中,一方面需要对具体的现象进行更多的实证研究,另一方面需要在理论上与方法上进行更深入探索。

(何先友 译)

参考文献

Abbot-Smith, K. , Lieven, E. , & Tomasello, M. (2001). What children do and do not do with ungrammatical word orders. *Cognitive Development*, 16, 1 - 14.

Adams, A. M. , & Gathercole, S. E. (2000). Limitations in working memory: Implications for language development. *International Journal of Language and Communication Disorders*, 35, 95 - 116.

Akhtar, N. (1999). Acquiring basic word order: Evidence for datadriven learning of syntactic structure. *Journal of Child Language*, 26, 339 - 356.

Akhtar, N. , & Tomasello, M. (1997). Young children's productivity with word order and verb morphology. *Developmental Psychology*, 33, 952 - 965.

Allen, S. (1996). *Aspects of argument structure acquisition in Inuktitut*. Amsterdam: John Benjamins.

Allen, S. E. M. , & Crago, M. B. (1996). Early passive acquisition in Inuktitut. *Journal of Child Language*, 23, 129 - 156.

Antinucci, F. , & Miller, R. (1976). How children talk about what happened. *Journal of Child Language*, 3, 167 - 189.

Ariel, M. (1988). Referring and accessibility. *Journal of Linguistics*, 24, 65 - 87.

Baker, C. L. , & McCarthy, J. J. (1981). *The logical problem of language acquisition*. Cambridge, MA: Massachusetts Institute of Technology Press.

Barlow, M. , & Kemmer, S. (2000). (Eds.). *Usage based models of language acquisition*. Stanford: CSLI Publications.

Barrett, M. (1982). The holophrastic hypothesis: Conceptual and empirical issues. *Cognition*, 11, 47 - 76.

Barton, M. , & Tomasello, M. (1994). The rest of the family: The role of fathers and siblings in early language development. In C. Gallaway & B. Richards (Eds.), *Input and interaction in language acquisition* (pp. 109 - 134). Cambridge, England: Cambridge University Press.

Bates, E. , Bretherton, I. , & Snyder, L. (1988). *From first words to grammar: Individual differences and dissociable mechanisms*. Cambridge, England: Cambridge University Press.

Bates, E. , & MacWhinney, B. (1979). The functionalist approach to the acquisition of grammar. In E. Ochs & B. Schieffelin (Eds.), *Developmental pragmatics*. New York: Academic Press.

Bates, E. , & MacWhinney, B. (1982). A functionalist approach to grammatical development. In E. Wanner & L. Gleitman (Eds.), *Language acquisition: The state of the art*. Cambridge, England: Cambridge University Press.

Bates, E. , & MacWhinney, B. (1989). Functionalism and the competition model. In B. MacWhinney & E. Bates (Eds.), *The crosslinguistic study of sentence processing*. Cambridge, England: Cambridge University Press.

Bates, E. , MacWhinney, B. , Caselli, C. , Devoscovi, A. , Natale, F. , & Venza, V. (1984). A cross-linguistic study of the development of sentence comprehension strategies. *Child Development*, 55, 341 - 354.

Bauer, P. (1996). What do infants recall of their lives? Memory for specific events by 1-to 2-year-olds. *American Psychological Association*, 51, 29 - 41.

Behrens, H. (1998). *Where does the information go?* Paper presented at Max-Planck-Institute Workshop on Argument Structure. Nijmegen, The Netherlands.

Bellugi, U. , Marks, S. , Bihrle, A. , & Sabo, H. (1988). Dissociations between language and cognitive functions in children with Williams syndrome. In D. Bishop & K. Mogford (Eds.), *Language development in exceptional circumstances* (pp.177 - 189). London: Churchill Livingston.

Berman, R. (1982). Verb-pattern alternation: The interface of morphology, syntax, and semantics in Hebrew child language. *Journal of Child Language*, 9, 103 - 131.

Berman, R. (1993). Marking verb transitivity in Hebrew-speaking children. *Journal of Child Language*, 20, 641 - 670.

Bishop, D. V. M. (1997). *Uncommon understanding: Development and disorders of language comprehension in children*. Hove, England: Psychology Press.

Bishop, D. , North, T. , & Donlan, C. (1996). Nonword repetition as a behavioural marker for inherited language impairment: Evidence from a twin study. *Journal of Child Psychology and Psychiatry*, 37, 391 - 403.

Bloom, L. (1971). Why not pivot grammar? *Journal of Speech and Hearing Disorders*, 36, 40 - 50.

Bloom, L. (1973). *One word at a time*. The Hague, The Netherlands: Mouton.

Bloom, L. (1992). *Language development from 2 to 3*. Cambridge, England: Cambridge University Press.

Bloom, L. , Rispoli, M. , Gartner, B. , & Hafitz, J. (1989). Acquisition of complementation. *Journal of Child Language*, 16, 101 - 120.

Bloom, L. , Tackeff, J. , & Lahey, M. (1984). Learning to speak in complement constructions. *Journal of Child Language*, 11, 391 - 406.

Bloom, L. , Tinker, E. , & Margulis, C. (1993). The words children learn: Evidence for a verb bias in early vocabularies. *Cognitive Development*, 8, 431 - 450.

Bohannon, N. , & Stanowicz, L. (1988). The issue of negative evidence: Adult responses to children's language errors. *Developmental Psychology*, 24, 684 - 689.

Bowerman, M. (1976). Semantic factors in the acquisition of rules for word use and sentence construction. In D. Morehead & A. Morehead (Eds.), *Directions in normal and deficient child language*. Baltimore: University Park Press.

Bowerman, M. (1982). Reorganizational processes in lexical and syntactic development. In L. Gleitman & E. Wanner (Eds.), *Language acquisition: The state of the art*. Cambridge, England: Cambridge University Press.

Bowerman, M. (1988). The "no negative evidence" problem: How do children avoid constructing an overgeneral grammar? In J. A. Hawkins (Ed.), *Explaining language universals*. Oxford: Basil Blackwell.

Bowerman, M. (1996). Learning how to structure space for language: A cross-linguistic perspective. In P. Bloom, M. Peterson, L. Nadel & M. Garret (Eds.), *Language and space*. Cambridge, MA: MIT Press.

Braine, M. (1963). The ontogeny of English phrase structure. *Language*, 39, 1 - 14.

Braine, M. (1971). On two types of models of the internalization of grammars. In D. I. Slobin (Ed.), *The ontogenesis of grammar*. New York: Academic Press.

Braine, M. (1976). Children's first word combinations. *Monographs of the Society for Research in Child Development*, 41 (1).

Braine, M. , & Brooks, P. (1995). Verb-argument structure and the problem of avoiding an overgeneral grammar. In M. Tomasello & W. Merriman (Eds.), *Beyond names for things: Young children's acquisition of verbs*. Hillsdale, NJ: Erlbaum.

Bridges, A. (1984). Preschool children's comprehension of agency. *Journal of Child Language*, 11, 593 - 610.

Brooks, P. , & Tomasello, M. (1999a). Young children learn to produce passives with nonce verbs. *Developmental Psychology*, 35, 29 - 44.

Brooks, P. , & Tomasello, M. (1999b). How young children constrain their argument structure constructions. *Language*, 75, 720 - 738.

Brooks, P. , Tomasello, M. , Lewis, L. , & Dodson, K. (1999). Children's overgeneralization of fixed transitivity verbs: The entrenchment hypothesis. *Child Development*, 70, 1325 - 1337.

Brown, A. , & Kane, M. (1988). Preschool children can learn to transfer: Learning to learn and learning from example. *Cognitive Psychology*, 20, 493 - 523.

Brown, R. (1973). *A first language: The early stages*. Cambridge, MA: Harvard University Press.

Brown, R. , & Hanlon, C. (1970). Derivational complexity and order of acquisition in child speech. In J. R. Hayes (Ed.), *Cognition and the development of language*. New York: John Wiley & Sons.

Bruner, J. (1975). The ontogenesis of speech acts. *Journal of Child Language*, 2, 1 - 20.

Budwig, N. (1990). The linguistic marking of nonprototypical agency: An exploration into children's use of passives. *Linguistics*. 28. 1221 - 1252.

Budwig, N. , Stein, S. , & O'Brien, C. (2001). Non-agent subjects in early child language: A crosslinguistic comparison. In K. Nelson, A. Aksu-Ko, & C. Johnson (Eds.), *Children's language*, *Volume 11: Interactional contributions to language development*. Mahwah, NJ: Lawrence Erlbaum.

Bybee, J. (1985). *Morphology: A study of the relation between meaning and form*. Amsterdam: John Benjamins.

Bybee, J. (1995). Regular morphology and the lexicon. *Language and Cognitive Processes*, 10, 425 - 455.

Cameron-Faulkner, T. , Lieven, E. , & Tomasello, M. (2003). A construction based analysis of child directed speech. *Cognitive Science*, 27, 843 - 873.

Carpenter, M. , Akhtar, N. , & Tomasello, M. (1998). Sixteen-month-old infants differentially imitate intentional and accidental actions. *Infant Behavior and Development*, 21, 315 - 330.

Chapman, R. S. , Schwartz, S. E. , & Kay-Raining Bird, E. (1991).

Language skills of children and adolescents with Down syndrome: I. Comprehension. *Journal of Speech and Hearing Research*, *34*, 1106 – 1120.

Childers, J., & Tomasello, M. (2001). The role of pronouns in young children's acquisition of the English transitive construction. *Developmental Psychology*, *37*, 739 – 748.

Chomsky, N. (1968). *Language and mind*. New York: Harcourt Brace Jovanovich.

Chomsky, N. (1980). Rules and representations. *Behavioral and Brain Sciences*, *3*, 1 – 61.

Clancy, P. (2000). The lexicon in interaction: Developmental origins of preferred argument structure in Korean. In J. DuBois (Ed.), *Preferred argument structure: Grammar as architecture for function*. John Benjamins.

Clark, E. V. (1982). The young word maker: A case study of innovation in the child's lexicon. In E. Wanner & L. R. Gleitman (Eds.), *Language acquisition: The state of the art*. New York: Cambridge University Press.

Clark, E. (1987). The principle of contrast: A constraint on language acquisition. In B. MacWhinney (Ed.), *Mechanisms of language acquisition*. Hillsdale, NJ: Erlbaum.

Clark, H. (1996). *Uses of language*. Cambridge, England: Cambridge University Press.

Comrie, B. (1976). *Aspect: An introduction to the study of verbal aspect and related problems*. Cambridge, England: Cambridge University Press.

Conti-Ramsden, G. (2003). Processing and linguistic markers in young children with specific language impairment (SLI). *Journal of Speech*, *Language and Hearing Research*, *46*, 1029 – 1037.

Conway, C. M., & Christiansen, M. H. (2001). Sequential learning in nonhuman primates. *Trends in Cognitive Sciences*, *5*, 529 – 546.

Croft, W. (1991). *Syntactic categories and grammatical relations: The cognitive organization of information*. Chicago: University of Chicago Press.

Croft, W. (2001). *Radical construction grammar*. Oxford, England: Oxford University Press.

Dabrowska, E. (2001). Learning a morphological system without a default: The Polish genitive. *Journal of Child Language*, *28*, 545 – 574.

Dale, P. S., & Crain-Thoreson, C. (1993). Pronoun reversals: Who, when, and why? *Journal of Child Language*, *20*, 573 – 589.

Demuth, K. (1989). Maturation and the acquisition of the Sesotho passive. *Language*, *65*, 56 – 80.

Demuth, K. (1990). Subject, topic, and Sesotho passive. *Journal of Child Language*, *17*, 67 – 84.

DeVilliers, J., & DeVilliers, P. (1973). Development of the use of word order in comprehension. *Journal of Psycholinguistic Research*, *2*, 331 – 341.

Dick, F., Bates, E., Wulfeck, B., Utman, J., Dronkers, N., & Gernsbacher, M. A. (2001). Language deficits, localization, and grammar: Evidence for a distributive model of language breakdown in aphasics and normals. *Psychological Review*, *108* (4), 759 – 788.

Diessel, H. (2004) The acquisition of complex sentences. *Cambridge Studies in Linguistics 105*. Cambridge, England: Cambridge University Press.

Diessel, H., & Tomasello, M. (2000). The development of relative constructions in early child speech. *Cognitive Linguistics*, *11*, 131 – 152.

Diessel, H., & Tomasello, M. (2001). The acquisition of finite complement clauses in English: A usage based approach to the development of grammatical constructions. *Cognitive Linguistics*, *12*, 97 – 141.

Dodson, K., & Tomasello, M. (1998). Acquiring the transitive construction in English: The role of animacy and pronouns. *Journal of Child Language*, *25*, 555 – 574.

Elman, J. L., Bates, E., Johnson, M., Karmiloff-Smith, A., Parisi, D., & Plunkett, K. (1996). *Rethinking innateness: A connectionist perspective on development*. Cambridge, MA: Massachusetts Institute of Technology Press.

Emslie, H., & Stevenson, R. (1981). Pre-school children's use of the articles in definite and indefinite referring expressions. *Journal of Child Language*, *8*, 313 – 328.

Erteschik-Shir, N. (1979). Discourse constraints on dative movements. In T. Giv'on (Ed.), *Syntax and semantic 12: Discourse and syntax*. New York: Academic Press.

Erreich, A. (1984). Learning how to ask: Patterns of inversion in ye-sno and wh-questions. *Journal of Child Language*, *11*, 579 – 592.

Farrar, J. (1990). Discourse and the acquisition of grammatical morphemes. *Journal of Child Language*, *17*, 607 – 624.

Farrar, J. (1992). Negative evidence and grammatical morpheme acquisition. *Developmental Psychology*, *28*, 90 – 98.

Fenson, L., Dale, P., Reznick, J. S., Bates, E., Thal, D., & Pethick, S. (1994). Variability in early communicative development.

Monographs of the Society for Research in Child, *59* (5, Serial No. 242).

Fillmore, C. (1988). The mechanisms of construction grammar. *Berkeley Linguistics Society*, *14*, 35 – 55.

Fillmore, C. (1989). Grammatical construction theory and the familiar dichotomies. In R. Dietrich & C. F. Graumann (Eds.), *Language processing in social context*. Amsterdam: North-Holland/ Elsevier.

Fillmore, C., Kaye, P., & O'Conner, M. (1988). Regularity and idiomaticity in grammatical constructions: The case of let alone. *Language*, *64*, 501 – 538.

Fisher, C. (1996). Structural limits on verb mapping: The role of analogy in children's interpretations of sentences. *Cognitive Psychology*, *31*, 41 – 81.

Fisher, C. (2000). *Who's blicking whom? Word order in early verb learning*. Poster presented at the 11th International Conference on Infant Studies, Brighton, England.

Fisher, C. (2002). Structural limits on verb mapping: The role of abstract structure in $2\frac{1}{2}$-year-old's interpretations of novel verbs. *Developmental Science*, *5* (1), 55 – 64.

Flavell, J. (1997). *Cognitive development*. Englewood Cliffs, NJ: Prentice Hall.

Fletcher, P. (1985). *A child's learning of English*. Oxford: Basil Blackwell Press.

Fowler, A. E. (1990). Language abilities in children with Down syndrome: Evidence for a specific syntactic delay. In D. Cicchetti & M. Beeghly (Eds.), *Children with Down syndrome: A developmental perspective*. Cambridge, England: Cambridge University Press.

Galloway, C., & Richards, B. J. (1994). *Input and interaction in language acquisition*. Cambridge, England: Cambridge University Press.

Garton, A. (1983). An approach to the study of determiners in early language development. *Journal of Psycholinguistic Research*, *12*, 513 – 525.

Gathercole, S., & Baddeley, A. (1990). Phonological memory deficits in language disordered children: Is there a causal connection? *Journal of Memory and Language*, *29*, 336 – 360.

Gathercole, V., Sebastián, E। & Soto, P. (1999). The early acquisition of Spanish verbal morphology: Across-the-board or piecemeal knowledge? *International Journal of Bilingualism*, *3*, 133 – 182.

Gentner, D., & Markman, A. (1995). Similarity is like analogy: Structural alignment in comparison. In C. Cacciari (Ed.), *Similarity in language*, *thought and perception*. Brussels: BREPOLS.

Gentner, D., & Medina, J. (1998). Similarity and the development of rules. *Cognition*, *65*, 263 – 297.

Gerhardt, J. (1988). From discourse to semantics: The development of verb morphology and forms of self-reference in the speech of a two-year-old. *Journal of Child Language*, *15* (2), 337 – 393.

Gerhardt, J. (1991). The meaning and use of the modals hafta, needta and wanna in children's speech. *Journal of Pragmatics*, *16* (6), 531 – 590.

Givón, T. (1993). *English grammar: A function-based introduction*. Amsterdam: John Benjamins.

Givón, T. (1995). *Functionalism and grammar*. Amsterdam: John Benjamins.

Goldberg, A. (1995). *Constructions: A construction grammar approach to argument structure*. Chicago: University of Chicago Press.

Gómez, R., & Gerken, L. (1999). Artificial grammar learn by 1-year-olds leads to specific and abstract knowledge. *Cognition*, *70*, 109 – 135.

Gopnik, A., & Choi, S. (1995). Names, relational words, and cognitive development in English and Korean speakers: Nouns are not always learned before verbs. In M. Tomasello & W. E. Merriman (Eds.), *Beyond names for things: Young children's acquisition of verbs*. Hillsdale, NJ: Erlbaum.

Greenfield, P. M., & Smith, J. H. (1976). *The structure of communication in early language development*. New York: Academic Press.

Gundel, J., Hedberg, N., & Zacharski, R. (1993). Cognitive status and the form of referring expressions. *Language*, *69* (2), 274 – 307.

Hakuta, K. (1982). Interaction between particles and word order in the comprehension and production of simple sentences in Japanese children. *Developmental Psychology*, *18*, 62 – 76.

Hauser, M., Weiss, D., & Marcus, G. F. (2002). Rule learning by cotton-top tamarins. *Cognition*, *86* (1), B15 – B22.

Hirsh-Pasek, K., & Golinkoff, R. M. (1991). Language comprehension: A new look at some old themes. In N. Krasnegor, D. Rumbaugh, M. Studdert-Kennedy, & R. Schiefelbusch (Eds.), *Biological and behavioral aspects of language acquisition*. Hillsdale, NJ: Erlbaum.

Hirsh-Pasek, K., & Golinkoff, R. M. (1996). *The origins of grammar: Evidence from early language comprehension*. Cambridge, MA: Massachusetts Institute of Technology Press.

Hopper, P. , & Thompson, S. (1984). The discourse basis for lexical categories in universal grammar. *Language*, 60, 703 - 752.

Hornstein, D. , & Lightfoot, N. (1981). *Explanation in linguistics*. London: Longman, Brown, Green, and Longmans.

Howe, C. (1976). The meaning of two-word utterances in the speech of young children. *Journal of Child Language*, 3, 29 - 48.

Howlin, P. , Goode, S. , Hutton, J. , & Rutter, M. (2004). Adult outcome for children with autism. *Journal of Child Psychology and Psychiatry*, 45, 212 - 229.

Huttenlocher, J. , Vasilyeva, M, Cymerman, E. , & Levine, S. (2003). Language input and child syntax. *Cognitive Psychology*, 45 (3), 337 - 374.

Ingram, D. , & Tyack, D. (1979). The inversion of subject NP and aux in children's questions. *Journal of Psycholinguistic Research*, 4, 333 - 341.

Israel, M. , Johnson, C. , & Brooks, P. J. (2000). From states to events: The acquisition of English passive participles. *Cognitive Linguistics*, 11 (1 - 2), 103 - 129.

Jarrold, C. , Baddeley, A. D. , & Phillips, C. E. (2002). Verbal shortterm memory in Down syndrome: A problems of memory, audition or speech? *Journal of Speech, Language and Hearing Research*, 45, 531 - 544.

Karmiloff-Smith, A. , Tyler, L. K. , Voice, K. , Sims, K. , Udwin, O. , Davies, M. , et al. (1998). Linguistic dissociations in Williams syndrome: Evaluating receptive syntax in on-line and off-line tasks. *Neuropsychologia*, 36 (4), 342 - 351.

Kemmer, S. (1993). *The middle voice*. Amsterdam/Philadelphia: John Benjamins.

Kirkham, N. , Slemmer, J. , & Johnson, S. (in press). Visual statistical learning in infancy: Evidence for a domain general learning mechanism. *Cognition*.

Klein, W. , & Perdue, C. (1997). The Basic Variety (or: Couldn't natural languages be much simpler?). *Second Language Research*, 13 (4), 301 - 347.

Klima, E. , & Bellugi, U. (1966). Syntactic regularities in the speech of children. In J. Lyons & R. J. Wales (Eds.), *Psycholinguistic papers*. Edinburgh, Scotland: Edinburgh University Press.

Kuczaj, S. (1977). The acquisition of regular and irregular past tense forms. *Journal of Verbal Learning and Verbal Behavior*, 16, 589 - 600.

Langacker, R. (1987a). *Foundations of cognitive grammar* (Vol. 1). Stanford, CA: Stanford University Press.

Langacker, R. (1987b). Nouns and verbs. *Language*, 63, 53 - 94.

Langacker, R. (1991). *Foundations of cognitive grammar* (Vol. 2). Stanford, CA: Stanford University Press.

Laws, G. , & Gunn, D. (2004). Phonological memory as a predictor of language comprehension in Down syndrome: A 5-year follow up study. *Journal of Child Psychology and Psychiatry*, 45, 326 - 337.

Leonard, L. B. (1998). *Children with specific language impairment*. Cambridge, MA: Massachusetts Institute of Technology Press.

Leonard, L. , Deevy, P. , Miller, C. , Rauf, L. , Charest, M. , & Kurtz, R. (2003). Surface forms and grammatical functions: Past tense and passive participle use by children with specific language impairment. *Journal of Speech, Language and Hearing Research*, 46, 43 - 55.

Li, P. , & Shirai, Y. (2000). *The acquisition of lexical and grammatical aspect*. Berlin/New York: Mouton de Gruyter.

Lieven, E. (1997). Variation in a crosslinguistic context. In D. I. Slobin (Ed.), *The Crosslinguistic Study of Language Acquisition* (Vol. 5). Hillsdale, NJ: Lawrence Erlbaum.

Lieven, E. , Behrens, H. , Speares, J. , & Tomasello, M. (2003). Early syntactic creativity: A usage based approach. *Journal of Child Language*, 30, 333 - 370.

Lieven, E. , Pine, J. , & Baldwin, G. (1997). Lexically-based learning and early grammatical development. *Journal of Child Language*, 24, 187 - 220.

Lieven, E. , Pine, J. , & Dresner-Barnes, H. (1992). Individual differences in early vocabulary development. *Journal of Child Language*, 19, 287 - 310.

Limber, J. (1973). The genesis of complex sentences. In T. Moore (Eds.), *Cognitive development and the acquisition of language*. New York: Academic Press.

Lindner, K. (2003). The development of sentence interpretation strategies in monolingual German-learning children with and without specific language impairment. *Linguistics*, 41 (2), 213 - 254.

Mandler, J. M. (2000). Perceptual and conceptual processes in infancy. *Journal of Cognition and Development*, 1, 3 - 36.

Maratsos, M. (1976). *The use of definite and indefinite reference in young children*. Cambridge, England: Cambridge University Press.

Maratsos, M. (1982). The child's construction of grammatical categories. In E. Wanner & L. Gleitman (Eds.), *Language acquisition: State of the art*. Cambridge, England: Cambridge University Press.

Maratsos, M. (2000). More overregularizations after all. *Journal of Child Language*, 28, 32 - 54.

Maratsos, M. , Gudeman, R. , Gerard-Ngo, P. , & DeHart, G. (1987). A study in novel word learning: The productivity of the causative. In B. MacWhinney (Ed.), *Mechanisms of language acquisition*. Hillsdale, NJ: Erlbaum.

Marchman, V. , & Bates, E. (1994). Continuity in lexical and morphological development: A test of the critical mass hypothesis. *Journal of Child Language*, 21, 339 - 366.

Marcus, G. F. , Pinker, S. , Ullman, M. , Hollander, M. , Rosen, T. J. , & Xu, F. (1992). Overregularization in language acquisition. *Monographs of the Society for Research in Child Development*, 57, 34 - 69.

Marcus, G. F. , Vijayan, S. , Bandi Rao, S. , & Vishton, P. M. (1999). Rule learning by 7-month-old-infants. *Science*, 283, 77 - 80.

McCune, L. (1992). First words: A dynamic systems view. In C. Ferguson, L. Menn, & C. Stoel-Gammon (Eds.), *Phonological development: Models, research, and implications*. Parkton, MD: York Press.

McNeill, D. (1966). The creation of language by children. In J. Lyons & R. J. Wales (Eds.), *Psycholinguistic papers: Proceedings of the 1966 Edinburgh Conference*. Edinburgh, Scotland: Edinburgh University Press.

McShane, J. , & Whittaker, S. (1988). The encoding of tense and aspect by 3-to 5-year-old children. *Journal of Experimental Child Psychology*, 45, 52 - 70.

McWhorter, J. H. (1998). Identifying the Creole prototype: Vindicating a typological class. *Language*, 74, 788 - 818.

Meltzoff, A. (1995). Understanding the intentions of others: Reenactment of intended acts by 18-month-old children. *Developmental Psychology*, 31, 838 - 850.

Mervis, C. , Morris, C. , Bertrand, J. , & Robinson, B. (1999). Williams syndrome: Findings from an integrated program of research. In (H. Tager-Flusberg, Ed.), *Neurodevelopmental disorders*. Cambridge, MA: Massachusetts Institute of Technology Press.

Munakata, Y. , McClelland, J. L. , Johnson, M. H. , & Siegler, R. S. (1997). Rethinking infant knowledge: Toward an adaptive process account of successes and failures in object permanence tasks. *Psychological Review*, 104, 686 - 713.

Naigles, L. (1990). Children use syntax to learn verb meanings. *Journal of Child Language*, 17, 357 - 374.

Nelson, K. (1973). Structure and strategy in learning to talk. *Monographs of the Society for Research in Child Development*, 38 (149).

Nelson, K. (1977). Facilitating children's syntax acquisition. *Developmental Psychology*, 13, 101 - 107.

Nelson, K. (1985). *Making sense: The acquisition of shared meaning*. New York: Academic Press.

Nelson, K. (1986). *Event knowledge: Structure and function in development*. Hillsdale, NJ: Erlbaum.

Nelson, K. (1995). The dual category problem in the acquisition of action words. In M. Tomasello & W. Merriman (Eds.), *Beyond names for things: Young children's acquisition of verbs*. Hillsdale, NJ: Erlbaum.

Nelson, K. (1996). *Language in cognitive development*. New York: Cambridge University Press.

Nelson, K. , Hampson, J. , & Shaw, L. K. (1993). Nouns in early lexicons: Evidence, explanations and implications. *Journal of Child Language*, 20, 61 - 84.

Newport, E. L. , Aslin, R. N. , & Hauser, M. D. (2001, November). *Learning at a distance: Statistical learning of non-adjacent regularities in humans and tamarin monkeys*. Presented at the Conference on Language Development, Boston University, Boston, MD. Ninio, A. (1992). The relation of children's single word utterances to single word utterances in the input. *Journal of Child Language*, 19, 87 - 110.

Ninio, A. (1993). On the fringes of the system: Children's acquisition of syntactically isolated forms at the onset of speech. *First Language*, 13, 291 - 314.

Pawley, A. , & Syder, F. (1983). Two puzzles for linguistic theory. In J. Richards & R. Smith (Eds.), *Language and communication*. New York: Longmans.

Piaget, J. (1952). *The origins of intelligence in children*. New York: Norton. (Original work published 1935)

Pine, J. , & Lieven, E. (1993). Reanalysing rote-learned phrases: Individual differences in the transition to multi word speech. *Journal of Child Language*, 20, 551 - 571.

Pine, J. , Lieven, E. , & Rowland, G. (1998). Comparing different models of the development of the English verb category. *Linguistics*, 36,

4 - 40.

Pinker, S. (1981). A theory of graph comprehension. In R. Freedle (Ed.), *Artificial intelligence and the future of testing*. Hillsdale, NJ: Erlbaum.

Pinker, S. (1984). *Language learnability and language development*. Cambridge, MA: Harvard University Press.

Pinker, S. (1989). *Learnability and cognition: The acquisition of verbargument structure*. Cambridge, MA: Harvard University Press.

Pinker, S. (1991). Rules of language. *Science*, *253*, 530 - 535.

Pinker, S. (1999). *Words and rules*. New York: Morrow Press.

Pizzuto E., & Caselli, M. C. (1992). The acquisition of Italian morphology: Implications for models of language development. *Journal of Child Language*, *19*, 491 - 557.

Pye, C., & Quixtan Poz, P. (1988). Precocious passives and antipassives in Quiche Mayan. *Papers and Reports on Child Language Development*, *27*, 71 - 80.

Ramus, F., Hauser, M. D., Miller, C., Morris, D., & Mehler, J. (2000). Language discrimination by human newborns and by cotton-top tamarin monkeys. *Science*, *288*, 349 - 351.

Rispoli, M. (1991). The mosaic acquisition of grammatical relations. *Journal of Child Language*, *18*, 517 - 551.

Rispoli, M. (1994). Structural dependency and the acquisition of grammatical relations. In Y. Levy (Ed.), *Other children, other languages: Issues in the theory of language acquisition*. Hillsdale, NJ: Erlbaum.

Rispoli, M. (1998). Patterns of pronoun case error. *Journal of Child Language*, *25*, 533 - 544.

Roberts, K. (1983). Comprehension and production of word order in stage 1. *Child Development*, *54*, 443 - 449.

Rowland, C., & Pine, J. M. (2000). Subject-auxiliary inversion errors and wh-question acquisition: "What children do know?" *Journal of Child Language*, *27*, 157 - 181.

Rubino, R., & Pine, J. (1998). Subject-verb agreement in Brazilian Portugese: What low error rates hide. *Journal of Child Language*, *25*, 35 - 60.

Saffran, J., Aslin, R., & Newport E. (1996). Statistical learning by 8-month old infants. *Science*, *274*, 1926.

Saffran, J. R., Johnson, E. K., Aslin, R. N., & Newport, E. L. (1999). Statistical learning of tone sequences by human infants and adults. *Cognition*, *70* (1), 27 - 52.

Savage, C., Lieven, E., Theakston, A., & Tomasello, M. (2003). Testing the abstractness of young childrens linguistic representations: Lexical and structural priming of syntactic constructions? *Developmental Science*, *6*, 557 - 567.

Scarborough, H. S., Rescorla, L. R., Tager-Flusberg, H., Fowler, A. E., & Sudhalter, V. (1991). The relation of utterance length to grammatical complexity in normal and language-disordered samples. *Applied Psycholinguistics*, *12*, 23 - 45.

Schlesinger, I. (1971). Learning of grammar from pivot to realization rules. In R. Huxley & E. ingram (Eds.), *Language acquisition: Models and methods*. New York: Academic Press.

Serrat, E. (1997). *Acquisition of verb category in Catalan*. Unpublished doctoral dissertation.

Shirai, Y., & Andersen, R. W. (1995). The acquisition of tense/aspect morphology: A prototype account. *Language*, *71*, 743 - 762.

Slobin, D. (1970). Universals of grammatical development in children. In G. Flores D'Arcais & W. Levelt (Eds.), *Advances in psycholinguistics*. Amsterdam: North Holland

Slobin, D. (1973). Cognitive prerequisites for the development of grammar. In C. Ferguson & D. Slobin (Eds.), *Studies of child language development*. New York: Holt, Rinehart, Winston.

Slobin, D. (1982). Universal and particular in the acquisition of language. In L. Gleitman & E. Wanner (Eds.), *Language acquisition: The state of the art*. Cambridge, England: Cambridge University Press.

Slobin, D. (1985). Crosslinguistic evidence for the language-making capacity. In D. I. Slobin (Ed.), *The crosslinguistic study of language acquisition: Vol. 2. Theoretical issues*. Hillsdale, NJ: Erlbaum.

Slobin, D. I. (1997). *The crosslinguistic study of language acquisition: Vol. 4 and Vol. 5. Expanding the contexts*. Mahwah, NJ: Lawrence Erlbaum Associates.

Slobin, D., & Bever, T. (1982). Children use canonical sentence schemas: A crosslinguistic study of word order and inflections. *Cognition*, *12*, 229 - 265.

Smith, C. S. (1980). The acquisition of time talk: Relations between child and adult grammars. *Journal of Child Language*, *7*, 263 - 278.

Snow, C. E., & Ferguson, C. A. (1977). *Talking to children*. Cambridge, England: Cambridge University Press.

Stoll, S. (1998). The acquisition of Russian aspect. *First Language*, *18*. 351 - 378.

Sudhalter, V., & Braine, M. (1985). How does comprehension of passives develop? A comparison of actional and experiential verbs. *Journal of Child Language*, *12*, 455 - 470.

Suzman, S. M. (1985). Learning the passive in Zulu. *Papers and Reports on Child Language Development*, *24*, 131 - 137.

Tager-Flusberg, H. (1999). Language development in atypical children. In M. Barrett (Ed.), *The development of language*. Hove: Psychology Press.

Tager-Flusberg, H., & Calkins, S. (1990). Does imitation facilitate the acquisition of grammar? Evidence from a study of autistic, Down's syndrome and normal children. *Journal of Child Language*, *17*, 591 - 606.

Tager-Flusberg, H., Calkins S., Nolin, Z., Baumberger, T., Anderson, M., & Chadwick-Dias, A. (1990). A longitudinal study of language acquisition in autistic and Downs syndrome children. *Journal of Autism & Developmental Disorders*, *20*, 1 - 21.

Tallal, P. (2000). Experimental studies of language learning impairments: From research to remediation. In D. Bishop & L. Leonard (Eds.), *Speech and language impairments in children* (pp. 131 - 156). Hove, England: Psychology Press.

Tardif, T. (1996). Nouns are not always learned before verbs: Evidence from Mandarin speakers' early vocabularies. *Developmental Psychology*, *32*(3), 492 - 504.

Tomasello, M. (1992). *First verbs: A case study of early grammatical development*. Cambridge, England: Cambridge University Press.

Tomasello, M. (1998a). *The new psychology of language: Vol. 1. Cognitive and functional approaches to language structure*. Mahwah, NJ: Erlbaum.

Tomasello, M. (1998b). One child's early talk about possession. In J. Newman (Ed.), *The linguistics of giving* (pp. 349 - 373). Amsterdam: John Benjamins.

Tomasello, M. (1998c). Reference: Intending that others jointly attend. *Pragmatics and Cognition*, *6*, 229 - 244.

Tomasello, M. (1999). *The cultural origins of human cognition*. Cambridge, MA: Harvard University Press.

Tomasello, M. (2000). Do young children have adult syntactic competence? *Cognition*, *74*, 209 - 253.

Tomasello, M. (2001). Perceiving intentions and learning words in the second year of life. In M. Bowerman & S. Levinson (Eds.), *Language Acquisition and Conceptual Development*. Cambridge, England: Cambridge University Press.

Tomasello, M. (2003). *Constructing a language: A usage-based theory of language acquisition*. Cambridge, MA: Harvard University Press.

Tomasello, M., Akhtar, N., Dodson, K., & Rekau, L. (1997). Differential productivity in young children's use of nouns and verbs. *Journal of Child Language*, *24*, 373 - 387.

Tomasello, M., Kruger, A., & Ratner, H. (1993). Cultural learning. *Behavioral and Brain Sciences*, *16*, 495 - 552.

Trask, L. (1996). *Historical linguistics: An introduction*. New York: St. Martin's Press.

Wagner, L. (2001). Aspectual influences on early tense comprehension. *Journal of Child Language*, *28*, 661 - 682.

Weist, R. (1983). Prefix versus suffix information processing in the comprehension of tense and aspect. *Journal of Child Language*, *10*, 85 - 96.

Weist, R. (1986). Tense and aspect. In P. Fletcher & M. Garman (Eds.), *Language acquisition* (2nd. ed.). Cambridge, England: Cambridge University Press.

Weist, R., Lyytinen, P., Wysocka, J., & Atanassova, M. (1997). The interaction of language and thought in children's language acquisition: A crosslinguistic study. *Journal of Child Language*, *24*, 81 - 121.

Weist, R., Wysocka, H., Witkowska-Stadnik, K., Buczowska, E., & Konieczna, E. (1984). The defective tense hypothesis: On the emergence of tense and aspect in child Polish. *Journal of Child Language*, *11*, 347 - 374.

Wells, G. (1983). *Learning through interaction: The study of language development*. Cambridge, England: Cambridge University Press.

Whiten, A. (i998). Imitation of the sequential structure of actions by chimpanzees (Pan troglodytes). *Journal of Comparative Psychology*, *112*, 270 - 281.

Wittek, A., & Tomasello, M. (2005). German-speaking children's productivity with syntactic constructions and case morphology: Local cues help locally. *First Language*, *25*, 103 - 125.

第7章

早期词汇学习

SANDRA R. WAXMAN 和 JEFFREY L. LIDZ*

> 那些生动的词汇唤醒了我的灵魂,给它光明、希望、快乐,让它自由!
>
> ——Helen Keller,1904

早期词汇学习:语言组织与概念组织之间的通路

　　与其他任何发展成就相比,词汇学习或许恰恰处于人类概念组织和语言组织之间的十字路口(P. Bloom, 2000; S. A. Gelman, Coley, Rosengren, Hartman, & Pappas, 1998;

---

* 美国国家健康研究所(HD-28730 和 DC-006829 分别属于第一和第二作者),国家自然科学基金(BCS-0418309 属于第二作者)和 CNRS(巴黎)为本章的撰写提供了支持。我们感谢 A. Booth, D. G. Hall, T. Lavin, E. Leddon,以及为本章节的早期版本做过评论的编辑们。

Hollich, Hirsh-Pasek, & Golinkoff, 2000；Waxman, 2002；Woodward & Markman, 1998)。就像古代罗马的两面神，词汇学习者必须朝向两个不同的方向。面对概念领域，婴儿形成一个核心*概念*①来捕捉他们所遇见的客体与事件之间的联系。面对语言领域，婴儿从周围优美的人类语言中筛选*词汇与短语*。甚至在他们学步走路之前，婴儿在以上领域中都有了重要提高。而且更加显著的是，最近证据显示：在词汇学习的初期，婴儿在概念和语言能力方面的提高是紧密相连的。

对罗马人来说，两面神不仅是创始的神，而且因作为关口和过渡的守护神而著名。年幼的词汇学习者就像两面神，站在一个很重要的关口，通过与外界的交流，婴儿带着特殊的喜悦出现了第一批词汇，因为这标志着婴儿进入了一个社会交往的真正的符号系统。在他们获得第一批词汇的过程中，婴儿所获得的远远超过符号所指示的意义。词汇学习就像一扇门，通向基本的社交、概念和语言能力，这些是人类心智特有的。从社交的角度来说，词汇学习为婴儿理解并影响他人心智提供了可能。从概念的角度来说，词汇学习支持了日益增加的抽象和灵活的心理表征的进化，这些是人类概念系统的鲜明特征。毫无疑问，其他动物物种也有复杂的社交和概念能力(见 Cole，本手册，本卷，第 15 章)。但是人类的这些系统因其灵活性、力量和归纳性(inductive strength)而显得特别突出；而且每一种能力都是语言的有力支持。正如本章所阐述的，婴儿的词汇学习不仅为发现人类语言基本的句法和语义属性及其交互作用作出了贡献，而且也得到了它们的支持，这一点随着本章内容的深入将会更加清楚。

正如年幼的词汇学习者面临的任务是将他们关于语言和概念领域的知识合在一起，我们撰写本章的目的也是在一个独特的发展框架下，将两个不同的智力传统——生成语言学(generative linguistics)和认知心理学——整合在一起。我们将这两个学科结合的主要目的是强调它们之间的协同作用，并利用它们各自的贡献开辟一条新的研究路径。因此，我们关注两个智力传统中词汇学习汇合最充分的那些方面，这就引导我们主要关注概念系统和语言系统之间的联结是如何发展进化的。更确切地说，我们关注几种词汇(如名词、形容词、动词)的发展轨迹以及它们如何与意义相联结。我们认为，一种语法形式——*名词*——拥有优势地位，在婴儿的早期词典和发展的研究历程中占主导地位。但是，我们也要指出，名词事实上并不是词汇学习的范例。在强调了名词在词汇获得中的重要作用后，我们接着着重说明其他语法形式(包括形容词和动词)获得时所需的非常不同的概念联结和语言要求。

词汇学习的难题

在人类婴儿的日常生活过程中，他们很自然地发现自己所处的情景，情景中有一个人

---

① 我们使用概念这一术语指的是一种符号的心理表征。对于本章涉及的概念(如狗或毛茸茸)，它的表征范围包括婴儿所遇到的个别事例(比如，她自己的宠物狗，它的毛茸茸的尾巴)。表征还必须足够抽象到包含她还没遇到过的延伸事例(至少一些)(比如，我的狗，它的毛茸茸的耳朵)。这种方式下使用的概念这一术语指的是一种抽象的心理表征，可以从婴儿的直接体验中建立，而它的语义可以由各种关系来组织，包括基于范畴的、基于属性的或者基于行动的共同体。

(可能是父母或一个年长的兄弟姐妹)注视着一连串正在进行的活动(可能是一条小狗在公园里玩),并说出一串词汇(可能是"看那只可爱的小狗! 它正在跑! 让我们一起去找它的妈妈吧!")。要从这个(实际上是任何一个)背景中成功学习一个词(比如,小狗),婴儿必须(a)从这一连串的活动中识别出相应的实体(如上例中的小狗,而不是跑这个动作,等等),(b)从正在进行的连续不断的讲话中分析出相应的语音片段(小狗),(c)在实体和语音之间建立一个映射。

匆匆一瞥,这看起来很简单明了。毕竟,当我们介绍物体名称的同时将婴儿的注意力集中于感兴趣的物体上时,我们不是基本上解决了这个难题吗? 当然,成人可能力求用这种方法来教词汇,而且某些文化团体较其他文化团体更多地使用这种方法(比较 Hoff, 2002; Ochs & Schieffelin, 1984)。然而,更细致的观察发现,像这些词汇学习的教导方式是一种例外而不是规则。最初,甚至是面对婴儿的说话中,很多词汇也并不是指向一个物体或任何我们能指出来的东西(比如:"他在*跑开*!"或"不")。而且即使对于真的指向物体的词汇,在提到时指向的物体通常也是不在场的(比如:"该去叫你*姐姐了*。""你妈妈把你的*鞋子*放哪里了?"或"你确实需要*小睡*一会。")。

即使在最直接的指导中,当词语有对应物,而且对应物在被提到时也在现场,事情也并不如此简单。成功的词汇学习要求学习者将一个词汇(比如,puppy)映射到一个概念(PUPPY)①,而这意味着词语的意义被系统地延伸到最初指代的个体以外②。在我们的例子中,也就是:"小狗"这个词汇要扩展到确定的其他对象(其他小狗),但不包括所有其他的对象(小猫、大狗、小兔子和电视机等)。然后,要注意的是,对于具体客体的命名依赖于词汇与抽象的概念之间的配对。要建立这种映射,婴儿必须要对一个特定词汇的可能延伸范围拥有一些规则性的预期,而这些预期规则可能来源于概念的、知觉的或语言的系统(Bates & Goodman, 1997; Chomsky, 1975; Murphy, 2002; Quine, 1960; Quinn & Eimas, 2000)。

要找到语言的基本单元,也要求学习者有一定程度的抽象能力。就像"小狗"这个概念的知识,就要求学习者能检查并确定世界上的任何事物是不是一只小狗(它是否在概念的延伸范围内),而一个词汇的语音形式的知识要求学习者能在说话的话语流中找出那个词的不同实例。就像"小狗"这个概念需要我们抽象出这些实例:短小的小狗,黑色的小狗,有皮毛的小狗;而语音词汇/pup'e/的知识要求我们从该词的很多不同的发音方式中抽象出来,这些不同的发音方式显示了声音特征的广泛差异,或者由于不同的说话者,或者由于周围其他词汇的干扰效应,或者由于语音学规则而改变了发音的形式(比如,electric/electricity;见 Saffran, Werker, & Werner, Chapter 2, this Handbook, this Volume for an excellent review;也可见 Aslin, Saffran, & Newport, 1998; Fisher, Church, & Chambers, 2004;

---

① 贯穿本章,我们使用以下的印刷惯例:斜体=指一个词,小的大写字母=指的是一个概念。
② 存在着一种特殊的词——专用名词(比如,Lassie)——它的功能是挑出一个不同的个体(比如,那只小母狗)。但是,有两点值得一提。一是,这些词汇也指概念(这发生在只包括一个特殊成员的时候);见 Hall, 1999; Hall & Lavin, 2004; Macnamara, 1994; Markman & Jaswal, 2004; Xu, Carey, & Welch, 1999)。其次,绝大多数词汇,事实上大部分婴儿最初获得的词汇,都不是指一个独特的个体,而是指个体的一个范围。

Fisher & Tokura, 1996; Jusczyk, 1997; Mwhler et al. , 1998; Morgan & Demuth, 1996)。

词汇学习难题的第三部分——在概念的单元和语言单元之间建立映射——也远比它初看起来要丰富得多。这是人类语言的普遍特征,很多种类的词汇(比如,名词、形容词、动词)都可以被正确地应用到同一个命名过程中,而且每一种词汇都显示了该过程的独特性并支持一种独特的扩张模式。再考虑小狗在公园里玩这个例子。可数名词(比如,"看,有一条小*狗*")不仅仅指的是一条特定的小狗,而且广泛地延伸到同类的其他成员(其他小狗,但不是小兔子)。相反的,专用名词(比如,"看,那位少女")特指被命名的个体,而不能进一步延伸。如果我们给出一个形容词("看,*它毛茸茸的*"),那意思又会相当不同。这里,我们指的是所命名个体的属性,而不是该个体本身,我们可以将该词汇延伸到具有该属性的其他例子上,而不管包含它的特定实体(比如,对于任何其他毛茸茸的东西,包括[一些,而不是所有]小狗、小兔子、卧室拖鞋)。最后,动词("看,*它在跑*")指的是该个体在那个时间内的一种关系或活动,可以延伸到类似的活动,包括在完全不同的时间和地点完全不同的行动者(比如,马、儿童)。①

总之,要成功地学会词语,婴儿必须(a) 能识别相应的概念单元(如,一个个体、个体的种类、事件),(b) 识别相应的语言单元(如,词汇),(c) 在他们之间建立一个映射。我们已经提出,词汇学习的关键是婴儿在这些领域有一定的抽象能力。任何一个给定的词汇发音都必须与一个抽象的语音学表征相联系,任何一个给定的实体必须与一个抽象的概念相联系。

词汇学习难题的早期解决方法

尽管有着这些明显的逻辑困难,婴儿学习词汇却有令人赞叹的轻松和敏捷。大约 12 个月大时,婴儿能够在流利的言语中识别出词汇,并开始产生自己的词语;大约 24 个月时,他们可以产生数百个词汇,并开始将它们系统地组合形成短语。也许更值得一提的事实是,2—3 岁的时候,他们发现存在着各种完全不同的词汇(不同的语法形式),而且与不同种类的意义相联结(Brown, 1957, 1958; Gentner, 1982; Macnamara, 1979; Waxman, 1990; Wxman & Gelman, 1986)。事实上,有证据显示,婴儿挖掘这些联结,把一个新异词汇的语法形式作为一个线索来构建其本身意义(对近期文献的全面回顾,见 Hall & Lavin, 2004; Markman & Jaswal, 2004; Woodward & Markman, 1998)。

学步儿童已经获得英语中对一个特定个体的狭义名词的意义延伸的系统限制(Hall, 1991, 1999; Hall & Lavin, 2004; Jaswal & Markman, 2001),但是可数名词的延伸更广,可以指特定个体和其他同类物体(Waxman, 1999; Waxman & Markow, 1995)。他们系统地将形容词延伸到物体的属性(Klibanoff & Waxman, 2000; Mintz & Gleitman, 2002; Prasada, 1997; Waxman & Klibanoff, 2000; Waxman & Mrkow, 1998),将动词延伸到事

302

---

① 而且,不要忘记,说话者并没有义务来谈论该时刻这个世界发生了什么。一个说话者在一只小狗背景下可能会说:"记得我们去年暑假的露营旅行",也可能会说:"一只多么可爱的小狗啊。"(Chomsky,1959)

件的种类(Fisher & Tokura, 1996; Hollich, Hirsh-Pasek, et al., 2000; Naigles, 1990; Tomasallo, 2003; Tomasello & Merriman, 1995)。

但是,婴儿是怎么发现语法形式和意义之间的映射的呢?这种映射的完整指令系统不可能天生就具备的,因为语言不同,包括他们表征的语法形式、表面上标记这些语法形式的方式,以及用这些形式来传达意义的基本单元的方式都不同(Baker, 2001; Croft, 1991; Frawley, 1992; Hopper & Thompson, 1980)。这些差异看起来好像是具有普遍性的。特别是,在所有人类语言中,物体概念是以名词编入词汇的,而事件概念是以动词编入词汇的(Brown, 1957,1958; Dixon, 1982)。但与此同时,也存在着相当大的跨语言差异。在名词种类中,一些语言(如英语)在整体和可数名词之间做了一个语法上的区分,而其他语言(如日语)没有这种区分(Imai & Haryu, 2004)。甚至这种灵活性更戏剧性的证据来自形容词语法形式的跨语言比较。一些语言(包括英语、西班牙语和非洲 Dyirbal 语言)有着充分发展和类别开放的(open-class)形容词系统,但是其他语言(如班图语)只有不到 10 个术语的稀少的形容词系统,(Dixon, 1982; Lakoff, 1987)。而且,在很多语言中(比如,莫霍克语、普通话),在语法范畴上很难区分形容词和动词。比如,莫霍克语中大部分语形学和句法测验,都把英语中形容词的概念归为动词(Baker, 2001)。[①]

其至在一种语言内,语法形式间的界限也是相互渗透的。虽然名词的一个核心语义功能是指物体的概念(比如,小狗、桌子),但名词也可以被用来指属性(比如,高度、信念)、事件(比如,地震、毁灭)和抽象观念(比如,自由、想法)。而且虽然动词的一个核心语义功能是指事件(决定、跳跃),但动词也可以用来指属性(消失、知道)或状态(喜欢、站着)。甚至,非常相似的重要概念有时可以同时用名词和动词表达:

(1) 这次选举的结果对我来说我是一个惊喜(名词)。
　　这次选举的结果让我惊喜(动词)。

因此,语法范畴(名词、动词)和语义范畴(物体、事件)之间的联结,即使在同一语言中也并不是严格确定的,但是相关的(P. Bloom, 1994; Macnamara, 1986; Pinker, 1989)。

婴儿们是如何发现这些联结?假定从一开始婴儿的预期就反映了他们语言的成熟说话者的预期,似乎是不合理的,因为正如我们所看到的,婴儿必须发现在他们的语言中表征的是哪种语法形式,以及如何用它们传达意义。然而,这样问是合理的,婴儿是否可能用一些普遍的语言预期来趋近获得任务而不是从一开始就是引导获得,而这种普遍预期随着婴

---

① 在一些语言中,甚至很难决定一个词是否可以被归为一个特定的语法范畴中去,这引起了一些人的争论,认为在这些语言中,语法范畴可能更好地以短语单元而不是词汇来表示(Davis & Matthewson, 1999; Demirdache & Matthewson, 1996; Wojdak, 2001)。在这些语言中被公认的范畴中立,使得我们更加清晰地应该将一个词的词汇范畴从它的句法运用中独立出来。也就是,一个词可能从词性上被归为是一个名词,但是在一些使用中,它是被作为动词功能运用(或反之亦然)。这点我们在英语的动名词中也可以清楚地看到(比如,这条船的沉没是舰队司令下的命令),一个动词概念被当作一个名词短语的开头来使用。在这样的例子中,一个词性上是动词的词汇,句法上却像名词一样运用(见 Abney, 1987; Frank & Kroch, 1995; Harley & Noyer, 1998 供讨论和分析)。

儿获得有关他们母语的细节的体验不断精细化(见 Saffran at al.，本手册，本卷，第 2 章，有一种相似的发展观)。

本章计划

为了探讨这些问题，我们第一节就来介绍词语的最初获得，主要介绍婴儿第一批词语获得之前的语言学、概念学和社交方面的基础知识，然后我们探讨婴儿将第一批词语和意义对应的最初尝试。最近证据揭示，婴儿带着强大的和最初很笼统的期望将语言和概念单元联结起来，跨入词汇学习的门槛。这种一般的初步联结让词汇学习很好地起飞，并为后来的词汇的、语法的和概念的发展构建了一个平台。下一章节中，我们要探讨年幼的词汇学习者是如何超越最初宽泛的联结。证据表明婴儿最早将名词的语法范畴从其他语法形式中梳理出来，并将特定物体的个体与物体的范畴相映射。这种早期的名词—范畴联结的建立是婴儿以后发现其他重要的语法形式(如形容词、动词)，并将其与各自的意义相映射的基础。在探讨了早期名词获得的一些结果后，我们将关注形容词和动词的获得。两者的获得模式非常不同于名词的获得，看起来似乎依赖于先前(至少一些)名词的获得。我们认为这源于这些独特的谓语形式的信息需求和概念需求。

好几个研究主题贯穿于本章中，每一个主题都显著地体现在词汇研究的历史中，并在当前的理论和实证工作中发挥了重要的作用。

跨语言的证据

与获得理论中的跨语言证据相关的主题。正如已经指出的，语法和概念范畴之间的映射是随着语言的不同而变化的。这种变化说明相关的两点。首先，特定语法的和概念的范畴的精确映射需要学习。其次，跨语言的比较可以作为一种有力的工具，用来发现词汇学习的哪些方面(如果可能)会来源于语法体系的规则，而哪些方面又是在跨发展阶段和跨语言上有着更好的伸展性(Bornstein et al.，2004；Bowerman & Levinson，2001；Gentner，1982；Imai & Gentner，1997；Maratsos，1998；Sera, Bales, & del Castillo Pintado, 1997；Sera ct al.，2002；Snyder，Senghas，& Inman，2001；Uchida & Imai，1999)。

名词的优势地位

本章也关注一种语法形式——名词——在早期获得中的发展优先权。我们探讨了在早期词汇中名词支配其他语法形式重要的证据和资源。但是，我们也指出这一事实，名词这么早就获得，并作为一个强有力的信号，说明这种语法范畴可能非常不同于其他语法范畴。从这一观察可以认为，名词学习可能并不是词汇学习较普遍的范例，因此，大量词汇学习的理论和研究都主要关注名词的获得(主要是那些指代物体个体或范畴的名词)，只能使我们走这么远。语言充满了属性(蓝色的)、事件(跳跃)和关系(遇见)的词汇，以及物体数量(那个、每个、一些)和事件(总是、从不、有时)的词汇。语言学习者必须从根本上理解大量的语言与其所传递的意义两者之间的映射。一个有着充分代表性的词汇学习理论需要我们采取一个宽广的视角,包含儿童学习的所有词汇类型的获得。基本上,我们建议,在早期获得中名词的真正的发展优先权不应该成为只关注名词而排除其他词汇类型的研究优先权。

结构:存在于输入还是心智

认知科学已经受到天性和教养之间的基本张力影响,而词汇学习领域也不例外。尽管传统观点认为这种张力是对立的,但是现在我们很清楚,最好把天性和教养看作是互补和相互支持的,如同手和手套。研究者必须研究输入,来发现是否存在什么结构可帮助婴儿发现词汇并将其指派意义(L. Bloom, 2000; Bornstein et al., 2004; Hoff, 2002; Hoff & Naigles, 2002; Huttenlocher, Haight, Bryk, Seltzer, & Lyons, 1991; Huttenlocher & Smiley, 1987; Huttenllocher, Vasilyeva, Cymerman, & Levine, 2002; MacWhinney, 2002; Naigles & Hoff-Ginsberg, 1995, 1998; Samuelson, 2002; Tomasello, 2003)。同样重要的是必须记住,输入可能是发展的函数说明什么。在不同的发展点上,学习者可以理解同一输入的不同方面,既可能由于他们知觉或概念系统的成熟,也可能由于他们关于所学特定语言的知识。

除了检查输入,研究者还必须检验学习者的表征能力,以检测什么结构(如果有的话)是头脑中与生俱来的,使获得成为可能(R. Gelman & Williams, 1998)。在这些冒险中我们必须留心的是,结构也可能来源于知觉系统(Jusczyk, 1997; Quinn & Eimas, 2000; Smith, 1999)、概念系统(Baillargeon, 2000; Spelke, 2003)、语言系统(Crain, 1991; Lidz, Waxman, & Freedman, 2003),或者可能是这些系统的交互作用的产物(Hirsh-Pasek, Golinkoff, Hennon, & Maguire, 2004)。而且,因为词汇学习是一个层叠式的发展现象,关于获得的不同表征结构或限制可能会出现在发展的不同点上。

最近的研究在整合这些之前获得的对立的信息方面取得了很大的进步,有记录表明学习者对输入有着高度敏感性的同时,有一种结构在学习者内部指导信息获得。目前的要求是尽可能准确地把握这些来源之间的平衡以及随着发展进程它们之间的相互影响。

在词汇学习中,学习者与生俱来的预期和环境的塑造作用之间的相互影响是最基本的(P. Bloom, 2000; Chomsky, 1980; Gleitman, 1990; Gleitman, Cassidy, Nappa, Papafragou, & Trueswell, in press; N. Goodman, 1955; Jusczyk, 1997; Quine, 1960)。当然,婴儿从环境中精选信息,因为他们从周围语言环境中精确地学习词汇和语法形式以及所展现的概念(如美国的 CD 操作者和松鼠,墨西哥乡村的镰刀和野猪)。不过婴儿当然也受到强大的内部预期的指导,这种预期在获得过程中自己形成并指导着获得过程。

正如已经指出的,这一观察尤其重要,还因为人类语言的差异不仅仅在于他们的韵律和单个词汇上,而且在于用某种词汇类型(如,名词、形容词、动词)来传递基本意义的方式。面对这种跨语言的差异时,词汇学习的任何一个理论,被用来说明面对这种跨语言的差异和什么事获得的普遍模式时,都必须有合理的限制。同时,它还必须具有充分的灵活性来容纳发生在跨语言和跨发展时间上的系统差异。

考虑到这些所有的主题，我们的目标是从一个整合的、动力学的和截然不同的发展的视角来看待词汇学习，严肃对待学习者的预期和环境的塑造作用随着时间的变化所展现出来的相对贡献。在我们看来，婴儿的最初预期，以及他们最初的知觉的、概念的、社交的和语言的敏感性并不是固定不变的。在这过程中的每一步，他们的能力和敏感性逐渐展露，并根据他们从周围环境语言中精选出的知识和结构进行校准。因而，词汇学习是一个校准的过程，随着学习者不断地解决获得过程中的难题，信息变得越来越可利用。每一进步都使一个新的问题和一系列新的潜在的解决方法变得外显。

搭建词汇学习的舞台：基础能力

在这一章节中，我们探讨词汇学习中语言的、概念的和社交的基础，以及在生命的第一年中的进程。

识别词汇

在开始认真地学习词汇之前，婴儿必须要能从连续不断的言语流中分解出一个词汇，并能在不同的句子和不同的说话者中识别这个词汇。这个任务是困难的，因为在言语流中几乎没有明显的中断，而且因为一个词汇的声音信号随着周围词汇和说话者的不同而戏剧性地变化。婴儿在生命的第一年后逐渐表现出对这一词汇学习难题解决，在这一非常活跃的时期，婴儿对他们所沉浸的母语的结构特点越来越敏感。因为 Saffran 等人（本手册，本卷，第 2 章）巧妙涵盖和细致研究了这个活跃领域，我们这里只是简要涉及两个与词汇学习紧密联系的问题（其他精彩的回顾，见 Aslin et al. , 1998；Echols & Marti, 2004；Fisher et al. , 2004；Guasti, 2002；Jusczky, 1997；Werker & Fennell, 2004）。

发现词汇和词汇大小单元

几十年的研究表明，在语言输入中存在着不可忽视的结构，婴儿对此也渐渐地、系统地变得敏感起来。但有一点也是清楚的，婴儿在趋近任务时具有知觉偏好或偏见，使他们利用输入的结构来发现他们的语言中的潜在词汇（Chistophe, Mehler, & Sebastian-Galles, 2001；Fernald & McRoberts, 1996；Johnson, Jusczyk, Cutler, & Norris, 2003；Jusczyk, 1997；Liu, Kuhl, & Tsao, 2003；Morgan & Demuth, 1996）。

甚至在刚出生时，相比其他来源的听力刺激，婴儿偏爱人类的语言（尤其是儿向的语言、夸张的韵律和音调）（Jusczyk & Luce, 2002；Mehler et al. , 1988；Singh, Morgan, & White, 2004；Vouloumanos & Werker, 2004）。但是，婴儿对特定特征的注意偏好经历了戏剧性的发展变化。大概 5—6 个月期间，儿向语言的旋律首先起到了情感交流和吸引、调节注意的作用。大概 6 个月大的时候，随着婴儿对言语流的线索不断敏感，使得他们可以将连续不断的语音信号分段成为词汇大小的单元（Echols & Marti, 2004；Guasti, 2002；Jusczyk & Aslin, 1995；Saffran, Aslin, & Newport, 1996），"词汇开始从旋律中显现"

(Fernald, 1992, p. 403)。一些线索(比如,分布范围的、韵律结构的、音节联合的线索)看起来是普遍的,并在早期足以用来获得词汇片段并进行识别。而其他线索(比如,语音的、音位结构的、语形的线索)看起来是语言特定的,而且在后来随着婴儿发现哪些特征在他们获得的语言中起最大的作用时才变得可利用(Bosch & Sebastian-Galles, 1997; Friederici & Wessels, 1993; Kuhl, Williams, Lacerda, Stevens, & Lindblom, 1992; Nazzi, Jusczyk, & Johnson, 2000; Werker & Tees, 1984)。

但是,不管来源是什么,婴儿对这些线索的注意的增加有利于他们发现母语中的词汇和短语界线。到5—6个月大时,婴儿可以识别出他们自己的名字(Mandel, Jusczyk, & Pisoni, 1995),到6—7个月大时,他们已经开始建立另外一些高频率出现的词汇的意义(Tincoff & Juczyk, 1999)。这些截取片段的技巧反过来也使得婴儿追踪语言相关单元之间的关系(统计学的或代数学的)成为可能(Brent & Cartwright, 1996; Chambers, Onishi, & Fisher, 2003; Gomez & Gerken, 1999; Marcus, Vijayan, Rao, & Vishton, 1999; Mintz & Gleitman, 2002; Pena et al., 2003; Saffran et al., 1996; Shi & Werker, 2001; Shi, Werker, & Morgan, 1999)。这一点很关键,因为成功的词汇学习不仅取决于单个因素(声音、音节、词汇),而且取决于他们之间的关系。

发现开放和封闭类词汇的区别

婴儿对词汇间关系的敏感性允许他们区分两个很广泛的词汇类别:开放类(内容词汇,包括名词、形容词、动词)和封闭类词汇(功能词汇,包括限定词、数量词和前置词; Gomez, 2002; Morgan, Shi, & Allopenna, 1996; Shady, 1996; Shady & Gerken, 1999; Shi et al., 1999; Shi & Werker, 2003)。9—10个月大时,婴儿偏爱听开放类词汇,可能因为相比封闭类词汇,婴儿从开放类词汇接受到更多的重读,喜欢这些有趣的优美旋律。

这种对于开放类词汇的偏爱代表了词汇学习过程中一个重要的阶段,因为它保证了:在大约1岁的时候,婴儿不仅可以成功地分解词汇,而且特别关注那些词汇(开放类词汇、内容词汇),他们有着丰富的概念内容并最早出现在他们能产生的词汇中,而且婴儿对开放和封闭类词汇的相对位置的高度敏感性提供了一个发现其他不同的语法形式范畴的入口(Brent & Cartwright, 1996; Gomez, 2002; Redington, Chater, & Finch, 1998; Shi & Werker, 2003)。

识别相关概念

对于难题的第二部分的解决方案还在于婴儿识别环境中的物体和事件并注意到他们之间的关系的能力。有证据再一次表明,这种能力同时得到输入中可利用的结构(一个给定概念成员之间的知觉相似性)和婴儿内部结构的支持。尤其是有证据表明,甚至在婴儿学习词汇之前,婴儿有一种重要的核心概念系统,涉及物体、事件和关系(Baillargeon, 2000; Spelke, 2003)。婴儿的一些前语言学概念主要关注于知觉的或感觉的属性(比如,红色的、快速的、有眼睛;见Quinn & Eimas, 2000);其他前语言的概念本质上更加概念化。6—7个月时,婴儿能够识别不同的物体(比如,一个特定的玩偶娃娃),也能够在不同的抽象水平上将个体归类到一些不同的结构丰富的物体范畴中去(比如,基础水平范畴,例如*狗*,更抽象的领域水平范畴,例如*生气勃勃的*;Behl-Chadha,1995;Mandler & McDonough,1998;Quinn & Johnson,2000;参见 S. A. Gelman & Kalish,本手册,本卷,第16章,对动物性名词的讨论;以及 Booth & Waxman,2002b;Keil,1994;Prasada,2003;Spelke & Newport,1998,为早期 ANIMATE 概念的出现提供了证据)。婴儿好像还可以在一系列丰富结构化的基于事件的关系中描述个体的行为,包括**原因**、**限制**和**支持**(Baillargeon,2000;Leslie & Keeble,1987;Michotte,Thines,& Crabbe,1991;Oakes & Cohen,1994;Wagner & Carey,2003)。

婴儿早期概念系统的丰富度和深度就它本身而言也是令人印象深刻的。但是,随着婴儿进入词汇学习的系统,这也给婴儿带来了一个棘手的问题:由于婴儿懂得概念和关系的一个丰富的范围,如果每一个概念对于一个词汇的意义都是一个可行的选择,那么婴儿是如何发现这些候选概念中的哪一个映射他们所分解的词汇(Quine,1960)? 在下一章中,我们将探讨婴儿对他人意图的敏感性是以什么样的方式帮助他们解决这部分学习难题的。

解读他人的意图

无论识别新词的能力,还是表述个体或概念的能力,都无法确保婴儿能成功地把这些语言和概念单元组织起来。为了成功地把词汇对应于其指代的事物,婴儿还必须有能力对身边说话者的目的和意图进行某些推测。对于这个问题的研究在过去的十年中很活跃,在很大程度上是因为受到了一类巧妙的研究课题的激发:这类课题旨在揭示词汇学习任务中,婴儿了解他人的哪些意图,以及婴儿如何利用他们刚刚出现的社交的和语用的才智,来推断说话者的意图(详见 Woodward & Markman,1998;Baldwin & Moses,2001;L. Bloom & Tinker,2001;Jaswal & Markman,2003;Meltzoff,2002;Tomasello & Olguin,1993;Woodward,2004;Woodward & Guajardo,2002)。到9至10个月时,婴儿成功和自发地追随说话者的眼睛注视和手势(特别是指向),并且他们能利用这种能力将注意力指向被命名的物体。当说话者注意物体而不是注意其他地方时,婴儿更容易把一个新词对应于一个物体(Brooks & Meltzoff,2002;Carpenter,Akhtar,& Tomasello,1998;Hollich,Hirsh-Pasek et al.,2000;Meltzoff,Gopnik,& Repacholi,1999;Moore,Angelopoulos,& Bennett,1999;Woodward,2003)。

关于最初语言获得的结论

接近1岁时,词汇学习的基础已经准备就绪。婴儿对将成为他们最初词汇的语音单位的识别以及构成他们最初语义的概念单元的表征,已经取得了显著进展,并且他们对社交的和语用的线索敏感,这有助于他们把这些语言和概念单元组织到一起(Baldwin & Baird,1999;Baldwin & Markman,1989;L. Bloom;1998,2000;Diesendruck,Markson,Akhtar,& Reudor,2004;Echols & Marti,2004;Fulkerson & Haaf,2003;Gogate,Walker-Andrews,& Bahrick,2001;Guajardo & Woodward,2000;Tomasello & Olguin,1993)。在下一章节中,

我们要探讨婴儿具备了这些基本能力之后如何对词汇学习进行最初的尝试。

最初的词汇学习步骤：词汇与概念之间广泛的最初联结

我们如何才能以最好的方式描述婴儿在词汇学习开始阶段的最初步伐？这个问题在理论和实证领域两方面都已经成为实质上的注意焦点。一些研究者有力地指出，婴儿跨越*白板*这个阈限后，他们的语言和概念单元间就没有联结作为引导了。这种论断中一个特别有影响力的观点是由 Smith 和她的同事们提出的，他们认为早期的词汇学习与其他任何形式的学习无异(Smith,1999；Smith,Colunga, & Yoshida,待发表)。在这一观点中，婴儿最早的词汇在缺乏任何指导性的预期的条件下获得，只有当婴儿获得相当规模的词汇后，他们才开始觉察语言和概念单元间的各种联结(Smith,1999)。此外，这种观点认为，词汇和知觉体验是紧密联系的，没有或很少有概念关系的影响。其他研究者也同样有力地提出了一种非常不同的观点，声称婴儿持有虽宽泛却有效的预期，从一开始就把语言的、知觉的和概念的单元联系起来(Balaban & Waxman, 1997；Booth & Waxman,2003；Gopnik & Nazzi,2003；Graham,Baker, & Poulin-Dubois,1998；Poulin-Dubois,Graham, & Sippola,1995；Waxman & Booth,2003；Waxman & Markow,1995；Xu,2002)。

为了在这些观点间进行权衡，我们必须从头开始，问我们能否在刚刚开始语言学习的婴儿的语义和概念系统间发现某种联系(虽然不成熟)。正如我们已经提到的，即使存在这种联系，也没有说话的成人所拥有的那样精确，因为婴儿的语言在呈现的语法形式和他们用这种语法形式来表达意义的方式都是变化的。但这是完全可能的：即婴儿以宽泛的语言联系为起点，这些联系支持婴儿最初词汇获得，且随着婴儿学习特定语言的经验增加，这些联系会被调整得更为精确。

Waxman 和 Markow(1995)使用一种新异偏好的设计探索 12 到 14 个月的婴儿是否在语言和概念组织间建立联系。在一个熟悉化阶段，一名实验者从一个特定的物体类别中向婴儿呈现四个不同的玩具(如，四种动物)，按随机方式一次呈现一个。一个测试阶段紧跟其后，这个阶段中实验者同时呈现(a) 当前熟悉的类别中的一个新成员(如，另一种动物)和(b) 来自一种新类别中的物体(如，一个水果)。婴儿在任务中自由操纵玩具，他们的累积操作时间作为因变量。每个婴儿以四组不同的物体完成这个任务，两组包括基本水平的类别(如，马对猫)，两组包括高一水平的类别(如，动物对水果)。

为了鉴别新词的可能影响，婴儿被随机分配三种条件中的一种，这三种条件只在实验的熟悉化阶段有差别。在名词条件组中的婴儿会听到，例如，"看见这个*动物*吗？"形容词条件组听到"看见这个*动物一样的*东西吗？"那些在无词控制条件下的婴儿听到"看见这个吗？"测试时，各种条件下的婴儿都听到完全相同的话("看我有什么？")。实验者给出新词而不是熟悉的词，因为他们的目标是要发现，当婴儿把一个新词和意义对应起来时，会具有怎样的联结——如果存在这种联系的话。如果他们使用熟悉的词(如，"狗")，说明可能受到婴儿对这些特定词的理解的影响，而不能证明关于词汇和意义间的联系更为基本的问题。

预期如下：如果婴儿注意到四个熟悉物体间同类别的共性，那么在测验时他们应该会反映出对新物体的偏好。如果婴儿觉察到新词的出现，并且如果这些词把他们的注意导向熟悉化阶段呈现的物体间共性，那么听见新词的婴儿应该比无词汇的控制组更易表现出新异偏好。最后，如果词汇和概念间的原始联系最初是普遍的，那么名词条件和形容词条件下的婴儿，都应该比无词汇条件下的婴儿更容易形成类别。

这些预期被证实了。无词控制组的婴儿没有显示出新异偏好，说明他们没有觉察到熟悉物体间同类别的共性。相反，名词和形容词条件下的婴儿都显示出稳定的新异偏好，说明他们成功地形成了物体类别。

这个结果为早期词汇学习和概念组织间的基本联系提供了清晰的证据。这些实验中的婴儿可靠地觉察出新词，这些词为他们的概念组织的形成作出了贡献。其实，这些词促进了类别的形成(Brown，1958)。为了突出一组不同物体间的共性，给婴儿一个共同的名称(在这个发展阶段上给出名词或形容词)，能够促进物体类别概念的形成。更近一些的研究显示，这种促进不是仅仅简单地突出了婴儿可能已经表征了的概念；它也支持由全新物体组成的全新概念的形成(P. Bloom，2001；Booth ＆ Waxman，2002a；Fulkerson ＆ Haaf，2003；Gopnik，Sobel，Schulz，＆ Glymour，2001；Maratsos，2001；Nazzi ＆ Gopnik，2001)。同时，这种促进具有显著的概念性力量：尽管新词只在熟悉化阶段呈现，它们的影响延续到已命名的物体之外，把婴儿的注意指向测试阶段所呈现的、新的(未命名的)物体。

初始联结的独特性

对于词汇和概念间最初的普遍联系的证明，吸引了广泛的注意并进一步提出了问题，尤其是关于这种现象的独特性。在语言方面，研究者探讨婴儿的早期预期是只针对词语的，还是更加普遍地与各种声音有明显关系。这个问题指向了领域特殊性的问题。即这种联系只是对构成客体类别的共性有贡献，还是也同样适用更广泛的合适音义的选择上(如基于属性的、事件相关的共性)。

词语还是声音

一个关键的问题是，婴儿类别化过程中的新词促进效应，是特别地缘于新词的呈现，还是由 种与听说刺激相联系的更加普遍的洼意力所引起的。为了解答这个问题，有一些研究项目比较了新词的效应和非语言刺激的效应(如，音调、旋律、由简单玩具产生的机械噪音)。这些结果有点混杂。一方面，当 9 至 12 个月的婴儿刚刚开始稳定地分析语流中的词汇时，新词能促进类别化，但新音调(与命名词组在振幅、持续时间和停顿长度上精确匹配)和其他更复杂的非语言刺激(如，口中发出的、重复的非语言声音，短暂的旋律词组)不能做到(Balaban ＆ Waxman，1997)。这表明在早期发展阶段，婴儿确实存在词汇特殊性(但见Gogate 等，2001；Sloutsky ＆ Lo，1999)。

这不是说非语言刺激对物体类别化没有影响。在特定情况下，非语言声音(如，口哨、旋律词组)，手势，甚至图表显得能促进婴儿和学步儿童的物体类别化。但主要的发现是，它们只在特定的实验条件下有作用，特别当实验者明确把这些非语言刺激作为物体名称时。例如,如果非语言刺激按照熟悉的命名程序呈现,或者这些刺激是由与婴儿直接互动的实验者有意制造的且刺激显著时,这些非语言刺激能促进物体的类别化(Fulkerson,1997;Fulkerson ＆ Haaf,2003;Namy ＆ Waxman,1998,2000,2002;Woodward ＆ Hoyne,1999)。相反,当这些社会性和实用线索被去掉后,非语言成分就无法支持物体的类别化(Balaban ＆ Waxman,1997;Campbell ＆ Namy,2003;Fulkerson ＆ Haaf,2003)。

这种结果模式与婴儿利用几种线索来发现词汇意思的假设是一致的(Hall ＆ Waxman,2004;Hollich, Hirsh-Pasek et al. ,2000)。当线索与足够的强度结合起来时,非语言成分能被当作是"事物的名字"。缺少了这些线索,非语言成分就不能做到这方面。同时,婴儿接受非语言成分作为名称的意愿在生命的第二年中降低,因为他们开始意识到,尽管非语言刺激(包括手势)确实补充了口头语言,但它们并非像类别名称那样发挥功能(对手势的回顾,参见 Goldin-Measow,本手册,本卷,第8章;Namy,Cambell, ＆ Tomasello,2004)。因此,从词汇学习的最早阶段,就显现出关于词汇的一些独特之处。婴儿视词汇与意义有内在联系,但不认为其他声音或手势有。

物体类别还是更广范围的概念

为了更加清楚地了解在此早期转折点上什么被当作词语,研究者也在概念方面进行了广泛的探索,探讨婴儿是一开始就特别地把新词和类别共性相联系(如,兔子,动物),还是这个早期联系包含更广泛的共性,包括基于属性的共性(如,颜色:粉红色的东西;质地:柔软的东西)和基于事件的共性(如,飞行;滚动)。

然而要注意,在至今回顾的所有实验中,对于词汇意义形成的研究仅仅选择了个别物体或物体类别。但是,物体类别仅代表婴儿接受的概念以及词汇能够定义的概念中的一小部分。因此,为了更好地刻画婴儿最初预期的范围,有必要考察词汇学习实验中更宽泛的备选意义。带着这样的目的,Waxman 和 Booth(2001)向前迈进了一步,探讨新词究竟是否像突出物体间基于类别的共性一样,也突出了基于属性的共性(如,颜色、质地)。这一系列实验的设计在本章后面名词的获得部分中有详细描述。现在,我们就简单强调系列中的一个结果,即婴儿以一种对备选意义的宽泛预期开始词汇的学习。在11个月的时候,新词(以名词或形容词呈现)把婴儿的注意宽泛地导向基于类别以及基于属性的共性。

309 这是一个重要的发现,因为只有小部分实验研究成功记录了婴儿在这个年龄上的词汇学习(Balaban ＆ Waxman,1997;Fulkerson ＆ Haaf,2003;Welder ＆ Granham,2001;Woodward,Markman, ＆ Fitzsimmons,1994)。然而更重要的是,这些结果揭示,婴儿开始真正的词汇学习时,具备了一种对联结内容词汇(包括名词和形容词)和宽泛备选意义(包括基于类别或基于属性的共性)间联系的预期。

宽泛的最初联结的优势

从学习者的角度,这种宽泛的预期提供了一个重要的发展优势。因为不同的语言采用不同的语法类别规则,并且由于他们使用这些来将语义空间按照略微不同的方式划分,这有利于使学习者以最普遍的预期开始学习,这种预期强调共性的范畴,并使学习者一开始就能够进入词汇学习系统。

这种宽泛的最初联系起到(至少)三个基本作用。首先,由于词汇最先把注意导向宽泛的共性,它们促进了不断延伸的概念脚本的形成,并帮助把婴儿的注意集中到那些不易察觉的概念上。第二,这种词汇和概念间宽泛的最初联系,为婴儿提供了一种途径来建立稳定的初级词典。最后,这种最初的宽泛预期,为在儿童天然语言中发现的更为精确的预期的发展奠定了基础。

随后的词汇学习步骤:各种词汇与概念之间更具体的联结

我们在这一节中的目的是探讨,婴儿是如何发展超出对词汇最初的宽泛预期之外的词语学习能力的,他们如何建立起更精确的预期模式,以及他们如何把不同的语法形式区分开来,并发现它们与意义的联系。

语言领域面临的问题是,婴儿何时(以及在何种条件下)开始区分在他们的语言中表现出的主要语法形式(如,名词、形容词、动词)。概念领域面临的问题是,他们何时开始把这些语法形式和不同种类的意义(如,类别、属性、行为、关系)对应起来。

名词的获得

证据表明,婴儿最先把名词从其他语法形式中区分出来,并确切地把它们与基于类别的共性对应起来。我们认为这种名词—类别联系的概念,同语言和概念驱力一起支持它的出现。

名词和物体类别间联系的发展

第一个关于词汇种类和意义种类间更为精确联系的发展证据,来自 13 至 14 个月的婴儿。继续采用前面描述的新异偏好任务的逻辑,Waxman 和 Booth(2001,2003)把注意焦点转移到同时具备类别共性(如动物)和属性共性(如颜色:紫色的东西)的物体(如紫色的动物)上。这种设计特点使他们能够考察婴儿的概念灵活性和新词对概念组织的影响。更具体地,他们探讨:(a)婴儿能否灵活地理解某一系列的物体(如,四个紫色的动物)是属于客体类别(动物)还是体现了客体属性(紫色),(b)婴儿的解释是否系统地受到新词的影响。关于类别和属性间的共性在心理学意义上的差异的讨论,见 Waxman,1999;Waxman 和 Booth,2001;S. A. Gelman 和 Kalish,本手册,本卷,第 16 章。[①]

这个实验包括三个阶段。每个婴儿要使用四种不同的物体组完成整个程序四次。在熟悉化阶段,各个条件下的婴儿都看四个不同的物体(如,四个不同的紫色动物),全都来自*相*

① 这种取向基于这样的假设,即在物体的类别和属性间的确存在原则上的心理差别。当前的大多数理论家按照至少三种(相关)依据,把物体类别(也称作种类或分类)和其他类型的群组(如,紫色的东西,从失火的房子中拉出来的东西)区分开来。物体类别:(1)是结构丰富的,(2)具有许多共性,包括属性间深入而不明显的联系(即反对孤立的属性),(3)作为归纳的基础(Barsalou,1983;Bhatt & Rovee-Collier,1997;S. A. Gelman & Medin,1993;Kalish & Gelman,1992;Macnamara,1994;Medin & Heit,1999;Murphy & Medin,1985;Younger & Cohen,1986)。尽管婴儿和儿童具备的对许多物体类别的知识相对成人来说不够精细,他们明显地想通过命名物体类别来实现这些功能(S. A. Gelman,1996;Keil,1994;Waxman,1999;Welder & Graham,2001)。

310

同的物体类别(如,动物),并具有*相同的物体属性*(如,紫色)。这些物体一次呈现两个,实验者呈现它们时的指导根据婴儿组分配任务的不同而变化。在名词组,她呈现两个物体并说,如:"这些是 blickets。这是一个 blicket,而且这是一个 blicket。"在形容词组,她说:"这些是 blickish。这一个是 blickish,并且这一个是 blickish。"在无词控制条件下,她说,"看这些。看这一个,看这一个。"

在*测试阶段*,他们看一个类别匹配(如,一匹蓝色的马;和熟悉化物体属于相同的类别,但具有新的属性)和一个直接对应的属性匹配(如,一个紫色的刮铲;和熟悉化物体具有相同属性,但属于新的类别)。为了测量新异偏好,实验者把测试对放在婴儿很容易够到的地方,说:"看这些。"不提供标签,记录婴儿对物体的注意。接下来,测量*词汇外延*,实验者呈现目标物体(原熟悉化物体中的一个,如,一头紫色的大象),并指着它说,"这个是一个 blicket"(名词条件),"这个是 blickish"(形容词条件)或者"看这个"(无词汇条件)。她接着呈现两个测试物体,把它们放在婴儿很容易够到的地方,说,"你能把 blicket 给我吗?"(名词条件),"你能把 blickish 给我吗?"(形容词条件)或"能给我一个吗?"(无词汇条件)。通过测量新异偏好和词汇外延,这些研究者能够探讨婴儿的早期预期,只在先前的新异偏好任务中有明显作用后,在婴儿更主动的词语扩张任务中也有足够影响。

11 个月的婴儿显示出宽泛初步预期的能力:他们把新词(名词或形容词)与物体间共性(基于类别或基于属性的共性;Waxman & Booth,2003)对应起来。相反,到 14 个月,婴儿能把新名词和形容词区分开来。他们把新名词特别地与物体间基于类别(而不是基于属性)的共性对应起来。但是,在这个发展阶段,他们对新形容词的对应仍然很泛化。和 11 个月时的情况一样,14 个月的婴儿通常倾向于把新形容词宽泛地与基于类别或基于属性的共性对应。尽管在一些任务中,婴儿显示出更高级的模式,把新形容词确切地与基于属性(而不是基于类别)的共性对应,但这是一个脆弱的效应,只在某些条件下明显(Waxman & Booth,2001)。

在一条独立的关于外观偏好过程的研究路线中,Echols 记录了一个相似的发展模式(Echols & Marti,2004)。集中于婴儿对名词和动词的预期,这些研究重点关注婴儿对动词和名词的预期,这些研究者们提供了相似的证据,表明名词和物体类别间的联系是在更广泛的预期中最早出现。婴儿在这个任务中面对两个录像监控器,在熟悉化阶段,婴儿看一个新物体(如,一个食蚁兽)做出一个新行为(如,打开/盖上一个杯子)。婴儿先从一个屏幕上看这个事件,然后在另一个屏幕上看,最后同时在两个屏幕上看。在测试阶段,前述的屏幕被改变了,一个屏幕描绘当前熟悉的物体从事一个新行为(如,食蚁兽转动杯子),而另一个屏幕描绘一个新物体从事当前熟悉的行为(如,一个海牛打开/盖上一个杯子)。

为了区分新词的语法形式是否影响婴儿对这些画面的解释,婴儿被随机分组到新名词、新动词或无词汇控制条件。在新名词条件下,婴儿听到,例如,"那是一个 gep;它是一个 gep"。在新动词条件下的婴儿听到"它正在 gepping;它 geps"。测试时,婴儿分别在新名词条件下听到"看这个 gep!"或者在动词条件下听到"看它 gepping"。如果婴儿能够把新名词和动词区分开,并且如果他们使用语法形式推断新词的意思,那么听到名词的婴儿应该偏好有熟悉物体的画面,而那些听到动词的婴儿应该偏好有熟悉行为的画面。并且如果婴儿对于名词的预期最早出现,那么听见名词的婴儿应该偏好有新动作的画面,而听见动词的婴儿应该不会显示出偏好。这个结果和前面关于名词和形容词的描述相似(Waxman & Booth,2001,2003)。

这个结果与关于名词和物体类别间联系在学习中最早出现的假设一致。13 个月时,新名词条件下的婴儿显示出对熟悉物体的稳定偏好,而那些在新动词条件下的婴儿未显示偏好,相等地看两个测试屏。到 18 个月,婴儿习得了对动词更为确切的预期。这时,他们把新名词具体地与熟悉物体对应,把新动词具体地与熟悉行为对应(相关证据,见 Casasola & Cohen,2000;Forbes & Poulin-Dubois,1997)。

综合来看,这个研究说明到 13 至 14 个月时,婴儿对区分语法形式的相关线索敏感(至少有一些是的),并且他们主动地使用这些区分。在这个发展时段,他们把名词相对特定地与物体类别对应,但他们对形容词和动词的预期仍然比较宽泛。婴儿对后面这些语法形式与对应意义范围的更为特异化的预期的敏感性,代表了后期的发展成就。

总结到这里,我们指出婴儿在词汇学习中的宽泛最初预期为两个发现提供了基础:在他们的语言中存在不同种类的词汇(语法类别),并且,这些语法类别和传达的意义类型之间存在联系。我们怀疑这两个发现是相关的,各自逐渐调节成另一个,其过程与 Quine 关于儿童攀登"一个智力烟囱,通过向各边相互施加的压力支持自己"的经典例子类似(Quine,1960,p. 93)。我们怀疑当婴儿开始注意到出现不同(种类的)词汇的不同模式或语法框架时,他们就发现存在不同的语法形式(如,一些倾向于变形或强调,一些倾向于被(未强调的)临近组块的词汇持续引导,一些倾向于在词组内占据特定的位置;Brent & Cartwright,1996;Maratsos,1998;Mintz,2003;Mintz,Newport, & Bever,2002)。

同时,我们提到当婴儿开始攀登词汇习得的烟囱时,他们首先识别名词(从其他语法形式中)并把这些特别地与物体类别(从其他类型的共性中,包括基于属性或基于行为的共性)对应。次级联系(如,形容词和动词的)将建立在这个根本基础上,并将作为经验和所学语言中特定语法类别及相应意义间特定联系的函数而调整。

关于名词的更多证据

名词和物体类别间联系最早出现的证据,与一组令人印象深刻的、关于名词获得及其与物体类别关系的文献有关(详见 Woodward & Markman,1998;P. Bloom,2000;Golinkoff et al. ,2000;Hirsh-Pasek et al. ,2004)。关于这个话题进行的几十年的深入研究,取得了几个重要的发现。一些研究项目关注儿童如何把特定的名词与它们特定的意义相对应。在这方面,研究者发现在婴儿和年幼儿童中有一种强烈解释新名词(如,狗)、应用于一个独立的物体的倾向,如同在一个概念等级的基本水平上指称一个类别的物体(Hall & Waxman,1993;Markman & Hutchinson,1984;Markman & Jaswal,2004;Mervis, 1987;Rosch, Mervis,Gray,Johnson, & Boyes-Braem,1976;Schafer & Plunkett,1998;Waxman,1990)。只有当儿童为基本水平的类别创建了一个名称之后,他们才能继续参照其他抽象的等级水平上的类别来解释新名词(如,猎狗、哺乳动物、动物),或参照个体(如,*海盗*)。这种在基本水平上命名物体的优势,似乎在广泛的语言和文化中都很明显(Berlin,1992;Berlin,Breedlove,&Raven,1973),也可能有助于促进词汇学习的过程:这种在基本水平命名的概念优势有效地缩小了备选意义的范围。构建起基本水平的名称以后,婴儿和儿童随后就继续为其他等级水平的类别增加名称,并在语义空间内协调这些名称(Diesendruck,Gelman,&Lebowitz,1998;Diesendruck & Shatz,2001;Imai & Haryu,2004;Waxman & Senghas,1992)。

其他研究关注儿童如何发现他们的语言表征的各种不同类型的名词(如,数词、物质名词、专有名词、集合名词),以及这些类型如何与意义对应起来(Hall & Lavin,2004;Markman & Jaswal,2004;Prasada,2000)。这些探索的关键是对跨语言证据的考察,因为这些差异是否以及如何在命名系统内造成,使得语言彼此不同(Bowerman & Levinson,2001;Gathercole & Min,1997;Gathercole,Thomas,& Evans,2000;Imai,1999;Imai & Gentner,1997;Imai & Haryu,2004;Lucy & Gaskins,2001;Wierzbicka,1984)。目前关于习得英语的婴儿的证据显示,这些名词类型之间的差异可能在第二年末之前出现(Belanger & Hall,待发表),与对形容词和动词的预期大致在同一时间(Echols & Marti,2004;Waxman & Booth,2003)。

因为研究名词与意义对应的早期天赋的大量记录,已经有人出色而巧妙地进行了回顾(P. Bloom,2000;Gentner & Boroditsky,2001;Golinkoff et al.,2000;Hall & Waxman,2004;Woodward & Markman,1998),我们把这些问题先放一边,来关注更新的发展。

名词优势

前面回顾的证据记录了早期出现的名词与物体类别间的联系,与长期的观察一致,即早期词汇有大量的名词与其他语法类别中的词汇联系(Caselli et al.,1995;Gentner & Boroditsky,2001;Huttenlocher,1974;Woodward & Markman,1998;跨语言综述详见Bornstein et al.,2004)。这个观察是一些争论的主题。许多研究者声称这种名词优势并非普遍,且关注儿童语言学习过程的口语中名词对动词的相对频率(Slobin,1985;Sandhofer,Smith,& Luo,2000),像韩语(Choi,1998,2000;Choi & Gopnik,1995;Gopnik & Choi,1995;Gopnik,Choi,& Baumberger,1996)和汉语(Tardif,1996;Tardif,Gelman,& Xu,1999;Tardif,Shatz,& Naigles,1997),这两种语言中输入时动词会更明显。然而,其他人主要关注母亲报告的儿童口语中名词和动词的相应频率,并提出学习广泛语言种类的儿童,包括荷兰语、法语、希伯来语、意大利语、日语、卡鲁里语、韩语、汉语、纳瓦霍语、西班牙语和土耳其语,显示出名词对动词的优势,与所报告的学习英语的儿童对应(Au,Dapretto,& Song,1994;Bassano,2000;L. Bloom,Tinker,& Margulis,1993;Camaioni & Longobardi,2001;Fernald & Morikawa,1993;Gentner,1982;Goldfield,2000;Kim,McGregor,& Thompson,2000)。

尽管存在这些争议,一个结论是明显的:虽然名词优势的强度可能随语言和词汇测量而不同,并没有报告显示动词学习超过名词学习。这种早期名词优势需要一个解释,并且有三种解释被提出了,分别能解释数据的某些部分。

自然分割/关系相对论假设(Gentner,1982;Gentner & Boroditsky,2001;Gentner &

Namy,2004)提出,名词优势是在普遍联系的世界中识别物体时概念和知觉优势的结果。在这种观点下,因为物体以整齐的*前个体包*出现,它们很容易识别,因此是适合词汇学习的。因为关系概念(即使对于具体的、可观察的行为)更为模糊、更难辨认。结果,指代这些关系意义的词汇学习得较晚,并且在不同语言间的变异更大(Papafragou,Massey,& Gleitman,2002)。自然分割/关系相对论立场,主要关注词汇学习的概念和知觉要求,具有很大的影响。然而,它没有考虑到大多数名词并不指代个别的物体,即使是那些在早期词典中主要的具体名词,而是会自动地延伸到习得的个体之外。这一发现很重要,因为它意味着婴儿的早期词汇指向抽象概念而不是整齐的*前个体包*(Waxman & Markow,1995)。如果是这样,问题就是*客体概念*是否在某种程度上比*关系概念*简单,这个问题正待解决(Chierchia & McConnell-Ginet,2000;Heim & Kratzer,1998;Moltmann,1997)。

关于名词优势的第二种解释更直接地关注文化和语言因素。简单来说,论断把名词优势与使物体比物体间关系更为突出的文化因素相联系。在这种观点下,文化因素与其他听觉,韵律或句法因素协同作用,使名词比儿童口语中的其他语法形式更显著(S. A. Gelman & Tardif,1998;Lavin,Hall, & Waxman,待发表)。

第三种对于名词优势的解释,我们已经提到过,强调与其他语法类别相比而言,名词学习背后的语言要求上的差异(Fisher,Hall,Rakowitz, & Gleitman,1994;Fisher & Tokura,1996;Gillette,Gleitman,Gleitman, & Lederer,1999;Gleitman,1990;Mintz & Gleitman,2002)。因为形容词和动词都是需要靠论点解释它们意义的谓词,并且由于名词正好作为这些论点,这些语法形式以及它们与意义关系的习得,必须建立在之前对至少一些名词的学习基础上。因为名词一般具有较少的语言前提,它们能最早被学会,然后能被用作随后对其他语法类别中词汇学习的基础。

不仅仅是"为物命名":早期名词学习的重要意义

近年来,研究者已经开始更广泛地探索婴儿在概念和语言表征上获得名词的重要意义,基于多个实验范式的研究,越来越多的证据一致表明当婴儿获得他们的首批单词后,他们不仅仅是知道了物体的名称而已。名词学习参与并支持人类思维中一些最基本的逻辑和概念能力,包括客体个别化(object individualization)、客体范畴化(object categorization)和归纳推理(inductive inference)的过程。识别和加工信息输入中名词的效应在婴儿期间是迅速上升的。

概念的重要意义:个别化 客体个别化或在不同的时间和地点觉察不同个体特性的能力,是一种基本的概念和逻辑能力。例如,它可以使我们知道自己现在看到的狗是否是之前看到的那只狗。在一些情况下,婴儿很难觉察两个不同客体的特性(如,一个球和一只鸭子;Van dewalle,Carey, & Prevor,2000;Wilcox & Baillargeon,1998;Xu,1999;Xu & Carey,1996)。这在一系列的实验中得到证实,如让婴儿坐在放有一块小屏风的平台前,看见一个物体(如,一个球)从屏风的一侧出现并返回。然后是一个不同的物体(如,一只鸭子)从屏风的另一侧出现并返回。经过多次这样的出现和消失后,降低屏风呈现给婴儿一个或两个物体。如果婴儿能够觉察两个不同物体的特性,他们注视一个物体(意外的结果)要长

313

于两个物体(预期的结果)的时间。12个月大的婴儿能够做到这一点,但10个月大的婴儿在这个复杂任务中觉察物体的特性存在困难(但在更简单的任务中10个月大婴儿是能做到的,参见 Wilcox, 1999; Wilcox & Baillargeon, 1998)。

但是,Xu(1999)继续检验了每个物体出现时的命名效应,并证实了命名在客体个别化中的巨大作用。对10个月大的婴儿,如果对两个出现和消失物体的命名相同(如,这是一个玩具),他们在客体个别化任务中仍然存在困难。相反的是,如果对每个物体的命名不同(如,这是一个球,这是一只鸭子),他们就能够完成任务。很显然,对不同物体的不同命名突出了它们的独特性(而不是它们的共性),有助于很小的婴儿在时间上追溯他们的特性。

婴儿在客体范畴化任务中的表现为以上观点提供了一致的证据。当客体(如,四个不同的动物)以不同的名字呈现时,婴儿不能够形成范畴(Graham, Kilbreath, & Welder, 2004; Waxman & Braun, 2005)。因此似乎是甚至对10到12月大的婴儿,词汇学习概念上的重要意义是有细微差别的。对不同的个别客体予以相同的命名强调了它们的共性,有助于形成客体范畴,但无助于客体个别化。相反的是,给每个个体予以不同的名字突出了它们之间的差别,并促进了客体个别化的过程(Van de Walle et al., 2000; Wilcox, 1999; Wilcox & Baillargeon, 1998; Xu, 1999)。因此,命名不仅有助于建立一系列稳定的客体范畴,也能为婴儿提供在这些范畴中追溯个体特性的方法。

概念的重要意义:归纳 客体范畴在认知心理学、认知发展和认知科学中如此受关注的原因之一是它们具有很强的归纳力。如果我们发现一个客体(如,fido)具有某个特性(如,如果你拉它尾巴,它就会咬你),就能推断同样客体范畴中的其他个体也具有这种特性。这之所以重要是因为它允许我们有力并系统地延伸知识,可以使我们超越对不同个体的直接经验,并有助于基于范畴的推断。当涉及获得有关客体的不明显特性的知识时,这种归纳能力尤其强大。

314

现在大量的证据表明,对成人和学前儿童而言,命名非常有助于基于范畴的归纳。命名允许我们超越可直接观察到的感知共性,引导我们更深入地了解可能描述了一些我们最基本概念的隐藏共性(参见 Diesendruck, 2003; Gelman S. A. & Kalish,本手册,本卷,第16章)。更多近期研究表明命名可能有助于婴儿的归纳推理。

在一系列独创性的实验研究后,Graham 和她的同事们(Graham et al., 2004; Welder & Graham, 2001)证实了命名在婴儿归纳推理中的作用。在他们的实验任务中,实验者为13个月大的婴儿介绍目标客体。其中一半的婴儿,实验者以新异名词为目标客体命名,对另一半的婴儿,不进行命名。所有的婴儿观看实验者拿着目标客体表演一个动作。至关重要的是,这个动作反映了客体的一个目测不到的特性(如,当摇动物体的时候,它可以发出特别的声音)。然后让婴儿去探索一系列其他的客体;对这些客体不进行命名。结果是惊人的,在没有命名的情况下,婴儿有限地推广了客体的隐藏特性,只对与目标客体非常类似的测试客体做尝试。但是在以新异名词命名的条件下,婴儿的表现就完全不同了。他们将目标客体的"隐藏"特性更加广泛地推广到客体范畴的其他个体中,甚至当这些客体与目标客体在感知上没有很大的知觉相似性时(Booth & Waxman, 2002a; Gopnik & Sobel, 2000;

Graham et al., 2004; Nazzi & Gopnik, 2001; Welder & Grahan, 2001)。

因此,对13个月大的婴儿来说,名词不仅仅有助于建立客体范畴;它们也有助于归纳水平并促进获得基于范畴的知识。

加工的重要意义 在另外一系列令人兴奋的新研究中,研究者已经开始实时精确地检测口头语言加工的时间进程。尽管9—12个月的婴儿能够学习(一些)词汇的含义,他们利用其去加工所听到词汇的效率在2岁时显著提升(Fernald, McRoberts, & Swingley, 2001a; Fernald, Pinto, Swingley, & McRoberts, 1998; Swingley & Aslin, 2000; Swingley, Pinto, & Fernald, 1999)。Swingley和Fernald(2002)在一系列独创的实验中证实了这个现象。在他们的实验范式中,给婴儿视觉呈现两个熟悉的客体(如,一个球和一只鞋)。两个客体在屏风的两侧同时呈现,同时实验者通过命名引导儿童的注意朝向其中一个客体(如,"球在哪儿啊?")。在实验者命名时,儿童正好看着相应物体的概率是50%。但是实验者关注的是那些命名时正看着另外一个玩具的儿童(如,正在看着鞋子)。Fernald和Swingley推理如果这些婴儿懂得名字的意思,他们应该会将注意力从未命名的物体上转到被命名的物体上,他们进一步推测婴儿从没命名物体转向命名物体的潜伏期可以看作加工这些熟悉名词的时间指标。对这个注意转移潜伏期的分析表明儿童加工熟悉名词的能力在2岁时显著提升。而且,他们证实了儿童在说出词汇时就开始加工词汇,即他们开始使用部分信息(如,词汇的前半部分)将词汇对应到含义(Fernald, Swingley, & Pinto, 2001b)。

我们认为婴儿加工熟悉名词效率的迅速提升很可能也促进了多个其他方面的词汇学习。尤其是,他们逐渐熟练地识别熟悉名词,这也有助于他们觉察出新词的出现。这反过来会有助于他们将资源(概念上和语言上)用于鉴别词汇的含义。婴儿加工熟悉名词效率的增长应该也有助于他们理解话语中词汇之间的关系,并使用这些关系去确定新异词汇的含义。在一个较巧妙的演示中,Goodman及其同事(Goodman J. C., McDonough, & Brown, 1998)给婴儿呈现一个含有新异名词的句子(如,"妈妈在喂雪貂")。这个结果表明,基于新异名词同熟悉名词的语义和句法的关系,2岁儿童能成功地发觉新异名词的含义(如,雪貂)。

婴儿2岁期间加工口头语言效率的增长可能与词汇学习的其他变化有关。近来的证据表明,在这期间,随着婴儿成为更加熟练的词汇学习者,他们对熟悉词汇的神经激活模式从双侧激活转移到了左侧激活(Mills, Coffey-Corina, & Neville, 1997)。这表明他们变得更加有效地去加工词汇。这种效率的增加总体上促进了词汇学习,并可能尤其有助于他们赋予语音相近词汇(Hollich, Jusczyk, & Luce, 2000; Schafer, Plunkett, & Harris, 1999; Werker, Cohen, Lloyd, Casasola, & Stager, 1998; Werker & Fennell, 2004; Saffran et al., 本手册,本卷,第2章)和没有参照对象的词语以特定的意义。

关于名词的结论

13个月大的婴儿已经开始获得多种词汇和多种含义之间的精确联系。他们从最初的广泛联系出发,开始从各种其他的语法形式(如,形容词、动词)间梳理并分离出名词,并将它们与特定的客体和客体范畴相对应(而不是客体的特性,包括颜色和结构)。这个结论得出(相关的)两种观点。

首先,掌握名词的发展优势与以下的观点相一致,即认为如果学习者要获得其他的语法形式和它们与含义之间的联系,他们必须首先识别名词并将它们对应到世界中的实体(Fisher & Gleitman, 2002; Maratsos, 1998; Snedeker & Gleitman, 2004; Talmy, 1985; Wierzbicka, 1984)。获得名词除了具有概念和加工的好处之外,名词学习还具有重要的语言意义;获得名词还为发现其他语法范畴及它们同含义之间的对应提供了一个途径。尤其值得关注的是,获得名词促使学习者建立一个基本的句法结构,这使他们能够鉴别其他语法范畴。

其次,目前明显的是名词不是词汇学习的范例。它们的发展轨迹和信息需求与其他主要的语法范畴显著不同。因此,谨慎地考虑其他语法形式的发展轨迹是重要的。因此,下面我们将关注形容词和动词。

形容词的获得

尽管在理论和实证兴趣方面,语法形式形容词的获得远远落后于名词(并且甚至是动词),近年来这方面的研究兴趣已逐渐提高。迄今的证据表明至少一些获得形容词的过程与获得名词的过程非常不同。就如已经讨论的,形容词比名词实际上有更多的发展和跨语言的变异(参见第一节,与形容词有关的跨语言证据)。在早期词汇中,形容词比名词出现得要迟,并且形容词和客体特性的具体联系比名词和范畴之间的联系要出现得迟。从本质上说,形容词与客体属性之间的联系是难以定义的。

形容词的发展图景是相当令人惊讶的。毕竟,形容词在婴儿的直接语言中是普遍存在的,甚至从出生第一个月开始,婴儿对以形容词为特征的概念极度的敏感(如,感觉和知觉特性,包括颜色、大小、结构和温度)。情况是这样的,形容词与客体特性的对应应该是直接的。这是 John Locke 所下的结论,他提出:例如今天在粉笔或雪中观察到了同样的颜色,它是大脑昨天从牛奶中接受到的颜色,这只是考虑到了外表,使它代表了此种类的其他所有事物;由于已经被命名为白色,这种发音不管事想象中的还是再次听到,都表现出相同的属性(Locke, 1690/1975, BK. II, chaps. Xi, p. 9)。

然而,Locke 的解释不能说明发展的过程。尽管婴儿一定能觉察很多以形容词命名的特性,并且尽管他们对客体和事件进行推理时是依赖于这些特性的(Needham & Baillargeon, 1998; Wilcox, 1999),在某种程度上他们没有把这种特性看作词语意义的首要选择。事实上,当在新异客体(白色的骆驼)的背景下呈现一个新异的形容词(白色),婴儿和学步儿倾向于把形容词理解为客体范畴的名字(如,骆驼),而不是客体的特性(如,它的颜色)。这个发现已在 3 岁儿童中得到证实(Hall & Lavin, 2004; Markman & Jaswal, 2004)。这说明是属于理解性的错误,因为这个年龄的儿童确实能把名词与形容词区分开。此外,我们知道他们已经在形容词和客体属性之间建立联系,因为当向他们呈现熟悉客体时(指儿童已经获得名词标签的客体),他们容易地将新异形容词对应到客体特性,而不是客体范畴。当向他们呈现还没有获得名词标签的客体时,他们坚持将形容词对应到客体范畴,而不是客体特性。因此,儿童对新异形容词的理解随着对其所修饰名词的熟悉程度而变化。

316

进一步来说,理解性的错误表明(当不知道范畴的名词标签时,将一个新异的形容词对应到一个范畴,而不是对应到基于特性的共性),儿童将客体类别词汇化时(尤其是它的基本范畴),比客体的属性或部分更有概念上或语言学上的优先权(Hall & Waxman, 1993; Hall, Waxman, & Hurwitz, 1993; Imai & Haryu, 2004; Markman, 1989; Markman & Hutchinson, 1984)。

发展的问题还在复杂化,甚至当婴儿能成功地将形容词对应到客体特性,他们不遵循Locke的乐观计划(optimistic program)。他们不是自由地和不受限制地延伸新异形容词(如,将猫的白色延伸到牛奶、雪和棒球手套),他们最初对形容词的延伸倾向于非常勉强,只是延伸到具有共同特性基本层次范畴的其他个体(如,将猫的白色延伸到其他个体; Klibnoff & Waxman, 2000; Mintz & Gleitman, 2002; Waxman & Markow, 1998)。

将形容词对应到客体特性为什么如此的难懂? 在下面的段落中,我们将关注这个问题。我们将主要关注早期有关颜色和结构的形容词的获得,因为近来很多发展研究进入该领域。但是,并不是所有的形容词是在同等条件下被创造。一些形容词(如,和和小)主要指的是一个维度(如,尺寸)的两极,而其他形容词根据整个维度(如,颜色; Landau & Gleitman, 1985)挑选了一系列值(如,红色、橙色、黄色)。尽管我们在此将不直接探讨这个问题,但要指出的是这些因素将可能对大部分属性词汇的获得模式具有重要意义。

发展研究

人们已采用多种不同的研究方法来探讨影响婴儿和年幼儿童形容词获得的发展过程(Gasser & Smith, 1998; Mintz & Gleitman, 2002; Prasada, 1997; Waxman & Markow, 1998)。这些方法有一些共同的主要元素。为了最大化婴儿将会把新异词汇对应到客体属性的这种可能性,大部分实验:(a)呈现儿童已经获得的基本层次名词标签;(b)使用婴儿感知显著的特性(如,颜色,结构)[①];(c)使用儿向语言的声调,呈现短句法结构的新异形容词。然而尽管有这些结构特点,婴儿和学步儿在建立形容词映射时仍表现出引人好奇的困难,并且当他们成功时,对形容词的理解似乎依赖于它们所修饰的名词。

将形容词与客体属性联系起来 尽管很少有线索表明14个月大的婴儿开始将形容词映射到客体属性,最早的系统证据来自于21月大的婴儿。此时婴儿开始独立地产生形容词(Fenson et al., 1994; Waxman & Markow, 1998)。在一个迫选的任务中,引导婴儿指向一个单独的目标(如,一个黄色的物体),并要求在两个测试目标中选择一个。匹配的测试客体与目标共有基于属性的共性(如,它是黄色的)。对比测试客体包含了那个维度上相反的特性(如,它是红色的)。对一半的婴儿来说,目标客体(如,一条黄色的蛇)与测试客体(如,另

---

① 大部分研究包括结构(如,柔软的和坚硬的),因为这些属性短语在词汇(Fenson et al., 1994)和颜色(黄色和绿色)中出现得相当早。颜色描述了一种有趣的事物。尽管颜色短语一般以形容词为标志(Dinxon, 1982; Wetzer, 1992),并且尽管婴儿的颜色知觉显著类似于成人的(Bornstein, Kessen, & Weiskopf, 1976),但是年幼儿童似乎在将特定的颜色短语映射到它们含义时具有令人好奇的困难(Bornstein, 1985a; Landau & Gleitman, 1985; Rice, 1980; Sandhofer & Smith, 1999, 2001; Soja, 1994)。大部分的证据已表明,相对于其他属性短语,颜色短语出现得迟,并且颜色短语最初的映射往往是不一致的(Bornstein, 1985b; but see Macario, 1991; Shatz, Behrend, Gelman, & Ebeling, 1996)。

外一条黄色的蛇,一条红色的蛇)是属于同一基本层次范畴的个体。对另外的婴儿来说,目标客体(如,一条黄色的狗)和测试客体(如,一条黄色的蛇,一条红色的蛇)是属于不同基本层次范畴。如果婴儿将形容词特定地映射到客体属性,然后当他们听到以新异形容词("这是一个 X")为标签的客体时,应该对匹配的测试客体表现出偏爱。如果这种效果是形容词独有的,之后当婴儿听到以新异名词(如,"这是一个 X")为标签或没有新异单词(如,"看着这个")的目标客体时,应该不会表现出以上偏爱。

结果表明明显的能力和局限性。21 月大的婴儿,当目标客体和测试客体都属于同样熟悉的基本层次范畴时(如,所有的蛇),婴儿成功地将新异形容词(而不是名词)特定地延伸到具有同样属性的测试客体。这表明他们已经区分了形容词和名词,并且将他们特定地映射到基于属性的共性。完全相反,当目标客体(如,一只狗)和测试客体(如,蛇)属于不同基本层次范畴时,婴儿是不能完成这种映射的。

将基本层次范畴作为切入点　这种对基本层次客体范畴的依赖不是一个短暂的现象,只是对非常年幼的词汇学习者或少量的形容词是明显的。已经在 3 岁儿童执行词汇扩展任务(Hall & Lavin, 2004；Klibanoff & Waxman, 2000；Markman & Jaswal, 2004)、成人执行在线加工任务 (Allopenna, Magnuson, & Tanenhaus, 1998；Halff, Ortony, & Anderson, 1976；Medin & Shoben, 1988；Pechmann & Deutsch, 1982) 和联接模型 (Gasser & Smith, 1998)中得到证实。这些结论与认为特定形容词的含义受它所修饰名词的影响的观察结论相一致。

为了弄清楚出现这样情况的原因,仔细考虑一个属性短语,如柔软的或红色。柔软的拖鞋和柔然的冰淇淋有不同的结构;红色头发和红色雪佛兰实际上不是同样的颜色。这反映出大部分的形容词必须和比较的标准有关,并且一般来说这个标准是由形容词所修饰的名词所决定的 (Graff, 2000；Kennedy, 1997；Kenndy & McNally, in press；Rostein & Winter, in press)。[①]

然而,跨语言的证据表明形容词在词法、句法、形态和语法上对名词的依赖性可能是普遍存在的。在标志语法性或数量的语言中,形容词必须与它们所修饰的名词一致。这种语言事实,耦合基本层次范畴的概念主导性,表明基本层次名词可能是作为获得形容词的切入点。

超越基本水平　尽管最初可能是在熟悉的基本层次范畴内理解新异形容词,它们最终延伸得更加广泛。儿童学习将潮湿延伸到尿布、草和指画;并把红色延伸到气球、苹果和鞋子。什么因素激发这种进步?证据表明为了完成这个任务,婴儿整合广泛来源的信息,包括认知的、实际的和语言的线索。对婴儿获得语言(如,日语,普通话)而言,这些额外线索的重要性尤其明显,此时他们很少有语法线索去区分名词(数词、量词和专有名词)和形容词 (Imai & Haryu, 2004)。在这些语言中,语法线索相对较弱,如果学习者要将词汇归于到语

---

① 形容词比较的标准也能是有背景决定的。例如,"我的菲亚特是一个大汽车"可能在讨论意大利汽车的背景下是真实的,但是在讨论美国汽车的背景下就是不真实的。

法范畴和映射到含义,他们必须更大量地依赖于这些额外的证据来源。

目前的证据表明多个一般认知过程是在发现这些映射的过程中起到工具性的作用。这个对比过程与命名共同帮助儿童跨越多个基本层次的范畴延伸形容词(Waxman & Klibanoff, 2000)。如果开始就给 3 岁大的儿童提供比较的机会,他们就能在基本层次范畴之外成功地匹配新异形容词。例如,如果允许他们比较同一基本层次范畴中的两个个体,只是在所关心的属性上有差异(如,一辆红色的汽车和一辆蓝色的汽车),并且如果告诉他们一个是 blickish,但另外一个不是的,儿童很容易地继续推断 blickish 所指的特性,并且继续将它广泛地延伸到一系列不同基本层次范畴中的其他红色客体(Au, 1990; Heibeck & Markman, 1987; Waxman & Booth, 2001; Waxman & Klibanoff, 2000)。类似地,如果让他们比较共有特殊属性的不同基本层次范畴中的两个个体(如,一辆红色的汽车和一个红色的杯子),如果告诉他们每个都是 blickish,他们推断 blickish 指的是某个特性,并将其广泛地延伸到多个基本层次范畴中具有这个属性的客体(Mintz & Gleitman, 2002; Waxman & Klibanoff, 2000)。事实表明只有指导母亲去告诉他们的婴儿和学步儿新异形容词的意思时,他们才会提供这种信息(Hall, Burns, & Pawluski, 2003; Manders & Hall, 2002)。一般的认知过程可能也有助于儿童在词汇中发现一个特殊维度的含义如何反映在词汇中,如颜色或结构(Sandhofer & Smith, 1999)。

语用线索也促进形容词的映射。想象在一个情景中呈现一个有生命的物体,并介绍说:"这是 daxy。"这个短语是模糊的,因为它可以是专有名词、量词或形容词(Hall & Belanger, 2001; Hall & Lavin, 2004; Haryu & Imai, 2002; Imai & Haryu, 2004)。Hall 和他的同事(Hall & Belanger, in press)证实掌握英语的 3 岁儿童通过注意这个单词所适用个体的数量解决这种模糊性。如果这仅仅适用于一个新异动物(如,一个骆驼),他们就把这个单词仅限于此物体,表明他们把它理解为是专有名词。但是,如果这个单词适用于两个不同的动物,儿童就会将其延伸到共同具有此特性的其他动物,表明他们将其理解为形容词。Imai 和 Haryu (2001, 2004)证实掌握日语的儿童非常偏好将一个模糊短语中的新异单词理解为指的是基本层次范畴。一旦掌握了一个基本层次范畴,他们继续将同样短语中的新异单词理解为指的是客体的一个属性。

最后,语言因素也有助于使用基本层次范畴作为获得形容词的切入点。Mintz 和 Gleitman(2002)指出在如"这是一个 blickish one",这个 one 短语指的是一个(未指明的)客体范畴。因为在实验任务中,这个短语典型地适用于一个单独的个体(如,一只狗),并且因为基本层次客体范畴是如此显著,这样的概念可能有助于在(未指明的)基本层次范畴内,而不是超越这个范畴,延伸新异形容词。如果确切如此,然后用词汇中特定中心名词代替未指明的代词(如,"这是一只 blickish 狗,你能给我一辆 blickish 汽车吗"),应该有助于在更大的范围内延伸形容词。结果表明在这些情况下,2 岁儿童能够超越基本层次范畴的限制延伸新异形容词(Klibanoff & Waxman, 2000; Mintz & Gleitman, 2002)。假如词汇专有中心名词本质上有碍于对形容词基本层次的理解,因为这类名词提供了明显的信息,从而表明这类新异形容词需要更加广泛的延伸(如,既包括狗,也包括汽车)。

归纳到一点,我们已经表明没有清晰的(语言学的、实际的或概念的)相反的证据,基本水平范畴是作为赋予新异形容词意义的切入点(参见 Goldvarg-Steigold,2003 中有证据表明较高层次的范畴可能也有这种作用)。当儿童具备丰富概念的、实际的或语言的信息后,就能超越切入点,在基本层次类型之外广泛地和适当地延伸形容词。

跨语言的研究

我们认为跨语言和发展的观察资料表明:(a) 在婴儿早期,名词和客体范畴之间的联系出现,这可能是一个普遍的现象;(b) 在发展晚期,形容词和相关含义之间的特殊联系出现,这随所掌握语言结构的功能而系统地变化。

近来对掌握英语、法语、意大利语或法语的单语言儿童的研究为这个观点提供了实证的支持(Hall, Waxman, Bredart, & Nicolay, 2003;Waxman, Senghas, & Benvenise, 1997)。尽管这些语言是紧密相关的,他们提供了一系列引人注意的跨语言比较,主要因为与语法形式形容词相关的句法背景和语义功能的差异。这些差异允许我们检测所掌握的语言中,对形容词的预期是如何形成的。

为了使这些差异生动一些,想象一个装有多个不同咖啡杯的橱柜。说英语和法语的人在语言上使用限定词、形容词和明显名词(如,"一个蓝色的杯子"或"蓝色的那个")区分这些杯子。在意大利语和法语中,尽管这种语法结构有时也是适用的,这个名词的指示物(杯子)随时可以从背景中再次获得,句子的表层必须忽略它,仅留下限定词和形容词(如,"uno azul"或"一个蓝色的")。也就是说,讲英语的人会说:"蓝色的情况下",说法语和意大利语的人会省略名词的发音。

这些语法结构,语言学家都知道是 det-A 语法结构,在意大利语和法语中是普遍存在的。尽管 det-A 语法结构似乎在英语和法语中也出现,在高度约束的情况下他们也会出现。而且,尽管 det-A 语法结构被允许在法语环境中比在英语环境中略微更加广泛地出现,在两种语言中,这种语法结构相对比较少,似乎是基于个案学习的,而不同于在意大利语和西班牙语中,是作为具有构词能力的语法规则的产品而出现的(参见 Gathercole & Min, 1997, 在西班牙语和英语其他语义和句法因素,以及他们与获得之间的关系;参见 Waxman 等人,1997,det-A 在这些语言更加详细地处理)。Snyder 等人(2001)证实说西班牙语的 2 岁儿童广泛并自发地产生 det-A 语法结构(也可参见,MacWhinney & Snow,1990)。

注意到 det-A 语法结构中的形容词有两个重要的特征。首先,这种构造的形容词出现在可数名词通常会出现的句法结构中。其次,这种构造的形容词通常采用与可数名词有关的语义功能。det-A 语法结构能涉及作为客体的指定客体,而且如果这些客体范畴的成员共有指定的特性,形容词就能延伸到这些范畴中。重要的是,名词和形容词的表面句法背景和语义范围,在意大利语和西班牙语中有大量的重叠。

对形容词的语法形式的期待,会因为对不同语言的体验导致不同的结果吗? Waxman 等人(1997)首先检验了这个假设,他们研究了掌握英语、法语、意大利语或西班牙语的单语言学龄前儿童。每个儿童与实验者(与儿童说同样语言的本地人)一起"阅读"图画书。在每一页上,有五幅图:一个目标图(如,一头牛),两个同范畴的可选择的图(如,一个狐狸和一个斑马),以及两个与主题相关的可选择的图(如,畜棚和牛奶)。把儿童分配到三个条件中的一种情况。在无词汇组,实验者指向目标并说:"看到这个了吗? 你能找到另外一个吗?"在新异名词条件下,实验者说话,如"看到这个 fopin 了吗? 你能找到另一个 fopin 吗?"在新异形容词条件,她说:"看到这个 fopin 的了吗? 你能给我指出另外一个 fopin 的吗?"

预期是简单的。(a) 如果名词和客体范畴之间的联系是普遍的,那么所有的儿童应该能将新异名词延伸到基于范畴的测试客体;(b) 如果有关语法形式形容词的跨语言差异对语言获得有重要意义,那么儿童对新异形容词的延伸应该随自然语言功能的变化而变化。在意大利语和西班牙语中,形容词被允许采用与名词相关的一些句法和语义的特征,儿童可能将新异形容词(如名词)延伸到同样范畴的其他成员。相反的是,在英语和法语中,对新异形容词名义上的理解是不可的,儿童应该不能将新异形容词延伸到范畴成员,并且应该在几率的水平上发生。

结果与这些预期是相一致的。说每种语言的儿童都能始终地将新异名词延伸到基于范畴的选择。但是在新异形容词的条件下,执行情况随语言功能而系统地变化。就像预期的一样,掌握法语和英语的儿童在几率的水平上执行,而掌握意大利语和西班牙语的儿童将新异形容词(如新异名词)延伸到基于范畴的选择。尽管这种分类学倾向对名词比对形容词要显著,它在 3—7 岁的儿童身上始终强烈地持续着。可能最惊人的是,这些儿童将新异形容词延伸到基于范畴的选择,不仅是向他们呈现 det-A 短语(并且因而可以是名词或形容词)的时候如此,而且向他们呈现结合明显名词(如,cosa)的短语时也一样。因此,甚至当句法背景是清楚的形容词性,且与英语法语中的是完全类似时,说意大利语和西班牙语的儿童仍能扩展同类别的新异形容词。

这些结果表明儿童对形容词的预期通过所掌握特殊语言的特征而调整。对掌握英语或法语的儿童而言,这些语言中的名词(而不是形容词)能够涉及客体,并且能够延伸到其他范畴成员,儿童建立期望,即名词(而不是形容词)能够具有不同的语义功能。对掌握意大利语和西班牙语的儿童而言,经验沿着不同的发展路线操纵着儿童掌握语言的过程,使儿童期望名词和形容词都能在类别成员的基础上得到延伸。

这表明特殊语言的经验塑造了获得谓语形式的一种方式。在将来的研究中,重要的是在更加广泛的语言范围内检测这些效应,以及探索婴儿对名词和形容词分类能力的重叠有什么发展性的影响。

关于形容词的结论

我们已经传达了有关获得形容词的多方面的观点。尽管在儿童听到的内容中形容词是丰富的,并且尽管甚至婴儿对通过早期形容词(如,颜色、结构、尺码、温度、气质)典型编码的特性是敏感的,将形容词对应到与他们相关的含义是难以达到的。形容词与含义的对应比名词与含义的对应出现得迟一些,并且随着外界语言结构功能的变化而变化。而且,无论物体的属性有多么明显,命名客体类别(尤其是基本类别)总是比标记客体属性有更多语言上或概念上的优先权。

获得语法形式形容词似乎取决于优先获得名词(至少一些),并且似乎比名词需要更丰

320

富的语言和概念线索(Mintz & Gleitman, 2002；Waxman & Klibanoff, 2000)。然而,理解任何特殊的形容词似乎取决于(至少在获得的第一阶段)它所修饰的特殊名词。这些知识已促使得出结论,即早期名词学习是获得形容词的一个途径。我们也认为名词学习是获得动词含义的一个途径。

动词的获得

并不是所有词汇在语法上和概念上的要求都一致,因此我们期望发现学习者在掌握不同种类词汇时所运用的信息的差别。大部分名词是不用论证的,而动词是需要的;因此,确认一个动词需要识别一个能作为其论证的短语。名词短语是通过帮助学习者识别由言辞外情境中的动词表示的事件来实现这个功能的。从这一角度看,早期名词学习为随后的其他语法种类(如动词)的掌握做了铺垫(Gleitman, 1990)。名词的学习使学习者能够在句法中预测名词短语。这些名词短语充当脚手架,使婴儿能集合母语结构的初步表征(Fisher et al., 1994；Fisher & Tokura, 1996；Naigles, 2002),而这转而又为其他核心语法形式的掌握奠定了基础。核心观点是:能识别句中名词的学习者就能建构名词短语,而这又随后充当了动词的论证。对动词论证的识别通向基本的句法结构,而这反过来又形成了动词的意义。从这点来看,动词学习是依赖句法结构的,而句法结构可以通过识别句中的名词进行辨认。

名词和动词的信息区别

最强有力的证据之一来自在模拟词汇学习环境中对成年被试的实验,发现学习动词所需的信息比学习名词更多(Gillette et al., 1999；Snedeker & Gleitman, 2004)。向被试呈现一系列录像,场景是家长正在对孩子说一个字,但是录像声音经隐蔽处理。被试的任务是识别那个家长所说的话。被试被分配到几个组,它们区别在于所收到的说话语言背景的信息量的多少。实验条件分别是: (a) 只有视觉图像,(b) 视觉场景加上与新动词同现的名词,(c) 由无意词代替有意义的句法框架,(d) 共现名词构成的句法框架,(e) 所有信息一起出现。关键是,词汇识别的正确率和识别的词汇种类是信息种类的函数。当只呈现画面时,被试正确识别的名词比动词多。虽然在只呈现画面时被试正确识别动词的成功率很小,但随着句法信息的增加成功率也增加了。句法信息比共现名词在引导被试得出正确答案上更有效,线索的结合比提供任何一个单一线索更有效。这些结果支持了"成功的动词学习除了需要言辞外语境外还需要其他信息"这一观点。尤其,句法论元结构和已知名词的同现充当的句法论元对于成人正确识别缺失的动词是关键的。

儿童运用句法学习动词意思

除对成人学习者的模拟外,目前有很多证据表明句法在帮助儿童识别新动词意思上起关键作用。Naigles(1990)用偏好法范式来探究这一问题。让两岁幼儿看同时描述两个动作的录像:一只鸭子推一只兔子的头强迫其蹲下来,同时鸭子和兔子用它们另一只手臂抡圈。注意,这里观察到的事件有原因解释(强迫蹲下)和非原因解释(旋转手臂)。虽然两个解释都涉及两个主人公,但只有一个解释中的两者有原因—结果关联。当看这个录像时,一半婴儿听到一个与场景脱离的声音"鸭子正在打兔子(The duck is biffing the bunny)",另一半婴儿听到"鸭子和兔子在打架(The duck and the bunny are biffing)"。因此每句都提到了两个实体,但只有第一句话中两个实体处于不同的论元位置("鸭子和兔子"是单个复杂名词短语,它占了一个论元位置即主语位置)。在关掉这个录像后有个声音说"现在找出打架者(find biffing out)!"这时候出现了两个新的录像,一个在儿童的左边放映,另一个在右边。一个录像中鸭子强迫兔子蹲下但没有抢手臂。另一个录像中,鸭子和兔子肩并肩站着用手臂转圈。实验结果发现婴儿对情景匹配句法的录像注视时间最长。当新动词作为及物动词出现时("鸭子正在打兔子(The duck is biffing the bunny)"),婴儿将那个动词和鸭子强迫兔子蹲下这一原因事件联系起来。当新动词以非及物形式出现时("鸭子和兔子在打架(The duck and the bunny are biffing)"),他们对主人公抢手臂这个非原因动作注视时间最长。显然,句法结构在提示复杂最初情景的哪一方面和打架(biffing)的解释有关中起着决定作用(Naigles, 1990; Fisher et al., 1994; Naigles, 1996; Naigles & Kako, 1993)。这个实验说明,两岁儿童可以运用句法来推断新动词的意思。

Bunger 和 Lidz(2004)运用偏好法发现句法不仅能区分两个同时发生的事件中哪个有新动词,正如 Naigle 研究中的那样,而且能区分单个内部复杂事件中哪个方面有新动词标记。有关的研究还涉及因果事件,这虽然被认为是典型的单一词汇单元(如,kill、roll),但它是能被分解为两个亚事件(Dowty, 1979; Hale & Keyser, 1993; Jackendoff, 1990; Levin & Rappaport-Hovav, 1995; McCawley, 1968)的词法单元(如,杀、卷)。因果事件的概念结构可以表示为(2)的形式,论证位置由事件的原因和波及实体填充:

(2)[X 做某事]导致[Y 变成某种状态]

结构的第一个亚部分[X 做某事]指明了原因亚事件,或者意思,第二个亚部分[Y 成某种状态]指明了状态改变的结果。举个例子,像"弹(bounce)"这个动词(a)能被表示为(b):

(3) a. 女孩在弹球(the girl bounced the ball)
   b. [[女孩击球]导致[球弹起来]]([[The girl hits the ball]cause[the ball become bouncing]])

Bunger 和 Liz(2004)提出了三个问题:第一,幼儿内部具有如(2)标记为使役动词这种概念的复杂表征吗? 第二,不同句法结构能指引儿童的注意力分别投向这些亚事件(因此影响他们对描述事件的新动词的解释)吗? 第三,儿童只能有限地使用句法来区分世界上的多个事件,如 Naigles(1990),或也能用它对内部复杂的单个事件做句法分析?

为了解答这些问题,他们用偏好法对两岁幼儿做了实验,让他们观看不同句法结构中有新动词的内部复杂的因果事件。儿童先熟悉用新动词描述的直接因果事件(比如,女孩在弹球(a girl bouncing a ball))。新动词所处的句法框架在不同儿童组是不同的:控制组("看那个(Look at that)"),及物动词组("女孩正在弹球(The girl is pimming the ball)"),

322

非宾格组①("球在弹动(The ball is pimming)")，或多重框架(及物＋非宾格："女孩正在弹球(The girl is pimming the ball)。""你看到球在弹吗(Do you see the ball pimming)?")这个训练阶段过后是施测阶段,所有条件组当看录像时都听到新动词("哪里在弹跳(Where's pimming now)?"),在屏幕的另一端,分隔开的亚事件分别描述了在训练阶段呈现的复杂因果事件的意思(女孩拍球,但没有弹起来)和结果(球在懒散地站着的女孩边弹跳)。

因为使役动词的非宾格变化标记结果亚事件而不涉及词的意思,Bunger 和 Liz (2004)预期在非宾格和多重框架条件下的儿童比使役和控制条件下的儿童更有可能将新动词解释为和结果的亚事件有关。这个假设被排除了。在测验中,控制组和及物组对任一个亚事件都没有显著偏好。尽管如此,关键是非宾格和多重框架组显示了对结果亚事件的显著偏好。因此,新动词所在的句法上下文引导了儿童对这些动词的解释,即使当动词指的是复杂内部事件的亚部分。

在一个有趣的细化研究中,Fisher 和他的同事(Fisher et al. , 2004; Fisher & Tokura, 1996)提出,这类句法指导效应是由句法本身决定的,还是由儿童关于共现名词意思的知识决定的。她的方法是向儿童提供没有实义名词短语的结构线索。2 岁和 3 岁的儿童观看两个同性别的个体共同参与一个单一事件。举例来说,一个女人推着转椅上的另一个女人飞快转动,她用一条长带缚住轮椅上女人的腰拉着她转动。问儿童"指给我看转圈的那个人"或是"指给我看谁围着转"让他们指出画面中其中一个女人。这些儿童运用句子中名词短语的数目和位置来决定两个女人中哪一个是所指的,即使这些名词短语只是代词。当他们听到及物句,他们就指出那个推转椅的女人;也就是说,它们把两名词短语句解释为是所观察到的事件的原因;相应地,当他们听到非及物句,它们就指出转椅上的女人。因此我们可以看出,虽然名词识别可以帮助建构句法结构,但是是这个结构——而不仅仅是包含在名词中的语义信息——引导儿童对新动词的掌握。这个结论并不是指动词学习是和名词学习完全独立的,而是名词学习在一定程度上引导动词学习,这种引导作用是通过句法结构的调解起作用的。

儿童利用句法引导动词学习的另一个证据来自他们对新句法上下文中已知动词的解释(Lidz, 1998; Naigles, Fowler, & Helm, 1992; Naigles & Kako, 1993)。在这些实验中,2岁、3 岁和 4 岁儿童利用诺亚方舟场景中的道具来表演实验者告诉他们的句子。有一些句子是符合英语语法的,另一些不符合英语语法,但在其他语种可能存在该结构。一些句子在非及物动词中加入了论元,像"zebra comes the giraffe to the ark",而另一些句子从及物动词中抽取了所要求的论元,像"the zebra brings to the ark"。当儿童都正确地表演语法句子时,他们对非语法句子的反应为学习过程的研究提供了一扇窗口。对于这些句子,儿童实际上有两种选择:依靠动词知识忽略附加的或缺失的论元;或将新结构整合到语义解释中,修正对这些已知动词的语义解释。这些儿童采用了后一种策略。当呈现"zebra comes the

---

① 术语"非宾格"指的是非及物动词的主语在某些方式上表现得像宾语,试比较"船员弄沉了船"和"船沉了"(见 Burzio, 1986; Levin & Rappaport-Hovav, 1995; Perlmutter & Postal, 1984 中的讨论)。

giraffe to the ark"这样的句子时,儿童表演了斑马把长颈鹿带到诺亚方舟的场景,这表明附加的论元被解释为因果中介。同样地,对于"the giraff brings to the ark",儿童表演长颈鹿来到方舟,并没有因果中介。

这些研究表明,儿童通过运用名词短语的论证数目来扩大他们认为已知动词所指的事件范围。虽然"来(come)"在成人语言里只是表达了向一个位置的位移。如果这个动词和附加的句法论元一起出现,还不具有动词意思固定表征的儿童会把附加的句法论元作为动词也能表达因果运动的证据。这些研究为句法在推理动词意思中的作用提供了清楚的证据。而且,我们由此可以提问:儿童是否在他们如何扩延已知动词到新上下文中有约束规则。现在我们来看一下这个问题。

跨语言证据和动词学习的制约

儿童能够利用句法作为学习新动词的一种信息资源促使我们不仅要问关于儿童如何学习动词的问题,而且要问关于学习动词时约束规则存在的问题。我们要问:儿童在学习动词时是否存在某种约束,这种约束好像在多种语言中存在。研究策略在于寻找跨语言的稳定普遍性以及儿童的学习是否反映了这种普遍性。这个策略背后的思想是:语言普遍性来自人类语言的原则性约束特点。因此,这些约束一定程度上能够在动词学习者中找到,这增加了支持它的证据。从另一个观点看,跨语言稳定的普遍性给我们提供了一个关于动词学习约束的假设,这个假设能够在词汇学习发展过程中的儿童身上得到检验。此外,动词意思或联系属性在跨语言中一定程度上是变化的,我们期望发现对语言环境高敏感性的属性,因为它不是依仗于学习者的原则性约束,而是依仗于特定语言学习(语言输入)的观察。

论证的句法和语义种类 检验儿童从已知动词延展到新上下文的方法被用来探究儿童在句法和语义类型的论据及动词可能的意义范围之间的知识(Lidz, Gleitman, & Gleitman, 2004)。这种操作原则是基于这样的观察:对事件参与者和句法种类的一些方面的匹配是具有普遍性的,而其他方面在一种语言内部或跨语言中变化更多。命题论元可以成为时态从句(John thinks Mary will win)或不定词从句(John expects Mary to win),但不能成为指向个体的名词短语(* John thinks the winner)[①]。尽管如此,是选择时态从句还是非时态从句取决于词汇的变化,而且这必须在一个动词一个动词的基础上学习。类似地,动词某些状态的变化可以和一个论证同时出现(the vase dropped),也可以和两个论证同时出现(I dropped the vase),而另一些不允许这种转换(the vase fell; * I fell the vase)。但是,就此而言,这类动词从来没有把论元当作句子的补语(* John falls that it is Bill; * John drops Bill to be here)。

考虑到句法—语义匹配的原则性约束的存在(比如,动词表示个体和命题间的关系可以担当从句论元),和特定词汇约束的存在(比如,think 是充当时态句的补足语而不是不定词的补足语),我们要问,如果儿童为了遵从这些限定,在想延伸已知动词的意义时是否会在方

---

① 星号(*)用来表示这个句子的语法是不规则的。

式上有所局限。为了回答这个问题,Lidz 等(2004)考察了 3 岁儿童在语言允许的句法中对已知动词的理解,而不是他们碰巧正在学习的这些语言(the zebra falls the giraffe; the zebra thinks the giraffe to go to the ark)。将它和在语言中不允许的句法情境中已知动词的理解作比较(* the zebra falls that the giraffe goes to the ark; * the zebra thinks the giraffe)。这种操作后的推理是这样的:如果儿童限制在只有通常语言允许的映射上,那么他们应该能够区别两种类型的意义延伸。儿童应该愿意以原则上可行的方式来延伸动词,但对他们语言中特定的动词则非如此。他们应该也不愿意以在跨语言中出现的句法—语义匹配矛盾的方式来延展动词。

这个假设被验证了。Lidz 等(2004)发现只有当新动词—句子对在原则(虽然不是英语)上可能时,儿童才依靠句法结构来引导表演。当新的句法结构违反了句法—语义匹配原则(就像, * the zebra falls that the giraffe goes to the ark)的情况下,儿童在表演时更多依靠他们已经知道的这个动词内容。换句话说,只有当动词—框架对称可能时,儿童才接受已知动词延展成新的句法结构。这个发现意味着儿童关于句法—语义匹配的知识指引着他们对新动词的掌握(甚至在他们对特定动词的词汇表征还没有稳固时)。句法—语义匹配的某些方面无需学习,但它却从一开始就指引着学习者的假设。

使动/使役表达的普遍性 因果关系领域因为有一些普遍的成分和一些跨语言变化的成分,因此提供了另一个机会来分离语言约束的贡献和语言体验。正如所指的那样,很多动词(如,break)的状态变化和使役范畴不同,它既有及物用法也有非及物用法。及物变化形式(4a)包括起原因作用的论据,而非及物变化形式(4b)没有这样的作用:

(4) a. Kim *砸破了花瓶*。(Kim broke the vase.)
    b. *花瓶破了*。(The vase broke.)

及物和因果的关系在所有语言里都存在(Comrie, 1985; Haspelmath, 1993)。这种变化是否在词法上有标志则因语言的不同而异。在许多语言中,非及物变化是基本的,附加的使役语素是用来表示因果关系的。在其他语言中及物变化是基本的,而附加的对抗使役语素表示因果关系的缺少。在另一些语言中,不同的动词都存在着这两种策略。所以,附加的和抽取的论元被广泛用作标记使役状态,而用动词后缀来标记使役状态在跨语言和一种语言内都不同。

这就提供了一个有趣的研究问题:儿童是否用论元数目作为使役范畴的线索(因为这些线索在他们的语言中稳定地出现)或是他们倾向于这样做。Lidz、Gleitman 和 Gleitman (2003)用论元数目的普遍性属性来防止 Kannada 语(这种语言有使役语素)的语素的跨文化变化,用来区分学习者与生俱来的约束效应和语言环境效应。儿童把论元数目作为使役动词意思的线索是语言输入中关系的观察结果吗? 还是输入中的这种关系是因为所有语言学习者都预期在他们的语言中都能表达?

Kannada 语是一种适合的探针语言,因为它大量运用语素线索来发现使役。在

Kannada 语中,任何动词都可以通过附加使役语素来构成使役词。此外,无论语素是否存在,因果解释是必需的。最后,在 Kannada 语中,就像在所有的语言中那样,很多有两个论元的动词并不以因果方式解释。考虑实际模式,使役语素比起论元数目是因果关系更可靠的线索。

因为使役语素的存在保证了原因解释,但两个论元的存在和原因解释的联系只是一种可能性,Kannada 语能为论元数目和原因解释的联系来源提供一些洞察力。

Lidz 等(2003)用诺亚方舟方法描述了 3 岁以下儿童学习 Kannada 语作为第一语言的情况。向儿童呈现带有一个或两个名词短语论元、有或没有使役语素的已知动词。预期如下:如果儿童在他们的语言输入中运用最可靠的线索来决定句法和语义的匹配,我们预期儿童学习 Kannada 语将更多依赖作为因果关系表达的使役语素而不是更多依赖论元数目。从另一方面说,如果儿童被基于普遍语法法则的句法—语义匹配的期望引导,他们应当对论元数目依赖更大而非使役语素。后一种情况中,儿童会期望在输入中摒弃最可靠的线索而偏好由与生俱来语法约束所决定的更少稳定性的线索。

数据是清楚的。学习 Kannada 语的 3 岁儿童会将论元数目而非语素作为因果关系的象征,而不管在他们的语言中后者是更可靠的线索。总的来说,儿童把两个名词短语句子表演为使役词,把一个名词短语表演为非使役词、使役语素单独出现或缺失。

事实上,这些儿童忽视了对动词意思来说更可靠的语素线索而依靠句法线索(名词短语数目)。这个结果为名词短语匹配语义参与成分的优先原则提供了证据。学习者放弃最优线索而偏好更弱的一个,这一观察结果说明学习者在掌握动词意思时的积极能动性。学习者将论元数目作为动词意义的线索并不是因为它在输入过程中,而是他们期望在那里发现它①。

方位动词的普遍性和限制性 句法—语义匹配的与生俱来约束的另一来源的证据来自对方位动词的研究。这种动词表达了某个物体向一个位置的位移。描述运动形式(pour, spill, shake)的动词要求人是直接宾语,而描述状态转换的动词(pill, cover, decorate)要求地面是直接宾语(Rappaport & Levin, 1988)。

(5) a. Edward poured water into the glass.
(人物框架)

b. *Edward poured the glass with water.
(地面框架)

c. *Edward filled water into the glass.
(人物框架)

---

① 说 Kannada 语的成年人最终掌握了他们语言中的这个(语言特定性的)特色。那样说并不是意味着 Kannada 语发生了变化。令人欣慰的是,正如我们所发现的那样,在诺亚方舟实验中 Kannada 成人表现出对论元数目和使役语素都很敏感。

d. Edward filled the glass with water.

（地面框架）

对这些动词掌握的研究发现儿童运用这种句法—语义匹配来指引他们的解释和产生(Gropen, Pinker, Hollander, & Goldberg, 1991a, 1991b; Pinker, 1989)。尽管如此，还是观察到儿童在这个领域会产生错误。Bowerman(1982)发现，儿童自发产生的语言中会将人物框架不正确地随词状态而变化。这个效应在 Gropen 等(1991a), Kim、Landau 和 Phillips(1999)的随后研究中得到了重复。

尽管如此，重要的是，在这些研究中没有报告儿童产生在基础框架中运用运动形式所犯的错误。这种不对称是重要的，因为这映射了这个领域里的不同语言间的变化。Kim 等(1999)考察了一系列大范围的无关语言，发现状态转换的方位动词的跨语言变化取决于它们是否在人物框架中发生。然而，没有发现运动动词的形式能够发生在基础框架中的语言。因此，儿童所犯错误只限于语言变化处。一旦联系模式有普遍的制约，儿童在掌握过程中就会遵守所有的约束。一旦没有这种约束，儿童必须依靠他们的输入来引导掌握。

输入在动词学习中的作用

我们看到：(a) 儿童运用句法来引导他们对新动词的掌握，(b) 与生俱来的约束引导儿童在这方面的句法运用。尽管如此，当学习者的与生俱来约束不存在时，我们也预期发现儿童在输入时表现出敏感性。为了进行儿童与生俱来约束和儿童对语言环境的经验的作用的分割，我们在儿童对动词意思和动词句法没有产生内部期待的情况下预期发现输入的敏感性。这就是我们所发现的。

我们在之前讨论过，一项研究显示儿童对动词学习中输入的敏感性涉及动词延展方法。Naigles 等(1992)考察了 2—5 岁儿童将 come、go、bring 和 take 等运动动词延展到这些动词并不出现的句法结构的情况。在先前研究中谈论到，这些作者发现儿童，而非成人，会调整动词的意思以适合句法背景。所以，当 come 以及物动词的形式出现时(the zebra comes the giraffe to the ark)，儿童会将它以原因事件的方式处理，即斑马把长颈鹿带到(是来的原因)了方舟。有趣的是，向成人行为的变化是年龄的函数，更重要的是，是动词词频的函数。尤其是不及物的 bring 和 take 比及物的 come 和 go 修补要早。这个发现是重要的，因为 bring 和 take 的不及物(非语法的)变化表达了与 come 和 go 的非及物(但是是语法的)变化相同的意思。同样地，come 和 go 的及物(非语法的)变化表达了与 bring 和 take 及物(语法的)变化相同的意思。所以，学习者在一定程度上应该认识到这些动词表现了补对(比如，come＝bring; go＝take，因果关系的模运算是不同的)，并阻止允许非及物被当作及物用，反之亦然。但重要的是，Naigles 等发现修补并不都同时发生，更高频的动词(come 和 go)比低频动词(bring 和 take)要修补得更晚些。这可以被认为是补充频率的效应。更高频的条目允许儿童更早构建稳定的词汇表征。因此，这些表征阻碍了表达相同意思的其他词的运用。Bring 不允许作为不及物词，因为儿童学会用 come 表达那个意思。对给定动词的经验决定了学习者是否愿意接受表达相同意思的其他动词。最重要的是，从如今角度看，之所以有经验效应的出现是因为儿童没有期望或约束是否一个如 come 的动词能或不能用作及物形式。这必须来自经验。

其他研究也关注儿童在动词学习过程中对输入的敏感性(比如，Childers & Tomasello, 2002；Naigles & Hoff-Ginsberg, 1998；Snedeker & Trueswell, in press；Tomasello, 1992)。这些研究告诉我们，一种语言中动词表征的属性是可以变化的，儿童对这些表征的出现频率是极端敏感的。正如预期的那样，当儿童没有约束时，对动词的表征是如何产生的呢？在这里语言环境发挥着重要作用。

关于动词的结论

我们已经介绍了一些动词学习的巧妙情形。首先，因为动词的复杂表征基于先前对其他语言属性(至少对句法论元的再认)的掌握，它们掌握在名词之后。其次，通过关注成人头脑中动词表征的细节信息和这些细节是否随不同语言而变，我们能够清晰地预期，在儿童身上能够发现的动词学习过程中的约束。一旦跨语言证据显示联结可能是普遍的，我们就认为与生俱来的约束可能起到了作用，为此，我们应当可以在对年幼儿童的实验操纵中发现这些约束。然而，对那些能够变化的表征属性，我们预期找不到与生俱来的约束的证据，而是预期发现语言环境的重要作用。正如我们在这章中所主张的，语言掌握和词汇学习中的重要问题并不在于是否学习者有与生俱来的约束规则，关键问题是我们在哪处可以预期发现约束效应，哪处可以预期发现环境效应，以及约束规则是如何和经验相互作用来引导词汇掌握的。

词汇学习研究的展望

词汇学习研究必须考虑自然语言中词汇种类的多样性。在这章中，我们把重点放在了名词、形容词和动词这些主要语法种类的掌握上，而且强调了名词在语言掌握中是最早出现的，并且是学习其他语法形式及其意义的基础。

尽管如此，我们所探究的这些词汇只是抓住了在自然语言中所发现的皮毛。语言包括限定个体(a, the, every, two)的词汇、比较人群的词汇(most, more, less)、涉及先前提到过的实体的词汇(he, she, one, herself)、限定时间的词汇(always, sometimes)、描述事件方式的词汇(quickly, repeatedly)等。正如我们所说的，每种词汇指向一系列限定的概念。此外，语言和概念结构的关系是双向的。不同的语法形式突出了不同意思的种类；但同时，一个词的含义以多种语言结构方式表示，含义不同从而导致了句法的不同。因此，在词汇学习中对句法作用的考察是关键的，句法就像提供了一个表面线索，学习者可以用来推断词汇的意思，发展研究者可以用来推断什么可能被算作词汇知识。

我们也强调词语学习领域必须对词语和语法种类在不同语言中的稳定性和变异性敏感。不同语言间的研究能作为对这两个发展假设的研究工具：即引导语言获得的学习者内部的某些结构和形成词语学习的语言输入种类。词汇学习的最普遍理论仍需足够限制以便解释儿童的词汇增长速度，以及足够有弹性以便允许在一系列语言环境中产生这种发展。

为了强调词汇学习在发展背景和比较语言学下的重要性,我们考虑了以人类语言表征的一系列词汇和一系列应用于此的概念,这为将来研究提供了一个基础。现今的词汇学习研究揭示,学习者在词汇掌握的最初阶段表现出一些普遍的敏感性和预期,这将在随后适应儿童特定的语言环境。

我们在这章开始时提到两面神,他是关口和过渡通道的神。我们通篇主张词汇学习依附于概念和语言知识之间的边界,词汇学习代表这样一个大门,即通过它学习者内部的制约因素和外部语言环境的变化相互作用。我们再次用两面神来结束本章。词汇学习研究现在正处在一个重要的门槛上,它达到了这样一种程度:对名词学习的关注能被更广泛、更包容的词语学习中涉及的概念变化和语法知识所代替。越过这个门槛需要继续整合观点、方法,并需要从发展心理学、认知心理学和比较语言学来概括化。

(卓美红、王珺、耿凤基、洪佩佩译,徐琴美审校)

参考文献

Abney, S. (1987). *The English noun phrase in its sentenial aspect*. Unpublished doctoral dissertation, Massachusetts Institute of Technology, Cambridge, MA.

Allopenna, P. D., Magnuson, J. S., & Tanenhaus, M. K. (1998). Tracking the time course of spoken word recognition using eye movements: Evidence for continuous mapping models. *Journal of Memory and Language*, *38* (4), 419 - 439.

Aslin, R. N., Saffran, J. R., & Newport, E. L. (1998). Computation of conditional probability statistics by 8-month-old infants. *Psychological Science*, *9*, 321 - 324.

Au, T. K. (1990). Children's use of information in word learning. *Journal of Child Language*, *17* (2), 393 - 416.

Au, T. K., Dapretto, M., & Song, Y. K. (1994). Input versus constraints: Early word acquisition in Korean and English. *Journal of Memory and Language*, *33* (5), 567 - 582.

Baillargeon, R. (2000). How do infants learn about the physical world. In D. Muir & A. Slater (Eds.), *Infant development: Essential readings in development psychology* (pp. 195 - 212). Malden, MA: Blackwell.

Baker, M. (2001). *The atoms of language: The mind's hidden rules of grammar*. New York: Basic Books.

Balaban, M. T., & Waxman, S. R. (1997). Do words facilitate object categorization in 9-month-old infants? *Journal of Experimental Child Psychology*, *64* (1), 3 - 26.

Baldwin, D. A., & Baird, J. A. (1999). Action analysis: A gateway to intentional inference. In P. Rochat (Ed.), *Early social cognition: Understanding others in the first months of life* (pp. 215 - 240). Mahwah, NJ: Erlbaum.

Baldwin, D. A., & Markman, E. M. (1989). Establishing word-object relations: A first step. *Child Development*, *60*(2), 381 - 398.

Baldwin, D. A., & Moses, L. J. (2001). Links between social understanding and early word learning: Challenges to current accounts. *Social Development*, *10*, 309 - 329.

Barsalou, L. W. (1983). Ad hoc categories. *Memory and Cognition*, *11* (3), 211 - 227.

Bassano, D. (2000). Early development of nouns and verbs in French: Exploring the interface between lexicon and grammar. *Journal of Child Language*, *27*, 521 - 559.

Bates, E., & Goodman, J. C. (1997). On the inseparability of grammar and the lexicon: Evidence from acquisition, aphasia and real-time processing. *Language and Cognitive Processes*, *12* (5/6), 507 - 584.

Behl-Chadha, G. (1995). Perceptually-driven superordinate-like categorical representations in early infancy. *Dissertation Abstracts International: Section B: Sciences and Engineering*, *55* (7 - B), 3033.

Belanger, J., & Hall, D. G. (in press). Learning proper names and count nouns: Evidence from 16- and 20-month-olds. *Journal of Cognition and Development*.

Berlin, B. (1992). *Ethnobiological classification*. Princeton, NJ: Princeton University Press.

Berlin, B., Breedlove, D. E., & Raven, P. H. (1973). General principles of classification and nomenclature in folk biology. *American Anthropologist*, *75*, 214 - 242.

Bhatt, R. S., & Rovee-Collier, C. (1997). Dissociation between features and feature relations in infant memory: Effects of memory load. *Journal of Experimental Child Psychology*, *67* (1), 69 - 89.

Bloom, L. (1998). Language acquisition in its developmental context. In W. Damon (Editor-in-Chief) & D. Kuhn & R. Siegler (Vol. Eds.), *Handbook of child psychology: Vol. 2. Cognition, perception, and language* (5th ed., pp. 309 - 370). New York: Wiley.

Bloom, L. (2000). The intentionality model of word learning: How to learn a word, any word. In R. M. Golinkoff, K. Hirsh-Pasek, N. Akhtar, L. Bloom, G. Hollich, L. Smith, et al. (Eds.), *Becoming a word learner: A debate on lexical acquisition* (pp. 19 - 50). New York: Oxford University Press.

Bloom, L., & Tinker, E. (2001). The intentionality model of language acquisition. *Monographs of the Society for Research in Child Development*, *66* (4).

Bloom, L., Tinker, E., & Margulis, C. (1993). The words children learn: Evidence against a noun bias in early vocabularies. *Cognitive Psychology*, *8*, 431 - 450.

Bloom, P. (1994). *Language acquisition: Core readings*. Cambridge, MA: MIT Press.

Bloom, P. (2000). *How children learn the meanings of words*. Cambridge, MA: MIT Press.

Bloom, P. (2001). Precis of how children learn the meanings of words. *Behavioral and Brain Sciences*, *24*, 1095 - 1103.

Booth, A. E., & Waxman, S. R. (2002a). Object names and object functions serve as cues to categories for infants. *Developmental Psychology*, *38* (6), 948 - 957.

Booth, A. E., & Waxman, S. R. (2002b). Word learning is "smart": Evidence that conceptual information affects preschoolers' extension of novel words. *Cognition*, *84* (1), B11 - B22.

Booth, A. E., & Waxman, S. R. (2003). Mapping words to the world in infancy: On the evolution of expectations for count nouns and adjectives. *Journal of Cognition and Development*, *4* (3), 357 - 381.

Bornstein, M. H. (1985a). Human infant color vision and color perception. *Infant Behavior and Development*, *8* (1), 109 - 113.

Bornstein, M. H. (1985b). On the development of color naming in young children: Data and theory. *Brain and Language*, *26* (1), 72 - 93.

Bornstein, M. H., Cote, L. R., Maital, S., Painter, K., Park, S.-Y., Pascual, L., et al. (2004). Cross-linguistic analysis of vocabulary in young children: Spanish, Dutch, French, Hebrew, Italian, Korean, and American English. *Child Development*, *75* (4), 1115 - 1139.

Bornstein, M. H., Kessen, W., & Weiskopf, S. (1976). The categories of hue in infancy. *Science*, *191* (4223), 201 - 202.

Bosch, L., & Sebastián-Gallés, N. (1997). Native-language recognition abilities in 4-month-old infants from monolingual and bilingual environments.

Cognition, 65, 33 – 69.

Bowerman, M. (1982). Reorganizational processes in lexical and syntactic development. In E. Wanner & L. Gleitman (Eds.), *Language acquisition: The state of the art* (pp. 319 – 346). Cambridge, England: Cambridge University Press.

Bowerman, M., & Levinson, S. C. (Eds.). (2001). *Language acquisition and conceptual development*. Cambridge, England: Cambridge University Press.

Brent, M. R., & Cartwright, T. A. (1996). Distributional regularity and phonotactic constraints are useful for segmentation. *Cognition*, 61 (1/2), 93 – 125.

Brooks, R., & Meltzoff, A. N. (2002). The importance of eyes: How infants interpret adult looking behavior. *Developmental Psychology*, 38, 958 – 966.

Brown, R. (1957). Linguistic determinism and the part of speech. *Journal of Abnormal and Social Psychology*, 55, 1 – 5.

Brown, R. (1958). *Words and things*. Glencoe, IL: Free Press.

Bunger, A., & Lidz, J. (2004, November). *Syntactic bootstrapping and the internal structure of causative events*. Paper presented at the Boston University Conference on Language Development, Boston, MA.

Burzio, L. (1986). *Italian syntax: A government-binding approach*. Dordrecht, The Netherlands: Reidel.

Camaioni, L., & Longobardi, E. (2001). Nouns versus verb emphasis in Italian mother-to-child speech. *Journal of Child Language*, 28, 773 – 785.

Campbell, A. L., & Namy, L. L. (2003). The role of social-referential context in verbal and nonverbal symbol learning. *Child Development*, 74 (2), 549 – 563.

Carpenter, M., Akhtar, N., & Tomasello, M. (1998). Fourteen-through 18-month-old infants differentially imitate intentional and accidental actions. *Infant Behavior and Development*, 21 (2), 315 – 330.

Casasola, M., & Cohen, L. B. (2000). Infants' association of linguistic labels with causal actions. *Developmental Psychology*, 36(2), 155 – 168.

Caselli, M. C., Bates, E., Casadio, P., Fenson, L., Sanderl, L., & Weir, J. (1995). A cross-linguistic study of early lexical development. *Cognitive Development*, 10, 159 – 199.

Chambers, K. E., Onishi, K. H., & Fisher, C. L. (2003). Infants learn phonotactic regularities from brief auditory experience. *Cognition*, 87, B69 – B77.

Chierchia, G., & Mc-Connell-Ginet, S. (2000). *Meaning and grammar: An introduction to semantics* (2nd ed.). Cambridge, MA: MIT Press.

Childers, J. B., & Tomasello, M. (2002). Two-year-olds learn novel nouns, verbs, and conventional actions from massed or distributed exposures. *Developmental Psychology*, 38 (6), 967 – 978.

Choi, S. (1998). Verbs in early lexical and syntactic development in Korean. *Linguistics*, 36 (4), 755 – 780.

Choi, S. (2000). Caregiver input in English and Korean: Use of nouns and verbs in book-reading and toy-play contexts. *Journal of Child Language*, 27, 69 – 96.

Choi, S., & Gopnik, A. (1995). Early acquisition of verbs in Korean: A cross-linguistic study. *Journal of Child Language*, 22 (3), 497 – 529.

Chomsky, N. (1959). A review of B. F. Skinner's verbal behavior. *Language*, 35 (1), 26 – 58.

Chomsky, N. (1975). *Reflections on language*. New York: Pantheon.

Chomsky, N. (1980). *Rules and representations*. London: Basil Blackwell.

Christophe, A., Mehler, J., & Sebastián Gallés, N. (2001). Perception of prosodic boundary correlates by newborn infants. *Infancy*, 2 (3), 385 – 394.

Comrie, B. (1985). *Tense*. Cambridge, England: Cambridge University Press.

Crain, S. (1991). Language acquisition in the absence of experience. *Journal of Behavioral and Brain Sciences*, 4, 597 – 650.

Croft, W. (1991). *Syntactic categories and grammatical relations: The cognitive organization of information*. Chicago: University of Chicago Press.

Davis, H., & Matthewson, L. (1999). On the functional determination of lexical categories. *Revue Quebecoise de Linguistique*, 27 (2), 27 – 67.

Demirdache, H., & Matthewson, L. (1996, October). *On the universality of syntactic categories*. Paper presented at the North East Linguistic Society 25, University of Pennsylvania, Philadelphia.

Diesendruck, G. (2003). Categories for names or names for categories: The interplay between domain-specific conceptual structure and the language. *Language and Cognitive Processes*, 18 (5/6), 759 – 787.

Diesendruck, G., Gelman, S. A., & Lebowitz, K. (1998). Conceptual and linguistic biases in children's word learning. *Developmental Psychology*, 34, 823 – 839.

Diesendruck, G., Markson, L., Akhtar, N., & Reudor, A. (2004). Two-year-olds' sensitivity to speakers' intent: An alternative account of Samuelson and Smith. *Developmental Science*, 7, 33 – 41.

Diesendruck, G., & Shatz, M. (2001). Two-year-olds' recognition of hierarchies: Evidence from their interpretation of the semantic relation between object labels. *Cognitive Development*, 16, 577 – 594.

Dixon, R. M. W. (1982). *Where have all the adjectives gone?* Berlin, Germany: Mouton.

Dowty, D. (1979). *Word meaning and montague grammar: The semantics of verbs and times in generative semantics and Montague's PTQ* (*Proper Treatment of Quantification*). Dordrecht, The Netherlands: Reidel.

Echols, C., & Marti, C. N. (2004). The identification of words and their meaning: From perceptual biases to language-specific cues. In D. G. Hall & S. R. Waxman (Eds.), *Weaving a lexicon* (pp. 41 – 78). Cambridge, MA: MIT Press.

Fenson, L., Dale, P. S., Reznick, J. S., Bates, E., Thal, D. J., & Pethick, S. J. (1994). Variability in early communicative development. *Monographs of the Society for Research in Child Development*, 59 (5), v – 173.

Fernald, A. (1992). Human maternal vocalizations to infants as biologically relevant signals: An evolutionary perspective. In J. H. Barkow, L. Cosmides, & J. Tooby (Eds.), *The adapted mind: Evolutionary psychology and the generation of culture* (pp. 391 – 428). New York: Oxford University Press.

Fernald, A., & McRoberts, G. (1996). Prosodic bootstrapping: A critical analysis of the argument and the evidence. In J. L. Morgan & K. Demuth (Eds.), *Signal to syntax: Bootstrapping from speech to grammar in early acquisition* (pp. 365 – 388). Mahwah, NJ: Erlbaum.

Fernald, A., McRoberts, G. W., & Swingley, D. (2001a). Infants' developing competence in recognizing and understanding words in fluent speech. In J. Weissenborn & B. Hoehle (Eds.), *Approaches to bootstrapping: Phonological, lexical, syntactic, and neurophysiological aspects of early language acquisition* (pp. 97 – 123). Amsterdam: Benjamins.

Fernald, A., & Morikawa, H. (1993). Common themes and cultural variations in Japanese and American mothers' speech to infants. *Child Development*, 64, 637 – 656.

Fernald, A., Pinto, J. P., Swingley, D., Weinberg, A., & McRoberts, G. (1998). Rapid gains in speed of verbal processing by infants in the second year. *Psychological Science*, 9, 228 – 231.

Fernald, A., Swingley, D., & Pinto, J. P. (2001b). When half a word is enough: Infants can recognize spoken words using partial phonetic information. *Child Development*, 72, 1003 – 1015.

Fisher, C., Church, B. A., & Chambers, K. E. (2004). Learning to identify spoken words. In D. G. Hall & S. R. Waxman (Eds.), *Weaving a lexicon*. Cambridge, MA: MIT Press.

Fisher, C., & Gleitman, L. R. (2002). Language acquisition. In H. Pashler & R. Gallistel (Eds.), *Steven's handbook of experimental psychology: Vol. 3. Learning, motivation, and emotion* (3rd ed., pp. 445 – 496). New York: Wiley.

Fisher, C., Hall, G., Rakowitz, S., & Gleitman, L. (1994). When it is better to receive than to give: Syntactic and conceptual constraints on vocabulary growth. *Lingua*, 92, 333 – 376.

Fisher, C., & Tokura, H. (1996). Acoustic cues to grammatical structure in infant-directed speech: Cross-linguistic evidence. *Child Development*, 67, 3192 – 3218.

Forbes, J. N., & Poulin-Dubois, D. (1997). Representational change in young children's understanding of familiar verb meaning. *Journal of Child Language*, 24, 389 – 406.

Frank, R., & Kroch, A. (1995). Generalized transformations and the theory of grammar. *Studia Linguistica*, 49, 103 – 151.

Frawley, W. (1992). *Linguistic semantics*. Hillsdale, NJ: Erlbaum.

Friederici, A., & Wessels, J. (1993). Phonotactic knowledge of word boundaries and its use in infant speech perception. *Perception and Psychophysics*, 54, 287 – 295.

Fulkerson, A. L. (1997). *New words for new things: The relationship between novel labels and 12-month-olds' categorization of novel objects*. Unpublished manuscript.

Fulkerson, A. L., & Haaf, R. A. (2003). The influence of labels, nonlabeling sounds, and source of auditory input on 9-and 15-montholds' object categorization. *Infancy*, 4, 349 – 369.

Gasser, M., & Smith, L. B. (1998). Learning nouns and adjectives: A connectionist account. *Language and Cognitive Processes*, 13, 269 – 306.

Gathercole, V. C. M., & Min, H. (1997). Word meaning biases or language-specific effects? Evidence from English, Spanish, and Korean. *First Language*, 17 (49), 31 – 56.

Gathercole, V. C. M., Thomas, E. M., & Evans, D. (2000). What's in a noun? Welsh-, English-, and Spanish-speaking children see it differently. *First Language*, 20, 55 - 90.

Gelman, R., & Williams, E. M. (1998). Enabling constraints for cognitive development and learning: A domain-specific epigenetic theory. In D. Kuhn & R. Siegler (Eds.), *Cognition, perception, and language* (5th ed., Vol. 2, pp. 575 - 630). New York: Wiley.

Gelman, S. A. (1996). Concepts and theories. In R. Gelman & T. KitFong (Eds.), *Handbook of perception and cognition: Perceptual and cognitive development* (2nd ed., pp. 117 - 150). San Diego, CA: Academic Press.

Gelman, S. A., Coley, J. D., Rosengren, K. S., Hartman, E., & Pappas, A. (1998). Beyond labeling: The role of maternal input in the acquisition of richly structured categories. *Monographs of the Society for Research in Child Development*, 63 (1), v - 148.

Gelman, S. A., &Medin, D. L. (1993). What's so essential about essentialism? A different perspective on the interaction of perception, language, and conceptual knowledge. *Cognitive Development*, 8 (2), 157 - 167.

Gelman, S. A., & Tardif, T. (1998). A cross-linguistic comparison of generic noun phrases in English and Mandarin. *Cognition*, 66, 215 - 248.

Gentner, D. (1982). Why nouns are learned before verbs: Linguistic relativity versus natural partitioning. In S. Kuczaj (Ed.), *Language development: Vol. 2. Language, thought, and culture* (pp. 301 - 334). Hillsdale, NJ: Erlbaum.

Gentner, D., & Boroditsky, L. (2001). Individuation, relativity, and early word learning. In M. Bowerman & S. Levinson (Eds.), *Language acquisition and conceptual development* (pp. 215 - 256). New York: Cambridge University Press.

Gentner, D., & Namy, L. L. (2004). The role of comparison in children's early word learning. In D. G. Hall & S. R. Waxman (Eds.), *Weaving a lexicon* (pp. 533 - 568). Cambridge, MA: MIT Press.

Gillette, J., Gleitman, H., Gleitman, L., & Lederer, A. (1999). Human simulations of vocabulary learning. *Cognition*, 73 (2), 135 - 176.

Gleitman, L. (1990). The structural sources of verb meanings. *Language Acquisition: A Journal of Developmental Linguistics*, 1 (1), 3 - 55.

Gleitman, L. R., Cassidy, K., Nappa, R., Papafragou, A., & Trueswell, J. C. (in press). Hard words. *Language Learning and Development*, 1.

Gogate, L., Walker-Andrews, A. S., & Bahrick, L. E. (2001). Intersensory origins of word comprehension: An ecological-dynamic systems view. *Developmental Science*, 4, 1 - 37.

Goldfield, B. A. (2000). Nouns before verbs in comprehension versus production: The view from pragmatics. *Journal of Child Language*, 27, 501 - 520.

Goldvarg-Steingold, E. G. (2003, April). *Global domains may be guiding acquisition of adjectives*. Paper presented at the Society for Research in Child Development Biennial Meeting, Tampa, FL.

Golinkoff, R. M., Hirsh-Pasek, K., Bloom, L., Smith, L. B., Woodward, A. L., Akhtar, N., et al. (2000). *Becoming a word learner: A debate on lexical acquisition*. New York: Oxford University Press.

Gómez, R. (2002). Variability and detection of invariant structure. *Psychological Science*, 13, 431 - 436.

Gómez, R. L., & Gerken, L. A. (1999). Artificial grammar learning by 1-year-olds leads to specific and abstract knowledge. *Cognition*, 70, 109 - 135.

Goodman, J. C., McDonough, L., & Brown, N. (1998). The role of semantic context and memory in the acquisition of novel nouns. *Child Development*, 69, 1330 - 1344.

Goodman, N. (1955). *Fact, fiction, and forecast*. Cambridge, MA: Harvard University Press.

Gopnik, A., & Choi, S. (1995). Names, relational words and cognitive development in English and Korean speakers: Nouns are not learned before verbs. In M. Tomasello & W. Merriman (Eds.), *Beyond names for things: Young children's acquisition of verbs* (pp. 63 - 80). Hillsdale, NJ: Erlbaum.

Gopnik, A., Choi, S., & Baumberger, T. (1996). Cross-linguistic differences in early semantic and cognitive development. *Cognitive Development*, 11 (2), 197 - 227.

Gopnik, A., & Nazzi, T. (2003). Word, kinds and causal powers: A theory perspective on early naming and categorization. In D. H. Rakison & L. M. Oakes (Eds.), *Early category and concept development: Making sense of the blooming, buzzing confusion* (pp. 303 - 329). New York: Oxford University Press.

Gopnik, A., & Sobel, D. M. (2000). Detecting blickets: How young children use information about novel causal powers in categorization and induction. *Child Development*, 71 (5), 1205 - 1222.

Gopnik, A., Sobel, D. M., Schulz, L. E., & Glymour, C. (2001). Causal learning mechanisms in very young children: 2-, 3-, and 4-year-olds infer causal relations from patterns of variation and covariation. *Developmental Psychology*, 37 (5), 620 - 629.

Graff, D. (2000). Shifting sands: An interest-relative theory of vagueness. *Philosophical Topics*, 28 (1), 45 - 81.

Graham, S. A., Baker, R. K., & Poulin-Dubois, D. (1998). Infants' expectations about object label reference. *Canadian Journal of Experimental Psychology*, 52 (3), 103 - 113.

Graham, S. A., Kilbreath, C. S., & Welder, A. N. (2004). 13-month-olds rely on shared labels and shape similarity for inductive inferences. *Child Development*, 75, 409 - 427.

Gropen, J., Pinker, S., Hollander, M., & Goldberg, R. (1991a). Affectedness and direct objects: The role of lexical semantics in the acquisition of verb argument structure. *Cognition*, 41, 153 - 195.

Gropen, J., Pinker, S., Hollander, M., & Goldberg, R. (1991b). Syntax and semantics in the acquisition of locative verbs. *Journal of Child Language*, 18, 115 - 151.

Guajardo, J. J., & Woodward, A. L. (2000, July). *Using habituation to index infants' understanding of pointing*. Paper presented at the 12th Biennial Meeting of the International Society for Infant Studies, Brighton, England.

Guasti, M. T. (2002). *Language acquisition: The growth of grammar*. Cambridge, MA: MIT Press.

Hale, K., & Keyser, S. J. (1993). On argument structure and the lexical expression of syntactic relations. In K. Hale & S. J. Keyser (Eds.), *The view from building 20: Essays in honor of Sylvain Bromberger* (pp. 53 - 108). Cambridge, MA: MIT Press.

Halff, H. M., Ortony, A., & Anderson, R. C. (1976). A context-sensitive representation of word meanings. *Memory and Cognition*, 4, 378 - 383.

Hall, D. G. (1991). Acquiring proper nouns for familiar and unfamiliar animate objects: 2-year-olds' word-learning biases. *Child Development*, 62 (5), 1142 - 1154.

Hall, D. G. (1999). Semantics and the acquisition of proper names. In R. Jackendoff, P. Bloom, & K. Wynn (Eds.), *Language, logic, and concepts: Essays in memory of John Macnamara* (pp. 337 - 372). Cambridge, MA: MIT Press.

Hall, D. G., & Belanger, J. (2001). Young children's use of syntactic cues to learn proper names and count nouns. *Developmental Psychology*, 37, 298 - 307.

Hall, D. G., & Belanger, J. (in press). Young children's use of range of reference information in word learning. *Developmental Science*.

Hall, D. G., Burns, T., & Pawluski, J. (2003). Input and word learning: Caregivers' sensitivity to lexical category distinctions. *Journal of Child Language*, 30, 711 - 729.

Hall, D. G., & Lavin, T. A. (2004). The use and misuse of part-of-speech information in word learning: Implications for lexical development. In D. G. Hall & S. R. Waxman (Eds.), *Weaving a lexicon* (pp. 339 - 370). Cambridge, MA: MIT Press.

Hall, D. G., Quantz, D., & Persoage, K. (2000). Preschoolers' use of form class cues in word learning. *Developmental Psychology*, 36, 449 - 462.

Hall, D. G., & Waxman, S. R. (1993). Assumptions about word meaning: Individuation and basic-level kinds. *Child Development*, 64 (5), 1550 - 1570.

Hall, D. G., & Waxman, S. R. (Eds.). (2004). *Weaving a lexicon*. Cambridge, MA: MIT Press.

Hall, D. G., Waxman, S. R., Bredart, S., & Nicolay, A.-C. (2003). Preschooler's use of form class cues to learn descriptive proper names. *Child Development*, 74 (5), 1547 - 1560.

Hall, D. G., Waxman, S. R., & Hurwitz, W. M. (1993). How 2-and 4-year-old children interpret adjectives and count nouns. *Child Development*, 64 (6), 1651 - 1664.

Harley, H., & Noyer, R. (1998, October). *Mixed nominalizations, short verb movement, and object shift in English*. Paper presented at the North East Linguistic Society 28. University of Toronto, Ontario, Canada.

Haryu, E., & Imai, M. (2002). Reorganizing the lexicon by learning a new word: Japanese children's inference of the meaning of a new word for a familiar artifact. *Child Development*, 73, 1378 - 1391.

Haspelmath, M. (1993). More on the typology of inchoative/causative verb alternations. In B. Comrie & M. Polinsky (Eds.), *Causatives and transitivity* (pp. 87 - 120). Amsterdam: Benjamins.

Heibeck, T. H., & Markman, E. M. (1987). Word learning in

children: An examination of fast mapping. *Child Development*, 58 (4), 1021 – 1034.

Heim, I., & Kratzer, A. (1998). *Semantics in generative grammar*. Malden, MA: Blackwell.

Hirsh-Pasek, K., Golinkoff, R. M., Hennon, E. A., & Maguire, M. J. (2004). Hybrid theories at the frontier of developmental psychology: The emergentist coalition model of word learning as a case in point. In D. G. Hall & S. R. Waxman (Eds.), *Weaving a lexicon* (pp. 173 – 204). Cambridge, MA: MIT Press.

Hoff, E. (2002). Causes and consequences of SES-related differences in parent-to-child speech. In M. Bornstein & R. Bradley (Eds.), *Socioeconomic status, parenting, and child development* (pp. 147 – 160). Mahwah, NJ: Erlbaum.

Hoff, E., & Naigles, L. (2002). How children use input to acquire a lexicon. *Child Development*, 73 (2), 418 – 433.

Hollich, G. J., Hirsh-Pasek, K., & Golinkoff, R. M. (Eds.). (2000). *Breaking the language barrier: Vol. 65. An emergentist coalition model for the origins of word learning*. Malden, MA: Blackwell.

Hollich, G., Jusczyk, P. W., & Luce, P. (2000, December). *Infant sensitivity to lexical neighborhoods during word learning*. Paper presented at the Meeting of the Acoustical Society of America, Newport Beach, CA.

Hopper, P., & Thompson, S. A. (1980). Transitivity in grammar and discourse. *Language*, 56, 251 – 299.

Huttenlocher, J. (1974). The origins of language comprehension. In R. L. Solso (Ed.), *Loyola Symposium: Theories in cognitive psychology* (pp. 331 – 368). Potomac, MD: Erlbaum.

Huttenlocher, J., Haight, W., Bryk, A., Seltzer, M., & Lyons, T. (1991). Early vocabulary growth: Relation to language input and gender. *Developmental Psychology*, 27, 236 – 248.

Huttenlocher, J., & Smiley, P. (1987). Early word meanings: The case of object names. *Cognitive Psychology*, 19 (1), 63 – 89.

Huttenlocher, J., Vasilyeva, M., Cymerman, E., & Levine, S. (2002). Language input and child syntax. *Cognitive Psychology*, 45 (3), 337 – 374.

Imai, M. (1999). Constraint on word learning constraints. *Japanese Psychological Research*, 41, 5 – 20.

Imai, M., & Gentner, D. (1997). A cross-linguistic study of early word meaning: Universal ontology and linguistic influence. *Cognition*, 62 (2), 169 – 200.

Imai, M., & Haryu, E. (2001). Learning proper nouns and common nouns without clues from syntax. *Child Development*, 72 (3), 787 – 802.

Imai, M., & Haryu, E. (2004). The nature of word-learning biases and their roles for lexical development: From a cross-linguistic perspective. In D. G. Hall & S. R. Waxman (Eds.), *Weaving a lexicon* (pp. 411 – 444). Cambridge, MA: MIT Press.

Jackendoff, R. (1990). *Semantic structures*. Cambridge, MA: MIT Press.

Jaswal, V. K., & Markman, E. M. (2001). Learning proper and common names in inferential versus ostensive contexts. *Child Development*, 72 (3), 768 – 786.

Jaswal, V. K., & Markman, E. M. (2003). The relative strengths of indirect and direct word learning. *Developmental Psychology*, 39, 745 – 760.

Johnson, E. K., Jusczyk, P. W., Cutler, A., & Norris, D. (2003). Lexical viability constraints on speech segmentation by infants. *Cognitive Psychology*, 46, 31 – 63.

Jusczyk, P. (1997). *The discovery of spoken language*. Cambridge, MA: MIT Press.

Jusczyk, P., & Aslin, R. N. (1995). Infants' detection of the sound patterns of words in fluent speech. *Cognitive Psychology*, 29 (1), 1 – 23.

Jusczyk, P. W., & Luce, P. A. (2002). Speech perception. In H. Pashler & S. Yantis (Eds.), *Steven's handbook of experimental psychology: Vol. 1. Sensation and perception* (3rd ed., pp. 493 – 536). New York: Wiley.

Kalish, C. W., & Gelman, S. A. (1992). On wooden pillows: Multiple classification and children's category-based inductions. *Child Development*, 63 (6), 1536 – 1557.

Keil, F. C. (1994). The birth and nurturance of concepts by domains: The origins of concepts of living things. In L. A. Hirschfeld & S. A. Gelman (Eds.), *Mapping the mind: Domain specificity in cognition and culture* (pp. 234 – 254). New York: Cambridge University Press.

Keller, H. (1904). *The story of my life*. New York: Doubleday.

Kennedy, C. (1999). *Projecting the adjective: The syntax and semantics of gradability and comparison*. New York: Garland Press.

Kennedy, C., & McNally, L. (in press). Scale structure and the semantic typology of gradable predicates. *Language*.

Kester, E. (1994). Adjectival inflection and the licensing of "pro". *University of Maryland Working Papers in Linguistics*, 2, 91 – 109.

Kim, M., Landau, B., & Phillips, C. (1999, November). *Cross-linguistic differences in children's syntax for locative verbs*. Paper presented at the Boston University Conference on Language Acquisition, Boston.

Kim, M., McGregor, K. K., & Thompson, C. K. (2000). Early lexical development in English-and Korean-speaking children: Language-general and language-specific patterns. *Journal of Child Language*, 27 (2), 225 – 254.

Klibanoff, R. S., & Waxman, S. R. (2000). Basic level object categories support the acquisition of novel adjectives: Evidence from preschool-aged children. *Child Development*, 71 (3), 649 – 659.

Kuhl, P. K., Williams, K. A., Lacerda, F., Stevens, K. N., & Lindblom, B. (1992). Linguistic experience alters phonetic perception in infants by 6 months of age. *Science*, 255, 606 – 608.

Lakoff, G. (1987). *Women, fire, and dangerous things: What categories reveal about the mind*. Chicago: Chicago University Press.

Landau, B., & Gleitman, L. (1985). *Language and experience: Evidence from the blind child*. Cambridge, MA: Harvard University Press.

Lavin, T. A., Hall, D. G., & Waxman, S. R. (in press). East and west: A role for culture in the acquisition of nouns and verbs. In K. Hirsh-Pasek & R. M. Golinkoff (Eds.), *Action meets word: How children learn verbs*. New York: Oxford University Press.

Leslie, A. M., & Keeble, S. (1987). Do 6-month-old infants perceive causality? *Cognition*, 25 (3), 265 – 288.

Levin, B., & Rappaport-Hovav, M. (1995). *Unaccusativity: At the syntaxlexical semantics interface* (Vol. 26). Cambridge, MA: MIT Press.

Lidz, J. (1998, November). *Constraints on the syntactic bootstrapping procedure for verb learning*. Paper presented at the Boston University Conference on Language Development, Boston.

Lidz, J., Gleitman, H., & Gleitman, L. (2003). Understanding how input matters: The footprint of universal grammar on verb learning. *Cognition*, 87, 151 – 178.

Lidz, J., Gleitman, H., & Gleitman, L. (2004). Kidz in the 'hood: Syntactic bootstrapping and the mental lexicon. In D. G. Hall & S. R. Waxman (Eds.), *Weaving a lexicon* (pp. 603 – 636). Cambridge, MA: MIT Press.

Lidz, J., Waxman, S., & Freedman, J. (2003). What infants know about syntax but couldn't have learned: Experimental evidence for syntactic structure at 18 months. *Cognition*, 89, B65 – B73.

Liu, H. M., Kuhl, P. K., & Tsao, F. M. (2003). An association between mothers' speech clarity and infants' speech discrimination skills. *Developmental Science*, 6, F1 – F10.

Locke, J. (1975). *An essay concerning human understanding*. Oxford, England: Clarendon Press. (Original work published 1690)

Lucy, J. A., & Gaskins, S. (2001). Grammatical categories and the development of classification preferences: A comparative approach. In M. Bowerman & S. C. Levinson (Eds.), *Language acquisition and conceptual development* (pp. 257 – 283). Cambridge, England: Cambridge University Press.

Macario, J. F. (1991). Young children's use of color and classification: Foods and canonically colored objects. *Cognitive Development*, 6, 17 – 46.

Macnamara, J. (1979). How do babies learn grammatical categories. In D. Sankoff (Ed.), *Linguistic variation: Models and methods* (pp. 257 – 283). New York: Academic Press.

Macnamara, J. (1982). *Names for things: A study of human learning*. Cambridge, MA: MIT Press.

Macnamara, J. (1986). Principles and parameters: A response to Chomsky. *New Ideas in Psychology*, 4 (2), 215 – 222.

Macnamara, J. (1994). Logic and cognition. In J. Macnamara & G. E. Reyes (Eds.), *The logical foundations of cognition: Vol. 4. Vancouver studies in cognitive science* (pp. 11 – 34). New York: Oxford University Press.

MacWhinney, B. (2004). Language emergence. In P. Burmeister, T. Piske, & A. Rohde (Eds.), *An integrated view of language development: Papers in honor of Henning Wode* (pp. 17 – 42). Trier, Germany: Wissenshaftliche Verlag.

MacWhinney, B., & Snow, C. (1990). The child language data exchange system: An update. *Journal of Child Language*, 17, 457 – 472.

Mandel, D., Jusczyk, P. W., & Pisoni, D. (1995). Infants' recognition of the sound pattern of their own names. *Psychological Science*, 6, 314 – 317.

Manders, K., & Hall, D. G. (2002). Comparison, basic-level categories, and the teaching of adjectives. *Journal of Child Language*, 29, 923 – 937.

Mandler, J. M., & McDonough, L. (1998). Inductive inference in infancy. *Cognitive Psychology*, 37, 60 – 96.

Maratsos, M. (1998). The acquisition of grammar. In D. Kuhn & R. S. Siegler (Eds.), *Cognition, perception, and language* (5th ed., Vol. 2, pp. 421 - 466). New York: Wiley.

Maratsos, M. (2001). How fast does a child learn a word? *Behavioral and Brain Sciences*, 24, 1111 - 1112.

Marcus, G. F., Vijayan, S., Rao, S. B., & Vishton, P. M. (1999). Rule learning by 7-month-old infants. *Science*, 283 (5398), 77 - 80.

Markman, E. M. (1989). *Categorization and naming in children: Problems of induction*. Cambridge, MA: MIT Press.

Markman, E. M., & Hutchinson, J. E. (1984). Children's sensitivity to constraints on word meaning: Taxonomic versus thematic relations. *Cognitive Psychology*, 16 (1), 1 - 27.

Markman, E. M., & Jaswal, V. K. (2004). Acquiring and using a grammatical form class: Lessons from the proper-count distinction. In D. G. Hall & S. R. Waxman (Eds.), *Weaving a lexicon* (pp. 371 - 409). Cambridge, MA: MIT Press.

McCawley, J. (1968, April). *Lexical insertion in a transformational grammar without deep structure*. Paper presented at the Fourth Regional Meeting of the Chicago Linguistics Society, Chicago.

Medin, D. L., & Heit, E. (1999). Categorization. In D. E. Rumelhart & B. O. Martin (Eds.), *Handbook of cognition and perception* (pp. 99 - 143). San Diego, CA: Academic Press.

Medin, D. L., & Shoben, E. J. (1988). Context and structure in conceptual combination. *Cognitive Psychology*, 20 (2), 158 - 190.

Mehler, J., Jusczyk, P. W., Lambertz, G., Halsted, N., Bertoncini, J., & Amiel-Tison, C. (1988). A precursor of language acquisition in young infants. *Cognition*, 29, 143 - 178.

Meltzoff, A. N. (2002). Elements of a developmental theory of imitation. In A. N. Meltzoff & W. Prinz (Eds.), *The imitative mind: Development, evolution, and brain bases* (pp. 19 - 41). Cambridge, England: Cambridge University Press.

Meltzoff, A. N., Gopnik, A., & Repacholi, B. M. (1999). Toddlers' understanding of intentions, desires and emotions: Explorations of the dark ages. In P. D. A. J. W. Zelazo (Ed.), *Developing theories of intention: Social understanding and self-control* (pp. 17 - 41). Mahwah, NJ: Erlbaum.

Mervis, C. B. (1987). Child-basic object categories and early lexical development. In U. Neisser (Ed.), *Emory Symposia in Cognition: Concepts and conceptual development: Vol. 1. Ecological and intellectual factors in categorization* (pp. 201 - 233). New York: Cambridge University Press.

Michotte, A., Thines, G., & Crabbe, G. (1991). Amodal completion of perceptual structures. In G. Thines, A. Costall, & G. Butterworth (Eds.), *Michotte's experimental phenomenology of perception* (pp. 140 - 167). Hillsdale, NJ: Erlbaum.

Mills, D. L., Coffey-Corina, S. A., & Neville, H. J. (1997). Language comprehension and cerebral specialization from 13 - 20 months. In D. Thal & J. Reilly (Eds.), *Developmental Neuropsychology*, 13 (3), 397 - 446.

Mintz, T. H. (2003). Frequent frames as a cue for grammatical categories in child directed speech. *Cognition*, 90 (1), 91 - 117.

Mintz, T. H., & Gleitman, L. R. (2002). Adjectives really do modify nouns: The incremental and restricted nature of early adjective acquisition. *Cognition*, 84 (3), 267 - 293.

Mintz, T. H., Newport, E. L., & Bever, T. G. (2002). The distributional structure of grammatical categories in speech to young children. *Cognitive Science*, 26 (4), 393 - 424.

Moltmann, F. (1997). *Parts and wholes in semantics*. New York: Oxford University Press.

Moore, C., Angelopoulos, M., & Bennett, P. (1999). Word learning in the context of referential and salience cues. *Developmental Psychology*, 35 (1), 60 - 68.

Morgan, J. L., & Demuth, K. (Eds.). (1996). *Signal to syntax: Bootstrapping from speech to grammar in early acquisition*. Mahwah, NJ: Erlbaum.

Morgan, J. L., Shi, R., & Allopenna, P. (1996). Perceptual bases of rudimentary grammatical categories: Toward a broader conceptualization of bootstrapping. In J. L. Morgan & K. Demuth (Eds.), *Signal to syntax: Bootstrapping, from speech to grammar in early acquisition* (pp. 263 - 283). Mahwah, NJ: Erlbaum.

Murphy, G. L. (2002). *The big book of concepts*. Cambridge, MA: MIT Press.

Murphy, G. L., & Medin, D. L. (1985). The role of theories in conceptual coherence. *Psychological Review*, 92 (3), 289 - 316.

Naigles, L. (1990). Children use syntax to learn verb meanings. *Journal of Child Language*, 17, 357 - 374.

Naigles, L. (1996). The use of multiple frames in verb learning via syntactic bootstrapping. *Cognition*, 58, 221 - 251.

Naigles, L. (2002). Form is easy, meaning is hard: Resolving a paradox in early child language. *Cognition*, 86 (2), 157 - 199.

Naigles, L., Fowler, A., & Helm, A. (1992). Developmental changes in the construction of verb meanings. *Cognitive Development*, 7, 403 - 427.

Naigles, L. R., & Hoff-Ginsberg, E. (1995). Input to verb learning: Evidence for the plausibility of syntactic bootstrapping. *Developmental Psychology*, 31, 827 - 837.

Naigles, L. R., & Hoff-Ginsberg, E. (1998). Why are some verbs learned before other verbs? Effects of input frequency and structure on children's early verb use. *Journal of Child Language*, 25, 95 - 120.

Naigles, L., & Kako, E. (1993). First contact in verb acquisition: Defining a role for syntax. *Child Development*, 64, 1665 - 1687.

Namy, L., Campbell, A., & Tomasello, M. (2004). Developmental change in the role of iconicity in symbol learning. *Journal of Cognition and Development*, 5, 37 - 56.

Namy, L. L., & Waxman, S. R. (1998). Words and gestures: Infants' interpretations of different forms of symbolic reference. *Child Development*, 69 (2), 295 - 308.

Namy, L. L., & Waxman, S. R. (2000). Naming and exclaiming: Infants' sensitivity to naming contexts. *Journal of Cognition and Development*, 1 (4), 405 - 428.

Namy, L. L., & Waxman, S. R. (2002). Patterns of spontaneous production of novel words and gestures within an experimental setting in children ages 1;6 and 2;2. *Journal of Child Language*, 29 (4), 911 - 921.

Nazzi, T., & Gopnik, A. (2001). Linguistic and cognitive abilities in infancy: When does language become a tool for categorization? *Cognition*, 80 (3), B11 - B20.

Nazzi, T., Jusczyk, P. W., & Johnson, E. K. (2000). Language discrimination by English learning 5-month-olds: Effects of rhythm and familiarity. *Journal of Memory and Language*, 43, 1 - 19.

Needham, A., & Baillargeon, R. (1998). Effects of prior experience on 4½-month-old infants' object segregation.

Oakes, L. M., & Cohen, L. B. (1994). Infant causal perception. *Advances in Infancy Research*, 9, 1 - 57.

Ochs, E., & Schieffelin, B. (1984). Language acquisition and socialization. In R. Shweder & R. LeVine (Eds.), *Culture theory* (pp. 276 - 320). Cambridge, England: Cambridge University Press.

Papafragou, A., Massey, C., & Gleitman, L. (2002). Shake, rattle, 'n' roll: The representation of motion in language and cognition. *Cognition*, 84, 189 - 219.

Pechmann, T., & Deutsch, W. (1982). The development of verbal and nonverbal devices for reference. *Journal of Experimental Child Psychology*, 34, 330 - 341.

Pena, M., Maki, A., Kovacic, D., Dehaene-Lambertz, G., Koizumi, H., Bouquet, F., et al. (2003). Sounds and silence: An optical topography study of language recognition at birth. *Proceedings Of the National Academy of Sciences*, 100 (20), 11702 - 11705.

Perlmutter, D., & Postal, P. (1984). The l-advancement exclusiveness law. In D. Perlmutter & C. Rosen (Eds.), *Studies in relational grammar* (Vol. 1, pp. 81 - 125).

Pinker, S. (1989). *Learnability and cognition*. Cambridge, MA: MIT Press.

Poulin-Dubois, D., Graham, S., & Sippola, L. (1995). Early lexical development: The contribution of parental labelling and infants' categorization abilities. *Journal of Child Language*, 22 (2), 325 - 343.

Prasada, S. (1997, April). *Sentential and non-sentential cues to adjective meaning*. Paper presented at the Meeting of the Society for Research in Child Development, Washington, DC.

Prasada, S. (2000). Acquiring generic knowledge. *Trends in Cognitive Sciences*, 4, 66 - 72.

Prasada, S. (2003). Conceptual representation of animacy and its perceptual and linguistic reflections. *Developmental Science*, 6, 18 - 19.

Quine, W. V. O. (1960). *Word and object: An inquiry into the linguistic mechanisms of objective reference*. New York: Wiley.

Quinn, P. C., & Eimas, P. D. (2000). The emergence of category representations during infancy: Are separate perceptual and conceptual processes required? *Journal of Cognition and Development*, 1, 55 - 62.

Quinn, P. C., & Johnson, M. H. (2000). Global before basic category representations in connectionist networks and 2-month-old infants. *Infancy*, 1, 31 - 46.

Rappaport, M., & Levin, B. (1988). What to do with theta-roles. In W. Wilkins (Ed.), *Syntax and semantics 21: Thematic relations* (pp. 7 - 36). New York: Academic Press.

Redington, M., Chater, N., & Finch, S. (1998). Distributional information: A powerful cue for acquiring syntactic categories. *Cognitive Science*, 22, 425 - 469.

Rice, M. (1980). *Cognition to language: Categories, word meanings, and training*. Baltimore: University Park Press.

Rosch, E., Mervis, C., Gray, W., Johnson, D, & Boyes-Braem, P. (1976). Basic objects in natural categories. *Cognitive Psychology*, 8 (3), 382 - 439.

Rotstein, C., & Winter, Y. (in press). Total adjectives versus partial adjectives: Scale structure and higher-order modifiers. *Natural Language Semantics*.

Saffran J. R., Aslin, R. N., & Newport, E. L. (1996). Statistical learning by 8-month-old infants. *Science*, 274 (5294), 1926 - 1928.

Samuelson, L. K. (2002). Statistical regularities in vocabulary guide language acquisition in connectionist models and 15- to 20-month-olds. *Developmental Psychology*, 38 (6), 1016 - 1037.

Sandhofer, C., & Smith, L. B. (1999). Learning color words involves learning a system of mappings. *Developmental Psychology*, 35, 668 - 679.

Sandhofer, C., & Smith, L. B. (2001). Why children learn color and size words so differently: Evidence from adults' learning of artificial terms. *Journal of Experimental Psychology: General*, 130 (4), 600 - 620.

Sandhofer, C. M., Smith, L. B., & Luo, J. (2000). Counting nouns and verbs in the input: Differential frequencies, different kinds of learning? *Journal of Child Language*, 27 (3).

Schafer, G., & Plunkett, K. (1998). Rapid word learning by 15-month-olds under tightly controlled conditions. *Child Development*, 69 (2), 309 - 320.

Schafer, G., Plunkett, K., & Harris, P. L. (1999). What's in a name? Lexical knowledge drives infants' visual preferences in the absence of referential input. *Developmental Science*, 2 (2), 187 - 194.

Sera, M. D., Bales, D., & del Castillo Pintado, J. (1997). "Ser" helps speakers of Spanish identify real properties. *Child Development*, 68, 820 - 831.

Sera, M., Elieff, C., Forbes, J., Burch, M. C., Rodriguez, W., & Poulin-Dubois, D. (2002). When language affects cognition and when it does not: An analysis of grammatical gender and classification. *Journal of Experimental Psychology*, 131 (3), 377 - 397.

Shady, M. (1996). *Infants' sensitivity to function morphemes*. New York: State University of New York at Buffalo.

Shady, M., & Gerken, L. (1999). Grammatical and caregiver cues in early sentence comprehension. *Journal of Child Language*, 26 (1), 163 - 175.

Shatz, M., Behrend, D., Gelman, S. A., & Ebeling, K. S. (1996). Colour term knowledge in 2-year-olds: Evidence for early competence. *Journal of Child Language*, 23, 177 - 199.

Shi, R., & Werker, J. F. (2001). Six-month-old infants' preference for lexical over grammatical words. *Psychological Science*, 12 (1), 70 - 75.

Shi, R., & Werker, J. F. (2003). The basis of preference for lexical words in 6-month-old infants. *Developmental Science*, 6 (5), 484 - 488.

Shi, R., Werker, J. F., & Morgan, J. L. (1999). Newborn infants' sensitivity to perceptual cues to lexical and grammatical words. *Cognition*, 72 (2), B11 - B21.

Singh, L., Morgan, J., & White, K. (2004). Preference and processing: The role of speech affect in early spoken word recognition. *Journal of Memory and Language*, 51 (2), 173 - 189.

Slobin, D. I. (1985). Cross-linguistic evidence for the language-making capacity. In D. I. Slobin (Ed.), *The cross-linguistic study of language acquisition: Vol. 2. Theoretical issues* (pp. 1157 - 1256). Hillsdale, NJ: Erlbaum.

Sloutsky, V. M., & Lo, Y.-F. (1999). How much does a shared name make things similar? Pt. 1. Linguistic labels and the development of similarity judgment. *Developmental Psychology*, 35 (6), 1478 - 1492.

Smith, L. B. (1999). Children's noun learning: How general learning processes make specialized learning mechanisms. In B. MacWhinney (Ed.), *The emergence of language* (pp. 277 - 303). Mahwah, NJ: Erlbaum.

Smith, L. B., Colunga, E., & Yoshida, H. (in press). Making an ontology: Cross-linguistic evidence. In D. H. Rakison & L. M. Oakes (Eds.), *Early category and concept development: Making sense of the blooming, buzzing confusion*. New York: Oxford University Press.

Snedeker, J., & Gleitman, L. (2004). Why it is hard to label our concepts. In D. G. Hall & S. R. Waxman (Eds.), *Weaving a lexicon* (pp. 257 - 294). Cambridge, MA: MIT Press.

Snedeker, J., & Trueswell, J. (in press). The developing constraints on parsing decisions: The role of lexical-biases and referential scenes in child and adult sentence processing. *Cognitive Psychology*.

Snyder, W. (1995). *Language acquisition and language variation: The role of morphology*. Unpublished doctoral dissertation, Massachusetts Institute of Technology, MIT Working Papers in Linguistics, Cambridge, MA.

Snyder, W., Senghas, A., & Inman, K. (2001). Agreement morphology and the acquisition of noun-drop in Spanish. *Language Acquisition: A Journal of Developmental Linguistics*, 9 (2), 157 - 173.

Soja, N. N. (1994). Young children's concept of color and its relation to the acquisition of color words. *Child Development*, 65, 918 - 937.

Spelke, E. S. (2003). Core knowledge. In N. Kanwisher & J. Duncan (Eds.), *Attention and performance: Vol. 20. Functional neuroimaging of visual cognition* (pp. 1233 - 1243). New York: Oxford University Press.

Spelke, E. S., & Newport, E. (1998). Nativism, empiricism, and the development of knowledge. In W. Damon (Editor-in-Chief) & R. Lerner (Ed.), *Handbook of child psychology: Vol. 1. Theoretical models of human development* (5th ed., pp. 275 - 285). New York: Wiley.

Swingley, D., & Aslin, R. N. (2000). Spoken word recognition and lexical representation in very young children. *Cognition*, 76, 147 - 166.

Swingley, D., & Fernald, A. (2002). Recognition of words referring to present and absent objects by 24-month-olds. *Journal of Memory and Language*, 46, 39 - 56.

Swingley, D., Pinto, J. P., & Fernald, A. (1999). Continuous processing in word recognition at 24 months. *Cognition*, 71 (2), 73 - 108.

Talmy, L. (1985). Lexicalization patterns: Semantic structure in lexical forms. In T. Shopen (Ed.), *Language typology and syntactic description* (Vol 3, pp. 249 - 291). San Diego, CA: Academic Press.

Tardif, T. (1996). Nouns are not always learned before verbs: Evidence from Mandarin speakers' early vocabularies. *Developmental Psychology*, 32 (3), 492 - 504.

Tardif, T., Gelman, S. A., & Xu, F. (1999). Putting the "noun bias" in context: A comparison of Mandarin and English. *Child Development*, 70, 620 - 635.

Tardif, T., Shatz, M., & Naigles, L. (1997). Caregiver speech and children's use of nouns versus verbs: A comparison of English, Italian, and Mandarin. *Journal of Child Language*, 24 (3), 535 - 565.

Tincoff, R., & Jusczyk, P. W. (1999). Some beginnings of word comprehension in 6-month-olds. *Psychological Science*, 10, 172 - 175.

Tomasello, M. (1992). *First verbs: A case study of early grammatical development*. Cambridge, England: Cambridge University Press.

Tomasello, M. (2003). *Constructing a language: A usage-based theory of language acquisition*. Cambridge, MA: Harvard University Press.

Tomasello, M., & Merriman, W. E. (Eds.). (1995). *Beyond names for things: Young children's acquisition of verbs*. Hillsdale, NJ: Erlbaum.

Tomasello, M., & Olguin, R. (1993). Twenty-three-month-old children have a grammatical category of noun. *Cognitive Development*, 8 (4), 451 - 464.

Uchida, N., & Imai, M. (1999). Heuristics in learning classifiers: The acquisition of the classifier system and its implications for the nature of lexical acquisition. *Japanese Psychological Research*, 4 (1), 50 - 69.

Van de Walle, G., Carey, S., & Prevor, M. (2000). Bases for object individuation in infancy: Evidence from manual search. *Journal of Cognition and Development*, 1, 249 - 280.

Vouloumanos, A., & Werker, J. F. (2004). Tuned to the signal: The privileged status of speech for young infants. *Developmental Science*, 7 (3), 270 - 276.

Wagner, L., & Carey, S. (2003). Individuation of objects and events: A developmental study. *Cognition*, 90 (2), 163 - 191.

Waxman, S. R. (1990). Linguistic biases and the establishment of conceptual hierarchies: Evidence from preschool children. *Cognitive Development*, 5 (2), 123 - 150.

Waxman, S. R. (1999). Specifying the scope of 13-month-olds' expectations for novel words. *Cognition*, 70 (3), B35 - B50.

Waxman, S. R. (2002). Early word learning and conceptual development: Everything had a name, and each name gave birth to a new thought. In U. Goswami (Ed.), *Blackwell handbook of childhood cognitive development* (pp. 102 - 126). Oxford, England: Blackwell.

Waxman, S. R., & Booth, A. E. (2001). Seeing pink elephants: Fourteen-month-olds' interpretations of novel nouns and adjectives. *Cognitive Psychology*, 43, 217 - 242.

Waxman, S. R., & Booth, A. E. (2003). The origins and evolution of links between word learning and conceptual organization: New evidence from 11-month-olds. *Developmental Science*, 6 (2), 130 - 137.

Waxman, S. R., & Braun, I. E. (2005). Consistent (but not variable) names as invitations to form object categories: New evidence from 12-month-old infants. *Cognition*, 95, B59 - B68.

Waxman, S. R., & Gelman, R. (1986). Preschoolers' use of superordinate relations in classification and language. *Cognitive Development*, 1 (2), 139 - 156.

Waxman, S. R. , & Klibanoff, R. S. (2000). The role of comparison in the extension of novel adjectives. *Developmental Psychology*, *36* (5), 571 – 581.

Waxman, S. R. , & Markow, D. B. (1995). Words as invitations to form categories: Evidence from 12-to 13-month-old infants. *Cognitive Psychology*, *29* (3), 257 – 302.

Waxman, S. R. , & Markow, D. B. (1998). Object properties and object kind: Twenty-one-month-old infants' extension of novel adjectives. *Child Development*, *69* (5), 1313 – 1329.

Waxman, S. R. , & Senghas, A. (1992). Relations among word meanings in early lexical development. *Developmental Psychology*, *28* (5), 862 – 873.

Waxman, S. R. , Senghas, A. , & Benveniste, S. (1997). A crosslinguistic examination-of the noun-category bias: Its existence and specificity in French-and Spanish-speaking preschool-aged children. *Cognitive Psychology*, *32* (3), 183 – 218.

Welder, A. N. , & Graham, S. A. (2001). The influence of shape similarity and shared labels on infants' inductive inferences about nonobvious object properties. *Child Development*, *72*, 1653 – 1673.

Werker, J. F. , Cohen, L. B. , Lloyd, V. L. , Casasola, M. , & Stager, C. L. (1998). Acquisition of word-object associations by 14-month-old infants. *Developmental Psychology*, *34* (6), 1289 – 1309.

Werker, J. F. , & Fennell, C. (2004). Listening to sounds versus listening to words: Early steps in word learning. In D. G. Hall & S. R. Waxman (Eds.), *Weaving a lexicon* (pp. 79 – 110). Cambridge, MA: MIT Press.

Werker, J. F. , & Tees, R. C. (1984). Cross-language speech perception: Evidence for perceptual reorganization during the first year of life. *Infant Behavior and Development*, *7*, 49 – 63.

Wetzer, H. (1992). "Nouny" and "verby" adjectivals: A typology of predicate adjectival constructions. In M. Kefer & J. van der Auwera (Eds.), *Meaning and grammar: Cross-linguistic perspectives* (pp. 223 – 262). Berlin, Germany: Mouton.

Wierzbicka, A. (1984). Apples are not a "kind of fruit": The semantics of human categorization. *American Ethnologist*, *11*, 313 – 328.

Wilcox, T. (1999). Object individuation: Infants' use of shape, size, pattern, and color. *Cognition*, *72* (2), 125 – 166.

Wilcox, T. , & Baillargeon, R. (1998). Object individuation in infancy: The use of featureal information in reasoning about occlusion events. *Cognitive Psychology*, *37*, 97 – 155.

Wojdak, R. (2001, February). *An argument for category neutrality?* Paper presented at the West Coast Conference on Formal Linguistics 20, University of Southern California, Los Angeles.

Woodward, A. L. (2003). Infants' developing understanding of the link between looker and object. *Developmental Science*, *6* (3), 297 – 311.

Woodward, A. L. (2004). Infants' use of action knowledge to get a grasp on words. In D. G. Hall & S. R. Waxman (Eds.), *Weaving a lexicon* (pp. 149 – 172). Cambridge, MA: MIT Press.

Woodward, A. L. , & Guajardo, J. J. (2002). Infants' understanding of the point gesture as an object-directed action. *Cognitive Development*, *17* (1), 1061 – 1084.

Woodward, A. L. , & Hoyne, K. L. (1999). Infants' learning about words and sounds in relation to objects. *Child Development*, *70*, 65 – 77.

Woodward, A. L. , & Markman, E. M. (1998). Early word learning. In W. Damon (Editor-in-Chief) & D. Kuhn & R. Siegler (Vol. Eds.), *Handbook of child psychology: Vol. 2. Cognition, perception and language* (pp. 371 – 420). New York: Wiley.

Woodward, A. L. , Markman, E. M. , & Fitzsimmons, C. M. (1994). Rapid word learning in 13-and 18-month-olds. *Developmental Psychology*, *30* (4), 553 – 566.

Xu, F. (1999). Object individuation and object identity in infancy: The role of spatiotemporal information, object property information, and language. *Acta Psychologica*, *102*, 113 – 136.

Xu, F. (2002). The role of language in acquiring object kind concepts in infancy. *Cognition*, *85*, 223 – 250.

Xu, F. , & Carey, S. (1996). infants' metaphysics: The case of numerical identity. *Cognitive Psychology*, *30* (2), 111 – 153.

Xu, F. , Carey, S. , & Welch, J. (1999). Infants' ability to use object kind information for object individuation. *Cognition*, *70* (2), 137 – 166.

Younger, B. A. , & Cohen, L. B. (1986). Developmental change in infants' perception of correlations among attributes. *Child Development*. *57* (3), 803 – 815.

第8章

非言语交流：手在交谈和思考中的作用
SUSAN GOLDIN-MEADOW

当老师提问时，一位学生一个劲儿地挥动她的胳膊，另一位学生缩在座位上避免与老师有目光接触。看到这两种情况，教师都知道他们是不是想要回答问题，这些举动皆属于我们所谓的非言语交流的一部分。大量的行为都可以算作非言语交流，比如我们创设的家庭和工作环境；我们与聆听者保持的距离；我们是否移动身体、进行目光交流或者提高嗓门，这些行为都传达了关于我们的信息(Knapp，1978)。然而，尽管这些信息对于交谈是重要的，但它们并不是交谈本身。学生伸长胳膊或者转移视线并不构成对老师所问问题的回答，而只是反映了学生对回答问题的态度。

Argyle(1975)认为，非言语行为表达了情感，传达人与人之间的态度，展现了人的个性，而且有助于轮流说话、反馈和注意(同见于 Wundt，1900/1973)。大多数人对于非言语行为在交流中担当的角色的直觉感受也是如此，但人们本能上并没有意识到非言语行为既能表达想法,也能够传达感受。Argyle 只提到非言语行为在表明说话者对信息的态度或在调节交谈双方的互动方面所起的作用,完全忽略了非言语行为在传达信息中的作用,这是一大缺漏。

传统观点认为,交流可以分为两个不同的部分,即承载内容的言语部分和承载情感的非言语部分。Kendon(1980)是最早向这种观点发起挑战的学者之一。他指出,非言语行为中至少有一种形式(即手势)不能从谈话的内容中分离出来。正如 McNeill(1992)在他对手势和言语的开创性研究中表明的,我们交谈时做出的手部动作与谈话的时间、含义和功能交织在一起,密不可分。忽略手部动作(如手势)传达的信息,就等于忽略部分谈话。

本章涉及儿童手势的使用,包括儿童自己怎样打手势和如何理解别人做出的手势。我只将注意力放在手势上,不论及其他形式的非言语行为,这是因为手势具有揭露关于说话者如何思考的信息的潜能,而这些信息在说话者的话语中并不显而易见。首先,我将确定手势在传统观念的非言语行为中的位置。其次,鉴于手势与言语的密切关系,我会探讨语言习得正常和语言习得有偏差的儿童的手势发展。我们可以看到,手势是相当万能的,当环境要求它发挥新的功能时,手势就采取新的形式。手势由它发挥的功能来塑造,而不是由打出的样式来决定,因此手势有表达出那些功能的潜能。再次,我会展现手势可以实现它的潜能,洞察一个孩子的想法,有时提供这些想法的独特的画面。在本章的余下部分,我将探讨手势的机制和功能:什么使我们用手势表示,打手势是出于什么样的目的? 我特别关注手势在交流和思考中是否发挥作用,是否会因此对认知发展产生影响,也就是说,手势是否超出了反映孩子想法的这一功能,在形成那些想法的过程中手也参与其中?

确定手势在非言语行为领域中的位置

1969 年 Ekman 和 Friesen 对非言语行为的分类提出了一个方案,将非言语行为划分为五种类型:

1. *情感表露型*(affect displays):主要见于脸部,传达说话者的情绪情感,至少是说话者不要掩饰的情绪(Ekman,Friesen, & Ellsworth,1972)。

2. *调节型*(regulators):典型地是头部动作或者身体位置的微小变化,在说话者和聆听者之间保持交换式谈话,有助于调节交流的进度。

3. *适应型*(adaptors):先前习得的、因习惯而维持的适应性手部动作的片断或缩影。比如,弄平头发,把眼镜往鼻梁上推一推(甚至在眼镜戴的位置正合适时),撑住或来回摸下巴。这类行为几乎都是无意识的且无交流目的。

4. *象征型*(emblems):说话或不说话时都可以做出的手部动作。这些动作有约定俗成的形式和含义,例如,竖起大拇指,表示"OK"的手势,示意保持安静的"嘘"的手势。说话者总是有意识地做出象征性动作,并用它们与别人交流,经常是要控制别人的行为。

5. *解释型* (illustrators)：直接与言语联系在一起的手部动作,常常用手势解释言语。例如,一个孩子说她的教室在楼上,说话的同时将手竖起,来回指着上面。

本章的重点在最后一类——解释型非言语行为,Kendon(1980)称之为"姿势"(gesticulation),McNeill(1992)称之为"手势"(gesture),我这里用手势这个术语。手势可以标出说话的速度(节拍性手势),指出所说的指示物(指示性手势),或者利用形象化的描述详细地阐述说话的内容(象征性手势或隐喻性手势)。手势介于适应型、调节型非言语行为与象征型非言语行为之间,而适应型、调节型与象征型非言语行为分别位于意识范围的两端。人们几乎从来没有意识到做出一个适应型或调节型的非言语动作,但差不多总能知道做出了一个象征型的非言语动作。因为手势往往随同言语一起打出,所以呈现出说话的意图。做手势是为交流服务的,从这个意义上来说,手势是有目的的,但手势鲜少在意识的控制下打出。

手势在其他一些方面也不同于象征型非言语行为(McNeilll,1992)。手势取决于言语,而象征型动作并非如此。象征型动作甚至可以在不说一句话的时候,也能将意思表达得一清二楚。形成对比的是,手势的含义建立在特别的方式下,伴随着话语的上下情境而产生。在先前的例子中,手来来回回指着上方,这个手势代表上楼的意思。如果在说到"每年的产量呈上升趋势"时手部做相同的动作,这个手势就转而表达年产量的增加。与此不同,象征型非言语动作有一个固定不变的形式—含义的关系,它不受谈话中变幻莫测的因素的影响。"竖起大拇指"这个手势表明"情况很好",与伴随的特定的句子无关,甚至可以什么话也不说。想象一下,如果"竖起大拇指"的符号中大拇指换为小指,就不起作用了。但是来回上指的手势,可以是一个指头或打开的手掌甚至可以是 O 型的手势,这些手势都能清楚地表达出含义。从这个意义上来说,象征型非言语动作(但不是手势)就像语言,用既定的形式表达出来,使社会成员不需要上下文或解释就能理解意思。

手势能引起我们的注意,恰恰是因为打手势是我们有目的交流的一部分,这与适应型非言语行为不同;还因为手势是伴随说话一起打出的,这与象征型非言语行为也不同。手势参与了交流,但并不形成成套的体系。因此手势的形式自由,可以是话语不能呈现的形式,也可以是孩子用言语表达不出的内容。

学语儿童手势的发展

儿童在会说话以前,大量使用手势,在发展的早期就成为了手势的制造者。

成为手势的制造者

当孩子还处于不太会说话的发展阶段时,手势就提供了另外一种表达途径,手势可以扩大孩子能够表达想法的范围。并且幼儿会利用这个长处(Bates, 1976;Bates, Benigni, Bretherton, Camaioni, & Volterra, 1979;Petitto, 1988)。在一组 23 个学习意大利语的孩子中,12 个月大时 23 个孩子都使用了手势(只有 21 个使用言语;Camaioni, Caselli,

Longobardi, & Volterra, 1991)。此外,这些孩子的手势词汇平均是言语词汇的两倍(11个手势对5.5个词语)。令人惊奇的是,聋儿甚至在学会手语以后仍在做手势,他们做的手势比打的手语多(Capirci, Montanari, & Volterra, 1998)。

手势是早期的交流形式

儿童开始打手势通常是在8个月到12个月之间(Bates, 1976; Bates et al., 1979)。他们最初使用指示性的、指向或者举起的手势,其含义完全靠情境而不是形式才能了解。例如,一个8个月的孩子举起一个物体来引起成人的注意,过了几个月后,孩子会用手指向物体。除了指示性手势,孩子也会使用自己文化中成为惯例的手势,如点头和摇头。最后,大概在1岁的时候,孩子开始产生象征性手势,虽然数量很少,而且随个体不同而变化(L. P. Acredolo & Goodwyn, 1988)。某个孩子可能用嘴巴的张张合合代表一条鱼,或者扇动双手表示一只鸟(Iverson, Capirci, & Caselli, 1994)。直到发展的后期,孩子才开始使用节拍性手势或者隐喻性手势(McNeilll, 1992)。

指示性手势和象征性手势为孩子语言的获得提供了相对便捷的渠道。一些孩子的指向手势比口头语言早出现几个月。这些早期的手势与名词不同,成人必须沿着指向目标物手势的轨迹来断定孩子想要指出的物体。从这个意义上来说,指向手势与情境相关的指示代词"这个"、"那个"更为相像。尽管指向手势依赖于当时的情境,但是指向手势构成了符号发展早期重要的一步,并为学习口语铺平了道路。Iverson、Tencer、Lany和Goldin-Meadow(2000;同见于Iverson & Goldin-Meadow, 2005)对5名处于语言学习最初阶段的儿童进行了观察,计算每个孩子只用言语提到的物体的数目(如说出"球");用手势表示的物体的数目(如指向球);或者同时用言语和手势表示的物体的数目(如说出"球"并且指向球,既可以是两个行为同时发生,也可以是在不同的时间发生)。孩子们单单用言语表达物体只占非常小的比例,既用言语表达又用手势表示的物体所占的比例就更小。孩子提到的物体中超过一半的都是只用手势表示的。这个模式与下列观点相一致:手势在词汇发展中发挥着步步为营、逐步接近的作用,它使孩子不必非得用恰当的言语标志,为孩子提供了一种在环境中"谈及"物体的方式。

象征性手势与指向手势不同,一个象征性手势的形式涵盖了有意所指物体的方方面面,从而象征性手势的含义不太依赖情境。因此这些手势有可能发挥与词语相似的功能,Goodwyn和Acredolo(1998, 第70页)就曾做过这方面的研究。儿童用象征性手势来表示相当多的物体(如拖拉机、树、兔子、雨)。儿童也用象征性手势来描述物体的性质,比如说物体看上去怎么样(大),有什么样的感觉(热)以及是否还在那里(消失了)。儿童用象征性手势表示想要某件物品(如瓶子)和想做某个动作(如出去)。然而,儿童在使用象征性手势的频率上是存在差异的,儿童在不会用词语表达时是否使用这些手势,情况也有不同。1993年,Goodwyn和Acredolo比较了儿童首次使用言语和首次使用符号性的象征性手势的年龄。他们发现22个孩子中有13个孩子,开始使用言语和开始使用手势发生在同一时间。其余9个孩子首次使用手势比首次使用言语符号至少要早一个月,有些孩子要早3个月。重要的是,没有一个孩子在使用手势符号之前,已经开始使用言语符号。换句话说,没有孩子觉得言语比手势容易,但有些孩子觉得手势比言语容易。

随着言语的发展,儿童停止使用象征性手势,这一点并不足为奇。不管孩子习得的语言是英语(L. P. Acredolo & Goodwyn,1985,1988)还是意大利语(Iverson et al. ,1994),一旦儿童开始将词与词组合在一起时,他们就越来越少地使用手势符号。这在发展过程中似乎存在一个转换:起初,儿童愿意接受手势和语言符号中的任意一种;随着发展,儿童开始更多地依靠言语符号。Namy 和 Waxman 在 1998 年通过实验为这个发展中的变化找到了证据。他们试着教 18 个月大和 26 个月大学说英语的孩子新的词语和新的手势。两个年龄的孩子都学会了词语,但只有年龄小的那组孩子学会了手势。这表明,年龄大一点的孩子已经认识到在他们的世界中承担交流重担的是言语,而不是手势。

因此,儿童在语言学习的最初始的阶段就利用了手的形态。可能他们这样做是因为手的形态带来的负担比较轻。用指向手势表明一只鸟当然要比清晰地发出"鸟"这个字音容易。甚至做一个拍打翅膀的动作也比说出"鸟"容易。与用手做手势相比,儿童用嘴巴说话可能需要更多的动作控制。不管是什么原因,至少对一些孩子来说,手势似乎为最初言语的出现提供了早期的通道。

即使儿童在某些方面将手势等同于言语,但儿童很少将自己的手势与其他手势相结合,如果他们这样做了,其结合的时间往往也是短暂的(Goldin-Meadow & Morford,1985)。但是儿童经常会将手势和言语结合并用,在他们将词与词组合在一起之前,他们很擅长这种"话语+手势"的组合。儿童最初的手势—言语的联结除了包括言语传达的信息,还包括传达多余信息的手势。例如,叫出一个物体名称的同时,手也指向它(de Laguna, 1927;Greenfield & Smith,1976;Guillaume, 1927;Leopold,1949)。手势—言语组合的出现,标志着在幼儿交流中手势开始与言语结合在一起。

在单词句阶段,手势逐渐与言语结合在一起

在整个单词句阶段,儿童在交流中使用手势的比例是相对稳定不变的。在这段时间内发生变化的是手势与言语的关系。在单词句阶段的初期,儿童的手势可以归纳为三个特征:

1. 手势经常是单独产生的,也就是说,手势的产生根本不需要任何发声,不管是无意义的声音还是有意义的语词都不需要。

2. 极少的情况下,做手势的同时伴随着发声,但只会与无意义的声音结合在一起,不会与语词发生联合;同时值得一提的是,此阶段的孩子能够在没有手势的时候发出有意义的语词。

3. 孩子产生的为数不多的"手势+无意义声音"组合不像成人的方式那样和谐,声音并不出现在手势用力时,也不出现在手势的最高点(参见 Kendon, 1980;McNeill, 1992)。

在单词句阶段,手势与言语之间的关系发生了两个显著的变化(Butcher & Goldin-Meadow, 2000)。第一个变化是,单独的手势交流减少,取而代之的是,孩子开始首次出现"手势+有意义语词"的组合。手势和言语开始形成一种一致的语义联系。第二个变化是,手势和言语在时间上是同步的,这种同步性不仅仅指手势和有意义语词这个新组合在时间

上是一致的,重要的是也包括原先和某些无意义声音的旧组合,也就是说,在手势与有意义和无意义的两种组合中时间都是同步的,所以时间的同步性是从语义的一致性中分离出来的一个现象。因此,手势和言语开始具有一种同步的时间关系。语义的一致性和时间的同步性是成人身上能够看到的、完整的手势—言语系统所具有的两大特点(McNeill, 1992),这两个变化最早发生在单词句阶段。

340 　　手势和言语结合在一起时,达到了手和口之间关系发展日趋紧密的最高点(Iverson & Thelen,1999)。婴儿在开始牙牙学语之前,已经产生有节奏的手部动作。这些手部动作带来了有声的活动,这样孩子的发声开始采用手部节奏的组织,因此呈现出一种以重复的咿呀语为特征的模式(Ejiri & Masataka,2001)。这些有节奏的发音越来越频繁地随手部动作出现,不经常与非手部动作联系在一起。所以,9 个月到 12 个月时,当孩子刚刚开始说话和使用手势时,手和口之间的联系是坚固稳定、具体明确的,这种联系迅速地被用于交流中(Iverson & Fagan,2004)。

　　此外,手势和言语开始结合在一起,为一种新型的手势—言语的组合创造了条件,在这个新组合中,手势与言语传达的信息不同。例如,一个孩子嘴上在描述要对一个物体做什么时,他用手势表示这个物体,如指着一个苹果说"给";或者用言语说物体的主人时对这个物体做手势,如指着一个玩具说"我的"(Goldin-Meadow & Morford, 1985; Greenfield & Smith, 1976; Masur, 1982, 1983; Morford & Goldin-Meadow, 1992; Zinober & Martlew, 1985)。当孩子单用口头不能清晰明白地表达时,这种手势—言语的组合允许孩子一次用两个元素来表达出想陈述的内容,一个是手势,另一个是言语。儿童开始出现手势和言语表达不同意思的组合,如指着盒子＋说:"打开。"与此同时或者稍后(不是在此之前),孩子组合手势和言语来表达相同的意思,如指着盒子＋说:"盒子。"(Goldin-Meadow & Butcher, 2003;同见于 Iverson & Goldin-Meadow,2005)因此,直到手势和言语在时间上同步以后,手势和言语表达不同的意思这种组合才出现,因此看起来好像是结合在一起的手势—言语机制的产物,而不是两个机制独立运行的产物。

　　反过来,传达不同信息的手势和言语的组合也预示了双词组合的开端。2003 年,Goldin-Meadow 和 Butcher 在 6 个学习英语的孩子身上发现,开始产生这种手势—言语组合的年龄和双词组合的开始年龄之间存在很高的相关($r_s = .90$),并且这种相关性是可靠的。最早开始用表达不同信息的手势—言语组合的孩子,产生双语组合的时间也最靠前。重要的是,手势—言语与双词组合之间的这种相互关系只对传达不同信息的手势—言语组合适用。表达相同意思的手势—言语组合的起始年龄与双词组合的起始年龄之间的相关是很低的且不可靠。手势与言语之间所具有的关系,不仅仅在手势出现时才存在(同见于 Ozcaliskan & Goldin-Meadow, 2005b)。

　　总而言之,从手势—言语的结合具有语义一致性和时间同步性的特征开始,一旦手势和言语联结成单一的系统,此阶段的孩子在同一个交流行为中使用两种形式来表达单一的主题中两个不同的成分。此外,用手势和言语表述同一主题的不同的语义要素,这种能力的获得成为孩子下一个发展阶段的先兆——在单一的口头说话的方式中产生两个元素,即会说一个简单的句子(同见于 Capirci et al.，1998；Goodwyn & Acredolo，1998；Iverson & Goldin-Meadow，2005)。

在发展过程中手势继续在交流中发挥作用

这些发现都有力地支持了下列观点:在语言发展的单词句阶段,手势和言语逐步变成了一体化的系统中的一部分。随着年龄的增长,儿童越来越熟练地运用口头语言。与此同时,手势并没有退出儿童交流的舞台,继续在沟通中发挥重要的作用。年龄大一点的孩子在说话时经常使用手势(Jancovic，Devoe，& Wiener，1975),一般在要孩子们讲故事时(例如,McNeill，1992),指导别人时(例如,Iverson，1999),或者在解释一连串问题的原因时(例如,Church & Goldin-Meadow，1986),他们都会用手势。

在发展的初期阶段中,年长的孩子经常用手势表达与言语信息相重叠的信息。以参与皮亚杰守恒任务的一个孩子为例,把水从一个高而窄的容器倒向矮而宽的容器中,要求孩子回答水的数量有没有发生变化。孩子认为水的数量发生了改变,他先指指矮而宽的杯子中相对较低的液面,再指指高而窄的杯子中的液面,说:"因为这个(水面)比那个低",如图8.1a所示。在这种情况下,孩子在言语和手势上关注的都是水的高度,产生了手势—言语的匹配。

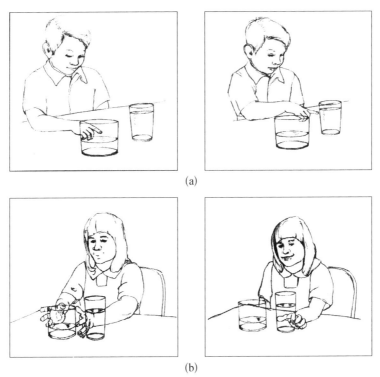

(a)

(b)

图8.1 孩子们在解释他们为什么认为两个容器中的水数量不同。两个孩子都说,因为一个容器中的水面比另一个低。在上图(a)中的那个孩子用手势表达的是相同的信息(他指出每个容器中水的高度)——他产生了手势—言语匹配。在下图(b)中的那个孩子用手势表达的是不同的信息(她指出每个容器中水的宽度)——她产生了手势—言语的不匹配。

然而,儿童也会用手势表示言语中未提及的信息。想想另一个孩子也是给的相同的回答:"因为这个(水面)比那个低",但她用手指出的是容器的宽度(不是高度)。她把两只手窝成C形握着直径相对大一点的矮宽的杯子,接着用左手窝成C形握着瘦高的杯子,如图8.1b所示。在这种情形下,孩子言语中是注重水的高度的,而手势比划的是宽度,这样就形成了手势—言语的不匹配。

在语言发展的早期阶段(参见 Goldin-Meadow & Butcher, 2003;Iverson & Goldin-Meadow, 2005),即使在两种形式表达不同信息时,手势和言语也同样遵守 McNeill(1992)总结出的手势—言语结合的原则。看看图 8.1b 中的孩子,她说水的数量不一样是因为在用手势比划容器的宽度时,矮宽杯子中的水位比较"低"。虽然这个孩子用手势和言语表述了信息的两个不同部分,不过手势和言语这两种形式都在说同一个物体。再者,手势—言语不匹配在出现的时间上也反映了它是一个完整的系统。孩子用手比划宽度时说:"这个低一点",因此是同时表达了对容器的两个看法。

在单词句到双词句的过渡中,手势和言语的关系预示了儿童的下一步发展,这为手势—言语不匹配反映的是一个完整的系统的观点进一步提供了证据。当解释解决某项任务的方法时,常常出现手势—言语不匹配的儿童似乎处于解决这项任务的转折过渡阶段。与很少产生手势—言语不匹配的孩子相比,这些孩子更有可能从教学中获益并取得进步。因此,图8.1b 中的孩子比起图 8.1a 中的孩子来,更有可能从守恒任务的教学中获益(Church & Goldin-Meadow, 1986)。手势不仅可以作为守恒学习准备度的指数,在其他任务中也是如此:将数学等式用于做加法(Perry, Church, & Goldin-Meadow, 1988);支点上的杠杆的平衡(Pine, Lufkin, & Messer, 2004);以及前面说过的从单词句到双词句的转换(Goldin-Meadow & Butcher,2003;Iverson & Goldin-Meadow,2005)。如果手势和言语相互之间是独立的,那他们的不匹配将是一个随机事件,那么无论如何不会有认知的结果。手势—言语不匹配是孩子过渡状况的可靠指标,这个论据表明手势、言语两种形式事实上并不是彼此独立的(Goldin-Meadow, Alibali, & Church, 1993)。

值得一提的是,手势—言语不匹配不仅仅局限于某个特定的年龄,或者只发生在某个特定的任务中。手势和言语传达的信息不一样,这种交流发生在多种不同的任务中,而且跨越的年龄范围也非常广。

- 18 个月的婴儿经历语词迸发期(Gershkoff-Stowe & Smith, 1997)。
- 学龄前儿童做拼板推理游戏(M. A. Evans & Rubin, 1979),同时学习数数(T. A. Graham, 1999)。
- 小学生做守恒推理游戏(Church & Goldin-Meadow, 1986)和解决数学问题(Perry et al. , 1988)。
- 中学生探讨季节变化(Growder & Newman, 1993)。
- 儿童和成人思考道德两难问题(Church, Schonet-Reichl, Goodman, Kelly, & Ayman-Nolley,1995),解释他们如何解决汉诺塔难题(Garber & Goldin-Meadow, 2002)。

- 青少年预测不同材料和厚度的杆何时会弯曲(Stone et al., 1992)。
- 成人推测齿轮装置(Perry & Elder, 1997),思考恒定变化的问题(Alibali, Bassok, Olseth, Syc, & Goldin-Meadow, 1999)。
- 成人描述各种风景画、抽象艺术、楼房、人们和机器等等(Morrel-Samuels & Krauss, 1992),讲述卡通故事(Beattie & Shovelton, 1999a; McNeill, 1992; Rauscher, Krauss, & Chen, 1996)。

此外,手势和言语传达不同信息的交流在同一个人身上也可以时常发生。在孩子探索任务的某些时刻,研究者已发现他们在解释如何解决问题时超过一半的情况下出现了手势——言语的不匹配(Church & Goldin-Meadow,1986;Perry et al., 1988;Pine et al., 2004)。

因此,手势一直伴随言语发展贯穿于童年时期(以及成年),跨越手势、言语两种形式形成了一种互补的系统。在各个年龄段,手势为传达本质上类似的思想提供了媒介。手势也是一种尚未有固定形式的媒介,因此不受规则和形式标准的限制,这与言语是大为不同的。

成为手势的理解者

儿童不仅仅产生手势,他们也接收手势。12个月大的婴儿能理解别人做的手势,这是个很好的例证。比如,12到15个月大的孩子盯着大人指着的目标物看(Butterworth & Grover, 1988;Leung & Rheinggold, 1981;Murphy & Messer, 1977)。但是,幼儿是否把他们从指向手势中得到信息与他们从言语中获得的信息整合在一起呢?

343

1983年,Allen和Shatz在用手势和不用手势的情况下问18个月大的孩子一系列问题,例如,拿着玩具猫或牛出声问:"谁发出喵喵声?"如果问题伴随着手势提出,孩子们给出某种答案的可能性更大。但是他们不一定能给出正确的答案,即使是在用手势给出正确提示的情况下(手拿着猫,不是牛)。通过这些观察,我们可以揣测:对这个年龄的孩子来说,手势只是起一个引起注意的作用,并没有成为信息的来源。

1977年,Macnamara给大约18个月大的孩子呈现两种手势:指向手势和伸出手势(比如拿着物体向孩子做伸手状,好像要给他这个物体),变换与每一个手势相配的话语。在这项研究中,孩子们对手势作出反应,尽管是以非言语的形式;孩子看指给他们的东西,伸手去够递给他们的东西。此外,当手势和言语传达的信息不相一致时,孩子的反应与手势相符,比如用手指一个物体,但嘴上叫的并不是这个物体的名称,孩子看的是手指的那个物体。

从这些研究中,我们得知:很年幼的小孩注意到手势,甚至能做出恰当的反应。然而,很年幼的小孩是否能把手势和言语结合起来,这一点尚不清楚。为了证实这点,我们必须提供给孩子有结合可能性的信息。Morford和Goldin-Meadow(1992)对单词句阶段的孩子做了这项研究。给这些孩子由一个语词和一个手势组成的"句子",如指着球对孩子说"推";或者说"闹钟"时做出一个给的手势(手放平,掌心朝上,与胸持平)。如果孩子能够将手势和言语结合起来,他们对第一句话的反应应该是"推球",对第二句话的反应是"给(你)闹钟"。如果不能将两者结合,对第一句话他们可能把球扔了或是推其他的东西,对第二句话的反应可能是摇摇闹钟也可能是给另一个东西。孩子做出"推球"、"给闹钟"的反应,说明他们能够将手势和言语交叉结合起来。另外，比起单用言语说出"推球"这一整句话，孩子们对"推"＋指着球这样的句子的反应更为准确。对于处于单词句阶段的孩子来说，传达同一个信息时，"手势＋语词"的组合比"语词＋语词"的组合容易理解。

还有一点值得注意，"手势＋语词"组合在一起远远大于它们每一部分的和。Morford和Goldin-Meadow(1992)将只说"推"时孩子推球的次数(0.7)和只做指球的手势时孩子推球的次数(1.0)相加。这个总和远远小于提供说"推"＋指球组合时孩子推球的次数(4.9)。孩子需要体验"手势＋语词"组合的两个组成部分来做出正确的反应。手势与言语的联合能激起孩子不同的反应，这个反应与单用言语或单用手势的反应是不一样的。

2001年，Kelly在观察稍大的孩子应对复杂一点的信息时发现了同样的结果。观察情境力求尽可能地自然。把一个孩子带到一个房间里，门虚掩微开。在只用言语的条件下，成人说"这里面好像很吵"，其他什么也没做。在只用手势的情况下，成人什么都没说只是指着微开的门。在手势＋言语的条件下，成人说"里面好像很吵"的同时指着门。成人想要孩子起身关上门，但是他并没有用手势或言语直接表达出愿望。孩子不得不根据实际情况做出推断，然后对成人想要表达的信息做出反应。

甚至3岁的孩子已经能做出这个推断，并且当手势＋言语同时呈现时比只有一个部分呈现时，孩子更可能做出推理。Kelly(2001)将下面两个比例相加：单用言语提示时做出关门的正确反应次数的比例(0.12)与只用手势时正确反应次数的比例(0.22)。两者之和(0.34)远远小于手势＋言语组合呈现时正确反应次数的比例(0.73)。有趣的是，4岁的儿童没有显现这个自然发生的结果。与需要手势和言语双重信息来推断大人意图的更年幼的孩子不同，4岁的孩子能单从手势或者言语中做出符合实际的推断。因此，对3岁的孩子来说(不是指4岁)，手势和言语必须联结在一起发挥作用，共同决定"手势＋言语"这类句子的意思。只用手势在这种情境下表达意思是模糊不清的，需要言语(或者是一个善于会意的聆听者)来明确含义。然而，言语本身也是会引起歧义的，需要手势加以限定明确。这似乎形成了双向通道。

年龄稍大的孩子都能读懂手势的意思，这一点并不令人惊讶。另外，他们看上去像成人一样能胜任，这在之后有所讨论。Kelly和Church(1997)让7、8岁的儿童观看了其他孩子参与守恒任务的录像带。在半数的实例中，录像带中的孩子做出的手势和他们言语传达的信息相同(手势—言语匹配；参见图8.1a)；另一半情况下，他们做的手势和言语表达的意思不一样(手势—言语不匹配，参见图8.1b)。参加本项研究的孩子简单地向实验者描述了一下：他们认为录像中的孩子如何解释自己的答案。这些小观察者能够从手势中搜集到大量的信息，并且常常是在录像中的孩子只用手势时获得信息。如果问及图8.1b中的孩子，他们会把容器宽度的信息归因于录像中的孩子，虽然录像中孩子只用手势表示了宽度。

因此，儿童从伴随言语的手势中理解含义。此外，理解这些含义影响从言语中搜集到的信息有多少。1999年，Goldin-Meadow、Kim和Singer(同见于 Meadow & Singer, 2003)发现教师的手势能影响学生理解数学辅导中教师言语的方式，手势有时能帮助理解，有时手势会导致误解。与不做任何手势相比，在伴随相称的手势的情况下，学生更可能照着老师提到的问题解决策略去做。因此，当手势随言语表达相同信息的时候，手势帮助儿童理解含义。反过来，在使用不相称手势的情况下，学生使用老师提到的策略的可能性比没有手势伴随的情况还要小。如果手势与言语传达的信息不一致，这可能降低儿童理解言语表达的信息的能力。

儿童接收的手势输入

在发展过程中，儿童将手势作为信息输入来接收，关于这一点目前所知甚少。Bekken (1989)观察了一些母亲与她们18个月大的女儿在日常游戏情景中的互动，调查了母亲在对孩子说话时使用的手势。她发现在母亲对孩子说话时使用手势的次数没有同成人说话时使用手势的次数多，而相应地使用的都是比较简单的指向手势。Shatz(1982)也发现相似的结果，当对处于学语期的幼儿说话时，大人用少量的相对简单的手势——指向手势，而非比喻性手势或节拍性手势。

Iverson、Capirci、Longobardi和Caselli(1999)观察了意大利母亲与她们16—20个月的孩子之间的互动，发现母亲使用的手势比孩子要少。但是，当母亲使用手势时，是和言语配合一起出现，而且多是概念上简单的手势(指向手势或惯例手势)，所指的是当时的背景，用来补充言语传达的信息。换句话说，母亲们的手势呈现出简单的形式，使人联想起母亲说话时使用的简单的"妈妈式"的语句。除此之外，母亲中手势和言语的使用总量上也是因人而异的，有些母亲说话和使用手势相当多，有些母亲就比较少。而且不管孩子手势和言语使用是否发生变化，母亲间的这些差异随着时间的发展相对稳定(参见 Ozcaliskan & Goldin-Meadow, 2005a)。

Namy、Acredolo和Goodwyn在2000年研究发现：在一项读书任务中父母产生手势的数目与他们15个月大的孩子产生手势的数目之间存在高度相关。L. P. Acredolo和Goodwyn(1985,1988;Goodwyn & Acredolo,1993)发现：习得手势的婴幼儿中的大多数都是因为父母在日常与他们的互动中一般有意或无意地使用手势或者动作，比如说有意的，可爱的蜘蛛这首歌惯常伴有用手指做出蜘蛛爬行的姿势，无意的如闻花的香味。Goldin-Meadow和Saltzman(2000)在跨文化的分析中发现，中国母亲在对训练过口语的聋儿(和对健听儿)说话时，比美国母亲使用手势的频率多得多。反过来，中国聋儿比美国聋儿产生更多的手势(Wang,Mylander, & Goldin-Meadow,1993)。

除此之外，实验室中得到的证据表明，成人用的手势与儿童手势没有相关性，但是会影响儿童语言的习得。比起没有伴随手势，儿童在有手势呈现的情况下学会一个新单词的可能性显著增大(Ellis Weismer & Hesketh, 1993)。当要求父母教他们处于单词句阶段的孩子关于物品和行为的一些手势时，儿童学习的不仅仅是手势，同时还增加了语言的词汇量(L. P. Acredolo, Goodwyn, Horrobin, & Emmons, 1999;Goodwyn, Acredolo, & Brown,2000)。这个结果表明，至少在单词句阶段，适当地使用手势有利于词汇的习得。

父母比划手势似乎对孩子做手势的频次，甚至可能对孩子学习新词语的轻松程度产生影响。但是，父母的手势对任一种发展不一定都是必要的。先天盲的孩子不仅有能力学习

345

语言(Andersen, Dunlea, & Kekelis, 1984, 1993；Dunlea, 1989；Dunlea & Andersen, 1992；Landau & Gleitman, 1985；Iverson et al. , 2000)，而且他们说话时也会做手势,尽管他们从来没见过别人打手势。在某些任务中,先天盲的孩子打手势的比率和次数分布和明眼的孩子是一样的(Iverson & Goldin-Meadow, 1997, 1998)。儿童并不是非要见过手势才会使用手势。

语言学习出现偏差时的手势

一些孩子不能从周围的环境中轻松地学会口语,成为语言发展迟缓者(language-delayed)。另有一些孩子,虽然有学习语言的潜能,但被剥夺了可利用的语言示范,比如说一些聋儿,他们不能学说话,又看不到手势。这一部分我们要讨论的问题是,不能说话或者学不会说话的儿童是否转而求助于手势?

当儿童学不会语言时

Thal、Tobias 和 Morrison 在 1991 年观察了一组儿童,他们处于语言习得的单词句期,就说出的词汇量而言位于同年龄组的最后 10%。在最初的观察阶段当这些孩子 18—29 个月大时,研究者归纳了孩子言语和手势技能的特征,一年以后再来观察每一个孩子。他们发现,经过一年的穷追不舍,一些孩子不再落后,他们赶上了同龄儿童。有趣的是,这些所谓的后来居上者实际上在一年之前就显现出有发展潜力的征兆,这些征兆表现在手势上。这些后来居上的孩子在最初观察阶段的一系列手势测试中都有相当好的表现,远远好于那些一年以后仍落后的孩子。实际上,后来居上的孩子与发展正常的孩子的手势水平之间没有差异。因此,语言发展迟缓、手势发展正常的孩子比语言、手势都发展迟缓的孩子有更好的预后效果。至少在某种程度上,手势似乎反映了帮助儿童摆脱语言发展迟缓的能力,也可能手势只是其中的一个技能。

但是,在所有语言发展阶段中和对于所有语言学习者来说,手势可能并不是最核心的东西。Iverson、Longbardi 和 Caselli(2003)观察了 5 位有唐氏综合征的儿童(平均年龄 48 个月),将他们在语言发展水平上(实质就是词汇量)与有代表性的发展正常的 5 位儿童(平均年龄 18 个月)相比较。Goldin-Meadow 和 Butcher(2003)发现正常发展的儿童所表现出的模式是:大量传达各自不同信息的手势和言语的组合,即预示双词句言语开始的手势+言语组合。然而,唐氏综合征儿童没有显现出这种模式。因此,唐氏综合征儿童在发展的这个特定阶段并没有表现出手势上的优势,这表明他们还没有准备好开始说双词句。

那些在发展的后续阶段语言发展仍然迟缓的孩子身上会发生什么呢? 一些孩子不能获得与年龄相适的语言技能,然而他们没有其他可以确认的问题(情绪、神经、视觉、听觉和智力上都无损伤)。符合这些标准的孩子被诊断为特殊语言损伤(Specific Language Impairment, SLI)。J. L. Evans、Alibali 和 McNeil(2001)研究了一群有特殊语言损伤的儿童(年龄在 7 岁—9.5 岁之间)。他们要求每一个孩子参加一连串的皮亚杰守恒任务。将他们在任务中的表现与一组发展正常的孩子(与特殊语言损伤儿童答对的题目数相等)进行比较。结果表明,若完成的任务相当,发展正常的孩子比有特殊语言损伤的孩子年龄要小一点,前者为7—8岁,后者为7—9.5岁。

J. L. Evans 和她的同事(2001)提出的问题是,特殊语言损伤儿童是否会转而使用手势,以便减轻他们在说口语时遇到的困难。他们发现特殊语言损伤儿童并不比完成任务相当的非特殊语言损伤儿童更多地使用手势。然而在做解释时出现只能用手势表达信息的情况,在特殊语言损伤儿童身上发生的可能性远远高于完成任务相当的非特殊语言损伤儿童。因此,在解决液体(水)守恒任务时,特殊语言损伤儿童可能表现得像图 8.1b 中的孩子,用言语表达容器的高度,用手势比划宽度。如果我们考虑手势和言语共同编码的信息,图 8.1b 中的孩子表达出了解释守恒的核心要素,即高的容器虽然比较高,但比矮的容器窄(这两个维度可以互相补偿)。当 J. L. Evans 和同事对手势和言语一起编码时,特殊语言损伤儿童对守恒的解释要比完成任务相当的非特殊语言损伤儿童要多得多。这一点也许并不令人惊奇,因为特殊语言损伤的儿童比完成任务相当的同伴年龄大,所以他们更了解守恒。但是,特殊语言损伤儿童懂得的额外知识都是用手势比划出来。这些孩子似乎把使用手势当成补偿言语困难的一条途径。

在发展过程中,当用言语表达想法出现障碍时,说话者似乎能够绕道而行,找到使用手势这条便道。这些便道对于一般的聆听者、研究者甚至是临床医生来说,并不总是显而易见的。是否走了这些便道,可能不在于说话者用了多少手势,而在于说话者用哪种手势传达信息。特殊语言损伤儿童使用的手势并没有形成代替言语的置换系统。这些孩子使用的手势看上去与任一说话者边说话边使用的手势没有什么区别。特殊语言损伤的儿童似乎在使用所有说话者都运用的手势—言语系统,以便解决说话时出现的困难。

当儿童没有学习语言时

我们转向另一种情况:儿童没有学口语不是因为他们不具备习得语言的能力,而是因为他们听不见。对于有严重听力损失的聋儿来说,获得口语是极其困难的。但是如果让他们学习手语,他们就像健听儿童学习口语一样非常自然且不费力(Lillo-Mart, 1999; Newport & Meier, 1985)。然而,大多数聋儿的父母并不是聋人,不能从一出生就为孩子提供手语的信息输入。90%聋儿的父母是健听人(Hoffmeister & Wilbur, 1980)。这些父母绝大多数不懂手语,更倾向于让孩子学习口语,口语是他们和亲属都使用的语言。结果,许多听力损失严重的聋儿被健听父母送到为聋儿而设的口语学校,这种学校着重开发聋儿的口语潜能,使用视觉和运动知觉的提示来教口语,避免使用手语。大多数听力损失严重的聋儿并没有像健听儿那样达到熟练地掌握口语的程度。即使在强化的训练下,不管同父母是健听人的健听儿学习口语相比,还是和父母是聋人的聋儿学习手语相比,聋儿言语的习得都明显地迟缓。到5、6岁时,不管有没有接受早期的强化训练,一般来说听力损失严重的聋儿口头语言能力都在退化(Conrad, 1979; Mayberry, 1992; Meadow, 1968)。

我们要提出的问题是,如果聋儿不能掌握口语,也没有接触过手语,他们是否转而使用手势交流? 如果是的话,这些聋儿是不是和身边的健听人使用手势的方式相同(仿佛他们伴随着言语使用手势)? 或者他们把手势改变成某种语言学系统,使人联想到聋人团体中的手语?

有研究结果表明,接受过口语训练的聋儿经常用手进行交流(Fant,1972;Lenneberg,1964;Mohay,1982;Moores,1974;Tervoort,1961)。这些手部动作甚至有一个名称,叫做"家庭手语"。聋儿利用手部形态进行交流,这并不使人感到惊讶,因为毕竟这是聋儿唯一可以获得的方式,并且在健听父母与聋儿说话交流的情况下聋儿很有可能看到的是使用手势。然而令人惊奇的是,聋儿的手势是按照与语言类似的方式来组织的(Goldin-Meadow,2003b)。像语言习得初期的健听儿童一样,没有接触过手语的聋儿交流时使用指向手势和象征性手势。聋儿和健听儿手势的区别在于:随着年龄的增长,聋儿的手势有很大的发展,开始出现功能和形式,这是通俗意义上的语言(无论口语还是手语)一般都会表现出的特征。

在功能和形式方面与语言类似的家庭手语

父母是健听人的聋儿向别人提出物品和行为的要求时,和健听儿童学口语时一样,只是他们用手势提出要求。例如,一个孩子指着钉子,比划着手势表示"锤子",要妈妈敲钉子。此外,聋儿对行为举止、物体的属性和房间里的人发表评论时,也是和健听儿童差不多的。一个聋儿用手势表示"前进"的同时指着一个上紧发条的玩具士兵,意思是说那个士兵此时此刻正在行军前进。

语言的最重要的功能之一,就是谈及说话者或聆听者没有感知到的物品和事件——替代性参照物(参见 Hockett,1960)。替代允许我们去描述一顶丢失的帽子,抱怨朋友的怠慢,征询关于大学申请的建议。正如健听儿童学习口语一样,聋儿也会"谈论"不在眼前的东西或事件(Butcher,Mylander,& Goldin-Meadow,1991;Morford & Goldin-Meadow,1997)。一个聋儿用下面一连串的手势句子表示家人将要把椅子搬到楼下去,准备竖立纸板做的圣诞烟囱:他先指指椅子,然后做出"搬走"的手势;再指指椅子、指指椅子将要搬到的楼下;手势比划出"烟囱"、"搬走"(对着椅子的方向),比划出"搬到这里"(朝着纸板烟囱的方向)。聋儿还能用手来讲故事(Phillips,Goldin-Meadow,& Miller,2001),甚至可以用手势为语言的某些更奇特的功能服务——自言自语(Goldin-Meadow,1993),或者评论他们自己和别人的手势(Singleton,Morford,& Goldin-Meadow,1993)。

除了语言的功能外,聋儿的手势也表现出语言的形式。聋儿的手势与健听儿使用的手势之间一个最大的不同在于,聋儿经常将手势联结成串,这些"手势串"就具备了句子的很多性质。聋儿甚至把手势连结成若干句子表示不止一个主题;聋儿使用的是复杂的手势句。一个聋儿比划出下列一连串的手势句,表示他将要拍打泡泡(主题1),在妈妈拧开泡泡罐(主题2)并吹起泡泡(主题3)之后。他指指自己做出"轻拍"的手势,再指指妈妈做出"拧开"和"吹"的姿势。

此外,聋儿的手势组合处于基础的水平,类似于健听儿的早期语句(Goldin-Meadow,1985)。例如,关于"给"的手势句,基本的框架结构为:除了谓语"给"之外,还包括三个要点:给予者(发出动作者)、所给予的东西(受事者)、给予对象(接受动作者)。大不相同的是,关于"吃"的手势句基本的框架结构为：除了谓语"吃"之外，包括两个要点：吃的人(发出动作者)，所吃的东西(受事者)。这些基本的框架影响着聋儿用手势表达某个特定的要点的可能性有多大(事实上，使用手势的可能性为这些基本的框架提供了证据，Goldin-Meadow，1985)。

聋儿的手势组合也是建立在表层水平上，包含许多表明"谁对谁做了什么"的语法装置，在健听儿童学习句子的初期也可以发现类似现象(Goldin-Meadow, Butcher, Mylander, & Dodge, 1994；Goldin-Meadow & Mylander, 1984, 1998)。聋儿使用三种语法装置来指明扮演不同构干角色的物体：

1. 优先做出(与省略相反)担当特定角色的物体的手势。例如，指着鼓(受事者)，而不是指着鼓手(行动者)。

2. 在手势句的固定位置上打出扮演特定角色的物体的手势。例如，在做手势表示"敲打"的动作之前就做出表示受事者"鼓"的手势。

3. 对于扮演特定角色的物体用动词手势代替。例如，在受事者"鼓"的附近做出"敲击"的手势。

因此，聋儿的手势组合虽然简单，但遵循句法的规则。根据这一点，儿童的手势组合确实可以称为"句子"，因而这些手势组合与健听儿的言语而非手势类似。

在聋儿的手势中包含了一些元素，这些元素(手势)系统地组合成新颖的更大的单元(句子)，这使聋儿手势与健听儿手势截然不同。聋儿手势的进一步的区别是在另一层次的组合特征上——组合成句子的手势是由手势本身一部分一部分组成的(词素)。聋儿手势库中的手势都由两个部分组成：一个是手形(如 O 形手势代表圆形的一美分)；另一个是动作(一段短的弧线运动代表放下的动作)。手势作为整体的含意就是它各个部分意义的组合，比如"圆的东西—放下"(Goldin-Meadow, Mylander, & Butcher, 1995)。形成鲜明对比的是，健听人(包括健听儿和他们的健听父母)的手势由粗略的手形组成，也伴有动作，但这些手形和动作都没有严丝合缝地对应于各个意义的范畴(Goldin-Meadow et al., 1995；Goldin-Meadow, Mylander, & Franklin, 2005；Singleton, Goldin-Morford, 1993)。

聋儿与健听儿手势最后一个不同的特点是：具有类似于名词功能的手势和具有类似于动词功能的手势在形式上是不同的(Goldin-Meadow et al., 1994)。例如，当一位聋儿用"扭动"的手势在句中当作动词来表示"拧开罐子"，他可能依下列情况做手势：(1) 无缩略(用若干旋转动作而不仅仅是一个)；(2) 有变化(手势直接指向相关物体，在本例中指"罐子")；(3) 在指罐子之后做出。不同的是，当这个孩子用"扭动"的手势在句中作为名词来表示"那是一个可以拧开的物体——罐子"的意思时，他可能这样做手势：(1) 有缩略(转动一次而非几次)；(2) 无变化(在中立的位置，没有指向某个物体)；(3) 在指罐子之前做出。

因此，聋儿的手势与传统的语言(无论手语还是口头语)相类似，在句子和单词水平上都有组合的规律性，并且都有名词、动词的区别。聋儿发明的手势系统，包含了在所有自然语言中已被发现的许多基本性质。但是，聋儿的手势系统并非成熟的语言，这么说是有充分的理由的。聋儿在缺乏交流伙伴的团体中独自发明了他们的手势系统。当使用家庭手语的儿童被带入一个团体中(就像 20 世纪 70 年代后期在尼加拉瓜第一所聋人学校开办后的聋人一样),他们的手语系统就会凝结成一种可识别的、共享的语言。那种语言变得日益复杂,尤其在新一代的聋儿将这一系统作为母语学习了之后(Kegl, Senghas, & Coppola, 1999; Senghas, 1995, 2000; Senghas, Coppola, Newport, & Supalla, 1997)。手部形态可以具有语言的性质,即使没有接触过传统语言模式的幼儿的手势也是如此。但是,只有得到能将该系统传授给下一代的团体的支持,它才会发展成为成熟的语言。

聋儿的手势看上去不像他们健听父母的手势

先前提到的聋儿没有接触过传统的手语,因此接触过这样的手语示范之后本不能改变他们的手势系统。然而,他们与父母说话时,接触过自己的健听父母使用的手势。他们的父母负责教孩子英语,因此他们尽可能多地和孩子说。当他们说话时,他们做手势。父母的手势可能已经呈现出在孩子手势中看到的类似语言的性质。但是研究结果表明,父母的手势并没有表现出类似语言的性质(Goldin-Meadow et al. , 1994, 1995, 2005; Goldin-Meadow & Mylander, 1983, 1984),他们的手势看上去和任何健听说话者的手势一样。

为什么在健听父母的手势中没有显示出类似语言的性质?从某种意义上说,要不要在手势中显现类似语言的性质,聋儿的健听父母没有这种选择自由,因为他们所有的手势都是在说话时做出的。这些手势和相伴的言语形成了一个单一的系统,同时要在时间和语义上与言语相适应,手势就不能自由地显现类似语言的性质。相反,聋儿的手势就没有这种限制。他们实质上没有生成性语言,因而通常在没有言语的情况下单独使用手势。此外,因为手势是对这些聋儿开放的唯一的交流方式,所以手势承担了交流的所有职责,结果就形成了类似语言的结构。聋儿先前可能(也可能没有)使用过他们健听父母的手势作为起始点。无论怎样,这些儿童的发展远远超越了起始点,这一点是显而易见的。他们将所见的伴随言语的手势转变为看上去非常类似于语言的系统。

349

我们现在见识了手部形态是多么万能:当要求表现出语言的性质时,它就能显现语言的特性,聋儿的手势即如此,传统的手语当然也是如此。但是当手势伴随言语使用时,也呈现出不可分割的整体的形式,正如聋儿的健听父母以及所有听力正常的说话者的手势一样。这种多功能性很重要,因为它揭示了手势呈现的形式不完全取决于手部形态。恰恰相反,手势呈现的形式似乎是由手势服务的功能决定的,因此有可能告知我们那些功能的。下面这一部分将谈及通过伴随言语的手势可以洞察到头脑是如何工作的。

手势是心灵的窗户

说话者在说话时使用的手势是表达意思的符号动作。人们很容易忽略手势的符号性质,就因为它的编码是象征性的。一个手势常常看上去就像它代表的意思,例如在空中做一个拧开的动作和打开罐子的动作很相像,但是这个手势只表示"打开"这个词,而不是拧开这个实际动作。由于手势能够传达大量的信息,因此可以洞察说话者的心理表征(Kendon, 1980; McNeill, 1985, 1987, 1992)。

手势可以揭示言语中没有发现的想法

手势对意义进行编码与言语不同。手势依赖视觉和形象化的比喻传达的是整体的意思。言语依赖约定成文的词语和文法装置来分散地传达含意。因为手势和言语运用了如此不同的表征方式,所以这两种形式对一则消息提供完全一样的信息非常困难。实际上,即使是直观的指向手势与言语相伴出现也不是完全多余的。当孩子一边指着椅子一边说"椅子"时,言语说出了物体的名称,因此也指明了它的类别(但是并没有对物体进行定位)。与此相对的是,"指点"的手势指明了物体的位置,却没有说出物体是什么。言语和手势传达的是不同的信息,他们联结在一起发挥作用更加详细地说明了同一物体。但是,如前所述,有时言语和手势所表达的信息重叠的地方非常少,指向手势可以表示言语中没有说到的物体——孩子叫"爸爸"的同时指着椅子。言语和手势一起表达了一个简单的命题:"这个椅子是爸爸的"或者"爸爸坐在这个椅子上",这样的命题都不是由言语或者手势单独表达的。

考虑一下先前提到的参加皮亚杰守恒任务的孩子。图 8.1a 中的孩子一边指着两个容器的水平面一边说,水的数量改变了"因为这个(液面)比那个低"。这种情况也是,言语和手势传达的不是同一信息——言语告诉我们水平面低,手势告诉我们有多低。然而两种形式一同起作用可以更丰富地传达孩子的理解。形成对比的是,图 8.1b 中的孩子用手势引进了在言语中没有发现的全新的信息。她说水的数量改变了"因为这个(液面)比那个低",但用手指明的却是两个容器的宽度。在这种情形下,言语和手势结合起来让孩子表达了一种维度间的对照——这个杯子(液面)低但宽,那个杯子(液面)高但窄,言语和手势都不是单独传达信息的。

我们可以根据手势和言语表达的重叠信息的量制定一个连续体(Goldin-Meadow, 2003a)。在连续体的一端,已经用言语介绍过之后再用手势对同一主题进行阐述。在另一端,手势介绍的是言语根本没有提及的新信息。虽然有时我们不清楚该在什么位置上把这个连续体划分成两类,但是连续体的两端是清晰的并且相对容易辨识。前面已经提到,我们把手势和言语传达重叠信息的情况称为手势—言语匹配,手势和言语表达的是不重叠的信息的情况称为手势—言语不匹配。

不匹配这一术语充分表达了手势和言语表达的是不同的信息这一概念。然而,不匹配也随之带来了一个无意的冲突的概念。在不匹配中手势和言语各自传达的信息没有必要冲突,事实上也很少发生冲突。通常情况下几乎有某个框架,在这个框架中要使手势表达的信息与言语表达的信息相适。在图 8.1b 中,虽然孩子言语表达的高度信息("低")和手势表示的宽度信息看上去似乎存在冲突。但是,在液体守恒问题的情境下,这两个维度正好相互补偿。实际上,理解这个补偿才是重点——水面可能比原来的容器中低,但是比原来宽,这才是掌握了液体数量守恒的实质。

350

作为观察者,我们常常能够预想一个框架,这个框架可以解决儿童用话语编码的信息与用手势编码的信息之间潜在的冲突。然而,儿童可能预想不到这样一个框架,特别是如果让他们用自己的语法装置来编码。但是,如果有人提供了这样一个框架,儿童将能从中获益。就拿之前提到的守恒任务来说吧。当给予孩子一些指导,为他们提供了一个理解守恒的框架,在解释守恒时出现手势—言语不匹配的孩子会从指导中受益并在任务中有所改进。没有出现手势—言语不匹配因而在自己的手势库中没有守恒解释的成分的这些孩子,没有从指导中获益(Church & Goldin-Meadow, 1986;同见于 Perry et al., 1988;Pine et al., 2004)。总而言之,手势可以反映思想,与一个孩子言语表达的想法大不相同的思想。另外,如果提供给这个孩子关于这些思想框架的指导的话,孩子可能就学会了。

手势提供了洞察儿童认识的独特手段

当手势—言语匹配时手势传达的信息显然和言语是十分接近的。然而当手势—言语不匹配时手势表达的信息会怎么样呢?孩子言语中没有以那种应答方式表达信息,否则就不会称之为不匹配了。但是也可能这个孩子在他(她)解释守恒时无论以哪种方式都不会表达那样的信息。可能当手势—言语不匹配时手势部分表达的信息对手势来说真正是独特的。

Goldin-Meadow、Alibaliet 等人(1993)对一组 9—10 岁儿童的问题解决策略进行调查,分析这些孩子解决并解释 6 个数学等值问题时在言语和手势中运用了什么问题解决策略。他们发现,如果一个孩子在不匹配的手势部分使用过某个问题解决策略,那么他(她)在自己的言语中就很少使用那个策略。有意思的是,当儿童在不匹配的言语部分使用了问题解决策略,情况并非如此——言语中使用过的策略在回答其他问题时常常在手势中发现。这意味着,儿童能用言语表达的任何信息,他都可以用手势表达,这并不一定是在同一个问题上,但必须在任务中的某些关键点上。因此,至少在这项任务中,当孩子能够用言语清楚明白地表达某个概念时,他们同样也能用手势表达这个概念。但是倒过来就不成立了——当儿童能用手势表达某个概念时,他们有时能够用言语表达,有时却不能。

甚至在对别人的解释进行判断时,手势和言语之间似乎也存在一种不对称的关系;当儿童注意到说话者说的话时,他们也注意到了说话者的手势,然而反之不然。T. A. Graham(1999)让幼儿"帮助"一个木偶学习数数。一半时间木偶数的是正确的,但另一半时间木偶会额外地加上一个数,例如,当数两个物体时木偶会数成"1,2,3"。此外,当木偶犯这些数数错误时,要么他随说出的字数做出同样数目的指点手势(本例中就是指 3 下);要么多指或少指(指 4 下或者指两下);要么根本不做指点手势。孩子的任务就是告诉木偶他数得是否正确,如果不正确,解释一下木偶错在哪儿。讨论涉及儿童在解释时是参照木偶说的数字(仅是言语),还是参照木偶指点的数目(仅是手势),还是两者都参照(手势+言语),从不同的角度出发,得出了有趣的结果。两岁的孩了既不参考手势也不参照言语;3 岁孩子参照的只是手势没有言语(仅是手势);4 岁儿童两者都参照(手势+言语)。这三个年龄中很少有孩子只参照木偶的言语而没有参照木偶的手势。换句话说,当儿童注意到木偶的言语时,他们也注意到了木偶的手势,但是反之不一定成立。

现在我们知道了儿童可以用手势表达言语不能表达的知识。但是儿童还有没有其他方式,可以用来告诉我们他们"有"这种知识呢?有些知识容易用手势来表达,还不能用言语来定义,当然就不能清楚地说出来。但是这种知识可以通过某种比较含糊的方式获得了解,比如说评定任务(参见 C. Acredolo & O'Connor, 1991；Horobin & Acredolo, 1989；Siegler & Crowley, 1994)。在评定任务中，所有的评定者需要做的是对实验者提供的信息做出判断。他们并不需要自己表达信息。

Garber、Alibali 和 Goldin-Meadow(1998)探讨了关于数学等式的问题。如果一个孩子单是使用手势的问题解决策略，那么稍后这个孩子在评定任务中是否会接受用同样的策略产生的答案？在图 8.2 中，问题为 $7+6+5=$ _____ $+5$，孩子在空白处填上"18"并说："7 加 6 等于 13 再加 5 等于 18，这就是我做的全部"，换句话说，她在言语中采用的是"将数字相加至等号"(add-numbers-to-equal-sign)的策略。但是，在手势中，她指着全部的四个数字(7、6、左边的 5 和右边的 5)，因而在手势上采用的是将所有数字相加(add-all-numbers)的策略。在她用言语做出的解释中，她都没有使用将所有数字相加的策略。而后要孩子评定对这个问题的几个可能的答案，哪一个是可以接受的，这个孩子当然接受了 18(将等号前的数字相加得到的数)。不过，这个孩子也愿意接受 23，这是将问题中所有数字加起来得到的数，亦即你用这个孩子单单使用手势的问题解决策略得到的答案。

图 8.2 一个在数学等式问题上出现手势—言语不匹配的孩子。孩子说她将等式左边的数字相加(数字相加至等号的策略)。然而在手势中，她指了等式右边的最后一个数字和左边的三个数字(所有数字相加的策略)。

由此可见，儿童能够用手表达在言语中根本无法表达的知识。这些知识不是完全明了的(不能用言语来表述)，然而，它们也不完全是含蓄内隐的(不但手势而且在评定任务中都显而易见)。仅用手势表达的知识似乎代表了认识状态连续体上的中点，这个连续体的一端绑着埋藏于行动中的完全内隐的知识，另一端是可以从言语报告中了解到的完全外显的知识(参见 Dienes & Perner, 1999;Goldin-Meadow & Alibali, 1994, 1999;Karmiloff-Smith, 1986, 1992)。

越来越多的研究者已经开始相信,语言的意义是以身体的行动为基础的(Barsalou, 1999;Glenberg & Kaschak, 2002;Glenberg & Robertson, 1999),即语言的意义派生于身体的生物力学本性和感知觉系统,从这个意义上来说,语言的意义会体现在肉体上(Glenberg, 1997)。在这种观点指导下,就不会对手势反映想法的论点感到惊奇。手势可能是对包含在言语中的行动含意的一个公然的描述。但是,手势有发挥更多作用的潜能——手势在这些含意的形成中能够发挥作用。手势绝非仅仅反映思想,在创造思想的过程中(至少)还可以通过两种方式发挥作用:

1. 手势通过将学习者最新的、可能还未消化的想法展现给所有人看,就能在思想形成中起作用。家长、教师和同伴将有机会回应这些未说出口的想法并为学习者提供未来发展的必要的信息输入。通过影响学习者从他人那里获得的信息,手势便成为自身改变过程中的一分子。换言之,通过参与交流,手势能够引起认知的改变。

2. 通过影响学习者本人,手势更直接地在思想形成中发挥作用。手势以不同的方式把想法显露出来,因此还可以从言语中吸收不同的资源。用两种方式表达一个想法比单单用言语表达费力少。换句话说,手势可以作为一种"认知的支撑物",免除了认知的工作,可以把这部分资源用于完成其他任务。如果是这样,那么使用手势可以真正地减轻学习者认知加工的负担,同时手势以这种方式行使着作为改变机制中的一分子的职责。换言之,手势参与了思考过程,能对认知的改变做贡献。

因此,以间接地影响学习环境(通过交流)或者更直接地影响学习者(通过思考)这两种方式,手势可以发掘出改变认知的潜能。在分析手势可能发挥的功用之前,我们花一点时间想一想引发手势的因素或机制。

是什么促使人们做手势

我们首先集中在可能鼓励人们做手势的交流层面的因素来探索手势产生的内在机制,然后再考虑能够引发手势的认知因素。

因为有谈话对象使我们做手势吗

为了探讨交流的因素在引发手势的重要机制中是否发挥作用,我们需要操控与交流相关的因素,以便确定这些因素是否影响手势的产生。在这一节里,我们探讨交流中的一个必要因素——有谈话对象,它是否会对说话者使用还是不使用手势产生影响。

当聆听者在场时我们比划更多的手势

这一节我们的目标不是解决聆听者是否能理解手势传达的意思这个问题(这是后面一节谈论的问题),而是探讨是否需要与他人交流信息成为驱使我们打手势的力量。讨论这个问题最简单的方法是要求人们在能够见到听众和不能见到听众两种情况下说话。如果我们使用手势是受向谈话对象传达信息的这种需要的激发,那么当对方能看见手势时我们应该做出更多的手势。

许多研究已对聆听者是否在场进行了操控并观察对手势产生的影响。在大多数研究中,一种情境是说话者与聆听者进行面对面的交谈;第二种情境是在双方之间设置了障碍,使交谈的双方彼此看不见对方。在一些研究中,第二种情境设置为用对讲机进行通话,还有一些研究在第一种情境中设置了可视电话。在某些研究中,摄像机被隐藏,这样说话者就不会意识到他正在被观察。这似乎并不要紧。在大多数研究中(虽然不是全部),人们在看见聆听者的情况下做出的手势比看不见聆听者的情况下要多(Alibali, Heath, & Myers, 2001; Bavelas, Chovil, Lawrie, & Wade, 1992; Cohen & Harrison, 1973; Krauss, Dushay, Chen, & Rauscher, 1995;例外的情况见 Lickiss & Wellens, 1978; Rimé, 1982)。例如,2001 年 Alibali、Heath 和 Myers 做了一个研究:要求说话者观看一部生动活泼的动画片,然后在看得见和看不见聆听者两种情况下讲述这个故事。与看不见聆听者的情况相比,在看得见的情况下说话者做出更多的陈述性手势(描述语义内容的手势),但是节拍性手势并不比另一种情况多(不表达语义内容的简单、有节奏的手势)。因此,当有人注视时,说话者至少增加了某些手势的使用量。

但是,说话者真的是为他们的聆听者而想使用手势吗?说话者会根据聆听作者的反应变换谈话,这一点是毋庸置疑的。可能手势的变化是作为言语发生改变的副产品出现的。说话者可以改变谈话的形式和内容,这些变化自动地带动手势的变化。为探究这种可能性,我们不仅要调查手势是否随聆听者不同而发生变化,而且要研究是否伴随不一样的言语而发生改变。Alibali、Heath 等人(2001)就做了这样一项研究,然而无论哪个方面都没有发现差异——说话者说话时所用的单词数相同、犯错误的数目相同,无论聆听者在不在场所说的事情实质上也是一样的。因此,在此项研究中说话者在看见聆听者的情况下使用的手势多于看不见的情况,并不是因为他们的谈话发生变化,在某一个水平上,虽然是无意识的,但是说话者还是想改变他们的手势。

先天盲的说话者即使对盲人聆听者说话时也会做手势

说话者在看见聆听者的时候会比看不见的时候使用更多的手势,这暗示做手势有交流方面的意义。但是,从另一个意义上来说,这些研究都有一个更惊人的发现,那就是,即使在根本没有聆听者的情况下,说话者仍然会做手势。虽然从统计上说不太可能,但是在所有不可能产生交流动机的实验条件下,说话者都使用了手势。一个和每个人都可能有关的例子是,虽然周围没有人看到,但人们在通电话时还是会做手势。为什么?如果与聆听者交流的需要是推动手势产生的唯一动力,那么为什么在聆听者不再看到我们的时候我们仍继续挥动自己的手呢?

一种可能性是,我们做手势是出于习惯。我们习惯于对别人说话时比划手势而老习惯很难消失。这个假设预示了一个结论:如果有人花大量的时间对着看不到的听众说话,最后这个人的手势将逐渐消逝。另一种可能性是,即使周围没有人,我们会想象出一位听众并为其打手势。检验这些假设的唯一方法就是观察那些从来没对看得到的听众说过话的说话者。生来就看不见的人是最佳人选。先天盲的人从来没有看到过他们的听众,因此不可能有为他们打手势的习惯。除此之外,他们也从来没有见过说话时做手势的说话者,因此没有可供模仿的做手势的原型。尽管没有原型,先天盲的人做手势吗?

Iverson 和 Goldin-Meadow(1998, 2001)要先天盲的儿童和青少年参加一系列守恒任务,拿他们的手势和言语与任务中年龄、性别相当的明眼儿童进行比较。所有的盲人说话者说话时都做了手势,即使他们从来没有见过手势也没有见过他们的听众。盲人组和视力正常组以相同的比率打手势,在相同的手势形式范围中使用手势来传达相同的信息。显然盲人说话者在自发产生自己的手势之前,并不需要见过他人手势的经历。先天盲的儿童和明眼儿童一样,在语言学习的最初阶段就产生了手势(Iverson et al., 2000)。先天盲的儿童甚至用指向手势指着远处的物体,虽然他们那些手势没有明眼儿童那样时常发生,而且用手掌示意而不是用手指。此外,盲童在说话时自发地产生手势,即使他们知道自己的聆听者是盲人,不能从提供的手势中获益,他们也会如此(Iverson & Goldin-Meadow, 1998, 2001)。

因此概括地说,手势看起来是言语中不可缺少的一部分。我们并不需要有人在身边才去做手势(虽然有人在身边增加了我们使用手势的比率)。我们也不需要看过别人的手势然后产生自己的手势。因此手势似乎成为构成说话过程所必需的一部分,而且手势产生的机制一定是以某种方式与说话过程相联结的。在说话者必须通盘地考虑问题的推理任务中,手势常常伴随言语产生。例如,在守恒任务中,被试必须同时考虑并处理物体的好几个空间维度之间的关系(例如,液体守恒任务中容器高度、宽度和水平面的关系)。用手势提供的心象的媒介来表达这些维度及其关系的方方面面,要比用言语提供的线性的、片段式的媒介来表达来得简单(参见 McNeil, 1992)。因此,当儿童用言语清晰表达想法遇到困难时,手势可以给儿童提供一个表达想法的渠道。结果,儿童(即使是盲童),在他们解释守恒任务中的推理时都会使用手势,因为他们关于守恒任务的想法用手势比用言语更容易表达出来。换言之,手势可能仅仅是反映儿童的想法的一个媒介,只不过恰巧这个媒介对大多数听众来说是相对清晰易懂的。下面我们将探讨认知因素在手势的内在机制中是否发挥作用。

思维不畅是否会使我们做手势

我们何时做手势? 一个可能性是,当我们思维不畅时会做手势。如果是这样,当要完成的任务变得越来越难时,我们预计手势也会增加。

当难以用言语表达时使用手势

首先考虑一下当用言语表达越来越难时将发生什么? 当我们说话时,我们听到自己的声音,这种反馈是说话过程中重要的一部分。如果我们从自己声音中得到的反馈被延迟,说话会变得越来越困难。McNeill(1992)做了一连串实验,观察在延迟的听觉反馈下(你听到自己的声音不断地传回的体验)手势发生的变化。延迟的听觉反馈使说话慢了下来,口吃和结巴变得时常发生。然而延迟的听觉反馈对手势也产生了影响,所有说话者都增加了手势的使用。(有趣的是,手势还是和言语同步产生。既然手势和言语形成了一个统一的系统,这本来就是我们可以预料的结果。)最令人惊奇的一个例子是:一个在正常反馈条件下绝对不用手势的说话者,当反馈延迟时,开始打手势,不过仅仅在叙述的后半段才打手势。当说话这个行为日益困难时,说话者似乎倚靠增加手势来作回应。

在失语症个体身上我们也能见到类似的手势的增加。这些失语症患者(典型地由中风、外伤或肿瘤所致)与未受过脑损伤的人相比,其语言能力受到极大的损害,说话对于失语症患者来说困难重重。1983 年,当 Feyereisen 让一些失语症患者描述一下他们如何渡过平常的一天,他们比没有失语症的说话者使用的手势要多得多。手势的增加似乎再一次与说话中的困难联系在一起。

最后,对两种语言不是同等流利的双语者来说,他们说自己的非优势语言比优势语言要来得困难。Marcos(1979)让一些会说西班牙语和英语两种语言的人用他们的非优势语言来谈论"爱情"或者"友谊",这些双语者中有的人以英语为优势语言,其他人以西班牙语为优势语言。说话者的非优势语言说得越不流利,他们在用这种语言说话时使用的手势就越多(同见于 Gulberg, 1998)。由此设想,对双语者来说,说非优势语言更困难,因此他们增加手势的使用比率来应对。

当任务的项目数增加时会使用手势

当焦点任务变得越来越难时,手势的使用也会增加。例如,T. A. Graham(1999)让 2 岁、3 岁、4 岁的孩子数分别由 2 个、4 个和 6 个物体组成的阵列。在学习数数目多的物体之前,儿童先学习数数目少的物体(Gelman & Gallistel, 1978;Wynn, 1990)。如果只是在数数出现困难时儿童才做手势,我们可以预测,儿童在有 4 和 6 个物体的阵列上做的手势比只有 2 个物体的多。4 岁孩子的表现确实如此(显而易见,2 岁、3 岁的孩子在三个阵列上都遇到了挑战,因此他们在每一个阵列上面都尽可能多地使用手势)。当数数任务变得困难时,儿童依赖手势(同见于 Saxe & Kaplan, 1981)。

研究还发现,当说话者有机会作选择时,手势的使用会增加。Melinger 和 Kita(待发表)要以荷兰语为母语的人描述一些地图式的图画,每一张都画有一条小路,上面用彩色的点标注一些目的地。说话者的任务就是凭记忆描绘出经过所有目的地的这条小路。重要的是,一些地图上的线路出现两个方向的分支,这就意味着说话者要对道路做出一个选择(不止一个选择项)。问题在于与描述无需做选择的点相比,说话者在描述地图上的分岔点时是否会做出更多的手势。他们确实如此。控制说话者使用的方向性话语的数量,Melinger 和 Kita(待发表)计算出伴随手势产生的方向性术语的百分比,将在分岔点伴随手势产生的方向性术语的百分比和非分岔点上的进行比较,发现说话者在分岔点上使用的手势更多。由此得出假设:分岔点引发了更多的手势,因为它们给说话者提供了不止一个选择项,从此意义上来说,分岔点在思想上具有挑战性。

凭记忆描述时做手势

凭借记忆描绘一个情景应该比描述视野范围内的情景难得多。因此我们可以预料,当要求说话者从记忆中提取信息时他会用更多的手势。De Ruiter(1998)让以荷兰语为母语的人描述电脑屏幕上的图画,这样聆听者就能把这些图画画出来。半数的图画是看着电脑屏幕时描述的,另一半图画是靠回忆描述的。凭记忆描述图画与将图画尽收眼底时描述相比,说话者使用更多的手势。

Wesp、Hesse、Keutmann 和 Wheaton(2001)在说英语的人身上也发现相同的结果。他们要求说话者描述静物水彩画,这样稍后聆听者就能从一组图画中挑出那张图画。要求一半的说话者看着图画,对它有个映象,然后靠记忆描述。另一半说话者看着眼前的图画进行描述。前一半的说话者比后一半的说话者做的手势更多。当描述任务的难度变大时,说话者通过增加手势来应对。

当进行推理而非描述时使用手势

对一组物体进行推理应该比单单描述同样的物体困难得多,因此应该引发更多的手势。Alibali、Kita 和 Young(2000)让一群幼儿园的孩子同时参加推理任务和描述任务。在推理任务中,给孩子六个皮亚杰守恒问题来试探他们对数量变化和质量的理解。在描述任务中,向孩子呈现的是完全相同的物体,不过这次不是要孩子推断物体的数量,而是让孩子描述物体看上去怎么样。与描述物体相比,在对物体进行推理时这些孩子产生更多的象征性手势(但指示手势并没有增多)。换言之,在从事难一点的任务时,孩子使用更多表达实质性信息的手势。

任务难度的增加并不一定会导致手势的增加(Cohen & Harrison, 1973; De Ruiter, 1998)。例如,De Ruiter(1998)发现描述简单的图画和描述复杂的图画时做手势的比率没有差异。这种无差异的结果很难解释。可能任务还不够难,不足以激发手势。那么我们需要具体说明所谓的"足够难"指的是什么意思。如果手势和言语以一种明确的方式连结在一起,那么我们就可以预言只有某几种任务和口头表达的困难才会导致手势的增加。理想的情况是,关于手势和言语彼此如何联系的理论应该十分明确地预测哪几种困难会导致手势增加。然而我们还没有达到这种理想状态。目前还没有一个理论能解释这种无差异的结果。

手势发挥了什么样的功能

迄今为止,我们已经考察了一些操控交流和认知因素的研究,勾画出那些操控对手势的作用。我们已经发现这些操控会对做手势产生影响,表明交流和认知的因素都对手势的产生起到了因果关系的作用。因此这些研究提供了关于手势的内部机制(即手势产生的过程)的有力证据。

然而,这些研究对手势发挥的功能没有定论。仅仅因为在有聆听者在场的情况下手势增加了这一点并不能说明聆听者是从手势中搜集信息的。为了确定手势的功能是不是给聆听者传达信息,我们需要操纵手势,探索这种操纵对聆听者理解的影响。同样地,仅仅因为在需要更多思考的任务中手势增多了,这并不意味着手势在思考中发挥着因果关系的作用。手势可能反映说话者的思考过程,而不是引发思维。为了探明手势是否有帮助我们思考的功能,我们需要操控手势并观察操控对思维的影响。我们首先来看手势发挥的交际功能,而后是思考功能。

手势在交流中的作用：手势是否给聆听者传达了信息

孩子的手势可以作为通知父母和老师的信号,告诉他们一个特定的概念已经存在于孩子的手势库里了,只是还不太理解。于是这些听众相应地改变自己的行为,可能在这些领域给予明确的指导。对孩子说的话如"爸爸"＋指着帽子做出回应,成人可能会说："对,这是爸爸的帽子",这样就把孩子用两种形式交叉传达的信息转化为口语形式,为在头脑中有这个概念的学习者提供正确的目标(Goldin-Meadow, Goodrich, Sauer, & Iverson, 2005)。如果成人能够从孩子的手势中搜集实质性的信息,这个过程才能发挥作用。尽管人们对信息是否可以用手势表现出来这个问题鲜少有分歧,但是对普通的听众是否利用了那些信息就有很多不同的意见。不按常规进行手势编码的人是否理解手势? 手势是否传达信息? 一些研究者十分坚信答案为"是"(如 Kendon, 1994)。另一些研究者同样坚信答案是"否" (如 Krauss, Morrel-Samuels, & Colasante, 1991)。不少方法已经被用来研究这个问题,一些方法比另一些成功。

在言语的背景中看手势

当只看到比划出来的手势时,我们从手势中搜集到很少的信息(Feyereisen, van de Wiele, & Dubois, 1988;Krauss et al., 1991)。然而,当手势以它想要被看到的样子即在言语的背景中呈现出来时,我们从手势中还可以获得一些信息。这些似乎暗示,通过观察聆听者在交谈时如何表现,我们可以从伴随言语而使用的手势中获得信息。Heath(1992,引自Kendon, 1994)描述了若干互相交流的情况,在这些交谈中信息接收者似乎在话还没有说完就理解了话语的意思,并且根据手势做出了相应的表现。一位医生在解释某种药会把某个症状"压制下去"时,他做了几次手部向下的动作,仿佛这种药把症状压制了下去。然而,做手势的时间非常重要。医生说:"它们帮助你知道的那种东西把炎症压制下去",在说"你知道的那种东西"的时候,他已经做完了三个向下拍打的手势——实际上他在说"压制"这个词之前就做了这个手势。就在他做出手势之后说"压制"这个词之前这一刻,聆听者看着医生开始点头。聆听者在句子结束之前好像已经完全领悟了句子的要旨,并且是根据手势领悟了要旨。

这种例子是有启示意义的,但是毫无确定性。当聆听者点头时我们根本不知道他实际明白了什么。聆听者可能以为自己领悟了句子的要旨,但是他可能完全曲解了句子的意思。他甚至可能装作理解了。我们需要明确地知晓信息接收者从手势中获得了什么信息,从而确定他们是否真正地理解了句子的意思。为此我们需要更具实验性的方法。

J. A. Graham 和 Argyle 在 1975 年做了一个实验,让一些人在描述图画时,对其中的一半描述不做手势,然后查看聆听者在听完有手势和无手势的描述后重新绘制那些图画的准确性。结果发现,在有手势的情况下聆听者绘制的图画明显比无手势时准确得多。然而,当说话者被迫不能用手时,他们可能改变了他们说话的方式。换句话说,有没有手势伴随言语传达的信息是不同的,这种差异可能引起了精确性效应。J. A. Graham 和 Heywood(1975)通过重新分析数据表现出对脑海中这个问题的关注。但是一个更令人信服的解决这个问题的方法是保持言语不变的前提下探讨手势带来的有利效果。这个操控可以简单地用录像带实现。

Krauss等人(1995)要求说话者描述抽象的图案设计、新奇的合成声音或者茶的样品,然后让聆听者看见并听到说话者的录像带或者只是听到录音带,要求他们从一组相似的物品中选出刚被描述过的物品。准确度直接由正确选择物品的次数来测量。没有一个实验表明在允许聆听者看见说话者手势的情况下准确度得到了提高。因此,在某些情形下,手势对言语表达的信息没有增补什么东西。

其他研究者发现手势增强了聆听者从交流中获取的信息(如 Berger & Popelka, 1971; Riseborough,1981;Thompson & Massaro,1986)。例如,Riseborough(1981)从说话者向他人描述一个物品(例如钓鱼竿)的录像带中选取一部分给聆听者听。节选以录像加声音或者只有声音的形式呈现。当聆听者可以看到伴随描述做出的象征性手势时,聆听者能比看不到手势的情况下更快地猜出正确的物体。在后来的一个实验中,Riseborough 证实这不仅仅是与手部挥动有关系。她比较了对有含糊动作与有明确的象征性手势相伴的言语的回答(这次是准确度得分),发现有真实的手势相伴时准确度更高。

聆听者没有从手势中搜集到特定的信息,这也是有可能的。手势除了提高听众对言语的注意之外可能没有其他的作用,而反过来,对言语的注意导致更准确、更快的回答。Beattie 和 Shovelton(1999b)通过详细地检查聆听者获得信息的类型来消除这种担心,这些信息是聆听者在有手势和无手势的情况下听到的。每一个聆听者在音频+视频(录音带和图片)、音频(只有录音带)和视频(只有图片)三种条件下,看几个从一部卡通片的叙述中剪辑下来的片断。在看完每一个剪辑片断后,聆听者回答一系列的问题,这些问题都是针对剪辑片断中的物品和行动事先设计好的。例如,"辨认这里的物体是什么?""这(些)物体在做什么?""物体的形状是什么?"

结果非常清楚。当聆听者既能看到象征性手势又能听到言语的时候,他们比只听到言语时能更准确地回答问题。10个聆听者全部都显示出这个效应,然而,涉及某些语义范畴的手势比其他手势更加使人受益,例如,物体的相对位置和大小。在一段录像剪辑中,说话者说"捏他的鼻子"时左手打开又合起来。无论在音频+视频条件下还是在音频条件下,聆听者都准确地报告了捏鼻子的动作。然而,在音频+视频条件下的聆听者比那些在视频条件下的人更有可能准确地报告鼻子的大小和形状,捏鼻子的手的位置以及手是否移动。在音频条件下的聆听者没有报告这些信息,这并不令人惊奇,因为在提供的录音带中他们没有听到这些信息。但可能使人惊奇的是(取决于你的观点),在音频+视频的条件下聆听者不仅注意到手势传达的额外信息,而且能将那些信息统合成为依据言语形成的心像。聆听者确实能从手势中搜集到特定的信息。

从不匹配的言语来看手势

当手势传达的信息和言语恰好相同时,我们永远不可能真正地确定聆听者从手势中获得了明确的信息。即使一位聆听者在手势伴随言语的条件下做出的回答比单用言语的条件下更加准确,这也可能是因为手势提高了聆听者对言语的注意;手势可能充当了情绪兴奋剂或聚焦装置的角色,而不是信息的供给者。Beattie 和 Shovelton(1999b)的研究的数据没有被这个问题所扰。我们确信在这个研究中聆听者从手势中搜集到了明确的信息,因为那些信息没有在言语中出现过。特定的信息必定源于手势,没有其他的来源。一般而言,在聆听者身上寻找手势作用的最佳场所就在手势—言语的不匹配,即手势传达的信息在言语中找不到的情况。

McNeill、Cassell 和 McCullough(1994)让听众观看和收听有人叙述《吱吱叫的小鸟》动画片的录像带。聆听者从来没看过这部动画片,只观看和收听叙述。聆听者所不知道的是,叙述者正在执行一个精心设计了动作的计划:随同许多正常匹配的手势,还安排了一些不匹配的手势。聆听者的任务是将故事复述给另一个人听,叙述被录在录像带上。问题是从聆听者自己的叙述中,我们是否会看到在录像带设置的不匹配组合中的手势所传达的信息的踪影。结果我们确实看到了。考虑一个例子。录像带上的叙述者一边说"他从管子的底部出来了"一边上下摆动他的手——言语表述时并没有提及动作是怎么完成的(言语中没有提到上下移动的方式),而伴随的手势传达了上下移动的意思。通过虚构出一个楼梯聆听者解决了这个问题。在聆听者的复述中,她谈起去"楼下",因此将只在叙述者手势中发现的上下移动的信息融进了她自己的言语。聆听者必定已经将上下摆动的方式以某种形式储存起来,这种形式足够全面概括可以作为她虚构出言语("楼梯")的基础。手势传达的信息经常被聆听者所注意,但不一定会给来自手势的信息贴上某个标签(同见于 Bavelas, 1994)。

当要求成人聆听者对孩子在数学等值任务 (Alibali, Flevares, & Goldin-Meadow, 1997)或者守恒任务 (Goldin-Meadow, Wein, & Chang, 1992) 中自发产生的手势—言语不匹配做出回答时,我们发现了同样的结果。成人看到的半数的录像带是手势—言语匹配的(如图 8.1a),另一半是手势—言语不匹配的(如图 8.1b 和图 8.2)。成人中一半是老师,一半是大学生,只是让他们说说孩子的推理过程。回想一下,不匹配包含两个信息,一个在言语中,一个在手势中。匹配只包含一个信息。如果成人从孩子的手势中搜集信息,那么我们可以预料,在成人点评一个使用不匹配手势的孩子,比在点评一个使用匹配手势的孩子的时候他们说的话会更多。结果表明他们也确实这样。在两个研究中,与评价使用匹配手势的孩子相比,当评价使用不匹配手势的孩子时,成人制造了更多的"添加物",也就是说,他们提到了孩子的言语中根本找不到的信息。此外,半数以上的添加物可以追溯到儿童使用的不匹配的手势。想 想这个例子。在守恒任务中,研究者将最上面一排的棋子间距拉开后,一个孩子说各排的棋子数目不同,"因为你挪动棋子了"。然而,在伴随的手势中,孩子指出一排中的棋子可以用一对一的方式与另一排的棋子相匹配(他指着一排中的一个棋子,然后是另一排相对应的那个棋子,接着对另一对棋子重复相同的手势)。当孩子自己做出一对一对应的手势时,一位大人是这样描述这个孩子的:他说"你挪动棋子了",但随后又指着……虽然没有说出来,但他正把两个棋子配成对。由此可见,成人把言语中明确表达的信息归因于孩子的推理(基于棋子移动这个事实进行的推理),连同分析了只在孩子手势中显示出的推理(根据一对一对应关系进行的推理)。

在这个例子里,大人明确参考了孩子的手势。有些成人非常注意儿童的手势并在点评时谈及儿童的手势。但是,在从儿童的手势中搜集实质性信息方面,这些成人并不比那些没有提到手势的成人做得更好。因此,清晰地意识到手势(至少谈到手势)并不是对手势进行编码的先决条件。此外,老师从儿童手势中搜集信息并不比大学生做得更好。乍看之下,考虑到与大学生相比,老师不仅对儿童有更多的经验,而且对学习过程有更多的认识,这样的结果似乎出人意料。但是,从另一个角度来看,没有差别表明从两种形式中得到的综合的认识实际上是人们交流系统的基本特征,这正和 McNeil 在 1992 年预测的一样。不管有没有经过训练,每个人都能解读手势。

看成人对儿童"现场"做手势的反应

把手势—言语不匹配的最好的例子挑出来并录制成录像带给成人看两遍,这样成人就不由自主地注意到手势,未经训练的成人也能从手势中搜集实质性的信息。这个解读手势的实验情境有一点远离现实世界,但它至少适合于用来研究现实生活中的儿童做出他们喜好的手势时成人是如何回应的。

Goldin-Meadow 和 Sandhofer(1999)让成人观看儿童"现场"对皮亚杰守恒任务的回答。在完成每项任务后,成人要做的事情是核对列表上孩子在那项任务中做出的所有解释。当搜集到所有数据之后,对儿童做出的解释进行编码和分析。儿童在他们三分之一的解释中使用了手势—言语不匹配的方式,也就是说,在三分之一的时间里他们传达的信息只能在手势中找到。不过,成人能对这些手势进行解码。他们核对儿童在手势—言语不匹配时手势那一半做出的解释,但比起在核对未在手势或言语中出现的解释的时候,他们这样做明显地更频繁。因此成人能够从孩子的手势中搜集实质性信息,这个信息没有出现在孩子的言语中,他们在一个相对自然的环境中能从手势中搜集信息。即使未经编辑并且出现的时间短暂,聆听者也能从手势中获取信息。

然而,这种情况不太像现实的情境。聆听者根本不是真正意义上的聆听者,而是"偷听者",他们观察手势但不参与用手势交谈。Goldin-Meadow 和 Singer(2003)给八位老师录了像,要求这八位老师在数学等值问题上给几个孩子做个别指导。他们发现所有的老师都能从儿童的手势中搜集实质性的信息。老师讲解或重复儿童在不匹配的手势部分做过的解释。此外,当老师反复地说这些释义时,他们经常将仅在孩子的手势中传达的信息转变成他们自己的话,以确定他们已经真正地理解了孩子手势中表达的信息。

手势在交流中的作用:做手势是否影响聆听者对说话者如何作出回应

手势最显著的特征之一就是"外表化",即把各种想法具体地表现出来,让全世界都能看得见。手势可能是给父母和老师的一个信号,表明一个特定的概念已经在孩子的手势库里了,虽然对它还不是十分理解的。而后这些聆听者可能相应地改变自己的行为,可能恰好在这些领域提供了指导。如果是这样,儿童就可以通过挥动他们的手来塑造他们自己的学习环境。

儿童的手势塑造了他们的学习环境

为了支持借助交流的效果做手势塑造了学习这一假设,需要确立一些事实。

● 不仅仅在实验环境下,也在现实生活与儿童的互动中,普通的听众一定能够对孩子做出的手势进行信息加工,并且从手势中搜集实质性信息。

- 对儿童的手势做出回应时那些听众肯定改变了自己的行为,因为儿童做出的手势不同他们便给予不同的对待。
- 那些改变的行为对儿童肯定产生了影响,而且取向于有益的影响。

我们已经重新检查第一点的证据。成人(老师和非老师一样)能够解读儿童在自然情境中使用的手势。除此之外,对于第二点也有很好的例证。当要求老师指导孩子时,老师根据孩子做出的手势不同而提供不同的指导。在 Goldin-Meadow 和 Singer(2003)的研究中,在老师指导每个孩子之前,他们留意孩子对实验人员解释他(她)是如何解决六个数学问题的。一些孩子在前测时产生了不匹配。老师们似乎注意到了,并相应地调整了教学;他们给使用不匹配的孩子变化更多的指导,多于没有产生不匹配的孩子:(1) 老师们让不匹配者接触到更多种类的问题解决策略;(2) 他们对不匹配者给予更多的解释,在解释中他们在手势中表达的策略和在言语表达中的策略不相匹配;换言之,老师们自己就产生了比较多的不匹配。因此,孩子做出的手势能影响他们从老师那儿获得什么样的指导。

关于手势在引起认知变化中的作用,最后要说的一点是,老师为回应孩子的手势自发提供的指导是否对学习有帮助(第三点)。不过,首先我们要考虑为什么老师们自己也会产生手势—言语的不匹配。

为什么老师产生手势—言语的不匹配

要理解老师在指导孩子时为什么会产生许多种不同的问题解决策略并不费力。但是为什么老师会用一种形式呈现一种策略,用另一种形式呈现另一不同的策略?换句话说,为什么老师会产生手势—言语的不匹配呢?

产生不匹配的儿童都处于认知的不确定状态,并不能将他们拥有的与任务有关的知识组织成一个连贯的整体。老师们对他们教孩子如何解决数学问题一般不会产生疑问。但是,他们可能对如何最有效地教孩子解决这些问题产生不确定感,特别是对使用许多不一致策略的不匹配的孩子而言。正是这个不确定性随后可能以老师的不匹配反映出来。通常不匹配反映了这样一个事实:说话者头脑中有两个想法,他还没有将这两个想法整合成一个单元(参见 Garber & Goldin-Meadow, 2002; Goldin-Meadow, Nusbaum, Garber, & Church, 1993),以老师为例,就是一个教学单元。这样来描述不匹配,至少听起来有道理,它既适用于进行教学的成人,也适用于进行解释的孩子。

然而,老师的不匹配和孩子的不一样(Goldin-Meadow & Singer, 2003),并且这些差异可能是重要的。这没有什么好奇怪的,老师的不匹配很大一部分都包含了正确的问题解决策略,常常是两个互相补充的正确的策略。例如,在 $7+6+5=$＿＿＿＿＋5 这道题上,一位老师在言语中表述了使之相等的策略(他嘴上说:"我们需要让这一边等于那一边"),而手势上表达的是分组的策略(他指着 7 和 6,这两个数字如果相加就是空白处的答案)。虽然经由不同的途径,但两个策略通向的都是正确的解决方法。相比之下,儿童的不匹配所包含的错误策略和正确策略一样多。

更为重要的是,老师的不匹配没有包含独特的信息,而儿童的不匹配却包含这种信息。

回想一下,儿童在不匹配的手势部分传达的信息通常在他们的手势库中根本找不到。因此儿童的不匹配传达了他们最新的想法。虽然这些想法并不总是正确的,但是在这些不匹配中所能看到的试验在促进认知变化方面可能是必不可少的。因此儿童的不匹配显示出一种可变性,这种变化性有利于学习(参见 Siegler,1994;Thelen,1989)。与此形成鲜明对比的是,老师在不匹配中传达的并不是独特的信息(Goldin-Meadow & Singer,2003)。老师在不匹配的手势部分所表达的各种策略都能在他们口头上说到的某个其他问题上找到。老师的不匹配中不包含新颖的、未充分理解的想法,因此没有反映出导致认知变化的那种可变性。实际上,老师的不匹配的特点可能用因有专长而出现的那种可变性(即在代表专家而不是新手,在某项任务中的表现的定点周围的波动)来说明最为恰当(参见 Bertenhal,1999)。专家和新手都展现出可变性。但是,专家展现出来的可变性是为适应任务中的小的变化(可能是意料之外的)服务的,而新手展现出的可变性反映了对解决任务的新方法的试验,在这种方式下,可变性就具有了导致认知变化的潜能。

在成人身上的不匹配也能反映出试验的性质,指出这一点非常重要。当成人对如何解决一个问题没有把握时,他们也会产生不匹配(如 Perry & Elder, 1997),并且那些不匹配更可能展现出在儿童而不是在老师的不匹配中发现的性质,这就是说,在说话者的手势库中根本找不到这个信息。换言之,当成人在学习一项任务时,他们的不匹配可能展现出能导致认知变化的那种可变性。

老师是否本能地提供给儿童他们所需要的东西

老师们本能地给出现不匹配的孩子提供指导,这包括教给他们各种问题解决的策略和许多不匹配的方法(Goldin-Meadow & Singer, 2003)。这种指导是否有益于学习?不匹配的儿童确实从指导中获益,但是他们当然也做好了学习这项任务的准备。为了查明这种特殊的指导是否能促进学习,我们需要转向更具有实验性的程序。

Singer 和 Goldin-Meadow(2005)给 9—10 岁的儿童提供指导,指导中含有一种或两种言语问题解决策略。此外,他们还使言语和手势的关系多样化。有的孩子根本没接收到手势,有的孩子接收到与伴随的言语相匹配的手势,有的孩子接收到与伴随的言语不相匹配的手势。研究结果清晰并令人惊讶。一种言语策略比两种言语策略要有效得多。因此,对于老师来说,给学生提供多种口头策略并不是一个好主意。但是,不管儿童收到一种还是两种言语策略,不匹配的手势比匹配的手势或者无手势都要有效得多。向儿童提供手势—言语不匹配的方法看上去不失为一种行之有效的指导策略。

不匹配的手势为什么对于提升学习会如此有效?通过指导,在 Singer 和 Goldin-Meadow(2005)研究中的儿童能够从第二种策略中受益,不过只有当第二种策略在不匹配的手势中呈现时指导才有效。不匹配的手势为学习者提供了额外的信息,而呈现那些信息的方式,对于处于学习过渡阶段的孩子来说又是特别容易理解的。手势所特有的视觉空间形式不仅很轻松地就表示了整个图像,而且允许第二种(手势的)策略与言语策略同时呈现出来。通过将两种不同的策略一同放在单个的话语中(一个策略是言语的,一个策略是手势的),不匹配能将两种策略的鲜明对比愈加凸显出来。反过来说,这个鲜明对比又强调了一个事实,即从不同的途径来解决问题是有可能的——这个概念对于正努力用新的想法来解决问题的孩子来说太重要了。

手势有更好的用途吗

老师们本能地使用手势来提升学习,但并非总能发挥它的最大作用。手势还有更好的用途吗? 利用手势来促进认知的改变至少有两种方式:我们可以训练成人成为更好的手势解读者,也可以指导成人成为更好的手势制造者。

Kelly、Singer、Hicks 和 Goldin-Meadow(2002)指导成人读懂儿童在守恒任务或数学等值任务中做出的手势。先对成人进行一个前测,给予解读手势的指导,而后再进行后测。指导各不相同,从仅给予一个提示("不仅要密切注意录像中儿童说了什么,还要关注他们用手表达了什么")到用专家描述手势时使用的参数(如手形、动作和位置)作一般性指导,还有对儿童在特定任务中使用的几种手势进行具体指导。成人在指导下都有所改善,在具体的指导下取得的进步更大,但即使在给予提示的情况下也是有提高的。除此之外,成人能够将他们接受的指导推广到训练中没有见过的新手势上。重要的是,解读手势能力的提升并没有影响成人从参与守恒任务孩子的言语中搜集信息的能力;在指导前和指导后他们都能很好地理解孩子的口头解释。但是,对于参与数学任务的孩子,指导之后成人汇报其口头解释的数量稍稍减少,虽然这个减少可以与指导后成人汇报其手势解释的数量的增加相抵消。我们日后面临的挑战是想方设法来鼓励教师和其他成人在注意儿童言语的同时,从他们的手势中一点一滴收集信息。

与没有手势相伴的指导相比,儿童更有可能从有手势相伴的指导中受益(Church,Ayman-Nolley, & Mahootian,2004;Perry、Berch, & Singleton,1995;Valenzeno、Alibali, & Klatzky,2003)。然而老师本能地对孩子使用的手势并不总是有用的。下面的互动发生在让老师教一个孩子数学等值的情况下。老师让孩子解答 7+6+5＝_____ +5 这个问题,孩子在空格处填上了 18,是他错误地运用"将数字相加至等号"的策略来解题的结果。老师用言语向这个孩子核实了他使用的是这个策略,她说:"你把这三个数字加起来了,所以得到这个答案。"但是,在老师的手势中,她用的是"将所有数字相加"的策略。她指了指等式左边的 7、6、5 和右边的 5(见图 8.3 并与图 8.2 做比较)。在这些手势之后,老师继续试图解释如何正确解决这个问题,但是还没等到讲完,孩子给出了一个新答案——23,正好是将所有数字相加之和。老师确实被学生的答案吓了一跳,完全没有意识到自己可能给了他把所有数字加起来的想法。一位老师的手势可能使孩子"误入歧途"。夸张一点地说,老师使用的手势对学生从课堂中学到什么东西产生影响,因而可能影响到学习。如果是这样的话,需要鼓励教师(及其他成人)更加注意他们自己使用的手势。

不仅在教学情境中我们需要关注手势,在有儿童参与的法定的访谈中也需要如此。考虑到手势使用的普遍性,不难想象在法庭的询问中回答问题的儿童将会做手势,所做的手势有时传达的信息在言语中找不到。如果这样,在理论上和实践上都值得注意的一个问题是,成人访谈者是否捕捉到了儿童只用手势表达出的信息,如果没有,是否可以训练他们这样做。这个问题的对立面也很重要:成人访谈者有没有在他们的手势中表达了并非有意识想

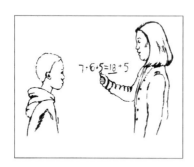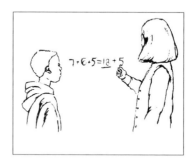

图 8.3 教师做出的手势能够对学生产生影响。老师在她的言语中指出孩子是将前三个数字相加得到了错误答案 18。但是,在手势中,她将题目中每个数字都指了一遍,包括等式右边最后一个数字(将所有数字相加的策略;见图 8.2 中一个孩子使用此策略的例子)。孩子遂将题目中的所有数字相加得到 23 作为自己的答案。他注意到了老师的手势。

要表达的信息,如果确实如此,那样的信息会影响儿童对询问做出的回答吗? 换句话说,没有记录在案的、发生在手势中的"秘密谈话"能否成为法定访谈的合法文件(参见 Broaders,2003; Broaders & Goldin-Meadow,2005,证明手势在访谈情境下可以发挥这种作用)? 由于访谈者提问的方式影响了儿童对一个事件细节的回忆(例如 Ceci,1995),因此这是一个当前需要解决的问题,而关注手势可能对此问题产生重大的作用。

手势在思考中的作用: 做手势是否对说话者的认知产生影响

我们已经看到手势可以向聆听者传达信息。这一节我们提出的问题是,手势是否对说话者也发挥着正好和对聆听者一样的功能。即使在对交流没有明显的促进效果的情况下我们仍然坚持做手势(如在通电话的时候),这一事实驱使我们在说话者身上寻找它的功能。

做手势可以减轻说话者认知上的负担

确实有证据表明做手势为手势者带来了好处。在一些情况下,说话者发现说话打手势比不打手势需要认知上的努力要少。Goldin-Meadow、Nusbaum、Kelly 和 Wagner(2001)要儿童和成人解决一些数学问题(儿童做加法题,成人做因式分解题)。解决完问题后,马上给儿童和成人一张项目列表(儿童的是单词表,成人的是字母表)要求记住。然后要求被试解释一下他们是如何解决数学问题的,解释完以后要求被试回忆项目列表。值得注意的是,被试一边做解释一边要把列表保存到记忆中,因此这两项任务都对相同的认知资源提出了要求。在一半问题上,没有给予被试关于手的指令。在另一半问题上,告诉被试在对问题做解释时让手静止不动。在做与不做手势的情况下,被试对数学问题给出的是相同类型的解释,然而,他们记住项目的数量是不一样的。不管是儿童还是成人,做手势时记住的项目数远远多于不做手势时的项目数,这表明有手势相伴的口头解释比起没有手势的口头解释在认知上花费的努力要少。

这些研究中有一个潜在的问题。可能让人们不要挥动自己的手就给任务增加了一个认知负担。如果是这样,回忆模式就不会反映出从做手势中受益的效果,而是反映对额外的认知负担的要求。从一部分被试中得到的数据可以解决这个问题。这些被试只有在允许动手的问题上才做手势;结果,他们按自己的选择在一些问题上不做手势。这些被试在做手势的情况下记住的项目数显著高于不做手势的情况,不做手势的情况是指出于自身选择和受指令限制任意一种情况。当被试由于自身选择或在指令下不做手势时,他们记住的项目数没有什么不同。因此说,不做手势的指令并未给认知增加负担,而在回忆上的有益的效果似乎归功于手势。

手势为什么可以减轻说话者认知上的负担? 手势可能是通过提高系统整体的激活水平,这样使言语更快地达到释放水平,以此来减轻认知上的负担(Butterworth & Hadar, 1989)。如果是这样,挥动手的举动应该对回忆产生影响,而不是这些手部动作的意义对回忆产生影响。然而,手势的含意确确实实对回忆产生作用(Wagner, Nusbaum, & Goldin-Meadow, 2004):当手势与言语传达的信息不同时(即手势和言语各自表达一个信息,手势、言语表达的信息并不相同),说话者回忆起来的词语就比较少。

手势不只是给系统增加了活性,它可能还帮助说话者在解释中找到恰当的措辞(这样反过来在认知上节省心力,让他们在记忆任务中表现得更好)。手势,特别是象征性手势,可能通过打开另一条通向"语音词典"的通道,即一条以视觉编码为媒介的通道来帮助找到词汇(Butterworth & Hadar, 1989)。事实上,一些证据表明手势能够促进词汇的回忆(Rauscher et al. , 1996;同时参见 Alibali et al. , 2000;Beattie & Coughlan,1998,1999)。

词汇的通达不能说明手势全部的有利作用。手势同样可以帮助将单词、短语与真实世界的物体之间建立联系或者"编注索引"。Glenberg 和 Robertson(1999)认为编索引对理解来说是必不可少的;一旦将一个单词与一个物体联系起来编入索引,聆听者对于那一特定物体的知识能够指导他(她)的语言解释。建立这些联系对于聆听者和说话者来说都是重要的。Alibali 和 DiRusso(1999)在学龄前儿童完成计数任务的研究中探讨了编手势索引的好处。当孩子数数时,有时允许他们做手势,特别是报出项目时,有时不允许他们做手势。当孩子们做手势时计数就比不做手势时精确得多。因此,使用手势来把言语和外界联结起来可以改善在一项任务中的表现。

最后,做手势可以有助于说话者为说话的行为组织信息并以此来减轻说话者的认知负担。Kita(2000)认为手势帮助说话者把空间信息"打包"成适于言语表达的单元。如果这个假设成立,说话者应该发现在他们做手势时传达空间信息比不做手势时来得容易。Rimé、

Schiaratura、Hupet 和 Ghysselinckx(1984)阻止说话者做手势,发现与做手势相比,说话者在不做手势时话语中产生的视觉形象化的描述要少。Alibali、Kita、Bigelow、Wolfman 和 Klein (2001)实施了相同的操作,发现研究中的儿童说话者在不做手势的情况下产生的以感知觉为基础的解释少于做手势的情况。

那么关于手势对手势者的作用我们了解了什么? 我们知道说话者在任务变难时倾向于做手势。他们似乎都这样做,这不仅作为说话者在认知上花费努力的一种反映,而且也作为一种减少努力的途径。做手势时给出一种解释实际上比不做手势时所费的认知努力要少。但是,我们仍然没有探明手势减轻说话者负担的机制。

手势对学习者的直接影响: 做手势能否引发想法

我们已经知道手势能够通过减少认知上的努力来帮助思考。然后把省下的努力用在某项其他任务上,如果第一项任务中不让说话者做手势,那么在这项任务中的表现就要差一点。因此,做手势允许说话者在他们有能力做的范围内尽可能多做,以这样的方式可以促进认知的变化。然而做手势也有可能以其他方式为认知变化出力——做手势能够影响变化发展的方向。

手势提供了一条通道,而且是唯一的通道,经由这一通道新信息被带入系统之中。因为手势的内在表征形式是模仿和模拟的,不是抽象的,手势允许说话者借用这些形式(如形状、大小、空间关系)来表述想法——这些想法,不管因为何种理由,都不容易在言语中对其进行编码。例如,一个孩子用手势而不是用言语表示一一对应的关系。这个孩子可能发现着眼于用手势提供的视觉空间的形式来排列两排棋子相对来说还是比较简单的,而这个时候他还没有充分领会用言语表达的想法。手势为孩子提供了一种形式,易于发现一对一的对应关系,因此允许这个新颖的想法提早进入孩子的手势库,早于没有使用手势的情况。一旦被引进,新思想就成为了变化的催化剂。

364

这里表明,手势不仅反映了学习者的初始想法,而且实际上帮助学习者系统地阐述因而逐步发展这些新想法。这个假设的一个隐含意思就是,如果说话者不做手势那个想法将会不同了。为检验这些假设,我们需要一个独立于手势和言语之外的评估想法的工具;还需要不用通过看手势或言语就能断定想法是否发生改变的途径。此刻,还没有一项研究依这个特定的目标而设计。然而,我们有一些有关探讨手势对说话产生作用的研究的例子,在研究中对手势进行操控(阻止手势或鼓励手势),然后观察操控对说话的影响。

Alibali、Kita 和同事(2001)进行了一项控制手势的研究:他们让儿童在两种情况下解释自己对一系列守恒任务的回答,一种是儿童的手可以自由活动,另一种是他们把手放在一只皮手套中因此受到限制不能活动。与手势帮助说话者组织空间信息这一观点预期的一样,当允许孩子的手自由活动时,他们比手不能动的情况下产生更多的建立在感知觉基础上的解释。由此推知,做手势这一行动可以促进思维,特别是空间思维——并不是做手势妨碍思维(同见于 Rimé et al. , 1984)。

但是要注意到,我们也鼓励说话者在说话时挥动手。如果要求儿童在解释他们对一个数学问题的解法时挥动手,他们就开始产生以前从未使用过的问题解决策略,其中有的正确,有的错误(Broaders & Goldin-Meadow, 2002)。绝大多数新策略只能在儿童的手势中找到。一个有意思的问题是,如果对这些孩子进行关于数学等值的指导,那么将会发生什么? 在鼓励儿童做手势之后,他们内隐的问题解决策略的存储得到扩大,儿童现在是否有很大的可能从指导中获益? 如果这样,儿童就可以仅通过做手势来提高自己的学习能力。

Wolff 和 Gutstein(1972)不仅要求说话者做手势,而且规定说话者做什么动作。因此,实验者能够对渗透在有手势伴随的故事中的各种想法做出明确的预测。他们教说话者做环形的或直线的动作。让一些说话者闭上眼睛,在做指定手势的同时编一小段故事。另有一些说话者在观看实验人员做指定手势的同时编一段故事。让评定者判断讲述的故事有环形的内容还是直线的内容。结果发现,做直线手势的说话者与做环形手势的说话者相比编出的故事有更多直线的内容。观看直线手势的说话者比观看环形手势的说话者所编的故事也有更多直线的内容。第三个控制组教了环形的或者直线的手势,但是在编故事时既不使用手势也不观看手势。在评定这些说话者所编的故事时,没有发现差异。这些结果表明,以规定的方式做手势会对你将要说的内容产生影响。此外,手势的影响不仅仅局限于做出手势。它的影响甚至在那些只是看了他人手部动作的说话者身上都得到了体现,这个发现进一步证实了我们先前得出的结论——手势确实会对聆听者产生影响。

Wolff 和 Gutstein(1972)这个研究中设计精巧的一点是做手势的说话者编故事时闭上了眼睛。因此,他们感受到了手势,但并没有看到。因而很清楚的是,感觉到和看到手部动作对谈论的内容的影响是相分离的。它们的影响可能是叠加的——如果既允许说话者看到自己的手势又能感受到手势(毕竟说话者说话时通常是这种情况),那么他们所编故事的内容可能会具有较大的偏向性。若二者选其一的话,感觉到自己的手势可能是一个强烈的刺激,以至于观看手势增加不了什么影响。除此之外,我们对自己的手势所持的看法与我们对其他人的手势所持的看法有着显著的不同。我们可以从观看其他说话者的手势中获得一些信息,但从看自己的手势中得不到什么信息。这个领域还有许多问题有待于解决。

Wolff 和 Gutstein(1972)研究发现令人惊讶,因为在此之前手势与讲故事任务完全无关。但是,从教育的(或者会话的)观点来看,探究与这个任务直接有关的动作对思维的影响是值得的。例如,如果我们在对一个不会解答 4+5+3 = ＿＿＿＿ +3 这道题的孩子做讲解的时候,让他在 4 和 5 的下面做一个"V"的手势,并且指着空格,那么将会发生什么呢? 这个手势表示"分组"的策略,即将 4 和 5 归入一组,加起来,然后将两者之和放到空白处。如果儿童完成了这些被迫做的举动,那么实际上对他们的思维会产生影响。我们可以预料他们在这些问题上得到的正确答案比那些没被要求做这些动作的孩子要多;即使与另一些孩子(被要求做一些目的性不那么强的动作)相比,他们给出的正确答案也更多、更有效。这样看来,手势能够塑造思维。

结论

我们为什么做手势? 也许做手势是给我们带来言语的人类进化过程中留下的遗迹。它可能是和说话行为相伴随的东西,但对我们如何说话或思考起不到积极的作用。假如这样的话,手势就很有意思,因为它可以向我们揭示说话或者思考的过程,而对过程本身不产生任何影响。关于手势我们至少可以说明这一点。然而,越来越多的证据支持下列观点:手势所起的作用并不仅仅是反映想法——它也塑造想法。如果我们发现手势与变化存在某种因果关系,那么它的作用可能是带有普遍性的。手势无所不在,出现在各种情境中,贯穿于所有的年代和文化。手势无时不在,即使我们不知道自己在注意它时我们也会注意到手势。将手势作为羽翼丰满的部分纳入到交谈中,看来时机是成熟的了。

(韦小满、陈晶译)

参考文献

Acredolo, C., & O'Connor, J. (1991). On the difficulty of detecting cognitive uncertainty. *Human Development*, *34*, 204 - 223.

Acredolo, L. P., & Goodwyn, S. W. (1985). Symbolic gesture in language development: A case study. *Human Development*, *28*, 40 - 49.

Acredolo, L. P., & Goodwyn, S. W. (1988). Symbolic gesturing in normal infants. *Child Development*, *59*, 450 - 466.

Acredolo, L. P., Goodwyn, S. W., Horrobin, K. D., & Emmons, Y. D. (1999). The signs and sounds of early language development. In C. Tamis-LeMonda & L. Balter (Eds.), Child psychology: A handbook of contemporary issues. *Psychology Press*, 116 - 139.

Alibali, M. W., Bassok, M., Olseth, K. L., Syc, S. E., & Goldin-Meadow, S. (1999). Illuminating mental representations through speech and gesture. *Psychological Sciences*, *10*, 327 - 333.

Alibali, M. W., & DiRusso, A. A. (1999). The function of gesture in learning to count: More than keeping track. *Cognitive Development*, *14*, 37 - 56.

Alibali, M. W., Flevares, L., & Goldin-Meadow, S. (1997). Assessing knowledge conveyed in gesture: Do teachers have the upper hand? *Journal of Educational Psychology*, *89*, 183 - 193.

Alibali, M. W., Heath, D. C., & Myers, H. J. (2001). Effects of visibility between speaker and listener on gesture production: Some gestures are meant to be seen. *Journal of Memory and Language*, *44*, 1 - 20.

Alibali, M. W., Kita, S., Bigelow, L. J., Wolfman, C. M., & Klein, S. M. (2001). Gesture plays a role in thinking for speaking, in C. Cave, I. Guaitella, & S. Santi (Eds.), *Oralite et gestualite: Interactions et comportements multimodaux dans la communication* (pp. 407 - 410). Paris: L'Harmattan.

Alibali, M. W., Kita, S., & Young, A. J. (2000). Gesture and the process of speech production: We think, therefore we gesture. *Language and Cognitive Processes*, *15*, 593 - 613.

Allen, R., & Shatz, M. (1983). "What says meow?" The role of context and linguistic experience in very young children's responses to *what*-questions. *Journal of Child Language*, *10*, 14 - 23.

Andersen, E. S., Dunlea, A., & Kekelis, L. S. (1984). Blind children's language: Resolving some differences. *Journal of Child Language*, *11*, 645 - 664.

Andersen, E. S., Dunlea, A., & Kekelis, L. S. (1993). The impact of input: Language acquisition in the visually impaired. *First Language*, *13*, 23 - 49.

Argyle, M. (1975). *Bodily communiction*. New York: International Universities Press.

Barsalou, L. W. (1999). Perceptual symbols systems. *Behavioral and Brain Sciences*, *22*, 577 - 660.

Bates, E. (1976). *Language and context: The acquisition of pragmatics*. New York: Academic Press.

Bates, E., Benigni, L., Bretherton, I., Camaioni, L., & Volterra, V. (1979). *The emergence of symbols: Cognition and communication in infancy*. New York: Academic Press.

Bavelas, J. B. (1994). Gestures as part of speech: Methodological implications. *Research on Language and Social Interaction*, *27*, 201 - 221.

Bavelas, J. B., Chovil, N., Lawrie, D. A., & Wade, A. (1992). Interactive gestures. *Discourse Processes*, *15*, 469 - 489.

Beattie, G., & Coughlan, J. (1998). Do iconic gestures have a functional role in lexical access? An experimental study of the effects of repeating a verbal message on gesture production. *Semiotica*, *119*, 221 - 249.

Beattie, G., & Coughlan, J. (1999). An experimental investigation of the role of iconic gestures in lexical access using the tip-of-the-tongue phenomenon. *British Journal of Psychology*, *90*, 35 - 56.

Beattie, G., & Shovelton, H. (1999a). Do iconic hand gestures really contribute anything to the semantic information conveyed by speech? An experimental investigation. *Semiotica*, *123*, 1 - 30.

Beattie, G., & Shovelton, H. (1999b). Mapping the range of information contained in the iconic hand gestures that accompany spontaneous speech. *Journal of Language and Social Psychology*, *18*, 438 - 462.

Bekken, K. (1989). *Is there "Motherese" in gesture?* Unpublished doctoral dissertation, University of Chicago, IL.

Berger, K. W., & Popelka, G. R. (1971). Extra-facial gestures in relation to speech-reading. *Journal of Communication Disorders*, *3*, 302 - 308.

Bertenthal, B. I. (1999). Variation and selection in the development of perception and action. In G. Savelsbergh (Ed.), *Non-linear developmental processes* (pp. 105 - 121). Amsterdam: Elsevier Science.

Broaders, S. (2003). *Children's susceptibility to suggestion conveyed by the gesture of the interviewer*. Unpublished doctoral dissertation, University of Chicago, IL.

Broaders, S., & Goldin-Meadow, S. (2002, June). *Making children gesture: What role does it play in thinking?* Paper presented at the annual meeting of the Piaget Society, Philadelphia, PA.

Broaders, S., & Goldin-Meadow, S. (2004). *Leading children by the hand: The impact of gesture on eyewitness testimony*. Manuscript submitted for publication.

Butcher, C., & Goldin-Meadow, S. (2000). Gesture and the transition from one-to two-word speech: When hand and mouth come together. In D. McNeill (Ed.), *Language and gesture* (pp. 235 - 257). New York: Cambridge University Press.

Butcher, C., Mylander, C., & Goldin-Meadow, S. (1991). Displaced communication in a self-styled gesture system: Pointing at the non-present. *Cognitive Development*, *6*, 315 - 342.

Butterworth, G., & Grover, L. (1988). The origins of referential communication in human infancy. In L. Weiskrantz (Ed.), *Thought without language* (pp. 5 - 24). Oxford, England: Carendon.

Butterworth, B., & Hadar, U. (1989). Gesture, speech, and computational stages: A reply to McNeill *Psychological Review*, *96*, 168 - 174.

Camaioni, L., Caselli, M. C., Longobardi, E., & Volterra, V. (1991). A parent report instrument for early language assessment. *First Language*, *11*, 345 - 359.

Capirci, O., Montanari, S., & Volterra, V. (1998). Gestures, signs, and words in early language development. In J. M. Iverson & S. Goldin-Meadow (Eds.), *New directions for child development series: The nature and functions of gesture in children's communications* (No 79, pp. 45 - 60). San Francisco: Jossey-Bass.

Ceci, S. J. (1995). False beliefs: Some developmental and clinical considerations. In D. L. Schacter (Ed.), *Memory distortion: How minds, brains, and societies reconstruct the past* (pp. 91 - 125). Cambridge, MA: Harvard University Press.

Church, R. B., Ayman-Nolley, S., & Mahootian, S. (2004). The role of gesture in bilingual instruction. *International Journal of Bilingual Education and Bilingualism*, *7*, 303–319.

Church, R. B., & Goldin-Meadow, S. (1986). The mismatch between gesture and speech as an index of transitional knowledge. *International Journal of Bilingual Education and Bilingualism*, *7*, 303–319.

Church, R. B., Schonert-Reichl, K., Goodman, N., Kelly, S. D., & Ayman-Nolley, S. (1995). The role of gesture and speech communication as reflections of cognitive understanding. *Journal of Contemporary Legal Issues*, *6*, 123–154.

Cohen, A. A., & Harrison, R. P. (1973). Intentionality in the use of hand illustrators in face-to-face communication situations. *Journal of Personality and Social Psychology*, *28*, 276–279.

Conrad, R. (1979). *The deaf child*. London: Harper & Row.

Crowder, E. M., & Newman, D. (1993). Telling what they know: The role of gesture and language in children's science explanations. *Pragmatics and Cognition*, *1*, 341–376.

de Laguna, G. (1927). *Speech: Its function and development*. Bloomington: Indiana University Press.

De Ruiter, J.-P. (1998). Gesture and speech production. *MPI Series in Psycholinguistics*, *6*. Max Planck Institute for Psycholinguistics.

Dienes, Z., & Perner, J. (1999). A theory of implicit and explicit knowledge. *Brain and Behavioral Science*, *22*, 735–780.

Dunlea, A. (1989). *Vision and the emergence of meaning*. New York: Cambridge University Press.

Dunlea, A., & Andersen, E. S. (1992). The emergence process: Conceptual and linguistic influences on morphological development. *First Language*, *12*, 95–115.

Ejiri, K., & Masataka, N. (2001). Co-occurrence of preverbal vocal behavior and motor action in early infancy. *Developmental Science*, *4*, 40–48.

Ekman, P., & Friesen, W. (1969). The repertoire of nonverbal behavioral categories. *Semiotica*, *1*, 49–98.

Ekman, P., Friesen, W. V., & Ellsworth, P. (1972). *Emotion in the human face*. New York: Pergamon Press.

Ellis Weismer, S., & Hesketh, L. J. (1993). The influence of prosodic and gestural cues on novel word acquisition by children with specific language impairment. *Journal of Speech and Hearing Research*, *36*, 1013–1025.

Evans, J. L., Alibali, M. W., & McNeil, N. M. (2001). Divergence of embodied knowledge and verbal expression: Evidence from gesture and speech in children with specific language impairment. *Language and Cognitive Processes*, *16*, 309–331.

Evans, M. A., & Rubin, K. H. (1979). Hand gestures as a communicative mode in school-aged children. *Journal of Genetic Psychology*, *135*, 189–196.

Fant, L. J. (1972). *Ameslan: An introduction to American sign language*. Silver Springs, MD: National Association of the Deaf.

Feyereisen, P. (1983). Manual activity during speaking in aphasic subjects. *International Journal of Psychology*, *18*, 545–556.

Feyereisen, P., van de Wiele, M., & Dubois, F. (1988). The meaning of gestures: What can be understood without speech. *Cahiers de Psychologie Cognitive*, *8*, 3–25.

Garber, P., Alibali, M. W., & Goldin-Meadow, S. (1998). Knowledge conveyed in gesture is not tied to the hands. *Child Development*, *69*, 75–84.

Garber, P., & Goldin-Meadow, S. (2002). Gesture offers insight into problem-solving in children and adults. *Cognitive Science*, *26*, 817–831.

Gelman, R., & Gallistel, C. R. (1978). *The child's understanding of number*. Cambridge, MA: Harvard University Press.

Gershkoff-Stowe, L., & Smith, L. B. (1997). A curvilinear trend in naming errors as a function of early vocabulary growth. *Cognitive Psychology*, *34*, 37–71.

Glenberg, A. M. (1997). What memory is for. *Behavioral and Brain Sciences*, *20*, 1–55.

Glenberg, A. M., & Kaschak, M. (2002). Grounding language in action. *Psychonomic Bulletin and Review*, *9*, 558–565.

Glenberg, A. M., & Robertson, D. A. (1999). Indexical understanding of instructions. *Discourse Processes*, *28*, 1–26.

Goldin-Meadow, S. (1985). Language development under atypical learning conditions: Replication and implications of a study of deaf children of hearing parents. In K. Nelson (Ed.), *Children's language* (Vol. 5, pp. 197–245). Hillsdale, NJ: Erlbaum.

Goldin-Meadow, S. (1993). When does gesture become language? A study of gesture used as a primary communication system by deaf children of hearing parents. In K. R. Gibson & T. Ingold (Eds.), *Tools, language and cognition in human evolution* (pp. 63–85). New York: Cambridge University Press.

Goldin-Meadow, S. (2003a). *Hearing gesture: How our hands help us think*. Cambridge, MA: Harvard University Press.

Goldin-Meadow, S. (2003b). *The resilience of language: What gesture creation in deaf children can tell us about how all children learning language*. New York: Psychology Press.

Goldin-Meadow, S., & Alibali, M. W. (1994). Do you have to be right to redescribe? *Behavioral and Brain Sciences*, *17*, 718–719.

Goldin-Meadow, S., & Alibali, M. W. (1999). Does the hand reflect implicit knowledge? Yes and no. *Behavioral and Brain Sciences*, *22*, 766–767.

Goldin-Meadow, S., Alibali, M. W., & Church, R. B. (1993). Transitions in concept acquisition: Using the hand to read the mind. *Psychological Review*, 279–297.

Goldin-Meadow, S., & Butcher, C. (2003). Pointing toward two-word speech in young children. In S. Kita (Ed.), *Pointing: Where language, culture, and cognition meet* (pp. 85–107). Hillsdale, NJ: Erlbaum.

Goldin-Meadow, S., Butcher, C., Mylander, C., & Dodge, M. (1994). Nouns and verbs in a self-styled gesture system: What's in a name? *Cognitive Psychology*, *27*, 259–319.

Goldin-Meadow, S., Goodrich, W., Sauer, E., & Iverson, J. M. (2005). *Children use their hands to tell their mothers what to say*. Manuscript submitted for publication.

Goldin-Meadow, S., Kim, S., & Singer, M. (1999). What the teacher's hands tell the student's mind about math. *Journal of Educational Psychology*, *91*, 720–730.

Goldin-Meadow, S., & Morford, M. (1985). Gesture in early child language: Studies of deaf and hearing children. *Merrill-Palmer Quarterly*, *31*, 145–176.

Goldin-Meadow, S., & Mylander, C. (1983). Gestural communication in deaf children: The non-effects of parental input on language development. *Science*, *221*, 372–374.

Goldin-Meadow, S., & Mylander, C. (1984). Gestural communication in deaf children: The effects and non-effects of parental input on early language development. *Monographs of the Society for Research in Child Development*, *49*, 1–121.

Goldin-Meadow, S., & Mylander, C. (1998). Spontaneous sign systems created by deaf children in two cultures. *Nature*, *91*, 279–281.

Goldin-Meadow, S., Mylander, C., & Butcher, C. (1995). The resilience of combinatorial structure at the word level: Morphology in self-styled gesture systems. *Cognition*, *56*, 195–262.

Goldin-Meadow, S., Mylander, C., & Franklin, A. (2005). *How children make language out of gesture: Morphological structure in gesture systems developed by American and Chinese deaf children*. Manuscript submitted for publication.

Goldin-Meadow, S., Nusbaum, H., Garber, P., & Church, R. B. (1993). Transitions in learning: Evidence for simultaneously activated strategies. *Journal of Experimental Psychology: Human Perception and Performance*, *19*, 92–107.

Goldin-Meadow, S., Nusbaum, H., Kelly, S. D., & Wagner, S. (2001). Explaining math: Gesturing lightens the load. *Psychological Sciences*, *12*, 516–522.

Goldin-Meadow, S., & Saltzman, J. (2000). The cultural bounds of maternal accommodation: How Chinese and American mothers communicate with deaf and hearing children. *Psychological Science*, *11*, 311–318.

Goldin-Meadow, S., & Sandhofer, C. M. (1999). Gesture conveys substantive information about a child's thoughts to ordinary listeners. *Developmental Science*, *2*, 67–74.

Goldin-Meadow, S., & Singer, M. A. (2003). From children's hands to adults' ears: Gesture's role in teaching and learning. *Developmental Psychology*, *39* (3), 509–520.

Goldin-Meadow, S., Wein, D., & Chang, C. (1992). Assessing knowledge through gesture: Using children's hands to read their minds. *Cognition and Instruction*, *9*, 201–219.

Goodwyn, S. W., & Acredolo, L. P. (1993). Symbolic gesture versus word: Is there a modality advantage for onset of symbol use? *Child Development*, *64*, 688–701.

Goodwyn, S. W., & Acredolo, L. P. (1998). Encouraging symbolic gestures: A new perspective on the relationship between gesture and speech. In J. M. Iverson & S. Goldin-Meadow (Eds.), *New directions for child development series: The nature and functions of gesture in children's communication* (No. 79, pp. 61–73). San Francisco: Jossey-Bass.

Goodwyn, S., Acredolo, L., & Brown, C. A. (2000). Impact of symbolic gesturing on early language development. *Journal of Nonverbal Behavior*, *24*, 81–104.

Graham, J. A., & Argyle, M. (1975). A cross-cultural study of the communication of extra-verbal meaning by gestures. *International Journal of*

Psychology, 10, 57 - 67.

Graham, J. A., & Heywood, S. (1975). The effects of elimination of hand gestures and of verbal codability on speech performance. *European Journal of Social Psychology*, 2, 189 - 195.

Graham, T. A. (1999). The role of gesture in children's learning to count. *Journal of Experimental Child Psychology*, 74, 333 - 355.

Greenfield, P., & Smith, J. (1976). *The structure of communication in early language development*. New York: Academic Press.

Guillaume, P. (1927). Les debuts de la phrase dans le langage de l'enfant. *Journal de l'sychologie*, 24, 1 - 25.

Gulberg, M. (1998). *Gesture as a communication strategy in second language discourse*; *A study of learners of French and Swedish*. Lund, Sweden: Lund University Press.

Hockett, C. F. (1960). The origin of speech. *Scientific American*, 203 (3), 88 - 96.

Hoffmeister, R., & Wilbur, R. (1980). Developmental: The acquisition of sign language. In H. Lane & F. Grosjean (Eds.), *Recent perspectives on American sign language* (pp. 61 - 78). Hillsdale, NJ: Erlbaum.

Horobin, K., & Acredolo, C. (1989). The impact of probability judgments on reasoning about multiple possibilities. *Child Development*, 60, 183 - 200.

Iverson, J. M. (1999). How to get to the cafeteria: Gesture and speech in blind and sighted children's spatial descriptions. *Developmental Psychology*, 35, 1132 - 1142.

Iverson, J. M., Capirci, O., & Caselli, M. S. (1994). From communication to language in two modalities. *Cognitive Development*, 9, 23 - 43.

Iverson, J. M., Capirci, O., Longobardi, E., & Caselli, M. C. (1999). Gesturing in mother-child interaction. *Cognitive Development*, 14, 57 - 75.

Iverson, J. M., & Fagan, M. K. (2004). Infant vocal-motor coordination: Precursor to the gesture-speech system? *Child Development*, 75, 1053 - 1066.

Iverson, J. M., & Goldin-Meadow, S. (1997). What's communication got to do with it: Gesture in blind children. *Developmental Psychology*, 33, 453 - 467.

Iverson, J. M., & Goldin-Meadow, S. (1998). Why people gesture as they speak. *Nature*, 396, 228.

Iverson, J. M., & Goldin-Meadow, S. (2001). The resilience of gesture in talk: Gesture in blind speakers and listeners. *Developmental Science*, 4, 416 - 422.

Iverson, J. M., & Goldin-Meadow, S. (2005). Gesture paves the way for language development. *Psychological Science*, 16, 368 - 371.

Iverson, J. M., Longobardi, E., & Caselli, M. C. (2003). Relationship between gestures and words in children with Down's syndrome and typically developing children in the early stages of communicative development. *International Journal of Language and Communication Disorders*, 38, 179 - 197.

Iverson, J. M., Tencer, H. L., Lany, J., & Goldin-Meadow, S. (2000). The relation between gesture and speech in congenitally blind and sighted language-learners. *Journal of Nonverbal Behavior*, 24, 105 - 130.

Iverson, J. M., & Thelen, E. (1999). Hand, mouth, and brain: The dynamic emergence of speech and gesture. *Journal of Consciousness Studies*. 6, 19 - 40.

Jancovic, M. A., Devoe, S., & Wiener, M. (1975). Age-related changes in hand and arm movements as nonverbal communication: Some conceptualizations and an empirical exploration. *Child Development*, 46, 922 - 928.

Karmiloff-Smith, A. (1986). From meta-processes to conscious access: Evidence from children's metalinguistic and repair data. *Cognition*, 23 (2), 95 - 147.

Karmiloff-Smith, A. (1992). *Beyond modularity: A developmental perspective on cognitive science*. Cambridge, MA: MIT Press.

Kegl, J., Senghas, A., & Coppola, M. (1999). Creation through contact: Sign language emergence and sign language change in Nicaragua. In M. DeGraff (Ed.), *Language creation and language change: Creolization, diachrony, and development* (pp. 179 - 237). Cambridge, MA: MIT Press.

Kelly, S. D. (2001). Broadening the units of analysis in communication: Speech and nonverbal behaviours in pragmatic comprehension. *Journal of Child Language*, 28, 325 - 349.

Kelly, S. D., & Church, R. B. (1997). Can children detect conceptual information conveyed through other children's nonverbal behaviors? *Cognition and Instruction*, 15, 107 - 134.

Kelly, S. D., Singer, M. A., Hicks, J., & Goldin-Meadow, S. (2002). A helping hand in assessing children's knowledge: Instructing adults to attend to gesture. *Cognition and Instruction*, 20, 1 - 26.

Kendon, A. (1980). Gesticulation and speech: Two aspects of the process of utterance. In M. R. Key (Ed.), *Relationship of verbal and nonverbal communication* (pp. 207 - 228). The Hague, The Netherlands: Mouton.

Kendon, A. (1994). Do gestures communicate? A review. *Research on Language and Social Interaction*, 27, 175 - 200.

Kita, S. (2000). How representational gestures help speaking. In D. McNeill (Ed.), *Language and gesture* (pp. 162 - 185). New York: Cambridge University Press.

Knapp, M. L. (1978). *Nonverbal communication in human interaction* (2nd ed.). New York: Holt, Rinehart and Winston.

Krauss, R. M., Dushay, R. A., Chen, Y., & Rauscher, F. (1995). The communicative value of conversational hand gestures. *Journal of Experimental Social Psychology*, 31, 533 - 553.

Krauss, R. M., Morrel-Samuels, P., & Colasante, C. (1991). Do conversational hand gestures communicate? *Journal of Personality and Social Psychology*, 61, 743 - 754.

Landau, B., & Gleitman, L. R. (1985). *Language and experience: Evidence from the blind child*. Cambridge, MA: Harvard University Press.

Lenneberg, E. H. (1964). Capacity for language acquisition. In J. A. Fodor & J. J. Katz (Eds.), *The structure of language: Readings in the philosophy of language* (pp. 579 - 603). Englewood Cliffs, NJ: Prentice-Hall.

Leopold, W. (1949). *Speech development of a bilingual child: Vol. 3. A linguist's record*. Evanston, IL: Northwestern University Press.

Leung, E., & Rheingold, H. (1981). Development of pointing as a social gesture. *Developmental Psychology*, 17, 215 - 220.

Lickiss, K. P., & Wellens, A. R. (1978). Effects of visual accessibility and hand restraint on fluency of gesticulation and effectiveness of message. *Perceptual and Motor Skills*, 46, 925 - 926.

Lillo-Martin, D. (1999). Modality effects and modularity in language acquisition: The acquisition of American sign language. In W. C. Ritchie & T. K. Bhatia (Eds.), *Handbook of child language acquisition* (pp. 531 - 567). New York: Academic Press.

Macnamara, J. (1977). From sign to language. In J. Macnamara (Ed.), *Language learning and thought* (pp. 11 - 36). New York: Academic Press.

Marcos, L. R. (1979). Hand movements and nondominant fluency in bilinguals. *Percpetual and Motor Skills*, 48, 207 - 214.

Masur, E. F. (1982). Mothers' responses to infants' object-related gestures: Influences on lexical development. *Journal of Child Language*, 9, 23 - 30.

Masur, E. F. (1983). Gestural development, dual-directional signaling, and the transition to words. *Journal of Psycholinguistic Research*, 12, 93 - 109.

Mayberry, R. I. (1992). The cognitive development of deaf children: Recent insights. In F. Boiler & J. Graffman (Series Eds.) & S. Segalowitz & I. Rapin (Vol. Eds.), *Handbook of neuropsychology: Vol. 7. Child neuropsychology* (pp. 51 - 68). Amsterdam: Elsevier.

McNeill, D. (1985). So you think gestures are nonverbal? *Psychological Review*, 92, 350 - 371.

McNeill, D. (1987). *Psycholinguistics: A new approach*. New York: Harper & Row.

McNeill, D. (1992). *Hand and Mind*. Chicago: University of Chicago Press.

McNeill, D., Cassell, J., & McCullough, K.-E. (1994). Communicative effects of speech-mismatched gestures. *Research on Language and Social Interaction*, 27, 223 - 237.

Meadow, K. (1968). Early manual communication in relation to the deaf child's intellectual, social, and communicative functioning. *American Annals of the Deaf*, 113, 29 - 41.

Melinger, A., & Kita, S. (in press). Does gesture help processes of speech production? Evidence for conceptual level facilitation. *Proceedings of the Berkeley Linguistic Society*.

Mohay, H. (1982). A preliminary description of the communication systems evolved by two deaf children in the absence of a sign language model. *Sign Language Studies*, 34, 73 - 90.

Moores, D. F. (1974). Nonvocal systems of verbal behavior. In R. L. Schiefelbusch & L. L. Lloyd (Eds.), *Language perspectives: Acquisition, retardation, and intervention* (pp. 377 - 417). Baltimore: University Park Press.

Morford, M., & Goldin-Meadow, S. (1992). Comprehension and production of gesture in combination with speech in one-word speakers. *Journal of Child Language*, 19, 559 - 580.

Morford, J. P., & Goldin-Meadow, S. (1997). From here to there and now to then: The development of displaced reference in homesign and

English. *Child Development*, *68*, 420‐435.

Morrel-Samuels, P., & Krauss, R. M. (1992). Word familiarity predicts temporal asynchrony of hand gestures and speech. *Journal of Experimental Psychology: Learning, Memory, and Cognition*, *18*, 615‐622.

Murphy, C. M., & Messer, D. J. (1977). Mothers, infants and pointing: A study of Gesture. In H. R. Schaffer (Ed.), *Studies in mother-infant interaction* (pp. 325‐354). New York: Academic Press.

Namy, L. L., Acredolo, L., & Goodwyn, S. (2000). Verbal labels and gestural routines in parental communication with young children. *Journal of Nonverbal Behavior*, *24*, 63‐80.

Namy, L. L., & Waxman, S. R. (1998). Words and gestures: Infants' interpretations of different forms of symbolic reference. *Child Development*, *69*, 295‐308.

Newport, E. L., & Meier, R. P. (1985). The acquisition of American sign language. In D. I. Slobin (Ed.), *The cross-linguistic study of language acquisition: Vol. 1. The data* (pp. 881‐938). Hillsdale, NJ: Erlbaum.

Ozcaliskan, S., & Goldin-Meadow, S. (2005a). Do parents lead their children by the hand? *Journal of Child Language*, *32*, 481‐505.

Ozcaliskan, S., & Goldin-Meadow, S. (2005). Gesture is at the cutting edge of early language development. *Cognition*, *96*, B101‐B113.

Perry, M., Berch, D., & Singleton, J. (1995). Constructing shared understanding: The role of nonverbal input in learning contexts. *Journal of Contemporary Legal Issues*, *6*, 213‐235.

Perry, M., Church, R. B., & Goldin-Meadow, S. (1988). Transitional knowledge in the acquisition of concepts. *Cognitive Development*, *3*, 359‐400.

Perry, M., & Elder, A. D. (1997). Knowledge in transition: Adults' developing understanding of a principle of physical causality. *Cognitive Development*, *12*, 131‐157.

Petitto, L. A. (1988). "Language" in the pre-linguistic child. In F. Kessel (Ed.), *The development of language and language researchers: Essays in honor of Roger Brown* (pp. 187‐221). Hillsdale, NJ: Erlbaum.

Phillips, S. B., Goldin-Meadow, S., & Miller, P. J. (2001). Enacting stories, seeing worlds: Similarities and differences in the crosscultural narrative development of linguistically isolated deaf children. *Human Development*, *44*, 311‐336.

Pine, K. J., Lufkin, N., & Messer, D. (2004). More gestures than answers: Children learning about balance. *Developmental Psychology*, *40*, 1059‐1067.

Rauscher, F. H., Krauss, R. M., & Chen, Y. (1996). Gesture, speech, and lexical access: The role of lexical movements in speech production. *Psychological Science*, *7*, 226‐231.

Rimé, B. (1982). The elimination of visible behaviour from social interactions: Effects on verbal, nonverbal and interpersonal variables. *European Journal of Social Psychology*, *12*, 113‐129.

Rimé, B., Schiaratura, L., Hupet, M., & Ghysselinckx, A. (1984). Effects of relative immobilization on the speaker's nonverbal behavior and on the dialogue imagery level. *Motivation and Emotion*, *8*, 311‐325.

Riseborough, M. G. (1981). Physiographic gestures as decoding facilitators: Three experiments exploring a neglected facet of communication. *Journal of Nonverbal Behavior*, *5*, 172‐183.

Saxe, G. B., & Kaplan, R. (1981). Gesture in early counting: A developmental analysis. *Perceptual and Motor Skills*, *53*, 851‐854.

Senghas, A. (1995). The development of Nicaraguan sign language via the language acquisition process. *Proceedings of Boston University Child Language Development*, *19*, 543‐552.

Senghas, A. (2000). The development of early spatial morphology in Nicaraguan sign language. *Proceedings of Boston University Child Language Development*, *24*, 696‐707.

Senghas, A., Coppola, M., Newport, E. L., & Supalla, T. (1997). Argument structure in Nicaraguan sign language: The emergence of grammatical devices. *Proceedings of Boston University Child Language Development*, *21*, 550‐561.

Shatz, M. (1982). On mechanisms of language acquisition: Can features of the communicative environment account for development. In E. Wanner & L. R. Gleitman (Eds.), *Language acquisition: The state of the art* (pp. 102‐127). New York: Cambridge University Press.

Siegler, R. S. (1994). Cognitive variability: A key to understanding cognitive development. *Current Directions in Psychological Science*, *3*, 1‐5.

Siegler, R. S., & Crowley, K. (1991). The microgenetic method: A direct means for studying cognitive development. *American Psychologist*, *46* (6), 606‐620.

Singer, M. A., & Goldin-Meadow, S. (2005). Children learn when their teachers' gestures and speech differ. *Psychological Science*, *16*, 85‐89.

Singleton, J. L., Morford, J. P., & Goldin-Meadow, S. (1993). Once is not enough: Standards of well-formedness in manual communication created over three different timespans. *Language*, *69*, 683‐715.

Stone, A., Webb, R., & Mahootian, S. (1992). The generality of gesture-speech mismatch as an index of transitional knowledge: Evidence from a control-of-variables task. *Cognitive Development*, *6*, 301‐313.

Tervoort, B. T. (1961). Esoteric symbolism in the communication behavior of young deaf children. *American Annals of the Deaf*, *106*, 436‐480.

Thal, D., Tobias, S., & Morrison, D. (1991). Language and gesture in late talkers: A one year followup. *Journal of Speech and Hearing Research*, *34*, 604‐612.

Thelen, E. (1989). Self-organization in developmental processes: Can systems approaches work. In M. Gunnar & E. Thelen (Eds.), *Minnesota Symposia on Child Psychology: Systems and development* (pp. 77‐117). Hillsdale, NJ: Erlbaum.

Thompson, L., & Massaro, D. (1986). Evaluation and integration of speech and pointing gestures during referential understanding. *Journal of Experimental Child Psychology*, *57*, 327‐354.

Valenzeno, L., Alibali, M. W., & Klatzky, R. (2003). Teachers' gestures facilitate students' learning: A lesson in symmetry. *Contemporary Educational Psychology*, *28*, 187‐204.

Wagner, S., Nusbaum, H., & Goldin-Meadow, S. (2004). Probing the mental representation of gesture: Is handwaving spatial? *Journal of Memory and Language*, *50*, 395‐407.

Wang, X.-L., Mylander, C., & Goldin-Meadow, S. (1993). Language and environment: A cross-cultural study of the gestural communication systems of Chinese and American deaf children. *Belgian Journal of Linguistics*, *8*, 167‐185.

Wesp, R., Hesse, J., Keutmann, D., & Wheaton, K. (2001). Gestures maintain spatial imagery. *American Journal of Psychology*, *114*, 591‐600.

Wolff, P., & Gutstein, J. (1972). Effects of induced motor gestures on vocal output. *Journal of Communication*, *22*, 277‐288.

Wundt, W. (1973). *The language of gestures*. The Hague, The Netherlands: Mouton. (Original work published 1900)

Wynn, K. (1990). Children's understanding of counting. *Cognition*, *36*, 155‐193.

Zinober, B., & Martlew, M. (1985). Developmental changes in four types of gesture in relation to acts and vocalizations from 10 to 21 months. *British Journal of Developmental Psychology*, *3*, 293‐306.

第8章　419

第三部分　认知过程
SECTION THREE　COGNITIVE PROCESSES

第 9 章

事件记忆

PATRICIA J. BAUER*

下面这个事实或许会令人感到惊讶：历史悠久的《儿童心理学手册》，竟然直到今天这一卷，才第一次包含了有关"事件记忆"的章节。如果不考虑一些明显的例外(如：Bartlett，

---

* 感谢 NICHD 的支持(HD‐28425，HD42483)。感谢我的同事 Robyn Fivush、Jean Mandler 和 Katherine Nelson 对初稿提出的建议；他们使我对本领域有了更深刻的认识。

1932),那么一直到 20 世纪 70 年代,有关成年人认知的文献才开始经常涉及那些被称为"事件"的内容,其中包括对故事(如 Rumelhart,1975)、脚本(如 Schank & Abelson,1977)和图式(如 Kintsch,1974)的研究。尽管发展心理学家在事件记忆研究方面并不落于人后(Mandler & Johnson,1977;K. Nelson,1978;Stein & Glenn,1979),但是在筹备 1983(第四)版《儿童心理学手册》时,有关儿童对其生活事件记忆的数据综述,却只在 Jean Mandler (1983)执笔的、长达 57 页(不包括参考文献)的"表征"一章中占据区区 4 页篇幅(此外的篇幅主要讲述对故事的表征)。1998 年,当本手册的第五版出版时,学术界已经在儿童对事件的记忆方面积累了相当多的新信息;不过人们尚不认为这些数据足以形成某个一致的研究领域。因此在第五版中,今天本章所包括的这些主题,是分散在许多章节内的——主要散见于"婴儿的认知"(Haith & Benson,1998)、"表征"(撰写者还是 Mandler,1998)、"记忆"(Schneider & Bjorklund,1998)这些章节。

什么是事件记忆?为什么它是重要的?

事件记忆是怎样一种记忆?从最基本的层面看,事件几乎可以是任何事情:一片树叶随风摇摆、冬日池塘慢慢结冻,或是墨滴在纸面上流动。但是我们必须首先以某种有意义的方式来定义"事件"这个术语,才能用"事件记忆"来总括一群在逻辑上存在一致性的研究工作。在本章中,笔者借用 Katherine Nelson(1986)的观点,将事件定义为"涉及有目的的行动着的人,为了达成某种结果而对客体进行作用,或和他人进行交互"(p. 11)。有目的的行动是在时间上延展的:它有开始、中间和结尾。此外,由于事件中的行动是指向某个目标或结果的(尽管不一定所有参与或观察事件的人都要与该目标有关),所以事件发生的顺序通常都有所限制:为某一结果所做的准备,在时间上一定早于那个结果。对于事件的这一定义就排除了那些简单的物理变化,如:树叶摇摆、池水结冻、墨渍形成——因为它们都不存在有目的的行动者。而在另一方面,这个定义又有效地包含了个体在一天中所经历的各种活动(例如吃早餐、去上学、在餐馆吃晚餐),也包括了那些最终让我们成为不同个体的、独特的经验。本章所关注的正是对此类情节的记忆。最后,本章所采用的事件定义,同时也指明了到底要记住事件的哪些方面——行动者、行为、客体,以及这些事件元素为了达成特定目标而形成的组合顺序。

将事件定义为个体参与的有目的活动,可以表明这种"记住事件"的能力何等重要,于是也就凸显了对事件记忆发展进行研究的重要价值。首先,人们对过去事件的记忆指导了他们当前的行为,并且是他们规划未来行为的基础。尽管我们认为记忆是有关于过去的,但是我们对记忆的利用却大多和现在或将来有关。举例来说,我们利用自己先前去杂货店的经验,来指导这一次杂货采购(比方说我们会在第一排货架寻找自己最喜欢的曲奇饼,那是因为我们拥有先前购物时在那里找到它的记忆),并以此来指导未来的购物计划(比方说我们会重新安排下一周的采购顺序,因为我们记得商店把曲奇饼从第一排货架挪到了第六排)。

其次,事件以及关于事件的故事,大多是正式或非正式的教育工具。正是通过参与到事件之中,我们才知道曲奇饼和水果都是挺不错的零食;知道赢得比赛的感觉要比输掉比赛来得好;并知道如果你跑得太慢,公共汽车就会准时离站(而你并不在上面!)。用正式的学术语言来说:我们是通过倾听、阅读故事并阐释过去的事件,来理解推动历史前进的力量,并吸取政治教训,留意不使它们重演。我们自己以及他人生活中的情节,构成了语义内容和知识的主要来源。

第三,对我们所参与的事件的记忆,是可以对自我进行定义(self-defining)的:"现在的我究竟是谁"这个问题,其答案取决于我们过去是什么人、曾经做过什么事。当我们认识新朋友,或者和旧友重新联络时,我们就在分享有关个人过去经验和事件的记忆(称为自传体记忆,*autobiographical memories*)。我们利用自己的过去经验来解释自己当前的行为,并激励自己对未来的选择。正因为凡此种种理由,记忆过去事件的能力对成熟个体和成长中的人类都具有重要意义。

本章所关注的视野

从以上所列出的事件记忆的部分功能中,起码可以洞悉本章的部分主题。本章内容包括了对儿童记住自己生活中寻常的,以及特殊经验的能力发展的文献综述。而本章的焦点则在于儿童回忆起事件中的行动者、行动和客体的能力,以及儿童回忆出行动展开的顺序和行动目标的能力。本章会讨论在基本记忆过程(编码、巩固、储存和提取)上和年龄有关的变化;这些变化使得儿童在长时期发展中,对事件的记忆变得越来越精确。同时还将被讨论的,是某些影响事件记忆的因素,以及那些塑造了对事件记忆进行陈述的技能的因素。本章内容同时反映了事件记忆的标准发展趋势,及其个体差异性。此外,本章还会提及造成这种发展趋势的可能机制,以及造成事件记忆个体差异的可能原因。

不过,本章内容将不会涵盖另一些主题,尽管它们也和"过去事件如何被记住"有关。首先,正如此前曾提到的,事件具有时间范围:它们是在一定时间上展开的;同时事件还具有空间范围:它们是在某个特定地点发生的。不过,尽管对于事件的记忆而言,将某一事件定位于特定空间位置上的能力是颇为重要的;但是这种对空间定位的记忆,却是由儿童心理学手册中的另外一个章节负责介绍的(Newcombe & Huttenlocher,本手册,本卷,第 17 章),因此本章对其将不作特别讨论。第二,有时候个体要在法庭问讯中就特定情节进行报告。而在最典型的情况中,个体要报告的事件起码是不愉快的,甚至有可能是创伤性的。在本章涉及儿童对负面事件记忆及其对积极或中性经验记忆的比较时(参见本章后面的"对应激性……"部分),将会回顾一些有关儿童对负面、应激性、创伤性事件回忆的文献。但是,有关儿童作为目击证人的争论和社会政策等内容,则并非本章的关注点。

第三,人们就事件所记住的大部分内容,都没有进行过刻意的编码以方便日后提取。除了婚礼或孩子出生这样一些明显的例外,我们并不会刻意想要去记住自己正在进行的日常活动。因此我们不必进行某些特殊的活动——比如说复述——以使事件保持在记忆之中。不过上述文字并不意味着人们不会刻意从自己的过去生活中获取经验。我们可以有意地从日常和特殊的事件中,吸取其中饱含的"人生教训"。比方说我们可能会特意记住,新的红色汗衫不能和白色的衣物放在一起洗。但是我们有目的记忆的对象,乃是这个经验教训,而不是给出这个教训的事件或情节:我们希望记住要按颜色分别洗衣服,而不是我们在什么时间、什么地点学会了应该要这样洗衣服。对于我们生活中的绝大多数情节,我们都不会进行刻意的、策略性的努力来试图记住它们;有鉴于此,儿童是否以及如何应用有意的策略来记忆事件,就并非事件记忆文献中的主要关注点。有关策略性记忆的发展,则在本手册的其他部分得到了回顾(Pressley & Hilden,本手册,本卷,第 12 章)。

最后,我们所记住的日常和独特的事件,大多不是被有意地编码进记忆;但这并不意味着我们对事件的记忆就是无意识或是在意识觉察之外的。记忆可以主要区分为两大领域:有意识的、陈述性的或外显的记忆;以及无意识的、非陈述性的、程序性的或内隐的记忆。尽管还未得到普遍的赞同(参见如:Roediger, Rajaram, & Srinivas, 1990;Rovee-Collier, 1997),但是多数关注认知发展和成年人认知的心理学家都认为:不同类型的记忆形成了执行不同功能、具有本质上不同运作规律的、不同的系统或加工(例如,Schacter, Wagner, & Buckner, 2000;Squire, Knowlton, & Musen, 1993)。*外显记忆*涉及有意识地再认或回忆有关人物、时间、地点、原因以及过程之类经验的能力。外显记忆被用来回想起诸如名字、日期、地点、事实和事件这些东西,也用来对上述事物进行细节的描述。这些内容被认为是我们可以用符号编码的,因而也就可以用语言来描述。外显记忆的特征是快速(例如可以支持单次尝试的学习)、易犯错(例如记忆痕迹会消退,会出现提取失败),以及灵活性(不会和特定通道或情景绑定)。另一方面,被称为*内隐记忆*的那一类记忆,代表了无意识的记忆能力,包括学习技能和程序的能力、形成启动以及某些类型的条件反射的能力。在技能和程序中的知识,不再是名字、日期、事实和事件,而是经过精细调制的运动图式和知觉技能。内隐记忆不是符号编码的,因而无法由语言通达。内隐记忆的特征是慢速(启动是例外,它是由渐进或增量学习导致的)、可靠、不灵活。

通常,外显记忆和内隐记忆平行运作。也就是说,在大多数情况下,个体从同一经验中同时获得外显和内隐的知识。学习驾驶就是一个不错的例子。学员有意识地学习驾驶技能的各个成分。他们从教练那儿或者指导手册上学到:如果要把车停下,就应该踩刹车;如果车速比较快,则应该留出更长的刹车时间。驾驶员可以说出自己的此类知识元素:它们相当外显。但是很少有司机——即便是驾驶高手——能够清楚说明要把速度慢或速度快的车子停下,分别需用多少磅力气踩刹车踏板,又应该踩住刹车多长时间。这种知识并不能藉由口头语言或书面语言传递给新手司机,也不能通过观察其他司机的行为来获得;它反而是通过对刹车动作的练习、练习、再练习而获得的。作为练习结果的知识,被绑定到司机的肌肉和关节里(新司机"找到了刹车的感觉"),并且不能为意识反省所通达。那么我们是如何得知某件事物是可以为意识反省所通达的呢? Köhler 和 Moscovitch(1997)认为"当个体对(某项记忆)是有意识或有觉知的时候,他就能对(该记忆)做出文字或非文字的描述,或者能做出自发的反应来评价该记忆"(p. 306)。

还有一个要点,即:在多数情况下,外显知识和内隐知识不仅仅会被平行地获取;而且它们还会在此后继续共存,即使此后行为的执行看似不再需要意识觉知。驾驶技能一开始需要相当多的注意资源,不过最终驾驶操作可以变得几乎是自动化的(不需要对其投入有意识的注意)。这种转变就引出了以下结论,即:一旦此类技能的执行不再需要有意识的注意,它们就变成了内隐的(或程序性的)。不过稍加反省,就能发现上述逻辑中的缺陷:如果外显知识最终会变成内隐的,那么这就意味着外显知识不再是外显的了。但在另一方面,我仍然能够告诉你:要把车子停下来你就得踩刹车。这一事实说明我的知识仍然可以被意识通达。此时我仍然拥有外显知识,尽管我并不依赖这种外显知识来执行行为。虽然外显和内隐记忆系统是平行运作的,但事件记忆领域的研究,几乎全都是关心过去经验的外显方面。本章也继续保持这种传统,所以本章回顾的文献将是关于外显记忆的。此外,本章的主要焦点乃是回忆的发展,而非再认的发展。

对事件记忆发展的传统解释

和对认知发展的科学研究中诸多其他领域一样,对记忆发展的研究也是从皮亚杰(Piaget, 1952)的工作开始"起飞"的。在皮亚杰的著作被翻译成英语并得到广大英语读者接触以前,对儿童发展的研究主要关注儿童的运动和生理发展,以及儿童的情感发展(参见Hartup, Johnson, & Weinberg, 2001 的综述)。有关认知发展的早期研究工作,大多关心一般的智慧能力、推理和问题解决技能的发展,而不是关心像记忆这样的特殊认知发展(Foster, 1928 是一个明显的例外,他使用散文材料,在学龄前儿童身上进行了最早的记忆研究之一)。皮亚杰则与上述情况相反,他对包括记忆在内的许多特殊认知能力发展,做出了清晰而有力的预言。皮亚杰指出,在生命的最初 18 到 24 个月中,婴儿缺乏符号化能力,并因此缺乏对客体和事件进行心理表征的能力。这一年龄的婴儿被认为是生活在一种"此时此地"的世界里,这个世界包括了对当前内容的物理表征,而没有所谓的过去和将来。换言之,婴儿被认为过着一种"不在眼前,即不在心中"的生活。

皮亚杰(1952, 1962)对他自己的孩子的大量观察,为"不在眼前,即不在心中"这一观点提供了令人信服的解释。从皮亚杰的女儿 Lucienne 身上观察到的一个例子就很能说明问题。8 个月大的 Lucienne 正在玩她的玩具鹳。这时皮亚杰完全当着 Lucienne 的面,拿起玩具并将它藏在一个掩蔽物下面。如果皮亚杰只隐藏了玩具鹳的一部分,Lucienne 就会挪开掩蔽物重新抓起玩具;但是一旦皮亚杰将整个鹳藏在了掩蔽物下面,Lucienne 就仅仅是盯着皮亚杰看,或者是去玩另一件玩具。第二种情况下 Lucienne 对玩具鹳的态度变化,并不是由于对玩具缺乏了兴趣——因为如果此后皮亚杰又把玩具鹳重新拿出来,Lucienne 会笑,并且试图去抓玩具鹳。问题的关键也不在于儿童无法挪开掩蔽物:只要鹳是被部分遮蔽起来的,Lucienne 就能轻易地移开遮蔽物拿到玩具。皮亚杰解释说:上述这些行为证明了,当玩具不在眼前的时候,它对孩子来说就是不存在的。皮亚杰认为,婴儿之所以会出现这些怪异的行为,就是因为婴儿无法用符号化的方法来表征那些不能被直接感觉到的信息(在心理上*复现*信息)。

皮亚杰假设,到了 18 至 24 个月,儿童开始建立起心理表征的能力。但皮亚杰认为,即使到了这个阶段,儿童也尚未拥有必要的认知结构,以将事件按照连贯的维度组织起来,从而使它们变得可以记忆。与这一观点一致的是:7 岁的儿童在复述童话故事时,会在时间顺序上犯错误(Piaget, 1926, 1969)。皮亚杰将此现象归因为儿童反向思维的缺乏。没有了反向思维,儿童就无法按时间组织信息,于是也就无法按照从开头、到中间、到结尾的顺序来讲故事。

随着 20 世纪六七十年代时信息加工理论的兴起,研究者开始不再把记忆的改变视为反向思维发展的结果,而认为它是因为编码、存储和提取过程的效率发生某些改变所导致。研究者的主要兴趣,在于诸如记忆材料性质、学习条件、保持间隔中的活动等因素,是如何影响记忆的。在 20 世纪 60 年代到 70 年代,典型的记忆实验会让不同年龄的儿童学习、记忆词表或图片列表。在一项经典研究中,John Flavell 及其同事向 5、7、10 岁的儿童呈现图片列表。他们发现,年龄最小的孩子很少进行能够帮助自己记忆的活动(他们不会运用记忆策略),这些孩子最终只记住很少的图片;而年龄最大的儿童会对材料进行口语复述,这或许是他们最终记住更多图片的原因(Flavell, Beach, & Chinsky, 1966;有关精细记忆和策略记忆的文献综述,可以参见 Pressley & Hilden,本手册,本卷,第 12 章)。事实上,确保你的实验能够"有用"的方法,就是在实验中包括较年幼和较年长的儿童,这样就能保证较好的发展变化模式。

改变事件记忆发展研究的过程

在 20 世纪 70 年代末及 80 年代初,发生了三个"事件",它们改变了人们对儿童记忆进行研究的方向。第一个事件,是人们认识到了记忆材料的组织或结构对于记忆的重要意义。与之相关的第二个事件,则是人们认识到了对事件的熟悉性,或曰记忆材料的领域,对事件记忆的重要性。第三个事件,乃是对前语言期和语言早期儿童的事件记忆进行测评的手段的发展。

组织或结构的重要性

人们认识到,记忆材料在先天上并不相同,这就为记忆发展研究的图景带来了变化。正如此前刚刚提到的,20 世纪 60 年代和 70 年代所做的儿童记忆研究,经常以单词或图片列表作为刺激。在某些情况下,列表中包括了相互有关联的项目(例如,在一些掩蔽项目的图片中散布着一些动物的图片),但在很多实验里,还是追随成人记忆研究文献(上溯到 Ebbinghaus, 1985/1913)创设的传统,使用没有结构或含义的记忆材料。这样做能使研究者得以考察记忆的性质(例如记忆获得速度、记忆消退速率),并避免熟悉性这一潜在混淆因素(在发展心理学文献中,是潜在的差异熟悉性,它是年龄和经验的函数)的影响。但是,个体所经历和记忆的大多数东西都是高度结构化的。我们听到、看到的故事并非东一点、西一点地按随机次序组成;相反,它们是由先前的动作以及其后的结果按顺序组合成的。皮亚杰(1926, 1969)所做的早期工作认为,对这种结构的正确理解是在发展上相对较晚的成就。不过一项颇具影响力的系列研究结果与上述预期相反。在该研究中,Jean Mandler 和她的同事(例如 Mandler & DeForest,1979;Mandler & Johnson,1977)表明,儿童不仅仅对故事材料中的内在结构敏感,而且他们对故事的记忆还在性质上类似于成年人对故事的记忆。

该项研究是基于这样的认识,即:故事和其他类型的叙述都遵循共同的层次组织结构。它们都从对介绍故事主角、构建事件的时间、地点开始("从前,在一个很远很远的地方,有一位美丽的公主……")。紧跟在这种设定信息之后的,是某个情节,其中故事主角将会为了达成某个目标而进行一些或一连串的行动。在为了达到目标尝试一次或多次之后,故事将会总结这些行动的结果(目标或达成,或失败)和故事的结尾("从此他们过上了幸福的生活")。Mandler 及其同事(例如,Mandler & DeForest, 1979;Mandler & Johnson, 1977;另见 Stein & Glenn,1979)的工作表明,即使是年幼的儿童也对上述故事结构敏感。比方说,相比于那些不符合以上规范的故事,儿童对于具有规范形式的故事的回忆水平会更加高。此外,儿童倾向于"纠正"那些组织结构差劲的故事,使其符合层次结构(参考 Mandler,1984)。这些发现清楚地说明了两件事:第一,事件记忆会受到所需记忆事件的组织或结构的影响;第二,如果需记忆的事件是组织良好的,那么即使幼儿也能够回忆这些事件。

熟悉性的重要性

人们在有关事件记忆发展的研究中,所认识到的第二种经验是:对某一领域或某一事件的熟悉性,对记忆的成绩是很重要的。Michelene Chi(1978)对国际象棋的专长研究就是一个例证。Chi 要求儿童和成人被试参加两个测试:其中一个要求被试记忆棋子的位置,而另一个则要求他们记忆随机数字串。该项研究的独特性则在于:参加此项研究的儿童(平均年龄为 10 岁)对国际象棋的知识要超过成人被试。恰如此前所预期的,Chi 发现在数字串领域中,成人被试的表现优于儿童。但是在国际象棋领域,儿童的表现却超过了成人。基于上述实验以及其他研究中得到的类似结果,Chi 总结认为:对某一领域的知识,是记忆成绩的重要决定因素。

在事件记忆研究中,领域知识的重要性也同样明显。事实上,Katherine Nelson 和她的同事要求儿童在他们十分熟悉的领域内进行回忆,结果在仅 3 岁的儿童身上都发现了事件记忆能力。研究者并没有要求儿童回忆词表或图片,甚至也不要求回忆有关某个角色所经历的故事;他们问儿童的问题是"当你做小甜饼的时候会发生什么事?"、"当你去麦当劳的时候会发生什么事?"(K. Nelson, 1978;K. Nelson & Gruendel, 1981;另见 Todd & Perlmutter,1980)。在此项研究中,Nelson 及其同事使用了由 Schank 和 Abelson(1977)提出的脚本模型。Schank 和 Abelson 提出了被称为"脚本"的认知结构,脚本将指导成年人在熟悉情景中的行动。比方说,大多数成年人都有一个关于"在快餐店会发生什么事"的脚本。当我们走进餐馆并且找到一个柜台,而且柜台后面挂着一块菜单牌子,我们就知道自己应该走到柜台那儿去点餐。即使我们此前从来没有来过眼下这家快餐店,甚至即使我们此前并不经常消费这个品牌的快餐,但我们还是"知道"自己应该这样子行动。我们不仅知道这些行动的元素,还知道应该以怎样的顺序来开展这些行动(例如,我们先要付账,然后才能拿到食物离开柜台)。脚本还能告诉我们不要指望哪些事情:如果我们开车去一家快餐店,却遇到穿着燕尾服的侍者代客泊车,我们会很惊讶,而这恰恰是因为我们的快餐店脚本没有包括这些事情。

为了确认幼儿的行动是否也受脚本的指导,Nelson 及其同事采用了一种单刀直入的研究设计:

> 我们的研究设计很简单:我们要求 3 岁和 4 岁的儿童告诉我们,当他们参与某些日常活动时会发生什么事。遵循 Abelson 和 Schank 有关成年人拥有典型餐馆脚本的指引,我们最初采用的脚本问题之一就是"当你去麦当劳的时候会发生什么事"……结果,即使是 3 岁的儿童也能相当好地回答这个问题。就这样,3 岁和 4 岁儿童能够根据行动的时间顺序和因果联系,将一系列行动可靠地排列起来,就有了最初的、系统性的证据。(K. Nelson,1997,p. 3)

平均下来,儿童在麦当劳事件中提及了 11 个不同的动作,其中 82% 是所有儿童都认可的。所有儿童都提到了吃东西这个动作,对此 K. Nelson 和 Gruendel(1986)解释认为,这说明儿童鉴别出了该事件的中心目标。此外,儿童对动作的事件排序基本没有错误;并且儿童的脚本表征的形成,也并不需要多次的事件经验。Fivush 在新入学第一天之后访谈了幼儿园的儿童。尽管这些儿童仅有一次在学校的经历,但他们无一例外地都表现出对学校生活的一般表征。恰如其中一位被试对"当你去学校时会发生什么"这个问题的回答所证明的:

> 玩。向老师问好,然后你会读书或者做其他什么事情。你可以做任何自己想做的事……整理,然后继续玩,然后整理,然后继续玩,然后再整理。然后你会去体育馆或者操场。然后你就回家。吃午饭,然后回家。你走出学校,搭公交车或火车回家。(Fivush & Slackman,1986,p. 78)

事件记忆的非言语评价

改变幼儿记忆研究方向的第三个主要"事件",乃是实验手段的发展,使人们得以对有关小于 18 至 24 个月的婴儿的外显记忆限制的假设进行检验。一系列文章的第一篇里,Andrew Meltzoff(1985)报告了 24 个月的婴儿能够延后 24 小时进行模仿。皮亚杰(1952)曾将延后模仿作为符号思维发展的里程碑:皮亚杰用他女儿 Jacqueline 对她的一位表兄弟的发怒行为进行了延后模仿,来说明 Jacqueline 正在发展中的表征能力。Meltzoff 所做的,乃是将延后模仿置于实验控制之下。他没有给婴儿呈现发怒的行为,而是呈现给他们其他新异的动作,比如将一个哑铃形状的玩具扯开。Meltzoff 发现 80% 的 24 个月婴儿在看到榜样行为后立即模仿了这一行为。而在延后模仿 24 小时的儿童中,有 70% 产生了这一行为。与之形成对比的是,那些看到过玩具、但没有看到对玩具所作的特殊动作的儿童(新手控制组),只有 20% 立即产生,25% 在延迟后产生了该行为。

24 个月大的儿童能够延后模仿这一发现,符合皮亚杰的期望;但是 Meltzoff(1985)的另一个发现却不是这样。更明确地说,是 Meltzoff 报告了 14 个月大的婴儿同样也能够延后 24

小时进行模仿：看过榜样行为的婴儿中，有45%在24小时后作出了同样的行为(新手控制组的这一比率是7.5%)。此后不长时间，Bauer和Shore(1987)发表文章，发现经过了6周的间隔，17到23个月大的婴儿不仅能记住单个动作，还能记住动作的时间顺序。即使是在6周之后，这些婴儿也能按照正确的步骤复现所有动作：把一只球放到杯子里，用另一只杯子把它盖起来，摇晃杯子发出喀哒声。而最具震撼性的发现则是：9个月大的婴儿也能够延后24小时模仿单个动作(Meltzoff，1988c)。事实上，延后模仿能力似乎十分牢固：当9个月大的婴儿延后模仿时，它们的成绩和立刻模仿是在同一水平。这些发现促使人们开始努力描绘生命最初几年中外显记忆的发展情况。

有必要指出：延迟后的模仿，并非对18至24个月以下儿童的记忆的首次揭示。早在1956年，Fantz就引入视觉匹配比较任务作为婴儿记忆的测度。在视觉匹配比较程序中，两个同样的刺激并排放置一段时间，此后其中一个刺激被替换成一个新异刺激。婴儿对新异刺激更长时间的注视，被视作它们对熟悉刺激存有记忆的证据。此外，在20世纪60年代，Rovee-Collier开始发表她的联动强化范式(conjugate reinforcement paradigm)的实验结果(综述可参考Rovee-Collier，1997)。在这一任务中，一辆玩具汽车悬挂在婴儿床上方。在短暂的基线阶段，研究者测定婴儿踢腿的频率；然后他们用一根带子把婴儿的腿和玩具车拴在一起，于是每当婴儿踢腿时，玩具车就会运动。婴儿很容易就学会了自己踢腿和玩具车移动之间的联动关系。一旦婴儿获得了这种条件化应答，就给他施以一段时间间隔，然后再次把玩具车悬挂到婴儿上方。不过这一次，玩具车并没有和婴儿的腿拴在一起。如果婴儿在训练后的踢腿率，高于此前在程序上完全一致的基线(在婴儿体验到联动关系之前)时的踢腿率，则研究者就推断婴儿存在记忆(例如Rovee-Collier & Gerhardstein，1997)。

Meltzoff(1985，1988c)以及Bauer和Shore(1987；另见Bauer & Mandler，1989)使用的模仿程序和其他婴儿记忆研究范式的差别，在于模仿程序所测验的才干，是被皮亚杰认为可以代表表征能力的。与之相反的是，视觉匹配比较和运动联动强化范式里出现的行为，在本质上似乎都是感觉运动性质的。视觉匹配比较(以及其他注意偏好技术)提供的实验解释，对应了皮亚杰在自己孩子身上描述过的一种再认行为(并且皮亚杰认为这种行为不必调用表征能力)。在联动强化程序中，婴儿所表现出的概括、消失和恢复模式，也和各类动物的操作条件化范式研究结果无二(参考Campbell，1984)。因此，尽管这些技术已经被运用多年，但它们并不能像基于模仿的任务那样，将生命最初几年内的外显记忆研究推进到如此的程度。

尽管最初"基于模仿的范式提供了测量外显记忆的手段"这个论点是基于皮亚杰(1952)的观察，但除此之外该范式的一些特点也能支持这一主张。由于这些论点已经在其他地方得到了详细阐述(例如Bauer，2005b，2006；Carver & Bauer，2001)，所以我在此仅仅列出其中的两点意见。首先，正如本章此后"事件记忆发展的连续性和非连续性"部分将提到的，在模仿任务中，一旦儿童获得了必要的语言，他们就会说到自己在前语言婴儿期所经历的事件(例如Bauer，Wenner， & Kroupina，2002)。这是一个强有力的证据，说明了记忆编码的形式是外显的，而不是内隐的或程序性的(无法被语言通达的形式)。第二，模仿范式通过了

380

"遗忘症测验"。尽管正常成年人能够在一段时间间隔后精确地模仿动作序列,海马损伤导致的遗忘症患者的表现却不比新手控制组好(McDonough, Mandler, McKee, & Squire, 1995)。遭受过早期海马损伤的青少年和年轻人,同样在延后模仿任务中表现出缺陷(Adlam, Vargha-Khadem, Mishkin, & de Haan, 2005)。这意味着该范式覆盖了导致回忆的那类记忆。鉴于上述原因,延后模仿任务被广泛地视作记忆言语报告的非言语类比(例如Bauer, 2002; Mandler, 1990b; Meltzoff, 1990; K. Nelson & Fivush, 2000; Rovee-Collier & Hayne, 2000; Schneider & Bjorklund, 1998; Squire et al., 1993)。

婴儿期和儿童早期的事件记忆

刚才我们介绍的事件(对儿童故事回忆的研究、学前儿童的脚本,以及测查婴儿期外显记忆的手段的发展)证实了,即使幼儿也具有坚实的记忆能力。这些事件所做的还不仅限于此,从十分现实的层面上看,它们催生了本章所关心的这个领域——对儿童在日常生活中普通经验,以及他们在实验室或其他地方新异的、一过性经验的事件记忆的发展的研究。这些进展还激发了对婴儿和极早期儿童时间记忆的研究。如果儿童在 3 岁的时候就已经拥有组织良好的事件表征,那么形成这些表征的能力一定在更早时候就发展出来了。基于模仿的任务就提供了检验这一假设的手段。

在接下来的部分里,我将概述我们在过去大约 20 年的研究中对事件记忆的了解。尽管在这些叙述中,作为传统观点把婴儿期和儿童期割裂的不幸的副产品,对婴儿期和儿童期这些主要发展阶段的文献是被分别讨论的。不过这种分别对待,也几乎是研究方法学上戏剧性差别的客观要求。在婴儿期,非言语的、基于模仿的任务被用来评价事件记忆;但是儿童期的文献则几乎无一例外的基于言语报告。

生命最初 2 年中的事件记忆

和传统上认为生命最初的 2 年没有能力回忆过去的观点相反,事件记忆在这一阶段得到了迅速、充分的发展。由于多种原因,本章在论证该项结论时所回顾的文献,将局限于非言语的、基于模仿的范式,如诱发模仿和延后模仿。首先,任务显然必须是非言语的——婴儿(来自拉丁语 infantia,意思是"不会说话")不会说话。第二,正如此前提到的,尽管存在多种评价婴儿记忆的非言语范式(例如视觉匹配比较、运动联动强化),但是给予模仿的任务得到了最广泛的认可,被视为记忆回忆的典型测度——言语报告——的类比。第二,基于模仿的任务允许在人们测试婴儿时,使用类似通常测试年长儿童的事件。也就是说,向婴儿呈现行动者为了达到某个清楚的目标(尽管没有专门讨论,还是有证据表明婴儿将行动和事件序列理解成基于目标的,例如 Carpenter, Akhtar, & Tomasello, 1998; Meltzoff, 1995a; Travis, 1997),而对客体进行的一个或一系列动作。模仿范式的这一特征,提供了婴儿记忆研究和较年长儿童研究文献的联系点。此外,能够以正确的时间顺序复现序列,充分证明了婴儿和儿童的行为是受回忆指引的:一旦榜样行为完成,就不再会有来自知觉上的支持来告诉儿童产生行动的顺序。第四,其他非言语范式几乎专门用于 1 岁以内的婴儿(尽管 Hartshorn et al. ,1998 是一个例外)。与之相反的是,基于模仿的任务被用于从 6 个月到 36 个月的婴儿,于是再一次地,使连续的记忆评价成为可能。最后,由于其他非言语范式几乎都用于 1 岁之内的研究,所以这些范式得到的结果就由本手册的其他部分介绍了(见 Cohen & Cashon,本手册,本卷,第 5 章)。

用诱导模仿和延后模仿来评价事件记忆

在基于模仿的事件记忆任务中,一位成年人会使用道具来作出一个或一系列行动,此后婴儿或儿童将有机会模仿这些行动。"制作拨浪鼓"就是一个行动序列的例子: 把一只球或者积木放进杯子里,用另一只杯子盖上,然后晃动杯子发出喀哒声。在延后模仿时,儿童对动作进行模仿的机会要在一段几分钟到几个月不等的间隔后才能到来。而诱导模仿则是更加一般化的术语,它是指可能没有出现一段间隔时间,就允许模仿发生的情况。基于模仿的任务很适合用于人类婴儿,因为这些任务既不要求言语指导,也不要求言语报告。这些任务利用了人类婴儿复制有趣动作的自然天性。尽管基于模仿的任务并不依赖于言语,但某些实验室的研究者还是会在演示动作的同时讲解它们("让我们来做一个拨浪鼓。把球放进杯子里。盖上杯子。摇晃它"),甚至可能在测验时给予有关动作顺序的言语"提醒"("你可以用这些东西做出一个拨浪鼓";Bauer, Hertsgaard, & Wewerka,1995)。而在另一些情况中,测验者会不出声地演示目标动作,并且在反应阶段也仅仅是不出声地给婴儿呈现道具(例如 Meltzoff,1988c)。

基于模仿的任务还有其他一些程序上的变量。比方说,在有些情况下,单一的、指向特殊客体的动作(例如扯开一个哑铃形状的物体)会被重复演示 3 次,接下来是一个限定时间的反应阶段(例如 Meltzoff,1988a)。而在其他情况中,长度从 2 步到 9 步不等的动作序列会被重复演示 2 次,此后的反应阶段长度则由儿童来控制(例如 Bauer et al. ,1995)。在这里我们并不会讨论这些任务差异的含意,因为其中大部分是我们还不知道的。但是有一项任务差异,即婴儿是否被允许在时间间隔之前就进行模仿,是值得讨论的。一些研究者指出,为了获取初始学习的测度,允许儿童在间隔之前进行模仿是必要的(例如 Bauer,2005a;Howe & Courage,1997b)。不过由于皮亚杰(1952)有关新异行为模仿的原始观点,是关于延后模仿的;所以也有研究者认为: 基于模仿的任务要作为有效的回忆测验,就要求模仿必须是延后的(例如 Hayne, Barr, & Herbert,2003;Meltzoff,1990)。人们的担心是: 如果婴儿可以在最后测验前就进行模仿,那么它们可能会形成对动作或序列的内隐或程序性记忆,如此再把此后的模仿解释为外显记忆指标时,情况就会很复杂。这种担忧已经被证明是没有根据的。首先,如前所述,内隐或程序性记忆的特点是逐步获得。即使是在健康的成年人身上,对运动操作序列的内隐学习,比如在序列反应时任务中发生的,也需要多次交互试验才能建立(例如 Knopman & Nissen,1987)。所以人们没有什么理由去担心,一个婴儿的单次行为复现就能成为内隐学习的有效基础。

第二,没有证据能够清楚表明,先前的模仿会影响此后的表现。尽管部分研究指出,提供即时模仿的机会可以增进记忆(例如 Bauer et al. ,1995;Meltzoff,1990);但其他研究并未发现该效应(例如 Barr & Hayne,1996;Bauer, Wenner, Dropik, & Wewerka,2000)。此外,当这种记忆增进效应被发现时,它与更多的精致编码所带来的效应是一致的;但同时又和性质不同的记忆表征所导致的效应却是相反的。举个例子来说,尽管被允许立即模仿的婴儿看到此前经历事件的照片时的电生理(事件相关电位,ERPs——在稍后部分讨论)反应,要比那些仅仅观看事件榜样的婴儿更加迅速、更加稳固;但是这两组婴儿的电生理反应的形态,以及它们在头皮上的分布却是一致的(Lukowski et al. ,2005)。这种对扮演和观察到的事件在本质上相似、在数量上不同的电生理反应,在成年被试身上也很明显(例如 Senkfor, Van Petten, & Kutas,2002)。

第三,认为提前模仿机会将导致内隐记忆的观点,遭到了以下发现的反对,即:一旦儿童发展出了必要的语言技能,他们就会谈论自己在前语言婴儿期时的模仿任务中所经历的事情。尤其重要的是,儿童不但谈论那些延后模仿的事件,也会说起那些他们被允许即时模仿的事件(例如 Bauer, Wenner et al. ,2002)。实际上,对于那些在初次经历事件时还比较小的孩子,他们对提前模仿的事件的口语记忆,还要比延后模仿事件的记忆更牢固(Bauer, Kroupina, Schwade, Dropik, & Wewerka,1998)。如果早前的模仿导致了内隐记忆,那么它一旦获得就无法被语言所通达。总而言之,不管是逻辑论证还是经验证据,都表明有机会提前模仿并不会把记忆变成内隐的而非外显的。鉴于此,诱导模仿和延后模仿范式的结果将被合并到一起进行讨论。

发展趋势

在生命的最初 2 年内,事件记忆在诸多维度上产生发展性的变化。6 个月大的,也是用模仿范式测试的最年幼的婴儿[①],对于短暂事件拥有脆弱的记忆,记忆保持时间也有限。到了 24 个月时,儿童能够对较长的、拥有复杂时间顺序的序列保持长期而牢固的记忆。这些变化说明了重要的实质性发展。在对这些发展性变化的一般趋势作一番概述之后,我将讨论我们目前对这些发展性变化的机制的了解,然后我将回顾关于发展中表现出的个体差异和组间差异的相关文献。

婴儿记忆保持时间长度的变化

也许在生命最初 2 年中,记忆方面发生的最显著改变,就在于记忆明显存续的时间长度发生了变化。和所有复杂行为一样,某事件到底能被记住多久,是由很多因素来决定的;所以并没有什么"成长表"函数来定义年龄为 X 的儿童可以把事件记住时间长度 Y。虽然如此,大量研究还是表明,随着年龄的增长,婴儿将能容忍越来越长的记忆保持间隔。在有关 6 个月婴儿的延后模仿方面所发表的第一篇论文中,Barr、Dowden 和 Hayne(1996)发现婴儿

[①] 有研究发现新生儿会模仿面部表情和手势(例如 Meltzoff & Moore, 1977)。然后,鉴于有人对这一效应的稳定性提出的疑义(例如 Kaitz, Meschulach-Sarfaty, Auerbach, & Eidelman, 1988),以及有关新生儿和稍大婴儿的模仿背后的机制是否同一的争论(例如 Jacobson,1979),我们就没有将这方面的研究包含在以下评述中。

在 24 小时后,平均能记得三步骤序列动作(从玩偶手上脱下手套,晃动手套使得手套上的铃铛发出响声,然后把手套放回去)中的一项动作。Collie 和 Hayne(1999)发现 6 个月大婴儿在 24 小时延迟后平均能记住五种可能动作中的一项。发现这么小的婴儿在 24 小时后存在回忆现象,对于改变再现表征能力发展方面的传统观念具有非凡的意义。但在另一方面,在 24 小时之后如此低下的操作水平,也就没有激励研究者继续检验婴儿在更长间隔下的记忆保持情况。

到了 9 至 11 个月,婴儿对实验室事件的记忆保持时间有了明显的、本质上的飞跃。9 个月大的婴儿在 24 小时(Meltzoff,1988c)到 5 周(Carver & Bauer,1999,2001)的延迟后仍能记得单独的动作。在 10 到 11 个月时,婴儿能够在长达 3 个月的间隔后继续保持记忆(Carver & Bauer,2001;Mandler & McDonough,1995b)。13 至 14 个月的婴儿能够将动作记住 4 到 6 个月(Bauer et al. ,2000;Meltzoff,1995b)。到了 20 个月时,儿童能够把事件顺序的动作记住长达 12 个月(Bauer et al. ,2000)。

婴儿还会回忆多步骤序列中各动作的时间顺序,尽管对年幼婴儿的认知来说,保持顺序信息是一个挑战,这尤其反映在婴儿在第 1 年内低水平的顺序回忆,和巨大的年龄组内变异上。虽然在 Barr 等(1996)的研究中,67% 的 6 个月大婴儿在 24 小时后还记得与玩偶序列有关的部分动作,但其中只有 25% 能够以正确的时间顺序复现这些动作。Collie 和 Hayne(1999,实验 1)报告说,6 个月大婴儿在 24 小时间隔后没有顺序回忆(婴儿接触了三个目标事件,其中两个事件都分别需要两个步骤来完成)。在 9 个月大的婴儿中,大约有 50% 会在 5 周的延迟之后表现出对序列的按次序复现(Bauer, Wiebe, Carver, Waters, & Nelson, 2003;Bauer, Wiebe, Waters, & Bangston,2001;Carver & Bauer,1999)。到了 13 个月,在顺序回忆方面巨大的个体差异消除了:78% 的 13 个月大婴儿能在 1 个月的延迟之后表现出顺序回忆。在整个生命的最初 2 年间,在儿童对多步骤序列动作展开顺序的回忆方面,都存在和年龄相关的差异。在较高认知负荷的条件下,比如对回忆提供较少支持,或回忆延迟间隔很长时,这些年龄相关的差异表现得尤其明显。

记忆牢固性的变化

在最初 2 年间,记忆的牢固性也会发生变化。比方说,婴儿为了记住事件所需要的经验次数会发生改变。在 Barr 等(1996)的研究中,6 个月大的婴儿需要 6 次演示,才能在 24 小时后仍然记住事件。如果这些婴儿只看到动作被演示了 3 次,则它们在 24 小时后不会表现出任何记忆(经历过玩偶序列的婴儿在操作上和新手控制组婴儿没有区别)。到 9 个月大时,24 小时后回忆所需的动作演示次数降低到了 3 次(例如 Meltzoff,1988c)。事实上,9 个月大的婴儿如果在单一演示阶段内看到序列动作榜样出现 2 次,也可以在 1 周之后回忆出序列中的单个动作(Bauer et al. ,2001)。但是在同样的延迟间隔下,只有那些在 3 个演示阶段内总共观察到 6 次序列榜样的婴儿,才能出现顺序回忆。三个演示阶段条件还能够支持更长的 1 个月延迟后的顺序回忆。当婴儿长大到 14 个月,只需要单一的演示阶段就可以支持对多个单一动作在 4 个月延迟后的回忆(Meltzoff,1995b)。对 20 个月大的婴儿,在经过仅一次事件演示之后长达 6 个月时,多步骤序列的顺序回忆还是表现得很明显(Bauer,2004)。

记忆牢固性的另一项指标,是考察记忆保持间隔中对可能导致分心的新材料的接触,会在多大程度上干扰记忆;或者考察编码和提取阶段环境变化对记忆的干扰作用。年幼的婴儿在多大程度上受到潜在分心材料的干扰,其答案仍然未知。在大多数研究中(Barr等,1996例外),婴儿会在一个单一的演示阶段中看到若干单独的动作(例如Meltzoff,1988c)或看到若干多步骤序列(例如Carver & Bauer,1999,2001)。看到较少刺激的婴儿是否会有更高的回忆水平(或者在Barr等的研究中,则是经历多重刺激的婴儿是否会有更低的回忆水平),还没有得到系统地检验。有一项直接的比较表明,当婴儿年龄到达20个月时,短暂记忆保持间隔中呈现的具有潜在干扰性的刺激,并不会影响婴儿的事件记忆。Bauer、Van Abbema和de Haan(1999)在两种条件下测试了婴儿的10分钟延后模仿。在一种条件下,20个月的婴儿会看到两个多步骤序列,并在测验前经历一段无填充的延迟阶段:在延迟间隔中,婴儿将得到快餐,或者他们可以玩积木和球。而在另一种条件下,婴儿会经历一段有填充的延迟:在演示结束到测试开始的10分钟间隔中,婴儿将看到4个其他的多步骤序列,并接受即时的回忆测试。结果,婴儿在延迟后的操作表现,并没有随延迟阶段是否填充了活动而产生不同;并且,婴儿在有延迟时的表现,与演示和测验间没有延迟时的表现相比,也并无二致。至于分心经验是否会在更常的模仿延后时间下表现的更具干扰性,抑或它是否会对年幼的婴儿产生影响,还未曾得到系统的检验。

有颇多报告谈及了婴儿和很小的幼儿在事件记忆中,对编码和测验时的情景变化的敏感程度。有些发现表明,如果测验材料的样子在演示和测验间发生了变化,将会对回忆产生破坏。在Hayne、McDonald和Barr(1997)的研究中,18个月大的婴儿看到玩偶序列在一个奶牛玩偶上进行了演示,然后用同样的玩偶对其测验,婴儿能在24小时后表现出牢固的记忆保持。但是,如果婴儿在奶牛玩偶上看到演示,却用鸭子玩偶进行测验,则他们并不能表现出记忆的迹象。而到了21个月时,不管是同样的还是不同的玩偶进行测验,婴儿都能记住序列(另见Hayne, Boniface, & Barr,2000;Herbert & Hayne,2000)。

但同时,也有报告谈到了广泛年龄范围内的婴儿能在编码和测验间进行牢固的概括化。婴儿表现出能够在模仿反应中概化:(a)演示和测验中所使用的物体的形状、颜色、大小和材质的变化(例如Bauer & Dow,1994;Bauer & Fivush,1992;Lechuga, Marcos-Ruiz, & Bauer,2001);(b)进行榜样动作演示和进行记忆测验的房间样子的变化(例如Barnat, Klein, & Meltzoff,1996;Klein & Meltzoff,1999);(c)进行榜样动作演示和进行模仿测验时的背景的变化(例如Hanna & Meltzoff,1993;Klein & Meltzoff,1999);以及(d)进行动作演示和进行记忆测验的实验主试的变化(例如Hanna & Meltzoff,1993)。婴儿甚至能是用三维物体来复现那些它们仅仅在电视屏幕上看到过样例的事件(Meltzoff,1988a;但是Barr & Hayne,1999提出了反对)。有关事件知识的柔性扩展方面的证据,在年龄小至9到11个月的婴儿身上就能见到(例如Baldwin, Mark-man, & Melartin,1993;McDonough & Mandler,1998)。总之,虽有证据显示婴儿在模仿范式中测得的记忆随着年龄增长而越来越概括化(例如Herbert & Hayne,2000),但也有大量证据表明从较早年龄起,婴儿的记忆就不会受到情景和刺激变化的影响了。

对事件的时间结构敏感性的变化

顺序回忆会受到事件中促成关系(enabling relations)的易化,这是一个颇为牢靠的发现。促成关系存在于这样的情形下:就给定的最终状态或目标而言,某个动作在时间上先于后继动作发生,并且是后者的必要条件。比方说,为了享用一餐酱汁意大利面,人们首先必须把面做熟。由于事件步骤的其他时间顺序要么在物理上不可能,要么在逻辑上不恰当,或者两者兼而有之,所以事件的步骤就会呈现为不变的时间顺序。反过来,当事件中的步骤在时间序列上的位置并没有一致的限定时,事件中的动作就是任意定序的。还是接着刚才的例子,人们在意大利面之前还是之后吃色拉,就仅仅是个人喜好或文化习惯的问题;并没有什么逻辑上的必要性要求某道菜必须排在另一道菜的前面。

幼儿对符合促成关系的多步骤事件序列的顺序回忆,要好于他们对任意定序序列的回忆。不论儿童是立即测试(例如 Bauer,1992;Bauer & Mandler,1992;Bauer & Thal,1990)还是延后测试(例如 Barr & Hayne,1996;Bauer & Dow,1994;Bauer et al. ,1995;Bauer & Hertsgaard,1993;Bauer & Mandler,1989;Mandler & McDonough,1995),这种优势都很突出。同样,即使在经验过数次固定时间顺序的任意定序事件之后,符合促成关系的事件的记忆优势还是很显著(Bauer & Travis,1993;关于事件中促成关系影响顺序回忆的方法,可以参见 Bauer,1992,1995;Bauer & Travis,1993)。此外,该优势在发展早期即很明显:起码在11个月时,儿童就在具有促成关系的事件上,表现出比任意定序事件更好的顺序回忆(Mandler & McDonough,1995)。即使婴儿在有无促成关系的两类序列中,回忆出的个体动作数量并无区别;也同样能观察到顺序回忆上表现出的优势。

尽管从很小的时候,婴儿就开始对事件中的促成关系敏感;但可靠地复现任意定序序列的能力,却在发展上滞后一些(Bauer, Hertsgaard, Dropik, & Daly, 1998;Wenner & Bauer,1999)。直到儿童20个月大时,他们才能精确地复现出任意定序的事件。在这一年龄,儿童的记忆表现受到事件序列长度的影响。他们对较短事件序列(长度为3个步骤)的记忆是可靠的,但对更长的事件(5个步骤)则不然。此外,此时的儿童可以在即时模仿中精确复现任意定序序列,但却无法在2周的间隔后进行精确的延后模仿。与之形成对比的是,当儿童长到28个月,他们即使经过延迟之后也能回忆出任意定序的事件(Bauer, Hertsgaard et al. ,1998)。

不同类型提示物的效能变化

对于较大的儿童,有关此前经验过的事件的线索或提示,能够促进延迟后的记忆表现(例如Fivush,1997;Fivush, Hudson, & Nelson,1984;Hudson & Fivush,1991)。言语提示同样能帮助年龄仅13个月的儿童的记忆提取(Bauer et al. ,1995,2000)。事实上,在儿童于延迟后所回忆出的信息量方面,言语提示可以降低与年龄相关的差异性。以 Bauer 等(2000)的工作为例,当各种间隔后的回忆仅仅由和事件有关的道具引发时,与年龄相关的回忆量差异比较大;而当延后回忆伴随着道具以及对需记忆事件的言语提示时,回忆量的年龄差异就比较小。言语提示能够触发记忆,这一发现对较长时间间隔后的回忆特别重要:在较长间隔后,不管儿童的年龄多大,没有得到言语提示的内容很少能被提取出来(例如

Hudson & Fivush,1991)。其他提示物也同样能有效帮助生命最初 2 年内的记忆提取。在 18 个月时,观看另一名儿童的动作操作的录像带,将能促进婴儿对于这些动作的记忆。但是,先前所经验事件的静态照片则不是有效的提示物。不过到了 24 个月时,即便是静态照片也能促进延迟间隔后的记忆表现(Hudson,1991,1993;Hudson & Sheffield,1998)。

如何解释生命最初 2 年间的发展性变化

20 世纪的最后 20 年间,积累了大量关于事件记忆的描述性数据。作为尚处于婴儿期的研究领域,在所难免地,对事件记忆中年龄相关变化的机制鲜有关注。最终,当我们对记忆发展进行解释时,会牵扯到一些变异来源。它们包括了下列这些方面所发生的变化:从神经过程及神经系统,到使记忆形成、保持、并于此后提取出来的基本记忆过程,乃至让儿童最终认为事件中的哪些东西是重要并值得记忆,以及决定他们如何表达自身记忆的社会力量。对于生命的最初 2 年,就目前已经得到关注的记忆变化机制来说,基本还处于"低水平"机制,也就是神经系统和基本记忆过程的改变上。作为相关文献综述的预备工作,我将首先就神经网络进行简短的讨论——它被认为是成年人外显事件记忆的推动者,也是外显事件记忆发展的原因。

外显事件记忆及其发展的神经基础

对外显事件记忆及其发展的神经基础进行彻底回顾,并不属于本章的视野范围(参考 Bauer,2006;C. A. Nelson, Thomas, & de Haan,本手册,本卷,第 1 章);尽管如此,就其进行简要的回顾,对于我们鉴识生命最初数年间外显记忆发展性变化的机制这一目标,确是十分必要的。在成年人中,外显记忆的形成、保持以及长时间后的提取,被认为有赖于一个由多个部分组成的神经网络,该网络涉及颞侧结构与皮层结构(例如 Eichenbaum & Cohen,2001;Markowitsch,2000;Zola & Squire,2000)。简单地说,当我们经历某个事件时,从大脑皮层上各个区域传来的感觉和运动输入汇聚到颞叶内侧(例如嗅内野皮质,entorhinal cortex)的旁海马回(parahippocampal)。而另一个颞叶组织——海马(hippocampus),则负责将各种输入元素捆扎到一起,形成持续、整合的记忆痕迹。皮层结构是记忆长期储存的位点。前额叶组织则参与了记忆在一段间隔之后的提取过程。因此,长时回忆需要多个皮层区域的参与,包括前额叶皮层、颞叶组织以及它们之间的联系。

一般说来,记忆行为随时间发生变化的过程,是和人们已知的支持外显记忆的颞侧—皮层网络的发展情况保持一致的(Bauer,2002,2004,2006;C. A. Nelson,2000;C. A. Nelson 等,本手册,本卷,第 1 章)。有迹象表明,在人类身上,和外显记忆系统有关的内侧颞叶的诸多部分,其发展较早。恰如 Seress(2001)所述,构成海马的大部分细胞,在妊娠期前半段就已经形成了;而且在婴儿出生以前,几乎所有海马细胞就都已经处在它们成年期时的位置上了。海马内的神经元也从个体发展早期就开始相互联结——早在妊娠的第 15 周,突触就开始出现了。婴儿出生后,海马内的突触数量和密度均急速增长,大约在出生后 6 个月时即能到达成年人的水平。或许是这一过程的结果,颞叶皮层的葡萄糖代谢也在同样的时间(大约 6 个月时:Chugani,1994;Chugani & Phelps,1986)达到了成年人的水平。因此,很多指标都能表明：神经网络中颞叶中部的主要部分，很早就成熟了。

与绝大部分海马的早期成熟相反的是，海马齿状回(dentate gyrus of hippocampus)的发展是滞后的(Seress, 2001)。在出生时，齿状回的细胞数量仅及成年人的70%；因此大约有30%的细胞是在出生后形成的。直到出生后12至15个月，齿状回结构的形态学特征才与成年人类似。相对于海马中的其他区域，齿状回中突触密度到达最高水平的时间也延后了。在人类身上，突触密度的戏剧性增长(直到远超过成年人的水平)开始于出生后的8到12个月，并在16至20个月时到达顶峰。在一段相对稳定的时期之后，超额的突触开始消失，直到儿童4至5岁时，突出数量才回到成年人的水平(Eckenhoff & Rakic, 1991)。

尽管齿状回延后发展的具体功能仍然未明，但是有理由推测这一情况影响到了人类行为。恰如此前提到的，当人们经历某一事件时，从皮层各个区域传来的信息汇集到嗅内侧野皮质。信息并由后者经由"长路径"或"短路径"进入海马。长路径乃是嗅内侧野皮质经过齿状回对海马进行投射，而短路径则会跳过齿状回。尽管短路径也可能支持了某些形式的记忆(C. A. Nelson, 1995, 1997)，但从啮齿动物的数据来看，类似成年期的记忆行为还是要依赖于经由齿状回的信息通路(Czurkó, Czéh, Seress, Nadel, & Bures, 1997; Nadel & Willner, 1989)。这就意味着海马齿状回的成熟，可能是生命早期外显记忆发展速率的限制变量(Bauer, 2002, 2004, 2006; Bauer, Wiebe et al., 2003; C. A. Nelson, 1995, 1997, 2000)。

和海马齿状回一样，大脑联合区(association areas)的发展也比较缓慢(Bachevalier, 2001)。直到妊娠第7个月时，皮层的所有6层结构才变得明显。前额叶皮层的突触密度，在出生后8个月开始戏剧性地突飞猛进，并于15至24个月的年龄间到达顶峰。这里的突触密度要到青春期才开始消退到成人水平(Huttenlocher, 1979; Huttenlocher & Dabholkar, 1997; 讨论可见 Bourgeois, 2001)。虽然前额皮层的突触密度在出生后15个月就能到达顶点，但这些突触的形态学特征发展到成年人的样子，却要一直等到24个月(Huttenlocher, 1979)。在生命头1年的后半年以及第2年间，同时也出现了前额皮层葡萄糖代谢和血流量的改变。血流量和葡萄糖代谢分别于8至12个月，以及13至14个月时超过成年人水平(Chugani, Phelps, & Mazziotta, 1987)。而前额皮层的其他发育变化，如髓鞘化，则会持续到青春期，甚至某些神经递质直到20多岁或30多岁才会达到成年人的水平(Benes, 2001)。

由于支持人类外显记忆的整个网络涉及了内侧颞叶和皮层部分，因此可以预期，这个网络只有在它的每个组成部分，以及各部分之间的联结都在功能上成熟之后，才会作为一个整合的整体发挥其作用。当突触数量到达顶峰时，网络将会到达这一整体状态；而这一网络的完全成熟，则是当突触数量消退回成年人水平之时(Goldman-Rakic, 1987)。采用上述量度，使人们预测：外显记忆的出现应该位于生命头1年的后期，而其显著发展则是在整个第2年，并在未来数年间持续发展。除了海马齿状回这个例外，神经网络里位于内侧颞叶的各部分都会在出生后2至6个月间到达成熟状态。而网络的皮层部分，以及中部颞叶内部的联结(例如经由齿状回进入海马的"长路径")，或中部颞叶和皮层间的联结，将会在第1年晚期和第2年中达到功能上的成熟。接着，整个网络将会在其后数年间继续发展，虽然这时的发展少了些戏剧性。神经网络发展的时间框架基础,是从 8 到 20 个月间齿状回突触发生的增长(Eckenhoff & Rakic, 1991),以及从 8 到 24 个月间前额皮层突触发生的增长(Huttenlocher,1979;Huttenlocher & Dabholkar,1997)。此后数月乃至数年间的发展性变化,则是源于齿状回的突触消退(直到 4 至 5 岁;例如 Eckenhoff & Rakic,1991)和前额皮层的突触消退(整个青春期;例如 Huttenlocher & Dabholkar,1997)。

外显事件记忆背后的神经网络的缓慢发展,在行为上带来的结果是什么呢? 大致说来,我们可能会期望某些相伴随的行为发展:当神经基础发展时,行为也会发展(反之亦然)。不过更加明确的问题是:内侧颞叶、皮层结构,以及这两者内部联结的变化,究竟如何导致了行为的改变? 这些变化又是如何影响记忆表征的? 如果要回答这个问题,我们就必须思考大脑是如何建构记忆的,也即底层的神经基础是如何影响了记忆的"秘诀"? 换言之,我们必须去考虑:记忆的神经基础的发展性变化,是如何关系到信息编码并稳定长期储存的效能和效率? 又是如何关系到信息储存的可靠性? 以及如何关系到信息提取的方便性?

基本记忆过程的变化

编码 联合皮层和经验的初始登记以及暂时保持有关。由于在出生后,前额皮层经历了可观的发展;因此很可能前额皮层上的神经发展变化,起码能部分地解释在生命头 1 年中,编码刺激所需时间的改变。举例来说,编码一个刺激(由产生新异刺激偏好所需的熟悉过程来反映)所需要的秒数从 3 个月时的 30 秒左右,下降到 6 个月时的 15 秒左右(Rose, Gottfried, Melloy-Carminar, & Bridger,1982)。

在生命的头 1 年内,编码和事件记忆的年龄相关变化是相互联系的。我们已经发现,10 个月大的婴儿比 9 个月大的婴儿表现出更牢固的编码(利用演示之后立刻出现的熟悉和新异事件的事件相关电位——ERPs——来证明),以及更牢固的回忆(以延后模仿作为指标)。ERPs 是在头皮上记录到的电位变化,它与突触后电位的兴奋或抑制相联系。由于 ERPs 在时间上是和刺激锁定的,因此对不同类型刺激——比如熟悉刺激和新异刺激——的 ERPs 潜伏期和幅度的差异,就可以被解释成论证了不同的神经加工过程。在测验再认时,我们会记录婴儿看到零散排列的两类照片时的 ERPs:其一是此前演示的事件中出现过的道具的照片,其余则是新异事件的道具照片。10 个月大的婴儿对旧刺激的 ERPs 幅度,要大于同样的婴儿在 9 个月时的情况(这是一个纵向研究);但是婴儿对新刺激的脑电反应则没有发生变化。编码时的差异又和回忆时的差别有关。在 ERP 记录之后一个月,我们测验了婴儿对事件的长时回忆。结果相比于 9 个月时演示的事件,婴儿对它们在 10 个月大时经历的事件产生了更高的回忆率(Bauer, Wiebe, Carver, Lukowski, Haight, Waters et al., 2006)。

与年龄相关的编码差异并没有在 1 岁之后就停下。12 个月大的婴儿要比 15 个月的婴儿花费更多次尝试,才能使多步骤事件的学习达到某一标准(学到一个表明材料得到充分编码的标准)。而 15 个月的婴儿又要比 18 个月的婴儿更慢达到这个学习标准(Howe & Courage,1997b)。事实上,在整个发展过程中,年长的儿童都要比年幼儿童学得更快(Howe & Brainerd,1989)。

虽然在生命的最初 2 年里,编码中的年龄差异(以达到某一标准所需的学习次数差异为指标)很明显;但是单凭编码的年龄差异本身,并不足以解释长时外显事件记忆的年龄发展趋势。即使是在控制了编码水平的情况下,年长的儿童还是会比年幼儿童记得更多的东西。Bauer 等(2000)的研究用统计方法控制了初始编码水平的差异,结果在 1 至 12 个月的各种延迟间隔之后,儿童对多步骤事件进行回忆的年龄差异,都稳定地出现于他们所回忆的动作数量以及所回忆的时间顺序正确性上:年长儿童的操作水平高于年幼儿童。在匹配了编码水平的样本中,年幼儿童还是比年长儿童丢失了更多记忆信息(Bauer,2005a)。Howe 和 Courage(1997b)也得到类似的结果,他们通过一个学习标准的设计控制了编码水平,并发现在 3 个月的间隔后,15 个月大的婴儿比 12 个月的婴儿记得更多,18 个月的婴儿则比 15 个月的婴儿记得更多。诸如此类的发现,强有力地说明了编码后加工过程的改变,也会引起事件记忆的发展性变化。

巩固和储存 尽管这两个阶段在记忆痕迹的全过程中应该是分开的,但由于目前的发展性数据所能使用的分析水平的限制,巩固和储存无法被有效地区分。有鉴于此,我将把这两者一起讨论。正如我们此前简要回顾过的,内侧颞叶结构与新记忆"固定"下来以便长期储存的过程有关;而皮层联合区则被假定为长时记忆的仓库。对于一个成熟、无缺陷的成年人,和记忆痕迹巩固有关的突触联结性改变,可能在事件发生之后持续达几小时、几周,甚至几个月。在这段时间里,记忆痕迹是脆弱的:在巩固阶段的大脑损伤会导致记忆缺失,而在记忆痕迹巩固之后的脑损伤则不会(例如 Kim & Fanselow,1992;Takehara, Kawahara, & Kirino,2003)。对于成长中的有机体,记忆痕迹的巩固之路要比成年人更加坎坷。这不仅是因为某些神经结构(齿状回和前额皮层)尚未充分发展,更是由于神经结构间的联结仍处于形成过程中,因此还远未达到最大的效率和效能。结果是,即使儿童曾经成功地编码了某个事件,比如达到了某个学习标准,他们也仍然很容易忘记这些记忆。年幼的孩子可能比年长的儿童更容易发生遗忘(Bauer,2004)。

为了考察巩固和储存过程在 9 个月大婴儿的长时外显事件记忆中扮演的角色,Bauer、Wiebe 等(2003)综合使用了即时再认的 ERP 测量(作为编码的指标)、间隔 1 周后再认时的 ERP 测量(作为巩固和储存的指标),以及 1 个月之后的延迟模仿回忆测量。在 1 个月的间隔之后,46% 的婴儿表现出对序列的顺序回忆,另外 54% 则没有顺序回忆。在即时的 ERP 测试中,不管婴儿此后是否能回忆出事件,它们都表现出了再认:对旧刺激和新刺激的 ERP 反应不同。这有力表明了婴儿确实对事件进行了编码。但是在 1 周以后的延迟再认测验中,那些此后回忆出事件的婴儿可以再认道具;而此后无法表现出顺序回忆的婴儿,也同样没有表现出再认。因此,尽管所有 9 个月大的婴儿都编码了事件,但其中一部分婴儿无法在 1 周之后再认出事件,并接着在 1 个月之后无法对事件进行回忆。不仅如此,延迟再认反应的差异大小,能够预测 1 个月之后的回忆表现。也就是说,那些在 1 周间隔后拥有更强的记忆表征的婴儿,其在 1 个月间隔之后的回忆测验上也会表现出更高的回忆水平。这个实验模式是对 Carver、Bauer 和 Nelson(2000)的重复。这些数据有力地说明了:在 9 个月时,巩固和储存过程正是记忆表现的个体差异的来源之一。

在生命的第 2 年,此前在 9 个月大婴儿身上得到的发现仍可被复制,即:中期的巩固和储存失败,和长期回忆有关。除此之外,还能在行为数据中发现不同年龄儿童在巩固和储存过程上的组间差异。在 Bauer、Cheatham、Cary 和 Van Abbema(2002)的研究中,向 16 个月和 20 个月的婴儿演示多步骤事件,并进行即时的回忆测验(作为对编码的测度)和延后 24 小时的回忆测验。在 24 小时间隔后,年幼的孩子忘掉了相当数量他们曾经编码过的信息:在他们于 24 小时之前刚刚学过的事件中,这些孩子仅复现了 65% 的目标动作、57% 的符合顺序的成对动作。而在年长的儿童那里,间隔后的遗忘数量在统计上并不显著。直到 48 小时间隔后,20 个月的儿童才开始表现出明显的遗忘(Bauer et al. ,1999)。这些观察结果说明了记忆痕迹在最初的巩固阶段是否脆弱,乃是具有年龄差异的。

记忆痕迹在最初的巩固阶段的脆弱性,关系到 1 个月之后回忆的牢固性。这一点在 Bauer、Cheatham 等(2002)的另一个实验中表现得很明显,该实验仅包括了 20 个月大的婴儿。儿童会看到一些多步骤事件的演示,随后某些事件得到了即时测验,另一些事件在 48 小时后测验(按照 Bauer 等,1999,这一间隔之后会出现一定程度的遗忘),还有一些事件在 1 个月之后测验。尽管儿童表现出了较高的初始编码水平(用即时回忆来测量),但他们无一例外地于 48 小时及 1 个月后表现出明显的遗忘。48 小时候记忆的牢固程度,可以预测 1 个月后回忆表现 25% 的变异;而编码水平的差异则没有显著的变异预测力。从概念上,这一效应是对 Bauer、Wiebe 等(2003)对 9 个月婴儿的观察结果的重复。在两个研究中,巩固阶段丢失的记忆信息量,都预测了 1 个月后回忆的牢固程度。

以上我们所回顾的数据表明,即使儿童曾经成功地编码了某个事件,他们也会发生遗忘。在一个年龄组内,受中期遗忘(在 Bauer, Cheatham 等,2002;以及 Bauer, Wiebe 等,2003 中,分别是 48 小时和 1 个星期)影响的个体差异,可以解释儿童长时回忆上的明显变异。而在不同年龄组间,年幼儿童比年长儿童更容易遭受中期遗忘。在 ERP 数据方面,我们可以比较有信心地把中期遗忘的原因归结为巩固或存储的失败:(a) 即时再认测验的数据显示,事件已经得到了编码;(b) 由于 1 周后的再认测验对提取过程的要求很低,于是也就有效地排除了提取过程作为潜在变异来源的可能性,因此 1 周后的再认测验明显表明了记忆巩固或储存的失败。行为数据则要更加模糊一些。在记忆表现上的年龄差异也可能是提取过程,而非巩固或储存过程的差异所致。年长的儿童之所以比年幼儿童记得更多,也可能是因为可用的提取线索对年长儿童来说更加有效。接下来我们就将讨论这个问题。

提取 从长时存储中提取记忆,被认为有赖于前额皮层的作用。前额皮层在出生后经历了长期的发展,这使它有可能成为长时回忆的年龄差异的来源。Liston 和 Kagan(2002)用前额皮层的发展以及与之相伴随的提取过程的变化,来解释为什么年龄在 17 至 24 个月之间的婴儿,可以在观看实验室事件演示之后的 4 个月时将事件回忆出来,而在观看事件演示时年龄为 9 个月的婴儿却无法进行回忆。

尽管提取过程是长时回忆中发展性差异的可能解释,但能真正评估提取过程对这些差异的具体贡献的数据却很少。其中主要的原因,在于大多数研究设计都不允许将编码、巩固和储存,以及提取过程进行相互区分。恰如先前编码部分所讨论的那样,年长儿童比年幼儿童学习得更快。但是编码有效性方面的年龄差异却很少被纳入考虑(Liston & Kagan,

2002,并未提供有关编码的信息)。在那些基于延后模仿的研究中(例如 Hayne et al.，2000)，人们不可能评估编码差异的潜在作用，因为根本没有针对编码的测量。此外，在标准测验程序下，很难得知情况究竟是记忆表征丧失了自身的完整性，于是记忆变得无效(巩固或储存失败)；还是记忆痕迹仍然完整，只是无法为当前线索所通达(提取失败)。要把提取过程作为事件记忆发展性变化的解释，就要求将编码过程控制住，并且要求在高度支持提取的条件下进行记忆测验。满足上述条件的研究之一，乃是 Bauer、Wiebe 等的工作(2003；即用 ERPs 表明事件已经得到了编码，同时再认记忆任务又明显说明了巩固或储存失败)。而他们的实验结果已经在此前的内容中介绍过，清楚地支持回忆的年龄差异是来自巩固和储存过程，而非提取过程。

还有一项研究也允许把巩固、储存过程与提取过程的贡献进行比较，这是 Bauer 等(2000)所做的工作。除了对不同年龄儿童(13、16 和 20 个月)在不同时间间隔(1 到 12 个月)之后进行测验以外，该研究还有另外的三个特征，使其能够就我们感兴趣的问题提供数据。首先，由于研究中的半数事件得到了即时回忆测验，因此该研究提供了针对编码过程的测量。第二，儿童会接受多次回忆测验，其间并不插入新的学习试验，因此就提供了多次的提取机会。正如 Howe 及其同事所论述的(例如 Howe & Brainerd, 1989；Howe & O'Sullivan, 1997)，首次测试应该会激发提取的努力。如果记忆痕迹仍然保持，并且处于较高的通达水平，则该事件就会被回忆起来。另一方面，如果记忆痕迹仍然保持，但相对难以通达，则提取努力将会加强记忆痕迹，提高记忆在第二次测试时的可通达性。反之，如果没有在两次测试间出现成绩提高，则意味着记忆痕迹本身不再存在了(尽管就这一观点的若干细微差别，可见 Howe & O'Sullivan, 1997)。第三，一旦回忆测验结束，就立即对重学进行测验。在第二次测试之后，研究者将每个事件又演示了一次，并允许儿童模仿。自艾宾浩斯(Ebbinghaus, 1885/1913)开始，重学就被用来对完整但不可通达的记忆和不完整的记忆痕迹这两者进行区分。如果重学某一刺激所需的尝试次数，少于该刺激最初学习时的尝试次数，就发生了重学中的节省。节省的产生的原因，可能是由于重学的产物和已经存在(虽然不一定可以通达)的记忆痕迹发生了整合。反之，如果没有发生重学节省，则要归咎于储存失败：没有残存的记忆痕迹作为重学的基础。在发展研究中，重学的年龄差异则会表明：不同年龄的儿童，其残留记忆痕迹的完整程度也是不同的。

为了排除编码过程对长时回忆年龄差异的潜在影响，在对 Bauer 等(2000)的数据进行重新分析时，将 13 和 16 个月、16 和 20 个月大婴儿的数据按编码水平(用即时回忆来测量；Bauer, 2005a)进行匹配。然后检验儿童在时间间隔后遗忘的信息量。在两对匹配组中，尽管儿童已经在编码水平上配对了，但年幼儿童仍然都表现出比年长儿童更多的遗忘。先后两次测试都表现出了明显的年龄效应。此外，两种配对情况下，年长儿童在单次重学之后的表现，与其最初学习之后的表现一样。而对于年幼儿童，重学后的表现不如其最初学习后的情况(Bauer, 2005a)。综合上述发现可知，信息随时间丢失的年龄差异，以及重学中的年龄效应，都有力地说明了延迟回忆中年龄差异的主要来源是储存过程，而不是提取过程。

小结 人们最终会发现若干因素，来解释生命最初数年间事件记忆的年龄变异。而在目前阶段,少数得到评估的差异来源之一,是和编码、巩固和储存,以及提取这些基本记忆过程的发展有关的。而对上述过程各自贡献的评估则揭示,巩固和储存是事件记忆发展性变化的主要原因。也就是说,即使在排除了编码差异之后,长时回忆的年龄差异也仍旧存在。此外,即使在多次提取努力之后,长时回忆的年龄差异也依然明显;即使在重学之后,年幼儿童的记忆表现也无法像年长儿童一样好。这一结论与外显记忆神经基础的发展路径是相吻合的。在出生后第1年晚期和整个第2年间,负责记忆痕迹整合与巩固的颞叶结构出现了显著的变化。这些变化可能导致的结果,则是信息稳定储存的效率和效能发生改变,进而导致在防止遗忘方面发生了显著的行为变化。

婴儿期事件记忆的群组差异和个体差异

虽然在生命最初几年间,事件记忆有着常规的发展,但并不存在一个"成长表"式的函数,来告诉人们特定年龄的婴幼儿到底能把信息记住多长时间。此类函数是有局限的,因为许多任务差异都会影响记忆表现。如果婴幼儿多次观看事件,而事件的步骤顺序又具有促成关系,并且在提取时提供了有效的提示物,则他们一般能在数周乃至数月之后回忆出事件。但是反过来,如果婴幼儿只接受一次事件演示,事件步骤缺乏促成关系,并且在提取时缺乏线索支持,则他们一般只能回忆出很少一部分经验。即使把任务参数都控制住,从婴儿期转入儿童早期的阶段里,儿童记忆表现的个体差异还是会存在。例如,尽管某些20个月的儿童能够回忆多步骤事件中的所有动作,但也有一些同年龄的儿童只能回忆出1个动作(Bauer et al. ,2000)。

对事件记忆年龄差异的机制进行思考,会提示我们找到群组差异和个体差异的某些可能来源。其中之一乃是成熟速率的差别,成熟速率可能影响大脑发展,进而影响记忆编码、巩固和储存,以及此后提取的效率和效能。人们在群组水平上检验了早期事件记忆中可能存在的性别差异,对上述猜测进行了探索。事件记忆的差别,也可能缘于某些影响基本记忆过程的因素的个体差异。这些因素包括信息加工的速度(例如 Rose, Feldman, & Jankowski,2003),以及注意资源能否成功维系(例如 Colombo, Richman, Shaddy, Greenhoot, & Maikranz,2001)。尽管这些变异来源对事件记忆的影响,还没有在基于模仿的任务中得到检验;但另一个潜在变异来源——语言——则已经得到了关注。语言理解和语言产生中的个体差异,可以易化编码过程,并尤其能够促进言语提取线索的效能。反之,事件记忆中的系统变异,则被认为来自对神经结构发展造成负面效应的早期经验影响,比如影响了那些负责巩固和储存过程的神经结构等。以上每一种可能性都会得到阐述。

儿童的性别

将儿童性别作为早期事件记忆中可能的群组差异来源,是受到了女孩发育快于男孩这个观点的激励(例如 Hutt, 1978;不过也可参考 Reinisch, Rosenblum, Rubin, & Schulsinger,1991)。与这种可能性相符的,是部分研究报告了在儿童发展中可能的"临界"点上,事件记忆的表现存在着性别差异。首先是在9个月时——该年龄的特征是在长时顺序回忆上巨大的变异性——有三个实验观察到了性别差异。在其中一个实验里,女孩具有性别效应优势(Carver & Bauer,1999);但在另两个实验里,却是男孩具有优势(Bauer et al.,2001,实验 1 和实验 2)。第二个时间点是 28 个月时——这时儿童在任意定序事件的回忆上有了大幅进步——有研究发现女孩的记忆水平比男孩高(Bauer, Hertsgaard et al.,1998)。除此之外,对儿童事件记忆中可能的性别效应的检验或者是尚未进行,或者是并未发现显著差异。

按照 Bauer、Burch 和 Kleinknecht(2002)的讨论,观察不到显著性别效应的原因之一,也许是因为大多数早期事件记忆研究都是小样本研究(研究设计中每种实验处理包括 8 至 32 个被试,众数为 12 人)。而 Bauer 等(2000)的研究并非如此,该研究测试了 360 名 13 至 20 个月的婴儿(其中 185 名为女孩)。在第一次测试时,儿童仅仅受到和事件相关的道具的提示,出现了某些零星的性别差异。例如,16 个月和 20 个月的女孩在 9 个月后的回忆水平,低于同样年龄的男孩。而在其他 4 种时间间隔条件(1、3、6 或 12 个月)下,均未出现稳定的性别效应。到了第二次测试时(除了和事件有关的道具之外,另加上言语提示),即使是这种零星的性别效应也不见了(Bauer, Burch et al.,2002)。尽管我们无法去证明虚无假设,但大样本研究并未出现有意义的效应,加上小样本研究又只得到零散甚有时矛盾的发现,这些都提示我们:性别并非早期事件记忆中系统变异的主要源泉。

儿童的语言

尽管基于模仿的任务是非言语性的,但是在语言理解、语言产生或这两者上的个体差异,却可以为事件记忆带来变异。在许多研究中,对需记忆事件的演示都伴随着言语解说(例如 Bauer et al.,2000)。而对解说更好的理解,将能支持更多的精致化编码。那些对与事件有关的语言理解得更好的儿童,也可能从基于言语的提取线索中得到更多好处。即使没有旁白解说(例如 Meltzoff,1985,1988a,1988b,1995b),语言发展也仍然是一个可能的变异来源,这时因为具有较高语言技能的儿童,可能会对观察到的事件进行言语编码,这就给他们自己带来了额外的提取线索。如同此后在"事件记忆的连续性和非连续性"部分里将要讨论的,用语言来"增大"非言语表征的能力,会影响此后对记忆的言语通达能力,虽然对这些记忆的编码也可能不使用语言(Bauer, Kroupina et al.,1998;Bauer, Wenner et al.,2002;Bauer & Wewerka,1995,1997;Cheatham & Bauer,2005)。

尽管语言技能是早期事件记忆中系统变异的潜在来源,但其具体效应却很少得到考察。在这方面,Bauer、Burch 等(2002)曾利用 Bauer 等(2000)所测查的 360 名 13 至 20 个月婴儿样本,进行了一次测验。在所有 360 名样本中,有 336 名儿童接受了 MacArthur-Bates 交流发展问卷的学步期版本(20 个月大的儿童)或婴儿版本(13 和 16 个月大的儿童;Fenson 等,1994)。MacArthur-Bates 交流发展问卷是一套具有良好常模的、有效的、家长陈述的测量工具,专门用来测评儿童的早期交流发展。问卷结果显示,儿童的产出性词汇量(productive vocabulary)在 0 到 651 个单词之间(年龄跨度从 13 到 20 个月);接受性词汇量(receptive vocabulary)在 11 到 393 个单词之间(年龄跨度从 13 到 16 个月)。这个样本为检验儿童语言和回忆表现之间的关系,提供了充分的统计推断力和变异量。可是,并无一项相关能够达到统计上的显著水平。所以,在大样本儿童中的测量结果表明,无论是产出性词汇还是接受性词汇,和事件记忆都不存在可靠的关联(Bauer, Burch 等,2002)。

来自特殊人群的儿童

在某事件被编码之后,到该事件的表征被储存和提取之前,记忆痕迹要经过由海马结构推进的巩固过程。如前所述,部分海马结构的滞后发展,是事件记忆上年龄差异的来源之一。事件记忆的个体差异也同样明显。个体差异的许多潜在来源——诸如信息加工的速度——尚未被研究。不过,有关婴儿出生前及出生后,海马及其周边结构损伤造成的可能影响,却已经在三类特殊人群中得到了检验:生命最初几个月在国际孤儿院抚养,此后被美国家庭收养的婴儿;糖尿病母亲产下的婴儿;以及早产但在其他方面都健康的婴儿。结果显示记忆的巩固过程易受干扰。这些结果或许可以暗示,某些类似但并不那么极端的环境,或许可以解释在广大人群上事件记忆的变异。

392

对于每一个特定的目标人群,都有演绎上的理由去预期事件记忆的变异。对于被人从国际孤儿院收养的婴儿,可以想见,伴随着机构照料的应激和剥夺(社会剥夺和认知剥夺),会对整体上的大脑发展,尤其是海马的发展(海马尤其容易遭受应激和剥夺的损害;综述可见 Gunnar, 2001)产生负面影响。使用动物模型的研究表明,糖尿病母亲产下的婴儿,在出生前就受到包括铁元素缺乏在内的长期代谢损害。而出于某些我们尚不明了的原因,铁元素摄取的下降对海马来说尤其危险(Erikson, Pinero, Connor, & Beard, 1997)。最后,有大量文献记载,早产儿的医疗风险因素(例如,出生体重很低或心室内出血的婴儿)会带来认知上的缺损。而对于那些在成熟前遭受不可测量的神经损伤,同时没有或很少有社会风险因素的婴儿,有关其后期发展状态的了解则相对较少。由于大量证据表明,后天经验是促使大脑正常发展的重要因素;因此有理由认为在发展上较后、较慢的记忆系统,容易受出生后各种不同经验的影响。

每个特殊人群的数据都是从不同的研究中获得的。但是在每个使用基于模仿任务的研究中,婴儿对多步骤事件的回忆都会得到即时测验和 10 分钟延后测验。即时回忆测量为控制可能的编码差异提供了手段。10 分钟延后回忆测量则被用作对记忆功能的诊断: (a) 罹患内侧颞叶遗忘症的成年人,在 5 到 10 分钟短暂延后的任务中就表现出障碍(例如 Reed & Squire, 1998);(b) 在非人类灵长类动物上造成的内侧颞叶损伤,导致在 10 分钟延迟任务中表现出障碍(例如 Zola-Morgan, Squire, Rempel, Clower, & Amaral, 1992);(c) 对正常发育的人类婴儿,10 分钟延后回忆和 48 小时延后回忆存在相关(Bauer et al. , 1999)。上述观察暗示,10 分钟间隔后的记忆表现,提供了有关内侧颞叶功能完整性的信息。

在 Kroupina、Bauer、Gunnar 和 Johnson(2004)的研究中,在婴儿时被人从国际孤儿院领养的儿童,在 10 分钟延后模仿任务里的表现,不如与之匹配的得到家庭养育的婴儿。即使控制了编码差异,这种记忆缺陷也还是明显存在。而与"出生前铁元素缺乏可能影响海马功能"这一观点相一致的,同样是在 12 个月的年龄,糖尿病母亲产下的婴儿相对于正常母亲所产婴儿,在 10 分钟延后回忆上表现出障碍(DeBoer, Wewerka, Bauer, Georgieff, & Nelson,将发表)。但两组婴儿在即时回忆上没有差异。最后,对于那些早产但其他方面都健康的婴儿,他们在 10 分钟延后回忆测验上的表现,与其出生时的胎龄存在相关(和足月产下的婴儿相比,早产儿的任务表现较差;de Haan, Bauer, Georgieff, & Nelson, 2000)。而在即时回忆方面,早产婴儿比足月婴儿的表现水平更高。以上每一例研究都证明了,对于非典型的产前或(及)产后环境所造成的微妙的认知功能差异,10分钟延后模仿任务是尤其灵敏的。虽然这些效应是在特殊目标人群上观察到的,但它们同时也可能暗示着更广大人群上事件记忆的个体差异。比如说:慢性应激以及与之相关的认知和可能的社会剥夺,是和贫穷联系在一起的;母亲的诸多健康条件都可能对胎儿营养状况造成不利影响;以及即便在发达国家,早产儿的比率也仍然较高。

学龄前、后期的事件记忆发展

对生命头2年的事件记忆研究,依赖于非言语测量。不过从生命的第3年开始,言语评价方法就成为另一种可行方案了。这就带来了新的可能性:人们不仅能够测验儿童对于受控的实验室事件的记忆,也能够对其在实验室以外的生活中的事件进行测验。这两种取向相互结合,催生了有关儿童事件记忆的大量数据:其中包括日常生活中的惯常事件,比如制作小甜饼、去学校、去杂货店等;同时包括儿童对独特事件的记忆,比如在制作小甜饼时炉子着火、第一天去学校、去杂货店路上爆胎等。其中的某些事件是对个人很重要的,它们组成了形成中的自传体记忆,成为个人过去经历的一部分。在下面这部分内容中,我们将回顾有关以上各类事件的主要发现。

儿童对惯常事件的记忆

正如此前在"对事件记忆发展的传统解释"中提到的,就幼儿对自己生活中事件记忆的早期研究,集中于儿童对日常生活中惯常事件的脚本式表征上。研究揭示了年仅3岁的儿童,即可对日常情境的活动中"发生了什么",做出"最起码"但却精确的报告。这些儿童的报告,包括了在被问及的活动的共有行为,且这些报告几乎是固定不变的。此外,儿童所报告的动作符合这些事件的典型时间顺序。某个3岁儿童对"当你开生日派对时,会发生什么?"这一问题的回答,就是此类发现中颇具代表性的:"你会做一个蛋糕然后吃掉它"(K. Nelson & Gruendel, 1986, p. 27)。

对儿童日常事件记忆的早期研究,还有其他一些重要发现(K. Nelson, 1986, 1997曾作过总结)。比方说,研究显示儿童对事件中动作的排序是真实、一致的。这些特征尤其反映在那些会以同样顺序一次又一次重复的事件上,比如那些具有因果关系和促成关系(本章此前曾作过讨论)的事件。此外,研究还发现,在儿童认为有报告价值的事件元素方面,存在大量的儿童内的一致性,以及儿童间的共同性。几乎无一例外地,儿童报告的动作都是那些对事件最核心、最重要的元素(例如生日派对上的蛋糕),这说明儿童能够理解其日常生活中许多事件的目的所在。这些研究还暗示了幼儿的脚本式表征能力。由于此类记忆表征是一般的而非特殊的(它们描述了一般情况下通常会发生什么,而不是某一特定时间具体发生了什么),所以这些记忆表征就提供了对将来可能发生事情的预测。也就是说,由于表征形式是一般化的（"你吃"），因此对事件中的任意角色，都可以填充许多可能的人选。在此基础上，不仅可以建构有关事件如何展开的知识，也能建构有关各个主体和参与者在事件中所扮演的角色的知识。

对于儿童事件记忆的早期研究证明了明显的记忆能力。同时该研究也表明了发展性差异的存在。首先，年长儿童对日常事件的报告，比年幼儿童包含了更多信息。3 岁孩童只报告了做蛋糕和吃蛋糕，但是 6 岁和 8 岁儿童则谈及了放气球、从派对来客那儿收到礼物然后打开它们、吃生日蛋糕，以及玩游戏。第二，相较于年幼儿童，年长儿童更频繁地提到其他动作可能："然后你吃午饭*或者吃任何其他什么东西*。"第三，随着年龄增长，儿童在其报告中包含了更多的可选活动，例如"*有时候*他们会玩三个游戏……*有时候*他们会接着打开其他礼物"。最后，随着年龄增长，儿童会提及更多的条件性活动，比如"如果你是在 Foote 公园或者其他什么地方，那么现在是时候回家了"（K. Nelson & Gruendel, 1986, p. 27）。

年幼与年长儿童在报告中的部分差异，或许是反映了年长儿童比年幼儿童经历了更多次诸如生日派对这样的事件。举例来说，一个人只有通过经验，才会了解到游戏的个数或者打开礼物的具体时间，是随不同派对而变化的。事实上，该研究所提到的许多年龄变化，也被认为是随着事件经验的自然增长而产生的（Fivush & Slackman, 1986）。但是经验本身并不能解释发展性差异。在实验室研究中，不同年龄儿童就某一新异事件得到了同样数量的经验，结果年长儿童仍然产生了更多精致化报告（例如 Fivush, Kuebli, & Clubb, 1992; Price & Goodman, 1990）。

儿童对独特事件的记忆

对儿童惯常事件记忆的研究，改变了研究者对于"小记忆专家"的看法：年幼至 3 岁的儿童不再被作为更年长、更有记忆能力的儿童的"地板效应"对照组，而是被视作对过去事件可靠的记录者。此项研究还有另一个影响，那就是：它打开了对儿童独特事件记忆进行研究的大门。研究者注意到，尽管年幼儿童似乎形成了有关自己生活中事件的一般记忆，但他们也同样能够区分"通常发生什么"和"具体发生什么"。当儿童被问及某个一般性问题时，比如"在你露营野炊时发生了什么？"，他们会用一般现在时态来回答（例如"We have cookies"）。反过来，如果问儿童一个特定的问题，比如"在你昨天露营野炊时发生了什么？"，他们会用过去时态进行回答（例如"We had grape juice"; K. Nelson & Gruendel, 1986）。儿童对独特情节的特殊反应，有力地暗示了对独特事件的记忆，和一般事件记忆是并存的。这种暗示来的很及时，因为当时在成人自传体记忆或个人化记忆的文献中，婴儿期或儿童期遗忘的现象正被"重新发现"（Pillemer & White, 1989; White & Phillemer, 1979）。用西格蒙德·弗洛伊德（1905/1953）的术语"显著的儿童期遗忘症"，婴儿期或儿童期的遗忘，是发生在成年人身上的，对自己生命最初 3 到 4 年间的独特事件记忆相对很少保留下来的现象。成年人对自己在 3 岁到 7 岁间所发生的事件，在事件记忆数量上逐年稳定增长，但这个阶段的记忆数量还是少于单由成人遗忘速率推算出的期望值。解释该现象的理论普遍认为，成年人之所以只保留了生命早期的很少记忆，是因为当他们是儿童时，就根本没有形成相应的记忆(综述可见 Bauer, 2006)。儿童对独特事件回忆的研究,无疑提供了对这个顽强的假设进行经验检验的途径。

Fivush、Gray 和 Fromhoff(1987)针对幼儿对过去特殊事件回忆,进行了一项早期并有影响的研究。他们访谈了 2 岁到 3 岁的儿童,询问在过去 3 个月间,以及 3 个月或更久以前所发生的事件。研究发现让人震惊:样本中的所有 10 名儿童,都起码回忆出了 1 件发生在 6 个月或更久以前的事件。事实上,儿童对 3 个月之前和 3 个月之内所发生的事件,其报告数量是相等的。因此,这项研究令人信服地说明了,在经验特殊、独特事件时还相当年幼的儿童,也有能力在长时间之后仍然记得这些事件。一项关于 3 岁和 4 岁儿童对某次去迪斯尼乐园游玩的回忆的研究(Hamond & Fivush, 1991),也支持上面的结论。不管儿童对事件的经验发生在 6 个月前还是 18 个月前,他们的回忆量都没有差异。除此之外,年长儿童和年幼儿童在报告的信息单元数量方面并无差异。去迪斯尼时才 3 岁的儿童,在其报告的经验元素数量上,和比他们整整大 1 岁才经验该事件的孩子们相比并无差别。不过年龄组别在报告的精致性程度上存在差异。年幼儿童倾向于对问题作出所要求的最少反应,而年长的儿童则清晰于提供更多的精致化反应。举例来说,当被问到"你在迪斯尼乐园看到什么"时,年幼儿童倾向于回答"飞象丹波",但年长的儿童则倾向于修饰其报告,比如用飞象的大小来修饰:"大大的飞象丹波。"

学龄前期对过去事件回忆的年龄变化

类似 Fivush 等(1987)以及 Hamond 和 Fivush(1991)所作的研究,说明了即使在长期间隔之后,2 到 3 岁的儿童仍然可以记得特殊的事件。尽管这种能力在生命早期就出现了,但该能力也会随着年龄发展而变化。这些变化既影响了人们对学龄前发生的事件所能记忆的数量,也影响了这些记忆形成的牢固程度。在列出这些发展性变化之后,我将讨论这些变化带来的重要结果——自传体记忆或个人过去经历记忆的发展。然后我会讨论这些变化的可能机制,以及通常趋势下个体和群组差异的模式。

儿童记忆保持时间的年龄变化

从有关生命头 2 年的记忆发展文献中得到的线索,或许能让我们预期,学龄前儿童的记忆保持时间长度会有所增长。目前的现状是各种数据混杂在一起。在一方面,诸如 Hamond 和 Fivush(1991)等研究表明,去迪斯尼时年龄为 3 岁或 4 岁的儿童,在 18 个月间隔后所报告的信息单元数量上并无差异。与此类似地,Sheingold 和 Tenny(1982)也报告了一项研究,其中研究者对年长儿童和成人,询问有关某个年幼兄妹诞生的特定问题。如果婴儿出生时被试年龄大于 3 岁(从 3 到 17 岁),就能观察到较高水平的回忆。对于那些在兄妹出生时已经已经起码 3 岁的成人被试,当时他们是 3 岁还是 17 岁并不重要:他们就该事件所能回答的问题数量并无二致。

尽管一些研究表明儿童记忆保持时间和他们获得记忆经验时的年龄相对无关,但也有另一些研究表明,年长儿童的记忆比年幼儿童更加牢固。比方说,Quas 及其同事测评了 3 到 13 岁儿童对某次痛苦的医疗程序的回忆,这一事件是在他们 2 岁到 6 岁时经历的(Quas et al.,1999）。经历医疗程序时较年长的儿童,报告了更加清晰的回忆。与年长儿童的详细报告相反的是,年幼儿童的报告是模糊的,或者儿童根本没有表现出对事件的回忆。实际上,所有在经历事件时年仅2岁的儿童,后来都不能叙述对该事件的清晰记忆;而在经历事件时起码4岁的儿童,则绝大多数都记得该事件(Quas et al.,1999)。观察到类似结果的还有Peterson和Whalen(2001),他们访谈了7到18岁的儿童,询问他们5年前,即2到13岁间所受的伤;以及Pillemer、Picariello和Pruett(1994),他们访谈了9岁和10岁儿童,询问其6年前,也即3或4岁时经历的一次出人意料的火警。在上述两例研究中,经历事件时约年长的儿童,此后对事件的记忆就越牢固。

有必要指出的是,那些没有发现年龄效应的研究都是关于积极事件的:去迪斯尼乐园,或是兄妹的出生。与此相反,那些发现了年龄效应的研究都是关于消极事件的:痛苦紧张的医疗过程,出乎意料的火警。造成这种明显差别的原因尚不明了。也许积极事件的记忆更好,是因为儿童更有乐意在这些事件发生后对其作讨论和解释,于是就导致了更强的记忆表征。另一种可能性是,两类事件的差别或许来自儿童对不同类型事件的不同理解。在目前已得到研究的所有事件中,积极事件可能比消极事件更容易被儿童理解。Pillemer、Picariello和Pruett的工作说明,儿童对事件因果结构和时序结构的理解,对于此后该事件的回忆具有重要意义。当他们在意外火警发生2周之后进行访谈时,大多数3岁和4岁儿童都起码能就该事件提供一些信息。不过年幼儿童的报告含有更多错误,其中大部分错误都可能与其对事件的理解不足有关。举个例子,只有33%的年幼儿童描述了撤离建筑物时的紧张感,但在年长儿童中这一比例是75%。此外,有44%的年长儿童提到了警报发生的原因,但年幼儿童中只有8%报告了这一点。当这些儿童在6年之后,以9岁或10岁的年龄被再次访谈时,他们的回忆出现了惊人的年龄差异。在那些4岁时经历火警的儿童中,57%的人能够对6年前的事件提供完整或起码是断断续续的叙述;但在3岁经历事件的儿童中,只有18%的人能够做到这样(Pillemer et al.,1994)。该研究的作者总结道,对于那些在长期间隔后仍表现出高水平回忆的儿童,"在时间点1的因果推论,可能为思考该事件、对事件序列加上事件顺序,以及建构故事般的叙述性记忆,提供了一项组织化原则"(p.103)。尽管这种观点颇引人注目,但要确定积极程度不同的事件的遗忘函数是否彼此不同,仍有必要进行更多的研究(本章稍后将做更多讨论)。

外部回忆线索的信息产生性的年龄变化

虽然年幼儿童也能长时间地记住事件,但有观点认为幼儿的回忆相比于年长儿童,更多地依赖于外部线索和提示物。比方说,在Hamond和Fivush(1991)对儿童报告其迪斯尼游玩经历的研究中,只有22%的儿童是自发进行回忆的。在对直接问题进行反应时,儿童报告信息量上的平衡就被打破了。尽管效应并不大,但是年幼儿童的自发产生信息(19%)确实比年长儿童的(25%)要少。所以,虽然某年长儿童对于"你在迪斯尼乐园干了什么?"这个问题的反应是可能"我们骑乘了一些有趣的东西";但是一个年幼儿童可能会仅仅反应"骑乘的东西"。如果访谈者希望就此得到更多信息,比如它们是否有趣,她可能得问:"它们有趣吗?"然后幼儿可能对此反应"是的"。从净效应上看,年幼儿童需要有更多的线索才能提取出相同数量的信息。

年幼儿童对外部提示和线索的更大程度依赖，带来了一个潜在的结果，那就是关于某事件提取出的信息会具有较低的一致性水平。正如 Fivush 和 Hamond(1990)讨论过的，如果每一次要求某个儿童提取某一事件记忆的时候，都给出相同的线索，那么儿童在每次试验都会提取出相同的事件元素。如果每次提取尝试时的线索是不同的，则每次试验将会提取出不同的事件元素。结果就是在各次试验间回忆的一致性水平较低。Fivush 和 Hamond 提供了与此观点相符的数据。他们要求 2 岁儿童的母亲和孩子谈论过去经历过的新异事件(比如第一次乘飞机旅行，第一次去海滩)。6 周之后，另一个访谈者就同样的事件对儿童进行询问。令人惊讶的发现是，儿童在第二次访谈中报告的内容里，有 76% 是全新的、与他们的第一次报告不同的信息。但是孩子的母亲确认这些信息都是正确的。幼儿回忆的不一致性，和成年人回忆的一致性(例如 McCloskey, Wible, & Cohen,1988)形成了鲜明对比。严格地讲，随着时间进程，这种不一致性将会导致记忆痕迹的不稳定：儿童可能会仅仅保留事件的小部分核心特征，每次说到该事件就会回忆起它们；在核心外围较不稳定的"边缘"，可能最终会变得无法通达。相比于年长儿童，幼儿可能更容易受到这一不稳定性源头的影响。

儿童所报告内容的年龄变化

随着年龄增长，儿童会报告不同类型的信息。年长儿童和成年人关注某次经验中独特的部分，而年幼儿童看似关心各种经验的共同点，或是经验中的惯常部分。在部分关于儿童对过去事件回忆的最早期研究中，这一倾向得到了明显的阐述。比方说，Todd 和 Perlmutter(1980)报告，在成年实验者和儿童的交谈中所提及的过去事件中，大约有 50% 是由儿童最先提到的。在这些由儿童提出的事件中，又有 66% 关心的是惯常的，而非新异的经验(另见 K. Nelson,1989)。

关心惯常或共同特征的倾向，一直保持到学龄前早期。Fivush 和 Hamond(1990)报告说，在回答访谈者关于去露营的提问时，一位 2 岁儿童在给出"全家人睡在帐篷里"这个独特信息之后，接着提到了露营经验的更多共有的、典型特征：

> **访谈者**：你们睡在帐篷里？啊，这听上去很有趣。
>
> **儿童**：然后我们醒过来，吃晚餐。首先我们吃晚餐，然后去睡觉，然后醒过来吃早餐。
>
> **访谈者**：当你去露营的时候还做了什么呢？你在起床吃早餐之后，做了什么？
>
> **儿童**：嗯，在晚上，去睡觉。(p. 231)

在摘录出这段对话的研究中，儿童所报告的 48% 的信息被判断为独特的，这也就意味着有 52% 的信息不是独特的。考虑到幼儿经历的许多事件都是"第一次"(例如第一次露营，第一次乘飞机，第一次看牙医)，所以为了能理解这些事件，儿童可能会关注新异经验和过去经验之间的共同点。这种模式会随时间推移而改变。到了 4 岁时，儿童所报告的独特信息大约比典型信息多 3 倍(Fivush & Hamond,1990)。

关注不同事件的共同点而非其各自独特性,会导致什么潜在结果呢? 有研究考察了儿童对反复出现的同一事件或高度相似事件的记忆,并对上述问题作出了推断。该研究揭示随着经验的重复,事件记忆会变得一般化和格式化。比方说,某研究多次询问儿童,在第一次进入幼儿园后的 1 星期间"发生了什么";结果儿童省略了自己经验中的细节,代之以普遍的信息(Fivush,1984;Fivush & Slackman,1986)。在进幼儿园的第二天,一个孩子提到在到达学校之后:"我们在那里玩积木,玩那里的木偶,我们可以画画。"到了进幼儿园后的第 10 周,对同样问题的回答变成像"我们可以玩"。随着事件的典型特征被抽象出来,对每个单独经验的记忆的情节性质就丢失了。最终的结果,是对典型情况下所发生事件的高度稳定、但却一般化的表征,而不是对"某一次发生了什么"的表征(Hudson,1986)。扩展开去说,关注经验间的共同点可望导致这样一个结果,即诸如露营这样一个独特事件被"融合"到了平时惯常的吃饭睡觉之中。在此过程中,能将事件彼此区分开的特征,可能会淡出到背景里并且消失。结果将是关于情节的记忆里,真正独特的部分会越来越少。反过来,随着年龄增长,儿童看似更多地关注起事件的独特特征,导致的结果则是真正独特的记忆数量增加。

儿童所报告数量的年龄变化

伴随年龄增长,儿童不仅会在其叙述中包括不同类型的信息,还会自发报告或对提示及线索反应出更多的信息。在 Fivush 和 Haden(1997)的研究中,3 到 6 岁这一阶段内,儿童在其平均叙述中使用的前置词数量增长超过一倍,从 10 个上升到 23 个。年幼儿童的叙述包括了事件中所发生动作的基本信息;这些动作具有强调、限定和内在评估的特征;并被简单的时间或因果联结(分别如 then, before, after;以及 because, so, in order to)连缀起来。对该年龄段上叙述长度增长的解释,是指向装置、条件化动作和描述性细节的年龄相关增长。随着年龄渐长,儿童在叙述事件时将会提供:(a)更多有关事件发生的时间、地点,以及事件所涉及的人物的信息;(b)更多有关可选或可变动作的信息(例如"当它变成红灯时,我们停了下来";Fivush & Haden,1997, p. 186);以及(c)更多的精致化(Fivush & Haden,1997)。其结果则是,年长儿童的故事比年幼儿童的故事更加完整、更容易理解、更加吸引人。

儿童所*报告*的信息量随年龄增长而戏剧性地增加,可以引出以下结论:在儿童对事件*记得*的信息量方面,也存在和年龄有关的增长。但是这个结论并不安全。比较明了的是:大概尤其对年幼儿童来说,言语报告会低估记忆的丰富性。首先,正如此前提到的,儿童在回答关于某个事件的访谈时,通常每一次都会报告出新的、不同的信息。这意味着在任何一个访谈中,儿童都只提供了他们所记得信息的一部分。第二,当儿童长大时,他们对同一事件所提供的信息,会更多于其在年幼时的回忆。当儿童在 9 到 10 岁年龄被访谈时,他们所提供的有关安德鲁飓风(1992 年袭击佛罗里达南部的一个四级飓风)的信息,是其在这个风暴过后不久,当时年龄为 3 到 4 岁时所提供信息量的两倍(分别是 117 和 57 个陈述;Fivush, Sales, Goldberg, Bahrick, & Parker,2004)。这种趋向正好和典型的回忆随时间衰退的倾向相反。这种趋向不能归结为儿童在两次访谈间获得了更多有关飓风或其他风暴的一般知识;因为新增加的信息无可辩驳地提供了有关儿童自己家人面临风暴经验的特殊细节,而不是对风暴的一般信息。鉴于我们没有理由认为儿童的实际记忆会随时间增长,那么上述结果模式就表明了：年幼儿童所记得的，要比他们报告出来的更多。儿童会随年龄增长而报告更多内容，但是由于在年龄增长和叙述技巧增长这两者间不可避免的混淆，我们并不清楚儿童是否也会随着年龄增长而记得更多东西。

自传体或个人化记忆的出现

在独特经验或事件被保持的时间、外部线索对回忆的产生性、所记忆事件的独特性，以及对过去事件报告数量等方面的变化，是一类特殊记忆——出现在学龄前阶段的、关于特别事件的自传体或个人化记忆——发展中的重要因素。自传体或个人化记忆，是对构成个人生活经历或个人过去历史的事件和经验的记忆，是我们关于自己所讲述的故事，而这些故事则反映了我们是谁，以及我们的经验如何塑造我们的性格。这一描述意味着，自传体记忆和"一般的"事件记忆有所不同，因为自传体记忆融合了一种个人卷入感或对事件的所有权。自传体记忆是关于在一个人自己身上发生的事件的记忆，个体自身参与到这些事件中，并对事件产生情绪、想法、回应和反省。这正是自传体记忆中"自传"二字的含义。

除了有关个人自己这一特征之外，自传体记忆还有一些其他特色，其中之一就是：自传体记忆倾向于记忆在特定时间、特定地点发生的独特事件。换言之，自传体记忆是有关特定情节或经验的记忆。自传体记忆还带有一种有意识的觉知感——个体正再次体验某次曾经在自己过去生活中发生过的事件。这种特别的觉知——术语称为自知(autonoetic)或自我觉知(self-knowing)(Tulving，1983)——从 William James 的时代(1890)就开始和记忆联系在一起了。事实上对 James 来说，"记忆不是简单地约会过去的事实，它要求更多的东西。它必须是处在*我*的过去中……我一定要认为我自己直接体验到了记忆的出现"(p. 612)。

在整个学前期，事件记忆带上越来越多的自传体特征；这一点已经在儿童的叙述中得到了明显的证据。从很小的年龄开始，儿童就在叙述中提到他们自己：*"我摔倒了。"*随着年龄增长，儿童越来越多地在其叙述中掺杂个人看法，说明事件对于儿童的意义(Fivush，2001)。比方说，儿童在对"摔倒"这一客观事实的评价之外，还表达了他们对于摔跤的感受：*"我摔倒了，我实在是觉得太尴尬了，因为所有人都在看着我!"*正是这种主观看法，能够解释为什么事件会是有趣的或是悲伤的，并会对个人自身具有重要意义。

同样随着儿童年龄增长发生变化的，是儿童对事件作特定时间和地点的标记。儿童的叙述越来越多地提到特定的时间，比如"在我生日"、"在万圣节"、"去年冬天"等(K. Nelson & Fivush，2004)。诸如此类的标记不仅确定了某一事件的发生乃是在非当前时刻的另一时间，而且还建立了一条时间线，构造出事件发生时间的有组织的历史记录。儿童还会在其叙述中纳入更多的指向性信息，包括事件发生的地点以及参与事件的人物等(例如 Fivush & Haden，1997)。这些变化都使不同事件得以相互区辨，这样就使得每个事件都更加独特。

最后，随着年龄的增长，儿童的叙述中包含了越来越多能够提供丰富细节的元素，增加了那种"再次体验"的感觉。这些元素包括了更多的强调词("因为她*很*淘气")，限定词("我*不喜欢她的录像带*")，不确定元素("你知道接着发生了*什么*?"；来自 Fivush & Haden，1997

的例子),甚至是对事件中对话的重复("我说:'我希望我的任天堂,超级任天堂游戏机还在这儿'";来自 Ackil,Van Abbema,& Bauer,2003 的例子)。在学前期,儿童叙述中的描述性细节的数量出现了戏剧性的增长。比方说,在 Fivush 和 Haden(1997)的研究中,儿童从 3 岁时大约对每个事件使用 4 个描述性词汇,发展到 6 岁时对每个事件使用 12 个此类词汇。这种变化的结果,就是更加精致化得多的叙述,使得讲述者和听众都产生近乎身临其境的感受。很有可能,上述这些变化可以解释为什么会发现成年人对自己 3 到 7 岁间发生的事件,有着随年龄而稳步增长的记忆(Bauer,2006)。

学龄前儿童对过去事件回忆的发展

在学龄前阶段,儿童对特定过去事件的回忆出现了一些变化,其中包括把事件视为自传体性质等。这种发展性变化的可能原因之一,乃是诸如编码、巩固、储存、提取这些基本记忆过程的效率的提升。这些改变会影响记忆表征的强度和完整性,以及可通达性。学龄前期事件记忆的发展性变化,也受到记忆以外的因素影响。比方说,和个人相关的,以及关于特定时间地点的记忆的增长,就分别和自我概念以及时间概念的发展有关系。另外,儿童对其所记得的内容的报告能力的变化,也可能导致观察到的发展性变化。下面,我们将逐一讨论以上每一项导致事件记忆的年龄相关变化的原因。

基本记忆过程的发展性变化

大脑发展是基本记忆过程随年龄变化的主要原因。虽然支持外显记忆的颞叶—皮层网络是在生命第 1 年晚期和整个第 2 年间发展起来,但神经事件仍会在婴儿期之后继续发生。海马齿状回的神经发生,会贯穿儿童期和成年期的始终(Tanapat,Hastings,& Gould,2001)。齿状回中的突触密度在出生后 16 到 20 个月时到达最大值,此后就持续消退直到成年人的水平,该过程起码持续到 4 到 5 岁(Eckenhoff & Rakic,1991)。在此之后,我们才能指望齿状回功能达到成熟水平(Goldman-Rakic,1987)。在前额皮层上,突触密度于出生后 15 到 24 个月间到达顶峰,而突触密度向成人水平的消退,则会在接近青春期时才开始(Bourgeois,2001)。在中间那些年里,某些皮层层次上出现了细胞大小,以及树突长度与分叉的变化(Benes,2001)。与此同时,整个前额皮层的髓鞘化持续进行,乙酰胆碱等神经递质上升到成年人的水平(Benes,2001)。简单说来,就是在婴儿期过后,长时外显记忆背后的神经基础仍然会继续发展。虽然这些后期的神经发展变化,可能并不会像生命最初 2 年中的神经发展那样,带来如此戏剧性的记忆功能变化;但不管怎样,这些后期神经发展还是会影响整个学前期的事件记忆。

编码

前额皮层的发展性变化,被认为导致了学龄前儿童在编码信息效率方面的年龄差别。举例来说,用数字或单词记忆任务测量出的短时记忆广度发生了变化。2 岁的孩子只能在头脑中保持 2 个信息单元,但到了 5 岁和 7 岁,他们就能分别记得 4 个和 5 个信息单元。在学前期,儿童会变得能够更有效地把与任务无关的念头排除在短时记忆之外,于是就削弱了可能限制记忆容量的潜在干扰材料。尽管最明显的记忆策略改变还是出现在学龄阶段;但即使是在学前期,在为了长时间保持需记忆材料的可通达性,而进行的复述方面,还是已经出现了发展性的增长(参考 Pressley & Hilden,本手册,本卷,第 12 章)。这些变化的净效应,就是儿童不但是在暂时登记中保存信息方面,而且在开始巩固信息的组织化加工方面,都变得越发熟练起来。

尽管有理由期望在学前阶段编码的发展性变化,可能会导致同时期内事件记忆的年龄差异;但很少有研究能对上述假设关系进行评估。相关数据的稀缺,其原因之一乃是在于:对长时记忆感兴趣的研究者,常常或是未曾测量初始编码(记忆测验仅在事件之后很久施测),或者是编码水平未能得到控制(可能测量了即时记忆,但是初始学习的年龄差异可能导致的影响却没有被控制)。

虽然还没有研究去评估编码差异对于数月乃至数年后回忆的潜在影响,但倒是有一些实验研究通过让不同年龄儿童达到同一标准学习水平,来控制编码的差异。大多数此类研究都是在学龄儿童(7 到 11 岁,例如 Brainerd & Reyna,1995),或是很年幼的儿童(12 到 18 个月,Howe & Courage,1997b,此前曾回顾过)中开展的,而不是使用学前期的儿童。如前所述,用这种方法控制学习水平后,还是能观察到婴儿及相当年幼儿童在长时记忆上的年龄差异(Howe & Courage,1997b;另见 Bauer,2005a;Bauer 等,2000,分别在儿童按编码水平匹配,以及用统计方法控制编码变异的条件下,得到了相同的结果)。在学龄儿童,以及在样本规模小得多的学前期儿童(Howe & O'Sullivan,1997)身上,也观察到了同样的结果。这些研究表明,单靠编码的发展性差异一点,无法解释长时记忆的所有年龄相关变异。

巩固和储存

在整个学前期,都可以期望与内侧颞叶、前额结构以及两者间联结的神经发展变化有关的,记忆表征巩固和储存过程的变化。ERPs 等神经影像技术可以用来研究该问题,一些婴儿期研究已经运用了这些技术(Bauer et al.,2006;Bauer,Wiebe et al.,2003;Carver et al.,2000)。但是,类似的研究并未曾在学前期儿童身上开展,甚至有关这一问题的行为研究也远远不够。大多数现有的行为数据解释起来都很复杂,因为这些研究没能把不同的基本记忆过程的贡献区分开。我们很难,或者根本不可能仅凭单次测验,就能了解究竟是记忆表征完整无缺但是无法被当前提供的线索通达(提取失败);还是记忆痕迹已经丧失了其完整性(巩固/储存失败;Tulving,1983)。此外,正如此前所说的,发展研究的复杂性还体现在,编码的年龄差异可能未能得到控制,甚至是未能测量。结果就是,只有很少研究传统能够提供数据,来充分地回答"假设中巩固及储存过程的年龄差异,是否对长时回忆牢固性的年龄差异有贡献"这一问题。

研究者在记忆痕迹完整性框架下(Brainerd,Reyna,Howe,& Kingma,1990),以及与之在概念上相关的模糊痕迹理论(fuzzy-trace theory)框架下(Brainerd & Reyna,1990)进行工作,并产出了一系列研究,用以评价储存过程和提取过程的相对贡献。为了排除编码差异可能导致的年龄效应,被试在记忆间隔之前要达到某个学习标准。除此之外,为了能够评价储存过程和提取过程的相对贡献,被试会接受多次测验,测验间不插入学习试验(请看此前对这一实验逻辑的讨论）。在一项此类研究中，4 岁和 6 岁的孩子学习并回忆 8 个项目的图片列表（Howe，1995）。正如该传统下几乎所有其他研究所发现的（Howe 和 O'Sullivan，1997 曾做过综述），该研究中儿童回忆的年龄相关变异中的最大部分，是来自记忆在巩固和储存水平的失败，而非提取阶段。巩固和提取失败率在整个童年期逐渐下降，则意味着这两个过程是记忆发展性变化的来源之一。

提取

从长时储存中提取记忆，被认为有赖于前额皮层——这一在出生后发展得相当拖沓的神经结构。由于前额皮层变化缓慢，因此提取过程似乎就成了下面这个问题的现成答案："在学前阶段记忆的发展是什么？"但是，痕迹完整性框架和模糊痕迹理论传统下的研究结果，却鲜明地站在了上面那个答案的对立面上：尽管巩固和储存失败率在整个童年期一路下降，但提取失败率却保持着相对固定的水平（Howe & O'Sullivan，1997）。整个童年期间的提取失败率明显缺乏变化，这种结果对于那认为提取过程是童年期主要记忆发展源头的观点，显然是一场破坏。

如果提取过程的变化并非儿童长时回忆年龄变化的主要来源，那么为什么年幼儿童看似比年长儿童更加依赖于外在提取线索呢？这个问题的答案可能埋藏在下述认识中，即：提取线索的出现或缺失会导致巨大的记忆差别，而不管*年龄*有多大。即使我们现在的记忆能力处于顶峰，我们也还是要依赖线索来进行提取。事实上，所有回忆都是有线索的，这线索可能是外部提示或者内部联系（Spear，1978）。所以，儿童随着年龄增长所表现出的真正的发展现象，并不是他们获得了相对于线索提示的独立性——反而是能就每一个线索回忆出更多的信息。外部提示返回结果的比率变化，可能意味着意味年长儿童的线索比年幼儿童"铺得更开"。也就是说，可能对较年长儿童来说，给定线索会激活更多相关的元素。另一种可能性是，"每一线索的范围"并不会随年龄变化，年长儿童和年幼儿童相比，只是在同时激活的元素中报告出了更多部分而已。

还有一种可能，那就是儿童随着年龄增长，将能从越来越广泛的线索中获益。在婴儿研究文献中，此种变化甚为明显。在 18 个月时，观看另一名儿童执行实验室事件的录像，将会促进儿童的记忆；但是观看同样行为活动的静态照片则没有记忆促进效果。在 24 个月时，观看静态照片已能够促进记忆；不过单单听到对行为活动的描述，则还是不能促进记忆表现。到了 3 岁，言语描述就能有效地激活事件记忆了（Hudson，1991，1993；Hudson & Sheffield，1998）。还有一项类似的发现，当时在实验室或是在家里所遇到的、用来产生事件序列的道具，可以在儿童 3 岁时引发他们对自己 20 个月时所经历的事件的言语回忆。但是与之相对的，这些道具的静态图片就无法引发此类回忆（Bauer et al.，2004）。这些例子都反映儿童在从婴儿期转入童年早期时，对不同类型外部表征（道具、录像带以及静态图片）进行线索利用的敏感性，发生了明显的变化。在整个学前阶段，类似的变化或许还会出现在儿童对不同言语回忆线索的反应上。如果情况果真如此（尚没有研究明确检验上述可能性），那么年幼儿童可能需要比年长儿童更多的线索，来获得同样的信息量；因为对年幼儿童而言，某些线索并不能有效地帮助记忆提取。

401

不管在什么年龄回忆都要依赖于线索,这一事实是否意味着前额皮层与儿童期的记忆发展无关呢? 这虽然不是完全不可能,但也是相当不可能的情况。更加可能的情况是,前额皮层发展性变化在记忆发展中所扮演的角色,不同于人们此前的设想(Bauer,2006)。前额结构发展的大部分效应,可能是出现在巩固和储存过程,而非提取过程上。巩固是内侧颞叶和皮层结构之间的交互过程。这样,皮层结构变化对巩固过程的发展而言,就可能与内侧颞叶结构的发展同样重要。此外,长时记忆的最终储存位点是在联合皮层。据信,前额皮层在有关事件与经验发生*何时、何地*的信息存储方面扮演了相当重要的角色;而正是这些"何时何地"的特征,能将各种经验彼此区分、并导致经验的自传体性质。因此,前额皮层发展性变化的基本角色,可能是在支持更高效的巩固和更有效的储存方面;至于其在改进提取过程方面的角色,则可能是第二位的。

概念发展

和大脑发展相联系的基本记忆过程变化,并非学前期事件记忆发展性变化的唯一缘由。有理由相信,概念领域的发展也同样能引发记忆的年龄变化,包括较一般的对特定过去事件的记忆,以及较特别的自传体记忆。因为它们定义了自传体记忆特征的缘故,有三个概念领域里的发展和事件记忆的年龄变化特别有关系,它们是:自我概念、空间和时间概念,以及自主觉知(autonoetic awareness)。

自我概念

在整个学前期阶段都能发现自我概念的变化,这些变化可望导致儿童对过去事件的报告越来越多地采用自传体式的视角。个体自我概念包含了两种自我理解:一种是有关"主我(I)"的体验:我是有思想、有情感的实体;另一种是关于"客我(me)"的体验:我具有和其他人不同的特征和性格。有些学者认为,到了生命第 2 年的后半段,"主我"和"客我"结合到了同一个自我系统中,该系统能够有效地组织各种和自我相关的经验(例如 Howe & Courage,1993,1997a)。这种发展的标志,是儿童在图片和镜子中认出自己的能力。Harley和 Reese(1999)所做的一项纵向研究表明,这一十分基本的自我体验的进步,和自传体记忆的发展有关联。他们发现:相比于较晚出现镜中自我再认的儿童,那些较早在镜子里认出自己的孩子(19 个月时测试),在独立自传体记忆报告方面的进步也更快(在 25 和 32 个月时测试)。

在学前期,自我概念还会有其他一些发展,每种变化都被认为有助于对特定过去事件记忆的"个人化"程度的上升。在 2 至 4 岁期间,儿童似乎发展出了一种*"时间上的自我"*(self in time;K. Nelson,1989)或曰*"在时间上延展的自我"*(temporally extended self;Povinelli,1995)——那是一个在时间上向前和向后扩展的自我。认识到自我在时间上的连续性,使人们有可能为对自我有意义的经验建立历史记录。这就使得过去的经验和现在的经验联系起来,而无历史记载的自我概念则无法做到这一点。自我概念在这方面的发展可能和自传体记忆的发展有关,这一观点与下列发现是一致的:能够在延后录像中辨认出自己的 3 岁儿童,要比那些没有证据表明其理解自己是随时间而存在的孩子,在和母亲的谈话里表现出更多的自传体记忆(Welch-Ross,2001)。

自我的另一个较迟发展(相比于对个体物理特征的再认)的方面,乃是规定了某个事件导致经验者如何思考或感受的*评价性*(evaluative)或曰*主体性视角*(subjective perspective)。在整个学前期,儿童在关于过去事件的报告中,对情绪及认知状态的描述稳步增长(例如 Kuebli, Butler, & Fivush, 1995)。评价性或主体性姿态上的差异,可以预测 36 个月的儿童与母亲谈话中涉及自传体记忆的数量(Welch-Ross, 2001)。这一发现与"经验的主观性视角的增长,能促使事件纳入自传体记录"的观点相吻合:对事件的经验并不只是客观发生的事件而已,还同时是以种种方式影响了自我的事件。

将事件置于特定的时间和地点

自传体记忆是关于发生在特定时间、地点的事件的记忆。那么从逻辑上说,将事件在时间和空间中定位的能力的发展,应该和自传体记忆的年龄变化有关(K. Nelson & Fivush, 2004)。到了 9 个月大时,相当一部分婴儿就能记得事件序列展开的事件顺序了。到了 20 个月时,这种能力就已是可靠而牢固的了。这些发现阐明了,婴儿知道*在一个事件之内*,动作 1 发生在动作 2 之前。不过这些研究并未提供证据表明,如此年幼的儿童还能知道*整个事件发生的时间*,相对于另一整个事件的发生时间的先后关系。

在学前期,将事件置于时间线上的能力得到了发展。例如,Friedman(1990, 1993)揭示了在学龄前儿童对熟悉的日常活动的顺序的理解,以及他们对于事件的顺序、持续时间、距离间隔的理解,上述两者的发展性变化是相互关联的。此外,儿童对于在时间线上定义事件先后关系的语言标记的使用(例如"我的生日"是在"万圣节"之后),也存在发展性变化。儿童要到 4 至 5 岁时,才能可靠地使用此类语言标记。尽管儿童对时序关系的理解在学前期有所发展,同时也有逻辑观点认为这种发展可能和自传体记忆的年龄变化有关(K. Nelson & Fivush, 2004);但是并没有大量数据能够将这两个领域联系起来。在儿童对信息来源记忆(例如他们是从木偶还是实验者那里学会了某样东西)方面的文献与上述关注有关(Drummy & Newcombe, 2002)。但是来源记忆究竟与自传体记忆发展有何关系,仍未得到系统探索。

自主觉知的发展

自传体记忆的典型特征之一,就是其提取会伴随着自主觉知:一种当前回想起来的事件曾在此前发生过的感觉(Tulving, 1983)。这类觉知有赖于更加一般化的辨别个人知识来源的能力。这种能力在整个学前阶段都有与年龄相关的变化。比方说,儿童直到 4 至 6 岁才:(a) 似乎知道发现客体属性的是哪个感官(例如,颜色是用眼睛看到,而不是用手摸到的;O'Neil, Astington, & Flavell, 1992);(b) 精确地辨别单词学习的来源·是新学会的还是已经学会很长时间的(例如 Taylor, Esbensen, & Bennett, 1994);(c) 分辨真实知识和侥幸猜对这两种情况(Sodian & Wimmer, 1987)。有观点认为上述能力的发展和回忆的进步有关,与此观点一致的发现是:能够成功地对侥幸猜对与真实知识进行区分的 3 岁和 5 岁儿童,要比无法这样做的孩子表现出对词表项目更高水平的自由回忆(Perner & Ruffman, 1995)。此外,知道哪个感官可以用来获得哪种信息的儿童,其对直接经验过的图片的回忆,要优于其对仅仅在录像中看到过的图片的回忆;而没有感官和信息对应关系知识的儿童,则并未在两类图片的回忆中表现出差异(Perner,2001)。至于能否在研究中获得这些概念和自传体记忆报告之间的关系,人们仍需拭目以待。

叙述性产物的发展性变化和社会化

学前期发展性变化的显著来源之一,乃是在记忆的表达方面:年长儿童对过去事件的报告比年幼儿童多。如前所述,这是否也意味着年长儿童比年幼儿童记得更多东西,还是有待争论的问题。不过记忆中的一项基本事实就是:越精致的记忆表征就会被记得越好。因此,即便叙述能力的差异在本质上并非发端于记忆的差异,那它也可能对后者产生贡献。叙述能力变化的源头,包括了表达的媒介——语言的基本元素——以及故事叙述形式的社会化。

语言的基本元素

由于语言基本元素的发展是在本手册的其他部分(见 Tomasello,本手册,本卷,第 6 章;Waxman & Lidz,本手册,本卷,第 7 章)中讨论的,所以在这里就作简略处理了。在生命的最初 4 年间,大多数正常儿童都从完全非言语表达,发展到了能使用大部分成年人形式的语法。尽管存在个体差异,但儿童通常会在 9 到 15 个月之间说出第一个单词。到了大约 18 个月时,儿童的平均词汇量是 50 个单词。从 18 个月直到小学一年级,儿童大约每天学会 5.5个新单词;到了五年级时,儿童能理解大约 40 000 个单词(Anglin,1993)。通常在达到 50 个单词这一里程碑的时候,儿童也开始产生简单的多词形式,比如"更多果汁(more juice)"。当儿童长到 30 个月时,最初的语法元素(例如形态标记)就明显出现了。到了 4 岁时,除了最复杂的语法形式(例如被动结构)以外,所有语法形式都表现得很明显了(指在英语中的情况;语法发展存在显著的跨语言差异)。对复杂句子、复杂形式的结构获得,会一直持续到学龄期。随着语言基本元素的发展,儿童将能更高效、更有效地表达其记忆的内容。

叙述性产物的社会化

一旦儿童开始获得语言的基本元素,他们就利用这些元素努力进行交流。大多数(尽管肯定不是全部)早期语言运用都是工具性的:儿童在说出"更多果汁"时,是试图达成某个目的。尽管儿童一旦拥有单词之后,就能用*此时此地*的方式来谈论事件;但是儿童需要漫长的发展,才能运用语言来表示*彼时彼地*的事件。有很强的证据表明,儿童报告过去事件的能力,受到养育儿童的叙述环境的影响。这些证据主要来自针对儿童自传体记忆能力发展的调查。

儿童首先开始用语言谈论过去事件,是在生命第 2 年的中期。在这一很小的年龄上,儿童经常会用过去式来表示很近期才发生的事件,或者表示日常事件(相关综述可见 K. Nelson & Fivush,2000,2004)。儿童在有关过去事件的谈话中,主要是回答成年人提出的问题。成年人可能会说:"我们做了冰淇淋,不是吗?"然后孩子回答"是的!"到了 2 岁时,儿童开始自己提供记忆内容。在这个年龄,当父母问孩子:"我们做了什么?"他们就可以指望孩子回答"冰淇淋!"了。但是此时的儿童并不会继续对自己的反应做精致化。到 3 岁左右,儿童开始在有关记忆的谈话中成为完全的参与者。尽管在这一年龄,大多数有关记忆的谈话仍然是由父母开启的;但是儿童已经会把过去事件提出来,作为潜在的谈话主题了。一些儿童能够讲述有关过去事件的简短但完整的故事。更常见的情况是,儿童会在参与谈话时,向他们父母的问题提供充满内容的回答,还带有一定的精致化。如前所述,在学龄前阶段中,儿童在谈话中较多的负担,是被假定源于产生更长的、更详细的叙述,以及为其交谈对象的问题提供更多信息的要求。

儿童并不是在真空中建构事件记忆的叙述的。相反,叙述是处在对话情景——通常是和父母——中的,儿童从这些情景中学会建构叙述的技能,以及叙述的社会目的。自从 20世纪 80 年代中期以来,人们已经很清楚地知道,父母在支持或帮助其孩子的叙述技能发展的方式上存在差异。此外越来越明显的一点是,不同父母间的差异,和儿童的自传体叙述技能发展的个体差异之间,存在系统性的关联。

双亲的谈话风格　曾有一些标签被用来表述双亲谈话风格的差异,不过公认的一致意见是,从双亲对谈话的贡献看,存在着两种风格(K. Nelson, 1993;K. Nelson & Fivush, 2000, 2004)。那些经常参加有关过去事件的谈话、对当前经验提供丰富的描述信息,并邀请其孩子"参与"构造有关过去的故事的家长,被称为是*高精致化*(high elaborative)的风格。与之相反的是那些较少提供过去经验的细节、代之以向孩子提出明确问题的家长,他们被称为是*低精致化*(low elaborative)或*重复性*(repetitive)风格。在我的实验室中记录下的两段谈话样本,可以帮助说明这两种风格的区别,并解释为什么低精致化风格会被形容成"重复性"的。在两个例子中,谈话都发生在母亲和她 3 岁的孩子之间。

高精致化风格

母亲:很久以前,在 Lauren 的生日派对上,她家里有些什么?

孩子:(没有回答)

母亲:你抱着的是什么?——它们是那么小——在 Lauren 家里? 记得吗?

孩子:一个宝宝。

母亲:一个猫宝宝。

孩子:对,一个猫宝宝。

母亲:对了。啊,它是那样柔软。Lauren 有多少小猫呢?

孩子:嗯,五只。

母亲:呃,那是正确的。

孩子:它们跑开了。

母亲:对,它们从你这里跑开了。

低精致化风格

母亲:你是否记得去 Sandy 家并且在她家玩的事情?

孩子:(点头同意)

母亲:在他们家里有孩子吗?

孩子:有。

母亲：哪些孩子在她家？

孩子：David。

母亲：David。他是不是唯一一个在她家的孩子？

孩子：（点头同意）

母亲：还有其他孩子在她家吗？

上面这种风格差异是顽固的，并且会扩展到母亲与孩子有关过去事件的谈话之外的场景中去。比方说，尽管多数针对早期自传体情景中风格差异的研究，是在母亲身上开展的；但是有限的几个用父亲进行的研究表明，父亲同样也会表现出谈话风格的差异（Haden，Haine，& Fivush，1997）。虽然随着孩子逐渐长大，父母亲都会在自传体谈话中变得更加精致化、更加有技巧；但是精致化水平却从来与时间没有相关（Reese，Haden，& Fivush，1993）。此外，起码母亲对于家庭中的多个孩子，都会表现出类似的谈话模式（Haden，1998；K. D. Lewis，1999；对父亲的相应研究尚未进行）。最后，这种风格差异不仅在双亲引出儿童的记忆报告时表现明显，它们同样会明显表现在事件被体验以及被编码的时候（Bauer & Burch，2004；Haden，Ornstein，Eckerman，& Didow，2001；Tessler & Nelson，1994）。

双亲风格和儿童事件记忆叙述之间的关系 双亲的谈话风格可以影响儿童的自传体记忆报告。具体点说，就是不管是同时测定还是一段时间上的测定，家长风格更加精致化的儿童，其对过去事件的报告，会多于那些较低精致化风格家长的孩子的报告（例如 Bauer & Burch，2004；Fivush，1991；Fivush & Fromhoff，1988；Peterson & McCabe，1994）。上述两种情况下的结果模式，都在 Reese 等（1993）所做的纵向研究中得到了很好的解释。研究者在 4 个时间点上考察了 19 对母子或母女的谈话：40、46、58 和 70 个月。在所有 4 个时间点上，都观察了母亲的精致化与孩子的记忆反应之间的同时相关。相关强度的范围从 .59 到 .85。因此在每个阶段，母亲提供的精致化越多，孩子就会有越多的记忆表现。母亲的精致化与儿童对记忆访谈的参与性之间的同时相关，分别在年幼到 19 个月（Farrant & Resse，2000），以及 24 到 30 个月（Hudson，1990）的儿童样本上被观察到。同时，在母亲的言语精致化和 24 个月的儿童在一项模仿任务上的表现之间，也存在同时相关（Bauer & Burch，2004）。因此，母亲的精致化所造成的影响，从言语范式扩展到了对儿童在受控实验任务中记忆表现的非言语测量上。

在 Reese 等（1993）的数据中，母亲的言语行为和孩子记忆表现之间的交叉—滞后相关也同样明显。在孩子 40 个月大时更多使用精致化的母亲，其孩子在 58 和 70 个月大时会有更多的记忆表现。孩子 58 个月时母亲的精致化，则与孩子在 70 个月时的记忆表现有相关。儿童自身之内的跨时间相关很少出现（例如儿童在 40 个月时的记忆反应与他们 46 个月时的记忆反应没有相关）；儿童在较早时间点上的行为和母亲在较晚时间点上的行为的相关也很少见（例如儿童在 40 个月时的记忆反应，与母亲在孩子 46 个月时的精致化并无关联）。对于上述两种情况，唯一观察到的相关发生在 58 个月和 70 个月这两个时间点之间。整个数据模式符合这样的观点：事件记忆叙述的发展过程是一种社会建构过程，其间相对更有

405

经验的父母将会帮助他们年幼的合作者。Harley 和 Reese(1999)将类似研究扩展到了孩子年龄为 19 个月的母子(女)上,并纵向追踪直至儿童 32 个月大,其结果模式与上述结果相同。所有这些结果表明,父母对于孩子记忆叙述的帮助,早在儿童进行独立的记忆谈话之前就开始了。

如果儿童是通过有关过去事件的交谈,来内化组织、表达其记忆的规范叙述形式的话;那么我们应该能找到证据表明,儿童的叙述技能会扩展到母子(女)对话情景以外。若干研究已经阐明,母亲的精致化风格更高的儿童,不仅在其和母亲的谈话中,也在其独立叙述中表现出更强的叙述能力(例如 Bauer & Burch,2004;Boland, Haden, & Ornstein,2003;Fivush,1991;Peterson & McCabe,1992;尽管 Harley & Reese,1999 提供了年幼儿童中的反面证据)。

小结与结论

如同生命头 2 年中的事件记忆发展一样,基本记忆过程的变化仍然是学前阶段事件记忆发展性变化的来源之一。这些基本记忆过程的变化,可能与外显事件记忆的神经基础的发展有关系。不管是要检验每种基本记忆过程的相对贡献还是其关系,都还有必要做更多的工作。尤其对于自传体记忆而言,有理由相信在自我概念、理解事件和空间概念,以及心理内容的发端等方面的发展,都是事件记忆发展性变化的另外源头。有关自传体记忆和这些概念间关系的经验检验相对数量较少,但其结果与上述观点十分一致。

大量研究工作是关于学前期事件记忆发展性变化的第三个来源,那就是事件记忆叙述的社会化。有强劲的证据表明,儿童构筑其叙述技能时身处的叙述环境,与儿童在此类技能上所获得的熟练程度之间存在相关。如果孩子是和较精致化风格的双亲协作,则在儿童所产生的长时记忆报告中,将包含更多老练的叙述策略和更多评论性意见。这些特征都有助于更加"多彩"的叙述。但是,更详细的叙述解释并不等同于更详细的记忆表征(例如 Bauer,1993;Mandler,1990a)。那些对自己的经验进行较短、不太戏剧化的解释的人,其记忆表征的每一小点却可能都和那些产生了更戏剧性叙述的人一样详细、一样完整、一样连贯:两类人的差异可能是出现在他们公开说出来的叙述表达里,而并不发生在其内部的记忆表征上。有关叙述发展的社会影响因素的研究,并不会因为上面这个观点而减弱其重要性。但是当我们考虑事件记忆发展的机制时,还是很有必要把上面这种可能性牢记在心的。

学前期事件记忆和自传体记忆的群组差异和个体差异

既然事件记忆发展性变化的来源已经辨明,那么我们将会在学前期的事件记忆和自传体记忆中,看到怎样的群组差异及个体差异呢?如同婴儿期的情况一样,我们可能会看到基本记忆过程的群组差异是成熟度的函数,还可能看到个体差异受到语言和信息加工变量——如加工速度和注意——的影响。此外,当儿童被要求就其日常生活中的事件进行报告时,我们可望看到这种报告的差异受背景知识或专长性的影响。我们还能期望看到,和理论有关的概念的掌握,是儿童对相关领域的经验的函数。对于叙述社会化差异的各种可能原因的探讨,提示我们能够看到各种影响亲子交互,于是也就影响社会化的变量所导致的效应,这些变量包括了儿童的气质、亲子间的依恋等。最后,我们也有可能看到文化群组的差异。下面我们就来一一讨论。

基本记忆过程的群组差异和个体差异

为了和关注群组趋势的认知传统保持一致,人们对于可能和基本记忆过程变异有关的儿童群组差异或个体特征,只投入了较少的注意。在关于影响儿童目击证词和受暗示性的因素的研究情境中,这些内容得到了最多的关注。但是即使在本文中,这些研究也是相对贫乏的。

性别 在婴儿期,对可能的性别差异的考察,是从关于整体成熟变化的研究中派生出来的,其结果乃是女孩处于优势。而在学前期,对性别差异的考察最常来源于记忆的言语测验,总体结果是女孩比男孩更善于言辞(Maccoby & Jacklin,1974)。女孩在言语记忆任务上表现更好的可能性,在有关有意记忆和策略使用的文献中得到了检验(结果是混杂的:见Pressley & Hilden,本手册,本卷,第12章)。性别差异同样在有关叙述社会化的文献中得到了讨论(也会在下面的部分中得到讨论)。但是有关编码、巩固、储存和提取这些基本记忆过程中的性别差异,并未成为研究的焦点。

语言 恰如此前讨论到的,语言有可能会影响基本记忆过程。在学前期,考虑到多数研究都对记忆进行言语测量,因此人们有更多理由指望语言会对记忆产生影响。但是在生命的早期,学前阶段里,研究并未发现语言变量能稳定或可靠地成为事件记忆中个体差异的来源。尽管有部分研究报告了儿童语言发展及其记忆表现之间存在相关(例如 Bauer & Wewerka,1995;Walkenfeld,2000;Welch-Ross,1997),但也有报告未能在同样的年龄阶段中发现此类相关(Greenhoot, Ornstein, Gordon, & Baker-Ward,1999;Reese & Brown, 2000;Reese & Fivush,1993)。从这一点来说,在学前期,事件记忆的基本过程和语言之间的关系仍不明朗。

信息加工变量 传统上,有一类研究把信息加工变量做为儿童记忆个体差异的来源。但大多数此类研究均集中于有意或策略记忆,而非事件记忆。此外,研究中的预测变量通常都不是信息加工变量本身,而是智力或才能。这些研究的惯常发现是,相比于天赋较低的孩子,天赋更高的儿童(IQ分数或才能分数高的儿童)在记忆测验中的表现水平也较高(例如Schneider & Bjorklund,1998)。鉴于天赋高的儿童——用基本认知任务测量下来——处理信息更快,有可能较快的信息加工和更多的注意控制,会导致效率更高的编码、巩固以及策略使用。

背景知识 如前所述,推动儿童事件记忆研究的力量之一,就是人们发现背景知识或专长性会影响儿童的记忆(例如Chi,1978)。记忆表现和背景知识之间的关系,在事件记忆的文献中表现得很稳固。例如Goodman、Quas、Batterman-Faunce、Riddlesberer和Kuhn(1994)发现,儿童对一次痛苦的医疗过程的知识,和他们此后对该过程所报告出的回忆有相关。事先对医疗程序了解较多的儿童,相比于事先了解较少的儿童,在报告中更少出现不准确的信息,更能抵抗暗示性问题的干扰。知识也可能对记忆表现起到反面影响。当某一单项经验背离了有关"通常发生什么"的知识时，一般知识就可能干扰对该情节特殊特征的回忆(例如 Ornstein, Merritt, Baker-Ward, Furtado, Gordon, & Principe, 1998)。不过，即使是反向影响的例子，也还是说明背景知识确实是事件记忆中个体差异的来源之一。在绝大多数情况下，背景知识对记忆表现都有易化的效应。

概念发展的群组差异和个体差异

对于概念领域——在理论上一般而言和事件记忆、尤其和自传体记忆有关系——中可能的群组差异和个体差异的思考，发端于一个颇让人讶异的源头：寻找普遍的认知发展规律。为了帮助确定人们是否能普遍地获得诸如自我感(sense of self)这样的基本认知成就；人们就对各种环境影响，例如那些和不同的家庭格局、不同的社会化实践有关的方面，进行了测评。相关的文献比较少；儿童在理解特定事件的时、空标记方面可能存在的差异性，尚未得到系统地探索，因此，这一概念在此不作讨论。

家庭格局变量　虽然早期自我再认(self-recognition)确实有变异性，但它并不和母亲的教育、社会经济地位、出生顺序，以及兄弟姐妹人数等人口统计学变量相关(M. Lewis & Brooks-Gunn, 1979)。至于此类变量是否影响了自我概念的后期发展，则尚未得到系统探索。或许和"儿童对知识来源的理解是否存在群组或个体差异"这个问题最有关系的研究，是由 Dunn 和她的同事所做的工作。他们发现：3 岁前与兄弟姐妹间的交互质量，可以预测儿童在 4 岁时错误信念任务 (false-belief task) 的表现 (Dunn, Brown, Slomkiwski, Tesla, & Youngblade, 1991)。Lewis 及其同事的研究，则暗示该结果并非是简单的兄弟姐妹效应，而应该是一种来自*较自己年长*的哥哥、姐姐效应。3 到 5 岁儿童所拥有的哥哥、姐姐数量，与他们在错误信念任务上的成功有相关：最早出生、于是没有任何哥哥、姐姐的儿童，其成功率最低(C. Lewis, Freeman, Kyriakidou, Maridaki-Kassotaki, & Berridge, 1996)。

不同的社会化实践　幼儿概念发展差异的另一个可能原因，来自社会化实践。与此观点一致的是，有证据表明父母的叙述风格和儿童评价性自我或曰主我的发展有相关。如果在孩子 3 岁时，其母亲在自传体记忆谈话中使用许多主观评价性词汇；则当儿童 6 岁时，他们自己也会使用许多此类词汇(Fivush, 2001)。此外，这种实践在不同文化群组间存在差异。与美国母亲相比，中国母亲在与孩子谈论过去事件时，较少提及孩子。也许并非出于巧合，在有关过去事件的谈话中，来自亚洲文化的孩子也更少提到他们自己，并较少给出个人评价(Han, Leichtman, & Wang, 1998; Wang, Leichtman, & Davis, 2000)。最后，有证据显示家长的叙述风格和儿童对知识来源的理解存在相关。Welch-Ross(1997)发现，母亲的精致化风格，与 3 到 4 岁儿童在测量其心理理解(understanding of mind)的任务上的分数，存在正相关；而母亲的重复化风格则与孩子的任务分数存在负相关。

叙述社会化的群组差异和个体差异

在基本记忆过程以及概念发展方面，有关群组及个体差异的文献数量很有限；而与此形成对比的，却是在叙述社会化的群组及个体差异方面，呈现出活跃、多产的研究局面。人们已经鉴别出若干系统性变异的来源。

性别　在有关事件和自传体记忆的叙述社会化的文献中，性别被视作潜在的变异来源；

其中的部分原因,乃是因为成年男女的自传体记忆叙述确实存在性别差异,而这种差异又可能是早期社会化的结果。与男性相比,女性在谈论过去事件时,倾向于产生更长、更详细、更生动的叙述。男女之间最明显的叙述差异,是两性情绪表达方式的不同。女性报告自己谈及情绪的频次,要高于男性的报告频次(Allen & Hamsher,1974);和男性相比,女性的记忆叙述更加充斥了情绪语言(Bauer, Stennes, & Haight,2003);女性似乎还比男性更容易通达关于情绪经验的记忆(Davis,1999)。

有证据表明女孩和男孩在有关过去的谈话中,得到了各自不同的社会化。首先,诸多发现一致表明,父母在和女儿进行有关过去事件的谈话时,其精致化程度会高于他们和儿子的交谈(例如 Fivush, Berlin, Sales, Mennuti-Washburn, & Cassidy,2003;综述可见 Fivush,1998)。相比与对待儿子时的情况,父母还会更经常地强化女儿对谈话的参与。这些发现暗示,在参与有关过去事件的谈话,或是参与更详细、更精致的叙述方面,女孩都得到了比男孩更多的强化。

第二,在有关过去事件的谈话里,其中的情绪化内容也明显地表现出与儿童性别有关的差异。Adams、Kuebi、Boyle 和 Fivush(1995)报告说,从 40 个月到 70 个月的年龄阶段内,父母会对女儿使用比儿子更多数量、更大范围的情绪词。但是在一个 32 到 35 个月儿童及其母亲所构成的独立样本中,上述趋向并不明显,事实上甚至被逆转了(Fivush & Kuebi,1997)。现有的数据尚无法确定,以上两研究所得出的不同结果模式,究竟是因为两者所关注的年龄段不同,还是由于样本本身的差异所致。母亲还倾向于分别对她们 3 岁的女儿和儿子谈论不同的情绪。母亲和女儿关于悲伤情绪的谈话要比她们和儿子的谈话时间更长、更频繁;但是母亲和儿子有关愤怒情绪的谈话,又要比她们和女儿的同类谈话时间更长、频次更高(例如 Fivush & Kuebi,1997;虽然反例可见于 Fivush, Berlin 等,2003)。有关谈论悲伤情绪的性别差异这个发现,随时间推移保持稳定,直到儿童 6 岁时还颇为明显。母亲就导致孩子害怕或高兴的事件与孩子进行交谈的时间量,则没有出现男孩和女孩间的差异。这些发现共同暗示了:父母在与自己的女儿和儿子讨论过去事件的哪些情绪方面,是有区别对待的。

学龄前儿童并没有丢掉他们从父母那里获得的,在一般叙述中——尤其是情绪语言中——性别差异的"教训"。Buckner 和 Fivush(1998)发现,7 岁大的女孩倾向于比同龄男孩产生更长、更连贯、更详细的叙述。此外,与男孩的叙述相比,女孩的叙述中有更多内容带有社会主题。女孩和男孩还在其叙述所使用的情绪语言方面存在差别。正如 Kuebi 等(1995)讨论的,在那个提供了本节内容中大部分数据的纵向样本中(Resse et al.,1993),从 40 个月、58 个月直到 70 个月这些时间点上,女孩所使用的情绪词的数量和范围都在持续扩大。但在男孩身上,这两个指标都未曾增长。结果就是:尽管 3 岁大的男孩和女孩并没有在情绪词使用的数量及范围上存在差别,但是到儿童 6 岁时,女孩就能产生比男孩数量更多、范围更广的情绪词。就这样在整个学前阶段,女孩逐渐在其事件记忆叙述中掺杂了情绪成分,而男孩的情绪表达则并未提高。这一模式也在成年人对自己童年事件的自传体叙述中有所反映(Bauer, Stennes et al.,2003)。

语言 儿童语言能力的差异是否影响了事件记忆叙述性产物的社会化？有关这个问题的研究工作相对较少。Farrant 和 Resse(2000)发现,儿童的表达性语言能力(expressive language abilities)和接受性语言能力(receptive language abilities),都与其母亲的回忆风格存在同时性相关,以及 19 到 40 个月之后的继时性相关。Bauer 和 Burch(2004)报告说,在诱发模仿任务情景下,由母亲演示多步骤序列,然后测验 24 个月大的孩子对序列的记忆;结果那些说自己的孩子拥有较大的产生性词汇量的母亲,她们在演示较短序列时也会产生更多的精致化(但对较长序列则没有)。以上两个关于幼儿语言能力和母亲语言行为关系的研究颇能带来一些暗示。它们当能激发更多针对处于早期社会化进程中的儿童,以及整个学前阶段儿童的同类研究。

气质 气质或行为风格是指人们对环境刺激的响应模式(例如 Rothbart & Bates, 1998)。把气质做为儿童事件记忆和叙述社会化中个体差异的潜在来源,是出于这样的考虑,即:儿童的情绪性及情绪规律性,可能会与儿童对父母的社会化努力的回应,以及儿童谈论情绪状态的能力这两者存在相关。举例来说,K. D. Lewis(1999)曾争辩道,高度社会化的儿童可能会诱发其父母对其作出更多的社会交互,从而也就激励了风格更加精致化的交谈。反过来,那些难以调节自身注意或活动水平的孩子,也许会在父母身上诱发更高水平的调整性话语,可能表现为更多的重复化语言。

与上述观点相一致的是,在一个 3 岁和 5 岁儿童及其双亲所组成的样本里,儿童的年龄和记忆报告都被统计控制的情况下,被父母评价为更社会化、更活跃的儿童,他们从父母那里接受的重复性和评价性话语更少,同时父母的精致化则有相应比例的增长(K. D. Lewis, 1999)。Lewis 解释说,这些效应说明,那些感到自己孩子活动性较低的母亲,会觉得有必要用评价性和重复性的说话方式来督促孩子参加到任务中去。反过来,被母亲认为更加社会化的孩子,会被看作是不错的交谈对象。在学前期,对参与谈话的准备性,很可能就是那种被称为"社会化"的能力的主要成分。精确地说,在 24 个月的孩子及其母亲之间,确实发现了上述这种关系。那些在 Toddler 行为评定问卷(Toddler Behavior Assessment Questionnaire, TBAQ)的"兴趣与坚持"(Interest and Persistence)分量表上,把自己的孩子打上高分的母亲,其对自己孩子的言语接洽程度特别高——体现为更高出现概率的精致化、重复语言、肯定话语,以及全类别表征(Bauer & Burch, 2004)。由此,那些被认为时常表现出兴趣和坚持的儿童,就会在诱发模仿情境中得到更多的言语帮助。而与 K. D. Lewis (1999)对年长儿童的观察相悖的地方则是:母亲的言语行为和儿童在 TBAQ 的"活动水平"(Active Level)分量表上的得分没有相关。再一次地,尽管还远未到一锤定音的程度,但上述两个针对儿童气质特征和有关过去事件谈话中母亲行为关系的研究,仍然颇具启发性,并将激发更多的同类研究。

亲子间的依恋史 所谓的依恋史并非儿童自身的性质,而是在亲子配对上的特征。Fivush 和 Vasudeva(2002)曾提出以下论点:如果考虑到回忆的社会目的,那么成年人与儿童之间的社会情感联系,就可能会和他们对自己生活中事件的建构风格存在关系。这一预期部分源自这样一个事实,即:不同的母亲在和其孩子一起回忆往事时,似乎会带有不同的目的。那些较少精致化的母亲,会表现出实际的目的:就是要让与之交谈的孩子记住某些特殊的信息片断。而那些更多精致化的母亲,其表现则是以和孩子分享某段经验为目的,使孩子投入到交谈之中。密切牢固的人际关系不仅能促进,实际上甚至还催生了这种投入和经验分享的目的。也就是说,正是从一种密切牢固的社会情感联系那里,个体才会受激励开始分享经验。

母子依恋的概念拥有漫长而鲜明的历史,在这里我无法对其作回顾。就当下的目标来看,有必要指出不同双亲及其儿童在其依恋关系的"质量"方面是各不相同的。大多数母亲对孩子的需求都比较敏感,并且会及时、恰当地对其婴儿发出的信号作出回应。于是婴儿就倾向于发展出一种安全的依恋,这种依恋让它们保持和母亲的亲近性,但同时又允许婴儿离开母亲的范围去探索外部世界,并获得一种独立于其照料者的测度。婴儿完全相信当自己回去时,妈妈不仅会在那里,而且还会欢迎自己回来。而另一些母亲对自己婴儿的信号和需要较不敏感。这些母亲可能较少,或根本没有针对婴儿行为的关联性反应;这就可能在婴儿身上造成一种"照料者不可靠"的感觉。这些母亲的婴儿可能会发展出一种不安全的依恋,较难达到与其发展相适应的依赖和独立水平。早期依恋关系的效果还会继续保持到婴儿期之后,证据之一就是早期依恋关系和成人后的恋情关系存在关联(Roisman, Madsen, Henninghausen, Sroufe, & Collins, 2001;尽管另种结果可见 M. Lewis, Feiring, & Rosenthal, 2000)。

大量在依恋传统下进行的研究都表明,母子依恋关系可能和母子交流时的回忆风格有关系。拥有安全依恋关系的母子,比起依恋关系较不安全的母子,将会投入到更加开放的交流中(Bretherton, 1990)。此外,当安全依恋类别里的孩子,被要求补全一个带有社会情感主题的故事时,他们会表现出更加老练的叙述技巧(例如 Waters, Rodriguez, & Ridgeway, 1998)。有关事件情绪性和评价性方面的讨论,可能尤其受到依恋关系的影响;其中原因则是此类讨论和对他人内部状态的解释有关。

尽管人们并不缺乏热情和理由,去考察依恋关系和母亲的回忆风格之间的可能联系;但是这方面的实验研究还是很少。Fivush 和 Vasudeva(2002)在一个由 4 岁儿童及其母亲组成的样本里,检验了上述可能联系。研究结果,在母亲对依恋的评分和母亲的精致化之间存在明显的相关:和孩子之间有着更安全依恋关系的母亲,在记忆交谈中的精致化也更多。上面这种关系在母子和母女之间都很明显。此外,如果母亲对情绪词的运用比例高,则女儿会产生更多的记忆精致化;而在母子配对上并未发现该种关系。恰如作者所争论的:从整体上看,这一研究说明了安全依恋关系中的孩子,更有可能投入到精致化的亲子回忆活动中去,而这又会促进自传体叙述的技能发展。

Newcombe 和 Reese(2003)进行了一个纵向研究,考察了母亲回忆风格和儿童叙述发展之间的关系,如何受到母子依恋关系安全性的影响。当研究开始时,参与该研究的各家庭中孩子的年龄是 19 个月;此后的纵向观察分别在孩子 25、32、40 和 50 个月时进行。在最后一个观察阶段,测评了亲子依恋状态。被评为安全依恋关系亲子对中的母亲,在整个研究进程中提升了她们对评价性语言的使用;而那些不安全依恋关系的母亲则没有出现这种提升。

随着时间点推移,安全依恋亲子对中的孩子会比不安全依恋关系里的孩子,产生更多的评价性语言。此外,对于安全依恋关系的亲子对,从孩子 25 个月开始,母亲和孩子在有关过去事件的交谈中分别使用的评价性语言之间,就存在同时性相关和继时性相关。这些研究结果表明:儿童叙述能力方面的发展,是受到母亲与孩子之间社会情感关系的质量影响的。这些结果和此前 Fivush 和 Vasudeva(2002)的发现一起,都呼吁该主题上更多的研究。

文化群组差异　叙述社会化差异性的最后一个来源,被认为和文化群组有关。在关于成年人样本的文献中,欧裔美国人、亚裔美国人以及旅居美国的韩国人,在其自传体记忆所能报告的最早年龄方面存在令人吃惊的差异(例如 MacDonald, Uesiliana, & Hayne,2000;Mullen,1994;Wang,2001)。欧裔美国人所拥有最早记忆的年龄,比亚裔美国人或韩国人更早数月。这种差异可能与不同文化对回忆的价值和目标的视角不同有关(K. Nelson,1988)。正如 Mullen(1994)所描述的:

> 亚洲人和高加索人之间的差别,可能反映了两类十分不同的社会化目标:在其中一种目标中,遵从社会行为规范被赋予很高价值,对个人主观感受作详述则不适应这种目标;而在另一种情况中,成年人会积极鼓励儿童去精致化地叙述自己个人化的体验,作为深受该种文化重视的、个体性和自我表达的发展的一部分。(pp. 76 - 77)

如果成年人关于自己童年早期的自传体记忆,确实受到不同的社会化的影响;那么这种社会化的差异,应该会在早期的亲子交流中明显表现出来。为了检验该假设,Mullen 和 Yi(1995)分析了美国及韩国母亲和她们 40 个月大的孩子自然发生的对话。研究者发现,韩国母子(女)比美国母子(女)较少进行有关过去事件的谈话。此外,在韩国亲子对之间进行的谈话中,细节部分要少于美国亲子对的谈话(有关韩国和高加索母亲的比较,另可见 Choi,1992)。这些在有关过去的交谈的基础率上的差异,令人想到不同精致化风格的母亲之间的差别:母亲表现出精致化风格的亲子对,倾向于进行更长的、包括更多叙述内容的交谈。

为了确定母子(女)间关于过去事件的谈话,是否也在其他特征上有所差异,并分辨了精致化和低精致化的母亲风格;Wang 等(2000)从美国母亲、中国母亲,以及她们 3 到 4 岁的孩子那里收集了记忆叙述。样本中男孩和女孩数量相当,并把儿童按照其平均说话时间长度,在语言发展水平上作了很好的匹配。来自美国和中国的这些亲子对,分别在其位于美国或中国的家里,接受某个来自母子(女)本国的实验者的观察。观察结果表明,在和孩子交谈时,美国母亲比中国母亲产生了更少的重复性话语和更多的评价性话语;美国孩子则比中国孩子产生了更多的精致化。对于母亲和孩子之间具体对话的分析揭示,美国亲子对要比中国亲子对更具有"精致化接着精致化"的倾向。也就是说,美国母亲倾向于对其孩子所说的话进行精致化,而美国孩子也倾向于对其母亲的话进行精致化。而在中国亲子中,这种倾向并没有那么明显。

如果要把叙述社会化的跨文化差异,总结为成年人对自己童年期回忆中表现出的差异的主要来源;那就有必要得到如下发现:与母亲风格变量有关的东西,扩展到了儿童的独立记忆叙述上。Han 等(1998)要求韩国、中国、美国的 4 到 6 岁儿童和一位实验者谈论近期发生的、个人经历过的事件。美国孩子的叙述比韩国孩子更长、更详细。他们的叙述包含了更多的细节,而这些细节能把当前正被讨论的特定情节,与其他潜在的相似事件区分开。中国孩子的叙述和美国儿童更相近,但是细节和特殊性相对较少。在美国儿童的叙述中,还比中国和韩国儿童包含了更多有关他们自己和他人的内部状态的信息(例如有关感知的词、偏好状态、评价、情绪词)。此外,尽管三个文化群组中的儿童都在其叙述中经常提及他们自己,但是在叙述提到自己的内容中所占比例最高的,是美国儿童。最后,性别差异仅在美国样本上被观察到:美国女孩在叙述中,比美国男孩产生了更多的单词、更多单个陈述单词数、更多的时间标记、更多的描述性词汇,以及更多的内部状态词汇。

Han 等(1998)的结果统合起来,就描绘了这样一副场景:美国儿童(尤其是美国女孩)所产生的自传体叙述,比中国和韩国孩子的叙述更长、更详细、更特别、更"个人化"(不管是从提及自己的方面,还是从提及内部状态的方面)。这种结果与人们从三国母子(女)关于过去事件的谈话中所发现的情况——美国母亲及其孩子在谈话中,比中国母子(女)更加精致化,更加关注自发的主题(Wang et al.,2000);而韩国母子(女)关于过去事件的交谈,则比美国亲子对在经常性和详细性上较差(例如 Mullen,1994;Wang,2001)——是一致的。恰如 Han 和她的同事所讨论的,"美国儿童的叙述内容相对于亚洲儿童更加精致化;这很可能正是'美国成年人群上,人生的最初记忆出现得更早'这一现象的原因"(Han et al.,1998)。不过,只有未来的研究才能告诉我们确实的答案了。

事件记忆发展的连续性和非连续性

正如本章此前提到的,历史上曾经有观点认为,儿童的记忆是相当不连续的。皮亚杰理论认为,在生命的最初 18 到 24 个月里,婴儿没有那种今天被称为外显记忆(有意识的再认或回忆)的能力。在整个学龄前阶段,由于缺乏运算结构,儿童被认为无法形成有组织的记忆表征。学前期儿童的记忆被描述成"介乎于编造的故事和真实但混乱的重组之间,只有在智慧整体得以进步时,才能发展出有组织的记忆"(Piaget,1962,p.187)。换言之,皮亚杰认为,即使儿童建构出了表征过去事件的能力,他们也仍然缺乏能将事件按照连贯的维度组织起来,并使事件变得可记忆的认知结构。他认为只有当儿童到达具体运算阶段(concrete operational period,大约在 5 到 7 岁到达)时,儿童才发展出将事件按时序先后排列的能力。

但是在 20 世纪最后 20 年里所产生的理论和研究,却就上述观点推出了激进的版本。人们现在已经清楚,起码在生命头 1 年的后半年时,婴儿就已经能够形成相对持久的外显事件记忆了;学前儿童可以在连贯的时间维度上,组织惯常事件或者一过性事件。但是起码在还有两点上,事件记忆发展的连续性是可以被质疑的:最初 6 个月,以及婴儿期到儿童早期的转换阶段。

生命最初 6 个月里的外显记忆

事件记忆连续性中最突出的方面之一,就是从发展的很早期开始,将事件记住的能力就表现得挺明显了。最少在 6 个月时,婴儿就能够将外显记忆保持超过 24 小时。至于该项能力是否会在更早期的发展中出现,这个问题仍然未明。当然,的确有数据是关于婴儿在 6 个月以前的记忆,比如婴儿在诸如视觉配对比较和汽车联动强化这样的任务中表现很好。但是正如此前提到的,我们并不清楚此类任务是否测量了外显记忆。也有证据反映,仅仅几天大的婴儿就能进行动作模仿(伸舌头和张嘴;例如 Meltzoff & Moore, 1997)。但是新生儿的模仿机制是否和 6 个月以及更大婴儿的动作模仿机制相同,也还是有争论的问题。尽管 Meltzoff 和 Moore 争辩说这种记忆能力是连续的;但还是有其他人提出了另一些机制和解释(例如,固定动作模式(fixed action patterns);Jacobson, 1979),并支持非连续性的观点。

考虑到"外显事件记忆的连续性是否能上溯到生命最初几个月"这个问题,事实上并没有实证解法;因此我们面对的,其实乃是有关该问题的理论和概念论争。如果考虑大脑发展的时间进程,那么就会对记忆连续性是否能上溯如此之远表示怀疑。如前所述,支持外显记忆的大部分神经网络中,有些部分是发展较晚的。负责长时记忆巩固的那部分结构的发展尤其拖沓,结果导致长时间隔之后的回忆可能不会在生命最初半年里得到明显表现。准确地说,以上观点并不意味着长时外显事件记忆就是在 6 个月时突然"喷发"出来的。正相反,该观点预期的情形是,把越来越多的信息保持越来越长时间的能力,是逐渐显现的。这种发展模式从 6 个月开始变得明显,但人们完全有理由期望:由于支持外显记忆的神经系统开始了其漫长的发展、成熟过程,那么相似的记忆发展模式在 6 个月大以前也会存在。这一论断与 C. A. Nelson(1995, 1997, 2000)所提出的,依赖于部分外显记忆神经网络的"前外显"记忆,是相符的。同时它也和 Mandler(1988, 1992, 1998)的观点相一致,即:虽然在出生后不久,婴儿就具备了形成事件和经验的可通达表征所需的工具;但是由于所形成的表征是如此脆弱,所以这些工具操作的产物可能表现得并不明显。

从婴儿期到童年早期的转化

认同婴儿期和童年早期之间事件记忆发展非连续性的观点,具有很深的理论根基。长期以来,这一领域中占据统治地位的观点认为,记忆的表征形式会在大约 18 到 24 个月时发生一次改变。这种观点的现代版本,则被用来解释下面这个观察事实:即使在获得语言之后,儿童似乎也不会谈论自己早先生命中的事件。这种对早期记忆的、事后的言语通达性如此明显地缺失,就导致人们开始怀疑早期的、前语言的记忆究竟处于怎样的状态。比方说,在 Pillemer 和 White 于 1989 年对自传体记忆和儿童期遗忘现象所做的文献综述中,他们表示:如果早期和较后时期的记忆在性质上是相似的,则早期记忆"理应在儿童能够以叙述形式重构前语言期事件时,就变得可以用语言来表述了"(p. 321;另见 Nelson & Ross, 1980;Pillemer, 1998a, 1998b)。由于此类证据并未出现,所以早期记忆就被表述为"行为记忆系统"的功能;而该系统支持"那些足够持久、可以影响数月或数年之后的感受与行为的早期记忆映像"(Pillemer,1998a,p. 115),但是这些记忆映像是内隐的,而不是外显的。上述论点其实就是以下这个观点的现代版本:"年长儿童(或成年人)无法(言语地)回忆其生命中的事件,证明了外显记忆能力是较晚发展的。"

部分研究的结果显示,即便儿童已经获得了描述过去事件的语言能力,他们也还不会马上运用这种能力。Peterson 和 Ridecout(1998)对儿童进行访谈,内容涉及因为事故导致骨折、烧伤、需要缝合的外伤,并被送往抢救室的经历。事故发生时儿童的年龄在 13 到 34 个月之间;在儿童家里做的几次访谈,分别是在事故发生后不久、然后是事故发生后的 6 个月、12 个月,以及 18 或 24 个月后进行。经历事件时年龄在 26 个月或更大的儿童,在所有访谈中都提供了言语报告。尽管在 20 到 25 个月间受伤的儿童无法在当时描述其经验,但他们能够在 6 个月之后提供言语报告。与此相反的是那些受伤时年龄在 13 到 18 个月之间的儿童,他们中间没有人能够提供关于受伤经历的完整言语解释——即便在后期访谈时,这些儿童已经获得了提供报告所需的语言能力。Peterson 和 Rideout 将最年幼儿童在言语描述自身经验方面的困难,归咎为儿童在事件发生的时候,缺乏言语编码手段所致(另见 Myers、Perris、& Speaker,1994;Simcock & Hayne,2002)。诸如此类的研究暗示,如果事件当时没有被语言编码,那么此后也无法用语言来描述这些事件。

其他一些研究的结果则认为:对事件的事后语言通达性最为重要的因素,并非事件编码时语言的可用性,而是是否有机会用语言去扩大非言语记忆表征。这项结论是由一系列研究得出的。这些研究在诱发模仿和延后模仿情境下,向前语言期和语言早期的儿童呈现多步骤序列,然后在数月之后测验这些儿童的言语回忆(Bauer, Kroupina et al. ,1998; Bauer, Wenner et al. ,2002)。参加 Bauer 等(2000)研究的儿童在经历事件时的年龄为 13、16 和 20 个月,他们在 1 到 12 个月之后参加了非言语记忆测验,最后在 3 岁时又参加了一项跟进研究。由于 3 的儿童已经被认为可以参与言语访谈(例如 Fivush et al. ,1987),所以在 3 岁时的访问中,研究者直接要求儿童描述他们所经历的事件。结果表明,儿童在早期非言语记忆测验时表现出的自发言语表达,可以最有效地预测他们 3 岁时对该记忆的言语表述:前者对儿童 3 岁时外显言语回忆的方差解释率为 30%(Cheatham & Bauer,2005)。与之形成对照的是:儿童最初经历事件时的那些变量(例如年龄、语言能力),却并不能预测他们此后的言语回忆。此类研究表明,对于早期记忆在较后时期的言语通达性而言,最重要的影响因素并不在于编码时的语言运用,而是在于此后是否有机会用语言来增大非言语记忆表征。在此前描述的这个研究实例中,早先的非言语回忆测验,就提供了这种用语言来增大非言语记忆表征的机会。

如果早期记忆确实可以在以后用言语描述出来,那么,为什么我们很少看到对早期的、前语言期记忆进行言语通达的实例呢?这个问题的答案或许在于后期言语回忆的典型测验条件。在 Peterson 和 Rideout(1998)的研究中,儿童在是自己家里接受访谈,回忆以前在抢救室里发生的事件;除了言语提示和线索以外,儿童在整个访谈中得不到任何帮助。与之类似的是 Simcock 和 Hayne(2002)的研究,儿童言语回忆所能得到的支持,仅仅是实验者的言语提示,以及照片。正如此前讨论的,儿童对有关过去事件的言语或图片提示物的敏感程度,是有一个发展过程的(Hudsen,1991,1993)。因此就导致了这样一种可能性,即:我们之所以无法在此类条件下观察到言语通达的记忆;或许并不是因为儿童在记忆编码时缺乏语言能力;而是因为当儿童面对那些给出的线索时,无法有效地恢复事件记忆所致。在 Bauer、Wenner 等(2002)的研究中,研究者用此前生成多步骤事件的道具,来支持儿童的回忆。结果,即使这些道具的呈现场景和儿童最初遇到它们的情景不一致(最初在实验室里遇到道具,此后则在儿童家里用作线索:Bauer 等,2004);它们也被证明是记忆恢复的有效线索。如果记忆可以被有效地恢复,则新获得的单词就能够被映射到它们所指示的先前事件上。这样,前语言期的记忆就可能和语言"混淆"起来,于是就使这些记忆可以在此后被言语,或非言语地通达。

至少在某些情况下,早期记忆可以被语言增大,并可以被言语描述出来;这一观点引发了下面的问题,即:年长的儿童甚或成年人是否有可能经过训练,在正确的线索提示下,获得从生命最初数年间开始的、不间断的记忆? 起码有三条重要理由,导致发生上述情形的可能性微乎其微。首先,如前所述,保持外显事件记忆、并在以后加以提取的能力,要一直到生命头 1 年的后半年才达到"临界质量"。因此在最初 6 个月中,极少——如果有的话——记忆能够被保存下来。

第二,即便当外显记忆已经变得可靠、牢固的时候(靠近生命第 2 年的末尾),遗忘也会发生。尤其是因为贯穿整个学前期的基本记忆过程(巩固和储存)的变化,学前期儿童的遗忘速率要比童年后期及成年早期来得更快。其结果就是:尽管形成了记忆,但其中大部分被遗忘了。

第三,恰如我曾经在其他地方主张的(Bauer,2006),在婴儿晚期和童年早期,儿童对特征的表征逐步增长,这使得事件记忆具有自传体性质,并因此能够更加长久保持。如本章此前所述,存在某些概念性的发展,允许儿童针对过去事件构建起独特、清晰、自我参照的记忆。此外语言和叙事形式的社会化方面,也会出现关键的发展:叙事形式的发展不仅仅易化了对事件和经验的重述,更促进了对事件和经验的组织,于是也就促进了对它们的保持以及后来的提取。作为上述发展的净效应,在整个学前期阶段,儿童的自传体记忆逐渐地具有了自己的原型特征;而原型自传体记忆的建构速度,最终会超过事件被遗忘的速率。这就导致了下面的结果,即:在有关成年人对日常生活事件回溯报告的研究中,几乎每一例研究都会发现如下的记忆分布情况——人们对于生命最初 3 到 4 年的记忆数量相对很少,而此后对于在 3 岁到 7 岁之间发生的事件,其记忆数量则稳步增长(更多讨论可参考 Bauer,2006)。

小结与评价

直到 1970 年代后期,人们都还把记忆发展在大体上视作为非连续的。人们认为婴儿无法形成可通达的记忆,并认为学龄前儿童的记忆是缺乏组织的。但是随着测定婴儿事件记忆的非语言方法的发展,加上人们观察到学龄前儿童可以精确记得自己生活中的事件,前述观点发生了戏剧性的转变。现在我们已经清楚地知道:最晚在生命头一年的后半年时,婴儿就能建构起长期持久的外显事件记忆了。至于这种记忆能力是否还能上溯到生命最初的那几个月,这个问题尚待解答。不过,考虑到出生后大脑发育的时机和进程,这可能会对持久外显事件记忆的建构形成严格的限制。在生命最初数月之后,事件记忆就具有充分的连续性了。对记忆的非言语测验和言语测验都表明,儿童对事件建构起了有组织的表征,并且会在此后某一时间点将之回忆出来。在某些特定情况下,早期的前语言记忆,在后来可以为言语报告所通达。然而纵观整个学龄前阶段,遗忘率相对较高。此外,儿童对事件记忆的原型性自传体记忆特征,乃是逐渐形成的。当建构原型性自传体记忆的步伐,开始超过事件记忆被遗忘的数量时,就有明显的证据显示儿童的自传体记忆具有如同成年人那样的分布情况了(Bauer,2006)。

对应激性或创伤性事件的记忆是不是"特别"的?

到目前为止的讨论中,所有事件都被认为是在本质上相等的。先前叙述的焦点,乃是那些有可能影响儿童事件记忆的发展性变化,以及儿童本身的特征。但是此前我们并未专门讨论过,某些事件是否天生就比另一些事件更容易被记住。在关于事件记忆的文献里,有相当一部分推测认为,有关特别具有应激性或创伤性的事件的记忆和那些有关非应激性、非创伤性事件的记忆,在性质或在数量上是不同的。在此问题上,目前还没有一个确定的最后答案,有的只是一些启示。

对应激性或创伤性事件的记忆

对应激性或创伤性经验的记忆可能不同于对非创伤性经验的记忆,这一观点根深蒂固。其经典基础之一,来自有关优化唤醒水平的叶克斯—多德逊定律(Yerkes-Dodson Law)(Yerkes & Dodson,1908)。简单地说,该定律预测了唤醒水平和任务绩效之间的关系;与最优化唤醒水平相比,当唤醒水平过低或过高时,绩效都会受削弱。和良性事件相比,应激性或创伤性经验被认为可以提升唤醒水平。如果假设和某一创伤性经验相联系的唤醒水平较高,但并没有过高;则根据叶克斯—多德逊定律,该经验将会被记忆得更好。如果和创伤性事件相联系的唤醒程度超过了最优化水平,则对该经验的记忆就会受损(Easterbrook,1959)。除了所能记得的细节数量之外,还有意见认为,对创伤性和非创伤性经验的记忆,在性质上是不相同的(讨论可见 Goodman & Quas,1997)。一些研究表明,对创伤性经验的记忆具有形象的"闪光灯"性质(例如 R. Brown & Kulik,1977;Winograd & Neisser,1992)。另一些则暗示:在创伤性情景中,注意会集中于事件的中心特征,而对边缘特征的记忆就会相应地较差些(例如 Christianson,1992)。

由于显而易见的实践原因和伦理原因,研究者不能故意将儿童置于高度应激或创伤性的事件中,然后研究儿童对这些事件的记忆。但是研究者可以考察儿童对于医院急诊和处方医疗的记忆,从而洞察应激和创伤究竟如何影响事件记忆。尽管这种测量能够得到社会的认可,并且也是为了儿童的权益而开展的,但它们还是会让儿童体验到不愉快、痛苦和恐惧。即使是幼儿也能记得此类伴随着应激和创伤的事件。Peterson 和 Rideout(1998)报告说,那些在 26 个月时受伤并因此进急救室的孩子,能够在 2 年之后对该经验进行说明。儿童对于天灾的记忆同样是研究焦点之一。Bahrick、Parker、Merritt 和 Fivush(1998)发现,经历过安德鲁飓风的 3 岁及 4 岁儿童,在风暴之后 6 个月内接受访谈时,可以提供有关飓风的冗长记述。在 6 年之后,当这些孩子到了 9 岁或 10 岁时,他们不仅仅记得遭遇飓风的经验,而且儿童对飓风的记述长度还两倍于 6 年之前他们所提供的回忆长度(Fivush 等,2004)。

415

　　幼儿可以记得创伤性的经验,这一点已经很清楚了;但是在创伤性和非创伤性事件记忆之间是否存在数量或质量上的差异,则仍是一个问题。使该问题存疑的原因之一,在于对创伤和记忆之间的关系进行实验研究会很困难。除了实验法以外,医疗程序模型也是另一种有效的研究方法;比方说,研究者比较两组儿童的记忆表现,其中一组经历了应激性的医疗程序(例如排泄性膀胱尿道造影,voiding cystourethrogram fluoroscopy, VCUG),另一组则经历了应激程度远较前者为低的医疗程序(例如一次小儿科体检;D. Brown,Salmon,Pipe,Rutter,Craw,& Taylor,1999)。上述方法的一个变式,则是去比较在经历某一痛苦的医疗程序(比如接种或 VCUG)时,较紧张和较不紧张的儿童的记忆表现(如 Goodman,Hirschman,Hepps,& Rudy,1991)。总体上,研究者发现:对应激性医疗程序的回忆,起码与对较温和的医疗程序的回忆一样好,某些情况下甚至比后者更好(例如 Ornstein,1995;综述可见 Fivush,1998,2002)。不过有些研究发现,相较于紧张程度较低的孩子,那些体验到高水平应激的儿童产生了更多的记忆错误(例如 Goodman & Quas,1997)。

　　医疗程序模型已经产生了诸多研究,提供了很多信息。但由于该方法必须使用被试间分析,因此它无法对来自同一被试的应激性或创伤性经验记忆,和该被试的较积极经验的记忆进行直接比较。Fivush、Hazzard、Sales、Sarfati 和 Brown(2002)进行了一次上述这种比较。研究者访谈了 5 岁到 12 岁的儿童,访谈涉及了非创伤性事件,例如全家出游、度假、聚会等;以及应激性或创伤性的事件,例如重病或死亡、小病或受伤、财产损失、暴力和龃龉、双亲离异等。总体上,儿童对应激性或创伤性事件,以及对非创伤性事件的讲述在长度上相当。但是,相比于对创伤性或应激性经验的叙述,当儿童叙述非创伤性经验时,其语言中包含有更多的描述词(形容词、副词、物主代词、修饰词),并提及更多的人和物。与之相反的是,儿童在回忆创伤性经验的时候,会提供更多有关内部状态(自己或他人的情绪、认知及意志状态)的信息。此外研究者的评分表明,儿童对创伤性经验的讲述,要比他们对非创伤性经验的叙述更加连贯一致。该研究的结果认为,对创伤性经验和非创伤性经验的记忆陈述,在性质上是不同的;对创伤性事件的陈述,要比非创伤性事件的陈述更完整、更统合、更指向于内部。

　　Sales、Fivush 和 Peterson(2003)考察了在 3 到 5 岁儿童及其家长(主要是母亲)之间,关于两类时间的谈话:其一是由家长选择的积极事件(例如家庭度假),第二则是必须进急诊室的医疗急救经验(例如需要缝合的伤口、骨折等)——而这些经验对儿童来说是应激性或创伤性的。相比较于积极事件,在有关创伤性事件的谈话中,儿童和家长均花费了相对更多的时间来讨论行为的原因(例如,“你做了什么事情让自己受伤?”p. 192)。反过来,儿童及其家长在有关积极事件的谈话中,用于谈论他们的情绪的时间,则要比创伤性事件谈话中的更多。此外,在谈到积极事件时,家长的谈话会包含较多的积极情绪,较少的消极情绪;而当他们谈到创伤性事件时,谈话中消极情绪的比例则会高于积极情绪。儿童对情绪语言的运用过于稀少,因此难以进行类似的平行分析。

对创伤性和非创伤性事件报告进行直接比较的第三个研究,对 3 至 11 岁的儿童及其母亲进行了访谈,访谈内容是有关 1998 年 3 月 29 日袭击明尼苏达州小乡镇 St. Peter(人口为9 500 人)的一次破坏巨大的龙卷风(Ackil et al. ,2003;Bauer,Stark et al. ,2005)。大约在龙卷风袭击后的 4 个月,研究者要求这些母亲和她们的孩子讲述这次风暴,以及两项和龙卷风无关的事件:其中一项发生在龙卷风来袭前 3 个月内,另一项则发生在龙卷风之后,但和龙卷风没有关系。在初次访谈之后 6 个月(风暴过后 10 个月),这些母子就上述同样的三个事件再次接受访谈,因而就使人们得以评估事件叙述随时间发生的变化。在两次访谈时间点上,对龙卷风的叙述长度都两倍于非创伤性事件的陈述,后两者(非创伤性事件)的叙述长度则没有差异。从第一阶段访谈到第二阶段访谈,所有事件的叙述长度都没有发生变化。重要的是,即便在控制了谈话长度这一变量的情况下,有关创伤性事件的陈述仍然比有关非创伤性事件的谈话更加完整、连贯。另外,这种差别在 6 个月间隔后依然存在。尽管该研究中的儿童年龄范围较大,但与年龄相关的差异并不特别明显,在第一阶段访谈没有出现与年龄有关的交互作用,第二阶段访谈的交互作用也很小。

小结

在相对新兴的、有关儿童事件记忆的文献中,已经有大量的注意和争论集中于这样一个问题,即:儿童对应激性或创伤性事件,是否会记得比非应激性、非创伤性事件更好,抑或是一样好? 针对这一问题所进行的直接比较,其数量惊人地稀少。很明显,儿童能够记得应激性和创伤性的事件。也有文献提出观点认为,儿童对创伤性事件所做的陈述,要比他们对非创伤性事件的陈述更加连贯,并可能更加集中于内部状态。随着时间推移,可以认为,上述特征将使儿童对创伤性事件的记忆优于非创伤性事件。这些发现表明:尽管儿童对高度情绪化的事件的记忆,很可能遵循着与较温和的事件记忆相似的发展过程;但对这两类事件的记忆,仍在某些重要方面存在差异。

结论及未来研究的方向

在撰写本章内容的时候,有关事件记忆发展的研究仍处于"青春期",但该领域的研究已经相当成熟。在 1970 年代以及 1980 年代早期,研究者开始对一项传统假设发起挑战;该假设来自单词或图片列表记忆的实验室研究,认为学龄前儿童的记忆能力很差。研究者让儿童回忆故事,以及对自己日常生活中的事件进行报告;其结果实际上发现,一旦儿童能够参加事件记忆的言语测验,他们就能"通过"此类测验。儿童能提供有关自身经验的、在时间上有次序的报告,其中包括完整叙述的绝大部分(如果不是全部的话)要素——事件所涉及的人、物、时间、地点、原因和过程。学龄前儿童的记忆能力的发现,加上对婴儿事件记忆的非言语评估方法的发展,挑战了另一项传统假设,即:婴儿没有形成、保持和提取对过去事件的外显记忆的能力。运用基于模仿的任务的研究已经揭示,起码在生命头 1 年的中间时刻,婴儿就能回忆过去事件了。到了第 2 年末时,事件记忆已相对稳固、长久。在某些情况下,那些很可能未用语言编码的记忆,可以熬过婴儿期到童年早期的转变,并终于能被言语描述出来。就这样,大量证据都鲜明地反对事件记忆的发展非连续性观点,表明了对过去事件的记忆能力,是很早就开始且连续发展的。

我们说形成、保持并在此后提取事件记忆的能力发展得早,并不意味着这种能力就不会随着年龄而变化了。恰恰相反,在整个婴儿期和学龄前阶段,事件记忆会在若干维度上发生变化,包括儿童记住事件的时间长度、儿童记忆的牢固程度,以及不同类型提示物的效能和产出能力。此外,儿童的记忆受背景知识影响,而在许多情况下,背景知识是和年龄有关系的。随着儿童逐渐获得语言流畅性以及叙述的完整性,其记忆会在下述方面发生变化:儿童关于事件报告了多少,以及儿童对过去经验所讲述的故事的质量。对年龄相关变化的机制的研究仍然滞后于对此类变化的描述,不过人们有足够理由相信,事件记忆的发展乃是和外显记忆的神经基础的变化有关,而后者的变化又影响了记忆编码、巩固、存储以及此后提取的效率。另外,有越来越多的证据显示,儿童对过去事件的言语报告甚或非言语"报告"的变化,会受到儿童所在的社会环境的影响,其中就包括儿童身处的"叙事文化"的差异影响。

对事件记忆发展的理解已经迈出了显著的步伐。但是仍有切实、重要的工作有待完成。要开始这些任务,我们还需要大量的描述性工作。其中有三个领域尤显重要。第一,需要研究来确定:诸如诱发模仿和延后模仿这些范式所揭示的早期记忆能力,和在教育场景下测验得到的刻意的记忆技能,以及在社会场景中极其重要并突出的自传体或个人记忆技能之间,究竟存在怎样的关联? 对于这些较后发展的记忆能力来说,可靠而牢固的记忆编码、储存和提取是必要条件,却不是充分条件。就我本人及来自其他实验室(Catherine Haden,Loyola 大学,以及 Peter Ornstein,北卡罗来纳大学教堂山分校)的初步研究认为,从早期发展的回忆记忆技能到此后发展的策略性记忆之间是具有连续性的。目前已经有强有力的证据表明,儿童通过与更熟练的对象(例如父母亲)交谈,掌握建构个人化叙述所需的基本记忆能力,从而形成自传体记忆的基础(K. Nelson & Fivush,2000,2004)。从现在开始到下一版《儿童心理学手册》问世,我们可望将此类研究的努力更推向前进。

第二,由于有关事件记忆的研究刚起步不久,所以最大部分的研究工作是关于婴儿和学龄前儿童的。而学龄阶段以及更年长儿童的事件记忆——包括伴随的发展性变化——在很大程度上被忽略了。这一问题需要补救。虽然学龄阶段的事件记忆变化可能没有婴儿期和学龄前期的变化那样惹人注目,但对于解答一项基本认知能力如何随发展过程而变化这个谜题而言,学龄阶段的变化仍是不可或缺的一部分。

第三,个体差异需要得到更多的关注——在此前的认知发展研究中,个体差异从未成为强项。诸如儿童的性别、他们的接受性和表达性语言能力等"通常的怀疑对象",并没有被证明可以特别有效地预测儿童的事件记忆表现。与此相反的是,通过关注那些和父母风格、文化群体差异相联系的变量的效应,以及关注儿童的气质和亲子关系如何关系到儿童叙述能力的发展,人们已经获得了重要的洞见。对个体差异投以更多的关注,不仅对完整地描述事件记忆的发展性变化十分重要,而且还能阐明这些变化背后的机制。比方说,对特殊婴儿群体的研究结果表明,巩固和储存过程乃是导致早期事件记忆易受损害的主要源头。追随着这些发现的"导引",我们将能获得有关事件记忆标准发展轨迹的理论。

在事件记忆的未来研究目录里,并非全都是描述性层次的研究目标。我们还希望能获得更多有关机制方面的知识。其中有三个领域颇具希望。其一,有希望将关注焦点扩展到大脑和行为的联系上。相比于成年人研究的文献——其中可以看到人们建立起脑结构和功能之间联系这一显著的进步——发展心理学的文献在这方面落后了。某些神经影像技术,例如正电子发射层描(PET),永远不可能成为发展心理学研究的工具;这是因为这些技术要求产生电离辐射,而后者被禁止在健康儿童身上应用。其他一些技术,包括事件相关电位和功能磁共振成像(fMRI),则已经被用来探索认知事件的神经源头。高密度电极阵列的使用,使人们得以鉴别出头皮上所记录到的电信号的来源位置(C. A. Nelson & Monk,2001)。神经网络模型的应用(Munakata & Stedron,2001),以及和非人类动物的记忆表现进行比较(Overman & Bachevalier,2001)等,则进一步扩展了研究者的武器库,使人们在鉴别特定行为变化的神经源头方面获得实质性的进展。

解释事件记忆发展性变化的第二条路径,就是要清楚地认识到:其变化存在许多影响因素。如果就事件记忆的影响因素列出大体上完整,但仍不能穷尽所有元素的列表,里面会包括本章所讨论的那些内容:语言、自我概念、将事件进行时间定位所需的对时间概念的理解、将事件在空间中定位的能力、对知识来源的理解,以及将记忆传递给他人的技能(Bauer,2006;K. Nelson & Fivush,2004)。鉴于有多种因素都对事件记忆的发展起贡献,因此单一的因果模型往往无法全面解释事件记忆发展性变化的时机和过程。只有那些明白地承认记忆发展受到多重认知因素和社会因素影响的模型,才会具有更高的预测效力。

最后一点也和刚才提到的内容有关:当我们检验了每一个发展阶段的所有潜在影响因素后,就会在理解事件记忆的发展性变化机制方面迈向前进。目前在婴儿阶段,绝大多数研究者对该阶段内记忆发展机制的注意,乃是投向了神经变化,以及这些变化对编码、巩固、储存、提取这些基本记忆过程的意义。除了少数值得注意的例外(例如 Farrant & Reese,2000),研究者对于那些可能影响事件记忆发展的社会因素——例如养育者和孩子之间的互动模式——却较少关注。而学前期的情况则正好相反:对该阶段的发展性变化机制,绝大多数研究都将注意投向了社会影响因素;而除了少数值得注意的例外(例如 Brainerd 等,1990),人们较少关心基本记忆过程中的可能变化。要对事件记忆的年龄相关变化作出一个完整的解释,就要求研究者在整个发展过程上,评估各种不同的影响因素对事件记忆的贡献。沿此方向进行未来的研究,将可确保在下一版《儿童心理学手册》付梓之时,人们在事件记忆研究方面再取得明显的进展。

（李林译,李其维审校）

418

参考文献

Ackil, J. K. , Van Abbema, D. L. , & Bauer, P. J. (2003). After the storm: Enduring differences in mother-child recollections of traumatic and nontraumatic events. *Journal of Experimental Child Psychology*, *84*, 286 - 309.

Adams, S. , Kuebli, J. , Boyle, P. A. , & Fivush, R. (1995). Gender differences in parent-child conversations about past emotions: A longitudinal investigation. *Sex Roles*, *33*, 309 - 323.

Adlam, A.-L. R. , Vargha-Khadem, F. , Mishkin, M. , & de Haan, M. (2005). Deferred imitation of action sequences in developmental amnesia. *Journal of Cognitive Neuroscience*, *17*, 240 - 248.

Allen, J. G. , & Hamsher, J. H. (1974). The development and validation of a test of emotional styles. *Journal of Counseling and Clinical Psychology*, *42*, 663 - 668.

Anglin, J. (1993). Vocabulary development: A morphological analysis. *Monographs of the Society for Research in Child Development*, *58*(10, Serial No. 238).

Bachevalier, J. (2001). Neural bases of memory development: Insights from neuropsychological studies in primates. In C. A. Nelson & M. Luciana (Eds.), *Handbook of developmental cognitive neuroscience* (pp. 365 - 379). Cambridge, MA: MIT Press.

Bahrick, L. , Parker, J. , Merritt, K. , & Fivush, R. (1998). Children's memory for Hurricane Andrew. *Journal of Experimental Psychology: Applied*, *4*, 308 - 331.

Baldwin, D. A. , Markman, E. M. , & Melartin, R. L. (1993). Infants' ability to draw inferences about nonobvious properties: Evidence from exploratory play. *Child Development*, *64*, 711 - 728.

Barnat, S. B. , Klein, P. J. , & Meltzoff, A. N. (1996). Deferred imitation across changes in context and object: Memory and generalization in 14-month-old children. *Infant Behavior and Development*, *19*, 241 - 251.

Barr, R. , Dowden, A. , & Hayne, H. (1996). Developmental change in deferred imitation by 6- to 24-month-old infants. *Infant Behavior and Development*, *19*, 159 - 170.

Barr, R. , & Hayne, H. (1996). The effect of event structure on imitation in infancy: Practice makes perfect? *Infant Behavior and Development*, *19*, 253 - 257.

Barr, R. , & Hayne, H. (1999). Developmental changes in imitation from television during infancy. *Child Development*, *70*, 1067 - 1081.

Bartlett, F. C. (1932). *Remembering: A study in experimental and social psychology*. Cambridge, UK: Cambridge University Press.

Bauer, P. J. (1992). Holding it all together: How enabling relations facilitate young children's event recall. *Cognitive Development*, *7*, 1 - 28.

Bauer, P. J. (1993). Identifying subsystems of autobiographical memory: Commentary on Nelson. In C. A. Nelson (Ed.), *Minnesota Symposium on Child Psychology: Vol. 26. Memory and affect in development* (pp. 25 - 37). Hillsdale, NJ: Erlbaum.

Bauer, P. J. (1995). Recalling the past: From infancy to early childhood. *Annals of Child Development*, *11*, 25 - 71.

Bauer, P. J. (2002). Long-term recall memory: Behavioral and neurodevelopmental changes in the first 2 years of life. *Current Directions in Psychological Science*, *11*, 137 - 141.

Bauer, P. J. (2004). Getting explicit memory off the ground: Steps toward construction of a neurodevelopmental account of changes in the first two years of life. *Developmental Review*, *24*, 347 - 373.

Bauer, P. J. (2005a). Developments in explicit memory: Decreasing susceptibility to storage failure over the second year of life. *Psychological Science*, *16*, 41 - 47.

Bauer, P. J. (2005b). New developments in the study of infant memory. In D. M. Teti (Ed.), *Blackwell handbook of research methods in developmental science* (pp. 467 - 488). Oxford, England: Blackwell.

Bauer, P. J. (2006). *Remembering the times of our lives: Memory in infancy and beyond*. Mahwah, NJ: Erlbaum.

Bauer, P. J. , & Burch, M. M. (2004). Developments in early memory: Multiple mediators of foundational processes. In J. Lucariello, J. A. Hudson, R. Fivush, & P. J. Bauer (Eds.), *Development of the mediated mind: Culture and cognitive development — Essays in honor of Katherine Nelson* (pp. 101 - 125). Mahwah, NJ: Erlbaum.

Bauer, P. J. , Burch, M. M. , & Kleinknecht, E. E. (2002). Developments in early recall memory: Normative trends and individual differences. In R. Kail (Ed.), *Advances in child development and behavior* (pp. 103 - 152). San Diego, CA: Academic Press.

Bauer, P. J. , Cheatham, C. L. , Cary, M. S. , & Van Abbema, D. L. (2002). Short-term forgetting: Charting its course and its implications for long-term remembering. In S. P. Shohov (Ed.), *Advances in psychology research* (Vol. 9, pp. 53 - 74). Huntington, NY: Nova Science.

Bauer, P. J. , & Dow, G. A. A. (1994). Episodic memory in 16- and 20-month-old children: Specifics are generalized, but not forgotten. *Developmental Psychology*, *30*, 403 - 417.

Bauer, P. J. , & Fivush, R. (1992). Constructing event representations: Building on a foundation of variation and enabling relations. *Cognitive Development*, *7*, 381 - 401.

Bauer, P. J. , & Hertsgaard, L. A. (1993). Increasing steps in recall of events: Factors facilitating immediate and long-term memory in $13\frac{1}{2}$- and $16\frac{1}{2}$-month-old children. *Child Development*, *64*, 1204 - 1223.

Bauer, P. J. , Hertsgaard, L. A. , Dropik, P. , & Daly, B. P. (1998). When even arbitrary order becomes important: Developments in reliable temporal sequencing of arbitrarily ordered events. *Memory*, *6*, 165 - 198.

Bauer P. J. Hertsgaard, L. A. , & Wewerka, S. S. (1995). Effects of experience and reminding on long-term recall in infancy: Remembering not to forget. *Journal of Experimental Child Psychology*, *59*, 260 - 298.

Bauer, P. J. , Kroupina, M. G. , Schwade, J. A. , Dropik, P. L. , & Wewerka, S. S. (1998). If memory serves, will language? Later verbal accessibility of early memories. *Development and Psychopathology*, *10*, 655 - 679.

Bauer, P. J. , & Mandler, J. M. (1989). One thing follows another: Effects of temporal structure on 1- to 2-year-olds' recall of events. *Developmental Psychology*, *25*, 197 - 206.

Bauer, P. J. , & Mandler, J. M. (1992). Putting the horse before the cart: The use of temporal order in recall of events by 1-year-old children. *Developmental Psychology*, *28*, 441 - 452.

Bauer, P. J. , & Shore, C. M. (1987). Making a memorable event: Effects of familiarity and organization on young children's recall of action sequences. *Cognitive Development*, *2*, 327 - 338.

Bauer, P. J. , Stark, E. N. , Lukowski, A. F. , Rademacher, J. , Van Abbema, D. L. , & Ackil, J. K. (2005). Working together to make sense of the past: Mothers' and children's use of internal states language in conversations about traumatic and non-traumatic events. *Journal of Cognition and Development*, *6*, 463 - 488.

Bauer, P. J. , Stennes, L. , & Haight, J. C. (2003). Representation of the inner self in autobiography: Women's and men's use of internal states language in personal narratives. *Memory*, *11*, 27 - 42.

Bauer, P. J. , & Thai, D. J. (1990). Scripts or scraps: Reconsidering the development of sequential understanding. *Journal of Experimental Child Psychology*, *50*, 287 - 304.

Bauer, P. J. , & Travis, L. L. (1993). The fabric of an event: Different sources of temporal invariance differentially affect 24-month-olds' recall. *Cognitive Development*, *8*, 319 - 341.

Bauer, P. J. , Van Abbema, D. L. , & de Haan, M. (1999). In for the short haul: Immediate and short-term remembering by 20-month-old children. *Infant Behavior and Development*, *22*, 321 - 343.

Bauer, P. J. , Van Abbema, D. L. , Wiebe, S. A. , Cary, M. S. , Phill, C. , & Burch, M. M. (2004). Props, not pictures, are worth a thousand words: Verbal accessibility of early memories under different conditions of contextual support. *Applied Cognitive Psychology*, *18*, 373 - 392.

Bauer, P. J. , Wenner, J. A. , Dropik, P. L. , & Wewerka, S. S. (2000). Parameters of remembering and forgetting in the transition from infancy to early childhood. *Monographs of the Society for Research in Child Development*, *65*(4, Serial No. 263).

Bauer, P. J. , Wenner, J. A. , & Kroupina, M. G. (2002). Making the past present: Later verbal accessibility of early memories. *Journal of Cognition and Development*, *3*, 21 - 47.

Bauer, P. J. , & Wewerka, S. S. (1995). One- to two-year-olds' recall of past events: The more expressed, the more impressed. *Journal of Experimental Child Psychology*, *59*, 475 - 496.

Bauer, P. J. , & Wewerka, S. S. (1997). Saying is revealing: Verbal expression of event memory in the transition from infancy to early childhood. In P. van denBroek, P. J. Bauer, & T. Bourg (Eds.), *Developmental spans in event representation and comprehension: Bridging fictional and actual events* (pp. 139 - 168). Mahwah, NJ: Erlbaum.

Bauer, P. J. , Wiebe, S. A. , Carver, L. J. , Lukowski, A. F. , Haight, J. C. , Waters, J. M. , et al. (2006). Electrophysiological indices of encoding and behavioral indices of recall: Examining relations and developmental change late in the first year of life. *Developmental Neuropsychology*, *29*(2), 293 - 320.

Bauer, P. J. , Wiebe, S. A. , Carver, L. J. , Waters, J. M. , & Nelson, C. A. (2003). Developments in long-term explicit memory late in the first year of life: Behavioral and electrophysiological indices. *Psychological Science*, *14*, 629–635.

Bauer, P. J., Wiebe, S. A., Waters, J. M., & Bangston, S. K. (2001). Reexposure breeds recall: Effects of experience on 9-month-olds' ordered recall. *Journal of Experimental Child Psychology*, *80*, 174–200.

Benes, F. M. (2001). The development of prefrontal cortex: The maturation of neurotransmitter systems and their interaction. In C. A. Nelson & M. Luciana (Eds.), *Handbook of developmental cognitive neuroscience* (pp. 79–92). Cambridge, MA: MIT Press.

Boland, A. M., Haden, C. A., & Ornstein, P. A. (2003). Boosting children's memory by training mothers in the use of an elaborative conversational style as an event unfolds. *Journal of Cognition and Development*, *4*, 39–65.

Bourgeois, J.-P. (2001). Synaptogenesis in the neocortex of the newborn: The ultimate frontier for individuation. In C. A. Nelson & M. Luciana (Eds.), *Handbook of developmental cognitive neuroscience* (pp. 23–34). Cambridge, MA: MIT Press.

Brainerd, C. J., & Reyna, V. F. (1990). Gist is the grist: Fuzzy-trace theory and the new intuitionism. *Developmental Review*, *10*, 3–47.

Brainerd, C. J., & Renya, V. F. (1995). Learning rate, learning opportunities, and the development of forgetting. *Developmental Psychology*, *31*, 251–262.

Brainerd, C. J., Reyna, V. F., Howe, M. L., & Kingma, J. (1990). The development of forgetting and reminiscence. *Monographs of the Society for Research in Child Development*, *55*(3/4, Serial No. 222).

Bretherton, I. (1990). Open communication and internal working models: Their role in the development of attachment relationships. In R. A. Thompson (Ed.), *Nebraska Symposium on Motivation: Vol. 36. Socioemotional development* (pp. 59–113). Lincoln: University of Nebraska Press.

Brown, D. A., Salmon, K., Pipe, M.-E., Rutter, M., Craw, S., & Taylor, B. (1999). Children's recall of medical experiences and the impact of stress. *Child Abuse and Neglect*, *23*, 209–216.

Brown, R., & Kulik, J. (1977). Flashbulb memories. *Cognition*, *5*, 73–99.

Buckner, J. P., & Fivush, R. (1998). Gender and self in children's autobiographical narratives. *Applied Cognitive Psychology*, *12*, 407–429.

Campbell, B. A. (1984). Reflections on the ontogeny of learning and memory. In R. Kail & N. E. Spear (Eds.), *Comparative perspectives on the development of memory* (pp. 129–157). Hillsdale, NJ: Erlbaum.

Carpenter, M., Akhtar, N., & Tomasello, M. (1998). Fourteen-through 18-month-old infants differentially imitate intentional and acci-dental actions. *Infant Behavior and Development*, *21*, 315–330.

Carver, L. J., & Bauer, P. J. (1999). When the event is more than the sum of its parts: 9-month-olds' long-term ordered recall. *Memory*, *7*, 147–174.

Carver, L. J., & Bauer, P. J. (2001). The dawning of a past: The emergence of long-term explicit memory in infancy. *Journal of Experimental Psychology: General*, *130*, 726–745.

Carver, L. J., Bauer, P. J., & Nelson, C. A. (2000). Associations between infant brain activity and recall memory. *Developmental Science*, *3*, 234–246.

Casey, B. J., Thomas, K. M., & McCandliss, B. (2001). Applications of magnetic resonance imaging to the study of development, in C. A. Nelson & M. Luciana (Eds.), *Handbook of developmental cognitive neuroscience* (pp. 137–147). Cambridge, MA: MIT Press.

Cheatham, C. L., & Bauer, P. J. (2005). Construction of a more coherent story: Prior verbal recall predicts later verbal accessibility of early memories. *Memory*, *13*, 516–532.

Chi, M. T. H. (1978). Knowledge structures and memory development. In R. S. Siegler (Ed.), *Children's thinking: What develops?* (pp. 73–95). Hillsdale, NJ: Erlbaum.

Christianson, S.-A. (1992). Emotional stress and eyewitness memory: A critical review. *Psychological Bulletin*, *112*, 284–309.

Choi, S. H. (1992). Communicative socialization processes: Korea and Canada. In S. Iwasaki, Y. Kashima, & L. Leung (Eds.), *Innovations in cross-cultural psychology* (pp. 103–122). Amsterdam: Swets & Zeitlinger.

Chugani, H. T. (1994). Development of regional blood glucose metabolism in relation to behavior and plasticity. In G. Dawson & K. Fischer (Eds.), *Human behavior and the developing brain* (pp. 153–175). New York: Guilford Press.

Chugani, H. T., & Phelps, M. E. (1986). Maturational changes in cerebral function determined by 18FDG positron emission tomography. *Science*, *231*, 840–843.

Chugani, H. T., Phelps, M., & Mazziotta, J. (1987). Positron emission tomography study of human brain functional development. *Annals of Neurology*, *22*, 487–497.

Collie, R., & Hayne, H. (1999). Deferred imitation by 6- and 9-month-old infants: More evidence of declarative memory. *Developmental Psychobiology*, *35*, 83–90.

Colombo, J., Richman, W. A., Shaddy, D. J., Greenhoot, A. F., & Maikranz, J. M. (2001). Heart rate-defined phases of attention, look duration, and infant performance in the paired-comparison paradigm. *Child Development*, *72*, 1605–1616.

Czurkó, A., Czéh, B., Seress, L., Nadel, L., & Bures, J. (1997). Severe spatial navigation deficit in the Morris water maze after single high dose of neonatal X-ray irradiation in the rat. *Proceedings of the National Academy of Science*, *94*, 2766–2771.

Davis, P. J. (1999). Gender differences in autobiographical memory for childhood emotional experiences. *Journal of Personality and Social Psychology*, *76*, 498–510.

DeBoer, T., Wewerka, S., Bauer, P. J., Georgieff, M. K., & Nelson, C. A. (in press). Explicit memory performance in infants of diabetic mothers at 1 year of age. *Developmental Medicine and Child Neurology*.

de Haan, M., Bauer, P. J., Georgieff, M. K., & Nelson, C. A. (2000). Explicit memory in low-risk infants aged 19 months born between 27 and 42 weeks of gestation. *Developmental Medicine and Child Neurology*, *42*, 304–312.

Drummey, A. B., & Newcombe, N. S. (2002). Developmental changes in source memory. *Developmental Science*, *5*, 502–513.

Dunn, J., Brown, J., Slomkowski, C., Tesla, C., & Youngblade, L. (1991). Young children's understanding of other people's feelings and beliefs: Individual differences and their antecedents. *Child Development*, *62*, 1352–1366.

Easterbrook, J. A. (1959). The effect of emotion on cue utilization and the organization of behavior. *Psychological Review*, *66*, 183–201.

Ebbinghaus, H. (1913). *On memory* (H. A. Ruger & C. E. Bussenius, Trans.). New York: Teachers' College. (Original work published 1885)

Eckenhoff, M., & Rakic, P. (1991). A quantitative analysis of synaptogenesis in the molecular layer of the dentate gyrus in the rhesus monkey. *Developmental Brain Research*, *64*, 129–135.

Eichenbaum, H., & Cohen, N. J. (2001). *From conditioning to conscious recollection: Memory systems of the brain*. New York: Ox-ford University Press.

Erikson, K. M., Pinero, D. J., Connor, J. R., & Beard, J. L. (1997). Regional brain iron, ferritin, and transferrin concentrations during iron deficiency and iron repletion in developing rats. *Journal of Nutrition*, *127*, 2030–2038.

Fantz, R. L. (1956). A method for studying early visual development. *Perceptual and Motor Skills*, *6*, 13–15.

Farrant, K., & Reese, E. (2000). Maternal style and children's participation in reminiscing: Stepping stones in children's autobiographical memory development. *Journal of Cognition and Development*, *1*, 193–225.

Fenson, L., Dale, P. S., Reznick, J. S., Bates, E., Thal, D. J., & Pethick, S. J. (1994). Variability in early communicative development. *Monographs of the Society for Research in Child Development*, *59*(5).

Fivush, R. (1984). Learning about school: The development of kindergarteners' school scripts. *Child Development*, *55*, 1697–1709.

Fivush, R. (1991). The social construction of personal narratives. *Merrill-Palmer Quarterly*, *37*, 59–82.

Fivush, R. (1997). Event memory in early childhood. In N. Cowan (Ed.), *The development of memory in childhood* (pp. 139–161). Hove, England: Psychology Press.

Fivush, R. (1998). Gendered narratives: Elaboration, structure, and emotion in parent-child reminiscing across the preschool years. In C. P. Thompson, D. J. Herrmann, D. Bruce, J. D. Read, D. G. Payne & M. P. Toglia (Eds.), *Autobiographical memory: Theoretical and applied perspectives* (pp. 79–103). Mahwah, NJ: Erlbaum.

Fivush, R. (2001). Owning experience: Developing subjective perspective in autobiographical narratives. In C. Moore & K. Lemmon (Eds.), *The self in time: Developmental perspectives* (pp. 35–52). Mahwah, NJ: Erlbaum.

Fivush, R. (2002). Scripts, schemas, and memory of trauma. In N. L. Stein, P. J. Bauer, & M. Rabinowitz (Eds.), *Representation, memory, and development: Essays in honor of Jean Mandler* (pp. 53–74). Mahwah, NJ: Erlbaum.

Fivush, R., Berlin, L. J., Sales, J., Mennuti-Washburn, J., & Cassidy, J. (2003). Functions of parent-child eminising about emotionally negative events. *Memory*, *11*, 179–192.

Fivush, R., & Fromhoff, F. (1988). Style and structure in mother-child conversations about the past. *Dislourse Processes*, *11*, 337 - 355.

Fivush, R., Gray, J. T., & Fromhoff, F. A. (1987). Two-year-olds talk about the past. *Cognitive Development*, *2*, 393 - 409.

Fivush, R., & Haden, C. A. (1997). Narrating and representing experience: Preschoolers' developing autobiographical accounts. In P. van den Broek, P. J. Bauer, & T. Bourg (Eds.), *Developmental spans in event representation and comprehension: Bridging fictional and actual events* (pp. 169 - 198). Mahwah, NJ: Erlbaum.

Fivush, R., & Hamond, N. R. (1990). Autobiographical memory across the preschool years: Toward reconceptualizing childhood amnesia. In R. Fivush & J. A. Hudson (Eds.), *Knowing and remembering in young children* (pp. 223 - 248). New York: Cambridge University Press.

Fivush, R., Hazzard, A., Sales, J. M., Sarfati, D., & Brown, T. (2003). Creating coherence out of chaos? Children's narratives of emotionally positive and negative events. *Applied Cognitive Psychology*, *17*, 1 - 19.

Fivush, R., Hudson, J. A., & Nelson, K. (1984). Children's long-term memory for a novel event: An exploratory study. *Merrill-Palmer Quarterly*, *30*, 303 - 316.

Fivush, R., & Knebli, J. (1997). Making everyday events emotional: The construal of emotion in parent-child conversations about the past. In N. L. Stein, P. A. Ornstein, B. Tversky, & C. Brainerd (Eds.), *Memory for everyday and emotional events* (pp. 239 - 266). Mahwah, NJ: Erlbaum.

Fivush, R., Keubli, J., & Clubb, P. A. (1992). The structure of events and event representations: Developmental analysis. *Child Development*, *63*, 188 - 201.

Fivush, R., Sales, J. M., Goldberg, A., Bahrick, L., & Parker, J. F. (2004). Weathering the storm: Children's long-term recall of Hurricane Andrew. *Memory*, *12*, 104 - 118.

Fivush, R., & Slackman, E. (1986). The acquisition and development of scripts. In K. Nelson (Ed.), *Event knowledge: Structure and function in development* (pp. 71 - 96). Hillsdale, NJ: Erlbaum.

Fivush, R., & Vasudeva, A. (2002). Remembering to relate: Socioemotional correlates of mother-child reminiscing. *Journal of Cognition and Development*, *3*, 73 - 90.

Flavell, J. H., Beach, D. R., & Chinsky, J. H. (1966). Spontaneous verbal rehearsal in a memory task as a function of age. *Child Development*, *37*, 283 - 299.

Foster, J. C. (1928). Verbal memory in the preschool child. *Journal of Genetic Psychology*, *35*, 26 - 44.

Freud, S. (1953). Three essays on the theory of sexuality. In J. Strachey (Ed.), *The standard edition of the complete psychological works of Sigmund Freud* (Vol. 7, pp. 135 - 243). London: Hogarth Press. (Original work published 1905)

Friedman, W. J. (1990). Children's representations of the pattern of daily activities. *Child Development*, *61*, 1399 - 1412.

Friedman, W. J. (1993). Memory for the time of past events. *Psychological Bulletin*, *11*, 44 - 66.

Goldman-Rakic, P. S. (1987). Circuitry of primate prefrontal cortex and regulation of behavior by representational memory. In F. Plum (Ed.), *Handbook of physiology, the nervous system, higher functions of the brain* (Vol. 5, pp. 373 - 417). Bethesda, MD: American Physiological Society.

Goodman, G. S., Hirschman, J. E., Hepps, D., & Rudy, L. (1991). Children's memory for stressful events. *Merrill-Palmer Quarterly*, *37*, 109 - 158.

Goodman, G. S., & Quas, J. A. (1997). Trauma and memory: Individual differences in children's recounting of a stressful experience. In N. L. Stein, P. A. Ornstein, B. Tversky, & C. Brainerd (Eds.), *Memory for everyday and emotional events* (pp. 267 - 294). Hillsdale, NJ: Erlbaum.

Goodman, G. S., Quas, J. A., Batterman-Faunce, J. M., Riddlesberger, M., & Kuhn, J. (1994). Predictors of accurate and inaccurate memories of traumatic events experienced in childhood. *Consciousness and Cognition*, *3*, 269 - 294.

Greenhoot, A. F., Ornstein, P. A., Gordon, B. N., & Baker-Ward, L. (1999). Acting out details of a pediatric check-up: The impact of interview condition and behavioral style on children's memory reports. *Child Development*, *70*, 363 - 380.

Gunnar, M. R. (2001). Effects of early deprivation: Findings from orphanage-reared infants and children. In C. A. Nelson & M. Luciana (Eds.), *Handbook of developmental cognitive neuroscience* (pp. 617 - 629). Cambridge, MA: MIT Press.

Haden, C. A. (1998). Reminiscing with different children: Relating maternal stylistic consistency and sibling similarity in talk about the past. *Developmental Psychology*, *34*, 99 - 114.

Haden, C. A., Haine, R., & Fivush, R. (1997). Development narrative structure in parent-child conversations about the past. *Developmental Psychology*, *33*, 295 - 307.

Haden, C. A., Ornstein, P. A., Eckerman, C. O., & Dodow, S. M. (2001). Mother-child conversational interactions as events unfold: Linkages to subsequent remembering. *Child Development*, *72*, 1016 - 1031.

Haith, M. M., & Benson, J. B. (1998). Infant cognition. In W. Damon (Editor-in-Chief) & D. Kuhn & R. S. Siegler (Vol. Eds.), *Handbook of child psychology: Vol. 2. Cognition, perception, and language* (5th ed., pp. 199 - 254). New York: Wiley.

Hamond, N. R., & Fivush, R. (1991). Memories of Mickey Mouse: Young children recount their trip to DisneyWorld. *Cognitive Development*, *6*, 433 - 448.

Han, J. J., Leichtman, M. D., & Wang, Q. (1998). Autobiographical memory in Korean, Chinese, and American children. *Developmental Psychology*, *34*, 701 - 713.

Hanna, E., & Meltzoff, A. N. (1993). Peer imitation by toddlers in laboratory, home, and day-care contexts: Implications for social learning and memory. *Developmental Psychology*, *29*, 702 - 710.

Harley, K., & Reese, E. (1999). Origins of autobiographical memory. *Developmental Psychology*, *35*, 1338 - 1348.

Hartshorn, K., Rovee-Collier, C., Gerhardstein, P., Bhatt, R. S., Wondoloski, T. L., Klein, P., et al. (1998). The ontogeny of long-term memory over the first year-and-a-half of life. *Developmental Psychobiology*, *32*, 69 - 89.

Hartup, W. W., Johnson, A., & Weinberg, R. A. (2001). *The institute of child development: Pioneering in science and application 1925 - 2000*. Minneapolis: University of Minnesota Printing Services.

Hayne, H., Barr, R., & Herbert, J. (2003). The effect of prior practice on memory reactivation and generalization. *Child Development*, *74*, 1615 - 1627.

Hayne, H., Boniface, J., & Barr, R. (2000). The development of declarative memory in human infants: Age-related changes in deferred imitation. *Behavioral Neuroscience*, *114*, 77 - 83.

Hayne, H., MacDonald, S., & Barr, R. (1997). Developmental changes in the specificity of memory over the second year of life. *Infant Behavior and Development*, *20*, 233 - 245.

Herbert, J., & Hayne, H. (2000). Memory retrieval by 18- to 30-month-olds: Age-related changes in representational flexibility. *Developmental Psychology*, *36*, 473 - 484.

Howe, M. L. (1995). Interference effects in young children's long-term retention. *Developmental Psychology*, *31*, 579 - 596.

Howe, M. L., & Brainerd, C. J. (1989). Development of children's long-term retention. *Developmental Review*, *9*, 301 - 340.

Howe, M. L., & Courage, M. L. (1993). On resolving the enigma of infantile amnesia. *Psychological Bulletin*, *113*, 305 - 326.

Howe, M. L., & Courage, M. L. (1997a). The emergence and early development of autobiographical memory. *Psychological Review*, *104*, 499 - 523.

Howe, M. L., & Courage, M. L. (1997b). Independent paths in the development of infant learning and forgetting. *Journal of Experimental Child Psychology*, *67*, 131 - 163.

Howe, M. L., & O'Sullivan, J. T. (1997). What children's memories tell us about recalling our childhoods: A review of storage and retrieval processes in the development of long-term retention. *Developmental Review*, *17*, 148 - 204.

Hudson, J. A. (1986). Memories are made of this: General event knowledge and the development of autobiographical memory. In K. Nelson (Ed.), *Event knowledge: Structure and function in development* (pp. 97 - 118). Hillsdale, NJ: Erlbaum.

Hudson, J. A. (1990). The emergence of autobiographical memory in mother-child conversation. In R. Fivush & J. A. Hudson (Eds.), *Knowing and remembering in young children* (pp. 166 - 196). Cambridge, MA: Cambridge University Press.

Hudson, J. A. (1991). Learning to reminisce: A case study. *Journal of Narrative and Life History*, *1*, 295 - 324.

Hudson, J. A. (1993). Reminiscing with mothers and others: Autobiographical memory in young 2-year-olds. *Journal of Narrative and Life History*, *3*, 1 - 32.

Hudson, J. A., & Fivush, R. (1991). As time goes by: Sixth graders remember a kindergarten experience. *Applied Cognitive Psychology*, *5*, 347 - 360.

Hudson, J. A., & Sheffield, E. G. (1998). Déjà vu all over again: Effects of reenactment on toddlers' event memory. *Child Development*, *69*, 51 - 67.

Hutt, C. (1978). Biological bases of psychological sex differences.

American Journal of Diseases in Children, *132*, 170 – 177.

Huttenlocher, P. R. (1979). Synaptic density in human frontal cortex: Developmental changes and effects of aging. *Brain Research*, *163*, 195 – 205.

Huttenlocher, P. R. , & Dabholkar, A. S. (1997). Regional differences in synaptogenesis in human cerebral cortex. *Journal of Comparative Neurology*, *387*, 167 – 178.

Jacobson, S. W. (1979). Matching behavior in the young infant. *Child Development*, *50*, 425 – 430.

James, W. (1890). *Principles of psychology*. Cambridge, MA: Harvard University Press.

Kaitz, M. , Meschulach-Sarfaty, O. , Auerbach, J. , & Eidelman, A. (1988). A reexamination of newborns' ability to imitate facial expressions. *Developmental Psychology*, *24*, 3 – 7.

Kim, J. J. , & Fanselow, M. S. (1992). Modality-specific retrograde amnesia of fear. *Science*, *256*, 675 – 677.

Kintsch, W. (1974). *The representation of meaning in memory*. Hillsdale, NJ: Erlbaum.

Klein, P. J. , & Meltzoff, A. N. (1999). Long-term memory, forgetting, and deferred imitation in 12-month-old infants. *Developmental Science*, *2*, 102 – 113.

Knopman, D. S. , & Nissen, M. J. (1987). Implicit learning in patients with probably Alzheimer's disease. *Neurology*, *5*, 784 – 788.

Köhler, S. , & Moscovitch, M. (1997). Unconscious visual processing in neuropsychological syndromes: A survey of the literature and evaluation of models of consciousness. In M. D. Rugg (Ed.), *Cognitive neuroscience* (pp. 305 – 373). London: United College of London Press.

Kroupina, M. G. , Bauer, P. J. , Gunnar, M. , & Johnson, D. (2004). *Explicit memory skills in post-institutionalized toddlers*. Unpublished manuscript.

Kuebli, J. , Butler, S. , & Fivush, R. (1995). Mother-child talk about past emotions: Relations of maternal language and child gender over time. *Cognition and Emotion*, *9*, 265 – 283.

Lechuga, M. T. , Marcos-Ruiz, R. , & Bauer, P. J. (2001). Episodic recall of specifics and generalization coexist in 25-month-old children. *Memory*, *9*, 117 – 132.

Lewis, C. , Freeman, N. H. , Kyriakidou, C. , Maridaki-Kassotaki, K. , & Berridge, D. M. (1996). Social influences on false belief assess: Specific sibling influences or general apprenticeship? *Child Development*, *67*, 2930 – 2947.

Lewis, K. D. (1999). Maternal style in reminiscing: Relations to child individual differences. *Cognitive Development*, *14*, 381 – 399.

Lewis, M. , & Brooks-Gunn, J. (1979). *Social cognition and the acquisition of self*. New York: Plenum Press.

Lewis, M. , Feiring, C. , & Rosenthal, S. (2000). Attachment over time. *Child Development*, *71*, 707 – 720.

Liston, C. , & Kagan, J. (2002). Memory enhancement in early childhood. *Nature*, *419*, 896.

Lukowski, A. F. , Wiebe, S. A. , Haight, J. C. , DeBoer, T. , Nelson, C. A. , & Bauer, P. J. (in press). Forming a stable memory representation in the first year of life: Why imitation is more than child's play. *Developmental Science*.

Maccoby, E. E. , & Jacklin, C. N. (1974). *The psychology of sex differences*. Stanford, CA: Stanford University Press.

MacDonald, S. , Uesiliana, K. , & Hayne, H. (2000). Cross-cultural and gender differences in childhood amnesia. *Memory*, *8*, 365 – 376.

Mandler, J. M. (1983). Representation. In P. Mussen (Series Ed.) & J. H. Flavell & E. M. Markman (Vol. Eds.), *Handbook of child psychology: Vol. 3. Cognitive development* (4th ed. , pp. 420 – 494). New York: Wiley.

Mandler, J. M. (1984). *Stories, scripts and scenes: Aspects of schema theory*. Hillsdale, NJ: Erlbaum.

Mandler, J. M. (1988). How to build a baby: On the development of an accessible representational system. *Cognitive Development*, *3*, 113 – 136.

Mandler, J. M. (1990a). Recall and its verbal expression. In R. Fivush & J. A. Hudson (Eds.), *Knowing and remembering in young children* (pp. 317 – 330). New York: Cambridge University Press.

Mandler, J. M. (1990b). Recall of events by preverbal children. In A. Diamond (Ed.), *The development and neural bases of higher cognitive functions* (pp. 485 – 516). New York: New York Academy of Science.

Mandler, J. M. (1992). How to build a baby: Pt. 2. Conceptual primitives. *Psychological Review*, *99*, 587 – 604.

Mandler, J. M. (1998). Representation. In W. Damon (Editor-in-Chief) & D. Kuhn & R. S. Siegler (Vol. Eds.) *Handbook of child psychology: Vol. 2. Cognition, perception, and language* (5th ed. , pp. 255 – 308). New York: Wiley.

Mandler, J. M. , & DeForest, M. (1979). Is there more than one way to recall a story? *Child Development*, *50*, 886 – 889.

Mandler, J. M. , & Johnson, N. S. (1977). Remembrance of things parsed: Story structure and recall. *Cognitive Psychology*, *9*, 111 – 151.

Mandler, J. M. , & McDonough, L. (1995). Long-term recall of event sequences in infancy. *Journal of Experimental Child Psychology*, *59*, 457 – 474.

Markowitsch, H. J. (2000). Neuroanatomy of memory. In E. Tulving & F. I. M. Craik (Eds.), *Oxford handbook of memory* (pp. 465 – 484). New York: Oxford University Press.

McCloskey, M. , Wible, C. G. , & Cohen, N. J. (1988). Is there a special flashbulb memory mechanism? *Journal of Experimental Psychology: General*, *117*, 171 – 181.

McDonough, L. , & Mandler, J. M. (1998). Inductive generalization in 9- and 11-month-olds. *Developmental Science*, *1*, 227 – 232.

McDonough, L. , Mandler, J. M. , McKee, R. D. , & Squire, L. R. (1995). The deferred imitation task as a nonverbal measure of declarative memory. *Proceedings of the National Academy of Sciences*, *92*, 7580 – 7584.

Meltzoff, A. N. (1985). Immediate and deferred imitation in 14- and 24-month-old infants. *Child Development*, *56*, 62 – 72.

Meltzoff, A. N. (1988a). Imitation of televised models by infants. *Child Development*, *59*, 1221 – 1229.

Meltzoff, A. N. (1988b). Infant imitation after a 1-week delay: Long-term memory for novel acts and multiple stimuli. *Developmental Psychology*, *24*, 470 – 476.

Meltzoff, A. N. (1988c). Infant imitation and memory: 9-month-olds in immediate and deferred tests. *Child Development*, *59*, 217 – 225.

Meltzoff, A. N. (1990). The implications of cross-modal matching and imitation for the development of representation and memory in infants. In A. Diamond (Ed.), *The development and neural bases of higher cognitive functions* (pp. 1 – 31). New York: New York Academy of Science.

Meltzoff, A. N. (1995a). Understanding the intentions of others: Reenactment of intended acts by 18-month-old children. *Developmental Psychology*, *31*, 838 – 850.

Meltzoff, A. N. (1995b). What infant memory tells us about infantile amnesia: Long-term recall and deferred imitation. *Journal of Experimental Child Psychology*, *59*, 497 – 515.

Meltzoff, A. N. , & Moore, M. K. (1977). Imitation of facial and manual gestures by human neonates. *Science*, *198*, 75 – 78.

Mullen, M. K. (1994). Earliest recollections of childhood: A demographic analysis. *Cognition*, *52*, 55 – 79.

Mullen, M. K. , & Yi, S. (1995). The cultural context of talk about the past: Implications for the development of autobiographical memory. *Cognitive Development*, *10*, 407 – 419.

Munakata, Y. , & Stedron, J. M. (2001). Neural network models of cognitive development. In C. A. Nelson & M. Luciana (Eds.), *Handbook of developmental cognitive neuroscience* (pp. 159 – 171). Cambridge, MA: MIT Press.

Myers, N. A. , Perris, E. E. , & Speaker, C. J. (1994). Fifty months of memory: A longitudinal study in early childhood. *Memory*, *2*, 383 – 415.

Nadel, L. , & Willner, J. (1989). Some implications of postnatal maturation of the hippocampus. In V. Chan-Palay & C. Köhler (Eds.), *The hippocampus — New vistas* (pp. 17 – 31). New York: Alan R. Liss.

Nelson, C. A. (1995). The ontogeny of human memory: A cognitive neuroscience perspective. *Developmental Psychology*, *31*, 723 – 738.

Nelson, C. A. (1997). The neurobiological basis of early memory development. In N. Cowan (Ed.), *The development of memory in childhood* (pp. 41 – 82). Hove, England: Psychology Press.

Nelson, C. A. (2000). Neural plasticity and human development: The role of early experience in sculpting memory systems. *Developmental Science*, *3*, 115 – 130.

Nelson, C. A. , & Monk, C. S. (2001). The use of event-related potentials in the study of cognitive development. In C. A. Nelson & M. Luciana (Eds.), *Handbook of developmental cognitive neuroscience* (pp. 125 – 136). Cambridge, MA: MIT Press.

Nelson, K. (1978). How young children represent knowledge of their world in and out of language. In R. S. Siegler (Ed.), *Children's thinking: What develops?* (pp. 255 – 273). Hillsdale, NJ: Erlbaum.

Nelson, K. (1986). *Event knowledge: Structure and function in development*. Hillsdale, NJ: Erlbaum.

Nelson, K. (1988). The ontogeny of memory for real events. In U. Neisser & E. Winograd (Eds.), *Remembering reconsidered: Ecological and traditional approaches to the study of memory* (pp. 244 – 276). New York: Cambridge University Press.

Nelson, K. (1989). *Narratives from the crib*. Cambridge, MA: Harvard University Press.

Nelson, K. (1993). The psychological and social origins of autobiographical memory. *Psychological Science*, 4, 7 - 14.

Nelson, K. (1997). Event representations then, now, and next. In P. van den Broek, P. J. Bauer, & T. Bourg (Eds.), *Developmental spans in event representation and comprehension: Bridging fictional and actual events* (pp. 1 - 26). Mahwah, NJ: Erlbaum.

Nelson, K., & Fivush, R. (2000). Socialization of memory. In E. Tulving & F. I. M. Craik (Eds.), *Oxford handbook of memory* (pp. 283 - 295). New York: Oxford University Press.

Nelson, K., & Fivush, R. (2004). The emergence of autobiographical memory: A social cultural developmental theory. *Psychological Review*, 111, 486 - 511.

Nelson, K., & Gruendel, J. (1981). Generalized event representations: Basic building blocks of cognitive development. In M. E. Lamb & A. L. Brown (Eds.), *Advances in developmental psychology* (Vol. 1, pp. 131 - 158). Hillsdale, NJ: Erlbaum.

Nelson, K., & Gruendel, J. (1986). Children's scripts. In K. Nelson (Ed.), *Event knowledge: Structure and function in development* (pp. 21 - 46). Hillsdale, NJ: Erlbaum.

Nelson, K., & Ross, G. (1980). The generalities and specifics of long-term memory in infants and young children. In M. Perlmutter (Ed.), *New directions for child development — Children's memory* (pp. 87 - 101). San Francisco: Jossey-Bass.

Newcombe, R., & Reese, E. (2003, April). *Reflections on a shared past: Attachment security and mother-child reminiscing.* Paper presented at the 70th Biennial Meeting of the Society for Research in Child Development, Tampa, FL.

O'Neill, D. K., Astington, J. W., & Flavell, J. H. (1992). Young children's understanding of the role that sensory experiences play in knowledge acquisition. *Child Development*, 63, 474 - 490.

Ornstein, P. A. (1995). Children's long-term retention of salient personal experiences. *Journal of Traumatic Stress*, 8, 581 - 605.

Ornstein, P. A., Merritt, K. A., Baker-Ward, L., Furtado, E., Gordon, B. N., & Principe, G. (1998). Children's knowledge, expectation, and long-term retention. *Applied Cognitive Psychology*, 12, 387 - 405.

Overman, W. H., & Bachevalier, J. (2001). Inferences about the functional development of neural systems in children via the application of animal tests of cognition. In C. A. Nelson & M. Luciana (Eds.), *Handbook of developmental cognitive neuroscience* (pp. 109 - 124). Cambridge, MA: MIT Press.

Perner, J. (2001). Episodic memory: Essential distinctions and developmental implications. In C. Moore & K. Lemmon (Eds.), *The self in time: Developmental perspectives* (pp. 181 - 202). Mahwah, NJ: Erlbaum.

Perner, J., & Ruffman, T. (1995). Episodic memory and autonoetic consciousness: Developmental evidence and a theory of childhood amnesia. *Journal of Experimental Child Psychology*, 59, 516 - 548.

Peterson, C., & McCabe, A. (1992). Parental styles of narrative elicitation: Effect on children's narrative structure and content. *First Language*, 12, 299 - 321.

Peterson, C., & McCabe, A. (1994). A social interactionist account of developing decontextualized narrative skill. *Developmental Psychology*, 30, 937 - 948.

Peterson, C., & Rideout, R. (1998). Memory for medical emergencies experienced by 1- and 2-year-olds. *Developmental Psychology*, 34, 1059 - 1072.

Peterson, C., & Whalen, N. (2001). Five years later: Children's memory for medical emergencies. *Applied Cognitive Psychology*, 15, S7 - S24.

Piaget, J. (1926). *The language and thought of the child.* New York: Harcourt, Brace.

Piaget, J. (1952). *The origins of intelligence in children.* New York: International Universities Press.

Piaget, J. (1962). *Play, dreams and imitation in childhood.* New York: Norton.

Piaget, J. (1969). *The child's conception of time.* London: Routledge & Kegan Paul.

Pillemer, D. B. (1998a). *Momentous events, vivid memories: How unforgettable moments help us understand the meaning of our lives.* Cambridge, MA: Harvard University Press.

Pillemer, D. B. (1998b). What is remembered about early childhood events? *Clinical Psychology Review*, 18, 895 - 913.

Pillemer, D. B., Picariello, M. L., & Pruett, J. C. (1994). Very long-term memories of a salient preschool event. *Applied Cognitive Psychology*, 8, 95 - 106.

Pillemer, D. B., & White, S. H. (1989). Childhood events recalled by children and adults. In H. W. Reese (Ed.), *Advances in child development and behavior* (Vol. 21, pp. 297 - 340). Orlando, FL: Academic Press.

Povinelli, D. J. (1995). The unduplicated self. In P. Rochat (Ed.), *The self in early infancy* (pp. 161 - 192). Amsterdam: Elsevier.

Price, D. W. W., & Goodman, G. S. (1990). Visiting the wizard: Children's memory for a recurring event. *Child Development*, 61, 664 - 680.

Quas, J. A., Goodman, G. S., Bibrose, S., Pipe, M.-E., Craw, S., & Ablin, D. S. (1999). Emotion and memory: Children's long-term remembering, forgetting, and suggestibility. *Journal of Experimental Child Psychology*, 72, 235 - 270.

Reed, J. M., & Squire, L. R. (1998). Retrograde amnesia for facts and events: Findings from four new cases. *Journal of Neuroscience*, 18, 3943 - 3954.

Reese, E., & Brown, N. (2000). Reminiscing and recounting in the preschool years. *Applied Cognitive Psychology*, 14, 1 - 17.

Reese, E., & Fivush, R. (1993). Parental styles of talking about the past. *Developmental Psychology*, 29, 596 - 606.

Reese, E., Haden, C. A., & Fivush, R. (1993). Mother-child conversations about the past: Relationships of style and memory over time. *Cognitive Development*, 8, 403 - 430.

Reinisch, J. M., Rosenblum, L. A., Rubin, D. B., & Schulsinger, M. F. (1991). Sex differences in developmental milestones during the first year of life. *Journal of Psychology and Human Sexuality*, 4, 19.

Roediger, H. L., Rajaram, S., & Srinivas, K. (1990). Specifying criteria for postulating memory systems. *Annals of the New York Academy of Sciences*, 608, 572 - 589.

Roisman, G. I., Madsen, S. D., Henninghausen, K. H., Sroufe, L. A., & Collins, W. A. (2001). The coherence of dyadic behavior across parent-child and romantic relationships as mediated by the internalized representation of experience. *Attachment and Human Development*, 3, 156 - 172.

Rose, S. A., Feldman, J. F., & Jankowski, J. J. (2003). Infant visual recognition memory: Independent contributions of speed and attention. *Developmental Psychology*, 39, 563 - 571.

Rose, S. A., Gottfried, A. W., Melloy-Carminar, P., & Bridget, W. H. (1982). Familiarity and novelty preferences in infant recognition memory: Implications for information processing. *Developmental Psychology*, 18, 704 - 713.

Rothbart, M. K., & Bates, J. E. (1998). Temperament. In W. Damon (Editor-in-Chief) & N. Eisenberg (Vol. Ed.), *Handbook of child psychology: Vol. 3. Social, emotional and personality development* (5th ed., pp. 105 - 176). New York: Wiley.

Rovee-Collier, C. (1997). Dissociations in infant memory: Rethinking the development of implicit and explicit memory. *Psychological Review*, 104, 467 - 498.

Rovee-Collier, C., & Gerhardstein, P. (1997). The development of infant memory. In N. Cowan (Ed.), *The development of memory in childhood* (pp. 5 - 39). Hove, England: Psychology Press.

Rovee-Collier, C., & Hayne, H. (2000). Memory in infancy and early childhood. In E. Tulving & F. I. M. Craik (Eds.), *The Oxford handbook of memory* (pp. 267 - 282). New York: Oxford University Press.

Rumelhart, D. E. (1975). Notes on a schema for stories. In D. LaBerge & J. Samuels (Eds.), *Representation and understanding: Studies in cognitive science* (pp. 211 - 236). New York: Academic Press.

Sales, J. M., Fivush, R., & Peterson, C. (2003). Parental reminiscing about positive and negative events. *Journal of Cognition and Development*, 4, 185 - 209.

Schacter, D. L., Wagner, A. D., & Buckner, R. L. (2000). Memory systems of 1999. In E. Tulving & F. I. M. Craik (Eds.), *Oxford handbook of memory* (pp. 627 - 643). New York: Oxford University Press.

Schank, R. C., & Abelson, R. P. (1977). *Scripts, plans, goals and understanding.* Hillsdale, NJ: Erlbaum.

Schneider, W., & Bjorklund, D. F. (1998). Memory. In W. Damon (Editor-in-Chief) & D. Kuhn & R. S. Siegler (Vol. Eds.), *Handbook of child psychology: Vol. 2. Cognition, perception, and language* (5th ed., pp. 467 - 521). New York: Wiley.

Senkfor, A. J., Van Pettern C., & Kutas, M. (2002). Episodic action memory for real objects: An ERP investigation with perform, watch, and imagine action encoding tasks versus a non-action encoding task. *Journal of Cognitive Neuroscience*, 14, 402 - 419.

Seress, L. (2001). Morphological changes of the human hippocampal formation from midgestation to early childhood. In C. A. Nelson & M. Luciana (Eds.), *Handbook of developmental cognitive neuroscience* (pp. 45 - 58). Cambridge, MA: MIT Press.

Sheingold, K., & Tenney, Y. J. (1982). Memory for a salient

childhood event. In U. Neisser (Ed.), *Memory observed: Remembering in natural contexts* (pp. 201 - 212). New York: Freeman.

Simcock, G. , & Hayne, H. (2002). Breaking the barrier? Children fail to translate their preverbal memories into language. *Psychological Science*, *13*, 225 - 231.

Sodian, B. , & Wimmer, H. (1987). Children's understanding of inference as a source of knowledge. *Child Development*, *58*, 424 - 433.

Spear, N. E. (1978). *The processing of memories: Forgetting and retention*. Hillsdale, NJ: Erlbaum.

Squire, L. R. , Knowlton, B. , & Musen, G. (1993). The structure and organization of memory. *Annual Review of Psychology*, *44*, 453 - 495.

Stein, N. L. , & Glenn, C. G. (1979). An analysis of story comprehension in elementary school children. In R. O. Freedle (Ed.), *New directions in discourse processing* (Vol. 5, pp. 53 - 120). Hillsdale, NJ: Erlbaum.

Takehara, K. , Kawahara, S. , & Kirino, Y. (2003). Time-dependent reorganization of the brain components underlying memory retention in trace eyeblink conditioning. *Journal of Neuroscience*, *23*, 9897 - 9905.

Tanapat, P. , Hastings, N. B. , & Gould, E. (2001). Adult neurogenesis in the hippocampal formation. In C. A. Nelson & M. Luciana (Eds.), *Handbook of developmental cognitive neuroscience* (pp. 93 - 105). Cambridge, MA: MIT Press.

Taylor, M. , Esbensen, B. , & Bennett, R. T. (1994). Children's understanding of knowledge acquisition: The tendency for children to report they have always known what they have just learned. *Child Development*, *65*. 1581 - 1604.

Tessler, M. , & Nelson, K. (1994). Making memories: The influence of joint encoding on later recall by young children. *Consciousness and Cognition*, *3*, 307 - 326.

Todd, C. M. , & Perlmutter, M. (1980). Reality recalled by preschool children. In M. Perlmnutter (Ed.), *New directions for child development: Children's memory* (pp. 69 - 85). San Francisco: Jossey-Bass.

Travis, L. L. (1997). Goal-based organization of event memory in toddlers. In P. van den Broek, P. J. Bauer, & T. Bourg (Eds.), *Developmental spans in event comprehension and representation: Bridging fictional and actual events* (pp. 111 - 138). Hillsdale, NJ: Erlbaum.

Tulving, E. (1983). *Elements of episodic memory*. Oxford, England: Oxford University Press.

Walkenfeld, F. F. (2000). *Reminder and language effects on preschoolers' memory reports: Do words speak louder than actions?* Unpublished doctoral dissertation, City University of New York Graduate Center, New York, NY.

Wang, Q. (2001). Culture effects on adults' earliest childhood recollection and self-description: Implications for the relation between memory and the self. *Journal of Personality and Social Psychology*, *81*, 220 - 233.

Wang, Q. , Leichtman, M. D. , & Davies, K. I. (2000). Sharing memories and telling stories: American and Chinese mothers and their 3-year-olds. *Memory*, *8*, 159 - 177.

Waters, H. S. , Rodriguez, L. M. , & Ridgeway, D. (1998). Cognitive underpinnings of narrative attachment assessment. *Journal of Experimental Child Psychology*, *71*, 211 - 234.

Welch-Ross, M. K. (1997). Mother-child participation in conversation about the past: Relationships to preschoolers' theory of mind. *Developmental Psychology*, *33*, 618 - 629.

Welch-Ross, M. (2001). Personalizing the temporally extended self: Evaluative self-awareness and the development of autobiographical memory. In C. Moore & K. Lemmon (Eds.), *The self in time: Developmental perspectives* (pp. 97 - 120). Mahwah, NJ: Erlbaum.

Wenner, J. A. , & Bauer, P. J. (1999). Bringing order to the arbitrary: 1- to 2-year-olds' recall of event sequences. *Infant Behavior and Development*, *22*, 585 - 590.

White, S. H. , & Pillemer, D. B. (1979). Childhood amnesia and the development of a socially accessible memory system. In J. F. Kihlstrom & F. J. Evans (Eds.), *Functional disorders of memory* (pp. 29 - 73). Hillsdale, NJ: Erlbaum.

Winograd, E. , & Neisser, U. (1992). *Affect and accuracy in recall*. New York: Cambridge University Press.

Yerkes, R. M. , & Dodson, J. D. (1908). The relation of strength of stimulation to rapidity of habit formation. *Journal of Comparative Neurology of Psychology*, *18*, 459 - 482.

Zola, S. M. , & Squire, L. R. (2000). The medial temporal lobe and the hippocampus. In E. Tulving & F. I. M. Craik (Eds.), *Oxford handbook of memory* (pp. 485 - 500). New York: Oxford University Press.

Zola-Morgan, S. , Squire, L. R. , Rempel, N. L. , Clower, R. P. , & Amaral, D. G. (1992). Enduring memory impairment in monkeys after ischemic damage to the hippocampus. *Journal of Neuroscience*, *9*, 4355 - 4370.

第 10 章

发展的信息加工取向
YUKO MUNAKATA *

    为什么儿童以自己的方式进行思考？什么导致了发展过程中儿童表现出的思维的显著变化？什么可以用来解释所观察到的儿童思维的差异？这些问题具有挑战性，但并不难以解决。发展研究者运用一系列方法，在上述问题的解决上取得了很大进步。这些方法包括在典型和非典型(atypically)发展群体中进行的行为、神经成像以及基因研究。

    本章介绍了一组对发展基本问题的研究具有重要作用的*信息加工*方法。一般来说，这些方法将思维看作对信息的加工。因此在发展研究上，这些途径关注儿童对什么信息进行表征、他们如何表征并加工这些信息、这些表征如何引导着他们的行为，以及什么机制导致了上述加工过程在发展过程中的变化。信息加工取向经常从自我修正过程这一角度解释发展性变化，在这一过程中儿童的思维和行为塑造着其后来对信息的加工。

    信息加工取向已与形式主义(formalisms)的使用相联系。形式主义允许研究者明确说明或详细模拟对思维和行为起作用的加工过程。形式主义可以被看作在软核心(soft-core)

* 本章的撰写得到了 NICHD 基金 HD037163 的支持。感谢 Robert Siegler、Randy O'Reilly 和科罗拉多大学认知发展中心成员的建议与讨论，感谢 Karen Adolph 的鼓励。

到硬核心(hard-core)这一连续体上的变化(Klahr, 1989, 1992)。*软核心*形式包括流程图和图表以用于说明儿童思维模型(例如, Aguiar & Baillargeon, 2000; Case, 1986; Siegler, 1976),而硬核心形式在计算模型中被实际执行。计算模型采用编码形式(例如,数学方程和命令),这些编码详细说明了一个系统如何对输入信息进行转换和反应的,并且可以在计算机上运行以观察在许多不同环境中的系统加工和行为。如先前的述评(Klahr & MacWhinney),本章主要介绍了信息加工取向的硬核心形式。关于对信息加工取向的其他变式的述评,请参看 Siegler 和 Alibali(2005)。

本章首先讨论的问题是:为什么发展的计算模型值得关注? 讨论解释了计算模型如何作为研究发展的其他方法的补充来支持对变化如何发生的理解方面上的许多进步。然后本章会介绍一些为计算建模研究的开展创造了条件的历史背景。本章概述并举例说明了发展的信息加工取向的四个类型:产生式系统、神经网络、动力系统和 Ad Hoc 模型。由于不止一个类型的信息加工模型对儿童发展的某些方面(问题解决、语言和记忆)进行了探索,从而允许直接比较这些模型如何促进了对发展的研究。接下来,本章就集中讨论了这些比较。最后我们讨论了将来信息加工研究中的一般问题和将来研究可能的发展方向。

为什么采用模型

乍看之下,尽管每种方法都有其独特的优势和局限,计算方法似乎比发展研究的所有其他主流方法需要更多的动因和理由。当研究的问题有关我们如何行动及其原因时,对儿童和成人进行的行为研究显然非常重要,即使仅仅依靠行为观察无法明确说明行为背后的机制;神经成像技术带来的对处于思考状态下的大脑进行观察的研究前景着实令人兴奋,即使它只是提供了研究神经活动的间接方法;对特殊群体和大脑损伤的病人进行研究不仅可以阐明大脑的非典型功能,也可以揭示其典型功能,即使在这些病例中试图推断受损伤、被保存和受补偿的确切机制将会涉及许多复杂问题;动物研究可以支持在以人为被试的研究中不可能实现的侵入方法和控制环境,即使研究结果无法总是被推广于其他物种。上述所有方法都有其优势和局限,但都得到了普遍的认可。

发展、认知和行为的计算模型同样具有优势和局限,但其潜力却并不那么显而易见。观察人工系统在计算机上运行的发展和行为毕竟不如实际观察儿童或动物的行为及其相应的脑成像那般影响深刻。那么为什么采用计算模型呢? 许多令人信服的论据和例子已被提出来回答这个问题(例如,Elman et al., 1996; Klahr, 1995; O'Reilly & Munakata, 2000; Simon & Halford, 1995a)。这些答案的共同主题是:理解"变化是如何发生的"这一发展研究的核心问题具有挑战性(Siegler, 1989)。Flavell(1984)写道:"对认知发展的基础机制进行认真严肃的理论建构从来都不是一项流行的休闲娱乐活动……原因则不难发现:对机制进行好的理论建构是非常困难的。"(p. 189)而计算模型可为这一挑战性任务提供特别实用的工具。

当我们考虑一下如气象学、物理学等其他领域的研究时,计算模型的一个优点就显而易见了。在这些领域中模型作为一种补充方法的需要得到了高度认同。研究气象和物理世界需要理解许多因素间复杂的相互作用,这些相互作用间又产生了各种现象,因此仅仅单独考虑各个因素是无法探知整体的。举一个简单的例子,想象两个不同尺寸的互锁齿轮,若想了解它们是如何运转的,仅将两者分开考虑是不够的。装置的运转来自两个齿轮的相互作用——小齿轮驱动大齿轮以减低转速、增加转矩。各因素之间的相互作用越复杂,如在气象学和物理学中,计算模型就变得越重要。这些模型允许对因素间的相互作用及其作用产生的现象进行观察和操纵。相似地,模型对于帮助我们理解产生思维和行为的所有相互作用的因素间的错综复杂至关重要。而且在思维和行为变化的密集期理解这种复杂性(如在儿童期观察到的),可能具有更大的挑战性。因此,在发展研究中运用模型的一个原因即是问题的极端*复杂性*,发展太过复杂以至于不能仅用只需言语说明即可表达的简单过程来定义。当其他方法变得愈加复杂精细并提供了大量关于我们的行为及其神经基础的详细信息时,计算模型在帮助我们理解发展的复杂性方面就将愈加重要。

关于"为什么采用模型"这个问题的第二个答案则是由于需要详细说明理论发展与评价的假设和建构。纯言语的理论可能只依赖于对于严格的验证和理解来说都不够详细明确的建构上。在这一方面,Piaget 关于同化和顺应的观点就遭到了批评:

> 40 年来,我们已经受够了同化和顺应,它们是产生平衡的朦胧而神秘的力量,是发展过程中的蝙蝠侠和罗宾汉①。它们是什么? 它们是如何产生作用的? 为什么多年后我们对它们的认识并不比它们第一次出现的时候多? 一条可以超越对于发展过程本质进行模糊的言语叙述的研究道路,才是我们需要的。(Klahr,1982,p. 80)

Klahr(1995)对于 Piaget 有关同化和顺应的一段说明也曾说过这样的话:"虽然它具有某种诗意的美,但作为科学家,我并不明白它,也不知道如何检验它,而且我不敢肯定任何两个读者会以相同的方式理解它。"为上述发展过程生成初步的计算模型促使研究者更为清晰地解释问题并正视问题易被忽视的方面,而且最终获得的模型可被运行以生成新的预测。因此,建立模型可以帮助研究者进行明晰的理论假设、建构和预测——评价和发展理论的关键一步。如上所述,当其他方法提供了有关大脑和行为的愈加详细的信息并且形成了各种理论以解释这些数据时,计算模型在帮助我们评估这些理论的可行性方面就将愈加重要。

采用模型的第三个原因是计算模型允许为检验理论实施最大限度的*控制*,尽管对这一点尚存争议。单独操作单一变量,如人工神经元的激活率或是环境中特殊词汇的影响,可以考察这个变量对模拟系统的功能和发展的作用。协同操作多个变量可以观察它们之间的相互作用。这种控制对于在最为棘手的发展问题的研究中取得进展是至关重要的。关于天性和教养的作用、领域一般和领域特定学习机制等问题的争论经常取决于什么可以(或是不可以)通过一般学习机制和置身于典型环境而习得。婴儿可以通过一般学习机制和接触现实存在的物体而理解客观世界吗? 儿童需要特异的内置语言机制来理解围绕在身边的语言

---

① 美国电影《蝙蝠侠和罗宾汉》的主人公,是两个带有面具并拥有强大力量的神秘人物。——译者注

吗？模型提供的非凡的控制程度允许研究者检验这些争论中各种因素的作用,而通过其他方式则不可能做到这点。当运用其他方法进行的研究揭示出越来越多影响思维和行为的潜在因素时,模型因为允许对这些因素的潜在作用进行控制的系统探索而变得日益重要。

最后,模型也可以为理解行为而提供一个统一*理论框架*(例如,Anderson et al.,2004;Newell,1990;Rumelhart & Mcclelland,1986b)。这些统一理论框架可以支持更为严格的检验,因为研究者可以通过一系列行为而不是单独的现象对其进行评价。而且统一理论框架可以促使研究者对发展提出更为简洁的解释,而不是那些有时看上去像是大杂烩的解释。对于客体永久性即客体在无法被感知后依然存在,婴儿的理解表现为一个逐渐进步的过程(Piaget,1954)。婴儿对客体永久性的敏感性首先表现在对隐藏物体的意外事件的注视时间上(Baillargeon,1999;Spelke,Breinlinger,Macomber, & Jacobson,1992),然后表现在对黑暗中隐藏的物体的抓触上(Goubet & Clifton,1998;Hood & Willatts,1986;Shinskey & Munakata,2003),接着表现在对灯光下隐藏的物体的抓触上。再以后,婴儿可以在物体多次转移后仍成功地抓触到藏于新位置的物体(Diamod,1985;Piaget,1954)。一些理论分别将其中的每一个任务依赖发展归结为不同的因素:动作发展支持了成功的暗中抓触;问题解决能力的发展支持了在灯下的寻找;工作记忆和抑制的发展支持了在多个隐藏位置的成功寻找(例如,Baillargeon,Graber,DeVos & Black,1990;Diamond,1985;Willatts,1990)。尽管上述每一个独立变量都有可能促进了所观察到的发展进步,但一个更为统一的发展过程也可能起了作用。模型为这些可能性的探索提供了一个天然理论框架。

综上所述,模型为探知发展的复杂性提供了一个重要工具。模型是其他方法的必不可少的补充工具,反之亦然。而且,当我们了解了更多关于大脑和行为的知识并且必须建构和评价愈加复杂的发展理论时,我们就愈加需要模型。

历史背景

在许多方面,发展的信息加工取向的历史与更为一般的信息加工取向的历史是同步的。更为一般的信息加工取向作为与行为主义形成鲜明对比的认知心理学运动的一部分而发展,它们以关于认知结构和过程的相对死板的观点为开始,并随着认知领域的发展而变得更加动态和突创(emergent)。在 20 世纪上半叶的大部分时间里,注重解释行为但并不涉及心理过程的行为主义运动主导着心理学的研究工作(Skinner,1953;Waston,1912)。与之形成鲜明对比的是,自 19 世纪 50 年代起,认知心理学家开始热衷于研究关于内部思维过程的本质(Bruner,Goodnow, & Austin,1956;Chomsky,1957)。在认知心理学领域内,一些早期的信息加工理论家主要从事于思维过程的计算基础的研究。

信息加工取向发展的关键一步是提出了可以将认知理论以类似计算机程序的方式来陈述(或运行)的想法(Newwell & Simon,1972)。许多认知理论(例如,Anderson & Lebiere,1998;Newell & Simon,1972)是围绕着计算机隐喻来发展的,并将人类认知看作类似于在标准串行计算机上进行的加工(例如,认知加工与知识相分离,同样的,计算机的中央处理器

[CPU]的加工机制与随机存取记忆[RAM]的知识结构也是相分离的)。但是,将认知理论以类似计算机程序来陈述的想法并不一定要求人类认知类似于计算机加工。这就如同气象学的计算模型也并不要求气象动力与计算机加工相类似。反而,模型可以与运行并检验它的计算机完全不同。

事实上,如神经网络和动力系统等其他信息加工理论体系的显著增加在某种程度上成为对一些将认知加工与计算机隐喻联系在一起的更加死板的观点的挑战。在神经网络和动力系统的体系中,知识和加工的界限被相对模糊了。许多认知加工是并行而不是序列进行的。而且思维是通过许多低级加工相互作用而以一种动态的、突创的方式进行的。一段时间以来,产生式系统也已将其中的一些特征整合入内(例如,Anderson,1983)。

发展的信息加工取向也有着一个相似的时间历程。随着Piaget(1952b,1954)对儿童思维进行了大量观察和推理,认知发展领域也由此诞生。信息加工取向对发展研究的价值已标注在其历史中:

> 如果我们能通过行为规则来建构一个信息加工系统,而这些行为规则可以引导这个信息加工系统正如我们试图说明的那种动力系统般运行,则这个信息加工系统就是关于某一发展阶段儿童的一个理论。当我们用程序说明了一个特定阶段,我们就将面临去发现另外的信息加工机制以模拟发展的变化(即从一个阶段到下一阶段的转换)的任务。那就是,我们需要去了解系统是如何修改自身结构的。因此,这一理论要包括两部分——说明一个特定阶段活动的程序和控制阶段间转化的学习程序(Simon,1962,pp. 154 - 155)。

按照这一观点,发展过程可以用将前一阶段转化到后一阶段的程序来说明,而且阶段本身也可以用一组不同的程序来说明。许多早期发展的产生式系统符合这一观点,其中说明某一给定阶段活动的程序与说明各阶段间转化的程序是不同的(Baylor & Gason,1974;Klahr & Wallace,1976;Young,1976)。就像随着信息加工取向的一般化,认知加工理论中的许多严格区别被模糊了一样,发展中的活动和转化机制的区别也随着这一领域的发展而越发模糊不清(Klahr & MacWhinney,1998)。在近来的许多信息加工取向中,转化机制在整个模型的发展过程中都起着作用,而一般加工过程则对模型的稳定活动以及稳定阶段间的转化起作用。

430　　在发展的信息加工模型中,将模型和计算机进行区分的观点并不总会得到认可。这些方法因为"一个不能成长也不能对变化的环境显示出适应性修正的系统是在个人生命全程中不断变化的人类思维过程的一个奇怪的隐喻"(Broun,1982)而遭受批评。因为模型与其运行的计算机是不同的,这一批评可以适用于计算机而不适用于在其上运行的计算模型(Klahr & MacWhinney,1998)。通过本章介绍的许多自适应性修正的模型,这个观点将会得到证明。

由于信息加工的覆盖面很大,包括了一系列认知理论,很多其他的历史研究都相当程度地特定于信息加工取向中的某个特别变式。神经生物学和受神经学影响的模型和理论（Hebb, 1949; McCulloch & Pitts, 1943; Rosenblatt, 1958; Shepherd, 1992）的进展对神经网络方法的发展提供了特殊的帮助。生物、数学和心理水平上的复杂系统的研究进展（Kuo, 1967; Lehrman, 1953; Lewin, 1936; von Bertalanffy, 1968; Waddington, 1957）则为动力系统方法打下了基础。

基于上述基础和认知理论能够用计算机程序来表述这一关键思想，信息加工取向历史上的其他主要文章采取了介绍文本的形式，经常包括计算模型以供读者进行探索。这些介绍文本在产生式系统（Anderson, 1976; Newell & Simon, 1972）、神经网络模型（McClelland & Rumelhart, 1986; Rumelhart & McClelland, 1986b）和动力系统方法（Kelso, 1995）的思想基础的广泛传播上起了很大作用。同样地，介绍文本在利用神经网络（Elman et al., 1996; Plunkett & Elman, 1997）、动力系统（Thelen & Smith, 1994）和产生式系统（Klahr & Wallace, 1976）等信息加工途径来探索发展问题时，可能产生了许多的趣味和活力。

各类型概述与实例

这一部分主要介绍了四种重要的信息加工途径：产生式系统、神经网络、动力系统和Ad Hoc 模型。首先对每一种方法进行单独讨论，包括方法的基本假设、基本要素和已经探索的发展研究上的应用类型，并且通过一个例子详细说明。本部分最后概括比较了上述信息加工途径中的几个类型。下一部分通过评价相同发展现象的不同模型，从而进行了更为细致的比较。

产生式系统

产生式系统有许多变式，如 SOAR（Newell, 1990）、ACT - R（Anderson & Lebierre, 1998）和 3CAPS（Just & Carpenter, 1992）。

基本要素

正如许多资料所述（例如，Anderson, 1993; Klahr, Langley & Neches, 1987; Klahr & MacWhinney, 1998; Newell & Simon, 1972），产生式系统主要研究以产生式规则为形式的认知技巧。产生式系统包含两个相互作用的结构：

1. *产生式记忆*：是这一系统的持久性知识，而且包含了大量的条件—行动（或如果—那么）规则，这些规则被称为产生式。条件明确说明了产生式使用的环境。以数字守恒为例（Piaget, 1952a），一个产生式的条件可能是："如果你的目标是说明两堆物体的数量关系，而且这两堆物体在未转移前含有相同数量并且转移并不涉及增加或减少物体。"（Klahr & Wallace, 1976）行动则明确说明了在条件环境下应采取的行为。所以在数字守恒一例中相应的行动可能是："那么两排仍含有相同数量的物体。"产生式的条件和行动在外部世界和内部心理状态中都能够使用。

2. *工作记忆*：是系统对当前环境的表征并且包含着一系列的符号体系，这些符号体系被称作工作记忆要素。工作记忆中的信息既可以来自外部世界，也可以通过与产生式相关的行为产生。产生式系统的组织结构见图10.1。

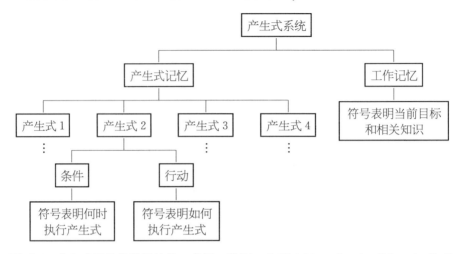

图10.1 *产生式系统的组织结构。* 来源：*Children's Thinking*，fourth edition，by R. S. Siegler and M. W. Alibali，2005，Upper Saddle River，NJ：Prentice-Hall. 经许可使用。

产生式记忆和工作记忆的不同加工过程如下：

1. *识别*或*匹配*过程：这一过程是指寻找产生式，其条件与工作记忆中的信息相匹配。由于可能存在数个产生式的条件都与工作记忆中的当前状态相匹配，而且一个产生式也可能在不同的方面与工作记忆中的当前状态匹配，所以这一过程会出现冲突。

2. *冲突解决*过程：这一过程是对匹配的产生式进行选择以应用。

3. *行动*过程：这一过程是执行被选中的产生式中的行动。

这一过程反复进行，每个行动都在工作记忆中产生了新信息，从而上述三步开始再次循环。这一加工过程包含平行和序列两种成分。对含有与工作记忆中的信息相匹配的条件的产生式的搜索以平行的方式进行，对动作的执行则是以序列的方式进行。

在产生式系统中，学习以创造和修改产生式的形式作为经验的结果。例如，作为经验的结果，冗余的步骤会从产生式中去除，两个产生式也可能会合并成一个。

在发展中的应用

产生式系统已被应用到认知发展研究的许多方面，包括如不同领域内的问题解决等高级认知过程(例如，Klahr & Siegler，1978；Klahr & Wallace，1976；Simon & Halford，1995a；von Rijn，van Someren & van der Maas，2003)。这类应用在一些最近的产生式系统模型中显而易见。Jones、Ritter和Wood(2000)运用产生式系统探索了关于什么导致了被试在用21个木块建造一个金字塔这一问题解决任务中的发展进步的不同理论。鉴于高级信息在产生式记忆中的表征方式，产生式系统可以为上述过程的建模提供一个最为天然匹配的模型。但是，正如下一部分所讨论的，其他模型也可用于高级信息加工过程的研究上。而且如下文即将谈到的，产生式系统大概也可以应用在对更加基础的加工形式的研究中。

其中一例是婴儿对数的理解。婴儿可以进行加减运算吗？他们是否"天生具有进行简单算术运算的能力"(Wynn,1992)？基于儿童对导致预期结果或意外结果的事件的注视时间，一些研究者认为答案是肯定的。在一个实验中，婴儿看到了坐在玩偶台上的一个玩偶，实验者拉起遮帘遮住玩偶，接着婴儿看到另一个玩偶被放在遮帘后边。然后遮帘被放下，玩偶台上出现两个玩偶(预期事件)或是一个玩偶(意外事件)。五个月大的婴儿会更长时间的注视意外事件(Wynn,1992)。控制条件下的实验表明婴儿并不是简单地喜欢注视结果出现一个玩具甚于两个玩具。因此，对此实验结果的一种理解是婴儿更长时间的注视意外事件是基于他们关于 1+1＝2 的计算；经过计算，结果是应该有两个玩偶放在台子上，他们对违背了这个期望的结果注视了更长时间。

但是，这种解释引起了争议。关于婴儿更长时间的注视意外事件的其他许多解释也被纷纷提出。婴儿也许并不是根据台子上的物体数量来反应，而是根据随物体数量改变的一些其他因素如表面面积(Feigenson,Carey & Spelke,2002)或轮廓长度(Clearfield & Mix, 1999；Huttenlocher & Levine,2002)进行反应。或是，婴儿可能实际只是追踪观察了物体而未进行算数计算(Simon,1997)。也或许，婴儿更长时间的注视意外事件是由于此类研究中运用的习惯化程序的结果，婴儿根据对哪一个场景更加熟悉进行反应(L. B. Cohen & Marks,2002)。

信息加工途径和计算模型在解决这些争议方面或许特别适用。模型能够帮助阐明每一个理论的假设及其如何确切地解释观察到的行为。其他解释的模型可以作为存在证据证明通过其他方法也可产生观察到的行为。也可以通过探究和操作这些模型来评估竞争解释是否代表了真正的替代性解释，或它们是否在本质上依赖于一般加工过程。

研究者提出了一个产生式系统模型(Simon,1998)作为在违背期望研究中婴儿行为的"非数量"解释的具体实现。这个模型根据领域一般过程：记忆、个别化、客体永久性和时空表征，模拟了婴儿对意外结果的更长时间的注视。因此，研究者提出这一模型作为存在证据，说明了在不将数量表征归为原因的情况下该如何理解婴儿的反应。

这一模型依赖于为遇到的每一个客体生成索引：为可见物体生成物理客体索引和为隐藏物体生成记忆客体索引。记忆客体索引复制了物理客体索引的时空特征并支持形成预测。当结果与预测相违背时，由于需要在情景中搜索其他可能的匹配，从而产生了更长的注视时间。表 10.1 说明了支持这个加工过程的产生式。

由于这个产生式系统模型模拟了婴儿对标准"加法"(1+1＝2)事件和"减法"(2−1＝1)事件的注视时间，而且研究者可对模型的运行进行仔细观察，所以模型的运行表明了下列可能(Simon,1997)。婴儿可以编码物体的时空信息，利用这些信息将不同的物体个别化，当物体被隐藏时表征其持续存在，以及将看到的情景与回忆进行比较。这些加工过程支持了在不进行数字表征或计算的情况下对意外事件的识别。因此，一个"1+1＝1"事件可被识别为意外事件仅仅是因为在婴儿的预期中应包含两个客体，但在情景中只出现了一个客体。同样的，一个客体的突然消失也被识别为意外事件，仅仅是因为婴儿只预期了一个客体，而不是因为 1−0＝1。

表 10.1 产 生 式

最后一个产生式促使了对意外事件进行更长注视时间的注视,当结果与期望相违背时,它要求进行检查其他位置这一额外行动以获得信息:

产生式 1:如果你刚刚生成了物理客体表征和预先存在的记忆客体,**那么**就定下将对情景的预期状态和情景的真实状态进行比较这一目标。

产生式 2:如果你的目标是将对情景的预期状态和情景的真实状态进行比较,**那么**就定下对每一个预期执行一对一的匹配这一目标。

产生式 3:如果你的目标是将对情景的预期状态和情景的真实状态进行比较,**而且**你知道比较的结果,那么就结束注视。

产生式 4:如果你的目标是对一个预期执行一对一的匹配,**那么**就定下查看预先存在的记忆客体是否与物理客体相匹配这一目标。

产生式 5:如果你的目标是查看预先存在的记忆客体是否与物理客体相匹配,**而且**两者相匹配,那么就证实关于那个预先存在的记忆客体的预期,并转移到关于其他预先存在的记忆客体的预期上。

产生式 6:如果你的目标是查看预先存在的记忆客体是否与物理客体相匹配,**而且**两者不匹配,**那么**就搜索其他位置以寻找其他可能匹配的物理客体。

摘自 Simon's(1998)nonnumerical production system model of infant behavior in violation-of-expectation studies.

这个可行的产生式系统模型允许对非数量解释提出各种问题。用一个非数量解释来说明观察到的婴儿的一系列行为是否足够,而且仅用一个模型能否模拟这些行为? Simon(1997)的模型能否模拟婴儿对数量的序数关系的敏感性(Brannon,2002)? 这类问题突出了信息加工取向和计算模型的优势;假设的明确性导致了对理论观点的珩磨(例如,加工过程是数量的还是非数量的意味着什么)和对行为预测的检验。

神经网络

神经网络也被称作联接主义或并行分布加工模型。其中每一个名称都准确记录到加工如何在这些模型中进行的特征,即是在由相互联接的结点形成的网络中以并行的方式进行加工。

基本要素

网络模型有许多变式(例如,Arbib,2002),但是所有模型都具有单元和权重两个一般特征(McClelland & Rumelhart, 1986; O'Reilly & Muunakata, 2000; Rumelhart & McClelland,1986b):

- *单元* 是通过自身的兴奋来表征信息的类神经实体(neuronlike entitles),其兴奋性可被传递给其他单元。
- *权重*,或联接,将单元彼此联接。联接强度是通过学习改变的,与通过学习改变突触的效力的方式类似。

在神经网络模型中信息是以单元间的兴奋模式来表征的。典型的神经网络模型以多个层次来组织单元,例如表征环境中可用信息的输入层、表征网络行动或决定的输出层,以及在输入层和输出层间的允许兴奋模式在二者间进行转化的隐藏层。任一给定单元的兴奋是其他单元的兴奋和单元间联接强度的函数。

在神经网络中的信息表征通常是分散的、渐变的和相互作用的，例如，数字概念的网络表征可能分布于网络中的多个单元中，这些单元也参与了相关概念(例如，数量和计数)的表征。这些单元能在其兴奋水平上发生改变，从而支持了相关概念强度上的渐变。而且，因为联接将兴奋自一个单元传至另一个单元，从而单元网络能被高度地相互联接，产生了可以对彼此产生巨大作用的交互表征。

学习是以改变单元间的联接发生的。研究者通过神经网络模型探索了许多学习算法，可大致分为如下两类(O'Reilly & Munakata, 2000)：错误驱动学习和自组织学习。错误驱动学习是以减少误差这一目标为指导，计作目标兴奋与网络实际兴奋差别的函数。这些目标可来自各处，例如老师对学生行为的明确纠正，环境为个人对将要发生事情的期望提供的目标信号，以及个人动机行为的目标也为已尝试的动机行为提供的目标信号。误差逆传是错误驱动学习算法的最为一般的变式之一。

根据加工单元中的同步兴奋，自组织学习必然形成可以记录环境结构中重要特征的表征。借助"一起激发并一起传导的单元"的 Hebb 学习算法(例如，Oja, 1982)是自组织学习算法中最为一般的形式之一。研究者发展整合了错误驱动学习和自组织学习的算法，并说明了二者是如何相互受益的(O'Reilly & Muunakata, 2000)。

在发展中的应用

在认知发展研究的众多领域中神经网络模型都得到了应用(综述见 Elman et al. , 1996；Munkata & McClelland, 2003；Quinlan, 2003；Shultz, 2003)，包括语言 (Elman, 1993；Plunkett & Marchman, 1993；Seidenberg & McClelland, 1989)、分类(Mareschal & French, 2000；Rogers & McClelland, 2004)以及客体知识(Mareschal, Plunkett & Harris, 1999；Munakata, McClelland, Johnson & Siegler, 1997)。其中许多模型集中研究了学习过程类型和支持了婴儿和儿童发展过程中观察到的变化的表征变化。其中大多数模型都集中研究典型发展。然而正如下面所讨论的，鉴于神经网络模型记录复杂发展系统中非线性动态和突创特性的能力，在非典型发展的研究中它们也能够提供帮助(Morton & Munakata, 2005)。

在发展障碍的研究中，天性和教养之争采取了相似的形式。早期的争论将遗传作用和环境作用相对立，然而现在的研究者都大致同意二者起着同样重要的作用。尽管如此，两种相互对立的观点仍可成一致(Karmiloff-Smith, 2005)。模块方法(含蓄或明确地)提出了大脑功能的静态观点，即神经系统或模块对于特定功能具有内在特异性。根据这一观点，发展障碍可归因于指向特定相关认知功能的遗传变异。结果，发展障碍可以导致特定的认知缺陷，这与在成人脑损伤病例中观察到的情况相似。与之相对，在神经网络理论框架中，研究者会更为自然地考虑发展的高度交互作用过程中在特定脑区出现的功能特异化。不同的脑区不是简单地将其功能预先特异化，它们之所以如此发展部分由于受其他脑区发展方式的影响以及初始状态间的微小差别。按照这一观点，发展障碍通过遗传变异产生，这种变异导致了一个与发展过程交互作用的系统初始状态低级特性上的微小变化。

信息加工取向和计算模型也许对于探索这一突创过程的复杂性尤为适用。许多神经网络模型表明了通过一个发展过程,初始状态的细微的数量差别如何能够形成结果上质的差异(Harm & Seidenberg, 1999; Joanisse & Seidenberg, 2003; Oliver, Johnson, Karmiloff-Smith, & Pennington, 2000; O'Reilly & McClelland, 1992; Thomas & Karmiloff-Smith, 2002, 2003)。由于发展过程的复杂性,系统损伤是发生在发展早期还是晚期在行为上会形成很大不同(Thomas & Karmiloff-Smith, 2002, 2003)。

一个模型说明了在发展过程中,微小的语音表征障碍是如何形成了在患有特异性语言损伤(SLI)个体身上所观察到的句法加工缺陷的(Joanisse & Seidenberg, 2003)。模型模拟了 SLI 患者对不同复杂程度的句子的理解概况。因此,这一模型明显表明了特异缺陷能够通过低水平变异产生,而不是通过认知模块的遗传特异性产生。

模型的任务是将词序与词意相联系。模型包含四层:一个语音输入层、两个隐藏层和一个语义输出层。隐藏层彼此发送和接受兴奋,从而允许信息在数个时间阶段中得到保持。因此这些层支持了网络的工作记忆,为将词与其词义相联系提供了帮助。为了探索初始状态的细微差别的作用,研究者训练了这一模型的两种形式:一种完好形式,另一种形式是通过增加少量噪音来造成网络语音输入的失真。

研究者在一套含有 40 000 个句法难度不同的句子的语料库中对网络进行了训练。句子以一次一词的方式呈现,网络必须识别每一个单词的意思以及单词间的语义依赖,以激活语义输出层中一系列合适的单元。例如,句子"比尔说约翰喜欢他自己"是以"约翰""说""比尔""喜欢"和"他自己"的方式呈现给网络的。在最后一词"他自己"呈现后,网络就要被训练以激活这个单词在语境中的意思:语义输出层中的[男性]、[反身代词]、[人类]和[比尔]单元。经过训练后,研究者要使用未曾在训练过程中出现的新句子来检验句法加工过程。检验系统包括两类句子:一类句子中的反身代词仅能通过句法分析(例如,"亨利说鲍勃喜欢他自己");另一类句子与之相似,但修改了名词或反身代词,因此反身代词可以在性别信息的帮助下进行分析(例如,"萨丽说鲍勃喜欢他自己")[①]。

完好形式网络模拟了典型个体的行为,其运行结果接近两类句子的最好成绩。与之相对,带有语音缺陷的网络模型模拟了患有 SLI 个体的行为,在仅根据语义信息分析反身代词时显示出了选择性缺陷。因此,低水平的语音缺陷导致了选择性语法缺陷。特别的,语音加工缺陷使得网络在工作记忆中形成和保持信息更加困难。如在"亨利说鲍勃喜欢他自己"这个句子中"他自己"一词的意义只能根据句法信息进行分析,网络的工作记忆表征不足以分析这一句子。与之相对,在句子"萨丽说鲍勃喜欢他自己"中"他自己"一词的意义可以同时根据句法和语义信息进行分析,网络的工作记忆表征可以有更多的精力对付噪音,所以这些句子仍可被分析。

动力系统

动力系统通过文字说明和形式模拟集中研究了系统中随时间发生的复杂的、非线性的

---

① 在英语中,比尔、约翰、亨利是男名;萨丽是女名。——译者注

变化。

基本要素

这一方法具有很多变式(例如,von Bertalanffy,1986;Fischer & Bidell,1998;Kelso,1995;Smith & Thelen,1993;van der Maas & Molenaar,1992),但大多数包含下列观点的某些形式:

- 在有机体内部以及有机体和环境之间,多个水平的加工过程以多种方式来决定和影响行为。
- 系统以自组织的形式被柔和地组合(Kugler & Turvey,1987)、灵活地调整,而不是被强硬地联接和程序化。
- 许多结果状态比其他结果状态更加稳定,并且构成"吸引子"。

以行走为例,动作被看作是根据如环境、唤醒水平和腿的质量等因素的柔和组合(Thelen & Ulrich,1991)。某些模式要比其他模式更加稳定(例如四足动物的行走、小跑和疾驰)。这类动力系统方法与特定模式生成器这一观点是对立的,特定模式生成器可以内源性地生成神经兴奋模式来驱动定位。在动力系统理论框架中,目标之一是研究影响行为的多个水平的加工过程,以及这些过程的不同参数值是如何产生不同的吸引子和行为的。

在发展中的应用

研究者利用动力系统方法探索了发展的许多方面(Lewis,2000;Thelen & Smith,1994,1998),自人格发展的早期研究(Lewin,1935,1936)到动作发展的开创性研究(Thelen,Kelso, & Fogel,1987),直到在被认为是涉及了更多认知因素的领域中的近期研究(Thelen,Schöner,Scheier, & Smith,2001;van Geert,1998)。其中许多研究都采取了文字理论的形式,将动力系统建构作为隐喻来进行发展的再次概念化(Spencer & Schöner,2003)。这是实用和重要的步骤,但是已被执行的模型应为这一方法的评价和与其他方法的比较提供帮助。

一组已被执行的模型主要研究了认知发展(van Geert,1991,1993,1998)。这些模型的总体方法就是识别研究领域中的一组相关变量,在数学方程式中表达这些变量间的关系,指定方程的参数值,然后运行方程以检验模型的发展轨迹与观察到的行为资料的匹配度。如果匹配度较好,模型就说明了在假定的变量、关系和参数值下,发展可能按照研究者的假设进行。

一个特定的模型主要研究了儿童的词汇和句法的发展(van Geert,1993)。在这个例子中,相关变量可能包括了处于一个给定时间点上的儿童所获得的词汇量和不同的句法规则。需要在方程中设定的不同参数包括增长率(在一个特定时间段中的增长量)和反馈延迟(它影响了一个系统的给定状态能够以多快的速度对下一状态起作用)。一个需要被匹配的曲线图描述了儿童每周所掌握的词汇量(Dromi,1986)。在没有反馈延迟的情况下将会得到曲线与经验数据的低匹配度;当曲线图的前一部分的反馈延迟为 2 周、增长率为 0.71,后一部分的反馈延迟为 1 周、增长率为 0.35 时,将会得到较好的匹配度。这类模型还被用于匹配发展的各个一般方面的曲线图,其中包括非持续性变化(van Geert,1998)。

研究者明确了这类动力系统模型的优势和缺陷(Aslin,1993;Thelen & Smith,1998)。

优势之一是促使研究者通过收集受动力模型影响的详细数据、仔细地考虑潜在作用因素及其关系和相关参数值，来更加严谨地思考其系统。与所有模型相似，这些模型也可产生可经检验的经验预测。但是，这类建模方法的某些例子由于许多模型成分、交互作用和参数在很大程度上是假设性的，而被批评为"理论丰富、数据贫乏"（Thelen & Smith，1998）。结果是，曲线图匹配过程由于过于不受限制而无法提供有效信息（Aslin，1993）。

Ad Hoc 模型

*Ad hoc 模型*是指主要关注研究领域中的信息加工要求，而不受如产生式系统、神经网络和动力系统方法此类总体理论框架的假设和主张限制的模型（Klahr & MacWhinney，1998）。Ad hoc 模型可以运用一系列算式和学习算法。因此，它们不能作为一个群体简单地与其他理论框架进行比较，也因此除本节外它们也不被给予关注。

Ad hoc 模型已被证明适用于策略发展的研究（例如，Shrager & Siegler，1998；Siegler & Shipley，1995；Siegler & Shrager，1984）。这些模型表明了相对简单的加工过程如何能够支持新策略的发现和在策略中进行适应性选择——儿童很早（例如，Adolph，1997）就已稳定地（Siegler，1996）展现出上述两种能力。

一个统一的模型集中研究了策略的选择和新策略的发展；此前这些加工过程只在不同的模型中进行了单独模拟（R. Jones & VanLehn，1991；Neches，1987；Siegler & Shipley，1995；Siegler & Shrager，1984）。这个统一的模型被称作策略选择和发现模拟（Strategy Choice and Discover Simulation），缩写为 SCADS（Siegler & Shrager，1998）。这个模型主要研究了简单加法策略发展，并记录了加法问题中儿童行为的许多方面，包括像儿童那样在不同的策略中进行适应性选择和以相同的顺序与方法发现相同策略。

这个模型大体包括三个成分：

1. 联想学习策略选择成分：它将策略表征为一系列算子（例如，"选择加数、说出加数、清除回音缓冲器、数手指以表征加数"）并记录了关于策略速度和准确性的统计数据。

2. 工作记忆系统：它保持追踪了每一个策略的执行情况及结果，所以它们可用于分析。

3. 元认知系统：它分析策略，发现潜在的改进之处，通过再整合现有策略中的算子生成新策略。这个元认知系统含有三个成分：注意聚光灯，它增加了分配给新策略的资源；策略变化启发式，它消除了冗余并确认了策略中操作顺序的重要性；目标提纲过滤器，它防止了无效策略的实施。

模型的每一次运行都只以两个策略开始：检索（根据记忆提供答案）和总计策略（举起与一个加数数量相等的手指，数一数，举起与另一个加数数量相等的手指，数一数，最后数出所有举起的手指数）。起始时经常选择运用总计策略，因为系统中的问题和答案间的联接还不够牢固而不能使用检索。在早期使用总计策略时需要额外资源。通过不断的练习，额外资源就不再需要了，系统因此可以发现新的策略。如果策略通过了目标提纲过滤器（它要求在结果报告中两个加数都被表征并使用），它就被保留下来。如果策略既高效又准确，它就越来越多地被使用。通过消除现有策略的冗余步骤也可发现新策略。简略的总计策略(举起手指代表两个加数并只数一次)就是通过放弃为每加一个数数手指这个多余步骤而在总计策略中形成的。接着,对第一个加数进行计数这一多余步骤也可被省略,只需要说出第一个加数值并自那点开始计数就可以了。当以一个较大的加数开始时这个策略更加高效,就产生了最简策略(自较大的加数开始计数相加)。

通过这些基本的加工过程,模型像儿童那样在不同的策略中进行适应性选择并以相同顺序和方法发现相同策略。适应性选择反映了模型根据相关速度和准确性对不同策略的优势的联想学习。模型的策略发现过程以相当简单的限制为基础:满足基本的目标提纲,消除冗余以及注意操作顺序的重要性。这些限制足以生成与儿童使用的策略相同的策略。此外,只要注意资源可以使用,上述加工过程就可进行,模型发现新策略的方式与儿童的类似;例如,既追随正确的也追随错误的操作,并不需要尝试错误学习。模型发现新策略的顺序与儿童的相同,部分是通过自一个策略中省略冗余步骤以生成新策略。

通过这种方法,SCADS 模型提供了关于儿童策略发现和选择的可能的加工过程的发现。看似神秘的加工过程可能是由联想学习和启发式知识的运用这些相对基础的加工过程驱动的。

理论框架间的概括比较

在相同现象的不同模型的情况下比较信息加工方法最为直接,我们将在下一部分中进行集中介绍。本部分首先简略进行了产生式系统、神经网络和动力系统方法间的概括比较。鉴于每种类型的信息加工途径的众多变式,这可是一个困难的任务。已经尝试过进行此类比较的研究者已经将其称为"乐于接受大量批评"(Thelen & Bates, 2003)或是提出其他研究者可能就其进行质疑和争论(Anderson & Lebiere, 2003),这一点儿也不算巧合。这一点同样适用于表 10.2 总结的当前比较。动力系统方法可以被看作是一个含有各类动力模型的综合理论,包括神经网络模型这一特例。而且对于列出的每个方法的每个特征,我们总有可能找到例外。但这些特征记录到了已被典型研究的不同方法间的一些大体区别。

表 10.2　三种主要信息加工理论框架的比较

	产 生 式 系 统	神 经 网 络	动 力 系 统
表征	符号	亚符号	起初未被提出,现在是亚符号
相对优势	灵活的行为	生物似然性	具体化
相对缺陷	突创效应	抽象性	学习
最好的往绩	高级认知(如问题解决)	语音(如朗读)	动作(如移动)

注:正如文中所述,这些特征都不是绝对的,存在例外。

表征

从历史的观点上来说,这三类方法对心理表征的处理十分不同。产生式系统通过含有符号结构的工作记忆和采取如果—那么命题形式的产生式记忆集中在表征的符号水平。神经网络模型通过分布在联接和兴奋模式中的表征的"认知的微结构"集中在表征的亚符号水平(Rumelhart & McClelland, 1986b)。动力系统的研究者大多避开了"以 R 开头的词"[1]，因为它可能具有位于前方的静止实体这一含意(讨论见：Spencer & Schöner, 2003; Thelen & Bates, 2003)。

如上所述，这些特征都不是绝对的。产生式系统已经整合了持续的和噪音的兴奋值(例如，Anderson & Lebiere, 1998; Jus & Carpentert, 1992)，而且神经网络模型已被用于解释类符号规则的发展(Rougier, Noelle, Braver, Cohen, & O'Reilly, 2005)。一些近期的动力系统模型在特定时间的系统的特定状态下，在亚符号的水平上研究了表征(Spencer & Schoner, 2003)。

相对优势和缺陷

每一种方法都有其相对优势和缺陷，在许多例子中这一点被看作为权衡(trade-offs)，即以一个特点为代价而强调另一个特点。因为能够通过产生式顺序处理复杂行为以及在知觉输入中符号表征能够在变量中被灵活使用，所以在模拟灵活的行为上产生式系统可能具有相对优势。但是，这些模型的灵活性可能是以不能很好地记录到认知的突创效应为代价的。正如发展障碍的研究所揭示的，知觉加工中的细微变化可以导致认知水平上大的改变。非产生式系统可能能够更好的记录这些突创效应，其知识的表征不如产生式系统灵活，更多的受到特异低水平加工过程的约束。神经网络模型在单元和权重的计算要素与神经元和突触的生物要素相对应的条件下，可能在生物似然性和生物似然学习的算法和算数的发展(例如O'Reilly & Rudy, 2001)上相对更具优势。然而，由于这些模型根据特殊经验通过单元逐渐负责表征特定信息进行学习，所以此类模型中的知识因为没有经过充分的抽象而遭到批评(Marcus, 1998)。动力系统模型的优势可能在于对具体化的研究，以及对身体内的认知和发展的作用。但是，此类模型经常以改变额外控制变量的方式来模拟发展，而没有解释这些变化从何而来。结果是，模型并未解释这些变化后的学习过程。

如上所述，这些特征都是相对的。产生式系统已经作出了关于神经功能的预测，并通过神经成像研究进行了检验(Fincham, VanVeen, Carter, Stenger, & Anderson, 2002)。神经网络模型也用于解释关于抽象加工和一般加工的问题(Christiansen & Curtin, 1999; Munakata & O'Reilly, 2003; Rougier et al., 2005; Seidenberg & Elman, 1999)，而且学习已被整合入某些动力系统模型(van Geert, 1993)。

最强有力的记录

最后，这三种方法具有不同的应用领域。产生式系统大概在模拟如问题解决的高级认知上具有最强有力的记录。神经网络模型解释了很多语言问题，而动力系统途径可能在运动加工过程的研究中具有最大作用。这些不同可能部分根据建模方法与经验现象的匹配的容易程度。但是，这些方法的应用领域也有一些重叠，否则本章下一部分也就没什么好讨论

---

① 即 representation。——译者注

的了。

详细比较：相同现象的不同模型

本部分对已被用以研究相同发展现象的不同类型的模型进行了比较，领域涉及问题解决、语言和记忆。在问题解决领域，我们运用产生式系统和神经网络方法探讨了儿童在Piaget的平衡天平任务（Inhelder & Piaget，1958）上的发展。在语言研究领域，我们运用产生式系统和神经网络方法探讨了儿童变化动词的过去时态能力的发展。最后，在记忆研究领域，我们运用神经网络和动力系统方法探讨了通过Piaget的A非B任务（A-not-B task）（Piaget，1954）评估的婴儿对隐藏物体的记忆。在每个例子中，我们比较和对比了每一个建模方法，从中你可以进行深入了解。

问题解决领域：天平任务

儿童在解决特定任务中，似乎要经过几个不同性质的阶段（Case，1985；Piaget，1952b）。在平衡天平任务（Inhelder & Piaget，1958）中，儿童注视着两边都挂有离支点特定距离的砝码的天平，他们必须判断当天平下的支持物被拿走后天平的哪一个臂会下降。起初儿童只是进行随机回答，没有使用有关重量和距离这些物理特性的外显规则来指导帮助判断。然后儿童使用不同信息来帮助自己解决问题，经由四条规则逐渐进步（图10.2，Siegler，1976，1981）。根据规则1，儿童仅仅注意到支点两边的砝码的数量。根据规则2，当两边砝码数目相等时，儿童也会注意到砝码到支点的距离。根据规则3，在所有的情况下，儿童都会同时考虑砝码和距离信息，但当二者冲突时，儿童就会进行随机回答。最后，规则4要求扭矩（砝码总数乘以距离）的计算，它表征了这一任务的成熟知识。

很多不同类型的模型都被应用于理解儿童在平衡天平任务中的表现（Newell，1990；Sage & Langley，1983；Schmidt & Ling，1996；Shultz，Schmidt，Buckham，& Mareschal，1995）。为了进行比较，我们主要讨论一个早期的产生式系统模型（Klahr & Siegler，1978），一个随后的神经网络模型（McClelland，1989，1995）和一个近期的产生式系统模型（van Rijn et al.，2003）。

早期产生式系统模型

平衡天平任务的早期的产生式系统模型（Klahr & Siegler，1978）主要研究了儿童在平衡天平任务中执行四个规则所需的产生式和算子。因此，这个模型更加精确地说明了图10.2展示的决策树表征后的加工过程动态性的特征。

采用了四个规则之一的模型的产生式已在图10.3中列出。对于每一个产生式，条件呈现在左侧而行动呈现在了右侧。条件检查核对了砝码、距离或扭矩的相同处或不同处。当产生式中的条件与工作记忆中的信息相匹配时，就做出与之相联系的动作（说出哪一边会下降）。在最简单的模型中（采用规则1），当工作记忆中的信息表明两边有相同砝码，产生式1就被激活，反应即为说"两边平衡"。当工作记忆中的信息表明一边有更多的砝码时，产生式

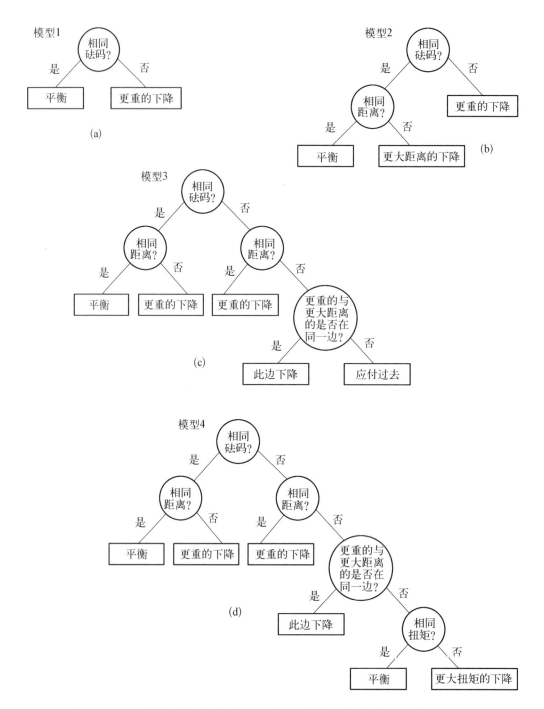

图10.2 在平衡天平任务中儿童的规则的决策树表征。来自："The Representation of Children's Knowledge"(pp. 61 - 116), by D. Klahr and R. S. Siegler, in *Advances in Child Development and Behavior*, volumn12, H. W. Reese and L. P. Lipsitt (Eds), 1978, New York：Academic Press. 经许可使用。

2就被激活,反应即为说"有更多砝码的一边会下降"。

模型记录的使用规则越高级,就变得越精细(图 10.3)。采用了规则 2 的模型就多出了一个产生式,即如果两边有相同数量的砝码但一边有更长的距离,那么反应即为说"有更长的距离的一边会下降"。根据每个规则运用条件的明确性,由前一模型前进到下一模型所要求的调整就显而易见了(见表 10.3 下部)。规则 1 向规则 2 转化时需要增加一个产生式,即当两边砝码相等时就根据不相等的距离进行反应,而且需要增加编码和比较距离的算子。但实际上,这个模型没有模拟这些转化。

模型 1
  产生式 1:((相同砝码)——→(说"平衡"))
  产生式 2:((X 边有更多砝码)——→(说"X 边下降"))
模型 2
  产生式 1:((相同砝码)——→(说"平衡"))
  产生式 2:((X 边有更多砝码)——→(说"X 边下降"))
  产生式 3:((相同砝码)(X 边有更长距离)——→(说"X 边下降"))
模型 3
  产生式 1:((相同砝码)——→(说"平衡"))
  产生式 2:((X 边有更多砝码)——→(说"X 边下降"))
  产生式 3:((相同砝码)(X 边有更长距离)——→(说"X 边下降"))
  产生式 4:((X 边有更多砝码)(X 边有更短距离)——→应付过去)
  产生式 5:((X 边有更多砝码)(X 边有更长距离)——→(说"X 边下降"))
模型 4
  产生式 1:((相同砝码)——→(说"平衡"))
  产生式 2:((X 边有更多砝码)——→(说"X 边下降"))
  产生式 3:((相同砝码)(X 边有更长距离)——→(说"X 边下降"))
  产生式 4:((X 边有更多砝码)(X 边有更短距离)——→(计算扭矩))
  产生式 5:((X 边有更多砝码)(X 边有更长距离)——→(说"X 边下降"))
  产生式 6:((相同扭矩)——→(说"平衡"))
  产生式 7:((X 边有更多扭矩)——→(说"X 边下降"))

转化要求

产生式	算子
1—>2 增加产生式 3	增加距离编码和比较
2—>3 增加产生式 4、5	
3—>4 修改产生式 4;	
增加产生式 6、7	增加扭矩计算和比较

图 10.3 平衡天平任务中儿童使用规则的产生式表征(Klahr & Siegler,1978)。来自:"Information Processing(pp. 631 - 678),by D. Klahr and B. MacWhinney,in *Handbook of Child Psychology*,volume 2,fifth edition,W. Damon(Edtion-in-Chief),and D. Kuhn and R. S. Siegler(Eds.),1998,New York:Wiley. 经许可使用。

神经网络模型

随后的模型更加关注规则间的转化。平衡天平任务的神经网络模型说明了如何通过轻微连续地调整联接权重而导致前一规则向后一规则的类阶段式的进步(McClelland,1989,1995)。

模型(见图 10.4a)包括,输入层以表征平衡天平左右两边砝码和距离,具有独立单元的隐藏层以表征重量和距离信息,以及输出层以表征哪边将要下降的选择:左边、右边或是平衡(如果两个输出单元的兴奋相似)。根据平衡天平每一边的局部兴奋模式,输入层通过每一个单元都对砝码的特定数量和距支点的特定距离进行反应来表征重量和距离信息。在图10.4所显示的问题中,右边的四个砝码处于距离支点两个桩子的位置上。这些信息通过输入层上相应单元的兴奋而被表征(右边的第四个砝码单元和第二个距离单元)。

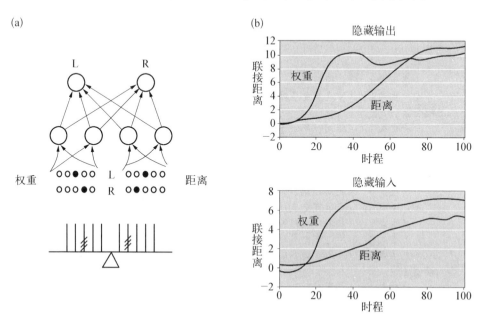

图 10.4 平衡天平任务的神经网络模型:(a) 结构和与平衡天平问题显示一致的输入,(b) 以联接为基础的关于砝码和距离的知识,通过不断训练成为学习的函数。自输入层到隐藏层(底部)和自隐藏层到输出层(顶部)的联接的递增的变化支持了规则间的类阶段转化。来自:"Parallel Distributed Processing:Implications for Cognition and Development" (pp. 8 - 45),by J. L. Mc Clelland, *in Parallel Distributed Processing: Implications for Psychology and Neurobiology*,R. G. M. Morris (Ed.),1989,Oxford,England:Oxford University Press. 经许可使用。

441 　　很多此类平衡天平任务呈现给这个模型。模型受用砝码预测结果的问题影响要大于用距离预测结果的问题影响,反映了存在这么一种可能性即相对于距离变量的影响,儿童对重量变化的作用比距离变化的作用有着更多的经验。模型根据误差逆传学习算法进行学习:模型对呈现的每一个问题都激活反应(这可被看作为关于平衡天平结果的预测),调整联接以减少误差——模型输出和实际结果之间的差异。根据这种练习,模型开始了从随机反应到规则1行为、从规则1行为到规则2行为和从规则2行为到规则3行为的不断进步。这种进步是类阶段的,其中在每个规则上模型都表现出相对稳定的行为,并被规则间相对快速的转化打断。

　　为什么模型呈现出类阶段的转化? 网络初始的随机权重通过每次练习被缓慢修改以减小网络关于平衡天平问题的预测和实际结果之间的差别。鉴于在这一问题中重量对结果更大的预测力,网络首先开始在其隐藏层发展对重量的表征。在这一过程的早期,由于网络的输入层、隐藏层和输出层之间的联接还不具有足够的意义,输出层仍旧反应随机答案。随着联接形成的愈加充分,在激活模式上单元就变得愈加不同,联接的此类变化可以在网络操作上快速形成类阶段的改进。图10.4展示了从输入层到隐藏层(底部)和从隐藏层到输出层(顶部)联接权重变化的加速过程。关于重量信息的联接的加速过程与向规则1阶段的转化过程一致,而关于距离信息的开始的加速过程则与向阶段2和3的转化过程一致。这样,神经网络的递增权重的调节能够导致微小的表征变化,这些变化又支持了随后的相对快速的学习、产生类阶段行为。

虽然模型模拟了儿童从无规则行为到规则1、规则2至规则3的行为的类阶段的进步过程,它没有记录到向最复杂的阶段4的清晰转化;相反,在训练的结尾,模型在阶段3和阶段4间摇摆不定。这也许反映了向阶段4的转化可能利用了其他类型的学习(例如,基于外显教授)(McClelland,1995)。

近期产生式系统模型

近期,研究者提出了一个平衡天平任务的产生式模型(van Rijn et al.,2003)用于解决早期模型的若干可能限制。尽管 McClelland 的神经网络模型依赖于从错误中学习以驱动发展性转化,儿童在没有反馈的情况下仍可以在平衡天平操作中表现出转化。在没有任何反馈的情况下呈现强调距离信息的问题,一小部分儿童可以完成从规则1到规则2的转变(Jansen & van der Mass,2001)。这些问题包括在问题中逐渐地和系统地增加砝码到支点间的距离,然后减小这一距离。在这一序列的操作中,有4%的儿童在序列操作(距离增加后又减少)的同一点上从规则1转变到规则2然后又转变了回来;3%的儿童在序列操作的不同点上从规则1转变到规则2然后又转变了回来;9%的儿童在距离差别增加时从规则1转变到规则2并且不再转变回去。为了记录上述效应,模型需要不仅只在对误差反馈的反应中进行学习。

此外,产生式系统旨在记录规则间质的转化。虽然 McClelland 的模型被称作记录了基于质变的类阶段的进步,但还是因为不是真正的类阶段而受到批评。这一模型受到批评,因为它未表现出规则间质的转化(Raijmakers,van Koten, & Molenaar,1996),以及没有关注通过潜在类分析统计技术分析所示的一组明显不同的规则(Jansen & van der Mass,1997)。

van Rijn 等的(2003)产生式系统模型旨在记录此类现象,以及自规则1到规则4观察到的基本的发展性进步。模型由如果—那么产生式和采取了陈述记忆组块形式的知识构成。模型行为和发展的基础由下列三个主要因素构成:

1. 机制:包括了诸如新产生式规则的组织、这些产生式相关值(它们的效能)以及陈述记忆组块相关值(它们的兴奋水平)的更新等加工过程。另一个机制是通过寻找平衡天平左右两边的差别来解决平衡天平问题的一般策略。

2. 任务特异性概念(砝码、距离、加法和乘法):以组块的形式被表征在陈述记忆中,通过组块的兴奋调整其可用性。

3. 能力约束:限制了模型在试图解决平衡天平问题时可以寻找的差别数量。

研究者在模型中通过操纵概念和能力约束来模拟发展中的差别(图10.5)。通过表征任务特异性概念的陈述组块的兴奋改变,模型在发展的不同点上得到这些概念。通过能力约束的操纵,在发展模型的早期,模型仅仅能够寻找平衡天平两边的一个差别;而在发展的后期,模型可以寻找多于一个的差别。对儿童编码的经验观察(Siegler,1976;Siegler & Chen,1998)和能力发展理论(Case,1985)推动了对概念和能力的操纵。

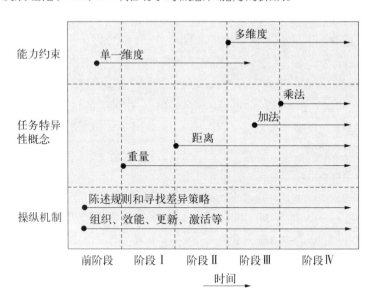

图 10.5 在 van Rijn 等(2003)平衡天平任务的产生式模型中的成分的可被使用情况。来自:"Modeling Development Transitions on the Balance Scale Task," by H. van Rijn, M. van Someren, and H. , van der Mass, 2003, *Cognitive Science*, 27, pp. 227 – 257. 经许可使用。

模型模拟了从规则 1 到规则 2 的进步,并显示了在每个规则下的稳定操作。在任意任务特异性概念被充分激活之前,模型只能通过猜测生成答案,这就导致了与此策略相关的较差的操作和较低的效能。

443 　当重量概念变得可用时,模型就开始运用这一概念(规则 1)。当距离概念变得可用时,能力约束限制模型一次只能注意一个维度。这就导致了模型只有在砝码相等时才会注意距离(规则 2)。当模型能力量增加至多于一个维度时,模型可同时考虑重量和距离(规则 3)。最后,当乘法概念变得可用时,模型就能够进步到扭矩计算了(规则 4)。基于任务特异性概念以及能力的可用(或缺失)和产生式规则的效用,与任意规则相关的行为都是稳定的。

模型也模拟了规则 1 到规则 2 的转化在没有反馈的情况下可以发生这个发现,并且显示了行为观察到的三种转化模式(Jansen & van der Mass,2002)。如行为研究一样,研究者在不给予反馈的情况下向模型呈现了一系列问题,即先增加后减少天平两边的距离差别。研究者修改了兴奋公式以增加显著项,并把它作为距离差别的函数进行计算。结果,具有更大距离差别的问题显著性较大,这就导致了距离概念的兴奋性增加。当距离概念变得足够兴奋,距离值就被用来解决问题,模型就从规则 1 转化到规则 2 了。如果转化发生在距离差别逐渐增大的系列问题中,因为前一问题以及当前问题中增大的距离信息显著性,距离概念的兴奋增加,从而距离仍可被使用。当系列问题中的距离差别开始减小时,距离概念的总体兴奋性也会开始下降。模型间的不同(例如,在兴奋更新方面)影响了距离概念的兴奋性是否或是何时变得很小,使得返回到了规则 1。

模型间的比较

先前讨论的平衡天平间模型的一个明显不同是它们是否试图解释规则间的转化。最早的模型(Klahr & Siegler, 1978)没有,而随后的模型(McClelland, 1989, 1995; van Rijn et al. , 2003)则试图作出此类解释。随后的两个模型尝试解释转化这一事实说明是否解释转化并不是神经网络和产生式模型间的区别。但是,两种模型以明显不同的方式来试图解释转化。神经网络模型以练习间持续使用的同类学习机制来解释转化,阶段来自表征变化及其应用方式。与之相对,产生式系统模型通过引入新的知识和能力来解释转化。一方面,它们可被看作是相互矛盾的两种解释:产生式模型提出的变化在神经网络模型看来毫无必要。另一方面,它们可被看作是不同水平的解释;也许产生式系统模型的变化可以通过神经网络水平的变化得以运用。例如,能力的明显变化可以来自对特定任务的学习(MacDonald & Christiansen, 2002)。在有关方法间联系和对立的潜在意义的探讨方面,特定模型应是有用的。

模型间的另一个不同是那些利用模型解释的被认为是首要的行为。尽管 McClelland (1989, 1995)和 van Rijn 等人(2003)的模型都将记录类阶段转化作为首要任务,但两种方法的不同在于将目标行为看作是类阶段的确切的程度。正如上文所述,McClelland 模型中的类阶段进步因为不够类阶段而受到批评(Jansen & van der Mass, 1997; Raijmakers et al. , 1996)。这一批评部分根据潜在类分析统计技术,此技术被用来试图评估导致在平衡天平问题中观察到的行为的规则数量和类型。然而研究者根据多个理由对这一统计技术及其相关结论展开了批评(Siegler & Chen, 2002)。通过潜在类分析技术发现的规则非常不稳定,即使在较短时间内以持续方式呈现问题也同样如此。因此,我们尚不清楚这类分析是否真正揭示了儿童使用的稳定规则。而且,这些技术还被用来解释规则间转化的中断;但是它们需要被运用于纵向资料后才可作出此类解释,而这类研究还未进行。

模型间的其他不同可以通过一种较为直接的方式整合一致。van Rijn 等人(2003)的模型由于解释了缺少反馈情况下的规则转化而与众不同。鉴于其他模型还未模拟这一效应,他的模型代表着重要的进步。但是,其他模型也能够以与之相似的方式来模拟此类发现。随着距离差别的逐渐增大,van Rijn 等人的模型增加了距离概念的兴奋性;同样地,如果 McClelland 的模型增加了距离加工单元的兴奋性,也会得到相似的结果。这个发现将会与 van Rijn 等人模型中的操纵和结论一致。另一种可能性是对于儿童在缺少反馈的情况下进行规则转化,不同的模型会提供不同的解释或是不同水平的解释。例如,神经网络可能会通过不依赖于反馈的自组织学习算法(例如,Hebb 学习算法)来解释这些发现。

语言:过去时

除了平衡天平一例中表现的不同阶段间的进步,儿童的发展轨迹有时会呈现出 U 形曲线。当儿童进行学习时,他们的任务操作会首先表现为从高水平到低水平的下降,然后最终进步返回到高水平。这类行为给发展理论提供了重要的限制,并已经成为许多研究的课题(例如,Zelazo,2004)。

在语言学习中,儿童在进行不规则动词(例如,"go")的过去时态变化时就会呈现出 U 形学习曲线。开始他们可以进行正确的变化("went"),但接着经过一个过度规则化(goed)阶段,最后再次进行正确的变化。研究者已就儿童在进行不规则动词的过去时态词性变化时呈现 U 形学习曲线的原因展开了大量讨论(例如,Marcus et al.,1992;McClelland & Patterson,2002b;Plunkett & Marchman,1993)。在下面的内容中,我们将要讨论神经网络和产生式系统模型的研究结果(Taatgen & Anderson,2002)。

神经网络模型

过去时学习的神经网络模型研究了 U 形学习曲线如何通过单一表征系统产生,这个系统对规则动词和不规则动词都可进行操作(Daugherty & Seidenberg,1992;Hare & Elman,1992;MacWhinney & Leinbach,1991;Plunkett & Juola,1999;Plunkett & Marchman,1991,1993,1996;Rumelhart & McClelland,1986a)。将词干(如"go")与其过去时形式("went")间相联系这一任务已呈现给此类模型,模型也已通过错误—驱动算法进行了学习。因此模型从联接权重的变化中学习,这种变化减小了模型输出和目标输出间的差别。虽然儿童不会经常得到关于他们语法错误的明确的错误反馈(Pinker,1984),但他们可以通过比较他们对将要听到的变化形式的猜测与实际听到的变化形式而得到内涵反馈。

Rumelhart 和 McClelland(1986a)首先试图在单一表征系统中解释 U 形过度规则化曲线。模型主要包括两层,它们将词干的语音输入表征与其过去时态的语音输出表征相联系。通过重复呈现单词,网络联接不断调整直到模型能够生成规则动词和例外动词的过去时形式。这一网络也包括位于输入层的一个固定的编码网络,它能够将一串分离的语素表征转换为联合的语素表征,以及位于输出层的一个固定的解码网络以进行相反的转换。在这个单一系统中,规则词和例外词利用相同的单元和联接进行处理。结果,这个系统自然地加工了例外词的一个重要特点:它们倾向于采取与规则词相似的形式,这一特点被称为"类规则"(quasi-regular)(McClelland & Patterson,2002b;Plaut,McClelland,Seidenberg,& Patterson,1996)。在英语中大多数例外词的过去时以/d/或/t/结尾(例如,had、told、cut、slid、taught),这与规则词的过去时一致。在不采取上述模式的例外词的过去时中,大多采用其他形式的类规则,如在过去时形式中保留词干的辅音(例如,sing-sang,rise-rose)。鉴于这个语言结构,模型可以利用由联系规则过去时而发展的单元和联接,来形成例外词的过去时。

这一模型也模拟了 U 形过度规则化曲线(图 10.6);但是它也由于为达到这一效应在训练组中大量采用了有问题的操作而受到批评(Pinker & Price,1998)。起初模型在含有 10 个动词的语料库中进行训练(8 个不规则动词,2 个规则动词);然后语料库中突然加入了 410 个动词(其中大多数为规则动词)。规则动词的突然加入驱动了过度规则化的开始,原因是联接权重被调整以减少在规则词上犯的错误。这些变化增加了模型形成规则过去时的倾向,即使对于例外词也如此。但是,在儿童的输入中未出现这种转换。

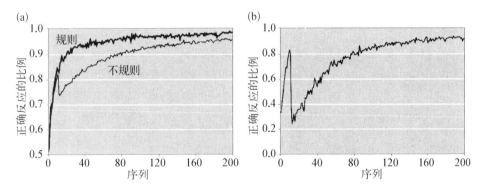

图 10.6 破坏过去时学习的神经网络模型的操作因素：(a) 正确反应的比例,(b)过度规则化(计算：不规则正确/(不规则正确＋不规则的规则化))。来源："On Learning the Past Tense of English Verbs"(pp. 216－271),by D. E. Rumelhart and J. L. McClelland, in *Parallel Distributed Processing：Vol. 2. Psychological and Biological Modles*,J. L. McClelland,D. E. Rumelhart,and PDP Research Group(Eds.),1986,Cambridge,MA：MIT Press. 经 MIT Press 许可使用。

如其他综述所述(例如,O'Reilly ＆ Munakata,2000；Taatgen ＆ Anderson,2002),随后的神经网络模型旨在说明如何在不对语料库进行有问题的操作的情况下形成 U 形过度规则化曲线。这些模型提供了各种改进,如语义限制的引入(例如,Joanisse ＆ Seidenberg)以及动词获得和名词词法之间相互作用的探索(Plunkett ＆ Juola,1999)。但是,这些模型在记录学习的 U 形模式方面还未完全成功。运用稳定的语料库进行训练的模型没有表现出过度规则化前的早期正确阶段(MacWhinney ＆ Leinbach,1991；Plunkett ＆ Marchman,1991)。表现出完整的 U 形过度规则化曲线的其他模型都包含了对训练环境的操纵(Plunkett ＆ Juola,1999；Plunkett ＆ Marchman,1993),其中有些操纵对于模型表现 U 形学习曲线并不必要(Plunkett ＆ Marchman,1996)。通过将儿童感知到的和产生的信息区别于驱动儿童学习的上述信息的子集(作为网络输入),研究者试图证明一些操纵的有效性(Plunkett ＆ Marchman,1993)。但是,一个更加完整的解释将会表现出模型如何内在地关注此类子信息集,而不依赖对训练环境进行的额外操纵。

产生式系统模型

研究者利用过去时学习的产生式系统模型(Taatgen ＆ Anderson,2002)研究了 U 形学习曲线如何通过双重表征系统产生——一个系统记忆特定例子,另一个系统学习规则以产生规则过去时(Marcus et al. ,1992；Pinker ＆ Price,1998)。产生式系统方法主要研究了规则和不规则动词的代价和收益。由于只需记住一个规则,规则动词在记忆需求中占据优势；但不规则过去时单词的优势在于经常略短于规则过去时单词。因此,两类动词都有相关代价和收益。在任意时间上用来形成过去时的特定策略取决于代价和收益间的平衡,它是词频和不同策略先前成功率的函数。

开始时模型以三个策略来从动词词干产生过去时：

1. *检索*：如果过去时充分兴奋，模型从陈述性记忆中将其检索。

2. *类比*：模型从记忆中检索出过去时并把它作为模板。这一策略通过两个规则执行，第一个规则关注后缀(如，"ed")，第二个规则关注词干(如，"walk")。第一个规则在记忆中检索出一个过去时；如果这个过去时有后缀，它就会被复制到后缀中以形成当前词的过去时。如果目标是产生"walk"一词的过去时，而且模型已从记忆中检索出过去时"followed"，"followed"中的后缀"ed"就会被复制到后缀中以形成"walk"的过去时。第二个规则在记忆中检索出一个过去时；如果那个词的现在时形式和过去时形式的词干相同，词干就以一种类比的方式被复制以形成当前词的过去时。即用以形成过去时的词干被设置为与用以形成现在时的词干相同。如果目标是产生"walk"一词的过去时，而且模型已从记忆中检索出过去时"followed"，模型就设定用以形成"walk"过去时的词干与用以形成现在时("walk")的词干相同，因为"follow"和"followed"的词干相同。这个规则相对费事。

3. *零策略*：模型简单地把词干作为过去时。

在两个规则被连续使用后，新产生式规则就通过将两个规则合并为一个而被习得。而且陈述性记忆中的检索量被限制为只能用于一个规则，因此规则合并后，通过一个规则检索的信息就被替代到新规则中。在下列情况下将会得到规则词规则：第一个类比规则(用以确定后缀)从记忆中检索规则过去时，然后使用第二个类比规则(用以复制词干)。新合并的规则将后缀设置为"ed"并从当前词中复制词干。

按照词频呈现给模型478个(89个不规则动词,389个规则动词)儿童或其父母使用的动词(Francis & Kucera,1982)。对于每个单词，模型的目标是产生过去时。模型通过将其感知和产生的过去时加入到陈述性记忆中、产生新的产生式规则以及根据产生式规则的执行次数对它们进行更新来学习。开始时，这三条初始规则(检索、类比和零策略)都不是特别有效。在模型知道如何变形任一动词前，检索和类比都不可使用，所以模型只能使用零规则，把词干作为过去时。

学习过程中模型产生式规则的变化见图10.7。当模型学习了更多例子后，对于在记忆中足够兴奋的单词，检索就会成为更有效的策略。高频词更加兴奋，因此更有可能被检索到。当单词不够兴奋而无法被检索到时，类比就会成为一个有效的策略，因为可以检索到其他单词作为模板。

在如规则词规则的新规则出现前，模型需要一定量的练习，原因有两个：首先，模型只有对成分规则做了充分练习后，模型才可以形成新规则。其次，为了学习规则词规则，模型需要选择一个规则动词以应用类比规则。但此类事件发生几率相对较低，因为规则动词相对低频以及类比规则由于很麻烦而不经常使用。但是，一旦规则词规则被习得，就因其高效率而成为学习进步中的有效方法。检索仍是主要规则，但当记忆中的单词不够兴奋时，规则词规则就被使用。随着持续学习，陈述记忆中的大多数单词已经具有足够使其过去时被检索到的兴奋性，规则词规则只被应用于低频规则词和新单词。

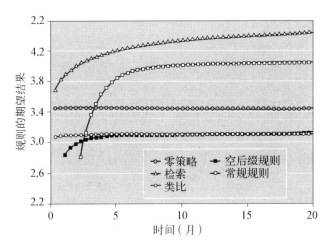

图 10.7 过去时学习产生式模型规则的期望结果。来源：“Why Do Children Learn to Say 'Broke'? A Model of Learning the Past Tense without Feedback,” by N. A. Taatgen and J. R. Anderson, 2002, *Cognition*, *86*, pp. 123 - 155. 经许可使用。

图 10.8 展现了模型的操作。通过使用检索和规则词规则，模型对规则动词的操作逐渐改进(两个图都有展现)。在规则词规则学习的同时，模型在不规则动词的操作上出现下降，这在上图中表现为“不规则正确”的下降和“不规则的规则化”的上升，而在下图则通过对过度规则化的标准测量：不规则正确/(不规则正确＋不规则的规则化)来表现。这个模型也可以在不同的环境输入条件下模拟儿童过度规则化的个体差异。相关环境输入与儿童自身产生式输入的比率越大，模型中的过度规则化就越少。

模型间的比较

产生式系统和神经网络模型都根据词干产生过去时来进行过去时的学习。但是这些方法存在多个方面的差别，而且是建立在对学习基础的不同假设之上的。首先，神经网络模型是通过错误信号进行学习的，这也许是以儿童对过去时单词的理解和在环境中实际听到的过去时单词之间的差别为基础的。与之相对，产生式系统模型根据它先前采用的内部反馈来学习调整其使用的策略。它同样存储了曾经产生和感知到的过去时。其次，神经网络模型通过对规则词和例外词都可进行操作的单一表征系统进行学习；每种情况下，模型通过共用单元的兴奋产生过去时并通过改变共同联接权重学习过去时。与之相对，产生式系统模型依赖于一个双重表征系统，一个系统记忆特定例子，另一个系统学习规则词规则。

每个模型都可根据其相对优势和缺陷进行分析。Taatgen & Anderson(2002)的模型更好地记录了环境中不同单词的词频信息，而大多数神经网络模型依赖于训练语料库的统计数据的改变来产生 U 形发展曲线(Plunkett & Juola, 1999；Plunkett & Marchman, 1993；Rumelhart & McClelland, 1986a)。对于某些符号过去时模型中这一批评也适用(Ling & Marinov, 1993)，因此它并不只是针对于神经网络模型的。但是，使用误差逆传或其他错误驱动算法的神经网络模型可能是仅仅依靠改变环境输入来产生过去时的 U 形学习曲线

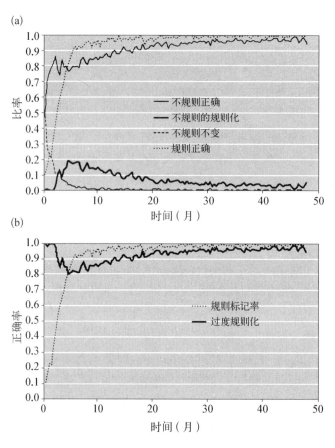

(a)

图 **10.8**　破坏过去时学习的产生式模型的操作因素：(a) 反应的比率，(b) 过度规则化(计算：不规则正确/(不规则正确＋不规则的规则化))和正确标记率(计算：规则正确/(规则正确＋规则不正确))。来源："Why Do Children Learn to Say 'Broke'? A Model of Learning the Past Tense without Feedback," by N. A. Taatgen and J. R. Anderson, 2002, *Cognition*, 86, pp. 123 – 155. 经许可使用。

(O'Reilly & Hoeffnr, 待发表)。在环境不发生改变的情况下, 错误驱动模型可能会表现为：没有例外单词的早期正确阶段或一段时间后不出现操作水平的下降(过度规则化)。如果环境输入导致规则词学习占优势, 权重就会偏向于过去时的规则形式, 所以模型就会在学习早期过度规则化而不出现早期正确阶段。相反, 如果环境输入提供了关于例外词的充分练习以支持早期正确阶段, 例外词因此占据充分优势而不被规则动词超过。在这种情况下, 随着时间流逝和对规则过去时的学习, 操作水平可能不会出现下降(过度规则化)。在其他领域中, 稳定训练环境下的错误驱动学习模型呈现出了 U 形发展曲线(Rogers & McClelland, 2004)。但是, 导致此类曲线的环境结构与领域(如过去时学习)是否相关仍待考察。

　　神经网络模型的一个相对优势是它们记录规则词和例外词共同点的能力, 例如上文所讨论的以/d/或/t/结尾的倾向。如上所述,神经网络模型能够自然地加工这些共同点,因为规则词和例外词共有支持此类过去时形式的结尾的联接。与之相对,产生式模型通过一次使用一个产生式来生成过去时,这就防止了模型利用规则过去时的学习进行例外词的学习(McClelland,Plaut,Gotts, & Maia,2003)。对于任意单词,过去时通过使用规则词规则的产生式或通过将那个词作为例外词的产生式形成。这对于与规则动词具有相同特征的例外词没有什么益处,鉴于例外词倾向于类规则,这种加工就出现了问题。但是加工如果分布在大量、共有的产生式中,在产生式系统模型中上述问题还是可以补救的(McClelland et al.,2003)。

Taatgen & Anderson(2002)讨论了模型间的另一个区别:产生式系统模型可以学习自身不正确的产生式,这也许可以解释儿童为什么有时不做出改正自己的产生式的反应。Taatgen & Anderson(2002)指出现有的产生过去时的神经网络模型在模拟这一效应上存在困难,因为没有学习是基于产生本身发生的,而且关于正确信息的练习应该导致正确过去时的快速学习。但是,错误驱动学习并不总是快速的,正如在平衡天平一例中操作的类阶段稳定期所展现的。此外,自组织神经网络模型已被证明能够从它们的不正确的产生中学习(例如,McClelland,2005),其机制已被整合入过去时学习的神经网络模型中(O'Reilly & Hoeffnr,待发表;讨论在O'Reilly & Munakata,2000)。因此,这或许不是一个神经网络和产生式系统之间的固有区别。

最后,模型在其分析水平上存在区别,但在某种程度上它们比早期的竞争解释更为彼此接近。与竞争解释间更早的更鲜明的区别(例如,渐变与分散)相对(McClelland & Patterson,2002a),产生式规则的渐变学习(Taatgen & Anderson,2002)与表征的渐变兴奋更为一致(Rumelhart & McClelland,2002a)。许多早期争论集中将尚未执行的双重表征理论(Marcus et al.,1992;Pinker,1991)——因此不够明确和不太能经得起检验——与有较长执行历史的单一表征理论相比较(Daugherty & Seidenberg, 1992;Hare & Elman,1992;MacWhinney & Leinbach,1991;Plunkett & Juola,1999;Plunkett & Marchman,1991,1993,1996;Rumelhart & McClelland,1986a)。获得的已被执行的竞争解释的模型应该帮助发展对儿童U形过去时学习曲线机制的探讨,并且更加广泛地促进对语言学习和认知发展的研究。

记忆:A非B任务

本章最后的关于模型比较的领域是婴儿对先呈现后隐藏的物体的记忆。如上所述,婴儿在对此类物体的持续存在的敏感性上表现出了渐进的任务依赖性进步。在生命的前几个月里,婴儿就在隐藏物体的期望违背研究中表现出对客体永久性的敏感(Baillargeon,1999;Spelke et al.,1992),但数月后他们也不会去寻找隐藏的物体,即使在检索物体所需的需要动机和问题解决能力得到发展后也是如此(Munakata et al.,1997;Shinskey & Munakata,2001;Spelke,Vishton, & von Hofsten,1995)。

即使婴儿在成功地寻找藏于单一位置的物体后,他们也不能完成Piaget的A非B任务

(Piaget,1954;Marcovitch & Zelazo,1999;Wellman,Cross, & Bartsch,1986)。在这个任务中,婴儿看到一个物体藏在一个位置(位置 A)。一般来说,允许婴儿寻找物体,并且 A 试验重复进行数次。然后,婴儿看到这个物体被藏于一个新位置(位置 B)。婴儿经常表现出持续行为,回到先前的隐藏位置而不是现在的隐藏位置寻找物体,出现 A 非 B 错误(A-not-B error)。一旦婴儿开始抓触隐藏的物体,他们就犯 A 非 B 错误。在婴儿发展过程中他们还会持续犯此类错误,只需在大点的婴儿中增加其看到物体被隐藏后到允许寻找物体以出现 A 非 B 错误之间的延迟期(Diamond,1985)。

即使婴儿持续到先前的隐藏位置寻找玩具,他们偶尔会注视正确的隐藏位置(Piaget, 1954;Diamond,1985;Hofstadter & Reznick,1996)。后来,在 A 非 B 任务的期望违背变式中,玩具藏于 B 但在 A 出现时婴儿的注视时间要长于当它在 B 出现时的注视时间,但在此后的延迟期中他们还是坚持到 A 寻找物体(Ahmed & Ruffman,1998)。

接下来我们将要说明和比较 A 非 B 错误的神经网络和动力系统模型。

神经网络模型

A 非 B 错误的神经网络模型(Munakata,1998;Morton & Munakata,2002;Stedron, Sahni & Munakata,2005)是建立在神经网络理论框架中活跃和潜在记忆痕迹的区别之上的(J. D. Cohen,Dunhar & McClelland,1990;J. D. Cohen & Servan-Schreiber,1992)。活跃痕迹采取网络加工单元的持续兴奋形式(与神经元激活率大致对应),潜在痕迹采取改变单元间联接权重的形式(与突触功效大致对应)。根据活跃—潜在理论:

- 潜在记忆痕迹,主要由后皮质区促进,在有机体加工一个刺激并改变了对这个刺激的偏向时形成,因此这个刺激随后出现时有机体的反应可能不同。例如,当婴儿持续地注意一个隐藏位置并到那里寻找物体,他们就积存了使其偏向于那个位置的记忆痕迹,因此他们将来更可能到处寻找物体。这些记忆痕迹不会在大脑的其他区域获得,因为大脑中一个部分的突触变化不会传递到其他区域。相反,潜在痕迹只能根据它们如何影响随后的刺激的加工和结果而得的兴奋模式来影响系统其他区域的加工。

- 活跃记忆痕迹,主要由前额页皮质促进,在有机体活跃地保持一个刺激的表征时形成。例如,婴儿在 A 非 B 任务中可能保持物体当前隐藏位置的活跃记忆痕迹。与潜在痕迹不同,在刺激随后不出现时,这些活跃表征可能在大脑的其他位置得到,因为一个区域神经元的激活可以传递到其他区域。

- 可以根据潜在和活跃记忆痕迹的相对优势理解持续的和灵活的行为。不断提高的保持当前信息活跃痕迹的能力依赖于前额叶皮层的发展,并且导致了在如 A 非 B 等任务上操作的改进。

正如其他文献的详细说明(Munakata,Morton, & Stedron,2003),支持着不同类型表征的存在、定位和发展的行为数据和神经科学数据推动了活跃—潜在理论的研究(例如, Casey,Durston, & Fosella,2001;J. D. Cohen et al,1997;Fuster,1989;Desimon,1994; Miller,Erickson, & Desimon,1996)。这个理论也以已有的持续理论为基础,并与之共有几个特征(例如,Dehaene & Changeux, 1991;Diamond, 1985;Roberts, Hager, & Herson, 1994;Wellman et al. ,1986)。

网络包含用来编码物体位置和特征信息的两个输入层,一个内部表征层及用来注视/期望和抓触的两个输出层。注视/期望层可以在 A 非 B 任务的全程中做出反应(更新其单元的兴奋性);而抓触层只有在对于一个选择,隐藏结构可以得到使用时才会作出反应。这一限制是为了记录在每个 A 非 B 试验中婴儿只在唯一点上被允许去抓触,即隐藏结构被移入到他们的抓触中,而他们可在每个试验的全程中进行注视和形成预期(这可能是更长时间注视不可能事件的基础)。

网络的前馈连接包括一个初始偏向以对位置信息进行适当的反应,所以如果物体曾出现在位置 A,网络就会去寻找位置 A。网络也会根据它在 A 非 B 任务中的经验发展以后的偏向。学习按照 Hebb 学习规则产生,即同时兴奋的单元间的联接倾向于相对强大。网络的潜在记忆因此采取这些前馈权重的形式,它反映了网络的先前练习并影响了它随后的加工。

在隐藏层和输出层的每个单元都有一个回到自身的自循环激发联接。这些自循环联接是网络保持当前隐藏位置表征能力的主要原因。网络的活跃记忆采取在网络的隐藏层和输出层上保持表征的形式,就是因为它的循环联接的支持。为了模拟网络活跃记忆随年龄逐渐提高,网络的自循环联接的强度被增加了。这一操作可以被看作为基于经验的权重变化的替代,这种变化已在其他研究中探索过(例如,Munakata et al. ,1997)。

模拟的 A 非 B 任务包含四个预试验(与为引导婴儿到 A 寻找一般在实验前提供的练习试验相同),两个 A 试验和一个 B 试验。每个试验主要包括三个部分:在 A 或 B 位置呈现一个玩具,*延迟*期和*选择期*(图 10.9a)。在每个部分中,兴奋模式被呈现给输入单元,与刺激事件的可见特征一致。输入兴奋的水平表征刺激的显著特征,越为显著的特征产生越多的兴奋。例如,A 和 B 的输入兴奋水平在选择期高于在延迟期,反映了当刺激为了反应而被呈现时刺激显著性的增加。

像婴儿一样,模型产生 A 非 B 错误(在 A 试验中成功抓触,在 B 试验中持续抓触),随年龄增长而改进,与其抓触中的试验相比,婴儿在其注视/期望中的试验里更早地表现出敏感性(图 10.9b)。网络在所有年龄上的试验中都表现很好,因为前馈权重的潜在变化,这些变化是在先前的试验中积累的,在这些试验中网络表征 A 并对 A 作出反应,偏向 A 超过 B。这些潜在记忆为 A 提供了足够的兴奋以至于网络具有的在 A 上保持兴奋的能力对于操作几乎没有作用了。与之相对,网络具有的保持当前隐藏位置兴奋的能力对于它在试验中的操作十分重要,因为网络必须保持对 B 的表征而不管对 A 反应的偏向。特别的是,基于重复的注意 A 并对 A 反应,网络的联接权重已经习得了在 A 上给予比 B 更多的兴奋。由于循环联接较弱,对 B 的活跃记忆在*延迟*期减弱,网络在 A 上持续。更强的循环权重允许年龄更大的网络在延迟期中保持对 B 的活跃记忆。这些网络因此能够更好地在智能中保持当前隐藏位置的信息,而不是简单地退回到对先前位置的偏向中。

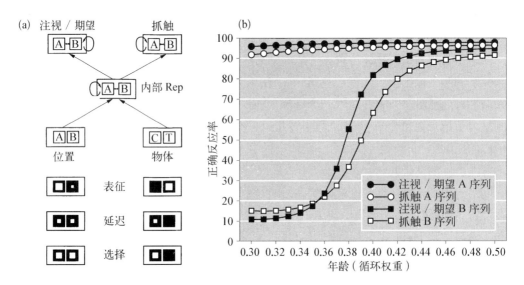

图 10.9 A 非 B 错误的神经网络模型。(a) 一个 A 试验的简化结构和要素：通过白盒子的大小表现了试验三个部分的输入单元兴奋水平。"物体"输入表明了盖子("C")或玩具("T")是否可见。(b)操作是年龄的函数：在 A 试验中，在所有循环表现水平上网络都正确。在 B 试验中，只有在循环联接更强后网络才会反应不持续。与其抓触中的试验相比，网络在注视/期望中的试验里在发展中更早地表现反应正确。来源："Infant Perseveration and Implication for Object Permanence Theories: A PDP of the Task," by Y. Munakata, 1998, *Developmental Science*, 1, pp. 161–184. 经许可使用。

　　网络在其注视/期望比在其抓触中有更大的敏感性，这可以根据系统不同的反应率及其与强度渐增的关于当前位置的活跃记忆的相互作用来理解。随着网络愈加能够对当前隐藏位置保持活跃的表征，注视例外系统能够利用这个信息来持续更新，在*呈现*和*延迟*期中表现出正确反应，并持续到了*选择*期。与之相对，抓触系统只能在*选择*期反应。因为关于当前位置的活跃记忆在时间的流逝中减弱，到了选择期，网络的内部表征更多地反映了对于 A 的潜在记忆。注视例外系统因此能够更好地利用相对微弱的关于当前位置的活跃表征。同样地，婴儿可能在 A 非 B 任务的注视/期望变式中更早地表现出成功是因为他们可以持续地更新注视方式和期望。结果在 B 试验中，他们通过在*呈现、延迟和选择*期对 B 注视和形成期望以能够反抗持续倾向。与之相对，婴儿在选择期中只能抓触，此时他们的记忆变得更易受持续偏向的影响。

动力系统模型

　　如上所述，用以理解 A 非 B 错误的动力系统方法更概括地反映了动力系统方法的特点。婴儿的关于隐藏物体的知识被看作是在特定的任务环境中的温和的组合，而不是采取了婴儿具有或不具有的永久概念的形式。婴儿是否犯错是被多重决定的，受如上文所述的年龄和延迟等因素的影响，但也受许多其他因素的影响其中包括 A 试验的数量(Marcovitch & Zelazo, 1999; Smith, Thelen, Titzer & McLin, 1999)和隐藏位置的特殊性(Bremner, 1978; Wellman et al., 1986)。

　　A 非 B 错误的动力系统模型聚焦于动作计划场(motor planning field)，其中整合了视觉

输入和动作记忆,以及产生了抓触决定(例如,到 A 或 B 位置)。根据这一理论:

- 三种输入被提供给动作计划场:任务输入(例如,位置、特殊性、在 A 和 B 位置上的目标的吸引力)、特殊输入(例如,B 对注意力的短暂的吸引)和记忆输入(先前所有抓触的历史)。
- 以其先前状态和系统输入为基础,动作计划场随时间发展。场内不同的区域间相互作用,接近的区域相互兴奋,而距离较远的区域相互抑制。兴奋被设置了阈限,从而只有具有一定兴奋水平的区域才能参与这些相互作用。
- 持续和正确抓触的形成是动作计划场中这些相互作用的函数。在明确这些相互作用的方程式中,参数的微小量变可以导致抓触的质的不同(例如,到先前的 A 位置或到正确的 B 位置)。

正如其他文献的详细说明(Thelen et al.,2001),这个动力系统理论是由支持着关于渐变的、持续发展的动作计划的构想的行为和神经科学的数据推动的(Fisk & Goodale,1995;Georgopoulos,1995;Hening,Fvilla, & Ghez,1998)。模型动力以数学的方式明确,通过不同的方程式来计算进入动作计划场的任务输入、特殊输入和记忆输入。然后这些输入被加和。任一给定时间上动作计划场的状态是上述总计输入和动作计划场先前状态的函数。

这些方程中的关键变量为动作计划场设定了静息水平。这个静息水平对系统输入影响系统的程度有着重要作用。当静息水平值较小时,为使区域具有足够的兴奋性以达到阈限并成为动作计划场的动力因素,就需要较强的输入。当静息水平值较大时,其他区域能够达到阈限并成为动力因素。在这样的环境中,在没有出现的输入的情况下自维持的兴奋是具有可能性的。

图 10.10 展现了具有不同值的系统的两次运行,年龄较小的模型(具有较低的值)在上版面,年龄较大的模型(具有较高的值)在下版面。任务、特殊和记忆输入被展现在每个版面的左栏,而且在两次运行中相同。任务输入反映了在位置 A 和 B 两个相同盖子的存在,呈现在试验中。特殊输入反映了注意力被暂时的吸引到位置 B,只出现在试验的开始。记忆输入反映了对在位置 A 的先前试验的长时记忆。相同的动作计划场在不同的年龄展现了不同的模式。虽然二者在试验开始时(此时位置 B 有特殊输入,因为注意 B 被位置吸引)都在位置 B 比在位置 A 表现了更强的兴奋,但在年龄较小的模型中这种兴奋较弱。年龄较小的模型中,兴奋在延迟期中衰减,所以到延迟期结束时,在 A 位置上兴奋更强,导致了一个不正确的抓触。与之相对,在年龄较大的模型中,在位置 B 上的较强的兴奋可以在延迟期中持续保持,导致一个正确的抓触。

操作上的这些不同仅由动作计划场的静息水平的改变驱动。静息水平较低,能够达到阈限并成为动作计划场的动力因素的区域较少。结果,系统就相对较多地依赖进入系统的输入以使区域具有足够的兴奋。当试验进行时,因为位置 A 具有来自记忆输入的较大输入,系统在位置 A 表现出更强的兴奋。与之相对,静息水平较高,能够达到阈限并成为动作计划场的动力因素的区域较多。结果,系统就较少地依赖进入系统的输入以使区域具有足够的兴奋。而且,系统中相邻的区域具有足够的兴奋来稳定地相互兴奋。结果,当试验进行时,系统对位置 A 的较大记忆输入的敏感性较小,但对位置 B 保持兴奋。

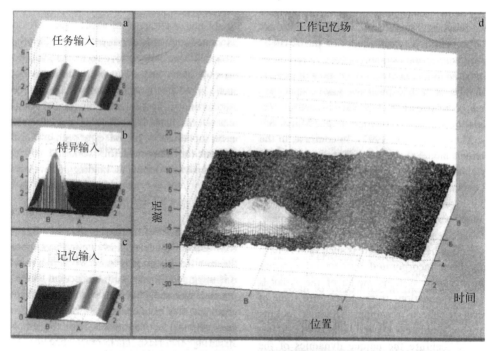

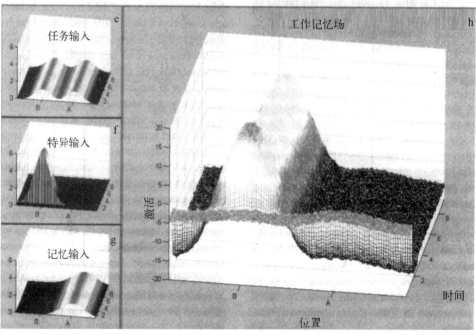

图 10.10 解释 A 非 B 错误的动力系统。这两个版面与模型的两个阶段相一致(静息兴奋水平的两个不同水平)。每个版面在左栏展现了模型的三种输入,在右栏展现了合成的动作计划场。在每个图中,X 轴代表位置,Y 轴代表时间,Z 轴代表兴奋。动作计划场被称为"工作记忆场"。来源:"The Dynamic of Embodiment:A Field of Infant Perseverative Reaching,"by E. Thelen,G. Schöner,C. Scheier,and L. B. Smith,2001,*Behavioral and Brain Science*,24,1-86;Adapted from "Bridging the Reprentational Gap in the Dynamic System Approach to Development,"by J. P. Spencer and G. Schöner,2003,*Development Science*,6,pp. 392-412. 经许可使用。

这个模型没有特别模拟在 A 非 B 任务的测量中所观察到的不同(例如,抓触、注视和期望)。但是,在这种模型中这些不同可以被自然地记录到,通过不同的方程来记录不同行为的不同动力(Thelen et al., 2001),这些将导致动作计划场和记忆输入上的不同。

模型间的比较

A 非 B 任务的神经网络和动力系统模型间有着重要的相似和不同之处(Munakata & McClelland,2003;Munakata, Sahni, & Yerys,2001;Smith & Samuelson,2003;Thelen et al.,2001)。在相似的方面,首先,两个模型都聚焦于兴奋动力稳定性的重要性,特别是当前相关信息。在两个模型中,发展通过影响这种稳定性的单一参数的改变来模拟(神经网络模型中的循环联接的强度,动力系统模型中的静息水平)。每个模型中单一参数的微小变化导致了模型从去原有位置的持续抓触进步到去新位置的成功抓触。第二,两个模型对于一系列 A 非 B 的发现都可以进行解释,本章仅介绍了其中一部分。在两个例子中,模型都可以天然地表征为什么操作被如此之多的因素影响,通过这些因素对基本成分的影响是来指导模型中的行为(例如,兴奋水平)。第三,两个模型都被扩展来解释年龄较大儿童的持续行为(例如,Morton & Munakata,2002;Schutte & Spencer,2002)。第四,两个模型都引导了提出后就被支持的新预测(例如,Munakata & Yerys,2001;Sphencer,Smith, & Thelen,2001)。在许多情况下,两个模型引导了同样的预测。两个模型都导致了如果年龄较小的婴儿也可被测试的话,婴儿应该在 A 非 B 任务中表现出 U 形发展模式。即,婴儿随着年龄应该首先表现出较差的操作,然后是较好的操作(Clearfield & Thelen,2000)。这些模型在许多方面都具有竞争力。

模型之间主要实质的区别是其研究中心不同。其中一个重要的区别是神经网络模型中的学习和动力系统模型中的具体化(见 Elman,2003;Spencer & Schöner,2003 对这个综合问题进行了讨论)。神经网络模型倾向于强调学习为发展变化的动力,而在许多动力系统模型中,发展的不同被归因为在一个控制变量上的不同,并且假设这个变量的变化是年龄的函数,但没有进行解释。在 A 非 B 任务的神经网络模型中,支持兴奋表征的循环联接被假定为在经验过程中增长;关于经验如何塑造这种变化的细节已被规则关于物体知识的神经网络模型探索(例如,Mareschal et al.,1999;Munakata et al.,1997)。与之相对,在 A 非 B 任务的动力系统模型中,一个额外变量的变化作为发展的代表,但没有解释什么导致了这些变化。另一方面,动力系统模型倾向于强调具体化的重要性,通过如抓触运动学、身体姿势等因素影响行为,而这些因素一般还没有整合到神经网络模型中。A 非 B 任务的动力系统模型使用特定方程来试图记录抓触的一些特殊的动力。尽管注视行为没有被模拟,这可能需要不同的方程来模拟眼球运动系统的独特动力。与之相对,在 A 非 B 任务的神经网络模型中,除了它们的更新频率以外,系统中注视和抓触的成分是相同的。

两个模型间另一个重要的区别是动力系统模型中的动作计划动力和神经网络模型中的不同的表征类型。在动力系统模型中,所有的输入都被相加以使其作用于动作计划场。合成的统一一场被看作是具体化的一个本质特征。与之相对,在神经网络理论框架中,信息可以被不同性质的方式表征(例如,以突触中的变化和与大量神经元的激活)。表征的不同类型可能以复杂的方式相互作用,这在单一的计划场中是无法记录到的。

模型间也存在其他的不同,但对于两种建模方法来说不是本质不同,因此易于调和一致。动力系统模型包括噪音(例如,模型偶尔会在 A 试验中到 B 抓触),而在神经网络模型中不存在。神经网络模型根据可见环境的统一表征来表征输入,而动力系统模型将输入分为任务(稳定的)和特殊(暂时的)输入。

综述

正如本章回顾的,信息加工取向以许多方式促进了发展的研究。然而,这些方法的影响作用可能并不是总能被全盘接受。本章最后部分介绍致使模型不被接受的潜在批评,对这些批评的回应,以及对我们关于发展的理解有显著作用的未来建模研究的方向。

为什么采用模型(再论)

批评已经被提出来以减少模型可能的贡献。在对任一特定模型的评价中,这些批评都非常重要并应记于心中;然而,将这些批评用来低估整体建模研究和我们自模型中的所得却是误入歧途。当我们将建构模型的过程与建构理论的过程相比较时,这个观点就最为清楚了。建构理论以理解数据的重要性在不同的领域中都早已得到一致的认同。在行为和认知的研究中,Newell(1973)在以相同内容命名的一章中说道:"你不可能拿 20 个问题与自然打赌并获胜。"他推论到,通过简单的提出用是/不是来回答的问题和收集无穷尽的数据来试图决定答案,是不可能完全理解人类心理的复杂性的。我们需要一个更加丰富和完整的理论模型。

模型的潜在批评也可以用于建构理论。在建构理论的情况下,自然的反应可能是试图决定如何应对这些批评并更好地发展理论,而不是放弃整个理论建构和检验的努力。同样的反应在模型研究中是有争议地被保证的。

不确定问题

关于计算模型的一个普遍批评是既然模型具有足够的力量模拟一切,所以它们模拟人类行为的能力就并不稀奇了(Roberts & Pashler,2000)。与之相关的,大量不同的模型能够被建构以模拟相同行为,这就形成了一个不确定的问题。它们都有作用但它们不可能都正确,所以这些模型就太过强大了。结果,简单的使一个模型能够运转并不能告诉我们任何行为和发展的加工过程的信息。这些批评非常重要,它们应该帮助形成对模型的评价,而不是质疑所有的建模研究。

首先,关于太过强大和不确定的批评对于在科学理论建构上的任何尝试都适用,而不仅适用于计算模型。大量竞争性言语理论——关于语言发展、记忆发展等等——可以解释相同的数据。这些理论之所以足够强大以解释这些数据(以及新提出的数据),部分是由于当得到新数据后就给理论增加新限制的这种灵活性。

然而,这并不意味着我们在发展理论的过程中一无所得,同样地,力量强大和不确定的问题并不意味着我们在发展模型中一无所得。相反,竞争理论和模型可以按照更多标准而不是对于一组数据的简单解释来评价。例如,哪个理论或模型提供了对数据的最为连贯和原理性的解释而不需要为每个发现来对解释做因果性调整? 哪个提供了已被检验和证实的独特预测? 哪个可以最好地推广到在理论模型目标之外的发现? 当建构多个模型以解释相同的现象时(例如在本章中讨论的平衡天平任务、过去时学习和 A 非 B 任务),即使所有模型都能够模拟研究的主要行为,这一过程在强调不同方法的相对优势和缺陷方面可能特别有用。

其次,虽然计算模型非常强大,一些模型的作用是来自它们失败的例子。成人大脑损伤的影响可以通过损坏工作模型中的相同区域或过程来进行研究(例如,J. D. Cohen,Romero,Farah & Servan-Schreiber,1994;Farah et al.,1993;Farah & McClelland,1991;Haarmann et al.,1997;Kimberg & Farah,1993;Plaut,1995)。在这些研究中,训练模型以使其正确运行,但模型在研究遭受损坏后其错误运行的方式和原因方面很有用。相似地,非典型功能可以被整合到模型发展过程中,以观察对整个系统的影响以及比较发展障碍和成人脑损伤病例(Thomas & Karmiloff-Smith,2002,2003)。如上所述,有机模型被训练以使其正确运行,但模型在发展不同阶段的改变上的失败对于研究非常有用。最后,在其他研究中,模型的失败使研究者领悟到了需要多样的、特殊的信息加工系统以满足计算的权衡(McClelland,McNaughton & O'Reilly,1995;O'Reilly & Munakata,2002)。

模型太复杂

一个相关批评是模型太复杂,鉴于理解为什么模型以自己的方式运行的困难,它们怎么可能帮助我们理解儿童的发展呢?

如上所述,大多数科学理论都可能受到同样的批评。纯言语理论可能含有如此多的因素、以防误解的说明、相互作用等,以至于它们看起来对什么正在儿童身上发生这一问题的理解作用很小。事实上,当理论看起来不如模型复杂时,这可能只是反映了对于理论实际如何运行细节的模糊——这正是模型建构时一定会遇到的细节类型。

然而,对于难以处理的复杂性的批评并不意味着应该放弃科学理论建构过程或计算建模过程。相反,对特定理论和模型的评价可以按照它们是否提供了连贯和原理性的解释来进行。如果一个复杂的理论和模型只是简单地解释了现存数据,而对更好的理解行为没有影响,则其复杂性就不是物有所值了。但是,如果一个复杂的理论和模型不仅解释了现存数据,还对指引动作的原理提供了令人满意的解释,则就其对理解的益处而言这种复杂性的代价还是值得的。如上所述,模型在这种权衡方面可能特别有用,因为在这种模型中能够进行对复杂现象的记录和理解。

模型太简单

另一个有关模型的普遍批评是它们太简单了,所以是不切实际的,而且对儿童的发展研究没有作用。这个批评可能针对了模型的多个方面,如模型表征儿童所处环境的方式、研究任务、儿童的思维过程、生物基础等。

这些批评对于在科学理论建构上的任何尝试都适用,而不仅适用于计算模型。一个语

456

言理论可能没有充分注意到社会互动对儿童发展的影响,而另一个理论可能没有考虑生物机制或甚至与已知的生物基础直接对立。然而,这些局限一般被看做为对特定理论的质疑,而不是对整个科学理论建构过程的质疑。同样地,特定模型的局限不应看作是对整个建模研究的质疑。

按照释义,模型(和理论)是简单化。被认为是相关的因素整合到模型中,因此它们可以被操纵和检验,而其他因素没有被整合入内。因此,简单地指向模型被简化的一种方式并不能构成对模型的清楚的质疑。相反,更加重要的问题是简化是否遗漏了对所研究的行为至关重要的因素,如果是,那些因素是什么以及有何作用?模型可以成为向科学理论建构中的问题提供信息的特别有用的工具,因为模型可以帮助明确哪些因素被认为是有关的而哪些不是,然后可以支持检验所关注的因素和其他因素的作用。

模型是还原的

最后,另一个普遍的担心是模型是还原的,关注于低级机制,这些机制不可能表征和有利于对人类认知和发展的丰富性的研究。这一点对于更为一般的科学理论建构也是适用的。科学存在着在发展中变得更为还原的倾向。在生物科学早期,短暂的、充满活力的理论非常普遍,其中提出了并无有形证据的因素。随着现代分子生物学的到来,基础的有形成分(蛋白质、核酸等)可以被观测和定位,理论也随之更新。这类还原论——将复杂现象还原到它们简单的基础成分——是科学进步的一个固有部分。语言理论可以用与模型相同的方式来将人类行为的丰富性还原为低级机制。

在两种情况下,至关重要的考虑因素可能是一个对由简单基础成分间的相互作用产生的复杂性进行理解的补充过程。对成分因素进行单独理解可能并不足以理解整体。一个补充过程在不同的理论框架中被强调。动力系统理论的前辈(von Bertalanffy,1986)强调了生物要素间的关系和以不同于单个要素说明水平来说明的合成系统的重要性。生理心理学家(Teitelbaum,1967)提倡包括分析(通过分割和还原来理解系统的基本要素)和综合(通过整合要素来理解它们间的相互作用)的补充过程。而且,一些神经网络方法(O'Reilly & Munakata,2000)强调了还原需要一个*再建构*的补充过程。

理解神经元并不足以理解人类认知;人类认知来自这些成分间复杂的相互作用。因此,较大的现象必须根据对部分的理解进行再建构。

未来方向

信息加工取向和计算模型如何能够促进我们对发展的理解?构造主义模型、全效应模型、多样的模型和易于理解的模型代表了未来研究的特别有希望的方向。

建构主义模型

Piaget 强调了发展中的建构过程,由此儿童在其发展过程中起了积极主动的作用而不简单的是其环境的被动接受者。儿童通过自身行为可以塑造周围环境和能够从中学习的刺激类型。与简单地注视物体的儿童相比,伸手抓触物体的儿童接受了不同的感觉信息。儿童说出的语言影响了指向他们的语言,儿童展现的问题解决的技巧可能影响了呈现给他们的活动类型等等。

相反,发展的信息加工取向中的大多数的研究关注了儿童如何反应和学习一系列固定的刺激,很少注意到儿童影响自身环境的补充过程。大多数模型一个刺激接一个刺激地对其输入进行反馈,而忽视了自己输出了什么。语言学习模型经历着一个接一个的句子,不管模型在句子理解方面多么差劲。相似地,模型看到了其环境中的相同物体却忽视了它们在这些物体前如何运转。

未来研究的一个充满希望的方向是关注于塑造自身环境的模型(Schlesinger & Parisi,2001)。这些模型如何运转影响着它们随后的输入,而不是接受一连串固定的输入。

全效应模型

大多数模型是为单个领域中的一个任务设计并在其上进行检验的,例如平衡天平任务、过去时学习或寻找隐藏物体。一般而言,一个模型在其发展过程中只经历了一个任务。与之相对,儿童每天都面临着一系列领域中的大量任务。记录这个重要的加工特征要求模型吸纳不同类型的信息并决定如何处理这些信息以在众多任务中成功的操作(相关讨论见,例如,Karmiloff-Smith,1992;Newell,1973)。

代表着在此方向上的进步的模型关注在发展中参与一个任务和多个任务的效应(Rougier et al.,2005)。这个模拟过程中的任务包括物体命名、物体匹配,以及在物体间进行不同类型的比较。虽然这只是儿童面对的无数任务中的一小部分,但它们代表了与通常呈现给模型的任务种类相比更多的种类,而且它们允许对复合任务的发展效应进行探索。主要发现是多重任务训练导致了更抽象和灵活的表征知识的形成,它们可以被推广到新的环境中。因此,这些模型使我们深入地了解到发展进步最终导致了人类知识的独特的灵活性。

多样的模型

未来研究中一个重要的进步将会是模型间持续的比较。鉴于不确定问题,模拟数据的模型还不够多(或解释数据的理论)。模型必须在许多其他维度上进行比较以支持评估它们对行为和发展的理解的促进方式。比较过程将适用于相同类型的竞争模型(例如,平衡天平任务的两种产生式模型)和不同类型的模型,模型可能相容或不能相容。本章主要在产生式系统和神经网络模型之间、动力系统和神经网络模型之间进行了比较,并介绍了重要的相似点和区别点。未来的研究应该在本章介绍的四种信息加工方法、更抽象的贝叶斯模型(Bayesian modles)(Anderson,1990;Gopnik,2005;Oaksford & Chater,1994)、更细致的神经生物模型(Median & Mauk,2000)和整合了产生式系统和神经网络成分的混合模型(hybrid models)之间进行其他类型的比较。

这些比较研究可以非常困难,正如对各种语言理论的优势和局限进行系统比较的困难。尽管如此,在两种研究中这类比较对于研究领域的进步是至关重要的。三个因素可以帮助增加在信息加工模型中进行这类比较的能力。第一个因素是对精通多个模型范式的研究者的训练。通过尝试对建模范式进行明确的比较可以支持这个因素(Anderson & Lebiere,2003;Spencer & Thelen,2003)。可以使比较模型更加可行的第二步是对抗合作(Mellers,

Hertwig, & Kahneman,2001),由此不同理论观点的研究者一致认可检验他们观点的标准和方法,然后合作实施检验。最后,当研究模型被建构得易于探索时比较模型的过程也应该变得更简单。

易于理解的模型

最后,使信息加工和计算建模研究变得更易于理解是使其在发展的理解方面影响最大的重要一步。虽然这类研究已提供了许多启发,正如本章通过实验回顾的,但不总是易被领域中的研究者理解。其中部分问题可能是这些方法固有的,而且是需要理解整体理论框架以提供单个解释或模拟的背景的任何其他形式的方法共同固有的。在 Simon 和 Halford 编辑的由信息加工章节组成的一卷的评论章节中,Klahr(1995)形容这卷文集为:

458

> *不总是易于阅读。与发展理论的标准内容相比,这些章节介绍了大量令人迷惑的技术术语、概念、观点和表征。对它们的理解需要对技术语言的熟悉,而这种用语不大可能成为大多数发展学家的研究生训练的主要部分。产生式系统和联接主义模型(他可以把动力系统加入名单中)都涉及了新概念、新术语,甚至新的阅读方式(当紧跟着对模型如何组织、怎样运行和它们如何与数据匹配的解释时)。p.368*

虽然他总结到这些章节"值得奋斗"(也希望这同样适用于本章),但在未来的研究中解决易于理解这个问题是很重要的。更好地分析和介绍信息加工取向和计算模型的办法可以帮助澄清它们的作用。在传送动态的变化过程到产生式系统中的产生式、到神经网络联接及其随后的表征和到动力系统的变量及其相互作用这一过程中,更清晰的图解已经并继续是一个重要成分。而且,信息加工模型的加工过程与儿童的加工过程间的联系越明确越好。关于模型行为的解释有时会沉浸在模型或信息加工的术语中,而缺少了外显地明确这些加工过程与儿童的什么相对应的附加步骤。最后,对于帮助阐明了整体理论框架关键成分的两种基础模型和探索了科学研究中特定问题的研究方法而言,当模拟变得更易被理解时,信息加工和计算建模方法就可以变得易于理解了。这些模型越易理解就允许越多的人来主动地操纵模型并观察效应,所以模型的作用就越易被理解。

结论

回到本章开始时提出的问题:为什么儿童以他们自己的方式思维?什么导致了儿童在发展过程中表现的变化,以及观察到的儿童之间的差异?本章自信息加工取向和计算模型的角度回顾了关于上述问题的深入理解。它们对一系列领域(例如,问题解决、语言和记忆)和发展变化的模式(例如,类阶段发展、U 形学习曲线和任务依赖性进步)都产生作用。不同的信息加工方法和模型提供了对基础发展问题的不同的回答。然而,它们共同关注着对什么信息儿童进行表征(是符号的还是亚符号的),他们如何表征和加工这些信息(是通过产生式还是兴奋的分布模式),这些表征如何指引他们的行为(是以抽象、灵活的方式还是以任务依赖的、温和的整合方式),以及什么导致了发展中这些过程的变化(例如,产生式的整合、新知识和能力的引入、学习机制在经验中持续使用)。许多有意思的质疑和问题仍在试图理解这些模型模拟的行为,以及已被模型解释过的行为。每一个信息加工解释和计算模型都提出了有关儿童思维和发展的新问题,但这些都可能是建设性问题。对它们进行解释应该是朝向理解对发展有影响的加工过程的重要一步。在研究中以严格的检验为基础的信息加工探索应该持续地发挥作用。

(王益文　译)

参考文献

Adolph, K. E. (1997). Learning in the development of infant locomotion. *Monographs of the Society for Research in Child Develop-ment*, 62 (3, Serial No. 251).

Aguiar, A., & Baillargeon, R. (2000). Perseveration and problem solving in infancy. In H. Reese (Ed.), *Advances in child develop-ment and behavior* (Vol. 27, pp. 135 – 180). New York: Academic Press.

Ahmed, A., & Ruffman, T. (1998). Why do infants make A not B errors in a search task, yet show memory for the location of hidden objects in a non-search task? *Developmental Psychology*, 34, 441 – 453.

Anderson, J. R. (1976). *Language, memory, and thought*. Hillsdale, NJ: Erlbaum.

Anderson, J. R. (1983). *The architecture of cognition*. Cambridge, MA: Harvard University Press.

Anderson, J. R. (1990). *The adaptive character of thought*. Hillsdale, NJ: Erlbaum.

Anderson, J. R. (1993). *Rules of the mind*. Hillsdale, NJ: Erlbaum.

Anderson, J. R., Bothell, D., Byrne, M. D., Douglass, S., Lebiere, C., & Qin, Y. (2004). An integrated theory of mind. *Psychological Review*, 111, 1036 – 1060.

Anderson, J. R., & Lebiere, C. (1998). *The atomic components of thought*. Mahwah. NJ: Erlbaum.

Anderson, J. R., & Lebiere, C. (2003). The Newell test for a theory of mind. *Behavioral and Brain Sciences*, 26(5), 587 – 639.

Arbib, M. A. (Ed.). (2002). *The handbook of brain theory and neural networks* (2nd ed.). Cambridge, MA: MIT Press.

Aslin, R. (1993). Commmentary: The strange attractiveness of dynamic systems to development. In L. B. Smith & E. Thelen (Eds.), *A dynamic systems approach to development: Applications* (pp. 385 – 399). Cambridge, MA: MIT Press.

Baillargeon, R. (1999). Young infants' expectations about hidden objects: A reply to three challenges. *Developmental Science*, 2 (2), 115 – 132.

Baillargeon, R., Graber, M., DeVos, J., & Black, J. (1990). Why do young infants fail to search for hidden objects? *Cognition*, 36, 255 – 284.

Baylor, G. W., & Gascon, J. (1974). An information processing theory of aspects of the development of weight seriation in children. *Cognitive Psychology*, 6, 1 – 40.

Brannon, E. M. (2002). The development of ordinal numerical knowledge in infancy. *Cognition*, 83, 223 – 240.

Bremner, J. G. (1978). Spatial errors made by infants: Inadequate spatial cues or evidence of egocentrism? *British Journal of Psychology*, 69, 77 – 84.

Brown, A. L. (1982). Learning and development: The problem of compatibility, access and induction. *Human Development*, 25, 89 – 115.

Bruner, J. S., Goodnow, J. J., & Austin, G. A. (1956). *A study of thinking*. New York: Wiley.

Case, R. (1985). *Intellectual development: A systematic reinterpretation*. New York: Academic Press.

Case, R. (1986). The new stage theories in intellectual development: Why we need them, what they assert. In M. Perlmutter (Ed.), *Perspectives for intellectual development* (pp. 57 – 91). Hillsdale, NJ: Erlbaum.

Casey, B. J., Durston, S., & Fossella, J. A. (2001). Evidence for a mechanistic model of cognitive control. *Clinical Neuroscience Research*, 1, 267 – 282.

Chomsky, N. (Ed.). (1957). *Syntactic structures*. The Hague, The Netherlands: Mouton.

Christiansen, M. H., & Curtin, S. (1999). Transfer of learning: Rule acquisition or statistical learning? *Trends in Cognitive Sciences*, 3, 289 – 290.

Clearfield, M. W., & Mix, K. S. (1999). Number versus contour length in infants' discrimination of small visual sets. *Psychological Science*, 10, 408.

Clearfield, M. W., & Thelen, E. (2000, July). *Reaching really matters: The development of infants' perseverative reaching*. Paper presented at the meeting of the International Conference on Infant Studies, Brighton, England.

Cohen, J. D., Dunbar, K., & McClelland, J. L. (1990). On the control of automatic processes: A parallel distributed processing model of the stroop effect. *Psychological Review*, 97(3), 332 – 361.

Cohen, J. D., Perlstein, W. M., Braver, T. S., Nystrom, L. E., Noll, D. C., Jonides, J., et al. (1997). Temporal dynamics of brain activation during a working memory task. *Nature*, 386, 604 – 608.

Cohen, J. D., Romero, R. D., Farah, M. J., & Servan-Schreiber, D. (1994). Mechanisms of spatial attention: The relation of macrostructure to microstructure in parietal neglect. *Journal of Cognitive Neuroscience*, 6, 377.

Cohen. J. D., & Servan-Schreiber, D. (1992). Context, cortex, and dopamine: A connectionist approach to behavior and biology in schizophrenia. *Psychological Review*, 99. 45 – 77.

Cohen. L. B., & Marks, K. S. (2002). How infants process addition and subtraction events. *Developmental Science*, 5, 186 – 201.

Daugherty, K., & Seidenberg, M. S. (1992). Rules or connections? The past tense revisited. In *Proceedings of the 14th annual conference of the Cognitive Science Society* (pp. 259 – 264). Hillsdale, NJ: Erlbaum.

Dehaene, S., & Changeux, J.-P. (1991). The Wisconsin Card Sorting Test: Theoretical analysis and modeling in a neuronal network. *Cerebral Cortex*, 1, 62 – 79.

Diamond, A. (1985). Development of the ability to use recall to guide action, as indicated by infants' performance on A. *Chiid Develop-ment*, 56, 868 – 883.

Dromi, E. (1986). The one-word period as a stage in language development: Quantitative and qualitative accounts. In I. Levin (Ed.), *Stage and structure: Reopening the debate*. Norwood, NJ: Ablex.

Elman, J. L. (1993). Learning and development in neural networks: The importance of starting small. *Cognition*, 48(1), 71 – 99.

Elman, J. L. (2003). Development: It's about time. *Developmental Science*, 6, 430 – 433.

Elman, J. L., Bates, E. A., Johnson, M. H., Karmiloff-Smith, A., Parisi, D., & Plunkett, K. (1996). *Rethinking innateness: A connectionist perspective on development*. Cambridge, MA: MIT Press.

Farah, M. J., & McClelland, J. L. (1991). A computational model of semantic memory impairment: Modality specificity and emergent category specificity. *Journal of Experimental Psychology: General*, 120, 339 – 357.

Farah, M. J., O'Reilly, R. C., & Vecera, S. P. (1993). Dissociated overt and covert recognition as an emergent property of a lesioned neural network. *Psychological Review*, 100, 571 – 588.

Feigenson, L., Carey, S., & Spelke, E. (2002). Infants' discrimination of number versus continuous extent. *Cognitive Psychology*, 44, 33 – 66.

Fincham, J. M., VanVeen, V., Carter, C. S., Stenger, V. A., & Anderson, J. R. (2002). Integrating computational cognitive modeling and neuroimaging: An event-related fMRI study of the Tower of Hanoi task. *Proceedings of National Academy of Science*, 99, 3346 – 3351.

Fischer, K. W., & Bidell, T. R. (1998). Dynamic development of psychological structures in action and thought. In W. Damon (Editorin-Chief)

& R. M. Lerner (Vol. Ed.), *Handbook of child psychology: Vol. 1. Theoretical models of human development* (5th ed., pp. 467 – 561). New York: Wiley.

Fisk, J. D., & Goodale, M. A. (1995). The organization of eye and limb movements during unrestricted reaching in targets in contralateral and ipsilateral visual space. *Experimental Brain Research*, 60, 159 – 178.

Flavell, J. H. (1984). Discussion. In R. J. Sternberg (Ed.), *Mechanisms of cognitive development* (pp. 187 – 209). New York: Freeman.

Francis, W. N., & Kucera, H. (1982). *Frequency analysis of English usage*. Boston: Houghton Mifflin.

Fuster, J. (1989). *The prefrontal cortex* (2nd ed.). New York: Raven Press.

Georgopoulos, A. P. (1995). Motor cortex and cognitive processing. In M. S. Gazzaniga (Ed.), *The cognitive neurosciences* (pp. 507 – 517). Cambridge, MA: MIT Press.

Gopnik, A. (2005). Changing causal representations: Causal bayes nets and theory-formation in children. In Y. Munakata & M. H. Johnson (Eds.), *Processes of change in brain and cognitive development: Attention and performance XXI* (pp. 349 – 372). Oxford, England: Oxford University Press.

Goubet, N., & Clifton, R. (1998). Object and event representation in $6^{1/2}$-month-old infants. *Developmental Psychology*, 34, 63 – 76.

Haarmann, H. J., Just, M. A., & Carpenter, P. A. (1997). Aphasic sentence comprehension as a resource deficit: A computational approach. *Brain and Language*, 59(1), 76 – 120.

Hare, M., & Elman, J. L. (1992). A connectionist account of English inflectional morphology: Evidence from language change. In *Proceedings of the 14th annual conference of the Cognitive Science Society* (pp. 265 – 270). Hillsdale, NJ: Erlbaum.

Harm. M. W., & Seidenberg, M. S. (1999). Phonology, reading acquisition, and dyslexia: Insights from connectionist models. *Psychological Review*, 106(3), 491 – 528.

Hebb, D. O. (1949). *The organization of behavior*. New York: Wiley.

Hening, W., Favilla, M., & Ghez, C. (1988). Trajectory control in targeted force impulses: Gradual specification of response amplitude. *Experimental Brain Research*, 71, 116 – 128.

Hofstadter, M. C., & Reznick, J. S. (1996). Response modality affects human infant delayed-response performance. *Child Development*, 67, 646 – 658.

Hood, B., & Willatts, P. (1986). Reaching in the dark to an object's remembered position: Evidence for object permanence in 5-month-old infants. *British Journal of Developmental Psychology*, 4, 57 – 65.

Hummel, J. E., & Holyoak, K. J. (1997). Distributed representations of structure: A theory of analogical access and mapping. *Psychological Review*, 104(3), 427 – 466.

Inhelder, B., & Piaget, J. (1958). *The growth of logical thinking from childhood to adolescence*. New York: Basic Books.

Jansen, B. R. J., & van der Maas, H. L. J. (1997). Statistical test of the rule assessment methodology by latent class analysis. *Developmental Review*, 17, 321 – 357.

Jansen, B. R. J., & van der Maas, H. L. J. (2001). Evidence for the phase transition from Rule I to Rule II on the Balance Scale Task. *Developmental Review*, 21, 450 – 494.

Jansen, B. R. J., & van der Maas, H. L. J. (2002). The development of children's rule use on the Balance Scale Task. *Journal of Experimental Child Psychology*, 81, 383 – 416.

Joanisse, M. F., & Seidenberg, M. S. (1999). Impairments in verb morphology after brain injury: A connectionist model. *Proceedings of the National Academy of Sciences*, 96, 7592.

Joanisse, M. F., & Seidenberg, M. S. (2003). Phonology and syntax in specific language impairment: Evidence from a connectionist model. *Brain and Language*, 86, 40 – 56.

Jones, G., Ritter, F. E., & Wood, D. J. (2000). Using a cognitive architecture to examine what develops. *Psychological Science*, 11, 93 – 100.

Jones, R. M., & VanLehn, K. (1991). Strategy shifts without impasses: A computational model for the sum-to-min transition. In K. J. Hammond & D. Gentner (Eds.), *Proceedings of the Thirteenth annual conference of the Cognitive Science Society* (pp. 358 – 363). Hillsdale, NJ: Erlbaum.

Just, M., & Carpenter, P. (1992). A capacity theory of comprehension: Individual differences in working memory. *Psychological Review*. 99, 122 – 149.

Karmiloff-Smith, A. (1992). *Beyond modularity: A developmental perspective on cognitive science*. Cambridge, MA: MIT Press.

Karmiloff-Smith, A. (1998). Development itself is the key to understanding developmental disorders. *Trends in Cognitive Sciences*, 2. 389 – 398.

Karmiloff-Smith, A. (2005). Modules, genes, and evolution: What have we learned from atypical development. In Y. Munakata & M. H. Johnson (Eds.), *Processes of change in brain and cognitive development: Attention and performance XXI*. Oxford. England: Oxford University Press.

Kelso, J. A. S. (1995). *Dynamic patterns: The self-organization of brain and behavior*. Cambridge. MA: MIT Press.

Kimberg, D. Y., & Farah. M. J. (1993). A unified account of cognitive impairments following frontal lobe damage: The role of working memory in complex, organized behavior. *Journal of Experimental Psychology: General*. 122, 411 – 428.

Klahr, D. (1982). Nonmonotone assessment of monotone development: An information processing approach. In S. Strauss (Ed.), *U-shaped behavioral growth* (pp. 63 – 86). New York: Academic Press.

Klahr, D. (1989). Information processing approaches. In R. Vasta (Ed.), *Annals of child development* (pp. 131 – 185). Greenwich, CT: JAI Press.

Klahr, D. (1992). Information processing approaches to cognitive development. In M. H. Bornstein & M. E. Lamb (Eds.), *Developmental psychology: An advanced textbook* (3rd ed., pp. 273 – 335). Hillsdale, NJ: Erlbaum.

Klahr, D. (1995). Computational models of cognitive change: The state of the art. In T. J. Simon & G. S. Halford (Eds.), *Developing cognitive competence: New approaches to process modeling* (pp. 355 – 375). Hillsdale, NJ: Erlbaum.

Klahr, D., Langley, P., & Neches. R. (Eds.). (1987). *Production system models of learning and development*. Cambridge, MA: MIT Press.

Klahr, D.. & MacWhinney. B. (1998). Information processing. In W. Damon (Editor-in-Chief) & D. Kuhn & R. S. Siegler (Eds.), *Handbook of child psychology* (5th ed., Vol. 2, pp. 631 – 678). New York: Wiley.

Klahr, D., & Siegler. R. S. (1978). The representation of children's knowledge. In H. W. Reese & L. P. Lipsitt (Eds.), *Advances in child development and behavior* (Vol. 12, pp. 61 – 116). New York: Academic Press.

Klahr, D., & Wallace. J. G, (1976). *Cognitive development: An information-processing view*. Hillsdale. NJ: Erlbaum.

Kugler, P. N., & Turvey. M. T. (1987). *Information, natural law, and the self-assembly of rhythmic movement*. Hillsdale, NJ: Erlbaum.

Kuo. Z. (1967). *The dynamics of behavior development: An epigenetic view*. New York: Random House.

Lehrman, D. S. (1953). A critique of Konrad Lorenz's theory of instinctive behavior. *Quarterly Review of Biology*, 28, 337 – 363.

Lewin, K (1935). *A dynamic theory of personality*. New York: McGraw-Hill.

Lewin. K. (1936). *Principles of topological psychology*. New York: McGraw-Hill.

Lewis. M. D. (2000). The promise of dynamic systems approaches for an integrated account of human development. *Child Development*, 71, 36 – 43.

Ling. C. X., & Marinov. M. (1993). Answering the connectionist challenge: A symbolic model of learning the past tense of English verbs. *Cognition*. 49. 235 – 290.

MacDonald, M. C., & Christiansen. M. H. (2002). Reassessing working memory: Comment on Just and Carpenter (1992) and Waters and Caplan (1996). *Psychological Review*, 109, 35 – 54.

MacWhinney. B., & Leinbach. J. (1991). Implementations are not conceptualizations: Revising the verb learning model. *Cognition*, 40. 121 – 153.

Marcovitch. S., & Zelazo. P. D. (1999). The A-not-B error: Results from a logistic meta-analysis. *Child Development*, 70, 1297 – 1313.

Marcus, G. F. (1998). *Rethinking eliminative connectionism. Cognitive Psychology*, 37, 243.

Marcus. G. F., Pinker. S., Ullman. M., Hollander, M., Rosen, J. T., & Xu, F. (1992). Overregularization in language acquisition. *Monographs of the Society for Research in Child Development*, 57(4), 1 – 165.

Mareschal, D., & French, R. (2000). Mechanisms of categorization in infancy. *Infancy*, 1, 59 – 76.

Mareschal, D., Plunkett, K., & Harris, P. (1999). A computational and neuropsychological account of object-oriented behaviors in infancy. *Developmental Science*, 2, 306 – 317.

McClelland, J. L. (1989). Parallel distributed processing: Implications for cognition and development. In R. G. M. Morris (Ed.), *Parallel distributed processing: Implications for psychology and neurobiology* (pp. 8 – 45). Oxford, England: Oxford University Press.

McClelland, J. L. (1995). A connectionist perspective on knowledge and development. In T. J. Simon & G. S. Halford (Eds.), *Developing cognitive competence: New approaches to process modeling* (pp. 157 – 204). Hillsdale, NJ: Erlbaum.

McClelland, J. L. (2005). How far can you go with Hebbian learning, and when does it lead you astray. In Y. Munakata & M. H. Johnson (Eds.), *Processes of change in brain and cognitive development: Attention and performance XXI* (pp. 33 – 59). Oxford, England: Oxford University Press.

McClelland, J. L., McNaughton, B. L., & O'Reilly, R. C. (1995). Why there are complementary learning systems in the hippocampus and neocortex: Insights from the successes and failures of connectionist models of learning and memory. *Psychological Review*, *102*, 419 – 457.

McClelland, J. L., & Patterson, K. (2002a). Rules or connections in past tense inflections: What does the evidence rule out? *Trends in Cognitive Sciences*, *6*, 465 – 472.

McClelland, J. L., & Patterson, K. (2002b). 'Words *or* rules' cannot exploit the regularity in exceptions. *Trends in Cognitive Sciences*, *6*, 464 – 465.

McClelland, J. L., Plaut, D. C., Gotts, S. J., & Maia T. V. (2003). Developing a domain-general framework for cognition: What is the best approach? *Behavioral and Brain Sciences*, *26*(5), 611 – 613.

McClelland, J. L., & Rumelhart, D. E. (Eds.). (1986). *Parallel distributed processing: Vol. 2. Psychological and biological models*. Cambridge, MA: MIT Press.

McCulloch, W. S., & Pitts, W. (1943). A logical calculus of the ideas immanent in nervous activity. *Bulletin of Mathematical Biophysics*, *5*, 115 – 133.

Medina, J. F., & Mauk, M. D. (2000). Computer simulation of cerebellar information processing. *Nature Neuroscience*, *3*, 1205 – 1211.

Mellers, B., Hertwig, R., & Kahneman, D. (2001). Do frequency representations eliminate conjunction effects? an exercise in adversarial collaboration. *Psychological Science*, *12*, 269 – 275.

Miller, E. K., & Desimone, R. (1994). Parallel neuronal mechanisms for short-term memory. *Science*, *263*, 520 – 522.

Miller, E. K., Erickson, C. A., & Desimone, R. (1996). Neural mechanisms of visual working memory in prefrontal cortex of the macaque. *Journal of Neuroscience*, *16*, 5154 – 5167.

Mix, K. S., Huttenlocher, J., & Levine, S. C. (2002). Multiple cues for quantification in infancy: Is number one of them? *Psychological Bulletin*, *128*.

Morton, J. B., & Munakata, Y. (2002). Active versus latent representations: A neural network model of perseveration and dissociation in early childhood. *Developmental Psychobiology*, *40*, 255 – 265.

Morton, J. B., & Muuakata, Y. (2005). What's the difference? Contrasting modular and neural network approaches to understanding developmental variability. *Journal of Developmental-Behavioral Pediatrics*.

Munakata, Y. (1998). Infant perseveration and implications for object permanence theories: A PDP model of the task. *Developmental Science*, *1*, 161 – 184.

Munakata, Y., & McClelland J. L. (2003). Connectionist models of development. *Developmental Science*, *6*, 413 – 429.

Munakata, Y., McClelland, J. L., Johnson, M. H., & Siegler, R. (1997). Rethinking infant knowledge: Toward an adaptive process account of successes and failures in object permanence tasks. *Psychological Review*, *104*, 686 – 713.

Munakata, Y., Morton, J. B., & Stedron, J. M. (2003). The role of prefrontal cortex in perseveration: Developmental and computational explorations. In P. Quinlan (Ed.). *Connectionist models of development* (pp. 83 – 114). East Sussex, England: Psychology Press.

Munakata, Y., & O'Reilly, R. C. (2003). Developmental and computational neuroscience approaches to cognition: The case of generalization. *Cognitive Studies: Bulletin of the Japanese Cognitive Science Society*, *10*, 76 – 92.

Munakata, Y., Sahni, S. D., & Yerys, B. E. (2001). An embodied theory in search of a body: Challenges for a dynamic systems model of infant perseveration. *Behavioral and Brain Sciences*, *24*, 56 – 57.

Munakata, Y., & Yerys, B. E. (2001). All together now: When dissociations between knowledge and action disappear. *Psychological Science*, *12*(4), 335 – 337.

Neches, R. (1987). Learning through incremental refinement procedures. In D. Klahr, P. Langley, & R. Neches (Eds.), *Production system models of learning and development* (pp. 163 – 219). Cambridge, MA: MIT Press.

Newell, A. (1973). You can't play 20 questions with nature and win: Projective comments on the papers of this symposium. In W. G. Chase (Ed.), *Visual information processing* (pp. 283 – 308). New York: Academic Press.

Newell, A. (1990). *Unified theories of cognition*. Cambridge, MA: Harvard University Press.

Newell, A., & Simon, H. (1972). *Human problem solving*. Englewood Cliffs, NJ: Prentice-Hall.

Oaksford, M., & Chater. N. (1994). A rational analysis of the selection task as optimal data selection. *Psychological Review*, *101*, 608 – 631.

Oja, E. (1982). A simplified neuron model as a principal component analyzer. *Journal of Mathematical Biology*, *15*, 267 – 273.

Oliver, A., Johnson, M. H., Karmiloff-Smith, A., & Pennington, B. (2000). Deviations in the emergence of representations: A neuro-constructivist framework for analysing developmental disorders. *Developmental Science*.

O'Reilly, R. C., & Hoeffner, J. H. (2005). *Competition, priming, and the past tense U-shaped developmental curve*. Manuscript submitted for publication.

O'Reilly, R. C., & McClelland, J. L. (1992). *The self-organization of spatially invariant representations* (Parallel Distributed Processing and Cognitive Neuroscience. 92, 5). Pittsburgh, PA: Carnegie Mellon University. Department of Psychology.

O'Reilly, R. C., & Mnnakata. Y. (2000). *Computational explorations in cognitive neuroscience: Understanding the mind by simulating the brain*. Cambridge, MA: MIT Press.

O'Reilly, R. C., & Rudy. J. W. (2001). Conjunctive representations in learning and memory: Principles of cortical and hippocampal function. *Psychological Review*, *108*. 311 – 345.

Piaget, J. (1952a). *The child's conception of number*. New York: Norton.

Piaget, J. (1952b). *The origins of intelligence in childhood*. New York: International Universities Press.

Piaget, J. (1954). *The construction of reality in the child*. New York: Basic Books.

Pinker, S. (1984). *Language learnability and language development*. Cambridge, MA: Harvard University Press.

Pinker, S. (1991). Rules of language. *Science*, *253*, 530 – 535.

Pinker, S., & Prince, A. (1988). On language and connectionism: Analysis of a parallel distributed processing model of language acquisition. *Cognition*, *28*, 73 – 193.

Pinker, S., & Ullman, M. T. (2002). The past and future of the past tense. *Trends in Cognitive Sciences*, *6*, 456 – 463.

Plaut, D. C. (1995). Double dissociation without modularity: Evidence from connectionist neuropsychology. *Journal of Clinical and Experimental Neuropsychology*, *17*(2), 291 – 321.

Plaut, D. C., McClelland, J. L., Seidenberg, M. S., & Patterson, K. E. (1996). Understanding normal and impaired word reading: Computational principles in quasi-regular domains. *Psychological Review*, *103*, 56 – 115.

Plunkett, K., & Elman, J. L. (1997). *Exercises in rethinking innateness: A handbook for connectionist simulations*. Cambridge, MA: MIT Press.

Plunkett, K., & Juola, P. (1999). A connectionist model of English past tense and plural morphology. *Cognitive Science*, *23*, 463.

Plunkett, K., & Marchman, V. A. (1991). U-shaped learning and frequency effects in a multi-layered perceptron: Implications for child language acquisition. *Cognition*, *38*, 43 – 102.

Plunkett, K., & Marchman, V. A. (1993). From role learning to system building: Acquiring verb morphology in children and connectionist nets. *Cognition*, *48*(1), 21 – 69.

Plunkett, K., & Marchman, V. A. (1996). Learning from a connectionist model of the acquisition of the English past tense. *Cognition*, *61*, 299.

Quinlan, P. (Ed.). (2003). *Connectionist models of development*. Hove, England: Psychology Press.

Raijmakers, M. E. J., van Koten, S., & Molenaar, P. C. M. (1996). On the validity of simulating stagewise development by means of PDP networks: Application of catastrophe analysis and an experimental test of rule-like network performance. *Cognitive Science*, *20*, 101 – 136.

Roberts, R., Hager, L., & Heron, C. (1994). Prefrontal cognitive processes: Working memory and inhibition in the antisaccade task. *Journal of Experimental Psychology: General*, *123*(4), 374 – 393.

Roberts, S., & Pashler, H. (2000). How persuasive is a good fit? A comment on theory testing. *Psychological Review*, *107*, 358 – 367.

Rogers, T. T., & McClelland, J. L. (2004). *Semantic cognition: A parallel distributed processing approach*. Cambridge, MA: MIT Press.

Rosenblatt, F. (1958). The perceptron: A probabilistic model for information storage and organization in the brain. *Psychological Review*, *65*, 386 – 408.

Rougier, N. P., Noelle, D., Braver, T. S., Cohen, J. D., & O'Reilly, R. C. (2005). Prefrontal cortex and the flexibility of cognitive control: Rules without symbols. *Proceedings of the National Academy of Sciences*, *102*, 7338‑7343.

Rumelhart, D. E., Hinton, G. E., & Williams, R. J. (1986). Learning representations by back-propagating errors. *Nature*, *323*, 533‑536.

Rumelhart, D. E., & McClelland, J. L. (1986a). On learning the past tenses of English verbs. In J. L. McClelland, D. E. Rumelhart, & PDP Research Group (Eds.), *Parallel distributed processing: Vol. 2. Psychological and biological models* (pp. 216‑271). Cambridge, MA: MIT Press.

Rumelhart, D. E., & McClelland J. L. (Eds.), (1986b). *Parallel distributed processing: Vol. 1. Foundations*. Cambridge, MA: MIT Press.

Sage, S., & Langley, P. (1983). Modeling cognitive development on the balance scale task. In A. Bundy (Ed.), *Proceedings of the Eighth International Joint Conference on Artificial Intelligence* (Vol. 1, pp. 94‑96). Karlsruhe, West Germany: Morgan Kaufmann.

Schlesinger, M., & Parisi, D. (2001). The agent-based approach: A new direction for computational models of development. *Developmental Review*, *21*, 121‑146.

Schmidt, W. C., & Ling, C. X. (1996). A Decision-Tree Model of Balance Scale Development. *Machine Learning*, *24*, 203‑230.

Schutte, A., & Spencer, J. (2002). Generalizing the dynamic field theory of the A-not-B error beyond infancy: Three-year-olds' delay-and experience-dependent location memory biases. *Child Development*, *73*, 377‑404.

Seidenberg, M. S., & Elman, J. L. (with reply by Marcus, G.). (1999). Networks are not "hidden rules." *Trends in Cognitive Science*, *3*(8), 288‑289.

Seidenberg, M. S., & McClelland, J. L. (1989). A distributed, developmental model of word recognition and naming. *Psychological Review*, *96*, 523‑568.

Shepherd, G. M. (1992). *Foundations of the neuron doctrine*. NewYork: Oxford University Press.

Shinskey, J., & Munakata, Y. (2001). Detecting transparent barriers: Clear evidence against the means-end deficit account of search failures. *Infancy*, *2*, 395‑404.

Shinskey, J., & Munakata, Y. (2003). Are infants in the dark about hidden objects? *Developmental Seience*, *6*, 273‑282.

Shrager, J., & Siegler, R. S. (1998). A model of children's straegy choices and strategy discoveries. *Psychological Science*, *9*(5), 405‑410.

Shultz, T, R. (2003). *Computational developmental psychology*. Cambridge, MA: MIT Press.

Shultz, T., Schmidt, W., Buckingham, D., & Mareschal, D. (1995). Modeling cognitive development with a generative connectionist algorithm. In T. J. Simon & G. S. Halford (Eds.), *Developing cognitive competence: New approaches to process modeling* (pp. 157‑204). Hillsdale, NJ: Erlbaum.

Siegler, R. (1976). Three aspects of cognitive development. *Cognitive Psychology*, *8*, 481‑520.

Siegler, R. (1981). Developmental sequences within and between concepts. *Monographs of the Society for Research in Child Development*, *46* (2, Serial No. 189).

Siegler, R. (1989). Mechanisms of cognitive development. *Annual Review of Psychology*, *40*, 353‑379.

Siegler, R. (1996). *Emerging minds: The process of change in children's thinking*. New York: Oxford University Press.

Siegler, R. S., & Alibali, M. W. (2005). *Children's thinking* (4th ed.). Upper Saddle River, NJ: Prentice-Hall.

Siegler, R. S., & Chen, Z. (1998). Developmental differences in rule learning: A microgenetic analysis. *Cognitive Psychology*, *36*, 273‑310.

Siegler, R. S., & Chen, Z. (2002). Development of rules and strategies: Balancing the old and the new. *Journal of Experimental Child Psychology*, *81*, 446‑457.

Siegler, R. S., & Shipley, C. (1995). Variation, selection, and cognitive change. In T. Simon & G. Halford (Eds.), *Developing cognitive competence: New approaches to process modeling* (pp. 31‑76). Hillsdale, NJ: Erlbaum.

Siegler, R. S., & Shrager, J. (1984). Strategy choices in addition and subtraction: How do children know what to do. In C. Sophian (Ed.), *The origins of cognitive skills* (pp. 229‑293). Hillsdale, NJ: Erlbaum.

Simon, H. A. (1962). An information processing theory of intellectual development. *Monographs of the Society for Research in Child Development*, *27*.

Simon, T. J. (1997). Reconceptualizing the origins of number knowledge: A 'non-numerical' account. *Cognitive Development*, *12*, 349‑372.

Simon, T. J. (1998). Computational evidence for the foundations of numerical competence. *Developmental Science*, *1*, 71‑78.

Simon, T. J., & Halford, G. S. (1995a). *Computational models and cognitive change* (pp. 1‑30). Hillsdale, NJ: Erlbaum.

Simon, T. J., & Halford, G. S. (Eds.). (1995b). *Developing cognitive competence: New approaches to process modeling*. Hillsdale, NJ: Erlbaum.

Skinner, B. F. (1953), *Science and human behavior*. New York: Macmillan.

Smith, L. B., & Samuelson, L. K. (2003). Different is good: Connectionism and dynamic systems theory approaches to development. *Developmental Science*, *6*, 434‑439.

Smith, L. B., & Thelen, E. (Eds.). (1993). *A dynamic systems approach to development: Applications*. Cambridge, MA: MIT Press.

Smith, L. B., Thelen, E., Titzer, R., & McLin, D. (1999). Knowing in the context of acting: The task dynamics of the A-not-B error. *Psychological Review*, *106*, 235‑260.

Spelke, E., Breinlinger, K., Macomber, J., & Jacobson, K. (1992). Origins of knowledge. *Psychological Review*, *99*, 605‑632.

Spelke, E., Vishton, P., & von Hofsten, C. (1995). Object perception, object-directed action, and physical knowledge in infancy. In M. S. Gazzaniga (Ed.), *The cognitive neurosciences* (pp. 165‑179). Cambridge, MA: MIT Press.

Spencer, J. P., & Schöner, G. (2003). Bridging the representational gap in the dynamic systems approach to development. *Developmental Science*, *6*, 392‑412.

Spencer, J. P., Smith, L. B., & Thelen, E. (2001). Tests ora dynamic systems account of the A-not-B error: The influence of prior experience on the spatial memory abilities of 2‑year-olds. *Child Development*, *72*, 1327‑1346.

Spencer, J. P., & Thelen, E. (2003). Connectionist and dynamic systems approaches to development [Special issue]. *Developmental Science*, *6*.

Stedron, J., Sahni, S. D., & Munakata, Y. (2005). Common mechanisms for working memory and attention: The case of perservation with visible solutions. *Journal of Cognitive Neuroscience*.

Taatgen, N. A. (2002). A model of individual differences in skill acquisition in the Kanfer-Ackerman air traffic control task. *Cognitive Systems Research*, *3*, 103‑112.

Taatgen, N. A., & Anderson, J. R. (2002). Why do children learn to say "broke"? A model of learning the past tense without feed-back. *Cognition*, *86*, 123‑155.

Teitelbaum, P. (1967). *Physiological psychology*. Englewood Cliffs, NJ: Prentice-Hall.

Thelen, E., & Bates, E. (2003). Connectionism and dynamic systems: Are they really different? *Developmental Science*, *6*, 378‑391.

Thelen, E., Kelso, J. A. S., & Fogel, A. (1987). Self-organizing systems and infant motor development. *Developmental Review*, *7*, 39‑65.

Thelen, E., Schöner, G., Scheier, C., & Smith, L. B. (2001). The dynamics of embodiment: A field theory of infant perseverative reaching. *Behavioral and Brain Sciences*, *24*, 1‑86.

Thelen, E., & Smith, L. B. (1994). *A dynamic systems approach to the development of cognition and action*. Cambridge, MA: MIT Press.

Thelen, E., & Smith, L. B. (1998). Dynamic systems theories. In W. Damon (Editor-in-Chief) & R. M. Lerner (Vol. Ed.), *Handbook of child psychology: Vol. 1. Theoretical models of human development* (5th ed., pp. 563‑634). New York: Wiley.

Thelen, E., & Ulrich, B. D. (1991). Hidden skills: A dynamic systems analysis of treadmill stepping during the first year. *Monographs of the Society for Research in Child Development*, *56*(Serial No. 223).

Thomas, M., & Karmiloff-Smith, A. (2002). Are developmental disorders like cases of adult brain damage? Implications from connectionist modelling. *Behavioral and Brain Sciences*, *25*, 727‑788.

Thomas, M., & Karmiloff-Smith, A. (2003). Modelling language acquisition in atypical phenotypes. *Psychological Review*, *110*, 647‑682.

van der Maas, H. L. J., & Molenaar, P. C. M. (1992). Stagewise cognitive development: An application of catastrophe theory. *Psychological Review*, *99*, 395‑417.

van Geert, P. (1991). A dynamic systems model of cognitive and language growth. *Psychological Review*, *98*, 3‑53.

van Geert, P. (1993). A dynamic systems model of cognitive growth: Competition and support under limited resource conditions. In L. B. Smith & E. Thelen (Eds.), *A dynamic systems approach to development* (pp. 265‑331). Cambridge, MA: MIT Press.

van Geert, P. (1998). A dynamic systems model of basic developmental mechanisms: Piaget, Vygotsky and beyond. *Psychological Review*, *105*, 634‑677.

van Rijn, H. , van Someren, M. , & van der Maas, H. (2003). Modeling developmental transitions on the balance scale task. *Cognitive Science*, *27*, 227 - 257.

von Bertalanffy, L. (1968). *General system theory*. New York: George Braziller.

Waddington, C. H. (1957). *The strategy of the genes: A discussion of some aspects of theoretical biology*. London: Allen & Unwin.

Watson, J. B. (1912). Psychology as the behaviorist views it. *Psychological Review*, *20*, 158 - 177.

Wellman, H. M. , Cross, D. , & Bartsch, K. (1986). Infant search and object permanence: A meta-analysis of the A-not-B error. *Mono-graphs of the Society for Research in Child Development*, *51*(3, Serial No. 214).

Willatts, P. (1990). Development of problem-solving strategies in infancy. In D. F. Bjorklund (Ed.), *Children's strategies: Con-temporary views of cognitive development* (pp. 23 - 66). Hillsdale, NJ: Erlbaum.

Wynn, K. (1992). Addition and subtraction by human infants. *Nature*, *358*, 749 - 750.

Young, R. M. (1976). *Seriation by children: An artificial intelligence analysis of a Piagetian task*. Basel, Switzerland: Birkhauser.

Zelazo, P. D. (2004). U-shaped changes in behavior and their implications for cognitive development [Special issue]. *Journal of Cognition and Development*, *5*.

第 11 章

学习的微观发生分析

ROBERT S. SIEGLER*

464　　　本章主要基于三个命题：(1) 学习对儿童的发展是重要的；(2) 通过微观发生分析产生有关学习的独特的信息；(3) 通过微观发生分析产生的信息，对创造一个有活力的儿童学习的新领域是有帮助的。这一章中其余的部分为三个命题提供论点和论据，并且对儿童学习的新的领域进行了描述。

　　本章的准备工作部分地得到了美国国家儿童健康和人类发展研究所 HD19011 和美国教育部 R305H020060 项目的大力支持。同时也要感谢下面的这些人，他们对初稿提出了宝

*　感谢国家儿童健康与人类发展研究所 HD19011 和美国教育部 R305H020060 的资助，感谢以下人士的建议与评论：Jennifer Amsterlaw，Zhe Chen，Thomas Coyle，James Dixon，Kathryn Fletcher，Emma Flynn，David Geary，Annette Karmiloff-Smith，David Klahr，Deanna Kuhn，Kang Lee，Anne McKeough，Patrick Lemaire，Patricia Miller，Bethany Rittle-Johnson，Wolfgang Schneider，Jeff Shrager，Patricia Stokes，Matija Svetina，Erika Tunteler，and Han van der Maas。1 would also like to thank my dedicated and hard-working research team who put many hours into this project：Theresa Treasure，Mary Wolfson，and Jenna Zonneveld.

贵意见：Jenifer Amsterlaw、Zhe Chen、Thomas Coyle、James Dixon、Kathryn Fletcher、Emma Flyn、David Geary、Annette Karmiloff-Smith、David Klahr、Deanna Kuhn、Kang Lee、Anne McKeough、Patrick Lemaire、Patricia Miller、Bethany Rittle-Johnson、Wolfgang Schneider、Jeff Shrager、Patrica Stokes、Matija Svetina、Erika Tunteler、Han Vander Maas。同时要感谢我的研究小组成员的辛勤工作,他们为这个课题倾注了很多的精力和时间：Theresa Treasure、Mary Wolfson、Jenna Zonneveld。

学习在儿童发展中的主导作用

学习是人发展各个阶段存在的基础,对于童年期更是如此,学习的主导作用已经得到认可,即使是对过去完全归因于成熟而发生的变化也是如此。例如,第一次够东西、踢、走等(Thelen & Corbetta, 2002)。有关童年期的最恰当的概念,可根据学习来限定：童年期是人生中把学习作为主要目标的阶段。

构成这种观点的重要依据是将童年期学习和成人期学习的重要性进行比较。成人期是一个以成就为主的时期：成年人的成就主要体现在工作、择偶和养育下一代,甚至体现在平凡的任务中。例如,驾车对他们自己和他们的家人都有深刻的含义。虽然学习也大量地发生在成人期,但是成人期工作的表现是最重要的。一个农民做了一个错误的播种和收获的决定,他的收成不好,即使他从以前所做的决定中学到了一些东西,那么他也不是一个好农民;同样,一个司机年复一年不断地学习,提高他的驾驶技能,把交通事故从六次减少到三次,他仍然不是一个好司机。反之,一个农民即使他什么也没有学,但是他做了正确的播种和收获的决定,就是一个成功的农民;同样,一个司机的驾驶技术没有提高,但是却从来没有出过交通事故,那么他就是一个成功的司机。

成人的学习与成就之间的平衡与童年期的完全不一样,儿童要学的东西比成人多并且他们所要获得的能力中包括很多未来发展所必需的：语言的理解和制造;时间、空间、数字等概念的获得;学术能力,例如,阅读、写作和数学;情绪的控制和社会交往的技巧等等。因此,"童年期的工作就是学习"这句话包含了一个重要的事实。相对而言,儿童成就的绝对的水平,并不能完全说明问题。如果一个学前班的儿童,在数字和字母知识的学习中落后了,或与其他的孩子不能很好地相处,那么这种状况持续下去将是非常严重的。而一个学前班的儿童,尽管与其他的儿童还有很大的差距,但是在学习字母和数字以及与小朋友交往上取得了很大的进步,那么我们仍认为这个小朋友在这学期是有成就的,这与那位把交通事故的次数从六次减少到三次的司机是不同的。

尽管学习一直都是儿童发展的中心问题,但是对于学习的研究却不总是儿童发展领域的中心问题。从上世纪30年代到60年代,儿童的学习是发展心理学中非常繁荣的领域,后来这个领域开始衰退。这个重大的和迅速的转变在儿童心理手册的两个连续的版本中有关儿童学习的章节中都提到过,这两个版本的作者都是同一个人——Harold Stevenson。首先看一下他在1970年版《手册》中对这个领域的状态的评估,这个时期是儿童学习研究繁荣的

465

末期：

> 每一年都有大量的，优质的有关儿童学习的研究成果发表，并且数量还在不断地增加……迄今为止，这样大量的关于儿童学习的研究，导致我们无法在一章的篇幅对它们进行综述……同时由于大量关于儿童学习研究的书出版，所以无法尝试概括这些所有的研究。（pp. 849, 851, 852）

现在来看一下他在 13 年后（1983）的评价，这个时期是儿童学习研究的繁荣期结束后：

> 到 20 世纪 70 年代中期，儿童学习方面的论文减少到此前十年中发表数量的一小部分。到 80 年代，必须费很大的劲才能找到一篇有关儿童学习的文章。（p. 213）

这个改变的标志是 Stevenson 把有关儿童学习的文献综述从 1970 年版的 90 页减到 1983 年版的 23 页，这种改变并不仅仅反映他个人的观点。1970 年版的手册主要集中于认知发展，19 章中有 10 章的内容包括学习；而 1983 年版的手册中，13 章中只有两章涉及此类内容。

自从 1983 年版的手册出版后，这种局面在某种程度上有所扭转。一方面，学习的重要性在发展心理学领域不如在儿童的实际生活中重要。另一方面，在儿童学习方面的研究增多了，并且研究的质量足够创设一个令人兴奋的儿童学习的新领域。本章首先对儿童学习研究的历史进行一个简短的回顾，进而描述微观发生法是如何给这个领域注入新的活力的，最后再对新出现的儿童学习领域进行阐述。

历史

繁盛时期

虽然发展心理学中的学习理论的出现要晚于在实验心理学中的学习理论，但是学习理论流派从来没有在实验心理学中占据主要的地位（White, 1970），多年来却处于发展心理学中的中心位置。例如，确定我们要研究的什么、如何研究、对结果如何解释等等。很多早期的儿童学习理论研究都是基于先前的老鼠、鸽子以及成人的学习理论的延伸。例如，在 1946 年版本的手册中，Munn 在儿童学习这一章中总结了如下的观察：

466

> 儿童学习的研究是沿着对动物和成人心理研究的路线，而没有介绍新的问题和重要的新技巧……很多关于儿童学习的研究都是次要的，是附带的。（pp. 370 - 371）

与这种观点相一致，Munn 的那一章在很大程度上集中于强调成人和动物的实验心理学的主题：条件反射、配对联想学习法、运动技能学习等等。

儿童学习的理论和方法来自实验心理学，这种局面持续了很多年，让我们来看看上面所引用的评价与 25 年后 Stevenson(1970)的评价是何其相似。

> 　　对儿童学习的研究是从对动物和人类成人学习的研究中衍生出来的最重要的部分。虽然对儿童学习研究的动力与教育和养育子女中的实际关注的问题是相关的,但是,这个领域还是很明显地由实验心理学家的方法和问题所支配……与实验心理学的密切联系一直是有价值的。(p. 849)

要认识学习理论对 20 世纪五六十年代大量著名的发展研究的影响是很容易的。例如,Hull(1943)和 Spence(1952)的辨别学习的方法导致了 Kendler(1962)、Zeaman 和 House(1967)对同一主题的发展的研究;N. E. Miller 和 Dollard(1941)的社会学习方法导致了 Bandura 和 Walters(1963)以及 Rosenblith(1959)的发展研究;Skinner(1938)的操作性条件反射的研究方法导致了 Bijou 和 Bear(1961) 以及 Siqueland 和 Lipsitt(1966)的发展研究等等。因此,尽管 Stevenson(1970)把儿童学习领域概括为既具有创造性又具有派生性看上去很矛盾,但是作为描述是合理的。

停滞时期

1970 年后儿童学习领域的衰退既反映在它自身的局限上,又反映在一些更加有吸引力的研究领域的出现。学习理论所强调的是简单的、非言语的任务,这与儿童在现实生活中所遇到的问题只是具有抽象的相似性。其目的是为了测量发生在主要的情境中的基本的学习过程,但是实验的任务与范式和日常生活又有很大的不同之处。如果实验室内和实验室外所使用的标准不同,结果就很难说了。例如,在大量概念形成的学习理论的研究中需要儿童(成人或者非人类的其他动物)在两个大小、形状、颜色不同的客体之间进行选择。正确答案往往主试说是什么,就是什么;规则简单的如"选择较大的一个",规则复杂的如"选择左边的大 T 和右边的小 X"或者"选择左边的大 X 和右边的小 T"。对于获得任意(arbitrary)概念和自然概念之间诸如动物、大山等的相似性程度还不是很明确。此外这些任务极其缺乏生态学的效度。因此,很多心理学家就渐渐地对整个学习理论的研究表现出不满。

发展心理学家的不满还有很多原因,一个是把儿童描绘成消极的不活跃的机体,学习缺乏独特的特点。Brown、Bransford、Ferrara 和 Campione,在 1983 年的手册中指出,学习理论假设同一基本原则普遍适用于各种类型的学习、各种人以及各种年龄的学习。毫不奇怪,研究者如果不相信学习是发展的,以及个体在学习上存在差异,那么就不会发现问题所在,这是众所周知的。Muun(1946)指出"直到发现一些基本的有关学习过程的新问题,在此之前对儿童学习的研究都是失败的"(p. 441),尽管 Muun 认为失败的原因可能是我们所使用的任务和程序造成的,但是他还是认为"然而一个更可信的理由是学习的现象在本质上都是相同的,无论是对动物、成人,还是儿童的研究都是如此"(p. 441)。一些后来的学习理论方法试图解释在学习中发展的差异,虽然他们的努力在一定时期内引起了浓厚的兴趣,但是越来越多的发展心理学家已经对学习理论彻底失望,转而开始关注其他的研究方向。

儿童学习领域降到次要的地位,不仅源于学习理论的缺陷,也是因为更有吸引力的不强调学习的研究流派的出现。最有影响的流派是在 Flarell(1963)在《皮亚杰的发展心理学》一书中所提到的皮亚杰的理论。虽然皮亚杰的理论不是新的,但是 Flarell 清晰的、令人信服的介绍,增加了其理论的影响力。不幸的是,对于学习的研究,皮亚杰在学习与发展之间进行了严格的区分,使得学习降到次要的位置。例如:

> 我要弄清楚两个问题之间的区别,发展的一般问题和学习的问题。尽管有些人并不将其进行区分,但我认为这两个问题是十分不同的。知识的发展是一个自发的过程,与整个胚胎发生的过程密切联系。学习则相反,一般地,学习是由情境引起的,例如,由一个心理学的实验者、一个老师或一个外部情境等引发的。与自发的相反。此外,它是一个限定的过程——限定于单一的结构和单一的问题。(p. 20)

值得一提的是,并不是所有的传统的理论家都像皮亚杰那样,对学习持有完全忽视的态度,例如理论家 Werner(1948,1957)和 Vygotsky(1934,1962),把短期的改变视为长期改变的缩影,产生于相似的基本过程和不同阶段的相同的顺序。这种观点与目前的观点基本上是一致的。然而皮亚杰的理论在那个时候处于统治地位,并且他对与年龄相关的改变的观察十分令人感兴趣,使得那些心理学家把注意力从儿童的学习转向儿童的思维。这种转变不仅影响到皮亚杰理论的追随者,也影响了一些批评家。因此与皮亚杰理论不同的方法,例如,核心知识法(Spelke & Newport,1998)仍然赞同皮亚杰的一点就是以知识为中心而不是以学习为中心。

第二个影响认知发展的主要是信息加工的理论。这种理论也把注意力从儿童的学习转移开。虽然信息加工的理论承认学习与理解发展是如何发生的同样重要,但是他们的常规研究就是首先描绘儿童在不同年龄段的知识状态,其目的是了解转变期是如何发生的,这种观点体现在 Simon(1962)的阐述中。

> 如果我们能用一个行为的规则建构一个信息加工的系统,就像我们试图描绘的动态系统,那么这个体系就是儿童处于发展的某一阶段的理论。一个特殊的阶段已经通过程序得到了描绘,我们将面对这个发现任务,即我们需要哪一种额外的信息加工机制来刺激发展的改变的任务——从一个阶段过渡到另一个阶段的(p. 632)。

就皮亚杰的理论而言,这种方法导致了很多关于儿童在不同年龄如何思考的吸引人的发现。另外,有些研究者采用信息加工的观点,对认知发展的过渡进行了预先的假设(例如,Klahr&Wallace)。总之,20 世纪六七十年代,信息加工的理论和皮亚杰的理论一样,把研究的注意力从儿童的学习转移到其他方面。

对儿童现有知识的重要发现,引起了很多的争论。主要来自皮亚杰、信息加工和核心知识法,这些科学的方法形成了他们自己的学派。这些争论反过来又产生了新的引人注目的发现和新的有关儿童在某一特定的年龄,尤其是在婴儿期和学前期能理解什么和不能理解什么的争议(例如,Haith & Benson,1998; Spelke & Newport, 1998)。把用来研究婴儿认知的新方法加入到这一趋势中来,因为它允许对基本的问题进行研究,这在以前是行不通的。

这些发展趋势衍生了大量的优秀的研究,极大地扩宽了对发展的理解。然而他们也要为失误承担一定的责任:集中于对儿童静止的状态的描述而不是变化的描述上所带来的不均衡倾向。这种倾向在皮亚杰、信息加工和核心知识的理论方法中都很明显;他们都将注意力集中于儿童在某一特定年龄具有的知识和技能而不是集中于儿童获得知识和技能的过程。这种不均衡也是可以理解的,因为知识状态比变化的过程更容易描述,而且对知识状态的描述对解释变化的建立是必要的。然而过于强调对静止状态的描述,可能导致对发展歪曲的理解,即儿童可能是花费更多的时间去学习已有的知识,而不是去创造知识。

萌芽时期

在儿童学习研究的衰退期,仍有一些目光长远的研究者开始展望儿童学习研究的新领域,例如,Brow、Bransford、Ferrara 和 Campione(1983) 与 Stevenson(1983)一样指出,把儿童隐喻成设计策略来实现其目标的活跃的有机体,这将成为儿童学习研究的新领域的基础。他们不仅预计对丰富变化的现实世界的记忆的研究将为这一新领域提供一个有用的模型,而且对这个领域中将出现的核心问题进行了预期,诸如学习者将有怎样的特征、学习材料的性质,以及标准任务是如何确定的。为什么儿童不能将有用的策略转移到新的学习内容中来? 是什么使得年长的儿童比年幼的儿童学习各种材料的效率都要高?

Brown(1983)等人对微观发生研究在儿童学习领域研究的复兴所起的作用进行了预期,他们建议在完成对与年龄相关的思维变化的研究后,研究者应继续下列研究:

> 处理发展中所面临的问题……通过对同一个被试在不同时间的学习进行观察。这就是 Vygotsky(1978)、Werner(1961)提出的最基本的微观发生分析法……对儿童(Karmiloff-Smith,1979a, 1979b)和成人(Anzai & Simon,1979)的微观发生分析法的复兴使得心理学家不仅集中于对知识的阶段进行定性的描述,而且也要对伴随着从新手到专家的进步的过渡现象加以考虑。(p.84)

过去20多年的历史证明了 Brown (1983) 等人预言的存在,《儿童心理学手册》中又一次记载了这一变化趋势。在 1998 年的手册中学习研究所占的成分要比 1983 年的大。M. H. Johnson (1998) 指出,发展中大脑的变化并不像曾经推测的那样,神经系统发展的形成能被优先具体化,而是依赖于对所遇到的信息的输入,也就是说,发展中的大脑随着学习而发生改变。Aslin、Jusczy. K 和 Pisoni(1998)主要集中于儿童如何将分割的词连成话的研究,以及学习怎样使儿童失去了他们早期能够辨别的母语中没有的语音的能力。Gelman 和 Willams(1998)主要集中于概念的限制如何影响在核心领域的学习的研究。Maratsos (1998)反对人天生就具有普遍的语法规则,只需要少量的语音的观点,他认为最基本的语法都需要进行高度的、具体化的学习。Rogoff(1998)研究儿童如何通过参与社会主要活动而学习,Klahr 和 Macwhinney(1998)对儿童学习的可计算的模型进行了综述。

在手册中有几个发展理论对于儿童学习理论的复兴作出了贡献。其中把发展看作是在很大程度上由学习带来的理论影响越来越大,这些理论包括,动力系统理论、社会文化理论和信息加工理论。这类理论激励了大量的关于学习的实证研究。动力系统理论激励研究者对可否把传统上的获得看作是儿童发展阶段的一个功能进行研究。例如,客体永久性可以解释为在具体的情境内的学习。Smith、Thelen 、Titzer 和 Mclin(1999)以及 Spencer 和 Schutte(2004)经过实证研究指出,这些解释使得创造一个新的给客体永久性下定义的方式成为可能。

另外一个对儿童学习研究领域的复兴作出贡献的是一种能够对学习的过程进行追踪的方法,微观发生法。这种方法使得对儿童学习过程精细化的研究成为可能,通过与录像等现代技术相结合,使得理论家们提出了有关发展的动力的问题,否则这些问题通过其他的方法不可能得到回答。例如,在一个儿童有所发现之前,发生了什么,以及转变期是否伴随着高度的变异性。

469   其他的方法也可以用来研究学习。包括操作性条件反射(Saffran, Aslin & Newport, 1996;Stokes & Harrison, 2002)、诱发模仿(elicited imitation)(Bauer, 本手册本卷第 9 章)、形式模型(formal modeling)(Munakata, 本手册本卷第 10 章)和脑成像 (Nelson, 本手册本卷第 1 章)。此外,微观发生的方法既可以用来研究成人的学习 (Anzai & Simon, 1979;Staszewski, 1988),也可以用来研究儿童的学习。空间的局限和 Nelson、Bauer 和 Munakata 等人的陈述,有助于我们把本章的研究重点放在微观发生分析法对理解儿童学习的贡献上。

用微观发生法来研究学习

科学的理论和方法相互影响。以儿童在不同年龄阶段的思想为样本的横向和纵向的研究方法强化了理论,同时也得到了来自强调此问题的理论的强化,如,"到什么年龄儿童理解____?"和"X 产生于 Y 之前,还是两者同时产生?"比较之下,横向和纵向的研究方法在验证强调如下问题的理论时就不是很有用了,如"通过什么过程儿童学会____?"和"策略 X 对策略 Y 来说是过渡的吗?"问题是在横向和纵向研究中,对出现的能力的观察空间范围太大,而不能产生有关学习过程的详细的信息。例如,一个纵向研究的设计可能涉及对 3、4、5 岁儿童在错误信念任务上成绩的观察,观察的年龄会严格地限制将要出现的关于使儿童错误信念理解提高的过程的信息。

基本特征

微观发生法的核心就是要回答学习是如何发生的问题,它有三个主要的基本特征:

1. 观察迅速改变能力的阶段。
2. 在这个阶段观察的密度要快于变化的速度。

3. 对观察进行集中的分析,目的是为了推断其表征和使它们产生的过程.

第二个特征尤为重要,在儿童迅速发生改变的阶段大密度地对变化的能力进行取样,需要进一步了解儿童的学习过程,如果儿童的学习成绩经常是直线上升的,那么如此大密度地对持续的改变进行取样将是没有必要的。我将对变化前后的思维进行研究,找到两者之间最短的道路,也就使得儿童可以直接从低级过渡到高级。然而,对持续改变的详细地观察指出这种直线上升是个例外而不是规律(Siegler,2000)。认知的改变既包括进步也包括退步,临时的转变状态虽然很短暂,但是对于变化的发生也是很重要的,概括化从一开始就伴有很多特征,但是以后就不会再伴有其他许多令人惊讶的特征了。简而言之,了解儿童学习的唯一方法就是在儿童学习的时候对他们进行密切的观察。

对变化进行大密度的取样是微观发生法所特有的原理,其他很多研究方法也是基于这样的原理,例如脑神经成像法、功能性磁共振成像。对大脑活动的大密度的取样,通过增加强有力的磁体和软件是可以办到的,可以导致很多对神经酶作用物的洞察(例如,Casey,2001)。其他的神经技术,如单细胞记录、行为记录如眼动分析(Just & Carpenter,1987)也是基于这样的原理。总之,对不同时期的成绩进行大密度的取样可以洞察到认知的过程。

应用

微观发生设计广泛适用于多种维度。

- 被试的年龄:微观发生法已经得到证实适用于任何一个年龄:婴儿(Adolph,1997)、学步儿(Chen & Siegler,2000)、学前儿童(P. H. Miller & Aloise-Young,1995)、小学生(Schauble,1996)、大学生(Metz,1998)和成人(Kruse,Lindenberger, & Batles,1993)。

- 领域:微观发生分析法已经被证实可以适用于各个领域的发展问题的研究:问题解决(Fireman,1996)、注意(P. H. Miller & Alois-Young,1995)、记忆(Schlagmuller & Schneider,2002)和心理理论(Flynn,O'Malley, & Wood, 2004)、科学推理(Kuhn, Garcia-Mila, Zohar, & Anderson, 1995)、数学推理(Alibali,1999)、口语(Robinson & Mervis, 1998)、书面语(Jones, 1998)、运动神经的活动(Spence, Vereijen, Diedrich, & Thelen, 2000) 和知觉(Shimojo, Bauer, O'Connell, & Held, 1986)。除了这些在认知发展研究上的应用,研究者已经将微观发生分析法应用到社会性发展方面(例如,Lavelli & Fogel, 2002; Lewis, 2002)。

- 环境:微观发生法不仅适用于实验室的情境,也适用于自然情境和课堂教育中。例如,可以用这种方法来研究婴儿床上儿童的踢和够的动作(Thelen & Corbetta, 2002)、学前和小学一年级(McKeough, Davis, Forgeron, Marini, & Fung, 2005; McKeough & Sanderson, 1996)儿童叙事技能的学习,以及四年级的学生在合作学习情境中学习数学的技能(Taylor&Cox,1997)(微观发生法在课堂教学中的应用的综述,看 Chinn, 待发表)。

- 理论基础:微观发生研究已经得到证实可以用来对所有的认知发展的主要理论假设进行验证。如,皮亚杰的理论(Karmiloff-Smith & Inheled, 1974; Saada-Robert,

1992)、新皮亚杰的理论 (Fischer & Yan, 2002; McKeough & Sanderson, 1996)、动力系统论(Lewis, 2002; Thelen & Corbetta, 2002)、社会文化论(Duncan & Pratt, 1997; Wertsch & Hickmann, 1987)和信息加工理论(Schlagmuller & Schneider, 2002; Siegler & Setina, 2002)。这并不是巧合,这些被看做是主要的发展的理论,部分原因是由于他们做了大量有关行为是如何发生的假设,这些假设经常能够通过微观发生的研究而得到精确的验证,在微观发生的研究中,我们可以看到每一个变化的细节。

尽管存在着年龄、领域、情境以及研究者的理论导向这些大的变异,但是对儿童学习的微观发生研究已经产生了惊人一致的结果,正如 Kuhn(2002)所观察到的:

> 虽然实证研究结果证明了微观发生研究既令人感兴趣又取得了成果,但是最引人注意的还是它们的一致性问题。尽管存在方法论的变化以及这种方法适用范围的广泛性,但是这种方法的一致性还是得到了保持,并且在发展心理学研究中这种一致性也是很不寻常的。(p. 109)

很多微观发生研究的综述者(P. H. Miller & Coyle, 1999; Siegler, 2000)发现他们也都被这种研究方法的一致性而所震动。具有讽刺性的是,这反映了早期学习理论家核心思想的正确性:应该更多地教给人们如何学习的规则而不是某年龄段应该掌握多少知识。著名的发展理论,例如,皮亚杰的理论、新皮亚杰的理论就是基于如下的假设,即,在特定的年龄阶段呈现思考的本质规则,既包括在不同的领域的思维也包括在较大的领域内的思维,例如,在心理学或生物学领域内(Case & Okamoto, 1996; Piaget, 1952; Wellman & Gelman, 1998)。这种在特定的年龄思维的规则性的证据是混合的(Siegler, 1996)。

相反,通过微观发生研究而产生的一致性的结果表明,应该大量研究有关儿童如何学习的规律性,这一观点在一些非微观发生研究和微观发生研究中都提到过。例如,R. Gelman和 Williams (1998) 所强调的抑制对各个领域学习的重要性。同样地,Keil (1998)、Wellan和 S. Gelman (1998) 强调因果联系形成的重要性,并认为这对儿童在一个更加广泛的领域内学习是至关重要的。在学习的研究中较大的规律性很可能是由于他们忽视了很多变异的来源,限制了研究者发现不同问题之间共性的能力:组成问题的词的差异、任务难度、直接经验的多少、对任务较好的理解的相似性、动机特征等等。另外一个关注儿童学习的原因是帮助战胜发展心理学的分裂,并且找到一个共同的基本原则。

表格 11.1 列出了一些在儿童学习的微观发生研究中稳定出现的最重要的现象。每一种现象都将在后面进行深入的探讨。

471

表 11.1 20 个有关儿童学习的主要发现

1. 在学习的所有阶段和分析的每一个水平上都呈现本质的儿童内的变异性:联想、概念、规则、策略等等。
2. 虽然本质的变异性也出现在相对稳定的阶段,但是儿童内的变异性在快速学习阶段最大。
3. 儿童内的变异性是周期性的,在整个学习阶段变异性大小交替进行。

4. 从婴儿到成年期的各个年龄阶段,儿童内的变异性都是本质的。

5. 最初的儿童内变异性与后来的学习呈正相关。

6. 学习反映了新策略的增加,在很大程度上依赖于已经使用的高级的策略,增加了策略的选择,改善了策略的执行。

7. 学习趋向于通过一个固定程序的知识状态而发展,和那些与教育无关的发展特征是一样的。

8. 学习的途径对于处于不同年龄阶段和不同智力水平的学习者都是相同的。

9. 学习经常包括一些短期的过渡的方法,对于获得持久的长期的方法起着十分重要的作用。

10. 新方法既是在现存的方法成功基础上也是在现存的方法失败的基础上产生的。

11. 大多数学习都是年长的、知识丰富的儿童比年幼的儿童学得要快,并且表现出一定的概括性。

12. 改变的速度因人而异:比联合模型要快,比象征的模型要慢。

13. 新方法的使用通常表现出不一致性;新方法的发现只是学习的开始而不是学习的结果。

14. 一旦产生了新的方法,与现有的方法比,它们上升的速度和准确性的程度是呈正相关的。

15. 变化的幅度因人而异,包括从即时发生到逐渐概括化的每件事。

16. 对任何方法的选择似然性,既取决于这种方法的强度的增加,又取决于其竞争方法的强度的减弱。

17. 对因果关系的理解在学习中起着十分重要的作用。

18. 要求对观察到的事物进行解释,比反馈和练习更能促进学习。

19. 探索活动作用的基本机制包括,增加学习者进行探索的可能性、增加探索努力的坚持性,以及对心理问题进行诊断和治疗。

20. 学习通常是在几乎没有的尝试错误的情况下进行;概念的理解有助于儿童在没有尝试的情况下就能拒绝不合适的策略。

历史

微观发生的命名以及其思想的产生都来自 Heinz Werner (Catan, 1986)。Werner (1948)提出如下的假设,即认知在不同的时间范围内发生改变,从毫秒到年,但这些改变却有很大的共同性。因此,在20世纪20年代中期,他开始实施他所谓的"发生实验"(genetic experiment),实验的目的是要对心理事件中的一系列的状态进行描述(在这里使用这个术语"发生的"就好比皮亚杰把自己描绘成一个发生的认知学家一样,是基于发生这个词最初的关于起源的定义)。例如,Werner(1940)描绘出呈现12个升调的、最初不可辨别的音调并最终使人们形成了辨别音调的表象。因为这种很快的排序的心理状态是与很慢的发展年龄相匹配的,所以我们把这个实验称作"微观发生"。同时期苏联的维果斯基(1930、1978)也赞同 Werner 的发生实验,并且提议要研究变化过程中(p. 65)的概念和技能而不是僵化(p. 68)的概念和技能。

尽管这个方法在开始的时候非常受欢迎,但是后来却较少得到应用。第一批现代的微观发生的文献出现在20世纪70年代和80年代的早期。最早使用此方法的是 Karmiloff-Smith 和 Inhelder(1974)、Wertsch 和 Hickman(1987)、Karmiloff-Smith(1979)、Kuh Phelp(1982)。最后的这个研究尤其重要,因为这是第一个包括所有之前所提到的三个决定性特点的微观发生实验。

尽管微观发生的归类方式不可避免地存在着一定的主观性,但是在最近的几年中却越来越流行。在1985年之前所发表的有关微观发生的文章只有10篇,而现在为了回顾其发展的能够整理出的论文就有 105 篇,微观发生研究数量的增多有很多可能的原因。一是在认知发展的主要领域中越来越强调学习,另外一个原因是录像技术以及软件和硬件的使用,增加了快速获得信息的可能性。第三个原因是越来越多地为精确的年龄常模的大范围任务的建立,于是可以为微观发生的研究确定阶段。

然而微观发生法越来越流行的最重要的原因是通过微观发生设计可获得有价值的关于认知变化的精确信息。考虑在微观发生的研究中这些信息是如何获得的,研究者必须思考一个最基本的问题:儿童是如何发现新策略的。微观发生研究不像其他发展研究设计,允许对第一次使用新方法的每一位被试进行精确的实验证明,而是对发现的本质进行细致的研究,准确地了解新方法首次使用前的情况:发现之前的问题是什么、儿童是对创新感兴趣还是已经意识到使用了新方法等等。此外,了解新方法发现的时间,以便可以对新方法刚刚发现后的表现进行研究:儿童如何使用新的策略去解决相同的问题,一致性如何;儿童使用新策略在多大的程度上解决了其他类型的问题;以及儿童执行新策略的效率,当儿童使用新策略获得经验,所有这些表现的维度是如何改变的。这些优势使得越来越多的研究者使用微观发生法研究儿童的学习。

方法论问题

微观发生的研究提出了很多方法论的问题,包括实验设计、策略评估和数据分析。

实验设计的问题

因为微观发生研究一般需要在大量的实验中使用编码策略或其他的行为单位,所以在此类研究中所使用的实验设计与同领域中的其他研究有所不同。相当一部分的微观发生设计使用的是单个被试的设计,有无指导语都可(例如,Agre & Shrage,1990;K. E. Johnson & Meris,1994;Schoenfeld, Smith, & Arcavi,1993)。例如,Lawler(1985)描述他女儿是如何在 4 个月时 90 个时间段内学习拆除简单的计算机程序的、如何解决简单的数学问题以及玩井字格游戏(tic tack toe)[①]、Bobinson 和 Mervis(1998)对 Mervis 的儿子在 13 个月 400 个时间段内对获得的语法和词汇的种类进行分析。

另外一种常见类型的微观发生设计是关注少量的被试在没有实验干预(例如,Saada-Robert,1992;Thelen & Ulrih,1991)的情况下连续学习的过程。例如,Spencer(2000)等人观察 4 个婴儿在自由活动的情境内"够"的行为,对 3—30 个星期大的婴儿每周观察两次,对 32—52 个星期大的婴儿每隔一个星期观察一次。Shimojo(1986)等人对 16 个 1—8 个月大的婴儿的双眼深度知觉的获得进行长达 31 个星期的研究。因此,微观发生的方法既可用来研究长时期的变化,也可以用来研究短时期的变化,并且可把对变化的研究描述成发展的研究,因为它们并不涉及具体的实验干预,除此之外改变不是由干预造成的,更像是学习研究的原型(prototypic)。

---

① 这是一个两人对抗的游戏,对抗的两个人轮流在井字格中做标记,当某一方的任三个标记连成一直线时得胜。——译者注

第三种常见的微观发生设计是给儿童呈现高密度的、不寻常呈现的经验,目的是为了加速发展的进程,因此允许对变化进行更加细致的分析(例如,Siegler & Jenkins, 1989)。这种类型的设计和前两种一样,不包括控制组,因为研究主要集中在变化发生的方式上,而不是集中在建立与变化有关的随意发生的经历的有效性。这种设计的例子如 Karmiloff-Smith (1979b) 的关于儿童在单一的时间段内画路线图时的变化的研究,Kuhn、Schauble 和 Garcia-Mila (1992) 对 10 岁的孩子在 9 个星期 18 个时间段内学习科学实验技能的变化的研究,以及 Schlagmuller 和 Schneider (2002) 的关于 9 岁和 11 岁的儿童在 11 个星期 9 个时间段内,在类别回忆任务中组织物体图片的研究。

Pressley(1992)批评这三种微观发生设计没有控制组,认为他们的实验是无效的。然而由于研究主要集中于对变化在特定的实验情境中是如何发生的进行描述,而不是集中于对什么样的实验条件影响行为变化进行描述,所以在此类的研究中什么样的控制组比较合适还不是很清楚。此外,研究已经获得了关于复杂技能、概念获得的精确的信息,这些信息通过其他的方法是不可能获得的,并且对学习的理解有很大的帮助。

此外,虽然 Pressley 认为微观发生法在本质上需要阻止真实验设计,但是却有越来越多的微观发生法使用了真实验设计(如,Chen & Siegler, 2000;Church, 1999;Siegler & Stern, 1998)。例如,Alibali (1999) 随机分配三、四年级的学生到五个实验组,在不同的条件下对数学等式的学习进行比较。Klahr 和 Chen (2003) 随机分配 4 岁和 5 岁的儿童到两个实验组,在变化的条件下对模糊学习进行比较。

尽管 Pressley 认为微观发生法抵制真实验设计的观点是不正确的,但 Pressley(1992)承认大量形成微观发生研究的平衡性——是取自于在大量的被试、时间段、取样密度和任务类型上的平衡,这些平衡中,有些很明显,有些不明显。

一个明显的平衡是在被试的数量和时间段的数量之间,微观发生的时间段是从 1 到 300,被试的数量是从 1 到 150。总之,时间段的数量越多,被试的数量就越少,比较极端的例子是 Bobinson 和 Mervis(1998)对一个儿童进行了 300 多个时间段的观察,而 Alibali(1999)却在一个时间段内观察了 178 个被试。

被试和时间段的数量是随着观察的密度而得到平衡,微观发生研究包括实验项目内的分析(within-trial analysis)(例如,Coyle & Bjorklund, 1997;Graham & Perry, 1993);实验间的分析(trial-by-trial-analysis)(例如,Blote. Resing, Mazer, & Van Noort, 1999;Siegler & Jenkins, 1989);以及时间段间的分析(session-by-session analysis)(Jones,1998;Shimojo et al. , 1986)。一般认为在实验情境中现象改变得越快,就越需要进行高密度的观察,高密度的观察适用于少量的被试或少量的时间段,或对两者都产生影响。

所有的这些变量也随着日常任务的运行而以一种非直觉的方式而得以平衡,一些微观发生研究呈现儿童已经遇到的但是却没有掌握的日常任务;还有些研究呈现的是新的任务。同样地,在一些研究中呈现的任务比其他环境中呈现的任务更具有典型性。显然看上去很奇怪,在呈现的自然环境中熟悉的任务上的变化要比那些在完全新的环境中新的任务中的变化慢,例如,对日常任务够东西(Thelen & Corbetta, 2002)、算数的研究 (Siegler &

Jenkins, 1989）发现其改变的速度相当慢，然而对新任务如，河内塔（McNamara, Berg, Byrd, & McDonald, 2003）和对话的任务研究指出其变化的速度比较快，可能在熟悉的任务上，大部分儿童已经完成了较容易的任务，剩下的这些需要更多的时间或更多的有促进作用的条件。因此，虽然生态学的有效的任务和情境可能被期望得到比新任务和日常任务更快的改变，但是事实却相反。

减少这种平衡的方法之一就是通过对同一任务使用多种方法，每种方法都有不同的利和弊。这种方法对于语义学组织策略的研究是有益处的。Schneider 和他的同事们，把横向研究和纵向研究与微观发生法的研究结合起来使用，发现变化的速度比单用横向研究变化速度要快（Schlagmüller & Shneider, 2002; Shneider, Kron, Hünnerkoph, & Krajewski, 2004）。

策略评估的问题

第二个微观发生研究方法论的问题是关于实验间策略评估的信度和效度。实验间的评估是很多微观发生分析的研究的基础，虽然我们不限制使用它但是也不永远用它。对策略的发现的准确分析、超越他们最初的背景的新策略的概括化以及对发现的前兆进行精确的分析需要了解策略第一次出现在什么时候，这可以通过实验间评估而得到最详细的说明。

然而在讨论策略的实验间评估这个问题之前，有必要给策略下一个定义。目前策略的定义是 Siegler 和 Jenkins（1989, p. 11）首先提出来的：策略是一个非强制性的、目标明确的程序。这个定义把策略和程序区分开来，也就是程序是强制性的（他们是达到目标的唯一的方法）。这个定义也把策略和行为区分开来，在行为中不包括任何特定的目标。最后，这个定义不包括推理产生的过程（rational generation process）、意识的选择或报告能力。包括这些标准将把很多在目前的结构中能够得到很好的定义和分析的活动排除在外，同时引起真正有争议的问题，例如决定是什么构成推理产生的过程。

让我们再回到评价的问题上。对评价策略使用的愿望以几种方式塑造微观发生的研究。最突出的影响可能是它导致了研究者依靠真实的外显行为任务：爬、走、够、踏（例如，Adilph, 1997; Thelen & Corbetta, 2002）；写字和讲故事（Jones, 1998; Jonse & Pellegrini, 1996; Mckeough & Sanderson, 1996）；操纵物理设备，例如齿轮系统、杆架和机器人（Dixon & Bangert, 2002; Granott, 1998; Parziale, 2002; Perry & Lewis, 1999; Thornton, 1999）；做数学题（Blŏte et al., 2004; Fletcher, Huffman, Bray, & Grupe, 1998）；对回忆起的图片和客体进行组织（Blŏte et al., 2004; Coyle & Bjorklund, 1997; Schlagmuller & Schneidr, 2002）；合作解决问题（Ellis, 1995; Cranott, Fischer, & Pariziale, 2002; Wertsch & Hickmann, 1987）。实验间分析产生的可能性也影响对因变量测量的选择。使用微观发生研究不只是关注于解决问题的准确性和解决的时间，它们也趋向于通过使用发展行为的录像、即时内省的言语报告、科学观察和记录以及其他的外部指标来评价在每一个实验中所使用的策略。这种依赖于视觉和听觉行为传递思维的过程是一个典型的认知发展的研究（尽管其他的研究没有大量的使用这些思想的外部表现的原因还不清楚）。

4 岁以下儿童的微观发生研究通常完全依赖于外显的行为来评价策略，例如，研究婴儿的运动的发展（Adolph，1997；Vereijken ＆ Thelen，1997），学步儿童的问题的解决（Chen ＆ Siegler，2000），以及三四岁儿童计数、记忆和注意的策略（Bjorklund，Coyle，＆ Gaultney，1992；Blote et al.，2004；P. H. Miller ＆ Aloise-Young，1995）。

一些对年龄较大的儿童的研究也完全依赖外显的行为来评估策略（例如，Bray，Huffman，＆ Fletcher，1999；Lemaire ＆ Siegler，1995）。但是，最近的一些对 5 岁以上的儿童的研究中，研究者是在将外显行为与执行任务的过程中或任务刚刚结束后所提供的言语报告相结合的基础上评估策略。在大部分的研究中，外显行为是我们清楚地了解在实验之中所使用的策略分类的基础；言语报告在缺少外显行为或外显行为不明确时使用。外显行为和言语报告的结合适用于评价广泛的任务和不同样本的策略，例如对学习障碍的儿童（Ostad，1997）。

尽管使用言语报告推断策略很流行，但是这种做法还是遭到了质疑。担心主要来自自我报告的可证实性和反应性，有些研究者认为自我报告影响策略的使用和其他方面的表现（Cooney ＆ Ladd，1992；Russo，Johnson，＆ Stephens，1989）。然而这些批评是对缺乏独立于言语报告测量的策略使用（Bray et al.，1999）的基础上的。从独立于言语报告测量的策略的使用（例如，解决时间、外显行为的观察）的研究中得到的结果已经得出了很多关于共同使用言语报告和外显行为的乐观的结果。

真实性。关于言语报告最基本的问题就是用它们来评估的准确性问题。Ericsson 和 Simon（1984）综述了此方面在这个问题上的文献，得出结论，内省报告是真实的：(a)言语报告是在加工活动仍然保持在短时记忆时获得的；(b)被描述的加工过程的时间要充分（一般 1 秒钟），在工作记忆中留下痕迹；(c)加工过程相对容易描述。

直到 Ericsson 和 Simon 的有影响的著作出版，才有大量的证据支持他们的结论（Crutcher，1994；K. M. Robinson，2001；Sigler，1987，1989）。尤其是，在 5 岁和以上儿童中，已经发现在以外显行为和即时内省自我报告为基础的每次实验中，每一个参与者对分类策略的使用与仅以外显行为为基础的使用者相比，分类的正确性增加了（Siegle，1996）。

为了对这些结论的基础加以说明，就要设计一个研究来测试是否即时追溯口头报告的同时进行外显行为的测量比单独依赖外显行为的测量会有更多正确策略的评估（McGilly ＆ Siegler，1990）。例如， 项调查了 5—9 岁儿童在口头报告和非口头报告情景下的系列回忆策略。在口头报告情境中要求儿童在每个实验中描述"是什么"，帮助他们记忆；在非口头报告情境中不问他们所使用的策略而是以另外的方式进行相同的处理。测量的多样性表明：口头报告的使用增加了策略评估的有效性。尤其是，口头报告显示使用反复复述的人比不使用的人要更明显（实验中的 74％对 47％），并且口头报告的使用并没有对儿童的行为产生影响（根据明显的使用策略的数量和种类在口头报告和非口头报告情境中存在高度的相似性显示）。Bray 等（1999），也在对智力落后的儿童在不同记忆任务的研究中得到了相同的结果。因此，根据 Ericsson 和 Simon（1984）所描述的 5 岁和以上的儿童在符合标准任务上，在每个实验中测量外显行为的同时进行口头报告与反复地测量外显行为相比，其正确性增加了。

自我报告的反应性。McGilly 和 Siegler 的上述论证表明,无论是要求口头报告提供一些证据还是要求对所使用策略的自我报告都不会影响儿童所使用的策略。其他研究及其他测量的研究结果也表明即时内省口头报告通常是无反作用的。例如,Bray 等人(1999)和 Robinson(2001)发现,口头报告对正确性没有影响,并且对组织记忆和算术任务中外显策略的使用频率也没有影响。

为了降低出现反作用的可能性,避免对被试在某一策略或其他方面的喜爱的带有偏见性的指导语是很重要的,一些带有偏见性的指导语可能对策略的使用产生很大的影响(Kirk & Ashcraft,1997)。由于一些忠告,所以出现了实验间策略评估,这一评估是基于对不间断的行为观察和即时内省的口头报告之上的,它可以对 5 岁或更大一些的儿童进行策略真实性与否的评估。

数据分析的问题

调查变化引出了一系列复杂的关于数据分析的问题,这些问题是很难的。因为目前很多方法学家已经表明,对于很多问题,现在都没有好的推论统计的方法(Willett,1997)。这些分析的复杂性致使现在更多地依赖图形技术和对具体的变化分析使用一些推理分析技术,而不是将典型的发展研究作为全部。现已证明,这两种技术在现行的微观发生研究中具有独特作用;更多的综合性的讨论见 Allison(1984),Singer 和 Willett(2003),Collins 和 Sayer,(2001)以及 Moskowitz 和 Hershberger(2002)。

图形技术。微观发生研究非常依赖于使用图形表示数据。这些图形分析在描绘离散数据方面的变化已经十分普遍了,例如,新策略的发现。图形技术已经被证明能够独特地显示出在测量离散方面的变化,这种图形技术就是反向实验图示。这是一种将每个被试感兴趣的事件都在 X 轴上从零点排成一条线,而无论它在实验中出现的顺序如何的技术。不同的实验中的不同被试都会出现兴趣事件。因此,一个被试的零点可能出现在实验中的第 10 次尝试中,另一个可能出现在实验中第 20 次尝试中,再另一个可能出现在实验中的第 30 次尝试中。所有 X 轴上的其他点都定义成零点的相关,−1 个实验或实验区组被定义为一个兴趣事件出现前的即时段,−2 个实验或实验区组作为那之前的一次即时段,将+1 实验或实验区组定义为兴趣事件出现后的一个即时段,等等。这样,反向实验图示就能够显示出什么导致了兴趣事件的出现以及在这之后又发生了什么。

这种图示技术方式已经被应用于微观发生的研究中来解释变化的过程,同时也可以通过在研究中使用这种技术所描述出来的例子检测出在某一时段内,无意识发觉是否早于有意识的发现(Siegle & Stern,1998)。图表中所呈现的第二级别的问题,A+B−B= ＿＿＿(如,18+5−5=＿＿＿)。因为这些问题可以使用不同的策略去解决,并且这些策略暗含了解决问题的时间,所以他们对研究无意识发现具有特别的影响。计算策略包括将头两个数相加然后减去第三个数,因为需要小朋友的思考时间,所以包含着比较长的解决时间。相对地,快捷策略包括推论 B−B=0,那答案一定是 A。这种执行会更快,因为没有要求计算。

这一推理方法可以用数据来说明;儿童所使用的计算策略(由外显行为和口头报告表示)的反应时(RT)是 16 秒,而他们使用捷径方式时 RT 为 3 秒。特别要指出的是解决问题时间没有重复的;使用计算策略时,几乎所有的时间都在 8 秒或以上,使用捷径策略时是 4 秒或以下。这一事实连同第二组中总是在一开始就开始使用快捷策略的参与的事实,能够对无意识策略发现做特别的直接的测试。尤其是,如果儿童的解决时间突然从计算策略的范畴降到了捷径策略的范畴,但儿童继续报告使用计算策略的时候,这可能暗示着他已经在潜意识层面发现了捷径方式(这一方式称为"无意识捷径策略")。

已经从预测的数据图观察到:儿童的解决时间由平均每次 12 秒开始下降,在他们刚刚开始使用无意识捷径策略时,平均时间下降了 3 秒。使用反向实验图示检验儿童的发现使研究结果变得更加详细了。

图 11.1 包括两个反向实验图,这两个图显示出使用策略的形式导致第一次使用无意识捷径方式(左)和第一次使用有意识捷径方式(右)的情况。如图(左)的所示,在儿童第一次使用无意识捷径方式之前,他们持续地使用计算策略。在开始使用无意识捷径策略之后,很多儿童在接下来的三次实验中都持续使用无意识快捷方式。到了使用捷径方式后的第四次实验,一半的儿童已经有意识地使用捷径方式(根据他们的口头报告显示)。

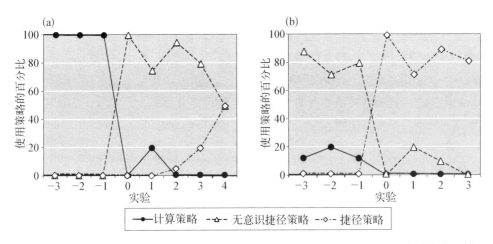

图 11.1 (a)表明儿童首次使用无意识捷径策略前后的实验即时段。(b)儿童首次使用捷径策略解决 A+B－B 难题前后实验段。资料来源:"A Micriogenetic Analysis of Conscious and Unconscious Strategy Discoveries ", by R. S. Siegler and E. Stern, 1998, *Journal of Experiment Psychology: General*, *127*, pp. 377 - 397 Reprinted with Permission.

右图显示的是在儿童第一次有意识使用捷径方式为中心的一个平行的反向实验图。在第一次有意识使用捷径方式之前的每次即时实验上,大概 80％的儿童使用的是无意识捷径方式(与少于 10％的在整个实验中使用这种策略学习的儿童相比)。一旦儿童初次报告使用捷径方式时,他们就在剩下的其他几次实验中继续稳定地使用这种方式(尽管很多儿童在一星期后的下一次实验段中遗忘了需要重新发现这种方法)。这个例子说明,反向实验图程序可以非常详细地揭示出策略发现周围的事件和相关兴趣事件。

推论统计技术。推论统计技术用于分析某研究的类型、重复的测验、微观发生研究所产生的典型的非线性数据,这些数据是基于线性模型的技术所发展的。尽管如此,推论统计技术,诸如回归和单因素方差分析对分析微观发生法数据是特别有意义的,这些统计方式统称为"事件历史分析"(Allision,1984;Singer & Willett,2003),这种技术已经被广泛地用于分析那些流行病学家所关注的单次事件(如,死亡)。但是,这一技术也同样适用于心理学家所关注的单次事件,例如,新策略的发现或第一次独立的行走等。此外,事件历史分析同样适用于反复出现的事件。这一技术由于它能够考察多变的时间自变量,比如前 N 次实验的平均解决问题的时间,和处理整个研究中(正确的被检查过的数据)兴趣事件未发生时的非任意事件,所以具有重要意义,进而,这一技术所产生的结果可以解释类似标准回归技术的结果。

为了解释事件历史分析法对微观发生法数据的适用性,Dixon 和 Bangert(2002)提出了两个中心概念:风险设定和概率。风险设定包括所有的被试中谁还没有经历过兴趣事件,例如这些人谁从没有产生策略。这种设定减少了实验中的反复过程,因为大多数被试者经历了兴趣时间。概率指在所给实验中事件出现的几率;计算一个事件发生概率肯定会影响对实验风险的设定。在有两项变量的实验中,如策略的发现,可以使用回归来考察哪一个变量影响了概率。

Dixon 与 Bangert(2002)使用事件历史分析法测量了解决传输运动问题策略的发现,为了判断对发现的似然性与早先表现的关系,他们不仅测量了所有的预测,而且也测量了即时地五次实验前的移动的窗口技术的速度和准确度。结果发现,五次前测的解决问题时间可以预测发生。近期实验发现,解决策略的时间越长,儿童发现新的策略的可能性越大。这个结果预测出不同优势策略关系的真实性。因此事件历史分析和反向实验图的技术对微观发生学数据的分析具有重要作用。

重叠波理论

微观发生的研究已经稳定地表明:儿童的思维要比众多认知发展理论所主张的更为多变。不同的儿童使用不同的策略;在一个实验段中,一个儿童会对不同的问题使用不同的策略,一个儿童通常也会使用不同的策略去解决在发生时间上相近的相同问题等等(Siegler,1996)。

为了分析这些研究及其结果,Siegler(1996)提出了重叠波理论,这个理论是随着微观发生分析的方法发展而发展的,它目前已经证明此理论对整合这类研究的结果有特殊的作用。

重叠波理论的基本假设为:发展是一个变异、选择和改变的过程。如图 11.2 所示,此理论假设儿童知道而且使用各种变化的策略去解决在任何时间内所给的问题。随着年龄和经验的增长,每种策略相对应的频率会改变,有些策略使用频率会减少(策略 1),有些策略频率会增加(策略 5),有些策略频率逐渐

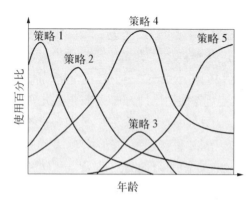

图 11.2　重叠波模式。

478

增多而随后减少(策略2),有些策略使用的频率一直都很低(策略3)。新策略也出现了(策略3和5),逐渐取代了一些旧的策略(策略1)。

在很多实验中,这些形式中的一些会出现在一个研究中,例如,考虑到对5岁儿童进行的一次预测和四个阶段学习来达到数量守恒。在学习阶段中,儿童要解释每一次尝试回答主试问题的潜在逻辑。如图11.3所示,实验结束后,儿童对两行物体排列的长度的依赖下降了,而转变为依赖数数或回答"我不知道"的这种过渡类型。其中数数这一策略使用人数越来越多,而"我不知道"这一策略起先使用人数较多,逐渐减少了。有趣的是,大概一半的5岁儿童起初使用高级的推理,在前测中依赖于过渡类型。对这些儿童来说,学习包括对转化原因的依赖的增加,即不仅包括对新策略的发现而且还包括对它依赖的增加。

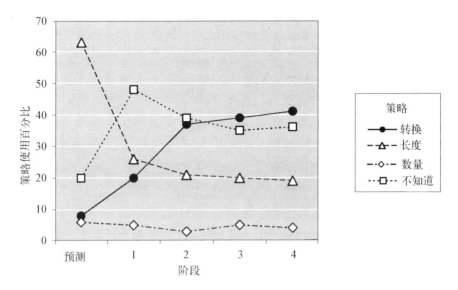

图11.3 数量守恒的策略。来源:"How Does Chang Occur: A Microgenetic Study of Number Conservation,"by R. S. Siegler, 1995, *Cognitive Psychology*, *25*, pp. 225 - 273. Reprinted with Permission.

正如这个例子所示,重叠波理论的主要特点是它将学习的定性研究和定量研究整合在一个体系中。这种方法承认定性方法对发现儿童学习独特策略和概念的作用,同时更承认发展是由于策略数量频率的变化和执行的有效性以及策略选择的适用性的变化。学习显然包括量和质的改变;发展理论没有理由重视一个方面而排斥另一个方面。

重叠波理论同样提出了许多图11.2中没有显示的假设。一个假设是:在学习的早期,儿童通常选择适应全部策略;即,他们选择适合于问题要求和环境的策略,根据已掌握的知识和策略以此产生特别合适的速度和准确性策略。相关的假设为:随着实际领域中的经验积累,可替换方式会与这种变化的选择策略越来越相适应。例如,在学步儿开始走坡道的时候,他们会根据坡道的险峻来调节他们的下坡策略(Adolph,1997)。他们会在较平缓的弯道使用较快但较冒险的策略,而在较险峻的地方使用较慢但较稳妥的策略。随着年龄和运动经验的发展,他们的下坡策略会越来越精确地计算坡道的坡度。更进一步的假设为:整个

479

儿童操作能力的进步会影响对更好的新策略的产生;众所周知,他们会较大地依赖于先进方式;增加方法选择的适应性和促进所有方法的执行。

当前的讨论中具有特别重要意义的是,重叠波理论阐述了认知变化可以从 5 个维度来分析:来源、路径、速率、幅度和变异性。变化的来源是指运动中变化的原因。变化的路径是指以下顺序:知识状态、表象,或者儿童在获得能力的过程中所使用的优势行为。变化速率侧重于将一种新方法的最初使用到稳定地使用分离所需的时间或经验。变化的幅度指这种新方法能够推广到其他问题和情境中的程度。变化的变异性是指在变化的其他维度中儿童间的差异,以及每个儿童作为个体所使用的策略的变化。

根据这些维度是如何变化的就可以知道变化是可分析的,让我们再来看 Siegler(1995)的数量守恒研究。在这项研究中,最具有戏剧性的变化来源于对答案正确性以及要求 5 岁儿童必须对正确答案做出解释(正确答案往往预先由主试暗示出来)相结合的反馈。这种结合不仅引出了反馈,还导致了更多的学习行为。变化的路径涉及那些被要求解答主试的问题的儿童,他们最初大多依赖于排列的相对长度,然后经过一个放弃先前的方法却没有采纳其他稳定的方法的阶段,最后通常采纳正确的方法,即依赖于主试提供的转变类型。变化速率是中性的;大多数儿童都要经过一些时间段才能稳定地使用转变策略。变化的幅度相对较窄;甚至这项研究里的一些最好的学习者在最后阶段也会因主试的追问而拉长解释的时间(相对于转变的类型),因为较长的排列会产生更多的客观对象。最后,在每一个儿童内部以及儿童之间都存在着本质的变异性。在儿童内部变异性水平上,只有 2% 的儿童贯穿整个研究都依赖单一的策略;70%的儿童使用三种或者以上的策略。在儿童间变异性水平上,学习中的个体差异可以从两种预测来预期:儿童使用策略的总数以及儿童是否在同一种问题上应用不同策略。因此,将变化的来源、路径、速率、幅度以及变异性进行区分就可以为分析儿童学习过程提供有意义的框架。

本章的余下部分使用由重叠波理论所确定的五个维度来考察儿童学习的新领域以及微观发生法是如何在此过程中起作用的。所得的结论是基于 105 项研究基础之上的,这些研究至少达到了三个微观发生法的标准之一。一个标准是自我描述;我试图涵盖所有的研究,这些研究的作者在标题以及摘要中都使用了微观发生学习这一字眼,并且侧重于儿童学习的研究。第二个标准是查阅以前的综述:我试图涵盖那些在文献中根据前面三种标准之其一而被描述为微观发生法的研究(当我开始写综述时,我查阅了心理文摘光盘):Siegler & Crowley (1991), Kuhn (1995), 以及 P. H. Miller & Coyle (1999)。第三种标准是根据其是否符合微观发生法的二种定义性标准,而不论作者或早期综述者是否将其视作"微观发生法"。

很快就有人提出了忠告。"微观发生研究"类别的划分界限在本质上具有主观性,并且采纳的标准都或者过宽或者过窄。例如,检验前后测的研究中不干预的变化过程,排除详细的以数据为基础的来说明学习的表征和过程的逻辑。另一方面,有些研究没有对变化进行量化分析,或者仅仅考察正确答案的百分比变化而不是策略使用的变化的研究也被排除在外。很多综述也涉及所包含的标准过宽或者过窄,以及重叠问题。甚至在当前标准内部,也存在对适宜研究忽略的现象。尽管有许多不尽如人意之处,但是这些被检验的研究仍然提供了关于儿童学习的微观发生研究的有益的样本。

儿童学习的新领域

微观发生研究发现了对学习有影响的五种维度:变异性、路经、速率、幅度以及来源。关于每一个维度的讨论一般始于研究结果的总结,然后检验在那个维度上儿童与环境的相互影响,最后以讨论含义以及未解决的问题作为结束。

变异性

由微观发生研究揭示出来的单一中心现象可能是学习中主要的变异性(Granott,2002;Kuhn,1995;Lee & Karmiloff-Smith,2002;P. H. Miller & Coyle,1999;Siegler & Crowley,1991)。这些变异性在微观发生研究中尤为明显,这是因为实验间评估不仅揭示了个体内部也揭示了个体之间加工方法的差异。变异性在分析的每一个水平之上都很显著。它体现在所有领域,不仅仅是众所周知的运动神经的活动性和记忆,而且是在更高层次的认知过程中,例如问题的解决、推理以及概念的理解。它不仅体现在限定转变阶段,而且体现在变化较为缓慢的阶段。目前它不仅仅体现在神经的和联想的水平,也体现在高水平认知的规则、策略、理论以及其他单元水平。最后,变异性不仅体现在不同被试中也存在于每个被试用不同方法解决同样问题,甚至同种实验仍然用不同的解决方法。总之,这部分提供了变异性以及变异性是如何与学习相关的证据。

基本实证的现象

儿童内部变异性

思维和行动中的诸多变异性能够表现出各年龄段的特征。这是婴儿的特点;例如,Adolph(1997)发现在玩滑梯的过程中,5 至 15 个月大的孩子有时爬,有时贴着肚子滑下来,有时贴着后背下来,有时头先下来,有时脚先着地,有时坐着滑下来,有时根本不愿意滑下来。这并不是说明不同的婴儿使用不同的方法;在斜度相对小的斜面上,平均每一个婴儿使用五种不同的策略,而在斜度相对大的斜面上,则变为六种(Adolph,1997;Wechsler & Adolph,1995)。

类似的现象也发生在学步儿的思维与行动上。Chen & Siegler(2000)发现,对于 18 至 35 个月大的孩子,如果他们需要够一个玩具时,他们有时会使用工具、有时用手、有时要求母亲的帮助、有时干脆就干坐着不动注视着那个玩具,似乎在等着别人来帮助。74%学步儿在实验的 13 次尝试中至少使用了以上策略中的 3 种,而只有 3% 学步儿自始至终使用单一策略。

变异性也体现在学前儿童的微观发生学习中。多数 3 到 4 岁的儿童使用多种选择性注意策略(P. H. Miller & Aloise-Young,1995);多数 4 岁儿童使用多种策略来解决类比问题

(Tunteler & Resing, 2002)；多数 4 到 5 岁的儿童使用多种算术策略(Siegler & Jenkins, 1989)等等。

类似的变异性也发生在较大的儿童以及成年人的策略上。例如, Alibali (1999)发现, 三年级和四年级的儿童在解决数学等式问题的过程中使用六种不正确的和四种正确的语言和手势策略。Kuhn、Shauble 和 Garcia-Mila(1992)发现, 五年级的儿童在科学推理情境中, 平均 10 次改变自己对其特点的临时状况的看法；而在另一项类似的研究中, 5 年级学生和成人, 平均值达到了 14 次(Schauble, 1996)。拼写策略的变异性也是如此；在 Kwong 和 Varnhagen(2005)的研究里, 大多数一年级儿童采用 4 种策略之一, 而大多数成年人则采用 7 种策略之一。因此, 思维和行动对婴儿、学步儿、儿童以及成年人的个体具有很高的变异性。

实验间变异性的策略应用并不是为了说明人类是在循序渐进地从不准确的策略向准确的策略转变, 最后达到在整个实验过程中准确的策略。儿童通常在一种实验中使用更为先进的方法, 然后又在下一次实验中又回到较为落后的状态上(Blŏte, Van Otterloo, Stevenson, & Veenman, 2004；Coyle & Bjorklund, 1997；Kuhn & Phelps, 1982；Tunteler & Resting, 2002)。例如, P. H. Miller 和 Aloise-Young(1995)发现, 信息搜集策略中 41% 的策略在从一种实验向下一次的转变中由较为先进的策略回归到落后的策略。这些回归是暂时的——在这些研究中变化的轨道有向上的趋势——但是这种进步反映了一种反复的重复而非稳步的向前发展的趋势。

实验间变异性不能解释为儿童针对不同问题采用不同的策略。这种变异性甚至在同一种问题上出现两次, 时间上相对接近时出现。与那些随后的实验类似, 这些变化通常令人惊讶地反映了在儿童未受到指导的情况下进步与退步之间的保持平衡。Siegler & Shrager (1984)发现, 45% 的基本加法策略水平向反方向变化, Siegler & McGilly(1989)则发现 43% 的报时策略水平向反方向变化。在这些案例中, 进步多于退步, 但是差异比预期的要小。

实验间变异性并不局限于两种策略量上的差异性, 也在于逻辑质量的差异性。儿童通常令人惊讶地表现为从逻辑性策略转向低逻辑性策略的退步。这些退步都是在无数允许高级和低级策略共用的实验中, 包括数学等式(Alibali, 1999)、矩阵(Siegler & Svetina, 2002)、数量守恒(Church & Goldin-Meadow, 1986)、变量控制(Schauble, 1990), 以及逻辑推理(Kuhn et al., 1992)。同样, 研究发现成年人也在前三个任务里从更高级退步为较低级的逻辑策略。例如, 成年人和儿童通常在因果关系的推理过程中产生合理的推理形式, 然后又退步为不合理的形式(Kuhn et al., 1995)。甚至查尔斯·达尔文也在思考进化论的过程中由高级向低级退步, 这可以从他的笔记中反映出来(Fisher & Yan, 2002)。

认知变异性也在单一的实验内部得到体现。这种现象的最广泛的体现了来自手势—言语错位的研究(Alibali & Goldin-Meadow, 1993；Church & Goldin-Meadow, 1986；Graham & Perry, 1993；Perry & Lewis, 1999)。在诸如数量守恒、数学等式以及齿轮运动等任务中, 儿童常常在说话中表现为一种策略, 而在手势中则表现为另外一种。例如, 在 Church (1999)的守恒研究里, 53% 的儿童在六种问题中的前三种里产生手势-说话的错位。当这些错位发生时，儿童通常在手势中表现为比说话更好的理解能力；例如，他们可以简单地通过描述液柱的高度来解释液体数量守恒，但是他们的手势可能包括使用垂直手势比较两个液柱的垂直高度和水平高度。

其他有关实验内部变异性的类型也得到了记录。在分类/回忆任务中，儿童常常使用多种策略来进行单一的实验，例如首先将客体分组，然后复述每一组的名称或者每个组内部项目的名称(Coyle & Bjorklund, 1997; Schlagmuller & Schneider, 2002)。对于数量守恒问题，儿童有时从行列的长度和项目上转变的类型两种角度来解释推理过程，而这两种角度通常是一致的(Siegler, 1995)。对于齿轮运动问题，儿童通常会提出一种解释然后又再三思考。例如"请等一下，我弄错了"(Perry & Lewis, 1999)。

儿童内部变异性的意义

儿童内部本质上存在的变异性并非证明这种变异性是很重要的。传统的方法已经对内部主观变异性的存在有所认识，并且将其视作一种被淡化的障碍——错误变量(Van Geert, 2002)。然而，微观发生研究已经揭示出儿童内部变异性在预测变化、分析变化，以及理解变化机制方面都是很重要的。

预测变化的重要性。策略应用的最初变异性通常会稳定地预测以后的学习。这种关系在无数的情境中体现出无数种变异性类型。在预测中，每名儿童所使用策略的数量与他们数量守恒和分类-回忆实验中的学习呈正相关(Coyle & Bjorklund, 1997; Siegler, 1995)。同样，预测中每个成年人所使用策略的数量对他们在后来齿轮问题的学习也有一定的预测性(Perry & Elder, 1997)。此外，在单一实验中儿童所使用的多种策略(与整套问题相对)对数学表征问题学习(Fujimura, 2001)、分类记忆问题(Schlagmuller & Schneider, 2002)和数量守恒问题 (Siegler, 1995) 具有预测作用。儿童对数的解释和守恒问题过程中得到帮助而产生的对数的认识也被证明能够预测其后来的学习(Church, 1999)。另外，在变化状态中的进步对新任务具有一定的预测性和广泛性(Golgin-Meadow & Alibali, 2002)，手势和言语也都能表达出对事物不同的理解。

初始变异性和后续学习之间的正相关表现在不仅要考察儿童说话的变异性，而且还要看看其如何说话。停顿、含糊、错误的开头、自言自语、敲桌子以及言语的不通顺性都体现出对后续学习预测的正相关 (Bidell & Fisher, 1994; Caron & Caron-Prague, 1976; Housenfeld, Van der Maas, & Van den Boom, 1997; Siegler & Engle, 1994; Siegler & Jenkins, 1989)。例如，Graham 和 Perry(1993)的研究表明，在关于数学等式问题方面，64%的做出含糊的预先解释的儿童在后测中取得成功，而有 23%的儿童则给出了具体的解释。

为了使不同类型言语变异性的影响具体化，Perry & Lewis(1999)要求五年级的儿童参与解决齿轮运动问题实验，并且在儿童的言语测试中获得了四种变异性的独立变量：长停顿、错误的开头、对名词或动词的忽略(含糊形式)，以及问题解决过程中的元认知评论(例如，"这里我很迷惑")。他们发现随后掌握这项任务的儿童，在预测中这四种测量变异性独立变量上具有较高水平。预测中，多次测验变异性的独立变量仅仅是中度相关，变异性的复合手段比测量年龄、指导语或者预测正确答案的数量更为有效。长停顿以及频繁的元认知评价都是与学习密切相关的变异性类型。此外,所有变异性量数都随着儿童掌握这项任务的程度而呈下降趋势。

变异性与任务的掌握程度呈负相关,这说明了初始变异性与学习之间的正相关是由于儿童的行为达到高程度的变异状态从而乐于学习,而不是形成一种优秀学习者的稳定特点。目前,变异性是否存在稳定的个体差异仍然是未知的。有些研究者假设,具有天赋和创造力的人表现出高变异性(Gardner, 1993; Janos & Robinson, 1985; Stokes, 2001),但有些研究结果却恰恰相反(Coyle, Read, Gaultney, & Bjorklund, 1998)。

并非所有类型的变异性都与学习呈正相关。Coyle(2001)在分类—回忆实验中考察了五种变异性变量,在这种实验任务中,可用在某次尝试中使用多种策略:在实验中至少使用了一次的这些策略的数量;用在每一次实验中的策略的平均数;应用了不同策略的系列实验的配对数;系列实验中增加和删除的策略的平均数;以及在不同实验中使用的策略集合的数量。针对来自分类—回忆实验中 8 次测量数据而进行的因素分析,结果表明了两个主要因素:策略的多样性和策略的变化。前两个变量充分证明了策略多样性因素,后三个变量则证明了策略变化因素。这个结果与以前的研究是一致的,策略多样性因素同本章先前所描述的变异性的种类一致,与回忆呈正相关。相对应的是,策略变化与回忆呈负相关。很可能是因为这种负相关是由失败的回忆产生的,这种错误的回忆导致儿童策略在进入下一项实验时的改变,或者尝试新的策略。总而言之,变异性类型之间的差别和决定其是否与学习相关将是未来研究中的一项关键任务。

分析变化的重要性。准确评估儿童内部的变异性需要更多的对学习是如何产生的进行精确的理论分析。尤其是,实验间评估需要研究者们分析组成学习的四个过程的作用:新方法的获得,增加使用现存的最高级方法的次数,增加方法的有效执行以及在方法中进行优选。为了举例说明这几个过程是如何用于分析学习的,我们来看一下 Lemaire 和 Siegler (1995)对法国二年级学生单数乘法的熟练程度的研究。一年中观察了 3 次儿童使用的策略、正确性和速度,分别为开始教授乘法后的 1 周、3 个月和 5 个月。乘法技巧能在这期间有了很大提高。但是,出乎意料,学习并没有影响新策略的增加:第一次评估是在开始讲授乘法的 1 周内,儿童与 5 个月后使用的策略相同,即提取、反复相加和猜测。相反,乘法熟练度的增加对其他三种方式的操作产生了影响。三种方式使用的频率发生了很大的改变;提取策略的使用频率增加了,其他两种策略的使用减少了。在策略中,选择的适应性增加了,儿童对那些提取可能得出正确答案的问题,不断地使用提取的方法。最终,实验效果表明他们都有了很大的提高;到年底,儿童对反复相加和提取的使用与最初相比都更加迅速和准确了。

提高策略的使用率对学习有很大贡献这一研究结果并不仅仅适用于二年级小学生的乘法学习上。尽管对高水平认知的当代分析倾向于强调质变的作用,如新策略和表征的获得和描述,但微观发生分析已经稳定地表明,在使用策略时量的增加同样起了很大的作用,如 Schauble (1990, 1996)、Kuhn 等(1995)以及 Kuhn 和 Phelps(1982)的研究发现,即使儿童和成人在确认所给变量的效果的实验中都表现良好,但成人可能学到了更多变化的作用,因为他们能更准确地回忆出在实验中他们做了什么和发生了什么。Chen 和 Siegle（2000）研究了学步儿对工具的使用，P. H. Miller 和 Aloise-Young（1995）分析了学前儿童选择性注意策略，Shrager 和 Callanan（1991）观察了三次对促进学习有效的使用策略的母亲和学前儿童一起做饭的实验。

另一种评估儿童内部变异性能够促进学习的途径是通过提供足够翔实的数据使研究者关注儿童和学习策略。实验间评价通常能够提供来自子群体儿童的所有学习表现。重点分析这些子群体使研究更集中在学习是如何出现的，而不是将他们的数据与那些没学习或只学了一点的儿童混在一起。例如根据 Gelma-Romo 和 Francis（2002）的研究确认一个儿童子群表现出的稳固的学习策略是可以采用的，对将英语作为第二语言学习的学生的笔记本中的变化进行细致的研究而不是其他的方式。同样，测量儿童内部变异性可以辨别策略是否促进了学习，因此采用对学习过程进行分析的方法要好于其他。例如，Blote、Resing、Mazer 和 Van Noort（1999）研究发现在选择性注意任务中，4 岁被试的学习都来自采用他们所使用三种策略之一的执行频率的增加，Siegler 研究发现 5 岁儿童对数量守恒的学习完全归因于他们所使用的 5 种相关策略的增加。

认识改变机制的重要性。 考察儿童内部变异性同样促进了机制的明确化，因为它详细说明了这些变异性是如何导致认知发展的。在这些机制是较少使用的优势策略与较多使用的优势策略之间的桥梁（Granott et al. , 2001），诸如通过元认知理解协调多种多样的知识和程序（Kuhn, 2002；Lee & Karmiloft-Smith, 2002），用来逐渐变化策略选择以接近更有效的方法（Siegler & Shipley, 1995），或者为了说明手势和言语的错误搭配是如何对认知心理学发展作出贡献的（Goldin-Meadow & Aliball, 2002）。

来自微观发生学习的研究还报告了与机制种类有关的普遍课程。一些课程含有在学习时概念束缚的存在，与早期强调不盲目地尝试错误的学习理论相比，微观发生学习分析表明，在有意义的领域中，儿童的学习表现出一些奇怪的尝试错误（Bidell & Fischer, 1994；Siegler & Jenkins, 1989）。因此，即使未受过教育的 1 岁和 2 岁儿童，当他们开始学习使用工具时也不会盲目地选择工具；他们喜欢那些正确的、在要求目标中能推动并足够长的去触及目标的工具（Chen & Siegler, 2000）。随着很多研讨会中对学习机制的更详尽的讨论，原来认为存在一些对儿童束缚的策略，似乎是可信的，

另一种关于儿童内部变异性的研究结果认为：儿童的最初行为中一些可能的重要变化会对随后策略的发现产生巨大的影响。例如，Thornton（1999）发现，5 岁儿童玩"20 个问题"游戏时，通常是从通过问答是不是特定的目标开始的。但是，他们所使用的短语出人意料地证明了对他们学习的预期超过了这一点。一个游戏中，有一些汽车作为潜在答案，只有 10%的儿童在一开始问的问题中清楚地叙述了兴趣目标（如，"这是红色的汽车吗？"）或根本没有对任何目标特征命名（如，"是这个吗？"），进一步儿童提到了关于符合目标的有用信息的问题（如，"是汽车的一个吗？"）。相比之下，90%的儿童开始使用少许不同的、含糊的短语（如，"是汽车吗？"），随后问一些更有信息的问题。Thornton 假设一些很含糊的问题如"是汽车吗？"，当呈现多个汽车时，儿童会更容易提出一些包含有用信息

484

的问题如"是一辆汽车吗?"或"是汽车中的一个吗?"。同样地,Childers 和 Tomasello (2001)发现,对 2.5 岁的儿童来说,使用代词结构(例如,"他踢它","她推它")来呈现动词,比其使用更加具体的名词结构(例如,"Sam 踢球","Jane 推汽车")来呈现动词的同伴更容易概括过去的时态形成新的动词(例如,"她调整它","Jane 调整汽车")。作者假设,大量的代词结构的一致性促进了儿童对动词过去时态的学习和概括;这种进步使儿童能更容易地注意把句子以动词结尾。因此,就出现了学习环境中微妙的差异能够导致学习中重要的变化的情况。

儿童和环境的影响

儿童内的变异性

在发展的过程中,儿童内在的变异性经常变化,但是这些变化从不遵循任何一种固定模式。随着年龄和经验的变化,变异性可以增加(Coyle & Bjorklud, 1997; Dowker, 2003)、减少(Branswell & Rosegeren, 2000; Spencer et al. , 2000)、先增加然后减少(Gershkoff Stone & Smith,1997; Verujken & Thelen, 1997)、保持不变(Flynn et al. ,2004; Siegler, 1987)等等。

微观发生法关于儿童学习的研究暗示这些不同的模式有一个共同的来源。在发展的过程中,行为变异的大小经常周期性地变化。因此,在一个特定的研究中观察到的与年龄和经验有关的变化依赖于观察所处的周期。例如,皮亚杰(1975)提出稳定的时期(变异性低)与转变的时期(变异性高)相交替,Siegler 和 Taraban (1986),Goldin-Meadow、Alibali 和 Church (1993),Thelen(1994),Van Geery(1997)都提出过类似的观点。微观发生法的研究为这个观点提供了大量的支持。

对变异性具有周期性大小变化的观点提供支持的证据之一是皮亚杰的问题解决任务。在这种任务中,儿童往往以一个系统性的错误方法开始,然后进入一个变化的状态,在这个状态中儿童在若干个策略中摇摆,然后再进入到一个能相对稳定地运用一个更好方法的阶段。这种模式在儿童学习天平(Siegler & Chen, 1998)、图形填充(Siegler & Sventina, 2002)和守恒(Van der Maas & Molenaar,1996)的时候已经出现了。这个模式也出现在其他使用推理问题的微观发生法研究中。例如,Hosenfeld 等(1997)发现,以稳定的错误方法开始的儿童,在经过 8 个阶段后使用 3 种不同的方法;而以多变的状态开始的儿童,开始时均等地使用所有 3 种方法,最后反而能稳定地应用一种最好的方法。

变异性具有周期性的结论还来自对运动发展的研究。很多婴儿最早偏向于用手拿东西,但在最终回到坚持用右手拿东西之前,有个很长的时期会在不同的拿东西方法中摇摆(如,有时用两手拿东西,有时用一只手,有时用另一只手)(Corbetta & Thelen, 1999)。同样地,婴儿自发的踢的动作也在稳定期(只用一条腿踢)和不稳定期(如,反复用一条腿、同时用两条腿踢和左右换腿踢)之间变化(Thelen & Corbetta, 2002)。

变异性时大时小的不同周期间变化也被实验内分析所证明。在数学等式问题上具有相关经验的两类儿童,一类最初在语言和手势上具有相同类型错误的儿童趋向于发展到一个多变的状态,在这个状态中他们的手势反映了一个正确的策略,但是他们的语言却不正确。相对的,另一类从一个多变的状态开始的儿童,在实验中他们的手势表达了正确的策略,而语言不正确,经常能发展到一个较稳定的状态,在这个状态中他们的手势和语言都反映相同的正确策略(Allibali & Goldin-Meadow,1993)。

而没有相关经验的儿童在与上面相同的实验中,他们的表现为变异周期性提供了一种不同的解释。最初在一个变化状态中的儿童,他们的手势表达了正确策略而语言不正确,经常会退步到一个手势和语言都不正确的一致状态中。相反地,在前一段中提到的有一定经验的儿童,如果最初处于变化状态,则能够发展到一个更高级(正确)的稳定状态中。这个发现说明,高手势—语言变异性也许是一个需要抓住否则就会流失"学习时机"的信号。总之,微观发生法的研究结果表明,变异性由于年龄发展而迥然不同的结果是因为研究观测到了在变异性增加和减少周期中的不同阶段。

由上面这个观点可以提出一个问题:随着年龄和知识的增加,儿童内变异性是否有一个典型的模式。Siegler 和 Taraban (1986) 通过提出适度经验假设来解决这个问题,这个假设是:当儿童没有任何相关的经验的时候,他们具有低变异性;随经验发展,当他们具备适度经验时,低变异性发展为高变异性;但当他们具有相当多的经验的时候,高变异性又发展为低变异性。它的逻辑是,通常儿童在开始时只有一种或很少的解决问题的方法,然后产生很多方法,最后从中选出最好的方法。毫无疑问,很多例子适合这个模型:算术、图形填充、错误观念、数学等式和数量守恒等 (Alibali & Goldin-Meadow, 1993; Church & Goldin-Meadow, 1986; Flynn et al., 2004; Siegler & Svetina, 2002)。然而,判断它是否具有普遍性却很复杂。一些问题是有决定性的:我们是在一个完整的问题范畴内,还只是在一个特定的问题上讨论变异性?举一个日常生活中的例子,职业篮球运动员比高中篮球运动员具有更多类型的投篮动作,但是,对于任何一种单独的投篮动作类型(如罚球),职业运动员的动作变化就不那么多了(Gilovich, Vallone, & Tversky,1985)。另一个问题是,我们讨论的是适应性的还是非适应性的变异。回到篮球运动员的例子,非适应性的变异(如罚球动作的变化)也许随着经验而减少,但是适应性的变异(如,当一个高个防守队员意外地冲出来阻断时,能使用多种有效的调整策略)也许增加。第三个问题是我们谈的是能力还是表现呢?一个职业篮球运动员也许比高中篮球运动员知道更多的罚球动作,但是在比赛中的表现也许只有很少的变化。解决这个问题超出了这篇文章的目的,但它肯定是未来要进行的重要的有趣而又具有挑战性的研究。

儿童间的变异性和学习

学习既受儿童内变异的影响也受儿童间变异的影响。毫无疑问,年龄是一个特殊的具有普遍性的影响因素。年龄大的学步儿与年龄小的学步儿相比,能更快、更一致地学会使用工具(Chen & Siegler, 2000)。年龄大的学前儿童同年龄小的学前儿童相比,能通过观察和与他们母亲的互动中更有效地学习怎么烤蛋糕(Sharager & Callanan, 1991)。年龄大的小学生同年龄小的小学生相比,能更快地从汉诺塔问题中学到经验(Bidell & Fischer, 1994)。成年人同 10 岁大的儿童相比,能更快地学会不熟悉的科学推理问题上的变量效应和如何进行控制下的实验(Kuhn et al. , 1995；Schauble, 1996)。

　　儿童最初知识的儿童间变异也对学习有着普遍性的影响。能运用已定义的规则的儿童与用猜测方法或不运用任何系统规则的儿童相比，在天平(Siegler & Chen, 1998)、生物概念(Opfer & Siegler, 2004)和科学实验(Kuhu & Banger, 2002)上学得更好。同样，能用语言表述规则并能产生相应反应的儿童，比不能用言语表述规则但是能产生相似的非言语反应的儿童学得更好(Pine & Messer, 2000)。在使用系统规则的儿童之中，那些运用更先进的前测规则的儿童，在天平问题学习上学得更好(Chletsos & De Lisi, 1991)。那些拥有一个领域中高级概念的儿童，在学习解决这个领域的程序性问题时也更占优势(Rittle-Johnson & Alibali, 1999；Rittle-Johnson, Siegler, & Alibali, 2001)。像天平和算术等式任务(Alibali & Perret, 1996；Siegler & Chen, 1998)的结果所显示的那样，关于问题的哪个特征应该用来编码的知识与随后的学习呈正相关。

　　除了年龄和最初知识之外，还有很多其他儿童间的变异源也影响学习。IQ 较高的儿童比 IQ 较低的同龄儿童学得更多(K. E. Johnson & Mervis, 1994；Siegler & Svetina, 2002)。重视合理安排事物(组织性)的儿童同一个不重视组织性的儿童相比，更可能学到与组织有关的记忆策略(Schlagmüller & Schneider, 2002)。社会关系的性质也影响学习。儿童在与朋友合作时比与其他同学合作时能更多地学到关于写作的技能(Johnes, 1998；Johnes & Pellegrini, 1996)。

理论内涵和问题

　　儿童内变异性的研究的理论意义是，典型的跨年龄段和长期的纵向研究，往往系统地夸大了随着年龄而发生的变化。宽间隔的取样与密集的取样相比，前者会使变化显得很突然，因为它错过了高变异性和短期回归的阶段。最近，关于这方面有一个明智的证明，Robinson、Adolph 和 Young(2004)对婴儿的运动进行了高密度(每天)的采样，然后通过系统地去除一些观测来模拟采样间隔的变化。他们发现采样间隔越宽，阶段性发展就出现得越多。

　　一个相关的问题是，当儿童达到了一个任意标准(如 75% 正确)的时候，往往被归类为具有某种能力，这导致了忽略了前面提到的部分理解。例如，在 25% 的实验上运用高级策略的儿童经常被归类为不能理解，而事实上这些儿童确实有一些理解。相反地，较大年龄儿童在推理的时候只要达到标准，错误就会被忽视，这导致了改变的数量和突然性看上去比实际上更大。这种对变化的夸大性描述也许导致了这个领域在解释变化的时候的传统弱点，因为它需要能够产生比实际发生的变化更大更快的机制。

　　另一个很有意义的理论问题是儿童内的变异性与随后的学习倾向于正相关。对此问题已经有一些解释。动力系统理论提出：为了系统的变化，它必须先变得不稳定(Hosenfeld et al. , 1997；Thelen & Corbetta, 2002)，所关注行为中的变异性是这种不稳定的一个信号。另一个理论是变异性反映了相互冲突的表征同时性激活，促进了更高级的表征从一个通道到其他通道的扩散(Goldin-Meadow & Alibali, 2002)。第三个解释是，新策略经常从已有策略的子程序上建构,如果相关的策略最近用过并相对有活性,那么对相关策略子程序的组合就会更容易(Siegler,2002)。

虽然上面这些理论在细节上不同,但是都有一个共同的核心:当先前的主要方法变弱的时候,学习最容易。这种变弱可以来自很多方面:当先前的主要方法导致了负反馈的时候,主要方法就是不成功的;学习者需要解释为什么主要的不正确方法是不正确的;系统其他方面的改变,如当改进的姿势控制改变婴儿拿的方式的时候。一般的经验就是,改变不只反映了新变量的出现和强化,也反映了先前方法的削弱。

关于儿童间的不同,一个最近才开始被关注的问题是变异性的个体差异。一个重要的因素是儿童在什么条件下得到一个领域中最早的知识的。Stokes(1995)证明,如果最初的学习发生在需要高度变异反应的条件下,即使当条件改变得不再有高变异性,或高变异性不再占优势的时候,高变异性仍然存在。相反,在学习中稍后才引入高变异性就不会产生与上面相似的效果,而是表现为当参与者使用高变异性获得奖励的时候就会增加高变异性的输出,而不再有奖励的时候就回到较低水平的变异。个性和认知风格的不同也能导致这样的个体差异(Stokes,2001)。

变化的路径

新的儿童学习研究领域吸引人的一个方面是它整合了变化的质和量两个方面,对变化的路径的描述也许是关于这个新领域的最好例子。

基本现象

在很多任务和领域中,儿童(和成人)显示了对规则、策略、理论、心理模型和图式等等在质上的截然不同的理解。皮亚杰学派、理论—理论和很多信息加工的方法都表明儿童按顺序发展对这些概念的理解。幼小的儿童呈现单一的、简单的理解;大一点的有更高级一些的理解;再大点的理解更高级,等等。

前一节中的具普遍性的儿童内变异性,暗示以上这种对发展顺序的描述太简单了;如果儿童一直知道并使用多重的理解,他们就不能从一种方法进步到另一种方法了。然而,这不意味着我们应放弃基本的发展顺序的观点;相反,对变化路径的精确描述必须包含全新方法的获得,而且还要包含新旧方法使用频率的改变。

即使对婴儿来说,进步也要经历常规的、与年龄相关的、按顺序的多重方法,这些方法具有质的差别。前边提到过,婴儿用各种不同的方法从滑梯上下来:爬、走、头朝下滑、脚朝下滑、坐着滑,或干脆拒绝下来(Adolph,1997)。这些方法有着相当一致的出现顺序。虽然最初儿童的主要运动方式是爬,但最早的反应都是拒绝下来。一般紧接着出现的策略是头朝下滑,接下来的策略有所不同,有些婴儿坐着下滑,有些儿童则脚朝下滑。平均来说,婴儿在每个时期用 3 到 4 个不同的下滑策略,随着年龄和经验的增加,这些方法的相对频率有很大的改变。例如,在婴儿最初爬的数周里,他们在所有的试验里 100% 地拒绝试着爬下去。当走取代了爬成为主要的运动策略时,在他们没有试着爬下去的情况下,只有 1% 的时候他们会拒绝走下去。

Chen 和 Siegler(2000)显示 1 岁和 2 岁的儿童的变化路径是质变和量变的混合。对于学习使用工具这个任务,当他们开始时,以去拿工具和坐着看工具这两种方法为主,并且两种方法的使用频率相等。下一阶段,拿工具变成主要的方法,在 65% 的测试中被应用;同时,看、使用工具和寻求帮助这三种方法也继续被他们使用。随着对任务的经验的增加和榜样及语言线索的使用,使用工具的频率不断增加,直至成为主导方法,但其他三种方法也依然存在。

学前儿童在一位数加法、错误观念、选择性注意和其他任务中的变化路径也具有相似性(Amsterlaw & Wellman, 2004; Flynn et al. , 2004; P. H. Miller & Alosie-Young, 1995; Siegler & Jenkins, 1989)。例如,Siegler 和 Jenkins(1989)给 4 岁到 5 岁儿童 20 到 30 个阶段的加法问题后,这些儿童知道怎么去加,但是不知道最小策略(从较大的加数数起)。研究开始的时候,40% 的时候学前儿童从 1 开始数,25% 的时候从记忆中检索出答案来,剩下的35% 用多种其他的方法(但不包括最小策略)。在研究结束的时候,大多数儿童已经发现了两种方法(其中之一就是最小策略),也改变了先前使用方法的频率,从记忆中检索成为最常用的方法。类似地,Amsterlaw 和 Wellman(2004)关于 3 岁儿童的研究结果显示,大多数儿童在经过 12 阶段之后,从不能正确地回答错误观念问题,进步到有时能正确地生成关于错误观念的推理,到最后总能给出正确回答。没有任何一个 3 岁儿童能从不正确直接进步到一致的回答正确;相反,从他们最初显示正确的错误观念推理,到他们开始产生一致的正确答案,需要 3 个阶段的间隔。此外,所有儿童都表现出在已经有一个能一致正确回答的阶段后,至少在某个阶段回归到几率水平。因此,路径的变化既包括一个质的转换(最初的正确的错误观念推理应用)和一个量的改变(这种推理应用的逐渐增加)。

微观发生法揭示的变化路径的大致轮廓和那些跨阶段的和长期的纵向研究(Kuhn, 1995;P. H. Miller & Coyle, 1999; Siegler, 2000)观察到的结果大致相同;但微观发生法关于变化路径的精细而又大范围的描述,又添加了许多重要信息。那些研究方法已描述了一些关于变化路径的信息,例如,增加解决问题的时间以及增加言语和非言语的变异性往往立即伴随着新的发现;然而,来自微观发生法的很多发现增强了对变化路径的理解。

微观发生法的一个贡献是提供了关于短暂转换现象的信息——有些现象只能被不经常地观测到,即使观测到了也很短暂,但对于理解学习过程却至关重要。一个例子就是在词汇获得期间的命名错误现象。当学步婴儿开始说话时,他们的词汇学习速度极其缓慢,经常要花费 6 个月的时间去学习他们的前 50 个词。然而,在儿童用了 50 到 100 个词之后,词汇获得的速度大大地增长了,经常在每天学习很多个词(Dromi, 1987)。Gershkoff-Stowe 和Smith(1997)关于词汇获得的微观发生研究揭示了关于变化路径的一个令人惊讶的特征:词汇学习中的加速往往伴随着一个短暂的命名错误的增加。在这一时间的前后,儿童很少选择一个错误的词去命名物体。但是在这个转换时期,他们经常这么做。这个转换时期是短暂的,并且对于不同的孩子来说出现在不同的年龄。它很可能是一个与词汇量大小有关的功能问题,而不是年龄的问题。因此,没有高密度的取样是很难发现这一现象的。

详细的关于转变时期的观察也已经描述了很多其他的变化路径。一个例子是

Karmiloff-Smith(1976b)的关于画地图任务的微观发生法研究。她发现在完成完全符合任务要求的地图之后,6 到 11 岁的儿童有时开始生成对解决问题没有必要的多余标记,但是这些标记反映了儿童不断增加的对他们自己所使用策略的元程序性理解。Chiu、Kessel、Moschkoivich 和 Munoz-Nunez(2001)测量 7 年级学生学习怎么画线性方程图的研究,提供了又一个例子。在得到指导后,孩子既不采用指导的策略,也不坚持他自己最初的方法,而是把两种方法用一种完全没有预料到的方法合并在一起,即利用指导去改造和提高他自己的方法。

为了揭示未预料到的转换策略,微观发生法有时也显示所假设的转换状态没有发生或者不是转换的一部分。在 Siegler(1995)的数字守恒的实验中,并没有观测到儿童在信赖数字行的长度还是密度之间摇摆,这与皮亚杰(1952)提出的转换策略假设不一致。在一个一位数加法的研究中,Siegler 和 Jenkins(1989)发现由 Neches(1987)提出的假设——在总和策略和最小策略之间存在着从第一个数开始数的转换状态——实际上没有被任何一个小孩使用。在一个对生活状态的归类研究中,Opfer 和 Siegler(2004)观测到了以前所假设的所有 3 种状态(Hatano et al.,1987):E 原则(任何事物都是活着的)、A 原则(只有动物是活的)和 L 原则(只有植物和动物是活的)。然而,没有孩子遵循从 E 原则到 A 原则再到 L 原则的假设。所有在前测中使用 E 原则的孩子都直接发展到 L 原则。

对微观发生法试验数据的每个项目的分析,产生了关于个体学习的足够数据,能够衡量不同个体在改变路径上的一致性。结果往往证明路径具有相当的一致性。例如,Siegler 和 Stern(1998)在一项关于发现数学内在策略的研究中,16 个儿童中的 13 个使用了相同的包含 4 个策略的发展顺序(以他们开始使用每一个策略的时间为顺序),其他 3 个中的 2 个应用了相同的 4 个策略,但是开始两个策略的顺序与上面 13 个儿童相反。

从通常路径中偏离的现象也能提供大量的信息。例如,在数学等式问题上,一些儿童直接从手势和语言都表达相同的不正确理解状态,进步到他们都表达相同的正确理解状态,从而跳过了通常的手势—语言不匹配的中介状态(Perry, Church, & Goldin-Meadow, 1988)。这种对典型路径的偏离与概念推广变窄有关。大多数有正常顺序的儿童,把他们自己从加法中学到的对等号的理解,推广到乘法中去,那些背离正常顺序的儿童则没有进行这种推广(Alibali & Goldin-Meadow, 1993)。

微观发生法能够识别发现事件第一次出现的实验项目(一个儿童最初在一个实验项目上采用一种新策略),也使得研究关于发现的经验成为可能。这样的测查发现即使对于一个单独的实验任务、程序、发现,个体的经验也有很多变化。例如,在 Siegler 和 Jenkin(1989)的发现最小策略的研究中,4 岁和 5 岁的儿童中的一些人能高度意识到有一个新策略的出现,并对它进行评论,而其他人则显示没有意识到所做事情与以往有何不同。即使在那些意识到新方法的儿童中,一些对新方法感到兴奋,而另外一些则不然。发现的经验方面会带来长期的效应:那些意识到应用了一个新策略的儿童比那些没有意识到的儿童会在更大范围内推广这个新策略;而发现新策略时的兴奋性似乎与成人在新方法的推广上具有相似的正面效应(Siegler & Engle, 1994)。

489

儿童和环境的影响

在前边提到过,变化路径对于处于相同实验过程中的同龄儿童趋向于相似。变化路径的共性还表现在其他方面,如不同年龄但具有相似起始知识的儿童趋向于沿着相同的路径发展。在工具应用问题上,1 岁和 2 岁的儿童最初都是或者看着目标玩具或是伸手拿那个玩具;然后,伸手拿成为主要的策略,使用工具的策略也变得相当的频繁,并更多地选择最好的工具(Chen & Siegler, 2000)。同样,在 4 岁和 5 岁的儿童学习天平问题的研究中,当他们的回答能得到反馈,并被要求解释对实验答案的推理过程时,他们的学习过程都经历了天平问题的同一套规则(Siegler & Chen, 1998)。

即使当年龄和初始的知识都不同时,变化路径也趋向于相似。例如,Kuhn 等人(1995)发现,虽然成人的科学推理开始在一个更高级的水平,但与 10 岁的儿童相比,成人和儿童的科学推理发展是沿着一个共同的理论—证据相协调的路径。科学推理发展的路径是这样的:首先,注意到实验记录到的证据与对变量间因果关系的看法有关;然后,通过一个单独实例来支持先前关于某个变量无关紧要的观念;再后,引用多个观测来支持先前的观念;最后发展的是控制条件下的实验和基于实验证据的有效推理。成人倾向于从这条路径较后的位置开始,并沿着它发展得更远,但是发展顺序是相同的。

变化的路径对于智力正常和智力落后的儿童也趋于相似。在一个可以用外部记忆辅助方法来帮助记忆物体位置的任务中,心理年龄相同的智力正常和智力落后儿童显示出相同的变化路径。两组在最初都没有使用外部记忆辅助方法,然后开始使用标记物,但是没用可以帮助回忆起目标位置的方法来使用他们,最后才排列这些标记物,使它们能够对需要回忆的位置提供直接的线索(Fletcher & Bray, 1995)。同样地,在 Fletcher 等人(1998)的研究中,8 岁智力落后儿童与 Siegler 和 Jenkins(1989)实验中的典型学前儿童在基本的算术变化路径上是相似的。

这种跨个体的变化路径一致性是不完美的。在大多数研究中,人们的变化路径有一些不同,这些不同即使在上面用来举例说明跨个体变化一致性的研究中也存在。例如,Siegler 和 Jenkins(1989)的研究中,儿童发现了捷径加法策略后,经常紧接着发现最小策略的。但是,有一个儿童在研究中没有通过捷径加法便发现了最小策略。还有一个孩子在发现最小策略之前,在较长的时间里使用了捷径加法策略很多次。有时,常见的变化路径有两个。例如,Lavelli 和 Fogel(2002)在婴儿的前 14 个星期里每周检测一次母婴交流的时间总数。他们发现,大约有一半的母婴双方,面对面的交流在这期间稳定地增加,而另一半交流的总量不断增加到第 8 周,然后就开始下降。另一个在变化路径上的儿童间变异性的例子来自运动发展的领域。Spencer 等人(2000)在 3 到 30 周之间,每周观察儿童的"拿",在 30—52 周的时候每隔一周观察。参与稳定的"拿"的动作发展在儿童间是相似的:头和上身控制的进步、独立地坐、向一个远距离的目标伸手的能力、碰触和抓握一个近距离物体的能力;但是不同儿童掌握这些成分的顺序有所不同。

理论问题和内涵

这些结果显示传统的关于发展顺序的观点已经过时,儿童很少能从一个一致的理解进

490

步到另一个一致的理解,再进步到第三个。儿童内变异性的总量(在长时期内对多种方法的使用)和儿童间变异性的总量(不同的儿童显示不同的变化路径)都显示传统的发展顺序概念太简单了。

这些发现引出了这样一个问题,就是在后皮亚杰时代讨论的发展顺序是否还有价值。我认为答案是肯定的,因为它引起了对于一个发展核心现象的注意:儿童在掌握概念和问题解决技能前,不断发展适度的、性质迥然不同的策略和理解。这些部分正确的策略和理解经常反映了当儿童缺乏更好方法的时候,所采用的可广泛使用的思考方式。例如,一个 5 岁的儿童会完全集中在关于液体守恒、天平、阴影投射和其他问题上的一个最明显的维度上。

面临的挑战是,去提升关于发展顺序的概念,使得它可以与当前关于变化路径的数据一致并且就数据来说仍然足够的简练。一个可行的方法是承认发展顺序是多方面的,需要用多种方式来描述它的特性。例如,变化路径也许可以用每一个策略第一次被应用的顺序来描述,也可以用每个策略成为最常用策略的顺序来描述,还可以用在各个时间点上多个策略的混合。在某些情况下,上面所说的描述方法中的第一和第二个可能会正好相同,像 Sielger 和 Stern(1998)所得到的那样。在其他情况下,每个方法会产生一个独特的视角,比如某些早期的发展策略永远不能变成常用策略(参见 Sielger & Jenkins,1989)。总之,这些关于变化路径的多重描述,可能有助于精确和细微地理解发展顺序。

变化速率

在科学上和日常生活中关于策略发现的理论都在变化速率问题上有很大的变异。强调实验项目和错误的理论显示新方法的发现将是一个缓慢的过程;而把发现描述成灵光一闪的理论,认为发现即使不是一个瞬间的变化,也是一个快速的变化,就像关于阿基米得浴缸的故事中所讲的那样。

变化速率的概念可以被分为两个成分:在最初应用一个方法前时间、经验的数量,这里标记为*发现速率*,而在新方法的频率达到这个方法的渐近水平时,时间、经验的数量标记为*领悟速率*。区分这两种类型信息很重要,因为它们之间的关系变化很大。有时,发现是相当快的,但是领悟就要花很长时间。例如,在 Siegler 和 Stern(1998)研究中的 2 年级学生,平均只需要经历 7 个实验项目就能发现一道算术题的洞察策略,但是直到实验的 5 个阶段以后(100 个实验项目),才开始使用这种策略。与之相对,Sielger 和 Stevina(2002)研究中的学前儿童在发现解决图形填充问题的一个正确策略之前,平均需要 50 次尝试项目,但是,在发现后只要 12 次尝试就开始一致地使用这个策略。

实验的条件同样影响这两种变化速率。例如,在 Opfer 和 Sielger (2004) 的生活状态归类研究中,目的论的实验条件比其他两种实验条件导致更慢的发现速率,但是一旦发现完成,它的领悟速率却更快。Blote 等人的研究表明(2004),对新策略的发现经常发生在容易的问题上,但是对它的领悟却在容易的和困难的问题上有相似的发生几率。在 Siegler 和 Jenkins (1989) 的研究中,引入具有挑战性的问题并不影响最小策略的发现几率,但在已经

491

发现了最小策略的儿童中,具挑战性的问题极大地增加了领悟的速度。因此,对变化速率的全面描述同时需要关于发现速率和领悟速率的信息。

基本的现象

也许关于发现速率的最基本问题就是发现是快还是慢。用模型的语言来描述的话,就是"比联结主义模型所说的更快,比符号主义模型所说的更慢"。联结主义模型如果能发现新方法的话,也是极其缓慢。例如,McClelland(1995)天平学习的模型需要数以千计的实验项目去学习一个新的规则。很明显,儿童的发现速度要快得多。在另一方面,儿童很少像符号主义模型中所说的那样在单个的实验项目中发现新规则,例如 Newell(1990)的天平学习模型。微观发生法的研究结果显示在给予反馈的时候(联结和符号模型的共同前提),发现可能出现的范围在从几个实验项目到几百个实验项目之间。我们称之为人类的天平学习。

人类的天平学习和上段所说的两个模型之间的差异在 Sielger 和 Chen(1998)的研究中是非常明显的。他们关于 5 岁儿童发现天平规则的实验数据,与 McClelland(1995)和 Newell(1990)的模拟数据在规则上相同但速率不同。经过了 16 个问题后,Siegler 和 Chen(1998)的实验中,2/3 的最初不能使用任何明确规则的 5 岁儿童,发现了规则一。经历过相同数量的题目之后,1/3 的最初使用规则一的儿童发现了规则二。16 个实验项目是人类发现天平策略所需项目的合理代表,它和一个或数千个实验项目都明显不同。不同研究中发现速率的结果在不同研究中也有很大变化,它依赖于儿童的特点、实验的情景、新老策略之间的联系。然而,如上面 Siegler 和 Chen 的结果,发现很少像符号模型所说的那样快,也不像联结主义模型所说的那么慢。

儿童学习与模拟模型的不同不只表现在发现速率上,还表现在领悟速率上。符号和联结主义的模型,都趋向在某个问题上发现了一个有优势的策略后,后来在面对这个问题时就持续使用这一优势策略。然而,儿童延伸新发现的策略的速度却是令人惊讶的迟缓。这种延伸上的相对迟缓会扩展到那些对思维发展而言很基本的问题上去。例如,在数字守恒问题上,当相同的问题呈现过两个阶段(24 个实验项目)之后,43%的儿童再次使用了转换推理,当过了四个阶段(48 个试验)之后,76%的儿童会再次使用(Sielger,1995)。相同地,领悟速率的缓慢很明显的发生在当新问题与老问题的结构相似但细节却不同的时候。因此,在 3 个关于错误概念理解的微观发生法研究中(Amsterlaw & Wellman, 2004;Flynn, 2005;Flynn et al., 2004),领悟是个逐步的过程。在 Flynn 等(2004)的研究中,13 个 3 岁儿童中只有 4 个在获得了对错误概念的理解后能够保持理解的一致。同样,在 Amsterlaw 和 Wellman(2004)的研究中,所有理解了错误概念的孩子至少有一次从一个阶段到下一个阶段有退步,虽然总体的趋势是进步的。

对新思维方式的慢速领悟,在很多其他的任务和年龄组中都有记载。例如,4 岁儿童在一个阶段自发地应用了相当复杂的类比推理策略之后,经常在后面的好几个阶段中,退回到那些相对简单的策略(Tunteler & Resing, 2002)。退步现象还出现在 4 岁儿童的故事讲述任务中(McKeough & Sanderson, 1996)、8 岁儿童的有组织记忆策略中(Coyle &

Bjorklund, 1997)、11 岁儿童的齿轮问题解决中 (Perry & Lewis, 1999)，还有成人对科学推理策略的使用中 (Kuhn et al. , 1995)，所以是具有共性的。

即使当儿童能解释为什么新方法比旧方法优越的时候，新策略的领悟也倾向于缓慢。例如，在 Sielger 和 Jenkin(1989) 的研究中，一个儿童，在她的最小策略发现实验项目中，解释她为什么不从一开始数时说"因为你必须把这些数全数了"(p. 66)。另一个在相同研究中的儿童，对她第一次应用最小策略这样评价，"哇，多聪明的答案"(p. 80)。但是，这两个儿童，像其他参与研究的儿童一样，对新策略的推广非常缓慢(虽然快于那些已经应用了最小策略但却宣称他们是从 1 开始数的儿童)。

虽然对新发现的策略的领悟一般来说相当慢，但却不总是这样。例如，Schlagmuller 和 Schneider(2002) 发现 8 到 12 岁的儿童在采用了一个帮助记住多组物体的组织策略后，会很快地吸收理解它。Thornton(1999) 在 5 岁儿童玩"20 个问题"的时候，观测到了对有效策略的快速领悟。下一节将详细讲述影响发现速率和领悟速率的因素。

儿童和环境的影响

发现和领悟的速率都随年龄而增加。27 到 35 个月之间的学步儿比 18 到 26 个月之间的幼儿，在发现和领悟新策略上都更快(Chen & Siegler, 2000)。在学前儿童中，5 岁儿童比 4 岁儿童学习关系的不确定性更快(Klahr & Chen, 2003)。这个趋势在更大点的儿童身上持续出现；13 岁的儿童比 10 岁的儿童更可能发现并推广增强记忆的组织策略 (Bjorklund, 1988)，成人比 10 岁的儿童更能发现和推广有效的实验和推理策略(Kuhn et al. , 1995; Schauble, 1996)。为了描述年龄组的差别，在 Thornton(1999) 的学习建玩具桥的实验中，5 岁儿童要花三倍于 7 岁儿童的时间去发现一个有洞察力的策略。此外，年龄小的儿童在某些环境下有时不能保持学习效果，但是年龄大点的就没有问题。如 4 岁的儿童在接受了理解的非决定性关系训练后的 7 个月再次测试的时候里经常出现退步，然而所有的 5 岁儿童都能够维持他们最初的学习(Klahr & Chen, 2003)。

儿童的其他特征也影响他们的学习速率。对于有较高 IQ 的儿童来说，新方法的发现和领悟速度都更快(K. E. Johnson & Mervis, 1994; Sielger & Svetina, 2002)。同样，已知较高级规则的儿童比只知较低级规则的儿童在进步到更高级的方法时要快(Fujimura, 2001; Sieglcr & Chen, 1998)。相对高级的编码和概念理解，也与对新方法的快速发现和领悟有关系(Rittle Johnson et al. , 2001; Siegler & Chen, 1998)。

除了这些儿童变量的影响，还有各种其他实验变量也影响发现和领悟的速度。对问题解决的直接指导比用潜在规则的指导能使新方法的发现和领悟速度变快，但推广性差一些 (Alibali, 1999; Opfer & Siegler, 2004)。给儿童一个选择合适工具和如何使用的榜样能使得新方法的发现和领悟速度都较快，如果只给被试言语线索而不展示如何使用则没有这么快(Chen & Siegler, 2000)。适度超出当前理解的问题比大大超出当前理解问题有更快的发现速率(Siegler & Chen, 1998)。

新方法和已存在的方法的关系也对新方法的领悟速率有很大的影响。在问题解决的速度和精确性上有更大优势的策略比优势小的策略领悟得更快。Siegler 和 Jenkins(1989) 为期11周的最小策略发现研究为这个观点提供了证据。实验的前7周都花在了从1加到5的问题上了。面临这个问题使大多数儿童发现了最小策略，但是只能很缓慢地领悟它。因此，Siegler和Jenkins给孩子呈现了具有挑战性的问题，例如22＋3这样的问题，在这个问题上从1开始数结果会很糟糕，但是用最小原则将会得到很好的结果。遇见这样挑战性的问题后，那些已经发现了最小策略的儿童极大地提高了它的应用，而且不只是在这些问题上，也用在随后出现的简单加数问题上。

不同实验间的证据也与上面这个观点一致，即当新策略在解决目前任务比旧策略有更大优势时领悟会更快。在新策略能够得到一致的正确结论，而旧策略导致系统性的错误或机会水平的表现时，会激起对新策略的最快领悟速度。因此，对新策略的领悟在数学等式、数字守恒、图形填充、汉诺塔和天平任务上速度相当快（Alibali & Goldin-Meadow, 1993; Bidell & Fisher, 1994; Church & Goldin-Meadow, 1986; Siegler & Chen, 1998; Siegler & Svetina, 2002）。当新策略的主要优势是速度，而在精确性上进步很小时，领悟的速度是比较慢的。这样的例子包括：应用算术捷径策略，而不是用加减法去解决A＋B－B这样的问题（Siegler & Stern, 1998）；应用系统的实验设计策略，取代非系统的对比去发现变量间的因果影响（Kuhn & Phelps, 1982; Kuhn et al. ,1995; Schauble, 1996）；应用组织的策略来记忆能被分为多个类别的对象（Coyle & Bjorklund, 1997; Fletcher et al. ,1998）；在机器人和桥梁的建造中，应用连桥这种在形成策略前构想一个大概的策略大纲的方法。

有的策略即使能够带来很大的收效，也可能只有很慢的领悟速度。一个原因是新的策略容易被忘记（换句话说，它们被选择前已经没有足够的强度了），因此有时需要重新被发现。关于遗忘作用的一类证据是，有多阶段的微观发生法研究与单个阶段的研究相比，新策略的延伸趋向于更慢。儿童经常持续在同一个阶段中应用一个新发现的策略（如，Alibali, 1999; Siegler & Chen, 1998）。然而，在几天或一周以后，他们已经忘记了这个策略，因此需要重新发现。这种现象在Siegler和Stern(1998)的为解决A＋B－B＝＿＿＿的形式的问题而进行的捷径策略的发现研究中显得尤其戏剧性。在发现了捷径策略后，大约有70%到90%的孩子在这个阶段的剩余项目中使用了这个策略。然而，在一周之后，进行下个阶段的第一个实验项目时，15个发现了新方法的学生没有一个运用了新方法；直到新阶段进行了6个实验项目后，大多数学生才开始重新使用新策略。在这个阶段的实验结束的时候，所有学生都用了新策略。然而这种"再丢掉、再捡起"的模式继续着；即使在最初发现它的5个阶段以后，在新阶段开始的时候，大多数儿童不是应用标准的计算策略（A加B，然后再减去C）。但是捷径策略的重新发现，在以后的阶段中是越来越快。

遗忘不只是干扰着日常的发现，也影响重要的事情。板块构造说之父Wegner（1915—1966）宣称，他在1910或1911年提出了这个理论的基本观点，比他正式发表这个理论的年份1915稍早。然而，Wegner的一个朋友回忆起1903年的时候Wegner曾向他描述过这一想法，当时他们还都是研究生（Giere, 1988）。因此，发现、遗忘、重新发现的周期存在于最深奥的发现之中。

理论的内涵和问题

在关于改变速率的发现中,最令人感兴趣的问题就是为什么对有效新策略的领悟速度通常如此之慢。发现了一个精确性和逻辑上都优于先前方法的策略之后,为什么不一直用它呢? 有很多前面已经提出来的影响因素: 诸如对新发现方法的遗忘、普遍存在性和儿童内变异性的一般适应价值;使用策略的频率和所应用问题的联系,为了新方法被稳定地使用,这种联系必须被削弱。然而,其他因素仍然起作用。

还有可能的因素就是使用新方法的成本和收益。儿童首次使用一个策略时,经常效率低下并且消耗了更多的心理资源(Guttentag,1984)。这种使用上的缺陷经常在微观发生法的研究中观察到。事实上,微观发生法的研究允许对新发现策略的测量,从而为观测利用缺陷提供了理想的条件。一个用微观发生法发现利用缺陷的例子是,3 岁和 4 岁儿童对有效的选择性注意策略的发现,在最初的时候并没有提高他们的准确性(P. H. Miller & Aloise-Young, 1995)。另一个例子是,在加法问题上, 4 岁和 5 岁的儿童最初应用最小策略时并没有比从一开始数提高他们的准确性和解答时间(Siegler & Jenkins, 1989)。在第三个例子中,9 岁儿童最初运用组织策略并没有提高他们对目标的记忆(Bjorklund et al. , 1992)。第四个尤其惊人的例子中,最开始,两个用组织策略的儿童得到的结果正确性低于概率水平;而最后,应用相同策略的人得到了几乎完美的准确性(Blote et al. , 1999)。因此,对看起来很有用的新策略领悟慢的部分原因是,新策略在开始的时候并没有到后来那么好用。

第二个关于变化速率(及它的路径和变异性)涉及条件内变异性的来源,这些来源不能被追溯到儿童的人口学特征和他们最初的知识。即使在知识和年龄相近的时候,在任何给定的实验条件内的儿童在新策略的发现和领悟速率上也有极大的变化。如在 Siegler 和 Jenkins(1989)实验中的这样变异的范围,在发现最小策略的 7 个儿童中,最早发现发生在第 2 个阶段,最晚的发现发生在第 22 个。这种变异是实质性的,无论先前加法的知识,还是相关类型的数的知识,都不能预测发现速率。

在新策略的发现速率和领悟上,还有类似的由于其他未知原因引起的条件内变异,出现在其他的年龄组和任务中。例如,在 Flynn 等(2004)一项七个任务的思维理论的测验中,33% 的 3 岁和 4 岁儿童,在经过 7 个阶段之后显示出了一个突然的变化(定义为,儿童在实验中至少出现一次后一阶段任务比前一阶段任务多通过 3 个题目的情况);而其他 67% 的儿童显示出了逐渐的变化。同样,24% 的 3 年级和 4 年级的儿童在 Alibali (1999) 的实验中出现了突然的改变(定义为在前测和后测中运用不重叠的策略集合),而剩下的 76% 却没有。在 P. H. Miller 和 Aloise-Young(1995)的 3 岁和 4 岁儿童学习选择性注意策略的类似分析中,突然改变的比率是 37%,逐渐改变的是 63%。Kuhn 和 Phelps(1982),还有 Siegler (1995)也发现,虽然大部分儿童是逐渐改变的,但还有一小部分显示出了突然的变化。因此,虽然多种儿童和环境的变量已经被发现对发现速率和推广有影响,但是需要被解释的变异还有很多。

变化的幅度

一般而言,学习不像想象的那样宽泛或有限。它几乎总是能概化到学习时的特定单个项目之外,但同时它也不能即刻扩展到所有与发现有关的项目和任务中。因此,似乎存在一种人类尺度的学习速率和一种人类尺度的学习幅度。

在变化的幅度和速率之间所发现的相似性决非巧合。除非在同一个信息反复出现的情况下,对新策略的领悟经常会牵涉一些问题,这些问题与被发现事件所发生的项目在某些方面不同。在所有的这种情况下,对策略的理解无论被看作是变化的速率问题还是被看作是变化的幅度问题,在某种程度上都取决于如何对其定义。基于本章的目的,关于将新方法如何扩展到同一任务的不同问题上所进行的讨论都是在变化速率这一论题之下;在这里,对变化幅度所进行的讨论只是局限于如何将新方法扩展到不同任务中的情况(尽管这样处理它们之间的差别会有一定的主观性,但会使随后的问题更容易理解)。

基本现象

多本著作都曾痛惜地描述了儿童学习中迁移的欠缺性和学习的有限性(如,Bransford, Brown, & Cocking, 1999;Cognition and Technology Group at Vanderbilt, 1997;Lave, 1988)。但是只有很少著作提到了学习远非字面意义上的"学习"这一事实。确实,可能存在着这样一种倾向,即将"迁移问题"定义为那些不能自发地应用已知有效策略的问题,那些儿童自发地扩大策略的适用范围后所包括的问题定义为是不需要迁移的。

学习通常比我们直觉想当然的更为有限的另一原因是,新的策略和能力能够把熟悉的任务变成新的任务。从爬到走的转变就提供了一个具有启迪作用的实例。当一个能爬但不会走的婴儿获得了爬行的经验时,他们把向下滑的策略调整得越来越精确适合自己的身体限定。特别是,当斜面太陡他们无法安全地爬下来时,他们就会越来越多地使用比爬更安全的向下滑的策略(如,俯卧姿势的下滑)(Adolph, 1997)。当儿童开始走路时,他们的下滑策略与他们的能力却变得不那么相适合了;他们经常试图从陡坡上走下来却摔倒了。因此,这种新学会的行走技能就已经使一种熟悉的任务转变成在在开始时颇具风险的新任务。

这个例子同样也说明了为什么学习比通常想象的更为有限的另一个原因。新的学习者总要面对的两种挑战是:将所学的知识用到可用之处,不要将其用到不可用之处。为了完成这些目标就需要懂得何时这个策略是可用的,而且还总要懂得如何将这个策略适当地应用于一种新的情境中。这些困难中的任何一种方式在儿童学习数学等式中都表现得很清楚。当三、四年级的学生学习如何解决加法算式问题 A＋B＋C＝＿＿＿＋C 时,许多学生无法将他们所学的知识迁移到解决乘法算式 A×B×C＝＿＿＿×C 问题(Alibali, 1999;Alibali & Goldin-Meadow, 1993)。但学习者经常将所学的数学等式的新策略过分扩展到表面类似而新策略并不适合的问题上。例如,在通过添加 A 和 B 的方法多次正确地解决了算式 A＋B＋C＝＿＿＿＋C 的问题之后,三、四年级的学生还经常将添加 A 和 B 的策略应用到解决表面上看起来类似的问题中,如 A＋B＋C＝＿＿＿＋D(Siegler, 2002)。在这点上,年长的学习者与将新学会的同一个词不是过分地扩展就是过少地扩展使用的 2 岁孩童并无差别

(Bowerman，1982)。

尽管有上述这些隐患所引起的困难，微观发生法研究中的学习者有时确实出现明显的迁移。多次发现这种现象的情境之一是在科学实验法中对变量控制策略的获得。二、三、四年级的学生，已经获得了对一种问题(如，影响弹簧伸缩的因子)中变量控制方案的明确知识，他们在解决表面看来不相关但存在内在关联的问题(如，影响水中下沉物体速度的因子)的方案时，表现出几乎是完全的迁移。更为不寻常的是，他们可以将这些收获在没有进一步实验干预的情况下维持长达 7 个月以上(Chen & Klahr，1999)。

在这个研究中，迁移针对不同的物理推理任务。这种变量控制方案的广泛迁移也被证实存在于物理和社会推理之间。当第一次向五年级的学生和成年人显现一种领域(物理的或社会的)中的推理问题，然后再呈现其他领域的问题时，他们在新领域中的有效尝试与推理所占的比例相对于前一领域所达到的最高水平来说并不低多少(Kuhn et al.，1995)。

这种学习中有一个令人感兴趣的特点，即它能作为一种设法学习特定内容的副产品而显现出来。在 Kuhn 和 Schauble 的关于这种方案的研究中(Kuhn, Amsel, & O'Laughlin，1988; Kuhn & Phelps，1982; Kuhn et al.，1992，1995; Schauble，1990，1996)，对儿童及成人被试既没有教他们变量控制的方案，也没有要求他们特别注意变量控制的方案，而只是单纯地要求他们找出哪些变量与呈现给他们的特定任务是有关系的。学习者在推理哪些变量有重要影响的过程中取得了相当大的进步，而且在整个过程中，他们也学会了如何进行实验。因此，相对广泛的学习有时产生于针对其他目标的问题解决活动中。

儿童和环境的影响

与变化的其他成分所发现的结果一致，学习的幅度随着年龄的增长而增加。年龄稍大一点的学龄前儿童比年龄稍小的学步儿童表现出更广泛的学习(Chen & Siegler，2000)，年龄稍大的学龄期儿童比年龄稍小的表现出更广泛的学习(Bjorklund，1988; Dixon & Bangert，2002)，成人比学龄期儿童表现出更广泛的学习(Schauble，1996)。但如果最初的学习是相等的，上面的年龄差异经常会消失。已经学会了起始问题的年龄稍小的学龄前儿童与年龄稍大的学龄前儿童所产生的迁移程度是相当的(Brown, Kane, & Echols，1986)，正如已经学会了天平问题和井字棋游戏[①]的年龄稍小的小学儿童和中学生与年龄稍长一点儿的同辈伙伴所产生的迁移程度也是相当的 (Chletsos & DeLisi，1991; Crowley & Siegler，1999)。

人们也已经发现了影响学习幅度的另一些变量。对新策略价值的认同影响着将它们应用于新问题的范围(Paris, Newnan, & McVey，1982)。学习一种总是适用各种问题的策略比学习有时适用有时不适用的策略既会导致更多的正确扩展，也会导致更多的过度扩展(Siegler & Stern，1998)。对于那些违反学习者预期的变量影响的范围，学习者们倾向于进行更少的关于变量影响的实验，而且从中学到的东西也少(Schauble，1996)。

[①] 这是一个两人对抗的游戏，对抗的两个人轮流在井字格中做标记，当某一方的任三个标记连成一直线时得胜。——译者注

理论内涵及问题

上面的微观发生法研究所获得的结果的一个内涵是：那些常被认为是缺少迁移的情况实质上反映的是在最初的学习中缺少稳定性。这种观点的一个明显而直接的证据来自 Opfer 和 Siegler（2004）对 5 岁儿童学习生物分类的研究。在这个研究的后测中，让儿童对以前得到过反馈学习的和没学习过的植物、动物、无生命等这些种类物体的生活状况进行分类。分类的后测结果并不理想，对熟悉的和新项目的分类正确率几乎完全相同。由于试验中的物体种类多样（植物包括花、树、草、豆、苜蓿；动物包括猫、鳄、蜜蜂、虫、章鱼），如果没有对原有项目采用新分类方案这种现象的数据，学习的幅度就不会那么令人印象深刻。Siegler（1995）的数字守衡研究中也发现了类似的结果，对重复的问题使用转换生成推理的效果并没有超过把推理策略概化到新问题时的效果。因此，新策略使用中具有普遍性的高变异性可能是将学习迁移到不同类型问题时出现许多明显失败的原因；分清这两者之间的差异既需要呈现与那些已经学过的范例，也需要呈现新的范例。

第二个理论内涵涉及决定学习幅度过程中的分类编码的重要作用。在 Opfer 和 Siegler（2004）的研究中上级范畴中成员的异质性使得广泛的迁移不太可能。但是，儿童们却表现出将"活的"作为一种属性来编码，要么对每一个上级范畴之内的所有物体都有应用，要么对这个范畴中所有的物体都不应用。因此，他们认为，要么是所有的植物都是有生命的，要么就是所有的植物都是没有生命的。当问儿童同样的物体是否具有另外两种生物属性时——生长能力和对水的需要——并没有表现出类似的分类一致性。在未来的对儿童学习幅度的研究中，探索儿童为什么将编码的属性应用到对物体的分类中时广度有大有小是一个重要的问题。

变化的来源

微观发生法的研究已经证明有很多类型的体验都能够引起变化：练习、反馈、直接指导、社会协作、要求解释所观察到的现象等等。在这方面，这些研究与训练研究相似。特定的变化来源是如何产生学习的，对这一方面的描写深度上的差别是微观发生法的研究超越训练研究的地方。

基本现象

即使没有任何与实验情景特定相关的经验，身体的成熟和一般的经验都能引起能力的实质性变化（如 Shimojo et al.，1986；Spencer et al.，2000；Thelen & Ulrich，1991）。有时，这些一般性的变化与相同年龄段中直接给予相关经验的儿童所产生的变化同样大。因此，在 Adolph（1997）的研究中，从来没有从斜坡滑下来的经验的控制组婴儿与几个月来每周都有从斜坡滑下经验的同龄儿童在策略的产生和选择方面都没有区别。在家中上下楼梯以及从家具上爬上爬下（从父母的报告中测到的）所获得的经验看来都是一些重要的因素。这些从家中所获得的经验，远远超过了年龄的影响，与婴儿区分安全与危险斜坡的能力的个体差异相关。

尽管 Adolph（1997）的研究中婴儿所获得的练习和反馈没有增强他们滑斜坡的技能，但是问题—解决经验经常能够产生学习。儿童通过反馈或指导获得问题解决能力的提高,这不足为奇。但是,在儿童的问题—解决经验中没有反馈或指导时也能帮助儿童学习,这就有些令人惊异了。当儿童得到反馈时,学习经常出现在成功而不是失败的策略之后,这种现象是 Karmiloff-Smith (1979b) 在绘制地图和语言学习的情境中首次发现的,以后在其他的情境中也多次被重复得到。没有负向反馈的学习也发生在思维推理理论(Flynn, 2005)、科学推理(Kuhn et al., 1992, 1995; Schauble, 1996)、类推推理 (Hosenfeld, van den Boom, & van der Maas, 1997; Tunteler & Resing, 2002)、记忆策略 (Bjorklund, 1988; Coyle & Bjorklund, 1997)以及其他的问题—解决技能中。没有反馈或指导的学习通常包括新策略的产生,也包括对现有策略执行上的改进。无论活动是 20 题游戏①(Thornton, 1999)、一系列的数学等式问题(Alibali, 1999)、地图绘制任务(Karmiloff-Smith, 1979b),还是脑损伤后对十进制的重新发现(Siegler & Engle, 1994),人们在没有特别设计的指导,也没有现有方法出现失败的情形下产生了一些新的方法。因此,问题解决本身就是一种变化的来源。

在微观发生法研究中受到相当重视的另一个变化来源是社会协作的问题解决。微观发生法中对协作的分析已经应用到以下研究中:母婴相互作用(Wertsch & Hickmann, 1987),5—9 岁儿童配对学习天平问题 (Tudge, 1992; Tudge, Winterhoff, & Hogan, 1996),一年级儿童配对学习写故事 (Jones, 1998; Jones & Pellegrini, 1996),四年级小组通过相互指导解决数字问题(Taylor & Cox, 1997),五年级学生配对学习小数问题 (Ellis, Klahr, & Siegler, 1993),五年级和七年级学生配对解决架桥问题 (Parziale, 2002),六、七、八年级学生配对解决科学推理问题(Kuhn & Pearsall, 2000),九年级全班非英语母语学生学习一门科学课程 (Gelman et al., 2002),以及成人小组设计机器人装置(Granott, 1998; Granott et al., 2002)。大量的外显行为,由协作的问题解决所产生的交流和动作为微观发生法的分析创设了理想的情境。

这些研究中出现的一项令人感兴趣的结果是双方参与的程度对学习的有效性具有重要作用(Ellis et al., 1993; Forman & MacPhail, 1993; Glachen & Light, 1982; Perret-Clermont, Perret, & Bell, 1991; Tudge, 1992; Tudge et al., 1996)。聚精会神地听对方的解释,对双方要求的澄清,以及双方相互理解的深度都对学习发生的程度产生重要的影响。

可能有许多因素对学习中的参与作用产生影响。参与反映了对主题的兴趣、学习的一般动机、协作者之间的关系质量等。

参与在协作和不协作的情境中都与一个很重要的学习的进程相关:提取因果关系。专心地听,澄清要求,以及相互深层次的理解都有助于学习者充分深刻地探查并理解存在于问题内部的因果关系,并且这种对因果关系的理解对学习很重要。

对个人学习和协作学习的研究都证明了对因果的理解在各种理解当中的关键作用。

① 20 题游戏,源自美国动画片《星球大战》中的任务达思·韦德(Darth Vader)。游戏中的一方向另一方提出 20 个问题,根据对方的回答猜出他现在正在想什么。——译者注

对事件形成因果关系的能力在 1 岁时就开始了(如,Kotovsky & Baillargeon,1994)。甚至 1 岁的婴儿都发现学习重新产生因果一致序列的行为比重新产生任意序列的行为要简单(Bauer,本手册本卷第 9 章)。因此,对事件原因的解释能力看来是人类的一种基本特性。

尽管存在这种早期的发展,但是在很多因果关系会有用的情况下,即便是年龄稍大的儿童和成人也无法掌握因果关系。这对数学和科学的理解是一个大问题。甚至在杰出大学中的成年人,对物理和生物现象的因果关系的理解也倾向于肤浅 (Rozenblit & Keil,2002)。

有些令人惊奇的是,虽然对物理和生物现象背后的因果关系的理解是粗浅的,但微观发生法研究揭示了人们对学习因果关系具有极高的动机。当儿童期望物理的或生物的变量当中有些是有因果关系的,而另一些没有因果关系,他们就会生成更多的试验来考察他们所期望具有因果关系的那些变量的作用(Kuhn et al.,1988,1992)。10 岁的儿童和成人都表现出对那些有因果关系的特定物理变量的学习效果要好于那些没有因果关系的变量(Schauble,1996)。儿童们还不愿意放弃这样一个信念,即一个施加了因果关系的变量比没因果关系的变量更有利于结论的得出(Kuhn & Pearsall,1998)。

理解因果关系对学习是至关重要的。儿童可以通过自己生成的实验来主动地验证因果假设,也可以通过观察别的儿童进行同样的实验,但在别人的实验中他们不知道被检验的假设,儿童在前一情况下可以学习得更多(Kuhn & Ho,1980)。理解为什么一个给定的记忆策略能够产生积极的作用与在不被要求使用策略的情况下儿童是否选择使用策略有密切相关(Paris et al.,1982)。另外,在年龄稍大的儿童和成人中,个体在设法解释科学和数学课本中的因果原因上的差异与所学习到的知识量有密切相关 (Chi,Bassok,Lewis,Riemann,& Glaser,1989;Chi,de Leeuw,Chiu,& La Vancher,1994;Nathan,Mertz,& Ryan,1994)。

对因果关系的理解是如何增强学习的? 一种途径是通过避免试误并将搜索新方法限制在可行的选择中。举个例子来说,对平衡方法能产生出稳定物理结构的理解允许学龄期儿童在他们的最初尝试垮掉后建构更高级的新桥(Thornton,1999)。同样地,对成功的加法策略这一目标的理解一定能使学龄前儿童在没有试误的情况下,发现有效的加法策略(Siegler & Crowley,1994)。相反地,对因果关系的误解或导致对实验和结果的歪曲的记忆,从而阻止了学习(Kuhn et al.,1995)。而且正如以前所注意到的,因果关系,一旦学会了,它们就会比任意关系保持得更久(Bauer,本手册本卷第 9 章)。因此,因果关系的理解对学习有激发、引导和维持的作用。

儿童和环境的影响

尽管婴儿和学步儿有时能识别因果关系,尽管成人常常不能识别某些因果关系,但是,对于任一给定的任务来说,一般是随着年龄的增长人们识别因果关系的频次会增加。在科学推理情境中,在学习哪些变量施加了因果影响时,成人一致地优于年龄稍大的儿童,年龄稍大的儿童又优于年龄稍小的儿童(Chen & Klahr,1999;Kuhn et al.,1992,1995;Schauble,1996)。相同年龄的趋势还明显地存在于其他类型的问题解决任务中;例如,在前面提到过的搭桥任务中需要对平衡作用的理解,10% 的 5 岁儿童,40% 的 7 岁儿童,以及

70%的 9 岁儿童都能成功地解决任务(Thornton, 1999)。

这种带有普遍而深入的积极作用的对因果关系的理解带来一个问题,就是是否应该鼓励儿童去努力寻找这种对因果关系的理解以提高他们的学习。许多实验认为这个答案是肯定的。比起让同伴解释答案的原因或者只是简单地提供反馈,让 5 岁的儿童解释一下主试预先给出数字守恒答案的原因能产生的更多的学习(Siegler, 1995)。让 7 岁的儿童解释一下为什么有的陈述要比其他的陈述好会使他们接下来产生自己的更好陈述(Triano, 2004)。让 5—9 岁的儿童解释一下天平转动的原因比只是让他们观察天平的转动会产生更多的学习(Pine & Messer, 2000)。让 12 岁的儿童对八年级生物课本中的陈述进行解释甚至比让他们阅读教科书两遍更能增强他们的学习(Chi et al., 1994)。让一至四年级的学生解释一下为什么正确的答案是正确的,错误的答案为什么是错误的,比只让他们解释正确答案的原因或解释他们自己的推理会导致对数学等式和物体下沉问题的更多学习 (Siegler, 2002; Siegler & Chen,准备中)。同样的结果也存在于教室情境中,让儿童解释为什么错误答案是错的,正确的答案是对的,比只示范正确答案的效果更明显。不同方法的差异在那些与初始问题大不相同的问题上特别明显(Taylor & Cox, 1997)。理解因果关系对迁移问题尤为重要,这种趋势在对其他任务的实验室研究中也同样有表现 (Alibali, 1999; Crowley & Siegler, 1999; Rittle-Johnson & Alibali, 1999; Siegler, 2002)。

理论内涵及问题

为什么对所观察的事物进行解释能够促进学习? 为什么解释错误答案是错误的原因能更进一步地促进学习呢? 这些现象不能归因于任务中的时间因素;甚至对任务中的时间因素进行控制时,鼓励学生对所观察的事物进行解释还是能增加学习(Aleven & Koedinger, 2002; Chi et al., 1994; Renkl, 1997)。

在一般水平上,自我解释看来是通过增加学习者的加工深度而起作用的。这其中的一种方式是增加学习者生成任何解释的可能性。人们通常是不问"为什么"就接受了所观察到的事物。但是,当人们明确地问"为什么能发生这种情况?"他们就可能会更深入地思考以产生某种解释,或者,按 Chi(2002)的说法,来修正他们头脑中的模型。构建一种解释通常比表面上看起来的要难。对那些已经生成了不正确解释的学习者,接下来让他们解释一下正确答案的原因,通常情况下,最开始他们都说"我不知道"(Flynn,发表中; Siegler, 1995)。但是,在这些相同的研究中,越来越多的儿童确实生成了正确的解释,而且这也变成了最经常用的方法。

对解释的鼓励有可能增强与学习相关的一种加工,即努力地去坚持寻求解释。在 Siegler(2002)研究数学等式的研究中,三年级和四年级的参与者在实验项目 1 花了 11 秒对呈现给他们的 A+B+C=＿＿＿+C 问题生成答案。让他们解释了为什么正确答案是对的,错误的答案为什么是错的之后,同一实验条件中的儿童在接下来的几个实验项目中花费了更长的时间对同种类型的问题生成正确的答案。在实验项目 2 中他们平均花费了 22 秒,实验项目 3 花费了 25 秒。这些额外的时间不能归因于他们在最开始学习生成正确答案时就需要花费这么长时间;在额外多做了两个实验项目后,他们所花费的时间又回到了最开始大约在 11 秒的正常水平。那些在同样的问题上只接受反馈、而不要求产生解释的儿童,没表现出这种在解决问题中所花费的时间先增加后减少的模式;他们在所有的实验中所花费的时间平均都保持在 11 秒左右。那些被要求对正确和错误答案进行解释的儿童所花费的额外的时间看来反映了他们对生成正确答案的策略的一种更深层探索。

与上面的解释相一致,尽管在 Siegler (2002) 的研究中反馈组和自我解释组儿童都在训练结束时产生了解决问题的正确方法,但在发现的质量上却有所不同。反馈组的大部分儿童对于呈现给他们的问题(A+B+C=＿＿＿+C)生成了正确答案的策略;他们直接地填上 A+B。这个策略对这样的问题有效,但超越这些问题以外,就不起作用了。相对地,大多数解释正确和错误原因的儿童依靠一种或两种更先进和更具有一般性的方法:这些儿童在需要他们计算的算式的等号两边要么算出什么加上 C 能使等式成立,要么在两边同时减去 C。对研究结果进行后测时发现,训练期间所呈现的类型题在正确率上两组儿童并无区别,但是,对于如 A+B+C=＿＿＿+D 的迁移问题,二者有本质的区别,更复杂的策略能解决问题,简单的策略不能。因此,鼓励对所观察到的现象进行解释的有效性可能是部分基于这种鼓励导致了对已有知识的更深层的搜索。

自我解释赖以起作用的第三个机制是减弱已存在的、不正确的思维方式。这种加工减弱的证据也出现在 Siegler(2002)的研究中。对于 A+B+C 的加法问题,儿童的主要错误策略出现的频次在要求对正确和错误都要解释原因的儿童组比只要求解释正确原因的组下降得要快。在最开始的实验项目中,在反馈或要求解释原因之前,两组中 80% 的儿童使用了 A+B+C方法。在第二个实验项目中,反馈组中 50% 的儿童继续使用这个方法,但自我解释组只有 25% 的儿童使用这个方法。正如这一章中一直所强调的,不正确的方法常常持续较长的时间,即便是已经掌握了更先进方法的情况下;破坏错误方法的那些教学方法,如这个例子中让儿童解释为什么错误方法是错误的,可以通过破坏支持错误方法的逻辑因而削弱了它们的吸引力。

学习与发展之间的关系

短期和长期变化间的关系(也即学习与发展,微观发展与宏观发展,短期和长期时程的变化)是发展心理学中经久不衰的问题。经典理论家对这个问题有截然不同的观点。Werner (1948、1957)和 Vygotsky(1934、1062)认为短期变化是长期变化的缩影,由几个同样的基本过程而生成,并以有质的区别的几个阶段所组成的相同顺序为特征。Kendler 与 Kendler (1962) 的学习理论也认为二者从根本上来说是相同的,但是与 Werner 和 Vygotsky 不同的是,他们认为短期变化和长期变化是以逐渐增加的形式向前进行的,二者之间不存在有质的区别的阶段。Piaget (如,1964、1970)提出了第三种观点:他认为两种类型的变化,也就是他所指的学习和发展,在根本上是不同的。他认为,发展创造了新的认知结构,学习仅仅是增加了特定的内容。

当代的理论家仍继续讨论着短期变化和长期变化间的关系:动力系统(如,van Geert,1998),新皮亚杰主义(如,Case,1998),以及信息加工(如,Elman et al.,1996)。短期和长期变化彼此是相似的,大多数研究对这一观点达成了广泛一致的认可,但是这些相似之处所包含的一些细节问题上还存在很多不一致。一些研究者已经得出结论认为相似性是深层次的,例如,Thelen Corbetta(2002)写道:

> 我们研究微观发展,因为我们相信,以分钟或小时所引起的变化过程是与月或年所引起的变化具有同样的作用方式。换言之,存在于行为变化背后的原则是通过多种时间尺度起作用的(第60页)。

另一些研究者(如 P. H. Miller & Coyle, 1999; Pressley, 1992)得出的结论是微观发生法和年龄相关的变化二者间的相似性程度是不确定的,在对变化的描述过程和潜在机制上都是如此。他们也已注意到微观发生法研究中使用的引起变化的条件与产生变化的日常环境通常是有差别的。即使当引起变化的事件是基本相同的,更丰富的相关经验以及在实验情境中更多的一致性反馈,都会导致变化在细节上的不同。这些问题使 P. H. Miller 和 Coyle (1999) 得出结论:"尽管微观发生法揭示了行为能如何变化,但对行为在自然环境中是否一般以这种方式变化还不清楚。"(p. 212)

在注意到微观发生法与年龄相关的变化之间相似性的精确度方面还存在一些不确定因素以后,Fischer 和 Granott(1995),以及 Kuhn(1995)提出了一个解决方案:在微观发生法研究中所观察到的变化与那些横向比较研究及长期追踪研究中所观察到的变化之间在同一总体、方法和测量方面建立直接的比较。为了提供这种直接比较,Seigler 和 Svetina(2002)将横向比较研究和微观发生法设计在一个实验中。在横向比较研究部分,他们给 6、7、8 岁儿童呈现 Inhelder 和 Piaget (1964),以及 Piaget(1952)用过的标准矩阵填充问题和守恒问题。然后,随机地选取一半 6 岁儿童用于微观发生法的实验组,对于矩阵填充问题,给他们呈现四个时间段的反馈和即时的自我解释,在接下来的 2 个月以后,对矩阵完成和守恒进行后测,剩余一半的 6 岁儿童作为微观发生法的控制组没有呈现四个时间段的反馈和即时的自我解释。

在微观发生法条件下儿童所产生的总的变化大小,正如正确率所显示的那样,被证明与横向比较研究中的 6、7 岁儿童所发生的变化大小是相似的。这种总体变化的相似性使得对 11 种行为测量中的每种详细的变化方式都能进行合理的比较。

微观发生法和年龄相关变化在总共的 11 种测量中有 10 种是相同的。其中 5 种测量,两组儿童都表现出显著的变化,另 5 种测量,两组儿童都没有显著的变化。两组间的许多相似性是很令人吃惊的。例如,在尺寸维度上正确答案的个数按实验阶段或按年度都产生变化,但是在包括尺寸维度的解释个数上却没有变化。变化在质的方面也有同样的趋势。例如,两组儿童产生的主要错误都相同:在两组中,主要错误占总错误的 70%。在微观发生法条件下,儿童学习随时间的变化也是高度稳定的并能概化到守恒任务中去,而守恒任务曾被

500

Piaget 确定为发展性变化的定义性特征。因此,至少在这个例子中,微观发生法发现的变化被证明与没有任何实验操纵而产生的年龄相关的变化极为相似。

在天平问题、分类回忆、数学等式、加法、语言发展、绘制地图、虚假信念以及其他的问题中(Alibali & Goldin-Meadow, 1993; Chletsos & De Lisi, 1991; Flynn et al., 2004; Grupe, 1998; Karmiloff-Smith, 1979a; Schlagmüller & Schneider, 2002),都发现了微观发生法和年龄相关变化之间路径的广泛相似性。这里引用一个例子,有执行选择性注意任务经验的与没有类似经验的 3—5 儿童在自言自语数量上产生了同样的倒 U 型曲线(Winsler, Diaz, & Montero, 1997)。再举一个例子,横向比较研究发现在 5 岁到 8 岁儿童身上出现天平规则进步,而在给予反馈并要求解释的 5 岁儿童的实验中,一个实验阶段就能出现同样的进步(Siegler & Chen, 1998)。

很显然,微观发生法和年龄相关的变化不总是如此相似的。当提供了直接的指导时,人们可能常常会采取与原本不同的方式。例如,在解决数学等式问题时,那些对手势—语言匹配错误的儿童,如果给予直接指导,他们通常会沿着正确的姿势和语言而进行下去;但在没有直接指导的情况下,他们通常会退步到不正确的姿势和语言中去(Goldin-Meadow & Alibali, 2002)。高指示性的指导也能将变化的路径变成另一种方式;它有时产生对正确方法的直接一致的使用,并因此减弱了其他中介方法的出现(Opfer & Siegle, 2004)。然而,当微观发生法研究不包括有指示性的指导时,微观发生法与年龄相关的变化倾向于高度的一致。正如 Kuhn(2002)所注意到的:

501 　　　微观发生法分析对学习和发展作为只存在少量差异而拥有更多共性的过程重新进行整合……与发展研究并不矛盾,精细的学习研究阐明了更为宏观水平上的发展现象,这对理解发展确实很重要(p.111)。

变化机制

深刻地理解变化是如何发生的是发展心理学的一个神圣目标:一个意义深远但从未实现的目标,这个目标可能永远无法实现,但不管怎样都值得去追求。不可能完全成功的一个原因是变化的过程在本质上是不可观察的;它们只能通过在不同时间点对行为的观察而推论得出。另一个原因是这样的机制可以在不同水平上进行描述,这些水平随特征(成熟、工作记忆的提高、自动化)、随时间的增加(年、秒、毫秒)以及系统(行为上的、可计算的、神经层次的)而不同。对任一水平中特征、时间速率以及系统上理解的进步都会引出针对其他水平的问题。

尽管对变化过程的理解上存在固有的局限性,但通过提出与这些研究产生的大范围数据相一致的候选机制和排除不一致的机制的方法,即由微观发生法分析所产生的对变化的详细描述,能够使我们接近这个目标。手势—语言失匹配研究就是一个成功的例子。Goldin-Meadow(1993)基于微观发生法的数据提出了假设,认为手势—语言失匹配反映了表征之间的竞争,对具有竞争性表征的同时激活比只有一种概念的激活可能需要更多的认知资源。为了验证这个假设,Goldin-Meadow、Nusbaum、Garber 和 Church(1993)让儿童对一组不相关的单词进行记忆的同时让他们解数学题。在语言上所有的儿童产生了不正确的数学策略,但在手势上有一些儿童产生了正确的策略。令人吃惊的是,那些在手势上产生正确策略的儿童,也就是那些对数学等式问题有更多知识的儿童,对同时发生的识记单词的任务表现得不好。这个证据有力地支持了有竞争性的表征的同时激活,是手势—语言失匹配的一种机制。

微观发生法研究也能阐明学习的神经机制。例如,Haier 等(1992)发现当大学生学习玩新版俄罗斯方块视频游戏 Tetris[①] 时,他们对葡萄糖的总体代谢下降了,大脑中葡萄糖下降最大的区域是那些对玩游戏不重要的脑区。而游戏技巧提高最大的被试出现了葡萄糖代谢的最大变化。

由微观发生法研究产生的详细的数据还能抑制机械论的观点并提出易被忽视的加工水平问题。这样的例子包括如何面对成功的学习。对地图绘制、计数、天平、数学、类别回忆以及选择性注意任务的微观发生法的研究(Blöte et al. , 1999; 2004; Karmiloff-Smith, 1979b; P. H. Miller & Aloise-Young, 1995; Siegler & Jenkins, 1989)都表明策略的发现是与成功和失败相伴随的。这个发现需要一种与联结主义和其他符号模型不同的新模型,它不需要错误检测就能生成新方法。

微观发生法数据能有助于对机制进行刻画的另一种方式是通过揭示多种变化之间的关系而起作用的。在一个例证性的研究中,Robinson 和 Mervis(1998)对一个儿童从 11 到 25个月的日常语言发展进行了取样。特别有趣的是他们关于词汇量大小与语法发展之间关系的发现。他们发现 van Geert(1991)提出的先驱机制与他们的数据相吻合。这种机制连接了两种非同步发展的能力:原有的(先发展的)能力和后来的(后发展的)能力开始结合在一起。原有的能力(在这个例子中,是词汇量)需要先达到临界值水平,后来的能力(在这个例子中,是对复数形式的使用)才能开始出现。后来能力的出现在最开始时增加了原有能力的发展速度。但随着时间的推移,后来的能力成为原来能力资源的一个竞争者,从而使原有的能力发展减慢。最后,后来的能力达到了一种渐进线的水平而停止了对资源的竞争,原有能力的发展速度又上升了。同这一部分中的其他例子一样,微观发生法的数据对于将这种机制与正在解释的变化连接在一起有着重要的作用。

当变化机制是重复探讨、形式模型建立、传统的横向比较研究以及追踪观测研究的一部分时,微观发生法的研究对于增强对变化机制的理解尤为有用。对基础算术的发展研究阐明了这个过程。

一些早期的横向比较研究认为学龄前儿童和小学低年级儿童使用各种各样的策略来解决简单的加法问题(如,Fuson, 1982)。正如前面提到过的,学龄前儿童最常用的方法是总和策略,用一只手的手指来表示第一个加数,用另一只手的手指表示第二个加数,然

502

---

① Tetris 游戏是俄罗斯方块的新版。——译者注

后数全部的手指数。一年级和二年级的学生最常用的方法是最小策略,是从较大的加数开始数起。

这个信息为 Siegler 和 Jenkins(1989)的微观发生法研究中对最小策略的发现提供了基础。实验对象是年龄比一般发现最小策略的儿童稍小一点的儿童(4—5 岁),给他们呈现20—30 个包含加法的短时间段。这个研究有八个主要的发现,也可以看作是发现最小策略的令人满意的模型所应达到的八个主要的约束:(1)几乎所有的儿童都发现了最小策略;(2)在发现之前和发现之后,所有的儿童都使用不同的策略;(3)捷径总和策略是结合了总和策略和最小策略的某些方面,通常在发现最小策略之前不久产生;(4)发现通常发生在成功的情境而不是失败的情境中;(5)对最小策略的概化过程是缓慢的;(6)呈现对最小策略有特别优势的具有挑战性的问题能加速概化过程;(7)策略的选择在任何时间都对问题的特征有所响应;(8)儿童在没有试误的情况下发现了最小策略。

上面最后一条发现特别有趣。在 140 到 210 题之间不论会产生多少新的加法策略,没有一个儿童产生任何一种不合理的策略。这并不是说不存在任何一种不合理的策略;例如,儿童可以把第一个加数加两遍而忽视第二个加数,或将第一个加数加到第二个加数上再加了一遍第二个加数。这就提出了一个问题,儿童如何在没有对不合理的策略进行试误后就能创造出合理的策略。

为了回答这个问题,Siegler 和 Jenkins 假设,甚至在儿童发现这个最小策略之前,他们就拥有一个目标草图,它是对合理策略需要满足的目标的一个概念结构。加法的目标草图认为合理的策略必须包括确定每个加数数量的过程并将两个加数结合成一个结果。

这个假设激发了 Siegler 和 Crowley(1994)去实施一种新的经验研究来检验儿童是否在他们发现最小策略之前就拥有这样一种目标草图。他们让一些使用过最小策略和一些没使用过最小策略的 5 岁儿童,来判断一个玩偶执行的以下三个加法过程哪个是最聪明的:总和策略是所有的儿童在自己的问题解决中都使用过;最小策略是有的儿童用过而有的没用过;将第一个加数加了两遍,没有一个儿童使用过。所研究的问题是没有使用过最小策略的儿童是否会认为最小策略比加两遍的策略更聪明,而这两种策略他们都没有用过。结果发现,儿童认为最小策略比将第一个加数加两遍的策略要聪明很多;事实上,他们将最小策略看作是比他们所经常使用的总和策略还稍微聪明一点儿的策略。这个结果所得出的结论是儿童在发现最小策略之前,他们就具有类似于目标草图的加法概念,而且这种对概念的理解有助于他们在发现最小策略的过程中避免错误的发生。

这些来自 Siegler 和 Crowley(1994)的数据,与以前的横向比较研究和微观发生法所发现的结果一起为关于最小策略发现的计算机模拟提供了重要的约束条件(Shrager & Siegler, 1998)。这个模型由两个策略——提取策略和总和策略——开始,然后呈现如 Siegler 和 Jenkins(1989)中的加法问题。在解决这些问题的过程中,这个模型学习了哪种类型的策略对解决一般和特殊类型问题分别是最好用的。这个模型产生学习和发现的机制在图 11.4 中以示意图的形式表示出来。

如图 11.4 上部所示,在这个模型中,当用策略来解决问题时,过程中会产生答案信息和关于策略与问题的速度和准确率特征。这个模型会学习哪些策略在一般情况下最有效,哪些策略对具有特定特征的问题最有效,哪些策略对某些具体问题最有效。每种问题解决的尝试会产生对相应实验项目的加工轨迹。当问题解决越来越自动化时,工作记忆资源也变得越来越自由,这就使得发现以启发式的方式去检验这些轨迹以了解是否可能存在更有效的加工。如果存在,这个模型就提供了一种新的、可能更有效的策略,将这个策略与目标草图过滤器相对比,来验证提出的策略能否满足加法的基本目标。这种机制在不合理策略变成为行为之前就被排除掉了,同时允许对合理策略的尝试。总的结果是模拟出的行为与微观发生法研究中儿童的全部八种关键特征都相匹配,并产生了许多在以前横向比较研究中所观察到的其他现象。

Siegler 和 Araya(2005)最近扩展了这个模型以模拟 Siegler 和 Stern(1998)关于儿童

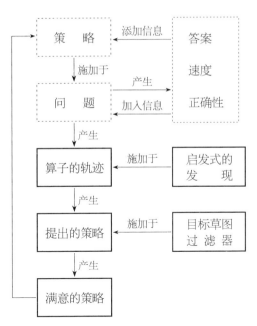

图 11.4 策略选择和策略发现的 SCADS 模型。儿童选择策略和学习问题、策略以及它们之间相互作用的特征图示在图的上部;儿童生成合适的新策略以及避免生成不合适的策略的方式图示在图的下部。来源:"SCADS: A Model of Children's Strategy Choices and Strategy Discoveries,"by J. Shrager and R. S. Siegler, 1998, *Psychological Science*, 9, pp. 405 - 410. 经许可使用。

是如何形成算术洞察力的结果。这个模型在不同的实验条件下产生了各种各样的性能,实验时间段之间的退步,在时间段内的学习,过度概括化和概括化不足的各种模式,以及有意识的和无意识的策略发现。特别有趣的是,模型认为在行为水平上所看到的五种不同的策略在机械水平上只是两种策略按不同方式的组合以及在不同水平上的激活。正如这些例子所建议的,将微观发生法的数据、随着年龄而变化的数据,以及形式模型技术结合在一起,为加强儿童学习的理解提供了很有前景的方法。

结论

这章所综述的研究表明了这样的观点:儿童的学习是一种本质上包含变异性、选择、变化的过程。这个描述不只是单单适用于儿童的学习;也包括从植物,动物到文化和社团以及所有的适应性系统。产生这些特征的特定机制非常不同,但这些特征本身却是不变的。

微观发生法研究揭示了在儿童学习情境中,可变性、选择、变化如何操作的方方面面。这样的研究还揭示了儿童一直在产生新的变化,不只是在过渡期才产生,也不只是当现有的方法失效时才产生,而是产生于任何时间。它们也揭示了儿童所产生的不同方法是被概念

503

的理解所制约的,而不是试误的过程。它们还揭示了对变化的选择在学习的开始就表现出了惊人的适应性,甚至对婴儿也是如此,而且选择随着在特定领域内经验的增加会变得更加具有适应性。而且这些研究还揭示了即便是最好的新策略,对它的领悟也是缓慢的和不完善的,甚至当儿童已经能够解释为什么新方法会优于其他方法时也是如此。

所有的这些特征看起来在传统定义的“发展”中是正确的,在传统定义的“学习”中也是正确的。事实上,发展和学习之间的差异看来是人为的,基于二者都是可变性、选择、变化的过程,与年龄相关的变化和学习的研究揭示了它们的许多共同之处。但是,有可能这只是目前所看到的。对在更短的和更长的时间段上学习的机制进行详细分析可能揭示比当前所看到的更实质性的差异。由微观发生法数据所指导和制约的短期变化的机械模型,有着不断增长的趋势。这些模型内部产生变化的机制能否解释长期变化,如果存在解释的可能,对这些机制需要怎样的改变,是儿童学习研究新领域中特别令人兴奋的前沿课题。

（刘文、刘颖译）

参考文献

Adolph, K. E. (1997). Learning in the development of infant locomotion. *Monographs of the Society for Research in Child Development*, 62(3, Serial No. 251).

Agre, P., & Shrager, J. (1990). Routine evolution as the microgenetic basis of skill acquisition. *Proceedings of annual conference of the Cognitive Science Society*. Hillsdale, NJ: Erlbaum.

Aleven, V. A. W. M. M., & Koedinger, K. R. (2002). An effective metacognitive strategy: Learning by doing and explaining with a computer-based Cognitive Tutor. *Cognitive Science*, 26, 147 – 179.

Alibali, M. W. (1999). How children change their minds: Strategy change can be gradual or abrupt. *Developmental Psychology*, 35, 127 – 145.

Alibali, M. W., & Goldin-Meadow, S. (1993). Gesture-speech mismatch and mechanisms of learning: What the hands reveal about a child's state of mind. *Cognitive Psychology*, 25, 468 – 523.

Alibali, M. W., & Perret, M. A. (1996, June). *The structure of children's verbal explanations reveals the stability of their knowledge*. Paper presented at the 26th annual meeting of the Jean Piaget Society, Philadelphia, PA.

Allison, P. D. (1984). *Event history analysis: Regression for longitudinal event data*. Beverly Hills, CA: Sage.

Amsterlaw, J., & Wellman, H. M. (2004). *Theories of mind in transition: A microgenetic study of the development of false belief understanding*. Manuscript submitted for publication.

Anzai, Y., & Simon, H. A. (1979). The theory of learning by doing. *Psychological Review*, 86, 24 – 140.

Aslin, R. N., Jusczyk, P. W., & Pisoni, D. P. (1998). Speech and auditory processing during infancy: Constraints on and precursors to language. In W. Damon (Editor-in-Chief) & D. Kuhn & R. S. Siegler (Vol. Eds.), *Handbook of child psychology: Vol. 2. Cognition, perception and language* (5th ed., pp. 147 – 198). New York: Wiley.

Bandura, A., & Walters, R. (1963). *Social learning and personality development*. New York: Holt, Rinehart and Winston.

Bidell, T. R., & Fischer, K. W. (1994). Developmental transitions in children's early on-line planning. In M. Haith, B. Pennington, & J. Benson (Eds.), *The development of future-oriented processes* (pp. 141 – 176). Chicago: University of Chicago Press.

Bijou, S., & Baer, D. M. (1961). *Child development: Vol. 1. A systematic and empirical theory*. New York: Appleton-Century-Crofts.

Bjorklund, D. F. (1988). Acquiring a mnemonic: Age and category knowledge effects. *Journal of Experimental Child Psychology*, 45, 71 – 87.

Bjorklund, D. F., Coyle, T. R., & Gaultney, J. F. (1992). Developmental differences in the acquisition and maintenance of an organizational strategy: Evidence for the utilization deficiency hypothesis. *Journal of Experimental Child Psychology*, 54, 434 – 438.

Blöte, A. W., Resing, W. C. M., Mazer, P., & Van Noort, D. A. (1999). Young children's organizational strategies on a same-different task: A microgenetic study and a training study. *Journal of Experimental Child Psychology*, 74, 21 – 43.

Blöte, A. W., Van Otterloo, S. G., Stevenson, C. E., & Veenman, M. V. J. (2004). Discovery and maintenance of the many-to-one county strategy in 4-year-olds: A microgenetic study. *British Journal of Developmental Psychology*, 22, 83 – 102.

Bowerman, M. (1982). Starting to talk worse: Clues to language acquisition from children's late speech errors. In S. Strauss (Ed.), *U-shaped behavioral growth* (pp. 101 – 145). New York: Academic Press.

Bransford, J. D., Brown, A. L., & Cocking, R. R. (Eds.). (1999). *How people learn: Brain, mind, experience, and school*. Washington, DC: National Academy Press.

Braswell, G. S., & Rosengren, K. K. (2000). Decreasing variability in the development of graphic production. *International Journal of Behavioral Development*, 24, 153 – 166.

Bray, N. W., Huffman, L. F., & Fletcher, K. L. (1999). Developmental and intellectual differences in self-report and strategy use. *Developmental Psychology*, 35, 1223 – 1236.

Brown, A. L., Bransford, J. D., Ferrara, R. A., & Campione, J. C. (1983). Learning, remembering, and understanding. In P. H. Mussen (Series Ed.) & J. H. Flavell & E. M. Markman (Vol. Eds.), *Handbook of child psychology: Vol. 3. Cognitive development* (4th ed., pp. 77 – 166). New York: Wiley.

Brown, A. L., Kane, M. J., & Echols, K. (1986). Young children's mental models determine analogical transfer across problems with a common goal structure. *Cognitive Development*, 1, 103 – 122.

Caron, J., & Caron-Pargue, J. (1976). Analysis of verbalization during problem solving. *Bulletin de Psychologie*, 30, 551 – 562.

Case, R. (1998). The development of conceptual structures. In W. Damon (Editor-in-Chief) & D. Kuhn & R. S. Siegler (Vol. Eds.), *Handbook of child psychology: Vol. 2. Cognition, perception and language* (5th ed., pp. 745 – 800). New York: Wiley.

Case, R., & Okamoto, Y. (1996). The role of central conceptual structures in the development of children's thought. *Monographs of the Society for Research in Child Development*, 61(1/2).

Casey, B. J. (2001). Disruption of inhibitory control in developmental disorders: A mechanistic model of implicated frontostriatal circuitry. In J. L. McClelland & R. S. Siegler (Eds.), *Mechanisms of cognitive development: Behavioral and neural perspectives* (pp. 327 – 349). Mahwah, NJ: Erlbaum.

Catan, L. (1986). The dynamic display of process: Historical development and contemporary uses of the microgenetic method. *Human Development*, 29, 252 – 263.

Chen, Z., & Klahr, D. (1999). All other things being equal: Children's acquisition of the Control of Variables Strategy. *Child Development*, 70,

1098 - 1120.

Chen, Z. , & Siegler, R. S. (2000). Across the great divide: Bridging the gap between understanding of toddlers' and older children's thinking. *Monographs of the Society Jbr Research in Child Development*, *65*(2, Whole No. 261).

Chi, M. T. H. (2000). Self-explaining expository texts: The dual process of generating inferences and repairing mental models. In R. Glaser (Ed.), *Advances in Instructional Psychology* (pp. 161 - 238). Hillsdale, NJ: Erlbaum.

Chi, M. T. H. , Bassok, M. , Lewis, M. , Reimann, P. , & Glaser, R. (1989). Self-explanations: How students study and use examples in learning to solve problems. *Cognitive Science*, *13*, 145 - 182.

Chi, M. T. H. , de Leeuw, N. , Chiu, M.-H. , & LaVancher, C. (1994). Eliciting self-explanations improves understanding. *Cognitive Science*, *18*, 439 - 477.

Childers, J. B. , & Tomasello, M. (2001). The role of pronouns in young children's acquisition of the English transitive construction. *Developmental Psychology*, *37*, 739 - 748.

Chinn, C. A. (in press). The microgenetic method: Current work and extensions to classroom research. In J. L. Green, G. Camilli, & P. B. Elmore (Eds.), *Complementary methods for research in education* (3rd ed.). Washington, DC: American Educational Research Association.

Chiu, M. M. , Kessel, C. , Moschovich, J. , & Munoz-Nunez, A. (2001). Learning to graph linear functions: A case study of conceptual change. *Cognition and Instruction*, *19*, 215 - 252.

Chletsos, P. N. , & De Lisi, R. (1991). A microgenetic study of proportional reasoning using balance scale problems. *Journal of Applied Developmental Psychology*, *12*, 307 - 330.

Church, R. B. (1999). Using gesture and speech to capture transitions in learning. *Cognitive Development*, *14*, 313 - 342.

Church, R. B. , & Goldin-Meadow, S. (1986). The mismatch between gesture and speech as an index of transitional knowledge. *Cognition*, *23*, 43 - 71.

Cognition and Technology Group at Vanderbilt. (1997). *The Jasper project: Lessons in curriculum, instruction, assessment, and professional development*. Mahwah, NJ: Erlbaum.

Collins, L. M. , & Sayer, A. G. (Eds.). (2001). *New methods for the analysis of change*. Washington, DC: American Psychological Association.

Cooney, J. B. , & Ladd, S. F. (1992). The influence of verbal protocol methods on children's mental computation. *Learning and Individual Differences*, *4*, 237 - 257.

Corbetta, D. , & Thelen, E. (1999). Lateral biases and fluctuations in infants' spontaneous arm movements and reaching. *Developmental Psychology*, *34*, 237 - 255.

Coyle, T. R. (2001). Factor analysis of variability measures in eight independent samples of children and adults. *Journal of Experimental Child Psychology*, *78*, 330 - 358.

Coyle, T. R. , & Bjorklund, D. F. (1997). Age differences in, and consequences of, multiple-and variable-strategy use on a multiple sort-recall task. *Developmental Psychology*, *33*, 372 - 380.

Coyle, T. R. , Read, L. E. , Gaultney, J. F. , & Bjorklund, D. F. (1998). Giftedness and variability in strategic processing on a multitrial memory task: Evidence for stability in gifted cognition. *Learning and Individual Differences*, *10*, 273 - 290.

Crowley, K. , & Siegler, R. S. (1999). Explanation and generalization in young children's strategy learning. *Child Development*, *70*, 304 - 317.

Crutcher, R. J. (1994). Telling what we know: The use of verbal report methodologies in psychological research. *Psychological Science*, *5*, 241 - 244.

Dixon, J. A. , & Bangert, A. S. (2002). The prehistory of discovery: Precursors of representational change in solving gear system problems. *Developmental Psychology*, *38*, 918 - 933.

Dowker, A. (2003). Young children's estimates for addition: The zone of partial knowledge and understanding. In A. J. Baroody & A. Dowker (Eds.), *The development of arithmetic concepts and skills: Constructing adaptive expertise* (pp. 243 - 265). Mahwah, NJ: Erlbaum.

Dromi, E. (1987). *Early lexical development*. Cambridge, England: Cambridge University Press.

Duncan, R. M. , & Pratt, M. W. (1997). Microgenetic change in the quantity and quality of preschoolers' private speech. *International Journal of Behavioral Development*, *20*, 367 - 383.

Ellis, S. (1995, April). *Social influences on strategy choice*. Paper presented at the meetings of the Society for Research in Child Development, Indianapolis, IN.

Ellis, S. , Klahr, D. , & Siegler, R. S. (1993, April). *The birth, life,*

and sometimes death of good ideas in collaborative problem solving. Paper presented at the annual meeting of the American Educational Research Association, New Orleans, LA.

Elman, J. L. , Bates, E. A. , Johnson, M. H. , Karmiloff-Smith, A. , Parisi, D. , & Plunkett, K. (1996). *Rethinking innateness: A connectionist perspective on development*. Cambridge, MA: MIT Press.

Ericsson, K. A. , & Simon, H. A. (1984). *Protocol analysis*. Cambridge, MA: MIT Press.

Fireman, G. (1996). Developing a plan for solving a problem: A representational shift. *Cognitive Development*, *11*, 107 - 122.

Fischer, K. W. , & Granott, N. (1995). Beyond one-dimensional change: Multiple, concurrent, socially distributed processes in learning and development. *Human Development*, *38*, 302 - 314.

Fischer, K. W. , & Yan, Z. (2002). Darwin's construction of the theory of evolution: Microdevelopment of explanations of variation and change in species. In N. Granott & J. Parziale (Eds.), *Microdevelopment: Transition processes in development and learning* (pp. 294 - 318). Cambridge, England: Cambridge University Press.

Flavell, J. (1963). *The developmental psychology of Jean Piaget*. Princeton, NJ: Van Nostrand.

Fletcher, K. L. , & Bray, N. W. (1995). External and verbal strategies in children with and without mental retardation. *American Journal on Mental Retardation*, *99*, 363 - 375.

Fletcher, K. L. , Huffman, L. F. , Bray, N. W. , & Grupe, L. A. (1998). The use of the microgenetic method with children with disabilities: Discovering competence. *Early Education and Development*, *9*, 358 - 373.

Flynn, E. (2005). *A microgenetic investigation of stability and continuity in theory of mind development*. Manuscript submitted for publication.

Flynn, E. , O'Malley, C. , & Wood, D. (2004). A longitudinal, microgenetic study of the emergence of false belief understanding and inhibition skills. *Developmental Science*, *7*, 103 - 115.

Forman, E. A. , & MacPhail, J. (1993). Vygotskian perspective in children's collaborative problem solving activity. In E. A. Forman, N. Minick, & C. A. Stone (Eds.), *Contexts for learning: Sociocultural dynamics in children's development* (pp. 213 - 229). Oxford, England: Oxford University Press.

Fujimura, N. (2001). Facilitating children's proportional reasoning: A model of reasoning processes and effects of intervention on strategy change. *Journal of Educational Psychology*, *93*, 589 - 603.

Fuson, K. C. (1982). An analysis of the counting-on solution procedure in addition. In T. P. Carpenter, J. M. Moser, & T. A. Romberg (Eds.), *Addition and subtraction: A cognitive perspective* (pp. 67 - 82). Hillsdale, NJ: Erlbaum.

Gardner, H. (1993). *Creating minds*. New York: Basic Books.

Geary, D. C. (1994). *Children's mathematical development: Research and practical implications*. Washington, DC: American Psychological Association.

Gelman, R. , Romo, L. , & Francis, W. S. (2002). Notebooks as windows on learning: The case of a science-into-ESL program. In N. Granott & J. Parziale (Eds.), *Microdevelopment: Transition processes in development and learning* (pp. 269 - 293). Cambridge, England: Cambridge University Press.

Gelman, R. , & Williams, E. (1998). Enabling constraints for cognitive development and learning: Domain specificity and epigenesis. In W. Damon (Editor-in-Chief) & D. Kuhn & R. S. Siegler (Vol. Eds.), *Handbook of child psychology: Vol. 2. Cognition, perception and language* (5th ed. , pp. 575 - 630). New York: Wiley.

Gershkoff-Stowe, L. , & Smith, L. B. (1997). A curvilinear trend in naming errors as a function of early vocabulary growth. *Cognitive Psychology*, *34*, 37 - 71.

Giere, R. N. (1988). *Explaining science: A cognitive approach*. Chicago: University of Chicago Press.

Gilovich, T. , Vallone, R. , & Tversky, A. (1985). The hot hand in basketball: On the misperception of random sequences. *Cognitive Psychology*, *17*, 295 - 314.

Glachen, M. , & Light, P. (1982). Peer interaction and learning: Can two wrongs make a right. In G. Butterworth & P. Light (Eds.), *Social cognition: Studies of the development of understanding* (pp. 238 - 262). Brighton, England: Harvester Press.

Goldin-Meadow, S. , & Alibali, M. W. (2002). Looking at the hands through time: A microgenetic perspective on learning and instruction. In N. Granott & J. Parziale (Eds.), *Microdevelopment: Transition processes in development and learning* (pp. 80 - 105). Cambridge, England: Cambridge University Press.

Goldin-Meadow, S. , Alibali, M. W. , & Church, R. B. (1993). Transitions in concept acquisition: Using the hand to read the mind. *Psychological Review*, 100, 279 - 297.

Goldin-Meadow, S., Nusbaum, H. C, Garber, P., & Church, R. B. (1993). Transitions in learning: Evidence for simultaneously activated strategies. *Journal of Experimental Psychology: Human Perception and Performance*, 19, 92 - 107.

Graham, T., & Perry, M. (1993). Indexing transitional knowledge. *Developmental Psychology*, 29, 779 - 788.

Granott, N. (1998). We learn, therefore we develop: Learning versus development: Or developing learning. In C. Smith & T. Pourchot (Eds.), *Adult learning and development: Perspectives from educational psychology* (pp. 15 - 35). Mahwah, NJ: Erlbaum.

Granott, N. (2002). How microdevelopment creates macrodevelopment: Reiterated sequences, backward transitions, and the Zone of Current Development. In N. Granott & J. Parziale (Eds.), *Microdevelopment: Transition processes in development and learning* (pp. 213 - 242). Cambridge, England: Cambridge University Press.

Granott, N., Fischer, K. W., & Parziale, J. (2002). Bridging to the unknown: A transition mechanism in learning and development. In N. Granott & J. Parziale (Eds.), *Microdevelopment: Transition processes in development and learning* (pp. 131 - 156). Cambridge, England: Cambridge University Press.

Grupe, L. (1998). *A microgenetic study of strategy discovery in young children's addition problem solving: A thesis*. Unpublished master's thesis, University of Alabama at Birmingham.

Guttentag, R. E. (1984). The mental effort requirement of cumulative rehearsal: A developmental study. *Journal of Experimental Child Psychology*, 37, 92 - 106.

Haier, R. J., Siegel, B. V., Jr., MacLachlan, A., Soderling, E., Lot-tenberg, S., & Buchsbaum, M. S. (1992). Regional glucose metabolic changes after learning a complex visuospatial/motor task: A positron emission tomographic study. *Brain Research*, 570, 134 - 143.

Haith, M., & Benson, J. (1998). Infant cognition. In W. Damon (Editor-in-Chief) & D. Kuhn & R. S. Siegler (Vol. Eds.), *Handbook of child psychology: Vol. 2. Cognition, perception and language* (5th ed., pp. 199 - 254). New York: Wiley.

Hatano, G., Siegler, R. S., Richards, D. D., Inagaki, K., Stavy, R., & Wax, N. (1993). The development of biological knowledge: A multinational study. *Cognitive Development*, 8, 47 - 62.

Hosenfeld, B., van der Maas, H. L. J., & van den Boom, D. C. (1997). Indicators of discontinuous change in the development of analogical reasoning. *Journal of Experimental Child Psychology*, 64, 367 - 395.

Hull, C. L. (1943). *Principles of behavior*. New York: Appleton-Century-Crofts.

Inhelder, B., & Piaget, J. (1964). *The early growth of logic in the child: Classification and seriation*. London: Routledge.

Janos, P. M., & Robinson, N. M. (1985). Psychosocial development in intellectually gifted children. In F. D. Horowitz & M. O'Brien (Eds.), *The gifted and talented: Developmental perspectives* (pp. 149 - 195). Washington, DC: American Psychological Association.

Johnson, K. E., & Mervis, C, B. (1994). Microgenetic analysis of first steps in children's acquisition of expertise on shorebirds. *Developmental Psychology*, 30, 418 - 435.

Johnson, M. H. (1998). The neural basis of cognitive development. In W. Damon (Editor-in-Chief) & D. Kuhn & R. S. Siegler (Vol. Eds.), *Handbook of child psychology: Vol. 2. Cognition, Perception and Language* (5th ed.). New York: Wiley.

Jones, I. (1998). Peer relationships and writing development: A microgenetic analysis. *British Journal of Educational Psychology*, 68, 229 - 241.

Jones, I., & Pellegrini, A. D. (1996). The effects of social relationships, writing media, and microgenetic development on first-grade students' written narratives. *American Educational Research Journal*, 33, 691 - 718.

Just, M. A., & Carpenter, P. A. (1987). *The psychology of reading and language comprehension*. Needham Heights, MA: Allyn & Bacon.

Karmiloff-Smith, A. (1979a). *A functional approach to child language: A study of determiners and reference*. New York: Cambridge University Press.

Karmiloff-Smith, A. (1979b). Micro-and macro-developmental changes in language acquisition and other representational systems. *Cognitive Science*, 3, 91 - 118.

Karmiloff-Smith, A., & Inhelder, B. (1974). If you want to get ahead, get a theory. *Cognition*, 3, 195 - 212.

Keil, F. C. (1998). Cognitive science and the origins of thought and knowledge. In W. Damon (Editor-in-Chief) & R. M. Lerner (Vol. Ed.), *Handbook of child psychology: Vol. 1. Theoretical models of human development* (5th ed., pp. 341 - 414). New York: Wiley.

Kendler, H. H., & Kendler, T. S. (1962). Vertical and horizontal processes in problem solving. *Psychological Review*, 69, 1 - 16.

Kirk, E. P., & Ashcraft, M. H. (1997). Telling stories: The perils and promise of using verbal reports to study math strategies. *Journal of Experimental Psychology: Learning, Memory, and Cognition*, 27, 157 - 175.

Klahr, D., & Chen, Z. (2003). Overcoming the positive-capture strategy in young children: Learning about indeterminacy. *Child Development*, 74, 1275 - 1296.

Klahr, D., & MacWhinney, B. (1998). Information processing. In W. Damon (Editor-in-Chief) & D. Kuhn & R. S. Siegler (Vol. Eds.), *Handbook of child psychology: Vol. 2. Cognition, perception and language* (5th ed., pp. 631 - 678). New York: Wiley.

Klahr, D., & Wallace, J. G. (1976). *Cognitive development: An information processing view*. Hillsdale, NJ: Erlbaum.

Kotovsky, L., & Baillargeon, R. (1994). Calibration-based reasoning about collision events in 11-month-old infants. *Cognition*, 51, 107 - 129.

Kruse, A., Lindenberger, U., & Baltes, P. B. (1993). Longitudinal research on human aging: The power of combining real-time, microgenetic, and simulation approaches. In D. Magnusson & P. J. M. Casaer (Eds.), *Longitudinal research on individual development: Present status and future perspectives* (pp. 153 - 193). New York: Cambridge University Press.

Kuhn, D. (1995). Microgenetic study of change: What has it told us? *Psychological Science*, 6, 133 - 139.

Kuhn, D. (2002). A multi-component system that constructs knowledge: Insights from microgenetic study. In N. Granott & J. Parziale (Eds.), *Microdevelopment: Transition processes in development and learning* (pp. 109 -130). Cambridge, England: Cambridge University Press.

Kuhn, D., Amsel, E., & O'Laughlin, M. (1988). *The development of scientific thinking skills*. San Diego, CA: Academic Press.

Kuhn, D., Garcia-Mila, M., Zohar, A., & Anderson, C. (1995). Strategies of knowledge acquisition. *Monographs of the Society for Research in Child Development*, 60(4, Serial No. 245).

Kuhn, D., & Ho, V. (1980). Self-directed activity and cognitive development. *Journal of Applied Developmental Psychology*, 1, 119 - 133.

Kuhn, D., & Pearsall, S. (1998). Relations between metastrategic knowledge and strategic performance. *Cognitive Development*, 13, 227 - 247.

Kuhn, D., & Pearsall, S. (2000). Developmental origins of scientific thinking. *Journal of cognition and Development*, 1, 113 - 129.

Kuhn, D., & Phelps, E. (1982). The development of problem-solving strategies. In H. Reese (Ed.), *Advances in child development and behavior* (Vol. 17, pp. 1 - 44). New York: Academic Press.

Kuhn, D., Schauble, L., & Garcia-Mila, M. (1992). Cross-domain development of scientific reasoning. *Cognition and Instruction*, 9, 285 - 327.

Kwong, T. E., & Varnhagen, C. K. (2005). Strategy development and learning to spell new words: Generalization of a process. *Developmental Psychology*, 41, 148 - 159.

Lave, J. (1988). *Cognition in practice: Mind, mathematics, and culture in everyday life*. Cambridge, MA: Cambridge University Press.

Lavelli, M., & Fogel, A. (2002). Developmental changes in mother: Infant face-to-face communication: Birth to 3 months. *Developmental Psychology*, 38, 288 - 305.

Lawler, R. W. (1985). *Computer experience and cognitive development: A child's learning in a computer culture*. New York: Wiley.

Lee, K., & Karmiloff-Smith, A. (2002). Macro-and microdevelopmental research: Assumptions, research strategies, constraints, and utilities. In N. Granott & J. Parziale (Eds.), *Microdevelopment: Transition processes in development and learning* (pp. 243 - 265). Cambridge, England: Cambridge University Press.

Lemaire, P., & Siegler, R. S. (1995). Four aspects of strategic change: Contributions to children's learning of multiplication. *Journal of Experimental Psychology: General*, 83 - 97.

Levine, M. (1966). Hypothesis behavior by humans during discrimination learning. *Journal of Experimental Psychology*, 71, 331 - 336.

Lewis, M. D. (2002). Interacting time scales in personality (and cognitive) development: Intentions, emotions, and emergent forms. In N. Granott & J. Parziale (Eds.), *Microdevelopment: Transition processes in development and learning* (pp. 183 - 212). Cambridge, England: Cambridge University Press.

Maratsos, M. (1998). Some problems in grammatical acquisition. In W. Damon (Editor-in-Chief) & D. Kuhn & R. S. Siegler (Vol. Eds.), *Handbook of child psychology: Vol. 2. Cognition, perception and language* (5th ed., pp. 421 - 466). New York: Wiley.

McClelland, J. L. (1995). A connectionist perspective on knowledge and development. In T. J. Simon & G. S. Halford (Eds.), *Developing cognitive competence: New approaches to process modeling* (pp. 157 - 204).

Hillsdale, NJ: Erlbaum.

McGilly, K., & Siegler, R. S. (1990). The influence of encoding and strategic knowledge on children's choices among serial recall strategies. *Developmental Psychology*, 26, 931－941.

McKeough, A., Davis, L., Forgeron, N., Marini, A., & Fung, T. (2005). Improving story complexity and cohesion: A developmental approach to teaching story composition. *Narrative Inquiry*, 15, 241－266.

McKeough, A., & Sanderson, A. (1996). Teaching storytelling: A microgenetic analysis of developing narrative competency. *Journal of Narrative and Life History*, 6, 157－192.

McNamara, J. P. H., Berg, W. K., Byrd, D. L., & McDonald, C. A. (2003, March). *Preschoolers' strategy use on the Tower of London task*. Poster presented at the biennial meeting for the Society for Research in Child Development, Tampa, FL.

Metz, K. E. (1998). Emergent understanding and attribution of randomness: Comparative analysis of the reasoning of primary grade children and undergraduates. *Cognition and Instruction*, 16, 285－365.

Miller, N. E., & Dollard, J. (1941). *Social learning and imitation*. New Haven, CT: Yale University Press.

Miller, P. H., & Aloise-Young, P. A. (1995). Preschoolers' strategic behavior and performance on a same-different task. *Journal of Experimental Child Psychology*, 60, 284－303.

Miller, P. H., & Coyle, T. R. (1999). Developmental change: Lessons from microgenesis. In E. K. Scholnick, K. Nelson, S. A. Gelman, & P. H. Miller (Eds.), *Conceptual development: Piaget's legacy* (pp. 209－239). Mahwah, NJ: Erlbaum.

Moskowitz, D. S., & Hershberger, S. L. (Eds.). (2002). *Modeling intraindividual variability with repeated measures data: Methods and application*. Mahwah, NJ: Erlbaum.

Munn, N. L. (1946). Learning in children. In L. Carmichael (Ed.), *Manual of child psychology*. New York: Wiley.

Nathan, M. J., Mertz, K., & Ryan, B. (1994, April). *Learning through self-explanation of mathematics examples: Effects of cognitive load*. Poster presented at the 1994 annual meeting of the American Educational Research Association, Chicago, IL.

Neches, R. (1987). Learning through incremental refinement procedures. In D. Klahr, P. Langley, & R. Neches (Eds.), *Production system models of learning and development*. Cambridge, MA: MIT Press.

Newell, A. (1990). *Unified theories of cognition*. Cambridge, MA: Harvard University Press.

Opfer, J. E., & Siegler, R. S. (2004). Revisiting preschoolers' living things concept: A microgenetic analysis of conceptual change in basic biology. *Cognitive Psychology*, 49, 301－332.

Ostad, S. A. (1997). Developmental differences in addition strategies: A comparison of mathematically disabled and mathematically normal children. *British Journal of Educational Psychology*, 67, 345－357.

Paris, S. G., Newman, R. S., & McVey, K. A. (1982). Learning the functional significance of mnemonic actions: A microgenetic study of strategy acquisition. *Journal of Experimental Child Psychology*, 34, 490－509.

Parziale, J. (2002). Observing the dynamics of construction: Children building bridges and new ideas. In N. Granott & J. Parziale (Eds.), *Microdevelopment: Transition processes in development and learning* (pp. 157－180). Cambridge, England: Cambridge University Press.

Perret-Clermont, A.-N., Perret, J.-F., & Bell, N. (1991). The social construction of meaning and cognitive activity in elementary school children. In L. B. Resnick, J. M. Levine, & S. D. Teasley (Eds.), *Perspectives on socially shared cognition* (pp. 41－62). Washington, DC: American Psychological Association.

Perry, M., Church, R. B., & Goldin-Meadow, S. (1988). Transitional knowledge in the acquisition of concepts. *Cognitive Development*, 3, 359－400.

Perry, M., & Elder, A. D. (1997). Knowledge in transition: Adults' developing understanding of a principle of physical causality. *Cognitive Development*, 12, 131－157.

Perry, M., & Lewis, J. L. (1999). Verbal imprecision as an index of knowledge in transition. *Developmental Psychology*, 35, 749－759.

Piaget, J. (1952). *The child's concept of number*. New York: Norton.

Piaget, J. (1964). Development and learning. In T. Ripple & V. Rockcastle (Eds.), *Piaget rediscovered* (pp. 7－20). Ithaca, NY: Cornell University Press.

Piaget, J. (1970). *Psychology and epistemology*. New York: Norton.

Piaget, J. (1975). Phenocopy in biology and the psychological development of knowledge. In H. E. Gruber & J. J. Voneche (Eds.), *The essential Piaget: An interpretive reference and guide* (pp. 803－813). New York: Basic Books.

Pine, K. J., & Messer, D. J. (2000). The effect of explaining another's actions on children's implicit theories of balance. *Cognition and Instruction*, 18, 35－51.

Pressley, M. (1992). How not to study strategy discovery. *American Psychologist*, 47, 1240－1241.

Renkl, A. (1997). Learning from worked-out examples: A study on individual differences. *Cognitive Science*, 21, 1－29.

Restle, R. (1962). The selection of strategies in cue learning. *Psychological Review*, 69, 329－343.

Rittle-Johnson, B., & Alibali, M. W. (1999). Conceptual and procedural knowledge of mathematics: Does one lead to the other? *Journal of Educational Psychology*, 91, 175－189.

Rittle-Johnson, B., Siegler, R. S., & Alibali, M. W. (2001). Developing conceptual understanding and procedural skill in mathematics: An interative process. *Journal of Educational Psychology*, 93, 346－362.

Robinson, B. F., & Mervis, C. B. (1998). Disentangling early language development: Modeling lexical and grammatical acquisition using an extension of case-study methodology. *Developmental Psychology*, 34, 363－375.

Robinson, K. M. (2001). The validity of verbal reports in children's subtraction. *Journal of Educational Psychology*, 93, 211－222.

Robinson, S. R., Adolph, K. E., & Young, J. W. (2004, May). *Continuity versus discontinuity: How different time scales of behavioral measurement affect the pattern of developmental change*. Poster presented at the International Conference on Infancy Studies, Chicago, IL.

Rogoff, B. (1998). Cognition as a collaborative process. In W. Damon (Editor-in-Chief) & D. Kuhn & R. S. Siegler (Vol. Eds.), *Handbook of child psychology: Vol. 2. Cognition, perception and language* (5th ed., pp. 679－744). New York: Wiley.

Rosenblith, J. F. (1959). Learning by imitation in kindergarten children. *Child Development*, 33, 103－110.

Rozenblit, L., & Keil, F. (2002). The misunderstood limits of folk science: An illusion of explanatory depth. *Cognitive Science*, 26, 521－562.

Russo, J. E., Johnson, E. J., & Stephens, D. L. (1989). The validity of verbal protocols. *Memory and Cognition*, 17, 759－769.

Saada-Robert, M. (1992). Understanding the microgenesis of number: Sequence analyses. In J. Bideaud, C. Meljac, & J.-p. Fischer (Eds.), *Pathways to number: Children's developing numerical abilities* (pp. 265－282). Hillsdale, NJ: Erlbaum.

Saffran, J. R., Aslin, R. N., & Newport, E. L. (1996). Statistical learning by 8-month-old infants. *Science*, 274, 1926－1928.

Schauble, L. (1990). Belief revision in children: The role of prior knowledge and strategies for generating evidence. *Journal of Experimental Child Psychology*, 49, 31－57.

Schauble, L. (1996). The development of scientific reasoning in knowledge-rich contexts. *Developmental Psychology*, 32, 102－119.

Schlagmüller, M., & Schneider, W. (2002). The development of organizational strategies in children: Evidence from a microgenetic longitudinal study. *Journal of Experimental Child Psychology*, 81, 298－319.

Schneider, W., Kron, V., Hünnerkopf, M., & Krajewski, K. (2004). The development of young children's memory strategies: First findings from the Würzburg Longitudinal Memory Study. *Journal of Experimental Child Psychology*, 88, 193－209.

Schoenfeld, A. H., Smith, J. P., III. & Arcavi, A. (1993). Learning: The microgenetic analysis of one student's evolving understanding of a complex subject matter domain. In R. Glaser (Ed.), *Advances in instructional psychology* (Vol. 4, pp. 55－175). Hillsdale, NJ: Erlbaum.

Shimojo, S., Bauer, J., O'Connell, K. M., & Held, R. (1986). Pre stereoptic binocular vision in infants. *Vision Research*, 26, 501－510.

Shrager, J., & Callanan, M. (1991, August). *Active language in the collaborative development of cooking skill*. Paper presented at the annual meeting of the Cognitive Science Society, Chicago, IL.

Shrager, J., & Siegler, R. S. (1998). SCADS: A model of children's strategy choices and strategy discoveries. *Psychological Science*, 9, 405－410.

Siegler, R. S. (1987). The perils of averaging data over strategies: An example from children's addition. *Journal of Experimental Psychology: General*, 116, 250－264.

Siegler, R. S. (1989). Hazards of mental chronometry: An example from children's subtraction. *Journal of Educational Psychology*, 81, 497－506.

Siegler, R. S. (1995). How does change occur: A microgenetic study of number conservation. *Cognitive Psychology*, 25, 225－273.

Siegler, R. S. (1996). *Emerging minds: The process of change in children's thinking*. New York: Oxford University Press.

Siegler, R. S. (2000). The rebirth of children's learning. *Child Development*, 71, 26－35.

Siegler, R. S. (2002). Microgenetic studies of self-explanation. In N.

Granott & J. Parziale (Eds.), *Microdevelopment: Transition processes in development and learning* (pp. 31 – 58). Cambridge, England: Cambridge University Press.

Siegler, R. S., & Araya, R. (2005). A computational model of conscious and unconscious strategy discovery. In R. Kail (Ed.), *Advances in child development and behavior* (Vol. 33, pp. 1 – 42). Oxford, England: Elsevier.

Siegler, R. S., & Chen, Z. (1998). Developmental differences in rule learning: A microgenetic analysis. *Cognitive Psychology*, 36, 273 – 310.

Siegler, R. S., & Chen, Z. (2005). *Understanding water-displacement laws: A microgenetic study of children's learning*. Manuscript in preparation.

Siegler, R. S., & Crowley, K. (1991). The microgenetic method: A direct means for studying cognitive development. *American Psychologist*, 46, 606 – 620.

Siegler, R. S., & Crowley, K. (1994). Constraints on learning in non-privileged domains. *Cognitive Psychology*, 27, 194 – 227.

Siegler, R. S., & Engle, R. A. (1994). Studying change in developmental and neuropsychological contexts. *Current Psychology of Cognition*, 13, 321 – 350.

Siegler, R. S., & Jenkins, E. A. (1989). *How children discover new strategies*. Hillsdale, NJ: Erlbaum.

Siegler, R. S., & McGilly, K. (1989). Strategy choices in children's time-telling. In I. Levin & D. Zakay (Eds.), *Time and human cognition: A life span perspective* (pp. 185 – 218). Amsterdam: Elsevier.

Siegler, R. S., & Shipley, C. (1995). Variation, selection, and cognitive change. In T. Simon & G. Halford (Eds.), *Developing cognitive competence: New approaches to process modeling* (pp. 31 – 76). Hillsdale, NJ: Erlbaum.

Siegler, R. S., & Shrager, J. (1984). Strategy choices in addition and subtraction: How do children know what to do. In C. Sophian (Ed.), *The origins of cognitive skills* (pp. 229 – 293), Hillsdale, NJ: Erlbaum.

Siegler, R. S., & Stern, E. (1998). A microgenetic analysis of conscious and unconscious strategy discoveries. *Journal of Experimental Psychology: General*, 127, 377 – 397.

Siegler, R. S., & Svetina, M. (2002). A microgenetic/cross-sectional study of matrix completion: Comparing short-term and long-term change. *Child Development*, 73, 793 – 809.

Siegler, R. S., & Taraban, R. (1986). Conditions of applicability of a strategy choice model. *Cognitive Development*, 1, 31 – 51.

Simon, H. A. (1962). An information processing theory of intellectual development. *Monographs of the Society for Research in Child Development*, 27(2, Serial No. 82).

Singer, J. D., & Willett, J. B. (2003). *Applied longitudinal data analysis*. New York: Oxford University Press.

Siqueland, E. R., & Lipsitt, L. P. (1966). Conditioned head turning in human newborns. *Journal of Experimental Child Psychology*, 3, 356 – 376.

Skinner, B. F. (1938). *The behavior of organisms: An experimental analysis*. New York: Appleton-Century.

Smith, L. B., Thelen, E., Titzer, R., & McLin, D. (1999). Knowing in the context of acting: The task dynamics of the A-not-B error. *Psychological Review*, 106, 235 – 260.

Spelke, E. S., & Newport, E. L. (1998). Nativism, empiricism, and the development of knowledge. In W. Damon (Editor-in-Chief) & R. M. Lerner (Vol. Ed.), *Handbook of child psychology: Vol. 1. Theoretical models of human development* (5th ed., pp. 275 – 340). New York: Wiley.

Spence, K. W. (1952). The nature of the response in discrimination learning. *Psychological Review*, 59, 89 – 93.

Spencer, J. P., & Schutte, A. R. (2004). Unifying representations and responses: Perseverative biases arise from a single behavioral system. *Psychological Science*, 15, 187 – 193.

Spencer, J. P., Vereijken, B., Diedrich, F. J., & Thelen, E. (2000). Posture and the emergence of manual skills. *Developmental Science*, 3, 216 – 233.

Staszewski, J. J. (1988). Skilled memory and expert mental calculation. In M. T. H. Chi, R. Glaser, & M. J. Farr (Eds.), *The nature of expertise* (pp. 71 – 128). Hillsdale, NJ: Erlbaum.

Stevenson, H. W. (1970). Learning in children. In P. H. Mussen (Ed.), *Carmichael's manual of child psychology* (Vol. 1, 3rd ed., pp. 849 – 938). New York: Wiley.

Stevenson, H. W. (1983). How children learn: The quest for a theory. In P. H. Mussen (Series Ed.) & W. Kessen (Vol. Ed.), *Handbook of child psychology: Vol. 1. History, theory, and methods* (4th ed., pp. 213 – 236). New York: Wiley.

Stokes, P. D. (1995). Learned variability. *Animal Learning and Behavior*, 23, 164 – 176.

Stokes, P. D. (2001). Variability, constraints, and creativity: Shedding light on Claude Monet. *American Psychologist*, 36, 355 – 359.

Stokes, P. D., & Harrison, H. M. (2002). Constraints have different concurrent effects and aftereffects on variability. *Journal of Experimental Psychology: General*, 131, 553 – 566.

Taylor, J., & Cox, B. D. (1997). Microgenetic analysis of group-based solution of complex two-step mathematical word problems by fourth graders. *Journal of the Learning Sciences*, 6, 183 – 226.

Thelen, E. (1994). Three-month-old infants can learn task-specific patterns of interlimb coordination. *Psychological Science*, 5, 280 – 285.

Thelen, E., & Corbetta, D. (2002). Microdevelopment and dynamic systems: Applications to infant motor development. In N. Granott & J. Parziale (Eds.), *Microdevelopment: Transition processes in development and learning* (pp. 59 – 79). Cambridge, England: Cambridge University Press.

Thelen, E., & Ulrich, B. D. (1991). Hidden skills. *Monographs of the Society for Research in Child Development*, 56(1, Serial No. 223).

Thornton, S. (1999). Creating the conditions for cognitive change: The interaction between task structures and specific strategies. *Child Development*, 70, 588 – 603.

Triano, L. (2004). *Putting pencil to paper: Learning what and how to include information in inscriptions*. Unpublished doctoral dissertation, Carnegie Mellon University, Pittsburgh, PA.

Tudge, J. (1992). Processes and consequences of peer collaboration: A Vygotskian analysis. *Child Development*, 63, 1364 – 1379.

Tudge, J. R. H., Winterhoff, P. A., & Hogan, D. M. (1996). The cognitive consequences of collaborative problem solving with and without feedback. *Child Development*, 67, 2892 – 2909.

Tunteler, E., & Resing, W. C. M. (2002). Spontaneous analogical transfer in 4-year-olds: A microgenetic study. *Journal of Experimental Child Psychology*, 83, 149 – 166.

van der Maas, H. L. J., & Molenaar, P. C. M. (1996). Catastrophe analysis of discontinuous development. In A. A. van Eye & C. C. Clogg (Eds.), *Categorical variables in developmental research: Methods of analysis* (pp. 77 – 105). San Diego, CA: Academic Press.

van Geert, P. (1991). A dynamic systems model of cognitive and language growth. *Psychological Review*, 98, 3 – 53.

van Geert, P. (1997). Variability and fluctuations: A dynamic view. In E. Amsel & K. A. Renninger (Eds.), *Change and development: Issues of theory, method, and application* (pp. 193 – 212). Mahwah, NJ: Erlbaum.

van Geert, P. (1998). A dynamic systems model of basic developmental mechanisms: Piaget, Vygotsky, and beyond. *Psychological Review*, 105, 634 – 677.

van Geert, P. (2002). Developmental dynamics, intentional action, and fuzzy sets. In N. Granott & J. Parziale (Eds.), *Microdevelopment: Transition processes in development and learning* (pp. 319 – 343). Cambridge, England: Cambridge University Press.

Vereijken, B., & Thelen, E. (1997). Training infant treadmill stepping: The role of individual pattern stability. *Developmental Psychology*, 30, 89 – 102.

Vygotsky, L. S. (1962). *Thought and language*. New York: Wiley. (Original work published 1934)

Vygotsky, L. S. (1978). *Mind in society: The development of higher mental processes*. Cambridge, MA: Harvard University Press. (Original work published 1930)

Wechsler, M. A., & Adolph, K. E. (1995, April). *Learning new ways of moving: Variability in infants' discovery and selection of motor strategies*. Poster presented at the meeting of the Society for Research in Child Development, Indianapolis, IN.

Wegener, A. (1966). *The origin of continents and oceans* (J. Biram, Trans.). New York: Dover. (Original work published 1915)

Wellman, H. M., & Gelman, S. A. (1998). Knowledge acquisition in foundational domains. In W. Damon (Editor-in-Chief) & D. Kuhn & R. S. Siegler (Vol. Eds.), *Handbook of child psychology: Vol. 2. Cognition, perception and language* (5th ed., pp. 523 – 574). New York: Wiley.

Werner, H. (1940). Musical microscales and micromelodies. *Journal of Psychology*, 10, 149 – 156.

Werner, H. (1948). *Comparative psychology of mental development*. New York: International Universities Press.

Werner, H. (1957). The concept of development from a comparative and organismic point of view. In D. B. Harris (Ed.), *The concept of development: An issue in the study of human behavior* (pp. 125 – 148). Minneapolis: University of Minnesota Press.

Wertsch, J. V., & Hickmann, M. (1987). Problem solving in social interaction: A microgenetic analysis. In M. Hickmann (Ed.), *Social and functional approaches to language and thought* (pp. 251 – 266). San Diego,

CA: Academic Press.

White, S. (1970). The learning theory approach. In P. Mussen (Ed.), *Carmichael's manual of child psychology* (Vol. 1, pp. 657 – 702). New York: Wiley.

Willett, J. B. (1997). Measuring change: What individual growth modeling buys you. In E. Amsel & K. A. Renninger (Eds.), *Change and development: Issues of theory, method, and application*. Mahwah, NJ: Erlbaum.

Winsler, A., Diaz, R. M., & Montero, I. (1997). The rote of private speech in the transition from collaborative to independent task performance in young children. *Early Childhood Research Quarterly, 12*, 59 – 79.

Zeaman, D., & House, B. J. (1967). The relation of IQ and learning. In R. M. Gagne (Ed.), *Learning and individual differences* (pp. 192 – 212). Columbus, OH: Merrill.

英文版总主编　WILLIAM DAMON　RICHARD M. LERNER
中文版总主持　林崇德　李其维　董　奇

第二卷（下）认知、知觉和语言
Cognition, Perception, and Language

英文版本卷主编
DEANNA KUHN　ROBERT S. SIEGLER

儿童心理学手册
（第六版）

HANDBOOK OF
CHILD PSYCHOLOGY
（SIXTH EDITION）

华东师范大学出版社
·上海·

第 12 章

认知策略

MICHAEL PRESSLEY 和 KATHERINE HILDEN

　　　　本章将详细全面地介绍用以完成认知任务的有意识的策略性的心理加工过程。关于这方面的研究可以总结为以下五点：

1. 虽然儿童具备运用策略的能力,但却常常不会运用这些策略来完成认知任务。以往研究称之为产生式缺陷(production deficiency)。导致产生式缺陷的原因有许多,包括(1) 不知道在某个特定情境中应该运用的哪个策略;(2) 不知道在这个特定情境中可以运用已掌握的某个或某些策略;(3) 不明白在这个特定情境中如何运用已掌握的那些策略;(4) 没有采取策略性的方法来解决问题(例如,在解决问题时最先想到什么方法就用什么方法,而不是仔细思考并尝试多种方法);(5) 仅仅因为没有人鼓励学生尝试着去运用已掌握的策略(Pressley, Borkowski, & Schneider, 1987, 1989)。产生式缺陷在儿童群体中很常见,在成年人群体中也不乏例子。

2. 有时候年龄非常小的儿童也会运用策略。最明显的情况是在儿童熟悉的情境下要求儿童完成他/她熟悉的任务。

3. 有时候儿童本应该采取更有效的策略,但实际上往往采用了不太有效的策略。

4. 对于那些不会主动地运用(最有效)策略的儿童,通过教学往往可以使他们学会运用有效策略来较好地完成任务。这可以激励儿童今后也运用这些策略(Borkowski, Carr, Rellinger, & Pressley, 1990)。大量研究结果都支持了这一观点。

5. 如果不提供策略教学,儿童常常通过反复完成一项任务就可以发现一种策略,虽然让儿童自己去发现策略并不必然地会使儿童快速掌握各种(最有效)策略。

策略的定义

　　　　心理学家对策略的定义是什么? 从积极意义上看,心理学家和普通人对策略的定义没有什么差别。一种定义认为"策略是指为了有意识地实现某个目标而采取的一种(或者一组)概括性的计划"(Sindair, 2001, p. 1540)。这个简单的定义包含了心理学家们认为很重要的所有要素。策略学习者会事先做好计划,在某个目标的激励下产生了实现该目标的意愿。因此,当一位聪明的成年人要背下驾驶执照考试的内容时,他的目标就是通过笔试。为实现这个目标就要做一些准备,比方说,决定只是一遍又一遍地看教材直到能够背下来为止。而一位采取策略性方法的学习者可能会先找出自己不知道的那些内容,然后专心学习这部分内容。对于笔试中可能会出现的特别细节的知识点,人们可能会使用某种经典的记忆术,例如,要记住停车点距离消防栓至少 10 英尺。为了记住这个数字,可以在头脑中想象一下篮球运动员把消防栓当作球筐来投球,因为篮球筐的高度是 10 英尺。

　　　　不过关于策略的定义里有一点容易引起误解(见 Schneider & Pressley, 1997,第 5 章)。当人们刚刚开始学习运用策略时往往是经过慎重思考的、有意识的和有目的的。而当人们有过多次经验后,在运用策略时就不再这么深思熟虑和有意识性了。换句话说,随着经验的增多,人们在运用策略时变得越来越自动化,付出的意识努力越来越少。不过,作为一种策略的心理加工过程必须是有意识控制的,策略使用者应该要打断自动化的认知过程,有意识地有目的地进行认知加工。基于这一点,Pressley、Forrest-Pressley、Elliot-Faust 和 Miller(1985)对策略做出如下定义:"策略由许多认知操作单元构成。这些认知操作涉及完成某一特定任务所必需的多个加工过程,包括单独一个操作单元或者一系列相互关联的操作单元。策略的功能在于实现认知目标(例如,理解或记忆)。因此策略很可能是有意识的可控制的活动。"(p. 4)根据这一定义,人们在运用策略时并不总是必须意识到并控制这些策略加工过程,但是如果加工过程要想成为策略性加工过程,那么这些过程必须有可能变为有意识的和可控制的。

关于策略的一些最著名的研究是关于儿童的记忆,因此本章将详细讨论记忆策略发展。记忆策略可以划分为记忆编码策略和记忆提取策略两大类。举个例子,向学习者呈现几对单词或图片。编码策略就是要建构一个包括了配对项目的表象(例如,有一对单词"母牛"和"石头"。学习者可能在头脑中形成这样一幅表象:草地上有一块石头,一头母牛在石头旁吃草)。从 5 到 11 岁,儿童运用这种表象编码策略的能力不断提高(见 Pressley,1997)。接下来的测试是单独呈现单词"母牛"。如果学习者重新想起那个母牛在石头边吃草的表象,那么他或她就是在使用提取策略,即通过回忆相互影响的图像来回忆起配对项目。使用这种策略的能力在幼年早期就形成了(Pressley & MacFadyen,1983)。鉴于以往研究都是关于编码策略的,因此本章关于记忆策略的讨论将主要讨论编码策略。

人们在使用编码策略时至少常常是有意识的,因此关于记忆策略发展的研究基本上都是关于外显记忆的。外显记忆和内隐记忆的差别在于内隐记忆无需借助意识的调节(Graf & Schacter,1985;Jacoby,1991)。一般情况下,外显记忆能力随年龄增长而提高,主要是因为策略使用和元认知理解能力会随年龄而发展(如借助认知进行调节的理解能力,包括知道何时、何地和如何运用某一特定的策略)。本章将对这两点加以讨论。随着这种元认知理解能力的发展,儿童恰当地运用已掌握的策略的可能性也将加大(Murphy, Mckone, & Slee,2003)。

Pressley 等关于策略的定义(Pressley,Forest-Pressley et al. ,1985)有一个突出的特点,那就是主张如果期望认知加工过程具有策略运用的性质,那么人们在运用策略时可能是有意识的,而不是完全有意识的。其他研究者提出的策略的定义要求人们完全有意识地控制其加工活动,这类定义与本章中将要讨论的一些策略可能会有差异。如果人们在阅读时自动地把正在阅读的材料与已有知识联系起来,那么这种方法就属于 Pressley 等(1985)提出的策略。但是如果主张策略必须包括有意识的计划,那么前面提到的这种方法就不能视为一种策略。

关于记忆策略发展的经典研究

关于儿童策略性加工过程的许多早期研究都是与儿童记忆和记忆发展有关的。《儿童心理学手册》第四版和第五版中都有大量篇幅涉及记忆发展的研究(Brown, Bransford, Ferrara, & Campione,1983;Schneider & Bjorkland,1998)。两个版本中相关章节里都详细地阐述了儿童记忆策略以及儿童主动地记忆材料的尝试。这些内容反映了20世纪50年代到70年代关于记忆策略运用及其发展机制的大量研究成果。

然而，在《儿童发展手册》最新版出版之后，认知发展研究中几乎极少见到关于儿童记忆策略发展的研究。对记忆策略进行的最后一次较大规模研究是关于学前儿童的记忆策略。事实上许多知名学者已经发现，在某些情境下即使是两三岁的儿童也会运用策略、有目的地执行认知活动以提高记忆成绩或完成其他任务。本章也将介绍这些在20世纪70年代后期到80年代进行的研究。

既然近期几乎没有关于记忆策略的研究，那么肯定会有人质疑记忆发展问题是否属于发展心理学领域中可能被扫地出门的一个课题(Kuhn, 2000a)。对于记忆策略研究而言，这个问题很值得思考。但是对于儿童记忆研究而言，这个问题可能提得不准确，因为近年来至少有一部分研究记忆发展的学者已经把研究兴趣转向了记忆发展的其他问题。近来颇受关注的一个方面是目击者记忆问题(关于该方面研究的综述见 Gordon, Baker-Ward, & Ornstein, 2001)。总体上看，关于儿童目击者记忆的研究主要关心的是在哪些情境下儿童不愿意记住看到的东西。例如，当人们看到的东西是关键性的法庭证据时，极少有人会努力去记住它。因此，研究者更多地关注儿童不能控制的那些因素是以何种方式使儿童的记忆背离了事实，而不是关注儿童可能会有目的地做些什么来记住发生的事件(见 Thompson et al. , 1998; Ceci, Fitneva, & Gilstrap, 2003)。20世纪70年代和80年代关于成年目击者记忆的许多重要发现在一定程度上鼓励了这种转向儿童目击者记忆的研究方向。

关于策略发展与教学，特别是在记忆方面的基础理论及研究，在过去几十年间都遵循着一种固定的方式。但是策略发展研究长期以来都是尝试着解释发展方面的个体差异。这些个体差异绝对不仅仅局限于用年龄来描述的发展差异。因此，关于记忆发展的早期研究者们就发现，从发展水平上看，记忆方面的差异是很大的，而且常常可以用儿童在完成记忆任务时使用的各种策略来解释这些差异。受此启发，研究者开始尝试着缩小和消除正常学生与有学习障碍的学生之间的差距。尽管还不能完全消除这种差距，但是接受过策略教学的有障碍的学生在学习方面有了极大的提高。鉴于过去这些年间从基础研究到应用研究的发展转变，本章在结构安排上既要考虑时间线索(从20世纪60年代和70年代的研究开始)，也要介绍同期出现的更强调实践应用的那些研究。

关于策略的研究，有一位学者是不得不提到的，这就是 Flavell 和他的同事们关于认知策略的开创性研究(Flavell, Beach, & Chinsky, 1960)。在该研究中，向儿童呈现一系列图片，要求儿童记住这些图片。然后把图片拿开，要求儿童回忆起这些图片。Flavell 特别留心观察在图片呈现后到回忆图片之前这段时间内，儿童嘴唇做出的动作。在20名5岁儿童中，只有2名儿童复述了需要记住的图片的名称。相反地，在20名10岁儿童中有17人复述了图片的名称。此外，还发现口语复述次数和回忆测验成绩之间存在较强的相关。复述次数越多，回忆起来的内容也越多。以此为起点，Flavell 开始了一系列关于儿童运用复述策略的研究。在 Flavell 之后的许多学者继续研究记忆策略发展。

Flavell 和他的同事们接下来研究了儿童的元记忆。元记忆就是关于自己的记忆的知识。对元记忆的首次研究是一个访谈研究。研究者要求儿童回答自己是否知道能够影响记忆的那些因素,比方说记忆策略。举个例子,一个问题是：请问你能想出什么方法帮助你自己记住要穿溜冰鞋去参加一个聚会。与 9 岁和 11 岁的儿童相比,6 岁和 7 岁的儿童能想出的方法要少得多。Flavell 和同事假设儿童在能够运用策略之前首先需要知道一些关于这个策略的知识,因此元记忆是运用策略时的一个关键要素。关于元记忆的这一开创性研究成为认知发展研究领域被引用次数最多的研究之一。关于元认知,包括元记忆、元注意、元交际和元知觉等的研究不胜枚举(Mefcalfe & Shimamura,1996)。

关于记忆策略发展的研究在最近 30 年的时间里都是该领域的首要课题。然而在 20 世纪 90 年代早期到中期,关于记忆策略发展的研究突然中止了。Pressley 曾经回忆起 20 世纪 90 年代中期儿童发展研究协会召开的一次会议上,曾经研究记忆策略的研究者们在聚餐时讨论的主题就是关于这个领域的研究究竟出了什么问题。

我们认为问题在于关于有意记忆和记忆策略的研究成果太丰富了,以至于该领域的研究进入了发展的瓶颈期,很难在短时期内有新的突破。学者们开始以另一种视角沿着 Flavell 开创的研究内容继续前进,在记忆策略发展方面取得了大量的成果。这些学者喜欢开创不同于前人的研究领域。在人们开始研究记忆策略和元认知之后,他们就转向其他研究内容。参加那次聚餐的学者以及持有类似观点的学者们都停下来开始思考其他问题和寻找新的研究领域。其中有一些人继续研究其他任务情境下的策略运用,包括阅读和写作任务(例如,本章的两位作者就专门研究儿童在阅读时如何运用理解策略,见 Pressley,2000)。更具体地说,研究者们很感兴趣的是对那些有学习障碍的儿童在阅读和写作方面如何进行有意义的策略教学。这些教学常常能够极大地帮助这些儿童的学习(Swanson,1999,2000)。这些研究发现使人们相信关于策略教学的研究对教育教学有重大意义(Pressley,1995)。

尽管如此,从 20 世纪 60 年代到 90 年代关于有意记忆策略发展的研究工作及其成果对认知发展和更广义上的发展心理学做出了具有里程碑意义的贡献,这一点是不可否认的。通过该领域的研究,人们对人脑运作的机制及心理功能随年龄增长而变化的机制取得了相当多的了解。因此本章将总结关于有意识的策略性记忆的研究及随之提出的认知发展模型。

关于基本认知发展的早期研究提出通过教学可以克服策略产生式缺陷。这一观点给当代应用发展心理学家们以很大的启示。这些研究者的工作结果表明,策略对于有关学业知识的认知有较大影响,而且可以通过教学使儿童掌握那些可以改善其认知的策略。不过在讨论这些内容之前,本章将首先介绍关于记忆的一种概括性的信息加工观点,以及记忆发展研究者在 20 世纪 60 年代到 70 年代提出的作为许多问题之基础的一些理论框架。接下来将介绍一种更为全面地涵盖了建构主义、社会认知和动机理论的信息加工模型。我们将重点介绍与先前模型相比,该模型所做的改变和重组。随后将介绍信息加工模型如何帮助人们理解儿童(包括天才儿童、心理发育迟缓的儿童、有学习障碍的儿童)在认知能力方面存在的个体差异。值得注意的是一些研究记忆发展的学者同时也关注特殊儿童的认知特点。再接下来将讨论那些致力于提高儿童阅读、写作及数学问题解决能力的研究者在传授各种策略时是如何根据20世纪60年代至90年代基础理论研究提出的方式进行教学的。我们希望读者们在阅读完本章后能够认识到,尽管记忆发展研究已经不像是在20世纪晚期那样活跃,但是记忆发展研究关于儿童信息加工特点的研究及其成果在21世纪仍将有特别重要的意义,而且其影响将不断扩大。

20世纪60年代的信息加工理论和关于儿童单词表学习策略发展的研究

1966年Flavell和同事开始其研究之时,刚刚出现的认知心理学领域正在热烈地讨论关于记忆的双重模型(Atkinson & Shiffrin, 1968; Broadbent, 1958; Waugh & Norman, 1965)。很少数量的信息(大概7个项目左右)可以在短时记忆中保持很短的一段时间。具体的保持时间大致上等于这些信息得到积极加工的时间长度(Miller, 1956)。以一组图片标签为例,如果人们复述这些标签的程度达到足够的水平,那么这些标签将可以进入并保存在长时记忆中,并且在未来能够被回忆起来。正因为如此,如果一个人要去商店买"鸡蛋、牛奶、黄油和蛋黄酱"。那么可以通过一遍又一遍地复述这些食物来记住,不过复述的时间可能不必很长,因为这之后这些食物的名称将会存储在长时记忆中。

这种新的双重记忆模型取代了20世纪50年代在记忆研究领域占统治地位的联想学习模型。虽然如此,Flavell在开始其关于记忆的研究之后仍然受到联想主义观点的较大影响。W. A. Bousfield(1953)的研究发现,成年人在学习分别属于几个不同范畴的一组单词时常常倾向于把属于同一范畴的几个词集中在一起来记忆,即使这几个词是以随机顺序呈现。这一发现引发了大量研究以探讨学习者是如何根据其联想知识库来组织或重新组织所要学习的材料。

20世纪60年代关于记忆研究的框架性成果激励了发展心理学家以类似于成年人记忆研究的方式来研究儿童的记忆,因此这方面研究大部分都沿用了传统的或者类似于传统的单词表学习范式要求儿童学习单词。在20世纪50年代到60年代,这种传统研究范式往往以参加心理学导论课程的学生为研究对象,要求学生学习涉及不同类别的一组词。事实表明这些研究比较详细地揭示了学生如何运用复述、组织和精加工策略。William Rohwer(1973)的研究就是一个很好的例子。Rohwer以儿童和青少年为被试来研究配对联想学习。研究结果表明,如果儿童把所要学习的配对联想词放在有意义的句子语境中,那么配对词的回忆成绩将显著提高。举个例子,要求儿童学习配对词"熊—篮子"。如果儿童造了一个句子:"这头熊用爪子抓着那个篮了。"那么当单独呈现"熊"这个词时,儿童就会回忆起"篮子"这个词。Rohwer还提出,虽然儿童经过学习知道运用这种策略可以很有效地提高记忆成绩,但是相比之下,青少年主动使用这种策略的可能性更大。

复述策略

在此背景下,关于儿童在单词表学习中使用复述策略的研究就应运而生。大量研究结果表明儿童的确运用了复述策略。如果某个词出现在单词表的开始位置,那么儿童记住该词项的可能性就特别大。因为该词被加以复述的机会更多。具体地说,如果儿童使用了该策略,那么当这个词第一次出现时,儿童就复述一遍;当呈现第二个词时,儿童会把这两个词连起来复述一遍;当呈现第三个词时,儿童会把这三个词连起来复述一遍。这样,最先呈现的那一个词或那几个词将被记得更牢,这种现象后来被称为首因效应。在整个童年期内,首因效应随年龄增长而增强:5 岁到 6 岁的儿童没有表现出显著的首因效应,年龄更大的儿童表现出较显著的首因效应。这一发现表明,年幼儿童不如年长儿童那样能够主动地或完整地复述学习材料。年幼儿童只是在学习材料呈现时才会复述一次。年长些的儿童会不断地复述,而且每呈现一个新材料,就会把先前呈现过的所有材料合在一起复述一遍。许多研究表明,单词表中较早呈现的那些词的回忆成绩和儿童累积复述的程度之间有显著而且一致的相关性(Belmont & Batterfield, 1997;Cuvo, 1975;Hagen & Stannorich, 1997;Kellas, Ashcraft, & Johnson, 1973;Naus, Ornstein, & Aivano, 1977;Ornstein, Naus, & Liberty, 1975)。还有一些实验通过改变实验处理,试图鼓励或阻止复述行为,进而改变首因效应。实验结果再次表明运用累积复述策略可以产生首因效应(例如在 Gruenenfelder 和 Borkowski 的实验中要求被试复述所学习的材料,1957;Hagen, Hargrave, & Ross,1973;Hagen & Kingsley, 1968;Keeney, Cannizzo, & Flavell, 1967;Kingsley & Hagen, 1969;在 Allik 和 Siegel 的实验中,提供给被试学习的时间不足以复述所学的全部材料)。

教学可以有效地提高儿童的复述能力进而提高儿童的回忆成绩,这一发现具有特别重要的意义。研究者们提出儿童在记忆方面常常出现的问题就是不会使用复述策略。只要运用了复述策略,记忆成绩就可以提高。要想让儿童运用这种策略,最重要的是教师和家长要教儿童这样去做。Flavell(1970)把幼儿在记忆方面存在的问题定义为产生式缺陷,即不能产生那些将有助于完成某项智力任务的策略。策略运用教学能够极大地帮助学生,这一重要发现引发了关于策略运用教学的大量研究。它属于基础理论研究,但又与教育实践的应用研究有直接关系。本章稍后将讨论这一点。

关于复述策略的研究还发现并不仅仅是儿童才会出现使用非最佳策略的问题。记忆一组词的最佳方式是累积复述,即每呈现一个新单词后,就把先前已经呈现过的所有单词都复述一遍。在进行回忆测试时,首先回忆起的可能是最后呈现的那几个词,因为它们还保持在短时记忆中。一旦回忆起了这几个词,人们往往就可能从长时记忆中提取出最早呈现的那几个词,因为它们被累积复述的次数是最多的(Barclay, 1979)。通常大学生会运用这种能够快速完成任务的累积复述策略,但儿童一般不会。这种有效的记忆单词表的策略直到成年早期才能完全发展起来。

组织策略

记忆发展研究的另一个方向是要求儿童学习并记忆在语义上相互关联的一组词。举个例子,一组词里有一些是不同种类的水果的名称,有一些是不同用途的家具的名称,还有一些是不同类型的汽车的名称。一般情况下,小学低年级儿童在回忆这些词时完全是按照随机顺序来回忆的,基本上无规律可言,而 10 岁到 11 岁的儿童开始把有语义关联的词连起来回忆。对此一种解释认为儿童利用单词之间的类别关系进行学习(Cole, Frankel, & Sharp, 1971; Moely, Olson, halwes, & Flavell, 1969; Neimark, Soltnick, & Ulrich, 1971)。不过,如果单词之间有明显的语义关联,那么即使是学龄前儿童也可能会根据所涉及的范畴类别来组织和回忆单词(Myers & Perlmutter, 1978; Rossi & Wittrock, 1971; Sodian, Schneider, & Perlmutter, 1986)。此外,如果告诉学生注意单词之间的关系,比方说要求学生在学习单词时把属于同一范畴或相似范畴的词放在一起来记忆,那么学生的回忆成绩可能会提高。这种方法对小学低年级学生也可能有效(Black & Rollins, 1982; Kee & Bell, 1981; Lange & Griffith, 1977; Moely et al., 1969; Schneider, Borkowski, Kurtz, & Kerwin, 1986)。

　　总而言之,随着年龄的增长,小学生在记忆一组可以划分为不同类别的词时对单词的组织水平也不断提高,回忆成绩也随之提高。与幼儿相比,年长些的儿童更倾向于把属于同一类型的词连起来回忆。大量研究旨在探索儿童在回忆单词时对单词的组织水平的提高是否反映了儿童策略性地运用类别信息的水平也在提高。换句话说,儿童注意到这些单词可以归入不同类别并且仔细思考每种类别中的词。还有一种可能是随着年龄的增长,学生关于类别范畴的知识不断增加,在学习单词时会注意到这些单词的类别特征并且自动地把单词和各种实物范例联想在一起。由于学生不是有意识地运用了类别特征信息,因此研究者们认为这是一种知识库效应。也就是说,学生已有的知识经验使他/她能够自动地发现并运用类别信息特征,从而提高了组织水平和记忆成绩。事实上,组织策略和知识库效应两者可能都有助于提高回忆成绩(Bjorklund, Muir-Broaddus, & Schneider, 1990; Ornstein, Baker-Ward, & Naus, 1988; Ornstein & Naus, 1985; Rabinowitz & Chi, 1987; Schneider, 1993)。不过,这种有意识地策略性地运用已经达到自动化水平的知识库的能力是因人而异的。如果学生掌握了关于某一类别范畴的大量的知识,那么学生就更有可能自动地使用这种类别特征信息(Gaultney, Bjorklund, & Schneider, 1992; Schneider & Bjorklund, 1992; Schneider, Bjorklund, & Maier-Bruckner, 1996)。

精加工

　　绝大多数关于精加工策略的研究都是以配对联想词作为学习任务。研究包括两个阶段。首先在学习阶段呈现若干组单词,例如鞋和气球,汽车和糖果,狗和面包等。要求学生记住这些词。接下来在测验阶段呈现每组配对词中的一个,要求学生回忆起这组配对词中的另一个。如果学生没有使用精加工策略,那么这对学生来说将是一项很难的任务。对字词的精加工要求学生创设一个包含了配对词的有意义的语境,例如"这只鞋一踩上去,气球就破了","汽车里很热,糖果都融化了","狗吃了面包"。这种精加工策略能够提高对配对词的回忆成绩。此外也可以要求学生建构一些包含了配对词的表象,例如在头脑中看到一只鞋踢到了一个气球。Rohwer等对儿童运用精加工策略的能力发展进行了大量研究,结果发现儿童基本上几乎不会主动地运用精加工策略。如果教学龄前儿童对字词进行精加工,那么儿童的回忆成绩也会提高。教小学生运用表象化策略也可以提高小学生对字词的回忆成绩(见 Pressley 的综述,1982)。

结论

20 世纪 50 年代到 60 年代关于字词学习和信息加工的研究成果为 20 世纪 60 年代出现的记忆发展研究奠定了基础。以儿童为对象的研究取得了许多有价值的发现。这些研究采用了过去以成年人为对象的研究范式,例如字词自由回忆、字词序列回忆(按照呈现顺序进行回忆)、字词联想回忆等。总的来看,研究发现儿童常常表现出产生式缺陷,即不能自主地运用各种策略。

虽然如此,研究发现如果对儿童施加指导,那么儿童能够学会运用各种策略,包括复述、组织和精加工策略。这一发现表明通过教学可以帮助儿童完成那些仅仅依靠儿童的自觉将不可能完成的任务,这为认知策略教学研究奠定了基础。同时这也意味着,通过教学学会了一些策略后,学生并不总是一直坚持运用这些策略或者把这些策略迁移到其他情境中去。随着本章内容的不断扩展,后面将详细讨论这一方面。

有必要提出的是,过去几十年间关于记忆发展的基础研究发现了包括产生式缺陷在内的若干种缺陷,例如 Reese(1970)提出了中介缺陷的概念,是指儿童虽然产生了某种策略,但该策略并不能提高学生的记忆成绩。不过关于记忆发展的文献中几乎没有研究成果支持 Reese 提出的这种缺陷(Waters, 2000)。与中介缺陷稍有不同的是利用缺陷,是指幼儿虽然能够像更年长儿童那样运用某种策略,但却不能借助这种策略获得同样多的益处(Bjorklund, Miller, Coyle, & Slawinski, 1997;Miller & Seier, 1994),或者是指学习能力低下的学生虽然可以像正常学生那样运用某种策略,但却不能借助这种策略获得同样多的益处(Gaultney,1998)。同样地,几乎也没有研究成果支持这种缺陷(Waters, 2000),在通过纵向分析而非横向比较时尤其如此(Schneider & Sodian, 1997)。这意味着在许多情境下儿童似乎能够运用策略却不能从中受益,这足以表明利用缺陷的存在。但是为什么会存在利用缺陷? 目前还没有明确的回答。存在一种可能性,就是儿童在学习阶段可能通过运用策略建构了一种认知中介物,但在测验阶段没有使用该策略。这一假设已经得到了一些研究结果的支持。例如有研究结果支持了提取缺陷的存在(Kobasigawa, 1977;Pressley & Levin, 1980; Pressley & MacFadyen, 1983)。虽然有一些研究关注于中介缺陷、利用缺陷和提取缺陷,但是关于这些缺陷的研究没有关于产生式缺陷的研究那样多。以下将列举大量证据表明儿童常常不能发展出一种可以使其受益的策略。

也许令许多人惊讶的是,到目前为止几乎没有研究是以学前儿童为对象,原因之一是在过去相当长的一段时间学前儿童不是策略研究的重点对象。关于复述、组织和精加工策略的早期研究中隐含的一个结论是学龄前儿童不能够产生认知策略,因为从幼儿园及一年级儿童的行为表现中几乎看不出任何策略性行为。但是 Brown 及同事们(Brown & DeLoache, 1978;DeLoache, 1980)指出这可能是因为 5 岁到 6 岁儿童在记忆研究中都表现为不会使用策略。对这些年龄段的儿童来说,研究中使用的字词回忆和联想记忆任务可能太陌生了。对小学生而言,这些任务在某些方面类似于学校里学习过的任务,因此不会像学前儿童那样感到困难。事实上如果向学前儿童提供其熟悉的情境,那么学前儿童往往也能够使用策略。

善于产生各种策略的学前儿童(至少在某些时候如此)

因为童年早期的确存在记忆,因此从概念上看,非常有必要对 0 岁至 5 岁儿童的记忆进行研究以作为对更年长儿童记忆研究的补充,并在本章开始部分加以介绍。20 世纪 70 年代到 80 年代出现了大量以婴儿为对象的记忆研究(见 Rovee-Collier & Gerhardstein,1997)。因此那些对于学前期(例如 2 岁到 5 岁)策略记忆发展感兴趣的研究者们开始修改实验任务以适应婴儿的特点(Daehler & Greco,1985)。事实上许多研究发现已经证实如果向学前儿童提供的记忆任务类似于他们在童年早期真实生活中遭遇过的问题,那么学前儿童也是会运用策略的。

提取被隐藏的目标

通过观察学前儿童在捉迷藏游戏中的表现可以研究学前儿童的策略运用能力,这已经被证明是一种很好的方式。研究结果表明至少在某些情境下学前儿童是会运用策略的,尽管在其他情境下不应该运用这种策略。关于这方面的研究最早见 Ritter(1978)通过实验考察在运用提取线索是做出适当行为的必要条件的情境下,学前儿童是否能够运用提取线索策略。参加实验的儿童围坐在一张可以转动台面的桌子边。桌面上放着 6 个盖着盖子的杯子。儿童的任务是指出藏在某个杯子里的糖果。桌面转动的速度很快,因此儿童不可能一直清楚地看到藏有糖果的那个杯子。研究者向儿童提供一些纸夹和金色星星。研究者以间接提问的方式告诉儿童:"有什么东西可以帮助你们很快地找到糖果吗?"如果儿童认为有必要,就可以使用这些工具来标明哪个杯子里藏着糖果。如果儿童没有使用这些工具,研究者提出的问题会越来越直接,比方说,研究者指着纸夹和星星问:"这些东西能不能帮助你?"直到"你想不想把这些东西留在原处,或者放在其他什么地方?"

研究结果发现,对于最间接的提问方式,所有 3 年级学生都会使用这些工具来做标记,而所有学前儿童都不会使用这些工具。总体来看,学前儿童的年龄越小,促使其将这些工具作为标记的提问方式就应该越是直接明了的。但是在 3 岁到 4 岁半的儿童中,超过 1/3 的儿童在最直接的提示出现后也没有运用提取线索。其他研究者通过类似的研究也得到了与 Ritter(1978)非常类似的发现。这些发现证实在学前阶段,如果希望儿童运用提取线索,那么这种策略性地运用提取线索的行为肯定需要教师或家长的引导(Beal & Fleisig, 1987; Whittaker, McShane, & Dunn, 1985)。

与 Ritter(1978)的游戏问题相比,DeLoache、Cassidy 和 Brown(1985)的研究设计的提取情境是幼儿更为熟悉的活动。研究的背景场所是在卧室。研究者当着儿童的面把一个玩具娃娃藏在睡床的枕头下面。如果告诉 1 岁半到 2 岁的幼儿过一会儿他们需要找出这个娃娃,那么幼儿会一直盯着枕头看!在幼儿一直等着找出枕头的过程中,即便向幼儿呈现一些很有趣的玩具以吸引幼儿的注意力,这些幼儿仍然会不断地回头看看那个枕头。该研究采用了严格的实验设计和实验控制,得出了如下结论:幼儿能够使用记忆策略。如果玩具就放在床上一眼可以看得到,那么即使幼儿知道过一会要去找这个玩具,他们也不会时不时地回过头去看看,因为这种情况下不需要记忆的参与。这一研究结果清楚地表明,至少在某些时候,如果在熟悉的情境下呈现熟悉的任务,那么即使是 2 岁的幼儿也明显地会运用策略。抚养过幼儿的人都知道,在屋子里寻找玩具对一个 2 岁的孩子来说是经常要做的活动。20世纪 80 年代的大量研究发现也表明,在玩捉迷藏的游戏时,3 岁及以上年龄的儿童很明显地都会使用一些策略。

记忆教学

假设有以下两种情境:给儿童呈现一些材料并告诉儿童要记住这些材料,或者呈现材料但不说明要记住这些材料。如果儿童的表现有差异,那么可以推论儿童在其中一种情境下有意识地使用了一些策略。Baker-Ward 等的研究结果(1984)强有力地表明,如果明确要求学前儿童记住某件物品,那么儿童更有可能使用各种记忆策略。具体的研究内容如下:研究者向 4 岁、5 岁和 6 岁的儿童呈现许多玩具,同时告诉儿童可以拿起这些玩具来玩。告诉记忆组的儿童要记住其中一些玩具。观察发现记忆组的儿童用在拿起这些玩具来玩的时间相对而言更少,更多的时间是念出要记住的玩具的名称。这意味着儿童在使用记忆策略。在记忆组的 3 个年龄段儿童中,只有 6 岁组的儿童表现出更好的记忆成绩。这说明学前儿童存在利用缺陷,换句话说,虽然学前儿童可能会运用记忆策略,但这种策略对其记忆成绩并没有多大的帮助(Miller & Seier, 1994)。此后有许多研究都得到了类似的结果。这表明学前儿童在学习一组材料时能够运用策略,但这些策略并不总是能够有效地提高其记忆成绩(见 Lange,Mackinnon, & Nida,1989;Newman, 1990)。

小结

研究记忆发展的学者们得到的发现是学前儿童在面对熟悉的任务,例如儿童在玩玩具时的确会运用策略。正如关于小学儿童运用记忆策略的研究那样,以往关于学前儿童运用策略的研究相对来说几乎没有。当然这并不是说没有关于记忆的研究。事实上已经有相当多的关于学前儿童记忆发展的研究。这一点在下一部分关于记忆成分发展研究的介绍中将清楚地看到。只有了解了记忆成分之后,才有可能提出一个更完整和更具情境性的策略使用与发展模型。

有意识地运用策略进行记忆的信息加工模型:理解策略运用和策略教学所必需的要素

关于记忆策略随年龄而发展的许多研究都发现,有许多因素影响着有意识记忆策略的运用。这些发现不仅有助于理解儿童的信息加工过程,而且有助于理解策略教学如何能够

工作记忆/短时记忆

关于人类认知的一个基本问题是人脑在同一时刻可以处理多少信息。这个问题之所以重要是因为人类思维技能在很大程度上取决于有意识地处理信息的能力。尽管关于人类信息加工的各种理论都包括了短时记忆结构，但是不同模型对短时记忆结构的功能机制持有不同的观点。有些模型认为，短时记忆是一个被动的容器（见 Atkinson & Shiffrin, 1968）。还有一些模型强调短时记忆的注意功能，主张短时记忆的作用远不止储存信息（见 Cowan, 1995; Kahneman, 1973）。还有一些模型则更强调短时记忆的心理活动功能，把短时记忆称为工作记忆（见 Baddeley, 1987）。在一些更复杂的模型中，工作记忆被划分为一些更小的成分，例如工作记忆由一些独立的成分（包括言语和视空间的工作记忆）构成，从而把言语的和非言语的信息组块以某种形式组织在一起（见 Logie, 1995）。

通常研究者们考察短时记忆能力的方式是以每秒一条的速度呈现一系列材料，要求被试记住这些材料。一般情况下，成年人能够回忆起的材料数量是 5—9 项，平均是 7 项（Miller, 1956）。即使是年幼的学龄前儿童也能够记住 1—2 项材料。这种记忆能力会随着儿童年龄的增长而提高（Dempster, 1981）。发展心理学家们进行了大量的研究以探讨短时记忆能力随年龄增长而提高的原因。他们想知道记忆成绩的提高是否意味着更加基本的心理能力或者其他某种能力的提高。举个例子，一种可能的原因是短时记忆成绩的提高取决于个体进行信息加工的速度。与信息加工速度较快的人相比，信息加工速度较慢的人不容易注意到同样多数量的信息。根据这种观点，信息加工速度随年龄而增加加快的事实可以解释为什么短时记忆能力会随年龄而增加提高（见 Kail, 1995, 1997a, 2000; Kail & hall, 2001）。但是到目前为止，关于短时记忆能力会随年龄而提高的原因还没有定论（见 Schneider & Presssley, 1997, 第 3 章）。

尽管在考察短时记忆能力的任务中儿童的记忆成绩在整个童年期出现随年龄增长而提高的现象，但是每个年龄阶段的儿童在短时记忆能力方面都存在着个体差异。有些儿童更善于记住较多的信息。根据短时记忆能力的个体差异和发展特点，那些与同龄人甚至更年长儿童相比短时记忆能力更强的儿童能够更有效地运用各种需要付出相当多的心智努力的记忆策略（Guttentag, 1989; Kee, 1994）。这就是说，在运用记忆策略的能力方面存在的各种发展性差异中，至少有一部分差异可以用短时记忆能力方面的个体差异来解释。这一可能性已经通过表象策略研究得到了证实。

举个例子，在学习字词时，与小学低年级学生相比，要求使用表象策略的指导语对小学高年级学生的帮助更明显（见 Pressley 的综述，1977）。Pressley 等（1987）考察了这种发展特点能否用小学生在短时记忆能力方面的个体差异来解释。研究以 6 岁到 13 岁儿童为对象，要求儿童学习一些描述了许多生动的易于形成表象的动作的句子，例如"这只愤怒的鸟儿对着那只白狗狂叫"，"那个胖小子带着一只灰色气球在跑"。要求表象组的儿童在头脑里形成各种生动的能够表现句子意思的画面以记住这些句子。控制组的儿童则仅仅需要尽量记住这些句子。与以往研究结果一致的是,表象指导语对年长儿童有效,但对幼儿无效。Pressley 等还发现在年长儿童中,表象组的儿童的句子记忆成绩高于控制组的,但在幼儿中没有发现这种差异。更重要的一点是短时记忆能力的个体差异可以解释表象组的儿童的成绩,但不能解释控制组的儿童的成绩。在表象组的儿童中,与那些短时记忆能力相对较弱的儿童相比,短时记忆能力较强的儿童的回忆成绩更好。但在控制组的儿童中没有发现短时记忆能力与回忆成绩之间存在关系。Cariglia-Bull 和 Pressley(1990)的研究得到了相同的结果。这进一步支持了早期研究的发现,即儿童在短时记忆能力方面的个体差异至少可以部分地解释有表象指导语的条件下回忆成绩随年龄增长而提高的个体差异。

Kail(1997b)将信息加工速度、儿童的表象化技能和需要表象参与的短时记忆任务上的成绩联系起来做了一次分析。分析结果支持了以下假设:如果以需要较高能力的心理过程,例如产生表象为中介,那么短时记忆能力对儿童的记忆有重要影响。类似地,Woody-Dorning 和 Miller(2001)以幼儿园及小学一年级学生为对象,对选择学习水平进行了分析。结果表明,短时记忆能力缺陷可以解释某些儿童表现出来的利用缺陷:一些儿童产生了选择策略但并没有因此而受益。

策略知识是一种程序性知识

人们刚刚学会了一种策略后需要付出极大的意识努力来运用该策略。只要观察一名正在参加记忆策略教学实验的小学低年级学生,您就会明白,对于许多学生来说,必须运用所有的心智努力才能完成任务。这些任务包括复述一长串单词,运用组织策略把要学习的内容有效地储存在记忆库中,或者是在不存在明显关联的配对单词之间建立起有意义的语义关系。当然学习任何一种技能都是如此。经过一个多世纪的研究,实验心理学家们反复证实了练习有助于人们更快更好地掌握技能,因此完成某一个程序或动作所需要的工作记忆就越少(Johnson,2003)。

教师在教儿童学习策略时必须牢记一点:掌握策略就像掌握任何一种技能一样,刚开始时都必须在非常有意识的条件下运用策略,要求儿童付出极大的注意力。随着练习次数的增多,策略运用逐渐变得自动化,需要付出的意识努力也越来越少(Anderson,1980,1983)。事实上,木章以下将介绍许多例子来说明认知策略教学需要向学生提供大量的练习机会。这也是当代应用研究的重要发现之一,即要想有效地运用所学到的策略,就必须多加练习。

元认知

元认知是指一个人关于自己的思维及思维过程的知识和意识(见 Flavell,1981)。对于思维的自我调节来说,这种意识是非常重要的(McLormick,2003)。因此有一种元认知就是知道在何时以何种方式运用各种策略,以及在新情境下如何运用这些策略(Flavell,1979;Paris & Winograd,1990;Pressley et al.,1987,1989)。就记忆策略来说,只要呈现的信息是可以分为不同范畴或类别的,那么元认知能力强的儿童就知道可以运用组织策略来学习这些信息(Pressley et al.,1987,1989)。换句话说,迁移的成功与否在很大程度上取决于学习者是否知道在何种条件下运用某一策略,以及如何运用该策略来完成新任务。这些是策略教学的关键点(见 O'Sullivan & Pressley,1984;Pressley et al.,1987,1989)。如果鼓励学习者思考某一策略有效的原因是什么,并且给予相关的指导,那么学习者就更有可能理解并成功地在新情境下运用该策略(Crowley & Siegler,1999)。随着年龄的增长,所学策略的迁移水平也不断提高,尽管这种迁移几乎不可能达到百分之百的程度(关于真正实现的迁移和可能实现的迁移之间的差别,见 Pressley & Dennis-Rounds,1979)。有效的策略教学将使学习者能够并且愿意做到策略迁移。典型的策略教学应包括某一策略产生的效果以及在什么情况下运用该策略(Pressley,Borkowski, & O'Sullivan,1984,1985)。

对于有效的策略运用而言同样重要的另一种元认知形式是知道在完成一项任务时该怎样做,例如意识到自己没有学习得足够好以面对即将到来的考试,或者是意识到自己没有理解正在阅读的材料的意思。这种意识被称为监控。意识到所学的或所理解的还不完整,这将是提示人们去运用策略的一条重要线索,比方说决定学习更多的知识,或者是决定重新读一遍材料。因此监控对于认知策略的自我调节运用是非常重要的(Markman,1985)。许多研究都发现人们往往是不成功的监控者(见 Dunning,Johnson,Ehrlinger, & Kruger,2003)。例如,小学低年级儿童常常认为自己对考试的准备程度好于其实际的准备程度(Kelly,Scholnick, Travers, & Johnston, 1976;Levin, Yussen, DeRose, & Pressley, 1977;Monroe & Lange,1977)。有时候儿童自认为已经理解了文章的意思,但实际上却没有(Markman,1985)。当儿童的监控出现偏差时,老师应该鼓励儿童注意那些有助于其发现真实情况的线索。此外儿童还需要把这些线索解释为付出更多的努力而不是相信任务太难而放弃努力(Meichenbaum,1977;Weiner, 1979)。

某些策略有一种内置的监控成分。如果儿童会运用累积复述策略但却记不住要学习的材料,那么很清楚,这名儿童没有真正学会这些材料。如果儿童不能把刚刚读过的故事复述出来,这就说明儿童没有很好地理解这个故事(见 Thiede & Anderson, 2003;Thiede, Anderson, & Therriault, 2003)。关于监控研究的一个非常重要的发现是通过练习测试可以准确地了解人们是否已经做好了充分的准备。人们在练习测试开始之前往往会认为自己能够通过测试。如果在练习测试中感到有困难,那么人们就会意识到自己喜欢运用的那些策略并没有起作用。这将激励人们采用其他策略(Pressley & Ghatala, 1990;Pressley, Levin, & Ghatala, 1984)。当学生尝试着学习或理解一段材料时,如果学生的监控能力不够强,那么就应该鼓励学生进行自我检测。如果学生的学习和理解不全面,那么通过这种自我检测,学生就会知道自己的不足之处。

有时候那些能够适当地将所掌握的认知策略进行迁移的学生也被称为元策略型学生(Kuhn,1999,2000a, 2000b)。关于策略迁移的机制,目前研究得较深入的学者是 Kuhn (2001,2002)。首先,与20世纪60年代到70年代出现的记忆策略教学概念不同的是,Kuhn发现儿童在一项任务情境中往往有几种不同的策略可供选用,这与 Siegler 的观点是一致的。Siegler 认为在发展的某些特定时间点上,儿童更有可能运用其中的某些策略(Siegler,

1996，2000)。以简单的自由回忆任务为例。儿童可能是简单地听、一次一个地说出呈现的材料的名称,反复说几遍;或者可能以累积方式复述所呈现的材料,即每增加一个新材料,就把已经呈现过的材料全部复述一遍;或者可能是形成一个包括了所有材料在内的表象或故事。

举个例子,5岁儿童通常只能在一个材料呈现之后立即对该材料进行命名。但是有些情况下,5岁儿童可能会运用不成熟的累积复述策略,对刚刚呈现的材料及其之前的一个材料进行命名。所有材料都呈现完毕后,儿童开始回忆。回忆测试本身可能会提高意识水平,如元认知。儿童能够更清楚地意识到任务目标是记住所有的材料。儿童在回忆这些材料时可能会注意到某些材料被记忆得更好,比方说,得到累积复述的材料被记得更清楚。如果儿童思考这一现象,那么他/她关于运用不同策略及可能带来的效果的知识将很有可能会发生变化并影响今后对策略的运用。因此,如果一天之后再做一次类似的学习任务,那么学生从先前经验中发现了累积复述的效果,于是运用该策略的可能性会更大。随着儿童成功地回忆起所学的材料,学生对该策略有效性的意识不断增强,理解程度不断提高。其结果就是学生在类似情境下最有可能运用的策略就是这种累积复述策略。总之,学生会形成自己的一套理论,决定如何更好地完成任务,以及哪些策略可以用来完成任务。这些理论推动了学生的策略运用。不过,随着策略运用和测试的进行,学生有许多机会来反思自己的策略运用,并不断地修正自己关于哪些策略将有助于完成当前任务的知识。这种不断提高的知识将帮助儿童更多地运用那些以往很少用到但很有效的策略,并减少运用那些先前用过但不怎么有效的策略。

Kuhn(2001,2002a,2002b)主张元策略是策略选择的推动因素之一的观点与元认知在中介策略选择中的作用的经典观点是一致的(见Borkowski et al.,1990)。Kuhn认为导致策略运用方面出现的变化的原因在于儿童关于策略及任务的体验、关于任务性质的理解、关于哪些策略可以用来完成哪些任务的理解等发生了变化(见Kuhn的综述,2001,2002a)。借助微观发生法可以理解上述变化过程(Siegler,本手册,本卷,第11章)。微观发生法包括观察学生在多次尝试的过程中如何运用并改变策略以完成类似的任务,并且记录学生关于所用策略的知识发生了哪些变化,比方说,元认知方面的改变将影响学生所掌握的能用于当前任务的那些策略在今后的运用。

学生关于各种策略的知识中最重要的一些信息就是这些策略在特定情境下能够改善作业成绩。这种元认知知识进一步促使学生把有效的策略从先前遭遇过的任务情境中迁移到新的类似的任务情境中去。事实上,关于策略教学的研究最重要的发现之一就是,如果告诉学生某一策略是有效的,那么学生继续运用该策略的可能性将有所提高(见Pressley et al.,1984,1985;Schunk & Zimmerman,2003)。如果学生能够成功地运用并发挥该策略的效果,那么学生继续运用该策略的可能性将明显提高。换句话说,学生必须首先形成足够的自我效能感,然后才会运用所学到的策略(Schunk & Zimmerman,2003)。

关于世界的常识性知识

学生如果没有掌握足够多的关于世界的常识性知识,就不能有效地运用某些策略。以精加工策略为例。假设要求学习以下关于加拿大的几个事实：棒球运动最早开始出现在渥太华省；卡车司机人数最多的省是哥伦比亚省；最早的博物馆建在渥太华省。随着更多的事实不断呈现，即使是加拿大本国学生也会感到有些吃力。不过加拿大本国学生可以使这个任务变得比较简单，方法是每呈现一个事实，就问自己一个问题，比方说，为什么要说这个事实发生在该省？何有意义吗？只有对那些掌握了大量关于加拿大的背景知识的人来说，该策略才能有效地提高其学习效果。如果要一位德国人运用该策略来学习关于加拿大的知识，那么这位德国人的学习效果不会有任何改善（Woloshyn, Pressley, & Schneider, 1992）。类似地，如果要德国人学习一些关于德国各州的事实，那么该策略将可以使学习者受益（Woloshyn et al. , 1992）。Martin 和 Pressley（1991）分析了这种提问能够产生如此效果的各种可能原因，认为这种提问策略鼓励学习者把正在学习的知识与先前已经掌握的相关知识联系起来。而在没有提问的情况下不会自动地出现这种知识之间的联系。因此鼓励学生问一问正在学习的知识有何意义，这种方法能够很有效地提高学习效果，但其前提条件是学习者已经掌握了大量的相关知识，能够回答自己提出的问题。

有许多策略都取决于学习者先前已经掌握的知识。学习者如果没有掌握那些用于组织所学新材料的类别知识，就不能运用组织策略来学习新材料。本章后面将要讨论的一种常用的阅读策略是根据题目和插图来预测文章中将要出现的内容。只有当学习者掌握了关于文章题目的一些知识时，学习者才有可能进行预测。类似地，老师常常教学生在阅读时把文章中出现的观念与学生已经知道的知识联系起来。只有当学习者掌握了相应的知识后，才能运用这一策略。

知识不仅是策略运用的前提条件，而且能够代替策略运用。Siegler 及同事在这方面的研究成果特别有启示意义（见 Siegler 的综述, 1996）。以拼写单词为例。假设你现在要一年级和二年级的学生拼读出一年级学生学过的一些单词，如月亮、鱼、小狗等。学生可能通过两种方法来完成这个任务。一种方法是大声读出每个单词，另一种方法是从长时记忆中提取出适当的拼写形式。如果学生知道这个单词，那么通常就会采用第二种方法。Ritter-Johnson 和 Siegler（1999）发现一年级学生更倾向于使用拼读策略，而二年级学生更倾向于从先前知识中提取这些单词。与拼读策略相比，提取策略更容易也更快。Siegler 等的这些研究发现都有一个明显的共同点：在任何一种任务情境下，儿童都不会始终使用同一种策略。还是以拼读为例。儿童有时候大声拼读单词，有时候从记忆中提取单词。类似地，对于算术问题（例如 $5+4=?, 7-3=?$），儿童有时候运用计算策略，而有时候仅仅根据自己已有的知识就知道答案是多少（Steel & Funnell, 2001）。Barrouillet 和 Fayol（1998）进一步证实随着儿童关于某种算术问题的经验越来越多，儿童的年龄越大，从记忆中提取答案的倾向越明显。对于基本记忆问题，有些儿童即便使用了非常有效的策略，比方说在学习配对关联词时进行某种形式的精加工，有时候也会使用不那么有效的策略，比方说一遍又一遍地重复配对关联词（Pressley & Levin, 1977）。在下一节中将看到，在很多情况下往往都是混合运用各种策略。但是如果混合运用策略涉及从一种不怎么有效的策略换为一种更有效的策略，那么就会出现例外情况。举个例子，Schlagmueller 和 Schneider（2002）发现，8 岁到 12 岁儿

524

童在学习一组分别属于不同范畴的词时,如果刚开始没有使用范畴化或群集化策略,那么也可能会突然地就使用这种策略,并且从那时起一直坚持使用该策略。还有一些研究结果支持以下观点:学习能力强的人更有可能坚持使用有效的策略而不使用那些不怎么有效的策略(Coyle,Read,Gaultney,& Bjorklund,1998)。

不过总的来看,这方面研究成果告诉了人们一条重要警示:随着学生头脑中知识库容量的扩大,学习者会越来越多地依赖自己已知的知识而不是通过运用策略来解决问题。尽管学习者可能会在给出答案后再来运用策略,但这样做仅仅是为了求证其结果是否正确(Steel & Funnell,2001)。即使是那些有技巧的学习者,随着知识量的增多,他们的思维方式也会发生上述变化。因此在学习课程,例如学习一门法学课程的初期,学生们更多的是运用策略来理解所阅读的材料,这时不怎么需要依赖其已有的知识。然而,随着学习的深入,学生越来越多地把正在学习的知识与法学领域的其他知识联系起来,更有可能通过思考已掌握的知识来对新信息进行精加工(Stromso,Braten, & Samuelstuen,2003)。

人们关于世界的常识性知识在生命早期阶段就开始形成并不断发展。20世纪上半叶学术界普遍认为幼儿(1岁半到2岁)还没有形成记忆,或者即使有记忆也会很快被遗忘。Piaget主张在婴儿期儿童尚未发展出记忆材料所必需的符号化能力。Freud(1963)则主张,在童年期被加以编码的事物最终会被抑制进入无意识。到了20世纪中期,Fantz(1956)指出婴儿偏爱新奇的视觉刺激,这意味着只有在婴儿能够记住先前经历过的某些刺激的条件下才会出现这种偏爱。此后大量研究发现都支持了婴儿具有视觉模式记忆的观点(Fantz,1956)。Decasper和Spence(1986)关于注意偏好的研究发现儿童能够记住出生在母亲子宫里听过的声音。这就是说婴儿在出生前可能已经有了某种记忆。

1周岁的婴儿开始能够记住一些系列事件,比方说一种简单的操纵玩具的动作(Carver & Bauer,1999,2001)。此后这种能力在整个童年早期迅速发展。Bauer、Wenner、Dropik和Wewerka(2000)发现,在32个月大的幼儿中,大约有67%的幼儿能够回忆起一年前经历过的某个事件。有许多情境因素会影响儿童关于系列事件的回忆(见Bauer,2003;本手册,本卷,第9章)。与无规则的序列事件相比,儿童更有可能记住有逻辑顺序的序列事件。此外,如果反复多次体验某个系列事件,那么会记忆得更好。主动参与到该系列事件中去也会提高记忆效果。最后,在记忆测试中提供一些提示信息也会使儿童的回忆成绩更好。

2岁儿童能够记住生活中发生的许多事件。要一名2岁半的儿童回忆他/她在半年前去急诊室看病时发生的事情。这名儿童能够回忆起很多内容(Peterson & Rideout,1998)。事实上,3岁儿童能够回忆起曾经参加过的许多活动。从制作饼干到去迪斯尼乐园玩。此外,儿童对经常重复发生的事件,比方说生日聚会和去麦当劳吃汉堡等,会有非常详细的记忆(见Fivush的综述,1997)。从幼儿园毕业几年之后,儿童仍然能够记起在幼儿园发生过的事情(Hudson & Fivush,1991)。这表明儿童的经历在很大程度上决定了儿童关于世界的常识性知识,换句话说,儿童经历过什么,往往就知道了什么。

不过,除获取经验之外,是否有机会谈论所经历的事件也会影响幼儿对这些事件的记忆,或者至少影响幼儿提取并谈论这些事件的能力。如果母亲向子女说起孩子在年幼时发生过的许多事情,或者向子女提问并对子女的回答加以复述,或者常常鼓励子女谈论生活中发生过的事情,那么儿童就能够更好地谈论过去经历的那些事情(Bauer,2003;Fivush,1994,1997;Nelson,1993a,1993b)。儿童会记住自己与别人谈论过的内容。人际交流对于知识库的形成有非常重要的作用。

衡量一个人关于世界的常识性知识是否丰富,一个指标是他/她掌握的词汇量的大小。儿童的词汇量可以很好地反映儿童理解生活中新颖事件的能力,比方说,理解新课文的能力(Venezky,1984)。Hart 和 Risley(1995)关于学前期儿童词汇发展的研究结果表明,经验决定了学前儿童关于世界的常识性知识的发展。研究者对学前儿童及其家长进行了长达 2 年半的家庭观察,以儿童完整说出第一个词为观察起始点。对 42 个家庭长达 1 300 小时的观察数据中,最惊人的差异是父母的受教育程度对儿童词汇发展的显著影响。父母均接受过高等教育的儿童每小时听到的词汇量超过 2 000 个,其中有许多是在父母与子女的对话中听到的。与之相比,父母均为工人的子女每小时听到的词汇量大约是 1 200 个,而且父母与子女进行对话的频率相对较低。父母均失业且接受社会福利救助的子女每小时听到的词汇量大约是 600 个,而且父母与子女进行对话的频率相对最低。从言语交流的质量上看,均接受过高等教育的父母对子女说的话会做出更多的反应,其次是工人父母,最少的是失业且接受社会福利救助的父母。在教育子女不应该做哪些事情方面,与前两者相比,失业且接受社会福利救助的父母对子女的教育不怎么恰当。

在 Hart 和 Risley 的研究中,来自不同类型家庭的 3 岁儿童掌握的词汇量出现了明显差异。与父母均失业且接受社会福利救助的家庭中掌握词汇量最丰富的子女相比,父母均接受过高等教育的家庭中词汇量最少的儿童知道的单词量仍然更多一些。当这些儿童到了 9 岁和 10 岁时,研究者又做了一次追踪调查,发现学前期词汇的发展与阅读能力之间存在很明显的相关。该研究在近年间备受关注。人们以此为证据提出,学前期的言语交流经验在很大程度上决定了儿童知识的发展,进而影响儿童今后的心智能力。此后许多实验进一步支持了这一观点。这些实验结果表明,如果父母学会如何通过书面材料与学龄前儿童进行交流,比方说在读故事书时怎样向儿童提出问题、怎样对儿童发表的意见和提出的问题做出反应等,那么儿童的语言发展将会有改善,特别体现为儿童掌握的词汇量的扩大(Whitehurst et al.,1988,1994)。总之,来自各方面的证据都表明,关于世界的常识性知识对儿童的记忆和智力能力非常重要。这种知识部分地取决于童年早期的言语交流经验。

结论

关于儿童运用策略来提高记忆效果的开创性研究出现后的十年间,研究者们进行了许多研究以了解学龄前儿童在记忆任务中是否会运用一些策略。结果发现,至少在熟悉的情境下,当面对简单的记忆任务时学龄前儿童会运用策略。不过,当面对比较的复杂的字词学习任务时,几乎没有证据表明学前儿童会运用策略来提高记忆效果。这些研究得到的一个结论是学前期形成的记忆往往是不牢固的。儿童只是在特定情境中才能成功地运用一些策略。

养育过小孩的人都会发现这个结论似乎存在问题。学龄前儿童似乎能够记住很多东西。Bauer(见本手册,本卷,第 9 章)及同事发现儿童在能够说话之前就在学习生活中经历过复杂的序列事件。实际上,如果把 Bauer 的研究与知觉识别研究合起来,就会清楚地看到,儿童在出生前就已经开始形成并发展其知识库了。

Nelson(1993)和 Fivush(1994)等详细地分析了儿童形成的这些记忆涉及哪些事件、父母与子女间的言语交流如何能够巩固并细化儿童关于重大生活事件的记忆。Hart 和 Risley(1995)详尽地观察了学龄前儿童在家庭中的行为,结果表明子女与父母之间的言语交流的丰富程度与子女关于世界的常识性知识的发展之间存在明显的相关。

Whitehurst 及同事(1988,1994)通过实验研究发现,儿童与父母的言语交流和儿童的语言及知识发展之间存在因果关系。这些研究向人们提供了新的思路来看待策略教学与儿童的发展。父母可以通过图书与儿童进行交流。这一建议引发了亲子交流方式的变化。亲子交流方式不同,儿童词汇知识也会不同。通过分析能够改善儿童心智能力的示范型学前环境(见 Eckenrode, Izzo, & Campa-Muller 的综述, 2003),比方说, Perry 学前计划 (Hohmann & Weikart, 2002)和 Carolina 教学法(Martin-Johnson, Attermeier, & Hacker, 1996),人们发现这些干预措施的核心特征之一是教成年人学会如何与儿童进行互动式的交流以丰富成年人与儿童之间的交流,并且鼓励儿童参与旨在儿童关于世界的常识性知识的心智扩展活动。

很重要的一点是区分有意识记忆和伴随有意识活动而形成的记忆(Bauer,见本手册,本卷,第 9 章)。虽然学龄前儿童有时候会有意识地去记忆一些内容,例如确认自己记得玩具放在什么位置,但更多的情况是儿童记住的内容附属于儿童当时真正的行动目标。儿童说话的目标是为了与人沟通,但在说话的过程中父母对所谈论的内容赋予了某种言语标签。儿童附带地记住了这些言语标签(Bloom,2000)。从这一意义上说,学龄前儿童附带地掌握了大量信息。

总体上看,20 世纪 70 年代到 90 年代关于儿童记忆的一个重要发现是如果学龄前儿童的生活经历中出现了大量的概念,那么学龄前儿童就能够发展出丰富的关于世界的常识性知识。研究分析清楚地表明,与他人进行广泛且富有意义的交流将深刻地影响儿童对将来可能出现的各种挑战,例如学校学习,所做的准备程度。与词汇量较少的儿童相比,那些在入幼儿园时就已经掌握了丰富词汇的儿童在进入小学后,对学校学习生活有更充分的准备,包括以自我调节的方式去运用学校里传授的各种策略,学业发展也可能更顺利。

策略运用和信息加工过程的各要素之间的协调操作

包括记忆策略在内的各种策略要想达到自我调节运用的水平(Alexander & Schwanen-flugel,1994;Demarie & Ferron, 2003),就要依靠在信息加工过程的各要素之间实现协调合作。这些要素包括策略、元认知、动机、已有知识等。虽然过去十年间关于儿童基本记忆的研究热情不断减退,但在其他领域中策略运用的研究热情却在不断增强。本章以下部分将讨论几种重要的研究趋势。其中一种是文本加工过程,即人们以何种方式理解并记住所阅读的材料。有较高阅读技巧的成年读者在对文本进行加工时明显地运用了策略。相关的证据来自关于阅读过程的出声思维报告研究。被试在阅读过程中要大声说出自己正在思考的问题,即出声思维报告法(Pressley & Afflerbach, 1995)。成功的阅读者能够综合运用各种策略以理解所阅读的材料。这就是说成功的阅读者往往是元策略型的。此外阅读者的已有知识和各种策略运用之间存在明显的交互影响。

那么有较高阅读技巧的读者是如何理解阅读材料的?通常他们会设定一个阅读目标,比方说为了准备与该材料有关的一次演讲而搜集资料。他们会快速地浏览全文,也许还会区分出哪些部分该泛读,哪些部分该精读。他们可能会激活已有的知识,比方说在阅读一篇介绍某种新型喷气式客机的乘坐舒适性的报告时,他们可能会回忆起自己过去乘坐客机时体验过的舒适感。浏览全文后,许多读者会根据标题来预测正文可能出现的内容,看一看标题和插图。

接下来开始正式阅读。读者往往会选择性地进行阅读,比方说浏览某些部分、跳过某些部分,仔细阅读那些自认为是最重要的或者最有新意的部分。在阅读过程中可能会做读书笔记或总结,或者中间停下来思考与自己的阅读目标特别有关系的那部分内容,或者会重新考虑自己在开始阅读之前对文章内容做出的预测,并对下文内容重新做出预测。读者会不断地推敲自己对文章的理解是否准确,可能会反复地阅读上下文以理解文章中介绍的事实,并有意识地记住文中最有新意的那部分内容。反复地阅读上下文还能帮助有经验的读者把文章中传递出来的所有观点整合起来。

527 　　读者在阅读过程中常常会有意识地根据文章中出现的观点以及已有的相关知识做出推论。有时候能够推断出不认识的字词的意思,有时候会把文章中出现的信息与自己的经历联系起来。比方说,文章中介绍了这种新型客机只设计了靠窗和通道的位置。那么有些读者就会回想起自己曾经坐在客机靠中间的座位上时曾感到多么地不舒服。读者还可能会推测关于作者的一些情况。比方说如果这位作者对该新型客机的评价太过积极,缺乏必要的批判性,那么读者可能会推测这位作者是在为该客机的制造商做宣传。此外,读者往往会提出一些问题,如运营这样一种小型客机能够获得多大的收益,并且特别留意下文中将出现的那些可以回答该问题的信息。

读者对文章的理解一部分来自文章本身,还有一部分来自读者已有的知识,换句话说,读者对阅读中看到的信息加以诠释。任何文章都可以从不同角度进行理解和诠释。读完了全文后,读者可能还会继续思考以确认自己是不是理解了文章中最重要的内容,可能会思考这些内容或观念是否与自己的观念是一致的,可能会根据文章的说服力考虑是不是有必要更新或修改自己的观念。

有技巧的读者在阅读过程中会监控自己对文章的理解,特别留意文章中出现的那些令人困惑的或者与自己已有知识不一致的内容。他们能够意识到自己以前是否已经看到过这些观点,以及自己是不是同意这些观点。阅读能力强的读者在感到困惑时会重新读一遍文章,或者放慢阅读速度以便更好地理解文章。他们会监控自己是不是正在专心阅读,还是分心正想其他事情了。他们特别关注自己付出了努力后是否实现了所设定的阅读目标。如果发觉文章无助于实现所设定的阅读目标,那么读者可能会加快阅读速度,或者改为浏览全文甚至终止阅读。如果文章中提供了大量的有助于发展其思想的新知识,那么读者可能会运用更多的策略,例如放慢阅读速度、仔细思考、做笔记等。

优秀的读者会留心文章中出现的每个新字词。如果他们认为理解某个特定字词是理解全文意思的关键,那么他们会分析全文来寻找那些能够解释该词意思的线索,甚至是查阅字典。如果他们认为没有必要去确认该词的意思,那么他们往往会忽略该词继续阅读全文。

以上总结的各种成功的阅读行为都发生在工作记忆中。尽管关于各种策略的知识都储存在长时记忆中,但是一旦这些策略被激活,它们就进入工作记忆并开始发挥作用。类似地,已有的知识都储存在长时记忆里,而一旦这些知识被激活并被有意识地加以运用,那么它们就进入了工作记忆。同样地,一些动机性观念,比方说,只要我付出努力就能够完成这项任务,也是在工作记忆中发挥着作用。信息加工过程的任何一个要素要想发挥作用,一个前提条件是策略执行和知识提取都必须达到自动化程度,这样才不会使工作记忆的负荷超出限量。

总之,优秀的读者会运用多种策略,其中包括元认知加工(知道在何时使用何种策略),以及把当前材料中出现的内容与已有知识联系起来。毫无疑问,这种复杂的信息加工过程远远比儿童理解文章所使用的方法要复杂得多。儿童往往就是直接地从头至尾地读懂每一个字词(Kucan,1993;Lytle, 1982; Meyers, Lytle, Palladino, Devenpeck, & Green, 1990; Phillips, 1988)。与有经验的成年读者使用的阅读策略及阅读过程相比,儿童读者在总体上都存在产生缺陷。不过本章接下来将告诉人们,通过教学,儿童可以掌握成功阅读行为中最重要的那些理解策略。这种策略教学能够使儿童在阅读时变得更加积极和主动,学会元认知策略,并且有足够高的动机水平实现以自我调节的方式来运用这些策略。在开始介绍这种策略教学之前,我们先简单介绍以非正常儿童为对象进行的策略教学。

以非正常儿童为研究对象进行的关于策略教学的基础理论研究

随着对正常儿童策略运用的研究不断深入,一些学者开始把注意力转向那些非正常儿童,包括心理发育迟缓的儿童、有学习障碍的儿童、有注意力缺陷和多动症的儿童等。这方面的研究成果给许多致力于改善弱势群体儿童心智水平的人们以很大启示。在这一部分,我们将介绍关于非正常儿童的一些研究。这些研究发现表明,人们也应该教这些非正常儿童如何运用各种认知策略。

Meichenbaum 关于注意力缺陷和多动症的研究

Meichenbaum(1977)发表的题为《认知行为修正》的文章介绍了大量关于该问题的开创性研究。Meichenbaum 和 Goodman(1969)以有注意力缺陷和多动症的小学二年级学生为研究对象,要求这些学生完成一种需要仔细地比较几个相似的几何图形的匹配任务。学生

528

要从一组相似图形中选出一个与测试图形完全匹配的几何图形。对于有注意力缺陷型多动症的小学二年级学生来说，这个任务非常难，因为这些学生没有办法保持注意力以仔细地思考任务内容。他们往往是还没怎么思考就已经开始选答案了。

实验组的学生有机会学习一种可以用来完成该任务的策略。具体地说，学生要学习的策略是告诉自己在回答这类问题时不要急着选答案，而是先仔细观察每一个图形，想一想，再做选择，也就是说指导自己要细心要多思考。最开始是由教师示范并讲解如何运用这种策略。接下来如果学生自己尝试着去运用该策略，教师就要给予奖励。通过这种策略教学，这些学生完成该任务的成绩有了明显提高。此后许多学者对此进行了后继研究（见 Meichenbaum，1977；Pressley，1979）。这些研究的一个共同发现是：向有多动症的学生传授自我指导策略能够使学生更好地完成那些需要进行仔细的和慢步子的认知加工操作的任务。

多年以来，Meichenbaum 及同事与教师进行合作，鼓励教师向学生传授自我指导策略。他们关心的问题是通过何种方式传授这种策略才能促使学生坚持长期运用该策略。根据临床＋教室研究得到的发现（Meichenbaum，1998，第 10 章）与记忆发展的基础理论研究得到的发现是一致的。Meichenbaum 及同事提出了如下建议：

- 应该教学生学习如何进行策略迁移。教师从一开始就要使学生明白学习策略的目标是实现策略迁移。
- 如果学生能够运用已经学过的某种策略但却没有运用该策略，那么教师就应该提示学生思考这种状况并试着运用该策略。
- 教师应该与学生讨论某种特定策略所能适用的各种不同情境。
- 应该给学生提供机会在不同情境下练习运用所学的策略。这种练习应该成为长期的策略教学的一部分。通过这种长期的策略教学，学生能够更熟练地运用策略，并且能够更清楚地意识到在什么情境下运用该策略可以帮助自己完成任务。
- 学生应该练习在不同任务和不同情境下运用某种策略。这样做可以使学生更清楚地知道该在什么情况下运用这种策略。
- 学生在解决问题时应该大声地说出自己的思考过程。这样可以帮助教师及时发现学生是否正在尝试对所学策略进行迁移。

总之，Meichenbaum 的教学研究及临床实践告诉人们，有注意力缺陷和多动症的学生可以通过学习掌握并运用各种策略。如果进行长期的多样化的和全面的策略教学，并且一直坚持直到学生学会了把所学策略迁移到不同情境中去，那么就很有可能实现策略的广泛迁移。以下将讨论的多种策略教学法中都包含了这一理念。

对心理发育迟缓的儿童进行的策略教学

许多研究智力发育正常的儿童的记忆发展的学者也关注心理发育迟缓的儿童，特别是那些被认为有可能接受教育的儿童的记忆发展特点，比方说这些儿童能够学习，尽管与正常学生相比学习的速度更慢、掌握的知识更少，而且不能够像同龄人那样完成同样难度的任务。一个重要发现是,与正常儿童相比,心理发育迟缓的儿童很不容易掌握记忆策略(Ellis,1979)。令人高兴的是,研究发现如果教这些儿童如何运用记忆策略,那么他们多半能够提高作业成绩。这些儿童能够复述单词表中的许多单词,把单词区分为不同的类别,对配对联想词进行言语精加工。虽然如此,这些儿童的记忆成绩还是很难达到使用了这些策略的正常儿童所达到的水平(Blackman & Lin,1984;Brown, 1978;Taylor & Turnure, 1979)。与正常儿童一样,这些儿童在学习了记忆策略后极少能够坚持长期运用这些策略,即使任务情境与教学情境完全相同(Borkowski & Cavanaugh, 1979;Brown, 1974;Brown & Campione, 1978;Campione & Brown, 1977)。用 Flavell(1970)的话来说,这些儿童在记忆策略方面存在产生式缺陷,仅仅是策略教学并不能保证儿童坚持长期运用所学的策略。

Belmont、Butterfield 和 Ferretti(1982)进行的分析说明了在什么情境下对心理发育迟缓的儿童进行记忆策略教学会更有效。他们对超过 100 个相关研究进行了分析,发现几乎很少出现坚持长期运用所学策略的现象,尤其是当任务情境与教学情境不完全相同时,换句话说不能实现策略迁移。不过其中还是有 7 个研究的成果是使学生能够长期地运用所学到的策略,其中 6 个研究的共同特点是策略教学完整地包含了 Meichenbaum(1977,第 7 章)提出的有注意力缺陷和多动症儿童以自我调节方式运用策略所必需的那些要素。在这些研究中,教师教学生设定一个目标,比方说记住单词表里的这些词;制订一个计划来实现该目标;在计划执行过程中监控计划是否有效,比方说问一问这个计划有没有起到作用? 如果儿童没有成功地学会应该学会的材料,那么儿童需要决定是重新执行已定的学习计划,还是制订一个新的学习计划。

这种教学方法为什么有效? 心理发育迟缓的儿童遇到一个重要问题是不会自我调节。Meichenbaum(1977)倡导的教学方法的目标就是提高儿童的自我调节能力,尤其是借助言语进行自我调节的能力,而这正是心理发育迟缓的儿童很不容易做到的一点(Whiteman,1990)。此外这种教学方法鼓励儿童去监控并且评价自己在解决问题的过程中是不是正在逐渐地接近目标,并且努力去感受所学到的策略与作业成绩之间确实存在某种关系(见Borkowski & Kurtz,1987)。

强调自我调节的策略教学方法能够提高心理发育迟缓的儿童的作业成绩,这一研究发现极大地影响了特殊儿童教育工作者的教育理念,而且在很大程度上引发了下面将要介绍的一些研究,并且推动了下述理论假设的提出:只要让学生学会运用与当前任务相匹配的策略,那么学生的作业成绩就会得到提高。尽管与正常儿童相比,心理发育迟缓的儿童可能不会坚持长期运用所学到的策略,但是人们仍然有理由相信强调以自我调节的方式运用策略的教学可能会产生长期的效果(Belmont et al. ,1982;Campione, Brown, Ferrara, Jones, & Steinberg, 1985;Meichenbaum, 1977)。

对有学习障碍的儿童进行的策略教学

有学习障碍的学生是指学生在学习某些类型的知识时常常感到有困难,尽管他们在智力方面与正常儿童没有差异。由于阅读障碍导致的负面后果十分明显,所以关于阅读障碍的研究特别多(Siegle,2003;Vellutino, 1979)。此外,关于数学学习障碍的研究也比较多,因为鉴于当代自然科学教育的基础是学习算术和更复杂的数学知识,不能掌握数学知识显然是很成问题的(Geary,2003)。

尽管研究者们已经提出了关于学习障碍的众多理论,但近些年间学者们更多关注的是学习障碍的生物学基础。关于学习障碍的遗传性的行为基因研究的结果表明,在学习某种特定技能时出现的障碍往往以最符合基因媒质的方式从父辈遗传给下一代(见 Thomson 和 Raskind 的综述,2003)。不过关于学习障碍的生物学研究中最多见的是力图证实有学习障碍的儿童与正常儿童之间是否存在神经生物学上的显著差异(Shaywitz & Shaywitz,2003)。研究者记录学生在完成学业任务(如阅读)时大脑的神经活动,发现有学习障碍的儿童与正常儿童在大脑神经成像模式上的确存在一些明显的差异。

530 自从学习障碍的概念在 20 世纪 70 年代早期开始成为一个研究热点以来,大量研究发现表明,学习障碍有其神经生物学方面的原因(Miller, Sanchez, & Hynd,2003)。随着这方面研究的不断深入,基础取向和应用取向的认知学者们纷纷提出这样一个假设:有学习障碍的儿童可以通过学习一些策略来改善其学习成绩。这方面的基础研究采用的任务与关于正常儿童记忆策略发展的研究所使用的任务是相同的。研究者发现,在字词记忆任务上,与正常儿童相比,有学习障碍的儿童的作业成绩普遍更低。来自多方面的证据表明了一个共同的原因,那就是与正常儿童相比,有学习障碍的儿童不大可能运用一些有效的记忆策略(Bauer, 1977a, 1977b; Dallago & Moely, 1989; Kastner & Rickards, 1974; Tarver, Hallahan, Cohen, & Kauffman, 1977; Tarver, Hallahan, Kaufmann, & Ball, 1976; Torgesen, 1977; Torgesen & Goldman,1977)。相同年龄的正常儿童能够发现并运用各种策略来完成简单的字词记忆任务。相比之下,有学习障碍的儿童往往存在产生式缺陷。令人高兴的是,研究还发现可以通过教学使这些有学习障碍的儿童掌握基本的记忆策略,从而提高其记忆成绩(Bauer, 1977b; Tarver, Hallahan, Cohen et al. , 1977; Tarver, Hallahn, Kauffman, & Ball,1976; Torgesen, 1977)。不过即使有所提高,这两类儿童在记忆成绩方面的差距也很难完全消除(见 Swanson & Saez, 2003)。

关于有学习障碍的儿童的记忆策略的基础研究成果激发了 Deshler 及其同事(Deshler 和 Schumaker, 1988,1993)在临床实践中研究这些有学习障碍的儿童可以运用哪些策略来提高其学习成绩。Deshler 及同事的临床研究得到了许多有启示意义的结论,包括如何向这些儿童传授认知策略从而使他们能够长期坚持运用所学到的策略。Deshler 等建议在教学刚开始时,教师应该示范并且解释如何运用各种策略,最好是 位教师负责一种任务情境的教学。随后当儿童尝试着去运用这些策略时,教师要指导学生如何进行练习。教师要向学生说明在什么情境下和什么条件下应该运用哪种策略。通过这种方式,教师向学生强调各种策略是可以迁移的。学生在学习运用策略时,老师应该教学生对自己说一些鼓励自己的话,比方说"我做得很不错"或者"我能应付这个问题"等。教师要尽量让学生注意到策略运用与学业成绩提高之间存在的共变关系,以此来鼓励学生监控自己的行为表现(另见 Swanson & Saez,2003; Wong, Harris, Grahan, & Butler, 2003)。也就是说,在策略教学和策略练习的过程中,教师要强调运用策略将可以导致作业成绩的提高。随着学生越来越好地学会了自主地运用各种策略,并且运用这些策略来解决各种不同的问题,教师的支持应该逐渐减少,因为策略教学的最终目标是要让学生学会以自我调节的方式运用各种策略。

天才儿童的策略运用

尽管与正常儿童和能力水平较低的儿童相比,关于天才儿童的策略运用及策略教学的研究几乎很少见,但已有的少数研究结果都表明,与同年龄儿童相比,天才儿童更善于运用各种策略,更倾向于以一种更综合的更有序的方式运用那些更复杂的策略(Coyle et al.,1998;Feldman,1982;Gaultney,Bjorklund,& Goldstein,1996;Geary & Brown,1991;Jackson & Butterfield,1986;MacKinnon,1978;Robinson & Kingsley,1977;Zimmerman & Martinez-Pons,1990)。当代关于策略教学的研究有一个假设,认为策略教学对天才儿童的帮助很少,因为这些儿童很可能已经自发地运用了各种策略(Rohwer,1973)。

结论

关于记忆发展的基础研究发现,策略教学往往能够使正常儿童获益。这之后不久就有一些关注智力障碍的学者探索了注意力缺陷和多动症儿童、心理发育迟缓的儿童以及有字词学习障碍的儿童运用的策略。他们发现这些儿童都不能像正常儿童那样广泛地或者成功地运用策略来完成一些简单的信息加工和记忆任务。不过策略教学能够帮助这些儿童。尽管其作业成绩还是不能达到正常儿童的成绩水平,但至少会有所提高。要想使心理发育迟缓的儿童把所学策略迁移到其他任务情境中去,策略教学就必须涵盖广泛的内容。学生在练习策略运用时,教师应该给予支持。在教学过程中,学生要学习在何时何地以何种方式运用这些策略,要监控策略运用的效果,并且自主地运用这些策略。虽然关于正常儿童记忆策略发展和策略教学的研究兴趣有所降低,但是关于注意力缺陷和多动症儿童(Cornoldi,Barbieri,Gaiani,& Zocchi,1999;French,Zentall,& Bennett,2001;Shallice et al.,2002)、心理发育迟缓的儿童(Fletcher,Huffman,& Bray,2003;Fletcher,Huffman,Bray,& Grupe,1998)、有学习障碍的儿童(Mastropieri,Sweda,& Scruggs,2000)、言语功能受损的儿童(Gill,Klecan-Aker,Roberts,& Fredenburg,2003)、聋童(Bebko,Bell,Metcalfe-Haggert,& McKinnon,1998;Bebko,Lacasse,Turk,& Oyen,1992;Bebko & McKinnon,1990;Bebko & Metcalfe-Haggert,1997)、前庭功能受损的儿童(White,Nortz,Mandernach,Huntington,& Steiner,2001)和因早产导致体重过轻的儿童(Luciana,Lindeke,Georgieff,Mills,& Nelson,1999)的记忆策略发展和策略教学的研究仍在持续开展。

关于记忆和认知教学的研究得到的结论激励并启示了教育工作者在面对这些非正常儿童时要教会这些儿童运用各种策略进行阅读,理解文章中出现的观点,写作文以及解决问题。下面将介绍针对上述各种学业任务进行的策略教学研究,主要是以有学习困难的儿童为研究对象。

531

策略教学的应用研究

目前已经有许多学者开始关注针对各种学业任务而展开的策略教学研究,尤其是以有学习障碍的儿童为研究对象。这些研究主要依据的是策略运用与策略教学的基础研究成果。下面将着重介绍其中最常见和最具有应用前景的一些研究。这些研究成果清楚地表明,只要策略教学的内容以元认知为重点,鼓励学生以自我调节的方式运用所学到的策略,那么学生的产生式缺陷是可以被克服的。

识字

小学一年级学生在阅读方面最多见的问题是学习如何识字。如果在学习识字时感到有困难,那么学生今后很有可能在阅读方面遇到麻烦(Juel,1988)(Cunningham & Stanovich,1997;Rayner, Foorman, Perfetti, Pesetsky, & Seidenberg, 2001)。许多研究是通过严格操纵的实验来探索各种方法,使这些有识字困难的小学低年级学生学会如何大声地读出新字词(见 Pressley,2002,第 5 章)。虽然人们对此类教学的效果仍然存在争议,但总体上看,这类教学似乎的确能够明显地提高儿童的识字能力(Camilli, Vargas, & Yurecko,2003;国家阅读委员会,2000)。不过这种教学的效果主要体现在一个方面,即提高低年级儿童的识字能力,但不能帮助这些儿童做到流畅地自动化地识别字词(Torgesen, Rashotte, & Alexander,2001)。此外,看词读音教学法基本上不能提高学生的阅读理解能力(Lovett, Barron, & Benson,2003;国家阅读委员会,2000)。

以看词读音综合教学法为例。学生通过学会把一个单词中的字母组合起来发音从而学会读出这个单词。还有一些教学法鼓励学生找出多个单词共有的组块。例如 bat、cat、sat 和 mat 这四个单词都包含了-at 这个组块。这样,只要学生知道其中一个单词,例如 cat,那么就能够通过类比法对其他的带有-at 的词进行解码。到目前为止,看词读音教学法的各个分支方法各有所长,很难说哪个更好(国家阅读委员会,2000)。不过根据 Chall 早年的分析结果(1967),多年来人们普遍认为看词读音综合教学法比其他的教学法更有效。

多伦多儿童医院的 Lovett 及同事率先尝试向儿童传授所有的看词读音策略,而不是其中某一种策略(Lovett et al. ,2000)。参加研究的儿童均为 6 岁到 13 岁有严重阅读障碍的儿童。每名儿童接受 70 小时的干预治疗。其中一部分儿童既学习大声地读出单词,也学习通过类比法对单词进行解码。通过后一种方法,儿童学会了许多关键词。每个关键词都代表了英语 120 种关键拼写模式中的一种,比方说 cat 这个关键词代表了-at 模式。另外一部分儿童只学习大声地读出单词。还有一部分儿童只学习通过类比法对单词进行解码。控制组的儿童接受课堂逃生技能训练和教学指导。全部教学结束后,接受两种学习方法治疗的儿童都明显地表现出更高的识字水平。

仍然需要进行更多的研究以考察上述两种方法对有学习障碍的儿童的干预治疗效果究竟能够有多大。对于那些可能在分析与综合或者可能在通过将组块进行类比以进行解码方面存在障碍的儿童来说,解码教学法的灵活性特点可能尤为重要。对于在前一方面有障碍的学生,教师应该分解单词群族,分析和综合单词组块的方法可能效果会更好。对于在后一方面有障碍的学生,教师应该更多地介绍单词组块,通过运用类比来对单词进行解码。总之能够满足实际需要的教学方法应该是考虑到学生间个体差异的解码教学法,而不是适合任何问题情境的通用教学法。

最近,Lovett、Barron 和 Benson(2003)再次尝试向有学习障碍的小学低年级学生进行包括以下 5 种策略的干预教学。这 5 种策略分别是:(1) 大声地读出单词;(2) 通过与已知道的单词进行类比来解码新单词,即押韵策略;(3) 去除前缀和后缀,只保留词根;(4) 在一个很长的新单词里找出较短的几个已知的单词。这种干预教学似乎受到了 Meichenbaum(1977)的理论的影响,要求学生监控自己的策略运用过程。举个例子,如果要解码新单词 unstacking,那么学生就应该通过采取以下 4 个步骤,以自我调节的方式监控其策略运用(Lovett et al. ,2003,第 285 页,表 17.1),这 4 个步骤分别是:(1) 选择策略。告诉自己:"我的方案首先是运用去除策略。然后我要运用押韵策略,看看有没有我已经学习过的拼写模式。"(2) 运用策略。一边做一边对自己说:"我去除了-un 和-ing,下一步是押韵。我找到了-ack 这个拼写模式。关键词是 pack。只要我会拼读 pack,我就能拼读出 stack。"(3) 检查。提示自己:"我必须先停一停,看看我是不是恰当地运用了这些策略,看一看这些策略有没有效果。是的,没错。接下来我该继续。我要把所有部分组合在一起,-un-stack-ing。"(4) 自我强化。如果拼读正确就宣布自己"得分"。告诉自己:"这个单词是 unstacking。我得分了。我运用了去除策略和押韵策略来拼读出这个单词。这些策略很有效。"如果不正确,就回头重新来一遍,重新选择和运用策略并检查策略运用的效果。就在我们撰写本章的过程中,许多研究者还在考察这种自我指导的教学方法及各种识字策略的有效性。

阅读理解策略教学

近年来,虽然教会学生以自我调节的方式运用所有的字词识别策略来识字已经成为一种研究趋势,但早在 20 多年前,Meichenbaum 和 Bommarito(见 Meichenbaum 和 Asarnow 的 报告,1979)就已经开始探索一种教会学生以自我调节的方式运用理解策略的教学法。Mcichcnbaum 和 Bommarito 向中学生传授理解策略。中学生能够对新单词进行解码,但在理解文章意思方面可能会感到有困难。这种教学一开始是由教师向学生示范如何通过自我对话的调节方式来运用理解策略。比方说,找出文章的中心意思,注意重要事件之间的序列顺序,明确故事中各种人物的感受以及为什么会产生这种感受等等。教师向学生示范如何一边读文章一边进行自我对话,例如:

在我开始读这篇文章之前,并且在我读文章的过程中,我学会了要牢记 3 条重要原则。第一,问一问自己这篇文章的中心意思是什么,讲的是什么内容。第二,一边读一边注意故事的重要细节内容,其中特别重要的是主要事件的发生顺序。第三,明确人物的感受以及为什么会有这种感受。总结起来,就是寻找中心意思、注意事件顺序、明确人物的感受及原因。

在阅读的过程中,我应该时不时地停下来想一想我正在做什么。我还应该听一听我对自己说的那些话。我说得对不对?

要记住,用不着害怕犯错误。错了就再试一遍。保持冷静和放松。如果成功了,我会为自己感到自豪。(pp. 18 - 18)。

在 6 个阶段的教学全部结束后,学生们渐渐地学会了自我控制,能够主动地与自己进行对话。与控制组学生相比,接受这种教学的学生在标准化阅读理解测验中前后测的成绩提高幅度更大。这一发现初次证明了学生如果学会了以自我调节的方式运用一些理解策略,那么就能更好地理解文章的意思。

但是在 20 世纪 70 年代到 80 年代,绝大多数关于理解策略的研究不是教学生如何以自我调节的方式运用策略,甚至不是把这些策略综合起来传授给学生,而是通过严格的实验来证明某一种理解策略,比方说,产生表象来表征文章的意思,针对文章内容提问,或者总结文章大意等,都可以提高学生对文章的理解水平以及对文章内容的记忆水平(见国家阅读委员会的报告,2000;Pressley, Johnson, Symons, McGoldrick, & Kurita,1989)。这些研究结果表明,小学生在理解策略的运用方面存在产生式缺陷,如果教学生如何去运用策略,那么学生就有可能能够运用这些策略,从而改善其对文章的理解及记忆。

就某种策略进行的教学实验存在的主要问题是,成功的读者绝不会仅仅运用某一种策略。相反地,他/她在理解文章时往往是灵活地把各种策略组合起来运用 (Pressley & Afflerbach,1995)。此外,长期从事学习技巧教学的教师们已经意识到,像阅读一类的学习任务要求综合运用多种策略。比方说 SQ3R 教学法鼓励学生在阅读之间首先浏览全文,根据标题和插图提出问题,然后阅读全文,回忆文章的内容,总结文章大意(Robinson,1961)。所以说,关于阅读策略的研究非常有助于探索如何帮助学生学会综合运用各种已经被证明是行之有效的理解策略。

互动式教学

Palincsar 和 Brwon(1984)提出的阅读理解策略技术既包含了关于学习技能的研究强调的各种策略,也包含了 20 世纪 60 年代后期关于阅读理解策略的研究提出的一些策略。Stauffer(1969)负责的有教师指导的阅读与思维教学项目特别重视培养学生对文章内容进行预测的能力,包括学生在不断发现新信息的过程中不断地修改已经做出的预测。Manzo(1968)提出的 ReQuest 法也对互动式教学的提出产生了较大影响。ReQuest 法提倡学生和教师在阅读了文章的一部分内容后,根据这部分内容轮流地向对方提出问题,即学生和教师都参与互动提问。通过提问的方式,教师向学生示范如何提问。教师还要对学生提出的问题提供反馈信息。Markman(1985)的研究也对互动式教学的提出有一定的影响。Markman 的研究发现,阅读能力强的学生在阅读过程中会监控自己是不是理解了文章的意思。如果发现自己的理解不全面,这些学生就会运用各种补救策略,比方说,进一步明确文章的意思。教学生学会如何在阅读过程中总结自己对文章的理解,这一方法已经被大量研究证明是能够提高学生对文章的理解和记忆水平的（Armbruster，Anderson，& Ostertag，1987；Berkowitz，1986；Brwon & Day，1983；Rinehart，Stahl，& Erickson，1986；B M Taylor，1982；B M Taylor & Beach，1984）。基于以上研究成果，Palincsar 和 Brown(1984)进行了一次开创性研究，提出阅读理解策略教学应该教学生在阅读之前先对文章的内容进行预测，在阅读过程中不断地提问，感到有困惑时力求澄清不解之处，阅读完一个小节后做一次小结等。这次研究成为阅读理解策略教学研究中最具影响力的研究之一。

  Palincsar 和 Brown 的研究(1984)以 7 年级学生为研究对象。这一年级段的学生能够恰当地对字词进行解码，但在理解文章意思方面可能会有困难。互动式教学组的学生要学习 4 种策略。每天的干预教学开始时都由教师介绍这一天将要阅读的文章的主题是什么。如果文章是学生以前从未接触过的，那么教师就会要求学生根据题目来预测文章的内容可能是什么。如果文章是前一天已经学过的，那么教师就会要求学生总结文章的主要内容。接下来，教师将学生分成若干个小组，每组两名学生，并指定其中一名学生担任"教师"角色。然后，教师和学生一起默读文章的第一段。随后，担任教师角色的那名学生就这一段内容提出一个问题，总结这一段内容的大意。如果有不理解的地方要力求澄清，如果都理解了，就预测下一段的内容将会是什么。如果这名学生表现出犹豫或畏缩，教师就应该提供支持或鼓励，比方说，提示学生"你认为老师可能会问什么问题？""别忘了，总结就是这段内容的提炼和浓缩。"或者"如果感到提出问题有困难，为什么不先来总结这段的大意呢？"如果学生的表现不错，教师就应该及时地表扬学生，并对其表现提供恰当的反馈信息，比方说，"你问的这个问题非常好。如果我是你，我会……"每组中的两名学生轮流担任"教师"角色，每次持续 30 分钟。在整个干预教学过程中，教师要明确地告诉学生，提问、总结、预测和解释这些策略都能够帮助学生更好地理解文章；学生自己在阅读文章的过程中也应该运用这些策略；总结段意的能力和预测考试内容的能力都是评价自己是否准确地理解了文章意思的好方法。互动式教学组的学生接受为期 20 天左右的干预教学，紧接着是为期 5 天的后测。8 周之后是为期 3 天的追踪测试。控制组的学生接受前测和后测，但不接受互动式教学，也不进行每日测验。

  研究结果发现，与控制组相比，互动式教学组的学生在理解文章和记忆文章的各种测验上的成绩明显地更高。这一发现使人们对互动式教学的效果充满了期待。不过，因为该研究中每位教师只负责指导 2 名学生，因此很难说该研究在课堂实施时将会产生什么效果。为了回答这个问题，Palincsar 和 Brown (1984)在学校课堂环境下实施了互动式教学实验。参加互动式阅读小组的中学生被分为 4 个组。这些学生都能够对新字词进行解码，但在理解文章的意思方面感到有困难。控制组学生不接受互动式教学。总的来看，这次研究的发现与上一次研究发现是一致的，只是这次研究中没有进行标准化阅读理解测试。

  互动式教学法对教育实践的影响是广泛的。举个例子，在 20 世纪 80 年代后期到 90 年代初期，教材出版社受到该教学法的影响，在小学阅读课本中增加了策略教学的内容，重点是提问、总结、预测和释疑这些策略。Palincsar 和 Brown (1984)的研究还引发了研究方法上的发展。10 年后，Rosenshine 和 Meister(1994)对互动式教学法的影响做了一次元分析，发现互动式教学对关于认知加工的各种研究,例如总结和自我提问的技能,产生的影响是巨大且持久的。不过在标准化阅读理解测验方面,互动式教学的影响就不那么明显了,平均只有0.3个标准差。一个非常重要的发现是如果以更直接的方式传授这4种策略,那么互动式教学的效果会显著。

20世纪80年代关于阅读理解策略教学的其他研究

Palincsar和Brown (1984)的研究引发了学术界对阅读理解策略综合教学的研究热情,在如何成功地进行策略教学等方面取得了许多新发现。例如Paris及同事设计了一套总计30小时的教学方案,用来在课堂上传授各种阅读理解策略(Paris, Cross, & Lipson, 1984; Paris & Jacobs, 1984; Paris & Oka, 1986)。这套方案重视培养学生对策略加工过程的理解。不过在该方案中关于如何运用这些加工过程的内容却非常少,而且教学是以全班学生为单位而展开。因此与Palincsar和Brown (1984)的研究相比,Paris提出的这种教学的力度不够。但另一方面,Paris的方案中有许多内容是关于教师对策略加工过程的解释和示范,以及在教师指导下学生对各种策略进行讨论。与控制组学生相比,接受该方案教学的学生能够对各种阅读理解策略提出更多的问题,这表明学生对策略加工过程有了更深的认识,而且学生在某些阅读理解测试上的成绩更好,特别是当测试情境类似于教学情境时。不过因为该方案采用了标准化成就测验,因此其研究发现对阅读理解策略研究的影响非常有限(Paris & Oka,1986)。

Bereiter和Bird(1985)的研究以7年级和8年级的中等生为研究对象,考察阅读理解策略教学能否提高这些学生理解课文的能力。这些阅读理解策略包括:重述文章内容(总结策略)、遇到疑问时看看前面的内容(释疑策略)、找出各部分之间的关系、仔细思考文章的内容(对文章内容进行推论、认真阅读重要部分、思考文章中出现的信息、抛弃不需要的或不恰当的信息)。第一种处理是首先教师向学生示范并详细解释如何运用各种策略,接着学生练习运用这些策略,判断在什么条件下应该运用哪种策略。第二种处理只比第一种处理少了解释策略这个环节。控制组也有两组。在总共4组中,与其他3组相比,第一种处理组的学生在阅读过程中更多地运用了各种策略,标准化测验的成绩也有明显提高。这一发现表明,对策略的解释是有效的阅读理解策略教学必需的重要内容之一。Duffy及同事(1987)的研究发现也支持了这一结论。

Duffy等(1987)的研究以3年级阅读能力较低的学生为研究对象,以直接解释策略为教学重点。20组学生中有10组学生被随机地安排接受直接解释策略的教学处理。另外10组学生被分入控制组,接受常规教学。研究持续了一个学年。仼课教师学习如何直接地向学生解释3年级阅读理解水平应该掌握的各种策略、技巧和加工过程,还要学习如何向学生示范该怎样运用这些策略、技巧和加工过程。接下来学生在教师指导下练习运用这些策略。一开始学生以外显的方式执行这些认知加工过程,这样教师能够监控学生是如何运用新学的策略。随着学生越来越熟练地运用策略,教师的支持不断减少。教师反复强调应该在什么条件下运用所学的策略,以此鼓励学生对所学的策略进行迁移。无论何时,只要运用策略能够有助于学生提高其理解水平,教师就要提示学生运用这些策略。通过这些手段,教师提供了足够多的支持使学生在学校学习的时间内有机会不断地学习并练习运用策略(见Wood, Bruner 和 Ross 的介绍,1976)。提示和鼓励将持续进行,直到学生能够自主地运用所学的策略。为期一个学年的教学结束后,与控制组相比,直接解释教学组的学生在标准化阅读测验上的成绩明显高很多。该研究结果对阅读理解教学领域产生了深远的影响。正如Duffy 及同事(1987)将这直接解释策略作为其实验学校的阅读理解策略教学的指定内容那样,许多教师也开始采纳直接解释策略的教学方法。直接解释、示范和教师监控等方法将成为许多小学采纳的阅读理解策略教学的核心内容之一(Almasi, 2003; Block & Pressley, 2002; Harvey & Goudvis, 2000)。

处理策略教学

教学生学会综合运用各种阅读理解策略,包括教师解释并示范如何运用策略,以及支持学生练习运用所学的策略等,这些方法在 20 世纪 90 年代被统称为阅读理解处理策略教学。这样命名是由于这些教学方法涉及学生对文章进行某些处理(Rosenblatt, 1978)。预测、提问、想象和总结这些策略都反映出学生对所阅读的材料进行了处理和诠释。这种处理和诠释的水平受到材料本身的内容和学生已有的知识两方面因素的影响。

有 3 项研究常常被引用来证明阅读理解处理策略教学的有效性。这 3 项研究都包括了教师长期坚持并且从不同角度解释和示范如何运用各种策略,以及学生长期坚持并且从不同方面练习运用这些策略。Brown、Pressley、Wan Meter 和 Schuder(1996)以小学 2 年级阅读理解成绩较低的学生为研究对象,采用准实验设计,进行了持续 1 个学年的研究。实验组的 5 个班接受处理策略教学。对应的控制组的 5 个班不接受处理策略教学,但任课教师被公认为擅长通过语言艺术进行有效教学。研究发现,半年后,实验组与控制组的学生在标准化阅读理解测验上的成绩没有明显差异,但是一年后,实验组学生的成绩明显地更高,对材料做出的诠释更加多样化,内容也更丰富。

Collins(1991)以小学 5 年级和 6 年级学生为研究对象,进行了为期 1 个学期(每周 3 天)的阅读理解策略教学。教学开始前,实验组和控制组学生在标准化阅读理解测验上的成绩没有显著差异。但是教学结束后,两组学生的成绩差异达到了 3 个标准差之大,这足以说明教学的效果。

Anderson(1992;另见 Anderson & Roit, 1993)以 6 年级到 11 年级有阅读障碍的学生为研究对象,进行了持续 3 个月的实验研究。这些学生以小组为单位接受阅读理解策略教学。9 个实验组的学生接受处理策略教学,7 个控制组的学生不接受处理策略教学。虽然实验组和控制组的学生在标准化阅读理解测验的前后测的成绩都有明显提高,但实验组学生提高的幅度更大。研究还获得了许多质的证据表明实验组学生对文章的理解更深刻。接受策略教学的学生更愿意阅读有一定难度的文章,更努力地尝试理解文章,更愿意与同学合作一起努力理解文章的意思。

总之,实施长期的阅读理解处理策略教学能够有效地提高 2 年级到 11 年级的学生对文章的理解水平。教学开始时,教师要解释并示范如何运用策略。接下来学生以小组为单位练习如何运用策略。在练习过程中,学生相互讨论,对下文的内容做出预测,报告自己对文章内容形成的表象,提出问题、进行总结性评论,说一说在理解文章内容时感到有困难的情况下,自己会怎么做等。

综合运用多种策略的协作阅读

近期 Vaughn 及同事提出了一种多策略综合教学法,他们称之为综合运用多种策略的协作阅读,即 CSR(collaborative strategic reading)。这种教学方法把学生组织为若干个协作小组,以小组为单位共同阅读一段文章,综合运用多种策略来理解文章。与处理策略教学相同的是,教师要向协作小组的学生解释并示范如何运用多种策略。这些策略包括:预测下文的内容、当感到理解发生困难时如何澄清疑惑(比方说,如果问题不是因为不认识字词,那么就要重新读一遍文章)、抓重点、阅读完全文后整合大意等(比方说,问一问自己哪些是应该彻底理解的内容,确定自己是不是真正读懂了,总结全文内容)。

学生一旦熟悉了这些策略,就有可能在协作小组学习过程中运用这些策略。正如互动式教学法(Palincsar & Brown,1984)那样,学生们轮流担任小组学习的主持人角色及其他角色。这样始终有一名学生提醒大家,在有必要时应该澄清疑惑。有一名学生向组员们提供反馈意见。有一名学生负责整合全文的大意。还有一名学生注意掌握时间,如果组员们在某一节内容或某一种策略的运用上花费了太多时间,他/她就要提醒组员们停下来继续阅读后面的内容。以 4 年级学生为对象进行的为期 11 天的 CSR 教学实验发现,与控制组相比,实验组学生在标准化阅读理解测验上的成绩有小到中等程度的提高(Klingner, Vaughn, & Schumm,1998)。

小结

毫无疑问,阅读理解策略教学可以使小学生受益。由此,国家阅读委员会(2000)提出阅读理解策略教学可以使学生受益。此后阅读理解策略教学被明确列入《联邦儿童公平发展2001 法案》,成为阅读理解教学的必要内容之一。向学生传授有技巧的成年读者运用的所有策略可以极大地提高儿童的阅读理解水平(Gersten, Fuchs, Williams, & Baker,2001;Pressley & Afflerbach,1995)。

不过令人不安的是,目前的学校教育并没有向学生传授多少阅读理解策略(Pressley, Wharton-McDonald, Mistretta, & Echevarria,1998;Taylor, Pearson, Clark, & Walpole, 2000),至少没有像前文介绍的各种教学实验中传授的那么多。一种可能的原因是教师自己的阅读理解水平本身就不高,不大会主动地运用成功读者常用的那些策略(Keene & Zimmermann,1997; Pressley & Afflerbach,1995)。Keene 和 Zimmermann(1997)认为,如果教师自己不运用这些策略,那么就很难充分理解这些策略并意识到这些策略将在多大程度上提高阅读质量,也很难会向学生传授这些策略。有趣的是,那些学习如何向学生传授各种阅读理解策略的教师报告说他们自己在阅读过程中变得更加主动,对文章的理解也更全面更深刻了(Pressley et al.,1992)。阅读理解策略教学研究首先要教会教师们如何通过运用这些策略来更好地理解文章,因为学会了运用这些策略后,教师们才有能力也有动机去教学生如何运用策略。

还有一种可能的原因是传授阅读理解策略是一件很不容易的事(Pressley & El-Dinary,

1997)。即使传授某一种策略都是不容易的,因为每一种策略在概念上都不简单,需要多种心理操作的参与才能完成。举个例子,Williams(2003)及同事(Taylor & Williams,1983;Williams, Taylor, & Granger, 1981)的研究表明,让小学生和中学生学会如何归纳文章的中心意思是很不容易的。不过 Williams(2003)发现,在练习如何找出文章的中心意思后,即使是有学习障碍的学生在阅读理解测验上的成绩也有了明显提高,虽然这些学生常常把与主要内容无关的信息也列入文章的主要内容之中(Williams,1993)。在 Williams 的最新研究中,有学习障碍的学生要学会如何思考并回答一系列用于确认记叙文主题的问题(Wilder & Williams,2001;Williams, Brown, Silverman, & de Cani, 1994;Williams et al.,2002)。举个例子,在阅读一则故事时,学生要思考并回答以下问题:

> 谁是主人公? 他/她遇到了什么问题? 他/她做了什么? 发生了什么事? 是好事还是坏事? 为什么? 主人公应该(或者不应该)_____。我们应该(或者不应该)_____。故事的主题是_____。这个主题可以用在谁身上? 在什么情况下可以应用这个主题? 在什么情况下应用这个主题是有帮助的或者没有帮助的?

总的来看,学生,包括有学习障碍的学生,在学会思考这些问题后找出文章主要内容和观点的能力都提高了。关键是学生需要大量的练习和明确直接的指导以学会运用策略,哪怕是一种策略,这样学生在阅读过程中才能运用该策略。有理由相信,阅读理解策略教学在不久的将来一定会在学校教学中得到普及。首先是因为政策的支持。其次,有越来越多的教学材料和职业发展机会提供给教师们,用来提高教师们对阅读理解策略教学的意识和认识(Blachowicz & Ogle,2001;Harvey & Goudvis, 2000)。此外还有许多研究者正在努力提高人们对阅读理解教学的认识(Block & Pressley,2002),并探索如何把新的研究成果应用到教学实践中去(Block, Gambrell, & Pressley,2002)。

写作策略教学

Hayes 和 Flowers(1980)关于写作技巧的研究完全改变了学者和教育工作者关于写作教学的观念。这一研究发现,人们在开始写作之前会先详尽构思准备要写的内容,然后动笔打草稿,最后进行修改。对于有技巧的作者来说,这是一个连续进行的完整的过程,因为构思、打草稿和修改这 3 个步骤是相互衔接、互相支持的。这一发现引发了大量研究以探索学生学会了这 3 个步骤后将会对其写作方面产生什么样的效果。对儿童进行这种写作教学尤其有必要,因为儿童在没有接受这种教学时往往是拿起笔来,想到了什么就写什么(Graham,1990;McCutchen, 1988;Scardamalia & Bereiter, 1986;Thomas, Englert, & Gregg, 1987),也就是说,儿童几乎不会自主地进行构思和修改。

乐观地来看,学生对写作策略教学的反应是好的,举个例子,Englert、Raphael、Anderson、Anthony 和 Stevens(1991)向 4 年级和 5 年级的学生传授构思策略,要求学生思考并回答以下问题:我为什么要写这个? 我已经掌握的资料有哪些?(这个问题可以作为

538

头脑风暴法的提示问题)我该如何组织自己的想法(比较/对比,或者提问/解决方案;或者文体是说明文还是其他的文体)。

Graham 领导的研究小组(De La Paz, Swanson, & Graham, 1998; Graham, 1997)成功地帮助有写作障碍的学生学会如何修改草稿。在其研究中,5 年级和 6 年级学生学习根据以下 7 条标准来检查自己写的句子,每次修改一个句子:"这句看起来不对。""这不是我想表达的意思。""这句话在我的这篇文章中显得多余了。""别人可能看不懂这部分的意思。""别人可能对这部分不感兴趣。""别人不喜欢看这部分。""这很好。"接下来,学生从以下 5 种策略中选择一种策略来修改自己写的句子:"保持不变。""再写详细一点。""删去这部分。""换一种用词。""换一种表达形式。"向 8 年级学生传授的修改策略稍稍复杂一些。修改过程涉及两个阶段。第一阶段主要从全篇着眼,比方说内容不全面,某些部分的位置或顺序不对等。第二阶段主要从细节着眼,根据前面介绍的那些修改标准和策略进行修改。

Graham 及同事(1997, 1998)进行了大量的研究以帮助中小学生,尤其是那些被认为有学习障碍或写作障碍的学生,学会以自我调节的方式运用构思、打草稿和修改等写作策略。这些研究中,首先是教师传授策略。接下来学生尝试运用这些策略进行写作。这一尝试过程中,教师与学生之间发生积极的互动。教师要示范并与学生讨论如何运用策略。学生记住这几个步骤,设定写作目标(比方说文章的字数),学习如何监控自己的写作过程以确认是否达到了这个目标等。这种教学是非常个别化的教学。教师不断地解释,学生不断地学习,直到学生能够自主地和有效地运用这些策略。

关于这方面的 26 项研究发现非常令人振奋:无论采用哪种标准来评价学生的作文,写作策略教学能够极大地提高中小学生,包括那些有写作障碍的学生,提高其写作能力,而且这种教学效果是长期的显著的(Gersten & Baker, 2001; Graham & Harris, 2003)。这一结果表明认知策略教学能够显著提高中小学生的写作水平。

数学问题解决

最早的认知策略教学可能是有关数学问题解决的认知策略教学。20 世纪中叶以来,Polya(1957)在其经典著作《如何解决问题》一书中提出了问题解决的 4 步策略法。这 4 步分别是理解问题、提出解决方案、执行方案和检查。已经有大量事实证明,向小学生传授这 4 个步骤能够改善学生的问题解决(见 Burkell, Schneider, & Pressley, 1990)。其中最著名的案例是 Charles 和 Lester(1984)以 5 年级和 7 年级学生为研究对象,根据问题解决的 4 步策略法,进行了一次教学实验研究。在 23 周的时间内,学生学习各种方法来运用 Polya 提出的这 4 步策略。实验结束后,学生的问题解决能力有了明显提高。Montague 和 Bos(1986)对Polya 的方法加以修改设计出了一套教学方案,用来帮助那些有数学学习障碍的青少年提高其问题解决能力。该方案具体包括以下步骤:阅读问题、用自己的话重述问题、以图的形式画出已知和未知条件、写出已知和未知条件。提出解题方法、估算答案、计算答案、检查答案。学生学会了并运用这些策略后,问题解决能力有了明显提高。综合所有的相关研究,可以看到,与小学低年级学生相比,问题解决策略教学对更年长学生的帮助更大一些

(Hembree，1992)。小学生和初中生的问题解决能力提高幅度较小，高中生的问题解决能力提高幅度较大，大学生的问题解决能力提高幅度达到中等水平。

不过，Vanderbilt 大学的一个研究小组进行了一项数学问题解决策略教学研究，结果却发现，小学生，包括有数学学习障碍的学生，通过相关学习使问题解决能力得以提高的效果是最明显的(见 Fuchs 和 Fuchs 的介绍，2003)。该研究的目标是向 3 年级学生传授数学问题解决策略，并使学生能够把这些策略从标准化测验题迁移到新的任务情境中去，即使新情境与标准化测验情境有很大的不同。研究小组在几个严格操纵的教学实验中都发现了策略迁移。

首先，学生学习策略并练习在特定的问题情境下如何运用策略。举个例子，有一类问题结构被称为"包装问题结构"，大致描述如下：现在有若干个包装袋，每个包装袋里都装有若干个东西，比方说糖果。现在请你计算出需要多少个这样的包装袋才能装完 N 颗糖果。策略教学的目标是使学生形成一种问题图式(Gick & Holyoak，1983；Mayer，1982)，从而能够迅速意识到这个问题属于"包装问题结构"，并且运用正确的方法来解答，比方说，用每一个包装袋中装的糖果的数量去除 N，加起来(如果有小数位，就进一位取整数)就是需要的包装袋的数量。根据这一图式，学生以小组为单位进行合作学习来解答问题。

此外，教师还要传授策略迁移的概念，比方说，教师应指出婴儿最先学会从奶瓶里喝水，然后把这种喝水的技能从奶瓶迁移到杯子，最后迁移到碗。教师还要向学生介绍问题可能会以哪些形式发生非实质性的变化，从而使问题的形式发生变化。比方说多项选择题而不是简答题，以图的形式而不是文字的形式呈现各种条件。或者是关键词发生变化，比方说，不用"包装袋"这个词，而是用"包装物"这个词。或者提出一个新问题，比方说，如果每包糖果的价格是 4 元，那么买下所有的糖果要花多少钱？或者把问题放在一个更大的问题情境中，加入一些新信息，比方说，假设你有 37 元钱，你的朋友有 12 元钱……你还买了一项价格为 15 元的帽子。

这种教学方法能够提高学生的问题解决能力，特别是当问题情境类似于教学情境时(Fuchs et al.，2003b)，不过即使在远迁移问题上，这种教学方法也会产生比较明显的效果。远迁移问题是指当新的问题情境与教学情境在表面形式上有很大的不同时，能够把学到的策略应用于新的问题情境。总的来看，包括大量练习以及明确地强调迁移概念的问题解决策略教学能够帮助 3 年级学生，包括有数学学习障碍的学生提高问题解决能力。

Fuchs 及同事(2003a)想知道如果问题解决策略教学重视培养学生以自我调节的方式运用策略的能力，那么教学对 3 年级学生的帮助效果会不会更显著。在他们进行的研究中，教学内容加入了更多的通用策略，包括确认答案是不是有意义的、正确地排列数字以进行算术运算、检查运算过程等。为了提高学生自我调节的水平，教师要求学生学会如何根据自己的问题解决过程的完整性和答案的正确性来评定自己的问题解决成绩。这样学生就可以在一张表格上记下自己的成绩得分。在下一节学习开始之前，学生要回顾已经得到的分数，设定下一个目标，比方说要在这一节的学习中做得更好。此外，学生还要根据问题解决的过程和结果对自己的作业进行评分，并且在班上汇报自己是如何把在学校里学到的策略加以迁移的。班上同学也会根据该学生的作业得分及策略迁移报告,对他/她的问题解决评出一个总分。总之,通过设定许多目标(包括策略迁移)并反思目标完成的情况来鼓励学生以自我调节的方式运用各种策略。

总体上来看,教学内容越全面,策略迁移的效果越明显。不过学生还是有很多机会进行远迁移。与控制组学生相比,接受了策略迁移和自我调节教学的学生,包括问题解决能力正常的和较低的学生,在面对远迁移问题时能够进行正确解答的问题的数量要高出 1 倍之多。公平地说,Fuchs 及同事的研究发现(2003a,2003b)极大地推进了人们更深入地理解如何向小学生传授数学问题解决策略从而帮助小学生广泛灵活地运用这些策略,包括在差异较大的情境下进行策略迁移。

科学推理、辩论技巧和策略

Inhelder 和 Piaget(1958)曾经假设青少年的思维发展只有达到形式运算水平后才有可能进行科学思维。举个例子,假设给学生一个装满了各种球的大篮子。这些球在规格(大或小)、颜色(深或浅)、质地(光滑或粗糙)等方面各不相同。学生的任务是猜一猜可以根据哪些特征来判断某个球是适合用球拍或者是用球棒来击球。可以预料到的是,高年级学生能够通过分析得出结论。不过根据 Piaget 的理论,儿童的思维发展水平是不足以解决这种任务。青少年应该知道如何通过控制比较策略来分析在某个特征上存在差异的不同的球,从而评估这个特征对击球性的影响。举个例子,一大一小两个球在颜色和质地方面没有差别。通过试着击球,可以检验规格这个特征对击球性的影响,这种方法就是控制比较策略。

Kuhn 等(1988)的研究表明,儿童和青年人能够运用科学的策略进行控制比较。研究以 3 年级学生直到大学生为研究对象。呈现几组能够或者不能够被适当击出的球。学生的任务是找出决定击球性的特征是什么。另外一些研究中,K 及同事还要求学生说出这样判断的依据是什么。

这些研究都发现,对学生来说,解决这类问题很不容易。比方说,学生往往过分强调那些符合自己已有知识的信息,并且忽视那些不符合自己已有知识的信息。尽管随着年龄的增长,学生提供的判断依据和做出的判断的质量会有所提高,但即使是大学生也感到有困难。研究结果再一次支持了 Piaget 和 Inhelder 关于儿童不能够有控制地运用各种策略的观点。尽管如此,研究结果还是表明,随着年龄的增长,人们有控制地运用各种策略的能力不断提高,虽然大学生也还是远不如一位完全理性的科学家那样能够系统地进行所有的配对比较。

Kuhn(1991)进一步研究了辩论技巧的发展。在其研究中,青少年学生对以下一些重要的社会问题展开辩论,包括:罪犯刑满被释放后,是什么原因导致他们重新犯罪? 什么原因使某些学生的学业成绩不够理想? 失业的原因可能有哪些? 绝大多数学生都没有意识到这些问题并不存在绝对正确或错误的答案,相反地,他们往往坚持认为自己感觉到的那个回答是正确的。尽管学生能够意识到可能存在相互对立的观点,但他们很难想到与自己的信念相反的观点,而这正是经典的辩论策略之一。此外,学生还很难说服辩论对方接受自己的观点,这也正是另一种重要的辩论策略。总之,这些学生在辩论中的表现并不成功。他们没有运用那些优秀辩论手常常运用的辩论策略。

Kuhn 的研究结果(关于 Kuhn 的研究,更全面的介绍见 Kuhn,2002a, 2002b)与 20 世纪 70 年代后期到 80 年代进行的许多研究结果是一致的。这些研究都表明,无论是儿童还是成年人常常都不能按照一种完全理性的方式,或者说科学的方式,来思考问题(Baron & Sternberg,1987;Perkins, Lochhead, & Bishop, 1987)。人们往往不怎么会运用控制比较策略和辩论技巧,而这些正是适应当代科学世界所必需的。虽然如此,Kuhn 的研究小组(1988,研究 5;另见 Kuhn & Phelps,1982)还是发现,在小学高年级学生中,至少有一部分学生在尝试用科学方式来解决问题时,如果教师或者家长能够提示他们注意某些重要信息以及应该如何解释这些信息,那么这些学生是能够掌握这些策略的。

在发现学生往往不能充分发展出批判性的科学的思维策略这一事实后,许多教育工作者也设计了各种教学方案来帮助学生发展各种科学的思维技巧和策略。这方面的早期研究几乎没有得到有积极意义的发现,或者即使有积极的效果,似乎也与策略没有多大关系,往往也不能迁移到其他问题情境中去(详细介绍见 Chipman, Segal, & Glaser, 1985;Segal, Chipman, & Glaser, 1985)。不过随着研究的不断深入,这一状况发生了改变。许多新的研究结果表明,可以通过多种方式促使学生掌握更高水平的思维策略(见 Kuhn & Franklin,本手册,本卷第 22 章)。

20 世纪 80 年代到 90 年代初期,研究策略的学者们假设,学生在有教师指导的结构良好的学习情境下解决问题时有可能产生或者发现以上介绍的一些思维策略,包括控制比较策略。在这种问题导向的课堂学习过程中,教师监控学生的学习和互动过程,提供学生进步所必需的支持与提示(Wood et al. ,1976)。教学要想取得成效,学生之间的协作学习也很重要。协作学习要求学生相互评价提出的解决方案,并提供合理的依据来支持自己提出的方案(Champagne & Bunce,1991)。维果茨基学派(Rogoff, 1990, 1998;Vygotsky, 1978)和皮亚杰学派(Damon, 1990;Enright, Lapsley, & Levy, 1983;Furth, 1992;Furth & Kane, 1992;Kruger, 1993;Youniss & Damon, 1992)进行的理论分析和实证研究结果都表明,同伴间的讨论能够促进学生的认知发展并提高其推理技巧水平。这一结果对教育实践的影响是巨人的。

以教师提供支持、学生通过协作学习来解决问题为特点的科学课教学实验的结果表明,上述关于学习的概念在科学课教学中是非常重要的因素。一位优秀的科学课教师应该能够引导学生通过协作方式探索科学问题。学生将有机会讨论各种可能的解决思路,并提出多种解决方案(Garnett & Tobin,1988;Tobin & Fraser, 1990;Treagust, 1991)。观察研究的发现证实,与传统的课堂教学方式相比,协作型问题解决的课堂学习方式似乎激励学生更努力更有效地思考问题,比方说,开展更高水平的讨论或辩论(Amigues, 1988;Brown & Campione, 1990;Hatano & Inagaki, 1991;Newman, Griffin, & Cole, 1989;Pizzini & Shepardson, 1992)。研究结果还表明,如果老师善于引导学生通过实验和协作学习的方式解决问题,那么学生的问题解决能力将发展得更好(关于这些研究的介绍和思考,见

Glynn & Duit,1995; Glynn, Yeany, & Britton, 1991)。

还有许多教师虽然不善于这种教学方法,但愿意尝试着去这么做。遗憾的是,这些教师的教学效果并不理想。举个例子,如果教师不能够有效地引导协作学习,那么极有可能出现的情况是,个别学生将控制整个班的讨论和学习,其他学生几乎没有什么机会去学习或思考(Gayford,1989; Hogan, Nastasi,& Pressley, 2000; Hogan & Pressley, 1997)。更糟的情况是,有时候那些控制了讨论方向的学生的观点不但是不正确的,甚至还会把其他学生也引向错误的方向,因为其他学生对讨论内容的了解不全面,不能意识到这些学生的思路是不正确的(Basili & Sanford, 1991)。

Kuhn、Shaw 和 Felton(1997)对上面这种情况进行了一次研究,结果发现,如果学生们能够针对一些复杂的容易引起争议的问题进行讨论,那么这些讨论能够促进学生的认知发展。在这项研究中,7 年级、8 年级和社区大学的学生就死刑的好处这个主题与同伴进行讨论。每次讨论结束后更换一名新同伴以保证每次讨论都会接触到新的观点。控制组学生不进行这种讨论。实验组和控制组都进行前测和后测。研究发现,与控制组相比,实验组学生的辩论技巧有明显提高,提出的观点的数量、类别(例如分别从正反两方面分析这个主题)和深度也都有明显改善。

Kuhn 和 Udell(2003)以死刑的好处为主题,对 7 年级和 8 年级学生的辩论技巧进行一次实验研究。支持和反对死刑的学生都被告知要准备参加一场关于该主题的辩论比赛。控制组学生(包括正方和反方两组)对这个主题进行辩论,在教师指导下与同伴展开讨论,为自己的观点论据支持。实验组学生(也包括正方和反方两组)不仅对这个主题进行辩论,而且还要对对方的观点提出批驳的论据支持,以便更有效地批驳对方的观点,这样学生就有机会对正反两方面的证据进行综合思考。

研究结果发现,与控制组学生相比,实验组学生的辩论技巧有明显提高,特别是在针对对方观点提出批驳的论据支持方面。而且学生关于该主题的知识也变得更全面。Anderson 及同事对儿童通过辩论提高辩论技巧的研究也得到了类似发现(Clark et al. ,2003)。总之,通过尝试解决这些问题,学生能够掌握科学的思维方式和辩论策略,至少是在有一位知识丰富的教师监控学生的思考和辩论,并且提供支持和提示以保证学生的思考和辩论正沿着正确方向进行的条件下。

Kuhn 的研究采用了一种重要的研究方法,这就是微观发生法。这种方法主要是详细地监控和分析学生在练习如何运用策略的过程中,在问题解决和推理方式上发生了哪些变化(关于微观发生法,更详细的介绍见本手册,本卷第 11 章,Siegler)。基本上来看,通过练习和反思,学生的科学推理与辩论技巧有明显提高,但不同研究的结果也不完全相同。学生能够学会综合运用多种策略,但具体运用哪几种策略将取决于问题类型和解决问题的初次尝试是否成功而不同(Kuhn,1995;Kuhn Garcia-Mila, Zohar, & Andersen, 1995)。学生不是遵循固定不变的策略程序,而是练习如何明确问题类型并灵活地做决定以提高问题解决水平。还是以关于死刑的辩论为例,学生在每一次的辩论练习时都会根据对方提出的具体问题采用不同的思路进行推理。

结论

如果教师或家长不教,儿童常常不会运用必需的策略来完成一些重要的学业任务,包括阅读、写作、数学和科学的问题解决,以及辩论。过去 20 多年间,研究者向学生传授各种与学业任务相匹配的策略,并提供机会让学生练习如何运用策略。这些研究结果都表明,学生在完成学业任务时思维方式和作业成绩都有提高。关于学业任务的策略教学效果常常比较明显。如果教学生以自我调节的方式综合运用各种策略,那么教学效果最明显。虽然研究者主要关注的是有学习障碍的学生,但结果也表明从小学直到高中的学生似乎都能够学习策略并运用策略。

Pressley 和他的研究小组主要以小学生为研究对象(Pressley, Allington, Wharton-McDonald, Block, & Morrow, 2001; Pressley et al. ,2003),近年来也开始以初中生和高中生为对象。这些研究的发现有一个共同的显著特点,就是与学校里进行的其他教学相比,关于学习策略教学的研究和关于问题解决与辩论策略教学的研究不够全面和深入。既然当务之急是提高学生的阅读、写作、数学问题及科学问题解决能力和辩论技巧,那么现在就需要教育工作者们认真思考并采取恰当的干预措施。我们希望这方面的研究成果可以帮助教育工作者改善教学方法,使学生有更多的机会学习那些已经被证明是行之有效的认知策略。

关于策略发展的总结与思考

早在 40 多年前,研究儿童发展的学者们就已经开始探索儿童如何运用策略来完成复杂的认知任务。随着基础研究和应用研究不断得到新发现,目前人们已经对策略运用能力有了比较多的了解。关于正常儿童和非正常儿童的策略发展的研究充实了该领域的内容。下面将对一些最重要的结论进行总结,并对有待进一步研究的问题提出思考。

关于策略运用能力的发展,人们已经了解多少

学前儿童尽管在面对不熟悉的任务时存在产生式缺陷,但可以肯定的是,在熟悉的任务情境中,这些儿童能够运用一些策略。即使是 2 岁的幼儿也表现出了运用简单的记忆策略的能力! 举个例了,DeLoache 及同事(1985)的研究发现,如果任务目标是记住玩具藏在什么位置,那么儿童在注视和谈论这个玩具时无疑是非常有意识的。现在已经知道的是学前晚期的幼儿在完成熟悉的任务时一般都能够运用几种甚至更多的策略。例如 Siegler 和 Robinson(1982)的研究发现,4 岁和 5 岁的幼儿在完成简单的加法运算题时,有时候会凭记忆中的知识来回答,有时候通过数手指出声地数出答案,有时候虽然数手指但不数出声音,还有时候出声地数出答案但不用通过数手指的方法。

虽然传统的认知发展研究更多的是研究单个策略的发展,例如通过复述回想起一组相互之间没有关系的词,把相互之间有某种关系的一些词划分为不同类别,对配对联想词进行精加工等,但是更典型的情况是人们需要同时运用多种策略来完成某一项任务。举个例子,在学习配对联想词时,学生可以综合运用多种策略,包括简单地读一遍,反复地读、进行言语

精加工(比方说用这些词造句甚至编一则小故事)、形成一组相互之间有关联的表象等。事实上,学生在学习配对联想词的过程中往往会综合运用多种不同的策略(Pressley & Levin, 1977)。目前已经有大量证据表明多种策略的综合运用是非常普遍的现象。问题解决的类型不同,阅读的类别不同,或者写作的水平层次不同(拼写或修改),学生运用的策略也随之不同,其中有些策略是更有效的。因此如果学生完成任务的效率不高,那么一个可能的原因是学生把最有效的策略和低效的甚至是无效的策略混在一起运用,而不是运用那些最有效的策略。

许多发现有力地表明,只要接受策略教学,许多类型的产生式缺陷是可以被克服的。鉴于策略产生式缺陷在整个童年期直到成年期都是比较普遍的现象,这一发现非常有价值。对于那些可能无法成功地完成任务的人,比方说幼儿、心理发育迟缓的儿童、有学习障碍的儿童等,这种产生式缺陷表现得尤其明显。

最早由 Flavell 开创的记忆策略教学研究在初期只是简单地告诉儿童要执行哪些心理操作并要求儿童照着去做,即使任务情境非常类似于教学情境。由于儿童往往不能坚持长期运用这些记忆策略,因此这种教学很难带来持久的效果。随着研究的不断深入,策略教学的内容变得越来越丰富和复杂,这主要受益于认知策略,尤其是记忆策略方面的基础理论研究成果。当代策略教学的内容包含了各种相互影响并决定着策略运用行为的认知要素。这些策略教学具有如下一些特点:

1. 传授给学生一些成功的思维加工策略,往往是综合起来协调运用的为数不多的几种策略。

2. 教学开始时是教师解释和示范如何运用策略。接下来教师指导学生练习运用这些策略,直到学生能够有效地运用这些策略,比方说达到熟练的甚至是半自动化的程度。这时学生就有更多的心理资源用来综合运用这些策略与其他要素。

3. 通常需要坚持较长一段时间来练习如何运用策略,才能达到自动化执行的程度。这样学生就能够把所学策略应用于各种问题及各种情境,能够发现一些重要的元认知信息,包括应该在什么条件下运用策略以及如何在各种不同的情境下运用策略。学生要想在教学情境和可能用到这些策略的陌生情境下坚持运用这些策略,就必须掌握这些元认知知识(Pressley, Borkowski, & O'Sullivan, 1984, 1985)。

4. 许多策略的运用还取决于学生关于世界的常识性知识。策略执行的过程中就包括了运用相关的已有知识和经验。如果学生仅凭其丰富的知识库而无需运用策略就能完成某项任务,那么教师就不要鼓励学生通过策略操作(比方说精加工或者运算等)来得出答案。在尽可能的情况下鼓励学生运用其已有的知识,这一点很重要,因为策略执行会占用短时记忆的许多资源。那些非必需的策略执行占用的认知资源越少,必需的策略执行以及与其他要素协调配合的操作过程所能支配的认知资源就越多。

5. 当代认知策略教学研究及应用的一个最重要趋势是促进学生以自我调节的方式坚持长期运用各种策略,包括教学中提供的元认知知识。这些元认知知识可以帮助学生知道在什么条件下运用策略以及如何监控这些策略执行的有效性。此外教师还应该告诉学生运用策略将能够产生哪些积极的效果,并在策略运用之前和之后都要想一想自己的表现有没有达到理想的水平。策略教学还应该使学生明确地意识到自己需要努力把学到的策略迁移运用到其他的适合的问题情境中去。

虽然很多儿童需要教师传授一些策略,但还是有许多儿童能够自主地发现并掌握许多种策略。已经有许多研究发现了这一过程是如何进行的。其中,分析策略就是借助于微观发生法的研究而总结出的(Siegler,本手册,本卷,第11章)。K和A分别领导各自的研究小组探讨了辩论策略及技巧是如何通过辩论活动而得到提高的。K及同事还研究了科学的推理策略运用能力是如何通过练习而发展的。这些研究发现清楚地表明,在面对归纳推理问题时,小学低年级学生的策略运用能力虽然会随着练习和思考的增多而提高,但运用策略并不总是能够给这些学生带来明显的帮助。这一发现使人们想到了记忆研究中报告过的利用缺陷(Miller & Seier,1994)。此外,采用微观发生法进行的研究也发现,学生在每一次测验中运用的策略常常不尽相同。这意味着学生在运用一些可能有效的策略时并不是固定不变的。

这些发现并不奇怪。元记忆领域最重要的发现之一是人们对某种策略的运用程度主要取决于人们在多大程度上相信这种策略能够提高自己的作业成绩。20世纪70年代到80年代早期进行的大量实验结果都支持了这一发现(Pressley,Borkowski, & O'Sullivan,1984,1985)。如果学生体验到某一策略确实能够提高自己的作业成绩,那么学生今后就会更愿意运用该策略。许多控制严格的实验结果也支持了这一结论(Pressley,Levin,& Ghatala,1984)。这意味着如果学生发现某种策略是有效的,那么将来在不同策略的运用方面就会出现分化,某些策略被更多地运用,而某些策略则较少甚至几乎不怎么被运用。

总之,越来越多的证据表明,有效的策略教学内容要求包括并综合多种认知成分。这与以往那些关注习惯思维与学习过程中单个要素的假设正好相反。这些假设对那种主张策略教学应该面面俱到的观点是一个极大的挑战。后者认为思维不仅仅是运用策略,更多的是运用已有的知识来解决问题(Anderson & Pearson,1984;Chi, 1978)。不过这种强调已有知识作为思维操作的首要基础的观点已经被另外一种新观点所取代。这种新观点主张,无论学生要完成的是记忆任务(Pressley,Borkowski, & Schneider,1987),还是一些常见的学业任务,包括问题解决(Schoenfeld,1985, 1987, 1992)、阅读(Pressley & Afflerbach,1995)和写作(Flower,1998),学生关于世界的常识性知识和各种策略在思维操作过程中应该是协调一致发挥作用的。

另一种长期为人们接受的观点认为,与其他类型的学习相比,发现学习,具体地说是发现策略的学习能够使学习的质量更高,学生对知识的理解更全面(Kohlberg & Mayer,1972)。尽管相当长时期以来的事实却是,与更直接的教学方法相比,学生通过发现学习掌握的知识不那么全面(Mayer,2004;Shulman & Keislar,1966)。但从另一方面来看,学生能够并且可能的确通过发现学习掌握了许多重要的技巧(Siegler,1996)。因此完全有可能设计出一些由教师指导的发现学习情境,鼓励学生思考自己成功或不成功的原因是什么。

Kuhn(2002a,2002b)和其他一些学者(Lehrer & Schauble,2000)已经对此进行了探索。一种好的发现学习情境意味着学生与学生、学生与家长、学生与其他文化要素之间发生互动(Rogoff,2003)。

在现实生活中与儿童发生接触的人(包括家长和教师)告诉儿童在什么条件下以及为什么运用策略,这样可以向儿童提供大量的元认知信息。虽然大量的严格控制的实验结果表明,元认知教学能够提高策略教学的有效性(Elliott-Faust & Pressley, 1986;O'Sullivan & Pressley, 1984),但还是有人支持主张直接传授策略和技能并尽可能少地介绍元认知知识(Adams & Carnine,2003)。关于这方面的争论暂时有了一个比较能够让人接受的结论,那就是借助解释策略和提供机会让学生在真实的问题解决、阅读和写作任务中练习如何运用策略,把直接的策略教学与间接的元认知知识教学结合起来(Duffy,2003)。

总的来看,关于策略和已有知识在思维操作过程中的作用、如何进行策略教学(比方说传授策略本身还是考虑已有知识及元认知知识)、策略学习与发现学习的关系等问题,目前还存在一些相互对立的观点。与此形成对比的是,我们强调随着策略教学研究在过去40多年间的不断发展和深入,已经出现了一些兼顾各方面因素的更具综合性的观点。已经有研究表明,最有效的策略教学应该包括直接地解释和示范如何运用策略、传授元认知知识、提供机会让学生在练习的过程中发现各种策略、通过使学生相信运用策略将能够带来益处以提高学生运用策略的动机水平,以及强调在问题解决、阅读和写作过程中要综合运用多种策略和已有知识(见 Alexander, Graham, & Harris,1998)。

关于策略教学,还有许多未知事实

现在有越来越多的科学研究发现支持了我们的上述观点,即儿童通过策略教学能够学会各种认知策略,这些认知策略是各种重要的学业能力的必需要素。不过这样的策略教学的目标应该是帮助学生学会如何以自我调节的方式长期坚持运用并迁移各种策略。策略教学的效果往往是相当显著的,这极大地激发了更多学者研究如何在从幼儿园直到高中的课程中加入认知策略教学内容。此外,Deshler 及同事(Deshler, Ellis,& Lenz,1996)以及其他学者对弱势群体学生进行的认知策略教学研究也正在积极展开。这些基础理论与应用实践的研究成果已经影响了成千上万名有学习障碍的学生。在许多方面都与理论研究很相似的临床研究的成果也促进了这方面教育实践的成功实施。在思考这些已经取得成功的教育实践的同时,我们也在思考未来的研究方向,认为一个重要的研究方向应该是如何把这种教学方法传播到更广的范围,以及找出学校教学课程中有哪些部分可能需要通过策略教学来加以完善的。

关于策略的研究有一个明显的优点,那就是非常重视分析。关于各种策略的作用及其发展机制的理解是重要且深刻的。尽管如此,当我们反复阅读这些研究报告时,我们感到还有许多东西有待探索。举个例子,Kuhn(2000)提出了通过发现和反思来实现策略成长的概念。这促使我们更努力地思索许多问题。Kuhn 提出儿童在某个问题领域进行思维操作时,对于应该怎样做才能实现问题解决的目标可能已经有了某种自己的理论。儿童往往先尝试着运用这些事先假设为有效的策略,观察它们是不是能够解决当前的问题。儿童可能会体验到同伴或成年人对自己尝试解决问题的方法及其结果所做出的反应。这种对反馈信息的体验将加深儿童对问题情境的理解,可能会使儿童对所尝试的策略有新的理解,甚至是思考还可以运用哪些可能适用的新策略。这些新的理解和认知推动了下一步的尝试。新的结果和反馈信息又进一步加深了理解。经过若干次尝试后,儿童对策略和任务情境的理解逐渐加深。

就在我们思考 Kuhn 的研究时,我们感到还需要做更多的研究来更详细地理解各种策略、学生头脑中的元认知知识,以及这些策略和元认知成分是如何相互作用的。令我们感兴趣的是 Kuhn 发现了利用缺陷。我们想知道为什么在某些情境下,学生产生的策略似乎应该能够解决问题但事实上却不能。作为关注教学法的研究者,我们还想知道在学生尝试着解决问题的过程中,如果施加更多的教学,那么将会产生什么结果。我们的假设是学生的策略知识及元认知知识的增加速度将会变得更快。但是与发现学习相比,这种教学方式会不会产生负面的效果?总之一句话,我们在思考这些研究成果时感到,关于策略,我们还有很多不明之处:策略的运作机制、策略的发展、关于策略的元认知的发展、通过发现法进行策略教学等等。就在撰写本章的过程中,我们感到关于策略的运作机制,目前的认识仅仅是冰山的一角而已。希望本章内容将推动研究者们对策略及其发展进行更多更深入的研究。目前已经取得的成果清楚地表明,可以通过科学研究来探索这一领域的内容。毫无疑问,还有许多方法可以帮助人们在理论和实践上更全面地认识儿童是如何学会怎样通过发现和运用策略来更有效地处理现实生活中遇到的任务和问题。

鉴于当代策略教学研究对学业任务的重视,不大可能期望研究热点从问题解决、推理、阅读或写作回到关于记忆的基础研究。虽然所有这些学业任务都包含了记忆的成分,但关于这些学业任务的研究几乎没有涉及记忆成分是如何发挥作用的,以及如何教学生最大限度地利用其有限的短时记忆资源,以及似乎是无限的长时记忆资源(比方说关于世界的常识性知识)。举个例子,Graham(1990)教那些有写作障碍的小学生如何在长时记忆中寻找更多的信息以用于目前正在写的作文中。结果发现这些学生写出的作文的字数和质量都有提高。我们认为应该还有其他许多方法可以帮助学生更好地利用记忆资源,进而提高学业成绩和促进心理发展。有志于从事记忆研究的学者们可能会有兴趣采用更真实的学业任务,而不是沿用那些在 20 世纪 60 年代到 70 年代被普遍使用的记忆任务作为研究材料。如果这样,那么这些研究很有可能成功地改善对儿童,包括许多有智力障碍的儿童的教育。这种记忆策略教学研究在过去 10 年间越来越少,几乎消失了。但这并不意味着不可能重新出现这方面的研究。为了帮助人们更好地完成从 3 岁幼儿到成年人都要面临的学业任务,非常有必要开展一些全新的记忆策略发展研究。正如 Kuhn 建议的那样,如果记忆发展成为即将消失的研究课题之一,那么现在该是时候要研究者们站起来面对这个挑战,让记忆发展研究重返各种主流学术刊物,让那些致力于改善儿童认知表现的人们再一次重视这个研究领域。

547

(李艾丽莎译,张庆林审校)

参考文献

Adams, G. , & Carnine, D. (2003). Direct instruction. In H. L. Swanson, K. R. Harris, & S. T. Graham (Eds.), *Handbook of learning disabilities* (pp 403 - 416). New York; Guilford Press.

Alexander, J. , & Schwanenflugel, P. J. (1994). Strategy regulation: The role of intelligence, metacognitive attribution, and knowledge base. *Developmental Psychology*, *30*, 709 - 723.

Alexander, P. A. , Graham, S. , & Harris, K. R. (1998). A perspective on strategy research: Prospect and progress. *Educational Psychology Review*, *10*, 129 - 154.

Allik, J. P. , & Siegel, A. W. (1976). The use of the cumulative rehearsal strategy: A developmental study. *Journal of Experimental Child Psychology*, *21*, 316 - 327.

Almasi, J. F. (2003). *Teaching strategic processes in reading*. New York; Guilford Press.

Amigues, R. (1988). Peer interaction in solving physics problems: Sociocognitive confrontation and metacognitive aspects. *Journal of Experimental Child Psychology*, *45*, 141 - 158.

Anderson, J. R. (1980). *Cognitive psychology and its implications*. San Francisco; Freeman.

Anderson, J. R. (1983). *The architecture of cognition*. Cambridge, MA; Harvard University Press.

Anderson, R. C. , & Pearson, P. D. (1984). A schema-theoretic view of basic processes in reading. In P. D. Pearson (Ed.), *Handbook of reading research* (pp. 255 - 291). New York; Longman.

Anderson, V. (1992). A teacher development project in transactional strategy instruction for teachers of severely reading-disabled adolescents. *Teaching and Teacher Education*, *8*, 391 - 403.

Anderson, V. , & Roit, M. (1993). Planning and implementing collaborative strategy instruction for delayed readers in grades 6 - 10. *Elementary School Journal*, *94*, 121 - 137.

Armbruster, B. B. , Anderson, T. H. , & Ostertag, J. (1987). Does text structure/summarization instruction facilitate learning from expository text? *Reading Research Quarterly*, *22*, 331 - 346.

Atkinson, R. C. , & Shiffrin, R. M. (1968). Human memory: A proposed system and its control processes. In K. W. Spence & J. T. Spence (Eds.), *Advances in the psychology of learning and motivation research and theory* (Vol. 2, pp. 89 - 195). New York; Academic Press.

Baddeley, A. (1987). *Working memory*. Oxford, England; Clarendon Press.

Baker-Ward, L. , Ornstein, P. A. , & Holden, D. J. (1984). The expression of memorization in early childhood. *Journal of Experimental Child Psychology*, *37*, 555 - 575.

Barclay, C. R. (1979). The executive control of mnemonic activity. *Journal of Experimental Child Psychology*, *27*, 262 - 276.

Baron, J. B. , & Sternberg, R. J. (1987). *Teaching thinking skills: Theory and practice*. New York; Henry Holt.

Barrouillet, P. , & Fayol, M. (1998). From algorithmic computing to direct retrieval: Evidence from number and alphabetic arithmetic in children and adults. *Memory and Cognition*, *26*, 355 - 368.

Basili, P. A. , & Sanford, J. P. (1991). Conceptual change strategies and cooperative group work in chemistry. *Journal of Research in Science Teaching*, *28*, 293 - 304.

Bauer, P. J. (2003). Early memory development. In U. Goswami (Ed.), *Blackwell handbook of childhood cognitive development* (pp. 127 - 146). Oxford, England; Blackwell.

Bauer, P. J. , Wenner, J. A. , Dropik, P. L. , & Wewerka, S. (2000). Parameters of remembering and forgetting in the transition from infancy to early childhood. *Monographs of the Society for Research in Child Development*, *65* (4, Serial No. 263).

Bauer, R. H. (1977a). Memory processes in children with learning disabilities. *Journal of Experimental Child Psychology*, *24*, 415 - 430.

Bauer, R. H. (1977b). Short-term memory in learning disabled and nondisabled children. *Bulletin of the Psychonomic Society*, *10*, 128 - 130.

Beal, C. R. , & Fleisig, W. E. (1987, March). *Preschooler's preparation for retrieval in object relocation tasks*. Paper presented at the biennial meeting of the Society for Research in Child Development, Baltimore, MD.

Bebko, J. M. , Bell, M. A. , Metcalfe-Haggert, A. , & McKinnon, E. (1998). Language proficiency and the production of spontaneous rehearsal in children who are deaf. *Journal of Experimental Child Psychology*, *68*, 51 - 69.

Bebko, J. M. , Lacasse, M. A. , Turk, H. , & Oyen, A. S. (1992). Recall performance on a central-incidental memory task by profoundly deaf children. *American Annals of the Deaf*, *137*, 271 - 277.

Bebko, J. M. , & McKinnon, E. E. (1990). The language experience of deaf children: Its relation to spontaneous rehearsal in a memory task. *Child Development*, *61*, 1744 - 1752.

Bebko, J. M. , & Metcalfe-Haggert, A. (1997). Deafness, language skills, and rehearsal: A model for the development of a memory strategy. *Journal of Deaf Studies and Deaf Education*, *2*, 131 - 139.

Bebko, J. M. , & Ricciuti, C. (2000). Executive functioning and memory strategy use in children with autism: The influence of task constraints on spontaneous rehearsal. *Autism*, *4*, 299 - 320.

Belmont, J. C. , & Butterfield, E. C. (1977). The instructional approach to developmental cognitive research. In R. V. Kail & J. W. Hagen (Eds.), *Perspectives on the development of memory and cognition* (pp. 437 - 481). Hillsdale, NJ; Erlbaum.

Belmont, J. M. , Butterfield, E. C. , & Ferretti, R. P. (1982). To secure transfer of training: Instruct self-management skills. In D. K. Detterman & R. J. Sternberg (Eds.), *How and how much can intelligence be increased?* (pp. 147 - 154). Norwood, NJ; Ablex.

Bereiter, C. , & Bird, M. (1985). Use of thinking aloud in identification and teaching of reading comprehension strategies. *Cognition and Instruction*, *2*, 131 - 156.

Berkowitz, S. J. (1986). Effects of instruction in text organization on sixth-grade students' memory for expository reading. *Reading Research Quarterly*, *21*, 161 - 178.

Bjorklund, D. F. , Miller, P. H. , Coyle, T. R. , & Slawinski, J. L. (1997). Instructing children to use memory strategies: Evidence of utilization deficiencies in memory training studies. *Developmental Review*, *17*, 411 - 441.

Bjorklund, D. F. , Muir-Broaddus, J. E. , & Schneider, W. (1990). The role of knowledge in the development of strategies. In D. F. Bjorklund (Ed.), *Children's strategies: Contemporary views of cognitive development* (pp. 93 - 128). Hillsdale, NJ; Erlbaum.

Blachowicz, C. , & Ogle, D. (2001). *Reading comprehension: Strategies for independent learners*. New York; Guilford Press.

Black, M. M. , & Rollins, H. A. (1982). The effects of instructional variables on young children's organization and free recall. *Journal of Experimental Child Psychology*, *33*, 1 - 19.

Blackman, L. S. , & Lin, A. (1984). Generalization training in the educable mentally retarded: Intelligence and its educability revisited. In P. H. Brooks, R. Sperber, & C. McCauley (Eds.), *Learning and cognition in the mentally retarded* (pp. 237 - 263). Hillsdale, NJ; Erlbaum.

Block, C. C. , Gambrell, L. , & Pressley, M. (Eds.). (2002). *Improving comprehension instruction: Rethinking research, theory, and classroom practice*. San Francisco; Jossey-Bass.

Block, C. C. , & Pressley, M. (Eds.). (2002). *Comprehension instruction*. New York; Guilford Press.

Bloom, P. (2000). *How children learn the meanings of words*. Cambridge, MA; MIT Press.

Borkowski, J. G. , Carr, M. , Rellinger, E. A. , & Pressley, M. (1990). Self-regulated strategy use: Interdependence of metacognition, attributions, and self-esteem. In B. F. Jones (Ed.), *Dimensions of thinking: Review of research* (pp. 53 - 92). Hillsdale, NJ; Erlbaum.

Borkowski, J. G. , & Cavanaugh, J. C. (1979). Maintenance and generalization of skills and strategies by the retarded. In N. R. Ellis (Ed.), *Handbook of mental deficiency* (2nd ed., pp. 569 - 618). Hillsdale, NJ; Erlbaum.

Borkowski, J. G. , & Kurtz, B. E. (1987). Metacognition and executive control. In J. G. Borkowski & J. D. Day (Eds.), *Cognition in special children: Comparative approaches to retardation, learning disabilities, and giftedness* (pp. 123 - 152). Norwood, NJ; Ablex.

Bousfield, W. A. (1953). The occurrence of clustering in the recall of randomly arranged associates. *Journal of Genetic Psychology*, *49*, 229 - 240.

Broadbent, D. E. (1958). *Perception and communication*. New York; Pergamon Press.

Brown, A. L. (1974). The role of strategic behavior in retardate memory. In N. R. Ellis (Ed.), *International review of research in mental retardation* (Vol. 7, pp. 55 - 104). New York; Academic Press.

Brown, A. L. (1978). Knowing when, where, and how to remember: A problem of metacognition. In R. Glaser (Ed.), *Advances in instructional psychology* (Vol. 4, pp. 77 - 165). Hillsdale, NJ; Erlbaum.

Brown, A. L. , Bransford, J. D. , Ferrara, R. A. , & Campione, J. C. (1983). Learning, remembering, and understanding. In P. H. Mussen (Series Ed.) & J. H. Flavell, & E. M. Markman (Vol. Ed.), *Handbook of child psychology: Vol. 3. Cognitive development* (4th ed., pp. 77 - 166).

New York: Wiley.

Brown, A. L. , & Campione, J. C. (1978). Permissible inferences from cognitive training studies in developmental research. *Quarterly Newsletter of the Institute for Comparative Human Behavior*, *2*, 46–53.

Brown, A. L. , & Campione, J. C. (1990). Interactive learning environments and the teaching of science and mathematics. In M. Gardner, J. G. Greeno, F. Reif, A. H. Schoenfeld, A. DiSessa, & E. Stage (Eds.), *Toward a scientific practice of science education* (pp. 111–139). Hillsdale, NJ: Erlbaum.

Brown, A. L. , & Day, J. D. (1983). Macrorules for summarizing texts: The development of expertise. *Journal of Verbal Learning and Verbal Behavior*, *22*, 1–14.

Brown, A. L. , & DeLoache, J. S. (1978). Skills, plans, and self-regulation. In R. S. Siegler (Ed.), *Children's thinking: What develops?* (pp. 3–36). Hillsdale, NJ: Erlbaum.

Brown, R. , Pressley, M. , Van Meter, P. , & Schuder, T. (1996). A quasi-experimental validation of transactional strategies instruction with low-achieving second grade readers. *Journal of Educational Psychology*, *88*, 18–37.

Burkell, J. , Schneider, B. , & Pressley, M. (1990). Mathematics. In M. Pressley & Associates. *Cognitive strategy instruction that really improves children's academic performance* (pp. 147–177). Cambridge, MA: Brookline Books.

Camilli, G. , Vargas, S. , & Yurecko, M. (2003). Teaching children to read: The fragile link between science and federal education policy. *Education Policy Analysis Archives*, *11* (15). Retrieved January 29, 2004, from http://epaa.asu.edu/epaa/v11n15.

Campione, J. C. , & Brown, A. L. (1977). Memory and metamemory development in educable retarded children. In R. V. Kail & J. W. Hagen (Eds.), *Perspectives on the development of memory and cognition* (pp. 367–406). Hillsdale, NJ: Erlbaum.

Campione, J. C. , Brown, A. L. , Ferrara, R. A. , Jones, R. S. , & Steinberg, E. (1985). Breakdowns in flexible use of information: Intelligence-related difference in transfer following equivalent learning performance. *Intelligence*, *9*, 297–315.

Cariglia-Bull, T. , & Pressley, M. (1990). Short-term memory differences between children predict imagery effects when sentences are read. *Journal of Experimental Child Psychology*, *49*, 384–398.

Carver, L. J. , & Bauer, P. J. (1999). When the event is more than the sum of its parts: Long-term recall of event sequences by 9 - month-old infants. *Memory*, *7*, 147–174.

Carver, L. J. , & Bauer, P. J. (2001). The dawning of the past: The emergence of long-term explicit memory in infancy. *Journal of Experimental Psychology: General*, *130*, 726–745.

Ceci, S. J. , Fitneva, S. A. , & Gilstrap, L. L. (2003). Memory development and eyewitness memory. In A. Slater & G. Bremner (Eds.), *An introduction to developmental psychology* (pp. 283–310). Malden, MA: Blackwell.

Chall, J. S. (1967). *Learning to read: The great debate*. New York: McGraw-Hill.

Champagne, A. B. , & Bunce, D. M. (1991). Learning-theory-based science teaching. In S. M. Glynn, R. H. Yeany, & B. K. Britton (Eds.), *The psychology of learning science* (pp. 21–41). Hillsdale, NJ: Erlbaum.

Charles, R. I. , & Lester, F. K. , Jr. (1984). An evaluation of a process-oriented instructional program in mathematical problem solving in grades 5 and 7. *Journal for Research in Mathematics Education*, *15*, 15–34.

Chi, M. T. H. (1978). Knowledge structure and memory development. In R. S. Siegler (Ed.), *Children's thinking: What develops?* (pp. 73–96). Hillsdale, NJ: Erlbaum.

Chipman, S. F. , Segal, J. W. , & Glaser, R. (1995). *Thinking and learning skills: Vol. 2. Research and open questions*. Hillsdale, NJ: Erlbaum.

Clark, A. M. , Anderson, R. C. , Kuo, L. J. , Kim, I. H. , Archodidou, A. , & Nguyen-Jahiel, K. (2003). Collaborative reasoning: Expanding ways for children to talk and think in school. *Educational Psychology Review*, *15*, 181–198.

Cole, M. , Frankel, F. , & Sharp, D. (1971). Development of free recall in children. *Developmental Psychology*, *4*, 109–123.

Collins, C. (1991). Reading instruction that increases thinking abilities. *Journal of Reading*, *34*, 510–516.

Cornoldi, C. , Barbieri, A. , Gaiani, C. , & Zocchi, S. (1999). Strategic memory deficits in attention deficit disorder with hyperactivity participants: The role of executive processes. *Developmental Neuropsychology*, *15*, 53–71.

Cowan, N. (1995). *Attention and memory: An integrated framework*. Oxford, England: University Press.

Cowan, N. (2002). Childhood development of working memory: An examination of two basic parameters. In P. Graf & N. Ohta (Eds.), *Lifespan development of human memory* (pp. 39–57). Cambridge, MA: MIT Press.

Coyle, T. R. , Read, L. E. , Gaultney, J. F. , & Bjorklund, D. F. (1998). Giftedness and variability in strategic processing on a multitrial memory task: Evidence for stability in gifted cognition. *Learning and Individual Differences*, *10*, 273–290.

Crowley, K. , & Siegler, R. S. (1999). Explanation and generalization in children's strategy learning. *Child Development*, *70*, 304–316.

Cunningham, A. E. , & Stanovich, K. E. (1997). Early reading acquisition and its relation to reading experience and ability. *Developmental Psychology*, *33*, 934–945.

Cuvo, A. J. (1975). Developmental differences in rehearsal and free recall. *Journal of Experimental Child Psychology*, *19*, 265–278.

Daehler, M. W. , & Greco, C. (1985). Memory in very young children. In M. Pressley & C. J. Brainerd (Eds.), *Cognitive learning and memory in children: Progress in cognitive developmental research* (pp. 49–79). New York: Springer-Verlag.

Dallago, M. L. L. , & Moely, B. E. (1980). Free recall in boys of normal and poor reading levels as a function of task manipulations. *Journal of Experimental Child Psychology*, *30*, 62–78.

Damon, W. (1990). Social relations and children's thinking skills. In D. Kuhn (Ed.), *Contributions to human development: Vol. 2. Developmental perspectives on teaching and learning thinking skills* (pp. 95–107). Basel, Switzerland: Karger.

DeCasper, A. J. , & Spence, M. J. (1986). Prenatal maternal speech influences newborns' perceptions of speech sounds. *Infant Behavior and Development*, *9*, 133–150.

De La Paz, S. , Swanson, P. , & Graham, S. (1998). The contribution of executive control to the revising of students with writing and learning difficulties. *Journal of Educational Psychology*, *90*, 448–460.

DeLoache, J. S. (1980). Naturalistic studies of memory for object location in very young children. In M. Perlmutter (Ed.), *New directions for child development: Children's memory* (pp. 17–32). San Francisco: Jossey-Bass.

DeLoache, J. S. , Cassidy, D. J. , & Brown, A. L. (1985). Precursors of mnemonic strategies in very young children's memory. *Child Development*, *56*, 125–137.

DeMarie, D. , & Ferron, J. (2003). Capacity, strategies, and metamemory: Tests of a three-factor model of memory development. *Journal of Experimental Child Psychology*, *84*, 167–193.

Dempster, F. N. (1981). Memory span: Sources of individual and developmental differences. *Psychological Bulletin*, *89*, 63–100.

Deshler, D. D. , Ellis, E. S. , & Lenz, B. K. (1996). *Teaching adolescents with learning disabilities: Strategies and methods*. Denver, CO: Love.

Deshler, D. D. , & Schumaker, J. B. (1988). An instructional model for teaching students how to learn. In J. L. Graden, J. E. Zins, & M. J. Curtis (Eds.), *Alternative educational delivery systems: Enhancing instructional options for all students* (pp. 391–411). Washington, DC: National Association of School Psychologists.

Deshler, D. D. , & Schumaker, J. B. (1993). Strategy mastery by at-risk students: Not a simple matter. *Elementary School Journal*. *94*, 153–167.

Duffy, G. G. (2003). *Explaining reading: A resource for teaching concepts, skills, and strategies*. New York: Guilford Press.

Duffy, G. G. , Roehler, L. R. , Sivan, E. , Rackliffe, G. , Book, C. , Meloth. M. , et al. (1987). Effects of explaining the reasoning associated with using reading strategies. *Reading Research Quarterly*, *22*, 347–368.

Dunning. D. , Johnson, K. , Ehrlinger, J. , & Kruger, J. (2003). Why people fail to recognize their own incompetence. *Current Directions in Psychological Science*, *12*, 83–87.

Eckenrode, J. , Izzo, C. , & Campa-Muller, M. (2003). Early intervention and family support programs. In F. Jacobs, D. Wertlieb, & R. M. Lerner (Eds.), *Handbook of applied developmental science* (Vol. 2, pp. 161–195). Mahwah, NJ: Erlbaum.

Elliott-Faust, D. J. , & Pressley, M. (1986). Self-controlled training of comparison strategies increase children's comprehension monitoring. *Journal of Educational Psychology*, *78*, 27–32.

Ellis, N. R. (Ed.). (1979). *Handbook of mental deficiency: Psychological theory and research*. Hillsdale, NJ: Erlbaum.

Englert, C. S. , Raphael, T. E. , Anderson, L. M. , Anthony, H. M. , & Stevens, D. D. (1991). Making strategies and self-talk visible: Writing instruction in regular and special education classrooms. *American Educational Research Journal*, *28*, 337–372.

Enright, R. D. , Lapsley, D. K. , & Levy, V. M. (1983). Moral education strategies. In M. Pressley & J. R. Levin (Eds.), *Cognitive strategy research: Educational applications* (pp. 43 – 83). New York: Springer-Verlag.

Fantz, R. L. (1956). A method for studying early visual development. *Perceptual and Motor Skills*, *6*, 13 – 15.

Feldman, D. H. (1982). *Developmental approaches to giftedness and creativity*. San Francisco: Jossey-Bass.

Fivush, R. (1994). Constructing narrative, emotion, and self in parent-child conversations about the past. In U. Neisser & R. Fivush (Eds.), *The remembering self: Construction and accuracy in the self narrative* (pp. 136 – 157). Cambridge, England: Cambridge University Press.

Fivush, R. (1997). Event memory in early childhood. In N. Cowan (Ed.), *The development of memory in childhood* (pp. 139 – 161). Hove, England: Psychology Press.

Flavell, J. H. (1970). Developmental studies of mediated memory. In H. W. Reese & L. P. Lipsitt (Eds.), *Advances in child development and behavior* (Vol. 5, pp. 181 211). New York: Academic Press.

Flavell, J. H. (1979). Metacognition and cognitive monitoring: A new area of cognitive-developmental inquiry. *American Psychologist*, *34*, 906 – 911.

Flavell, J. H (1981). Cognitive monitoring. In W. P. Dickson (Ed.), *Children's oral communication skills* (pp. 35 – 60). New York: Academic Press.

Flavell, J. H. , Beach, D. H. , & Chinsky, J. M. (1966). Spontaneous verbal rehearsal in a memory task as a function of age. *Child Development*, *37*, 283 – 299.

Fletcher, K. L. , Huffman, L. F. , & Bray, N. W. (2003). Effects of verbal and physical prompts on external strategy use in children with and without mild mental retardation. *American Journal on Mental Retardation*, *108*, 245 – 256.

Fletcher. K. L. , Huffman, L. F. , Bray, N. W. , & Grupe, L. A. (1998). The use of the microgenetic method with children with disabilities: Discovering competence. *Early Education and Development*, *9*, 357 – 373.

Flower. L. (1998). *Casebook: Writers at work*. Independence, KY: International Thomson.

French. B. F. , Zentall, S. S. , & Bennett, D. (2001). Short-term memory of children with and without characteristics of attention deficit hyperactivity disorder. *Learning and Individual Differences*, *13*, 205 – 225.

Freud, S. (1963). Three essays on the theory of sexuality. In J. Strachey (Ed.), *The standard edition of the complete works of Freud* (Vol. 7, pp. 135 – 143). London: Hogarth Press.

Fuchs, L. S. , & Fuchs, D. (2003). Enhancing the mathematical problem solving of students. In H. L. Swanson K. R. Harris, & S. Graham (Eds.), *Handbook of learning disabilities* (pp. 306 – 322). New York: Guilford Press.

Fuchs, L. S. , Fuchs, D. , Prentice, K. , Burch, M. , Hamlett, C. L. , Owen, R. , et al. (2003a). Enhancing third-grade students' mathematical problem solving with self-regulated learning strategies. *Journal of Educational Psychology*, *95*, 306 – 315.

Fuchs, L. S. , Fuchs, D. , Prentice, K. , Burch, M. , Hamlett, C. L. , Owen, R. , et al. (2003b). Explicitly teaching for transfer: Effects on third-grade students' mathematical problem solving. *Journal of Educational Psychology*, *95*, 293 – 305.

Furth, H. (1992). The developmental origins of human societies. In H. Beilin & P. Pufall (Eds.), *Piaget's theory: Prospects and possibilities* (pp. 251 – 266). Hillsdale, NJ: Erlbaum.

Furth, H. , & Kane, S. (1992). Children constructing society: A new perspective on children at play. In H. McGurk (Ed.), *Childhood social development* (pp. 149 – 173). Hove, England: Erlbaum.

Garnett, P. J. , & Tobin, K. (1988). Teaching for understanding: Exemplary practice in high school chemistry. *Journal of Research in Science Teaching*, *20*, 1 14.

Gayford, C. (1989). A contribution to a methodology for teaching and assessment of group problem-solving in biology among 15 year old pupils. *Journal of Biological Education*, *23*, 193 – 198.

Gaultney, J. F. (1991). Utilization deficiencies among children with learning disabilities. *Learning and Individual Differences*, *10*, 13 – 28.

Gaultney, J. F. , Bjorklund, D. F, & Goldstein, D. (1996). To be young, gifted, and strategic: Advantages for memory performance. *Journal of Experimental Child Psychology*, *61*, 43 – 66.

Gaultney, J. F. , Bjorklund, D. F, & Schneider, W. (1992). The role of children's expertise in a strategic memory task. *Contemporary Educational Psychology*, *17*, 244 – 257.

Geary, D. C. (2003). Learning disabilities in arithmetic: Problem-solving differences and cognitive deficits. In H. L. Swanson, K. R. Harris, & S. Graham (Eds.), *Handbook of learning disabilities* (pp. 199 – 212). New York: Guilford Press.

Geary, D. C. , & Brown, S. C. (1991). Cognitive addition: Strategy choice and speed-of-processing differences in gifted, normal, and mathematically disabled children. *Developmental Psychology*, *27*, 398 – 406.

Gersten, R. , & Baker, S. (2001). Teaching expressive writing to students with learning disabilities: A meta-analysis. *Elementary School Journal*, *101*, 251 – 272.

Gersten, R. , Fuchs, L. S. , Williams, J. P. , & Baker, S. (2001). Teaching reading comprehension strategies to students with learning disabilities: A review of research. *Review of Educational Research*, *71*, 279 – 320.

Gick, M. L. , & Holyoak, K. J. (1983). Schema induction and analogical transfer. *Cognitive Psychology*, *15*, 1 – 38.

Gill, C. B. , Klecan-Aker, J. , Roberts, T. , & Fredenburg, K. A. (2003). Following directions: Rehearsal and visualization strategies for children with specific language impairment. *Child Language Teaching and Therapy*, *19*, 85 – 101.

Glynn, S. M. , & Duit, R. (Eds.). (1995). *Learning science in the schools: Research reforming practice*. Mahwah, NJ: Erlbaum.

Glynn, S. M. , Yeany, R. H. , & Britton, B. K. (1991). A constructive view of learning science. In S. M. Glynn, R. H. Yeany, & B. K. Britton (Eds.), *The psychology of learning science* (pp. 3 – 19). Hillsdale, NJ: Erlbaum.

Gordon, B. N. , Baker-Ward, L. , & Ornstein, P. A. (2001). Children's testimony: A review of research on memory for past experiences. *Clinical Child and Family Psychology Review*, *4*, 157 – 181.

Graf, P. , & Schacter, D. L. (1985). Implicit and explicit memory for new associations in normal and amnesic subjects. *Journal of Exper imental Psychology: Learning, Memory and Cognition*, *1*, 501 – 518.

Graham, S. (1990). The role of production factors in learning disabled students' compositions. *Journal of Educational Psychology*, *82*, 781 – 791.

Graham, S. (1997). Executive control in the revising of students with learning and writing difficulties. *Journal of Educational Psychology*, *89*, 223 – 234.

Graham, S. , & Harris, K. R. (2003). Students with learning disabilities and the process of writing: A meta-analysis of SRSD studies. In H. L. Swanson, K. R. Harris, & S. Graham (Eds.), *Handbook of learning disabilities* (pp. 323 – 344). New York: Guilford Press.

Granott, N. , & Parziale, J. (2002). *Microdevelopment: Transition processes in development and learning*. New York: Oxford University Press.

Gruenenfelder, T. M. , & Borkowski, J. G. (1975). Transfer of cumulative-rehearsal strategies in children's short-term memory. *Child Development*, *46*, 1019 – 1024.

Guttentag, R. E. (1989). Age differences in dual-task performance: Procedures, assumptions, and results. *Developmental Review*, *9*, 146 – 170.

Haake, R. J. , Somerville, S. C. , & Wellman, H. M. (1980). Logical ability of young children in searching a large-scale environment. *Child Development*, *51*, 1299 – 1302.

Hagen, J. W. , Hargrave, S. , & Ross, W. (1973). Prompting and rehearsal in short-term memory. *Child Development*, *44*, 201 – 204.

Hagen, J. W. , & Kail, R. V. (1973). Facilitation and distraction in short-term memory. *Child Development*, *44*, 831 – 836.

Hagen, J. W. , & Kingsley, P. R. (1968). Labeling effects in short-term memory. *Child Development*, *39*, 113 – 121.

Hagen, J. W. , & Stanovich, K. G. (1977). Memory: Strategies of acquisition. In R. V. Kail & J. W. Hagen (Eds.), *Perspectives on the development of memory and cognition* (pp. 89 – 111). Hillsdale. NJ: Erlbaum.

Hart, B. , & Risley, T. R. (1995). *Meaningful differences in the everyday experience of young American children*. Baltimore: Paul H. Brookes.

Harvey, S. , & Goudvis, A. (2000). *Strategies that work: Teaching comprehension to enhance understanding*. Portland, ME: Stenhouse.

Hatano, G. , & Inagaki, K. (1991). Sharing cognition through collective comprehension activity. In L. Resnick, J. M. Levine, & S. D. Teasley (Eds.), *Perspectives on socially shared cognition* (pp. 331 – 348). Washington, DC: American Psychological Association.

Hayes, J. , & Flower, L. (1980). Identifying the organization of writing processes. In L. Gregg & E. Steinberg (Eds.), *Cognitive processes in writing* (pp. 3 – 30). Hillsdale, NJ: Erlbaum.

Hembree, R. (1992). Experiments and relational studies in problem solving: A meta-analysis. *Journal for Research in Mathematics Education*, *23*, 242 – 273.

Hogan, K. , Nastasi, B. K. , & Pressley, M. (2000). Discourse patterns and collaborative scientific reasoning in peer and teacher-guided discussions. *Cognition and Instruction*, 17, 379 - 432.

Hogan, K., & Pressley, M. (1997). Scaffolding scientific competencies within classroom communities of inquiry. In K. Hogan & M. Pressley (Eds.), *Scaffolding student instruction* (pp. 74 - 107). Cambridge, MA: Brookline Books.

Hohmann, M., & Weikart, D. P. (2002). *Educating young children: Active learning practices for preschool and child care programs* (2nd ed.). Ypsilanti, MI: High/Scope Press.

Hudson, J. A., & Fivush, R. (1991). As time goes by: Sixth graders remember a kindergarten experience. *Applied Cognitive Psychology*, 5, 346 - 360.

Inhelder, B., & Piaget, J. (1958). *The growth of logical thinking from childhood to adolescence*. New York: Basic Books.

Jackson, N. E., & Butterfield, E. C. (1986). A conception of giftedness designed to promote research. In R. J. Sternberg & J. E. Davidson (Eds.), *Conceptions of giftedness* (pp. 151 - 181). Cam-bridge, England: Cambridge University Press.

Jacobs, J. E., & Paris, S. G. (1987). Children's metacognition about reading: Issues in definition measurement, and instruction. *Educational Psychologist*, 22, 75 - 79.

Jacoby, L. L. (1991). A process dissociation framework: Separating automatic from intentional uses of memory. *Journal of Memory and Language*, 30, 513 - 541.

Johnson, A. (2003). Procedural memory and skill acquisition. In I. B. Weiner (Editor-in-Chief) & A. F. Healy & R. W. Proctor (Vol. Eds.), *Handbook of psychology: Vol. 4. Experimental psychology* (pp. 499 - 523). New York: Wiley.

Juel, C. (1988). Learning to read and write: A longitudinal study of 54 children from first through fourth grades. *Journal of Educational Psychology*, 80, 417 - 447.

Kahneman, D. (1973). *Attention and effort*. Englewood Cliffs, NJ: Prentice-Hall.

Kail, R. V. (1995). Processing speed, memory, and cognition. In F. E. Weinert & W. Schneider (Eds.), *Memory performance and competencies: Issues in growth and development* (pp. 71 - 88). Hillsdale, NJ: Erlbaum.

Kail, R. V. (1997a). Phonological skill and articulation time independently contribute to the development of memory span. *Journal of Experimental Child Psychology*, 67, 57 - 68.

Kail, R. V. (1997b). Processing time, imagery, and spatial memory. *Journal of Experimental Child Psychology*, 64, 67 - 78.

Kail, R. V. (2000). Speed of information processing: Developmental changes and links to intelligence. *Journal of School Psychology*, 38, 51 - 61.

Kail, R. V., & Hall, L. K. (2001). Distinguishing short-term memory from working memory. *Memory and Cognition*, 29, 1 - 9.

Kastner, S. B., & Rickards, C. (1974). Mediated memory with novel and familiar stimuli in good and poor readers. *Journal of Genetic Psychology*, 124, 105 - 113.

Kee, D. W. (1994). Developmental differences in associative memory: Strategy use, mental effort, and knowledge-access interactions. In H. W. Reese (Ed.), *Advances in child development and behavior* (Vol. 25, pp. 7 - 32). New York: Academic Press.

Kee, D. W., & Bell, T. S. (1981). The development of organizational strategies in the storage and retrieval of categorical items in freerecall learning. *Child Development*, 52, 1163 - 1171.

Keene, E. O., & Zimmermann, S. (1997) *Mosaic of thought: Teaching comprehension in a reader's workshop*. Portsmouth, NH: Heinemann.

Keeney, F. J., Cannizzo, S. R., & Flavell, J. H. (1967). Spontaneous and induced verbal rehearsal in a recall task. *Child Development*, 38, 953 - 966.

Kellas, G., Ashcraft, M. H., & Johnson, N. S. (1973). Rehearsal processes in the short-term memory performance of mildly retarded adolescents. *American Journal of Mental Deficiency*, 77, 670 - 679.

Kelly, M., Scholnick, E. K., Travers, S. H., & Johnson, J. W. (1976). Relations among memory, memory appraisal, and memory strategies. *Child Development*, 47, 648 - 659.

Kingsley, P. R., & Hagen, J. W. (1969). Induced versus spontaneous rehearsal in short-term memory in nursery school children. *Developmental Psychology*, 1, 4 - 46.

Klingner, J. K., Vaughn, S., & Schumm, J. S. (1998). Collaborative strategic reading during social studies in heterogeneous fourthgrade classrooms. *Elementary, School Journal*, 99, 3 - 22.

Kobasigawa, A. (1977). Retrieval strategies in the development of memory. In R. V. Kail & J. W. Hagen (Eds.), *Perspectives on the development of memory and cognition* (pp. 177 - 201). Hillsdale, NJ: Erlbaum.

Kohlberg, L., & Mayer, R. (1972). Development as the aim of education: The Dewey view. *Harvard Educational Review*, 42, 449 - 496.

Kruetzer, M. A., Leonard, C., & Flavell, J. H. (1975). An interview study of children's knowledge about memory in fifth-grade children. *Monographs of the Society for Research in Child Development*, 40 (Serial No. 159).

Kruger, A. (1993). Peer collaboration: Conflict, collaboration, or both? *Social Development*, 2, 165 - 180.

Kucan, L. (1993, December). *Uncovering cognitive processes in reading*. Paper presented at the annual meeting of the National Reading Conference, Charleston, SC.

Kuhn, D. (1991). *The skills of argument*. Cambridge, England: Cambridge University Press.

Kuhn, D. (1995). Microgenetic study of change: What has it told us? *Psychological Science*, 6, 133 - 139.

Kuhn, D. (1999). A developmental model of critical thinking. *Educational Researcher*, 28, 16 - 26, 46.

Kuhn, D. (2000a). Does memory development belong on the endangered topic list? *Child Development*, 71, 21 - 25.

Kuhn, D. (2000b). Metacognitive development. *Current Directions in Cognitive Science*, 9, 178 - 181.

Kuhn, D. (2001). Why development does (and does not) occur: Evidence from the domain of inductive reasoning. In J. L. Mc-Clelland & R. S. Siegler (Eds.), *Mechanisms of cognitive development: Behavioral and neural perspectives* (pp. 221 - 249). Mahwah, NJ: Erlbaum.

Kuhn, D. (2002a). A multi-component system that constructs knowledge: Insights from microgenetic study. In N. Grannott & J. Parziale (Eds.), *Microdevelopment: Transition processes in development and learning: Cambridge studies in cognitive perceptual development* (pp. 109 - 130). New York: Cambridge University Press.

Kuhn, D. (2002b). What is scientific thinking and how does it develop. In U. Goswami (Ed.), *Blackwell handbook of childhood cognitive development* (pp. 371 - 393). Oxford, England: Blackwell.

Kuhn, D., Amsel, E., O'Loughlin, M., Schauble, L., Leadbeater, B., & Yotive, W. (1988). *The development of scientific thinking skills*. San Diego, CA: Academic Press.

Kuhn, D., Garcia-Mila, M., Zohar, A., & Andersen, C. (1995). Strategies of knowledge acquisition. *Monographs of the Society for Research in Child Development*, 60 (4, Serial No. 245).

Kuhn, D., & Pearsall, S. (1998). Relations between metastrategic knowledge and strategic performance. *Cognitive Development*, 13, 227 - 247.

Kuhn, D., & Pearsall, S. (2000). Developmental origins of scientific thinking. *Journal of Cognition and Development*, 1, 113 - 129.

Kuhn, D., & Phelps, E. (1982). The development of problem-solving strategies. In H. Reese (Ed.), *Advances in child development and behavior* (Vol. 17, pp. 1 - 44). New York: Academic Press.

Kuhn, D., Shaw, V., & Felton, M. (1997). Effects of dyadic interaction on argumentive reasoning. *Cognition and Instruction*, 15, 287 - 315.

Kuhn, D., & Udell, W. (2003). The development of argument skills. *Child Development*, 74, 1245 - 1260.

Lange, G., & Griffith, S. B. (1977). The locus of organization failures in children's recall. *Child Development*, 48, 1498 - 1502.

Lange, G., MacKinnon, C. E., & Nida, R. E. (1989). Knowledge, strategy, and motivational contributions to preschool children's object recall. *Developmental Psychology*, 25, 772 - 779.

Lehrer, R., & Schauble, L. (2000). Developing model-based reasoning in mathematics and science. *Journal of Applied Developmental Psychology*, 21, 39 - 48.

Levin, J. R., Yussen, S. R., DeRose, T. M, & Pressley, M. (1977). Developmental changes in assessing recall and recognition memory. *Developmental Psychology*, 13, 608 - 615.

Logie, R. H. (1995). *Visuo-spatial working memory*. Hillsdale, NJ: Erlbaum.

Lovett, M. W., Barron, R. W., & Benson, N. J. (2003). Effective remediation of word identification and decoding difficulties in school-age children with reading disabilities. In H. L. Swanson, K. R. Harris, & S. Graham (Eds.), *Handbook of learning disabilities* (pp. 273 - 292). New York: Guilford Press.

Lovett, M. W., Lacerenza, L., Borden, S. L., Frijters, J. C., Steinbach, K. A., & De Palima, M. (2000). Components of effective remediation for developmental reading disabilities: Combining phonological and strategy-based instruction to improve outcomes. *Journal of Educational*

Psychology, *92*, 263 - 283.

Luciana, M. , Lindeke, L. , Georgieff, M. , Mills, M. , & Nelson, C. A. (1999). Neurobehavioral evidence for working-memory deficits in school-aged children with histories of prematurity. *Developmental Medicine and Child Neurology*, *41*, 521 - 533.

Lytle, S. L. (1982). Exploring comprehension style: A study of twelfth-grade readers' transactions with texts. *Dissertation Abstracts International*, *43* (7 - A). (UMI No. 82 - 27292)

MacKinnon, D. W. (1978). *In search of human effectiveness*. Buffalo, NY: Creative Education Foundation.

Manzo, A. V. (1968). *Improving reading comprehension through reciprocal questioning*. Unpublished doctoral dissertation. Syracuse University, Syracuse, NY.

Markman, E. M. (1985). Comprehension monitoring: Developmental and educational issues. In S. F. Chapman, J. W. Segal. & R. Glaser (Eds.), *Thinking and learning skills: Research and open questions* (pp. 275 - 291). Mahwah, NJ: Erlbaum.

Martin, V. L. , & Pressley, M. (1991). Elaborative interrogation effects depend on the nature of the question. *Journal of Educational Psychology*, *83*, 113 - 119.

Martin-Johnson, N. M. , Attermeier, S. M. , & Hacker, B. (1996). *The Carolina curriculum for preschoolers with special needs*. Baltimore: Paul H. Brookes.

Mastropieri, M. A. , Sweda, J. , & Scruggs, T. E. (2000). Putting mnemonic strategies to work in an inclusive classroom. *Learning Disabilities Research and Practice*, *15*, 69 - 74.

Mayer, R. E. (1982). Memory for algebra story problems. *Journal of Educational Psychology*, *74*, 199 - 216.

Mayer, R. E. (2004). Should there be a three-strikes rule against pure discovery learning? *American Psychologist*, *59*, 14 - 19.

McCormick, C. B. (2003). Metacognition and learning. In I. B. Weiner (Editor-in-Chief) & W. M. Reynolds & G. E. Miller (Vol. Eds.), *Handbook of psychology: Vol*, *7*. *Educational psychology* (pp. 79 - 102). New York: Wiley.

McCutchen, D. (1988). "Functional automaticity" in children's writing: A problem of metacognitive control. *Written Communication*, *5*, 306 - 324.

Meichenbaum, D. (1977). *Cognitive behavior modification*. New York: Plenum Press.

Meichenbaum, D. , & Asarnow, J. (1979). Cognitive-behavioral modification and metacognitive development: Implications for the classroom. In P. C. Kendall & S. D. Hollon (Eds.), *Cognitive-be-havioral interventions* (pp. 11 - 35). New York: Academic Press.

Meichenbaum, D. , & Biemiller, A. (1998). *Nurturing independent learners: Helping students take charge of their learning*. Cambridge, MA: Brookline Books.

Meichenbaum, D. , & Goodman, J. (1969). Reflection-impulsivity and verbal control of motor behavior. *Child Development*, *40*, 785 - 797.

Metcalfe, J. , & Shimamura, A. P. (1996). *Metacognition: Knowing about knowing*. Cambridge, MA: MIT Press.

Meyers, J. , Lytle, S. , Palladino, A. , Devenpeck, G. , & Green, M. (1990). Think-aloud protocol analysis: An investigation of reading comprehension strategies in fourth-and fifth-grade students. *Journal of Psychoeducational Assessment*, *8*, 112 - 127.

Miller, C. J. , Sanchez, J. , & Hynd, G. W. (2003). Neurological correlates of reading disabilities. In H. L. Swanson & K. R. Harris (Eds.), *Handbook of learning disabilities* (pp. 242 - 255). New York: Guilford Press.

Miller, G. A. (1956). The magical number 7, plus-or-minus 2: Some limits on our capacity for processing information. *Psychological Review*, *63*, 81 - 97.

Miller, P. H. , & Seier, W. L. (1994). Strategy utilization deficiencies in children: When, where, and why. In H. W. Reese (Ed.), *Advances in child development and behavior* (Vol. 25, pp. 107 - 156). New York: Academic Press.

Moely, B. E. , Olson, F. A. , Halwes, T. G. , & Flavell, J. H. (1969). Production deficiency in young children's clustered recall. *Developmental Psychology*, *1*, 26 - 34.

Monroe, E. K. , & Lange, G. (1977). The accuracy with which children judge the composition of their free recall. *Child Development*, *48*, 381 - 387.

Montague, M. , & Bos, C. S. (1986). The effect of cognitive strategy training on verbal math problem solving performance of learning disabled students. *Journal of Learning Disabilities*, *19*, 26 - 33.

Murphy, K. , McKone, E. , & Slee, J. (2003). Dissociations between implicit and explicit memory in children: The role of strategic processing and the knowledge base. *Journal of Experimental Child Psychology*, *84*, 123 - 165.

Myers, N. A. , & Perlmutter, M. (1978). Memory in the years from 2 to 5. In P. A. Ornstein (Ed.), *Memory development in children* (pp. 191 - 218). Hillsdale, NJ: Erlbaum.

National Reading Panel. (2000). *Teaching children to read: An evidence-based assessment of the scientific research literature on reading and its implications for reading instruction*. Washington. DC: National Institute of Child Health and Development.

Naus, M. J. , Ornstein. P. A. , & Aivano. S. (1977). Developmental changes in memory: The effects of processing time and rehearsal instructions. *Journal of Experimental Child Psychology*. *23*, 237 - 251.

Neimark, E. , Slotnick, N. S. , & Ulrich, T. (1971). Development of memorization strategies. *Developmental Psychology*, *5*, 427 - 432.

Nelson, K. (1993a). Events, narrative, and memory: What develops. In C. A. Nelson (Ed.), *Minnesota Symposium on Child Psychology: Vol. 26*. *Memory and affect in development* (pp. 1 - 24). Hillsdale, NJ: Erlbaum.

Nelson, K. (1993b). Explaining the emergence of autobiographical memory in early childhood. In A. F. Collins, S. E. Gathercole, M. A. Conway, & P. E. Morris (Eds.), *Theories of memory* (pp. 365 - 385). Hillsdale, NJ: Erlbaum.

Newman, D. , Griffin, P. , & Cole, M. (1989). *The construction zone: Working for cognitive change in school*. Cambridge, England: Cambridge University Press.

Newman, L. S. (1990). Intentional and unintentional memory in young children. *Journal of Experimental Child Psychology*, *50*, 243 - 258.

Ornstein, P. A. , Baker-Ward, L. , & Naus, M. J. (1988). The develop-ment of mnemonic skill. In F. E. Weinert & M. Perlmutter (Eds.), *Memory development: Universal changes and individual differences* (pp. 31 - 50). Hillsdale, NJ: Erlbaum.

Ornstein, P. A. , & Naus, M. J. (1985). Effects of the knowledge base on children's strategies. In H. W. Reese (Ed.), *Advances in child development and behavior* (Vol. 19, pp. 113 - 148). Orlando, FL: Academic Press.

Ornstein, P. A. , Naus, M. J. , & Liberty, C. (1975). Rehearsal and organizational processes in children's memory. *Child Development*, *46*, 818 - 830.

O'Sullivan, J. T. , & Pressley, M. (1984). Completeness of instruction and strategy transfer. *Journal of Experimental Child Psychology*, *38*, 275 - 288.

Palincsar, A. S. , & Brown, A. L. (1984). Reciprocal teaching of comprehension-fostering and monitoring activities. *Cognition and Instruction*, *1*, 117 - 175.

Paris, S. G. , Cross, D. R. , & Lipson, M. Y. (1984). Informed strategies for learning: A program to improve children's reading awareness and comprehension. *Journal of Educational Psychology*, *76*, 1239 - 1252.

Paris, S. G. , & Jacobs, J. E. (1984). The benefits of informed instruction for children's reading awareness and comprehension skills. *Child Development*, *55*, 2083 - 2093.

Paris, S. G. , & Oka, E. R. (1986). Children's reading strategies, metacognition, and motivation. *Developmental Review*, *6*. 25 - 56.

Paris, S. G. , & Winograd, P. (1990). How metacognition can promote academic learning and instruction. In B. F. Jones & L. Idol (Eds.), *Dimensions of thinking and cognitive instruction* (pp. 53 - 92). Hillsdale, NJ: Erlbaum.

Pearsall, S. H. (1999). Effects of metacognitive exercise on the development of scientific reasoning (fifth graders, sixth graders). (Doctoral dissertation, Columbia. 1990.) *Dissertation Abstracts International*, *60*, 2389.

Perkins, D. N. , Lochhead, J. , & Bishop, J. (Eds.). (1987). *Thinking: The second international conference*. Hillsdale, NJ: Erlbaum.

Peterson, C. C. , & Rideout, R. (1998). Memory for medical emergencies experienced by 1 - and 2 - year-olds. *Developmental Psychology*, *34*, 1059 - 1072.

Phillips, L. M. (1988). Young readers' inference strategies in reading comprehension. *Cognition and Instruction*, *5*. 193 - 222.

Piaget, J. (1952). *The origins of intelligence in children*. New York: International Universities Press. (Original work published 1936)

Piaget, J. (1962). *Play, dreams, and imitation in childhood*. New York: Norton.

Pizzini, E. L. , & Shepardson, D. P. (1992). A comparison of the classroom dynamics of a problem-solving and traditional laboratory model of instruction using path analysis. *Journal of Research in Science Teaching*, *29*, 243 - 258.

Polya, G. (1957). *How to solve it*. New York: Doubleday.

Pressley, M. (1977). Imagery and children's learning: Putting the picture in developmental perspective. *Review of Educational Research*, 47, 586-622.

Pressley, M. (1979). Increasing children's self-control through cognitive interventions. *Review of Education Research*, 49, 319-370.

Pressley, M. (1982). Elaboration and memory development. *Child Development*, 53, 296-309.

Pressley, M. (2000). What should comprehension instruction be the instruction of. In M. L. Kamil, P. B. Mosenthal, P. D. Pearson, & R. Barr (Eds.), *Handbook of reading research* (Vol. 3, pp. 545-561). Mahwah, NJ: Erlbaum.

Pressley, M. (2002). *Reading instruction that works: The case for balanced teaching* (2nd ed.). New York: Guilford Press.

Pressley, M. (with McCormick, C. B.) (1995). *Advanced educational psychology for educators, researchers, and policymakers*. New York: HarperCollins.

Pressley, M., & Afflerbach, P. (1995). *Verbal protocols of reading: The nature of constructively responsive reading*. Hillsdale, NJ: Erlbaum.

Pressley, M., Allington, R., Wharton-McDonald, R., Block, C. C., & Morrow, L. M. (2001). *Learning to read: Lessons from exemplary first grades*. New York: Guilford Press.

Pressley, M., Borkowski, J. G., & O'Sullivan, J. T. (1984). Memory strategy instruction is made of this: Metamemory and durable strategy use. *Educational Psychologist*, 19, 94-107.

Pressley, M., Borkowski, J. G., & O'Sullivan, J. T. (1985). Children's metamemory and the teaching of strategies. In D. L. Forrest-Pressley, G. E. MacKinnon, & T. G. Waller (Eds.), *Metacognition, cognition, and human performance* (pp. 111-153). Orlando, FL: Academic Press.

Pressley, M., Borkowski, J. G., & Schneider, W. (1987). Cognitive strategies: Good strategy users coordinate meta-cognition and knowledge. In R. Vasta & G. Whitehurst (Eds.), *Annals of child development* (Vol. 4, pp. 89-129). Greenwich, CT: JAI Press.

Pressley, M., Borkowski, J. G., & Schneider, W. (1989). Good information processing: What it is and what education can do to promote it. *International Journal of Educational Research*, 13, 866-878.

Pressley, M., Cariglia-Bull, T., Deane, S., & Schneider, W. (1987). Short-term memory, verbal competence, and age as predictors of imagery instructional effectiveness. *Journal of Experimental Child Psychology*, 43, 194-211.

Pressley, M., & Dennis-Rounds, J. (1980). Transfer of a mnemonic keyword strategy at two age levels. *Journal of Educational Psychology*, 72, 575-582.

Pressley, M., Dolezal, S. E., Raphael, L. M., Welsh, L. M., Bogner, K., & Roehrig, A. D. (2003). *Motivating primary-grades teachers*. New York: Guilford Press.

Pressley, M., & El-Dinary, P. B. (1997). What we know about translating comprehension strategies instruction research into practice. *Journal of Learning Disabilities*, 30, 486-488.

Pressley, M., El-Dinary, P. B., Gaskins, I., Schuder, T., Bergman, J. L., Almasi, J., et al. (1992). Beyond direct explanation: Transactional instruction of reading comprehension strategies. *Elementary School Journal*, 92, 511-554.

Pressley, M., Forrest-Pressley, D., Elliott-Faust, D. L., & Miller, G. E. (1985). Children's use of cognitive strategies, how to teach strategies, and what to do if they can't be taught. In M. Pressley & C. J. Brainerd (Eds.), *Cognitive learning and memory in children* (pp. 1-47). New York: Springer-Verlag.

Pressley, M., & Ghatala, E. S. (1990). Self-regulated learning: Monitoring learning from text. *Educational Psychologist*, 25, 19-34.

Pressley, M., Johnson, C. J., Symons, S., McGoldrick, J. A., & Kurita, J. A. (1989). Strategies that improve memory and comprehension of what is read. *Elementary School Journal* 90, 3-32.

Pressley, M., & Levin, J. R. (1977). Developmental differences in subjects' associative learning strategies and performance: Assessing a hypothesis. *Journal of Experimental Child Psychology*, 24, 431-439.

Pressley, M., & Levin, J. R. (1980). The development of mental imagery retrieval. *Child Development*, 51, 558-560.

Pressley, M., Levin, J. R., & Ghatala, E. S. (1984). Memory strategy monitoring in adults and children. *Journal of Verbal Learning and Verbal Behavior*, 23, 270-288.

Pressley, M., & MacFadyen, J. (1983). Mnemonic mediator retrieval at testing by preschool and kindergarten children. *Child Development*, 54, 474-479.

Pressley, M., Raphael, L., Gallagher, D., & DiBella, J. (2004).

Providence-St. Mel School: How a school that works for African-American Students works. *Journal of Educational Psychology*, 96, 216-235.

Pressley, M., Wharton-McDonald, R., Mistretta, J., & Echevarria, M. (1998). The nature of literacy instruction in ten grade-4 and-5 classrooms in upstate New York. *Scientific Studies of Reading*, 2, 159-191.

Pressley, M., Wood, E., Woloshyn, V. E., Martin, V., King, A., & Menke, D. (1992). Encouraging mindful use of prior knowledge: Attempting to construct explanatory answers facilitates learning. *Educational Psychologist*, 27, 91-110.

Rabinowitz, M., & Chi, M. T. H. (1987). An interactive model of strategic processing. In S. J. Ceci (Ed.), *Handbook of the cognitive, social, and physiological characteristics of learning disabilities* (Vol. 2, pp. 83-102). Hillsdale, NJ: Erlbaum.

Rayner, K., Foorman, B. R., Perfetti, C. A., Pesetsky, D., & Seidenberg, M. S. (2001). How psychological science informs the teaching of reading. *Psychology in the Public Interest*, 2, 31-74.

Reese, H. W. (1970). Imagery and contextual meaning. *Psychological Bulletin*, 73, 404-414.

Rinehart, S. D., Stahl, S. A., & Erickson, L. G. (1986). Some effects of summarization training on reading and studying. *Reading Research Quarterly*, 21, 422-438.

Ritter, K. G. (1978). The development of knowledge of an external retrieval cue strategy. *Child Development*, 49, 1227-1236.

Rittle-Johnson, B., & Siegler, R. S. (1999). Learning to spell: Variability, choice, and change in children's strategy use. *Child Development*, 70, 332-348.

Robinson, F. P. (1961). *Effective study* (Rev. ed.). New York: Harper & Row.

Robinson, J. A., & Kingsley, M. E. (1977). Memory and intelligence: Age and ability differences in strategies and organization of recall. *Intelligence*, 1, 318-330.

Rogoff, B. (1990). *Apprenticeship in thinking: Cognitive development in social context*. New York: Oxford University Press.

Rogoff, B. (1998). Cognition as a collaborative process. In W. Damon (Editor-in-Chief) & D. Kuhn & R. S. Siegler (Vol. Eds.), *Handbook of child psychology: Vol. 2. Cognition, perception, and language* (5th ed., pp. 679-744). New York: Wiley.

Rogoff, B. (2003). *The cultural nature of human development*. New York: Oxford University Press.

Rohwer, W. D., Jr. (1973). Elaboration and learning in childhood and adolescence. In H. W. Reese (Ed.), *Advances in child development and behavior* (Vol. 8, pp. 1-57). New York: Academic Press.

Rosenblatt, L. M. (1978). *The reader, the text, the poem: The transactional theory of the literary work*. Carbondale: Southern Illinois University Press.

Rosenshine, B., & Meister, C. (1994). Reciprocal teaching: A review of 19 experimental studies. *Review of Educational Research*, 64, 479-530.

Rossi, S., & Wittrock, M. C. (1971). Developmental shifts in verbal recall between mental ages 2 and 5. *Child Development*, 42, 333-338.

Rovee-Collier, C., & Gerhardstein, P. (1997). The development of infant memory. In N. Cowan (Ed.), *The development of memory in childhood: Studies in developmental psychology* (pp. 5-39). Hove, England: Psychology Press.

Saywitz, K. J., & Lyon, T. D. (2002). Coming to grips with children's suggestibility. In M. L. Eisen (Ed.), *Memory and suggestibility in the forensic interview* (pp. 85-113). Mahwah, NJ: Erlbaum.

Scardamalia, M., & Bereiter, C. (1986). Research on written composition. In M. C. Wittrock (Ed.), *Handbook of research on teaching* (3rd ed., pp, 778-803). New York: Macmillan.

Schlagmüller, M., & Schneider, W. (2002). The development of organizational strategies in children: Evidence from a microgenetic longitudinal study. *Journal of Experimental Child Psychology*, 81, 298-319.

Schneider, W. (1993). Domain-specific knowledge and memory performance in children. *Educational Psychology Review*, 5, 257-273.

Schneider, W., & Bjorklund, D. F. (1992). Expertise, aptitude, and strategic remembering. *Child Development*, 63, 461-473.

Schneider, W., & Bjorklund, D. F. (1998). Memory. In W. Damon (Editor-in-Chief) & D. Kuhn & R. S. Siegler (Vol. Eds.), *Handbook of child psychology: Vol. 2. Cognition, perception, and language* (5th ed., pp. 467-521). New York: Wiley.

Schneider, W., Bjorklund, D. F., & Maier-Brueckner, W. (1996). The effects of expertise and IQ on children's memory: When knowledge is, and when it is not enough. *International Journal of Behavioral Development*, 19, 773-796.

Schneider, W., Borkowski, J. G., Kurtz, B. E., & Kerwin, K.

(1986). Metamemory and motivation: A comparison of strategy use and performance in German and American children. *Journal of Cross-Cultural Psychology*, *17*, 315 – 336.

Schneider, W., & Pressley, M. (1997). *Memory development between 2 and 20* (2nd ed.). Hillsdale, NJ: Erlbaum.

Schneider, W., & Sodian, B. (1997). Memory strategy development: Lessons from longitudinal research. *Developmental Review*, *17*, 442 – 461.

Schoenfeld, A. (1985). *Mathematical problem solving*. New York: Academic Press.

Schoenfeld, A. (1987). *Cognitive science and mathematics education*. Hillsdale, NJ: Erlbaum.

Schoenfeld, A. (1992). Learning to think mathematically: Problem solving, metacognition, and sense making in mathematics. In D. A. Grouws (Ed.), *Handbook of research on mathematics teaching and learning* (pp. 334 – 370). New York: Macmillan.

Schunk, D. H., & Zimmerman, B. J. (2003). Self-regulation and learning. In I. B. Weiner (Editor-in-Chief) & W. M. Reynolds & G. E. Miller (Vol. Eds.), *Handbook of psychology: Vol. 7. Educational psychology* (pp. 59 – 78), New York: Wiley.

Segal, J. W., Chipman, S. F., & Glaser, R. (1985). *Learning and thinking skills: Vol. 2. Relating instruction to research*. Hillsdale, NJ: Erlbaum.

Shallice, T., Marzocchi, G. M., Coser, S., Del Savio, M., Meuter, R. F., & Rumiati, R. I. (2002). Executive function profile of children with attention deficit hyperactivity disorder. *Developmental-Neuropsychology*, *21*, 43 – 71.

Shaywitz, S. E., & Shaywitz, B. A. (2003). Neurobiological indices of dyslexia. In H. L. Swanson, K. R. Harris, & S. Graham (Eds.), *Handbook of learning disabilities* (pp. 514 – 531). New York: Guilford Press.

Shulman, L. S., & Keislar, E. R. (Eds.). (1966). *Learning by discovery: Critical appraisal*. Chicago: Rand McNally.

Siegel, L. S. (2003). Basic cognitive processes and reading disabilities. In H. L. Swanson, K. R. Harris, & S. Graham (Eds.), *Handbook of learning disabilities* (pp. 158 – 181). New York: Guilford Press.

Siegler, R. S. (1996). *Emerging minds: The process of change in children's thinking*. New York: Oxford University Press.

Siegler, R. S. (2000). The rebirth of children's learning. *Child Development*, *71*, 26 – 35.

Siegler, R. S., & Robinson, M. (1982). The development of numerical understandings. In H. W. Reese & L. P. Lipsitt (Eds.), *Advances in child development and behavior* (Vol. 16, pp. 242 – 312). New York: Academic Press.

Sinclair, J. (Editor-in-Chief). (2001). *Collins Cobuild English dictionary for advanced learners*. Glasgow, Scotland: HarperCollins.

Sodian, B., Schneider, W., & Perlmutter, M. (1986). Recall, clustering, and metamemory in young children. *Journal of Experimental Child Psychology*, *41*, 395 – 410.

Stauffer, R. G. (1969). *Directing reading maturity as a cognitive process*. New York: Harper & Row.

Steel, S., & Funnell. E. (2001). Learning multiplication facts: A study of children taught by discovery methods in England. *Journal of Experimental Child Psychology*, *108*, 245 – 256.

Stromso, H. I., Braten. I., & Samuelstuen, M. S. (2003). Students' use of multiple sources during expository text reading: A longitudinal think-aloud study. *Cognition and Instruction*, *21*, 113 – 147.

Swanson, H. L. (1999). Instructional components that predict treatment outcomes for students with learning disabilities: Support for a combined strategy and direct instruction model. *Learning Disabilities Research and Practice*, *14*, 129 – 140.

Swanson, H. L. (2000). Searching for the best cognitive model for instructing students with learning disabilities: A component and composite analysis. *Educational and Child Psychology*, *17*. 101 – 121.

Swanson, H. L., & Sáez. L. (2003). Memory difficulties in children and adults with learning disabilities. In H. L. Swanson, K. R. Harris, & S. Graham (Eds.), *Handbook of learning disabilities* (pp. 182 – 198). New York: Guilford Press.

Tarver, S. G., Hallahan, D. P., Cohen, S. B., & Kauffman, J. M. (1977). The development of visual selective attention and verbal rehearsal in learning disabled boys. *Journal of Learning Disabilities*, *10*, 26 – 52.

Tarver, S. G., Hallahan, D. P., Kauffman, J. M., & Ball, D. W. (1976). Verbal rehearsal and selective attention in children with learning disabilities: A developmental lag. *Journal of Experimental Child Psychology*, *22*. 375 – 385.

Taylor, A. M., & Turnure, J. E. (1979). Imagery and verbal elaboration with retarded children: Effects on learning and memory. In N. R. Ellis (Ed.), *Handbook of mental deficiency: Psychological theory and research* (pp. 659 – 697). Hillsdale, NJ: Erlbaum.

Taylor, B. M. (1982). Text structure and children's comprehension and memory for expository material. *Journal of Educational Psychology*, *74*, 323 – 340.

Taylor, B. M., & Beach, R. W. (1984). The effects of text structure instruction on middle-grade students' comprehension and production of expository text. *Reading Research Quarterly*, *19*, 134 – 146.

Taylor, B. M., Pearson, P. D., Clark, K., & Walpole, S. (2000). Effective schools and accomplished teachers: Lessons about primary-grade reading instruction in low-income schools. *Elementary School Journal*, *101*, 121 – 165.

Taylor, B. M., & Williams, J. P. (1983). Comprehension of LD readers: Task and text variations. *Journal of Educational Psychology*, *75*, 743 – 751.

Thiede, K. W., & Anderson, M. C. M. (2003). Summarizing can improve metacomprehension accuracy. *Contemporary Educational Psychology*, *28*, 129 – 160.

Thiede, K. W., Anderson, M, C. M., & Therriault, D. (2003). Accuracy of metacognitive monitoring affects learning of texts. *Journal of Educational Psychology*, *95*, 66 – 73.

Thomas, C., Englert, C., & Gregg, S. (1987). An analysis of errors and strategies in the expository writing of learning disabled students. *Remedial and Special Education*, *8*, 21 – 30.

Thompson, C. P., Herrmann, D. J., Read, J. D., Bruce, D., Payne, D. G., & Toglia, M, P. (Eds.). (1998). *Eyewitness memory: Theoretical and applied perspectives*. Mahwah, NJ: Erlbaum.

Thomson, J. B., & Raskind, W. H. (2003). Genetic influences on reading and writing disabilities. In H. L. Swanson, K. R. Harris, & S. Graham (Eds.), *Handbook of learning disabilities* (pp. 256 – 270). New York: Guilford Press.

Tobin, K., & Fraser, B. J. (1990). What does it mean to be an exemplary science teacher? *Journal of Research in Science Teaching*, *27*, 3 – 25. Torgesen, J. K. (1977). Memorization processes in reading-disabled children. *Journal of Educational Psychology*, *69*, 571 – 578.

Torgesen, J. K., & Goldman, T. (1977). Verbal rehearsal and short-term memory in reading disabled children. *Child Development*, *48*, 56 – 60.

Torgesen, J. K., Rashotte, C. A., & Alexander, A. W. (2001). Principles of fluency instruction in reading: Relationships with established empirical outcomes. In M. Wolf (Ed.), *Dyslexia, , fluency, and the brain* (pp. 333 – 355). Timonium, MD: York Press.

Treagust, D. F. (1991). A case study of two exemplary biology teachers. *Journal of Research in Science Teaching*, *28*, 329 – 342.

Vellutino, F. R. (1979). *Dyslexia: Theory and research*. Cambridge, MA: MIT Press.

Venezky, R. L. (1984). The history of reading research, In P. D. Pearson, R. Barr, M. L. Kamil, & P. Mosenthal (Eds.), *Handbook of reading research* (pp. 3 – 38). New York: Longman.

Vygotsky, L. S. (1978). *Mind in society: The development of higher psychological processes*. Cambridge, MA: Harvard University Press.

Waters, H. S. (2000). Memory strategy development: Do we need yet another deficiency? *Child Development*, *71*, 1004 – 1012.

Waugh, N. C., & Norman, D. A. (1965). Primary memory. *Psychological Review*, *72*, 89 – 104.

Weiner, B. (1979). A theory of motivation for some classroom experiences. *Journal of Educational Psychology*, *71*, 3 – 25.

Wellman, H. M., & Somerville, S. C. (1982). The development of human search ability. In M. E. Lamb & A. L. Brown (Eds.), *Advances in developmental psychology* (Vol. 2, pp. 41 – 84). Hillsdale, NJ: Erlbaum.

Wellman, H. M., Somerville, S. C., & Haake, R. J. (1979). Development of search procedures in real-life spatial environment. *Developmental Psychology*, *15*, 630 – 642.

White, D. A., Nortz, M. J., Mandernach, T., Huntington, K., & Steiner, R. D. (2001). Deficits in memory strategy use related to prefrontal dysfunction during early development: Evidence from children with phenylketonuria. *Neuropsychology*, *15*, 221 – 229.

Whitehurst, G. J., Epstein, J. N., Angell, A. L., Payne, A. C., Crone, D. A., & Fischel, J, E. (1994). Outcomes of an emergent literacy intervention in Head Start. *Journal of Educational Psychology*, *86*, 542 – 555.

Whitehurst, G. J., Falco, F, L., Lonigan, C. J., Fischel, J. E., De-Baryshe, B. D., Valdez-Menchaca, M. C., et al. (1988). Accelerating language development through picturebook reading. *Developmental Psychology*, *24*, 252 – 259.

Whitman, T. L. (1990). Self-regulation and mental retardation. *American Journal on Mental Retardation*, *94*, 347 – 362.

Whittaker, S., McShane, J., & Dunn, D. (1985). The development of cueing strategies in young children. *British Journal of Developmental Psychology*, *3*, 153–161.

Wilder, A. A., & Williams, J. P. (2001). Students with severe learning disabilities can learn higher-order comprehension skills. *Journal of Educational Psychology*, *93*, 268–278.

Williams, J. P. (1993). Comprehension of students with and without learning disabilities: Identification of narrative themes and idiosyncratic text representations. *Journal of Educational Psychology*, *85*, 631–641.

Williams, J. P. (2003). Teaching text structure to improve reading comprehension. In H. L. Swanson, K. R. Harris, & S. Graham (Eds.), *Handbook of learning disabilities* (pp. 293–305). New York: Guilford Press.

Williams, J. P., Brown, L. G., Silverman, A. K., & de Cani, J. S. (1994). An instructional program for adolescents with learning disabilities in the comprehension of narrative themes. *Learning Disabilities Quarterly*, *17*, 205–221.

Williams, J. P., Lauer, K. D., Hall, K. M., Lord, K. M., Gugga. S. S., Bak, S. J., et al. (2002). Teaching elementary school students to identify story themes. *Journal of Educational Psychology*, *94*, 235–248.

Williams, J. P., Taylor, M. B., & Ganger, S. (1981). Text variations at the level of the individual sentence and the comprehension of simple expository paragraphs. *Journal of Educational Psychology*, *73*, 851–865.

Woloshyn, V. E., Pressley, M., & Schneider, W. (1992). Elaborative interrogation and prior knowledge effects on learning of facts. *Journal of Educational Psychology*, *84*, 115–124.

Wong, B. Y. L., Harris, K. R., Graham, S., & Butler, D. L. (2003). Cognitive strategies instruction research in learning disabilities. In H. L. Swanson, K. R. Harris, & S. Graham (Eds.), *Handbook of learning disabilities* (pp. 1383–1402). New York: Guilford Press.

Wood, S. S., Bruner, J. S., & Ross, G. (1976). The role of tutoring in problem solving. *Journal of Child Psychology and Psychiatry*, *17*, 89–100.

Woody-Dorning, J., & Miller, P. (2001). Children's individual differences in capacity: Effects on strategy production and utilization. *British Journal of Developmental Psychology*, *19*, 543–557.

Worden, P. E., & Sladewski-Awig, L, J. (1982). Children's awareness of memorability. *Journal of Educational Psychology*, *74*, 341–350.

Youniss, J., & Damon, W. (1992). Social construction in Piaget's theory. In H. Beilin & P. Pufall (Eds.), *Piaget's theory: Prospects and possibilities* (pp. 267–286). Hillsdale, NJ: Erlbaum.

Zimmerman, B. J., & Martinez-Pons, M. (1990). Student differences in self-regulated learning: Relating grade, sex, and giftedness to self-efficacy and strategy use. *Journal of Educational Psychology*, *82*, 51–59.

第 13 章

推理和问题解决

GRAEME S. HALFORD 和 GLENDA ANDREWS

在本章中,我们首先讨论推理和问题解决的基本特性;然后简单介绍在过去的几十年中推理的概念是如何发展的。还将回顾基于对该领域现有认识的儿童推理研究,包括对潜在认知过程的分析。同时,我们还力图找出领域内的一致性,例如存在于不同的任务之间的相同的加工过程,或者能够为不同现象之间的相关提供最优解释的规律或理论。为了上述目的,我们从历史的深度,以若干主题来揭示重要的潜在因素。

推理和问题解决的特征

有关推理和问题解决的概念以及两者之间的区别，目前还没有一个统一明确的界定。我们将不尝试为这两者做一个形式上的定义，然而，必须指出的是，人们必须通过对现实世界的内在认知表征来进行推理，从而产生与所处环境相适应的决策和行为。在谈及与本文所回顾的研究相关的其他特性之前，首先讨论现有的推理概念，以及在最近几十年，推理概念在发展过程中发生的一些较大的变化。

现有推理概念的起源

现有的理解一般认为，儿童思维，部分上说是推理概念进化的产物。Piaget 和他的合作者们最早进行儿童推理研究，并一度在该领域占主导地位(Inhelder & Piaget, 1958, 1964; Piaget, 1950, 1952, 1953, 1957, 1970)。他们的研究方法主要以心理学为基础。尽管有的研究者对这种研究方法提出了激烈的批评和质疑(Bjorklund, 1997; Gopnik, 1996)，Piaget 等的研究方法还是受到了传统皮亚杰主义者的维护和支持(Beilin, 1992; Lourenco & Machado, 1996)。最近的一份有关 Piaget 研究和逻辑推理的述评(Smith, 2002)也对批评者进行了反击。并且，有证据表明，皮亚杰主义的主要原则——建构主义——仍然十分活跃(Bryant, 2002; Jorhnson, 2003; Quartz & Sejnowski, 1997)。尽管如此，所有有关本主题的评论都不能忽视这一事实：人类推理概念经历了一系列基本的变化。

或许，我们对儿童思维理解的最重要变化在于不再将逻辑看做是正确推理所必备，也不再将逻辑看作是一种推理加工模型。儿童或成人做出表面上错误的推断，有可能是因为他们对问题的表征与实验者假定的不同。"如果 p 那么 q，因此，p 成立，则 q 成立"("if p then q, q, therefore p")的推断(对结果的断定)在标准逻辑学中是错误的。但是如果条件"如果 p 那么 q"被认为是双态的(即，如果 p 那么 q，并且如果 q 那么 p)，这就可能是一个合理的推论。有研究考察了儿童对逻辑连接词"如果……那么……"和"或"的理解，结果表明，儿童将之理解为与日常生活相符合的模式，使词义系统地偏离了标准的逻辑学定义(Evans, Newstcad, & Byrne, 1993; Halford, 1982)。因此，我们不能仅因为某些答案不符合逻辑推理常模就得出"缺乏理性"的结论。

可以用"理性分析标准"(the rational analysis criterion)(Anderson, 1990, 1991)来评定人类推理。该标准认为特定行为促进了生物体对所处环境的适应，并以此来评判合理性。举个有用的例子，基于启发式(即 heuristics，例如记忆中的可得性信息)的决策方式(Tversky & Kahneman, 1973)。此类启发式能够导致多种著名的认知错觉，却并不意味着合理性的缺失(Cohen, 1981)。记忆中的可得性信息通常能有效提示出所发生事件的频率，并且只有在特定条件下才会给出错误的频率。因此，运用可得性信息来预见事件，是一种适应性行为。

有时候在一个对表达的逻辑解释和一个基于会话暗示的语言解释两者间会存在冲突

（Grice，1975）。某些在逻辑语境中的意思是"一些或者全部"（some or all），但是在会话模式中更容易被理解为"一些而不是全部"（some but not all）。在日常生活中，会话模式的应用比标准的逻辑语境更频繁，儿童推理在测试情境下就反映出这种适应性过程。

推理过程的再概念化是指我们不再将推理看作是对逻辑法则的一种应用，而是一种更基础过程的特性的产生。产物系统模型（Klahr & Wallace，1976；Simon & Klahr，1995）、神经网络模型（Elman，1991；Marcus，2001；McClelland，1995；Wilson，Halford，Gray，& Phillips，2001）、动态系统模型（Elman et al.，1996；Molenaar，Huizenga，& Nesselroade，2003；van Geert，1998）等理论模型均为推理的机制提供了可能的理论解释。Halford（2005）总结了这些相关的理论。我们将通过对不同任务的讨论来分析推理过程。

领域特殊性与领域一般性

认知加工经常被认为是领域特殊而非领域一般的（Carey，1985），或者被认为是由特定模块操作的（Cosmides & Tooby，1992；Fodor，1983）。也存在一种中间位置，此时推理建立在由生活经历中归纳出的一般有效性的语言推理图式的基础上（Cheng & Holyoak，1985）。许可和约束就是语言推理图式，它们在推理任务（如 Wason 选择任务）中能够提高成绩。特殊性推理过程有时被看做是先天的，例如对人造和天然物品的区别的理解（Keil，1991），或者对动物有自主性、有血液、会死亡的事实的理解（Gelman，1990；Keil，1995）等，这些都发生在低龄时期。这些研究发现均反映了对认知发展的生物学观点的不断增长（Kenrick，2001），并显示出特殊性推理先具有高水平。

对领域一般性的支持也很多（Hatano & Inagaki，2000；Kuhn，2001；Kuhn，Schauble，& Garcia-Mila，1992）。值得指出的一点是，肯定存在一个具备相应功能的中心执行过程（Baddeley，1996）和例如类比推理这样的加工来使得不同领域间的思维达到和谐。

认知加工的分析方法

始于 20 世纪 60 年代的对一般认知和认知发展的研究，目前一个最大转变在于越来越强调对认知加工的详细分析。这一转变带来了新的方法论，和更细化的对推理过程的概念界定。本文将就此讨论两个主题。

规则评定（rule assessment）是最重要的方法之一（Briars & Siegler，1984；Siegler，1981），该方法将每个认知步骤或策略定义为用反应的特殊模式来表征的形式。由于对每个任务中涉及的认知加工都做了精确而客观的评定，我们不但能够考察儿童做了什么，还可以考察他们是如何做的。这一进步使得认知发展研究者们能够由单纯观察行为向推断行为背后的认知迈开重要的一步。

信息整合理论（information integration）是可用的分析方法，该理论主要研究个体整合变量来评估一个混合变量的方法。它已经被应用于儿童对"面积＝长×宽"的理解的研究（Anderson & Cuneo，1978；Wilkening，1980）。研究中，向儿童展示一个长宽不等的矩形并要求他们估计矩形的面积。对儿童的面积估计成绩作方差分析，考察哪些变量影响了儿童的判断,它们是如何结合的。如果只有主效应显著,则意味着他们能够将"长"和"宽"两个维度加性结合。但如果交互作用显著并表现出分离的模式,这意味着两个维度是倍增结合的。这个方法论被广泛应用于多种概念,包括平衡秤(the balance scale)(Surber & Gzesh, 1984)和体积(Halford, Brown, & Thompson, 1986)。规则评定和信息整合理论具有长远的意义,因为它们允许对儿童个体所使用的策略进行分析,从而避免了由有数量差别的数据集合导致的人为因素影响(Siegler, 1987)。

微观发生法(microgenetic methods; Kuhn, 1995; Kuhn & Phelps, 1982; Siegler, 1995; Siegler & Jenkins, 1989)被证明是在多领域研究认知变化的有效方法。它能够提供有关策略的详细信息,包括策略的发展方式、影响策略发展的因素,以及个体差异。微观发生研究有一个重要发现,即儿童策略发展存在重叠的波,因此他们每次都能够运用不止一个策略,并且儿童策略的发展是由众多策略中的一部分而不是全部所组成的。Chen 和 Siegler (2000)的一项研究与早期思维的发展有关。他们分析了 1—3 岁儿童在选用合适的工具以得到某样物品时使用的策略。任务中儿童需要运用策略来成功解决任务中的三个问题。儿童成绩主要在标准条件(该条件下,由主试示范正确的反应)和提示条件(该条件下,主试向儿童提示正确的工具)下得到提高,并且年长儿童的成绩提高较快。儿童在新问题情况下存在策略的转移,可以通过新问题的第一个试验中的工具表现出来,即使这个工具对儿童来说与之前训练所用的不同。这表明转移是基于任务间的结构相关性,而不是因素相似性的,因此是一种类比的形式(Gentner, 1983; Halford, Bain, Maybery, & Andrews, 1998)。策略中的详细个体差异得到了考察,并且对当下策略成分的精通可以最好地预言随后的策略成分。

在这项研究中,策略的发展在它发生的同时直接得到考察。这不但提供了有关策略发展的重要信息,还意味着我们不再需要将策略看做是认知表现的充分解释,还意味着我们可以转而探究影响策略发展的因素。

推理中的策略

有关"人类如何推理'功能'"的概念的发展,改变了我们对儿童推理发展的理解。在实证分析的基础上,推理的详细模型得到了发展。也有许多新概念以类比理论、心理模型、类别化、认知复杂性、婴儿和早期儿童推理起源等理论作为理论基础。下文中将提及部分主要主题。

一般认为,策略是推理的基础,儿童策略的全部技能的提高是推理发展的一个重要成分(Pressly & Hilden, 12 章; Siegler, 本手册, 本卷, 11 章; Siegler, 1999; Siegler & Chen, 1998)。

语言策略

Vygotsky(1962)提出,当交流作为语言的基本功能而存在的同时,它也将在问题解决中起到表征功能,最初是自我言语("自我中心的"),随后是内部言语。Winsler 和 Naglieri (2003)通过计划连接任务(Planned Connections Task)调查了 5 至 17 岁儿童的显性或隐性自我言语。在该任务中，儿童需要画线连接字母和数字（与 Trail Making Task 相似，Reitan, 1971）。在年龄上，有大约60％的被试在语言表征的使用上是相对恒定的，但是同样存在有显性言语向隐性言语的转变。从言语中获益的大小随着年龄的变化而变化。青少年不能从言语中获益，但是只部分利用隐性言语的能力较低的较年幼儿童表现较好。有可能当任务对被试来说比较困难时，语言表征策略是有益的，因此，或许可以用更复杂的任务来考察年长被试。目前还有一些推理过程的计算机模型被用于相关领域的背景研究。

推理往往被认为是类比性强于逻辑性（Halford, 1992），类比看来是人类推理的基础（Hofstadter, 2001）。在任务中，心理模型（Johnson-Laird & Byrne, 1991）和语用学推理图式（Cheng & Holyoak, 1985）可以用作前提信息的类似物（Halford, 1993）。类比还可以用于数学（Polya, 1954）、科学（Dunbar, 2001）、艺术、政治和以及生活中的很多其他领域（Holyoak & Thagard, 1995）。类比对于知识获得也很重要（Vosniadou, 1989）。具体教学方法通常在本质上是类似物，例如学校数学教学中使用的教学方法（English & Halford, 1995）。即使是在儿童早期，类比也显示了它的重要性（DeLoache, Miller, & Pierroutsakos, 1998；Goswami, 1991, 1992, 1996, 2001；Halford, 1993）。

类比是对一个目标的基础或来源的映射（Gentner, 1983），将目标来源或目标看作是一系列关系集合。典型的是，关系可以得到映射而属性不可以。而且对关系的映射是系统的具有选择性的，只有那些进入相关结构的关系才能得到映射。在结构上相协调的来源关系和目标关系之间才具有有效的映射。Gentner、Holyoak 和 Kokinov（2001）提出了大量类比推理的现代当代模型。

很多研究着眼于 A：B∶∶C∶D（例如，马∶小马∶∶猫∶小猫）形式的简单比例类比。当儿童获得理解关系所必需的知识之后，此类推理的成绩有所提高（Goswami & Brown, 1989）。4岁儿童能够理解正在熔化的巧克力和正在熔化的雪人之间的类比关系（Goswami, 1991），因为固体的和熔化了的巧克力之间的关系，固体的和熔化了的雪人之间的关系对他们来说都不陌生。关系复杂性理论（relational complexity theory）（Halford, Wilson, & Phillips, 1998）指出如果能够获得必要的知识，2岁儿童也可以表现出比例类比，因此，甚至更早的情况也是可能的。这个理论将在后面的内容中讨论到。

目前，对于类比在有关内容领域的推理中的应用的研究正在不断增加。Pauen 和 Wilkening（1997）发现7—10岁儿童具备一定的能力来理解平衡秤（balance scale）上重量和距离的整合，以及作用于两条挂有物体的线上的力的整合之间的类比关系。运用图表来表征函数也是一种建立在关系相似性基础上的必需的类比映射。Gattis（2002）在6—7岁儿童中研究了这一问题。首先教儿童建立对单变量的映射，如横轴代表数量，纵轴代表时间；然后教他们整合映射，做出相应的函数线，函数线的斜率就代表比例。Chen（2003）的研究考察了3—5岁儿童是如何运用图片类比解决问题的。成绩随年龄而提高，但如果降低解决问题的难度，即使是3岁儿童也能通过任务。如果他们能够对源图片的信息形成概念，就能够将之转移到一个类似的问题中。很多研究都强调年幼儿童甚至是婴儿的类比能力（Chen, Sanchez, & Campbell, 1997）发展作用仍然需要考察和详细分析。Hosenfeld、van der Maas

561

和 van den Boom(1997)的研究结果发现 6—8 岁儿童的类比推理的发展是不连续的。

心理模型和类比

有观点认为在像传递性和类包含这样的任务中,儿童的推理或许不是建立在逻辑的抽象法则基础上,而是建立在被用作类似物的心理模型的基础上(Halford,1993)。在像"John 比 Mike 高, Peter 比 John 高,因此 Peter 比 Mike 高"这样的传递性推理中,可以将 Peter、John 和 Mike 对应入一个从左到右或者从上到下的顺序图式中。顺序图式可以被用作类似物来表征问题中的关系,来易化推理过程的提取。相似地,类推理问题可以对应入"家族"这样的熟悉图式。例如像"苹果多还是水果多"这样的问题可以通过对等级的映射来表现,即将水果、苹果、非苹果分别对应入家庭、父母、儿童。这些过程将在稍后详细讨论。

内隐和外显过程

Clark 和 Karmiloff-Smith(1993)将系统内表征的内隐知识从系统外表征的外显知识中辨别出来。外显知识比其他认知加工更具有可及性,它包括调整策略和方法的能力,不包括再训练的能力。

推理中的象征过程

为了实现思维的功能,认知表征必须由象征组成。象征是一种含有语义指示物的表征。不是所有表征都是象征。神经网络模型隐藏单元中的一些表征并不具有语义指示物(Smolensky,1990)。另外,必须由某种系统来对象征进行操作。象征系统必须具有与人类环境或现实社会的片断结构相应的结构(Halford & Wilson,1980;Palmer,1978;Suppes & Zinnes,1963)。Fodor 和 Pylyshyn(1988)为象征系统定义了两个更深层的特性,即成分性(compositionality)和系统性(systematicity)。

成分性是指,当要素被合成或组合的时候,各成分在合成词中保留了他们自身的特性和意义。因此,如果我们将"快乐"和"小狗"组合在一起可以得到"快乐的小狗"而新词汇中的两个成分仍然是可复原的。我们可以问:"哪个表示小狗现在的情绪状态?",答案是"快乐";或者问:"什么在快乐?"答案是"小狗"。此外,"快乐"和"小狗"在合成词中的意义与他们本身的意义是 致(起码是近似)的。并不是所有的表征都这样。在神经网络模型中的某些表征受到了批评,因为他们不是合成的。同样的情况也发生在原型分类中。

系统性是指,命题可以以形式为基础进行概括,不需依据内容。绝对一点说,这意味着对所有逻辑上相等的形式都进行概括。但是现在,这被认为在心理上是不现实的,因为可以肯定,内容对人类推理起着重要的作用(Van Gelder & Niklasson,1994)。对"系统性"更为现实的解释是:如果我们能够理解一个特殊形式的句子,就能够理解一个类似形式的新颖句。如果我们能够理解"John 爱 Mary",那么原则上,就能够理解"Peter 爱 Jenny","Mary 爱 John",等等。系统性对我们概括句子、观点或者推论的能力是十分重要的。

有些表征不具有象征的特性,但是在特定意图下也是十分有力的。类别化条件下的原型就是一个例子。这种表征被认为是低象征的。象征过程和低象征过程之间存在细微但很重要的区别,这种区别与婴儿认知(下文中将会讲述)的很多方面,以及动物认知、神经网络模型等其他领域都有关(Marcus,1998a,1998b;Philips,1994)。

分类理论的演变

分类理论在最近几十年中经历了相当大的修正过程,这影响了我们定义儿童分类概念的方式,而儿童的分类又影响着他们的思维。

原型和家族相似

分类理论最主要的改变在于意识到了自然类别不是建立在定义属性而是家族相似的基础上(Wittgenstein,1953)。自然类别通常是围绕着原型或典型事例而建立,并且类别成员不是"全或无"的,而是等级性的(Rosch,1978)。例如,对于类别"鸟"来说,知更鸟比鸸鹋或者企鹅更典型。原型也用来表征属性间的关系,例如"有羽毛"、"会飞"的属性和"会筑巢"的属性之间的关系。并且有证据表明,原型的形成过程是自动的,对类别原则的意识程度很低(Franks & Bransford,1971;Posner & Keele,1968)。还有理论认为,原型通过相对简单的典型成员(McClelland & Rumelhart,1986),或三级神经网络(Quinn & Johnson,1997)而形成。原型可能建立在知觉属性上,因此鸟类原型一般建立在"有翅膀"、"会飞"和"有羽毛"等属性上。

原型具有强大的信息加工能力。它们激活了对类别成员、类别的集中趋势,围绕集中趋势而产生的变异的性质和范围,以及类别中的事例的属性间的相互关系等的识别。然而,原型在分类的某些方面的应用也受到了一些限制。原型看起来并不是组合的(Fodor,1994),这就意味着原型是低象征的。"快乐"和"小狗"可以组合成"快乐的小狗",但是根据 Fodor 的观点,"快乐"和"小狗"的原型并不能必然组合成"快乐的小狗"的原型。我们能够通过体会快乐的小狗来获得相关概念,但这并不能保证对快乐的小狗的原型中快乐的表征与对其他内容中(如"快乐的女孩")快乐的表征是相同的。此外,对快乐和小狗的表征不能必然从一个既有的快乐的小狗的原型中得到再现。其他问题伴随着关于基于相似性的分类理论(包括原型和标准模型)而产生(Medin,1989)。这些在阐述基于理论的分类模型的发展时已经提及。

基于理论的分类

类别可以基于朴素的理论,例如,"武器可以用来杀人",或者"动物有血液,并且会死亡"(Gentner & Medina,1998;Krascum & Andrews,1998;Medin,1989)。对于基于理论的类别的一种解释是,他们有先天基础,并且是学习的一个前提。根据这种观点,学习依赖于分类,而不是其反面,并且所有的分类都是基于理论的(Gelman & Kalish,第 16 章;Keil,第 14 章;Kuhn & Franklin,本手册,本卷,第 22 章)。然而,这种观点也受到了 Sloutsky 的挑战(Sloutsky,2003;Sloutsky & Fisher,2004),他提出了类别获得的学习机制。

另一种解释是基于理论的类别由合成的和象征的一系列命题组合而成,并且可以组合成更高级的命题,例如因果关系就联结了较低级别的命题。根据这种观点,基于理论的类别是可以组合的,并且与原型相比,处于更高级的认知水平——原型是不能组合的。

分类水平

Mandler(1999)提出了另外一种定义分类水平的方法。他形容了三种类别：分类知觉（categorical perception）、知觉分类（perceptual categorization）和概念分类（conceptual categorization）。分类知觉被用来组织认知维度的刺激，并区分音素如/p/和/b/。知觉分类通过暴露在多种不同的事例条件下而习得。过程以一种自动的无选择的方式进行，并有受限的指向现有信息的中心路径（Moscovitch, Goshen-Gottstein, & Vriezen, 1994）。知觉系统将主要成分从一系列刺激中抽象出来。这些刺激通过相互之间自然的相似性组成图式或原型，前文已述。

概念分类依赖相似性的抽象形式，例如例如功能或种类的相似，而非知觉表象。与分类知觉和知觉分类不同，概念分类受意识控制，在操作过程中具有选择性，并容易受到有意识思维的影响。知觉信息在定义分类的或功能的目标的样本群体时是必要的。简单的类别概念可基于像运动种类和相互作用这样的特征，定义了动物或目标在事件中扮演的角色。Mandler(1999)强调了事件在概念生活中的重要性，因为他们关注于角色。整体概念类别的发展早于其他特殊的具体的概念类别的发展。概念类别为推理提供了基础。概念类别在强调角色这点上与关系类别相似（Gray, 2003）。关系类别根据对象在一段关系中所扮演的角色而定义。例如，"环绕天体"（月球、卫星、星球）的定义根据是他们围绕一个较大的天体旋转。还可以通过要素间的关系，例如"相同"或"不同"，来定义（Oden, Thompson, & Premack, 1990; Zentall, Galizio, & Critchfield, 2002）。

复杂性

越来越多的证据表明，加工信息的能力随年龄增长而增长，是由于神经突触生长、神经轴突树状结构和树状发展等因素的作用（Quartz & Sejnowski, 1997）。有理论认为认知发展主要依赖于知识获得，并且与专长获得相似甚至可能相同（Carey & Gelman, 1991; Ceci & Howe, 1978; Keil, 1991）。然而，该理论被认为是有可能与基于复杂性和能力的概念相冲突的。没有合理的解释能够说明知识和能力是相互排斥的。相反的观点认为依赖基于知识的解释更为简约。虽然无人质疑科学中简约的重要性，这并不意味着简单化的理论就更有利。在科学上很重要的一点是能够找到一个维度来提供对某一现象的稳定而有力的、没有变异和矛盾的解释。举一个类似的问题的例子来说：如果像早期的物理学家那样，将热量和温度简约地合并为一个变量来考虑，物理学会变成什么样呢（Garey, 1985）？结果将会出现难以解决的矛盾，并且经典热力学理论也不会产生。在这一章里，我们提出大量有关复杂性影响推理，以及能力局限性的证据（Cowan, 2001; Cowan et al., 2003; Halford, Baker, McCredden, & Bain, 2005; Luck & Vogel, 1997）。然而，应该意识到，知识和能力是互补的因素，两者都不可或缺。

复杂性对认知发展的影响，成为最近几十年中一群新皮亚杰主义研究者研究的主要方向。继 McLaughlin（1963）最早做出探索之后，Pascual-Leone（1970）、Case 和 Okamoto（1996）、Champman（1987, 1990; Champman & Lindenberger, 1989）、Fisher（1980）和

563

Halford（1982）等发展了该类研究。Halford（2002），Demetriou、Chritsou、Spanoudis 和 Plasidou（2002）等对这些理论作了详细的总结性回顾。不同的表达之间有很多不同之处，但它们共同的目的都是用信息加工能力的发展来解释 Piaget 和其他研究者们观察到的儿童认知的发展。

有关认知复杂性的最新理论，范围更加广泛，不但应用于皮亚杰主义的任务，在很多其他任务中也很适用。目前比较流行的两个认知复杂性理论，是认知复杂性和控制（cognitive complexity and control）理论，即 CCC 理论和关系复杂性（ralational complexity）理论，即 RC 理论。

认知复杂性和控制理论，即 CCC 理论（ Frye, Zelazo, & Burkack, 1998；Zelazo, 2004；Zelazo & Frye,1998；Zelazo, Frye, & Rapus,1996；Zelazo, Müller, Frye, & Marcovitch, 2003）认为，学前儿童可以灵活表征简单的"如果……，那么……"（if-then）规则，来表征前提和结论之间的关系，但是他们不能通过将之嵌入更高级的规则中来整合这些简单规则。任务复杂性取决于将成功通过任务所需规则的嵌入水平的最小化。嵌入涉及更高水平的意识。它发生是通过某种允许在相互关系条件下考虑规则的反映方式而产生（Zelazo, 2004）。CCC 理论能够较好地解释学前期与年龄相关的转变。

维度变化卡片分类任务（ Dimensional Change Card Sort task），即 DCCS，需要儿童在不同的规则间作转换，能够很好地说明 CCC 理论。任务中，儿童需要根据明确规定的一系列规则，将不同颜色和形状的卡片分作两堆。被试先看到两张目标卡片（例如，一个红色的三角和一个蓝色的方形），然后得到一些分类卡片，这些分类卡片分别在一个维度上与目标卡片不同（例如，红色的方形和蓝色的三角）。在"颜色"规则游戏中，分类卡片要放在相应颜色的目标卡片的下方。重复几次"颜色"游戏之后，被试将被要求转换做"形状"规则游戏：将分类卡片放在相应形状的目标卡片的下方。学前儿童能够成功通过第一套规则（形状或颜色），却倾向于在转换后的分类中表现出持续性错误，即使在每次实验前都被提醒相应的规则，即使他们能够记得转换后的那套规则（Zelazo et al. ,1996）。

根据 CCC 理论，学前儿童能够充分地表征简单的"如果……那么……"（if-then）规则，来表征前提和结论之间的关系。因此，他们在学习颜色和形状分类规则时没有困难，但是他们不能将这些规则嵌入到规则层次中去。嵌入式规则层次的形成需要儿童考虑那些已经学会使用了的规则（Zelazo & Frye,1998）。

最近的研究揭示了 DCCS 任务中困难的原因。3—4 岁儿童在相反规则分类情况下就不会有困难，因为如果第二个维度下没有变式，他们能够做出简单的规则反转（Brooks, Hanauer, Padowska, & Rosman, 2003；Perner & Lang, 2002）。这与其他研究发现（例如，Bailystok Martin,2004）一起，支持了基于复杂性的解释，向用"不能抑制优势反应"来解释任务中的困难的观点提出了质疑。规则的等级结构也并不是难以克服的困难的来源，因为据 Perner 和 Lang 研究发现，3—4 岁儿童在与 DCCS 有相同层次结构的任务中能够对变式做出正确的反应。当目标与分类卡片在不相关领域有视觉冲突的时候，儿童容易犯错。值得注意的是，红色方形，在颜色游戏中必须分类至红色三角的下方，但在形状游戏中却与蓝色方形是一致的。相似地,蓝色三角在形状游戏中必须分类至红色三角目标下方,却在颜色上与蓝色方形相符。视觉冲突假设得到了 Towse、Redbond、Houston-Price 和 Cook(2000)等人的支持。他们发现在没有目标卡片的情况下,3—4 岁儿童能够在根据形状和根据颜色两种分类规则之间进行转换。当存在目标卡片的情况下,儿童的表现与标准 DCCS 任务观察到的结果相似。如果儿童能够在分类之前就将卡片定义为转换后的维度的形式,成绩将会得到提高(Kirkham, Cruess, & Diamond, 2003;Towse et al., 2000)。如果将已分类的卡片卡面向上放置,4 岁儿童成绩将降低(Kirkham et al., 2003)。这些研究结果表明,转换前属性的显著性是造成 DCCS 任务中困难的因素。

Deák、Ray 和 Pick(2004)等人的研究结果也可用这些形式进行解释。他们向被试呈现三个一组的物体,其中有一个混合属性物体(例如,矩形磁铁)与一个目标物体(例如,矩形橡皮)具有相同的形状、不同功能,与另一个目标物体(例如,圆形磁铁)具有相同的功能、不同形状。任务考察了 3 岁、4 岁、5 岁儿童。转换组的儿童需要在区组 1 中根据形状对混合属性物体进行分类,在区组 2 种则根据功能进行分类(或者相反顺序)。控制组儿童在两个区组中均根据形状或功能中的一种分类规则进行分类。虽然功能规则比形状规则更难,转换组儿童与控制组儿童在区组 2 的表现没有差别。所有儿童在转换前和转换后规则中的表现都很好,只有 3 岁儿童在根据功能分类时出现了困难。一种解释是,在知觉(形状)和语义(功能)变量之间进行转换,比在标准 DCCS 任务中要求的在两个相同显著的知觉维度之间转换简单。如果降低功能属性的显著性,原本在标准 DCCS 任务中出现的视觉冲突将可能在这个改进后的任务中得到避免。

对儿童在任务中的困难存在一些解释,例如工作记忆有限性,表征重述,和对特殊刺激结构或转换前维度的抑制等。Zelazo 等(2003)对他们提出了质疑(但是 Kirkham et al.,2003,提出了不同的观点)。Zelazo 等(2003)通过标准和改进版本的 DCCS 任务做了 9 个实验研究,他们对结果的解释是,因为转换前阶段的规则(例如,如果是蓝色的就放这里,如果是红色的就放在那里)很活跃,而这种活跃在转换后阶段依然持续,因此产生了错误的行为反应。然而,也有负启动的证据证明儿童在转换前抑制了无关规则,在转换后阶段的困难是由于对无关规则的去抑制的失败。转换前对颜色的成功分类使得颜色规则(如果是蓝色的就放这里,如果是红色的就放在那里)被选择并激活。对相关(颜色)规则的关注可能导致了对无关(形状)规则(如果是兔子就放这里,如果是小船就放那里)的自动抑制。那么,在转换后阶段,要根据形状做出正确分类就需要形状规则被激活(去抑制)。实验 8 和实验 9 采用了任务的负启动版本,转换后阶段采用与转换前阶段(例子中采用的是蓝色和红色)相关的维度,但是改变了相应的维度值(例如黄色和绿色)。转换前规则的持续激活不能解释儿童在这个任务版本中的持续失败。实验 9 确定了负启动只有在一种情况下产生,那就是在转换前阶段存在目标卡片和测试卡片不匹配而出现冲突,使得儿童必须在有竞争性选项的情况下激活针对某对规则的选择。如果目标卡片和测试卡片之间不存在矛盾或视觉冲突,儿童是能够根据转换后规则对卡片进行正确分类的。上述研究似乎具有某种一致性,即只有在矛盾或冲突的规则对之间进行转换时,儿童才会出现困难。Halford 和 Bowman(2003)根

565

据关系复杂性理论(下文将会叙述)提出,视觉冲突和转换前属性的显著性,一方面使得DCCS不能被分割成两个简单的子任务,一方面使得任务中颜色和形状的相对组成了一个必须处理的新变量,这就要求被试必须遵循一个更为复杂的规则。他们还发现,3—4岁儿童能够完成可以被分割的等级结构任务,在像DCCS任务这样不能被分割的任务上存在困难。

关系复杂性测量

Halford、Wilson等(1998)将复杂性定义为与一个单独的认知表征相关的变量的数量。这与关系中槽的数量相一致,因为关系中的每一个槽都对应着一个变量。举一个最简单的二元关系的例子,例如"大象比老鼠大"。这里"比较大"表示一段关系,在这个关系里存在两个槽,槽中填充了内容"较大的实体"和"较小的实体"。每个槽都可以用不同的方式来例示,如"大象比老鼠大","山峰比田鼠丘大",等。因此,每个槽对应一个变量,每个变量对应一个维度。一般来说,n维关系就是n维空间里点的集合。这里实体、变量和维度的含义是等同的。尽管少数人在最佳情况下能够加工五元关系,但大多数成人能够平行加工的最复杂的关系是四元关系(Halford et al., 2005)。

事例和类别的结合就是一个一元的认知任务的例子:"Rover是一条狗"表明在类别概念中Rover是狗的一种,就可以表征为狗(Rover)的形式。日常生活中最常见的是二元关系,包括"比较大","比较快","比较聪明"等,但也有不那么明显的二元关系,如"含有"或切割(像小刀将苹果切成两半)等。

算术中存在三元关系,例如相加关系,就是将三个一组的数字相加{…,(3,2,5),…,(4,3,7),…}。分析表明,一些重要的认知发展推理任务,如传递性推理、等级分类和外表事实任务,都涉及复杂性的这一水平(Andrews, Halford, Bunch, Bowden, & Jones, 2003; Halford, Wilson, et al., 1998)。比例关系含有四个相互作用的变量,如a/b=c/d(例如,2/4=5/10),是很好的四元关系的例子。

标准化的数据显示,不同年龄对应不同的加工关系复杂性的能力:1岁儿童能够加工一元关系,1—2岁能够加工二元关系,5岁儿童能够加工三元关系,11岁儿童能够加工四元关系(Andrews & Halford, 2002; Halford, 1993; Andrews, Halford, Bunch, Bowden, & Jones, 2003)。在传递性推理、等级分类、基数的理解、关系从句的理解、假设检验和类别包含等不同领域的任务中,常模被确定为最能够准确表现三元关系(Andrews & Halford, 2002)。加工能力的获得不是突然的或者阶段性的,而是逐步的。能够加工三元关系的儿童占本年龄段儿童总人数的的比例,3—4岁是16%,5岁是48%,6岁是70%,到了7—8岁则上升至78%。这种趋势在不同领域间表现一致,并且相同水平的任务还组成了相同的复杂性结构等级。所有领域的任务都符合一个单因素,而且因素的得分与年龄(r=.80)和液态智力(r=.79)相关。其他的研究观察到不同领域的任务中,等级分类的属性推理、传递性推理与类别包含是一致的(Halford, Andrews, & Jesen, 2002);对含有从句的句子的加工、等级分类和传递性是一致的(Andrews, Halford, & Prasad, 1998);心理概念、传递性、等级分类和基数的理解是一致的(Halford, Wilson, et al., 1998)。证明了不同领域的三元关系任务之间存在一致性。

复杂任务可以被分割成不超过信息平行加工容量的不同部分。然而,分割后的不同部分的变量间的关系将变得难以确定(例如,如果用二因素分析方法分析三因素设计,那么三因素间的交互作用将难以确定)。加工负荷也可以通过*概念组块化*(conceptual chunking)的方法降低。概念组块,即将概念重新编码成复杂程度较低的关系,相当于压缩变量(类似于在多因素实验设计中分散因素)。例如,速度=距离/时间,这一三元关系可以重新编码成一个变量和一个恒量之间的二元关系(例如,速度=50kph; Halford, Wilson, et al. , 1998, 3.4.1节)。虽然概念组块化可以降低加工负荷,但是组块之间的关系却变得难以确定(例如,如果将速度看作是一个单独的变量,那么我们将不能确定在半小时内经过相同的距离的情况下速度会如何变化)。在前文介绍过的 Halford 和 Bowman(2003)的研究中,如果 DCCS 任务不能被分割,儿童的表现在年龄上将与三元关系任务常模相同;但如果任务可以被分割,年幼儿童也能够完成任务。DCCS 任务中的颜色和形状规则是二元关系,并且可以如下表示:

$$属性_{颜色/形状} \rightarrow 分类$$

然而,规则的结合是三元关系,因为颜色/形状的转换是个附加的维度,可以如下表示:

$$任务,属性_{颜色/形状} \rightarrow 分类$$

在可以组块化和分割的情况下,复杂性分析可以建立在一系列原则之上。核心原则是:*变量只有在相互关系不需要被加工的情况下才可以被组块化或者分割*。还有另外两条原则,如下:

1. 对于认知过程来说,有效的关系复杂性就是表征加工过程所需的最低程度的复杂关系。这可以通过分解和改组的方式来计算确定(Halford, Wilson, et al. , 1998, 3.4.3节)。
2. 如果任务需要超过一个步骤来完成,那么任务的加工复杂性就是一段关系,该关系必须被表征为能够表现在某一任务中,运用最少的策略所能够完成的最复杂的加工过程(Halford, Wilson, et al. , 1998, 2.1节)。

根据关系复杂性理论,如果能够表征相关关系,儿童就能够做类比。因此,1 岁儿童应该可以完成建立在一元关系上的类比,1.5—2 岁的儿童应该可以完成二元类比,5 岁儿童应该可以完成三元类比。现有数据显示出与这个假设相一致的结果。最有争论的一点在于,假设认为 5 岁前的儿童不能完成建立在三元关系上的类比。Goswami(1995)声称有证据表明 3 岁和 4 岁儿童能够完成三元关系类比,而 Halford、Wilson 等(1998)却认为较简单的策略不应予以考虑。复杂性分析应该考虑任务的可分解性,这一点也很重要。如果不能被分割为较简单的子任务,一个建立在联系有三个变量的关系上的类比只能作为三元关系被加工。

在比例类比 A∶B∶C∶D 中,A 和 B 之间的二元关系与 C 和 D 之间的二元关系相对应。这一映射可以被分割两个二元关系,因为来源对与目标对之间的关系并没有在类比映射中得到明确的加工。像 2∶5∷3∶4 000 这样的比例类比也是有效的,因为来源对和目标对

(即，2＜5，和 3＜4 000)均包含有相同的"少于"的关系，但这个类比又不成比例，因为 2 和 3，5 和 4 000 之间的关系并没有指定。这与确定了所有四个变量的关系(例如，2/4＝5/10，不但 2—4 和 5—10 之间关系相同，2—5 和 4—10 之间的关系也相同)的比例形成了对比，而且比例的概念不只是由二元关系组成。因此，所谓的比例类比并不能等同于比例。

有证据能够表明从对属性的映射向对关系的映射的发展性转变(Gentner & Rattermann，1998；Rattermann & Gentner，1998)。值得怀疑的关系是典型的二元关系。属性可以定义为与一元关系相等，又比二元关系简单的命题。因此，或许可以将转换看作是从简单向较复杂规则的。但这并不意味着有关关系的知识的获得是不重要的。

Stiles 和 Stern(2001)通过 2—5 岁儿童搭积木能力的研究巧妙地证明了复杂性和策略的相互作用。结果显示，策略随着年龄和需要搭建的模型样式的变化而变化，但同时，对于较复杂的搭建样式，儿童采用了不同的策略。看来复杂性不但受每一步骤中整合的成分的数量的影响，还受所采用的策略的影响，有些策略比其他策略更复杂。相似地，Cohen(2001；Cashon & Cohen，2004；Cohen & Cashon，本手册，本卷，第 5 章)发现，信息过载迫使婴儿采用一种更简单、更原始的方式来加工信息。

复杂性研究概况

认知复杂性和控制(CCC)理论和关系复杂性(RC)理论的发展是平行的，但是两者之间依然有一些交叉的部分，所以某些转化有可能是介于 CCC 理论的等级复杂性分析和 RC 理论的变量分析数之间的。关系复杂性理论可以应用于等级结构和非等级结构表征，并已应用于成人和儿童认知。认知复杂性和控制理论已经被应用到关于执行功能的理论当中(Zelazo et al. ，2003)。这两个理论相互补充；共同确定了一个原则指出复杂性影响行为的方式，并且支持这一原则的实验性的证据也在不断增加。

有一点值得探讨的是，有时关于复杂性分析的观点比较"悲观"，认为复杂性分析否认了改进的可能性。先把这个价值判断在科学角度是否有意义的问题放在一边，复杂性分析确实是指出了改进的方法。想要更好地理解任务复杂的原因，可以设计更简单的、能确定年幼儿童能力的任务。比例天生是复杂的，因为它已经通过 4 个变量间的关系来定义，而且有预测认为 11 岁以下的儿童完全掌握这个能力是很困难的。该预测不能排除比例成分的有效掌握，比如关于小部分概念的掌握需要 2 个变量之间关系比较，而且应该是具有相当表达能力的 2 岁儿童可以理解的(见 Geary，本手册，本卷，第 18 章)。很多早熟的表现都是简化造成的，而且在某些案例中，复杂性分析能够预测以前未被观察到的能力，我们在以后会提到。

由于神经系统的可塑性，经验能使能力增强，这　证据进一步排除了关于复杂性和经验因素之间的冲突的假设(Quartz & Sejnowski，1997)。因此，不仅认知的发展依赖于能力和知识，经验的发展也能促进两者的发展。

复杂性长久以来被看做是一个难懂的概念，但是现在相关的领域正在不断增长，这些领域都是在认知发展和一般认知领域里探讨有关复杂性的概念化，分析任务的基本原则，和基础参数赋值等的内容。我们还发现了复杂性可以有效地解释任务和在某些领域的发展性影响，在随后的章节中将有所介绍。

婴儿思维起源

虽然关于婴儿的认知已经在本书的其他章节讨论过(Cohen & Cashon, 本手册, 本卷, 第 5 章), 但是有研究表明, 婴儿的认知过程对以后的推理能力发展起着至关重要的作用, 所以我们在这里也将适当的讨论。我们需要考虑的是, 判断婴儿认知的发展对以后儿童期以及成年期的推理发展是否有决定性影响的标准是什么。

1 岁是形成更高级认知组块的年龄, 这时的*形象图式*(image schema)(Mandler, 1992)被看做是概念上模糊的。它们包括自主动作、本能动作、动因、路径、支持和包容。形象图式包含了连接成分, 形象图式的成分和其他认知成分相关但是不完全一致。在之前探讨的感知里它们不是合成的或者系统的, 所以它们不具有象征性。

动机的识别

婴儿对动机的知觉(Leslie & Keeble, 1987)似乎类似于形象图式和构型, 它是一种模块表征, 不受模块外的认知加工的影响的一种自动加工。

内容独立性认知

一些研究表明婴儿具有一些独立于内容的对结构的加工能力。在 Tyrrell、Zingaro 及 Minard(1993)的研究中, 让婴儿注视一对完全相同的玩具或一对不完全相同的玩具, 当婴儿注视目标对时, 播放一段简短的人类声音, 以此来选择性地强化儿童的反应。这似乎是一个很有效的训练过程, 7 个月大的婴儿不仅仅学习了区分, 而且能够迁移到一对包含他们训练过的关系的新玩具对上去。Marcus、Vishton (1999)使 7 个月大的婴儿对来自人工语言的由 3 个词组成的句子习惯化, 如 ABA 或 ABB 的形式, 然后使用没有在习惯化过程中使用过的人工语言的三个词的句子进行测试。让婴儿熟悉一个两分钟的由 16 种发音(如"ga ti ga,""li ti li")组成的讲话, 每种发音重复 3 次, 在测试阶段, 测试 12 个与习惯化顺序一致(如"wo fe wo")或不一致(如"wo fe fe")的句子, 婴儿对于具有新结构的句子注视时间更长。所以他们似乎可以独立于内容对结构进行表征。

对于是否婴儿学会了规则(Altmann & Dienes, 1999; Marcus, 1999; Seidenberg & Elman, 1999; Shastri, 1999)或是否观察到的迁移是基于对结构之间联系的加工仍然是有争论的。可能 Tyrrell 等人(1993)所使用的玩具对或 Marcus 等人(1999)使用的三个一组的词是以刺激之间的差异程度被表征而加工的, 这就给迁移到具有类似差异的成分设置提供了基础, 而不是不相似的材料。这是通向符号加工的重要一步, 但是它却不具有符号加工的所有特性, 比如成分性(compositionality)和系统性(systematicity)。

婴儿的数量推理

婴儿的数量理解的证据主要来自于使用习惯化/去习惯化过程和反期待范式(violation expectations paradigms)的研究, 因为新奇或意外的事物可以吸引注意。基于这些方法的研究主要有三个发现。第一, 6—12 个月的婴儿可以区分呈现的不同数量(如 Starkey, Spelke, & Gelman, 1990)。大部分研究显示只有小数字可以区分; 但是, Xu 和 Spelke (2000)的研究显示婴儿可以区分 8 和 16, 却不能区分 8 和 12。第二, 从大约 5 个月起, 婴儿似乎可以理解包括小数字的加减, 因为他们对不正确的算术结果注视时间更长(Simon,

Hespos, & Rochat, 1995；Wynn, 1992a. 可见 Cohen & Cashon 本手册,本卷,第 5 章)。第三,婴儿表现出对于不同数量间的序数关系敏感。Brannon(2002)让婴儿对呈现的三个数字的升序或降序的顺序习惯化(如,4、8、16 或 16、8、4),然后使用新的数字的升序和降序进行测试。在实验 1 和 2 中,11 个月(不是 9 个月)大的婴儿对新的测试顺序没有表现出习惯化(参见 Tyrrell 等人,1993)。有一些模型用于说明这些或其他的经验数据。

Meck 和 Church(1983)提出了累积机制(accumulator mechanism)来说明成人(Whalen, Gallistel, & Gelman, 1999)和婴儿(Xu & Spelke, 2000)对非言语的数字的表征的特点。根据这一模型,神经系统具有相同的冲动产生器,以持续的比率产生活动。还有一个允许能量进入到累积器中的闸门,累积器可以记录下有多少能量进入。在数数模式中,闸门为每个项目打开一定时间,被累积的总能量与对数字的表征相似。比如,"--"代表一,"----"代表二,"-----"代表三。累积器的充满由所有的被数项目的数量表征的增加组成。这种单一的量级显示了分等级的变化。对数量的成功的区分是符合韦伯定律的(对两个数量的辨别力是它们的比率的函数)。分等级的变化意味着除了小数字(1 到 3 或 4)外(Gallistel & Gelman, 2000),数字没有明确地被表征在非言语或前言语心理中。

Simon(1997)使用 Kahneman 和 Treisman(1984)用于物体识别和追踪的物体文件机制(object file mechanism)来量化婴儿期的数量推理。认为婴儿构建了一个形象的关于实验情景的表征,给一个系列中的每个物体创建了一个物体文件。婴儿可以对数字进行内隐的表征,但这种表征没有清楚的符号,也不包括计算在内。通过评价两种表征是否一对一的符合或比较文件的一些维度来建立数字的相等。能同时表征的和存储在短时记忆(STM)中的个体数量也是有限制的,该模型认为应该是四个或更少,更大的数量可能会产生较高的错误率和失败。

类似于累积模型,总量模型(amount model)(Clearfield & Mix, 2001；Mix, Huttenlocher & Levine, 2002)包含类似的数量表征;但是,与累积模型不同的是,总量模型没有计算机制。早期的对具体和连续的数量的量化是基于非数字的线索,如结合的表明区域或者成分的轮廓。婴儿对总量有整体的感觉而非具体的数字。从很早开始,婴儿就可以使用时空信息将物体个体化,但是却没有应用这些信息到数量的情境中。基于对数字的不能区分的感觉的表征是不准确的,但是在视觉情景下通过部分—部分、整体—部分的比较也可以部分成功地推理出数量。Clearfield 和 Mix(2001,p. 256)认为因为数字和总量在环境中是共同变化的,这种表征足够在许多情境下区分不同的总量。

Carcy(1006)总结山物体文件模型足够解释婴儿的包括小数字的加减(如 Simon,1997；Wynn,1992a),但是对包括大数字的加工就需要一个表征的模拟系统。与此相同的,Xu (2003)也认为婴儿的数字识别需要两个表征系统的存在,一个是具有三或四个项目限制的物体追踪系统(object tracking system);另一是遵循韦伯定律的数字评价系统。

这些模型提供了一些重要的量化加工的启示,来说明婴儿的数字上的表现。正如前面所提到过的内容独立的迁移模型,他们并不包括受其他认知加工影响的符号或符号系统,也没有表现出成分性(compositionality)和系统性(systematicity)特征。尽管他们还没有表现出符号性,但是却也是符号加工的重要预兆了。

婴儿的类别形成

有大量证据表明婴儿能够形成原型类别 (Cohen & Cashon,本手册,本卷,第 5 章;Pauen, 2002; Quinn, 1994, 2002, 2003; Strauss, 1979; Younger, 1993; Younger & Fearing, 1999)。这些研究中普遍使用熟悉/新奇偏好范式 (familiarization/novelty preference paradigms),在这种范式中,通过婴儿的注视时间确定其对新奇物的偏好。让婴儿对同一类别的不同物品熟悉,然后使用同种类别的一个新刺激和一个不同类别的新刺激进行测试。婴儿对来自不同类别的新刺激的偏好被认为是婴儿可以将其他刺激归为熟悉类别的证据,因为他们没有那么新奇。在 Younger 和 Fearing(1999)所做的典型研究中,给大于 4、7 和 10 个月的婴儿呈现 15 秒的五对猫和五对马,使其熟悉,然后进行六个 10 秒的测试阶段,以下各两次:

1. 新的猫和一只狗组对。
2. 新的马和一只不同的狗组对(两个基本水平的比较)。
3. 新的猫或马同一只猫组对(整体水平的比较)。

所有年龄组表现出对(3)中的猫的偏好,只有 10 个月组表现出对(1)和(2)中的狗的偏好。这似乎支持了整体分类表征(global category representations),如动物,倾向于首先形成,然后才形成更具体化或者基本的类别,如狗、猫和马。这种原型的知觉本质,形成的相对自动化,需要的联想学习的简单性,还有前面提到过的缺少成分性(compositionality)都说明这些比后来发展的分类更原始。这些在 3 个月就出现的分类为后面出现的分类提供了支持。

Mandler(2000)提出婴儿的分类并不仅限于原型,还由知觉和概念的类别所组成。原型基本上是知觉的,而概念的类别则基于功能、目标、原因(causes)和本质,这些都不属于知觉属性。功能在某种程度上是可观察的,所以球是由它能滚动的事实识别的,但是功能也有不能被马上观察到的,如球可被用于游戏。原因同样是不可观察的,因为正如 Carey(2000)所指出的,"原因的属性是属于时空分析的"(38 页)。婴儿将狗、猫和马一起归类,因为他们的内在本质是一致的。

为了支持她的说法,Mandler 和 McDonough(1996)检验 14 个月的婴儿做归纳推断的能力。首先给婴儿呈现给一只狗喂水或这狗在床上睡觉,或者给他们呈现用钥匙开一个模型车的门。然后呈现不同的动物或不同的交通工具。婴儿倾向于将属于同一类的物体给予类似的活动,所以他们模仿着给另一只狗喂水,而不是车,用钥匙去开另一辆车,而不是动物。婴儿还倾向于将这种性质推及开来,比如用煎锅来代替杯子,或者用浴缸代替床(Mandler 和 McDonough,1998)。Waxman 和 Markow(1995)使用 12 个月大的婴儿为被试的研究也发现了这样的结论。

如果知觉分类和原型可以用于识别物体,那么概念分类则可以用于超出知觉现象的归纳推理。婴儿时期的概念分类可能是幼儿所熟练掌握的分类归纳的一种重要前兆。

Mandler 提出概念分类是通过知觉分析获得的。"知觉输入被注意和分析然后以新的形式记录下来"(Mandler,2000,18页)。Carey(2000)虽然大体上支持 Mandler 的说法,但是对于他全部用知觉分析来解释概念分类的观点表示怀疑。Carey 认为概念分类类似于核心知识,是来自直觉机制和直觉心理学(intuitive psychology)中的内在的学习机制的。Gibson(2000)、Nelson(2000)、Quinn 和 Eimas(2000)和 Reznick(2000)也有一些相关评论。

这些有关婴儿概念知识的发现是很重要的,但是却缺少他们发展起来的认知加工和机制的信息。Carey(2000)指出,我们还未发现知觉分析足够可以解释概念分类的获得的证据。尽管如此,Mandler 的另一种说法可能更有道理,他认为,"婴儿观察动物和交通工具所发生的事件,然后使用他们对事件的解释来定义什么是动物和交通工具"(Mandler,2000,26页)。这种说法符合我们的观点,即发生在出生第一年末的到符号认知加工的转换是依赖于对关系的表征的。事件可被概念化为关系,比如,用钥匙开门就是门和钥匙的一种关系,或者人,钥匙和车之间的关系。如果婴儿能够在出生第一年末发展出表征关系的能力,他们就能够以关系之间的相似性为基础进行概括。正如 Halford 及其同伴所认为的那样(Halford, 1997; Halford, Wilson et al. , 1998; Philips, Halford, & Wilson, 1995),关系比联系更易获得,如果概念分类是基于关系的,他们就比基于联系机制的知觉分类更易获得。虽然这种解释本身是不够的,它却给未来研究和理论模型的构建提供了更多的选择。

虽然我们关于婴儿认知的知识已经很丰富了,但是在后面的部分,我们要将婴儿的这种能力同儿童的相比较。Keen(2003)发现婴儿的能力同学龄前儿童的相关可以被不同的任务需要所夸大。婴儿的能力仅仅通过注视来说明,而学龄前儿童经常要求做出选择,这还包括预测和对动作反应的计划。当移除这些差异,婴儿表面上的较早成熟就会消失。这给了我们一个忠告,即很容易忽视那些表面上不重要的过程上的差异,而这些差异往往会对任务需要的认知加工产生影响。

儿童的概念和分类

对于许多推理来说,概念和分类都是很重要的基础。儿童具有哪些类别,如何获得的,儿童怎样使用它们进行推理是儿童推理和问题解决的本质部分。

原型分类

正如前面讨论过的婴儿的思维,有证据表明婴儿原型分类的形成是基于知觉属性的,他们基于功能、目标、原因和本质使用概念分类。原型分类在儿童期甚至成人期仍然是很重要的,但是有一些证据表明到11岁,具体的典型信息变得更重要(Hayes & Taplin, 1993)。在儿童早期,类别如雨后春笋般地发展起来,产生很多种的类别,也为推理提供有力的支持。

571 有些类别是根据功能而不是外表被定义的(Kell, 1989)。Kemler Nelson、Frankenfield、Morris 和 Blair(2000)的研究发现,在说明了一件新颖的人造物品的功能,而不是其外貌特征,且功能可以帮助其明白物体的结构的情况下,4岁儿童通常可以给物体命名。

基于理论的分类

可以观察到年幼儿童可以不限于可观察到的特征而做出一些关于类别的归纳推断,这一现象同基于理论的分类是一致的。特征归纳方法(property induction methodology)揭示出儿童似乎具有较好的类别知识(Carey,1985;Deák & Bauer,1996;Gelman & Markman,1986,1987;Gelman & Kalish,,本手册,本卷,第 16 章;Gelman & O'Reilly,1988;Lopez,Gelman,Gutheil,& Smith,1992)。

当存在很多的变化时,这些研究的基本逻辑是:给被试呈现一个熟悉的类别的目标图片,并给这个类别命名,然后告诉被试一个似乎有道理的关于图片的被试不熟悉的事实。然后测试被试对于与目标类似或不同的同一类别或不同类别的刺激的归纳能力。比如给他们看一张狗的图片,然后告诉他们狗身体里有脾(Carey,1985);或者给他们呈现一只蓝知更鸟的图片,然后告诉他们它住在巢里(Gelman & Coley,1990)。然后给儿童呈现下面一个或几个目标类别的其他例子(另一只狗,另一只蓝知更鸟);目标类别的不相似的例子(另一只动物);不同类别的与目标相似的物体(如与鸟相似的翼手龙)。一般来说都要告诉儿童这些例子属于哪种类别的。研究者们一致发现,甚至是 2 或 3 岁都可以不依赖于外表地归纳到同样的类别。所以他们有能力根据类别成员关系推断属性。值得注意的是,儿童不可观察到的属性和知觉上的相似并没有提供分类的基础,但是 Sloutsky(2003)提出相似性仍然可以解释儿童的分类。类别通常是自然的类别,要么是生物如植物和动物,或者自然出现的物体,如贝壳或者矿物。但是也有研究者发现了基于材料类别(如木材)或人造物品(如椅子)的归纳(Kalish & Gelman,1992)。而且,3—4 岁的儿童还可以根据是否适合于所做的决定来分类,当决定一个物体属于那个房间时他们根据物体类型(如椅子)进行分类,当决定物体是硬的或软的时他们根据材料类型分类。这些发现说明儿童的推断是基于他们所掌握的各种领域的图式的。尽管如此,儿童在做以类别为基础的推断时的加工仍然是儿童推理领域的一个重要问题。

本质论

S. Gelman(2003, Gelman & Kalish,本手册,本卷, 第 16 章)提出儿童的类别是基于本质(essences)的,即使物体区别于其他物体的不可观察的特征。她进一步指出本质论(即essentialism)是一种在儿童早期出现的根深蒂固的认知预先倾向性,且似乎并不依赖于直接的指导,儿童的类别是基于对自然类别的属性的因果关系的基础的认知而形成的。

本质论观点的经验数据主要是儿童在类别成员关系基础上做出的不可观察属性的推断,以及在外表和企图改变时儿童知道类别是不变的。年幼儿童倾向于认为具有血和骨头是同其他属性相关的,比如运动、性别和可能的特质,而且他们的知识不限于儿童所学习过的具体事实(Gelman & Wellman,1991;Simon & Keil,1995)。到大约 8 岁左右,儿童认识到动物即使改变了外表或行为方式也不可能变成不同的种类,而人造物则可以被改变(Keil,1989)。

Gelman(2003)认为语言影响本质的类别的发展,但并不是唯一的影响因素。名字或类别标签可能也影响本质的类别的发展。名字告诉儿童哪个事物属于特定类别,那么儿童所具有的和名字相联系的知识就可以帮助推断是否它是那一类的。比如,"这个动物是猫"就可以让儿童知道它具有儿童学习过的关于猫的特征。而"这个动物困了"则说明一个短暂的状态而不是类别。

本质论同本章所回顾的其他领域形成了对比,因为关于儿童的本质分类是如何形成的我们知道得很少,我们也不知道何种推理加工可以说明儿童的这些表现。我们无法提供一个成型的模型,但我们希望大家可以注意一个符合儿童分类的一些特征的规则系统。这就是由我们实验室的 Brett Gray(2003)提出的 Relcon(即相关概念,Relational Concept)模型,它的含义是,假设考虑我们对于生活物品的知识,比如一张椅子,我们从语义记忆中提取事实,比如"椅子可用来坐","椅子可以由木头做成","椅子可以在卧室找到"。现在假设我们从语义记忆中提取其他的具有同样特征的物体;比如,"桌子可以由木头做成","桌子可以在卧室找到","桌子可以在餐厅找到","收音机可以在卧室找到"。现在我们继续思考已经提取了的物体的其他特征,比如"食物可以被放在桌子上"或者"收音机可以用来听"。

Gray 认为,将这些合适的共享一定数量特征的物体联系起来,这种加工汇集起来就形成了稳定的类别表征。而且,它抓住了以理论为基础的分类的根本特征,包括原型的家族相似关系(family resemblance correlation)及情景敏感性(context sensitivity)。这样形成的类别是基于家族相似,因为没有属性是属于类别的每一个成员的,许多属性仅属于个别几个成员的。这样的规则系统至少在原则上可以解释那些不可观察到的特征,因为当他们在类别中一些物体上不可观察到时也可以归于此类。根据关系复杂性理论,存储在语义记忆中的陈述在结构上并不是复杂的,他们被简化成了双元或三元的关系。类别的发展将更多地依赖于知识的积累而不是加工的复杂性,这与 Gelman(2003)的观点是一致的。同时该模型也与 Gelman 所主张的本质的概念并不是基于简单的联系机制,而是基于理论的观点也是一致的。知识的成分是陈述,而理论是由陈述所组成的。而且,这种规则系统认为本质类别依赖于标签,因为标签对于它所来源的关系知识理论是很重要的(Halford, Wilson et al., 1998; Wilson et al., 2001)。虽然这种规则系统还没有发展完备到可以解释儿童的本质类别,它仍然可以提供同这种发展相关的一种简单的也是有道理的机制。它也支持了 Sloutsky 和 Fisher(2004)的观点,认为学习加工可以解释一些可归因于内在倾向性的现象。他们研究的一个结果可能展示了一些在原则上相对简单的学习机制能够通过很长时间的同丰富环境的交互作用生成有效的认知加工。

类别包含和等级分类

根据 Markman 和 Callanan(1984)的研究,最主要的并不在于形成彼此表征孤立的类别,而是将这些类别相互联系起来的能力。将类别按等级联系起来可以极大地提高个体的推断能力。比如,知道一个新遇到的物体是一种动物我们就可以推断出它具有动物的一些特征(如它会吃东西、呼吸、移动等),知道它是鱼我们就可以推断出它具有一些鱼的共有特征(有鳃、只能生活于水中),缺少其他特征(羽毛、飞翔、叫声)。

Blewitt(1994)根据"知道水平"(knowing levels)的发展顺序解释了类别的发展。要获得更高的水平儿童需要对于等级的知识更明确,而这是经验相关的因素及内在的反思抽象(reflection abstraction)过程的结果。在水平Ⅰ中,没有产生实际的等级知识。儿童能够在一般性的不同水平形成类别,但他们不能将同样的物体归入多于一个类别中。比如,他们可以合理地使用*狗*和*猫*两个词,但是*动物*一词却不能被用来形容狗。在水平Ⅱ中,他们能将同样的物体归入一般性的不同水平的类别中。水平Ⅱ知识的证据是,Blewitt(1994)引用Welch和Long(1940)的研究,在他们的研究中,儿童可以将狗定义为*狗*,也可以将狗和其他动物定义为*动物*。在Blewitt自己的研究中,2和3岁儿童对同一物体可以接受基本水平和上位水平的标签,这说明儿童可以增加对同一物体的类别,他们已经具有了类别间等级关系的内隐知识。虽然水平Ⅰ和Ⅱ到2岁就出现了,但是理解全部的等级含义可能需要很多年。等级类别(水平Ⅰ和Ⅱ)的阶段之后是一个或更多的等级推断阶段。在水平Ⅲ和Ⅳ,儿童可以根据等级做出一些推断,但是他们的推断技巧依赖于他们对类别间关系的外在理解。对这些关系的知识在水平Ⅲ是不完整的;尽管如此,也可能做一些关于新颖物体的数量推断和分类。比如他们可以推论,如果狗是动物,"无尾猫"(rumpies)是狗,那么"无尾猫"(rumpies)是动物。数量推断,比如在皮亚杰类别包含任务(Piagetian class inlusion task)中所要求的,包括正确评价类别间关系为不均匀的,直到水平Ⅳ才可能。所以限制因素是构建类别间外在的等级关系表征的能力。这种表征的复杂性可能是Blewitt的水平Ⅳ技巧在很晚才被获得的原因。

Diesendruck和Shatz(2001)的研究也显示年幼儿童具有一些包含关系的知识。他研究2岁儿童对物体间分类关系及不同语言输入所暗示的等级关系的敏感性。给儿童呈现四个物体,两个目标物(A,B)和两个分心物。物体A(如鞋子)使用熟悉的基本水平的标签(鞋子),物体B(如凉鞋)使用新异标签(fep)。在呈现阶段,物体间的关系要么是包含或不包含的(实验1),要么是没有关系的(实验2)。比如,*这是一只鞋子,这是一个fep。fep是一种鞋(包含)*或*fep不是鞋子(不包含)*。在儿童玩了物体几分钟后,问儿童:*你能指出鞋子吗?还有另外的鞋子吗? 你能指出fep吗? 还有另一个fep吗?* 根据儿童如何解释新异和熟悉标签的语义关系记录他们的反应。如果在问到熟悉标签时儿童只拿出了物体A,在问到新异标签时只拿出了物体B,则视为*互不包含*的反应模式。若儿童在问到熟悉标签时选择了AB,在问到新异标签时只选择B,则视为*下位水平*的反应模式。下位水平反应同标签间的包含关系一致,但是也反映了其他重叠的关系。若儿童在两种标签下都选择了两个物体则视为*同义*(synonymy)反应。若儿童在熟悉标签下选择了AB,在新异标签下没有选择B,则视为*仅熟悉*反应。从互不包含和下位水平反应可以推断出儿童对物体间分类关系及不同语言输入所暗示的等级关系的敏感性。当提供包含而非不包含关系时,儿童不太可能做出互不包含的反应。这些表明儿童对于包含关系的敏感性。但是,下位水平反应的频率却不受这一因素的影响,说明他们对等级关系的理解是不全面的。

认知发展研究领域最矛盾的发现之一是Inhelder和Piaget(1964)的研究,他们发现儿童不能回答经典类别包含问题。他们的任务包括给儿童呈现一个包含等级,上位类别B中包含主要的子类别 A 和它的补集 A′,然后让儿童比较 B 和 A。比如,呈现七个苹果和三个香蕉,然后问儿童是否有更多的苹果或水果,7—8 岁以下的儿童一般都说有更多的苹果。当问他们为什么时,他们通常指最小的子类别 A′:他们会说,"因为只有三个香蕉"。这种现象的重复出现使我们可以确信它的发生,如 Brainerd 和 Reyna(1990),Halford(1982,1989,1993),及 Winer(1980)的研究,所以问题并不是是否会发生这种现象而是为什么会发生。

　　早期对此现象有两种解释。Piaget 和他的同事们(Inhelder & Piaget, 1964; Piaget, 1950)将年幼儿童的失败归于包含推理的不足。但其他的解释认为是儿童倾向于依据子类别比较为基础进行回答。也就是,他们将 A 同 A′而不是 B 进行比较,所以在前面的例子中,他们将香蕉和苹果相比较。这使得儿童的解释"因为只有三个香蕉"可以被理解,即便这种辨识是含糊的。

574　　很容易观察到那些给出错误答案的儿童看上去又是知道所有呈现的包含等级的,这是很矛盾的。在我们前面所提到过的回答中,儿童知道苹果和香蕉都是水果,他们会指出所有的水果,也能指出所有的苹果和所有的香蕉,他们知道如果拿走了香蕉,仍然会有水果,等等。

　　为什么儿童会以这种方式推理呢? 研究者们提出了许多理论来回答这个问题,所有这些理论都倾向于争论儿童将类别 B 解释为类别 B,*而不是 A* 。也就是说,在我们所举的例子中"水果"指的是不是苹果的水果,即香蕉。这里问题的一部分在于问题的形式是与众不同的,我们不是问上位类别和他们的子类的相对数量。很容易构建一个连成人都似乎做出对这类问题不合逻辑的回答的情景。假设你住在一个周围有很多狗的环境中,有人问你是否在你周围有更多的狗或更多的动物,你可能认为提问者想要知道是否有更多的狗或其他种类的动物,因为你周围的动物大部分是狗,你就可能回答,"有更多的狗"。这说明这个测验是有缺陷的,因为问题容易被误解或重新以前面讨论过的适应的意义上合理的解释。而这同主试的目的是相悖的。

　　研究者们已经发展出了新的实验方法来纠正儿童对于假设的数量和子类别的比较的回答(Hodkin, 1987; Thomas, 1995; Thomas & Horton, 1997)。而且,Halford 和 Leitch(1989)的研究采用完全不同的方式实现包含关系也发现了类似的结论。让 3—6 岁儿童区分两种情况,一种有包含等级,比如都是红色的三角形和正方形,另一种不包含等级,比如两个红色的三角形(同样的对)或者一个红的三角形和一个蓝的正方形(在两个维度上都不同的对)。尽管这一过程是适合于儿童的,6 岁儿童可以作对,但 4 岁甚至在大量训练之后也不能完成。另一个创新是使用特征推断(property inference)(Greene, 1994; Johnson, Scott, & Mervis, 1997)而不是传统的量化比较(quantitative comparison)的方法来评价类别包含和等级分类。正确的推断需要对等级不同水平间类别的不对称关系进行识别。比如,水果的特征应用到苹果,但是反过来却不一定正确,因为苹果具有同其他水果不同的特征。Johnson 等人(1997)的研究发现,3 到 7 岁儿童都显示出对于类别的等级关系的一些敏感性,但是随着年龄增长这种敏感性有明显的增加。能够在不同的等级水平给物体命名与能够理解等级结构之间是有差异的。实验 3 使用量化的包含问题(*如菩提树是一种树,所有的*

菩提树都是树吗？）和特征判断问题(如菩提树是一种树,所有树里面都有木质素,所有的菩提树都有木质素吗？）考察了对基本下位水平包含关系的理解。问题类型并不影响任务表现。但是表现随年龄增长,从 3 岁的高于几率水平的 3％到 5 岁的 32％和 7 岁的 67％。5 和 7 岁儿童对熟悉特征(消防车：有警笛)比不熟悉特征(自行车：有曲柄)做出更多正确的判断,说明领域知识影响着儿童的表现。

Greene(1994)考察了 6 岁儿童对于来自外空的想象的物体 imps 的相关的不同类别的四个水平的包含等级的关系的理解。记忆需要通过使用树状图来说明每个等级水平 imps 的特征来降低到最小。结果显示 6 岁儿童不能理解包含关系的不对称的本质。

也有许多研究者认为年幼儿童如果施以和年龄相匹配的测验可以成功地完成类别包含(McGarrigle, Grieve, & Hughes, 1978; Siegel, McCabe, Brand, & Matthews,1978)。但是,这些研究也受到了批评,因为儿童的表现并没有高于机会水平,或者因为他们使用了结构上更简单的推理任务(Halford, 1989, 1993)。McGarrigle 等人(1978)研究的一个重要发现是,当给儿童呈现一系列楼梯,一只泰迪熊在楼梯一端,椅子接近第四层楼梯,桌子接近第六层楼梯,包含测验包括提问泰迪熊是离椅子还是桌子有更多的梯层,3—5 岁儿童的表现高于机会水平。在呈现中,到椅子的梯层数包含于到桌子的梯层数之中,但是这并不一定意味着儿童使用了包含的逻辑。该任务完全可能通过比较两者的长度来完成,而 McGarrigle 等人自己的研究数据说明这确实是儿童所使用的加工过程(Halford, 1989, 1993)。

对 McGarrigle 等人(1978)的研究的分析,提到了两点。首先,两个长度的比较因为是二元相关的,所以比包含任务简单,包含任务属于三元相关(讨论中)。虽然找到年幼儿童可以执行的简单结构的任务是很重要的,但是我们需要意识到这是事实(case),所以这些发现不能被误解。其次,很容易掉进假想的谬论中,即认知过程是在我们的头脑中,我们设计的任务也就是儿童实际上使用的过程。有独创性的实验者在呈现阶段了解包含关系,但那不意味着儿童也是通过这个过程处理关系得到答案的。尽管这个试验因为驳斥了 Piaget 的阶段理论而得到了称赞,然而最近,更多的研究证明了其不可能性,即它只是测量了经典的 Piaget 定义的包含概念。有理由得到这样的结论：尽管一些有独创性的方法取得了一些进步,但是儿童很难理解包含概念还是没有改变。

近期很多研究证实类别包含承担着一个加工负荷。Rabinowitz、Howe 和 Lawrence (1989)发展了一个形式模型来诊断在类别包含中存在的子过程,因此帮助消除了依赖于猜测过程的评估。他们也在类别包含中增加了一个颜色维度,并且发现不论是年长儿童还是成人其成绩都下降了,表明类别包含推理对于加工负荷影响很敏感。

两个最新的理论认为：加工负荷利用类别包含将内涵原则映射到问题中去。第一个是 Brainerd 和 Reyna 的模糊痕迹理论(fuzzy trace theory,1990,1993; Reyna,1991)。他们主张：儿童理解集原则——假如 A 是 B 特有的子集,那么 B 是多于 A 的。苹果是水果的一个特有子集(因为也有不是苹果的水果),所以水果是多于苹果的。为了正确的完成,他们把集合原则放入问题的包含关系中——即 A 和 A′都是 B 的子集。然而,儿童也在问题中编码子集关系,并且是很显著的,因为 A 和 A′的相对大小在自然地呈现。(我们可以看见在相关的呈现中苹果比香蕉多。)相反,包含关系比较微妙和概念化。这就会使它很难将集合原则运用到包含关系中去,导致儿童比较子集的相关数量。因此5—9岁的儿童从线索中得到助益,帮助他们找到集合原则。

第二个理论是由 Andrews 和 Halford(2002)应用到类别包含中去的关系复杂性理论(Halford, Wilson, 1998)。在这个问题上模糊痕迹理论和关系复杂性理论有着一个共同的领域,在能看见主要问题的包含原则中或者 Brainerd 和 Reyna 提到的范围内映射到包含问题中。然而,Halford(1993)认为包含推理可能是基于由包含物体的经验引起的可以作为心理模型的图示。儿童对家庭(包括家长和孩子)的经验,可能提供一个合适的心理模型。像先前探讨过那样,图示通过类别推理加工映射到包含问题中,这意味着映射通过结构相似得到验证。任务的难度至少部分地来源于关系的结构复杂性。Andrews 和 Halford 同意 Brainerd 和 Reyna 的包含任务的结构复杂性是难度的一个因素。

Andrews 和 Halford(2002)依据关系复杂性测量解释了难度。包含承担了三个相关类别 A、A′和 B。根据我们举的例子,苹果和非苹果是属于水果的。在三个类别中这是三元的相关(苹果、非苹果和水果)这里也有三个二元相关(水果,苹果)、(水果,非苹果的水果)、(苹果,非苹果的水果),但是没有充分的理解包含的专门的二元关系。不需要知道苹果与水果是相关的,是因为不太可能从完全覆盖中区分出包含,除非水果与非水果也被考虑到其中来(Johnson, 1997)。因此,包含层次不能分解为一系列没有丧失概念本质的二元关系。所以包含关系是固有的三元关系。而且,它不能由概念块简化。我们能可以把香蕉、梨和橘子归入非苹果水果中去,我们仍然有包含层次水果、苹果、非苹果的水果。但是假如我们把苹果、香蕉、梨和橘子放在一起,我们就失去了包含层次(inclusion hierarchy),因为我们能有类别"水果"和"类别"(苹果、香蕉、梨、橘子),但是我们没有补充的子-类别。因此,Andrews 和 Halford 认为包含层次不能被归纳为小于二元关系。

Halford(1993)指出剩余的困难是因为考虑到其他三个类别的关系只可能决定水果是上位类别。水果本身不是上位类别:在参考任务中是上位类别因为它包括至少两个子类别。相似地,苹果本身不是上位类别因为假如层次是苹果、好吃的苹果等,那么苹果就是一个上位类别集。分配水果、苹果和非苹果水果到正确的层次位置,需要加工三个类别之间的关系。因此,包含等级的困难是由于需要匹配包含原则或者图示放入包含问题中。包含计划本身是二元关系。即如它依赖于家庭的经验,那么它包括家庭、儿童和父母之间的关系。上级水平的鉴定依赖于正确映射上位类别到上位类别和将下级类别映射到下级类别(在我们的例子中,水果必须与家庭相匹配)。这种匹配困难会解释为什么任务对年幼儿童来说这么困难,儿童也很难通过其他二元相关任务(Andrews & Halford, 2002)。它也解释了为什么引起年长儿童和成人的困难,他们展示了二元相关人物例如及物推论特殊加工负荷的证据。

一致同意的是类别包含成绩依赖于在有效解决策略中综合成分(Brainerd & Reyna, 1990; Rabinowitz, 1989)。关系复杂性理论通过提出可以解释 A 和 B、A′和 B 认知的二元关系,以及 A 和 A′比综合的包含关系利用了较低的加工负荷,在 A 和 B、A′之间是一个二元关系。很容易认识到 A 是 B 的一部分，A′也是(苹果是水果的一部分，香蕉也是)，A 是 A′的补集(苹果和香蕉是不同种类的水果)。然而，这些二元关系不能构成包含关系，它依赖于 A 和 B、A′之间的三元关系。加工二元关系的儿童是通过两维度窗口有效考察三维度的结构。儿童似乎知道关于任务的一切，但是知识还没有合成一个连贯的心理模型。与这种类别包含观点相一致的是：任何一种致力于儿童的上位水平类别都可以帮助儿童。这是因为他们趋向于围绕加工负荷需要通过匹配复杂关系来映射问题和包含图示。

相关复杂理论提出一个问题，即类别包含和等级分类对于 5 岁儿童很困难，而类别归纳 3 岁儿童就可通过(Halford，2002)。类别归纳包括种类和成分的关系。这是一个二元关系，然而类别包含是一个三元关系。根据 Johnson(1997)的一个特性推论程序并且严格与类别归纳相匹配，发展到进入类别包含。发现类别归纳已经被 3 岁儿童掌握了，而类别包含在 5 岁中期才能被儿童掌握，并且后者已经被其他的二元相关任务预知了。研究支持了 3 岁儿童获得的早期能力是有效的，但是它也证明了年龄效应，因为年长儿童能掌握结构比较复杂的概念。研究表明类别归纳和类别包含是在两个复杂性水平上的一个范式，有可能在这一领域增加节约量。

类别推理中的后续发展包括必要性的认知(Barrouillet & Poirier，1997)、双重互补的理解、替代性包含，以及二元性法则(Müller，Sokol，& Overton，1999)。Müller 等用 7—13 岁儿童样本验证了源于 Piaget 理论的关于类别推理任务的难度顺序的假设。任务需要增加同等复杂的肯定和否定操作。子类别对比被预言是简单的，因为它们包括肯定的引人注意的特征和非否定。正确地反映等级包含问题需要儿童保存包含类别(B)，然后对它和包含类别(A)做一个量化对比。这就是包括构建包含等级(肯定操作)，然后将这个操作(否定操作)再反过来分解包含等级。儿童可以通过在包含类别下的否定来构建每一个子类别。子类别比较和类别包含使用一组 15 张描述卡片来评定，例如，两种水果(9 个苹果、6 个香蕉)。这里面有三个问题，子类别比较、传统的包含问题和包含问题的广阔的外延。(例如，在整个世界中是香蕉多还是苹果多?)

替代性操作与相关类别层次的理解密切相关，但是显示思想要变得更灵活。这些操作让儿童理解到在离开等级 B 这个常量后，等级 B 可以按几个方式划分(例如 $A_1 + A_1′ = A_2 + A_2′ = B$)。因此，花可以分为玫瑰和非玫瑰，或者雏菊和非雏菊。不同的划分是相同整体的一种补充。替代性操作也可以允许类别包含的理解，即每一个初级类别(A_1)也包含在另一个补充的初级类别($A_2′$)中。因此，类别"玫瑰"包含在类别"非雏菊"中；而非雏菊是一个更大的类别(Müller，1999)。

Müller 等(1999)用有颜色的泥土球(6 个红色、2 个绿色、3 个黄色、2 个蓝色)评定替代性包含和双重补充；在确定儿童能区分补充成分(非绿色)后，提出了五个问题。两个问题需要子类别比较(例如，这里是红色球多还是绿色球多?)；两个需要替代性包含(例如，这里红色球多还是非绿色球多?)；另外一个包括两个补充组的比较(例如，这里是非黄色的球多还是非绿色的球多?)。双重补充被假定为比替代性包含简单但是比类别包含困难。一个更晚些的发展包括二元性法则(the Law of Duality)，规定子类别 A 的补充 A′比上级水平 B 的补充 B′要大。因此类别"非玫瑰"比类别"非花"范围大。这也就是说包括将嵌套类别包含关系(A+ A′=B)放进一个较高级的类别包含关系中(B+ B′=C)。二元法则使用描述类别包含的材料,用附加的卡片描述樱桃、柠檬、树和花。与显示相关的一个问题(例如,不属于香蕉的东西多还是不属于水果的东西多?)提出了类别推理问题和依据四个争论形式的合理的假设。合理的假设像二元法则,是作为一个正式的操作获得而提出的。

Rasch 分析的结论认为,单一的潜在维度的呈现和按照难度递增的顺序为:子类别比较(最低难度)、类别包含、双重补充、替代性包含和逻辑含义(同等难度)、二元法则(最高难度)。除了逻辑含义,这个排列等级与 Piaget 理论设想是一致的。错误分析指出一年级学生在类别包含和双重补充任务上有困难。大多数三年级学生不能通过替代性包含任务,大多数五年级学生不能通过二元法则任务。

守恒和量化

近年来,守恒作为一个研究课题已逐渐丧失了重要性,但是多年来它一直是一个核心的研究课题,并积累了大量的研究资料。至今,这方面的研究对核心问题并未给出任何明确的答案。因此,我们仍将考察大量的研究数据在多大程度上具有一致性。

在 Piaget 的数的研究中,守恒是一个关键性概念。他提出:"对所有的推理活动而言,具备守恒概念是必要的前提。"每一个概念都预示着守恒,所以惯性是直线运动的守恒,集就是一组不变元素的关系的集合等等。然而现在既有关于理性推理的守恒概念的一致性见解,也存在着对守恒的心理学测量方法以及儿童如何获得这个概念的异议。

守恒概念有许多检测方法,然而这些测量都包括了转换中的质量守恒。质量守恒概念可以用这样一种方法来评估,即呈现两份等量透明圆柱器皿物体(例如两杯等量果汁),在确定孩子认识到两杯液体相等后,其中一杯被转换,例如被倒入一个更高更窄的器皿中。此时,孩子被询问两杯液体是否一样多;如果不一样,哪杯更多。对数目和不连续数量的守恒可以通过两套一一呈现的课题进行评估,然后把其中一套通过延伸或压缩进行变形,再测试儿童是否能够认识到变形后的数量和变形之前是一样多。最经典的发现是儿童倾向于说目前的数量与变形之前不一样,因为它们和变形之前看似不等。比如把液体倒入一个又细又长的器皿,由于高度的增加的程度看似比宽度减小的程度更大(因为器皿的体积会直接随着宽度和高度的变化而变化),因此物体变得更长,以至于看上去数量更多。我们没有理由怀疑儿童在测量中会给出不守恒的答案,但是在有关儿童对于数量守恒的理解上这些现象到底显示了什么,至今仍然存在很多疑虑。

很快就排除了儿童明显缺乏理解力这种可能的解释。例如,对于给出典型的非守恒答案的孩子,如果将数量返回到原始的结构中,他们又会认为数量是一致的(例如将液体重新倒回原始的容器,或者将若干排物体返回到原始的长度)。他们也会认识到这仍然是相同的物质,且两个变量都有改变。比如液体在高度上增加但是在宽度上减小,或者一个集合在长度上增加但在密度上减小(由于物体间距增大)。因此对于孩子们为何会给出不守恒的答案

578

始终迷惑不解。皮亚杰学派成员的观点是：不守恒答案表示孩子对质量守恒概念缺乏真正的理解。除此以外，还有以下别的解释：孩子被转换过程误导，以至于数量或质量看起来有所改变；孩子们错误理解了测量中的指导语，认为"多"即液体高度或一排物体长度的增加，而非数量；或者守恒和行为表象之间的冲突造成。

知觉因素、补偿和守恒

孩子们被数量转换的外表所误导这个观点得到以下发现的支持，即当维度改变时，如果视野被遮挡，孩子们更倾向于给出守恒答案（比如一个高而窄的容器被屏幕遮盖，被转换后的液体容积仅仅通过屏幕的一个小洞窥视，即高度的增加并不明显）。对这种试验的解释是：孩子们如果没有被物体外观所误导，更容易判断物体质量守恒。Gelman(1969)提供了最有说服力的证据。他的研究显示：5岁儿童如果通过训练，即告诉他们是数量维度而非长度才是判断的相关维度，他们更容易倾向于判断为守恒。

对数量认知的强调是重要的，但是一个关于数量的稳定的心理模型似乎需要理解数量识别是怎么样与其他的维度联系起来的。在直线排列中，长度与物体数量高度相关，如一瓶液体的高度与它的数量相关。假设一个人有一瓶啤酒，当他注意力被转移后，发现啤酒的高度下降了。在不能证明液体被转移的情况下，他会认为啤酒比以前少了。可以肯定的是，这种认识和理解数量相关。我们并不愿意将守恒概念用于这样的人身上：即他对变化的物体始终持一种不变的观念。液体高度的变化，或一排物体长度的变化，各自均与数量和数目相关，并且为觉察到变化提供了有用的线索。守恒概念的理解并非简单的忽略长、宽、高这些维度，而是需要对这些维度关系更稳定的心理表征，以及对物体数量更精确的理解。

Piaget(1952)提出守恒概念部分依赖于了解长、宽、高、密度等等的补偿性。然而许多持不守恒概念的孩子也能识别这种补偿。当液体高度增加时，孩子们也能认识到宽度减少了，但是他们仍然不能认识到守恒。一个相关的假设是：在训练后补偿促进守恒概念的获得。然而当两个与前测守恒相关的变量被排除之后，这个假设不能得到支持（Branerd,1976）。当我们逻辑地或必然地将补偿和守恒关联起来考虑时，将二者分离的做法是荒谬的。例如，液体宽度保持不变，高度增加和液体数量不变存在逻辑上的矛盾。如果我们要得出液体高度增加时数量仍保持不变这个结论，就必须认识到液体宽度减少。一种可能性的解释是补偿比守恒简单。Branerd的数据支持这个解释，因为前测中，持不守恒概念的孩子在补偿上比守恒表现出更高水平。但依然存在的问题是为何补偿比守恒简单，特别是当二者存在高逻辑关联时。

理解守恒概念的另一种方式是研究此概念的获得过程，由此产生的一些训练研究被Field(1987)和Halford(1982)评论。许多训练过程在提高守恒表现上取得了一些成功，但没有任何一个过程表现出完全的成功。在广泛的训练后，孩子们的行为经常被混淆。很难确定具体原因，但守恒概念的获得很可能依赖于适当的经历和对这个现象建立持续的心理表征的能力。然而与很多概念所不同的是，守恒概念可能依赖于适当的推理过程，这种推理过程应用于外界环境信息的输入。极有可能的是，守恒概念的获得没有单一的途径，而是需要运用多种战略。在接下来的研究中,Siegler(1995)发现当孩子们在转换中基于长度维度时常常取得进步。然而这并不是一个简单的转换,明显有许多不同的心理模版。而且,Siegler 发现许多给定的解释是守恒概念获得的很好的预测器。这和 Caroff(2002)提倡的多种途径,即认知过程的发展可以通过多种方式进步相一致。在识别长度和高度时不会分心,而且不会和守恒概念的获得有冲突。守恒并不只是依赖于这些变量,而是依赖于综合性的心理模型的发展,这个模型既包括转换,又包括长、宽、高和密度等维度。

长(高)和数目(数量)上的冲突或许是获得守恒概念过程中的一个阶段。一个拥有成熟守恒概念的人不会经历长度和数目之间的冲突,而是会意识到长度、密度和数量上的补偿性和数量守恒一致。这种观点认为守恒概念的获得并不依赖于发现一个单一的相关变量,而是将长度、空间和数目,或者是将高度、宽度和数量结合起来考虑。正如 Halford(1970)所提出的,明晰三个维度之间的关系是获得守恒概念的基础。例如当高度或宽度中的一者增加,另一保持不变时,数量是如何增加的。或者当其中一个维度增加而另一维度保持不变时,数量应该保持恒定。这种观点为预期守恒的补偿错误提供了一种解释。其原因是补偿和长度,密度两个维度之间有联系。根据相关公制的复杂性,这里有一个二元关系,但是这不足以预测守恒概念。为长度、密度、数量这三个维度的关系提供了许多了有用的限制。这三重关系比起长度和密度之间的关系更具有结构上的复杂性。而这恰能解释为什么后者——二重关系发展得更早并且不能预测守恒。

守恒的一个重要性质是它不会随着转移而改变数量,这一点并不明显。如果我们将液体从一个宽而矮的容器倒入一个高而窄的容器,我们只有通过体积公式 $V = \pi R^2 H$(其中 V=体积,R=半径,H=高)来计算两者的体积并进行相比,才可能知道液体数量是否一致。然而,这个公式连成人都很少使用,更不用说学习守恒概念的儿童。然而我们能够确定从一个容器倒入另一个容器的液体是相等的,甚至当容器形状不同亦可作此判断。数目的不变性更易判断,因为当"排"扩张或压缩时,物体总数更易确定,特别是当集合比较小时。这一点并未解释我们如何知道数数为结果总数提供了精确的信息。显而易见,我们都清楚可以通过数数确定集合总数。但问题的关键是我们是如何获得这样的知识的。

如果我们把倒置作为数目或数量不变性的标准,相似的问题就出来了。诸如倾倒、延伸、压缩这些转换被倒置,所有的维度就变得和最初一样。但问题的关键是我们如何知道倒置就可以推断出守恒。毕竟,有许多颠倒的转换并不能使相应的数量不变。一个拉长的橡皮圈能够返回到它原来的形状维度,但这并不能推断出当它被拉伸时,它的长度不变。如果我们仔细考虑一下,我们或许对认识到这样一个事实没有矛盾并不会感到惊讶,即认为当液体被倒入一个更高窄的容器中数量会增加,而重新倒回宽而短的容器数量又减少。出于对数量的理解,我们可以确定这样的推断是错误的。另一方面,我们也许可以说是因为我们具有关于数量的理论。然而,一个守恒理论要求对于这个理论的详细说明,并要能够解释儿童如何达到正确的理论。而这又将我们带到问题的初始状态。

这个问题的部分答案或许是,与补偿改变相联系的守恒转换并非可以直接观察到。守恒是依赖于变量之间关系的一种属性,比如长度、宽度、密度、数目、高度、数量等等。它也要求发展出一种对数量的理解力,姑且被称为数量理论。儿童需要理解数数是确定集合数量的有效方式,或者他们需要学习如何估计不同容器中的液体数量。

对不同形状的容器中的液体数量的估计似乎存在不可克服的困难,但是这种困难比实际困难明显。基于认知模型的神经网络和实验性的原型形成方面的研究表明,可以通过一种简单和自动化的机制发展出中枢神经的表征。依照 Shultz(1998)的观点,守恒的神经网络模型恰好与此相关。Shultz 使用一连串相关的建筑,通过一些隐藏的单元按要求被恢复,展示了守恒可以通过训练发展,方法是基于长度、密度、增减排数和转换(增加、减少、拉长和压缩)得到两者相等。通过训练可以预示转换后的排数与转换之前的排数相比,是增加、减少还是相等。唯一的训练输入是关于输出的错误信息,即与正确预测所不一致的输出信息。这个过程对于从早期的只注意长度或密度到注意转换已经足够。

一旦转换被完全理解,就没有必要再明显地涉及维度。如果我们看到液体从一个容器倒入另一个容器,我又能肯定没有任何增减,那么不用测量长度和宽度都可以知道液体的数量保持不变。我的经验告诉自己,对转换的了解足以让我得出质与量是否一致的正确答案。但是,我仍然知道转换和维度的联系,而且在必要的时候可以运用它们。如果我看见了倾倒的过程(既无增加也无减少),那么在高度增加的情况下,我可以推知宽度一定是减少了。

获得守恒概念的年龄

传统的皮亚杰的观点是儿童在七八岁前都不会完全获得守恒概念,而这也是获得其他一些具体操作任务的年龄。然而,这个发现也像皮亚杰的其他观点一样,存在着许多挑战(Bryant, 1972; Celman, 1972; Mcgaright & Dinaldson, 1975; Mehler & Bever, 1967)。

Bryant(1972)发展的范式在证明 3—4 岁儿童可以获得守恒概念这一点来说是至关重要的。给儿童呈现两排物体,两排物体——对应,其中一排多出一个。然后再呈现两排有着不均匀间隔的物体,而且这两排物体数量并不相等,每排物体的数量和和最初展示的一样,所以一排又比另一排多了一个物体。最初展示产生了几率以上的判断水平,第二次展示产生的则是几率水平。最关键的结果是,当几率以上的水平转换为几率水平时,3—4 岁的儿童都能拥有守恒概念。正确的判断是,转换之前多的那一排物体在转换之后也会更多。判断之所以并未基于后面的判断,是因为后者反映了几率水平。所以儿童的表现反映了前面的判断对后面判断的影响。这个实验和皮亚杰的守恒任务相似,但也没有解释数量和长度标准冲突时导致的困难。

人们开始怀疑这种评价守恒的方法的效度。一种可能是后判断没有为判断提供基础。儿童可能不会采用他们的前转换判断。Haford 和 Boyle(1985)提供了相等数量、相等长度但不同空间间距的物体(排数不等)。儿童观看了从一种陈列到另一种陈列的转换。由于没有一个陈列为判断提供标准,所以基于第一个陈列的错误判断将不是一个选择。但是,如果儿童知道通过转换后数目不变,他们可能会显示出一些稳定性,即在转换前后都认为相同的排数更多或总体数目相等(在实验 4 种,相同的排数是允许的)。3—4 岁儿童没有显示出稳定性,6—7 岁儿童却显示出稳定性。当 Bryant(1972)的过程被相同的判断重复时——允许多和少的判断,发现守恒对于 3—4 岁儿童是不能重复的。

Sophian(1995)使用了类似 Bryant 的过程来评价儿童的转换前的判断是否基于长度和数目,以及他们是否展示了数数的意向。3 岁、5 岁、6 岁的儿童在数数、基于数目的反馈和守恒方面表现出了强有力的联系。没有证据证明 6 岁之前的儿童有守恒概念。Sophian 的研究为守恒和数数的联系提供了重要的证据。Sophian 的研究也包含了这样一种情况,不改变某一排,而使用完全不同的一排代替。其论据是 Halford 和 Boyle 错误的假设——儿童可能在转换后依然保持之前的转换。并没有在转换后仍然保持判断的趋势,而且守恒概念在转换后保持得更好,这一点明显的驳斥了 Halford 和 Boyle 的假设。然而,注意到在替代情景下儿童将意识到转换前和转化后的排是不同的物体(然而他们的判断将和转换情景下的一样,因为替代将是与转换情景不同的唯一途径)。然而,一个修改之后的假设将会适应 Sophian 的假设。可能出现这样的情况,即如果儿童认识到转换前后的数量一致,而且在转换前有数量判断的基础,但在转换后没有,他们就会保持转换前的判断。然而在替代环境中,当物体的数量不一致时,转换前的判断将不会为判断提供依据,这样儿童就会猜测。这一点没有为守恒提供证据。要么,Haford、Boyler(1985)和 Sophian(1995)关于守恒的研究将会排除真正的怀疑。

Mcgarrigle 和 Donaldson(1975)采用了偶然性转换,即"顽皮泰迪"的突然转换,避免了出现以前实验中试图转换某一排的意图。4 岁 2 个月到 6 岁 3 个月的儿童在这个实验中的表现得到了显著提高。当 Halford 和 Boyler(1985)重复这个偶然转换的实验时,在 3 岁 5 个月及 4 岁 7 个月的儿童身上也观察到显著的进步,但是并没有超过几率水平。Siegal、Waters 和 Dinwiddy(1998)也证实了守恒的进步,但他们的研究结果与 Halford 和 Boyler(1985)的结果一致而与 Bryant(1972)的结果不一致,即他们发现了在 4 到 6 岁之间的年龄效应,而且在 5 岁以下的儿童身上并未证明出高于几率水平的表现。

或许最早的关于守恒概念的证据是 Mehler 和 Bever(1967)提出的 2 岁儿童就拥有守恒概念。他们给儿童展示了两排一一对应的等量的物体。在一个关键性的操作中,一排物体被压缩,两个物体累加在一起。2 岁儿童正确地选择了数目更多的一排,虽然那一排要短些。这证明了 2 岁儿童在某些情景下能够避免长度线索。但正如 Halford(1982)和 Miller(1976)指出的那样,这一点并不能证明当数量守恒时幼儿能认识到转换。因为简单的观察相加的数目也能做出正确的决定。

"训练"研究为早期守恒提供了证据吗?有时,训练结果为守恒的能力提供了更好的预测。因为这种预测较少受知识不足的影响。然而,训练并不能在早龄方面提供更大的转换,因为大部分的成功只有 5 岁或 5 岁以上的儿童才能达到(Field,1987;Halford,1982)。

或许是因为提出一系列清晰连续的原则性证据过于困难,守恒概念并没有明确的理论。Simon 和 Klahr(1995)基于 Newell's(1990)SOAR 的模型而发展了 Q - SOAR 模型,来说明 Gelman's(1982)关于数的守恒概念的研究。儿童在数数之后被询问两排等长的物体是否相等,然后在转换之后再次询问他们两排物体是否相等。不能回答此类问题在 Q - SOAR 模型中被表征为僵局。这种模型靠转换前后确定集合的数量,认识到它们是一致的,发展了转

582

换并不会改变数量的知识,并由此确定为守恒(Klahr&Wallace,1976)。

数目

在某种意义上,儿童必须将他们早期的数量知识整合到一个可以支撑他们成熟理解数的内在系统中。这个系统包括 Gelman 和 Gallistel(1978)的五个数数原则(一对一的关系、固定的顺序、关键词、提取、排序无关)。这也包含他们能够正确地使用数词和理解其顺序,认识到集合的数量均等,大集合和小集合间的数量关系,集合内成分的数量关系,以及数量守恒。对于获得这种技能的年龄和这些技能出现的顺序存在各种不同的观点。我们将查阅这方面的文献,因为它关系到早期数量概念的发展和一些相关的主题,比如概念性一致。Geary(本手册,本卷,第 18 章)在发展数的理解上提供了一个更全面的回顾。

Huttenlocher、Jordan 和 Levine(1994)检验了幼儿匹配数量相等集合的能力以及用具体的材料进行简单运算的能力,而且在运算的过程中并不需要数词知识。但是他们并未找出确凿的证据证明非词的计算能力可以早于 2 岁半。儿童的反应说明这些能力的获得依赖于之前所说的类似的数量机制。2 岁半以上的儿童表现得不错,他们的反应可以作为证据给出以下解释:他们具有这样一种心理模型,即想象实体和转换(相加和相减)被类推到实际物体和他们的行动中。心理模型包含了若干重要的原则。在心理模型元素和实际物体之间有一种一对一的匹配。心理模型作为集合数目的关键性表征,并且当实际数目增减时,也同时进行增减。Huttenlocher 等人描述了儿童使用心理模型作为一种符号性的心理活动,出现在婴儿期之后,传统的学龄儿童之前。这种使用小数量执行非语言计算的能力和智力能力相关,并表现出一种宽泛的符号运用能力,而非一种天生的数的模型能力。

传统的计数系统的获得是在 2 岁到 4 岁之间发展起来的。儿童了解数词然后推知数字,进而能够进行计算,这个过程比他们认识到一些特殊的数词进而推知一些数集的重要意义早些。Wynn(1992)展示了这样一幅画:一条蓝色的鱼和四条黄色的鱼,然后问:"你们能指出 4 条鱼吗?"在这个任务中,甚至 2 岁 6 个月的儿童也能成功。后期获得的一些通过数数获得的与计数过程相对应的数值,这表明数数对集合有关键性的意义。

研究者使用了各种任务评价了关键词原则(Gelman & Gallistel,1978)。在"有多少"任务中,儿童对一组刺激进行数数,然后问儿童:"这里有多少刺激物?"如果儿童是重新说出上次所数的数,而不是重新再数一遍,这个任务就有效。能够成功完成此任务的儿童的年龄在 3 岁 6 个月(Wynn,1990,1992 b)到 4 岁 8 个月之间(Hodges & French, 1988)。

Wynn(1992 b)建议"给一个数(Give-a-Number)"任务是一种更加可靠的测验。如果儿童理解一个数字代表了一组特别的集合,他们就应该能成功地确认这组集合。在 Wynn(1990,实验 2)的任务中,儿童在一堆玩具中(15 个)形成了 1 个、2 个、3 个、5 个和 6 个[①]集合的恐龙玩具组。Wynn 的结果表明成功完成"有多少任务"和"给我 X 任务"都出现在 3 岁

583

[①] 原文如此,后面数字的总和不等于15。——译者注

6 个月。Frye、Braisby、Lowe、Maroudas 和 Nicholls(1989,实验一,后一种情况)使用了这个任务的修改版本。儿童对包含 4 个、5 个、12 个和 14 个物体的集合数数;然后要求儿童在一半的集合中给出 $X-1$ 个物体,在剩下的集合中给出 X 个物体,X 则是最关键的变量。平均年龄在 4 岁 6 个月的儿童发现这个任务比"有多少"任务困难。然而,不同的集合大小,或要求选择之前集合的元素($X-1$)或许能说明后来掌握此任务的年龄。

对关键词原则的理解似乎促进了对数字均等的认识。Mix(1999)调查出使用了匹配策略需要明显的对集的比较。目标卡片中包含了 1 到 5 个黑色盘子(高相似度的情况),红色意大利面(低相似度,同一种类),或物体的集合(低相似度,不同种类)。匹配选择卡片包括同样数量的点作为靶子卡片。而错误卡片上包括了 $n+1$ 或 $n-1$ 个点,n 相当于靶子卡片上物体的数目。选择在密度和长度上均匹配的卡片。在高相似性的情况下,数量情况相等的认知出现在 3 岁 6 个月;在低相似度和不同种类的情况下,数量相等的认知出现在 4 岁 6 个月。只有在有多少任务和给一个数任务中得到高分的儿童才能在低相似度的物体对应"点"的任务中表现出相等的认知(见 Mix,1999,p. 279)。

对关键词原则的理解将会使普通的比较变得容易。Brannon 和 Van de Walle (2002,实验 2)训练 2 到 3 岁儿童寻找两个盘子中其中一个的滞留物。在训练中,物体总是藏在盛着两个盒子的盘子里,而不在盛着一个盒子的盘子里。近 72% 的儿童达到了训练标准。测试阶段包括 6 个有着新数量的试验。成功的转换以几率水平之上的表现为证据,需要完成"有多少任务"和"卡片上有什么任务"。在"卡片上有什么任务"中,儿童使用了数词描述了卡片上不同的物体。在这个任务中表现得差的儿童在普通比较任务中的表现接近几率水平。而给了至少一个正确反应的儿童的表现就要好些。当儿童按照在"有多少"任务的表现状况上分组时,类似的情况也出现。这意味着普通的比较任务必须具备对关键词的理解。

Rouselle、Palmers 和 Noel(2004)使用了一个与 Brannon 和 Van de Walle(2001) 相似的明显的比较任务。为 3 岁儿童呈现一对卡片,每张卡片上有一些物体,要求儿童指出数量更多的那一张。在集的大小、集的比率方面的呈现有所不同,而这些概念性的种类支持着比较。在比较任务中成功的可能性比成对出现的情况时更低,这种情况提供最少的概念性的支持。而 1:2 的情况比 2:3 或 3:4 的情况更好。只有儿童证明有一些关键性的知识(用有多少任务和给一个数任务来评价)才表现在几率水平之上。缺乏关键性知识的儿童在提供概念性支持的情况下有成功表现。这表明少量的关键性知识是必须的,但在缺乏强有力的概念支持时,少量的关键性知识还不充足。

这些研究在某种程度上为儿童理解数的内在性提供了证据。这表明儿童确定集合数量的能力与认知数的均等和通常意义上区分数集的能力相关。

English、Halford(1995)和 Andrews、Halford(2002)为传统的计算顺序可能会匹配到儿童的概念理解这种假设提出了三种心理模型。这三种模型(后续者、集合、包含)分别呈现在 a、b 和 c 三个图中(见图表 13.1)。儿童在研究中的表现涉及到了的关键词原则、数量相等(Mix,1999)和顺序比较的检验(Brannon & Van de Walle,2001;Rouselle et al.,2004),都在这些模型中被表述。

584

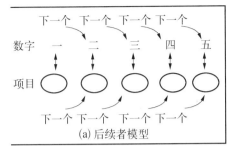 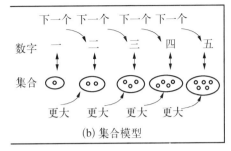

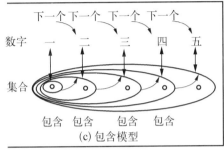

图 13.1 数数的三种心理模型：(a) 后续者模型，(b) 集合模型，(c) 包含模型。

在上面这个模型中，数词被分配到每个单独的物体，而且在两个物体之间有连续的关系。这个模型并不支持关键词原则，因为它意味着最后一个数词涉及最后一个物体而不是整个集合。它并不支持数量均等和顺序匹配判断，因为这里没有相关的数量表征。

在集合模型中，数量被分配到集合，并且在集合之间有数量关系。集合模型能让儿童认识到数词涉及整个集合的物体。这种模型在"有多少任务"、"给我 X 任务"和"卡片上有什么任务"中均能产生出正确的答案。它也支持数量均等和数量比较的成功，因为判断将基于数量之间的关系。这种模型将无法理解顺序不相关原则，在顺序不相关原则中，顺序的意义并不受被数数顺序的影响。它与怎样数原则不同(怎样数原则意味着一一对应、稳定顺序、顺序词)，它详尽地描述了出现或不出现在数数过程中的限制情况。顺序不相关依赖于对这种情况的理解，即之前还未数过的任何物体都能被数。然而又必须把之前数过的物体与剩下的未数物体区别开来。这种信息并未包括在集合模型中，因为每一个数都被划分进入一个集合，之前数的物体并未与当前正在数的物体区分开来。

与集合模型不同的是，包含模型(English & Halford，1995，p. 82)能够解释集合之间成分的关系。在这个模型中，每一个被数的数被纳入另一个相等数量的集合中。数量以固定的顺序发生。集合中的数量被纳入一个数量逐一增加的模型中，每一个集合都被包含在下一个更大的集合中，数数过程一直持续到每一个集合都包含在集合中。

包含模型有一些重要的顺序。首先是数数程序中的最后的一个数表征着包含所有的物体而非最后一个物体。这个模型详细描绘了对顺序词的理解。包含模型简化了集合和前一个集合成分之间关系的认知。例如，等于数词 5 的集合被认为有如下两个成分：一个值是 4 另一个的值是 1。而前一个集合 4 包含了更前一个集合 3 和 1，等等。如果儿童要将集合作为一个整体来认知的话,就必须要理解成分之间的关系,而不变的整体(数的值是 5)是基于变化的成分的(比如:1+4;3+2;Resnick,1989)。这个模型将支持集合分离任务的理解。它也支持顺序无关原则的理解,因为它能够区别之前数过的物体和没有数过的物体。每一个拥有 X 物体的集合都包含了前一个有着 $X-1$ 个物体的集合,即加上一个正在被数的物体。

Frye 等人(1989,实验 2)使用了一个错误的检测技术来评价顺序相关和发现平均年龄为 4 岁的儿童判断非标准的数数(即不正确的数数,意味着儿童没有理解数的顺序无关性)顺序的价值。然而,使用这种技术引发的反应是很难解释的。儿童是否能够判断数数过程的不变性,这一点并不清楚(非标准数数顺序是可以接受的),也不清楚儿童是否能够考虑数词值的影响(标准和非标准的数数顺序产生出同样的结果值)。Baroody(1984)分别提及顺序无关性策略和顺序无关性原则。Baroody 让儿童首先从一排物体的一端开始数数,然后让他们预测若从另一端数起,数量值将会是什么。他的结果预测了 45% 的幼儿园儿童(平均年龄 5 岁 6 个月)和 87% 的一年级儿童(平均年龄 6 岁 8 个月)正确地指出数量值不变。Andrews 和 HalfordI(2002)报告了相似的发现。当使用 Baroody 的反向数数技术时,5 岁以下的儿童在理解顺序无关性这一点上有困难。类似的年龄由这样一个观察任务获得,即一个集合的 7 个香蕉按不同方式分配。

通过对正常发展的儿童的研究,确定对顺序无关原则和集合分离原则比顺序词原则和顺序判断掌握得更迟(前者掌握时间是 5 至 7 岁,后者是 3 至 4 岁)。Geary(2004)报告了有数学学习障碍的儿童对顺序无关原则的理解力更差,虽然他们能够理解顺序词和顺序不变原则。这些发现在关系复杂性中能够被解释。

图表 13.1 中展示的心理模型在复杂性方面有所不同。接下来的模型包括了相继关系,而集合模型包含了数量关系。相继关系是二元的,因为它最少能够用两个物体进行定义。比如集合(5,6),或更广义的集合($X, X-1$)中,X 这个数指代一个物体。数量关系也是二元的,它亦能够用两个物体进行定义,如大于关系($X, <X$)。包含模型更复杂,因为它依赖于三个物体之间的关系:数词(X),数词($X-1$),数词(1)。之前数过的物体 $X-1$ 和现在正在数的物体 1 都包含在集合 X 里。这是三元关系。后来任务的掌握要求包含模型,这与更复杂的细节一致。

关系推理

推理必须具备关系过程。类比是两种关系的匹配,正如之前所描述的那样。但是这里并没有基于关系过程的其他领域。最普遍的调查形式是传递性推理,也就是我们接下来将要考虑的。

传递性推理

传递性推理是这种形式的论据:对任意的 a、b、c 而言,R 是其转换关系。假如前提是

aRb,bRc,结论是 aRc,就意味着(aRb,bRc 得出 aRc)。例如,如果 $a>b$,$b>c$,那么 $a>c$,假如"大于"是转换关系。其他转换关系如重于、快于、老于、多于。另一种关系如"在旁边"就是一种非转换关系。因为如果 a 在 b 旁边 b 在 c 旁边,就不能推导出 a 在 c 旁边。"爱"这种关系也不是一种转换关系,如 a 爱 b,b 爱 c,就不能推出 a 爱 c。然而,也有可能 a 爱 c。比如,a 是 b 和 c 的妈妈。

传递性推理对发展儿童的推理能力非常重要,因为它们是数量推理的多种形式的实质。不均等二元关系的转换是定义顺序数集的实质。如果我们将 $ABCDE$ 定义为形状大小,顺序是由小到大。于是有 $A<B$,$B<C$,$C<D$,$D<E$,但是也有 $A<C$,$A<D$,$A<E$,$B<D$,$B<E$,$C<E$。小于是一种不对称的关系,因为当 $A<B$ 即有 $B>A$。一个顺序集合对顺序量尺来说是必要的,所以对顺序、间隔和比率大小而言,转换是一种实质性的形式。

传递性推理在认知发展中被广泛研究,至少自 Piaget 以来就有了非常重要的地位(Piaget 声称直到童年期儿童才能理解传递性推理)。这种说法是很可能的,因为被使用的测验倾向于提出一些超出了做推理判断的要求。比如,Piaget、Inhelder 和 Szeminska(1960)展示了一堆地板上的物体及一堆桌面上的物体,以至于他们不能够直接进行比较。但是又给了儿童一根竿,让他们可以对两堆物体进行测量,决定哪堆物体更高。这就要求以下的推理,例如:$A<$竿$<B$,因此 $A<B$。它也要求特殊的策略和测量知识。而这些可能说明了这种理解的发展相对较迟。

之后还有很多发展转换评价的测试,而这些更适合幼小的儿童。Braine(1959)发展出一套非语言的评价方式,但这被 Smedslund(1963)批判,Miller(1976)概括出它并没有解决问题。

然而,Bryan 和 Trabasso(1971)发展出的一套评价机制被证明是有影响力的。告诉儿童在不同长度的颜色小棍之间的关系,比如 $A<B$,$B<C$,$C<D$,$D<E$。大量的训练被用来保证前提知识被儿童掌握。然后儿童在所有的配对中被检验。如:A? B,A? $C\cdots B$? C,D? E,这些问题答案的分数意味着对关系的理解。最关键的比较是 B? D,因为在之前的训练中并未训练过。并且这个问题避免了错误肯定,即由最后的元素导致,比如 A? B,而且这个可能总会被非转换策略回答,如 A 总是很大(或 E 总是很小)。在 B? D 这一组中,3—4 岁的儿童表现出几率以上的水平。这个发现被作为一个问题而广泛接受,这不仅仅因为 Piaget 发现传递性推理能力在童年期发展较晚,还因为在皮亚杰的阶段论中传递性推理被用来定义特定的操作发展阶段,这个阶段在 7 到 8 岁左右开始。大量的研究是由这个问题中的争论发展起来的(相关综述见 Breslow,1981;Halford,1982,1989;Thayer & Collier,1978)。

然而,获得传递性推理能力的年龄的争论,无疑是重要的,但可能并不是这个研究最终想要达到的目标。Riley 和 Trabasso 展示了成人和儿童在把元素分配到顺序排列任务中的表现(Riley,1976;Riley & Trabasso,1974;Trabasso,1975,1977),而且这种表现既受顺序位置影响又受物体距离的影响。为证明后者,一个物体 F 被加到集合中,以至 $E<F$。这使 $B<C$ 或 $C<E$ 与 $B<E$ 的推理进行对比,同时也避免了最后的元素。$B<C$ 或 $C<E$ 的推理

要求一步(比如：$B<C$ 和 $C<D$ 推出 $B<D$ 或 $C<D$ 和 $D<E$ 推出 $C<E$)，而 $B<E$ 要求了两步($B<C$ 和 $C<D$ 推出 $B<D$ 或 $B<D$ 和 $D<E$ 推出 $B<E$)。由于加入了额外的步骤，逻辑推理分析指出两步推理将会更加困难。然而，结果却表明两步推理，如 $B<E$ 更简单，由于更大的准确性和更短的反应时间。最容易的地方是受符号距离的影响，更容易识别出 $B<E$，因为在认知顺序表征方面有更宽泛的分离。

这个发现是很重要的，因为它表明传递性推理对逻辑推理应用法则而言并非如此必要。这个过程用心理模型来确定更合适。即序列 $A<B<C<D<E(<F)$ 以及它们之间的关系在任务中被表征为心理模型。这样的序列将更大地易化配对前提。一旦这个序列被构建，两个元素间的比较就能够通过简单的记忆提取而进行识别(Thayer & Collier,1978)。而且，4 岁儿童和成人使用的是本质上相同的过程。在这种基于启发式的问题解决范围内，Kahneman、Slovic 和 Tversky(1982)发现了它与推理情景的相似性，且它倾向于违背逻辑推理的模式，而更支持 Johnsin-Laird(1983)提出的心理模型方法。

由 Riley 和 Trabasso 提出的实验过程将会在这个任务中使用，而这反映出在前提配对中大量的训练是必须的。Sternberg(1980)基于更传统的前提表征的模型提出了相似的结论。Sternberg 的模型对传递性推理过程提供了更细节的说明，包括解释前提和产生一个顺序序列的表征，以及在解决问题的时间上说明更高比例的变异。回想之前提到的 Riley 和 Trabasso 的研究，可以发现儿童和成人使用的是本质上相同的过程。

这个发现是反对 Piaget 阶段论的有力论据。Piaget 阶段论的观点是认知发展的每一阶段均以不同的心理过程为标记，即要运用不同的心理过程。因此在转换领域的研究为认知发展是连续而非不连续增加了证据，证明了这个发展是一个量变的过程，而不是一个质变的过程。

关于成人和儿童在执行任务时以一种有顺序的形式建构心理模型的发现提出了这样一个问题：这个任务是否能够用作逻辑推理能力的指标，假如不运用逻辑推理的话。更多的反应意味着这个问题比较困难。构建一个顺序序列使转换原则在某些形式下的使用必不可少，因为一个不对称的二元关系的转换是定义有序集合的关键特征。如果我们假设构建有序序列表明了对转换的掌握，我们就可以得出这样的结论，即 Bryant 和 Trabasso(1971)的训练阶段是对转换能力的真实检测。因为序列最初是通过构建建设来学习的。接下来，我们检测了训练阶段，决定它是否是一个稳定的转换检测。

训练过程的两个性质可能会夸大儿童传递性推理能力的预测。首先前提按照升序或降序呈现($A<B,B<C,C<D,D<E$，或反过来)，这无疑帮助了儿童对前提进行正确的排序。第二，没有学习假设的儿童被排除，但是这些儿童可能不会正确地给假设排序，他们因此而失败，其原因可能是缺乏掌握转换的知觉能力。当这些因素被排除后，学前儿童在实验中失败(Halford & Kelly,1984;Kallio,1982)。其结果就是 Bryant 和 Trabasso 证明儿童在 5 岁以下亦能掌握转换的研究范式是可疑的，纵使 Adams(1978)确定了他们针对 5 岁儿童的大量研究。这样的疑问也是存在的，即 5 岁以下的儿童的表现在质上是否与更年长的儿童或成人相似。在我们提出这样的问题之前，我们必须发现年幼儿童为何在执行这些任务时有困难。

Bryant 和 Trabasso(1971)的评价中有一个问题是他们依赖于对前提关系的大量训练($A<B<C,\cdots$)。这样做的意义是保证错误假定的作出不会是因为忘记了前提假定。这样一个涉及上百次重复假设的训练是非典型传递性推理问题和推理问题,而这些问题又经常使单一的前提表征成为必须。这样的重复将会扭曲推理过程,并且不宜假设基于复杂表征的推理与基于单一表征的推理是一致的。

Pears 和 Bryant(1999)提出了一个更合适的过程。前提以成对的色块呈现,呈现方式是一块在另一块之上(A 在 B 上,B 在 C 上,C 在 D 上,D 在 E 上),但是这些色块对是随机排列的,即为了避免关于正确顺序的任何线索。这就为避免记忆错误而出现错误否定提供了记忆帮助。儿童被要求使用另外的与假设前提一样颜色的色块堆砌塔,并且要求从上往下的顺序与前提一致(A 在 B 上,B 在 C 上,C 在 D 上,D 在 E 上)。4 岁儿童的表现水平虽然并不是很高,但显著高于几率水平。

这个发现表明儿童在理解传递性推理上显然早于 Piaget 的预期,然而 5 岁以下的儿童仍然有很多的失败,并且 4 岁以下的儿童全部失败,说明了年幼儿童在理解转换上仍然存在问题。问题是:这里面的问题是什么? Chapman 和 Lindenberger(1988)与 Halford(1982)的早期研究以及 Oakhill(1984)的实验性研究建议工作记忆容量或许是传递性推理问题的成因。

为了评估这个问题,我们简要地回顾了一些成人传递性推理的文献,因为它含有这样一些证据,即推理施加了相对较高的加工负荷(Foos, Smith, Sabol, & Mynatt, 1976; Maybery, Brain, & Halford, 1986)。负荷即前提必须被融入工作记忆中,而来自前提的信息必须被加工成一个单一的决定。这种现象容易导致内省。考虑这样的前提:John 比 Mike 高,Peter 比 John 高。我们需要考虑这两个假设,并将任何一个元素分配到顺序序列的渠道中。John 比 Mike 高的前提使我们将 John 分配到第一或第二渠道,但是我们需要 Peter 比 John 高这个假设来决定 John 是否被分配到第二渠道。类似地,我们需要两个前提来决定另外一些元素的正确分配。前提的综合是系列中造成许多元素次序位置推理错误的原因(Foos et al., 1976)。成人在决定反应次数时也会产生负荷效应(Maybery et al., 1986),其前沿、圆裂片机能是很灵敏的(Waltz et al., 1999)

Markovits、Dumas 和 Malfait(1995)提出了一个策略可以使 Pears 和 Bryant 任务更加简单。如果孩子起先得知有关前提,B 在 C 上面,C 在 D 上面,C 以普通的形式呈现,他们就会认为 B 在 D 上面,因为这些前提的相对位置。如果他们改变前提增加了一个中立化的白色木块,使白块在 A 上面,A 在 B 上面,B 在 C 上面,C 在白块上面,那样的话关键元素 A,C 在物理排列中的相对位置中立化。这种呈现方式,孩子要到 8 岁才能取得成功。另一方面,被试很难理解白块,认为它和要排列的元素没有关系。Markovits 等的假设是有一定道理的,但是却意味着任务降为 B,D 基于排列中次序位置的二元关系过程。然而 Andrews 和 Halford 发现了二元关系任务和三元关系任务的明显不同,4 岁以上的儿童就能进行前者,但是平均 5 岁的儿童才能成功地进行三元关系任务。

对成人来说,综合前提条件的过程产生的负荷会导致错误和增加抉择时间,但会使完成的任务具有很高的精确度。负荷对儿童的推理产生什么影响呢？Andrews 和 Halford (1998,2002)呈现与 Pears 和 Bryant 一样的前提,但是控制了完成任务需要的前提信息的数量。在二元关系条件下,要求孩子建一座塔,要根据每次的前提放置成对的木块(例如,B 在 C 上,然后加 D,产生由上至下的顺序是 B,C,D),由于每个前提代表了一个二元关系,就要求每步进行一个二元关系。在三元关系任务中,要求孩子把木块 B 和 D 放在正确的位置。要使 B 在 D 上面,而前提条件是 B 在 C 上面,C 在 D 上面,那么从上至下的顺序就是 BCD,这样的话 B 就在 D 上面了。这个任务必须使三个木块在简单的决定下依次排放。因此这是三元关系(Andrews, Halford,1998;Halford,1993)。然而,4 岁的儿童解决二元关系问题的正确率是很高的,要求二元关系的递进推论,4 岁儿童是 20％,5 岁儿童是 50％(Andrews, Halford,1998),这与 Pears 和 Bryant 的发现一致(1990)。

每次把元素按照二元关系排放的过程和按照三元关系排放的过程是不同的。当前提多次呈现的时候尤其不同。如果 A 小于 B,B 小于 C,C 小于 D,D 小于 E 重复呈现的话,就可能得出 A 总是小 E 总是大。A 和 E 被认为是终极元素。接着 A 和 B 就会根据 A 小于 B 的关系联接起来,产生 AB 的顺序,C 也就根据 B 小于 C 的顺序联结起来,产生 ABC 的顺序,其他的也如此。结果每步只要用一个二元关系就可以建立整个次序。同样地,要把 BD 按照前提排序的话,B 小于 C,C 小于 D 就必须在工作记忆中连接起来,产生 BCD 的三重关系,这就进一步产生了思维的负担。由此可见,这两个过程是不同的,产生的思维负荷也是不同的。

Andrews 和 Halford(1998)的发现表示递进推论的构造复杂性是儿童思维困难的一个因素。让两个前提在一个决定中进行的要求给他们的分割设置了限制,因为不把另一个前提考虑在内的话,这个前提也不能有效地实施。这意味着递进推理是比较困难的任务,因为他们不能有效地把任务分割成几个分任务。另一个解释是四五岁以下的孩子缺少联结几个前提的策略。也有其他的观点对这个解释产生了质疑。第一,思维负担效应是 Maybery 等人(1986)在成百上千个相同的实验程序后在大学生身上发现的,负担是影响任务的一个因素,即使不是所有的因素。第二,Andrews 和 Halford 在其他领域的递进任务和二元关系任务发现了相同的规则,很难用策略解释儿童在不同任务中遇到的困难。好像用相关复杂制测得的构造复杂性解释儿童在递进推理中遇到的困难是有一定道理的。总之,以策略发展和构造复杂性的作用来解释都是有一定问题的。

递进推理策略的发展模型是 Halford 等人(1995)建立的。策略是以次序装置的心理模型为指导的,这个心理模型是以至少包括二个元素的次序装置经验为基础的。这个模型的体系结构是以自我调整生产体系为基础的。早期策略是每步产生一个关系,但是这会导致错误,以至于需要同时考虑两个关系的新的机制的发展。

我们对递进推论过程理解的重大转变源于 Beyna 和 Brainerd 的模糊痕迹模型(Brainerd & Kingma,1984;Beyna & Brainerd,1990)。其中心思想是递进推理能力不依赖于对文字前提信息的回忆能力。孩子在递进推理和记忆任务上的表现与模糊的、要点式记忆痕迹比逐字的前提回忆更相一致(Brainerd & Kingma,1984)。就是说,不像早期提出的如 $A<B<C$

589

$<D<E<F$ 的顺序排列的字面的回忆,而是认为儿童脑里储藏着整体格局,如"从左到右增大"的记忆,这种字面的前提信息记忆只有在推理任务要求时才会产生。推理记忆的独立性起初让人们感到惊讶,但是后来在推理领域被很好地构造起来(Beyna & Brainerd,1993)。模糊痕迹理论的重要含义是不同形式的递进推理问题产生不同形式的记忆痕迹。

Wright(2001)给递进推论模型插入了一个附加的过程,他假设一个叫"递进开关"的机制决定着关系是否是递进的。这就避免了基于非递进关系的错误递进推论,例如矮,这个机制是基于关系是否是递进的绝对知识。关系是否是递进的一种线索是这种关系是否用"比……更(er)"来的口头标志,例如,比……更高(taller),或者包含了定量的形容词,如更多(more),更流行(more popular)。Wright 也认为次序表达的创造也使低水平的连接过程或者基于线索的过程一定程度再现了 Sternberg(1980)的模型。例如,John is taller than Mike 可以被编码为 John is tall+;Mike is tall,由此这些语言学深处结构基础线索被连接成次序排列的形式。

选择的递进性和次序的学习

Bryant 和 Trabasso 范例已经被用于非人类的动物。McGonigle 和 Chalmers(1977) 的具有很大影响的研究训练猴子在系列中选出每对中的一个($A+B-,B+C-,C+D-,D+E-$,其中"+"是有奖励的选择,"−"是无奖励的选择)。为了评估选择的递进性,他们用不邻近的未训练对测试猴子,关注的焦点在 B、D,因为 $B+$ 和 $B-$ 在训练中是同等出现的,$D+$ 和 $D-$ 也是。同时猴子不在这对上接受训练。90%的猴子更喜欢 B 而不是 D,从鸽子(Fersen,Wynne,Delius, & Staddon,1991)到猩猩(Boysen,Berntson,Shreyer, & Quigley,1993)到儿童(Chalmers, & McGonigle1984)的实验都得出类似的数据。

有证据显示至少一些选择递进性任务是通过联合过程执行的,没有结构的表征。McGonigle 和 Chalmers(1977)发现把任务降为三个一组,猴子在 B,C,D 中选择 B 要比在 B,D 中选 B 效率低。如果任务是递进推论任务所说以联合关系执行的,就不会出现以上的结果。如果任务是以联合关系执行的,如递进推论所提的 $AB,BC\cdots DE$ 形成了排列顺序 A,B,C,D,E,那么 B 不仅比 D 单独更用容易被选择,也比 C,D 在一起更容易被选择,因为 B 在序列中比 C,D 更早出现。其他一些研究也对选择的递进性是否比得上递进推论范式提出了疑问。Wynne(1995)把 Bush、Mosteller(1955)和 Rescorla、Wagner(1972)的模型应用于 Fersen 报告的数据。这些联合学习模型预示着递进选择(B 对 D),系列位置效应和符号距离效应(对元素中远离系列的元素更容易辨别)。其他的一些研究也证实了这个结论。Bitterman 认为简单联合学习模型可以说明选择递进性数据。Harris、McGonigle(1994)认为生产系统模型和联合学习模型是一致的。在他们的模型中,每个生产规则都体现了选择或避免某个刺激的倾向。这两个模型的表面形式好像是不同的,但它们都把任务怎么执行归结与倾向的强度,这种倾向是经验的作用也是对刺激的反应。所有这些模型在某种意义上都假设反应倾向是和刺激相关,而没有转变或合成复杂的结构。

也有理由说明选择递进性和递进推论范式是不同的。递进推论暗含次序性比例前提元素,而选择递进性关系中没有包括这种比例(Markovits & Dumas,1992)。更进一步地说,传递推理任务是伴随着简单前提呈现的工作记忆的动态执行,而选择的递进性是基于不断增加的实验产生的表征,是由联合过程执行的。

在程序里,这些范式对变化的灵敏性是由执行的不同表现的。这些不同好像是添加每对到序列中的细微变化产生的。如果把 $F+X-$ 对添加到 $X+A-$,$A+B-$,$B+C-$,$C+D-$,$D+E-$,$E+F-$ 的序列中,这个结构就变成循环而不是直线型的,因为成对的系列被封闭了。对鸽子来说,这种影响降低了,但仍然在偶然性之上,其对邻近对的辨别,对任务对 BD 的执行正确率不再高于偶然水平,系列位置效应消失(Fersen et al.,1991)。这个任务不能被元素性联合学到,但是可以被形式性联合学习到。Bush-Mosteller 模型和 Rescorla-Wagner 模型都根据所有的对预见偶然性(Wynne,1995),因为每个元素是平等的被强化和不被强化(在先前的对中,每个 A,B,C,D,E,F 都有"+"和"-")。然而,观察到的效应是可以由形式学习模型预见的。在形式学习模型中,在呈现 C 时获得联合强度的刺激 $B(B/BC)$ 和呈现 A 时没有获得联合强度的刺激 $B(B/AB)$ 是不同的(Wynne,1995)。两个对分别来学习,在序列循环结构中什么都没有学到。这个研究说明了在相同的程序中,只是呈现方式的不同或者说缺少 $F+X-$ 对,就能产生出十分不同的效果。

Terrace 和 McGonigle(1994)发现儿童和猴子在一系列刺激中形成直线表征,鸽子却不是。被试被训练接受同时的连锁范式,在这个范式里,被试首先对 A 反应,接着对 A,B 反应,然后对 A,B,C 反应……通过物理形态的不断变化来保证反应是基础系列元素而不是空间格局。假如系列中包含了终极元素,如 $AB,AC,AD,AE,\cdots,DE$,鸽子学习到 A,B,C,D,E 这个系列后就会正确地向非邻近元素反应。这似乎与 Wynne(1995)选择递进性范式所呈现的联合过程相吻合。但是,当要求被试向系列中的对反应时,猴子和儿童的反应时,而不是鸽子,是从系列开始的距离的函数关系,这意味着他(它)们搜索系列的表征来定位每对的顺序位置。

Holcomb、Stromer 和 Mackay(1997)用重叠的两个刺激训练 4 岁的儿童($B>D$,$B>E\cdots,A>C\cdots,A>E$),他们使用 Terrace 和 McGonigle(1994)相同的程序。然后用两个刺激对($A>B,B>E,C>D,D>E,E>F$)和更长的刺激对($A>B>C,B>C>D\cdots,B>D>E$)来测试儿童。儿童对两个以上的刺激序列的反应正确性与 McGonigle 和 Chalmers(1977)报告的猴子的正确性是不同的。结果与次序装置的综合表征相吻合,联合过程看来不能充分地说明这种结果。这个研究对后来用的训练技术有很大影响,这个训练技术似乎比先前的方法要先进很多。至于序列表征是怎么构造的还不完全清楚,但至少说明了串联是可能的(例如,先表征 AB,接着 ABC)。

选择递进性范式的优点在于它使同一范式内广泛的种类和程序可以进行比较,而且还阐明了一些复杂任务怎样被联合学习过程所执行。然而,递进推论性范式和选择递进范式在重要性和数量上的不同说明把它们等价是不合理的。虽然这样,用它们来测量递进性还是很常见的,就好像它们在同一边(例如,最小<中等<最大)。Rabinowitz 和 Howe(1994)指出,虽然根据使用的维度不同(例如,物理尺寸,蓝色的渐变,身体部位),变式在变化,但是

儿童从 5 岁到 10 岁辨别中间元素的能力在提高。在两个维度上训练的儿童比只在一个维度上训练的儿童能更好地转变到新的维度,这和其他类似文献的发现相吻合(Gholson, Eymard, Morgan, & Kamhi, 1987; Gick & Holyoak, 1983)。

演绎的相关问题

传递性和系列命令任务的研究所表现出的仅仅是基于关系进行推论的一小部分可能性,但是相比较而言,还几乎没有针对更广泛课题的研究进行。在这一范畴内有了一个令人鼓舞的开端,English(1998)用以下这类问题开展研究:

在街道的一侧有并排的五座房屋。利用一些线索来推论出谁住在中间的房屋。
Smith 一家住在 Wilson 一家旁,但不住在 McDonald 一家旁边。
Jone 一家住在左边的第二座房子里。
Wilson 一家住在 Taylor 一家和 McDonald 一家之间。
Jone 一家住在 Taylor 一家旁边。(English, 1998, p. 250)

这一问题解决在 264 名 4 到 7 年级的孩子之间开展,从中显现出 4 条原则(English, 1998, pp. 255 - 256):

原则 1:靠选择最易产生一个清楚的问题情景模型的前提来创建一个最初的模型。
原则 2:将正确的前提统合起来,且选择出最易与已存模型相统合的前提。
原则 3:在模型发展与精炼的过程中,认识在什么时候多于一个的新模型,或者假设性的解决模型是可能的。
原则 4:在问题解决的过程中校正模型的建构、发展,以及精炼程度。

心理模型理论(Johnson - Laird & Byrne, 1991)以及较早讨论过的关系复杂性理论被发现能够对不同问题形式的相对困难性提供较好的说明。

592

相关问题解决

Fireman(1996)针对 6 到 8 岁儿童在标准 3 套环河内塔问题上的表现进行了一个微观发生分析。这一河内塔有 3 根桩子和 3 个大小不一的套环。最终目标是把所有的套环都从 A 桩子移到 C 桩子上去,每一次只能移动一个套环,同时不能把较大的套环放到较小套环上。这一任务,与其他某一程度上类似的河内塔任务一起(Shallice, 1982),被广泛用于成人(Vanlehn, 1991)及儿童(Klahr & Robinson, 1981)的问题解决研究中。Fireman 发现儿童的成功很大程度上依赖于他们是否从不确定行为(移动是合乎规则的但没有效果或不是最理想的)向一个适当的解决计划进行迁移。这一迁移需要策略的发展更胜于策略的选择。发展一个成功的计划必须对任务中套环与桩子间的嵌入式关系进行加工。例如,为了将套环 3

(最大的)从 A 桩子移到 C 桩子,就必须将套环 1 和 2 移到 B 桩子。为了将套环 2 移到 B 桩子,就首先必须要将套环 1 移到 C 桩子。一个有效策略的发展需要这一结构尽可能多地被呈现。在一河内塔问题中解决步骤的复杂性能靠相关复杂性理论来量化(Halford, Wilson, et al. ,1998,6.1.3)。

Cohen(1996)研究了 3 到 4 岁儿童在使用 play store 任务时使用的策略,该任务的目标是提供以不同配置开始的西红柿的精确的个数。例如,如果命令是要四个西红柿,且有一个硬纸盒里已有三个西红柿,那么选择策略就是加一个西红柿,但如果纸盒里已有五个西红柿,那么选择策略就是减去一个西红柿。减少了不必要的移动的数目,儿童的策略很快变得更加有效。

快速映射和排他性

虽然快速映射可能不会被正式地解释为相关推理,但它的确看起来需要对排他性关系的理解。这里有一个证据,2 岁儿童懂得二元关系(Markman & Wachtel,1988)。一个知道"杯子"含义的孩子,在他的面前展示一个杯子以及一个画家的调色板,问,"哪一个是 pilson?"他会倾向于选择调色板。孩子懂得如果"pilson"和"杯子"各自指代一个物体(排他性偏向),且知道哪一个物体是"杯子"的指示物,那么接下来另一些物体就是"pilson"的指示物。我们能够将这解释为这象征孩子表现出一种对具有两槽的排他性的二元关系;排他的(−,−),及这些词汇被插入到这些槽中,他们是类推的另一例子。如果一个物体满足一个槽,另一个物体就满足另一个槽。此外,这一表征是动态地建立起来的,跟随着单一物体表征。

逻辑推论和归纳

被最为广泛地在儿童身上进行研究的两个课题是条件推理和因果推理。这两个课题都在由 Kuhn 和 Franklin 所编著的关于青少年推理的章节中得到了检验调查(本手册,本卷,第 22 章)。因为基于心理模型的推理是这一章节的主题,所以我们将要考虑心理模型是如何应用于条件推理的。

心理模型在条件推理中的应用

条件即表示为形式 p 意味着形式 q,或者是如果出现 p 那么就会出现 q,可以用符号书写为 $p→q$。有四种可能的观点形式,其中两种是有根据的,而另两种则是不尽合理的。合理的形式是前推式($p→q$,因为是 p,所以是 q)和后推式($p→q$,因为不是 q,所以不是 p)。没有根据的形式是,以因证果($p→q$,因为不是 p 所以不是 q),和以果证因($p→q$,因为有 q 所以有 p)。已经有许多研究被用来调查儿童是否能够将有效的观点形式与无效的观点形式、许多变量对儿童推理的影响,尤其是问题的内容,以及儿童作出推论的过程,区别开来。

内容会影响三段论推理,这种影响是通过信念偏差效应来起作用的,其中的先前知识和对世界的信念会影响到推理的结果(Simoneau & Markovits,2003)。然而,甚至是年幼的孩子也表现出某种能从与事实相反的前提中做出推论的能力。Richards 和 Sanderson(1999)曾展示过 2 到 4 岁的儿童若被鼓励使用他们的想象力,那么他们有能力进行反事实思考(例如,去想象反事实前提在另一个星球上是真实的)。

心理模型理论在说明成人推理过程上已经取得了巨大成功(Johnson - Laird & Byrne, 1991),且被用来说明 Markovits 和 Barrouillet 在条件推理发展中的大多数发现(2002)。心理模型是对本章介绍部分所讨论的具有相似物地位的前提的图标性表述。对条件推理而言,最主要的前提 $p \to q$ 可以最初表述成如下这种形式:

$$p \qquad\qquad q$$
$$\cdots$$

第一行表达的是 p 和 q 都为真这种情形,且他们之间有一种联系。接下来一行的圆点代表含蓄的再认即其他可能性的存在。根据 Markovits 和 Barrouillet(2002)的模型,这种表述将被充实以为其他的可能性提供清楚的表述,如下(￢p 代表"不是 p"):

$$p \qquad\qquad q$$
$$\neg p \qquad\qquad \neg q$$

这符合主要前提的一个双态解释,即 p 意味着 q 而 q 意味着 p($p q$)。此时表述又能进一步被充实为如下形式:

$$p \qquad\qquad q$$
$$\neg p \qquad\qquad \neg q$$
$$\neg p \qquad\qquad q$$

这符合对一个条件(对一个条件而言它与一个真值表同型)的规范性解释。它不符合双态性解释,因为它意味着 $p \to q$ 但不意味 $q \to p$。

这种充实表现为使用次要前提作为一个补充的重获线索,以从语义记忆中重新得到对问题的内容恰当的关系。这种充实由语义记忆中范例的可用性及作为结果的表述的复杂性来共同支配。而通过检验从不同方面充实心理模型能得到什么推论可得出预见。

Markovits 和 Barrouillet(2002)假定 5 到 7 岁的儿童只能够把一个关系添加到最简单的模型当中,所以他们依靠次要前提来使用二择一的方法充实模型。回溯式和以因证果需要包含有否定的次要前提,所以他们倾向于刺激语义记忆中的补充类别。儿童此时能够重新获得线索 a—$\neg q$,在这里 a 是不同于(二择一)p 的一个线索,而—代表 a 和 $\neg q$ 之间的某种关系或联结。因此这种模型可以扩充为如下形式:

$$p \qquad\qquad q$$
$$a \qquad — \qquad \neg q$$

这是等同于双态性解释的。这将产生出正确的前推式的推理,因为当 p 为真,q 也为真,以及正确的回溯式的推理,因为当 $\neg q$ 为真,$\neg p(a)$ 也为真。然而,它也产生对以果证因形式的推理,因为它没有表现出 q 看似为真,但事实上 $\neg p$ 为真的情况。

如果次要前提是“q 为真”,这将激发与 q 相联系的线索,产生如下模式:

$$
\begin{array}{ccc}
p & & q \\
b & - & q
\end{array}
$$

这里 b 不同于 p。这将产生正确的推论,即如果 q 为真,那么 p 是否为真并不确定,所以以果证因将被否决。类似地,以因证果也将被否决,因为 $\neg p$ 和 q 被呈现了。源于记忆的可恢复性将依赖于前提的内容,所以如果主要前提是“如果一只动物是狗,那么它有腿”,儿童就能轻易地重获可选择性事例,如“猫有腿”、“马有腿”。因此,这一理论预示了如可选择性事例能被重获,则对以因证果和以果证因的批判将比较轻松。这与内容效应中的发现是相一致的(Barrouillet & Lecas,2002;Markovits et al. ,1996)。鼓励可选择性条件产生的操作引导更多的对以果证果和以果证因的否决(Simoneau & Markovits,2003)。无用条件(Cummins,1995)也能从语义记忆中重获,并可能引导对前推式推理的否决。例如,如果主要前提是“如果下雨了,街道会湿!”,而次要前提是“正在下雨”,这时正确推论是“街道是湿的”。无效的条件也许是“街道被覆盖了(如,被天桥覆盖)”,这种情况下推论会被否决。无用条件的联合会影响条件推理(De Neys,Schaeken, & d'Ydewalle,2003)。

Markovits 和 Barrouillet 的理论被应用于基于类别的条件(其中主要前提是“所有 A 都是 B”)以及因果条件中,例如:“如果把一个石头扔向一扇窗,窗会破。”根据这一理论,因果条件需要更多综合的过程,这是因为对产生选择性和无用条件的朴素理论的需求。该理论也被应用于基于与世界知识相反的前提的推论中,例如:“如果一辆车有许多汽油,这时这辆车将不能开动了。”(Simoneau & Markovits,2003,p. 971)。若次要理论是“这辆车没有汽油”,正确的推论(前推式)应是这辆车不能开动了。这要求关于世界的知识必须被制约。Simoneau 和 Markovits(2003)曾经完善地展示过在记忆重获与制约之间存在交互作用。年纪稍大的年轻人具有更有效的重获能力,他们更可能否定前推式推论,即使要去推论主要前提是真的,因为他们更可能重获无用的条件。因而其推理的逻辑性不如年纪比他们小的年轻人。当年轻人第一次面对与事实相反的问题,去拒绝前推式推论的倾向较小。与事实相反的问题能帮助被试抑制从记忆中重获的无用条件。

Markovits 和 Barrouillet 的理论说明了一些影响条件推理的前提效应中的发现。甚至一些没有专门由 Markovits 和 Barrouillet 来解释的研究也显得与该理论相一致。例如,在 Richards 和 Sanderson(1999)的研究中被观察的白日梦效应,或者由 Leevers 和 Harrls(1999)观察的指示效应,都能够被解释为对语义记忆中重获知识的限定。它也产生了一些新奇的预测,例如信念偏差与该任务中其他特征的相互作用(参阅 Markovits & Barrouillet,2002,pp. 23 - 30)。

这一理论与在认知发展上具有较广阔适应性的过程也是相一致的,包括类推理论、心理模型理论、自语义记忆的重获、认知复杂性理论。虽然这一理论被限制于有前提产生的推论,同时目前为止也没有应用与此相关的任务,例如 Wason 选择试验,但是它对提供该领域更好的理论一致性,以及对产生一些有效预测起到了重要作用。这样的理论可以使研究论题变得更清晰、更突出。

其他的论题超出了不断发展的以不同形式再现的心理模型理论。这关系到会话含义的重要观点以及他们在推论中的影响。Noveck(2001)的研究表明 7 到 9 岁儿童较成年人更可能采用*might be x*作为包括*must be x*意思的逻辑解释,而不是对话性地语用解释*might but not must*。然而心理模型理论能根据会话含义对心理模型前提结构上的影响来大概地对会话含义进行调节。在这里显示出了进一步的理论和经验性研究的可能性。

逻辑和经验性的确定性

识别推论确定性的能力在科学和日常推理中都很重要。因为论点的逻辑形式,所以当结论必然是由前提得出时,一个推论是逻辑的、确定的。前推式,*p→q*,因为*p*,所以*q*,这是合理的论点形式,而其结果*q*因为有前提*p→q*和*p*所以也必然为真。以果证因,*p→q*,因为有*q*所以有*p*,不是有根据的观点,因为结果*p*并非一定为真。这里有很明显的证据来证明儿童和成人在决定一个观点到底什么时候在逻辑上是确定的,都感到很困难。Johnson-Laird(1983)曾展示过人们趋向于不去核查心理模型是否只受到前提暗示,所以他们有时会识别不到由他们创建的第一个心理模型中得出的理论并不一定为真,因为在可选择性模型中它不为真。有充分的证据显示,对儿童而言,逻辑确定性识别能力的发展较推论能力的发展趋于更晚(Markovits,Schleifer, & Fortier,1989;Moshman & Franks,1986;Osherson & Markman,1975)。Ruffman(1999)的研究表明 6 岁以下的儿童不理解逻辑一致性,甚至他们能够记住以多种不同版本显示的前提,能够识别事实上的不一致性,但却不理解逻辑一致性。一个有趣的发现还表明对逻辑一致性的理解与家庭中年长兄弟姐妹的数量紧密相关。

如果对一个情景的口头描述仅仅与一个单独的情势相一致,那么推理就是全凭经验决定的。然而,这里又表现出儿童识别经验确定性能力的局限性。失败的其中一个原因是"正确捕获"策略,该策略可能无须检查可供选择的事物而接受正确选项。另一原因是儿童对*if*和*or*之间逻辑连接的理解还存在缺陷(Braine & O'Brien,1998)。第三个原因是,儿童没有认识到区分情景逻辑含义和会话语用含义的需要。一个例子是这样的,"一些"通常意味着"一些而非全部",因为会话含义(Grice,1975)意味着如果一个就是"所有",那么一个就不能用来说"一些";但在逻辑上,"一些"被理解成"一些或所有"。这些困难与由 Johnson-Laird 观察到的成人推理方面的局限性相一致,且这些困难并非只有儿童才有。

Morris 和 Sloutsky(1998,2002)的研究表明 11 到 12 岁之间的儿童不能区分逻辑和经验性问题,因为他们不能充分描绘命题所暗示的情景,但是却趋向于将结论单单建立在证据的第一部分。此外,一些人始终如一地越过一系列问题来呈现这一模式,以说明它的出现是系统化的而非随意的。这一策略的一个可能的好处是它减少了处理的负担,却延长了为改良执行表现而做的指令。Fay 和 Klahr(1996)及 Klarh 和 Chen(2003)已经发现一些年幼儿童识别到某些前后文中的经验确定性,例如一条红色珠子项链一定是由特定的一盒珠子串成的,假如那个盒子是唯一一个装有红色珠子的盒子,但是如果装红珠子的盒子不止一个,那么到底用哪个盒子就不确定了。然而,4 到 5 岁儿童表现出能掌握正确捕获策略,且在 5 岁儿童身上的训练比 4 岁儿童更为有效。English(1997)的研究显示,如果青春期前的儿童能接受包括诱发圆缺接受力和构造更多完整模型能力的双项训练,那么他们就能提高自身对不确定性的认知能力,但如果只接受其中一项训练则得不到提高。

科学和技术思考

科学推理应用于某些专门领域,但它也能在大体上提供对推理过程本质的洞察及其发展的道路。我们将考虑一些主要的领域,这其中的科学概念的发展已经得到研究。此外,Kuhn 和 Franklin 所做的青少年推理研究的章节也应该得到提及(本手册,本卷,第 22 章)。

基本维度和他们的相互关系

物理世界的基本维度包括有时间、距离、速度、质量、比重、热。基本的维度间有着相互的关系:速度=距离/时间,面积=长度×宽度,空间=长度×宽度×高度,热=温度×比热×质量,等等。理解这些基本维度及其相互关系对理解日常现象和科学现象非常重要。早期对这些概念的研究受到 Piaget 及其共同研究者的影响,但自此以后其他的研究途径也得到了发展。此外还有 Friedman 在时间发展心理学上的经典研究方法(1978,1982)。

时间、速度和距离

Siegler 和 Richards(1979)在时间、距离和速度上运用了规则评估技术,发现 5 岁到 11 岁儿童的规则的级数超过了三个级别。最低的级别即规则 1:儿童做决定是基于单独的因素,例如停点;规则 2:如果情形在第一个因素上是均等的,儿童会考虑第二个因素(如果停点相同会考虑停时);规则 3:儿童会考虑所有变量。Wilkening(1981)与 Wilkening、Levin 和 Druyan(1987)使用信息整合理论,用海龟、几内亚猪、猫来表示不同速率。这些动物跑的速度或时间不同,要求儿童估计其余变量。结果发现,5 岁儿童在估计距离时把时间和速度加倍地联合在一起,但在表示时间时他们把距离和速度相加在一起,且只使用距离来估计速度,忽略时间。在一个横截面研究中,Matsuda(2001)要求 4 到 11 岁儿童使用在不同持续时间内、在不同长度上、以不同速度行驶的玩具火车来决定所有三个变量间的关系。较小的儿童趋向于在两个变量间处理二者关系,最先出现的是时间和距离间、速度和距离间的正相关关系。速度和时间之间的负相关关系晚一些出现,这证明了年幼儿童趋向于将他们的决定建立在一个"更多为更多"关系的基础上,且只有稍后在时间与速度间才转而以"更多为更少"关系为基础。理解这个由所有三个变量来定义的系统在 10 到 11 岁这一年龄阶级上有所发展。这个发现是在一个纵向研究中被确定的。尽管有一个共识认为更多复杂概念是稍后发展的,不同的方法论产生了稍微不同的年龄行为模式,这意味着虽然方法论是复杂且敏感的,但是进一步精炼的空间还是有的。

模拟速率、时间和距离这些概念发展的神经网络模型已经由 Buckingham 和 Shultz(2000)在级联相关算法的基础上发展起来。附加的隐藏单元在网络进一步包括更多高级规则的同时也得到恢复,以捕获任务中不断增加的维度。这证明了概念的发展可能依赖于增加的具有代表性的容量,这与 Matsuda(2001)的提议相一致。Friedman(2003)调查研究了年幼儿童是否理解超越时间的某些变化的单向本质,他发现甚至 3 到 4 岁的儿童都能够区别对打碎一块饼干或掉落一个石块的向前和翻转的陈述。

面积

信息整合理论已被用来研究儿童对面积的理解力。一个经典的研究是,年幼儿童趋向于把长度和宽度相加起来,然而儿童最晚到 5 岁,就会将二者相乘起来(Anderson & Cuneo,1978;Wilkening,1979,1980)。一个可能的解释是相加结果能够被分割,所以一个人能够估计到长度上变化的结果,然后加上宽度的结果,但是相乘的维度表明二者是相互作用,且不能被分割。从另一方面看,在相乘的结合上,长度变化的结果由于宽度的任一变化而被改变了,反之亦然。因此,根据相关复杂性理论,相加联合等于两个连续的二元关系(长度、面积)和(宽度、面积),然而相乘联合排除了各自关系中的分解物,且具有有效的三元关系的相关复杂性(长度、宽度、面积)。Sliverman、York 和 Zuidema(1984)发现了与假设相一致的证据,那就是长度与宽度的相加合成物也许会反映子任务的分解物。

地球的概念

地球的概念很有趣,这是因为它与日常想法的关联,因为它承担了一些复杂的相关概念,承担了日常观察与文化中传播的信息之间的冲突。以生活在地球表面的人类为观测点来观察地球,比起我们所学到的那个"球体",地球会显得更为平面。解释这一差异的途径是,地球巨大的直径使它在地球表面的观察者眼中显得更为平面。另一个质朴的信念是,由熟悉的事物来推论:也许地球必须被支撑起来,否则它可能会坠落。然而,文化中的信息是因为地球围绕着太阳转,所以它不需要被支撑起来。理解这个概念需要包含了复杂概念的某种轨道运动的直觉心理模型,包括有太阳与地球间重力引力和在轨道中航行的离心力间的平衡。另一个争论归因于不受支撑的物体会掉落这种普遍的观察现象与人们能站在地球这一球体的任一点,包括似乎要往下掉的位置,这一文化信息间的斗争。解决这一争论的途径依赖于一个更为复杂的作为两个物体间吸引力的重力的心理模型。物体掉落是因为物体的质量与地球的质量间存在的吸引力。

概念的发展不能基于简单地用文化传播信息来替代普通观察。我们不能忘记或忽视,物体是会掉落的。为了发展重力的心理模型,我们不得不把观察与文化信息进行统合。这意味着理解物体掉落的原因,那是因为他们被地球引力吸引。这也意味着识别两个关系间的相应性:物体与地球间的吸引力和物体朝地面掉落相对应。四个变量就组成了这个复杂的概念。① 597

---

① 在掉落—朝向(物体、地面)与引力—之间(物体、地球)二者之间存在对应关系。前者是因为后者而发生,所以"因为"是连接这两个二元关系的更高位关系。根据相关复杂性理论的分析,对应每一个二元关系的两个点,有四个变量。概念定量分块或者分割可能会减少这里的加工负担,但这仅仅在概念得到发展后才会发生。结果,重力心理模型的发展可能对年幼儿童而言比较困难,尽管开发出一种能让儿童部分理解的教学技术会使这种发展具有可能。

通常,了解地球牵涉到一些复杂的关系和上位关系,所以在了解地球这一概念的过程中,复杂性会成为不可避免的一大因素。

Vosniadou 和 Brewer(1992)使用了一种结构化的采访技术,它包括要求 1 到 5 年级的儿童画出他们脑中的地球这一概念。儿童的概念似乎反映了想要缓和先前所提概念间冲突的尝试。儿童可能会画一个趋于扁平的球体,有人站在它的顶部,或者画一个内部带有水平平台的空心球体,而人站在平台上,或者甚至于画两个地球,一个圆一个扁平。此时观察到了一些由文化带来的影响。印度儿童趋向于相信地球是由水来支撑的,而这一点在美国儿童和澳大利亚儿童身上却观察不到(Samarapungavan,Vasniadou, & Brewer,1996)。不同文化之间也有着一些相似性(Candela,2000)。这可能是因为地球的本质以及地球和其他宇宙个体之间的关系,也包括与一些现象,例如昼夜节律、季节、重力作用等的关系,它们都具有强烈的逻辑内在性。

Vosniadou 和 Brewer 发现了心理模型在一定程度上具有一致性的证据。如果儿童认为地球是球型的,他们就不大会认为地球有可能掉下来。然而,心理模型的解释受到了发现 4 到 8 岁儿童碎片知识的 Nobes 及其他科学家的挑战(2003)。对年幼儿童的概念而言,分裂破碎也许是典型的,但就理论的立场而言,我们很难看见没有某些概念的一致性,地球这一概念还怎么能发展起来。如果没有认识到地球扁平的外观是因为它巨大的直径,我们如何能理解地球其实是球型的,或理解地球与物体间的重力吸引力能解释为什么人们能够站在地球表面的任何一点上这个事实。Hayes、Goodhew、Heit 和 Gillan(2003)的发现认为儿童只有接受到包括地球形状和重力两者的说明,才会进一步产生地球是球形的这个概念,这个发现与理论观点一致性看起来是相容的。答案的连贯性也许是提问方法起到的一个作用。Vosniadou、Skopeliti 和 Ikospentaki(2004)发现迫选提问增加了科学方法上是恰当答案的数量,但由开放性提问方法得出的答案中具有更多的内在连贯性。

平衡秤

平衡秤由一个位于支点上的平衡横梁组成,横梁每侧有平等的分割栓,在上面能够放置砝码。在 Piaget 的认知发展调查研究中,平衡秤得到广泛运用;但不同于特别的理论,它在理论和方法上是研究儿童对划分比例和理解四个变量相互作用的一个重要媒介。在过去的 25 年里,已在理论和方法论上得到巨大的发展,也许是 Siegler(1976)的规则评估分析起了带头作用。Siegler 鉴别了 4 个规则:规则 1——儿童只考虑重量;规则 2——儿童也考虑距离,但是只有在两边重量相等的情况下;规则 3——他们先考虑重量,再考虑距离,但当一边有重量优势,一边有距离优势时,儿童就会有困难了;规则 4——根据哪一边扭矩有优势,扭矩原则会被运用到,被解释为重量和距离的产物。如果两边扭矩相等,那么横梁就平衡。儿童在 5 岁时由规则 1 开始发展,到青春期发展到规则 3,而即使在成年期,规则 4 出现也较少。

Surber 和 Gzesh(1984)开展了一个信息整合理论分析。他们发现 5 岁儿童趋向于使用距离而非重量,但在其他方面的发现是与 Siegler 的发现相一致的。信息整合方法论能够如较早提及的那样区分重量和距离是相乘联合还是相加联合,且甚至成人一贯使用正确的相乘联合。Surber 和 Gzesh 也发现根据通过改变一边维度来补偿另一边维度变化的方法来取得平衡,儿童趋向于使用一个补偿规则更胜于 Siegler 的规则 3。补偿规则本质上是一种相加规则。

更多最近的研究是由一些对基于准则的概念的修正来产生的。Jansen 和 van der Maas (2001)发现在规则 1 和规则 2 的转变过程中有非连续性,这可以用突变理论中的一种类型即尖点模型来进行解释。规则 2 也许需要对第二个变量进行编码的能力(Siegler & Chen, 1998),这可能需要质量上不同的转移,或者至少一个更为复杂的认知过程。Jansen 和 van der Maas(2002)进行的潜类别分析显示了儿童会使用规则,但不是永远连贯地,且有证据显示一个相加规则代替了 Siegler 的规则 3。他们的发现与 Siegler 的发展的叠波模型相一致,即不同的策略可以同时使用,不是相互排斥的,但特定年龄的儿童可能不止使用一个规则。他们也发现了证据来证明规则间的一些转换是非连续的。

大多数研究使用反应的准确率或反应模式作为因变量,但 van der Maas 和 Jansen (2003)使用反应时作为因变量。聚类分析对应于 Siegler 的四个规则,就产生了六个执行分类,加上一个补偿规则和一个不能用任何规则来解释的类别。一个显而易见的荒谬的发现是,年纪较轻的成年人由于使用更多复杂的规则,所以在解决平衡秤上比儿童更慢。这里也有一些发现修正了最开始用来定义规则的方法。儿童在各种项目中都使用考虑距离的规则 2,而不仅仅是当重量相等时,但是他们不知道如何将距离与重量联合起来。此外也发现尽管反应模式趋向同质于已知类型的项目(在早先的规则评估中发现),但反应时间不是一定同质的。

Boom、Hoijtink 和 Kunnen(2001)也使用潜类别分析发现了六个反应的种类,其中两种不用规则对应。他们也建议平衡秤概念的发展可能需要离散的以及更多的渐进的迁移。规则可能会提供一个对儿童平衡秤概念的理想化的说明,但是四种规则的分类可能会反应出早期研究中使用的项目类型数量受到限制,以及对反应模式数据的限制更胜于决策次数。更多最近的统计评估预示了一个更为复杂的情况。

儿童在 2 到 3 岁时对平衡秤已有一定理解。把重量从距离常数中辨别出来,或把距离从重量常数中分辨出来,根据相关复杂性理论(Halford,Wilson, et al. ,1998),需要描绘两种重量或两种距离间的二元关系。但此时,儿童能掌握其他的二元关系时,这种辨别也应当具有可能(Halford,1993)。需要整合重量和距离的项目要求至少为三重关系的进程;这应该在 5 年之内得到掌握,且应该能通过具有相同级别复杂性的其他操作来预见。这些预见是由 Halford、Andrews、Dalton、Boag 和 Zielinski(2002)来确认的。复杂性理论在对年幼儿童早先未被承认的能力的探索上是有帮助的,但是对重量和距离的辨别,即便好于随机,但并不像 5 岁儿童所表现的规则统治行为那样有系统性,且被最恰当地理解为这一领域的先驱。当需要从年幼儿童那里得到最适宜的表现时,使用让儿童更加喜欢的仪器和程序,这么做是不够的,因为当相同的程序与三重相关任务一起使用,5 到 6 岁的儿童还没有掌握这一点。

McClelland(1995)发展了儿童对平衡秤的三层网络模型。这一模型包括有 4 套的 5 种输入单元,代表了左和右两边从支点开始的 1 到 5 个梯级,及在栓上的 1 到 5 个砝码。这里有 4 个隐藏单元,其中两种比喻为重量,两种比喻为距离,而输出单元则计算平衡状态。这一模型掌握了至关重要的发展结果,而它通过训练得到的进程与由 Siegler 准则来定义的发展过程有着一些相应之处。一个有趣的特性是,单元中的训练结果代表了更大的重量或更长的距离,与隐藏单元有着更大的联系重量。因而,公制重量和距离表现为训练的结果,且在网络中不被预先确定。这表现了在一个学习环境中,结构如何从相互作用中浮现出来。

599　　　这个模型把计算平衡状态作为左右两边平衡横梁重量与距离的一个作用,但是理解平衡横梁也需要其他功能,例如决定横梁保持平衡的重量或者距离(Surber & Gzesh,1984)。举个例子,如果重量 1=3,距离 1=2,且重量 r=2,那么当距离 r 为多少时横梁是平衡的?(答案为 3。)对平衡秤的完整理解包括能够决定给定物的任一变量。这个模型被限制概括化,因为如果调整其中一侧的 2 或 3 个砝码水平,它就不能在具有 4 或 5 个法码的问题中被概括化(Marcus,1998a),但是也有理由期望儿童能达到这种概括化。这个模型取得了一些重要的成果,但是当它被运用在童年中段时,却没有表现出对概念的充分理解。

结论

Markovits 和 Barrouillet(2004)已经注意到最近的儿童推理发展工作较大地减少了。一个可能的原因是,支持或反驳 Piaget 理论的动机在极大地锐减,但又没有完全被另一个推理发展的新范式所取代。另一个原因可能是有时把对儿童认知能力的研究看作与概念发展等同,而普遍认为概念发展是在童年中段时才出现。因而,Houde(2000)把儿童的表现解释为数字守恒的反映,尽管 Piaget 对同一概念的测量标准同样也需要阻止相互争论的策略。相似观点对归类是最适宜的,而其中 Piaget 测试的困难被归因于对子集比较策略进行抑制的需要(Perret,Paour, & Blaye,2003)。

推理在幼年期与在童年中期是等同的,这一主张不能单独地置于 Piaget 的研究辩驳中。他们必须与大部分多变的研究工作相协调,后者指出了幼儿和童年中期的认知能力有着巨大差异。与符号和亚符号加工的区别方面相关的文献横越了心理学的很多领域,及几个其他方面的学科。如我们在章节前部分所看到的一样,在符号水平进行操作的儿童能做一些在亚符号水平进行操作的儿童所不能做的事情。去解释这些不同是必要的,且把这种不同完全归因于年龄抑制控制的增长,这看上去也并不尽合理。按守恒观点,我们了解到把长度和数字信息进行整合是十分必须的,且单单地禁止对长度的注意也是不够的。从类包含观点来看,避免子集比较不是那么容易的,它依赖于对上位,及决定三个可能的比较中哪一个是最合适比较的子集,这二者关系的描述。而依靠"禁止站在地球表面看地球,地球是扁平的"这种知识,地球的概念是不可能发展起来的,它的发展需要依靠以知识为基础来对地球周围进行观察。

对婴儿推理能力的全方位的探索,没有使得对儿童推理的研究变得多余,相反,对推理发展的研究的范围变得前所未有的大。而近二十年来,在我们对推理的理解中所发生的基础性变化为对儿童思维进行创新性研究提供了大量的机会。此外,有一个显现出巨大潜力的发展,那就是由 Markovits 及其合作研究者发展出的心理模型。这些研究显现出对推理研究的巨大潜力,而推理是以依靠重获语义记忆信息为手段来得到充实的心理模型为基础的。Markovits 和 Barrouillet 的模型形成了推理过程研究及知识对儿童推理的强大影响这两者间的有用联系。

这里也有一些依靠应用更多精炼复杂性分析而得到的早熟推理实例的重新解释。我们曾经看到过一些年幼儿童的推理是对更为简单任务进行反映的例子,但这只有当我们具有对任务进行评估的一个复杂公制时才会得到肯定。这种再评估对已经发现的推理能力的有效性或重要性是绝不会否认的。并且,他们的一些优势还会浮现出来。其中一个是方法论,通过它,我们能更加意识到,当我们改变了测试程序时,我们也改变了儿童可能使用的进程。早熟方面的一些研究已经假定,能通过各种不同的评估方法来测量相同的概念,而几乎不用努力去尝试,已被观察到的操作就能如实地反映出相同的认知过程;但是我们也看到这一策略经常会导致谬论的产生。另一个可能的优势在于,复杂性评估可能会对数据更为有序和连贯一致的解释有所贡献。正如 Frye 和 Zelazo(1998,p. 836)写到的一样:

> 人们普遍认为发展心理学是对变化的研究,但缺乏对变化进行分类排序的方法,现象会变得没有组织,就如同物理科学中没有元素周期表一样。

复杂性分析对发现新的能力也有所贡献。因为用来分析和操作任务复杂性的技术上的进步,复杂性需要不再被视为运用在实验研究中的困难概念。一些主要的认知复杂性参数现在已经得到确定,它们被作为一个广泛传播的大众共识的证据,即成人的认知被最多四个独立的平行进行的实体所限制,且极为不同的方法论已经集中于与儿童年龄相关的相似的能力上。

纵览了关于推理发展的文献,我们仅仅只能谈及到已取得的一些令人敬畏的成果。然而,我们也同样对进一步探索的前景感到振奋鼓舞。

（雷怡、郑雪茹译,李红审校）

参考文献

Acredolo, C., & Acredolo, L. P. (1979). Identity, compensation, and conservation. *Child Development*, 50, 524 - 535.

Adams, M. J. (1978). Logical competence and transitive inference in young children. *Journal of Experimental Child Psychology*, 25, 477 - 489.

Altmann, G. T. M., & Dienes, Z. (1999). Rule learning by 7 - month-old infants and neural networks. *Science*, 284, 875.

Anderson, J. R. (1990). *The adaptive character of thought*. Hillsdale, NJ: Erlbaum.

Anderson, J. R. (1991). Is human cognition adaptive? *Behavioral and Brain Science*, 14, 471 - 517.

Anderson, N. H., & Cuneo, D. O. (1978). The height + width rule in children's judgments of quantity. *Journal of Experimental Psychology: General*, 107, 335 - 378.

Andrews, G., & Halford, G. S. (1998). Children's ability to make transitive inferences: The importance of premise integration and structural complexity. *Cognitive Development*, 13, 479 - 513.

Andrews, G., & Halford, G. S. (2002). A cognitive complexity metric applied to cognitive development. *Cognitive Psychology*, 45, 153 - 219.

Andrews, G., Halford, G. S., Bunch, K. M., Bowden, D., & Jones, T. (2003). Theory of mind and relational complexity. *Child Development*,

74, 1476 - 1499.

Andrews, G., Halford, G. S., & Prasad, A. (1998, July). *Processing load and children's comprehension of relative clause sentences.* Paper presented at the XVth Bienniel conference of the International Society for the Study of Behavioral Development, Berne, Switzerland. (ERIC Document Reproduction Service No. ED420091.)

Baddeley, A. (1996). Exploring the central executive. *Quarterly Journal of Experimental Psychology: Human Experimental Psychology*, 49A, 5 - 28.

Bailystok, E., & Martin, M. M. (2004). Attention and inhibition in bilingual children: Evidence from the dimensional change card sort task. *Developmental Science*, 7, 325 - 339.

Baroody, A. J. (1984). More precisely defining and measuring the order-irrelevance principle. *Journal of Experimental Child Psychology*, 38, 33 - 41.

Barrouillet, P., & Lecas, J. (2002). Content and context effects in children's and adults' conditional reasoning. *Quarterly Journal of Experimental Psychology*, 55A, 839 - 854.

Barrouillet, P., & Poirier, L. (1997). Comparing and transforming: An application of Piaget's morphisms theory to the development of class inclusion and arithmetic problem solving. *Human Development*, 40, 216 - 234.

Beilin, H. (1992). Piaget's enduring contribution to developmental psychology. *Developmental Psychology*, 28(2), 191 - 204.

Bjorklund, D. F. (1997). In search of a metatheory for cognitive development (or Piaget is dead and I don't feel so good myself). *Child Development*, 68, 144 - 148.

Blewitt, P. (1994). Understanding categorical hierarchies: The earliest levels of skill. *Child Development*, 65, 1279 - 1298.

Boom, J., Hoijtink, H., & Kunnen, S. (2001). Rules in the balance: Classes, strategies, or rules for the balance scale task? *Cognitive Development*, 16, 717 - 735.

Boysen, S. T., Berntson, G. G., Shreyer, T. A., & Quigley, K. S. (1993). Processing of ordinality and transitivity by chimpanzees (pan troglodytes). *Journal of Comparative Psychology*, 107, 1 - 8.

Braine, M. D. S. (1959). The ontogeny of certain logical operations: Piaget's formulation examined by nonverbal methods. *Psychological Monographs*, 73, 1 - 43.

Braine, M. D. S., & O'Brien, D. P. (1998). The theory of mental-propositional logic: Description and illustration. In M. D. S. Braine & D. P. O'Brien (Eds.), *Mental logic* (pp. 79 - 89). Mahwah, NJ: Erlbaum.

Brainerd, C. J. (1976). Does prior knowledge of the compensation rule increase susceptibility to conservation training? *Developmental Psychology*, 12, 1 - 5.

Brainerd, C. J., & Kingma, J. (1984). Do children have to remember to reason: A fuzzy-trace theory of transitivity development. *Developmental Review*, 4, 311 - 377.

Brainerd, C. J., & Reyna, V. F (1990). Gist is the grist: Fuzzy-trace theory and the new intuitionism. *Developmental Review*, 10, 3 - 47.

Brainerd, C. J., & Reyna, V. F. (1993). Memory independence and memory interference in cognitive development. *Psychological Review*, 100, 42 - 67.

Brannon, E. M. (2002). The development of ordinal numerical knowledge in infancy. *Cognition*, 83, 223 - 240.

Brannon, E. M., & Van de Walle, G. A. (2001). The development of ordinal numerical competence in young children. *Cognitive Psychology*, 43, 53 - 81.

Breslow, L. (1981). Reevaluation of the literature on the development of transitive inferences. *Psychological Bulletin*, 89, 325 - 351.

Briars, D., & Siegler, R. S. (1984). A featural analysis of preschoolers' counting knowledge. *Developmental Psychology*, 20, 607 - 618.

Brooks, P. J., Hanauer, J. B., Padowska, B., & Rosman, H. (2003). The role of selective attention in preschoolers' rule use in a novel dimensional card sort. *Developmental Psychology*, 18, 195 - 215.

Bruner, J. S., Olver, R. R., & Greenfield, P. M. (1966). *Studies in cognitive growth*. New York: Wiley.

Bryant, P. (2002). Constructivism today. *Cognitive Development*, 17, 1283 - 1508.

Bryant, P. E. (1972). The understanding of invariance by very young children. *Canadian Journal of Psychology*, 26, 78 - 96.

Bryant, P. E., & Trabasso, T. (1971). Transitive inferences and memory in young children. *Nature*, 232, 456 - 458.

Buckingham, D., & Shultz, T. R. (2000). The developmental course of distance, time, and velocity concepts: A generative connectionist model. *Journal of Cognition and Development*, 1, 305 - 345.

Bush, R. R., & Mosteller, F. (1955). *Stochastic models for learning*.

New York: Wiley.

Candela, A. (2001). Earthly talk. *Human Development*, 44, 119 - 125.

Carey, S. (1985). *Conceptual change in childhood*. Cambridge, MA: MIT Press.

Carey, S. (1996, May 30 - June 1). *The representation of number by infants and nonhuman primates.* Paper presented at IIAS 3rd International Brain and Mind Symposium on Concept Formation: Thinking and Their Development, Kyoto, Japan.

Carey, S. (2000). The origin of concepts. *Journal of Cognition and Development*, 1, 37 - 41.

Carey, S., & Gelman, R. (1991). *The epigenesis of mind: Essays on biology and cognition*. Hillsdale, NJ: Erlbaum.

Caroff, X. (2002). What conservation anticipation reveals about cognitive change. *Cognitive Development*, 17, 1015 - 1035.

Case, R., & Okamoto, Y. (1996). The role of central conceptual structures in the development of children's thought. *Monographs of the Society for Research in Child Development*, 61, v - 265.

Cashon, C. H., & Cohen, L. B. (2004). Beyond U-shaped development in infants' processing of faces: An information-processing account. *Journal of Cognition and Development*, 5, 59 - 80.

Ceci, S. J., & Howe, M. J. (1978). Age-related differences in free recall as a function of retrieval flexibility. *Journal of Experimental Child Psychology*, 26, 432 - 442.

Chalmers, M., & McGonigle, B. (1984). Are children any more logical than monkeys on the 5 - term series problem? *Journal of Experimental Child Psychology*, 37, 355 - 377.

Chapman, M. (1987). Piaget, attentional capacity, and the functional limitations of formal structure. *Advances in Child Development and Behaviour*, 20, 289 - 334.

Chapman, M. (1990). Cognitive development and the growth of capacity: Issues in NeoPiagetian theory. In J. T. Enns (Ed.), *The development of attention: Research and theory* (pp. 263 - 287). Amsterdam: Elsevier.

Chapman, M., & Lindenberger, U. (1988). Functions, operations and decalage in the development of transitivity. *Developmental Psychology*, 24, 542 - 551.

Chapman, M., & Lindenberger, U. (1989). Concrete operations and attentional capacity. *Journal of Experimental Child Psychology*, 47, 236 - 258.

Chen, Z. (2003). Worth one thousand words: Children's use of pictures in analogical problem solving. *Journal of Cognition and Development*, 4, 415 - 434.

Chen, Z., Sanchez, R. P., & Campbell, T. (1997). From beyond to within their grasp: The rudiments of analogical problem solving in 10 - and 13-month-olds. *Developmental Psychology*, 33, 790 - 801.

Chen, Z., & Siegler, R. S. (2000). Across the great divide: Bridging the gap between understanding of toddlers' and older children's thinking. *Monographs of the Society for Research in Child Development*, 65, v - 96.

Cheng, P. W., & Holyoak, K. J. (1985). Pragmatic reasoning schemas. *Cognitive Psychology*, 17, 391 - 416.

Clark, A., & Karmiloff-Smith, A. (1993). The cognizer's innards: A psychological and philosophical perspective on the development of thought. *Mind and Language*, 8, 487 - 519.

Clearfield, M. W., & Mix, K. S. (2001). Amount versus number: Infants' use of area and contour length to discriminate small sets. *Journal of Cognition and Development*, 2, 243 - 260.

Cohen, L. B. (2001, October). *How complexity affects infant perception and cognition.* Paper presented at the Second Biennial Meeting of the Cognitive Development Society, Virginia Beach, VA.

Cohen, L. J. (1981). Can human irrationality be experimentally demonstrated? *Behavioural and Brain Sciences*, 4, 317 - 370.

Cohen, M. (1996). Preschoolers' practical thinking and problem solving: The acquisition of an optimal solution strategy. *Cognitive Development*, 11, 357 - 373.

Cosmides, L., & Tooby, J. (1992). Cognitive adaptations for social exchange. In J. H. Barkow, L. Cosmides, & J. Tooby (Eds.), *The adapted mind: Evolutionary psychology and the generation of culture* (pp. 163 - 228). New York: Oxford University Press.

Couvillon, P. A., & Bitterman, M. E. (1992). A conventional conditioning analysis of "transitive inference" in pigeons. *Journal of Experimental Psychology: Animal Behavior Processes*, 18, 308 - 310.

Cowan, N. (2001). The magical number 4 in short-term memory: A reconsideration of mental storage capacity. *Behavioral and Brain Sciences*, 24, 87 - 185.

Cowan, N., Towse, J. N., Hamilton, Z., Saults, J. S., Elliot, E. M., Lacey, J. F., et al. (2003). Children's working-memory processes: A response-timing analysis. *Journal of Experimental Psychology: General*, *132*, 113 – 132.

Cummins, D. D. (1995). Naive theories and causal deduction. *Memory and Cognition*, *23*, 646 – 658.

Curcio, F., Kattef, E., Levine, D., & Robbins, O. (1972). Compensation and susceptibility to conservation training. *Developmental Psychology*, *7*, 259 – 265.

Deák, G. O., & Bauer, P. J. (1996). The dynamics of preschoolers' categorization choices. *Child Development*, *67*, 740 – 767.

Deák, G. O., Ray, S. D., & Pick, A. D. (2004). Effects of age, reminders, and task difficulty on young children's rule-switching flexibility. *Cognitive Development*, *19*, 385 – 400.

DeLoache, J. S., Miller, K. F., & Pierroutsakos, S. L. (1998). Reasoning and problem solving. In W. Damon (Editor-in-Chief) & D. Kuhn & R. S. Siegler (Vol. Eds.), *Handbook of child psychology: Vol. 2. Cognition, perception, and language* (pp. 801 – 850). New York: Wiley.

Demetriou, A., Christou, C., Spanoudis, G. & Platsidou, M. (2002). The development of mental processing: Efficiency, working memory, and thinking. *Monographs of the Society for Research in Child Development*. *67* (Serial No. 268).

DeNeys, W., Schaeken, W., & d'Ydewalle, G. (2003). Causal conditional reasoning and strength of association: The disabling condition case. *European Journal of Cognitive Psychology*, *15*, 161 – 176.

Diesendruck, G., & Shatz, M. (2001). Two-year-olds' recognition of hierarchies: Evidence from the interpretation of the semantic relation between object labels. *Cognitive Development*, *16*, 577 – 594.

Donaldson, M., & McGarrigle, J. (1974). Some clues to the nature of semantic development. *Journal of Child Language*, *1*, 185 – 194.

Dunbar, K. (2001). The analogical paradox: Why analogy is so easy in naturalistic settings, yet so difficult in the psychological laboratory. In D. Gentner, K. J. Holyoak, & B. K. Kokinov (Eds.), *The analogical mind: Perspectives from cognitive science* (pp. 313 – 334). Cambridge, MA: MIT Press.

Elman, J. L. (1991). Distributed representations, simple recurrent networks, and grammatical structure. *Machine Learning*, *7*, 195 – 225.

Elman, J. L., Bates, E. A., Johnson, M. H., Karmiloff-Smith, A., Parisi, D., & Plunkett, K. (1996). *Rethinking innateness: A connectionist perspective on development*. London: MIT Press.

English, L. D. (1997). Interventions in children's deductive reasoning with indeterminate problems. *Contemporary Educational Psychology*, *22*, 338 – 362.

English, L. D. (1998). Children's reasoning in solving relational problems of deduction. *Thinking and Reasoning*, *4*, 249 – 281.

English, L. D., & Halford, G. S. (1995). *Mathematics education: Models and processes*. Hillsdale, NJ: Erlbaum.

Evans, J. S. B. T., Newstead, S. E., & Byrne, R. M. J. (1993). *Human reasoning: The psychology of deduction*. Hove, England: Erlbaum.

Fay, A. L., & Klahr, D. (1996). Knowing about guessing and guessing about knowing: Preschoolers' understanding of indeterminacy. *Child Development*, *67*, 689 – 716.

Field, D. (1987). A review of preschool conservation training: An analysis of analyses. *Developmental Review*, *7*, 210 – 251.

Fireman, G. (1996). Developing a plan for solving a problem: A representational shift. *Cognitive Development*, *11*, 107 – 122.

Fischer, K. W. (1980). A theory of cognitive development: The control and construction of hierarchies of skills. *Psychological Review*, *87*, 477 – 531.

Fodor, J. (1994). Concepts: A potboiler. *Cognition*, *50*, 95 – 113.

Fodor, J. A. (1983). *Modularity of mind: An essay on faculty psychology*. Cambridge, MA: MIT Press.

Fodor, J. A., & Pylyshyn, Z. W. (1988). Connectionism and cognitive architecture: A critical analysis. *Cognition*, *28*, 3 – 71.

Foos, P. W., Smith, K. H., Sabol, M. A., & Mynatt, B. T. (1976). Constructive processes in simple linear order problems. *Journal of Experimental Psychology: Human Learning and Memory*, *2*, 759 – 766.

Franks, J. J., & Bransford, J. D. (1971). Abstraction of visual patterns. *Journal of Experimental Psychology*, *90*, 65 – 74.

Friedman, W. J. (1978). *Development of time concepts in children*. New York: Academic Press.

Friedman, W. J. (1982). *The developmental psychology of time*. New York: Academic Press.

Friedman, W. J. (2003). Arrows of time in early childhood. *Child Development*, *74*, 155 – 167.

Frye, D., Braisby, N., Lowe, J., Maroudas, C., & Nicholls, J. (1989). Young children's understanding of counting and cardinality. *Child Development*, *60*, 1158 – 1171.

Frye, D., & Zelazo, P. D. (1998). Complexity: From formal analysis to final action. *Behavioral and Brain Sciences*, *21*, 836 – 837.

Frye, D., Zelazo, P. D., & Burack, J. A. (1998). Cognitive complexity and control: Vol. 1. Theory of mind in typical and atypical development. *Current Directions in Psychological Science*, *7*, 116 – 121.

Fuson K. C., & Mierkiewicz, D. (1980, April). *A detailed analysis of the act of counting*. Paper presented at the annual meeting of the American Research Association, Boston, MA.

Gallistel, C. R., & Gelman, R. (2000). Non-verbal numerical cognition: From reals to integers. *Trends in Cognitive Science*, *4*, 59 – 65.

Gattis, M. (2002). Structure mapping in spatial reasoning. *Cognitive Development*, *17*, 1157 – 1183.

Geary, D. C. (2004). Mathematics and learning disabilities. *Journal of Learning Disabilities*, *37*, 4 – 15.

Gelman, R. (1969). Conservation acquisition: A problem of learning to attend to relevant attributes. *Journal of Experimental Child Psychology*, *7*, 167 – 187.

Gelman, R. (1972). Logical capacity of very young children: Number invariance rules. *Child Development*, *43*, 75 – 90.

Gelman, R. (1982). Accessing one-to-one correspondence: Still another paper about conservation. *British Journal of Psychology*, *73*, 209 – 220.

Gelman, R. (1990). First principles organize attention to and learning about relevant data: Number and the animate-inanimate distinction. *Cognitive Science*, *14*, 79 – 106.

Gelman, R., & Gallistel, C. R. (1978). *The child's understanding of number*. Cambridge, MA: Harvard University Press.

Gelman, S. A. (2003). *The essential child*. New York: Oxford. University Press.

Gelman, S. A., & Coley, J. D. (1990). The importance of knowing a dodo is a bird: Categories and inferences in 2 – year-old children. *Developmental Psychology*, *26*, 796 – 804.

Gelman, S. A., & Markman, E. M. (1986). Categories and induction in young children. *Cognition*, *23*, 183 – 209.

Gelman, S. A., & Markman, E. M. (1987). Young children's inductions from natural kinds: The role of categories and appearances. *Child Development*, *58*, 1532 – 1541.

Gelman, S. A., & O'Reilly, A. W. (1988). Children's inductive inferences within superordinate categories: The role of language and category structure. *Child Development*, *59*, 876 – 887.

Gelman, S. A., & Wellman, H. M. (1991). Insides and essence: Early understandings of the non-obvious. *Cognition*, *38*, 213 – 244.

Gentner, D. (1983). Structure-mapping: A theoretical framework for analogy. *Cognitive Science*, *7*, 155 – 170.

Gentner, D., Holyoak, K. J., & Kokinov, B. (Eds.). (2001). *The analogical mind: Perspectives from cognitive science*. Cambridge, MA: MIT Press.

Gentner, D., & Medina, J. (1998). Similarity and the development of rules. *Cognition*, *65*, 263 – 297.

Gentner, D., & Rattermann, M. J. (1998). Deep thinking in children: The case for knowledge change in analogical development. *Behavioral and Brain Sciences*, *21*, 837 – 838.

Gholson, B., Eymard, L. A., Morgan, D., & Kamhi, A. G. (1987). Problem solving, recall, and isomorphic transfer among third-grade and sixth-grade children. *Journal of Experimental Child Psychology*, *43*, 227 – 243.

Gibson, E. J. (2000). Commentary on perceptual and conceptual processes in infancy. *Journal of Cognition and Development*, *1*, 43 – 48.

Gick, M. L., & Holyoak, K. J. (1983). Schema induction and analogical transfer. *Cognitive Psychology*, *15*, 1 – 38.

Gopnik, A. (1996). The post-Piaget era. *Psychological Science*, *7*, 221 – 225.

Goswami, U. (1991). Analogical reasoning: What develops? A review of research and theory. *Child Development*, *62*, 1 – 22.

Goswami, U. (1992). *Analogical reasoning in children*. Hove, England: Erlbaum.

Goswami, U. (1995). Transitive relational mappings in 3 – and 4 – year-olds: The analogy of Goldilocks and the three bears. *Child Development*, *66*, 877 – 892.

Goswami, U. (1996). Analogical reasoning and cognitive development. In H. Reese (Ed.), *Advances in child development and behaviour* (pp. 91 – 138). San Diego, CA: Academic Press.

Goswami, U. (2001). Analogical reasoning in children. In D. Gentner, K. J. Holyoak, & B. Kokinov (Eds.), *The analogical mind: Perspectives* from cognitive science (pp. 437 - 470). Cambridge, MA: MIT Press.

Goswami, U., & Brown, A. L. (1989). Melting chocolate and melting snowmen: Analogical reasoning and causal relations. Cognition, 35, 69 - 95.

Gray, B. (2003). Relational models of feature based concept formation, theory-based concept formation and analogical retrieval/mapping. Unpublished master's thesis, University of Queensland, Brisbane, Australia.

Greene, T. R. (1994). What kindergartners know about class inclusion hierarchies. Journal of Experimental Child Psychology, 57, 72 - 88.

Grice, H. P. (1975). Logic and conversation. New York: Academic Press.

Halford, G. S. (1970). A theory of the acquisition of conservation. Psychological Review, 77, 302 - 316.

Halford, G. S. (1982). The development of thought. Hillsdale, NJ: Erlbaum.

Halford, G. S. (1989). Reflections on 25 years of Piagetian cognitive developmental psychology, 1963 - 1988. Human Development, 32, 325 - 387.

Halford, G. S. (1992). Analogical reasoning and conceptual complexity in cognitive development. Human Development, 35, 193 - 217.

Halford, G. S. (1993). Children's understanding: The development of mental models. Hillsdale, NJ: Erlbaum.

Halford, G. S. (1997). Capacity limitations in processing relations: Implications and causes. In M. Ito (Ed.), Proceedings of IIAS 3rd International Brain and Mind Symposium on Concept Formation: Thinking and Their Development (pp. 49 - 58). Kyoto, Japan: International Institute for Advanced Studies.

Halford, G. S. (2002). Information processing models of cognitive development. In U. Goswami (Ed.), Blackwell handbook of childhood cognitive development (pp. 555 - 574). Oxford, England: Blackwell.

Halford, G. S. (2005). Development of thinking. In K. J. Holyoak & R. G. Morrison (Eds.), Cambridge handbook of thinking and reasoning (pp. 529 - 555). New York: Cambridge University Press.

Halford, G. S., Andrews, G., Dalton, C., Boag, C., & Zielinski. T. (2002). Young children's performance on the balance scale: The influence of relational complexity. Journal of Experimental Child Psychology, 81, 417 - 445.

Halford, G. S., Andrews, G., & Jensen, I. (2002). Integration of cate-gory induction and hierarchical classification: One paradigm at two levels of complexity. Journal of Cognition and Development, 3, 143 - 177.

Halford, G. S., Bain, J. D., Maybery, M., & Andrews, G. (1998). Induction of relational schemas: Common processes in reasoning and complex learning. Cognitive Psychology, 35, 201 - 245.

Halford, G. S., Baker, R., McCredden, J. E., & Bain, J. D. (2005). How many variables can humans process? Psychological Science, 16 (1), 70 - 76.

Halford, G. S., & Bowman, S. (2003, July). Cognitive task difficulty: Hierarchical structure or indecomposability. Paper presented at the 13th Biennial Conference of the Australasian Human Development Association, Auckland, New Zealand.

Halford, G. S., & Boyle, F. M. (1985). Do young children understand conservation of number? Child Development, 56, 165 - 176.

Halford, G. S., Brown, C. A., & Thompson, R. M. (1986). Children's concepts of volume and flotation. Developmental Psychology, 22, 218 - 222.

Halford, G. S., & Kelly, M. E. (1984). On the basis of early transitiv-ity judgments. Journal of Experimental Child Psychology, 38, 42 - 63.

Halford, G. S., & Leitch, E. (1989). Processing load constraints: A structure-mapping approach. In M. A. Luszcz & T. Nettelbeck (Eds.), Psychological development: Perspectives across the lifespan (pp. 151 - 159). Amsterdam: North-Holland.

Halford, G. S., Smith, S. B., Dickson, J. C., Maybery, M. T., Kelly, M. E., Bain, J. D., et al. (1995). Modeling the development of rea-soning strategies: The roles of analogy, knowledge, and capacity. In T. Simon & G. S. Halford (Eds.), Developing cognitive competence: New approaches to cognitive modeling (pp. 77 - 156). Hillsdale, NJ: Erlbaum.

Halford, G. S., & Wilson, W. H. (1980). A category theory approach to cognitive development. Cognitive Psychology, 12, 356 - 411.

Halford, G. S., Wilson, W. H., & Phillips, S. (1998). Processing ca-pacity defined by relational complexity: Implications for comparative, developmental, and cognitive psychology. Behavioral and Brain Sciences, 21, 803 - 831.

Harris, M. R, & McGonigle, B. O. (1994). A model of transitive choice. Quarterly Journal of Experimental Psychology, 47B, 319 - 348.

Hatano, G., & Inagaki, K. (2000). Domain-specific constraints on conceptual development. International Journal of Behavioral Development,

24, 267 - 275.

Hayes, B. K., Goodhew, A., Heit, E., & Gillan, J. (2003). The role of diverse instruction in conceptual change. Journal of Experimental Child Psychology, 86, 253 - 276.

Hayes, B. K., & Taplin, J. E. (1993). Developmental differences in the use of prototype and exemplar-specific information. Journal of Experimental Child Psychology, 55, 329 - 352.

Hodges, R. M., & French, L. A. (1988). The effect of class and col-lection labels on cardinality, class-inclusion, and number conservation tasks. Child Development, 59, 1387 - 1396.

Hodkin, B. (1987). Performance model analysis in class inclusion: An illustration with two language conditions. Developmental Psychology, 23, 683 -689.

Hofstadter, D. R. (2001). Analogy as the core of cognition. In D. Gentner, K. J. Holyoak, & B. N. Kokinov (Eds.), The analogical mind: Perspectives from cognitive science (pp. 499 - 538). Cambridge: MIT Press.

Holcomb, W. L., Stromer, R., & Mackay, H. A. (1997). Transitivity and emergent sequence performances in young children. Journal of Experimental Child Psychology, 65, 96 - 124.

Holyoak, K. J., & Thagard, P. (1995). Mental leaps. Cambridge, MA: MIT Press.

Hosenfeld, B., van der Maas, H. L. J., & van den Boom. D. C. (1997). Indicators of discontinuous change in the development of analogical reasoning. Journal of Experimental Child Psychology, 64, 367 - 395.

Houdé, O. (2000). Inhibition and cognitive development: Object, number, categorization, and reasoning. Cognitive Development, 15, 63 - 73.

Huttenlocher, J., Jordan, N. C., & Levine, S. C. (1994). A mental model of early arithmetic. Journal of Experimental Psychology: General, 123, 284 - 296.

Inhelder, B., & Piaget, J. (1958). The growth of logical thinking from childhood to adolescence (A. Parsons, Trans.). London: Routledge & Kegan Paul. (Original work published 1955)

Inhelder, B., & Piaget, J. (1964). The early growth of logic in the child. London: Routledge & Kegan Paul.

Jansen, B. R. J., & van der Maas, H. L. J. (2001). Evidence for the phase transition from rule 1 to rule 2 on the balance scale task. Developmental Review, 21, 450 - 494.

Jansen, B. R. J., & van der Maas, H. L. J. (2002). The development of children's rule use on the balance scale task. Journal of Experimental Child Psychology, 81, 383 - 416.

Johnson, K. E., Scott, P., & Mervis, C. B. (1997). Development of children's understanding of basic-subordinate inclusion relations. Developmental Psychology, 33, 745 - 763.

Johnson, S. P. (2003). The nature of cognitive development. Trends in Cognitive Science, 7, 102 - 104.

Johnson-Laird, P. N. (1983). Mental models. Cambridge, England: Cambridge University Press.

Johnson-Laird, P. N., & Byrne, R. M. J. (1991). Deduction. Hillsdale, NJ: Erlbaum.

Kahneman, D., Slovic, P., & Tversky, A. (Eds.). (1982). Judgment under uncertainty: Heuristics and biases. New York: Cambridge University Press.

Kahneman, D., & Treisman, A. (1984). Changing views of attention and automaticity. In R. Parasuraman, D. R. Davies, & J. Beatty (Eds.), Variants of attention (pp. 29 - 61). New York: Academic Press.

Kalish, C. W., & Gelman, S. A. (1992). On wooden pillows: Multiple classification and children's category-based inductions. Child Development, 63, 1536 - 1557.

Kallio, K. D. (1982). Developmental change on a five-term transitive inference. Journal of Experimental Child Psychology, 33, 142 - 164.

Keen, R. (2003). Representation of objects and events: Why do infants look so smart and toddlers look so dumb? Current Directions in Psychological Science, 12, 79 - 83.

Keil, F. C. (1989). Concepts, kinds, and cognitive development. Cam-bridge, MA: MIT Press.

Keil, F. C. (1991). The emergence of theoretical beliefs as constraints on concepts. In S. Carey & R. Gelman (Eds.), The epigenesis of mind: Essays on biology and cognition (pp. 237 256). Hillsdale, NJ: Erlbaum.

Keil, F. C. (1995). An abstract to concrete shift in the development of biological thought: The insides story. Cognition, 56, 129 - 163.

Kemler Nelson, D. G., Frankenfield. A., Morris. C., & Blair, E. (2000). Young children's use of functional information to categorize artifacts: Three factors that matter. Cognition, 77, 133 - 168.

Kenrick, D. T. (2001). Evolutionary psychology, cognitive science, and dynamical systems: Building an integrative paradigm. Current Directions in *Psychological Science*, *10*, 13 - 17.

Kirkham, N. Z., Cruess, L., & Diamond, A. (2003). Helping children apply their knowledge of their behavior on a dimension-switching task. *Developmental Science*, *6*, 449 - 476.

Klahr, D., & Chen, Z. (2003). Overcoming the positive-capture strategy in young children: Learning about indeterminacy. *Child Development*, *74*, 1275 - 1296.

Klahr, D., & Robinson, M. (1981). Formal assessment of problem-solving and planning processes in preschool children. *Cognitive Psychology*, *13*, 113 - 148.

Klahr, D., & Wallace, J. G. (1976). *Cognitive development: An information processing view*. Hillsdale, NJ: Erlbaum.

Krascum, R. M., & Andrews, S. (1998). The effects of theories on children's acquisition of family-resemblance categories. *Child Development*, *69*, 333 - 346.

Kuhn, D. (1995). Microgenetic study of change: What has it told us? *Psychological Science*, *6*, 133 - 139.

Kuhn, D. (2001). Why development does (and does not) occur: Evidence from the domain of inductive reasoning. In J. D. McClelland & R. S. Seigler (Eds.), *Mechanisms of cognitive development: Behavioral and neural perspectives* (pp. 221 - 252). Hove, England: Erlbaum.

Kuhn, D., & Phelps, E. (1982). The development of problem-solving strategies. In H. Reese (Ed.), *Advances in child development and behavior* (Vol. 17, pp. 1 - 44). New York: Academic Press.

Kuhn, D., Schauble, L., & Garcia-Mila, M. (1992). Cross-domain development of scientific reasoning. *Cognition and Instruction*, *9*, 285 - 327.

Leevers, H. J., & Harris, P. L. (1999). Persisting effects of instruction on young children's syllogistic reasoning with incongruent and abstract premises. *Thinking and Reasoning*, *5*, 145 - 173.

Leslie, A., & Keeble, S. (1987). Do 6 - month-old infants perceive causality? *Cognition*, *25*, 265 - 288.

Lopez, A., Gelman, S. A., Gutheil, G., & Smith, E. E. (1992). The development of category-based induction. *Child Development*, *63*, 1070 - 1090.

Lourenco, O., & Machado, A. (1996). In defense of Piaget's theory: A reply to 10 common criticisms. *Psychological Review*, *103*, 143 - 164.

Luck, S. J., & Vogel, E. K. (1997). The capacity of visual working memory for features and conjunctions. *Nature*, *390*, 279 - 281.

Mandler, J. M. (1992). How to build a baby: Vol. 2. Conceptual primitives. *Psychological Review*, *99*, 587 - 604.

Mandler, J. M. (1999). Seeing is not the same as thinking: Commentary on "Making sense of infant categorization." *Developmental Review*, *19*, 297 - 306.

Mandler, J. M (2000). Perceptual and conceptual processes in infancy. *Journal of Cognition and Development*, *1*, 3 - 36.

Mandler, J. M., & McDonough, L. (1996). Drinking and driving don't mix: Inductive generalization in infancy. *Cognition*, *59*, 307 - 335.

Mandler, J. M., & McDonough, L. (1998). Studies in inductive inference in infancy. *Cognitive Psychology*, *37*, 60 - 96.

Marcus, G. F. (1998a). Can connectionism save constructivism? *Cognition*, *66*, 153 - 182.

Marcus, G. F. (1998b). Rethinking eliminative connectionism. *Cognitive Psychology*, *37*, 243 - 282.

Marcus, G. F. (1999). Response to Altmann and Dienes: Rule learning by 7 - month-old infants and neural networks. *Science*, *284*, 875.

Marcus, G. F. (2001). *The algebraic mind: Integrating connectionism and cognitive science*. Cambridge, MA: MIT Press.

Marcus, G. F., Vijayan, S., Bandi Rao, S., & Vishton, P. M. (1999). Rule learning by 7 - month-old infants. *Science*, *283*, 77 - 80.

Markman, E. M., & Callanan, M. A. (1984). An analysis of hierarchical classification. In R. S. Sternberg (Ed.), *Advances in the psychology of human intelligence* (Vol. 2, pp. 325 - 365). Hillsdale, NJ: Erlbaum.

Markman, E. M., & Wachtel, G. F. (1988). Children's use of mutual exclusivity to constrain the meanings of words. *Cognitive Psychology*, *20*, 121 - 157.

Markovits H., & Barrouillet, P. (2002). The development of conditional reasoning: A mental model account. *Developmental Review*, *22*, 5 - 36.

Markovits, H., & Barrouillet, P. (2004). Introduction: Why is understanding the development of reasoning important? *Thinking and Reasoning*, *10*, 113 - 121.

Markovits H., & Dumas, C. (1992). Can pigeons really make transitive inferences? *Journal of Experimental Psychology: Animal Behavior Processes*, *18*, 311 - 312.

Markovits H., Dumas, C., & Malfait, N. (1995). Understanding tran-

sitivity of a spatial relationship: A developmental analysis. *Journal of Experimental Child Psychology*, *59*, 124 - 141.

Markovits H., Schleifer, M., & Fortier, L. (1989). Development of elementary deductive reasoning in young children. *Developmental Psychology*, *25*, 787 - 793.

Markovits, H., Venet, M., Janveau-Brenman, G., Malfait, N., Pion, N., & Vadeboncoeur, I. (1996). Reasoning in young children: Fantasy and information retrieval. *Child Development*, *67*, 2857 - 2872.

Matsuda, F. (2001). Development of concepts of interrelationship among duration, distance, and speed. *International Journal of Behavioral Development*, *25*, 466 - 480.

Maybery, M. T., Bain, J. D., & Halford, G. S. (1986). Information processing demands of transitive inference. *Journal of Experimental Psychology: Learning, Memory and Cognition*, *12*, 600 - 613.

McClelland, J. L. (1995). A connectionist perspective on knowledge and development. In T. Simon & G. S. Halford (Eds.), *Developing cognitive competence: New approaches to cognitive modeling* (pp. 157 - 204). Hillsdale, NJ: Erlbaum.

McClelland, J. L., & Rumelhart, D. E. (Eds.). (1986). *Parallel distributed processing — Explorations in the microstructure of cognition: Vol. 1. Foundations*. Cambridge. MA: MIT Press.

McGarrigle, J., & Donaldson, M. (1975). Conservation accidents. *Cognition*, *3*, 341 - 350.

McGarrigle, J., Grieve, R., & Hughes, M. (1978). Interpreting inclusion: A contribution to the study of the child's cognitive and linguistic development. *Journal of Experimental Child Psychology*, *26*, 528 - 550.

McGonigle, B. O., & Chalmers, M. (1977). Are monkeys logical? *Nature*, *267*, 355 - 377.

McLaughlin, G. H. (1963). Psycho-logic: A possible alternative to Piaget's formulation. *British Journal of Educational Psychology*, *33*, 61 - 67.

Meck, W. H., & Church, R. M. (1983). A mode control model of counting and timing processes. *Journal of Experimental Psychology: Animal Behavior Processes*, *9*, 320 - 334.

Medin, D. L. (1989). Concepts and conceptual structure. *American Psychologist*, *44*, 1469 - 1481.

Mehler, J., & Bever, T. G. (1967). Cognitive capacity of very young children. *Science*, *158*, 141 - 142.

Miller, S. A. (1976). Nonverbal assessment of Piagetian concepts. *Psychological Bulletin*, *83*, 405 - 430.

Mix, K. S. (1999). Similarity and numerical equivalence: Appearances count. *Cognitive Development*, *14*, 269 - 297.

Mix, K. S., Huttenlocher, J., & Levine, S. C. (2002). Multiple cues for quantification in infancy: Is number one of them? *Psychological Bulletin*, *128*, 278 - 294.

Molenaar, P. C. M., Huizenga, H. M., & Nesselroade, J. R. (2003). The relationship between the structure of interindividual and intraindividual variability: A theoretical and empirical vindication of developmental systems theory. In U. M. Staudinger & U. Lindenberger (Eds.), *Understanding human development: Dialogues with lifespan psychology* (pp. 339 - 360). New York: Kluwer Academic.

Morris, A. K., & Sloutsky, V. M. (1998). Understanding of logical necessity: Developmental antecedents and cognitive consequences. *Child Development*, *69*, 721 - 741.

Morris, B. J., & Sloutsky, V. M. (2002). Children's solutions of logical versus empirical problems: What's missing and what develops? *Cognitive Development*, *16*, 907 - 928.

Moscovitch, M., Goshen-Gottstein, Y., & Vriezen, E. (1994). Memory without conscious recollection: A tutorial review from a neuropsychological perspective. In C. Umilta & M. Moscovitch (Eds.), *Attention and performance XV: Conscious and nonconscious information processing* (pp. 619 - 660). Cambridge, MA: MIT Press.

Moshman, D., & Franks, B. A. (1986). Development of the concept of inferential validity. *Child Development*, *57*, 153 - 165.

Müller, U., Sokol, B., & Overton, W. F. (1999). Developmental sequences in class reasoning and propositional reasoning. *Journal of Experimental Child Psychology*, *74*, 69 - 106.

Nelson, K. (2000). Global and functional: Mandler's perceptual and conceptual processes in infancy. *Journal of Cognition and Development*, *1*, 49 - 54.

Newell, A. (1990). *Unified theories of cognition*. Cambridge, MA: Harvard University Press.

Nobes, G., Moore, D. G., Martin, A. E., Clifford, B. R., Butterworth, G., Panagiotaki, G., et al. (2003). Children's understanding of the earth in a multicultural community: Mental models or fragments of knowledge? *Developmental Science*, *6*, 72 - 85.

Noveck, I. A. (2001). When children are more logical than adults: Experimental investigations of scalar implicature. *Cognition*, *78*, 165 - 188.

Oakhill, J. (1984). Why children have difficulty reasoning with three-term series problems. *British Journal of Developmental Psychology*, *2*, 223 - 230.

Oden, D. L., Thompson, R. K. R., & Premack, D. (1990). Infant chimpanzees (pan troglodytes) spontaneously perceive both concrete and abstract same/different relations. *Child Development*, *61*, 621 - 631.

Osherson, D. N., & Markman, E. (1975). Language and the ability to evaluate contradictions and tautologies. *Cognition*, *3*, 213 - 216.

Palmer, S. E. (1978). *Fundamental aspects of cognitive representation*. Hillsdale, NJ: Erlbaum.

Pascual-Leone, J. A. (1970). A mathematical model for the transition rule in Piaget's developmental stages. *Acta Psychologica*, *32*, 301 - 345.

Pauen, S. (2002). Evidence for knowledge-based category discrimination in infancy. *Child Development*, *73*, 1016 - 1033.

Pauen, S., & Wilkening, F. (1997). Children's analogical reasoning about natural phenomenon. *Journal of Experimental Child Psychology*, *67*, 90 - 113.

Pears, R., & Bryant, P. (1990). Transitive inferences by young children about spatial position. *British Journal of Psychology*, *81*, 497 - 510.

Perner, J., & Lang, B. (2002). What causes 3 - year-olds' difficulty on the dimensional change card sorting task? *Infant and Child Development*, *11*, 93 - 105.

Perret, P., Paour, J., & Blaye, A. (2003). Respective contributions of inhibition and knowledge levels in class inclusion development: A negative priming study. *Developmental Science*, *6*, 283 - 288.

Phillips, S. (1994). Connectionism and systematicity. In A. C. Tsoi & T. Downs (Eds.), *Proceedings of the Fifth Australian Conference on Neural Networks* (pp. 53 - 55). St. Lucia, Australia: University of Queensland, Electrical and Computer Engineering.

Phillips, S., Halford, G. S., & Wilson, W. H. (1995). The processing of associations versus the processing of relations and symbols: A systematic comparison. In J. D. Moore & J. F. Lehman (Eds.), *Proceedings of the Seventeenth annual conference of the Cognitive Science Society* (pp. 688 - 691). Pittsburgh, PA: Erlbaum.

Piaget, J. (1950). *The psychology of intelligence*. (M. Piercy & D. E. Berlyne, Trans.). London: Routledge & Kegan Paul. (Original work published 1947)

Piaget, J. (1952). *The child's conception of number*. (C. Gattegno & F. M. Hodgson, Trans.). London: Routledge & Kegan Paul. (Original work published 1941)

Piaget, J. (1953). *The origin of intelligence in the child*. London: Routledge & Kegan Paul.

Piaget, J. (1957). *Logic and psychology*. New York: Basic Books.

Piaget, J. (1970). *Structuralism*. (C. Maschler, Trans.). New York: Basic Books. (Original work published 1968)

Piaget, J., Inhelder, B., & Szeminska, A. (1960). *The child's conception of geometry*. London: Routledge & Kegan Paul.

Polya, G. (1954). *Mathematics and plausible reasoning*: *Vol. 1. Induction and analogy in mathematics*. Princeton, NJ: Princeton University Press.

Posner, M. I., & Keele, S. W. (1968). On the genesis of abstract ideas. *Journal of Experimental Psychology*, *77*, 353 - 363.

Quartz, S. R., & Sejnowski, T. J. (1997). The neural basis of cognitive development: A constructivist manifesto. *Behavioral and Brain Sciences*, *20*, 537 - 596.

Quinn, P. C. (1994). The categorization of above and below spatial relations by young infants. *Child Development*, *65*, 58 - 69.

Quinn, P. C. (2002). Category representation in young infants. *Current Directions in Psychological Science*, *11*, 66 - 70.

Quinn, P. C. (2003). Concepts are not just for objects: Categorization of spatial relation information by infants. In D. H. Rakison & L. M. Oakes (Eds.), *Early category and concept development: Making sense of the blooming, buzzing confusion* (pp. 50 - 76). London: Oxford University Press.

Quinn, P. C., & Eimas, P. D. (2000). The emergence of category representations during infancy: Are separate and conceptual processes required? *Journal of Cognition and Development*, *1*, 55 - 61.

Quinn, P. C., & Johnson, M. H. (1997). The emergence of perceptual category representations in young infants: A connectionist analysis. *Journal of Experimental Child Psychology*, *66*, 236 - 263.

Rabinowitz, F. M., & Howe, M. L. (1994). Development of the middle concept. *Journal of Experimental Child Psychology*, *57*, 418 - 448.

Rabinowitz, F. M., Howe, M. L., & Lawrence, J. A. (1989). Class

inclusion and working memory. *Journal of Experimental Child Psychology*, *48*, 379 - 409.

Rattermann, M. J., & Gentner, D. (1998). More evidence for a relational shift in the development of analogy: Children's performance on a causalmapping task. *Cognitive Development*, *13*, 453 - 478.

Reitan, R. M. (1971). Trail making test results for normal and brain-damaged children. *Perceptual and Motor Skills*, *33*, 575 - 581.

Rescorla, R. A., & Wagner, A. R. (1972). A theory of Pavlovian conditioning: Variations in the effectiveness of reinforcement and nonreinforcement. In A. H. Black & W. F. Prokasy (Eds.), *Classical conditioning: Vol. 2. Current theory and research* (pp. 64 - 99). New York: Appleton-Century-Crofts.

Resnick, L. B. (1989). Developing mathematical knowledge. *American Psychologist*, *44*, 162 - 169.

Reyna, V. F. (1991). Class inclusion, the conjunction fallacy, and other cognitive illusions. *Developmental Review*, *11*, 317 - 336.

Reyna, V. F., & Brainerd, C. J. (1990). Fuzzy processing in transitivity development. *Annals of Operations Research*, *23*, 37 - 63.

Reznick, J. S. (2000). Interpreting infant conceptual categorization. *Journal of Cognition and Development*, 63 - 66.

Richards, C. A., & Sanderson, J. A. (1999). The role of imagination in facilitating deductive reasoning in 2 -, 3 - and 4 - year-olds. *Cognition*, *72*, B 1 - B 9.

Riley, C. A. (1976). The representation of comparative relations and the transitive inference task. *Journal of Experimental Child Psychology*, *22*, 1 - 22.

Riley, C. A., & Trabasso, T. (1974). Comparatives, logical structures and encoding in a transitive inference task. *Journal of Experimental Child Psychology*, *17*, 187 - 203.

Rosch, E. (1978). *Principles of categorization*. Hillsdale, NJ: Erlbaum.

Rousselle, L., Palmers, E., & Noël, M.-P. (2004). Magnitude comparison in preschoolers: What counts? Influence of perceptual variables. *Journal of Experimental Child Psychology*, *87*, 57 - 84.

Ruffman, T. (1999). Children's understanding of logical inconsistency. *Child Development*, *70*, 872 - 886.

Samarapungavan, A., Vosniadou, S., & Brewer, W. F. (1996). Mental models of the earth, sun and moon: Indian children's cosmologies. *Cognitive Development*, *11*, 491 - 521.

Seidenberg, M. S., & Elman, J. L. (1999). Do infants learn grammar with algebra or statistics. *Science*, *284*, 433.

Shallice, T. (1982). Specific impairments of planning. *Philosophical Transactions of the Royal Society of London*, *B.*, *298*, 199 - 209.

Shastri, L. (1999). Infants learning algebraic rules. *Science*, *285*, 1673.

Shultz, T. R. (1998). A computational analysis of conservation. *Developmental Science*, *1*, 103 - 126.

Siegal, M., Waters, L. J., & Dinwiddy, L. S. (1988). Misleading children: Causal attributions for inconsistency under repeated questioning. *Journal of Experimental Child Psychology*, *45*, 438 - 456.

Siegel, L. S., McCabe, A. E., Brand, J., & Matthews, J. (1978). Evidence for the understanding of class inclusion in preschool children: Linguistic factors and training effects. *Child Development*, *49*, 688 - 693.

Siegler, R. S. (1976). Three aspects of cognitive development. *Cognitive Psychology*, *8*, 481 - 520.

Siegler, R. S. (1981). Developmental sequences within and between concepts. *Monographs of the Society for Research in Child Development*, *46*, 1 - 84.

Siegler, R. S. (1987). The perils of averaging data over strategies: An example from children's addition. *Journal of Experimental Psychology: General*, *116*, 250 - 264.

Siegler, R. S. (1995). How does change occur: A microgenetic study of number conservation. *Cognitive Psychology*, *28*, 225 - 273.

Siegler, R. S. (1999). Strategic development. *Trends in Cognitive Science*, *3*, 430 - 435.

Siegler, R. S., & Chen, Z. (1998). Developmental differences in rule learning: A microgenetic analysis. *Cognitive Psychology*, *36*, 273 - 310.

Siegler, R. S., & Jenkins, E. A. (1989). *How children discover new strategies*. Hillsdale, NJ: Erlbaum.

Siegler, R. S., & Richards, D. D. (1979). Development of time, speed, and distance concepts. *Developmental Psychology*, *15*, 288 - 298.

Silverman, I. W., York, K., & Zuidema, N. (1984). Area-matching strategies used by young children. *Journal of Experimental Child Psychology*, *38*, 464 - 474.

Simon, T., & Klahr, D. (1995). A computational theory of children's learning about number conservation. In T. Simon & G. S. Halford (Eds.), *Developing cognitive competence: New approaches to process modeling* (pp. 315–353). Hillsdale, NJ: Erlbaum.

Simon, T. J. (1997). Reconceptualizing the origins of number knowledge: A "non-numerical" account. *Cognitive Development*, *12*, 349–372.

Simon, T. J., Hespos, S. J., & Rochat, P. (1995). Do infants understand simple arithmetic? A replication of Wynn (1992). *Cognitive Development*, *10*, 253–269.

Simoneau, M., & Markovits, H. (2003). Reasoning with premises that are not empirically true: Evidence for the role of inhibition and retrieval. *Developmental Psychology*, *39*, 964–975.

Simons, D. J., & Keil, F. C. (1995). An abstract to concrete shift in the development of biological thought: The insides story. *Cognition*, *56*, 129–163.

Sloutsky, V. M. (2003). The role of similarity in the development of categorization. *Trends in Cognitive Science*, *7*, 246–251.

Sloutsky, V. M., & Fisher, A. V. (2004). When development and learning decrease memory: Evidence against category-based induction in children. *Psychological Science*, *15*, 553–558.

Smedslund, J. (1963). The development of concrete transitivity of length in children. *Child Development*, *34*, 389–405.

Smith, L. (2002). Piaget's model. In U. Goswami (Ed.), *Blackwell handbook of chiidhood cognitive development* (pp. 515–537). Malden, MA: Blackwell.

Smolensky, P. (1990). Tensor product variable binding and the representation of symbolic structures in connectionist systems. *Artificial Intelligence*, *46*, 159–216.

Sophian, C. (1995). Representation and reasoning in early numerical development: Counting, conservation and comparison between sets. *Child Development*, *66*, 559–577.

Starkey, P., Spelke, E. S., & Gelman, R. (1990). Numerical abstraction by human infants. *Cognition*, *36*, 97–128.

Sternberg, R. J. (1980). The development of linear syllogistic reasoning. *Journal of Experimental Child Psychology*, *29*, 340–356.

Stiles, J., & Stern, C. (2001). Developmental change in spatial cognitive processing: Complexity effects and block construction performance in preschool children. *Journal of Cognition and Development*, *2*, 157–187.

Strauss, M. S. (1979). Abstraction of prototypical information by adults and 10–month-old infants. *Journal of Experimental Psychology: Human Learning and Memory*, *5*, 618–632.

Suppes, P., & Zinnes, J. L. (1963). Basic measurement theory. In R. D. Luce, R. R. Bush, & E. Galanter (Eds.), *Handbook of mathematical psychology* (pp. 1–76). New York: Wiley.

Surber, C. F., & Gzesh, S. M. (1984). Reversible operations in the balance scale task. *Journal of Experimental Child Psychology*, *38*, 254–274.

Terrace, H. S., & McGonigle, B. (1994). Memory and representation of serial order by children, monkeys, and pigeons. *Current Directions in Psychological Science*, *3*, 180–185.

Thayer, E. S., & Collyer, C. E. (1978). The development of transitive inference: A review of recent approaches. *Psychological Bulletin*, *85*, 1327–1343.

Thomas, H. (1995). Modeling class inclusion strategies. *Developmental Psychology*, *31*, 170–179.

Thomas, H., & Horton, J. J. (1997). Competency criteria and the class inclusion task: Modeling judgments and justifications. *Developmental Psychology*, *33*, 1060–1073.

Towse, J. N., Redbond, J., Houston-Price, C. M. T., & Cook, S. (2000). Understanding the dimensional change card sort: Perspectives from task success and failure. *Cognitive Development*, *15*, 347–365.

Trabasso, T. (1975). *Representation, memory, and reasoning: How do we make transitive inferences?* Minneapolis: University of Minnesota Press.

Trabasso, T. (1977). The role of memory as a system in making transitive inferences. in R. V. Kail & J. W. Hagen (Eds.), *Perspectives on the development of memory and cognition* (pp. 333–366). Hillsdale, NJ: Erlbaum.

Tversky, A., & Kahneman, D. (1973). Availability: A heuristic for judging frequency and probability. *Cognitive Psychology*, *5*, 207–232.

Tyrrell, D. J., Zingaro, M. C., & Minard, K. L. (1993). Learning and transfer of identity-difference relationships by infants. *Infant Behavior and Development*, *16*, 43–52.

van der Maas, H. L. J., & Jansen, B. R. J. (2003). What response times tell of children's behavior on the balance scale task. *Journal of Experimental Child Psychology*, *85*, 141–177.

van Geert, P. (1998). A dynamic systems model of basic developmental mechanisms: Piaget, Vygotsky, and beyond. *Psychological Review*, *105*, 634–677.

Van Gelder, T., & Niklasson, L. (1994). Classicalism and cognitive architecture. In A. Ram & K. Eiselt (Eds.), *Proceedings of the Sixteenth annual conference of the Cognitive Science Society* (pp. 905–909). Hillsdale, NJ: Erlbaum.

VanLehn, K. (1991). Rule acquisition events in the discovery of problem-solving strategies. *Cognitive Science*, *15*, 1–47.

von Fersen, L., Wynne, C. D. L., Delius, J. D., & Staddon, J. E. R. (1991). Transitive inference formation in pigeons. *Journal of Experimental Psychology: Animal Behavior Processes*, *17*, 334–341.

Vosniadou, S. (1989). Analogical reasoning as a mechanism in knowledge acquisition: A developmental perspective. In S. Vosniadou & A. Ortony (Eds.), *Similarity and analogical reasoning* (pp. 413–437). New York: Cambridge University Press.

Vosniadou, S., & Brewer, W. F. (1992). Mental models of the earth: A study of conceptual change in childhood. *Cognitive Psychology*, *24*, 535–585.

Vosniadou, S., Skopeliti, I., & Ikospentaki, K. (2004). Modes of knowing and ways of reasoning in elementary astronomy. *Cognitive Development*, *19*, 203–222.

Vygotsky, L. S. (1962). *Thought and language*. Cambridge, MA: MIT Press. (Original work published 1934)

Waltz, J. A., Knowlton, B. J., Holyoak, K. J., Boone, K. B., Mishkin, F. S., de Menezes Santos, M., et al. (1999). A system for relational reasoning in human prefrontal cortex. *Psychological Science*, *10*, 119–125.

Waxman, S. R., & Markow, D. B. (1995). Words as invitations to form categories: Evidence from 12– to 13–month-old infants. *Cognitive Psychology*, *29*, 257–302.

Welch, L., & Long, L. (1940). The higher structural phases of concept formation in children. *Journal of Psychology*, *9*, 59–95.

Whalen, J., Gallistel, C. R., & Gelman, R. (1999). Nonverbal counting in humans: The psychophysics of number representation. *Psychological Science*, *10*, 130–137.

Wilkening, F. (1979). Combining of stimulus dimensions in children's and adult's judgment of area: An information integration analysis. *Developmental Psychology*, *15*, 25–33.

Wilkening, F. (1980). Development of dimensional integration in children's perceptual judgment: Experiments with area, volume and velocity. In F. Wilkening, J. Becker, & T. Trabasso (Eds.), *Information integration in children* (pp. 47–69). Hillsdale, NJ: Erlbaum.

Wilkening, F. (1981). Integrating velocity, time and distance information: A developmental study. *Cognitive Psychology*, *13*, 134–147.

Wilkening, F., Levin, I., & Druyan, S. (1987). Childrens' counting strategies for time quantification and integration. *Developmental Psychology*, *23*, 823–831.

Wilson, W. H., Halford, G. S., Gray, B., & Phillips, S. (2001). The STAR–2 model for mapping hierarchically structured analogs. In D. Gentner, K. Holyoak, & B. Kokinov (Eds.), *The analogical mind: Perspectives from cognitive science* (pp. 125–159). Cambridge, MA: MIT Press.

Winer, G. A. (1980). Class-inclusion reasoning in children: A review of the empirical literature. *Child Development*, *51*, 309–328.

Winsler, A., & Naglieri, J. (2003). Overt and covert verbal problem-solving strategies: Developmental trends in use, awareness, and relations with task performance in children aged 5 to 17. *Child Development*, *74*, 659–678.

Wittgenstein, L. (1953). *Philosophical investigations*. New York: Macmillan.

Wright, B. C. (2001). Reconceptualizing the transitive inference ability: A framework for existing and future research. *Developmental Review*, *21*, 375–422.

Wynn, K. (1990). Children's understanding of counting. *Cognition*, *36*, 155–193.

Wynn, K. (1992a). Addition and subtraction by human infants. *Nature*, *358*, 749–750.

Wynn, K. (1992b). Children's acquisition of the number words and the counting system. *Cognitive Psychology*, *24*, 220–251.

Wynne, C. D. L, (1995). Reinforcement accounts for transitive inference performance. *Animal Learning and Behavior*, *23*, 207–217.

Xu, F. (2003). Numerosity discrimination in infants: Evidence for two systems of representations. *Cognition*, *89*, B15–B25.

Xu, F., & Spelke, E. S. (2000). Large number discrimination in 6–month-old infants. *Cognition*, *74*, B1–B11.

Younger, B. A. (1993). Understanding category members as "the same sort of thing": Explicit categorization in 10–month infants. *Child*

Development, *64*, 309‑320.

Younger, B. A., & Fearing, D. D. (1999). Parsing items into separate categories: Developmental change in infant categorization. *Child Development*, *70*, 291‑303.

Zelazo, P. D. (2004). The development of conscious control in childhood. *Trends in Cognitive Sciences*, *8*, 12‑17.

Zelazo, P. D., & Frye, D. (1998). Cognitive complexity and control: Vol. 2. The development of executive function in childhood. *Current Directions in Psychological Science*, *7*, 121‑126.

Zelazo, P. D., Frye, D., & Rapus, T. (1996). An age-related dissociation between knowing rules and using them. *Cognitive Development*, *11*, 37‑63.

Zelazo, P. D., Muller, U., Frye, D., & Marcovitch, S. (2003). The development of executive function in early childhood. *Monographs of the Society for Research in Child Development*, *68*(3, Serial No. 274).

Zentall, T. R., Galizio, M., & Critchfield, T. S. (2002). Categorization, concept learning and behavior analysis: An introduction. *Journal of the Experimental Analysis of Behavior*, *78*, 237‑248.

第 14 章

认知科学和认知发展

FRANK KEIL

　　认知科学的跨学科领域代表了研究认知发展的一种重要趋势。它提供了一种关于心理发展的视角,而这是我们从某一个主要的认知科学的基本领域(如心理学、语言学、计算机科学、神经科学、人类学和哲学)更狭隘地来看待认知发展时得不到的。认知科学取向已经通过若干方法框定和提出了一些关于认知发展的问题,而这些问题是从来没有提出过,或者是在各个领域里以不同的方式提出的,这一章将对认知科学取向的这些方法进行讨论。这种取向的好处是显而易见的,但是要求研究者掌握多学科方法和理论也存在着巨大挑战。随着每个学科本身知识深度的快速增长,那些了解这些新发展的研究者,怎样才能同时利用远离他们日常工作领域的学识呢? 本章还将阐述将单一学科的必要深度和学科广度的优势结合起来的方法。

　　认知科学的最有力贡献在于多学科综合提供了单一学科不能提供的视角。认知科学取向建立在关注同一问题或相近问题的其他学科的视角、范式、方法和模型的基础上,这使其总是能提出理解熟悉现象的新方式。它也能够帮助我们从它独特的视角来理解新现象。综合不同观点的研究是有益的,这样的看法并不新鲜。至少从 Bacon 时代开始,多方证据的整合就已经被看作是对归纳具有重要价值了(参见 Heit & Hahn, 2001)。150 多年前,就在人们开始认为不同学科具有明显差异的时候，英国的博学者 William Whewell 提出：在关于一般模式发生的证据存在广泛分歧时，对这些证据的整合可以提供更深刻的理解(Whewell, 1840/1999)。然而，把认知科学看作是产生重要整合的所在则是最近的事情，大约 30 年前它才获得重视(Bechtel, Abrahamsen, & Graham, 1998; Keil, 1991, 2001)。虽然相对很新，但是这种整合的好处却已经成为最令人印象深刻的跨学科成就之一。

在认知科学中各理论和研究已经共同产生了大量新观点，而发展研究已经成为其中最突出的领域。通过在传统研究模式中较少出现的方法将心理学、语言学、神经科学、计算机科学、人类学和哲学中的理论和实证研究整合起来的认知发展研究是什么样的？本章将集中探讨心理发展的研究如何通过特别富有成效的方法整合认知科学各学科的观点，并特别阐述发展中的机体随时间变化的模式是如何促进对交叉学科的一般问题的理解的。

在本手册之前的版本(Keil, 1998)中曾经出现的类似章节——"认知科学和思维与知识的起源"，这个题目的确定考虑了关于心理的基本问题，以及如何通过基于几个不同学科之上的思考来最好地了解这些问题。其中提到了诸如如何量化实体、认识个体或成功沟通这样的问题。理解认知科学的内涵及其对发展的作用的方法已经是卓有成效的，并继续推动和指导着研究的进行。只要看一下当前关于数量理解(例如，Deheane, 1998; Wynn, 1998)、客体追踪和个性化(例如，Leslie, Xu, Tremoulet, & Scholl, 1998; Munakata, 2001; Scholl, 2004)，以及沟通(例如，Bloom, 2000; Gleitman & Bloom, 1998; Lightfoot, 1999; MacWhinney, 1998; Yang, 2004)的发展研究，就会立刻发现通过兼顾多个学科来提出问题的研究策略是多么的活跃和有益。

本章极易成为对那些基本的跨学科问题的回顾，以及对每一个这些领域中最引人注目的研究进展的最新介绍。然而，之前的章节已经提供了使读者很容易就能自己做出这些延伸阅读的指引。因此，我在此采取了另外一种阐述方式。本章将关注认知发展的基本问题，这些问题在心理学界已经被提出了几十年，有的已经超过了一个世纪。然后探讨随着认知科学中其他学科视角的更多融入，这些问题已经发生了怎样的变化。其他学科中对相关问题出现的关注，以及对从传统的狭隘范围内提出这些问题的局限性的再认识，都是这些变化产生的原因。这导致问题提出的方式及其可能答案的性质都发生了改变。之前章节的模式是先提出跨学科的一些发展问题，然后说明如何整合不同的学科来回答这些问题。而本章的模式是关注那些长期存在的、传统上认为是心理学核心的发展问题，然后说明它们涉及的范围都已经发生了怎样的变化。最后将对关于发展的相似类型问题的两种模式进行整合，但是这些叙述趋向于反映更贴近于心理学视角下的传统模式。此外，这里提出的问题将与前几章的有所不同，以便从不同的角度进行思考。这些问题都是以领域一般形式提出，而不是像手册之前的章节那样以领域特殊形式提出。这种转变并不意味着领域的特异性与这些问题的回答毫不相干，其仅仅是组织这些材料的一个出发点。在这一章的最后一节，领域的特殊性和一般性将被放在一起直接讨论，这样做将使本章与之前的联结更为紧密。

本章的主要内容为如下 10 个问题：

1. 初始状态是什么样的？

2. 存在一个具有适应性的心理吗?

3. 发展的过程是从具体到抽象吗?

4. 概念转变的实质是什么?

5. 学习和发展的区别是什么?

6. 发展性变化下的表征结构是什么?

7. 内隐和外显认知在发展中的作用是什么?

8. 联结和规则在发展中的作用是什么?

9. 是否存在发展的一般性?

10. 什么构成了一个认知领域,这个领域的结构又是如何影响发展的?

起源

认知发展的最初阶段问题吸引了多个学科的学者们。对这一阶段的关注自然而然地把 611
研究问题引向了初始状态和心理对学习适应的可能方式。

什么是初始状态

至少从 Plato 和 Herodotus 的著作开始,学者们已经开始思考人类婴儿的初始状态的问题。描述初生儿的认知结构和能力的最好方式是什么? 在某种意义上,提出在降生时刻存在初始状态的说法显得武断和误入歧途。降生的那一刻似乎并没有那么重要,而且药物和看起来随机的环境触发都可能对其产生相当大的影响。此外,儿童经常会早产,有时甚至会早产两个月。随着越来越小的早产儿存活率的上升,初生时刻就变得越发模糊了。既然早产 4 个月的儿童存活了下来,那为什么要把正常降生的 9.5 个月作为"初始状态"来讨论呢?

然而我们仍然把问题聚焦于足月分娩婴儿的认知特性,这样做是出于以下几个原因。首先,虽然有证据表明学习可以发生在胎儿期(Decasper & Spence, 1986; Moon, Cooper, & Fifer, 1993; Nazzi, Bertoncini, & Mehler, 1998),但是在出生后,学习新信息的机会得到巨大扩展也是无可置疑的。不仅所有的感觉系统都受到了全新而且更为丰富的信息刺激,而且新生儿离开子宫触发了许多新的交互作用,以及来自看护者和婴儿周围其他人的信息输入(例如,Fernald, 1992, 1993)。第二,就像对早产和足月婴儿的发展性能力的比较所说明的那样,出生本身会伴随着新的认知能力(Rose, Feldman, & Jankowski, 2001; Roy, Barsoum-Homsy, Orquin, & Benoit, 1995; Weinacht, Kind, Monting, & Gottlob, 1998)。出生会有助于促进或者引发认知能力的发生发展。最后,新生儿可以将丰富多样的活动作用于给他们带来新经验的环境,并按照他们自己的规则构成其学习的重要方面。

以发展心理学的观点来看,直到 10 或 20 年前,在得到了来自其他学科工作的加强后,初始状态的问题才不再那么模糊和被错误地界定。在语言学方面,可习得性的观念变得重要了。在计算机科学方面,随着初始状态的构造结构观点的出现,可习得性和大规模并行加工的观点产生了巨大影响力。在神经科学方面,对于其他物种初生状态,及其在经验和新范式的作用下发生的改变,我们现在有了精确的神经描述,这里的新范式是指内源经验可能像外源经验一样可以塑造大脑。在哲学方面,研究者对初始状态概念的理解更为深入。在人类学方面,出现了这样的观点:随着年龄的递减,心理状态反向收敛为一个一般心理结构。下面就每个领域的工作做一个更为详细的介绍。

在某种意义上,可习得性的问题是简单明了的。它关注对于给定的学习形式、环境输入和成功习得的观念而言,什么类型的知识结构是可习得的(Pinker, 1989, 1995)。在许多情况下,根据有限组数据只习得唯一一种模式是不可能的。一个经典的例子就是算出表示经过一组有限点的曲线的函数。在大多数这样的情况下,都不可能推导出唯一的一个函数,甚至就算是用简化的方法也常常不能充分解决这些归纳问题(Goodman, 1965)。在语言习得中,这个问题尤为明显。Chomsky 的"刺激不足"观念推动了这样的观点,即在一般的输入贫乏的情况下,许多习得系统不能学会一种语言的语法(Chomsky, 1975)。基于某些语言习得系统不能从更大的集合中识别一种特定语言的多方证据(Gold, 1967; Wexler & Culicover, 1980),一些学者认为同一个模式可能会适用于学习和认知发展的许多方面(Jain, Osherson, Royer, & Sharma, 1999)。

然而,可习得性的观点和"刺激不足"的论述并没有被毫无疑义地接受(例如, Fodor & Crowther, 2002; Margolis & Laurence, 2002; Pullum & Scholz, 2002)。有观点认为刺激远远比以前认为的更丰富,因而更为收敛的学习将成为可能(Pullum & Scholz, 2002)。当然,这里讨论的重点并不在评价某种语法和更一般性的知识在哪些方面是特定的学习系统可习得的。关键的是这种对可习得性的争论有助于加深理解关于初始状态的问题。现在,心理学家可能深刻地认识到,一些形式的知识也许只能通过特定的结构来习得。因而,得出一些方法以精确描述知识表征、学习策略、信息供给以及适当学习水平的含义就显得十分重要。

虽然,"形式学习程序在大多数发展心理学家心中占有首要的位置"这样的说法有些夸大,但是,确定一个学习系统相关成分的必要性得到了越来越多人的认同。同时,使用形式方法来改进初始状态界定所带来的挑战,也超出了很多人最初的预想。一些工作者,从计算机科学的角度,围绕可习得性问题提出了截然不同的结构,如使用大规模平行加工系统和完全不同的学习过程所建立的结构。有观点认为,范畴学习和概念转变的许多方面对于成人来说似乎是非习得的,通过这些平行的结构也许能更好地模拟较为简单的联结式系统(Rogers & McClelland, 2004)。因此,不管是在更传统的学习结构中,还是在新的平行系统中,计算机科学的进展都重新聚焦于初始状态的研究。

神经科学的飞速进展使得了解初始状态神经网络的某些部分,进而考察其随着有机体学习而发生的改变成为可能。在这方面的工作中,做得最为出色和精细的是关于仓鸮的知觉运动学习的分析(Knudsen, 2002)。研究显示了仓鸮可能是如何来学习听觉定位的:信息以与输入时程有关的复杂的输入方式进入眼睛和耳朵,仓鸮通过协调接受这些信息的神经细胞来学习听觉定位(Gutfreund, Zheng, & Kundsen, 2002)。在仓鸮的听觉定位学习中,可以在神经水平描述进行听觉学习所必需的预置装置,以及允许调节和再校准的可塑性。这些可以通过把棱镜放在仓鸮的眼睛上，或者塞住它们耳朵的实验来证明。虽然从这些神经模型到形式学习模型还有很长的路要走，但是现在已经可以看出这些不同方法的整合所具有的潜在益处。人们第一次可以在神经数据的基础上，通过计算机建立初始状态，及其调节功能的模型(Kardar & Zee, 2002)。与之前平行分布加工网络(PDP)在神经系统后建模的主张相比，这是一次巨大的飞跃。这些主张很大程度上基于松散的相似点，而不是从神经结构到计算机结构的数据驱动映象。

神经科学通过发现激活的内源循环如何形成一个内部经验促进了对初始状态问题的深入理解，而这些内部经验是同外部经验一样必须得到了解的。因此，除了神经活动的外部驱动模式，还有一些对指导调节和加强神经环路很关键的内源驱动模式(Zhang & Poo, 2001)。例如，在视网膜和丘脑中，神经元的内源产生电活动的自发循环被认为是有助于外侧膝状核和视皮层中的定位特异性环路的精确和加强。出生后，这些环路在视觉经验的作用下变得更加协调。显然，分子遗传学详述的结构一定与这些活动的内源波彼此作用，可能会存在一个在降生前后都能调节神经结构的活动依赖性机制(Zhang & Poo, 2001)。现在，对于初始状态和刺激不足的讨论必须要考虑这种内部循环的影响。在更广泛的层面上，现在，关于发展的神经生物学的巨大进展有助于以更丰富的途径约束对初始认知状态的讨论(Marcus, 2004)。

我们已经谈到了计算机科学的影响起源于结构的争论，即结构是大规模平行的还是序列的。另一组不同的对比是中央认知控制模式所建立的系统，及与之相对的建立在简单知觉/动作程序上的"基于行为"的系统(Brooks, 2001)。电影 *Fast, Cheap and Out of Control*(1997)的一个选段宣扬了这种观点。影片中，计算机科学家 Rodney Brooks 放大了以其认为的种系复演方式从事人工智能研究所具有的优势。以在昆虫中发现的这种相对简单的知觉动作回路为出发点，就有可能建立起忽略中央认知控制机制的行为模型(Brooks, 1997)。看一下对飞蛾扑火行为的两种解释方式。一种解释可能是试图建立这样的行为模型：一个中央认知系统识别到明亮的光源，接着将这个识别程序与希望接近光源的动机系统连接起来，然后在这两个系统输出信息的相互作用的基础上，一系列命令发送到知觉运动指导系统。而另一种解释则可能是去寻求感觉输入与动作之间的天然连接。图 14.1 呈现了一个简单的说明。假设飞蛾的某只眼睛离光源越近或正对光源，其神经输出信息就越迅速。而且这些输出信息到达飞蛾的翅膀后，在这只眼睛对侧的翅膀就会比同侧的翅膀扇动得更快。不同的翅膀扇动速度使得飞蛾能够转向火焰，直到两只眼睛接受到均等的刺激后，沿着直线飞向火焰。

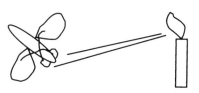

图 14.1 以非认知的方式来解释飞蛾扑火：假设存在眼睛与翅膀肌肉之间的相互作用，与光源较近的眼睛引发对侧翅膀的兴奋模式，使其拍打的速度更快，从而使飞蛾转向光源。通过这种方式，飞蛾可以不断地调节它的行为，直到它正对着光源。

真实的飞蛾扑火的过程可能比这个复杂得多(例如，Hsiao, 1973)；但是这个简易的例子说明了一个基本观点：复杂的目标指向行为有时可能产生于非常简单的非中央知觉运动机制。Brooks 和他的同事们认为,我们应该把许多人类行为的复杂性,看作是这种昆虫式程序的自下而上的串联。类似地,人们也可以把发展中的学习看成是这样的串联(参见 Thelen, 2000)。我们渴望推断出更为精细的中央控制过程来确定行为,但是有时这也许是不合适的。一个名叫 Kismet 的可爱机器人提供了一个例子。Kismet 有一些内置程序来追踪眨眼和身体、头部运动,并对此做出自动反应(Adams, Breazeal, Brooks, & Scassellati, 2000; Scassellati, 2001, 2002)。这些面孔一反应程序的回路看起来都很简单,且明显地非人类化。然而,在现实当中,人类观察者认为行动中的机器人拥有的认知、动机和情感结构的数目比它实际拥有的更多。

人类的婴儿也许一点儿也不像 Kismet,但是这方面的研究已经影响了对可能的初始状态的思考,并帮助心理学家认识到,高度相互作用的社会行为自身也许并不能说明存在丰富的内在认知过程或伴随其存在的初始状态。随着在越来越小的婴儿身上发现更为复杂的社会性追踪和意外反应规则(例如, M. H. Johnson, 2000),计算机科学里关于适当结构的争论彼此越来越相互关联。

同样,哲学中最近关于初始状态和先天论相关问题的探讨也影响了发展心理学中更为传统的观点。哲学家关注于心理学中更经典的概念,如触发与通达(Ariew, 1999)、领域特殊性(Cowie, 1999; Samuels, 2002),和模块及其来源(Carruthers, 2005),而发展心理学的进展也使持先天论的哲学家更加关注这些话题。哲学家已经指出要恰当界定表征、学习或者环境中的有效信息所面临的挑战。哲学还经常是心理学、计算机科学、语言学和神经科学之间相互联络的最优着眼点。

人类学对界定初始状态的贡献更具有尝试的意味,但是这个领域里也有令人振奋的进展(Sperber & Hirschfeld, 1999)。随着认知科学技术在跨文化研究中更精巧的应用,文化结构和认知结构相互作用的方式得到了更精确的描述。虽然成人之间会体现出文化的多样性,但是随着年龄的递减,在一种文化下的幼儿或者婴儿所体现的文化会收敛于一个一般的模式,这给出了一种可以很好探明初始状态问题的方式。这种收敛一开始就对初始状态提出一些建议(Medin & Atran, 2004)。另一种不同的观点认为,文化内部的信息传播能力依赖于这个文化的全体成员,他们拥有一个充分共享的、认知的一般平台来作为传播媒介(Sperber & Hirschfeld, 2004)。这个一般平台也反过来有助于对初始状态的理解。

鉴于界定初始状态的复杂性,人们很想象其他人宣称先天和经验之争是伪命题那样,宣布有关初始状态的问题没有任何用处。当然,这两种说法都是错误的。近年来,认知科学的最大进展之一就是从多学科的角度,对初始状态问题的不同侧面进行了更细节性的描述,这给那些从事婴幼儿发展心理研究的人们带来了一个新视角。因此,随着在多学科背景下思考初始状态问题,这些问题已经变得更加精确和细致。

存在一个具有适应性的心理吗

在某种意义上,这个问题的答案无疑是肯定的。大家可能都同意人类的大脑具有很多的适应性。当复杂皮层要长距离地传输大批信息时,神经胶质鞘的适应性就会明显地在有机体中发生。较大的大脑会有填充了脑脊液的脑室,脑脊液有助于控制和维持大脑的化学环境。灵长类动物的皮层脑回也被认为是一种适应性——在有限的容积内能够增加更多的皮层的表面积。从所有这些功能性的和生理性的意义来说,大脑是具有适应性的。然而,更具争议的问题不是这个,而是在于进化心理的核心(Tooby & Cosmides, 2005)。不同的认知能力都有多大程度的适应性存在,它们都处于什么加工水平?感觉感受器,如眼睛和耳朵,对于不同种类的信息存在着适应性是无需争论的。虽然存在一些不同意见,但是大多数人一致认为追踪目标(Mitroff, Scholl, & Wynn, in press)、社会主体(Leslie, 2000)、深度(Sakata et al., 1997)和语言(Hauser, Chomsky, & Fitch, 2002; Pinker & Bloom, 1990)的模块存在着适应性。但是,在识破骗局(Cosmide, 1989)、寻找有吸引力的配偶(Buss, 1994),以及对生活世界进行思考(Atran, 1998; Bailenson et al., 2002)方面,人类或其他物种是否存在进化性认知适应性,对此还存在着较大的争议。虽然进化心理学是一个相对较新的术语,但是在 Darwin 提出自然选择的进化学说之后不久,适应性心理的问题就成为其思想的一部分。他详尽讨论了早期出现的情绪和与其相应的面部表情的适应性功能(Darwin, 1872)。

随着跨学科思考开始反过来回答心理学问题,关于心理具有适应性的争论取得了显著的进展。这其中最有趣的一个出现在计算生物学领域,这个领域的学者探索了模块和与之相对的一般结构的适应性价值,并考察了在结构改变的何种环境和机制下,模块才会出现(Calabretta, Di Ferdinando, Wangner, & Parisi, 2003; Wangner, Mezey, & Calabretta, 2004)。还有一些研究工作在寻求生成系统的最佳方式,从而使这个系统既能对视觉阵列中的物体作"是什么"的运算,也能作"在哪里"的运算。虽然较早的工作显示,一个只有一种学习算法的单一结构可能学会两个不同的模块(Jacobs, 1999)。但是后来的研究表明,混合结构既使用遗传算法(GA),也使用通过反向传播算法(BP)进行的学习的变式,在功能特异性模块的发展中显示出巨大的优势(Wagner et al., in press)。

研究者设计了可以通过两种方式改变自身结构的网络,一种方式是通过随机变异产生不同的初始网络(遗传算法);另一种方式是指示学习形式,在其中,权重随着任务执行功能而改变(反向传播算法)。有发现表明,当遗传算法先于反向传播下的学习时,这种混合网络可以迅速地为"是什么"和"在哪里"任务创建不同的功能模块。此外,网络先学会的是简单任务(在哪里),然后是复杂任务(是什么)。对于这些结果的一种解释认为,遗传算法类似于进化性的改变,而反向传播学习代表了单个有机体在生命全程中的学习(Calabretta & Parisi, in press)。

与那些只是合并了学习模块的结构相比,融合了进化模块和学习模块的混合结构更加先进。要下这样的结论还为时尚早。确实,许多研究者仍然认为,婴儿通过分别促进两种不同任务的网络之间的竞争过程来逐步学习模块,这是我们理解不同认知领域出现的一种方式(Dailey, & Cottrell, 1999; M. H. Johnson, 2000)。通过这样的叙述可见,不同信息方式对应于社会主体、生物和面孔等现实生活范畴,从这种先验的领域特异化的意义上来说,并不存在具有适应性的心理。事实上,这些特异化源于更低水平的知觉线索引起的信息通道。另一些人则赞成进化的适应性模块的证据(Duchaine, Cosmides, & Tooby, 2001),以

615

及在适应性特异化系统取代一般目的学习系统的进化中普遍进步的证据(Gallistel, 2000)。因此,争论仍在继续。领域特殊性结构是降生后随着单个有机体的学习经验积累逐渐出现的,还是产生于一个物种全体的进化过程,然而,不管怎么说,现在,计算的方法为探讨此问题提供了条件。

在尝试对环境和进化过程的丰富性进行建模的方面,存在一些意义深远的问题。研究者被迫使用高度理想化和简单化的简易系统,但是这种计算的取向正在开始影响关于功能特异化的出现以及我们具有多大程度的适应性心理的思考。此外,这种计算的方法也给心理学家进行的人类婴儿实验研究带来了一些新的观点(例如, Munakata, McClelland, Johnson, & Siegler, 1997)。就像前面提到的那样,在更广泛的意义上,如果把启动于神经系统各成分之后的感觉传感器的结构包括在内,心理显然是具有适应性的。争论始终围绕着一个问题,即是否存在一些原则性的边界来界定适应性的范围,如只适用于感觉传感器,或只适用于低级知觉输入模块,又或者只适用于最高水平的认知。得益于计算的取向,正因为其特异性和对不同立场者的实证性支持,争论正在向前推进。

另一种研究适应性心理范围的方法是使用"逆向工程"法。这个说法经常用来形容工业上的间谍行为,即工程师拿到一个竞争对手的产品,从这个产品的功能,来试图反向算出它是怎么工作的、及其制作方式的原理。置于心理研究的背景下,这种方法是先确定一个属性或行为(如婚配、子女养育、识破骗局)的功能,然后以这个属性作为目标,接着在这种假设下,像尝试确定系统那样,考察它的规则和达到目标的方式。是否有足够的约束可以从工程法的结构来可靠地推断出人类心理的结构,对此存在着很大的争论(Lewens, 2002)。但是这个方法说明了解决包含进化生物学观点的适应性心理问题的一种方式。

一些人认为逆向工程法很空洞,因为它可以被用来支持任何一种存在的东西,也就是说,如果在发展早期观察到一种思维方式,并且所有文化下的所有儿童都存在,那么它一定是经过了进化选择的。虽然这种误导性的推理可能会发生,但是在对真正的人工制品进行分析时也可能发生误导,而逆向工程法作为设计的一种策略却并没有因此减少其使用(Lewens, 2002)。很可能是这样一种情况,即对于同时具有生物属性和人造属性的更为复杂交错的系统而言,逆向工程法在一定的功能复杂性水平上很少会错误地推导。此外,物种间的对比常常说明一些一般性的结果。通过对社会有机体的基本功能更广泛的进化分析,一小部分关键功能会显现出来,如群体合作、婚配、子女养育和自我保护(Pinker, 1997)。这些几乎不存争议的、具有物种间稳定性的功能,可以被用来框定认知发展问题的范围。

关于适应性心理在发展中的作用的问题也引起了对个体差异的一种新看法。传统上,个体差异一直被认为是遗传与环境争辩的集中点(例如, Scarr, 1992),但是这种看待个体差异的角度忽视了变异模式以何种方式放大基础领域差异(Bjorklund & Pellegrini, 2000; Scarr, 1992; Segal & MacDonald, 1998),这个观点的一个先驱起源于 Gardner(1983)关于"多元智力"的工作,"多元智力"提出了思维的不同领域,如逻辑、空间和人际关系智力。相对于思考一个特质(如空间推理能力)的显现程度主要是经验还是基因的作用,研究个体差异的进化心理学取向更关注在个体中的各种变异方式之上,是否可能会出现一个一般的明显的功能结构。在这种情况下,会聚了跨文化研究和发展观点的分析,关注个体差异的视角是否强调这样一个"心理器官"。由于涉及大量的数据,我们刚刚开始注意这种方法下的发现。如果从个体间广泛的变异模式来看,认知的某些方面仍然保持着稳定和领域特殊性,那么,这里包括的认知能力应该被看作是一种可能的思维的适应形式。

个体差异更为极端的形式——病理学模式,也被用来作为存在适应性心理的支持。人们据此来区分这些极端形式:那些具有这样症状的人会对生活不适应,并且可能会威胁其生存,尤其是当这些个体生活在传统的环境中时。因此,一种关于适应性认知能力的观点是,当它被严重破坏时,就会威胁生存。与其他领域相比,朴素心理学领域已经从这个方面对孤独症个体进行了更多研究。虽然对于孤独症在多大程度上仅仅是由认知缺陷造成的还存在很多争论(Birlen, 1990; Cohen & Volkmar, 1997),在许多情况下,孤独症个体的主要缺陷看起来似乎是思考他人心理状态的特异性的认知问题,如信念和愿望是如何影响行为、欺骗和误解等(Baron-Cohen, 1995, 2004; Leslie & Thaiss, 1992)。此外,似乎存在着一个从孤独症到阿斯伯格氏综合征的连续体,在这个连续体中的个体,在获得一个"朴素心理"的能力方面会存在着程度不同的障碍(Klin, Volkmar, & Sparrow, 2000)。严重的孤独症个体很难理解关于心理状况是如何导致行为的任何信息,而缺陷程度较轻如阿斯伯格氏综合征的个体能够理解他人的心理活动,但这只是有限程度上的理解,而且有相当的困难。

在思维的某些特定方面发生了神经损伤,并由此带来了缺陷,这并不意味着这些思维的方面就是具有适应性的领域。已经有很多证据表明,一个一般性学习系统,如通过大规模平行加工学习的系统,在这类损伤后是如何仍然表现出领域特殊性的缺陷的。目前已经可以在这样的系统中模拟出在关于工具和动物的思考能力中存在的不同种类缺陷(Farah & McClelland, 1991; Rogers & Plaut, 2002)。随着对这样的差异进行解释成为可能,注意的知觉性和功能性特征的低水平差异已经可以解释(Borgo & Shallice, 2003)。然而,在其他的一些情况下,思维上的特异性损伤很难在领域一般性学习的问题中得到解释(Humphreys & Forde, 2001; Keil, Kim, & Greif, 2002; Vinson, Vigliocco, Cappa, & Siri, 2003)。

在人类是否具有适应面孔知觉的特异性脑区方面,也存在着相似的争论(Dochaine, Dingle, Butterworth, & Nakayama, 2004; Dochaine & Nakayama, 2005; Gauthier, Curran, Curby, & Collins, 2003; Kanwisher, 2000; Kellman & Arterberry, Chapter 3, this *Handbook*, this volume)。这些争论经常引起关于发展的关键性争论,即以下情况是否具有可能性:只参与一种任务(如面孔知觉)的特异化脑区可能在最初的时候并不是只为加工面孔而预置的,但是由于低水平的知觉分流,使它只能接收到面孔的信息,这样随着时间的推移,这个脑区就变得优先组织这类信息了(Johnson & Morton, 1991)。因此,大脑的认知特异化是在进化过程中受到选择而出现的,还是在个体生涯的学习过程中受到选择而出现的?由于这两种可能性在多个认知领域里都被提出过,发展对于这一问题的理解就变得十分关键(Elman et al., 1996)。

然而,进化观点的一个潜在视角早已经超越了对思维的特异化领域和模块性的探讨。适应性心理的问题还引出了对特异性发展轨迹和发展速度的关注。例如,为什么三种深度线索——三维动态线索(如运动视差)、双眼线索(如双眼视差)和形象线索(如线形知觉),在婴儿期是按照那样一个顺序先后出现的呢(Kellman & Banks, 1998)? 一个极具诱惑的解释是,因为小婴儿的各种能力较弱,如较差的视敏度和双眼协调,3D 动态线索知觉能力最强,所以 3D 动态线索的知觉最先出现具有适应性意义。这样的动态线索可能对之后会用到的其他类型的线索形成反馈。同样地,一些认知技能早于其他技能出现,这可以从适应性的角度来理解,并将其看作是一种更为成熟的发展方式。

关于适应性发展顺序的讨论引发了这样一些问题:一个发展的顺序是早已设定的,还是认知和知觉系统成熟的必然结果,其中的一些成分必然在其他成分之前出现? 虽然一些观点认为,在数学思维中,加法在乘法之前出现是因为有一个成熟的程序。但是一种似乎更为合理的看法是,在逻辑上,加法在乘法之前,如果不能理解前者,那么后者也无法理解(National Research Council, 2001)。因此,对适应性解释不加区分是危险的,在生物学中就经常有这种偏见(Gould & Lewontin, 1979)。不过,虽然在适应性视角下考察发展模式有时可能会有误导,但是这样的方法往往有助于把研究聚焦在对一组新问题的经验性探索上。

探讨发展模式的适应性问题也能成为研究物种间差异的一个有效途径。为什么一些有机体的某些认知和知觉技能,相比于具有类似技能的有机体成熟得更快? 为什么人类婴儿虽然能够看出物体的深度,却不会对视崖表现出恐惧或者回避,但其他物种一出生就能建立起这种联结(Campos et al. , 2000)? 一种解答可能会关注,即其他物种新生儿的灵活性,以及这种灵活性在一出生时建立深度知觉和恐惧、回避之间联结的必要性。一些讨论可能会进一步地支持这种解答:灵活性的缺乏是如何有利于花时间建立起一个恐惧—深度联结的。

在更广泛的意义上,早熟而僵化的与晚成而灵活的这两个认知性知觉系统的优势之间存在不断的平衡。适应性的解释并不总能说明在数学技能、朴素心理、朴素生物、朴素物理等领域里知识获得的发展性顺序是怎样的。但是,它们往往能够说明领域里的一部分问题,并且能界定一些可以引发更集中研究的问题。其他的一些例子可能还包括,客体档案和关于数知识的估计技能的使用先于基于计算的方法;连续体、非超距作用和关于客体概念的固定原则的使用(例如, Wynn, 1998)先于重力、动量/轨迹的使用(Spelke, Breinlinger, Macomber, & Jacobson, 1992)。

改变的方式

实质上,认知发展包括改变的各种观念,却已经很难清楚地区分不同的改变方式了。关于表征形式以及改变的程度和类型都存在着争论。认知科学的工作已经在很大程度上帮助我们更深入地理解了这些差异中的一部分。

发展的过程是从具体到抽象吗

发展一定是从具体到抽象的,几乎没有什么比这个观点看起来更具常识性。以各种不同方式对此进行的论证遍及发展心理学的历史(例如，Bruner，1967；Inhelder & Piaget，1958；Vygotsky，1962；Werner，1940)。关于这个问题的认知科学观点已经开始就这个无所不在的模式提出一些重要的问题。在语言理论的视角下，Chomsky(1957，1965，1975)引发了语言习得观念的一个巨大转变。虽然对于自然语言习得，Chomsky观点的很多细节，或者说是全部细节都可能值得商榷，但是他带来的这个转变太过巨大以至于现在这个领域中的学者都将其作为一个预先的假定(例如，Bresnan，1982；Gazdar，Klein，Pullum，& Sag，1985；Manning & Sag，1995)。这个共同的预先假定是，存在一个描述语言能力的抽象方式，这个抽象方式远远高于那些具体水平的分析，如词类、简单词序模式或句子长度。在更具体的水平上，各种语言之间看起来有很大的差异，这似乎说明语言存在着近乎无限的变异，几乎没有共同结构。但是，在使用Chomsky极力倡导的、以更为形式化和抽象的方式来描述语言能力的时候，就能发现所有语言共有的普遍性结构，可能进而理解语言习得上的导向约束(例如，Anderson，2004；Lightfoot，1999；Pinker，1994)。

在年龄较小的时候，全世界的儿童似乎都在学习基于抽象句法范畴的顺序关系，如主语和宾语，而不是单词或词类的数量。看起来儿童具有一组抽象的参数，这些参数是按照能够解开一种特定语言结构的方式设置的(例如，Lust，1999；Yang，2004)。这个观点可以商榷(例如，Seidenberg & Macdonald，1999)，但是有一点是不需怀疑的，语言获得的最有影响的模型是，儿童开始对一种语言的语法有一个抽象的轮廓预期，之后他们会把时态标记、主谓一致和句子嵌入等更具体的语言特异性的细节填充进去。

618

在计算机科学的视角下，从具体到抽象的过程是否是学习系统所必不可少的一部分，对此问题的研究兴趣激增。虽然，对于只能进行特征频率和相关的一次运算的简单系统来说，这样一个过程看起来很有必要。但是值得注意的是，更新的一些学习模型经常考虑，甚至支持那种对环境作更抽象表征具有发展优先权的系统。看一下联结主义模型的进展是如何来说明这个看似自相矛盾的结果的。由于许多联结主义模型通过追踪特征频率和相关来工作，它们似乎是一些从具体到抽象发展方式的、非常好的案例。然而，可以设计出这样一个结构：结构中的系统在最初并不强调具体的范畴，而是给更抽象的范畴以发展的优先权，这样系统可以很快从低水平的特征频率和相关中抽象出来(例如，Rogers & McClelland，2004)。还有人讨论了这样一种发展模式：儿童首先掌握一些抽象范畴，如生物、无生命的自然物和人造品，然后逐步地向下区分出更为特异的范畴知识(Keil，1979)。人们已经使用联结主义模型来模拟这些模式(Rogers & McClelland，2004)。又或者，很小的儿童可能表现为先按照交通工具、动物的范畴进行归类，然后按照小汽车、船、狗和猫的范畴进行归类(Mandler，2004)。现在对模拟这些模式已经进行了一些计算方面的探索(Rogers & McClelland，2004)。一种有关的计算方法可以建构一个类似于因素分析统计过程的学习系统(Ghahramani & Hinton，1998)，其中，在一些局部模式获得意义之前，抽象因素就可能会通过计算分析产生出来。

在结构优先权体现该领域中高级属性的系统中，抽象表型也可能出现在具体知识之前。一些联结主义的取向通过预先对某些影响改变的连接(或者"钳夹")加权，来增加学习算法和节点结构。聚合了这些连接和权重的结构可能会表现出一种抽象认知的原则,如一个句法的一般性原则(Yang, 2005)。虽然许多连接结构仍然存在着深层的局限(Marcus, 2001),但是它们近些年的发展,使得考虑从抽象到具体发展过程的广泛模式成为可能。许多说明从抽象到具体的变化的心理模式(例如, Ingaki & Hatano, 2002; Keil, Smith, Simons, & Levin, 1998; Mandler, 2004; Simons & Keil, 1995)已经推动了新的计算模型的产生,现在,这些计算模型开始回馈心理研究,并推动其进一步发展(Goldstone & Son, in press)。

在哲学方面,抽象与具体的对比早已是一个以各种方式热烈讨论的话题。对任何一个系统都有若干水平的解释,而且有很多关于哪些水平的解释是最有效的、应该如何来描述它们的复杂讨论。作为这些讨论的一部分,人们一般假定,对一个过程的最低水平的、最简化的描述常常都是不合适且脱离实际的(Fodor, 1974, 1975)。此外,远在具体机制水平之上的功能水平的分析,经常关注科学思维和日常思维中特殊的性质和重要成分(例如, Block, 1980; Cummins, 1983; Lycan, 1996)。类似地,相对于机制,关于因果关系的抽象思考对自然科学发挥着更为基础性的作用。所有的这些讨论用来提供一些不同的方式说明具体与抽象意味着什么。

这些哲学的讨论对思维过程的发展研究具有有力的启示。通过举例说明在现代科学和科学史上,各个水平的解释所具有的特别的、且时而处于优势地位的作用,哲学家帮助我们限定了这些结构如何在儿童中出现的讨论范围。

哲学的讨论还可以帮助我们更清晰地看到为什么一些从抽象到具体的改变方式可以发生,以及为什么相反的方式常常会看起来更明显。如果要根据用语言明确描述一个抽象关系的能力来辨别抽象思维,那么思维就更容易被看作是从具体到抽象的过程。由于一些与基础认知能力关系很小的原因(Bloom & Keil, 2001),用语言来描述一个原则(如随机)比定义一个具体范畴(如狗)或者一个具体关系(如推)要困难得多。还有一个明显的例子就是,成人、儿童,甚至婴儿不能用语言来描述某些日常思维以及高度抽象的范畴和关系,但是他们对此很敏感,并能在认知活动中使用它们(例如, Csibra, Biro, Koos, & Gergely, 2003; Gelman, 2002, 2003; Gergely, Nadasdy, Csibra, & Biro, 1995; Keil, 2003b; Newman, Keil, Kuhlmeier, & Wynn, 2005)。年幼儿童可能很难完全地弄清楚本质主义的任何叙述,但是他们在日常认知中能广泛地表现出关于本质主义的假定(Gelman, 2003; Medin & Ortony, 1989)。相似地,年幼儿童可能会把这种解释的目的论模式看成是与生物的共鸣,而根本弄不明白这个观念。

关于语言、思维以及排除思维的语言性质的哲学讨论集中在以上问题(例如, Fodor, 1975; Weiskrantz, 1988)。他们帮助实证主义研究者对一些方面有一个更好的把握,即用语言表达一个概念的能力可能不是对抽象与具体的概念做出推断的唯一基础。

其至神经科学也参与了这样的讨论。对于导致对某些范畴(如生物)思考困难的特定方式的脑损伤,最好将其描述为在思维抽象水平上而不是更具体的水平上的损伤(Keil, 2003c; Keil et al. , 2002; Laiacona, Capitani, & Caramazza, 2003; Martin & Weiberg,

619

2003)。关于以适合的抽象水平描述"生物类缺陷"的基础的问题存在着激烈的争论,其中还包括对生物编码的正常能力是如何在基因水平上得以表征的讨论。例如,一份对一个先天性生物性思维缺陷的患者的分析如下:

在获得任何的关于生物和非生物的经验之前,我们注定会以不同的神经基础来表征生物和非生物知识。这说明,在人类基因组中,早已标定了生物和非生物的差别,以及生物知识的解剖区域(Farah & Rabinowitz, 2003, p. 408)。

虽然文献中的这个结果与其他的观点存在着不一致,但是它说明了神经科学的争论性探索如何为理解认知发展中的抽象与具体的问题提供新的视角。

由于时常有一些错误的观点认为,某个特定的"原始"(常常是非西方的)文化中的成员会以更具体的概念来进行思维,人类学的研究也加入了这个问题的讨论。这些错误的看法一次次被细致的分析所驳斥(例如, Cloe, Chapter15, this *Handbook*, this volume; Cole & Means, 1981)。最近,跨文化的研究说明了显著的思维变异模式是怎样反映不同的、但却同等抽象的对一个领域的描述,如对生物的生态学理解方式与分类学理解方式(Bailenson et al., 2002; Medin et al., in press)。

简而言之,在发展心理学中,对于思维的抽象形式与具体形式,以及两者之间的发展性关系的观念成为一个令人失望的、经常界定不良的问题。通过认知科学的几个其他学科联合起来对其意义进行探讨,这个观念得到了一定程度的明确。

概念转变的性质是什么

长期以来,心理学家都在关注发展进程中儿童的概念转变的方式(例如, Baldwin, 1895; Piaget, 1954; Vygotsky, 1962)。具体来说,如果你分别和 5 岁儿童、12 岁儿童偶然谈起有关密度、零或者繁殖的概念,你会很快地确信 5 岁儿童对于特定事物的概念显著不同于 12 岁儿童,这明显表明在这个阶段里发生了巨大的概念转变模式。这样的变化从外部表现上就能察觉得到。然而,发生着哪种类型的概念转变,是我们无法直接看到的。我们已经了解了探讨概念转变的一种方式:从具体到抽象或从抽象到具体的进程;另一种水平的分析是以结构化的方式来探讨。在认知科学其他领域的工作中,这种水平的分析方式已经非常具有影响力了,近些年来尤为如此。

在哲学和科学史中,关于概念转变的形式有大量的讨论。其中讨论最为广泛的观点之一是 Kuhn 的"科学革命的新观念"(Kuhn, 1962),他认为改变是以如下方式进行的,随着时间推移,会发现越来越多与某一理论或者范式相矛盾的证据,最终量变导致质变,从而对世界某一方面会形成一个全新的理解方式。革命性转变的观念对认知发展的观点产生了巨大的影响。比如,认为幼儿最初是在心理学而非生物学方面理解生物世界(特别是动物)(Carey, 1985)。在儿童形成"重量"与"体积"(Smith, Carey, & Wiser, 1985)和"力"与"运动"(Tao & Gunstone, 1999)概念的方面也存在着类似的讨论。这种关于概念转变的新观点产生了很多有趣的预言。比如，革命前思维系统中的概念与之后系统中的概念是完全不可比较的。这样，来自这两个系统的个体无法很好地交流，他们以为说的是同一个概念，而事实上根本不是。但是，在与儿童进行交流时常常不会形成这样的僵局。在这种情况下，这个最有说服力的预言似乎遇到了麻烦。

关于概念转变，哲学的后续讨论依次就儿童概念转变中发生了什么建立了若干模型，通过这种方式改进了 Kuhn 的早期思想。于是，局部不可比较性代替了整体不可比较性，从而使更有效的交流和更多的渐进的概念转变模式成为可能(Kitcher,1978,1993)。另外一些讨论更直接地对概念变革的整体观念提出了挑战，从而导致了更多的有关儿童概念转变的精细模型的出现(例如，Carey & Spelke,1994)。

在计算机科学中，在不同的系统中模拟概念转变的尝试激发了相当不同的源于特定结构的模型。概念的逐渐分化最终逐渐变成完全不同的思维形式，而不具有革命性。与此相比，大规模的概念变革往往很难模拟(Moorman & Ram, 1998; Roschelle, 1995; Shultz, Mareschal, & Schmidt,1994; Thagard,1992)。

在心理学中，有关概念转变的其他模型也存在了很多年。这些模型也许包括了一组概念特性或程序是如何逐渐分化的。同样，计算科学的应用也是灵感的来源。比如，儿童对于规则分化任务的发展性理解(如天平秤任务)的模型与人工智能在产生系统的工作紧密连接(Klahr, Langley, & Neches, 1987; Langley, 1987; Newell & Simon, 1972; Siegler, 1976, 1981)。心理学领域中的微观发生法的发展(Siegler, Chapter 11, this Handbook, this volume)显然受到了计算机科学中不断涌现的新发现的影响(Newell & Simon, 1972; Simon, 2000)。

除了分化和概念变革这两个理论，近来心理学的研究致力于将不同模型进行整合，而且也吸收了认知科学其他领域的研究成果。然而，哲学和语言学上的讨论帮助了我们对概念转变是量化的还是质性的这一问题的理解(Briscoe,2000; Christiansen & Chater,1999)。

具体来说，通过与认知科学中的其他学科的交叉，产生了一些不同的结构模型。这些模型代替了概念变革与渐变的理念。其中，两个例子就是渐增通道的理论和可变默认偏差的理论(Inagaki & Hatano,2002; Keil,1999)。

渐增通道理论最初是在比较物种间发展差异的背景下提出的(Rozin,1976)。认知程序在很大程度上是自动发生且相对封闭的，在某些物种中逐渐越来越多地应用于其他领域，而在其他物种中却并非如此。Rozin 认为对语音编码通道的增多可能是阅读学习不断进步的基础(Rozin,1976)。在哲学领域里，发展过程中的渐增通道理论在模块化和概念转变的解释中表现得很突出(Fodor, 1975, 1983; Karmiloff-Smith, 1992)。在这些解释中，研究者认为，某种认知能力在儿童早期可能就在一个有限的范围里表现出来，然后这种能力逐渐在越来越宽泛的情景中得以应用。在人类学领域里，经常讨论这样一个问题：一个新想法最初是在小群体间相互隔离的，然后随着接纳程度提升而传播至整个社会的。渐增通道理论对概念转变提出了一种新的解释，这与逐渐分化和革命性转变的理论是完全不同的。渐增通道理论认为，心理结构或者计算程序在发展的过程中早就具备并保持不变，只不过对于幼儿来说在很多任务中不能得以使用。当潜在的概念结构并未发生太大的变化时,通道迅速扩展看上去就像巨大的概念转变。

渐变默认偏差理论认为,儿童对一个系统的理解具有两种截然不同的方式,主要的改变在于哪种方式最先进入头脑或与特定的任务最相关。不同于渐增通道理论,在整个发展阶段中,这两种不同的思维形式可能都是完全到达到的,但是在通常首先使用哪种方式上,可能会有一个急剧的改变。这种观点认为在发展的大部分阶段,儿童对于有机体不仅存在着心理的理解,而且也有生物的理解,只不过幼儿更倾向于心理方式罢了,而不是像之前所认为的那样幼儿只能以心理方式来理解(Gutheil, Vera, & Keil, 1998)。在一些任务里,对情景进行些许的再构造,就能使幼儿在推理中使用次级默认方式(生物)(Gutheil et al., 1998)。渐变默认偏差理论的观点深受人类学中跨文化研究的影响。这些研究表明,不同文化背景的人看待世界的方式并不是简单地完全不同,而是以在不同文化中相互重叠的多种方式来理解情境。差异在于特定的背景中最先引起的是哪种思维方式。宗教迫害、人际伤害、权威服从等领域中的道德推理形式在各个文化中都会遇到,但在家庭、社区、同伴交往等局部背景中,哪种形式首先出现具有不同的默认层级 (Haidt, 2001;Shweder, Much, Muhapatra, & Park, 1997;Turiel & Perkins, 2004)。

渐变默认偏差理论在哲学和语言学领域也被提及,主要体现关于相关性及其如何在交谈中得以确定的讨论(Sperber & Wilson, 1995)。在这些领域中,大量的讨论集中于对各种话题和陈述与其背景和先前谈话的相关性进行推论的指导原则。反过来,这些讨论也影响了心理学家如何思考儿童怎样采用一种参考框架而不是另一种的问题(Keil, 2003a)。

关于语言习得研究的语言学方法给概念转变的不同方式提供了特定的解释。幼儿是否以一种与年长儿童截然不同的方式理解语言中的顺序关系,这一争论导致了有关自然语法的性质如何随时间推移而改变的更为激烈的讨论(Brown, 1973;Ingram, 1989;Lightfoot, 1999;Pinker, 1994)。这些不同主张的精确性以及引入相关证据以支持这些主张的方式对心理学中概念转变的模型产生了巨大的影响。

总的来说,由于从更广泛的学科领域而不局限于心理学来思考概念转变方式,我们开始深刻地理解概念转变的各种相对模式。这些模式可以促进一系列直接探明认知发展中究竟发生了哪些变化的研究。有研究表明,我们需要更为明确、丰富的概念转变模型,才能恰当地模拟我们在儿童身上看到的改变。比如,微观发生法就更精细地描绘了发展性变化,并揭示了表面相似的转变模式如何具有截然不同的潜在基础。

学习和发展的区别是什么

成人的学习模式是否与儿童不同,是发展心理学长期存在的一个争论(参见 Siegler, Chapter 11;Kuhn & Franklin, Chapter 22, this Handbook, this volume)。具体来说,成人的知识形式从新手进步为专家的质变过程是否和儿童身上的质变相同呢(Brown, Bransford, Ferrara, & Campisne, 1983;Chi, 1978)。对认知科学有所贡献的其他学科的整合性讨论,使得这个争论变得更为复杂。

在计算机科学领域中，研究者已经尝试以调用局部认知和整体认知的方式模拟专门知识增长的过程(Anderson, 2000; Gricsson, 1996; Gobet, 1997; Larkin, McDermott, Simon, & Simon, 1980; Schunn & Anderson, 2001)。这种对照又引发了一个改进的问题，即儿童之所以不同于成人是否是因为他们是更一般意义上的新手、而不是某一具体领域的新手呢？只有具有某领域的专门知识，才能以此为基础进行类比，因此也许只有处于局部新手状态的个体才可以通过类比增长其他领域的知识。成人也许会发现，通过源于其擅长领域的类比，比如烹饪技术，会使得学习计算机程序更为容易。而儿童则没有这样一个领域作为类比的平台。计算机科学家和心理学家通力合作，对结构图式如何将类比关系迁移到新领域中进行了模拟(Falkenhainer, Forbus, & Gentner, 1989; Gentner, in press)。这些模拟使得研究者更精确地评估出，某一领域的专门知识对在另一领域中从新手转变为专家的帮助。

在神经科学水平上，出生后脑区的解剖学状态和功能状态的改变开始限制了学习的范围及相对的发展的范围。通常，我们认为前额叶皮层生理和功能的成熟会影响广泛领域的认知发展，包括道德推理、直觉的物理学等领域(Zelazo, 2004; Zelazo, Muller, Fryer & Marcovitch, 2003)。虽然过多地从神经学上的变化来推断心理发展往往具有一定的风险，但随着神经科学技术的进步，至少会有一些宽松的限制显现出来，表明发展与学习是如何的不同。如果存在整体性的大脑生理局限影响幼儿应用于所有领域的执行加工，那么儿童期任何领域的学习与成人在这些领域从新手到专家的转变都是不同的。

人类学的影响虽然更小，但仍然存在。当思考不同文化的认知模式时，我们通常会存在这样一个疑问，在一种文化中具有长期文化传统的领域与该领域在其相对较新的文化中的情况是怎样不同的？由于具有文化传统，某种文化中的人们可能被认为是某一领域的专家，而没有这种传统的文化中的人们也许就成了这个领域的新手。当学者们思考为什么一个文化会随时间形成特定的信念集合时，他们也许会考虑这个文化的历史发展模式与个体从新手转变成专家的终生发展过程有多大程度的类似。比如说，中国和俄罗斯这两种文化下的个体如何学习资本主义，对这种文化性地从新手到专家的转变，存在着热烈的讨论。我们会很自然地将它与其他文化中经过几代逐渐产生资本主义的变化模式进行比较(Asland, 2002; Cornia & Popov, 2001; Guthrie, 1999)。在一种文化中经历了几代的实践发展，在另一种文化中出现的时间还不到一代，这两种情况的最终状态是否相同，其发展模式是否存在着本质的差异？虽然这样的讨论也许还未能影响到心理学中学习与发展关系的问题，但在不久的将来，当心理学家面临许多同样的问题时，它们就可能会产生一定的影响。

在语言学中，探讨学习与发展问题的一个特定的途径是进行第一语言习得和第二语言习得的比较研究(Bialystok & Hakuta, 1994; Ellis, 1994; Gregg, 2001)。第一语言习得的性质不同于第二语言。比较研究涉及：第一语言对第二语言的影响，普遍领域和局部领域新手问题的对比，以及成熟和关键期效应等问题(Johnson & Newport, 1989; Newport, 1990)。对两种语言习得形式的确切性质的详细的结构化比较，使我们可以清楚明白地从更广阔的角度来思考学习和发展的争论。也正因为形式语言使得语言习得的研究者更细致地追踪随时间推移产生的结构性变化，我们才能证明，新手到专家的转变过程在成人第二语言学习和儿童第一语言学习之间的差异。一个关键的问题是，这些差异是由于特定的领域特殊性质而为语言领域所独有，还是其中某些方面的差异可以从更广泛的范围使关于学习和发展争论更加清晰？

表征的方式

认知的问题往往会涉及心理表征的形式。当我们在思考认知发展的时候，表征形式的问题变得很重要，特别是从跨学科的角度出发。

什么样的表征形式是发展性变化的基础

在某种程度上来说，构成发展性改变基础的表征形式问题与概念转变问题有所重叠。因此，从抽象到具体的转变在某种程度上来说是表征形式的转变，但是也可以被看成更多地考虑在不同发展时期所使用的信息类型(如高范畴与低范畴水平的信息)。更直接地聚焦于表征形式的问题是探索在不同发展时期我们该如何最好地表征知识。发展心理学一直接受关于表征形式以及它可能的变化过程的主张，甚至是在行为主义者反对心理学其他领域类似主张的时期。儿童逐渐从表演性表象、运动表征、发展到图像表征、直至最后的符号表征(例如，Bruner，1967)。虽然这种取向引起了广泛的注意，并且与大量的实证研究相联系，但从哲学的相关论述中受益最大。哲学阐述了这些表征形式的合理性及其相互之间的转换机制。一种分析表明，在心理学中没有一个可行的机制可以描述儿童如何从以图像的方式来理解世界发展到以语言命题的形式来理解世界(Fordor，1972，1975)。这个问题的探讨形成了丰富的哲学文献资料，反过来又促使了心理学领域里对表象转变的再评估(例如，Davidson，1999；Glock，2000)。

在计算机科学领域里，有关各种形式的计算结构所存在的本质限制引发了激烈的争论。早期的争论主要围绕着图灵机、马尔可夫机(Markov machines)以及包含了一些涉及语言学习和视觉模型的最详细的应用程序的感知器而展开(Chomsky，1957，1965；Minsky & Papent，1969)。有些情况下，这些论述被看作是学习程序的形式性描述；另外一些情况下，它们被看作具有表象含义。因此，在哲学及语言学领域都出现了有关表征与学习关系的新观点。然而，随着联结主义成为符号表征之外的另一种引人注目的观点(Churchland & Sejnowski，1994；Smolensky，1988)，这些问题变得更加突出。研究者否认以经典的计算机结构来操作符号的思维命题型语言观点，以支持表征的"次级符号"形式(Smolensky，1988)。

关于这两种取向的价值以及每种取向的形式运算局限的本质，仍然存在着激烈的讨论(Marcus，2001)。但是这些争论也为儿童和婴儿的表征状态模型提供了有趣的反馈。关于婴儿客体概念的联结主义模型对婴儿在客体搜寻和提取任务中的表现做出了新颖的预测(Munakate，2001；Munakate et al.，1997)。对过去时形式和词序的联结主义思考也得出了一些预测(McClelland & Patterson，2002)。类似地，正如前面讨论过的，根据联结主义结构模拟概念转变的抽象模式的尝试，导致了有关概念转变如何发生的新观点。

从一个不同的计算视角看,贝叶斯定理是为了追踪世界的因果结构而设计的,基于贝叶斯定理取向进行了大量的计算系统研究工作(例如,Gopnik et al.,2004;Sanjana & Tenenbaum,2002;Tenenbaum & Griffiths,2001)。这些取向为如何理解并详细阐述因果模式提供了全新的视角。当这些模拟成功时,可以以此为基础推测潜在的表征形式。这样,一个关键性的问题就是,在表象系统中,概率关系的特定网状图是否可以废除"因果"概念的任何外显使用。

最后,从神经科学出发,通过说明在发展进程中如何表征、修正信息来描述神经环路,这方面的研究飞速进步(Gallistel,2000)。其中,最好的一个例子就是,探讨在视皮层的不同区域中,模式识别所涉及的神经结构。发现一些视错觉,比如错觉轮廓,在计算上处于视皮层加工的第一水平(例如,Ramsden,Hung,& Roe,2001)。这些发现又反过来导致了计算模型的发展,该模型包括高级视觉加工和更基于特征的视觉加工在整个发展时期的交互作用,而不是按照一种从特征表征到具体化错觉的顺序发展(Grossberg,2003)。

624

表征形式已经成为认知科学的研究核心,并且成为许多领域大量研究的焦点,跨学科的交流也越来越频繁,从而改进了发展心理学的观点,即如何描述发展性变化的表征基础的特征。

内隐和外显思维在认知发展中的作用是什么

在各种形式上,发展心理学家长期以来都接受这样一种观点,即认知发展的某些方面存在于意识之外,而另一些方面则是我们感知经验的部分。弗洛伊德关于无意识及其在发展中的作用的论述(Freud,1915)被认为是表征发展的早期认知科学理论(Kitcher,1992)。感觉运动(Piaget,1952)和表演性表象(Bruner,1967)也许就是个体早期发展中内隐思维的例子。实际上,内隐思维在婴儿的大部分行动中占有支配地位,然后随着语言产生让位于外显思维。然而,在心理学以往的讨论中关于这两种思维形式的界定相当模糊。近年来,认知科学其他领域的工作,帮助我们更清楚认识到两者的区别。神经科学中关于大脑损伤的研究,例如HM(一个为治疗癫痫而摘除海马的病人)的经典案例,表明(Corkin,2000;Scoville & Milner,1957)在外显的学习受损的情况下,内隐的学习是如何进行的。此外,像HM这样的失忆的病人在汉诺塔等许多任务中可以取得显著的进步,却完全不能外显地记住这些任务。关于视觉通路的研究表明,背侧通路与视觉信息的内隐加工有关,而腹侧通路则更多涉及外显加工(Goodale & Milner,2002;Goodale,Milner,Jackobson,& Carey,1991)。神经心理学的研究反过来也用来解释婴儿关于如何看待各体轨迹的发展变化(Mareschal,2000;Von Hofsten,Vishton,Spelke,Feng & Rosander,1998)。

在语言学领域中,也长期地存在自然语法形式中的内隐语言知识和关于语言结构的外显理解之间的对立,大部分外显理解可能在大多数正常的语言使用者中是不存在的。虽然儿童和成年人对句子的语法性显示出准确而有力的直觉,但是他们对这些语法规则几乎没有外显认识。在某些情况下,语法,即知识的内隐性质可能源于一个信息压缩、认知不可测的模块(Fordor,1983)。

哲学关于模块的研究(比如,Fordor,1983)也激发了心理学领域尝试用新的角度去考虑,技能自动化是否就是内隐和外显互相转化的过程(Karimiloff-Smith,1992)。具体来说,有心理学家就在研究,对于无先天偏好地使用各种表征形式的个体来说,表征和加工的内隐的领域特殊形式是如何出现的(Karmiloff-Smith,1992)。此外,哲学关于认知某些方面在意识之外工作的原因和方式的思考,在相当大的程度上加深了发展心理学对于内隐和外显思维的理解。

计算机领域在内隐/外显思维的研究中并没有突出的直接贡献。然而,联结主义是伴随着次级符号水平的加工也是内隐的这一主张而兴起的(Churchland,1990)。但是,如何最好地模拟自联结主义的结构中出现的外显认知,有待进一步研究。

在发展心理学中,元认知研究的出现也是与内隐/外显思维相关的。在元认知研究中,年幼儿童在记忆和注意中有着复杂的认知系统,但是似乎对这些系统并没有意识(Flavell,1979;Wellman,1985)。很多相关的研究者把注意力转移至心理理论(Flavell,1979;Wellman,1992);他们开始热衷于个体是如何意识到自己和他人心理状态的问题。这也带来了大量关于意识到自身心理状态意味着什么的哲学论述(Ayclede & Guzeldare, in press)。

更广泛地看,哲学中认识论的研究激发了心理学家去思考儿童是如何意识到自己的知识状态以及知识获得和知识评价过程(Kuhn,1993,1999;Kuhn & Franklin,Chapter 22,this Handbook,this volume)。拥有和使用知识与意识到知识的存在具有明显的差别,因此朴素认识论与内隐/外显对比有关。哲学中关于知识如何在社会团体中建构的社会认识论研究进展(Goldman,2002),也影响了心理学有关儿童如何理解周围世界的认知活动界限的研究(Danovitch & Keil,2004;Cutz & Keil,2002)。

内隐/外显对比在很多方面还不甚清晰。关于外显认知的参差不齐的论述仍在困惑着研究者。也许这并不是意外,因为这与意识中"难点问题",即明白地知道一个有意识的体验是什么样的这一问题紧密联系(Chalmers,1996)。与此同时,由于内隐认知的显著特点,相关研究得到了迅猛发展(就像意识中的"简单问题")(Chalmers,1996)。此外,跨学科的研究也帮助我们更好地理解发展中的这两种思维模型的关系。其中一个主要的突破来自自我概念发展的研究,自我概念一般被认为是外显认知的一个必要组成部分。通过将自我认识的观念划分为从感性的"生态自我"到高度命题化的"概念自我"的五种不同的认识,可以看到关于自我的意义在自婴儿的最早瞬间以来的发展中的表现(Neisser,1988)。这样的一种分析方法帮助我们对儿童的发展过程形成了新的观念,不仅限于关注从婴儿内隐思维到儿童外显思维的突变,而且关注某种认知形式如何在整个成长时期渐渐发展变化。

联想和规则的作用是什么

近一个世纪以来,心理学家都十分关注个体表征现实世界的两种截然不同的方式的问题,即以类规则的形式表征和以联想的形式表征(Sloman,1996)。传统意义上看来,联想是环境偶然性的频次表,而且早在18世纪英国经验主义者就有相关的阐述(例如,Hume,

1975)。在发展心理学中,长期以来都存在这样一种观点,认为以联想的方式表征信息是发展的基础,或者是更为基本的,后来才会被规则的方式补充或替代(例如,Inhelder & Piaget, 1958;Klaczynski,2001;Kuhn & Franklin,Chapter 22,this Handbook,this volume)。尽管直觉上知道运行上存在着这样的转换,但发展心理学一直很难对其进行深入的探讨,直到近年来神经科学、语言学、计算机科学的发展,提供了在表征模型中联想与规则的转换能否实现的更详细的方式。

在神经科学领域,通过脑损伤模式和脑成像研究所揭示的不同激活模式,研究者发现语言形式的规则知识和联想知识是可以分离的。一些人由于缺陷,难以学习联想方式为主的动词过去时态的不规则变化,但却能很好地掌握它们的规则变化。另一些人却恰恰相反(Marslen-Wilson & Tyler,1997;Pinker,2001;Tyler et al.,2002)。这些发现反过来也引发了计算机模拟者对是否需要两个计算系统的激烈争论(McClelland & Patterson,2002;Pinker & Ullman,2002)。随后,这些计算争论激发了更新的心理学取向,这些取向试图根据表征的单系统模拟规则和联想的对照差异,例如,一个以联想为主的模型,规则只是处于连续体一端的单维的评价指标,但它却能引发连续体其他部分多维的相似性(Pothos, in press)。

规则和联想的争论在语言学和哲学有关内隐规则的存在和性质的讨论中也存在(Davies,1995)。其中一个争论点关注的是一些类规则属性(比如依据句法规则的合成率和生产率)是否能从内隐的结构中产生。比如说,将联结式网络模拟为向量集的技术似乎就是将这些向量和类规则属性具体化(Pacanaro & Hinton,2002;Smolensky,1990)。这些计算机科学的模拟工作导致心理学家寻求更丰富的表征形式,即那些看起来基于规则和联想的行为的表征形式。有研究者认为,符号和规则比起初看起来更像是以知觉为基础,它们建立在相似的表征基础上,而这些表征更能与联结式网络相容并能对人们习得和使用概念过程的类规则模式做出解释(Barsalou,1999;Prinz,2002)。这些研究成果又与婴儿时期的表征理论相联系,如至少有一些知觉基础的意象图式(Mandler,2004)。

超越联结式结构的抽象提取,如向量和因素,是否能完全模拟类规则模式,而最终没有简单地沦为符号系统的神经执行?要回答这个问题还为时过早(Marcus,2001)。不需要任何规则或符号就能模拟类规则模式的观点和这些结构在联结式结构中是否就是描述水平上的计算实体存在着很大区别(Chalmers,1993;Marcus,2001)。但无论如何,这些争论都对聚焦规则和联想在发展中的作用具有重要意义。而其中核心的发展问题是,我们是否能认为越小的儿童越是更多以联想方式思考的有机体,而规则只是在发展后期变得日益重要(Klaczynski,2001)。也许婴儿确实主要是以联想方式在思考,随着语言的掌握和熟练,才慢慢学会类规则的表征。事实上,这样的解释与维果斯基理论在某些方面不谋而合(Vygotsky,1962)。另外一种观点则认为,个体认知是联想和类规则结构的混合体,它们在整个学习发展期都存在,并能摆脱背景成功进行下去(Keil et al.,1998)。这一混合结构为我们思考发展的表征基础提供了极好的方式,然而也产生了复杂的问题,即规则和联想在整个个体发展时期是如何相互作用的。将它们看成是相互支持的关系可能比看作彼此竞争更为有益(Farch & Rabinowitz,2003;Keil et al. ,1998;Sun,2001)。

一般性和特殊性

发展中的认知结构和过程的一般性和特殊性,一直是认知科学中的兴趣焦点。近年来对能够说明心理发展的普遍加工类型和领域加工类型的关注,帮助我们进一步理解认知发展本质这一长期存在的问题。

是否存在发展的普遍性

发展心理学家长期以来都认为,发展的必然模式和知识的结构是互为基础的,其中知识的结构决定了发展的顺序。皮亚杰的发生认识论中就包括了这样的一种观点,即知识结构和认知技能发展到一定阶段,其内在的结构会突然变成一种新的形式。类似地,概念突变式的模型常被看作是描述了这样一种情况:挑战现有理论的证据不断积累,直到现有理论在对世界的认识的方面经历一个革命性改变(Carey,1985;Kuhn,1962)。

这些发展观点与涉及认知发展一般模式的解释相一致,即并不是因为先天普遍的局限,而是因为获得知识只有唯一的一种模式。知识本身,以及一些关于在正常环境内学习的简单假设,可能就足以解释个体发展变化的普遍模式。打个比方,比如说用一定量的建筑材料建房子,可能就只有一种顺序才能筑起超过一定高度的房子;只有按照特定顺序排列的函数,才能编出一个计算机程序。正如前面提到的那样,即使是在学科领域内,比如说数学,也在讨论着为什么某些计算形式的学习要先于其他计算形式的学习,如加法学习要先于乘法学习(National Research Council,2001)。

因此,在一些不考虑教育或环境的情况下,一种复杂的知识系统或认知技能的获得有着其固有的顺序。如果这一系统或技能获得了,那么对于不同个体来说,其获得的过程势必是一样的。当然,发展的速度会受到环境和个体能力的重大影响,然而顺序是不会改变的。原则上,很容易在生物、计算机科学、数学等领域建立系统时产生许多有用的类推。不过,要在更自然的情景下,细致而全面地描述某种技能或知识的表征和运算方式,并以此判断其是否遵循某一普遍的发展顺序就相当困难了。

对于未来的研究,该领域显得愈发成熟,并且在该领域中计算机科学、哲学和语言学三方面的工作特别富有成效。计算机科学家长期以来都在探讨,在传统结构中设计大型程序时使用算法排序的合理性和必要性。联结式结构的计算局限性是否被充分地控制并能推而广之以解释发展的普遍性,现在尚没有一个明确的答案。然而,这却给相关研究者一个有趣的挑战。在语言学理论中,语言习得也遵循一定的顺序。在确定每个值之前,必须要具有一组关于不同可能值的参数。类似地,只有先理解了某些抽象的句法范畴,才能模拟它们之间的顺序关系。哲学家们也经常谈到辩论的必要步骤问题。也许,随着认知科学相关领域中的工作进展,我们能更好地理解认知发展中普遍性的问题。

在发展普遍性的讨论中,人类学和跨文化研究显得特别活跃。只有在那些各种环境的明显差异中,才能探索发展的普遍性。如果说某一成形的知识体系必将经历某一特定的发展顺序,那么检验这一论断的最好方式就是考察在差异显著的现实环境中是否可以看到相同的顺序重复发生。

总的来说,发展普遍性问题不如本章中对其他问题的研究深入。然而,它似乎正好是那种从认知科学角度获益最多的问题。

什么构成了一个认知领域

在认知发展的研究中,从讨论发展的整体模式到讨论发展的领域特殊模式经历了很大的改变(Gelman & Kalish, Chapter 16, this Handbook, this volume; Keil, 1981; Wellman & Gelman, 1997)。我们经常可以看到,某一特定特殊领域的发展具有变化轨迹,与其他领域是截然不同的。虽然尽量了解领域特殊性各个方面的情况,但要对领域做出界定仍然是一件困难和令人困惑的事。得益于认知科学的视角,这个问题得到了更好地理解。当从认知科学的多个学科考虑时,凭借运用知识和认知技能的不同方式,我们对不同层面意义上的领域有了更为清晰的认识。而经常提及三种界定是:以模块化为基础的领域、专长范围的领域、某一思维方式所形成的领域(参见 Wellman & Gelman, 1997)。

在模块的这种界定下,我们可以分析符合 Fodor(1983)提出的标准的不同认知领域。模块是一个相对独立的认知和知觉系统,具有信息压缩和认知不可测的属性。系统里的信息是以不同于思维其他领域的独特方式进行限定和操作的,而且无法通过一般思维过程对其进行考察。模块通过特殊的信息模式激活,它们几乎不受其他认知方面的控制,按照自身的加工程序自动运行。模块还被假定为具有先天注定的、特殊的、精细的神经结构。

与模块相关的思维领域往往具有类知觉的性质,而且一些成功的例子确实包含了知觉成分。比如说,视错觉是保持不变的,即使当高级认知过程确定其并不存在时也是如此。观察者明明知道两个线段一样长、两个圆一样大,但仍不能抑制它们不一样的感受(Pylyshyn, 1999)。为了提出更多种认知模块,比如句法加工(Fodor, 1983)和心理理论涉及的模块(Scholl & Leslie, 1999, 2001),研究者提出了一些有关可比较的属性的假设。领域的意义指其中通常有一个强烈的知觉化背景,而且通常适用范围很小,或者仅仅是功能性认知系统的一小部分。比如说,心理理论的模块,它也许仅仅在对社会个体及其心理状态的思考上适用。类似地,自然语言句法的模块也许并不能解释语法结构的各个方面,更不要说是语言结构的各个方面了。

Fordor 对于模块的定义引发了激烈的讨论,从最高水平认知模块化的大规模模块性,(Pinker, 1997; Sperber, 2002),到根据与感觉输入系统的相关将模块限制在的较小的数目(Fordor, 2000),都成为讨论的问题。与此同时,另一种观点认为模块化的过程也是在某一领域获得专长知识的函数(Karmiloff-Smith, 1992)。而专长知识的领域在结构和功能上,与 Fordor 的模块存在着很大的不同。

第二种界定是专门化的领域,随着特殊性的不同,存在很大差异。幼儿就可能成为电子游戏中各种人物角色、恐龙(Chi, 1983)、国际象棋(Chi, 1978)等领域和技能的专家。再有,专门化的知识指的是在某种任务中表现出的认知优势。这里所说的领域与 Fordor 所说的领域有很大差异。与 Fordor 所认为的个体在不同领域里操作水平几乎一致不同,在不同专门化领域中的表现存在很大个体差异。尽管一些形式的专长,如阅读、打字等,能够自动化地出现,但至少在另一些情况下,专长领域是含有认知操作的和非自动化的。专长领域是不断进化和改变的,因此可能不存在跨文化的普遍性特征。

最后,第三种层面上的领域特殊性建立在思维限制结构的基础上(Keil,1981;Pinker,1997)。这种角度有时等同于持有某种理论(Gelman & Kelish,Chapter 16,this Handbook,this volume;Wellman & Gelman,1997),但是所持有的理论具有很大的个体差异。因此,很有必要将所持有的理论,如具有地域性和文化特异性的,并且是专长领域中一部分的宇宙论与普遍的、通常是更内隐的世界观进行对比。

持有根本性概念转变观点的人更可能将领域看作是因个体和文化差异而显著不同的"理论"。相反,即使是思维的最高阶段,普遍的领域特殊性限制仍然存在于个体的信念和概念系统的类型中。后一种观点具有很大的矛盾性。一些研究者,比如 Fodor(1983),反对主要认知结构存在任何领域特殊性限制。有关这些限制是如何起作用存在不同观点,例如,目的论和机械论。如果人们将目的论与某一领域相联系、机械论与另一领域相联系,那么以非自然的争论形式进行争论就显得十分困难了。因此,人们很自然的倾向于将目的论用在生物上(Atran,1998;Keil,1992),并且如果发现不这样做就显得非常困难。相似地,人们通常假定生物有一种人工制品没有的本质特征(Gelman,2003;Keil,1989)。这些实在说的假设有力地限定了生物与人工制品的理论建构。

认知科学其他领域的研究成果,帮助我们更好地思考领域特殊性及其意义的问题。哲学和人类学领域经常讨论的问题是,在概念结构的最高水平,模块化的程度如何(Sperber,2002)。特别值得一提的是,在概念系统中,共享的领域特殊性对概念系统的限制特别有利于知识的文化传递。通过提供一个能够以可理解的方式传播思想的共同背景,这些限制似乎也为文化多样性保留了一定的空间(Boyer,2001;Sperber,1994)。在计算机科学领域中,研究者以独特的原则把算法程序和数据表征分进不同的领域做了大量的尝试。实际上,要使特殊芯片结构只运用到图像序列而不是数字计算,是很简单的事情。神经科学也出现了一些令人振奋的研究,通过计算模型的反馈来考察神经组织的受损会导致哪种意义上的领域分裂。这也许能让我们更好地理解领域特殊性的意义,即不同层面的领域是否存在以及它们是如何发生发展的。在语言学领域中,领域特殊性的限制范围是否如此之广甚至包括了从语法学习到单词意义学习,研究者对此的看法经历了很大的转变。早期的观点认为,单词学习之所以会发生是因为在意义方面存在着语言特殊性的限制,然而现在则认为限制来源于更广泛意义的认知(Bloom,2000)。也正是由于近年来不同领域的研究成果,人们对领域特殊性的意义也有了相应的改变。

然而,不同层面上的领域其定义究竟是什么? 它的认知发展的模式又是怎样? 这些都是尚未彻底解决的问题。但是毫无疑问的是,来自认知科学其他领域的研究能帮助发展心理学家更好地理解、看待这些问题。

629

小结

相对于认知心理学中不会受到其他学科工作的影响的方面,为什么认知发展的研究与认知科学其他领域联系更为紧密? 这也许是因为发展变化这一主题是各学科所共同关注的。无论是某一文化背景下的道德信念的研究、凯尔特语的语法规则研究、种系发生发展的研究,还是计算机网络对于新输入信息的适应研究,往往都会涉及起源、转变模式、表征形式和现象一般化等有趣的问题。而这些问题与认知发展研究的联系绝不是仅仅停留在类比、暗喻的水平。正如在本章中反复提到的,认知科学其他领域对认知能力发展的研究为认知发展提供了大量的启示。发展问题引起了其他学科的思路汇聚,这在其他问题上是几乎没有的。

在这一章中,我们围绕着发展心理学中具有历史意义的 10 个问题进行了阐述。它们具体是:1. 最初状态是什么? 2. 存在一个具有适应性的心理吗? 3. 发展是从具体到抽象的过程吗? 4. 概念转变的性质是什么? 5. 学习与发展之间的区别是什么? 6. 构成发展性变化的表征形式是什么? 7. 内隐和外显思维在认知发展的作用是什么? 8. 联想和规则的作用是什么? 9. 是否存在发展的普遍性? 10. 什么构成一个认知领域? 领域结构是怎样影响发展的呢? 这 10 个问题也是哲学、语言学、计算机科学、神经科学和人类学一直关注的问题。心理学与这些领域的研究者开始互通有无,以期对这 10 个问题有个完满的解答。多个学科领域的通力合作,这在以前是完全无法想象的。正是由于这样的合作,很多问题在该学科内部得到了更为精确、更具预见性的解释,心理学尤其如此。在某些情况下,不只是更为精确,甚至还对问题的观点进行了彻底的颠覆。种种迹象表明,未来的十年将是跨学科之间紧密合作的十年,这样的趋势只能是愈演愈烈。

(赵淳含、徐华、李艳玲译,陈英和审校)

参考文献

Adams, B., Breazeal, C., Brooks, R. A., & Scassellati, B. (2000). Humanoid robots: A new kind of tool [Special issue]. *IEEE Intelligent Systems and Their Applications: Humanoid Robotics*, 15(4), 25-31.

Anderson, J. R. (2000). *Cognitive psychology and its implications* (5th ed.). New York: Worth Publishing.

Anderson, S. R. (2004). *Doctor Dolittle's delusion: Animals and the uniqueness of human language*. New Haven, CT: Yale University Press.

Ariew, A. (1999). Innateness is canalization: A defense of a developmental account of innateness. In V. Hardcastle (Ed.), *Biology meets psychology: Conjectures, connections, constraints* (pp. 117-138). Cambridge, MA: MIT Press.

Aslund, A. (2002). *Building capitalism: The transformation of the former soviet bloc*. New York: Cambridge University Press.

Atran, S. (1998). Folk biology and the anthropology of science: Cognitive universals and cultural particulars. *Behavioral and Brain Sciences*, 21, 547-611.

Aydede, M., & Güzeldere, G. (in press). Cognitive architecture, concepts, and introspection: An information-theoretic solution to the problem of phenomenal consciousness. *Noûs*.

Bailenson, J. N., Shum, M. S., Atran, S., Medin, D., & Coley, J. (2002). A bird's eye view: Biological categorization and reasoning within and across cultures. *Cognition*, 84, 1-53.

Baldwin, J. M. (1895). *Mental development in the child and the race: Methods and processes*. New York: Macmillan.

Barsalou, L. (1999). Perceptual symbol systems. *Behavioral and Brain Sciences*, 22(4), 577-609.

Baron-Cohen, S. (1995). *Mindblindness: An essay on autism and theory of mind*. Cambridge, MA: MIT Press.

Baron-Cohen, S. (2004). The extreme male brain theory of autism. *Trends in Cognitive Sciences*, 6, 248-254.

Bechtel, W., Abrahamsen, A., & Graham, G. (1998). The life of cognitive science. In W. Bechtel, G. Graham, & D. A. Balota (Eds.), *A companion to cognitive science* (pp. 2-104). Malden, MA: Blackwell.

Bialystok, E., & Hakuta, K. (1994). *In other words: The science and psychology of second language acquisition*. New York: Basic Books.

Birlen, D. (1990). Communication unbound: Autism and praxis. *Harvard Educational Review*, 60, 291-314.

Bjorklund, D. F., & Pellegrini, A. D. (2000). Child development and evolutionary psychology. *Child Development*, 71(6), 1687-1708.

Block, N. (1980). Introduction: What is functionalism. In N. Block (Ed.), *Readings in philosophy of psychology* (pp. 171-184). Cambridge, MA: Harvard University Press.

Bloom, P. (2000). *How children learn the meanings of words*. Cambridge, MA: MIT Press.

Bloom, P. , & Keil, F. C. (2001). Thinking through language. *Mind and Language*, *16*, 351 - 367.

Borgo, F., & Shallice, T. (2003). Category specificity and feature knowledge: Evidence from new sensory-quality categories. *Cognitive Neuropsychology*, *20*, 327 - 353.

Boyer, P. (2001). *Religion explained: The evolutionary origins of religious thought*. London: Random House.

Bresnan, J. (Ed.). (1982). *The mental representation of grammatical relations*. Cambridge, MA: MIT Press.

Briscoe, E. (2000). Grammatical acquisition: Inductive bias and coevolution of language and the language acquisition device. *Language*, *76* (2), 245 - 296.

Brooks, R. A. (2001). The relationship between matter and life. *Nature*, *409*, 409 - 411.

Brooks, R. A. (1997). From earwigs to humans. *Robotics and Autonomous Systems*, *20*, 291 - 304.

Brown, A. , & DeLoache, J. (1978). Skills, plans and self regulation. In R. Siegler (Ed.), *Children's thinking: What develops?* (pp. 3 - 35). Hillsdale, NJ: Erlbaum.

Brown, A. L., Bransford, J. D., Ferrara, R. A., & Campione, J. C. (1983). Learning, remembering, and understanding. In P H. Mussen (Ed.), *Handbook of child psychology: Vol. 3. Cognitive development* (4th ed., pp. 76 - 166). New York: Wiley.

Brown, R. (1973). *A first language: The early stages*. London: Allen & Unwin.

Bruner, J. S. (1967). On cognitive growth. In J. S. Bruner, R. R. Olver, P. M. Greenfield, et al. (Eds.), *Studies in cognitive growth: A collaboration at the Center of Cognitive Studies* (Vols. 1 - 2, pp. 1 - 67). New York: Wiley.

Buss, D. M. (1994). *The evolution of desire: Strategies of human mating*. New York: Basic Books.

Calabretta, R., Di Ferdinando, A., Wagner, G. P., & Parisi, D. (2003). What does it take to evolve behaviorally complex organisms? *BioSystems*, *69*, 254 - 262.

Calabretta, R., & Parisi, D. (in press). Evolutionary connectionism and mind/brain modularity. In W. Callabaut & D. Rasskin-Gutman (Eds.), *Modularity: Understanding the development and evolution of complex natural systems*. Cambridge, MA: MIT Press.

Campos, J. J., Anderson, D. I., Barbu-Roth, M. A., Hubbard, E. M., Hertenstein, M. J., & Witherington, D. (2000). Travel broadens the mind. *Infancy*, *1*(2), 149 - 219.

Carey, S. (1985). *Conceptual change in childhood*. Cambridge, MA: Bradford Books, MIT Press.

Carey, S., & Spelke, E. S. (1994). Domain specific knowledge and conceptual change. In L. Hirschfeld & S. Gelman (Eds.), *Mapping the mind: Domain specificity in cognition and culture* (pp. 169 - 200). Cambridge, MA: Cambridge University Press.

Carruthers, P. (2005). Distinctively human thinking: Modular precursors and components. In P. Carruthers, S. Laurence, & S. Stich (Eds.), *The innate mind: Structure and content*. Oxford, England: Oxford University Press.

Chalmers, D. (1993). Why Fodor and Pylyshyn were wrong: The Simplest refutation. *Philosophical Psychology*, *6*, 305 - 319.

Chalmers, D. J. (1996). *The conscious mind*. New York: Oxford University Press.

Chi, M. T. H. (1978). Knowledge structure and memory development. In R. Siegler (Ed.), *Children's thinking: What develops?* (pp. 73 - 96). Hillsdale, NJ: Erlbaum.

Chi, M. T. H., Hutchinson, J. E., & Robin, A. F. (1989). How inferences about novel domain-related concepts can be constrained by structured knowledge. *Merrill-Palmer Quarterly*, *35*, 27 - 62.

Chomsky, N. (1957). *Syntactic structures*. The Hague, The Netherlands: Mouton.

Chomsky, N. (1965). *Aspects of the theory of syntax*. Cambridge, MA: MIT Press.

Chomsky, N. (1975). *Reflections on language*. New York: Pantheon.

Christiansen, M. H., & Chater, N. (1999). Connectionist natural language processing: The state of the art. *Cognitive Science*, *23*, 417 - 437.

Churchland, P. M. (1990). *A neurocomputational perspective: The nature of mind and the structure of science*. Cambridge, MA: MIT Press.

Churchland, P. S., & Sejnowski, T. (1994). *The computational brain*. Cambridge, MA: MIT Press.

Cohen, D., & Volkmar, F. (Eds.). (1997). *Handbook of autism and pervasive developmental disorders* (2nd ed.). New York: Wiley.

Cole, M., & Means, B. (1981). *Comparative studies of how people

think: An introduction*. Cambridge, MA: Harvard University Press.

Corkin, S. (2002). What's new with the amnesic patient H. M.? *Nature Reviews Neuroscience*, *3*(2), 153 - 160.

Cornia, G., & Popov, V. (Eds.). (2001). *Transition and institutions: The experience of gradual and late reformers*. Oxford University Press.

Cosmides, L. (1989). The logic of social exchange: Has natural selection shaped how humans reason? Studies with the Wason selection task. *Cognition*, *31*, 187 - 276.

Cowie, F. (1999). *Within? Nativism reconsidered*. New York: Oxford University Press.

Cummins, R. (1983). *The nature of psychological explanation*. Cambridge, MA: MIT Press.

Csibra, G., Biro, S., Koos, O., & Gergely, G. (2003). One-year-old infants use teleological representations of actions productively. *Cognitive Science*, *27*(1), 111 - 133.

Dailey, M. N., & Cottrell, G. W. (1999). Organization of face and object recognition in modular neural network models. *Neural Networks*, *12*, 1053 - 1073.

Danovitch, J. H., & Keil, F. C. (2004). Should you ask a fisherman or a biologist? Developmental shifts in ways of clustering knowledge. *Child Development*, *5*, 918 - 931.

Darwin, C. (1872). *The expression of the emotions in man and animals*. London: John Murray.

Davidson, D. (1999). The emergence of thought. *Erkenntnis*, *51*, 511 - 521.

Davies, M. (1995). Two notions of implicit rules. *Philosophical Perspectives*, *9*, 153 - 183.

DeCasper, A. J., & Spence, M. J. (1986). Prenatal maternal speech influences newborns' perception of speech sounds. *Infant Behavior and Development*, *9*, 133 - 150.

Dehaene, S. (1998). *The number sense: How the mind creates mathematics*. Oxford, England: Oxford University Press.

Duchaine, B., Cosmides, L., & Tooby, J. (2001). Evolutionary psychology and the brain. *Current Opinion in Neurobiology*, *11*(2), 225 - 230.

Duchaine, B., Dingle, K., Butterworth, E., & Nakayama, K. (2004). Normal greeble learning in a severe case of developmental prosopagnosia. *Neuron*, *43*(4), 469 - 473.

Duchaine, B., & Nakayama, K. (2005). Dissociations of face and object recognition in developmental prosopagnosia. *Journal of Cognitive Neuroscience*, *17*(2), 249 - 261.

Ellis, R. (1994). *The Study of Second Language Acquisition*. Oxford, England: Oxford University Press.

Elman, J. L., Bates, E. A., Johnson, M. H., Karmiloff-Smith, A., Parisi, D., & Plunkett, K. (1996). *Rethinking innateness: A connectionist perspective on development*. Cambridge, MA: MIT Press.

Ericsson, K. A. (1996). The acquisition of expert performance: An introduction to some of the issues. In K. A. Ericsson (Ed.), *The road to excellence: The acquisition of expert performance in the arts and sciences, sports, and games* (pp. 1 - 50). Mahwah, NJ: Erlbaum.

Falkenhainer, B., Forbus, K. D., & Gentner, D. (1989). The structuremapping engine: Algorithm and examples. *Artificial Intelligence*, *41*, 1 - 63.

Farah, M. J., & McClelland, J. L. (1991). A computational model of semantic memory impairment: Modality specificity and emergent category specificity. *Journal of Experimental Psychology*, *120*(4), 339 - 357.

Farah, M. J., & Rabinowitz, C. (2003). Genetic and environmental influences on the organisation of semantic memory in the brain: Is "living things" an innate category? *Cognitive Neuropsychology*, *20*(3/6), 401 - 408.

Fernald, A. (1992). Human maternal vocalizations to infants as biologically relevant signals: An evolutionary perspective. In J. H. Barkow, L. Cosmides, & J. Tooby (Eds.), *The adapted mind: Evolutionary psychology and the generation of culture* (pp. 391 - 428). Oxford, England: Oxford University Press.

Fernald, A. (1993). Approval and disapproval: Infant responsiveness to vocal affect in familiar and unfamiliar languages. *Developmental Psychology*, *64*, 657 - 674.

Flavell, J. H. (1979). Metacognition and cognitive monitoring: A new area of cognitive-developmental inquiry. *American Psychologist*, *34*, 906 - 911.

Flavell, J. H. (1999). Cognitive development: Children's knowledge about the mind. *Annual Review of Psychology*, *50*, 21 - 45.

Fodor, J. A. (1972). Some reflections on L. S. Vygotsky's thought and language. *Cognition*, *1*, 83 - 95.

Fodor, J. A. (1974). Special Sciences. *Synthese*, *28*, 97 - 115.

Fodor, J. A. (1975). *The language of thought*. Cambridge, MA: Harvard University Press.

Fodor, J. A. (1983). *The modularity of mind: An essay on faculty psychology*. Cambridge, MA: MIT Press.

Fodor, J. A. (2000). *The mind doesn't work that way: The scope and limits of computational psychology*. Cambridge, MA: MIT Press.

Fodor, J. A., & Pylyshyn, Z. W. (1988). Connectionism and cognitive architecture: A critical analysis. *Cognition*, *28*, 3–71.

Fodor, J. D., & Crowther, C. (2002). Understanding stimulus poverty arguments. *The Linguistic Review*, *19*, 105–145.

Freud, S. (1915). *The unconscious: The standard edition of the complete works of Sigmund Freud*. London: Hogarth Press.

Gallistel, C. R. (2000). The replacement of general-purpose learning models with adaptively specialized learning models. In M. Gazzaniga (Ed.), *The new cognitive neurosciences* (pp. 1179–1191). Cambridge, MA: MIT Press.

Gardner, H. (1983). *Frames of mind*. New York: Basic Books.

Gauthier, I., Curran, T., Curby, K. M., & Collins, D. (2003). Perceptual interference evidence for a non-modular account of face processing. *Nature Neuroscience*, *6*, 428–432.

Gazdar, G., Klein, E., Pullum, G., & Sag, I. A. (1985). *Generalized phrase structure grammar*. Oxford, England: Basil Blackwell.

Gelman, R. (2002). Cognitive development. In H. Pashler & D. L. Medin (Eds.), *Stevens' handbook of experimental psychology* (3rd ed., Vol. 2, pp. 599–621). Wiley: New York.

Gelman, S. A. (2003). *The essential child: Origins of essentialism in everyday thought*. Oxford, England: Oxford University Press.

Gentner, D. (in press). The development of relational category knowledge. In L. Gershkoff-Stowe & D. H. Rakison (Eds.), *Building object categories in developmental time*. Hillsdale, NJ: Erlbaum.

Gergely, G., Nádasdy, Z., Csibra, G., & Biro, S. (1995). Taking the intentional stance at 12 months of age. *Cognition*, *56*(2), 165–193.

Ghahramani, Z., & Hinton, G. E. (1998). Hierarchical nonlinear factor analysis and topographic maps. In M. I. Jordan, M. J. Kearns, & S. A. Solla (Eds.), *Advances in neural information processing systems* (Vol. 1, pp. 486–492). Cambridge, MA: MIT Press.

Gleitman, L., & Bloom, P. (1999). Language acquisition. In R. Wilson & F. Keil (Eds.), *MIT encyclopedia of cognitive science*. Cambridge, MA: MIT Press.

Glock, H. J. (2000). Animals, thoughts and concepts. *Synthese*, *123*(1), 35–64.

Gobet, F. (1997). A pattern-recognition theory of search in expert problem solving. *Thinking and Reasoning*, *3*, 291–313.

Gold, E. M. (1967). Language identification in the limit. *Information and Control*, *10*, 447–474.

Goldman, A. (2002). *Pathways to knowledge: Private and public*. Oxford, England: Oxford University Press.

Goldstone, R. L., & Son, J. Y. (in press). The transfer of scientific principles using concrete and idealized simulations. *Journal of the Learning Sciences*.

Goodale, M. A., & Milner, A. D. (1992). Separate visual pathways for perception and action. *Trends in Neuroscience*, *15*, 20–25.

Goodale, M. A., Milner, A. D., Jakobson, L. S., & Carey, D. P. (1991). A neurological dissociation between perceiving objects and grasping them. *Nature*, *349*, 154–156.

Goodman, N. (1965). *Fact, fiction and forecast* (2nd ed.). Indianapolis, IN: Bobbs-Merrill.

Gopnik, A., Glymour, C., Sobel, D. M., Schulz, L. E., Kushnir, T., & Danks, D. (2004). A theory of causal learning in children: Causal maps and Bayes nets. *Psychological Review*, *111*, 3–32.

Gopnik, A., & Wellman, H. M. (1994). The theory theory. In L. A. Hirschfeld & S. A. Gelman (Eds.), *Mapping the mind: Domain specificity in cognition and culture*. New York: Cambridge University Press.

Gould, S. J., & Lewontin, R. (1979). The spandrels of San Marco and the Panglossian paradigm: A critique of the adaptationist programme. *Proceedings of the Royal Society, London. Series B, Biological Sciences*, *205*, 581–598.

Greif, M., Kemler Nelson, D., Keil, F C., & Guitterez, F. (in press). What do children want to know about animals and artifacts? Domain-specific requests for information. *Psychological Science*.

Gregg, K. (2001). Learnability and second language acquisition theory. In P. Robinson (Ed.), *Cognition and second language instruction* (pp. 152–68). Cambridge, England: Cambridge University Press.

Grossberg, S. (2003). Linking visual cortical development to visual perception. In B. Hopkins & S. Johnson (Eds.), *Neurobiology of infant vision* (pp. 211–271). Newark, NJ: Ablex.

Gutfreund, Y., & Knudsen, E. I. (in press). Gated visual input to the auditory space map of the barn owl. *Science*.

Gutfreund, Y., Zheng, W., & Knudsen, E. I. (2002). Gated visual input to the central auditory system. *Science*, *297*, 1562–1566.

Gutheil, G., Vera, A., & Keil, F. C. (1998). Do houseflies think? Patterns of induction and biological beliefs in development. *Cognition*, *66*, 33–49.

Guthrie, D. (1999). *Dragon in a three-piece suit: The emergence of capitalism in China*. Princeton, NJ: Princeton University Press.

Haidt, J. (2001). The emotional dog and its rational tail. *Psychological Review*, *108*, 814–834.

Harre, R., & Madden, E. (1975). *Causal Powers*. Oxford, England: Blackwell.

Hauser, M. D., Chomsky, N., & Fitch, W. T. (2002). The faculty of language: What is it, who has it, and how did it evolve? *Science*, *298*, 1569–1579.

Heit, E., & Hahn, U. (2001). Diversity-based reasoning in children. *Cognitive Psychology*, *43*, 243–273.

Hsiao, H. S. (1973). Flight paths of night-flying moths to light. *Journal of Insect Physiology*, *19*, 1971–1976.

Hume, D. (1975). Enquiry concerning human understanding. In L. A. Selby-Bigge (Ed.), *Enquiries concerning human understanding and concerning the principles of morals* (3rd ed., pp. 1–242). Oxford, England: Clarendon Press.

Humphreys, G. W., & Forde, E. M. E. (2001). Hierarchies, similarity and interactivity in object recognition: On the multiplicity of "category specific" deficits in neuropsychological populations. *Behavioural and Brain Sciences*, *24*, 453–509.

Inagaki, K., & Hatano, G. (2002). *Young children's naive thinking about the biological world*. New York: Psychological Press.

Inhelder, B., & Piaget, J. (1958). *The growth of logical thinking*. New York: Basic Books.

Ingram, D. (1989). *First language acquisition: Method, description, explanation*. Cambridge, England: Cambridge University Press.

Jacobs, R. A. (1999). Computational studies of the development of functionally specialized neural modules. *Trends in Cognitive Sciences*, *3*, 31–38.

Jain, S., Osherson, D., Royer, J., & Sharma, A. (1999). *Systems that learn: An introduction to learning theory* (2nd ed.). Cambridge, MA: MIT Press.

Johnson, J. S., & Newport, E. L. (1989). Critical period effects in second-language learning: The influence of maturational state on the acquisition of English as a second language. *Cognitive Psychology*, *21*, 60–90.

Johnson, M. H. (2000). Functional brain development in infants: Elements of an interactive specialization framework. *Child Development*, *71*, 75–81.

Johnson, M. H., & Morton, J. (1991). *Biology and cognitive development: The case of face recognition*. Oxford, England: Blackwell.

Johnson, S. C. (2000). The recognition of mentalistic agents in infancy. *Trends in Cognitive Science*, *4*(1), 22–28.

Kanwisher, N. (2000). Domain specificity in face perception. *Nature Neuroscience*, *3*, 759–763.

Kardar, M., & Zee, A. (2002). Information optimization in coupled audio-visual cortical maps. *Proceedings of the National Academy of Sciences*, *99*(25), 15894–15897.

Karmiloff-Smith, A. (1992). *Beyond modularity: A developmental perspective on cognitive science*. Cambridge, MA: MIT Press.

Keil, F. C. (1979). *Semantic and conceptual development: An ontological perspective*. Cambridge, MA: Harvard University Press.

Keil, F. C. (1981). Constraints on knowledge and cognitive development. *Psychological Review*, *88*(3), 197–227.

Keil, F. C. (1989). *Concepts, kinds, and cognitive development*. Cambridge, MA: MIT Press.

Keil, F. C. (1991). On being more than the sum of the parts: The conceptual coherence of cognitive science. *Psychological Science*, *2*, 283–293.

Keil, F. C. (1992). The Emergence of an Autonomous Biology. In M. Gunnar & M. Maratsos (Eds.), *Minnesota Symposia: Modularity and constraints in language and cognition* (pp. 103–138). Hillsdale, NJ: Erlbaum.

Keil, F. C. (1998). Cognitive Science and the origins of thought and knowledge. In W. Damon (Editor-in-Chief) & R. M. Lerner (Ed.), *Handbook of child psychology: Vol. 1. Theoretical models of human development* (5th ed., pp. 341–413). New York: Wiley.

Keil, F. C. (1999). Conceptual Change. In R. Wilson & F. Keil (Eds.), *The MIT encyclopedia of cognitive sciences*. Cambridge: MIT Press.

Keil, F. C. (2001). The scope of the cognitive sciences. *Artificial Intelligence*, 130, 217–221.

Keil, F. C. (2003a). Categorization, causation and the limits of understanding. *Language and Cognitive Processes*, 18, 663–692.

Keil, F. C. (2003b). Folkscience: Coarse interpretations of a complex reality. *Trends in Cognitive Sciences*, 7, 368–373.

Keil, F. C. (2003c). That's life: Coming to understand biology. *Human Development*, 46, 369–377.

Keil, F. C., & Kelly, M. H. (1987). Developmental changes in category structure. In S. Harnad (Ed.), *Categorical perception* (pp. 491–510). Cambridge University Press.

Keil, F. C., Kim, N. S., & Greif, M. L. (2002). Categories and Levels of Information. In E. Forde & G. Humphreys (Eds.), *Categoryspecificity in brain and mind* (pp. 375–401). Hove, East Sussex, England: Psychology Press.

Keil, F. C., Smith, C., Simons, D. J., & Levin, D. T. (1998). Two dogmas of conceptual empiricism: Implications for hybrid models of the structure of knowledge. *Cognition*, 65, 103–135.

Kellman, P. J., & Banks, M. (1998). Infant visual perception. In W. Damon (Series Ed.) & D. Kuhn & R. S. Siegler (Vol. Eds.), *Handbook of child psychology: Vol. 2. Cognition, perception, and language* (5th ed., pp. 103–146). New York: Wiley.

Kitcher, P. (1978). Theories, theorists, and theoretical change. *Philosophical Review*, 87, 519–547.

Kitcher, P. (1992). *Freud's dream: A complete interdisciplinary science of mind*. Cambridge, MA: Bradford/MIT Press.

Kitcher, P. (1993). *The advancement of science*. Oxford, England: Oxford University Press.

Klaczynski, P. A. (2001). Analytic and heuristic processing influences on adolescent reasoning and decision-making. *Child Development*, 72, 844–861.

Klahr, D., Langley, P., & Neches, R. (Eds.). (1987). *Production system models of learning and development*. Cambridge, MA: MIT Press.

Klin, A., Volkmar, F., & Sparrow, S. (Eds.). (2000). *Asperger syndrome*. New York: Guilford Press.

Knudsen, E. I. (2002). Instructed learning in the auditory localization pathway of the barn owl. *Nature*, 417, 322–328.

Kuhn, D. (1993). Science as argument: Implications for teaching and learning scientific thinking. *Science Education*, 77(3), 319–337.

Kuhn, D. (1999). A developmental model of critical thinking. *Educational Researcher*, 28, 16–25.

Kuhn, T. (1962). *The structure of scientific revolutions*. Chicago: University of Chicago Press.

Laiacona, M., Capitani, E., & Caramazza, A. (2003). Category-specific semantic deficits do not reflect the sensory/functional organization of the brain: A test of the "sensory quality" hypothesis. *Neurocase*, 9(3), 221–231.

Langley, P. (1987). A general theory of discrimination learning. In D. Klahr, P. Langley, & R. Neches (Eds.), *Production system models of learning and development* (pp. 99–161). Cambridge, MA: MIT Press.

Larkin, J., McDermott, J., Simon, D. P., & Simon, H. A. (1980). Expert and novice performance in solving physics problems. *Science*, 208, 1335–1342.

Laudan, L. (1990). *Science and relativism: Some key controversies in the philosophy of science*. Chicago: University of Chicago Press.

Leslie, A. M. (2000). "Theory of mind" as a mechanism of selective attention. In M. Gazzaniga (Ed.), *The new cognitive neurosciences* (2nd ed., pp. 1235–1247). Cambridge, MA: MIT Press.

Leslie, A. M., Thaiss L. (1992). Domain specificity in conceptual development: Neuropsychological evidence from autism. *Cognition*, 43, 225–251.

Leslie, A. M., Xu, F., Tremoulet, P., & Scholl, B. (1998). Indexing and the object concept: Developing 'what' and 'where' systems. *Trends in Cognitive Sciences*, 2, 10–18.

Lewens, T. (2002). Adaptationism and engineering. *Biology and Philosophy*, 17(1), 1–31.

Lightfoot, D. (1999). *The development of language: Acquisition, change, and evolution*. Malden, MA: Blackwell.

Lust, B. (1999). Universal grammar: The strong continuity hypothesis in first language acquisition. In W. C. Ritchie & T. K. Bhatia (Eds.), *Handbook of child language acquisition* (pp. 111–155). San Diego, CA: Academic Press.

Lutz, D. R., & Keil, F. C. (2002). Early understanding of the division

of cognitive labor. *Child Development*, 73, 1073–1084.

Lycan, W. (1996). *Consciousness and experience*. Cambridge, MA: MIT Press.

Magnani, L., & Nersessian, N. J. (Eds.). (2002). *Model-based reasoning: Science, technology, values*. New York: Kluwer Academic/Plenum Press.

Mandler, J. M. (2004). *The foundations of mind: Origins of conceptual thought*. New York: Oxford University Press.

Manning, C., & Sag, I. A. (1999). Dissociations between Argument Structure and Grammatical Relations. in A. Kathol, J.-P. Koenig, & G. Webelhuth (Eds.), *Lexical and constructional aspects of linguistic explanation* (pp. 63–77). Stanford, CA: CSLI Publications.

Marcus, G. F. (2001). *The algebraic mind*. MIT Press: Cambridge, MA.

Marcus, G. F. (2004). *The birth of the mind: How a tiny number of genes creates the complexities of human thought*. New York: Basic Books.

Mareschal, D. (2000). Object knowledge in infancy: Current controversies and approaches. *Trends in Cognitive Science*, 4, 408–416.

Margolis, E., & Laurence, S. (2001). The poverty of the stimulus argument. *British Journal for the Philosophy of Science*, 52, 217–276.

Marslen-Wilson, M., & Tyler, L. K. (1997). Dissociating types of mental computation. *Nature*, 387, 592–594.

Martin, A., & Weisberg, J. (2003). Neural foundations for understanding social and mechanical concepts. *Cognitive Neuropsychology*, 20(3/6), 575–587.

McClelland, J. L., & Patterson, K. (2002). Rules or connections in past-tense inflections: What does the evidence rule out? *Trends in Cognitive Science*, 6, 465–472.

MacWhinney, B. (1998). Models of the emergence of language. *Annual Review of Psychology*, 49, 199–227.

Medin, D. L., & Atran, S. (in press). The native mind: Biological categorization, reasoning and decision making in development across cultures. *Psychological Review*.

Medin, D. L., & Ortony, A. (1989). Psychological essentialism. In S. Vosniadou & A. Ortony (Eds.), *Similarity and analogical reasoning*. Cambridge, England: Cambridge University Press.

Medin, D. L., Ross, N., Arran, S., Cox, D., Wakaua, H. J., Coley, J. D., et al. (in press). The role of culture in the folkbiology of freshwater fish. *Cognitive Psychology*.

Minksy, M., & Papert, S. (1969). *Perceptrons: An introduction to computation geometry*. Cambridge, MA: MIT Press.

Mitroff, S. R., Scholl, B. J., & Wynn, K. (in press). The relationship between object files and conscious perception. *Cognition*.

Moon, C., Cooper, R. P., & Fifer, W. P. (1993). Two-day-olds prefer their native language. *Infant Behavior and Development*, 16, 495–500.

Moorman, K., & Ram, A. (1998). *Compunational models of reading and understanding*. Cambridge, MA: MIT Press.

Munakata, Y. (2001). Graded representations in behavioral dissociations. *Trends in Cognitive Sciences*, 5(7), 309–315.

Munakata, Y., McClelland, J. L., Johnson, M. H., & Siegler, R. S. (1997). Rethinking infant knowledge: Toward an adaptive process account of successes and failures in object permanence tasks. *Psychological Review*, 104, 686–713.

National Research Council. (2001). *Adding it up: Helping children learn mathematics*. Washington, DC: Author.

Nazzi, T., Bertoncini, J., & Mehler, J. (1998). Language discrimination by newborns: Towards an understanding of the role of rhythm. *Journal of Experimental Psychology: Human Perception and Performance*, 24(3), 756–766.

Neisser, U. (1988). Five kinds of self-knowledge. *Philosophical Psychology*, 1, 35–59.

Newell, A., & Simon, H. A. (1972). *Human problem solving*. Englewood Cliffs, NJ: Prentice-Hall.

Newman, G. E., Keil, F. C., Kuhlmeier, V., & Wynn, K. (2005). *Infants understand that only intentional agents can create order*. Manuscript submitted for publication.

Newport, E. (1990). Maturational constraints on language learning. *Cognitive Science*, 14, 11–28.

Paccanaro, A., & Hinton, G. E. (2002). Learning hierarchical structures with linear relational embedding. In T. G. Dietterich, S. Becker, & Z. Ghahramani (Eds.), *Advances in neural information processing systems*, 14 (pp. 857–864). Cambridge, MA: MIT Press.

Piaget, J. (1952). *The origins of intelligence in children*. New York: International University Press.

Piaget, J. (1954). *The construction of reality in the child*. New York:

Basic Books. (Original work published 1937)

Pinker, S. (1989). *Learnability and cognition: The acquisition of argument structure*. Cambridge, MA: MIT Press.

Pinker, S. (1994). *The language instinct*. New York: Morrow.

Pinker, S. (1995). Language acquisition. In L. R. Gleitman, M Liberman, & D. N. Osherson (Eds.), *An invitation to cognitive science: Vol. 1. Language* (2nd ed., pp. 135 - 182). Cambridge, MA: MIT Press.

Pinker, S. (1997). *How the mind works*. New York: Norto.

Pinker, S. (2001). Four decades of rules and associations, or whatever happened to the past tense debate. In E. Dupoux (Ed.), *Language, brain, and cognitive development: Essays in honor of Jacques Mehler* (pp. 157 - 179). Cambridge, MA: MIT Press.

Pinker, S., & Bloom, P. (1990). Natural language and natural selection. *Behavioral and Brain Sciences*, *13*, 707 - 784.

Pinker, S., & Ullman, M. (2002). The past and future of the past tense. *Trends in Cognitive Science*, *6*, 456 - 463.

Pothos, E. M. (in press). The rules versus similarity distinction. *Behavioral and Brain Sciences*.

Prinz, J. (2002). *Furnishing the mind: Concepts and their perceptual basis*. Cambridge, MA: MIT Press.

Pullum, G. K., & Scholz, B. C. (2002). Empirical assessment of stimulus poverty arguments. *Linguistic Review*, *19*(1/2), 9 - 50.

Pylyshyn, Z. (1999). Is vision continuous with cognition? The case of impenetrability of visual perception. *Behavioral*, *22*, 321 - 343.

Ramsden, B. M., Hung, C. P., & Roe, A. W. (2001). Real and illusory contour processing in Area V1 of the primate-A cortical balancing act. *Cerebral Cortex*, *11*, 648 - 665.

Rogers, T. T., & McClelland, J. L. (2004). *Semantic cognition: A parallel distributed processing approach*. Cambridge, MA: MIT Press.

Rogers, T. T., & Plaut, D. C. (2002). Connectionist perspectives on category-specific deficits. In E. Forde & G. Humphreys (Eds.), *Category specificity in brain and mind* (pp. 251 - 284). Hove, East Sussex, England: Psychology Press.

Roschelle, J. (1995). Learning in interactive environments: Prior knowledge and new experience. In J. H. Falk & L. D. Dierking (Eds.), *Public institutions for personal learning: Establishing a research agenda* (pp. 37 - 51). Washington, DC: American Association of Museums.

Rose, S. A., Feldman, J. F., & Jankowski, J. J. (2001). Attention and recognition memory in the 1st year of life: A longitudinal study of preterm and full-term infants. *Developmental Psychology*, *37*(1), 135 - 151.

Rozin, P. (1976). The evolution of intelligence and access to the cognitive unconscious. In J. N. Sprague & A. N. Epstein (Eds.), *Progress in psychology* (Vol. 6, pp. 245 - 280). New York: Academic Press.

Roy, M. S., Barsoum-Homsy, M., Orquin, J., & Benoit, J. (1995). Maturation of binocular pattern visual evoked potentials in normal full-term and preterm infants from 1 to 6 months of age. *Pediatric Research*, *37*(2), 140 - 144.

Sakata, H., Taira, M., Kusunoki, M., Marata, A., & Tanaka, Y. (1997). The TINS lecture: The parietal association cortex in depth perception and visual control of hand action. *Trends in Neuroscience*, *20*, 350 - 357.

Samuels, R. (2002). Nativism in cognitive science. *Mind and Language*, *17*(3), 233 - 265.

Sanjana, N., & Tenenbaum, J. B. (2002). Bayesian models of inductive generalization. In S. Becker, S. Thrun, & K. Obermayer (Eds.), *Advances in neural information processing systems*, *15* (pp. 51 - 58). Cambridge, MA: MIT Press.

Scarr, S. (1992). Developmental theories for the 1990s: Development and individual differences. *Child Development*, *63*, 1 - 19.

Scassellati, B. (2001). Investigating models of social development using a humanoid robot. In B. Webb & T. Consi (Eds.), *Biorobotics* (pp. 145 - 168). Cambridge, MA: MIT Press.

Scassellati, B. (2002). Theory of mind for a humanoid robot. *Autonomous Robots*, *12*(1), 13 - 24.

Scholl, B. J. (2004). Can infants' object concepts be trained? *Trends in Cognitive Sciences*, *8*(2), 49 - 51.

Scholl, B. J., & Leslie, A. M. (1999). Modularity, development and "theory of mind." *Mind and Language*, *14*, 131 - 153.

Scholl, B. J., & Leslie, A. M. (2001). Minds, modules, and metaanalysis. *Child Development*, *72*, 696 - 701.

Schunn, C. D., & Anderson, J. R. (2001). Acquiring expertise in science: Explorations of what, when, and how. In K. Crowley, C. D. Schunn, & T. Okada (Eds.), *Designing for science: Implications from everyday, classroom, and professional settings* (pp. 83 - 114). Mahwah, NJ: Erlbaum.

Scoville, W. B., & Milner, B. (1957). Loss of recent memory after bilateral hippocampal lesions. *Journal of Neurology, Neurosurgery, and Psychiatry*, *20*, 11 - 21.

Segal, N. L., & MacDonald, K. B. (1998). Behavioral genetics and evolutionary psychology: Unified perspective on personality research. *Human Biology*, *70*(2), 159 - 184.

Seidenberg, M. S., & MacDonald, M. C. (1999). A probabilistic constraints approach to language acquisition and processing. *Cognitive Science*, *23*, 569 - 588.

Shultz, T. R., Mareschal, D., & Schmidt, W. C. (1994). Modeling cognitive development on balance scale phenomena. *Machine Learning*, *16*(1/2), 57 - 86.

Shweder, R. A., Much, N. C., Mahapatra, M., & Park, L. (1997). The big three of morality (autonomy, community, and divinity) and the big three explanations of suffering. In A. Brandt & P. Rozin (Eds.), *Morality and health* (pp. 119 - 169). New York: Routledge.

Siegler, R. S. (1976). Three aspects of cognitive development. *Cognitive Psychology*, *8*, 481 - 520.

Siegler, R. S. (1981). Developmental sequences between and within concepts. *Monographs of the Society for Research in Child Development*, *46* (Whole No. 189).

Simon, H. (2000). Discovering explanations. In F. Keil & R. Wilson (Eds.), *Explanation and cognition* (pp. 21 - 59). Cambridge, MA: MIT Press.

Simons, D., & Keil, F. C. (1995). An abstract to concrete shift in cognitive development: The inside story. *Cognition*, *56*, 129 - 163.

Sloman, S. (1996). The empirical case for two systems of reasoning. *Psychological Bulletin*, *11*, 3 - 22.

Smith, C., Carey, S., & Wiser, M. (1985). On differentiation: A case study of the development of size, weight, and density. *Cognition*, *21*(3), 177 - 237.

Smith, E. E., & Sloman, S. A. (1994). Similarity-versus rule: Based categorization. *Memory and Cognition*, *22*, 377 - 386.

Smolensky, P. (1988). On the proper treatment of connectionism. *Behavioural and Brain Sciences* *11*, 1 - 74.

Smolensky, P. (1990). Tensor product variable binding and the representation of symbolic structures in connectionist systems [Special issue: Connectionist Symbol Processing]. *Artificial Intelligence*, *46*(1/2).

Spelke, E. S., Breinlinger, K., Macomber, J., & Jacobson, K. (1992). Origins of knowledge. *Psychological Review*, *99*, 605 - 632.

Sperber, D. (1994). The modularity of thought and the epidemiology of representations. In L. A. Hirschfeld & S. A. Gelman (Eds.), *Mapping the mind: Domain specificity in cognition and culture* (pp. 39 - 67). New York: Cambridge University Press.

Sperber, D. (2002). In defense of massive modularity. In E. Dupoux (Ed.), *Language, brain and cognitive development: Essays in honor of Jacques Mehler* (pp. 47 - 57). Cambridge, MA: MIT Press.

Sperber, D., & Hirschfeld, L. (1999). Culture, cognition, and evolution. In R. Wilson & F. Keil (Eds.), *MIT encyclopedia of the cognitive sciences* (pp. 61 - 82). Cambridge, MA: MIT Press.

Sperber, D., & Hirschfeld, L. (2004). The cognitive foundations of cultural stability and diversity. *Trends in Cognitive Sciences*, *8*(1), 40 - 46.

Sperber, D., & Wilson, D. (1995). *Relevance: Communication and cognition* (2nd ed.). Oxford, England: Blackwell.

Sun, R. (2001). Hybrid systems and connectionist implementationalism. In L. Nadel (Ed.), *Encyclopedia of cognitive science* (pp. 727 - 732). New York: MacMillan.

Tao, P. K., & Gunstone, R. F. (1999). A process of conceptual change in force and motion during computer-supported physics instruction. *Journal of Research in Science Teaching*, *37*, 859 - 882.

Tenenbaum, J. B., & Griffiths, T. L. (2001). Generalization, similarity, and Bayesian inference. *Behavioral and Brain Sciences*, *24*, 629 - 664.

Thagard, P. (1992). *Conceptual revolutions*. Princeton, NJ: Princeton University Press.

Thelen, E. (2000). Grounded in the world: Developmental origins of the embodied mind. *Infancy*, *1*, 3 - 28.

Tooby, J., & Cosmides, L. (2005). Conceptual foundations of evolutionary psychology. In D. M. Buss (Ed.), *The handbook of evolutionary psychology* (pp. 5 - 67). Hoboken, NJ: Wiley.

Turiel, E., & Perkins, S. A. (2004). Flexibilities of mind: Conflict and culture. *Human Development*, *47*(3), 158 - 178.

Tyler, L. K., deMornay-Davies, P., Anokhina, R., Longworth, C., Randall, B., & Marslen-Wilson, W. D. (2002). Dissociations in processing past tense morphology: Neuropathology and behavioral studies. *Journal of Cognitive Neuroscience*, *14*(1), 79 - 94.

Vinson, D. P., Vigliocco, G., Cappa, S., & Siri, S. (2003). The breakdown of semantic knowledge along semantic field boundaries: Insights from an empirically-driven statistical model of meaning representation. *Brain and Language*, *86*, 347 - 365.

von Hofsten, C., Vishton, P. M., Spelke, E. S., Feng, Q., & Rosander, K. (1998). Predictive action in infancy: Tracking and reaching for moving objects. *Cognition*, *67*, 255 - 285.

Vosniadou, S., & Brewer, W. F. (1992). Mental models of the earth: A study of conceptual change in childhood. *Cognitive Psychology*, *24*, 535 - 585.

Vygotsky, L. S. (1962). *Thought and language*. Cambridge, MA: MIT Press.

Wagner, G. P., & Mezey, J. (in press). The role of genetic architecture constraints for the origin of variational modularity. In G. Schlosser & G. P. Wagner (Eds.), *Modularity in Development and Evolution*. Chicago: Chicago University Press.

Wagner, G. P., Mezey, J., & Calabretta, R. (2004). Natural selection and the origin of modules. In W. Callabaut & D. Rasskin-Gutman (Eds.), *Modularity: Understanding the development and evolution of complex natural systems* (pp. 114 - 153). Cambridge, MA: MIT Press.

Weinacht, S., Kind, C., Monting, J. S., & Gottlob, 1. (1999). Visual development in preterm and full-term infants: A prospective masked study. *Investigative Ophthalmology and Vision Science.*, *40*(2), 346 - 353.

Weiskrantz, L. (Ed.). (1988). *Thought without language*. New York: Oxford University Press.

Wellman, H. M. (1985). The origins of metacognition. In D. L. Forrest-Pressley, G. E. MacKinnon, & T. G. Waller (Eds.), *Metacognition, cognition, and human performance* (Vol. 1, pp. 1 - 31). New York: Academic Press.

Wellman, H. M. (1992). *The child's theory of mind*. Cambridge: MIT Press.

Wellman, H. M., & Gelman, S. A. (1997). Knowledge acquisition in foundational domains. In D. Kuhn & R. S. Siegler (Eds.), *Handbook of child psychology* (Vol. 2, pp. 523 - 573). New York: Wiley.

Werner, H. (1940). *Comparative psychology of mental development*. New York: Harper.

Wexler, K., & Culicover, P. (1980). *Formal principles of language acquisition*. Cambridge, MA: MIT Press.

Whewell, W. (1999). *The philosophy of the inductive sciences, founded upon their history*. Bristol: Thoemmes Press. (Original work published 1840)

Wynn, K. (1998). Psychological foundations of number: Numerical competence in human infants. *Trends in Cognitive Sciences*, *2*, 296 - 303.

Yang, C. (2004). Universal grammar, statistics, or both? *Trends in Cognitive Science*, *8*, 451 - 456.

Zelazo, P. D. (2004). The development of conscious control in childhood. *Trends in Cognitive Sciences*, *8*, 12 - 17.

Zelazo, P. D., Muller, U., Frye, D., & Marcovitch, S. (2003). The development of executive function in early childhood. *Monographs of the Society for Research in Child Development*, *68*(3, Serial No. 2), 74.

Zhang, L. I., & Poo, M. M. (2001). Electrical activity and development of neural circuits. *Nature Neuroscience*, *4* (Suppl.), 1207 - 1214.

第 15 章

从种系发生、历史及个体发生的观点看文化和认知发展

MICHAEL COLE

　　这一章是本手册有关文化和认知发展主题的第三章。以前版本的一些章节，以及本手册中由 Shweder 与其同事共同编纂的第一卷第 11 章，还有 Greenfield 与她的同事完成的第四卷第 17 章，也都包含了广义文化和发展的相关内容。鉴于文化在发展中的作用越来越受到重视，我的目的就是通过拓宽文化和认知的个体发生（被默认为是手册中所有其他关于文化和发展章节的主题）的问题，将其置于更广泛的进化和历史框架下，从而对以上章节内容加以补充。

　　进一步分析文化对发展的影响有着重要意义，原因是多方面的。所有从事这方面著述的人都不会否认人类的发展在很大程度上受制于物种本身种系的遗传性。事实上，Shweder 及其同事（1998）已明确指出，人类有着漫长的共同的进化史，这为发展提供了约束。他们也援引了关于经验的影响的观点，这些观点直接来自发展神经科学（developmental neuroscience）方面的研究。然而，他们并不探查这些种系发生的影响因素是如何与文化和

人类的个体发生联系起来的,仅限于指出这些原始的共同特征到底是什么,他们"只获得了特征、实质、定义和动机力量……当……转化时;一些特定实践、活动安排或生活方式的具体现状"(Shweder et al.,1998,p.871)。这一观点提供了一个很好的起点,但如果不能详细说明的话,它实际上是将人类系统发生和文化历史置于没有研究清楚个体发生的背景下,来陈述这些不同领域正在发生的联系。Rogoff(2003)也预先假定但并没有分析认知发展的种系发生基础所具有的物种特殊性,他将注意力放在个体和历史的变化中不同实践活动内部和活动之间参与方式的转变上。

我在这里采用的方法反映了我对俄国心理学的文化—历史学派研究的长期兴趣,在他们看来,人类的发展是种系发生过程、文化—历史作用、个体发生过程和微观基因作用自然发生的结果,而这些过程是同时作用于正在发展的个体上的(Vygotsky,1997;Wertsch,1985)。这一立场与时下越来越受到瞩目的研究领域——着眼于种系发生和个体发生间关系的进化发展心理学联系起来(例如,Bjorklund & Pellegrini,2002)。然而,这一进化发展观,尤其是关于认知发展的观点,忽略了文化历史的作用。因此,我的目标之一就是在忠于进化观点的基础上将文化的历史引入人类发展的研究中。

定义:文化,认知发展及相关概念

因为这一章会将生物历史、文化历史和认知的个体发生联系起来,所以我想简单介绍一下当"文化"和"认知"这些术语出现在我所涉及的不同学科(比如人类学、古生物学、灵长类动物学和心理学)中的含义还是很有必要的。

文化

一般来讲,文化通常指过去人类成就的社会传承体,它成为现代某个社会群体(通常指一个国家或地区的居民)的资源(D'Andradem,1996)。在个体发生中,一些有关文化的概念和认知发展研究的问题的争论永远不会停止。包括文化是否是人类特有的财产,人类的各种文化能够根据发展水平加以分类的范围,文化的精神层面和物质层面的关系,以及到何种程度才可以假定文化被某一社会团体所分享。

文化是人类特有的吗

近些年来,许多灵长类动物学家指出文化的核心观念是"凭借社会影响获得的群体特殊性行为(至少部分如此)"(McGrew,1998,p.305)或者通过社会学习过程获得的"以非遗传方式传播或保持的行为一致性"(Whitten,2000,p.284)。根据这种最低限要求者(minimalist)的定义,文化并非人类所特有。不仅是许多灵长目动物,还有其他表现出行为一致性的物种中也存在文化,只要这种一致性通过非遗传方式获得(尽管那些方式到底是什么现在还普遍存在争论)。

当讨论系统发生学对人类认知发展的贡献时,我会再谈及这一点。目前,即便那些声称其他动物中也存在文化的人们通常也同意这样的观点:就像人类的认知能力要比其他灵长类动物多一样,人类文化也不仅仅是非遗传方式传递的行为模式。至于这个"更多"到底指的是什么,以及不同物种之间文化本质的差异可以告诉我们文化在人类认知发展中所扮演的角色又指的是什么,对这些问题还存在不同意见,由此产生了大量有争论的文献(Byrne et al. , 2004)。

文化的历史与发展

19 世纪,文化被用作文明的同义词,大概指的就是人类创造力在诸多领域的持续改进,比如工业技术方面,包括金属工具和农业实践工具的制造技术;科学知识的广度;社会结构的复杂性;礼貌和不同习俗的讲究;以及对自然和人类自身的控制力(Cole, 1996; Stocking, 1968)。

到了 20 世纪,由于 Franz Boas 及其同事的努力,把文化当作文明进步的观念逐渐被如下观点取代:所有的文化都是从古到今的社会团体对其所处环境局部适应的产物。因此,人类学家一般会反对用整体价值或功效来衡量不同的文化,因为这些判断从历史观点和社会生态学角度来看,都不过是偶然发生的。然而,仍有人强调说即便不按照功效,文化也可以根据复杂性的水平高低进行归类排列。这样问题就变成,如何将这些文化变量同心理过程的变量联系起来(例如,Damerow, 1996; Feinman, 2000; Hallpike, 1979)。

文化模式: 共享式的还是分布式的?

当早期的人类学者(比如 Margaret Mead)去偏僻的、相对闭塞且没有文字的社会研究文化和发展时,他们所持的文化观念认为文化是"人类过去成就的社会传承体,它成为某一社会团体在其历史和生态环境中的当前资源"。在 Mead 的案例中,父母对未成年人及有关年轻人性行为风俗的态度,摩奴人在支柱上建造房屋的方式,照顾(或没能照顾到)其子女,或者对事件进行万物有灵论的解释,都组成了"传承的知识"及有益的"当前资源"。她还作了另外的假设:这种社会传承是高度模式化的、相互联系的、被同样体验过的、普遍深入的。在接下来的几十年,对文化单一、格式塔式构造的高度强调,让步于对文化和个体水平上内部异质性的重视,让步于随之而来的对人们积极创造文化并享受已存在文化的需要(Schwartz, 1978)。

一般而言,某种特定文化元素被共享的程度成为人类学中,尤其是研究文化和认知时的一个重要主题。Kim Romney 和他的同事建议用他们所谓的"文化一致性模型"描述某种特定文化所共享的程度(Romney & Moore, 2001; Romney, Weller, & Batchelder, 1986)。Mcdin 和 Atran (2004)应用这一模型,研究一个社会的不同亚团体间思考特殊领域的方式有何不同(比如他们如何认识大自然且如何据此采取相应行动)。文化的这样一个分布式观点与认知中的分布式理论不谋而合(例如, Hutchins, 1995)。

文化的精神层面与物质层面的关系

20 世纪中叶文化概念的快速繁荣促使 Alfred Kroeber 和 Clyde Kluckhohn(1952)提出了著名的综合定义,与灵长类动物学家通常采取的"社会学习"定义或者 D'Andrade 的"社会传承"方式相比,提供了更多的详细界定:

文化是由通过符号而获得和传播的各种外显的、内隐的行为模式组成,构成了不同人类团体的特殊成就,包括在人造物中的体现;文化的核心在于传统的(也就是历史形成和选择的)观念,尤其是它们的附加价值;文化体系可能一方面被看作行动的产物,另一方面作为进一步行动的条件因素(Kroeber & Kluckhohn,1952,p. 181)。

这一定义包含了各种元素的混合,一些看起来是属于外在世界的物质性东西,而另一些则是人头脑中的精神实体(思想和价值)。这里我们可以清楚地看到物质文化和符号文化的研究产生了分离,体现了至今这一领域的一个主要断裂。而且,当 Kroeber 和 Kluckhohn 把思想和价值挑出来作为文化的本质核心时,至少对文化精神和物质方面的相对重要性给出了粗略的评价。这并非一个无知的偏好,而是反映了这样一个事实:在 20 世纪中期,始于人类学,强调文化行为或物质方面的文化定义(理论)逐步转向 Kroeber 和 Kluckhohn 支持的强调其理想或精神层面的定义(理论)。近些年来,很多人努力在文化的定义中将"文化是外在物质的观点"与"文化是内在精神的看法"结合起来。

举例来说,Shweder 和他的同事就定义人类文化为符号及行为的传承:

一个文化共同体的符号传承由其所持的对人、社会、自然及神等的看法和理解构成,而其行为传承则包括了常规或习俗化了的家庭生活及社会实践(1998,p. 868)。

Thomas 和他的同事已经提出了一个相似的观点。Weisner(1996)指出文化对发展的影响可在作为家庭生活主要部分的日常活动和惯例中找到。个体和活动之间的关系并非单向的,然而,由于参与者在组织活动中会采取积极行动,所以在有文化组织的活动及实践中,主体与客体是分不开的(Gallimore, Goldenberg, & Weosmer, 1993, p. 541)。

关于文化如何作为人类活动的组成部分有着大量的说法。早在 20 世纪 70 年代,Geertz 赞成并引用 Max Weber 的形象化比喻,将人类比作"悬在自己所编织的意义之网上的动物",声称"我把文化看作那些网"(Geertz, 1973. p. 5)。因为这个比喻,Geertz 常被认为是采用文化概念是头脑中的知识的人类学者(例如,Berry, 2000)。然而,有一点是重要的,Geertz 明确反对文化是唯心主义的概念,提出文化应该能用某一方法或计算机程序类推出来,他称此为控制机制:

文化的控制机制观点开始于这样的假设:人类的思想基本上既是社会的又是公共的——它的天然栖息地就是庭院、市场和小镇的广场。思想不是由发生在头脑中的事件组成的(尽管发生在那里及其他地方的事件也是促使思想产生的必要条件),而是由 G. H. Mead 等人称作重要符号的东西组成,主要指的是字词,也有姿态手势、图画、音符,机械装置如钟表(p. 45)。

在本文的下面部分,我采纳的观点如下:蕴含于历史实践活动的符号和内涵构成了人

发展

由于这一章节主要供发展心理学家使用,对于发展定义的纯理论性质不需要过多的说明。如果去翻阅那些介绍儿童发展的最主要文献,就会发现其中很多对发展不作任何定义,而是假定其含义并将重点放在特殊的内容范围或者分析方法上。或者也只是提供了一些"最不常见的命名者(least common denominator)"的定义,考察的主要还是理论和数据资料:"儿童随着年龄的增长所经历的一系列变化——这些变化由概念开始并且贯穿一生。"(Cole, Cole, & Lightfoot, 2005, p. 2)还有纯理论的定义:如,"发展是与年龄相关的,涉及性质的改变和行为的重组,是有序的、累积的、有方向的过程。"(Sroufe, Cooper, & DeHart, 1996, p. 6)

具体到文化和认知的发展也会出现同样的问题。比如说,Rogoff(2003)将学习和发展作同义处理。其他人,包括我自己,把学习和发展视为儿童成长过程中和认知变化相关的有交叉却又截然不同的两个过程。(对这个问题的不同观点见本手册本卷,Keil撰写的第14章,Kuhn和Franklin撰写的第22章,和Siegler撰写的第11章)。学习意味着知识和技能的积累,而发展则指这些知识和技能的不同要素在性质上的重新组合并伴随对人及其所处环境间关系的重新认识(Cole, 1996; R. Gelman & Lucariello, 2002; Vygotsky, 1978)。任何文化和认知发展的文章中对发展概念的处理,常常很容易从作为认知指标的特定任务中推断出来,看起来就像是来自发展心理学的不同经典理论。

文化和认知:一个综合框架

如上所述,我从文化—历史观出发处理文化和认知发展的问题,这一观点要求心理学家不仅要研究个体发生的变化,还要考虑系统发生和历史的变化,以及它们之间的关系(Wertsch, 1985)。根据文化—历史观提出者的说法,每一个新的"历史水平"都会和一个新的"重要转折点"相联系:

> 每一个重要的转折点主要指这一阶段给发展过程引入了新的东西。这样我们把每个阶段都看作新的进化过程的出发点(Vygotsky & Luria, 1993, p. 37)。

640   种系发展的转折点是猿类开始使用工具。人类历史的转折点是劳动和符号的出现。个体发展的主要转折点是将文化历史和种系发展集于语言获得上。不同历史支流间融合的结果是人类有了更高级的心理功能。

为了使得这一观点更加符合时代潮流,我首先从系统发生的角度回顾当前关于人类生物学、文化及认知特点的资料和推测。其次,我致力于研究文化—历史的变化,个体经历的文化和微观基因的变化引起的儿童思维中与年龄相关的那些变化。我对系统发生学的讨论分成两部分,一是涉及文化和认知发展的人化过程(hominization),二是人类与非人灵长类动物的比较研究——因为最近几十年这些研究都是很热的话题,两者结合起来研究可用来解释文化和个体发展。

文化与种系发生发展

我按照两条进化线对系统发生的问题加以阐述。第一条横越人类进化的数百万年,开始于大约四百万年前南方古猿的出现,结束于大概六万年前智人即现代人的出现。第二条关注的是种系发展大树的另外一个分支,类人猿,尤其是当代黑猩猩。

连接这两个研究线路的逻辑就是假定人和猿大约四五百万年前有着共同的祖先(Noble & Davidson, 1996)。从共同的祖先开始直到早期智人,中间经历了巨大的变化,不仅仅是大脑和身体形态的改变(比如双足、手臂的构造,手,手指,声道等),还有自然环境、认知能力,及过去人类文化形式产物的积累的改变。相比之下,在过去的几百万年里,非人类灵长类动物的解剖构造、身体大小、身体形态、行为、认知能力、生活模式并没有发生明显改变。因此,分析变化的三条途径,一条沿着人线(homid line),一条沿着非人灵长类动物线,相对于前两条的第三条可猜测出人类原始祖先的最初能力,原始人身体和心理进化的过程,尤其是,这一过程中文化所起的作用。分析结果就可为思考人类个体发展提供必要的背景及其在进化过程中与人类文化的关系。

文化与人化

根据图15.1、表15.1,存在一些相对无可争议的事实可以作为估计现代人出现之前人类进化的详细情况的依据。

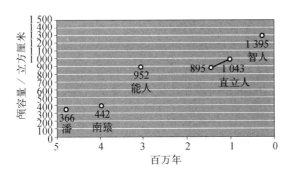

图15.1 原始人类进化里程碑,大约500万年前与黑猩猩分离开来。资料联合呈现了颅容量(以立方厘米计)和原始人类发展史中的每个新成员。来源:*The Human Primate*(p. 110),by R. Passingham, 1982, San Francisco: Freeman. 经许可使用。

首先,从其他物种进化到智人,大脑尺寸明显增大。衡量这种脑增长有很多不同的方法,但是自Jerison(1973)开始,脑的大小被认为是和整个身体的大小有关,他称作脑形成商(encephalization quotient)(EQ; Falk & Gibson, 2001)。Jerison论证了EQ自类人猿开始沿着原始人类这条线有显著的增加,所以现代人的EQ几乎是黑猩猩及其他类人猿的三倍。Bickerton(1990)创造出一个图表,上面显示了沿着人线上那些推测出的主要标记性物种的EQ占现代人EQ的百分比,可看到随着时间的增加,变化也在加速。

表 15.1 解剖学与文化变化的年表

从原始人类延续到当代的大致时间表

500 万年前：原始人类和大猩猩从共同的祖先分离；
400 万年前：已知最古老的南猿(Australopithecines)；
   直立姿势
   分享食物
   劳动分工
   核心家庭结构
   儿童数量增长
   哺乳期延长
200 万年前：已知最古老的能人；
   同上，拥有粗糙的石制切割工具
   大脑尺寸不一，但有所增长
150 万年前：直立人；
   更大的大脑
   更精细的工具
   从非洲向外迁移
   基于时令的露营
   使用火，掩蔽物
30 万年前：远古智人(早期智人)；
   大脑尺寸第二次显著增长
   发声通道的解剖结构开始呈现出现代人的样子
5 万年前：完全的现代人

来源：*Origins of the Modern Mind：Three Stages in the Evolution of Culture and Cognition*，by M. Donald，1991，Cambridge，MA：Harvard University Press.

尽管正如图 15.1、表 15.1 所表明的那样，沿着线从南方古猿到智人，原始人的整个身体及相对脑尺寸都有所增加，但脑增长主要集中在额叶、前额叶皮质、海马及小脑上，这些都与种系发展和个体发展中的认知变化息息相关。有意思的是因为布洛卡区和语言有关，并且这种相关性促使现代人产生，脑颅腔模型(颅骨内部的模型)也是因为内部有了布洛卡区的原因。

有很多人研究发现，物种自同一祖先分离以后，身体其他部分也会随之变化。这些变化包括用两足走路，还有对人化有重要意义的解剖结构上的变化，如手的变化，体现在对精细运动的控制上(尤其是可相对的拇指)；骨盆区(对分娩的时间及婴儿出生时的长度至关重要)及快速、流利说话所必需的发声器官(见 Lewin & Foley，2004 所作的总结)。

与文化区域有关的资料，尤其是手工工具及制品的变化，可能是第二个关于认知—文化关系的证据来源(Foley & Lahr，2003)。据称能人是最早使用工具的人种。根据大多数解释者的说法，这些工具是石制的，最可能的情况是，使用碎石，削去外层后保留石心，从而制成刀刃锋利的工具，比如刀。通常认为，到了直立人，工具的大小和复杂程度都有所增加。根据解释化石记录线索，发现一种需要相当复杂的制作流程的带有两个切割边缘的一手之宽的斧头。虽然原始人的工具最初变化得极度缓慢，持续了大约一百万年，但工具的改变速度、种类及复杂程度在人类进化过程中逐步增长(尽管变化的时间还存在争议)(Foley & Lahr, 2003;Lewin & Foley, 2004)。

至于行为,可以从工具本身及其可能的用途(如,切碎大型动物食其肉,后来的取其皮毛做衣服)还有群体的大小、消耗食物的形式加以推测,这是直立人的一个重要转折点。有证据表明第一次有生物住在相对固定的基地帐篷里,使用不同于其他物种的石制工具,冒险外出狩猎、集合,在其存在1 500万年的后期,出现了火的使用。也是直立人,走出非洲,踏上了移居到亚洲和欧洲之路。

到了直立人时,工具(特别是那些对称的、精巧制作的工具)复杂性的增加证明了文化复杂程度的变大,也表明了认知能力比以前更加复杂,尽管还不确定这增加了的认知复杂度是由什么组成的。一些学者声称语言就是其中一个构成成分(Bickerton, 1990;Deacon, 1997);语言发展的特殊选择性压力沿着人这条进化路线,从进化早期就开始了,可能是由于智人的出现,大的群体里协作增加的需要(Dunbar, 2004)。还有一些人则认为语言出现得很晚,伴随着晚期智人的出现,由于有了可以产生快速言语的专门声道后才产生的(Lieberman, 1984)。不管在人化过程的早期还是晚期,符号语言都被看作现代人出现必不可少的条件。

伴随或不伴随语言的重要认知变化包括更好地协调动作和空间加工的能力(Stout, Toth, Schick, Stout, & Hutchins, 2000;Wynn, 1989);同他人长时间协作以生产出标准化产品的能力(Foley & Lahr, 2003);及增强的模仿他人行为的能力(Donald, 1991, 2001)。(对Donald的观点的讨论,可参见Renfrew & Scarre, 1998。)

从某种意义上说,从早期智人到晚期智人的变化,即使从记录得最翔实的文献来看也是很神秘的。除了脑量的继续增长和工具上的一些发展之外,看起来似乎没有明确的理由可以解释现在已经有明确根据的符号文化的突然繁荣及人类文化的飞速扩展,这些根据包括有时煞费苦心制作的带有明确符号内容的墓葬、洞穴艺术和一些装饰品,它们不仅仅用作工具,也为了别的看起来没有直接的利用价值的目的。大约4—6万年前那个明显的断层使得一些人认为是基因突变控制了语言模块的运作,并导致了现代人类的出现(Berlim, Mattevi, Belmonte-de-Abreu & Crow, 2003)。但是这一断层的存在受到一些证据的挑战:在非洲发现了大量物种的遗骨,证明了人类变革中不同要素的存在(新技术,远距离交易,艺术和装饰中颜料的系统使用),比之前预期的要早好几万年,但是从没在同一个地方得到充分的发展(McBrearty & Brooks, 2000)。根据后面这一原因,人类革命简单地说就是人类的进化,许多不同物种发生的孤立变化同气候及族群的变化相结合,把四万年前冰河世纪晚期出现的欧洲不同的种族带到一起。恶劣的气候使得不同的族群分开,妨碍了族群间文化和生物的交流,现代人类从而产生。

如果超越那些试图在种系发生水平分析综合的大量不同意见,那么我们所能得到的最重要的结论就是,生物、文化和认知变化之间的关系是相互影响的。有最确凿证据支持的"良性循环"是解剖学上的变化(即相对脑量的增加),这一变化源自饮食的变化,尤其是杀死动物并摄入更多的动物蛋白。杀死并食用动物也是解剖学构造变化的结果(直立行走后进化出的长距离奔跑的能力,手被释放,伴随着手指灵活性的增加)(Bramble & Lieberman, 2004)。这些生物学变化既是更加复杂的文化工具箱(tool kit)产生的原因,又是其结果,这些工具箱包括对火的控制(很明显的一个文化活动,但是关于其起源还存在争议,差异横跨一百万年左右)。日渐丰富的饮食和与之相联系的生活方式,使得认知资源的增加成为可能,认知的发展又进一步促进脑的发育,等等。用 Henry Plotkin(2001)形象的表达就是:生物与文化的因果关系就像一条双向街道。

现存的灵长类动物

实际上,几乎所有试图发现种系发生学里认知变化方面的、貌似合理的推测都是以从现存的、人类以外的灵长类动物身上获得的信息作为一个间接的途径,从而对那些因为仅有考古学证据而产生的所有问题做出合理的猜测(参见 Joulian, 1996,对这一方法所做的讨论)。总的来看,最近几十年以来,众多的综合了进化生物学、灵长类动物学、发展心理学的标志性事件已经使我们的关于黑猩猩、倭黑猩猩(与我们最近的灵长类同类)和现代人的关系的想法发生了革命性的变化 (de Waal, 2000; Parker & McKinney, 1999)。

20 世纪中期,那些认为文化是人类发展的重要促成因素的人们坚持:在很多至关重要的方面,人类与其他物种在认知能力及使用文化作为人类生活的媒介上,不仅是量的不同,还有质的差异。在当时,DNA 还没有被破译,人类基因组计划也没有开始。人类认知和文化的各种各样的标志,如语言、工具制造、自我意识及有目的的教学,被认为在非人类灵长类动物中并不存在或相当的不发达。简而言之,除了与语言和文化相关的那些明显的形态特征外,人类有着某种特别的东西,而这种特殊之处与其他方面共同组成了人类。人类被看作特殊的、卓越的,不仅是因为人类有着更多数量的脑细胞或其脑细胞有不同的组织方式,还因为人类具有的来自经验的生活方式,而文化既是其经验的产生原因也是其结果。

这一争论的反例外主义(antiexceptionalism)(连续性)一方,认知能力或文化特征的达尔文突变(产生的是程度而非种类的变化),被人类与黑猩猩 DNA 的对比(Marks, 2002)以及 Jane Goodall(1968)开辟的对黑猩猩群居生活的人种或生态学观察彻底改革。同时,这些标志性的成果使得证明倭黑猩猩及黑猩猩与人类有着非常相似的基因更加容易实现。Matt Ridley (2003)援引 Goodall 经过多年野外观察黑猩猩后对其行为的描述,称其为"猿猴肥皂剧",总结了正在转变的对黑猩猩心理、社会及文化资源的看法。观看了 Goodall 的黑猩猩视频后,他写道:它们的行为看起来"就像 Jane Austin 写的肥皂剧《玫瑰的战争》,充满了冲突与个性"(p. 13)。Goodall 的黑猩猩相互欺骗甚至互相杀戮。它们还使用树叶或枝条攫取蚂蚁,而其子女似乎通过观察学习它们的做法。

我首先研究当前关于认知成就的证据,接着考察非人类灵长类动物中文化存在的证据,之后才转到研究这些物种中的文化—认知关系的问题,以及这些关系给那些对人类个体发生中的文化—认知关系感兴趣的学者带来了怎样的问题。

认知成就

一些支持连续性观点的主要文献产生于和诸如以下过程有关的个体发生研究:模仿、

计数、自我意识、对意图的归因、主动讲授及工具使用等过程，所有这些被包含在认知能力和人类文化的获得中（Parker, Langer, & McKinney, 2000; Tomasello & Rackoczy, 2003; 也可参见 Boysen, & Hallberg, 2000）。

语言

对其他灵长类动物语言的研究是推动连续性理论发展的最引人注目的路径之一（Savage-Rumbaugh, Fields, & Taglialatela, 2001）。Duane Rumbaugh 和 Sue Savage-Rumbaugh 的工作激起了人们对黑猩猩有能力理解并产生语言这一观点的研究热忱（Rumbaugh, Savage-Rumbaugh, & Sevcik, 1994）。他们给黑猩猩一个"词汇键盘"，键盘上带有表示词语的符号，然后使用标准的强化学习技巧教它们一些基本的词汇符号(如"香蕉"、"给")。此外，那些训练黑猩猩的人们在每天的日常活动如喂食过程中，使用自然的语言。

Rumbaughs 最成功的一个学生是一个叫 Kanzi 的倭黑猩猩，因训练它妈妈的时候它在场，它很轻易地就学会了使用词汇键盘。Kanzi 可以用词汇键盘来问事情，也可以理解键盘上别人创造的词汇符号的含义。它还学会理解一些英语口语，自己创作一些短语（Rumbaugh & Washburn, 2003）。

Kanzi 可以对口语要求的"喂你的球一些番茄"准确地表演出来(它拿起一个番茄，把正面放进柔软的海绵球口内)。当被要求"把注射器给 Liz"然后再"给 Liz 打一针"时，它能准确地加以反应：第一种情况，它把注射器递给女孩；第二种情形，它对着女孩的胳膊触碰注射器。

然而，让人印象深刻的不是 Kanzi 产生语言的能力，而是它的理解力。词汇键盘上的话语大多都是单个的词，而且与它当前的行为密切相关。它能广泛使用两个词结合的口头表达方式，偶尔还会进行观察。一次，它创造出"汽车拖车"，当时它在汽车里，它想(或者它的看护员认为它想)被载到拖车那，而不是步行过去。当它想去拜访一个在运动场玩的黑猩猩 Austin 时，也创造出过"运动场 Austin"这样一个要求。当一个研究人员在它吃土豆时把油放它身上，它就说："土豆油。"

目前，倭黑猩猩和黑猩猩使用词汇键盘可以相当于两岁幼儿创作语言。在它们的创作中，编码同样的语义关系，形成了和幼儿一样的电报式话语(如，两个符号组合把一个动作及其执行者联系起来——Kanzi 吃)。这些电报式语言可以结合可视符号，也可以把符号和动作结合起来(Savage-Rumbaugh, Murphy, Sevcik, & Brakke, 1993)。

皮亚杰的思维发展里程碑

以皮亚杰喜欢的感觉运动任务为模型的大量研究，为进化连续性提供了实例证据(例如，Parker & McKinney, 1999)。这一研究表明黑猩猩同人类儿童经历了相同的感觉运动变化过程，在各种不同领域通过了皮亚杰感觉运动任务，有时已经接近第 6 分阶段，即表征思维获得阶段。皮亚杰第六分阶段式的理解提供了黑猩猩与人类个体发展汇合点的证据，这个证据来自 Kuhlmeier 和 Boysen (2002)的研究，他们发现，在一个测量模型中，黑猩猩能够识别空间和物体的对应，其复杂性水平和三岁的幼儿所能做到的差不多。

644

工具使用的获得

至少从 Kohler 问题解决的经典研究开始,黑猩猩的工具使用和工具创造受到了很大的关注。McGrew(1998)关于工具使用的总结值得详细引证,因为它是黑猩猩使用和制造工具的最新主张:

> 每一个黑猩猩群落都有自己惯常的工具箱,多数是植物做的,用于解决生存、防御、自我维系、社会关系……中的问题,很多还有配套的工具,其中的两个或更多不同的工具组合,用于解决同一个问题。同样的原材料提供了多种多样的功能:一片叶子,可作为饮水的器皿、餐巾纸、钓鱼的探针,也可以是修饰物、求爱信号或药物……反过来,钓鱼的探针可以由树皮、茎段、枝条制成,也可以是藤蔓或者叶片的中脉。一个考古学家可能仅仅基于人工制品,就很容易对跨文化资料作类型学分类;比如说,只有远在西部的亚种……使用石锤和铁砧敲碎坚果……只有这些人种图解记录,基于物质文化,很难区分现存的黑猩猩与最早的智人之间的区别……甚至同最简单的人类强征者间的区别(pp. 317 - 318)。

和 McGrew 的观点一致,至少有一个案例可以说明黑猩猩会使用不同的工具以实现不同的目标(Boesch & Boesch, 1984)。这种黑猩猩居住在象牙海岸。在搜寻食物的过程中,它们遇到两种坚果,一种是带硬壳的,一种果壳柔软。对硬的坚果,它们就从住的地方把更硬更重的锤子(通常是石头)拿来。它们似乎记得住石头放哪,而且会挑选运输距离最短的石头来用。

Boesch 和 Boesch 总结说这些黑猩猩拥有欧几里德空间表征,使得它们可以估量并记住距离;比较几个这样的距离从而选择距离目标树最近的石头;并能确定石头和树的相对空间位置;然后改变它们的参照点去衡量任一石头位置距离每棵树的远近。总体来说,它们似乎能结合重量和距离,使得 Boesch 和 Boesch 推测这些野生黑猩猩在空间领域具有具体的运算能力。在一项 Kanzi 的研究中,Savage-Rumbaugh 及其同事用图形字标记位置得到了相似的结果(Menzel, Savage-Rumbaugh, & Menzel, 2002)。

心理理论

社会认知领域受到特殊的关注,因为它似乎可以表明黑猩猩能够正确地理解同种系的思维状态。Harris 对这一研究作了全面回顾(本手册本卷第 19 章),这里就不作具体的重述。为了保持上下文的连续性,有几点需要强调一下。

我发现有一点很重要,过去不支持例外论观点的 Boesch 和 Tomasello(1998),现在开始同意黑猩猩学到了部分的心理理论,但有些并没有获得(它们理解某些别人看到的或最近看到的事,及他人有意图行动的一些方面,但是不见得能区分注视方向与注意或知觉上已不存在的先前意图间的区别)。不久之前,Tomasello 及其同事(Tomasello, Carpenter, Call, Behne, & Moll, 2005)指出关键的认知差异在于成人参与共同意图的能力,这种能力使得它们能够参与到复杂的协作活动中,并要求有较强的技能理解他人意图,以及与他人分享心理状态的动机。他们认为,人类个体发展中这些能力的混合"产生了人类文化认知的独特发

645

展途径,包括社会参与、符号交流及认知表征等独特方式。对话式的认知表征,正如我们所称谓的那样,使得年长些的儿童能够充分参与到体现人类认知的社会—公共团体—集体的现实中"(p. 16)。

可以找到认知领域的其他例子,声称黑猩猩展示了至少曾被认为是人类所独有的那些认知能力的萌芽(Bekoff, Allen, & Burghardt, 2002, 和 de Waal, 2001 提供了大量的例子)。扩展这些例子仍给我们留下疑问:这些认知相似性是怎样与本章的中心议题——发展中文化与认知的关系联系起来呢? 要处理这个问题,我们需要更加注意对类人猿文化的论述,然后再考察人类及其他物种中文化与认知的关系。

猿类中的文化

有观点认为,人类与其他灵长类动物的认知只存很窄的量的差距,对于文化也有类似的看法(Wrangham, McGrew, de Waal, & Heltne, 1994)。回顾关于灵长目生物的争议,研究者认为:作为传统行为的文化是以非遗传性即通过社会学习来传播和保留的。这一定义没有预示那些本身就有争议的所谓人类特有的特征(如宗教信仰、美学价值观、社会制度)。因此,分析人员对于不同物种中的文化—认知关系仍然是不清楚的(Byrne et al., 2004)。同时,该定义可以考察其他灵长类动物的行为传统(文化)中何种程度上存在据称是获得人类文化所必需的那些认知特征,比如有意识的教学或者工具制造和使用。我在这里将关注黑猩猩,这一方面有大量的证据可用,但是我还会提到其他研究得很好的例子(参见McGrew, 1987, 1998)。

有一个关于社会传统的教科书案例,来自 Koshima 岛上日本猕猴的洗甘薯行为(Matsuzawa, 2001),我们了解这个社会传统的起源并知晓其传播过程。在 1953 年,人们观察到一个幼年母猴在小溪里洗一个甘薯。这一行为先是传到其同伴然后是年长些的同类。10 年后族群里 50% 以上的猕猴出现这种行为,而 30 年后,达到 71%。又过了几年,同样是这只猕猴发明了一种"小麦—冲洗"(wheat-sluicing)的方式,它把混有沙子的小麦放在海水里,这样漂浮起来的小麦就可以很容易从沉没的沙子挑选出来。不到 30 年,93% 这一族群的成员学会了这一行为。

McGrew(1998)将注意力转至日本猕猴文化传统的其他重要特征上。首先,它们并不总是停滞不前的。日本猕猴开始在清水里洗,但是后来使用海水(假定是为了增加味道)。生活在遥远北方的一群猴子有着这样的传统:冬天在温暖的泉水里沐浴;起初母亲把孩子丢在水池边缘,现在已经可以看到它们在水下游泳了。其次,文化传统与生存活动无关;有些猕猴习惯性地使用各种不同的方式(滚动、摩擦、堆积)处理小石块,看不出与适应功能有任何关系。这些观察试图找到所观察到的文化行为受到生存约束的限制。

猿类文化包括用探针寻找白蚁和蚂蚁,用棍棒和石块砸开坚果,狩猎策略,筑巢,装饰行为的风格(Matsuzawa, 2001;McGrew, 1998;Whitten, 2000;Wrangham et al., 1994)。尽管在讨论灵长类动物语言和认知中工具使用很重要,但野生倭黑猩猩似乎并没有表现出工具使用的迹象。这种种群差异性说明,任何想把工具使用和认知发展或社会传统的性质简单划等号的做法都是行不通的。

文化、认知和非人类灵长目生物的发展

分别对认知和文化加以考虑,所得的证据似乎表明:类人猿家族的成员,尤其是黑猩猩,已经达到了进入相应的人类活动领域的认知发展水平。在文化领域中,它们通过社会学习过程形成群体内的社会传统;这些传统包括各种基本工具的使用。实际上,其他灵长类动物的文化和认知发展水平大约停留在相当于人类儿童从婴儿到幼儿的过渡阶段。这就引出这样一个问题:在非人类灵长目动物中认知和文化有着怎样的关联呢?

有一些人试图回答这个问题,他们将重点放在社会学习的认知机制上。对这个问题的一般回答是这样的,社会学习需要一些模仿,这种模仿是个体通过与他者接触习得行为的过程。但是,对模仿的这种广义理解与重新叙述社会传统的含义并没有多少区别,因为很多不同的过程都可以导致行为的一致性。因此,对于模仿过程的进一步研究引起了很多学者的注意(Byrne,2002;Meltzoff & Prinz,2002;Tomasello & Pakoczy,2003;Whitten,2000)。

在最一般的情况下,因为居住的生态环境不一致,生活在不同地方的同一物种可能具有不同的行为,但却保持着某种相似或一致。基于这个原因,每个动物都会发现适合自己的解决方案。

此外,会出现这样的状况:当一个群体的成员被吸引到同类的场所时,它们可能独立学到其他人在同样环境中习得的行为。它们可能知道幼虫就位于这一区域,然后学会找到幼虫并吃掉,不需要任何他人行为的特殊定位。这种社会学习的来源称作*刺激强化*(*stimulus enhancement*)。

一种较为复杂的社会影响形式称为模仿学习。它在什么样的情况下发生呢? 举个例子,比如说一个婴儿黑猩猩观察到,它的母亲翻开木块后底下有幼虫。虽然它并没有把注意力集中到母亲有目的指向的意图(策略)上,但是它知道了这个环境里有这种东西,然后,能够独立地学习去获得这种东西。

关于其他灵长类动物获得社会传统的来源,最复杂(也是最有争议)的说法就是模仿——婴儿试图模仿母亲的目标性行为。对生长在野外的非人类灵长目动物是否会涉及这种形式的模仿仍然看法不一(Byrne,2002)。

对那些相信类人猿中存在真正模仿的人来说,几乎很难区分不同物种的文化产生形式及其认知基础(Parker & McKinney,1999;Russon & Begun,2002)。现在还是要面对"阈限"现象:这个阈限是否涉及出现在皮亚杰感觉运动时期第六分阶段的心理表象/符号表征或者黑猩猩理解同类意图的能力,随之产生的文化可能会符合狭义的文化定义;将文化看作在全社会中获得的行为模式,但并不涉及任何思维的符号媒介。还有一点值得注意,没有任何关于黑猩猩的文化如何影响其认知的说法。提到最多的就是被人喂养的黑猩猩有可能很难适应野外生活,一个完全合理的结论表明了各种类型的学习而非文化对黑猩猩思维过程发展的影响。

目前唯一能够显示融入文化对其他灵长类动物语言和认知发展有重要作用的就是它们被喂养的情况,人们用尽一切(人类的)文化手段试图促进它们的认知发展。Tomasello

(1994)强调了这一点,他指出"一个类似人类的社会—认知环境对发展出与人类相似的社会认知及原始学习技能至关重要……更具体点说,一个学习者要理解另外一个个体的意图就需要将学习者视为一个行为主体"(pp. 310 - 311)。正如可以预料的那样,有不同于Tomasello 的看法,一些人给非人类灵长目动物赋予更多智力能力,为了支持其观点,他们指出一些观察证据:把人类喂养的灵长类动物引回到它们的自然环境中时很难适应,因为它们没有受到适宜的文化熏陶(Parker & McKinney, 1999; Russon & Begun, 2002)。

　　人类对灵长目生物的文化和认知有影响,Savage-Rumbaugh 和她同事的工作为此提供了不一般的证据(Savage-Rumbaugh et al. , 2001)。许多年来,研究者和倭黑猩猩相互融合,互相协调,一起活动,并将互动过程中出现的行为习惯地称之为"潘/人"文化。他们欣然承认,在这些文化条件下出现的倭黑猩猩的种种行为(如工具使用)大概不会在野外进化而来。但是从这一情形他们得到的信息是,"这些发现让人放弃了关于猿类大脑局限性这个悬而未决的古老问题。他们提出了替代性的更富有成效的问题,关于一直发生在可塑的神经系统及其外在的文化设计方式之间的这种形式与功能关系的问题"(p. 290)。

　　具有讽刺性的是,因为这些作者对于连续观点的强烈偏爱,倭黑猩猩为发展出和人类更加类似的行为方式,就要适应一种独特的混合的猿/人文化,这一要求同时也支持了人猿间有着重要认知差别,以及人类文化既是这一差别的结果又是其原因。

文化的历史

　　尽管对晚期智人过渡期的起因有很多种不同的解释(基因改变,气候变化,早期智人间的相互影响产生了大量必不可少的文化隔离种群,以上原因的一些综合,等等),但是有一点合理的共识,在四万到五万年前,那个"高度旧石器时代"(high Paleolithic)的古生物学时期,原始人类的分支发生了一些特别的事情。下面的一系列变化是公认发生过的(Cheyne, 2004):

- 记号语言(semeiosis)——创造出表示物体的记号的行动。在石头、骨头、瓷片、穴壁上面产生了图形的和非图形的标记。
- 二级工具的制造:这指的是用骨头、象牙、鹿角以及类似的材料制作的大量新工具,如叉子、钻子、针、钉及矛。
- 利用力学性能的简单器械的制造和使用[比如矛及所谓的指挥短棒(baton de commandment)]。
- 能想象工具和简单机器的复杂活动的能力。这个时期出现了鱼钩和鱼叉的使用。这些工具的机制要求制作者能够想象、理解或预测一些远距离活动的次序,如穿鱼钩,收回,再次穿鱼钩。
- 生活场所的空间组织结构。
- 原材料的长距离运输,如数十甚至数百公里以上石块和贝壳的运送。

这些心理和文化的发展还与其他一些具有长远意义的变化有关,包括:

- 人类种群迅速扩张到之前被早期发展起来的其他形式的人种所占领的各个地域,迅速取代土著种群。

- 向之前未被人类占领的领域进一步扩张。

- 种群密度增加到可与历史上狩猎—聚集社会相媲美的水平。

这里看起来好像是现代人开始的开端,洞居者和打猎—聚居的人有了人类学、生物学和历史学知识。

我认为下面我讲的这个故事,即随生物学意义上的现代人产生后出现的一些变化是基本真实的(参见 Diamond,1997;Donald,1991;Gellner,1988)。以小群落形式居住在陆地上很多地方的打猎—采集者,继续从事第二农业。基于这种生活方式,一些地方出现了较之前的小群体更大的人群聚集;旧的生活方式有的消失了,有的以非常相似的方式继续存在了数千年。在另一些打猎—采集者中,社会文化的复杂性有着显著的增加(Feinman,2000)。

根据许多对史前认知和文化发展感兴趣的学者所言,旧石器时代的一个定义性特征就是符号的外部系统、象征性洞穴艺术、雕像及基本计数装置的出现(Donald,2001)。而这些人造物的符号属性和包括丧葬习俗在内的符号性的中介礼仪,能够提供令人信服的智人的象征性活动的演变证据,但研究人员对于其中的准确认知机制尚不能达成一致。根据Damerow(1998)的说法,似乎将旧石器时代伊始和公元前 8000 年左右(当时人们开始驯养动植物并居住在固定的村庄)的新石器时代之间的几千年看作是从感官思维到前运算思维的过渡时期是最为合理的。如果根据 McGrew(1987)所说,这种社会接近于欧洲探险时期出现的那种面对面的小型社会的水平,那么这就支持了对这些人的认知过程的最好描述就是前运算的假设(Hallpike,1979)。

根据 Damerow (1998)和 Donald (2001)两人的看法,城市革命伴随着工具、农业技术、铜及青铜的熔炼技术的日益精细,我们看到了人类历史上前运算思维向运算思维的转变。这篇文献着重强调了文化和人类个体发生的当代研究。首先,当具体运算思维开始出现时,仅限于文化组织活动的特定领域。Damerow 写道,楔形文字表现了他们赖以执行的管理活动的心理模型。尽管它们包括了主要数字系统,但是这一系统并不体现具体运算的规则,而且也并不最终意味着它们的使用者可以进行可逆的思维运算。其次,文化和认知发展的因果关系是互惠互利的。同之前提到的 Plotkin(他谈及了人化过程的更早期阶段)一样,Donald(2001)在他的结论中强调,大脑和文化“进化得如此紧密,以致其中一个形式强烈地限制另一个形式”。而且,尤其是随着读写能力的出现,“在脑功能发展的支持下,文化实际上形成了复杂的符号系统”(p.23)。

使用保留下来的仅有书面记载的史前和历史资料的困难是:我们掌握的信息甚少,以至我们不能根据背景知识作出关于文化和认知发展的精炼的推论。也正因为这个原因,在过去的几十年里,研究者开始重视关于世界上大多数地区的快速的文化历史变迁的研究。快速变化的条件使得将文化历史和个体发展变化分开变得很容易,因为有从事不同文化组织活动的年代上相近的几代人共存的现象。

文化—历史的横断比较

可能 Alexander Luria 在 20 世纪 30 年代早期做的研究是关于从文化历史的快速变化到认知变化最有名的研究,尽管直到 20 世纪 70 年代中叶才被印刷成俄文和其他语言(Luria,1976)。Luria 研究了一群处在 Kirghizia 和 Uzbekistam 等偏远地区的居民发生的快速变化。

历史上很重要的时刻是区域控制下农业劳动力的集中,随之而来有一些新的变化,如学校教育的形式、政府机构的出现,这个时期可以称作革命性的重要历史时刻。Luria 总结道,这种新的生活方式主要是受思想方法的影响。在科学概念下长大的现代群体,用日常思考方法代替了以往的绘图/功能性思维方式。

Luria 的研究并没有对不同年龄的人受历史变化影响不同这一点深入探讨。它主要是依据对不同程度接受苏维埃集体化影响的成人进行心理测验得到的数据。他的结论引起了一系列的争议,最重要的有两个。第一,测验和临床访谈得到的数据被广泛推广到依赖于行为的经验中,但并未对这一联系作相应的评估。对于 Luria 测验中的田园诗作者被试来说,访谈的情形是一种陌生的活动方式;他们的反应可能同样反映了被试在本土活动中自身文化经历的影响以及对访谈谈话模式的陌生。第二,从变革的理论面提取和活动本身都使得很难抓住变化过程,使人觉得由具体—形象到理论思维是一种普遍的性质。从这方面讲,Luria 的研究是典型的跨文化研究,但它仍然是有价值的,因为它是采用了和皮亚杰的访谈方法相似的方法,而不是建立一个简单的、没有争议的测验;也因为 Luria 的研究采用了广泛的测验,包括知觉、分类、逻辑推理,到对自身的推理。

King Beach 在经历了快速历史变革的尼泊尔的一个地区进行了现代研究,他所使用的方法似乎克服了 Luria 工作存在的一些不足(Beach, 1995)。Beach 研究了 20 世纪 60 年代到 70 年代间经历了快速社会经济和文化变革的尼泊尔村庄中算数计算的变化形式。和印度相通的道路离村庄更近了,第一次引入学校教育并在接下来的几十年继续发展,将商品兑换成钱币的店铺在同一时期出现且数量迅速增加。20 世纪 80 年代晚期研究开始进行时,共存的两代人正经历着对传统的农业、商店经营和学校教育的不同体验。所有群体共有的一些经历是,为生存进行农业生产,还有需要在商店中使用传统的非公制单位测量所给布料的长度,并根据与货币有关的米及厘米来计算价格,从而进行买卖。传统上依靠从肘到中指末端的长度进行测量,而新引进的系统包括尺子的使用和公制体系。

高中学生为商店店主当学徒,从来没有机会上学的商店主参加了成人的语文、数学班。从来没有机会去学校或者经营商店的农民,也完成了商店的学徒工作课程或成人教育课程。这样,从教育到由学习引起的工作活动的转变,促进了尼泊尔农村社会发生了很大的变化。Beach 提出了一些问题用于追踪商店学徒时期的算术能力的变化,他们需要在两种计量系统之间进行转化和计算。对那些在成人教育班注册了的人,给他们呈现的算术问题是通常在学校数学课上学过的。

传统上,使用本地系统的商店主不用米尺测量(胳膊长度和一米长度相同),或者计算数和价格的方法(用物体或其他人造品或者混合的方法,和用纸和铅笔来写等式或者计算),进入商店的学生继续用他们在学校学的书写形式,尽管传统的已经使用了很长时间。随着时间发展及商店主和顾客的压力,那些学生开始采用商店主的书写形式。这些上过成人班成为商店主的人也用他们的胳膊及传统方法来计算,但是最后采用了灵活的方法,有时用传统测量单位和计算方法,有时则用书写运算。为什么会这样呢?

从和参与者的面谈中,Beach 能够确定,后来变成店主的学生觉得自己参加了一开始就互相矛盾的两个活动,学校学习和店铺管理。学校教育的地位和被教育的身份使得他们很难放弃算式的书写形式,尽管店主算式的速度和适应性最终促使他们适应了对应店主计算策略的书写方式。这样,他们作为接受过正式成人教育的身份因为书写方式的使用得以保留,但是他们可以使用书写形式和店主一样快而准确地进行计算。然而,尽管店主们上过夜校,但他们总认为自己从事于自身的店务管理活动中而无法向以学校为基础的系统转变,除非当他们看到它能够使他们现有的工作更方便进行。由于 Beach 提出的任务及其呈现任务的方式都证实了文化—历史变化和个体发生变化之间的关联,这种关联不仅依赖于行为间彼此关系的历史,还依赖于接近参与那些行为活动的个体发展历史。这导致了一个比 Luria 指出的更加充满变数,也更加具有内容/人造物品特殊性的个体发生过程。

文化—历史变化的纵向研究

尽管使用的方法不同,Beach 和 Luria 所做的研究都包括了不同程度暴露于新的文化习惯下的人们。在这一部分讨论的两项研究的共有特征是,多年以后同样的发展学家回到相同的地方,使用相同的方法,这样就可以记录下同一群人在两个不同的时期、经历了变化的社会文化条件后的认知发展情况。

这里回顾的每个研究都包含了三代人:成人和三四十年前的儿童,祖父母,父母,和最近的儿童。这一相对较长的时间范围(从个体发生的角度来说)意味着,早期研究中的儿童在第二轮中作为父母被研究,而第一个研究中的现在的儿童能够代替同时代研究中的已为人父母的过去的儿童。

Zinacantan 部落的历史变迁和认知变化

20 世纪 60 年代晚期,Patricia Greenfield 和他的同事去墨西哥的 Chiapas 州的一个玛雅人部落,叫 Zinacantan,他们在那里研究了学习编织技术的认知和社会结果(Greenfield & Childs,1977)。他们的工作包括对男孩和女孩分类能力的测试,详细描述当学徒的年轻女孩学习编织的过程和编织的具体步骤,还分析编织的产品。20 世纪 90 年代,他们回到同样的群落,对家长(以前的儿童)进行平行观察,归纳他们的编织技术及工作成果(Greenfield,1999;Greenfield,Maynard,Child,2000)

最近 Greenfield 在关于比较文化变化、编织模式、编织指导的模式的关系的论文中,重点强调经济活动中文化历史变化的内在联系。通过和现代部分墨西哥人的接触,社会化实践(尤其是,逐渐社会化的女孩学习编织的方式),涉及纺织布料中图案的思维表征所体现的认知过程(Greenfield, 2002, 2004; Greenfield et al. , 2000)。这些变化被视为是有内在联系的。

历史变迁

对历史变迁的分析是从一般生活方式开始的。和20世纪60年代相反,20世纪90年代中期,玛雅社会从相对比较封闭的农业经济转向以金钱经济、贸易为主的社会,有了更频繁的与人交往及村外和当地的贸易等。

社会化

20世纪70年代,母亲指导孩子学习编织的特点是强调编织本身是一个长的过程,需要学徒做很多角色准备。当儿童开始学习编织技术时,母亲离他很近并且用自己的手和身体来指导孩子,很少使用语言来指导。整个体制看起来就是为了保持传统,其特征是"互依的文化学习"。在20世纪90年代,更多地参与到现代经济中的母亲(如,买卖编织产品)在较远距离口头指导他们的孩子,有时由兄弟姐妹代替指导,而孩子则从Greenfield及其同事称作"独立的文化学习"的过程中学习,其中包括大量的试误和自我改正错误。

产品的种类在变化。在20世纪60年代末期,产品仅限于反映很小的一批"纺织布料的正确方法"。到90年代时,不再是很小的一套简单的"正确"模式,而是各种式样百花齐放,这表明了对从试误中学习从而获得的个人创新的尊重。这个增值反过来又依靠和支持编织实践的变革。

651

心理表征模式的变化方式

伴随着历史变化,儿童在一个实验任务中对编织形式表征的方法也在改变;实验中使用可以插入一个架子中的不同宽度和颜色的棍子来再现编织方式的类型。在较晚的历史时期及那些上过学的孩子更有可能创造新颖形式,比如,很可能使用一根较宽的白色棍子代替三根白棍用来表示一片宽条白色布料。重要的是,不随历史变化而改变的,是一个与年龄相关的表征能力发展的模式:在这两个历史时期,年长儿童都比年幼儿童更有能力表征更复杂的视觉模式;Greenfield等人认为,这一事实表明了一个不因文化而异的普遍发展过程。(我会在个体发展变化部分继续谈到从这个扩展研究中得到的其他结果。)

基于自己在Yucatan地区的玛雅人群落几十年的研究,Suzanne Gaskins(1999,2000,2003)观察到了和Greenfield及其同事看到的相同的经济变化,但是她提出了一个尽管兼容却不同的原因解释。Gaskins关注变化的经济环境是如何改变母亲工作方式的,她指出,花在传统家务杂事上的时间(如,因为有了自来水而无须挑水,或者电的出现延长了白天时间)和用在家庭外部商业环节的时间有所减少,家庭内部劳动力分配方式也有所转变,父母在孩子一般性的社会化过程中的参与减少了,不仅仅是在编织方面。她还指出,编织式样的多样性部分是模仿用卡车进口的模型或模型的一部分,以及用余钱购买的国外文化商品;部分是由于不同指导方式产生的个体创造力的增加,两种原因同样重要。

尽管在解释潜在过程时存在差异,Greenfield等人使用的多代研究带来了关于文化变迁和积累机制的全新资料,表明了不同文化变革的密切关联,这产生于文化与伴随着向更商业媒介的生活形态转变的新的教授和学习方式之间的相互作用。

新几内亚地区算术文化的演变

　　1978 到 1980 年,Geoffrey Saxe 及其同事开始了第二项"纵向文化—历史"的研究,他们在遥远的新几内亚中心高地的 Oksapmin 进行了关于发展的研究(Saxe, 1982, 1994)。他最初的研究遵循了跨文化的皮亚杰传统。他发现 Oksapmin 的儿童在获得使用计算策略的能力后才获得数的守恒概念,这比他们在纽约的同龄人要慢得多(Saxe, 1981)。但是引起他注意的是他们的数字系统。传统上,Oksapmin 人使用的基于身体部位的 27 个数字的计数体系,开始于右手的小拇指终止于左手的小拇指,在中间的肘、二头肌、眼睛、鼻子等处有停顿。

　　Saxe 刚到的时候,发现传统的数字系统得到广泛的应用;他还发现,那些到附近海边和干椰果肉种植园挣钱的人们工作了两年后,带回来的可能不仅是他们在那见到的一些商品,还有可以用来交换商品的钱(当地人之前还不知道的现象)。而且,外部世界已经渗透到 Oksapmin 人的生活,他们建立起学校教授与英语有关的混杂语言,在那里儿童可以学到十进制的算术和标准计算程序。

　　基于人种学数据,Saxe 确信 Oksapmin 人使用他们的数字系统来数东西,例如猪的数量,确定村子中一个房子的位置,或者是测量一个物体的长度。但他们没有学会加法等算术计算法则。比如,在经济交易中他们替代性地在物体间建立起 1∶1 或 1∶N 的关系再进行贸易。

652　　所以当 Saxe 让人们使用这一系统进行算术运算时,他期待人们因为使用货币进行日常交易而成绩有所改善。正如他所假设的那样,人们越多使用货币,就越会运用复杂的加减法策略,也就越能在没有硬币作为辅助计算的工具时运用这些策略(Saxe, 1985)。他还发现上过学的 Oksapmin 儿童既使用传统数字系统帮助他们解决问题(而非靠手指数数),又发明了更多的与涉及货币贸易最多的成人展示的复杂策略同种类型的策略。

　　20 多年后,Saxe 和他的同事又回到 Oksapmin。同时,他也研究了 Brazil 地区的没有上过学但从事有算术法则的各种行业的儿童计算能力的发展,并提出了个体发生中算术形式和功能(途径和结果)如何发展的一般理论(Saxe, 1994)。他还研究了用于学校设计游戏的计算法则中的算术知识的微观发展。这个工作使他将重点放在微观发展上,关注导致发展变化的形式和功能的瞬息变化(Saxe, 2002)。在同一时期,他开始和对文化实践感兴趣的学者进行交流,在任何文化中这些文化实践都是和认知发展最接近的中介;他也开始对文化历史发展(或者说是文化进化)如何产生感兴趣。

　　因此,他回到新几内亚做的研究比他以前做的工作更有抱负和历史指向性。他在同一个村庄也从事之前的研究,以提供一个文化变迁过程——尤其是文化实践(例如教育中使用外国的数字系统及使用钱的交易)的划分基准。

　　作为研究与学校教育及钱的使用(现在这个地区货币使用更加普遍,这和大量的农业产品的交易和邻近区域采矿业的引入有关)相关的人口变量,Saxe 和 Esmonde (即将发表) 追溯了单个词条"fu"的文化历史,发现在 1978 到 2001 年期间经历了许多变化。Saxe 第一次去新几内亚的时候,传统的 Oksapmin 人还没有学习混杂语言,他们用"fu"指一套物体计数结束,像是,"1……27,完毕"。Saxe 当初到那时,20 先令之于英镑的英式系统对 Oksamin 来说还是相对较新的,在之后的二十年间,已被国立的巴布亚新几内亚(PNG)10进制体系所取代,后者中10单位的作用就是把先令相加形成一个PNG单位命名为一个"kuan"。人们用2 kuan指过去的一镑。两种情形下,20都格外重要。Saxe和他的同事发现,位于左肘处的数字20变成了身体计数系统中一个有特权的位点;同时,fu有了新的功能,即指数完先令或2 PNG kuan。

把文化发展新纪元中的发展变化作为研究兴趣的结果是,Saxe和Esmonde面临这种可能性:fu的含义不断变化并不是由于人有意识地努力创造出更强有力的算术作为一般文化工具,而是运用语言和身体表征数字连同人们参与的不断变化、更商业化的社会经济交易活动的副产品。

历史、社会差异和教育

以读写能力和计算能力为基础的正规学校教育的历史发展是在文化历史水平变化对认知发展有影响的一个例子(Cole,2005;Rogoff,Correa-Chavez & Cotuc,2005)。不论是学者,政策制定者,还是普通大众,都相信教育使人的认知,无论是一般意义上的(联合国教科文组织,UNESCO,1951),还是一些特殊领域的认知技能(Rogoff,1981;Serpell & Hatano,1997)得到更好的发展。因此,在这种文化组织的活动形式中,历史变化是文化变化与认知发展间相关联的一个尤为重要的例子。

尽管有人争论说,因为人类群体为了其社会群体得以延续必须为他们的下一代做好准备,所以教育这个术语可以用于任何时代、任何社会(Reagan,2000);但是我认为,把教育看作一种特殊的学校教育,把学校教育看作制度化教育的一种特殊形式会更有帮助。从历史时代角度追溯教育的过程,可以具体化为从文化适应(顺应社会的文化秩序)到学校教育(特殊技能的悉心指导)到教育(一种组织化的努力,将个人全部潜力有效地挖掘出来)的过程。

小型的面对面的社会

回顾关于非人类灵长目动物文化怎样形成的文献中所出现的争论,Jerome Bruner在一个有影响力的关于文化和认知发展的专题中评论说:"观看数千英尺的电影胶片(讲述的是Kung San丛林居民的生活),在教孩子某件具体事情的动作背景中,看不出有明显的教授过程。都是内隐的(Bruner,1966,p.59)。"在同一篇文章的其他地方,他评论说"个体获得内隐文化的过程……是这样,意识和口头表达本来就很困难"(p.58)。

同样地,Meyer Fortes在他著名的关于Taleland教育的专著中强调"成人和儿童的社会圈子是整体的、不可分割的……在Tale社会,如成人和儿童之间,社会圈子的区分只是根据相对能力的大小。所有人都参与到同样的文化中,过着同样的生活,但是程度不同,对应着不同的身体和心理发展阶段……"(Fortes,1938,p.8)。

Reagan(2000)支持这些小型的面对面的社会的描述,最近对非洲副撒哈拉地区76个社会人种学资料的回顾使得他得出结论:在非洲的背景下,教育"不能(实际上也不应该)和生活本身分开"(p.29)。

653

文化适应和学校教育分离的基本形式

即便有这样一个起点,能遇到农业已经取代了狩猎和采集生活模式的小型社会,但是这些小型社会的规模仍较少,彼此之间也相对孤立。在这样的情形下,人们见证了涉及各种形式有目的教学的儿童与成人生活的区别。在非洲农村地区的许多社会中,被称作习俗通道(rite de passage)的可能是那些持续好几年的制度化的活动,教学活动肯定包含在其中。比如,20世纪60到70年代间,我在西非国家利比里亚工作,那里的Kpelle和Vai人中,儿童会与他们的社群分开四到五年,到一个使用利比里亚混杂语的公共机构去,称为"丛林学校"。在那里,儿童由挑选出来的长者教授谋生的基本技能以及社会的基本意识形态,具体表现在仪式和歌曲中。一些人就在那开始了多年的学徒生涯,他们后来成为骨骼固定、助产以及其他有价值的神秘知识方面的专家。

社会积累、差异和学校教育的出现

当一个社会的人口增长到很大数量,它就能发展出精细技术,使得重要物质资料能够积累,将学校教育应用于文化适应的形式就出现了。在现在称作中东的地方,和青铜器时代到铁器时代的过渡有关的人类生活方式有着大量的变化,作为其中的一部分,人类生活的组织也开始了许多变化,尽管在时间和空间上的分配并不均衡,这些变化就算不是全部也极其广泛地与正式教育的出现有关系。在幼发拉底河流域,青铜的冶炼掀起了经济和社会生活的一场革命。有了青铜,就可能以更有效的方式耕种土地,能够开通运河以控制水流,可能用更有力的武器武装军队,等等。在这样的情况下,一部分人口就可以种植出足够的食物来养活除了他们自己以外的一大批人。这些因素结合起来,就使得劳动力的实质性分工及第一批城邦的发展成为可能(Schmandt-Besserat, 1975)。

另外一个促使这种新的生活模式出现的重要技术是,之前存在但是高度受限的用在物体上题字以表征物体的方式,以及随时间缓慢进化的文字系统——楔形文字的精细化。起初,这个系统几乎只用于记录,但是它演化为不仅可以表征物体,还可以表示语音,这样就可以书写信件及将教义全文记录下来(Larsen 1986; Schmandt-Besserat, 1996)。

但是在相对大而复杂的社会,需要去监控产量大小、赋税多少、军备供应,及各种形式的交易,所以记录对活动的调节至关重要;而新的楔形文字书写系统只有经过长期系统的学习才能掌握,因此这些社会开始建立起一种新的制度,集中资源培养一批挑选出来的年轻人,使他们能够写字记录。由于这个目的被召集来的年轻人所在的地方就是最早的正式学校。

这些学校里不仅会发生各种相互作用的活动模式,其结构、活动的组织,渗透其中的统治理念在很多方面都和现代有着惊人的相似。教室里有成排的桌子,前面有个单独的地方供老师站立,老师通过反复训练学生书写方法和伴随着运算的计算方法对其进行指导。教室里没有墨水池,而是一个个碗,学生们可以从中获得湿润的黏土来更新黏土写字板。在许多这样的学校中,尽管有时也写信,但是主要时间被用于将合格的有价值条目(其实和列举美国的州名或者世界所有的首都没什么不同)汇编罗列成清单。这些清单往往被认为是杰出认知成就的证据资料(Goody, 1997)。

早期教育的有关资料表明,在学校里获得的不仅仅是社会上一般的、技术性的读写及计算能力。学习这些深奥的东西以及创造他们的方式都被赋予了特殊的能量，就像现在被赋予文明人的一样，并且，人们也认识到社会经济价值也是从这种知识中得来的。

在中世纪，基础教育的重点转向 LeVine 和 White (1986)所说的通过熟悉神学课程"获得美德"，但是某些学生被教给基本的记录技能，这和需要通过记录来协调的经济和政治活动的形式是相称的。这就是至今许多穆斯林社会的教育状态，尽管伊斯兰教育有很大的不同，取决于当地人口是否说阿拉伯语以及正式的学校教育如何与当地政府和宗教接合(关于这些差别的讨论及启示见 Serpell & Hatano, 1997)。

正如 LeVine 和 White (1986)所描述的，从农耕社会向已经工业化和正在工业化的社会的学校教育形式的转变，有下面几个普遍的特征：

- 内部组织，包括有根据年龄设置的年级，为此目的专门建造的建筑，根据不同难度水平设置的课程

- 将学校合并为较大的官僚公共机构，在标准化形式的说明里，教师从"大师"降级为低级别职员

- 重新定义学校教育，把它作为公共政策的工具及为特定的经济活动——"人力发展"(manpower development)——做准备的手段

- 将教育扩展到之前拒绝接纳的人口，特别是妇女和穷人

Serpell 和 Hatano(1997)将这种形式的教育称为"制度化的公众基础教育"(IPBS)。他们指出这一欧洲模式发展于 19 世纪，并被欧洲占领军带到世界其他地方(LeVine, LeVine, & Schnell, 2001; LeVine & White, 1986; Serpell & Hatano, 1997)。当地的文化适应，即使是学校教育，都没有被湮没过，有时领先于(Wagner, 1993)，有时共存于(LeVine & White, 1986)或多或少通用的、由国家民族支持的"正式学校教育文化"。通常这些更加传统的形式强调当地的宗教和道德价值(Serpell & Hatano, 1997)。然而，这些替代形式仍保有在中世纪的大型农耕社会已经很明显的许多结构特征。

作为这些历史趋势的一个结果是，被称为 IPBS 的制度化形式在大多数社会没有实现，却成为一种理想(伊斯兰社会提供了一种可替代的办法，忠诚宗教/社会法则，如写在 Q'uaran 中的，这个词在阿拉伯语中的意思是"背诵")。IPBS 的方法在政府、经济发展和官僚政治组织的服务中起作用，通过这些，这一过程得到合理化，并使其作为现代生活普遍深入的事实而存在。根据联合国教科文组织(UNESCO)2003 年的一项调查，在 20 世纪 90 年代期间超过 80％的拉丁美洲、亚洲(除了日本)和非洲的儿童在公立学校注册，尽管在不同地区有着很大的数量和质量的不同，而且许多儿童只完成了几年的学校教育。不管怎么说，IPBS 的经验促进了世界进步是一个不争的事实(Serpell & Hatano, 1997)。

655

把以上考虑作为背景，现在我要谈到的是，在当今社会，教育经历这一普遍深入的形式，对儿童个体、他们的社区及更一般意义的人类发展的重要地位。我会着重关注文化及文化变化在塑造这样的结果中的作用。

IPBS 模式下学校教育的结果

对学校的全面调查或者学校教育的智力性和社会性结果感兴趣的读者可以参考 Rogoff

(1981),Rogoff 等人(2005)和 Serpell 及 Hatano(1997)所做的总结。鉴于现在的目的,我提出三种策略,用以评估参加在 20 世纪和 21 世纪占主流的正式学校教育的结果。每一策略都有它的优点和缺点。

入学截止策略

在许多国家,学校董事会要求儿童必须在一个特定日期前到了某个年龄才能开始上学。比如,在加拿大阿尔伯达省埃德蒙顿市的儿童,要在某年 9 月份上一年级,必须在那一年的 3 月 1 日之前过完他们的第 6 个生日。而 3 月 1 日之后出生的 6 岁儿童必须先上幼儿园,这样他们的正式教育就被耽搁了一年。这样的政策使得研究者可以在保持年龄基本不变的情况下去评估早期教育的影响:他们对 1 月或 2 月满 6 岁的儿童和 3 月或 4 月到 6 岁的儿童进行简单的智力表现对比,测验两组儿童在学年初和学年末的表现。这一程序就被称为入学截止策略(Christian, Bachnan, & Morrison, 2001)。

使用了入学截止策略的研究者们发现,第一年的学校教育使一些认知过程的熟练程度产生了明显的增加,但是其他方面并不显著。比如说,Frederick Morrison 和他的同事(Morrison, Smith, & Dow-Ehrensberger, 1995)对比了一年级儿童和幼儿园儿童在回忆 9 个常见物体图片上的能力。这些一年级学生平均只比幼儿园学生大一个月。两组儿童的表现在开学之初实质上是相同的。然而到了学年末,一年级儿童可以记得的图片数量是开始时的两倍,而幼儿园儿童在记忆力方面没有表现出任何长进。值得注意的是,一年级儿童在测试期间进行了积极的试演,而幼儿园儿童没有。一年的教育就让儿童完成这一任务的策略和表现发生了明显的变化。

在字母表中字母名称的再认、标准化阅读和数学测验,以及许多有意记忆测试中,都得到了同样的结果。但是当对其进行标准的皮亚杰守恒测试或者评定其故事讲述的一致性和他们能理解的词汇数量时,一年级儿童没有表现出优势 (Christian et al. , 2001)。儿童在后面提到的任务中,由于一般经验增多,成绩大大提高。这些发现一方面肯定了学校教育在促进一些相对特殊的认知能力中的重要性,同时也支持了皮亚杰的观点,那就是 5 岁到 7 岁间儿童理解数守恒能力的发展并不需要特别的指导。

比较受过学校教育的和没有受过学校教育的儿童

尽管入学截止策略提供了很好的途径去评定少量教育的认知结果,但是根据定义,这个结果仅限于第一年。为了描述较大范围内正式教育对认知发展的贡献,研究者们在教育只面向部分人群的社会进行了研究。这里总结了研究认知发展备受瞩目的三个认知领域的资料:词语意义的组织(organization of word meaning)、记忆和元认知能力。

656

1. 词意组织:Donald Sharp 和他的同事研究了学校教育对居住在墨西哥 Yucatan 半岛上的玛雅印第安人组织他们心理词典方式的潜在作用(Sharp,Cole, & Lave,1979)。当上过一两年高中的青少年被问到哪个词与“鸭子”相联系时,他们用分类学上同类的其他词加以回答,如“家禽”、“鹅”、“鸡”和“火鸡”。但给同一个地区没上过高中的其他青少年呈现同样的词语时,他们的反应主要是那些描述鸭子做什么的词(“游泳”、“飞”)或者描述人们怎么处理鸭子的词(“吃”)。这样的词语联系通常作为 IQ 测试的分量表,给鸭子—鹅的联系比鸭子—飞更高的分数。而且,大量关于发展的研究表明,年幼儿童在发展的过程中更容易提出鸭子—飞这样的词语联系,而不是鸭子—鹅。这一研究的结果及来自世界其他地方的发现(Cole, Gay, Glick, & Sharp, 1971)表明学校教育除了帮助儿童增进了一般知识,还使他们对词语的抽象和分类学含义变得敏感。

2. 空间序列记忆:Daniel Wagner 非常注重细节的研究表明上过学的儿童获得了增强记忆的能力(Wagner, 1974)。他重复了 Hagen、Meacham 和 Mesibov(1970)的方法,他们指出儿童到了儿童中期的时候记忆卡片位置的能力有明显的增强。但是这个增加是普遍成熟的结果还是因为参加了 IPBS? 为了查明原因,Wagner 也在 Yucatan 半岛对受过教育和未受过教育的儿童进行了研究,那里给儿童提供的教育有 0 到 16 年不等,这取决于政府是否在已在他们居住的场所建立起可提供 3 年、6 年、9 年、12 年或者 16 年教育的学校。Wagner 让许多体验过不同教育水平的人,年龄由 6 岁到成年不等,去回想摆成一排的图片卡片的位置。画在卡片上的物体取自一种当地流行的叫 loteria 的赌博游戏的版本,使用图片代替数字,这样 Wagner 就可以确定他的被试对所有的刺激物都熟悉。在许多次重复的试验中,七张卡片中的每一个都展示 2 秒钟然后把面朝下放。七张卡片全部呈现完后,其中一个卡片上一张图片的复制品就会出现,要求被试指出他们认为的,和这张图片一样的卡片所在的位置。通过选择不同的图片复制品,Wagner 有效地操纵了第一张图片呈现到它被记起那一时刻之间的时间长度。

Wanger 发现上学儿童的表现随年龄增长而不断改善,就像 Hagen 及其同事的早期研究的结果那样。然而,没上过学的年龄较大的儿童和成人记忆力几乎和年幼儿童一样,所以 Wagner 得出结论是学校教育导致了差异的产生。对数据进一步的分析发现,上过学的儿童会按图片呈现顺序系统地复述那些项目,这使得他们的成绩提高。

3. 元认知技能:教育似乎影响个体反思和谈论自身思维过程的能力(Rogoff, 2003; Tulviste, 1991)。当要求儿童去解释他们怎样获得一个逻辑问题的答案或怎样做使他们记住某件事时,没上过学的儿童很可能说像"我就是跟着感觉走"之类的话,或者根本说不出个所以然。而上学的儿童就可能去讨论成为他们反应基础的那些思维活动和逻辑。同样的结果也适用于元语言学知识。Scribner 和 Cole(1981)让利比里亚上过学和没上过学的 Vai 人去判断几个在 Vai 常说的句子的文法正确性。一些是合乎文法的,有些不是。教育没有影响受访者分辨不符合文法句子的能力,但是上过学的人可以大体解释句子不合文法的原因是什么,而没上过学的人就不能。

证据有效性的质疑

一些发现(比如之前引用的那些)似乎表明,在某些认知能力方面,教育可以帮助儿童发展出一种新的、更加复杂的、在日常生活中使用的认知技能。在词语联系的例子中,就形成了更成熟的、科学组织的词典。有关记忆力的研究发现,教育似乎可以促进记忆的策略。研究元认知意识时,教育也似乎增强了个体反思自身推理过程的能力(在这个例子中,是关于语言的推理)。这一研究已在美国进行,那些以不够熟练的方式反应的年长儿童或成人会被怀疑是有某种形式的发育延迟。

然而也有一些严肃的理由怀疑,由标准心理测验方法得来的差异能否为认知功能的经典分类的泛化变化提供任何合乎逻辑的证据。要说没上过学的儿童不能发展出词语理解的能力,这是不可信的。Sharp及其同事研究的玛雅农民不会读写,但是完全懂得鸭子是家禽的一种。尽管在自由—联想任务的人为环境里他们没有表现出来,但是当谈到家里所养动物的种类及在市场上不同种类的价格时,他们很轻易地就能说出。同样,当要记忆的材料是有关本地情境的一部分时,如一个民间故事或者被试家乡透视画中的物体,教育对记忆力表现的影响作用就消失了(Mandler, Scribner, Cole, & DeForest, 1980; Rogoff & Waddell, 1982)。未受过教育的人们利用自身优势,以战略性的、自觉的方式利用语言的能力在人类学文献上早有记载(Bowen, 1964)。

因此,这一或多或少使用欧美心理学传统的标准认知任务的实证致使一些人得出这样的结论:当教育看起来似乎引起了新的认知能力产生时,可能是因为标准化测试程序的整个结构就是教育活动的模式(Cole, 1996; Rogoff, 1981)。这种研究中的所有实验任务,不管是修订的还是没有修订的,都和儿童在学校里遇到的任务很相似,但与他们在校外要面对的智力要求的结构具有很少的关系或没有关系。

这种比较工作的逻辑似乎是要求任务的同一性即来自同一个村镇的上过学和没上过学的儿童遇到这些问题的频率相等,从而得出证明:和未上学同龄者相比,上学儿童在处理这类问题时方法更熟练更复杂,这与他们所受的教育确实相关。如果不能有效找到同样熟悉度的任务,就意味着我们把心理学任务在其运用的背景方面作为中性对待,而这是个明显的错误。但是在日常生活背景下而非研究创造的环境中确认认知任务也是有问题的做法(Cole, 1996)。

同时,在或多或少标准的心理学测验中发现的受过学校教育/没有受过学校教育的差异,如果被视为能力获得的特殊形式,这并不意味着学校教育没有对儿童发挥明显的作用。首先,正如许多人指出的那样,学校是以印刷品为媒介协调儿童活动的地方,它不仅给儿童增加了一种新的表征模式,还引入了一种全新的可与日常生活对应的谈话模式 (Olson, 1994)。最起码,使用书写符号表征语言的实践改善了儿童和成人分析语音结构和语言文法的能力(Morais & Kolinsky, 2001),这是 Peter Bryant 和他的同事发现的,他们在设计阅读教程时,很好地利用了这一发现(Bryant, 1995; Bryant & Nunes, 1998)。但是这些影响,虽然并非微不足道,并不能表明教育对儿童智力过程产生了任何优越于那种横跨历史、存在于整个社会的文化适应的一般影响。

研究人员研究了上过学的儿童和成人与那些参与其他活动(比如在街上卖糖果,或者量布料,或者计算建筑地点的面积)的人怎样对在算术上相当的任务做不同的计算(Nunes, Schliemann, & Carraher, 1993; Saxe, 1994)。这样的研究再三显示了那些在学校经历或者日常与工作相关的经验量上不同的群组以不同的方法处理相同的任务(逻辑上讲是)。上过学的被试由于依赖书写的运算法则,往往容易犯下荒谬的错误,而在卖糖果或计算一块木板相对另一块长度的比例的过程中产生的算术活动时,儿童正确率更高,又不会犯荒谬的错误。而且,在许多研究中,工作过程中非正式获得的程序能够更充分地推广普及,推翻了那个再三重复的观点：这样的知识与特定的使用背景有关。现已证明反而正是从学校获得的知识是最脆弱而不易用的。

关于学校教育影响的代际研究

正如前面讲到的，应用交叉—横断研究比较受过教育和未受过教育的人所存在的困难就是，这个对比的逻辑要求我们找到两组人都同样经历的情形，以及可以应用于校外的认知技能和谈话模式（比如那些在小学学到的）。Sharp 及其同事尽管没有在他们的有关 Yucatan 半岛教育结果的专著里着重讨论这个论题，但是他们提出了后来人追随的建议：

> 学校注重培养的信息处理技术可用在现代国家要求的多种任务当中，包括在政府机构企业中的书记和管理技能，或者用在农业企业或一个健康婴儿门诊部里的较低水平的记录能力（Sharp，Cole，& Lave，1979，p. 84）。

在最近几十年，Robert LeVine 及其同事在一个研究项目中继续这一途径，为学校教育带来的认知上的和社会性结果提供了可信的证据。这些研究者关注的是正式教育如何改变母亲对待子女的行为和她们与现代官僚机构中人们的互动，以及随之发生的对其子女的影响（LeVine & White，1986；LeVine，LeVine & Schnell，2001）。这些研究者假定儿童在学校里获得的一系列合理的习惯、偏好和技巧，可以保持到成人，并在抚养他们自己孩子的时候应用到。养育子女可以看作是对上过学和未上过学的成人有许多共同认知要素要求的任务。除了基本的读写能力和计算能力的运用，这些养育行为的转变还包括：

- 为了理解和使用涉及与子女健康和教育背景的谈判直接相关的口头交流而使用书写材料的交流技能
- 教与学的模式基于照本宣科的活动和学校教育的权威结构，这样上过学的女子处于下级位置的，就采用符合学生角色的行为，而地位高的，就采用适合教师角色的行为方式
- 获得和接受来自大众媒体信息的能力和意愿，比如更顺从地遵守健康指示

作为至少上过小学的年轻女士的母性行为变化的一个结果，LeVine 和他的同事发现，上过小学的女性子女夭折的可能性较低，孩童时期也比较健康，而且会有比较大的学术成就。因此，虽然教育在当时可能有也可能没有产生可测量的认知影响，但是这样的经历产生了子女养育行为的、与背景有关的特殊变化，从而在下一代中产生了全面的作用。

通过对上过学和没上过学的玛雅人母亲教授方式的直接观察，这些研究者的工作得到了支持。Pablo Chavajay 和 Barbara Rogoff 发现要求母亲们教其年幼子女完成一道难题时，上过 12 年学的女性会使用类似于学校的教授方式，而那些上过 0 到 2 年学的女性会和她们的子女一起做题，并不明确地教他们（Chavajay & Rogoff，2002）。并不是说未受过教育的母亲的教授方式有什么本质的错误，但是对于严重依赖于背诵试卷作为指导模式的学校，她们确实没有让她们的子女做好准备。

总之，当影响儿童身体状况的、与健康相关的行为，与利用现代福利制度和采用新的方

式和子女互动的母性能力的变化相结合时,教育的作用似乎远远超出认知影响而在社会中变得普遍。

IQ 分数的文化—历史变化

认知能力的文化历史变迁中一个很有趣的例子被称作"弗林效应",这个例子可能与社会复杂体有千丝万缕的关系,学校教育也是社会复杂体中的一部分。"弗林效应"是按 Jame Flynn(1987),一个在新西兰工作的政治科学家命名的,他发现来自 14 个民族的成人的标准智力测试分数在最近几十年不断地增加。从那时起,"弗林效应"被无数的研究证实(Daley, Whaley, Sigman, Espinosa, & Neumann, 2003;Nettlebeck & Wilson, 2004)。在个别智力测验中每十年就可发现几项智力分数的平均增长。目前,这一模式已在 20 多个国家发现,包括美国、加拿大、欧洲各国,还有肯尼亚。有人可能认为弗林效应对那些强调文化知识和教育的测验应该是最明显的。然而事实正相反:测量再认抽象的非语言模式(如瑞文测验)能力的测验分数增加最显著,而强调传统学校知识的测试一般少有变化。

自从 Flynn 的文章发表以后,对这个结果的含义引来了持续的争论(Daley et al., 2003; Neisser, 1998)。在他最初的论文中,弗林并不愿意相信他这一代人明显比他父母那一代人更有才智。而且当扩展这些变化的时间跨度时,结果更加难于让人相信。假定弗林的结果意味着 1990 年一般的非裔美国成人 IQ 高于 1940 年的欧裔美国成人,那么 1900 年的英国人的分数水平在现在看来就会被认为是智力发育迟滞。

由于和以前的时代相比,得到高分的、能被归类为"天才"的人数增加了 20 多倍,弗林指出,我们现在应该可以见证一场文化的复兴才对。因为他认为这一结论是不合情理的,因此他提出增加的不是智力,而是某种"抽象的问题解决能力"。

弗林效应完全不是再次提出 IQ 到底测量什么的问题,而是给出了解释,包括营养和健康的改善,环境复杂度的增加(如,先进的科技、机械玩具、视频游戏,还有无处不在地暴露于电视与其对解释和信息加工的特殊要求),家庭规模大小的降低及随之产生的家庭结构的变化(比如,较高比例的儿童是第一胎生的),还有父母教育和读写能力的提高。

对目前的目的有意义的是,即使所有这些因素最接近的影响是生物的(如,改善的营养条件),但是它们的起源是文化的,而且证明了在文化—历史背景下研究文化和认知发展的重要性(同样的论点,可见 Greenfield, Keller, Fuligni, & Maynard, 2003)。

个体发生

当谈到文化和认知发展的关系,相对于人化过程、灵长类动物学和文化历史的证据背景,有几个基本要点比较突出。首先,21 世纪初人类的发展几乎是最新近的生命过程的表现,人类的生命起源最少可追溯到几百万年前(假定我们开始认为人类共有的祖先是晚期智人和类人猿)。

第二,文化资源和约束"从一开始"随着早期智人的生物学结构共同进化。完全按字面意义理解,文化就是人类的种系发展的产物。

第三,将旧石器时代与21世纪分开,在种系发生历史上只是"一眨眼"的时间,期间产生的生物学变化可能很小。由于文化人造物,尤其是外部化的符号系统的发明和组织的推动,文化历史变化大大地增加了人类文化工具箱的复杂性和威力;因此在重新设定种系——个体发生间关系的方式上改变了个体发生(特别是)认知发展的状况。

第四,有关人类和其近邻类人猿显著不连续的观点,必须考虑人类有独有的文化和认知过程。并且,其他物种中的近亲所取得的成就限制了我们建立关于文化和认知发展过程的理论,这个过程需要去探索一个有关人类认知发展的更强有力的理论。(同时,尽管人类与黑猩猩和倭黑猩猩有很近的亲缘关系,但是假定现代人只是有更高智力的猿类,或是假定人类文化、思维和社会组织仅仅是 Homo habilis 人或者在 Pan 类人猿中观察到的行为和社会模式在数量上的延伸,这都是极端错误的。我们的系统发生史和文化史为当代人类个体发生提供了基础,而不是对其突然出现的特性进行解释。)

虽然这些要点现在受到了广泛的认可,但是相应的人类个体发生的研究相对稀少,而且集中在文化和认知发展广阔研究领域的很少的几个部分。总体而言,最近几年关于认知发展的研究趋向于关注的年龄组越来越小,所以,如20年前受到最大关注的儿童中期,却很少体现在当代研究中,而婴儿的情况恰好相反(也可见 Kuhn & Franklin,本手册,本卷第22章)。同时,考虑文化影响的婴儿研究比起认知发展更可能将重点放在社会情感和身体发展,尤其是在使用跨文化方法进行研究时。即使在同样的话题(如概念形成或记忆力的发展)持续产生新的证据情形中,心理学家用来收集资料的理论偏好和特别方法已经发生变化,因此不可能报道出早期形成的课题进一步研究的结果。

这些情况使得与之前关于认知和发展的章节保持连续性变得困难。它们还限定了我可用来总结当年知识的相关资料(在最近几年进行的研究基础上)。

我采用两种策略来处理这些困难。首先,我总结了几点超出认知领域的文化和发展关系,虽然考虑得很狭窄,但却能清晰地显示认知发展中群体—文化—个体发生之间的关系。其次,当处理文化变异和认知发展时,我会集中注意两个有着相对浓厚的兴趣也因此有大量新的数据产生的领域——概念的发展和自传式记忆。当前关于概念发展的研究在认知发展的系统发生和文化制约的相互作用方面提供的启示尤其丰富。相比而言,自传记忆将认知发展的研究与广阔文化主题下假定的、社会范围内的对比联系起来,从而把文化及认知方式的早期和当代研究联系起来。

发展的微环境:活动场景和文化实践

从关于灵长类动物获得文化的过程的研究文献中学到的重要教训是,为了在出生后的发展中学到文化模式,群体中的年幼成员必须尽量接近按一定行为模式做事的年长成员。人类以其出生时极其不成熟的年幼状态而闻名。他们要从父母和社群中得到许多年的特别支持才能生存到成年,并获得为群体的社会性延续所必需的文化知识(Bogin, 2001; Bruner, 1966)。

研究文化和发展的发展学家强调了这样一个想法：所有社会用来支持年幼儿童出生后的发展的安排，作为"发展小生境"(developmental niche)，产生实践活动，支持照顾孩子的活动，这些活动是与父母关于未来需求的想法一致的。如 Super(1987)所评价的，这一自然浮现的社会文化体系，暗示着"环境有自身的结构和内部运作原则，因此……环境对发展所作的贡献不仅仅是单维的推动和拉动，还是结构上的"。

而且，社会内部这一小生境的种类随儿童的年龄而变化。Whiting 和 Edwards(1988)，追随 Mead(1935)，早些时候就提出了与制约儿童行为的身体发育状况相对应的各个时期。她把婴儿早期称为"大腿儿童"(lap child)，2 到 3 岁时为"膝盖儿童"(knee children)，这个时候儿童要在身边但并不需要总在母亲的腿上或婴儿床里；4 到 5 岁称为"院子儿童"(yard children)，因为这时他们能离开母亲身边但不允许走太远。在许多现代工业国家，3 到 5、6 岁的儿童在一个为他们上学做准备的环境中度过一天的部分时间，生命中的这段时间被称作"学前时期"，之后他们就变成邻居范围儿童(neighborhood children)，可以随便闲逛，但是不许超过社区的边界。

在文化和发展研究的早些年，研究的重点放在了这种最近发展环境的组织方式上，这个组织是父母和年长亲戚塑造儿童行为的地点。Beatrice Whiting(1980, p. 97)拓展了这一观点，指出母亲和父亲最大的作用是将孩子放到有重要社会化影响的环境中。Whiting 的研究主要是社会行为和个性发展方向，但是她的洞察力以后影响到改变了研究者的注意焦点，超越家庭和当地社区，到儿童居住的环境、那里发现的人、他们不断变化的参与形式，以及那些环境中的活动在整个发展过程——Super 和 Harkness 谈及的儿童发展小生境中，所起的作用 (Goncu, 1999; Rogoff, 2003; Super & Harkness, 1986, 1997)。

儿童发展小生境的组织中的文化差异差不多确实比他们居住的自然环境要可变得多；在一个特定的生态学生境中有很多可以存活下来的方法。在中非共和国的 Aka 婴儿，父母打猎、屠宰、参与比赛的时候都带着他们(Hewlett, 1992)。在安第斯山脉聚集的盖丘亚(Quechua)族，婴儿在几个月的时候是用几层织布缚在母亲的背上度过的。婴儿必须克服周围极大限制他们视觉和行动的极度寒冷、稀薄和干燥的空气才能生存，而织布就为婴儿形成了"manchua 育儿袋"。居住在巴拉圭东部热带雨林的 Ache 儿童 80% 到 100% 的时间与其父母有身体接触，他们几乎从未超出离父母 3 英尺远的距离，因为这些狩猎者—采集者们并不在森林里永久扎营，而只是清理出一个足够大的空地，周围留有许多对儿童很危险的树桩和树根(Kaplan & Dove, 1987)。和这些小生境相比，美国儿童有着自己的卧室和玩耍区域，同龄的许多儿童在托儿所或幼儿园度过他们的时间，有一两个陌生的看管者照料，电视上正在上演《芝麻街》；其他美国儿童生活在吵闹的贫民窟，两个家庭挤在一个房间，电视上放着纪实片，单身的失业母亲们尽量去维持秩序，保持他们的心智健全。当代人类发展的小生境范围是显而易见的。

正如研究者们早已指出的那样，这些发展小生境中的变化所创造的实验模式，尽管特征群可以辨别，但是很难将它们降到一个维度上。根据 Morelli 及其同事的说法，刚果民主共和国(之前的扎伊尔)的 Efe 人以一个或多个大家庭的小团体生活在一起，靠弓箭维生，为附近农庄的成员工作。儿童可以自由地在他们的小帐篷周围随意走动,看大人们制造工具、做饭。年幼的儿童自娱自乐,可能未经邀请就钻进各个小屋里。至少从 3 岁起,他们就跟随父母采集食物,收集柴火以及在菜园里干活。尽管这些 Efe 儿童只有 2 到 4 岁,但至少在 74 个观察期间,成人工作时他们在场,而成人参与专门以儿童为中心的活动只用了 5% 的时间。在危地马拉的农业城镇圣彼得发现了类似的模式,那里人们从事农业和小型商业,家庭规模更大,群体成员的总数更多,年长些的儿童有一部分时间去上学(Morelli, Rogoff, & Angelillo, 2003)。

尽管他们彼此不同,但这两个传统的乡村群体在成人安排 2 到 4 岁儿童的活动中,在很多方面表现出相对类似的模式。相比之下,在美国观察两个中产阶级社区(一个在犹他州,一个在马萨诸塞州,所以他们在很多方面也不同),只有 30% 的观察时间中,儿童在成人工作时在场。当观察 Efe 和 San Pedro 儿童自己玩耍时,他们的游戏中总是包含有对成人活动的模仿,而美国儿童很少模仿成人的行为。在两个美国样本中,成人往往让儿童参加专门的儿童活动,包括课程和模仿学校里的游戏。美国成人也把年幼儿童当作谈话伙伴,在以儿童为中心的话题中可看到约 15% 的互动,这在其他两个团体里都很少见。

这些观察在 Gaskins(1999,2000,2003)对尤卡坦半岛生活在农村的玛雅儿童的人种学研究期间得以完善。她的观察拓宽了年龄的跨度,从几个月到 17 岁不等。Gaskins 使用了"点观察"的方法,和 Morelli 及其同事所使用的类似,通过和玛雅成人反复讨论加以补充。她界定了四种活动:

1. 维持性的活动(吃饭、洗澡、修饰、穿衣)
2. 社会定位(观察并知晓别人在做什么或者直接与他们沟通)
3. 玩耍
4. 工作

解释这四种基本活动中玛雅儿童的行为,主要遵循三个文化原则:

1. *成人工作的首要地位*:玛雅的经济生产主要在家庭背景下产生,成人确信不应该允许儿童妨碍这种优先。这就意味着他们不会为逗孩子开心而准许他们参与到成人的活动中,除非到了儿童可以作些贡献的时候。作为促进儿童社会化动力的父母角色,他们相信在教授儿童某种特定的技能和态度,使其成为有效率的工人和社区成员方面他们的影响最大。在这些地区,同样期待儿童能无条件地遵从父母的权威,而父母将会使用暴力的威胁(或行动)来确保儿童的顺从。

2. *父母信念的重要性*:首先,父母有健康方面的担心,他们关注那些当地有关健康威胁来源的说法,所以他们把孩子组织起来,使可觉察到的健康风险降到最低。第二,他们相信发展是内部程序化了的,只是"自己出现"。因此,成人对促进甚至监控儿童的发展毫无兴趣,只要他们不碍事就行。所以,父母不会采取多少主动措施去影响儿童的心理特征,也不会为孩子怎样发展负起责任。

3. *儿童动机的独立性*:成人认为儿童能够照看自己并和兄弟姐妹相处,所以在儿童做什么的时候,他们并不花时间组织。这甚至扩展到这样的问题中,比如什么时候去

662

上学,吃多少东西,睡多少觉。

　　Gaskins 报道说维持性活动和社会定位行为在 0 到 2 岁儿童中出现最多,直到 15 到 17 岁,工作背景下交互作用频率增加时,这两种行为才减少。玩耍行为的高峰在 3 到 5 岁,但是整个儿童时代逐渐减少,12 岁后就很少见了。玩耍几乎总会涉及成人行为。操作已是 3 到 5 岁儿童的一种重要行为,而且随着儿童开始从儿童期向成人过渡而平稳地增加。没有在高度工业化的社会进行可比较的研究,但是有一点可以确定:每个年龄段儿童的行为模式会十分不同,随着假装游戏取代对成人行为的模仿,到一个较晚的年龄时,参与成人工作被上学取代。

　　那些从事非工业社会背景下儿童行为发展研究的人们已获得证据,表明这些儿童发展了一种通过敏锐观察进行学习的特殊倾向或能力(尽管还不甚清楚这些技能是否涉及更高级形式的模仿)、仿效他人的动机,或者这些因素的结合。Bloch(1989) 报告说 2 到 6 岁的塞内加尔儿童观察他人的次数是同年龄段的欧裔美国儿童的两倍多。Chavajay 和 Rogoff(1999)发现危地马拉的玛雅母亲和初学走路的孩子比中产阶级的欧裔美国同龄人更有可能会同时参加几项正在进行的活动,他们称这种行为是通过观察支持学习。

　　Rogoff 及其同事(Rogoff, Paradise, Arauz, Correa-Chavez, & Angelillo, 2003)在他们提出的概念"有意的参与"中包含了观察学习,其中敏锐的观察被期望所激发,之后观察者负责其行动。有意的参与可能包含一个更有经验的参与者推动学习者的参与,并和学习者一起参与其中,或者包括直接的口头指导(Maynard, 2002)。但是相对于在正式教育中突出的发展过程的特征性口头指导,它更注重观察的作用。研究表明,有意的参与是通过观察进行学习的一种特殊形式,有着文化的根源并影响现在的行为。

　　比如,Mejia-Arauz、Rogoff、Paradise (2005)安排墨西哥和欧洲血统的儿童观察一个"折纸女工"(Origami lady)折出两个形状,然后他们再自己动手做,这些孩子的父母都有或高或低水平的教育。他们发现所有的儿童都敏锐地观察折纸女工的演示,但是那些父母受到很少教育的儿童在完成自己的折纸时没有询问进一步的信息,而那些父母接受了更多教育的儿童更有可能去寻求帮助。

　　在此将不再赘述在之前章节展开的关于文化—历史的行为组织方式对教育影响的材料。可以说,在一项接一项的研究中,有着较高教育水平的母亲更有可能以强调口头解释而非意图参与的方式去组织儿童的行为。儿童所获得的深层次知识的内容和获得知识的方式都受到成人为他们安排的活动范围和那些活动的完成方式的影响。而且,这些内容和范围受到群体所在的自然和社会生态环境的强烈影响。

概念发展中的生物学和文化实践的交织

　　很多年以来,跨文化研究的主流都采用这样的任务:给不同年龄和背景的儿童呈现几组物体或者图片,这些物体或图片可以根据不同的维度来分类(颜色、形态、数量、功能和分类范畴都是经常研究的)。这种研究直接受到刺激—反应学习理论的影响,这种理论假定,概念的建立是由于将刺激的不同属性联系起来,并且这种联系受到某种形式的强化(对于人类,可能只是指出一个反应是正确的或错误的)。它进一步假定,除了觉察刺激的能力以外,对于相应的分类的发展与鉴别完全是经验问题;因此,研究兴趣就集中于考虑不同的文化提供了怎样的经验(参阅 Cole & Scribner, 1974; Laboratory of Comparative Human Cognition, 1983 年所做的综述)。

在过去的二十年,这种研究方式不再流行了。部分原因是,有证据表明,有一些难以约束的因素与特定刺激和实验程序密切相关,它们以不可控制、不可解释的方式微妙地影响了受过教育的和没受过教育的人的表现。还有一部分原因是,它所代表的关于概念发展的主要研究方法不再受欢迎了。取代它的一个新研究取向是对自然种类的分类。它假定,自然种类的分类在很大程度上受到种系发生的认知心理倾向的约束。另外,对新实例的归纳判断,取代依据相似性进行分类,成为分类知识的主要判断标准(S. A. Gelman, Kalish, 1998,本手册,本卷,第 16 章;R. Gelman & Williams, 1998,相关的综述)。

这些新近研究的概念常被认定为认知领域,"领域"的定义是"一系列知识,用于识别和解释一系列现象,这些现象共享一定特征,具有特殊性和一般性"。(Hirschfeld & S. A. Gelman, 1994, p. 21)。现在的分歧集中于这些初始的约束条件是什么,以及它们如何限制或塑造了概念发展过程中经验这个角色(包括文化组织的经验)。有一个大致的量表可以用来描述种系发生的限制和文化组织经验如何在个体发展中整合(S. A. Gelman, Kalish, 1998,本手册,本卷,第 16 章,针对个体发生变化有更多的描述)。

这个量表的一端的观点因与 Chomsky(1959, 1986)的语言获得理论相联系而得到了普遍认同。语言获得理论主张,虽然语言的表面形式依赖于文化经验(例如,法语和广东话就不同),但是深层的结构却是先天制定的。语言并不是像学习理论者主张的那样是通过环境学习偶然获得的(Skinner, 1957)。

乔姆斯基的观点被 Fodor(1985)推广到一种广义的智力领域,他用*心理模块*(*mental module*)这个术语来表示任何"专门化的封装的(encapsulated)的心理器官,这种器官由进化而来,专门处理与该物种有特别关系的特定信息类别"(Elman et al., 1996, p. 36)。根据这个观点,模块化领域的知识获得和发展不需要广泛的环境;环境的作用只是作为一个相应的模块的触发者。关于文化与发展的特别重要的考虑事项就是,主张模块系统是"封装的",这意味着它们能够很快根据给定的输入强制性地输出。(举一个知觉错觉的例子,知觉者总是觉得一根插在水中的棍子是弯的,尽管他们清楚地知道它是直的。)通常,模块理论伴随这样一个假定,即认为模块存在于一个预先指定的脑区(比如,布洛卡区就被认为是语言所在的脑区)。

许多发展心理学家相信存在领域特殊性和概念发展的生物学限制,他们抵制模块说的观点,而更喜欢提"核心"或"有特权的"(privileged)领域的知识;认为生物学限制只是提供"纲要原则"来限制发展中的儿童注意这个领域的相关特点,但不是完全封装的;或者说,他们需要文化输入的灌输和持续的学习来发展通过一个初步的起点(Baillargeon, 2004; Chen, Siegler, 2000; S. A. Gelman & Kalish, 本手册, 本卷, 第 16 章; R. Gelman & Lucariello, 2002; Hatano, 1997)。具体到各种环境因素如何起作用,这个阵营的理论家们有 664

着各自不同的看法。

那些认为经验不仅仅是概念模块化过程中触发者的研究者,有的认为环境的偶然性很重要(Elman et al. ,1996),这和早期提出的S－R(刺激—反应)理论是相似的;还有的认为,像类比这样的领域一般性的能力是将概念思考从初始状态推向更成熟的形式的关键机制(Springer,1994)。

对于更加复杂的问题,"高度专门化的先天约束＋极少的经验"与"纲要性的约束＋大量的文化组织性经验"中哪一个可以用来解释发展,似乎是因所讨论问题的领域而不同。在物理领域,出生后几个月的婴儿就至少掌握了一些很基本的物理原理,包括期望两个物体不能占据同一个位置或者不能穿越物理障碍(Spelke,1994)。根据这些发现结果,Spelke认为物理领域的知识是天生的、领域特殊性的,应用于这个领域所有实体的约束条件构成了成熟的知识的核心,并且是任务特殊性的。对数字(Feigenson, Dehaene, & Spelke, 2000)、主体(agency)(Gergeley, 2002; Gopnik & Meltzoff, 1997)、生物(Atran, 1998),以及心理理论(Leslie, 1994)等领域也提出了相似的主张,尽管每种情况下都有一些人持有结合的观点,主张包含一些领域一般性的推理能力(Astuti, Solomon, & Carey, 2004; Springer,1999)。

关于环境的影响(尤其是环境中的文化变量)的研究并不是均匀地分布于整个已经被发展心理学家们预先占据的概念领域。显然,没有任何关于朴素物理学发展的文化差异的研究,尽管即使是激进的先天主义者都有兴趣考虑发展是否不仅仅是先天的,但是实际上,基于他们对很小的婴儿的研究,他们假设,核心原则仍然支持先天的约束条件。然而,有的跨文化研究是关于数字领域的(Saxe早些时候从文化—历史变化与这一领域有相关的角度对此进行了回顾),还有大量研究是有关心理与生物领域的。因此,我的综述主要集中于这三个领域。

数

最近的几十年积累了大量的证据,人类很小的婴儿和灵长类动物有初步的数学能力,涉及小数量的加和减;不过对涉及具体过程还是有争议的(Boysen & Hallberg, 2000; R. Gelman & Gallistel, 2004; Hauser & Carey, 1998)。R. Gelman和Williams(1998)总结了年幼婴儿在小于三的数字操作上表现出的错误模式,认为这说明可能存在"类似于动物使用的前语言的计算机制"(1998,p. 588)。Hauser和Carey进一步总结道:

> 早期灵长类进化(可能更早一点),以及儿童概念历史的早期,关于数字表征的某些模块就已经牢固存在了。[这些包括]个体化(indivaduation)和认识数字(分类的物体,像杯子和胡萝卜之类更加具体的分类;以及量词,例如"一个"和"另一个")的标准。更进一步还有概念能力……比如将一个东西和与它相应的东西对应起来的能力,以及表征序列顺序关系的能力……(p. 82)

关于儿童早期数字推理的研究表明,它是在那些早期的起始条件的基础上以一种顺序性的方式建立起来的。因此,Zur和R. Gelman(2004)报告说,给三岁的没有上过学前班的儿童看从一个已知的数值中加上或减去 N 个物体,然后让他们预测结果并检验他们的预测,儿童能够给出合理的基数值作为预测,并且用精确的计数程序来检验他们的预测。他们认为,在没有外在指导的情况下儿童表现出如此迅速的学习能力,这支持了一个观点,即"纲要性的心理结构加速了同化作用和对相关领域知识的使用"(p. 135)。尽管还不能确定机制,但这些数据支持这一观点:数据推理是一个核心领域,因此是人类普遍存在的。

其他文化中的数字发展得来的证据,至少在刚开始看来是质疑基本数学推理能力的普遍性这一观点的,但是对 Hatano 和 Inagaki(2002)观点极少怀疑;他们正确地主张,正因为天生的专门知识只是纲要性的,因此研究文化经验与种系发生限制之间的交互作用如何产生了成人化的数字推理形式就非常重要。

一开始,世界上的许多社会体系中至多只有少量类似于"一、二、许多"(Gordon, 2004;Pica, Lerner, Izard, & Dehaene, 2004)的计数词汇。如果不采用与模块化和核心领域理论家们相对应的程序来研究这些社会中的婴儿,那就不知道这些贫乏的系统是否也可以作为支持数字推理的普遍性的证据。R. Gelman 和 Williams(1998)指出,这种表面上的贫乏可能是欺骗性的。以南非的狩猎聚居群体为例,他们只有两个数字词位,但是这并不妨碍他们数到 10,他们可以采用加法策略来表示出连续的更大的基数,因此与 8 相应的词就被翻译为 2+2+2+2 的形式。然而,Cordon(2004)最近报告说,生活在偏僻的亚马孙丛林中的 Piraha 人,其成年人对小数量表现出初步的算术能力,但是对于更大的数字他们的表现就迅速降低。但是学习了葡萄牙语数字词汇的 Piraha 儿童没有表现出类似于他们父母的缺陷。Pica 等(2004)从另一个亚马孙部落中得出了类似的结果。

虽然对于一些狩猎群居部落是否有超过非人类的灵长类和婴儿水平的数字推理能力仍有质疑,但这一证据也强调了文化对于核心数字知识的精细化有多么重要的影响。当经济活动产生了足够的盈余而使得计数和贸易成为必要时,词汇化的算术知识的出现似乎成了一个关键要素。回顾传统的 Oksapmin 数字实践,似乎是这种数字推理的萌发和开始;根据Saxe(1982)的观点,由于那时只涉及小额的交易,通常一对一的对应作为他们中介交换的机制就足够了。

以两个农业生产社会为例,Jill Posner(1982)比较了象牙海岸的两个相邻部落。她描述的第一个部落的特点是采用原始耕作方法的农民,他们竭力维持一种物质生存水平的生活;第二个也从事农业,但除此之外他们还有裁缝和小商品经营,这需要经常参与金钱经济。两个部落的孩子都表现出对于相对数量的知识,一些纲要性的原理,但是自给农业中的儿童的计数和计算能力远低于更多地参与金钱经济活动的那个部落的儿童;这种差异后来被学校教育所弥补。

对美国中产阶级和工人阶级儿童的数字知识和技能的对比研究也支持这个结论,即文化使得核心领域知识精细发展到不同的程度,这也许是通过各自不同的方式,但仍然是在核心领域的框架内(Saxe, Guberman, & Gearhart, 1987)。这些研究者在家里观察儿童和他们的母亲,给儿童一些不同的任务,同时也观察母亲给孩子呈现一些预先制定的问题。他们发现两个社会阶层的孩子都经常有规律地参与数字活动,但是到 4 岁时,来自中产阶级的孩子比他们的同龄人在更复杂的数字能力上表现出优势。在母亲和孩子的互动中,所有的母亲都会调整活动的目标来反映孩子的能力,而儿童也会调整他们的目标以适应母亲组织的活动;但是工人阶级的母亲更喜欢大大简化任务,与访谈者交谈时她们对自己的孩子表示出了较低的期望。

总的来说,关于数字领域发展的研究强烈支持 Hatano 和 Inagaki(2002)提出的观点,即"核心知识加文化习俗"。(还可以参见本手册第一卷,第 11 章,Shweder 关于认知发展的论述;以及本手册本卷第 16 章 S. A. Gelman 所持有的观点,尽管他们没有提到文化是经验输入的来源。)

另外两个领域的研究提供了更有挑战性的画面:关于这些领域作为核心领域的地位以及经验因素对发展的影响方面存在更多的分歧,物种演化和文化对发展的贡献并没有吻合得那么完美。

朴素心理学和心理理论

对于人类来说,"心理理论"这个术语的意思是"指根据人的心理状态和特征来分析别人的倾向"(Lillard & Skibbe, 2005)。之所以称之为理论是因为人们使用的这些推论是基于看不见的实体(愿望、信念、思考、情绪)来指导他们的行为,并且预测他人的行为。

前面关于黑猩猩认知的部分已指出,Tomasello、Call、Har(2003)认为没有证据表明黑猩猩和倭黑猩猩能够考虑他人的信念,这一论断已成为一个普遍接受的区分点,因为毫无疑问,在工业化国家已经做过必要的研究,在那里长大的人类儿童在大约 4 岁的时候就发展了"信念—愿望"心理的心理学。接下来要讨论的问题是,这种能力在时间和自然属性上是否具有普遍性。再则,由于文化在心理理论的个体发展过程中的作用已被 Harris(本手册,本卷,第 19 章)详细回顾过,因此这里只是简单总结他的整个工作以保持当下讨论的连贯性。

在工业国家中所做的研究表明,在从婴儿到童年早期的转变过程,以及整个童年早期,儿童开始更好地理解人们的信念和愿望是如何影响他们现实活动的。即使是 2 岁的儿童也能分辨出自己的愿望和他人的愿望。从许多情景下美国儿童的自发语言的研究看,已经确定儿童到 2 岁时就能正确使用"想要"和"喜欢"这样的词汇(Wellman, Phillips, & Rodriguez, 2000; Wellman & Wooley, 1990)。就像 Harris 论述的那样,鉴别这种考虑他人的信念以及这些信念与行为关系能力的发展状况最受欢迎的实验方法就是以各种形式呈现的"错误信念"任务。

到了 3 岁的时候,儿童可以与成人协作来欺骗。Lillard 和 Skibbe(2004)对这个问题总结到,"心理能力看来是从婴儿期开始的"。到 5 岁时,儿童就掌握了任务中应用丁别人的错误信念和心理表征的推理能力。接着,他们的理论发展到了二级情绪,如惊讶和骄傲。

这种心理理论序列化的发展进程很快产生一个推论,即认为这种理论是一个心理模块(Leslie, 1994),这是从一些非人类的灵长类普遍遗传下来的一部分。在人类中,它在 3 到 5 岁这个很窄的年龄范围内发展,并且它看起来是一个迅速而无意识的能产生推论的装置。孤独症儿童的偏离社会的特点和模块性之间的联系被用于支持这种先天论的观点。

如果心理理论是模块化的,那么它应该不受文化变量影响;它应以一种普遍的时间顺序发展,就像人失去乳牙一样。这种预期还没有在整个相关的年龄范围内被检验,但是在一个更类似成人思考模式的测试,也就是错误信念测试中,儿童的处理方式表现出了合理的一致性。

这个结果并未产生一个终极结论。来自世界不同文化的大量证据表明,大量不同内容和方式的心理状态和行为被讨论过,也讨论过他们是怎样设计的(Lillard,1998a;Vinden,1996,1999)。按照绝对数字,英语是一个极端的例子,有着超过 5 000 个的情绪词汇。相比之下,马来西亚的 Chewong 人据报告只有 5 个词语来表示整个心理过程,翻译过来就是:要、要很多、知道、忘记、想念或记得(Howell,1984)。人类学家也报告说,在许多社会中,人们确实避免谈论其他人的心理(Paul,1995)。

现在,采用适宜于本土的心理理论任务版本和考虑文化差异的观点是有分歧的。(Harris,本手册,本卷,第 19 章;Lillard & Skibbe,2004)正如 Harris 指出,因为有的文化中的人们不太可能用术语谈论头脑中的心理状态,这就造成了模棱两可;而且在有的情况下根本没有或者只是部分的通过心理理论任务(Vinden,1999,2002)。但是,他们较差的表现到底是由于缺乏词汇还是倾向,抑或是因为他们无法将自己的直觉理解用言语表述出来呢?

Callaghan 等人做了一个研究,程序中尽量少用语言,不需要使用像信念和情绪这样的难以翻译的词汇,试图来避免语言问题。两个实验者都在场时,他们在三个碗中的一个底下藏好一个玩具。接着一个实验者离开,另一个实验者诱导儿童把玩具放到另外一个碗下,然后问他,第一个实验者回来后会翻看哪一个碗。请注意,这个实验程序中使用的语言是行为水平的(翻看一个碗),没有提到心理术语。所以预测刚刚离开的实验者会去她离开时玩具在的地方寻找,就能反映被试考虑他人信念的能力,并且不用使用心理术语。

他们采用这样的实验条件在加拿大、印度、萨摩亚群岛和秘鲁测查了大量 3 到 6 岁的儿童。成绩随着年龄增长,4—5 岁的儿童处于 50% 回答正确的分界点,而几乎所有 5—6 岁的孩子都能答对。这是一个严格标准化的研究,采用精确而相同的程序,以至于成绩不依赖于人们交流心理语言的能力,因为对方不使用这样的心理术语;这样程序就具有普遍性(与模块化的观点相符)。这种恒定性接近了心理理论行为的最基本的核心,完全避免了语言的影响,当问儿童关于信念推理的问题时,儿童反应的语言信息不成问题。因此,举个例子,Vinden(1999)发现,来自喀麦隆和新几内亚的一个少数民族的科技水平很低的群体的儿童,可以理解信念如何影响行为,但是对于预测错误信念任务中的情绪存在困难。

通过采用另一种任务:要求儿童解释一个故事主人公的坏行为,Lillard、Skibbe、Zeljo 和 Harlan(2003)发现儿童在将行为归因成内部的心理特质还是外在情景这一问题上有文化、宗教、阶级差异,因此归因问题可能是任何心理理论中一个人用来预测和解释他人行为的一个因素。Lillard(2006)强调"文化差异通常只是程度问题,只是在不同的文化背景下有不同的行为模式和频率"(p.73),这个观点早就被 Cole 等(1971)提出过。所有群体中的儿童都会有这两种反应,内部的或者情景化的;只是使用的频率和模式不相同。他们将这个研究情境中的平均结果归因于不同团体中的语言社会化习俗,认为低经济社会地位(SES)或者农村儿童的父母更可能用情景化因素来解释行为,并将这种解释方式示范给了他们的孩子;而高 SES 或城市儿童的父母更可能使用内部模型来解释行为,他们在与孩子的交互作用中将这种模式具体化。研究也显示,有哥哥姐姐的孩子的心理理论出现得更快,这可能是有哥哥姐姐给他们在理解和解释人心思的谈话中提供了更多的经验(Ruffman, Perner, Naito, Parkin, & Clements, 1998)。

普遍性和文化特异性似乎都能解释心理理论的发展特点。已有证据表明,如果采用适宜的程序,可以在大猩猩中发现人类心理理论的许多(但不是全部)因素(Tomasello et al., 2003)。因此给来自不同文化背景的、差异很大的人们采用简化版本的错误信念任务时,他们能够有一样的表现也就不足为奇;而当语言和解释也变成评估的一部分时就会出现文化差异。这个结果支持了 Hatano 和 Inagaki (2002)的观点,即种系发展和文化历史因素都是成人思维模式——思考自己和他人的想法和处境——发展的必要因素。

生物学领域

在此考虑的所有领域中,生物学知识核心领域存在的可能性这一问题引起特殊的争论,分歧在于生物学在多大程度上属于核心领域,以及生物学知识的发展在多大程度上受到文化组织经验的影响。在一本很有影响力的书中,Carey (1985)主张儿童对于生物学现象的理解是由朴素心理学而来的。人类的行为是受到有意图的信念和愿望的支配的,儿童解释其他生物时是以人作为参考和类比。他们无法接受我们的身体器官功能和意图相互独立这一观念,只要其他实体与人类类似,那么就对它们应用有心理意图的因果关系。Carey 采用了一种技术,让儿童判断一种特殊的实体是否和一个目标刺激有相同的性质。(比如,如果人呼吸,那么狗也呼吸吗? 植物呼吸吗? 石头呼吸吗?)根据她的结果,儿童直到 7 岁以后才发展出一种理论,将人类看成众多生物中的一种,共有许多因果关系原理(特别是身体构造的机械的因果关系)。这种转变引发了朴素生物学这一派生领域。

在生物学领域的工作中,Hatano 和 Inagaki (2002)认为生物学是一个核心领域,而不是从心理学上产生的,它以人类身体为基础来解释其他实体。根据他们的观点,朴素生物学采用了一个解释模型(朴素理论),通过与人类进行类比来解释其他生物(拟人化);而且生命现象由一种特殊形式的因果关系——活力原理——产生,这与单纯的物理化学力量不同(活力论)。这种领域特殊性推理的形式是基于一种三向的关系,食物/水,主动/积极(主动从食物中吸取生命能量),以及在大小和数量上的生长(摄取生命能量产生个体增长并产生后代)。这种推理模型也被认为是具有文化普遍性的。尽管跨文化的数据有些少,但是从澳大利亚和北美,以及日本得到的数据都支持这个观点;这些地方的儿童在 6 岁时表现出了这样的推理(Hatano & Inagaki, 2002)。

然而,Hatano 和 Inagaki 也相信当地文化习俗的参与对于大多数框架知识以外的生物学思维的发展是很重要的。这种发展过程可由 Inagaki(1990)的研究来说明,她安排一组 5岁的日本儿童在家养金鱼,而对比组没有这样的经验。养金鱼的儿童很快就显示出了比他们没有养过金鱼的同伴更丰富的鱼类发展的知识。他们甚至可以将学到的鱼类知识推广到青蛙上。如果问他们"你可以把青蛙永远地养在一个碗中吗?",他们就会回答"不行,因为金鱼会长大,我的金鱼以前很小,现在他们很大了"(引自 Hatano, Inagaki, 2002, p. 272)。

支持生物学知识发展中文化介入观点的另一个证据是 Atran 和他的同事做的关于生物学分类的发展研究。Atran（1998）曾经采用的观点是认为生物学分类是普遍的，认为它是"人类头脑自动而自然的分类方案"的产品（p. 567）。然而，现在他和同事都承认，童年早期以后，经验丰富程度和当地的生态显著性等也构成解释生物学理解发展的因素（Medin, Ross, Atran, Burnett, & Blok, 2002; Ross, Medin, Coley, & Atran, 2003）。而且，他们证明了一点，生物学思维并不是普遍地以人自己的身体为推论基础而开始的。

Medin、Atran 和他们的同事在部分研究中采用了一种由 Carey 发展起来的程序版本。比如，给儿童看一幅狼的图片，问他们"好，有种东西叫做 andro，它存在于某些事物里面。狼的身体里也是含有 andro 的。现在，我给你看一些其他东西的图片，你告诉我，你觉得它们的里面也像狼一样有 andro 吗？"

接下来采用这个问题的框架还伴随一些"参照基点"（在这个例子中是，人、狼、蜜蜂、秋麒麟草属植物、水）以及大量的"目标物体"（比如，浣熊、鹰、石头、自行车）。以此来测查儿童是否认为，存在于基点物体中的 andro（或者其他假想的性质）也同样存在于目标物体中。研究主要关心的两个问题是：推断一个性质（如 andro）的存在是否随着目标物体的生物相似性的降低而递减？儿童在评估生物相似性的时候是以人类作为单一的参照基点吗（拟人化是生物分类发展中的普遍特点吗）？

这个研究小组对 6—10 岁的，他们称之为"城市主体文化儿童"、"农村主体儿童"和农村土著（Menomine 人）美国儿童做了这项研究。对于第一个问题，他们得到了类似 Carey 的结果，城市主体儿童是依据比较实体与人类的相似性为基础进行归纳的。但是即使是很年幼的农村儿童都会像成人分类专家一样靠生物亲缘关系来进行分类（他们不是将人类作为唯一的推论基础）。另外，所有年龄的土著美国儿童以及年龄稍大的农村主体文化儿童也都显示了生态学（系统）推理；他们以对比事物在生态系统（比如一个池塘或一片森林）中的关系为基础来推断事物间的联系。

对于第二个问题，他们发现城市儿童显出用人类来作对比基础的偏好，但是农村儿童，特别是农村 Menomine 儿童不是这样，这与 Carey 将人神同形同性论作为民间生物学理论的普遍特性的论断相抵触。这个结果显示，文化和专门技术（处于大自然中）都对生物学思考的发展起作用。这些证据与 Hatano 和 Inagaki，以及 Geertz（1973）的观点吻合得很好，即文化组织经验对于完成发展史是非常重要的。

同样的实验范式也被用来研究尤卡坦人和玛雅人的成人和孩子的生物归纳知识的发展（Atran et al. , 2001）。成人的归纳能力从人类到其他生物，再到非生物依次递减，遵循标准生物分类的预测模式。但是当使用蜜蜂来做基线时，他们经常不仅将共享的性质推论到其他的无脊椎动物，还推广到树和人类。根据 Atran 等，这种推断模式是基于生态学推理：蜜蜂在树上筑巢，它们的蜂蜜是人类寻求的对象。成人的回答中常明显地使用了这样的生态学判断。

关于文化对发展的影响最重要的一点是，尤卡坦儿童的反应与成人相似。不管基线概念是什么，当目标从哺乳动物移到树时，归纳推理也随之而下降。而且，像这里的成人一样，儿童也没有拟人化推断的倾向：从人类开始的推论与从动物或者树木开始的推论没有差别，看来他们并没有以人类为推断基准的偏好。如果说有偏好的话，儿童更喜欢用狗作为推断基准，可能是因为他们喜爱和熟悉这种常见的家庭宠物。事实再次说明了文化组织经验对于生物领域推理的重要性。

最近一项广泛而有指导意义的研究是关于在生物知识发展中物种演化和文化的影响的。这一系列研究在马达加斯加岛，由 Rita Astuti 和她的同事完成（2004）。Astuti 和她的同事们认为生物学知识的核心领域应该包括出生、生父/母、生物遗传和天生的潜力这些概念。正像这些作者指出的，关于生物学核心领域的主张是有争议的。比如，支持生物学核心领域观点的证据来自学前儿童而不是婴儿。而根据对北美和尼日利亚儿童所作的跨文化研究表明，7—9 岁之前的儿童还不能认同以下观点，即如果一只浣熊（在美国用的例子）生了一只动物，而这个动物又生出了更多的浣熊，那么即使这个新出生的动物的样子和行为都像臭鼬，它也是一只浣熊（Keil, 1989）。马达加斯加对于研究生物性理解来说是一个战略性的有趣的地方，因为这里的人们强调根据后天经验来决定人们之间的亲属关系和相似性。如果问成年人为什么有的婴儿的长相和行为与他们相似，他们就会说因为"他的母亲和与这个婴儿长得像的一个人生活了很长时间"或者这个婴儿被漫游的精灵影响了。因此，根据 Astuti 和她的同事们的观点，从马达加斯加人的角度来看，对作为一个生物有机体的婴儿和作为社会性生物的婴儿进行分辨是很难的。

这些研究者在三个群体中进行了研究。头两个群体是：Vezo 人，他们生活在海边，靠打鱼为生；和 Masikoro 人，生活在内陆，养牛耕作。这两个群体在种族上都是马达加斯加人，一千年前或更早以前就来到了这个岛屿。他们有共同的传统宗教信仰、崇拜祖先的形式和共同的语言。第三个群体是 Karany 人，城镇居民，印度—巴基斯坦移民的后代；他们大致是店主和放贷人，相对富裕并接受良好教育。在出生的时候 Vezo 和 Masikoro 的婴儿是无法分辨的，但是 Karany 的婴儿可以通过他们的较浅皮肤和稍直的头发很容易地分辨出来。主要的问题是，是否不同年龄的人们都会将婴儿与其父母之间的相似性归结于生物遗传或是社会环境。在假设问题中，对来自同一个群体或另外两个群体之一的亲生父母和养父母进行比较。询问了三种类型的特质：身体特质（比如，宽脚和窄脚）、信念（比如，牛的牙齿是否比马的更强健），以及技能（知道如何成为一名木匠或者技工）。特定问题根据收养或者生父母是来自相同还是不同群体而定，以梳理出是采用生物性还是社会性推断模型的条件。

Vezo 的成年人回答关于婴儿身体特质的问题时，他们绝大多数选择生物遗传作为决定性因素。当问及孩子从属的什么社会群体时，他们都判断孩子是被收养的群体的一员，不管是 Masikoro 还是 Karany，群体认同都是取决于人们从事的职业，而不是他们父母的生物学特性。另外，当问到信仰和技能的时候，Vezo 的成年人又选择养父母群体作为孩子将获得这些技能的出处。

在后续的两个研究中，Astuti 和她的同事给儿童组（6—13 岁）和青年组（17—20 岁）呈现了相同的任务。与成年人相比，儿童倾向于认为婴儿的身体特质、信念、技能都主要由他们的养父母决定。青少年更接近成人模式——将身体特质归于生物性，而将信仰和技能归为文化经验,所以他们会把身体特质归因于亲生父母,在信念和技能归因上更接近成人。

在最后的研究中,要求儿童和成人判断被新的母鸟收养的小鸟的特性。在这个研究中,成人和儿童都将鸟的特征归于它们的生父母并且给出了生物遗传的理由。

这一系列的研究还得到了其他许多有趣的结论,但是根据当前的目的他们提出了两个关键问题。第一,在有的条件下(比如,关于鸟的推理),年幼的马达加斯加儿童看起来就像东京或者波士顿的幼儿一样,能理解基本的生物遗传原理。第二,关于人类的推理,马达加斯加成人表现出他们理解遗传的规律,但是在他们的日常生活中,他们坚决不承认它们的意义。

这样的结果在很大程度上让"生物学作为核心领域"这一结论的得出变得复杂了。当采用合适的考察方法时,得出这一结论——认为基本生物学原理的理解是普遍性的,是合情合理的;但是很难理解成年人是如何详细描述一套对人们的日常生活有很大影响的复杂文化信念,而且这与核心生物学知识相抵触。马达加斯加儿童获得(普遍的)成人的核心生物学理解系统的速度很慢也是很容易理解的:他们经常接触的成年人对他们的日常经验的解释否认朴素生物学原理的存在。但是成年人怎么会在获得同样这些知识的同时,还获得关于亲属、祖先和群体相似性这些与核心领域基本原理相抵触的知识呢?

文化组织的信念和行为组织结构比生物学核心领域的证据要多。Astuti 和她的同事认为,由于马达加斯加社会的最高价值观是达到老年并被子孙围绕,马达加斯加人就系统地贬低和轻视了生物学联系的重要性而赞同社会学联系,使得儿童成为整个村庄的后代而不仅仅是他们的生父母的后代。无论情况如何,这个研究的作用是凸显了推理发展过程中生物学限制和文化习俗复杂的交织作用。

核心知识以外

正如 R. Gelman 和 Lucariello(2002)指出的,儿童需要掌握经过验证的核心领域以外的大量知识。世界上的物体有很大一类是人造物品,它已有的定义是根据人类行为的某些目的而改造的物质世界。

大量证据表明,美国儿童很早就能区分人造物品和自然物体,尽管他们能区别这两类物体的条件可能不相同(Kemler Nelson, Frankenfield, Morris, & Blair, 2000; Keil, 1989)。如果告诉儿童一个物品是某种食物并教给他一个名称,然后给他看一个新的物品并说那是一种食物,他们会根据颜色来泛化他们学习过的那个名称。然而,如果告诉他们原来的物体是一种工具并且新的物体也是一种工具,他们就会根据形状来泛化名称。另一类关于分辨人造物品和自然物体的证据来自其他的地方:研究中,相关的物体经历了某种转变,并问儿童它是不是还是同一个物体,为什么。比如,如果告诉幼儿一只山羊去掉它的角、把毛卷起来、训练它像绵羊一样"咩咩"地叫,并且给他们看一幅这种变形以后的动物的图片,很小的儿童都会坚持认为那还是一只山羊,因为它的内部没有改变。儿童假定即使改变外观也不能改变山羊的一些重要性质(S. A. Gelman & Opfer, 2002)。这种反应正是我们期望能从核心领域知识(如生物学)的发展资料中得到的。而且,也已经确认,儿童很早就能够区分生

671

物和非生物,这是区分自然和人造物品的一个中心标准。

当涉及人造物品的分类时,就无法再采用本质的、内部的性质来作为判断物体类别的指标。一个硬币如果被融化变成了碎冰锥,那就不再是一个硬币了。面对这样的转化,幼儿不太可能说这个物体还是一样的。因此,研究兴趣就集中于看儿童采用怎样的标准来判断两个人造物体是否属于同一类型。有人认为3—4岁以前的大部分儿童都会根据知觉标准来对这样的物体分类:它们看起来有多相似(特别是,他们有同样的形状或者颜色吗)?

根据这个观点,大约4岁的儿童判断标准开始转向一种功能,这是成人通常采用的判断标准。因为根据定义,人造物体就是用于达到某种目的而设计的物体。在一些条件下,年仅2岁的美国儿童就已经被证实可以将学过的一个人造物体的名字总结推广到另一个与它具有同样功能的物体上(如,两个外观不相似的做铰链用的物体)(Kemler Nelson et al.,2000);基于人造物品的分类的推理在整个童年时期持续发展并可能越过童年继续发展(R. Gelman & Lucariello, 2002)。

正如Keil(2003, p. 369)的评论,"看起来大部分人是生活在人造物品的世界中",这就产生了一个问题。人们或许能够通过观察别人对某个人造物品的使用而推断物体的作用和人的意图,但是看起来并没有直接的领域特殊性核心原则来帮助他们合理推断人造物体所属类别和所能达到的功能。R. Gelman和Lucariello持同样的观点,他们用学习下国际象棋的例子,"历史、代数、经济学、文学,等等,"得出了同样的结论,认为不依靠核心领域支持的学习面临相当大的挑战:

> 因为没有任何领域相关的框架结构来开启学习之旅。相关的心理结构必须重新获得,这意味着学习者必须获得领域相关的结构,以及关于这个领域内容的领域相关知识的一致性知识基础……很难收集新的概念结构,那通常要花费很多时间。这往往需要某种类似于正式教育的东西,而且这也不一定有效果,除非学习者在这方面进行额外的练习和努力。(2000, p. 399)

这说明,在此呈现的框架中,正规教育只是历史演化下来的文化习俗的总体分类的一个子集。结果,产生于构成了大量各种各样文化活动的已有相互作用模式的制约或许会使得在非核心领域形成概念。不幸的是,到目前为止,关于这个心理问题的发展性研究相对稀少,尽管可以拾得一些所谓的"日常认知"的研究(Rogoff & Lave, 1984; Schliemann, Carraher, & Ceci, 1997)。在学习编织过程中的概念习得就是一个例子。

我已经给出了一些关于在Zinacantan掌握编织的资料,考虑到了整合文化历史和个体发展的研究。这里我回到那个由Patricia Greenfield进行的研究项目的一部分,它关注在编织中涉及的当代文化习俗。这些习俗涉及一些人造物品,包括线的生产与消失,后带织布机以及它的组成要素(比如,翘面框架),固定线位置的销子,等等。

鉴于先前部分中我主要突出了近几十年中学习织布的组织机构中人际互动的变化,以及织布产品的变化,在这里将焦点转向与提供给不同年龄阶段儿童的人造物品的组织紧密相关的问题,以及在个体发生过程中,他们揭示出的内隐的、本土化的、关于如何增长人造物品功能的知识以及提高使用它们的技能的理论。使得整个故事变得有趣的内容是包含在人造物品中的隐含的民族学理论(ethnotheory),它们产生的作用与皮亚杰关于认知发展的阶段理论一致。

Maynard(2002,2003)和她的同事们报告说,在人们开始从事成人的织布活动之前(可能在 9 或 10 岁),年幼的女孩会被供给简化成不同复杂水平的织布工具。两个中较简单的一种工具是用来绕线并保持线的方向的,这个工具在晚些时候织布时要使用;那种较复杂的工具将长线绕着销子折成两折(线是弯曲的),这种更加复杂的方法要求编织者将伸出的弯曲部分视觉化,而不是简单地看着直线。在销子相反一端的线会终止于织布机的另外一端,织出的布的长度是织布架长度的两倍。

这些研究者认为这种复杂的弯曲的框架需要有心理转换的能力,而较简单的绕线框架就不需要("织布者仅仅是将线从织布机的顶部弯到底部:你看到的长度就是你织成的布长度")。研究者注意到家长和编织老师将较简单的一种工具分配给 3 到 4 岁的儿童,将较复杂的工具分配给 7 到 8 岁的儿童,这与皮亚杰的前运算阶段和具体运算阶段的规范年龄相一致。

为了检验这种对应,研究者比较了这两个任务中的表现。在其中一个任务中,要求儿童将织布机上的图案与布的图案进行匹配。然后让他们完成另一个知觉配对任务,该任务源于皮亚杰和 Inhelder 的空间思维发展的研究。在皮亚杰和 Inhelder 的任务中有六种不同颜色的珠子排成一条项链,摆成项链状(这种条件只需要简单的知觉配对)或摆成数字 8 的形状,这样当数字 8 打开成一个圆时,两串珠子在形状的中间是翻转的,需要心理转换才能将摆成项链状的和数字 8 状的两串珠子间进行配对。研究者将这些测试呈现给 4—13 岁的 Zinacantan 和洛杉矶的男孩和女孩。

在该研究的众多有趣的结果中,与本章有密切关系的结果如下:

1. Zinacantan 儿童和北美的儿童在两个任务中的发展进步都符合皮亚杰理论的预期;
2. 虽然两个文化组别中都同样有进步,但美国儿童在珠子匹配/转换任务上获得更高的平均分,而 Zinacantan 儿童在织布任务上比美国儿童表现更好,这种结果形式与当地的熟悉性有关;
3. 相应地,在织布任务中 Zinacantan 儿童中的女孩的表现比 Zinacantan 男孩要好,Zinacantan 男孩就算没参加过也看过别人织布,所以他们的表现又要优于同龄的洛杉矶儿童。

总的来说,这些结果与 Greenfield 关于文化习俗建立于种族范围的成熟模式的理论主张相符。它们也提供了一些关于文化习俗是如何为非核心领域学习提供必要的限制条件的证据。

关于自传性记忆的文化和个体发生

尽管文化对记忆发展的影响这个话题已经有了很长的历史,但是前面的综述中作的各类研究看起来已经过时了,比如关于概念发展的研究。(参看 Pressley & Hilden,本手册,本卷,第 12 章)这个早期研究可分成关于连贯性故事和任意词汇表记忆的研究,这在当时的实验心理学中是很流行的。

关注于连贯故事记忆的研究方法得出了一个结论,与 Barlett(1932)的理论主张一致,即人们会记住故事中与当地重要的文化主题一致的那些部分;但是与 Barlett 的一个观点不一致,即他认为不能读写的人倾向于用死记硬背的、顺序性的方法来记忆事件。另外,总的来说,在记忆连贯故事研究中发现的文化变异很小或没有。关于记忆词汇表或物体词单的研究在不同人群中经常产生很大的变异,但是出现这样的变异似乎与学校教育有关(相关综述,参看 Cole, 1996, 第 2 章)。没有进一步的实际工作来继续这两种传统研究。

673 在对故事回忆的研究兴趣减退的同时,在考察自传性记忆发展中文化的影响作用的研究中,文化教养如何影响人们记忆任意词表的方式这一问题已经引发了越来越多的研究,这些研究探查文化对自传性记忆的影响,自传性记忆被定义为一个人对过去的某一特定时间和特定地点发生的事件的显性记忆(Fivush & Haden, 2003; C. A. Nelson & Fivush, 2004)。

除了现有大量相对实质性的研究使得有必要回顾这个方面以外,还与一些别的原因促使我们讨论文化和自传性记忆的发展。第一,让人们回忆他们自己生活中的事件可能是有意义的,胜于研究者强加的语言或图画材料。第二,自传性记忆研究课题使得当前流行的关于独立型社会和互依型社会的对比研究在理论上联系起来了。在这里我没有介绍这个研究,是因为它与发展没有什么关系(不过,可参见本书第四卷,第 17 章 Greenfield 等关于独立与互依和学校教育关系的讨论)。

另外还有三个原因促使我们在这个章节中讨论关于自传性记忆的研究。第一,自传性记忆的开始以及随发展在质和量上的增长,总是与成人要求儿童谈论过去有关,尤其是谈论儿童过去经历的事件(通常也是父母所经历的)。第二,已有一些研究表明,父母的回忆活动和自传性回忆的初始存在文化差异(不幸的是,只涉及很少几种明显不同的文化)。第三,与以前关于文化与记忆的研究相比,以前的研究都与文化程度和学校教育的题目有关,而关于自传性回忆的研究只与自我和人格发展的题目有关,这就在有关文化与发展的研究领域和它通常不涉及的认知发展范围之间搭建了一座联系的桥梁(参见 Shweder 等,本书第一卷,第 11 章,可看到这座桥梁的另一面的风景)。

C. A. Nelson 和 Fivush 对自传性记忆发展的说明是,假定有一个各物种通用的、关于事件、人物和物体的基础记忆过程装置,它依赖于普遍物种的神经认知的成熟。这个基本过程使我们习得对意图和对他人的理解,这种对他人的理解在先前以核心领域的术语讨论过,与自我有关。这种婴儿早期的加工过程伴随着这种新形式的、以文化为媒介的社会经验附加在了语言上。那些社会经验需要这种基本过程的出现,这些过程能逐步使得认知进一步发展。在这一方面尤其重要的是,叙述体的出现——特别是谈论个人的情节时情感就会卷进来——在这种和情绪的纠缠中儿童也发展了。C. A. Nelson 和 Fivush 这样总结在自传性记忆中叙述的中心性作用:

叙述依据因果、条件以及时间标志将事件联系到一起,增加了对事件理解能力的层次,超越了从直接经验中得来的东西。叙述者被意义建构起来,强调目标和计划、动机和情感、成功的和失败的结果,以及他们与讲话者和其他参与者之间有意义的关系……可能最重要的是,通过使用评估机制,叙述会提供能反映个人意义和重要性的表达,得到一个关于心理动机和诱因的更复杂的理解。(p.494)

总之,叙述为思维、行动和对世界的感觉组成了各种目的的通用的工具。

为了思考自传性记忆与文化,最引人注意的核心证据是,美国的父母组织谈话(与孩子谈论过去的事件)的方式存在很大的个体差异,这些差异显著影响了儿童的自传性记忆。C. A. Nelson 和 Fivush 在他们的综述文章中说,母亲关于过去事件的回忆风格是"精细性"(elaborativeness)的,这是说她们在与孩子的回忆性谈话中使用程度与频率作为修饰。(需要注意的是,精细性与通常所说的爱说话是不一样的:高精细性的父母在其他场合可能是不爱说话的。)他们的综述(包括纵向和横断研究)的主要发现是,父母的高精细性会带来更好的自传性回忆(根据数量和一致性测量)。这个效应在被要求回忆两年前的一个场景时仍存在。随着时间推移,父母和儿童在这些场景中的回忆的关系转变,因为儿童在交流中的回忆开始变得和父母一样多。

我们转向关于文化差异的研究,大量有趣的发现被报告出来。正如 Leichtman、Wang、Pillemer(2003)所总结的,有大量研究报告了以父母—儿童关于过去的交流为主要形式的文化差异。这些差异既包括了父母谈话形式的精细化程度,也包括他们所强调的文化价值。此外,在韩国、中国和印度社会进行的大量跨文化研究中,父母—儿童谈话的这两个方面是共变的;与美国中产阶级比较,这些社会中的父母(低精细化程度的谈话风格占主导)更可能强调等级、恰当的社会关系和良好的行为。同样,与关于谈话风格和自传性记忆关系的结果相符合的是,这三个非美国社会的受测者的最早的记忆显著晚于在美国样本中获得的数据。这个结果在印度尤其显著,只有 12%的农村成人和 30%的城市成人报告了他们童年时代的特殊事件,这些人中的一部分确实报告了事件发生的年龄,年龄范围在 6 至 11 岁,远远晚于在美国样本中获得的值。

从事这项工作的研究者们把这样的结果与不同文化中的互依性与独立性的社会取向联系起来。后者在分析自我与他人的关系时鼓励将焦点集中于自己或者他人(Markus, Kitayama,1991;亦可参看本手册第一卷,第 13 章,Schweder 等)。这里不试图从理论化角度作判断,在此 Mullen 和 Yi(1995)的观点抓住了要害;他们认为互依取向社会中,儿童被教育视自己是社会网络中各个角色的集合体,而独立型社会的人所受的教养是视自己为个体特征的集合体。精细性回忆风格和相对较少强调社会等级关系,构成了一致性的自传性描述风格;而非精细性风格混淆了个人和集体之间的界限,因此缩小了自传性回忆中的"自己"。

由 Hayne 和 MacDonald(2003)做的研究揭示了另一个影响自传性记忆的文化因素,那就是一个社会在多大程度上重视关于自己的过去的描述。这些研究者比较了新西兰的毛利人和欧洲人后裔的自传性记忆,以及这两个群体中母亲与孩子谈论过去时的回忆风格。

第一个有趣的发现是,毛利人中的成年妇女的最早记忆在将近 3 岁发生,而与他们配对的欧洲后裔的最早的记忆平均比他们晚一年。基于先前引用的研究,这种差异让作者们做出了假定,认为毛利人母亲会比欧洲后裔的母亲采用更加精细化的谈话风格。但是相反,欧洲的母亲更倾向于采用精细化的方式,她们关注更广泛的事件内容和人物以及物体所显现出来的显著的细节内容。他们发现毛利人母亲更可能关注事件的一个有限方面,并且重复问与此有关的同样的问题,就好像是为了引发特定的反应一样。因此似乎早期的自传性回忆不只遵循一条路。这些结果极大地支持了 K. Nelson(2003b)的"多个功能系统"的观点,即认为"记忆不是一个单独的结构,而是一系列的功能,采用相似的过程来获得不同的结果"(p. 14)。

结论

我相信以前的《儿童心理学手册》版本从没有哪个像当前这个版本一样,用这么多的章节关注文化和发展的作用。不仅用两个章节(标题中含有"文化"字样)来考察文化组织经验,而且还有一些章节多少关注了传统的分类法,如概念发展和社会认知(可能还有些别的我没有进一步讨论的)。

在我看来,最令人鼓舞的事情就是,越来越多的研究者真正放弃了恼人的先天—后天争论,开始把文化作为人类种系发展演化的特性。这样的论述已经有几十年了。来自人类学和心理学最突出的两个例子如下:

675

> 人的神经系统不仅仅使得他能够习得文化,它还积极要求他这样做,这样神经系统才能发挥作用。与其说文化只是补充、发展和有机地扩展在逻辑上和遗传上优先的基本能力,不如说它本身就是这些能力的组成部分。一个脱离文化的人很可能就不会有内在才能,尽管不是猿,但整个一个没有头脑因此是没用的畸形物。(Geertz, 1973, p. 68)

> 回忆 Peter Medewar 关于先天与后天的名言:每种因素在显性变异中都 100% 起作用。人类既受基因又受文化的限制。(Bruner, 1986, p. 135)

自从这些文字写下以后,发生变化的是,它们已经远远不止在人类学领域产生共鸣了。我已经引用了心理学家 Henry Plotkin 的话,即生物和文化之间存在双向因果关系。神经科学家 Quartz 和 Terrence Sejnowski(2002)更进一步指出,文化"限制了一部分发展程序,这些程序同基因一起构造了大脑,使你成为怎样一个人的基础"(p. 58)。他们特别强调,在物种演化和个体发展中都是最晚成熟的前额叶关系到计划功能和复杂的社会交际功能,它的发展主要依赖于文化作用。他们提到这个刚出现的学科都认为这个成果应该被称为"文化生物学"。正如我先前提到的,我也从广义的、涉及文化历史活动理论的理论性框架中得到了同样的研究取向,这种历史文化理论可以追溯到维果茨基和他的学生。

不论把人类个体发生看作是随着文化和种系发生的交织而出现的过程,从文化生物学的角度,还是从文化历史活动理论的角度,要形成一个人类个体发生的观点,都需要认真按照这个章节中提出的不同的"历史潮流"或"遗传领域"做出调查研究。

作为一个开始,我回顾了大量文献,关于人化过程、人类和非人类的灵长类之间的比较,以及文化历史观三方面,并从这些综述中得出结论。与这个回顾式的方法相反,应该可能评估之前综述的关于概念和记忆发展研究的新方法,并且为以后的理论进展提出新的研究方向。

与人类个体发展有关的种系和文化历史的总的经验教训

对人类种系发展研究的古逻辑学分支和灵长类动物学分支的文献阅读让我感到,它们对于思考人类的文化和认知发展都有特殊的贡献。关于灵长类人化过程的文献中,突出的是解剖学变化之间,涉及文化的产生和利用的行为变化之间的互惠关系,和各生物有机体之间、个体与环境之间的关系。特别是文化对于生物学变化的影响是很明显的,虽然在考察现代人类时看起来很模糊。

关于现代非人类的灵长类的研究有几点很突出。首先,从这个研究看来,不管现代的人类和猿有着怎样的共同祖先,这个祖先和最早的人类之间的确存在一个小差距。但是,那个小小的不同,用 Bateson 的话说就是"造成差异的差别"——这引发了一个关于"变化"的复杂的辩证法,其中生物的、文化的、认知的和行为的改变不断积累,产生了越来越类似现代人的智人,使得其发展是通过文化这一该物种的特质。第二,关于非人类的灵长类的研究积累了一些资料,使得人们更好地理解一些基本的心理机制,如在人类认知发展过程出现的模仿。

另外,将文化研究理解为群体水平的社会传统,这引出了关于人类文化的新问题。现在问题变成了:为什么文化会在早期原始人中积累?为什么对人类来说文化具有中心地位,统治他们的生活,交织进入他们的思想,而在野生大猩猩群体中却没有这样的现象呢?除了非同寻常的情境下(塔斯马尼亚到从澳洲大陆上分离出去,与世隔绝),一种现象似乎是人类特有的:文化积累有一定的倾向,在人类中增加复杂性,既体现在工具制造和设计领域,也体现在社会实践和机构中。Tomasello(1999)称这种倾向为"棘轮效应"(ratchet effect)[①]。他认为在这一过程中创新、真正的模仿(基于理解了他人意图的模仿)以及可能是精心安排的教育指导是必要因子。但是,棘轮效应不总是起作用,当然,也不总是迅速地起作用。Boesch 和 Tomasello(1998)将这一效应出现的失败归因于滑移(slippage),但是没有具体说明什么可以使得文化棘轮持久稳定或者易于滑移,关于类智人(相对普遍的)文化演变的条件问题似乎有更多的问题有待解决。

有两个因素看起来是很重要的,它们通常是共同作用的。一个是使用外在符号系统,另

676

---

① 棘轮是包含于转轮机械装置中的爪状物,使转轮仅向一个方向运动。——译者注

一个是群体交互作用(群体内和群体间的)。每个都促进了水平的和纵向的文化传播。关于外部信号系统的中心性,Donald(1991)已经做了很有说服力的描述,这里没有必要再回顾。塔斯马尼亚人的例子,以及现代类智人的繁华,都指出社会团体之间的相互作用在累积的人类文化改变中是一个重要因素,因为频繁的人类群体之间的交互作用可以提供充足的机会使源自外部的东西不断革新。这一过程被19世纪和20世纪早期的人类学家称之为"扩散"(diffusion)。这种社会团体之间的相互交换在我们现代人出现之前的冰河时代很少发现,在非人类灵长类动物中也很罕见。

对当代人类认知能力的种系发生和历史文化基础的研究需要我们记住一个非常重要的事情,那就是在组织和文化转变过程中涉及的时间量度问题。这是个困难的任务。我可以写"400万年",但是我不能深入理解它的意义。而且证据表明,不论好坏,在过去的400万年中原始人类文化转变的加速速率以及对环境的改造都是摇摆的。

即使是想要研究解剖学意义上的现代人类的文化转变,"研究行为随着时间的变化"也是一件说起来容易做起来难的事情,因为解剖学意义上的现代人类至少可以追溯到40 000年前,研究整个社会群体现存的文化特征都不止耗费研究者的一生。这样的情况促使研究转向那些稀有的场合,考察在特定历史环境下发生的快速的文化转变与人类认知改变的联系,这种考察被证明是可行的。

Beach、Greenfield、Luria和Saxe的研究提供了一个使个体发展和微小遗传变化与社会水平的历史文化转变累积相关联的动力系统。只要有人采用一般心理机能的测试去研究这个过程,或者是依据大量的历史数据,即便不是不可能也是很难了解那些不平均的,而且历史上偶然发生的交互作用。这种交互作用发生在微小遗传的、个体发生的,以及历史文化的分析水平上,这种分析水平对在发展过程中非常重要。但是只要有人关注特殊的文化组织活动,并且在生活方式中追溯这些行为地点的变化,这些变化也是生活的一部分;那么变化的过程似乎与交互作用的特有形式非常接近,这些特有形式包括人们试图达到目标,或者寻找新目标,在特定情境下用特定人造物的结合。

历史文化方向的研究也说明了专门的文化传播机构的重要性。它们包括现代学校和专门的认知上的人造物品,尤其是书面语言和符号系统;以及这些机构与社会之间普遍的媒介活动。

个体发生的文化变异

认真考虑种系发生与文化历史中的文化—认知联系,使得我们开始研究个体发生的认知发展;个体发生过程中假定,极大地受到种系发生历史限制的成熟因素与文化因素交织;文化因素对婴儿所在社会中社会生活的组织非常重要。然而,由于个人的生命(个人的童年时代更是如此)与整个文化历史相比非常短暂,更不用说从智人出现以来的人类进化的整个难以想象的时间跨度,心理学家有一种强烈而不可抑制的倾向,即将种系发生当作不变量,从而作为研究中的不相干因素,对不同文化中的儿童发展进行横向研究(从文化的角度说),以此作为理解文化—个体发生关系的方法。

677

跨文化研究引出的历史障碍,在"比较人类认知的实验室"1983年参与撰写的手册和其他地方(如,Berry, Poortinga, & Pandey,1997)已被很好地总结,我先前在本章中论述确定学校教育对认知发展影响的困难时也已经提及,现不再赘述。很有意思的是,有个别例外(有待标明),这一章节中讨论的两种个体发生研究方式:概念发展和记忆,都将这种困难最小化了。关于文化在概念发展中的角色问题,关键似乎在于实验者通过要求人们采用符合当地词汇形式的"问问题"对话框架作出归纳,从而得到相似性关系,以此取代以前通过要求被试根据预先划定的标准,对人为构造的物品进行分类的办法,试图让被试直接建立类别和相似性关系。用于揭示关于生长原因的相关概念可能会这样问"你能永远把一只青蛙养在碗里吗?",这样的问题对于养过青蛙或者其他宠物的日本儿童来说就是非常自然的。另一个关于概念形式研究的例子,所有文化中的儿童都习惯于听到他们不理解的词汇,所以如果告诉儿童狼的身体里面有andro并问他们鸟的体内是否也有andro,儿童就能通过这样的问题。

　　在一个类似的方法中,对早期事件的记忆问题也不存在"已知答案的问题"这种古怪特点,而这在记忆发展研究(以及学校教育研究中)是非常普遍的。研究者(通常还有家长)不知道儿童会宣称什么是他们最早的记忆。由于当地语言和文化特点,不能完全排除错误解释,这种将重要问题置于一个熟悉的文化环境中的逼真性有助于建立文化生态效度。类似地,Greenfield和Saxe采用在熟悉的文化活动中进行的程序似乎就很合理,他们只是尽量作了修正,使符合他们理论兴趣的重要对比凸显出来。

　　那么,当采用这种带有人造"感觉"的实验程序时,出现对跨文化比较效度问题的争论也就不足为奇了。比如关于核心领域发展的文化差异的资料,当采用错误信念任务时,语言的问题对于儿童的表现起了很大(有许多人认为是关键的)影响。只有采用尽量接近行为核心的程序时才会出现文化的非变异性,而这又以不能考察儿童心理理论(比如错误信念与情绪的关系)为代价。看起来,几十年来极力满足跨文化比较和生态效度需要的努力已经取得了一定的成功。

　　然而,认知发展被认为是有着很强的生物学基础的,要以认知发展的形式证明文化的作用,这方面取得的进展就较少了。做这类研究最有希望的就是,研究在生命早期经历过大脑损伤,然后经历了成人的文化组织环境干预的儿童,操纵关于大脑发展的行为依赖性特征证据。Antonio Battro (2000)采用f-MRI技术和计算机程序给一个在3岁时实施了大脑半球切除术的孩子提供了高强度的文化组织的经验环境,这些经验设计用来帮助他在剩余皮层建立补偿功能的大脑系统。研究者报告说,通过这种"神经教育",这个孩子最后获得了高水平的认知成就。根据我们当前的讨论,他也证明了文化组织经验对于大脑发展的重要作用。

　　另外一些资料与各种文化组织的活动相结合,这些根据在大脑行为组织中的不同活动的资料来自成人珠算专家(Hanakawa et al., 2003; Tanaka, Michimata, Kaminaga, Honda, & Sadato, 2002)。在做数字记忆和心理算法测试时,珠算专家的f-MRI记录显示右脑顶区和其他一些与空间处理有关的结构活跃。非珠算专家在做这个任务时,他们的f-

MRI 活动在左脑显示,包括布洛卡区,这说明他们是以语言为媒介和时间序列加工来解决这个问题的。对比语言任务,专家和非专家都显示了同样的左脑优势 f - MRI 活动。

678 　　尽管考察心理过程对应的大脑定位的研究工作才刚刚开始,但是已有的研究已经漂亮地说明了文化中的人造物品连同文化习俗一起是怎样反作用于人类的大脑、从而使得后天教育成为先天的(nurture becomes nature)。

　　总的来说,从文化与认知发展的视角,认真考察种系发生历史、文化历史以及在个体发展中的文化组织活动的同时相关性(simultaneous relevance),有望使得文化成为发展研究的主流,从而让我们得以摆脱关于先天与后天的难以站得住脚的分歧。我们的后天教育就是我们的先天本性。我们越早接纳这个事实,并且将它应用于组织我们的环境和我们自己,人类发展的未来就会越美好。

(陈永香、于静、朱莉琪译,朱莉琪审校)

参考文献

Astuti, R., Solomon, G. E. A., & Carey, S. (2004). Constraints on conceptual development: A case study of the acquisition of folkbiological and folksociological knowledge in Madagascar. *Monographs of the Society for Research in Child Development*, 69(3, Serial No. 277).

Atran, S. (1998). Folk biology and the anthropology of science: Cognitive universals and cultural particulars. *Behavioral and Brain Sciences*, 21(4), 547 - 609.

Atran, S., Medin, D., Lynch, E., Vapnarsky, V., Ek, E. U., & Soursa, P. (2001). Folkbiology does not come from folkpschology: Evidence from Yukatek Maya in cross-cultural perspective. *Journal of Cognition and Culture*, 1(1), 3 - 41.

Baillargeon, R. (2004). Infants' physical world. *Current directions in psychological science*, 13(3), 89 - 94.

Bartlett, F. C. (1932). *Remembering*. Cambridge, England: Cambridge University Press.

Bateson, G. (1972). *Steps to an ecology of mind*. New York: Ballentine.

Battro, A. (2000). *Half a brain is enough: The story of Nico*. New York: Cambridge University Press.

Beach, K. (1995). Activity as a mediator of sociocultural change and individual development: The case of school-work transition in Nepal. *Mind, Culture and Activity*, 2, 285 - 302.

Bekoff, M., Allen, C., & Burghardt, G. M. (Eds.). (2002). *The cognitive animal: Empirical and theoretical perspectives on animal cognition*. Cambridge, MA: MIT Press.

Berlim, M. T., Mattevi, B. S., Belmonte-de-Abreu, P., & Crow, T. J. (2003). The etiology of schizophrenia and the origin of language: Overview of a theory. *Comprehensive Psychiatry*, 44(1), 7 - 14.

Berry, J. W. (2000). Cross-cultural psychology: A symbiosis of cultural and comparative approaches. *Asian Journal of Social Psychology*, 3(3), 197 - 205.

Berry, J. W., Poortinga, W. H., & Pandey, J. (Eds.). (1997). *Handbook of cross-cultural psychology: Vol. 1. Theory and method* (2nd ed.). Boston: Allyn & Bacon.

Bickerton, D. (1990). *Language and species*. Chicago: University of Chicago Press.

Bjorklund, D. F., & Pellegrini, A. D. (2002). *The origins of human nature: Evolutionary developmental psychology*. Washington, DC: American Psychological Association.

Bloch, M. N. (1989). Young boys' and girls' play at home and in the community, in M. N. Bloch & A. D. Pellegrini (Eds.), *The ecological context of children's play* (pp. 120 - 154). Norwood, NJ: Ablex.

Boesch, C., & Boesch, H. (1984). Mental map in wild chimpanzees: An analysis of hammer transports for nut cracking. *Primates*, 25, 160 - 170.

Boesch, C., & Tomasello, M. (1998). Chimpanzee and human cultures. *Current Anthropology*, 39(5), 591 - 614.

Bogin, B. (2001). *The growth of humanity*. New York: Wiley-Liss.

Bowen, E. (1964). *Return to laughter*. New York: Doubleday.

Boysen, S. T., & Hallberg, K. I. (2000). Primate numerical competence: Contributions toward understanding nonhuman cognition. *Cognitive Science*, 24(3), 423 - 443.

Bramble, D. M., & Lieberman, D. E. (2004). Endurance running and the evolution of Homo. *Nature*, 432, 345 - 352.

Bruner, J. S. (1966). On cognitive growth II. In J. S. Bruner, R. Olver, & P. M. Greenfield (Eds.), *Studies in cognitive growth* (pp. 30 - 67). New York: Wiley.

Bruner, J. S. (1986). *Actual minds, possible worlds*. Cambridge, MA: Harvard University Press.

Bryant, P. (1995). Phonological and grammatical skills in learning to read. In J. Morais (Ed.), *Speech and reading: A comparative approach* (pp. 249 - 256). Hove, England: Erlbaum.

Bryant, P., & Nunes, T. (1998). Learning about the orthography: A cross-linguistic approach. In H. M. Wellman (Ed.), *Global prospects for education: Development, culture, and schooling* (pp. 171 - 191). Washington, DC: American Psychological Association.

Byrne, R. (2002). Seeing actions as hierarchically organized structures: Great ape manual skills. In A. N. Meltzoff & W. Prinz (Eds.), *Cambridge Studies in Cognitive Perceptual Development: The imitative mind — Development, evolution, and brain bases* (pp. 122 - 140). New York: Cambridge University Press.

Byrne, R. W., Barnard, P. H., Davidson, I., Janik, V. M., McGrew, W. C., Miklósi, Á, et al. (2004). Understanding culture across species. *Trends in Cognitive Sciences*, 8(8), 341 - 346.

Callaghan, T., Rochat, P., Lillard, A., Claux, M. L., Odden, H., Itakura, S., et al. (n. d.). *Universal onset of mental state reasoning: Evidence from 5 cultures*. Unpublished manuscript, Xavier University of Louisiana at New Orleans.

Carey, S. (1985). *Conceptual change in childhood*. Cambridge, MA: MIT Press.

Chavajay, P., & Rogoff, B. (2002). Schooling and traditional collaborative social organization of problem solving by Mayan mothers and children. *Developmental Psychology*, 38(1), 55 - 66.

Chen, Z., & Siegler, R. S. (2000). Intellectual development in childhood. In R. Sternberg (Ed.), *Handbook of intelligence* (pp. 92 - 116). New York: Cambridge University Press.

Cheyne, J. A. (2004). Signs of consciousness: Speculations on the psychology of paleolithic graphics. Available from http: //www. arts. uwaterloo. ca/~acheyne/signcon. html.

Chomsky, N. (1959). Review of B. F. Skinner's "Verbal Behavior." *Language*, 35, 16 - 58.

Chomsky, N. (1986). *Knowledge of language: It's nature, origin, and use*. London: Praeger.

Christian, K., Bachnan, H. J., & Morrison, F. J. (2001). Schooling and cognitive development. In R. J. Sternberg & E. L. Grigorenko (Eds.), *Environmental effects on cognitive abilities* (pp. 287 - 335). Mahwah, NJ: Erlbaum.

Cole, M. (1996). *Cultural psychology*. Cambridge, MA: Harvard University Press.

Cole, M. (2005). Cross-cultural and historical perspectives on the developmental consequences of education: Implications for the future. *Human Development*, 48(4), 195-216.

Cole, M., Cole, S., & Lightfoot, C. (2005). *The development of children* (5th ed.). New York: Scientific American.

Cole, M., Gay, J., Glick, J. A., & Sharp, D. W. (1971). *The cultural context of learning and thinking*. New York: Basic Books.

Cole, M., & Scribner, S. (Eds.). (1974). *Culture and thought: A psychological introduction*. New York: Wiley.

Daley, T. C., Whaley, S. E., Sigman, M. D., Espinosa, M. P., & Neumann, C. (2003). IQ on the rise: The Flynn effect in rural Kenyan children. *Psychological Science*, 14(3), 215-219.

Damerow, P. (1996). *Abstraction and representation: Essays on the cultural evolution of thinking*. Dordrecht, The Netherlands: Kluwer Academic.

Damerow, P. (1998). Prehistory and cognitive development. In J. Langer & M. Killen (Eds.), *Piaget, evolution and development* (pp. 247-270). Mahwah, NJ: Erlbaum.

D'Andrade, R. (1996). Culture. In J. Kuper (Ed.), *Social science encyclopedia* (pp. 161-163). London: Routledge.

Deacon, T. W. (1997). *The symbolic species: The co-evolution of language and the brain*. New York: Norton.

de Waal, F. (2001). *The ape and the sushi master*. New York: Basic Books.

Diamond, J. (1997). *Guns, germs, and steel: The fates of human societies*. New York: Norton.

Donald, M. (1991). *Origins of the modern mind: Three stages in the evolution of culture and cognition*. Cambridge, MA: Harvard University Press.

Donald, M. (2001). *A mind so rare: The evolution of human consciousness*. New York: Norton.

Dunbar, R. I. (2004). *The human story: A new history of mankind's evolution*. London: Faber & Faber.

Elman, J., Bates, E., Johnson, M. H., Karmiloff-Smith, A., Parisi, D., & Plunkett, K. (1996). *Rethinking innateness: A connectionist perspective on development*. Cambridge, MA: MIT Press.

Falk, D., & Gibson, K. (Eds.). (2001). *Evolutionary anatomy of the primate cerebral cortex*. New York: Cambridge University Press.

Feigenson, L., Dehaene, S., & Spelke, E. (2000). In G. M. Feinman & L. Manzanilla (Eds.), *Cultural evolution: Contemporary viewpoints*. New York: Kluwer Academic/Plenum Press.

Feinman, G. M. (2000). Cultural evolutionary approaches and archeology: Past, present, and future. In G. M. Feinman & L. Manzanilla (Eds.), *Cultural evolution: Contemporary viewpoints* (pp. 3-12). New York: Kluwer Academic/Plenum Press.

Fivush, R., & Haden, C. A. (Eds.). (2003). *Autobiographical memory and the construction of a narrative self*. Mahwah, NJ: Erlbaum.

Flynn, J. R. (1987). Massive IQ gains in 14 nations: What IQ tests really measure. *Psychological Bulletin*, 101(2), 171-191.

Fodor, J. A. (1985). Précis of the modularity of mind. *Behavioral and Brain Sciences*, 8(1), 1-42.

Foley, R. A., & Lahr, M. M. (2003). On stony ground: Lithic technology, human evolution, and the emergence of culture. *Evolutionary anthropology*, 12(3), 109-122.

Fortes, M. (1938). Social and psychological aspects of education in Taleland (Published by Oxford University Press for the International Institute of African Languages and Culture). *Africa*, 11(4, Suppl.).

Gallimore, R., Goldenberg, C. N., & Weisner, T. S. (1993). The social construction and subjective reality of activity settings: Implications for community psychology. *American Journal of Community Psychology*, 21(4), 537-559.

Gaskins, S. (1999). Children's daily lives in a Mayan village: A Case Study of Culturally Constructed Roles and Activities. In A. Goncu (Ed.), *Children's engagement in the world: Sociocultural perspectives* (pp. 25-60). New York: Cambridge University Press.

Gaskins, S. (2000). Children's daily activities in a Mayan village: A culturally grounded description. *Cross-Cultural Research*, 34(4), 375-389.

Gaskins, S. (2003). From corn to cash: Change and continuity within Mayan families. *Ethos*, 31(2), 248-273.

Geertz, C. (1973). *The interpretation of culture*. New York: Basic Books.

Gellner, E. (1988). *Plough, sword, and book: The structure of human history*. London: Collins Harvill.

Gelman, R., & Gallistel, C. R. (2004). Language and the origin of numerical concepts. *Science*, 306(5695), 441-443.

Gelman, R., & Lucariello, J. (2002). The role of learning in cognitive development, in H. Pashler & R. Gallistel (Eds.), *Steven's handbook of experimental psychology: Vol. 3. Learning, motivation, and emotion* (3rd ed., pp. 395-443). Hoboken, NJ: Wiley.

Gelman, R., & Williams, E. M. (1998). Enabling constraints for cognitive development and learning: Domain specificity and epigenesis. In D. Kuhn & R. S. Siegler (Eds.), *Handbook of child psychology* (5th ed., Vol. 2, pp. 575-630). New York: Wiley.

Gelman, S. A., & Opfer, J. E. (2002). Development of the animate-inanimate distinction. In U. Goswami (Ed.), *Blackwell handbook of childhood cognitive development* (pp. 151-166). Malden, MA: Blackwell.

Gergely, G. (2002). The development of understanding self and agency. In U. Goswami (Ed.), *Blackwell handbook of childhood cognitive development* (pp. 26-46). Malden, MA: Blackwell.

Goodall, J. (1968). *The behaviour of free-living chimpanzees in the Gombe Stream Reserve*. London: Baillière, Tindall & Cassell.

Goody, J. (1977). *Domestication of the savage mind*. Cambridge, England: Cambridge University Press.

Göncü, A. (1999). *Children's engagement in the world: Sociocultural perspectives*. New York: Cambridge University Press.

Gopnik, A., & Meltzoff, A. (1997). *The scientist in the crib: Minds, brains, and how children learn*. New York: Morrow.

Gordon, P. (2004, October). Numerical cognition without words: Evidence from Amazonia. Science [Special Issue]. *Cognition and Behavior*, 306(5695), 496-499.

Greenfield, P. M. (1999). Historical change and cognitive change: A 2-decade follow-up study in Zinacantan, a Maya community in Chiapas, Mexico. *Mind, Culture, and Activity*, 6(2), 92-108.

Greenfield, P. M. (2002). The mutual definition of culture and biology in development. In H. Keller, Y. H. Poortinga, & A. Schömerick (Eds.), *Between culture and biology: Perspectives on ontogenetic development* (pp. 57-76). New York: Cambridge University Press.

Greenfield, P. M. (2004). *Weaving generations together: Evolving creativity in the Maya of Chiapas*. Santa Fe, NM: School of American Research.

Greenfield, P. M., & Childs, C. P. (1977). Weaving, color terms and pattern representation: Cultural influences and cognitive development among the Zinacantecos of Southern Mexico. *Inter-American Journal of Psychology*, 11, 23-28.

Greenfield, P. M., Keller, H. H., Fuligni, A., & Maynard, A. E. (2003). Cultural pathways through universal development. *Annual Review of Psychology*, 54, 461-490.

Greenfield, P. M., Maynard, A. E., & Childs, C. P. (2000). History, culture, learning, and development. *Cross-Cultural Research: Journal of Comparative Social Science*, 34(4), 351-374.

Hagen, J. W., Meacham, J. A., & Mesibov, G. (1970). Verbal labeling, rehearsal, and short-term memory. *Cognitive Psychology*, 1, 47-58.

Hallpike, C. R. (1979). *The foundations of primitive thought*. Oxford, England: Clarendon Press.

Hanakawa, T., Immisch, I., Toma, K., Dimyan, M. A., van Gelderen, P., & Hallett, M. (2003). Neural correlates underlying mental calculations in abacus experts: A functional magnetic resonance imaging study. *NeuroImage*, 19, 296-307.

Hatano, G. (1997). Commentary: Core domains of thought, innate constraints, and sociocultural contexts. In H. M. Wellman & K. Inagaki (Eds.), *The emergence of core domains of thought: Children's reasoning about physical, psychological, and biological phenomena* (pp. 71-78). San Francisco: Jossey-Bass.

Hatano, G., & Inagaki, K. (2002). Domain-specific constraints of conceptual development. In W. W. Hartup & R. K. Silbereisen (Eds.), *Growing points in developmental science: An introduction* (pp. 123-142). New York: Psychology Press.

Hauser, M. D., & Carey, S. (1998). Building a cognitive creature from a set of primitives: Evolutionary and developmental insights. In D. Cummins Dellarosa & C. Allen (Eds.), *The evolution of mind* (pp. 51-106). London: Oxford University Press.

Hayne, H., & MacDonald, S. (2003). The socialization of autobiographical memory in children and adults: The roles of culture and gender. In R. Fivush & C. A. Haden (Eds.), *Autobiographical memory and the construction of a narrative self* (pp. 99-120). Mahwah, NJ: Erlbaum.

Hewlett, B. S. (1992). *Father-child relations: Cultural and biosocial contexts*. New York: Aldine De Gruyter.

Hirschfeld, L., & Gelman, S. A. (Eds.). (1994). *Mapping the mind: Domain specificity in cognition and culture*. New York: Cambridge University Press.

Howell, S. (1984). *Society and cosmos*. Oxford, England: Oxford University Press.

Hutchins, E. (1995). *Cognition in the wild*. Cambridge, MA: MIT Press.

Inagaki, K. (1990). Chilldren's use of knowledge in everyday biology. *British Journal of Developmental Psychology*, 8(3), 281 - 288.

Jerison, H. (1973). *Evolution of the brain and intelligence*. New York: Academic Press.

Joulian, F. (1996). Comparing chimpanzee and early hominid techniques: Some contributions to cultural and cognitive questions. In P. Mellars & K. Gibson (Eds.), *Modelling the early human mind* (pp. 173 - 189). Cambridge, England: McDonald Institute for Archaeological Research, University of Cambridge.

Kaplan, H., & Dove, H. (1987). Infant development among the Ache of eastern Paraguay. *Developmental Psychology*, 23(2), 190 - 198.

Keil, F. (1989). *Concepts, kinds, and cognitive development*. Cambridge, MA: MIT Press.

Keil, F. (2003). That's life: Coming to understand biology. *Human Development*, 46(6), 369 - 377.

Kemler Nelson, D. G., Frankenfield, A., Morris, C., & Blair, E. (2000). Young children's use of functional information to categorize artifacts: Three factors that matter. *Cognition*, 77(2), 133 - 168.

Kroeber, A. L., & Kluckhohn, C. (1952). Culture: A critical review of concepts and definitions. *Papers of the Peabody Museum*, 47(11), 1 - 223.

Kuhlmeier, V. A., & Boysen, S. T. (2002). Chimpanzees (Pan troglodytes) recognize spatial and object correspondences between a scale model and its referent. *Psychological Science*, 13(1), 60 - 63.

Laboratory of Comparative Human Cognition. (1983). Culture and development. In P. H. Mussen (Series Ed.) & W. Kessen (Vol. Ed.), *Handbook of child psychology: Vol. 1. History, theory, and methods* (4th ed., pp. 295 - 356). New York: Wiley.

Larsen, M. T. (1986). Writing on clay from pictograph to alphabet. *Newsletter of the Laboratory of Comparative Human Cognition*, 8(1), 3 - 7.

Leichtman, M. D., Wang, Q., & Pillemer, D. B. (2003). Cultural variations in interdependence and autobiographical memory: Lessons from Korea, China, India, and the United States. In R. Fivush & C. A. Haden (Eds.), *Autobiographical memory and the construction of a narrative self* (pp. 73 - 97). Mahwah, NJ: Erlbaum.

Leslie, A. M. (1994). ToMM, ToBy, and Agency: Core architecture and domain specificity. In L. Hirschfeld & S. A. Gelman (Eds.), *Mapping the mind: Domain specificity in cognition and culture* (pp. 119 - 148). New York: Cambridge University Press.

LeVine, R. A., LeVine, S. E., & Schnell, B. (2001). Improve the women: Mass schooling, female literacy, and worldwide social change. *Harvard Educational Review*, 71(1), 1 - 50.

LeVine, R. A., & White, M. I. (1986). *Human conditions: The cultural basis of educational development*. Boston: Routledge & Kegan Paul.

Lewin, R., & Foley, R. A. (2004). *Principles of human evolution*. Malden, MA: Blackwell.

Lieberman, P. (1984). *The biology and evolution of language*. Cambridge, MA: Harvard University Press.

Lillard, A. S. (1998a). Ethnopsychologies: Cultural variations in theories of mind. *Psychological Bulletin*, 123(1), 3 - 32.

Lillard, A. S. (2006). The socialization of theory of mind: Cultural and social class differences in behavior explanation. In A. Antonietti, O. Liverta-Sempio, & A. Marchetti (Eds.), *Theory of mind and language in developmental contexts* (pp. 65 - 76). New York: Springer.

Lillard, A. S., & Skibbe, L. (2004). Theory of mind: Conscious attribution and spontaneous trait inference. In R. Hassin, J. S. Uleman, & J. A. Bargh (Eds.), *The new unconscious* (pp. 277 - 305). Oxford, England: Oxford University Press.

Luria, A. R. (1976). *Cognitive development*. Cambridge, MA: Harvard University Press.

Mandler, J., Scribner, S., Cole, M., & DeForest, M. (1980). Crosscultural invariance in story recall. *Child Development*, 51, 19 - 26.

Marks, J. (2002). *What it means to be 98% chimpanzee: Apes, people, and their genes*. Berkeley, CA: University of California Press.

Markus, H., & Kitayama, S. (1991). Culture and the self: Implications for cognition, emotion, and motivation. *Psychological Review*, 98(2), 224 - 253.

Matsuzawa, T. (Ed.). (2001). *Primate origins of human cognition and behavior*. Tokyo: Springer Verlag.

Maynard, A. E. (2002). Cultural teaching: The development of teaching skills in a Maya sibling interaction. *Child Development*, 73(3), 969 - 982.

Maynard, A. E. (2003). Implicit cognitive development in cultural tools and children: Lessons from Maya, Mexico. *Cognitive Development*, 18(4), 489 - 510.

Maynard, A. E., Greenfield, P. M., & Childs, C. P. (1999). Culture, history, biology, and body: Native and non-native acquisition of technological skill. *Ethos*, 27(3), 379 - 402.

McBrearty, S., & Brooks, A. S. (2000). The revolution that wasn't: A new interpretation of the origin of modern human behavior. *Journal of Human Evolution*, 39(5), 453 - 563.

McGrew, W. C. (1987). Tools to get food: The subsistants of Tasmanian aborigines and Tanzanian chimpanzees compared. *Journal of Anthropological Research*, 43(3), 247 - 258.

McGrew, W. C. (1998). Culture in nonhuman primates? *Annual Review of Anthropology*, 27, 301 - 328.

Mead, M. (1935). *Sex and temperament in three primitive societies*. New York: Morrow.

Medin, D. L., & Atran, S. (2004). The native mind: Biological categorization and reasoning in development and across cultures. *Psychological Review*, 111(4), 960 - 983.

Medin, D. L., Ross, N., Atran, S., Burnett, R. C., & Blok, S. V. (2002). Categorization and reasoning in relation to culture and expertise. In B. H. Ross (Ed.), *The psychology of learning and motivation: Advances in research and theory* (Vol. 41, pp. 1 - 41). San Diego, CA: Academic Press.

Mejia-Arauz, R., Rogoff, B., & Paradise, R. (2005). Cultural variation in children's observation during a demonstration. *International Journal of Behavioral Development*, 29(4), 282 - 291.

Meltzoff, A. N., & Prinz, W. (Eds.). (2002). *Cambridge Studies in Cognitive Perceptual Development: The imitative mind — Development, evolution, and brain bases*. New York: Cambridge University Press.

Menzel, R. C., Savage-Rumbaugh, S., & Menzel, E. W., Jr. (2002). Bonobo (pan paniscus) spatial memory in a 20-hectare forest. *International Journal of Primatology*, 23, 601 - 619.

Morais, J., & Kolinsky, R. (2001). The literate mind and the universal human mind. In E. Dupoux (Ed.), *Language, brain, and cognitive development: Essays in honor of Jacques Mehler* (pp. 463 - 480). Cambridge, MA: MIT Press.

Morelli, G. A., Rogoff, B., & Angellilo, C. (2003). Cultural variation in young children's access to work or involvement in specialised child-focused activities. *International Journal of Behavioral Development*, 27(3), 264 - 274.

Morrison, F. J., Smith, L., & Dow-Ehrensberger, M. (1995). Education and cognitive development: A natural experiment. *Developmental Psychology*, 31(5), 789 - 799.

Mullen, M. K., & Yi, S. (1995). The cultural context of talk about the past: Implications for the development of autobiographical memory. *Cognitive Development*, 10(3), 407 - 419.

Neisser, U. (1998). Introduction: Raising test scores and what they mean. In U. Neisser (Ed.), *The rising curve: Long-term gains in IQ and related measures* (pp. 3 - 22). Washington, DC: American Psychological Association.

Nelson, C. A., & Fivush, R. (2004). The emergence of autobiographical memory: A social cultural developmental theory. *Psychological Review*, 111(2), 486 - 511.

Nelson, K. (2003b). Narrative and self, myth and memory. In R. Fivush & C. A. Haden (Eds.), *Autobiographical memory and the construction of a narrative self* (pp. 3 - 28). Mahwah, NJ: Erlbaum.

Nettelbeck, T., & Wilson, C. (2004). The Flynn effect: Smarter not faster. *Intelligence*, 32(1), 85 - 93.

Noble, W., & Davidson, I. (1996). *Human evolution, language, and mind*. Cambridge, England: Cambridge University Press.

Nunes, Y., Schliemann, A. D., & Carraher, D. W. (1993). *Street mathematics and school mathematics*. Cambridge, England: Cambridge University Press.

Olson, D. (1994). *The world on paper*. New York: Cambridge University Press.

Parker, S., & McKinney, M. L. (1999). *Origins of intelligence: The evolution of cognitive development in monkeys, apes, and humans*. Baltimore: Johns Hopkins University Press.

Parker, S. T., Langer, J., & McKinney, M. L. (Eds.). (2000). *Biology, brains, and behavior: The evolution of human development*. Santa Fe, NM: School of American Research Press.

Paul, R. A. (1995). Act and intention in Sherpa culture and society. In

L. Rosen (Ed.), *Other intentions: Cultural contexts and the attribution of inner states* (pp. 15 - 45). Santa Fe, NM: School of American Research Press.

Passingham, R. (1982). *The human primate*. San Francisco: Freeman.

Piaget, J., & Inhelder, B. (1956). *The child's conception of space*. New York: Humanities Press.

Pica, P., Lerner, C., Izard, V., & Dehaene, S. (2004). Exact and approximate arithmetic in an Amazonian indigenous group. *Science*, *306* (5695), 499 - 503.

Plotkin, H. (2001). Some elements of a science of culture. In E. Whitehouse (Ed.), *The debated mind: Evolutionary psychology versus ethnography* (pp. 91 - 109). New York: Berg.

Posner, J. K. (1982). The development of mathematical knowledge in two West African societies. *Child Development*, *53*, 200 - 208.

Quartz, S. R., & Sejnowski, T. J. (2002). *Liars, lovers, and heroes: What the new brain science reveals about how we become who we are*. New York: Morrow.

Reagan, T. (2000). *Non-western educational traditions: Alternative approaches to educational thought and practice*. Mahwah, NJ: Erlbaum.

Renfrew, C., & Scarre, C. (Eds.). (1998). *Cognition and material culture: The archeology of symbolic storage*. Oxford, England: Oxbow Books, University of Cambridge, McDonald Institute for Archeological Research.

Ridley, M. (2003). *Nature via nurture: Genes, experience and what makes us human*. New York: HarperCollins.

Rogoff, B. (1981). Schooling and the development of cognitive skills. In H. C. Triandis & A. Heron (Eds.), *Handbook of cross-cultural psychology* (Vol. 4, pp. 233 - 294). Boston: Allyn & Bacon.

Rogoff, B. (2003). *The cultural nature of human development*. New York, Oxford University Press.

Rogoff, B., Correa-Chávez, M., & Navichoc Cotuc, M. (2005). A cultural/historical view of schooling in human development. In D. Pillemer & S. H. White (Eds.), *Developmental psychology and social change* (pp. 225 - 263). New York: Cambridge University Press.

Rogoff, B., & Lave, J. C. (1984). *Everyday cognition: Its development in social context*. Cambridge, MA: Harvard University Press.

Rogoff, B., Paradise, R., Arauz, R., Correa-Chávez, M., & Angelillo, C. (2003). Firsthand learning through intent participation. *Annual Review of Psychology*, *54*, 175 - 203.

Rogoff, B., & Waddell, K. (1982). Memory for information organized in a scene by children from two cultures. *Child Development*, *53*, 1224 - 1228.

Romney, A. K., & Moore, C. C. (2001). Systemic culture patterns as basic units of cultural transmission and evolution. Cross-cultural research [Special issue]. *Journal of Comparative Social Science*, *35*(2), 154 - 178.

Romney, A., Weller, S. C., & Batchelder, W. H. (1986). Culture as consensus: A theory of culture and informant accuracy. *American Anthropologist*, *88*(2), 313 - 338.

Ross, N., Medin, D., Coley, J. D., & Atran, S. (2003). Cultural and Experimental Differences in the Development of Folkbiological Induction. *Cognitive Development*, *18*, 25 - 47.

Ruffman, T., Perner, J., Naito, M., Parkin, L., & Clements, W. A. (1998). Older (but not younger) siblings facilitate false belief understanding. *Developmental Psychology*, *34*(1), 161 - 174.

Rumbaugh, D. M., Savage-Rumbaugh, S., & Sevcik, R. (1994). Biobehavioral roots of language: A comparative perspective of chimpanzee, child, and culture. In R. W. Wrangham, W. C. McGrow, F. de Waal, & P. Heltne (Eds.), *Chimpanzee cultures* (pp. 319 - 334). Cambridge, MA: Harvard University Press.

Rumbaugh, D. M., & Washburn, D. A. (Eds.). (2003). *Intelligence of apes and other rational beings: Current perspectives in psychology*. New Haven, CT: Yale University Press.

Russon, A., & Begun, D. R. (2004). *The evolution of thought: Evolutionary origins of great ape intelligence*. Cambridge, England: Cambridge University Press.

Savage-Rumbaugh, S., Fields, W. M., & Taglialatela, J. P. (2001). Language, speech, tools and writing: A cultural imperative. *Journal of Consciousness Studies*, *8*(5/7), 273 - 292.

Savage-Rumbaugh, S., Murphy, J., Sevcik, R. A., & Brakke, K. E. (1993). Language comprehension in ape and child. *Monographs of the Society for Research in Child Development*, *58*(3/4), v - 221.

Saxe, G. B. (1981). Body parts as numerals: A developmental analysis of numeration among the Oksapmin in Papua, New Guinea. *Child Development*, *52*(1), 306 - 316.

Saxe, G. B. (1982). Developing form of arithmetical thought among the Osakpmin of Papua, New Guinea. *Developmental Psychology*, *18*, 583 -

595.

Saxe, G. B. (1985). Effects of schooling on arithmetical understandings: Studies with Oksapmin children in Papua, New Guinea. *Journal of Educational Psychology*, *77*(5), 503 - 513.

Saxe, G. B. (1994). Studying cognitive development in sociocultural contexts: The development of practice-based approaches. *Mind, Culture, and Activity*, *1*(1), 135 - 157.

Saxe, G. B. (2002). Children's developing mathematics in collective practices: A framework for analysis. *Journal of the Learning Sciences*. *11*(2/3), 275 - 300.

Saxe, G. B., & Esmonde, I. (in press). Studying cognition in flux: A historical treatment of "fu" in the shifting structure of Oksapmin Mathematics. *Mind, Culture, and Activity*.

Saxe, G. B., Guberman, S. R., & Gearhart, M. (1987). Social processes in early number development. *Monographs of the Society for Research in Child Development*, *52*(2), 1987, p. 162.

Schliemann, A., Carraher, D., & Ceci, S. J. (1997). Everyday cognition. In J. W. Berry, P. R. Dasen, & T. S. Sarawathi (Eds.), *Handbook of cross-cultural psychology: Vol. 2. Basic processes and human development* (2nd ed., pp. 177 - 216). Needham Heights, MA: Allyn & Bacon.

Schmandt-Besserat, D. (1975). *First civilization: The legacy of Sumer* [Painting]. Austin: University of Texas Art Museum.

Schmandt-Besserat, D. (1996). *How writing came about*. Austin: University of Texas Press.

Schwartz, T. (1978). The size and shape of culture. In F. Barth (Ed.), *Scale and social organization* (pp. 215 - 252). New York: Columbia University Press.

Scribner, S., & Cole, M. (1981). *The psychology of literacy*. Cambridge, MA: Harvard University Press.

Serpell, R., & Hatano, G. (1997). Education, schooling, and literacy. In J. W. Berry, P. R. Dasen, & T. S. Saraswathi (Eds.), *Handbook of cross-cultural psychology: Vol. 2. Basic processes and human development* (2nd ed., pp. 339 - 376). Needham Heights, MA: Allyn & Bacon.

Sharp, D. W., Cole, M., & Lave, C. A. (1979). Education and cognitive development: The evidence from experimental research. *Monographs of the Society for Research in Child Development*, *44*(1/2), 1 - 112.

Shweder, R., Goodnow, J., Hatano, G., LeVine, R., Markus, H., & Miller, P. (1998). The cultural psychology of development: One mind, many mentalities. In W. Damon (Editor-in-Chief) & R. M. Lerner (Vol. Ed.), *Handbook of child psychology: Vol. 1. Theoretical models of human development* (5th ed., pp. 865 - 938). New York: Wiley.

Skinner, B. F. (1957). *Verbal behavior*. New York: Appleton-Century-Crofts.

Spelke, E. (1994). Initial knowledge: Six suggestions. *Cognition*, *50* (1/3), 431 - 445.

Springer, K. (1999). How a naive theory of biology is acquired. In M. Siegal & C. Peterson (Eds.), *Children's understanding of biology and health* (pp. 45 - 70). Cambridge, England: Cambridge University Press.

Sroufe, L. A., Cooper, R. G., & DeHart, G. B. (1996). *Child development: Its nature and course*. New York: McGraw-Hill.

Stocking, G. (1968). *Race, culture, and evolution*. New York: Free Press.

Stout, D., Toth, N., Schick, K., Stout, J., & Hutchins, G. (2000). Stone tool-making and brain activation: Positron Tomogrpahy (PET) Studies. *Journal of Archeological Science*, *27*(12), 1215 - 1233.

Super, C. M. (Ed.). (1987). *The role of culture in developmental disorder*. San Diego, CA: Academic Press.

Super, C. M., & Harkness, S. (1986). The developmental niche: A conceptualization at the interface of child and culture. *International Journal of Behavioral Development*, *9*, 545 - 569.

Super, C. M., & Harkness, S. (1997). The cultural structuring of human development. In J. W. Berry, P. R. Dasen, & T. S. Saraswathi (Eds.), *Handbook of cross-cultural psychology: Vol. 2. Basic processes and human development* (2nd ed., pp. 1 - 39). Needham Heights, MA: Allyn & Bacon.

Tanaka, S., Michimata, C., Kaminaga, T., Honda, M., & Sadato, N. (2002). Superior digit memory of abacus experts: An eventrelated functional MRI study. *NeuroReport*, *13*(17), 2187 - 2191.

Tomasello, M. (1994). The question of chimpanzee culture. In R. W. Wrangham, W. C. McGrew, F, B. N. de Waal, & P. G. Heltne (Eds.). *Chimpanzee cultures* (pp. 301 - 318). Cambridge, MA: Harvard University Press.

Tomasello, M. (1999). *The cultural origins of human cognition*. Cambridge, MA: Harvard University Press.

Tomasello, M., Call, J., & Hare, B. (2003). Chimpanzees understand psychological states — The question is which ones and to which extent. *Trends in Cognitive Sciences*, *7*, 153 - 156.

Tomasello, M., Carpenter, M., Call, J., Behne, T., & Moll, H. (2005). Understanding and sharing intentions: The origins of cultural cognition. *Brain and Behavioral Sciences*, *28*(5), 1 - 62.

Tomasello, M., & Rakoczy, H. (2003). What makes human cognition unique? From individual to shared to collective intentionality. *Mind and Language*, *18*, 121 - 147.

Tulviste, P. (1991). *The cultural-historical development of verbal thinking*. Commack, NY: Nova Science.

United Nations Educational, Scientific, and Cultural Organization. (1951). *Learn and live: A way out of ignorance of 1,200,000,000 people*. Paris: Author.

United Nations Educational, Scientific, and Cultural Organization. (2003). *Gross net and gross enrollment ratios: Secondary education*. Montreal, Canada: Institute of Statistics.

Vinden, P. G. (1996). Junín Quechua children's understanding of mind. *Child Development*, *67*(4), 1707 - 1716.

Vinden, P. G. (1999). Children's understanding of mind and emotion: A Multi-Culture Study. *Cognition and Emotion*, *13*(1), 19 - 48.

Vinden, P. G. (2002). Understanding minds and evidence for belief: A Study of Mofu Children in Cameroon. *International Journal of Behavioral Development*, *26*(5), 445 - 452.

Vygotsky, L. S. (1978). *Mind in society*. Cambridge, MA: Harvard University Press.

Vygotsky, L. S. (1997). *The collected works of L. S. Vygotsky: Problems of general psychology*. New York: Plenum Press.

Vygotsky, L. S., & Luria, A. R. (1993). *Studies on the History of Behavior: Ape, primitive, and child*. Mahwah, NJ: Erlbaum. (Original work published 1931)

Wagner, D. A. (1974). The development of short-term and incidental memory: A Cross-Cultural Study. *Child Development*, *48*(2), 389 - 396.

Wagner, D. A. (1993). *Literacy, culture, and development: Becoming literate in Morocco*. New York: Cambridge University Press.

Weisner, T. S. (1996). The 5 to 7 transition as an ecocultural project. In A. J. Sameroff & M. M. Haith (Eds.), *The 5 to 7 year shift: The age of reason and responsibility* (pp. 295 - 326). Chicago: University of Chicago Press.

Wellman, H. M., Phillips, A. T., & Rodriguez, T. (2000). Young children's understanding of perception, desire, and emotion. *Child Development*, *71*(4), 895 - 912.

Wellman, H. M., & Woolley, J. D. (1990). From simple desires to ordinary beliefs: The early development of everyday psychology. *Cognition*, *35*(3), 245 - 275.

Wertsch, J. (1985). *Vygotsky and the social formation of mind*. Cambridge, MA: Harvard University Press.

Whiting, B. B. (1980). Culture and social behavior: A model for the development of social behavior. *Ethos*, *8*(2), 95 - 116.

Whiting, B. B., & Edwards, C. P. (1988). *Children of different worlds: The formation of social behavior*. Cambridge, MA: Harvard University Press.

Whitten, A. (2000). Primate culture and social learning. *Cognitive Science*, *24*(3), 477 - 508.

Wrangham, R. W., McGrew, W. C., de Waal, F. B. M., & Heltne, P. G. (Eds.). (1994). *Chimpanzee cultures*. Cambridge, MA: Harvard University Press.

Wynn, T. G. (1989). *The evolution of spatial competence*. Urbana: University of Illinois Press.

Zur, O., & Gelman, R. (2004, Spring). Young children can add and subtract by predicting and checking. *Early Childhood Research Quarterly*, *19*(1), 121 - 137.

第四部分　概念理解和成就

SECTION FOUR　CONCEPTUAL UNDERSTANDING
AND ACHIEVEMENTS

第 16 章

概念发展
SUSAN A. GELMAN 和 CHARLES W. KALISH *

何瑞修,宇宙间无奇不有,
不是你的哲学全能梦想得到的。

——哈姆雷特,第一幕,第五景

概念组织经验。无论是婴儿对着人脸微笑,一个 2 岁大的孩子指着家中的宠物狗说"狗 687

* 在本章的准备与完成过程中,第一作者获得了 NICHD 基金,R01 HD36043 的资助。我们感谢 Sandra Waxman 颇有帮助的讨论以及 Deanna Kuhn 对初稿的详细评论。

狗"，还是一个 10 岁大的儿童玩牌游戏，或者是一位科学家确认一块化石的时候，他们都用到了概念。人类认知的里程碑之一便是我们在组织经验时能够灵活变通，在许多抽象水平、以诸多可能的方式来对种种类别、个体、性质以及关系进行确认并加以推理。因而，对概念的研究会涉及众多传统心理学的分支领域，很难撇开与其他心理过程的联系。

本章我们将探讨有关概念的内容。许多学者将概念等同于类：概念即是对应于世间事物的类的心理表征(Margolis，1994；Oakes & Rakison，2003；Smith，1989)。比如包括狗、玩具和物体。我们认定，类也是相当基础的，且是最为重要并值得认真研究的概念结构之一。但是，它们并不是成人和儿童所能接触到的唯一的概念形式。概念还包括性质(红色、高兴)，事件和状态(奔跑、存在)，个体(妈妈、费多或不管什么动物)，以及抽象的观念(时间、公平)。概念一般被看作是构成思想的基石。要形成"费多是一条快乐的狗"这样的想法，儿童就必须具有构成其成分的概念。与此同时，概念也寓于更大的知识结构之中，不能被视作割裂的成分来加以理解。本章的目的之一是提供一个可以完整考察所有概念的框架，阐述目前我们已经知道的关于概念的早期出现、发展以及未来仍旧会面对的一些有关问题。

688　背景与回顾

尽管人类的概念深刻地反映了我们关于万事万物结构的经验，但概念并不会还原成为世界的结构。当然，世界是有结构的，也有诸多同概念有关的重要感知线索存在。Rosch (1978)指出，物体的类本身就是特征的群集。例如，老生常谈的鸟类与哺乳类之间的区别：鸟类(一般)有翅膀、羽毛、爪子和钩喙，而哺乳动物(一般)有腿、皮毛、趾/蹄和嘴。研究概念是如何与现实世界所呈现的结构发生联系的是一个相当重要的议题。但是，将概念等同于经验就会是一个错误。事实上，概念是对经验的解释。皮亚杰生动地向我们展示了这一点，即使是世俗的经验我们仍旧可以加以不同的解释：我们一直以来确认为同一种物体的东西可以解释为一系列不同的客体；我们视为不能思考没有生命的物质(比如石头)也可以解释成有活的有情感的东西。

与之相关的一点是概念学习包括了一种关键的归纳的成分。一个概念其内涵远超于某一特定时刻所呈现的示例，而是包含了其他的示例(对类而言)或随时间推移的其他表现形式(对个体而言)。儿童所面临的归纳问题之一是如何将一个概念扩展到新的示例中去。(例如，如果我告诉你这是一只仓鼠，你会如何确定其他的类似动物也是仓鼠?)儿童所面临的另外一个归纳问题是发现何时该使用概念。如果一名儿童看到她的宠物仓鼠正在吃一片莴苣叶子，这一观察就会变成一个概念的问题：这是一次特异性的事件，还是可以运用于今后实例的事件? 如果回答是后者的话，那么她学到的是有关她这只仓鼠的概念，或是一般意义上仓鼠的概念，抑或是关于一般动物的概念? 因此，本章的另外一个主题是，概念必然具有主动的归纳加工过程，人类的经验启发、先天倾向、构架以及偏见都会影响儿童概念发展的形式。

为什么概念发展非常重要

概念在儿童的认知思维中起着重要的作用。儿童的记忆、推理、问题解决以及词汇的学习都有力地反映了他们的概念水平(Brunner, Olver & Greenfield, 1966; Rakison & Oakes, 2003)。正如无数学者所指出的那样,概念至少发挥着两种关键的功能:它们是一种有效的表征和储存经验的方式(使得我们可以避免回溯每一次交往和遇到的每一个人的尴尬),它促使人们扩展自身的知识,通过归纳推论以更好地了解这个世界(见 Smith, 1989)。通过研究概念,我们可以了解经验是如何加以表征,以及如何通过归纳进行推理的。

研究概念的发展同样重要,这样的研究可以为我们详细刻画儿童具有怎样的知识以及他们是如何看待世界的。有些特定的概念其本身就非常基础因而也意义深远。不妨看看生命性(animacy)的概念(Gelman & Opfer, 2002)。在婴儿早期,生物和非生物之间的区别就已经出现了(Rakison & Poulin-Dubois, 2001),似乎还与神经生理有关(Caramazza & Shelton, 1998),具有跨文化的一致性(Atran, 1999),而且对于诸多更为复杂的知识理解来说都是至关重要的,这些知识包括对动作的因果解释(Spelke, Phillips, & Woodward, 1995),心理状态的属性(Baron-Cohen, 1995),以及生物过程的属性(Carey, 1985)。事实上,一样东西如果不能将其区分为生物或非生物的话会给我们带来极大的伤害。Oliver Sacks(1985)就描述过这样一则真实的例子:一位不能通过视知觉区分生物和非事物的男性,错将其妻子当作一顶帽子(并且要把她的头往自己头上搁)。

同样重要的是,对概念进行研究有助于考察认知发展研究的一些核心问题:有没有先天的概念? 认知系统是模块化的吗? 复杂的概念能否通过以感知为基础的联结学习机制得以实现? 人类认知究竟具有领域普遍性的特点还是具有领域特殊性的特点? 儿童的思维是否随着年龄的增长而历经质的重组? 这些问题不是研究概念发展所面临的特有问题,但对概念发展进行研究却会给我们理解上述问题带来不同的领悟。

最后,了解儿童的概念发展情况,对回答许多其他的发展问题,无论是从基础理论上还是在应用方面都会带来诸多的启示。有三个例子为证。其一,儿童对社会类别(如种姓地位、性别和种族)的刻板定型作用就根植于儿童的概念,其发展模式是可以预见的,即发展是儿童所获概念变化的函数(Hirschfeld, 1996; Maccoby, 1998; Martin & Ruble, 2004)。其二,在动机与学校成就领域的发展,与儿童关于智力的概念发展有关。那些将智力看成固定不变的儿童,往往将纠错的反馈视为失败的事实,因此在面对它时会丧失信心和动机。反之,将智力看作可以变化的儿童将这样的反馈视为他们自己应该从何进一步努力的信号,在面对困难时往往更加努力(Dweck, 1999)。在大多数儿童所认可的智力模型上似乎存在着文化差异,美国儿童更多认为智力是固定不变的,是本质先于存在的观点;而中国和日本的儿童更倾向于变化的智力观,认为通过努力就可以改变状况(Stevenson & Stigler, 1992)。第三个例子是在教育领域,现在普遍认为给儿童恰当的教导首先需要了解他们概念方面的错误,这样才能修正错误的概念,而不是在这些错误概念之上附加新的理解方式(Carey, 1986)。当我们教授儿童(以及成人!)进化论时这样做的要求就毕现无疑了。儿童在完全掌握物种能够进化的知识之前,首先需要忘记类是稳定、不变和固定的(Evans, 2000; Mayr,

1991;Slotta,Chi, & Joram,1995)。

历史背景

正如在认知发展领域所作出的贡献那样,皮亚杰对于概念的研究工作也构造出一个有用的最初框架(Inhelder & Piaget,1964)。在他看来,概念无非可以从两种立场来加以理解,或者是逻辑结构,或者是更大知识系统中的构成成分。第一种立场注重的是形式,后者则关注的是内容。对于逻辑结构,皮亚杰认为有一条构成真正概念的严格的、理想化的特征指标。在他看来,定义特征决定类的成员资格。因此,概念的内涵(内涵物的规则或定义)决定概念的外延(什么事物可以归为该类别)。当成人对几何图形进行分类的时候,可能将所有圆形的放在一组,所有的方块放在另外一组,等等。这些“定义”(圆的、方的等)决定了之后的分组。形成对照的是,3岁儿童会在分类时一再地改变规则,先是形状上的相似,接着注意到颜色,然后又是两个图形空间排列的整体方式。由于幼小儿童不能协调内涵和外延,因而他们不能形成真正的概念。皮亚杰(1970)于是认为儿童的概念发展经历了一系列质的重组,由此构成了渐进的发展阶段。这一刻画特点已经遇到了挑战(参见 R. Gelman & Baillargeon,1983),尽管概念究竟采取什么样的形式(其逻辑结构)是一个持久而基本的问题。

作为较大知识系统的一部分,概念反映了儿童的知识以及对世界的认识和了解(Piaget, 1929)。皮亚杰有关这一领域的工作体现出其关注执掌儿童概念性质的一般原则与对儿童的知识和信念系统进行深入研究这两者之间的一种张力。长期以来,研究者们都避免对概念系统进行详细的研究。它往往被看作是偶然的、对事实的不断的积累,而并不能揭示什么深层的发展原则和规律。既然这种知识只是作为最终会被个体完全掌握的整体知识的一小部分,而且获得这种知识往往是基于偶然的、特定的经验,那么我们为什么要费尽周折去试图了解儿童关于某一特定主题的概念呢? 正如我们即将要看到的那样,回答是关于某些特定领域的知识不仅会被证实非常重要,而且具有浓郁的跨文化背景的色彩。

这种介于对形式的关注和对内容的关注两者之间的张力至今依旧存在。有关成人概念获得的文献一直以来都是研究儿童概念获得的重要理论和动机来源,并且常常关注的是概念的形式。例如,原型、脚本、层级分类、样例模型都是一些成果颇丰的领域,我们从中都不难发现正是对成人的研究引发和推动了儿童研究的展开(Eimas & Quinn,1994;Johnson, Scott, & Mervis,1997;Mandler & McDonough,2000;Markman,1989)。值得注意的是,这些研究往往都是关注形式而将内容排斥在外。

过去,对成人概念的研究常常作为发展性研究的一种对照:不论成人具有什么概念,儿童往往并不具备。因此,一系列发展上的两分就被提了出来:儿童的概念更为感性,成人更为理性;儿童的概念往往笼而统之,成人的则是分门别类;儿童的概念具体,成人的概念抽象(见 Bruner et al. ,1966;Inhelder & Piaget,1964;Vygotsky,1934/1962;Werner & Kaplan, 1963)。然而这样的概念对内容只是轻描淡写地一笔带过。本章稍后更为详尽的回顾之后我们会发现,这样的两分对立太过简单,至少在儿童到达进入幼儿园的年龄(即,大约 2.5

690

岁),可能不会再早了(Mandler,2004),学前儿童会考虑相当范围的线索、特征以及概念的结构。仅以感性作为特征刻画幼小儿童的概念发展就会忽略他们对概念的内涵进行推理、数字以及因果关系上的能力(R. Gelman & Williams,1998)。以"笼统"作为儿童概念发展的特征,其实就没有看到儿童可以轻易地根据共同的特征来扩展新词(Balaban & Waxman, 1997;Blanchet,Dunham, & Dunham,2001;Waxman & Namy,1997)——而且成人也常常依据笼统的关系(Lin & Murphy,2001)。认为儿童的概念偏重具体,则就忽略了他们谈及抽象事物以及对之加以推理的能力(S. A. Gelman,2003;Prasada,2000;也可参见 Uttal,Liu & DeLoache,1999,事实表明具体的表征形式有时甚至是局限——而不是促进儿童对抽象概念的理解)。

近来这一趋向发生了改变,研究已经转为关注儿童和成人概念的内容方面,儿童与成人研究之间的联系也变得更为双向。不管是成人还是儿童研究领域,概念如何获得日益受到知识丰富的理论以及解释模型的影响,而不再认为是仅仅受到形式或结构的影响(Keil, 1989;见 Murphy 的回顾,2002;Murphy & Medin,1985;Rips & Collins,1993)。发展心理学过去 30 年来的研究令人称奇地发现,在婴儿和幼儿期个体就具有许多复杂的特定领域的能力,如对物体、心理状态和生物过程的推理(Wellman & S. A. Gelman,1998)。小小的婴儿似乎就已经具有了构造良好和非常精致的概念系统。与 William James 所认为的婴儿时期到处都充满着困惑相反,婴儿的世界似乎与成人的非常相近。

同样,学前儿童学习词汇的速度也非常之快。最初由 Carey(1978)提到并被经常引用的统计数据表明,从 18 个月到 6 岁期间,儿童在醒着的时候平均每小时学习一个新词。众所周知儿童面临着归纳的问题:意义并不是现成的,而是需要从一系列复杂的线索中加以推导才能获得(Quine,1960;Waxman & Lidz,本手册,本卷,第 7 章;Woodward & Markman, 1998),这样看来儿童学习语词的速度就更加令人叹服了。Bloom(2000)指出,不仅仅是学前儿童才具有这样的词汇学习速度,该速度其实一直在加快(到 10 岁时词汇量达 40 000),直到在青少年的某一阶段达到某一平台为止。这一令人瞠目的进展本身就意味着丰富的概念。

儿童时期概念的发展颇具深意。概念获得的过程既不是随机的也不是零散的,概念发展的前提是存在诸多重要的规律性。从历史上看,研究者们关注的是发展过程中形式方面的变化,如儿童的概念可能与成人的概念存在结构上的差异(即,从整体到分析,从主题到分类)。尽管这样的立场观点依旧引领着研究,但是当前相当一部分的研究已经开始将关注点转移到儿童概念的内容上。其中一条理由是对成人概念的形式模型建构并不如最初想象的那样顺利(Carey,1982;Murphy,2002;Rosch,1978)。第二条理由是概念的内容显然影响到新概念的获得,即人们所知的会影响他们可以学到什么。这一立场在以理论为基础的解释概念方面得到了最清楚的表达(Crrey,1985;Keil,1989;Murphy & Medin,1985)。许多概念上的发展并不能归之为概念性质上的结构性变化,而应归之为新概念必然适合其中的业已存在的知识信念网络(Carey,1985)。

当代儿童概念研究的方法

在理解概念如何获得方面有三个大的理论方向,一直可以追溯到它们哲学上的争论:分别是先验论、经验论和朴素主义的立场。

先验论的方法

先验论的方法可谓形形色色。事实上,有多少发展理论就有多少种先验论的存在,原因很简单,任何发展理论都假定一些能力是先天的(Wanner & Gleitman,1983)。即使是在最具领域一般性和经验论色彩的方法中,儿童也必然具备先天的能力(如,表征的能力、联想的能力)。争议的问题主要在于这些先天能力究竟能够在多大程度上被充分地加以标明和细化,在不同背景和情境中产生的概念存在怎样的差异,以及这些能力在多大程度上能够接受环境的改变。各种解释可谓五花八门,从天生的注意偏差可以归之为婴儿知觉方面的局限(Mandler,2004),到原因、有生命的等等这样的先天概念的可能性(Spelke,1994),直到极端地宣称所有由词汇表达的概念(包括狗、杯子、汽车;Fodor,1981),都是先天就有的。正如Bates(1999)指出的,更多地关注语言的发展:

> 今天的争论……已不再是先天与教养之间的争论,而是关于"天性的特性的",即语言究竟是我们与一种先天语言装置相作用的产物,还是并不局限于语言的(先天)能力的产物。

对概念发展而言亦是如此:究竟是对应于特定的内容和类型(如,关于"生物"的先天概念)存在先天的概念,还是更为一般的先天能力可以产生这些概念?

模块理论假定概念的获得与改变受到强烈的、先天规定的、领域特殊的限制。其中最为有效的一个关于模块性的论断来自语言这一领域,更具体地说,是句法:

> 有关句法可以作为一个模块的证据在于其先天的、生物驱动特性——所有的人都如此且仅限于人类;在于其神经学的定位和损伤——在有些大脑损伤的病人身上会出现选择性的句法能力的缺陷;在于其面临如此贫乏的个体发展中的材料时可以非常迅速地获得——句法类型非常抽象,如在输入刺激非常有限的条件下,幼小的儿童可以很轻易地掌握动词或主语;在于其发展存在关键期以及成熟上的时间表。(Pinker,1994; Wellman & Gelman,1998,p. 527)

尽管人们已广为接受人视觉是模块性的观点(Marr,1982),也常常会同意模块性能很好地刻画语言(但 Tomasello 在本手册本卷第 6 章中却对这一观点进行了批判),但认为较高级的认知加工也可以用这样的思想加以理解的观点却常常引起争议(如,Elman et al.,1996)。进化心理学家提出诸多的认知能力都是模块化的,其中包括对生物分类的推理、配偶的选择以及社会交换(Cosmides & Tooby,2002;Pinker,1994)。他们将认知模块看作是先天规定好的且不容更改。因此,(根据这样的观点)模块对环境刺激输入的加工处理完全是强制性的：经验提供输入，而这些输入以一种强制性的不容更改的方式被加以表征。

然而，模块性只是先天结构维度上的一个极端而已。先天的概念结构同样可以概括为一系列概略的原则(R. Gelman & Williams,1998)或提供概念发展的初始条件但仍旧可以被修改，甚至在发展进程中被替代的倾向性(Gopnik,Meltzoff, & Kuhl,1999)。概略原则与联结主义的和以理论为基础的对概念发展的解释相一致。R. Gelman(2002)提出一种"理性主义—建构主义"的学说，其中的先天概略原则会随着经验而精致化，并由此得到发展。

经验论的方法

在经验论看来，知识来源于我们的感觉。因此，概念或者是对感知经验的直接表征，或者就是对这些经验的组合。对先验论的两种犀利的批评，一是概念结构可以通过基本的学习机制从外界刺激的输入中产生，另外，经验上的变化差异会导致概念在实质方面产生相应的变化和差异。相似性的理论对概念的表征以及获得提供了形式上的解释(参见 Hahn & Ramscar,2001;Rakison & Oakes,2003)。这一研究工作的核心关注点在于比较、联结以及组合的过程。那么学习者是如何对不同的经验加以组合以达成对某一概念的概括表征的呢？其包含的过程应该是具有普遍性的，是结构性的关系产生影响，而非内容、领域或具体的特征。一些研究者提出这样的观点，儿童概念的发展很大程度上依据的是对相似性的加工处理(Jones & L. B. Smith,2002;Sloutsky,2003)。经验论者对概念发展的看法所面临的挑战在于，解释成人丰富而复杂的概念是如何根据一系列简化的初始表征通过基本的学习机制的运作而最终产生。

这在发展进程中究竟是如何完成的呢？L. B. Smith、Jones 和 Landau(1996)认为，儿童会注意到，可数名词往往伴随着具有一致形状的物体呈现而出现(如说"这是一本书"时会同时出现矩形的物体；说"这是一根香蕉"时伴随的是呈现一个弯月形)，而伴随着具有一致颜色和纹理质地的事物的呈现，讲话中出现的就是不可数名词(如，说"这是一些米饭"时呈现的是白色的、有黏性的物质；讲"这是一些沙"时出现的是一些棕黄色的、颗粒状的物质)。儿童通过这样的方式可以学会可数与不可数名词之间的差别。通过追踪言语形式和知觉线索中的经验规则，儿童可以掌握熟悉的单词并建立起对新词的预期。

经验主义的方法近年来大有重新抬头之势，其部分原因在于已有研究显示，婴儿都可以追踪低水平的统计线索，而且准确度要远远超出我们的预期(Baldwin,Baird, & Saylor,2001;Saffran,Aslin, & Newport,1996)。还有部分的原因在于新的经验主义模型提供了一种对儿童概念的更为详细也更为现实的理解(Sloutsky & Fisher,2004;Yoshida & Smith,2003)。经验主义所面临的主要问题是：它在多大程度上可以解释说明其他学派的方法，如朴素理论的方法，以及(相关的)可以在多大程度上挑战其他的学说或与其进行比照？本章稍后在讨论概念获得和改变的途径时我们还会涉及经验论。

朴素主义理论的方法

朴素主义理论可谓形形色色，但大都认为儿童会像朴素或常识理论所认为的那样建构一些内容，而概念就寓于其中。其共同观点是认为概念发展都包含某种推理加工。大致来说，概念是根据它们与已有的概念和信念之间的意义联系而获得的。在大多数情况下，这些推理加工可以视为朴素主义或联结主义或这两种概念形成机制的一种有效补充。以理论为依据的思想相当于一定数量的先天结构。不过在此处,先天的结构在面临具体事实时会加以补充和改变,试图对其进行解释并做出预测。先天的东西可以提供初始的条件或一般的限制,但实际的概念发展和改变还是留有空间(R. Gelman,2002)。以理论为依据的观点同样容许以联结为基础的学习加工的存在(S. A. Gelman & Medin, 1993;Keil, Smith, Simons, & Levin, 1998)。直觉的理论与实际经验中的材料相联系。人们经历令人惊讶的结果,从而注意到新的联系,并意识到预测的失败。因此,联结对于建构理论而言是尤为重要的材料。

以理论为依据的观点常常会使人们觉得,儿童都是小小科学家(或科学家都是一些大孩子,Gopnik et al. ,1999)。以理论为依据的方法其不同的标准都或多或少地认为存在这种联系,尽管它们也都承认科学家与儿童在构建理论的过程中存在诸多的差异(见 Gopnik & Wellman,1994)。其基本的观点是,正如科学家具有形成超越成熟和联结学习所能获得的新概念的方法,一般人,包括儿童也同样如此。对以理论为基础的方法提出核心研究问题的一种方式是问,科学家以及其他专家所展示出的思维是否对于日常经验来说是崭新的,或者说这种"高级"的思维形式是否是概念发展基本过程的一种延续。该领域的研究常常通过证明联结主义或成熟进程不足以解释某些认知发展,进而必须承认一定有理论的构建。

一种描述朴素理论方法的途径是大致回顾一些成人概念研究文献中的相关发现。成人在将不同的特征整合进他们所具有的范畴类别中时,其判断是根据他们关于这一领域的理论而有所不同的(Wisniewski,1995;Wisniewski & Medin,1994)。接受某一新的示例作为既有范畴的成员同样依据的是理论的信念而非仅仅是统计意义上的相关(Medin & Shoben,1988)。因此在某些情况下,一种对于两个不同概念而言都算对的特性,对于其中一个概念而言要比另外一个更为核心(如,相比"香蕉"弯曲的这一特性对"飞去来"镖而言更为核心,虽然此前在我们的经验里,弯曲的特性对于这两个概念来说是对等的)。同样如此的是,成人成功分类的能力毫不奇怪地是与他们能够生成的解释相联系的。Murphy 及其同事设计过这样的实验,让被试形成他们自己关于一些不熟悉项目的概念(如水下住所或漂浮在水面的房屋),仅在这些归类项目的特征是否能够潜在地与一解释性图式相联系方面有所不同。他们得到的结果是,那些包含与一主题相关且联系特征的类别比那些特征与主题并无相关的类别学习起来更加快速(Murphy & Allopenna,1994)。总的来说,如果概念的特征与敏感的因果结构相联系的话,人们在形成概念时都会更加便捷。

朴素理论方法的一个更为关键的方面是假设概念的变化或多或少说明了概念发生了根本性的再组织。概念改变的模型就是科学中理论的转变(Smith,Carey, & Wiser,1985)。正如科学会经历引入新概念和思维组织的革命,儿童在正常的发展历程中也会经历同样的事情。这样的理论认为,初始的结构是可以被修正的,它们为概念的发展提供了一个起点,而不是绝对的限制。

朴素理论观并没有代替那些认为人们关注即时手边的统计信息的方法:对特征、特点、相同点、原型、示例以及其他的核对,而是认为这样的说法是远远不足的。原型是人们在许多任务下用来确定类别中样例时对信息的准确描述(E. Smith & Medin,1981)。有充分的证据表明,人们在确认知更鸟(原型特点的鸟)时比确认企鹅(非原型的鸟)速度快很多,典型性会影响人们生成句子的种类(Rosch,1978)。然而,重要的是原型的解释并不能完全说明问题。是否一只企鹅比知更鸟更不像一只鸟呢? 有些研究者不以为然——典型性和类别的成员是各自独立的判断,两者是可以分开的(Diesendruck & S. A. Gelman,1999;Kalish,1995;Rips & Collins,1993)。本章稍后我们将回到这一主题,即概念是混合性的,可以将理论与相似性结合在一起(Keil et al. ,1998;Murphy,2002)。

本章采用的方法

本章我们假设的是一种朴素理论的方法,因为我们认为这样可以最为宽泛地解释各种问题。不过,朴素主义和经验主义的传统仍旧具有重要的影响。要在方法与机制间作出标定既不简单也不是显而易见的。朴素理论的方法认为存在初始的起点(Carey & Spelke,1994)以及联结机制的重要性。同样,一些(不是所有)信奉经验论和联结主义方法的学者认为有必要有一些最初的限制让整个系统启动(Rakison,2003a)。任何认为存在先天机制的人也都承认适当的环境信息输入与支持,以及促成环境学习机制的必要(Chomsky,1975)。我们发现了博采以上各种方法立场的一种框架结构才是最为优势的。我们所赞同的朴素理论尤其认为: (1) 存在一些先天的框架以便为儿童提供一个概念的基础,(2) 有复杂的联结主义和统计性的学习过程使个体在环境中获得新的信息、发现新的规则,(3) 儿童具有理论建构的冲动和能力,以促使他们在发展的时机进行基本的对输入信息的重新组织。

本章的结构

本章剩下的部分是围绕如下三个组题来进行组织的: 概念的多样性、寓于理论中的概念以及概念获得与变化的途径。首先,我们先讨论有关概念多样性的问题,以及它对于理解大量有关儿童概念的文献的重要性。概念并不是千篇一律的,而且概念学习也不是一个简单的单一过程。对概念上的差异做审慎的关注保证了发展性规则逐渐清晰地显现出来。反之,只关注一类概念的话会导致对概念学习中所体现的以及儿童所带到任务中的内容的曲解。其次,我们证实至少在儿童能够开口说话的时候,有相当一部分他们的概念是寓于理论之中的。第三,我们讨论了概念获得和发展的可能机制。在讨论以上这三个主要问题之后,我们又提出了一些至今仍很少得到重视但却非常重要而且值得深入研究的问题。在"经验与个体差异"一节中,我们讨论了由个体差异、专长以及儿童所接受输入的性质所造成的变化差异。

任何对概念的处理必然都是选择性的。本章没有太多涉及那些心理、空间和数量的概念。这些概念对于考察儿童思维来说当然是根本重要的,但有关内容在本手册其他地方已有涉及了。我们同样没有试图总结大量关于婴儿概念的文献(见 Cohen & Cashon,本手册,本卷,第 5 章),不过我们还是有针对地选取了一些相关的例子。

概念的多样性

在学习一个概念的时候到底包含了些什么? 这个问题很难回答,一部分原因在于概念是各不相同的。在 20 世纪 50 年代的一个经典的言语学习实验中,大学生获得一个"红色三角形"的概念,显然与婴儿获得一个"活着的"概念有着诸多重要的区别。虽然有无数区分概念的方法,但毫无疑问的是其中有许多种获得概念的过程是无关的(如"猫"和"狗"是彼此不同的概念,但是在习得时却有很多类似的方面)。在本节中我们将展示一些可能具有广泛的理论重要性的区别。

从最低层面看,儿童在最初的几年中学习掌握的概念包括(但不局限于此):

- 与词对应的概念,不仅包括具体的名词(狗、曲奇饼干、女孩),还包括总体名词(水、沙),抽象名词(家具、玩具),集合名词(家庭、军队),动词(跳、思考),形容词(紫的、好、小、高兴、不公平、活的),以及一些其他类型的词(三、在……内、因为、所有、我的)
- 反映语法用法的概念(如,单数对复数、性别);"隐藏的范畴"(Whorf,1956)
- 也许能也许不能用语言编码但能导致重要预期的本体论上的区别(如,是生物的还是非生物的)
- 个体的概念(包括重要的人或动物,也包括个人的物件,如最喜欢的毯子,甚至一块特别的糖果)
- 用以组织概念各个方面的系统(如,层级、脚本)

概念的区别存在于内容(如自然的对人造的;个别的对种类的),过程(学校中外显学习获得的、日常接触中内隐习得的与无意中听到学来的),结构(如基本的对上位水平的),以及机能方面(是用来快速确认的还是用来进行演绎推理的)。令人瞩目的是,在认知发展的文献中有关上述各类概念的研究所得到的关于儿童具有的技能的结论往往不尽相同。

我们通过讨论这些概念中的一些关键的对比来回顾这些概念的差异。我们参考这些对照的标准是它对儿童进行推理具有深远的意义,以及具有相关的发展性数据的支持。尤其是,我们考察了用语言进行编码的概念和那些非语言编码的概念,物体类的概念和关系类的概念,那些不同抽象水平的概念,以及自然类的和刻意组织的概念。我们并不认为存在发展上的两分(如,儿童不能从事"甲"但却能从事"乙")。相反,儿童会接触到各类概念,只有概念的性质会影响对其的加工。由于篇幅有限,文献中还有很多重要的分歧我们在此并未涉及(如科学的概念对自发性的概念,Vygotsky,1934/1962;物体的对关系的概念,Bornstein et al.,2004,Gentner,1982;Tardif,1996;类的和集合的概念,Markman,1989)。

语言编码概念和非语言编码概念

许多概念在语言中都有 个对应的单词(如,鞋了),而有些概念则没有(如以字母 ɔ 开头的东西)。前者也称为"词汇化"概念。一般而言,我们可以认为词汇化的概念对于语言的使用者来说具有某种重要意义:它们为使用该语言的社会所共识,历经时日也不被人们遗忘,从一代人传承于下一代。它们不仅仅是某个特定个体头脑中传递的空想。不过,这也并不意味着重要的概念必须都要词汇化。例如,"活着的东西"(living thing)在世界范围内的语言中就很少加以词汇化(Waxman,出版中)。

关于语言在概念发展进程中作用的研究已有逐渐上升之势(如,Bowerman &

Levinson,2001;Gentner & Goldin-Meadow,2003)。一个经典的问题是,语言是如何改变或影响一个概念的性质的。皮亚杰认为语言仅仅是思维载体的看法是站不住脚的,概念也不需要一种约定的语言系统:不会说话的婴儿、非人的灵长类以及没有语言接收的聋儿所具有的令人印象深刻的概念能力皆是很好的证据(Cohen & Cashon,本手册,本卷,第5章;Goldin-Meadow,2003;Tomasello,1999)。

以上姑且不论,我们必须要探究的是词汇与概念之间关系的性质,以及它们在发展进程中究竟是如何相互协调的。从发展的立场来看这是一个尤其重要的问题,因为语言是表达概念的一条重要途径。

说不同语言的人会具有不同的概念,尤其在发展的早期,这一发现为这一问题提供了重要的证据。有一个例子来自空间领域。英语对包含(in)与构成支撑(on)的关系加以区别,而韩国语则对配上去稍大(nehta)和配上去稍紧(kkita)加以区分。相关的发展方面的事实是在最早产生的词汇中,儿童所使用的空间方面的语言会以一种符合其语言所表现出的系统的方式表达(Bowerman & Choi,2003)。因此,说英语的儿童和说韩语的儿童在使用空间术语时采取的是截然不同的方式,从而也明显地表现出概念框架上的差异。

由此引发的一个问题是,说这两种语言的人究竟是仅仅获得了与其语言有关的概念系统(如此的话就支持了语言影响最初的概念获得的假设),还是也获得了包括在其他语言中的各种空间关系,但因为语言是一个约定系统的缘故而仅仅选择约定的方式来用以交谈。根据语言影响"说话的思维"的论调(Slobin,1996),后一种假设相对比较单薄。近来对于成人的研究提供了更多关于第一种解释的支持。让说英语的成人按照韩国的方式(即,配上去稍大与配上去稍紧)对空间关系加以归类,他们会觉得很困难(McDonough,Choi,& Mandler,2003)。有趣的是,置身于英语环境中的5个月大的婴儿却能进行两种不同的分类(Hespos & Spelke,2004)。显然儿童起初存在各种概念发展的可能,而随着语言的经验而逐渐受到了限制(参见 Werker & Desjardins,1995,在言语知觉中的一个类似的发现)。

任何一种情况下的数据都表明,一度被认为是先天获得的概念(如 in,on)实际上是具有语言特定性的,因而也就不支持存在有一小部分普遍的根词这样的观点——至少在这一领域如此。儿童从最早的词汇学习中获得的空间概念是由语言提供,而不是由一些普遍的概念集所提供的。

与之相关的,说不同种语言的人似乎也关注的是经验的不同方面,而且各自划分着不同的概念边界。Lucy(1996;Lucy & Gaskins,2003)研究了说尤卡特克语的玛雅人,他们使用一种独特的量词系统,不同形状的物品可以有同样的名称而只是在数量上有所不同。例如在尤卡特克语中,表示香蕉、香蕉树叶以及香蕉树的词全是同样的根词,而仅仅是在量上存在区别。这一方式与英语的指称命名系统是完全不同的,在英语中形状往往是一个可数名词如何使用的相当好的预计指标(如,香蕉都是新月状的,树也都基本上是一个形态)。与之相应的,当让参加实验者用非言语分类的方式根据形状或者材料对一些物品进行分组时,说英语的人倾向于利用形状,而说尤卡特克语的玛雅人更倾向于利用材料进行分类。令人感到惊讶的是,这一分类上的差异直到7至9岁之间才会表现出来,这意味着要产生这样的效应需要个体具有对语言形式的元言语觉察。

有关语言影响儿童概念的例子还可以从 Imai 和 Gentner(1997)以及 Yoshida 和 Smith (2003)的研究中找到,这两项研究都发现说日语的儿童在物体与物质之间划定界限的方式是与说英语的儿童不同的。尽管说英语和日语的儿童都认为一件复杂的物品(如一座钟)是一个个体而连续无界的东西(如牛奶)是一种物质,但在看待简单的物品上却存在着差异。例如,一件模具塑料对于说英语者来说是一件物品,但对于说日语的人而言就算一种物质。这些发现并不意味着说英语和说日语的人存在着概念上本体意义上的差别,而是在边界部分有着潜在的效应。

还有一个难解的问题存在:语言上的效应究竟是能造成改变还是仅仅将注意引向不同之处?比如,语言能够促使那些本来没有的概念萌生吗?还是语言仅仅起到对本来就有的概念的关注和重视呢?Boroditsky(2001)指出,对成年人来说,中文中对有关时间概念的概念化是与英语中不同的,这可以追溯到说英语和中文的人在提到时间时方式的不同上(英语是水平的,中文往往是纵向的)。然而,她也发现只要一次简单的启动,这些区别也可以逆转过来,因而认为语言的效应也不见得是根深蒂固的。

确定语言效应的难度从归纳推导里标记效应中可见一斑。有些人认为,面对众多外形并不相像的鸟(蜂鸟、鹰、鸵鸟)时儿童听到的却都是"鸟"这个词,这会给儿童一个信号:一定有表面相似之外的东西将这些各异的样例联系在一起(Hallett,1991;Mayr,1991)。以这样的观点看来,标记具有一种强大的构成因果原因的力量,引导儿童去寻找某类别成员所共同具有的、构成基础的相同之处。与这一论调相一致,对儿童进行的实验显示,相比那些单列的示例,他们会对具有共同标记的项做更多的推导(S. A. Gelman & Markman,1986;Welder & Graham,2001),一般的反应也更趋于不同(Markman & Hutchinson,1984;Waxman & Markow,1995;Xu,1999)。而且,听到一个概念的标记可以导致产生更加稳定、不会改变的解释(如,我们会认为"一个食用胡萝卜者"比"只要可能她就吃胡萝卜"的人更稳定且一贯地吃胡萝卜;S. A. Gelman & Heyman,1999)。

不过这些发现并没有明确地指出这种标记效应的来源。究竟是标记本身的相关因素使然,还是标记仅仅作为一种线索,因为它又引发了其他的假设,如实在论(essentialism)我们将在后面再做讨论(参见 S. A. Gelman,2003,所做的详细讨论)。将语言的作用放到过于中心的位置会产生一个问题,不是所有的名称都能促使归纳推导的。儿童在学习一些同音异义词(Lily 作为一个人名,而 lily 则是一种花),形容词(困乏的),非类属名词(nonkind nouns,如旅客、宠物)等单词时效果与"鸟"或"食用胡萝卜者"这样的类属标记词是不同的。在学习生词时,如果知觉线索存在矛盾,儿童并不会自发地认为所学的词会促使推论的发生(Davidson & Gelman,1990)。有一个很说明问题的例子是有关儿童解释一个同音异义词,即一个词代表两种不同事物的意愿的,这是一个三岁儿童,说"这真好玩——'chicken'听上去和'chicken'一样①"——而没有认识到指称鸟和指称食物事实上代表的是同一种东西。

———————————

① 一个意思是指动物"小鸡",还有一层意思是指"鸡肉"。——译者注

此处的关键在于,标记的相同其本身并不会引发实际上这些示例具有深层的共同性这样的推导的。

这些例子说明语言可能为他们的概念发展提供了重要的线索,但不一定是概念最初产生的机制。如果标记的相同传递的是一种根本的相同,那么儿童一定首先就具备了这样的能力,即理解表面的可以是一种假象。正是具备了这样的理解,命名的练习才能够为儿童提供有关概念结构的重要信息。然而,对儿童而言这一最初的理解必然是早就各就其位,这样儿童才能从标记中获得益处。

尽管我们做了防止误解的说明,其实还是有理由怀疑语言是否真的在概念变化中发挥了很广泛的作用。Spelke(2003)提出语言可能超出先前的解释而为儿童获得概念提供了一种途径。她认为人类的有些最初的概念其实与其他动物的最初概念有着高度的一致和重叠:物体的恒常性、数字跟踪等。区别人与非人物种之处在于我们能够将不同领域的概念自如地结合在一起。在空间导航领域,我们可以将几何概念(如,"在……左边")与非几何概念(如"蓝色")以一种新的方式组合在一起("在左边是一堵蓝色的墙")。值得注意的是,还不会说话的婴儿与非人类的动物似乎缺乏这种建构跨领域概念的能力。当面对需要做出这样的概念组合的任务时,只有使用语言的人类可以完成。在进一步的研究中,Spelke 已经发现对语言的运用加以操作(可以通过训练儿童使用一种新的言语表达方式,或防止成年被试内在或外在地运用语言)会直接影响人们进行这种组合的能力。她用这一同样的模型解释数字领域中概念的发展与变化。然而语言只提供了有限程度的变通性,因而以语言作为中介加以组合而成的构成性概念,必然作为一种先天的模块在一开始就已经建立了。

分类的水平

物体的概念毫无例外地被组织进一个具有 3 到 5 个水平的层级系统中,其中的一个中间水平,"基本"水平是成人最为普遍采用的(Rosch,1978)。在 20 世纪 70 年代到 80 年代期间,有关概念的最为完善和著名的研究发现是关于层级中不同抽象水平的概念加工和发展上的差异的。在普遍性处于基本水平的概念最先被学习(Mervis & Crisafi,1982)。儿童获得"狗"的标记要早于"柯利犬"和"动物"。很可能家长倾向以基本水平来标记物体并不是偶然的(Shipley,Kuhn, & Madden,1983)。儿童也倾向于在基本水平对生词加以分类和扩展(Golinkoff,Shuff-Bailey,Olguin, & Ruan,1995;Waxman,Lynch,Carsey, & Baer,1997)。展示一张柯利犬的照片并告诉儿童这是一只 dax,儿童就会认为其他的狗都是 dax,既不会用来标记所有的动物,也不会仅仅局限于标记柯利犬。

儿童确实也会获得上位水平或下位水平的概念,但是这样的概念需要特别的学习条件才行(不过也可参见 Callanan,1989;Tenenbaum & Xu,2000)。给予不同的示例有助于儿童获得上位的概念(如,听到一只狗和一只猫都叫 dax;Liu,Golinkoff, & Sak,2001)。提供一个新的标记同样也会促使儿童进行上位分类(Waxman & Gelman,1986)。对比则可以支持下位的分类(Waxman & Namy,1997)。有关一个领域的知识也会影响分类的水平。尤具专长的人更倾向于关注下位水平的类别(Tanaka & Taylor,1991),这其中也包括儿童小专家

697

(Johnson & Eilers,1998)。当某个单一的特征被辨认或很重要的话,幼儿会运用这一特征来进行下位水平的分类(Waxman,Shipley, & Shepperson)。

对于基本水平具有的好处的发现使得许多不同来源的证据都得到了统一。这些证据包括语言中指称命名的普遍形式,成人的加工形式以及概念获得的发展形式——意味着这些不同发现的背后实际上有着共同的作用机制。结果很有趣,因为这表明儿童的第一个概念并不一定是具体的。如果是的话,儿童就会从最特定的分类开始发展(如,柯利犬)。事实上恰恰相反,他们似乎更倾向于从一个中等抽象的水平开始(如,狗)。

然而,尽管语言中的基本水平是首位的,但这却与儿童所获得的第一种(非言语性的)概念是否也位于这一水平不是同一回事。Mandler 和 McDonough(2000)发现的事实是,总体水平的分类率先出现。总体水平要比基本水平范围更加宽泛。比如围绕"陆生动物",包括猫、狗、马和猪。研究者们采用一种普遍化的模仿技术,先让一名研究者拿一样东西模仿一种特定的动作(如,让一只玩具狗从杯子中喝水),然后给儿童一次选择的机会,要么模仿刚才这一动作,要么选择另外一组东西(即,选择另外的一只狗和一个杯子,或者选择一只鸟和一架飞机)。在一以 14 个月大的婴儿作为对象的重要研究系列中,Mandler 和 McDonough 发现,只要是属于同一个总类(无论是动物还是交通工具),婴儿会将不同基本水平类别中的成员当作同等的来看待。所以,一个 14 个月的婴儿会将狗喝水的情况推至一只猫、一只鸟,甚至是一只(他所不熟悉的)食蚁兽上。但是他们不会做跨领域的推广:他们不会将狗喝水的情形推广到一个交通工具上,不管是熟悉的小汽车还是不熟悉的铲车都是如此。Mandler 和 McDonough(1998)对 9 个月以上以及 11 个月的婴儿进行的研究得到了同样的结果。他们的结论是,14 个月大的婴儿一般还不会把动物和交通工具细分成更精细的类别(Mandler & McDonough,1996,p. 331)。

儿童的概念水平是总体性的这一论点有一个潜在的问题,很多很小的婴儿似乎是具有某些类似于基本水平的概念的。Quinn 和他的同事们发现,3 至 4 个月的婴儿在区分不同基本水平的类别(如狗对猫)上显得非常得心应手(Eimas & Quinn)。婴儿会利用特征方面的相似性作为知觉线索来确定同一类中的样例(Quinn,Bhatt,Brush,Grimes, & Sharpnack,2002)。到 4 个月时,婴儿能够形成关于猫和狗之形象的类的表征(Quinn,Eimas, & Tarr,2001)。然而,Mandler(2004)指出的一项重要差别是,婴儿所表现出的基本水平类别仅仅是以知觉水平来加以表征的,而不是基于概念的水平。这些表征是根据对一般轮廓特征的知觉而加以建立的。对于婴儿来说,头部的形状尤其容易引起他们的注意。婴儿同样对知觉特征以及这些特征之间的联系高度敏感(Bhatt,Wilk, & Hill,2004;Younger,1990)。与之相对应,Mandler 和 McDonough 认为,总体水平优势出现于那些需要儿童以一种更为主动的(不很严格的说是更为概念的)方式加工样例:或者是对物体进行有顺序地触摸,或者归纳出一种新的特性。Mandler 和 McDonough 的结果揭示了几个重要的发现:即使是婴儿的概念也不仅仅限于基本水平类别,而是到达了更为广泛的类别;婴儿的归纳推论不一定要与知觉上的分组相一致;归纳推导会从其他的分类任务中产生不同的结果。

现在仍旧留待我们解答的是,究竟总体类别对于幼儿来说在某种程度上是不受限制的,还是相反,基本水平的类别在推导过程中对于幼儿推论来说是达不到的。另外一些研究结果表明,即使对于婴儿而言,基本水平的类别也是能够达到的。在 9 到 12 个月的时候,尽管性质有所区别,婴儿还是可以从一件东西向同一种类的另外一件东西做出新的推论(如,让一个特别的罐头上下来回颠倒以发出好玩的声音)(Baldwin,Markman 和 Melartin,1993)。12 个月大的婴儿也会将不同的基本水平的类别(如,杯子、鸭子、汽车、瓶子)看作是有所差别的(Xu 和 Carey,1996)。Waxman 和 Markow(1995)运用 Mandler 和 McDonough(1993)曾经采用过的任务,结果发现 12 个月大的婴儿已经具有基本水平的分类了。最后,儿童在 13 个月左右最先学会一些单词,最典型地包括一些基本类别的名称(如,狗、饼干或球;K. Nelson,1973)。另外,13 到 18 个月之间的幼儿一般都至少在一种以类别为基础的推理中表现得非常出色:他们能够说出不同种类动物所发出的不同的声音(比如,牛会发出"哞"的声音,狗则"汪汪"叫)。可能是这些任务中语言的采用帮助了儿童,并使得他们比非言语任务更早地使用基本水平类别。

　　更有一种可能是 Mandler 等人研究的总体类别也许部分反映了儿童使用了更为宽泛的实体类别(如生物对非生物)。总体类别的主要证据是,幼儿会从一种动物推之另外一种动物,但决不会从动物推之交通工具。如果我们关注的是类别内的相似性,那么这就有点类似一种总体类别了(婴儿已经形成了一个既包括狗有包含猫的类别)。然而,如果我们偏重的是类别间的相对性的话,这又有些类似实体类别(婴儿已经形成了生物与非生物之间的对应)。正如 Rosch(1978)在多年前指出的那样,类别内的相似性以及类别间的相对性其实都与分类的特性有关。如图 16.1 所示,根据所选的相对类别,同样的分类(如"猫+狗")可以成为总体、上位以及实体类中存在差异的代表。当"猫+狗"与"鸟+蝴蝶"相对应时,就揭示出总体水平的类别(陆生动物对空中的动物)。然而当"猫+狗"与"树+花"相对应时,上位水平的类别就随之显露(动物对植物)。另外,当"猫+狗"与"汽车+飞机"相对时,显露的就变成是实体水平的类别了(生物对非生物)。在对幼儿分类进行研究时必须牢记类别内与类别间的相似性。

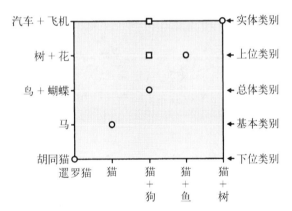

图 16.1　随类别内相似性和类别间差异性而变化的类别水平。注意:圆圈代表类别内相似性和对于发生于同一抽象水平的类别间相似性(即,猫和马是基本水平的类,它们之间的对比代表的是一种基本水平上的对比关系)。方块代表的对应是在类别内相似性(至少有一类)与类别间相似性的对比(即,"猫+狗"与"汽车+飞机"都是总体类别,但"猫+狗"与"汽车+飞机"之间的区别就是实体上的差异了)。

自然类别与任意分类

　　有关"自然"的说法在概念研究领域由来已久。Kalish(2002)描述过所谓自然概念应具有的几种含义：指的是那些自然出现的东西(与人为的相对)；它们应该具有联合发生的群集特征(而不是单一的、任意的特征)；它们应该具有科学化的内容(而不是一些非正式的知识)。所谓"自然"的一个根本的含义就是现实主义者的假设，这样的类别一定是在现实世界中真实存在的——它们能够被发现(而非被发明)；它们按照自然固有的节律对自然进行划分。就像一头老虎是一种不依赖我们的感知而存在的现实那样，老虎这一"类别"亦是如此。自然类别与随意组合或名义指称的种类不同。名义指称的类别往往都是任意的组合，离开我们的思想便再无根基。自然指称的区别常常可以追溯到洛克(Locke，1671/1959)，这也是关于语言的当代哲学，尤其是参照的因果理论的核心问题(Kripke，1972；Putnam，1975)。

John Stuart Mill(1843)同样指出过自然概念与任意概念的区别。"绿东西"的概念(绿的帽子、绿色植物、绿色汽车、绿色的青蛙)除了是绿色的这一特性之外并没有什么其他的内容。所有其他的特性都因绿色这一特性而联系在了一起。与之相对的是，另外的一些概念则是根据一些共有的特点来划分自然的(猪、枫树、哺乳动物)。Mill 将这种"自然划分"的概念称为"类"(Kinds)；其他的哲学家则称之为"自然类别"(natural kinds)(见 Schwartz，1977)。用 Mill 的话说：

> 我们关于"类"的特性的知识永远不可能完整。我们总是在发现，并且发现新的类。(1843，p. 438)

699　　　许多更为早期的发展心理学研究的结果更倾向于概念的"绿东西"模型，而非自然种类模型。英海尔德与皮亚杰(1964)认为类别是由规则开始的。类别就相当于"绿色三角形"这样的东西，儿童的挑战在于坚持这一规则，并在逻辑上准确地应用规则(这一挑战对于幼儿来说是尤其困难的)。相反，自然类别似乎不适用该模型。自然类别不是从一条定义好的规则开始，它本来就已经具有某些特性只是还没有被学习而已。

近来研究的一个目标往往着落于探求在发展进程中儿童何时开始形成自然类概念的。一种理论认为，儿童早期的概念都是一些同时出现的特征的简单列表，只有随着内容知识的发展和因果性的直觉，儿童才会寻找这些经验分组背后的解释(见，Quine，1977)。Keil(1989)将此描述为"初似"(original sim，其中"sim"是"similarity"的缩写)原则。他认为尽管有证据表明在概念表征上有发展的转换(比如，特点的定义；Keil，1989)，但是幼儿同样对概念种类具有基本的直觉(Keil et al.，1998)。

另外一种观点认为儿童起初认为概念是用来代表自然类别的，只有经历一段时间之后才会认识到有些类别的随意和约定的特性。S. A. Gelman 和 Kalish(1993)将这一情形描述为"类别现实主义"(categorical realism)：标记和类属所挑选的是真实客观存在的重要集合。Millikan(1998)提出了另外一种类似的发展进程。用她的话来说，物质的概念是基本的。所谓物质就是存在于世上且贯穿个体的经验一直不变的实体。人(妈妈)、东西(牛奶)、类别(老鼠)都是物质。对一个概念的心理表征不是一个定义，也不是一个可能性的描述，而是一系列对物质加以记录的启发式。判断你是否遇到一只老鼠的好办法是从内部加以检验,它的来历等等,但这些特性并没有规定或刻画出"老鼠的性质"。

Millikan 的解释与现代哲学文献中对概念的态度相类似(Margolis,1998)。Millikan 承认概念可以以一种纯粹描述性的方式来加以使用。因此像"一个本垒打是一个好球被击出外场"这样的概念就不是用来确认世上本来就有的事物其预先存在的类别——它完全是约定性的。Millikan 所提出的有关概念的这一观点是具有发展性成就的。支持这一立场的一些证据来自 Kalish(1998)发现幼儿更倾向于将类别中的成员看作是一种客观存在的事实。成年人会将壶与锅的区别看作是一种人为的约定,而儿童就会当真认为这其间却有实在的差异需要确认。成年人接受所谓区别只是一种约定而已,正因为此在其他文化中才完全可能合法地形成不同的概念。幼儿却会将它当真,一旦采用其他的分类就会认为是一种错误。

有关词汇学习(Markman,1989),以理论为基础的概念(Keil,1989;Murphy & Medin,1985),以及实在论(S. A. Gelman,2003)的研究也牵涉到概念的自然属性问题。自然类别具有一些不同的特征(Markman,1989):它们可以引发的推理相当丰富,没有明确的基础,而且具有说明的功效。

即使是非常年幼的儿童也会将概念视作是自然的。S. A. Gelman(2003)描述过名称对于儿童来说所具有的某种无限制的力量;标记某样东西意味着表述关于此物的非常深层的性质(也见 Markman,1989)。因此,如果某自然类别的其中一个成员被发现具有某种新的特性的话,儿童就会认为该类别的其他成员也应该具备该属性。这种以类别为基础的归纳甚至在蹒跚学步的幼儿身上就能看到(S. A. Gelman & Coley,1990;Jaswal & Markman,2002;Welder & Graham,2001),并且还会延伸到社会领域中类别的推理上(Heyman & Gelman,1999,2000b),在各种不同文化情境中的儿童身上都广为可见(Diesendrunk,2001)。对概念采取经验导向给人的感觉是儿童的处境就像是概念化的新手(见 Kalish,2002 中的讨论)。从儿童的立场看,如果身边的大人已经确定了一种类别,那么该类别的重要性和意义当然就是不言自明的。

对于表征一个概念为自然概念同样核心的问题是认为这样的概念是按照其实际的样子,而不仅仅是依据其表面来刻画事物。自然类别可能不具备明显的基础,它们反映的是深层而非表面的相似性(S. A. Gelman,2003;Markman,1989)。这其中所蕴涵的一样是领域的重要性。诸如"企鹅"、"苹果树"和(所有物种的)"雄性"这样的类别,意味着它们具有与生俱来的非显著的特性和归纳的可能性,这些是在像"窗户"、"蜡笔"、"人行道"(皆为人造)这样的类别中所找不到的。虽然人造概念也可以具有非显著的特性(比较一幅毕加索的原画和一幅复制品;Bloom,1996),简单的人造品在绝大部分看还是不具备自然的含义的。

700

类别与个体

典型的概念研究往往都是聚焦类别的(如,狗、椅子等),但儿童同样也会形成有关个体的丰富的概念。其中研究最为广泛的是关于客体的概念(即,是否一个婴儿能够认识到即使从视野中消失,一个客体它依然存在)和自我的概念。儿童对于指称类别(如,狗)和指称个体(如,费多)的言语差异非常的敏感(Hall,Waxman, & Bredart,2003;Macnamara,1982)。

例如，"这是一个 fep"意指一个类别，而"这是 Fep"则指的就是个体了——尤其当所指的是一个生物的话。构成对个体概念基础的核心直觉是即使历经时日和转换依旧保持不变。尽管个性特征发生改变（Gutheil & Rosengren, 1996）甚至构成材料也发生了变化（Hall, 1998），个体的身份依旧不变。例如，如果一个身着与众不同的绿色布披肩的娃娃名叫戴茜，然后将该娃娃换一个地方并将披肩除去，同时再在原来的地方放一个新的娃娃并穿上那件独特的披肩，3 岁的孩子会说，最初的那个娃娃，而不是新的娃娃叫戴茜（Sorrentino, 2001）。而且即使类别的身份和标记发生改变，个体的身份依然保持不变。Gutheil 和 Rosengren,（1996）发现幼儿能够意识到名称的变化并不意味着个体的身份会随之发生改变。同样地，同一个体也可以从一条毛虫变为一只蝴蝶（Rosengren, Gelman, Kalish, & McCormick, 1991）。确定个体身份的是历史的轨迹而非位置、外表，哪怕是以最初呈现时的名字示人。

有未经证实的事实表明，在 2 岁左右，儿童就会根据时空线索来探索一个个体的身份——从他们对变化的物体着迷地依恋（Winnicott, 1969）以及对所有权和占有很早就非常敏感上都可见一斑。"我的"（my）和"是我的"（mine）都是儿童最早学会的词（Fenson, Dale, Reznick, & Bates, 1994）。

关键的是，个体的身份并不是独立于类别的。要想一个个体历经时日保持恒定，它一般会至少保持某些类别的属性（尽管在童话中青蛙变成了王子）。因此，高原会夷为平地，但稍后又会以同样的形式再次构成一个新的高地。一个个体被毁灭，另一个又会产生。一张表有时被涂成蓝色有时又变成红色，但它仍旧是同一个个体（Hirsch, 1982）。用来作为个体保持恒定条件的类别称为"分类概念"（sortal），通常以常见的名词，如狗、图表等进行编码（Hirsch, 1982）。Macnamara（1986）指出，分类概念是用来具体化的。"多少？"的问题如果没有加上分类项就毫无意义——到底是多少什么（是狗？腿？还是分子？）。同样，分类概念也是用来对身份加以判断的。"这两样东西一样吗？"这一问题如果不加上分类概念的话也毫无意义可言——到底是什么东西一样（也可参见 Carey & Xu, 1999，其中的讨论）。

分类概念在发展心理学文献中的作用已经变得越来越突出，这是因为有人认为这些分类概念可能是构成一些发展方面基本变化的基础。尤其是婴儿可能只会理解非常总体性的分类概念。Xu 和 Carey（1996）指出婴儿往往对个体发生的重要改变无动于衷。如果一只杯子移到幕布之后而在另一头出现了一个球，10 个月大的婴儿将之认作是一个单一的个体，而成人（以及 12 个月大的婴儿）会看成有两个不同的个体（也可参见 Wilcox & Baillargeon, 1998，对此的另外一种不同的解释）。Carey 和 Xu 认为，"物体"的概念其作用对于幼儿来说就相当于一个分类概念（使得他们能够追踪个体），但更为特定的类别则不具备这样的功能。

类别与个体之间的区别能够引起极大的兴趣还因为更多方面的原因，比如对于概念使用方面的研究。尽管大多数发展心理学对概念的研究都是关注于类别的，但却都没有考察儿童关于类别的概念其本身，而是更多地关注这些类别中个别的示例。以类别"狗"为例。最为典型的是词语学习的研究者们问儿童什么样的东西可以称作狗（"这是一条狗吗？"或"这是什么？"）。研究分类的学者可能会让儿童进行实际的分类（"将这些狗放进这只盒子里"),或进行推论("这条狗身体里面有肚肠吗？")。所有这些例子·中类别都是用来考虑对个别的示例加以分类的(这条狗,这些狗,一条狗)。但是除此之外,还有另外一种使用的方法体现了儿童将类别作为一个整体来加以考虑的——所谓对类别的"属"(generic)的使用。"这是一条狗吗？"或"将这些狗放进这只盒子里"这样的表述方法是将其作为个体的形式;"狗有四条腿"或"我喜欢狗"这样的表达是将狗作为类别来对待的。

传统对概念的研究常常认为类别是可以还原成个体的。鸟的概念被视为鸟的个体的总和。然而这样等同显然是有问题的。虽然鸟的概念明显地与具体的鸟的个体相关,但是类别并不仅仅是这些具体示例的总和。这一问题可以这样理解,尽管不是每一只鸟都会飞,但我们说"鸟会飞"是毫无问题的。这样的知识代表的是一种"类属"的概念(S. A. Gelman;2003;Prasada,2000)。

类属的知识对于人类的推理而言尤为重要。考虑"属"的类别导致了儿童可以对生活的世界做异常丰富的推论(Shipley,1993)。正如前面我们所指出过的,一旦儿童掌握了某样东西是一个种类的成员的话(比如"杜杜鸟"是一种鸟),他或她就会推导认为这样物种具有其他同类的所有特性(S. A. Gelman & Markman,1986)。"以类别为基础"的推理就是对种类的预期(Heit & Hahn, 2001; Lo, Sides, Rozelle, & Osherson, 2002; Osherson, Smith, Wilkie,Lopez, & Shafir,1990)。更为普遍的是,"语义"(与"情节"相对)记忆(参见 Collins & Quillian,1969)都趋向为属的记忆。

尽管这一推理形式是核心性的,它依旧给儿童带来了一个挑战性的学习问题(见,Gelman,2003)。在这个世界上,类属永远也不会被直接地用具体的例证说明出来,而仅仅是以被理论化的形式抽象存在。我们不可能给儿童展示类属性质的狗。我们也永远不可能用照片或图片的形式向儿童展现具体的实例,说明一个类属的概念(狗)与纯粹的示例(某种狗)之间到底有什么样的区别。此外,如我们指出的那样,类属性的知识往往不能通过反例来加以否定(如,鸟生蛋,但是还有相当多数的鸟——雄鸟和雏鸟——其实是不下蛋的;McCawley,1981)。因此,Prasada 简要概括出的难题便是归纳推理中经典之谜的一种延伸:"我们是如何在仅仅经历了某一种类的有限成员的例子之后便获得了这一事物种类的有关知识的？"(2000,p.66)。

对语言中类属概念的敏感似乎始于 2.5 到 3 岁(S. A. Gelman,Star, & Flukes,2002)。学前幼儿用一种抽象的种类的方式来解释类属性名词短语——哪怕它与测试中呈现的示例发生冲突亦是如此(如,给儿童呈现一幅有两只企鹅的图片,他们仍报告"鸟会飞",但"这种鸟不会飞")。但是,直到 4 岁儿童才会显示出对类属("鸟")和数量化的预计("所有的鸟","一些鸟")之间区别的敏感(Hollander,Gelman, & Star,2002)。尽管这一领域仍需要更多的研究,但我们基本可以认为在学前期儿童就已经能够完整地与其具体示例有所区别地表征种类的概念了。

儿童概念的含义

以上所列的这些区别对于理解儿童的概念到底意味着什么呢？从这些回顾中总结出的

最为直接的一点,就是我们不能仅依靠一种有关儿童概念的模型来解决所有的问题(也见Siegler,1996)。从历史看,曾经认为有一种唯一单一的分类加工过程(Bruner,Goodnow,& Austin,1956;Hull,1920;见 Smith,Patalano,& Jonides,1998,其中的回顾部分)。但从刚才的回顾中我们认为事实已经很清楚了,分类绝不是一项单一的任务。当仅仅是关注自然种类的概念并提供给儿童一项需要他们进行生物学方面的推论的任务时,朴素理论的重要性可能就会被高估。当关注焦点集中在理论很难涉及的非词语化的类别时——如儿童几乎没有什么先前知识的类别,U 形胶合板(Landau,Smith,& Jones,1988),同样,儿童对外部特征的依赖也可能被高估。理论落脚点各异的情形部分可以借用"盲人摸象"的故事来加以说明。儿童运用的材料信息会受到所提供的材料和信息的限制。如果接收到的信息只与形状、质地和大小尺寸有关,那么他们在运用中频繁使用形状就不会让人感到惊讶了。反之,当儿童对现实生活中的生物进行推理时,与进行生物分类有关的维度(如血统、实体论、本质以及种类)就变得重要起来。

最富争议的是,Keil 等人(1998)提出的观点,"即使是只考虑一个单一的概念",儿童仍会兼顾各种信息:一方面,他们会关注联系的部分和特征列表;另一方面,他们也会考虑解释这些特征和关系的前提条件。感知的与概念的紧密相连——显著的知觉方面的特征正是那些赋予我们概念上获得的东西。不同的概念结构统一体反映了任务上的差异和概念上的变化。儿童与成人显然都具有不同种类的分类方法,而不是固守于一种总体的或稳定的偏好方式(Lin & Murphy,2001;Waxman & Namy,1997)。

接下来,有关概念存在众多差异性所带来的第二点启示是,我们推测"概念学习"对于成人而言与对于儿童来说是不同的两种情况。在实验室中学习一个概念的成年人已经具有一个完整的概念系统。该成年人已经具有大量的概念可供查考。他或她已经发现哪些维度是与大量的其他的概念相关的。"概念学习"对于成年人来说无非是在一个已经具有的概念的丰富系统上再加上一个新的概念而已。但我们不能认为儿童的概念学习与此情况相一致(同样可参阅 Jaswal & Markman,2002;Rakison,2003b 对这些差别的讨论)。有关概念学习所做的诸多比较中尤其需要铭记在心的就是关于儿童与成人之间的差异。

除了概念方面的差异之外,不同的任务也会造成不同的思考方式。在讨论到底是儿童首先发展的是基本水平的概念还是总体水平的概念时(见前面"分类的水平"一节),我们已经看到一些端倪了。分类具有许多不同的功能,儿童会依据手头的任务选择不同类型的信息。快速辨认就是其中的一种加工;做谱系学上的推理是另外一种。(然而如 Keil 等 1998年所指出的那样,即使是快速加工也可能运用与理论相关的信息。你可能只是很快地 瞥就认出竹节虫是一种动物,如果你正好注意它的头部或眼睛,或者你看到它在自己移动。)Rips 和 Collins(1993)提供了一次非常漂亮的演示,证明了任务的差异可能导致不同的分类加工。例如,如果让一位成人想一样直径为 3 英寸的东西(除此之外再无其他信息)是什么,他们会判断它"更像"一枚 25 分的硬币而不太像一个比萨饼,但是"更可能"是一个比萨饼而不太会是一枚 25 分的硬币。

即使任务局限于物体辨认,人们还是会根据指导语利用不同种类的信息(Yamauchi &

Markman,1998)——有时甚至是在并列的同样尝试中(Allen & Brooks,1991)。Smith、Patalano 和 Jonides(1998)展示了两项分开的分类程序——规则运用和判断与样例是否相同——可以很容易地应用到同样的类别中。这些程序存在质的差异,因为激活的是成人大脑的不同神经区域。

我们怀疑有关概念发展的理论上的不尽相同是源于采用了不同类型的概念作为示范和例证。儿童获得了大量不同种类的概念,而这些概念的发展方式也是不尽相同的。有些特定的概念可能具有先天的基础;另外有些概念通过感知学习很容易就能获得;还有一些概念需要因果推理并且在一日益增长的常识理论的框架内对事实加以整合才能得到。另外,有些概念对于其他概念的组织非常重要,可以称之为"基础"概念。"活着"的概念就是一个这样的例子:一旦我们拥有了"活着"的概念,它对于我们如何思考诸如"植物"(以及它们与动物有哪些相似之处)和"云彩"(以及它们与动物存在怎样的区别,尽管它也能自己移动)这样的概念就非常具有意义了。反之,其他的一些概念(如,"订书机"、"绿色三角形")就不太对我们的其他知识产生影响作用。基础概念在理解上其实与一个儿童所具有的更广义的信念和理论没有多大的区别。我们将在后面讨论这一问题。

寓于理论之中的概念

关于概念有两种针锋相对的不同类比:即词典暗喻和百科全书暗喻。所谓词典暗喻即是认为每一个概念皆是自我包含的单元,可以与其他所有的概念分开地加以理解和获得。与之相对,百科全书暗喻则认为概念是与较大的知识体系相联系的。两种暗喻各有千秋利弊;词典暗喻为我们提供了一个可以控制管理的单位(概念可以在其自身范围内来加以研究),但也有人为的特点,很容易忽略概念其实也依赖概念本身之外的前提信息;百科全书暗喻更为完整和现实,但却又引发了新的问题,以这样的方式去理解概念的话不免更加的复杂甚至有些令人望而却步。

与此相关的,Lin 和 Murphy(2001)对概念的"内部结构"与"外部关系"进行了区分。他们指出,大量的研究其实关注的是概念内部结构的问题:概念是否有定义?概念是不是以原型为特征?它们依据的是感知性的特征还是概念性的特征?与之相对,概念同样还具有与自身之外的事物的联系:包括大量的知识、理论、因变关系、关系、目标等等。这些外部的关系从某种意义上来说才是概念的全部:我们建构概念正是为了在这些更大的知识系统中使用它们。本节我们将只要讨论这些外部关系的问题——概念是如何与更大的知识体系发生联系的。

我们认为用百科全书式的类比来解决此问题更加有效,概念的外部关系应该在考虑范围之内。科学史中的一个例子可以对此做很好的诠释。"行星"这一概念在科学思想中由来已久,一直可以追溯到古代的西方传统。我们认识到这一概念的连续性:在英语中行星仍旧是用罗马名称(来源于希腊)来命名的。但与此同时,21 世纪我们对行星的理解与古代天体观察者眼中的行星是截然不同的。那么这一概念又是如何变化的呢?你也许可以指出定义上的改变:现代的行星必然是沿轨道运行的星体,而古代的行星包括了恒星和月亮(却将地球排除在外)。不过这种定义上的区别可能不足以表述概念上的区别。现代和古代的概念其实处在极为不相称的理论之中(T. Kuhn, 1962)。内在相关的假设和信念使得古代关于行星的概念不适用于现代的概念。只有在了解了古代知识系统大背景的前提下,我们才能对古代的概念有所领会。同样,新的天文学的观测事实已经彻底改变了行星这一概念所处的大背景。既然概念是受制于背后较大的知识结构,要想确定这两个概念何时完全相当,或何时一个概念发生了转变就变得很有问题了。总而言之,内部(定义性的)特性是不足以刻画概念的。

就像这一例子所揭示的那样,概念具有领域特殊性的特点,往往寓于一个较大的解释说明性结构之中,也常常被作为一种理论来加以描述(Wellman & Gelman, 1998)。因此,要完整地解释基本概念,如"力"、"生物"和"信念"等——或即使要更加完整地解释那些更为世俗的概念,如"水滴"、"仓鼠"或"害怕"——我们就必须对儿童有关物理学、生物学以及心理学(依次的)思维的性质与发展做一番讨论。要解释和考察构成完整儿童概念发展基础的领域特殊性因素已经超出了本章所讨论内容的范围,那样的话需要对更为一般意义上的认知发展进行概括和回顾(见本卷其他章节)。在这里我们要做的是提供概念与理论相联系的证据,从儿童直觉意义上的生物学这一特殊的领域得出许多具体的例子。我们先对儿童的类别概念是受理论影响的有关研究证据加以回顾,提供例子以表明儿童是如何留意到本体论、因果关系、功能以及其他非显著特性的。为了方便展开,我们将文献回顾的内容分散到各节不同的主体讨论之中,事实上,各节涉及的有些是重叠的问题。

本体论

Keil(1979, p. 1)将本体论(或实体论)知识定义为"人们关于存在的基本类别的、存在着哪些类事物的概念"。本体论构成了直觉性框架理论的基础。物理学应对的是有关质量、速度以及能量的问题。心理学处理的是思维、愿望以及信念的问题。而生物学针对的是物种、基因以及繁殖等问题。同样的东西可以整合进不同的理论之中:所以,一个人,可以同时具有物理学意义上的质量,具有心理状态,并正经历着生物学的过程。本体论上的区别与其他类别上的差异之间的区别在于,分配给错误本体论类别的属性并不一定是非法的——只不过没有意义而已。例如,"这头奶牛是绿色的"就是一个本体论上的错误。

儿童在其具有的各种类别和语言中是何时开始看重本体论上的差异的? 相当多的文献都显示在很早的阶段儿童就开始重视至少两种本体论方面的差异,即心理的与物理的(Wellman, 1990)和有生命的与无生命的(Rakison & Poulin-Dubois, 2001)。我们先着重讨论后者,因为它与分类化的相关尤为清楚。

生命性是儿童刚开始说话之际所关心的核心问题之一。在许多不同的语言中,生命性都是通过代词(如,在英语中 he 和 she 对 it)、量词,以及什么动词可以随什么样的名词一起出现等选择性限制(见 Silverstein, 1986)的形式来体现的。从世界范围内的语言来看,尽管没有哪一种其中的生命性可以影响到句法的发展,但生命性作为一个普遍的主题规制和结构着说话者沟通交往的方式却是不争的事实。对于学讲英语的儿童来说，主语名词一般是具有生命的，而宾语名词则倾向于非生命的(Slobin, 1985)，如果不是更早的话，至少也是在学龄之前儿童就已经意识到这样的规则了(Golinkoff, Harding, Carlson, & Sexton, 1984)。对于学习英语的儿童来说，生命性是学习被动结构的一个重要影响因素(Lempert, 1989)，当解释动词(Corrigan & Stevenson, 1994)以及解释像"移动"(move)这样的名词时(S. A. Gelman & Koenig, 2001)，儿童会以此做潜在的因果归因。

因此，许多研究表明，即使是婴儿也能根据各种标准分辨有生命的与非生命的。那么紧接着的一个问题便是，究竟这种区分是建立在一种正确的概念之上的，还是可以还原成其他与本体论区别有关的特征。一名儿童对哺乳动物与交通工具做出区分，从表面上看反映了有生命的与非生命的本体论上的差别。然而，也可能这只是低水平的感知上的分析产生的类别上的区分。类似的线索，比如面部特征的空间分布(两眼在一个嘴的中上，或更为图式化的，在一个倒置的三角形上有三个圆点)，不规则的轮廓，移动的动力方式(自主移动、偶发移动)等等，都是婴儿非常敏感的与生命性有关的低水平的感知特征(Bertenthal, Proffitt, Spetner, & Thomas, 1985; Bornstein & Arterberry, 2003; C. Nelson, 2001; Rakison, 2003b)。一名婴儿也许能够对马与飞机做区分(Mandler & McDonough, 1998)，但却不一定具有生命性这一抽象的概念，而仅仅是对关键的知觉特征具有一种敏感性而已。

考察生命性概念究竟是完全建立在感知基础上的区分还是建立于本体论意义上的区分有一条途径，那就是判断其对于儿童的意义(Legerstee, 1992)。婴儿能够区分人与非生命客体的一些最早的证据主要表现在社会性情绪反应上，包括注视、微笑和咕咕语(cooing)(Legerstee, Pomerleau, & Malcuit, 1987)，以及婴儿所做的新的推导上(Mandler & McDonough, 1998)。此外，一些研究者提出，婴儿能够接受生命体(尤其是人)是具有重要的心理品质的观点，且意识到表面的行为与更深层对这些行为的心理解释是有所区别的(Baron-Cohen, 1995; Legerstee, Barna, & DiAdamo, 2000; Meltzoff, 1995; Premack & Premack, 1997; Woodward, 1998)。

更进一步的一则证据是，在儿童进行分类时，本体论的知识可以胜过其他诸如形状等明显的信息。到9个月的时候，婴儿即能将不同的位于基本水平的动物类别组合在一起(如，狗和鱼)，并且能够将张开翅膀的鸟与飞机区分开(Mandlcr & McDonough, 1993)。10个月大的婴儿可以将形状各异的盒子归类在一起，并且将形状相似但容积不同的物体区分开(Kolstad & Baillargeon, 1996)。到2岁大，儿童在完成对象为非固体物质的样本匹配任务时，会更倚重对象的材料而非物体的形状(Soja, Carey, & Spelke, 1991)。即使儿童犯过度扩展的错误(如将牛叫成"狗")，他们也不仅仅依据的是外形的特征，而是同时需要外形上与分类学上相关性的类似(S. A. Gelman, Croft, Fu, Clausner, & Gottfried, 1998)。

及3到4岁时，儿童把植物与动物看成一个单一的类别(会生长和自我恢复的东西)，尽管比如一头牛和一棵树，在外形上存在着极度的差异(Inagaki & Hatano, 2002)。与其相对的是，虽然人与猿非常相似，但是儿童却将他们视作分属不同的类别。因此，当假如给出人类、非人的灵长类和非灵长类的动物三个组别的话，小学儿童较之成年人往往更倾向于将灵长类和动物归在一起,而将人单独列开(Johnson,Mervis, & Boster,1992)。这一分类模式也可见于学前的儿童身上,尽管灵长类与其他动物在外形上区别很大(比如猩猩和蜈蚣)(Coley,1993)。

进一步的论点是与生命性相关的知觉线索仍是不足够的。Prasada(2003)认为,所谓生物性的移动,事实上不是感知能够确定的,也不能通过各种性质之间的相关来加以表示,而是需要"一种合适的关系的结构"(p. 18)(也可参阅 R. Gelman & Williams,1998)。自发移动(即自己产生的移动)并不意味着侦测到是否一物体能够在缺少一个可见的外在触动因素下发生移动,因为风或磁力(事实上有时果真如此)就可以在看不见的情况下发生作用(见R. Gelman,Durgin, & Kaufman,1995;S. A. Gelman & Lafosse,已付梓)。如何在知觉学习解释的基础上表征这样的关系结构仍旧不太清楚(但可参阅 Yoshida & Smith,2003,其中的提示)。

本体论的概念非常重要,因为它们为其他的概念提供了一个基本的框架。因此,了解蜜袋鼯是一种动物意味着你可能能够了解到蜜袋鼯是如何繁殖以及吸取能量的,但并不一定知道它们的真值表和最初的发明者。在能够提供一种组织结构的与不能提供这种组织结构的概念之间并不存在一条截然的界限。例如,植物与动物之间的区别在概念上来讲非常重要,但是植物与动物是否是不同本体论意义上的种类却不很清晰(Carey,1985)。本体论的重要性可以理解为一种相对的中心地位。如果一个概念对于其他的概念和知识而言具有很深的关系,那么这个概念就可以认为是本体论性质的概念。由此不难发现,本体论概念的重要地位可以视作在直觉性理论中辨别出的法则与因果关系的一种结果。这一观点凸显了因果关系在概念组织中的作用,这正是我们接下来要讨论的。

因果关系

几年以前,我们提出这样的观点,如果儿童的类别知识是以理论为基础的,那么原因对于他们的类别表征而言就非常关键了(S. A. Gelman & Kalish,1993)。同样,Ahn(1998)简要地提出了"原因状态假设",其中的原因特征要比效果特征更为重要得多(也见 Rehder,2003)。所以,即使出现的频率相当,对原因与效果特征的看待还是有所不同的。当原因的状态特征通过实验加以操作时,相比作为效果特征而言,成年被试更看重作为原因的相同特征(Ahn, 1998)。本文尤其感兴趣的是 Ahn、Gelman、Amsterlaw、Hohenstein 和 Kalish(2000)所发现的7到9岁儿童所体现的原因状态效果的证据。儿童学习有关新的动物的描述,其中一种特征造成了另外两个特征。当让他们确定哪一测验项更能作为他们已经学到的动物的例子时,儿童们更倾向于选择有一个原因特征和一个效果特征的动物,而不是有两个效果特征的动物。

其他的研究也支持儿童概念中原因的重要性。Barrett、Abdi、Murphy 和 Gallagher(1993)发现,当让儿童将一种新的鸟归类到两个可供选择的类别中时,小学儿童注意到由因果联系支持的相关性,并运用这一相关对新成员进行分类(例如,大脑的尺寸与记忆的相关)。儿童没有运用那些同样相关但不受理论支持的特征(如,心脏结构与喙的形状之间的相关)。Krascum 和 Andrew(1998)同样发现 4 到 5 岁的幼童在类别学习过程中因果性的信息会带来益处。如作者指出的那样,"个别特征的意义对于儿童的类别学习而言不是一个重要的因素,重要的是一个类别中的属性可以以一种与理论相一致的方式加以联系起来"(p. 343)。

对于理论中的概念来说因果关系是非常重要的,因为它同时包括了解释和联合的关系。因果关系中的特征与某些机制相联系。这些机制对概念提供一种更深的解释结构,并将表面分散的现象整合到一个统一的理论中。学前儿童认识到小动物们会长得像它们的父母(Springer,1996;Gelman & Wellman,1991)。他们同样认识到在个体动物的一生历程中,存在着高度规则且限定的发展模式(Rosengren et al.,1991)。这两点可以通过某种内在的物种本质来加以解释和整合。同样,幼儿认识到许多行为可以导致疾病,包括打喷嚏,合用一把牙刷,或吃不洁食物。将这些表面各异的事件联系起来的是一个共同的内部机制——细菌传染(Kalish,1996)。

儿童表征这些机制的细节仍旧是一个留待解决的问题(Au & Romo,1999;R. Gelman & Williams,1998;Keil et al.,1998)。例如,儿童起初可能以一种抽象机制占位符的方式来表征因果关系。与此同时,这一机制的本质又是关键的理论连接之所在。以"遗传性"概念为例,有些学者认为幼儿认识到父辈—子代相像的一种物理或生物的机制(Hirschfeld,1996;Springer & Keil,1991)。这种类型的表征将遗传性与一组其他的信念和概念联系在一起,成为一种直觉性的生物学。还有的可能是,如果儿童认为是意图性的或社会性的机制构成遗传性的基础(Soloman, Johnson, Zaitchik, & Carey, 1996;Weissman & Kalish,1999),那么概念的核心联系就会大大的不同。运用一个概念(如,"母亲"、"生病")部分包含了对何种机制是起作用的理解和认识。在直觉性理论框架下的概念的组织,需要输入基础的,非显著的特性与因果关系。恰恰正是有关儿童表征了哪些非显著特征,以及它是如何引起变化的,是促使对以理论为基础的概念发展进行研究的主要问题。我们接下来转到对这些非显著特性的讨论。

非显著特性

非显著特性的重要性可以在几个方面加以体现。儿童对因果关系以及本体论的理解是潜在的,这也可以更直接地在儿童系统表达假定有不可见构成概念的领域特殊性理论时看到,这些不可见的构成概念有:有关心理的朴素理论中的心理状态(Wellman,2002),有关物理学的朴素理论中的力和重力(Wellman & Inagaki,1997),以及儿童形成的生物学理论中丰富的内容,包括细菌(Kalish,1996;Siegal,1988),生命力(Gottfried & Gelman,出版中;Inagaki & Hatano,2002;Morris, Taplin, & Gelman,2000),繁殖的基本要素(Springer,1996),以及虱子(Hirschfeld,2002)等等。儿童看来能够轻易地学习并获得这些构成概念,这与认为儿童概念依靠的是具体的、感知明显的特性的说法相去甚远。

此外,对特定的非显著特性,如内部或材质方面的研究发现,儿童正是依据这些特性进行分类的(也可参见 R. Gelman & Williams,1998)(然而,准确地说,在发展过程中儿童这么做往往是与某些争论有关）。在一项经典的系列研究中，Keil(1989)让儿童对经过变形外表变得像其他东西的动物和物体进行辨认——例如，一头浣熊经过一番操作之后变得像一头臭鼬，二年级的儿童认识到这一动物的身份并不因为表面的改变而受到影响（即，仍旧判断它是一头浣熊，尽管它具有像臭鼬的性质）。

当对象被转变成像另外一种属于不同本体论类别的东西时，或者通过服装加以改变，即使是幼儿也能表现出类似的理解（前者的例子如，学前儿童报告一只加以变形看上去像仙人掌的豪猪仍旧是一头豪猪）。Gelman和Wellman(1991)同样发现，学前儿童能够认识到对于某些东西来说，在判断其身份和活动时内在的成分远比外部的特点重要（如，一条没有内部的东西且不会叫的狗不是一条狗，而一条没有外部特征但会叫的狗却是一条狗）。而且当问及一对看上去相同但种类不同的动物区别何在时（如，真的狗和玩具狗；狗和狼），5岁儿童和成人都更倾向用内在成分/物质来加以解释，而不太用无关的年龄性质（S. A. Gelman, 2003；Lizotte & Gelman, 1999）。

有意思的是，儿童往往在还不知道物体内在特性的年龄就已经认识到内在因素的重要性。例如，尽管4岁的儿童认为内部的东西对于确定物体的身份很关键，也认为动物的内部总是与机器的内部不一样，但是他们却不能准确地辨认出哪张照片对应的是动物的内部结构，哪张照片对应的是机器的内部(Simons & Keil, 1995)。这一结果让Simons和Keil提出了这样的思想，即儿童对内在部分的抽象理解要先于具体的细节理解。这对于我们所了解的通常的发展顺序来说（具体的先于抽象）是一次令人吃惊的颠倒，也意味着儿童可能生来就倾向于认为非显著特性的重要性，即使没有直接证据时依然如此。

在本节余下的部分我们将简要地回顾两种非显著特性：功能（function）和本质（essence）。

功能

Kemler Nelson、Russell、Duke和Jones(2000)是这样解释功能对于以理论为基础的方法的重要意义的：

> 对功能性信息的关注，当它是起到对受外表的肤浅的、与功能无关的方面吸引的补充和抗干扰作用，而作为使用人工名称的基础时，就可以认为是概念性类别存在的一种证据。对功能信息的使用意味着超越即时知觉的解释机制，并且显示出有一种分类的形式至少部分是以知识为基础的，而不是严格地受知觉的驱动。(p. 1271)

然而，有关儿童能够使用什么样的功能来帮助他们分类，尤其是词语学习的问题，却存在着很大的争议。Smith、Jones和Landau(1996)提出，3岁儿童在扩充新的标记时，会选择性地忽略功能信息。这一论点的基础是词语学习是受一种"沉默"（不假思索的、不自觉的、自动的）注意机制引导的。他们总结道，在一系列的实验基础上"儿童的指称对功能性信息的影响产生了免疫"(p. 143)。他们的证据包括一系列的四个实验，3岁儿童——与成年人不一样——在对新的物体扩展新的标记时不能运用功能的内容。

Landau、Smith 和 Jones(1998)同时使用更多新的以及熟悉的物件作为材料以扩展本项研究工作。在三项设计相同的研究中,要求 2、3 和 5 岁的儿童以及成人被试扩展标记(指称任务,Naming task)或推断新的功能(功能任务,Function task;如,"你能用这个来装水吗?")。一般而言,在功能任务中儿童所选择的是以功能为基础,在指称任务中依据的是形状,而不管向他们明确展示了功能与否。这些结果表明,儿童能够对功能性概念进行推理。然而 Landau 等人提出,当扩展词语时,儿童会受非思考性的注意机制的"吸引",其作用是使得情景中最为突出的方面更加显著(是不经过思考的)。

如果这些有意思的结果诚如作者所认为的解释,这就将颠覆"理论中的概念"的地位。不过,理论的地位可以通过两条途径加以弥补:一种可能性是儿童实际是用功能来进行分类的,只不过与 Landau 等人实验中的对象相比是在发展稍晚的时候(Smith et al.,1996)。如果这种可能是真的话,将会削弱理论的地位,尤其是认为理论有助于概念的发展而不是概念发展的结果这一主张(Murphy,1993)。可以认为有一次发展性的转变,从以感知为基础的转向以理论为基础的分类。第二种也是我们倾向的可能性是儿童能够也的确在指称任务中使用了功能性信息,但是先前研究中特定的项目与任务限制了儿童的能力的体现。当把关注转向设计的任务与项目,其反映的功能非常显著,便于感知,也非任意的情况下,儿童在 2 岁时就能将功能结合进指称任务中。后面一种论点近年来得到了尤其的关注,接着我们就介绍支持这一观点的证据。

Kemler Nelson 等人(2000)指出,我们不可能期望儿童能够比一个成人更多地领会其遇见的任何类型的功能。他们提出,对于一项公正的测验来说关键的是考察那些"对儿童有意义的(而且可以期待的),他们所不得不面对的、非任意的"功能/结构关系(p.1272)。特别是他们断定,一个物体的设计与功能有关的方面往往容易知觉到,这一结构/功能关系应该是以儿童熟悉的因果性原则为基础,而且这种功能/结构关系应是"令人信服的"。他们向 3、4、5 岁的儿童介绍一种可以以两种不同的新方法派用处的新的人工制品:可以画平行线(和画笔一起)以及制作音乐(与可以拉扯的电线一道)。于是,某些特性会伴随一种功能,而其他的特征则与另外的用途相伴随。每一名儿童只遇到其中的一种功能,那个既能做画笔又能当乐器的东西实验中称为"stennet"。当让儿童用这一新的名称去标明与目标项(即所谓的"stennet")外形和功能不同的测验项时,他们往往会将这一名称标记在用途与他们所见的目标项所展示的相一致的物体上(尽管相似关系也在考虑范围之内)。

同样,Diesendrunk 和 Markson(1999)也指出,如果展示和解释一个物体的功能是恒定和独有的话,儿童是能够理解功能的(如,"这是用来支持某某的")。在一个研究中,3 岁儿童接受的任务是对三件不认识的东西进行分类。每一件要分类的目标物体都配一件形状相似但不能体现同样用途的东西,和一件形状不同但却能表现出同样功能的物品。当这种功能被明确地加以说明、演示,且证实对于一项测试选择来说是独一的,儿童一般都会根据功能来进行分类。

是什么使得儿童不得不面对和接受一种功能呢? Kemler Nelson、Frankenfield、Morris 和 Blair(2000)发现,当功能用途"有意义",而且与结构以及设计者的意图更合理地存在某种关系的话,4岁儿童更倾向于将新的名称扩展到人工制品上。对于一件由水平和垂直管子组成的东西的一种可见(也是可能的)用途是"当你把球从这里放进去,它一次只会掉出来一颗",而不太可能的用途是"一条玩具蛇可以蠕动地爬进去"。也就是说,虽然这样东西可以执行这些功能,但只有第一种可能是设计者最初设计的用途。

类似地,Bloom(2000)也提出这样的观点,当所考察物体的功能被视为设计制造者的意图时,这一功能往往就会得到采用。当功能非常特定而且不太像是偶然出现时儿童就会看重这一功能(如,一样东西有一铰链的部分像拼图那样插入基座中;Kemler Nelson,Frankenfield et al.,2000),但不会看重那些简单、普遍而且很可能是偶然的功能(如,一个方块,U形的物体"有一只玩具狗坐在上面";Smith,Jones,& Landau,1996)。事实上当儿童看见两件形状"相当"但用途各异时(如一件东西和与它同样形状的容器),不会将它们归为一类(Diesendrunk,Markson,& Bloom,2003;但也可参阅 German & Johnson,2002,有证据表明当一件东西被使用时,5岁儿童会考虑关注其任何的可能目的,而不仅仅是最初的意图目的)。

本质

另外一种非显著结构的例子就是所谓的"本质"(S. A. Gelman,2003)。实在论将类别视作一种基础的现实的本体或真实的特性,虽然人不能直接观察到,但却赋予物体以身份(S. A. Gelman,2003;Locke,1671/1959;Schwartz,1977)。根据实在论的观点,从以下几个方面可以说明类别是真实存在的:它们是被发现的(与被发明相对),它们是自然的(与人工的相对),它们可以预计其他的特性,它们指出了世界上自然存在的不连续性。实在论不需要专门化的知识,人们可以在不知何谓本质时就留有"本质的位置"(Medin,1989)。例如,一名儿童会认为女孩与男孩之间存在某些内部的、非显著性质上的差异,在真正了解染色体或人体生理学之前,可以由许多表面观察得到的差异以及男孩女孩在行为上的差异来得出这一结论。

本质先于存在论的证据虽不直接但却非常广泛。它包括儿童对于特定类别所具有的一些期望:它们允许有大量的基础结构,具有生来俱有的潜力,还具有明显的、不可改变的界限(S. A. Gelman,2003)。实在论对于概念而言是一种强大的、相当普遍的结构。它具体说明了基础的特性是造成所观察到的性质原因,但对于这些特征的性质或因果过程却并不说明任何问题。因此,实在论可以引导儿童建构社会性类别(Giles,2003;Heyman,& Gelman,2000a;Hirschfeld,1996;Rothbart & Taylor,1990),人工制品(Bloom,2000),以及食物的概念(Hejmadi,Rozin,& Siegal,2004)。当儿童获得一个新的概念时,他们会认为因果特性会是最为核心的特征(Ahn et al.,2000;Gopnik & Sobel,2000)。实在论的直觉还导致将新的特征整合进入概念之中。共同本质的假定保证儿童会进行这样的推论,一项示例所具有的特性对于代表它的一般种类而言也应该具有。儿童如何确定哪些类别可以做本质化的推导却仍旧是一个未解之谜。

实在论是一种在间接证据基础上建立的假设结构,所以不能确定地显示出来。因此,在诸如究竟这是不是最为恰当的特性记述这样的问题上存在争议就一点也不奇怪了。有一系列的问题是关于究竟是存在一种单一的实在论的立场,还是存在着一种日益混合的趋势(S. A. Gelman,2003)。如果后一种情况是事实的话,那么实在论的观点之间有多少一致性呢? 是否不同的部分(朴素主义、归纳的潜力、边界强化)全都是彼此联系的,还是各自发展没有关系? 还有一系列问题是由 Strevens(2000)提出的,他的观点是,作为心理实在论证据的数据资料都可以根据人们是否仅仅认为有因果法则用观察得到的特性将类的成员彼此联系在一起来加以解释。他将这样的因果法则称为 K 法则(种类法则,kind law),并对"最少假设"(minimal hypothesis)进行了另类的表达。Strevens 的解释虽然有意避开实在论,但还是与当前强调人们将表面特征作为概念更深特性所引起和限定的模型有很多重叠。

其他学者也认为实在论的模型不能解释在成人身上发现的实验结果(Braisby,Franks, & Hampton,1996;Malt,1994;Sloman & Malt,2003)。比如,关于哪种不一样的液体可以判断为水的问题就与它们具有哪些共同的被称作水 H_2O 的本质的问题相独立。存在争议的问题是"实在论"到底意味着什么(参见 S. A. Gelman & Hirschfeld,1999,对散见于文献中的几种不同含义的介绍)? 什么样的概念是本质化的概念? 在语言与概念之间会出现不相匹配的情况吗(如,一经本质化的概念"纯的水"却与词语"水"的使用不完全吻合)? 所发现的这些情况是否会削弱(甚至对抗)心理学意义上的实在论已成为当前争论的一个主要方面(S. A. Gelman,2003;Rips,2001)。

小结

任何有关发展的理论都不仅要解释简单概念(包括熟悉的,如"杯子",以及新的,如"rif")如何获得的问题,还要解释复杂的知识从何而来。在儿童大约 2.5 至 3 岁时,他们拥有的许多概念已经整合了不能通过知觉描述就能获得的特性。我们对支持这一观点的证据进行了回顾,包括:本体论的中心地位,因果性特征与非显著性结构(包含功能、意图性以及内在的部分)。儿童不仅仅是将所观察到的特性简单地联系在一起,而是会探询根本的原因和解释。其产生的概念往往称为"以理论为基础的"概念。在某些情况下,概念寓于一种可以辨别的、清晰表达的理论之中(比如,心理理论中的信念与愿望)。而在另外一些情况下,这样的一种理论可能还不见得很清晰可辨,但理论的内容(本体论、因果关系非显著特性)却已经在较早的午龄就初露端倪了。

这样的理论一般认为会对概念的发展有所贡献,而非概念发展的结果(见 Wellman & Gelman,1998)。Murphy(1993)认为,如果缺少对某些类别的理论约束的话,儿童根本就很难去获得概念。他断定理论可以在如下三个方面对概念学习者有所帮助:

1. 理论可以帮助辨识那些与一个概念有关的特征。
2. 理论限制了相似性应该如何(以及从哪些维度)加以计算。
3. 理论可以影响概念在记忆中的储存。这其中的寓意是,在理论的帮助下概念的获得进程会很顺利,即使理论本身也随着发展的历程而有所变化。

这些观点和证据并不意味着知觉特征对于早期概念而言就一点也不重要了。即使是在"概念寓于理论之中"的框架之下,外部的特点仍旧为判定类别成员提供了关键的线索

(Gelman & Medin, 1993)。相似性对于促进表征的比较进而发现新的抽象以及规则来说至关重要(Gentner & Medina, 1998)。我们并不认为知觉线索是不相干的,而是认为许多概念具有两个不同但相互关联的水平:可以观察得到的现实的水平,以及用以解释和阐明因果的水平。

正是这一双重的结构事实上起到了促进进一步发展的作用,使得儿童建立起更深、更为丰富、认真思考的理解(Wellman & Gelman, 1998)。大多数对于认知变化的发展心理学解释包括一些类似的结构,如,平衡化(Inhelder & Piaget, 1958),竞争(competition, Mac Whinney, 1987),理论的变化(Carey, 1985),类比(Goswami, 1996),以及认知的变异性(cognitive variability, Siegler, 1996)。在所有以上的情况中,儿童都会考虑去对比表征。毫不奇怪的是,在形成概念时儿童看重的也会超越可观察得到的特征。

以理论为基础的方法认为,分类过程与其他诸如因果关系推理或意图的解释这样的认知加工过程是相互依存的。当然,没有人会声称分类过程是一个全凭自身而完全独立分离的过程(考虑到已经普遍达成共识的在分类、知觉与记忆之间存在的联系)。概念的理论基础方法有力地指出分类与知识和信念系统之间存在着千丝万缕的联系(Murphy, 2002)。然而在这一相互依存的问题上至今还没有得到很好的澄清。例如,我们很有兴趣去了解那些有损伤的病人的分类变化(如果是有变化的话)是如何影响其他高级的推理加工。我们也需要对自闭症(其心理理论受到极大的破坏)和 Williams 综合征(其理论的构建似乎会受到削减;参阅 S. C. Johnson & Carey, 1998)患者的分类加以细致的研究。

概念获得与变化的机制

毫无疑问的是,到了学龄前的年纪,儿童的概念已经相当的丰富,不但种类各异,具有情境敏感性,而且不仅仅是建立在感知到的相似性("可以观察得到的")的基础之上。那么我们该如何解释这些早期的发展呢?一些基于相似性以及联想主义的机制早就已经提出,认为简单的注意机制可以解释概念学习——但是,诸如儿童是如何捕捉到纷繁复杂的现象复杂性这样的问题依然存在。与此同时,更多地以理论为基础解释儿童概念变化的机制开始逐渐为人们所关注——但至今仍没有好好地得到领会。在本节中,我们将简要回顾联想主义和相似性机制中的一些主要观点,讨论其在面临完整解释概念学习时的一些局限,并且也介绍一些相当有潜力的新的方向。

710 联想机制

对"概念寓于理论之中"的立场的挑战主要围绕着这么一种思想,认为低水平的联想机制就可以用来解释儿童看似复杂的概念,所以无须再借助高层次的加工了。在本节中我们将先回顾一些支持儿童联想机制强大威力的证据,然后再对为什么这些机制还不足以完整地解释儿童的概念的观点进行总结。

人类的婴儿具有发现环境中的规则以及学习联结的强大机制。他们能够对复杂的协变形式做出反应。一类婴儿使用的信息是频率的分布。经典条件化作用的一条基本原则就是,如果一名学习者经历的是性质 A 经常与性质 B 一起出现,而很少与性质 C 一起出现,那么他将学会把 A 与 B 联系起来,而不太会把 A 与 C 联系在一起。婴儿对诸如形状、运动以及质地这样的性质之间的联系非常敏感(Madole & Oakes,1999;Quinn & Eimas,2000;Rakison & Poulin-Dubois,2001)。Saffran 等人(1996)显示了 8 个月大的婴儿对言语中声音模式的分布性质尤其敏感。这样的敏感性使得婴儿能够将连续的说话言语分割成单元。与低频音一起出现的往往可以作为词语的边界。

联想主义的观点认为,概念改变的途径是"促发作用"(bootstrapping)。促发作用是一种多轮次或多个水平的统计意义上的学习(Goldstone & Johansen,2003)。促发作用的基本原理是学习者起初敏感的相对低水平的特征又与更为抽象的概念上的区别相关。在语言发展领域,就有多种不同的促发作用模式存在:形式可以成为意义的线索(句法促发作用),而意义也可以成为形式的线索(语义促发作用),而声调又可以成为意义或形式的线索,凡此种种(见 Waxman & Lidz,本手册,本卷,第 7 章)。在更为广阔的概念发展领域,促发作用的方法还包括知觉学习的解释(如,Goldstone,1998)以及形式—功能的相互关系。

语言是概念促发作用的核心输入之一。语言的运用提供了标记与物体之间的联系的方式。婴儿起初对声音元素的模式有所反应。声音元素再聚集成组块(词汇)。有了这些新的聚集物,婴儿就可以学会词汇之间或词汇与其他经验部分之间的联结模式了(Werker,Cohen,Lloyd,Casasola, & Stager,1998)。对词语分布特征的注意给学习者提供了接触大量丰富的区别与联系的类型(Oakes & Madole,2003;Samuelson,2002)。Smith 和 Yoshida(Smith,Colunga, & Yoshida,2003;Yoshida & Smith,2003)认为,基本概念(如,生命性)可能是从语言规则中提取出的。句法结构与物体和物质之间(如,英语中的可数名词对集合名词)以及生命与非生命之间(如,在日语中生命物质的复数标记要明显比非生命物质的复数形式常见)的概念区别相联系。对于幼儿来说,生命性概念超出了那些可以在输入信息中找寻得到的知觉与言语之间的相关范畴,因而会根据所学习的语言而产生对生命性的不同的概念化(英语对日语)。

这并不是说高层次的概念,不论计算性质的还是现象学意义上的,都还原成其构成成分上的联系了。随着概念系统的建立,这种联系的聚集可能会遵从干现象学上的原始形式。成人听母语的说话是一系列的单词(或者甚至是序列的意义)。构成这种分节基础的形式是无法被感知的,甚至都无法提取。Mill(1843)将这一过程描述为心理化学。当不同波长的光被一同感知到时,对整体(白光)的经验在性质上也与其部分(颜色)之和是完全不同的。关键的是,整体会提供独特的联系(或联想)。与白色光的联系不是与其构成颜色的联系中推论出的。

有一项个案研究,试图从对儿童依据形状形成图形概念的研究中考察联想机制的作用。许多研究提出这样的观点,形状是儿童进行语义表征的关键重要成分。2 岁的儿童会将熟悉的词语过度扩展于不相干的物体身上(如,将月亮叫成"球",Clark,1973),而学前儿童则是以形状为基础来扩展新词的用法(见 Woodward & Markman,1998,其中的讨论)。

以联想主义者的观点看来,对形状的偏好是随着时间的推移,在输入信息所具有的统计规则的基础上逐渐建立起来的(Smith,2000)。对此观点构成支持的证据是,这些偏好都不是先天的,而是在最初集合的一些单词已经学会之后,2岁左右才开始出现,一直增加到36个月大(Smith,2000)。因此,对形状的注意似乎经历了一个富有个性发展的时间历程,随着儿童用自己的语言获了更多的经验而变得更加强大——因此这也意味着它是词语学习的结果而非来源。儿童所听到的输入信息同样也为物体形状与可数名词之间的联系提供了丰富的资源。在英语中儿童学会的第一个可数名词往往是形状成为其显著特征维度的类别,这说明儿童可能听到许多以形状为基础的可数名词。处于不同种类语言之中产生某些不同的单词学习基础,同样说明了经验是儿童形成关于单词意思假设的重要影响因素。与之相关的,通过教授儿童以形状为基础的名词的方式对言语输入加以实验控制,会使儿童在很早就出现强烈的名词学习的倾向(Gershkoff-Stowe, & Smith,2004)。

我们和其他学者已经提出的一个论点是,形状的显著特性大多得出其重要价值,并以此作为其他信息的指标或预测者(S. A. Gelman & Ebeling,1998;Medin,1989;Soja,Carey, & Spelke,1992;Woodward & Markman,1998)。一旦本体论的知识和理论的信念出现,而且当它们与形状产生矛盾时,儿童能够而且确实会对之加以分类,并且根据其他因素来命名(参见 S. A. Gelman & Diesendrunk,1999,其中的回顾部分)。如果这一解释是正确的话,那么当儿童直接接收到与理论上的种类有关的信息时,这将影响哪些特征会被认为是相关的以及在儿童的判断中使用。事实上,Booth 和 Waxman(2002)已经显示了概念性的信息(以言语描述的形式)影响到儿童词汇的扩展。在两项实验中,3岁儿童接受一个用简单抽象物体的词语扩展任务。这些物体被描述为要么具有生命的特性(如,"这个'dax'有深爱他的爸爸和妈妈……当这个'dax'晚上睡觉时,他们就会给他很多的亲吻和拥抱"),要么就是具有与人造相关的特性(如,"这一'dax'是由一个宇航员制造的,用来在她的宇宙飞船里执行一项飞船特殊的使命")。儿童会根据故事所提供的概念方面的信息对该物体进行不同的划分。这些结果显然与儿童会自动激活纯粹以知觉为基础的目光接触与形状尺寸之间的联系这一思想相违背。

相似性

许多联想主义的理论将相似性作为最强大的幼儿概念组织原则。所谓相似性即是特征上重叠程度的一种概括(Hahn & Ramscar,2001)。它一般可以看作是一种知觉特性之间的关系,如形状或可见的部分,因而尤其适合联想主义对概念的解释。不过,相似性是一种抽象的关系,可以在任意的特征之间存在(也包括非知觉性的特征)。然而,作为一种关于儿童概念的假设,相似性一般是指那些没有加以表征的非观察得到的、概念性的特征(Maseschal,2003;Sloutsky & Fisher,2004)。

相似性是一种总体的或整体的表征(与以规则为基础的或分析性表征相对)。将儿童的思维描述成从整体过渡走向分析(Kemler & Smith,1978),或从聚焦各类特有的特征转而有选择地对定义性特征加以表征(Keil,1989)是一个长期的传统。试看下例,有两个人:你父亲婴儿时期的兄弟(A)和现在假期常来往的家庭的成年人朋友(B)。成人的直觉是 B 更像是一个典型意义上的叔叔,然而事实上只有 A 是真正的叔叔。以相似性为基础的解释否认儿童会做出这样的区分判断。对相似性的计算不具有情境依赖性。这其实与你判断哪一个人(A 或 B)更可能给你礼物或哪一个人更可能与你拥有一个共同的遗传特征无关,而是整体知觉上的相似性产生了相应的预期。与之相对的是,更为复杂意义上的相似性会使得我们依据情境做出区分性的判断(Medin,Goldstone, & Gentner,2000)。例如,那位家庭的成年人朋友更可能送你一件礼物,但你父亲的兄弟可能与你父亲有同样的血型。其他超越相似性为基础的解释包括绝对地看重某种特定的特征,从而产生以规则为依据的类别。因此,对于名称类别(如"叔叔")而言,血缘关系就是充分必要的条件(其他特征无关紧要)。现在我们可以对简单相似性模型(总体性的、非情境依赖)与其他两类模型加以区分了,另外两种情况:一类是相似性具有情境依赖性的,一类是某种特定的特征会给予绝对的看重。一个关于发展的一般假设是,简单相似性模型发展早于另外的两种相似性模式。

712

Sloutsky(2003;Sloutsky & Fisher,2004)已经更新了关于幼儿的概念是以一种相对未经分化的总体相似性为基础的观点。Sloutsky 对儿童对动物种类的表征进行了研究。以理论为基础的观点认为,幼儿的概念是围绕生物学的本质和因果关系来加以组织的,知觉性特征提供的是有关基础特性的证据(S. A. Gelman,2003)。当儿童在判断两个动物哪一个具有同第三个动物一样的新特征时,理论基础观会认为儿童将依据生物学上的相关性来做出判断,即使它与知觉的相似性产生冲突时亦是如此。与此相反,Sloustky 却认为儿童不能对知觉的和根本的特征进行区分。在一个系列研究中,给参与者呈现的一项任务就是让他们判断两样东西哪一样与第三样具有相同的基本生物学特性(如,两样东西哪一种是有血液的;Sloutsky,Lo, & Fisher,2001)。成人与年龄较大的儿童被试利用的是共同的标记名称,而将知觉性的特征排除在外,两样名称相同的东西会共同具有一些特性。但幼儿完成该任务的情况却有所不同。标识并不具有特殊的重要地位,而是只是进入一种听—知觉特征相似性的计算(Sloutsky & Fisher,2004),如果两样东西标识一致,儿童就会判断它们更为相似(Sloutsky & Lo,1999)。因此儿童从一种动物到另外一种动物的归纳推导可以从其对这两个动物相似程度的判断上——至少是在该项任务对相似性的计算上,得到很高的预测。

相似性和联想机制的局限

对许多人来说,经验论的思想是非常具有诱惑力的常识(Keil et al. ,1998;Pinker,2002)。而且这也似乎是解释知识获得的最小组织。一般的归纳加工过程,以联想学习和相似性的评估为基础,当然毫无疑问的是获取类别的有力工具。然而我们却认为这一加工过程不足以对概念的获得与发展变化提供完整的解释。

情境敏感性

以相似性为基础的模型其主要局限之一在于对情境敏感性的解释说明上。有选择的相似性是儿童概念的特点。学前儿童意识到一个人与一只玩具猴子看上去很像但却不会具有共同的内部特性,一条蠕虫虽然长得与人毫无相像,但反而更具有某些类似的内在特性

（Cartey，1985）。对相关性的因素加以简单的关注甚至连幼儿的知识都不足以解释说明。例如，3 岁和 4 岁的儿童预计一只木制的枕头是硬的而不会是软的，哪怕儿童过去所遇到的枕头全都是软的（Kalish & Gelman，1992）。同样，2 岁到 4 岁的儿童更倾向于运用知觉相似性的线索，如果相似性是与功能相对应的话（McCarrell & Callanan，1995）。比如，在儿童看过照片上两个生物仅在眼睛的大小和腿的长短上有所区别之后，让他们做一个有关视觉的推论（"它们哪一个在黑暗中看得更清楚？"）或一个关于运动的推论（"它们哪一个跳得更高？"）。儿童会根据特定的功能有选择地注意不同的知觉特征（当问题涉及视力时是眼睛；问题牵涉运动时是腿）。Giles 和 Heyman（2004）发现，学前儿童会依据个体所属的类别有所区别地看待同样的行为。如果一个女孩（相对于男孩，相对于狗）打翻了一个小孩的牛奶，其含义会根据如何解释的而有所不同。以上这些关于选择性的例子似乎更适合解释因果推理的情形而不是作为一种注意权重的反映。

与相似性的解释不同，联想主义对于情境敏感性的解释原则和的困难，事实上也预计到这一情况的发生（L. B. Smith，2000）。不过，其解释是假设儿童先前就具有一个联想的数据库以便驱动他们判断。与之相对的是，以理论为基础的模型能够使儿童做出有利于其理论假设的新的推论（正如在木头枕头的研究中所显示的那样，学前儿童正确地推导出木制的枕头会是硬的）。

标记的作用

713

相似性的观点认为词语在一项未分化的相似性判断任务中仅仅作为一种附加的特征（Sloutsky，2003）。与之相对的一种观点认为，儿童将不同的词作为不同种类概念的参照（如，可数名词标记着分类学意义上的种类；专有名词标记人物），而这些概念又成为儿童判断时的中介。检验这些假设的最好办法就是对不同种类的词语进行考察。有关儿童对不同种类型词语的敏感性的文献提示我们，纯粹的相似性模型很难对现有的发现加以说明。S. A. Gelman 和 Markman（1986）发现，如果标记的是同义词的话（如"puppy"和"baby dog"；不一定是完全一样的标记），儿童就会将新的特性从一种动物扩展到另一种动物身上。而且 S. A. Gelman 和 Coley（1990）还发现如果他们接收到的是同样的形容词的话（如，标记两只鸟都是"迟钝的"），儿童不会将新的特性从一只动物向另外一只扩展。标记本身并不决定表现，而是由标记转达的概念承担这一使命。

Sloutsky 和 Fisher（2004）的研究结果表明，类别性的（标记的）信息在归纳推导时比判断相似性时更为儿童所看重。S. A. Gelman 和 Markman（1986）提出了一种解释：共同的特性是同一类别成员的特征。因此当问及共同的特性时，儿童就会寻找有关类别成员的线索。共同的标记就是其中的一种线索。而当任务变成判断知觉上的相似性或共同的知觉特性时（如，重量；S. A. Gelman & Markman，1986），外表就成为更好的线索。Sloutsky 和 Fisher 却反对这种解释。首先，他们认为 S. A. Gelman 和 Markman 不仅赋予标记以特性估计时的重要意义，还认为标记是具有标准意义的（它们应该压倒所有其他的信息）。其次，他们认为标记仅起到听觉特性的作用，而不是作为一种类别身份的线索。我们来看看这两种说法。

Sloutsky、Lo 和 Fisher(2001)让人们预计哪两个动物会共有一种新的特性。他们让材料具有共同的特性：动物看上去相像，具有共同的标识，或者在生物学上是有联系的。结果发现不会将任何一种特性作为标准性的特征。然而，不清楚的是为何标准性的反应却是可期的：在本例中任何一种特性都有理由成为一条好的线索。认为类别成员的身份决定对特性的估计与声称共同的标记是标准性的这两种观点是有所区别的。标记仅仅是用来预测共同成员身份的好的理由，还可能存在其他的(与之竞争的)理由和根据。两个动物长得像也是判定它们具有共同类别身份的很好理由(S. A. Gelman & Medin, 1993)。

Sloutsky 基于相似性的解释的第二项内容是否认标记的特殊地位。以这样的观点看来，标记影响儿童的判断是因为它们是显著的知觉(听觉)特性，而在儿童的加工过程中听觉特性胜于视觉方面的特性。(这是一种含混的证明，因为不清楚人是如何能够充分测定两个维度以确保逐一地比较。)这一观点与我们已知的关于儿童词语学习的了解不太相吻。不是任何的听觉联想都能影响推论的。正如 Bloom(2000)所回顾的那样，儿童会根据一个标记是否是一个可数名词、专有名词、集合名词、形容词、介词或动词来进行不同的判断(也参见Waxman & Lidz, 本手册, 本卷, 第 7 章)。如果标记仅仅是注意的线索，给予很高的权重只是因为其听觉方面的模块性，那为什么儿童能对这些不同类型的词语加以区分呢？即使幼儿也意识到标记是用来指称的(Tomasello & Barton, 1994)。Jaswal(2004)发现，儿童会根据说话者的意图而改变他们对标记的注意：如果该标记是有意为之，那么儿童会根据这个标记做推论；如果标记是偶然的或未经说明的话，那么儿童就不会这么做(也可参阅 Koenig & Echols, 2003; Sabbagh & Baldwin, 2001, 相关的结果)。这一结果又一次与这样的解释相吻合，即儿童会在标记指示类别成员身份的情况下利用它们，而不是作为一种显著的听觉线索来加以利用的。幼儿利用说话者的意图来估计标记的价值："学前儿童不会将标记作为一种非理论的物体特征；相反，他们会依据对标记它的人所传达意图的理解来解释它们。"(Jaswal, 出版中)

与之相关的一点是词语学习过程本身就非常倚重这些给人印象深刻的潜在社会信息。儿童学习词语的方式似乎就是与联想学习机制相仿的(可能更为复杂的方式情况不同)。Tomasello 和 Akhtar(2000, p. 181)列出了几条只有 24 个月大的幼儿在学习单词的时候就能不受时空邻近性和知觉显著性影响的方式：

- 他们认为单词指示的是意向性的动作，即使新的目标词紧接着的是一个偶发的动作，只有在后面才跟着一个意向性的动作。
- 他们学习一个单词是为了掌握一个对于(成人)说话者来说也是崭新的方面，即使这个单词对儿童来讲不是生词。
- 他们为了一个预期成人会做的动作而学习新的表示动作的单词，即使这个成人没有真正地做出这一动作。
- 他们利用成人的目光指引而不是知觉的显著性来判定应该如何参照。

Tomasello 和 Akhtar(2000)进一步指出，儿童是运用我们所熟知的发展机制来获取单词的(包括言语加工、模仿、概念形成以及心理理论)——但是这些机制却不能还原为联想主

714

义。读者也可参阅 Baldwin, 1993; Bloom, 2000; Diesendruck, Markson, Akhtar 和 Reudor, 2004; Golinkoff 和 Hirsh-Pasek, 2000; 以及 Woodward, 2000, 对此提出的进一步讨论, 认为联想主义不能作为唯一用来解释词语学习的机制。

限制

针对联想主义解释的核心挑战是对约束限制的描述, 这些限制足以生成概念以及我们可观察得到的发展中的现象。儿童是如何以一种规则的方式获得了基本的概念而没有产生显著的偏差呢? 对于经验主义者而言一般的回答是将其归之于输入的结构。主要针对性的研究已经显示, 基本概念的差异可以从输入的低层次特征中得到纠正。这样的证明需要首先展示在儿童的经验中具有这些相关的联想, 其次儿童对这些联想要非常敏感。对于这一论调的挑战是可以说明这些联想并不是被推断提取出的 (Keil, 1981)。基于儿童的经验所有可能的概念都应该可以被建立起来, 为什么他们只建构起标准的概念体系而非其他呢?

另外一种说法是任何发展性的解释也都需要考虑一个概念没有学会或没有发生变化的情况。所有的学派方法都试图刻画为什么儿童具有他们所具有的概念。那么为什么儿童有时会拒绝教导或输入呢? 先天限制论认为概念并不是儿童与生俱来就已装备的先天工具。理论的方法会谈及互相匹敌的概念系统之间的不匹配——即在儿童先前具有的概念与课堂中所传授之间没有一个同一的衡量标准。而经验论的方法则假定认为是过去的经验胜过了当前的输入, 但同时也预计最终新的输入会压倒旧的内容。

联想主义理论在处理这一问题时已经开始采用的方式是, 通过关注经验中的变化情况以追踪其他的概念是如何可能获得的。跨语言的经验也许是关键的情境之一。如我们已经提到过的, 在考虑生命—非生命的区别时, 日语和英语提供的是不同的线索, 说这两种语言的儿童在对处于边界的情况进行分类时也是存在区别的 (Imai & Gentner, 1997; Yoshida & Smith, 2003)。这些都是重要的和引起争论的证据。现在还不清楚的是这一机制对于解释发展而言具有多大的深度。这一变化是否显示了婴儿是如何构建起本体论的, 或者也可以说儿童是如何捕捉到一种本体论的? 严格的联想主义模型可能需要补充一些如注意偏好这样的先天倾向性才行 (Rakison, 2003a)。

概念的变化

对于联想主义解释的另外一项挑战是针对联想可以解释说明任何的概念学习这一论调的。儿童对协变关系以及基本的相似性关系具有敏感性, 然而成年人概念获得的例子中我们发现似乎超越了联想。在高级物理课上学生们会学习用截然不同的新方法进行概念化的过程。虽然由长期经验构成支撑的物理上的直觉仍旧会组织思维的某些部分 (diSessa, 1996), 人们同样也获得了日常联想中不存在简单基础的抽象的理论性概念。联想是不是最好的用以刻画以语言和社会性作为中介的学习的方法呢? 大多数人都知道太阳是一颗恒星 (概念) 并能够造成对无线电的干扰 (因果关系), 这并不是因为我们进行了协变关系的分析, 而是因为有其他人告诉我们。

不清楚是否联想主义者认为所有的思维和学习都是由同样的原理所掌控——"归根到

底"(或反过来?)认知也是联想。Rakison(2003b)似乎认为联系(即"太阳是颗恒星")只提供了联想,虽然这种联想是非知觉性内容之间的。不过他也承认所谓"形式学习",人们会建立和应用明显的理论(Rakison,2003b,p. 175)。如果联想主义与非联想主义的概念获得机制都站得住脚的话,接下来的一个棘手问题就是它们各自在何时活跃以发挥作用呢? 正是因为有可能通过对联想的分析来获得某些概念,那么这是不是就是人们最为常见的使用方法呢? 联想主义观点过度简约的追求也使得其理论失去了一些说服力。如果青少年在学校中运用不同的方法来获得概念,那么这至少也提高了这些机制在儿童发展早期也能看到的可能性(Gopnik et al.,1999)。

概念占位符

有一大类提出的概念机制我们统称为"占位符"(placeholders)。概念获得并不都是一蹴而就的,相反,最初对一个概念的表征只是一个部分完整的结构,其包含的信息仍旧有许多关于概念的可以学习的内容。这一部分表征构成了儿童从简略片段的呈现中就能获取概念的"快速映射"(fast mapping)的能力,这确保儿童都成为多产的词汇和概念学习者(Carey,1978)。现在围绕概念占位符有所争议的一个领域是,究竟联想学习的普遍原则是否能够产生关于概念的直觉,或者是否占位符的起源必须追溯到先天的结构或其他的学习机制(Diesendruck & Bloom,2003;Samuelson,2002)。

作为指示物的单词

单词似乎为儿童提供了概念的占位符,即使是在单词学习之初亦已如此(Waxman & Markow,1995)。我们已经看到儿童会以为具有共同标记的物体拥有共同的基础特性(G. A. Gelman & Markman,1986)。Waxman 和 Markow(1995)将可数名词称为构成类别和寻找有关概念相关的"邀请":共同的标记引导儿童寻找共同性;不同的标记会导致儿童搜索差异性(也可参见 Waxman & Lidz,本手册,本卷,第 7 章)。当听见两个东西用一个词来标记时,即使是 9 个月的婴儿也很倾向于对相关的类别相似性有所注意(Balaban & Waxman,1997)。因此,儿童并不认为标记不仅仅是便利设施——以一种简便的方式来有效地指称感知遇到的信息。相反,儿童会期待特定的标记——以及它们所指称的类别——以捕捉远远超出他们已经碰到过的事物的特性。

这一指称效应尤其与介于边缘和非典型的例子有关系,其中有一种非言语性的分析会与标记分歧。儿童在 12 个月大时就显现出这样的效应——这是词语学习的最初阶段(Graham,Kilbreath, & Welder,2004)。在相关的研究中,Xu(2002)发现,如果听到两样东西的两个标记是相同的话,会促使婴儿把它们当作同一类东西来看待,而如果两个标记不同,则会把它们当作两样不同种类的东西。

仅仅与其他的词相联系,单词也可以发挥占位符的效用。Shatz 和 Backheider(2001)已经发现,在学前儿童具有概念的内容,即在他们发展建立起恰当的"词—现实映射"之前,就学会了"词—词映射"(如,蓝、绿和红都是"颜色"的种类)。这一粗略的占位符概念即是这些词组合在一起,形成某种语义的领域。只有在稍后阶段这一最低占位符才会与现实中的概念相联系。Shatz 和 Backscheider 在指称颜色和数字的词汇领域证实了这些映射的存在。当然这一现象可能在更广泛的领域中都存在。以许多通过语言(口头的和书面的;参见 Sternberg,1987)才获得的概念为例,许多这样的词仅有的内容就是其周围的言语情境。有些时候,这样的语境会补充丰富的概念信息(例如,如果我们听到"貘追赶它的猎物",就会推断这只貘是一个有生命动物,接着还会有许多其他的推论;Keil,1979)。但是在其他一些时候,语境只能起到一种 Shatz 和 Backscheider 所说的词—词映射的作用。

词作为概念占位符的观点导致了这么一个问题,是否概念是部分被社会中其他人所储存,而不是完全地被储存在儿童的思想中。一些研究者提出,如同对分类的工作非常敏感(包括言语上的和认知上的分类),有些概念只是作为知识体的指示物,只有专家才能达到(Lutz & Keil,2002;Markman & Jaswal,2003;也可参见 Coley,Medin,Proffitt,Lynch,& Atran,1999,在知识与期望之间所做的重要区分)。这一观点是从 Putnam 著名的榆树和山毛榉的例子中来的:他知道它们是不同种类的树,但又不能说出一种与另外一种的区别。在经过大量广泛的论证之后,他总结到"概念原来不在头脑中!"

716

实验证据表明,成人在命名自然种类时与专家采取的是不同的方式(Malt,1990;但也请参见 Kalish,1995),儿童的这一趋势更为明显(Kalish,1998)。儿童是准备接受实验提供的标记的,哪怕这些标记令人吃惊或者与直觉相悖(S. A. Gelman & Coley,1990;S. A. Gelman & Markman,1986;Graham et al. ,2004;Jaswal & Markman,2002)。在一个详尽的个案研究中,Mervis、Pani 和 Pani(2003)提供了一个例子说明儿童与成人在命名的问题上是有所区别的,儿童采用的是一种"权威的原则",这在研究对象 20 个月大的儿童(Ari)身上有所体现。例如,当 Ari 的爸爸说"那只鸟儿是一只红色的鸟",Ari 就明白了这是一种鸟的子类,而不是鸟的同义词(p. 265)。在一项研究中我们所指导的一名 2 岁儿童更是直接地把权威原则表达了出来:"我以为它是一根棍子,但这个人(即实验者)说它是一条蛇。"

了解儿童与专家之间差异的深度是非常有意思的。也许因为儿童对大多数事物其实是忽略的,是否这一现象会在所有的知识领域中都是如此,还是在命名指称时尤其突出? 儿童与成人会不会在所有的领域(包括属性的术语和简单的人造物品)都存在命名方面的差异,还是仅仅在自然种类上如此? 这一意愿与其他知识相结合的发展过程是怎样的? 是不是因为知识太少以及最为迫切需要成人输入知识的原因,幼儿对专家的知识最为"开放"呢? 还是会因为随着他们在元认知上更为意识到自身的局限而对专家知识的抵御与日俱增?

对于概念而言更为特定的结构可能是以"完全假设"(overhypotheses)的形式来进行编码的(Goodman,1955;Shipley,1993)。完全假设指定了一个概念将要表征的不同种类的特征或方面。4 岁的儿童会有一个一般的期望,对于动物来说,一个种类的成员会在居住地、食物以及运动方面趋于一致。更通俗地讲,也就是说当儿童遇到一个新的种类时(比如,小种袋鼠),他们认为该种类的成员都会在同样的聚居地出现,吃同样的食物,移动的方式也一样——甚至是在他们真正从一个具体例子中学到有关该物种居住地、食谱和运动的知识之前。在这一方面,儿童基于类别的推论部分反映了一种特殊的、关于动物物种的生物学理论。

某一领域中的上位概念可能是以完全假设的形式来加以结构的。这样的一种结构似乎刻画出生物种类(Shipley,1993)和疾病种类(水痘、麻疹等,Kalish,2000)的特点。对某种东西可以称为一种疾病而言不存在充分必要条件(Kalish,1994)。相反,疾病的上位概念包含了可以刻画各种疾病特点的各种特性的表征。各种疾病则在同样的方面(病因、治疗、症状、病程,Lau 和 Hartman,1983)各自做了规定。知道一个概念属于一种疾病也会提供可以从此概念中学到些什么的相关信息。例如,只要是疾病就会有一个特征性的病因以及一组症状。相反,完全假设中没有包括的因素则会被当作是一种偶然的因素。就像实在论的直觉一样,完全假设提供了对最初概念表征加以精致化的途径与方法。

理解的方式

领域特殊性的知识又从何而来呢? 有些人认为诸多领域的差异既不体现在知觉结构中,也不在于对领域本身的概念组织,而是体现在一个更为抽象机制或理解方式的水平上,可以将之整合入不同的领域(Keil,1994;Sperber,1994)。已经有相对较少的一部分理解方式(或可称为解释说明方式)被提了出来:一种意图的方式,一种机械的方式,一种目的论式的方式,一种实在论的方式,也许还有一种活力式的方式(Inagaki & Hatano,2002;Morris,Taplin, & Gelman,2000)和一种道义上的方式(Atran,1996)。

理解的方式包括以说明为目的的、对事物及其相互作用的相当抽象的表征。将一现象看作包含目标指引的动作,为将这些解释说明引向特定的形式提供了一种模式和方法。假设有一个贯穿中心的目标也就意味存在着分目标,存在达到目标的障碍,以及目标失败时的调整。关于系统或现象的附加信息可以用来细化一般的框架结构。那么,追寻的是一些什么样的目标? 有什么样的调节能力存在呢?

一个关于儿童运用理解的方式的很好例子见于 Kelemen 对目的论的研究工作(Kelemen,1999,2004)。幼儿似乎倾向于在自身的经验中将功能归之于物体。他们会采用机能性的姿态来问“这是做什么用的?”从成人的立场看,儿童运用这种理解的方式过于广泛了。儿童会认为有些自然发生的物体,如石头与河流,也是有功能的(Kelemen,1999)。幼儿在一开始不会像大一些的儿童和成人那样做出区分。对成人而言,人工物件是具有功能的,人们制造它们就是出于某种特殊的理由;生物具有机能的部分,那是自然选择的历史使然;非生物物质可能为了某种目的而被加以使用,但一般不认为它们是有功能的。从儿童应用目的论式的理解方法中观察,他们是不具备这样的区分的。

理解的方式也并不局限于某些特定的领域。当在面对外界的变化时类别可以捕捉到大量有关信息的情况下(如生物种类),实在论的方式可能就非常适用,但以任何习惯的角度看也不一定是只有生物学的才行。在一些发表的论著中 Keil 提出,往往在儿童和成人寻找理解方式与“现实世界结构”之间的共鸣时,理解的方式与领域之间的联系才会发生(1994,p. 252)。他还进一步补充,认为“成人在智力方面体现出来的优势包括试图去发现哪一种理解的方式更适合一个现象,有时还会尝试几种不同的方式,例如在我们想到计算机时会采用‘民间心理学’的术语,流体力学的术语,或者物理—机械的术语”(1995,p. 260)。

这一理论方法的优点在于,它可以顺应诸如实在论这样的范围广阔的现象(如,对那些很难具有生物学模块地位的东西授予非生物学的类别),但也不会混淆(即,不是所有的类别都是被实质化的,因此反对彻底的领域一般性的解释)。

因果学习

因果学习代表着联想机制与以理论为基础的机制之间的桥梁。因果学习的输入是协变关系的模式,输出则是对可以形成理论构架的因果关系的表征。在心理学领域中大多数关于因果归纳的说明都集中在学习的问题,是否在一组事物之间存在有因果的联系(Cheng & Novick,1992;Shanks,Holyoak, & Medin,1996)。这样的学习可以成为新概念的重要来源。以理论为基础的解释认为,概念就是围绕因果关系的网络形成的。正如已指出过的那样,有因果联系的那些特征相比那些单纯的空间、时间和简单联结的特征更趋于核心的特征。

根据贝叶斯网络(Bayesian networks)提出的对因果归纳的解释对于概念变化而言更具直接的启示(Glymour,2001;Pearl,2000)。根据贝叶斯网络的计算也会产生有关潜在变量存在的预期。假设一组事物之间有某种特定的条件依赖性或条件独立性,学习者会认为有些附加性的、未知的事物具有一种因果性的影响。这一结论有效地为学习者提供了一个新的(占位符)概念:具有这样因果效力的事物。学习者不仅学到了有关存在事物之间相互关系的新的理念,而且还会产生有关新的事物的观念。贝叶斯网络的这些以及其他的特征似乎在对理论和概念发展的说明上有极大的保证(Gopnik,Glymour,Sobel et al. ,2004)。

2岁的儿童就可以根据协变模式做出因果推论(Gopnik,Sobel,Schulz, & Glymour,2001)。Gopnik和Sobel(2000)进行了这样的研究,让2、3和4岁的儿童学习一个具有新名称的新物体(如,一个"blicket")具有一种特定的因果效力(将这个物体放在一台机器上,明显的会使得这台机器上的灯亮起来并演奏音乐)。结果显示,即使是2岁的儿童也会利用因果性的信息来引导他们的指称和归纳。比如,具有相同因果效应的物体比之仅仅是外表感知方面相类似(但在因果效力上不同)的物体更会得到同样的标记。重要的是,只是与机器被激发相联系(实验者拿着物体靠近时启动机器)并不会产生同样的效应。因此,单有相关性的信息是不足以确定儿童的指称的。反之,2岁儿童是利用因果性信息同时引导指称与归纳。

对于贝叶斯因果推论而言一个关键的内容是有关条件独立性的思想(Gopnik et al. ,2004)。假设一个人注意到一组物体之间的某种关系以及一些因果的效力:每当一个蓝色的物体和一个红色的物体放在一台机器上的时候,该机器都嘟嘟响。确定是哪一样东西引发嘟嘟声的就是要寻找条件独立性。只放蓝色物体或只放红色物体时会有什么情况发生?如果我们发现只放蓝色物体而不是只放红色物体时有此效果,这种形式的结果就会告诉我们是蓝色物体造成机器发出这一嘟嘟声的(在蓝色物体存在的条件下嘟嘟声是与红色物体相独立或无关的)。这种形式也具有提供新概念的能力。关键在于,这样的澄清似乎与仅仅是不一致相关是有所不同的。在这个例子中,蓝色与嘟嘟声100%相联结,红色的只有50%的比率。如果在缺乏条件独立性的情况下给予同样比率的联结(如,向被试展示两次只有蓝色物体出现时的成功联结,仅有红色物体出现时一次成功联结,一次失败)却并不会产生同样的效应。在非变化与变化连接的情况下,儿童只是在随机地挑选因果性物体(Schulz & Gopnik,2004)。反之,给予条件独立性的展示会导致儿童产生可信的因果直觉。当条件独立性模式指明一种新的因果关系时,儿童甚至会不顾业已存在的、具有领域特殊性的直觉(Schulz & Gopnik,2004)。正如通过因果性的学习,理论的复杂性与广度都会有所提高那样,概念也会因此而得到发展。

因果学习的机制提出了一个棘手的问题:如果人们会去寻找原因、解释和非显著特性的话,那么为什么成人在许多领域中的知识会如此浅薄、破碎和充满错误呢?如果有人对最后部分所提出的悖论心存疑义的话,只要考量一下基本归因错误(Nisbett & Ross,1980),错误比比皆是的推理启发式(Kahneman,Slovic, & Tversky,1982),以及在逻辑分析时顾此失彼的情况(Johnson-Laird & Byrne,1991)就可略知一二了。这里存在着一些相关的问题。其中一个问题是,即使当儿童试图确认原因时,搜集和评价事实也存在困难(D. Kuhn,1989)。即使是在童年,对现象加以解释说明并且发现原因的冲动都是很强烈的,但是科学的方法却会给我们毕生都带来困难。什么时候如何对事实进行评价会比较容易或更加困难的问题非常复杂,也超出了本章的范围。Kuhn 和 Franklin(本手册,本卷,第 22 章)提出了更为细化的讨论,说明儿童在试图协调先前的期望与新的资料时所面临的困难(这与在一个多元变化的情境里分离出原因时儿童显得得心应手的情形正好构成反差)。另外一个问题是人们倾向满足于一些肤浅的解释(Keil,1998),而事实上却存在错觉,以为自己解释运用的知识比实际拥有的更为深厚(Keil,2003;Mills & Keil,2004)。当我们尝试搞清楚一部手机是如何工作的时候,即使退一万步我们也不会去寻找使其运作的电子工程学原理。同理,当我们对生物学上的物种(包括社会类型)进行推理时,儿童在诉诸根本原因时是不会去构建高度准确的生物学模型的。

小结

联想主义和相似性的解释对于概念发展而言是非常有说服力的解释途径,但显然这些还是不够的,其本身也缺乏提出进一步的概念和理论建构的能力。这些能力就包含了我们这里所回顾的两种机制(概念占位符和因果学习的解释),以及其他诸如结构映射这样的扩展知识的方法(见 Larkey & Love,2003,以及 A. Markman & Genter,2000,所做的回顾)。相似说的证据不能够成为反对理论说的证据(反之亦然)。相反,这两类解释更像是互相有所促进。

有一个相对没有涉及的问题,信息加工的需求究竟是如何与直觉的理论发展相关联的。研究者们已经在心理理论领域对抑制性控制(inhibitory control,IC)和概念发展之间的联系进行过探讨(Perner,Lang, & Kloo,2002)。一种假设是,用来评定心理理论的任务具有强烈的 IC 需要,因而有可能掩蔽了早期的概念能力。另外一种说法认为 IC 是心理学领域中概念发展的一项先决条件,可能对其他领域中的概念来说也是如此(Carlson & Moses,2001;Flynn,O'Malley, & Wood,2004)。第三种可能性是,至少在这一领域里概念概念发展可以使信息加工得到改进。随着儿童获取新的心理机能概念,他们能够更好地指引自己的思维。信息加工能力与概念发展在其他领域是否也存在如此强大的联系是未来研究很令人期待的一个领域。

经验与个别差异

在本章之初我们就曾经发出警告,概念是不能还原为经验的。然而,要想对概念的机制有完整的了解,就不仅仅是对抽象意义上的概念加以检验,还要对经验与概念结构之间的关系进行考察。本节我们就来讨论这一议题,着重对个别差异与输入加以关注。

个别差异

任何一种有关概念的解释都将面临的挑战之一是,处理心理表征的共有性与特异性之间的紧张关系。一方面,共有性概念是沟通交往的先决条件,另一方面,每一个个体概念又都具有某些独特的看法和联系。正是因为两个人共有"狗"的概念,他们才可能谈论有关狗的事,不过一个人对狗的表征可能与另外一个人的存在某些不同。当我们考虑进文化的因素时,这种概念上的差异就变得愈发明显。人们在什么时候会获得不同的概念,在什么时候仅仅是对同样的概念进行不同的表征呢?对于概念发展而言也存在同样的问题。在何种意义上概念发生了变化而不是被彻底替代了?一个 10 岁儿童拥有的关于"狗"的概念是对他 5 岁时拥有的同一概念的修订版呢,还是根本已是另外的一个概念了?从部分的意义上来看,个体差异的问题是一个理论性的问题,要回答的是概念如何被确认以及个体化的问题。关于个别差异也存在诸多重要的经验性问题。人与人之间概念的差异性到底有多大,这些差异的来源又是什么呢?

解释概念发展的一个核心问题是,在不同程度的概念差异之中是否存在一种原则上的区别。经典理论在定义上的差异与特征联系上的差异之间做了显著的区分。由于"男性"是"单身汉"的一个定义性特征,对是否也存在女性单身汉这样的问题持不同意见的人显然拥有的是不同的概念。因为整洁干净只是单身生涯的一种特定性的特征,因此人们可能共有这个概念,但对于单身汉是否不修边幅的问题可以各持保留意见。从经典理论向以相似性为基础的理论发生转化的结果之一,便是摒弃了特定性与定义性特征之间的分野。以相似性为基础的理论将所有概念差异都理解为只是程度上的。没有两个人拥有完全一致的某个概念,随着经验的改变也没有一个概念是一成不变的。

Fodor(1998)认为非经典理论所做的这种颠覆是不可接受的,他认为如果心理表征不能提供确认概念身份的绝对基础的话,那么概念也就无从建立于心理表征之上。Fodor 的论调是反对相似性理论的,但事实上心理表征没有差异会影响概念的拥有。一个人对于狗的心理表征可能与另外一个人毫无共同之处可言,但两个人拥有的是同一个概念,因为他们都可以思考和谈论狗的话题。这一观点构成了前边我们所引用的充满煽动性言论的基础,概念的意思"其实并不在我们的脑子里"(Putnam,1975)。

基本知识观试图重新建立概念的核心表征与周边性表征之间的传统两分。概念是建立在基本理论的基础之上的。比方说"热"(heat)这一概念的核心是根植于物理学的原理之中的。Smith、Carey 和 Wiser(1985)描述了不同的物理学理论所包含的有关热的不同概念。当代的一种观点是将热与温度区别开的,而旧的理论则将这二者混为一谈。持不同理论的人所具有的概念当然不可同日而语。不可能直接地在一种理论框架内去表征另外一种热的概念。其他概念上的差异更像是表面的意见相左。光究竟是一种粒子还是一种波？这两种光的概念是不同的,但持一种概念的人也能够想象另外的一种。分歧在于哪种特别的概念需要被表征。在科学发展史上,概念不可调和的情况可谓不胜枚举。Carey(1985)认为在发展历程中也有很多这样的例子。在什么样的程度上个体和文化的差异可以用不可调和来加以刻画呢？

带着这些区分,现在我们转而讨论由专长造成的差异以及由认知风格所造成的差异。

专长

在概念研究领域最令人感到诧异的一项发现是,幼儿可以在某一领域变得非常的专业,而这些专长又对概念如何进行组织产生了影响(见 Wellman & Gelman,1998,回顾)。在一系列堪称经典的实证中 Chi 以及她的同事发现,年幼的恐龙专家们不仅拥有大量任由处置的有关知识,而且还将这些知识组织成一个有层级条理的知识网络,使他们能够做出归纳的推论(Chi,Hutchinson, & Robin,1989;Chi & Koeske,1983;Gobbo & Chi,1986;也可参见 Lavin,R. Gelman, & Galotti,2001,对儿童掌上游戏机专家的相关发现)。

Mervis、Pani 和 Pani(2003)发现了一个专长所能够带来益处的印象尤其深刻的例子,他们报告了对一名儿童鸟类专家所做的详细个案研究,时间跨度从 10 到 23 个月大期间。该名儿童知道 38 种不同类型的鸟的名称,会按照适当的层级将它们组织起来,而且还认识到即便长得不像,但是雏鸟与亲鸟一定是同种的东西。在记忆组织和问题解决中,这些儿童专家同样也体验到许多其他的认知优势(Chi et al.,1989;Gobbo & Chi,1986)。有更多机会思考心理状态的那些儿童,在心理理论领域的发展也更为迅速(Perner,Ruffman, & Leekam,1994;Perterson & Slaughter,2003)。

专长甚至能够影响成人的概念组织(Medin,Lynch,Coley, & Attran,1997;Shafto & Coley,2003;Tanaka & Taylor,1991)。Medin 及其同事已经发现,专长能够导致推理策略产生质的差异。尽管大学本科生会运用先前范本中的多样性来作为推及有关树的新知识的基础,但树知识的专家却不是这样做的。此外,专家还会建立起独特的概念方案,例如量子物理学、人口遗传学或者心理学的动力系统模型。然而,从某种意义上这一问题仍旧没有得到彻底回答,究竟这类专家概念是实际取代了基本知识结构,还是作为基本知识的一种旁系的补充呢(Carey & Spelke,1994)。物理学家们真的感受过波粒二相性云团那样的物体吗？数学家们真的能够设想出一个 N 维的物体吗？生物学家们真的能够放弃有关树的、断然的非生物学概念吗？

专长这一是现象导致一些重要的观察结果。首先,它不认为儿童的概念结构有质化差异的、领域特殊性的约束。起码一些 2 岁大的儿童就能形成分类学意义上的等级,并将相反的情况归为外在的相似性。其次,专长证明了细化经验的重要性。第三,专长似乎增进了概念上的相互联系(也见 R. Gelman,2002)。

从某种程度上说,专长的内涵还并没有被彻底地揭示。记录完备的有关"自然发生"的专长的个案研究可以告诉我们许多——但是专长究竟能带孩子走多远? 儿童可以凭借足够的专长(以及很重要的、足够的动机)获得真正新异的概念结构吗? 这些发现所提出的更为广阔也更为困难的一个问题是: 不同的经验可以产生不同的基本概念吗(见 Slobin,2001,有关的说法)?

认知风格

认知风格作为一种令人尊敬的思想似乎正以新的形式回归。以前对认知风格的研究工作主要集中在沿着创造力、场依存性和熟虑性—冲动性这些维度所体现的广泛的人格差异上(如,Kogan,1983),现在的研究则提示在概念化中更为局部的个体差异。目前,一些非相关的发现提醒我们,概念发展不是全都一样的。此处,我们讨论在灵活性、精炼化、强烈的兴趣以及对主题关系的注意等方面所表现出的风格差异。

Deák(2003)一直在从事有关概念灵活性的研究。为了对概念灵活性加以测量,他设计了一项单词—意义归纳任务,给儿童一条言语线索以帮助他们找出新生词的意义。例如,一名儿童会看到一样陌生的东西,在三种谓项形式中的一种情况下听到一个生词(如,"看上去像一个 plexar","是由 plexar 制成的",或"有一个 plexar"),然后再要求他挑选一个刚才指导语中用过的词的另外一种示例(如,"请找出另外一个由 plexar 制成的东西")。这一任务揭示了3到6岁期间儿童灵活推断意义能力的标志性发展变化。Deák 指出在操作表现中同样存在可观的差异。不同版本任务之间的相关性相当高,提示我们在3岁到4岁的儿童中一贯存在个体差异。

另外一种广泛存在的个体差异表现在儿童对主题关系或分类学关系的偏好上。分类学关联性是以共同拥有的相似性为基础的——奶牛和马相像体现在它们都是有生命的,有四条腿、眼睛等等。主题关联性是以在现实生活中的相互联系为基础的——奶牛和牛奶之所以会放在一起是因为奶牛产奶。这两种关系有时是重叠的(奶牛和马同样共有主题上的关联性,因为都可以在农场找到它们)。尽管先前的学者们已经提出过"从主题向分类学的转换"的思想(如,Smiley & Brown,1979),近来对幼儿的研究却发现即使是幼儿也不存在清晰的主题偏好(Blanchet, Dunham, & Dunham, 2001; Dunham & Dunham, 1995; Gelman, Coley et al.,1998;Waxman & Namy,1997)。有些人发现了各个年龄都有对主题偏好的现象存在(Greenfield & Scott, 1986),有些则发现总体上存在分类学的偏好(Dunham & Dunham,1995),还有人发现高度混合的反应(Waxman & Namy, 1997)。而且,由于成人对主题关系也并不排斥,导致 Murphy(2002,p. 838)毫不客气地总结道:"从主题向分类学转换的思想根本就是错误的。"

在当前情况下非常有趣的一点是,在3岁时个体差异所表现出来的主题与分类学偏好,可以追溯到13到24个月时在行为上所表现出的个体差异(Dunham & Dunham,1995)。研究者们认为,在感知—认知风格上的个体差异可能是造成这种结果的原因。同样,Lin 和 Murphy(2001)发现在成人的反应中也存在着众多的个体差异——有些选择主题性的回答,有些则是分类学意义的反应。这些成人中所见的反应模式究竟反映了一种稳定的特性,还是只是一种暂时性的反应策略,如果我们不对这些历经时日与不同情境的个体差异的稳定性做进一步跟踪考察的话,这样的问题就无法得到解答。

概念的灵活变通性与主题关联性上所体现的个体差异是(可假定的)具有领域普遍性的。与之相对,儿童概念中其他的一些个体差异则更多地体现在一种领域特殊性的水平。一个很值得研究(但了解很少)的例子是强烈浓厚的兴趣(Simcock, Macari, & DeLoache, 2002)。有些儿童从很小的年龄开始就会对某些特殊领域中的内容异常地着迷,并且建立起有关该领域的高度专门化的词汇系统和知识库。这可见于非典型的发展个案(如 Asperger 综合征),但也见于正常发展的个体身上。这些例证都需要进一步深入地加以研究。一个相关的问题是,在特别兴趣的强度上是否存在稳定的差异。另外所要关心的是,在这种情形下发展起来的概念是否与其他兴趣不强的领域获得的概念存在质的差异呢。进一步的问题就是动机了:这些儿童具有高度的动机,从而造成他们用一种更为专注的方式获取相关的输入。那么这样的动机态势会引起什么样的结果呢?如果在相关的领域中一名"兴趣强烈的"儿童和一名"兴趣平平"的儿童同时暴露在一个新的概念下时,他们对概念的表征会有显著的差异吗?从某种意义上看,这些儿童为我们回答先前提出的有关专长的问题提供了一种独特的切入点。

个体差异一个更具内容特殊性的例子是关于实在论的。成年人所接受的实在论的观点彼此存在着程度上的差异(Haslam, Rothschild, & Ernst, 2000)。那么儿童的情况又如何呢?一个关于实在论推理存在个体变化的例子来自儿童对智力的看法(Dweck, 1999)。Dweck 发现在这方面存在稳定的个体差异,有些儿童一贯持一种智力"实体"理论(即,智力是固定而不可改变的;换言之,这是一种实在论式的理论),而其他儿童会持一种"增长"理论(即智力是可变的,并能通过实践和经验得到提高;换言之,这是一种非实在论式的理论)。这种差异可以在一年级的儿童身上看到,直到五年级,这一差异都会对儿童面临失败时是否坚持有着强大的影响(Cain & Dweck, 1995)。当实体论者任务失败时,他们或多或少地会告诫自己:"我不行,所以再次努力没有什么意义。"而相信增长论的人失败时会对自己说:"我需要改进,所以下次我最好更加努力。"

即使没上一年级的儿童也会在对反社会行为稳定性的看法上表现出个体差异(Giles & Heyman, 2003; Heyman, Dweck, & Cain, 1992)。在学前儿童中,对某人目前表现不好将永远表现不好的信念是与"动机方面的弱点"相联系的(感觉好像出一个错就意味着你不聪明,并且难以形成策略去解答学业中的难题; Heyman et al., 1992)。而在 3 岁至 5 岁的儿童中,那些有认为反社会行为是稳定不变的想法的儿童,往往同意打人是一种解决问题的恰当方法,老师也往往会对他们的社会性能力做较低的评价(Giles & Heyman, 2003)。虽然对稳定性的判断不能等同于实在论,但它们也是其中一种重要的成分。

尽管有关概念发展领域个体差异的研究文献相对比较零散,但仍旧具有启发性。领域普遍性和领域特殊性方面的差异都已经被提了出来。未来的研究将更细化地对这些问题加以探讨。

输入

人们除了能从直接经验学习之外也可以彼此互相学习。Tomasello(1999)认为,这种文化学习对于使人的概念系统更加具有人类特点而言,其实是一种重要的贡献。这一点可以同时通过高级的例证(概念系统寓于语言之中并且世代相传,如生物学上的分类)和世俗的例证(个别的事实性知识,如怎样使用一种特殊的工具)来加以证明。大多数人不是通过直接经验中的协变模式获得吸烟致癌的观念,而往往是由他人将这一信息传递于我们(Ahn & Kalish,2000)。

对因果和概念关系来说,语言是一项重要的信息来源。Sperber(1996)提供了一个关于儿童学习植物繁殖的假定例子,看看如果告诉儿童有男性和女性的植物他们会做如何的反应。在性别、植物以及繁殖这些概念之间发生瓜葛起初很可能大部分上不能理解的。然而,这样的瓜葛却对理论的发展提供了一种驱动,并最终产生了更为丰富的概念。同样,那些得不到父母详尽指导的孩子在错误信念任务上表现会很糟糕,这显然反映了他们缺乏那些由完全综合性的交谈所提供的使得概念得以丰富的机会(Perterson & Siegal,2000)。

我们强调,对输入进行更为细节化的特性描述是必要的。多年来研究者们只关注对儿童概念系统的描述,而相对较少关心儿童所获信息的种类。然而,要想完整了解儿童在执行概念学习任务时的情况,我们同样需要知道更多有关他们都听到什么的内容。匹配或不匹配都能提供我们很多信息。要找有用的例子可以参照 Jipson 和 Callanan(2003),Crowley、Callanan 和 Jipson 等(1998),以及 Sandhofer、Smith 和 Luo(2000)。即使是那些非常(理论上)依据了解输入是什么的解释,更好地对特性加以描述也是需要的。例如,Smith(2000)根据儿童能够制造什么来推定儿童置身于什么样的状况。因此,发现儿童制造的产物多大程度上紧密跟随着输入就变得至关重要。微观发生的方法也为我们考察概念变化发生时的情况提供了巨大的可能,该方法也是对输入的作用尤为关注的(Opfer & Siegler,2004;Siegler,本手册,本卷,第 11 章;Siegler & Crowley,1991)。

这方面研究引发的另外一个焦点是儿童获得输入的微妙。以心理实在论为例,家长并不对其幼儿进行直接的实在论式的谈话,但他们确实进行了大量的"潜在"的实在论式的谈话(如,用一般名词短语谈及类别,"蝙蝠生活在洞穴里",也就意味着蝙蝠是一组相像的东西)。也可参见 S. A. Gelman、Taylor 和 Nguyen(2004)对母亲向其处于学前阶段的孩子强调性别类别时所采用的潜在方法的考察,母亲会采用的方法包括指示性别类别,给出性别标记名称,对比男性和女性,以及对自己孩子做符合性别刻板印象的陈述时所给予的肯定。另外一个证实有潜在输入的例子来源于一项关于父母对子女在访问科学博物馆时所发生的对话的研究:家长更愿意向男孩而不是女孩解释科学上的概念,尽管对女孩男孩谈及展览内容的频度上是相当的(Crowley,Callanan,Tenenbaum, & Allen,2001)。输入的微妙性同样能够扩展精细的概念上的区别。Sandhofer(2002)发现,家长语言输入的潜台词内容(即,要么强调单个物体的分类化,要么强调多个物体的比较)似乎对儿童如何学习空间形容词具有暗示作用。对潜在输入线索的发现以及丰富的儿童概念提供了一种模式,它与儿童的期望与家长线索之间的相互作用是最为一致的。

对输入的关注又将我们引入一个现在才刚刚开始受到重视的难题。即对于一个儿童正在发展的理论而言,什么才能认为是知识或事实呢? 更让人产生触动的,儿童是如何将虚构、伪装和暗喻的东西同他们实际的知识基础相区别的? 一个卡通片又是如何能在没有使得儿童确信海绵会走、会说话或者穿着格子短裤的情况下,告知他们海绵可以在海洋中发现的呢? 或者请想象在"芝麻街"的一幕情景中,利用唱歌的木偶就能向孩子说明动物而不是石头是有生命的。儿童可以形成众多潜在的泛化,包括生物学是正确的(如,某样东西是有生命的活物)和非正确的(木偶会唱歌、讲话)。有趣的是,2 岁儿童会根据他们是否确信是从电视上看来的还是直接透过窗户自己看到的来区别看待这些信息(Troseth & DeLoache, 1998),提示我们儿童也许具有某种机制可以帮助他们确认特定的输入不是真实的。更有甚者,3 岁和 4 岁大的儿童会对先前说过假话的人的言辞表现出怀疑(Koenig, Clément, & Harris,已付梓)。也许这些评估运作于一个非常规的来源监控加工水平,儿童(以及成人)会觉得难以追踪(Lindsay, Johnson, & Kwon, 1991)。

假装或装扮是另外一种有意思的情况。一个看见她妈妈用香蕉说话的儿童会不会将香蕉与电话搞混淆呢? Lillard 和 Witherington(2004)提出了一个有趣的建议,认为在假装的情形下,输入的潜在线索会引导儿童做出一种比喻意义上的解释。当母亲们假装与她 18 个月大的孩子吃点心(对比真的吃点心),其行为变量是有所不同的,包括谈论她们的行为,声音效果,增多的微笑和更多地注视孩子。重要的是,儿童对这样的行为非常敏感。

当考虑领域的差别时,自然语言也可以是高度误导性的。隐喻(包括非刻意的隐喻)在日常生活的谈话里可谓泛滥(Lakoff, 1987)。我们会说汽车、电池以及计算机"死"了;赤字、结晶体以及感情在"生长";诸如此类,不胜枚举。这些隐喻的使用从某种层面看(在上下文和变化方面)算是一种非字面意义的吗? 还是说这些观察结果意味着言语的暗示对儿童建立理论来说收效甚微?

这些问题的复杂性提示我们现存的概念会对新的概念有所限制。这些限定的性质大多未知,并会在未来涉及此类的研究中找到答案。

结论

本章所列举的呈抵牾之势的理论立场反映了两种现实之间存在的一种张力:儿童如此迅速地掌握了众多的概念,而与此同时,一名幼儿在达到成人的能力水平之前还有很多路要走。这一张力从对儿童的隐喻也充满对抗之中就可见一斑了(如,儿童是新手,是局外人,或者是小大人;Wellman & Gelman, 1998)。

插入机制

如我们前面所指出的,这些不同的理论方法为什么不能彼此结合,哪怕是在一个特定的领域里对概念学习加以解释,并不存在原则性的理由。R. Gelman(2002)提示我们,本能与学习是可以齐头并进的。这一点在其他物种那里是没有疑问的。例如,白冠带鹀发出的独特鸣叫声一般都有一个先天的模板(只有这种鸟才能获得),但也需要在出生 10 天到 50 天之间接受适当的输入(Marler,1991)。总之,这种鸟鸣既是先天的也是习得的。

一个与目前情况比较接近的例子可见于词语学习之中(Waxman & Lidz,本手册,本卷,第 7 章;也可参见 Clark,1983,对概念以及词语意义所做的重要区别)。Woodward(2000)指出,在儿童获得词语意义上不同水平的解释应该是可以协同工作的,他尤其反对单一的解释,试图仅仅通过一种因素来完整地(或者甚至是根本地)解释词语学习。虽然理论家们常常赞成一种立场(如,社会建构主义,以约束为基础的立场,或者联想主义),但是,她指出每一种立场其实解释说明的是不同的发展现象。正如她所言,"对于词语学习而言,并不存在什么万灵药"(p. 174)。

在有关意图获得的问题上(目的是行动的构成基础),我们对不同水平之间是如何协调的也有了一个大概的看法。"意图"是心理理论所灌输的概念。当然会有许多例子中间的意图是隐藏的,不很明显且与表面的线索相冲突,而需要对动机、目标和愿望编织的蛛网有相当的了解才行。在模棱两可的行为有多种解释的基础上,大量合法的推理都是试图要从偶发的行动中分辨出意图来。然而,尽管有关概念的理论不可谓不丰,Baldwin(2003)简略指出了可获得的知觉对象中低水平的模式是如何构成儿童最初觉察意图能力的基础的。她认为协变性的觉察、序列学习以及结构映射这些具有领域一般性的技能可以帮助儿童用来发现意图(判断某些事件究竟是否是有目的的)。例如,关于肢体加速向目标物体趋近这样的潜在线索可能会给儿童提供有关意向性序列起始点和终点的特征信息:

> 可以预计到的模式一次又一次地出现于也许是意图性行为才独具的身体移动序列和短暂的动态之中,并且与意向性行为的发动与完成相关。比方说,要有意图地对一个非生命体施加动作,我们必须先让感觉器官对物体进行定位……接着我们一般会沿着自己感官所规定的方向将我们的身体向目标靠近,伸出胳膊,用手抓住该有关物体,进行操作并最终放开它。……所有这一切都与一种特征性的动作轨迹相吻合,这一轨迹所提供的短暂的轮廓或称"曲面"可以将意图性行为彼此区分开来。……这其实都是说在一种纯粹的结构水平上——统计规则的水平——有相当多的与意图相关的信息其本身是目的指向性行为所固有的。统计模式的不一致甚至就能将意图性的行为与非意图性的举动对立起来。例如,在发生意图性行为时我们先用感官定位,然后再表现出有指引的身体运动。而在偶然踢碰到脚趾或者踩在香蕉皮上滑了一下这样的非意图性行为发生时,当事人总是先有动作,然后再将感官停留在发生的事实上。(Baldwin & Baird, 2001, p. 174)

最初的证据表明婴儿也会对部分这些低水平的线索相当的敏感(Baldwin, Baird, & Saylor, 2001; Behne, Carpenter, Call, & Tomasello, 出版中)。重要的是,这一说法并不是将对意图的察觉降低为对低水平模式的察觉,而是说明了对模式的察觉发动并促进了对意图的察觉。这种将各种学派加以糅合的方法对于彻底理解概念发展而言可谓充满前景和希望。

在最初的理解之外

我们已经回顾的对儿童概念的研究大部分关注的是概念的最初状态和早期的结构,人生最初几年的概念,即婴儿、学步儿以及学前儿童的情况。这其实是有相当理由的。有些学者关注这一阶段是为了试图揭开概念发展的原始形式之谜,有的则是为了揭示概念的发展变化。这些概念的最初状态和早期结构形式对于任何试图理解概念获得的研究来说都是非常关键的。起码,过去 30 年有关认知发展的研究使我们确信 0 到 5 岁儿童概念加工是相当复杂的。幼儿获得概念的过程不能简单等同于成人又添加的新概念(Markman & Jaswal,2003;Rakison,2003b)。这一概念发展的早期核心阶段在未来研究中仍旧是一块相当肥沃的土地。

后期的发展同样关键——也许我们所知反而甚少。概念发展是没有限制的:我们不会在 5 岁、10 岁甚至是 45 岁就获得我们所有的概念。概念发展变化的问题可以持续人的一生。我们已经稍稍领略了儿童在试图整合零散的概念知识、判断领域边界,以及与不相称的概念系统做思想斗争时所面临的复杂状况。儿童还必须同时考虑大量的文化信息(Astuti,Solomon, & Carey,2004;Coley,2000;Lillard,1999)。而且,儿童后期产生了重要的与实践有关的问题,概念发展的基础研究如何能对教育和教学有所启示(如,Au & Romo,1999;Evans,2000;Vosniadou,Skopeliti, & Ikospentaki,2004)。学校教育是仅有的概念变化发生的最为正式的情境。任何形式的沟通交往(如,听故事、看报纸)或非正式学习(参观博物馆或动物园、照料一所花园)都要依据,并潜在地修正业已存在的概念。回到本章之初所做的比喻,如果将概念比作思维积木的话,对这些积木的操作就不仅仅是一种儿童游戏了。概念及其发展变化的复杂性是一个基本的问题,仍有许多未解的谜团存在。

(吴国宏译,钱文审校)

参考文献

Ahn, W. (1998). The role of causal status in determining feature centrality. *Cognition*, 69, 135 - 178.

Ahn, W., Gelman, S. A., Amsterlaw, J. A., Hohenstein, J., & Kalish, C. W. (2000). Causal status effect in children's categorization. *Cognition*, 76, B35 - B43.

Ahn, W., & Kalish, C. W. (2000). The role of mechanism beliefs in causal reasoning. In F. C. Keil & R. A. Wilson (Eds.), *Explanation and cognition* (pp.199 - 225). Cambridge, MA: MIT Press.

Allen, S. W., & Brooks, L. R. (1991). Specializing the operation of an explicit rule. *Journal of Experimental Psychology: General*, 120, 3 - 19.

Astuti, R., Solomon, G. E. A., & Carey, S. (2004). Constraints on conceptual development. *Monographs of the Society for Research in Child Development*, 69(3).

Atran, S. (1996). Modes of thinking about living kinds: Science, symbolism, and common sense. In D. Olson & N. Torrance (Eds.), *Modes of thought: Explorations in culture and cognition* (pp.216 - 260). Cambridge: Cambridge University Press.

Atran, S. (1999). Itzaj Maya folk-biological taxonomy. In D. Medin & S. Atran (Eds.), *Folkbiology* (pp.119 - 203). Cambridge, MA: MIT Press.

Au, T. K., & Romo, L. F. (1999). Mechanical causality in children's "folkbiology." In D. L. Medin & S. Atran (Eds.), *Folkbiology* (pp. 355 - 401). Cambridge, MA: MIT Press.

Balaban, M. T., & Waxman, S. R. (1997). Do words facilitate object categorization in 9-month-old infants? *Journal of Experimental Child Psychology*, 64, 3 - 26.

Baldwin, D. A. (1993). Early referential understanding: Infants' ability to recognize referential acts for what they are. *Developmental Psychology*, 29, 832 - 843.

Baldwin, D. (2003, October). *Socio-cognitive foundations for language acquisition and how they are acquired*. Paper presented at the Third Biennial Meeting of the Cognitive Development Society, Park City, UT.

Baldwin, D. A., & Baird, J. A. (2001). Discerning intentions in dynamic human action. *Trends in Cognitive Sciences*, 5, 171 - 178.

Baldwin, D. A., Baird, J. A., & Saylor, M. M. (2001). Infants parse dynamic action. *Child Development*, 72, 708 - 717.

Baldwin, D. A., Markman, E. M., & Melartin, R. L. (1993). Infants' ability to draw inferences about nonobvious object properties: Evidence from exploratory play. *Child Development*, 64, 711 - 728.

Baron-Cohen, S. (1995). *Mindblindness: An essay on autism and theory of mind*. Cambridge, MA: MIT Press.

Barrett, S. E., Abdi, H., Murphy, G. L., & Gallagher, J. M. (1993). Theory-based correlations and their role in children's concepts. *Child Development*, 64, 1595 - 1616.

Bates, E. (1999). On the nature and nurture of language. In R. Levi-

Montalcini, D. Baltimore, R. Dulbecco, & F. Jacob (Series Eds.) & E. Bizzi, P. Calissano, & V. Volterra (Vol. Eds.), *Frontiere della biologia: The brain of homo sapiens* [Frontiers of biology]. Rome: Giovanni Trecanni.

Behne, T., Carpenter, M., Call, J., & Tomasello, M. (in press). Unwilling or unable? Infants' understanding of intentional action. *Developmental Psychology*.

Bertenthal, B. I., Proffitt, D. R., Spetner, N. B., & Thomas, M. A. (1985). The development of infant sensitivity to biomechanical motions. *Child Development*, *56*, 531 – 543.

Bhatt, R. S., Wilk, A., & Hill, D. (2004). Correlated attributes and categorization in the first half-year of life. *Developmental Psychobiology*, *44*, 103 – 115.

Blanchet, N., Dunham, P. J., & Dunham, F. (2001). Differences in preschool children's conceptual strategies when thinking about animate entities and artifacts. *Developmental Psychology*, *37*, 791 – 800.

Bloom, P. (1996). Intention, history, and artifact concepts. *Cognition*, *60*, 1 – 29.

Bloom, P. (2000). *How children learn the meanings of words*. Cambridge, MA: MIT Press.

Booth, A. E., & Waxman, S. R. (2002). Word learning is "smart": Evidence that conceptual information affects preschoolers' extension of novel words. *Cognition*, *84*, B11 – B22.

Bornstein, M. H., & Arterberry, M. (2003). Recognition, discrimination, and categorization of smiling by 5-month-old infants. *Developmental Science*, *6*, 585 – 599.

Bornstein, M. H., Cote, L. R., Maital, S., Painter, K., Park, S., Pascual, L., et al. (2004). Cross-linguistic analysis of vocabulary in young children: Spanish, Dutch, French, Hebrew, Italian, Korean, and American English. *Child Development*, *75*, 1115 – 1139.

Boroditsky, L. (2001). Does language shape thought? Mandarin and English speakers' conceptions of time. *Cognitive Psychology*, *43*, 1 – 22.

Bowerman, M., & Choi, S. (2003). Space under construction: Language-specific spatial categorization in first language acquisition. In D. Gentner & S. Goldin-Meadow (Eds.), *Language in mind: Advances in the Study of Language and Thought* (pp. 389 – 427). Cambridge, MA: MIT Press.

Bowerman, M., & Levinson, S. C. (Eds.). (2001). *Language acquisition and conceptual development*. New York: Cambridge University Press.

Braisby, N. R., Franks, B., & Hampton, J. A. (1996). Essentialism, word use, and concepts. *Concepts*, *59*, 247 – 274.

Bruner, J. S., Goodnow, J. J., & Austin, G. A. (Eds.). (1956). *A Study of Thinking*. New York: Wiley.

Bruner, J. S., Olver, R. R., & Greenfield, P. M. (1966). *Studies in Cognitive Growth*. New York: Wiley.

Cain, K. M., & Dweck, C. S. (1995). The relation between motivational patterns and achievement cognitions through the elementary school years. *Merrill-Palmer Quarterly*, *41*, 25 – 52.

Callanan, M. A. (1989). Development of object categories and inclusion relations: Preschoolers' hypotheses about word meanings. *Developmental Psychology*, *25*, 207 – 216.

Caramazza, A., & Shelton, J. R. (1998). Domain-specific knowledge systems in the brain: The animate-inanimate distinction. *Journal of Cognitive Neuroscience*, *10*, 1 – 34.

Carey, S. (1978). The child as word learner. In M. Halle, J. Bresnan, & G. A. Miller (Eds.), *Linguistic theory and psychological reality* (pp. 264 – 293). Cambridge, MA: MIT Press.

Carey, S. (1982). Semantic development, state of the art. In L. Gleitman & E. Wanner (Eds.), *Language acquisition: State of the art* (pp. 347 – 389). New York: Cambridge University Press.

Carey, S. (1985). *Conceptual development in childhood*. Cambridge, MA: MIT Press.

Carey, S. (1986). Cognitive science and science education. *American Psychologist*, *41*, 1123 – 1130.

Carey, S., & Spelke, E. (1994). Domain-specific knowledge and conceptual change. in L. A. Hirschfeld & S. A. Gelman (Eds.), *Mapping the mind: Domain specificity in cognition and culture* (pp. 169 – 200). New York: Cambridge University Press.

Carey, S., & Xu, F. (1999). Sortals and kinds: An appreciation of John Macnamara. In R. Jackendoff, P. Bloom, & K. Wynn (Eds.), *Language, logic, and concepts* (pp. 311 – 335). Cambridge, MA: MIT Press.

Carlson, S., & Moses, L. J. (2001). Individual differences in inhibitory control and children's theory of mind. *Child Development*, *72*, 1032 – 1053.

Cheng, P. W., & Novick, L. R. (1992). Covariation in natural causal induction. *Psychological Review*, *99*, 365 – 382.

Chi, M. T. H., Hutchinson, J. E., & Robin, A. F. (1989). How inferences about novel domain-related concepts can be constrained by structured knowledge. *Merrill-Palmer Quarterly*, *35*, 27 – 62.

Chi, M. T. H., & Koeske, R. (1983). Network representation of a child's dinosaur knowledge. *Developmental Psychology*, *19*, 29 – 39.

Chomsky, N. (1975). *Reflections on language*. New York: Random House.

Clark, E. V. (1973). What's in a word? On the child's acquisition of semantics in his first language. In T. E. Moore (Ed.), *Cognitive development and the acquisition of language*. New York: Academic Press.

Clark, E. V. (1983). Meanings and concepts. In P. H. Mussen (Series Ed.) & J. H. Flavell & E. M. Markman (Vol. Eds.), *Handbook of child psychology: Vol. 3. Cognitive development* (4th ed., pp. 787 – 840). New York: Wiley.

Coley, J. D. (1993). *Emerging differentiation of folkbiology and folkpsychology: Similarity judgments and property attributions*. Unpublished doctoral dissertation, University of Michigan, Ann Arbor.

Coley, J. D. (2000). On the importance of comparative research: The case of folkbiology. *Child Development*, *71*, 82 – 90.

Coley, J. D., Medin, D. L., Proffitt, J. B., Lynch, E., & Atran, S. (1999). Inductive reasoning in folkbiological thought. In D. L. Medin & S. Atran (Eds.), *Folkbiology* (pp. 205 – 232). Cambridge, MA: MIT Press.

Collins, A. M., & Quillian, M. R. (1969). Retrieval time from semantic memory. *Journal of Verbal Learning and Verbal Behavior*, *8*, 240 – 247.

Corrigan, R., & Stevenson, C. (1994). Children's causal attributions to states and events described by different classes of verbs. *Cognitive Development*, *9*, 235 – 256.

Cosmides, L., & Tooby, J. (2002). Unraveling the enigma of human intelligence: Evolutionary psychology and the multimodular mind. In R. J. Sternberg & J. C. Kaufman (Eds.), *Evolution of intelligence* (pp. 145 – 198). Mahwah, NJ: Erlbaum.

Crowley, K., Callanan, M. A., Jipson, J. L., Galco, J., Topping, K., & Shrager, J. (2001). Shared scientific thinking in everyday parentchild activity. *Science Education*, *85*, 712 – 732.

Crowley, K., Callanan, M. A., Tenenbaum, H. R., & Allen, E. (2001). Parents explain more often to boys than to girls during shared scientific thinking. *Psychological Science*, *12*, 258 – 261.

Davidson, N. S., & Gelman, S. A. (1990). Inductions from novel categories: The role of language and conceptual structure. *Cognitive Development*, *5*, 151 – 176.

Deák, G. O. (2003). The development of cognitive flexibility and language abilities. In R. Kail (Ed.), *Advances in Child Development and Behavior* (Vol. 31, pp. 271 – 327). San Diego, CA: Academic Press.

Diesendruck, G. (2001). Essentialism in Brazilian children's extensions of animal names. *Developmental Psychology*, *37*, 49 – 60.

Diesendruck, G., & Bloom, P. (2003). How specific is the shape bias? *Child Development*, *74*, 168 – 178.

Diesendruck, G., & Gelman, S. A. (1999). Domain differences in absolute judgments of category membership: Evidence for an essentialist account of categorization. *Psychonomic Bulletin and Review*, *6*, 338 – 346.

Diesendruck, G., & Markson, L. (1999, April). *Function as a criterion in children's object naming*. Poster presented at the Biennial Meeting of the Society for Research in Child Development, Albuquerque, NM.

Diesendruck, G., Markson, L., AKhtar, N., & Reudor, A. (2004). Twoyear-olds' sensitivity to speakers' intent: An alternative account of Samuelson and Smith. *Developmental Science*, *7*, 33 – 41.

Diesendruck, G., Markson, L., & Bloom, P. (2003). Children's reliance on creator's intent in extending names for artifacts. *Psychological Science*, *14*, 164 – 168.

diSessa, A. A. (1996). What do "just plain folk" know about physics. In D. R. Olson & N. Torrance (Eds.), *Handbook of education and human development: New models of learning, teaching and schooling* (pp. 700 – 730). Malden, MA: Blackwell.

Dunham, P., & Dunham, F. (1995). Developmental antecedents of taxonomic and thematic strategies at 3 years of age. *Developmental Psychology*, *31*, 483 – 493.

Dweck, C. S. (1999). *Self-theories: Their role in motivation, personality, and development*. Philadelphia: Psychology Press.

Eimas, P. D., & Quinn, P. C. (1994). Studies on the formation of perceptually based basic-level categories in young infants. *Child Development*, *65*, 903 – 917.

Elman, J., Bates, E., Johnson, M., Karmiloff-Smith, A., Parisi, D., & Plunkett, K. (1996). *Rethinking innateness: A connectionist perspective on development*. Cambridge, MA: MIT Press/Bradford Books.

Evans, E. M. (2000). Beyond scopes: Why creationism is here to stay.

In K. S. Rosengren, C. N. Johnson, & P. L. Harris (Eds.), *Imagining the impossible* (pp. 305 – 333). New York: Cambridge University Press.

Fenson, L., Dale, P. S., Reznick, J. S., & Bates, E. (1994). Variability in early communicative development. *Monographs of the Society for Research in Child Development*, 59(173).

Flynn, E., O'Malley, C., & Wood, D. (2004). A longitudinal, microgenetic study of the emergence of false belief understanding and inhibition skills. *Developmental Science*, 7, 103 – 115.

Fodor, J. (1981). The present status of the innateness controversy. In *Representations: Philosophical essays on the foundations of cognitive science*. Cambridge, MA: MIT Press.

Fodor, J. (1998). *Concepts: Where cognitive science went wrong*. Oxford, England: Oxford University Press.

Gelman, R. (2002). Cognitive development. In H. Pashler & D. L. Medin (Eds.), *Stevens' handbook of experimental psychology* (3rd ed., Vol. 2, pp. 533 – 559). Hoboken, NJ: Wiley.

Gelman, R., & Baillargeon, R. (1983). A review of some Piagetian concepts. In J. H. Flavell & E. M. Markman (Eds.), *Handbook of child psychology* (Vol. 3, pp. 167 – 230). New York: Wiley.

Gelman, R., Durgin, F., & Kaufman, L. (1995). Distinguishing between animates and inanimates: Not by motion alone. In D. Sperber, D. Premack, & A. Premack (Eds.), *Causal cognition: A multidisciplinary debate* (pp. 150 – 184). New York: Clarendon Press.

Gelman, R., & Williams, E. (1998). Enabling constraints for cognitive development and learning: Domain specificity and epigenesis. In W. Damon (Editor-in-Chief) & D. Kuhn & R. Siegler (Vol. Eds.), *Handbook of child psychology: Vol. 2. Cognition, perception and language* (5th ed., pp. 575 – 630). New York: Wiley.

Gelman, S. A. (2003). *The essential child: Origins of essentialism in everyday thought*. New York: Oxford University Press.

Gelman, S. A., & Coley, J. D. (1990). The importance of knowing a dodo is a bird: Categories and inferences in 2-year-old children. *Developmental Psychology*, 26, 796 – 804.

Gelman, S. A., Coley, J. D., Rosengren, K., Hartman, E., & Pappas, T. (1998). Beyond labeling: The role of parental input in the acquisition of richly-structured categories. *Monographs of the Society for Research in Child Development*, 63(1, Serial No. 253).

Gelman, S. A., Croft, W., Fu, P., Clausner, T., & Gottfried, G. (1998). Why is a pomegranate an *apple*? The role of shape, taxonomic relatedness, and prior lexical knowledge in children's overextensions of *apple* and *dog*. *Journal of Child Language*, 25, 267 – 291.

Gelman, S. A., & Diesendruck, G. (1999). What's in a concept? Context, variability, and psychological essentialism. In I. E. Sigel (Ed.), *Development of mental representation: Theories and applications* (pp. 87 – 111). Mahwah, NJ: Erlbaum.

Gelman, S. A., & Ebeling, K. S. (1998). Shape and representational status in children's early naming. *Cognition*, 66, B35 – B47.

Gelman, S. A., & Gottfried, G. (1996). Causal explanations of animate and inanimate motion. *Child Development*, 67, 1970 – 1987.

Gelman, S. A., & Heyman, G. D. (1999). Carrot-eaters and creaturebelievers: The effects of lexicalization on children's inferences about social categories. *Psychological Science*, 10, 489 – 493.

Gelman, S. A., & Hirschfeld, L. A. (1999). How biological is essentialism. In D. L. Medin & S. Atran (Eds.), *Folkbiology* (pp. 403 – 446). Cambridge, MA: MIT Press.

Gelman, S. A., & Kalish, C. W. (1993). Categories and causality. In R. Pasnak & M. L. Howe (Eds.), *Emerging themes in cognitive development: Vol. 2. Competencies* (pp. 3 – 32). New York: Springer-Verlag.

Gelman, S. A., & Koenig, M. A. (2001). The role of animacy in children's understanding of "move." *Journal of Child Language*, 228, 683 – 701.

Gelman, S. A., & Markman, E. M. (1986). Categories and induction in young children. *Cognition*, 23, 183 – 209.

Gelman, S. A., & Medin, D. L. (1993). What's so essential about essentialism? A different perspective on the interaction of perception, language, and conceptual knowledge. *Cognitive Development*, 8, 157 – 167.

Gelman, S. A., & Opfer, J. (2002). Development of the animate-inanimate distinction. In U. Goswami (Ed.), *Blackwell handbook of childhood cognitive development* (pp. 151 – 166). Malden, MA: Blackwell.

Gelman, S. A., & Raman, L. (2003). Preschool children use linguistic form class and pragmatic cues to interpret generics. *Child Development*, 74, 308 – 325.

Gelman, S. A., Star, J., & Flukes, J. (2002). Children's use of generics in inductive inferences. *Journal of Cognition and Development*, 3, 179 – 199.

Gelman, S. A., Taylor, M. G., & Nguyen, S. (2004). Mother-child conversations about gender: Understanding the acquisition of essentialist beliefs. *Monographs of the Society for Research in Child Development*, 69(1).

Gelman, S. A., & Wellman, H. M. (1991). Insides and essences: Early understandings of the nonobvious. *Cognition*, 38, 213 – 244.

Gentner, D. (1982). Why nouns are learned before verbs: Linguistic relativity versus natural partitioning. In S. A. Kuczaj (Ed.), *Language development: Vol. 2. Language, thought, and culture* (pp. 301 – 334). Hillsdale, NJ: Erlbaum.

Gentner, D., & Goldin-Meadow, S. (Eds.). (2003). *Language in mind: Advances in the study of language and thought*. Cambridge, MA: MIT Press.

Gentner, D., & Medina, J. (1998). Similarity and the development of rules. *Cognition*, 65, 263 – 297.

German, T. P., & Johnson, S. C. (2002). Function and the origins of the design stance. *Journal of Cognition and Development*, 3, 279 – 300.

Gershkoff-Stowe, L., & Smith, L. B. (2004). Shape and the first hundred nouns. *Child Development*, 75, 1098 – 1114.

Giles, J. W. (2003). Children's essentialist beliefs about aggression. *Developmental Review*, 23, 413 – 443.

Giles, J. W., & Heyman, G. D. (2003). Preschoolers' beliefs about the stability of antisocial behavior: Implications for navigating social challenges. *Social Development*, 12, 182 – 197.

Giles, J. W., & Heyman, G. D. (2004). When to cry over spilled milk: Young children's use of category information to guide inferences about ambiguous behavior. *Journal of Cognition and Development*, 5, 359 – 382.

Glymour, C. N. (2001). *The mind's arrow: Bayes nets and graphical causal models in psychology*. Cambridge, MA: MIT Press.

Gobbo, C., & Chi, M. (1986). How knowledge is structured and used by expert and novice children. *Cognitive Development*, 1, 221 – 237.

Goldin-Meadow, S. (2003). *The resilience of language: What gesture creation in deaf children can tell us about how all children learn language*. New York: Psychology Press.

Goldstone, R. L. (1998). Perceptual learning. *Annual Review of Psychology*, 49, 585 – 612.

Goldstone, R. L., & Johansen, M. K. (2003). Final commentary: Conceptual development from origins to asymptotes. In D. H. Rakison & L. M. Oakes (Eds.), *Early category and concept development: Making sense of the blooming, buzzing confusion* (pp. 403 – 418). New York: Oxford University Press.

Golinkoff, R. M., Harding, C. G., Carlson, V., & Sexton, M. E. (1984). The infant's perception of causal events: The distinction between animate and inanimate objects. In L. P. Lipsitt (Ed.), *Advances in infancy research* (Vol. 3, pp. 145 – 151). Norwood, NJ: Ablex.

Golinkoff, R. M., & Hirsh-Pasek, K. (2000). Word learning: Icon, index, or symbol. In *Becoming a word learner: A debate on lexical acquisition* (pp. 3 – 18). New York: Oxford University Press.

Golinkoff, R. M., Shuff-Bailey, M., Olguin, R., & Ruan, W. (1995). Young children extend novel words at the basic level: Evidence for the principle of categorical scope. *Developmental Psychology*, 31, 494 – 507.

Goodman, N. (1955). *Fact, fiction, and forecast*. Cambridge, MA: Harvard.

Gopnik, A., Glymour, C., Sobel, D. M., Schulz, L. E., Kushnir, T., & Danks, D. (2004). A theory of causal learning in children: Causal maps and Bayes nets. *Psychological Review*, 111, 3 – 32.

Gopnik, A., Meltzoff, A. N., & Kuhl, P. K. (1999). *The scientist in the crib: Minds, brains, and how children learn*. New York: Harper-Collins.

Gopnik, A., & Sobel, D. M. (2000). Detecting blickets: How young children use information about novel causal powers in categorization and induction. *Child Development*, 71, 1205 – 1222.

Gopnik, A., Sobel, D. M., Schultz, L. E., & Glymour, C. (2001). Causal learning mechanisms in very young children: Two-, three-, and four-year-olds infer causal relations from patterns of variation and covariation. *Developmental Psychology*, 37, 620 – 629.

Gopnik, A., & Wellman, H. (1994). The theory theory. In L. A. Hirschfeld & S. A. Gelman (Eds.), *Mapping the mind: Domain specificity in cognition and culture* (pp. 257 – 293). New York: Cambridge University Press.

Goswami, U. (1996). Analogical reasoning and cognitive development. In H. W. Reese (Ed.), *Advances in child development and behavior* (Vol. 26, pp. 92 – 138). San Diego, CA: Academic Press.

Gottfried, D. B., & Gelman, S. A. (in press). Developing domain-specific causal-explanatory frameworks: The role of insides and immanence. *Cognitive Development*.

Graham, S. A., Kilbreath, C. S., & Welder, A. N. (2004).

Thirteenmonth-olds rely on shared labels and shape similarity for inductive inferences. *Child Development*, 75, 409 – 427.

Greenfield, D. B., & Scott, M. S. (1986). Young children's preference for complementary paids: Evidence against a shift to a taxonomic preference. *Developmental Psychology*, 22, 19 – 21.

Gutheil, G., & Rosengren, K. S. (1996). A rose by any other name: Preschoolers' understanding of individual identity across name and appearance changes. *British Journal of Developmental Psychology*, 14, 477 – 498.

Hahn, U., & Ramscar, M. (2001). *Similarity and categorization*. New York: Oxford University Press.

Hall, D. G. (1998). Continuity and the persistence of objects: When the whole is greater than the sum of the parts. *Cognitive Psychology*, 37, 28 – 59.

Hall, D. G., Waxman, S. R., & Bredart, S. (2003). Preschoolers' use of form class cues to learn descriptive proper names. *Child Development*, 74, 1547 – 1560.

Hallett, G. L. (1991). *Essentialism: A Wittgensteinian critique*. Albany, NY: SUNY Press.

Haslam, N., Rothschild, L., & Ernst, D. (2000). Essentialist beliefs about social categories. *British Journal of Social Psychology*, 39, 113 – 127.

Heit, E., & Hahn, U. (2001). Diversity-based reasoning in children. *Cognitive Psychology*, 43, 243 – 273.

Hejmadi, A., Rozin, P., & Siegal, M. (2004). Once in contact, always in contact: Contagious essence and conceptions of purification in American and Hindu Indian children. *Developmental Psychology*, 40, 467 – 476.

Hespos, S. J., & Spelke, E. S. (2004). Conceptual precursors to language. *Nature*, 430, 453 – 456.

Heyman, G. D., Dweck, C. S., & Cain, K. M. (1992). Young children's vulnerability to self-blame and helplessness: Relationship to beliefs about goodness. *Child Development*, 63, 401 – 415.

Heyman, G., & Gelman, S. A. (1999). The use of trait labels in making psychological inferences. *Child Development*, 70, 604 – 619.

Heyman, G. D., & Gelman, S. A. (2000a). Beliefs about the origins of human psychological traits. *Developmental Psychology*, 36, 665 – 678.

Heyman, G. D., & Gelman, S. A. (2000b). Preschool children's use of traits labels to make inductive inferences. *Journal of Experimental Child Psychology*, 77, 1 – 19.

Hirsch, E. (1982). *The concept of identity*. New York: Oxford University Press.

Hirschfeld, L. A. (1996). *Race in the making: Cognition, culture, and the child's construction of human kinds*. Cambridge, MA: MIT Press.

Hirschfeld, L. A. (2002). Why don't anthropologists like children? *American Anthropologist*, 104, 611 – 627.

Hollander, M. A., Gelman, S. A., & Star, J. (2002). Children's interpretation of generic noun phrases. *Developmental Psychology*, 38, 883 – 894.

Hull, C. L. (1920). *Quantiative aspects of the evolution of concepts, an experimental study*. Princeton, NJ: Psychological Review Company.

Imai, M., & Gentner, D. (1997). A cross-linguistic study of early word meaning: Universal ontology and linguistic influence. *Cognition*, 62, 169 – 200.

Inagaki, K., & Hatano, G. (2002). *Young children's naïve thinking about the biological world*. New York: Psychology Press.

Inhelder, B., & Piaget, J. (1958). *The growth of logical thinking from childhood to adolescence*. New York: Basic Books.

Inhelder, B., & Piaget, J. (1964). *The early growth of logic in the child*. New York: Norton.

Jaswal, V. K. (2004). Don't believe everything you hear: Preschoolers' sensitivity to speaker intent in category induction. *Child Development*, 75, 1871 – 1885.

Jaswal, V. K., & Markman, E. M. (2002). Children's acceptance and use of unexpected category labels to draw non obvious inferences. In W. Gray & C. Schunn (Eds.), *Proceedings of the twenty-fourth annual conference of the Cognitive Science Society* (pp.500 – 505). Hillsdale, NJ: Erlbaum.

Jipson, J. L., & Callanan, M. A. (2003). Mother-child conversation and children's understanding of biological and nonbiological changes in size. *Child Development*, 74, 629 – 644.

Johnson, K. E., & Eilers, A. T. (1998). Effects of knowledge and development on subordinate level categorization. *Cognitive Development*, 13, 515 – 545.

Johnson, K., Mervis, C., & Boster, J. (1992). Developmental changes within the structure of the mammal domain. *Developmental Psychology*, 28, 74 – 83.

Johnson, K. E., Scott, P., & Mervis, C. B. (1997). Development of children's understanding of basic-subordinate inclusion relations.

Developmental Psychology, 33, 745 – 763.

Johnson, S. C., & Carey, S. (1998). Knowledge enrichment and conceptual change in folkbiology: Evidence from Williams syndrome. *Cognitive Psychology*, 37, 156 – 200.

Johnson-Laird, P. N., & Byrne, R. M. J. (1991). *Deduction*. Hillsdale, NJ: Erlbaum.

Jones, S. S., & Smith, L. B. (2002). How children know the relevant properties for generalizing object names. *Developmental Science*, 5, 219 – 232.

Kahneman, D., Slovic, P., & Tversky, A. (Eds.). (1982). *Judgment under uncertainty: Heuristics and biases*. New York: Cambridge University Press.

Kalish, C. W. (1994). *A Study of Preschoolers' and Adults' Understandings of the Domain of Illness*. Unpublished doctoral dissertation, University of Michigan, Ann Arbor.

Kalish, C. W. (1995). Graded membership in animal and artifact categories. *Memory and Cognition*, 23, 335 – 353.

Kalish, C. W. (1996). Preschoolers' understanding of germs as invisible mechanisms. *Cognitive Development*, 11, 83 – 106.

Kalish, C. W. (1998). Natural and artificial kinds: Are children realists or relativists about categories? *Developmental Psychology*, 34, 376 – 391.

Kalish, C. (2002). Gold, jade, and emeruby: The value of naturalness for theories of concepts and categories. *Journal of Theoretical and Philosophical Psychology*, 22, 45 – 66.

Kalish, C. W., & Gelman, S. A. (1992). On wooden pillows: Young children's understanding of category implications. *Child Development*, 63, 1536 – 1557.

Keil, F. C. (1979). *Semantic and conceptual development: An ontological perspective*. Cambridge, MA: Harvard University Press.

Keil, F. C. (1981). Constraints on knowledge and cognitive development. *Psychological Review*, 88, 197 – 227.

Keil, F. (1989). *Concepts, kinds, and cognitive development*. Cambridge, MA: Bradford Book/MIT Press.

Keil, F. (1994). The birth and nurturance of concepts by domains: The origins of concepts of living things. In L. A. Hirschfeld & S. A. Gelman (Eds.), *Mapping the mind: Domain specificity in cognition and culture* (pp. 234 – 254). New York: Cambridge University Press.

Keil, F. C. (1995). The growth of causal understandings of natural kinds. In D. Sperber, D. Premack, & A. Premack (Eds.), *Causal cognition: A multidisciplinary debate* (pp. 234 – 262). Oxford, England: Oxford University Press.

Keil, F. C. (2003). Folkscience: Coarse interpretations of a complex reality. *Trends in Cognitive Science*, 7, 368 – 373.

Keil, F. C., Smith, W. C., Simons, D. J., & Levin, D. T. (1998). Two dogmas of conceptual empiricism: Implications for hybrid models of the structure of knowledge. *Cognition*, 65, 103 – 135.

Kelemen, D. (1999). The scope of teleological thinking in preschool children. *Cognition*, 70, 241 – 272.

Kelemen, D. (2004). Are children "intuitive theists"? Reasoning about purpose and design in nature. *Psychological Science*, 15, 295 – 301.

Kemler, D. G., & Smith, L. B. (1978). Is there a developmental trend from integrality to separability in perception? *Journal of Experimental Child Psychology*, 26, 498 – 507.

Kemler Nelson, D. G., Frankenfield, A., Morris, C., & Blair, E. (2000). Young children's use of functional information to categorize artifacts: Three factors that matter. *Cognition*, 77, 133 – 168.

Kemler Nelson, D. G., Russell, R., Duke, N., & Jones, K. (2000). Two-year-olds will name artifacts by their functions. *Child Development*, 71, 1271 – 1288.

Koenig, M. A., Clément, F., & Harris, P. L. (in press). Trust in testimony: Children's use of true and false statements. *Psychological Science*.

Koenig, M. A., & Echols, C. H. (2003). Infants' understanding of false labeling events: The referential roles of words and the speakers who use them. *Cognition*, 87, 179 – 208.

Kogan, N. (1983). Stylistic variation in childhood and adolescence: Creativity, metaphor, and cognitive styles. In P. H. Mussen (Series Ed.) & J. Flavell & E. M. Markman (Vol. Eds.), *Handbook of child psychology: Vol. 3. Cognitive development* (4th ed., pp. 630 – 706). New York: Wiley.

Kolstad, V., & Baillargeon, R. (1996). *Appearance- and knowledgebased responses of 10½ -month-old infants to containers*. Unpublished manuscript, University of Illinois at Chicago.

Krascum, R. M., & Andrews, S. (1998). The effects of theories on children's acquisition of family-resemblance categories. *Child Development*, 69, 333 – 346.

Kripke, S. (1972). Naming and necessity. In D. Davidson & G.

Harman (Eds.), *Semantics of natural language*. Dordrecht, The Netherlands: Reidel.

Kuhn, D. (1989). Children and adults as intuitive scientists. *Psychological Review*, *96*, 674 - 689.

Kuhn, T. (1962). *The structure of scientific revolutions*. Chicago: University of Chicago Press.

Lakoff, G. (1987). *Women, fire, and dangerous things*. Chicago: University of Chicago Press.

Landau, B., Smith, L. B., & Jones, S. S. (1988). The importance of shape in early lexical learning. *Cognitive Development*, *3*, 299 - 321.

Landau, B., Smith, L., & Jones, S. (1998). Object shape, object function, and object name. *Journal of Memory and Language*, *38*, 1 - 27.

Larkey, L. B., & Love, B. C. (2003). CAB: Connectionist Analogy Builder. *Cognitive Science*, *27*, 781 - 794.

Lau, R. R., & Hartman, K. A. (1983). Common sense representations of common illnesses. *Health Psychology*, *2*, 167 - 185.

Lavin, B., Gelman, R., & Galotti, K. (2001, June). *When children are the experts and the novices: The case of Pokémon*. Poster presented at the American Psychological Society, Toronto, Ontario, Canada.

Legerstee, M. (1992). A review of the animate-inanimate distinction in infancy: Implications for models of social and cognitive knowing. *Early Development and Parenting*, *1*, 59 - 67.

Legerstee, M., Barna, J., & DiAdamo, C. (2000). Precursors to the development of intention at 6 months: Understanding people and their actions. *Developmental Psychology*, *36*, 627 - 634.

Legerstee, M., Pomerleau, A., & Malcuit, G. (1987). The development of infants' responses to people and a doll: Implications for research in communication. *Infant Behavior and Development*, *10*, 81 - 95.

Lempert, H. (1989). Animacy constraints on preschool children's acquisition of syntax. *Child Development*, *60*, 245 - 327.

Lillard, A. (1999). Developing a cultural theory of mind: The CIAO approach. *Current Directions in Psychological Science*, *8*, 57 - 61.

Lillard, A. S., & Witherington, D. C. (2004). Mothers' behavior modifications during pretense and their possible signal value for toddlers. *Developmental Psychology*, *40*, 95 - 113.

Lin, E. L., & Murphy, G. L. (2001). Thematic relations in adults' concepts. *Journal of Experimental Psychology: General*, *130*, 3 - 28.

Lindsay, D. S., Johnson, M. K., & Kwon, P. (1991). Developmental changes in memory source monitoring. *Journal of Experimental Child Psychology*, *52*, 297 - 318.

Liu, J., Golinkoff, R. M., & Sak, K. (2001). One cow does not an animal make: Young children can extend novel words at the superordinate level. *Child Development*, *72*, 1674 - 1694.

Lizotte, D. J., & Gelman, S. A. (1999, October). *Essentialism in children's categories*. Poster presented at the Cognitive Development Society, Chapel Hill, NC.

Lo, Y., Sides, A., Rozelle, J., & Osherson, D. (2002). Evidential diversity and premise probability in young children's inductive judgment. *Cognitive Science*, *26*, 181 - 206.

Locke, J. (1959). *An essay concerning human understanding* (Vol. 2). New York: Dover. (Original work published 1671)

Lucy, J. A. (1996). *Grammatical categories and cognition*. New York: Cambridge University Press.

Lucy, J. A., & Gaskins, S. (2003). Interaction of language type and referent type in the development of nonverbal classification preferences. In D. Gentner & S. Goldin-Meadow (Eds.), *Language in mind: Advances in the Study of Language and Thought*. Cambridge, MA: MIT Press.

Lutz, D. J., & Keil, F. C. (2002). Early understanding of the division of cognitive labor. *Child Development*, *73*, 1073 - 1084.

Maccoby, E. E. (1998). *The two sexes: Growing up apart, coming together*. Cambridge, MA: Belknap/Harvard University Press.

Macnamara, J. (1982). *Names for things: A study of human learning*. Cambridge, MA: MIT Press.

Macnamara, J. (1986). *A border dispute*. Cambridge, MA: MIT Press.

MacWhinney, B. (1987). The competition model, in B. MacWhinney (Ed.), *Mechanisms of language acquisition* (pp. 249 - 308). Hillsdale, NJ: Erlbaum.

Madole, K. L., & Oakes, L. M. (1999). Make sense of infant categorization: Stable processes and changing representations. *Developmental Review*, *19*, 263 - 296.

Malt, B. C. (1990). Features and beliefs in the mental representation of categories. *Journal of Memory and Language*, *29*, 289 - 315.

Malt, B. C. (1994). Water is not H_2O. *Cognitive Psychology*, *27*, 41 - 70.

Mandler, J. M. (2004). *The foundations of mind*. New York: Oxford University Press.

Mandler, J. M., & McDonough, L. (1993). Concept formation in infancy. *Cognitive Development*, *8*, 291 - 318.

Mandler, J. M., & McDonough, L. (1996). Drinking and driving don't mix: Inductive generalization in infancy. *Cognition*, *59*, 307 - 335.

Mandler, J. M., & McDonough, L. (1998). Studies in inductive inference in infancy. *Cognitive Psychology*, *37*, 60 - 96.

Mandler, J. M., & McDonough, L. (2000). Advancing downward to the basic level. *Journal of Cognition and Development*, *1*, 379 - 403.

Mareschal, D. (2003). The acquisition and use of implicit categories in early development. In D. H. Rakison & L. M. Oakes (Ed.), *Early category and concept development: Making sense of the blooming, buzzing confusion* (pp. 360 - 383). New York: Oxford University Press.

Margolis, E. (1994). A reassessment of the shift from the classical theory of concepts to prototype theory. *Cognition*, *51*, 73 - 89.

Margolis, E. (1998). How to acquire a concept. *Mind and Language*, *13*, 347 - 369.

Markman, A., & Gentner, D. (2000). Structure mapping in the comparison process. *American Journal of Psychology*, *113*, 501 - 538.

Markman, E. M. (1989). *Categorization and naming in children: Problems in induction*. Cambridge, MA: MIT Press.

Markman, E. M., & Hutchinson, J. E. (1984). Children's sensitivity to constraints on word meaning: Taxonomic versus thematic relations. *Cognitive Psychology*, *16*, 1 - 27.

Markman, E. M., & Jaswal, V. K. (2003). Commentary on Part II: Abilities and assumptions underlying conceptual development. In D. H. Rakison & L. M. Oakes (Eds.), *Early category and concept development: Making sense of the blooming, buzzing confusion* (pp. 384 - 402). New York: Oxford University Press.

Marler, P. (1991). The instinct to learn. In S. Carey & R. Gelman (Eds.), *Epigenesis of mind: Essays on biology and cognition* (pp. 37 - 66). Hillsdale, N J: Erlbaum.

Marr, D. (1982). *Vision: A computational investigation into the human representation and processing of visual information*. New York: Freeman.

Martin, C. L., & Ruble, D. (2004). Children's search for gender cues: Cognitive perspectives on gender development. *Current Directions in Psychological Science*, *13*, 67 - 70.

Mayr, E. (1991). *One long argument: Charles Darwin and the genesis of modern evolutionary thought*. Cambridge, MA: Harvard University Press.

McCarrell, N., & Callanan, M. (1995). Form-function correspondences in children's inference. *Child Development*, *66*, 532 - 546.

McCawley, J. D. (1981). *Everything that linguists have always wanted to know about logic*. Chicago: University of Chicago Press.

McDonough, L., Choi, S., & Mandler, J. M. (2003). Understanding spatial relations: Flexible infants, lexical adults. *Cognitive Psychology*, *46*, 229 - 259.

Medin, D. (1989). Concepts and conceptual structure. *American Psychologist*, *44*, 1469 - 1481.

Medin, D. L., Goldstone, R. L., & Gentner, D. (2000). Respects for similarity. *Psychological Review*, *100*, 254 - 278.

Medin, D. L., Lynch, E. B., Coley, J. D., & Atran, S. (1997). Categorization and reasoning among tree experts: Do all roads lead to Rome? *Cognitive Psychology*, *32*, 49 - 96.

Medin, D. L., & Shoben, E. J. (1988). Context and structure in conceptual combination. *Cognitive Psychology*, *20*, 158 - 190.

Meltzoff, A. N. (1995) Understanding the intentions of others. Reenactment of intended acts by 18-month-old children. *Developmental Psychology*, *31*, 838 - 850.

Mervis, C. B., & Crisafi, M. A. (1982). Order of acquisition of subordinate-, basic-, and superordinate-level categories. *Child Development*, *53*, 258 - 266.

Mervis, C. B., Pani, J. R., & Pani, A. M. (2003). Transaction of child cognitive-linguistic abilities and adult input in the acquisition of lexical categories at the basic and subordinate levels. In D. H. Rakison & L. M. Oakes (Eds.), *Early category and concept development: Making sense of the blooming, buzzing confusion* (pp. 242 - 274). New York: Oxford University Press.

Mill, J. S. (1843). *A system of logic, ratiocinative and inductive*. London: Longmans.

Millikan, R. G. (1998). A common structure for concepts of individuals, stuffs, and real kinds: More mama, more milk, and more mouse. *Behavioral and Brain Sciences*, *21*, 55 - 100.

Mills, C. M., & Keil, F. C. (2004). Knowing the limits of one's understanding: The development of an awareness of an illusion of explanatory depth. *Journal of Experimental Child Psychology*, *87*, 1 - 32.

Morris, S. C. , Taplin, J. E. , & Gelman, S. A. (2000). Vitalism in naive biological thinking. *Developmental Psychology*, *36*, 582 - 595.

Murphy, G. L. (1993). Theories and concept formation. In I. Van Mechelen, J. Hampton, R. Michalski, & P. Theuns (Eds.), *Categories and concepts: Theoretical views and inductive data analysis* (pp. 173 - 200). New York: Academic Press.

Murphy, G. L. (2002). *The big book of concepts*. Cambridge, MA: MIT Press.

Murphy, G. L. , & Allopenna, P. D. (1994). The locus of knowledge effects in concept learning. *Journal of Experimental Psychology: Learning, Memory, and Cognition*, *20*, 904 - 919.

Murphy, G. L. , & Medin, D. L. (1985). The role of theories in conceptual coherence. *Psychological Review*, *92*, 289 - 316.

Nelson, C. A. (2001). The development and neural bases of face recognition. *Infant and Child Development*, *10*, 3 - 18.

Nelson, K. (1973). Structure and strategy in learning to talk. *Monographs of the Society for Research in Child Development*, *38*(1/2, Serial No. 149).

Nisbett, R. E. , & Ross, L. D. (1980). *Human inference: Strategies and shortcomings of social judgment*. Englewood Cliffs: NJ: Prentice-Hall.

Oakes, L. M. , & Madole, K. L. (2003). Principles of developmental change in infants' category formation. In D. H. Rakison & L. M. Oakes (Eds.), *Early category and concept development: Making sense of the blooming, buzzing, confusion* (pp. 132 - 158). New York: Oxford University Press.

Oakes, L. M. , & Rakison, D. H. (2003). Issues in the early development of concepts and categories: An introduction. In D. H. Rakison & L. M. Oakes (Eds.), *Early category and concept development: Making sense of the blooming, buzzing, confusion* (pp. 3 - 23). New York: Oxford University Press.

Opfer, J. E. , & Siegler, R. S. (2004). Revisiting preschoolers' "living things" concept: A microgenetic analysis of conceptual change in basic biology. *Cognitive Psychology*, *59*, 301 - 332.

Osherson, D. N. , Smith, E. E. , Wilkie, O. , Lopez, A. , & Shafir, E. (1990). Category-based induction. *Psychological Review*, *97*, 185 - 200.

Pearl, J. (2000). *Causality*. New York: Cambridge University Press.

Perner, J. , Lang, B. , & Kloo, D. (2002). Theory of mind and selfcontrol: More than a common problem of inhibition. *Child Development*, *73*, 752 - 767.

Perner, J. , Ruffman, T. , & Leekam, S. R. (1994). Theory of mind is contagious: You catch it from your sibs. *Child Development*, *65*, 1228 - 1238.

Peterson, C. C. , & Siegal, M. (2000). Insights into theory of mind from deafness and autism. *Mind and Language*, *15*, 123 - 145.

Peterson, C. , & Slaughter, V. (2003). Opening windows into the mind: Mothers' preferences for mental state explanations and children's theory of mind. *Cognitive Development*, *18*, 399 - 429.

Piaget, J. (1929). *The child's conception of the world*. London: Routledge & Kegan Paul.

Piaget, J. (1970). Piaget's theory. In P. H. Mussen (Ed.), *Carmichael's manual of child psychology* (Vol. 1, pp. 703 - 732). New York: Wiley.

Pinker, S. (1994). *The language instinct*. New York: Morrow.

Pinker, S. (2002). *The blank slate: The modern denial of human nature*. New York: Viking.

Prasada, S. (2000). Acquiring generic knowledge. *Trends in Cognitive Sciences*, *4*, 66 - 72.

Prasada, S. (2003). Conceptual representation of animacy and its perceptual and linguistic reflections. *Developmental Science*, *6*, 18 - 19.

Premack, D. , & Premack, A. J. (1997). Infants attribute value ± to the goal-directed actions of self-propelled objects. *Journal of Cognitive Neuroscience*, *9*, 040 066.

Putnam, H. (1975). The meaning of "meaning." In H. Putnam. *Mind, language, and reality* (pp. 215 - 271). New York: Cambridge University Press.

Quine, W. V. (1960). *Word and object*. Cambridge, MA: MIT Press.

Quine, W. V. (1977). Natural kinds. In S. P. Schwartz (Ed.), *Naming, necessity, and natural kinds* (pp. 155 - 175). Ithaca, NY: Cornell University Press.

Quinn, P. C. , Bhatt, R. S. , Brush, D. , Grimes, A. , & Sharpnack, H. (2002). Development of the use of form similarity as a Gestalt grouping principle in 3- to 7-month-old infants. *Psychological Science*, *13*, 320 - 328.

Quinn, P. C. , & Eimas, P. D. (2000). The emergence of category representations during infancy: Are separate and conceptual processes required? *Journal of Cognition and Development*, *1*, 55 - 61.

Quinn, P. C. , Eimas, P. D. , & Tarr, M. J. (2001). Perceptual categorization of cat and dog silhouettes by 3- to 4-month-old infants. *Journal of Experimental Child Psychology*, *79*, 78 - 94.

Rakison, D. H. (2003a). Free association? Why category development requires something more. *Developmental Science*, *6*, 20 - 22.

Rakison, D. H. (2003b). Parts, motion, and the development of the animate-inanimate distinction in infancy. In D. H. Rakison & L. M. Oakes (Eds.), *Early category and concept development: Making sense of the blooming, buzzing, confusion* (pp. 159 - 192). New York: Oxford University Press.

Rakison, D. H. , & Oakes, L. M. (2003). *Early category and concept development: Making sense of the blooming, buzzing, confusion*. New York: Oxford University Press.

Rakison, D. H. , & Poulin-Dubois, D. (2001). The developmental origin of the animate-inanimate distinction. *Psychological Bulletin*, *127*, 209 - 228.

Rehder, B. (2003). Categorization as causal reasoning. *Cognitive Science*, *27*, 709 - 748.

Rips, L. J. (2001). Necessity and natural categories. *Psychological Bulletin*, *127*, 827 - 852.

Rips, L. J. , & Collins, A. (1993). Categories and resemblance. *Journal of Experimental Psychology: General*, *122*, 468 - 486.

Rosch, E. (1978). Principles of categorization. In E. Rosch & B. B. Lloyd (Eds.), *Cognition and categorization* (pp. 27 - 48). Hillsdale, NJ: Erlbaum.

Rosengren, K. , Gelman, S. A. , Kalish, C. , & McCormick, M. (1991). As time goes by: Children's early understanding of biological growth. *Child Development*, *62*, 1302 - 1320.

Rothbart, M. , & Taylor, M. (1990). Category labels and social reality: Do we view social categories as natural kinds. In G. Semin & K. Fiedler (Eds.), *Language and social cognition* (pp. 11 - 36). London: Sage.

Sabbagh, M. A. , & Baldwin, D. A. (2001). Learning words from knowledgeable versus ignorant speakers: Links between preschoolers' theory of mind and semantic development. *Child Development*, *72*, 1054 - 1070.

Sacks, O. (1985). *The man who mistook his wife for a hat and other clinical tales*. New York: Summit Books.

Saffran, J. R. , Aslin, R. N. , & Newport, E. L. (1996). Statistical learning by 8-month-old infants. *Science*, *274*, 1926 - 1928.

Samuelson, L. K. (2002). Statistical regularities in vocabulary guide language acquisition in connectionist models and 15 - 20-monthholds. *Developmental Psychology*, *38*, 1016 - 1037.

Sandhofer, C. (2002). Structure in parents' input: Effects of categorization versus comparison. *BUCLD*, *25*, 657 - 667.

Sandhofer, C. M. , Smith, L. B. , & Luo, J. (2000). Counting nouns and verbs in the input: Differential frequencies, different kinds of learning? *Journal of Child Language*, *27*, 561 - 585.

Schulz, L. E. , & Gopnik, A. (2004). Causal learning across domains. *Developmental Psychology*, *40*, 162 - 176.

Schwartz, S. P. (Ed.). (1977). *Naming, necessity, and natural kinds*. Ithaca, NY: Cornell University Press.

Shafto, P. , & Coley, J. D. (2003). Development of categorization and reasoning in the natural world: Novices to experts, naïve similarity to ecological knowledge. *Journal of Experimental Psychology: Learning, Memory, and Cognition*, *29*, 641 - 649.

Shanks, D. R. , Holyoak, K. , & Medin, D. L. (Eds.) (1996). *Causal learning*. San Diego, CA: Academic Press.

Shatz, M. , & Backscheider, A. (2001, December). *The development of non-object categories in 2-year-olds*. Paper presented at the Conference on Early Lexicon Acquisition, Lyon, France.

Shipley, E. F. (1993). Categories, hierarchies, and induction. In D. Medin (Ed.), *The psychology of learning and motivation* (Vol. 30, pp. 265 - 301), New York: Academic Press.

Shipley, E. F. , Kuhn, I. F. , & Madden, E. (1983). Mothers' use of superordinate category terms. *Journal of Child Language*, *10*, 571 - 588.

Siegal, M. (1988). Children's knowledge of contagion and contamination as causes of illness. *Child Development*, *59*, 1353 - 1359.

Siegler, R. S. (1996). *Emerging minds: The process of change in children's thinking*. New York: Oxford University Press.

Siegler, R. S. , & Crowley, K. (1991). The microgenetic method: A direct means for studying cognitive development. *American Psychologist*, *46*, 606 - 620.

Silverstein, M. (1986). Cognitive implications of a referential hierarchy. In M. Hickmann (Ed.), *Social and functional approaches to language and thought* (pp. 125 - 164). New York: Academic Press.

Simcock, G. , Macari, S. , & DeLoache, J. (2002, April). *Blenders*, brushes, and balls: Intense interests in very young children. Thirteenth Biennial International Conference on Infant Studies, Toronto, Ontario, Canada.

Simons, D. J., & Keil, F. C. (1995). An abstract to concrete shift in the development of biological thought: The insides story. *Cognition*, *56*, 129 – 163.

Slobin, D. I. (1985). Crosslinguistic evidence for the language-making capacity. In D. I. Slobin (Ed.), *The Crosslinguistic Study of Language Acquisition: Vol. 2. Theoretical issues* (pp. 1157 – 1256). Hillsdale, NJ: Erlbaum.

Slobin, D. I. (1996). From "thought and language" to "thinking for speaking." In J. J. Gumperz & S. C. Levinson (Eds.), *Rethinking linguistic relativity* (pp. 70 – 96). New York: Cambridge University Press.

Slobin, D. I. (2001). Form-function relations: How do children find out what they are. In M. Bowerman & S. C. Levinson (Eds.), *Language acquisition and conceptual development* (pp. 406 – 449). New York: Cambridge University Press.

Sloman, S. A., & Malt, B. C. (2003). Artifacts are not ascribed essences, nor are they treated as belonging to kinds. *Language and Cognitive Processes*, *18*, 563 – 582.

Slotta, J. D., Chi, M. T. H., & Joram, E. (1995). Assessing students' misclassifications of physics concepts: An ontological basis for conceptual change. *Cognition and Instruction*, *13*, 373 – 400.

Sloutsky, V. M. (2003). The role of similarity in the development of categorization. *Trends in Cognitive Sciences*, *7*, 246 – 251.

Sloutsky, V. M., & Fisher, A. V. (2004). Induction and categorization in young children: A similarity-based model. *Journal of Experimental Psychology: General*, *133*, 166 – 188.

Sloutsky, V. M., & Lo, Y.-F. (1999). How much does a shared name make things similar? Pt. 1. Linguistic labels and the development of similarity judgment. *Developmental Psychology*, *35*, 1478 – 1492.

Sloutsky, M., Lo, Y.-F., & Fisher, A. V. (2001). How much does a shared name make things similar? Linguistic labels, similarity, and the development of inductive inference. *Child Development*, *72*, 1695 – 1709.

Smiley, S. S., & Brown, A. L. (1979). Conceptual preference for thematic or taxonomic relations: A nonmonotonic age trend from preschool to old age. *Journal of Experimental Child Psychology*, *28*, 249 – 257.

Smith, C., Carey, S., & Wiser, M. (1985). On differentiation: A Case Study of the Development of the Concepts of Size, Weight, and Density. *Cognition*, *21*, 177 – 237.

Smith, E. E. (1989). Concepts and induction. In M. I. Posner (Ed.), *Foundations of cognitive science* (pp. 501 – 526). Cambridge, MA: MIT Press.

Smith, E. E., & Medin, D. (1981). *Categories and concepts*. Cambridge, MA: Harvard University Press.

Smith, E. E., Patalano, A. L., & Jonides, J. (1998). Alternative strategies of categorization. *Cognition*, *65*, 167 – 196.

Smith, L. B. (2000). Avoiding association when its behaviorism you really hate. In R. Golinkoff & K. Hirsh-Pasek (Eds.), *Breaking the word learning barrier* (pp. 169 – 174). New York: Oxford University Press.

Smith, L. B., Colunga, E., & Yoshida, H. (2003). Making an ontology: Cross-linguistic evidence. In D. H. Rakison & L. M. Oakes (Eds.), *Early category and concept development: Making sense of the blooming, buzzing, confusion* (pp. 275 – 302). New York: Oxford University Press.

Smith, L. B., Jones, S. S., & Landau, B. (1996). Naming in young children: A dumb attentional mechanism? *Cognition*, *60*, 143 – 171.

Soja, N. N., Carey, S., & Spelke, E. S. (1991). Ontological categories guide young children's inductions of word meaning: Object terms and substance terms. *Cognition*, *38*, 179 – 211.

Soja, N. N., Carey, S., & Spelke, E. S. (1992). Perception, ontology, and word meaning. *Cognition*, *45*, 101 – 107.

Solomon, G. E. A., Johnson, S. C., Zaitchik, D., & Carey, S. (1996). Like father, like son: Young children's understanding of how and why offspring resemble their parents. *Child Development*, *67*, 151 – 171.

Sorrentino, C. M. (2001). Children and adults represent proper names as referring to unique individuals. *Developmental Science*, *4*, 399 – 407.

Spelke, E. (1994). Initial knowledge: Six suggestions. *Cognition*, *50*, 431 – 445.

Spelke, E. S. (2003). What makes us smart? Core knowledge and natural language. In D. Gentner & S. Goldin-Meadow (Eds.), *Advances in the investigation of language and thought* (pp. 277 – 311). Cambridge, MA: MIT Press.

Spelke, E. S., Phillips, A., & Woodward, A. L. (1995). In D. Sperber, D. Premack, & A. Premack (Eds.), *Causal cognition: A multidisciplinary debate* (pp. 44 – 78). New York: Clarendon Press/Oxford University Press.

Sperber, D. (1994). The modularity of thought and the epidemiology of representations. In L. A. Hirschfeld & S. A. Gelman (Eds.), *Mapping the mind: Domain specificity in cognition and culture* (pp. 39 – 67). New York: Cambridge University Press.

Sperber, D. (1996). *Explaining culture: A naturalistic approach*. Oxford, England: Blackwell.

Springer, K. (1996). Young children's understanding of a biological basis of parent-offspring relations. *Child Development*, *67*, 2841 – 2856.

Springer, K., & Keil, F. C. (1991). Early differentiation of causal mechanisms appropriate to biological and nonbiological kinds. *Child Development*, *62*, 767 – 781.

Sternberg, R. J. (1987). Most vocabulary is learned from context. In J. G. McKeown & M. E. Curtis (Eds.), *Nature of vocabulary acquisition* (pp. 89 – 105). Hillsdale, NJ: Erlbaum.

Stevenson, H., & Stigler, J. (1992). *The learning gap: Why our schools are railing and what we can learn from Japanese and Chinese education*. New York: Summit Books.

Strevens, M. (2000). The naïve aspect of essentialist theories. *Cognition*, *74*, 149 – 175.

Subrahmanyan, K., Gelman, R., & Lafosse, A. (in press). Animates and other separably moveable objects. In E. M. Forde & G. W Humphreys (Ed.), *Category-specificity in brain and mind*. Hove England: Psychology Press.

Tanaka, J. W., & Taylor, M. E. (1991). Object categories and expertise: Is the basic level in the eye of the beholder? *Cognitive Psychology*, *23*, 457 – 482.

Tardif, T. (1996). Nouns are not always learned before verbs: Evidence from Mandarin speakers' early vocabularies. *Developmental Psychology*, *32*, 492 – 504.

Tenenbaum, J. B., & Xu, F. (2000). Word learning as Bayesian inference. In L. R. Gleitman & A. K. Joshi (Eds.), *Proceedings of the 22nd annual conference of the Cognitive Science Society* (pp. 517 – 522). Mahwah, N J: Erlbaum.

Tomasello, M. (1999). *The cultural origins of human cognition*. Cambridge, MA: Harvard University Press.

Tomasello, M., & Akhtar, N. (2000). Five questions for any theory of word learning. In R. Golinkoff & K. Hirsh-Pasek (Eds.), *Becoming a word learner: A debate on lexical acquisition* (pp. 179 – 186). New York: Oxford University Press.

Tomasello, M., & Barton, M. E. (1994). Learning words in nonostensive contexts. *Developmental Psychology*, *30*, 639 – 650.

Troseth, G. L., & DeLoache, J. S. (1998). The medium can obscure the message: Young children's understanding of video. *Child Development*, *69*, 950 – 965.

Uttal, D. H., Liu, L. L., & DeLoache, J. S. (1999). Taking a hard look at concreteness: Do concrete objects help young children learn symbolic relations. In L. Balter & C. S. Tamis-LeMonda (Eds.), *Child psychology: A handbook of contemporary issues* (pp. 177 – 192). Philadelphia: Psychology Press.

Vosniadou, S., Skopeliti, I., & Ikospentaki, K. (2004). Modes of knowing and ways of reasoning in elementary astronomy. *Cognitive Development*, *19*, 203 – 222.

Vygotsky, L. S. (1962). *Thought and language*. Cambridge, MA: MIT Press. (Original work published 1934)

Wanner, E., & Gleitman, L. R. (Eds.). (1983). *Language acquisition: The state of the art*. New York: Cambridge University Press.

Waxman, S. R. (in press). The gift of curiosity. In W. Ahn, R. L. Goldstone, B. C. Love, A. B. Markman, & P. Wolff (Eds.), *Categorization inside and outside the lab: Essays in honor of Douglas L. Medin*. Washington, DC: American Psychological Association.

Waxman, S., & Gelman, R. (1986). Preschoolers' use of superordinate relations in classification and language. *Cognitive Development*, *1*, 139 – 156.

Waxman, S. R., Lynch, E. B., Carey, K. L., & Baer, L. (1997). Setters and samoyeds: The emergence of subordinate level categories as a basis for inductive inference. *Developmental Psychology*, *33*, 1074 – 1090.

Waxman, S. R., & Markow, D. B. (1995). Words as invitations to form categories: Evidence from 12-to 13-month-old infants. *Cognitive Psychology*, *29*, 257 – 302.

Waxman, S. R., & Namy, L. L. (1997). Challenging the notion of a thematic preference in young children. *Developmental Psychology*, *33*, 555 – 567.

Waxman, S. R., Shipley, E. F., & Shepperson, B. (1991). Establishing new subcategories: The role of category labels and existing knowledge. *Child Development*, *62*, 127 - 138.

Weissman, M. D., & Kalish, C. W. (1999). The inheritance of desired characteristics: Children's view of the role of intention in parentoffspring resemblance. *Journal of Experimental Child Psychology*, *73*, 245 - 265.

Welder, A. N., & Graham, S. A. (2001). The influence of shape similarity and shared labels on infants' inductive inferences about nonobvious object properties. *Child Development*, *72*, 1653 - 1673.

Wellman, H. M. (1990). *The child's theory of mind*. Cambridge, MA: MIT Press.

Wellman, H. M. (2002). Understanding the psychological world: Developing a theory of mind. In U. Goswami (Ed.), *Blackwell handbook of childhood cognitive development* (pp.167 - 187). Malden, MA: Blackwell.

Wellman, H. M., & Gelman, S. A. (1998). Knowledge acquisition. In W. Damon (Editor-in-Chief) & D. Kuhn & R. Siegler (Vol. Eds.), *Handbook of child psychology: Cognitive development* (4th ed., pp. 523 - 573). New York: Wiley.

Wellman, H. M., & Inagaki, K. (Eds.). (1997). *The emergence of core domains of thought: Children's reasoning about physical, psychological, and biological phenomena*. San Francisco: Jossey-Bass.

Werker, J. F., Cohen, L. B., Lloyd, V. L., Casasola, M., & Stager, C. L. (1998). Acquisition of word-object associations by 14-month-old infants. *Developmental Psychology*, *34*, 1289 - 1309.

Werker, J. F., & Desjardins, R. N. (1995). Listening to speech in the 1st year of life: Experiential influences on phoneme perception. *Current Directions in Psychological Science*, *4*, 76 - 81.

Werner, H., & Kaplan, B. (1963). *Symbol formation: An organismicdevelopmental approach to language and the expression of thought*. New York: Wiley.

Whorf, B. L. (1956). *Language, thought, and reality*. Cambridge, MA: MIT Press.

Wilcox, T., & Baillargeon, R. (1998). Object individuation in infancy: The use of featural information in reasoning about occlusion events. *Cognitive Psychology*, *37*, 97 - 155.

Winnicott, D. W. (1969). *The child, the family, and the outside world*. Baltimore: Penguin Books.

Wisniewski, E. J. (1995). Prior knowledge and functionally relevant features in concept learning. *Journal of Experimental Psychology: Learning, Memory, and Cognition*, *21*, 449 - 468.

Wisniewski, E. J., & Medin, D. L. (1994). On the interaction of theory and data in concept learning. *Cognitive Science*, *18*, 221 - 281.

Woodward, A. L. (1998). Infants selectively encode the goal object of an actor's reach. *Cognition*, *69*, 1 - 34.

Woodward, A. L. (2000). Constraining the problem space in early word learning. In R. Golinkoff & K. Hirsh-Pasek (Eds.), *Becoming a word learner: A debate on lexical acquisition* (pp. 81 - 114). New York: Oxford University Press.

Woodward, A. L., & Markman, E. M. (1998). Early word learning. In W. Damon (Editor-in-Chief) & D. Kuhn & R. Siegler (Vol. Eds.), *Handbook of child psychology: Vol. 2. Cognition, perception, and language* (pp.371 - 420). New York: Wiley.

Xu, F. (1999). Object individuation and object identity in infancy: The role of spatiotemporal information, object property information, and language. *Acta Psychologica*, *102*, 113 - 136.

Xu, F. (2002). The role of language in acquiring object kind concepts in infancy. *Cognition*, *85*, 223 - 250.

Xu, F., & Carey, S. (1996). Infants' metaphysics: The case of numerical identity. *Cognitive Psychology*, *30*, 111 - 153.

Yamauchi, T., & Markman, A. B. (1998). Category learning by inference and classification. *Journal of Memory and Language*, *39*, 124 - 148.

Yoshida, H., & Smith, L. B. (2003). Shifting ontological boundaries: How Japanese- and English-speaking children generalize names for animals and artifacts. *Developmental Science*, *6*, 1 - 34.

Younger, B. (1990). Infants' detection of correlations among feature categories. *Child Development*, *61*, 614 - 620.

第 17 章

空间认知的发展

NORA S. NEWCOMBE 和 JANELLEN HUTTENLOCHER

对于各种生机勃勃的动物的生存来说，空间定向活动是至关重要的。刚刚孵出来的小海龟要走向大海；啄食种子的鸟儿要把无数微小的食物隐藏起来，并在需要食用时能很快找到；人们会在家中走来走去，去上班或上学，完成各种各样的差事，以及偶尔去一些道远而新奇的地方旅游。尽管这些活动在许多方面有所不同，但是它们都涉及利用空间信息来确定达到某个目标所需要的活动方向。因此，对于这种处理空间环境的能力的发展来说，人们可能会期望进化力量能够在其中起着特别重要的作用。对于发展心理学家来说，该事实构成了有关空间知识及其发展的三个至关重要的议题。

首先，由于空间能力是生存的基本条件，而且发现即使对非常低等的生物体来说也是如此，因此空间发展为思考人类起源的问题提供了一个有趣的舞台。在哲学和心理学中，对这一问题的回答从极端的先天论到激进的经验论不一而足。从字面意义上来看，由于其对于

734

所有活动的生物体来说所具有的重大适应作用,因此空间发展是一个具有较强先天基础的领域。然而,Piaget 却认为,空间理解的先天基础非常微不足道。该理论假定,像够拿(reaching)这类简单的感觉运动经验是空间能力逐步提高的出发点,也就是说空间能力的发展产生于儿童与世界的相互作用之中。他的这种方法论在有关空间发展问题的思考中主导了几十年,并引发了大量的研究,其中的某些研究领域目前依然很活跃。然而,最近人们一直对一种更具有先天主义色彩的理论越来越感兴趣,该理论认为婴儿先天具备有关空间的专门知识,以及类似的诸如对语言、自然因果关系和数量等领域的具体理解(如,Spelke & Newport, 1998)。

很明显,对于理解知识的起源来说,在生命的最初都拥有哪些能力是一个至关重要的问题。然而,有关婴幼儿能力的争论仅仅是关于这一议题的研究的一个方面。就起源的争论来说,对于成熟的认知结构——儿童的这一发展目标的理解也具有至关重要的意义。一个重要的具体议题涉及成人对不同种类的空间信息进行联合的程度。从模块性的观点来看,不同来源的空间信息是分别在单独的不同认知加工单元中被加工的(如,Wang & Spelke, 2002)。而来自其他理论模型的观点则认为,可以通过一种基于各种资源的潜在重要性来权衡各种资源的机制,从而把这些信息资源联合在一起(如,Ernst & Banks, 2002; Huttenlocher, Hedges, & Duncan, 1991)。模块性通常是与先天论者的观点联系在一起的,尽管这一联系决不是由逻辑所强行决定的(Fodor, 2001)。同样,适应性联合的观点通常是与经验论联系在一起的,因为假定在一个综合过程中进行各种权衡会受到经验的影响,这似乎是很自然的事情。然而,也可能暗示着这些权衡的能力是先天就具有的。

来自有关人类空间知识的进化观点的第二个议题涉及随着进化时间的推移而发生的发展。要想充分理解我们人类的这种能力,就必须将我们的空间能力与其他物种的空间能力进行比较。人类在多大程度上与其他物种共同拥有某些空间适应方面的基本特点以及哪些方式是我们人类所特有的呢?以非人类的动物为被试的研究已经揭示出了许多跨物种的相似性,而且也显示出了物种间存在的显著差异,以及人类所具有的有关空间定向的某些截然不同的特点(有关其他物种空间行为的文献参见 Jacobs, 2003; Jacobs & Schenk, 2003; Shetelleworth, 1998)。一方面,人类缺乏其他某种物种所依赖的那种感觉机制,如可以帮助我们直接确定真北方向的地磁感,以及可以用于空间定位的嗅觉、触觉和听觉等方面的敏感性。另一方面,人类也显示出了某些其他物种所没有的空间能力。最令人注目的是,我们人类所具有的复杂的内在加工能力,它容许我们可以从不同的视角去表征整个空间环境,以及对不断旋转变化的物体进行想象。人类可以利用这些符号表征能力以一种灵活、有力的方式去交流有关空间环境的信息,在思维中实施想象活动,如在进行有关齿轮或滑轮传动的推理时(Hegarty, 2004)。此外,这些空间表征机制也可以用于组织非空间领域的思维。例如,人类可以通过想象出一组在某个维度(如智力或美)上各不相同的项目,从而以空间排序的方式对这个领域中信息的顺序加以记忆。这种排序的方法可以有助于逆转推理(Huttenlocher, 1968),而且一直被用于有关大脑空间加工的研究领域(Goel & Dolan, 2001; Knauff, Mulack, Kassubek, Salih, & Greenlee, 2002)。此外,像图示和流程图这类交流工具在揭示非空间事物之间关系(如贫穷与早熟之间的关系)时是非常有价值的(Gattis,2001; Gattis & Holyoak,1996)。人类在许多认知过程中利用空间推理和空间表征并非是先天的行为,从而突出了空间加工在人类广泛的认知适应方面所具有的核心地位。

空间发展的第三个重要议题涉及空间技能的个体差异,同时将我们的思考置于进化的大背景中又引出了一些有趣的问题。由于用于储存和检索空间定位信息的能力是至关重要的,因此可以推测空间能力是一种会面对强烈的物种选择压力的能力,因而它是一种"渠限化"的能力,也就是说在发展和最终结果中会显示出高度的统一性。在某种程度上来说似乎是这样,但并非总是这样。例如,一方面,尽管婴儿表现出某些特定空间成就(如,能够找到一个隐藏的物体)的年龄存在着轻微的差异,但是这种变异相当小而且通常可以忽略不计,部分原因是因为所有正常发育的儿童最终都能获得这种技能。另一方面,某些似乎对适应起着重要作用的空间发展领域显示出了相当大的个体差异。例如,心理旋转的速度和有效性就显示出了很大的个体差异。然而,心理旋转是适应功能(如从新的优势点寻找想要的客体或制作工具)的基础。

一些具有适应功能的空间能力为什么会显示出显著的个体差异呢? 有关这一问题还没有一个明确的答案。一些个体变异可能是由于某些生物学机制,之所以出现这种变异可能是由于我们还没有认识到的适应方面的原因,或仅仅是因为进化不能确保完全适应。另外,这一变异也可能反映了某些特定的空间活动在不同人的生活中其重要性程度是不同的,从而导致了共同的生物潜能在不同个体身上实现的程度是不同的。认知发展方面的研究者所面临的一个挑战是,要将对标准化发展的理解和对个体差异发展的理解整合在一起。无论是对于获得一种综合性的理论理解来说,还是对于在许多空间活动(从像找到去商店或办公室的路这样的基础任务,到像装配一个电子设备这样复杂一点的任务,甚至到像在数学和物理科学中进行推理这样更高水平的挑战)中获得最大化的成绩这一应用目标来说,阐述个体差异的来源是一项非常基础性的工作。

简而言之,为什么空间技能的发展在认知和发展科学中是一个核心的问题,原因有很多。空间发展研究的一个目标就是要去回答与这一领域有关的,在心理学、生物学和哲学历史中出现过的一些经典问题:适应在多大程度上要依赖于先天所具有的表征,或者适应在多大程度上代表了通过与世界的相互作用而自然发生的知识,我们这个物种的独特性以及比较进化的进程,符号表征过程与其他更为基础的空间加工过程之间的相互作用,以及个体差异的本质。此外,空间发展之所以是一个非常重要的研究领域,是因为对空间发展的发生过程的理解对于设计教育课程来说有着非常重要的实用价值,而这类教育课程有助于个体获得作为许多重要现实活动基础的最佳技能。

本章共分为 8 节。我们首先描述当前有关成熟空间能力的本质的观点,以及与如何评估儿童向这一成人状态发展的过程有关的议题。在接下来的两节中,我们将涉及已经证实与知识起源的争论有关的两个议题:我们对于婴儿期所存在的空间能力有哪些了解以及早期的空间能力是否是模块性的。第四节和第五节将讨论那些似乎可以被看作是人类空间适应所特有的能力,即空间信息的心理转换能力和空间信息的符号表征能力。在第六节和第七节,我们将考察包括性别差异在内的个体差异发展和产生的原因,同时也会通过一些案例来思考我们对空间发展的本质和机制有些什么新的了解,这类案例涉及儿童具有基于遗传学差异的异常学习基础(威廉斯综合征)或具有基于感觉限制的异常环境场合(视力损伤)。最后一节,我们将试图描述在今后的研究中可能会遇到的挑战。

发展成熟的空间能力

在思考人类如何才能达到成人所具有的认知水平时,首先考虑成熟能力的本质似乎是最为自然的事情了,因为只有这样才可以建立起评估儿童能力发展的标准。然而,像这样的一个目标是不太容易达到的,这是因为对成人空间技能的考察也是一件正在进行中的事情,其自身就存在着一些不确定性和争议(有关成人空间技能研究的综述,参见 Landau,2003;Newcombe,2002b;B. Tversky,2000)。在本节中,我们将集中阐述有关成人是如何加工空间环境信息等方面的几个关键性问题。然而,我们将首先讨论一个优先重要的问题,它涉及在描述成熟能力和评价发展时,我们应该使用什么样的概念性工具。

我们需要认知构想吗

一般来说,认知理论建议使用"内在状态"这一概念来解释智力行为,但是人们一直质疑这样做的科学必要性是什么(如,Brooks,1991)。采用 Gibson 式观点的那些人强调环境"供给"(affordances)方面的作用(如,Warren,2005)。采用动态系统观点从事研究工作的研究者也一直声称,我们应该避免使用表征的观念(如,Thelen & Smith,1994)。这些理论家们所表达的这些疑虑涉及雏型人(homunculus)的议题(如果还需要有一个神秘的实体来解释表征的话,那么就等于什么都没有解释)以及讹传的问题(一些无法观察到的实体会在某些表征理论中不断增生扩散)。然而,又似乎需要把表征作为原则来解释在不同认知任务上的行为(Huttenlocher,2005)。尽管有些人在使用表征这一术语时可能会感到心虚,因为他们在许多难以检验的复杂理论中使用了大量的无法观测到的实体,但是这些问题的产生并非是使用表征这一构想的必然结果。通过谨慎地开展研究工作可以将涉及表征概念的解释建立在用于检验这些解释的含义的多重会聚操作的基础之上。

737 在发展方面的研究工作中,心理表征的观点似乎没有什么特别充足的依据,因为当测试情境发生很小的变化时,所得到的结果可能会是大不相同的,尤其是对于年幼的儿童来说。例如,当评估的是寻找行为而非够拿行为时,幼儿期中的某些发展转折点似乎出现在更早的年龄上(如,Ahmed & Ruffman,1998;Hofstadter & Reznick,1996;Kaufman & Needham,1999)。同样,当在研究中采用寻找的习惯化或违反期望的技术时,年幼的婴儿似能够领会到:实心的物体是不能穿过其他实心的物体的(如,Spelke,Breinlinger,Macomber,& Jacobson,1992),但是在一项表面看似简单的任务(判断到哪里去寻找一个滚动的球)上,即使 2 岁的儿童在使用实心体原则时都会有一定的困难(Berthier et al.,2001;Hood,Cole-Davies & Dias,2003;Keen,2003;Mash,Keen,& Berthier,2003)。再举另外一个有关儿童表面能力的变异的惹人注目的例子。在这个例子中,当学步儿童与一些看似很大的小物体发生相互作用时,他们会表现出一系列的行为(如,企图进入玩具汽车),然而当这样做的时候,他们会通过调整自己的行动以适应物体的大小,如准确地抓住把手去打开微型汽车的小门(Deloache, Uttal, & Rosengren, 2004)。

某些研究者将这样的一些事实看作是表征和能力的概念误导人们的具体事例,进而拒绝使用这些概念(Thelen & Smith, 1994)。然而,采用其他方法研究发展的研究者则承认不同任务间确实存在着变异性,但仍保留表征和能力的概念。首先,在某些情况下,我们可以把在高支持情形下首次表现出一种能力的最简单形式的年龄看作是发展过程区间的下限日期,而把在最具挑战性的情形下明显表现出这种能力的年龄看作是发展过程区间的上限日期。按照类似的思路,我们可以依据一种生态学标准去定义能力:能力是日常生活中通常所必需的,或者是成人通常能够正常行使的机能(Newcombe & Huttenlocher, 2000)。例如,尽管事实上当注意分散时只能保持较少的数字,而当采用特殊的策略时可以保持较多的数字,但是我们通常把大约七位数字的数字广度看作是成熟能力的表征。我们之所以这样做,是因为我们把分心和集中组块策略的应用看作是例外的情况。

其次,这类研究发现可以被解释为吸引人们去探索其内在过程和机制的诱惑,而不是意味着这些认知构想一点用处都没有。像这种方法的一个例子来自有关成人对垂直—水平错觉的敏感性的研究:同等长短的水平线段和垂直线段构成一个大写 T 和反向的大写 T。在这一演示中,即使两条线是等长的,但是成人通常会判定水平线段要比垂直线段短。然而,当要求他们握住这两条线时,他们的手形显示他们认为这两条线是等长的(Vishton, Rea, Cutting, & Nunez, 1999)。像这样的一些模式常常被解释为思维和行动是两个可以独立分开的系统,也可以被解释为需要在无需假定任何抽象能力的情况下对特定的情境进行分析。然而,Vishton 等人(1999)通过进一步的探索发现,不同的行为模式并不是取决于意识判断与身体动作间的不同,而是取决于这样一个事实:判断任务要求对两条线段作比较(一种相对判断),而抓握任务则要求每次只能集中注意一条线段(一种绝对判断)。在绝对*判断*中并没有显示出这种错觉。因此,通过进一步的分析发现:令人困惑的分离观点会让位于一个有趣的有关认知机能的概括性规则,即那些需要同时对两种数量进行比较的任务会导致错觉,而当我们采取每次只处理一种数量的策略时,就不会出现错觉。

总之,在认知和发展心理学中,明智和审慎地使用诸如表征和能力这样一些认知构想是非常重要的。倘若这是个序言的话,那么我们接下来将围绕三个问题继续讨论成熟空间能力的本质:空间表征的准确性和综合性的程度有多大?什么样的空间参照系统可以用于建构这类表征?像地图和空间语言这类外在符号表征与只采用内在空间表征相比会增添些什么?

成熟能力的本质是什么

Piaget 和 Inhelder(1948/1967)提出,成熟空间能力是准确的、可测量的以及良好建构的,涉及空间表征的一个欧几里德系统。他们将成人描述为能够比较容易地记住和重新建构空间布局,采择他人的观点,可以借助于采用直角坐标系进行编码定位的空间表征来完成儿童感到困难的各种各样的空间任务。然而,人类能力的这些特征长期一直受到那些对成人空间认知进行研究的人们的质疑。当前,几个可供选择的模型都声称自己捕捉到了人类空间知识的本质。

有些认知心理学家们已经断言,成人的空间表征不可避免地会出现错误、偏差及不完整(如,Byrne,1979;Kuipers,1982;McNamara,1991;B. Tversky,1981)。这些结论是基于一些著名的研究的,这些研究表明成人在估计空间位置时会出现各种令人惊讶的错误,如对"里诺(Reno)是在圣地亚哥(San Diego)的东部"做出判断(Stevens & Coupe,1978)或对"从位置 A 到位置 B 的距离不同于从位置 B 到位置 A 的距离"做出判断(McNamara & Diwadkar,1997;A. Tversky,1977)时。一直使用这类错误来说明,成人并未能对有关空间位置的测量信息进行精确的编码。更确切地说,这些判断似乎是与人们对位置记忆得不准确或是按照较大的范畴加以记忆的模型最为一致。例如,对于 Stevens 和 Coupe 的研究发现,我们可以做这样的解释:在空间记忆中,人们仅就各州中所有城市位置的定性类别信息(如里诺位于内华达州)以及各州大致的相对位置(内华达州位于在加利福尼亚州的东边)进行了编码。

空间机能的其他研究者将注意力较少地集中在空间表征的内容和准确性方面,而较多地集中在支持空间知识获得的认知结构方面。具体地说,Gallistel(1990)以及 Spelke 和她的同事(Hermer & Spelke,1996;Wang & Spelke,2002)提出,不同的空间特征可能会形成截然不同的模块。一个最明显的例子是构成*几何模块*,该模块负责对各种环境表面的相对长度以及这些表面之间的关系等方面的信息进行编码(如,较长的表面在较短的表面的左边)。这些研究者声称,从本质上来说,几何敏感性是模块性的,因为有证据表明:像表面的颜色这类特征信息并没有被用于去消除几何学上全等的两个位置之间的歧义。据说这些能力是彼此独立、互不关联的认知单元,也就是说它们之间是难以相互渗透的。由于在一个模块性的结构中这些不同方面的空间信息彼此之间没有直接的联系,因此需要有另外的原则来解释这些信息是怎样结合在一起的。其中一个假设是:语言为这些模块之间的沟通提供了可能(Spelke & Hermer,1996)。

有关如何利用不同来源的空间信息的另外一种解释模型是一类被称作*适应性联合模型*的模型(在这类模型中,模块只具有相对中性的意义,即对于空间定位的各种不同信息的最初知觉加工可能是分别发生在各种截然不同的生理学路径或特定的皮层区域上)。这些方法都强调采用一种加权的方式把各种不同来源的空间信息联合在一起。Huttenlocher、Hedges 及其同事提出过这样的一个模型(Crawford,Huttenlocher,& Engebretson,2000,Huttenlocher,Hedges,& Duncan,1991;Huttenlocher,Hedges,Corrigan,& Crawford,2004)。他们假定成人的空间编码涉及这种适应性的联合。他们的研究工作起源于这样的观察:通常可以把空间编码为大小不同的单元,而且这些单元可以按层级被加以组织起来。较大的单元(如州或国家)包含较小的单元(如城市或州)。Huttenlocher 和 Hedges 提出,空间位置编码既可以发生在细密纹理的水平上也可以发生在类别的水平上,而且不会偏向于这两种水平中的任何一种。然而,细密纹理编码与类别水平编码的联合通常会导致估计偏差的出现。这类偏差是具有适应性意义的;人们会以一种贝叶斯判决规则的方式来利用类别信息,以便减少在估计位置时所产生的变异性。这种*层级联合模型*可以解释那些不然则会被看作是非测量性空间加工的证据的各种估计模式。例如,像 A. Tversty(1977)及 McNamara 和 Diwadkar(1997)所发现的在判断位置 A 与位置 B 之间距离时的不对称性,可以用层级编码模型加以解释(而且事实上是加以预测)(Newcombe, Huttenlocher, Sandberg, Lie, & Johnson,1999)。

在有关空间机能的文献中,还有其他一些适应性联合的模型(以及在大量的知觉研究文献中;见 Ernst & Banks,2002)。例如,在 Cheng(1989)所提出的有关鸽子使用陆标线索的*矢量总和模型*中,基于较近陆标的矢量要比基于较远陆标的矢量有更大的权重,这大概是因为在对基于较近陆标的矢量编码中有较少的变异性。同样的,Hartley、Trinkle 和 Burgess (2004)提出了人类在封闭空间内的位置记忆的*边界临近性模型*,该理论认为人们可以对绝对距离信息和相对距离信息进行综合利用。当距离较短时,从一面墙到某个位置的绝对距离编码是比较准确而且变异较小,而相对距离编码(分别从各个不同墙面到某个位置的绝对距离的比值)则较少取决于从一面墙到某个位置的绝对距离。因此,当需要编码的位置离墙比较近的时候,个体会赋予绝对信息较大的权重,而当离墙比较远时(当需要编码的位置位于封闭空间的中间时),个体则会赋予相对信息较大的权重。矢量总和模型和边界临近性模型与等级联合模型共同拥有一个基本的见解,即相对较为确定和较小变异的信息来说,赋予较不确定和较大变异的信息以较小的权重是一种适应性的表现。这样一来就不难理解以下这样的情况:特征信息和几何信息既可以同时用于确定位置,也可以单独使用其中的一种来确定位置(Newcombe, 2005)。简而言之,在所有的适应性联合模型中,我们可以根据对较小变异的信息来源赋予相对较大权重的原则,把不同来源的空间环境信息联合在一起,这样就会导致最大限度的准确性。[①]

适应性联合的发展起源还是未知的。适应性联合这一系统可能产生于先前的经验;至少这些编码机制的某些方面可能是先天就具有的。空间记忆机制的物种间一致性可能就暗示着这种先天适应性机制存在的可能性,因此可以使用适应性联合模型来思考非人类物种的各种行为。例如,Hartley 等人的模型发现,同人类一样,老鼠的海马回中也存在着位置细胞,而且 Huttenlocher-Hedges 的模型最近发现猕猴也可以具有类似人类那样的位置编码 (Merchant, Fortes, & Geogopoulos, 2004)。然而,还需要大量地进行进一步的研究,以准确详细地说明空间编码机制的哪些方面是先天具有的,因为物种间一致性中的某些部分可能是由于它们所面对的环境要求是共同的,从而造成了它们的起点机制在一定程度的同步。例如,从心理物理学的角度来说,相对于较长的距离来说,当距离较短时,某个位置相距一个陆标的绝对距离无疑会得到更为精确一些的估计,因此依据距离对信息进行加权的过程自然是应该通过个体与环境的相互作用而产生的。从这一点来看,不同物种所共同具有的那

739

---

① 最近有研究者就适应性联合中的其他问题,提出了一些类似的模型,如把视觉信息和触觉信息联合在一起的问题 (Backus,Banks,van Ee, & Crowell,1999;Ernst & Banks,2002;Gepshtein & Banks,2003)。

些先天的东西是人们对反映这些统计原则的东西进行学习的能力。然而,在这类模型的所有实例中,发展都是存在于对含有最大信息量和最大用途的联合规则进行掌握的过程中的。

在适应联合模型与最近有关认知发展方面的思考方式之间有一些相似之处。尤其是,动力系统理论(Thelen & Smith,1994)和重叠波理论(Siegler,1996)也强调各种不同行为之间的相互影响作用。然而,这两种理论之间在强调的重点和关注的中心方面也存在着差异。首先,就动力系统来说,按照这种框架所建立的各种理论一直少有像适应性联合理论那样,就到底是什么因素决定着各种不同因素的权重说明得那么具体。此外,若谨慎运用象表征和能力这样的术语,这些构想会有助于产生大量的理论。即使是这样,动力系统理论学家也会回避使用这些术语。

重叠波理论关注不同的问题解决策略在发展时间上的同时性问题,而且将这些策略的盛衰看作是诸如对一个情境是如何编码的以及对于成功的反馈等因素的函数。与适应性联合理论的相似之处是它们都承认:行为产生于不同的动作基础之间的相互作用,而且变异性是发展的源泉。然而,重叠波理论一直关注策略或程序步骤等方面的变异性,而非不同类别的刺激信息在编码方面的变异性,而且倾向于考虑各种影响之间的竞争性而非把这些影响结合起来看其是如何决定行为的。这些不同之处至少有部分原因是由于它们所考虑的是不同类别的认知发展。适应性联合理论分析的是记忆中的表征以及它们在行为中的用途,而重叠波理论则主要关注认知技能的获得(如加法运算)或有关动态性问题的规则判断(如平衡柱问题)。

参照系统的本质是什么

空间编码需要一套参照物或框架去具体定位。近几年,研究者已经对这种框架的本质达成了大致的一致性认可(Gallistel,1990;Newcombe & Huttenlocher,2000;Sholl,1995)。大家一致认为,空间定位可以参照外部框架或观察者本身进行编码。对定位进行编码的第一种方式有时就是简单、直接地使用外部陆标作为标记,尤其是当这类陆标与需要定位的目标在距离上比较邻近时(如,用一面旗子标记一个位置为轻击区)。这类标志一直被称作*信标*,而这类空间学习则一直被称作线索学习。但是,并不总是会有这类信标的。因此,环境的外部特征(如封闭空间的形状或一组彼此独立的陆标)的一个较为重要的作用就是提供一组固定的参照点,用于确定距离或方向,并将需要定位的目标描绘出来。这类空间学习一直被称作*位置学习*。由于这种编码框架会受到固定特征的可利用性的限制,因此这种框架在开阔的海面上或是在黑暗中就无法起到很好的作用。

对定位进行编码的第二种方式是参照观察者自身。这样做的一种简单方式就是要记住到达目的位置所需要的动作,如如何从床上伸出手去够闹钟,或者早晨如何走到学校。这种编码可以被称作反应学习,Piaget称其为*自我为中心*。这种编码只有当最初的起点得到保持时才会起作用。但是,如果需要考虑到移动时,那么这种编码就会失去作用。例如,一个人够闹钟时,是在其滚到了床的另一边之后去够,而不是从通常躺的那一边去够。另一种类型的观察者中心的编码是通过把自己移动的方向和距离考虑在内,从而调整初始的位置记忆。这种位置编码一直被称作*航位推测法*或*惯性导航运动*。在这种空间记忆中,观察者的位置需要被连续地追踪。当没有外部框架可以利用时,这种编码就会变得毫无价值。然而,*航位推测法*最终必须参照外部框架,这是因为有关方向和距离的记忆偏差会造成误差的累积,同时也是因为外在环境毕竟是人们最终感兴趣的东西。①

在利用外部环境的所有空间表征中,观察者的位置会起到多大的作用呢?无定向表征对具体定向表征是理解心理旋转过程、观点采择以及导航运动的中心议题。曾经有人提出,有关某一特定环境的大量经验可能会导致有关该区域的无定向测量知识的形成(Presson,1987; Presson & Hazelrigg, 1984; Siegel & White, 1975);必要的时候,它也会以一种灵活的方式与观察者结合在一起,而无须观察者作为该表征整体的一部分。然而,有关这一陈述一直存在着争议。许多研究已经有证据发现:表征主要是具体定向的(最近的例子,见McNamara, Rump, & Werner, 2003; Mou, McNamara, Valiquette, & Rump, 2004; Shelton & McNamara, 2004; Sholl & Bartels, 2002)。此外,最近有关儿童使用几何信息的研究发现,观察者会表征自己与空间的关系,而不是只孤立地去表征空间(Huttenlocher & Vasilyeva, 2003; Lolourneco, Huttenlocher, & Vasilyeva, 2005)。

然而,在某些情况下或对某些人来说,无定向的表征也是有可能出现的,尽管具体定向表征比较常见。例如,Sholl 和 Nolin(1997)发现:当要求被试使用某些具体的特定空间、知识获得以及测试条件时,无须依赖于最初看到的位置和当前的位置,人们可以同样熟练地指出某个空间中的各种不同位置。此外,可能也存在着个体差异,比如具有一定认知技能水平的观察者要比其他人更有可能会形成无定向的表征。就课文阅读来说,人们发现:在个体所形成的情景模型中,空间信息的含有量会随着个体空间能力的不同而不同(Emerson,Miyake, & Rettinger, 1999; Friedman & Miyake, 2000)。也许最有趣的可能性是两种表征是共存的,从而很难找到无定向表征的证据,因为共存的具体定向表征将总会施加某种影响。例如,Burgund 和 Marsolek(2000)发现,左半球负责观点—独立加工,而右半球则负责观点—依存加工。这种影响可能取决于左半球所具有的对客体的语义信息进行编码的能力(Curby, Hayward, & Gauthier, 2004)。

另一个值得值得注意的事实是,即使像通过内插法来计算实际体验过的两个位置中间的某一位置这样的任务既难又费时,但是人类似乎能够胜任,而其他物种,如鸽子,则不能胜任(Spetch & Friedman, 2003)。事实上,在描述环境时,我们能够通过混合各种不同的观点(Taylor & Tversky, 1992a)来形成来自不同环境描述、不同有利位置的类似空间表征(Taylor & Tversky, 1992b),而且表征一旦形成,可以以迅速减少的成本去转换不同的观点(Tversky, Lee, & Mainwaring, 1999)。因此,尽管人类可能会显示出具体定向性,但是我们

741

---

① 可能被认为是观察中心的一种空间编码是,在大脑中保持目标位置周围某个特定区域的外观。通过对当前景象与记忆中的景象的匹配,就可以使对目标的定位成为可能(Wang & Spelke, 2002)。这一系统基本上是与线索学习相类似的,唯一的不同之处在于:除了术语上的变化外,在这一系统中,有多种线索(而不是只有一种信标),而且还要把多种线索之间的关系考虑在内。

似乎也有相当充足的资源来处理这一情况。

符号空间表征可以增添些什么

我们人类这一物种与众不同的特征之一就是具有符号空间表征能力。语言是强有力的人类符号系统的最主要的例证,但是在空间领域中模型、地图、图示以及曲线图则也是兴趣的焦点。符号方法以若干不同的方式大大地增强了空间能力的范围。它们为个体交流信息提供了可能性,因此我们能够获得有关我们不曾去过的地方的空间知识,而且它们也为我们贮存这类信息提供了可能性,以便以后能有效地检索出来。此外,建构和观察语言的或非语言的空间表征可以为反思、整合以及推理提供强有力的支持(Liben, Kastens, & Stevenson, 2002;Uttal, 2000)。例如,通过绘制一个城市的略图可能有助于发现一条近路;告诉某个人去另一个人的家怎么走可能会暴露出缺乏某些关键路程的知识;观察某块受到污染的沼泽地的航拍照片可能会为我们揭示出各种污染物的分布模式。

有关空间的语言交流与非语言交流之间存在着一些有趣且重要的差异。在许多方面,语言不太适合空间知识的交流。使用语言描述空间关系时,只能采用线性和系列的方式,而不是以同时性和整合的方式对其加以领会理解。使用语言表达空间关系也需要有一个讲话者与听众达成一致的空间框架作参照,这种参照框架往往会因为模棱两可而最终宣告失败(Levinson, 2003)。例如,如果有人说球在"车的前方",那么球可能是在车的正前方,也就是在前灯的旁边。但是,球也可能会位于站在车门旁的说话者的前面,甚至会位于站在车的某一边的听众的前面。有关空间的测量方面的观点通常会被简化为类别描述;要想对其准确地进行交流就需要使用专业的测量语言。另一方面,空间语言也有其优势。例如,它总是随时可用,因为它不像画图或搭建模型那样还得需要使用某些材料。此外,使用语言比较强调某个空间景象的关键方面,可以引导人们关注某个特定的关系并牢记它(Gentner & Loewenstein, 2002)。

概要

作为本章开头的这一节一直致力于对一些很难充分展开的复杂问题作一个总的评述,同时也为我们讨论空间认知的发展搭建了一个框架。简而言之,我们相信表征这一概念对于考察成人和儿童的空间能力来说是非常必要的;我们认为,成熟的空间表征既不是片断的、不完整的,也不是彼此孤立的、模块性的,而是大量不同来源空间信息的一种适应性联合;我们采纳的是目前基本达成一致的观点,即外部参照框架和观察者中心的参照框架是考察空间认知的核心成分;我们也赞成其他许多人所持的这样一种观点,即视觉的和言语的符号空间表征是非符号空间能力的一种强有力的补充,它们的采用是我们人类这一物种最与众不同的空间适应特征之一。上述这些选择为我们接下来处理空间发展的问题构成了一个很好的结构。此外,在本节中讨论的一些内容,特别是适应性联合方法的价值,将在随后的部分中更充分地展开。

742

婴儿的空间能力

有关婴儿空间发展的经典思维方法起源于 Piaget,他的一些观点一直是许多有关该课题的实证性研究的理论基础。Piaget 提出,婴儿最初是以一种感觉运动的方式与其周围世界相互作用的,因此婴儿是根据自己与客体接触时所需要做的身体动作来对客体进行定位的。据说,在 1 岁之后,这种自我中心的编码会逐渐让位于将客体视为一种独立于动作而持久存在的观念,让位于根据客体与外部陆标的关系对客体进行定位的联想能力。Piaget 是基于他的观察而得出上述结论的:在生命最初的 6 个月左右里,婴儿根本不会去寻找那些完全被遮盖起来的客体,而且在接下来的另外六个月左右的时间里,他们会完全根据过去通过自身动作成功找回隐藏客体的记忆去寻找客体,同时忽视自己最近所获得的有关客体位置的视觉信息。

虽然后来的一些研究一直在对有关婴儿 1 岁时情况的这种描述提出质疑,但是还一直没有一个大家普遍认可的观点来取代它。一种可能性是婴儿很早甚至从出生起就拥有客体永久性的观念,但是由于缺乏某些具体的能力,如知觉的敏感性、抑制能力或手段—目的推理技能等,使得他们在各种情境下无法显示出这种能力。另一种可能性是为永久性客体及其位置的成熟认知提供可能性的各种行为会逐渐出现,而且这些行为是个体与其周围世界相互作用的结果。尽管基本上都属于建构主义,但是上述这种解释却为我们描述了一系列在时间和类型上不同于 Piaget 的具体理论的发展过渡状况。在本节中,我们将考察有关以下三种现象的可能性:地点固定错误、自我中心向不同中心的转换以及婴儿的客体概念。

地点固定错误

有关地点固定错误的研究已经成百甚至上千,Piaget 最初将这种错误看作是个体过渡到客体永久性概念的一个中间步骤,即"阶段 4 客体永久性"的特点。近几年来,对于这类错误的考察广为流行。这类错误一直被认为有助于增进对大量的各种各样构想的认识,其中包括记忆、抑制以及手段—目的的推理。目前,解释这类错误的主要理论有动态系统理论(Smith,Thelen,Titaer,& McLin,1999;Thelen,Schoener,Schcicr, & Smith,2001),强调表征的优势作用的联结主义方法(Munakata,2000,2001;Munakata,McClelland,Johnson,& Siegler,1997)以及强调抑制的大脑基础的记忆+抑制模型(Diamond,1991)。然而,从思考空间发展问题的角度来看,这些方法拥有一个共同的缺陷,即对任务所涉及的空间记忆的类型缺乏充分的分析(Newcombe & Huttenlocher, 2000)。尽管从一种描述模式转化为另外一种描述模式是有可能的,但是动态系统模型描述的是彼此竞争的行为倾向,而并非讨论的是位置编码的方式(见 Newcombe,2001);尽管 Munakata 的联结主义模型就空间位置的编码模式进行了一番分析描述——"网络是以一种非常有限的方式来表征空间的"(Munakata,2000,p.181),但是他们所采用的构想是活跃且潜在的记忆痕迹。

在地点固定错误中到底可能会涉及哪些种类的空间记忆呢? 记忆的一个重要类别是反

应学习,或一种认为客体会在先前由动作所界定的位置上得到的倾向。尽管在有关地点固定错误的文献中,反应学习被 Piaget 定义为一种有关客体的感觉运动学习,被 Diamond 定义为一种优势反应,但是说到底涉及什么样的反应或该反应历史的哪些方面起重要作用等问题却很少提及。就地点固定错误情境而言,我们考虑会有四种反应。首先,因为婴儿看见客体被隐藏起来而且也能够伸手拿到它们,所以他们存在着两种可以基于其寻找行为的反应系统:注视和够拿。其次,他们可以基于两种有关先前注视或够拿的信息中的任何一种去寻找:频率或新近。当然,实际上只有最近的注视才能够提供有关位置的相关证据。在一直最为频繁注视到的位置上寻找,或一直最为频繁地伸手够拿到的位置上寻找,将会导致地点固定错误。当然,在最近注视到或最近伸手够拿到的位置上寻找,也会导致地点固定错误。在与环境相互作用时,婴儿不可避免地会发现根据某种信息展开寻找会成功,而根据其他信息展开寻找则会失败。那些尝试依据各种不同信息做决定的婴儿最终将会找到最有用的寻找依据。这种分析为最近的一些研究发现提供了一种解释:在地点固定错误情境中,注视行为比够拿行为出现得更早一些(Ahmed & Ruffman, 1998; Hofstadter & Reznick, 1996)。视觉记忆可以为一个隐藏物体的位置提供正确答案(即,婴儿最近看到过这个客体的地方),而正确地够拿到客体则需要依赖于对另外一个不同系统中的某个反应的记忆。

各种不同形式的反应学习并非都是在地点固定错误测试情景下进行空间编码的唯一可能性,而且关于他们最近看到过某个客体的记忆也不是成功寻找的唯一途径。采用线索学习是不可能的,因为要寻找的各个位置上通常都有一模一样的遮盖物,而且采用航位推测法也不可能,因为婴儿还无法走动。尽管如此,但是婴儿可以潜在地基于正确隐藏位置相距某种环境参照物(如测试表面的各边缘)的距离编码而做出正确反应。实验指标采用个体对反常事件的注视时间,结果表明:5 个月大的婴儿具有记住这类信息的能力(Newcombe, Huttenlocher, & Learmonth, 1999; Newcombe, Sluzenski, & Huttenlocher, 2005)。然而,在地点固定错误情境中,他们之所以直到几个月大之后才有可能基于这类信息展开寻找,可能有几方面的原因。首先,地点固定错误测试情境使几种反应选择彼此间发生了竞争。因此,相对于没有冲突时只是简单地使用某种特定种类信息的能力来说,从多种证据中挑选出最为可靠的证据作为基础的能力的出现可能要花费更长的时间。其次,对在错误位置上所出现的客体的注视时间延长涉及识别出一种异常,并非是主动地检索某个位置。因此,相对于回忆出某个隐藏客体的位置来说,它为连续空间中的距离编码提供了一个不太严格的评估。

总的来说,为了成功地寻找位置变化不定的隐藏物体,婴儿不得不学着到他们最近注视到客体的位置上去找,而不是到他们最经常注视到的位置上去找,也不是到他们最近或最经常够拿到客体的位置上去找。(其他这些倾向的程度越强,他们可能越需要对其加以抑制,因此 Diamond 有关地点固定错误的分析可能是对这类错误的完整解释的一个非常重要的方面。)因为婴儿不能走动,所以可以依赖对最近注视到客体的位置的记忆而成功地做出反应。然而,依据周围环境所提供的外部框架进行位置编码,为空间记忆的使用提供了广阔的应用空间,而且半岁之后婴儿对这种编码形式的依赖程度会越来越大。

这种分析所带来的悬而未决的问题是：在后来对于最近看到客体的位置的依赖过程中，婴儿是否只是简单地受偶然性强化的支配，或者是否在某种程度上是这样，他们是否认为客体必须在这个位置上，而不仅仅是偶尔在这个位置上。这后一种知识是 Piaget 所感兴趣的，但是直到目前还没有任何权威性的手段去评估它。一种具有冒险性的方法可能会认为，反应记忆更可能是偶然的，而对利用外部框架所进行的位置记忆的依赖则反映着对于世界是如何运行的所持的一种较为深刻的概念性知识网络。

我们认为，对于未来的研究来说，一项最为有趣的议事日程是评估这样一件事情：在 B 位置成功地寻找到客体，从一开始受偶然性支配发展到受一种必要性的感受所支配，这中间是否存在着一种基本过渡。然而，就目前来说，将地点固定错误看作是由于对不同空间编码方法依赖的转换所造成的，可能有这样一种贡献：这一框架也可用于整合已完成的大量有关婴儿期另一种发展过渡（从自我中心到不同中心的转换）的研究成果。

从自我中心向不同中心的转换

我们将采用这样一种观点来说明地点固定错误：在婴儿期，多种类别的空间编码通过相互竞争之后而被采用，因为发展存在于将这些信息资源整合成最佳适应性联合的过程之中。这样的一种说明也为研究婴儿空间发展的另外一条不同的路线提供了一种思考框架，这一研究路线一直关注一种被称作自我中心向不同中心转换的现象。Acredolo（1978）及 Bremner 和 Bryant（1977）在婴儿的左侧或右侧向他们呈现一些客体或事件，之后通过移动使它们对调位置或对调空间，这样一来它们的位置就被颠倒了。在 1 岁的大多数时间内，婴儿会继续在它们最初看到这些客体或事件的那一侧位置上去寻找，而对它们的移动不加考虑。在 2 岁的头半年里，他们开始考虑到运动的因素并且采用外部陆标对位置进行追踪。

然而，后来的研究表明：在婴儿行使机能的过程中，他们向使用外部陆标的过渡并不是作为一种单一的定性转换而出现的。早在婴儿 6 月大的时候，他们就可以利用那些非常突出的外部线索，尤其是在那些没有其他的位置线索与其相竞争的情境中（Acredolo & Evans，1980；Bremner，1978b；Lew，Foster，Crowther，& Green，2004；McDonough，1999；Rieser，1979）。当婴儿采用他们所熟悉的某种运动技能（如，呈坐姿时扭动躯干）来改变自己与某个位置的关系时，他们可以相当地成功循着正确的方向注视客体（Landau & Spelke，1988；Lepecq & Lafaite，1989；McKenzie，Day，& Ihsen，1984；Rieser，1979）。当最初的搜索很少或没有得到任何强化时，他们也会经常成功，因此对于动作反应的记忆在此几乎不起任何作用（Acredolo，1979，1982；Bremner，1978a）。当情绪紧张减小到最低程度时，他们也表现得较好（Acredolo，1982）。最后，与那些同龄但不会爬的婴儿相比，会爬行的婴儿显示出较少的自我中心反应（Bai & Bertenthal，1992；Bertenthal，Campos，& Barrett，1984；述评见 Campos，Anderson，Barbu-Roth，Hubbard，Hertenstein，& Witherington，2000）。

总之，有关自我中心向不同中心编码转换的研究资料表明：在生命的早期，就表现出来了空间定位编码的各种不同基础，包括使用视觉信标以补偿婴儿身体运动的不足以及简单的动作记忆。正如有关发展的适应性联合方法所提出的,对每种类型信息的依赖程度将取决于许多因素,如突出性和线索竞争,最为重要的是不断累积的有关各种不同信息来源的相对有效性的证据。也就是说,与物理世界相互作用的经验为各种不同编码方法的有效性提供了反馈。爬行效应提供了一种引人注目的经验。通过爬行,婴儿逐渐认识到,当他们改变了位置之后,重复同一个动作(如用左手去够东西)是不可能产生同以前一样的结果的。然而,爬行可能并不是这种教育性经验的唯一来源。例如,坐着扭动躯体时将会影响到婴儿把头转动一定角度时能看到些什么东西,或者在某个方向上伸手去抓时会碰到些什么东西,而且在适应性联合的过程中,这些经验反过来可能又会影响到各种不同信息源的权重。进一步的研究可能会显示出,婴儿通过自己的运动能力所获得的每一种新的类别的空间经验,都会对其空间记忆和空间动作发挥着独特的影响。

客体是什么

除了与 Piaget 的第四阶段以及地点固定错误等相关的一些特定议题外,各种研究发现已经改变了我们对于客体概念发展的其他方面的理解。一系列被广泛引证的实验已经证实:在 1 岁的中期,婴儿会用相对较长的时间去注视那些暗示着一个被遮蔽起来的客体不复存在于原处的事件,这是相对于被遮蔽起来的客体仍在原处的情况而言的(例如,Baillargeon,1986;Luo,Baillargeon,Bruechner,& Munakata,2003)。最初,人们认为这类数据显示的是:婴儿从他们一出生就具有一种成熟的客体概念及客体永久性。然而,在过去的几年里,有证据显示:婴儿在出生后头几个月对待客体的方式可能会不同于其临近 1 岁末时对待客体的方式。具体而言,年幼的婴儿可能会把客体看作是由其移动的时空轨迹所界定的,而且他们可能很难把这一信息与有关客体的静态知觉品质方面的信息协调起来(Lesilie,Xu,Tremoulet,& Scholl,1998;Xu & Carey,1996)。

研究者已经发现,当客体所处的位置或客体的数量与所期望的相违背时,年幼的婴儿会对此做出反应,但是他们不会对客体在大小、形状和颜色等品质上所发生的改变做出任何反应(Kaldy & Leslie,2003;Newcombe,Huttenlocher, & Learmonth,1999;Xu & Carey,1996)。婴儿所具有的基于知觉到的位置把听觉刺激和视觉刺激结合在一起的能力以及动态地追踪这种信息的能力,支持这样一种假设:在协调不同感觉的过程中,位置起到了一种主要作用,从而构建了婴儿的知觉世界(Fenwick & Morrongiello,1998;Richardson & Kirkham,2004)。时空优先假设初看起来是与表明婴儿能够使用像大小、形状和颜色等知觉特征去识别特定任务中的客体的研究发现相矛盾的(Needham,2001;Wilcox,1999;Wilcox & Baillargeon,1998a,b)。然而,当客体不动的时候,或者当它们的运动轨迹只有一个的时候,或者当展示非常简单时,婴儿可能会基本上全神贯注于静态的知觉特征(Mareschal & Johnson,2003)。

745　　那么是否存在一种先天的能力能够用于追踪隐藏客体的位置,并因此基于它的时空轨迹来表征一个客体呢?答案似乎是否定的——在生命的头几个月里,这种能力似乎还正在发展中。这一结论所依据的证据来自几种不同研究路线。首先,在 6 个月大之前,婴儿似乎是以一种以眼睛本身为中心的、视网膜中央协调的方式来表征位置的,还不是那种通过参照客体与整个身体的关系而进行的自我中心式编码(Gilmore & Johnson,1997)。自我中心式编码的出现是儿童空间能力发展的一大成就,它为时空追踪的协调提供了可能性。其次,由von Hoftsten 及其同事所做的一系列研究已经表明:在出生后的头 6 个月里,婴儿表征客体移动轨迹的能力发展得相当快,而且显示出了很强的学习效应(如,Rosander & von Hoftsten,2004)。学习的重要性进一步得到了一项非常有趣的研究的支持。该研究表明,当把房间的灯熄灭时,婴儿的够拿行为相比追踪行为而言,受到了相对较少的抑制;而当客体在一个遮光板后面移动时,够拿行为相比追踪行为受到了较多的影响(Jonsson & von Hoftsten,2003)。在现实世界中,一个人当然能够在黑暗中用手够拿到一个客体,但是无法用手够到固态屏幕后的物体;同时,当一个客体出现在一个固态客体的后面时,人能够追踪到这个客体,但是无法在黑暗中通过视觉去追踪这个客体。因此,Jonsson 和 von Hoftsten 的研究结果显示了与物理世界相互作用的经验对发展所起的重要作用。采用类似的研究路线,Shinskey 和 Munakata(2003)研究发现,6.5 个月大的婴儿会在黑暗中寻找隐藏的客体,也就是说,在一个还没有出现寻找行为的年龄,在一项不同但相当的任务中,婴儿可以表现出寻找行为,因为客体是隐藏在明亮环境中的一个遮光板的下面的。再次,Scott Johnson 及其同事为如下的假设提供了另外一种不同的证据,该假设是:对于客体的简单轨迹的知觉是在出生后头 6 个月里发展完成的(如,Johnson,2004;Johnson,Bremner et al. ,2003)。尤其是,他的研究小组最近发现:在实验室研究中也可以观察到学习效应(Johnson,Amso,& Slemmer,2003)。那些被教会预期从一个遮光板后面出现一个水平移动的球的婴儿,后来会显示出一种预期出现一个垂直移动的球的能力。

　　总之,逐渐显露出这样一个事实:婴儿掌握了界定一个客体以及追踪它的存在的成熟方法的不同方面,这一掌握过程是以先天基础为发展的出发点的,但会随着经验的不断增长而发生重大的变化。沿着这些理论路线,最近 Andre Meltzoff 和 Keith Moore 提出了一种有关客体理解的发展模型 (Meltzoff & Moore,1998;Moore & Meltzoff,1999,2004)。在他们看来,客体理解的早期基础是其所称的客体同一性(即,"还是同一个东西")。据说,客体同一性最初是依赖于空间特征的(如,"这还是那个东西,因为它还在那个位置")。据说,当把同一客体的不同外观关联在　起时,客体永久性就会从客体同一性中脱颖而出。

概要

　　一种有关空间发展的适应性联合方法既有助于地点固定错误、自我中心向不同中心转换等问题的解释,而且有助于个体随着所使用的各种不同信息来源的变化而不断地发展其追踪和界定客体的能力。婴儿在早期就具有以不同方式对位置进行编码的能力,而且在 1 岁时婴儿的发展任务就是去确定哪种方法最有可能在哪种情境中获得成功。在地点固定任务中,他们将依赖于最近看到的客体所在位置或有关客体与外部陆标之间距离的记忆,而且认识到运用频率原则是完全错误的,同样根据最近抓握的经验去寻找客体也经常会误导自己。类似地,在自我中心—不同中心的范式中,他们将依赖于有关客体与外部陆标之间距离的记忆或者依赖于能够校正其旋转和移动的航位推测法,而不是依赖于使用简单的反应记忆。在追踪客体的过程中,婴儿会在很大程度上依赖于时空参数来建立和保持有关客体的信息。尽管他们对客体的静态知觉品质是分别进行编码的,但是他们发现将有关这些品质的信息与时空轨迹信息结合在一起是一件比较具有挑战性的任务,而且在那些年龄较大儿童或成人可能依赖于前者的任务中,婴儿则有时会依赖于后者。

儿童所能够从事的空间活动种类上的变化对于为反馈创造变化的机会来说是非常重要的。爬行是考察的最为细致的发展转折点。爬行为婴儿第一次体验到一种连续的、主动生成的空间位置变化提供了可能性。爬行是与认知和情绪的各种不同变化相关联的,包括从自我中心向不同中心的转换以及地点固定错误(Campos et al.,2000)。犯地点固定错误的可能性的逐渐减少是一件特别有趣的事情,因为在完成寻找任务的过程中,婴儿并没有移动。在位置没有发生任何变化的条件下,寻找能力的提高似乎与越来越多地最近所看到的客体所在位置或有关客体与外部陆标之间距离的记忆有关,因为当人移动时,这些信息来源是非常有用的。

肯定还有其他空间变化与运动有关。例如,3 到 6 个月大的婴儿会显示出一种非常不太精确的、根据视觉刺激确定其运动方向的能力,而且只有当开始学会爬行之后这种能力才有可能会提高(Gilmore,Baker,& Grobman,2004;Gilmore & Rettke,2003)。此外,肌肉运动能力的变化可能从中起着重要的影响作用,而非爬行。步行的开始可能与位置编码能力的提高相关联(Clearfield,2004);抓握的开始可能与对客体进行探索和加工能力的提高相关联(Needham,Barrett,& Peterman,2002)。

在本节中,简要回顾了我们关于婴儿空间能力有些什么了解,主要集中在地点固定错误、自我中心向不同中心的转换以及不断变化的处理客体的方式等方面。在每个事例中,我们都是从适应性联合的角度去简单明了地分析现有研究发现的。对于动作和概念化来说,其多种可能的基础彼此间相互竞争,其中最有用的那些基础将最终获胜。在下一节中,将进一步深入分析适应性联合方法是否有助于建构我们有关年龄稍微大儿童空间能力方面的知识。我们会首先考察一直作为竞争对手的模块性观点的支持证据,然后回顾利用 Huttenlocher-Hedges 的空间编码模型来考察发展的那些研究发现。

是模块性还是适应性联合?

过去 20 年的研究已经在各种不同的动物物种中揭示出了大量有关空间机能的事实,这些物种包括鱼、鸟、非人类哺乳动物以及人类:所有这些可以运动的生物共同拥有一种强有力的对于封闭空间的几何特性(例如,根据各面墙的相对长度来界定封闭空间)的敏感性。当迷失方向感时,个体通过使用这类信息可以重新建立空间定向(Cheng,1986;Hermer & Spelke,1996;综述参见,Cheng & Newcombe,2005)。研究发现:即使当利用特征信息可能会有利于适应时(因为它可能消除各种在几何意义上全等的位置之间的歧义),老鼠和儿童都无法利用非几何(或特征)信息(如,表面的颜色或记号)。因此,有人一直认为,即使非几何信息已得到了加工,几何加工也会单独构成一种难以与非几何信息相互渗透的专门化认知模块(Gallistel, 1990; Hermer & Spelke, 1996)。成人和6岁或更大儿童确实能够把特征信息与几何信息整合在一起的事实,已经导致有人依据模块性理论框架提出以下观点:语言对于结合各种认知模块的输出结果来说是非常必要的(Spelke & Hermer, 1996)。无论是对于那些对空间机能感兴趣的研究者来说,还是对于那些对认知结构、比较认知和认知发展以及语言在行为中的作用等方面感兴趣的人来说,这些研究发现一直是令人兴奋不已的东西。然而,有关这些数据以及如何去解释它们是存在着争议的。此外,对于空间加工和空间发展来说,适应性联合方法为思考该研究领域中的模块结构现象提供了另外一种可供选择的理论框架。具体来说,就人们是如何利用各种不同来源的空间信息的问题有三种理论模型,如图17.1所示(Cheng & Newcombe, 2005)。模型A假定模块之间是难以相互渗透的,来自不同模块的信息的结合依赖于复杂空间语言的使用,而这种空间语言只有学龄儿童和成人才具备。在缺乏语言联结的情况下,一些信息来源即使很有用也可能被忽略,似乎某种特定用途的模块只主导某些特定情境中的行为。相对而言,模型B和模型C则采用的是适应性联合方法,这种方法利用的是各种不同空间信息来源

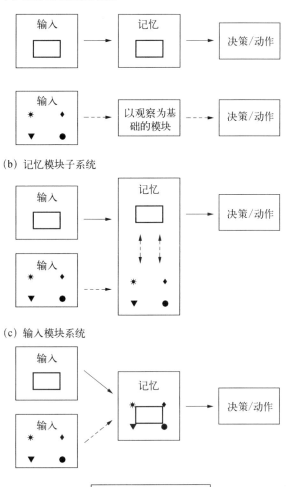

图 17.1 重新定向的模块性观点。输入系统由知觉和学习两个过程构成。假定在加工几何信息和特征信息时存在着某种程度的模块性:(a) 在难以相互渗透的模块中,特征信息并不进入用于重新定向的记忆系统。如果无论如何也要使用特征信息时,那么它会进入其他的中央模块,其中有一个模块负责以观察为基础的匹配。(b) 在一个由模块成分构成的系统中,测量框架内(记忆方框内的小方框)仅容纳几何信息。特征信息可能被存放在另外的框架内(由记忆方框内的箭头所表示)。(c) 在一个整合系统中,特征信息和几何信息被存放在一起,用于重新定向。在 B 和 C 板块中,特征信息有可能无法被输入到记忆中去。这类失败会引起系统性的旋转错误。进一步的细节见正文。

的不断变化的混合,以及对各种因素(如,编码所依据的空间信息的来源、可靠性、变异性、有用性以及确定性)所作的确切反应的混合。

模块性的空间加工

评估模型A时,需要对这类几何研究的两个方面有一个明显的区分。一方面,有大量证据支持早期几何敏感性。然而,尽管这些研究发现很迷人且很重要,但是它们与模块性争议之间没有什么直接的密切关系。意识到扩张表面的相对长度以及它们相接的角度毕竟是一种令人惊讶的早期能力,它很可能以各种重要的方式促成空间行为的产生。另一方面,这种几何敏感性是否能构成一种认知模块也是有争议的。我们首先看一些有关几何敏感性的研究发现,然后再接下来讨论这种敏感性是否能构成一种模块能力的问题。

几何敏感性

开始回顾这部分研究内容之前,我们首先描述一下用于考察几何敏感性的基本实验范式。Cheng(1986)将老鼠放置在一个没有任何标记的、矩形形状的封闭空间里,而且在其中的一个角落里藏有食物。首先让它们迷失方向感,以免它们使用航位推测系统,并使得仅能依赖以环境为中心的空间系统成为必要;之后,把它们放回到这个封闭的空间里。这些老鼠会走向几何特征一模一样的两个角落去寻找食物,同时远离长墙与短墙的关系不同于夹着正确角落的那两面墙的关系的另外两个角落。这种寻找模式显示出了对环境几何特征的编码:墙的长度方面的某些特性(相对长度或绝对长度)以及墙角关系的手性或感觉(例如,长一些的墙是在短一些的墙的左面或右面)。在18个月到24个月大的人类婴儿身上也发现了非常类似的结果(Hermer & Spelke, 1994, 1996)。

后来的研究很好地支持了"儿童早期就对封闭空间具有几何敏感性"这一假设。例如,Huttenlocher和Vasilyeva(2003)发现:在一个矩形空间或三角形空间中迷失方向感之后,学步儿童能够确定出隐藏的客体所处的位置,因此展示出了几何敏感性的普遍存在性。Huttenlocher和Vasilyeva的研究也探讨了早期几何敏感性的本质。他们发现,在走向认为客体就隐藏在那里的角落之前,儿童很少审视各种不同的位置。因此,看起来学步儿童似乎表征的是整个空间,而不是隐藏玩具的那个特定角落的外观。迷失方向感之后,无论他们面向任何地方,这种整体性表征都会为他们了解自己与隐藏客体的角落之间的关系提供可能性。此外,儿童并没有被局限于仅仅处埋其周围的空间(正如Wang和Spelke所提出的,2002),更确切地说,无论是身处一个空间之内还是之外,他们都能够对一个隐藏的客体进行定位。虽然无论是身处一个封闭空间之内还是之外儿童都能够使用几何特性,但是当儿童身处封闭空间之内的成绩会更好一些。这一研究发现表明:有关封闭空间的关键信息的独特性是十分重要的。对于一个从外部面对该封闭空间的观察者来说,所有潜在的隐藏角落都位于前方的一个平面内;这些位置是相似的,因此容易混淆。相比较而言,对于身处封闭空间内部的观察者来说,所有潜在的隐藏角落并不都是位于前方的平面内;与身处封闭空间外部相比,此时这些位置更容易区分一些(图 17.2 展示了当观察者身处空间内部时,这些角落有何种比较明显的分别)。

身处空间内部时成绩较好这一数据支持这样的假设:观察者表征了自己与整个空间的关系,而不是只孤立地表征了这个空间。这个假设的进一步证据来自 Lourenco、Huttenlocher 和 Vasilyeva(2005)的研究,他们首先让儿童在一个空间内部看着一个玩具被隐藏了起来,之后把他们转移到该空间的外部(也可以反过来)。在转移之前或之后,让他们迷失方向感。如果是先转移的话,那么成绩不会被减弱,这大

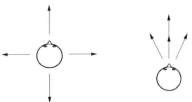

图 17.2 与身处封闭空间外部相比,当观察者身处封闭空间的内部时各角落的区别更为明显一些(如左图所示)。

概是因为观察者与空间之间的联系仍然能够保持下来。然而,如果是先迷失方向感的话,那么儿童的成绩会降低到机会水平。

当不同的客体放置的位置围成一个矩形或三角形时,是否会发生几何加工呢? 现有的数据是相互冲突的。一些研究发现,3—4 岁儿童还无法使用孤立的元素去界定几何信息(Gouteux & Spelke, 2001),无法对一个排列的中间位置进行定位(MacDonald, Spetch, Kelly, & Cheng, 2004),也无法根据某个元素与同一集合中其他元素的关系去确定该元素的位置(Uttal, Gregg, Tan, Chamberlin, & Sines, 2001)。其他研究则发现,年幼的儿童的确可以从彼此分离的客体中抽象出几何特征(Garrad-Cole, Lew, Bremner, & Whitaker, 2001),而且老鼠和鸽子也能够做到这一点(Benhamou & Poucet, 1998; Spetch, Cheng, & MacDonald, 1996)。在未来的研究中,解决这一矛盾是非常重要的,因为自然环境并不包含许多连续的封闭空间。在自然环境中,几何模块使用的有效性(在需要适应的环境中这一模块毕竟应该得到发展)取决于它在这类情境中所显示出的激活程度。

模块性

几何敏感性是一个引人注目的研究发现。由于已经承认这种能力的存在并且已经就其某些方面的本质进行了说明,因此我们现在可以评估这种敏感性是否有必要依赖于模块加工。模块性假定是基于如下这样一项非常令人惊讶的研究发现的:在一个矩形房间里,被试可以看到各种不同种类的特征(如,一面彩色的墙)被添加到这个没有记号的矩形封闭空间中。当老鼠和儿童进入这种没有记号的房间之后,他们会忽视那些可能会为其在所有寻找试验中取得成功提供可能性的额外数据,而且会继续在具有正确几何特性的两个角落之间展开寻找。我们很容易就会发现:即使他们能够注意到和记住有关彩色墙的信息,儿童也会这样做。这类证据显示出一种封装性或不可入性,在 Fodor(1983, 2001)看来这是模块性的一个关键品质(尽管我们注意到 Fodor 怀疑中央模块存在的可能性,但是否存在一个几何模块还是可以争论的)。

虽然有关几何敏感性的这些研究发现已经提供了很好的例证,但是对于"敏感性构成了一种模块"这种说法一直有许多争议。尤其是就"语言在使用来自不同模块的信息时起着重要作用"这一说法,模块假设面临的一个挑战是:已经发现非人类动物(老鼠除外)可以把特

征信息和几何信息整合在一起。Vallortigara、Zanforlin 和 Pasti(1990)在用小鸡所做的实验中已经发现了这种证据,Kelly、Spetch 和 Heth(1998) 在鸽子身上也发现了这种证据而且可能是最明显的证据,Sovrano、Bisazza 和 Vallortigara(2002)在鱼身上也发现了这种证据,特别是一种被称作"Xenotoca eiseni"的鱼。类似地,Gouteux、Thinus-Blanc 和 Vauclair(2001)

发现猴子并没有显示出几何知识的封装性;在一个矩形房间中迷失方向感之后,它们会采用一面彩色墙去重新定向,而且会得到一个奖赏。有趣的是,猴子不会使用小的线索去区分几何特性,但是它们的确会使用较大的线索去区分几何特性。这一结果支持对于"特征信息何时将被用于消除几何特性上的歧义"所做的基于适应性联合框架的解释,由于小的客体可能会移动,因此它可能通常不能为空间定位提供好的线索。相对而言,较大的客体更可能是稳定的,因此在建构一个空间框架时会很有用。

虽然在不同非人类动物身上的研究发现给人印象深刻,但是 Hermer-Vazquez、Moffett 和 Munkholm(2001)提出: 这些结果可能反映出在这些实验中采用了大量的训练,这些实验采用的是参照记忆技术,而不是像在 Cheng 的原创性实验中能够显示出最清晰的模块性的那种工作记忆研究设计。他们认为,在具有最少训练的情况下,只有成人以及 5 岁以上的儿童才会显示出灵活、轻松自如地使用非几何陆标的能力。要想评估几何模块的存在性,就需要使用工作记忆范式或使用训练程度能降低到最低程度的范式,因为这在有关人类儿童的研究中是有可能的。因此,在哪些情况下非常年幼的儿童可以成功地使用非几何陆标及几何信息来重新定向,这对于有关模块性的争议来说是非常重要的。事实上,有证据表明年幼的儿童确实可以使用这两种信息。在比较大一些的空间中,18 个月大的婴儿可以利用诸如彩色墙这样的特征以及经过编码的几何信息进行重新定向(Learmonth, Newcombe, & Huttenlocher,2001)。封装现象仅限于在像 Hermer-Spelke 的初创研究中所使用的那种极小的房间内时才会出现(Learmonth,Nadel, & Newcombe, 2002)。

有关儿童在不同年龄及在不同大小的房间内使用特征信息和几何信息的研究数据是相当多的。Cheng 和 Newcombe(2005)比较了所有能收集到的这类数据,揭示出了一些非常有趣的模式。首先,在大的房间里,尽管甚至非常年幼的儿童的确也可以在几率以上水平上充分利用特征信息,但是他们并不是这类信息最完美的使用者。无论是在大的空间还是在小的空间,儿童的成绩都会随着年龄的增长而提高。具体来说,在 5 岁和 6 岁时,儿童利用彩色墙对几何特征相同的角落做出选择的能力开始有所提高(在较小的空间中,这一年龄范围的儿童充分利用彩色墙的能力也开始出现了)。其次,在大房间里利用特征信息的成绩比在小房间里的成绩要好,甚至对于年龄较大的人来说也是如此。因此,需要对有关这些数据的两方面事实加以解释:在小的房间时所一致存在的较大困难,以及在每种场合下所发生的与年龄相关的变化。此外,与在较大房间里相比,在较小房间里时,特征信息使用方面的与年龄相关的变化似乎是更为突然一些。

Newcombe(2005)提议,我们可以采用适应性联合方法来解释那些有关特征信息和几何信息整合在一起的已有证据。这种理论方法认为,综合利用这两种信息的可能性会因如线索的不确定性或线索有效性的历史等因素的不同而不同。在一个较大的房间里可能会提高利用特征信息的可能性,因为它提高了其在现实世界中的有效性,越远端的特征通常越有可能成为有用的陆标。另外一种可能性或另外一种情况是,在一间有较多移动机会的房间里,可能会容易激活那些在不便移动的情景中通常不会使用的、涉及线索联合的加工模式,这可能是由于移动会促进对于那些需要记忆的空间布局的接触(Rieser, Garing, & Young, 1994)。那些探索房间大小效应的研究,除了直接操纵突出性、确定性、变异性以及特征信息和几何信息的有效性等因素外,坚守具体说明以下问题的承诺:在各种不同的情境中,人们是如何对几何信息和特征信息加以利用和联合的;在封闭式几何空间和较为现实的空间中,特征信息利用方面行为变化背后的发展机制是什么。

适应性联合视角下的空间加工的发展

我们已经考察了由 Piaget 的思维框架以及其他建立有关模块性认知结构理论的力量所激发的、有关早期空间记忆和动作方面的研究。它们认为,在各种情形下,对研究发现所做的适应性联合解释是可能的甚至是更好的。在这一节中,我们将直接从适应性联合理论的观点(具体来说就是 Huttenlocher-Hedges 的层级编码方法)来考察空间发展是如何发生的。由于这一模型假定细密纹理信息和类别信息存在着联合,因此该模型认为有必要考察以下三种加工的起点和发展过程:第一,对细密纹理信息(或距离)的编码,第二,对类别信息的编码,第三,层级联合加工过程本身。尽管所有这些发展路线彼此相关,但是空间分类的发展与层级联合的发展之间相互纠缠得尤为厉害,因为作为信息联合证据的系统偏差,同时也为类别编码的本质提供了线索。

750

距离编码

最近的证据显示,学步儿童甚至婴儿能够使用距离对位置进行编码,并且在移动之后仍能够保持住这一信息。Huttenlocher、Newcombe 和 Sandberg(1994)发现,18—24 个月大的婴儿可以利用距离信息为隐藏在 5 英尺长沙箱里的一个客体定位;在我们前面刚刚回顾过的有关几何敏感性的研究中,也有研究发现学步儿童也可以利用这种信息(Hermer & Spelke, 1996; Learmonth et al., 2001)。Newcombe、Huttenlocher 和 Learmonth(1999)发现,甚至 5 个月大的婴儿也可以对距离进行编码;对一个隐藏事件熟悉之后,当客体从一个 3 英尺长沙箱里的某个新位置出现时,婴儿会注视较长一段时间。这些反应似乎反映了婴儿来到实验室之前就拥有这些知识了,而不是来自对熟悉事件的在线学习(Newcombe et al., 2005)。此外,Gao、Levine 和 Huttenlocher(2000)发现,9 个月大的婴儿能够在涉及客体长度(高度)的不同场景中对距离进行编码。对盛有一定高度液体的一个烧杯熟悉之后,当烧杯里液体的高度发生变化时,婴儿的注视时间会较长一些。

比较一下 Newcombe、Huttenlocher 和 Learmonth(1999)与 Gao 等人(2000)所使用的范式是非常有趣的。在第一种情境中,婴儿必须对箱子边缘与客体消失的位置之间的水平距离进行编码。在第二种情境中,婴儿必须对从烧杯的低端(或顶端)到液体表面的垂直距离进行编码。在第一种情形下,我们谈及的是距离编码,而在第二种情形下,我们则谈及的是高度编码或液体数量编码,但是这两种情形是十分相似的。换句话说,距离连同时间和数量一起,都涉及在某个维度上进行一个数量登记的问题。距离的一般观念在不同物种中都会有所体现,而且可能是人类思维某些领域的基础(Walsh,2003)。那些涉及距离的任务已经显示,在人类大脑顶叶回间沟内或其周围区域中存在着一个通用的神经基础(Dehaene, Dehaene-Lambertz, & Cohen, 1998; Fias, Lammertyn, Reynvoet, Dupont, & Orban, 2003),它也许是基于共同的行动原则(Rossetti et al.,2004)。在正常发展的儿童中,视觉空间能力与数量理解之间有着密切的关系(Ansari et al.,2003)。那些具有显著的空间缺陷的Williams综合征的儿童,同时也显示出在计数和基数性理解方面的发展迟滞(Ansari et al.,2003)。

距离的空间观念与数量的数学观念间的关联,提高了空间思维与数学思维间在共享一个发展起点的基础上彼此密切联系的可能性。如果真的是这样的话,那么这种关联关系会大大削弱那些有关领域专门性先天表征和早期模块性的提法。人类可能在与其他物种共有发展起点的基础上,采用不同方式最终对空间领域和数学领域加以区分。导致不同发展路线的许多机制都是围绕人类符号能力展开的,包括相对准确的距离评估测量工具的使用以及准确表示数量的数字符号的使用。

对于这些数据的一种可能解释是,年幼的婴儿拥有成熟的空间(和数量)能力。然而,另一种可能性是,尽管空间发展的起点比Piaget提出的要高一些,但是年幼儿童的这种能力仍然是有限的。实际上,有证据表明,在距离编码的发展过程中存在着若干具体的过渡。我们前面已经讨论过,其中有一种变化就是:在1岁期间,婴儿通常还无法将位置编码与客体的静态知觉特征协调在一起,而是把位置编码看作是客体的定义特征(如,Leslie et al.,1998)。

婴儿期之后,还会发生其他一些变化,尤其是在18月大与24个月大之间这个时期,此时距离编码会有若干变化。先前让婴儿和学步儿童完成的任务涉及对隐藏于周围某个容器里相对较短一个时期的单个客体的位置进行距离编码。Newcombe、Huttenlocher、Drummey和Wiley(1998)考察了利用位于房间(中央放有一个沙箱)周边的远距离陆标的发展情况。16—36个月大的儿童先看着一个玩具被隐藏在这个矩形沙箱里,然后婴儿被移动到对面的位置,并开始寻找那个玩具。在完成寻找任务的过程中,半数的儿童可以利用房间内的可见陆标,而另一半的儿童则没有这种可见的陆标(因为有一个白色窗帘围绕在沙箱周围)。当陆标可见时,22个月大及更大一些的儿童会完成得较好一些,而对于小于22个月大的儿童来说,是否有窗帘不会造成任何定位准确性方面的差异。他们似乎不使用客体周围的距离信息来确定自己移动之后客体所在的位置,也就是说,没有显示出所谓的地点学习。这些研究结果与早期的研究发现是相   致的(Bushnell, Mckenzie, Lawrence, & Connell, 1995; DeLoache, & Brown, 1983)。

Sluzenski、Newcombe和Satlow(2004)考察了18个月到42个月大的儿童完成三种基于成熟空间机能的其他任务。在先前沙箱范式的任务中,我们已经考察了对隐藏不到一分钟的单个客体的记忆。然而,要想有效用,空间位置记忆就必须能够为表征多个位置提供可能性,以支持对客体间空间关系的学习。同时也需要在经过一段充实时间的延迟之后仍能够回忆起来。要求18—42个大月的儿童从事一些沙箱寻找任务,包括回忆2个位置,学习空间关系,经过一段充实时间的延迟之后仍能够保持住单个客体的位置。结果表明,在以上所有三种能力上,从 18 个月大到 24 个月大都有一个过渡。Russell 和 Thompson(2003)也发现了类似的过渡。尽管 Moore 和 Meltzoff(2004)发现 24 小时的延迟之后 14 个月大的儿童表现出了良好的成绩,但是他们所看到的隐藏情境比较特殊:不同位置的区分性非常强,隐藏程序有高度的标记性色彩,而且研究者并没有考察与年龄有关的变化。因此,尽管一直很稀少,但是现有的证据表明:在婴儿期快结束的时候,可能存在着一种空间编码的普遍过渡,此时会出现一种保持时间持久的复杂记忆能力,它可以支持动作和推理。

说这种能力可能会出现在 2 岁末,并不等于说我们在儿童 2 岁时所看到的就是一种成熟的能力。相反,有证据表明,用于建构空间关系的能力其发展可能要持续相当长的一段时间。尤其是地点学习,直到学龄期之前,也许直到 10 岁才能完成(Laurance, Learmonth, Nadel, & Jacobs, 2003; Leplow et al, 2003; Overman, Pate, Moore, & Peuster, 1996;述评见 Learmonth & Newcombe, 待发表)。此外,在一些较为简单的情境中,可能会表现出这种能力的雏形(Clearfield, 2004; Lew, Bremner, & Lefkovich, 2000; Lew et al., 2004)。

婴儿期之后距离编码(或程度编码)所出现的另外一个变化,涉及利用周围容器作为评定程度的参照标准的问题。这一标准在所回顾的迄今为止的所有有关沙箱或烧杯的研究中都有所体现。如果没有一个知觉呈现的标准,那么就必须要有一个心理标准,而且要在各种广泛的情境中统一使用这一心理标准来确定程度。Huttenlocher、Duffy 和 Levine(2002)发现,2 岁的婴儿仅仅能对那些与可利用的知觉标准并列在一起的目标进行程度判断。当只孤立地呈现目标时,他们就无法对程度做出判断(见图 17.3)。直到 4 岁时,儿童才能够在无可利用的知觉标准条件下来确定程度。从大约 5 岁开始,儿童在程度编码任务中会显示出

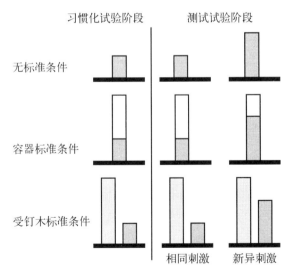

图 17.3 三种条件下习惯化试验阶段和测试试验阶段所呈现的刺激举例。
来源:"Infants and Toddlers Discriminate Amount: Are They Mearsuing?" by J. Huttenlocher, S. Duffy, and S. Levine, 2002, *Psychological Science*, 13(3), pp. 244 – 249. 经许可使用。

一种操作的混合模式。一方面,他们能够在无可利用的知觉标准条件下来确定程度,显示出对知觉场合某种程度的独立性。另一方面,他们的判断可能受到一种误导标准的影响。例如,如果目标客体是在一个具有一定高度的容器里呈现的,而且之后要求儿童从事一项包括不同高度的容器的选择任务,那么他们可能会认不出目标客体,因为目标客体与容器之间的关系被改变了(Duffy, Huttenlocher, & Levine, 2005)。在选择任务中,如果某个陪衬项与该容器的关系完全等同于在初始呈现中目标项与其容器的关系,那么他们会选择该陪衬项。因此,似乎儿童一开始时只能参照一个呈现的标准对程度进行编码(相对程度)。后来,他们变得可以参照一个恒定的标准来表征程度(绝对程度),但是在模棱两可的情境中,呈现刺激的场合仍会影响到他们的判断。

类别编码的发展

根据层级编码模型,除了细密纹理的距离编码以外,空间估计中所使用的另外一种信息是类别信息。婴儿至少3个月大的时候,才会在他们身上看到有关位置的类别编码的迹象。这种迹象见于婴儿的去习惯化能力中:当之前呈现在一块横木上方不同位置上的刺激,现在改为呈现在该横木的下方时(反之亦然),就会表现出去习惯化(Quinn, 1994)。当一块横木从左边转移到右边的时候(反之亦然),也会显示出类似的情况。然而有趣的是,当一块倾斜的木条从一边转移到另一边的时候,被试却没有表现出任何反应(Quinn, 2004)。有证据表明,婴儿在6个月大的时候可以理解一种抽象的容纳观念(Casasola, Cohen, & Chiarello, 2003)。

尽管早期空间分类有这样一些迹象,但是也很明显的是:空间分类能力的发展需要有一个过程。如果没有一块横木作为划界线,那么就不会形成上、下的类别(Quinn, 1994);而且在习惯化的过程中当所呈现的刺激在外形和位置上都有所变化时,儿童6个月大时才会形成上、下的类别(Quinn, Cummins, Kase, Martin, & Weissman, 1996)。在3个月和4个月大时,婴儿根本分不清上、下;尽管6个月大时会显示出具有上、下类别概念,但也仅仅是在习惯化刺激完全相同时才会明显地表现出来(Quinn, Norris, Pasko, Schmader, & Mash, 1999)。到了9个月到10个月大时,婴儿的这种局限性才会得以克服(Quinn, Adams, Kennedy, Shettler, & Wasnik, 2003)。总之,虽然迄今为止仅仅考察了几种空间类别,但是空间分类的发展可能是一种逐步和漫长的过程。这类发展的影响因素和机制仍然有待于进一步的确定。

层级联合的发展

在前面的一节中,我们回顾了 Huttenlocher Hedges 有关空间编码的层级联合模型中的两种成分的发展:细密纹理的距离编码和空间类别编码。现在我们继续讨论有关这些信息源的层级联合的发展话题。这种联合的证据来自空间评估倾向于偏向类别原型的系统性模式,反过来这种偏向模式又可以为我们提供哪些类别正在被使用这方面的信息。例如,对一个圆周上点的位置进行空间评估时,会偏向于由横、纵坐标轴所定义的4个象限的中心,这一事实表明这些象限构成了空间类别(Huttenlocher et al., 1991)。层级联合出现最早的证据来自16个月到24个月大的儿童,他们显示出了一种倾向于矩形沙箱中心的偏向

(Huttenlocher et al.,1994)。即使儿童后来沿着箱子在隐藏地和寻找地之间移动,或者儿童在箱子的一端看着客体被隐藏起来,并在这之后从箱子的另一端开始寻找时,这种偏向仍然很明显,因此出现这种偏向不能解释为知觉方面或肌肉运动方面的原因。是否在 16 个月大之前就有层级联合的迹象还不十分清楚。在 1 岁期间,分类能力的发展可能会为这种适应性联合的可能性设置了某种程度的下限。然而,在原则上,这种层级联合的过程可能是具有潜在可利用性的,或者甚至在具体构成成分出现之前就是潜在的。

即使层级联合是一种基本的认知过程,它也会以各种不同的方式发展变化。首先,细密纹理编码的准确性和持久性可能会有所提高。这种变化可能会减少类别信息的权重,从而减少偏差的程度。有关这一主题的研究主要集中在持久性方面,可以通过操纵信息编码与要求去评估这一编码之间延迟的时间长度来开展研究。成人的研究结果显示,正如所预期的那样,较长的延迟会导致偏差的增大,因为当细密纹理信息的确定性下降时,类别信息应该会有较大的权重(Engebretson & Huttenlocher,1996;Huttenlocher et al.,1991)。因此,我们可以推测:对于年龄较小的儿童来说,如果他们有关细密纹理的信息有更为显著的遗忘的话,那么由延迟所造成的偏差增大的现象可能会更为显著(尽管在遗忘率方面是否存在年龄差异还是有争议的,见 Brainerd,Kingma, & Howe,1985)。迄今为止,由延迟所造成的偏差增大的现象,从 7 岁以后一直有相当大的一致性(Hund & Plumert,2002)。[①] 然而,如果遗忘率确实存在着与年龄相关的变化的话,那么这些变化可能存在于年龄较小的儿童身上,因此这个问题还有待于在 2 岁至 7 岁儿童之间进行考察。

其次,类别编码可能会以几种方式中的任何一种方式发生变化。一种可能的变化是类别可能会变得更为概念化,而且类别更有可能以机能群组为基础(如,"游艺区")。从 7 岁开始,当位于某一特定空间领域中的客体同时也同属于一个概念类别时,儿童以及成人都会显示出系统性偏差增大的现象,而且这一效应在不同年龄上是保持恒定的(Hund & Plumert,2003)。然而,概念类别的这种效应可能不会出现在那些其类别还不十分稳固的年幼儿童身上。与此相关的是,空间分类可能变得较少依赖于呈现的物理边界是否存在。例如,个体可能会依据某种类别,通过想象中的一条线从一个矩形空间的中心将其强行分为两部分。有迹象表明,这种分法大多出现在空间相对较小的情况下,这可能因为相对较小的空间一眼就可以看透:尽管对于相对较大的空间来说可能会更迟一些,但是对于相对较小的空间来说,儿童在 4 岁时就出现了把一个矩形空间分为两半的现象(Huttenlocher et al.,1994)。此外,在最为困难的情况下,类别可能要到较大年龄时才能够形成。Hund、Plumert 和 Benney (2002) 发现,当以随机的顺序学习分别位于 4 个空间区域的客体位置时,仅有成人能够使用类别信息,因为与没有这种时间不规则性的情况相比,在这种学习情况下,空间类别相对不怎么明显。

再次,层级联合可能会随着信息加工能力的不断增强而发生变化。事实上,最初的时候,个体似乎在某个时刻只限于在某一个维度上进行层级联合。当要求儿童对一个圆周上

---

① 然而,这些数据资料也显示出:11 岁儿童的与延迟相关的偏差存在着一种令人不解的下降。

点的位置进行编码时,他们会在与成人所采用的相同的两个维度上对位置进行细密纹理编码——从圆心到该点的距离和夹角,而且他们会利用类别信息来调整对于从圆心到该点的距离编码。然而,直到 10 岁时,他们才会表现出利用角度信息进行类别调整的现象(Sandberg, Huttenlocher, & Newcombe,1996)。出现这种情况的原因根本不是因为角度编码的问题,因为当不需要对距离进行编码的时候,即便是 7 岁大的儿童也会显示出类别编码及类别编码的调整(Sandberg,2000)。因此,似乎看来儿童的能力是有限的,这影响了他们同时在两个维度上注意到变异的趋中倾向或利用变异的趋中倾向。

总之,就我们所能进行的考察来看,层级联合的原则似乎最早出现在 16 个月大时。这可能是信息加工的一个基础方面,因为我们发现在猕猴身上也显示出了这种现象(Merchant et al.,2004)。然而,层级联合的精确模式可能会随着年龄的增长而不断变化。例如,当距离编码变得更精确一些,而且/或者类别编码变得更系统化一些,更概念化一些,或区分性更强一些的时候,层级联合的成分可能会发生变化。但是,极少有涉及这些问题的研究。我们所知道的是,在儿童晚期,同时在两个维度上进行层级联合的能力会发生一个基本的变化。这种能力的获得可能会影响到空间机能的其他许多方面,而且这会让人回想起由 Piaget 和 Inhelder 所提出的在这同一时期出现的成熟的空间机能。

经验对层级联合的影响

从短期来看,层级联合的发展变化应该是与经验有关的,而且也与随着年龄而变化的信息加工能力或评估能力有关。也就是说,当一个空间中的某些特定位置经常群集在一起或更为频繁地被占用时,可能会基于这种出现的可能性而形成类别(Huttenlocher, Hedges, & Vevea,2000;Spencer & Hund,2002,2003)。这种特殊的空间类别形成很难在那种具有非常根深蒂固的组织基础的情境中发现。就像在那个圆周的例子中,你很难不考虑基于地心引力的纵坐标轴以及与纵坐标轴呈垂直状态的横坐标轴,而且纵坐标轴是与人体呈平行对称的(Huttenlocher et al.,2004),或在那些组织基础围绕人体中线的例子中,也很难发现这种特殊的空间类别(Spencer & Hund,2002,2003)。事实上,在其他比较精确的边界已知的情况下,基于客体高密度出现的区域形成类别可能并不是适应性的。然而,一直发现在某些场合下空间类别会发生动态改变。

研究被试改变其对一个空间排列的类别组织程度的一种情境是:最初呈现各种不同客体的系列顺序提示一种组织方式,之后改变这种呈现的系列顺序,提示另外一种不同的组织方式。Hund 和 Plumert(2005)在一个大的方箱子里给被试呈现了 20 个客体,呈现顺序要么强调根据象限组织客体,要么根据与这个箱子各边的关系来组织客体(见图 17.4)。他们发现,成人可以灵活地根据呈现的最近时间结构对客体的位置进行重组。这一研究发现非常有趣,因为它表明利用水平和垂直边界(Huttenlocher et al.,2004)是必不可少的;用于界定该空间边缘的水平线和垂直线的可利用性为一种具有某种精确性的组织提供了可能性。然而,Hund 和 Plumert 发现,11 岁大的儿童显示出了一定限度的灵活性,但目前还不知道产生这种局限性的原因是什么。

用于研究空间评估的动态重组的另一个情境是:在一项空间寻找任务中,一开始只是重复利用某个单独的位置,之后转到另外一个位置上去寻找,就像经典的地点固定错误那样。当然,如果像 Piaget 所说地点固定错误可以理解为是由于在理解客体永久性方面所存在的基本限制的话,那么就根本不会看到这种效应。但最近研究数据令人信服地显示出:在某些特定情况下,可以在 2、3、4 甚至 6 岁的儿童身上发现:在搜索位置 B 时会出现倾向于位置 A 的偏差(Schutte & Spencer, 2002; Schutte, Spencer, & Schoner, 2003, Spencer & Schutte, 2004; Spencer, Smith, & Thelen, 2001)。这种倾向性是位置 A 的试验次数、位置 B 的试验次数(Spencer et al., 2001)以及位置 A 与位置 B 之间的间隔(Schutte et al., 2003)的函数。这种倾向并不取决于对位置 A 的主动搜索,因为当儿童仅仅观察到客体被隐藏在位置 A 时,这种倾向性也会很明显(Spencer & Schutte, 2004)。

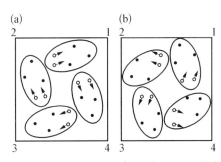

图 17.4 实验装置和位置的图示。开圆标志着 8 个目标位置。箭头显示着所预期的目标位置被转移的模式。(a) 在边界经验条件下,这些位置被体验为是在一起的;(b) 在象限经验条件下,这些位置被体验为是在一起的。那些箭头、椭圆和数字只是为了说明用的。
来 源: "The Stability and Flexibility of Spatial Categories," by A. M. Hund and J. M. Plumert, 2005, *Cognitive Psychology*, 50, pp. 1 - 44. 经许可使用。

一种有趣的发展变化可能取决于个体对基于内在几何的原型的相对使用,如由将一个圆划分为 4 个象限的垂直线和水平线所界定的原型,以及以出现频率为基础的空间类别原型(这种空间类别是在某种特定情境下围绕着经常被占用的成组位置而形成的)。Hund 和 Spencer(2003)发现,与 11 岁儿童相比,6 岁儿童将会更多地受到这种以频率为基础的类别的影响。事实上,他们会显示一种倾向于以频率为基础的原型偏差,同时会忽视以内在几何为基础的类别。这类偏差包括穿越界定其身体左、右类别的垂直边界。这种灵活性对于在生命早期形成类别来说可能是十分重要的,而且当经验告诉他们使用边界可以具有更为精确的估计时,这种偏差可能会消失(Huttenlocher et al., 2004)。然而,有关灵活性方面的发展变化问题还不十分清楚,正如 Hund 和 Plumert(2005)所发现的:与儿童相比,成人在基于时间顺序变化对类别结构进行重组方面有更多而不是更少的灵活性。

概要

在生命的第一年内,细密纹理的距离编码以及空间位置的类别集群都是可以看到的,当然它们还都不是以成熟的形式出现的。随着思考更多的远距离客体,距离编码会在学步期和学前期得到一定的发展,会变得更加复杂和持久,除相对程度外并开始包括绝对程度的编码。在生命的第一年内,类别编码通过发展变得较少依赖于现成的知觉性划分,而且更多地依赖于在知觉特征上有所不同的各种刺激,而且在接下来的几年里可能会仍然不断变化。这两种信息的层级联合早在儿童 16 个月大时就可以看到,但是在十年左右的时间里会有很多的发展变化。其中的某些变化很可能依赖于信息加工能力的提高,而其他发展变化则可能包括对以频率为基础的原型的敏感性的降低,以及越来越多地使用具有更高精确度的预置类别边界。

表征观察者与环境之间的空间关系

到目前为止,我们已经考察了人类对空间位置进行编码的能力的发展。尽管这种能力在人与其他物种之间可能存在着某种程度上的不同(如,MacDonald et al.,2004),但是这种以某种方式对位置进行编码的基本能力是很多物种所共同拥有的。人类操纵这类信息的能力可能更有特色一些。尽管这个问题还没有得到广泛的研究,但是我们知道非人类的灵长类动物很难进行心理旋转(Hopkins, Fagot, & Vauclair, 1993; Vauclair, Fagot, & Hopkins, 1993),而且鸽子无法像人类那样采用内插值替换的方法进行估计,人类这样做可以算作是对观点采择能力的一种简单评估(Spetch & Friedman, 2003)。这些观察结果显示了非人类动物在对空间关系进行心理转换的能力上的局限性。

在本节中,我们将讨论心理旋转和观点采择的发展。我们也将考察导航运动的发展。在非人类动物的许多物种中,这种能力是非常复杂而精密的。然而,还没有可靠的证据表明,其他物种能进行人在设计新的线路时所采用的那种空间推理,也就是说,他们以前仅在位置 A 与位置 B 之间以及位置 A 与位置 C 之间走过,现在要设计一条线路从位置 B 去往位置 C(Shettleworth,1998)。这种可以为寻找新的路径提供可能性的空间推理,可能与心理旋转和观点采择一样,需要建构和操纵观察者与环境之间的关系。

心理旋转和观点采择

过去几十年的研究已经表明,尽管心理旋转和观点采择在形式上是等价的,但实际上在心理学层面它们是非常不同的。形式上的等价是很容易觉察到的;任何一台能够让一个客体(或排列)沿着它与一个观察者参照的轴移动的计算器,同样也能够让这个观察者围绕着这个客体(或排列)移动,而且两种情况下的计算结果应该是相同的,比如说都是 90 度的旋转。Piaget 深信不疑地认为二者之间存在着心理差异,他在几本不同的书中(*儿童的心理表象*和*儿童的空间概念*)讨论了心理旋转和观点采择,认为二者有着不同的发展路线,而且是在不同年龄上出现的。心理旋转和观点采择在心理层面上是不同的(虽然在逻辑上不是如此)这一事实,是由 Huttenlocher 和 Presson(1973)首先通过实证研究证实的。他们发现,相对于首先想象自己通过移动对同一个客体或排列采取了一个不同的观点之后来说,通过想象这个客体或排列沿着它与观察者自己形成的参照轴旋转一定角度之后,再去选择出那个表示客体或排列现在应该是什么样子的图片更为容易一些。然而,心理旋转并不是总是比观点采择容易一些的(Huttenlocher & Presson,1979)。当人们被问及排列中的某个客体经过转换之后相对于他们自己的位置将是什么样子时,(如,将会离自己最近? 将会在自己的左边?)观点采择比心理旋转更容易一些。实际上,当采用这种以单个细节为中心的问题时,即便是 3 岁的儿童也可以显示出通过对一个排列采取一种不同观点而圆满解决这一问题的惊人能力(Newcombe & Huttenlocher,1992),但是如果要求被试采用观点采择策略选择出显示客体经过这种移动之后的样子的那张图片,那么 9 岁或 10 岁以上的儿童才有可能会取得成功。

随后的一些研究从不同的角度证实了这种难度顺序(Presson,1982):变化考察的范式,而且询问的问题更加具体(Simons & Wang,1998),人们站在一个排列的内部或外部的场合下(Wraga,Creem, & Proffitt,2000),呈现时在复杂性上会不断变化(Wraga,Creem, & Proffitt,2004)。也有研究表明,观点采择和心理旋转的神经基础是不同的,即观点转换与左颞叶皮层的活动增加有关,而心理旋转则是与顶叶皮层的活动变化有关(Zacks,Vettel, & Michelon, 2003)。当就个体差异的模式进行分析时会发现,观点采择和心理旋转分别是不同的能力(Kozhevnikov & Hegarty,2001)。其他的研究工作已对围绕某个排列的周界所进行的移动行为分解为旋转成分和转换成分(比如在一项观点采择任务中)。研究发现,在想象中进行旋转似乎要比在想象中进行转换更困难一些(May,2004;Presson & Montello, 1994;Rieser,1989)。

对于这种复杂模式的解释是随着对每项任务中所涉及的参照框架的理解不同而变化的。例如,在经典的 Piaget 式的任务中,选择出那张显示从一个不同的观点所看到的某个排列的样子的图片是比较困难的,因为正确图片是在当前可利用的外部框架中显示这个排列中的各个组成元素的,而不是在那个通过实际的身体移动而转换过来的框架中显示的。身体移动到一个新的有利位置会使这项任务变得容易一些,这不仅因为这种移动转换了这个框架,而且因为航位推测机制支持了对这一新观点的估计。问一个有关观察者与排列之间关系的具体问题是比较容易的,因为它与核心兴趣没有什么相关,它减少了现实框架和想象的框架之间的冲突。想象这个排列沿着它的轴旋转,涉及对这个排列相对于外部框架的关系转换,因此两种框架之间没有冲突。此外,人们在完成这种心理旋转任务时经常将注意力集中在该排列的某一个元素上,因此简化了该任务。

3—10 岁的发展顺序已经得到了非常详尽的调查;更全面的述评,见 Newcombe(1989, 2002a)以及 Newcombe 和 Huttenlocher(2000)。简言之,观点采择的初始形式在 3 岁儿童身上就可以看到(Newcombe & Huttenlocher,1992),而心理旋转则要再过一年或两年之后才会出现。然而,在上述年龄上,各种不同形式的任务仍然显得比较难而且发展得也比较慢。直到 10 岁左右时,儿童才会在某些任务上表现出比较好的成绩。这种顺序给我们留下的深刻印象是:能力似乎是遵循着一种复杂性顺序而出现的,因此那些成人完成起来较慢而且他们从中犯较多错误的任务,后来也会在儿童的全部技能中出现。在儿童 3 岁的时候,似乎并不缺乏用于理解在心理上转换观察者与环境之间关系的可能性的基础,但是其在特定操作情境中实施这种转换的能力可能存在着很大的局限性,因为参照框架之间的冲突是决定任务是相对容易还是相对较难的一个重要方面。[1]

从参照框架之间冲突的角度来考虑问题,不仅为解释心理旋转和观点采择提供了可能

---

[1] 在面对这些早期出现的基本能力时,不应该因为觉得它们没有什么意思而对这种局限性不予考虑;它们在机能方面是举足轻重的,而且决定着儿童从事日常任务的能力(Newcombe,2002a)。因此,为了使完成这类任务的能力达到最大化、使儿童这种能力的现有发展水平与最佳水平之间的差距最小化,值得对它们进一步深入研究。

性,而且也为解释儿童在完成空间任务时所遇到的某些特定问题提供了可能性。一个突出的例子就是,当儿童在如下的情境中应付由元素组成的排列时,会遇到很大的困难:两组排列不是平行对齐时(Laurendeau & Pinard, 1970; Piaget & Inhelder, 1948/1967; Pufall & Shaw, 1973),在方向发生偏离的模型中寻找被隐藏的客体时(Blades, 1991),或在方向发生偏离的地图上指认位置时(Liben & Downs, 1993)。Vasilyeva(2002)证实,当减少使用自我中心框架的诱惑时,4 岁儿童就可以利用客观的参照框架,但是当客观框架与自我中心框架之间存在冲突时,他们会在完成任务时失败。

导航运动

在论述完心理旋转和观点采择之后,我们接下来论述导航运动。事实上,当可视信标标示出希望到达的地点时(比如,当教堂的尖顶在其周围房屋的上方可以看见时),导航运动相对来说是没有问题的。然而,到达一个看不到的位置更具挑战性,而且它有时可能会依赖于与发生在心理旋转和观点采择中相同的那种空间推理:建构和操纵观察者与环境之间的关系。虽然这类操作并不总是必要的,但是在许多场景下,它们是非常重要的,因为有时可能要通过顺着连续的信标所指示的方向,最终到达所看不到的位置。也就是说,要首先走到一

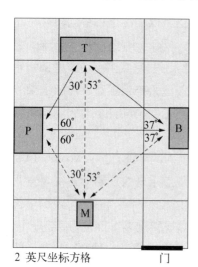

2 英尺坐标方格　门

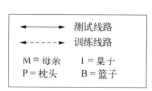

图 17.5　任务的布局。
来 源:" Spatial Knowledge in a Young Blind Child," by B. Landau, E. S. Spelke, and H. Gleitman, 1984, *Cognition*, 16(3), pp. 225 – 260. 经许可使用。

个标志着通往目的地沿途中一个中间步骤的可见陆标面前,尔后再从第一个信标走到第二个可见信标,依此类推。这一系统一般被称为线路学习,甚至婴儿似乎都有这种学习。随着年龄的增长,儿童在注意陆标和建构线路等方面会有所改善,这种改善会贯穿在整个小学阶段(Siegel, Kirasic, & Kail, 1979; Siegel & White, 1975)。

让我们再回到对不可见地点的导航运动能力这一话题,此时没有任何已知的线路,而且需要在建构多种空间关系的基础上进行推理,据称儿童会逐渐发展出一种可以为这种推理提供可能性的知识基础。这一知识基础通常被称为环境的*调查知识*,而且也一直被称作认*知地图*(Siegel & White, 1975)。然而,有关这种表征的存在性一直是有争议的,至少在非人类动物中是否存在认知地图是有争议的,而且在儿童身上有关这一议题的假设多丁广泛的研究。这种整合过的空间知识的最基本标志是,在没有现成线路情况下,基于第三个地点的导航运动,可以从一个地点到达另一个地点的能力。例如,如果你能够从家里走到学校,而且也能够从家里走到某个公园,那么能够直接从学校走到该公园就暗示着空间推理的存在。Landau、Spelke 和 Gleitman(1984)在图 17.5 所描述的情境中以一名 2.5 岁的盲童为被试

757

研究了这种能力,他们认为人类的空间推理是一种基本能力,在人类生命的早期就显现出来了,而且这种能力并不依赖于视觉输入信息。尽管这一研究的方法论基础一直遭到批评(Liben, 1988; Millar,1994),而且以较大样本的盲童和戴有眼罩的视力正常儿童的重复研究表明人们应当对非常早期的空间推理能力持怀疑态度(Morrongiello, Timney, Humphrey, Anderson, & Skory,1995),但是来自 Morrongiello 的研究数据的确证实:4 岁时,儿童是可以进行空间推理的,其精确性会随着年龄的增长而提高,直到 8 岁。Hazen、Lockman 和 Pick(1978)采用略微复杂一些的情境发现,3、4 岁儿童进行空间推理的能力是非常有限的,但是 5、6 岁儿童则表现得略微好一些。

我们应该进一步考虑在这些范式中的空间推理的基础。在 Landau 等人以及 Morrongiello 等人的研究工作中,儿童都无法看到其周围的环境,或者因为他们是盲人或者因为他们戴着眼罩。在 Hazen 等人的研究工作中,被试为视力正常的儿童而且没有戴眼罩,但是因为房间有门和房顶,所以他们也无法在视觉上把自己所处的位置与其他人的位置或一个外部框架联系起来。因此,在这些研究中,空间推理不得不以航位推测法为基础——需要依靠对于所移动的距离以及转动的角度的记忆。以戴眼罩的成人为被试,要求他们仅依靠航位推测法来完成一些简单的综合任务(例如,以一个本垒为出发点向外走,转一个弯并接着往前走,之后要求他指出本垒的位置)。研究证实,被试指认得相当准确,但是在这种简单的任务中,即使是成人至少也会犯少量的错误(Fukusima,Loomis, & Da Silva, 1997; Rieser,Guth, & Hill,1986)。此外,从学前期到成人期,完成这类任务的能力会不断提高(Rieser & Rider,1988,1991)。因此,基于航位推测法的空间推理对年幼儿童来说是比较困难的,而且这种能力会在整个学龄期不断发展,这并不足为奇。

在有外部框架可利用的情境中,空间推理将会是怎样的呢?在家—学校—公园的例子中,如果从学校既看不到公园也看不到家,那么从学校走向或指向公园可能就需要进行空间推理,这种空间推理产生于由先前走过的线路中的一般外部陆标的可利用性所创立的整合表征。虽然一直有许多研究要求儿童和成人被试从某个特定的优势地点指出家附近或校园中的某个看不到的位置(如, Anooshian & Kromer, 1986; Anooshian & Young, 1981; Cousins,Siegel, & Maxwell,1983),但是这些研究中没有一项研究包括一种手段,来评估个体是否曾经直接体验过被询问的那些关系。因此,他们所探测到的空间推理的程度是未知的。在某个特定的环境中生活许多年之后,人们对所有可能的成对位置之间的线路都直接走过是很有可能的。有关在全新的环境中进行空间推理的研究是非常稀少的。在为数不多的这类研究中的一项研究中,Heth、Cornell 和 Flood(2002)发现,6 岁儿童在他们穿越一所不熟悉的校园完成一项里程为 1 公里的远足活动之后,能够指认出他们出发的地点。这一行为表现之所以给人印象深刻,是因为事先并没有告诉他们要记住自己的移动方向,而且因为这条线路非常长并且只走过一次。然而,虽然好于几率水平,但是儿童表现出的误差仍然是很大的,偏离正确方向 54 度。成人的这类误差是 30 度。此外,由于并没有让儿童迷失方向感,因此他们的成功可能基于航位推测法和空间推理。

尽管稀少,但是这一数据表明空间推理的起源出现在学前阶段,经过整个学龄期之后推理的精确性已经有了相当大的改进。空间推理可能与逆转推理遵循的是类似的发展轨道。逆转推理毕竟已被证实是依赖于一个从言语陈述所建构出的有序空间排列(Huttenlocher, 1968),因此空间推理和传统的逆转推理似乎十分类似。有关逆转推理的大量证据表明,尽管逆转推理首次出现在学前期,但是当儿童进入小学阶段时,逆转推理似乎更明显和更可靠一些(Chapman & Lindenberger, 1992; Halford & Kelly, 1984)。来自言语陈述的逆转推理似乎依赖于工作记忆(Oakhill, 1984; Perner & Aebi, 1985),而工作记忆在整个学龄期也会有相当大程度的发展(如, Gathercole, Pickering, Ambridge, & Wearing, 2004)。对于具体的空间推理来说,很可能也同样依赖于工作记忆。

基于空间推理的导航运动能力也会得到提高,这是与我们在上一节中所提到的层级编码的变化相关联的。在 9 岁以前,儿童不会利用类别编码同时在两个维度上去校正细密纹理的编码(Sandberg et al. ,1996),直到大约 9 岁时,他们才会把 5 英尺长的沙箱均分为两半用于类别编码(Huttenlocher et al. ,1994)。这些变化提高了对空间信息进行编码的准确性,并因此能够影响到将一组空间位置合理地组合在一起的程度。

在 12 岁左右之前这段时间里,儿童以许多方式改善其导航运动能力这一事实(如, Cornell, Heth, & Alberts, 1994)是与其在没有监督的情况下被允许的活动范围的增大相关联的(Hart, 1979)。此处的因果关系可能是在两个方向上进行的;当儿童具有相应的胜任能力时,父母会允许他们走得更远一些,而走得更远一些可能又会进一步增强其导航运动能力。除了我们一直强调的有关空间推理的与年龄相关的变化外,随着儿童具体策略的发展,如转弯时环顾四周以便记下返回时沿途将会看到的景观(Cornell, Hell, & Rowat, 1992),或是复述所选择出的明显陆标,尤其是在拐弯处的陆标(Allen, Kirasic, Siegel, & Herman, 1979),其导航运动能力可能会有所提高。

总之,以整合航位推测法信息为基础的空间推理可能最早出现在学前期;有关在整合利用常见外部陆标所获信息的基础上进行推理的研究极少,但是有一项研究发现这种能力可以在 6 岁儿童(该年龄是测试中的最小年龄)身上看到。然而,我们并不知道哪些因素为这些能力的出现提供了可能性。在整个学龄期,空间推理和导航运动能力都有着相当大的提高,而且这可能与多种发展路线都有关联,包括一般推理、空间编码的准确性,以及策略的使用(如在转弯时环顾四周)。令人吃惊的是,有关导航运动能力仍然有许多未知的东西。导航运动能力是一种具有相当强的实践价值的空间机能,过去在非人类动物身上已经开展了广泛的研究。虽然在几十年前导航运动能力是大量研究的焦点,但是后来对它的关注降低了,部分原因是其关注的焦点是婴儿期以及知识的起源问题。现在可能是到了该回过头来继续考察它的时候了,通过相关领域的最新进展就可以充分地说明这一点。

符号空间表征的利用

在心理旋转、观点采择以及空间推理等能力上,我们人类这个物种可能是比较独特的,至少非常有特色。人类另外一种与众不同的空间能力,就是依赖我们的能力对情境进行符号表征,而且通过使用语言和非语言符号系统(如地图)彼此进行交流。在本节中,我们先谈一下非语言空间交流的发展,接下来讨论空间语言。这两种类别的空间交流会呈现出不同模式的优点与缺点,而且在获得过程中会遇到不同的挑战。

地图和模型

作为交流空间关系的手段,地图和模型与语言在两个方面有所不同。它们肯定都有必要对各种测量关系进行整合,选择使用语言可以完成这一任务;同时,它们肯定也都有必要用图示呈现出所有的这些关系,但这对语言来说就不可能做到了。然而,尽管地图和模型有相似性,但是它们之间也有区别。虽然有许多说不清的事例和例外,但是通常来说,地图是平面的,而模型则是三维的;地图是任意地使用某种符号来指代某种事物的,而模型则比较接近其所要表示的现实事物;地图处理较大的空间,而模型则处理相对较小的空间。

在有关空间发展的其他研究中所出现的那些争议,也同样出现在有关理解和使用模型及地图的发展研究中,有些研究者声称绘制地图的能力是缓慢地出现的,而且与Piaget所描述的有关空间理解的建构有着密切的关系(Liben & Downs, 1993),而其他研究者则认为绘制地图的能力有一个先天的基础(Blaut, 1997; Landau, 1986)。然而,在这个研究领域中,第三个传统一直是比较突出的。采用Vygotsky式观点的研究者通过分析认为,地图和模型以及其他文化传递工具(如导航运动系统)都是建立在人类能力(包括先天能力和后天建构的能力)基础之上的人造物品,它们的产生在很大程度上依赖于社会交互作用。Newcombe和Huttenlocher(2000)指出,尽管Vygotsky式的观点与现有的研究数据非常吻合,但是文献中明显缺乏对我们文化中很常见的绘图系统在生活中不定时发生的程度进行调查。尽管Szechter和Liben(2004)的初创性研究表明有关空间输入的考察是可行的而且非常有价值,但是这种状况仍然没有得到改观。这些研究者观察了父母将一本比较难懂的名为《变焦》的图画书解释给他们3岁和5岁的孩子听的过程。他们发现,即使在一个较小的中产阶层样本中,父母使用有用策略的程度也会存在着很大的变异性,并发现在父母的解释策略与儿童的空间理解之间存在着显著的相关。

尽管才刚刚开始收集有关符号空间能力是如何传递给儿童的数据,但是我们已拥有一批相当好而且还在不断充实的数据,用来描述在现代工业社会文化条件下成长的儿童其绘图能力出现的通常年龄和次序。这个次序大约从2岁生日那时开始,而且涉及对地图和模型的两个方面的评价:它们中的元素代表着现实世界中的客体(元素—元素对应),而它们中的距离则代表着现实世界中的距离,尽管它们要服从一种比例因数(关系对应)。元素—元素对应一直是一个著名研究项目的焦点问题(如,DeLoache, 1987, 1995)。在这类研究中,首先让儿童看到一个客体被隐藏在一个房间模型里,然后要求他们在一个较大的真实房间里去寻找这个客体(反之亦然)。这些研究发现,当利用在模型中所获得的信息去引导在房间内的搜寻行为时,儿童通常会表现出一些突然的转换,而且这些转换与一直总是很重要的位置记忆没有任何关系。更确切地说,儿童似乎对一种元素可以代表另一种元素具有(或不具有)一种表征性的领悟力(DeLoache, Miller, Rosengren, & Bryant, 1997)。这种转换的确切年龄可能会有些变化的,而且取决于映象相似程度和量表的区分程度等因素,但是即便对于这类任务的最容易版本,2岁以下的儿童处理起来通常也会遇到困难,而3.5岁或较大一些的儿童即使是在很困难的场合下也能取得成功。任意类型的元素—元素对应(如用X标志这个地点)可能会稍晚一些出现。有证据表明,3岁儿童就可以成功地完成这类对应(Dalke,1998),但是从3岁到6岁期间这种能力会得到进一步增强(Newcombe & Huttenlocher,2000)。

从表面上判断,关系对应似乎要比元素—元素对应困难一些。的确,根据Piaget式的观点,缩放比例取决于比例性,因此关系对应进入小学时才会出现。然而,Huttenlocher、Newcombe和Vasilyeva(1999)研究发现,4岁以及某些3岁的儿童能够通过使用一个有关五英尺长沙箱的小地图(在这个地图上有一个点代表着一个隐藏的玩具),比较准确地寻找到这个玩具。当然,这是一个仅仅涉及一个客体和一个单一维度的简单情境。在一个二维的事例中,但仍然仅涉及单一的一个位置,5岁儿童可以取得成功,但4岁儿童则显示出3岁儿童在单一维度场合下所展示出的那种双峰成绩(Vasilyeva & Huttenlocher,2004)。儿童的操作成绩会受到所需缩放程度的影响。当参照空间在大小上与地图的大小比较接近时,儿童的行为表现会有较高的准确性。这一事实可能在某种程度上解释了以下问题:当处理有关较大空间的地图或模型时,4、5岁,甚至6、7岁的儿童为什么在缩放比例方面会显示出一定的困难(Liben & Yekel,1996;Uttal,1996)。这类比较困难的情境还涉及需要立刻对许多客体进行定位,因而对许多距离需要进行重新调整。

总之,数据资料表明:对于地图或模型中的距离与现实世界空间中的距离之间关系的理解能力,可能要比比例推理出现得较早一些,但是在复杂情境中使用这种领悟力的情况是慢慢逐渐出现的。还不十分清楚早期关系对应的基础到底是什么。Huttenlocher等人(1999)认为,可能会包括相对距离的编码,但是既然这样的话,那么重新调整的程度就应该不怎么重要了,或至少不比它在只是简单记住客体在较小对较大空间中的位置时那么重要。然而,Vasilyeva和Huttenlocher(2004)发现,缩放比例任务上的成绩并不能完全由非缩放比例任务的难度来解释。很可能早期的重新调整是基于对距离编码的一种简单的伸展,而且需要伸展的越多,出现的误差很可能也越大。

在使用地图或模型时,元素—元素对应和关系对应并不是那么必要。其他必要条件包括把俯视图或斜视图与平视图关联起来的能力,在物理上或心理上把地图调正的能力,以及使用地图引导导航运动的能力。第一种能力出现时的年龄似乎比人们所期望的要小。在25个月大时,那些立起脚尖能够看到一个屏障将自己与妈妈分离开来的儿童,能够利用这一信息沿着开阔的方向跑向自己的妈妈(Rieser,Doxsey,McCarrell,& Brooks,1982)。即使是从侧面看到这样的空间安排时,他们也能做到这一点。然而,21个月大的儿童却不会利用通过俯视所获得的信息。造成这一显著发展转变的原因还不十分清楚。

调正地图是一件相当困难的事情,至少需要在心理上这样做时是如此的。在回答那些涉及处理未对准的问题时,即使是成人都需要尽力去做(Levine,Jankovic,& Palij,1982)。造成这种困难的一个原因可能是:将地图与现实世界调正在一起涉及对地图的心理旋转

(Scholnick, Fein, & Campbell, 1990；Shepard & Hurwitz, 1984)。儿童在 5 岁时才开始在一些涉及方向未对准的地图的简单情境中显示出某种程度的成功(Blades, 1991；Bluestein & Acredolo, 1979)，但是在整个学龄期这类任务仍然是比较困难的(Presson, 1982)。

使用地图进行导航运动涉及迄今为止讨论到的所有技能的联合。在简单情境中，4 岁的儿童就能够使用地图去引导导航运动(Scholnick et al., 1990；Uttl & Wellman, 1989)，但是他们很难处理未对准方向的地图(Bremner & Andreasen, 1998)。6 岁的儿童能够在较大且较为复杂的空间中使用地图，在这类空间里要到达目的地有许多可选择的方式，而且需要对距离信息进行重新调整(Sandberg & Huttenlocher, 2001)。然而，5、6 岁的儿童几乎很少会从物理上把地图与现实空间调正在一起(Vosmik & Presson, 2004)。取而代之的是，当他们能"预测未来"的时候，他们就会成功，也就是说一边看着一张方向已调正的地图，一边计划着在几个转弯处他们将要做些什么(Sandberg & Huttenlocher, 2001；Vosmik & Presson, 2004)。

空间语言

至少从三个方面可以看出，人类语言不是特别适合用于空间信息的交流。首先，不使用术语很难捕捉到测量知识。相反的是，语言自然地把空间分为不同的类别，如"前面"和"后面"。其次，使用语言论及空间时，会出现模棱两可的情况，因为对于许多空间术语来说可能会存在着不同的参照框架，因此"前面"可以意味着两种不同的位置，这取决于所使用的参照系统。最后，语言是系列呈现的，因此讲话者必须选择一个具体的顺序，并据此提及一个场景中的各种空间关系。幸运的是，虽然这些问题都是有效交流的潜在障碍，但是成人讲话者及听者通常都能很好地处理这类空间描述，在一定程度上是借助于使用不同的策略和语言安排而实现的。例如，像其他类别一样，空间—语言类别也是结构化的，因此术语指的是那些虽然没有清晰的边界但具有原型中心的区域(如，Crawford, Regier, & Huttenlocher, 2000；Franklin, Henkel, & Zangas, 1995；Munnish, Landau, & Dosher, 2001)。因此，尽管从逻辑的观点来看，将一个位置描述为在"前方"可能是仅大致交流了空间信息，但是有一个基本的假设，就是他指的是正前方，除非有其他具体说明。当有必要时，讲话者会使用一个术语来补充说明，如说"前方靠左一点"或"那个洞在你前方三码远的地方"。在第一种情形下，他们顺次排列类别；而在第二种情形下，他们则在一个可能是很关键的地方增加了测量方面的具体规格。在熟练地运用策略就空间信息进行语言交流的另一个例子中，讲话者经常会采用各种优雅的语言规则和惯用法，来详细说明在各种不同的可能参照框架中他们采用的是哪一种(Carlson-Radvansky & Radvansky, 1996；Schober, 1993, 1995)。讲话者有时甚至会混合使用各种参照框架，以便使理解的机会最大化(Taylor & Tversky, 1992b)。通过言语描述来理解空间布局通常(虽然并不总是)会与从视觉经验中(如，观察环境和地图)所获得的一样好(如，Avraamides, Loomis, Klatzky, & Golledge, 2004；Taylor & Tversky, 1992a, 1992b, 1996)。

假如成熟能力就是这个样子的话，那么发展的议题就是：儿童是如何获得空间类别、有

761

关参照框架的惯用法以及用于对空间场面进行顺序性语言描述的组织规则的。第一个问题已经产生了最大的争议,因为它涉及语言与思维的关系这一经典问题。这一问题的一种答案是,一种特定语言将空间世界划分成不同类别的方式,将影响着儿童空间理解的发展(Bowerman,1996;Choi & Bowerman,1991)。例如,因为在朝鲜语中有一个专门的术语来表示"紧密配合"这种关系,所以儿童会为这个术语寻找一个参照物,而且建构起相应的类别。另一种答案是,当儿童开始获得相应的语言术语时,儿童已经对空间类别获得了一种理解,而且这些空间类别可能具有潜在的语言印记(Mandler,1996)。在这一观点看来,所有语言社团中的儿童在他们学习语言之前都了解"紧密配合"这种关系,尽管他们当中仅有某些人将会接触到涉及这一概念的语言含义。

研究表明,中间位置可能是最适当的。9—14 个月大的婴儿很显然地对在他们语言中编入词汇的显著差别以及没有编入词汇的显著差别都进行了分类,这表明空间理解是先验存在的,而且支持了 Mandler 的观点(Hespos & Spelke,2004;McDonough,Choi, & Mandler,2003)。然而,成人似乎很少去注意那些不属于其日常使用词汇的显著差别(McDonough et al.,2003),这表明语言可能最终影响着空间概念化,从而导致了那些在语言中没有得到使用的概念的衰退。尽管这种现象类似于母语中经常没有得到使用的音位差别会逐渐消失,但是这种现象可能比较容易克服;已经发现,通过对场合进行简单的操纵,就能引起人们对那些他们没有予以语言编码的空间意义加以注意(Li & Gleitman,2002;相反的观点见 Levinson,2003;Levinson,Kita,Haun, & Rasch,2002)。

对于第二和第三个问题,我们有许多的了解:儿童是如何学会选择参照框架的以及他们是如何学会组织他们的空间描述和方向指示的。上述两种情形都要经历相当长的发展过程,因此儿童在 8 岁左右时可能还不能像成人那样有效地使用惯用法(Allen,Kirasic, & Beard,1989;Craton,Elicker,Plumert, & Pick,1990;Gauvain & Rogoff,1989;Plumert, Ewert, & Spear,1995;Plumert & Strahan,1997)。小学儿童可能也会在根据言语描述来建构空间知识方面感到困难(Ondracek & Allen,2000)。由于需要有社会技能的支持,因此这些能力可能出现得较迟一些:采择倾听者的观点并能认识到交流的失败。有关非空间问题的有效参照交流在学龄初期也很少见,尽管直接的训练可以帮助克服这些困难(Sonnenschein & Whitehurst,1984)。这些技能需要经历一个长期发展过程的另一个原因,可能是完成这些任务都需要工作记忆能力。

空间发展的个体差异

人们时常谈论他们是如何擅长(或不擅长)将物品装入其汽车的后备箱,装配电子设备,或在一个陌生城市中找到自己要走的线路。在这些事情上有一种令人惊奇的现象,例如在任务的完成情况上存在着性别差异,这些都是卡通和喜剧的固定内容。但是在空间能力上的个体差异和性别差异是不足为奇的。它们具有现实的意义,因为它们可以预测个体在不同职业上的兴趣和成功可能性,像工程、制图、飞行驾驶、手术、计算机科学、数学和物理科学等(Shea,Lubinski,& Benhow,2001;综述见 Hegarty & Waller,2005)。如果是这样的话,那么对于儿童是如何在各种空间任务中发展其各种能力的加以理解将成为一个至关重要的目标。有关这一机制所涉及的知识可以帮助我们设计一些方法,最大程度地提高在一个日益科技化的社会中显得越来越重要的一系列认知技能的可利用性。空间操作成绩的变异性,既具有理论意义也具有实践价值。例如,像其他现代方法处理发展变化问题时所做的那样,空间发展的适应性联合模型在描述空间发展时要使用变异性(Siegler,1996)。另一个例子是,有关成熟空间能力性质的某些争论,如表征是专门定向的还是无须定向的,可能会通过考虑个体差异而得到澄清(Friedman & Miyake,2000)。然而,尽管理解空间技能个体差异的发展既有实际价值也有理论意义,但是有关这个议题的研究一直是处于认知发展研究的边缘位置,而且它一直主要是被当作心理测量学的一个分支,采用相关性方法而不是实验方法而被加以研究的。

之所以造成这种状况,有几个主要原因。在研究认知发展的群体内,一直对详尽地说明标准化发展有着浓厚兴趣。由于理论的和实际的原因,这一传统导致了对个体差异的忽视。在理论方面,有这样一种假设:大量的空间发展是被引导出来的,而且操作成绩上的变异性是真实的误差变异而非有意义的信息。当研究者思考婴儿期和学前期的非常早期发展时,持有这样的假设是非常常见的,而且在过去的几十年内,认知发展学者一直对这个时期的研究特别有兴趣。尽管这个主张有可能是正确的,但是另外一种可能是:那些较早就发展出在延迟时间内保持空间信息或重新调整地图信息能力的儿童,事实上显示出的是有意义的长处。最近,在认知发展的其他领域中一直有反映这种关联的实证,例如,研究发现,14 个月大时在对人类有目的行动的习惯化上所表现出的变异性,与学龄期心理理论的发展有关联(Wellman,Phillips,Dunphy-Lelii,& LaLonde,2004),而且发现 6 个月大时在言语知觉上的变异性,与 2 岁时的语言发展相关连(Tsao,Liu,& Kuhl,2004)。在实际方面,一直很难评定发展的引导假设,而且很难把标准化发展和个体差异两方面的研究整合起来,因为在标准化空间发展研究中所采用的方法,从来都不适合于研究个体差异。实验方法通常只包括很少的试验次数,因而信度不太确定而且用于纵向研究时没有多大把握。

将心理学的这两个领域联合起来时所遇到的困难(Cronbach,1957),不仅仅是由于认知发展群体对个体差异不感兴趣。此外,在心理测量学传统内也存在着一定的困难。在过去的一个世纪中,心理测量学已经为个体差异的研究创立了研究方法和议程(Hegarty & Waller,2005)。纸笔测验,尤其是那些适合团体施测的纸笔测验,不太适合用于评定那些涉及三维客体的技能以及在大型环境中进行导航运动的技能。例如,在吉尔福特—齐默曼空间定向测验中,用一个船首的简图代表一艘移动的小船,企图模拟处于这艘小船上的各种不同位置。因素分析,尤其是探索性因素分析而非验证性因素分析,为空间能力的结构提供了一个既不明确而且还不断变化的描述,一部分原因是因为它要受到所用的成套测验中各分测验的特征的支配,另一部分原因是因为它忽视了这样一个事实:人们在解决同一个测验中的不同项目时可能会采用不同的策略。最近人们在将虚拟现实用于测量以及对策略直接进行研究等方面所做出的努力是非常令人鼓舞的,但是仍没有发展到可以提供出可靠方法的地步。

　　总之,虽然最终能到达什么地步目前仅有很少的预兆,但是个体差异的研究似乎是保持着一种开始与认知心理学和认知发展互相促进的势头。一些很有发展前途的方法论和策略已开始涌现,包括虚拟现实技术、采用发展研究范式对个体差异进行评估,以及对策略和表现水平进行精密的分析。

　　倘若这些问题能够得到解决的话,我们希望未来的研究能够很好对这些议题做出说明。然而,人们对于有关空间能力性别差异的发展研究一直意犹未尽,简要地评论一下这个问题似乎很有必要(更充分一些的评论,见 Halpern & Collaer,2005;Newcombe,Mathason, & Terlecki,2002)。我们应该首先就性别差异的本质和发展的描述性事实的现状进行考察。

　　首先,看一下成人中的性别差异。长久以来人们已清楚地认识到,在许多空间测验上,男性有着很大的优势,特别是在心理旋转测验和那些要求一边对分心线索不予理睬一边又要界定一条水平线或垂直线的测验上(Linn & Petersen,1985;Voyer,Voyer, & Bryden,1995)。对于某些测验来说,个体经过一段发展历史时期之后,这类差异会逐渐缩小(Feingold,1988),但是就心理旋转来说,这类差异会保持原有的水平,甚至还会增大(Voyer et al.,1995)。男性不仅表现出较高的平均值,而且通常也表现出较大的变异性(Hedges & Nowell,1995),这进一步扩大了男性在一个非常高的操作水平上所占据的优势。最近有研究表明,男性在导航活动中能够比较熟练地使用有关距离和方向的几何信息,也比较擅长于通过使用地图来获得地理知识(Halpern & Collaer,2005)。

　　其次,从发展的角度而言,性别差异最早出现的年龄可能是在 4 岁,通过选择那些内容涵盖在成人中已发现有性别差异的区域来设计一个测验,就能够发现性别差异最早出现的年龄(Levine,Huttenlocher,Taylor, & Langrock,1999)。其他研究发现,仅在 9 岁或 10 岁左右时才出现有性别差异的明显证据(Johnson & Meade,1987;Kerns & Berenbaum,1991),而且元分析一致表明性别差异在整个童年期和青少年期有逐渐扩大的趋势(Linn & Petersen,1985;Voyer et al.,1995)。然而,使用现有的评估工具是很难处理最早出现的年龄和发展历程这一问题的。采用最近在标准化认知发展研究中所使用的新的评估工具,对于处理这些问题可能会非常有帮助。

　　空间技能方面的性别差异,尤其是在心理旋转上的性别差异,是我们所了解到的最大性别差异之一。一直投入了许多努力来解释为什么会出现这种性别差异,而且它一直是引发生物论与环境论之争的领域之一。在过去的几十年中,一些强调生物学因素的假设其声望起起伏伏。例如,Waber(1976)曾假设:较高水平的空间能力与青春期出现得较迟有关,但是这一假设并没有得到后来研究的证实(元分析,见 Newcombe & Dubas,1987)。大脑功能的偏侧优势与性别差异有关的假设,仅从采用行为方法来评估偏侧优势的研究中得到了很微弱的支持(Voyer,1996)。采用成像技术对空间任务的神经基质进行比较直接的评定,可能会为更好地检验偏侧优势假设提供可能性。目前这类研究有时会显示出性别差异(Roberts & Bell,2000),但是许多研究还没有评估过这个问题,迄今为止的样本一直都较小而且不具代表性。目前得到最强有力支持的可能是这样一个假设:性甾类激素是空间能力中性别差异的近因。但是这些证据有些混乱,具体哪种激素重要还是未知的,也没有详细说明反映激素水平与操作成绩之间关系的曲线形状到底是什么样子的(Collaer & Hines, 1995;Halpern & Collaer, 2005)。

尽管性别差异可能的近因生物学机制仍然未知,但是社会生物学对于这一性别差异的最终理由已经提供了一个现成的解释。实际上是有两种解释,它们都强调:具有较高水平的空间能力可能有助于男性生殖优势的自然增长。其中一种解释强调这样一种事实:在以狩猎—采摘为生的社会中,男性通常是猎人,而且在狩猎的几种组成活动中似乎都需要空间技能,包括追踪动物、瞄准动物、对用于捕获动物的武器进行精加工。通过狩猎获得蛋白质有助于确保一名男子的子女得以生存,而且高超的狩猎技艺和能力也有助于男性接近女性(她们希望由一名熟练的猎人为她们的孩子提供生活必需品)。此外,在任何为了与其他男性争夺接触女性的支配权而发动的争斗中,瞄准可能会派得上用场。

对于性别差异的另一种解释起源于对于田鼠所做的第一流的观察和实验研究的证据。田鼠是一种小型的哺乳类动物,有两个变种。其中一种叫做草原田鼠(the prairie vole),它们实行一夫一妻制。而另一个非常类似的变种,叫做草地田鼠(the meadow vole)。在草地田鼠的交配系统中,雌性占领着领地,而在交配季节,雄性则会挨个与每个雌性交配,企图使尽可能多的雌性及时受孕。惹人注目的是,在一夫一妻制的草原田鼠中,雄性和雌性的空间能力(通过在迷津中的导航运动能力来评定)水平是等同的,但是雄性草地田鼠在各种空间任务上都胜过雌性草地田鼠——但这种情况仅出现在交配季节期间,此时其大脑中支持导航运动的那一部分皮质(海马回)会变大,以便其应对这种生殖挑战(Gaulin & Fitzgerald, 1989)。

然而,这两种社会生物学方面的解释都存在着一定的问题(也见 Jones, Braithwaite, & Healy, 2003)。我们首先看一下狩猎和采摘。采摘野生食物可能需要离家走相当远的路,去寻找在其成熟季节中可食用的各种不同类型的植物。尽管植物是静止存在的而动物则是移动的,但是人类不太适合快速地去追击大多数猎物,而且我们的祖先在狩猎时可能大多是通过设置陷阱或等候在水坑附近,而不是在蜿蜒的小路上去追击猎物。就制造在狩猎和采摘过程中所使用的工具来说,要求具有编织、制造篮子或陶器以及对箭头和矛尖进行精加工的空间技能。最后,尽管狩猎成功中的瞄准环节是一种在空间中所做出的动作,但是它似乎并不是一种空间技能——成功射中目标可能与在心理旋转任务中获得成功没有什么关系(Hines et al., 2003)。就将来自田鼠身上的研究发现外推到人类身上这一点来说,社会生物学方法所存在的一个主要问题是:与雌性草地田鼠不同的是,人类女性是生活在社会群体中,而不是孤立地占据在广泛分散的家庭领土上。要想使许多人类女性受精,可能更多地要依靠像魅力或狡诈这样的能力,而不是靠找到通往各个小屋的道路的能力。

从进化的观点来看,我们也应该问一句:当这种特质不再具有任何明显的新陈代谢价值的时候,为什么性别差异还存在于对两性来说都具有适应意义的这样一种特质之中。与生殖能力有关的大多数性别专门化特质,不外乎是生出鹿角或装饰尾部这样一些身体特征方面的变化,但这些身体特征变化既麻烦又代价昂贵。雄性之所以具有这些特征,不过是因为它们可以增强其与其他雄性争斗时的战斗力,以及对雌性的吸引力。除非占有这种特质必须要付出代价,否则没有理由不让两种性别共同拥有一种在大量各种不同的场合中都非常有用的特质。当然,发展高水平的空间能力可能需要付出某种代价;然而,会付出什么样的代价,目前我们对此几乎还是一无所知。

到现在为止,我们还没有讨论那些可能会对空间能力的性别差异产生影响作用的环境因素。一些相关分析证实,空间能力与空间活动(其中的大多数活动被认为是属于男性的活动)的参与程度之间的相关虽然很低但很稳定(Baenninger & Newcombe,1989)。然而,这些相关可能是个体基于自己的能力去选择活动的结果,而不是由于这些活动引起了能力的提高。某些空间性别差异会随着时间的推移而逐渐减小(Feingold,1988),这大概可能就是由于环境方面的原因,但在心理旋转方面的性别差异似乎是逐渐增大的趋势(Voyer 等,1995)。无论性别差异是减小还是增大,可能都暗示着环境方面的影响作用。尽管人们通常假设社会正在变得越来越平等主义,但是对可能影响心理旋转能力的社会因素方面的变化,一直几乎没有任何直接的考察。在过去的几十年中,随着对计算机使用的逐渐增多,可能会影响着性别差异的增大。这是因为一般来说,与女性相比,男性可能更喜欢使用计算机,并且更喜欢从事对空间能力要求较高的计算机活动,比如电子游戏(De Lisi & Cammarano,1996;Funk & Buchman,1996)。大约 75% 到 80% 的计算机游戏销售额来自男性消费者(Natale,2002)。计算机的使用是与空间技能有关的(De Lisi & Cammarano,1996;De Lisi & Wolford,2002;Okagaki & Frensch,1994;Robert & Bell,2000;Saccuzzo,Craig,Johnson,& Larson,1996;Sims & Mayer,2002;Waller,Knapp,& Hunt,2001)。

空间技能的延展性(malleability)是一个非常核心的议题,但是在讨论性别差异时,人们常常会忽视这个议题(在讨论智力的个体差异时,这一议题也基本上是被忽视的,Ceci,1991)。即使性别差异非常显著,空间能力的水平似乎也不是完全由生物学因素所决定的。有几种训练方法可以增强个体空间方面的行为表现(Baenninger & Newcombe,1989,1995;Loewenstein & Gentner,2001;Newcombe 等,2002),包括在学校教育期间所接受的信息(Huttenlocher,Levine,& Vevea,1998)。像其他智能一样,而且有过之而无不及,在过去的一个世纪里,空间能力提高的速度超过了遗传基因变化的速度,这被称之为弗林效应(Flynn,1987)。男性和女性具有等同的训练效应,因此性别差异并没有消失(Baenninger & Newcombe,1989)。然而,从数量大小角度来说,训练的效应量要显著地大于性别差异本身的数量,因此与没有接受过训练的男性相比,受过训练的女性会同他们做得一样好或更好。如果我们要想把那些需要空间技能的职业(像数学、工程学、建筑学、物理学和计算机科学)中的可利用人力资本最大化,那么了解如何去训练个体的空间技能是至关重要的,而不是仅仅把注意力放在对性别差异的解释上。

765

非常规场合下的空间发展

空间发展是对其产生影响的生物学因素和环境因素相互作用的产物。一些研究者一直关注那些有时会导致某种特定认知影响模式出现的遗传性变异。在这种认知影响中,空间能力似乎显著地受到了影响(例如,威廉斯综合征、特纳综合征)。[1] 研究这种类型综合征的部分原因是基于这样一种愿望,即希望能够从正常发展出现偏差时所发生的分离中获得一些有关认知发展的机制和结构方面的信息。其他研究者则考察了可能会影响空间信息输入的感觉缺陷,得到关注最多的是视觉缺陷。研究感觉缺陷的影响作用的一种潜在价值在于:借以阐明正常的发展依赖于什么样的环境信息输入,而且有助于解决是否存在关键期或敏感期的争议。有人认为,在关键期或敏感期中,信息输入对于正常的空间发展来说是必不可少的。[2] 在本节中,我们将以威廉斯综合征和视觉缺陷为例展开讨论,因为这有助于我们对正常儿童空间发展的理解。

威廉斯综合征

威廉斯综合征(WS)是一种罕见的遗传性缺陷,每 20 000 个出生的儿童中大约有这样的一个儿童。患有 WS 的人具有一些特定的、与众不同的身体特征,以及一个与众不同的认知能力剖图。对 WS 的认知研究刚刚开始的时候,尽管 WS 患者在空间能力方面存在着严重的缺陷,但是他们对于语言加工和面部表情加工贫乏的程度也给研究者留下了深刻的印象(Bellugi,Marks,Bihrle,& Sabo,1998;Bellugi,Wang,& Jernigan,1994)。最近,有证据表明:WS 患者确实在语言习得和加工方面存在着各种不同的缺陷(例如,Grant,Valian,& Karmiloff-Smith,2002;Thomas & Karmiloff-Smith,2003),而且在分类和概念理解方面也存在着某种异常(Johnson & Carey,1998)。从这些数据来看,人们普遍认为:WS 并没有像一开始人们所想象那样为发展的模块性提供一个很好的例证(Mervis,2003;Paterson,Brown,Gsodl,Johnson,& Karmiloff-Smith,1999)。

在对语言进行分析的同时,对 WS 患者空间缺陷的详细分析,为我们揭示了一幅到底哪些空间能力受到影响的复杂画面。当要求患有 WS 的个体使用绘图或积木来临摹图样时,他们会表现出严重的问题(Bellugi,Bihrle,Neville,Doherty,& Jerigan,1992;Hoffman,Landau,& Pagani,2003;Mervis,Morris,Bertrand,& Robinson,1999)。此外,已有研究表明,在利用视网膜外的信息诱导眼跳时,患有 WS 的儿童会表现出一种令人感到迷惑的早期困难,这种局限可能会影响到他们对视觉环境的探究(Brown et al. ,2003)。然而,其需要空间分析参与的面孔识别能力却似乎是正常的,关于这一观点也有一些争议(Tager-Flusberg,Plesa-Skwerer,Faja,& Joseph,2003)。类似地,患有 WS 的个体会表现出一种完整无缺的觉察生物学运动的能力(Jordan,Reiss,Hoffman,& Landau,2002)。空间语言是一个有趣

---

[1] 还有两种其他的综合征。一种是诊断发现有认知发育方面的弥散性慢化,但是有迹象表明存在着比较严重的可能与海马趾机能障碍有关的空间问题。这一类综合征包括,像唐氏综合征这种遗传基因性的问题(Pennington,Moon,Edgin,Stedron,& Nadel,2003)和像胎儿酒精综合征这类环境对胎儿发展的影响。患有第二种综合征的儿童,存在着被认定是有明显遗传基础的认知发展方面的问题,他们的空间技能相对贫乏,如孤独症儿童(Caron,Mottron,Rainville,& Chouinard,2004)。

[2] 并不是所有的感觉损伤都会对空间能力产生有害的影响;尤其是,有理由认为失聪儿童可能会发展出增强的空间能力,也许这是该体征所造成的一种后果(Emmorey,Kosslyn,& Bellugi,1993)。

的领域,人们通常假定:在语言方面具有相对的强势,但在空间技能方面具有选择性的缺陷。有关这一假设的研究发现是相当不一致的。以患有 WS 的儿童是如何描绘运动事件的研究数据为基础,Landau 和 Zukowski(2003)主张,WS 对空间语言的影响是有限的。他们发现,对于患有 WS 的个体来说,其有关人物、背景客体和运动方式等方面的编码能力是非常优秀的,但是其掌握路径信息的能力却非常贫乏。然而,Phillips、Jarrold、Baddeley、Grant 和 Karmiloff-Smith(2004)报告说,当要求患有 WS 的个体去理解包括空间介词的句子时,他们的表现非常差。

在本章我们所讨论的大部分空间技能中,包括距离编码、空间类别的使用、层级式联合、心理旋转、观点采择、导航运动以及地图与模型的使用等,一直都没有有关 WS 患者的研究。这一令人惊讶的文献缺乏很可能是源于一开始仅使用临床心理测验来研究这类儿童的认知,而且研究的焦点问题一直是这些儿童的语言发展及语言—空间界面。然而,针对这一群体开展研究,不仅有助于理解空间技能的结构,而且有助于对空间发展的不同路径加以分析。

视觉损伤

眼盲个体的空间能力似乎对有关空间发展的两个相互纠缠在一起的问题来说是非常重要的:空间发展依赖于先天能力的程度,空间发展依赖于发展过程中某个特定时期的至关重要的信息输入的方式。在有关人类空间知识的先天基础的一个早期哲学争论中,Descartes 提出,对于一名对各种形状及其相互之间的关系进行系列探索的盲人来说,他会在一个利用派生于欧几里得几何学的测量特性的空间框架内,对所获得的各种印象进行整合。许多年之后,动物实验表明:视觉体验对于视觉皮质和视知觉的正常发展来说是非常必要的(例如,Wiesel & Hubel,1965)。后来对生来就有先天性白内障的婴儿所进行的研究,证实了人类确实存在着敏感期,而且阐明了这种敏感期的持续时间和性质(例如,Le Grand,Mondloch,Maurer,& Brent,2001,2003;Maurer,Lewis,Brent,& Levin,1999)。

Descartes 的推测以及有关视觉加工发展的剥夺效应所进行的实验研究,都没有直接地说明先天的空间框架相对于视觉体验在空间发展中所起的作用。尽管回答这个问题似乎并不难,但是到目前为止有关以下问题仍没有一个明确的答案:生来就失明或有视觉缺陷的人是如何发展其空间表征和导航运动能力的,其发展的水平如何(述评见 Millar,1994 和 Thinus-Blanc & Gaunet,1997)。在某种程度上,这种不确定性的出现,是因为视觉丧失的原因和时间可能是各不相同的,把那些在这些变量上相似的个体聚拢在一起形成一个较大的样本也比较困难,而且即使在那些看似同质的群体内,在空间技能方面似乎也存在着很大的个体差异。

在有关视觉丧失的文献中争论最多的主题之一是空间推理能力。我们发现有一项研究报告说,正如 Descartes 所预期的那样,一名年幼的盲童可以将其空间体验统一在一起,以便为推理提供可能性(Landau et al.,1984)。而与这一假设相反的后续研究发现:对于失明儿童和视力正常儿童来说,其空间推理能力的发展都很缓慢(Morrongiello et al.,1995)。某些有关成年盲人的研究表明,相对于视力正常和较晚出现视觉丧失的人来说,较早出现视觉丧失的人其空间推理能力是相当有限的(Rieser,Guth,& Hill,1986)。Rieser 等人认为,视觉为学着用步行的体验去校准光流提供了最好的手段。支持这一假设的数据表明,与早期失明所造成的影响相比,广阔视野的早期丧失会对空间推论产生大致相当的影响(Rieser,Hill,Talor,Bradfield,& Rosen,1992)。相比之下,视敏度的早期丧失以及视野的晚期丧失都不会有这么大的破坏作用。这一模式是与这样一种观点相一致的,即对于正常的空间推理能力来说,在生命的头 3 年中动觉线索对于光流的校准作用是至关重要的。通过开展这类研究,有望比较详细地理解空间发展的起点及其关键信息。

未来研究的发展方向

这一有关空间发展研究的评述,无疑很好地说明了这方面研究的丰富性和巨大活力,因为我们只选择了部分话题来讨论,而且仅仅触及了发展研究文献(特别是该研究传统的相关领域)中许多重要议题的表面。我们仅简要地触及了有关成人空间认知、个体差异以及有遗传或感觉缺陷儿童的发展等方面的研究。同时,我们几乎没有涉及有关非人类动物的研究、运用神经科学技术的研究以及空间技能的计算模型研究。总的来说,我们的印象是,对空间适应的内容领域的关注导致了不同学科间观念和技术相互交换的大爆发,这对于丰富这一领域的理论认识来说是个非常好的兆头。

虽然在本章中我们已经就许多具体的研究问题展开了讨论,但是我们还是要强调一下几个重要的主题。首先,我们认为,应该把先天论—经验论之间的争论看作是一种新的探索,通过这种探索对以下几方面加以理解:认知发展的起点、关键性环境输入信息的性质及其时机的掌握,以及从起点开始在整个发展过程的某些时间上儿童是如何使用环境输入信息的。其次,我们认为,空间发展的适应性联合方法是一种用于理解空间发展的性质的有力工具,而且没有必要采用一种模块性的结构来对这一领域中的一些基本现象加以解释。再次,我们企图强调人类对空间信息进行转换和符号表征的能力所具有的独特性和力量,并且认为文化传输工具对这一领域中的最优化发展可能起着尤为关键的作用。又次,我们也注意到有关个体差异的研究对于充分理解空间发展来说是至关重要的,但是在认知发展的大多数研究中一直没能很好地把这个方面整合进来。最后,我们对在具有异常遗传基因的儿童或其环境刺激经由感觉剥夺而受到限制的儿童身上进行空间发展研究寄予了巨大的期望,因此从这个意义上来说,对正常发展和异常发展的研究可以采用通用的概念工具和方法论工具。

一些研究领域还没有引起人们对其应有的注意。一个在很大程度上没有得到考察的议题是:各种不同类型的体验对空间发展所起的作用,其中许多类型的体验是普遍存在的而且是能够预期的,但是其中也有一些则是变幻不定的而且甚至很少出现。对于那些普遍存在而且能够预期的信息输入来说,我们遇到的问题是不能在人类身上进行剥夺实验。我们通常可以通过在非人类动物身上开展这类研究,来了解各种不同类型的视觉体验和探索体验对空间发展的影响作用。例如,有人通过实验来评估在黑暗中抚养的效果(Tees,

Buhrmann, & Hanley, 1990），或者考察社会相互作用的剥夺对空间发展的影响（Pryce, Bettschen, Nanz-Bahr, & Feldon, 2003）。如果借此有可能考察出在人类发展过程中空间知识、空间活动和空间探究之间的相互影响的话，那么我们完全可以利用非人类动物开展研究。此外，我们可以更加主动地追踪研究那些感觉输入自然发生限制的人类儿童，如各种不同类型的视觉丧失。这一条研究路线需要与有关标准化空间发展的文献联系得比以往要更为紧密一些。

对于那些变幻不定而且很少出现的空间输入信息类型，我们则会遇到另外的一个问题——通过长时间的自然观察可能获得很少的一些有关空间输入信息的有趣例证。相比之下，输入信息对语言习得影响的研究则相对容易开展一些，因为谈话是一种普遍存在的活动，而且可以很容易地记录下谈话内容，以便事后进一步编辑和分析。有望解决这一问题的一条研究路线是，创设一些场合来引发若干成对的家长—儿童就空间问题展开讨论（Szechter & Liben, 2004）。另一种可能性是训练家长记录同自己孩子发生空间相互作用的有关例子，如 Mix（2002）最近就量化发展所做的那样。

我们需要进一步了解的另一个领域是正常范围内的个体差异。这里存在的一个问题是，我们在关注于标准化发展的研究中所看到的变异是否是有意义的，或是否代表的是真实的误差变异。认知发展方面的研究者通常都假定其研究中的变异性是误差变异，但是这一假设几乎一直没有得到过验证，而且这一假设可能是错误的，正如最近有关其他领域的纵向研究发现所指出的那样（Tsao 等，2004；Wellman & Liu, 2004）。如果认知—发展实验中的变异性代表的是儿童之间的个体差异的话，那么我们就有机会去开发一些适合于在追踪早期个体差异中所使用的、更敏感的和更便于分析的评估工具。对于发展性研究来说，那些通过心理测量学理论编制的测验，不仅不太适合于成人，而且也不太适合于年龄较小的儿童。尽管对评价工具开展研究是一项十分艰难而且有时会令人厌烦的工作，同时有史以来从事这类研究很难得到资助，但是对于推进为何某些儿童比其他人发展出更高水平的空间能力的理解来说，这项工作是非常必要的。

虽然这些议题非常重要而且开展起来非常困难，但是我们抱着一种乐观的心态预测：在未来的十年内，我们对于空间发展的理解将会有很大的进展。特别是，这一进展将会达到这样一种程度：我们可以合理地利用来自相关领域的技术和概念来支撑我们共同的目标。

（李洪玉、何一粟、张龙梅译，李洪玉审校）

参考文献

Acredolo, L. P. (1978). Development of spatial orientation in infancy. *Developmental Psychology*, 14, 224 - 234.

Acredolo, L. P. (1979). Laboratory versus home: The effect of environment on the 9-month-old infant's choice of spatial reference system. *Developmental Psychology*, 15, 666 - 667.

Acredolo, L. P. (1982). The familiarity factor in spatial research. *New Directions for Child Development*, 15, 19 - 30.

Acredolo, L. P., & Evans, D. (1980). Developmental changes in the effects of landmarks on infant spatial behavior. *Developmental Psychology*, 16, 312 - 318.

Ahmed, A., & Ruffman, T. (1998). Why do infants make A not B errors in a search task, yet show memory for the location of hidden objects in a nonsearch task? *Developmental Psychology*, 34(3), 441 - 453.

Allen, G. L., Kirasic, K. C., & Beard, R. L. (1989). Children's expressions of spatial knowledge. *Journal of Experimental Child Psychology*, 48(1), 114 - 130.

Allen, G. L., Kirasic, K. C., Siegel, A. W., & Herman, J. F. (1979). Developmental issues in cognitive mapping: The selection and utilization of environmental landmarks. *Child Development*, 50(4), 1062 - 1070.

Anooshian, A., & Yong, D. (1981). Developmental changes in cognitive maps of a familiar neighborhood. *Child Development*, 52(1), 341 - 348.

Anooshian, L. J., & Kromer, M. K. (1986). Children's spatial knowledge of their school campus. *Developmental Psychology*, *22*(6), 854 - 860.

Ansari, D., Donlan, C., Thomas, M. S. C., Ewing, S. A., Peen, T., & Karmiloff-Smith, A. (2003). What makes counting count? Verbal and visuo-spatial contributions to typical and atypical number development. *Journal of Experimental Child Psychology*, *85*(1), 50 - 62.

Avraamides, M. N., Loomis, J. M., Klatzky, R. L., & Golledge, R. G. (2004). Functional equivalence of spatial representations derived from vision and language: Evidence from allocentric judgments. *Journal of Experimental Psychology: Learning, Memory and Cognition*, *30*, 801 - 814.

Backus, B. T., Banks, M. S., van Ee, R., & Crowell, J. A. (1999). Horizontal and vertical disparity, eye position, and stereoscopic slant perception. *Vision Research*, *39*(6), 1143 - 1170.

Baenninger, M., & Newcombe, N. (1989). The role of experience in spatial test performance: A meta-analysis. *Sex Roles*, *20*(5/6), 327 - 344.

Baenninger, M., & Newcombe, N. (1995). Environmental input to the development of sex-related differences in spatial and mathematical ability. *Learning and Individual Differences*, *7*, 363 - 379.

Bai, D. L., & Bertenthal, B. I. (1992). Locomotor status and the development of spatial search skills. *Child Development*, *63*, 215 - 226.

Baillargeon, R. (1986). Representing the existence and the location of hidden objects: Object permanence in 6- and 8-month-old infants. *Cognition*, *23*, 21 - 41.

Bellugi, U., Bihrle, A., Neville, H., Doherty, S., & Jernigan, T. (1992). Language, cognition, and brain organization in a neurodevelopmental disorder. In M. R. Gunnar & C. A. Nelson (Eds.), *Developmental behavioral neuroscience* (pp. 201 - 232). Hillsdale, N J: Erlbaum.

Bellugi, U., Marks, S., Bihrle, A., & Sabo, H. (1988). Dissociation between language and cognitive functions in Williams syndrome. In D. Bishop & K. Mogford (Eds.), *Language development in exceptional circumstances* (pp. 177 - 189). Hillsdale, NJ: Erlbaum.

Bellugi, U., Wang, P. P., & Jernigan, T. L. (1994). Williams syndrome: An unusual neuropsychological profile. In H. Broman & J. Grafman (Eds.), *Atypical cognitive deficits in developmental disorders: Implications for brain function* (pp. 23 - 56). Hillsdale, NJ: Erlbaum.

Benhamou, S., & Poucet, B. (1998). Landmark use by navigating rats (Rattus norvegicus) contrasting geometric and featural information. *Journal of Comparative Psychology*, *112*(3), 317 - 322.

Bertenthal, B. I., Campos, J., & Barrett, K. (1984). Self-produced locomotion: An organizer of emotional, cognitive and social development in infancy. In R. Emde & R. Harmon (Eds.), *Continuities and discontinuities in development* (pp. 175 - 210). New York: Plenum Press.

Berthier, N. E., Bertenthal, B. I., Seaks, J. D., Sylvia, M. R., Johnson, R. L., & Clifton, R. K. (2001). Using object knowledge in visual tracking and reaching. *Infancy*, *2*(2), 257 - 284.

Blades, M. (1991). The development of the abilities required to understand spatial representations. In D. M. Mark & A. V. Frank (Eds.), *Cognitive and linguistic aspects of geographic space* (pp. 81 - 115). Dordrecht, The Netherlands: Kluwer Academic Press.

Blaut, J. M. (1997). Piagetian pessimism and the mapping abilities of young children: A rejoinder to Liben and Downs. *Annals of the Association of American Geographers*, *87*, 168 - 177.

Bluestein, N., & Acredolo, P. (1979). Developmental changes in mapreading skills. *Child Development*, *50*(3), 691 - 697.

Bowerman, M. (1996). Learning how to structure space for language: A crosslinguistic perspective. In P. Bloom & M. A. Peterson (Eds.), *Language and space* (pp. 385 - 436). Cambridge, MA: MIT Press.

Brainerd, C. J., Kingma, J., & Howe, M. L. (1985). On the development of forgetting. *Child Development*, *56*(5), 1103 - 1119.

Bremner, J. G. (1978a). Egocentric versus allocentric spatial coding in 9-month-old infants: Factors influencing the choice of code. *Developmental Psychology*, *14*, 346 - 355.

Bremner, J. G. (1978b). Spatial errors made by infants: Inadequate spatial cues or evidence of egocentrism? *British Journal of Psychology*, *69*, 77 - 84.

Bremner, J. G., & Andreasen, G. (1998). Young children's ability to use maps and models to find ways in novel spaces. *British Journal of Developmental Psychology*, *16*(2), 197 - 218.

Bremner, J. G., & Bryant, P. E. (1977). Place versus responses as the basis of spatial errors made by young infants. *Journal of Experimental Child Psychology*, *23*, 167 - 171.

Brooks, R. A. (1991). How to build complete creatures rather than isolated cognitive simulators. In VanLehn, K. (Ed.), *Architectures for intelligence: The 22nd Carnegie-Mellon Symposium on Cognition* (pp. 225 - 239). Hillsdale, N J: Erlbaum.

Brown, J. H., Johnson, M. H., Paterson, S. J., Gilmore, R., Longhi, E., & Karmiloff-Smith, A. (2003). Spatial representation and attention in toddlers with Williams syndrome and Down syndrome. *Neuropsychologia*, *41*(8), 1037 - 1046.

Burgund, E. D., & Marsolek, C. J. (2000). Viewpoint-invariant and viewpoint-dependent object recognition in dissociable neural subsystems. *Psychonomic Bulletin and Review*, *7*(3), 480 - 489.

Bushnell, E. W., McKenzie, B. E., Lawrence, D. A., & Connell, S. (1995). The spatial coding strategies of 1-year-old infants in a locomotor search task. *Child Development*, *66*(4), 937 - 958.

Byrne, R. W. (1979). Memory for urban geography. *Quarterly Journal of Experimental Psychology*, *31*(1), 147 - 154.

Campos, J. J., Anderson, D. I., Barbu-Roth, M. A., Hubbard, E. M., Hertenstein, M. J., & Witherington, D. (2000). Travel broadens the mind. *Infancy*, *1*, 149 - 219.

Carlson-Radvansky, L. A., & Radvansky, G. A. (1996). The influence of functional relations on spatial term selection. *Psychological Science*, *7*(1), 56 - 60.

Caron, M.-J., Mottron, L., Rainville, C., & Chouinard, S. (2004). Do high functioning persons with autism present superior spatial abilities? *Neuropsychologia*, *42*(4), 467 - 481.

Casasola, M., Cohen, L. B., & Chiarello, E. (2003). Six-month-old infants' categorization of containment spatial relations. *Child Development*, *74*(3), 679 - 693.

Ceci, S. J. (1991). How much does schooling influence general intelligence and its cognitive components? A reassessment of the evidence. *Developmental Psychology*, *27*(5), 703 - 722.

Chapman, M., & Lindenberger, U. (1992). Transitivity judgments, memory for premises, and models of children's reasoning. *Developmental Review*, *12*(2), 124 - 163.

Cheng, K. (1986). A purely geometric module in the rat's spatial representation. *Cognition*, *23*(2), 149 - 178.

Cheng, K. (1989). The vector sum model of pigeon landmark use. *Journal of Experimental Psychology: Animal Behavior Presses*, *15*(4), 366 - 375.

Cheng, K., & Newcombe, N. S. (2005). Is there a geometric module for spatial orientation? Squaring theory and evidence. *Psychonomic Bulletin and Review*, *12*, 1 - 23.

Choi, S., & Bowerman, M. (1991). Learning to express motion events in English and Korean: The influence of language-specific lexicalization patterns [Special issue]. *Cognition*, *41*(1/3), 83 - 121.

Clearfield, M. W. (2004). The role of crawling and walking experience in infant spatial memory. *Journal of Experimental Child Psychology*, *89*, 214 - 241.

Collaer, M. L., & Hines, M. (1995). Human behavioral sex differences: A role for gonadal hormones during early development? *Psychological Bulletin*, *118*(1), 55 - 107.

Cornell, E. H., Heth, C. D., & Alberts, D. M. (1994). Place recognition and way finding by children and adults. *Memory and Cognition*, *22*(6), 633 - 643.

Cornell, E. H., Heth, C. D., & Rowat, W. L. (1992). Wayfinding by children and adults: Response to instructions to use look-back and retrace strategies. *Developmental Psychology*, *28*(2), 328 - 336.

Cousins, J. H., Siegel, A. W., & Maxwell, S. E. (1983). Way finding and cognitive mapping in large-scale environments: A test of a developmental model. *Journal of Experimental Child Psychology*, *35*(1), 1 - 20.

Craton, L. G., Elicker, J., Plumert, J. M., & Pick, H. L. (1990). Children's use of frames of reference in communication of spatial location. *Child Development*, *61*, 1528 - 1543.

Crawford, L. E., Huttenlocher, J., & Engebretson, P. H. (2000). Category effects on estimates of stimuli: Perception or reconstruction? *Psychological Science*, *11*(4), 280 - 284.

Crawford, L. E., Regier, T., & Huttenlocher, J. (2000). Linguistic and non-linguistic spatial categorization. *Cognition*, *75*(3), 209 - 235.

Cronbach, L. J. (1957). The two disciplines of scientific psychology. *American Psychologist*, *12*, 671 - 684.

Curby, K. M., Hayward, W. G., & Gauthier, I. (2004). Laterality effects in the recognition of depth-rotated objects. *Cognitive, Affective and Behavioral Neuroscience*, *4*, 100 - 111.

Dalke, D. E. (1998). Charting the development of representational skills: When do children know that maps can lead and mislead? *Cognitive Development*, *13*(1), 53 - 72.

Dehaene, S., Dehaene-Lambertz, G., & Cohen, L. (1998). Abstract representations of numbers in the animal and human brain. *Trends in Neurosciences*, *21*(8), 355 - 361.

De Lisi, R., & Cammarano, D. M. (1996). Computer experience and gender differences in undergraduate mental rotation performance. *Computers in Human Behavior*, *12*(3), 351 - 361.

De Lisi, R., & Wolford, J. L. (2002). Improving children's mental rotation accuracy with computer game playing. *Journal of Genetic Psychology*, *163*(3), 272 - 282.

DeLoache, J. S. (1987). Rapid change in the symbolic functioning of very young children. *Science*, *238*(4833), 1156 - 1557.

DeLoache, J. S. (1995). Early understanding and use of symbols: The model model. *Current Directions in Psychological Science*, *4*(4), 109 - 113.

DeLoache, J. S., & Brown, A. L. (1983). Very young children's memory for the location of objects in a large-scale environment. *Child Development*, *54*(4), 888 - 897.

DeLoache, J. S., Miller, K. F., & Rosengren, K. S. (1997). The credible shrinking room: Very young children's performance with symbolic and nonsymbolic relations. *Psychological Science*, *8*(4), 308 - 313.

DeLoache, J. S., Uttal, D. H., & Rosengren, K. S. (2004). Scale errors offer evidence for a perception-action dissociation early in life. *Science*, *304*, 1027 - 1029.

Diamond, A. (1991). Neuropsychological insights into the meaning of object concept development. In S. Carey & R. Gelman (Eds.), *Epigenesis of mind: Essays on biology and cognition* (pp. 67 - 110). Hillsdale, NJ: Erlbaum.

Duffy, S., Huttenlocher, J., & Levine, S. (2005). It is all relative: How young children encode extent. *Journal of Cognition and Development*, *6*, 51 - 63.

Emerson, M. J., Miyake, A., & Rettinger, D. A. (1999). Individual differences in integrating and coordinating multiple sources of information. *Journal of Experimental Psychology: Learning, Memory, and Cognition*, *25*(5), 1300 - 1312.

Emmorey, K., Kosslyn, S. M., & Bellugi, U. (1993). Visual imagery and visual-spatial language: Enhanced imagery abilities in deaf and hearing ASL signers. *Cognition*, *46*, 139 - 181.

Engebretson, P. H., & Huttenlocher, J. (1996). Bias in spatial location due to categorization: Comment on Tversky and Schiano. *Journal of Experimental Psychology: General*, *125*(1), 96 - 108.

Ernst, M. O., & Banks, M. S. (2002). Humans integrate visual and haptic information in a statistically optimal way. *Nature*, *415*, 429 - 433.

Feingold, A. (1988). Cognitive gender differences are disappearing. *American Psychologist*, *43*(2), 95 - 103.

Fenwick, K. D., & Morrongiello, B. A. (1998). Spatial co-location and infants' learning of auditory-visual associations. *Infant Behavior and Development*, *21*(4), 745 - 759.

Fias, W., Lammertyn, J., Reynvoet, B., Dupont, P., & Orban, G. A. (2003). Parietal representation of symbolic and nonsymbolic magnitude. *Journal of Cognitive Neuroscience*, *15*(1), 47 - 56.

Flynn, J. R. (1987). Massive IQ gains in 14 nations: What IQ tests really measure. *Psychological Bulletin*, *101*(2), 171 - 191.

Fodor, J. A. (1983). *Modularity of mind: An essay on faculty psychology*. Cambridge, MA: MIT Press.

Fodor, J. A. (2001). *The mind doesn't work that way: The scope and limits of computational psychology*. Cambridge, MA: MIT Press.

Franklin, N., Henkel, L. A., & Zangas, T. (1995). Parsing surrounding space into regions. *Memory and Cognition*, *23*(4), 397 - 407.

Friedman, N. P., & Miyake, A. (2000). Differential roles for visuospatial and verbal working memory in situation model construction. *Journal of Experimental Psychology: General*, *129*(1), 61 - 83.

Fukusima, S. S., Loomis, J. M., & Da Silva, J. A. (1997). Visual perception of egocentric distance as assessed by triangulation. *Journal of Experimental Psychology: Human Perception and Performance*, *23*(1), 86 - 100.

Funk, J. B., & Buchman, D. D. (1996). Children's perceptions of gender differences in social approval for playing electronic games. *Sex Roles*, *35*(3/4), 219 - 232.

Gallistel, C. R. (1990). *The organization of learning*. Cambridge, MA: MIT Press.

Gao, F., Levine, S. C., & Huttenlocher, J. (2000). What do infants know about continuous quantity? *Journal of Experimental Child Psychology*, *77*(1), 20 - 29.

Garrad-Cole, F., Lew, A. R., Bremner, J. G., & Whitaker, C. J. (2001). Use of cue configuration geometry for spatial orientation in human infants (homo sapiens). *Journal of Comparative Psychology*, *115*(3), 317 - 320.

Gathercole, S. E., Pickering, S. J., Ambridge, B., & Wearing, H. (2004). The structure of working memory from 4 to 15 years of age. *Developmental Psychology*, *40*(2), 177 - 190.

Gattis, M. (2001). Reading pictures: Constraints on mapping conceptual and spatial schemas. In M. Gattis (Ed.), *Spatial schemas and abstract thought* (pp. 223 - 245). Cambridge, MA: MIT Press.

Gattis, M., & Holyoak, K. J. (1996). Mapping conceptual to spatial relations in visual reasoning. *Journal of Experimental Psychology: Learning, Memory, and Cognition*, *22*(1), 231 - 239.

Gaulin, S. J., & Fitzgerald, R. W. (1989). Sexual selection for spatiallearning ability. *Animal Behaviour*, *37*(2), 322 - 331.

Gauvain, M., & Rogoff, B. (1989). Ways of speaking about space: The development of children's skill in communicating spatial knowledge. *Cognitive Development*, *4*(3), 295 - 307.

Gentner, D., & Loewenstein, J. (2002). Relational language and relational thought. In E. Amsel & J. P. Byrnes (Eds.), *Language, literacy, and cognitive development: The development and consequences of symbolic communication* (pp. 87 - 120). Mahwah, NJ: Erlbaum.

Gepshtein, S., & Banks, M. S. (2003). Viewing geometry determines how vision and haptics combine in size perception. *Current Biology*, *13*(6), 483 - 488.

Gilmore, R. O., Baker, T. J., & Grobman, K. H. (2004). Stability in young infants' discrimination of optic flow. *Developmental Psychology*, *40*(2), 259 - 270.

Gilmore, R. O., & Johnson, M. H. (1997). Body-centered representations for visually-guided action emerge during early infancy. *Cognition*, *65*(1), B1 - B9.

Gilmore, R. O., & Rettke, H. J. (2003). Four-month-olds' discrimination of optic flow patterns depicting different directions of observer motion. *Infancy*, *4*(2), 177 - 200.

Goel, V., & Dolan, R. J. (2001). Functional neuroanatomy of 3-term relational reasoning. *Neuropsychologia*, *39*, 901 - 909.

Gouteux, S., & Spelke, E. S. (2001). Children's use of geometry and landmarks to reorient in an open space. *Cognition*, *81*(2), 119 - 148.

Gouteux, S., Thinus-Blanc, C., & Vauclair, J. (2001). Rhesus monkeys use geometric and nongeometric information during a reorientation task. *Journal of Experimental Psychology: General*, *130*(3), 505 - 519.

Grant, J., Valian, V., & Karmiloff-Smith, A. (2002). A study of relative clauses in Williams syndrome. *Journal of Child Language*, *29*(2), 403 - 416.

Halford, G. S., & Kelly, M. E. (1984). On the basis of early transitivity judgments. *Journal of Experimental Child Psychology*, *38*(1), 42 - 63.

Halpern, D. F., & Collaer, M. L. (2005). Sex differences in visuospatial abilities: More than meets the eye. In P. Shah & A. Miyake (Eds.), *Handbook of visuospatial thinking* (pp. 170 - 212). New York: Cambridge University Press.

Hart, R. (1979). *Children's experience of place*. Oxford, England: Irvington.

Hartley, T., Trinkler, I., & Burgess, N. (2004). Geometric determinants of human spatial memory. *Cognition*, *94*, 39 - 75.

Hazen, N. L., Lockman, J. J., & Pick, H. L. (1978). The development of children's representations of large-scale environments. *Child Development*, *49*(3), 623 - 636.

Hedges, L. V., & Nowell, A. (1995). Sex differences in mental test scores, variability, and numbers of high-scoring individuals. *Science*, *269*(5220), 41 - 45.

Hegarty, M. (2004). Mechanical reasoning by mental simulation. *Trends in Cognitive Sciences*, *8*, 280 - 285.

Hegarty, M., & Waller, D. (2005). Individual differences in spatial abilities. In P. Shah & A. Miyake (Eds.), *Handbook of visuospatial thinking* (pp. 121 - 169). New York: Cambridge University Press.

Hermer, L., & Spelke, E. S. (1994). A geometric process for spatial reorientation in young children. *Nature*, *370*(6484), 57 - 59.

Hermer, L., & Spelke, E. S. (1996). Modularity and development: The case of spatial reorientation. *Cognition*, *61*(3), 195 - 232.

Hermer-Vazquez, L., Moffet, A., & Munkholm, P. (2001). Language, space, and the development of cognitive flexibility in humans: The case of two spatial memory tasks. *Cognition*, *79*(3), 263 - 299.

Hespos, S. J., & Spelke, E. S. (2004). Conceptual precursors to language. *Nature*, *430*, 453 - 456.

Heth, C. D., Cornell, E. H., & Flood, T. L. (2002). Self-ratings of sense of direction and route reversal performance. *Applied Cognitive Psychology*, *16*(3), 309 - 324.

Hines, M., Fane, B. A., Pasterski, V. L., Matthews, G. A., Conway, G. S., & Brook, C. (2003). Spatial abilities following prenatal androgen abnormality: Targeting and mental rotations performance in individuals with congenital adrenal hyperplasia. *Psychoneuroendocrinology*,

28, 1010 - 1026.

Hoffman, J. E., Landau, B., & Pagani, B. (2003). Spatial breakdown in spatial construction: Evidence from eye fixations in children with Williams syndrome. *Cognitive Psychology*, *46*(3), 260 - 301.

Hofstadter, M., & Reznick, J. S. (1996). Response modality affects human infant delayed-response performance. *Child Development*, *67*(2), 646 - 658.

Hood, B., Cole-Davies, V., & Dias, M. (2003). Looking and search measures of object knowledge in preschool children. *Developmental Psychology*, *39*(1), 61 - 70.

Hopkins, W. D., Fagot, J., & Vauclair, J. (1993). Mirror-image matching and mental rotation problem solving by baboons (Papio papio): Unilateral input enhances performance. *Journal of Experimental Psychology: General*, *122*(1), 61 - 72.

Hund, A. M., & Plumert, J. M. (2002). Delay-induced bias in children's memory for location. *Child Development*, *73*(3), 829 - 840.

Hund, A. M., & Plumert, J. M. (2003). Does information about what things are influence children's memory for where things are? *Developmental Psychology*, *39*(6), 939 - 948.

Hund, A. M., & Plumert, J. M. (2005). The stability and flexibility of spatial categories. *Cognitive Psychology*, *50*, 1 - 44.

Hund, A. M., Plumert, J. M., & Benney, C. J. (2002). Experiencing nearby locations together in time: The role of spatiotemporal contiguity in children's memory for location. *Journal of Experimental Child Psychology*, *82*(3), 200 - 225.

Hund, A. M., & Spencer, J. P. (2003). Developmental changes in the relative weighting of geometric and experience-dependent location cues. *Journal of Cognition and Development*, *4*(1), 3 - 38.

Huttenlocher, J. (1968). Constructing spatial images: A strategy in reasoning. *Psychological Review*, *75*(6), 550 - 560.

Huttenlocher, J. (2005). Mental representation. In J. Rieser, J. Lockman, & C. Nelson (Eds.), *Minnesota Symposium on Child Development Series: Action as an organizer of learning and development*. Mahwah, NJ: Erlbaum.

Huttenlocher, J., Duffy, S., & Levine, S. (2002). Infants and toddlers discriminate amount: Are they measuring? *Psychological Science*, *13*(3), 244 - 249.

Huttenlocher, J., Hedges, L. V., Corrigan, B., & Crawford, E. L. (2004). Spatial categories and the estimation of location. *Cognition*, *93*, 75 - 97.

Huttenlocher, J., Hedges, L. V., & Duncan, S. (1991). Categories and particulars: Prototype effects in estimating spatial location. *Psychological Review*, *98*(3), 352 - 376.

Huttenlocher, J., Hedges, L. V., & Vevea, J. L. (2000). Why do categories affect stimulus judgment? *Journal of Experimental Psychology: General*, *129*(2), 220 - 241.

Huttenlocher, J., Levine, S., & Vevea, J. (1998). Environmental input and cognitive growth: A Study Using Time-Period Comparisons. *Child Development*, *69*(4), 1012 - 1029.

Huttenlocher, J., Newcombe, N., & Sandberg, E. H. (1994). The coding of spatial location in young children. *Cognitive Psychology*, *27*(2), 115 - 148.

Huttenlocher, J., Newcombe, N., & Vasilyeva, M. (1999). Spatial scaling in young children. *Psychological Science*, *10*(5), 393 - 398.

Huttenlocher, J., & Presson, C. C. (1973). Mental rotation and the perspective problem. *Cognitive Psychology*, *4*(2), 277 - 299.

Huttenlocher, J., & Presson, C. C. (1979). The coding and transformation of spatial information. *Cognitive Psychology*, *11*(3), 375 - 394.

Huttenlocher, J., & Vasilyeva, M. (2003). How toddlers represent enclosed spaces. *Cognitive Science*, *27*(5), 749 - 766.

Jacobs, L. (2003). The evolution of the cognitive map. *Brain*, *Behavior and Evolution*, *62*, 128 - 139.

Jacobs, L. F., & Schenk, F. (2003). Unpacking the cognitive map: The parallel map theory of hippocampal function. *Psychological Review*, *110*(2), 285 - 315.

Johnson, E. S., & Meade, A. C. (1987). Developmental patterns of spatial ability: An early sex difference. *Child Development*, *58*(3), 725 - 740.

Johnson, S. C., & Carey, S. (1998). Knowledge enrichment and conceptual change in folkbiology: Evidence from Williams syndrome. *Cognitive Psychology*, *37*(2), 156 - 200.

Johnson, S. P. (2004). Development of perceptual completion in infancy. *Psychological Science*, *15*, 769 - 775.

Johnson, S. P., Amso, D., & Slemmer, J. A. (2003). Development of

object concepts in infancy: Evidence for early learning in an eye tracking paradigm. *Proceedings of the National Academy of Sciences*, *100*, 10568 - 10573.

Johnson, S. P., Bremner, J. G., Slater, A., Mason, U., Foster, K., & Cheshire, A. (2003). Infants' perception of object trajectories. *Child Development*, *74*(1), 94 - 108.

Jones, C. M., Braithwaite, V. A., & Healy, S. D. (2003). The evolution of sex differences in spatial ability. *Behavioral Neuroscience*, *117*(3), 403 - 411.

Jonsson, B., & von Hofsten, C. (2003). Infants' ability to track and reach for temporarily occluded objects. *Developmental Science*, *6*(1), 86 - 99.

Jordan, H., Reiss, J. E., Hoffman, J. E., & Landau, B. (2002). Intact perception of biological motion in the face of profound spatial deficits: Williams syndrome. *Psychological Science*, *13*(2), 162 - 167.

Kaldy, Z., & Leslie, A. M. (2003). Identification of objects in 9-month-old infants: Integrating "what" and "where" information. *Developmental Science*, *6*(3), 360 - 373.

Kaufman, J., & Needham, A. (1999). Objective spatial coding by $6^{1/2}$-month-old infants in a visual dishabituation task. *Developmental Science*, *2*(4), 432 - 441.

Keen, R. (2003). Representation of objects and events: Why do infants look so smart and toddlers look so dumb? *Current Directions in Psychological Science*, *12*(3), 79 - 83.

Kelly, D. M., Spetch, M. L., & Heth, C. D. (1998). Pigeons' (Columba livia) encoding of geometric and featural properties of a spatial environment. *Journal of Comparative Psychology*, *112*(3), 259 - 269.

Kerns, K. A., & Berenbaum, S. A. (1991). Sex differences in spatial ability in children. *Behavior Genetics*, *21*(4), 383 - 396.

Knauff, M., Mulack, T., Kassubek, J., Salih, H. R., & Greenlee, M. W. (2002). Spatial imagery in deductive reasoning: A functional MRI study. *Cognitive Brain Research*, *13*, 203 - 212.

Kozhevnikov, M., & Hegarty, M. (2001). A dissociation between object manipulation spatial ability and spatial orientation ability. *Memory and Cognition*, *29*(5), 745 - 756.

Kuipers, B. (1982). The "Map in the Head" metaphor. *Environment and Behavior*, *14*(2), 202 - 220.

Landau, B. (1986). Early map use as an unlearned ability. *Cognition*, *22*(3), 201 - 223.

Landau, B. (2003). Spatial cognition. In V. Ramachandran (Ed.), *Encyclopedia of the human brain* (pp. 395 - 418). San Diego, CA: Academic Press.

Landau, B., & Spelke, E. (1988). Geometric complexity and object search in infancy. *Developmental Psychology*, *24*, 512 - 521.

Landau, B., Spelke, E. S., & Gleitman, H. (1984). Spatial knowledge in a young blind child. *Cognition*, *16*(3), 225 - 260.

Landau, B., & Zukowski, A. (2003). Objects, motions, and paths: Spatial language in children with Williams syndrome [Special issue]. *Developmental Neuropsychology*, *23*(1/2), 105 - 137.

Laurance, H. E., Learmonth, A. E., Nadel, L., & Jacobs, W. J. (2003). Maturation of spatial navigation strategies: Convergent findings from computerized spatial environments and self-report. *Journal of Cognition and Development*, *4*(2), 211 - 238.

Laurendeau, M., & Pinard, A. (1970). *The development of the concept of space in the child*. Oxford, England: International Universities Press.

Learmonth, A. E., Nadel, L., & Newcombe, N. S. (2002). Children's use of landmarks: Implications for modularity theory. *Psychological Science*, *13*(4), 337 - 341.

Learmonth, A. E., & Newcombe, N. S. (in press). The development of place learning in comparative perspective. In F. Dolins & R. Mitchell (Eds.), *Spatial cognition: Mapping the self and space*. New York: Cambridge University Press.

Learmonth, A. E., Newcombe, N. S., & Huttenlocher, J. (2001). Toddlers' use of metric information and landmarks to reorient. *Journal of Experimental Child Psychology*, *80*(3), 225 - 244.

Le Grand, R., Mondloch, C. J., Maurer, D., & Brent, H. P. (2001). Early visual experience and face processing. *Nature*, *410*(6831), 890.

Le Grand, R., Mondloch, C. J., Maurer, D., & Brent, H. P. (2003). Expert face processing requires visual input to the right hemisphere during infancy. *Nature Neuroscience*, *6*, 1108 - 1112.

Lepecq, J. C., & Lafaite, M. (1989). The early development of position constancy in a non-landmark environment. *British Journal of Developmental Psychology*, *7*, 289 - 306.

Leplow, B., Lehnung, M., Pohl, J., Herzog, A., Ferstl, R., &

Mehdorn, M. (2003). Navigational place learning in children and young adults as assessed with a standardized locomotor search task. *British Journal of Psychology*, 94(3), 299 – 317.

Leslie, A. M., Xu, F., Tremoulet, P., & Scholl, B. J. (1998). Indexing and the object concept: Developing "what" and "where" systems. *Trends in Cognitive Science*, 2, 10 – 18.

Levine, M., Jankovic, I. N., & Palij, M. (1982). Principles of spatial problem solving. *Journal of Experimental Psychology: General*, 111(2), 157 – 175.

Levine, S. C., Huttenlocher, J., Taylor, A., & Langrock, A. (1999). Early sex differences in spatial skill. *Developmental Psychology*, 35(4), 940 – 949.

Levinson, S. C. (2003). *Space in language and cognition: Explorations in cognitive diversity*. Cambridge, England: Cambridge University Press.

Levinson, S. C., Kita, S., Haun, D. B. M., & Rasch, B. H. (2002). Returning the tables: Language affects spatial reasoning. *Cognition*, 84(2), 155 – 188.

Lew, A. R., Bremner, J. G., & Lefkovich, L. P. (2000). The development of relational landmark use in 6- to 12-month-old infants in a spatial orientation task. *Child Development*, 71, 1179 – 1190.

Lew, A. R., Foster, K. A., Crowther, H. L., & Green, M. (2004). Indirect landmark use at 6 months of age in a spatial orientation task. *Infant Behavior and Development*, 27, 81 – 90.

Li, P., & Gleitman, L. (2002). Turning the tables: Language and spatial reasoning. *Cognition*, 83(3), 265 – 294.

Liben, L. S. (1988). Conceptual issues in the development of spatial cognition. In Stiles-Davis, J., & Kritchevsky, M. (Eds.), *Spatial cognition: Brain bases and development* (pp. 167 – 194). Hillsdale, NJ: Erlbaum.

Liben, L. S., & Downs, R. M. (1993). Understanding person-space-map relations: Cartographic and developmental perspectives. *Developmental Psychology*, 29(4), 739 – 752.

Liben, L. S., Kastens, K. A., & Stevenson, L. M. (2002). Real-world knowledge through real-world maps: A developmental guide for navigating the educational terrain. *Developmental Review*, 22(2), 267 – 322.

Liben, L. S., & Yekel, C. A. (1996). Preschoolers' understanding of plan and oblique maps: The role of geometric and representational correspondence. *Child Development*, 67(6), 2780 – 2796.

Linn, M. C., & Petersen, A. C. (1985). Emergence and characterization of sex differences in spatial ability: A meta-analysis. *Child Development*, 56(6), 1479 – 1498.

Loewenstein, J., & Gentner, D. (2001). Spatial mapping in preschoolers: Close comparisons facilitate far mappings. *Journal of Cognition and Development*, 2, 189 – 219.

Lourenco, S. F., Huttenlocher, J., & Vasilyeva, M. (2005). Toddlers' representations of space: The role of viewer perspective. *Psychological Science*, 16, 255 – 259.

Luo, Y., Baillargeon, R., Brueckner, L., & Munakata, Y. (2003). Reasoning about a hidden object after a delay: Evidence for robust representations in 5-month-old infants. *Cognition*, 88, B23 – B32.

MacDonald, S. E., Spetch, M. L., Kelly, D. M., & Cheng, K. (2004). Strategies for landmark use by children, adults, and marmoset monkeys. *Learning and Motivation*, 35, 322 – 347.

Mandler, J. M. (1996). Preverbal representation and language. In P. Bloom & M. A. Peterson (Eds.), *Language and space* (pp. 365 – 384). Cambridge, MA: MIT Press.

Mareschal, D., & Johnson, M. H. (2003). The "what" and "where" of object representations in infancy. *Cognition*, 88(3), 259 – 276.

Mash, C., Keen, R., & Berthier, N. E. (2003). Visual access and attention in 2-year-olds' event reasoning and object search. *Infancy*, 4(3), 371 – 388.

Maurer, D., Lewis, T. L., Brent, H. P., & Levin, A. V. (1999). Rapid improvement in the acuity of infants after visual input. *Science*, 286 (5437), 108 – 110.

May, M. (2004). Imaginal perspective switches in remembered environments: Transformation versus interference accounts. *Cognitive Psychology*, 48(2), 163 – 206.

McDonough, L. (1999). Early declarative memory for location. *British Journal of Developmental Psychology*, 17, 381 – 402.

McDonough, L., Choi, S., & Mandler, J. M. (2003). Understanding spatial relations: Flexible infants, lexical adults. *Cognitive Psychology*, 46 (3), 229 – 259.

McKenzie, B. E., Day, R. H., & Ihsen, E. (1984). Localization of events in space: Young infants are not always egocentric. *British Journal of Developmental Psychology*, 2, 1 – 9.

McNamara, T. P. (1991). Memory's view of space. In G. H. Bower (Ed.), *Psychology of learning and motivation: Vol. 27. Advances in research and theory* (pp. 147 – 186). San Diego, CA: Academic Press.

McNamara, T. P., & Diwadkar, V. (1997). Symmetry and asymmetry in human spatial memory. *Cognitive Psychology*, 34, 160 – 190.

McNamara, T. P., Rump, B., & Werner, S. (2003). Egocentric and geocentric frames of reference in memory of large-scale space. *Psychonomic Bulletin and Review*, 10(3), 589 – 595.

Meltzoff, A. N., & Moore, M. K. (1998). Object representation, identity, and the paradox of early permanence: Steps toward a new framework. *Infant Behavior and Development*, 21, 201 – 235.

Merchant, H., Fortes, A. F., & Georgopoulos, A. P. (2004). Shortterm memory effects on the representation of two-dimensional space in the rhesus monkey. *Animal Cognition*, 7, 133 – 143.

Mervis, C. B. (2003). Williams syndrome: 15 years of psychological research [Special issue]. *Developmental Neuropsychology*, 23(1/2), 1 – 12.

Mervis, C. B., Morris, C. A., Bertrand, J., & Robinson, B. F. (1999). Williams syndrome: Findings from an integrated program of research. In H. Tager-Flusberg (Ed.), *Neurodevelopmental disorders* (pp. 65 – 110). Cambridge, MA: MIT Press.

Millar, S. (1994). *Understanding and representing space: Theory and evidence from studies with blind and sighted children*. New York: Clarendon Press/Oxford University Press.

Mix, K. S. (2002). The construction of number concepts. *Cognitive Development*, 17, 1345 – 1363.

Moore, M. K., & Meltzoff, A. N. (1999). New findings on object permanence: A developmental difference between two types of occlusion. *British Journal of Developmental Psychology*, 17, 563 – 584.

Moore, M. K., & Meltzoff, A. N. (2004). Object permanence after a 24-hr delay and leaving the locale of disappearance: The role of memory, space, and identity. *Developmental Psychology*, 40, 606 – 620.

Morrongiello, B. A., Timney, B., Humphrey, G. K., Anderson, S., & Skory, C. (1995). Spatial knowledge in blind and sighted children. *Journal of Experimental Child Psychology*, 59(2), 211 – 233.

Mou, W., McNamara, T. P., Valiquette, C. M., & Rump, B. (2004). Allocentric and egocentric updating of spatial memories. *Journal of Experimental Psychology: Learning, Memory, and Cognition*, 30(1), 142 – 157.

Munakata, Y. (2000). Infant perseveration and implications for object permanence theories: A PDP model of the A-not-B task. *Developmental Science*, 1, 161 – 211.

Munakata, Y. (2001). Graded representations in behavioral dissociations. *Trends in Cognitive Sciences*, 5(7), 309 – 315.

Munakata, Y., McClelland, J. L., Johnson, M. H., & Siegler, R. S. (1997). Rethinking infant knowledge: Toward an adaptive process account of successes and failures in object permanence tasks. *Psychological Review*, 104 (4), 686 – 713.

Munnich, E., Landau, B., & Dosher, B. A. (2001). Spatial language and spatial representation: A cross-linguistic comparison. *Cognition*, 81(3), 171 – 207.

Natale, M. (2002). The effect of male-oriented computer gaming culture on careers in the computer industry. *Computers and Society*, 32, 24 – 31.

Needham, A. (2001). Object recognition and object segregation in 4¹ᐟ²-month-old infants. *Journal of Experimental Child Psychology*, 78(1), 3 – 24.

Needham, A., Barrett, T., & Peterman, K. (2002). A pick me up for infants' exploratory skills: Early simulated experiences reaching for objects using "sticky" mittens enhances young infants' object exploration skills. *Infant Behavior and Development*, 25(3), 279 – 295.

Newcombe, N. S. (1989). The development of spatial perspective taking. In H. W. Reese (Ed.), *Advances in child development and behavior* (Vol. 22, pp. 203 – 247). New York: Academic Press.

Newcombe, N. S. (2001). A spatial coding analysis of the A-not-B error: What IS "location at A"? (Commentary on Thelen et al.) *Behavioral and Brain Sciences*, 24, 57 – 58.

Newcombe, N. S. (2002a). The nativist-empiricist controversy in the context of recent research on spatial and quantitative development. *Psychological Science*, 13, 395 – 401.

Newcombe, N. S. (2002b). Spatial cognition. In H. Pashler & D. Medin (Eds.), *Steven's handbook of experimental psychology: Vol. 2. Memory and cognitive processes* (3rd ed., pp. 113 – 163). Hoboken, NJ: Wiley.

Newcombe, N. S. (2005). Evidence for and against a geometric module: The roles of language and action. In J. Rieser, J. Lockman, & C. Nelson (Eds.), *Minnesota Symposium on Child Development Series: Action as an organizer of learning and development* (pp. 221 – 241). Mahwah, NJ:

Erlbaum.

Newcombe, N. S., & Dubas, J. S. (1987). Individual differences in cognitive ability: Are they related to timing of puberty. In R. M. Lerner & T. T. Foch (Eds.), *Biological-psychos ocial interactions in early adolescence* (pp. 249 - 302). Hillsdale, NJ: Erlbaum.

Newcombe, N. S., & Huttenlocher, J. (1992). Children's early ability to solve perspective-taking problems. *Developmental Psychology*, *28* (4), 635 - 643.

Newcombe, N. S., & Huttenlocher, J. (2000). *Making space: The development of spatial representation and reasoning*. Cambridge, MA: MIT Press.

Newcombe, N. S., Huttenlocher, J., Drummey, A. B., & Wiley, J. G. (1998). The development of spatial location coding: Place learning and dead reckoning in the second and third years. *Cognitive Development*, *13*(2), 185 - 200.

Newcombe, N. S., Huttenlocher, J., & Learmonth, A. (1999). Infants' coding of location in continuous space. *Infant Behavior and Development*, *22*(4), 483 - 510.

Newcombe, N. S., Huttenlocher, J., Sandberg, E., Lie, E., & Johnson, S. (1999). What do misestimations and asymmetries in spatial judgment indicate about spatial representation? *Journal of Experimental Psychology: Learning, Memory, and Cognition*, *25*(4), 986 - 996.

Newcombe, N. S., Sluzenski, J., & Huttenlocher, J. (2005). Pre-existing knowledge versus on-line learning: What do young infants really know about spatial location? *Psychological Science*, *16*, 222 - 227.

Oakhill, J. (1984). Inferential and memory skills in children's comprehension of stories. *British Journal of Educational Psychology*, *54*(1), 31 - 39.

Ondracek, P. J., & Allen, G. L. (2000). Children's acquisition of spatial knowledge from verbal descriptions. *Spatial Cognition and Computation*, *2*(1), 1 - 30.

Okagaki, L., & Frensch, P. A. (1994). Effects of video game playing on measures of spatial performance: Gender effects in late adolescence. *Journal of Applied Developmental Psychology*, *15*(1), 33 - 58.

Overman, W. H., Pate, B. J., Moore, K., & Peuster, A. (1996). Ontogeny of place learning in children as measured in the Radial Arm Maze, Morris Search Task, and Open Field Task. *Behavioral Neuroscience*, *110*(6), 1205 - 1228.

Paterson, S. J., Brown, J. H., Gsodl, M. K., Johnson, M. H., & Karmiloff-Smith, A. (1999). Cognitive modularity and genetic disorders. *Science*, *286*(5448), 2355 - 2358.

Pennington, B. F., Moon, J., Edgin, J., Stedron, J., & Nadel, L. (2003). The neuropsychology of Down syndrome: Evidence for hippocampal dysfunction. *Child Development*, *74*(1), 75 - 93.

Perner, J., & Aebi, J. (1985). Feedback-dependent encoding of length series. *British Journal of Developmental Psychology*, *3*(2), 133 - 141.

Phillips, C. E., Jarrold, C., Baddeley, A. D., Grant, J., & Karmiloff-Smith, A. (2004). Comprehension of spatial language terms in Williams syndrome: Evidence for an interaction between domains of strength and weakness. *Cortex*, *40*(1), 85 - 101.

Piaget, J., & Inhelder, B. (1967). *The child's conception of space* (F. J. Langdon & J. L. Lunzer, Trans.). New York: Norton. (Original work published 1948)

Plumert, J. M., Ewert, K., & Spear, S. J. (1995). The early development of children's communication about nested spatial relations. *Child Development*, *66*, 959 - 969.

Plumert, J. M., & Strahan, D. (1997). Relations between task structure and developmental changes in children's use of spatial clustering strategies. *British Journal of Developmental Psychology*, *15*, 495 - 514.

Presson, C. C. (1982). Strategies in spatial reasoning. *Journal of Experimental Psychology: Learning, Memory, and Cognition*, *8*(3), 243 - 251.

Presson, C. C. (1987). The development of landmarks in spatial memory: The role of differential experience. *Journal of Experimental Child Psychology*, *44*(3), 317 - 334.

Presson, C. C., & Hazelrigg, M. D. (1984). Building spatial representations through primary and secondary learning. *Journal of Experimental Psychology: Learning, Memory, and Cognition*, *10*(4), 716 - 722.

Presson, C. C., & Montello, D. R. (1994). Updating after rotational and translational body movements: Coordinate structure of perspective space. *Perception*, *23*(12), 1447 - 1455.

Pryce, C. R., Bettschen, D., Nanz-Bahr, N. I., & Feldon, J. (2003). Comparison of the effects of early handling and early deprivation on conditioned stimulus, context, and spatial learning and memory in adult rats.

Behavioral Neuroscience, *117*(5), 883 - 893.

Pufall, P. B., & Shaw, R. E. (1973). Analysis of the development of children's spatial reference systems. *Cognitive Psychology*, *5*(2), 151 - 175.

Quinn, P. C. (1994). The categorization of above and below spatial relations by young infants. *Child Development*, *65*(1), 58 - 69.

Quinn, P. C. (2004). Spatial representation by young infants: Categorization of spatial relations or sensitivity to a crossing primitive? *Memory and Cognition*, *32*, 852 - 861.

Quinn, P. C., Adams, A., Kennedy, E., Shettler, L., & Wasnik, A. (2003). Development of an abstract category representation for the spatial relation between in 6- to 10-month-old infants. *Developmental Psychology*, *39* (1), 151 - 163.

Quinn, P. C., Cummins, M., Kase, J., Martin, E., & Weissman, S. (1996). Development of categorical representations for above and below spatial relations in 3- to 7-month-old infants. *Developmental Psychology*, *32* (5), 942 - 950.

Quinn, P. C., Norris, C. M., Pasko, R. N., Schmader, T. M., & Mash, C. (1999). Formation of categorical representation for the spatial relation between by 6- to 7-month-old infants. *Visual Cognition*, *6*(5), 569 - 585.

Richardson, D. C., & Kirkham, N. Z. (2004). Multimodal events and moving locations: Eye movements of adults and 6-month-olds reveal dynamic spatial indexing. *Journal of Experimental Psychology: General*, *133*(1), 46 - 62.

Rieser, J. J. (1979). Spatial orientation in 6-month-old infants. *Child Development*, *50*, 1078 - 1087.

Rieser, J. J. (1989). Access to knowledge of spatial structure at novel points of observation. *Journal of Experimental Psychology: Learning, Memory, and Cognition*, *15*(6), 1157 - 1165.

Rieser, J. J., Doxsey, P. A., McCarrell, N. S., & Brooks, P. H. (1982, September). Wayfinding and toddlers' use of information from an aerial view of a maze. *Developmental Psychology*, *18*(5), 714 - 720.

Rieser, J. J., Garing, A. E., & Young, M. F. (1994). Imagery, action, and young children's spatial orientation: It's not being there that counts, it's what one has in mind. *Child Development*, *65*, 1262 - 1278.

Rieser, J. J., Guth, D. A., & Hill, E. W. (1986). Sensitivity to perspective structure while walking without vision. *Perception*, *15*(2), 173 - 188.

Rieser, J. J., Hill, E. W., Talor, C. R., Bradfield, A., & Rosen, S. (1992). Visual experience, visual field size, and the development of nonvisual sensitivity to the spatial structure of outdoor neighborhoods explored by walking. *Journal of Experimental Psychology: General*, *121*(2), 210 - 221.

Rieser, J. J., & Rider, E. A. (1988). Pointing at objects in other rooms: Young children's sensitivity to perspective after walking with and without vision. *Child Development*, *59*(2), 480 - 494.

Rieser, J. J., & Rider, E. A. (1991). Young children's spatial orientation with respect to multiple targets when walking without vision. *Developmental Psychology*, *27*(1), 97 - 107.

Roberts, J. E., & Bell, M. A. (2000). Sex differences on a mental rotation task: Variations in electroencephalogram hemispheric activation between children and college students. *Developmental Neuropsychology*, *17* (2), 199 - 223.

Rosander, K., & von Hofsten, C. (2004). Infants' emerging ability to represent occluded object motion. *Cognition*, *91*(1), 1 - 22.

Rossetti, Y., Jacquin-Courtois, S., Rode, G., Otta, H., Michel, C., & Boisson, D. (2004). Does action make the link between number and space representation? *Psychological Science*, *15*(6), 426 - 430.

Russell, J., & Thompson, D. (2003). Memory development in the second year: For events or locations? *Cognition*, *87*, B97-B105.

Saccuzzo, D. P., Craig, A. S., Johnson, N. E., & Larson, G. E. (1996). Gender differences in dynamic spatial abilities. *Personality and Individual Differences*, *21*(4), 599 - 607.

Sandberg, E. H. (2000). Cognitive constraints on the development of hierarchical spatial organization skills. *Cognitive Development*, *14*(4), 597 - 619.

Sandberg, E. H., & Huttenlocher, J. (2001). Advanced spatial skills and advance planning: Components of 6-year-olds' navigational map use. *Journal of Cognition and Development*, *2*(1), 51 - 70.

Sandberg, E. H., Huttenlocher, J., & Newcombe, N. (1996). The development of hierarchical representation of two-dimensional space. *Child Development*, *67*(3), 721 - 739.

Schober, M. F. (1993). Spatial perspective-taking in conversation. *Cognition*, *47*(1), 1 - 24.

Schober, M. F. (1995). Speakers, addressees, and frames of reference: Whose effort is minimized in conversations about locations? *Discourse*

Processes, 20(2), 219 - 247.

Scholnick, E. K., Fein, G. G., & Campbell, P. F. (1990). Changing predictors of map use in wayfinding. *Developmental Psychology*, 26(2), 188 - 193.

Schutte, A. R., & Spencer, J. P. (2002). Generalizing the dynamic field theory of the A-not-B error beyond infancy: Three-year-olds' delay- and experience-dependent location memory biases. *Child Development*, 73(2), 377 - 404.

Schutte, A. R., Spencer, J. P., & Schöner, G. (2003). Testing the dynamic field theory: Working memory for locations becomes more spatially precise over development. *Child Development*, 74(5), 1393 - 1417.

Shea, D. L., Lubinski, D., & Benbow, C. P. (2001). Importance of assessing spatial ability in intellectually talented young adolescents: A 20-year Longitudinal Study. *Journal of Educational Psychology*, 93(3), 604 - 614.

Shelton, A. L., & McNamara, T. P. (2004). Orientation and perspective dependence in route and survey learning. *Journal of Experimental Psychology: Learning, Memory, and Cognition*, 30(1), 158 - 170.

Shepard, R. N., & Hurwitz, S. (1984). Upward direction, mental rotation, and discrimination of left and right turns in maps [Special issue]. *Cognition*, 18(1/3), 161 - 193.

Shettleworth, S. J. (1998). *Cognition, evolution, and behavior*. London: Oxford University Press.

Shinskey, J. L., & Munakata, Y. (2003). Are infants in the dark about hidden objects? *Developmental Science*, 6(3), 273 - 282.

Sholl, M. J. (1995). The representation and retrieval of map and environment knowledge. *Geographical Systems*, 2, 177 - 195.

Sholl, M. J., & Bartels, G. P. (2002). The role of self-to-object updating in orientation-free performance on spatial-memory tasks. *Journal of Experimental Psychology: Learning, Memory, and Cognition*, 28(3), 422 - 436.

Sholl, M. J., & Nolin, T. L. (1997). Orientation specificity in representations of place. *Journal of Experimental Psychology: Learning, Memory, and Cognition*, 23(6), 1494 - 1507.

Siegel, A. W., Kirasic, K. C., & Kail, R. V. (1979). Stalking the elusive cognitive map: The development of children's representations of geographic space. In J. F. Wohlwill & I. Altman (Eds.), *Human behavior and environment: Vol. 3. Children and the environment* (pp. 223 - 258). New York: Plenum Press.

Siegel, A. W., & White, S. H. (1975). The development of spatial representations of large-scale environments. In H. W. Reese (Ed.), *Advances in child development and behavior* (Vol. 10, pp. 9 - 55). New York: Academic Press.

Siegler, R. S. (1996). *Emerging minds: The process of change in children's thinking*. London: Oxford University Press.

Simons, D. J., & Wang, R. F. (1998). Perceiving real-world viewpoint changes. *Psychological Science*, 9(4), 315 - 320.

Sims, V. K., & Mayer, R. E. (2002). Domain specificity of spatial expertise: The case of video game players. *Applied Cognitive Psychology*, 16(1), 97 - 115.

Sluzenski, J., Newcombe, N. S., & Satlow, E. (2004). Knowing where things are in the second year of life: Implications for hippocampal development. *Journal of Cognitive Neuroscience*, 16, 1443 - 1451.

Smith, L. B., Thelen, E., Titzer, R., & McLin, D. (1999). Knowing in the context of acting: The task dynamics of the A-not-B error. *Psychological Review*, 106(2), 235 - 260.

Sonnenschein, S., & Whitehurst, G. J. (1984). Developing referential communication: A hierarchy of skills. *Child Development*, 55, 1936 - 1945.

Sovrano, V. A., Bisazza, A., & Vallortigara, G. (2002). Modularity and spatial reorientation in a simple mind: Encoding of geometric and nongeometric properties of a spatial environment by fish. *Cognition*, 85, B51 - B59.

Spelke, E. S., Breinlinger, K., Macomber, J., & Jacobson, K. (1992). Origins of knowledge. *Psychological Review*, 99, 605 - 632.

Spelke, E. S., & Hermer, L. (1996). Early cognitive development: Objects and space. In R. Gelman & T. Kit-Fong (Eds.), *Perceptual and cognitive development* (pp. 71 - 114). San Diego, CA: Academic Press.

Spelke, E. S., & Newport, E. (1998). Nativism, empiricism, and the development of knowledge. In W. Damon (Editor-in-Chief) & R. M. Lerner (Vol. Ed.), *Handbook of child psychology: Vol. 1. Theoretical models of human development* (5th ed., pp. 165 - 179). New York: Wiley.

Spencer, J. P., & Hund, A. M. (2002). Prototypes and particulars: Geometric and experience-dependent spatial categories. *Journal of Experimental Psychology: General*, 131(1), 16 - 37.

Spencer, J. P., & Hund, A. M. (2003). Developmental continuity in the processes that underlie spatial recall. *Cognitive Psychology*, 47(4), 432 -

480.

Spencer, J. P., & Schutte, A. R. (2004). Unifying representations and responses: Perseverative biases arise from a single behavioral system. *Psychological Science*, 15(3), 187 - 193.

Spencer, J. P., Smith, L. B., & Thelen, E. (2001). Tests of a dynamic systems account of the A-not-B error: The influence of prior experience on the spatial memory abilities of 2-year-olds. *Child Development*, 72(5), 1327 - 1346.

Spetch, M. L., Cheng, K., & MacDonald, S. E. (1996). Learning the configuration of a landmark array: Vol. 1. Touch-screen studies with pigeons and humans. *Journal of Comparative Psychology*, 110(1), 55 - 68.

Spetch, M. L., & Friedman, A. (2003). Recognizing rotated views of objects: Interpolation versus generalization by humans and pigeons. *Psychonomic Bulletin and Review*, 10(1), 135 - 140.

Stevens, A., & Coupe, P. (1978). Distortions in judged spatial relations. *Cognitive Psychology*, 10(4), 422 - 437.

Szechter, L. E., & Liben, L. S. (2004). Parental guidance in preschoolers' understanding of spatial-graphic representations. *Child Development*, 75, 869 - 885.

Tager-Flusberg, H., Plesa-Skwerer, D., Faja, S., & Joseph, R. M. (2003). People with Williams syndrome process faces holistically. *Cognition*, 89(1), 11 - 24.

Taylor, H. A., & Tversky, B. (1992a). Descriptions and depictions of environments. *Memory and Cognition*, 20(5), 483 - 496.

Taylor, H. A., & Tversky, B. (1992b). Spatial mental models derived from survey and route descriptions. *Journal of Memory and Language*, 31(2), 261 - 292.

Taylor, H. A., & Tversky, B. (1996). Perspective in spatial descriptions. *Journal of Memory and Language*, 35(3), 371 - 391.

Tees, R. C., Buhrmann, K., & Hanley, J. (1990). The effect of early experience on water maze spatial learning and memory in rats. *Developmental Psychobiology*, 23(5), 427 - 439.

Thelen, E., Schoener, G., Scheier, C., & Smith, L. B. (2001). The dynamics of embodiment: A field theory of infant perseverative reaching. *Behavioral and Brain Sciences*, 24(1), 1 - 86.

Thelen, E., & Smith, L. B. (1994). *A dynamic systems approach to the development of cognition and action*. Cambridge, MA: MIT Press.

Thinus-Blanc, C., & Gaunet, F. (1997). Representation of space in blind persons: Vision as a spatial sense? *Psychological Bulletin*, 121(1), 20 - 42.

Thomas, M. S. C., & Karmiloff-Smith, A. (2003). Modeling language and acquisition in atypical phenotypes. *Psychological Review*, 110, 647 - 682.

Tsao, F., Liu, H., & Kuhl, P. (2004). Speech perception in infancy predicts language development in the second year of life: A Longitudinal Study. *Child Development*, 75, 1067 - 1084.

Tversky, A. (1977). Features of similarity. *Psychological Review*, 84, 327 - 352.

Tversky, B. (1981). Distortions in memory for maps. *Cognitive Psychology*, 13(3), 407 - 433.

Tversky, B. (2000). Remembering spaces. In E. Tulving & F. I. M. Craik (Eds.), *Oxford handbook of memory* (pp. 363 - 378). London: Oxford University Press.

Tversky, B., Lee, P., & Mainwaring, S. (1999). Why do speakers mix perspectives? *Spatial Cognition and Computation*, 1, 399 - 412.

Uecker, A., & Nadel, L. (1996). Spatial locations gone awry: Object and spatial memory deficits in children with fetal alcohol syndrome. *Neuropsychologia*, 34(3), 209 - 223.

Uttal, D. H. (1996). Angles and distances: Children's and adults' reconstruction and scaling of spatial configurations. *Child Development*, 67(6), 2763 - 2779.

Uttal, D. H. (2000). Seeing the big picture: Map use and the development of spatial cognition. *Developmental Science*, 3(3), 247 - 286.

Uttal, D. H., Gregg, V. H., Tan, L. S., Chamberlin, M. H., & Sines, A. (2001). Connecting the dots: Children's use of a systematic figure to facilitate mapping and search. *Developmental Psychology*, 37(3), 338 - 350.

Uttal, D. H., & Wellman, H. W. (1989). Young children's representation of spatial information acquired from maps. *Developmental Psychology*, 25, 128 - 138.

Vallortigara, G., Zanforlin, M., & Pasti, G. (1990). Geometric modules in animals' spatial representations: A test with chicks (Gallus gallus domesticus). *Journal of Comparative Psychology*, 104(3), 248 - 254.

Vauclair, J., Fagot, J., & Hopkins, D. (1993). Rotation of mental images in baboons when the visual input is directed to the left cerebral hemisphere. *Psychological Science*, 4(2), 99 - 103.

Vasilyeva, M. (2002). Solving spatial tasks with unaligned layouts: The difficulty of dealing with conflicting information. *Journal of Experimental Child Psychology*, *83*(4), 291–303.

Vasilyeva, M., & Huttenlocher, J. (2004). Early development of scaling ability. *Developmental Psychology*, *40*, 682–690.

Vishton, P. M., Rea, J. G., Cutting, J. E., & Nunez, L. N. (1999). Comparing effects of the horizontal-vertical illusion on grip scaling and judgment: Relative versus absolute, not perception versus action. *Journal of Experimental Psychology: Human Perception and Performance*, *25*(6), 1659–1672.

Vosmik, J. R., & Presson, C. C. (2004). Children's response to natural map misalignment during wayfinding. *Journal of Cognition and Development*, *5*, 317–336.

Voyer, D. (1996). On the magnitude of laterality effects and sex differences in functional lateralities. *Laterality: Asymmetries of Body, Brain and Cognition*, *1*(1), 51–83.

Voyer, D., Voyer, S., & Bryden, M. P. (1995). Magnitude of sex differences in spatial abilities: A meta-analysis and consideration of critical variables. *Psychological Bulletin*, *117*(2), 250–270.

Waber, D. P. (1976). Sex differences in cognition: A function of maturation rate? *Science*, *192*(4239), 572–573.

Walsh, V. (2003). A theory of magnitude: Common cortical metrics of time, space and quantity. *Trends in Cognitive Science*, *7*(11), 483–488.

Waller, D., Knapp, D., & Hunt, E. (2001). Spatial representations of virtual mazes: The role of visual fidelity and individual differences. *Human Factors*, *43*(1), 147–158.

Wang, R. F., & Spelke, E. S. (2002). Human spatial representation: Insights from animals. *Trends in Cognitive Sciences*, *6*(9), 376–382.

Warren, W. H. (2005). Information, representation, and dynamics: A discussion of the chapters by Lee, von Hofsten, and Adolph. In J. Rieser, J. Lockman, & C. Nelson (Eds.), *Minnesota Symposium on Child Development Series: Action as an organizer of learning and development*. Mahwah, NJ: Erlbaum.

Wellman, H. M., Phillips, A. T., Dunphy-Lelii, S., & Lahande, N. (2004). Infant social attention predicts preschool social cognition. *Developmental Science*, *7*, 283–288.

Wiesel, T. N., & Hubel, D. H. (1965). Comparison of the effects of unilateral and bilateral eye closure on cortical unit responses in kittens. *Journal of Neurophysiology*, *28*, 1029–1040.

Wilcox, T. (1999). Object individuation: Infants' use of shape, size, pattern, and color. *Cognition*, *72*(2), 125–166.

Wilcox, T., & Baillargeon, R. (1998a). Object individuation in infancy: The use of featural information in reasoning about occlusion events. *Cognitive Psychology*, *37*(2), 97–155.

Wilcox, T., & Baillargeon, R. (1998b). Object individuation in young infants: Further evidence with an event-monitoring paradigm. *Developmental Science*, *1*(1), 127–142.

Wraga, M., Creem, S. H., & Proffitt, D. R. (2000). Perception-action dissociations of a walkable Mueller-Lyer configuration. *Psychological Science*, *11*(3), 239–243.

Wraga, M., Creem-Regehr, S. H., & Proffitt, D. R. (2004). Spatial updating of virtual displays during self- and display rotation. *Memory and Cognition*, *32*, 399–415.

Xu, F., & Carey, S. (1996). Infants' metaphysics: The case of numerical identity. *Cognitive Psychology*, *30*, 111–153.

Zacks, J. M., Vettel, J. M., & Michelon, P. (2003). Imagined viewer and object rotations dissociated with event-related fMRI. *Journal of Cognitive Neuroscience*, *15*(7), 1002–1018.

第 18 章

数学理解的发展
DAVID C. GEARY

    儿童对数、算术和数学理解的本质以及这些知识发展的机制是一系列科学、政治和教育争论的关键问题。从婴儿对数量和算术的理解(Cohen & Marks, 2002; Starkey, 1992; Wynn, 1992a)到初高中学生解决多步骤算术和代数应用题的过程(Tronsky & Royer, 2002),这些方面都存在着学术争论。数量和数学知识方面的机制包括先天系统和一般学习机制。先天系统是通过进化形成的,可以对数量信息进行表征和加工(Geary, 1995; Spelke, 2000; Wynn, 1995),一般学习机制可以操作和产生算术及数学知识,但这些知识不是先天的数量知识(Newcombe, 2002)。关于儿童数学理解所包含的大量能力和有关数学知识的本质以及这些知识随着经验和个体成长是如何变化的激烈争论,使儿童数学理解成为当前非常活跃的一个研究领域,这些实验研究和理论争论也对教育政策问题有所启示(Hirsch, 1996)。

    本章首先对 100 多年来与儿童数学相关的研究和教育争论进行简短回顾。然而,重点介绍的是当前的一些研究,包括:婴儿和学前期出现的数、计算和算术能力;小学儿童的算术概念性知识以及他们如何解决形式算术题(例如,6+9);青少年如何理解和解决复杂应用题。我们将尽可能地提供有关支持知识表征、问题解决及其发展变化机制的讨论。在本章的最后部分,我们将在一个连续统一体上探讨数学领域中发展和经验性变化的潜在机制,这一连续统一体包括从先天的、通过进化获得的能力到后天的、与特定文化相联系的能力。这些探讨旨在为将来儿童数学理解的科学研究和学校中的数学教学提供一般的框架。

历史

心理学家和教育学家对于算术和数学能力及其发展的研究已有 100 多年的历史了。研究取向包括学习的实验研究、儿童中心的早期教育研究(建构主义)、个体测验成绩差异的心理测量学研究以及最近出现的新天赋主义研究视角。

早期的学习理论

实验心理学家早在 20 世纪初期已经开始研究儿童对于数、算术和数学的理解及学习。(例如, Brownell, 1928; O'Shea, 1901; Starch, 1911; Thorndike, 1922)。这些研究者探索的主题与现在研究的主题相似,包括儿童感知物体数量的速度和正确率(Brownel, 1928);儿童解决数学问题的策略(Brownel, 1928);不同问题的相对难度(Washburne & Vogel, 1928);影响代数(Taylor, 1918)和几何(Metzler, 1912)学习的因素。共同的研究主题有:练习对特殊数学能力获得的影响(Hahn & Thorndike, 1914),影响练习效力的因素(Thorndike, 1922),以及这些能力迁移到其他领域的程度(Starch, 1911)。不同时段的练习导致了该能力在所练习的特定领域中有了实质性的改进,并且有时候会迁移到相关领域。Winch(1910)发现,某些条件下(比如,学生的能力),基础算术领域中与练习相关的改进,可以提高解决包含基础算术的算术推理问题(多步应用题)的正确率。同时也发现,迁移通常不能发生在不相关领域中(Thorndike & Woodworth, 1901)。

心理测量学研究

心理测量学研究关注纸笔能力测验中表现的个体差异,这有助于判定是否存在不同类型的认知能力(Thurstone, 1938)以及推测这些差异的来源(Spearman, 1927)。对于数、算术和数学测验的研究有 100 多年的历史了(Cattell, 1890; Spearman, 1904),而且这些测验直到今天还在使用(Carroll, 1993)。因素分析是最实用的一项技术,它可以根据能力测验之间的相关,将其分类成簇以反映个体差异的共同来源。因素分析的运用使数学理解研究分成了两大领域:数字能力和数学推理(如, Chein, 1939; Coombs, 1941; Dye & Very, 1968; French, 1951; Thurstone & Thurstone, 1941)。其他相关的独特的数量能力,比如估计,也在一些心理测量学研究中有所涉及(Canisia, 1962)。研究发现,数字能力因素可以用算术计算测验(比如,解决复杂多重问题的测验)以及有关数关系的概念理解和算术概念的测验确定(Thurstone, 1938; Thurstone, 1939; Thueston, 1941)。基本上,数字能力因素包含了"学校中的算术"那一节所介绍的大部分基础算术能力。确定数学推理因素的测验通常需要发现和评估数量关系,以及基于数量信息得出结论的能力(French, 1951; Goodman, 1943; Thurstone, 1938)。

从发展的角度来看,Osborne 和 Lindsey(1967)从一个幼儿园儿童样本中发现了明确的数字能力因素。这个因素由包含计算、简单算术、数字工作记忆和基本数量关系知识的测验所确定。Meyers 和 Dingman(1960)也认为,相对明确的数技能在 5 岁到 7 岁时可以确定。数字能力最重要的发展性变化是随着个体学龄的增长变得更加算术化。数学推理能力在小学和中学阶段与数字能力相关,并且随着年级的增长逐渐发展为一种独特的能力因素(Dye & Very, 1968; Thurstone & Thurstone, 1984; Very, 1967)。这种发展模式表明,数学推理产生于由数字能力、基本推理能力和教育等所代表的技能。

建构主义

779　　　采取建构主义取向研究儿童的数学学习和理解也有很长的历史(Mclellan & Dewey, 1895),并且仍在影响着当前的研究(Ginsburg, Klein, & Starkey, 1998)。每个理论家的理论在细节上各有不同,但是他们都认为,儿童的学习应该是自我指导的,并且产生于他们与物理世界的相互作用中。Mclellan 和 Dewey 认为,儿童对数和以后的数学的学习,应该来自儿童对物体的操作中(比如,给事物分类),并且认为他们的取向比教师指导的教学更适合于儿童,也好于学习理论家对练习的强调(Thorndike, 1922)。Piaget 的理论是建构主义最有影响力的理论,尽管他的研究集中于一般认识机制(Piaget, 1950)——普遍应用于各领域,比如数、质量和体积。Piaget 及其同事对儿童理解数(Piaget, 1965)和几何知识(Piaget, Inhelder, & Szeminska, 1960)进行了大量有影响的研究。

　　　比如,为了研究儿童的数概念,给儿童呈现两排共 7 个弹子,询问儿童哪一排更多。如果两排弹子一对一的排列,那么 4 到 5 岁的儿童几乎总是认为两排的数量一样多。如果其中一排排列分散导致一对一的排列不那么明显,那么这个年龄的儿童几乎总是说长排的弹子数量更多。这种判断方式使得 Piaget 认为,这一年龄儿童对于数量是否相等的判断基于其排列的表面形式,而不是基于对数的概念性理解。数理解要求儿童明白,经过转换后,每一排的数是相同的,即使它们现在看起来互不相同。儿童直到七八岁才能够进行这样的判断。这使 Piaget 认为,较年幼的儿童没有获得对数的概念性理解。Mehler 和 Bever(1967)修改了评估儿童数概念理解的研究方法,对上述结论提出了质疑,他们认为在某些条件下,2.5 岁的儿童就能使用数量信息而不是基于感知觉来判断多或者少(R. Gelman, 1972)。随着测量工具敏感性的日益提高,婴儿和学前儿童看起来具有比皮亚杰理论所预测的更复杂的数量理解(参照"早期数量能力"部分)。

信息加工

　　　20 世纪 60 年代,随着计算机技术的出现以及信息系统概念的发展,反应时(RT)作为一种研究认知过程的方法重新受到重视。Groen 和 Parkman(1972)以及随后 Ashcreft 和他的同事们(Ashcraf, 1982; Ashcraft & Battaglia, 1978)将这些方法引入到算术加工的研究中(回顾,请参照 Ashcraft,1995)。比如:在电脑屏幕上呈现简单的算术问题,比如 3+2=4 或者 9+5=14,儿童通过按键指出呈现的答案的正误。建立回归方程来分析反应时的结果,这种反映潜在的解决问题方法(数数或者记忆提取等)的统计模型适合反应时模式。如果儿童从 1 开始数问题中的两个加数,那么反应时将随着和数的变大而直线增加,原始的回归权值可以作为儿童内隐计数速度的估计值。这些方法表明成人通常从长时记忆中提取答案,而儿童基本上都是在数数。

Siegler 和他的同事结合使用反应时技术和直接观察法(Carpenter & Moser, 1984),形成了一种能够使研究者确定儿童怎样解决每个问题的技术——推断策略执行的时间动态特征和策略产生及发展变化的机制(Siegler, 1987; Siegler & Crowley, 1991; Siegler & Shrager, 1984)。结果表明,儿童使用多种混合策略解决不同类型的数量问题(Siegler, 1996)。数量能力跨年龄和经验的增长被概念化为重波模型。这些波代表了策略的混合,波峰代表最常用的问题解决方法。一旦优势策略(如数手指策略)的使用频率降低,而更有效的策略(如记忆提取策略)使用频率增加,那么模型就会发生变化。

观察、反应时和其他方法的使用扩展到了幼儿数量能力的研究(Antell & Keating, 1983; Wynn, 1992a),事实上,延伸到了整个生命历程中(Geary, Frensch, & Wiley, 1993)。这些方法也被应用于儿童和青少年怎样解决算术和几何应用题(Mayer, 1985; Riley, Greeno & Heller, 1983),以及更具应用性的领域,比如数学焦虑(Ashcraft, 2002)和学习障碍(Geary, 2004b)的研究。

780

新天赋主义观点

在 19 世纪后半叶伴随着自然选择法则的发现(Darwin & Wallace, 1858),兴起了针对进化的心理特质的科学讨论。在 1871 年,Darwin(p. 55)写道,"人类有一种说话的先天倾向,正如我们所看到的婴儿的牙牙学语;然而没有一个儿童表现出书写的先天倾向"。先天的和后天习得的认知能力之间的区别,在 20 世纪的很长时间中被心理测量学、建构主义和认知的信息加工取向所忽视。在 20 世纪,研究者发现婴儿具有一种对物理世界、生物世界和社会的内隐的但并未充分发展的理解,这种发现导致了新天赋主义取向的产生(例如,Freedman, 1974; R. Gelman, 1990; R. Gelman & William, 1998; S. Gelman, 2003; Keil, 1992; Rozin, 1976; Spelke, Breinlinger, Macomber, & Jacobson, 1992)。新天赋主义观点强调模块化的能力(比如语言),区别于 Piaget 所强调的一般认知结构。

R. Gelman 和 Gallistel(1978)合著的《儿童的数理解》(*The Child's Understanding of Number*)激发了新天赋主义关于儿童数量知识的观点,其主要观点认为儿童对于计算的知识受制于一系列的内隐规则,这些规则指导他们早期数数行为,并为计算和数量的学习提供结构框架。随后,Wynn(1992a)发现,婴儿有一种对小数量项目加上或者减去一个项目而产生的效果的内隐理解,另一些人认为儿童对数量的内隐理解可以根据数—计算—算术知识系统来了解(Geary, 1994, 1995; R. Gelman, 1990; Spelke, 2000)。研究者认为这一系统由三个因素决定:一是将物体组织成含有 4 个或者少于 4 个元素的集合的内隐能力,二是通过计算操作上述集合的能力,三是对集合进行加减运算而产生的效果的内隐理解。这种先天的或者与生物进化有关的系统,与通过正式或者非正式学习而获得的具有文化特殊性的或者与生物进化无关的数学和算术知识是相反的(比如,十进制系统)。虽然关于新天赋主义取向的作用仍存在争议(Neuconbe,2002),但它仍在不断指导着关于数学知识及其发展和跨文化表现的理论和实验研究(Butterworth,1999;Dehaene, Spelke, Pinel, Stanescu, & Tsibkin, 1999;Gordon, 2004; Plca, Lemer, Izard, & Dhaene, 2004)。

研究

我们根据早期数量能力(正式学校教育之前的数、计算和算术)、在学校学习的算术以及变化机制这一顺序对理论和实验研究进行综述。

早期数量能力

我们对于儿童接受正式教育之前数量能力的综述,集中于婴儿对于数和算术的理解、学前儿童对数和计算的理解,以及学前儿童出现的算术技能和算术定律的概念性知识。

婴儿期的数和算术

关于婴儿数能力的研究集中于三个具体能力。第一种能力是关于婴儿对于数量的理解,也就是分辨所呈现的物体的数量。第二种和第三种能力分别关心婴儿的序数意识,比如,知道三个物体多于两个物体,以及婴儿对从一个集合中增加和减少小数量物体而产生的效果的意识。这里我们首先回顾每一项能力的研究,然后讨论其内在机制。

数量。Tarkey 和 R. Cooper(1980)进行了一项婴儿数能力的早期开创性研究。实验程序:在一排中呈现 2 到 6 个圆点。比如当第一次呈现 3 个一排的圆点时,这个刺激是新异的,因此婴儿将注视这列圆点,即盯着它看。当这一刺激重复呈现时,婴儿注视这列圆点的时间变短,或者是发生了习惯化。如果呈现的圆点数量变化时,婴儿又开始注视新的刺激(去习惯化),由此可以推测婴儿能区分这两个数量。然而,如果婴儿的注视时间未发生变化,则推测婴儿不能区分这两个数量。通过使用这一程序,Starkey 和 R. Cooper 发现,4—7.5个月的婴儿能够区分 2 个和 3 个项目,但是不能区分 4 个和 6 个项目。Strauss 和 Curtis (1984)发现,10—12 个月的婴儿能够区分 2 个和 3 个项目,有些还能够区分 3 个和 4 个项目。

有关婴儿对数量 1 到 3,有时是 4 的感受性的实验,在各种条件下被重复了很多次,比如同类的或不同类的物体集合(Antell & Keating, 1983; Starkey,1992; Starkey, Spelke, & Gelman,1983,1990; Van Loosbroek & Smitaman, 1990)。在这些发现中最引人注意的是,婴儿出生后第 周就在动作(Van Loosbroek & Smitsman, 1990)和跨感觉通道中(Starkey et al. , 1990)表现出了对小数目的数量差异的敏感性(Antell & Keating,1983)。在第一项跨感觉通道的研究中,Starkey 等人给 7 个月大的婴儿呈现两张照片,一张照片中有两个物体,另一张照片中有三个物体;同时呈现 2 声或者 3 声鼓声。如果照片中的物体数与鼓声相同,婴儿注视照片的时间更长,那么说明婴儿在某种程度上可以将从视觉信息(照片)中提取的数量与听觉信息(鼓声)中提取的数量相匹配。这一结果表明,婴儿有一种既非基于听觉又非基于视觉的认知系统,可以对数量为 3 到 4 个的项目进行抽象编码。

781

与Starkey等(1990)视觉听觉数量匹配的发现相对比,后来的研究发现,当视觉呈现的数量与听觉呈现的不一致时,儿童会注视视觉呈现物,或者对视觉和听觉呈现物均不发生偏好反应(Mix, Levine, & Huttenlocher, 1997；Moore, Benenson, Reznick, Peterson, & Kagan, 1987)。前一个实验的结果可以作为个体具有从声音序列中区别小数目物体能力的证据,但是出现的各种结果产生了一些待解决的问题。其他的研究者对婴儿的数量辨别是基于对数量的内隐理解,还是基于研究程序中与数量有关的其他因素提出了质疑(Clearfield & Mix, 1999；Newcombe, 2002；Simon, 1997)。比如,随着项目数目增加,表面积也增加,声音的持续时间也增加等等,Clearfield和Mix认为,婴儿能够区分有数量差异的小数目集合正方形,但是这一区分更重要的影响因素是正方形的周长而不是其数量(Feigenson, Carey, & Spelke, 2002)。

为了控制诸如此类的知觉—空间以及其他的混淆,Wynn和Sharon(Sharon & Wynn, 1998；Wynn, 1996)给6个月大的婴儿呈现一个能做2到3个动作的木偶(Wynn, Bloom, Bloom, & Chiang, 2002)。在两个动作序列的情景中,婴儿首先看到木偶跳一下,然后停一下,接着又跳一下。婴儿可以数出小数量项目的证据是他们能够区别两个和三个动作。在一系列相关研究中,Spelke和他的同事发现,当大数目是小数目的两倍时,6个月大的婴儿可以区别视觉和听觉呈现的一系列大数目和小数目的集合(比如,16和8；Brannon, Abbott, & Lutz, 2004；Lipton & Spelke, 2003；Xu & Spelke, 2000)。结果支持了这一假设,即人们,包括婴儿,有一种对近似数量的直觉(Dehaene, 1997；Gallistel & Gelman, 1992),但是在Spelke的研究中发现的婴儿表现的机制与在"表征机制"部分所阐释的那种婴儿区分两种和三种物体、声音或者动作的机制是不同的。

序数。虽然婴儿已经能够察觉和表征小数量,这并不意味着他们对数量的多和少有必然的敏感性。早期研究表明,婴儿18个月大时就对序数关系有了敏感性,也就是知道3大于2,2大于1(R. Cooper, 1984；Sophian & Adams, 1987；Strauss & Curtis, 1984),然而最近的研究表明,可能10个月大的婴儿就表现出序数的敏感性(Brannon, 2002；Feigenson, Carey, & Hauser, 2002)。在一项早期研究中,Strauss和Curtis通过操作性条件反射教儿童触摸嵌有两排圆点的平板。其中一排圆点的数量少,另一排圆点的数量多。在小数—奖励条件下,数量少的 排可能有二个圆点,多的一排可能有4个圆点；婴儿触摸圆点少的一侧将得到奖励。接下来给婴儿呈现一个新的平板,一侧的一排有两个圆点,另一侧的一排有三个圆点。如果他们只是简单地对受奖励的数值进行反应,那么他们应该触摸有3个圆点的一侧。相反,如果婴儿基于序数关系做出反应(比如在这个例子中对数量少的一排进行反应),他们将触摸有2个圆点的一侧。这项研究发现,16个月大的婴儿对2个圆点做反应,表明他们对"少于"这一关系具有敏感性(Strauss & Curtis, 1984)。10到12个月大的婴儿似乎注意到了平板中的数量发生了变化,但是他们不能区分多于和少于,仅仅是简单的发现有不同(R. Cooper, 1984)。

Feigenson、Carey和Hauser(2002)采用研究恒河猴序数敏感性的实验程序(Hauser, Carey, & Hauser, 2000)对婴儿进行研究。在他们的第一个研究中,研究者向两个不透明的盒子中，一次一片放入不同大小和数量的饼干，婴儿可以爬向他们偏爱的盒子。当比较1和2以及2和3的时候，10到12个月大的婴儿组稳定地选择有更多饼干的盒子。当一个盒子中的饼干有4个或者更多时，婴儿的选择下降到随机水平。另一个研究将饼干的数目与总量(比如表面积)进行对比。在这一项研究中，四分之三的婴儿选择饼干总量更多的盒子(1个大饼干)，而不是选择饼干数量更多的盒子(2个小饼干)。Brannon(2002)研究发现11个月大的婴儿可以区分按升序排列(如，2、4、8)或者降序排列(如，8、4、2)的数量，而9个月大的婴儿做不到。一系列的研究表明，区分是基于项目数量的改变，而不是表面积或者周长的变化。

算术。Wynn(1992a)最早提供了婴儿可能具有简单的内隐算术理解能力的证据。在一个研究中，给5个月大的婴儿呈现一个米老鼠玩具，然后出现一个幕布遮住玩具。接着，婴儿看见实验者将另一个玩具放在幕布后。幕布放下后，可能会出现一个或者两个玩具。婴儿倾向于对意料之外的事件注视更长的时间(参见 Cohen & Marks, 2002)。因此，如果婴儿意识到给原先的玩具再加一个玩具将会有更多的玩具，那么当幕布降下后，他们注视时间更长的应该是1个玩具的情况而不是2个的。这正是这一实验发现的反应模式。另一个程序是从两个玩具中撤去一个，婴儿再一次对意料之外情况(2个玩具)的注视时间长于预期情况(1个玩具)。这两个研究结果结合起来可以证明婴儿对粗略的加减法有内隐的理解，他们知道加法可以使数量增多，减法可以使数量减少。另一个研究表明，婴儿可能对精确加法也有一种内隐理解，尤其是知道一个再加上一个就等于两个。

Wynn(1992a)的实验结果及其为婴儿数学能力提供证据的断言，已经成为科学研究和理论争论的焦点(Carey, 2002; Cohen, 2002; Cohen & Marks, 2002; Kobayashi, Hiraki, Mugitani, & Hasegawa, 2004; Koechlin, Dehaene, & Mehler, 1997; McCrink & Wynn, 2004; Simon, Hespos, & Rochat, 1995; Uller, Carey, Huntley-Fenner, & Klatt 1999; Wakeley, Rivera, & Langer, 2000; Wynn, 1995, 2000, 2002; Wynn & Chiang, 1998)。粗略加减法的研究结果已经重复验证了很多次(Cohen & Marks, 2002; Simon er al., 1995; Wynn & Chiang, 1998)。Kobayashi 等人在一项创新的跨感觉通道研究中，发现5个月大的婴儿可以将一个物体与一个声音相加，也可以将一个物体与两个声音相加。相对照地，Koechllin 等人重复了 Wynn 的研究，在减法中获得相同的结果，加法则没有。Wakeley 等人没有能够验证精确和粗略加减法的结果，他们认为，如果婴儿确实具有内隐的算术知识，那么只能在特定条件下才能表现出来。其他一些科学家认为这种现象，即婴儿在 Wynn 的创始性研究中所表现的注视类型，是由数学能力之外的其他因素导致的，是很值得我们研究的(Cohen & Maeks, 2002; Simon et al., 1995)。

表征机制。在先前所描述的任务中，研究者认为婴儿行为的知觉和认知机制，包括了能对数量进行编码，并对这一抽象表征进行操作的系统(Starkey et al., 1990; Wynn, 1995)，以及引发行为的机制，这种机制看似基于对数量的内隐理解，但事实上是为其他目的而设计的微小系统。其他可能的机制包括：对物体进行识别和个性化的机制(Simon et al., 1995)，以及感知所呈现物体的轮廓和长度的机制(Clearfield 7 Mix, 1999; Feigenson,

Carey, & Spelke, 2002)。Cohen 和 Marks(2002)认为,对于熟悉性和复杂性最佳组合的注意偏好解释了 Wynn(1992a)的发现。举例来说,在 Wynn 最初对 1+1=2 的操作中,预期结果是两个玩具娃娃,意料之外的结果是一个玩具娃娃。但是,意料之外的结果也正是研究的初始条件——婴儿看到的一个玩具娃娃,因此他们的注视偏好可能基于熟悉性,而不是对于两个玩具娃娃的预期。Kobayashi 等人(2004)的跨通道研究控制了熟悉性,仍然发现婴儿可以进行小数目加法运算(一个物体和一个或两个声音)。

图 18.1 说明了婴儿在数量任务上表现的潜在机制。在 Meck 和 Church(1983)对于动物的数量和时间估计技能研究的基础上,Gallistel 和 Gelman(1992)认为人类有一种先天的前语言的计数机制。前语言的计数可能有两种操作途径。第一种是由数量累加器表征,核心是婴儿有一种可以将表征累加到三或四个物体、声音或事件的机制,然后将累加的表征(比如,1 或 2)与抽象的、内在的有关 1、2、3 或者可能 4 个项目的数量知识相比较。第二种是可以表征各种类型数量(比如,表面积)的模拟机制,包括任何大小的数量,但是随着数量的增大,估计的精确性降低。客体档案和客体表征机制(例如,Kahneman,Treisman,& Gibbs,1992)的功能是个性化,不仅表征数量还表征整个物体。客体档案给每个物体生成一个标记,而客体表征机制给每一个物体标记增加细节信息(比如面积,轮廓)。可以同时容纳在短时记忆中的物体标记的数量是三到四个(Trick,1992)。因此,这些物体个性化机制附带提供了数量信息。

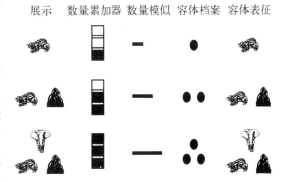

图 18.1 婴幼儿对数的内隐理解的潜在机制。"数量累加器"(numerosity accumulator)精确表征了一到三或四个物体的数目;"数量模拟"机制(analog magnitude mechanism)表征数量,包括数目和面积,但是不精确;"客体档案"机制(object file mechanism)区分视觉短时记忆中的一到三或四个物体的表征,并附带提供数目信息;"客体表征"机制(object representation mechanism)与"客体档案"机制相同,但是增加了对物体特征的表征(比如,颜色、形状)。

Starkey 等人(1990)、Wynn(1992a,1995)、Gallistel 和 Gelman(1992)以及其他一些研究者(例如,Spelke,2000)用数量累加器和专门表征数量的数量模拟机制来解释婴儿的数量、序数和算术表现。Simon 等人(1995),Newcombe(2002)以及其他人(例如,Uller et. al.,1999)认为客体档案或者客体表征机制可以解释同样的结果类型。一个项目可以区别于两个项目,是因为客体档案表征的两个集合看起来不同,而不是因为对"1"和"2"的内在理解。客体档案系统也可能是为了对所有物体进行个性化而发展起来的,而数量机制是随后出现的,依赖于客体档案产生的信息,具体来说就是,客体档案给数量累加器提供信息。考虑到声音不能被客体档案机制所表征,那么 Kobayashi 等(2004)的跨通道研究结果为数量累加器的独立存在提供了最好的证据。

在这一点上,考虑到其他可能的机制,就无法得到确定的结论。虽然我们还不清楚婴儿对简单算术的理解,但是无论是哪一种机制起作用,我们能够确信的是婴儿可以对 3 到 4 个项目的数量进行区分(Starkey et. al. , 1990),之后可以进行简单的序数判断(Straus & Curtis, 1984)。Spelke 近期研究发现,只有当集合的大小之比为二比一时,婴儿才能对较大集合进行区分(比如,16 和 8;Lipon & Spelke, 2003; Xu & Spelke, 2000)。这些发现支持了表征模拟数量内在机制的存在,但是并不知道这一系统的功能是表征数量本身还是数量的其他形式,比如面积或者距离。近期一项神经成像研究表明,表征数量大小的脑区,也表征空间大小(关于物体的大小)。因此,这些区域可能在表征数量的功能上没有专门化(Pinel, Pizza, Le Bihan, & Dehaene, 2004)。

学前期的数和计数

尽管不同文化之间,规范的数—计数系统(比如数字)的范围和形式各不相同(Gordon, 2004),但是计数以及与数有关的活动在传统和工业化社会中是共同的(Crump, 1990)。Saxe 研究了奥克萨普明人(Oksapmin)的表征和计数系统。奥克萨普明是巴布亚新几内亚的一个园艺社会(Saxe, 1981, 1982)。在这里,人们使用身体的 27 个部位计数和表征数。"奥克萨普明人计数,会从一只手的大拇指开始,数身体上外围的 27 个部位,结束于另一只手的小拇指"(Saxe, 1982, pp. 159 - 160)。这一系统不仅用于计数,也用于表征序数位置和进行基本的测量。在很多文化中,学前期和儿童期的一些常见活动,如亲子游戏,能够帮助儿童理解数和计数,以及学习本族文化具体的表征系统(比如,数字)(Saxe, Guberman, & Gearhart, 1987; Zaslasky, 1973)。

虽然这些模式表明,儿童理解计数和数的基础知识的兴趣是天生的(Geary, 1995; R. Gelman & Gallistel, 1978),但是到儿童早期才能够较为成熟地理解并且符合习俗地使用这些概念(Fuson, 1988; Piaget, 1965)。在下一部分中,我们将对学前期儿童的数理解和计数技能的发展进行回顾。这些发展包括数概念、数字和计数程序的获得;对数使用、基数、序数及度量所表征意义的理解。

数概念。儿童必须将他们文化中的数字和其他表征系统(比如阿拉伯数字)对应到数量和数量模拟系统中,才能明确地使用数知识(比如,计数),并将数概念拓展到小数目之外(Spelke, 2000)。这一过程有时从儿童 2 到 3 岁开始,这时儿童在计数过程中开始使用数字(R. Gelman & Gallistel, 1978),尽管幼儿不能总按标准顺序使用数词标签(1、2、3)。他们可能在数两个项目时念"3、5",或者数三个项目时念"3、5、6"。尽管这是一些显而易见的错误,但是这种模式有两个要点:第一,每个数字在每次数数时只用一次,并且数不同的物体集合时数序是不变的。这说明有这种表现的儿童,对不同数字表示不同数量和数词的表述顺序的重要性有着内隐的理解(R. Gelman & Gallistel, 1978)。很多 2.5 岁的儿童也知道数字与其他描述性词汇是不同的。当让儿童数一排含有三个红色玩具士兵时,他们通常使用数字进行计数。儿童知道红色描述的是所计数的项目的一种属性,而分配给每个士兵的数字并不描述其特征,某种程度上是指士兵的集合(Markman, 1979)。

R. Gelman 和 Gallistel(1978;Gallistel & R. Gelman, 1992)认为,出现计数和数字使用规则是由于儿童内隐地或者自动地将计数对应到数量表征上,然而支持这一对应的机制未被完全理解(Sarnecka & Gelman, 2004)。无论如何, 大部分 2 岁儿童尚未将特定的数量对应到特定的数字上(Wynn, 1992b)。很多 2.5 岁大的儿童能够区别有四个项目和三个项目的集合, 也知道阿拉伯数字 4 比 3 表征的多(Bullock & Gelman, 1977), 但是也许不能分别对含有"4"个和"3"个项目的集合正确地命名。Wynn 认为, 儿童需要从 2 岁到 3 岁长达一年的计数经验, 才能开始将特定数字和特定数量的心理表征联系起来, 然后在计数任务中使用这一知识。似乎很多 3 岁的儿童开始将特定的数字与特定的数量相联系, 但是这一知识似乎仅仅扩展到可由数量累加器或者客体档案系统所表征的数量。

学习大于 4 的具体数量, 并且将数字对应到相应的数量表征上是一个困难的任务, 因为必须适应这一目的的数量模拟系统, 是用来表征一般数量的, 而不是具体数量(Gallistel & R. Gelman)。因此儿童对于较大数字所表征的数量概念, 在很大程度上依赖于他们对标准计数顺序(比如, 1、2、3……)及其特性(比如, 连续数字代表了只增加一个)的学习。数概念似乎也与生成心理数轴的能力有关(Dehaene, 1997), 也就是将阿拉伯数字顺序对应到数量模拟系统上。然而, 使用心理数轴表征具体数量的能力要随着接受正式学校教育才出现(Siegler & Opfer, 2003), 正如在"学校中的算术"一部分中所描述的那样。

数字。学习本文化的数字是儿童数学发展的一个必要步骤。正如前面所述, 数字顺序的知识能够使儿童发展出大于 3 或 4 的更精确的数表征, 也对下一部分要讲的基数和序数知识有作用(Fuson, 1988; R. Gelman & Gallistel, 1978; Wynn, 1990)。大部分 3—4 岁的儿童知道 1 到 10 的正确数序(Fuson, 1988; Siegler & Robinson, 1982)。对于大部分母语为欧洲语系(包括英语)的儿童来说, 学习大于 10 的数字是有困难的。这是因为 10 至上百的数词常常是不规则的, 很难对应到十进制结构的数字系统。比如, 12 是一个连续数词串中的一个不同的数词, 它在十进制系统(基本单元值的重复)中的具体位置很难通过数词本身表现。这些不规则性减缓了数字学习和数字表征的相应数量的理解, 导致了数词标签的错误, 比如听到 15 却写成 51(Ginsburg, 1977)。

在东亚语言中, 很多这样的困扰是可以避免的, 因为大于 10 的数词与数词所表征的十进制数值之间有一一对应的关系(Fuson & Kwon, 1991; I. Miura, Kim, Chang, & Okamoto, 1988; I. miura, Okamoto, Kim, Steere, & Fayol, 1993)。汉字中 12 可以转译成"十和二"。使用"十和二"表示 12 有两大优点: 首先, 儿童不需要记住额外的词标, 比如 eleven 和 twelve; 第二, 12 是由一个单元十和两个单元一组成的事实非常明显。显而易见, 欧洲语系中数词的不规则结构与儿童 10 以内数词学习表现出的跨文化差异是无关的, 也与他们解决简单的 10 以内的算术应用题的能力是无关的, 并与对将要描述的运算规则的理解也是无关的(Miller, Smith, Zhu, & Zhang, 1995)。然而, 10 和 100 之间数词结构的差异似乎可以解释以下跨文化差异: 十进制数系统学习的差异, 及相关算术程序及问题解决策略的使用差异(Geary, Bow-Thomas, Liu, & Siegler, 1996; Fuson & Kwon, 1992a)。

计数程序和错误。学前期出现了指导计数行为的概念性规则。对这一问题的争论在于, 这些规则是先天的(R. Gelman & Gallistel, 1978), 还是在观察别人的计数行为及这些行为的规则中产生的(Briars & Siegler, 1984; Fuson, 1988)。当然, 计数规则的出现可能是先天条件和计数经验共同作用的结果(Geary, 1995；R. Gelman, 1990)。R. Gelman 和 Gallistel 认为,儿童的计数行为由学前期逐渐成熟的五种先天和内隐的规则所指导。在这一阶段,儿童的计数行为和他们对计数的描述,表明这些内隐的规则知识可以变得更外显,并且在计数过程中对这些规则的使用变得更加稳定和精确。

这五种规则有：一一对应性(一个物体仅有一个数词标签,比如,"1""2"各分配给一个被计数的物体)、顺序固定性(数词的顺序在不同计数集合中是恒定不变的)、基数性(最后一个数词的值表示计算集合中项目的数量)、抽象性(任何种类的物体都可以集中到一起并计数)、顺序无关性(给定集合中的项目可以以任何顺序标记)。一一对应性、顺序固定性和基数性限定了"怎样计数"的初始规则,这些规则又为儿童计数知识的出现提供了框架结构(R. Gelman & Meck, 1983)。

儿童通过观察标准计数行为和相关结果,归纳出计数的基本特点(Briars & Siegler, 1984；Fuson, 1988)。这些归纳也许可以详细阐述或者丰富 R. Gelman 和 Gallistel(1978)提出的五条计数规则。一个结果是误认为某些非本质的计算特征是本质的。这些非本质特征包括标准方向性(计数必须开始于物体集合的某一端点)和相邻性。相邻性是一种不正确的信念,即认为必须从一个项目开始到相邻下一个项目不间断的计数,在计数时"跳来跳去"会导致错误。到了 5 岁,很多儿童知道 R. Gelman 和 Gallistel 所描述的大部分计数的本质特征,但是仍然认为相邻性和从某一端开始计数属于本质特征。后述信念表明,儿童计数理解受到他们对标准计数程序观察的影响,并且还没有完全成熟。

对计数内隐概念性理解,并不意味着儿童在计数中不会犯错误。Fuson(1988)对儿童不同的计数错误类型进行了大量文献分析。一种常见的错误是,儿童每次指一个项目,但是指的时候会说两个或更多的数字;有时候儿童正确地点数每个被计数的物体,但是在两个被点数物体间,说了额外的数字;有时候儿童用数词的一个音节点数物体;有时候他们可能对一个项目多次点数。尽管计数中可能发生所有不同类型的错误,但是幼儿园的儿童基本上都精通计数,尤其是对小数目集合。

基数和序数。虽然儿童学习数词序列之前似乎已有对于基数和序数的内隐理解(Bermejo, 1996；Brainerd, 1979；Brannon & Vanda Walle, 2001；R. Cooper, 1984；Huntley-Fenner & Cannon, 2000；Ta'ir, Brezner, & Ariel, 1997；Wynn, 1990, 1992a),但是将这些概念对应到计数顺序中是数学能力发展的一个必要步骤。儿童必须懂得,基数表示了最后一个被计数物体的数字可以代表所计数物体的总数;序数表示了连续的数词代表了连续的较人的数量。

一种评估儿童是否理解基数的方法是让他们数手指,然后问"你有几个手指?"不理解最后一个数词(也就是这个例子中的 5)所表示的含义的儿童,将重新数他们的手指,而不是直接报告"5"(Fuson, 1991)。虽然一些 3 岁儿童和大部分四五岁儿童在这种基数任务中表现很好,说明了这一个概念的发展,但是大部分学前儿童对基数的理解是不成熟的。他们的表现不稳定,并且常常受到基数外其他因素的影响。对于小数目集合(比如 10 以内),大部分儿童到 5 岁时能够很好地掌握基数值(Bermejo, 1996；Freeman, Antonucci, & Lewis,

2000)。但是要等到几年之后才可以概括到更大数字的集合,以及持续关注基数信息而忽略其他信息(比如,感知线索)(Piaget,1965)。

与婴儿研究一样,阐述学前儿童序数关系知识也需要特殊的技术。Bullock 和 Gelman(1977)使用"魔术"游戏评定 2 到 5 岁儿童的序数知识。在实验的前一个阶段,给儿童呈现两盘玩具,一个盘子里面有一个玩具动物,另一个盘子里面有两个玩具动物,告诉一部分儿童选择有两个玩具的盘子能得到奖励(多的条件),告诉另一部分儿童选择有一个玩具的盘子能得到奖励(少的条件)。然后给儿童呈现一系列有一个和两个玩具的盘子,让儿童指出能得到奖励的那个。在阶段二中,"实验者在幼儿不知道的情况下给放有两个玩具的盘子里又加了一个玩具,给放有一个玩具的盘子里又加了三个玩具"(p.429)。改变实验条件的关键是要考查儿童是否能够基于两个盘子的关系(多或者少)选择可以得到奖励的那个。大部分 3 到 4 岁的儿童能够根据关系进行反应,但是只有不到一半的 2 岁儿童能够这样做。当降低了任务的记忆要求时,超过 90% 的 2 岁儿童能够根据关系做出反应。近期大量研究表明,一些 2 岁儿童能够不依赖知觉因素(如物体的表面积)和口头数数,对多达 5 到 6 个物体进行序数判断(Brannon & Van de Walle,2001;Huntley-Fenner & Cannon,2000)。

这些结果表明,2 岁的儿童就可能具有对序数关系的理解,这一序数关系扩展到婴儿研究中所发现的更大的数字。虽然这一知识的潜在机制尚未发现,但是 Huntley-Fenner 和 Cannon(2000)认为,图 18.1 所示的数量模拟机制是学前儿童序数判断的本源。计数词顺序知识是更大数目序数关系知识的基础,并且这个顺序可能对应到模拟系统中,因此这是一个合理的结论(Gallistlel & Gelman,1992)。

学前期的算术

正如第一节所述,学前期儿童算术技能的研究主要集中于:儿童对加减法效应的内隐理解;对算术属性的内隐理解(比如,加减法是相反的运算);以及综合运用计数和算术知识生成解决形式算术问题的程序(比如,3＋2＝?)。这些算术技能与图 18.1 所描述的表征机制间的关系存在着激烈的争论,这一点我们已在第二部分谈及。

算术能力。Starkey(1992;Sophian & Adams,1978;Starly & Gelman,1982)提供了一些学前期儿童内隐算术知识的早期证据。他设计了一个搜索箱任务,考查不采用口头计数时,1.5 岁到 4 岁的儿童是否理解加减法影响数量变化。搜索箱是一个有盖子的箱子,顶上有一个开口,下面有一个夹层,背面还有一个暗门。箱子顶部的开口覆盖着弹性布片,以保证人可以把手伸进搜索箱内部,但看不到箱子里面的东西(Starkey,1992,p.102)。在第一个实验中,儿童要把一到五个乒乓球一次一个放到搜索箱里。他放完最后一个球时,立即告诉他把所有放进去的球都取出来。在儿童搜索球的时候,实验助手把这些球取出,并一次一个放进搜索箱。如果儿童在搜索箱里放了三个球,一旦取出三个球后就立即停止搜索,那么我们可以认为这个儿童能够表征和记住所放的球数,并能利用表征指导搜索。实验结果表明,2 岁儿童能够记住并且表征的数量是 1、2,有时候是 3;2.5 岁的儿童能够表征和记忆的数量达到 3;3 到 3.5 岁的儿童有时能表征高达 4 的数量。

第二个实验意在探查儿童,在不采用口头计数的情况下,是否可以对数量进行加减运算。第二个实验的程序与第一个实验基本相同,只是在儿童把球全部放到搜索箱里后,主试再往箱子里放进或是拿出 1 到 3 个球。如果儿童理解了加法的作用,他们应该在搜索箱中寻找比他们最初放入的数量更多的球;如果儿童理解了减法的作用,他们会提前停止搜索。大部分 1.5 岁的儿童和几乎所有 2 到 4 岁的儿童都以这种方式做出反应。正确率检验表明,许多一岁半儿童能够对和或者被减数小于等于二的加减法题目进行正确运算(比如,1＋1 或 2－1),但数字较大时,就不能正确运算了。大多数 2 岁儿童能够正确运算小于等于三的题(比如,2＋1),没有迹象表明他们采用口头计数解决问题(比如,报告出数字)。没有一个儿童能够正确计算和或被减数为四或五的题目。

Huttenlocher、Jordan 和 Levine(1994)采用另一种非言语计数任务,发现 2 岁到 2.5 岁儿童知道加法会增加数量,减法会减少数量,但是只有一小部分儿童能够回答简单的 1 个物体加上 1 个物体,或者 2 个物体减去 1 个物体的问题。这种精确计算的能力在 2.5 岁到 3 岁儿童身上得到了发展,他们中有 50％都能心算简单实物加法(1＋1)和减法(2－1)。一些 4 岁儿童能够正确解答一些非言语问题,如 4 物体＋1 物体,或者 4 物体－3 物体。Klein 和 Bisanz(2000)采用同样的程序评估 4 岁儿童解决三步加减运算(比如,2 物体＋1 物体－1 物体),并且将错误率作为题目难度的潜在预测因子。三步算术题评估了儿童对加减法间相反关系的认识,5 物体－1 物体＋1 物体＝5 物体,因为＋1 物体－1 物体的运算结果没有使数量发生变化。算术题目难度指标包括题目中的数值、答案和最大值,最大值决定了数集表征的大小。所以,在 5 物体－1 物体＋1 物体的算式中,表征数集大小的值为 5,而在 3 物体＋1 物体中,该值为 4。数集表征的大小可以作为衡量解答算术题时工作记忆需求量的指标,因而也可以评估表征项目集合(比如,客体档案或者数量累加器)的潜在机制的容量。

结果显示,错误率随着数集大小的增加而上升。在工作记忆中保持四或五个项目的客体档案或数量累加档案,并对表征进行加减,要比保持二或三个更为困难。因此,产生错误的原因可能在于缺乏将算术知识应用于更大集合的能力或工作记忆的失败。儿童解决相反数问题的策略表明儿童对加法结合律[(a＋b)－c＝a＋(b－c)]及加减法的相反关系有初级的、内隐的理解。加法结合律是指"儿童先计算 a 减 c,然后再加上 b,因此就从(a＋b)－c 变成了(a－c)＋b"(Klein & Bisanz, 2000, p.110)。

Vilette(2002)操纵了 Wynn 任务中的一个变量,对 2.5、3.5、4.5 岁儿童进行研究,问题包括 2＋1,3－1,和相反数问题 2＋1－1。对于相反数问题,首先,儿童看到舞台上有两个木偶,接下来拉上幕布,实验者让儿童看见他在幕布后又放了另外一个木偶,接着又拿走幕布后的一个木偶。打开幕布,可能出现两个木偶(预期的)或三个木偶(意料之外的)。教儿童对预期结果做"正常"的反应(正确的),对意料之外的结果做"不正常"的反应。2.5 岁组儿童解决了 64％的 1＋1 问题,但是几乎在 3－1 与相反数问题上全部失败了。4.5 岁组儿童解决了所有问题,正确率在 90％以上,这与 Klein 和 Bisanz(2000)的结果一致,他们发现一些 4 岁的儿童对加减法的相反关系已有了内隐理解。那些关于年幼儿童负性结果的解释需要谨慎,因为成绩差的原因可能在于不能满足任务对工作记忆的需求或缺乏算术知识。

无论如何,儿童到了 4 至 5 岁已经能够将计算技能、数字概念和数词与他们的内隐算术知识相协调。协调的结果是儿童可以利用数字解决简单加减法问题(Baroody & Ginsburg，1986；Groen & Resnick，1977；Saxe，1985；Siegler & Jenkins，1989)。儿童解决这些问题的具体策略随文化的不同而有所不同，但是典型特征是使用实物辅助计算过程。给美国幼儿呈现类似"3＋4等于多少"的口头问题时，他们主要是用相应数量的实物表征每个加数，然后从1开始数所有的实物。如先数三个积木然后再数四个，接着数出全部的积木。如果没有可以利用的实物，他们就会数手指(Siegler & Shrager，1984)。韩国与日本的儿童也运用相似策略(Hatano，1982；Song & Ginsburg，1987)。有时年长的奥克萨普明人(Oksapmin)基于他们的身体部位计数系统使用类比策略(Saxe，1982)。

机制。学前儿童的算术能力是源于先天数字机制(Butterworth，1999；Dehaene，1997；Gallistel & Gelman，1992；Geary，1995)还是非数字机制(Houde，1997；Huttenlocher et al.，1994；Jordan，Huttenlocher，& Levine，1992；Vilette，2002)一直存在着争论。先天机制包括了数量累加器和数量模拟系统的一些联合(Spelke，2000)，并假定后者自动地对被加工的数量进行不精确表征(Dehaene，1997；Gallistel & Gelman，1992)。对这些表征数量的系统进行整合将导致对加法(增加数量)与减法(减少数量)基本原理的内在理解，再将计数能力整合进来，为算术问题解决提供了程序系统。人们认为，这些固有的偏向为最初引导儿童注意自身经验中的数(如，将一组物体看作集合)与算术(如，联合集合)提供了核心知识。这些偏向与经验相互作用不断充实概念性知识与程序性能力(Geary，1995；R. Gelamn，1990)。这种充实既将知识和程序扩展到越来越大的数量，又对算术加工规则与结果进行了归纳(如，加减法之间是相反关系)。相反，Huttenlocher等人认为学前儿童的算术能力来源于表征心理符号(客体档案中的客体，如图18.1)的领域一般能力与一般智力的结合，儿童基于算术活动中所归纳的规则，通过这个系统学习操控符号表征。

789

学校中的算术

儿童接受正规学校教育后，他们所学习的数学知识在广度与复杂度上有了实质的增加。了解儿童在这些领域的发展变得非常艰巨，而我们对于发展的理解只是处于初始阶段。在第一节中，我们区分了先天的、具有文化普遍性的数量能力和具有文化特殊性的、依赖学校教育的数量能力，这又回到了"机制的变化"的话题上。在余下的部分中，我们将对小学阶段儿童的算术概念性知识、如何解决形式算术问题(例如，16－7)、解决数学应用问题的过程进行综述。

初级与次级能力

在"早期数量能力"一节中综述的大部分能力与指导无关，某些也许会在出生后的前几天或几周内存在。据我们所知，这些能力中的大多数具有跨文化存在性，许多能力在其他灵长类物种(Beran & Beran，2004；Boysen & Berntson，1989；Brannon & Terrace，1998；Gordon，2004；Hauser et al.，2004)和一些非哺乳动物中(Lyon，2003；Pepperberg，1987)也存在。无论进化而来的功能是否由特定的数量表示，能力的早期表现性、跨文化普遍性和物种间相似性的联合与认为这些能力是先天的观点是一致的(Geary，1995；R. Gelman，

1990；R. Gelman & Gallistel, 1978）。相反，许多关于年长儿童发展的研究关注学校教授的数学。因此，这有助于区分先天的和习得的能力，因为一些习得的机制可能会发生改变，正如"机制的变化"一部分所讨论的那样。Geary（1994，1995；也见 Rozin, 1976）认为先天的认知形式是与生物进化有关的能力，如语言和早期数量能力；建立在这些能力之上但主要是文化创造的技能是与生物进化无关的，比如十进制。

概念性知识

算术定律。从古希腊时代起，数学家们就已经懂得了加法和乘法的交换律与结合律。交换律关注的是两个数的加法和乘法，规定两个加数或乘数的顺序不影响和或积（$a+b=b+a$；$a×b=b×a$）。结合律关注的是三个数的加法与乘法，也规定加数或乘数的顺序不影响和或积$[(a+b)+c=a+(b+c)；(a×b)×c=a×(b×c)]$。交换律与结合律都包括了对于数集的分解（如求和）与再结合（如相加）；某数字是由更小数值的数字组合而成的集合。尽管研究者进行了一些儿童对结合律理解的研究（Canobi, Reeve, & Pattison, 1998, 2002），但有关儿童定律理解的研究主要集中在加法与交换律上（Baroody, Ginsburg, & Wazman, 1983；Resnick, 1992）。

一种研究取向是研究学校数学教学中儿童何时和如何理解交换律和结合律（Baroody et al., 1983）。另一种取向关注的是更加基本的与生物进化有关的数和关系的知识，这些知识有助于儿童理解形式算术中的交换律（R. Gelman & Gallisted, 1978；Resnick, 1992；Sophian, Harley, & Martin, 1995）。后一种取向与婴儿和学前儿童心理表征与操控小数量物体集合的能力相适应。

Resnick（1992）提出，上述这些能力为儿童将交换律理解为算术法则提供了基础知识。形成交换律外显理解的第一步是前数字及儿童对物体集合进行联合。比如，合并许多辆玩具轿车与卡车，无论是在轿车组中加入卡车还是在卡车组中加入轿车，均能获得相同的轿车与卡车联合组的理解（无论先天的还是习得的）。Resnick 模式的第二步是将特定的数量与这些知识相对应，比如理解 5 辆轿车＋3 辆卡车＝3 辆卡车＋5 辆轿车。在这一步，儿童只能理解实物集合的加法交换律。第三步，用数字代替实物，比如，知道 5+3=3+5。最后一步是获得作为算术法则的交换律的形式化知识，也就是说理解 $a+b=b+a$。关于儿童体现出具有交换律知识的实验研究结果与 Resnick 的模式中的一些并非全部相一致（Baroody, Wilkins, & Tiilikainen, 2003）。

实物集合可以被分解与再组合的内隐理解出现于 4 岁（Canobi et al., 2002；Klein & Bisanz, 2000；Soplan & McCorgray, 1994；Sophian et al., 1995）。例如，大多数这个年龄的儿童都知道玩具车包括轿车与卡车。很多 4 到 5 岁的幼儿表现出了 Resnick（1992）模式第二步所描述的对交换律的内隐理解（Canobi et al., 2002；Sophian et al., 1995）。举例来说，Canobi 等人向儿童呈现两个装有已知数量糖果的不同颜色的罐子，以不同的顺序把两个罐子给两个玩具熊，问儿童玩具熊是否拥有同样多的糖果。这个任务是要问 3 颗糖的罐子＋4 颗糖的罐子是否等于 4 颗糖的罐子＋3 颗糖的罐子，因此这属于交换律问题。在这个任务的变式中，在两个罐子的一个中又加入了一些糖果。第一个实验，将 4 颗绿色的糖果放到有 3 颗红色糖果的罐子里,这样的处理类似于(4+3),再呈现第二个罐子时,任务代表实物的结合律问题:(3 颗糖果的罐子+4 颗糖果)+4 颗糖果的罐子。与 Resnick(1992)的模式一致,大多数 4 岁儿童都能够通过实物对交换律进行内隐理解(见 Sophian et al. ,1995),但是他们大多数没有掌握结合律的概念(Canobi et al. ,2002)。

与 Resnick(1992)的模型不一致的是,交换律任务的成绩并没有与他们的加法知识很好地相结合。换句话说,大多数儿童正确解决了问题是因为玩具熊获得了所有红色与绿色的糖果,并且他们知道玩具熊获得糖罐的顺序不重要。但是,许多孩子并没有将其作为加法问题进行解决。

Baroody 等人(1983)评估了一、二、三年级儿童解决形式加法问题(如 3+4=4+3,即 Resnick 模式的第三步)时所表现出的对交换律的理解。在游戏中给儿童呈现一系列形式加法题。一些实验中呈现加数相同但位置颠倒的题目。例如,要求儿童在一个试验中解答 13+6,在下一个试验中解答 6+13。如果儿童明白加数是可交换的,他们也许会通过数"13,14,……19"解决 13+6;然后直接报告 19 就是 6+13 的结果,而不用再数,并解释说"因为加数相同,所以结果相同"(p. 160)。在这个研究中,72%的一年级儿童,83%的二三年级儿童都一致表现出这样的模式。Baroody 和 Gannon(1984)使用此任务及一个相关任务,证明大约 40%的幼儿都能理解形式加法问题中的交换关系。对于这些幼儿与 Baroody 实验中一年级儿童来说,在正式学习之前,他们就已经对交换关系有了内隐理解。许多年长儿童已经明确理解了交换关系,如 2+3=3+2,但还不清楚在什么时候、什么条件下(如,正式教育是否是必须的)儿童开始明确地将交换律理解为形式算术定律,也就是 a+b=b+a。

对于结合律,Canobi 及其同事(Canobi et al. ,1998,2002)所做的一些研究表明,当给幼儿呈现实物时,一些孩子能够辨别结合关系。当给一二年级儿童呈现加法问题时,他们中许多人可以内隐地理解结合关系。这些研究清楚地表明,直到儿童形成交换律的内隐理解后才出现结合律的内隐理解,这说明交换律的内隐知识是结合律内隐理解的基础。

总之,交换律的概念基础来自或是反映在儿童对实物的操作上,以及对形成更大实物集与集合的顺序无关的先天或后天理解上(R. Gelman & Galistel,1978;Resnick,1992)。当按照交换律呈现实物时,4 到 5 岁儿童可以辨别出等值;也就是说,他们内隐地理解了交换律,但是并没有明确地将其作为形式法则进行理解,并且也并不是所有的儿童都内隐地理解交换律和加法有关。一些幼儿和多数一年级儿童可以在加法背景中识别交换关系,但尚不清楚儿童何时明确地将交换律作为算术定律来理解。能够在实物中识别结合关系的那些幼儿必须先对交换律有内隐理解。许多一、二年级的儿童已经具有对加法结合律的内隐理解,但是尚不清楚什么时候、在什么条件下儿童开始将其明确地理解为形式算术定律。关于儿童乘法交换律与结合律的内隐、外显知识我们知之更少。

十进制知识。印度—阿拉伯十进制系统是现代数学的基础,因此这一知识是儿童数学能力发展的重要部分。举例来说,相比其他算术特征,儿童对口头和书面多位数的概念性意义的理解依靠十进制知识(Blöte,Klein,& Beishuizen,2000;Fuson & Kwon,1992a)。数词23不仅仅指23个客体的集合,它也代表着两个单元10与三个单元1的组合。同样地,在多位数中单个数字的位置也有着特定的数学意义,像23中的2,代表着两个单元10。如果不能正确理解十进制的特征,那么儿童对现代算术的概念理解就会被削弱。

十进制无疑是与生物进化无关的能力,因此儿童不能很容易掌握(Geary, 1995, 2002)。在"机制的变化"一节中,讨论了有助于学习十进制的先天机制。目前,在美国进行的研究多次证明许多小学儿童不能完全理解书面多位数(如,理解数字位置的意义)或是数词的十进制结构(Fuson, 1990; Geary, 1994),因此,解决复杂算术问题时便不能有效地利用这一系统(Fuson & Kwon, 1992a)。在许多欧洲国家也有相似的情形,尽管情况没有这么严重(I. Miurs et al. , 1993)。许多儿童在某些程度上已对数字序列的可重复性有了内隐理解(例如,在不同的背景中从1数到10),并可以学习十进制系统以及运用在问题解决中。虽然如此,似乎很多儿童不仅需要十进制是以十为单位进行重复的关于结构特性的明确指导,而且也需要对易混淆的相关符号系统特征进行澄清的明确指导(Fuson & Biriars, 1990; Varelas & Becker, 1997)。对后者来说,2有时候表示两个单元1,另一些时候它代表20,再一些时候它又代表200(Varelas & Becker, 1997)。

相反,东亚学生对十进制有更好的理解。I. Miurs及其同事(I. Miurs et al. , 1998, 1993)提供了支持他们假设的证据,东亚数词的明显特性(例如,二十三,而非twenty three)易化了儿童对十进制结构的理解和学校教学(Towse & Saxton, 1997)。Naito和H. Miura (2001)采用了一种能够分离年龄与教育对数量与算术能力影响的实验设计,证实日本儿童对十进制数字结构的理解以及他们运用该知识解决问题的能力与学校教育有很大相关。因为所有的儿童都有明显的数词优势,结果表明教师指导也有助于他们获得十进制概念(Fuson & Briars, 1990; Varelas & Becker, 1997)。

分数。分数是两个或多个数值的比率(或是部分与整体的关系),是算术的必要成分。它们可以是真分数$\left(如, \frac{1}{2}, \frac{1}{3}, \frac{7}{8}\right)$,也可以是带分数$\left(如, 2\frac{1}{3}, 6\frac{2}{3}\right)$,或是小数形式(0.5等等),而在早期教育中经常以图示形式呈现。和十进制系统一样,这一领域的研究主要关注儿童对分数概念的理解、分数乘法中的程序性技能(Clements & Del Campo, 1990; Hecht, 1998; Hecht, Close, & Santisi, 2003),以及影响这些能力获得的机制(I. Mirua, Okamoto, Vlahovic-Stetic, Kim, & Han, 1999; Rittle-Johnson, Siegler, & Alibali, 2001)。尽管儿童对实物的部分/整体关系的理解和经验可能有助于对简单比率的初步理解,例如,得到$\frac{1}{2}$块蛋糕,或必须与人分享两个玩具中的一个,但是在形式数学中(如,作为小数时),对分数的理解是与生物进化无关的(Mix, Levine, & Huttenlocher,1999)。

在一个简单的部分—整体关系的内隐知识研究中,Mix等人(1999)使用一个非言语任务评估儿童的心理表征能力以及操纵$\frac{1}{4}$圆环的能力,结果显示大多数4岁儿童可以识别出分数。例如,如果在垫子下放$\frac{3}{4}$圆环,移走$\frac{1}{4}$,儿童能够意识到有$\frac{1}{2}$圆环留在垫子下。然而,直到 6 岁时,儿童开始理解类似于带分数的处理。例如,在垫子下面放 $1\frac{3}{4}$ 圆环,然后移走 $\frac{1}{2}$。结果显示:儿童开始理解其他背景中部分—整体的关系,正如早先研究所认为的 (Resnick, 1992; Sophian et al. , 1995),儿童对分数有了基础性理解。此外,Mix 等人认为这个结果与基于数量和数量模拟机制(见图 18.1)的假设相矛盾。这是因为 R. Gelman (1991)和 Wynn(1995)认为这些机制仅表征了整数,因此它们的运行干扰了儿童表征分数的能力。据此观点,像 $\frac{1}{4}$ 圆环的分数表征仅能通过离散数字来理解,如 1 和 4。Mix 实验中的儿童可能把 $\frac{1}{4}$ 圆环表征为单独的单元,而不是整体中的部分。正如 Mix 等人的评估,儿童对于简单分数的直觉理解机制仍需继续研究。

然而,儿童在学习分数的形式的、与生物进化无关的概念与程序方面还是有很大的困难的。在最初形式特征的学习中,如分子/分母符号系统,大多数儿童依靠计算与算术知识来理解分数(Gallistel & Gelman, 1992)。例如,计算 $\frac{1}{2}+\frac{1}{4}$ 时常犯的错误是分子与分子相加、分母与分母相加,得到结果 $\frac{2}{6}$ 而不是 $\frac{3}{4}$。又如,小学儿童经常由 3＞2 推算 $\frac{1}{3}>\frac{1}{2}$。分数的名称可能也会影响儿童早期概念理解。在东亚语言中,分数的部分—整体关系反映在相应的名称中,如韩语中,"$\frac{1}{4}$"读作"四分之一"。I. Miura et al. (1999)揭示,数词结构的差异使东亚儿童较早地掌握了简单分数$\left(如,\frac{1}{2},\frac{1}{4}\right)$所表征的部分与整体关系,既早于接受正式教育(一二年级),也早于那些母语中没有明确分数名称的儿童(本研究中指克罗地亚语和英语)。Paik 和 Mix(2003)研究发现,当 $\frac{1}{4}$ 被称为"四分之一"时,美国的一、二年级儿童与 Miura et al. 研究中同年级的韩国儿童表现相似甚至更好。

对小学高年级儿童和中学生的研究主要关注计算技能$\left(如,\frac{3}{4}\times\frac{1}{2}\right)$、概念性理解$\left(如,\frac{21}{18}>1\right)$和解决含有分数的应用题能力(Byrnes & Wasik, 1991; Rittle-Johnson et al. , 2001)的获得。Hecht(1998)评估了四种因素间的关系,一是儿童掌握分数形式程序性规则(如,做乘法时,分子相乘,分母相乘)的正确率;二是分数的概念性理解(如,部分与整体的关系);三是基本的算术技能;四是解决分数算术题和应用题,以及分数估计的能力。其他研究结论表明,程序—再认测验的分数可以预测计算技能(如,真分数和带分数的加法、乘法和除法的正确率),且高于 IQ、阅读能力、概念性知识的影响。概念性知识可以预测分数应用题解决的正确率,特别是估计任务的正确率,预测力都高于其他影响因素。

在后续的研究中,Hecht 等(2003)证实分数概念性知识和基本算术技能的获得与儿童的工作记忆容量、花在数学课上的时间有关。概念性知识与基本算术技能可以预测分数算术题的正确率;概念性知识和工作记忆可以预测分数应用题解决的正确率。概念性知识可以预测分数估计技能。Rittle-Johnson 等人(2003)证实儿童解决小数问题的能力与他们的分数程序性和概念性知识相关,也与他们对程序性和概念性知识的重复学习有关。良好的程序性技能可以预测概念性知识的获得,反之亦然(Sophian, 1997)。与程序性和概念性知识相关的机制看似是儿童在心理数轴上表征小数的能力。

总之,这些研究表明学前和小学低年级儿童对简单分数关系有了基本的理解,但是其机制尚不清楚。把简单的部分——整体关系形象化(如,可以分解的自然物的$\frac{1}{2}$,像吃苹果)的能力可能是与生物进化有关的。当教给儿童与生物进化无关的分数性质时,尤其是用于问题解决的形式数学规则和程序时,就出现了困难。出现困难的原因是计算知识的误用以及将整数算法应用于分数。在小学与中学阶段,儿童分数的概念性理解以及相关的程序知识出现得比较缓慢,有时根本不会出现。导致这些与生物进化无关的能力出现的机制并不完全清楚,但是涉及教育、工作记忆,以及程序性知识对概念性知识获得和概念性知识对程序性技能运用的双向影响。

估计。估计能力虽然不是正式的内容,但可以使个体评估数学问题解决的合理性,因此在许多数学领域内它是一种重要的能力。当精确计算答案很困难或是不必要时,可以通过一定的程序进行估计,给出恰当的答案。在学校教学中儿童估计能力及这些能力的发展研究主要集中在算术计算(Case & Okamoto, 1996; Dowker, 1997, 2003; LeFevre, Greenham & Waheed, 1993; Lemaire & Lecacheur, 2002b)与数轴(Siegler & Booth, 2004, 2005; Siegler & Opfer, 2003)领域。这两个领域的研究表明进行合理估计的能力对于儿童和部分成人来说都是很困难的,而且似乎必须接受正式学校教育。

Dowker(1997, 2003)证实小学儿童对算术问题(如,34+45)进行合理估计的能力与计算技能有关。更确切地说,儿童能够在掌握部分知识的领域中进行估计,这一领域超越了他们通过心算得到精确答案的能力。那些能够解决和小于 11 的加法问题(如,3+5)的儿童,能够估计和小于 20 的加法问题(如,9+7),但是对更大数值的问题只能靠猜测(如,13+24)。能够解决多位数不进位问题(如,13+24)的儿童能够估计相同量级的进位问题(如,16+29),但是只能猜测更大数值的问题(如,598+634)。关于儿童与成人如何估计的研究发现,如大多数认知领域一样(Siegler, 1996),他们会使用多种策略(LeFevre et al. , 1993; Lemaire & Lecacheur, 2002b)。对于幼儿来说,常用的加法估计策略是对数字的个位或十位进行四舍五入降到最近的整十或整百,然后再相加,比如用 30+50 估计 32+53,或是用 200+600=800 估计 213+632。与幼儿相比,年长儿童与成人采用更复杂的策略,可能会补上最初四舍五入掉的数以调整最初的估计值。例如,将 10+30=40 加到 213+632 的最初估计值 800 上。

Siegler 等人(Siegler & Booth, 2004; Siegler & Opfer,2003)研究了儿童如何估计数轴上的量值,如在 1 到 100 的数轴上估计 83 的位置。和算术一样,儿童的估计还缺乏技巧,但是在小学阶段却有相当的进步,可以利用各种策略进行合理的估计。最让人感兴趣的结果是,幼儿的表现表明,数量模拟机制(详见"早期数量能力"一节)有助于他们的估计。图 18.2 揭示了这种机制如何对应到数轴上。上方的数轴图示了规范数学系统所定义的 9 个整数。连续数字间的距离和距离所表征的数量在数轴的任何位置都是严格相同的(如,2、3 间对 6、7 间,或 123、124 间)。下方的数轴图示了根据数量模拟机制估计而来的感知距离(Dehaene, 1997; Gallistel & Gelman, 1992)。当数值增加时数轴被"压缩",以至于小值整数间的距离(像 2 到 3)比大值整数的距离更突出和容易辨别。

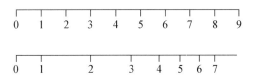

图 18.2 数轴的空间表征。上一行是标准的数轴,下一行是将数字对应到数量模拟机制上形成的数轴。

当要求幼儿在 1 到 100 的数轴上放置数字时,他们将 10 放在很靠右的位置,压缩了大值数字的位置(Siegler & Booth, 2004),这与他们对阿拉伯数字的最初理解对应于数量模拟机制的观点相一致(Spelke, 2000)。到小学结束时,大多数儿童形成了有关数字位置及位置意义的正确的数学表证(Siegler & Opfer, 2003)。Denaene(1997)、Gallistel 和 Gelman(1992)及 Siegler 和 Booth(2005)认为对应于数轴的数量模拟机制是以空间形式进行组织的。Zorzz、Priftis 和 Umilta(2002)的确发现右顶叶皮质受损的个体在空间定向和数轴估计上存在缺陷。Dehaene 等(1999)指出成人的估算能力可能也依赖于一个相似空间系统,即心理数轴。

算术运算

与小数集的加减法效应的内隐理解相比,算数运算研究主要关注儿童外显的目标定向的算术问题解决。第一节将综述跨文化的算术发展;第二节将集中介绍加法,以更全面地阐述儿童解决算术问题的发展性和教育性的变化。第三节将举例说明儿童如何解决减法、乘法、除法问题(更为详细的讨论,请参考 Geary, 1994);最后一节将讨论概念性知识与程序性技能间的关系。

跨文化算术。儿童算术能力的发展在接受正规教育之前就具有重要的跨文化相似性。整合已研究的所有文化群体的四则算术运算发现,发展并不是简单地从不成熟的问题解决策略转换到更加成人化的策略。更确切的是,通常情况下大多数儿童会运用多种策略解决算术问题(Siegler, 1996)。他们可能数手指解决一个问题,直接提取来解决下一个问题,然后口头数数解决另一个问题。算术的发展包括策略混合的变化和策略执行正确性与速度的变化。一个非常有意思的发现是儿童不是随机选择一种策略,比如数数解决一个问题,然后直接提取解决下一个问题。更确切的是,儿童"经常在策略间进行选择,最常使用的策略与其他可利用的策略相比,在速度和正确性方面都更有优势"(Siegler, 1989, p. 497)。

在教育指导下,不同文化的儿童出现了相似的策略运用的发展变化模式,但是策略混合变化的速率不同(Geary et al., 1996; Ginsburg, Posner, & Russell, 1981; Saxe, 1985; Svenson & Sjöberg, 1983)。与美国儿童相比,中国儿童从一种优势策略转变到下一种策略的年龄更小,然而,奥克萨普明人似乎出现转变的年龄更大一些(Geary et al., 1996; Saxe, 1982)。这些文化差异反映了算术问题解决经验数量上的差异(Stevenson, Lee, Chen,

795

Stigler, Hsu, & Kitmura, 1990)，似乎也对前述的在数词的语言差异略有反映。例如，Ilg 和 Ames(1951)对美国 5 到 9 岁儿童算术发展进行了标准化研究。这些儿童接受的是比现在更加强调基础能力的小学教育。那时美国儿童接受的能力类型和问题解决策略教育与目前东亚同龄儿童的算术技能非常相似(Fuson & Kwon, 1992b; Geary et al., 1996)。然而，当前东亚儿童的算术技能要远好于与他们同龄的美国儿童(见 Geary et al., 1997)。

加法策略。算术能力发展和教育性进步表现在儿童问题解决中所应用的程序或策略分布的变化上(Ashcraft, 1982; Carpenter & Moset, 1984; Geary, 1994; Lemaire & Siegler, 1995; Siegler & Shrager, 1984)。一些 3 岁儿童能够明确地运用计算技能解决简单加法问题(Fuson, 1982; Saxe et al., 1987)。最常用的方法是使用或者操作实物。如果问儿童"一块饼干加两块饼干是多少?"儿童的典型行为是先数出两个实物，再数一个实物，最后从 1 开始数所有的实物，儿童指着每个实物数"1、2、3"。使用实物操作至少有两个目的。首先，实物的集合代表了所要数的数字。抽象数字的意义是由实物直接表征，比如例子中的"3"。第二，在计数过程中点数物体可以帮助儿童了解数数过程(Carpenter & Moser, 1983; R. Gelman & Gallistel, 1978)。甚至一些 4、5 岁的儿童也使用实物操作，这取决于问题的复杂性(Fuson, 1982)。

儿童进入幼儿园时，解决简单加法问题的常用策略是数两个加数。有时候数数过程要借助手指，称为数手指策略;有时候不需要手指，而是采取口头数数策略(Siegler & Shrager, 1984)。无论儿童是否使用手指，这两种最常用的计算程序被称为小值策略(min 或 counting on)和全值策略(sum 或 counting all; Fuson, 1982; Groen & Parkman, 1972)。小值策略是指先说出较大加数，然后继续向上数数，数的次数等于较小的加数，例如，解决 5＋3 时，数 5、6、7、8。数大数策略是儿童从较小的加数开始数较大的加数。全值策略是从 1 开始数两个加数。程序性能力的发展与儿童计算的概念理解的发展之间存在一定关系，这反映在逐渐从频繁的使用全值策略转化为使用小值策略(Geary, Bow-Thomas, & Yao, 1992; Siegler, 1987)。

计算的运用也导致了基本事实记忆表征的发展(Siegler & Shrager, 1984)。长时记忆表征一旦形成，就会促进基于记忆的问题解决过程的运用。最常用的策略是直接提取算术事实和分解。直接提取是指儿童说出长时记忆中所呈现问题的答案，比如，当问 5＋3 等于几时，直接回答 8。分解策略是在直接提取部分和的基础上产生新答案。像 6＋7，可能从长时记忆中提取 6＋6 的和，再在这个和的基础上加 1。数手指策略是儿童伸出手指以表征加数，这样有助于提取答案。提取加工的运用受到置信标准(confidence criterion)的调控，置信标准是儿童用来估计提取答案正确性信心的内在标准。标准严格的儿童只会报告肯定正确的答案，然而，标准宽松的儿童会报告任何提取出的答案，无论正确或错误(Siegler, 1988a)。转换为基于记忆的加工可使个别问题快速解决，并能降低计算程序使用时所需的工作记忆资源(Delaney, Reder, Staszewski, & Ritter, 1998; Geary et al., 1996; Lemaire & Siegler, 1995)。

普遍的变化模式是从使用不太复杂问题解决程序(如，全值策略)到使用最有效的提取加工。相对不复杂的数手指策略非常依赖工作记忆资源，并且执行时间很长，尤其是使用全值策略时。然而，直接提取策略几乎不占用工作记忆资源，执行迅速，并且随着练习变得准确和自动化(Geary, Hoard, Byrd-Craven, & DeSoto, 2004)。然而值得注意的是,发展并不是简单地从运用不太复杂的策略转换到运用复杂的策略。Siegler(1996)认知发展的重波模型很好地解释这一变化。如,Geary 等人(1996)比较了中美两国一、二、三年级儿童解决简单加法问题时的策略。发现一年级的中美儿童,无论是整体还是个体,都采用数数和提取的混合策略解决问题。美国儿童采用数手指和口头数数,而中国儿童很少使用数手指策略,他们在幼儿园时会采用这种策略。随着年级的提高,中美儿童直接提取策略的使用频率增加,数数策略的使用频率下降,但是中国儿童策略混合的变化更迅速(学年内或学年间)。

解决更为复杂的加法问题时,儿童最初都是依靠解决简单加法问题时所获得的知识与技能(Siegler, 1983)。解决更复杂问题的策略包括数数、分解或重组以及在学校中习得的列竖式(Fuson, Stigler, & Bartsch, 1988; Ginsburg, 1977)。数数策略主要是指从较大的数开始数(Siegler & Jenkins, 1989),例如,23+4 将通过数"23, 24, 25, 26, 27"的方式来解答。分解与重组策略是指十位和个位分别相加。因此,23+45 被分解为 20+40,3+5,接着再算 60+8(Fuson & Kwon, 1992a)。最困难的加工是进位,像 46+58。这些问题困难的原因是进位占用了工作记忆资源(Hamann & Ashcraft, 1985; Hitch, 1978; Widaman, Geary, Cormier, & Little, 1989),而进位需要理解位值和十进制系统。

减法、乘法和除法策略。在儿童加法中所描述的一些策略和发展趋势也适用于减法(Carpenter & Moser, 1983, 1984)。儿童早期会使用混合策略,但更多使用数数策略,而且经常借助实物与数手指来表征问题并了解计算过程(Saxe, 1985)。随着经验和工作记忆的不断成熟,儿童更加明白计算过程,因此渐渐地放弃了操作实物、数手指策略而使用口头数数策略。两种最常用的计算程序是向上数与向下数。向上数从减数起,一直数到被减数(top number)为止。例如,9−7 是数"8, 9"。因为数了两个数,所以答案为 2。向下数经常用来解决更复杂的减法问题,比如 23−4(Siegler, 1989),从被减数开始向下数与减数数值相同的次数。儿童也可以依靠加法事实知识解决减法问题,这被称为加法参照(因为 7+2=9,所以 9−7=2)。最复杂的程序是将问题分解成一系列简单问题(Fuson & Kwon, 1992a),或是用学校所教的列竖式方法解决问题。

尽管在美国,儿童在二、三年级才开始获得规范的技能知识,但是儿童简单乘法的发展趋势反映了儿童加减法的发展趋势(Geary, 1994)。最初乘法策略混合源于儿童的加法与计算知识(Campbell & Graham, 1985; Siegler, 1988b)。这些策略包括重复加法与数 n 次计算。重复加法是指将被乘数重复乘数所表示的次数,然后将这些值连加。例如,用 2+2+2 解决 2×3。数 n 次的策略是基于儿童数多个 2、多个 3、多个 5 的能力等等。有些更复杂的策略包含了规则(如 $n×0=0$)和分解(如,12×2=10×2+2×2)。这些程序的运用形成问题/答案的联系,以至小学结束时,大多数儿童都能从长时记忆中提取乘法事实(Miller & Paredes, 1990)。关于儿童解决复杂乘法问题策略的研究很少,但对成人的研究显示许多个体最终使用列竖式方法解决问题(Geary, Widaman, & Little, 1986)。

儿童解决除法问题主要有两类策略,第一类基于乘法知识(Ilg & Ames, 1951; Vergnaud, 1983)。例如,解答 20/4(20 是被除数,4 是除数)是基于儿童所具有的 5×4=20

797

的知识,这叫乘法参照(见 Campbell, 1999)。那些尚未掌握乘法表的儿童只能偶尔使用派生策略。在此,儿童将除数乘以一系列数字,直到最后与被除数相等。如解答 20/4,策略序列也许是 4×2=8,4×3=12,4×4=16,4×5=20。第二类策略基于儿童的加法知识。首先是形成重复加法。为了解答 20/4,儿童将产生 4+4+4+4+4=20 这样的序列,然后数出 4 的个数。所数出的 4 的个数就是商数。有时候儿童也会直接利用加法事实知识解决除法问题。例如,解答 12/2,儿童根据 6+6=12 的知识得到答案,因此 12 含有两个 6。

概念性知识。在前一节中探讨的问题解决策略的混合发展与问题解决次数、教育和儿童对相关概念的理解有关(Blöte et al.,2000;Geary et al.,1996;Klein & Bisanz,2000;Siegler & Stern,1998)。例如,与全值策略相比,儿童解决简单和复杂的加法问题时小值策略和分解策略的使用与他们对交换律(Canobi et al.,1998; R. Cowan & Renton, 1996)和计算规律的理解(Geary et al.,2004)有关。儿童对十进制系统的理解促进了他们对位值的理解,易化了复杂加减法问题的进位学习(如,234+589,82−49),也影响了进位错误的频次(Fuson & Kwon, 1992a)。对于 34+29 这样需进位的问题,儿童必须明白从个位向十位进 1 代表的是 10 而不是 1。对此的不理解导致了普遍的进位错误,比如,34+29=513,就是将 4+9 不进位而直接写作 13(Fuson & Briars, 1990)。

算术问题解决

儿童和青少年数学问题解决的研究主要关注解决算术或代数应用题的能力、认知加工(Hegarty & Kozhevnikov, 1999;Mayer,1985)以及促进这些能力发展的教育因素(Fuchs et al.,2003a;Sweller,Mawer,& Ward,1983)。对于儿童或者一部分成人来说,解决算术和代数应用题(最简单的问题除外)的能力并不容易获得,表明这是一种与生物进化无关的数学能力。本章没有对这些内容进行全面的综述(参见 Geary,1994;Mayer,1985; Tronskey & Royer,2002),只是阐述了一些有关算术应用题解决的核心问题。

问题图式。应用题可以根据题目中的物体、人物或事件的关系以及问题解决的程序类型进行分类(G. Cooper & Sweller, 1987;Mayer,1985),界定每一类别的关系和程序包含问题类型的图式。如表 18.1 所示,大部分简单加减法应用题可以分成四种基本类型:变化、联合、比较和求等(Carpenter & Moser, 1983; De Corte & Verschaffel, 1987;Riley et al.,1983)。变化问题包含了儿童所用的一些运算类型,这些问题可用解决标准算术问题的程序解决(例如,3+5;Jordon & Montani,1997)。

798

表 18.1 算术应用题分类

变　化

1. Andy 有 2 个弹球。Nick 又给他 3 个弹球。
   Andy 现在有几个弹球?
2. Andy 有 5 个弹球。他给了 Nick 3 个弹球。
   Andy 现在有几个弹球?
3. Andy 有 2 个弹球。Nick 又给他一些弹球。
   现在 Andy 有 5 个弹球。Nick 给了 Andy 几个弹球?

4. Nick 有一些弹球。他给了 Andy 2 个弹球。
   现在 Nick 还有 3 个弹球。Nick 一开始有几个弹球?

联　　合

1. Andy 有 2 个弹球。Nick 有 3 个弹球。
   他俩一共有几个弹球?
2. Andy 有 5 个弹球。3 个红色的,剩下的都是蓝色的。
   Andy 有几个蓝色的弹球?

比　　较

1. Nick 有 3 个弹球。Andy 有 2 个弹球。
   Andy 比 Nick 少几个弹球?
2. Nick 有 5 个弹球。Andy 有 2 个弹球。
   Nick 比 Andy 多几个弹球。
3. Andy 有 2 个弹球,Nick 比 Andy 多 1 个弹球。
   Nick 有几个弹球?
4. Andy 有 2 个弹球。他比 Nick 少 1 个弹球。
   Nick 有几个弹球?

求　　等

1. Nick 有 5 个弹球。Andy 有 2 个弹球。
   Andy 必须要买几个弹球才能和 Nick 一样多?
2. Nick 有 5 个弹球。Andy 有 2 个弹球。
   Nick 要去掉几个弹球才能和 Andy 一样多?
3. Nick 有 5 个弹球。如果他拿走 3 个,那么就会和 Andy 的弹球一样多。
   Andy 有几个弹球?
4. Andy 有 2 个弹球。如果他再买 1 个弹球,那么他就会和 Nick 的弹球一样多。
   Nick 有几个弹球?
5. Andy 有 2 个弹球。如果 Nick 去掉 1 个弹球,就会和 Andy 的弹球一样多。
   Nick 有几个弹球?

　　大多数幼儿园和一年级儿童都能够很容易地解决表中的第一种变化型问题。通常儿童会用两个积木或者举起两个手指,表征题目中的第一个数字("Andy 有 2 个弹球")。然后又用 3 个积木或者举起的手指表征下一个数字("Nick 给他另外 3 个弹珠")。然后儿童把两组积木放在一起数出总数,或者数举起手指的总数,来回答"有多少"这个问题(Riley & Greeno,1998)。

　　变化和联合问题虽然在算法上相同,但在概念上是不同的(Briars & Larkin,1984; Carpenter & Moster,1983;Riley et al. ,1983)。联合问题涉及一个静态的关系,变化问题中却隐含了动态关系。表 18.1 中,变化和联合类别的第一个例子表明了这一点。这两个问题都要求儿童计算 2+3,在变化问题里,Andy 和 Nick 各拥有弹球的数量因为加法而发生了改变。但在联合问题中,Andy 和 Nick 各拥有弹球的数量却没有因为加法而改变。比较问题包含了与联合问题相同类型的静态关系,各拥有弹球的数量没有因为运算而改变。更确切地说,算术运算决定了一个集合参照另一个集合的精确数量,如表 18.1 比较问题中列举的第 3 个和第 4 个例子。比较问题中列举的第 1 个和第 2 个例子是直接比较多于或少于。表 18.1 中的求等问题和变化问题在概念上是相似的,运算都导致了一个集合的数量发生了变化。但是在求等问题中,这种变化是有限制的,运算完成后两个集合的结果必须相等;但在变化问题中则没有这些限制。

纵观这些类别,应用题的复杂性随着解决问题的步骤或者程序的增多而提高,也随着程序复杂性(例如,微积分与简单加法的不同)和问题中人物、物体、事件关系的复杂性(例如,两个事件的时间顺序)的增加而增加。这些更复杂的问题能够根据图式进一步分类,也就是根据人物、物体、事件的关系和解决问题所需程序的具体性质进行分类(Mayer, 1981; Sweller et al. , 1983)。

问题解决过程。应用题解决过程包括把句子转换成数字或数学信息,整合这些信息之间的关系和执行必要的过程或程序(Briars & Larkin, 1984; Kinydsh & Greeno, 1985; Mayer, 1985; Riley et al. , 1983; Riley & Greeno, 1988)。对于复杂的、多步骤的问题和特别不熟悉的问题,需要一个额外步骤:制定解决计划——对问题类型和解决问题的潜在程序进行外显的元认知决策(Fuchs, Fuchs, Prentice, Burch, Hamlett, Owen, & Schroeter, 2003; Mayer, 1985; Schoenfeld, 1987)。制定解决计划是很重要的,因为问题解决方法的数量(例如,程序执行的顺序)随着问题复杂性的增加而增多。表 18.1 中大多数问题的转化过程都是简单的,但整合这些句子的信息要更难一些。比如比较问题的第二个例子,关键词"多于"经常会促使儿童把数量相加,但这种错误通常是可以避免的,例如,将 Nick 和 Andy 拥有弹球的数量关系具体表征在视空间数轴上。一旦用这种方法表征,儿童就能够很容易地在数轴上从 2 数到 5,并正确得出 Nick 比 Andy 多三个弹球。

问题解决过程执行能力的不断提高和解决复杂应用题的能力与个体内外因素有关。外在因素包括指导的数量(例如练习次数)、方式(Fuchs, Fuchs, Prentice, Burch, Hamlett, Owen, & Schroeter, 2003; Sweller et al. , 1983)和更一般的课程因素,比如,引入多步骤问题的年级和教材的质量(Fuson et al. , 1988)。一种比较难于教授的能力是将知识从熟悉问题迁移到新问题的能力。教授这种能力经常需要对如何在熟悉问题和新问题间建立联系(例如,基于问题类型)给予外显指导(Fuchs et al. , 2003)。对于儿童和成人来说,内在因素包括工作记忆容量(Geary & Widaman, 1992; Tronsky & Royer, 2002)、基本的计算技能(Sweller et al. , 1983)、问题类型和图式的知识(G. Cooper & Sweller, 1987)、形成问题特征间关系的视空间表征能力(Hegarty & Kozhevnikov, 1999; Lewis & Mayer, 1987),也包括自我效能感和坚持努力解决问题的倾向(Fuchs, Fuchs, Prentice, Burch, Hamlett, Owen, & Schroeter, 2003)。

变化的机制

导致变化、竞争和选择的过程引发了从人口学中的基因频次到公司成败模式等各种水平的变化。因此对儿童数学能力发展的机制研究和一般认知发展的理解来说,变化、竞争和选择的融合都是一个有价值的组织框架(Siegler, 1996)。达成目标(比如,解决算术问题或者指定周末计划)的效能可作为认知能力的发展性或经验性提高的指标,效能可根据达成目标或次级目标的速度和正确率进行测量。从这个角度来说,达成目标能力的发展或经验性的提高与以下三方面有一定关系:(a)用来达成目标的程序和概念的可变性;(b)产生这种可变性的脑与认知机制;(c)用以选择最有效的程序和概念的情境、脑和认知反馈机制。

在第一部分里,我们简单介绍了不同问题解决方法的基本机制:变异、竞争和选择,并且较详细地讨论了相关的脑(Edelman,1987)和认知机制(Shrager & Siegler,1998;Siegler,1996),这些内容很多地方都有介绍。第二部分,我们依据与生物进化有关和无关的能力推测这些机制的发展变化(Geary,2004a,2005)。虽然这两部分的讨论都只是初步的,但可以为数学和其他领域的变化是如何发生的提供一个概念性轮廓。

达尔文学说的竞争

变异和竞争。Siegler 和他的同事已经证明,儿童会利用多种程序和概念来解决几乎所有认知领域内的问题;同时随着个体成长和经验增加,儿童能够更有效地达成问题解决目标(Shrager & Siegler,1998;Siegler,1996;Siegler & Shipley,1995)。这样讨论的焦点不是问题解决方法的变异是否是认知发展的必要特征,而是导致这些方法变异和竞争的机制。图18.3 将导致认知和脑系统水平上问题解决方法的变异和竞争机制概念化为一个框架。

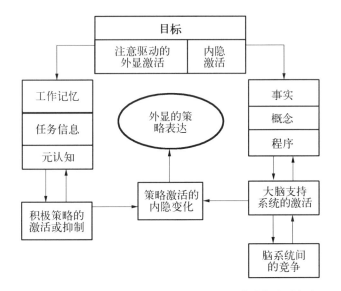

图 18.3　问题解决中策略外显使用的外显和内隐机制的框架。

首先,目标达成需要将注意集中于外部情境特征,这些外部情境特征或者与目标有关(例如,算术问题解答清单),或者与预期目标情境内在生成的心理模型有关(Geary,2005)。目标生成和注意收缩到外部或内部表征情境的特征上,将产生与目标相关的事实、概念和程序的内隐激活(高于激活的基线水平,但意识不到)(Anderson,1982)。这些可以学习的事实、概念及程序与以前的问题解决(Shrager & Siegler,1998;Siegler,1996)或内在的基本概念和程序是有联系的(R. Gelman,1990,1991)。目标相关信息的内隐激活意味着现有的概念性知识及记忆的事实和程序可能会影响注意分配,进而影响问题解决。十进制系统的知识和记忆中解决复杂算术问题的程序,应该会影响注意的暂时集中模式,比如从个位到十位等等。更一般地,可以从多水平理解概念性知识,如从类别特征的外显描述符(例如,以 10 为单元)到注意指向与目标相关的环境特征(比如,竖式中的数字,面孔上的眼睛)的脑激活范式(Schyns, Bonnar, & Gosselin, 2002)。

对目标相关信息的内隐激活经常意味着多事实、多概念和多程序的同时激活,如图 18.3 右侧所示的双向箭头,多个脑区系统将会同时被激活。Edelman(1987)提出这些激活的神经元之间会结成组,为了以后外显的行为表达而互相竞争。同样如图 18.3 右侧所示,脑系统水平上的竞争——神经元组的相对激活和竞争组的抑制——产生了与目标相关行为策略相联系的事实、概念和程序的内隐激活水平上的变异,从而也产生策略表现可能性的变异。Edelman 还认为正常的神经发展过程建立了脑组织模式,这种模式就必然导致神经元群水平上的变异和竞争,因而也导致了感知觉、认知和行为表达水平上的变异和竞争。尽管作为结果而发生的神经元群系统在数学领域中的研究刚刚起步(Dehaene et al. , 1999;Pinel et al. , 2004),但在一些与经典性条件反射和操作性条件反射相关的有限的感知觉或认知现象中已得到了很好的理解(例如,McDonald & White, 1993;Thompson & Krupa, 1994)。问题的关键是被目标相关的情境特征激活的神经元群之间的竞争,导致了认知表征激活水平上的变异(例如,目标相关事实的长时记忆),进而导致策略表达可能性的变异。

注意集中也能导致目标和目标相关事实、概念以及工作记忆中的程序的外显的、有意识的表征(N. Cowan, 1995;Dehaene & Naccache, 2001;Engle, 2002;Shrager & Siegler, 1998),如图 18.3 左侧所示。工作记忆系统至少提供了两种策略选择的机制。第一种由明确表征的任务或元认知知识组成,这种元认知知识能指导策略执行,并能够以问题解决过程和结果的观察为基础推论出目标相关的概念和程序。Briars 和 Siegler(1984)发现学前儿童的数数知识部分地来自对文化特定程序的观察,比如从左到右数,这一研究结果提供了任务相关的推论。元认知机制可以在不同的任务中起作用,代表了监控问题解决以提高效率的能力,比如,儿童使用小值策略(Siegler & Jenkins, 1989)。尽管很多儿童在明确意识到之前就已经从数全体转换到数最小数,但是有些儿童能正确地推断他人在解决问题时不是数两个加数,从而调整自己的问题解决过程。换句话说,对目标相关的问题解决的外显监控,可以辨认和排除不必要的问题解决步骤。

外显注意控制影响问题解决的第二种方式,是通过积极策略的抑制或激活。比如,选择/不选择问题解决的指导(Siegler & Lemaire, 1997),在这个研究中,指导被试用他们选择的任何策略(数手指或提取)去解决一组问题(例如,算术问题、拼写等),然后指导被试只用一种策略(如,直接提取)去解决一组相似的问题。在选择条件下问题解决更加准确,这与策略变化具有适应性的预期一致(Siegler, 1996)。同样重要的是,大多数小学儿童很容易获得抑制其他策略、而只保留一种问题解决策略的能力(Geary, Hamson, & Hoard, 2000;Jordan & Montani, 1997;Lemaire & Lecacheur, 2002a)。脑成像研究表明,前额叶皮层背外侧与注意控制、外显的问题解决监控及对任务不相关脑区的抑制有关(Kane & Engle, 2002);这些脑区的成熟可能影响策略选择能力的发展性变化(Welsh & Pennington, 1988)。

801

如图 18.3 左下部分所示,这些脑区能增强或抑制图右侧所示的内隐激活的脑区。这种自下而上的竞争和自上而下的机制的结合增强或抑制这些竞争系统,导致了行为策略的表达。

选择。脑和认知水平上的变异和竞争导致问题解决策略的执行。随着时间的发展,适应性的目标相关的调整导致最有效的策略被更频繁地使用,而无效策略逐渐消失(参见 Siegler,1996)。在这种模式下,策略执行的结果(例如,成功的问题解决)和过程一定存在于个体策略的选择机制中。尽管这些选择过程运行的具体方式尚不清楚,但一定涉及了脑(Edelman,1987)和认知水平 (Siegler,1996)上记忆和概念表征模式的变化。正如自然选择导致了代际间基因频次的变化一样,影响策略变异的选择过程导致了一种形式的遗传:记忆模式的改变、策略知识和神经元群的物理变化。

在行为水平上,最根本的选择机制是经典性条件反射和操作性条件反射(Timberlake,1994),如简单的加法学习中所阐释的(Siegler & Robinson, 1982)。如前文所提,在技能发展早期,儿童依赖数手指和口头数数。这两种程序的反复执行至少有两种作用:首先,程序本身可以更快更准确地执行(Delaney et al. ,1998),表明程序记忆的形成和加强;第二,数加数的行为在两个加数和结果之间建立了联结,从而形成了陈述性记忆(Siegler & Shrager,1984;see also Campbell,1995)。导致这些程序性和陈述性记忆形成和加强的神经变化尚不清楚,但可能需要神经元在相联系的神经元组中同时和同步的放电(Damasio,1989)。在认知水平上,联想性记忆的形成导致数加工过程(例如,计算和提取)的更大变异,这种变异可以用来实现目标,进而也增加了这些过程之间表达的竞争性。

从经验上来说,和数数程序的执行相比,算术事实的直接提取最终在算术执行过程中获得了选择性优势。直接提取的速度(Siegler & Shrager,1984)和低工作记忆需求,使其相比程序性执行(Geary et al. , 2004)更具有选择优势。随着经验的丰富,提取速度加快,而且所产生的答案与数数所产生的答案相比,趋于同样或更加准确。事实上,在其他可选过程执行之前,提取法就达成了目标,实现了它的更大效能。目标的实现反过来又可能抑制这些可选择过程的表达,因此也就增强了直接提取的竞争优势。在脑系统水平上,Edelma(1987)预测这些选择机制将增强支持提取策略的神经元组中神经元之间的联结,并导致支持那些未表达策略的神经元组中神经元的死亡,或者至少削弱了他们之间的联结(这个例子中是数数)。

初级和次级领域

初级领域。初级能力包括内隐概念、程序和脑支持系统(如图 18.3 右半部分所示)的先天系统,但是通常没有充分发展。初级能力导致注意、情感和信息加工偏向,以至儿童更加关注人类进化过程中显著的生态学特征(Geary & Bjorklund, 2000),和这些偏向相结合的是自我驱动的生态学上的行为管理(Bjorklund & Pellegrini,2002;Scarr,1992)。后者产生了进化性的预期经验,预期经验为大脑和认知系统结构的调整以适应进化显著领域的细微差别而提供所需的反馈,比如个体能够区分人的面孔。这些行为偏向表现为儿童期的普遍性活动,例如社会扮演和环境探索。

与生物进化有关的数学能力包括:对小集合数量的内隐理解(Starkey et al. , 1990)、加减法的效应(Wynn, 1992a)、计算的概念和计算程序的执行(R. Gelman & Gallistel,1978)

802

以及相关数量(Lipton & Spelke, 2003)。一些初级数学能力几乎没有发展变化,比如估计小数量集合的能力(Geary, 1994; Temple & Posner, 1998)。另外一些能力有实质性的发展变化,如执行计算程序的技能和计算概念的外显理解(R. Gelman & Gallistel, 1978)。研究者预测,这些能力的发展变化来自早期注意偏向和相关活动(如数实物集合)的交互作用(R. Gelman, 1990)。这些活动整合了先天的偏向和文化特定的练习,例如各种文化中的数词或者计数表征方式(如利用手指或身体的其他部分)。到学前期结束时,所有这些能力都很好地整合在一起,使儿童能进行基本的测量、计数和做简单的算术(Geary, 1995)。

高级领域。与生物进化无关的、理论性数学知识的发展是指为产生特定文化能力而对主要脑区和认知系统进行调整(Geary, 1995)。这些能力中的一些和初级能力非常相似。Spelke(2000)认为阿拉伯数字系统的学习是将小数字的初级知识和计算整合进数量模拟系统。通过这种方式,对小集合的初步理解和对连续数在数量上可以增加1的理解,可以超越初级系统的小数字范围。Siegle和Opfer(2003)对儿童数轴估计的研究结果和这种观点是一致的。回忆一下图18.2,该图表明儿童的数轴估计和数量模拟系统的预测(底部)及阿拉伯数字系统(顶部)是一致的。随着数字范围经验的增大(比如,从1到100或从1到1000),儿童数轴表征的基础从与生物进化有关的数量模拟系统逐渐转换成与生物进化无关的数学系统(Siegler & Booth, 2004)。

理论数学的其他一些特征,如十进制系统,不能得到初级系统的支持(Geary, 2002)。十进制算术能力需要对数学中数轴的概念性理解,需要把系统分解成以10为单元的集合,然后把这些集合组织为成百(10,20,30…)成千的能力,等等。然而对数字集合的内隐理解可能是初级知识,而以10为单位建立集合和对集合进行高级组织就不是初级能力了。这些概念知识也必须对应到数词系统上(McCloskey, Sokol, & Goodman, 1986),并需要和学校教授的解决复杂算术问题的程序相整合(Fuson & Kwon, 1992a)。因此十进制知识的发展需要将初级数字知识向更大的数字扩展,也需要以区别于初级知识的方式组织这些数字表征,还需要学习将这些知识应用于解决次级领域中复杂数学算术问题的程序性规则(例如,解决234+697)。换而言之,在儿童十进制的算术学习中多重初级知识系统必须被调整和整合。

尽管为学习次级数学而调整初级系统的机制并不清楚,但在其他新的进化领域里的研究显示,图18.3所示工作记忆系统的外显注意和抑制控制机制是非常关键的(例如,Ackerman & Cianciolo, 2002)。众所周知,一些次级数学学习(比如,算术事实或简单的算术关系),都只能在注意集中和重复呈现同样或相似的算术模式时才能内隐地发生(例如,Siegler & Stern, 1998)。理论上,对于由重复导致的对事实、概念和程序的内隐表征(如图18.3右侧所示),只有调整初级系统才会发生。我们没有关于9+7=16的先天理解,但重复解决这个问题就导致了以语言(初级系统)为基础的陈述性事实的发展(Dehaene & Cohen, 1991)。

对工作记忆中信息的外显和有意识的表征,以及通过这种能力推断教学中的数学,需要前额叶皮层背外侧和内隐表征目标相关的事实、概念和程序的脑区的同步激活(Dehaene &

Naccache,2001;Posner,1994)。如理论学习一样,这一过程如何发生的细节在其他资料中也有涉及(Geary, 2005),但这里要介绍几个基本观点,第一,学校中数学问题的重复将导致在长时记忆中形成内隐的事实、概念或程序(例如,Siegler & Stern,1998)。这些知识将影响问题解决,除非潜在的脑区与前额叶皮层背外侧同步激活,否则知识将处于内隐状态,这种情况经常会在注意集中于完成特定目标时发生。当这种情况发生时,事实、概念或程序模式将一下子进入意识中,因此可用来推断信息,形成元认知知识等。第二,从理论上讲,工作记忆中对目标相关特征的外显表征(例如通过直接的指导),应该对支持问题解决的脑区的激活和抑制模式产生自上而下的影响。这种自上而下的过程,可能导致用于解决问题的内隐表征的事实、概念和程序产生偏向,并导致相关的内隐知识发生变化。

根据这个观点,变化来自对数学问题或模式的重复加工。结果是进行模式加工的一系列脑区的重复激活,以及通过相应神经元组水平上的竞争和选择(Edelman,1987)形成了内隐的与生物进化无关的事实、概念和程序。发展性变化是随着支持外显和工作记忆机制(如图18.3所示)的脑系统(如,前额叶皮层背外侧)的成熟而发生的。这些脑区在儿童期和青少年早期(Giedd et al. , 1999;Welsh & Pennington, 1988)缓慢地成熟,使将注意力集中于目标相关的问题解决的能力,抑制干扰问题解决无关信息的能力,对目标和问题解决过程进行外显推断的能力和形成元认知知识的能力均得到了提高。

结论和未来趋向

在过去的二十年中,尤其是最近几年,儿童数学发展的研究已经成为一个充满生机、令人激动的领域。尽管还有很多地方需要探讨,但我们现在已经对婴儿、学前期儿童和小学儿童的数、计算、算术及一些更复杂的算术和代数问题的解决有了相当多的了解(Brannon & Vab de Wakkem,2001;Briars & Larkin,1984;Siegler,1996;Starkey,1992;Wynn,1992a)。大多数领域中的实验结果都不再需要重复验证,这是该领域成熟的一个标志,但是潜在的认知机制和发展变化机制仍然是理论争议的焦点(Cohen & Marks,2002;Newcombe,2002)。争论的中心问题是:大多数最基本的数量能力的出现,在何种程度上来自具有注意和加工环境中数字特征的先天的或进化的脑和认知系统(Gallistel & Gelman, 1992;Wynn,1995),或者这些能力的来源是否是为其他功能(比如物体辨认)而设计的脑和认知系统(Mix et al. ,1997)。

毫无疑问,这个领域未来的研究将集中探讨这些有争论的问题。事实上,近期的行为(Brannon,2002;Kobayashie et al. ,2004)和脑成像(Pinel et al. , 2004)研究已经使用复杂的技术来确定,支持数量判断的认知系统是否仅用于数字,以及潜在的脑区是否仅加工数字信息。所有的结果是交织在一起的,因此,需要进一步的研究来得出强有力的结论。目前存在争论和未来研究共同关注的一个重要领域是儿童数学领域甚至更一般领域中认知发展的机制(Siegler,1996)。我们已经对发展变化的认知机制(比如,工作记忆和注意)有了一些了解(Shrager & Siegler,1998),我们也对脑支持系统的运作有了初步的认识(Geary,2005),但是有关这些系统是如何运作的,以及从数学的一个领域到另一个领域是如何变化的,还有待进一步研究。我们最终的方向是把来自儿童数学发展科学研究的知识,应用到儿童在学校中如何学习数学的研究中。

（黄大庆、李清涛、慕德芳、李艳玲译,陈英和审校）

参考文献

Ackerman, P. L., & Cianciolo, A. T. (2002). Ability and task constraint determinants of complex task performance. *Journal of Experimental Psychology: Applied*, 8, 194 - 208.

Anderson, J. R. (1982). Acquisition of cognitive skill. *Psychological Review*, 89, 369 - 406.

Antell, S. E., & Keating, D. P. (1983). Perception of numerical invariance in neonates. *Child Development*, 54, 695 - 701.

Ashcraft, M. H. (1982). The development of mental arithmetic: A chronometric approach. *Developmental Review*, 2, 213 - 236.

Ashcraft, M. H. (1995). Cognitive psychology and simple arithmetic: A review and summary of new directions. *Mathematical Cognition*, 1, 3 - 34.

Ashcraft, M. H. (2002). Math anxiety: Personal, educational, and cognitive consequences. *Current Directions in Psychological Science*, 11, 181 - 185.

Ashcraft, M. H., & Battaglia, J. (1978). Cognitive arithmetic: Evidence for retrieval and decision processes in mental addition. *Journal of Experimental Psychology: Human Learning and Memory*, 4, 527 - 538.

Baroody, A. J., & Gannon, K. E. (1984). The development of the commutativity principle and economical addition strategies. *Cognition and Instruction*, 1, 321 - 339.

Baroody, A. J., & Ginsburg, H. P. (1986). The relationship between initial meaningful and mechanical knowledge of arithmetic. In J. Hiebert (Ed.), *Conceptual and procedural knowledge: The case of mathematics* (pp. 75 - 112). Hillsdale, NJ: Erlbaum.

Baroody, A. J., Ginsburg, H. P., & Waxman, B. (1983). Children's use of mathematical structure. *Journal for Research in Mathematics Education*, 14, 156 - 168.

Baroody, A. J., Wilkins, J. L. M., & Tiilikainen, S. H. (2003). The development of children's understanding of additive commutativity: From protoquantitative concept to general concept. In A. J. Baroody & A. Dowker (Eds.), *The development of arithmetic concepts and skills: Constructing adaptive expertise* (pp. 127 - 160). Mahwah, NJ: Erlbaum.

Beran, M. J., & Beran, M. M. (2004). Chimpanzees remember the results of one-by-one addition of food items to sets over extended time periods. *Psychological Science*, 15, 94 - 99.

Bermejo, V. (1996). Cardinality development and counting. *Developmental Psychology*, 32, 263 - 268.

Bjorklund, D. F., & Pellegrini, A. D. (2002). *The origins of human nature: Evolutionary developmental psychology*. Washington, DC: American Psychological Association.

blöte, A. W., Klein, A. S., & Beishuizen, M. (2000). Mental computation and conceptual understanding. *Learning and Instruction*, 10, 221 - 247.

Boysen, S. T., & Berntson, G. G. (1989). Numerical competence in a chimpanzee (pan troglodytes). *Journal of Comparative Psychology*, 103, 23 - 31.

Brainerd, C. J. (1979). *The origins of the number concept*. New York: Praeger.

Brannon, E. M. (2002). The development of ordinal numerical knowledge in infancy. *Cognition*, 83, 223 - 240.

Brannon, E. M., Abbott, S., & Lutz, D. J. (2004). Number bias for the discrimination of large visual sets in infancy. *Cognition*, 93, B59 - B68.

Brannon, E. M., & Terrace, H. S. (1998, October 23). Ordering of the numerosities 1 to 9 by monkeys. *Science*, 282, 746 - 749.

Brannon, E. M., & Van de Walle, G. A. (2001). The development of ordinal numerical competence in young children. *Cognitive Psychology*, 43, 53 - 81.

Briars, D. J., & Larkin, J. H. (1984). An integrated model of skill in solving elementary word problems. *Cognition and Instruction*, 1, 245 - 296.

Briars, D. J., & Siegler, R. S. (1984). A featural analysis of preschoolers' counting knowledge. *Developmental Psychology*, 20, 607 - 618.

Brownell, W. A. (1928). *The development of children's number ideas in the primary grades*. Chicago: University of Chicago.

Bullock, M., & Gelman, R. (1977). Numerical reasoning in young children: The ordering principle. *Child Development*, 48, 427 - 434.

Butterworth, B. (1999). *The mathematical brain*. London: Macmillan.

Byrnes, J. P., & Wasik, B. A. (1991). Role of conceptual knowledge in mathematical procedural learning. *Developmental Psychology*, 27, 777 - 786.

Campbell, J. I. D. (1995). Mechanisms of simple addition and multiplication: A modified network-interference theory and simulation. *Mathematical Cognition*, 1, 121 - 164.

Campbell, J. I. D. (1999). Division by multiplication. *Memory and Cognition*, 27, 791 - 802.

Campbell, J. I. D., & Graham, D. J. (1985). Mental multiplication skill: Structure, process, and acquisition. *Canadian Journal of Psychology*, 39, 338 - 366.

Canisia, M. (1962). Mathematical ability as related to reasoning and use of symbols. *Educational and Psychological Measurement*, 22, 105 - 127.

Canobi, K. H., Reeve, R. A., & Pattison, P. E. (1998). The role of conceptual understanding in children's addition problem solving. *Developmental Psychology*, 34, 882 - 891.

Canobi, K. H., Reeve, R. A., & Pattison, P. E. (2002). Young children's understanding of addition. *Educational Psychology*, 22, 513 - 532.

Carey, S. (2002). Evidence for numerical abilities in young infants: A fatal flaw? *Developmental Science*, 5, 202 - 205.

Carpenter, T. P., & Moser, J. M. (1983). The acquisition of addition and subtraction concepts. In R. Lesh & M. Landau (Eds.), *Acquisition of mathematical concepts and processes* (pp. 7 - 44). New York: Academic Press.

Carpenter, T. P., & Moser, J. M. (1984). The acquisition of addition and subtraction concepts in grades 1 through 3. *Journal for Research in Mathematics Education*, 15, 179 - 202.

Carroll, J. B. (1993). *Human cognitive abilities: A survey of factor-analytic studies*. New York: Cambridge University Press.

Case, R., & Okamoto, Y. (1996). The role of conceptual structures in the development of children's thought. *Monographs of the Society for Research in Child Development*, 61(1/2, Serial No. 246).

Cattell, J. M. (1890). Mental tests and measurements. *Mind*, 15, 373 - 381.

Chein, I. (1939). Factors in mental organization. *Psychological Record*, 3, 71 - 94.

Clearfield, M. W., & Mix, K. S. (1999). Number versus contour length in infants' discrimination of small visual sets. *Psychological Science*, 10, 408 - 411.

Clements, M. A., & Del Campo, G. (1990). How natural is fraction knowledge. In L. P. Steffe & T. Wood (Eds.), *Transforming children's mathematics education: International perspectives* (pp. 181 - 188). Hillsdale, NJ: Erlbaum.

Cohen, L. B. (2002). Extraordinary claims require extraordinary controls. *Developmental Science*, 5, 211 - 212.

Cohen, L. B., & Marks, K. S. (2002). How infants process addition and subtraction events. *Developmental Science*, 5, 186 - 212.

Coombs, C. H. (1941). A factorial study of number ability. *Psychometrika*, 6, 161 - 189.

Cooper, G., & Sweller, J. (1987). Effects of schema acquisition and rule automation on mathematical problem-solving transfer. *Journal of Educational Psychology*, 79, 347 - 362.

Cooper, R. G., Jr. (1984). Early number development: Discovering number space with addition and subtraction. In C. Sophian (Ed.), *The 18th Annual Carnegie Symposium on Cognition: Origins of cognitive skills* (pp. 157 - 192). Hillsdale, NJ: Erlbaum.

Cowan, N. (1995). *Attention and memory: An integrated framework*. New York: Oxford University Press.

Cowan, R., & Renton, M. (1996). Do they know what they are doing?

Children's use of economical addition strategies and knowledge of commutativity. *Educational Psychology*, *16*, 407‒420.

Crump, T. (1990). *The anthropology of numbers*. New York: Cambridge University Press.

Damasio, A. R. (1989). Time-locked multiregional retroactivation: A systems-level proposal for the neural substrates of recall and recognition. *Cognition*, *33*, 25‒62.

Darwin, C. (1871). *The descent of man, and selection in relation to sex*. London: John Murray.

Darwin, C., & Wallace, A. (1858). On the tendency of species to form varieties, and on the perpetuation of varieties and species by natural means of selection. *Journal of the Linnean Society of London, Zoology*, *3*, 45‒62.

De Corte, E., & Verschaffel, L. (1987). The effect of semantic structure on first graders' strategies for solving addition and subtraction word problems. *Journal for Research in Mathematics Education*, *18*, 363‒381.

Dehaene, S. (1997). *The number sense: How the mind creates mathematics*. New York: Oxford University Press.

Dehaene, S., & Cohen, L. (1991). Two mental calculation systems: A Case Study of Severe Acalculia with Preserved Approximation. *Neuropsychologia*, *29*, 1045‒1074.

Dehaene, S., & Naccache, L. (2001). Towards a cognitive neuroscience of consciousness: Basic evidence and a workspace framework. *Cognition*, *79*, 1‒37.

Dehaene, S., Spelke, E., Pinel, P., Stanescu, R., & Tsivkin, S. (1999, May 7). Sources of mathematical thinking: Behavioral and brainimaging evidence. *Science*, *284*, 970‒974.

Delaney, P. F., Reder, L. M., Staszewski, J. J., & Ritter, F. E. (1998). The strategy-specific nature of improvement: The power law applies by strategy within task. *Psychological Science*, *9*, 1‒7.

Dowker, A. (1997). Young children's addition estimates. *Mathematical Cognition*, *3*, 141‒154.

Dowker, A. (2003). Younger children's estimates for addition: The zone of partial knowledge and understanding. In A. J. Baroody & A. Dowker (Eds.), *The development of arithmetic concepts and skills: Constructing adaptive expertise* (pp. 243‒265). Mahwah, N J: Erlbaum.

Dye, N. W., & Very, P. S. (1968). Growth changes in factorial structure by age and sex. *Genetic Psychology Monographs*, *78*, 55‒88.

Edelman, G. M. (1987). *Neural Darwinism: The theory of neuronal group selection*. New York: Basic Books.

Engle, R. W. (2002). Working memory capacity as executive attention. *Current Directions in Psychological Science*, *11*, 19‒23.

Feigenson, L., Carey, S., & Hauser, M. (2002). The representations underlying infants' choice of more: Object files versus analog magnitudes. *Psychological Science*, *13*, 150‒156.

Feigenson, L., Carey, S., & Spelke, E. (2002). Infants' discrimination of number versus continuous extent. *Cognitive Psychology*, *44*, 33‒66.

Freedman, D. G. (1974). *Human infancy: An evolutionary perspective*. New York: Wiley.

Freeman, N. H., Antonucci, C., & Lewis, C. (2000). Representation of the cardinality principle: Early conception of error in a counterfactual test. *Cognition*, *74*, 71‒89.

French, J. W. (1951). The description of aptitude and achievement tests in terms of rotated factors. *Psychometric Monographs*(5).

Fuchs, L. S., Fuchs, D., Prentice, K., Burch, M., Hamlett, C. L., Owen, R., et al. (2003). Explicitly teaching for transfer: Effects on third-grade students' mathematical problem solving. *Journal of Educational Psychology*, *95*, 293‒305.

Fuchs, L. S., Fuchs, D., Prentice, K., Burch, M., Hamlett, C. L., Owen, R., & Schroeter, K. (2003). Enhancing third-grade students' mathematical problem solving with self-regulated learning strategies. *Journal of Educational Psychology*, *95*, 306‒315.

Fuson, K. C. (1982). An analysis of the counting-on solution procedure in addition. In T. P. Carpenter, J. M. Moser, & T. A. Romberg (Eds.), *Addition and subtraction: A cognitive perspective* (pp. 67‒81). Hillsdale, NJ: Erlbaum.

Fuson, K. C. (1988). *Children's counting and concepts of number*. New York: Springer-Verlag.

Fuson, K. C. (1990). Conceptual structures for multiunit numbers: Implications for learning and teaching multidigit addition, subtraction, and place value. *Cognition and Instruction*, *7*, 343‒403.

Fuson, K. C. (1991). Children's early counting: Saying the numberword sequence, counting objects, and understanding cardinality. In K. Durkin & B. Shire (Eds.), *Language in mathematical education: Research and practice* (pp. 27‒39). Milton Keynes, PA: Open University Press.

Fuson, K. C., & Briars, D. J. (1990). Using a base‒10 blocks learning/teaching approach for first- and second-grade place-value and multidigit addition and subtraction. *Journal for Research in Mathematics Education*, *21*, 180‒206.

Fuson, K. C., & Kwon, Y. (1991). Chinese-based regular and European irregular systems of number words: The disadvantages for English-speaking children. In K. Durkin & B. Shire (Eds.), *Language in mathematical education: Research and practice* (pp. 211‒226). Milton Keynes, PA: Open University Press.

Fuson, K. C., & Kwon, Y. (1992a). Korean children's understanding of multidigit addition and subtraction. *Child Development*, *63*, 491‒506.

Fuson, K. C., & Kwon, Y. (1992b). Korean children's single-digit addition and subtraction: Numbers structured by 10. *Journal for Research in Mathematics Education*, *23*, 148‒165.

Fuson, K. C., Stigler, J. W., & Bartsch, K. (1988). Grade placement of addition and subtraction topics in Japan, Mainland China, the Soviet Union, Taiwan, and the United States. *Journal for Research in Mathematics Education*, *19*, 449‒456.

Gallistel, C. R., & Gelman, R. (1992). Preverbal and verbal counting and computation. *Cognition*, *44*, 43‒74.

Geary, D. C. (1994). *Children's mathematical development: Research and practical applications*. Washington, DC: American Psychological Association.

Geary, D. C. (1995). Reflections of evolution and culture in children's cognition: Implications for mathematical development and instruction. *American Psychologist*, *50*, 24‒37.

Geary, D. C. (2002). Principles of evolutionary educational psychology. *Learning and Individual Differences*, *12*, 317‒345.

Geary, D. C. (2004a). Evolution and cognitive development. In R. Burgess & K. MacDonald (Eds.), *Evolutionary perspectives on human development* (pp. 99‒133). Thousand Oaks, CA: Sage.

Geary, D. C. (2004b). Mathematics and learning disabilities. *Journal of Learning Disabilities*, *37*, 4‒15.

Geary, D. C. (2005). *The origin of mind: Evolution of brain, cognition, and general intelligence*. Washington, DC: American Psychological Association.

Geary, D. C., & Bjorklund, D. F. (2000). Evolutionary developmental psychology. *Child Development*, *71*, 57‒65.

Geary, D. C., Bow-Thomas, C. C., Liu, F., & Siegler, R. S. (1996). Development of arithmetical competencies in Chinese and American children: Influence of age, language, and schooling. *Child Development*, *67*, 2022‒2044.

Geary, D. C., Bow-Thomas, C. C., & Yao, Y. (1992). Counting knowledge and skill in cognitive addition: A comparison of normal and mathematically disabled children. *Journal of Experimental Child Psychology*, *54*, 372‒391.

Geary, D. C., Frensch, P. A., & Wiley, J. G. (1993). Simple and complex mental subtraction: Strategy choice and speed-of-processing differences in younger and older adults. *Psychology and Aging*, *8*, 242‒256.

Geary, D. C., Hamson, C. O., Chen, G. P., Liu, F., Hoard, M. K., & Salthouse, T. A. (1997). Computational and reasoning abilities in arithmetic: Cross-generational change in China and the United States. *Psychonomic Bulletin and Review*, *4*, 425‒430.

Geary, D. C., Hamson, C. O., & Hoard, M. K. (2000). Numerical and arithmetical cognition: A longitudinal study of process and concept deficits in children with learning disability. *Journal of Experimental Child Psychology*, *77*, 236‒263.

Geary, D. C., Hoard, M. K., Byrd-Craven, J., & DeSoto, M. C. (2004). Strategy choices in simple and complex addition: Contributions of working memory and counting knowledge for children with mathematical disability. *Journal of Experimental Child Psychology*, *88*, 121‒151.

Geary, D. C., & Widaman, K. F. (1992). Numerical cognition: On the convergence of componential and psychometric models. *Intelligence*, *16*, 47‒80.

Geary, D. C., Widaman, K. F., & Little, T. D. (1986). Cognitive addition and multiplication: Evidence for a single memory network. *Memory and Cognition*, *14*, 478‒487.

Gelman, R. (1972). Logical capacity of very young children: Number invariance rules. *Child Development*, *43*, 75‒90.

Gelman, R. (1990). First principles organize attention to and learning about relevant data: Number and animate-inanimate distinction as examples. *Cognitive Science*, *14*, 79‒106.

Gelman, R. (1991). Epigenetic foundations of knowledge structures: Initial and transcendent constructions. In S. Carey & R. Gelman (Eds.), *Epigenesis of mind: Essays on biology and cognition* (pp. 293‒322). Hillsdale, NJ: Erlbaum.

Gelman, R. , & Gallistel, C. R. (1978). *The child's understanding of number*. Cambridge, MA: Harvard University Press.

Gelman, R. , & Meck, E. (1983). Preschooler's counting: Principles before skill. *Cognition*, *13*, 343 - 359.

Gelman, R. , & Williams, E. M. (1998). Enabling constraints for cognitive development and learning: Domain-specificity and epigenesis. In W. Damon (Editor-in-Chief) & D. Kuhn & R. S. Siegler (Vol. Eds.), *Handbook of child psychology: Vol. 2. Cognition, perception, and language* (5th ed. , pp. 575 - 630). New York: Wiley.

Gelman, S. A. (2003). *The essential child: Origins of essentialism in everyday thought*. New York: Oxford University Press.

Giedd, J. N. , Blumenthal, J. , Jeffries, N. O. , Castellanos, F. X. , Liu, H. , Zijdenbos, A. , et al. (1999). Brain development during childhood and adolescence: A longitudinal MRI study. *Nature Neuroscience*, *2*, 861 - 863.

Ginsburg, H. (1977). *Children's arithmetic: The learning process*. New York: Van Nostrand.

Ginsburg, H. P. , Klein, A. , & Starkey, P. (1998). The development of children's mathematical thinking: Connecting research with practice. In W. Damon (Editor-in-Chief) & I. E. Sigel & K. A. Renninger (Vol. Eds.), *Handbook of child psychology: Vol. 4. Child psychology in practice* (5th ed. , pp. 401 - 476). New York: Wiley.

Ginsburg, H. P. , Posner, J. K. , & Russell, R. L. (1981). The development of mental addition as a function of schooling and culture. *Journal of Cross-Cultural Psychology*, *12*, 163 - 178.

Goodman, C. H. (1943). A factorial analysis of Thurstone's sixteen primary mental ability tests. *Psychometrika*, *8*, 141 - 151.

Gordon, P. (2004, October 15). Numerical cognition without words: Evidence from Amazonia. *Science*, *306*, 496 - 499.

Greenough, W. T. , Black, J. E. , & Wallace, C. S. (1987). Experience and brain development. *Child Development*, *58*, 539 - 559.

Groen, G. J. , & Parkman, J. M. (1972). A chronometric analysis of simple addition. *Psychological Review*, *79*, 329 - 343.

Groen, G. , & Resnick, L. B. (1977). Can preschool children invent addition algorithms? *Journal of Educational Psychology*, *69*, 645 - 652.

Hahn, H. H. , & Thorndike, E. L. (1914). Some results of practice in addition under school conditions. *Journal of Educational Psychology*, *5*, 65 - 83.

Hamann, M. S. , & Ashcraft, M. H. (1985). Simple and complex mental addition across development. *Journal of Experimental Child Psychology*, *40*, 49 - 72.

Hatano, G. (1982). Learning to add and subtract: A Japanese perspective. In T. P. Carpenter, J. M. Moser, & T. A. Romberg (Eds.), *Addition and subtraction: A cognitive perspective* (pp. 211 - 223). Hillsdale, NJ: Erlbaum.

Hauser, M. D. , Carey, S. , & Hauser, L. B. (2000). Spontaneous number representation in semi-free-ranging rhesus monkeys. *Proceedings of the Royal Society*, *B*, *267*, 829 - 833.

Hecht, S. A. (1998). Toward an information-processing account of individual differences in fraction skills. *Journal of Educational Psychology*, *90*, 545 - 559.

Hecht, S. A. , Close, L. , & Santisi, M. (2003). Sources of individual differences in fraction skills. *Journal of Experimental Child Psychology*, *86*, 277 - 302.

Hegarty, M. , & Kozhevnikov, M. (1999). Types of visual-spatial representations and mathematical problem solving. *Journal of Educational Psychology*, *91*, 684 - 689.

Hirsch, E. D. , Jr. (1996). *The schools we need and why we don't have them*. New York: Doubleday.

Hitch, G. J. (1978). The role of short-term working memory in mental arithmetic. *Cognitive Psychology*, *10*, 302 - 323.

Houdé, O. (1997). Numerical development: From the infant to the child — Wynn's (1992) paradigm in 2- and 3-year olds. *Cognitive Development*, *12*, 373 - 391.

Huntley-Fenner, G. , & Cannon, E. (2000). Preschoolers' magnitude comparisons are mediated by a preverbal analog mechanism. *Psychological Science*, *11*, 147 - 152.

Huttenlocher, J. , Jordan, N. C. , & Levine, S. C. (1994). A mental model for early arithmetic. *Journal of Experimental Psychology: General*, *123*, 284 - 296.

Ilg, F. , & Ames, L. B. (1951). Developmental trends in arithmetic. *Journal of Genetic Psychology*, *79*, 3 - 28.

Jordan, N. C. , Huttenlocher, J. , & Levine, S. C. (1992). Differential calculation abilities in young children from middle- and low-income families. *Developmental Psychology*, *28*, 644 - 653.

Jordan, N. C. , & Montani, T. O. (1997). Cognitive arithmetic and problem solving: A comparison of children with specific and general mathematics difficulties. *Journal of Learning Disabilities*, *30*, 624 - 634.

Kahneman, D. , Treisman, A. , & Gibbs, S. (1992). The reviewing of object-files: Object specific integration of information. *Cognitive Psychology*, *24*, 175 - 219.

Kane, M. J. , & Engle, R. W. (2002). The role of prefrontal cortex in working-memory capacity, executive attention, and general fluid intelligence: An individual-differences perspective. *Psychonomic Bulletin and Review*, *9*, 637 - 671.

Keil, F. C. (1992). The origins of an autonomous biology. In M. R. Gunnar & M. Maratsos (Eds.), *The Minnesota Symposia on Child Psychology: Vol. 25. Modularity and constraints in language and cognition* (pp. 103 - 137). Hillsdale, NJ: Erlbaum.

Kintsch, W. , & Greeno, J. G. (1985). Understanding and solving arithmetic word problems. *Psychological Review*, *92*, 109 - 129.

Klein, J. S. , & Bisanz, J. (2000). Preschoolers doing arithmetic: The concepts are willing but the working memory is weak. *Canadian Journal of Experimental Psychology*, *54*, 105 - 115.

Kobayashi, T. , Hiraki, K. , Mugitani, R. , & Hasegawa, T. (2004). Baby arithmetic: One object plus one tone. *Cognition*, *91*, B23 - B34.

Koechlin, E. , Dehaene, S. , & Mehler, J. (1997). Numerical transformations in 5-month-old human infants. *Mathematical Cognition*, *3*, 89 - 104.

LeFevre, J.-A. , Greenham, S. L. , & Waheed, N. (1993). The development of procedural and conceptual knowledge in computational estimation. *Cognition and Instruction*, *11*, 95 - 132.

Lemaire, P. , & Lecacheur, M. (2002a). Applying the choice/no-choice methodology: The case of children's strategy use in spelling. *Developmental Science*, *5*, 43 - 48.

Lemaire, P. , & Lecacheur, M. (2002b). Children's strategies in computational estimation. *Journal of Experimental Child Psychology*, *82*, 281 - 304.

Lemaire, P. , & Siegler, R. S. (1995). Four aspects of strategic change: Contributions to children's learning of multiplication. *Journal of Experimental Psychology: General*, *124*, 83 - 97.

Lewis, A. B. , & Mayer, R. E. (1987). Students' miscomprehension of relational statements in arithmetic word problems. *Journal of Educational Psychology*, *79*, 363 - 371.

Lipton, J. S. , & Spelke, E. S. (2003). Origins of number sense: Large-number discrimination in human infants. *Psychological Science*, *14*, 396 - 401.

Lyon, B. E. (2003, April 3). Egg recognition and counting reduce costs of avian conspecific brood parasitism. *Nature*, *422*, 495 - 499.

Markman, E. M. (1979). Classes and collections: Conceptual organization and numerical abilities. *Cognitive Psychology*, *11*, 395 - 411.

Mayer, R. E. (1981). Frequency norms and structural analysis of algebra story problems into families, categories, and templates. *Instructional Science*, *10*, 135 - 175.

Mayer, R. E. (1985). Mathematical ability. In R. J. Sternberg (Ed.), *Human abilities: An information processing approach* (pp. 127 - 150). San Francisco: Freeman.

McCloskey, M. , Sokol, S. M. , & Goodman, R. A. (1986). Cognitive processes in verbal-number production: Inferences from the performance of brain-damaged subjects. *Journal of Experimental Psychology: General*, *115*, 307 - 330.

McCrink, K. , & Wynn, K. (2004). Large-number addition and subtraction by 9-month-old infants. *Psychological Science*, *15*, 776 - 781.

McDonald, R. J. , & White, N. M. (1993). A triple dissociation of memory systems: Hippocampus, amygdala, and dorsal striatum. *Behavioral Neuroscience*, *107*, 3 - 22.

McLellan, J. A. , & Dewey, J. (1895). *The psychology of number and its applications to methods of teaching arithmetic*. New York: Appleton.

Meck, W. H. , & Church, R. M. (1983). A mode control model of counting and timing processes. *Journal of Experimental Psychology: Animal Behavior Processes*, *9*, 320 - 334.

Mehler, J. , & Bever, T. G. (1967, October 6). Cognitive capacity of very young children. *Science*, *158*, 141 - 142.

Metzler, W. H. (1912). Problems in the experimental pedagogy of geometry. *Journal of Educational Psychology*, *3*, 545 - 560.

Meyers, C. E. , & Dingman, H. F. (1960). The structure of abilities at the preschool ages: Hypothesized domains. *Psychological Bulletin*, *57*, 514 - 532.

Miller, K. F. , & Paredes, D. R. (1990). Starting to add worse: Effects of learning to multiply on children's addition. *Cognition*, *37*, 213 - 242.

Miller, K. F., Smith, C. M., Zhu, J., & Zhang, H. (1995). Preschool origins of cross-national differences in mathematical competence: The role of number-naming systems. *Psychological Science*, *6*, 56-60.

Miller, K. F., & Stigler, J. W. (1987). Counting in Chinese: Cultural variation in a basic cognitive skill. *Cognitive Development*, *2*, 279-305.

Miura, I. T., Kim, C. C., Chang, C. M., & Okamoto, Y. (1988). Effects of language characteristics on children's cognitive representation of number: Cross-national comparisons. *Child Development*, *59*, 1445-1450.

Miura, I. T., Okamoto, Y., Kim, C. C., Steere, M., & Fayol, M. (1993). First graders' cognitive representation of number and understanding of place value: Cross-national comparisons — France, Japan, Korea, Sweden, and the United States. *Journal of Educational Psychology*, *85*, 24-30.

Miura, I. T., Okamoto, Y., Vlahovic-Stetic, V., Kim, C. C., & Han, J. H. (1999). Language supports for children's understanding of numerical fractions: Cross-national comparisons. *Journal of Experimental Child Psychology*, *74*, 356-365.

Mix, K. S., Levine, S. C., & Huttenlocher, J. (1997). Numerical abstraction in infants: Another look. *Developmental Psychology*, *33*, 423-428.

Mix, K. S., Levine, S. C., & Huttenlocher, J. (1999). Early fraction calculation ability. *Developmental Psychology*, *35*, 164-174.

Moore, D., Benenson, J., Reznick, J. S., Peterson, M., & Kagan, J. (1987). Effect of auditory numerical information on infants' looking behavior: Contradictory evidence. *Developmental Psychology*, *23*, 665-670.

Naito, M., & Miura, H. (2001). Japanese children's numerical competencies: Age- and schooling-related influences on the development of number concepts and addition skills. *Developmental Psychology*, *37*, 217-230.

Newcombe, N. S. (2002). The nativist-empiricist controversy in the context of recent research on spatial and quantitative development. *Psychological Science*, *13*, 395-401.

Osborne, R. T., & Lindsey, J. M. (1967). A longitudinal investigation of change in the factorial composition of intelligence with age in young school children. *Journal of Genetic Psychology*, *110*, 49-58.

O'Shea, M. V. (1901). The psychology of number: A genetic view. *Psychological Review*, *8*, 371-383.

Paik, J. H., & Mix, K. S. (2003). United States and Korean children's comprehension of fraction names: A reexamination of cross-national differences. *Child Development*, *74*, 144-154.

Pepperberg, I. M. (1987). Evidence for conceptual quantitative abilities in the African grey parrot: Labeling of cardinal sets. *Ethology*, *75*, 37-61.

Piaget, J. (1950). *The psychology of intelligence*. London: Routledge & Kegan Paul.

Piaget, J. (1965). *The child's conception of number*. New York: Norton.

Piaget, J., Inhelder, I., & Szeminska, A. (1960). *The child's conception of geometry*. London: Routledge & Kegan Paul.

Pica, P., Lemer, C., Izard, V., & Dehaene, S. (2004, October 15). Exact and approximate arithmetic in an Amazonian indigene group. *Science*, *306*, 499-503.

Pinel, P., Piazza, D., Le Bihan, D., & Dehaene, S. (2004). Distributed and overlapping cerebral representations of number, size, and luminance during comparative judgments. *Neuron*, *41*, 1-20.

Posner, M. I. (1994). Attention: The mechanisms of consciousness. *Proceedings of the National Academy of Sciences, USA*, *91*, 7398-7403.

Resnick, L. B. (1992). From protoquantities to operators: Building mathematical competence on a foundation of everyday knowledge. In G. Leinhardt, R. Putnam, & R. A. Hattrup (Eds.), *Analysis of arithmetic for mathematics teaching* (pp. 373-425). Hillsdale, N J: Erlbaum.

Riley, M. S., & Greeno, J. G. (1988). Developmental analysis of understanding language about quantities and of solving problems. *Cognition and Instruction*, *5*, 49-101.

Riley, M. S., Greeno, J. G., & Heller, J. I. (1983). Development of children's problem-solving ability in arithmetic. In H. P. Ginsburg (Ed.), *The development of mathematical thinking* (pp. 153-196). New York: Academic Press.

Rittle-Johnson, B., Siegler, R. S., & Alibali, M. W. (2001). Developing conceptual understanding and procedural skill in mathematics: An iterative process. *Journal of Educational Psychology*, *93*, 346-362.

Rozin, P. (1976). The evolution of intelligence and access to the cognitive unconscious. In J. M. Sprague & A. N. Epstein (Eds.), *Progress in psychobiology and physiological psychology* (Vol. 6, pp. 245-280). New York: Academic Press.

Sarnecka, B. W., & Gelman, S. A. (2004). Six does not just mean a lot: Preschoolers see number words as specific. *Cognition*, *92*, 329-352.

Saxe, G. B. (1981). Body parts as numerals: A developmental analysis of numeration among the Oksapmin of Papua, New Guinea. *Child Development*, *52*, 306-316.

Saxe, G. B. (1982). Culture and the development of numerical cognition: Studies among the Oksapmin of Papua, New Guinea. In C. J. Brainerd (Ed.), *Children's logical and mathematical cognition: Progress in cognitive development research* (pp. 157-176). New York: Springer-Verlag.

Saxe, G. B. (1985). Effects of schooling on arithmetical understandings: Studies with Oksapmin Children in Papua, New Guinea. *Journal of Educational Psychology*, *77*, 503-513.

Saxe, G. B., Guberman, S. R., & Gearhart, M. (1987). Social processes in early number development. *Monographs of the Society for Research in Child Development*, *52*(2, Serial No. 216).

Scarr, S. (1992). Developmental theories of the 1990s: Developmental and individual differences. *Child Development*, *63*, 1-19.

Schoenfeld, A. H. (1987). What's all the fuss about metacognition. In A. H. Schoenfeld (Ed.), *Cognitive science and mathematics education* (pp. 189-215). Hillsdale, NJ: Erlbaum.

Schyns, P. G., Bonnar, L., & Gosselin, F. (2002). Show me the features! Understanding recognition from the use of visual information. *Psychological Science*, *13*, 402-409.

Sharon, T., & Wynn, K. (1998). Individuation of actions from continuous motion. *Psychological Science*, *9*, 357-362.

Shrager, J., & Siegler, R. S. (1998). SCADS: A model of children's strategy choices and strategy discoveries. *Psychological Science*, *9*, 405-410.

Siegler, R. S. (1983). Five generalizations about cognitive development. *American Psychologist*, *38*, 263-277.

Siegler, R. S. (1987). The perils of averaging data over strategies: An example from children's addition. *Journal of Experimental Psychology: General*, *116*, 250-264.

Siegler, R. S. (1988a). Individual differences in strategy choices: Good students, not-so-good students, and perfectionists. *Child Development*, *59*, 833-851.

Siegler, R. S. (1988b). Strategy choice procedures and the development of multiplication skill. *Journal of Experimental Psychology: General*, *117*, 258-275.

Siegler, R. S. (1989). Hazards of mental chronometry: An example from children's subtraction. *Journal of Educational Psychology*, *81*, 497-506.

Siegler, R. S. (1996). *Emerging minds: The process of change in children's thinking*. New York: Oxford University Press.

Siegler, R. S., & Booth, J. L. (2004). Development of numerical estimation in young children. *Child Development*, *75*, 428-444.

Siegler, R. S., & Booth, J. L. (2005). Development of numerical estimation: A review. In J. I. D. Campbell (Ed.), *Handbook of mathematical cognition* (pp. 197-212). New York: Psychology Press.

Siegler, R. S., & Crowley, K. (1991). The microgenetic method: A direct means for studying cognitive development. *American Psychologist*, *46*, 606-620.

Siegler, R. S., & Jenkins, E. (1989). *How children discover new strategies*. Hillsdale, NJ: Erlbaum.

Siegler, R. S., & Lemaire, P. (1997). Older and younger adults' strategy choices in multiplication: Testing predictions of ASCM using the choice/no-choice method. *Journal of Experimental Psychology: General*, *126*, 71-92.

Siegler, R. S., & Opfer, J. (2003). The development of numerical estimation: Evidence for multiple representations of numerical quantity. *Psychological Science*, *14*, 237-243.

Siegler, R. S., & Robinson, M. (1982). The development of numerical understandings. In H. Reese & L. P. Lipsitt (Eds.), *Advances in child development and behavior* (Vol. 16, pp. 241-312). New York: Academic Press.

Siegler, R. S., & Shipley, C. (1995). Variation, selection, and cognitive change. In T. Simon & G. Halford (Eds.), *Developing cognitive competence: New approaches to process modeling* (pp. 31-76). Hillsdale, NJ: Erlbaum.

Siegler, R. S., & Shrager, J. (1984). Strategy choice in addition and subtraction: How do children know what to do. In C. Sophian (Ed.), *Origins of cognitive skills* (pp. 229-293). Hillsdale, NJ: Erlbaum.

Siegler, R. S., & Stern, E. (1998). Conscious and unconscious strategy discoveries: A microgenetic analysis. *Journal of Experimental Psychology: General*, *127*, 377-397.

Simon, T. J. (1997). Reconceptualizing the origins of number knowledge: A "non-numerical" account. *Cognitive Development*, *12*, 349-372.

Simon, T. J., Hespos, S. J., & Rochat, P. (1995). Do infants understand simple arithmetic? A replication of Wynn (1992). *Cognitive Development*, *10*, 253 – 269.

Song, M. J., & Ginsburg, H. P. (1987). The development of informal and formal mathematical thinking in Korean and U. S. children. *Child Development*, *58*, 1286 – 1296.

Sophian, C. (1997). Beyond competence: The significance of performance for conceptual development. *Cognitive Development*, *12*, 281 – 303.

Sophian, C., & Adams, N. (1987). Infants' understanding of numerical transformations. *British Journal of Developmental Psychology*, *5*, 257 – 264.

Sophian, C., Harley, H., & Martin, C. S. M. (1995). Relational and representational aspects of early number development. *Cognition and Instruction*, *13*, 253 – 268.

Sophian, C., & McCorgray, P. (1994). Part-whole knowledge and early arithmetic problem solving. *Cognition and Instruction*, *12*, 3 – 33.

Spearman, C. (1904). General intelligence, objectively determined and measured. *American Journal of Psychology*, *15*, 201 – 293.

Spearman, C. (1927). *The abilities of man*. London: Macmillan.

Spelke, E. S. (2000). Core knowledge. *American Psychologist*, *55*, 1233 – 1243.

Spelke, E. S., Breinlinger, K., Macomber, J., & Jacobson, K. (1992). Origins of knowledge. *Psychological Review*, *99*, 605 – 632.

Starch, D. (1911). Transfer of training in arithmetical operations. *Journal of Educational Psychology*, *2*, 306 – 310.

Starkey, P. (1992). The early development of numerical reasoning. *Cognition*, *43*, 93 – 126.

Starkey, P., & Cooper, R. G., Jr. (1980, November 28). Perception of numbers by human infants. *Science*, *210*, 1033 – 1035.

Starkey, P., & Gelman, R. (1982). The development of addition and subtraction abilities prior to formal schooling in arithmetic. In T. P. Carpenter, J. M. Moser, & T. A. Romberg (Eds.), *Addition and subtraction: A cognitive perspective* (pp. 99 – 116). Hillsdale, NJ: Erlbaum.

Starkey, P., Spelke, E. S., & Gelman, R. (1983, October 14). Detection of intermodal numerical correspondences by human infants. *Science*, *222*, 179 – 181.

Starkey, P., Spelke, E. S., & Gelman, R. (1990). Numerical abstraction by human infants. *Cognition*, *36*, 97 – 127.

Stevenson, H. W., Lee, S. Y., Chen, C., Stigler, J. W., Hsu, C. C., & Kitamura, S. (1990). Contexts of achievement: A study of American, Chinese and Japanese children. *Monographs of the Society for Research in Child Development*, *55*(Serial No. 221).

Strauss, M. S., & Curtis, L. E. (1984). Development of numerical concepts in infancy. In C. Sophian (Ed.), *The 18th Annual Carnegie Symposium on Cognition: Origins of cognitive skills* (pp. 131 – 155). Hillsdale, NJ: Erlbaum.

Svenson, O., & Sjöberg, K. (1983). Evolution of cognitive processes for solving simple additions during the first 3 school years. *Scandinavian Journal of Psychology*, *24*, 117 – 124.

Sweller, J., Mawer, R. F., & Ward, M. R. (1983). Development of expertise in mathematical problem solving. *Journal of Experimental Psychology: General*, *112*, 639 – 661.

Ta'ir, J., Brezner, A., & Ariel, R. (1997). Profound developmental dyscalculia: Evidence for a cardinal/ordinal skills acquisition device. *Brain and Cognition*, *35*, 184 – 206.

Taylor, J. F. (1918). The classification of pupils in elementary algebra. *Journal of Educational Psychology*, *9*, 361 – 380.

Temple, E., & Posner, M. I. (1998). Brain mechanisms of quantity are similar in 5-year-old children and adults. *Proceedings of the National Academy of Sciences, USA*, *95*, 7836 – 7841.

Thompson, R. F., & Krupa, D. J. (1994). Organization of memory traces in the mammalian brain. *Annual Review of Neuroscience*, *17*, 519 – 549.

Thorndike, E. L. (1922). *The psychology of arithmetic*. New York: Macmillan.

Thorndike, E. L., & Woodworth, R. S. (1901). The influence of improvement in one mental function upon the efficiency of other functions: Vol. 2. Estimation of magnitudes. *Psychological Review*, *8*, 384 – 394.

Thurstone, L. L. (1938). Primary mental abilities. *Psychometric Monographs*(1).

Thurstone, L. L., & Thurstone, T. G. (1941). Factorial studies of intelligence. *Psychometric Monographs*(2).

Timberlake, W. (1994). Behavior systems, associationism, and Pavlovian conditioning. *Psychonomic Bulletin and Review*, *1*, 405 – 420.

Towse, J., & Saxton, M. (1997). Linguistic influences on children's number concepts: Methodological and theoretical considerations. *Journal of Experimental Child Psychology*, *66*, 362 – 375.

Trick, L. M. (1992). A theory of enumeration that grows out of a general theory of vision: Subitizing, counting, and FINSTs. In J. I. D. Campbell (Ed.), *The nature and origins of mathematical skills* (pp. 257 – 299). Amsterdam: North-Holland.

Tronsky, L. N., & Royer, J. M. (2002). Relationships among basic computational automaticity, working memory, and complex mathematical problem solving. In J. M. Royer (Ed.), *Mathematical cognition* (pp. 117 – 146). Greenwich, CT: Information Age Publishing.

Uller, C., Carey, S., Huntley-Fenner, G., & Klatt, L. (1999). What representations might underlie infant numerical knowledge? *Cognitive Development*, *14*, 1 – 36.

van Loosbroek, E., & Smitsman, A. W. (1990). Visual perception of numerosity in infancy. *Developmental Psychology*, *26*, 916 – 922.

Varelas, M., & Becker, J. (1997). Children's developing understanding of place value: Semiotic aspects. *Cognition and Instruction*, *15*, 265 – 286.

Vergnaud, G. (1983). Multiplicative structures. In R. Lesh & M. Landau (Eds.), *Acquisition of mathematics concepts and processes* (pp. 127 – 174). New York: Academic Press.

Very, P. S. (1967). Differential factor structures in mathematical ability. *Genetic Psychology Monographs*, *75*, 169 – 207.

Vilette, B. (2002). Do young children grasp the inverse relationship between addition and subtraction? Evidence against early arithmetic. *Cognitive Development*, *17*, 1365 – 1383.

Wakeley, A., Rivera, S., & Langer, J. (2000). Can young infants add and subtract? *Child Development*, *71*, 1525 – 1534.

Washburne, C., & Vogel, M. (1928). Are any number combinations inherently difficult? *Journal of Educational Research*, *17*, 235 – 255.

Welsh, M. C., & Pennington, B. F. (1988). Assessing frontal lobe functioning in children: Views from developmental psychology. *Developmental Neuropsychology*, *4*, 199 – 230.

Widaman, K. F., Geary, D. C., Cormier, P., & Little, T. D. (1989). A componential model for mental addition. *Journal of Experimental Psychology: Learning, Memory, and Cognition*, *15*, 898 – 919.

Winch, W. H. (1910). Accuracy in school children: Does improvement in numerical accuracy "transfer"? *Journal of Educational Psychology*, *1*, 557 – 589.

Wynn, K. (1990). Children's understanding of counting. *Cognition*, *36*, 155 – 193.

Wynn, K. (1992a, August 27). Addition and subtraction by human infants. *Nature*, *358*, 749 – 750.

Wynn, K. (1992b). Children's acquisition of the number words and the counting system. *Cognitive Psychology*, *24*, 220 – 251.

Wynn, K. (1995). Origins of numerical knowledge. *Mathematical Cognition*, *1*, 35 – 60.

Wynn, K. (1996). Infants' individuation and enumeration of actions. *Psychological Science*, *7*, 164 – 169.

Wynn, K. (2000). Findings of addition and subtraction in infants are robust and consistent: Reply to Wakeley, Rivera, and Langer. *Child Development*, *71*, 1535 – 1536.

Wynn, K. (2002). Do infants have numerical expectations or just perceptual preferences? *Developmental Science*, *5*, 207 – 209.

Wynn, K., Bloom, P., & Chiang, W.-C. (2002). Enumeration of collective entities by 5-month-old infants. *Cognition*, *83*, B55 – B62.

Wynn, K., & Chiang, W. C. (1998). Limits to infants' knowledge of objects: The case of magical appearance. *Psychological Science*, *9*, 448 – 455.

Xu, F., & Spelke, E. S. (2000). Large number discrimination in 6-month-old infants. *Cognition*, *74*, B1 – B11.

Zaslavsky, C. (1973). *Africa counts: Number and pattern in African culture*. Boston: Prindle, Weber, & Schmidt.

Zorzi, M., Priftis, K., & Umilta, C. (2002, May 9). Neglect disrupts the mental number line. *Nature*, *417*, 138.

第 19 章

社会认知

PAUL L. HARRIS

历史背景(1920—1980)

　　关于社会认知本质的争论在发展心理学的历史早期就已经存在。皮亚杰认为儿童天性是以自我为中心的。因此,当儿童使用一些社会工具如语言时,更多的是让它来为自己服务,而不是沟通。但维果斯基认为,儿童天性是社会性的,儿童语言的非社会性或自我中心在发展的后期才出现,儿童具有融入社会的能力。撇开这些争论和观点,在 20 世纪六七十年代的大部分时间里,皮亚杰的理论主宰着认知发展的研究。在此背景下,社会认知的发展大都被解释为自我中心的逐渐减弱或角色采择能力的缓慢增强,也就并不为奇了。基于这种观点,儿童的任务是不断提高对自我和他人之间区别的认识。当时出版了两部具有影响力的著作,分别是 Flavell 和他的同事写的《儿童角色采择能力和沟通技巧的发展》(Flavell, Botkin, Fry, Wright, & Jarvis, 1968),以及 Kohlberg(1969)参编的一本书,在该书中他提出了社会认知研究以及社会化过程中关键问题研究的认知发展途径。

在接下来的十年里,一系列针对婴儿的研究给那些标榜为经典理论的观点带来了冲击。皮亚杰认为婴儿是以自我为中心的,但一些研究结果表明婴儿在最初的几个月里具有分享和互助的行为。例如,Meltzoff 发现(虽然也存在一些争议)婴儿对同伴的面部表情和手势具有早期模仿的敏感性(Meltzoff, 1976;Meltzoff & More, 1977)。Trevarthen 也提出了早期的主体间性(intersubjectivity)理论(Trevarthen & Hubley, 1978)。Scaife 和 Bruner (1975)创造性地发现婴儿在 12 个月以前能与成人伙伴进行联合注意。这些研究结果表明婴儿能很好地适应周围的人。同时,在社会认知发展的大量研究中,研究者们并没有形成任何全新的理论,只是通过一系列研究发现,表明婴儿的实际能力比皮亚杰所描述的更强。此外,也有力地证明婴儿社会认知的实验分析是一条切实可行而且富有成效的途径。

崭新的开始

维果斯基的发展理论综合了两个不同的部分。一是作为发展心理学家,他强调在发展过程中所涌现的功能性变化,特别是注重儿童心理中思维与言语的联结形成一个功能性整体。二是维果斯基采用比较法去研究。在灵长类动物的研究中,他发现黑猩猩在发展过程中并不存在这样一个联结。然而,撇开皮亚杰对知识起源的进化论研究方法和生物学研究方法的浓厚兴趣不谈,他很少采用比较法去研究认知发展。在皮亚杰理论的主导下,对社会认知的研究并没有采取比较法的研究范式。

两位灵长类动物学家 David Premack 和 Guy Woodruff(1978)的一篇具有里程碑意义的文章提出,采用比较法进行社会认知研究受益匪浅。他们想知道:黑猩猩是否具有心理理论? 黑猩猩是否能通过观察外在行为,去推测引导行为的目标和计划呢? 为了回答这个问题,他们先让黑猩猩被试 Sarah 观看一个片断,内容是主人公努力去解决一个现实问题,如努力去够头顶上的香蕉,但不成功;然后给 Sarah 出示一些图片,图片上都是一些解决问题的方法,让它去选择主人公会采用的解决问题方法,结果它往往能成功地选择一种有效的方式。例如,它判断主人公会采用把箱子移到香蕉的下方而不是把箱子推到一边的解决方法。Premack 和 Woodruff 推测,Sarah 也许能够弄清楚片断中主人公的意图,然后根据此意图来选择一些有效的解决方法。

对这些结果的解释可以进一步归结于一点,同时 Kohler 有关黑猩猩解决问题能力的著名实验研究也告诉我们,黑猩猩能解决一些现实问题,如香蕉问题,它们会寻找一些盒子,再把盒子叠加起来,爬上去拿到香蕉。但黑猩猩毕竟不是老练的心理学家,它们这样做也许是要投射片段中的主人公在相似情形下应该怎么做。

要说明这种可能性,许多研究者建议应该采用一种实验性设置,去要求被试对片段中主人公错误的做法作出预测。该设置迫使被试区分在这种情境下他/她会怎么做,而片断中的主人公的错误做法会是什么。换句话说,投射的简单策略是错误的,其不能对主人公的主观态度有恰当的帮助。在该挑战的推动下,Wimmer 和 Perner(1983)进行了一些研究。在这些研究中,儿童被要求去推测片段中主人公对一物体位置的判断。如,片段中主人公会把一块巧克力放在一个盒子里,然后离开这个场景,而其兄弟在他离开的时候将这块巧克力放到另一个隐藏的地方。Wimmer 和 Perner 发现四五岁的儿童能准确地预测该主人公在回来后会去哪里找巧克力(他最初放巧克力的盒子),但相对更加幼小的儿童却不能(他们会认为他到新藏的地方去寻找)。

该实验引发了一场对过去实验进行重复研究和挑战的风暴。一些推崇皮亚杰自我中心思想的学者(例如我自己)对 4 岁孩子能很好解决问题这一说法感到惊奇。另外一些学者则对 3 岁儿童不能解决同样问题表示怀疑,并尝试采用各种各样的实验操作,去努力发现该年龄段的一些能力特点。与此同时在发展心理学领域,两项相关研究正在进行着:一项是 Baron-Cohen、Leslie 和 Frith(1985)发现患孤独症的儿童,即使是心理年龄较大的孤独症儿童,在 Wimmer 和 Perner 的实验中,也经常不能很好地完成错误信念任务。这引发一系列研究去评估在心理理论正常发展中,孤独症儿童所表现出来的症状在多大程度上能被理解为先天的缺陷。另一项是 Bryne 和 Whiten 质疑在实验中观察到灵长类动物所表现出来的心理阅读(mind-reading)技巧是否与人类儿童所表现出来的具有相似性(Bryne & Whiten,1988;Whiten,1991)。例如,黑猩猩是否能认识到群里的另一成员拥有错误信念,甚至通过一些欺骗行为推测错误信念呢?实验主义者围绕灵长类动物学的争论促进了比较观,这种观点注重儿童心理理论的生物学起源问题。因此,儿童心理理论的关键点就是人类种族的一些独特模块。也许这正如维果斯基所假设的那样,在高级类人猿里,它们应该被看作是一种直觉心理学的建立,然后通过言语和对话的联合进行转化比较合适。在后面我会继续讨论该主题。

20 世纪 80 年代出现的三类研究模式,包括人类发展研究、发展心理病理学和灵长类动物比较研究,不断同化社会认知领域里以往的各种理论和研究传统。例如,把元认知发展研究(Flavell, Green, & Flavell, 1995)和情绪理解研究(Harris, 1989; Harris, Olthof, & Meerum Terwogt, 1981)转移到心理理论研究这个更加广阔的领域里。同时,别的一些概念和传统都被遗弃了。不论好坏,当代很少有研究者去讨论幼儿在多大程度上是自我为中心的。而且,很少能看到(一度有过,Graham & Weiner, 1986)用类似社会心理学理论如归因理论来理解社会认知发展。

以上真实且相对得到认可的研究模式忽视了什么呢?大多数心理理论研究认为儿童具有分解和解释典型人类心理工作机制的范畴:永恒和普遍。然而,在这样的分析水平下,儿童必然面临着许多问题,如怎样的人一般易受排斥即关于人格、技巧和特殊个体可靠性的问题,特别是儿童在家里或社区亲身经历的问题。而其中的一些个体差异会偶然归结于心理理论研究所强调的分类差异:一个个体被告知错误信息而另一个个体没有。然而别的一些个体差异与个性特质有关,例如,这个个体值得信赖而另一个个体不是。依恋理论早就呼吁

813

应该关注婴儿,甚至在生命中第一年就要开始,因为婴儿对他们的抚养者之间的个体差异具有很高的敏感性。例如,他们可能暗中对父亲产生依恋但外表却是对母亲产生依恋。我们很难否定这种敏感性是儿童早期社会认知的一部分。然而,心理理论的研究者大都忽视了这一点。在结论部分,我将提出一些方法,在心理理论研究中这些方法能促进我们去了解儿童对值得信赖的个体之间差异的敏感性。

婴儿社会认知

最近对婴儿社会认知的研究受到两方面的影响。一是 20 世纪 70 年代出现了一系列显著的实验成果;二是质疑 4、5 岁儿童所表现出来的对错误信念相对成熟的理解。

目标指向物的检测

在一定程度上,人类能自主移动,婴儿能从某个角度去区分无生命的物体。事实上,从 7 个月大的时候开始,婴儿会对无生命物体而不是人的自主动作感到迷惑(Golinkoff, Harding, Carlson, & Sexton, 1984; Spelke, Phillips, & Woodward, 1995)。然而,人类也能够进行一系列特定的动作,他们的动作是自发的而且指向某个目标,在手和手臂运动中这一点非常明显。作为人的个体并不是简单地挥一下手,他们是要伸出手并抓住该物体。最近的一些研究积极关注婴儿的目标运动,想去判断婴儿在多大程度上是将他们自己的运动视作目标指向的。

814 　 Woodward(1998)的研究提供了验证性的例子。5 到 9 个月大的婴儿习惯于用手和手臂去触及或抓住一个物体。然后,婴儿在伸手触及中看到了变化:可以通过不同的途径去指向同样的物体,而且也可以通过相同的途径去指向不同的物体。婴儿对靶物体的变化感到新奇并表现出看的次数增加。言外之意,当婴儿在习惯化尝试时注意到第一次"伸手触及",他们很可能直接对目标物体而不是触及的精确轨迹进行编码。因此,他们对靶物体的变化比轨迹变化更感到惊讶。

同时,很明显婴儿对物体的指向运动表现出一定的敏感性,他们认为这种敏感性是直接而且有效的,并不是迂回的。这在 Gergely 和他同事(Csibra, Gergely, Biró, Koós, & Brockbank, 1999; Gergely et al., 1995)所做的实验中可以体现出来。让婴儿观看一部电影,在该电影中,一群小孩围成一个大圈,而在这个圈里母亲围成一个小圈。在两个圈之间有一道障碍。小孩必须越过障碍才能到达母亲身边。在一段时间训练以后,除去一部分障碍,然后小孩可以采取两种方式回到母亲身边:第一种是可以直接走到母亲身边,另一种是继续翻越障碍回到母亲身边。结果,9 个月和 12 个月大的婴儿对小孩采取第二种方法感到好奇。很明显,他们认为在障碍被除去以后,应该采取更加直接的办法回到母亲那儿。

总结这一系列的目标指向运动研究,可以看出在婴儿 1 岁末的时候,可以编码物体的直接指向运动,并能逐渐预期到运动是直接的、有效的而不是迂回的。婴儿是如何建立这种预期的呢? 一种可能性是可以从亲身体验(first-person experience)中学习到。毕竟,在 1 岁末的时候,婴儿已经进行了许多有意的、目标指向行为,他们已经会伸手抓各种物体,并能朝着一些物体爬行。可以说,这种有效的亲身体验和有目标的行为使得婴儿能够推测他所看到的其他个体的类似行为。

一些比较大的婴儿能够表现出目标编码方式,但3个月大的婴儿却不能。然而,3个月大的婴儿在伸手抓物上所表现出来的能力也比较贫乏。如果亲身体验是理解别的个体行为的主要因素,那么这种早期目标编码的缺乏也许就是我们所要探究的东西。Sommerville、Woodward 和 Needham(2005)检测了亲身体验所可能扮演的角色。当给予3个月大的婴儿"维可牢"手套,使他能够成功地抓住物体,随后他们就能对伸手触及和抓的行为编码目标结构。这样,我们能够下结论说婴儿是在自己抓棒球手套的目标定位行为基础上推测其他个体的目标行为吗? 可能,但不是必要的。当婴儿戴着手套的时候,他们能够体验到作为主人公的感觉。然而,他们也能够看,像个观察者,并成功地去够取物体。可以说,作为施动者其心理体验是非常重要的,但也有可能视觉观察对传授婴儿编码行为已经足够。

这一系列发现证明,伸手抓物的简单行为可以看作是一种信息渠道,用来推测婴儿是如何编码目标定位行为,以及他们是建立在什么基础上才这样做的。然而,如此简单和分离的行为并不能完全解决儿童所面临的问题。12个月大的婴儿坐在椅子里,观察到他的母亲走向冰箱,打开门,拿出一升果汁,把果汁倒在杯子里,然后把果汁给他。正如 Lasley 在50多年前(Lasley,1951)所指出的那样,这些行为几乎不能视作对环境中一系列刺激的连锁反应,他们是依靠自己内在的组织使其来控制自己的行为。Miller、Galanter 和 Pribram(1960)认为这些行为的产生可被视作等级组织的问题,其中次要的目标指向顺序被组织为一个较大的全面的顺序,因为对心理学家来说,还很难去理解计划好的行为顺序的产生,我们也许可以认为婴儿实质上不能理解这样一个顺序。然而,与 Lashley 和他同事的研究相比,没有信息显示婴儿最初偏好某些刺激反应解释来解决问题。可以说,一些具有等级的、以目标为基础的分析对他们来说是很自然的。

在探究婴儿是否理解动作流和怎样理解动作流的过程中,Baldwin、Bairs、Saylor 和 Clark(2001)让10—11个月大的婴儿观看一个关于成人日常活动顺序的录像。例如,在录像中,一名妇女注意到地板上有一块毛巾,走过去将它捡起来;然后走到毛巾架边上,将毛巾放到架子上。在婴儿熟悉了这个顺序以后,然后再让其观看两段测试录像——完整录像和间断录像。完整录像中,在妇女刚抓住毛巾的时候插入一个停顿;间断录像中,在妇女伸手去捡毛巾的时候插入一个停顿。结果发现,婴儿观看间断录像所花的时间更长。Baldwin 等(2001)分析,婴儿的不同反应表明其认识到在正常的持续的动作顺序中存在着许多动作片段。因此,在两个可识别的片段之间插入停顿和一个片段中插入停顿,婴儿的注视时间是不一致的。然而,正如作者所指出的那样,目前还不清楚婴儿能在多大程度上通过"自上而下"的顺序去理解一些片段或是通过"自下而上"的顺序去解析一些片段。例如,如果婴儿能持续注意施动者的动作,他们可能会标注一些动作变化并据此加以解析。因此,在拿毛巾的实验中,他们可能会把向下拿的动作解析为一个片段,向上的动作作为另一个片段,而不去洞察施动者的目标意图。

这些理论观点看上去似乎有些不可思议,但从婴儿的角度来看,却是非常实际的。12 个月大的婴儿看着她的父亲拿勺子从一碗蔬菜沙拉里舀一勺,然后送入她嘴里。在尝试性的观察之后,婴儿会或多或少地模仿她的父亲。在自上而下的理解中,她认识到存在两个片段:(1) 为了舀到食物必须把勺子放低;(2) 把这一勺食物送到她嘴里。她也尝试着做同样的事。在自下而上的理解中,她注意到勺子是先拿到下面然后往上拿的,她会模仿她的父亲,把勺子往下放到碗里然后再次拿起来,偶尔食物会送到她嘴里或是洒到桌子上。

Woodward 和 Somerville(2000)的研究证明了自上而下的加工过程。当 11 个月大的婴儿看见施动者做了一个不是很明确的举动时,如触摸一下盒子,他们并不能确定该动作时指向盒子还是盒子里的玩具。然而,如果他们之前看到施动者不仅触摸了盒子而且还拿出玩具时,他们就会认为实验者的动作是指向盒子里的东西而不是盒子本身。Sommerville 和 Woodward(2005)进行了自上而下学习过程的进一步研究,婴儿看到施动者为了得到放在一块布上的玩具,而去取那块布。后来,当施动者在拉布的时候他们就会认为施动者的动作是为了获得玩具。在一项针对 10 个月婴儿的进一步研究中发现,只有在婴儿通过拉布成功得到了玩具时,他们才会有上述想法。在 Somerville、Woodward 和 Needman(2005)对 3 个月大婴儿所做的研究中也有同样发现。

模仿研究也证实自上而下的加工过程。Carpenter、Call 和 Tomasello(2002)让两岁的儿童在观看成人是如何打开盒子之后(拔掉盒子上的一个钉子,使得盒子前面可以被打开),然后再让儿童自己去打开一个盒子。大多数的儿童不能完成任务,为什么?因为当儿童在看成人拔钉子的时候,他们不知道她究竟在做什么。毕竟拔钉子对打开盒子来说并不是一个标准的操作程序。在其他实验中,先让儿童关注成人的动作目标,就能成功模仿,如,在一种条件下,成人先直接打开盒子,但打不开,只有当拔出钉子后才能打开。在 Want 和 Harris(2001)的研究中,以年龄稍大儿童(3 岁)为研究对象,也出现了相似结果:一组 3 岁儿童先看见成人用一根木棍从管子错误的一端掏取玩具,然后再从正确的一端去掏取玩具;另一组儿童看见成人直接从管子正确的一端掏取玩具,接着让儿童自己去掏取玩具。结果发现,前一组儿童比后一组儿童更多选择管子正确的一端去掏取玩具,这似乎说明成人的失败经历更加强化了他们的目的,从而使得婴儿更容易对成功的尝试进行编码。

总之,最近的研究表明儿童看了目标指向动作之后,一般能有效完成这些动作。2 岁儿童甚至是再小的儿童也能认识到这些动作可以归入一个组织好的层次结构,子目标要为上级目标服务。学步期儿童并不能理解复杂的、长期的计划,如造房子或修路。然而,他们似乎在很小年纪的时候,就能本能地抓住人类动作的一些层次结构,这种洞察力出现得这么早似乎有几分讽刺意味,但在认知科学中被视作主要的转折点(Boden,2006)。

情绪和前言语对话

情绪理解或许只是儿童对心理状态一般理解的一部分。而且,我们可以发现对他人情绪状态的敏感性是对早期心理状态理解比较成熟的一方面。毕竟,除了在少数场合,人们的内心想法不能从他们脸上得知,甚至他们的愿望也不是很清楚。然而,他们表达出来的情绪状态却能够被 1 岁儿童所解读。

　　Darwin 在有关面部表情的文献(Darwin, 1872/1998)中指出,一系列面部表情的产生有一个广泛的、先天的基础,这引起了一个系统的研究计划(Ekman, 1973)。然而,Darwin 对面部表情的产生和解释持先天论的观点,他的观点是建立在与其他物种对比分析的基础上的:"人类儿童的表达技巧仅仅通过联想和推理的经验来获得吗？由于大多数表达动作是逐渐习得的,进而会变得本能化,似乎有某种程度的先天可能,他们的认知也变得本能化。"(Darwin, 1872/1998, p. 353)带着这种假设,Darwin 研究了他儿子的情绪发展,最后认定存在一定程度的先天认知。当他儿子的保姆假装哭时,他 6 个月大的儿子就会露出忧郁的表情。鉴于婴儿对其他人的哭泣缺乏经验,Darwin 解释:"婴儿先天具有一种直觉告诉自己,保姆的哭泣透露着一种忧伤。"(Darwin, 1872/1998, p. 354)

　　Darwin 关于本能认知的大胆论断既不能被证实也不能被反驳。过去 20 多年的研究表明,婴儿能对成人的面部表情做出适当的反应。例如,Termine 和 Izard(1988)观察到 9 个月大的婴儿对母亲的快乐和悲伤表情会有不同反应。事实上,Haviland 和 Lelwica(1987)也发现 10 周大的婴儿对其母亲的快乐、悲伤和生气表情的反应也是不一样的。因此,即使是 10 周大的婴儿也存在学习。

　　另一项相关的但却不同的研究,关注儿童是通过什么方式认识到其抚养者的反应和表达,如果抚养者保持冷漠并对婴儿的行为不做出反应,那么婴儿就会伤心(所谓冷漠表情模式的评论,见 Muir 和 Hains, 1993)。在婴儿 2—3 个月大的时候,他能对自己动作和成人同伴动作的即时联系具有高度敏感性。虽然他们能通过闭路电视与母亲正常交流,但这种情况与直接面对面交流相比,婴儿会显得更伤心(Murray ＆ Trevarthen, 1985; Nadel, Carchon, Kervella, Marcelli, ＆ Plantey, 1999)。事实上,在婴儿 3 个月大的时候,他能对自己与成人之间动作交流的时机把握非常敏感。如果抚养者的反应延迟一秒,那么婴儿的注意力就降低(Henning ＆ Striano, 2004; Striano, Henning, ＆ Stahl, 2005)。

　　有证据表明,婴儿不只是对抚养者的反应做出全面预测。抚养者的反应有时是很随意的,而且由于照看者的表达方式,婴儿会做出特殊预测。因此,在 3—6 个月大的婴儿中,如果其母亲有些忧郁,那么婴儿也会显得情绪比较低落。然而,婴儿的这种情况并不令人惊奇。依恋理论家早就指出婴儿对抚养者的反应比较敏感。在婴儿 12 个月大的时候,其与抚养者交互的特征模型逐渐形成,并保持稳定。早期的双向交互研究使我们意识到婴儿的这些模型能在其 12 个月大以前就被觉察到。

　　总之,即使我们对 Darwin 认为婴儿对情绪表情的解码存在一种先天机制这一说法是否正确仍不清楚,但有证据表明婴儿能快速区分积极情绪和消极情绪,并对每一种情绪做出合适反应,他们也期望抚养者能表达并在短时间内对自己的行动做出反应。最后,婴儿似乎能分辨出其抚养者的情绪类型,并根据情绪来调整自己的行为。

注视跟踪和社会性参照

　　在婴儿大约 9 个月大的时候,开始对照看者的注意进行跟踪和定向。在早期的研究中,

Scaife 和 Bruner(1975)就发现了这个现象。他们发现当成人向左或向右看的时候,婴儿也会与之保持同一方向,而且这种趋势随着年龄的增长更加明显(8—10 个月的婴儿为 66%,11—14 个月的婴儿为 100%)。在该研究之后,研究者又进行各种研究来描述和分析这个现象。在婴儿 15 个月大的时候,他们不仅能区分这一边和另一边,而且还能区分成人的注视定向(Morisette、Ricard, & Decarie, 1995)。Carpenter、Nagell 和 Tomasello(1998)研究了婴儿跟踪和定向注意的能力。在研究中,成人先叫婴儿的名字,然后去注视左边或右边的一个物体,并发出激动的声音,接着来回看该物体和婴儿。在相关条件下,成人对这些行为再附加一些指示性的手势。结果发现,在 9—13 个月大的婴儿之间,注视跟踪的频率不断增加;同时,对手势的注视跟踪也更加频繁。

在定向研究中,让一个动物标本在半空中飞舞或突然闪现一个木偶,而成人假装没注意。如果婴儿朝物体伸展身体,并且来回注意该物体和成人的脸时,就认为其做了指示性的手势。如果婴儿指向该物体,来回注意该物体和成人的脸,并发出似乎要评论物体的声音时,就认为其在表达自己。在 9—13 个月大的婴儿之间,随着婴儿表达的频繁出现,指示性手势的次数也显著提高。总的来说,这些发现强调了婴儿对自我、他人和物体三者之间共同注意能力的出现。

婴儿在环境中利用自我、他人和物体这三元关系被称为社会性参照。他们从抚养者那里获得情绪信息并根据该信息来调整对某物的行为反应。Sorce、Emde、Campos 和 Klinner(1985)报道了他们所进行的这项研究。在实验中,他们观察母亲的情绪表达对婴儿视崖实验的表现是否会产生影响。当视崖处于中等高度时,婴儿开始犹豫不前,如果此时母亲能报以微笑,大多数的婴儿都能爬过去。但如果此时母亲表现出一种恐惧的面部表情时,没有一个婴儿能爬过去。

在证实了社会性参照的基本现象之后,后期的研究主要致力于探讨其内在机制。其中有两种解释似乎比较合理。第一种解释是:抚养者的面部表情可能会作为一种心情转变信号,使婴儿变得自信或谨慎。在这一点上,婴儿不需要考虑这个物体或这种情境会引起母亲的情绪变化,婴儿仅仅是与母亲的表达信号产生共鸣,如果母亲微笑就继续向前爬,如果母亲有些恐惧就往后退。第二种解释是建立在之前所描述的注视跟踪能力上的。假设婴儿不仅注意面部表情而且注意其行为所针对的事物,婴儿可能会把母亲的表情作为对其活动的一种评价。因此,母亲的情绪信号并不会对婴儿的探究或警惕产生较大的改变,只会在婴儿对特殊物体的情绪状态上产生较小的变化。

Sore 等人(1985)的研究对两种解释都不排斥。然而,各种各样的后期研究让我们在两者之间做了区分,这些研究表明虽然心情的影响不能被忽略,但是 12 个月或更大的婴儿确实对情绪信号的参照特征具有敏感性(Hornik, Risenhoover, & Gunnar, 1987; Mumme, Won, & Fernald, 1994; Repacholi, 1998)。例如,在 Repacholi(1998)所做的一项研究中,14 和 18 个月大的婴儿被成人照看着,成人可以通过注意定向和动作对一个盒子里的东西(隐藏的)表露出高兴,而对另一个盒子里的东西(隐藏的)表露出厌恶。虽然婴儿都接触了两个盒子,但更倾向于选择那个令人高兴的盒子。而且,在 45 秒的实验中,婴儿对取回那个令人厌恶的盒子始终比较勉强。因此,婴儿很可能将成人的情绪表现解释为对盒子的评价,并对两个盒子的情绪信号做了区分。这一类结果表明参照特征的解释比心情转变的解释更加有说服力。此外,一些研究表明婴儿能理解参照特征的论断更倾向于使用一些技巧而不是社会性参照。Phillips、Wellman 和 Spelke(2002)发现,相比 8 个月大的婴儿,12 个月大的婴儿认为施动者更有可能去抓她看起来带有积极影响的物体;如果不是,他们就会感到惊奇。

最后,有必要强调一下社会性参照的局限性。Baldwin 和 Moses(1996)做了深刻的评论,即婴儿会从别人那儿寻求信息这一结论是比较草率的。例如,在视崖实验中,婴儿面对视崖,停了下来,去看她/他的母亲。然后就下结论认为婴儿在面对不确定的事物时,会从抚养者那儿寻求信息,这种说法是比较草率的。一个同样合理的解释(事实上是更加合理的揭示)是婴儿的行为依赖是依恋策略而不是经验性策略。在婴儿感到不确定或担心时,朝母亲看是为了使自己放心,但并不是为了要获得什么信息。因此,有理由假设婴儿是在寻求安心,然后获得一些指导,包括参照性的特定指导,我们不需要去假设婴儿在面对让他们担心的情况时,便向母亲寻求解答。也就是说,婴儿在某个点上,两岁或更大的时候,确实会将其他人作为自己的信息源,用来确认和命名一些未知的物体,了解怎样使用不熟悉的工具或获得达到目标的手段目的步骤。在接下来的一部分里,我将讨论婴儿是什么时候以及怎样将他人作为信息源的。

安慰和帮助

在黑猩猩群体中,安慰行为是很容易辨认的,特别是在一场战斗之后。de Waal 和 Aureli(1996)记录了旁观者对战斗受害者的安慰行为(接吻、拥抱、理毛、轻轻地抚摸)。他们分别比较了激烈战斗时期、轻微争斗时期和随机选择的日常时期这三个时期中安慰行为发生的频率。在一回合战斗结束后的几分钟里,受害者会比日常时期接受到更多的安慰行为,特别是在激烈战斗之后。相比较,攻击者受到的安慰行为较少。难道是旁观者带有一种道德判断,偏向于受害者吗?有些让人信服,但更可能是他们对受害者所表达的较高痛苦水平比较敏感。这种选择性安慰在灵长类动物中却没有发现。例如,de Waal 和 Aureli(1996)在长尾猕猴中没有发现三个时期里安慰行为的发生频率有所变化。最后,值得注意的是安慰者提供安慰行为并不是因为受害者所表现出来的外在伤痛引起的。类似行为的视觉记录表明受害者可能会大声尖叫,但安慰者不会。言外之意,安慰者会注意到受害者的伤痛,但这不是因为其受到感染,而是出于某种形式的同情。

在人类婴儿中,我们也能发现类似的安慰行为吗?在我看来,这些证据都指向大量的连续性。可以预测,婴儿提供安慰,这种行为主要是对外在痛苦的反应,而且是建立在同情的基础上而不是受到低水平的感染。思考一下 Wolf(1982)的报告:

819

> 当我们下午回家,我滑了一下摔倒了,鼻子伤得很重。我感到鼻子很痛就坐在儿子(14 个月大)房间里的弧形摇板上,捂着鼻子,慢慢轻揉。儿子非常同情我,他就像我以

前安慰他那样来安慰我。他拥抱我，轻轻地拍我，并把他受伤时使用过的毛巾递给我。

或者再思考一下 Hoffman(1976)的报告：

> Michael，15 个月大，为了一个玩具，与朋友 Paul 打了一架，Paul 开始哭泣，Michael 便把玩具让给了 Paul；但 Paul 仍继续哭，Michael 迟疑了一下，便把自己的泰迪熊也给了 Paul；但 Paul 仍在哭，Michael 再次迟疑了一下，便跑到隔壁房间把 Paul 的安乐毯拿给他，Paul 停止了哭泣。

最后，再思考一下 Dunn 和 Kendrick(1982)的报告：

> 15 个月大的 Len，有个圆圆的小肚子，长得非常健壮。他常常做一些游戏把父母逗得哈哈大笑。他的游戏就是掀起衣服，露出他的小肚皮，然后以一种搞笑的方式走到父母那儿。一天，Len 的哥哥在花园里摔倒了，哭得很伤心。Len 愣了一下，便掀起衣服，露出他的小肚皮，哼着歌，看着哥哥并朝他哥哥走去。

这些安慰行为很难仅仅解释为情绪的感染，儿童做出安慰行为却没有哭。儿童进行不懈努力去降低他人的痛苦（如拥抱、轻拍或给予一些物体和采用社交手腕）。当然这些努力并不是简单为了将伤痛的表现最小化，毕竟儿童有时会离开这个场景（有时为了避免与痛苦者在一起），不过还会回来（如拿来受害者的安乐毯）。

Zahn-Waxler、Radke-Yarrow、Wagner 和 Chapman(1992)对两岁儿童的安慰行为进行纵向研究，他们记录了一些自然发生的行为实例，例如，身体安慰（如拥抱、轻拍、接吻），言语安慰（如"你会好的"），言语建议（如"小心"），帮助（如贴上绷带或给个瓶子）和各种干预（如取回拨浪鼓、分享食物、分散注意或尽力避免受更大伤害）。15 个月以上的婴儿，他们的安慰行为大都是身体安慰，但 18 个月以上的婴儿都表现出了以上全部安慰行为。观察者记录了伤痛引起安慰行为的出现次数，从 2 岁初开始约有 10%的伤痛事件引起安慰行为，在 2 岁末约有 50%的伤痛事件引起安慰行为。而且，这种增加的趋势在各种环境中都是比较稳定的，在真实伤痛、模拟情景（如母亲故意假装受伤痛苦）以及儿童自己造成的伤痛情境中（如拿走别人的玩具），都会引发安慰行为。

回忆一下，黑猩猩的研究表明安慰者的安慰行为并不一定会伴随着一些明显的外在痛苦，学步期儿童情况也类似。儿童对忧伤的反应有两种，一种是自己也变得忧伤，一种是做出安慰行为。Zahn-Waxler(1992)等比较了这两种行为出现的频率。两种行为的频率在儿童 2 岁初的时候相对较低，然而到了后期，安慰行为要比忧伤行为更加普遍。换句话说，大一点的学步期儿童在不出现外在忧伤的情况下，也会频繁做出安慰，特别在不是安慰者造成其忧伤的情况下，这一点尤为明显。

总之，对他人忧伤的关心好像在儿童两岁的时候显现出来，这时无论是不是安慰者自己造成别人忧伤,他都会做出安慰,而且当他安慰别人的时候,自己并不会觉得忧伤。这种关心模式的出现表明学步期儿童虽然不能进行复杂的心理阅读,但他能理解别人的情绪状态,能体会到关心(Nichols, 2001)。

展望儿童3—4岁的发展,上述关心能力的发展会促进其道德发展。一项有力证据显示,3岁、4岁儿童将各种道德问题(如打别人或拿走别人的玩具)看得比一些习惯问题(如乱放玩具,Smetana, 1981)更加恶劣。他们是如何做出这个结论的呢? 一种可能性就是他们受到成人的反馈。例如,Hetherington 和 Parke(1999)强调母亲和其他家庭成员对一些社会习惯问题行为的反应主要集中在儿童行为所造成的结果上("看看你做的好事!"),而对一些道德问题的反应主要集中于其行为对他人权利和利益造成的后果上或进行换位思考("想想,如果是你,你会怎么办?")。然而,母亲对两种问题行为的反应只是在一定程度上有效,儿童究竟是如何提醒自己注意两种问题行为的还不是很清楚。一种比较合理的解释可以追溯到儿童两岁时出现的对他人忧伤关心的能力。有理由认为儿童在随后会注意到一些行为,如打别的孩子或拿走别人的玩具会导致别人伤心,而其他的一些行为则不会让人注意,至少是不被别的儿童注意。例如,如果有人把玩具乱放,别的儿童则不太可能会关注。含蓄地说,同伴可能是引导因素,或者更精确地说是同伴的忧伤反应成为儿童认为道德问题比习惯问题严重的线索。

与此一致的是,学前儿童在被告知一个不熟悉的动作(如用弹子打其他孩子)时,如果知道该动作会造成别人忧伤,那么他会认为该动作是违背道德的(Smetana, 1985)。最后,有必要讲述一下 Smetana 和他的同事的进一步研究发现(Smetana, Kelly, & Twentyman, 1984):父母是放任型和忽视型的学前儿童,在判断道德规则和习惯规则时并没有表现出明显的困难。这与 Hetherington 和 Parke(1999)的研究发现即父母的反馈是儿童辨别两种行为的关键因素显然是矛盾的。另一方面,如果强调同伴作用特别是对同伴忧伤行为的作用时,Smetana 等的结果是比较合理的。儿童进入幼儿园之后,他们就有机会发现同伴如何对道德行为做出反应,但对一些习惯问题行为无动于衷。

总之,学步期儿童对使他人忧伤或伤害他人行为的敏感性与他们在3—4岁遇到的一些相对比较复杂的道德判断之间存在着一个令人兴奋的连续性。然而,这并不是说学前儿童不会做错事。按下去我们会对早期社会认知黑暗的一面做探讨。当然,首先有必要研究一种亲社会行为:帮助。

提供帮助与合作

帮助行为虽然是一种很明显的友善行为,但与安慰行为相比,却有着不同的个体发生模式和种系发生模式。正如我之前所强调的,无论是人类学步期儿童还是黑猩猩的安慰行为,似乎都是由个体所面对的忧伤引发的,但帮助行为的诱因很明显是多种多样的,而且很复杂。回想之前对学步期儿童目标指向动作分析能力的讨论,如果关于某个目标的动作顺序对儿童来说非常显著的话,那么他就能高效地模仿这个动作 (Carpenter et al. , 2002; Want & Harris, 2001)。言外之意,至少在一些特定场景下,学步期儿童不仅能通过一些不连续的动作或位移来分析行为目标而且还能通过子目标的动作顺序来分析:儿童是什么时候以及怎样对那些需要帮助的人提供帮助呢?

Rheingold(1982)对学步期儿童帮助成人做家务的行为进行了研究。他选择 18 个月、24 个月和 30 个月大的儿童作为被试,在实验情景中设置各种家务活动如铺设桌子或整理书籍,儿童的活动被其父母或一个不熟悉的成人观察着。结果发现,18 个月大的儿童能完成大半的任务,而 30 个月大的儿童能完成 90% 的任务。因此,这充分说明儿童愿意提供帮助。事实上,这正如 Rheingold(1982)对儿童的帮助行为所评论的:"他们迅速地而且非常努力地去做事,心情非常愉快,完成任务后,感到很开心。"

821

这种合作性的行为应当如何理解呢? 一种解释是:儿童可能处于一种低水平的,但比较轻松的,对成人行为进行模仿的时期。看见成人搬动书,并将它们堆在桌子上,他们也可能这样做。另一种更加有力的解释是:儿童知道成人的行为目标,并认为自己也应该朝这个目标努力。有很多证据支持后一种解释。儿童有时候会在知道成人的目标但还没有付出行动时提供帮助,他们有时也会为了某个目标去完成一项任务,似乎知道该任务何时能完成,不需通过成人建议和示范来补充细节。

Dunn 和 Munn(1986)对儿童的主动帮助行为和其与同胞兄妹间的合作行为进行了深入研究,他们发现 18 个月大的儿童与同胞间的合作行为平均每小时有 6 到 7 次,而 24 个月大的儿童有 10 到 11 次。不足为奇的是,在假装游戏情景下儿童能进行一些合作行为,但在大多数情况下却不能。而且,在成人—儿童的合作情景下,一些合作活动不只是简单的模仿活动,还可以是为了达到共同目标而进行的一些辅助活动(complementary activities)。

Brownell 和 Carriger(1990)在同伴合作的研究中强调了儿童进行类似辅助活动的能力。他们选择 12—33 个月大的儿童作为被试,根据他们解决问题时所充当的辅助角色,给他们设置一些现实问题。例如,一个儿童为了得到玩具动物,必须站在另一个儿童的对面,通过他可以转动一个手柄,将玩具通过一个杯子传送到自己这儿。结果发现,18 个月大的儿童很少或偶然出现合作行为,而 24 个月大儿童的合作行为一般都比较迅速而且有效。

通过这些研究,很显然可以发现学步期儿童有合作倾向,他们会主动地向父母、陌生成年人或同胞兄妹、同伴提供帮助。有时,他们已经知道他人的行为目标,便暂时把该目标作为自己的目标,向他人提供帮助;有时他们会在假装情景中或现实情景中充当辅助角色,用一种对称的方式进行合作。在任何一种情况下,很明显儿童会根据他人来调整自己的目标。然而,值得强调的是这种现象只限于人类。事实上,Tomasello、Carpenter、Call、Behne 和 Moll(2005)指出,一些没有公开发表的实验研究表明黑猩猩在活动中会通过扮演不同角色或辅助角色来进行合作。如果他们说的是事实,那么他们的言论强调安慰的亲社会行为和合作的亲社会行为之间的区别。而黑猩猩更可能采取的是前者,而后者则是人类的独特之处。

伤害和嘲弄

在前面的章节里我们知道,幼儿能够识别别人的痛苦,而且在 2 岁的时候,能够掌握一些减轻别人痛苦的策略。但幼儿这种识别他人痛苦的能力以及一些偶然的诱因可作用于其他方面,儿童可以借此故意嘲弄他人,使别人伤心,使别人受挫以及激怒别人。正如在儿童 2 岁的时候,安慰行为的发生频率不断增长,其嘲弄行为的次数也同样不断增长(Dunn & Munn, 1985)。在两岁半的时候,儿童对同胞的嘲弄包括夺走同胞安慰物或破坏其喜爱的物品。在儿童 24 个月的时候,儿童的嘲弄方法也变得更加复杂,如一个儿童可能会通过假装成他姐姐心目中的伴侣,来嘲弄他的姐姐。

同胞关系常常被标记为嘲弄行为和安慰行为的混合体(Dunn, Kendrick, & MacNamee, 1981)。而且,较大的同胞往往是敌对关系的主要煽动者(Abramovitch, Corter, & Lando, 1979; Abramovitch, Corter, & Pepler, 1980; Dunn & Kendrick, 1982)。此外,研究者还发现同胞成员之间的敌对关系或友好关系存在很大差别。例如,在一些同胞成员中,从本质上说,彼此没有敌对关系;而在其他的一些同胞成员中,经常彼此发生敌对关系。

在喧闹的日常家庭生活所能观察到的一些行为表现之外,有些儿童表现出一种特殊的社会交往方式。曾遭受父母身体虐待的儿童在读学前班时,常常怀有一种偏见,他们认为敌意行为就是反对合作行为的方式。更确切地说,与那些来自同一社会阶层,但没有遭受身体虐待的儿童相比,受过虐待的儿童更容易表现出攻击性行为,很少会有帮助行为和分享行为(Hoffman-Plotkin & Twentyman, 1984; Trickett & Kuczynski, 1986)。受过虐待的儿童对他人伤痛的反应是非常值得关注的,因为它表明之前所论述的儿童安慰模式遭到了破坏。当受过虐待的儿童面对他人的痛苦时,他们并不会表现出明显的安慰行为,最多就是拍拍或是使哭泣的儿童停止哭泣。他们更多的时候是采用一种消极的方式加以应对,他们会采用敌意的或威胁的手势,有时甚至是对哭泣的孩子直接进行身体攻击(Geogre & Main, 1979)。在对受过虐待的 3—5 岁学前儿童所进行的研究中,尽管他们在日托机构中有机会与没有虐待倾向的看护者和同伴接触 1 到 2 年,但仍发现了类似上述的现象(Klimes-Dougan & Kistner, 1990)。

这些研究强调一个事实,即之前所论述的儿童的安慰和关心行为可被视作是我们灵长类动物遗传的一部分,而在幼儿的社会认知体系中并不是不可变的。相对于没有受到过虐待的儿童来说,在面对他人的伤痛时,受过虐待的儿童会表现出较少的善意行为。

儿童早期心理状态的理解

当儿童过了婴儿期并可以说话后,研究他们的社会认知发展就相对比较容易。我们可以通过设置一些故事情节来分析他们的思想,探究他们对此的理解。这种研究方法的转变对于研究儿童的目标和愿望,特别有效。

目标、愿望和意图

回想之前所讨论的 Premack 和 Woodruff(1978)的研究,他们发现黑猩猩能指出电影片段里演员的行为目标。我们也发现婴儿能够判断出成人的动作目标。事实上,就像之前讨论的帮助行为一样,学步期儿童有时会通过取来某人希望得到或需要的物体来提供帮助或安慰。我们可以假设黑猩猩也能像人类婴幼儿那样认识到他人的需求吗? 有一种解释是比较合理的,即黑猩猩或人类幼儿擅长判断正在发生的行为目标,甚至动作序列,其目的在于外在可感知的目标,并没有理解引发动作愿望的各种心理状态。

那么在什么情况下我们可以说儿童具有愿望的心理概念呢? 我认为对此不存在直接和严格的测试方法。然而,儿童在 18 个月大以后,的确存在着表达愿望的能力以及对愿望做出比较的能力。Bartsch 和 Wellman(1995)研究了 18 个月大到 5 岁的儿童,定期观察和记录他们自主的言语。他们一共记录了大约 200 000 句话语,确认其中有 12 000 句包含有心理状态术语。他们把这些句子分为两类:一类是思维和信念术语,如:我认为和我知道;另一类是愿望术语,如:我要、我希望和我盼望。他们发现儿童在 18 到 24 个月的时候就开始使用愿望术语了。此外,当儿童处于 24 个月到 30 个月大时,能够说出各种对比性的言语。例如,他们开始对他们想要得到的东西跟实际得到的或将要得到的东西进行比较(如:"我想要一只乌龟,但我得不到")。他们也会比较一个人与另一个人各自想要的东西。Bartsch 和Wellman(1995)推断儿童愿望的参照与行为目标的参照是不一样的,愿望是内在状态的参照,虽然其与动机行为和行为目标相联系,但与它们不一样。

来自儿童的自主语句数据表明:愿望概念在儿童逐步理解心理状态的过程中扮演着核心的组织角色。首先,相对于儿童谈论认知状态如"我认为"和"我知道"来说,其谈论愿望的行为要出现得更早而且更加频繁。其次,他们的父母在谈论认知状态跟谈论愿望时一样频繁,但他们对此却并不理会。第三,对愿望的早期讨论并不局限于说英语国家的儿童,还包括说普通话和说广东话的儿童(Tardif & Wellman, 2000)。最后,孤独症儿童在信念的理解上存在各种问题,但他们比较善于表达自己的愿望(Tager-Flusberg, 1993; Tan & Harris, 1991)。

实验研究表明,2—3 岁儿童能够理解与愿望相连的行为和一些简单的情绪表现。例如:他们知道当人们寻找某物时,如果他找到了,他就会感到高兴,如果没有找到,他们就会继续寻找,而且会感到伤心和恼怒(Hadwin & Perner, 1991; Stein & Levine, 1987; Wellman & Woolley, 1990)。而且,当要求儿童说明故事主人公行为的时候,3 岁儿童也常常使用愿望的概念来加以描述(Bartsch & Wellman, 1989)。

儿童对愿望的早期理解是如何与对意图的理解联系在一起的呢? 回想一下,Piaget 传统理论是在道德评价的背景下检测儿童对意图的理解(Piaget, 1932)。该理论认为幼儿理解意图和道德判断之间存在关联的过程是相对比较缓慢的,儿童把结果作为衡量行为问题的主要指标。目前的大多数研究,特别是在心理理论环境下的研究,都从儿童自身的角度来评估儿童对意图的理解,但其与道德判断和道德责任之间的关联并没有被忽略,只是在该阶段不再那么明显。

与早期 Piaget 理论不同,我们发现学前儿童能够区分故意行为和意向行为,特别是当 3 岁儿童做错事的时候,例如,如果他们读单词不小心读错一个,便会努力再去读一遍,他们会认为读错单词并不是故意的(Shultz, 1980)。然而,有可能 3 岁儿童会使用相对简单的以愿望为基础的无意向动作思维来进行判断,他们认为有愿望的动作结果是有意向的,而无愿望的动作结果是无意向的(Astington,1991)。因此,幼儿能在一定程度上认识到,愿望和意图并不总是一致的。例如:我有意去做一些我不想做的琐事,我要去拜访一些外地的朋友,但我此时却没有拜访的意向。

为了去探究儿童区分愿望与意图的能力,Feinfeld、Lee、Flavell、Green 和 Flavell(1999)做了一项研究,给 3 岁和 4 岁的儿童呈现几个故事,故事主人公的愿望和意图是不同的。例如,在一个故事里,故事主人公想要到一个地方去(如去爬山),但是在他妈妈的命令下,他得去另一个地方(如足球场)。然而,由于公交司机的失误,最后故事主人公到了他想要去的地方而不是打算去的地方。对此 4 岁儿童表现出很有系统性——他们能够意识到主人公试图和期望去一个地方(如故事中所说的足球场),而想要去的却是另一个地方(如去爬山)。相比较之下,3 岁儿童的系统性就比较弱,尽管他们能够大致准确地识别故事主人公的偏爱,但是对于主人公试图和期望做的事的识别缺乏准确性。此外,就算他们能够准确地识别主人公的意图,他们往往会说主人公也有意图去另外一个地方。就像 Feinfeld 等人(1999)指出,对于这些发现的一个可能性解释是,3 岁儿童对思维和信念在一个意图形成过程中的重要作用的认识还存在困难。更明确地讲,意图是随着执行一个人计划的信念(有时候不正确)逐渐形成的(Moses,1993)。在下一部分,我们将详细地论述儿童对信念的理解。

信念

已有大量的研究试图来探究和说明儿童对信念的理解,特别是对错误信念的理解。事实上,在儿童心理理论的众多研究主题中,关于错误信念任务的研究已占有一定优势。由于这个原因,在这一部分我想达到两个目的:一是回顾关于儿童信念理解中可视为主要标志的那些研究结论,二是给这些相互竞争的理论作出粗浅的评价。

三项主要任务在评估儿童的信念理解中发挥着重要的作用。第一,在一项意外转移任务中,一位主人公将物品放到一个地方,而在他离开的时间里不会意识到物品已转移到另一个地方,所以当他或她回来时,期望物品还放在原来的地方。在此,要求儿童述说主人公将会去哪里寻找这个物品——去新位置还是老位置(Wimmer & Perner,1983)。第二,在一项意外内容任务中,儿童在熟悉的盒子(如护创胶布盒)中发现一些意外的东西(如邮票),让儿童面对意外发现回答以下问题:(1) 他们最初认为盒子里会是什么东西?(2) 别人在第一次看到这个盒子的时候,会想里面装着什么东西?(Gopnik & Astington,1988;Perner,Leekam,& Wimmer,1987)最后,在一项外表—实在任务中,先呈现一个容易误解的物品,如形状和颜色似石头的海绵,让儿童仔细观察,发现物品到底是什么,然后问儿童这个物品实际上是什么,看上去像什么(Flavell,1986)。随着儿童清晰的描述,三项任务都揭示一个事实,即如果主人公缺乏对物品或情况的整个知觉评估,就会或有可能会得出一个错误的结论。尽管儿童自己已知道真实事件的正确知识,但儿童要去判断主人公的错误结论。

Wellman、Cross 和 Watson(2001)最近对包含这三项任务的大量研究作了元分析。他们研究了儿童对信念的理解是怎样随着年龄变化及作为一个潜在的影响因素,如儿童是否积极参与其中还是仅仅是一个观众,儿童对信念的理解是怎么发生变化的。他们在对 3—5 岁儿童的研究中揭示了信念理解的年龄变化趋势:30 个月大的儿童,有 20％是正确的;44 个月大的儿童,有 50％是正确的;56 个月大的儿童,大约有 75％是正确的。因此,儿童的信念理解成绩从系统低于随机水平(41 个月或更小儿童)向系统高于随机水平(48 个月或更大儿童)转化。此外,无论儿童是否被问及主人公的想法或预计主人公基于信念的行为;无论目标人物是一个故事角色、一个木偶还是一个真实的人;无论故事主人公关于物品的位置或身份是否有错误信念;最后无论儿童是否被问及自己有错误信念或另外一个儿童有错误信念,在这些测验条件下,信念理解随年龄的变化是非常稳定的。

Wellman 等人(2001)发现特定的一些因素能够帮助或阻碍准确的信念理解。例如,儿童被告知故事主人公是被欺骗或被耍弄,儿童在物品位置转移中的积极参与度,或明确关于主人公信念的线索(言语的或图片的)等这些因素都会帮助儿童更加精确地判断信念。最后,靶物品的去除(如在意外转移任务中,将诱人的巧克力从一个地方转移到另一个地方)有助于儿童准确地判断主人公的搜索。然而,正如 Wellman 和他的同事们所指出,这些因素中每一个都有助于(或有碍于)年幼的儿童,年长的儿童也一样。例如,没有迹象表明,年幼的儿童在涉及欺骗时能解决错误信念任务,而年长的儿童不管是否涉及欺骗都能解决。更进一步说,不论在什么年龄段,欺骗是一个有用的因素;而同样地,靶物品的出现却是一个阻碍。因此,并没有什么因素能够改变这种年龄趋势,特别是没有某种因素或一些因素能够使得 3 岁儿童表现得像 5 岁儿童那样,甚至是偶然表现出 5 岁儿童的水平。

根据这些研究结果,Wellman 等人(2001)解读出似乎合理的理论蕴义。首先,他们注意到随着年龄的不断变化和 3 岁以下儿童不能表现出高于随机水平的行为,使儿童具有理解错误信念的先天能力这样的理论体系不攻自破(Fodor, 1992; German & Leslie, 2000; Leslie, 2000)。这些论断都暗示在最佳条件下,儿童的这些早期理解能力是能够被激发的,尤其是在最小化或消除信息加工限制的条件下。然而,元分析没有确认这些条件。

第二,他们提出即使对信息加工抑制的影响能合理控制,特别是经过各种执行功能事件确认过的抑制(Carlson & Moses, 2001),但随年龄变化的趋势依然存在。这种被夸大或缩小的抑制强烈表明一些概念转变发生在 3 到 5 岁。他们一致认为这种进步并不能仅仅归因于信息加工抑制的提升,也可能是意味着某种概念洞察力的获得。

让我们暂停逐个思考这两种观点。正如 Wellman 等(2001)所说的,对信念理解是抛弃先天的模块论而转向受压倒性的经验证据唤醒概念转换的时候了吗?正如 Moses(2001)在其评论中指出,这种变化也许是一种早熟的表现。首先,像 Wellman 等所承认的,并没有将四种他们确定是最好条件下的 3 岁儿童的研究综合在一起。如此优化组合会提高 3 岁儿童的表现,这是毋庸置疑的。其次,我们必须谨记对错误信念理解的研究所关注的是对错误信念的理解。然而,在很多案例中,我们呼吁要理解某人的信念但不需要知道该信念是否是正确的,因为对现实的理解常常是无法获得的。正如过去的许多信念一样,对于未来的信念常会陷入这个泥潭里。思考一下 Wellman 和 Bartsch 所做的一个实验研究,他们让儿童预期故事里的主人公会去哪个地点寻找失踪的小狗。a. 主人公认为小狗在 x 地,b. 儿童参与研

825

究并认为它在 y 地,c. 狗迷失的地点尚不知晓。3 岁儿童在这项实验中,任务都完成得很好,他们都预期主人公会根据自己的信念去做出行动。当然,这些发现需要得到进一步证实。例如,主人公想让狗在哪里与他认为狗在哪里是有区别的,我们能确定 3 岁儿童不是简单地忽略这个区别吗? 今后的研究应该着眼于在故事主人公的愿望(或希望)跟信念(或期望)之间做一个明确的对比。例如,故事主人公可能希望狗跑到公园里去了而不是危险的高速公路上,虽然如此,但是他相信狗事实上已经跑到高速路上了而不是公园里。Wellman 和 Bartsch(1988)的发现给信念的研究指明了一条新的途径。即使他们在错误信念的理解上存在障碍,但它最终可能会通过发现 3 岁儿童确实具有一种有效的,起作用的信念,使得先天论者受益。

Wellman 等(2001)的第二个结论认为一些概念转变发生在 3—5 岁之间。在研究中,该结论是比较合理的,但仍有三点值得重视:第一点,即使该阶段存在概念性转变,元分析也不能有助于其对概念性转变本质的各种不同选择做出决定。因此,下列三种情况都有可能存在:① 信念概念的涌现或多或少会受到争议。这是 Wellman(Bartsch & Wellman,1995)本人和其他具有类似观点的同事(Gophnik & Wellman, 1994)的立场。在这一点上,3—5 岁这个阶段标志着我们日常心理理论的第二大主要有利因素的构建。3 岁以下的儿童能很好地理解愿望,而到了 5 岁,他们能够理解愿望、信念以及它们之间的关系。② 实际上,信念概念的出现更应该被视为根据特定的来源,对信念进程的洞察(Wimmer & Hartl, 1991; Wimmer & Weichbold, 1994)。其关注儿童对信念来源的理解是合理的,因为正如之前所描述的错误信念研究的三个经典任务中,故事主人公的不完整感知过程对他和她信念的形成至关重要。③ 儿童对信念本质的洞察力是儿童在各种表征媒介中更大的概念性洞察力的一部分,心理只是其中主要的一个部分。在提出该观点的过程中,Perner(1991,1995)强调儿童的问题主要是概念障碍。设想一下,有一张过时的地图,它上面显示在 1 号路边上有一片森林。你知道这片森林已经消失很久了,取而代之的是一片房地产。尽管如此,你会意识到向你借地图的人可能会以为沿着 1 号路开车能看到那片森林。因此,你知道那张地图不能被当作是对现实的一种准确表征。根据 Perner 的理论,这种错误的表征但却被当作正确表征的冲突阻碍了 3 岁儿童对信念或任何媒介的思考。原以为一张地图、一张照片或是一个路标能正确地表征现实,但实际上却不能。

第二点,关注发生在 3 到 5 岁之间的概念性转变,即使是之前所描述的三种概念性转变中最令人信服的一种,我们仍有必要去了解其内在机制的发展。这仍然会遗留一个问题,即儿童是如何建构这样一个概念的。例如,儿童会通过亲身体验来持有信念、行动、思考和进行与信念相关的谈论,然后发现该信念可能仍然是错误的吗? 或者是通过倾听他人运用语言表达的错误信念吗? 元分析没有提供太多的线索来帮助解决这些问题,尽管有一个因素值得注意,如故事主人公信念的言语陈述。

第三即最后一点关注的是错误信念任务的研究前景。思考一下守恒的问题:回顾年龄变化的各种矛盾解释,很少有人会声称我们对为什么发生和怎么发生有明确的理解。从大量非决定性研究中得到的一个可能的结论是,横断实验分析并不能非常有效地揭示发展变

826

化的动力。而且,在守恒案例中,还不是很清楚在儿童的日常环境里什么经验可能促进发展。后来,甚至当进行有效的训练研究时,他们与儿童日常生活里概念转变的相关也不是很清楚。难道这意味着错误信念研究的结论与守恒研究一样效果渐失吗? 一个乐观的信号是研究者对能促进儿童信念理解的日常生活变化类型越来越关注,儿童的言语能力和对话环境被视作重要的因素。在对个体差异分析的背景下,我又重新考虑言语在儿童信念理解的发展过程中所发挥的作用。

知觉、知识和源检测

错误信念任务和概念化的外表—实在任务开启了儿童认知之门,知觉通道是儿童获得正确知识的重要手段。在标准的意外转移实验中,故事主人公最终获得的是错误信念,这是因为转移时他或她不在现场。在意外内容实验中,儿童(或他人)并没有目睹暗中转换箱子里物体的过程。在外表—实在任务中,儿童能够认识到某人会在未对物体经过综合观察之后,就对物体的特性做出结论。例如,某人会通过看但不去触摸来判断一个物体。当一个海绵体被喷上岩石的颜色,他可能会认为那是一块真正的岩石,但直到把海绵戳穿以后,他才会明白真相。

针对儿童知道某种知觉通道受阻之后的结果,我们有必要问一下:儿童是否理解合适知觉通道所产生的结果? 因此产生了各种不同的但却相关的问题:儿童能够认识到合理的知觉通道常常能给他们带来知识吗? 他们能区分不同知觉知识源如视觉、听觉、触觉等等吗? 在自己知觉到的信息和从他人那儿获得的信息中,儿童能加以区分吗? 最后,当他们认识到别人通过合理的知觉通道获得了信息,但该信息可信吗? 正如我们所看到的,这些问题可以归结为一个问题,即儿童是什么时候以及怎样成为一个观察者和信息整合者的?

3 岁和 4 岁的儿童都能很好地报告他人能或不能看见某个物体(Flavell, Shipstead, & Croft, 1978)。他们能将玩具放在两个玩具警察都看不见的地方(Hughes & Donaldson, 1979)。幼儿能够认识到视觉会带来知识,例如,一些实验中发现,3 岁和 4 岁儿童能够认识到,朝盒子里面看的故事主人公知道盒子里装的是什么,而那些拣起盒子却不朝里面看的故事主人公不知道盒子里装的是什么(Pillow, 1989; Pratt & Bryant, 1990)。

儿童可能会采用全或无的方式,将各种知觉联系概念化。因此,他们可能会假设任何一种知觉联系都会产生知识。而且,他们可能会将概念化的联系和理解进行提炼。如,视觉观察用于鉴定物体的颜色,而手工检测用于鉴定其坚硬程度。O'Neil、Astington 和 Flavell (1992)发现随着年龄的变化会出现一个转变.对知觉输入的信息由比较宽泛的理解转向更加精到的理解。因此,3 岁儿童通过视觉判断颜色能力较差而通过手工检测检查其硬度的能力较好,而 5 岁儿童在利用感官来获取特定信息方面比较成熟。O'Neil 和 Chong(2001)将这个结论拓展到五种感官上,3 岁儿童在说明和表达他们是如何做出决定上不是很准确,而 4 岁儿童却非常准确。

儿童在知觉信息源和非知觉信息源之间的差别,也存在类似的情况。Gopnik 和 Graf (1988)用三种不同的方式分别告诉 3 岁、4 岁和 5 岁的儿童抽屉里有什么。这三种方式是:

① 让儿童自己看抽屉，② 直接告诉儿童抽屉里有什么，③ 给儿童提供一个相关线索。然后询问儿童，他们是如何知道抽屉里是什么的。虽然 3 岁儿童的表现高于随机水平，但是 5 岁儿童的表现是最好的。而且，即使 3 岁儿童在直接测试中是正确的，但在延迟测试中，他们更容易忘掉之前的信息源。

然而，当问及 4 岁和 5 岁的儿童他们是如何知道各种事实时，他们都表现出一定程度的记忆缺失(Taylor & Bennett, 1994)。因此，在询问他们是否能记起自己已经知道的某个事实(如老虎有黑色斑纹)或自己是否曾经被告知一个不知道的事实(如老虎的斑纹是用来伪装的)时，这两组被试特别是 4 岁的儿童常常随后立即表示，他们已经知道这些事实"很久"了。控制实验表明儿童能在其他情境中，能判断出时间间隔，如儿童能判断出他们是否在某一天或是很久以前收到过一件礼物。

这些不同的研究表明，3 岁儿童能够区分被告知物体信息的个体(如，让其看盒子)和未告知信息的个体。同时，他们不太擅长识别不同的信息源。因此，他们很容易混淆知觉信息和非知觉信息(如，被告知信息和自己推测信息)，而且还常常混淆各种知觉途径，如：触摸、看和闻。5 岁儿童虽然在这些源检测任务中表现得非常灵敏，但如之前所说的，其在学习经验的时间上把握得不是很好。

有一点很重要且需要指出，在这所有任务中，都要求儿童重复行动、口头确认或及时查明一些类似视觉或听觉特定信息来源的可靠性。Whitcome 和 Robinson(2000)在研究中发现 3 岁和 4 岁的儿童比较擅长所谓的程序性源检测或直接的源检测。在他们的研究中，儿童只能通过有限的或不合适的知觉通道来作用于物体。例如，他们只能看到一幅画中很小的一块红色或只能感觉到管状物里有一物体，但不能恰当地确定其颜色。然后一名成人在尝试陈述物体的属性后，通过合理的感觉通道探测该物体，并对物体的属性做了一个评论。最后，当要求儿童做出一个最终结论时，他们的结论会倾向于成人的结论。而当成人和儿童的角色交换一下的时候，则儿童的结论不再偏向成人的结论。言外之意，儿童的结论不再跟随那些通过良好知觉通道去探测物体的人，他们会修改自己的结论或保留他们最初通过正确知觉通道获取的信息。尽管儿童这种准确的源检测处于一个程序化的水平，但当要求儿童对他的最终结论做出解释时，一种熟悉的错误模型便会出现。例如，当成人得到充足的关于物体的信息时，那些修改自己结论的儿童常常会错误地表明他们知道物体的属性，因为他们看到了物体或是触摸到了物体。

对这种准确的程序性源检测的一个解释是：儿童会遵循一个简单的保持或转变的规则，特别是当他们获得了准确的或确定的信息之后，他们便会保留自己的结论。如果他们没有获得准确的信息，他们可能会倾向他人的判断。因此，如果儿童能看到整幅画并认出那是一个草莓，或是能看到管子里的物体并能知觉到其各种属性，那么儿童便会保留自己的结论。然而，如果他们只能接触到物体的一部分便来判断其颜色，他们只能依靠猜测来做出判断。这时如果有他人做出相关结论，儿童就会修改自己的结论。

在这一点上，程序性检测最好包括自己感官知觉的准确性和确定性，而并不需要他人的任何检测。Robinson 和 Whitcombe(2003)对这个令人质疑的解释做了后期研究：在只能使用一些感官的条件下,儿童做出了不确定的结论;然后他们听到了来自成人的不同判断,而成人的判断有时是出自于对物体更好的检测,有时也是只能使用局部感官。如果儿童在对自己的最终判断不确定时,总是倾向于他人的判断,那么无论成人是在何种情况下作出结论,儿童的结论都应该会采用成人的结论。但事实并非如此,儿童只是在成人能很好地检测物体时,才会采用其结论。今后,我们的研究应该去弄清楚外在的源检测和程序性源检测之间的区别。当儿童对自己的结论不确定时,去寻求他人的信息是一种很有效的策略。而且,这种信息的可靠性还应该根据他人感官的准确性来做出调节。Robinson 和 Whitcombe 的研究表明,即使是 3 岁的儿童也具有做出调整的能力。

回顾这些不同的研究,很明显儿童确定一些信息准确性的能力会随着年龄的增长逐渐提高。在 3—5 岁之间,儿童对不同知觉通道获得信息的认识能力有所提高,在通过知觉获得的信息和通过他人获得信息上,能力也有所提高。同时,3 岁和 4 岁的儿童似乎对提供给他们信息的人持有令人惊奇的关注,他们能够区分可以很好地获得物体信息的人与不能很好获得物体信息的人。

情绪

情绪发展的大量研究是采用所谓的"连续性"立场。达尔文强调的是人类和动物在情绪表达的起源和功能上的相似性,这种研究传统主要根据情绪的非言语信号特别是面部表情的产生和理解来研究情绪发展的。我前面回顾了这种研究传统的一些重要发现。

然而,这种研究传统忽略了情绪发展的一个重要方面。首先,儿童能够用言语交流情绪,别的物种没有这个能力。相对于其他物种,有理由相信这种能力能改变人类的情绪生活。其次,在心理理论的指导下,儿童能够理解自己和他人的情绪体验。儿童这种能力使人们质疑达尔文的"连续性"计划,至少质疑其是否能对情绪发展提供一个全面的分析。

儿童是何时开始用言语来表达自己的感觉的?他们何时开始用其他心理状态来解释自己的情绪?2 岁和 3 岁的儿童已经能够参照一些基本情绪,如感到快乐、伤心或害怕来进行表述(Wellman, Harris, Banerjee, & Sinclair, 1995),他们主要谈论自己的情绪,但会参照他人的情绪,而且他们还有可能会提到未来的情绪或过去的情绪。因此,他们会用一种参照的方式或描述性的方式来谈论情绪,而不是采用富有感情的方式。为了说明这一点,考虑一下富有感情的句子:"哎唷!""讨厌!""哦!"这些术语能够用来表述自我当前的情绪,但不能用于非当前的情绪或他人的情绪。Wittgenstein(1953)认为儿童早期的情绪对话是后天获得的,而且采用富有感情的方式。然而,通过儿童对他人的评论和他们对非当前情绪的参照表明,上述说法并不恰当。一般来说,将儿童早期情绪对话看作情绪表达预先存在的非言语系统的某种补充是错误的。有证据表明这是不同的沟通模式,儿童早期情绪对话是描述性的、发散性的和有参照的。

当儿童谈论一种情绪时,他们会想到什么呢?他们可能只会提及情绪的外在表现,如眼泪或微笑,或者会提及情绪所引起的体验变化。Wellman 等(1995)发现学前儿童能够区分情绪体验与伴随情绪的动作和表情。他们还发现儿童把情绪(不像疼痛)作为指向某物或某个目标的意图状态。他们认识到人们因某事而伤心、害怕某事或因某人而愤怒。在此,我们发现了对儿童面部表情解释的连续性。回想之前的关于社会性参照建立的实验,2岁的儿童已认识到成人的情绪是指向特定目标的,但并不将它看作是一种情绪变化。

必须承认儿童用明显熟练的方式谈论情绪是比较牵强的。他们真的是采用一种准确和合适的方式来做的吗?儿童对情绪事件的描述跟成人对同一个情绪事件的描述是一致的吗?为了弄清这些问题,Fabes、Eisenberg、Nyman和Michealieu(1991)在日托中心对3—5岁的学前儿童进行研究,他们让旁观者在情绪事件发生后对事件进行描述。结果发现,3岁儿童的描述与成人描述的三分之二相符,而5岁儿童的描述与成人描述的四分之三相符。例如,"因为她跟妈妈走失了所以哭泣"或者"因为她认为该轮到的是她,所以感到生气"。

儿童是如何做出这么准确的描述呢?有一个解释(Lewis,1989;Russell,1989)是儿童学会了抓住引起情绪的原因。他们认识到存在着某些诱因(如挫折导致生气,意外会导致惊奇)伴随着各种表现模式。当他们看到诱发事件的关键特性时,便能准确确认该情绪。这种诱因分析也说明了儿童为何会善于描述引起各种基本情绪(如,伤心和害怕)的诱因(Trabasso,Stein,& Johnson,1981)。随着儿童慢慢长大,其情境知识会变得更加丰富起来,以至于他们能判断某种情境有可能会引起比较复杂的情绪如失望、宽慰和嫉妒(Harris et al.,1987)。

然而,上述理论有很大的局限性。它关注的是外在环境和可观察到的行为所引起的情绪,但却忽略了内在的主观评价,个体在该情境中是否觉得受挫或惊奇取决于其在此情景中的愿望和信念。儿童对主观评价所起的关键作用是否敏感呢?带着这个疑问,Harris、Johnson、Hutton、Andrews和Cooke(1989)让4岁、5岁和6岁的儿童观察一只淘气的猴子。这只猴子会给其他动物带来失落(如它给一只喜欢喝可乐的大象一瓶可乐,但瓶子里实际装的是牛奶)或惊喜(如它给一匹喜欢吃坚果的马一颗口香糖,但口香糖里实际包的是坚果)。实验者要求儿童说出动物在发现真相之前和之后的情绪。正如之前所预料的,三个年龄组都知道愿望的作用:他们都会认为如果动物最后发现是自己喜欢的饮料或食品时,会感到高兴,反之会感到伤心。在问到动物发现真相以前会有什么感受时,答案存在着年龄变化。最小的儿童会根据包装物里的真实物品来判断动物的情绪,而忽视动物会对该物体产生误解。相比之下,年龄最大的儿童则做出了相反的推测,他们认为动物的情绪是建立在对物体错误信念的基础之上的,而忽视包装物里的真实物品。通过观察,所有的儿童都能认识到动物的情绪是根据其愿望来定的,这一点可以通过询问儿童"动物在发现真相之后的感受"得知。但是他们对信念作用的理解随着年龄增长会有明显的增长。

表面上看来,这些结果都符合在其他许多分析中都重复出现的一个模式:儿童在理解信念的作用以前就能很好地理解愿望的作用。但却存在着一个主要的偏差:在平均年龄只有4岁的一个组里,儿童不能很好地根据动物的错误信念来判断动物的情绪,而且5岁组里只有一半是正确的,6岁组里大多数都是正确的。然而,正如我们之前所讨论的儿童对信念的理解,他们大约在4—5岁的时候能逐渐理解一些错误信念。因此,即使4岁和5岁的儿童能根据她或他的信念来准确预测他人的想法、行动和言语,但根据信念来理解情绪仍有困难。

一些后期的研究支持上述结论。在一系列实验中,Hadwin 和 Perner(1991)发现儿童在找出惊奇的原因以前能够鉴别故事人物的错误信念。例如,5 岁儿童大都把惊奇归因于偶然,而只有一个儿童归因于故事人物的错误信念;在 6 岁儿童中,大多数儿童都能将其归因于故事任务的错误信念。在快乐归因的实验中,也存在同样的现象。

Bradmetz 和 Schneider(1999)针对同一现象,对两种情绪(害怕和快乐)做了 5 个实验。几乎有一半的 3—8 岁的儿童能理解故事人物的错误信念,但仍然不能做出正确的情绪归因。例如,当给儿童讲述一个小红帽的故事片断时,儿童普遍意识到小红帽误以为躺在床上的就是她外婆,但是接着都说小红帽会感到害怕,而且都解释说是因为狼。例如,"因为那是狼"或"因为狼要吃她"。没有一个儿童做出正确的情绪归因,在错误信念任务中都失败了。因此,Bradmeta 和 Schneider(1999)认为儿童在理解信念和理解由信念导致的情绪之间存在着滞后。

最后,Rosnay 和 Harris(2002)将儿童在引起失落(nasty-surprise)的故事片段(动物木偶会把包装物里的物体误以为是自己最喜欢的食物)里的表现和儿童在电影片段(儿童与母亲分别一会儿后,误以为能见到母亲,但实际上见到的是一个陌生人)里的表现进行对比。在这两个实验中,儿童尽管正确理解故事和电影片段里主人公的信念,但在两次任务中都没能正确判断主人公的情绪。

这些研究表明,大约在 6 岁左右,儿童对信念引发情绪的理解得到巩固。这并不是因为 4 岁、5 岁儿童不能理解信念包括错误信念。相反,有大量证据显示他们能够理解错误信念。事实上,正如之前所描述的,儿童能够准确了解主人公的信念,但并不能判断随之产生的情绪。

可以说,出现这样一种滞后并不令人感到奇怪,儿童领会一个概念时常常不会理解这个概念的所有涵义。然而,问题实际上是非常尖锐的。就像之前所描述的,儿童一旦理解错误信念,就会立即了解行为的涵义。因此,我们常常发现,3 岁和 4 岁的儿童不会说"Maxi 会认为她的巧克力放在她走之前的地方",而会去新的被移动过的地方寻找。与此说法不同的是,Wellman 等(2001)在其元分析研究中报告:处于同样年龄的儿童,无论其是否理解主人公的想法或行为,都能解决错误信念问题。

总之,儿童心理理论的两个核心成分(愿望和信念)对于他们理解情绪非常重要。而且,在许多其他研究中可以发现:儿童在了解信念的作用以前就已经掌握愿望的重要作用。对于儿童为什么那么慢才能认识到引发情绪时信念所起的作用,目前还没有相应的心理理论能对此做出合理解释。

到目前为止,我已经讨论了儿童对一些基本情绪如害怕、生气、伤心等等的归因问题。那我们能用强调儿童对信念和愿望的理解来解释他们对一些社会性的复杂情绪,如内疚和自豪的归因吗?我通过阅读一些相关资料发现,儿童不仅要考虑个体的愿望和信念,而且还要考虑评价自己的方式,并且假设别人也会用相关的各种标准来评价他们,那些欠缺社会性考虑的儿童不能采取合适的方式对内疚、自豪、羞耻等等进行归因。

Piaget(1932)、Kohlberg 和他的同事(Golby, Kohlberg, Gibbs, & Lieberman, 1983)对道德判断的早期研究,分析了儿童所形成的观念为何有如此的标准。然而,这些分析并不是直接针对儿童对内疚的归因,并将这种内疚作为没有达到这些标准的一种结果。Nunner-Winkler 和 Sodian(1988)研究了这个课题,他们发现 4 岁和 5 岁的儿童常常认为那些故意撒谎、攻击和偷窃的故事主人公会感到快乐。从犯错儿童的角度来看,这至少是合理的,例如他或她成功地偷到了渴望得到的东西或将别的小朋友从秋千上成功推下来。相比之下,8岁左右的儿童会认为故事主人公会觉得糟糕或伤心,他们会参照主人公的坏行为或坏良心来解释他们的归因。言外之意,幼小的儿童没有内疚,这无忧无虑的表现被视作"快乐的损人者"现象。正如 Arsenio 和 Kramer(1992)所指出的,大多数成年人都不能理解这种状态(Zelco, Duncan, Barden, Garber, & Masters, 1986),他们尝试让儿童的言行能受良心的指引,但至少在学前儿童时期,这种效果不是很好。

可以排除对年龄变化的各种解释。首先,没有证据表明幼儿认为袭击、偷盗和撒谎是可以被接受的,他们也觉得那是不好的行为。即使是在没有规则或惩罚的虚拟团体中,他们仍认为这些是不好的行为(Smetana, 1981)。事实上,Keller、Lourenco、Malti 和 Saalbach(2003)证实幼儿跟年龄较大的儿童一样会认为故事主人公的这些行为是不对的。一般来说,这些研究表明:Piaget 和 Kohlberg 在研究中所关注的儿童道德判断的发展变化并不能对儿童的内疚归因的年龄变化进行合理的解释。

第二,年龄较长的儿童比较小的儿童更倾向于关注对错误行为的惩罚。事实上,随着年龄的增长,他们可能会更加倾向于严厉的惩罚。早期对儿童判断的分析对解释该结论并没有给予有效的支持。当年龄较长的儿童归因于故事主人公的不良情绪时,他们很少参考惩罚来做出归因解释 (Keller et al. ,2003;Nunner-Winkler & Sodian, 1988)。

第三,年龄较长的儿童要比年龄较小的儿童更加关注受害者的痛苦。正如之前所述的,这似乎不太可能,因为伤害和痛苦是导致学前儿童判断某些行为错误的重要因素(Davidson, Turiel, & Black, 1983; Smetana, 1985)。事实上,Arsenio 和 Kramer 拥有直接证据来排除这种解释,他们让儿童来判断在某人做错事后,受害者和做错事人的感受。结果出现了相似的年龄变化趋势,在所有年龄组中,儿童都认为受害者会感觉不太好。

第四,儿童对该问题的解释会随着年龄变化而变化。也许年幼的儿童以为实验者要他们说的是那些人在做错事之后的实际感受,因而有足够理由下结论:那些攻击他人或是偷他人东西的人并不会感到自责。比较而言,年长的儿童可能会认为实验者要他们说的是那些人在做错事之后应该有的感受。如果这种观点正确的话,那么我们可能在问及儿童自己的感受时,年幼的儿童会更多地指出不好的感受。Keller 等人(2003)检验了这个结论,但没有找到有力的支持。与故事中的主人公相比,年幼儿童更可能声称自己有不好的感受。然而,在年长的儿童身上出现同样的情况,使得年长儿童对内疚归因的大部分趋势得以保留。

对以上"快乐损人者"结果最合理的解释,是儿童在设想各种人物包括他们自己时存在一个重要的转变。学前儿童普遍将主人公的行为看作是为了得到某种东西,如果他得到了就会快乐,反之则会伤心。而年长的儿童会用正常标准或道德标准来评价主人公包括自己的行为,如果那些行为符合标准他们就会感到自豪,反之就会有内疚(Harris,1989)。事实上,我们可以将这种分析深入一些,年长的儿童将受害者和做错事的人都看作是道德准则的一部分。针对这一点,Arsenio和Kramer(1992)发现年长的儿童更可能从道德上来考虑受害者和做错事人的感受。而与这一点有所不同的是,年幼的儿童知道错误行为会使受害者伤心;此外,年长的儿童会从受害者的角度出发,认为这种伤心夹杂了一种不公平感。

另外有一种反对上述言论的解释不是很完善但也比较合理,它认为年幼的儿童也会有内疚感,他们在一定程度上会参照正常标准包括道德标准来评价他们的行为。一些最新的证据似乎有力地证实了该观点。Kochanska、Gross、Lin和Nichols(2002)通过对学前儿童的研究发现,在发生不良行为事件之后,儿童不良感受的非言语表现出现了一个比较稳定的变化,母亲对儿童内疚倾向性的报告与该表现中等相关;那些有不适感受的儿童更有可能遵守成人给予的规则。如果学前儿童确实感到内疚,那么他们为什么会认为做错事的人更可能感到快乐而不是伤心呢?

我认为该问题最合理的答案是众所周知的。儿童涉足一个给定的心理状态并不能保证他们自己能判断那种心理或将其归因于其他因素。我们已经了解关于信念的案例,年幼的儿童持有各种信念包括错误信念,而且他们需要花费时间来识别和归因这些信念。年幼的儿童也能由于对某种形势的错误评价产生一些情绪,如独自一人看到闯入者时惊叫或对意外结果感到惊讶。同样,他们需要时间去识别和归因这些信念基础上的情绪。一样的道理,儿童会有内疚,也需要时间去识别和进行归因。特别是,儿童在做错事情之后,可能会感到难受。但是在没有理由来解释其为什么会感到难受时,即使旁观者告诉他们了,他们可能也不会有内疚。儿童心理过程的出现和其对这种过程进行识别和归因能力发展的滞后并不能限制内疚的出现。例如,儿童在读一些不常见的句子时会有些犹豫,但后来在问及他们是否有一些不理解的地方时,他们却不能认识到自己在理解上存在的问题(Harris,Kruithof,Meerum Terwogt,& Visser,1981)。因此,我们不需要在解释儿童观察力欠缺时假设存在着一种压抑或否认过程,这只是一种正常的发展过程。

总之,学前儿童表现出一种内疚的外在信号,并不能说明在做错事或将内疚归因于他人之后,他们能知道自己的感受。在今后的研究中,应该针对这一点进行详细探讨。不但观察年幼儿童的情绪表现是重要的,而且询问他们的感受同样是重要的。如果前述的分析是正确的,那么学前儿童会产生一些情绪,但同时会否认这些情绪,而年长的儿童则会较好地认识到自己的感受。

思维、记忆和意识流

对于清醒的大脑,绝大多数成人都存在一种共识,即它不断产生一系列的思维和感觉,William James(1980)称之为"意识流",这种意识流被认为只能部分控制。我们可以把思维定位于一个特殊的计划或问题,但同时也会产生一些无法控制的思维。情绪关注会对意识流产生特别的影响。对内疚的反思、对不确定的担忧,对可能成功的兴奋都可以作为一种诱因,来决定意识流时间的长短。最后,我们认识到意识的内容是受限制的,我们不可能同时专注于两个对话或同时思考两个不相关问题。这种意识限制在某些时候是有问题的，也就是说当产生情绪性思维时，很有可能会打断或改变意识流。同时，在伤心或焦虑的时候，我们可以尝试找到一些安慰，或专注于某些活动，无论其是一本书、一场电影还是一个有意义的谈话。

年幼的儿童为理解我们心理生活的各个方面做了什么呢？他们也像成人那样认为意识流是不断的而且只有部分受控制吗？针对这个主题的研究在 20 世纪 80 年代是断断续续的，但随着儿童在临床情景下内省自我报告法的使用，这种研究又开始活跃起来。在一系列研究中，Flavell 和他的同事认为学前儿童对于内在生活的理解与成人的思维显著不同（Flavell, Green, & Flavell, 1993, 1995）。例如，学前儿童不会一直将各种心理活动都归因于某人安静地坐着或进行读书、谈话等活动。这不是一个简单地将心理活动归因于他人的问题。学前儿童一般难以理解他们自己思考的问题以及谈论他们思考的内容（Flavell et al. , 1995）。例如，让 5 岁以上儿童思考将牙刷放在哪儿的时候，他们常会否认进行过思考或承认思考但不提到牙刷或是浴室。与这些发现一致的是，学前儿童常常会忽视自己内在的活动（Flavell, Green, Flavell, & Grossman, 1997）。此外，当要求 5 岁儿童停止一切思维 20 秒时，大多数被试会声称自己成功了。相比较而言，大多数 8 岁儿童不但报告了一些心理活动而且报告了一些特殊的思维（Flavell, Green, & Flavell, 2000）。

这种限制该如何解释呢？要学前儿童对他们的内在活动进行准确报告，这似乎不太可能。特别是当要求他们对一个主题（如，他们把牙刷放在哪？）迅速做出反应时，即使假设他们真的做到了，他们也不太可能将自己的思维专注于某个主题达 20 秒。一种可能的解释就是学前儿童对心理活动的方式持有一种错误的理论，他们并不赞成成人所采用的习俗理论。与其将心理看作是一种不断工作的加工设备，不如看成是在特定时候储存或不储存某些思维和想法的容器。虽然这种解释看上去似乎有些合理，但毕竟无法完全说明一切，毕竟年长的儿童不但在理解思维的连续性上与年幼的儿童不完全一样，而且在确定一些特殊的思维上，也存在差异。通过慢慢的理解，儿童改善了自己的再认知技巧。随着意识流的发展，他们能不断提高对特定心理内容的识别能力。

在这一点上进行论述时，我们有理由问：一些特殊的心理内容是否比其他内容更容易识别？例如，不考虑儿童有限的反省能力，学前儿童比较擅长提取那些鲜明的、侵入性的心理状态。一些研究为这个言论提供了一定的支持。例如，学前儿童能够很精确地报告在运动的一个物体（Estes, 1998; Estes, Wellman, & Wooley, 1989）。事实上，Estes 等（1989）的报告指出，在与成人谈话中，学前儿童也许能够发现他们心理功能的方式，并得出一个比较精确的结论。他们发现 3 岁和 4 岁的儿童一开始想象一把剪刀张开和关闭时会犹豫不决，但在实验者进一步提示后，他们都报告自己成功地进行了想象。

在被问及情绪时，学前儿童还能够理解我们心理活动的水平。例如，即使 4 岁的儿童也能理解强烈的情绪反应会随着时间逐渐变弱，他们能够根据自己以前的情绪体验来判断故事人物最初的情绪是积极的还是消极的。而且，在不同文化（如是在西方长大还是在中国长大）下，儿童也能够做出同样的结论（Harris, Guz, Lipian, & Man-Shu, 1985）。儿童可能会赞成某种习俗理论和无法准确报告他们自己的现象学特点,但是从这些系统的发现中可以得出一个合理的结论,即强烈情绪的减弱是一种普遍的体验,能够被任何地方的幼儿认识和理解。

然而,作为成人,我们认识到我们的情绪并不会常常稳定地减弱,我们会很容易地闪现一些记忆。年幼的儿童能够理解这些侵入性的闪现吗?在对该问题进行初步的调查时,当问及儿童:故事人物在经历情绪体验后的第二天醒来时,他是会继续思考这种情绪体验还是把它忘掉 (Harris et al.,1985)?6 岁的儿童认为如果是积极的情绪体验,故事人物继续思考这种情绪体验会感到更快乐,而如果是消极的情绪体验,故事人物将其忘掉会感到更快乐。4 岁儿童的回答缺乏系统化,在积极情绪体验时他们的结论与 6 岁儿童的结论相似,但如果是消极情绪体验时,他们似乎不能认识到忘掉消极情绪体验的好处。

对同一个主题进行的更加广泛的研究中,Lagattuta、Wellman 和 Flavell(1997)让 3 到 6 岁的儿童听一个故事。故事的主人公经历了一件令人伤心的事,后来又遇到了一件能让他回忆起伤心事的诱发事件。儿童被告知故事主人公在诱发事件发生时很伤心,目的是为了检测儿童是否能够解释诱发事件可以导致故事主人公回想起以前的伤心事。大多数的 5 岁和 6 岁儿童能够做出这种解释,但 4 岁儿童很少有人做到。然而,在后期的研究中,线索和最初事件的关系比较显著,3 岁儿童也能做出上述解释,特别是在问及故事人物是否会回忆过去发生的事时。

最后,我们可以询问儿童是否理解意识流受限制的能力。刚刚跨入寄宿制学校的 8 岁和 13 岁儿童,有时候会想家,在对他们进行的访谈研究中,他们对这种抑制想家思维的理解常常会出现在应付策略的谈论中(Harris,1989)。特别是,男孩常常会谈到参加一些有趣的活动能帮助他们停止想家。例如,一个 8 岁的儿童会说"我会通过与朋友玩耍或努力学习等等来尽量使自己忘记家"。别的儿童可能会说:"如果你在宿舍,你可以读书;如果灯关了,你可以尝试去睡觉;如果你在上课时,你可以控制你自己(访谈者:如果你想家了该怎么办?)。一旦你做了,而且付出行动了,那么你也就不会想家了。"

总之,很明显,那些刚刚入学的儿童对意识流的认识能够得到迅速的提高。而处于学前期的儿童似乎不能理解意识流源源不断的本质,那些年长的儿童或多或少能够认识到意识流的连续性,他们也逐渐地意识到一种心理内容的出现,无论好坏,都有可能会取代另一种心理内容。这些发现提出了一些问题:儿童如何抓住心理控制的复杂本质?在一定水平上,我们成人认为自己可以控制一些心理过程,例如我们可以选择专注于这个话题还是另一个话题。但在另一水平上,我们认识到这种控制只是部分的,即使我们专注于某一个话题,但不能控制产生的思维或抑制其他不相关的思维。儿童是如何理解这个问题的,仍有待进一步研究。

后期发展和功能完善

对儿童心理理论的研究主要集中于幼儿。该理论如何在后期得以推进或修正,很少有人研究。然而,有一些主题仍值得关注。在这个部分,我将讨论三个典型的例子。

理解怀疑和不确定

在一定程度上,4 岁和 5 岁的儿童能够认识到那些持错误信念的人,会拥有对现实的不准确表征,并据此来行动。可以假设这个年龄的儿童对现实的常规理解是一个解释性的问题:一个人将某事表征为正确的,而另一个人则可能认为那是错的。事实上,一些理论学家提出,对错误信念理解的开始标志着解释心理理论的开始。

早期对该观点持反对意见的是 Michael Chandler(1988)。他反驳道:这种结论夸大了年幼儿童的能力。在错误信念任务、外表—实在任务或视觉观点采择第二水平的任务中,要求儿童根据故事主人公经常观察事物的途径来理解其信念。一般来说,在了解这些途径之后,是能够预测出故事人物之想法的。例如,知道故事主人公在错误信念任务中,不能观察到物体的意外转移时,就可以预测他或她可能仍然认为物体在其最初被放置的地方。同样地,知道某人只是看了被涂成岩石色的海绵,而没有触摸时,就可以知道他或她被它的视觉外表误导了。

然而,正如 Chandler (Carpendale & Chandler, 1996; Chandler, 1988)所强调的那样,在许多案例中,个体获取信息的通道并不能完全限制对他/她的信念进行预测。考虑一下一个熟悉的两可刺激图,如在心理学导论教科书中找到的鸭—兔插图。两个观察者在看了该图之后对这幅画所描述的内容可能会有不同的解释。在某种程度上,该方法综合了标准错误信念情境和外表—实在情境。然而,知道了个体的知觉通道仍不能预测出他/她会对这幅画做出何种解释。相似的评述也适用于模棱两可的言语。如果有三块积木,一块蓝色的和两块红色的,告知儿童查看红积木下面,儿童对意指其中哪块红积木反应不同。然而,个体的知觉通道并不能帮助哪个儿童选择哪块积木。

Carpendate 和 Chandler(1996)发现儿童理解知觉到的模棱两可信息要比理解无法知觉到的信息更慢,特别是在错误信念任务中表现较好的 5 岁儿童,他们能够解释为什么故事主人公与另一种情境(他或她无法知觉到物体已经转移)故事人物会有不同的结论,但他们却很少能解释为什么两个儿童在观察一幅模棱两可的画或听一个模糊的声音时会得出不同的结论。然而 8 岁的儿童却表现得比较好,他们用刺激模糊的本质来解释结论的分歧。虽然他们也知道其他不正常的解释,如这幅鸭—兔插图描述的是一只大象的结论是不可能的,但他们还是无法了解一个观察者会选择两种解释中的哪一种。Chandler 和他的同事设置了一个实验来区分儿童对无法获得信息的理解和对模棱两可信息的理解,结果发现 5 岁儿童理解某些信息是无法获得的,但他们对某些模棱两可的信息感到困扰。

事实上,Carpendate 和 Chandler(1996)得出的结论可以进一步深入下去。一些针对某个被观察物体或事件的信念都是直接得出的,当知觉通道受阻时,这些信念很可能是错误的,但很明显我们具有许多不同的信念,我们通过各种方式来形成这些信念,例如,我们对于对和错,对于过去和将来,对于大量经验性和理论性的东西都有自己的看法。对于信念的不统一,很容易询问儿童对个体意见差异的敏感性是否会从一个信念领域转变到另一个

835

领域。

Wainryb 和她的同事(Wainryb, Shaw, Langley, Cottam, & Lewis, 2004)的研究证实了这种变化。他们发现 9 岁的儿童对要求他们考虑的信念类型表现出高度的敏感性。例如,关于相对直接的道德信念,如打人和偷盗是否可取,9 岁儿童一般坚持只有一种信念是正确的,他们也认为信念不统一是不可取的。然而,对于一些事实性事件,虽然他们仍坚持只有一种信念是正确的,但他们较容忍信念的不统一。最后,对于现实领域里的不确定性主题,他们认识到不仅仅只有一种信念是正确的,而且也不仅仅只有一种信念是可以接受的,甚至 5 岁儿童对这些信念领域都表现出敏感性,但他们对一些不确定性和模糊性事件表现出较弱的敏感性,这与 Carpendate 和 Chandler(1996)的研究结论相符。因此,与认为两种判断都对的结论相比,他们更倾向于认为只有一种信念是正确的。

关于一个事件会产生多种正确的信念,这种论述很明显是不确定性的再认知。然而,儿童可能会对不确定事件采取两种不同的态度。一方面,他们可能认为,不同的信念都是同样有效的,在它们之间无法做出抉择。例如,对模糊图形或味觉偏好,某个人的主观评测可能和另一个人的一样好。另一方面,儿童可能会认识到在一些领域里不同的信念并非一样有效。从开始理解模糊和不确定性起,儿童会采取第一种态度,将各种信念或多或少看成是等同的吗? 他们能理解第二种态度,即认识到在各种信念间进行合理抉择是可能的吗? 从教育的观点来看,该问题的答案很明显是重要的。对于该争论的真正理解,不管在科学领域里还是在政治上、道德上和历史上,关键取决于现实,即不同的信念并不是同样有效的,对于他们之间的抉择也有各种标准,这取决于问题领域。

一些证据得出一个悲观的结论,当要求处于青春期前期的个体评价他们对不同信念的理解时,他们很少能认识到这些信念是可以进行比较和评估的。例如,Kuhn、Cheney 和 Weinstock(2000)找了 10—17 岁的儿童和各种领域里具有不同信念的成人,然后问他们是否只有一种信念是正确的,让认为每一种信念都有一定价值的个体判断哪个是较好的。在所有的被试中,最多的回答是不止一种信念是正确的,而不认同对信念的裁决。甚至当这种信念属于物理世界时(如原子结构或大脑的功能),不到一半的成人认为一种信念是较好的;在被访谈的最年轻(10 岁)被试组中,只有 20%的人认为裁决是可能的;只有在特殊的成人组(哲学系博士生)中,会普遍认为对物理世界和社会世界的不同信念能够进行裁决。

836　　一些研究要求儿童去考虑某种能解决经验性问题的证据,在研究过程中出现了一些令人鼓舞的结果。例如,Sodian、Zaitchik 和 Carey(1991)在实验中给 6 到 9 岁的儿童讲一个故事。故事的内容是:屋子里有两个兄弟,家里有只老鼠但他们未曾见过,他们在判断家里的那只老鼠是大的还是小的。给儿童两个盒子,一个盒子开了一个大孔,另一个开了一个小孔。然后问儿童:到了晚上,这两兄弟最终会在哪只盒子里放入奶酪作为诱饵,以及到了第二天早上来查看奶酪是否被咬过。一半以上 6 到 7 岁的儿童和大多数 7 到 9 岁的儿童认为开小孔的盒子会被舍弃,能够理解第二天早上奶酪要么没了,要么仍然在,并能认识到舍弃开大孔的盒子将难以令人信服。在平行研究中,出现了同样的结果:绝大多数的儿童认为,让一只土豚去寻找带有轻微气味的食物能够测试其嗅觉的敏感性,而让其寻找带有强烈气味的食物只会产生难以令人信服的结果。事实上,这个年龄的儿童能够理解证据不但要适用于一个个体而且要适用于一系列个体。6 岁和 7 岁的儿童认识到,关于各种不同类型网球拍(尺寸、形状、网绳的不同)要多硬才能击球的证据,不但可以用来测试网球拍,而且可以成为将来买拍子的参考(Ruffman, Perner, Olson, & Doherty, 1993)。然而,这些都是一旦进行了必要的观察,都将有明确答案的问题。例如,老鼠要么是大要么是小,不可能都是。同样,网球拍尺寸的大小要么能影响击球的力度要么不能影响击球的力度。如果这个论断承认每一种观念都有一定的有效性(如对大脑是如何工作的看法),那么儿童也会像许多青春期的个体和成人那样,不可能报告一些决定其相对特性的可能性。

虽然在他们的研究中,儿童在理解实验者提供的各种证据性测试上表现得很好,Sodian 等人(1991)也观察到很少有儿童能够自己做出结论性的测试。一般来讲,一旦提供证据,去了解证据的含义要比思考什么证据比较有用以及收集它们的方式更加容易。证据评估和证据搜索之间的差距至少能部分解释为什么青春期之前的个体常常认为经验性的信念很难得到调整,他们不能设想出一种具有决定性的证据。例如,当问及大脑工作的不同方式之间是否可以进行抉择,许多儿童包括许多成人可能也不知道哪种证据会是有效的。

总之,当观察者采用不同的知觉通道时,幼儿能理解信念可以不同。然而,他们不能立即理解信念各方面的不同。特别是,他们理解一些不确定的信息或模糊的信息比较缓慢。此外,当认识到这种不确定性的存在时,儿童甚至一些成人表现出压抑的信号,他们可能认为在各种信念之间进行抉择是不可能的。中学生常常能够区分决定性证据和非决定性证据,Kuhn 和 Franklin 在认识论上对青春期个体的敏感性做了进一步分析(见本书第 22 章)。

理解二级信念和非文字言论

在社会认知中有一个传统观点,即发展是以能力的提高为标志的,其不仅仅是简单地从他人的视角来考虑,而是要从多重和交叉角度来认真思考。例如,Selman(1980)认为直到 10 岁时,儿童不但可以清楚地表述处于社会情境中特殊人物的不同观点,而且还可以说出一个人物对他人的观点。在心理理论的研究中,对这个发展趋势最直接的研究主要集中于二级错误信念实验。Perner 和 Wimmer(1985)扩展了标准错误信念实验,引入了更加复杂的二级信念实验。实验中要求儿童评估一个人对他人信念的看法,例如,儿童先听一个故事,故事中一个人物并没有意识到另一个人物已经知道物体位置的变化。这个实验就是要判断第一个人对第二个人信念的信念。Perner 和 Wimmer(1985)发现大约 6—7 岁的儿童能解决这个二级信念问题,这个年龄大于完成标准错误信念任务的儿童年龄,但要比 Selman 的角色采择理论所认为的儿童年龄超前。

Sullivan、Zaitchik 和 Tager-Flusberg(1994)所做的后期研究表明:如果使用比较简单的欺骗情景故事,那么大多数幼儿园儿童能够完成二级信念的任务。而且,正如我们在标准错误信念实验中所看到的那样,即使主题变化处于一个绝对困难的水平,也可以毫无疑问地断言,儿童处理二级信念任务的能力存在着发展性的提高。

二级信念任务的难度在孤独症儿童中非常明显。回忆一下,大多数的孤独症儿童,即使他们处于一个相对较大的心理年龄,仍不能完成标准错误信念任务。Baron-Cohen(1989)集中研究通过标准任务的少数孤独症儿童,当这些儿童进行二级错误信念实验时,Baron-Cohen发现这些甚至已10多岁的儿童完成任务的能力也急剧下降。

在一次有趣的分析中,Happe(1993)指出:二级信念任务的成功是与描述性言语的理解联系在一起的,特别是讽刺的言语。她进一步指出,那些孤独症和轻度学习障碍的被试不能完成二级信念任务,事实上也是不能理解讽刺性的话语,例如,当儿童干家务活弄得一团糟时,其父母送给他一幅小插画并说:"做得好!"孤独症儿童倾向于关注话语的字面意思,并以此解释为父母表扬了他。

Happe(1994)所做的后期研究表明,对故事的解释包含非文字的言论,这种解释是评估孤独症被试社会认知缺损的敏感性诊断工具。虽然比之于正常控制组,那些成功完成心理理论任务的被试表现出较多自然故事材料的缺损,但被试在实验中的表现与其在心理理论任务中的表现密切相关。

总之,对儿童心理理论的研究集中于基本构架的建立:儿童对愿望、信念和情绪的逐渐理解。然而,一些研究者对社会认知采用了更为传统的研究主题:采择多种观点的能力。各种研究表明儿童大约在6岁的时候能够掌握对信念的理解,至于孤独症儿童则需要更长时间。儿童在二级信念任务中所表现出来的能力似乎与社会认知的另一方面相连,如,对非文字言论的解释能力,特别是解释讽刺性言语的能力。那就是说,解释这些东西的障碍会给孤独症儿童造成长期的麻烦,甚至那些在一级信念和二级信念任务中表现很好的孤独症儿童也是如此。

成人反省功能的测量

之前对成人社会认知已经进行了大量研究,但都很少参考发展理论。而对所谓的成人反省功能的研究却是一个例外。无论是在概念性领域里还是在理论性领域里,这种研究始终与发展性研究保持着重要的关系。在此我简要介绍一些重要发现。

在一个有影响力的研究中,Main、Kaplan和Cassidy(1985)进行了成人依恋访谈(AAI)。在实验中,实验者要求40个来自中产阶级家庭的母亲回忆和描述在她们幼年时期和儿童时期与自己母亲的关系,分析拒绝、生病和分离的经历并解释父母的行为。其中,母亲对她们儿童时依恋的反省以及她们现在与自己孩子的关系类型之间存在相关。"独立型"母亲对她们儿童时代的关系进行了稳定的而且连续的叙述,她们培养安全型孩子。"拒绝型"母亲常常贬低她们童年的母子关系,常不能回想起,她们培养不安全—回避型的孩子。"专注型"母亲常常陷于她们对童年的记忆,回想以前的关系,常不能连贯地进行表述,这些母亲可能会拥有不安全—矛盾型的孩子。

这些反省能够预测父母与其儿童建立的是何种关系。后期研究对这一说法提供了有力支持。在元分析中,Van Ijzendoorn(1995)发现用AAI测出来的父母依恋与用标准工具如陌生情境法或依恋Q分类术(AQS)测出来的儿童依恋的本质密切相关,这种现象也出现在对父亲的研究中,但没有像母亲研究中那么明显。正如Van Ijzendoorn(1995)所指出的那样,运用不同的测量手段(AAI 访谈、陌生情境法和依恋 Q 分类术)得到这些发现是让人铭记的。

一些其他的发现也同样值得关注。首先,虽然在 AAI 中需要大量反省性交谈,但是分类似乎与言语智商无关(Bakermans-Kranenburg & Van Ijzendoorn, 1993)。第二,假设父母对孩子的影响要大于孩子对父母的影响,与此相符的是,即使父母是在孩子出生前接受访谈的,也出现了同样的现象(Benoit & Parker, 1994;Fonagy, Steele, & Steele, 1991)。

我们该怎样准确解释这种关联呢? 一种解释是母亲的早期经历是关键所在。根据对"早期经历"的解释,她们的母亲会在其儿童时代发生转变。不同的早期经历最终会影响其在 AAI 中对过去的回忆,也会影响她们养育自己的孩子。另一种解释是,AAI 是一种指数,并不只是母亲在儿童时代的经历,而是她们现在对亲密关系反省的能力。根据这种"目前反省能力"的解释,母亲的心理敏感性与她在 AAI 中陈述的方式相连。

对这两种解释进行抉择尚未到时候。然而,值得提醒的是在今后我们可以做到。最近的纵向研究表明婴儿依恋可以有效预测其成年早期(Waters, Merrick, Treboux, & Crowell Albersheim, 2000)、青少年后期(Hamilton, 2000)在 AAI 中的表现。然而,在经受过大量压力事件的家庭中,从幼儿到青少年后期并没有发现上述的关联(Weinfeld, Sroufe, & Egeland, 2000)。类似地,Lewis、Feiring 和 Rosenthal(2000)也报告了从婴儿到青少年后期这段时间,生活压力、离婚等事件的分裂性影响。以上两个研究说明早期依恋与个体后来在 AAI 上的表现不相关,这可以探求一下哪种方式能更好地预测其为人父母的表现,特别是这种依恋会影响其怎样培养自己孩子的依恋。早期经历的解释暗示早期依恋是很有效的预测条件,而反省能力的解释则表明个体在 AAI 上的表现是更有效的预测条件。

撇开以上两种解释不谈,我们仍要继续注意的是:母亲的特性是如何影响儿童的依恋的。对这一点,我们了解得还不够。依恋理论学者过去常常强调母亲的敏感性,但是目前拥有的非言语反应手段不能完全抓住母亲传递给儿童的信息(Van Ijzendoorn, 1995)。Meins 和她的同事最近所做的研究提供一种途径,扩展我们对这些信息的评价,并保证与反省机能存在关联(Meins, Fernyhough, Fradley, & Tuckey, 2001)。这些研究者运用 Ainsworth、Bell 和 Stayton(1971)设计的量表来检测母亲日常的敏感性,但是他们还检测母亲的"将心比心"(mind—mindedness)即对婴儿持续发展心理状态的看法。正如预料的一样,母亲的敏感性与 12 个月时测得的婴儿安全性依恋密切相关,而母亲的"将心比心"与安全依恋有独立的、较强的关系。

总之,父母对她们自己私密关系的评述可以很好地预测父母与其子女的关系。特别是那些在儿童时代受到过自己父母心理辅导的母亲,她们也会关注子女的心理状态,并促使其形成安全性依恋。从母亲角度上的心理表露和从婴儿角度上的情绪安全之间的关系应该继续协调,并鼓励两个不同的研究团体——关注社会认知特别是心理表露的研究团体和关注早期依恋的团体,要进行合作和交流。

839

人类与非人类灵长类动物在心理理论上有何不同

正如之前所说,心理理论研究的最初动力来源于对灵长类动物的研究。在那种环境下,并没有强调言语的作用。事实上,如果我们思考一下经典的错误信念实验,就可以发现不懂言语的动物如黑猩猩也能解决问题。毕竟,它需要的是一种理解的方式,而观察者对事件的真实状态可能会有一种不完善的知觉通道。这种理解并不需要言语的能力,它可以建立在观察某人特定时刻缺乏某种知觉通道的基础上。正因为如此,对灵长类动物的后期研究,特别是黑猩猩,当对其进行各种错误信念实验后,大部分出现了消极的结果(Call & Tomasello, 1999)。此外,除了最初依据场景作编造,表明黑猩猩之间具有明显的欺骗,对这种带有欺骗性的策略伪装程度的质疑,可能完全取决于受骗者具有何种错误信念(Heyes, 1998)。例如,他们可能会受过去危险经历的引导,这些危险经历与完全处于竞争对手视野下处事有关。

此外,三个其他的实验研究表明黑猩猩在心理推论方面受到限制。首先,它们对看见和知道之间的联系有着狭窄的理解。它们不管人类是否能看见它,都会不加选择地索要食物(Povinelli & Eddy, 1996),它们不能理解看见某物所获得的信息要比没有看见该物所获得的信息要多(Povinelli, Rulf, & Bierschwale, 1994)。第二,黑猩猩似乎不能完全理解手势或指引食物来源的线索。例如,如果它们知道食物被藏在两个盒子中的其中一个,而训练者不管是注视着那个箱子还是指着那个箱子或是在那个箱子上做个标记,黑猩猩只会随机选择一个箱子,似乎不能"读取"训练者的行为(Call & Tomasello, 2005)。第三,虽然黑猩猩似乎能在不同情境中迁移工具使用的技巧,使得形成一种局部"文化"(Whiten, Goodall, McGrew et al., 1999),但这种社会迁移不包括对意图系统化的分析(Tomasello, 1996),它可能是对继发结果比较表面化的观察。

然而,最新的研究对黑猩猩的心理阅读能力进行了积极的评估。首先,黑猩猩对他人的定向和行动的确表现出一种监控能力,至少在竞争性环境中是这样。例如,Tomasello、Call和Hare(2003)在接下来的一种情境中测试了黑猩猩:一只居统治地位的黑猩猩和一只处于附属地位的黑猩猩在两个分开的房间里观察食物。在中心地带的两个地方都放有食物,其中一个地方是敞开的,而另一个地方是部分遮蔽的。但处于附属地位的黑猩猩能看到两个地方的食物,并能观察到居统治地位的黑猩猩的视觉范围,知道它只能看到敞开地点的食物而看不到部分遮蔽地方的食物。在这样的条件下,居丁附属地位的黑猩猩似乎能理解居统治地位的黑猩猩能看到什么以及不能看到什么,它会走向只有它才能看到的放置食物的地方,这样就避免了与居统治地位的黑猩猩在另一个地点竞争食物。对此,其他各种通俗的解释都可以被排除,例如,居附属地位的黑猩猩没有对居统治地位的黑猩猩的行为选择做出反应,因为在后者的门打开之前,前者的优先选择已经很明显。在特殊的遮蔽地点,处于附属地位的黑猩猩并没有表现出明显的优先选择:当没有居统治地位的黑猩猩参加时,它们没有做出上述的优先选择。

在一系列的后期研究中,研究者对处于附属地位的黑猩猩和居统治地位的黑猩猩的知觉通道进行了分析。有两个部分遮蔽的地点,当两只黑猩猩都看见食物被埋藏在其中一个地点之后,处于附属地位的黑猩猩接近该地点的次数常常要比只有它单独看到埋藏食物地点时要少得多。其内在含义是,处于附属地位的黑猩猩记住了居于统治地位的黑猩猩能看到什么和不能看到什么,如果后者知道了放食物的地点,它就会离开。同样,一些其他的解释也可以被排除,例如,并不是处于附属地位的黑猩猩控制着居统治地位的黑猩猩寻找食物的方向。因此,如果一只居统治地位的黑猩猩看到了放置食物的过程,而把食物从一个地方取出的时候,另一只居统治地位的黑猩猩也在场,那么处于附属地位的黑猩猩就很少回避。从这个意义上说,居附属地位的黑猩猩不但能认识到并记住居统治地位的黑猩猩所了解的食物资源,而且能认识到这种权力途径只可能针对一个个体而不是其他的个体。总之,这些实验表明黑猩猩能认识到同类的动物具有特殊的视野,能看见视野范围里的东西,将会根据所看到的东西做出行动。

Tomasello 等(2003)提出了更加灵活的心理分析来揭开与黑猩猩社会行为相联系的普遍特征。在黑猩猩的栖息地,它们确实会为了食物而竞争,但发生频率较小。如果发生了,则表明对其他个体来说,它们自己能够得到食物。因此,它们日常的生活条件促进了对竞争者意图的敏感性,而不是合作者或帮助者意图的敏感性。

有趣的是狗对帮助者也存在着敏感性。例如,不像黑猩猩,家犬在寻找食物时,通过训练者,能使用一些交流行为(Hare, Brown, Williamson, & Tomasello, 2002)。这种倾向性似乎成为选择性抚养行为的结果。这种现象并不是在所有犬科动物中都会出现,例如狼并没有表现出这种敏感性。这并不是因为在早期社会化过程中,人类因素的作用。与人接触不多的小宠物狗,也对人类的信号表现出敏感性。总的来说,这些论据表明家犬一代接一代的选择性压力导致其社会认知领域的形成。而在黑猩猩身上,却没有如此的选择性压力,它们只是在某些方面接受人类的驯化。

我们可以说黑猩猩对知识状态和居统治地位黑猩猩的后续行为的敏感性是一种局部意识,仅仅与同类间食物竞争的环境紧密相连吗?现在下这种结论可能太早。在一系列实验中,Call 和他的同事发现黑猩猩能够区分无法移交食物的人类训练者(如他不能从一个管子里取得食物或意外弄丢食物)和不愿移交食物的人类训练者(如递交食物但嘲笑地收回)。面对不合格的训练者,它们更可能表现出不耐心,如重击笼子或是逃离测试区(Call, Hare, Carpenter, & Tomasello, 2004)。因此,黑猩猩的确在非竞争性环境中有能力理解一些意图。

那么,该怎样描述黑猩猩社会认知的力量和局限呢?Tomasello 和他的同事提出黑猩猩能够理解行为的部分内在含义。它们领会到,头部和身体趋向既定目标,可以预测针对该目标的下一步动作。同样,它们能抓住目标定位行为的信号,包括没有成功的尝试,这些都是后续动作的线索(Tomasello et al., 2003)。同时,他们强调目前没有有力的证据表明黑猩猩能进一步深入理解下去。例如,故事的主人公可能是故意做或在行动前是有计划的,特别是在与组内成员进行合作活动中(Tomasello, Carpenter, Call, Behne, & Moll, 2005)。因此,即使黑猩猩能够理解其他个体的知觉状态,以及在竞争环境下或非竞争环境下的意图,但仍然没有证据表明它们有能力进行有计划的合作。与此结论相符的是,Hare 和 Tomasello(2004)发现在寻找食物的实验中,黑猩猩在竞争性条件下比在合作性条件下更多地使用各种技巧。据此,黑猩猩和人类儿童都使用具有一定深度和丰富性的心理理解能力,以及不同的合作性能力。

一些时间或数量上的分析抓住了黑猩猩和人类儿童之间的全部差异,Povinelli 和 Vonk(2003)对此表示怀疑。他们认为在人类进化的某一点上,人类与那些灵长类动物具有一样的能力,即能深入到特定行为的表面特征以下,而在理解上存在质的差异。特别是,他们认为我们人类假设行为由内在心理状态所引发。相反,我们认为心理状态在引导行为方面具有截然不同的地位。基于此,黑猩猩可能会深入表面以下,但不会将心理本质概念化,而人类却总是能够深入到表面以下,得出一系列不同的心理状态。事实上,那种推论性的趋势非常强大,我们人类很容易将其错误地运用于灵长类动物特别是黑猩猩。Povinelli 和 Vonk(2003)进一步认为 Tomasello 和他的同事所提出的食物竞争实验并不能决定处于附属地位的黑猩猩其解释是狭窄的还是丰富的,可能该黑猩猩将视觉经验和知识归因于占统治地位的黑猩猩,但是也可能是该黑猩猩使用了不老练的行为推断方式。"当食物放在某个地方,如果 D 在场,就不能转向朝食物走去,因为这种定向会是一种线索,使 D 朝食物走去。"

要解决灵长类动物的争论并不是那么迅速或直接的(Povinelli & Vonk, 2004)。同时,发展心理学家可能会感到很欣慰,因为他们可以要求人类儿童谈论自己的心理状态,预计自己的心理状态以及对各种心理状态的程度进行评估,这对研究本身来说要容易多了。在接下来的一部分里,我会讲到语言不仅可以作为对儿童社会认知敏感性进行评估的手段,而且还可以成为人类社会认知的本质部分。

人类心理理论存在普遍核心吗

不同文化间的人类心理理论存在普遍核心,对这一点,Fodor(1987)说道:"据我所知,没有一个人类团体不借助于信念和愿望来解释行为。(如果某位人类学家声称发现了这样一个团体,那我是不会相信他的。)"正如 Avis 和 Harris(1991)所指出的那样,Fodor 可能是以一种假设形式来表示某种怀疑。在对苏丹南部的丁卡人所进行的经典研究中,牛津大学的社会人类学家 Godfrey Lienhardt(1961)断言某种心理解释的缺失:"丁卡人的概念与我们所常用的心理概念并不是完全符合,它是自我经验的贮存……我们似应称其为经验的'记忆',将其视为某种程度的内在影响……看来对丁卡人来说是一种外来的影响。"(149 页)

有些证据至少证实了 Fodor 的言论。首先,Wierzbicka(1992)认为所有的人类语言都包括涉及需求、思考和理解的形式。第二,跨文化研究表明,来自不同文化背景的儿童能够理解错误信念,即使掌握的年龄有所差异。在西欧、北美和亚洲工业中心长大的儿童在 4—5 岁时能完成错误信念任务(Wellman et al. , 2001)。经过大范围对印度、泰国、加拿大和秘鲁进入城市幼儿园的儿童与萨摩亚群岛农村幼儿园儿童的比较发现,掌握错误信念的年龄基本一致。另一方面,Vinden(1999)发现喀麦隆北部的农村儿童和巴布亚新几内亚的 Tolai 儿童在 7 岁时才逐渐能完成错误信念任务。Vinden 还测试了巴布亚新几内亚的 Tainae 儿童,但出现了很多问题,包括幼小的儿童和女性不愿参加测试以及很难用方言表述某个关键问题,这使得结果难以解释。在 Vinden(1996)所进行的另一项研究中,强调了语言的潜在重要作用。她测试了位于秘鲁一个遥远的盖丘亚族村落里 4—8 岁的儿童。大多数的儿童都能完成外表—实在任务,虽然随着年龄的增长也表现出一种明显的提高。然而,大多数儿童都不能完成错误信念实验,即使采用外表—实在任务里的材料,结果也同样如此。他们常常会说出那个物体像块岩石,但实际上是海绵。但是他们在触摸它以前常常会错误地说这是什么,而新来的人在触摸它以前会思考它到底是什么。然而,用盖丘亚族的话说“他在想什么”的意思基本上就是“他要说什么”。因此,盖丘亚族儿童可能不是很理解错误信念实验中的问题,或是对这些问题感觉不是很舒服。

总结这些研究,从各种结论中可以看出儿童在 5 岁的时候开始能够理解错误信念。然而,一些报告显示儿童直到 7 岁或 7 岁以上才能完成错误信念标准实验。目前,在解释儿童延迟理解时,仍需要小心。正如 Vinden(1996)所说,语言困难可能会产生重要影响。西方儿童的研究为语言的重要作用提供了有力证据,有理由预测语言在非西方情景中同样重要。

来自不同文化背景的儿童在其他心理状态任务中是如何表现的呢? 对于情绪,我们看到:在早期阶段,儿童的特定情绪是与特殊环境联系在一起的,然后逐渐意识到个体的愿望以及后来的信念能逐渐调节个体对某种情境的反应。只有少数研究是在跨文化背景中展开的,但各种零碎的发现对一些普遍的论题提供了支持。例如,Harris 等(1987)让来自欧洲的儿童和来自尼泊尔遥远农村的儿童来描述什么情境能引起各种情绪,两地的儿童都能找到各基本情绪的合理诱因。Vinden(1999)发现 Mofu 和 Tolai 的五六岁儿童能够预测到个体在遭遇意外损失时感到失落,而在找到丢失的水果时不会。

Avis 和 Harris(1991)认为,大多数在喀麦隆东南部雨林长大的 5 岁儿童能够理解当某人走近一个容器,并错误地认为该容器里装有食物,在打开盖子以前会感到高兴但打开后会感到伤心。Tenenbaum、Visscher、Pons 和 Harris(2004)观察到:8 到 11 岁的盖丘亚族儿童也能同样理解建立在信念基础上的情绪。然而,Vinden(1999)却没有找到证据表明 Mofu 和 Tolai 儿童能理解上述情绪。

Harris 和 Gross(1988)报告,来自西欧、北美和日本的儿童在 6 岁时能够区分感受到的情绪和所表达的情绪。Sissons Joshi 和 MacLean(1994)在印度儿童的研究中也发现了类似情况。目前,我们不知道有文字以前的儿童是否会区分这两种情绪,如果是的话,他们是怎样区分的,但就像错误信念的概念、隐藏的概念一样,不表达情绪似乎是一种比较好的选择。

总之,虽然纵向研究范围内有时会产生一些非推导性的结果,但是那些在非西方环境下长大的儿童包括在传统农村长大的儿童,理解信念的年龄几乎跟西方儿童一样。他们也能识别何种情境能引起特殊的情绪,以及根据这种经验来预期他人的感受。这种环境下的儿童也能理解建立在信念基础上的情绪。对于心理状态其他方面的理解,我们目前还没有证据。特别是对一些特定的基本概念,如情绪表达和情绪体验之间的区别以及意识流的连续性,缺乏探讨的可能性,这些基本概念融于特定的文化路径中。当然,在获得关键概念的过程中,跨文化研究的稳定性并不是说研究这些概念时不存在文化的变化(Harris, 1990; Lillard, 1998, 1999)。

孤独症儿童

对心理理论正常发展的研究,通过孤独症儿童的相关研究项目,在英国得到了重大推进。在1985年,Baron-Cohen、Leslie和Frith报告只有20%的孤独症儿童能够完成错误信念任务,而正常儿童和相似心理年龄的唐氏综合征儿童中,约有80%的儿童能够完成。Leslie(1987)依据孤独症儿童在假装游戏中的局限,提出了一个理论化的解释:孤独症的诊断标志之一反映了个体在将各种心理状态包括信念或假装,在概念化过程中一种天生的、模块化的缺陷。我在这儿并不是要全面回顾孤独症的症状,而是要描述孤独症儿童的偏离方式,从而强调发展的标准模式。

后期的研究进展迅速,并确认孤独症儿童在掌握错误信念的问题上确实存在很大的困难。首先,即使孤独症儿童能够完成标准错误信念任务,他们仍然在需要对二级信念进行理解的复杂情境中常常失败。第二,孤独症儿童在通过说谎来有意制造一种错误信念方面能力较差。例如,即便要求他们一方面误导小偷但又要帮助朋友,他们也会幼稚地帮助两者。这并不是由于某种不可克服的合作性趋向。当得到提醒时,他们可以选择性地用身体挡住小偷来帮助朋友(Sodian & Frith, 1992)。第三,孤独症儿童研究表明情绪理解问题的种类源于对信念理解的障碍,而他们在把握情境和情绪的关系上表现得很好(例如,认识到过生日一般很开心,但一旦被忘记后,则会很伤心),他们在理解基于信念的情绪时,其表现不如对言语能力的控制好(Baron-Cohen, 1991)。

然而,试图得出结论认为孤独症儿童提供了心理理论模块缺损的认知发展实例,似乎还存在着阻碍。首先,与正常儿童一样,孤独症儿童完成标准错误信念任务的困难是与他们的语言能力相关的。因此,患有孤独症且言语智龄在6到7岁的儿童约有20%能通过错误信念任务,而言语智龄在11到12岁的儿童约有80%能通过(Happe, 1995)。事实上,要达到正常儿童所达到的心理理论测试结果,孤独症儿童需要具备比正常儿童更好的言语能力,毕竟在4—5岁言语智龄的正常儿童中并不能保证个体高概率地通过错误信念任务。

第二,孤独症儿童和患有其他心理障碍如唐氏综合征的儿童,在错误信念实验中表现出来的差异并没有其最开始所表现出来的那么明显。特别是,有心理障碍的儿童也表现出一种滞后,虽然没有孤独症儿童表现得那么明显(Yirmiya, Osnat, Shaked, & Solomonica-Levi, 1998)。

第三,有越来越多的证据表明,孤独症儿童在一些需要理解心理理论中心概念如愿望和知觉的实验中表现得很好。Tan和Harris(1991)指出,孤独症儿童会表明及再表明自己的愿望,即使是面对最初阻止自己的对话者。此外,对孤独症儿童的自发语言产生进行的纵向研究表明,在不考虑极少数理解和思考的认知状态下,他们常常提及愿望和知觉(Tager &

843

Flusberg, 1993)。最后,孤独症儿童在视觉观点采择中,表现得很好(Hobson, 1984；Reed & Peterson, 1990)。

对这些发现的一种可能性解释是:孤独症儿童会走与正常儿童一样的发展路线,只不过步子要慢一些,这是 Baron-Cohen(1989)提出来的观点。言外之意,孤独症儿童的问题在于增长速度太慢。这种解释符合许多孤独症儿童最终能完成错误信念任务,以及少数能理解二级信念任务,同时也符合所观察到的孤独症儿童在谈论自己的愿望或他人的愿望时没有特别的困难。毕竟,有证据表明在正常发展中,理解和谈论愿望(Bartsch & Wellman, 1995；Harris, 1996；Tardif & Wellman, 2000)比理解和谈论信念要早。但有一点,孤独症儿童在心理理论发展早期并没有明显的延迟。

然而,如果我们关注一下心理理论的预兆或早期的征兆,这种简单的延迟理论就会陷入困境。如果对于愿望,孤独症儿童或多或少表现正常的话,那么我们可以认为其在完成心理理论预兆所制定的实验中应该没有什么困难。然而,他们至少在三个领域里存在不足:(1) 联合注意的发展,(2) 假装游戏的参与,(3) 对痛苦中他人的关心。我会依次简要介绍这三点。

如之前所讨论的,正常的婴儿在 1 岁时开始表现出联合注意行为。通过跟踪注意或指向注意以及对另一个人的注视,他们建立了一种三合一的关系,包括自己、他人和对某物的共同注意。孤独症儿童对联合注意表现出很大的局限性(Mundy, Sigman, & Kasari, 1993)。事实上,纵向研究表明:联合注意的局限是后来诊断孤独症的一个重要指标。Baron-Cohen、Allen 和 Gillberg(1992)的研究对象是一组 18 个月大的儿童,他们有一个患孤独症的同胞,从遗传上讲,他们自己也处于危险之中。其中的少数儿童在联合注意和假装游戏中表现出一定缺陷,后期的研究证实这些儿童最后被诊断为孤独症。最后,正如发展延期假设所预期的,没有证据表明联合注意的困难最终被克服了(Klin, Jones, Schultz, & Volkmar, 2004)。

从 Kanner 对症状最开始的描述到现在,孤独症其中一个定义特征是在假装游戏中存在缺陷。后期的实证分析表明,孤独症儿童在假装游戏中并不是完全不行。首先,通过提示,他们能进行简单的物体指向假装(Lewis & Boucher, 1988)。第二,如果要求成人参加物体指向假装,如假装在倒水或挤压某物,他们可以做出可能性的假装结果(Kavanaugh & Harris, 1994)。然而,即使这些发现表明假装出现和理解的基本能力,但同时也表明:他们在丰富性和普遍性方面存在一贯的局限(Harris & Leevers, 2000；Jarrold, Boucher, & Smith, 1996；Lewis & Boucher, 1995)。而且,如早期所提出的那样,假装延迟出现,伴随联合注意缺损,已成为孤独症的早期标志(Baron-Cohen et al. , 1992)。

最后,孤独症儿童与正常儿童、心理障碍儿童的区别还在于对他人痛苦的反应上。当成人假装痛苦或疼痛时,孤独症儿童很少走向成人,他们更可能继续玩玩具,不太可能表现出关心。这些结果出现于学步期孤独症儿童(Sigman, Kasari, Kwon, & Yirmiya, 1992)并一直保持到青少年期(She & Ruskin, 1999)。

总的来说,这些结果表明:孤独症儿童在获得正常心理理论中并不只是简单地表现出

844

一种延迟。他们在早期联合注意、假装游戏和感情关注上会表现出一些困难,并一直保持下去。然而,他们对心理理论的某方面表现出相对正常的进步,并逐渐体现在联合注意、假装游戏和情感关注中。这些结果预示着我们在正常儿童中看到的逐渐汇合,特别是结合信念和愿望来解释行为,这也许两支不同的个体发生流得以汇合。换句话说,这些结果表明心理理论的获得并不是单一的不可分割的过程,孤独症儿童能够解答心理理论问题的某些部分而不是其他。

假装游戏和心理理论中的个体差异

正如之前对孤独症的讨论,Leslie(1987)认为儿童适当参加假装游戏的能力,无论是单独的还是与伙伴一起,都表明儿童能够理解假装的本质。他进一步论述道,这种元表征的能力为信念的理解提供了平台。许多评论者认为 Leslie 对早期假装的众多分析是错误的(Currie, 1998; Harris & Kavanaugh, 1993; Jarrold, Carruthers, Smith, & Boucher, 1994; Nichols & Stich, 2000; Perner, 1993)。

这其中有两种反对意见,一种是概念性的,另一种是实证性的。首先,与 Leslie 的分析相反的是,年幼儿童能够参加假装游戏,即使他们对假装的心理状态不具备任何洞察力。毕竟,有大量证据表明,儿童在将信念理解成一种心理状态以前就能够很好地持有信念,包括错误信念。学步期儿童可能将假装游戏理解成一种特殊的行为而不是一种特殊的心理状态。所以,他们可能认为假装倒茶的动作(如举起空的茶壶,将壶倾斜)是一种特殊的动作,该动作可能集合了所有真正的手势,但与真正倒茶仍有一些不同。为了进一步理解该分析,让我们思考一下哑剧演员的行为,我们看见他拨开一个并不存在的香蕉,将它举到嘴边,然后咬一口。我们很容易认为他正在吃香蕉,但我们并不需要考虑在他脑中所发生的心理表征过程。对我们来说,看他对一个想象的香蕉所采取的熟练手势就足够了。同样的,儿童将假装的手势解释为对想象小道具所采取的熟练行为罢了。

第二种反对意见是实证性的。研究表明即使是 4 岁儿童,让他们单独做假装游戏,他们并不需要系统地认识到特殊的假装行为是一定心理状态的必需条件。例如,他们并没有认识到:要假装像袋鼠一样跳,就必须知道袋鼠是怎样跳的(Joseph, 1998; Lillard, 1993; Sobel, 2004)。

845 然而,即使我们接受了这两个反对 Leslie 的特定理论分析的观点,但假装游戏的能力和对信念的最终理解之间仍然存在着关联。对此,Leslie 表示赞成,并进行了一些后期研究。即使孤独症儿童能够完成假装游戏,但他们在生成性(generativity)上表现出局限性,在错误信念的理解上还存在滞后。因此,可以尝试性地去寻找这两个问题之间的关系。最近有关正常儿童的研究对二者之间的联系提供了证据。例如,在假装游戏的过程中,联合建议的频率(如:"你必须待在我怀里"或"咱们一起做小甜饼吧")和角色分配的频率(如:"你当妈妈")与儿童在心理理论任务的表现联系在一起(Astington & Jenkins, 1995; Jenkins & Astington, 2000)。在其他研究中也出现了同样情况(Schwebel, Rosen, & Singer, 1999;

Taylor & Carlson, 1997；Young & Dunn, 1995）。

然而,值得强调的是,在这些研究中,虽然儿童在联合假装游戏和角色扮演上的表现与其在心理理论上的表现相关(特别是错误信念和/或外表—实在实验),但在假装游戏的其他方面却不存在这种情况。例如,并没有一致的证据表明,假装的数量、假装主题的变化、机械的扮演或单独的假装游戏与心理理论实验中的表现相关。因此,一般来说,角色扮演而不是假装游戏与信念理解相关(Harris, 2000)。

在下一节中,我们将回顾语言能力和心理理论之间关系的证据。认同了两者的关系之后,就该问如果我们考虑儿童语言能力的可能归因,是不是假装游戏和心理理论理解之间的关系就能成立。这种可能性已经在先前的研究中得到了检验。在每个案例中,假装游戏和心理理论之间的关系都涉及,甚至当语言能力受到了控制时。语言能力是以词汇、语句的长度或语法这些形式得到测量的(Harris, 2005)。

总之,大量证据显示儿童的假装角色扮演和他们在心理理论任务上的表现相关。这种相关在儿童心理理论表现的另外一个有效的预测者——他们的语言能力——被考虑时就出现了。我们应该怎样来解释这种关系呢? 已经有了先前 Leslie 的分析,我们需要关注其他方面。事实上,Leslie 的分析预示信念理解一般与假装而非角色扮演有关联。这些结果表明假装角色扮演和儿童在心理理论任务上的表现有关联,这种关联可以被解释为对拟化论的支持。拟化论假设经典心理理论任务的解决方法可以通过角色扮演的形式得到。在角色扮演中,儿童会将自己所处的情境与知识暂时搁置一旁(Harris, 2000)。并且,我们必须承认角色扮演和心理理论的表现之间的关联仅仅是依据相关数据得来的。事实上,在最近的一项相关研究中,隐含一些早期错误信念的理解预示后来角色分配和联合建议而不是相反(Jenkin & Astington, 2000)。此外,目前还没有干预研究来评价角色扮演训练是否能导致更好地完成心理理论任务。尽管如此,我们已经在之前的研究中(Smilansky, 1968)发现在戏剧性游戏中的教育项目对儿童的社会认知产生了重要的影响。

语言与心理理论之间的关系

如同本章不同观点所讨论的,人类可以通过观察他人的面部表情和肢体语言来推测他们的行为意图。但是,人类和其他物种所不同的是,他们可以相互之间表达他们的想法和情感。一个可能的假设就是儿童对于想法和情感的理解是随着他们参与这些对话的机会而变化的(Harris, 1996, 1999)。有四个证据支持这一假说。第一,儿童的语言能力已被证明是关于评价心理状态理解水平的一个持续有效的预测指标。第二,被剥夺了日常对话的儿童,尤其是聋儿,他们心理状态理解的发展显示出延迟。第三,在心理状态发展过程中,父母语言的丰富性有助于提高儿童在心理理论任务中的表现。最后,大量使用语言和解释的干预研究在理解方面取得明显成效。我对这四个领域中每个领域的关键研究发现进行讨论,随后详细地探索其中的理论意义。

不管是正常儿童还是孤独症儿童,信念和情绪归因的精确性与儿童的语言技能呈显著性相关（Cutting & Dunn, 1999；Happe, 1995；Pons, Lawson, Harria, & de Rosnay, 2003）。这种相关的一种可能解释是,儿童对于心理状态的早期理解促进了语言的发展。关于早期单词学习的最近研究显示,在说一个新单词时儿童会注意到他的对话伙伴所留意或所想的是什么,然后他们运用这些信息来推测其中的意思（Baldwin & Moses, 2001；Waxman & Lidz, 本手册,第二卷,第7章）。值得争议的是,那些对谈话者的想法和态度特别敏感的儿童在建构他们的词汇或在解释谈话的含意时可能有优势。

然而,纵向研究并不支持这种解释。Astington 和 Jenkins（1999）在7个月时间里分三个持续的时间评定一群学前儿童的语言能力和心理理论的表现。结果发现心理理论的表现并不能预测语言的获得。但是,在最初的评估中语言能力可以很好预测心理理论表现的持续发展。因此,那些在学习起始阶段有良好语言技能的儿童,尤其是语法领域,在心理状态的持续概念化发展中能取得更多的进步。Waston 等人（2001）在长时间的研究中也得到了相似的结果。24个月儿童的语言技能能够很好地预测在48个月的心理理论表现。

关于语言促进心理理论获得的更多有利证据,体现在对聋哑儿童的研究中。聋哑儿童在标准心理理论任务中的表现很差。他们的困难并不仅仅是聋的缘故。在儿童早期就学习手语的聋哑儿童,尤其是生长在父母也是聋哑并有一手流利手语的家庭中——也同样表现出相似的水平。言外之意,这是延迟语言和交流的征兆,尤其是正常父母有一个聋儿,从而削弱聋哑儿童的表现（Peterson & Siegal, 2000）。

而且,对于这种削弱的两种不同解释都是说得通的。一种解释是,那些进入对话和交流比较慢的聋哑儿童在叙述的发展中处于不利地位,而叙述往往用于形成心理理论问题。另一种解释是,就算聋哑儿童已经理解测试的说明,他们的困难也存在,因为他们真的对理解心理状态和信念有障碍。第二种解释得到 Figueras-Costa 和 Harria（2001）的支持。甚至当聋哑儿童在关于错误信念的非言语测试中,他们仍然表现很差。并且,Woolfe、Want 和 Siegal（2002）也发现在给予弱视聋哑儿童图片而不是言语的测试中也表现得很差。因此,弱视儿童似乎也显示出信念概念化形成的延迟,并不是他们在掌握言语测试程序中存在困难。

家庭提供给幼儿的对话环境有所不同。最近三项研究表明母亲语言方式类型对孩子的心理状态理解有很大作用。Meins、Fernyhough、Wainwright、Das Gupta、Fradley 和 Tuckey（2002）提出疑问,母亲的"将心比心"——以自己的方式对待他们的孩子是否会影响孩子对心理理论的理解。为了评价"将心比心",他们区分了关于母亲传递她们6个月婴儿当前注意和行为的评论——例如:"你知道这是什么吗,是一个球。"或者"你刚刚嘲笑我了。"这些经常性的"将心比心"评论预测了儿童在3.5年之后心理理论测试的成功。Ruffman、Slade 和 Crowe（2002）发现在4岁儿童喜欢图画书期间,母亲的心理状态语言预示了儿童在同年后期心理理论的表现。相反的模式并没有提供,因此儿童的早期心理理论表现并不能预测母亲的后来交谈模式。最后,在对5—6岁儿童的研究中,de Rosnay、Pons、Harris 和 Morrell（2004）发现母亲对于孩子的心理描述、儿童自己的语言能力、正确的错误信念归因以及基于正确信念的情绪归因都存在着显著性相关。此外,母亲的心理描述预示了儿童正确的情绪归因,即使局限于简单的错误信念任务。

847

总之,这些相关研究都表明那些对话丰富的母亲促进了儿童对心理状态的理解;而消极影响并没有证据得到证明。研究也似乎说明仅仅是母亲一方话多并不能促进儿童对心理状态的理解。Ruffman 等人(2002)发现,特别是母亲的心理状态对话而非其他方面(如描述或谈话)的对话预示了儿童心理理论的表现。并且,亲子关系也被证明并不能单独地影响儿童心理状态的理解。特别是一旦母亲的对话被考虑的话,儿童依恋的性质就没有预测意义了(de Rosnay, Harris, & Pons, 待出版;Meins 等,2002)。最后,母亲的心理倾向性有持续的影响。有证据证明,不但 3 岁儿童而且 6 岁儿童,其母亲的心理倾向性影响都超越了儿童心理理论发展的标准指数——对错误信念的理解。

相关研究发现的确信性也随干预研究而推进。最近两项干预的研究更是提供了证据。Lohmann 和 Tomasello(2003)给错误信念的标准测验中失败的 3 岁儿童各种不同类型的训练。两个最有效的因素是:(1) 呈现一系列物体——有些外表是使人误导的(例如,一个物体看起来像一朵花而实际上是一支钢笔);(2) 人们关于知觉特征和物体的实际身份想要说什么、想什么和知道什么的言语评论。Hale 和 Tager-Flusberg(2003)也得到了相似的结果。在一项干预中,首先儿童讨论故事中有错误信念的主人公;其次,让他们说明故事主人公哪些有错误信念。在每个案例中,儿童是否说错主人公所想或所说的话都得到一个正确的言语反馈。这两项干预都有效地推进了 3 岁儿童对错误信念的领会。

这两项研究都有力地证明关于人们想法或主张的对话对儿童信念的理解有极大的影响。另外一项研究也强调对话的关键性作用,Lohmann 和 Tomasello(2003)给儿童呈现一系列让人误导的物体但不提供言语评论,结果发现这对儿童心理状态理解的作用是微不足道的。

不同的实验室,使用不同方法对不同儿童进行的这四项研究都有力地证实了合理的直觉:儿童自身的语言能力和他们在对话中的参与性,尤其是与心理状态有关的对话,促进了他们的心理理论。这是当今关于心理理论研究中最有意义的进展之一,并为该领域注入了活力(Harris, de Rosnay & Pons, 2005)。

盘点

对儿童心理理论的研究长期以来主要集中于认知发展传统的研究:儿童被视为努力解释、预测及了解人的思想、情感和言语的思想家。这些社会认知技能的发展结果,对儿童的社会性和智能之间的关系意味着什么,我们关注得不够。下面,我简要回顾一下这两个方面的研究结果,主要探讨儿童对心理状态的理解程度对其伙伴关系及对他人陈述内容的信任度方面的影响。我经过 25 年的深入研究,试图盘点清楚我们应当如何把幼儿对心理状态的理解概括化。

社会认知和同伴关系

因为儿童逐步获得心理理论,所以探讨这些观念变化对儿童更广泛社会行为的影响是合理的。从事这一问题研究的调查者已看到,具有更高级社会认知能力的儿童,完全有可能在社会交往的各种测量中,尤其是与同龄人交往过程中有着更为出众的表现。

几种可能的关系在对学前儿童的各种研究中早有成果。Denham、McKinley、Couchoud和Holt(1999)就研究过学前儿童在情绪归因任务上的精确性与其在同龄人中受欢迎程度之间的关系。对情绪原因有着较好领悟的儿童更受同龄人的欢迎,尤其在控制年龄和性别影响时更是如此。Hughens、Dunn和White(1998)在对3—4岁所谓"难以掌控"儿童的研究中,发现较差情绪理解与各种人际困难相联系(如反社会行为、攻击、限制移情、受限的亲社会行为);Dunn和Cutting(1999)发现有着较强情绪理解的4岁儿童,往往在游戏中同亲密伙伴合作更积极、交流更充分。最后,Edwards、Manstead和MacDonald(1984)在对4岁和5岁儿童的纵向研究中,发现识别情绪表达的精确性与儿童1至2年后的受欢迎度密不可分,尤其在考虑儿童初始受欢迎度时更是如此。

在学龄儿童的情绪理解和同伴关系中存在着类似的联系。Dunn和Herrera(1997)发现6岁儿童解决学校同伴间人际冲突的能力受其3岁时情绪理解水平的影响。Cassidy、Parke、Butkovsky和Braungart(1992)的研究报告儿童情绪理解和其在义务教育第一年受同龄人欢迎的程度之间呈正相关。最后,Bosacki和Astingto(1999)在对11岁和13岁儿童的研究中,发现了儿童情绪理解与教师评定的社会技能间呈正相关。

这些不同的研究结果有力地表明儿童对心理状态的理解程度,尤其是对情绪理解,极大地促进了儿童在学前和学龄期与同伴的交往。这些属于相关性研究结果,且通过干预研究证明了相关性研究的不足,所以我们不能肯定其间存在明确的因果关系。但是,儿童对情绪的确认和分析能力与之后的同伴关系之间存在关联是值得认可的。

但是务必请大家注意的是,Cutting和Dunn(2002)研究发现,社会认知能力优异是有得也有失的。他们评估了5岁大的孩子在学校读书的第一年中对教师批评的敏感性。儿童对于错误信念和复杂情绪的理解早在1年前(儿童尚在学前阶段)就得以评估,表明他们是敏感性的良好预测者。更要说明的是,当儿童被要求设想因为微不足道的错误受到老师批评时,在学前期对思想和情感有较好理解的儿童极有可能能力受损。正如Cutting和Dunn(2002)指出,这些研究成果对社会认知技能的长期作用提出了质疑。从积极角度看,这些成果确实能帮助儿童有效地参加活动及处理同伴关系。同时,也表明儿童极易受到社会生活包括与教师交往中不可避免的伤害。

社会认知和信任

很大程度上,研究者忽视了儿童"容易相信他人的话"在社会认知研究中的深远意义。正如苏格兰哲学家Thomas Reid(1764/1970)的名言:"如果轻信权威是经过推理和经验的结果,那么这种信任将与推理和经验一样,占有重要的地位。如果这是儿童自然的天性,那么它将是儿童期最重要的部分,受到经验的限制和束缚。根据人类生活的经验来看,后者才是真正正确的论断,而非前者"(pp. 240 - 241)。儿童是否随着年龄的增长而变得不再轻信他人?有关心理理论的研究发现,大多数超过4岁的正常儿童便开始意识到有些看似真诚的建议和正确的信念其实是错误的。儿童变得不再轻信他人这个观点有待深入的研究。

确实,最近研究结果证实学前儿童对特定的建议越来越多地表现出选择性信任和怀疑(Clement, Koenig, & Harris, 2004; Harris & Koenig, 待出版; Koenig, Clement, & Harris, 2004)。比如,在学前儿童面前有两个人,一个人提出的许多观点儿童认为可能正确的,另一个人则要么提出错误的观点,要么就自我承认很无知。随后,孩子们信任提供正确信息的那个人,而对后者表示怀疑。向孩子呈现一种他不熟悉的物品,那两个人分别提供不同的物品名称,结果表明,孩子们信任曾提供正确观点的那个人的说法。

儿童的信任选择有两个明显的发展阶段(Koening & Harris, 2005a)。3岁儿童会通过849探究他人所提供的信息以及赞同他的观点,信任一贯值得信任的信息提供者,并对自认为无知者的观点表示怀疑,但在值得信赖的信息提供者和错误信息提供者之间,儿童很少会做出进一步的选择;4岁儿童则会在两种条件下都做出选择,他们信任正确信息提供者,并怀疑自认为无知者和错误信息提供者。值得讨论的是,4岁儿童将错误的观点归因于信息提供者本身的错误信念,并对此人之后的论断持有怀疑态度。

除信任和怀疑的年龄变化趋势外,这些研究还让我们开始关注,儿童在认知领域内借助于心理理论进行特质归因。学前儿童会根据特定的信息提供者,对其可信度略作评估,并认为这些信息提供者将会根据他们所认识到的可信度状况而做出不同的表现。但在某种情况下,并非如此,依恋理论为此现象提供了依据。根据依恋理论的观点,婴儿通过获取和保留与抚养者之间的情绪信息来指导未来的反应。然而,依恋理论一般强调婴儿对抚养者外显行为的预期——特别是抚养者的情绪反应。有关选择性信任的研究表明,学前儿童有一个深层次的归因类型,他们并不是在行为层面——根据信息提供者外显行为的特点进行特质归因,来决定是否信任他,而是基于信息提供者在自身心目中的心理地位,特别是可信度决定对此人的信任与否(Koenig & Harris, 2005b)。

另外,在一个探究儿童归因的研究中表明,学前儿童能够评价自身对信息提供者的信任,并非仅仅停留在行为层面的认识上。正如前面提到过的实验中,3岁和4岁儿童面前有两个信息提供者,其中一个证明是可靠的,因为他能正确命名一系列熟悉物品,而另一个信息提供者证明是不可靠的,因为他承认自己无法命名任何物品。随后,向儿童呈现许多新奇的物品,并且询问他们是否知道这些物品是什么。孩子们一旦意识到自己不知道,便会迅速向信息提供者寻求帮助。此时,两个信息提供者分别提供有关该物体不同方面的描述。最后,要求孩子提出自己的看法。在先前的研究中,孩子是存在选择性的,他们倾向于向正确信息提供者寻求帮助,并信任他的帮助。然而,在了解信息提供者言语表达的差异之后,孩子们对他们的可信度有一个全面的评价,他们对信息提供者的非言语信息表现出选择性信任(Koenig & Harris, 2005a)。

孩子们对信息提供者不断增长的选择性信任和怀疑是如何形成的呢? 我们可以设想两个不同的机制模型。根据 Reid 的观点,孩子们一开始是信任每个信息提供者,在某种程度上,由于信息提供者表现出值得信赖,如说一些与孩子已有知识相符的话,并对孩子提出的问题正确回答等等,那么孩子便会保留而不是增加对该信息提供者信任的初始评价。然而,当信息提供者表现出不可信赖,比如在回答问题时说自己不知道,并说一些孩子们认为显然错误的话,那么孩子们将会增加对此人的怀疑。在这种情况下,对不可靠信息提供者怀疑的增加而不是信任增加导致了选择性信任。

然而需要思考合理的选择。孩子们对某个信息提供者的信任增加是基于该人提出的观点是符合孩子自身认识的。与不熟悉的信息提供者相比,孩子们更愿意相信他们熟悉的信息提供者的观点,因为熟悉的信息提供者有更多的机会来表现自己值得信赖。在这种情况下,对值得信赖的信息提供者信任的增加而不是怀疑的增加导致了选择性信任。

第一种模型符合人类的直觉,即一个人错误的论断总是比正确论断更明显,并且对我们有着更深远的影响,比如一个政治家提出的显然错误的论断会对他的声誉造成很大的影响。第二种模型符合人类不同的直觉,即相对不熟悉的陌生人,孩子们更可能相信他们熟悉的抚养者。无论哪个模型最后被证明是正确的,显然儿童认识信任的发展是容易展开然而却是受到忽视的社会认知研究领域。心理理论的研究已表明,幼儿是如何归因心理状态的,他们根据自身以往的经验对不同的个体进行归因。

850

儿童心理理论轮廓的形成

在最后这个部分,我将选择主要的研究发现,并将它们贯穿起来形成儿童心理理论的庞大概念体系。有四个重要的研究发现:① 如果我们研究儿童心理状态的发展阶段,那么有大量的理论和实证依据来证明心理状态很容易被掌握。一项来自正常儿童的重要研究表明,儿童在概化和谈论个体对知识和信念的认识状态之前,就已经可以概化和谈论自己的个人目标和偏好了(Bartsch & Wellman, 1995; Tardif & Wellman, 2000)。② 从之前的研究中发现,黑猩猩能够对知觉状态进行监控,并且与族群目标相联系(Tomasello, Call, & Hare, 2003),然而,我们没有相关证据证明黑猩猩能理解信念(Call & Tomasello, 1999)。③ 从孤独症的研究中发现,尽管他们很难建立对信念的理解(Happe, 1995; Yirmiya, Osnat, Shaked, & Solomonica-levi, 1998),孤独症儿童并未表现出理解知觉状态或愿望的巨大缺陷(Reed & Peterson, 1990; Tager-Flusberg, 1993; Tan & Harris, 1991)。④ 通过对聋儿的研究发现,出生于非手语家庭的聋儿在信念理解上显著落后于正常儿童(Peterson & Siegal, 2000),但是在知觉状态的理解(Peterson, 2003)与愿望提及上(Rieffe & Meerum Tevwogt, 2000)并没有明显差异。

即使研究者总是以心理理论的获得和缺失来作为一个评判,以上这些研究发现仍具有一定的意义。我们必须承认这样的一个分歧:尽管孤独症儿童存在着一定的缺陷,尽管聋儿在言语方面受到了限制,但是对知觉状态和目标的理解是可以达到的,甚至非人类的灵长类动物也可以达到。但本章前面部分的讨论却表明,信念理解借助于言语能力和交谈通道。为什么会导致这样的分歧呢? 我个人的观点认为(Harris, 1996,1999,2005),正常儿童的诸多心理阅读能力源于我们灵长类动物的生物遗传,即使我们尚未建立按灵长类动物顺序的变化程度,但目标检测和知觉状态监控能力是遗传的一部分。然而,大概在 2—3 岁时,一种人类才具有的能力开始显现了,特别是在交谈时信息的交换能力。广义上来讲,在言语获得的早期,幼儿大量的早期对话都是工具性的,且很多具有非言语的目的,诸如对谈话者注意、知觉状态和目标的调控等等。于是,谈话者开始注意特殊的物体和事件,以及对特殊项目的帮助。交谈的主题紧紧围绕物体、事件,以及一些意外情况出现的可能性。

然而到 3 岁时,多种迹象表明通过交谈进行信息交流会自行中止,不再具有调控行为和工具性的意图。孩子们越来越多地讨论不存在的事物和过去的事件(Fivush, Gray, & Fromhoff, 1987; Morford & Goldin-Mesdow, 1997; Snow, Pan, Imbens-Bailey, & Herman, 1996)。他们开始通过提问题来获取信息,不仅仅是为了促进正在进行中的计划,而且也对他们偶然听到或看到的事情作信息收集(Lewis, 1938; Przetacznik-Gierowska & Likeze, 1990; Snow et al., 1996)。最后,当他们的要求被误解了,他们会提供一些澄清的说明,即便是要求得到了认可,澄清只出于认识上的原因而非工具性的目的(Shwe & Markman, 1997)。

在交谈的过程中,通过对不存在的事物和过去事件的讨论、交流信息,谈话双方很少会拥有相同的知识背景和观点,因此有效的交流基于交谈双方承认存在的分歧,并且允许表达他们对于该问题的所知、所想、所感。实际上,许多谈话都是很平常的交流——传达信息、提出问题、对某个观点的质疑和争论——所有的都源于不同的人具有不同的观点与看法。对学前儿童的非自我中心交谈的研究表明,他们表现出一种对变化的早期敏感性(Menig-Peterson, 1976; O'Neill, 1996; Sachs & Devin, 1976; Shatz & Gelman, 1973; Wellman & Lempers, 1977)。

这些评论强调了这样一个事实:指向某些实际目标的合作,具有一系列不同的交谈程序。在语用合作的背景下,同伴们常常基于这样一种假设行事:我们有着相同的目的以及如何达到这个目标的共同信念。在交谈情境下,个体本身不同的观点和想法,以及对于这些差异的看法和认识,对谈话获得一致和成功起到至关重要的作用。事实上,交谈双方很少有共有的想法和相同的知识背景。谈话的关键因素在于期待那些经常参与谈话——特别是参与不同观点交锋的对话而不是有着实际目的的谈判——的儿童能够在心理理论任务中表现出色,因为它要求孩子们能够理解知识和信念之间的差异。如在前一部分所讨论的,至今没有充分的证据来验证这些预言。在家里可接触手语的聋儿在标准错误信念任务测试时表现要优于缺乏手语接触的聋儿(Peterson & Sicgal, 2000)。而且其抚养者常谈论特殊个体所思所想的儿童在标准测试中也会表现良好(Ruffman et al., 2002)。最后,实验干预证明清楚的表达能力能促进错误信念理解(Hale & Tager-Flusberg, 2003; Lohmann & Tomasello, 2003)。

总之,在过去的 25 年中,有关心理理论的研究层出不穷,但是鼓舞人心的研究是关于黑猩猩 Sarah 而不是人类的实验(Premack & Woodruff, 1978)。如果我的分析是正确的,累积的研究越来越多地揭示了 Sarah 表现出来的目标理解类型在种系发生和个体发生上,有别于人类儿童所表现出来的信念理解。目标理解与实践活动的分析与需求有着一定的联系,而信念理解最终与没有实践目的的对话能力相联系。

我的猜测是,我们至今无法评价儿童在不同的会话环境下是如何生活的。家庭变化不仅在某种程度上阐明和讨论心理反应的冲突,而且也阐明和讨论道德、科学、宗教、历史言论的冲突。此外,正如家庭对儿童心理理解的影响,家庭对孩子认识论的理解也有影响。已有的研究表明,有些儿童对有分歧的言论表现出比较敏感,而有些孩子很少意识到这些不同言论的存在。

（桑标、马伟娜译）

参考文献

Abramovitch, R. , Corter C. , & Lando, B. (1979). Sibling interaction in the home. *Child Development*, *50*, 997 - 1003.

Abramovitch, R. , Corter, C. , & Pepler, D. (1980). Observations of mixed-sex sibling dyads. *Child Development*, *51*, 1268 - 1271.

Ainsworth, M. D. S. , Bell, S. M. , & Stayton, D. J. (1971). Individual differences in Strange Situation behavior of one-year-olds. In H. R. Schaffer (Ed.), *The origins of human social relations* (pp. 17 - 52). New York: Academic Press.

Arsenio, W. F. , & Kramer, R. (1992). Victimizers and their victims: Children's conceptions of the mixed emotional consequences of moral transgressions. *Child Development*, *63*, 915 - 927.

Astington, J. W. (1991). Intention in the child's theory of mind. In D. Frye & C. Moore (Eds.), *Children's theories of mind* (pp. 157 - 172). Hillsdale, NJ: Erlbaum.

Astington, J. W. , & Jenkins, J. M. (1995). Theory-of-mind development and social understanding. *Cognition and Emotion*, *9*, 151 - 165.

Astington, J. W. , & Jenkins, J. M. (1999). A longitudinal study of the relation between language and theory-of-mind development. *Developmental Psychology*, *35*, 1311 - 1320.

Avis, J. , & Harris, P. L. (1991). Belief-desire reasoning among Baka children: Evidence for a universal conception of mind. *Child Development*, *62*, 460 - 467.

Bakermans-Kranenburg, M. J. , & Van Ijzendoorn, M. H. (1993). A psychometric stndy of the Adult Attachment Interview: Reliability and discriminant validity. *Developmental Psychology*, *29*, 870 - 880.

Baldwin, D. A. , Baird, J. A. , Saylor, M. A. , & Clark, M. A. (2001). Infants parse dynamic action. *Child Development*, *72*, 708 - 717.

Baldwin, D. A. , & Moses, L. J. (2001). Links between social understanding and early word learning: Challenges to current accounts. *Social Development*, *10*, 309 - 329.

Baron-Cohen, S. (1989). The autistic child's theory of mind: A case of specific developmental delay. *Journal of Child Psychology and Psychiatry*, *30*, 285 - 297.

Baron-Cohen, S. (1991). Do people with autism understand what causes emotion? *Child Development*, *62*, 385 - 395.

Baron-Cohen, S. , Allen, J. , & Gillberg, C (1992). Can autism be detected at 18 months? The needle, the haystack and the CHAT. *British Journal of Psychiatry*, *161*, 839 - 843.

Baron-Cohen, S. , Leslie, A. M. , & Frith, U. (1985). Does the autistic child have a "theory of mind"? *Cognition*, *21*, 37 - 46.

Bartsch, K. , & Welhman, H. M. (1989). Young children's attribution of action to beliefs and desires. *Child Development*, *60*, 946 - 964.

Bartsch, K. , & Wellman, H. M. (1995). *Children talk about the mind*. New York: Oxford University Press.

Benoit, D. , & Parker, K. C. H. (1994). Stability and transmission of attachment across three generations. *Child Development*, *65*, 1444 - 1457.

Boden, M. (2006). *Mind as machine: A history of cognitive science*. Oxford, England: Oxford University Press.

Bosacki, S. , & Astington, J. (1999). Theory of mind in preadolescence: Relations between social understanding and social competence. *Social Development*, *8*, 237 - 255.

Bradmetz, J. , & Schneider, R. (1999). Is Little Red Riding Hood afraid of her grandmother? Cognitive versus emotional response to a false belief. *British Journal of Developmental Psychology*, *17*, 501 - 514.

Brownell, C. A. , & Carriger, M. S. (1990). Changes in cooperation and self-other differentiation during the second year. *Child Development*, *61*, 1164 - 1174.

Byrne, R. W. , & Whiten, A. (1988). Toward the next generation in data quality: A new survey of primate tactical deception. *Behavioral and Brain Sciences*, *11*, 267 - 283.

Call, J. , Hare, B. , Carpenter, M. , & Tomasello, M. (2004). Unwilling or unable: Chimpanzees' understanding of human intentional action. *Developmental Science*, *7*, 488 - 498.

Call, J. , & Tomasello, M. (1999). A nonverbal false-belief task: The performance of children and great apes. *Child Development*, *70*, 381 - 395.

Call, J. , & Tomasello, M. (2005). What do chimpanzees know about seeing revisited: An explanation of the third kind. In N. Eilan et al. (Eds.), *Issues in joint attention*. Oxford, England: Oxford University Press.

Callaghan, T. , Rochat, P. , Lillard, A. , Claux, M. C. , Odden, H. , Itakura, S. , et al. (2005). Synchrony in the onset of mental state reasoning: Evidence from five cultures. *Psychological Science*, *16*, 378 - 384.

Carlson, S. M. , & & Moses, L. (2001). Individual differences in inhibitory control and children's theory of mind. *Child Development*, *72*, 1032 - 1053.

Carpendale, J. , & Chandler, M. (1996). On the distinction between false-belief understanding and subscribing to an interpretive theory of mind. *Child Development*, *67*, 1686 - 1706.

Carpenter, M. , Call, J. , & Tomasello, M. (2002). Understanding "prior intentions" enables 2-year-olds to imitatively learn a complex task. *Child Development*, *73*, 1431 - 1441.

Carpenter, M. , Nagell, K. , & Tomasello, M. (1998). Social cognition, joint attention, and communicative competence from 9 - 15 months of age. *Monographs of the Society for Research in Child Development*, *63* (4, Serial No. 255).

Cassidy, J. , Parke. R. , Butkovsky, L. , & Braungart, J. (1992). Familypeer connections: The roles of emotional expressiveness within the family and children's understanding of emotions. *Child Development*, *63*, 603 - 618.

Chandler, M. (1988). Doubt and developing theories of mind. In J. W. Astington, P. L. Harris, & D. R. Olson (Eds.), *Developing theories of mind* (pp. 387 - 413). Cambridge, England: Cambridge University Press.

Clément, F. , Koenig, M. , & Harris, P. L. (2004). The ontogenesis of trust. *Mind and Language*, *19*, 360 - 379.

Colby, A. , Kohlberg, L. , Gibbs, J. , & Liberman, M. (1983). A longitudinal study of moral judgment. *Monographs of the Society for Research in Child Development*, *48* (1/2, Serial No. 200).

Csibra, G. , Gergely, G. , Biro, S. , Koos, O. , & Brockbank, M. (1999). Goal attribution without agency cues: The perception of " pure reason" in infancy. *Cognition*, *72*, 237 - 267.

Currie, G. (1998). Pretence, pretending and metarepresenting. *Mind and Language*, *13*, 35 - 55.

Cutting, A. L. , & Dunn, J. (1999). Theory of mind, emotion understanding, language, and family background: Individual differences and interrelations. *Child Development*, *70*, 853 - 865.

Cutting, A. L. , & Dunn, J. (2002). The cost of understanding other people: Social cognition predicts young children's sensitivity to criticism. *Journal of Child Psychology and Psychiatry*, *43*, 849 - 860.

Darwin, C. (1998). *The expression of the emotions in man and animals*. New York: Oxford University Press. (Original work published 1872)

Davidson, P. , Turiel, E. , & Black, A. (1983). The effects of stimulus familiarity on the use of criteria and justifications in children's social reasoning. *British Journal of Developmental Psychology*, *1*, 49 - 65.

Denham, S. , McKinley, M. , Couchoud, E. , & Holt, R. (1990). Emotional and behavioral predictors of preschool peer ratings. *Child Development*, *61*, 1145 - 1152.

de Rosnay, M. , & Harris, P. L. (2002). Individual differences in children's understanding of emotion: The roles of attachment and language. *Attachment and Human Development*, *4*(1), 39 - 54.

de Rosnay, M. , Pons, F. , Harris, P. L. , & Morrell, J. (2004). A lag between understanding false belief and emotion attribution in young children:

Relationships with linguistic ability and mothers' mental state language. *British Journal of Developmental Psychology*, *22*, 197 – 218.

de Waal, F. B. M., & Aureli, F. (1996). Consolation, reconciliation, and a possible cognitive difference between macaques and chimpanzees. In A. E. Russon, K. A. Bard, & S, T., Parker (Eds.), *Reaching into thought: The minds of the great apes* (pp. 80 – 110). Cambridge, England: Cambridge University Press.

Dunn, J., & Cutting, A. L. (1999). Understanding others, and individual differences in friendship interactions in young children. *Social Development*, *8*, 201 – 209.

Dunn, J., & Herrera, C. (1997). Conflict resolution with friends, siblings, and mothers: A developmental perspective. *Aggressive Behavior*, *23*, 343 – 357.

Dunn, J., & Kendrick, C. (1982). *Siblings: Love, envy and understanding*. Cambridge, MA: Harvard University Press.

Dunn, J., Kendrick, C., & MacNamee, R. (1981). The reaction of first-born children to the birth of a sibling: Mother's reports. *Journal of Child Psychology and Psychiatry*, *22*, 1 – 18.

Dunn, J., & Munn, P. (1985). Becoming a family member: Family conflict and the development of social understanding in the first year. *Child Development*, *50*, 306 – 318.

Dunn, J., & Munn, P. (1986). Siblings and the development of prosocial behaviour. *International Journal of Behavioral Development*, *9*, 265 – 284.

Edwards, R., Manstead, A. S., & MacDonald, C. J. (1984). The relationship between children's sociometric status and ability to recognize facial expression. *European Journal of Social Psychology*, *14*, 235 – 238.

Ekman, P. (1973). Cross-cultural studies of facial expression. In P. Ekman (Ed.), *Darwin and facial expression* (pp. 11 – 98). New York: Academic Press.

Estes, D. (1998). Young children's awareness of their mental activity: The case of mental rotation. *Child Development*, *69*, 1345 – 1360.

Estes, D., Wellman, H. M., & Woolley, J. D. (1989). Children's understanding of mental phenomena. In H. W. Reese (Ed.), *Advances in child development and behavior* (pp. 41 – 87). San Diego, CA: Academic Press.

Fabes, R. A., Eisenberg, N., Nyman, M., & Michealieu, Q. (1991). Young children's appraisals of others' spontaneous emotional reactions. *Developmental Psychology*, *27*, 858 – 866.

Feinfeld, K. A., Lee, P. P., Flavell, E. R., Green, F. L., & Flavell, J. H. (1999). Young children's understanding of intention. *Child Development*, *14*, 463 – 486.

Field, T. (1984). Early interactions between infants and their post-partum depressed mothers, *Infant Behavior and Development*, *7*, 517 – 522.

Field, T., Healy, B., & Goldstein, S. (1988). Infants of depressed mothers show "depressed" behavior even with nondepressed adults. *Child Development*, *59*, 1569 – 1579.

Figueras-Costa, B., & Harris, P. L. (2001). Theory of mind in deaf children: A non-verbal test of false-belief understanding. *Journal of Deaf Studies and Deaf Education*, *6*, 92 – 102.

Fivush, R., Gray, J. T., & Fromhoff, F. A. (1987). Two-year-olds talk about the past. *Cognitive Development*, *2*, 393 – 409.

Flavell, J. H. (1986). The development of children's knowledge about the appearance-reality distinction. *American Psychologist*, *41*, 418 – 425.

Flavell, J. H., Botkin, P. T., Fry, C. L., Wright, J. W., & Jarvis, P. E. (1908). *The development of role-taking and communication skills in children*. New York: Wiley.

Flavell, J. H., Green, F. L., & Flavell, E. R. (1993). Children's understanding of the stream of consciousness. *Child Development*, *64*, 387 – 398.

Flavell, J. H., Green, F. L., & Flavell, E. R. (1995). Young children's knowledge about thinking. *Monographs of the Society for Research in Child Development*, *60*(1, Serial No.243).

Flavell, J. H., Green, F. L., & Flavell, E. R. (2000). Development of children's awareness of their own thoughts. *Journal of Cognition and Development*, *1*, 97 – 112.

Flavell, J. H., Green, F. L., Flavell, E. R., & Grossman, J. B. (1997). The development of children's knowledge about inner speech. *Child Development*, *68*, 39 – 47.

Flavell, J. H., Shipstead, S. G., & Croft, K. (1978). Young children's knowledge about visual perception: Hiding objects from others. *Child Development*, *49*, 1208 – 1211.

Fodor, J. (1987). *Psychosemantics*. Cambridge, MA: MIT Press.

Fodor, J. (1992). A theory of the child's theory of mind. *Cognition*, *44*, 283 – 296.

Fonagy, P., Steele, H., & Steele, M. (1991). Maternal representations of attachment during pregnancy predict the organization of infantmother attachment at 1 year of age. *Child Development*, *62*, 891 – 905.

George, C., & Main, M. (1979). Social interaction of young abused children: Approach, avoidance and aggression. *Child Development*, *50*, 306 – 318.

Gergely, G., Nádasdy, Z., Csibra, G., & Biró, S. (1995). Taking the intentional stance at 12 months of age. *Cognition*, *56*, 165 – 193.

German, T., & Leslie, A. (2000). Attending to and learning about mental states. In P. Mitchell & K. Riggs (Eds.), *Children's reasoning and the mind* (pp. 229 – 252). Hove, England: Psychology Press.

Golinkoff, R. M., Harding, C. G., Carlson, V., & Sexton, M. E. (1984). The infant's perception of causal events: The distinction between animate and inanimate objects. In L. L. Lipsitt & C. Rovee-Collier (Eds.), *Advances in infancy research* (Vol.3, pp.145 – 165). Norwood, NJ: Ablex.

Gopnik, A., & Astington, J. W. (1988). Children's understanding of representational change and its relation to the understanding of false belief and the appearance reality distinction. *Child Development*, *59*, 26 – 37.

Gopnik, A., & Graf, P. (1988). Knowing how you know: Young children's ability to identify and remember the sources of their beliefs. *Child Development*, *59*, 1366 – 1371.

Gopnik, A., & Wellman, H. M. (1994). The theory theory. In L. Hirschfeld & S. Gelman (Eds.), *Domain specificity in cognition and culture* (pp.257 – 293). New York: Cambridge University Press.

Graham, S., & Weiner, B. (1986). From an attributional theory of emotion to developmental psychology: A round-trip ticket? *Social Cognition*, *4*, 152 – 179.

Hadwin, J., & Perner, J. (1991). Pleased and surprised: Children's cognitive theory of emotion. *British Journal of Developmental Psychology*, *9*, 215 – 234.

Hale, C. M., & Tager-Flusberg, H. (2003). The influence of language on theory of mind: A training study. *Developmental Science*, *6*, 346 – 359.

Hamilton, C. E. (2000). Continuity and discontinuity of attachment from infancy through adolescence. *Child Development*, *71*, 690 – 694.

Happé, F. G. E. (1993). Communicative competence and theory of mind in autism: A test of relevance theory. *Cognition*, *48*, 101 – 119.

Happé, F. G. E. (1994). An advanced test of theory of mind: Understanding of story characters' thoughts and feelings by able autistic, mentally handicapped and normal children and adults. *Journal of Autism and Developmental Disorders*, *24*, 129 – 154.

Happé, F. G. E. (1995). The role of age and verbal ability in the theory-of-mind task performance of subjects with autism. *Child Development*, *66*, 843 – 855.

Hare, B., Brown, M., Williamson, C., & Tomasello, M. (2002). The domestication of social cognition in dogs. *Science*, *298*, 1634 – 1636.

Hare, B., & Tomasello, M. (2004). Chimpanzees are more skillful in competitive than in cooperative cognitive tasks. *Animal Behaviour*, *68*, 571 – 581.

Harris, P. L. (1989). *Children and emotion*. Oxford, England: Blackwell.

Harris, P. L. (1990). The child's theory of mind and its cultural context. In G. E. Butterworth & P. E. Bryant (Eds.), *The causes of development* (pp.215 – 237). London: Harvester Wheatsheaf.

Harris, P. L. (1996). Desires, beliefs and language. In P. Carruthers & P. K. Smith (Eds.), *Theories of theories of mind* (pp. 200 – 220). Cambridge, England: Cambridge University Press.

Harris, P. L. (1999). Acquiring the art of conversation: Children's developing conception of their conversation partner. In M. Bennett (Ed.), *Developmental psychology: Achievements and prospects* (pp. 89 – 105). London: Psychology Press.

Harris, P. L. (2000). *The work of the imagination*. Oxford, England: Blackwell.

Harris, P. L. (2005). Conversation, pretence, and theory of mind. In J. W. Astington & J. Baird (Eds.), *Why language matters for theory of mind*. New York: Oxford University Press.

Harris, P. L., (in press). Use your words. *British Journal of Developmental Psychology*.

Harris, P. L., de Rosnay, M., & Pons, F. (in press). Language and children's understanding of mental states. *Current Directions in Psychological Science*, *14*, 69 – 73.

Harris, P. L., & Gross, D. (1988). Children's understanding of real and apparent emotion. In J. Astington, P. L. Harris, & D. R. Olson (Eds.), *Developing theories of mind*. Cambridge: Cambridge University Press.

Harris, P. L., Guz, G. R., Lipian, M. S., & Man-Shu, Z. (1985).

Insight into the time course of emotion among Western and Chinese children. *Child Development*, 56, 972 – 988.

Harris, P. L., Johnson, C. N., Hutton, D., Andrews, G., & Cooke, T. (1989). Young children's theory-of-mind and emotion. *Cognition and Emotion*, 3(4), 379 – 400.

Harris, P. L., & Kavanaugh, R. D. (1993). Young children's understanding of pretense. *Monographs of the Society for Research in Child Development*, 58(1, Serial No.231).

Harris, P. L., & Koenig, M. (in press). Imagination and testimony in cognitive development: The cautious disciple. In I. Roth (Ed.), *Imaginative minds*. Oxford, England: Oxford University Press.

Harris, P. L., Kruithof, A., Meerum Terwogt, M., & Visser, T. (1981). Children's detection and awareness of textual anomaly. *Journal of Experimental Child Psychology*, 31, 212 – 230.

Harris, P. L., & Leevers, H. (2000). Pretending, imagery and selfawareness in autism. In S. Baron-Cohen, H. Tager-Flusberg, & D. Cohen (Eds.), *Understanding other minds: Perspectives from autism and developmental cognitive neuroscience* (2nd ed., pp. 182 – 202). Oxford, England: Oxford University Press.

Harris, P. L., Olthof, T., & Meerum Terwogt, M. (1981). Children's knowledge of emotion. *Journal of Child Psychology and Psychiatry*, 22, 247 – 261.

Harris, P. L., Olthof, T., Meerum Terwogt, M., & Hardman, C. E. (1987). Children's knowledge of the situations that provoke emotion. *International Journal of Behavioral Development*, 10, 319 – 344.

Haviland, J. M., & Lelwica, M. (1987). The induced affect response: 10-week-old infants' responses to three emotional expressions. *Developmental Psychology*, 23, 97 – 104.

Henning, A., & Striano, A. (2004). Early sensitivity to interpersonal timing. In L. Berthouze, H. Kozima, C. G. Prince, G. Sandini, G., Stojanow, G. Metta, et al. (Eds.), *Proceedings of the fourth international workshop on epigenetic robotics: Modeling cognitive development in robotic systems* (pp.145 – 146). Sweden: Lund University, Cognitive Studies, 117.

Hetherington, E. M., & Parke, R. D. (1999). *Child psychology: A contemporary viewpoint* (5th ed.). New York: McGraw-Hill.

Heyes, C. M. (1998). Theory of mind in nonhuman primates. *Behavioral and Brain Sciences*, 21, 101 – 148.

Hobson, R. P. (1984). Early childhood autism and the question of egocentrism. *Journal of Autism and Developmental Disorders*, 14, 85 – 104.

Hoffman, M. L. (1976). Empathy, role-taking, guilt and development of altruistic motives. In T. Lickona (Ed.), *Moral development and behavior: Theory, research and social issues* (pp. 124 – 143). New York: Holt, Rinehart and Winston.

Hoffman-Plotkin, D., & Twentyman, C. T. (1984). A multimodal assessment of behavioral and cognitive deficits in abused and neglected preschoolers. *Child Development*, 55, 702 – 795.

Hornik, R., Risenhoover, N., & Gunnar, M. (1987). The effects of maternal positive, neutral and negative affective communications on infant responses to new toys. *Child Development*, 58, 937 – 944.

Hughes, C., Dunn, J., & White, A. (1998). Trick or treat? Uneven understanding of mind and emotion and executive dysfunction in "hard-to-manage" preschoolers. *Journal of Child Psychology and Psychiatry and Allied Disciplines*, 39, 981 – 994.

Hughes, M., & Donaldson, M. (1979). The use of hiding games for studying the coordination of perspectives. *Educational Review*, 31, 133 – 140.

James, W. (1890). *The principles of psychology* (Vol. 1). New York: Henry Holt.

Jarrold, C. R., Boucher, J. J., & Smith, P. K. (1996). Generativity defects in pretend play in autism. *British Journal of Developmental Psychology*, 14, 275 – 300.

Jarrold, C. R., Carruthers, P., Smith, P. K., & Boucher, J. (1994). Pretend play: Is it metarepresentational? *Mind and Language*, 9, 445 – 468.

Jenkins, J. M., & Astington, J. W. (2000). Theory of mind and social behavior: Causal models tested in a longitudinal study. *Merrill-Palmer Quarterly*, 46, 203 – 220.

Joseph, R. M. (1998). Intention and knowledge in preschoolers' conception of pretend. *Child Development*, 69, 966 – 980.

Joshi, M. S., & MacLean, M. (1994). Indian and English children's understanding of the distinction between real and apparent emotion. *Child Development*, 65, 1372 – 1384.

Kavanaugh, R. D., & Harris, P. L. (1994). Imagining the outcome of pretend transformations: Assessing the competence of normal and autistic children. *Developmental Psychology*, 30, 847 – 854.

Keller, M., Lourenco, O., Malti, T., & Saalbach, H. (2003). The multifaceted phenomenon of "happy victimizers": A cross-cultural comparison of moral emotions. *British Journal of Developmental Psychology*, 21, 1 – 18.

Klimes-Dougan, B., & Kistner, J. (1990). Physically abused preschoolers' responses to peer distress. *Developmental Psychology*, 26, 599 – 602.

Klin, A., Jones, W., Schultz, R., & Volkmar, F. (2004). The enactive mind, or from actions to cognition: Lessons from autism. In U. Frith & E. Hill (Eds.), *Autism: Mind and brain* (pp. 127 – 160). Oxford, England: Oxford University Press.

Kochanska, G., Gross, J. N., Lin, M. -H., & Nichols, K. E. (2002). Guilt in young children: Development, determinants, and relations with a broader system of standards. *Child Development*, 73, 461 – 482.

Koenig, M. A., Clément, F., & Harris, P. L. (2004). Trust in testimony: Children's use of true and false statements. *Psychological Science*, 10, 694 – 698.

Koenig, M. A., & Harris, P. L. (2005a). Preschoolers mistrust ignorant and inaccurate speakers. *Child Development*, 76, 1261 – 1277.

Koenig, M. A., & Harris, P. L. (2005b). The role of social cognition in early trust. *Trends in Cognitive Sciences*, 9, 457 – 459.

Kohlberg, L. (1969). Stage and sequence: The cognitive-developmental approach to socialization. In D. A. Goslin (Ed.), *Handbook of socialization theory and research* (pp.247 – 480). Chicago: Rand McNally.

Kuhn, D., Cheney, R., & Weinstock, M. (2000). The development of epistemological understanding. *Cognitive Development*, 15, 309 – 328.

Lagattuta, K. H., Wellman, H. M., & Flavell, J. H. (1997). Preschoolers' understanding of the link between thinking and feeling: Cognitive cuing and emotional change. *Child Development*, 68, 1081 – 1104.

Lashley, K. S. (1951). The problem of serial order in behavior. In L. A. Jeffress (Ed.), *Hixon Symposium: Cerebral mechanisms in behavior* (pp. 112 – 146). New York: Wiley.

Leslie, A. M. (1987). Pretense and representation: The origins of "theory of mind." *Psychological Review*, 94, 412 – 426.

Leslie, A. M. (2000). How to acquire a "representational theory of mind." In D. Sperber (Ed.), *Metarepresentations: A multidisciplinary perspective* (pp.197 – 223). Oxford, England: Oxford University Press.

Lewis, M. M. (1938). The beginning and early function of questions in a child's speech. *British Journal of Educational Psychology*, 8, 150 – 171.

Lewis, M. (1989). Cultural differences in children's knowledge of emotion scripts. In C. Saarni & P. L. Harris (Eds.), *Children's understanding of emotion*. Cambridge, England: Cambridge University Press.

Lewis, M., Feiring, C., & Rosenthal, S. (2000). Attachment over time. *Child Development*, 71, 707 – 720.

Lewis, V., & Boucher, J. (1988). Spontaneous, instructed and elicited play in relatively able autistic children. *British Journal of Developmental Psychology*, 6, 325 – 339.

Lewis, V., & Boucher, J. (1995). Generativity in the play of young people with autism. *Journal of Autism and Developmental Disorders*, 25, 105 – 121.

Lienhardt, G. (1961). *Divinity and experience: The religion of the Dinka*. Oxford, England: Clarendon Press.

Lillard, A. (1993). Young children's conceptualization of pretend: Action or mental representational state? *Child Development*, 64, 372 – 386.

Lillard, A. S. (1998). Ethnopsychologies: Cultural variations in theory of mind. *Psychological Bulletin*, 123, 3 – 33.

Lillard, A. (1999). Developing a cultural theory of mind: The CIAO approach. *Current Directions in Psychological Science*, 8, 57 – 61.

Lohmann, H., & Tomasello, M. (2003). The role of language in the development of false-belief understanding: A training study. *Child Development*, 74, 1130 – 1144.

Main, M., Kaplan, N., & Cassidy, J. (1985). Security in infancy, childhood, and adulthood: A move to the level of representation. *Monographs of the Society for Research in Child Development*, 50(1/2, Serial No. 209), 66 – 104.

Meins, E., Fernyhough, C., Fradley, E., & Tuckey, M. (2001). Rethinking maternal sensitivity: Mothers' comments on infants' mental processes predict security of attachment at 12 months. *Journal of Child Psychology and Psychiatry*, 42, 637 – 648.

Meins, E., Fernyhough, C., Wainwright, R., Das Gupta, M., Fradley, E., & Tuckey, M. (2002). Maternal mind-mindedness and attachment security as predictors of theory of mind understanding. *Child Development*, 73, 1715 – 1726.

Meltzoff, A. N. (1976). *Imitation in early infancy*. Unpublished doctoral dissertation. University of Oxford, England, Department of Experimental Psychology.

Meltzoff, A. N., & Moore, M. K. (1977). Imitation of facial and manual gestures by human neonates. *Science*, *198*, 75–78.

Menig-Peterson, C. L. (1976). The modification of communicative behavior in preschool-aged children as a function of a listener's perspective. *Child Development*, *46*, 1015–1018.

Miller, G. A., Galanter, E., & Pribram, K. H. (1960). *Plans and the structure of behavior*. New York: Holt, Rinehart & Winston.

Morford, J. P., & Goldin-Meadow, S. (1997). From here and now to there and then: The development of displaced reference in Home-sign and English. *Child Development*, *68*, 420–435.

Morissette, P., Ricard, M., & Decarie, T. G. (1995). Joint visual attention and pointing in infancy: A longitudinal study of comprehension. *British Journal of Developmental Psychology*, *13*, 163–175.

Moses, L. (1993). Young children's understanding of belief constraints on intention. *Cognitive Development*, *8*, 1–25.

Moses, L. J. (2001). Executive accounts of theory-of-mind development. *Child Development*, *72*, 688–690.

Muir, D. W., & Hains, S. M. J. (1993). Infant sensitivity to perturbations in adult facial, vocal, tactile, and contingent stimulation during face-to-face interactions. In B. de Boysson-Bardies, S. de Schonen, P. Jusczyk, P. MacNeilage & J. Morton (Eds.), *Developmental neurocognition: Speech and face processing in the first year of life* (pp.171–185). Amsterdam: Kluwer Academic.

Mumme, D. L., Won, D., & Fernald, A. (1994, June). *Do 1 year old infants show referent specific responding to emotional signals?* Poster presented at the meeting of the International Conference on Infant Studies, Paris, France.

Mundy, P., Sigman, M., & Kasari, C. (1993). Theory of mind and joint attention deficits in autism. In S. Baron-Cohen, H. Tager-Flusberg, & D. J. Cohen (Eds.), *Understanding other minds: Perspectives from autism* (pp.181–203). Oxford, England: Oxford University Press.

Murray, L., & Trevarthen, C. (1985). Emotional regulation of interaction between 2-month-olds and their mothers. In T. Field & N. Fox (Eds.), *Social perception in infants* (pp.101–125). Norwood, NJ: Ablex.

Nadel, J., Carchon, I., Kervella, C., Marcelli, D., & Réservat-Plantey, D. (1999). Expectancies for social contingency in 2-month-olds. *Developmental Science*, *2*, 164–173.

Nichols, S. (2001). Mind reading and the cognitive architecture of altruistic motivation. *Mind and Language*, *16*, 425–455.

Nichols, S., & Stich, S. (2000). A cognitive theory of pretense. *Cognition*, *74*, 115–147.

Nunner-Winkler, G., & Sodian, B. (1988). Children's understanding of moral emotions. *Child Development*, *59*, 1323–1338.

O'Neill, D. K. (1996). Two-year-old children's sensitivity to a parent's knowledge state when making requests. *Child Development*, *67*, 659–677.

O'Neill, D. K., Astington, J. W., & Flavell, J. H. (1992). Young children's understanding of the role that sensory experiences play in knowledge acquisition. *Child Development*, *63*, 474–490.

O'Neill, D. K., & Chong, S. C. F. (2001). Preschool children's difficulty understanding the types of information obtained through the five senses. *Child Development*, *72*, 803–815.

Perner, J. (1991). *Understanding the representational mind*. Cambridge, MA: MIT Press.

Perner, J. (1993). The theory-of-mind deficit in autism: Rethinking the metarepresentation theory. In S. Baron-Cohen, H. Tager-Flusberg, & D. Cohen (Eds.), *Understanding other minds: perspectives from autism* (pp.112–137). Oxford, England: Oxford University Press.

Perner, J. (1995). The many faces of belief: Reflections on Fodor's and the child's theory of mind. *Cognition*, *57*, 241–269.

Perner, J., Leekam, S., & Wimmer, H. (1987). Three-year-olds' difficulty with false belief: The case for a conceptual deficit. *British Journal of Developmental Psychology*, *5*, 125–137.

Perner, J., & Wimmer, H. (1985). "John thinks that Mary thinks that...": Attribution of second-order beliefs by 5- to 10-year-old children. *Journal of Experimental Child Psychology*, *39*, 437–471.

Peterson, C. (2003). The social face of theory-of-mind: The development of concepts of emotion, desire, visual perspective and false belief in deaf and hearing children. In B. Repacholi & V. Slaughter (Eds.), *Individual differences in theory of mind: Implications for typical and atypical development* (pp.171–196). New York: Psychology Press.

Peterson, C. C., & Siegal, M. (2000). Insights into theory of mind from deafness and autism. *Mind and Language*, *15*, 123–145.

Phillips, A., Wellman, H. M., & Spelke, E. (2002). Infants' ability to connect gaze and emotional expression to intentional action. *Cognition*, *85*, 53–78.

Piaget, M. (1932). *The moral judgment of the child*. London: Rout-

ledge & Kegan Paul.

Pillow, B. H. (1989). Early understanding of perception as a source of knowledge. *Journal of Experimental Child Psychology*, *47*, 116–129.

Pons, F., Lawson, J., Harris, P. L., & de Rosnay, M. (2003). Individual differences in children's emotion understanding: Effects of age and language. *Scandinavian Journal of Psychology*, *44*, 347–353.

Povinelli, D. J., & Eddy, T. J. (1996). What young chimpanzees know about seeing. *Monographs of the Society for Research on Child Development*, *61*.

Povinelli, D. J., Rulf, A. B., & Bierschwale, D. T. (1994). Absence of knowledge attribution and self-recognition in young chimpanzees (Pan troglodytes). *Journal of Comparative Psychology*, *108*, 74–80.

Povinelli, D. J., & Vonk, J. (2003). Chimpanzee minds: Suspiciously human? *Trends in Cognitive Science*, *7*, 157–160.

Povinelli, D. J., & Vonk, J. (2004). We don't need a microscope to explore the chimpanzee's mind. *Mind and Language*, *19*, 1–28.

Pratt, C., & Bryant, P. (1990). Young children understand that looking leads to knowledge (so long as they are looking into a single barrel). *Child Development*, *61*, 973–982.

Premack, D., & Woodruf, G. (1978). Does the chimpanzee have a theory of mind? *Behavioral and Brain Sciences*, *1*, 515–526.

Przetacznik-Gierowsk, M., & Likeza, M. (1990). Cognitive and interpersonal functions of children's questions. In G. Conti-Ramsden & C. E. Snow (Eds.), *Children's Language* (Vol. 7, pp. 69–101). Hillsdale, NJ: Erlbaum.

Reed, T., & Peterson, C. (1990). A comparative study of autistic subjects' performance at two levels of visual and cognitive perspective-taking. *Journal of Autism and Developmental Disorders*, *20*, 555–567.

Reid, T. (1970). *An enquiry into the human mind on the principles of common sense* (T. Duggan, Ed.). Chicago: Chicago University Press. (Original work published 1764)

Repacholi, B. (1998). Infants' use of attentional cues to identify the referent of another person's emotional expression. *Developmental Psychology*, *34*, 1017–1025.

Rheingold, H. L. (1982). Little children's participation in the work of adults, a nascent prosocial behavior. *Child Development*, *53*, 114–125.

Rieffe, C., & Meerum Terwogt, M. (2000). Deaf children's understanding of emotions: Desires take precedence. *Journal of Child Psychology and Psychiatry*, *42*, 601–608.

Robinson, E. J., & Whitcombe, E. L. (2003). Children's suggestibility in relation to their understanding about sources of knowledge. *Child Development*, *74*, 48–62.

Ruffman, T., Perner, J., Olson, D. R., & Doherty, M. (1993). Reflecting on scientific thinking: Children's understanding of the hypothesis-evidence relation. *Child Development*, *64*, 1617–1636.

Ruffman, T., Slade, L., & Crowe, E. (2002). The relation between children's and mothers' mental state language and theory-of-mind. *Child Development*, *73*, 734–751.

Russell, J. A. (1989). Culture, scripts, and children's understanding of emotion. In C. Saarni & P. L. Harris (Eds.), *Children's understanding of emotion* (pp.293–318). Cambridge, England: Cambridge University Press.

Sachs, J., & Devin, J. (1976). Young children's use of age-appropriate speech styles in social interaction and role-playing. *Journal of Child Language*, *3*, 81–98.

Scaife, M., & Bruner, J. S. (1975). The capacity for joint attention. *Nature*, *253*, 265–266.

Schwebel, D. C., Rosen, C. S., & Singer, J. L. (1999). Preschoolers' pretend play and theory of mind: The role of jointly constructed pretence. *British Journal of Developmental Psychology*, *17*, 333–348.

Selman, R. L. (1980). *The growth of interpersonal understanding*. New York: Academic Press.

Shatz, M., & Gelman, R. (1973). The development of communication skills: Modification in the speech of young children as a function of listener. *Monographs of the Society for Research in Child Development*, *38*(5, Serial No.152).

Shultz, T. R. (1980). Development of the concept of intention. In W. A. Collins (Ed.), *Minnesota Symposia on Child Psychology: Vol. 13. Development of cognition, affect, and social relations* (pp. 131–164). Hillsdale, NJ: Erlbaum.

Shwe, H. I., & Markman, E. M. (1997). Young children's appreciation of the mental impact of their communicative signals. *Developmental Psychology*, *33*, pp.630–636.

Sigman, M., Kasari, C., Kwon, J., & Yirmiya, N. (1992). Responses to the negative emotions of others by autistic, mentally retarded, and normal children. *Child Development*, *63*, 796–807.

Sigman, M., & Ruskin, E. (1999). Continuity and change in the social competence of children with autism, Down syndrome, and developmental delays. *Monographs of the Society for Research in Child Development*, *64* (1, Serial No. 256).

Smetana, J. G. (1981). Preschool children's conception of moral and social rules. *Child Development*, *52*, 1333 – 1336.

Smetana, J. G. (1985). Preschool children's conceptions of transgressions: Effects of varying moral and conventional domain-related attributes. *Developmental Psychology*, *2*, 18 – 29.

Smetana, J. G., Kelly, M., & Twentyman, C. T. (1984). Abused, neglected and nonmaltreated children's conceptions of socio-conventional transgressions. *Child Development*, *55*, 277 – 287.

Smilansky, S. (1968). *The effects of sociodramatic play on disadvantaged preschool children*. New York: Wiley.

Snow, C. E., Pan, B. A., Imbens-Bailey, A., & Herman, J. (1996). Learning how to say what one means: A longitudinal study of children's speech act use. *Social Development*, *5*, 56 – 84.

Sobel, D. M. (2004). Children's developing knowledge of the relationship between mental awareness and pretense. *Child Development*, *75*, 704 – 729.

Sodian, B., & Frith, U. (1992). Deception and sabotage in autistic, retarded and normal children. *Journal of Child Psychology and Psychiatry*, *33*, 591 – 605.

Sodian, B., Zaitchik, D., & Carey, S. (1991). Young children's differentiation of hypothetical beliefs from evidence. *Child Development*, *62*, 753 – 766.

Sommerville, J. A., & Woodward, A. L. (2005). Pulling out the intentional structure of action: The relation between action processing and action production in infancy. *Cognition*, *95*, 1 – 30.

Sommerville, J. A., Woodward, A. L., & Needham, A. (2005). Action experience alters 3-month-old infants' perception of others' ac-tions. *Cognition*, *96*, B1 – B11.

Sorce, J. F., Emde, R. N., Campos, J. J., & Klinnert, M. D. (1985). Maternal emotional signalling: Its effects on the visual cliff behavior of 1-year-olds. *Developmental Psychology*, *21*, 195 – 200.

Spelke, E. S., Phillips, A. T., & Woodward, A. L. (1995). Infants' knowledge of object motion and human action. In A. Premack (Ed.), *Causal understanding in cognition and culture*. Oxford, England: Clarendon press.

Stein, N. L., & Levine, L. J. (1989). The causal organization of emotional knowledge: A developmental study. *Cognition and Emotion*, *3*, 343 – 378.

Striano, T., Henning, A., & Stahl, D. (2005). *Infant sensitivity to interpersonal timing*. Manuscript submitted for publication.

Sullivan, K., Zaitchik, D., & Tager-Flusberg, H. (1994). Preschoolers can attribute second-order beliefs. *Developmental Psychology*, *30*, 395 – 402.

Tager-Flusberg, H. (1993). What language reveals about the understanding of minds in children with autism. In S. Baron-Cohen, H. Tager-Flusberg, & D. J. Cohen (Eds.), *Understanding other minds: Perspectives from autism* (pp. 138 – 157). Oxford, England: Oxford University Press.

Tan, J., & Harris, P. L. (1991). Autistic children understand seeing and wanting. *Development and Psychopathology*, *3*, 163 – 174.

Tardif, T., & Wellman, H. M. (2000). Acquisition of mental state language in Mandarin- and Cantonese-speaking children. *Developmental Psychology*, *36*, 25 – 43.

Taylor, M., & Carlson, S. M. (1997). The relation between individual differences in fantasy and theory of mind. *Child Development 68*, 436 – 455.

Taylor, M., Esbensen, B. M., & Bennett, R. T. (1994). Children's understanding of knowledge acquisition: The tendency for children to report that they have always known what they have just learned. *Chiht Development*, *65*, 1581 – 1604.

Tenenbaum, H. R., Visscher, P., Pons, F., & Harris, P. L. (2004). Emotional Understanding in Quechua children from an agro pastoralist village. *International Journal of Behavioral Development*, *28*, 471 – 478.

Termine, N. T., & Izard, C. E. (1988). Infants' responses to their mothers' expressions of joy and sadness. *Developmental Psychology*, *2* (4), 223 – 229.

Tomasello, M. (1996). Do apes ape. In J. Galef & C. Heyes (Eds.), *Social learning in animals: The roots of culture* (pp. 319 – 343). New York: Academic Press.

Tomasello, M., Call, J., & Hare, B. (2003). Chimpanzees understand psychological states: The question is which ones and to what extent. *Trends in Cognitive Sciences*, *7*, 153 – 156.

Tomasello, M., Carpenter, M., Call, J., Behne, T., & Moll, H. (2005). Understanding and sharing intentions: The origins of cultural cognition. *Behavioral and Brain Sciences*, *28*, 675 – 691.

Trabasso, T., Stein, N. L., & Johnson, L. R. (1981). Children's knowledge of events: A causal analysis of story structure. In G. Bower (Ed.), *Learning and motivation* (Vol. 15, pp. 237 – 282). New York: Academic Press.

Trevarthen, C., & Hubley, P. (1978). Secondary intersubjectivity: Confidence, confiding and acts of meaning in the first year. In A. Lock (Ed.), *Action, gesture, and symbol* (pp. 183 – 229). London: Academic Press.

Trickett, P. K., & Kuczynski, L. (1986). Children's misbehaviors and parental discipline strategies in abusive and nonabusive families. *Developmental Psychology*, *22*, 115 – 123.

Van Ijzendoorn, M. H. (1995). Adult attachment representations, parental responsiveness, and infant attachment: A meta-analysis on the predictive validity of the Adult Attachment Interview. *Psychological Bulletin*, *117*, 387 – 403.

Vinden, P. G. (1996). Junín Quechua children's understanding of mind. *Child Development*, *67*, 1707 – 1716.

Vinden, P. G. (1999). Children's understanding of mind and emotion. *Cognition and Emotion*, *13*, 19 – 48.

Wainryb, C., Shaw, L., Langley, M., Cottam, K., & Lewis, R. (2004). Children's thinking about diversity of belief in the early school years: Judgments of relativism, tolerance and disagreeing persons. *Child Development*, *75*, 687 – 703.

Want, S., & Harris, P. L. (2001). Learning from other people's mistakes: Causal understanding in learning to use a tool. *Child Development*, *72*, 431 – 443.

Waters, E., Merrick, S., Terboux, D., Crowell, J., & Albersheim, L. (2000). Attachment security in infancy and early adulthood: A 20-year longitudinal study. *Child Development*, *71*, 684 – 689.

Watson, A. C., Painter, K. M., & Bornstein, M. H. (2001). Longitudinal relations between 2-year-olds' language and 4-year-olds' theory of mind. *Journal of Cognition and Development*, *2*, 449 – 457.

Weinfield, N. S., Sroufe, L. A., & Egeland, B. (2000). Attachment from infancy to early adulthood in a high-risk sample: Continuity, discontinuity, and their correlates. *Child Development*, *71*, 695 – 702.

Wellman, H. M., & Bartsch, K. (1988). Young children's reasoning about beliefs. *Cognition*, *30*, 239 – 277.

Wellman, H. M., Cross, D. D., & Watson, J. (2001). Meta-analysis of theory-of-mind development: The truth about false belief. *Child Development*, *72*, 655 – 684.

Wellman, H. M., Harris, P. L., Banerjee, M., & Sinclair, A. (1995). Early understandings of emotion: Evidence from natural language. *Cognition and Emotion*, *9*, 117 – 149.

Wellman, H. M., & Lempers, J. D. (1977). The naturalistic communicative abilities of 2-year-olds. *Child Development*, *48*, 1052 – 1057.

Wellman, H. M., & Woolley, J. D. (1990). From simple desires to ordinary beliefs: The early development of everyday psychology. *Cognition*, *35*, 245 – 275.

Whitcombe, E. L., & Robinson, E. J. (2000). Children's decisions about what to believe and their ability to report the sources of their belief. *Cognitive Development*, *15*, 329 – 346.

Whiten, A. (Ed.). (1991). *Natural theories of mind: Evolution, development and simulation in everyday mindreading*. Oxford, England: Blackwell.

Whiten, A., Goodall, J., McGrew, W. C., Nishida, T., Reynolds, V., Sugiyama, Y., et al. (1999). Cultures in chimpanzees. *Nature*, *399*, 682 – 685.

Wierzbicka, A. (1992). *Semantics, culture and cognition: Universal human concepts in culture-specific configurations*. New York: Oxford University Press.

Wimmer, H., & Hartl, M. (1991). Against the Cartesian view on mind: Young children's difficulty with own false beliefs. *British Journal of Developmental Psychology*, *9*, 15 – 138.

Wimmer, H., & Perner, J. (1983). Beliefs about beliefs: Representation and constraining function of wrong beliefs in young children's understanding of deception. *Cognition*, *13*, 103 – 128.

Wimmer, H., & Weichbold, V. (1994). Children's theory of mind; Fodor's heuristics or understanding informational causation. *Cognition*, *53*, 45 – 57.

Wittgenstein, L. (1953). *Philosophical Investigations*. Oxford, England: Blackwell.

Wolf, D. (1982). Understanding others: A longitudinal case study of the concept of independent agency. In G. E. Forman (Ed.), *Action and thought* (pp. 297 – 327). New York: Academic Press.

Woodward, A. L. (1998). Infants selectively encode the goal object of an actor's reach. *Cognition*, *69*, 1–34.

Woodward, A. L., & Sommerville, J. A. (2000). Twelve-month infants interpret action in context. *Psychological Science*, *11*, 73–77.

Woolfe, T., Want, S. C., & Siegal, M. (2002). Signposts to development: Theory of mind in deaf children. *Child Development*, *73*, 768–778.

Yirmiya, N., Osnat, E., Shaked, M., & Solomonica-Levi, D. (1998). Meta-analyses comparing theory-of-mind abilities of individuals with autism, individuals with mental retardation, and normally developing individuals. *Psychological Bulletin*, *124*, 283–307.

Youngblade, L. M., & Dunn, J. (1995). Individual differences in young children's pretend play with mother and sibling: Links to relationships and understanding of other people's feelings and beliefs. *Child Development*, *66*, 1472–1492.

Zahn-Waxler, C., Radke-Yarrow, M., Wagner, E., & Chapman, M. (1992). Development of concern for others. *Developmental Psychology*, *28*, 126–136.

Zelco, F. A., Duncan, S. W., Barden, R. C., Garber, J., & Masters, J. C. (1986). Adults' expectancies about children's emotional responsiveness: Implications for the development of implicit theories of affect. *Developmental Psychology*, *22*, 109–114.

第 20 章

艺术的发展：绘画和音乐

ELLEN WINNER

859　　　　参与艺术是人类行为的重要组成部分之一。最早的人造艺术和艺术能力发展轨迹可以追溯到非人类的动物。艺术对儿童的认知、社会和情感能力的发展极其重要。手册的这个版本中首次涉及了这一内容。

　　　　我回顾了在没有正式训练的情况下，两种非言语艺术形式——绘画和音乐——的理解和产出的发展过程。关于个体在艺术上的个体差异和天赋问题的研究此处没有涉及（但是可参见本手册本卷第 21 章，Moran 和 Gardner 对艺术天赋的研究）。遗憾的是几乎所有的这些关于绘画和音乐的研究都是在西方文化背景下进行的，只有个别例外。

　　　　对于绘画的研究主要集中于绘画的产出，而对音乐的研究集中于对它的认知。这种研究上的不对称可能是因为儿童产出的早期音乐是歌曲而不是有符号标记的音乐作品。歌曲是暂时性的，而绘画是相对持久的，因此更适合研究。

　　　　对于每一种艺术形式，我会思考以下问题：

- 对这种艺术形式的进化根源的研究能告诉我们什么？

- 在这种艺术形式的研究中，已有哪些历史、理论和方法论上的取向？

● 在这种艺术形式的理解和产出的发展过程中有哪些主要的里程碑？

对于绘画和音乐，我还考虑了在艺术的发展性研究中最持久最有争议的问题之一——发展是随着年龄呈线性增长，还是一些艺术能力随着年龄下降或呈 U 型发展（即年幼儿童的表现比年长儿童更接近成人艺术家）。与通常认为是线性发展的逻辑、数学、科学或道德推理相比，这个问题对于艺术来说更加尖锐。

绘画

绘画是一种很复杂的活动，它与肌肉运动、感知和概念能力有关，包括对特定绘画图式和规则的使用（Gombrich, 1977；Thomas, 1995）。没有经过特殊训练的成人能够把一个三维情景转化为二维表征。他们的作品看起来可能不是那么技术高超或者准确，但是还是可以给人留下深刻印象的：他们能够把客体用一种可以识别的方式表征出来，尽管真实景象和它的二维表征体之间并没有太多的相似性。

图画几乎充斥了我们的生活，我们不仅可以在艺术展览馆里看到它们，也可以在杂志、广告牌、谷类食品包装盒上等地方看到它们。图画可以是非表征性的（比如设计图或者抽象作品），也可以是表征性的，如果是表征性的，那么它又可以是现实的或者非现实的。非现实表征的作品和现实表征的作品（如卡通、漫画和儿童的绘画）一样容易识别。当我们把一张图画作为一幅艺术作品来解读（不是作为图解或者科学阐释）就会去关注它的美学特点——特别会关注这幅作品要表达的情感（那些没有用文字表达出来的内容，比如悲伤、激动、喧闹），作品的风格以及它的构成（部分的组织和平衡或者平衡的缺乏；Arnheim, 1974；Goodman, 1976）。

我们可以从我们目前所知道的早期人类艺术以及图画产出和图画反应中的非人类能力中推断视觉艺术的进化基础。

进化的基础

人类最早的绘画作品出现在 30 000 年以前，表达的内容是极其现实的，主要是人们打猎来的动物的外形。那时候山洞绘画的技巧可以与今天被人们高度评价的艺术作品相媲美（比如毕加索的作品）。山洞艺术被认为是人类艺术产生的驱动力之一：早期人类爬行穿过隧道进入很深的山洞壁凹里面去绘画。山洞艺术的功能是人们一直争论不休的问题，它是为了鼓励打猎者而出现的，还是因为宗教的缘故才出现？我们在这个问题上只有去推测了。或许它的出现和存在只是纯粹的审美需求，或许它是一种仪式，而最有可能的是它的功能是多重的。今天我们也无从得知当时有多少人能够进行山洞绘画。

视觉艺术在非人类群体中也存在，但仅仅是有限的形式。研究发现，类人猿和猴子能够辨认二维客体（Davenport & Rogers, 1971；Zimmerman & Hochberg, 1970；另外参见Winner & Ettlinger, 1979）。黑猩猩则能够表现出一定的视觉平衡：给黑猩猩呈现一张纸，远离纸张中央的某个位置有一个小的符号，黑猩猩就会在一个能平衡前面的符号的位置添加一个符号(Schiller，1951)。Morris(1967)给他们实验室里的一只黑猩猩 Congo 呈现绘画材料,他发现 Congo 的自发性绘画同幼儿绘画之间有一定的相似性。尽管黑猩猩的绘画和成人的绘画背后的意图是不可比的,但实验室里黑猩猩的绘画同抽象表现派艺术家的作品还是有一定程度的混淆(Hussain，1965)。用符号语言训练的黑猩猩能够进行基本的绘画,而且利用符号语言给绘画的客体予以标签,这表明它们能够理解纸上的符号代表了三维世界的某些东西(R. Gardner & Gardner，1978；Patterson，1978)。Premack (1975) 给三只黑猩猩呈现一张黑猩猩头的照片,照片上黑猩猩的脸部是空白的,然后给三只黑猩猩呈现从照片里的脸上剪下来的眼睛、鼻子和嘴巴。结果发现有一只黑猩猩能够正确地填补每一个部位。但问题在于没有非人类动物能够自发地绘画,即使把绘画材料放在它们的面前,除了那些经过符号语言训练的,黑猩猩只能做一些非表征性的符号。但是人类即使是婴儿,在视觉艺术领域的成就都是非常令人印象深刻的。

历史和理论研究取向

儿童绘画同未受过训练的成人相比所表现出来的奇特性长期以来一直吸引着心理学家的目光。为什么儿童的绘画行为就是"涂鸦"而且给看起来什么也不是的作品赋予了名字?为什么今天全世界的儿童在知道人的身体形象的情况下却把人画成了"蝌蚪"(一个圆圈发射出两只胳膊、两条腿,长着两只眼睛)? 为什么图 20.1a 中两只眼睛的侧面图是由 19 世纪而不是 20 世纪的儿童画出来的?为什么他们会把一个物体清楚地表现在另一个物体后面,就好比前面的物体是透明的,如图 20.1b 中的透明船?为什么他们会用混合的视角来描绘同一场景中的客体,如图 20.1c 中儿童描绘的道路两边的树?

(a)　　　　　　　　　　(b)　　　　　　　　　　(c)

图 20.1　儿童绘画的奇特性。

(a) 两眼侧面图。

来源: the Viktor Lowenfeld Papers，Penn State University Archives，Special Colletions，Pennsylvania State University Libraries. 经许可使用。

(b) 透明船。

来源: L'arte dei bambini [The art of children]，by C. Ricci，1887，Bologna，Italy: Zanichelli.

(c) 用混合视角所画的街道上展开的树。

来源: Die Entwicklung der zeichnerischen，by G. Kerschensteiner，1905，Begabung，Munich: Gerber.

对儿童绘画的研究随着儿童发展研究的兴起出现而出现在 19 世纪末。早期的研究者有 Barnes(1894)、Hall（1892）、Kerschensteiner（1905）、Lukens（1896）、Luquet（1913,
1927）、Maitland（1895）、Ricci（1887）、Rouma（1913），以及 Sully（1895）；综述研究参见
H. Gardner（1980）、Golomb（2002)和 Strommen（1988）。绘画(像语言一样)被看作是心理
发展阶段的结果,父母、心理学家以及教育家都已经开始收集儿童绘画的发展并描述性地分
为几个阶段。儿童绘画的奇特性被认为反映了儿童思考的不成熟,或者表明了他们对自己
所绘客体的概念的不完全掌握或者过于简化。

法国艺术历史学家 Luquet（1913,1927)提出了现实主义发展的三个阶段,这个提法虽
然保持着影响力,但是仍然存在着争论。Luquet 认为,儿童在 3 到 4 岁时处于合成能力欠缺
的阶段,或者说不能抓住客体空间关系的非现实主义阶段。5—8 岁儿童处于心智现实主义
阶段。在这一阶段,儿童是从刻板的位置对客体进行描绘,而不是从儿童绘画的特定观察位
置出发。Luquet 认为,在这个阶段儿童所画的是他们知道的而不是他们眼睛看见的。此时
的绘画基于儿童内在的心理模型,比如,儿童会把桌面画成矩形因为他们知道桌面就是矩形
的;一个较近的客体会被画成透明的因为儿童知道这个客体的后面有什么东西;一个茶杯通
常被表现为有柄的即使柄是看不见的,因为儿童知道茶杯都是有柄的。

根据 Luquet 的阶段论,儿童在 9 岁以后进入视觉现实主义阶段。这个阶段他们所画的
内容就是他们从某个位置看到的内容,尽管这种绘画方式会导致客体的真实形状被扭曲或
者某些部分被排除,比如说,桌面虽然实际上是个矩形,但会被画成平行四边形。

Piaget 和 Inhelder（1956)对儿童绘画的研究受到了 Luquet 理论（1913,1927)的影响,并
举例说明了"朝向现实主义的缺陷和发展"的传统。他们认为儿童绘画的发展是由儿童对空
间的理解所引导的。在 Luquet 的基础上,Piaget 等人描述了 3 岁到 4 岁期间儿童缺乏合成
能力,画有明确边界的客体(比如封闭的圆圈)但是忽略了大小和形状。这个年龄段的儿童
把人体画得像蝌蚪,Piaget 等人认为这反映了儿童的空间表征缺陷而不是认知缺陷。从 4
岁到大约七八岁,儿童处于心智现实主义阶段,他们画自己知道的而不是看到的内容。在具
体运算阶段,儿童被认为能够用现实主义方式绘画,反映了他们对欧氏几何学的理解和他们
的空间自我中心主义的解除。Piaget 和 Inhelder 认为这个阶段的儿童能够通过排除和透视
表征第三个维度。所以,他们把绘画阶段看作是不断进步的并且认为视觉现实主义是希望
到达的终点。但是,具体运算阶段的儿童很少能够正确地运用透视法绘画（Willats，1977）,
这就让人们质疑具体运算推理和现实主义绘画之间是否具有紧密关系(见 Golomb，2004,
第 4 章,对这个问题进行进一步讨论)。

儿童的绘画逐渐发展到现实主义这个理论假设导致人们把儿童绘画作为智力测量的一
种方法。绘画内容越详细,对部分和比例的一致性的安排越正确,得分就越高
（Goodenough，1926；Harris，1963）。Piaget 和 Inhelder（1956)描述了从心智到现实主义的
转变并且认为儿童绘画的独特性反映出儿童画的是他们知道的内容而不是他们看到的内
容。他们的这个观点在儿童绘画研究领域中长期占据主导地位。但是后来的研究表明,认
为儿童绘画中犯的错误是对儿童概念理解水平的直接反映这个观点是错误的。即使是成年
人,他们知道的客体内容也远比他们在绘画中能表现出来的多:我们能够识别我们的错误,

但是却并没有掌握对复杂客体或者场景绘画的规则(Golomb，1973；Morra，1995；Thomas，1995)。这种观点也揭示了"西方中心"的现实主义假设——现实主义是艺术发展的最终状态。这种理论是错误的，因为最早的人类艺术(山洞艺术)只是例外地具有现实主义特点，也因为许多人类文化背景中并没有发展出现实主义艺术。

尽管对儿童绘画的研究随着儿童发展研究的出现而开始，但是后来对这个课题的研究却慢慢萎缩成发展心理学研究中的一个较小区域。把那些研究记忆、言语和数字的发展心理学家的人数同研究绘画的发展心理学家的人数比较一下就知道了。到20世纪70年代，很多教科书甚至不再提及儿童绘画了(Thomas & Silk，1990)。

Freeman(1980)对儿童绘画的实验取向的研究重新挑起了人们对儿童艺术研究的兴趣，并把这个领域的研究推向了认知发展研究的大舞台。Freeman认为儿童绘画反映的是产生问题而不是概念掌握的局限。比如，他认为，"蝌蚪"形象看起来没有身体是起源于从头到脚的线性方式的绘画策略。这使得儿童产生了系列顺序效应，记住了列表的开始和结束的项目(头和腿)但是忘记了中间的部分(躯干)。他关于儿童绘画的"产生缺陷"假设与Piaget等人认为绘画反映了空间表征缺陷的观点是不同的。

Willats(1995)图画产生的信息加工理论(基于Marr 1982年提出的视觉系统理论)是把儿童绘画研究推向实验性认知发展研究舞台的另一股力量。Freeman和Willats都对客体中心描绘(客体形状不会被扭曲)和观察者中心描绘(客体的形状被扭曲来表现它们看起来是什么而不是实际上是什么)进行了区分。Willats提出了一系列不同的绘画系统的发展，从拓扑关系到各种各样的投射系统，而最终的投射系统是直线透视。他还指出，符号系统逐渐发展，二维区域最先代表客体体积而后代表客体表面，一维的线条最终代表边缘和轮廓；Freeman和Willats关于儿童绘画的发展是从客体中心到观察者中心的观点与Piaget等人关于儿童绘画是从心智到视觉现实主义的观点是相似的。但是Willats突出强调了视觉现实主义出现所需要的具体绘画规则的获得。

同儿童绘画的缺陷模型直接相对的是由20世纪初的艺术家和艺术教育者提出的一种较为积极的观点。这些艺术家和教育者捍卫了儿童艺术和西方艺术类型(印象派、立体派、抽象表现派)以及儿童艺术的组织展览之间的惊人相似(Fineberg，1997；Golomb，2002；Viola，1936)。Kandinsky、Klee和Picasso等艺术家利用儿童艺术作为他们创作灵感的来源(H. Gardner，1980；Golomb，2002)。Arnheim(1974)，美学观点的主要代表人物，认为儿童的绘画艺术有它独特的美，而不只是儿童能力发展不完善的一个标记。他指出儿童绘画中的扭曲和奇特性(比如，缺乏深度表征、透明)在很多非西方艺术(旧石器时代、埃及，或者前文艺复兴时期的西方艺术)中可以发现，这表明会有多少种表征方式，并且因为缺乏现实主义我们表现出了多大的忍耐(参见Deregowski，1984，120—122页)。Arnheim(1974)认为儿童的绘画不是现实主义表达的失败而是试图在纸上解决三维世界的问题所作出的心智努力。Arnheim把儿童的绘画解释为比成人艺术家所产生的非现实主义艺术更清晰、更能被解读的、不再是缺陷的图形等同物。

我们后面要回顾的关于儿童绘画的多数实验研究的一个严重局限在于儿童如何表征几

何形状(比如,临摹正方体)。更重要的是实验研究往往是为儿童提供人工材料而不是分析儿童自发的绘画作品的特点。所以,许多研究中产生的绘画不同于儿童自己产生的绘画作品。比如,让儿童画一只放置角度为观察者看不见柄的茶杯可以测量他们是否错误地让杯子的柄可视化了,但是儿童自发的绘画可能并不选择从观察的角度入手。这些实验研究很明显地忽视了儿童作品中的美,所以它们的生态效度受到怀疑(Costall, 1995)。正如后面讨论到的一样,对音乐理解发展的研究也被批评采用了人工材料而不是真正的音乐片段。但是,运用人工材料的研究也是有用的,因为它们能够测量儿童能力的发展局限。

下面我们将探讨儿童感知图画的能力以及产生图画的能力是如何发展的。

图片识别、理解和偏好:发展过程中的主要里程碑

理解图画需要个体把图画作为表征来识别,需要个体有在二维图画中认知三维世界的能力,还需要个体有认知图画美学特质的能力。下面我们将讲述这些能力的发展,并通过儿童在不同年龄阶段喜好的图画类型来探讨儿童美感的发展过程。

对图画表征性本质的理解:四种成分

图片所承载的表征信息远比实际环境所提供的信息匮乏:图画中的客体比实际生活中的要小,其色彩比实际中的客体单调,图画中的客体的边往往是用线条表达而实际中的客体不会伴随有线条。此外,图画中的信息是冲突的:一定的深度线索表明了三维的存在,而其他的信息(比如,双眼和运动视差)则表明图画的表面是扁平的。

理解图画的表征性本质包括四个部分:个体必须认识到:(1)图画和它表征的客体之间的相似性;(2)图画和它表征的客体的差异性;(3)图画具有既是一个平面客体又是三维世界的表征这种双重特性;(4)图画的产生是有意图并且是可以阐释的这一事实。婴儿对前两个部分的理解较好,而后两个部分的发展要晚一些。

确认图画和它表征的客体之间的相似性。婴儿在解读图画方面不需要特别的指导,即使他们面对的是只有黑白线条的作品(Hochberg & Brooks, 1962)。这个观点同 Gibson(1979)提出的观点——图画传递的是来自现实世界可获得的信息——是一致的。Hochberg 和 Brooks 把他们的孩子同表征形象隔离开来直到孩子 2 岁,然后给孩子呈现画有熟悉客体的图画,比如鞋子或者钥匙(绘画作品或者黑白照片)。孩子能够正确地给图画以言语标签,这表明个体能在不接受别人教导的情况下正确地识别图画表征的客体。后来的婴儿研究都验证了这个结论(Daehler, Perlmutter, & Myers, 1976;Deloache, Strauss, & Maynard, 1979;Dirks & Gibson, 1977;Fagan, 1970;Fanz, Fagan, & Miranda, 1975;Field, 1976;Rose, 1977;Ruff, Kohler, & Haupt, 1976)。12 个月的儿童甚至能够识别线条绘画中某些部分被删除的熟悉客体(Rose, Jankawski, & Senior 1997)。所以,理解图画中表征的客体是一项不需要指导的技能,这不同于理解一个词语的含义。理解词语的含义是必须经过学习的,因为词语同它所指代客体之间的关系是随意的、非图像性质的。

在某些没有图画的人类文化中,成人稍作努力以后也能够解读图画。这个事实进一步支持了从婴儿研究中获得的结果:个体识别图画表征所需要的是个体对所表征的实际客体

的亲身经验（Deregowski, 1989；Deregowski, Ampene, & Williams, 1977；Kennedy & Ross, 1975）。但有一个例外就是那些已成惯例的图画表征（比如，用 W 这个形状来表征正在飞翔的鸟），所以在这种情况下就需要像词语一样进行学习（Nye, Thomas, & Robinson, 1995）。

识别图画和它表征的客体之间的差异性。就图画而言,儿童是现实主义者吗？Piaget 认为儿童把符号和符号表征的物体混淆在一起并把这个特点叫做"现实主义"。如果儿童是现实主义者,他们应该能够成功地辨认图画所表征的物体,却不能区分图画和它所指代的实际物体。从某种角度上说,儿童不是现实主义者。3 到 6 个月的婴儿就能够认识到照片和指代的客体的不同（Beilin, 1991；Deloache, Pierroutsakos, & Uttal, 2003；Dcloache, Strauss, & Maynard, 1979）,而 3 岁到 4 岁的儿童才能够把图画和客体分开来（Thomas, Nye, & Robinson, 1994）。这种对儿童早期图画能力的研究可以参见 Deloache、Pierroutsakos 和 Troseth（1996）的研究综述。

从另一个角度来说,儿童又是现实主义者。尽管儿童有区分图画和真实客体的能力,但是他们有时候却把图画看成是非标准的真实客体,也具有真实客体才具有的某些特点（Thomas, Nye, & Robinson, 1994）。Ninio 和 Bruner（1978）描述了年龄在 8—18 个月的婴儿试图对图片中的客体进操作的现象。Pierroutsakos 和 Deloache（2003）描述了 9 个月的婴儿用手去探索图画中的客体,像对待真实客体一样。尽管婴儿在给予图画和真实客体两种选择的情况下会选择真实客体,混淆的行为还是发生了（Deloache, Pierroutsakos, & Uttal, 2003）。到 19 个月大的时候,婴儿已经不再用手去抓图画了,而是用手去指。

甚至是学前儿童,对两者还是会混淆。Beilin 和 Pearlman（1991）给 3 岁和 5 岁的儿童呈现表征客体的图画,比如,给儿童呈现一个实际生活中的拨浪鼓和一张与实物一般大小的客体的照片,然后询问儿童关于客体的物理和功能特点。结果发现,3 岁儿童在某些问题上回答有困难,特别是那些关于物理特点的问题,比如,儿童有时候认为摇动图画中的拨浪鼓,也能发出声音。他们在功能问题上很少有困难,往往能够认识到个体是不能吃图画中的冰淇淋的。5 岁的儿童都能通过两种类型的问题,而 3 岁儿童也只是一部分存在着困难。从这个研究可以得出,到 3 岁,大多数儿童已经不再是图画现实主义者。

其实,年幼儿童并不是很清楚图画和它所表征的客体之间的关系。他们认为图画和它指代的客体有着相同的命运,这表明他们还没有把图画和表征客体完全区分开来。Beilin 和 Pearlman（1991）询问 3 岁和 5 岁的儿童：如果现实中的花被改变了,那么描绘这朵花的图画会发生什么变化？他们发现儿童认为图画也会改变了,但这个答案在 3 岁儿童中出现的次数远比 5 岁儿童多。Zaitchik（1990）报告了相似的实验结果。她给儿童呈现一个放在床上的玩具鸭,并给它拍了一张照片。然后儿童会看到玩具鸭开始洗澡。这时,实验者让儿童预测照片会发生什么变化。40％的儿童回答照片将显示鸭子开始洗澡。已完成的图画会随着它所指代的客体的变化而发生变化这个研究结果已经得到了 Charman 和 Baron-Cohen (1992)、Leekam 和 Perner (1991)、Leslie 和 Thaiss (1992)、Robinson、Nye 和 Thomas (1994)等人的研究验证,但我们还不清楚的是儿童作出这种回答是因为他们相信图画就是会随着它所指代的客体的变化而变化还是因为他们忘记了图画和它所指代的客体的不同特点而产生了混淆。所以,Piaget 主张的儿童是现实主义者这一理论在图画认知研究领域还需要证据。

确认图画表征性的地位。2.5 岁以下的儿童并不清楚图画只是一种客体表征这个问题。Callaghan(1999)给 2 岁、3 岁和 4 岁的儿童呈现几个大小和特征不同的球。实验者举起一张图画,图画显示的是哪个球能够从通道里面掉下来。2 岁的儿童不能够利用图画作为客体的表征这个线索,所以是随机地选择球而不是选择那个同画上相匹配的球。有时候他们甚至拿画来代替客体直接放到通道里去,表明他们把画直接当成了客体。

儿童在 2.5 岁的时候就已经能够认识到图画的表征意义了。Deloache(1987)呈现给儿童一些彩色的房子图片,每一张都表明有一个玩具藏在它所表征的实际房子里面。实验者随意指一张房子图片,让儿童到图画所表征的实际房子里面去找玩具。2.5 岁的儿童就能够用图画来寻找玩具,这表明他们把图片作为一种客体表征来认识。但是,当他们面对的是一个里面藏有玩具的模型时,他们却不能在实际房子里找到藏着的玩具。这个结果说明儿童不能够把模型兼作为一种客体和一种符号来看待,因为他们始终认为模型也是一种客体。相反,他们却能够把图画看作一种符号,因为图画仅仅是一种表征而不是客体。

但是,Callaghan(2002a)发现儿童到 3 岁才能够完全理解图画的符号表征性本质:3 岁以下的儿童依赖言语标签来调解图画和它所指代的客体之间的匹配。这方面进一步的证据来自 DeLoache(1991)的研究,他发现 2.5 岁的儿童往往把图画作为一种客体而不是表征。把一个微型的玩具狗放在一张椅子的照片的后面(表明小狗可以在房间的哪个地方被找到),儿童不能够把小狗从椅子的背后找出来,因为在这种情况下他们把图画作为一种客体而不是寻找玩具的一个线索(还可以参见 Dow & Pick, 1992)。

事实上如果儿童注意到图画表征的内容,他就可能在 DeLoache(1991)的任务中取得成功。DeLoache(1991)的任务测量的并不是对图画的双重身份(比如,一张画有花的图画既是花又是一张平整的纸)的注意,所以对儿童有较大的难度。Robinson、Nye 和 Thomas(1994)给儿童呈现一朵花、一张花的照片和一个花的塑料模型,然后让儿童予以标签并对花进行处理。然后实验者给儿童解释照片上的花和塑料的花(例如,它不是真正地长在地上),接下来询问儿童关于表面性(它看起来像花吗?)和实质性的问题(它是真正的花吗?)。4 岁的儿童会在塑料花和图片花的问题上犯一些错误,而大多数错误是实质性问题错误,在这些问题上他们混淆了表征和所指代的客体(它不仅看起来像花,而且实际上就是花)。

所以,儿童至少要发展到 4 岁才能够全面地理解图画的符号表征的本质和它的双重身份。有些 4 岁以下的儿童认为图画具有它所表征客体的一些不可视的特点,而且当被表征的客体发生改变的时候图画也会改变;有些儿童在考虑图画的双重身份时会产生混淆。这些错误可以归因于儿童在记住同一种输入刺激的两种阐释方面存在困难(Flavell, 1988),或者可以归因为实验者的问题使他们产生了混淆。还有一种原因也可能在于成人如何对儿童讲述图画:以"一匹马"为例,我们猜想儿童对图画的双重身份的理解就是"一匹马的图画"(Nye, Thomas, & Robinson, 1995)。解决这个混淆的简单方法就是通过学习,通过对图画的体验。

图画的意图理论的获得。 对图画的全面理解需要个体意识到图画是由某个人用心创造出来的。艺术家解释他所看到的东西并把它们付诸纸上。所以,美并不是从现实世界到纸的直接转化,而是艺术家对自己所见的阐释。更重要的是,欣赏者也有自己的想法,这就影响到图画如何被感知(Freeman, 1995; Gardner, Winner, & Kircher, 1975)。

对图画的意图基础的片段性理解在 3 岁儿童中就已经出现。Bloom 和 Markson(1998)让 3 岁和 4 岁儿童画一个棒棒糖和一个气球,两者画得看起来一样。然后让儿童给两幅画加标签。相似的结果是:如果告诉他图画是有意地画出来的而不是泼出来的颜料,3 岁儿童更倾向于把图画标签为某种东西。

Richert 和 Lillard(2002)的研究发现 8 岁以下的儿童在确定图画表征的内容时很容易弄错艺术家的意图在绘画中的作用。即使儿童被告知艺术家对某个客体没有任何的知识背景,如果绘画作品看起来像某个客体,儿童就会说这就是艺术家所画的东西。Richert 和 Lillard 在另一个表征领域也报告了相类似的结果——关于假装:8 岁以下的儿童不能够认识到个体如果从来没有见过兔子就不可能假扮成兔子。

并没有研究能精确地指出对绘画中意图作用的理解是由什么原因引起的。但是,一种可能的催化剂就是儿童自己的绘画被误解的经历,从而导致他们思考自己的意图是如何决定了绘画作品的意义的。另一种可能的改变机制就是儿童反思的能力是不断得到发展的(Flavell, Green, Flavell, & Grossman, 1997)。

Freeman 和 Sanger(1993)发现对于艺术家在绘画中的作用的误解一直持续到青少年时期。当儿童被问及是否一个丑陋的物体比一个漂亮的物体会创造出更糟糕的图画时,绝大部分 11 岁儿童给以肯定的回答(说明他们持有一种信念:美就是从现实世界到图画的直接转化)。但是大多数 14 岁儿童给出否定答案(他们认为图画是否漂亮依赖于画家的技能水平)。所以,年长的儿童能够认识到画家可以决定图画是否漂亮。这些关于图画的研究结果只是认识论理解发展进程许多表现之一。认识论的理解是指儿童慢慢地能够理解知识不仅有外部现实世界来源,还有心理来源(参见 Kuhn & Franklin,本手册本卷第 22 章)。

对图画中深度的感知

要感知图画中的深度,个体必须忽略三种表明图画的平面特性的线索。第一,由于同一景象在两眼视觉上的细微差异而产生的双眼视差。两眼离所观看的物体越远,这种差别越小。在图画中,离两眼距离远的客体和离两眼近的客体看起来距离是一样的,所以双眼视差给我们的结论就是两个物体在相同的几何平面。第二,我们眼睛的视线会在我们聚焦的物体上辐合从而产生双眼视轴辐合现象。对于近处的物体来说,辐合角要大于远处的物体。这种辐合会被大脑加工为距离信息。但是在观看图画的时候,由于图画是一个几何平面,所以图画上面无论距离或远或近的物体都被感知为距离相同,所以辐合角也就相同;第三,我们在观看景象时,头部的运动会引起运动视差。运动视差产生的结果就是近处物体比远处物体的速度要快。但是当我们面对的是一张图画时,远近的物体都以相同的速度在运动,表明图画的表面是扁平的。

这三种线索告诉我们三维的客体是三维的,而图画也就只是二维的。我们如何在二维的图画中感知到三维深度? 我们要做的就是忽视上面三种线索的存在而在图画中寻找深度线索。这些线索包括遮挡(近的物体会部分遮挡远处的物体)、直线透视(向后延伸的线会在远处交合聚合为一个点)、相对大小(实际上相同大小的物体因为距离而看起来近的大,远的小)、相对高度(远处的物体往往被描绘为处于较高的水平面上)以及纹理梯度(距离越远,纹理越细越密)。

婴儿在三维世界里可以通过运动视差和双眼线索来感知深度,但是却不能够在图画中感知深度(Bower, 1965, 1966; Campos, Langer, & Krowitz, 1970)。但是,年龄在2岁到3岁之间的儿童能够利用遮挡线索或者相对高度线索判断出图画中的两座房子哪座距离是较远的(Olson & Boswell, 1976)。研究发现直线透视线索并没有帮助3到5岁的儿童更好地在图画中认知深度,他们主要就是依赖遮挡和相对高度线索(Olson, 1975)。有些研究发现5岁的儿童能够利用相对高度作为深度线索,但是只有在和其他线索相结合的情况下,比如遮挡线索(M. Hagen, 1976),或者图画中客体的位置已经由逐渐消失的点相对表现出来了(Perara & Cox, 2000)。其他关于儿童深度认知的研究可以参见Olson、Pearl、Mayfield和Millar (1976),Wohlwill (1965),Yonas、Goldsmith和Hallstrom (1978)。

虽然3岁的幼儿就已经能够用一定的线索来判断图画中哪个客体是近的,哪个客体是远的(相对深度判断),但是准确地辨认图画中一个物体与其他物体的相对距离的能力发展较晚。7岁的儿童在这种任务上的成绩比成人还是差得远(Yonas & Hagen, 1973)。甚至连成人也不能够准确地判断图画中的深度:尽管有图画线索的帮助,我们对图画的认识要比它实际所表征的还是要扁平得多(Hagen, 1978)。或许是表现图画二维性的双眼和运动视差冲淡了图画中的线索产生的三维错觉。

跨文化研究结果发现成功地识别图画中的深度线索是不需要事先对图画进行接触的。有些文化领域中的儿童和成人并没有接触过表征深度的图画,他们却能够识别表征三维景象的图画(Hagen & Jones, 1978; McGurk & Jahoda, 1975),但也有研究得出了相反的结果。像识别图画所表征的客体的能力一样,感知图画中的深度的能力可能也是随着个体对真实世界的体验而发展的。

感知图画的美学特质:表达、风格和构图

许多关于图画认知的研究都着眼于对表征的感知(对于绘画的研究也是如此,后面我们将介绍研究者把注意力集中在表征能力的发展上)。但是,有些研究已经考察了图画的非表征性及美学方面——特别是表达、风格和构图。对这些特征的察觉需要的是完全不同于对图画的表征性特点进行感知的能力。

表达。图画能够表达那些文字上表现不出来的特性。它们能够通过表征内容(一棵垂死的树表达悲伤)或者传统的特征(黑暗的颜色表达悲伤;对悲伤的脸的描绘是描写悲伤的平实的方式而不是为了表现的方式)来表达非视觉(响亮的声音)的特性和情绪。由于富于表情的特性在图画中不是直接呈现的,解读图画所要表达的内容可以被看作是一种隐喻式思维,艺术表达也被称作"隐喻式范例"(Goodman, 1976)。

在最基本的任务中，用视觉方式对表达内容进行确认在个体发展的早期就出现了，而且可能依赖于先天的、普遍的敏感性。甚至 11 个月的婴儿就有一些感知基于"隐喻"的跨通道（视觉—听觉）相似性的能力：他们能够把断开的点连成的线同断断续续的声音（两者都是断开的）匹配在一起，而把具有连续性的线和连续声音联系在一起（两者都是平滑的；Wagner、Winner、Cicchetti、& Gardner，1981）。学龄前的儿童对某些抽象（非表征性的）刺激的表达性特性，比如有角的线和模糊的曲线，明亮的颜色和昏暗的颜色（H. Gardner，1974；Lawler & Lawler，1965；Winston、Kenyon、Stewardson、& Lepine，1995）与某些表征性内容（比如一棵垂死的树表达悲伤；Winston et al.，1995）的表达性特性是敏感的。给 5 岁儿童呈现抽象作品，他们和成人给予了相同的情绪标签（Blank、Massey、Gardner、& Winner，1984；Callaghan，1997；Jolley & Thomas，1994），尽管已有研究在儿童能最好地识别图画中的哪种情绪这个问题上的结果还是冲突的。当直接询问儿童图画中的情绪时，4 岁的儿童（包括非西方文化背景下的）就基本能回答正确（Jolley & Thomas，1995；Jolley、Zhi、& Thomas，1998a）。虽然儿童可能没有把成人判断为"高兴"的图画和兴奋的面孔匹配在一起，但他们也不会把图画和悲伤的面孔放在一起，这表明儿童尽管没有准确地辨认情绪，但是对积极或者消极的情绪还是有一定的敏感性的。儿童在认识面部情绪的时候会犯同样的错误（Russell & Bullock，1985）。甚至 3 岁的儿童就能够选择表达高兴、悲伤、兴奋和平静的作品，不过这需要他们先见过成人是如何在其他绘画中作出判断的（Callaghan，2000b）。

在更有挑战性的表达任务中，儿童完成起来就有困难了。让儿童在提供的选项中给图画选择一个合适的补充，这些选项中有一项是和图画中的情绪匹配的（比如，选择一棵枯萎的树或一棵开花的树来完成一幅悲伤的图画），结果是 10 到 11 岁以下的儿童都做不成功（Carothers & Gardner，1979；Jolley & Thomas，1995）。上面的研究里是不提及情绪的。Winner、Rosenblatt、Windmuller、Davidson 和 Gardner（1986）让 7 岁、9 岁和 12 岁三个年龄组的儿童依据图画的情感表达的特性把抽象和表征性的绘画进行配对，发现只有两个年长儿童组的成绩高于随机水平。后面的这个任务是富有挑战性的，因为抽象图画并没有给予儿童悲伤、高兴、兴奋或者平静之类的标签，相反地，儿童必须从抽象作品中辨别出它表达的情绪，然后去和表征性作品中传达的情绪进行匹配。

风格。用来区别不同画家的艺术风格的标准很难界定，它包括了一系列特性的变化，比如抽象水平、纹理、刷子的笔画、颜色和光。用来研究儿童辨别艺术作品风格的一种范式是让儿童对同 画家的作品进行匹配。不管什么时候，儿童都可能基于表征性内容而不是风格类型去匹配作品（H. Gardner，1970）。Jolley、Zhi 和 Thomas（1998b）给中国和英国儿童呈现三张图画，让他们匹配其中的两张。匹配应该基于颜色、主题事件或者视觉隐喻所指代的内容（比如，两个不同的客体都是破碎的）。中国和英国的 4 岁儿童都是基于颜色匹配，而 7 岁的儿童基于主题事件匹配。尽管隐喻性匹配在儿童 7 岁到 10 岁之间有增长，但到儿童 10 岁的时候还是主题事件匹配占主导地位。

在风格类型而不是主题事件发生变化的匹配任务中，学龄前儿童甚至 3 岁幼儿就已经能够识别哪些作品是同一个画家的,尽管他们的判断只是通过整体关系,比如外表看起来很像(H. gardner,1970;Hardiman & Zernich,1985;O'Hare & Westwood,1984;Steinberg & Deloache,1986;Walk,Karusitis,Lebowitz,& Falbo,1971)。让儿童从一些绘画作品中挑出自己3个月以前画过的画,这些作品都是相同的主题事件,结果发现3到4岁的儿童就能够成功,表明他们能够识别自己的风格。5到6岁的儿童甚至能够识别出一年以前自己的画(Gross & Hayne,1999)。

在难度更大的风格识别任务中,儿童需要按照画家绘画的方式给未完成的作品添加一个人物(Carothers & Gardner,1979)。儿童有两个备择选项,其中一个和目标卡片的线条特性是相同的。6岁的儿童随机选择,但9岁儿童就能够选择正确的线条风格来完成绘画。所以,如果只是线条特性不同的画,6岁儿童就不能通过风格完成图画匹配。但这是一个比较难的任务,因为此任务没有明确地要求儿童根据线条特性匹配。

构图。婴儿更多地关注绘画的外部形状而不是内部组织(Bond,1972)。对内部结构组织的敏感性在4岁到8岁之间得到缓慢的发展(Chipman & Mendelson,1975)。这一结论来自研究:让儿童判断外表形状完全相似的两种类型的图画中哪种更简单。快速浏览图画的内容以识别它的结构这种能力在儿童后期和青少年早期才得到发展:让儿童对一组四张绘画(其中两张有相似的构图,两张有相似的内容)进行分类,在11—14岁被试利用主题事件来分类的人数明显下降,而7—11岁被试利用构图来分类的人数明显上升(H. Gardner & J. Gardner,1973)。

总的看来,关于儿童对图画美感特性的感知这方面的研究结果表明儿童在3—4岁的时候具备了一定的感知图画的表达、风格和构成等方面的能力。但是,当表征性内容和这些非表征性特性中的一者同时出现并竞争儿童的注意力时,往往是表征性内容获胜,从而使得儿童忽视了图画的美学特性。

审美反应

对图画的审美反应依赖于对图画内容的感知。很少有研究讨论对图画的审美反应,已有的研究都局限在研究儿童喜欢的图画种类上。

现实主义的吸引力。Parsons(1987)利用访谈法调查儿童对不同艺术作品的反应,论证了儿童审美偏好的发展性变化。他发现4岁到7岁的儿童对抽象作品和现实主义作品的喜欢在程度上没有差别。在7岁到10岁这个年龄段上,儿童只把那些形式和颜色上都表现现实主义的绘画判断为好的作品。在青少年早期阶段(从10岁到14岁),图画的表达特性就变得比现实主义更重要了。而到了青少年发展后期,个体判断作品的依据是它们的社会和历史背景。

Parsons(1987)的研究中只有8幅绘画作品,并没有统计数据可以支持审美判断阶段理论。Linn和Thomas(2002)没有发现支持审美偏好发展阶段理论的证据:从4岁到成人期,比起其他特性,个体更经常地利用主题事件来解释他们为什么会喜欢某幅作品。只有对于美术专业的学生(他们着眼于媒介),主题事件不是他们的主导判断标准,但即使对他们来说,把内容作为判断标准的次数也是第二位的。甚至2岁和3岁的儿童就表现出了对现实主义的偏好(McGhee & Dziuban, 1993)。其他关于现实主义对儿童的吸引力的研究可以参见 Machotka(1966)，Rosenstiel、Morison、Silverman 和 Gardner (1978)。

比起他们自己画的画，儿童更喜欢关于人物形象的现实主义作品，这一现象从儿童"涂鸦"一直持续到青少年阶段(Jolley, Knox, & Fostcr, 2000)。儿童还偏好那些比他们自己画的更复杂的透视作品(Kosslyn, Heldmeyer, & Locklear, 1977; H. Lewis, 1963)。所以，儿童的图画产生能力的发展落后于图画偏好(但是，Brooks、Glenn 和 Crozier 在 1988 年的研究中发现学前儿童喜欢的是和自己同等水平的绘画，而不是那些更复杂的作品)。

规则性的吸引力。已有两个研究探讨到儿童对规则性的偏爱，他们发现儿童对平衡做出积极的反应。12 个月大的婴儿偏爱垂直对称而不喜欢不对称或者水平对称(Bornstcin, Ferdinandsen, & Gross, 1981)。对垂直对称的喜爱可能是因为这种对称是个体视觉环境里的主导存在方式，特别是人的面孔和身体的垂直对称。4 岁、6 岁和 10 岁的孩子都是更偏爱匀称的绘画而不是不匀称的(Winner, Mendelsohn, & Garfunkel, 1981)。

Eysenck 和他的同事也报告了相同的结果：儿童对规则性的偏好持续到成人期，但是他们的研究主要是考察个体区分规则和不规则形状的能力(Eysenck, Gotz, Long, Nias, & Ross, 1984; Gotz, Borisy, Lynn, & Eysenck, 1979; Iwawaki, Eysenck, & Gotz, 1979)。Eysenck 设计了一个测验：测验中有两个非表征性形状非常相似的图画，但其中一个被稍作改动。然后由八位画家对原初和改动以后的作品进行评定，他们都觉得最初的作品无论在协调、设计还是"好的完形"上都超越改动后的作品。接受这个测验的个体被告知每一对中都有一个被画家认为是更协调的。参与测验者需要完成的任务就是挑出设计上不协调的那一个，同时施测者要明确地告诉参与测验者这个任务同让他们挑出令他们感觉舒服的选项是完全不同的两回事。10 岁到 17 岁的儿童同 17 岁以上的美术学生一起参与测验，结果没有发现"视觉审美敏感性"和年龄或者教育之间的关系。把日本、中国香港和新加坡的儿童与成人同西方个体进行比较也没有发现文化差异的存在。

Eysenck 的工作表明至少 11 岁的儿童才能够在评定协调性的时候取得很成人差不多的成绩。但是，如果这些研究中是让被试选择自己偏爱的选项，结果可能就不一样了。或许年长的儿童或者那些经过绘画训练的个体更偏爱不规则形状的选项，因为它更有新意。

区分绘画的好坏。儿童偏爱的作品往往不是那些被美术专家评价为"绝妙"的作品。Child(1965)给 6 岁到 18 岁的个体呈现一对风格和内容相似的图画，但是其中一个被美术专家评定为美感度更高。被试需要从中选择自己喜欢的一个。6 岁到 11 岁的儿童中只有三分之一的人认可专家的观点。12 到 18 岁的儿童中认可的人数增加，但即使在最年长的人中也只有 50% 的比例。最高不超过 50% 的比例表明年轻成人(18 岁)也不是特别赞成专家的美的偏好，这同 Eysenck 等人(1984)认为的普遍性是相冲突的。这些结果意味着专门的艺术训练能够引起美的偏好的转移或者说那些从事艺术的人从开始就有不同的偏好。

美学偏好概念化。不管是儿童还是成人都不认为在相互冲突的两种艺术偏好中只有一者是正确的(Kuhn, Cheney, & Weinstock, 2000)。让不同年龄组(8 岁、10 岁、13 岁和 17 岁)的儿童和教育水平不同的成人对关于美学偏好的陈述作出反应：一个关于绘画，一个关于音乐,一个关于文学(比如,Robin 认为他们所看到的绘画中的第一幅更好,Chris 则认为他们所看到的第二幅绘画更好。他们两个人中只有一个是正确的吗,还是两个都有正确的地方?)。那些认为只有一个是正确的个体被划为绝对主义者。任务中没有一个年龄组绝对主义者占主导,尽管这种绝对主义观点在 7 岁到 8 岁的儿童中要比年长儿童多些。那些认为两个都有些正确地方的个体需要回答是否认为其中一个要比另一个更好或者更正确。回答"否"的个体被划为审美领域的"多重主义者",回答"是"的个体被划为"评价主义者"。大多数儿童和成人都是多重主义者,认为两个相互冲突的美的偏好都是正确的,所以他们没有把审美评价同个人口味区分开来。只有那些在认识论领域有专业知识的成人才是评价主义者,他们认为虽然两个审美偏好都是正确的,但还是其中一个比另一个有更多优点。青少年和成人在不是审美评价的其他领域更有可能变成评价主义者。所以,当被问及相互冲突的价值判断(撒谎的好坏),相互冲突的关于社会生活的真相判断(犯罪的原因),以及相互冲突的关于物理世界的真相判断(原子的构成)这些问题时,他们的反应更有可能是相对主义者。然而,这个结果是一种西方现象。如果儿童被试来自传统的社会,比如中国,或许我们将会发现他们更有可能认为一幅艺术作品能够很合理地被判断为比另一幅好。

绘画:发展中的主要里程碑

图画产出发展中的里程碑是引人注目的,儿童绘画的古怪特点被某些人描述为不成熟的标志,但是也被另一些人看作是儿童在某种程度上像艺术家的标志。

动作表征

绘画中第一个里程碑是在 1 到 2 岁的某个时候,出现一种标记,我们把它称为涂鸦。Kellogg(1969)通过使用大样本的学前绘画,把 20 个基本的涂鸦种类(例如,单独的曲线,没有边界的波浪线,多重环线,以及 Z 字形线条)说成是绘画表征的基石(但是参见 Golomb,1981,他只确定了两种涂鸦——圆形的环和旋转物,以及重复的平行线)。根据 Kellogg 的观点,儿童使用涂鸦的基本元素去完成逐渐更受约束和更复杂的绘画形式。例如,一条垂直线条和一条水平线条一起创作出一个十字,当十字被一个圆形圈起,就变成了一个"曼荼罗";当从这个圆形出发向周围画出发射状线条时,曼荼罗就变成了太阳或者是蝌蚪人。Kellogg认为只有在大量的做标记练习之后,并且只有当成人指出它与世界上的物体相似,从而对儿童的"无意义"形式作出反应后,表征才会出现(例如,给儿童指出带有发散线条的圆看起来像一个人)。但是研究表明没有先前绘画经验的儿童和成人在一两次的尝试后,能够达到西方文化背景下儿童多次涂鸦练习后所完成的人物绘画(Alland,1986;Harris,1971;Kennedy,1993;Millar,1975)。因此,涂鸦也许并不是达到图形表征必要的先前阶段(对于这些观点的评论,见 Golomb,2004,第 1 章)。图 20.2 呈现了一个来自南美安第斯山的 5 岁男孩的图画,他的绘画能力迅速发展到人物画像(Harris,1971)。

也有理由认为涂鸦本身具有表征意义。根据早期的观点,涂鸦(这个名称暗示了某种杂乱和缺乏目的)是一种非表征的活动,儿童主要是因有节奏的肌肉运动的愿望,而不是对肌肉运动所留下的标记感兴趣而进行涂鸦的(Kellogg,1969;Lowenfeld & Brittain,1964/

图 20.2 一名来自南美安第斯山的 5 岁男孩的首次绘画。
来源:"The Case Method in Art Education"(pp. 29 - 49), by D. B. Harris, in Report on Preconference Education Research Training Program for Descriptive Research in Art Education, G. Kensler (Ed.), 1971, Reston, VA: National Art Education Association

1987;Piaget & Inhelder,1956)。涂鸦的儿童不仅仅是完成一个感兴趣的肌肉运动,而且也对标记感兴趣,这一证据来自 Tarr(1990)、Gibson 和 Yonas(1968)的研究,Tarr 指出儿童对于他们所作的标记会给予密切的视觉注意,Gibson 和 Yonas 指出,当给儿童一支没有铅笔芯的铅笔(因此没有做出标记的能力),涂鸦会突然停止。

在涂鸦过程中,表征行为有时通过象征性的动作和语言来完成(Matthews,1984,1997,1999;Wolf & Perry,1988)。儿童在绘画时用符号象征物体的运动(模仿野兔跳跃的动作;

例如使标记物沿着页面跳跃,留下许多点并且通过"跳跃"来描述这些点;Wolf & Perry, 1988),但是作为结果的静态的标记不能捕捉动作,从而不能揭示儿童想要象征什么。图 20.3呈现了一个2岁儿童的动作图画,他以圆形运动来移动刷子,同时称他的画为飞机。Matthews 把这种早期的表征称为 "动作表征",与后来的图形表征相对照。图形表征的最终标记本身揭示了它们想要表征的内容。

图20.3 一名2岁2个月小孩所画的飞机动作表征。来源:The Art of Childhood and Adolescence:The Construction of Meaning(p. 34, figure 11), by J. Matthews, 1999, London: Falmer Press. Reprinted with permission of Taylor and Francis Books.

动作表征为我们指出,即使2岁儿童也掌握了他们自己的图画是表征性的这一概念(这个理解与他们对他人图画是表征性的理解是同时出现的)。儿童能够给他们的涂鸦予以名称是这种表征意识的另一个标志(称为"浪漫主义"或"偶然的现实主义";Gardner, 1980;Golomb, 2004;Gross & Hayne, 1999; Luquet, 1913, 1927)。当问到他们画的是什么,2到3岁儿童更可能对于折线给出表征意义,而对于平滑的直线只是称为"线" (AdiJapha, Levin, & Solomon, 1998)。这个发现可能是由于两个因素的结合:(1)折线创造出在某种程度上较封闭的形式;(2)儿童对于这种线条给予更多的注意,因为当他们画这种线条时他们必须有意地变化方向。当要求儿童解释同龄人或他们自己几周前的涂鸦时,他们不能通过这种方法区分这些类型的线条。2岁儿童掌握图画是表征性的这一概念的第三个标志是当给他们指示人物的各部分(称为"指导启发")以及当要求他们完成一个不完全的人物画时,他们能够画出可辨认的人物轮廓的表征图画(Basserr, 1977;Cox & Parkin, 1986)。

图形表征

最初自发的图形表征(用来描述可辨认的物体)出现在3到4岁的儿童身上(Golomb, 2004)。与动作表征不同,图形表征事实上看起来像他们所代表的。即使是在几乎没有绘画传统的文化中,当研究者要求画画时,儿童会画出图形表征的图画(Alland, 1983)。因此,儿童不需要被指导来达到图形表征,也不需要表征性图画模型来达到。

表征人类形体。儿童尝试的最初的一个图形表征是人类形象(Golomb, 2004)。儿童早期尝试表征的人类形象被描述为"蝌蚪人",因为这些表征由一个带有胳膊和腿(或者只有腿)的圆组成,如图20.4a和20.4b所示。这些人物画似乎只有头而没有躯干(Luquet, 1913, 1927; Piaget & Inhelder, 1965;Ricci, 1887),尽管 Arnheim(1974)认为圆代表了头和身体。

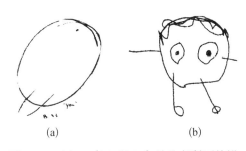

(a)　　　　(b)

图20.4 (a)一名3岁3个月儿童所画的没有胳膊的蝌蚪人。(b)一名3岁半儿童所画的有胳膊和腿的蝌蚪人。
来源:The Child's Creation of a pictorial World, second edition, p. 29, figures 16a and 16b, by C. Golomb, 2004, Mahwah, NJ: Erlbaum. 经许可使用。

872

在 3 岁左右,儿童典型地画他们的第一个蝌蚪人(Cox & Parkin,1986)。一些儿童在这个阶段停留几个月,而另一些儿童迅速通过这个阶段向更具区分性的外形发展(Cox,1993,1997)。尽管蝌蚪人似乎没有躯干,Golomb(2004)指出,蝌蚪人并不能反映儿童对人类形体的理解是有限的。例如,当让儿童在给定的图形内建构一个人,27 个人中只有 2 个人画蝌蚪人;当让他们完成一幅头部包含面部特征的画,或者让他们模仿 Play-Doh 的一个人,许多画蝌蚪人的儿童画出了躯干。图 20.5 呈现了一幅 4 岁儿童的画:当只是让儿童画一个人时,她画了一个没有胳膊的蝌蚪人(左边的两个图像);当让儿童画一个有肚子的人,她画了身体(从左边数第 3 个);当让儿童画一个拿有花的人,她画了身体和胳膊。因此,任务和媒介影响画的内容。蝌蚪人不是儿童关于所知道的人类身体的直接呈现;就蝌蚪人而言,儿童画的是他们所知道的而不是所看见的这一观点没有得到支持。他们可能不是画他们所看见的,但是他们的画也没有完全告诉我们,他们所知道的画的内容。

图 20.5 一名 4 岁小孩所画的图画:表明了呈现/不呈现有关蝌蚪人胳膊的指导语效应。
来源: The Child's Creation of a pictorial World, second edition, p. 46, figure 25a, by C. Golomb, 2004, Mahwah, NJ: Erlbaum. 经许可使用。

根据 Freeman(1980)的儿童绘画产出缺陷的观点,蝌蚪人是有缺陷的,不是由于儿童关于人类体形的知识有限,而是由于儿童的计划和记忆缺陷。Freeman 认为绘画是一种连续有序的行为。当儿童画人时,他们从头开始,到腿结束,而忘记了中间部分(躯干和胳膊)。这正如当识记单词表时,与中间的单词相比,我们更可能记住最先的和最后的单词。但是这种表现的解释存在问题。Golomb 和 Farmer(1983)指出尽管儿童画人的确是从最上面开始往下画,40%的 3 岁儿童也会向上返回,添加胳膊、面部特征,诸如此类。当要求儿童列出画人所需的部分时,儿童更可能包括胳膊和躯干。如上所述,当给儿童总括的指导语时(画一个人),3—5 岁儿童画出蝌蚪人,但是当给出更具体的指导语时(例如画一个有肚子的人或拿着鲜花的人),这些相同的儿童能够添加躯干和胳膊(Golomb,1981,2004)。当要求那些自发地画蝌蚪人的儿童用裁剪好的纸片(例如圆形的和矩形的)建构一个人时,他们通常包括了躯干,这表明儿童意识到了躯干但只是不知道如何将其包含在他们自发的绘画中(参见 Bassett,1977;Cox & Mason,1998)。Golomb(2004,p.55)报告了一些现象,画蝌蚪人的儿童仔细检查他们的画并进行分析和评价,会说"胳膊错了!它们在这里(指着肩膀)"。这些结果没有支持 Freeman 的观点,即用不能记起躯干和胳膊解释为什么这些部分在蝌蚪人中被省略掉。

总之,证据表明知识、记忆或理解的缺乏不能解释蝌蚪人。蝌蚪人是一种简单的、没有分化的形式,用 Arnheim(1974)的语言说,它是一个清楚的人体结构等价物,反映了绘画任务的困难,而不是反映了用巧妙的任务或指导语作为刺激时,儿童能够做什么。

在 3—4.5 岁期间,当儿童从蝌蚪人转向头和身体区分开的"常规"人物画时,他们有时会画过渡性的人物图画,即胳膊与腿相连(如图 20.6)并且具有身体特征,例如有纽扣或肚子,有时放在两条腿之间(Cox & Parkin,1986)。从蝌蚪人到"常规"人物画的过渡是不同的,有的儿童经历一个很短的蝌蚪人阶段就通过了,另外的儿童在这个阶段要持续好几个月。Cox 和 Parkin 发现儿童通常同时创作出蝌蚪人和常规人物画。尽管对从蝌蚪人到常规人物画变化的机制不是很清楚,但是当儿童想要让他们的画更准确地符合模型时,儿童可能会产生变化,这种变化不是看到了年长儿童的模型或明确的指导语导致的。

　　早期的常规人物画有时通过在蝌蚪人的腿之间添加连接线从而创造出身体来产生(Goodnow,1977)。更通常的是,儿童从头部画两条垂直线,与底部的一条水平线连接起来,然后在下面添加两条腿(Cox,1997)。然而最多的儿童是通过从头部开始画一条线然后向上返回,画出一个圆形的身体与头部相连,如图 20.7 中 4 岁儿童所画的。

图 20.6　胳膊与腿相连的"常规"人物画。
来源:The Child's Creation of a Pictorial World,second edition,p. 46,figure 25b,by C. Golomb,2004,Mahwah,NJ:Erlbaum. 经许可使用。

图 20.7　5 岁 8 个月儿童所画的区分了头和身体的传统人物画,他们是通过从头部开始画一条线然后向上返回形成一个环状作为身体。
来源:The Child's Creation of a Pictorial World,second edition,p. 52,figure 33,by C. Golomb,2004,Mahwah,NJ:Erlbaum. 经许可使用。

　　最初,儿童以分割的形式增加诸如手指或脚等特征,每个身体部分有各自的空间而不会重叠(Goodnow,1997)。然而,在 5—6 岁之后,儿童开始能够画连续的轮廓线了,如图 20.8 所示,这种方法被 Goodnow 称为"穿线"。Cox(1993)在她的被试样本中发现 26% 的 5 岁和 6 岁儿童,81% 的 7 岁和 8 岁儿童,以及 96% 的 9 岁和 10 岁儿童用连续的轮廓线来画人物图像。

　　典型地,儿童(至少在现代西方)以正面的视野来绘画,但是当给定具体的指导语要求其他的方位时(如画一个正在跑的人),许多 5 岁以上的儿童能够画侧面人物(Cox,1993)。图 20.9 呈现了我儿子在 5 岁 8 个月时画的侧面画,那时要求他画在艺术课上所观察到的——对于所要求他画的人他只有一面的视角。但是即使是 4 岁儿童,当让他们从背后或侧面画人时,都会做出不合适的尝试来改变他们的人物画(例如简单地省去一只眼睛)(Cox & Lambon Ralph,1996;Cox & Moore,1994;Pinto & Bombi,1996)。

图 20.8　9 岁儿童使用连续的轮廓线所画的人物画。来源: The Child's Creation of a Pictorial World, second edition, p. 69, figure 51, by C. Golomb, 2004, Mahwah, NJ: Erlbaum. 经许可使用。

图 20.9　5 岁儿童从观察中所画的侧面画。来自作者收集的图画。

现实主义

由于从客体中心的表征向观看者中心的视觉现实主义的普遍发展轨迹的假设,一直以来,儿童绘画研究中的一个主要问题是现实主义是如何发展的。一些研究者对于儿童为什么最初不能使用透视现实地绘画一直存在疑问(Costall,1995)。这个问题假定如果我们只能用"天真单纯的"眼睛来看,透视绘画是简单地描绘我们看见的;并且假定一些东西使儿童不能画他们所看到的。据一个早期的儿童艺术的学生 Sully(1895)所说,"儿童的眼睛失去最初的'天真单纯'早的令人惊讶,并且在这个意义上——不是看到真正呈现的内容而是看到或者假装看到知识和逻辑所告知的——变得'世故'。换言之,他的感觉认知能力已经为艺术而被太多的信息腐蚀。"(p. 396,引自 Costall,1995,p. 18)Buhler(1930)提出一个相似的分析,他认为语言标签妨碍了"天真单纯的"眼睛。"物体一有了自己的名字,概念形成就开始了,而且这些发生在具体形象阶段。概念知识,是用语言进行系统阐述的,它支配着儿童的记忆。"(p. 114,引自 Costall,1995,p. 18)

最近,Freeman(1987)提出一个相似的观点,基于 Marr 的理论(1982)即视觉处理的最初阶段提供了关于透视失真的投影视网膜像的观看者中心信息,随后转向没有失真的物体中心描绘。根据 Freeman(1987),从物体中心到观察者中心的转变是困难的,因为这要求"积极地抑制正常的知觉习惯"(p. 147,引自 Costall,1995,p. 21)。简言之,知识起了阻碍作用。

然而没有很好的理由认为儿童最初是通过透视来看世界的。据光学科学家 Charles Falco 所说,透视是一种被锁定位置的固定晶状体的不自然的结果,这个位置指出了一个固定的方向,并且把形象投影到表面。我们不能通过这种方式来看世界。我们的眼睛不断地扫描一个情景,给大脑提供除固定透视之外的任何东西(Falco,个人交流,2003)。通过透视画法进行绘画很难,并且透视画法在西方艺术历史中发展得较晚,通过规则的发现和设备的发明使透视画法变得可能(例如,通过小孔单眼看一个情景;通过玻璃平面单眼观看情景并且追踪玻璃上的景象),这些设备帮助艺术家从所要画的物体中选定一个独特的优势点(Gombrich,1977;Radkey & Enns,1987)。

透视正确的图画比其他任何种类的图画更清晰这一假设也是错的。许多非透视图画,例如,卡通画、漫画以及儿童的图画都能够揭露许多信息,因为它们抓住了知觉恒量,例如直线、弯曲、垂直、聚合、对称等等(Costall,1995;Gibson,1973,1979)。

从心智现实主义到视觉现实主义的发展轨迹。Luquet(1913,1927)与 Piaget 和 Inhelder(1956)主张儿童不能画他们所见的(视觉现实主义),而是画他们所知道的(心智现实主义),这个观点与 Clark(1987)19 世纪时的论证相一致,他发现 6 岁儿童画一个带有果核的苹果,果核(儿童知道它在苹果内部)在苹果里面是可见的,因而似乎是透明的。Piaget 和 Inhelder(1956)表明了同样的现象,通过让儿童从侧面或按透视法缩短到极限来画一根木棒,在两种方位下 7—8 岁以下儿童画一条线或者一个长的区域。按透视法缩短木棒的正确画法应该是一个圆,而且对于儿童来说圆和直线一样容易画,但是儿童按透视法缩短木棒的绘画可能反映了他们有关木棒是长的这一知识。

儿童使用心智现实主义的方式来绘画是因为他们的知识干扰还是因为他们不能想出如何把一个三维物体转变成二维表征呢? 对于第一种解释的证据来自一个研究,研究发现当儿童临摹一个立方体的图画时,比临摹一个与立方体有同样数目线条和平面的图案的正确率低得多(Phillips, Hobbs, & Pratt, 1978)。当儿童知道他们正在临摹一个立方体,他们关于正方体有方形表面的知识与现实相冲突,所以他们没能通过把方形画成平行四边形来使立方体的表面变形。图 20.10 呈现了两个让儿童临摹的模型,以及一个关于立方体的心智现实主义摹本的样例和一个正确的对于图案的摹本。儿童是在临摹立方体的图画而不是基于一个三维模型来画画,这个事实表明,在这种情况下,心智现实主义不是由于把一个三维形象转变成二维表征的困难,因为他们所临摹的图画已经替他们解决了这个问题。据推测,儿童关于立方体实际形状的知识起了阻碍作用。Phillips、Hobbs 和 Pratt(1978)提出,年

(a) 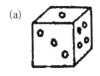　(b) 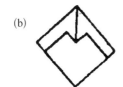　(c) 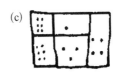　(d)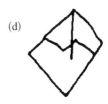

图 20.10　儿童能更准确地临摹立方体图画,比起临摹图案。
(a)儿童临摹的立方体模型。(b)儿童临摹的图案。(c)立方体的心智现实主义摹本。
(d)图案的视觉现实主义的正确摹本。
来源:"Intellectual Realism in Children's Drawings of Cubes," by W. A. Phillips, S. B. Hobbs, and F. R. Pratt, 1978, Cognition, 6(1), pp. 15 – 33, Copyright © 1978 by Elsevier. 经许可使用。

幼儿童对于特定的物体具有图形—运动图式(例如在画一个立方体时,他们画方形表面)。当他们开始画特定的物体时,他们选择相应的图式;而对被临摹的物体的观察不会再影响到绘画。

许多论证与 Luquet(1913,1927)认为在心智现实主义之后有一个视觉现实主义阶段这一最初观点相一致。其中最常被引用的一个例子就是 X 射线或幻灯片图画(Crook,1984)。对于其他的关于儿童向视觉现实主义发展的研究,参见 Barrett & Light(1976);Beyer & Nodine(1985);Bremner & Batten(1991);Bremner & Moore(1984);Chen(1985);Chen & Cook(1984);Clbert & Taunton(1988);Cox(1978,1981,1986);Crook(1985);A. Davis (1985);Freeman(1980);Ingram & Butterworth(1989);H. Lewis(1963);Light(1985); Light & Humphreys(1981);Mitchelmore(1980);Nicholls & Kennedy(1992);Sutton & Rose(1998);Taylor & Bacharach(1982);Willats(1985);Park & Winer(1995)。

尽管在儿童绘画中有许多关于心智现实主义的证据,我们还是不能得出结论说这种图画向我们表明了儿童完全知道他们所画的物体。年幼儿童在某些条件下,非常有能力产生观察者中心的图画。例如,6 岁儿童不能典型地表现出阻挡,但是当要求他们画一个玩具警察藏在墙后面时,他们能够这样做(Cox,1981)。Light 和 MacIntosh(1980)表明当要求儿童画一个玩具在玻璃后面时,儿童把玩具和玻璃并排画出来;当要求儿童画玩具在玻璃里面时,儿童能够真实地画。尽管当手柄不可见时,低于 7—8 岁的儿童会画带有手柄的茶杯 (Freeman & Janikoun,1972),但是当要求他们画完全和看起来一样的茶杯时,他们会画得更准确(Barrett,Beaumout, & Jennett,1985;Barrett & Bridson,1983;Beal & Arnold, 1990;Cox,1978,1981;C. Lewis,Russell, & Berridge,1993;Cox & Martin,1988)。有关年幼儿童在什么条件下能够产生观察者中心的图画的评论见 Sutton & Rose(1998)。因此心智现实主义最好被看作是一种典型的策略而不是一个完全独立的阶段。

Luquet(1927)指出,向视觉现实主义的转变发生是因为儿童认识到他们的画在现实方面做得不好,因此被激发创造更好的方法。Piaget 和 Inhelder(1956,p. 178)提出了似乎更有道理的看法:向视觉现实主义的转变是由于儿童变得更加能意识到他们自己的观点。但是 Willats(1992,1995)提供了另外一个解释。他给 4—12 岁儿童呈现一个拿着盘子的木质画像,并且要求儿童按透视法缩短来画这个画像。4 岁儿童从两种视角画出了同样的图画(表明他们使用物体中心的描绘手法,这可以被看作是心智现实主义的例子)。但是 2/3 的 7 岁儿童和几乎所有的 12 岁儿童在某些方面改变他们的画来表现按透视法缩短,他们的画至少部分地是基于他们所看到的。Willats 推断按透视法缩短的图画不是看得更准确的一个功能,而是由于学会了关于直线的规则,属于图画领域的特定规则。他的 4 岁儿童画单独的线条作为胳膊(使用线条来代表线性物体),画圆形区域作为盘子(使用区域来代表圆形物体); 1/3 的 7 岁儿童使用区域而不是线条作为胳膊和盘子;12 岁儿童使用线条来代表胳膊和盘子的边缘(使用直线来代表边缘而不是物体)。只有当他们使用直线来代表边缘时,儿童才能够按透视法缩小。Willats 指出把这种顺序说成从画所知到画所见的转变是错误的,因为没有理由说 12 岁儿童比年幼儿童更清楚地看到边缘。相反,儿童已经学会了使用线条而不是区域作为情景初始的规则(绘画领域中特定的),而且这个规则使他们按透视法缩短成为可能。

关于绘画发展不是由对自然世界越来越多的仔细观察所促进的更进一步的证据来自B. Wilson 和 Wilson(1977,1984),他认为当儿童获得了绘画图式时,现实主义就获得了。他们指出儿童更倾向于模仿彼此的图画而不是画生活中的物体。他们报告了在他们的样本中,儿童和成人的图画通常是来自画画的人以前见到的另外的图画。另外,不同文化下的儿童使用不同的方式来画树,这表明他们使用不同的图画作为模型(Wilson ＆ Ligtvoet,1992)。这些观点与 Gombrich(1977)的观点一致,Gombrich 指出即使是最"现实"的艺术家,也会使用来自其他图画的图式。所有的图画都是按照先前的图式,但是图式在儿童的绘画中更明显,因为他们拥有较少的图式而且较少能修改它们(Thomas,1995)。

在考虑现实绘画的发展时,很重要的是记住即使是最现实的图画,其包含有的信息也远少于真实的情境(Gombrich,1997),因而对图画的创作和知觉通常都需要推断的能力。我们对绘画内容的知识的掌握在我们用图画表征物体时起到了一定的作用,而且这些知识在我们识别图画所表征的物体时也起到了一定的作用。正如 Phillips、Hobbs 和 Pratt(1978)所指出的,把一个立方体的现实的线性图画识别为一个立体物体需要一些所谓的心智现实主义的方法。我们掌握的有关所描绘的东西的知识帮助我们把图画看作是一个立方体。因此不存在独立于知识的纯粹的视觉现实主义。

表征深度。早期报告的一些关于从心智现实主义转向视觉现实主义的研究指出了儿童877表征深度的困难。Willats(1977,1995)揭示了当儿童在绘画过程中获得图画规则产生深度错觉时,他们经历的一系列阶段。他让 5—17 岁儿童画所观察到的,即一张有物体放在其上的桌子(如图 20.11a)。结果发现了五种投影系统和五种不同的将物体定位在纸上的绘画规则。没有投影体系的图画在 5—7 岁儿童中更为普遍(如图 20.11b)。7—12 岁儿童最普遍的策略是通过正射投影来画桌子,桌面被画为一条线,物体放在线上,在这种图画中第三个维度完全被忽视了(如图 20.11c)。这是用视觉现实主义的方式来画桌子,从眼睛的水平获得了景象。12—13 岁儿童最普遍的策略是使用垂直倾斜投影(如图 20.11d),这个体系被用在印度、伊斯兰教和东正教艺术中,但是从没在西方艺术课堂中讲授过。这里垂直维度代表了情景中的第三个维度(垂直线代表了向后倾斜形成深度的边缘)。尽管垂直倾斜投影使儿童表现出他们关于桌面是矩形的知识,但是图画不再是视觉现实主义的。此外,这个体系导致了含糊不清,因为它分不清在真实情景中究竟是放大还是缩小能够形成深度。878

只有少数的 13—14 岁儿童想到可以通过使用斜线表示深度来解决这种含糊不清(如图20.11e;称为倾斜透视——在亚洲艺术中已有很久历史的一种体系)。使用这种体系的儿童把桌面画成平行四边形,用斜线代表向后倾斜形成深度的边缘。创作比较明确的图画所付出的代价是他们必须把桌子的形状变形,由矩形变成平行四边形。40％的图画是倾斜投影,尽管事实上儿童在插图里很少看到这种图画。

正确透视图画的线条在尽头是聚合的;那些"天真的"透视不能够充分地聚合。只有一部分 15 岁半到 17 岁半之间的儿童,以"天真"的透视来画画(如图 20.11f);这个年龄段的儿童有更少的一部分通过正确的透视来画画(如图20.11g)。与 Willats 的观点一致,早期收集的儿童绘画中包含了很少的透视绘画,即使是青少年也一样(例如 Kerschesteiner,1905)。西方文化下的儿童不是自然地开始通过透视法来画画,尽管透视形象到处都有。那些通过透视法画画的儿童很可能是受过训练的,或者他们在视觉艺术上有天赋(在绘画上有天赋的儿童很早就能够理解透视画法,对他们的描述参见 Golomb,2004 和 Winner,1996)。其他关于儿童学习描绘深度的研究包括 Freeman、Eiser 和 Sayers(1977);Light 和 MacIntosh(1980);Phillips、Innall 和 Lauder(1985);Radkey 和 Enns(1987);以及 Reith 和 Dominin(1997)。

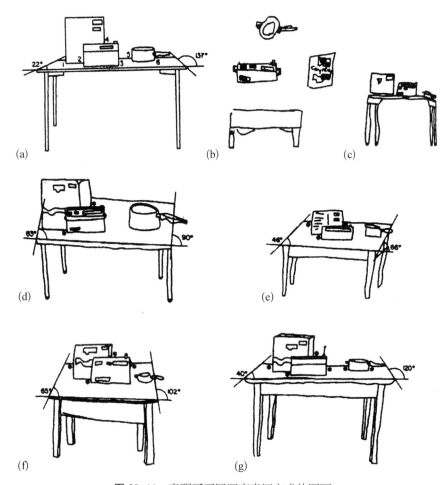

图 20.11 表明了不同深度表征方式的图画。
(a) 儿童所要画的桌面。(b) 没有摄影体系、物体悬浮。(c) 没有深度标志的正射投影。(d) 垂直倾斜投影,深度是通过垂直线含糊不清地表征的。(e) 倾斜透视,深度是通过斜线较明确地表征的。(f) 天真的透视,线条不是以正确的角度聚合。(g) 正确的透视。
来源:"How Children Learn to Draw Realistic Pictures," by J. Willats, 1977, Quarterly Journal of Experimental Psychology, 29. pp. 367 - 382。经许可使用。

Willats 的阶段划分显示了表征深度能力发展的错综复杂。这些阶段在视觉现实主义上不是呈线性增长,因为第二阶段的正射投影事实上比后来的垂直倾斜投影更具现实性。Willats(1977)指出透视绘画的发展不是对世界或图画逐渐正确观察的功能,而是为了减少含糊不清的需要。这个观点与Karmiloff-Smith(1992)的研究一致,儿童在很多领域(包括绘画)中用过度标记来减少含糊不清,从而来解释从垂直倾斜投影到倾斜投影的转变。Willats(1984,1995)进一步指出,在某种方式上重复了Luquet(1927)的观点,即从物体中心绘画到观察者中心绘画的发展发生在:儿童开始认识到他们的绘画不能完全获得情景看起来的真实样子,以及开始从这些方面自发地评价他们的绘画。当儿童意识到他们用的体系存在着局限时,他们就逐渐发展出了更复杂的系统。

美学特点:情感表达、构图、风格和颜色

关于儿童绘画的美学特点(例如情感表达、构图、风格和颜色),与表征特点相比,我们所知道的太少了,这个不平衡可能反映了视觉艺术的终极状态是现实主义的假设。

情感表达。尽管学前儿童的绘画对于成年人来说似乎是富于表达性的,但是我们从自发的绘画中不能区分情感表达特点是否是有目的性的。这可能需要一些干预。当要求儿童画一棵树来完成一幅图画,或者是令人沮丧的(画着天空中乌云密布,有一个驼背的人),或者是喜气洋洋的(画着天空晴朗,有一个蹦蹦跳跳的人),11岁以前的儿童不能添加情感上合适的树(Carothers & Gardner,1979)。这个结果表明年幼儿童在图画中不能有目的地表达情绪。然而,当指导语很清楚,让儿童注意情感表达,儿童就能在较小的年龄完成。已经有三个实验表明了这个观点。直接让儿童画一棵悲伤的、快乐的和生气的树,以及一条悲伤的、快乐的和生气的线,即使是4岁儿童就有37%的次数能够成功完成(Ives,1984)。在一个使用同样明确的指导语的研究中,Winston等人(1995)让6岁、9岁和12岁儿童画一棵快乐的树和一棵悲伤的树的画,并且告诉他们如果画出来的树看起来不像真实的树也没有关系。给一半的儿童几种限定的颜色(没有一种颜色能够真实地表征树),但是所有的颜色都被年幼儿童评定为或者是快乐的(例如黄色和橙色)或者是悲伤的(例如蓝色或紫色)。告诉限定条件下的儿童,让他们画没有叶子或花的树,来扩大他们使用抽象特点(例如颜色、线条方向、大小或形状)而不是表征特点(如枯萎的树代表悲伤)来描绘情绪的可能性。每个儿童能够使用至少一种策略来表达情感。年长儿童比年幼儿童更可能富于表达性地使用抽象特点,尽管在限制条件下,6岁儿童和12岁儿童一样经常富于表达性地使用颜色。最后,当让儿童看一幅呈现了一个带有快乐、悲伤、平静或激动情绪的人的表征图画,去思考画里呈现的情绪(但是不给出代表这些情绪的语言标签),并且从两张抽象的图画中选择在情绪上同目标卡片最相似的一张(例如,快乐的VS悲伤的,对于快乐的或悲伤的目标;平静的VS激动的,对于平静的或激动的目标),4岁或7岁儿童的表现好于机会水平(但是3岁和8岁儿童的表现低于机会水平;Winner et al.,1986)。

因此,我们可以得出结论,当直接让儿童在他们的图画里展现某种基本的情绪,学前儿童表现出一定的完成能力;到6岁,如果要求他们做的话,儿童在他们的图画里可以稳定可靠地展现情绪;当儿童的颜色选择被限制在不能用来表征某些物体的颜色时,6岁儿童能够使用颜色的抽象特点来表达情绪。这些研究结果与较早报告的结果一致,他们指出在某些情况下,学前儿童能够觉察出绘画的情感特点。

构图。关于儿童绘画的构图原则的研究表明了一种朝向顺序和平衡的发展(Golomb,1987,2004;Golomb & Dunnington, 1985)。Golomb 和 Farmer(1983)分析了 600 名 3—13岁儿童所画的 1 000 多幅画里所用的构图原则。最基本的构图策略是画像在页面上任意放置,这个策略在 3 岁儿童的图画里是不常见的。这个策略之后是接近策略,即物体群集在一起。这些策略最终被队列和置于中心所替代。

队列原则在 3 岁儿童身上就可以发现,物体在某种程度上一个挨一个沿着一条虚构的水平轴排列。这个队列只是部分的,因为物体看起来仍然是在空间上随处漂浮的。在Golomb(2004)的研究中,3 岁儿童 55%的次数使用了不完全队列。到了 4 岁,画像在水平轴上被仔细地均匀地排列。5 岁和 6 岁儿童继续使用这一策略,但是清楚地把画像放在一页的底部,上面空着的空间来表征天空,从而清楚地规定了上和下(见 Eng,1931)。

置于中心的原则在 3 岁儿童的画里可以见到。早期使用这一策略包括画像放在页面的中部。这就导致了对称(回想 12 个月的儿童比起不对称更喜欢对称;Bornstein,Ferdinandsen, & Grodd, 1981)。Golomb(2004)在 15%的 3 岁儿童的绘画里发现了这种简单的置于中心原则。到了 4 岁,一些画像可以围绕中心进行平衡(36%的 4 岁儿童的绘画是居中的)。到了 5—6 岁,通过画像的相同空间和要素的重复创造出了对称。Winner、Mendelsohn 和 Garfunkel(1981)也报告了随着年龄的增长,画中对称的出现也在增长的现象。

当不同的品质相互补偿时,平衡也可以不通过对称来实现(例如,一个小的明亮的形状可以通过一个较大的苍白的形状来平衡,因为亮度贡献了重要性;Arnheim, 1974)。Winner等人(1981)在 25%的 4 岁、6 岁以及 10 岁儿童的绘画中发现了这种"动态平衡"。相反,Golomb(2004)发现在 9—13 岁之后,儿童的构图策略变化很少,这也许可以归因于儿童对现实描绘的兴趣逐渐增加。

风格。到 5 岁时,一些儿童具有可识别的绘画风格。这个观点在一个研究中得到了论证,这个研究让成人判断三名 5 岁儿童所画的图画的相似性关系(Hartley, Somerville,Jenson, & Eliefja, 1982)。他们的判断表明其中的两个儿童的绘画具有一致性,意味着他们有独特的风格。评判人能够辨认出相同的两个儿童同时画的新的图画,也能辨认出相同的两个儿童在 9 个月之后画的新的图画。Pufall 和 Pesonen(2000)报告了一个关于儿童有持久稳固的绘画风格的更强的证据,他发现那些学会了识别三名 5 岁儿童绘画风格的成人能够确认 4 年之后这三名儿童所画的画。但是 Watson 和 Schwartz(2000)指出在他们的样本里,只有 1/3 的儿童表现出独特的风格,年幼儿童(5—8 岁)比年长儿童(9—10 岁)表现出更大的独特性。也许这个下降是由于儿童中期比学前期的绘画变得传统、刻板化而且没那么有趣,这点将在后面讨论。

绘画图式的一般性与文化特殊性

880
绘画发展的许多方面似乎是普遍的,而且是独立于文化和正式训练出现的(Alland,

1983；Anati，1967；Belo，1995；Dennis，1957；Fortes，1981；Golomb，2004；Havighurst，Gunther，& Pratt，1946；Jahoda，1981；Kellogg，1969；Kerschensteiner，1905；McBride，1986；Paget，1932；Ricci，1887；Sundberg & Ballinger，1968；B. Wilson & Wilson，1984）。但是，在儿童绘画中也存在很强的文化差异。例如，在处于没有现实主义图画表征的环境中的儿童和成人的艺术中很少发现透视手法的存在（Golomb，2002，第4章）。表征特定物体的图式在不同文化下是不同的。例如，B. Wilson和Wilson（1981）报告了儿童的人物画中的许多图式在19世纪是常见的，但是现在很少看见，他们把这个结果归因于临摹的模型对于儿童的重要性。其中一个具有这种特征的是双眼侧面画。Ricci（1887）发现70％意大利儿童的侧面画有两个眼睛，Sully（1895）发现一半的英国儿童的绘画是双眼侧面画。在Florence Goodenough"画一个人"的儿童绘画的收集中，只有大约5％的是双眼侧面画，这些绘画是1917年到1923年间收藏在宾夕法尼亚州立大学的。到19世纪50年代，这种人物画再也无法在美国儿童的绘画中看到。双眼侧面画的结束曾被归因于侧面画作为文化中最典型的人脸图画的衰落，以及日常连环漫画的兴起，这些漫画里的人物会以各个方位出现（B. Wilson & Wilson，1981）。Wilson & Wilson指出了许多过去在儿童的绘画中能够发现但现在已不存在的其他特征：例如，梯子嘴（嘴看起来像一个水平的梯子，梯子横档像牙齿），像耙子一样的手，以及牛奶瓶形状的身体。Wilson和Wilson预期将来的研究者可能会思考具有发达的二头肌和在空中飞舞的披肩的人物画的起源和衰落。Wilson和Wilson提醒我们，儿童的绘画不是从一些先天的程式中出现的，相反，而是受儿童用来模仿的可利用的文化模型影响的。

图画文化中最具影响的效应也被B. Wilson和Wilson（1987）所论证，他们比较了来自埃及和日本的12岁儿童的图画。埃及儿童很少看图画，在学校很少受到艺术指导。他们的人物画是静态的、不生动的，人物悬空在空间中，他们只是进行描绘深度的初步尝试。相对而言，日本儿童看大量的日本漫画，也接受较多的艺术教育。他们的人物画看起来很像他们所看的连环画中的人物：人物是有活力的（人物画通过运动来描绘）、复杂的（有许多人物），人物是着地的，深度通过阻挡和体积缩减来表征。

Winner（1989）注意到发表在儿童杂志上的卡通形象对中国儿童绘画的强烈影响。Wilson（1997）对于日本儿童做了同样的观察，他们画的人物具有心形的脸，大眼睛，这些形象是模仿叫做"Manga"的畅销漫画。另外，连载图画故事在日本儿童中比埃及儿童中普及得多（B. Wilson & Wilson，1987；对于其他的关于绘画的文化影响的研究见Andersson，1995a，1995b；Court，1989；Cox，Koyasu，Hiranumu，& Perara，2001；Martlew & Connolly，1996；Piaget，1932；Stratford & Au，1998；B. Wilson & Wilson，1977，1984）。

绘画技能是不是随年龄呈线性提高

尽管所有人都同意绘画技能随着年龄稳定提高，包括现实主义地绘画的能力，但是研究者不同意儿童绘画的美学特性也是随着年龄呈线性提高。绘画能力的一些方面的发展已经被揭示是呈U形趋势，在学前期开始下降，只有那些在绘画方面有天赋和兴趣的儿童会再次上升。20 世纪名家作品的艺术和年幼儿童的绘画(在幽默、情感表达和美学感染力这些方面)曾被指出具有相似性(Arnheim,1974;Gardner,1980;Hagen,1986;Schaeffer-Simmern,1984;Winner & Gardner,1981)。

随着儿童长大,他们画画的频率变少了,到 9—10 岁他们的画变得传统、常规而且失去了幽默感(Gardner,1980)。在隐喻领域也报告过一个相似的下降(Winner & Gardner,1981):理解隐喻随着年龄呈线性增长,但是积极自动地玩弄语言以及创造隐喻在学龄中期下降,最后被用文学上的正确方式来表达的欲望所代替。

对于在平实阶段绘画的幽默方面随着年龄下降但是在青少年阶段再次出现的观察结果的支持来自一个研究,它发现年幼儿童比年长儿童更愿意违反现实主义(Winner,Blank;Massey,& Gardner,1983)。给 6—12 岁儿童呈现不同现实主义水平的艺术家(例如一个是现实主义的毕加索,另一个是非现实主义的毕加索)的黑白线条图画的复制品,并且每幅图画中有一小部分被删掉了。要求儿童按照艺术家已经用到的方式完成图画。当图画是表征性的,告诉儿童添加"头发"或"胳膊",给儿童指出图画没有完成的地方。通过比较补充图画的现实主义水平是否与起初已完成的部分相匹配来记录儿童的成绩。6 岁儿童比 8 岁和 10 岁儿童表现得好,与 12 岁儿童的表现一样好。因此,例如 6 岁儿童通过添加一个非现实主义示意图的手来完成一幅缺失胳膊的非现实主义示意图的毕加索图画;他们通过一个更加现实主义的手来完成一幅缺失胳膊的现实主义毕加索图画。相对比而言,8 岁和 10 岁儿童通过同等的现实主义方式来完成所有的作品。他们专注于尽量画得现实主义,并且不能或不愿意画得非现实主义,即使风格一致性的标准要求这种策略。因为 6 岁和 12 岁儿童表现得一样好,并且好于 8 岁和 10 岁儿童,所以违反现实主义的意志被认为是 U 形趋势。

J. Davis(1997)对于绘画的 U 形发展提供了一个最强的证据。她通过下面的组引出绘画:一个组假定在他们图画的美学维度的 U 形曲线的高的端点(5 岁儿童),一个组假定在平实传统阶段的强烈阶段(8、11、14 岁和成人,所有的非艺术家),一个组假定已经超越了平实阶段(自我宣称的 14 岁的艺术家和专业的成人艺术家)。要求被试在如下的指导语下作出三种绘画:画快乐、画悲伤和画生气。评判的人对三个组完全不了解,他们是通过对于整体的情感表达、整体的平衡、合适线条作为情感表达一种方式的使用(例如,成锐角的线条来表达生气),以及构图作为情感表达一种方式的使用(例如非对称构图比对称构图更能表达悲伤)来评定绘画。结果很清楚:成人艺术家绘画的得分显著高于 8、11、14 岁(非艺术家)和成人(非艺术家),但是其他两个组的得分没有差异——最小的儿童(5 岁)和自认为自己是艺术家的青少年。因此,只有 5 岁儿童的绘画与成人和青少年的绘画相似,揭示了绘画美学维度的 U 形发展曲线。尽管成人艺术家经常通过非表征图画描绘情绪,但是除了一个儿童之外,几乎所有 5 岁儿童都画了表征性作品。因此,艺术家和年幼儿童使用不同的方式达到了同等清晰的情感表达。

Pariser 和 van den Berg(1997)提出反对,认为 U 形曲线是文化决定的——西方表现主义美学的产物。他们发现尽管西方人评价学前儿童的艺术比年长儿童更具审美感,美籍华人的评判受他们自己更守旧的、非现代主义艺术传统的影响,他们会给年长儿童比年幼儿童更高的评定分数。这个结果,如果在其他研究中得到重复,那么就显示了 U 形曲线是我们如何评判儿童艺术的表现,而且可能是西方现代表现主义美学的产物。

儿童中期失去绘画兴趣,失去绘画的表达主义特质(西方人所感知到的)可能不是不可避免的。艺术教育在我们的学校中起了非常小的作用。如果视觉艺术在整个学校教育中被认真地讲授,很可能(尽管还没有证实)不会发现兴趣或表现的衰落。

音乐

音乐在我们的生活中几乎是无时无处不在的。无论是在收音机、电视、电梯或者音乐会大厅,我们都能听到音乐,而且几乎所有人都有自己喜欢的某种音乐。虽然很多时候我们很难明确地讲出我们在音乐中听到了什么,但是在一定的先天敏感性和后天音乐文化的影响下,我们还是内隐地知道很多关于音乐的知识。

由于几乎所有关于音乐的发展性研究都是在西方音乐文化背景下开展的,我们对非西方传统文化里的儿童音乐能力发展知之甚少。但是,不同的文化里的音乐有许多共性。比如,所有文化里都有一个组织重复八度音的音调的系统性方式,而且所有音阶都对一个八度音里的 7 个音调有限制(Dowling & Harwood, 1986)。来自不同的音乐文化背景的个体都具有把被八度音分离开来的音符感知为等效的能力。这些个体还有一个相同的微弱倾向——把最完美的第五音符感知为具有特殊地位(Dowling, 1991)。几乎所有的音阶都把八度音划分为五到七个音调,这些音调之间的拍数是不相等的(A 到 A 升半音是半拍,而 A 到 B 是整一拍;西方全音阶是由七个音符构成的;Sloboda, 1985)。这种导致变移和休止或者紧张和转变的特性在半音阶规则中是没有的。半音阶由 12 个在空间上相等的音符构成,所以半音阶中的每一个音调的地位是相同的,这可能就是半音阶得不到广泛运用的缘故(Shepard, 1982)。

尽管音乐和绘画一样都存在着共性,但是我们知道个体所在的文化环境还是会对音乐能力的发展有深刻影响。西方音乐,不管是民间,摇滚,古典还是儿歌,都包含一定的音乐成分关系,正是这种关系形成了所有音乐的基础,作曲家也正是故意背离这种关系来制造紧张和影响(Lerdahl & Jackendoff, 1983;Meyer, 1956, 1973)。我们如何解读音乐受到我们对这些基本关系的长时间接触的影响。西方文化中的成人已经把音调的结构内化,而音调引导着我们对音乐的认知(D. Bartlett, 1996;Dewar, Cuddy, & Mewhort, 1977;Frances, 1988;Krumhans, 1979;Lipscomb, 1996)。比如,主音阶是西方欧洲音乐中最常见的结构,西方听众发现这种结构比其他任何一种音阶都容易让人回忆起节奏(Cuddy, Cohen, & Mewhort, 1981)。

进化基础

在每一种我们知道的人类文化中都有音乐创作的痕迹,从狩猎采集到工业文明(Miller, 2000)。早在尼安德特人时代就已经出现了音乐,证据是人们发现了一支用熊的骨头雕刻出来的长笛,其存在的时间可以追溯到介于 42 000 和 82 000 年以前(Wallin、Merker、& Brown, 2001)。这根骨头上有四个孔,其中第二和第三个孔之间的距离是第三和第四个孔之间距离的两倍,这表明这支长笛在西方全音阶的基础上演奏音乐。但是我们不能由此推出全音阶是最原初的,因为其他音阶也有可能被尼安德特人或者其他早期人类使用过。

有些研究认为音乐进化是选择配偶(Miller, 2000)或者凝结群体内聚力的需要(Hagen & Bryant, 2003)。学者们也许永远不能解决这个问题:音乐是发生在人类进化过程中的一种复杂适应能力(Miller, 2000)还是人类其他适应生存的能力进化过程中的副产品(Hauser & McDermott, 2003)。

对动物的音乐能力的比较研究或许可以帮助我们弄清音乐的进化历程。这里我们必须分清楚的是音乐创作(无论是唱还是用乐器)和音乐认知之间的不同。没有任何一种灵长类动物能够唱歌(Hauser & McDermott, 2003),尽管曾有一只名叫 Kanzi 的黑猩猩在打鼓的时候它会表现出控制性地敲击一个物体而且它的头有节奏地不断摆动(Kugler & Savage-Rumbaugh, 2002)。除了 Kanzi,唯一能够产生音乐的动物就是鸟类,但鸟类的歌曲比人类的音乐要受约束得多(Hauser & McDermott, 2003)。

就音乐认知而言,人类和动物之间有惊人的相似之处。Wright、Rivera、Hulse、Shyan 和 Neiworth(2000)训练罗猴,让它们判断相同或者不同的曲调,结果发现他们把同一个基调中从 1 到 2 个八度音进行转换的曲调判断为是一样的。但是,如果只是最初的半个或者一个半的八度音转换,这种转换(已经是一种新的基调)就不会被判断为和最初的一样。这个结果说明猴子把两个 Cs 听成是相同的,尽管有八个音符把它们分离开了,但是猴子能够把音阶上很相近的 C 和 G 区分开来。Wright 等人还发现对一个或者两个八度音里的两个音符的相似性的认知只有在两个音符所在的曲调是基于全音阶的情况下才会出现,而不是基于无调曲调的情况(曲调里的音符来自半音阶的 12 种音调)。我们可以得出结论——灵长类动物对音调和八度音里的关系是敏感的,这种结果我们在人类婴儿中也可以看到。

虽然猴子对音乐结构表现出了和人类相似的敏感性,但是他们是不能创作音乐的。Hauser 和 McDermott(2003)指出这恰恰可以使我们不用解释音乐的进化功能。人类的音乐能力,至少其中的一部分,并不是作为一种特殊的能力而进化的,而是凭借了听觉敏感性的进化。领域一般性听觉能力极有可能在人类开始创作音乐以前就开始进化了,而且至少部分基本的音乐能力依赖于这些更普遍的听觉能力。在对言语的认知上,人们持有相同的理论:灰鼠能够像婴儿一样感知一些不同类的说话声音,由此人们推断潜在言语认知背后的机制最初也是为听觉认知而进化的,但后来增选为言语认知的机制(Hauser, Chomsky, & Fitch, 2002)。

Hauser 和 McDermott(2003)提出人类的音乐能力也可能增选了另一种音乐能力机制——动物和人类通过这种机制以练声的方式表达情感和对他人嗓音中传递的情感信息的敏感性。对节奏的敏感性的进化也有可能是源于非音乐的原因。Ramus、Hause、Miller、Morris 和 Mehler(2000)的研究表明婴儿和绢毛猴能够区分荷兰语和日语句子(这两种语言中的节奏特点是不同的)。所以,节奏认知能力最初可能不是为音乐或者言语服务的,而是为了其他目的(因为猴子既没有言语也没有音乐)。

历史和理论取向

在 von Helmholtz 发表了《音调的感知觉作为音乐理论的生理学基础》(1877)之后,人们对音乐声学的兴趣开始涌动。也许在美国最有影响力的早期音乐心理学家是 Seashore (1919,1938)。其他早期的音乐心理学家包括 Farnsworth(1928)、Mursell(1937)、Revesz (1954)、Stumpf(1883)、Valentine(1962)以及 Wing(1968)。

早期音乐心理学家合并了音乐知觉和声学。他们的研究集中于在音乐才智的个体差异的测量,以及音乐才智的发展的众多测量(评论见 Shuter,1968,第 2 章)。《音乐天才的 Seashore 测量方法》的发表,是音乐心理学的开创性事件,提供了主要通过声学辨别力程度(例如,决定哪种音调更高或更大声,或者一段旋律中的哪个音符被改变了)评估儿童和成人的音乐能力的可能性。Seashore 假定音乐能力不能通过训练而改变,并且可以通过声学测验充分地测量,这种观点受到 Farnsworth(1928)和 Mursell(1937)的批评。

Seashore 测量方法的效度问题被 Mursell(1937)指出,他发现它们不能和音乐感的单独测量(被描述为高级的学校管旋乐队)高度相关。缺乏效度没有使 Mursell 感到惊讶,因为他推断具有好的音调辨别能力的人不一定是精通音乐的。他批评了基于这些测量方法的原子论取向。例如,听出一段旋律变化了但并不能说出哪个音符改变了,这对于个体是很有可能的。Mursell 也批评了 Seashore 测量方法主要集中于音乐的声学特性和感觉能力,忽略了重要的音乐概念,例如当一段音乐结束时解决的情感。"音乐……取决于心理而不是耳朵,"Mursell 写道(p. 57)。Mursell 号召音乐才智测试的发展,不仅评估节奏和音调关系(不是对孤立元素的感觉反应)的判断,也要评估对音乐的情感反应。Revesz(1954)也指出音乐才智不是简单的声学能力的集合。

自从心理学界的认知变革以来,这种认知变革主要集中于一般心理结构,音乐心理学家已经把他们的注意力从对个体差异的测量转变到寻找音乐知觉的一般原则上来。音乐心理学家也开始把他们的工作与音乐理论家的工作紧密联系起来。Cook(1994)把音乐理论和音乐的心理学研究的关系与音乐理论家 Meyer(1956)的研究联系起来。音乐理论家已经发展出了音乐语法模型,它为认知心理学家进行测验提供了预期,最有影响的模型可能是 Lerdahl 和 Jackendoff(1983)首创的音乐语法。对于促进音乐认知心理学的研究的理论评价见 Deutsch(1982)和 Sloboda(1985),音乐心理学的目标在于确定在对音乐的知觉和解释时的心理结构。

早期关于音乐的发展研究主要在于包括个案研究的描述性研究(例如,Gesll & Ilg, 1946;Moorhead & Pond, 1978)。例如,描述对音乐反应的年龄模型,Shinn(1907)报告了儿童在 6 周左右表现出对音乐的喜欢,Shirley(1933)指出 12—32 周的儿童能够通过音乐平静下来。对于早期研究的评价,见 Shuter(1968)的第 5 和第 6 章。

最早的一个关于音乐发展心理学的理论驱动的研究取向是在皮亚杰理论框架下分析儿童的音乐知觉(例如,Pflederer, 1964;Serafine, 1980)。研究者试图使对音乐中恒量的认知与守恒平衡,从而就是与具体运算平衡。在过去几十年里,对于音乐的发展心理学研究已经变得较少被发展理论所推动,而是被音乐的认知心理学理论所推动。

新的认知驱动的音乐心理学研究(包括发展音乐研究)没有免于争论(见 Cook,1994;Sloboda,1985,pp.151 - 154)。一些人认为心理学家太迅速地假定了对于抽象语法的心理现实性。抽象语法是由音乐理论家在他们的音乐分析中提出来的。例如,Cook(1994)不同意把音乐语法与语言语法类比,指出音乐比语言更加"流畅",并且有更少的规则限定。

另外一个争论涉及所使用的简短的、人为的并且缺乏音乐感的实验材料。Sloboda(1985)提醒研究者,在真实的音乐片段中,时间上存在间隔的音乐事件可能是密切相关的。正如对于孤立的句子的语言研究不能告诉我们个体怎样对对话或故事作出反应,因此对于简短的音乐片段(例如,一个音程或乐句)或孤立的音乐元素(例如,没有旋律的音调或节拍)的研究不能告诉我们个体听一段真实音乐时的心理活动。我们可以推断:使用短的音乐片段使得音乐知觉比它实际上更准确地并且分解性地受规则支配,而且更少地具有流畅性和整体性(Cook,1994)。例如,没有回到主音或者基调的短音乐片段听起来是未完成的;但是长的音乐片段有理由可以不回到基调,但是听起来不是未完成的(Cook,1994)。对于我们如何把全部的音乐片段知觉为音乐,Aiello(1994)号召更自然主义的研究方法并且回顾了最近的一些有关这方面的研究。更自然主义的音乐知觉的发展研究将可能是未来的趋势。

后面要回顾的许多研究受到的批评是结论基于的材料远远不同于真实的音乐片段。关于儿童绘画的研究也受到了同样的批评,即使用的材料和任务太人为化(Golomb,2004,p.40)。但是,假设检验要求使用在某种程度上较贫乏的材料。实验研究的研究者与自然研究的研究者之间的对立局势存在于心理学的所有领域。

音乐认知与理解:发展中的主要里程碑

尽管音乐创作的能力存在着很大的差异,一些个体表现得比其他个体更具天资,但所有人都对音乐有着相当程度内隐的理解。婴儿也表现出或许是与生俱来的能够处理一些(并非全部)音乐复杂性的能力。

成年人为婴儿所唱的摇篮曲在不同文化间存在着普遍性,而这些普遍性也许会对婴儿早期的音乐认知技能产生一定的影响。婴儿在很早的时候就表现出对音乐的某种敏感性。它们包括:对曲调和节奏关联性而非绝对性的敏感性;对音阶里面存在着不同音级结构的敏感性——音阶里面存在不同音级结构的这种特性是西方与非西方音阶的共有特性;对某些西方音乐原型结构的敏感性;以及在协和音和非协和音之间表现出偏爱协和音的敏感性。

其他方面的音乐认知能力只有在学前期前后才发展起来。这些认知能力包括:对全音节曲调结构的敏感性;对基调变化的敏感性;对一个基调中音符级别的敏感性;对调式(大调与小调以及它们各自的情感内涵)的敏感性;以及对不变结构的敏感性。所有的这些后期发展都具有一种能力,即在给定信息之外可以推断出没有明确呈现的结构。西方儿童对这些更高级别音乐特性的敏感性极有可能依赖于常年对西方音乐的接触。我们是否普遍性地容易获得西方调性音乐所使用的结构,或我们是否易于被无调性音乐所同化? 这些是我们将来研究才会涉及的问题。

婴儿音乐认知——对简单音乐结构的敏感性

在许多方面,婴儿可以像成年人一样对音乐进行加工处理,这表明加工音乐的方法是受生理限制的,同时也是与生俱来的。这些发现为 Meyer 的观点提供了佐证。他认为,"中枢神经系统……使我们易于感知到某些音高关系,时间比例以及形态固定的旋律结构"(p. 289, 引自 Trehub, Schellenberg, & Hill, 1997, p. 122)。然而由于婴儿在子宫里面时便开始与音乐接触,并且从他们出生之日起,经验也许便开始发挥作用了。即便是测试灵长类动物音乐秉性的研究都不能排除这种可能性,因为它们有可能在实验室里面通过无线电而得以同音乐接触(Hauser & McDermott, 2003)。除非可以证明野外的灵长类动物(与音乐无任何接触)有着和人类一样的音乐秉性或是能够证明在音乐传统截然不同的文化背景下的婴儿有着完全相同的音乐秉性,我们才能够得出这么一个有力的结论,即某些音乐秉性是与生俱来的,不经任何音乐接触便可以显现。这项研究还有待开展下去。

婴儿期的音乐加工与言语加工在许多方面是类似的:(1) 婴儿必须依赖情感意义而非所指意义来对复杂的声音模式进行加工;(2) 存在针对婴儿的一些特殊的音乐和言语形式;(3) 婴儿缺乏文化适应性使他们能够在音乐和言语之间做出一定的甄别,而成年人是做不到这一点的,我们从后面的研究就会得知这一事实(Trehub, Trainor, & Unyk, 1993)。

对婴儿歌曲歌唱的一般性。在所有已知的文化中,儿童从很早便开始与音乐接触,尤其是通过成年人歌曲歌唱的形式(Trehub & Unyk, 1993)。正如婴儿在与针对他们的言语接触时一样,他们在与相应的音乐接触时也会显示出一定的一般性特征。婴儿所听音乐的类型主要有摇篮曲和嬉戏类歌曲(Trehub & Trainor, 1998)。如果抛开音乐传统不说,那么针对婴儿的歌曲如同针对他们的言语一样具有若干典型的和一般性特征。这些特征在爸爸妈妈,甚至是学前儿童所唱的歌曲中得以体现。

针对婴儿的歌曲柔和而平静,具有重复性并且具有简单的、下降声调的曲线。与西方的古典音乐或民谣不同的是西方的童谣几乎保留着一成不变的曲调。Dowling (1988)从测试音乐是否存在曲调变化这一角度出发汇编了 233 首童谣、317 首民谣,以及 44 首舒伯特的歌曲,来论证这一观点。结果显示几乎所有童谣都没有变调现象,而几乎一半的成人民谣和几乎所有舒伯特的歌曲都存在变调现象。童谣强有力的不断重复的曲调模式也许对西方儿童学习西方曲调音级系统有着很大帮助(Dowling, 1988)。与针对年长儿童或是成人的音乐相比,针对婴儿的音乐有着更高的音高,更慢的速度,同时表达着更为丰富的情感(Bergeson & Trehub, 1999; Trainor, Clark, Huntley, & Adams, 1997; Trehub, Unyk, Kamenetsky, Trainor, Henderson, & Saraza, 1997; Trehub, Unyk, & Trainor, 1993a, 1993b)。母亲歌唱是稳定的,基本仪式化的:当她们为自己的孩子唱相同的歌曲时,音高水平和速度实质上是一成不变的(Bergeson & Trehub, 2002)。

对成年人而言,这些针对婴儿的歌曲的特征是可以为他们所理解的。他们能够通过与速度配对的方式从非摇篮曲中辨认出摇篮曲,甚至能够辨认那些陌生文化里面的摇篮曲(Trehun, Unyk, & Trainor, 1993a)。事实上,成年人甚至还能够从为许多婴儿所唱的歌曲里面辨认出由相同歌手假装为单个婴儿演唱的相同歌曲。这个发现同样适用于没有经过专门音乐训练的人和其他国家的成年人,这表明了对婴儿唱的歌曲存在一般性特征的事实(Trehub, Unyk, Kamenetsky, et al. , 1997)。

婴儿歌曲里面的一般性特征吸引了婴儿的注意力。在由相同歌手演唱的相同曲目里面,婴儿更喜欢长时间聆听歌手母亲式的格调而不是歌手平时惯用的格调(Masataka, 1999;Trainor, 1996),并且婴儿更喜欢有更高音高类型的歌曲(Trainor & Zacharias, 1998)。同时婴儿喜欢把更多的注意力投向他们母亲唱歌的录像磁带,而不是录有她们说话的磁带(Nakata & Trehub, 2000)。这些吸引注意力的为婴儿所唱的歌曲里面具有的一般性特征也许有助于塑造婴儿的音乐敏感性。

节奏与旋律的关联性加工。 像成年人一样,婴儿可以把节奏和旋律当成连贯的模式去感知,而不是毫无联系的声音模式(Dowling, 1978;Trehub, Schellenberg, et al. , 1997)。例如,7—9个月大的婴儿可以感知速度不同的简单节奏模式——他们可以辨认速度变化的节奏(Trehub & Thorp, 1989)。Chang和Trehub(1977b)在5个月大的婴儿身上论证了一种类似的能力。

加工的关联性同样发生在旋律上。声调升降曲线——旋律上的升降模式——能为成人(Dowling & Fugitani, 1971)和婴儿(Dowling, 1999;Trehub, 2001;Trehub, Schellenberg, et al. , 1997)定义旋律的特性。当两组旋律中的一组移调成一个新八度时,只要音调关系(以及旋律升降曲线)维持不变,婴儿就会把这两组旋律看作是相同的。例如,6个月大的婴儿在习惯一组六分音符的旋律后,让他们分别在旋律升降曲线发生改变和维持不变的情况下与移调后的旋律接触(Chang & Trehub, 1977a),并且在这两种情况中都包含所有新的音符。结果发现,婴儿只对旋律升降曲线发生变化的移调旋律表现出不适应性。因为未移调的旋律和移调后的旋律有着相同的旋律升降曲线而不是相同的音符,婴儿无疑能够"辨认出"旋律。婴儿对旋律升降曲线的变化十分敏感,即便是为了增加任务难度而在目标旋律和对照旋律中插入分散注意力的音调,他们仍然能够察觉这些变化(Trehub, Bull, & Thorpe, 1984)。因此,无论是在节奏还是旋律中,不管这些是节奏群还是旋律升降曲线,婴儿都能够感知到这些简单的音乐格式塔。

当谈到音高时,婴儿有时能够回忆起绝对信息而不是相对信息(Saffran, 2003;Saffran & Griepentrog, 2001)。当给婴儿呈现相同调子或音高的目标旋律和对照旋律时,他们会对音高变化做出反应(Lynch, Eilers, Oller, & Urbano, 1990)。例如,让婴儿听一组含升G的旋律,然后再听一组旋律相同的对照旋律,但对照旋律中的升G已被自然G所代替,他们能够感知这种变化(Trehub, Cohen, Thorpe, & Morrongiello, 1986)。但婴儿只有在其他所有音高都不发生变化时才具有这种敏感性。如果对照旋律发生移调,婴儿就无法察觉升G到自然G的变化并会把他们的注意力重新转向旋律其他相关方面上去(Cohen, Thorpe, & Trehub, 1987)。

有研究声称,婴儿期绝对音高加工优于相对音高加工而占统治地位是基于短时记忆而得以确立的。6个月大的婴儿在聆听某些旋律一段时间后,他们不能说出这些旋律是在什么时候移调成新调的,因此他们能够回想起相对音高的音程而非绝对音高的音程(Plantinga & Treainor, 2002,引自 Trehub, 2003a, 2003b)。与存储独立音高相比,关联信息的存储是长时记忆中一项最容易掌握的技能。

婴儿能够同时掌握节奏和旋律结构以及音乐里的其他结构,这一点可以从他们对结构破坏变化时比结构维持不变时表现出更大反应得知。例如,当婴儿反复聆听一组六分音符的序列时(如,AAAEEE, A 与 E 之间有五分之一的间隔),然后再聆听有一组时间间隔的相同序列,他们只有当这个间隔在(AAAE(间隔)EE)的乐句里面而不是在(AAA(间隔)EEE)的乐句之间时才会察觉到间隔的存在(Thorpe & Trehub, 1989;见 Dowling, 1973,成人身上的这种发现)。同时婴儿也能够把乐句当作一个整体来看,在 Krumhansl 和 Jusczyk (1990)的研究中发现,在听莫扎特的音乐时,婴儿更喜欢所插入的停顿发生在乐句之间而不是在乐句里面。音乐加工与言语加工的相似之处是显而易见的,因为婴儿能够察觉发生在句群里面而非句群之间的停顿(Kemler Nelson, Hirsh-Paskek, Jusczyk, & Wright Cassidy, 1989),并且他们对言语的旋律升降曲线也相当敏感(Fernald, 1989)。

对不平等半音结构的敏感性。在上面提到,几乎所有音乐的音阶里面,音高之间都有不平等的半音。婴儿真的能够区分自然音阶里面的不平等半音与非自然音阶里面的平等半音吗? Trehub、Schellenberg 和 Kamenestsy(1999)为成年人和 9 个月大的婴儿演奏下面三种类型的音阶:(1) 常见的自然大音阶(含不平等半音);(2) 一个非自然、含不平等半音的大音阶,它是通过把一个八度分成 11 个平等的单元并以一个单元或两个单元为准分别选择七个音调来构成;(3) 一个非自然、平等半音音阶,它是通过把八度分成七个平等半音来构成的。这个任务的目的是为了检测出一个走调的音符。成年人在辨别自然大音阶方面不存在什么困难,但却难以辨别两组非自然大音阶。婴儿能够很好地辨别常见的自然大音阶以及非自然大音阶(两种音阶都有不平等半音)。这些发现表明不平等的半音音阶比平等的半音音阶更易于加工。婴儿可以很好地辨别非自然大音阶这一事实说明他们能够辨认常见自然大音阶的表现并非由于对自然大音阶的熟悉程度,而是由于常见大音阶的不平等半音的特性。成人在辨别非自然不平等半音音高方面的糟糕表现,说明他们与生俱来的辨别不平等半音音节结构的能力已在长年与他们文化中的自然大音阶的接触过程中失去了。

对"好"旋律结构或"好"音程的敏感性。婴儿对西方音乐理论认为结构完美的旋律显示出更好的处理能力。Cohen 等人(1987)指出,与在增半音的三和弦(CEG 升 EC)的基础上移调产生的结构稍差的旋律相比,7—11 个月大的婴儿能够更好地察觉在大三和弦(CEGEC)基础上移调产生的结构良好的旋律里面的半音变化。类似地,Trehub、Thorpe 和 Trainor (1990)发现 7—10 个月大的婴儿只有在听的原版旋律是好的西方旋律时,并且里面所有音符都属于(与之相对的是糟糕的西方旋律并且里面的音符不归属与任何音阶或任何间隔少于一个半音音程的非西方音阶)一个自然大音阶的情况下,他们才能觉察移调过程中的半音变化。同时 Trainor 和 Trehub 证明婴儿对于与纯五度音程有关的移调具有加工优势。对于婴儿对西方音乐里享有特殊声誉的某些旋律和音程的出色表现的最好解释是,他们已经获得了对西方音乐结构的敏感性。但是我们仍然不能排除西方音乐里面某些结构在本质上更易于加工的可能性。为了测试这一可能性,我们需要在某个不遵循这些音乐结构的文化里的儿童身上执行这些相同的任务。

对协和音的偏爱。 音程由一个半音(例如,一个二度里面的 A 音和 B 音)划分时听起来不是协和的,而由两个半音(例如,一个三度里面的 A 音和 C 音)划分时听起来却是协和的。Pythagoras 指出音调的协和联合体与不协和联合体有着不同的频率比例(例如,协和八度的频率比例为 2∶1,不协和三全音的频率比例是 45∶32;Plomp & Levelt,1965)。一般比例下的音程比复杂比例下音程拥有更多共同的泛音。像八度和纯五度这样的协和音程在世界的许多音乐中有着特殊的地位(France,1988;Schellenberg & Trehub,1996;Trehub,Schellenberg,& Hill,1997),同时有研究表明婴儿早期在协和音和不协和音之间表现出对协和音的偏爱。

Zenter 和 Kagan(1996,1998)为一些 4 个月大的婴儿播放两组不熟悉的旋律,每组旋律都有协和音和不协和音两个版本。协和音程的版本是以平行的三度(成人认为协和的音程)进行演奏的,而不协和音的版本则是以平行的小二度(成人认为最不协和的音程)进行演奏的。当婴儿在听协和音版本的时候,他们对音乐源关注的时间明显加长,运动神经活动明显减少,这表明婴儿能够区分协和音和非协和音。Zenter 和 Kagan 猜测这些结果同时也表明了婴儿在协和音和不协和音之间对协和音的偏爱,因为不协和音的版本会刺激婴儿产生更多运动神经活动(包括烦躁和辗转不安等表现),而缩短对音乐的专注时间,这些表现证明不协和音激发了婴儿的烦躁情绪。

Zenter 和 Kagan 的研究混淆了协和音程和音高之间的距离(协和音程更为宽阔),但Trainor 和 Heinmiller(1998)的一项研究保持音程大小恒定不变,并且再次报告了婴儿对协和音程的偏爱。6 个月大的婴儿在听协和音程(例如纯五度或八度)和不协和音程(例如三全音或小九度)时,他们会通过自己的视觉行为来控制聆听时间,并且会更长时间地专注于协和音程。在第二个实验中,给 5—6 个月大的婴儿听一首莫扎特的小奴哀舞曲及其不协和音版本,在不协和音版本中 G 音和 D 音都被转换成降 G 调和降 D 调。结果实验再次证明婴儿更喜欢长时间地聆听协和音程的版本。

对协和音程的偏爱在年龄更小的婴儿身上也得以体现,尽管实验结果并不是非常明显。例如 Trainor 和 Heinmiller(1998)以及 Trainor、Tsang 和 Cheung(2002)所做的研究中,他们为 2—4 个月大的可以通过视觉行为来控制声音延续时间的婴儿播放协和音和弦(纯五度和八度)以及不协音和弦(三全音和小九度),当婴儿在首先听到协和音和弦时,在对协和音显示出更长的关注时间上存在一个接近显著的趋势;但如果他们首先听到非协和音和弦,他们并不会长时间关注随后播放的协和音和弦。Trainor、Tsang 和 Cheung(2002)认为也许是不协和音和弦令婴儿不高兴以致他们对后面播放的协和音和弦不能产生兴趣(也参见Trainor & Trehub,1993;Trehub,Thorpe,& Trainor,1990)。

大量的其他研究也证明了婴儿期对协和音程的偏爱。例如,当 6 个月大的婴儿首次听到的是一个八度、一个纯五度和一个纯四度时,他们就能够察觉到这些音程里面的一个四分之一半音的变化(Schllenberg & Trehub,1996),但当他们首次听到的是一个三全音(被视为最令人不快、最不协和的和弦)时,他们却不能察觉这个音程里的微小变化。婴儿可以清楚地感觉到八度音程——所有音程里面最协和的音程。像成年人一样,婴儿能够感觉到八度的等价物——音高:他们能够区分一对几乎被一个八度划分的音调以及一对被一个八度准确划分的音调之间的不同(Demany & Armand, 1984)。

是否协和音程比不协和音程更令人快乐的理解是天生的并且是人类听觉系统的一项功能,正如 von Helmholtz (1877) 所认为的 (也参见 Plomp & Levelt, 1965; Tramo, Cariani, Delgutte, & Braida, 2001),或是否这些论断仅仅是由于在给定情形下对协和音程的熟悉程度,是可以通过考察婴儿在与音乐有任何接触之前作出的判断来得出结果。然而,因为婴儿在子宫的时候就可以听到音乐,所以这项研究难以执行,目前也还没有开展;相反,我们不得不从几个月大的婴儿身上所做的研究来做推断,并且我们尚无法排除音乐接触对其他任何类型的研究结果的影响。我们也可以把注意力转向动物研究,有一项研究显示老鼠需要三周的时间来培养对协和音程的偏爱(Borchgrevink, 1975; Zenter & Kagan, 1998)。但是,这种偏爱只有在与音乐接触后才会产生,因此不足以回答老鼠对协和音程的偏爱是否天生这一问题,更不用说人类了。

研究人员不能妄下这样一个结论,即婴儿对协和音程的偏爱能够解释成人难以理解有着明显非协和音的非调性音乐(例如 Schoenberg 的音乐)的原因。在非调性音乐中的不协和音程远比单纯同时演奏两个相邻音符的协和音程要更微妙复杂,并且在非调性音乐中,对不协和音的感知会从所听音程的上下音境中产生(Cazden, 1980)。除此之外,经验也许能够超越不协和音带来的不舒服感觉。在保加利亚的一部分地区,它们的歌曲习惯以二度的方式演唱,歌曲里有两种声音,其中领唱者的声音要明显高于其他声音(Sadie, 1980)。

婴儿后期——对更高级别音乐结构的敏感性

虽然婴儿已经能够展现类似于成人的对简单音乐结构的惊人反应,但他们有关的发展变化仍在不断进行着。这些变化是否是年龄变化的产物或是常年与西方音乐接触的结果,我们无法判定,因为我们缺乏西方儿童在非西方音乐传统文化背景下音乐感知发展的相关研究。

对自然音阶结构的敏感性。几乎所有的西方调性音乐都是以某个特定的调子(例如,经典、民间、爵士、摇滚等)谱写的。虽然西方音乐习惯不时地从一个调子移调到另一个调子,但在任何时候调性音乐基本上是由特定音阶里面的音符组成的。在指定调子的上下音境中,一个音阶中的音符之间被感知为紧密联系的,而在调子之外的音调就没有如此密切的联系。调子里面的七个音符之间的关系称为"自然音阶结构"。

在调性音乐中,调子的音符有不同的功能。音阶的首音符被称为主音(例如 G 调里面的主音就是 G)。主音是旋律中最稳定的音符同时也是聚集其他音符的核心音符(Krumhansl, 1979)。旋律通常以主音结尾,并会给人一种稳定的感觉。如果旋律以音阶中的第二音符结尾,则会让人觉得不完整并会有悬而未决的感觉。

当一首曲子从一个调转成另一个调子,它的主音或调性中心也会跟随着发生转移。20世纪西方非调性音乐既没有调子也没有调性核心。非调性音乐缺失调子提供的组织框架,因为音符是不能局限于一个音阶中的(Krumhanl,1979)。

调性在组织成人音乐感知方面的重要性已经得到了验证。成人能够区分调性和非调性音乐(Dowling,1982),并能够在与非调性旋律相比的情况下更好地回忆起调性旋律(Cuddy,Cohen, & Miller, 1979; Dewar, Cuddy, & Mewhort, 1977; Krumhansl, 1979)。聆听调性结构(它是一个抽象概念)的能力对理解音乐至关重要,但区分调性和非调性的能力却没有在婴儿期出现。Zenatti(1969)证明儿童到了6岁(不是6岁之前),与非调性音乐序列相比,他们能够更好地回忆起调性音乐序列。在Zennatti的任务中,儿童首先听含三个、四个及六个音符的调性和非调性旋律,紧接着再听一组对照旋律,其中的一个音符被一个或两个半音所改变。这个任务的目的就是让儿童指出哪个音符已经被改变了。当所听旋律只有三个音符时,5岁的儿童在调性和非调性旋律上的表现是相同的(高于几率水平)。到6岁时,儿童在调性旋律方面会有更好表现,这表明他们已经获得了西方音阶结构。到12岁的时候,儿童在调性旋律上的表现进步,但在非调性旋律上则没有进步。不管怎样,当旋律有四个或六个音符时,即使对成人而言,调性框架仍然是简单易辨的。

对调性敏感性是后期发展起来的(或是经正规训练而得以提高)这一观点的证据来自Morrongiello和Roes(1990)。在他们的研究中,5岁和9岁儿童在听一组简短的(九分音符)调性和非调性旋律后,分别在各自的旋律升降曲线上选择画出相匹配的谱线。在调性旋律比非调性旋律中表现较好的只有在9岁儿童身上发现。那些接受过正规音乐训练(平均为三年)的9岁儿童要比没有接受训练的同龄儿童更易于区分调性和非调性旋律。然而即使是那些没有接受正规训练的9岁儿童在调性音乐上也表现得更好。

在一项相关的研究中,Trehub等人(1986)比较了儿童对自然音阶旋律(例如,C-E-G-E-C)与非自然音阶旋律(C-E-升G-E-C)中的音高变化的辨别能力。4—6岁儿童在自然音阶旋律条件下表现得更好,而婴儿在两种条件下的表现是一样的。因此,到4岁时,对西方音乐的熟悉程度强化了儿童对调性音乐的敏感性。另一研究表明,儿童也许在十二个月时就出现对西方自然音阶微弱的敏感性。Lynch和Eilers(1992)使用Trehub(1986)等人使用过的自然和非自然旋律来考察婴儿察觉音程变化的能力。婴儿听到的是旋律和它们相应的移调,其中包含改变了的音程。6个月大的婴儿对音程变化的觉察能力在不同条件下都是一样的(但是高于几率水平)。到12个月大的时候,婴儿在自然音阶旋律上会有更好的表现。

对调子变化的敏感性。对调子的认知也发展得较晚。Trainor和Trehub(1992)考察了当改变的音高在旋律的调子里或调子外时,儿童对旋律中这种变化的觉察能力。与觉察调子里的变化相比,成人更容易觉察调子外面的变化,但8个月大的婴儿不仅在两种条件下表现一样(缺乏对调子的敏感性),而且在觉察调内变化时比成人表现更好。因此,常年听西方音乐的经验会对成人以后所听音乐强加一个结构,诸如在调子里面的音符变化不会作为变化被成人所听到。

到5岁时,儿童能区别调子调性的近与远,这种辨别是不依赖于地理距离的,因为地理位置上相邻的调子(如C和D)要比调性上相邻的调子(如C和G)更远。J. Bartlett和

Dowling（1980，实验四）给儿童和成人演奏了一曲旋律,该旋律要么伴随一个移调或者一个同样等高升降曲线的模仿,要么伴随一个与先前旋律相近的调子(因而享有许多共同的音高)或者一个与先前旋律相差很远的调子(几乎没有共享音高)。成人将移调的旋律与先前旋律听作相同的,将有模仿同样音高升降曲线的与先前旋律听作不同的。5岁儿童则根据调子来做出反应,把相邻的调子-变化(无论是移调的还是模仿的同样升降曲线的)都听作与先前旋律一样的,而远的调子-变化则听作与先前旋律不同的。因此,5岁儿童能区分近调与远调,但当升降曲线不变时却不能觉察音程大小的变化。到8岁时,儿童更容易将远调移调听作相同的,而将近调的模仿听作不同,这表明,像成人一样,他们不仅关注调子距离也关注音程变化。

对调子音符等级的敏感性。儿童对西方调性音乐旋律的恰当结构表现出不断增强的意识,认识到旋律以一个主音结尾的重要性。Krumhansl和Keil(1982)让儿童判断六分音符旋律的好坏程度,该六分音符旋律是以正三和弦(C-E-G)开头并以一个随机选择的音高结尾的。当要求成人判断最后一个音符好坏程度时,属于正三和弦(C-E-G)中的音符比不是该正三和弦的音符有更高的等级(Krumansl,1990)。但是,6—7岁儿童只能辨别调内或调外的结尾。只有到8—9岁时儿童才开始辨别调子的不同音高,认为正三和弦结尾的音高等级高于其他音符。当使用五分音符旋律代替六分音符使任务简单化时,我们可以发现6—7岁儿童对自然音阶里音符等级的敏感性(Cuddy & Badertscher, 1987；也参见Sloboda, 1985, pp. 211-212)。

自然调性音阶,它的调子-结构和音符等级,都是西方调性音乐所特有的。因此,儿童对调性的敏感性发展较晚也就没什么可惊讶的了。对调性敏感性获得的发生是不明显的：这种获得依赖于接触西方音乐中而不是正式的音乐教学。

识别不变结构("音乐守恒")。敏锐的音乐听力要求我们能听出表面转变状态下音乐的不变结构(例如,把一首用不同调子、不同速度或是不同乐器演奏的旋律听作同一首旋律)。这种不论表面变化而对音乐根本结构的识别类似于皮亚杰守恒任务(Pflederer,1964)。5—8岁儿童可以成功完成音乐的"守恒"任务(因此5—8岁儿童同样也能成功完成一些皮亚杰守恒任务)。因而,如果一组旋律里面的节奏或和谐伴奏被改变的话,5岁以下的儿童就无法识别该旋律,但到8岁时他们却可以轻松完成该任务。在另外一些任务中也有同样的发现,此类任务要求儿童不管音符持续时的变化来识别节拍或者要求儿童不管音高变化来识别节奏(Pflederer,1964；Serafine,1980)。但是这种同守恒的类比也许是有缺陷的。儿童通过逻辑掌握守恒,他们认识到没有增加或减少任何东西。但是在音乐中通过逻辑去识别不变结构却是行不通的。相反,这些研究只是简单的感知或记忆研究(Wolhwill,1981)。

对音乐美感特质的感知

表达。音乐被形容成一门情绪语言,这是其他的艺术形式所不能比拟的。正如哲学家Langer(1953)所说的,音乐反映的是情感生活的内涵,它用声音反映心情的喜怒哀乐。音乐是以忽张忽驰、忽动忽静、忽变忽停的方式构成的,这些变化实质上如实地反映了人类波动起伏的情绪变化。

不管是否接受过音乐训练,成人们普遍认为音乐能够表达情感。我们在听音乐的时候可以发现,大调式音乐带来积极的影响,小调式音乐带来消极的影响;不协和和弦表达焦虑、兴奋或悲伤的情绪,协和和弦表达快乐和平静的情绪(Crowder,1984;Hevner,1936)。

对大调式的快乐体验和小调式的悲伤体验是依赖于学习而得来的吗?还是这种感知能力具有普遍性、是与生俱来的?或者说它只不过是大小调式的一种声学功能?区分大小调式的能力是区分大调式比小调式更让人感到快乐的前提条件,Costa-Giomi (1996)发现经过短期的调式训练,5 岁大的儿童就能够听出调式里面的变化。

尽管我们不清楚对音乐中表达的情绪进行辨认的能力在何时出现,但儿童对某些乐章表达的快乐或悲伤情绪的理解却和成人们达成一致(Dolgin & Adelson,1990;Kratus,1993)。Cunningham 和 Sterling (1988)发现 5 岁(非 4 岁)的儿童在辨认哪些曲子表达快乐、悲伤或愤怒情绪的时候能够和成人们达成一致。Gentile、Pick、Flom 和 Campos(1994)发现 3 岁儿童也能够同成人一样识别音乐中表达的快乐或者忧伤,但这些曲子都局限于 5/8 个乐章。因为这些研究采用的是真实的音乐片段,所以限制了我们区分到底是音乐的哪些方面(如调式、速度、音高和音量)影响情感表达。

Kaster 和 Crowder(1990)为一些 3 到 12 岁的儿童播放包含大小调式的旋律并要求他们指出与旋律相匹配的脸孔(在快乐、满意、悲伤、愤怒几个脸孔之间选择)。实验发现,即使是 3 岁大的儿童也能够用积极的脸孔与用大调式演奏的旋律配对(随年龄增加他们会有更好表现)。儿童也许真的能够区分大/小调式传达的快乐/悲伤情绪。但也同样有可能儿童只是能够区分他们感到熟悉/不熟悉的一种调式并且对熟悉的调式做出积极的选择。另外一种可能性是大调式的正确得分里面含有更多"满意"脸孔的选择,因为"满意"脸孔看起来比较中性(儿童喜欢把它称为"普通")。在一个类似的研究中,实验人员采用"快乐"和"悲伤"两种脸孔,结果发现 5 岁大的儿童不能很好地把"悲伤"的脸孔与小调式匹配、"快乐"的脸孔与大调式匹配(Gerardi & Gerken,1995)。综上所述,对小调式的消极影响和对大调式的积极影响的感知只能是伴随经验而产生——可能是在听音乐的经历中,小调式总是与悲伤的歌词或悲伤的电影相伴出现的缘故。

风格。有关儿童认知乐章风格的能力的研究为数不多。Gardner(1973)要求 6 到 19 岁的儿童判断古典音乐的两个乐章是否源于同一首曲子,结果发现几乎所有的儿童都能够成功地完成这个任务,而且他们的正确率随着年龄的增长而有所提高。Castell (1982)在实验中把流行音乐和古典音乐同时播放,然后要求儿童判断这两组乐章是否来源于同一首曲子,结果发现 8 岁的儿童能够出色完成这个任务,从而为 Gardner 的实验结果提供了佐证。两个实验都证明了正确的认知选择比用语言描述两组乐章是否来自同一乐曲的能力要更早出现。Hargreaves (1982)研究了儿童用言语描述两组音乐相似或者不同的能力的发展状况,发现即使是 7 到 8 岁的儿童(他的研究中年龄最小的儿童)也能够做出他所谓的"客观分析"反应——这种反应用于描述音乐特质。

儿童的首次音乐创作是有声的,紧随其后的重点就是歌唱能力的发展(包括自创歌曲和标准歌曲)。歌唱是一项复杂的任务。西方音乐规则强调构成歌曲的多个音程在演唱时单个音程与其相邻音程必须有准确(非大概)的距离,旋律必须由音阶音符构成并有一个调性核心,同时必须有连贯的基本韵律组织。儿童直到六岁才能掌握这些规则。现存的关于歌曲中音乐创造方面的研究大多是描述性而非实验性的。

婴儿歌曲

婴儿具备最原初的创造音乐的能力:他们发声、不断地练习,改变并模仿乐音音高。他们早期的"歌唱"就如同学练字时的涂鸦及学说话时的牙牙学语。

音高搭配。新生婴儿的叫声具有音乐特性并有宽阔的音高范围(Ostwald, 1973),但却不能把这些叫声当作是他们有意识创造音乐的证据。Kessen、Levine 和 Wendrich(1979)为婴儿期婴儿能够有意识地创造音乐提供了证据。他们在实验中发现一些 3 到 6 个月大的婴儿能够搭配为他们演奏的音高管上面的单个音高,而模仿两分音符的序列的能力在满 1 岁之前是不会出现的。参见 Revesz (1954)和 Platt (1933)关于婴儿音高搭配能力的早期研究。

含糊不清的歌曲。虽然 9 到 12 个月大的婴儿能够模仿不连续的音高,但处于这个年龄段的婴儿在他们歌唱时,通常是一口气唱完几组连续的音高(有时候也称作咿呀歌)。这样会产生一组忽高忽低像警笛一样的声音,而且里面的音高通常是模糊不清的,这种声音在西方成人音乐中极为少有。婴儿模糊不清的歌曲不是基于自然音阶系统产生的,而且没有清晰的节奏组织(McKernon, 1979; Moorhead & Pond, 1978)。

节奏。儿童能够模仿音高,但令人吃惊的是他们 1 岁的时候却没有创造节奏的意图。一个小孩反复敲击某个东西还不足于作为他能够创造节奏的证据。

儿童必须能够找出一个节奏的子成分,以至于在一个规则的上位节拍之内会有两个或者更多的事件;以及在忽略一个节奏的同时在正确的时间里捕捉到一个暂停之后的节拍;此外,儿童也需要仿节奏模式,跟着音乐打出合适的节奏(Sloboda, 1985)。

后婴儿期——自创歌曲

不需要任何外在的训练,儿童 5 或 6 岁的时候在语言方面就能达到成人水平。同样地,无需训练,儿童在 6 岁的时候便能达到成人的歌唱水平。在此之前,他们已经完成了三个跨越:(1) 音高变得不连续;(2) 音程得到扩大;(3) 他们的歌中有了节奏和调性组织。

音高的不连续性。婴儿模糊不清的歌曲里面忽高忽低的音高大概在 18 个月大的时候便会消失,西方音乐中的一些必要因素会随之出现——不连续音高和音程(Davison, McKernon, & Gardner, 1981; McKernon, 1979; Werner, 1961)。当儿童首次用不连续的音高歌唱时,他们还不能像成人那样对音高分类,因为他们还不知道如何使用自然音阶(Dowling, 1988)。除此之外,音高时而与旋律一致,时而走调,音程大小不准确,并且没有调性核心(Dowling, 1984)。这个年龄的儿童并不尝试着模仿他们听到的音乐,他们自己创造音乐(Davidson et al., 1981; Moog, 1976)。

音程扩大。儿童首次歌唱所用的音程非常小,之后音程呈逐渐扩大的发展趋势(Jersild & Bienstock, 1934; McKernon, 1979; Nettl, 1956a; Werner, 1961)。McKernon 发现大二度是 17 到 23 个月大的婴儿能够普遍生成的一个音程。这个年龄段的婴儿所唱的三分之一的音程属于这种类型,并且大二度也是不同文化的歌曲中最常见的音程(Nettl, 1956b)。在 1.5 到 2.5 岁之间,这种类型的音程得以不断增加和拓宽。

儿童开始的时候扩大音程,而后逐步填充这些音程(Davison, 1985)。Davison 把这种早期的音调结构称作轮廓图式,它是儿童拥有的稳定的音程。这些图式在儿童获得的任何一首歌曲中都会出现,以便在必要时缩小歌曲的轮廓范围,而有的时候却可能为了创作需要而扩大范围来匹配新的轮廓图式。

892

旋律中节奏和调性组织的获得。与单纯伴随上升或下降模式不同的是,早期歌曲的旋律升降曲线是呈波浪状的(McKernon, 1979)。成人歌曲也存在这么一种特点。波浪状的旋律升降曲线是不同文化下成人歌曲中最常见的类型(Nettl, 1956b)。就这一方面而言,伴随最常见音程的产生,早期的婴儿歌曲与成人音乐有相似的地方;但婴儿的歌曲里面不是缺乏节奏组织,就是缺乏调性组织,所以它又与成人歌曲有着本质的不同(McKernon, 1979; Moorhead & Pond, 1978)。

尽管儿童的发音能够横跨很宽的音域,但事实上,他们早期歌曲的旋律升降曲线还是很狭窄的(Fox, 1990)。早期的音乐包含非调性音高组,它们是属于半音阶的而非自然音阶的,是基于一个八度音里面任意一个或全部的音符而形成的,而不是基于某个特定音阶的音符,因此早期的音乐缺乏西方音乐里面常见的调性核心(McKernon, 1979; Moorhead & Pond, 1978)。缺乏旋律和节奏结构使得儿童的首创音乐与他们经常接触的成人创作的音乐有很大的不同。到 3 岁的时候,儿童就能够用单一的调子歌唱,尽管他们在开始的时候还不是很熟练(McKernon, 1979)。

Dowling(1984)描述了他的两个女儿从婴儿期到 5 岁时自创歌曲的情况。5 年的时间里她们平均每周创造 2.23 首歌曲。这些歌曲里面的乐章有稳定的拍子,但在不同的乐章之间拍子又不能保持一致,这个发现与 Moorhead 和 Pond (1978) 以及 Moog(1976)的研究结果是一致的。在 1 到 2 岁之间,这两个孩子用同一个旋律升降曲线创造音乐。到 3 岁的时候,她们的歌曲里面有两到三个不同的旋律曲线而且经常有一个尾音——只出现在歌曲末尾的一条曲线。尾音的使用也许是由于经常听儿童顺口溜而产生的,因为这种使用形式常见于儿童的顺口溜而非其他类型的歌曲。

后婴儿期. 常规歌曲

模仿的歌曲。在大约 2 岁的时候,儿童便开始尝试唱他们所在的文化里面的歌曲(Davidson, 1985; Davidson et al., 1981; McKernon, 1979)。这些早期尝试模仿的常规歌曲听起来就像无意识状态下唱的歌曲一样,缺乏节拍组织和调性组织。无意识状态下唱的歌曲和早期的标准歌曲一样,都是狭窄的音高范围和旋律曲线在两个或三个音符组里面呈波浪状的波动。歌词是儿童对标准歌曲模仿得极为成功的第一个特征,并且在没有调性和节奏伴随的情况下进入儿童无意识的音乐技能中(McKernon, 1979; Moog, 1976)。接下来被模仿的是歌曲的节奏。Davidson 和其他的研究人员的研究发现,到 28 个月大的时候,儿童能够模仿字母歌曲里面的节奏并且能够在歌唱时准确地把词放进节奏中。最后发展的是模仿准确的音程并保持调子不变的能力。成人在学习新歌时也要经历类似的过程(Davidson et al., 1981)。

到 29 个月的时候,儿童自发创作的旋律已从首创旋律中分离出来并开始变得老练成熟(McKernon, 1979)。到 3 或 4 岁的时候,儿童的标准音乐里面潜在着一个清晰的西方节拍结构,虽然他们在这个时期的首创音乐仍然缺乏这么一个结构(McKernon, 1979)。到 5 岁的时候,无意识的首创音乐开始慢慢消失,儿童的自我意识增强并开始考虑如何根据文化标准来把歌曲唱好(Gardner & Wolf, 1983; Moog, 1976)。

儿童在能够模仿音高之前就能够模仿节奏。对一些 5 到 10 岁的儿童学习唱"Row, Row, Row Your Boat"(Davidson & Scripp, 1976)进行了 3 年跟踪研究。结果发现,准确节奏的生成需要个体能够搭配音乐的各个单位,保持稳定的潜在拍子,捕捉表面音组并使潜在拍子与表面音符相协调;而准确音高的生成则需要个体能够搭配首位音高、旋律曲线、音程界限(最高音符和最低音符之间)以及调子。大多数 5 岁的儿童(85%)能够准确把握节奏,但只有半数的儿童能够准确把握音高。但模仿音高的能力发展迅速,在大约 7 岁的时候,产生节奏与产生音高的能力之间的差距便得到显著缩小。

我们可以得出这样一个结论——不经音乐训练的儿童也能够展现相当程度的歌唱能力:2 到 3 岁的时候,他们能够模仿音高;4 岁的时候,他们能够维持音程不变但还不能用固定的调子歌唱(因为他们经常在乐句的分界线之间改变调子;McKernon, 1979);他们很早的时候就对旋律升降曲线敏感,但直到 5 或 6 岁的时候才能获得稳定的调性中心,因为在那个时候他们才能够保持调子不变。综上可以看出,无论是在音乐认知还是音乐创造中,调性的生成都是一种发展较晚的结构。

歌唱中的表达意图。儿童在 4 岁的时候就能够有意识地改变所唱的歌曲来表达不同的情感。Adachi 和 Trehub (1998)要求一些 4 到 12 岁的儿童首先唱一首让听者感到快乐的熟悉歌曲(例如,*Twinkle, Twinkle, Little Star*),然后再唱一首让听者感到悲伤的歌曲。所有年龄段的儿童主要运用言语和音乐的手段来表达情感——在表达快乐情绪时,他们会唱得更快,更响亮并使用更高的音高;在表达悲伤情绪时,他们唱得更慢、更柔和、更低沉。音乐里面独有的情感表达因素(例如,调式与发音)在此研究的所有年龄段上都不常见。另外,我们不难发现某些年龄发展趋势,例如与 6 到 7 岁儿童唱的歌曲相比,成人能够更好地理解 8 到 10 岁儿童所唱歌曲里面表达的快乐或悲伤情感(Adachi & Trehub, 2000)。

后婴儿期:乐谱创作

通过要求儿童创造方法去标记他们听到的音乐,我们可以了解儿童是否理解:音乐不能通过文字或图像来捕捉而是需要通过音乐自身的表征体系来实现。儿童对音乐的这种理解最早出现在 5 岁的时候。在先前提到的纵向研究中,研究人员要求一些经过音乐训练的 5 到 7 岁的儿童听完"*Row, Row, Row Your Boat*"这首歌后把它记录下来以便让另一个人再把这首歌唱一遍(Davidson & Scripp, 1988a)。结果发现,5 岁儿童中最常见的记谱法就是使用抽象符号来代替音符(例如,用不断加长的线来代替不断延长的低音符)。有43％的5岁儿童用抽象系统来记谱。5岁儿童(26％)使用的第二种常见的记谱法就是单纯使用一副没有记载任何音乐信息的图画来表示(例如,一幅水中船的图画)。到7岁时,56％的儿童仍然使用抽象记谱法,尽管其中有半数的儿童已经开始用文字与抽象记谱法结合的方式(并且几乎没有儿童再使用表征性的图画)。

标记音乐的任务对儿童而言也许前所未有地困难。值得一提的是5岁的儿童并不完全依赖图画,他们中的许多人能够创造抽象的标记符号。到5岁的时候,儿童已懂得如何写字,也懂得一点绘画象征方面的知识(在先前的绘画讨论中就提到过)。当被要求标志音乐时,他们能够创造一个独立于语言和绘画象征之外的抽象符号系统。这个研究结果表明,当涉及符号表征时,儿童不仅充满创造力,并且能够认识到无论是文字还是图画都不足以表征音乐以及音乐需要自身独特的表征系统这些事实。

音乐技能的发展是否随年龄呈直线上升趋势

在以下的两个方面,音乐发展并不是呈稳定上升趋势的:(1)绝对音高能力也许会随年龄增加而呈下降趋势;(2)儿童对音乐"形体"的认识——像成年音乐家一样对音乐的一种深刻认知能力。

绝对音高

绝对音高指的是能听辨出独立音高的能力。评价该能力的典型方法就是要求听者命名所听音高,但音高命名只不过是其中的一个方法而已;其他方法还包括演唱所听音高的能力以及辨别音高是否曾经听过的能力。非音乐家的绝对音高的发生率据估计在1/1500到1/10 000之间(Bachem, 1955; Miyazaki, 1988; Profita & Bidder, 1988, Takerchi & Hulse, 1993),对他们的音高测试比较困难,因为他们还不知道音符的名称。而音乐家的绝对音高发生率要明显高得多,估计在5/100和50/100之间(Chouard & Sposetti, 1991; Gregersen, Kowalsky, Kohn, & Marvin, 1999)。成年人无法通过训练而掌握绝对音高,许多实验尝试教授绝对音高(Crozier, 1997; Cuddy, 1968; Takeuchi & Hulse, 1993),但结果显示人们就算是通过大量的实践也只能记住少数的音调。纯正的绝对音高是不能通过学习掌握的。

但是也有人认为童年早期的(7岁以前)音乐学习有着一定重要性,因为早期的音乐训练与绝对音高有着一定联系(Gregersen et al. , 1999; Schlaug, Jancke, Huang, & Steinmetz, 1995; Sergeant, 1969)。但是这些资料来源于回溯性研究并且也有可能是拥有绝对音高的儿童在更早的时候便开始进行音乐学习了,因为他们的父母认为绝对音高的习得能够让他们的孩子更具音乐才能。但不是所有拥有绝对音高的音乐家都是在早期便开始训练,因此早期的训练并不是绝对音高发展的必要因素;更重要的是,只有少数接受早期训练的人习得了绝对音高(Brown, Sachs, Cammuso, & Folstein, 2002)。

894 Crozier (1992)、Takenchi 和 Hulse (1993)的研究发现学龄前儿童,与较大年龄的人相比,在习得绝对音高方面有更大的培养性,同时也有证据显示绝对音高的发生率是随年龄下降而下降的。Sergeant 和 Roche (1973) 的实验发现绝对音高在 3 岁儿童中比 6 岁儿童中更普遍常见。在该实验中,儿童在为期三周六个阶段的课程中学习演唱三组旋律。在上完课后一周,这些儿童演唱所学旋律,结果发现虽然年龄大的儿童能够以正确的旋律升降曲线和准确的音程重新演唱所学歌曲,年龄小的儿童却能够以最为准确的音高演唱歌曲。Saffran 和 Gripentrog (2001) 的实验证明在只有一种音高(绝对或相对)的情况下,8 个月大的婴儿能够在绝对音高(非相对音高)的基础上区别调子的样式。而成年人却背道而驰,他们只有在基于相对音高的基础上才能成功地做出辨别。因此,准确存储和模仿音高的能力也许会随着年龄下降,会向掌握旋律的大体格式塔的能力让步。也有可能当儿童开始专注于大二度音之间的音程而非大二度音程本身时,绝对音高随着年龄的增长而变得无法学习。没有表征相对距离的能力,我们就不能掌握音乐结构(参见 Plantinga & Trainor, 2004)。

关于绝对音高(用音高记忆来衡量)是否真的随年龄下降的问题还存在着争议。Trehub (2003a) 的报告指出尚在进行的研究显示,对熟悉旋律的记忆水平并没有出现与年龄有关的下降趋势。Trehub (2003b) 认为绝对音高和相对音高的加工过程都从婴儿期开始就存在了,但随着年龄的增加,不同的诱因触发一种或其他几种变化的发生。她提出如果我们通过测试个体能否记住准确音高水平的办法来衡量绝对音高的话,那么绝对音高的加工就具有普遍性(Schellenberg & Trehub, 2003)。她认为绝对音高被视为罕见的原因是:我们坚持认为只有个体能够命名听到的独立音符,他才能算是拥有绝对音高能力。但是,有些研究者认为我们应该保留"绝对音高"这个专业术语,并把它作为区分音高级别能力的代名词,但又不能把它扩大到加强音高记忆能力的层面 (Schlaug, 2003)。

Schlaug 等人(1995) 认为具有绝对音高的成人音乐家相比一般人在颞平面功能上具有更强的左偏侧化。颞平面是听觉加工过程的参与成分,同时还是与语言有关的成分(它的左偏侧化被看作是右利手个体大脑左半球语言优势的标志;Geschwind & Levitzky, 1968)。

这种不规则的大脑结构是那些拥有纯音高的个体与生俱来的,还是因为早期的集中音乐训练带来的结构变化,我们不得而知。但是当前我们实验室的纵向研究中对儿童接受音乐训练前和接受音乐训练时大脑成像的考察也许会为这个问题带来答案 (Norton et al., 2005)。如果不规则大脑结构是天生的,那么我们的研究就要探讨拥有这种大脑结构的儿童是否会失去绝对音高或是绝对音高的维持是否需要正规音乐训练和不断地接触音乐。

音型理解

儿童创造的音乐记谱法表明他们是通过类似于成年音乐家的一种直觉音型方式来听音乐的。Bamberger 让一个班的 8 到 9 岁的儿童画一幅记录拍手节奏图以便其他人可以看图拍打出节奏。节奏是由班上的一个学生创造的并配上熟悉的婴儿歌曲旋律,"三、四、关上门;五、六、捡棍子;七、八、关上门"。8 岁和 9 岁学生听节奏后创造了两种记谱法。Bamberger 将它们分别称为音型记谱法和节拍(或正式)记谱法。

图 20.12 中显示的是音型记谱法,拍子 3 - 4 - 5 是一样的,拍子 5 和前面两个是一样的,因为三个拍子形成一个快速拍击图形。音型图揭示了儿童以手势来区分拍子——三个小圆圈感觉上都像是一个手势的部分。图 20.12 中还显示了正式记谱法,拍子 5 - 6 - 7 看起来是

一样的,表明儿童是通过从一个拍子到下一个拍子的持续性的方式来区分拍子的。为了做到这一点,儿童必须从拍手表演中抽身而出并对拍子进行对比。

895

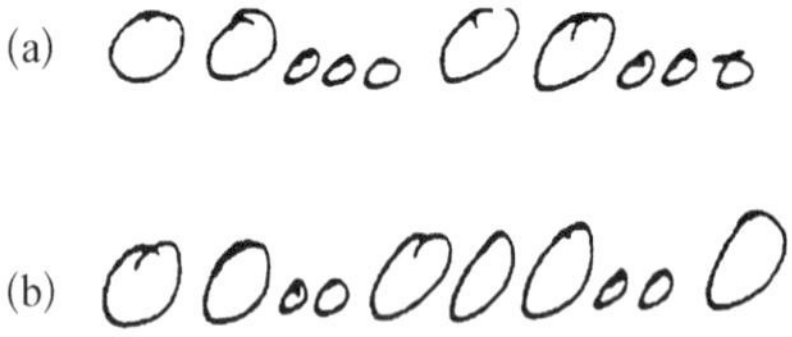

(a) ○○○○○○ ○○○○○○

(b) ○○○○○○○○○○

图 20.12 (a) 节奏的音型记谱法。(b) 节奏的节拍记谱法。
来源: From *The Mind behind the Musical Ear: How Children Develop Musical Intelligence* (p. 24), by J. Bamberger, 1991, Cambridge, MA: Harvard University Press. 经许可使用。

创造其中一种记谱法的儿童无法理解为什么另一种记谱法是正确的。但事实上,两种记谱法都被认为是正确的,因为它们分别捕捉到了节奏的一个方面(Bamberger,1991)。节拍记谱法捕捉到的是拍子间的相对持续性——与标准音乐记谱法一致。音型记谱法就是对听到的节奏的一个直觉划分——儿童所捕捉到的这些音乐信息被音乐家称为“短句划分”。例如,前面提到的音乐节奏,儿童也许可以使拍子3、4、5比前面两个拍子更响亮或更柔和来表明它们构成了一个单元。创造节拍记谱法的儿童则成功地将一系列连续的拍子肢体动作转化成一套固定

并且不相联系的符号。这些符号与音型记谱法的符号有本质的不同,因为它们所表示的是音乐表演中的一连串肢体动作。在对大量 7 到 12 岁的儿童进行深入研究后,Upitas (1987) 发现即使是接受过正规音乐训练的儿童,他们也喜欢音型记谱法(尽管这些儿童在接触节拍记谱法后要比那些未接受音乐训练的儿童更易于转到节拍记谱法上来)。

音乐家能够从节拍和音型两个角度认知音乐,他们在对音型没有一定理解的情况下是不能够将短句划分强加到总谱上去的。音乐总谱一般不包含乐句标记,短句划分取决于音乐家各自的理解。所以,在早期未经训练的情况下,儿童把节奏当成音型理解的做法非但没有被专家摒弃,反而得以保存下来。人们通常认为音型图案不如节拍图案先进,但是音型图案捕捉的信息却对音乐表达极为重要,即在音乐演奏中使音乐达到一致(Bamberger,1982)。因此,儿童对节奏最早的直觉理解代表着一种极为重要的认知方式,即使是在习得更多正式调式的情况下也应该将它保留下来。这就要求常规的理解应该与音型理解并驾齐驱而不是用正规的理解代替音型的直觉理解。

结论

发展心理学的一个基本前提是研究者只能研究一个以外显或内隐方式定义了终极状态的发展过程(Kaplan,1967)。弗洛伊德假设了正常又健全的人格;和大多数的认知发展心理学家一起,Piaget 预设了逻辑上科学的形式运算思维的顶级状态。但心态健全的标准因不同的组织和文化而异,而 Piaget 所主张的这种科学思维也是在近几个世纪才出现的。

在本章里,基于对两种主流艺术形式的探讨,我通过一系列不同的能让人受启发的新鲜视角来阐述认知发展的问题。艺术有些时候能够回答其他领域一些令人疑惑不解的问题。这些问题包括:为什么人类坚持进行一些毫无明显生存价值的活动? 人类的技能在没有正式训练的情况下能发展并成熟到什么程度? 在什么样的情况下人类能力可能呈现出非线性

甚至是回归方向的发展？另外，特别是在艺术领域，我们还可以看到个体早期和成年最后状态之间存在的发展性联系。儿童和成人艺术家都是实验者。艺术家有意违背他们掌握的规则；儿童却因为还没有掌握规则而乐在其中。

视觉艺术与音乐是完全不同的领域——但把艺术的发展当成是一个单独的实体是毫无意义的(就像没有一门单独的包括生理学家和物理理论家的科学发展课程一样)。音乐中调性准确或五度优先的问题同儿童绘画中出现的蝌蚪人或地平线基本上没有相似点。但它们之间仍然有可能存在让人迷惑的联系——儿童自己创造的记谱法也许与他们尝试掌握线性透视图有着相同的过程(参见 Karmioff-Smith，1992)。尽管艺术有着与科学领域的方式不一样的普遍性，我不会更深入地认为从音乐或视觉艺术的视角去看发展问题会得出更多重要的观点。但我可以自信地说，如果我们可以探索并整合对各种发展最终状态进行研究的结果，那么我们对发展心理学的理解将得到不断的提高。

(马晓清、李秀丽译，李红审校)

参考文献

Adachi, M., & Trehub, S. E. (1998). Children's expression of emotion in song. *Psychology of Music*, 26(2), 133-153.

Adachi, M., & Trehub, S. E. (2000). Decoding the expressive intentions in children's songs. *Music Perception*, 18(2), 213-224.

Adi-Japha, E., Levin, I., & Solomon, S. (1998). Emergence of representation in drawing: The relation between kinematic and referential aspects. *Cognitive Development*, 13, 25-51.

Aiello, R. (1994). Can listening to music be experimentally studied. In R. Aiello, with J. Sloboda (Eds.), *Musical perception* (pp. 273-282). New York: Oxford University Press.

Alland, A. (1983). *Playing with form*. New York: Columbia University Press.

Anati, E. (1967). *Evolution and style in Camonican rock art*. Brescia, Italy: Edizione Banca Populare di Sondrio.

Andersson, S. B. (1995a). Local conventions in children's drawings: A comparative study in three cultures. *Journal of Multicultural and Cross-Cultural Research in Art Education*, 13, 101-111.

Andersson, S. B. (1995b). Projection systems and X-ray strategies in children's drawings: Comparative study in three cultures. *British Journal of Educational Psychology*, 65, 455-464.

Arnheim, R. (1974). *Art and visual perception: A psychology of the creative eye*. Berkeley: University of California Press.

Bachem, A. (1955). Absolute pitch. *Journal of Acoustical Society of America*, 27, 1180-1185.

Bamberger, J. (1982). Revisiting children's drawings of simple rhythms: A function for reflection in action. In S. Strauss (Ed.), *U-shaped behavioral growth* (pp. 191-226). New York: Academic Press.

Bamberger, J. (1991). *The mind behind the musical ear*. Cambridge, MA: Harvard University Press.

Barnes, E. (1894). A study of children's drawings. *Pedagogical Seminary*, 2, 455-463.

Barrett, M. D., Beaumont, A., & Jennett, M. (1985). Some children sometimes do what they have been told to do: Task demands and verbal instructions in children's drawing In N. H. Freeman & M. V. Cox (Eds.), *Visual order: The nature and development of pictorial representation* (pp. 176-187). Cambridge, UK: Cambridge University Press.

Barrett, M. D., & Bridson, A. (1983). The effect of instructions upon children's drawings. *British Journal of Developmental Psychology*, 1, 175-178.

Barrett, M. D., & Light, P. H. (1976). Symbolism and intellectual realism in children's drawings. *British Journal of Educational Psychology*, 46, 198-202.

Bartlett, D. L. (1996). Tonal and musical memory. In D. A. Hodges (Ed.), *Handbook of music psychology* (pp. 177-195). San Antonio, TX: IMR Press.

Bartlett, J. C., & Dowling, W. J. (1980). The recognition of transposed melodies: A key distance effect in developmental perspective. *Journal of Experimental Psychology: Human Perception and Performance*, 6, 501-515.

Bassett, E. M. (1977). Production strategies in the child's drawing. In G. Butterworth (Ed.), *The child's representation of the world* (pp. 49-59). New York: Plenum Press.

Beal, C. R., & Arnold, D. S. (1990). The effect of instructions on view-specific representations in young children's drawing and picture selection. *British Journal of Developmental Psychology*, 8, 393-400.

Beilin, H. (1991). Developmental aesthetics and the psychology of photography. In R. M. Downs, L. S. Liben, & D. S. Palermo (Eds.), *Visions of aesthetics, the environment, and development: The legacy of Joachim F. Wohlwill* (pp. 45-86). Hillsdale, NJ: Erlbaum.

Beilin, H., & Pearlman, E. G. (1991). Children's iconic realism: Object versus property realism. In H. W. Reese (Ed.), *Advances in child development and behavior* (Vol. 2, pp. 73-111). San Diego, CA: Academic Press.

Belo, J. (1955). Balinese children's drawings. In M. Mead & M. Wolfenstein (Eds.), *Childhood in contemporary cultures* (pp. 52-69). Chicago: University of Chicago Press.

Bergeson, T. R., & Trehub, S. E. (1999). Mothers: Singing to infants and preschool children. *Infant Behavior and Development*, 221, 51-64.

Bergeson, T. R., & Trehub, S. E. (2002). Absolute pitch and tempo in mothers' songs to infants. *Psychological Science*, 13, 71-74.

Beyer, F. S., & Nodine, C. F. (1985). Familiarity influences how children draw what they see. *Visual Arts Research*, 11(2), 60-68.

Blank, P., Massey, C., Gardner, H., & Winner, E. (1984). Perceiving what paintings express. In W. R. Crozier & A. J. Chapman (Eds.), *Cognitive processes in the perception of art* (pp. 127-143). Amsterdam: Elsevier.

Bloom, P., & Markson, L. (1998). Intention and analogy in children's naming of pictorial representations. *Psychological Science*, 9, 200-204.

Bond, E. (1972). Perception of form by the human infant. *Psychological Bulletin*, 77, 225-245.

Borchgrevink, H. M. (1975). Musikalske akkord-preferanser hos mennesket belyst ved dyreforsok [Musical chord preferences in humans as demonstrated through animal experiments]. *Tidskrift for den Norske Laegeforening*, 95, 356-358.

Bornstein, M. H., Ferdinandsen, K., & Gross, C. G. (1981). Perception of symmetry in infancy. *Developmental Psychology*, 17, 82-86.

Bower, T. G. R. (1965). Stimulus variables determining space perception in infants. *Science*, 149, 88-89.

Bower, T. G. R. (1966). The visual world of infants. *Scientific American*, 215, 80-92.

Bremner, J. G., & Batten, A. (1991). Sensitivity to viewpoint in children's drawings of objects and relations between objects. *Journal of Experimental Child Psychology*, *2*, 371 – 376.

Bremner, J. G., & Moore, S. (1984). Prior visual inspection and object naming: Two factors that enhance hidden feature inclusion in young children's drawings. *British Journal of Developmental Psychology*, *2*, 371 – 376.

Brooks, M. R., Glenn, S. M., & Crozier, W. R. (1988). Pre-school children's preferences for drawings of similar complexity to their own. *British Journal of Educational Psychology*, *58*(2), 165 – 171.

Brown, W. A., Sachs, H., Cammuso, K., & Folstein, S. E. (2002). Early music training and absolute pitch. *Music Perception*, *19*(4), 595 – 597.

Buhler, K. (1930). *The mental development of the child*. London: Kegan Paul.

Callaghan, T. C. (1997). Children's judgments of emotions portrayed in museum art. *British Journal of Developmental Psychology*, *15*, 515 – 529.

Callaghan, T. C. (1999). Early understanding and production of graphic symbols. *Child Development*, *70*, 1314 – 1324.

Callaghan, T. C. (2000a). Factors affecting children's graphic symbol use in the third year: Language, similarity and iconicity. *Cognitive Development*, *15*, 185 – 214.

Callaghan, T. C. (2000b). The role of context in preschoolers' judgments of emotion in art. *British Journal of Developmental Psychology*, *18*, 465 – 474.

Campos, J. J., Langer, A., & Korwitz, A. (1970). Cardiac responses on the visual cliff in prelocomotor human infants. *Science*, *170*, 196.

Carothers, T., & Gardner, H. (1979). When children's drawings become art: The emergence of aesthetic production and perception. *Developmental Psychology*, *15*, 570 – 580.

Castell, K. C. (1982). Children's sensitivity to stylistic differences in "classical" and "popular" music [Special issue]. *Psychology of Music*, *22* – 25.

Cazden, N. (1980). The definition of consonance and dissonance. *International Review of the Aesthetics and Sociology of Music*, *2*, 23 – 168.

Chang, H. W., & Trehub, S. E. (1977a). Auditory processing of relational information by young infants. *Journal of Experimental Child Psychology*, *24*, 324 – 331.

Chang, H. W., & Trehub, S. E. (1977b). Infants' perception of temporal grouping in auditory patterns. *Child Development*, *48*, 1666 – 1670.

Charman, T., & Baron-Cohen, S. (1992, September). Understanding drawings and beliefs: A further test of the metarepresentation theory of autism: A research note. *Journal of Child Psychology and Psychiatry*, *33*(6), 1105 – 1112.

Chen, M. J. (1985). Young children's representational drawings of solid objects: A comparison of drawing and copying. In N. H. Freeman & M. V. Cox (Eds.), *Visual order: The nature and development of pictorial representation* (pp. 157 – 175). Cambridge, UK: Cambridge University Press.

Chen, M. J., & Cook, M. (1984). Representational drawings of solid objects by young children. *Perception*, *13*, 377 – 385.

Child, I. (1965). Personality correlates of esthetic judgment in college students. *Journal of Personality*, *33*(3), 476 – 511.

Chipman, S., & Mendelson, M. (1975). The development of sensitivity to visual structure. *Journal of Experimental Child Psychology*, *20*, 411 – 429.

Chouard, C. H., & Sposetti, R. (1991). Environmental and electrophysiological study of absolute pitch. *Acta Otolaryngol*, *111*, 225 – 230.

Clark, A. B. (1897). The child's attitude towards perspective problems. In E. Barnes (Ed.), *Studies in education* (Vol. 1). Stanford, CA: Stanford University Press.

Cohen, A. J., Thorpe, L. A., & Trehub, S. E. (1987). Infants' perception of musical relations in short transposed tone sequences. *Canadian Journal of Psychology*, *41*, 33 – 47.

Colbert, C. B., & Taunton, M. (1988). Problems of representation: Preschool and third grade children's observational drawings of a three dimensional model. *Studies in Art Education*, *29*, 103 – 114.

Cook, N. (1994). Perception: A perspective from music theory. In R. Aiello, with J. Sloboda (Eds.), *Musical perception* (pp. 64 – 95). New York: Oxford University Press.

Costa-Giomi, E. (1996). Mode discrimination abilities of pre-school children. *Psychology of Music*, *24*(2), 184 – 198.

Costall, A. P. (1995). The myth of the sensory core: The traditional versus the ecological approach to children's drawings. In C. Lange-Kuttner & G. V. Thomas (Eds.), *Drawing and looking: Theoretical approaches to pictorial representation in children* (pp. 16 – 26). New York: Harvester Wheatsheaf.

Court, E. (1989). Drawing on culture: The influence of culture on children's drawing performance in rural Kenya. *Journal of Art and Design Education*, *8*, 65 – 88.

Cox, M. V. (1978). Spatial depth relationships in young children's drawings. *Journal of Experimental Child Psychology*, *26*, 551 – 554.

Cox, M. V. (1981). One thing behind another: Problems of representation in children's drawings. *Educational Psychology*, *1*(4), 275 – 287.

Cox, M. V. (1986). Cubes are difficult things to draw. *British Journal of Developmental Psychology*, *4*, 341 – 345.

Cox, M. V. (1992). *Children's drawings*. London: Penguin.

Cox, M. V. (1993). *Children's drawings of the human figure*. Hove, England: Erlbaum.

Cox, M. V. (1997). *Drawings of people by the under-5s*. London: Falmer Press.

Cox, M. V. (1998). Drawings of people by Australian Aboriginal children: Intermixing of cultural styles. *Journal of Art and Design Education*, *17*, 71 – 79.

Cox, M. V., & Lambon Ralph, M. (1996). Young children's ability to adapt their drawings of the human figure. *Educational Psychology*, *16*(3), 245 – 255.

Cox, M. V., & Martin, A. (1988). Young children's viewer-centered representations: Drawings of a cube placed inside or behind a transparent or opaque beaker. *International Journal of Behavioral Development*, *11*(2), 233 – 245.

Cox, M. V., & Mason, S. (1998). The young child's pictorial representation of the human figure. *International Journal of Early Years Education*, *6*(1), 31 – 38.

Cox, M. V., & Moore, R. (1994). Children's depictions of different views of the human figure. *Educational Psychology*, *14*, 427 – 436.

Cox, M. V., & Parkin, C. E. (1986). Young children's human figure drawings: Cross sectional and longitudinal studies. *Educational Psychology*, *6*, 353 – 368.

Cox, M. V., Koyasu, M., Hiranuma, H., & Perara, J. (2001). Children's human figure drawings in the UK and Japan: The effects of age, sex and culture. *British Journal of Developmental Psychology*, *19*, 275 – 292.

Crook, C. (1984). Factors influencing the use of transparency in children's drawing. *British Journal of Developmental Psychology*, *2*, 213 – 221.

Crook, C. (1985). Knowledge and appearance. In N. H. Freeman & M. V. Cox (Eds.), *Visual order* (pp. 248 – 265). Cambridge, UK: Cambridge University Press.

Crowder, R. G. (1984). Perception of the major/minor distinction: Pt. 1. Historical and theoretical foundations. *Psychomusicology*, *4*, 3 – 10.

Crozier, J. B. (1997). Absolute pitch: Practice makes perfect, the earlier the better. *Psychology of Music*, *25*(2), 110 – 119.

Cuddy, L. L. (1968). Practice effects in the absolute judgment of pitch. *Journal of Acoustical Society of America*, *43*, 1069 – 1076.

Cuddy, L. L., & Badertscher, B. (1987). Recovery of the tonal hierarchy: Some comparisons across age and levels of musical experience. *Perception and Psychophysics*, *41*, 609 – 620.

Cuddy, L. L., Cohen, A. J., & Mewhort, D. J. K. (1981). Perception of structure in short melodic sequences. *Journal of Experimental Psychology: Human Perception and Performance*, *7*, 869 – 883.

Cuddy, L., Cohen, A., & Miller, J. (1979). Melody recognition: The experimental application of musical rules. *Canadian Journal of Psychology*, *33*, 148 – 157.

Cunningham, J. G., & Sterling, R. S. (1988). Developmental change in the understanding of affective meaning of music. *Motivation and Emotion*, *12*, 399 – 413.

Daehler, M. W., Perlmutter, M., & Myers, N. A. (1976). Equivalence of pictures and objects for very young children. *Child Development*, *17*(1), 96 – 109.

Davenport, R. K., & Rogers, C. M. (1971). Perception of photographs by apes. *Behavior*, *39*, 318 – 320.

Davidson, L. (1985). Tonal structures of children's early songs. *Music Perception*, *2*(3), 361 – 373.

Davidson, L., McKernon, P., & Gardner, H. (1981). *The acquisition of song: A developmental approach* (Documentary report of the Ann Arbor Symposium: Applications of psychology to the teaching and learning of music). Reston, VA: Music Educators National Conference.

Davidson, L., & Scripp, L. (1988). Young children's musical representations: Windows on music cognition. In J. Sloboda (Ed.), *Generative processes in music* (pp. 195 – 230). Oxford, England: Oxford University Press.

Davis, A. M. (1985). The canonical bias: Young children's drawings of familiar objects. In N. H. Freeman & M. V. Cox (Eds.), *Visual order: The nature and development of pictorial representation* (pp. 202 – 213). London: Cambridge University Press.

Davis, J. H. (1997). The what and the whether of the U: Cultural implications of understanding development in graphic symbolization. *Human Development*, *40*, 145 – 154.

DeLoache, J. S. (1987). Rapid change in the symbolic functioning of very young children. *Science*, *238*, 1556 – 1557.

DeLoache, J. S. (1991). Symbolic functioning in very young children: Understanding of pictures and models. *Child Development*, *62*, 736 – 752.

DeLoache, J. S., Pierroutsakos, S. L., & Troseth, G. L. (1996). The three 'R's of pictorial competence. In R. Vasta (Ed.), *Annals of child development* (Vol.12, pp.1 – 48). Bristol, PA: Jessica Kingsley.

DeLoache, J. S., Pierroutsakos, S. L., & Uttal, D. H. (2003). The origins of pictorial competence. *Current Directions in Psychological Science*, *12*(4), 114 – 117.

DeLoache, J. S., Strauss, M. S., & Maynard, J. (1979). Picture perception in infancy. *Infant Behavior and Development*, *2*, 77 – 89.

Demany, L., & Armand, F. (1984). The perceptual reality of tone chroma in early infancy. *Journal of the Acoustical Society of America*, *76*, 57 – 66.

Dennis, S. (1991). Stage and structure in children's spatial representations. In R. Case (Ed.), *The mind's staircase* (pp. 229 – 245). Hillsdale, NJ: Erlbaum.

Dennis, W. (1957). Performance of Near-Eastern children on the Draw-a-Man Test. *Child Development*, *28*, 427 – 430.

Deregowski, J. B. (1984). *Distortion in art: The eye and the mind*. London: Routledge & Kegan Paul.

Deregowski, J. B. (1989). Real space and represented space. *Behavioral and Brain Sciences*, *12*, 317 – 335.

Deregowski, J. E., Muldrow, E. S., & Muldrow, W. F. (1972). Pictorial recognition in a remote Ethiopian population. *Perception*, *1*, 417 – 425.

Deutsch, D. (Ed.). (1982). *The psychology of music*. New York: Academic Press.

Dewar, K. M., Cuddy, L. L., & Mewhort, D. J. K. (1977). Recognition memory for single tones with and without context. *Journal of Experimental Psychology: Human Learning and Memory*, *3*, 60 – 69.

Dirks, J., & Gibson, E. (1977). Infants' perception of similarity between live people and their photographs. *Child Development*, *48*(1), 124 – 130.

Dolgin, K. G., & Adelson, E. H. (1990). Age changes in the ability to interpret affect in sung and instrumentally-presented melodies. *Psychology of Music*, *18*, 87 – 98.

Dow, G. A., & Pick, H. L. (1992). Young children's use of models and photographs as spatial representations. *Cognitive Development*, *7*, 351 – 363.

Dowling, W. J. (1973). The perception of interleaved melodies. *Cognitive Psychology*, *5*, 322 – 337.

Dowling, W. J. (1978). Scale and contour: Two components of a theory of memory for melodies. *Psychological Review*, *85*, 341 – 354.

Dowling, W. J. (1982). Melodic information processing and its development. In D. Deutsch (Ed.), *The psychology of music* (pp. 413 – 429). New York: Academic Press.

Dowling, W. J. (1984). Development of musical schemata in children's spontaneous singing. In W. R. Crozier & A. J. Chapman (Eds.), *Cognitive processes in the perception of art* (pp. 145 – 163). Amsterdam: Elsevier.

Dowling, W. J. (1988). Tonal structure and children's early learning of music. In J. Sloboda (Ed.), *Generative processes in music* (pp. 113 – 128). Oxford, England: Oxford University Press.

Dowling, W. J. (1991). Tonal strength and melody recognition after long and short delays. *Perception and Psychophysics*, *50*, 305 – 313.

Dowling, W. J. (1999). The development of music perception and cognition. In D. Deutsch (Ed.), *The psychology of music* (pp. 603 – 625). San Diego, CA: Academic Press.

Dowling, W. J., & Fujitani, D. S. (1971). Contour, interval, and pitch recognition in memory for melodies. *Journal of the Acoustical Society of America*, *49*, 524 – 531.

Dowling, W. J., & Harwood, D. L. (1986). *Music cognition*. New York: Academic Press.

Eng, H. (1931). *The psychology of children's drawings*. New York: Harcourt, Brace.

Eysenck, H. J., Götz, K. O., Long, H. L., Nias, D. K. B., & Ross, M. (1984). A new Visual Aesthetic Sensitivity Test-IV: Cross-cultural comparisons between a Chinese sample from Singapore and an English sample. *Personality and Individual Differences*, *5*(5), 599 – 600.

Fagan, J. (1970). Memory in the infant. *Journal of Experimental Child Psychology*, *9*, 218 – 226.

Fantz, R., Fagan, J., & Miranda, S. (1975). Early visual selectivity. In L. Cohen & P. Salapatek (Eds.), *Infant perception* (Vol. 1, pp. 249 – 345). New York: Academic Press.

Farnsworth, P. R. (1928). The effects of nature and nurture on musicality. In *The 27th yearbook of the National Society for the Study of Education* (Pt. 2, pp. 233 – 247). Chicago: NSSE.

Fernald, A. (1989). Intonation and communicative intent in mothers' speech to infants: Is the melody the message. *Child Development*, *60*, 1597 – 1610.

Field, J. (1976). Relation of young infants' reaching behavior to stimulus distance and solidity. *Developmental Psychology*, *12*, 444 – 448.

Fineberg, J. (1997). *The innocent eye*. Princeton, NJ: Princeton University Press.

Flavell, J. H. (1988). The development of children's knowledge about the mind: From cognitive connections to mental representations. In J. W. Astington, P. L. Harris, & D. R. Olson (Eds.), *Developing theories of mind* (pp. 244 – 271). New York: Cambridge University Press.

Flavell, J. H., Green, F. L., Flavell, E. R., & Grossman, J. B. (1997). The development of children's knowledge about inner speech. *Child Development*, *68*, 39 – 47.

Fortes, M. (1981). Tallensi children's drawings. In B. B. Lloyd & J. Gay (Eds.), *Universals of human thought* (pp. 46 – 70). Cambridge, England: Cambridge University Press.

Fox, D. B. (1990). An analysis of the pitch characteristics of infant vocalizations. *Psychomusicology*, *9*, 21 – 30.

Frances, R. (1988). *The perception of music*. Hillsdale, NJ: Erlbaum.

Freeman, N. H. (1980). *Strategies of representation in young children: Analysis of spatial skills and drawing processes*. London: Academic Press.

Freeman, N. H. (1987). Current problems in the development of representational picture-production. *Archives de Psychologie*, *55*, 127 – 152.

Freeman, N. H. (1995). The emergence of a framework theory of pictorial reasoning. In C. Lange-Kuttner & G. V. Thomas (Eds.), *Drawing and looking: Theoretical approaches to pictorial representation in children* (pp. 135 – 146). New York: Harvester Wheatsheaf.

Freeman, N., Eiser, C., & Sayers, J. (1977). Children's strategies in producing three-dimensional relationships on a two-dimensional surface. *Journal of Experimental Child Psychology*, *23*, 305 – 314.

Freeman, N. H., & Janikoun, R. (1972). Intellectual realism in children's drawings of a familiar object with distinctive features. *Child Development*, *43*, 1116 – 1121.

Freeman, N. H., & Sanger, D. (1993). Language and belief in critical thinking: Emerging explanations of pictures. *Exceptionality Education Canada*, *3*, 43 – 58.

Gardner, H. (1970). Children's sensitivity to painting styles. *Child Development*, *41*, 813 – 821.

Gardner, H. (1973). Children's sensitivity to musical style. *Merrill-Palmer Quarterly*, *19*, 67 – 77.

Gardner, H. (1974). Metaphors and modalities: How children project polar adjectives onto diverse domains. *Child Development*, *45*, 84 – 91.

Gardner, H. (1980). *Artful scribbles: The significance of children's drawings*. New York: Basic Books.

Gardner, H., & Gardner, J. K. (1973). Developmental trends in sensitivity to form and subject matter in paintings. *Studies in Art Education*, *14*, 52 – 56.

Gardner, H., Winner, E., & Kircher, M. (1975). Children's conceptions of the arts. *Journal of Aesthetic Education*, *9*, 60 – 77.

Gardner, H., & Wolf, D. (1983). Waves and streams of symbolization. In D. R. Rogers & J. A. Sloboda (Eds.), *The acquisition of symbolic skills* (pp. 19 – 42). London: Plenum Press.

Gardner, R., & Gardner, B. (1978). Comparative psychology and language acquisition. *Annals of the New York Academy of Sciences*, *309*, 37 – 76.

Gentile, D. A., Pick, A. D., Flom, R. A., & Campos, J. J. (1994, April). *Adults' and preschoolers' perception of emotional meaning in music*. Poster presented at the 13th Biennial Conference on Human Development, Pittsburgh, PA.

Gerardi, G. M., & Gerken, L. (1995). The development of affective responses to modality and melodic contour. *Music Perception*, *12*, 279 – 290.

Gesell, A., & Ilg, F. (1946). *The child from 5 to 10*. London: Hamilton.

Geschwind, N., & Levitzky, W. (1968). Human brain: Left-right asymmetries in temporal speech region. *Science*, *161*, 186 – 187.

Gibson, J. J. (1973). On the concept of "formless invariants" in visual perception. *Leonardo*, *6*, 43 - 45.

Gibson, J. J. (1979). *The ecological approach to visual perception*. Boston: Houghton Mifflin.

Gibson, J. J., & Yonas, P. M. (1968). A new theory of scribbling and drawing in children. In H. Levin, E. G. Gibson, & J. J. Gibson (Eds.), *The analysis of reading skill*. Washington, DC: Department of Health, Education, and Welfare, Office of Education.

Golomb, C. (1973). Children's representation of the human figure: The effects of models, media and instructions. *Genetic Psychology Monographs*, *87*, 197 - 251.

Golomb, C. (1981). Representation and reality: The origins and determinants of young children's drawings. *Review of Research in Visual Art Education*, *14*, 36 - 48.

Golomb, C. (1987). The development of compositional strategies in drawing. *Visual Arts Research*, *13*(2), 42 - 52.

Golomb, C. (2002). *Child art in context: A cultural and comparative perspective*. Washington, DC: American Psychological Association.

Golomb, C. (2004). *The child's creation of a pictorial world* (2nd ed.). Mahwah, NJ: Erlbaum.

Golomb, C., & Dunnington, G. (1985, June). *Compositional development in children's drawings*. Paper presented at the annual symposium of the Jean Piaget Society, Philadelphia, PA.

Golomb, C., & Farmer, D. (1983). Children's graphic planning strategies and early principles of spatial organization in drawing. *Studies in Art Education*, *24*(2), 87 - 100.

Gombrich, E. H. (1977). *Art and illusion: A study in the psychology of pictorial representation* (5th ed.). London: Phaidon Press.

Goodenough, F. L. (1926). *Measurement of intelligence by drawing*. Yonkers, NY: World Books.

Goodman, N. (1976). *Languages of art* (2nd ed.). Indianapolis, IN: Hackett.

Goodnow, J. J. (1977). *Children's drawings*. Cambridge, MA: Harvard University Press.

Götz, K., Borisy, A., Lynn, R., & Eysenck, H. (1979). A new visual aesthetic sensitivity test: Pt. 1. Construction and psychometric properties. *Perceptual and Motor Skills*, *49*, 795 - 802.

Gregersen, P. K., Kowalksy, E., Kohn, N., & Marvin, E. W. (1999). Absolute pitch: Prevalence, ethnic variation, and estimation of the genetic component. *American Journal of Human Genetics*, *65*, 911 - 913.

Gross, J., & Hayne, H. (1999). Young children's recognition and description of their own and others' drawings. *Developmental Science*, *2*(4), 476 - 489.

Hagen, E. H., & Bryant, G. A. (2003). Music and dance as a coalition signaling system. *Human Nature*, *14*(1), 21 - 51.

Hagen, M. A. (1976). Development of ability to perceive and produce pictorial depth cue of overlapping. *Perceptual and Motor Skills*, *42*, 1007 - 1014.

Hagen, M. A. (1978). An outline of an investigation into the special character of pictures. In H. Pick & E. Saltsman (Eds.), *Modes of perceiving and processing information*. Hillsdale, NJ: Erlbaum.

Hagen, M. A. (1986). *The varieties of realism*. Cambridge, UK: Cambridge University Press.

Hagen, M. A., & Jones, R. (1978). Cultural effects on pictorial perception: How many words is one picture really worth. In R. Walk & H. Pick Jr. (Eds.), *Perception and experience* (pp. 171 - 212). New York: Plenum Press.

Hall, S. (1892). Notes on children's drawings: Literature and notes. *Pedagogical Seminary*, *1*, 445 - 447.

Hardiman, G., & Zernich, T. (1985). Discrimination of style in painting: A developmental study. *Studies in Art Education*, *26*, 157 - 162.

Hargreaves, D. J. (1982). The development of aesthetic reactions to music [Special issue]. *Psychology of Music*, 51 - 54.

Harris, D. B. (1963). *Children's drawings as measures of intellectual maturity: A revision and extension of the Goodenough Draw-a-Man Test*. New York: Harcourt, Brace & World.

Harris, D. B. (1971). The case method in art education. In G. Kensler (Ed.), *A report on preconference education research training program for descriptive research in art education* (pp. 29 - 49). Restow, VA: National Art Education Association.

Hartley, J. L., Somerville, S. C., Jensen, D. C., & Eliefjua, C. C. (1982). Abstraction of individual styles from the drawings of 5-year-old children. *Child Development*, *53*, 1193 - 1214.

Hauser, M. D., Chomsky, N., & Fitch, W. T. (2002). The faculty of language: What is it, who has it, and how did it evolve? *Science*, *298*, 1569 -

1579.

Hauser, M. D., & McDermott, J. (2003). The evolution of the music faculty: A comparative perspective. *Nature Neuroscience*, *6*(7), 663 - 668.

Havighurst, R. J., Gunther, M. K., & Pratt, I. E. (1946). Environment and the Draw-a-Man Test: The performance of Indian children. *Journal of Abnormal and Social Psychology*, *41*, 50 - 63.

Hevner, K. (1936). Experimental studies of the elements of expression in music. *American Journal of Psychology*, *48*, 246 - 268.

Hochberg, J., & Brooks, V. (1962). Pictorial recognition as an unlearned ability: A study of one child's performance. *American Journal of Psychology*, *73*, 624 - 628.

Hudson, W. (1960). Pictorial depth perception in sub-cultural groups in Africa. *Journal of Social Psychology*, *52*, 183 - 208.

Hussain, F. (1965). Quelques problèmes d'esthetique experimentale. *Sciences de l'Art*, *2*, 103 - 114.

Imberty, M. (1969). *L'acquisition des structures tonales chez l'enfant*. Paris: Klincksieck.

Ingram, N., & Butterworth, G. (1989). The young child's representation of depth in drawing: Process and product. *Journal of Experimental Child Psychology*, *47*, 356 - 369.

Ives, S. W. \(1984). The development of expressivity in drawing. *British Journal of Educational Psychology*, *54*, 152 - 159.

Iwawaki, S., Eysenck, H. J., & Götz, K. O. (1979). A new Visual Aesthetic Sensitivity Test (VAST) - II: Cross-cultural comparison between England and Japan. *Perceptual and Motor Skills*, *49*, 859 - 862.

Jahoda, G. (1981). Drawing styles of schooled and unschooled adults: A study in Ghana. *Quarterly Journal of Experimental Psychology*, *33A*, 133 - 143.

Jahoda, G., Deregowski, J. B., Ampene, E., & Williams, N. (1977). Pictorial recognition as an unlearned ability: A replication with children from pictorially deprived environments. In G. Butterworth (Ed.), *The child's representation of the world* (pp. 203 - 213). New York: Plenum Press.

Jersild, A., & Bienstock, S. (1934). A study of the development of children's ability to sing. *Journal of Educational Psychology*, *25*, 481 - 503.

Jolley, R. P., Knox, E. L., & Foster, S. G. (2000). The relationship between children's production and comprehension of realism in drawing. *British Journal of Developmental Psychology*, *18*, 557 - 582.

Jolley, R. P., & Thomas, G. V. (1994). The development of sensitivity to metaphorical expression of moods in abstract art. *Educational Psychology*, *14*, 437 - 450.

Jolley, R. P., & Thomas, G. V. (1995). Children's sensitivity to metaphorical expression of mood in line drawings. *British Journal of Developmental Psychology*, *12*, 335 - 346.

Jolley, R. P., Zhi, C., & Thomas, G. V. (1998a). The development of understanding moods metaphorically expressed in pictures: A cross-cultural comparison. *Journal of Cross-Cultural Psychology*, *29*(2), 358 - 376.

Jolley, R. P., Zhi, C., & Thomas, G. V. (1998b). How focus of interest in pictures changes with age: A cross-cultural comparison. *International Journal of Behavioural Development*, *22*, 127 - 149.

Kaplan, B. (1967). Meditations on genesis. *Human Development*, *10*, 65 - 87.

Karmiloff-Smith, A. (1992). *Beyond modularity: A developmental perspective on cognitive science*. Cambridge, MA: MIT Press.

Kastner, M. P., & Crowder, R. G. (1990). Perception of major/minor: Pt. 4. Emotional connotations in young children. *Music Perception*, *8*, 189 - 202.

Kellogg, R. (1969). *Analyzing children's art*. Palo Alto, CA: National Press Books.

Kemler Nelson, D. G., Hirsh-Pasek, K., Jusczyk, P. W., & Wright Cassidy, K. (1989). How the prosodic cues in motherese might assist language learning. *Journal of Child Language*, *16*, 66 - 68.

Kennedy, J. M. (1993). *Drawing and the blind*. New Haven, CT: Yale University Press.

Kennedy, J. M., & Ross, A. S. (1975). Outline picture perception by the Songe of Papua. *Perception*, *4*, 391 - 406.

Kerschensteiner, G. (1905). *Die Entwicklung der zeichnerischen Begabung*. Munich, Germany: Gerber.

Kessen, W., Levine, J., & Wendrich, K. A. (1979). The imitation of pitch in infants. *Infant Behavior and Development*, *2*, 93 - 99.

Kosslyn, S. M., Heldmeyer, K. H., & Locklear, E. P. (1977). Children's drawings as data about internal representations. *Journal of Experimental Child Psychology*, *23*, 191 - 211.

Kratus, J. (1993). A developmental study of children's interpretation of emotion in music. *Psychology of Music*, *21*, 3 - 19.

Krumhansl, C. L. (1979). The psychological representation of musical pitch in a tonal context. *Cognitive Psychology*, *11*, 325 – 334.

Krumhansl, C. L. (1990). *Cognitive foundations of musical pitch*. New York: Oxford University Press.

Krumhansl, C. L., & Jusczyk, P. W. (1990). Infants' perception of phrase structure in music. *Psychological Science*, *1*, 70 – 73.

Krumhansl, C. L., & Keil, F. C. (1982). Acquisition of the hierarchy of tonal functions in music. *Memory and Cognition*, *10*, 243 – 251.

Kugler, K., & Savage-Rumbaugh, S. (2002, June). *Rhythmic drumming by Kanzi and adult male bonobo (Pan Paniscus) at the Language Research Center*. Poster presented at the 25th Meeting of the American Society of Primatologists, Oklahoma City, OK.

Kuhn, D., Cheney, R., & Weinstock, M. (2000). The development of epistemological understanding. *Cognitive Development*, *15*, 309 – 328.

Langer, S. (1953). *Feeling and form*. New York: Scribner.

Lawler, C., & Lawler, E. (1965). Color-mood associations in young children. *Journal of Genetic Psychology*, *107*, 29 – 32.

Leekam, S. R., & Perner, J. (1991). Does the autistic child have a metarepresentational deficit? *Cognition*, *40*, 203 – 218.

Lerdahl, F., & Jackendoff, R. (1983). *A generative theory of tonal music*. Cambridge, MA: MIT Press.

Leslie, A. M., & Thaiss, L. (1992). Domain specificity in conceptual development: Neuropsychological evidence from autism. *Cognition*, *43*, 225 – 251.

Lewis, C., Russell, C., & Berridge, D. (1993). When is a mug not a mug: Effects of content, naming, and instructions on children's drawings. *Journal of Experimental Child Psychology*, *56*, 291 – 302.

Lewis, H. P. (1963). Spatial representation in drawing as a correlate of development and a basis for picture preference. *Journal of Genetic Psychology*, *102*, 95 – 107.

Light, P. H. (1985). The development of view-specific representations considered from a socio-cognitive standpoint. In N. H. Freeman & M. V. Cox (Eds.), *Visual order* (pp. 214 – 230). Cambridge, UK: Cambridge University Press.

Light, P. H., & Humphreys, J. (1981). Internal spatial relationships in young children's drawings. *Journal of Experimental Child Psychology*, *31*(3), 521 – 530.

Light, P. H., & MacIntosh, E. (1980). Depth relationships in young children's drawings. *Journal of Experimental Child Psychology*, *30*, 79 – 87.

Linn, S. F., & Thomas, G. V. (2002). Development of understanding of popular graphic art: A study of everyday aesthetics in children, adolescents, and young adults. *International Journal of Behavioral Development*, *26*(3), 278 – 287.

Lipscomb, S. D. (1996). The cognitive organization of musical sound. In D. A. Hodges (Ed.), *Handbook of music psychology* (pp. 133 – 175). San Antonio, TX: IMR Press.

Löwenfeld, V., & Brittain, W. L. (1987). *Creative and mental growth*. Englewood Cliffs, NJ: Prentice-Hall. (Original work published 1964)

Lukens, H. T. (1896). A study of children's drawings in the early years. *Pedagogical Seminary*, *4*, 79 – 109.

Luquet, G. H. (1913). *Le dessin d'un enfant*. Paris: Alcan.

Luquet, G. H. (1927). *Le dessin enfantin*. Paris: Alcan.

Lynch, M. P., & Eilers, R. E. (1992). A study of perceptual development for musical tuning. *Perception and Psychophysics*, *52*, 599 – 608.

Lynch, M. P., Eilers, R. E., Oller, D. K., & Urbano, R. C. (1990). Innateness, experience, and music perception. *Psychological Science*, *1*, 272 – 276.

Machotka, P. (1966). Aesthetic criteria in childhood: Justifications of preference. *Child Development*, *37*, 877 – 885.

Maitland, L. (1895). What children draw to please themselves. *Inland Educator*, *1*, 77 – 81.

Marr, D. (1982). *Vision: A computational investigation into the human representation and processing of visual information*. San Francisco: Freeman.

Martlew, M., & Connolly, K. J. (1996). Human figure drawings by schooled and unschooled children in Papua, New Guinea. *Child Development*, *67*, 2750 – 2751.

Masataka, N. (1999). Preference for infant-directed singing in 2-day-old hearing infants of deaf parents. *Developmental Psychology*, *35*, 1001 – 1005.

Matthews, J. (1984). Children drawing: Are young children really scribbling? *Early Child Development and Care*, *18*, 1 – 39.

Matthews, J. (1997). How children learn to draw the human figure: Studies from Singapore. *European Early Childhood Education Research Journal*, *5*(1), 29 – 58.

Matthews, J. (1999). *The art of childhood and adolescence: The construction of meaning*. London: Falmer Press.

McBride, L. R. (1986). *Petroglyphs of Hawaii*. Hilo: Hawaii Petroglyph Press.

McGhee, K., & Dziuban, C. D. (1993). Visual preferences of preschool children for abstract and realistic paintings. *Perceptual and Motor Skills*, *76*, 155 – 158.

McGurk, H., & Jahoda, G. (1975). Pictorial depth perception by children in Scotland and Ghana. *Journal of Cross-Cultural Psychology*, *6*(3), 279 – 296.

McKernon, P. (1979). The development of first songs in young children. *New Directions for Child Development*, *3*, 43 – 58.

Meyer, L. B. (1956). *Emotion and meaning in music*. Chicago: University of Chicago Press.

Meyer, L. B. (1973). *Explaining music: Essays and explorations*. Berkeley: University of California Press.

Meyer, L. B. (1994). *Music, the arts and ideas: Patterns and predictions in twentieth-century culture*. Chicago: University of Chicago Press.

Millar, S. (1975). Visual experience or translation rules? Drawing the human figure by blind and sighted children. *Perception*, *4*, 363 – 371.

Miller, G. F. (2000). *The mating mind*. New York: Doubleday.

Mitchelmore, M. C. (1980). Prediction of developmental stages in the representation of regular space figures. *Journal for Research in Mathematics Education*, *11*(2), 83 – 93.

Miyazaki, K. (1988). Musical pitch identification by absolute pitch possessors. *Perception and Psychophysics*, *44*, 501 – 512.

Moog, H. (1976). *The musical experience of the preschool child*. London: Schott.

Moorhead, G. E., & Pond, D. (1978). *Music of young children*. Santa Barbara, CA: Pillsbury Foundation.

Morra, S. (1995). A neo-Piagetian approach to children's drawings. In C. Lange-Kuttner & G. V. Thomas (Eds.), *Drawing and looking: Theoretical approaches to pictorial representation in children* (pp. 93 – 106). New York: Harvester Wheatsheaf.

Morris, D. (1967). *The biology of art*. Chicago: Aldine-Atherton.

Morrongiello, B. A., & Roes, C. L. (1990). Developmental changes in children's perception of musical sequences: Effects of musical training. *Developmental Psychology*, *26*, 814 – 820.

Mursell, J. L. (1937). *The psychology of music*. New York: Norton.

Nakata, T., & Trehub, S. E. (2000, November). *Maternal speech and singing to infants*. Paper presented at the Society for Music Perception and Cognition, Toronto, Ontario, Canada.

Nettl, B. (1956a). Infant musical development and primitive music. *Southwestern Journal of Anthropology*, *12*, 87 – 91.

Nettl, B. (1956b). *Music in primitive culture*. Cambridge, MA: Harvard University Press.

Nicholls, A. L., & Kennedy, J. M. (1992). Drawing development: From similarity of features to direction. *Child Development*, *63*, 227 – 241.

Ninio, A., & Bruner, J. (1978). The achievement and antecedents of labeling. *Journal of Child Language*, *5*, 1 – 15.

Norton, A., Winner, E., Cronin, K., Overy, K., Lee, D. J., & Schlaug, G. (2005). Are there pre-existing neural, cognitive, or motoric markers for musical ability? *Brain and Cognition*, *59*, 124 – 134.

Nye, R., Thomas, G. V., & Robinson, J. (1995). Children's understanding about pictures. In C. Lange-Kuttner & G. V. Thomas (Eds.), *Drawing and looking: Theoretical approaches to pictorial representation in children* (pp. 123 – 134). New York: Harvester Wheatsheaf.

O'Hare, D., & Westwood, H. (1984). Features of style classification: A multivariate experimental analysis of children's response to drawing. *Developmental Psychology*, *20*, 150 – 158.

Olson, R. K. (1975). Children's sensitivity to pictorial depth information. *Perception and Psychophysics*, *17*(1), 59 – 64.

Olson, R. K., & Boswell, S. L. (1976). Pictorial depth sensitivity in 2-year-old children. *Child Development*, *47*, 1175 – 1178.

Olson, R. K., Pearl, M., Mayfield, N., & Millar, D. (1976). Sensitivity to pictorial shape perspective in 5-year-old children and adults. *Perception and Psychophysics*, *20*(3), 173 – 178.

Ostwald, P. F. (1973). Musical behavior in early childhood. *Developmental Medicine and Child Neurology*, *15*(3), 367 – 375.

Paget, G. W. (1932). Some drawings of men and women made by children of certain non-European races. *Journal of the Royal Anthropological Institute*, *62*, 127 – 144.

Pariser, D., & van den Berg, A. (1997). Beholder beware: A reply to Jessica Davis. *Studies in Art Education*, *38*(3), 186 – 192.

Park, E., & I, B. (1995). Children's representation systems in drawing three-dimensional objects: A review of empirical studies. *Visual Arts Research*, *21*(2), 42 – 56.

Parsons, M. J. (1987). *How we understand art*. Cambridge: Cambridge University Press.

Patterson, F. G. (1978). The gesture of a gorilla: Language acquisition in another pongid. *Brain and Language*, 5(1), 72‑97.

Perara, J., & Cox, M. V. (2000). The effect of background context on children's understanding of the spatial depth arrangement of objects in a drawing. *Psychologia*, 34, 144‑153.

Pflederer, M. R. (1964). The responses of children to musical tasks embodying Piaget's principle of conservation. *Journal of Research in Music Education*, 13(4), 251‑268.

Phillips, W. A., Hobbs, S. B., & Pratt, F. R. (1978). Intellectual realism in children's drawings of cubes. *Cognition*, 6, 1, 15‑33.

Phillips, W. A., Inall, M., & Lauder, E. (1985). On the discovery, storage and use of graphic descriptions. In N. H. Freeman & M. V. Cox (Eds.), *Visual order* (pp. 122‑134). Cambridge, UK: Cambridge University Press.

Piaget, J. (1929). *The child's conception of the world*. New York: Harcourt Brace.

Piaget, J., & Inhelder, B. (1956). *The child's conception of space*. London: Routledge & Kegan Paul.

Pierroutsakos, S. L., & DeLoache, J. S. (2003). Infants' manual investigation of pictures objects varying in realism. *Infancy*, 4, 141‑156.

Pinto, G., & Bombi, A. S. (1996). Drawing human figures in profile: A study of the development of representative strategies. *Journal of Genetic Psychology*, 157(3), 303‑321.

Platinga, J., & Trainor, L. J. (2002, October). *Long-term memory for pitch in 6-month-old infants*. Poster presented at the Neurosciences and Music Conference, Venice, Italy.

Platinga, J., & Trainor, L. J. (2004, August). *Are infants relative or absolute pitch processors?* Poster session presented at the proceedings of the 8th International Conference on Music Perception and Cognition, Evanston, IL.

Platt, W. (1933). Temperament and disposition revealed in young children's music. *Character and Personality*, 2, 246‑251.

Plomp, R., & Levelt, W. J. (1965). Tonal consonance and critical bandwidth. *Journal of the Acoustical Society of America*, 38, 518‑560.

Premack, D. (1975). Putting a face together. *Science*, 188, 228‑236.

Profita, J., & Bidder, T. G. (1988). Perfect pitch. *American Journal of Medical Genetics*, 29, 763‑771.

Pufall, P. B., & Pesonen, T. (2000). Looking for the development of artistic style in children's artworlds. *New Directions for Child and Adolescent Development*, 90, 81‑98.

Radkey, A. L., & Enns, J. T. (1987). De Vinci's window facilitates drawings of total and partial occlusion in young children. *Journal of Experimental Child Psychology*, 44, 222‑235.

Ramus, F., Hauser, M. D., Miller, C. T., Morris, D., & Mehler, J. (2000). Language discrimination by human newborns and cottontop tamarins. *Science*, 288, 349‑351.

Reith, E., & Dominin, D. (1997). The development of children's ability to attend to the visual projection of objects. *British Journal of Developmental Psychology*, 151, 77‑196.

Révész, G. (1954). *Introduction to the psychology of music*. Norman: University of Oklahoma Press.

Ricci, C. (1887). *L'arte dei bambini* [The art of children]. Bologna, Italy: Zanichelli.

Richert, R. A., & Lillard, A. A. (2002). Children's understanding of the knowledge prerequisites of drawing and pretending. *Developmental Psychology*, 38(6), 1004‑1015.

Robinson, E. J., Nye, R., & Thomas, G. V. (1994). Children's conceptions of the relationship between pictures and their referents. *Cognitive Development*, 9, 165‑191.

Rose, S. (1977). Infants' transfer of response between two-dimensional and three-dimensional stimuli. *Child Development*, 48, 1086‑1091.

Rose, S. A., Jankowski, J. J., & Senior, G. J. (1997). Infants' recognition of contour-deleted figures. *Journal of Experimental Psychology: Human Perception and Performance*, 23(4), 1206‑1216.

Rosenstiel, A. K., Morison, P., Silverman, J., & Gardner, H. (1978). Critical judgment: A developmental study. *Journal of Aesthetic Education*, 12, 95‑107.

Rouma, G. (1913). *Le langage graphique de l'enfant*. Bruxelles, Belgium: Misch & Throw.

Ruff, H., Kohler, C., & Haupt, D. (1976). Infant recognition of two- and three-dimensional stimuli. *Developmental Psychology*, 12, 455‑459.

Russell, J. A., & Bullock, M. (1985). Multidimensional scaling of emotional facial expressions: Similarities from preschoolers to adults. *Journal of Personality and Social Psychology*, 48, 1290‑1298.

Sadie, S. (Ed.). (1980). *The new Grove dictionary of music and musicians*. Washington, DC: Grove's Dictionaries of Music.

Saffran, J. R. (2003). Absolute pitch in infancy and adulthood: The role of tonal structure. *Developmental Science*, 6, 35‑43.

Saffran, J. R., & Griepentrog, G. J. (2001). Absolute pitch in infant auditory learning: Evidence for developmental reorganization. *Developmental Psychology*, 37, 74‑85.

Schaefer-Simmern, H. (1948). *The unfolding of artistic activity*. Berkeley: University of California Press.

Schellenberg, E. G., & Trehub, S. E. (1996). Natural musical intervals: Evidence from infant listeners. *Psychological Science*, 7, 272‑277.

Schellenberg, E. G., & Trehub, S. E. (2003). Good pitch memory is widespread. *Psychological Science*, 14, 262‑266.

Schiller, P. (1951). Figural preferences in the drawings of a chimpanzee. *Journal of Comparative and Physiological Psychology*, 44, 101‑111.

Schlaug, G. (2003, August). *Absolute pitch: Nature or/and nurture*. Paper presented at Annual Meeting of the American Psychological Association, Toronto, Ontario, Canada.

Schlaug, G., Jäncke, L., Huang, Y., & Steinmetz, H. (1995). In vivo evidence of structural brain asymmetry in musicians. *Science*, 267, 699‑701.

Seashore, C. E. (1919). *Psychology of musical talent*. New York: Silver Burdett.

Seashore, C. E. (1938). *Psychology of music*. New York: McGrawHill.

Serafine, M. L. (1980). Piagetian research in music. *Bulletin of the Council for Research in Music Education*, 62, 1‑21.

Sergeant, D. (1969). Experimental investigation of absolute pitch. *Journal of Research in Music Education*, 17, 135‑143.

Sergeant, D., & Roche, S. (1973). Perceptual shifts in the auditory information processing of young children. *Psychology of Music*, 1(2), 39‑48.

Shepard, R. N. (1982). Structural representations of musical pitch. In D. Deutsch (Ed.), *The psychology of music* (pp. 343‑390). New York: Academic Press.

Shinn, M. W. (1907). *The development of the senses in the first 3 years of childhood* (Vol. 4). San Diego: University of California, Publications in Education.

Shirley, M. M. (1933). *The first 2 years: Pt. 2. Intellectual development*. Minneapolis: University of Minnesota Press.

Shuter, R. (1968). *The psychology of musical ability*. London: Methuen.

Sloboda, J. A. (1985). *The musical mind: The cognitive psychology of music*. Oxford, England: Clarendon Press.

Steinberg, D., & DeLoache, J. S. (1986). Preschool children's sensitivity to artistic style in paintings. *Visual Arts Research*, 12, 1‑10.

Stratford, B., & Au, M.-L. (1988). The development of drawing in Chinese and English children. *Chinese University of Hong Kong Education Journal*, 16(1), 36‑52.

Strommen, E. (1988). A century of children's drawing: The evolution of theory and research concerning the drawings of children. *Visual Arts Research*, 14(2), 13‑24.

Stumpf, C. (1883). *Tonpsychologie*. Leipzig, Germany: S. Hirzel.

Sully, J. (1895). *Studies of childhood*. London: Longman, Green.

Sundberg, N., & Ballinger, R. (1968). Nepalese children's cognitive development as revealed by drawings of man, woman, and self. *Child Development*, 39, 969‑985.

Sutton, P. J., & Rose, D. H. (1998). The role of strategic visual attention in children's drawing development. *Journal of Experimental Child Psychology*, 68, 87‑107.

Takeuchi, A. H., & Hulse, S. H. (1993). Absolute pitch. *Psychological Bulletin*, 113, 045‑001.

Tarr, P. (1990). More than movement: Scribbling reassessed. *Visual Arts Research*, 16, 83‑89.

Taylor, M., & Bacharach, V. R. (1982). Constraints on the visual accuracy of drawings produced by young children. *Journal of Experimental Child Psychology*, 34, 311‑329.

Thomas, G. V. (1995). The role of drawing strategies and skills. In C. Lange-Kuttner & G. V. Thomas (Eds.), *Drawing and looking: Theoretical approaches to pictorial representation in children* (pp. 107‑122). New York: Harvester Wheatsheaf.

Thomas, G. V., Nye, R., & Robinson, E. J. (1994). How children view pictures: Children's responses to pictures as things in themselves and as representations of something else. *Cognitive Development*, 9, 141‑144.

Thomas, G. V., & Silk, A. M. J. (1990). *An introduction to the psychology of children's drawings*. London: Harvester Wheatsheaf.

Thorpe, L. A., & Trehub, S. E. (1989). Duration illusion and auditory grouping in infancy. *Developmental Psychology*, *25*, 122–127.

Trainor, L. J. (1996). Infant preferences for infant-directed versus non-infant-directed play songs and lullabies. *Infant Behavior and Development*, *19*, 83–92.

Trainor, L. J., Clark, E. D., Huntley, A., & Adams, B. A. (1997). The acoustic basis of preferences for infant-directed singing. *Infant Behavior and Development*, *20*(3), 383–396.

Trainor, L. J., & Heinmiller, B. M. (1998). The development of evaluative responses to music: Infants prefer to listen to consonance over dissonance. *Infant Behavior and Development*, *21*, 77–88.

Trainor, L. J., & Trehub, S. E. (1992). A comparison of infants' and adults' sensitivity to Western tonal structure. *Journal of Experimental Psychology: Human Perception and Performance*, *19*, 615–626.

Trainor, L. J., & Trehub, S. E. (1993). What mediates infants' and adults' superior processing of the major over the augmented triad? *Music Perception*, *11*, 185–196.

Trainor, L. J., Tsang, C. D., & Cheung, V. H. W. (2002). Preference for sensory consonance in 2- and 4-month-old infants. *Music Perception*, *20*, 187–194.

Trainor, L. J., & Zacharias, C. A. (1998). Infants prefer higher-pitched singing. *Infant Behavior and Development*, *21*(4), 799–805.

Tramo, M., Cariani, P. A., Delgutte, B., & Braida, L. D. (2001). Neurobiological foundations for the theory of harmony in Western tonal music. In R. J. Zatorre & I. Peretz (Eds.), *The biological foundations of music* (pp. 92–116). New York: New York Academy of Sciences.

Trehub, S. E. (2001). Musical predispositions in infancy. *Annals of the New York Academy of Sciences*, *930*, 1–16.

Trehub, S. E. (2003a). Absolute and relative pitch processing in tone learning tasks. *Developmental Science*, *6*(1), 44–45.

Trehub, S. E. (2003b). Toward a developmental psychology of music. *Annals of the New York Academy of Sciences*, *999*, 402–413.

Trehub, S. E., Bull, D., & Thorpe, L. A. (1984). Infants' perception of melodies: The role of melodic contour. *Child Development*, *55*, 821–830.

Trehub, S. E., Cohen, A. J., Thorpe, L. A., & Morrongiello, B. A. (1986). Development of the perception of musical relations: Semitone and diatonic structure. *Journal of Experimental Psychology: Human Perception and Performance*, *12*, 295–301.

Trehub, S. E., & Schellenberg, E. (1995). Music: Its relevance to infants. *Annals of Child Development*, *11*, 1–24.

Trehub, S. E., Schellenberg, E., & Hill, D. (1997). The origins of music perception and cognition: A developmental perspective. In I. Deliege & J. Sloboda (Eds.), *Perception and cognition of music* (Vol. 1, pp. 103–128). East Sussex, England: Psychology Press.

Trehub, S. E., Schellenberg, E., & Kamenetsky, S. B. (1999). Infants' and adults' perception of scale structure. *Journal of Experimental Psychology: Human Perception and Performance*, *25*(4), 965–975.

Trehub, S. E., & Thorpe, L. A. (1989). Infants' perception of rhythm: Categorization of auditory sequences by temporal structure. *Canadian Journal of Psychology*, *43*, 217–229.

Trehub, S. E., Thorpe, L. A., & Trainor, L. J. (1990). Infants' perception of *good* and *bad* melodies. *Psychomusicology*, *9*, 5–19.

Trehub, S. E., & Trainor, L. J. (1998). Singing to infants: Lullabies and play songs. In C. Rovee-Collier, L. Lipsitt, & H. Hayne (Eds.), *Advances in infancy research* (pp. 43–77). Stamford, CT: Ablex.

Trehub, S. E., Trainor, L. J., & Unyk, A. M. (1993). Music and speech processing in the first year of life. In H. W. Reese (Ed.), *Advances in child development and behavior* (Vol. 24, pp. 1–35). New York: Academic Press.

Trehub, S. E., Unyk, A. M., & Henderson, J. L. (1994). Children's songs to infant siblings: Parallels with speech. *Journal of Child Language*, *21*, 735–744.

Trehub, S. E., Unyk, A. M., Kamenetsky, S. B., Hill, D. S., Trainor, L. J., Henderson, J. L., et al. (1997). Mothers' and fathers' singing to infants. *Developmental Psychology*, *33*, 500–507.

Trehub, S. E., Unyk, A. M., & Trainor, L. J. (1993a). Adults identify infant-directed music across cultures. *Infant Behavior and Development*, *16*, 193–211.

Trehub, S. E., Unyk, A. M., & Trainor, L. J. (1993b). Maternal singing in cross-cultural perspective. *Infant Behavior and Development*, *16*, 193–211.

Upitas, R. (1987). Children's understanding of rhythm: The relationship between development and music training. *Psychomusicology*, *7*(1), 41–60.

Valentine, C. W. (1962). *The experimental psychology of beauty*. London: Methuen.

Viola, W. (1936). *Child art and Franz Cizek*. Vienna: Austrian Red Cross.

von Helmholtz, H. (1954). *On the sensations of tone as a physiological basis for the theory of music*. New York: Dover. (Original work published 1877)

Wagner, S., Winner, E., Cicchetti, D., & Gardner, H. (1981). "Metaphorical" mapping in human infants. *Child Development*, *52*, 728–731.

Walk, R. D., Karusitis, K., Lebowitz, C., & Falbo, T. (1971). Artistic style as concept formation for children and adults. *Merrill-Palmer Quarterly of Behavior and Development*, *17*, 347–356.

Wallin, N. L., Merker, B., & Brown, S. (2001). *The origins of music*. Cambridge, MA: Bradford Books.

Watson, M. W., & Schwartz, S. N. (2000). The development of individual styles in children's drawing. *New Directions for Child and Adolescent Development*, *90*, 49–63.

Werner, H. (1961). *Comparative psychology of mental development*. New York: Wiley.

Willats, J. (1977). How children learn to draw realistic pictures. *Quarterly Journal of Experimental Psychology*, *29*, 3, 367–382.

Willats, J. (1984). Getting the drawing to look right as well as to be right. In W. R. Crozier & A. J. Chapman (Eds.), *Cognitive processes in the perception of art* (pp. 111–125). Amsterdam: North Holland.

Willats, J. (1985). Drawing systems revisited: The role of denotation systems in children's figure drawings. In N. H. Freeman & M. V. Cox (Eds.), *Visual order* (pp. 78–100). Cambridge, UK: Cambridge University Press.

Willats, J. (1992). The representation of extendedness in children's drawings of sticks and discs. *Child Development*, *63*, 692–710.

Willats, J. (1995). An information-processing approach to drawing development. In C. Lange-Kuttner & G. V. Thomas (Eds.), *Drawing and looking: Theoretical approaches to pictorial representation in children* (pp. 27–43). New York: Harvester Wheatsheaf.

Wilson, B. (1997). Types of child art and alternative developmental accounts: Interpreting the interpreters. *Human Development*, *40*, 155–168.

Wilson, B., & Ligtvoet, J. (1992). Across time and cultures: Stylistic changes in the drawings of Dutch children. In D. Thistlewood (Ed.), *Drawing research and development* (pp. 75–88). London: Longman.

Wilson, B., & Wilson, M. (1977). An iconoclastic view of the imagery sources in the drawings of young people. *Art Education*, *30*, 5–11.

Wilson, B., & Wilson, M. (1981). The case of the disappearing twoeyed profile: Or how little children influence the drawings of little children. *Review of Research in visual Arts Education*, *15*, 1–18.

Wilson, B., & Wilson, M. (1984). Children's drawings in Egypt: Cultural style acquisition as graphic development. *Visual Arts Research*, *10*, 13–26.

Wilson, B., & Wilson, M. (1987). Pictorial composition and narrative structure: Themes and the creation of meaning in the drawings of Egyptian and Japanese children. *Visual Arts Research*, *13*(2), 10–21.

Wing, H. D. (1968). Tests of musical ability and appreciation (2nd ed.). *British Journal of Psychology* (Monograph Suppl. No. 27).

Winner, E. (1989). How can Chinese children draw so well. *Journal of Aesthetic Education*, *23*(1), 41–63.

Winner, E. (1996). *Gifted children: Myths and reality*. New York: Basic Books.

Winner, E., Blank, P., Massey, C., & Gardner, H. (1983). Children's sensitivity to aesthetic properties of line drawings. In D. Rogers & J. A. Sloboda (Eds.), *The acquisition of symbolic skills*. London: Plenum Press.

Winner, E., & Ettlinger, G. (1979). Do chimpanzees recognize photographs as representations of objects? *Neuropsychologia*, *17*, 413–420.

Winner, E., & Gardner, H. (1981). First intimations of artistry. In S. Strauss (Ed.), *U-shaped behavioral growth* (pp. 147–168). New York: Academic Press.

Winner, E., Mendelsohn, E., & Garfunkel, G. (1981, April). *Are children's drawings balanced?* Paper presented at the Symposium of the Society for Research in Child Development: A New Look at Drawing: Aesthetic Aspects, Boston, MA.

Winner, E., Rosenblatt, E., Windmueller, G., Davidson, L., & Gardner, H. (1986). Children's perception of "aesthetic" properties of the arts: Domain-specific or pan-artistic? *British Journal of Developmental Psychology*, *4*, 149–160.

Winston, A. S., Kenyon, B., Stewardson, J., & Lepine, T. (1995). Children's sensitivity to expression of emotion in drawings. *Visual Arts*

Research, 21(1), 1 – 14.

Wolf, D., & Perry, M. D. (1988). From endpoints to repertoires: Some new conclusions about drawing development. *Journal of Aesthetic Education*, 22, 17 – 34.

Wohlwill, J. F. (1965). Texture of the stimulus field and age as variables in the perception of relative distance in photographic slides. *Journal of Experimental Child Psychology*, 2, 166.

Wohlwill, J. F. (1981, August). *Music and Piaget: Spinning a slender thread*. Paper presented at the annual meeting of the American Psychological Association, Los Angeles, CA.

Wright, A. A., Rivera, J. J., Hulse, S. H., Shyan, M., & Neiworth, J. J. (2000). Music perception and octave generalization in rhesus monkeys. *Journal of Experimental Psychology: General*, 129, 291 – 307.

Yonas, A., Goldsmith, L., & Hallstrom, J. (1978). Development of sensitivity to information provided by cast shadows in pictures. In *Perception*, 7(3), 333 – 341.

Yonas, A., & Hagen, M. A. (1973). Effects of static and motion parallax depth information on the perception of size in children and adults. *Journal of Experimental Child Psychology*, 15, 254 – 265.

Zaitchik, D. (1990). When representations conflict with reality: The preschooler's problem with false beliefs and "false" photographs. *Cognition*, 35, 41 – 68.

Zenatti, A. (1969). Le développement génétique de la perception musicale. *Monographies Francaises de Psychologie*, 17.

Zentner, M. R., & Kagan, J. (1996). Perception of music by infants. *Nature*, 383, 29.

Zentner, M. R., & Kagan, J. (1998). Infants' perception of consonance and dissonance in music. *Infant Behavior and Development*, 21, 483 – 492.

Zimmerman, R., & Hochberg, J. (1970). Responses of infant monkeys to pictorial representations of a learned discrimination. *Psychonomic Science*, 18, 307 – 308.

第 21 章

超常成就：一种发展和系统的分析
SEANA MORAN 和 HOWARD GARDNER

　　王亚妮 4 岁时，已经创作了 4 000 多幅中国水墨画(Ho，1989)。据报道美国的 Michael Kearney[①] 在 1 岁前就能够阅读而且 10 岁就获得了大学学位(Winner，1996a)。小提琴家

---

① Michael Kevin Kearney，美国著名神童，1984 年 1 月 18 日生于美国新泽西州的佩德森。早年被诊断为 ADHD，但父母拒绝让孩子服用医生开的利他林药，并在家由他母亲教孩子。他 4 个月时开始说话，10 个月开始阅读。8 岁高中毕业，10 岁时在南阿拉巴马大学获得人类学学士学位。14 岁在田纳西州立大学获得生物化学硕士学位。16 岁开始在范德堡(Vanderbilt)大学教书。17 岁在该校又获得了计算机科学的硕士学位。22 岁在田纳西获得化学博士学位。

五岛绿(Midori)①11 岁就开始在各国巡回(表演)。Virginia Woolf 没有接受正规教育,却成为了小说家、小品作家和文学评论家,在她的有生之年以及后来都拥有无与伦比的影响力。Michael Faraday 14 岁时给一个装订商当学徒,他通过阅读自己装订的书籍来自学,到 25 岁的时候发表了自己的科学论文,并且他的场理论推动了近代物理学的兴起(Tweney, 1989)。伟大的 Alexander 20 岁成为马其顿王国的国王,镇压了希腊城市的动乱,立刻显露出他的领导才能,并且到 30 岁时征服了众多的文明社会。Nelson Mandela 一生致力于种族平等,在监狱里被监禁了 27 年,释放的时候没有显示出苦难像,相反,他实现了南非从种族隔离到民主政体的举世瞩目的顺利转变。

我们将从这些取得过惊人的、空前的、超常的艺术家、科学家、政治和道德领导人身上得出什么呢? 通过他们的行动、语言和/或他们的工作,他们影响了其他的人们、组织机构、知识体和世界观,不可逆转地改变了从芭蕾到生物到商业的各个领域(Csikszentmihalyi, 1988; Gardner, 1993a)。

906 在某些情况下,超常是一种量上的不同,诸如在一个标准的常态分布的两个标准差之外——例如心理测量学上的智力或者奔跑速度。超出了通常可以想象的平均水平就代表超常。虽然从这种观点来看,正态分布曲线的两端都可以被认为是"超常"的,但我们并不赞成全球通用的划分,把高端称为天才把低端称为学习无能。对于无能的研究倾向于使用缺陷框架,集中在诊断错误和儿童怎样更好地适应正常。他们很少考虑一个无能个体的思考和行为方式对别人的影响。另外,关于有能力和无能力个体特征参差不齐状况的研究不多(cf. L. Miller, 1989; 对低端研究文献的综述,参见 Brown & Campione, 1986; Robinson, Zigler, & Gallagher, 2000)。

在另外一些情况下,超常是一种质上的不同——例如,有天生的才能或者独特的经历,或者使用普通成功者难以获得的认知过程。超常用来代表不同技能的集合体。我们的目的在于用发展的眼光来综合量和质的观点,认为超常就是距平均值的累积偏差的程度。这些积累的偏差最终使一个人具有质的不同,进而在行为或者工作上以一种意想不到的程度影响别人。

超常都是一样的,还是有多种多样的呢? 其轨迹从一出生或生命的早期就定了,还是它在毕生发展中逐渐出现的? 它在不同领域的表现和发展有什么相似的地方? 什么有利于或抑制它的发展? 在这一章,我们首先回顾一下心理学是怎样研究超常的。然后,我们展现一个发展的系统框架来辨别超常在各个领域的最终状态和发展轨迹。我们集中讨论四个领域——视觉艺术、科学、政治领导和道德卓越——解释这些领域的不同和相同之处。

历史

最早,对于超常的科学考察局限于有关天才人物的分类和传记的研究(Cattell, 1903;

---

① Midori Gotō,日本小提琴家,1971 年 10 月 25 日生于日本的大阪。2 岁时其母亲发现她有音乐天赋。她母亲是第一任小提琴教师。7 岁开始公开演奏。2001 年获得 Avery Fisher 奖,这是美国古典音乐的最高成就奖,每年颁奖一次,只授予一位获奖者。现在是美国弦乐教师协会委员会委员,曼哈顿音乐学院弦乐教授。

Cox, 1926；Ellis, 1926）。Galton(1869)通常被认为是个体差异的第一个研究者,因为他发展了相关和回归的统计分析方法使得对于天才的测量成为可能。为了证明导致杰出的能力是遗传的和天然的,高尔顿根据某人的家谱中有多少杰出的人来计算这个人在其所在的一代人中超常的概率。然而,高尔顿既没有辨别导致超常的关键能力或品质,也没有把遗传从环境因素中分离出来。

智力

在 20 世纪的大部分时间,心理学家们主要关注智力,(把它看成是)引起超常的个人品质。当 Spearman(1904)第一个分离出 g 因素,即一般智力因素时,他认为 IQ 代表一般智力能量、抽象思维和形成以及运用概念的能力。其他心理测量学家设想了能力的等级模型作为对于 g 的补充(Thorndike, 1921；Thurstone, 1938；Vernon, 1950)。Binet 和 Simon (1909/1976)、Terman(1925)和 Wechsler(1958)编制了简单的临床或纸笔测验来测量每个人所具有的智力;这些工具强调学生在学校取得成功所必需的语言、逻辑和记忆能力。这个传统至今仍在延续,对于大多数的研究者来说,智力被认为是一个与生俱来的,毕生发展过程中和在不同情形下都是稳定的品质(Eysenck, 1998；Herrnstein & Murry, 1994；Jensen, 1980；see Neisser, Boodoo, & Bouchard, 1996, for a critical discussion)。

在一些人看来,IQ、创造力、领导能力、道德仁慈和超常可以被认为是一致的。具有高 IQ 的人在他们的团体中可能是最模范的、多产的和创新的个体(Terman, 1954)。很多心理测量研究发现 IQ 在一定程度上和创造力(Torrance, 1974)、领导能力(Terman, 1954)、道德行为(Thordike, 1936)和道德推理(Hollingworth, 1942；Terman, 1925)的指数相关。Cox(1926)试图通过对 510 个已经去世的杰出的历史人物的 IQ 分数进行评估,而更直接地把 IQ 和杰出成就联系起来。她得出结论认为他们的天赋在青少年期就可以用心理测量加以鉴别。然而,她的方法回溯式地根据(某人所取得的)成就循环地计算了智力的潜能;她把兴趣和动机与能力混淆了;她没有说明不同历史时期或文化背景下的杰出人物或天才之间的差异。

最具挑战性的关于超常人物的心理测量学研究是 Terman 的纵向研究(Holahan, Sears, & Cronbach, 1995；Sears & Barbee, 1977；Terman, 1925,1954；Terman & Oden, 1947)。1921 年在加利福尼亚有超过 90%的智商在 140 以上的中学生同意提供智力、体质、人格、行为和社会性(方面的)资料;引人注目的是一些人参与的时间超过了 70 年。Terman 的被试被描述为健康的、富于社会竞争力的和多产的,而绝不是适应能力差的书呆子。不过,如果单一把 IQ 看成是对超常的最重要的预测值的话,那么,最明显的是在这些高 IQ 的个体中,缺乏超常的成就。Terman 样本中的许多被试到 40 岁已经获得了研究生学位,在专业领域工作和发表作品(Subotnik & Arnold, 1994)。但是没有人达到一个能够影响同时代或未来人们的水平,就像理查德·尼克松(Richard Nixon)总统或科学家肖克利(William Shockley)①——加利福尼亚同时代的学生,但没有被选进 Terman 的样本——也很少有人

907

---

① William Shockley 和 John Bardeen、Walter Brattain 一起分享 1956 年的诺贝尔物理学奖。——译者注

像加利福尼亚的 Martha Graham、Yehudi Menuhin 或 John Steinbeck① 那样追求艺术或从事其他主要的创造性活动。另外，并不是所有的研究都支持 Terman 所描绘的玫瑰色的生活图画：Hollingworth（1942）的 IQ 高于 180 的儿童被试忍受神经症、孤独和忧愁，因为他们的高 IQ 使他们与低智力的同辈疏远开来；Sears 的研究证明了在 Terman 的样本中女性比男性有更多的挫败感和更少的成就感（Holahan et al.，1995；Sears & Barbee，1977）。

除了一般智力以外

在解释为什么一些人改变了历史的进程方面，用 IQ 研究超常的方式已经失败了（见 Gardner, Kornhaber, & Wake, 1996, for review）。从 20 世纪 50 年代开始，研究者认识到 IQ 不能很好地预测超常者在毕业后在现实世界中的成就（Wallach & Kogan, 1965）。另外，复杂的因素表明了 IQ 不可能像最初定义的那样简单、遗传的或背景独立的（Neisser, Boodoo, & Bouchard, 1996）。例如，IQ 分数在整个 20 世纪平稳上升（Flynn, 1999），但是学校的成绩和超常的成就并没有相应提高。

另外，最近的许多心理测量已经分析出智力不只是一种认知能力——例如 Cattell（1971）的关于从文化中获得的晶体智力与更灵活的流体智力的不同，或 Sternberg（1985）的三元理论把学业定向的分析智力与实用智力和创造性智力做了区分。智力也被解释为一种对元认知控制的度量而不只是认知能力本身（Alexander, Carr, & Schwanenflugel, 1995; Sternberg, 1985），对于自身竞争力和它的延展性（Dweck, 2000），以及大脑的特性——从加工速度（Ceci, 1991）到多巴胺系统功能——的信念（Fried, Wilson, Morrow, Cameron, Behnke, Ackerson, & Maidment, 2001; Previc, 1999）。

Gardner（1983, 1999）的多元智力理论综合了先前不同研究传统的发现，包括对于文化符号系统、神经功能的独立、能力严重不均衡的天才和（或）白痴学者，以及实验和心理测量学的发现。他得出结论，每个人都拥有语言的、逻辑—数学的、空间的、身体动觉的、音乐的、内省的、自然的和可能存在的智力，这些智力可能在每个人所在文化领域不同经历的基础上得到发展或者停滞。

所有的个体都拥有这样的智力范围，但是考虑到遗传和经历，在特定的时间点上人与人之间的智力侧面各不相同。为了突出这种差别，Gardner 对计算能力的智力和得到社会评价的活动领域做了区分。人们参加社会活动并最终胜出（Connell, Sheridan, & Gardner, 2003）。社会上出现的专业领域，可获得的训练资源和个人自身的处理事务的能力和动机，共同决定了智力被怎样表达以及表达到何种程度（Gardner, 1983, 1999）。

特殊的智力和不同形式的超常有联系。空间智力对视觉艺术起作用，逻辑—数学能力有时和空间智力在科学中起作用，人际和语言智力在政治领导中起作用，个人和经验性的智

---

① Martha Graham（1894—1991），美国著名舞蹈家，被认为是现代舞的先驱者之一；Yehudi Menuhin（1916—1999），英国小提琴家，被认为是当时最伟大的小提琴家，1916 年生于美国后来于 1971 年入籍瑞士，1985 年又入英国国籍；John Steinbeck（1902—1968），美国作家，1962 年获得诺贝尔文学奖。——译者注

力在道德完善中起作用。然而,这样的概括应该被调和,个案研究表明,关于职业轨迹和贡献,智力某一侧面的不同寻常可能和全部的智力能力一样重要。Freud 在语言和个人方面的巨大才能与他在数学方面的稀松平常及空间能力的薄弱很不同步,这可能影响了他在科学方面的创新。

专长

其他的研究者,包括格式塔(Gestalt)和认知心理学家们,强调心智能力的策略性使用而不是心智能力本身(Davidson & Sternberg, 1984; Perkin, 1981)。一个人怎样处理遇到的问题(Wertheimer, 1954),如何同时(或)按顺序使用信息来组织活动(Luria, 1976),或怎样改变心理表征来建构对现象的更深理解(Piaget, 1972)? 这些过程中的不同导致了各种各样的专长,这种专长被定义为在一个特殊领域里表现的最高水平(Bereiter & Scardamalia, 1993)。相对于初学者,专家不但拥有更多的知识而且使用本质上不同的策略。他们想得更深入,积聚知识更具灵活性,使用资源更有策略性,从而更有效率,他们把自己的决定建立在问题的深层次而非表面特征上(Bereiter & Scardamalia, 1993; Chi, Glaser & Rees, 1982; DeGroot, 1965; Ericsson, 1998; Newell & Simon, 1972)。这类研究强调经验胜于遗传天资。例如,掌握一个领域需要有准备地练习 10 年(Ericsson, 1998),包括对于环境条件和承受力的敏感性(Perkins, Tishman, Ritchhart, Donis, & Andrade, 2000)。然而,至关紧要的是,专长的研究没有区分那些实现才能的个体和那些以某种方式从其他专家同行中脱颖而出的个体。

创造力

自从 20 世纪 50 年代以来,创造力一直被作为一个独立于 IQ 的特质进行心理测量学研究;这两个特质在 IQ 高于 120 时不存在相关(Getzels & Jackson, 1962)。Guilford (1950, 1967)编制了纸笔测验来测量想法的流畅性、适应性和精细性,而 Mednick 和 Mednick (1967)设计了一个测验来评估联想能力。Guilford 区分了聚合思维和发散思维特质。专家和高 IQ 的个体在解决构建好的问题时,聚合思维在找一个最合适的答案时表现得很出色,而具有创造力的人在解决不确定的问题时,发散出多维的思维线路。Getzels 和 Csikszentmihalyi(1976)更进一步地提出创造力包括问题表达本身。Torrance(1963,1974)确定创造潜能甚至能够在儿童时期被测量;但是在美国的教育体系里,具有创造力的学生比高 IQ 的学生受到更少的重视(Getzels & Jackson, 1962; Torrance, 1963)。Torrance 对学生的追踪研究表明那些在创造力测试中取得高分的人在成人后并没有取得必要的超常成就,虽然一些人表现出了更多中等的成就(Millar, 2002; Plucker, 1999)。

对复杂问题解决研究的早期工作是很有影响的(Wallas, 1926; Wertheimer, 1954),在此基础上,在 20 世纪 80 年代和 90 年代的理论家们强调创造力是怎样从通常的信息加工过程中(Finke, Ward, & Smith, 1992; Mumford, Baughman, Supinski, & Maher, 1996; Mumford, Baughman, Threlfall, Supinski & Costanza, 1996; Mumford, Baughman,

Maher, Costanza, & Threlfall, 1997；Perkins, 1981)和情感、认知、意动和社会因素的系统交互作用中显现出来的(Csikszentmihalyi, 1988；Gruber, 1989)。人工智能的研究者设计了计算机程序来重演历史上的创造性过程，例如 Kepler 发现了运动定律(Boden, 1990；Hofstadter, 1995；Langley, Simon, Bradshaw, & Zytkow, 1987)。虽然已经有批评认为这些计算机模型只是按照已经组织好的数据运行，但模型却能表明通常的信息加工是怎样产生超常结果的。创造力的计算机动态模型强调改变的速率和能力的交互作用，而不仅是一种单一的能力(Eckstein, 2000；Goertzel, 1997；Martindale, 1995)。

关于与智力的关系，已经从研究一般的创造力转到在特殊领域和特殊情境下展现出的创造过程(Amabile, 1996；Csikszentmihalyi, 1996；Gardner, 1993a；Simonton, 1994)上了。独特的个案研究(Bloom, 1985；Feldman, 1986；Gardner, 1993a；John-Steiner, 2000；Wallace & Gruber, 1989) 提供了一种方法来理解，领域和个体的品质是怎样在时间进程中产生交互作用而导致创造性成果的。研究者正在建立一个累积数据库以便建立创造力的普遍原理(Policastro & Gardner, 1999；Simonton, 1994)。

领导能力和道德

在 20 世纪大部分的时间里，领导才能和道德是独立于智力和创造力而被研究的，然而这方面的研究遵循了相似的路径——首先被设想为一种稳定的特质，后来更多地被认为是一个过程。早期的遗传的"伟人"理论(Ellis, 1926；Galton, 1869)让位于稳定的人格和动机特质的观点(Cox, 1926；McClelland, 1967)，随后，让位于包括认知的"心智活动"(Gardner, 1995)，和领导者、跟随者与情境的社会认知系统(Burns, 1978；Gergen, 2000；Hunt, 1999；Jacobsen & House, 2001)的交互作用理论。虽然高 IQ 的个体经常表现出领导者的品质(Terman, 1954)，但 Thorndike(1921)认为社会智力与学业智力是独立的。超常的领导人倾向于拥有高于平均水平的 IQ 而不是非常高的 IQ(Cox, 1926；Thorndike, 1950)，而且太高的 IQ 被证明对于领导才能是有害的(Mann, 1959)。依据同样的脉络，社会和道德思考有别于行为。做出敏锐的道德判断、知道什么时候行动合适和做出道德行动，并不总是一致的(Jarecky, 1959；Walker, 2003)。

道德首先从心理学上被认为是一组性格特征(Hartshorne & May, 1928‒1930)，通过集体的成员 (Durkheim, 1961)、内化(Freud, 1923/1961b, 1930/1961a)，或强化(Skinner, 1971) 而从社会获得。把儿童养育实践与防御机制(Sears, Maccoby, & Levin, 1957)联系起来的心理分析研究和研究强化对内疚和规范内化的贡献的社会学习理论(Bandura & Walters, 1963)，在 20 世纪 60 年代引起了反响。然而，学者和外行都注意到在道德成熟上的个体差异，可以归因于不同的遗传(Galton, 1869)、性别(Freud, 1930/1961a)或者稳定的智力(Terman, 1954；Thorndike, 1936)。Piaget(1932)关注社会关系判断的发展，证明这些判断是怎样随着经历而变得更加复杂、抽象和灵活的。道德是建构起来的而不是强加的。Kohlberg (1984)进一步发展了 Piaget 的思想，把超常加到了道德推理的最高阶段。

人格

与心理测量和认知传统形成对比的是,在 IPAR(人格评估和研究研究所)的研究者们(例如,Barron, 1972; Helson, 1996; MacKinnon, 1975; 另见 Cattell & Drevdahl, 1955; Cross, Cattell, & Butcher, 1967)分析认为,人格特质是超常的关键。这些研究者发现,在各个领域具有创造性的个体共同拥有几种人格特质:独立、不合常规、开放、灵活和敢于冒险。Csikszentmihalyi (1996)用其复杂的概念综合了这些发现,富于创造力的个体表现出看似有点相反的特质,例如既有活力又安静,或既天真又严肃。

另外一个人格方向的研究线路延续了 19 世纪(人们)对于天才和精神错乱关联的兴趣。这种研究超常成就的方法可能在心理学上是不可靠的,例如具有争议的 Freud (1910/1957)对 Leonardo daVinci 的个案研究,Erikson (1958)对 Martin Luther 的个案研究,Geschwind 和 Galaburda (1987)对于左脑受损和免疫紊乱的天才儿童的研究,以及其他对于杰出的创造者尤其是艺术家和诗人的研究(Andreason, 1987; Gedo, 1996; Jamison, 1989)。然而,Rothenberg (1990)认为,创作能力只发生在心理疾病得到控制的情况下。而且,Storr (1988)争辩道,一种对于孤独的渴望或其他推定的反社会行为和超常的关联不一定源于精神病理学。

我们对文献调查后发现,对超常的研究起源于把智力作为一个能导致专长才能的可测的量来研究的。当初认为,这种能力是全世界通用的。然而,它逐渐被认为是专业特殊性和情境依赖性的,并被区分为创造力、领导能力、道德和人格因素。研究兴趣已经从只把总体 IQ 值作为对超常本身的预测转移到能够带来或阻碍超常结果的特性、情境和人与环境的交互作用上来了。

当前问题

关于超常研究的问题围绕以下四个焦点:

1. 定义:超常是什么?
2. 发展:超常是怎样发生的?
3. 专业特殊性:各种形式的超常有什么的特点?
4. 方法学:怎样研究超常?

定义问题

超常的最终状态包括专长、创造力、领导能力和道德优秀。研究者经常把这些不同形式的超常混在一起。这些形式是相同的连续统一体或它们有质的不同吗?专长包含了在同一个领域里的最好表现。例如:象棋大师,下得比别人都好但是提不出创新的步骤或新的规则(De Groot, 1965);地图读者,知道地球两个维度的曲率却构想不出更好的表示方法(Anderson & Leinhardt, 2002)。业已证明,专长不只是具有更多的知识,而是包括在知识组块之间交互连接的复杂性和配置这些组块采用的策略中的质的不同。超常的最终状态的

910

最通常的表现形式就是专长——能够写实的画家、能够严格推论的科学家和能够聚集一小群追随者的领导人，以及日常生活中的道德英雄。

另外，改革型的终态，在每个世纪每个领域只会出现少数人。与专家比起来，这些创造力、领导能力和道德优秀的最终状态导致了象征资源、社会组织或文化价值的新颖构建。他们对他人思想的影响足以改变这个领域。

创造者与他们的材料或媒介——数学符号、科学理论、颜料和帆布等的对话，最终改变了一个领域的方向或结构(Gardner, 1993a)。Einstein 以相对论的形式重新构建了 Newton 的机械理论。Thomas Edison 在 20 世纪引领了电子领域、现代生活方式。创造者通过其作品间接地影响其他人。例如，其他的画家或艺术商在看了 Picasso 和 Braque 的立体派绘画之后的想法是不同的。依据受影响的人的数量、强度和持续时间，创造者的成就包括了从日常生活的小 c(创造力)到历史性的大 C(创造力)。我们强调那些做出具有历史重要性的创新的个体。例如，Newton 和 Leibnitz 在 17 世纪晚期发明了微积分学；现在成了高中生和大学生的一般课程。

相反地，领导能力是一种更加直接的影响形式，通常通过人与人的联系或组织角色中介的相互作用来达到(Gardner, 1995)。领导者通过他们的言行直接影响一个社会的成员。他们也试图通过组织的基础力量来产生影响，例如立法机关、基金组织和法规部门——那些聚集和分配重要资源的地方。与创造力类似，领导能力也形成了一个连续体，从小 l(小领导)形式——例如一个小孩主动地组织一个操场游戏，到中 l(中领导)形式——例如当地的政客或小业主到大 L(大领导)形式——例如改革家、重要的国家政治人物和国际组织的头目。野心较少的领导能力倾向于包括满足于当前需要的基本交换过程，而更高形式(的领导能力)针对的则是有改革能力的、影响未来的、有预见性的(也可能是不可预见的)需要(Burns, 1978)。

像政治和社团形式的领导能力，道德影响通常通过语言、形象和社会相互作用以一种直接的方式进行。但是相反地，道德优秀根植于价值领域，就像和自己一样和其他人对话。结果可能是深远的和抽象的，就像给人印象最深刻的创造力形式一样，道德优秀能够改变一个领域或社会的价值结构(Gardner, 1993a, 1997; Gardner, Csikszentmihalyi, & Damon, 2001)。例如，和其他的领导人一样，Gandhi 通过演讲、写作与和平的示范来传达他的关于印度国家准则的信息。但是他的非暴力抵抗及不合作主义的哲学原理(一个印度教的词汇"真理"和"牢牢抓住"的合成物)，以对不公平的非暴力抵抗为特点，持续影响了全世界范围的宗教和法律/政治领域(Erikson, 1969; Gardner, 1993a)。道德优秀也形成了一个连续体，从小 m(道德)——例如个体利他或英雄行为，到中 m(道德)——例如以一种道德形式领导其他人，到大 M(道德)——动员群体去建造一个更加公平的社会。

在 21 世纪之初，变得越来越复杂和多样的超常，呼唤人们把个体差异研究和发展研究综合起来进行。"天才"不再是一个涵盖一切的术语了。超常可能在形式上(专门技术、创造力、领导能力、道德领导能力)，程度上(日常的行为对比于不断变化的运动)，相互作用(领导能力的直接性和社会性对比于创造力和道德的间接性和抽象性)，和范围(在一个领域里有影响对比于跨专业和跨国界的影响)上是不同的。

发展问题

虽然超常日益被看作是一种毕生的现象,发展研究主要关注儿童。早期的超常包括天赋、才能和奇才。相对于成年人强调超常成就的终态形式,发展形式的目的在于鉴定具有潜力的儿童;通常致力于加速和丰富挑选出的少年的经历。天赋(giftedness)一般反映了一种异乎寻常的高能力倾向,或在一个领域的快速学习,主要是学术领域,例如语言和逻辑或数学(Lubinski & Benbow, 2000; Winner, 1996a)。才能(talent)用来指在非学术领域的高能力或更快的发展,例如艺术、运动或社会仁慈(Winner, 1996b)。虽然智力仍然被认为并被当作一种单一的、整体的、抽象的问题解决能力来测量,但有把智力解释为关于专业特殊性和生物心理学的一种复杂特征的倾向。问题从鉴定一个人是否天才到鉴定一个人展示天赋的领域。通常要根据老师和教练对表现进行比较性评估来鉴别。天赋或才能不再是"更聪明";更合适的说法是,这些词能够被用来描述各个年龄和背景的人,他们不同寻常地熟练掌握了一个领域或情境的知识和技能。

奇才(prodigiousness)代表了终态和发展形式的超常,是一种有趣的交叉。这个术语描述了在某个领域里一个小于 10 岁的儿童表现出成年人和专家的水平——例如展现出复杂的作品,计算快,和象棋专家竞争以及逼真的绘画或具有个人风格(Feldman, 1986; Winner, 1996b)。通常,更多地在那些有清晰评定标准的领域,例如数学、象棋和音乐,而更少地在那些不好定义或综合的领域,例如政治、商业或道德(出现奇才),这些神童以一种神奇的速度达到了当前文化评价标准的顶点。他们在一个特殊领域任务和要求中展现出一种不可思议的吸引力和敏捷的技能,他们得到父母、老师的很好支持和结构化的练习(Bloom, 1985)。虽然神童看起来更可能成为成年时的超常成就者,但事实上更可能成为一种障碍。因为他们早期的表现已经受到了那么多的赞扬,年轻时可能处于专家的位置,而在面对更有影响的、具有革命性成就的压力下不再发展独立性或反叛的精神。

因此,发展的研究分辨了潜力和成就的不同,具有潜力只是一个早期的先兆或能力,对后来的工作成果有影响和支持,但不足以决定后来工作的成果(Bloom, 1985; Gardner, 1993b; Helson & Pais, 2000)。许多研究已经检验了超常的前提条件,例如出生顺序、家庭环境和学徒的年限(Bloom, 1985; Goertzel & Goertzel, 1962, 1978; Simonton, 1994; Sulloway, 1996)。透过超常个体的产品(Martindale, 1990; Simonton, 2000)或者最有说服力的例子(Gardner, 1993a; Wallace & Gruber, 1989),研究者们强调个体差异与期待的发展轨迹的相互作用(Gardner, 1993a; Helson & Pais, 2000)。

专业问题

超常作为一种专业特殊现象而日益受到重视。早期的研究者忽略了专业特殊性(Piaget, 1937/1995, 1955/1995; Terman, 1925)。Vygotsky 的工作(1935/1994, 1934/1962, 1978)唤起了人们对媒介和对成就具有媒介作用的工具的注意。认知科学(Fodor,

1983)、人工智能(Boden, 1990；Hofstadter, 1995；Langley et al., 1987)和发展心理学(Feldman, 1986；Gardner, 1983, 1988；John-Steiner, 1985)等各种观点已经关注个体特殊工作环境的重要性了。为了理解超常，一个人必须理解它的情境(context)——社会看重的行为和支持超常表现的相应的符号系统。因此,研究者提倡一种对工作环境中的人们进行有效研究的生态学方法(Dunbar, 1996；John-Steiner, 2000)。情景依次包括抽象的和社会的两个方面。

抽象的情景包括专业本身,涉及知识、符号系统和与特定工作和活动关联的规则(Csikszentmihalyi 1996；Gardner, Phelps, & Wolf, 1990)。例如在美国,宪法、联邦和地方法律,还有合法的专业术语都属于法律专业。专业存在于个体的头脑中和个体创作的物品中,例如书籍、文档、艺术作品和发明。没有哪个个体的头脑中"掌握"一个专业的全部;更合适的说法是,一个专业在头脑和媒体中分配是不同的(Hutchins, 1996；Mieg, 2001)。

在任何专业的这种差异会产生刺激超常努力的一种重要张力。当然,大多数已经确定的专业是由人们的共识达成的。这些人是通过上学或以正式或非正式的学徒关系达成共识并形成专业的。但是,环绕这种共识的核心是特殊的观点——陈旧的观念、误解或尚未被接受的、潜在的创新观点(Merton, 1949/1967；Moran & John-Steiner, 2003；Vygotsky, 1934/1962)。由于这种特殊的观点被探究并发现有前景,开始时是特别的或特殊的,最终成为领域贯通的、文化贯通的和甚至可能是普遍的专业(Feldman, 1994；Martindale, 1990)。另外,对于更广泛的社会和文化来说,专业的重要性会不同;一些,如科学和商业,已经日益在美国成为更重要的核心,而艺术、工艺和全民争论在某种程度上已经被边缘化了(Bourdieu, 1993；Feldman, 1994；Gardner, 2001；Sorokin, 1947/1969)。

社会背景包括领域,是指在专业实践中起调控作用的一个社会组织。例如法律学校、律师和法庭系统构成法律领域的组织机构。对于一个专业有所了解的个体可能在领域内(职业的)或领域外(业余的或离经背道的)。基于能力、兴趣和机会,个体扮演着由领域规定的角色,例如辩护律师、法律学校的教授或辅助律师业务的助手。关于超常成就,领域的功能在于决定哪个个体的贡献值得汇入专业并留给后代。通常是根据"新颖和合适"的标准来判断的(Amabile, 1996)。甚至在那些个体看起来孤独工作的专业,例如绘画或写作,社会组织使他们的价值能够散布并对他们的贡献进行评价——考虑教师和导师、材料供应者、技术进步的开发者、评论者、保存者(例如图书馆和博物馆)和观众的作用(Becker, 1982；Bourdieu, 1993；Gardner, 1973)。

首先被用专业特殊性的观点研究的社会活动是艺术和科学：Bamberger(1982)对于音乐的研究,Gardner(1982)和Winner(1982)对于视觉和文学艺术的研究,以及Gruber(1981)、Helson和Crutchfield(1970)、Roe(1946,1952)和Zuckerman(1977)做的数学和科学方面的研究。相对于其他活动的范围,例如商业或法律,艺术和科学倾向于更独立于日常的相互作用而需要特殊的、专门的技能和品质,可能被我们称为"激光式的"智力(Gardner, 2006)。艺术家和科学家让他们自己和他们的工作比较依赖他们的同行而更少依赖消费者(Bourdieu, 1993；Martindale, 1990)。

其他的专业,包括领导能力和道德更难以阐明。虽然领导能力在许多职业领域里被发现,从商业到运动,它也组成了它自己的专家形式。相似地,任何专业——艺术、科学、政治、医学等等——包括道德维度,但是道德也是一个以其自身特有的方式组织、研究和重复的专业。超越传统专业边界的超常形式强调"探照灯式的"智力,它综合了来自很多资源的信息和技能,它允许和观众进行比同行更广泛的交流(Gardner, 2006)。

方法学问题

超常的终态和发展形式已经被用不同的方法研究过了。对于儿童或专家的实验或观察的研究比较了能力潜质和品质(Milbraith, 1998;Selfe, 1995;Siegler, 1978)。微遗传问题解决的实验设计考察了强势和弱势表现者在认知加工机制和环境约束上的差异(Chi et al., 1982;Ericsson, 1998;D. Kuhn, Garcia-Mila, Zohar, & Andersen, 1995)。超常成就的先辈和伴随者通过个案研究(Colby & Damon, 1994;Gardner, 1993a;Gergen, 2000;Wallace & Gruber,1989)、访谈研究(Csikszentmihalyi, 1996;John-Steiner, 1985)、档案分析(Gruber,1974;Holmes, 1989;A. Miller, 1989;Tweney, 1989)和历史测量调查(Cox, 1926;Murray, 2003;Simonton, 1994)得以确认。

可靠的发展的或纵向的证据不足。大部分研究是相关的和横断的研究,证明众多的新手和专家,专家和创作者,创作者和领导者,伴随者和领导者,以及具有高或低潜能的儿童之间的差异。人们对于一个新手是怎样成为一个专家或创作者的过程知之甚少。回溯的和历史的研究开始于已知的超常个体;但是经常对于他们儿童时代的作品和经历的收集是欠缺的。纵向研究提供了一个丰富的发展资料,但是不能保证儿童时期的潜能将会发展成成年期的超常。更近期的微观遗传学研究在小范围内阐明了思考、发现或创造的细节过程,但是通常不能把这些思考模式和真正的生活、专业更替事件联系起来。为数不多的纵向和个案研究证明超常的发展需要几十年。表观遗传学研究证明,它的特殊形式在整个生命历程中以不同的方式受遗传天赋和环境改变的相互影响(Lykken, McGue, Tellegen, & Bouchard, 1992;Spinath, Ronald, Harlaar,Price, & Plomin, 2003)。

通常对于超常的文献的批评是它过多地依赖于白人、中产阶级男性样本(例如,Murray, 2003)。然而,一些研究者回顾了性别、种族和文化是怎样对交互作用、表现和评估产生影响的(Jensen, 1980;Simonton, 1998)。例如,妇女达到超常的路途看起来更加复杂、比男性更少综合性和更少文化支持(Benbow & Stanley, 1983;Helson, 1999;Holahan et al.,1995;Sears & Barbee, 1977)。相似地,对于非中产阶级或非西方文化的研究表明了在真实生活和学术表现上的分离现象:巴西街头的儿童能够做生意,肯尼亚的学生能够在家里做复杂的计算处理,但是他们在 SAT 或 IQ 测验上却表现得不好(Ceci, 1996;Sternberg et al.,2001)。另外,文化和历史背景影响了哪些品质是受到推崇的,哪些作品是创新的——试想,从中国明朝、文艺复兴时期的佛罗伦萨或大约 1990 年的硅谷所获得的标准是不同的(Csikszentmihalyi, 1996;Gardner, 1989;Schneider, 1999;Simonton, 1994)。

913

一个发展的系统框架

为了获得当代朝向多维的、相互作用的、发展的观点的方法,我们扩展了一个源自创造力的模型(Csikszentmihalyi, 1988,1996)。超常形成于一个三元素系统,构成包括个体工作于一个特定专业,该专业部分地被领域所控制。个体的作用是在专业里产生变化——产生新的想法、程序、安排或可能刺激专业成长的产品或该专业相对于其他专业的新位置(Simonton, 1999)。专业的作用是提供知识和实践的来源以判断哪些过去的贡献、符号材料对未来杰出贡献的产生具有新的贡献、跨越代际的保存价值(Feldman, 1994; T. Kuhn, 1962; Martindale, 1990)。例如遗传学方面的研究者必须从过去的研究者、当前可接受的科学实践方法和科学论述那里了解已经知道了什么。领域的作用是分配资源和决定哪些变化值得合并到专业和保存给后代。例如遗传学的研究者必须在某个可以开展研究的机构,例如大学、医院或盈利性公司工作;给刊物编辑投稿,由他决定文章是否有发表的价值,还要遵守关于利益冲突的规则。超常对这三个成分都需要。没有个体变化,专业停滞不前;没有专业,那就只有社会交互作用而没有集体记忆;而没有领域,则没有明确的方式来评估新的贡献。

这个系统鲜明地解释了超常。它把超常从作为个体的一种性质——IQ 分数或人格特质——变为一组不断进化和相互作用的成分的特质。专家是个体的(典型地具有激光式的智力),他们熟悉这个专业,已经在领域内建立了有影响力的位置。神童也相似,不过他们很少占据有影响力的位置。因此,专家在专业和领域内都很稳定,守护着分配渠道的主要大门——他们的艺术长廊或者科学期刊,这是一个个体的贡献必须获取的领域支持。专家代表着个体、专业和领域之间的一种问题相对少的协调。

创造者也支配专业,但是对于领域呈现的标准化概念(例如教科书里出现的概念)来说,他们经常处于明显不协调的位置。创造者也表现出激光式的智力,但是激光针对了不同的方面,针对了不太知名的专业概念。根据个人和环境的适合程度,专家似乎被归属于某个职业,而创造者则独具慧眼地选择了一个指向独创贡献的专业(Gardner, 1993a; Gardner & Nemirovsky, 1991; Rank, 1932; Shekerjian, 1990)。创造者可能,但不是必须排除艰难登上一个领域的事业阶梯。一个人的职业生涯的创新的贡献迟早会被一个领域所承认(Galenson, 2001; Lehman, 1953; Simonton, 1994; Zuckerman, 1977)。创造力产生于一个在个体、专业和领域间多产的不协调,至少在事业发展的关键阶段是这样的。

像通常的领导者,他们所起的作用有点像专家,经常被称为"管理者",超常的领导人需要熟悉相关的领域。因此,J. Robert Oppenheimer[①] 有着丰富的物理知识;而 Alfred Sloan[②]

914

---

① J. Robert Oppenheimer (1904—1967),美国理论物理学家,被称为原子之父。1964 年获得美国总统颁发的费米(Enrico Fermi)奖。他的研究兴趣很广泛,如果他能再多活几年的话,他关于黑洞的研究成果有可能获得诺贝尔奖。——译者注

② Alfred P. Sloan, Jr. (1875—1966),早期美国通用汽车公司总裁。——译者注

熟知汽车工业(Gardner, 1995)。然而,为了实现重要的改变,领导人需要纵观全局,广泛的知识基础和探照灯式的智力(Gardner, 2004a; Gergen, 2000)。与学术天才不同,领导者很少在童年时期被鉴别出来;他们需要花费大量的时间在现实生活的相互作用中。领导者通常来自基层——CEO们曾做过较低级别的管理工作,最高行政长官做过地方行政管理工作,将军们曾经是士兵或中士。最初,领导能力源自在个体和领域之间的协调——而其他人则跟从领导者。但是一个有创新精神的领导者会表现出他/她的才能,能够驾驭当前的领域构成与环境的理想状况或追随者的热望之间的不协调。

通过改变价值,道德超常者能够导致系统各个部分的戏剧性的转化。例如,间接地通过他的写作和演讲,直接地通过他的非暴力抵抗,Martin Luther King Jr. 在 19 世纪 60 年代改变了非裔美国人在美国的地位。他的影响至今仍能感觉到。以它最超常的形式,道德楷模们采取了最长的路线,面对来当前专业和领域最强的阻力,也是最难完成的。道德杰出产生于在个体、专业和领域之间的设想和价值的不一致。例如,Gandhi 战胜了英国固有的殖民统治(Gardner, 1993a),而法国经济学家 Jean Monnet 则战胜了国家主义的和侵略主义的倾向,为欧洲联盟打下了基础(Gardner, 1997)。

系统模型也改变了对超常是如何发展的解释。超常不再是先天才能的展现或时机正好的环境支持或挑战的结果。它在不同的年龄的表现是不同的,由于年龄或环境的不同,同样的经历也能产生不同的影响,它必须对专业和领域的不断演化做出回应(例如 Feldman,1986; Gardner, 1993a; Lykken et al. ,1992; Sawyer, 1999)。例如随着年龄的增长,有关认知的表现,个体的遗传的贡献增加(Plomin, DeFries, McClearn, & McGuffin, 2001)而一般智力的贡献下降(Ceci, 1996)。成年人可能更好地选择他们的环境——所有社会的和抽象的——以适合他们天生的敏感性和品质(Changeux & Ricouer, 2000; Granott & Gardner, 1994; Moran & John-Steiner, 2003)。

在这个框架里会产生几种新的张力。例如,专家们为了维持地位本身或只对系统做可控的、小的、增加的、量化的改变而工作,而创新工作者则是为了实现更加冒险的、质上的跳跃而工作。创造者和领导者应该在改变系统上成功吗,他们较少看重专家的专门技术和专家的显著能力。例如,印象派作家和立体派艺术家使 19 世纪学者的作品看起来呆板和缺少可收藏性。然而,专家有着对于这些革新者努力的主要资源和出口的线索,经常是未来改革者的指导者。所以,为了改变,创造者和领导者必须改变足够专家的头脑以取得社会支持。

时机选择的问题对于积极的改革者也是很关键的。如果其他的人——就像 Einstein 和 Woolf[①] 那样——先发表了突破性的科学发现或艺术技法,一个人沿着相同的路线工作就不能获得"创造性的"标签和在未来的教科书中被引用(Kasof, 1995; Merton, 1957; Simonton, 1994)。这种时机的选择部分地在当时领域专家的掌控之下,这取决于他们在关注谁和给谁提供支持。因此,不同领域的个体为了影响专业而竞争角色,于是促进了或阻碍

---

① Virginia Woolf (1882—1941),英国小说家和散文家,被认为是 20 世纪现代文学最重要的代表人物之一。——译者注

了他们自己、同时代人和成功者的发展。

个体毕生发展中的第二种张力包括专业和领域的不同影响。在一个人生命的不同时期，专业和领域出现并占据特定的小环境。儿童首先要通过游戏或非正式的社会交互作用，学会许多专业——例如科学、绘画、音乐和讲故事。大部分人(除了神童)直到青少年才遇到领域问题，当他们逐渐意识到和尝试社会表现——角色、位置、组织——和不同的专业有关。例如，一个儿童学前乱涂鸦，在学校学会绘画的规则，在获得了高中艺术奖后开始追求以艺术作为职业。已经建立的对于角色、工作和社会规范的要求可能使更直接通过游戏或空闲进行相互作用的机会失去。那些处于领域边缘的人可能更容易取得革新性的突破——例如 Einstein 是专利办公室的一个职员，而 Gandi 是流放到南非的一位印度辩护律师。这些局外人有时间和空间在一个专业从事研究并探索其潜在的机会，而不用承担领域角色的责任和义务。对于这些个体，领域的影响在他们已经发展了关键的想法和实践之后才产生。

第三点是个体和环境的相互依赖(Moran & John-Steiner, 2003)。我们关注个体的发展，但是重要的是也要注意到文化专业的发展(Freud, 1930/1961a; Vygotsky, 1960/1997)。由于个体的创作，他们的变化慢慢地改变了他们专业的标准(Martindale, 1990)。个体的发展的步伐比领域的发展更快，但是两者辩证地相互影响着。例如画家首先要依据社会接受的标准和他们时代的美学品味，用专业的要素工作(Getzels & Csikszentmihalyi, 1976; Simonton, 1994; Vygotsky, 1965/1971)。如果没有支持的工具，某些革新是不可能发生的——那些工具可能是新的图像的、知觉的或是概念的(John-Steiner, 1995; Vygotsky, 1935/1994)。领域的有力构造可能限制或也可能帮助人们意识到并获取这些专业要素(Bourdieu, 1993)。

此外，一个专业的现有状态决定了一个特定个体的贡献是否引起涟漪效应。专业沿着与个体相似的轨迹：从无定形的和基本的形式通过增加变化和综合到更复杂的形式。一个新的、相对不分化的专业，例如 20 世纪 80 年代的计算机软件或最近的因特网新闻，因为几乎没有社会或抽象的约束，能够成为新思想产生的沃土。然而，专业的原始状态难以把好的想法从坏的想法中区分出来。一个很好发展的、凝聚性好的专业，例如数学，更容易注意到有用的新事物，因为存在一个利于评判的更加广泛的知识基础，评估标准更清晰，和有一个层次分明的领域结构。

一个不完整的专业，例如视觉艺术，可能证明对个体的创造性潜能发展特别有利(Simonton, 1975)。这样的一个专业提供了一个复杂的环境可以刺激个体朝变革的方向发展。作为一个"水平的"环境，比起具有更稳定职业路径的传统的"垂直的"专业来，它的限制更少(Keinanen & Gardner, 2004; Li, 1997)。在社会层面上的这种破碎和复杂性也可能促进个体的潜能。例如，分裂的政治、通过贸易或移民相互交流的文化，以及对压迫的反抗，能够增加这些环境中的个体产生超常成就的可能性(Simonton, 1975; Sorokin, 1947/1969; Wolfe, 2001)。人们只需要想想文艺复兴时期的佛罗伦萨或 1900 年的维也纳就可以了(Csikszentmihalyi, 1996; Schorske, 1979)。

我们现在转到四个专业系统来对这些发展过程和轨迹进行分析：(1)视觉艺术，(2)生物学和自然科学,(3) 政治领导能力,(4) 道德杰出。我们整理文献中的发现来说明每个专业的一个特定终态、发展轨迹,和相对于普通(通常被认为是普遍的)与超常成功者的个体——专业互动模式是怎样出现的。普通的发展轨迹,在它的极端,通向专长。对于超常发展的处理突出了专业或领域改革中发展的关键点或达到巅峰的过程。

艺术

艺术涉及把个体或集体的思想、感情或想法赋以符号的形式 (Arnheim, 1996; Gardner, 1973; Goodman, 1976; Langer, 1957)。最有价值的艺术作品经常以一种令艺术家和/或观众的文化或社会期望惊奇的方式展现(Bruner, 1962; Meyer, 1956)。超常的艺术家必须通过独立的工作和/或与该领域的大师一起工作来掌握这个专业的技术;他们也随时需要改变大众传媒。在一些历史时期,艺术领域的技术熟练更具支持性——诸如 17 和 18 世纪的肖像画家;而在另外一些时期,领域更朝向改革——就像在 20 世纪。因此,一个艺术家进入领域的时期大大地影响了期待的发展终态。在其他领域,专家是期望的终态,而对于艺术发展期望的终态通常是创造者,虽然大部分的艺术家只成了技术娴熟的专业人员。对领域里的专家的封名属于艺术史家、批评家或艺术藏馆管理人的支持性角色——这些人对艺术知道很多但不一定会创作(Becker, 1982; Gardner, 1973)。

虽然并不排他,但我们还是决定把分析的焦点放在视觉艺术家的作用上。年龄很小的孩子就可以进行绘画,儿童的视觉艺术已经被广泛地研究了(见 Winner, 本手册, 本卷, 第 20 章)。艺术产品是几乎所有年幼儿童普遍的实践,他们在纸上涂鸦,把这些符号和世界上的物体联系起来,并日益真实地描绘那些物体。然而,很少的儿童到成年的时候会成为专业的画家——能改变人们看和描绘世界的方式的画家则更少。纵向研究表明不超过三分之一的年轻画家能在大学毕业后继续他们的艺术,能获得持续影响的人则更少(Getzels & Csikszentmihalyi, 1976; Milbraith, 1998)。

常态发展

儿童最初的艺术学习常常是保守的,使用一个圆来代表许多不同的物体,或改变一些细枝末梢而不是核心特征(Arnheim, 1974; Goodnow, 1977)。随着时间的推移,年轻的涂鸦者会区分、调整和改变图示元素的形状、大小、数量和位置使成它们成为整体(Goodnow, 1977; Karmiloff-Smith, 1990)。儿童在童年中期经过一个较少表现力的所谓"求实时期"(literal period),那时他们接受现实的文化规范,例如那些在喜剧书本里发现的东西。许多人的艺术技能发展从未超越这个刻板印象阶段(Winner, 1982)。

在青春期,那些继续从事艺术的人,对于图画的表现力和审美感变得更加敏感。他们依照自己萌芽的艺术目的,对主题材料、介质特性和文化习俗进行试验 (Gardner, 1980; Winner, 1996b)。依据他们个体的价值和合适的社会机会,一些人开始定向美术,而另一些人则朝着应用艺术,例如广告或设计(Getzels & Csikszentmihalyi, 1976)。那些确定自己是画家的人,寻找表达他们天分的适当的社会出路并设法维持生计,就可能继续发展成为成年画家(Csikszentmihalyi, Rathunde, & Whalen, 1993)。

作为成年人,画家们试图在领域里得到认可。因为艺术领域比其他领域在组织上更松散(Becker, 1982; Csikszentmihalyi, 1996),一个艺术职业的发展轨迹不是那么按年龄——或阶段——分级的。许多,包括像 Van Gogh 那样的超常成就者,开始时也尝试过其他的职业(Brower, 2000; Sloane & Sosniak, 1985)。画家不需要制度化机构的委任书;没有一个正式的领域地位,他们也能创作艺术品,卖他们的作品,并获奖,虽然这样的地位能够帮助他们保护资源和机会(McCall, 1978)。40 多岁是大多数画家的创作高峰,这个年龄比其他大多数的特征领域晚(Lindauer, 1993; Simonton, 1994)。而且,只要他们保持健康,画家能够很好地创作直到老年——Picasso 和 Titian① 就是两个众所周知的例子。

超常的标记

年轻的时候,超常成就者的作品可能跟普通人差不多。当代知识丰富的鉴赏家不能把 Klee、Toulouse-Lautrec、Calder、Miro、Munch、O'Keeffe 和 Wyeth② 儿童时期的绘画和那些在校儿童的绘画区分开来(Rostan, Pariser, & Gruber, 2002)。虽然后来超常画家可能学习得更快而凸显出来,但他们显然没有经历可以明显地把他们和许多其他孩子区别开来的不同阶段(Gardner, 1980; Milbraith, 1998; Pariser, 1995; Winner, 1982)。

虽然如此,文献证明有五个方面与超常有关:(1) 天生的才能,(2) 早慧,(3) 概念定向对知觉定向,(4) 写实的目标对风格的目标,和(5) 艺术家的认定。这些方法大概与研究样本的发展阶段一致——早慧和定向对应年幼儿童,写实和风格对应青少年早期,而认定则对应于青少年晚期和成年期——但是它们不应该被认为是严格地以年龄分段的。对于年幼儿童的研究更加集中于个体特征,在儿童中期专业就成了一个因素,而领域则在此后才变得越来越重要。

才能

相对于其他领域,艺术似乎更需要特殊才能。尽管儿童时期每个人都绘画,但并不是每个人都能画好。许多画得好的人似乎是他们自己学的,几乎没有什么指导或诱劝。即使是天才儿童最早的绘画也能因为——从一个不同寻常的角度描绘一个场景或者显著地有更多细节——而突显出来的(Winner, 1996b)。在历史上,画家的才能似乎有家族性:Picasso 的父亲是画家;Marcel Duchamp 有三个兄弟都是画家;Wyeth 家族的名字长期以来一直与视觉艺术联系在一起。天才的画家经常表现出大脑右半球占优势的一种强和弱模式:有左利

917

---

① Titian (真实姓名 Tiziano Vecelli) (1485—1576),16 世纪意大利文艺复兴时期威尼斯画派的领袖人物。其最著名的代表作是《圣母升天》(*Assunta*)。这幅作品他用了两年时间才完成。——译者注

② Paul Klee (1879—1940),瑞士画家;Henri de Toulouse -Lautrec (1864—1901),法国画家;Alexander Calder (1898—1976),美国雕塑家;Joan Miró i Ferrà (1893—1983),西班牙画家;Edward Munch (1863—1944),挪威艺术家;Geogia O'Keeffe (1887—1986),美国画家;Andrew Newell Wyeth (1917—),美国现实主义画家,2007 年获美国艺术勋章。——译者注

手倾向;模式识别能力、心理旋转和视觉记忆能力强;语言功能不足,例如诵读困难;同时的/空间的而不是序列的/分类的信息加工策略;详细定位;高昂的情绪性(Geschwind,1984;Winner,1996b)。惊人的证据来自艺术领域的那些白痴学者们,被发现既可能是在视觉艺术的也可能是音乐的(L. Miller, 1989;Sacks, 1995)。Selfe(1977,1995)记录了 Nadia 的艺术作品①,一个有着严重的语言和社会能力缺失的孤独症儿童,没有人指导,年仅四五岁时就能够绘得像照片那样真实和常规的透视。

天才观认为那些获得超常成就的人从一开始就是不一般的。只要让他们置身于这个专业,他就能轻松愉快地自学技能并真实地绘画,取得成绩本身可能就会产生动力。虽然这样悠闲地学习也可能表明一般智力的作用,但有艺术倾向的个体通常在传统的/学业定向的 IQ 测试上得分较差(Getzels & Jackson, 1962;Hudson, 1996)。艺术才能更符合一个参差不齐的智力结构。超常的绘画能力可能经常和弱的智力——可能是人际智力或学业智力,也与预料的强的空间和身体动觉智力相联系在一起。例如,Picasso 有阅读、写作、加法和减法的学习困难(Gardner, 1993a),其他几个早慧的儿童画家也一样(Milbraith, 1995)。另外——至少在我们的时代——那些既有绘画又有学业才能的儿童可能很少成为画家,因为他们有合适的更有价值的职业,例如科学或商业。艺术超常在今天的经济和文化条件下可能需要一个参差不齐的轮廓,就缩窄了职业的选择。

没有一种艺术本身的智力;所有的智力都可以为了审美的目的调动(Gardner, 1983)。然而,出色的空间智力,特别能帮助视觉艺术家进行观察、定位和采用透视,对形式敏感,和精细的动作控制(Golomb, 1995)。不过,空间智力不必然是艺术家的焦点;其他的智力强项如数学智力的几何方面或身体运动智力的感觉运动也可能促进艺术作品的突破。例如,Maurits Escher 的光学艺术反映了敏锐的数学才能,而 Jackson Pollock② 的动作绘画,在绘画时他的眼睛或手在运动时整个身体都在运动。这种多样性对艺术才能的纯粹性提出了挑战。生物心理学的潜能对于形象地描绘一个人的经验可能与改变潜能的美学的(或非美学的)目标比起来就不太重要了(Goodman, 1976;Winner, 1996b)。

早慧

那些关注年幼儿童的研究强调不同时期的里程碑。超常并不来自不同的路径或对阶段的跨越,而来自一个更容易更快的旅程——例如,比别人提早 1 到 2 年画出可辨认的形状和增加形状、细节、方位和策略的技能(Golomb, 1995;Milbraith, 1998;Winner, 1996b)。被很多人认为是神童的 Picasso,在 9 岁的时就能用成年人的技法绘画(Gardner, 1993a)。Klee 和 Toulouse-Lautrec 也比他们的同龄人更早地解决儿童时期绘画的常见问题(Pariser, 1987)。

---

① 据报道 Nadia 是一个患有孤独症的女孩,但她从小就具有非常惊人的绘画能力,可以非常逼真地绘画。详见 Martin Rayala (1981). On Nadia's drawings: Theorizing about an autistic child's phenomenal ability. *Studies in Art Education*,22(2),70-72. ——译者注

② Maurits Cornelis Escher (1898—1972),荷兰艺术家,以其不可能图形而著称;Paul Jackson Pollock (1912—1956) 美国抽象派画家。——译者注

在一个里程碑式的比较研究中,Milbraith(1998)观察到被老师推荐的更具才能的儿童,能在 2 岁时就画出可辨认的形状,而不是在预期的 3 到 4 岁。早慧的画家从不同寻常的地方(例如从耳朵而不是头)开始绘画;展现物体的非常规视角(例如从后面或边上而不完全是正面);而且不需要指导就可能获得几何透视。总之,他们更加自信,擦掉线条的可能性更少。他们的策略和产品的变化很不寻常。天分越高表现的轨迹似乎越显得不稳定和非线性,而天分较少则表现出稳定的、线性的成长。还有,较低才能的个体很少能赶上较高才能个体的技能水平。虽然艺术的模型是可用的,但较高才能的人主要靠他们自己在领域里玩耍并发展出处理通常艺术问题的特殊对策。

早期的优秀不总能转化成后来的艺术超常。例如,Eitan,2 岁时就开始绘画,3 岁半时就能够描述观点,长大成人时却选择了建筑或汽车设计作为职业而不是美术(Golomb,1995)。这种脱节的一个理由可能是,在童年中期或青少年期有一个坎需要跨越。早慧儿童必须使特殊的源于动作为基础的策略和有利于学业情景的源于文化的策略相协调起来——一场在个体和领域认可的观点与专业之间的战争。对于音乐上的早期成功者,Bamberger(1982)描述了这样一种"中年危机",是构建从图像到正式音乐知识的桥梁。Milbraith(1995)把这个争论扩展到视觉艺术:对于早慧的画家来说,后来使用线条透视的表现手法可能是难以吸收的,他们发明了某种自己的方法以便描绘得更加深刻。

概念定向对知觉定向

到 3 岁时,大部分儿童把一个实体分类为一把椅子、一个苹果或一头大象。他们勾画这些一般的图式,不会进一步审视物体(Arnheim, 1974;Gombrich, 1960;Goodnow, 1977)。Milbraith(1998)的比较研究发现在较少天分的人中有这种概念优势。这种对标准化知识的过度信赖使这些儿童的视觉敏感性枯竭,限制了他们后期的绘画。

相反,更有天分的儿童用一种不同的心理眼光来看待他们的主题事物。他们倾向于画他们看到的,即使它和传统的模式相反。这些学生只在转到视觉定向的绘画之前短暂地进行分类绘画。对于视觉差异和模式更敏感,他们的绘画包括更多详尽的细节。有天分的年轻画家可能不需要知道怎样用透视法绘画;他们会模仿透视法绘画只是因为他们能够从近似特定对角线地看到一个物体的线条。一个强的知觉本能也可能在照本宣科阶段保护儿童的艺术发展。他们不是采取给定的文化规范,而是在绘画中把它们作为多一个变量来操作;在发展自己的视觉词汇的过程中,他们相信自己观察到的 (Radford, 1990)。

对于孤独症少年的观察支持有定向不同的争论。Alex 表现出低的概念能力,但空间能力较强。他 6 岁就能用"透视法"绘画。在缺乏通过上学获得领域输入的情况下,他被专业的特性所支配。但到 8 岁,当他发展了更多受领域影响的概念知识时,他的绘画就变得较少现实主义和更像那些他的同龄人(Milbraith, 1998)。相似地,当 Nadia 长到足够大,发展了更多的语言技能时,她开始以年幼儿童的更规范的、概念的方式绘画(Selfe, 1995)。

对于感觉的过度信赖能够阻碍它自己的问题。例如,年轻的毕加索想要把数字作为视觉模式而不是数量符号,让他在学校里退步的一种倾向(Gardner, 1993a)。Milbraith(1998)

认为在本质上不是概念或感觉哪个比哪个更好。而是,通过给孩子们提供了用题材和媒介特性进行实验的灵活控制,两种观点的整合可以导致高级的绘画技能。超常似乎来自个体有目的的操作和对更受领域影响的习俗与对领域的更特殊的理解的整合。

写实的目标对风格的目标

大部分对于儿童绘画的研究设想了一种现实主义的终态。然而,至少从摄影术的发明以来(摄影术破坏了图像保存经验的使命),一个更新的表达终态出现了——专业及其从业领域的期望改变了。产生表现力作品的能力是决定一个画家能否成为具有创造力而不只是熟练和专业的关键。当一个儿童因为近乎照片式的复制而可能被预期为神童时,那么,创作更深层的感觉、理解或意义则是对成人画家的期望(Gardner,1980)。创造力超出技术的熟练而扩展到一种独特风格的产生。尽管成就给人的印象深刻,但专家很少因超照片的现实主义而成为即席发挥者,因此,他们的产品很少被认为是有创造性的(Gardner,1982)。因此,研究青少年或成年人艺术发展的研究者现在强调风格和表现的产生(Csikszentmihalyi el at.,1993;Hudson,1966;Radford,1990)。

虽然个体在风格上的差异早在 7 岁就能出现,但直到青少年时期才能完全发展(Winner,1996b)。儿童首先模仿别人的风格。甚至杰出的画家,为了追求隐含在艺术媒介中的固有的机会,他们一开始也学习和仰慕历史上的大师或当代画家的风格(Brower,2000;Gardner,1973,1993a;Pariser,1987;Vendler,2003)。随着对标准技术与风格的扬弃,一些人逐渐发展起指导他们决策的个人的审美风格(Kay,2000)。例如,Klee 儿童时代古怪的素描,看起来支持他后来的成熟风格;Toulouse-Lautrec 特别专注于某些图像方法的情感影响,导致了他特有风格的广告画和其他作品(Pariser,1987,1995)。

一些研究者认为,至少在西方文化下,风格的发展不是线性的,而是遵循一种 U 形轨迹。学前儿童的绘画有个人的风格,这种风格到小学时倾向于减少,那时刻板占主导。一些人的风格会在青少年期再次出现,现在他们已经获得了对绘画技能的更多控制(Davis,1997;Gardner & Wolf,1988;Rosenblatt & Winner,1988)。也许,那些出现在 U 形曲线上升阶段的人——抗过刻板期的人——是那些在非常年轻时就建立了对自己观点的信任,因此获得了别人没有的恢复力的人。年幼的儿童能够产生(但不是感知别人的作品)风格元素而不知道为什么他们重要,而青少年和成人——更多的元认知觉醒——能够有意地感知和产生风格元素(Carother & Gardner,1979)。他们操作艺术媒介的能力微妙地成了他们艺术的核心。

早慧的年轻画家可能在 10 岁时就发展了他们的第一种风格;他们是通过增加细节或提供规范主题或方法的变化来实现的(Gardner,1980;Winner,1996b)。Golomb 和 Haas(1995)对雕刻家 Varda 从 2 岁到她成年的纵向个案研究证明了这样的一个转换。早期的风格很少是创新的。甚至 Picasso 二十几岁时的蓝和玫瑰时期与那时的西方艺术的现实主义标准很少偏离。

Vendler(2003)对四个主要的英语诗人"成为他们自己"进行了一个详细的研究。她描述了每个人怎样有意识地在语言的协助下表达审美:Milton 用神秘的雕刻,Keats 以十四行诗的形式,T. S. Eliot 有中产阶级的习惯,Plath 受家庭生活和关系的限制[1]。Brower (2000) 对 Van Gogh 开展了类似的研究。经过对光线、素描、油画、介质和日本技法的多年探索,Van Gogh 形成了自己成熟的风格:跳动的线条、浓厚的颜料和充满活力的色彩。这些画家直到他们能够有目的地改变文化或专业的习俗才学会操作、控制和综合他们的想法、媒介和实践的许多方面。一旦领域的标准被内化,但不再支配一个人的思想时,风格就从个体兴趣和专业特征的持续交互作用中脱颖而出。

艺术家的认定

达到艺术超常的最后方法,通常集中在青少年晚期和成年早期,强调社会维度:怎样认定一个人是艺术家?作为艺术家要被其他人接受,而且在艺术领域找到一个适宜的位置。把分析创造力的决定性作为一个社会过程,一些研究者分析一个人怎样通过与其他人、组织及机构的交互作用而储备心理的和经济的资源 (Becker, 1982; Bourdieu, 1993; Csikszentmihalyi & Robinson, 1988)。这个过程部分地依赖于领域的状态。例如,最近现代艺术领域要求创新,而 19 世纪前西方学院派主导的领域和传统中国画领域更喜欢模仿前人大师的作品(Li, 1997)。

作为成年人,画家和其他人一样要经历过被别人认同的挑战(Erikson, 1959; Marcia, 1966),但是艺术在帮助他们界定自己对世界的独特贡献、与其他人建立联系和接受来自同辈和家族的表扬(和批评),以及,探究不太流行的职业选择时起着关键的作用(Getzels & Csikszentmihalyi, 1976; Rank, 1932; Sloane & Sosniak, 1985)。尽管在儿童时强迫作画,他们不一定要经历把艺术作为职业的互换(Wrzesniewski, McCauley, Rozin, & Schwartz, 1997)。相反,他们变成艺术家的选择是经过累积的和相互影响的决策,以及,领域元素的偶然事件——例如,参加艺术学校,找到一个导师,预想一个职业,以及对艺术史与批评态度的文化融入(Getzels & Csikszentmihalyi, 1976)。

那些杰出人物,例如 Picasso 或 Andrew Wyeth,可能得益于有父母已经在该领域,因此他们更早地接触可信的——与那些标准的或普通的相反的——角色模型、当前的争论、情感支持和精确的专业水平的标准(Bloom, 1985; Gardner, 1993a)。然而,对于大多数人,父母和老师要么只提供很少的指导,要么操纵孩子们偏离危险的艺术职业 (Getzels & Csikszentmihalyi, 1976; Ochse, 1991; Sloane & Sosniak, 1985)。社会障碍或挑战也可能在确定一个人在领域中的位置时起作用;它们可能显得比得到一个挑战该领域现状的创造性位置的支持更重要(Gardner & Wolf, 1988)。

艺术家除了可以独立和有自由意志的浪漫想法外——艺术家们的自我描绘(Rank, 1932)——艺术家们也必须发展社会技能来获得他人的注意(Gardner, 1993a; Getzels &

920

---

[1] John Milton (1608—1674), 英国诗人,代表作有《失乐园》(*Paradise lost*); John Keats(1795—1821),被认为是英国最伟大的诗人之一,其代表作有《圣安琪斯前夜》(*The Eve of St. Agnes*)、《希腊古瓷》(*Ode on a Grecian Urn*)和《秋松》(*To Autumn*)等;T(homas) S(tearns) Eliot (1888—1965),美国著名诗人,其主要代表作为《废墟》(*The Waste Land*);Sylvia Plath (1932—1963),美国诗人、小说家和短篇作家,因患有精神错乱而放煤气自杀,自杀前用湿毛巾等物品把自己的房间与孩子的房间彻底隔离以保护孩子不受伤害。——译者注

Csikszentmihalyi，1976；Kasof，1995)。有时这些边缘性和联通性的对立观念能够融在一起,当艺术家——例如 Warhol①,Toulouse-Lautrec 和 Picasso——有意地培养一个形象作为古怪的才能。尽管如此,艺术家们的社会相互影响经常是复杂的,有时对于那些有势力位置的人是敌对的,这些人自己以前可能也是革新者(Bloom，1997；Bourdieu，1993)。

超越儿童中期的现实主义,不存在文化接受的单一艺术终态,艺术家们总要对以前出现过的进行"逆反"——印象派艺术家反对学院派绘画,抽象表现主义者反对立体派。所以艺术家必须学会处理焦虑和拒绝,以及观察他们的艺术作品,在艺术批评的世界里和艺术史上接纳他们自己的生活(Jaques，1990)。他们的作品也可能花费相当多的时间才被认同。例如,观念驱动的艺术家倾向于被认为在年轻的时候具有革新性和他们早期的绘画在领域里更有价值,而实验艺术家倾向于在他们职业生涯晚期被认同和他们的作品更有价值(Galenson，2001)。

小结

在生命初期,超常者在第一幅画中就宣布了自己的天生才能。个体是卓越的。在学前和小学期,超常的里程碑包括提前达到可辨认的形状、现实主义和透视法,以及更好的综合、适应性,和对概念与知觉能力的控制。个体和专业开始逐渐受到领域的影响。在青少年和成年期,超常包括超越现实主义而发展出一种独特的风格,在艺术领域找到个人的位置。有些荒谬的是,个体和专业都建立相互作用:首先在克服专业上的领域习俗方面,其次在习惯于(或者有助于重建)领域的强力结构方面。虽然我们大部分人很少得到艺术的发展,并超越从我们的文化中出来的刻板印象的作品,那些成为超常的人似乎在"踩着自己的鼓点行进"——相信他们自己的眼力,发展他们自己的风格,制作他们自己给艺术世界的标记(Winner，1996b)。

科学

科学包括提出推测、检验想法和说明证据来解释和预测世界怎样运行等累积过程。尽管科学通常以稳定的小步子朝着更加复杂理解前进,偶尔地,在某些领域里,有些特殊的条件会发生,于是一个特定的台阶、移动或重新定位产生了理解上的一个超常跳跃(T. Kuhn，1962)。熟悉的例子有哥白尼和以太阳为中心的太阳系,牛顿和他的机械宇宙,以及达尔文和进化论。

对于艺术,最值得纪念或超常的发现使人们对一个现象文化或社会理解重新定位。但是不像当代艺术,科学的重要终态同时包括专家和创造者。专家通过重复研究、使用当前的方法学和当前理论的支持,加深和扩展我们对一个现象的理解。创造者通过革新的方法学、出乎意料的发现或新的理论框架,使人们对一个现象重新理解。由于科学的轨迹是一个想

---

① Andrew Warhola (1928—1987)，以 Andy Warhol 著称,美国艺术家,原籍斯洛伐克,流行艺术的创始人之一。——译者注

法建立在另一个想法的上面,一个创造者的想法或发现一旦成为被领域接受和改变了专业,那么,他或她在改变了的领域里就拥有了一个专家的位置。做出多于一个大范围、革新性发现的科学家很少。他们把他们后来的时间放在巩固他们的突破性观点上,培养那些他们希望会延续和加深这个观点但最终可能是推翻它的人(Gardner, 1993a; Nakamura & Csikszentmihalyi, 2003)。

这种线性的轨迹也造成了跨专业的差异。虽然对科学思想在儿童身上的最初出现仍有争议(参见 Carruthers, 2002; Gopnik & Mellzoff, 1997),但研究者们都同意科学家必须花至少 10 年的时间在学校或做学徒来掌握专业的知识,例如分子生物学或理论物理学(Ericsson, 1998)。一个人在没有完全掌握科学的专业知识时是不可能作出新贡献的。随着这些专业逐渐变得复杂和专门化(Leach, 1999),年轻的科学家可能选择或甚至需要花费额外的时间在博士后的位置上。没有多年的高强训练和协作,很难有突破性的发现。

常态发展

科学的常态发展已经是认知发展和教育研究的主要内容(见 D. Kuhn & Franklin, 本手册,本卷,第 22 章)。大部分研究强调问题解决和使用皮亚杰式的(1937/1995, 1955/1995)或出声思考(Chi et al. , 1982; Newell & Simon, 1972)的方式阐明新手或年幼的儿童在思维过程上与专家或年龄大的儿童有什么不同。尽管有研究对皮亚杰的一些特定观点提出了挑战(Fischer & Pipp, 1984; Gardner, 1973),皮亚杰的一般方法巩固了大部分在科学和数学方面的技能和概念发展(Fischer & Pipp, 1990; D. Kuhn, Garcia-Mila, Zohar, & Andersen, 1995; Tytler & Peterson, 2004)。最近的工作已经将注意转向类推(Goswami, 1996)、元认知过程(D. Kuhn, Katz, & Dean, 2004),和偏见(Klahr, 2000) 会怎么影响孩子的科学推理。

研究学龄期以外的科学思维发展的工作很少。较新的研究线路是研究在工作中的科学家,把科学思维看成是一种社会演说(Dunbar, 1996)或把科学看成是一种争论或说服的方式(Kelly & Bazerman, 2003; D. Kuhn, 1993)。继续科学追求的青少年和年轻的成年人,逐渐认识到科学不只是一种论据的收集,而是不断地检验假设和做出解释的过程(D. Kuhn et al. , 2004; Leach, 1999; Schauble, 1996; Smith, Maclin, Houghton, & Hennessey, 2000)。没有清楚的指导和练习,大部分人总是认为科学就是绝对的、无可争议的事实的积累。确实,他们逐渐被禁锢在自己的偏见里,坚持他们已经相信的,而当他们遇到对于科学专业基础的质询和探测时就结结巴巴了(Gardner, 2000; Greenhoot, Sembe, Columbo, & Schreiber, 2004; Klaczynski & Robinson, 2000)。

超常的标记

超常的一些早期标记可能包括:(a) 先天的、早在 2 岁时就表现出专业相关的能力,(b) 儿童早期不同寻常的和独立的好奇心并维持几十年,(c) 在训练期间遇到问题时应对能力更强,(d) 在成年的职业生涯中促进极端多产的社会关系和环境。就像艺术,这些标记也大致遵循年龄结构,始于个体的特征并扩展到包括专业和领域。

先天能力

科学经常和计算能力、高 IQ 和类推思维联系在一起,这些都可能存在生物学基础。计算能力经常(Feist & Gorman, 1998)但不总是(Radford, 1990)出现在生命早期,甚至可能出现在婴儿期(Gopnik & Meltzoff, 1997;参见 Carruthers, 2002)。不同寻常的能力可能在正式教学之前就已经有很好的展示了(Bloom, 1985)。天才,例如 Blaise Pascal、Carl Friedrich Gauss 和 Norbert Wiener(Radford, 1990),以及其他专家(Sacks, 1985),展示了几乎不可思议的能力,在他们的头脑里能相加巨大的数目,确定一周里的哪天是一个特殊的历史日期,回想复杂的数字序列,例如时刻表或财政条目。数学能力,至少在天才水平以下,在家族中流传,就像 Bernoulli 兄弟和 Pascal 与他的父亲。同卵双生子之间的高相关表明了遗传的成分(Feist & Gorman, 1998)。然而,就像爱因斯坦的故事证明的,计算能力不是超常科学成就的先决条件,超常的科学家也能在通常的框架下出现。

IQ 是另一个被假设的天生能力,被认为是科学成就的基础。许多有名的科学家被认为有高的 IQ (Cox, 1926)。高 IQ 的儿童在问题解决中更快和更灵活(Radford, 1990),通过皮亚杰的科学推理阶段更快(Carter & Ormrod, 1982),受益于加速的和强化的教学活动(Lubinski & Benbow, 2000)。至少在学校里,IQ 和科学成就相关比与艺术成就的相关更高(Lubinski & Benbow, 2000),这可能是因为逻辑和数学技能在这些测量中处于最显著的位置(Gardner, 1983)。然而,像在艺术方面那样,在科学方面的神童行为并不一定能预测成年时的专业贡献。Lunbinski 和 Benbow(2000)报道了只有 25% 的天才年轻科学家坚持科学职业,该项统计还不涉及创造力或超常成就。

标准的 IQ 分数表示一个儿童解决问题的整体能力,而大部分儿童在 IQ 、SAT 或其他智能测试的数学和语文部分表现出不均匀的能力(Hudson, 1966;Radford, 1990;Winner, 2000)。IQ 越高,智力的剖面图就越可能参差不齐(Detterman & Daniel, 1989)。另外,语言、数学和空间能力测试之间的相关证明了有些学科的特殊性。在 Roe(1952)的研究中,理论物理学家在所有测试中得分最好,心理学家倾向于在不同方面都相对好。但是人类学家仅仅在语言部分得分好,应用物理学家在空间部分得分好而在语言部分不太好。逻辑—数学智力不是科学突破依赖的唯一智力(Cox, 1926;Gardner, 1983)。空间智力似乎也在科学突破中起重要的作用,至少在物理学和生物学中(Gardner, 1993a;Root-Bernstein, Bernstein, & Gardner, 1995)。Darwin、Feynman、Faraday、Einstein、Watson 和 Crick[1],都依赖图像、图表或其他空间工具来帮助他们建构和组织自己的思想(Anderson & Leinhardt, 2002;Gooding, 1996;A. Miller, 1989;Watson, 1968)。

类推思维——在分离事物中建立联系的能力——被认为是科学成就的基础(Goswami,

922

---

[1] Richard Philips Feynman (1918—1988),美国物理学家,以量子力学的线性积分公式、量子电子力学理论和超低温液态氦超导,以及粒子物理学方面的成就著称。1965 年与美国的 Julian Schwinger 和日本的朝永正一郎共同获得诺贝尔物理学奖。James Watson 和 Francis Crick 分别是美国分子生物学家和英国生物学家,他们于 1962 年和新西兰分子生物学家 Maurice Wilkins 共同获得诺贝尔生理学医学奖。——译者注

1996)。这种类比推理可能在婴儿期就出现了,因为婴儿试图使他们的世界好理解。后来的演绎推理可能被这些早期的联结所破坏,因为人们经常很难忽略根据他们自己的经验得出的前提的"真理价值",而采用一个抽象的前提假设。因此,类推思维既可能是对科学成就的支持也是对它的挑战——超常的科学家经常依赖类推来产生富有成效的问题解决框架(Gruber, 1989),但是他们也必须克服这种类推可能带来的偏差(Klahr, 2000)。

好奇心

当问到在儿童期他们有什么与众不同时,杰出的科学家和他们的父母、老师大多数常常提到不寻常的好奇心——在个体和专业之间的一种情感和智力中介(Feist & Gorman, 1998; Gustin,1985; Sosniak, 1985)。Pascal 着迷于用炭棒画完美圆形或等边三角形,Pierre Curie 着迷于池塘①。在一份对 Cox(1926)的杰出成就者样本中的 100 位进行事后分析报告中,Terman(1954)发现儿童时期的兴趣对半数的个案有预言性。他也发现他的被试在儿童时代的兴趣存在显著差异,他们最终成为自然科学家、社会学家、非科学家(Terman, 1955)。Lubinski 和 Benbow(2000)报道到 12 岁时的兴趣是既有区别又稳定的;而且,随着年龄的增长,兴趣比能力更能预测科学事业。

未来的数学家或科学家喜爱学习、计算和按照他们自己的兴趣建立逻辑联结——科学对于他们来说就是智力游戏(John-Steiner, 1985; Radford, 1990; Roe, 1952)。他们用精确或精致的方法来安排自己的玩具;他们喜欢七巧板、模型建造和其他可操作的玩具(Bloom, 1985; Sosniak,1985)。虽然有些人可能有阅读的麻烦(Gardner, 1993a; Gustin, 1985),但一旦掌握了阅读技能,他们就狼吞虎咽地读书,扩展他们的知识范围和巩固在专业方面的兴趣(John-Steiner, 1985; Walters & Gardner, 1986)。

与艺术家类似,未来杰出的科学家有不合群的倾向(Roe, 1952; Storr, 1988)。不像其他儿童那样加入现有的团体,他们发展独立的项目(Gustin, 1985; Sosniak, 1985)。Einstein 年轻时进行思想实验(Gardner, 1993a),生物学家 E. O. Wilson② 喜欢设计他自己的童子军计划(Csikszentmihalyi, 1996)。未来的数学家和科学家倾向于把其他人看作可以研究的对象(例如社会学家),或忽视的对象(例如自然学家),而不是联系、帮助或支配(Gardner, 1993a, 2004b; Gustin, 1985; Hudson, 1966; Roe,1952)。

这样的孤立让初露头角的科学家远离他们文化的正常范畴,有利于(发展他们)分类技能上的灵活性(Gardner, 1983; Radford, 1990)。这有助于他们对偏见、理论和证据的混淆,以及缺乏反驳等障碍的克服,这些反驳通常是在常规发展中发现的(Gardner, 1991; Greenhoot et al., 2004; Klaczynski & Robinson, 2000; Klahr, 2000; D. Kuhn et al., 2004)。Einstein 讲过,科学家需要"独立于习惯、观点和其他人的偏见"(Gardner, 1983, p. 131)。发展自己的观点和人格的时间也可能给未来的科学家准备了科学挑战、争论和批判

---

① Pierre Curie (1859—1906),法国物理学家,是结晶学、磁学、压电学(piezoelectricity)和放射学的先驱者。据说他小时候对池塘里水面上的冰特别好奇。——译者注

② Edward Osborne Wilson (1929—   ),美国生物学家、理论家和博物学家。——译者注

的生活(Feist, 1993; John-Steiner, 1985; Watson, 1968)。独立项目可能保持学生对科学追求的兴趣,否则他们讨厌上学。青少年不在科学上继续的一个可能原因是学校作业太说教了,没有充分的探究性,不能满足他们的兴趣(Feist, 1991; Lubinski & Benbow, 2000; Subotnik & Arnold, 1994)。大部分追求科学事业的人在回忆他们上学的年头时都不觉得亲切(Gustin, 1985; Shekerjian,1990; Sosniak, 1985)。早期的兴趣得不到发展,那么,领域的约束和规定的教育方式可能在技术上支持了知识的掌握,但阻止了能够创造新知识的探索行为(Amabile, 1996; Berlyne,1950)。

解决问题的方法

在青少年和成年期,一个人知道什么和怎样知道比起来就不太重要了。过程取代记忆成为是超常的标记。大部分关于问题解决策略的研究比较了对当前领域标准的反应(例如,Chi et al.,1982);相应地,这些研究并没有说明在试图改变"正确的"反应是什么的答案和方法上有什么质的差别。这些研究并没有把创造者和专家区分开来,但为创造者怎么在科学上首先要成为专家,以及怎么区分专家和新手提供了额外的支持。然而,除了技术专长,杰出的科学家有找到好问题去解决的诀窍,这经常还没有被领域认为是重要的。他们甚至可能拿自己的整个生涯冒险探讨一个有潜在成果但仍然有风险的问题(Bereiter & Scardamalia, 1993; Gruber, 1974)。当大多数人没有注意到反常或把他们解释清楚时(Chinn & Brewer, 1993),超常的科学家被吸引前去,而不是忽视或害怕反常(Csikszentmihalyi, 1996; Gardner, 2004b; Gardner & Nemirovsky,1991)。那些在科学上做得较好的人——首先是专家,其次是有选择的一些创造者——表现出一些突出的特征。他们保持开放的头脑,坚持细微的差别,创造富有成效的问题表示法,整合理论和证据,以及苛刻的元认知。

首先,既不偏爱知觉信息也不偏爱概念信息,专家们对两者都保持开放(Gooding, 1996; Langley et al.,1987)。相反,新手过度依赖他们的早期感觉、偏见或通过教训学会的概念(Grotzer & Bell, 1999; Klahr, 2000; Perkins & Simmons, 1988);这种依赖限制了他们表征复杂问题的能力(Anderson & Leinhardt, 2002)。创造性的科学家进一步发展高敏感的观察机制来感知其他人因受传统概念的蒙蔽而没有注意到的东西(Langley et al.,1987);而且,为了预防他们自己的概念惰性,他们经常不只是致力于一个问题或项目上(Gruber, 1989)。相信知识是易变和不确定的个体,以及坚信自己的好奇心和研究努力将会富有成效的个体可能参与科学和其他知识的创造追求(De Corte, Op't Eynde, & Verschaffel, 2002; Dweck, 2002; Klaczynski & Robinson, 2000)。

其次,当新手很快跳到形成答案以便与他们当前的信仰保持一致时,专家则花费更多时间和注意力去建立和修正问题的表征(Klahr, 2000; D. Kuhn et al.,1995; Rostan, 1994; Schaffner, 1994; Smith et al., 2000)。如果儿童或新手通过死记硬背来学习科学概念,他们可能成为技术员,但没有机会清楚地理解问题更深的结构(Perkins & Simmons, 1988; Zuckerman & Cole, 1994)。这些个体也没有学会怎样分离和整理理论和证据,他们也不可能察觉到哪些知识是不确定、临时的和没有被一个科学领域建构的(Kuhn, Cheney, &

Weinstock, 2000；Leach, 1999)。一旦关注反常或提出了假设,不一定总要坚持;许多成年人会表现出对自己偏见的坚持并立即做出判断,这抑制了他们的创造力(Greenhoot et al. , 2004；Klahr, 2000；Kuhn, 1989)。

在超越当前领域接受的"正确"答案方面,创造者比专家更加不屈不挠。著名科学家的笔记本显示出根据想象或类比所做出的多样性问题表征(Dunbar, 1996；A. Miller, 1989；Tweney, 1996)。这些表征帮助科学家自由地打破传统观念(Gardner, 1993a；Gruber, 1974),提出新的方法和理论(Rostan, 1994)和保持头脑的开放(Holmes, 1996)。当大多数人在争论他们知道什么时,突破性的思想家则在关注他们不知道什么(Qian & Pan, 2002)。他们关注缺陷、反常和与事实不符的情况。当然,即使是受到赞誉的科学家也承认,在面对矛盾时要保持怀疑和思想开放的观点是困难的(Wertheimer, 1945/1959；Zuckerman & Cole, 1994)。

第三,新手较少有意识地控制他们心智过程,而专家则有更好的元认知和元认知策略。高 IQ 的儿童对自己的知识和心理活动一直表现出较好的意识。较好的科学学生在问题解决中能更好地控制他们的策略使用,因此不仅能意识到他们学会了什么,还能意识到是怎样学的(Alexander et al. ,1995；Radford, 1990)。他们对理论和证据的协调,利用新信息对心理模型进行转换,和对于科学过程的理解都得到了提高(Kuhn et al. ,2004；Schauble, 1996；Sinatra & Pintrich, 2003；Tytler & Robinson, 2004；Zimmerman, 2000)。熟练的科学家更多地关注问题空间的线索(Klahr, 2000；Newell & Simon, 1972)和可能解决方式的美学性质(A. Miller, 1989；Polya, 1973；Radford, 1990)。专家倾向于根据正确的认识来控制自己的认知,建立一个反馈回路以减少变异。而创造者则倾向于根据新的认识来控制自己的认知,建立一个反馈回路来增加变异(Gruber & Davis, 1988)。

科学生涯

虽然科学过程的研究经常关注认知和问题解决,但对科学成就的社会性方面的兴趣日益提升 (Latour, 1987)。焦点已经从问题解决转移到了争论(D. Kuhn, 1993)。科学被看作是一种说教,每个人都想通过辩论说服对方,让对方接受一个概念或理论(Bell & Linn, 2002；Leach, 1999)。人们必须在他们能够搞清科学方法和发现的意思之前,理解一般的科学讨论 (Lehrer, Schauble, & Petrosino, 2001)。学术期刊是由那些最具说服力的人控制的市场或战场(Kelly & Bazerman, 2003)。从这个观点来看,科学生涯不仅需要知识创造,而且也需要与领域中的其他科学家进行交涉和沟通的才智。

这种"说教"游戏有时间限制——科学家的工作必须和领域的潮流有联系。如果太早,就成了怪异;太晚,就是稀松平常的科学结果。要被认为是有创造性的贡献,时机必须恰到好处。在生命历程中,一般的科学生涯的轨迹早早地到达顶峰,并倾向于像一个倒 U 形(Lehman, 1953；Simonton, 1988)。一个人的第一个有价值的贡献通常发生在 20 几岁,最大的突破在 30 几岁后期或到 40 几岁,而最后,重要的贡献是在 50 几岁(Simonton, 1991a)。就原创性贡献而言,数学和物理学比生物学或地球科学倾向于更早出现顶峰 (Gardner, 1983；Simonton, 1988,1991a；Zuckerman, 1977)。

如今,考虑到科学专业和领域的复杂性在增加,需要更长时间的训练和正式职业的开始在推迟,当然也可能有生命晚期健康较好的原因,这些年龄的峰值有推迟的趋势(Gardner et al.,2001;Simonton, 1991a)。虽然领域长期以来一直扮演着背景的角色,萌芽状的科学家正当他们在上大学或读研究生时就成为领域的一部分了。他们开始与其他科学家一起在缺乏已知答案的问题上工作(P. Davis & Hersh, 1980;Gustin, 1985;Sosniak, 1985),而且,必须学会在一个科学社团中进行沟通(Kelly & Bazerman, 2003;Leach, 1999)。

尽管学徒期是漫长的,但许多杰出的科学突破是在职业生涯的早期做出的。Einstein、Newton 和 Krebs[①] 的例子是众所周知的(Gardner, 1993a;Holmes, 1989)。虽然有改革能力的科学家已经独立地研究了专业并熟悉了领域,通常他们曾经得到过一个更先驱的科学家的指导。在他们突破的时期,他们经常处于领域的边缘。他们没有传统专家的权利位置,这种位置会让他们淹没在管理事务中并减少他们从事创造性工作的时间(Nakamura & Csikszenmihalyi, 2003;Perry-Smith & Shalley, 2003)。

尽管如此,社会支持预示着有更高的可能性作出突破性贡献,因为它有助于获得科学文化的资本(Bourdieu, 1993)。即使科学经常被看作是孤独的思考(Gardner, 1989),合作技能也非常重要(Gardner, 1999;John-Steiner, 2000)。更可能在科学上继续和超越的人是那些参加天才探索和科学事务的人(Lubinski & Benbow, 2000),年轻时在另一个科学家的实验室工作(Fischman, Solomon, Greenspan, & Gardner, 2004;Gardner, 1993a;John-Steiner, 1985),和发现有影响的和支持的导师(或被发现)(Gardner, 2004b;John-Steiner, 1985;Noble, Subotnik, & Arnold, 1996;Zuckerman,1977)。

此外,和其他有活力的思想者合作也经常继续贯穿于科学生涯。例如,Einstein 和他的数学家朋友 Marcel Grossman[②],物理学家 Richard Feynman 和 Freeman Dyson[③] 与 Marie 和 Pierre Curie 夫妇,根据技能和观点的补充,建立了长期的、联合的产出(John-Steiner, 2000)。人类基因组项目,一个世纪来生物学工作的顶峰,产生于跨越历史的和当代的数百位科学家合作努力的结果(Keller, 2000)。然而,女性科学家的事业似乎遵循一种更为复杂的模式,更少的支持、不同类型的导师,以及更少的认同。她们发表的作品较少,但倾向于更长、更散而且更综合(Holton, 1973)。这种要求文凭的、长期培训的、隶属于研究机构的和合作的科学模式不同于那些在较少"垂直"专业中发现的(Li, 1997)。

一个成年人超常的最显著标记是有丰富的产出。一些科学家发表了大量的出版物。诺贝尔奖得主平均每年超过三篇论文,而《美国科学男女》(*American Men and Women Science*)的科学家平均仅为 1.5 篇,大部分普通科学家在一生中仅发表一次或两次

① Hans Adolf Krebs (1900—1981) 是个德国人,后来成为英国医生和生物化学家,1953 年获得诺贝尔医学生理学奖。——译者注
② Marcel Grossmann (1878—1926),苏黎世联邦理工学院数学教授,生于匈牙利的布达佩斯,死于瑞士的苏黎世,Einstein 的同学和朋友。他的专长是描述几何。原文的姓名有笔误。——译者注
③ Freeman John Dyson (1923—　　)出生于英国的美国理论物理学家和数学家,因为量子力学、凝聚态物理学和核工程而著称。——译者注

(Simonton, 1988)。被同事认为更有创造力的数学家比较少创造力的人发表三倍数量的论文(Helson & Crutchfield, 1970)。早期的产出预示了后来的产出,造成在出版和引用率上的累积优势(Merton, 1968; Zuckerman, 1977)。

到了中年期,作出革新性贡献的可能性减少(Simonton, 1988)。甚至对于那些已经成为领域改革者的人,他们随后在领域中的角色也经常改变(Csikzentmihalyi, 1996; Nakamura & Csikzentmihalyi, 2003)。更可能的,科学家专注于整合他们自己的工作(Gardner, 1993a),综合领域里其他人的工作(Csikzentmihalyi, 1996),使他们的工作在实验室或写作中变得制度化(Holmes, 1996),成为领域资源的管理者或看门人(Gardner, 1993a; Holmes, 1996),或对领域和专业进行哲学探讨和批评(Csikzentmihalyi, 1996; Gardner, 1993a)。从创造性突破中获得的注意可能使科学家难以对另一个突破投入时间和精力或很难再为下一个突破而冒险 (Holmes, 1996)。

小结

科学方面的超常包含了能力、好奇心、训练、机会和支持的富有成效的"联合出现"(Feldman, 1986)。一些,但不是全部,突破常规的科学家显示出天生的能力,高 IQ 或更精确的计算、逻辑或空间智力。许多人甚至在上学前就表现出一种强烈的学习专业知识的动机。通过独立的项目、求学和实践,初露头角的科学家发展策略、机制和认识论来帮助他们建构并行进于反常然而有前景的问题之间。一旦开始了科学生涯,他们发展智力项目、社会关系和科学论述技能的网络来获取资源、激发产出,和不断地滋养他们的头脑。虽然许多人获得了观察、假设、检验证据和得出结论的基础,但那些在科学方面成为超常的人也认识到从独立于领域传统智慧和/或他们自己的偏见里的观点构建一个问题的重要性;尽管科学追求有不确定性,但他们系统地坚持,并把突破思维的合作和竞争的各方面结合起来。领域起了重要的作用,通常,在早期求学时关注的规范的方法和知识起到对抗的力量,但是后来在为一个人的职业生涯提供资源和机会方面成了支持性的力量。

政治领导

领导地位由一个人(或一个小团体)设想的角色组成,他(他们)获取资源和权力来指导和安排其他人的信念和行为以朝向一个目标、远景或使命(Burns, 1978; Gardner, 1995, 2004a; J. Gardner, 1984; Simonton, 1991b)。曾经,基于假定的神圣而神奇的力量,领导地位发展成了一种皇室继承的权利, 种管理者和拥有者的家长式的独裁,或最近(的表现)是某个领域中最老练的群体(的独裁)。现在,在对待领导能力上,研究者不再强调命令—控制的方面,而是看重使经常敌对的不同组成部分在一起工作的重要性(Heifetz, 1994; Zander & Zander, 2000)。领导地位是跨专业出现的;领导专业——包括一般的技术和策略——已经被本专业研究了(见 Kellerman & Webster, 2001 回顾)。然而,领导地位也属于更传统的专业,例如艺术、科学、法律和商业。商业和政治专业对领导地位已经做了大量的研究。在这些领域里,领域和专业动力学方面的探照灯式的智力比较流行,而在艺术和科学方面,专门技术、创造力和激光式的智力最突出。领导地位确实也在艺术和科学中出现。Picasso 是立体派画家的领导，Oppenheimer 在曼哈顿计划中领导了科学家们。但是他们的力量更多来源于他们的专门技术，而不是我们强调的领域导向、社会技能和品质。

在商业和政治上，有目的地创建一个社会组织是关键，而不是某人的主要专门技术的一种副效应。而在艺术和科学上，改革的方法通常是抽象的——通过图像、文字或数学公式；在商业和政治上，带着当前力量关系的领域结构是改革的媒介。改革是社会性的。我们主要关注政治领导人，已经有了大量的研究，因为他们影响了大范围的不同人群。

常态发展

其他领域的调查证实，即使在年幼儿童身上也能观察到初步的社会政治活动。除了有严重障碍的个体，每个人都要发展理解、交流和影响其他人的社会技能。领导能力的基础——社会支配，或和别人竞争或通过别人获取资源的各种能力——在学前期就开始了（Hawley, 1999）。在早期的假装游戏里，儿童能用符号来象征自己和他人，扮演不同角色，理解人们有不同的观点，了解不同的态度和行为所导致的结果（Gardner, 1983；Harris, 2000；Vygotsky, 1978）。关于艺术和科学，一个人首次遇到领导地位是通过和专业打交道——在这样的情况下，就是角色扮演。然而，因为游戏的媒介是社会交互作用本身，这样的游戏很少不被领域力量介入；从他们最初的几年开始，儿童在家庭的操纵下学会"好行为"和影响的策略。

到了幼儿园，一些儿童表现出特殊的才能去强迫、说服、帮助、合作和命令他们的同辈来获得他们的需要；少年也可能展现出对要么强迫的/器械的或亲社会的/同感的策略偏好（Hawley, 1999）。在小学期间，儿童对角色的理解变得更为复杂，从根据特定的行为做出的定义开始，再到动机和意图的联合，最后到根据不同情景对多种角色和观点进行协调（Fischer, Hand, Watson, Van Parys, & Tucker, 1984；Flavell, Botkin, & Fry, 1968；Selman, 1980）。

在美国社会，青少年担任制度化的领导角色，例如学生会代表、拉拉队队长、鼓乐队队长或婴儿的临时看护人。通常，他们首先成为在领导专业的业余爱好者，充当出现在许多领域的一般角色的"假装"或"影子"。这些早期的经历能帮助形成价值观——例如政治运动的左或右翼——这就有可能继续成为成年期的领导能力（Braumgart & Braumgart, 1990；Flacks, 1990）。那些被选到领导位置的人也学会尊重并展现可靠性（Mason, 1952）、正直和知识（Morris, 1991），甚至作为他们对潜在事业的探索（Govindarajan, 1964）。传统上，侦察组织、教堂、欧洲专业学校、美国的军队和他们的院校，以及奖学金项目提供培养年轻人领导技能的阶梯。这些和其他项目的评估很少采取一个发展的观点，或者把领导品质从对规定角色的要求中分离出来（Furr & Lutz, 1987；Hohmann, Hawker, & Hohmann, 1982；Kielsmeier, 1982）。

在成年期，大部分人是追随者。与采取主动或为别人承担责任相反，他们在一个已经建立的组织为别人工作，以适合别人设定的目标（Berg, 1998）。瞄准领导位置的那些人通常是管理人员,提升他们的组织等级,随着责任的增加而起作用,维持有效的运转,但在多数情况下,也在为另外一个人或组织的目标作贡献(Kotter, 1990)。以比较专家和创造者为例,使用管理者作为对象的领导行为研究可能对理解超常领导能力的发展没什么用——甚至没什么关系(Hunt, 1999; Lowe & Gardner, 2001)。此外,杰出的领导人可能来自正规的组织外,这样的个体可能使用他们最近获得的职权获得那些良性的(例如 Martin Luther King Jr. ,或 Mahatma Gandhi)或恶性的东西(例如 Adolf Hitler;见 Bullock, 1998)。与青少年相比,成年人倾向于更加依靠目的而不是靠活动的感觉来定义领导地位(Morris, 1991);然而,大部分成年人参与的形式似乎是相互影响的,基于共同利益的资源交换,而不是朝向一个新的、更高的目标(Burns, 1978)。

超常的标记

Goertzel 等人收集的杰出政治家的例子,包括 Robert Kennedy、Lyndon Johnson、Cesar Chavez[①] 和 Adolf Hitler,描述了相当平常的童年。大多数最有影响的领导人似乎没有什么极端的心理能力,如极端高的 IQ 或超凡魅力的人格,但在智力或特质的各个方面有一个较好的平衡或让人相对满意的特点。结果是,这样的个体能适应各种环境;甚至这个人可能没有哪一点品质是鹤立鸡群的,但他或她还是能很好地升到其他人上面做领导。虽然下面几点对于领导的出现既不必要也不充分,但一些被认定的特征与后来杰出的领导能力有密切的关系:(a) 一般智力"够高",(b) 和其他人联系的技能,(c) 不同寻常的驱力,和(d) 早年生活经历的逆境,加上(e) 成年期登台表现的机会——接受的或获取的——和后来在领导方面的杰出表现是相一致的(Burns, 1978; Gardner, 1995; Simonton, 1994; Wills, 1994)。

智力

与那些一般 IQ 的学生比,心理测量结果显示智力高的学生倾向于表现出领导潜力(Terman, 1954)。但是太高的 IQ 会造成和别人的关系困难(Fischer, Hand, Watson, Van Parys, & Tucker, 1984; Hollingworth, 1942)。对于历史上的领导人的 IQ 研究得出不同的结果,和领导能力的测量有时候相关有时候不相关(Cox, 1926; Simonton, 1976, 1981, 1986, 1991b)。大多数杰出的领导人倾向于有超过平均水平——但不是太高的——智力和适度的学业水平(Cox, 1926; Mann, 1959; Simonton, 1976; Thorndike, 1950)。

不像创造者,领导人比较圆滑而且多才多艺(Simonton, 1976)。大多数在用于沟通和表达自己想法的语言智力,也有可能身体运动智力,以及与自我掌握和社会才干有关的人际智力方面表现得比较强(Gardner, 1983,1995,1999)。这种通才,身体意识(经常包括令人印象深刻的身材),社会定向的智力结构帮助领导人成为好的问题解决者,适应改变的环境,和与有着不同能力和兴趣的人交流(Connell et al. ,2003)。有着这种探照灯式的智力结构的个体能够看到大局——完整的情形——在别人能看到之前,他们不会像有着激光式智力的

---

①   Cesar Chavez (1927—1993),美国劳动联盟领袖,是美国农场工人协会的发起人。为了纪念他,美国很多城市的街道都以他的名字命名。——译者注

科学家、艺术家或其他专家那样,被细节的积累所分心(J. Gardner, 1990)。

与其他人的联系

虽然大多的管理模型遵守某个强调技术和管理任务的理性决策模型,但超常的领导人是在情绪能量上与他们的跟随者接触的(Burns, 1978; Goleman, 2002; Jacobsen & House, 2001)。一些人可能只是简单地拥有或应用这种情绪联系的力量,而有些人则可能为了达到建设性的或破坏性的目的而工具性地使用这种力量 (McClelland, 1967)。那些最杰出的人,如Huey Long[1] 似乎能够同时融合权势和工具主义目的(Williams, 1981)。因此,人际智力——潜在的同感、观点采择和区别人格重要方面——巩固了领导行为的效力(Gardner, 1983, 1995)。这些社会性品质已经被证明独立于一般 IQ 和亲社会行为(Abroms & Gollin, 1980; Walker & Foley, 1973)。人际天赋早在幼儿园时就表现出来了。在扮演朋友、谈判代表和领导人的角色时(Hatch, 1997),一些年幼的儿童在表演时显得更灵活和更入戏 (Fischer & Pipp, 1984),能更快地抓住不同角色的关键点(Bruchkowsky, 1992),能更好地协调有潜在竞争的社会价值观,例如诚实和善良(Lamborn, Fischer, & Pipp, 1994)。

一些以心理分析为基础的研究表明,领导人能通过自己清晰的预见性和亲身的例子(Gardner, 1995)在不确定的情形下减少追随者的焦虑 (Jaques, 1955)。反过来,追随者给领导者的事业贡献自己的资源(Berg, 1998; Jacobsen & House, 2001; Lawrence, 1998)。随着时间的推移,领导人的预见性和榜样式的行为能惯例化、制度化、去个性化(Jacobsen & House, 2001; Weber, 1947),造成一个"长长的影子",其他人可以站在上面(Gergen, 2000)[2]。改变不能太剧烈,所以领导人得超前一步——而不是三步或四步。这种对焦虑和时机的敏感性似乎开始于青少年期。比起非领导人,青少年领导人就显示出超常的情感稳定性,解决问题的技巧,和当时的远景(Morris, 1991)。

依据最近的分析,领导人常常通过戏剧性的故事讲述他们的见解,让人激动 (Gardner, 1995, 2004a; Gergen, 2000; Hirschhorn, 1998)。Franklin Roosevelt 的故事的特色是通过战略性的政府干预使经济恢复稳定;Reagan 和 Thatcher 的故事特色是根据个人的原创而带来的繁荣,一个故意叙述针对罗斯福政府霸权的故事(Gardner, 1995; Gergen, 2000)。创作这样动人故事的能力大约开始于 4 岁,这时儿童能讲述单个的、行为导向的情节。在儿童中期,儿童开始添加和综合一些曲折的情节和内部动机(Bruchkowsky, 1992; McKeough, 1992)。越是好的故事讲述者在他们的故事里讲得就越详细、越灵活和越有表情 (Faulkner, 1996; Porath, 1996);最成功的领导人讲述的故事将生活的意义传送给他们的追随者,并把这些故事体现在他们自己的日常行为中。

动力

相对于不太杰出和较少成功的人来说,超常的领导人开始并坚持自己选择的使命

928

---

[1] Huey Pierce Long (1893—1935),美国政治家,第 40 届路易斯安那(Louisiana)州州长,主张激进的人民民主政策。1935 年准备竞选美国总统前遇刺身亡。——译者注
[2] 从上下文的关系来看,这句话的意思应该有点像人们平常说的"大树底下好乘凉"。——译者注

(Bennis & Thomas, 2002; Bogardus, 1934)。除了智力以外,48 个政治领导人(Simonton, 1991b)和战争中成功的将军们(Simonton, 1980)的事例都表明开创性是领导能力的关键品质。正如历史学家们所评价的,经验的年头预示着总统的杰出(Simonton, 1981)和美国总统的才华与诚信 (Simonton, 1986)。虽然领导能力的常态发展关注扮演已经建立的角色,超常的领导人经常不会等待一个角色才让人感到他们的存在(Burns, 1978)。带着不同寻常的自信,这些领导人——即使在儿童期——让自己显得在领导角色上与别人是平等的,挑战权威,谈判或取得权力,和拉人组成团体,操控并劝服其他人加入他们的团队(Gardner, 1995; Goertzels et al. ,1978; Kotter, 1990; Winter, 1987)。

早期逆境

面对一个险峻的挑战,早年能切入一个人自己的强项以觉得有用并应对挫折可以让未来的领导者为将来人生中在众目睽睽下的起伏做好准备(Goertzels et al. ,1978; Kotter, 1990; McClelland, 1967)。早期的逆境——例如疾病或贫困,失去父亲或与父亲有强烈冲突,或早期的失败——能够制造压力和不满,激励未来的领导人行动更独立(Bennis & Thomas, 2002; Bullock, 1998; Gergen, 2000; McClelland, 1967)。早期事业的挑战——例如 John F. Kennedy 的 PT[①] 船的下沉或 Winston Churchill 的 Gallipoli[②] 计划的失败——也能制造"觉醒时刻",使人摆脱对于一个情景的常规看法,并看到个人的,甚至未来社会的或政治的革新的种子(Burns, 1978; Kotter, 1990; Lukacs, 2002)。为了检验自己的勇气,许多未来的领导人有意选择困难的、惊险的任务(Bennis & Thomas, 2002)。如果领导者们有什么品质是最突出的话,那可能就是有精力充沛的气质,或从失败中东山再起和尽管失败还要再试的能力(Schwartz, Wright, Shin, Kagan, & Rauch, 2003)。这样的恢复力就有可能对事件及时地做出反应——这种模式与科学家、艺术家和道德领袖表现出的长期停留于心理时间框架的模式不同。

行动的机会

作为成年人一旦在自己的领域里开始工作,领导人需要一个情境或问题,有益于他们的能力和为表明他们的伟大做准备。认为领导人是孤立的,这是误导。不只是富兰克林·D·罗斯福(Franklin D. Roosevelt),而是 FDR(富兰克林·D·罗斯福的姓名缩写)和那次经济萧条使他超常;不是 Lee Iacocca[③] 自己,而是 Iacocca 和克莱斯勒汽车公司在转型时期,美国汽车制造业受到了来自东亚和欧洲竞争者夹击时(使他超常)。

929　　这种对于机会的需要可能有助于解释为什么历史书上的女性领导人比较少。除了遗传

---

① PT boat 也就是美国 PT - 109 战舰,二战期间由当时任海军上尉的 Kennedy 指挥,在太平洋战争中沉没。Kennedy 因拯救船上的士兵而立功。此事对他日后成为美国总统影响很大。有很多以此题材的电影、小说或其他作品留传于世。2002 年 5 月 PT-109 战舰的残骸在所罗门群岛附近的海域被人发现。——译者注

② 英国首相丘吉尔为了尽早地结束战争(第一次世界大战),策划了一场在土耳其达达尼尔海峡(Dardanelles)的一场战役。由于当时低估了土耳其军队的实力,1915 年 3 月的这场战役使英国海军损失了三分之二的战舰。——译者注

③ Lee Iacocca (Lido Anthony "Lee" Iacocca)(1924—　　　),美国实业家。早期福特汽车公司的总裁,后担任克莱斯勒(Chrysler)公司的 CEO 和总裁直到退休。曾于 20 世纪 80 年代挽救了克莱斯勒公司。——译者注

的力量,社会结构已经把女性排除在权利角色之外了,或者甚至使她们没有机会出现在成为领导的情景之中(例如战争、政治投票群体或董事会的会议室)。和在科学里一样,角色和机会是高度领域控制的,领导位置的角色更倾向于给男性或被男性承担。然而,这种情形在最近的几十年里已经有了改变,随着女性——还有不断增加的非白人人口——开公司,获得董事会席位,赢得选举位置,并在主流场合发表他们的政治见解。结果,模范的女性领袖,例如 Indira Gandhi、Margaret Thatcher、Golda Meir 和 Sandra Day O'Connor① 涌现了出来。

创造力的评价与在一个给定时期的专业的特定结构有关,而领导能力的评价则与一个领域的特定结构有关。或许这就是为什么一些研究认为情景因素而不是个人品质,预示领导人的成就(Simonton, 1976,1984)。战争、暗杀、诽谤——不管领导人是否对于它们有什么控制——都有可能增加一个人的历史记忆值(Simonton, 1984; Winter, 1987)。艺术的介质是帆布和大理石,科学的手段是实验和假设,而领导地位的介质是问题或需要想象、组织和行动的社会情景。

领导人成长的世界也影响他们的价值和行动。例如,当今技术年代年轻的"杂耍"领导人——成长在经济富裕的 20 世纪 80 年代、不相信制度、混合的家庭和面对全球化的人——偏爱一种合作和实验的领导风格。而年纪大的"古怪"老一代——成长在不确定和害怕消沉的二次世界大战的人——则偏爱于向稳定的、结构化的组织引导(Bennis & Thomas, 2002)。当然,让一个人走上领导位置的东西可能不同于使其他人后来感觉他或她出众的东西。人们倾向于投票给与他们自己有相似动机的个体,但是伟大的总统们——Washington、Lincoln、Theodore Roosevelt②——则倾向于有与当时的时代精神不同(常常是超前)的动机。

当一个情景出现的时候,超常的领导人就准备好抓住这个时机。其他人可能认为是头痛的问题,在他们看来则是一个标新立异的机会。无论是在战场上或是在电视辩论现场,还是在紧张的内阁会议上,都是他们更好表现的时机。他们更愿意以较少的注意去参与这样的高桩表演(Gardner, 1993a, 1997),可能因为几乎每个问题都是从中学会的,而且要整合进他们后来的经验和技能系统。可能是因为他们的探照灯式的智力,他们能够在某一时刻同时完全展现,也能在心理上往后,能够像别人看他们那样看自己,并把这个时刻放到社会和历史的背景中(Gardner, 1995,2004a; Klein, Gabelnick, & Herr, 1998)。

小结

与专业特化的、指向艺术和科学超常的典型不同的是,领导能力是以水平和整合超常为特征的(Connell et al. ,2003)。一个领导人的发展来自多种能力发展的汇聚,多种能力是以非线性的方式相互作用的。领域的社会力量从一开始就起着很重要的作用,在童年期是间

---

① Indira Gandhi (1917—1984),印度历史上唯一的女总理,1984 年遇刺身亡。Golda Meir (1898—1978),历任以色列劳动部长、外交部长和总理。Sandra Day O'Connor (1930—   ),美国法理师,自 1981 起直到 2005 年退休一直担任美国最高法院副审判长。——译者注

② 美国历史上有两位罗斯福总统,Theodore Roosevelt (1858—1919)是第 26 届总统,而 Franklin Roosevelt (1882—1945)是第 32 届总统。——译者注

接地通过家庭教养和学校教育,然后在青少年期和成年期则更直接地通过培训和活动的机会。一个人的先天潜能预示着一个多才多艺的通才的轮廓。在儿童时期并贯穿一生,未来的超常领导人学会在不失去平衡的情况下处理社会逆境;发展自我控制和社会性才干;并逐渐能够触及无意识的能量和情感资源,讲述引人入胜的故事,并把自己的理想融入身体。当机会到来的时候领导人会采取主动,或自己制造机会,并坚持到底。这些行为,依次地,发展为一种以领导人的方式处理事情的行为倾向,带领着其他人的力量朝着世界观点、组织或行动的革新改变。

道德

传统的哲学家和宗教领导人考虑有道德的生活本质。这种对道德优秀的传统关注近年来再次出现。其中一个推动力来自20世纪惨绝人寰的血腥大屠杀。学术上的导向来自重要的哲学领域(例如 Rawls, 1971)和发展心理学的实证研究,其中包括 Piaget(1932)和 Kohlberg(1984) 关于道德判断的突破性工作;Shweder、Mahapatra 和 Miller (1987)的跨文化研究,和对诸如同感、利他主义、正义感或照章行事的意愿等特殊道德品质的研究。

与包括礼仪、习俗或其他日常人际关系的社会规则和角色不同,道德包括被深深地感觉到的对错原则所支配的人类特定的关系。"道德"这个荣誉性的术语通常是给那些有亲社会行为表现、诚实和以公平的方式使更多人受益(可能有时候对他们自己不利的甚至危险的)的人保留的。心理学对于道德的研究包含理解儿童和成年人怎样解释通常界定不清的情境,怎样在好与坏或对与错的问题突出的情况下形成争论、做出决定和采取行动 (Damon, 1988)。这样的环境可能涉及一些个体自己的标准(例如 Freud 的超我),也涉及个体与其他人、与单位、与自己的专业领域,或与更广泛的社会的关系(Fischman et al. ,2004)。

道德的范围已经随着历史改变了,神的统治性变少了,而需要在各种竞争的观点中选择(Wolfe, 2001)。道德问题出现在不同的专业。然而,一些专业,例如法律、宗教、心理治疗、医学和政治,普遍存在道德两难。其他领域,例如艺术、科学和商业的很多情况,较少受道德影响。在心理学,道德已经被大量地研究了——就像记忆、人格或领导能力那样,有它自己的专业。关于个体的道德准则,领域的影响来自同伴、同事、机构和竞争者,这些竞争者期望一个人做到——或违反——自己的或团体的道德标准。

我们区分了三种不同的道德优秀,大致结合系统模型的三个节点:

1. 个体人道的、勇敢或英雄主义(是否生命处于危险中)的行动。这里包括那些个体的行为,那些在二战中隐藏犹太人和其他人的人,以及那些用他们生命的大部分时间去帮助不幸者的人们。

2. 在道德氛围下的领导能力。像 Martin Luther King Jr. 或 Nelson Mandela 这样的个体就是例子,他们就是道德运动的直接领导,并确定或改变了一个专业长期存在的价值观。

3. 创建一个致力于道德问题的组织。我们的关注点直接指向那些通过发起或培育一个致力于道德目标的机构而改变了领域的个体。

描述了道德超常的一般标志后，我们要展示那些发展特征和特征的结合最能清晰地区分这三种形式的道德优秀。

常态发展

关于道德发展的常规线路已经有大量的文献记载了(见 Eisenberg,本手册,第三卷,第11章;Turiel,本手册,第三卷,第13章)。婴儿表现出对某些刺激敏感的生物学倾向,如对某些刺激表现出恐惧、好奇或有攻击性(Kagan, 1989; Schwartz et al. ,2003);能够理解情感的面部表达;为了得到别人的帮助而制造动静和发出噪音等(Trevarthen & Logothet, 1989)。通过游戏和社会相互作用,婴幼儿——除非他们是孤独症患者——很快发展了区别他们自己和别人的能力(Piaget, 1932),理解意图(Tomasello, 1999),察觉到别人怎样不同地看世界(Astington, 1993),对别人的悲伤表示同情(Hoffman, 2000; Zahn-Waxler, Radke-Yarrow, Wagner, & Chapman, 1992),分享资源和轮流(Damon, 1988; Hay, Castle, Stimson, & Davies, 1995),区分通用的道德规则和背景特殊的社会准则(Glassman & Zan, 1995; Turiel, 1983),感知到对标准的偏离(Kagan, 1989),和学会控制他们自己的行为(Freud, 1930/1961a; Kagan, 1989)。

学前期是儿童增加攻击性行为的时期(Dunn, 1987),但也是从自我中心发展移情到更具同情心形式的时期,变得能够采择各种观点和扮演不同的角色(Hoffman, 2000)。他们能区分自己的和别人的悲伤——这是亲社会行为的一个重要成分(Astington, 1993; Miller, Eisenberg, Fabes, & Shell, 1996)。当然,儿童对道德情景的理解是与自己的利益、服从和避免惩罚相联系的(Kohlberg, 1984)。虽然幼儿园年龄的儿童能分享他们的玩具和帮助其他人,他们主要根据自己的需要做决定(Damon, 1988; Eisenberg & Fabes, 1992)。

在学龄期,儿童仍然根据权威来对道德情景进行判断,但是应用这些规则更灵活和自主,更少需要外部的强化(Piaget, 1932)。到 10 岁时,意图,而不是结果或准则,成为道德判断的基础(Helwig, 1995)。这时,儿童能更好地指导他们的注意和延迟满足(Metcalfe & Mischel, 1999),采取主动去安慰或获得帮助(Zahn-Waxler et al. ,1992a),考虑好-坏的文化陈规(Eisenberg & Fabes, 1992),以及超越特定情景到更大范围的日常生活情景的同情心(Hoffman, 2000)。分享也逐渐从小学时期基于公平的分享变为中学时期基于价值的分享(Damon, 1988)。

虽然青少年是根据谁最需要来分享的(Damon, 1988),但此时的自我中心性也可能临时增加 (Eisenberg & Fabes, 1992)。随着他们对文化传统意识的增强,青少年在做出道德判断时倾向于通过合作或遵守已建立的规则来维持社会秩序 (Eisenberg & Fabe, 1992; Kohlberg, 1984)。他们开始意识形态的思考,能够想象乌托邦和反乌托邦,并能摆脱当前的表面现象考虑社会的相互作用 (Fischman et al. ,2004; Michaelson, 2001)。青少年经常能抽象地做出清晰的决定——"为"自由演讲——但是在协调事情的细节时存在困难,根据特殊情况采取明确的立场——例如三 K 党(Ku Klux Klan)在一个社团中心召开会议

(Helwig, 1995)。

在成年期,大部分人在道德判断的传统准则—角色阶段达到顶点。一些成年人达到后世俗阶段,根据契约、公平和权利做决策(Kohlberg, 1984),那些达到更高阶段的人几乎都是受过大学教育的(Shweder, Mahaptra, & Miller, 1987; Simpson, 1973)。然而,对道德超常研究很关键的一个担心是,判断水平和道德行为没有强相关(Damon, 1988; Hart & Fegley, 1995)。专业的道德模范不是一个公认的抱负,不需要什么证书,来自生活旅途的任何人都可能在适当的时机成为模范人物。

超常的标记

虽然人们已经对道德优秀的早期标志做了推测,道德神童或专家还有待发现(Hart, Yates, Fegley, & Wilson, 1995)。当然,超常道德的预兆可能在儿童时期出现:标记为有帮助的、同情心、慷慨、责任,以及随着年龄增长,参与和领导朝向人道主义者目标(的活动)。研究最多的与道德超常有关的品质是:(a)道德判断早慧,(b)儿童时代情绪敏感性,(c)自我认识,(d)诚实,(e)在青少年和成年期表现的品质。其中一些标记可能和道德优秀的特定变量有独特的联系。

道德判断早慧

早期的心理学研究把道德超常和智力联系在一起。心理测量的研究者发现智力和欧洲皇室的道德行为(Thorndike, 1936)及儿童的道德推理有正相关(Hollingworth, 1942; Terman, 1925)。在 Kohlberg 的道德判断阶段这些儿童的得分显得比同龄人高(Howard-Hamilton, 1994; Simmons & Zumpf, 1986)。但是抽象推理的早慧可能对于早慧的道德行为没有益处。平均 IQ 的学生倾向于根据充满情感的人道主义理想进行思考;高 IQ 的儿童可能为了与他们在道德辩论中的逻辑保持一致而抑制他们的移情感情,结果是与行为分离了(Andreani & Pagnin, 1993; Dentici & Pagnin, 1997)。另外,为了最后的目标,高 IQ、逻辑导向的儿童经常觉得被迫遵循一系列推理的锁链,而那些 IQ 给人印象不太深刻的儿童却采取一个更为微妙的立场(Erikson, 1959)。

有超常同情心或英雄主义的个体是不能用高水平的道德推理或教育成就来辨别的。相反,在 1942 年 1 月的 Wannsee 会议,在 14 个赞成"最终方案"[①]的男性中,8 人从中欧大学获得了博士学位。虽然如此,我们相信给人印象最深的道德领导人的标记是有高的——有时候是最高的——道德判断水平(例如 Kohlberg, 1974)。

不同寻常的敏感

从很小的年龄开始,一些儿童就能表现出理解他们自己和同情地关心他人的本能性能力(Eisenberg & Fabes, 1992; Greenacre, 1956; Hoffman, 2000; Kagan, 1989)。例如,作为一个儿童,Gandhi 就对对与错的概念十分感兴趣,在校园的游戏里倾向于扮演一个调解者,在违反自己的道德标准时感到极端的内疚(Gardner, 1993a)。双胞胎研究表明一个人的

---

① 这是纳粹德国对犹太人的大屠杀方案。——译者注

同情心、对别人的关怀和利他主义能力可能有一半是可遗传的(Davis, Luce, & Kraus, 1994; ZahnWaxler et al. ,1992b)。强的关系进一步培养了这种天生的感觉(Aitken & Trevarthen, 1997),为青少年和成年人的道德行为提供支持和有时候提供动机 (Fischman et al. ,2001; Michaelson, 2001; Youniss & Yates, 1999)。

敏感的儿童看起来更容易将道德期望内化(Kagan, 1989),更容易理解意图的作用 (Fischer & Pipp, 1984; Goldberg-Reitman, 1992),更有希望为协调团体而做长期的道德努力(Hart et al. ,1995; Silverman,1994),并按照道德方式行动(Arsenio & Lover, 1995)。但可能要以过分敏感为代价。这样的年轻人可能因为刺激太多而变得情绪错乱(Dabrowski, 1979/1994; Silverman, 1994),做直截了当的决策有麻烦或变得犹豫不决,因为他们能看到异常和形势的微妙(Lovecky, 1997),担心别人看不到的潜在后果(Silverman, 1994),而且会有对规则提问题的倾向(Erikson, 1958; Gross, 1993)。

自我意识和控制

自我意识和自我控制是道德方向的重要成分。自律是必需的,如果一个人没有被限制(Kagan, 1989),被制服(Silverman, 1994),或孤立(Getzels & Jackson, 1962)的话。强的内省智力,以及敏锐地分辨他们自己的情感和意图、解释他们的心理和身体状况、产生生动的想象和/或表达他们内心情形 (Gardner, 1983; Parks, 1986) 的能力是道德模范的标志。想象上,表现出来的这些强项有助于他们在同情他人方面不同于自己 (Zahn-Waxler et al. , 1992a),有助于他们更清晰和更全面地确立自己的个人目标(Colby & Damon, 1994; Walker & Pitts, 1998),有助于调节他们自己的需要(Colby & Damon, 1994; Eisenberg & Fabes, 1992),以及有利于对自己的追求更加坚信(Colby & Damon, 1994; J. Freedman, 1996; Parks, 1986)。

理解选项自由和有意识地选择个人的价值观可能提供最强的道德基础(Perry, 1968/1999; Wolfe, 2001)。对自己的领域和道德立场更加深思熟虑的年轻人,处于远离现状的一个更好位置,并能追求对道德维度的更深理解。例如,青少年在市中心的社会活动,在形成关于他们自己的一系列价值观时,比他们同伴做得更好。不仅能够把他们置身于与他人的社会关系中,而且能联系到自己的过去和将来 (Hart et al. ,1995)。强的内省智力帮助人们知道他们是谁,也有助于追求超越自己并对一个更大的范围产生影响的目标(Colby & Damon, 1994)。这样自我意识和控制对于那些寻求过一种道德事业的人来说是特别重要的(Erikson, 1958)。

在生命的早期,自我意识可能会被一次明确的经历激发,例如心爱的人或一个特定的良师益友的去世,这种经历会对以前从家里和文化中接受的价值观产生挑战(Colby & Damon, 1994; Fischman et al. , 2001, 2003; Gardner, 1993a; Walters & Gardner, 1986)。这些经历可能把一个人从一般的领导阶层或企业家的身份转到专门的集中在道德色彩的使命上。

整合

道德超常来源于专业和个人身份的一种不同寻常的整合——道德成为这个人是谁的基

础(Colby & Damon, 1994；Gardner, 1993a；Walker, 2003)。对于 Martin Luther 来说，把 95 份论文钉在 Wittenberg 教堂的门上是他的最终行动，表明他个人的、直率的信念和绝对的、制度化的教条相反(Erikson, 1958)。道德超常融合了思想和感情(Haste, 1990；Walker, 2003)，公正和关心原则(Colby & Damon, 1994；Walker, 2003)，关于好和坏的复杂水平的思维(Parks, 1986)，对于别人的特殊观点和更全局的问题敏感(Dabrowski, 1979/1994)，即刻的和未来的结果(Hart et al. ,1995)，对于自己和更伟大的事情的信念(Colby & Damo, 1994；Walker, 2003)，以及原则和实践(Gardner et al. ,2001)。然而，整合并不意味着一定要"极致"。就领导能力而言，一个方面太多——超合理性，人道到自我牺牲，失去判断力的诚实——可能是有害的(Dentici & Pagnin, 1997；Lamborn, Fischer, & Pipp, 1994；Walker, 2003)。虽然整合的能力总体上来说在道德氛围中是重要的，但对于那些打算把自己的一生投入到道德追求的人来说尤为突出，而对于偶尔靠勇气一时行动的人来说就不那么重要了。

行动倾向

道德模范们是根据他们的情感和信念行事的(Colby & Damon, 1994；Michaelson, 2001)。这种状况从年轻时就开始了，因为儿童知道他们的需要和要求会影响成人的行为(Kagan, 1989)。这个人越是采取主动，就越容易养成助人的习惯(Colby & Damon, 1994)。随着时间的推移，这人就可能发展出一种利他的人格(Kerbs & Van Hesteren, 1992)。与那些在 20 世纪 60 年代没有计划进行自由行(Freedom Rides①)的人相比，那些实际去行动的人把自己定义为积极分子并需要那种身份的确认(McAdams, 1988)。

这种倾向能够集合到伦理的职业法规系统中，规范整个人群的行为，使优先选择的行为进入职业的或社会的"应该"制度。一个医生或治疗师不应该做有害的事而应该在任何需要的时候提供帮助。一个科学工作者或新闻记者应该寻求真理。这些职业法则稳定了基本原则——实用主义、责任、美德——以及道德冲突、动机、意图和产生于特定专业领域的标准(Beabout & Wenneman, 1994；B. Freedman, 1983；Tirri & Pehkonen, 2002)。这些法则也能使人们对特定职业的价值产生共鸣，例如对公平敏感就从事法律，对健康共鸣就从事医学，或对安全敏感则从事消防(Gardner et al. ,2001)。当个体、领域和专业元素共同作用于积极的价值观、伦理的判断和行为时，问题就比较少了。相反地，当不协调发生时，更多的责任落在了那些解释者身上，他们要决定什么将会引向好的工作(Gardner et al. ,2001；Gardner, 2005)。当领域或文化处于转型期，而且常规的价值观被打破或因为变得僵化而人民要背离它时，道德模范者就具有特别的价值了(Gardner et al. ,2001；Merton, 1957)。

小结

我们大多数尽力去做正确的事情，这是个体道德。但是我们很少冒着舒适或个人安全的危险来帮助别人或在关于什么是好的问题上改变别人的想法——以表达领域或专业水平

---

① 20 世纪 60 年代在美国有一群反种族隔离的积极分子，为争取公民的权力而乘车穿梭于美国南部的各个城市。这些人被称为 Freedom Riders，而他们的行为被称为 Freedom Rides。——译者注

的道德。虽然一个人很少在成年前被认为是道德领域的模范,不同年龄的个体差异与强调超常的方面有关:幼儿期强调的是不同寻常的敏感性,学龄儿童期强调的是在道德判断方面的早慧,青少年期强调的是引人注目的自我知识和主动性,而成人期则强调自我界定的利他主义或社会行为主义。在年轻的时候学习如何建设性地应对困难情景,也是一个重要的标志。当这些能力、技能、经历和倾向融合并遇到一个机会去勇敢地行动时,道德超常可能就出现了。

超常的多样性

一个人能够以三种方式展现道德超常:个体的人道行为、勇气和英雄主义;道德领导;或创建一个致力于解决某个道德问题的组织。所有三种类型都突出道德的初始方向,但领导和机构的建立还使之具有一些附加的特征。在大多数情况下,一个个体在这其中的一个方面出众就能脱颖而出。只有很少的人——像 Mahatma Gandhi——能够作为勇气的一个代表人物、领导人和社会组织的建构者而凸显出来。

我们注意到个体可能把他们的才能投入到非道德或与道德无关的目标上。有胆量的个体可能执行恐怖行动;领导人会把自己看做道德代理,能宽恕非道德行为;天才的组织领导人可能制造犯罪集团。对于道德优秀的判断必须被一组知识丰富的观察者实行。在道德事件中,判断的标准包括一系列关于人类关系和公平的原则;即使牺牲个人利益,行为也要基于这些原则;尊重他人的利益和尊严(Colby & Damon, 1994; Fischman et al., 2001; Gardner et al., 2001; Lawrence-Lightfoot, 1999; Oliner & Oliner, 1988)。

个体的人道行为和英雄主义

每年,许多人被确认为有不同寻常的人道行为或勇气。总体上,人们在做这些事情的时候没有期望任何回报或认同。有时候这些行为是一次性的,比如一个路人跳入河里或冲进燃烧的房子去解救一个陌生人,决定是同时做出的。有时候,这些行为是重复发生的,比如一个没有很多资源的人有规律地收养、抚育儿童。偶尔,人们冒着自己和家人的危险做一些事,比如为了保护犹太人逃离纳粹,允许他们生活在自己家里。

同可能已经被预期的状态相比,这些个体的道德行动很少受到高水平的教育,更谈不上专门的道德训练。在道德判断测量上,他们没有表现出高水平。他们被更准确地描述为相当普通的个体,当面对道德决定时,以一种直率的方式直接行动,没有困扰。在同样的情景下发现,这样的个体通常期望其他人也能这样做。

近期三个方面的研究丰富了我们对于个体水平上道德承诺的理解。Oliner 和 Oliner (1988;也见 Oliner, 2003)对于在二次世界大战时期藏匿过犹太人的个体做了广泛的研究。与那些旁观者不同,救助者在以下方面非常突出:按照他们父母的慈善观点行事、在家里吸收了强的宗教观和个人的价值观、他们对于个人行动的感觉,特别是,他们对于他人的包容性和慷慨大方的观点。在救助者的童年时期,他们父母的为人是人道的、避免身体惩罚、会告诉孩子他们为什么喜欢某些行为,在对待他人时,也作出了高标准的行为榜样。救助者不理解一个人怎能简单地把人类分为两个排斥的团体,更不用说把一个团体看成是非人类的,低于人类的,或野蛮的。另外,周围的文化规范和环境的物理特性(例如犹太人能被藏匿的地区)也是决定个体成为救助者或旁观者的因素。

Colby 和 Damon(1994)研究了这样一些人:他们为救助他人而献出了自己的生命。这些个体中的许多人是非常信奉宗教的。他们有一个持续的对崇高理想的许诺,为理想而行动的能力,积极的、乐观的定向,以及在帮助别人时能自动将个人利益置之度外。同样,这些人也不认为自己有什么特别的,尽管他们的成就在大多数其他人看来是英雄的。Colby 和 Damon 认为这种人道取向的结果是一个漫长的发展过程。一旦必须的行为和态度结合了,个体开始本能地以亲社会的方式讲话和行动。

Fishman 等人(2001)研究了 Schweitzer Fellows,一群年轻的医学工作者,投身于救治那些得不到医疗服务的人们。通常,这些年轻人的动机来自个人在生命早期失去亲人的伤痛(例如失去一个患有艾滋病的父母)和一种强的宗教信仰的结合。与其在伤痛中沮丧或痛苦,他们选择一个职业,使他们能够减轻疾病的痛苦或减轻早期给他们带来创伤的(社会病理的)场合的痛苦(也见 Kidder, 2003)。学习处理早期的不幸帮助他们跨过后来的障碍——或如他们所称的“大石头”。追随者沿着他们的选择,期望这样的灾难在未来不再发生。

道德领导能力

在前面的章节中,我们确定了商业和政治领导人的主要特征:引人注目的叙述的能力,使这些叙述具体化的能力,尽管有看不见的挫折而保持忠于使命的韧劲,识别机会和充分利用它的能力。这些特征也刻画了在道德维度具有领导能力的个体。

因此,问题出来了:那些使用他们的领导技巧来促进被认为道德的使命的个体有特殊的特征吗?对于那些继续成为道德领导人的个人生活的个案研究——Martin Luther King Jr.、Nelson Mandela 和 Mahatma Gandhi——揭示了在高度人道的个体身上既有许多早期标记也有一些与众不同的模式(Gardner, 1993, 1997, 2004a)。在不少个案中,这些个体来自那些有个人安全感的家庭,但是代表的却是边缘的或至少非多数的人口。由于一种不同寻常的人口统计学特征,年轻的个体感觉到自己既是广阔社会的一部分,又觉得远离主流社会。在评点他们年轻时的生活时,这些个体都见证过不公正的例子。他们自己,或者是受他们周围人的鼓励,选择对这种不公正提出抗议。当然,这样的抗议可能会导致灾难,或根本毫无结果。然而,未来的道德领导人发现,他或她能够影响其他的人,并且,在最开心的事例中,他或她还能影响事件的进程。因而,以一种和人道个体原型相似,但是更宽泛的方式,个体开始踏上了道德领导人的路途。领导能力得到打磨的同时也磨炼了个人的勇气。道德领导人意识到,任何时候,他可能被敌人暗杀,像 Gandhi 和以色列前总理 Yitzhak Rabin 事件;也可能被自己组织的人暗杀,因为他认为这个道德领导人没有足够地忠实于他的核心信念。

Gardner、Csikszentmihalyi 和 Damon(2001)研究了他们称为好的工作者的个体——既在技术感觉方面优秀又寻求以一种社会责任的方式行动的专业人员。虽然他们的被试没有到达 Teresa 嬷嬷或 Abraham Lincoln 的水平,他们中的许多也能胜任道德领导人。这些超常的个体倾向于来自有着强的价值观和原则的家庭,经常是一种宗教性质的。即使宗教的起源没有那么强势,这些基本的价值观也是经久不衰的。这些未来好的工作者受到导师、同伴以及那些有好好工作倾向的模范们的鼓舞。而且给予鼓舞的同事的出现不是偶然的;而是,有道德倾向的工作者,会寻找有道德倾向的同伴,反过来也一样。重要的是,好的工作者不会仅仅是出于帮助的目的选择他们的职业。他们以自己职业的方式做出好的工作,并从工作中获得乐趣。当纯粹的经济的或功利的考虑威胁到践踏一个职业的核心,好的工作者会大声地说出来,并按照自己的信念行事。在极端的情形下,为了能更忠实于自己的道德价值观,好的工作者会离开他们的组织,加入建造新的机构(Hirschman, 1970)。

建立有道德使命的组织

在最近几年,一个附加的道德超常形式已经被确认。社会企业家是一个个体或团体,他们确认并处理社区、区域甚至大到世界范围中的一个有意义的问题(Barendsen, 2004; Barendsen & Gardner, 2004; Bornstein, 2004; Drucker, 1992)。比如,包括 Ashoka Fellows 和 Schwab Fellows——来自发展中国家的个体,把他们致力于改善健康,减少贫穷,创造新的能源,和其他紧迫的事情。在美国的舞台上,有许多榜样,有大学毕业后直接开始"为美国而教"(Teach for America)的 Wendy Kopp,也有社会建筑师 John Gardner,他发起了一系列组织包括 Common Cause、Independent Sector、the White House Fellows 和 The Urban Coalition。在《儿童心理学手册》中,最显著的例子,可能是 12 岁的加拿大少年,Craig Kielburger。从媒体得知在南亚还存在应受到严厉谴责的童工使用现象,Kielburger 发起了"让儿童自由"的组织(Free the Children),很快的成长为一个国际知名的组织,在 30 个国家拥有 100 000 个组织者。

这样的社会企业家,经常展现出具有领导者的特质:口才很好且具有超凡的魅力。但是他们却因另外两个方面的突出而与众不同。首先,他们有很强的道德倾向,特别关心所在社区或区域中一个或多个特别令人烦恼的事件。其次,他们有企业家的倾向,他们发展一些必要的技能,以建立一个高效能的组织。与被任命的道德领导人不同,他们更多是作为幕后主使并给合作者最基本的信任。所有这些能力的联合是一个社会企业家与众不同的特征。如果没有人道的使命,这些个体可能仅仅是个体企业家。如果没有企业家的技能,这些个体只能在局部的、人对人的范围内给人提供帮助。

在对 15 位杰出的社会企业家的青少年时期的研究中,Michaelson (2001)发现这些年轻人对于苦难或不公平的敏感是相对早熟的。值得注意的是,有几个被试是被非常忙碌的单身妈妈抚养的,她们本身是社会活动家。对这些社会企业家在二十几岁和三十几岁的考察,Barendsen (2004)看到,早期的灾难,给了这些社会企业家以使命感。把这些被试同普通的关心他人的人或道德领导人区分开来的是,他们建立一个组织的兴趣和能力。社会企业家关于问题考虑得更广泛,配置人员和财政资源,鼓舞其他人加入组织,从指导组织成长中获得乐趣。确实,一旦组织成长起来了,这些创始人有时候转移到新的挑战上。尽管经常为了有限的资源竞争,不管怎样,他们都和其他年轻社会企业家一道,为公共的事业而努力。他们已经被媒体和像世界经济论坛那样的组织公认为我们时代的一个与众不同的道德代理(Bornstein, 2004)。

小结

三种不同的类型的道德超常能被区分：(1) 人道个体，(2) 道德领导人，(3) 社会企业家。在他们的早年，都展现出对于正直、社会公平、人权和社会关系事务的关注。通常，他们来自有宗教和伦理倾向的家庭，必须处理个人的创伤事件。人道个体，作为成年人，因具备能以近乎本能的反应方式帮助他人的能力而出众。道德领导人，因能够动员具有不同背景成员从事一个共同的伦理事业而出色。社会企业家，更愿意待在幕后，有能力和也愿意建立一个组织，努力完成一项积极的道德议程。

与艺术超常、科学超常、政治或商业领导超常不同，道德超常在研究文献里和在流行的意识里都还没有占领一个描绘得很清晰的位置。它的维度更具争议性，它的判断更少可靠性。确实，Colby 和 Damon 报告，一些专家拒绝推荐道德榜样，置疑这一类别的存在（个人交流，2004 年 8 月）。我们还不知道在什么地方，或以什么方式，道德早熟会向三个方向分化：人道、领导能力、企业家。虽然在道德判断方面已经做了很多研究，但是关于用来标志道德超常的三个主要变量的整合和品质能力还很少知道。然而，我们接受这样的事实，特别是在我们这个物种难以幸存和我们的星球可能处于危险的时刻，忽视道德超常的重要性是不明智的。如果我们能对于人道倾向、道德领导、社会企业家的起源理解得更好，科学成果就会对支持我们进行研究的社会做出更好的回报。

结论

无论是通过个人，还是通过个人最终对他人、对历史的影响，超常的成就证明人类是自己命运的制造者。然而，从潜能到艺术或科学的创造力，政治领导能力，或道德优秀的实现，道路是漫长、曲折和充满荆棘的。此外，超常的最终状态并不是一个固定的目标，因为一个人的杰出成就，会改变这个专业里每个人的工作环境。Virginia Woolf 创作了一系列以女性为主角的非线性的心理学长篇故事，为当代和未来的作者提供了可行的选项。Pierre Omidyar，E-bay 的创始人，创造了一个可行的、全国性的市场，没有中介。这些改变并不总是好的，比如 Hitler、Napoleon 或 Osama bin Laden 的超常表现就是证明。尽管如此，非凡的成就显示了进步还是会发生的。由于这些非凡成就的出现，一些个体、领域和专业发生改变，通常是不可逆转的。表21.1 总结了我们对于四个领域，艺术、科学、政治领导和道德的分析，它们之间的异同。

专业差异性

超常在不同专业展现不同特征。首先，不同形式超常的相对重要性随着专业的不同而改变。创造力和艺术、科学或发明联系最密切；领导能力主要体现在政治和商业领域；道德杰出体现在宗教、法律、政治以及以临床、教育或公共服务为取向的职业上。有人也许会说，领导能力和道德杰出在艺术超常里是相对边缘的形式。Alfred Barr，现代艺术博物馆创建指导，或 Peggy Guggenheim，帮助开创了 20 世纪中期美国艺术家的事业，他们可能被认为是改变了美国纽约艺术学院的人。同样，许多职业经常不需要创造力，例如会计或工程师，按照这些领域的伦理编码,创造力甚至可能被认为是不道德的。然而,艺术领域中,确实存在领导人(例如观念领袖或画廊所有者)和专家(例如艺术批评家和历史学家),也有一些医生和律师因他们在技术上的创造发明挽救了他们的病人或客户而世人皆知。

其次,专业是以智力的差异为基础的。人的各个侧面是参差不齐的,一两种智力比较强,其他方面的智力相对弱,这在创造性的专业,比如在艺术和科学中经常被发现。艺术家可能使用一系列不同的智力,这和他们创作时使用的媒介有关:用帆布或黏土,空间智力可能强;用声音,音乐智力居主;用他们自己的双手和身躯,身体运动知觉智力突出出来。科学倾向建立在逻辑—数学和空间智力上。做领导,更需要通才,在智力的各个侧面都有着适度的能力。领导能力对语言和人际智力要求格外高,道德超常青睐那些善于反思和善于观察思考的人。然而,那些以道德方式领导的圣人应该不被认为比流氓更具人际智力,只是后者更喜欢权利和具有破坏性;还不如说,这些人将他们的人际智力服务于各自不同的价值观(Gardner, 2005)。

表 21.1　专业相似性和差异性小结

专　　业	艺　　术	科　　学	政 治 领 导	道 德 优 秀
专业间的差异				
例子	Pablo Picasso Igor Stravinsky Virginia Woolf	Charles Darwin Marie Curie Albert Einstein	Franklin Roosevelt Margaret Thatcher Charles de Gaulle	Mahatma Gandhi M. L. King, Jr. 救死扶伤者
超常的形式	大多数的创作者	专家或创造者	变革型领导 跨领域的专家而不 是领域的专家	人道个体 道德领导人 社会企业家
智力	参差结构/激光式的智力		扁平结构/探照灯式的智力	
	用于审美的任何智力 空间的 音乐的 身体—运动的	逻辑—数学的 空间的	语言的 人际的 内省的	人际的 内省的 存在主义的
主要对象	物体/媒介 通过创作受影响的人	物体	人民 组织	人民 原则 组织
个人品质	危及工作但不危及自己 可能有拥护者/代言人			危及自己 适应性 感召力 有同情心
职业生涯曲线	渐变的 巅峰或早或迟	巅峰早现然后下降	巅峰在中年或晚年	巅峰晚
早期标志	特殊才能 视觉定向 个人风格	计算能力 好奇心 深层的问题建构能力	社会性魅力 动机/主动性 早期逆境	判断力早慧 情绪敏感性 自我意识和反思

专　　业	艺　　术	科　　学	政治领导	道德优秀
	被认定为艺术家	发现问题的能力	领导机会和良师益友	行动定向
	沉浸于个人的情感生活中	早期多产		对创伤做出建设性反应
转折点	显著的个人风格	突破性发现	权力位置加问题情景	个人在大范围问题情景中的行动
有影响的研究者	Arnheim Milbraith Winner	Gruber Roe Zuckerman	Burns Simonton	Colby 和 Damon Kohlberg Oliner 和 Oliner
跨专业相似性	平常到专家到超常/变革 专业熟练的十年法则 发展的敏感期 在最高水平上整合个人、领域和专业 自信心、百折不挠、冒险性	持续的影响		

第三,不同专业强调不同的兴趣对象(Gardner, 1993a; Prediger, 1976)。思想定向的专业操作符号性对象而且专业敏感性更强;人定向的专业操纵人而且领域敏感性强。在我们的分析中,科学是更多朝向思想或物体的专业,因为科学家关注星星、细胞、玉米等等而经常忽视人的维度或他们的工作带来的结果。艺术也朝向思想和物体;但它倾向于通过人造物品间接地影响人们的情感。政治和道德更偏向人的方向,政治是最偏向人的,直接通过交流和目标具体化影响其他人。道德领导和社会企业倾向于以原则为基础,而道德关怀则必须是人与人的相互作用。

第四,在动机和对领域成员要求的品质上有专业差异。一些强调创造力的专业是较少时间压力的,并且对激光式的智力、隐居式的方式和花在工作上的时间(Ericsson, 1996; Galenson, 2001; Storr, 1988)进行奖励。在跳进他们专业的未知领域时,这些革新者拿他们的思想和产品冒险,但他们自己躲在幕后。强调领导地位的其他专业则对探照灯式的智力、多才多艺、即时思考、适应性和及时回应社会改变的感召力 (Burns, 1978; Simonton, 1984)进行奖励。因为他们超常的产品是他们个人的行为和体现,当超越了目前能接受的事情时他们拿自己以及自己的想法冒险。甚至还有更多微妙的差异存在。例如,一些科学,比如遗传学,正变得少孤独、多合作,而多受日常市场力量的影响(Gardner et al,, 2001)。相似地,道德领导人和社会企业家比政治领导人行驶在更长时间的框架中;而他们控制事件和影响社会改变的理由证明个人理想的"普遍目的"(Polanyi, 1958),这与有着"抓住这天"(过时作废)心态特点的大多数当今政治家不同。

第五,不同的专业表现出不同的职业生涯曲线。一些较早达到顶点,而另一些则是一种慢的、稳定的攀升。在数学和物理学方面的超常最有可能出现得早,在 20 几岁和 30 几岁,但在生物学或博物学方面就可能要来得晚些(Simonton, 1988)。顶点经常依赖于科学家的多面性或专门化程度(Sulloway,1996)。艺术家既可能因为有更多的概念作品而较早达到最高点,也可能通过更多的试验努力使他们的作品较晚被认同(Galenson,2001)。政治领导人和道德模范显示的职业生涯曲线最长,这可能是因为他们需要较少的任务专门化和更多的情景性竞争(Connell et al.,2003),因此,具有更多现实世界的经历。这些人在找到可以发挥他们才能和价值的群体、机构或位置之前,似乎在他们事业的早期显得更无目标和漂泊不定。然而,不仅寿命和职业生涯最长的人会显得杰出,而且那些在他们风华正茂时戏剧性地终止的人也会让人印象深刻——一种与 Alexander the Great、Abraham Lincoln 和 Kennedy 兄弟有关的模式(Simonton,1994)。

专业相似性

在不同的专业间也能看到超常的一些共同的背景。这些相似性似乎既是发展的也是系统的。尽管终态和职业生涯曲线的陡峭程度不同,大多数专业的常规发展道路是,从新手到专家,专家经常被认为是常规发展的顶点,再到革新者(例如创造者、领导人和道德模范),他们改变了符号意义、社会结构,或者是他们专业的价值。专家和更平常的操作者倾向于有一个更平衡的跨几个专业的活动体系(例如有相对独立的工作,休闲时间和家庭生活),目标是要满足要求或标准,和依赖于已有的机构来为他们的事业打好基础和指引方向。他们接受当前建构好的领域。而创造者和领导人则不同,表现出一个更综合的(虽然不是更平衡的)特性,这种特性来源于一种在内在驱力的冲动下精通一个特定的专业,通常在制度化的支持很少的情况下,以一种几乎触及他们生活的每一个方面的方式,推进其制度化的边界。他们的配偶、朋友和业余爱好也有被他们的工作牵连的倾向。在他们突破的时候,这些人主要根据专业的核心使命来确定而将领域边缘化。他们继续学习并达到对标准的超越,在他们所做的一切中保持一种不满足和未完成的延迟感,并将专业元素(例如符号系统、任务道具或想法)而不是领域机构作为他们职业生涯的基础(Gardner,1997)。

超常是以表观遗传的方式出现的,通常需要至少 10 年的培养来显示它本身(Ericsso,1998;Shekerjian,1990)。它可以被认为像一个摇摆的钟摆,根据它自己的动量获得速度。它开始于那些从最小(小创造力、小领导人、小道德模范)的方面加入的超常——以创造力为例,试图对传统的做事方式稍做修改;作为领导能力,试图组织小的朋友团队或事件;而在道德方面,竭力维持个体有勇气的行为和关注他们的结果。随着时间的推移,其中一些人继续并成为中等程度的超常,这能影响一些人但不足以达到以显著的方式使专业发生变革的关键量。这样的例子包括在区域性展厅展出自己的作品或为地方部门工作或开始一个非营利性组织。这种中等水平通常对获得认同和更多的领域资源是一个重要的点,例如 MacArthur 的"天才"奖(Shekerjian,1990),这能够促进一个人的潜能继续转换到超常的表现——并因此把个人的发展变成专业的发展。最后,因为深远的影响或意义而有些成为了历史性重要的创造力、领导能力或道德。

尽管这些尺度形成一个影响的连续体,心理学因素对此的影响似乎是非线性的。有种类上的跳跃,不只是程度上的不同,从平常,主要涉及成为文化的消费者,到专家,包括成为文化的再生产者,到超常,包括成为文化的生产者(Bourdieu,1993)。超常打破了已经存在的束缚,把文化传统作为一个工具来使用而不是一个限制,而且关注可能性——可以成为什么。

因为超常产生于一个人与专业和领域相互作用的历史细节,因此在发展的某些时刻可能表现为敏感期(Rostan,1998;Winner,2000)。社会经常安排专门技术作为发展的主要的最终状态,这些专家就是复制文化。可能的一个理由是专门技术更安全,更常用,更好理解,或更容易实现。但是,如果把超常当作职业生涯的最终目标会怎么样呢? 于是,这问题就变为:除了在最不平凡的历史时期,为什么只有很少的人做出革新? 可能有些关键点使许多人滑离通向超常的道路:在生命的最早期他们没能展示出生物学的品质或天分(Winner,1996a);他们没能进入专业,例如生活在一个文化隔离的地方或来自一个没有资源、不能接触文化的家庭(Gardner,1993a);在儿童中期被强迫从事传统专业可能会阻止儿童对某个专业进行独立的探索或使他不能把专业与自己特殊的风格整合起来(Bamberger,1982);青少年发现他们的努力没有适当的或可奖赏的社会出路(Csikszentmihalyi et al.,1993);年轻人在他们的第一份工作中遇到了领域的约束力(Allmendinger,Hackman,&Lehman.,1996;Gardner et al.,2001);年轻人的工作不能被领域接受,而他们又不得不寻求更常规的工作来支付他们的账单(Stohs,1991);或者,本应成为革新者的人变得很成功——例如,受称赞的天才——可能滑进了一个"公式",这个公式在领域里很起作用,却限制了一个反叛的、精力充沛的人格发展(Gardner,1993a;Rank,1932)。

童年早期的敏感期更多地来自个体—专业的交互作用,而青少年晚期和成年期的敏感期更多地涉及更多的个体—领域的交互作用。能成为最超常个体的人的最终出现,需要以个人的方式整合所有的三个节点——个体、专业和领域。虽然,在历史上,超常是被当作个体的特质来研究的,但发展的系统观则突出地显示了这样的事实,即超常的成就者很少是独闯的。对于那些达到阶梯最高层和最具影响的人来说,包括其他人和被其他人指导是至关重要的(Gardner,1993a,1995;John-Steiner,1985;2000)。未来伟大的领导人经常被当前的领导人护于羽下。指导者提供了领域支持的垫脚石,同时包括情感的和职业构建的支持——从对专业的浪漫看法经由导师的早期培养,到对专业有一个技能定向的观点,经由后来的技术导师的培养,再到对专业有一个综合的和革新的观点,这些个体超越了导师的直接影响,并创立他们自己的观点(Bloom,1985)。

在某种意义上,专业和领域在幕后所起的作用甚至在个体出生之前就发生了。时代精神(例如个体主义的还是集体主义的,进步的还是传统导向的),专业的状态(例如有组织的还是混乱的,处于文化价值观中心的还是在边缘的),以及领域的状态(如和谐的还是破碎的,资源丰富的还是贫穷的)是很有关系的。即儿童长大后进入并被社会化的这个社会的时代精神,决定了他的发展轨迹是否朝超常的方向。在公元五世纪的雅典和第一个千年末的中国唐朝产生了大量的超常个体和贡献,这绝非偶然(Csikszentmihalyi,1996;Sorokin,1947/1969)。这样的时期对一致和不一致的特别富有成效的组合可能很欣赏,这就导致了创造力和影响力的不同寻常的兴旺。如果文化过于保守,或者专业和领域不协调或缺乏组织到了有害的程度,那么,超常就不太可能出现,即使个体能跳过上面所述的所有发展的障碍。超常确实来自系统元素之间的张力和不同步,但是,张力太大可能对最有天分、适应性和抱负的个体也是有阻碍的。

进一步的研究

从来都没有哪一个公式、阶梯、"通用的"发展路径可以保证超常成就。关于个体、领域和专业特征的太多因素必须符合他们的产生。因此,超常的基础是不确定性;它是随机的而不是必然的。

这种情景对超常研究的前景有什么影响? 在我们看来,研究者需要在观念上超越特质、种类和线性预测到交互作用和突然出现的模式;还要从直接的、横断的因果效应到带有临时维度的回归的、倒数的因果模型。这样才有可能发现新的最终状态和专业结构。除了经典的发展学者喜欢的一般的或普遍的机制外,我们必须更接近地考察专业特殊性对于超常的贡献和考察在这个调查中没有考虑的专业。我们必须进一步把认知与动机、社会和历史的因素综合在一起,包括他们在发展的关键节点上的交互作用。

在方法学上,超常显示了激光式的或孤立于其他观点的还原主义科学的局限性。这种现象呼吁社会科学方法和人文方法的合作。应用传统心理学研究的设计是困难的——或许是不合适的——因此,真正超常的个体很少出现(Gardner, 1988; Simonton, 1999; Wallace & Gruber, 1989)。许多方法已经被用来探索超常的不同形式和不同因素,从努力对大数据库进行统计分析到对能阐明一个超常生命毕生发展轮廓的特定个体进行深度和质的分析以便搜索出一般性的规律。一种发展的一系统的方法呼吁更多的追踪研究。考虑到我们已经知道的,如果我们重做 Terman 70 多年的追踪研究,我们会考察什么? 可能性中包括使用专业特殊性样本选择标准,例如科学好奇心,而不是 IQ 分数那样一般性的测量;结合对不同专业和领域状态的描述或评估,这能说明对个体的支持和限制;在承诺(Moran, 2004)和其他动机—认知的交互作用上确保数据可靠;结合神经结构和功能以及遗传学结构的信息;追踪个体随时间的推移与他们各自的专业和领域的关系和他们在各自专业和领域中的位置——可能需要通过计算机建模——来看智力是怎样变成才能、业绩、专门技术,甚至怎么"超越已知"的(Bruner, 1962);以及,把我们的数据收集的点放在前面提到的敏感期上,这是个体、专业和领域发生交互作用的关键期。这样一个复杂的设计可能使我们渴望搜查超常的一个测验或基因的那些更简单的日子。

最后,关于我们得出的结论,我们需要扩展超常的形式。超常形式的教养、社会网络和对于环境的关心是什么样的? ——只要列举一些事例——这可能在理解英国人的(Britannica)超常观时造成关键的但是被研究者忽略了的差异(参见 Murray, 2003)。不同形式的超常是什么样的? 它们在工作阶级、女性和其他宗教团体,或者在第三世界文化中的发展是怎样的(参见 Helson, 1999; Nisbett, 2003; Richie, Fassinger, Linn, Johnson, Prosser, & Robinson, 1997; Simonton, 1998)? 这个分析能被扩展到包括历史时期:正如 Fish(1999)和 Bourdieu(1993)主张的,"优点"的概念——超常的形式——随着时间的推移和因为不同的想法和不同的人得到权力而改变。因此,现在 21 世纪早期美国的超常是什么样的就不同于 20 世纪中国的超常,不同于 14 世纪佛罗伦萨的超常,或不同于 24 世纪《星舰迷航》(*Star Trek*)①式情节中的超常。由于超常研究考察的是人类可能性的边界,因此,它有一个给出最广泛的"人类"定义的特殊使命。

(汪艳、施建农译,施建农审校)

参考文献

Abroms, K. I., & Gollin, J. B. (1980). Developmental study of gifted preschool children and measures of psychosocial giftedness. *Exceptional Children*, 46(5), 334 - 341.

Aitken, K. J., & Trevarthen, C. (1997). Self/other organization in human psychological development. *Development and Psychopathology*, 9(4), 653 - 677.

Alexander, J. M., Carr, M., & Schwanenflugel, P. J. (1995). Development of meta-cognition in gifted children: Directions for future research. *Developmental Review*, 15, 1 - 37.

Allmendinger, J., Hackman, J. R., & Lehman, E. V. (1996). Life and work in symphony orchestras. *Musical Quarterly*, 80(2), 194 - 219.

Amabile, T. (1996). *Creativity in context*. Boulder, CO: Westview Press.

Anderson, K. C., & Leinhardt, G. (2002). Maps as representations: Expert-novice comparison of projection understanding. *Cognition and Instruction*, 20(3), 283 - 321.

Andreani, O. D., & Pagnin, A. (1993). Moral judgment in creative and talented adolescence. *Creativity Research Journal*, 6(1/2), 45 - 63.

Andreasen, N. C. (1987). Creativity and mental illness: Prevalence rates in writers and their first-degree relatives. *American Journal of Psychiatry*, 144(10), 1288 - 1292.

Arnheim, R. (1966). *Toward a psychology of art*. Berkeley: University of California Press.

Arsenio, W. F., & Lover, A. (1995). Children's conceptions of sociomoral affect: Happy victimizers, mixed emotions, and other expectancies. In D. Hart & M. Killen (Eds.), *Morality in everyday life* (pp. 87 - 128). New York: Cambridge University Press.

Astington, J. W. (1993). *The child's discovery of the mind*. Cambridge, MA: Harvard University Press.

Bamberger, J. (1982). Growing up prodigies: The midlife crisis. *New Directions for Child Development*, 17, 61 - 78.

Bandura, A., & Walters, R. (1963). *Social learning and personality development*. New York: Holt, Rinehart and Winston.

Barendsen, L. (2004, April). *The business of caring: A study of young social entrepreneurs*. Retrieved November 10, 2005, from www.goodworkproject.org.

Barendsen, L., & Gardner, H. (2004, Fall). Is the social entrepreneur a new type of leader? *Leader to Leader*, 34.

Barron, F. (1972). *Artists in the making*. New York: Seminar Press.

Beabout, G. R., & Wennemann, D. J. (1994). *Applied professional ethics: A developmental approach for use with case studies*. Lanham, MD: University Press of America.

Becket, H. (1982). *Art worlds*. Berkeley: University of California Press.

Bell, P., & Linn, M. C. (2002). Beliefs about science: How does science instruction contribute. In B. K. Hofer & P. R. Pintrich (Eds.), *Personal epistemology: The psychology of beliefs about knowledge and knowing* (pp. 321 - 346). Mahwah, NJ: Erlbaum.

Benbow, C. P., & Stanley, J. C. (1983). Sex differences in mathematical reasoning ability: More facts. *Science*, 212, 1029 - 1031.

Bennis, W. G., & Thomas, R. J. (2002). *Geeks and geezers: How era, values, and defining moments shape leaders*. Boston: Harvard Business School Press.

Bereiter, C., & Scardamalia, M. (1993). *Surpassing ourselves: An inquiry into the nature and implications of expertise*. Chicago: Open Court.

Berg, D. N. (1998). Resurrecting the muse: Followership in organizations. In E. B. Klein, F. Gabelnick, & P. Herr (Eds.), *The psychodynamics of leadership* (pp. 27 - 52). Madison, CT: Psychosocial Press.

Berlyne, D. E. (1950). Novelty and curiosity as determinants of exploratory behavior. *British Journal of Psychology*, 41, 68 - 80.

Binet, A., & Simon, T. (1976). The development of intelligence in the child. In W. Dennis & M. W. Dennis (Eds.), *The intellectually gifted* (pp. 13 - 16). New York: Grune & Stratton. (Original work published 1909)

Bloom, B. (1985). *Developing talent in young people*. New York: Ballantine Books.

Boden, M. A. (1990). *The creative mind: Myths and mechanisms*. New York: Basic Books.

Bogardus, E. S. (1934). *Leaders and leadership*. New York: Appleton-Century-Crofts.

Bornstein, D. (2004). *How to change the world: Social entrepreneurs and the power of new ideas*. New York: Oxford University Press.

Bourdieu, P. (1993). *The field of cultural production*. New York: Columbia University Press.

Braumgart, M. M., & Braumgart, R. G. (1990). The life-course development of left-and right-wing young activist leaders from the 1960s. *Political Psychology*, 11(2), 283 - 292.

Brower, R. (2000). To reach a star: The creativity of Vincent Van Gogh. *High Ability Studies*, 11(2), 179 - 206.

Brown, A. L., & Campione, J. C. (1986). Psychological theory and the study of learning disabilities. *American Psychologist*, 41(10), 1059 - 1068.

Bruchkowsky, M. (1992). The development of empathic cognition in middle and early childhood. In R. Case (Ed.), *The mind's staircase: Exploring the conceptual underpinnings of children's thought and knowledge* (pp. 153 - 170). Hillsdale, NJ: Erlbaum.

Brunet, J. S. (1962). The conditions of creativity. In J. S. Bruner. *On knowing: Essays for the left hand*. Cambridge, MA: Belknap Press.

Bullock, A. (1998). *Hitler & Stalin: Parallel lives* (2nd ed.). London: Fontana.

Burns, J. M. (1978). *Leadership*. New York: Harper & Row.

Carothers, T., & Gardner, H. (1979). When children's drawings become art. *Developmental Psychology*, 15(5), 570 - 580.

Carruthers, P. (2002). The roots of scientific reasoning: Infancy, modularity and the art of tracking. In P. Carruthers, S. Stich, & M. Siegal (Eds.), *The cognitive basis of science* (pp. 73 - 95). New York: Cambridge University Press.

Carter, K. R., & Ormrod, J. E. (1982). Acquisition of formal operations by intellectual gifted children. *Gifted Child Quarterly*, 26(3), 110 - 115.

Cattell, J. M. (1903). A statistical study of eminent men. *Popular Science Monthly*, 359 - 377.

Cattell, R. B. (1971). *Abilities: Their structure, growth and action*. Boston: Houghton Mifflin.

Cattell, R. B., & Drevdahl, J. E. (1955). A comparison of the personality profile of eminent researchers with that of eminent teachers and administrators. *British Journal of Psychology*, 46, 248 - 261.

Ceci, S. (1991). On intelligence . . . more or less. Englewood Cliffs, NJ: Prentice-Hall.

Ceci, S. J. (1996). *On intelligence: A bioecological treatise on*

---

① *Star Trek* 是自 20 世纪 60 年代中期以后风靡于美国乃至全世界的美国科幻电影(电视)系列,通常被译为《星舰迷航》或《迷失太空》等。——译者注

intellectual development. Cambridge, MA: Harvard University Press.

Changeux, J.-P. , & Ricouer, P. (2000). *What makes us think?* (M. B. DeBevoise, Trans.). Princeton, NJ: Princeton University Press.

Chi, M. T. H. , Glaser, R. , & Rees, E. (1982). Expertise in problem solving. In R. J. Sternberg (Ed.), *Advances in the psychology of human intelligence* (pp. 7 - 75). Hillsdale, NJ: Erlbaum.

Chinn, C. A. , & Brewer, W. F. (1993). The role of anomalous data in knowledge acquisition: A theoretical framework and implications for science instruction. *Review of Educational Research*, 63(1), 1 - 49.

Colby, A. , & Damon, W. (1994). *Some do care: Contemporary lives of moral commitment*. New York: Free Press-Macmillan.

Colby, A. , Ehrlich, T. , Beaumont, E. , & Stephens, J. (2003). *Educating citizens*. San Francisco: Jossey-Bass.

Connell, M. W. , Sheridan, K. , & Gardner, H. (2003). On abilities and domains. In R. J. Sternberg & E. Grigorenko (Eds.), *Perspectives on the psychology of abilities, competencies and expertise* (pp. 126 - 155). New York: Cambridge University Press.

Cox, C. (1926). *Genetic studies of genius: Vol. 2. The early mental traits of three hundred geniuses*. Stanford, CA: Stanford University Press.

Cross, P. G. , Cattell, R. B. , & Butcher, H. J. (1967). The personality pattern of creative artists. *British Journal of Educational Psychology*, 37, 292 - 299.

Csikszentmihalyi, M. (1988). Society, culture, and person: A systems view of creativity. In R. J. Sternberg (Ed.), *The nature of creativity* (pp. 325 - 339). New York: Cambridge University press.

Csikszentmihalyi, M. (1996). *Creativity*. New York: HarperCollins.

Csikszentmihalyi, M. , Rathunde, K. , & Whalen, S. (1993). *Talented teenagers: The roots of success and failure*. New York: Cambridge University Press.

Csikszentmihalyi, M. , & Robinson, R. E. (1988). Culture, time and the development of talent. In R. J. Sternberg & J. E. Davidson (Eds.), *Conceptions of giftedness* (pp. 264 - 284). New York: Cambridge University Press.

Dabrowski, K. (1994). The heroism of sensitivity (E. Hyzy-Strzelecka, Trans.). *Advanced Development*, 5, 87 - 92. (Original work published 1979)

Damon, W. (1988). *The moral child: Nurturing children's natural moral growth*. New York: Free Press.

Davidson, J. E. , & Sternberg, R. J. (1984). The role of insight in intellectual giftedness. *Gifted Child Quarterly*, 28, 58 - 64.

Davis, J. (1997). Drawing's demise: U-shaped development in graphic symbolization. *Studies in Art Education*, 38(3), 132 - 157.

Davis, M. H. , Luce, C. , & Kraus, S. J. (1994). The heritability characteristics associated with dispositional empathy. *Journal of Personality*, 62, 369 - 391.

Davis, P. J. , & Hersh, R. (1980). *The mathematical experience*. Boston: Birkhauser.

De Corte, E. , Op't Eynde, P. , & Verschaffel, L. (2002). "Knowing what to believe": The relevance of students' mathematical beliefs for mathematics education. In B. K. Hofer & P. R. Pintrich (Eds.), *Personal epistemology: The psychology of beliefs about knowledge and knowing* (pp. 297 - 320). Mahwah, NJ: Erlbaum.

DeGroot, A. D. (1965). *Thought and choice in chess*. The Hague, The Netherlands: Mouton.

Dentici, O. A. , & Pagnin, A. (1997). Moral reasoning in gifted adolescence: Cognitive level and social values. *European Journal for High Ability*, 3(1), 105 - 114.

Detterman, D. K. , & Daniel, M. H. (1989). Correlations of mental tests with each other and with cognitive variables are highest for low IQ groups. *Intelligence*, 13(4), 349 - 359.

Drucker, P. (1992). *Managing the future*. New York: Plume.

Dunbar, K. (1996). How scientists really reason: Scientific reasoning in real world laboratories. In R. J. Sternberg & J. E. Davidson (Eds.), *The nature of insight* (pp. 365 - 395). Cambridge, MA: MIT Press.

Dunn, J. (1987). The beginnings of moral understanding: Development in the second year. In J. Kagan & S. Lamb (Eds.), *The emergence of morality in young children* (pp. 91 - 112). Chicago: University of Chicago Press.

Durkheim, E. (1961). *Moral education*. Glencoe, IL: Free Press.

Dweck, C. S. (2000). *Self-theories*. Philadelphia: Taylor & Francis.

Dweck, C. S. (2002), Beliefs that make smart people dumb. In R. J. Sternberg (Ed.), *Why smart people can be so stupid* (pp. 24 - 41). New Haven, CT: Yale University Press.

Eckstein, S. G. (2000). Growth of cognitive abilities: Dynamic models and scaling. *Developmental Review*, 20, 1 - 28.

Eisenberg, N. , & Fabes, R. A. (1992). Emotion, regulation and development of social competence, in M. S. Clark (Ed.), *Review of personality and social psychology: Vol. 14. Emotion and social behavior* (pp. 119 - 150). Newbury Park, CA: Sage.

Ellis, H. (1926). *A study of British genius*. Boston: Houghton Mifflin.

Ericsson, K. A. (1998). The scientific study of expert levels of performance: General implications for optimal learning and creativity. *High Ability Studies*, 9(1), 75 - 98.

Erikson, E. (1958). *Young man Luther: A study in psychoanalysis and history*. New York: Norton.

Erikson, E. (1959). *Identity and the life cycle*. New York: International Universities Press.

Erikson, E. (1969). *Gandhi's truth on the origins of nonmilitant violence*. New York: Norton.

Eysenck, H. (1998). *Intelligence: A new look*. New Brunswick, NJ: Transaction.

Faulkner, J. (1996). *Talking about William Faulkner: Interviews with Jimmy Faulkner and others*. Baton Rouge: Louisiana State University Press.

Feist, G. J. (1993). A structural model of scientific eminence. *Psychological Science*, 6(4), 366 - 371.

Feist, G. J. , & Gorman, M. E. (1998). The psychology of science: Review and integration of a nascent discipline. *Review of General Psychology*, 2(1), 3 - 47.

Feldman, D. H. (1986). *Nature's gambit: Child prodigies and the development of human potential*. New York: Basic Books.

Feldman, D. H. (1994). *Beyond the universals of cognitive development* (2nd ed.). Norwood, NJ: Ablex.

Finke, R. A. , Ward, T. B. , & Smith, S. M. (1992). *Creative cognition: Theory, research, and applications*. Cambridge, MA: MIT Press.

Fischer, K. W. , Hand, H. H. , Watson, M. W. , Van Parys, M. , & Tucker, J. (1984). Putting the child into socialization: The development of social categories in preschool, in L. Katz (Ed.), *Current topics in early childhood education* (Vol. 5, pp. 27 - 72). Norwood, NJ: Ablex.

Fischer, K. W. , Kenny, S. L. , & Pipp, S. L. (1990). How cognitive processes and environmental conditions organize discontinuities in the development of abstractions. In C. N. Alexander & E. J. Langer (Eds.), *Higher stages of human development: Perspectives on adult growth* (pp. 162 - 187). New York: Oxford University Press.

Fischer, K. W. , & Pipp, S. L. (1984). Processes of cognitive development: Optimal level and skill acquisition. In R. J. Sternberg (Ed.), *Mechanisms of cognitive development* (pp. 45 - 80). New York: Freeman.

Fischman, W. , Schutte, D. , Solomon, B. , & Lam, G. W. (2001). The development of an enduring commitment to service work. In M. Michaelson & J. Nakamura (Eds.), *Supportive frameworks for youth engagement* (pp. 33 - 44). San Francisco: Jossey-Bass.

Fischman, W. , Solomon, B. , Greenspan, D. , & Gardner, H. (2004). *Making good: How young people cope with moral dilemmas at work*. Cambridge, MA: Harvard University Press.

Fish, S. (1999). *The trouble with principle*. Cambridge, MA: Harvard University Press.

Flacks, R. (1990). Social bases of activist identity: Comment on Braumgart article. *Political Psychology*, 11(2), 283 - 292.

Flavell, J. H. , Botkin, P. J. , & Fry, C. L. (1968). *The development of role-taking and communication skills in children*. New York: Wiley.

Flynn, J. R. (1999). Searching for justice: The discovery of IQ gains over time. *American Psychologist*, 54(1), 5 - 20.

Fodor, J. A. (1983). *The modularity of mind*. Cambridge, MA: MIT Press.

Freedman, B. (1983). A meta-ethics for a professional morality. In B. Baumrin & B. Freedman (Eds.), *Moral responsibility and the professions* (pp. 61 - 78). New York: Haven Publications.

Freedman, J. O. (1996). *Idealism and liberal education*. Ann Arbor: University of Michigan Press.

Freud, S. (1957). Leonardo da Vinci and a memory of his childhood. In J. Strachey, A. Strachey, & A. Tyson (Eds.), *The standard edition of the complete psychological works of Sigmund Freud* (Vol. 11, pp. 3 - 55). London: Hogarth Press. (Original work published 1910)

Freud, S. (1961a). Civilization and its discontents. In J. Strachey, A. Freud, A. Strachey, & A. Tyson (Eds.), *The standard edition of the complete psychological works of Sigmund Freud* (Vol. 21, pp. 64 - 145). London: Hogarth Press. (Original work published 1930)

Freud, S. (1961b). The ego and the id. In J. Strachey, A. Freud, A. Strachey, & A. Tyson (Eds.), *The standard edition of the complete psychological works of Sigmund Freud* (Vol. 19, pp. 3 - 66). London: Hogarth Press. (Original work published 1923)

Fried, I. , Wilson, C. L. , Morrow, J. W. , Cameron, K. A. , Behnke,

E. D. , Ackerson, L. C. , et al. (2001). Increased dopamine release in the human amygdala during performance of cognitive tasks. *Nature Neuroscience*, 4(2), 201 - 206.

Furr, S. R. , & Lutz, J. R. (1987). Emerging leaders: Developing leadership potential. *Journal of College Student Personnel*, 28(1), 86 - 87.

Galenson, D. (2001). *Painting outside the lines*. Cambridge, MA: Harvard University Press.

Galton, F. (1869). *Hereditary genius*. London: Macmillan.

Gardner, H. (1973). *The arts and human development*. New York: Wiley.

Gardner, H. (1980). *Artful scribbles: The significance of children's drawings*. New York: Basic Books.

Gardner, H. (1982). *Art, mind, and brain: A cognitive approach to creativity*. New York: Basic Books.

Gardner, H. (1983). *Frames of mind: The theory of multiple intelligences*. New York: Basic Books.

Gardner, H. (1988). Creativity: An interdisciplinary perspective. *Creativity Research Journal*, 1, 8 - 26.

Gardner, H. (1989). *To open minds: Chinese clues to the dilemma of contemporary education*. New York: Basic Books.

Gardner, H. (1991). *The unschooled mind: How children think and how schools should teach*. New York: Basic Books.

Gardner, H. (1993a). *Creating minds: An anatomy of creativity seen through the lives of Freud, Einstein, Picasso, Stravinsky, Eliot, Graham, and Gandhi*. New York: Basic Books.

Gardner, H. (1993b). The relationship between early giftedness and later achievement. In B. R. Bock & K. Ackrill (Eds.), *The origins and development of high ability* (pp. 175 - 182). New York: Wiley.

Gardner, H. (1995). *Leading minds*. New York: Basic Books.

Gardner, H. (1997). *Extraordinary minds*. New York: Basic Books.

Gardner, H. (1999). *Intelligence reframed: Multiple intelligences for the 21st century*. New York: Basic Books.

Gardner, H. (2000). *The disciplined mind*. New York: Penguin Putnam,

Gardner, H. (2001, September 19). *The return of good work in journalism*. Retrieved November 10, 2005, from www. goodworkproject. org.

Gardner, H. (2004a). *Changing minds*. Boston: Harvard Business School Press.

Gardner, H. (2004b). The making of a social scientist. In J. Brockman (Ed.), *When we were kids* (pp. 131 - 139). New York: Simon & Schuster.

Gardner, H. (2005, Summer). Compromised work. *Daedalus*, 134 (3), 42 - 51.

Gardner, H. (2006). *Multiple intelligences: New horizons*. New York: Basic Books.

Gardner, H. , Csikszentmibalyi, M. , & Damon, W. (2001). *Good work: When excellence and ethics meet*. New York: Basic Books.

Gardner, H. , Kornhaber, M. , & Wake, W. L. (1996). *Intelligence: Multiple perspectives*. Fort Worth, TX: Harcourt Brace.

Gardner, H. , & Nemirovsky, R. (1991). From private intuitions to public symbol systems: An examination of the creative process in Georg Cantor and Sigmund Freud. *Creativity Research Journal*, 4(1), 1 - 21.

Gardner, H. , Phelps, E. , & Wolf, D. (1990). The roots of adult creativity in children's symbolic products. In C. N. Alexander & E. J. Langer (Eds.), *Higher stages of human development: Perspectives on adult growth* (pp. 79 - 96). New York: Oxford University Press.

Gardner, H. , & Wolf, C. (1988). The fruits of asynchrony: A psychological examination of creativity. *Adolescent Psychiatry*, 15, 106 - 123.

Gardner, J. W. (1984). *Excellence: Can we be equal and excellent too?* New York: Norton.

Gardner, J. W. (1990). *On leadership*. New York: Free Press.

Giedo, J. (1996). *The artist and the emotional world*. New York: Columbia University Press.

Gergen, D. (2000). *Eyewitness to power: The essence of leadership Nixon to Clinton*. New York: Simon & Schuster.

Geschwind, N. (1984). The biology of cerebral dominance: Implications for cognition. *Cognition*, 17, 193 - 208.

Geschwind, N. , & Galaburda, A. (1987). *Cerebral lateralization*. Cambridge, MA: MIT Press.

Getzels, J. W. , & Csikszentmihalyi, M. (1976). *The creative vision: A longitudinal study of problem finding in art*. New York: Wiley.

Getzels, J. W. , & Jackson, P. W. (1962). *Creativity and intelligence: Explorations with gifted students*. New York: Wiley.

Glassman, M. , & Zan, B. (1995). Moral activity and domain theory: An alternative interpretation of research with young children. *Developmental*

Review, 15, 434 - 457.

Goertzel, B. (1997). *From complexity to creativity*. New York: Plenum Press.

Goertzel, M. G. , Goertzel, V. , & Goertzel, T. G. (1978). *Three hundred eminent personalities*. San Francisco: Jossey-Bass.

Goertzel, V. , & Goertzel, M. G. (1962). *Cradles of eminence*. Boston: Little, Brown.

Goldberg-Reitman, J. (1992). Young girls' conceptions of their mother's role: A neo-structural analysis. In R. Case (Ed.), *The mind's staircase: Exploring the conceptual underpinnings of children's thought and knowledge* (pp. 135 - 151). Hillsdale, NJ: Erlbaum.

Goleman, D. (2002). *Primal leadership: Realizing the power of emotional intelligence*. Boston: Harvard Business School Press.

Golomb, C. (1995). Eitan: The artistic development of a child prodigy. In C. Golomb (Ed.), *The development of artistically gifted children: Selected case studies* (pp. 171 - 196). Hillsdale, NJ: Erlbaum.

Golomb, C. , & Haas, M. (1995). Varda: The development of a young artist. In C. Golomb (Ed.), *The development of artistically gifted children: Selected case studies* (pp. 71 - 100). Hillsdale, NJ: Erlbaum.

Gombrich, E. (1960). *Art and illusion: A study in the psychology of pictorial representation*. Princeton, NJ: Princeton University Press.

Gooding, D. C. (1996). Scientific discovery as creative exploration: Faraday's experiments. *Creativity Research Journal*, 9(2/3), 189 - 205.

Goodman, N. (1976). *Languages of art*. Indianapolis, IN: Hackett.

Goodnow, J. (1977). *Children drawing*. Cambridge, MA: Harvard University Press.

Gopnik, A. , & Meltzoff, A. N. (1997). *Words, thoughts and theories*. Cambridge, MA: MIT Press.

Goswami, U. (1996). Analogical reasoning and cognitive development. In H. W. Reese (Ed.), *Advances in child development and behavior* (Vol. 26, pp. 91 - 138). San Diego: Academic Press.

Govindarajan, T. N. (1964). Vocational interests of leaders and nonleaders among adolescent school boys. *Journal of Psychological Researches*, 8(3), 124 - 130.

Granott, N. , & Gardner, H. (1994). When minds meet: Interactions, coincidence, and development in domains of ability. In R. J. Sternberg & R. K. Wagner (Eds.), *Mind in context: Interactionist perspectives on human intelligence* (pp. 171 - 201). New York: Cambridge University Press.

Greenacre, P. (1956). Experiences of awe in childhood. *Psychoanalytic Study of the Child*, 11, 9 - 30.

Greenhoot, A. F. , Semb, G. , Colombo, J. , & Schreiber, T. (2004). Prior beliefs and methodological concepts in scientific reasoning. *Applied Cognitive Psychology*, 18(2), 203 - 221.

Grotzer, T. , & Bell, B. (1999). Negotiating the funnel: Guiding students toward understanding elusive generative concepts. In L. Hetland & S. Veema (Eds.), *The project zero classroom: Views on understanding* (pp. 59 - 76). Cambridge, MA: Fellows and Trustees of Harvard College, Project Zero, Harvard Graduate School of Education.

Gruber, H. E. (1974). *Darwin on man: A psychological study of scientific creativity*. New York: Dutton.

Gruber, H. E. (1989). The evolving systems approach to creative work. In D. B. Wallace & H. E. Gruber (Eds.), *Creative people at work* (pp. 3 - 24). New York: Oxford University Press.

Guilford, J. P. (1950). Creativity. *American Psychologist*, 5, 444 - 454.

Guilford, J. P. (1967). *The nature of human intelligence*. New York: McGraw-Hill.

Gustin, W. C. (1985). The development of exceptional research mathematicians. In B. S. Bloom (Ed.), *Developing talent in young people* (pp. 270 - 331). New York: Ballantine Books.

Harris, P. L. (2000). *The work of the imagination*. Malden, MA: Blackwell.

Hart, D. , & Fegley, S. (1995). Prosocial behavior and caring in adolescence: Relations to self-understanding and social judgment. *Child Development*, 66(5), 1346 - 1359.

Hart, D. , Yates, M. , Fegley, S. , & Wilson, G. (1995). Moral commitment in inner-city adolescents. In D. Hart & M. Killen (Eds.), *Morality in everyday life* (pp. 317 - 341). New York: Cambridge University Press.

Hartshorne, H. , & May, M. A. (1928 - 1930). *Studies in the nature of character*. New York: Macmillan.

Haste, H. (1990). Moral responsibility and moral commitment: The integration of affect and cognition. In T. E. Wren (Ed.), *The moral domain: Essays in the ongoing discussion between philosophy and the social sciences* (pp. 315 - 359). Cambridge, MA: MIT Press.

Hatch, T. (1997). Friends, diplomats, and leaders in kindergarten: Interpersonal intelligence in play. In P. Salovey & D. J. Sluyter (Eds.), *Emotional development and emotional intelligence: Educational implications* (pp. 70–89). New York: Basic Books.

Hawley, P. H. (1999). The ontogenesis of social dominance: A strategy-based evolutionary perspective. *Developmental Review*, 19, 97–132.

Hay, D. F., Castle, J., Stimson, C. A., & Davies, L. (1995). The social construction of character in toddlerhood. In D. Hart & M. Killen (Eds.), *Morality in everyday life* (pp. 23–51). New York: Cambridge University Press.

Heifetz, R. A. (1994). *Leadership without easy answers*. Boston: Belknap Press.

Helson, R. (1996). In search of the creative personality. *Creativity Research Journal*, 9(4), 295–306.

Helson, R. (1999). A longitudinal study of creative personality in women. *Creativity Research Journal*, 12(2), 89–101.

Helson, R., & Crutchfield, R. S. (1970). Mathematicians: The creative researcher and average PhD. *Journal of Consulting and Clinical Psychology*, 34, 250–257.

Helson, R., & Pais, J. L. (2000). Creativity potential, creative achievement, and personal growth. *Journal of Personality*, 68(1), 1–27.

Helwig, C. C. (1995). Social context and social cognition: Psychological harm and civil liberties. In D. Hart & M. Killen (Eds.), *Morality in everyday life* (pp. 166–200). New York: Cambridge University Press.

Herrnstein, R. J., & Murray, C. (1994). *The bell curve*. New York: Free Press.

Hirschhorn, L. (1998). The psychology of vision. In E. B. Klein, F. Gabelnick, & P. Herr (Eds.), *The psychodynamics of leadership* (pp. 109–125). Madison, CT: Psychosocial Press.

Hirschman, A. O. (1970). *Exit, voice, and loyalty*. Cambridge, MA: Harvard University Press.

Ho, W.-C. (1989). *Yani: The brush of innocence*. New York: Hudson Hills Press.

Hoffman, M. L. (2000). *Empathy and moral development*. New York: Cambridge University Press.

Hofstadter, D. R. (1995). *Fluid concepts and creative analogies: Computer models of the fundamental mechanisms of thought*. New York: Basic Books.

Hohmann, M., Hawker, D., & Hohmann, C. (1982). Group process and adolescent leadership development. *Adolescence*, 17(67), 613–620.

Holahan, C. K., Sears, R. R., & Cronbach, L. J. (1995). *The gifted group in later maturity*. Stanford, CA: Stanford University Press.

Hollingworth, L. S. (1942). *Children above 180 IQ*. New York: World Books.

Holmes, F. L. (1989). Antoine Lavoisier and Hans Krebs: Two styles of scientific creativity. In D. B. Wallace & H. E. Gruber (Eds.), *Creative people at work* (pp. 44–68). New York: Oxford University Press.

Holmes, F. L. (1996). Expert performance and the history of science. In K. A. Ericcson (Ed.), *The road to excellence: The acquisition of expert performance in the arts, sciences, sports and games* (pp. 313–319). Mahwah, NJ: Erlbaum.

Holton, G. (1973). *Thematic origins of scientific thought: Kepler to Einstein*. Cambridge, MA: Harvard University Press.

Howard-Hamilton, M. F. (1994). An assessment of moral development in gifted adolescents. *Roeper Review*, 17(1), 57–59.

Hudson, L. (1966). *Contrary imaginations: A psychological study of the English schoolboy*. London: Methuen.

Hunt, J. G. (1999). Transformational/charismatic leadership's transformation of the field: An historical essay. *Leadership Quarterly*, 10(2), 129–144.

Hutchins, E. (1996). *Cognition in the wild*. Cambridge, MA: MIT Press.

Jacobsen, C., & House, R. J. (2001). Dynamics of charismatic leadership: A process theory, simulation model, and tests. *Leadership Quarterly*, 12, 75–112.

Jamison, K. R. (1989). Mood disorders and patterns of creativity in British writers and artists. *Psychiatry*, 52, 125–134.

Jaques, E. (1955). Social systems as a defense against persecutory and depressive anxiety. In M. Klein, P. Heimann, & R. E. Money-Kyrle (Eds.), *New directions in psychoanalysis* (pp. 478–498). London: Tavistock.

Jaques, E. (1990). *Creativity and work*. Madison, WI: International Universities Press.

Jarecky, R. K. (1959). Identification of the socially gifted. *Exceptional Children*, 25, 415–419.

Jensen, A. (1980). *Bias in mental testing*. New York: Free Press.

John-Steiner, V. (1985). *Notebooks of the mind: Explorations of thinking*. Albuquerque: University of New Mexico Press.

John-Steiner, V. (1995). Cognitive pluralism: A sociocultural approach. *Mind, Culture and Activity*, 2(1), 2–11.

John-Steiner, V. (2000). *Creative collaboration*. New York: Oxford University Press.

Kagan, J. (1989). *Unstable ideas*. Cambridge, MA: Harvard University Press.

Karmiloff-Smith, A. (1990). Constraints on representational change: Evidence from children's drawings. *Cognition*, 34, 57–83.

Kasof, J. (1995). Explaining creativity: The attributional perspective. *Creativity Research Journal*, 8(4), 311–366.

Kay, S. I. (2000). On the nature of expertise in visual art. In R. C. Friedman & B. M. Shore (Eds.), *Talents unfolding: Cognition and development* (pp. 217–232). Washington, DC: American Psychological Association.

Keinanen, M., & Gardner, H. (2004). Vertical and horizontal mentoring for creativity. In R. J. Sternberg, E. L. Grigorenko, & J. L. Singer (Eds.), *Creativity: From potential to realization* (pp. 169–193). Washington, DC: American Psychological Association.

Keller, E. F. (2000). *The century of the gene*. Cambridge, MA: Harvard University Press.

Kellerman, B., & Webster, S. W. (2001). The recent literature on public leadership: Reviewed and considered. *The Leadership Quarterly*, 12(4), 485–514.

Kelly, G. J., & Bazerman, C. (2003). How students argue scientific claims: A rhetorical-semantic analysis. *Applied Linguistics*, 24(1), 28–55.

Kidder, T. (2003). *Mountains beyond mountains: The quest of Dr. Paul Farmer*. New York: Random House.

Kielsmeier, J. (1982). The National Leadership Conference. *Child and Youth Service*, 4(3/4), 145–154.

Klaczynski, A. A., & Robinson, B. (2000). Personal theories, intellectual ability, and epistemological beliefs: Adult age differences in everyday reasoning biases. *Psychology and Aging*, 15(3), 400–416.

Klahr, D. (2000). *Exploring science: The cognition and development of discovery processes*. Cambridge, MA: MIT Press.

Klein, E. B., Gabelnick, F., & Herr, P. (Eds.). (1998). *The psychodynamics of leadership*. Madison, CT: Psychosocial Press.

Kohlberg, L. (1984). *Essays on moral development: The psychology of moral development*. San Francisco: Harper & Row.

Kotter, J. P. (1990). *A force for change: How leadership differs from management*. New York: Free Press.

Krebs, D. L., & Van Hesteren, F. (1992). The altruistic personality. In P. M. Oliner, S. P. Oliner, L. Baron, L. A. Blum, D. L. Krebs, & M. Z. Smolenska (Eds.), *Embracing the other* (pp. 142–169). New York: New York University Press.

Kuhn, D. (1989). Children and adults as intuitive scientists. *Psychological Review*, 96(4), 674–689.

Kuhn, D. (1993). Science as argument: Implications for teaching and learning scientific thinking. *Science Education*, 77(3), 319–337.

Kuhn, D., Cheney, R., & Weinstock, M. (2000). The development of epistemological understanding. *Cognitive Development*, 15(3), 309–328.

Kuhn, D., Garcia-Mila, M., Zohar, A., & Andersen, C. (1995). Strategies of knowledge acquisition. *Monographs of the Society for Research in Child Development*, 60(4, Serial No.245).

Kuhn, D., Katz, J. B., & Dean, D. (2004). Developing reason. *Thinking and Reasoning*, 10(2), 197–219.

Kuhn, T. (1962). *The structure of scientific revolutions*. Chicago: University of Chicago Press.

Lamborn, S. D., Fischer, K. W., & Pipp, S. (1994). Constructive criticism and social lies: A developmental sequence for understanding honesty and kindness in social interactions. *Developmental Psychology*, 30(4), 495–508.

Langer, S. (1957). *Problems of art*. New York: Scribners.

Langley, P. W., Simon, H. A., Bradshaw, G. L., & Zytkow, J. M. (1987). *Scientific discovery: Computational explorations of the creative processes*. Cambridge, MA: MIT Press.

Latour, B. (1987). *Science in action*. Milton Keynes: Open University Press.

Lawrence, W. G. (1998). Unconscious social pressures on leaders. In E. B. Klein, F. Gabelnick, & P. Herr (Eds.), *The psychodynamics of leadership* (pp. 53–75). Madison, CT: Psychosocial Press.

Lawrence-Lightfoot, S. (1999). *Respect*. Reading, MA: Perseus Books.

Leach, J. (1999). Students' understanding of the co-ordination of theory and evidence in science. *International Journal of Science Education*, 21, 789 – 806.

Lehman, H. C. (1953). *Age and achievement*. Princeton, NJ: Princeton University Press.

Lehrer, R., Schauble, L., & Petrosino, A. J. (2001). Reconsidering the role of experiment in science education. In K. Crowley, C. Schunn, & T. Okada (Eds.), *Designing for science: Implications from everyday, classroom, and professional settings* (pp. 251 – 277). Mahwah, NJ: Erlbaum.

Li, J. (1997). Creativity in horizontal and vertical domains. *Creativity Research Journal*, 10(2/3), 107 – 132.

Lindauer, M. S. (1993). The span of creativity among long-lived historical artists. *Creativity Research Journal*, 6(3), 221 – 239.

Lovecky, D. V. (1997). Identity development in gifted children: Moral sensitivity. *Roeper Review*, 20(2), 90 – 94.

Lowe, K. B., & Gardner, W. L. (2001). Ten years of The Leadership Quarterly: Contributions and challenges for the future. *Leadership Quarterly*, 11(4), 459 – 514.

Lubinski, D., & Benbow, C. P, (2000). States of excellence. *American Psychologist*, 55(1), 137 – 150.

Lukacs, J. (2002). *Churchill: Visionary, statesman, historian*. New Haven, CT: Yale University Press.

Luria, A. R. (1976). *Cognitive development: Its cultural and social foundations*. Cambridge, MA: Harvard University Press.

Lykken, D. T., McGue, M., Tellegen, A., & Bouchard, T. J., Jr. (1992). Emergenesis: Genetic traits that may not run in families, *American Psychologist*, 47(12), 1565 – 1577.

MacKinnon, D. W. (1975). IPAR's contribution to the conceptualization and study of creativity. In I. A. Taylor & J. W. Getzels (Eds.), *Perspectives on creativity* (pp. 37 – 59). Chicago: Aldine.

Mann, R. D. (1959). A review of the relationships between personality and performance in small groups. *Psychological Bulletin*, 56, 241 – 270.

Marcia, J. E. (1966). Development and validation of ego identity status. *Journal of Personality and Social Psychology*, 3, 551 – 558.

Martindale, C. (1990). *The clockwork muse: The predictability of artistic styles*. New York: Basic Books.

Martindale, C. (1995). Creativity and connectionism. In S. M. Smith, T. B. Ward, & R. A. Finke (Eds.), *The creative cognition approach* (pp. 249 – 268). Cambridge, MA: MIT Press.

Mason, B. D. (1952). Leadership in the fourth grade. *Sociology and Social Research*, 36, 239 – 243.

McAdams, D. (1988). *Freedom summer*. New York: Oxford University Press.

McCall, M. (1978). The sociology of female artists. *Studies in Symbolic Interaction*, 1, 289 – 318.

McClelland, D. (1967). *The achieving society*. New York: Free Press.

McKeough, A. (1992). A neo-structural analysis of children's narrative and its development. In R. Case (Ed.), *The mind's staircase: Exploring the conceptual underpinnings of children's thought and knowledge* (pp. 171 – 188). Hillsdale, NJ: Erlbaum.

Mednick, S. A., & Mednick, M. (1967). *Remote associates test*. Chicago: Riverside.

Merton, R. K. (1957). Priorities in scientific discovery: A chapter in the sociology of science. *American Sociological Review*, 22, 635 – 659.

Merton, R. K. (1967). *Social theory and social structure*. New York: Free Press. (Original work published 1949)

Merton, R. K. (1968). The Matthew effect in science. *Science*, 159, 56 – 63.

Metcalfe, J., & Mischel, W. (1999). A hot/cool system analysis of delay of gratification: Dynamics of willpower, *Psychological Review*, 106(1), 3 – 19.

Meyer, L. (1956). *Emotion and meaning in music*. Chicago: University of Chicago Press.

Michaelson, M. (2001). A model of extraordinary social engagement, or "moral giftedness." In M. Michaelson & J. Nakamura (Eds.), *Supportive frameworks for youth engagement* (pp. 19 – 32). San Francisco: Jossey-Bass.

Mieg, H. A. (2001). *The social psychology of expertise*. Mahwah, NJ: Erlbaum.

Milbraith, C. (1995). Germinal motifs in the work of a gifted child artist. In C. Golomb (Ed.), *The development of artistically gifted children: Selected case studies* (pp. 101 – 134). Hillsdale, NJ: Erlbaum.

Milbraith, C. (1998). *Patterns of artistic development in children: Comparative studies of talent*. Cambridge, England: Cambridge University Press.

Millar, G. (2002). *The Torrance kids at mid-life: Selected case studies of creative behavior*. Westport, CT: Ablex.

Miller, A. I. (1989). Imagery and intuition in creative scientific thinking: Albert Einstein's invention of the special theory of relativity. In D. B. Wallace & H. E. Gruber (Eds.), *Creative people at work* (pp. 171 – 188). New York: Oxford University Press.

Miller, L. K. (1989). *Musical savants: Exceptional skill in the mentally retarded*. Hillsdale, NJ: Erlbaum.

Miller, P. A., Eisenberg, N., Fabes, R. A., & Shell, R. (1996). Relations of moral reasoning and vicarious emotion to young children's prosocial behavior toward peers and adults. *Developmental Psychology*, 32, 210 – 219.

Moran, S. (2004). *Commitment: A theory of differences between conventional and creative work*. Unpublished qualifying paper, Harvard Graduate School of Education, Cambridge, MA.

Moran, S., & John-Steiner, V. (2003). Creativity in the making: Vygotsky's contribution to the dialectic of creativity and development. In R. K. Sawyer & V. John-Steiner (Eds.), *Creativity and development* (pp. 61 – 90). New York: Oxford University Press.

Morris, G. B. (1991). Perceptions of leadership traits: Comparison of adolescent and adult school leaders. *Psychological Reports*, 61(3), 723 – 727.

Mumford, M. D., Baughman, W. A., Maher, M. A., Costanza, D. P., & Supinski, E. P. (1997). Process-based measures of creative problem-solving skills: Pt. 4. Category combination: *Creativity Research Journal*, 10(1), 59 – 71.

Mumford, M. D., Baughman, W. A., Supinski, E. P., & Maher, M. A. (1996). Process-based measures of creative problem-solving skills: Pt. 2. Information encoding. *Creativity Research Journal*, 9(1), 77 – 88.

Mumford, M. D., Baughman, W. A., Threlfall, K. V., Supinski, E. P., & Costanza, D. P. (1996). Process-based measures of creative problem-solving skills: Pt. 1, Problem construction. *Creativity Research Journal*, 9(1), 63 – 76.

Mumford, M. D., Supinski, E. P., Baughman, W. A., Costanza, D. P., & Threlfall, K. V. (1997). Process-based measures of creative problem-solving skills: Pt. 5. Overall prediction. *Creativity Research Journal*, 10(1), 73 – 85.

Mumford, M. D., Supinski, E. P., Threlfall, K. V., & Baughman, W. A. (1996). Process-based measures of creative problem-solving skills: Pt. 3. Category selection. *Creativity Research Journal*, 9(4), 395 – 406.

Murray, C. (2003). *Human accomplishment: The pursuit of excellence in the arts and sciences, 800 B.C. to 1950*. New York: HarperCollins.

Nakamura, J., & Csikszentmihalyi, M. (2003). Creativity in later life. In R. K. Sawyer & V. John-Steiner (Eds.), *Creativity and development* (pp. 186 – 216). New York: Oxford University Press.

Neisser, U., Boodoo, G., & Bouchard, Jr., T. J. (1996). Intelligence: Knowns and unknowns. *American Psychologist*, 51(2), 77 – 101.

Newell, A., & Simon, H. A. (1972). *Human problem solving*. Englewood Cliffs, NJ: Prentice-Hall.

Nisbett, R. E. (2003). *The geography of thought: How Asians and Westerners think differently — And why*. New York: Free Press.

Noble, K. D., Subotnik, R. E, & Arnold, K. D. (Eds.). (1996). *Remarkable women: New perspectives on female talent development*. Cresskill, NJ: Hampton Press.

Ochse, R. (1991). Why there were relatively few eminent women creators. *Journal of Creative Behavior*, 25(4), 334 – 343.

Oliner, S. (2003). *Do unto others*. Boulder, CO: Westview.

Oliner, S. P., & Oliner, P. M. (1988). *The altruistic personality: Rescue of Jews in Nazi Europe*. New York: Free Press.

Pariser, D. (1987). The juvenile drawings of Klee, Toulouse-Lautrec and Picasso. *Visual Arts Research*, 13(2), 16.

Pariser, D. (1995). Lautrec: Gifted child artist and artistic monument — Connections between juvenile and mature work. In C. Golomb (Ed.), *The development of artistically gifted children: Selected case studies* (pp. 31 – 70). Hillsdale, NJ: Erlbaum.

Parks, S. (1986). *The critical years: The young adult search for a faith to live by*. New York: Harper & Row.

Perkins, D. N. (1981). *The mind's best work*. Cambridge, MA: Harvard University Press.

Perkins, D. N., & Simmons, R. (1988). Patterns of misunderstanding: An integrative model for science, math, and programming. *Review of Educational Research*, 58(3), 303 – 326.

Perkins, D., Tishman, S., Ritchhart, R., Donis, K., & Andrade, A. (2000). Intelligence in the wild: A dispositional view of intellectual traits.

Educational Psychology Review, 12(3), 269 - 293.

Perry, W. G., Jr. (1999). Forms of ethical and intellectual development in the college years: A scheme. San Francisco: Jossey-Bass. (Original work published 1968)

Perry-Smith, J. E., & Shalley, C. E. (2003). The social side of creativity. Academy of Management Review, 28(1), 89 - 106.

Piaget, J. (1932). The moral judgment of the child. London: Routledge & Kegan Paul.

Piaget, J. (1972). The psychology of intelligence. Totowa, NJ: Littlefield, Adams.

Piaget, J. (1995). The construction of reality in the child. In H. E. Gruber & J. J. Voneche (Eds.), The essential Piaget (pp. 250 - 294). Northvale, NJ: Aronson. (Original work published 1937)

Piaget, J. (1995). The growth of logical thinking from childhood to adolescence. In H. E. Gruber & J. J. Voneche (Eds.), The essential Piaget (pp. 405 - 444). Northvale, NJ: Aronson. (Original work published 1955)

Plomin, R., DeFries, J. C., McClearn, J. E., & McGuffin, P. (2001). Behavioral genetics (4th ed.). New York: Worth.

Plucker, J. A. (1999). Is the proof in the pudding? Reanalyses of Torrance's (1958 to present) longitudinal data. Creativity Research Journal, 12(2), 103 - 114.

Policastro, E., & Gardner, H. (1999). From case studies to robust generalizations. In R. J. Sternberg (Ed.), Handbook of creativity (pp. 213 - 225). New York: Cambridge University Press.

Polya, G. (1973). How to solve it. Princeton, NJ: Princeton University Press.

Porath, M. (1996). Narrative performance in verbally gifted children. Journal of Education of the Gifted, 19(3), 276 - 292.

Prediger, D. J. (1976), A world-of-work map for career exploration. Vocational Guidance Quarterly, 24, 198 - 208.

Previc, F. H. (1999). Dopamine and the origins of human intelligence. Brain and Cognition, 41(3), 299 - 350.

Qian, G., & Pan, J. (2002). A comparison of epistemological beliefs and learning form science text between American and Chinese high school students. In B. K. Hofer & P. R. Pintrich (Eds.), Personal epistemology: The psychology of beliefs about knowledge and knowing (pp. 365 - 385). Mahwah, NJ: Erlbaum.

Radford, J. (1990). Child prodigies and exceptional early achievers. New York: Free Press.

Rank, O. (1932), Art and artist: Creative urge and personality development. New York: Knopf.

Rawls, J. (1971.) A theory of justice. Cambridge, MA: Harvard University Press.

Richie, B. S., Fassinger, R. E., Linn, S. G., & Johnson, J., Prosser, J., & Robinson, S. (1997). Persistence, connection, and passion: A qualitative study of the career development of highly achieving African American-Black and White women. Journal of Counseling Psychology, 44(2), 133 - 148.

Robinson, N. M., Zigler, E., & Gallagher, J. J. (2000). Two tails of the normal curve: Similarities and differences in the study of mental retardation and giftedness. American Psychologist, 55(12), 1413 - 1424.

Roe, A. (1946). Artists and their work. Journal of Personality, 15(1), 1 - 40.

Roe, A. (1952). The making of a scientist. New York: Dodd, Mead.

Root-Bernstein, R. S., Bernstein, M., & Garnier, H. (1995). Correlations between avocations, scientific style, work habits, and professional impact of scientists. Creativity Research Journal, 8(2), 115 - 137.

Rosenblatt, E., & Winner, E. (1988). Is superior visual memory a component of superior drawing ability? In L. Ober & D. Fein (Eds.), The exceptional brain: Neuropsychology of talent and superior abilities (pp. 341 - 363). New York: Guilford Press.

Rostan, S. (1994). Problem finding, problem solving, and cognitive controls: An empirical investigation of critically acclaimed productivity. Creativity Research Journal, 7(2), 97 - 110.

Rostan, S. (1998). A study of the development of young artists: The emergence of an artistic and creative identity. Creativity Research Journal, 32(4), 278 - 301.

Rostan, S., Pariser, D., & Gruber, H. (2002). A cross-cultural study of the development of artistic talent, creativity and giftedness. High Ability Studies, 13(2), 125 - 155.

Rothenberg, A. (1990). Creativity and madness. Baltimore: Johns Hopkins University Press.

Sacks, O. (1985). The man who mistook his wife for a hat. New York: HarperCollins.

Sacks, O. (1995). An anthropologist on Mars: Seven paradoxical tales. New York: Alfred A. Knopf.

Sawyer, R. K. (1999). The emergence of creativity. Philosophical Psychology, 12(4), 447 - 469.

Schaffner, K. (1994). Discovery in biomedical sciences: Logic or intuitive genius? Creativity Research Journal, 7(3/4), 351 - 363.

Schauble, L. (1996). The development of scientific reasoning in knowledge rich contexts. Developmental Psychology, 32, 109 - 119.

Schneider, B. H. (1999). Cultural perspectives on children's social competence. In M. Woodhead, D. Faulkner, & K. Littleton (Eds.), Making sense of social development (pp. 72 - 97). London: Routledge.

Schorske, C. E. (1979). Fin-de-siecle Vienna: Politics and culture. New York: Knopf.

Schwartz, C. E., Wright, C. I., Shin, L. M., Kagan, J., & Rauch, S. L. (2003). Inhibited and uninhibited infants "grown up": Adult amygdalar response to novelty. Science, 300(5627), 1952 - 1953.

Sears, P. S., & Barbee, A. H. (1977). Career and life satisfactions among Terman's gifted women. In J. C. Stanley, W. C. George, & C. H. Solano (Eds.), The gifted and the creative: A 50 year perspective (pp. 28 - 65). Baltimore: Johns Hopkins University.

Sears, R. R., Maccoby, E. E., & Levin, H. (1957). Patterns of child rearing. Evanston, IL: Row, Peterson.

Selfe, L. (1977). Nadia: A case of extraordinary drawing ability in an autistic child. New York: Academic Press.

Selfe, L. (1995). Nadia reconsidered. In C. Golomb (Ed.), The development of artistically gifted children: Selected case studies (pp. 197 - 236). Hillsdale, NJ: Erlbaum.

Selman, R. L. (1980). The growth of interpersonal understanding. New York: Academic Press.

Shekerjian, D. (1990). Uncommon genius: How great ideas are born. New York: Viking.

Shweder, R. A., Mahapatra, M., & Miller, J. G. (1987). Culture and moral development. In J. Kagan & S. Lamb (Eds.), The emergence of morality in young children (pp. 1 - 83). Chicago: University of Chicago Press.

Siegler, R. S. (1978). The origins of scientific reasoning. In R. S. Siegler (Ed,), Children's thinking: What develops? (pp. 109 - 149). Hillsdale, NJ: Erlbaum.

Silverman, L. K. (1994). The moral sensitivity of gifted children and the evolution of society. Roeper Review, 17(2), 110 - 116.

Simmons, C. H., & Zumph, C. (1986). The gifted child: Perceived competence, prosocial moral reasoning, and charitable donations. Journal of Genetic Psychology, 147(1), 97 - 105.

Simonton, D. K. (1975). Sociocultural context of individual creativity: A transhistorical time-series analysis. Journal of Personality and Social Psychology, 32, 1119 - 1133.

Simonton, D. K. (1976). Biographical determinants of achieved eminence: A multivariate approach to the Cox data. Journal of Personality and Social Psychology, 33(2), 218 - 226.

Simonton, D. K. (1980). Land battles, generals, and armies: Individual and situational determinants of victory and casualties. Journal of Personality and Social Psychology, 38(1), 110 - 119.

Simonton, D. K. (1981), Presidential greatness and performance: Can we predict leadership in the White House? Journal of Personality, 49(3), 306 - 323.

Simonton, D. K. (1984). Leaders as eponyms: Individual and situational determinants of ruler eminence. Journal of Personality, 52(1), 1 - 21.

Simonton, D. K. (1986). Dispositional attributions of presidential leadership: An experimental simulation of historiometric results. Journal of Experimental Social Psychology, 22, 389 - 418.

Simonton, D. K. (1988). Scientific genius: A psychology of science. New York: Cambridge University Press.

Simonton, D. K. (1991a). Career landmarks in science: Individual differences and interdisciplinary contrasts, Developmental Psychology, 27, 119 - 130.

Simonton, D. K. (1991b). Personality correlates of exceptional personal influence: A note on Thorndike's (1950) creators and leaders. Creativity Research Journal, 4(1), 67 - 78.

Simonton, D. K. (1994). Greatness: Who makes history and why. New York: Guilford Press.

Simonton, D. K. (1998). Achieved eminence in minority and majority cultures: Convergence versus divergence in the assessments of 294 African Americans. Journal of Personality and Social Psychology, 74, 804 - 817.

Simonton, D. K. (1999). Origins of genius: Darwinian perspectives on *creativity*. New York: Oxford University Press.

Simonton, D. K. (2000). Creative development as acquired expertise: Theoretical issues and an empirical test. *Developmental Review*, *20*, 283 - 318.

Simpson, E. L. (1973). Moral development research: A case study of scientific cultural bias. *Human Development*, *17*, 81 - 106.

Sinatra, G. M., & Pintrich, P. R. (Eds.). (2003). *Intentional conceptual change*. Mahwah, NJ: Erlbaum.

Skinner, B. F. (1971). *Beyond freedom and dignity*. New York: Knopf.

Sloane, K. D., & Sosniak, L. A. (1985). The development of accomplished sculptors. In B. S. Bloom (Ed.), *Developing talent in young people* (pp. 90 - 138). New York: Ballantine Books.

Smith, C. L., Maclin, D., Houghton, C., & Hennessey, M. G. (2000). Sixth-grade students' epistemologies of science: The impact of school science experiences on epistemological development. *Cognition and Instruction*, *18*(3), 349 - 422.

Sorokin, P. A. (1969). *Society, culture, and personality*. New York: Cooper Square. (Original work published 1947)

Sosniak, L. A. (1985). Becoming an outstanding research neurologist. In B. S. Bloom (Ed.), *Developing talent in young people* (pp. 348 - 408). New York: Ballantine Books.

Spearman, C. (1904). 'General intelligence,' objectively determined and measured. *American Journal of Psychology*, *15*(2), 201 - 293.

Spinath, F. M., Ronald, A., Harlaar, N., Price, T. S., & Plomin, R. (2003). Phenotypic g early in life: On the etiology of general cognitive ability in a large population sample of twin children aged 2 to 4 years. *Intelligence*, *31*(2), 195 - 210.

Sternberg, R. J, (1985). *Beyond IQ: A triarchic theory of human intelligence*. New York: Cambridge University Press.

Sternberg, R. J., Nokes, C., Geissler, P. W., Prince, R., Okiatcha, F., Bundy, D. A., et al. (2001). The relationship between academic and practical intelligence: A case study in Kenya. *Intelligence*, *29*(5), 401 - 418.

Stohs, J. M. (1991). Young adult predictors and midlife outcomes of "starving artists" careers: A longitudinal study of male fine artists. *Creativity Research Journal*, *25*(2), 92 - 105.

Storr, A. (1988). *Solitude: A return to the self*. New York: Free Press.

Subotnik, R., & Arnold, A. (Eds.). (1994). *Beyond Terman: Contemporary longitudinal studies of giftedness and talent*. Norwood, NJ: Ablex.

Sulloway, F. (1996). *Born to rebel: Birth order, family dynamics, and creative lives*. New York: Pantheon.

Terman, L. M. (1925). Mental and physical traits of a thousand gifted children. In L. M. Terman (Ed.), *Genetic studies of genius* (Vol. 1). Stanford, CA: Stanford University Press.

Terman, L. M. (1954). The discovery and encouragement of exceptional talent. *American Psychologist*, *9*, 221 - 230.

Terman, L. M. (1955). Are scientists different? *Scientific American*, *192*, 25 - 29.

Terman, L. W., & Oden, M. H. (1947). The gifted child grows up. In L. M. Terman (Ed.), *Genetic studies of genius* (Vol. 4). Stanford, CA: Stanford University Press.

Thorndike, E. L. (1921). Intelligence and its measurement. *Journal of Educational Psychology*, *12*, 124 - 127.

Thorndike, E. L. (1936). The relation between intellect and morality in rulers. *American Journal of Sociology*, *42*(3), 321 - 334.

Thorndike, E. L. (1950). Traits of personality and their intercorrelations as shown in biographies. *Journal of Educational Psychology*, *41*(4), 193 - 216.

Thurstone, L. L. (1938). *Primary mental abilities*. Chicago: University of Chicago Press.

Tirri, K., & Pehkonen, L. (2002). The moral reasoning and scientific argumentation of gifted adolescents. *Journal of Secondary Gifted Education*, *13*(3), 120 - 129.

Tomasello, M. (1999). Having intentions, understanding intentions, and understanding communicative intentions. In P. D. Zelazo, J. W. Astington, & D. R. Olson (Eds.), *Developing theories of intention: Social understanding and self-control* (pp. 63 - 75). Mahwah, NJ: Erlbaum.

Torrance, E. P. (1963). *Education and the creative potential*. Minneapolis: University of Minnesota Press.

Torrance, E. P. (1974). *The Torrance Tests of Creative Thinking: Norms-technical manual*. Bensenville, IL: Scholastic Testing Service.

Trevarthen, C., & Logothet, K. (1989). Child in society and society in children: The nature of basic trust. In S. Howell & R. Willis (Eds.), *Societies at peace: Anthropological perspectives* (pp. 165 - 186). London:

Routledge.

Turiel, E. (1983). *The development of social knowledge: Morality and convention*. New York: Cambridge University Press.

Tweney, R. D. (1989). Fields of enterprise: On Michael Faraday's thought. In D. B. Wallace & H. E. Gruber (Eds.), *Creative people at work* (pp. 91 - 106). New York: Oxford University Press.

Tweney, R. D. (1996). Presymbolic processes in scientific creativity. *Creativity Research Journal*, *9*(2/3), 163 - 172.

Tytler, R., & Peterson, S. (2004). From "try it and see" to strategic exploration: Characterizing young children's scientific reasoning. *Journal of Research in Science Teaching*, *41*(1), 94 - 118.

Vendler, H. (2003). *Coming of age as a poet*. Cambridge, MA: Harvard University Press.

Vernon, P. E. (1950). *The structure of human abilities*. New York: Wiley.

Vygotsky, L. S. (1962). *Thought and language* (E. Hanfmann & G. Vakar, Eds. & Trans.). Cambridge, MA: MIT Press. (Original work published 1934)

Vygotsky, L. S. (1971). *The psychology of art* (Scripta Technica, Inc., Trans.). Cambridge, MA: MIT Press. (Original work published 1965)

Vygotsky, L. S. (1978). *Mind in society: The development of higher psychological processes* (M. Cole, V. John-Steiner, S. Scribner, & E. Souberman, Eds.). Cambridge, MA: Harvard University Press.

Vygotsky, L. S. (1994). The problem of the environment (T. Prout, Trans.). In R. Van der Veer & J. Valsiner (Eds.), *The Vygotsky reader* (pp. 338 - 354). Malden, MA: Blackwell. (Original work published 1935)

Vygotsky, L. S. (1997). The history of the development of higher mental functions (M. J. Hall, Trans.). In R. W. Rieber (Ed.), *The collected works of L. S. Vygotsky* (Vol. 4, pp. 1 - 251). New York: Plenum Press. (Original work published 1960)

Walker, L. J. (2003). Moral exemplarity. In W. Damon (Ed.), *Bringing in a new era of character development* (pp. 65 - 83). Stanford, CA: Hoover Institute Press.

Walker, L. J., & Pitts, R. C. (1998). Naturalistic conceptions of moral maturity. *Developmental Psychology*, *34*(3), 403 - 419.

Wallace, D. B., & Gruber, H. E. (1989). *Creative people at work*. New York: Oxford University Press.

Wallach, M. A., & Kogan, N. (1965). *Modes of thinking in young children*. New York: Holt, Rinehart and Winston.

Wallas, G. (1926). *The art of thought*. New York: Harcourt.

Walters, J., & Gardner, H. (1986). The crystallizing experience: Discovering an intellectual gift. In R. J. Sternberg & J. E. Davidson (Eds.), *Conceptions of giftedness* (pp. 306 - 331). New York: Cambridge University Press.

Watson, J. D. (1968). *The double helix: A personal account of the discovery of the structure of DNA*. New York: New American Library.

Weber, M. (1947). *The theory of social and economic organizations* (T. Parsons, Trans.). New York: Free Press.

Wechsler, D. (1958). *The measurement and appraisal of adult intelligence*. Baltimore: Williams & Wilkins.

Wertheimer, M. (1954). *Productive thinking*. New York: Harper.

Williams, T. H. (1981). *Huey Long*. New York: Random House.

Wills, G. (1994). *Certain trumpets*. New York: Simon & Schuster.

Winner, E. (1982). *Invented worlds: The psychology of the arts*. Cambridge, MA: Harvard University Press.

Winner, E. (1996a). *Gifted children: Myths and realities*. New York: Basic Books.

Winner, E. (1996b). The rage to master: The decisive role of talent in the visual arts. In K. A. Ericcson (Ed.), *The road to excellence: The acquisition of expert performance in the arts, sciences, sports and games* (pp. 271 - 301). Mahwah, NJ: Erlbaum.

Winner, E. (2000). The origins and ends of giftedness. *American Psychologist*, *55*(1), 159 - 169.

Winter, D. G. (1987). Leader appeal, leader performance, and the motive profiles of leaders and followers: A study of American presidents and elections. *Journal of Personality and Social Psychology*, *52*(1), 196 - 202.

Wolfe, A. (2001). *Moral freedom*. New York: Norton.

Wrzesniewski, A., McCauley, C., Rozin, P., & Schwartz, B. (1997). Jobs, careers, and callings: People's relations to their work. *Journal of Research in Personality*, *31*, 21 - 33.

Youniss, J., & Yates, M. (1997). *Community service and social responsibility in youth*. Chicago: University of Chicago Press.

Youniss, J., & Yates, M. (1999). Youth service and moral-civic identity: A case for everyday morality. *Educational Psychology Review*, *11* (4), 361 – 376.

Zahn-Waxler, C. , Radke-Yarrow, M. , Wagner, E. , & Chapman, M. (1992). Development of concern for others. *Developmental Psychology*, *28* (1), 126 – 136.

Zander, R. S. , & Zander, B. (2000). *The art of possibility*. Boston:

Harvard Business School Press.

Zimmerman, C. (2000). The development of scientific reasoning skills. *Developmental Review*, *20*, 99 – 149.

Zuckerman, H. (1977). *Scientific elite*. New York: Free Press.

Zuckerman, H. , & Cole, J. R. (1994). Research strategies in science: A preliminary inquiry. *Creativity Research Journal*, *7* (3/4), 391 – 405.

第五部分　展望儿童期后的发展
SECTION FIVE　THE PERSPECTIVE BEYOND CHILDHOOD

第 22 章

人生的第二个十年：什么发展了（为什么）

DEANNA KUHN 和 SAM FRANKLIN

为什么研究较大年龄儿童

从本卷的目录可以看到,本卷有 3 章介绍了婴儿期。包括本章在内的这 4 章介绍了人生最特别的几个时期。有关人类发展发育的内容采用了典型的主题式或者说是年龄段式的介绍方式。主题式的方法常常使用在研究成果的展示中,被认为是较高层次的表现方式。为什么? 难道本卷所包含的这些章节是个例外么? 用婴儿期的有关章节来解释会更清楚一点。尽可能准确地确定和验证认知成就的最早起源对于更好地了解人的认知过程的后期发展和更为复杂的形式是至关重要的。但是为什么是本章呢? 难道其他章节没有详细地阐述发育模式,从大脑发育、知觉和行为,到信息加工、学习和思维?

954　　这样的安排是由于,这些章节着眼于人生的早期——大部分是非常早的那几年,学龄前那一段。Moran 和 Gardner 那一章的寿命观是个明显的特例。这一章是按照主题式的方式完成的章节。要再一次提到的是,为了能够更好了解一种能力是怎样出现和进化的,目前的观点认为人们需要去确认和验证这种能力最早的最原始的状态。当一系列的研究引发了相关的其他研究时,其中一个发展趋势就是人们会回过头去寻找这一系列研究中最早出现的研究。在这种情况下,从儿童发展研究学会(Society for Research in Child Development)2003 年的年会中获得的统计结果就不会让我们太过惊讶了。大会收到 3 483 篇论文,其中只有 222 篇是有关青少年的研究,其中只有 14 到 26 篇是关于青少年的认知(Moshman,私人交流)。

这样的一个统计数字会引发人们的忧虑么? 一个可能的答案是不会的。如果本卷中那些主题式章节的作者清楚地阐述他们所撰写的那些部分的发展过程,这些知识应该足以解释那些能力或者特点是如何在儿童早期之后继续发生或者发展的。这种表述是合理的。如果我们了解了儿童早期的知觉、信息加工、学习或记忆的本质,我们可以假设这些过程在儿童后期和青少年期,甚至成人期的发展和其在儿童早期的发展是一样的么? 这就是我们在这章所提出的问题。有没有任何证据可以表明儿童认知功能的本质在他们从儿童早期向儿童后期、青少年期和成人期过渡的时候会发生改变?

让我们来看看教科书是怎么回答这个问题的。有关人的发展的教材一般是按照不同的年龄段来组织文字的,其中至少包括一章有关青少年期的内容(而且,如果这本教材讲述了整个人生过程,会有一章或多章节介绍成人期)。这个部分无一例外地会提到青少年期的认知过程拥有儿童认知中没有的新特征。这就留给读者一个印象,即书本中提到的变化或新特征,是从现实中观察或者研究得来的。

但是,难道所有的教科书都是这样告诉读者的么? 我们认真阅读了教科书有关青少年认知的章节,认为他们提出的两个不同是没有什么意义的。第一,相对于其他章节,有关青少年认知的章节在过去的几十年中没什么改变。20 世纪 70 和 80 年代对这个部分的论述和21 世纪初对这个部分的论述是一样的。第二,现在教科书里面对青少年期认知的论述内容,和现实研究的差距远远大于其他的内容和知识。一句话,Piaget 的青少年形式运算期(stage of formal operations)的理论还是各个教材中的核心内容。伴随他的理论出现的是对青少年思想的描述，例如青少年的思维更抽象，比儿童期少了一些自我中心，可能还有一系列有关青少年个性的描述(Elkind，1994；Inhelder & Piaget，1958)。相比之下，现有的学术文献去掉了大量认为思维的发展抽象化的观点，认为这是错误的或是不连贯的(Keli，1998)，另外，尚无学术研究可以肯定在青少年期会出现与 Inhelder 和 Piaget 的形式运算类似的新的认知结构(Keating，2004；Klaczynski，2004；Kuhn，1999a，1999b；Moshman，1998，2005)。

　　本章节的完成正是为了化解这样的分歧。研究文献对认知发展的描述通常从儿童中期开始，然后是青少年期再到成人期。这样的文献相对于对人生早期的研究来说，不算很多。但是我们还是需要确凿的证据、试验性的结论和连贯的发展来探讨认知发展的过程。希望通过本章，能够缩小我们对该领域的了解和教科书对该领域的描述的显著的差距。另外，回到我们最初的话题，为什么超越儿童早期的研究是有意义的，至少是人生的第二个十年，是为了更完整地了解人的发展过程。

认识发展性分析的复杂性和价值

为什么较小年龄儿童的思维比较大年龄儿童的思维容易研究

　　对于研究认知发展的学者把焦点聚集在较小年龄的儿童的认知上这一现象，我们给出这样一个解释：他们渴望验证后期发展模式的最前期的起源。如果我们能够了解某种事物最基本的发展过程，我们极有可能论证地了解该事物后期发展中表现出的更为复杂的形态。可能还有另外一个原因，那就是，年龄较大的儿童和青少年的认知太复杂，问题较多，不如年龄较小的儿童的认知容易研究。从实践的观点来看，这个理由是成立的——到幼儿园去开展研究通常比去高中容易获得许可。从理论的观点来看，认知本身比较复杂，发展持续较长时间，会受到各种影响。大量的研究者研究成人的认知，但是如果哪个研究者对认知的发展过程感兴趣，关注认知的早期起源是比较谨慎的选择。

　　在认知自身的复杂性之上，还有一种复杂性使得研究较大年龄儿童和青少年的认知充满挑战。儿童早期，所有儿童的能力和理解力的发展程度或多或少处于正常发育范围中的某一个点。研究者们正在寻求这种机制中可能涉及的发展模式。发展现象本身，在任何情况下，基本是有规律性和预测性的。

　　到了儿童中期，研究者通常会发现，认知成就(cognitive achievement)的出现与否与儿童的个人经历有关。确实，我们在本章中提到的认知成就大多是独特的。一些儿童在临近青少年早期时会获得认知成就；另外一些儿童到了成人期才会获得认知成就。这些认知成就的获得的范围很宽泛，从极其特殊的条件下才能获得的认知成就到只要获得各种各样的普通体验就能获得的认知成就。这个结果在正常的青少年的认知功能中体现出巨大可变性，例如，有些正常的青少年在推理测验中表现不太好，而其他正常的青少年达到或者超过成人的水平。我们在本章中指出，造成这种巨大可变性的因素不仅有环境的多样性，还有较大年龄儿童和青少年在选择他们要做什么时所处的角色，因此我们推断角色是决定儿童自

955

己的发展和成长的缔造者(Lerner,2002)。

但是这种可变性并不意味着对发展性分析有停止的必要。不管这种对认知的获取是有个体独特性的还是通用的模式,我们还是有必要把他们看作是为继续发展搭建的一个基础。在这种情况下,这种发展的终极点是可以被确定和检验的。并不是说发展性分析变得越来越不重要了,而是它变得越来越复杂。这种复杂性从某种程度上导致了发展、学习和变成专家的差别变得不那么清晰了。而且,发展学家和教育者对此的担心比他们对人生早些年显示出的担心更集中了。如果我们在此检验的许多重要的认知技能不是毫无例外一定会发展的,教育者会担心如何确定在哪些条件下,获得这些认知技能的可能性会增大。然而,还有一些坚持认为基本的知识是成就发展的途经、模式和机制的发展学家。

发展学家在研究较大年龄儿童和青少年时一定会把他们和较小年龄儿童在两方面进行比较,也由此引出了复杂性的另外一个因素。这两方面是:第一,他们获得了哪些新的技能或理解力? 第二,获取知识的机制和他们早些年经历过的有不同之处吗? 相比之下,研究较小年龄儿童的研究者们会评估儿童的能力,还会去确定获取知识的机制是什么样子,但是他们并不担忧机制本身会产生变化的可能性。在本章中,我们对获取知识的机制中存在的发展性变化充满兴趣,就像我们对自己正在获取知识兴致盎然一样。

如果加入对所有复杂性的反应不是要摒弃发展性研究,而是去认识和欣赏我们所探讨的现象的发展性复杂程度,那么第一步,我们建议的是,要认识到哪些需要促使我们去拒绝单一的答案,我们便以此作为最初的研究开始。

什么发展了? 抛开单一的答案

让研究者们对青少年认知呈现出儿童思维中没有的特点表现出广泛兴趣的研究是Piaget 的阶段理论。Inhelder 和 Piaget(1958)提出了最后一个阶段——形式运算阶段,并且认为伴随形式运算阶段出现的是青少年期显现的独特的逻辑性结构,以及一系列能力。Piaget 的阶段理论认为形式运算最重要的地方是,青少年期的独特性反映在潜在的阶段性结构的出现,也就是 Piaget 认定的组成运算的运算。根据 Piaget 的理论,伴随着这个阶段的出现,思维变得能够去思考它自身的思想,因此"关于运算的运算"(operations on operations),或更精确地说,是关于前具体运算阶段的分类和关系特点的基本运算的心理运算。举例来说,有形式运算思维的人变得能够不仅可以根据身体特征和栖息地去划分动物,也能够对这些分类进行运算,也就是说,可以将动物进行分类,并且能在此基础上根据动物所具有的身体特征和栖息地所形成的关系进行推论。具有形式运算的人因此被认为能在说明同一类(或联系)与另一类(或联系)之间的关系的命题(propositions)水平上进行推理。根据这个理论,作为这个二阶运算结构的几个方面,之前提到过的其他推理能力出现了——系统化的组合和变异的分离——和其他几个,例如命题的与联系的推理,也被认为与二阶运算有关。

之后的横断研究通常都支持了 Inhelder 和 Piaget(1958)提出的在一些据说可以评定这

些能力的任务中,青少年平均水平好于儿童的发现(Keating, 1980, 2004; Neimark, 1975)。不过,Piaget假设这些能力是一个紧密关联、综合的整体,是形式运算思维结构出现的一个标志。从这方面来看,由于几乎没有证据能支持从具体运算的儿童期阶段到形式运算的青少年期阶段的这样一个奇异的或突然的转变,所以之后的研究已经不那么具有支持性了。

三种变化促成了这一结论。一种是形式运算结构的所谓的不同行为出现的时期的个体内部变化,例如对变量进行组合和分离的推理。第二种是在形式运算技能出现的个体内部变化。几乎没有证据支持这些技能是在一个单个个体中同步产生的。第三种,也是最重要的一种就是任务的变化。由于这一问题实际上涉及了所有的推理技能,一个个体是被判断为掌握了这个技能还是没能掌握是它被评估的行为的重要影响因素,特别是所提供的背景性支持的多少(Fischer & Bidell, 1991)。事实上,我们在这章遇到的任务变化是如此的明确,这种现象我们可以称之为早期能力的似是而非和后期能力的失败。换句话说,在一些任务里的一个特殊的推理形式可以被定义为是出现于学前期那么大的儿童中的。不过,在这个同样任务的其他形式中,即使是成人似乎也无法完全展示这样的技能。

这些发现使人们对在一个精确的时间点上,会出现一个单一的认知结构产生了怀疑——是否Piaget的形式运算结构或一些不同的结构——能够充分地解释我们这章所考察的这个伴随多个方面的过程。虽然如此,提前说到我们的结论时,我们在结束时还要坚持的是,在把开始思考一个人自己的思维看作是人生第二个十年的认知发展的里程碑上,Piaget是正确的。我们可以赋予这一能力一个听起来时髦的名字,如元认知或执行控制。但是需要摒弃的是我们能够精确指出它是出现在儿童后期或青少年早期这有限的几个月或几年的时间,或者出现在任何时间这样的观点。究竟是在什么时候学前期的儿童可以进行元认知,例如他们意识到一个不再持有的早期错误信念(Harris,本手册,本卷,第19章),而成人不能充分进行元认知的例子也比比皆是。

对发展变化的"完美过渡"(immaculate transition)(Siegler & Munakata, 1993)模型最后一击的是显微遗传学研究(Kuhn, 1995; Kuhn & Phelps, 1982; Siegler & Corwley, 1991; Siegler,本手册,本卷,第11章),显微遗传学研究揭示了个体可以同时使用多个潜在的认知策略去解决问题,而不仅仅是一个。其中的一些更高级,另一些不是那么高级。那么,发展使得使用不同策略的频率逐渐改变,更好的策略被更频繁地使用,而不那么好的策略被使用得就少些。注意,变化的微观发生模型包含了一些管理策略选择的元水平上的执行。我们将更详细地描述这个模型。现在,这个隐含的意思就是我们必须超越任何关于一个推动所有认知发展的单一结构的简单解释。我们赞同去进行可能有共性也有个性的发展的多元考察。

不过在我们可以摒弃单一解释,赞同多维度解释前,我们必须考虑另一种非常不同的单一解释——这一解释认为发展的变化并不是在于一个新结构的质的出现,而在于认知系统量的改变,确切地说是认知系统加工能力在量上的增加。这种解释认知发展的假设能带我们走多远,有关它们都有哪些现有证据? 我们将在下一节讨论这些问题。

957

大脑和加工的发展

接下来的十年中,在青少年认知领域里,人们最感兴趣的不是认知本身,而是大脑的发展。

大脑的发展

近几年来,神经成像技术的发展已经允许人们对童年中期到成年中期的脑结构变化进行精确的纵向研究。这些研究已经证明,大脑在青少年时期是持续发展的。青春期之后变化最大的脑组织是前额皮质,这就涉及"执行"功能的增强(Nelson,Thomas, & de Haan,本手册,本卷,第1章),包括控制、组织、计划、决策等,实际上包括所有需要处理自己的心理过程的心理活动。除此之外,它还与冲动控制的增强有关。

现代的神经成像纵向研究认为存在着两个改变,一个是所谓的"灰质",在经历了青春期的生产过剩之后,那些不再继续使用的神经元连接便开始减少,或者说"消除"。另一个改变是"白质",即髓鞘形成的增强,也就是说,已经建立的神经元连接相互分离,以增强它们的功效(Giedd et al. ,1999)。这些变化带来的结果是,相对于儿童时期,青少年晚期的孩子们拥有的神经元连接更少,而且更有选择性,但是这些神经元连接更为强大,并且功效更强。

值得注意的是,在这种神经学的发展中,至少有一部分是经验驱动的。因此,我们不能以传统的单向方法仅仅把它视为一种认知或行为改变的需要或者能够实现这种改变的条件。青少年选择参加或者不参加某种活动,会影响哪些神经元连接将被加强,同时哪些神经元连接将会萎缩。这些神经学方面的改变进而促进了行为的特异性,在真实的交互作用过程中,能够帮助解释出现在人生第二个十年的个体差异。对此我们将在下文中做更多的介绍。

加工速度

这些神经学的进展有可能促进认知功能哪些方面的发展?信息加工的进步可能表现为三种主要的形式。其中最显而易见的是信息加工速度的增长。测量信息加工速度的最常见的方式是指认一系列数字或熟悉的单词,当然也可以简单地通过刺激的反应时来测量(Luna,Garver,Urban,Lazar, & Sweeney,2004)。不论使用哪一种测量方式,所得结果都是明确清晰的。从童年早期直至青少年中期,信息加工速度的测量结果显示,反应时是减少的(Demetriou,Christou,Spanoudis, & Platsidou,2002;Kail,1991,1993;Luna et al. ,2004)。

抑制

反应时用来测量一个人作出反应的快慢,另一种与之同等重要的认知功能是抑制一个反应的能力。尽管抑制的两种类型之间是有联系的,但是仍然有必要对两者进行区分,尤其是因为应该采用两种不同的研究范式对它们进行调查。

第一种类型强调的是有可能干扰加工过程的不相关刺激,我们所面临的挑战是要忽略它们,也就是说,对任何关注这些刺激的行为进行抑制,这将有助于我们将注意力放在与当前任务相关的刺激上。这种类型的抑制一般被认为是选择性注意或抗拒干扰。在一项早期的经典研究中,Maccoby 和 Hagen(1965)证明了青少年在学习任务中比儿童的表现更好,不仅是因为他们对应该记住的刺激有更多注意,也是因为他们减少了对同时出现的不相关刺激的注意。在一项不相关刺激的记忆测验中,年龄较大的参加者实际上比年龄较小的参加者表现差。其他一些研究也证明了,对不相关刺激产生的注意,人们在童年期对它的忽略能力是不断增强的(Hagen & Hale,1973;Schiff & Knopf,1985)。其中一些研究是以最常见的筛选不相关刺激能力的测验为基础的,在 Stroop(1935)色词测验(the Stroop color-naming test)中,颜色的名字被涂成与之不符的颜色,被试应忽略实际的颜色说出颜色的名称,或者忽略颜色的名字说出实际的颜色(Demetriou,Efklides, & Platsidou,1993;Tipper,Bourque,Anderson, & Brehaut,1989)。另一种干扰来自竞争刺激,这种刺激不是同时发生的,而是由先前呈现的材料产生。Kail(2002)的研究报告中指出童年中期到成年阶段,前摄干扰呈下降趋势(前摄干扰是指先前呈现的材料在当前的产生的回忆)。青少年和成年比儿童能更好地筛选和忽略先前的材料。

相对来说,人们较少关注抑制的第二种类型,尽管它也是很重要的。这是一种在不适合作出某种反应的情境中,抑制已经建立的反应的能力。例如,个体可能得到命令,当给出某个特定的信号时,应抑制某种已成为常规的反应。完成该任务的能力直到青少年中期才得以发展(Luna et al. ,2004;Williams,Ponesse,Schacher,Logan, & Tannock,1999)。在另一种获得反应抑制的范式中,"定向遗忘"(directed forgetting)技术常常被用于词汇列表的记忆研究中。在这种范式中,个体必须忘记那些已经呈现过的词汇,并从此抑制它们在接下来的时间里产生自由回忆。在回忆过程中,正如偶然习得词汇的持续产生能力一样,贯穿童年时期的抑制词汇"遗忘"的能力得到了提高(Harnishfeger,1995)。正相反,小孩子在被要求忘记和被要求记住的词汇中创造词汇的频率没有区别。

总之,充足的证据证明,抗拒干扰刺激和抑制不合需要的反应两者的发展贯穿童年期并进入青少年期。甚至有证据证明,这两者在发展的改进过程中起了一定的作用,这种发展的改进表现为基本的记忆任务,尤其是作为信息加工能力的测量方式的数字广度(Bjorklund & Harnishfeger,1993;Harnishfeger,1995)。然而,应该注意到,在个体被要求抑制不合需要的反应的研究范式中,与不合意反应的抑制有关的证据。对有关重要情况下的反应抑制,我们拥有的信息较少,这里所指的重要情况是个体必须自己决定相关的符合需要的反应,以及哪些反应是可以表现出来的,而哪些是需要抑制的。关于这种形式的抑制,我们将在实施控制部分作进一步阐释。

加工能力

除了速度和抑制之外,第三个可能经历发展变化的加工维度是加工能力。在这一方面情况并不是很明确,第一个原因是不同的研究者以不同的方式操作这一概念。这里至少涉及两个不同的构成部分。一个是 Pascual-Leone(1970)强调的短期存储空间,另一个是 Case(1992)在对 Pascual-Leone 的理论进行修订时强调的操作空间,当个体必须对信息进行操作而并非仅仅存储或重现这些信息时,操作空间将出现。人们熟知的"工作记忆"的概念在一些情况下被认为是操作空间的意义,而在另一些情况下被认为是存储的意义。

Case 和他的同事提出(Case, 1992; Case, Kurland & Goldberg, 1982; Case & Okamoto, 1996),加工速度的发展的增加降低了操作所需的空间,同时留出更多的空间给短期存储。最终结果是更好的加工效率,而不是任何绝对的能力增强。Case 主张加工速度和加工能力呈因果相关,而不是独立增加或以第三个变量如知识的增加为中介,对此,其他一些研究者(Cowan,1997;Demetriou et al. ,2002)表示怀疑。

加工能力到底是产生了绝对意义上的增强,还是仅仅作为效率增加的副产品,这还存在一个如何测量的问题。Pascual-Leone(1970)、Case(1992,1998;Case & Okamoto,1996)和最近的研究者 Halford(Halford & Andrews,本手册,本卷,第 13 章;Halford, Wilson & Phillips,1998)都提出了确定某项任务的加工要求的系统,并且暗示个体的加工能力依赖于他或她对于该任务的完成情况。例如,Case 验证了从需要注意单个维度的任务到需要两个维度相互协调的任务的过程(Case & Okamoto,1996)。通过类似但并非相互等同的方法,Halford 和他的同事通过调用结构复杂性概念来定义某项任务所需的加工能力,这种结构复杂性概念是以维度的数量来表示的,如果这些维度之间的关系是假定的,那么必须同时呈现它们。他们给出了大量任务的数据来证明从童年早期到青少年早期维度的数量是不断增加的(Halford & Andrews,本手册,本卷,第 13 章)。

总而言之,大部分研究都大体上认同在人生的第二个十年里加工能力会继续增长,但是很少有研究对细节表示认同。目前,加工能力有几种可能的构成,但是对它们之间的关系仍然没有达成一致的意见。速度和能力是独立发展的还是相互影响的? 对于速度和抑制也可以提出同样的问题(Luna et al. ,2004)。一部分研究者(Gathercole, Pickering, Ambridge, & Wearing,2004;Swanson,1999)认为加工改进是以区域一般性方式进行的,而另一些研究者(Demetriou et al. ,2002)则主张这种改进是有区域差异的,那么究竟应该是哪一种呢? 最重要的可能是在加工能力残余的测量方法上达成广泛的一致。一些涉及表征或存储或操作心理符号的任务有可能会带来不同的能力评估。而且,要提出一种"完美的"测量能力的方法,这一目标仍然难以实现。支持这一结论的事实是,我们必须对那些看起来可能是最简单的东西确定一系列决定发展性渐增表现的因素,最直接的能力测量方法即数字广度。实际上,我们提到的所有因素,包括能力、效率、速度和抑制,以及其他一些因素如熟识度、知识和策略,都已经蕴含其中了(Bjorklund & Harnishfeger,1990;Case et al. ,1982;Harnishfeger, 1995)。

信息加工和推理

下面来探讨加工进步怎样算作思维和推理这一问题,我们遇到了一个相似程度的不确定性,这几乎不会令人感到惊讶。很少能够作出这样的主张:神经学水平的发展或者可同时加工的信息碎片的数量增加是直接且唯一的推理新形式的原因。新形式的出现和发展应在心理学水平上予以说明。加工增加可以作为一个为新能力的出现创造潜能的必要条件,例如,使儿童能够解决一个以前解决不了的问题,或者发明一种新的方法去解决熟悉的问题。

Demetriou 等人(2002)进行了一个大范围的实证调查以证明发展的信息加工能力和发展的推理技能两者之间的关系,该研究采用横断设计方法,对 8 到 14 岁的儿童进行了连续两年的调查,共采集数据两次,时间间隔为一年。评估的内容包括加工速度、能力和抑制,以及其他几种形式的推理;每一种技能都从三个领域进行测量——文字、数字和空间。研究者的结论是,两者之间是必要而非充分的关系。他们认为,加工进步"使其他能力的发展成为可能。换句话说,这些功能的变化对于心理结构在其他水平上的功能是必要的但并不是充分的"(p. 97)。

然而不幸的是,我们提到的测量的不确定性使研究者很难确定地排除任何方向的因果关系。随着年龄的增长,人们执行各种任务的表现都在增长。但是,由于测量工具的不确定性,即使使用复杂的分析工具也不能给出确定的结论说明存在怎样的因果关系。特别是推理任务,因为必须是简短而抽象的,例如文字领域中的四种演绎推理和四种类推,研究者甚至在讨论中承认需要一种改进的"能够指定各个概念或问题之间差异的尺度"。例如,关于数字推理问题,他们作出的结论是"数字操作任务的四种难度水平不是按照成绩年龄平均分布的"(p. 132)。更为复杂的因素是研究者在三个内容领域中获得的模式是变化的,这使得他们作出结论认为加工能力的高低根据所加工的信息的种类不同而有所不同。

Demetriou 等人(2002)认为,加工能力只能是思维的必要条件,他们强调"自上而下"(top-down)和"自下而上"(bottom-up)的影响的重要性。尤其强调了"超认知"(hypercognitive)的角色,或者"可能与其他所有过程和能力有关系的"执行操作的角色(p. 127)。这里所说的自上而下的影响不仅涉及思维,还涉及加工能力本身。除了自下而上的加工能力,短期记忆任务的表现不仅受到自上而下的策略应用的影响,也受到与所用策略相关的技能和知识的影响,以及如何实现这些策略和实施过程所使用的工具的影响(Cowan,1997)。这些多重的可能性进一步加大了获得任何确定的能力测量方法的难度。

Demetriou 等人(2002)最后总结道:"在发展过程中,各种过程的相互作用是动态的,因此,每一个过程的改变不仅是由于其自身的内部动态变化,也是由于其他过程对其产生的影响。"(p. 128)很少有人会对这一概括性的总结提出异议,但是,所有的可能性仍然处于不确定的状态,这对理解高阶思维的发展没有任何帮助。假设一个人的个体经验影响信息加工能力和高阶认知活动的相互作用,那么,以上结论也使个体发展路径成为可能。关于这些思维的高阶形式的检验,我们必须牢记发展的信息加工能力,但是不要期望它能够自己解释高阶领域中的发展。

960

演绎推理

在这一章剩下的部分里,我们将分析思维的形式,已有证据证明这些思维形式在人生的第二个十年中有所发展。我们从演绎推理开始,不是因为它在儿童的智力发展中最为重要,也不是因为它在研究文献中最为重要。更确切地说,我们采用了一种松散的历史方法,从演绎推理开始,因为在广泛的系统的发展研究主题中,它是第一个出现的高阶推理形式。历史的原因是因为它与 Inhelder 和 Piaget 的形式运算思维理论有很大的关系。Inhelder 和 Piaget 的理论认为,形式运思阶段标志着命题推理的出现,从那些构成正式演绎推理的命题中产生的推论被用来作为这种能力的指标。

绝大部分的研究都是典型的演绎推理,强调范畴之间的条件关系,即如果有 p,则有 q。在传统的演绎推理任务中,最首要且最主要的前提是如果 p 则 q,接下来是四个第二条件中的一个,即 p(肯定前件形式)、q、非 p 和非 q(否定后件形式)。被试应回答是否能推出某一结论。肯定前件形式(modus ponens form)可以推导出结论 q:如果条件是 p,而且已知如果 p 则 q,那么必然可以推出 q。否定后件形式(modus tollens form)与之类似,它能推导出结论非 q:如果可以断定非 q,而且已知如果 p 则 q,那么可以得出结论 p 不是条件(因为如果 p 是条件,则应得到 q,而我们已知不是 q)。另外两种形式以 q 和非 p 为第二前提,得出的结论是不确定的。选择任务也是一个被广泛研究的主题(Wason,1966)。在这种情况下,推理者考虑的不是第二前提,而是考虑应当检验四个条件(p、非 p、q、非 q)中的哪一个,才能证明主前提(如果 p 则 q,)的成立。(这里有两个确定的答案——如果 p,则必然得到 q;而如果非 p,则必然非 q。)

对儿童和成人在这种演绎推理任务中的表现所得到的实证数据,大量研究进行了定期的回顾(Braine & Rumain,1983;Klaczynski,2004;Markovits & Barrouillet,2002;O'Brien,1987)。最终得到两个一致的结论。其中一个反映了我们之前提到的先有能力之后又缺乏能力的悖论。如果内容和背景都很简单,甚至连小孩也能正确地回答出至少两种形式的演绎推理(Dias & Harris,1988;Hawkins,Pea,Glick, & Scribner,1984;Kuhn,1977;Rumain,Connell, & Braine,1983)。正相反,大部分的成人无法正确地回答出选择任务的标准形式(Wason,1966)。这一证据并未支持任何命题推理能力的突然开始,也不标志着某种转变。

另一个一致的结论是命题内容对表现有相当大的影响。简单说来,就是所要推理的事情是什么导致了最终所得结论的巨大的差异(Klaczynski & Narasimham,1998;Klaczynski,Schuneman, & Daniel,2004;Markovits & Barrouillet,2002)。这些一致的发现使研究者很难相信获得了一系列普遍的、不受内容限制的规则,这些规则可以应用于任何情况。Markovits 和 Barrouillet(2002)说,"这种认为大多数推理者都能通过任何系统的方式使用不受内容限制的推理过程的观点,似乎很难与研究者所观察到的推理表现的巨大差异相符合"(p. 33)。

意义的重要角色

当代演绎推理的调查者开始致力于研究条件前提的推理是如何发生的,并对此提出模型建议。人们普遍认同的是问题内容的表现是很重要的,并且作为极小的中介条件。Cheng和Holyoak(1985)强调语义形式而非特定的内容。例如,p和q的因果关系可以表述为"p使q发生",或者作为准许的陈述"为了得到p必须有q"。他们发现,当命题以后一种形式陈述,而不是如果p则q的形式时,成人在选择任务中的表现更好。

尽管语义意义如准许、职责和因果关系使关于它们的命题和推理表述起来更加容易,但是Klaczynski和Narasimham(1998)质疑这一主张,他们认为每一个语义概念(如准许、职责、因果关系)都有自己概念独特性的推理结构。然而,推论规则在各个结构之间似乎又是同构的(Braine,1990)。在Johnson-Laird(1983)的心理模型理论基础之上,Markovits和Barrouillet(2002)开发了一个预测各种演绎推理形式难度的模型。他们的模型将演绎推理任务的发展性进步归因于操作多重心理模型能力的提高以及更好地使用这些模型(参见Halford & Andrews,本手册本卷第13章)。但是他们的模型还与更简单的归因一致,即Klaczynski(1998)对大部分表现差异的解释,也就是可选择的心理表征的有效性。

例如,考虑以下两个命题,"如果Tom学习,他就能通过考试"和"如果Tom作弊,他就能通过考试"。如果遇到类似第二个命题时,与第一个做比较,所有年龄的被试便能对这两个模糊的演绎推理形式作出准确的回答。在第二个例子中,为了确认这一结论q(Tom通过考试),被试能够正确地注意到,Tom是否作弊是不确定的。正相反,在第一个命题的例子中,他们很可能得出错误的结论——Tom努力学习。造成这一结果的可能原因是,在作弊命题的例子中,他们能够很容易地指出可选择的前提,即除了作弊之外可能导致Tom成功的原因,这种情况下,他们认识到该前提不是从结论得出的,真正的前提是不确定的。而在第一个命题中(Tom学习),可选择的前提不是那么容易想到。另一个不确定的演绎推理形式与之类似,否定前提(非p)——Tom不努力学习或Tom不作弊,当提出第二个前提时,被试很可能会认为无法得出结论(因为不作弊的前提可以得到多种可能的结论)。因此,我们得出结论,语义内容或意义显著地增强或者阻止了演绎推理。

什么得到了发展?

有一项报告对于在不确定的演绎推理形式中成功的决定因素进行了研究,这项研究吸引了诸多研究者的注意,因为只有通过不确定形式的表现才能清楚地显示发展性变化。在两种确定的形式中(肯定前件和否定后件),儿童晚期的孩子(在一些研究中甚至是更小一点的孩子)表现很好(75%的正确率),而青少年晚期的孩子已经接近最高水平,这意味着发展性变化是很小的(Klaczynski et al.,2004;Klaczynski & Narasimham,1998)。这些形式可以通过简单的双条件(或互蕴式)的使用来得到正确答案——如果p则q和如果q则p,甚至年龄较小的儿童也能掌握:p和q是"配对的",也就是说如果出现一个,那么必将出现另一个,如果其中一个没出现,那么另一个也不会出现。在这个复杂的连续体的另一端,标准选择任务中的表现同样不能清楚地显示发展性变化(Foltz,Overton, & Ricco,1995;Klaczynski &

Narasimham,1998)。在一些方面的表现得到了适当的进步,而在另一些方面的表现却是退步的,在整个成人阶段表现一直保持较差的水平,并且有很强的内容依赖性(Cheng & Holyoak,1985;Klaczynski & Narasimham,1998)。

不确定的演绎推理形式的情况是相反的,儿童和早期青少年较低的正确率到青少年晚期得到了一定的提高,但是内容影响仍然很强,而且始终离表现的最高水平相差很远(Barrouillet, Markovits, & Quinn, 2001; Klaczynski et al., 2004; Klaczynski & Narasimham,1998)。这一进步是由什么导致的?一种可能是被试愿意做不确定的判断。然而,在孩子们被告知"不确定也没关系"的情况下,学龄儿童(Kuhn,Schauble, & Garcia-Mila,1992),甚至学龄前儿童(Fay & Klahr,1996)都表示愿意暂缓判断,因此,不确定性本身的确认似乎并不成为障碍。

另一种可能性是由于知识基础的扩展而带来的选择有效性的增加(Klaczynski et al.,2004),它将使不确定性得到正确的认识。这里还留下一个不能忽略的潜在原因,但是它并不能说明整个问题。在这一方面值得注意的是,对内容的熟悉程度本身并不能预测演绎推理问题中的表现。Klaczynski(2004)提供了一个包含两个命题的例子,"如果一个人吃得太多,她的体重就会增加"和"如果一个人长高,她的体重就会增加"。前者是人们更熟悉的,但是在不确定的演绎推理形式中,对后者的表现更好,正如前文所述,这是由于选择的有效性更强。

尽管任务背景和知识都扮演着重要的角色,但是决定因素必然是所发生的心理过程的本质。一个简单的假设是:回答错误的人过早地停止了加工过程,这种行为倾向在整个青少年时期是不断减小的。学龄前儿童无法对一些简单的任务作出正确的不确定性判断,对此,Fay 和 Klahr(1996)是这样解释的:他们提出一个"积极选择"(positive capture)策略,孩子们通常在多种选择中作出一个确定的选择,并且在发现一个符合规定标准的答案时立刻声明问题得到了解决,而忽视了其他符合标准的选择。与之类似地,在下一个部分的归纳推理中,我们将发现孩子们(有时候也包括成人)可能会依赖于"共生"(co-occurrence)推理策略(Kuhn,Garcia-Mila,Zohar, & Andersen,1995),他们会认为两个共生事件是有因果关系的,而忽视了其他伴随事件发生的事情的可能性。条件推理情境下,孩子们首先依赖于最简单的推理规则,即双条件规则——p 和 q"相伴出现"(go together),这也是他们的知识储备中最容易获得的,之后他们不再继续考虑这一问题。

Klaczynski(2004)指出,青少年抑制过早终止的能力不断增长,其中更发达的元认知技能起了非常重要的作用,使青少年能够持续加工足够长的时间以便考虑其他选择,同时辨认有关不确定性的推论。当然,正如我们之前提到的,这些选择的现时可用性支持了这一行为的实现。我们将在本章的最后部分说明一种发展,在这种发展中,抑制最初反应的能力最为显著。

当常识和推理发生冲突

在对演绎推理作出总结之前,还应对另一个影响演绎推理表现的重要因素进行强调,这一重要因素就是前提的真实状态(Markocits & Vachon, 1989;Morris & Sloutsky, 2002;Moshman & Franks, 1986)。青少年期的孩子逐渐能够作出正确的演绎推理,而不考虑自己对所要推理的前提所持有的正确或错误的信念。这种能力扩展到演绎推理之外,事实上它被 Inhelder 和 Piaget(1958)认为是正式操作阶段的基础。试想,一个 8 岁的男孩,能够很好地完成需要等级分类能力的任务,那么他能判断在一个盛有玫瑰和其他鲜花的花瓶里,所有的玫瑰都是花。现在想象让这个男孩解决以下演绎推理的问题:

> 所有的摔跤运动员都是警官。
> 所有的警官都是女的。
> 假设这两个前提都是真的,那么下面的陈述是真的还是假的?
> 所有的摔跤运动员都是女的。

很少有孩子能够从这种前提条件中得出正确的推论,排除他们的经验性错误,也看不到他们的逻辑必要性(Moshman & Franks, 1986;Pillow, 2002)。到了青少年早期,真理和正确性的区别便显现出来。但是其至青少年晚期和成人期也会继续在前提条件与实施相悖的演绎推理中出错(Markovits & Vachon, 1989)。

Inhelder 和 Piaget(1958)坚持认为尚未达到正式操作阶段的孩子没有能力推论假设,而且受到经验世界的心理操作的限制。但是这种区别并没有他们所说的那么清晰。孩子们能够通过创造性的方法运用他们的想象力:"想象一个世界,在这个世界里……"简单的反事实是学校课程的常规部分,例如,"假设你有 9 个弹球,给了朋友 4 个"。然而,当演绎操作变得更为复杂时,例如上文中,在相信演绎操作(当内容是中性时,演绎操作看上去是足够可信的)还是相信你自己的常识之间出现了冲突。

克服这种冲突涉及执行的或元认知的过程,这些过程在不确定情况下对演绎推理问题的表现起重要作用。在目前的情况下,可能涉及两个元级成分。一个是对演绎推理形式的渐增的元级理解,也就是说,它的有用性、可信性、内容独立性和效用。另一个是渐增的元级意识,以及对自身信念系统的管理,使其能够"分类"(bracket),也就是说,临时抑制这些信念,以便使演绎系统能够起作用,同时意识到这种信念的中止只是暂时的。这里涉及反应抑制能力(Handley, Capon, Beveridge, Dennis, & Wvans, 2004;Simoneau & Markovits, 2003),对此,我们将在执行过程进行进一步检验。

我们还发现,如果给孩子们一个虚幻的背景条件,他们的演绎推理表现就很容易受到影响,这一发现也支持了信念抑制的重要性(Dias & Harris, 1988;Kuhn, 1977;Leevers & Harris, 1999;Morris, 2000)。如果信念因为虚幻的背景条件而中止,它就无法与演绎推理所得结论形成冲突,而且,虚幻的背景一旦取消,中止信念的实践对推理过程便是有益的。因此,从各个不同的角度来看,信念抑制都是很重要的。

演绎和思考

在这一章里,我们揭示推理策略的元级理解——它们的目的、能力、限制,应用范围——至少和执行级知识,即怎样实施这些策略,一样重要(Kuhn,2001a)。在演绎推理的情况下,这种元级能力涉及对目的的理解和演绎推理本身的价值。这使我们进入本节的最后一个问题。演绎推理能力的发展是成熟和有效的思考的发展的中心吗?近几年来,在关于思考的研究中,演绎范式的角色受到了争议,使演绎推理研究领域中一位著名的研究者推测认为,演绎任务可能只涉及"问题解决的策略应用,其中逻辑形成了部分问题定义"(Evans,2002)。Evans推荐使用研究推理的其他方法对演绎范式进行补充。

虽然Evans的建议似乎是合理的,事实上很难拒绝接受,但是大量关于演绎推理发展的研究文献确实指向一些有用的方向。演绎推理能力有时被视为一种单一的能力或一种在生命周期中不连续的时刻出现的能力,其中一个研究方向就是对放弃任何类似观点的必要性的研究。正如我们观察到的,学前儿童已经掌握了一些演绎推理的形式,而另一些形式连成人都没有掌握。另一个研究方向是执行过程的角色,即配置、监控和运用推理规则,而不是简单地执行。这些心理水平上的操作(meta-level operators)已经在演绎推理的重要因素反应抑制中有所涉及,它们使信念暂时中止,并允许演绎系统的运行,同时避免加工过早停止,因为通过加工能够考虑多种可能并认识到不确定性。

至于演绎推理的发展性研究的特殊发现,我们认为对不确定的演绎推理形式的掌握,次要于不受前提的真实状态影响的独立推理能力的发展,后者是一种广泛灵活而且强大的心理技能,它使我们能够从原文中提炼出意义。至于对不确定的演绎推理形式的掌握,青少年和成人已经学会在实践中使用这些形式,如果不是严格的逻辑方法,他们会利用真实世界的常识判断哪一种解释是适用的。"如果你开车太快,就会发生事故"很容易使人想到选择的前提,因此应解释为正式的逻辑条件。正相反,"如果你饮酒过多,就会喝醉"则使用了更简单的(逻辑上是错误的)双条件。在日常推理中,这两者之间的区别几乎不会被混淆。

另一方面,当常识和演绎发生冲突时,真实世界的常识不能支撑推理。相反地,它必须通过自身管理和控制,使演绎系统运行。在本章的剩余部分我们将讲到微弱的执行控制,它使暂时抑制信念的难度加大,因此使推理过程能够独立于它们进行,导致了多种不同的局限。这种技能显示了童年晚期至青少年晚期的发展,但是青少年期和成年期缺少这种技能,因此给好的思维设置了障碍。现在我们来看归纳推理,它的规则是非常重要的。

归纳和因果推理

演绎推理分析的最后问题之一,即日常推理中的实用性,完全可以通过归纳推理分析来解决。归纳推理在思维和认知发展中的重要角色是毋庸置疑的。儿童(和成人)在面对大量数据时,一部分人能够保持前后一致,而另一部分人则不能,他们必须从大量信息中建构出意义。儿童处理这样的任务时是作为一个经验主义者还是一个理论家,关于这一问题的争论很多,然而最终也没有得出任何结论。换句话说,他们是严格地依赖于所观察到的"什么伴随什么产生"的联想的频率,并把事物相伴产生作为世界的组织形式,还是在数据基础上利用理论建构?

Gelman 和 Kalish 也提出了同样的问题(本手册本卷第 16 章),小孩子是如何形成自己的早期概念的。在这个方面,这一主题被视为发展的过程。例如,Keil(1991)曾经提出,小孩子首先是一个经验主义者,他们完全以联想论者的基础形成自己的概念,然后再在这一联想的基础之上形成理论结构。但是 Keil 随后又否定了这一观点,而赞成儿童的思维是从理论开始的。换句话说,儿童试图弄清楚一个概念,而不仅仅把它作为由联想频率来决定特点的统计汇编接受下来。这种赋予意义的尝试(sense-making effort)影响了他们视为概念的中心和外围的特点,与联想的统计频率同样多甚至更多。用 Keil(1998)的话说,"一个共变觉察程序的系统,一定会与因果模式的期望结构发生相互作用"(p. 378)。

对于年龄较大儿童、青少年和成人更复杂的形式建构的理解的形成,我们在这里也持同样的观点。通常,他们更关心的是概念和那些常被分析的关系,如因果关系。酒精是否影响人的判断?哪种服饰风格能够使人受欢迎? 一系列现存的观点被带到这一主题的研究中,在这些观点和可获得的新信息之间达成和谐变成了研究的任务。

因此,分析归纳推理时存在两个有潜在疑问的问题,对此我们可以放在一边——它是相关的吗? 解释或证明能够决定它吗? 然而,另一个必须直接面对的问题是能力的问题,这似乎是一个很难对付的问题。青少年初期的孩子是否是一个有能力的归纳推理者? 对此,我们面对两类截然不同的文献:一类关注婴儿期和童年早期,强调童年早期显著的因果推理技能;另一类则关注青少年期和成年期,强调因果推理技能的局限性在成人身上留下的特点。因此,在这一部分中,我们的任务是综合考虑这两类文献,阐明在之间这些年里归纳推理技能发展的情况。

早期能力的证据

我们从检验早期能力的研究开始我们的任务。大量证据证明甚至很小的婴儿都能做因果推理,发现事物之间的联系,例如自己的一个动作(如移动胳膊)和一个外部事件的联系(Cohen & Cashon,本手册本卷第 5 章)。在此,我们关注学龄前儿童表现出的更高级的推理技能,要求他们在多变量的情境下确定原因。多变量情境(在这种情况下,多个事件同时发生并产生同一个结果,因此都是潜在的原因)是所有年龄的人在日常生活经验中最常遇到的,因此我们应该对其予以关注。

Schulz 和 Gopnik(2004)的研究为 4 岁儿童具有多变量情境下分析原因的能力提供了证据。让孩子们观察一个手指布偶玩具猴子闻变化位置的三朵塑料的花,一朵红色、一朵黄色、一朵蓝色。一名成人先把红色和蓝色的花放进花瓶里,然后拿起玩具猴子让它闻这两朵花。猴子打喷嚏了。猴子逐渐后退,然后再去闻这两朵花,又打喷嚏了。之后,成人拿走了红色的花,用黄色的取代,花瓶里剩下黄色和蓝色的花。猴子闻了两次这两朵花,每次都打喷嚏。之后,成人拿走蓝色的花,用红色的取代,花瓶里剩下红色和黄色的花。猴子闻了这两朵花,这一次没有打喷嚏。然后问孩子们,"你能不能给我那朵让猴子打喷嚏的花?"79%

的 4 岁儿童正确地选择了蓝色的花。

我们的任务是从这样的研究中得到一致的结论,通过来自年龄较大儿童、青少年和成人的多变量因果归纳的大量数据,对因果推理技能更为复杂的结构进行阐释。当个体对先前的希望和新的信息进行协调的时候,因果推理常常变得更具挑战性,我们能看到全然不同的表现形式。大量调查结果显示,数据解释的理论期望和普遍存在的有缺陷的因果推理产生的影响(Ahn, Kalish, Medin, & Gelman, 1995;Amsel & Brock, 1996;Cheng & Novick, 1992;Chinn & Brewer, 2001;Klahr, 2000;Klahr, Fay, & Dunbar, 1993;Koslowski, 1996;Kuhn, Amsel, & O'Loughlin, 1988;Kuhn et al., 1992, 1995;Lien & Cheng, 2000;Schauble, 1990, 1996;Stanovich & West, 1997)。当理论期望很强烈时,个体可能会完全忽略证据,只把推理建立在理论基础之上。或者,他们可能会应用证据,但是会用歪曲的方式呈现它,使其特点与他们的理论期望相一致,而事实上并不一致。或者,他们可能使用数据的"局部解释"(Klahr et al., 1993;Kuhn et al., 1992),只认识到那些符合他们理论的数据,而忽略掉其他的。[1]

理论和证据的协调

这种对世界的有偏差的信息加工过程在成年期仍然非常普遍。例如,2004 年的美国总统大选,四分之三的选民支持布什,而只有不到三分之一的人支持克里,据报道伊拉克坚决地支持基地组织,尽管从 9.11 事件来看没有证据显示伊拉克的支持("When No Fact Goes Unchecked", 2004)。

是否可以假设人们故意曲解信息使其更易接受? 似乎在大部分时间里,这不是最合适的解释。更可能的解释是一个人对自己思维中的理论和证据之间的相互作用控制得不够(Kuhn, 1989)。在这种弱控制的情况下,思维是建立在关于所考虑现象的单一解释"事情是怎样的"(the way things are)基础之上的,新信息只被看作支持这一事实,或者更确切地说是"解释"(illustrating)。新信息不会被编码成为与已知情况截然不同的信息。

在这种情况下,新信息仍然能够修正先前的理解,但是个体可能意识不到这一过程的发生。由此产生的一个结果是个体对自己的知识来源很大程度上是不清楚的。当被问到,"你怎么知道的(A 是 O 的原因)?"他们错误地以为这是对新信息的推理,而不认为是自己先前的理解(Kuhn et al., 1988, 1992, 1995;Schauble, 1990, 1996)。这种关于自己知识来源的不确定性,与我们所观察到的学龄前儿童不清楚自己对简单事物的知识来源是类似的(Harris, 本手册本卷第 19 章)。因此,学龄前儿童在被问到,他们怎么知道一个运动员赢得了比赛时,他们的回答并不是根据现有证据("因为他正举着一个奖杯"),而是根据自己对为

---

[1] Schulz 和 Gopnik(2004)后来的实验显示,当因果效应与孩子们先前的知识发生冲突时,他们的行为不太一致,例如,一个成人为了让机器运行便说"机器,请你运行"。大部分孩子(75%)在使机器运行时会模仿成人。但是他们不能归纳所学的东西(人们通过对机器说话来使机器运行)并将它应用到新的情境中去。作者总结道,"在儿童的先前信念和他们对新信息的吸收之间"存在着一种紧张的关系(Schulz & Gopnik, 2004),需要更多的研究来发现两者是如何相互作用的——一种事实上与这里所采用的非常相似的立场。

什么这一事件的状态有意义作出的解释(例如,"因为他有一双跑得快的运动鞋")(Kuhn & Pearsall,2000)。

在这一方面是否有证据证明发展的过程? Kuhn 等人(1988,1995)关于证据评价和推理技能对儿童、早期青少年和成人作了对比,结果发现在儿童中期到成年早期之间的这几年中存在一定的进步,尽管离理想的成人表现仍然相距甚远。在六年级学生中,基于证据(evidence-based)的推理所占比例为 25%,而未上大学的年轻成人所占比例大概为 50%。接下来对聚焦证据(evidence-focus)的调查显示("从这些结果中你能否得知 X 是否发生了作用?"),在以上两种人群中所占比例分别上升为 60%和 80%(Kuhn et al.,1988)。

一旦证据被注意,年轻个体是否比其他人更容易产生有偏差的解释? 在这里,随年龄增长产生的进步是很微小的,而个体差异却是巨大的。个体是有信念偏差的,表现在当证据与个体先前获得的理论相一致时,并且/或者用不同的方式解释同样的证据,以此作为一种与他们的理论相一致的功能时,个体更容易解释证据。约有半数的六年级学生在解释共变和非共变证据时,表现出上述一种或两种形式的信念偏差(Kuhn et al.,1988)。在成人中,这一比例降至 35%,尽管只是针对共变证据。(对于非共变证据,该比例仍保持在六年级的50%的水平上。)

共变证据的解释

有效合理的归纳推理远不仅仅是数据的满足。甚至如果数据采集是可靠的,推论性错误的几率仍然很大,主要原因仍然是潜在的理论期望的偏差。许多证据存在对关系的不合理的归纳推理,常常是两个变量之间的因果关系,建立在最小限度的证据之上,这里的最小限度是指单独的两个共生事件(Klahr et al.,1993;Kuhn et al.,1988,1992,1995;Schauble,1990,1996)。因为两个在时间和/或空间上同时发生的事件,一个被作为另一个的原因,不管其他共变的存在。这种"错误录取"(false inclusion[①])广泛存在于所有年龄的人的日常生活中。因此,当大学生群体被告知提高学生成绩的新举措,包括新的课程和老师的帮助,并且要缩小班级容量时,他们通常只依赖于单一的事例,而在这一事件中,由于一个或多个因素将对结果产生影响,因此多种因素都称为可能的证据。以下是一个典型的推理,"是的,一门新课程是有益的,因为学这门课程的人学得很好"。

以单一事例为基础的错误录取从童年晚期到成年早期有所下降(Kuhn et al.,1988,1995,2004)。成人比儿童更容易将他们的因果推理建立在两个事例对比的基础之上,而不是一个前提和结果同时发生的单一事例。错误排除(false exclusion)也显示出发展性的下降,错误排除是指在没有证据或者单一证据的基础之上,将一个变量推断为非因果关系的(也就是说该变量对结果没有任何作用)。

在多个事例比较的基础之上作出的推理甚至也可能是靠不住的,如果额外的共变量没得到控制,因果关系则是由于错误的变量得到的。这些错误的种类在日常生活中并不是唯

---

① 将时间先后关系误认为因果关系。——译者注

一的。第一个作者脑中出现的个人事例是关于她十几岁的儿子,有一天深夜由于他参加的聚会现场失去了控制,结果需要有人去接他,他的父亲很失望,难过地说"喝酒和麻烦——你还没发现它们之间的关系吗?"尽管当时已是深夜而且少年的状态很不好,但是他仍然对结果进行了持久的争论,他认为父亲作出的因果判断是完全错误的,麻烦是由其他共变量导致的,其中之一是倒霉的运气。

在这种"自然实验"的情境下,当可能的推理包括两个或更多的共变证据时,抑制无保证的推理和作出有保证的推理的表现从童年晚期到成年期确实得到了改进(Kuhn & Brannock,1977;Kuhn & Dean,2004)。但是,对这一改进我们先不做进一步的讨论,在后面的部分里,我们将进行一种更为普遍的研究形式,在调查中,个体将获得选择自己的事例的机会,因此为控制实验。[①]

"自然实验"(natural-experiment)情境下的归纳推理的表现中值得注意和强调的是,我们已经确定为重要的因素在多大程度上与演绎推理案例中的重要因素类似。两者都涉及抑制。一个是抑制过早反应的能力,使加工停止并且阻止个体考虑到其他选择(在这个案例中,附加共变)。另一个是"分类"(bracket)的能力,是指为了正确地陈述证据并且能够运行推理系统,暂时抑制个体的信念。这两种能力都依次涉及心理过程的元级控制,或执行控制,由此我们可以假设这两种能力是随年龄增长的,我们可以在年龄阶段之内看到推理表现的进步。

多变量的共同影响:因果关系的心理模型

我们已经重点讲述了分析个体变量和多变量背景下的结果之间的关系时所面临的认知挑战。当不止一个因果关系的因素出现,推理任务便成为确定这些因素是如何同时发生作用的,或者是附加的或交互式的,这时会发生什么? Kuhn 和他的同事(Keselman,2003;Kuhn,Black,Keselman, & Kaplan,2000;Kuhn & Dean,2004;Kuhn et al.,2004)确认了一种多变量因果关系的不适当的心理模型,作为这种情况下的影响归纳因果推理的错误的另一个来源。这里我们使用"心理模型"(mental model)这一术语表示一种普遍的感觉,而不是它的典型用法,即对特殊物理现象的心理表征。

成人的因果推理的研究文献中隐含的假设为人们对多重因果关系的理解反映了一种标准的科学模型:多重作用通过附加方式对结果产生影响;当背景条件保持不变时,这些作用也被希望是恒定的,也就是说,同样的前提不会在一种情况下对结果产生影响,而在另一种情况下没有影响,或者在不同的情况下对同样的结果产生不同的影响。 个包含交互式影

---

① 关联推理也是展示发展模式的一种推理形式,在这种推理形式中,两个变量之间的关系模式是盖然论的而不是绝对论的。在一个二元变量的案例中,评定两者关系时发生的错误是由于没有考虑到交叉列表中所有的四种情况。例如,为了得知律师是否富裕,推理者可能只考虑到他或她那些正面案例(富裕的律师),而忽视了应该与贫困的律师做比较,或者与富的和穷的非律师做比较。这类需要按比例推理的问题(尤其是对比两个部分),其表现从童年到青少年有所改进,但是仍然离成人的正确水平相差较远(Arkes & Harkness,1983;Klaczynski,2001b;Kuhn, Phelps, & Walters,1985;Schustack & Sternberg,1981)。

响的更为复杂的模型,假定理解一个附加模型的更简单的主效应。事实上,所有的科学都基于这一模型。没有这些假设,我们就不清楚世界是怎样运行的,因此,因果推理的研究(Cheng,1997)假定这一模型也是不足为奇的。

然而,儿童和成人的推理数据,使假设陷入了问题(Kuhn & Dean,2004;Kuhn et al.,2004)。最少被提出的是对潜在相互作用的认知以及它与多原因的附加性之间的区别。例如,假设一座工厂的三种污染物都会单独对环境造成污染,问如果三种污染物同时存在,那么污染水平会怎样?六年级学生中,没有人能认识到潜在的相互作用和由此带来的不确定性,而在大学成人群体中,仅有12%的人能意识到这一问题。其他的人只是把单独作用相加,在另一个类似的问题中他们的表现是同样的,已知三个男孩分别砍树的总量,问三个男孩一起能砍多少木材(Kuhn et al.,2004)。这些结果与另一些发现是一致的,如当已知两个变量的共同作用时,甚至连年龄较小的儿童都会对共同作用结果做相加或平均(Dixon & Moore,1996;Dixon & Tuccillo,2001;Wilkening & Anderson,1982)。然而,当考虑多种因素作用于同一结果时,甚至成人都不能区别附加和交互原因。这种区别能力的缺乏并不令人惊讶,尤其当我们注意到不存在自然等价的语言去区分两个案例。例如,如果我们说"睡个好觉,再吃一顿丰盛的早餐,你做事的时候就会做得很好"。没有人要求或鼓励我们区分适用于这种情况的附加和交互模型。

但是,当我们考虑一个更简单的案例,在这个案例中,变量是附加于它们的影响的,因果关系的直觉心理模型的局限似乎同样严重。在没有外在说明的情况下,对作用进行相加或平均,事例的附加性和一致性都不能假设。Keselman(2003)调查了六年级的学生,让他们对五个变量共同导致一个结果的情况进行推理(地震的危险),同时让他们对两个新的案例进行结果预测,但是只告诉他们各种变量水平的唯一一种联合。五个变量中的三个对结果有附加作用,剩下的两个没有任何影响。结果预测之后,他们还要回答"为什么你预测这种危险水平?"五种变量都被列出来,要求孩子们解释影响他们作出预测判断的所有变量。被解释的变量被视作内隐地判断为原因的变量,因为被试不能清晰的说明它们是构成原因的,只说它们进入了预测的判断。关于该变量是否构成原因的问题,被试指出的变量被认为是外显的因果判断。

外显的(explicit)和内隐的(implicit)因果判断之间的一致性很低。超过半数的儿童在作出他们的其中一个或全部两个的预测时,指出他们明确的判断有一个变量是不构成因果关系的。超过80%的被试无法指出他们之前外显判断为导致结果的原因的一个或更多变量。总的来说,在内隐归因的情况中,被指为原因的特点比外显地陈述为原因的特点少。不仅在外显和内隐的因果归因之间一致性很小,在预测和预测之间的一致性也很小。约有四分之三的被试无法指出相同的变量在两个预测中都有因果作用。最后,也是与附加模型直接相关的,大概有一半的被试指出,他们作出的每一个预测都是因为仅有的一个变量(通常是变换的)的作用。这种行为与社会心理学中的折扣现象一致,在折扣现象中,对一个结果的某一原因的确定导致了对其他原因的注意减少,这种现象存在于八九岁的儿童直至成年人中(Sedlak & Kurtz,1981)。

968

成人在以上这些方面的表现都更好一些(Kuhn & Dean,2004),但是仍然离多变量因果关系的标准化科学模型相差甚远。约有一半的社区合唱团成员(跨区域成人群体的典型代表)表现出内隐和外显因果判断的不一致性。将近一半的人在三个预测问题中表现出因果归因的不一致性。和六年级学生一样,这些成人在内隐归因中指出的原因变量比他们作出正确的预测所需要的少。超过四分之一的人在他们的预测判断中只指出一个产生作用的变量,超过一半的人指出两个。①

因此我们可以指出一个多变量因果关系的不完全模型作为儿童甚至许多成人对同时出现的或附加的多个变量的推理能力的约束。我们还应看到,更多的挑战来自当个体在他们的因果模型中添加新的证据时,将它们与理论期望协调起来。协调多变量作用的经验是否能够促进这一心理模型的发展? 这个问题是我们将考察的更普遍的问题之一。当孩子们慢慢长大,步入并且走过青少年阶段,他们将遇到的新信息和先前存在的理解整合起来的能力是否得到了提高? 换句话说,孩子们是否变成了更好的学习者?

学习和知识的获取

虽然有关儿童学习的研究最近才变得流行起来(Siegler,2000;本手册本卷第11章),对所有年龄的儿童来说,学习都是他们生活中最重要的一部分。而且,较大年龄儿童和青少年有更多时间和机会去学习,所以他们比较小年龄儿童知道的要多。掌握知识的不同无疑是决定每个儿童和其他儿童不一样的重要原因。这个部分提出的问题,也是贯穿本章的,就是这是否是唯一的差异。还有什么其他因素决定了较小年龄儿童和较大年龄儿童的差异? 尤其是在这部分,我们想问是否学习本身的过程也是随年龄变化的。

有代表性的跨年龄比较研究

我们在这里回顾的两个研究(Kuhn et al.,1995;Kuhn & Pease,待发表)把验证这个问题作为目标。我们先来看比较简单的 Kuhn 和 Pease 的研究。研究者给年轻的成人和12岁儿童呈现了如图22.1a所示的泰迪熊。在研究中,参与者要帮助访谈者用七种配件来打扮泰迪熊,如图22.1b所示。访谈者会描述一个场景——这个泰迪熊要作为礼物送给为慈善机构捐款的人。为了增加捐款,慈善机构希望能给泰迪熊打扮一下。慈善机构能够负担起给泰迪熊购买一些配件的钱,因此他们要选择买哪些配件。参与者会被告知选择两种他们觉得最有可能提高捐款数目的配件,和两种最不可能的配件。这个研究的目的是检验每个年龄组是否会因为知识不同而作出不同的决定。

然后研究者向参与者展示一些"实验进行"(test runs)的结果,包括参与者刚才给出的四种配件。然后五种配件的组合会逐一呈现在参与者面前,这五种组合传递的信息是两种

① 更多的挑战出现在考察一个变量和结果之间的反比关系,并与其他可能出现的关系相结合(Kuhn et al.,1988; Lafon,Chasseigne,& Mullet,2004)。通常情况下,儿童会将反比关系和独立两者相混淆(Kuhn et al.,1988)。

|(a)|(b)|

图 22.1 有配件的泰迪熊和没有配件的泰迪熊。
来源："Do children and adults learn differently?"by D. Kuhn,and M. Pease,in press,
Journal of Cognition and Development. 经许可使用。

配件(一种是参与者认为不能增加捐款的,另一种是能增加的)能够帮助增加捐款,而另外两种配件则不能。最成功的配件组合是最后一个被呈现的,也就是说答案可以很简单地从第五种配件组合中"阅读"(read off)出来,而不需要复杂的推理。然而,没有一组参与者可以全部成功学习到这个信息。成年人比 12 岁儿童成功的比例高一些:75％的成年人能够准确地回答,儿童只有 35％可以做到。

　　人们怎么解释成年人能够完成更高级的学习? 在把学习概念化为理解的改变(Schoenfeld,1999)和摒弃一些备选的解释后,Kuhn 和 Pease (待发表)认为较大年龄的参与者能够更好地使用元水平执行力来监控和管理学习活动。这种执行力使得他们能够保持对偶表示(dual representations),一种来自(他们期望或认为最似是而非的关系中)自己的理解,另外一个则是被给予的新信息。这种执行力控制能够计人暂时把已有的信念放在一边,从而有效地抑制那些信念对他们理解新信息产生的影响。如果没有这种执行力,就只存在一种单一的体验,即"事情应该是这样"(the way things are),成为他们理解世界的框架。这种表现为反应抑制的执行力控制,明确地呈现我们先前遇到的事物是我们作出归纳和演绎推理的核心因素。

　　Kuhn 和 Pease's (待发表)的研究显示,与成年人相比,青少年期之前的儿童的学习不如成年人的有效。这个研究结果在一个跨两个年龄水平研究学习行为(Kuhn et al. ,1995)的扩展性显微遗传学研究(Kuhn,1995;Siegler,本手册本卷第 11 章)中被证实。研究者观察了数月中参与者多次学习有关自然(如模型船的前进速度)和社会背景(如儿童电视节目流行情况)中变量的有效性和非有效性。这两种背景的研究,再次证明了成人组能够获得比儿童组更多的有效新信息。

由于参与者都在这些范畴自主调查,所以他们有更多解释的自由。当事物的一种特征与他们的期望相背时,他们可以通过把关注点转移到另一个特征上而轻易地回避问题。这个结果向我们更清楚地展示了获取知识的过程不包括的部分,也就是接触和积累证据直到一个人觉得他有足够的证据来完成一个结论的过程。取而代之的是,理论观点塑造了这个过程——在被用作检验的证据中,证据被解读的方法和得出的结论。因此而来的挑战就不仅仅是正确地"读取"信息,而是把理论和证据结合起来。新知识不是简单地被加载或代替现有的知识;新旧知识必须被整合起来。Kuhn 等人(1995)发现,事实上,儿童和成人最初得出的结论都是来自最少的数据甚至没有数据的时候,然后不停地改变他们的想法。但是儿童们更固执地坚持他们最初的理论,在下结论的时候,他们使用已有的知识也比使用新知识多。

两个年龄组对自然知识的学习表现都比对社会知识的学习表现更好。从某种程度上来说,社会范畴的知识更为细节化、形象化,在情感上更有力度,执行力很弱的人可能很难维持对偶表示(理论和证据)。在自然现象中,当执行力试着去融合理论和证据时,理论表示的减弱会让这两种表示更好地共存。

Kuhn 等人(1995)的显微遗传学分析发现,追踪的双重目标不仅是随着时间的推移而获取的知识,还包括获取知识所用的技巧的提高。这些技巧是获取知识的手段。现在显微遗传学研究提供了更多发现(Siegler,本手册本卷第 11 章)。在这两种年龄段,个人表现出对不同技巧的掌握,包括有效的和不太有效的。随着时间的推移,使用这些技巧的频率会有所改变——不太有效的技巧用得越来越少而有效的技巧用得越来越多。这种改变的过程就是 Siegler 提出的"重叠波"(overlapping waves)模型。我们曾经把研究注意力放在元水平对技巧的选择和它们怎么能够对表现起到积极的作用上(Kuhn,2001a,2001b)。Kuhn 等人的(1995)研究提出了人们自己对范畴的研究,我们会在下一部分讨论质询和科学性推理。在这儿,我们要回到学习是怎么发展的问题上来。

学习的发展

971　　应该怎样总结学习过程在发展中的变化? 若干年前,Carey(1985)用绝对没有来回答这个问题。Carey 认为我们没有理由认为儿童和成人的学习过程有任何不同。对于这个结论,我们认为 Carey 的答案过于肯定,根据学习的种类,我们可以知道 Carey 的观点不是绝对正确的。儿童和成人参加的很多学习,校内的和校外的,都是简单的联想学习(associative learning),而不是有意学习(mindful learning)。而且没有证据表明联想学习会呈阶段性的变化。学习是概念化的,相对应的是,涉及理解的改变——这就要求学习者要使用到认知部分。因此,一个管理人员必须能够分配、监控,不然就是管理自己的心理资源。这些执行性功能和学习是发展的证据。

与此同时,Kuhn 和 Pease(待发表)的研究发现,这种发展性的改变是高度变化的。一些 12 岁的孩子表现得跟成人无异,而一些成人的表现也不比 12 岁的孩子强多少。这种模式跟通常观察到的另外一种模式,也是本卷采用的,许多儿童时期的认知获取跟年龄的关系非常密切,是很不一样的。当进步更加可变时,显微遗传学研究对洞察形成改变和改变过程的经验就显得尤其有价值。在下一部分我们会进一步看到显微遗传学的洞察作用。

显微遗传学的方法曾被认为是混淆发展和学习这两个概念的原因(Kuhn,1995,2001b)。当发展和学习这两个概念的区别没有像 20 世纪 60 到 70 年代的 Piaget 时期的理论学家界定的那么严格时,也并不是说这两个概念是完全没有区别的。学习本周"100 强"(Top 100)名单中的内容和学习两种冲突的观点都可能是正确的,是不同的两种学习(其中包括概括化、可逆化和事件的独特性)。最重要的是能够认清改变的过程,就像一个事物可能有很多参数一样。当这个过程通过了显微遗传学的验证,根据各种参数来给这个过程定性就变成可能。现在还需要更多的研究来支持这些改变的过程本身所经历的改变就像个人的成熟一样。

质询和科学性思维

现代发展心理学对科学性思维发展的研究从一个比较狭隘的方式开始。就是试着复制 Inhelder 和 Piaget(1985)在他们的著作《儿童期到成人期逻辑思维的成长》(*The Growth of Logical Thinking from Childhood to Adolescence*)中谈到的发现。大量的复制研究甚至把焦点缩小到"变量控制"(control of variables)或"被控制的比较"(controlled comparison)的研究策略。Inhelder 和 Piaget 曾认为这种策略在青少年早期才会出现。在 Piaget 的研究中,参加者需要调查一个简单的物理现象,如钟摆或棍子的弹性。Inhelder 和 Piaget 的发现认为,让孩子们从事这样的任务有困难,并且有证据证明从青少年期到成人期,孩子们在同样的任务上的表现有所提高。但是他们还发现,并不是较大年龄的青少年或者成人一定能保证成功地完成该任务(Keating,1980;Neimark,1975)。但是有关这些发现的教育意义和实践意义没有什么讨论出现。假设这些任务能够有效地引入科学性思维,那么使尽可能多的人掌握科学性思维重要么?

儿童需要"科学地"思考么

在 21 世纪前期,不会出现与此不同的画面了。所谓"质询"(inquiry)[①],已经出现在关于科学的美国国家课程标准(American national curriculum standards)对于 2 年级或 3 年级到 12 年级间各个年级的标准中(National Research Council,1996),还出现在绝大部分州立标准中。质询还经常出现在社会研究和语言艺术标准中(Levstik & Barton,2001)。在美国国家科学标准(national science standards)中,5 年级到 8 年级学习质询的目的,举例如下(National Research Council,1996):

● 确定可以通过科学调查来解答的问题。

---

① 国内教育界也有评为"探究"的。——编辑注

- 设计和实施科学调查。
- 使用合适的工具和技术来收集、分析、解读数据。
- 使用证据对描述、解释、预测和模型进行扩展。
- 通过批判性和逻辑性地思考发现证据和解释之间的联系。

在"设计和实施科学调查"这一条目下,分技术包括"系统观察、实施准确的测量以及确定和控制变量"。

那么,我们还是有必要提出这样的问题:科学性思维是什么?为什么它这么重要?在过去的几十年中,科学性思维被人们信奉为教育的目标。如果将科学性思维定义为"科学家做的事情",并不太合适,因为很少有儿童直接成长为科学家,如果在小学教育中推广这个目标也不是特别合适。也不能根据使用控制变量的策略满意度操作性地定义科学性思维,因为很少有人,儿童或成人,有机会在日常生活中去实施有控制的实验(对实验进行控制)。

我们将科学性思维定位为科学的核心特点,而不是科学独有的特点(Kuhn, 1996, 2002)。我们接受的科学性思维的定义是"有意识地寻求知识"(intentional knowledge seeking)(Kuhn, 2002)。这个定义包括了以寻求和加强知识为目的的思考。这样一来,科学性思考就是一个大多数人都能参与的行为,而不仅仅属于极少数人。科学性思维还跟心理学家们研究的其他形式的思维有连接,如推论和问题解决。我们认为科学性思维的目标和目的更接近于争论(argument)而不是实验(experimentation)(Kuhn, 1993; Lehrer, Schauble, & Petrosino, 2001)。科学性思维的本质更偏向于社会性而不是人们脑海中发生的一个现象。

在人生最早的那些年,儿童通过建立自己的内隐理论(implicit theory)来理解和组织他们所经历的事情。在这之后,当概念化的改变(conceptual change)出现时,儿童的内隐理论也会相应地调整。与科学性思维不一样,早期理论的调整是内隐的,不需要太多主观努力的,也就是说这样的调整并不是由于意识或意图所驱动的。年龄较小的儿童通过自己的理论来思考,而不是思考他们的理论。在他们思考的过程中,他们可能会调整自己的理论,但是他们并不会意识到自己所作的这种调整。和我们之前在归纳推理中的讨论一样,儿童通常对他们从哪里获得知识并不太确定。

那么,内隐理论的调整变形为科学性思维的主要动力是有意图地寻求知识这一过程。理论的调整就变成了儿童有意去做的事情,而不是无意识偶然为之。寻求知识这一行为是因为儿童能够觉察到自己现有的知识不够完整,或者不太正确,那就需要去学习新的知识。这个理论—证据的作用过程直接演变为外显和意图性的表现。当有新的可用证据出现时,儿童会先验证新证据对理论的意义,然后意识到理论是可以改变的,最后结合新的证据对理论进行调整。

在这种模式下,本章中论述的科学性思维与 Gelman 和 Kalish(本卷本手册第 16 章),Gopnik、Meltzoff 和 Kuhl(1999)所支持的"儿童是科学家"(child as scientist)的观点的缺陷就有调和的可能。作为理论的建立者,儿童确实从一开始就可以被称为年轻的科学家(young scientist)或大孩子科学家(scientists big children)。没有证据显示儿童把建立理论这一了解世界的方式和他们对外行的成人和科学家的了解过程有本质上的差别(虽然这一论题还没有经过完整的研究)。有差别的地方是,通过新证据使理论逐渐变成有意图、有意识地控制的过程。研究表明,儿童在执行这个过程时,不如大部分成人那么熟练,当然更不如专业科学家那么娴熟了。

质询的过程

Klahr(2000)指出,对科学性思维的研究中较少顾及科学研究调查的完整过程。我们所谈到的这个过程包括了四个主要阶段:质询、分析、推论和争论。很多研究者把自己的研究限制于科学研究调查过程的某个部分,大部分着重于对证据的评估(Amsel & Brock, 1996; Klaczynski, 2000; Koslowski, 1996),结合对科学推理的研究和对归纳性因果推论的研究而衍生出的研究设计。我们将在后面的部分讨论争论的问题,现在我们着重讨论那些参加者直接进行自己的调查、寻找自己需要的数据然后根据这些结果进行推论的研究。这样的研究至少可以涵盖科学调查的三个阶段(Keselman, 2003; Klahr, 2000; Klahr et al., 1993; Kuhn et al., 1992, 1995, 2000; Kuhn & Phelps, 1982; Penner & Klahr, 1996; Schauble, 1990, 1996)。这样研究向我们揭示了科学研究调查的每个阶段可以使用哪些策略,这些策略彼此之间的关系以及它们是如何相互影响的。

有关个人如何参与科学性质询或有意图的知识涉猎的研究同时包含横断性和显微遗传学特点。换句话说,不同年龄层掌握的最初策略是可以跨层面比较的。如果个体不断地参与各种层面的调查研究活动,那么可以从两个方面观察到变化——在他们提出的质询后需要哪些知识,以及产生知识需求的质询策略、分析和推论。

Klahr 和他的同事(Klahr, 2000; Klahr et al., 1993)在一项研究中对儿童和成人进行了跟踪调查。在研究中,儿童和成人被告知需要完成一项调查研究,关于一把可以控制电子机器人行为的特殊钥匙的功能。这项研究的另外一个版本是,对电脑呈现的一位舞者的行为进行调查研究。在研究中,参与者需要将他们的假设和他们获取的数据进行整合。用 Klahr(2000)的话来说,是整合对假设空间和实验空间的搜索。

Kuhn 和他的同事与 Schauble(1990, 1996)、Keselman(2003)以及 Penner 和 Klahr(1996)一样进行了显微遗传学研究,研究检验了他们所认定的科学质询的原型——在什么情况下若干变量间存在的潜在因果联系会产生结果,调查研究任务首先要选择要检验的例子,在这个基础上确定因果变量和非因果变量,然后对结果可能出现的变异进行预测和解释。检验这些普通的事物最简单最普通的形式,也是专业科学家在真正的科学质询中会做的事情。

在 Klahr 和 Kuhn 的实验研究中也大致描绘出非常相似的情况。平均来讲,成年人在此过程的每一阶段都比儿童或青少年表现出更多的技能。儿童组更有可能立即寻找调查出所有的因素,更注重产出结果而不是影响的分析,更不能够控制变量。因此,测试中选取不具信息含量的数据,采用 Klahr 所指的数据片段的"局部解释"(local interpretation),并忽略了其他可能产生矛盾的数据。Klahr(2000)总结道,"成人的优势似乎来源于一系列一般性领域的技巧……可以处理并调和在两个空间中的搜寻"(p. 119)。

Kuhn 等人(1995)比较了儿童和成人在多重内容范围内持续数月的调查过程。成人起点更高,推进更深入。尽管两组的策略都有所改善,但成人组较儿童组平均会得出更多有效的结论,更少无效结论。因此,他们对于自身所调查领域的因果关系结构能够学到更多,这并不令人吃惊。但是,关于变化过程的显微遗传学研究证实了现有的普遍发现:两组的被试表现出一种乃至多种不同的或多或少有效的策略。Kuhn 等人(1995)的结论是:"变化过程并不是直线的 A 到 B 的转变,而是化为遵从个人方式的多种成分组合而成(尽管并不彼此独立)。"(p. vi)这种涉及质询(inquire)策略的情况,涵盖了由"产生结果"到"评估 X 对结果的影响"的情况;对于涉及分析(analysis)策略的情况,则包括了由"忽略证据"到"选择可供信息比较的例子"的情况;对于涉及推理(inference)策略的情况,则包括了由"不支持主张"到"关于一致和不一致证据的展示"的情况(Kuhn,2002)。

与其他显微遗传学研究相一致的是(Siegler,本手册本卷第 11 章),随时间推移,使用较为无效策略的频率降低,使用更为有效策略的频率升高。如果我们认可在不改变本质特性的情况下,练习的密度加速了发展变化这一观点(Kuhn,1995),兴趣的问题就变得能够指明变化过程的机制。在假定的机制中,Siegler(本卷)强调了应联合更频繁使用的策略,以及应削弱的无效策略的需要。与之类似的是,强调应把戒除较无效策略视为一个更大的难关,而非加强新的策略。与此同时,Kuhn(2001a,2001b)认为,元层面的知识和表现层面的一样重要,并在事实发生处扮演着重要角色。如左图 22.2 所示(Kuhn,2001b)是共存且可用的策略(可与 Siegler 的"重叠波"模型进行比较,本卷)。在如 22.2 图表中,从上到下一半的表示过程来看,左边较为无效的策略变得较为不频繁,右边较为有效的策略则更为频繁地出现(在此例中,产生一个暂时、过渡的结果,所有策略大致相同)。这个变化意味着,在图表中心出现的元层面的操作者,代表了个体对任务目标的认识,理解了他可用的策略,以及下意识在选择策略时调和两者的需要。表现层面的反馈应加强元层面的认识,进而在接下来的过程中增强表现。

974

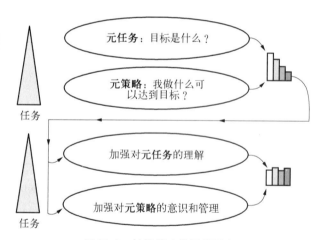

图 22.2 转换策略使用的图表。
来源:"Why Development Does(and Doesn't)Occur:Evidence from the Domain of Inductive Reasoning,"by D. Kuhn, *in Mechanisms of Cognitive Development:Neural and Behavioral Perspectives*, R. Siegler and J. McClelland(Eds.),2001,Mahwah, NH, Erlbaum. 经许可使用。

Kuhn 等人(1995)发现,在两组中,随着任务进行策略也在发展,但是,当在阶段中插入新的问题内容时就会维持在某个水平上。更深一步的迹象表明,策略不囿于特定内容:例如同时期出现在社会和自然领域的新策略,尽管平均而言社会领域落后于自然领域。没有简单的迹象表明诸如与预期相差的回馈此类变化的发生。我们假设,由好的策略产生的效力的意义可能成为强有力的改变的来源(Pressley & Hilden,第 12 章;Siegler,本手册,本卷,第 11 章)。最后,也是最重要的,最为流行的发生在全体的改变并不是任何一种新策略的出现,而是较为无效策略的减退,特别是对无效因果推论的抑制。

支持质询技巧的发展

我们注意到了本章中对智力技巧的检验,并不像本卷大多数其他章节所述,不能依靠日常累计发展。按演绎推理来讲,这不曾是一个广泛关注的议题。按归纳推理来论,它甚至得到更多的关注,很大程度上是放在讨论批判性思维的情景中。正如我们在本部分开始谈到的,质询技术已经成为教育者广泛专注的焦点。因此,相当多的注意力集中在青春期前乃至青少年期这些技巧怎样能最有效地提升。

上溯至 20 世纪 70 年代的研究表明(Case,1974;Kuhn & Angelev,1976),变量的隔离和控制策略是可以传授的。然而这一证据没能解决指出最为有效的教育干预这一问题,这个目标也超越了本章的讨论范围。最近,Chen、Klahr(1999)和 Klahr、Nigam(2004)的研究数据表明,简洁直接指令能有效地教会对变量的控制,但基础是,教育者要把它当作最有效率、最值得使用的方法施教。与此同时,此处的 Kuhn 等人(1992,1995,2000)以及 Schauble(1990,1996)的已有研究记录了青春期前少年儿童能在问题解决的情境中通过密集训练发展此种及其他技术。Klahr 和 Nigam(2004)用简短的单阶段自我引导作为控制条件,而青春期前少年儿童不太可能在此类活动里展现过多的进步。然而,随时间过去以及任务的延续,微发生研究表明,进步的形式是可以预测的。

这些劳动密集、功率低下的促进质询技术发展的方法,对于简明扼要的直接指令有哪些影响呢?我们认为,最重要的关系到理解的元策略层面,可能伴随着策略的学习(Kuhn,2001a,2001b)。如果我们将无意识的策略运用排除在外,当一个人主动开始使用一种策略来处理一种问题,那个人大概是在某种程度上意图这样做,因为相信此策略能服务于他的目标。这种元策略的理解不一定展示,或者质量上不一定能达到一个人按照指示使用策略的程度。这些对于在指令情境孤立、个人恢复主动控制自己行为的情况下,个体怎样行动这个问题意义重大。潜藏于运用策略之下的意图仍将是很难确定的。

第二股影响力量关系到质询本身,一种复杂多面的活动。它不仅仅是一种我们希望年轻的投身科学的学生掌握的个别的策略。如果我们要达到让学生进入"真正的"(authentic)科学这一梦想的目标(Chinn & Malhotra,2001),整体的完整性必须得到尊重。如上所述,质询过程中的弱点早先于实验的设计和解释阶段就发生了。起先,重要阶段阐明要问的问题。要学生理解活动的目的是寻找正解未知的问题的相关信息,不是这样的话,质询就会沦落为一种空洞的活动,仅仅是保证了对学生的观察,目的是展现他们已知的正确方法(Kuhn,2002)。在多个变量潜在地影响一种结果的情况下,有些学生已经懂得要获取一种现有数据库作为资料来源,尽管如此,开始的时候仍可能会发生一些较无效的问题,特别是,当想要立即发现所有变量的影响的情况。可能正是因为这种无效的目的,导致他们以后同时处理多个变量(实际上对这些多虑了,对比通常假设的不能控制它们的情况)。

Kuhn 和 Dean(2005)扩展了有限的练习干预手段,增加了对学生简单的建议,即他们选择一种变量,尝试找出相关信息。这种简单的干预对于学生的调查研究和推理策略有着显著的影响,极大增多了控制组内,原来和新的两个背景下控制比较和有效推论的使用。这个发现证明,可以确定的是质询的本质是复杂而多面的。但仍突出一点,比较执行有效策略的能力,质询中更多的是掌控。

对质询过程起始阶段的理解更至关重要,因为它赋予随后的活动意义,并提供了方向。如果一个问题确定值得提出,接着的活动也有能力回答,场景及随后的发展就确定下来了。在多变量的隔离变量和控制比较的情况下,个体可能在两个事例交叉比较时,停止变化其他变量。因为越来越多人感到,他们与作出的比较并无关系。一旦他们独自活动,并且因而像 Inhelder 和 Piaget(1958)描述的那样"中立了"(neutralized),就准备好要增加使用,增加对控制比较的元策略的理解。但是此处最重要的信息是,我们应该看得更长远,控制变量策略是一种狭隘的教会学生执行的步骤方法。这种策略更应该是一种工具,为学生提出问题并寻找答案时提供资源。

决策

青少年是比儿童更称职的决策者么? 他们在决策方面不如成人么? 本章中谈到的推论和推理中的发展性变化可能会引出有关不同年龄对判断和决策过程影响的假设,这些决策大概可以被看作是对推理过程不断练习的结果。可惜的是,有关青少年和儿童作决策的研究数量有限[①]。到目前为止,这类研究主要是将以前用在成人决策过程研究中的各种情境用于对儿童和青少年决策过程的研究。在对成人的研究中,许多成人会作出违反合理决策原则的决策(Kahneman & Tversky,1996;Stanovich & West,1998,1999,2000)。我们会对儿童和青少年在这些决策任务中的表现做一个综述,然后把他们的表现和成人的表现进行比较。我们首先从对偏好的不同决策模型的研究开始。

偏好判断

Bereby-Meyer、Assor 和 Katz(2004)向 8 岁和 12 岁的儿童提供以下的情境和条件,让他们作出判断:

在一个电脑商店,Ron 在考虑应该买下面四个游戏中的哪一个,这四种游戏的价格都是他可以接受的:

- 第一个游戏很有趣,音效不是太好,可以同时多人一起玩;
- 第二个游戏不是特别有意思,音效也不是太好,可以多人一起玩;

[①] 我们在这里没有回顾那些被设计来教导青少年作好决策的项目。这些项目大部分来源于对成人的研究,这些证据的有效性是有限的(Beyth-Marom,Fischhoff,Jacobs, & Furby,1991)。

- 第三个游戏不是特别有意思,音效非常好,不能多人一起玩;

- 第四个游戏很有趣,音效不太好,不能多人一起玩。

那么 Ron 应该选择哪个游戏呢?

在另外一个类似的研究中(Capon & Kuhn, 1980),幼儿园小朋友、四年级学生、八年级学生和青年人的偏好和被呈现物品的物理特征密切相关——两种颜色不同的笔记本、口袋大小、装订的方式(顶部装订或者侧面装订)、形状和封面。这个研究的最后,参加研究的人获得了他们最偏爱的那种笔记本留作纪念。在这个研究中,参与者还被询问了有关颜色、装订方式、形状和封面,他们自己的偏好是什么样的。

这两个研究在许多方面是相似的。Bereby-Meyer 等研究者(2004)发现伴随年龄变化而变化的结果,但是他们也发现不同年龄的人都频繁地出现一种研究者称作词条型错误(lexicographic error)的错误,这种错误表现为仅根据一个维度来作出判断。Capon 和 Kuhn(1980)也有类似的发现,他们发现在成年以前,很少有人在对笔记本的选择上会考虑超过一个维度的因素,尽管事实是,在每个年龄段大部分人都会将四个维度中的至少三个作为做决策的条件。

上面的这些研究显得格外有意义是因为它们跟我们之前提到的 Keselman(2003)以及 Kuhn 和 Dean(2004)的有关归纳推理的研究是类似的。大部分的六年级学生不能再次指出他们之前明确指出会影响结果的一个或多个变量。被指为对内隐归因有贡献的变量(与预测判断有关联)比被明确指为因果变量的变量要少。并且,一半的参与者在作出预测时,只考虑到了其中一个变量的作用。这就很难归纳说这些偏好研究中表现出的模式是能力的局限(capacity limitation)还是倾向性因素(dispositional factors)的作用。在偏好判断中出现的维度(如颜色)是被诱发的,但是并没有后续的研究可以说明参与者对这种诱发维度的考虑是否融合到他们自己的客观偏好判断中去。仍然是那个问题,在归纳推理中,六年级学生(甚至年龄更大的人)没法顾及所有的维度。这个研究结果显示,人们可能很难兼顾所有的维度或综合所有的维度,事实上,他们愿意作出偏好判断。这个过程中可能涉及发展性因素。

决策判断

Klaczynski(2001a,2001b)曾经收集了最全面的各个年龄层儿童和青少年作出决策判断的比较研究的数据。他向年龄较小的青少年(平均年龄 12 岁)和年龄较大的青少年(平均年龄 16 岁)呈现了一些决策情境,这些情境中的大部分都是大家熟知的,并且过去的研究认为成年人会对这些情境作出错误决策。他的结果显示,在下面的四个情景中,参与者作出正确决策的比例随着年龄的增加而增加(参见表 22.1)。另外两个决策情境,关联谬论(conjunction fallacy,其中倾向于联合 A 和 B 进行判断而不是单独考虑 A 的判断)和"事后诸葛亮"偏见(hindsight bias)(Kahneman & Tversky,1996)没有表现出年龄差异。

第 22 章　1107

表 22.1　正确决策的年龄比例

	较 小 年 龄	较 大 年 龄
偶然性	.35	.52
有统计数据支持的决定	.18	.42
赌徒补偿谬论	.24	.41

经许可改编自"The Influence of Analytic and Heuristic Processing on Adolescent Reasoning and Decision Making", by P. Klaczynski, 2001b, *Child development*, 72, pp. 844 - 861.

1. 偶然性(contingency)：一位医生在治疗一种怪病。很多人患上了这种病,所以医生很努力想要找到治疗这种病的办法。最后,医生发明了一种他认为可以治疗这种疾病的药。在他开始出售这种药之前,他必须得试验一下这种药。医生让 14 个人服用这种药物,然后将他们服药后的情况跟另外 7 名没有服药的人进行比较。服用该药物的人中有 8 个人痊愈了,另外 6 个还在生病。没有服药的人中,4 名痊愈了,而 3 人还在生病。那么,这种药的效果如何? (使用-2—2 的五点量表做评价)①

2. 有统计数据支持的决定(statistically-based,与之相对的是从传闻中来的,anecdotally based)：Ken 和 Toni 都是老师,他们在争论,学生是否喜欢在一些数学课上使用的电脑教学法。Ken 认为,"我们使用电脑教学法的三个年级中,每个年级大概有 60 人上了这门课。他们也都写了小短文阐述他们为什么喜欢这门课或者不喜欢。超过 85% 的学生说他们喜欢。也就是 150 名学生中有超过 130 名说他们喜欢这门课"。Toni 争论道,"Stephanie 和 John(学校里成绩最好的两名学生)抱怨说他们非常讨厌电脑教学的数学课,他们还是喜欢普通的数学课。他们说一个电脑怎么能够代替一个好老师呢!"(使用 4 点量表来评价倾向于选择哪种课)

3. 赌徒补偿谬论(gambler compensation fallacy)：玩电脑扑克的人,大概玩四次可以胜电脑一次(25%)。Julie,玩同样的游戏,已经在 8 次能胜了 6 次(75%)。那么下一次她玩扑克时,战胜电脑的机会是多少? 备选答案同时给出。当参与者给出的答案低于客观的比例时,就认为补偿谬论出现了。

4. 结果偏见(outcome bias)：在这类问题中,一个失败率很高、但是成功结果很好的事件和一个失败率较低、但是成功结果一般的事件会被呈现。对这类问题的选择使用的是 7 点量表。那么结果偏见的计算是用低失败率事件的得分减去高失败率事件的得分。

第四种情境,结果偏见的打分是基于这种偏见的表现程度。对这种决定定量使用的是 7 点量表(7 为最高)。结果偏见的结果是用低可能性的正向结果的得分减去高可能性的负向结果的得分。总计这两个事件的得分,偏见的结果从-12 分到+12 分之间,正分说明存在偏见。较小年龄的青少年得分为 4.21,而较大年龄的青少年得分为 2.78,因此认为结果偏

---

① 这个问题实际上与之前讨论过的相关问题是等同的。

见随年龄而减小。

Klaczynski 没有邀请成年人参加这个研究,因此,我们不能肯定是否较大年龄的青少年不如成年人表现好。有关成年人的研究文献表明,认为较大年龄的青少年没有成年人表现得好是错误判断,所以较大年龄的青少年并不一定比成年人表现得差。在更深入的研究中,Klaczynski(2001a)将较小年龄和较大年龄的青少年表现与较小年龄的成人表现作了比较。但是他在这个研究中用了不同的问题,就是我们通常所知道的隐没成本谬论(sunk-cost fallacy):

A. 你度假的时候在旅馆过夜。你为了看收费频道的一部电影交了 10.95 美元。看了五分钟之后,你觉得这部电影实在太无聊太没劲了。那你还要继续看这个电影看多久?

B. 你度假的时候在旅馆过夜。你打开电视,看到正在播放一部电影。看了五分钟之后,你觉得这部电影实在太无聊太没劲了。那你还要继续看这个电影看多久?

因为隐没成本是不可逆的,所以它们应该被忽略;那么在这两种情景下作的决定应该是一样的。Klaczynski 发现,所有年龄的人群都倾向于选择隐没成本谬误(也就是在 A 情境下比在 B 情境下选择多看一会),只有 16% 的年龄较大的青少年(平均年龄 16 岁)和 37% 的成年人选择正确。

总之,这个结果描绘了青少年期比较适度的提高,这种提高以渐进的方式向成年人的水准靠近。平均来说,对大多数情境,成年人可能作出的正确判断也可能会作出错误判断。

双重过程理论

在 Sloman(1996)、Evans(2002)等人的理论的基础上,Klaczynski(2004,2005)提出了"双重过程"(dual-process)理论来解释决策技巧的发展过程。Klaczynski 提出,认知发展过程事实上并不是像传统理论认为的那样是没有维度的简单发展过程,而是双轨道的过程。一个是实验性系统,另外一个是分析性系统。这两种系统主要特征的比较如表 22.2 所示。这两种系统被认为是相互竞争的关系,尤其是在面对决策情境的时候,他们产生出相反的判断。

表 22.2　认知发展的双重过程理论的两种认知系统的特征比较

经 验 系 统	分 析 系 统	经 验 系 统	分 析 系 统
无意识	有意识地控制	整体的	分析的
不努力	努力的	直觉的	反应性的
自动的	意志的	语境化的	去语境化的
快速的	有准备的		

Klaczynski(2004,2005)提出,从发展的角度来说,实验性系统是永远存在的,而且表现为主导系统。它是有用的,是具有适应性的;如果不是它的快速和自动的运作,信息加工就会超负荷运转。Klaczynski 认为,用实验性方式应对的能力随着年龄的增长而增长,而且随着年龄的增长元认知越来越强。这些元认知的运行是引发分析性系统的潜在力量。分析性

系统一旦被引发,它就具有双重任务——抑制实验性系统和完成它自己的基本工作,也就是提炼指向正确判断的去背景化表征。

这种认知发展的双重过程模型最大的局限性是,目前来说很少有直接的验证可以支持它。这个模型是符合发展性决策过程的研究数据的,然而 Klaczynski 的一些二级结论也是与之相一致的。他解释说,例如,"有逻辑的人"这样一个暗示(从一个拥有完美逻辑性的人的观点来思考这个情境),从根本上增强了人的表现,包括不确定是否要使用一个人正常的经验性加工模式。另一方面,并没有证据显示在两个不同的系统中分别存在发展性变化。尽管先前的两份报告认为青少年对谬误的确信增加(Davidson, 1995; Jacobs & Potenza, 1991),Klaczynski 没有能够复制出同样的结果,他发现没有证据能够证明完成任何任务时在经验性加工中表现出信心的增长。

与此同时,这种双重过程模型很符合本章中谈到的演绎推理和归纳推理的数据。在这两种推理中表现突出的两类因素是:第一,反应抑制能力,尤其是过早终止对排除另一个选择的考量;第二,为了更准确呈现数据,推动推理系统的运行而进一步解释说明,或者暂时抑制一部分想法的能力。这两类因素都涉及系统间竞争,一个表现为作用不强或者是直觉型的话,另外一个就表现为刻意的和反应型。而且它们都指出了元执行力的重要性,这种执行力能够整合较多反应型和较少联系型的选择。

还是有必要了解双重过程模型的,因为它可能对我们理解推理和认知发展研究中的种种现象有很大作用。最终,双重过程模型,作为我们了解认知发展的框架,只能在我们发现更多可以证明它的现象后才能成立。儿童对于那些注明的决策判断情境作出的迫选判断,并不能揭示他们暗藏在他们的选择下的思维过程,或者他们的思维是如何随年龄变化的。在这方面,对儿童决策的研究是按照对成人决策研究来进行的,成人决策研究的文献显示,成人决策中,产生判断的推理过程的合理性是备受怀疑的,只有判断本身才是有效数据(Janis & Klaczynski, 2002; Shafir, Simonson, & Tversky, 1993)。下一部分,我们要介绍的是质询的另外一个不同的分支——对于争论技巧展开的研究——也就是在判断背后隐藏的推理过程。

争论

当我们进行到争论的话题时,我们遇到了一个自相矛盾的问题。教育者们会认为,如果学生能够在协作性地归纳、评价和完成合理的争论方面表现杰出,那么这些学生就会被认为智力技巧很高。但是,认知心理学家对推理过程的研究几乎完全把注意力放在独立的问题解决中,只有很少的研究把注意力放在对争论技巧和发展的实证研究上。直到最近,我们所知道的大部分有关儿童和青少年争论技巧的知识还是来自教育者而不是心理学家。

术语争论(argument)和理论(argumentation)的使用反映了"争论"这个词在使用上的两种认识:作为一个过程和一个产品。一个人创造一次争论是为了支持自己的要求。有两个或多个人参加的提出相反的要求和主张的对话式过程可以被认为是理论,从而与争论相区

979

别。然而,争论作为一个产品,是对存在于证据框架中的论题的发展,对于反方论题则表现出辩论的特征来,并且这两种争论是交织存在的(Billig,1987;Kuhn,1991)。

个人争论

大部分有关争论的实证研究将注意力放在把个人争论看作一个产品上。我们就从这里开始。

产生争论

各种类型和层次的教育者都长期保有这样一个巨大的遗憾,即学生们不能在解释说明性的写作中提出强有力的争论来支持自己的观点和主张。Kuhn(1991)让青少年和成人在个别口试中发表一次争论,他发现,尽管这种缺乏争论能力多数表现在写作能力的缺乏上,本质上却是认知发展不足的表现。即使尽可能去除抑制写作的因素,青少年的个人争论能力还是表现不足。只有平均三分之一样本的青少年可以对一个日常生活的话题提出有效的争论支持他们的主张(例如,为什么服刑人员被释放后还会犯罪),差不多有二分之一样本的成人可以做到。在这项研究中失败的参与者试图提供伪证据,即他们用举例或描述(如,描述一个人出狱继续犯罪的事实)的方式而不是真实的证据来支持自己的观点。在少数人中也存在这样的情况,即在那些能够预想对方的论据或反驳青少年或成人中。虽然心理年龄(从青少年期到60岁)并不是对能力的有力预测变量,但是教育水平是一个有意义的预测变量。

其他实证研究和争论技巧没能很好发展的情况是一致的(Brem & Rips,2000;Glassner,Weinstock, & Neuman,2005;Knudson,1992;Means & Voss,1996;Perkins,1985;Voss & Means,1991)。尤其一致的是不能关注对手和对方观点的争论限制了人们自身立场的价值。Kuhn、Shaw和Felton(1997)比较了较小年龄的青少年(七年级和八年级学生)和年龄较小的成人(社区大学生)在支持或反对死刑的论题中的争论表现。这两组人的辩论涉及对方观点的比例差不多(31%的青少年和34%的成人);其余人的争论局限于支持自己的立场。成年人,更可能在争论中提出取代方式(如,他们可能会认为无期徒刑是代替死刑的比较好的方式,或者,用无期徒刑来代替死刑并不可取,所以死刑还是必须的)。只有6%(3个人)的青少年和23%的成人能够使用上述类型的争论(Kuhn et al.,1997)。总之,现有的研究显示在青少年期,言语争论的能力提高得不多。

评估争论

在其他一些研究中,参与者被要求对支持某种论题的一段争论进行优点和稳定性的评价(Kuhn,2001a;Neuman,2002;Weinstock,Neuman, & Tabak,2004)。Kuhn(2001a)报告说在八年级学生中存在一种趋势,就是他们中的一些人把注意力集中在论题的内容上,而不是集中在争论的本质上,因此会产生类似"这个争论很对,因为它(论题)是真的"这样的判断。一项在社区大学生中做的对比实验显示,这些学生可以将他们对论题真实或虚假的认识和对优缺点的评价更好地区分开来。

一些作者检验过一个人的信念对评价支持或反对论题的论据的影响(Klaczynski,2000;Koslowski,1996;Stanovich & West,1997)。这些研究发现,同一个论据,如果跟评估者自己的信念矛盾,就会被更完全地检验和更严厉地评估。有关科学推理的文献中存在类似的发现,个人对同样的证据的评价根据他们是信念—支持和信念—矛盾型的特点,是不同的(Kuhn et al.,1988,1995;Schauble,1990,1996)。Klaczynski(2000)。例如,让平均年龄13.4岁的青少年和平均年龄16.8的青少年自陈自己的社会等级和宗教。他们被要求评价一个假想的研究,这个研究的结论是一个社会等级或一种宗教比其他的高级。在每个研究中,至少一种主要的和一些次要的效度威胁会有所呈现。参与者们通过9点量表对结论的力度打分,从1(很弱)到9(总结的非常好),并写下他们的理由。较大年龄组能够更好地批判这个研究。两个年龄组在研究结论跟他们的情况相同时表现出正向的偏见,对研究的批判也减弱一些,这个趋势只存在于宗教问题上。而且,这种偏见的增长并没有随着年龄的增加而减少,事实上却是增加了。

在另外一个研究中,Klaczynski和Cottrell(2004)让9岁、12岁和15岁的孩子评价一个标准化的争论和前面的部分中提到的隐没成本决策谬误,还有支持这个谬误的争论("没有浪费"(waste not))。总的来说,对于所有年龄的参与者来说,标准化争论对于谬误的评分好于非标准化的。当每个人连着看到两种争论时,只有15岁的孩子能够在后续的隐没成本问题的决策上表现出显著的提高。作者用专用名词来解释这个结果,他们认为,参与"元认知调节"(metacognitive intercession)使得他们抑制了更原始的以经验为基础的启发,即使更高级的分析式解决方案被许多较小年龄的儿童理解,并成为可以利用的潜在资源。

争论性论述

前面的研究为我们描绘了一幅和谐的画面。虽然在青少年期,会有一些维度的能力略微提高一些,但是产生或识别言语争论的能力基本上还是不太好。更精确地识别困难的可能来源和区分这些来源是未来值得研究的课题,虽然有迹象表明,突出个人信念的元水平技能是很重要的。让我们马上来看看教育者最根本的兴趣——这些技能是如何得以提高的?Graff(2003)提出,对学生来说,发展争论的能力来支持他们的说明文写作是很困难的,因为这个任务(说明文写作)无法复制有对话者出现的场景,所以学生把写作任务当作连贯事实的过程,避免了混杂那些不正确的内容。最后的结果通常是读者和作者之间不确定的沟通,他们完全不明白为什么要争论这个题目。否则谁要来发表主张?如果学生玩"反对者"(naysayer)的游戏——一个想象中的对手——在他们写争论的过程中,Graff认为,作为对没有对手的弥补,学生们的文章会出现更真实的争论所以更有意义。

Graff的结论是个人在辩论的过程中可能会表现出比单独提出一个支持论题的论据或论据要强很多的论据。一些研究者在自然环境中观察过年龄较小儿童的争辩过程(Anderson et al.,2001;Pontecorvo & Girardet,1993)。但是,像之前提到的,直到最近才有一些研究者对不同年龄儿童的双重辩论过程进行系统分析以检验辩论过程和个人针对论题寻找论据的特点有什么不同。

Felton和Kuhn(2001)邀请低年级高中生和社区大学生一起参加一个讨论死刑的价值的研究,一方阐述死刑的优点,一方反对。每一对学生被要求讲10分钟,然后争取产生一个统一的结论。每个参与者说话的方式都被按照说话的功能分级,包括: (a) 他们说的话支持了自己的论点;(b) 涉及对方的论点。在青少年中,平均 11% 的话表现为后者,关注他人型 (other-focused category)。在成人中,这个百分比上升到 24%。因此,尽管青少年表现出一些提高,他们的弱点还是表现在个人争论的过程中,因为只有很少数的争论者可以在发表言论的时候不局限于自己的立场。只有我们偶然才看到的真正的交换才是真正的论述。为什么会这样? Felton 和 Kuhn(2001)认为,对他人的观点和优点的注意会导致认知超负荷。最可能的是,这两种因素都在起作用——同时在程序上和元水平局限性上抑制了表现。

最后的结果是,对话性的争论减少为类似个人提出论据的活动。这两种情况的目标是一样的——用最强制性的方式显示某人的立场的价值。如果我的争论工作做得足够好,我的立场就会因为它的价值而流行,我也会超过任何竞争者,他们的争论就会退色。在个人发表议题的情况中,这个任务就像孤独的努力。在对话性的争论中,这个任务跟个人争论差不多,但是两个人是同时地、并列地通过轮流的方式作出个人的努力。

假如被要求参加讲演会导致认知超负荷,或者苛求个人对某个议题发表一番争论,正如之前提到的,那么如果去掉这两种要求,会发生什么? Kuhn 和 Udell(待发表)通过让参与者对下面这类问题进行强迫性选择来探究这个问题。

> 别人要求你喝苏打水来代替果汁。你比较喜欢苏打水。为了喝苏打水,你认为下面哪个论据最好?
> 果汁太甜了。
> 苏打水让我保持清醒。

面对 10 个这样的题,初中生、高中生和成人参与者都进行了二选一。由于反对其中一个行为而不选择它这样的选择的平均数,在初中生和高中生两组表现出边缘性显著增长(从 2.48 到 3.04),在高中生和成人两组没有显著差异。在第二个研究中,参与者们被允许在一定范围内提出他们自己的论题,例如提出相反的论点,但较小年龄的参与者的表现只有微小的提高。然而,最后一个研究中,如果初中生被要求提出反对对方观点的论据,他们是可以做到的。因此,较小年龄的人也具有提出反对观点的认知能力,只是没有看到这样做的必要。

支持争论技巧的发展

前面的研究发现提出,尽管能表现出竞争的能力,当争论任务是由社会角色需求和语言表达需要交织而成时,一方会出现无法使用另一方论据的趋势。这个结果指出了元水平因素抑制争论中表现的可能性。换句话说,争论的一方不明白争论的双重目标——发现和挑战对方无法证明的论点,并确保自己的论点和论据很好地表达(Walton,1989)。在下一个部分,让我们回到检验认识论的理解的可能性中。

首先,让我们总结一下以增强争论技巧为目标所进行的研究。有一部分技巧可以从学

981

生更宽泛的言语和写作的表达和沟通技巧中区别出来加以评估。Billig(1987)、Graff(2003)和 Kuhn(1991)关于对话性争论的研究——也是个人发表争论时隐含的部分——似乎为这样的努力提供了可靠的基础。现在,很多研究都沿用了显微遗传学方法(Kuhn, 1995;Siegler,本手册本卷第 11 章)。这种研究方法中,认知技能的发展被认为是频繁参与问题的结果,这些问题为学生参加到密集的争论练习中提供了基本原理。这种练习的意图使学生在练习和逐渐提高技能的同时能够看到争论的好处。

　　Kuhn 等人(1997)对低年级高中生参与辩论进行了观察,在观察中学生们对死刑进行了一系列为期一周的阐述,有人反对有人支持。每个学生每周和一个不同的伙伴组成一对,对死刑的话题进行 10 分钟的辩论,然后两个人尽可能给出一个一致的结论。接着他们会跟一个新伙伴重复这个活动,直到每个学生都参加了所有的五次阐述。在之后的研究中,(Felton, 2004),采用了相似的实验设计,不同的是学生在活动中以参与者和同伴顾问的角色交替出现。同伴顾问角色的出现是为了提升学生们对自己辩论阐述的反思。进行一次对话后,两名参与者分别跟自己的同伴顾问见面(同伴顾问观察了整个对话过程)。参与者和同伴顾问一起回顾整个对话(他们使用一份核查表来确定对话中出现的"理由"、"批评"和"辩护"),来检验刚才每个参与者对每一类辩词的质量如何,并考虑他在哪些部分表现更出色以及为什么。这种体验带来的前后差异是鼓励,尤其当 Felton 和 Kuhn(2001)通过观察发现青少年和成人出现有代表性的差异,研究者认为这是诱导性发展(Kuhn, 1995)。特别是,学生们减少了发表自身意见的比例,而增加了反驳对方意见的辩论比例。这个结果提出了一个我们之前没有探讨过的新话题。因此,学生不是简单地从他们讨论的话题里学习更多东西。而且我们有理由相信他们在辩论中提高了自己的能力。而且,和同伴顾问一起参加反馈性活动的学生比参加成对辩论的学生收获更大(Felton, 2004)。最后,参与辩论还能够提高学生个人的辩论能力(Felton, 2004;Kuhn et al. , 1997)。Reznitskaya 等人(2001)对儿童的小组陈述所作的研究也有同样的发现。

　　这种方法的一个弊端就是学生们为了参加而参加,没有一个很好的理由让他们一定要参加。Kuhn 和 Udell (2003) 以及 Udell (2004) 因此设计了一个更结构化的干预方式,在这种干预中,学生们根据他们最初的观点被分为正方和反方,在 10 周内进行各种活动来跟对方辩论。经过一段时间发展和评估他们自己的论点后,小组之间交换论点,并概括对手论点,最后提出反驳对方论点的论据。对这个活动的观察结果和前人的研究差不多,尤其是可以看到辩论水平的提高。对照组的参与者只研究自己的论点,他们的辩论水平的提高比较有限。Udell (2004) 把这种研究设计延伸到跟青少年个人有关的话题上(少女怀孕),并沿用了非个人的话题(如死刑)。研究表明,从个人话题中获得的提高,在之后非个人话题辩论中能够体现,但如果顺序反过来,则没有显著差异。

　　在这个干预初期,学生们很明显想要赢得辩论。在后期的时候,学生还是想要赢得比赛,与此同时,他们很在乎自己的辩题和如何更好地理解辩题含义,即使是最初大家都不了解的知识。学生们从论点本身学到什么吗? 学生除了想要赢,能够发现有力的论点么? 他们是从胜利导向进步到掌握一个概念化的理由吗? 他们对论点本身的理解如何? 我们可能

982

无法回答所有这些问题。但是为了更全面地提出这些问题，我们需要讨论最后一个话题——青年人如何发展对知识的理解(understanding of knowledge)和认识(knowing)。

了解和评价知识

在这个部分，我们要讨论的问题是，在儿童进入人生的第二个十年以后，他们怎么去了解自己和他人的想法和知识。这里，我们遇到了另外一个惊人的断层，年龄较小的儿童对他们自己的心理功能的觉察和理解，尤其是记忆，是 Flavell 和其他研究者的先驱性工作的研究主题(参见 Pressley & Hilden,本手册本卷第 12 章);最近，对于儿童"心理理论"(theory of mind)的研究，正如它的名称一样，假设在认知发展过程中存在一个很重要的过程(参见 Harris,本手册本卷第 19 章)。另外一种对认识论理解的完全独特的研究起源于 Perry (1970)对大学生所作的先驱性研究。这些研究先前从很大程度上摒弃了对青少年后期和成人早期的研究，这种情况直到最近才得到改善(Hofer & Pintrich,1997,2002)。儿童中期和青少年后期之间的十年基本被研究者们忽视了。有关这段时间的研究有可能把对前面提到的两个阶段的研究结果联系起来。

认识论的理解和科学性思维

我们通过对幼儿园小朋友对错误信念的理解来开始关于发展了解认识和知识的综述,是因为我们认为这项早期的发展对儿童今后的发展都是最基本的(表 22.3)。3 岁的儿童会认为他们相信的事情就是事实的真实写照;这些信念是直接从外界世界接收来的,而不是儿童们自己构建的。因此,对这个阶段的儿童来说,对事件的复制不会不准确,也没有存在冲突的可能性,因为每个儿童知觉的都是同样的外部世界。因此,这个年龄的儿童作出不情愿的错误信念的判断被归因于另外一个人的信念,他们知道这个信念是错误的(Perner,1991)。

表 22.3　认识论理解的水平

水　　平	主　　张	知　　识	批　判　性　思　维
现实主义者	主张是对外部现实的复制	知识来自外部资源,并且是确定的	批判性思维不是必须的
绝对论者	主张是那些对代表现实的正确或非正确性的事实	知识来自外部资源,并且是确定的,但是不能直接获取,或者产生错误信念	批判性思维被用来比较主张和现实,并决定主张的真实或虚假
多元主义者	主张是只是提出者自由选择和解释的意见	知识是由人的大脑归纳出来的,因此是不确定的	批判性思维是无关的
评价主义者	主张是可以通过争论和证据的标准被评估和比较的判断	知识是由人的大脑归纳出来的,因此是不确定的,但是容易受到评价的影响	批判性思维的价值体现在对产生言语主张和加强理解的推动上

儿童理解错误信念的发展并没有常常被作为科学性思维发展的一个重要过程而提及，我们对科学性思维的检查涉及理论和证据的整合。要证明某个过程包括了理论和证据的整合必须要满足三个条件：第一，理论观点必须被认定是错误的；第二，证据必须被认定是虚假方法；第三，理论观点和证据必须被认定为独特的认识论类型——证据既要不同于理论，又要指向理论的正确性。

一个三岁儿童认识不到错误信念这件事，没有能够满足三个标准中的任何一个。事件的单一真实情况是被儿童直接理解的。因此，理论和证据并不能作为一个独特的认识论类别而存在。所以，当幼儿园小朋友被要求解释一个事情时（发生了一件事），他们可能用一段理论，例如为什么这件事会发生，而不是究竟发生了什么(Kuhn & Pearsall, 2000)。（因此，像我们之前提到的，让幼儿园小朋友解释他们是怎么知道图片上的男孩赢得了比赛的时候，他们会说"因为他有一双跑得快的运动鞋"而不是用证据"因为他正举着一个奖杯"来回答。）孩子们犯的错误和年龄稍大的人在被问及更复杂的问题时所犯的错误是类似的。当年龄稍大的人被要求在两个变量之间做因果连接时，他们可能会把理论的解释和证据相混淆(Kuhn, 1991; Kuhn et al., 1995)。有些批评家认为，儿童，甚至有些成人会混淆理论和证据，但是这些批评家没有能把这种批评当作一种认识论的理解，那就是不能认识到理论和证据是独特的认识论类别。①

984　整合认识的主客观元素

在学龄前后期，人类求知者(knower)和知识作为心理表征逐渐出现。一旦人们认识到，人类产生的想法和主张不一定要与现实相符，那些主张就容易直接受到对现实评估的影响，而不是与现实分割开来。到这里，科学性思维的潜能就要出现了。

认识的产生，在一段时期中，还是由被认识的事物而不是求知者所主导。因此，当不完整的信息或者错误信息导致了错误信念的产生，这种错误可以很容易地通过参考外部现实——被认识的事物而纠正过来。如果错误是由于被告知错误信息而出现，那一旦获取了恰当的信息，错误就会被纠正过来。在绝对论层面上，认识论的理解和知识因此被认为是某些事实的累积(表 22.3)。

对认识论理解的发展(development of epistemological understanding)把儿童期看作绝对论占主流的一个时期。虽然每个研究者的研究侧重点有所不同，但是研究者们通常认为后续的发展指向更宽泛的多样化和相对论。最早在青少年初期，最晚至青少年末期，至少一

---

① 因此，Ruffman、Perner、Olson 和 Doherty(1993)举例说，儿童可以通过整合理论和证据来完成恰当的推论的过程，从证据(如娃娃选择红色的食物而不是绿色的)到理论(娃娃更喜欢红色食物)或从理论推到证据(用推测的方式)。儿童能够处理的理论和证据间的联系的复杂程度随着自己的发展而增加。鉴定理论和证据间的联系不是必须的，但是这两个部分是有显著区别的。理论和证据可以通过暗示彼此的方式"结合"(fit together)起来，对它们的不同认识论状况没有统一的认识。类似的，Sodian、Zaitchik 和 Carey(1991)让儿童从两个测验中选择信息量更大的，通过放在盒子里的过夜食物来判断一只老鼠的大或小。儿童被要求在一个有大开口的盒子(可以放进任何大小的老鼠)和一个有小豁口的盒子(只有小老鼠可以通过的豁口)。这个任务要求儿童能够在两种形式的证据中做出策略性的选择。对理论(大老鼠或小老鼠)和证据(大豁口或小豁口)的混淆目前还在讨论中。

部分人能够具备评估的能力(Hofer & Pintrich,1997,2002;综述参见表 22.3)。

这种认识论理解的推进可以被特化为等同认识过程中存在的主观和客观元素的扩展性任务(Kuhn,Cheney, & Weinstock,2000)。在现实主义和绝对论层面上,客观占主导。有代表性的是青少年在认识论的理解中有表现出激进的改变的可能性。这个发现——理性的人(甚至专家)反对——是发现认识过程中不确定和主观方面的一个可能性。这种认识最初的假设认为,这种会掩盖对任何客观标准的认识的情况可能是评价冲突性论题的一个基础。青少年通常会掉进"一口充满怀疑的被下毒的井"(a poisoned well of doubt)(Chandler & Lalonde,2003),然后他们越陷越深。在这种多样主义层面(有时被称作相对主义),知识不包括事实,而是看法,作为个人财产由人们自由选择的而且不会被挑战的看法。

知识很显然是来自求知者而非已知者,但是必须承认是以对具有竞争性的知识间的鉴别力为重要代价的。这种缺乏判断力的情况可能会被混淆为忍耐。因为所有人都有权拥有自己的观点,所以所有的观点都是同等正确的。例如在青少年中流行的短语——"无论怎样"(whatever)——一直流行着。把自己从多样性和辨别力的"无论怎样"中摆脱出来比快速而简单地掉进去困难多了。到成人期时,许多青少年,虽然并不是所有,能够重整认识过程的客观维度并且获得了理解的能力,这是从每个人都有权拥有自己的观点以及一些观点确实比另外一些正确的角度来看的,这是因为那些更正确的观点能够被争论和证据所支持。对一种信念的辩护就超越了个人偏好。"无论怎样"就不再是对任何言论的自动反应了——因为现在有合理合法的辨别方法可以使用。知识超越事实和观点之处在于,处于认识论理解的绝对主义水平的知识包括需要其他可选择办法支持的判断、证据和争论。

King 和 Kitchener(1994)在这个领域开创了一个趋势,是通过对扩展性访谈材料进行细节化的主题分析来评估认识论理解的思维。[①] 研究者们通过两个简单的问题,已经掌握了从绝对主义者到多样主义者再到评价主义者的大体顺序。Kuhn 等人(2000)为两个中立人物,Robin 和 Chris 设计了很多场景,两人对某件事情意见不同,例如争论两个作家哪个更好。在每个场景中,参与者都会先被问到是否一个人的观点是对的或者是否 Robin 和 Chris 两个人的观点"都有对的地方"。如果他们回答这两个观点都有对的地方,他们将会被问第二个问题,是否其中一个人的观点更好或者更对。回答只有一个人的观点是正确的人将被认为是绝对主义者。回答两个人的观点都是对的,而且没有谁比谁的观点更正确的将被认为是多样主义者。回答两个人的观点都可能是正确的,而且一个人的观点可能更对将被认为是评价主义者。

Kuhn 等人(2000)发现,向多样主义者和评价主义者水平的发展是在一个特定范畴内发

985

---

① 我们只引用了认识论理解的文献中有关发展的部分,就是把理解过程看作经历有系统的发展性改变。另外一组没有在此被提到的研究者们认为这种构成基本上是一种认知风格引起的个人差异变量,他们的研究大量集中在对成年人进行的实证研究。

生的,而不是统一的风格。向多样主义水平的发展更容易在与个人品味和审美判断有关的范畴内发生,而人们更可能在价值观和实际要求的范畴上保持绝对主义的态度。然而,对于绝对主义者的发展来说,这个顺序是相反的。在这里,虽然在隐于多样主义过渡中的认识过程的主观因素更容易在个人品味和审美判断的范畴中被承认,它证明了在实际判断范畴中更容易重整向绝对主义思维过渡背后隐藏的认识过程的客观因素(如对大脑如何工作的解释)而在审美判断中重整更困难——确实相反。(价值观判断证明这两种过渡都很难。)发展地来讲,从对 5 年级到 8 年级学生和 8 年级到 12 年级学生的比较研究中可以看到进步(从绝对主义者到多样主义者再到评价主义者)。12 年级学生达到和社区大学的成年人一样的水平。他们表现出的跨范畴的差异在一个评估更小年龄的样本中更早发展阶段的研究中很大程度地被复制出来,这就为认识论理解是在一个特定范畴中发展的结论提供了更多支持。

认识论理解带来了什么不同

在检验认识论理解发展的过程中,我们遇到了一个和同一性发展有很大差距的范畴。Kuhn 等人(2000)发现,这种单纯的存在于青少年和成人中最普通的模式富有坚定的多样主义色彩。12 年级学生在除了个人品味以外的所有范畴都继续表现出绝对主义思维,不到一半的 12 年级学生能在任何范畴都表现出评价主义思维。

这和前面部分提到的争论技术的发展,甚至质询和决策过程的发展一样在认知发展的维度中缺乏同一性。有关这个问题的讨论处于一个交界点,那就是发展心理学家和教育心理学家的兴趣交叉点,这反映在我们引用的文献既有来自发展心理学的也有来自教育心理学的。注意力很自然地转换到那些可能支持正在被怀疑的发展过程的问题上。发展心理学家的兴趣还和其他心理学家们的兴趣有相同之处,当其他的心理学家主要是根据个人在智力特点或风格上的不同对发展性改变进行概念化,他们认为这些智力特点或风格可以预测表现(Stanovich & West,1997,1998,1999)。

认识论理解就曾被当作其中的一个变量对待。例如,Kokis、Macpherson、Toplak、West 和 Stanovich(2002)给 10 岁、11 岁和 13 岁儿童一组认知任务,和他们在之前的研究(Stanovich & West, 1997, 1998)中给成年人的任务相似。这些任务包括演绎、归纳和概率性推理,还有 IQ 测验和一个对多种"认知风格"特点的复合测量。和成人的结果一样,风格测验对行为表现中附加变异的解释超越了 IQ(IQ 曾经被认为比年龄更能准确预测行为表现)。这些研究者的结论是这些能力意向因素而不仅仅是能力因素对行为表现来说非常重要。

许多研究者更关注认识论理解水平和争论技巧水平之间的关联,他们认为这二者之间存在着一种联系(Kardash & Scholes, 1996;Kuhn, 1991;Mason & Boscolo, 2004;Weinstock & Cronin, 2003;Weinstock et al. ,2004)。Kuhn(2005)针对这种关联进行了一个概念化的研究:如果事实是肯定确凿的,并且想要了解它的人能够了解,成为绝对主义的理解,或者换个角度来说,如果任何主张对任何人都是有效的,那就是多样主义的理解。这里没什么理由把争论必须的智力努力扩展进去,人们必须知道争论的内容然后再参与进去。这种连接被越来越扩大,但是毫无疑问的是,它包括科学,在科学教育领域,很多研究者对生产性科学学习和对科学的成熟的认识论理解之间的联系做过研究,而不只是根据经验的判断(Carey & Smith, 1993; Metz, 2004; Smith, Maclin, Houghton, & Hennessey, 2000)。因为科学性质询被认为是一种值得从事的事业,它必须从认识论基础上被理解而不是对绝对主义者支持的毫无争议的事实堆砌和多样主义者延迟的判断累加。

Mason 和 Boscolo(2004)在近期的实证研究中,评估了 10 年级和 11 年级学生的认识论理解水平。他们借用了 Kuhn 等人(2000)的研究方法后发现,学生们的平均水平达到了多样主义者的程度。学生们被分成了三组——低于平均水平的(因此至少表现出一些绝对主义者的思想),等同于平均水平的和高于平均水平的(至少表现出一些评价主义者的思想)。在另外一个情景下,研究者通过让学生为一篇文章撰写结论来考察学生的争论的能力,文章中呈现了两种有关基因事物的对立观点。文章的作者同样会评估学生们的兴趣水平、知识水平和与文章话题有关的想法。只有认识论的水平能够预测学生们续写的结论质量。只有认识论水平较高的学生可能在下结论时把两种对立的观点协调起来。认识论水平较低的学生只能在结论中提到一种观点,或者是把两种对立的观点分开罗列。Kuhn(2005; Kuhn & Park, 待发表)提出他们的预测,那就是在认识论理解上的进步能够支持智力价值观的发展,特别是智力讨论和争论作为选择竞争和解决冲突之间最可靠的基础。对于跨文化组和亚文化组的儿童和父母亲,认识论理解和对这些项目的认可有关,和下面的说法一样:

> 许多社会话题,像死刑、枪支控制或医疗保健从很大程度上依赖个人看法。这就造成无法判断一个人的观点是否比另一个人的好。所以让人们过多讨论这类话题也没太多意义。

总之,像孤儿一样被冷落多年后,对于认识论理解的研究突然被汹涌而来的注意和兴趣所包围。Hofer 和 Pintrich's(1997)在他们的综述中提到,这样的研究应该得到这样的关注。从哲学的角度来看,儿童或青少年对思考和认识过程的智力活动的理解不只是兴趣的单一独立现象。相反地,它可以提供一个对影响青少年和成人倾向于运用智力完成什么样的任务很关键的基础,这是相对于他们有能力完成的任务而言的——这两者的差别是在开始的时候是否能够获得较为广泛的关注(Kuhn, 2001a; Perkins, Jay, & Tishman, 1993; Stanovich & West, 1999, 2000)。图 22.3 用图标形式归纳了这些关系(来自 Kuhn, 2001a)。这意味着在第二个十年,意向成为一种不可忽视的构成。

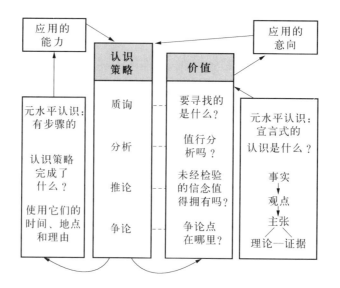

图 22.3 认识过程的构成。

来源:"How Do People Know?" by D. Kuhn, 2001, *Psychological Science*, 12, pp. 1-8. 经许可使用。

结论:学习去管理一个人的思维

在生命的第二个十年,人们继续在同一的方向上学习和发展,同时也越来越多显示出个人的倾向。在概念上对发展和学习的区分仍然有一些问题,虽然显微遗传学方法能够突出他们的共同之处。在本章中,我们的立场是,虽然这两种变化的界线变得模糊了,但是它们之间还是存在真实而显著的差异。发展一般来说是渐进的,不可逆的,并且是可以泛化的。而学习不存在任何这些特点。这种差异是显著存在的,举例来说,在我们对质询的研究中,学生告诉我们说他们一直能够发现船速的影响或者地震的风险,这确实是他们做到的事情。与此同时在显微遗传学研究中,学生们一直在发展技能,就是一个人如何去发现事物的技能。

发展和学习被放在一起是因为它们在过程中表现出的相似性,因此显微遗传学方法可以用来研究这两者。这是一个很大的课题,因为较先前有关学习的理论把刺激—反应联结的形成或对习惯的强化已经被现代模型所代替。在现代模型中,学习更像可能被定义为"理解上的变化"(change in understanding)(Schoenfeld,1999)。我们因此需要更像发展的模型可以来特化其中的过程,即能够特化根据思维模式重组而产生的变化而不是强化联系或习惯。

关于变化过程的本质,我们了解一些什么? 我们在本章中回顾的现象呈现了一致性,尽管在不同的阶段多重形式并存。随着时间的变化,各种形式所占的比例有所变化,就像不太有效的形式被使用的次数少,而有效的形式被频繁使用(Kuhn,1995,2001b;Kuhn et al.,1995;Siegler,2000;本手册,本卷,第11章)。虽然新的形式也在出现,刚出现时很少能被一

987

致地使用,而且大部分变化还是存在于使用频率相互转换这种变化中。

这种变化过程的两种其他的特征在从儿童期向成年期过渡的时候有特别的意义。一个是(对现有形式的)练习可能是改变的一个充分条件(Kuhn, 1995)。一个含义是,青少年可能会在他们已经擅长的事情上表现得更好,因此增加了发展途径的幅度和多样性。另外一个是摒弃旧的、不太有效的方式的重要性,在许多情况下,摒弃旧的形式的挑战性超过了接受新的和有效的形式。有趣的是,在心理治疗中,当一个来访者最终摒弃了自我限制的行为,我们会毫不犹豫地认为这是正向的改变。但是,在认知发展中,我们趋向于聚焦新的方式的获取,因为这是有进步的表现。

最后,从目前的研究来讲,任何跟年龄有关的改变可能会在改变的过程本身发生。在本章中,我们检验过的证据表明当儿童迈入他们人生的第二个十年,一种逐渐增强的执行力开始发展。这种执行力假设行使对认知资源的调度监督和管理的角色。结果是认知功能和学习行为本身变得越来越有效了(Kuhn & Pease,待发表)。

这种执行力的出现和加强被认为是人生第二个十年中最重要的单一智力的发展。虽然Piaget 并没有把它的意义扩展到狭窄的逻辑范畴之上,我们必须要看到的是 Piaget 还是正确地指出"思考别人的思想"是青少年期的主要认知发展。今天,我们更可能认为生命早期的元认知和执行功能可能在第二个十年变得更加流畅和成熟,虽然不是一定会出现的。

宽泛一点说,我们知道,年轻的青少年开始对他们的活动和自己的生活进行更多的掌控,这种掌控超过了他们在儿童时期的水平。因此,他们对如何和在什么地方配置认知资源有更多的判断力。现代文化认为这是把注意力分散到多种已经获取的信息的艺术。执行力也因此承担一个很重要的角色,来决定如何分配注意力。

发展中的执行力还要在人们判断做一件事情的努力是否值得时,承担正在增强的抑制原始反应(在双重过程模型中由经验部分引起的)和进一步加工的能力。而且,最后也是最重要的是,它承担起了元认知水平的觉察,这种觉察把暂时人从自己的信念和理解衍生出的观点"分类"(bracket),这是为了完成去情境化的表达(decontextualized representations),把观点从某种特定的情景下解放出来,并决定它们的含义。如果没有这种能力,演绎、归纳和争论性推理都会被严重削弱。

执行力更强意味着发展越来越多由"自上而下"模式监管起来。这不是说大多数成年人和儿童、青少年一样在大部分时候不再应用"自下而上"的思想和行为模式。而是说,我们认为,在人生的第二个十年,年轻人管理和分配认知资源的潜力不断地浮现,他们可以有意识地控制有目的地选择他们处理事情的方式。这主要说明意向——做还是不做 X 或 Y——变得越来越重要(Kuhn, 2001a; Perkins, Jay, & Tishman, 1993; Stanovich & West, 1997, 1998, 2000)。而且这部分被执行程序而不是能力所控制。从这些理由,我们要强调的是呈现出来的更大范围包括对策略的元认知水平的理解——他们做什么或者不做什么——考虑到任务目标,和价值观一样成为联系理解和意向的关键点。这种更大的结构展示了一幅相当复杂的图景,那就是什么是需要发展的。并不令人惊讶的是,没有一个简单的可以呈现整个说明性要点的改变机制存在。

作为第二个关键期的青少年早期

我们前面提到的对智力过程更有利的执行控制把人生的第二个十年和第一个十年区别开来。另外一个不同表现在个人的可变性的宽度和广度上。在第二个十年,个人的改变更加显著。所有处于正常智力阶段的儿童应该都能在 10 岁之前,在思维上表现出特定的同一的发展性进步。他们还会学到很多有关世界的事情,大部分都是同一的。还有很多东西,是要通过在个人兴趣范畴内获取专家知识而获得的,虽然这是通过一定的渐进形式表示的——10 岁儿童几乎没有能掌握微积分和高等物理的。

在人生的第一个十年以后,发展就像我们看到的那样,并不是每个人都会继续沿着同一的方向向高级发展。许多成年人的发展是停留在青少年早期的。在发展方向上的改变明显起来。另外,人们个别地获取特定内容的具有深度和广度的专家意见比儿童期更强。所有人都会学习的"核心领域"和只有某些人选择去探索的"非核心领域"在学习过程上可能是一样的(Gelman,2002)。

我们应该怎么解释这种可变性,它意味着什么? 一种解释跟大脑有关。我们认为,青少年早期是第二个发展阶段,在这个阶段中神经元联结的过剩发展和淘汰在有序地发生。这种对没有使用的联结的淘汰是由青少年参与的活动所主导的。于是,大脑和行为都由此开始变得更专门化。在这种进化中,我们要加上青少年日益增长的自由和个人控制——一方面管理和分配他们的智力资源以便完成某个任务,另一方面,更宽泛来说,来选择他们要想要投入的活动以及管理自己的生活。

像我们之前提到的,单纯地通过专注到他们选择的活动中,青少年在他们擅长的事情上越做越好,因此增加了个人道路的宽度和多样性。到青少年早期,每个人都成为他们自己发展的制造者(Lerner,2002)。其中一种结果是增加了个人特性的确定性——"这就是我"——尤其是,"这就是我擅长的"(或者是"这就是我不擅长的")。证据表现在这个年龄发生的事情可能和一岁时经历的事情具有同样的影响力(Feinstein & Bynner,2004)。在核心和非核心领域都存在潜在的目标——在同一的和个人化的方向上——向这些目标努力可能是被鼓励或支持的,也可能是被打击的,得到的则是完全不同的结果。

就像我们在认识论理解的部分建议的那样,在第二个关键期,比关心能力水平更重要的是关注如何支持青少年的智力发展。从很大程度上来讲,青少年比儿童更多地将意义和价值观(积极的和消极的)归因于他们做了什么并且把这种意义用于给自己定性。青少年早期,正向地给活动定性使得行为取向偏向于更多的专家知识和正向的循环。这种存在于儿童早期关键期的无私的好奇和探索的特点可能很难被发现。这意味着,和儿童在一起的人对儿童智力活动的价值化最有发言权。但是更好的结果还是要在向第二个十年过渡的时候,通过探索有真正的智力参与的活动来确定(Kuhn,2005)。

通过研究起源和结束来了解发展过程

为什么研究者想要研究在人生的第二个十年,智力发展是一个什么样的过程,具有什么样的意义? 我们刚才说过需要完成更多有关青少年认知的研究就是一个相当直接的答案,青少年们选择投资他们自己的智力资源。如果我们仅仅从青少年如何应对专为研究而设计好的问题上推导出结论,是肯定有风险的,因为这些问题和青少年在日常生活中所遇到的问题所表现出的思考方式并没有清楚的联系。与此同时,去情境化(decontextualize)的能力——从一个特定情境中提取概括化表达——仍然是一个关键的发展性成就,需要通过更多研究来验证,尤其是在不同推理情境下的研究。

除了意向之外,我们对组合的强调让我们知道持续研究机制的重要性。我们正在研究的人生的十年,并不是所有东西都有潜力被发展的。然而,持续发展在第二个十年变得更加可能。"足够好"(good enough)的智力环境能够满足儿童期认知发展的基本过渡很显然是不足以支撑在人生第二个十年有发展可能的同一的认知能力的获得。这对社会政策有很强作用,资源的投资在这个人生阶段所获得的红利也比其他阶段要多。关于研究,我们需要了解机制是什么,这是更紧迫的任务。发展性研究在确定发展路径中起到铺垫的作用。但是,这个角色在确定让发展更可能发生的因素中也是同样重要的。

在本章开始的部分,我们提到目前对认知发展的研究把焦点集中在人生最早的那些年的起源。当然,研究兴趣像钟摆一样,可能会把注意力重新集中到较大年龄儿童和青少年身上,以及他们告诉我们发展是什么样的。Diamond 和 Kirkham(2005)指出反应的早期模型不应该被摒弃,而需要被超越和管理,他们还认为如果要完全了解成人期,我们需要研究儿童早期的一些极端情况。可以肯定的是,反向情况是真实的。我们需要研究整个发展路径和终点——来了解它向什么地方发展——这是为了能够完全了解最早的形式存在的意义。确实,这就是发展性分析。我们希望能够让读者了解,为了了解认知发展是什么,是怎么进行的,把目光放的长远一些,超越人生早期,是值得的。

(王丹君、张宜彬译,李虹、陈石审校)

参考文献

Ahn, W., Kalish, C., Medin, D., & Gelman, S. (1995). The role of covariation versus mechanism information in causal attribution. *Cognition*, 54, 299 - 352.

Amsel, E., & Brock, S. (1996). Developmental changes in children's evaluation of evidence. *Cognitive Development*, 11, 523 - 550.

Anderson, R., Nguyen-Jahiel, K., McNurlen, B., Archodidou, A., Kim, S., Reznitskaya, A., et al. (2001). The snowball phenomenon: Spread of ways of talking and ways of thinking across groups of children. *Cognition and Instruction*, 19(1), 1 - 46.

Arkes, H., & Harkness, A. (1983). Estimates of contingency between two dichotomous variables. *Journal of Experimental Psychology: General*, 112, 117 - 135.

Barrouillet, P., Markovits, H., & Quinn, S. (2001). Developmental and content effects in reasoning with causal conditionals. *Journal of Experimental Child Psychology*, 81, 235 - 248.

Bereby-Meyer, Y., Assor, A., & Katz, 1. (2004). Children's choice strategies: The effects of age and task demands. *Cognitive Development*, 19, 127 - 146.

Beyth-Marom, R., Fischhoff, B., Jacobs, M., & Furby, L. (1991). Teaching decision making to adolescents: A critical review. In J. Baron (Ed.), *Teaching decision making to adolescents* (pp. 19 - 60). Hillsdale, NJ: Erlbaum.

Billig, M. (1987). *Arguing and thinking: A rhetorical approach to social psychology*. Cambridge, England: Cambridge University Press.

Bjorklund, D., & Harnishfeger, K. (1990). The resources construct in cognitive development: Diverse sources of evidence and a theory of inefficient inhibition. *Developmental Review*, 10, 48 - 71.

Braine, M. (1990). The "natural logic" approach to reasoning. In W. Overton (Ed.), *Reasoning, necessity, and logic: Developmental perspectives* (pp. 133 - 157). Hillsdale, NJ: Erlbaum.

Braine, M., & Rumain, B. (1983). Logical reasoning. In J. Flavell & E. Markman (Eds.), *Handbook of child psychology: Vol. 3. Cognitive development* (4th ed.). New York: Wiley.

Brem, S., & Rips, L. (2000). Explanation and evidence in informal argument. *Cognitive Science*, 24, 573 - 604.

Capon, N., & Kuhn, D. (1980). A developmental study of consumer information-processing strategies. *Journal of Consumer Research*, 7(3), 225 - 233.

Carey, S. (1985). Are children fundamentally different kinds of thinkers and learners than adults. In S. Chipman, J. Segal, & R. Glaser (Eds.), *Thinking and learning skills* (Vol.2). Hillsdale, NJ: Erlbaum.

Carey, S., & Smith, C. (1993). On understanding the nature of scientific knowledge. *Educational Psychologist*, 28, 235 - 251.

Case, R. (1974). Structures and strictures: Some functional limitations on the course of cognitive growth. *Cognitive Psychology*, 6, 544 - 573.

Case, R. (1992). *The mind's staircase: Exploring the conceptual underpinnings of children's thought and knowledge*. Hillsdale, NJ: Erlbaum.

Case, R. (1998). The development of conceptual structures. In W. Damon (Editor-in-Chief) & D. Kuhn & R. Siegler (Vol. Eds.), *Handbook of child psychology: Vol. 2. Cognition, perception, and language* (5th ed., pp. 745 - 800). New York: Wiley.

Case, R., Kurland, D., & Goldberg, J. (1982). Operational efficiency and the growth of short-term memory span. *Journal of Experimental Child Psychology*, *33*(3), 386－404.

Case, R., & Okamoto, Y. (1996). The role of central conceptual structures in the development of children's thought. *Monographs of the Society for Research in Child Development*, *61*(Whole No.246).

Chandler, M., & Lalonde, C. (2003, April). *Representational diversity redux*. Paper presented at the biennial conference of the Society for Research in Child Development, Tampa, FL.

Chen, Z., & Klahr, D. (1999). All other things being equal: Acquisition and transfer of the control of variables strategy. *Child Development*, *70*(5), 1098－1120.

Cheng, P. (1997). From covariation to causation: A causal power theory. *Psychological Review*, *104*(2), 367－405.

Cheng, P., & Holyoak, K. (1985). Pragmatic reasoning schemas. *Cognitive Psychology*, *17*(4), 391－416.

Cheng, P., & Novick, L. (1992). Covariation in natural causal induction. *Psychological Review*, *99*, 365－382.

Chinn, C., & Brewer, W. (2001). Models of data: A theory of how people evaluate data. *Cognition and Instruction*, *19*, 323－393.

Cbinn, C., & Malhotra, B. (2001). Epistemologically authentic scientific reasoning. In K. Crowley & C. Schunn (Eds.), *Designing for science: Implications from everyday, classroom, and professional settings* (pp. 351－392). Mahwah, NJ: Erlbaum.

Cowan, N. (1997). The development of working memory. In N. Cowan (Ed.), *The development of memory in childhood*. East Sussex, England: Psychology Press.

Davidson, D. (1995). The representativeness heuristic and the conjunction fallacy in children's decision-making. *Merrill-Palmer Quarterly*, *41*, 328－346.

Demetriou, A., Christou, C., Spanoudis, G., & Platsidou, M. (2002). The development of mental processing: Efficiency, working memory, and thinking. *Monographs of the Society for Research in Child Development*, *67* (Serial No. 268).

Demetriou, A., Efklides, A., & Platsidou, M. (1993). The architecture and dynamics of developing mind: Experiential structuralism as a frame for unifying cognitive developmental theories. *Monographs of the Society for Research in Child Development*, *58*(5/6, Serial No.234).

Diamond, A., & Kirkham, N. (2005). Not quite as grown-up as we like to think: Parallels between cognition in childhood and adulthood. *Psychological Science*, *16*, 291－297.

Dias, M., & Harris, P. (1988). The effect of make-believe play on deductive reasoning. *British Journal of Developmental Psychology*, *6*, 207－221.

Dixon, J., & Moore, C. (1996). The developmental role of intuitive principles in choosing mathematical strategies. *Developmental Psychology*, *32*, 241－253.

Dixon, J., & Tuccillo, F. (2001). Generating initial models for reasoning. *Journal of Experimental Child Psychology*, *78*, 178－212.

Elkind, D. (1994). *A sympathetic understanding of the child: Birth to sixteen*. Boston: Allyn & Bacon.

Evans, J., St. (1984). Heuristic and analytic processes in reasoning. *British Journal of Psychology*, *75*, 451－468.

Evans, J., St. (2002). Logic and human reasoning: An assessment of the deduction paradigm. *Psychological Bulletin*, *128*(6), 978－996.

Fay, A., & Klahr, D. (1996). Knowing about guessing and guessing about knowing: Preschoolers' understanding of indeterminacy. *Child Development*, *67*(2), 689－716.

Feinstein, L., & Bynner, J. (2004). The importance of cognitive development in middle childhood for adulthood socioeconomic status, mental health, and problem behavior. *Child Development*, *75*, 1329－1339.

Felton, M. (2004). The development of discourse strategies in adolescent argumentation. *Cognitive Development*, *19*, 35－52.

Felton, M., & Kuhn, D. (2001). The development of argumentive discourse skills. *Discourse Processes*, *32*, 135－153.

Fischer, K., & Bidell, T. (1991). Constraining nativist inferences about cognitive capacities. In S. Carey & R. Gelman (Eds.), *The epigenesis of mind: Essays on biology and cognition* (pp. 199－235). Hillsdale, NJ: Erlbaum.

Foltz, C., Overton, W., & Ricco, R. (1995). Proof construction: Adolescent development from inductive to deductive problemsolving strategies. *Journal of Experimental Child Psychology*, *59*, 179－195.

Gathercole, S., Pickering, S., Ambridge, B., & Wearing, H. (2004). The structure of working memory from 4 to 15 years of age. *Developmental Psychology*, *40*(2), 177－190.

Gelman, R. (2002). Cognitive development. In H. Pashler & D. Medin

(Eds.), *Stevens' handbook of experimental psychology* (3rd ed., Vol. 2). Hoboken, NJ: Wiley.

Giedd, J., Blumenthal, J., Jeffries, N., Castellanos, F., Lui, H., Zijdenbos, A., et al. (1999). Brain development during childhood and adolescence: A longitudinal MRI study. *Nature Neuroscience*, *2*, 861－863.

Glassner, A., Weinstock, M., & Neuman, Y. (2005). Pupils' evaluation and generation of evidence and explanation in argumentation. *British Journal of Educational Psychology*, *75*, 105－118.

Gopnik, A., Meltzoff, A., & Kuhl, P. (1999). *The scientist in the crib: Minds, brains, and how children learn*. New York: HarperCollins.

Graff, G. (2003). *Clueless in academe: How schooling obscures the life of the mind*. New Haven, CT: Yale University Press.

Hagen, J., & Hale, G. (1973). The development of attention in children. In A. Pick (Ed.), *Minnesota Symposium on Child Psychology* (Vol. 7, pp. 117－139). Minneapolis: University of Minnesota Press.

Halford, G. S., Wilson, W. H., & Phillips, S. (1998). Processing capacity defined by relational complexity: Implications for comparative, developmental, and cognitive psychology. *Behavioral and Brain Sciences*, *21*, 803－864.

Handley, S., Capon, A., Beveridge, M., Dennis, I., & Evans, J. (2004). Working memory, inhibitory control and the development of children's reasoning. *Thinking and Reasoning*, *10*, 175－196.

Harnishfeger, K. (1995). The development of cognitive inhibition: Theories, definition, and research evidence. In F. Dempster & C. Brainerd (Eds.), *Interference and inhibition in cognition*. San Diego, CA: Academic Press.

Harnishfeger, K., & Bjorklund, D. (1993). The ontogeny of inhibition mechanisms: A renewed approach to cognitive development. In M. Howe & R. Pasnak (Eds.), *Emerging themes in cognitive development: Vol. 1. Foundations* (pp. 28－49). New York: Springer-Verlag.

Hawkins, J., Pea, R., Glick, J., & Scribner, S. (1984). Merds that laugh don't like mushrooms: Evidence for deductive reasoning by preschoolers. *Developmental Psychology*, *20*(4), 584－594.

Hofer, B., & Pintrich, P. (1997). The development of epistemological theories: Beliefs about knowledge and knowing and their relation to learning. *Review of Educational Research*, *67*, 88－140.

Hofer, B., & Pintrich, P. (2002). *Epistemology: The psychology of beliefs about knowledge and knowing*. Mahwah, NJ: Erlbaum.

lnhelder, B., & Piaget, J. (1958). *The development of logical thinking from childhood to adolescence*. New York: Basic Books.

Jacobs, J., & Potenza, M. (1991). The use of judgment heuristics to make social and object decisions: A developmental perspective. *Child Development*, *62*, 166－178.

Janis, J., & Klaczynski, P. (2002). The development of judgment and decision making during childhood and adolescence. *Current Directions in Psychological Science*, *11*(4), 145－149.

Johnson-Laird, P. (1983). *Mental models*. Cambridge, England: Cambridge University Press.

Kahneman, D., & Tversky, A. (1996). On the reality of cognitive illusions. *Psychological Review*, *103*, 582－591.

Kail, R. (1991). Development of processing speed in childhood and adolescence. In R. Hayne (Ed.), *Advances in child development and behavior* (Vol. 23). San Diego, CA: Academic Press.

Kail, R. (1993). Processing time decreases globally at an exponential rate during childhood and adolescence. *Journal of Experimental Child Psychology*, *56*, 254－265.

Kail, R. (2002). Developmental change in proactive interference. *Child Development*, *73*(6), 1703－1714.

Kardash, C., & Scholes, R. (1996). Effects of pre-existing beliefs, epistemological beliefs, and need for cognition on interpretation of controversial issues. *Journal of Educational Psychology*, *88*, 260－271.

Keating, D. (1980). Thinking processes in adolescence. In J. Adelson (Ed.), *Handbook of adolescent psychology* (pp. 211－246). New York: Wiley.

Keating, D. (2004). Cognitive and brain development. In R. Lerner & L. Steinberg (Eds.), *Handbook of adolescent psychology* (pp. 45－84). Chichester, England: Wiley.

Keil, F. (1991). The emergence of theoretical beliefs as constraints on concepts. In S. Carey & R. Gelman (Eds.), *The epigenesis of mind: Essays on biology and cognition* (pp. 237－256). Hillsdale, NJ: Erlbaum.

Keil, F. (1998). Cognitive science and the origins of thought and knowledge. In W. Damon (Editor-in-Chief) & R. Lerner (Vol. Ed.), *Handbook of child psychology: Vol. 1. Theoretical models of human development* (5th ed., pp. 341－413). New York: Wiley.

Keselman, A. (2003). Supporting inquiry learning by promoting normative understanding of mnltivariable causality. *Journal of Research in Science Teaching*, *40*(9), 898 – 921.

King, P., & Kitchener, K. (1994). *Developing reflective judgment*. San Francisco: Jossey-Bass.

Klaczynski, P. (2000). Motivated scientific reasoning biases, epistemological beliefs, and theory polarization: A two-process approach to adolescent cognition. *Child Development*, *71*(5), 1347 – 1366.

Klaczynski, P. (2001a). Framing effects on adolescent task representations, analytic and heuristic processing, and decision making: Implications for the normative-descriptive gap. *Journal of Applied Developmental Psychology*, *22*, 289 – 309.

Klaczynski, P. (2001b). The influence of analytic and heuristic processing on adolescent reasoning and decision making. *Child Development*, *72*, 844 – 861.

Klaczynski, P. (2004). A dual-process model of adolescent development: Implications for decision making, reasoning, and identity. In R. Kail (Ed.), *Advances in child development and behavior* (Vol. 31). San Diego, CA: Academic Press.

Klaczynski, P. (2005). Metacognition and cognitive variability: A two-process model of decision making and its development. In J. Jacobs & P. Klaczynski (Eds.), *The development of decision making: Cognitive, sociocultural, and legal perspectives*. Mahwah, NJ: Erlbaum.

Klaczynski, P., & Cottrell, J. (2004). A dual-processs approach to cognitive development: The case of children's understanding of sunk cost decisions. *Thinking and Reasoning*, *10*, 147 – 174.

Klaczynski, P. A., & Narasimham, G. (1998). Representations as mediators of adolescent deductive reasoning. *Developmental Psychology*, *5*, 865 – 881.

Klaczynski, P., Schuneman, M., & Daniel, D. (2004). Theories of conditional reasoning: A developmental examination of competing hypotheses. *Developmental Psychology*, *40*, 559 – 571.

Klahr, D. (2000). *Exploring science: The cognition and development of discovery processes*. Cambridge, MA: MIT Press.

Klahr, D., Fay, A., & Dunbar, K. (1993). Heuristics for scientific experimentation: A developmental study. *Cognitive Psychology*, *25*(1), 111 – 146.

Klahr, D., & Nigam, M. (2004). The equivalence of learning paths in early science instruction: Effects of direct instruction and discovery learning. *Psychological Science*, *15*(10), 661 – 667.

Knudson, R. (1992). Analysis of argumentative writing at two grade levels. *Journal of Educational Research*, *85*, 169 – 179.

Kokis, J., Macpherson, R., Toplak, M., West, R., & Stanovich, K. (2002). Heuristic and analytic processing: Age trends and associations with cognitive ability and cognitive styles. *Journal of Experimental Child Psychology*, *83*(1), 26 – 52.

Koslowski, B. (1996). *Theory and evidence: The development of scientific reasoning*. Cambridge, MA: MIT Press.

Kuhn, D. (1977). Conditional reasoning in children. *Developmental Psychology*, *13*(4), 342 – 353.

Kuhn, D. (1989). Children and adults as intuitive scientists. *Psychological Review*, *96*, 674 – 689.

Kuhn, D. (1991). *The skills of argument*. Cambridge, England: Cambridge University Press.

Kuhn, D. (1993). Science as argument: Implications for teaching and learning scientific thinking. *Science Education*, *77*(3), 319 – 337.

Kuhn, D. (1995). Microgenetic study of change: What has it told us? *Psychological Science*, *6*, 133 – 139.

Kuhn, D. (1996). Is good thinking scientific thinking. In D. Olson & N. Torrance (Eds.), *Modes of thought: Explorations in culture and cognition* (pp. 261 – 281). New York: Cambridge University Press.

Kuhn, D. (1999a). Adolescent thought processes. In A. Kazdin (Ed.), *Encyclopedia of psychology* (pp. 52 – 59). New York: American Psychological Association.

Kuhn, D. (1999b). Metacognitive development. In L. Balter & C. Tamis-LeMonda (Eds.), *Child psychology: A handbook of contemporary issues* (pp. 259 – 286). Philadelphia: Psychology Press.

Kuhn, D. (2001a). How do people know? *Psychological Science*, *12*, 1 – 8.

Kuhn, D. (2001b). Why development does (and doesn't) occur: Evidence from the domain of inductive reasoning. In R. Siegler & J. McClelland (Eds.), *Mechanisms of cognitive development: Neural and behavioral perspectives* (pp. 221 – 249). Mahwah, NJ: Erlbaum.

Kuhn, D. (2002). What is scientific thinking and how does it develop. In U. Goswami (Ed.), *Handbook of childhood cognitive development* (pp. 371 – 393). Oxford, England: Blackwell.

Kuhn, D. (2005). *Education for thinking*. Cambridge, MA: Harvard University Press.

Kuhn, D., Amsel, E., & O'Loughlin, M. (1988). *The development of scientific thinking skills*. San Diego, CA: Academic Press.

Kuhn, D., & Angelev, J. (1976). An experimental study of the development of formal operational thought. *Child Development*, *47*(3), 697 – 706.

Kuhn, D., Black, J., Keselman, A., & Kaplan, D. (2000). The development of cognitive skills to support inquiry learning. *Cognition and Instruction*, *18*, 495 – 523.

Kuhn, D., & Brannock, J. (1977). Development of the isolation of variables scheme in experimental and "natural experiment" contexts. *Developmental Psychology*, *13*(1), 9 – 14.

Kuhn, D., Cheney, R., & Weinstock, M. (2000). The development of epistemological understanding. *Cognitive Development*, *15*, 309 – 328.

Kuhn, D., & Dean, D. (2004). Connecting scientific reasoning and causal inference. *Journal of Cognition and Development*, *5*(2), 261 – 288.

Kuhn, D., & Dean, D. (2005). Is developing scientific thinking all about learning to control variables? *Psychological Science*, *16*, 866 – 870.

Kuhn, D., Garcia-Mila, M., Zohar, A., & Andersen, C. (1995). Strategies of knowledge acquisition. *Monographs of the Society for Research in Child Development*, *60*(4, Serial No. 245).

Kuhn, D., Katz, J., & Dean, D. (2004). Developing reason. *Thinking and Reasoning*, *10*(2), 197 – 219.

Kuhn, D., & Parks, S. (in press). Epistemological understanding and the development of intellectual values. *International Journal of Educational Research*.

Kuhn, D., & Pearsall, S. (2000). Developmental origins of scientific thinking. *Journal of Cognition and Development*, *1*, 113 – 129.

Kuhn, D., & Pease, M. (in press). Do children and adults learn differently? *Journal of Cognition and Development*.

Kuhn, D., & Phelps, E. (1982). The development of problem-solving strategies. In H. Reese (Ed.), *Advances in child development and behavior* (Vol. 17, pp. 1 – 44). New York: Academic Press.

Kuhn, D., Phelps, E., & Walters, J. (1985). Correlational reasoning in an everyday context. *Journal of Applied Developmental Psychology*, *6*, 85 – 97.

Kuhn, D., Schauble, L., & Garcia-Mila, M. (1992). Cross-domain development of scientific reasoning. *Cognition and Instruction*, *9*, 285 – 332.

Kuhn, D., Shaw, V., & Felton, M. (1997). Effects of dyadic interaction on argumentive reasoning. *Cognition and Instruction*, *15*, 287 – 315.

Kuhn, D., & Udell, W. (2003). The development of argument skills. *Child Development*, *74*(5), 1245 – 1260.

Kuhn, D., & Udell, W. (in press). Coordinating own and other perspectives in argument. *Thinking & Reasoning*.

Lafon, P., Chasseigne, G., & Mullet, E. (2004). Functional learning among children, adolescents, and young adults. *Journal of Experimental Child Psychology*, *88*, 334 – 347.

Leevers, H., & Harris, P. (1999). Transient and persisting effects of instruction on young children's syllogistic reasoning with incongruent and abstract premises. *Thinking and Reasoning*, *5*, 145 – 174.

Lehrer, R., Schauble, L., & Petrosino, A. J. (2001). Reconsidering the role of experiment in science education. In K. Crowley, C. Schunn, & T. Okada (Eds.), *Designing for science: Implications from everyday, classroom, and professional settings* (pp. 251 – 277). Mahwah, NJ: Erlbaum.

Lerner, R. (2002). *Concepts and theories of human development* (3rd ed.). Mahwah, NJ: Erlbaum.

Levstik, L., & Barton, K. (2001). *Doing history: Investigating with children in elementary and middle schools*. Mahwah, NJ: Erlbaum.

Lien, Y., & Cheng, P. (2000). Distinguishing genuine from spurious causes: A coherence hypothesis. *Cognitive Psychology*, *40*, 87 – 137.

Luna, B., Garver, K., Urban, T., Lazar, N., & Sweeney, J. (2004). Maturation of cognitive processes from late childhood to adulthood. *Child Development*, *75*(5), 1357 – 1372.

Maccoby, E., & Hagen, J. (1965). Effects of distraction upon central versus incidental recall: Developmental trends. *Journal of Experimental Child Psychology*, *2*(3), 280 – 289.

Markovits, H., & Barrouillet, P. (2002). The development of conditional reasoning: A mental model account. *Developmental Review*, *22*, 5 – 36.

Markovits, H., & Vachon, R. (1989). Reasoning with contrary-to-fact propositions. *Journal of Experimental Child Psychology*, *47*(3), 398 – 412.

Mason, L., & Boscolo, P. (2004). Role of epistemological understanding and interest in interpreting a controversy and in topic-specific belief change. *Contemporary Educational Psychology*, 29(2), 103 – 128.

Means, M., & Voss, J. (1996). Who reasons well? Two studies of informal reasoning among students of different grade, ability, and knowledge levels. *Cognition and Instruction*, 14, 139 – 178.

Metz, K. (2004). Children's understanding of scientific inquiry: Their conceptualization of uncertainty in investigations of their own design. *Cognition and Instruction*, 22, 219 – 290.

Morris, A. (2000). Development of logical reasoning: Children's ability to verbally explain the nature of the distinction between logical and nonlogical forms of argument. *Developmental Psychology*, 36, 741 – 758.

Morris, B., & Sloutsky, V. (2002). Children's solutions of logical versus empirical problems: What's missing and what develops? *Cognitive Development*, 116, 907 – 928.

Moshman, D. (1998). Cognitive development beyond childhood. In W. Damon (Editor-in-Chief), D. Kuhn & R. Siegler (Vol. Eds.), *Handbook of child psychology: Vol 2. Cognition, perception, and language* (5th ed., pp. 947 – 978). New York: Wiley.

Moshman, D. (2005). *Adolescent psychological development: Rationality, morality, and identity* (2nd ed.). Mahwah, NJ: Erlbaum.

Moshman, D., & Franks, B. A. (1986). Development of the concept of inferential validity. *Child Development*, 57(1), 153 – 165.

Moshman, D., & Geil, M. (1998). Collaborative reasoning: Evidence for collective rationality. *Thinking and Reasoning*, 4, 231 – 248.

National Research Council. (1996). *The national science education standards*. Washington, DC: National Academy Press.

Neimark, E. (1975). Intellectual development during adolescence. In F. Horowitz (Ed.), *Review of child development research* (Vol. 4, pp. 541 – 594). Chicago: Chicago University Press.

Neuman, Y. (2002). Go ahead, prove that God does not exist! On students' ability to deal with fallacious arguments. *Learning and Instruction*, 13, 367 – 380.

O'Brien, D. (1987). The development of conditional reasoning: An iffy proposition. In H. Reese (Ed.), *Advances in child development and behavior* (Vol. 20, pp. 61 – 90). Orlando, FL: Academic Press.

Pascual-Leone, J. (1970). A mathematical model for transition in Piaget's developmental stages. *Acta Psychologica*, 32, 301 – 345.

Penner, D., & Klahr, D. (1996). The interaction of domain-specific knowledge and domain-general discovery strategies: A study with sinking objects. *Child Development*, 67(6), 2709 – 2727.

Perkins, D. (1985). Postprimary education has little impact on informal reasoning. *Journal of Educational Psychology*, 77(5), 562 – 571.

Perkins, D., Jay, E., & Tishman, S. (1993). Beyond abilities: A dispositional theory of thinking. *Merrill-Palmer Quarterly*, 39, 1 – 21.

Perner, J. (1991). *Understanding the representational mind*. Cambridge, MA: MIT Press.

Perry, W. (1970). *Forms of intellectual and ethical development in the college years*. New York: Holt, Rinehart and Winston.

Pillow, B. (2002). Children's and adults' evaluation of the certainty of deductive inferences, inductive inferences, and guesses. *Child Development*, 73, 779 – 792.

Pontecorvo, C., & Girardet, H. (1993). Arguing and reasoning in understanding historical topics. *Cognition and Instruction*, 11(3/4), 365 – 395.

Reznitskaya, A., Anderson, R., McNurlen, B., Nguyen-Jabiel, K., Archodidou, A., & Kim, S. (2001). Influence of oral discussion on written argument. *Discourse Processes*, 32, 155 – 175.

Ruffman, T., Perner, J., Olson, D., & Doherty, M. (1993). Reflecting on scientific thinking: Children's understanding of the hypothesis-evidence relation. *Child Development*, 64, 1617 – 1636.

Rumain, B., Connell, J., & Braine, M. (1983). Conversational comprehension processes are responsible for reasoning fallacies in children as well as adults: It is not the biconditional. *Developmental Psychology*, 19(4), 471 – 401.

Schauble, L. (1990). Belief revision in children: The role of prior knowledge and strategies for generating evidence. *Journal of Experimental Child Psychology*, 49, 31 – 57.

Schauble, L. (1996). The development of scientific reasoning in knowledge-rich contexts. *Developmental Psychology*, 32, 102 – 119.

Schiff, A., & Knopf, I. (1985). The effect of task demands on attention allocation in children of different ages. *Child Development*, 56, 621 – 630.

Schoenfeld, A. (1999). Looking toward the 21st century: Challenges of educational theory and practice. *Educational Researcher*, 28, 4 – 14.

Schulz, L., & Gopnik, A. (2004). Causal learning across domains. *Developmental Psychology*, 40(2), 162 – 176.

Schustack, M., & Sternberg, R. (1981). Evaluation of evidence in causal inference. *Journal of Experimental Psychology: General*, 110, 101 – 120.

Sedlak, A., & Kurtz, S. (1981). A review of children's use of causal inference principles. *Child Development*, 52, 759 – 784.

Shafir, E., Simonson, I., & Tversky, A. (1993). Reason-based choice. *Cognition*, 49, 11 – 36.

Siegler, R. (2000). The rebirth of children's learning. *Child Development*, 71, 26 – 35.

Siegler, R., & Crowley, K. (1991). The microgenetic method: A direct means for studying cognitive development. *American Psychologist*, 46(6), 606 – 620.

Siegler, R. S., & Munakata, Y. (1993, Winter). Beyond the immaculate transition: Advances in the understanding of change. *Society for Research in Child Development Newsletter*, pp. 3, 10, 11, 13.

Simoneau, M., & Markovits, H. (2003). Reasoning with premises that are not empirically true: Evidence for the role of inhibition and retrieval. *Developmental Psychology*, 39(6), 964 – 975.

Sloman, S. (1996). The empirical case for two systems of reasoning. *Psychological Bulletin*, 119, 3 – 22.

Smith, C., Maclin, D., Houghton, C., & Hennessey, M. (2000). Sixthgrade students' epistemologies of science: The impact of school science experiences on epistemological development. *Cognition and Instruction*, 18, 349 – 422.

Sodian, B., Zaitchik, D., & Carey, S. (1991). Young children's differentiation of hypothetical beliefs from evidence. *Child Development*, 62, 753 – 766.

Stanovich, K., & West, R. (1997). Reasoning independently of prior belief and individual differences in actively open-minded thinking. *Journal of Educational Psychology*, 89, 342 – 357.

Stanovich, K., & West, R. (1998). Individual differences in rational thought. *Journal of Experimental Psychology. General*, 127, 161 – 188.

Stanovich, K., & West, R. (1999). Individual differences in reasoning and the heuristics and biases debate. In P. Ackerman & P. Kyllonen (Eds.), *Learning and individual differences: Process, trait, and content determinants* (pp. 389 – 411). Washington, DC: American Psychological Association.

Stanovich, K., & West, R. (2000). Individual differences in reasoning: Implications for the rationality debate? *Behavioral and Brain Sciences*, 23, 645 – 665.

Stroop, J. (1935). Studies of interference in serial verbal reactions. *Journal of Experimental Psychology*, 18, 643 – 662.

Swanson, H. L. (1999). What develops in working memory? A life span perspective. *Developmental Psychology*, 35(4), 986 – 1000.

Tipper, S., Bourque, T., Anderson, S., & Brehaut, J. (1989). Mechanisms of attention: A developmental study. *Journal of Experimental Child Psychology*, 48, 353 – 378.

Udell, W. (2004). *Enhancing urban girls' argumentive reasoning about personal and non-personal decisions*. Unpublished doctoral dissertation, Columbia University Teachers College, New York, NY.

Voss, J., & Means, M. (1991). Learning to reason via instruction in argumentation. *Learning and Instruction*, 1, 337 – 350.

Wainryb, C., Shaw, L., Langley, M., Cottam, K., & Lewis, R. (2004). Children's thinking about diversity of belief in the early school years: Judgments of relativism, tolerance, and disagreeing persons. *Child Development*, 75, 687 – 703.

Walton, D. N. (1989). Dialogue theory for critical thinking. *Argumentation*, 3, 169 – 184.

Wason, P. (1966). Reasoning. In B. Foss (Ed.), *New horizons in psychology* (Vol. 1, pp. 135 – 151). Hammondsworth, England: Penguin.

Weinstock, M., & Cronin, M. (2003). The everyday production of knowledge: Individual differences in epistemological understanding and juror-reasoning skill. *Applied Cognitive Psychology*, 17(2), 161 – 181.

Weinstock, M., Neuman, Y., & Tabak, I. (2004). Missing the point or missing the norms? Epistemological norms as predictors of students' ability to identify fallacious arguments. *Contemporary Educational Psychology*, 29, 77 – 94.

When no fact goes unchecked. (2004, October 31). *New York Times* [Week in review], Sec. 4, p. 5.

Wilkening, F., & Anderson, N. (1982). Comparison of two rule-assessment methodologies for studying cognitive development and knowledge structure. *Psychological Bulletin*, 92(1), 215 – 237.

Williams, B., Ponesse, J., Schacher, R., Logan, G., & Tannock, R. (1999). Development of inhibitory control across the life span. *Developmental Psychology*, 35, 205 – 213.

主题索引 *

---

* 　主题索引中各名词后的页码,均为英文原版的页码,也就是中文版的边码。——编辑注

图书在版编目(CIP)数据

儿童心理学手册:第 6 版. 第 2 卷,认知、知觉和语言/
(美)戴蒙,(美)勒纳主编;林崇德等译. 一上海:华东师范
大学出版社,2015.1
ISBN 978 - 7 - 5675 - 3003 - 4

Ⅰ.①儿…　Ⅱ.①戴…②勒…③林…　Ⅲ.①儿童心
理学一手册　Ⅳ.①B844.1 - 62

中国版本图书馆 CIP 数据核字(2015)第 018852 号

本书由上海文化发展基金会图书出版专项基金资助出版。

儿童心理学手册(第六版)
第二卷　认知、知觉和语言

英文版总主编　WILLIAM DAMON　RICHARD M. LERNER
英文版本卷主编　DEANNA KUHN　ROBERT S. SIEGLER
中文版总主持　林崇德　李其维　董奇
责任编辑　彭呈军
责任校对　邱红穗
装帧设计　卢晓红

出版发行　华东师范大学出版社
社　　址　上海市中山北路 3663 号　邮编 200062
电话总机　021 - 60821666　行政传真　021 - 62572105
客服电话　021 - 62865537(兼传真)
门市(邮购)电话　021 - 62869887
门市地址　上海市中山北路 3663 号华东师范大学校内先锋路口
网　　址　www.ecnupress.com.cn

印 刷 者　苏州工业园区美柯乐制版印务有限责任公司
开　　本　787×1092　16开
印　　张　73.75
字　　数　1887千字
版　　次　2015年3月第二版
印　　次　2021年11月第八次
书　　号　ISBN 978-7-5675-3003-4/B·908
定　　价　180.00元

出 版 人　王 焰

(如发现本版图书有印订质量问题,请寄回本社客服中心调换或电话 021 - 62865537 联系)